Gordon M. Barrow

Physikalische Chemie

Gesamtausgabe

Gordon M. Barrow
Bearbeitung: G. W. Herzog

PHYSIKALISCHE CHEMIE

Gesamtausgabe

6., berichtigte Auflage

mit 447 Abbildungen und 124 Tabellen

Bohmann Verlag · Wien

Friedr. Vieweg & Sohn
Braunschweig / Wiesbaden

CIP-Kurztitelaufnahme der Deutschen Bibliothek

Barrow, Gordon M.:
Physikalische Chemie/Gordon M. Barrow. Bearb.:
G. W. Herzog. – Gesamtausg., 6. berichtigte Aufl. –
Wien: Bohmann; Braunschweig; Wiesbaden: Vieweg,
1984.
   Einheitssacht.: Physical chemistry ⟨dt.⟩
   ISBN 978-3-642-87848-0   ISBN 978-3-642-87847-3 (eBook)
   DOI 10.1007/978-3-642-87847-3
NE: Herzog, Gerhard W. [Bearb.]

Titel der amerikanischen Originalausgabe:
Physical Chemistry
Copyright © 1961, 1966, 1973, 1980 by McGraw-Hill, Inc., New York
Deutsche Ausgabe nach der amerikanischen Originalausgabe 1980

1. Auflage 1973
2., neubearbeitete Auflage 1977
3. Auflage 1979
   Nachdruck 1980 (4. Auflage)
5., neubearbeitete Auflage 1984
6., berichtigte Auflage 1984

Satz: Friedr. Vieweg & Sohn, Braunschweig

ISBN 978-3-642-87848-0

Gewidmet dem Gedenken an Prof. Dr. H. T. Spath †

Vorwort zur 5. Auflage

Nach wie vor steht in der Physikalischen Chemie die molekulare Deutung makroskopischer Eigenschaften im Mittelpunkt des Interesses. Durch die Anwendung moderner physikalischer Methoden in der Chemie und in verwandten naturwissenschaftlichen Disziplinen wird dieses Interesse noch verstärkt. Ganz im Sinne von *Gordon M. Barrows* Leitsatz *„Physikalische Chemie ist das Studium der molekularen Bausteine makroskopisch in Erscheinung tretender Materie"* wurde die 5. deutschsprachige Ausgabe von *„Physical Chemistry"* neu gestaltet. Es wurden thematische Umstellungen einzelner Kapitel vorgenommen und, angeregt durch die 4. amerikanische Originalfassung, einige Kapitel neu verfaßt. An der bewährten Dreiteilung der deutschen Ausgabe wurde festgehalten. Teil I enthält eine Beschreibung der Materiebausteine (Atome, Moleküle, Kerne), Teil II behandelt ihr Zusammenwirken zum makroskopisch beobachtbaren Aufbau der Materie (Gase, Flüssigkeiten, Festkörper) und Teil III vermittelt die physikalisch-chemische Behandlung von chemischen Reaktionen (chemische Thermodynamik und Kinetik, Grenzflächenreaktionen). Ich bin mir bewußt, daß dieses Konzept nicht dem traditionellen Aufbau von Vorlesungen über Physikalische Chemie entspricht, die sehr oft chemische Thermodynamik und Kinetik an den Anfang stellen. Doch ein Lehrbuch – und so auch dieses – sollte zum Gebrauch neben Vorlesungen dienen und diese nicht ersetzen. Um ihn zu erleichtern, habe ich mich bemüht, die drei Einzelbände so abgeschlossen wie möglich zu halten.

Der Teil I beginnt mit einer Einführung in die Eigenschaften von Gasmolekülen, in der versucht wird, den Gegensatz von klassischer Mechanik und Quantenmechanik deutlich zu machen. Die zur Beschreibung des Atom-, Molekül- und Kernaufbaus erforderlichen quantenmechanischen Grundlagen werden in einer sehr einfachen Darstellung präsentiert und dienen in erster Linie zur Herleitung der Termschemata und der spektroskopischen Übergänge. Eng verknüpft damit ist der Molekülaufbau und die chemische Bindung, die einen etwas breiteren Raum beanspruchen. Gegenüber den früheren Auflagen kommen neu hinzu gruppentheoretische Aspekte, die viele Probleme vereinfachen.

Der Teil II beinhaltet die statistische und thermodynamische Beschreibung gasförmiger, flüssiger und fester Materie. Ausgehend von den quantenmechanischen bzw. spektroskopischen Erkenntnissen über den Atom- und Molekülaufbau wird einleitend das Konzept der Quantenstatistiken vorgestellt und an Hand der Maxwell-Boltzmannstatistik der Übergang zur Thermodynamik vollzogen. Ziel dieser Einführung ist die molekulare statistische Interpretation thermodynamischer Eigenschaften von makroskopischen Systemen. Thermodynamische Funktionen werden in dem Maße eingeführt, als sie zur nachfolgenden Beschreibung von realen Gasen, Festkörpern und Flüssigkeiten benötigt werden. Dazu kommen noch die Grundzüge der Mischphasenthermodynamik zur Behandlung mehrkomponentiger und mehrphasiger chemischer Systeme, kolligativer Eigenschaften sowie Elektrolyt- und Makromoleküllösungen. Die Kapitel über reale Gase und Flüssigkeiten wurden gegenüber der früheren deutschen Fassung etwas vertieft.

Inhalt des Teils III ist die thermodynamische und kinetische Beschreibung chemischer Reaktionen, sozusagen das eigentliche Ziel der Physikalischen Chemie seit jeher. Die ersten beiden Teile stellen in diesem Sinne die physikalischen Grundlagen zur Behandlung reagierender Materie zur Verfügung; auf sie wird verwiesen, wenn es um molekül- oder systemspezifische Vorstellungen geht. Der Teil III beginnt nach einer Einführung in die Thermochemie mit der Behandlung chemischer und elektrochemischer Reaktionen bzw. Gleichgewichte und geht dann in getrennten Kapiteln auf die Kinetik homogener und heterogener Reaktionen ein. Während die Gleichgewichtsthermodynamik von Reaktionen noch abgeschlossen darstellbar ist — Schwierigkeiten bereiten hier höchstens die verschieden definierten Standard- bzw. Bezugszustände — äußert sich in der Kinetik die große Vielfalt der Chemie an sich: Empirische Erfahrungen gepaart mit scheinbar gegensätzlichen Theorien und Vorstellungen. Dasselbe gilt auch für die Photochemie, die dort beginnt, wo die Molekülspektroskopie endet. Der heutigen Auffassung folgend, wonach der Ablauf biologischer Reaktionen durch Prinzipien der irreversiblen Thermodynamik gesteuert wird, wurde ein abschließendes Kapitel über lineare und nichtlineare Prozesse neu verfaßt.

Für wertvolle Diskussionen während und nach der Durchsicht des Manuskriptes bedanke ich mich bei Herrn Dr. H. Leitner und Frau Dipl.-Ing. I. Hollerer (TU Graz).

Graz, September 1983   *G. W. Herzog*

In der 6., berichtigten Auflage sind Fehler korrigiert und geringfügige Änderungen angebracht worden.

Inhaltsverzeichnis

Vorwort zur 5. Auflage VII

Teil I: Atome, Moleküle, Kerne

Kapitel 1 Gasmoleküle und ihre Energie 1

  1.1 Die Gasgesetze von Boyle-Mariotte und Gay-Lussac 2
  1.2 Das ideale Gasgesetz und die Gaskonstante 6
  1.3 Daltonsches Partialdruckgesetz und mittlere Molmasse 9
  1.4 Das kinetische Modell der Gase 11
  1.5 Mittlere kinetische Energie und Gleichverteilungssatz 14
  1.6 Die MB-Geschwindigkeitsverteilung 16
  1.7 Gasmoleküle als starre Kugeln 22
  1.8 Reale Gase und Moleküldurchmesser 24

Kapitel 2 Die quantenmechanische Beschreibung atomarer Teilchen . 31

  2.1 Licht-Materiewechselwirkung 32
  2.2 Das Bohrsche Atommodell 36
  2.3 Das Konzept der Quantenmechanik 44
  2.4 Teilchen in einem eindimensionalen Potentialtopf 48
  2.5 Teilchen in einem dreidimensionalen Potentialtopf 52
  2.6 Die Translationsenergie 54
  2.7 Die Rotationsenergie 56
  2.8 Die Schwingungsenergie 61
  2.9 Normalschwingungen mehratomiger Moleküle 67

Kapitel 3 Der Atomaufbau 78

  3.1 Die Energieeigenwerte der Einelektronenatome 78
  3.2 Die Eigenfunktionen der Einelektronenatome 82
  3.3 Das Vektormodell der Einelektronenatome 89
  3.4 Zweielektronenatome 96
  3.5 Das Antisymmetrieprinzip 99
  3.6 Das He-Atom 101
  3.7 Atomaufbau der Elemente 107
  3.8 Elektronenkonfiguration und chemisches Verhalten der Atome 116

Kapitel 4 Molekülsymmetrie und Gruppentheorie 119

  4.1 Symmetrieoperationen in Matrizendarstellung 120
  4.2 Die Prinzipien der Gruppentheorie 124
  4.3 Der Charakter von Matrizendarstellungen 128
  4.4 Molekülsymmetrie und Charaktertafel 131
  4.5 Gruppentheoretische Anwendungen 136

Kapitel 5 Chemische Bindung und Molekülaufbau 144

  5.1 Klassische Deutungsversuche und Ionenbindung 145
  5.2 Das H_2-Molekül 148
  5.3 VB-Methode und Hybridisierung von Atomorbitalen 154
  5.4 Valenzorbitale und ihre Symmetrie 157
  5.5 Resonanzhybridisierung 162
  5.6 Variationsrechnung und MO-Theorie 164
  5.7 Zweiatomige, homonukleare Moleküle und ihre Symmetrie 170
  5.8 Zweiatomige, heteronukleare Moleküle und Elektronegativität 175
  5.9 Konjugierte π-Elektronensysteme 181
  5.10 Koordinations- und Elektronenüberschußverbindungen 185

Kapitel 6 Molekülspektren 191

  6.1 Strahlungstheorie 191
  6.2 Das Lambert-Beersche Absorptionsgesetz 196
  6.3 Rotationsspektren 200
  6.4 Schwingungsspektren 206
  6.5 Elektronenspektren 213
  6.6 Photoelektronen- und Massenspektroskopie 223
  6.7 Kern- und Elektronenresonanzspektroskopie 228

Kapitel 7 Elektrische und magnetische Molekülmomente 241

  7.1 Die dielektrische Polarisation 241
  7.2 Das elektrische Dipolmoment 247
  7.3 Messung des Dipolmoments und der Polarisierbarkeit 251
  7.4 Dipolmoment und Ionencharakter 256
  7.5 Magnetische Molekülmomente 260

Kapitel 8 Lichtstreuung an Molekülen 268

  8.1 Ramanspektren 269
  8.2 Rayleighstreuung an Makromolekülen 273
  8.3 Beugungserscheinungen 278
  8.4 Die Wierlgleichung 282
  8.5 Auswertung des Beugungsspektrums 287

Kapitel 9 Aufbau der Atomkerne 293

  9.1 Allgemeine Kerneigenschaften 293
  9.2 Tröpfchenmodell und Stabilität der Atomkerne 301
  9.3 Das Schalenmodell der Atomkerne 306
  9.4 Natürliche und künstliche radioaktive Kerne 310
  9.5 Kernanregung, Kernreaktionen und Kernspaltung 314
  9.6 Elementarteilchen 319

Teil II: Gase, Flüssigkeiten, Festkörper und Mischphasen

Kapitel 10 Statistische Beschreibung der Materie   1

10.1 Das Antisymmetrieprinzip   2
10.2 Die FD- und die BE-Statistik   4
10.3 Die MB-Verteilung und der Multiplikator β   11
10.4 Das Konzept der Zustandssumme   14
10.5 Die Zustandssummen der Translation, der Rotation und
       der Schwingung und die mittlere Gesamtenergie eines Gases   17
10.6 Statistische Begründung der MB-Geschwindigkeitsverteilung   22
10.7 Die Entropie   25
10.8 Die Mischungsentropie   30
10.9 Das chemische Potential μ und der Multiplikator α   32

Kapitel 11 Die Thermodynamik   36

11.1 Zustandsfunktionen und Energieerhaltungssatz   36
11.2 Wärme und Volumenarbeit   41
11.3 Enthalpie und spezifische Wärme bei konstantem Druck   45
11.4 Statistische Berechnung der Molwärme   50
11.5 Entropie und 2. Hauptsatz   53
11.6 Die freie Enthalpie   59
11.7 Unerreichbarkeit des absoluten Nullpunktes   64
11.8 Entropie und 3. Hauptsatz   65
11.9 Das thermodynamische Formelgebäude   70

Kapitel 12 Reale Gase   74

12.1 Das reale Verhalten der Gase   74
12.2 Das Theorem der übereinstimmenden Zustände   78
12.3 Das van der Waalsgas   79
12.4 Statistische Behandlung realer Gase   81
12.5 Statistische Interpretation des van der Waalsgases   87
12.6 Die Molwärmedifferenz und der Joule-Thomsonkoeffizient   89
12.7 Die freie Enthalpie   93

Kapitel 13 Die Kristallstruktur   100

13.1 Die Kristallsymmetrie   100
13.2 Kristallgitter und Elementarzelle   105
13.3 Braggsche Reflexion und Einkristallverfahren   109
13.4 Das Debye-Scherrerverfahren und die NaCl-Struktur   116
13.5 Der Strukturfaktor   121
13.6 Fouriersynthese der Elektronendichte   124

Kapitel 14 Festkörper 129

  14.1 Ionenkristalle und Gitterenergie 130
  14.2 Die Molwärme 136
  14.3 Die Molwärme der Metalle und das Elektronengasmodell 142
  14.4 Bändermodell und Metalle 146
  14.5 Valenzkristalle und Halbleiter 153
  14.6 Molekülkristalle 157
  14.7 Der reale Festkörper 162
  14.8 Diffusion und Leitfähigkeit 167

Kapitel 15 Flüssigkeiten 176

  15.1 Flüssigkeitsstruktur und Röntgenbeugung 177
  15.2 Paarverteilungsfunktion und thermodynamische Eigenschaften 182
  15.3 van der Waalswechselwirkungen 186
  15.4 Dampfdruck und Verdampfungsenthalpie 193
  15.5 Verdampfungsentropie und Gasmodell 196
  15.6 Die Molwärme 199
  15.7 Computersimulation 201
  15.8 Die Viskosität und das Hagen-Poiseuillesche Gesetz 204
  15.9 Die Oberflächenspannung 208

**Kapitel 16 Systeme aus mehreren chemischen Komponenten
                und Phasen** 214

  16.1 Phasen, Komponenten und Freiheiten 214
  16.2 Das chemische Potential von Komponenten in Mischphasen 217
  16.3 Zustandsdiagramme einkomponentiger Systeme 219
  16.4 Zustandsdiagramme zweikomponentiger flüssiger Systeme 223
  16.5 Thermodynamik idealer und realer flüssiger Mischungen 228
  16.6 Unvollständig mischbare Flüssigkeiten 236
  16.7 Schmelzdiagramme 238
  16.8 Zustandsdiagramme dreikomponentiger Systeme 243
  16.9 Freie Enthalpie und Stabilität von Mischkristallen 245
  16.10 Phasenumwandlungen zweiter Ordnung 248

Kapitel 17 Kolligative Eigenschaften von Lösungen 256

  17.1 Dampfdruckerniedrigung 257
  17.2 Siedepunkterhöhung 259
  17.3 Gefrierpunkterniedrigung 262
  17.4 Der osmotische Druck 265
  17.5 Löslichkeit von Gasen und festen Stoffen 268
  17.6 Lösungswärmen 271
  17.7 Nernstsches Verteilungsgesetz 275

Kapitel 18 Elektrolyt- und Makromoleküllösungen 281

18.1 Elektrolytlösungen und ihre Leitfähigkeit 282
18.2 Die Hydratation der Ionen 288
18.3 Die Ionenwolke und der Aktivitätskoeffizient 290
18.4 Theorie der elektrolytischen Leitfähigkeit 295
18.5 Makromolekulare Lösungen 298
18.6 Diffusion und Brownsche Molekularbewegung 300
18.7 Sedimentation 303
18.8 Viskosität 305

Teil III: Thermodynamische und kinetische Behandlung chemischer Reaktionen

Kapitel 19 Thermochemie 1

19.1 Reaktionsenergie und Reaktionsenthalpie 2
19.2 Direkte und indirekte Bestimmung der Reaktionswärme 4
19.3 Standardbildungsenthalpie 7
19.4 Temperaturabhängigkeit der Reaktionsenthalpie 9
19.5 Statistische Berechnung der Reaktionsenthalpie 11
19.6 Thermochemische Bindungsenergien 12
19.7 Gitter- und Hydratationsenthalpie 14

Kapitel 20 Das chemische Gleichgewicht 20

20.1 Die freie Reaktionsenthalpie 21
20.2 Temperatur- und Druckabhängigkeit der freien Reaktionsenthalpie . . 22
20.3 Die Gleichgewichtskonstante 25
20.4 Statistische Berechnung der Gleichgewichtskonstante 29
20.5 Allgemeine Formulierung des chemischen Gleichgewichts 33
20.6 Säure-Basengleichgewicht 37
20.7 Das Löslichkeitsprodukt 43

Kapitel 21 Das elektrochemische Gleichgewicht 47

21.1 Die elektrochemische Zelle 47
21.2 Die EMK und das Elektrodenpotential 51
21.3 Konzentrationszellen, Diffusionspotential und Salzbrücken 57
21.4 Spezielle Elektroden und ihre Anwendung 61
21.5 Bestimmung thermodynamischer Größen aus EMK-Daten 67
21.6 Membrangleichgewicht und elektrochemisches Potential 69
21.7 Das Donnangleichgewicht 74

Kapitel 22 Kinetik homogener Reaktionen   79

  22.1 Phänomenologische Begriffe der chemischen Kinetik   79
  22.2 Vollständige Reaktionen erster und höherer Ordnung   82
  22.3 Unvollständige Reaktionen und chemische Relaxation   87
  22.4 Folgereaktionen und Näherung des stationären Zustandes   92
  22.5 Homogene Katalyse und Enzymreaktionen   97
  22.6 Die Geschwindigkeitskonstante 100
  22.7 Theorie des Übergangszustandes 103
  22.8 Die Stoßtheorie 107
  22.9 Theorie monomolekularer Zerfallsreaktionen 113
  22.10 Theorie diffusionskontrollierter Reaktionen 118
  22.11 Quantenstatistische Geschwindigkeitstheorie 120

Kapitel 23 Phasengrenzflächen und Kinetik heterogener Reaktionen . 127

  23.1 Die elektrische Doppelschicht 128
  23.2 Elektrodenkinetik 132
  23.3 Festkörperkontakte 141
  23.4 Adsorption von Gasmolekülen an Festkörperoberflächen 145
  23.5 Heterogene Katalyse 153
  23.6 Die Oxidation von Metallen 157
  23.7 Lösungsreaktionen 162
  23.8 Adsorption an Flüssigkeitsoberflächen 166

Kapitel 24 Photochemie 170

  24.1 Strahlungsgleichgewicht und Lebensdauer angeregter Zustände 170
  24.2 Fluoreszenz und Phosphoreszenz 176
  24.3 Induzierte Emission und Laser 182
  24.4 Photochemische Reaktionen und Blitzlichtphotolyse 186
  24.5 Photoeffekte an Halbleiterkontakten 190

Kapitel 25 Irreversible Thermodynamik 195

  25.1 Kinetik und Thermodynamik 196
  25.2 Die Entropieproduktion irreversibler Prozesse 200
  25.3 Elektrokinetische Effekte 205
  25.4 Atomistische Behandlung der Elektroosmose und des
        Strömungspotentials 208
  25.5 Onsagerrelationen und Prinzip der minimalen Entropieproduktion . . 213
  25.6 Nichtlineare Prozesse 215

Teil 4: Anhang

I.   Vektoren und Vektoroperationen   1

II.   Integrale vom Typ $\int\limits_{x=0}^{\infty} x^n e^{-ax^2} dx$ 4

III.   Ersatz von Summen durch Integrale   5
IV.   Energiedichte des elektrostatischen bzw. elektromagnetischen Feldes ..   6
V.   Transformation des Laplaceoperators in Kugelkoordinaten   8
VI.   Zugeordnete Legendresche Polynome   10
VII.   Hermitesche Polynome   13
VIII.   Taylorreihenentwicklung   14
IX.   Determinanten und Gleichungssysteme   16
X.   Zugeordnete Laguerresche Polynome   19
XI.   Orthogonalität von Eigenfunktionen   20
XII.   Variationstheorem   21
XIII.   Fourierreihe und Fourierintegral   22
XIV.   Tunneleffekt   25
XV.   Stirlingsche Näherungsformel   29
XVI.   Lagrangesche Multiplikatoren   29

XVII.   Ermittlung des Integrals $\dfrac{N_a}{N} = \int\limits_{E=E_a}^{\infty} f(E)\, dE$ 31

XVIII. Kontinuitätsgleichung   32
XIX.   Londonsche Dispersionsenergie   33
XX.   Die Gaußsche Verteilung   37
XXI.   Poissonsche Gleichung und Debye-Hückeltheorie   40

Verzeichnis der Symbole   43

Tabellen   46
Basisgrößen, Einheiten, Vielfache und Definitionen des internationalen
Einheitensystems (SI)   46
Abgeleitete SI-Einheiten und SI-fremde Einheiten   47
Konzentrationseinheiten und Umrechnungsfaktoren   48
Energieumrechnungsfaktoren und einige wichtige physikalische Konstanten
in SI-Einheiten   49
Atomgewichte   50
Isotopentabelle   52
$(G°-E°)/T$- und $(H_{298}°-E_0°)$-Daten   59
Elektrodenstandardpotentiale   61
Thermodynamische Eigenschaften eigener Substanzen   65
Thermodynamische Eigenschaften von Ionen in wäßriger Lösung   68
Charaktertafeln   70

Namen- und Sachwortverzeichnis   73

Teil I
Atome, Moleküle, Kerne

Kapitel 1
Gasmolemüle und ihre Energie   1

Kapitel 2
Die quantenmechanische Beschreibung atomarer Teilchen   31

Kapitel 3
Der Atomaufbau   78

Kapitel 4
Molekülsymmetrie und Gruppentheorie   119

Kapitel 5
Chemische Bindung und Molekülaufbau   144

Kapitel 6
Molekülspektren   191

Kapitel 7
Elektrische und magnetische Molekülmomente   241

Kapitel 8
Lichtstreuung an Molekülen   268

Kapitel 9
Aufbau der Atomkerne   293

Kapitel 1
Gasmoleküle und ihre Energie

Materie oder ganz einfach Masse tritt uns im täglichen Leben meist in einer von drei Erscheinungsformen entgegen:

1. Als Gase (z. B. Luft),
2. als Flüssigkeiten (z. B. Wasser) und
3. als Festkörper (z. B. Gestein).

Dies klingt zwar sehr trivial, aber nur deshalb, weil wir uns mit der Zeit an diese Aggregatzustände gewöhnt haben. Wir verbinden mit ihnen auch gewisse makroskopische Erfahrungen. Zum Beispiel: Gase kann man nicht angreifen, wohl aber Festkörper oder: Flüssigkeiten rinnen uns zwischen den Fingern davon, usw. Nicht mehr trivial ist hingegen die Frage, worin eigentlich die strukturellen und energetischen Unterschiede zwischen diesen Aggregatzuständen bestehen und ob die Materie in diesen Formen homogen oder atomar aufgebaut ist. Eine wesentliche Erkenntnis der Naturwissenschaften war die Beantwortung dieser Frage mit atomar bzw. molekular. Jahrhundertelang blieb nämlich der molekulare Aufbau eine Hypothese, bis er im letzten Jahrhundert experimentell fundiert worden ist. Auch die Materie biologischer Systeme läßt sich mit Hilfe dieser allgemeinen Erkenntnis beschreiben, obwohl deren chemischer Aufbau viel komplexer als der von unbelebter Materie ist.

Neben der molekularen Struktur, die für viele physikalisch-chemische Eigenschaften verantwortlich zeichnet, spielt auch die Bewegung der Moleküle eine ganz wichtige Rolle. Sie hängt — wie der strukturelle Aufbau — eng mit dem energetischen Zustand der Materie zusammen. Die Moleküle sind nämlich nicht starr an gewisse Plätze im Raum gebunden, sondern bewegen sich je nach ihrer Energie bzw. Temperatur unterschiedlich stark. Diese Bewegung kann sich aus Translationen, Rotationen und Schwingungen zusammensetzen und läßt sich mit den Mitteln der klassischen Mechanik und Statistik beschreiben, in einfacher mathematischer Form jedoch nur für Gasmoleküle. Diese Beschreibung findet ihren Ausdruck in der molekularen Interpretation des idealen Gasgesetzes.

Die wichtigsten Erkenntnisse, die sich dabei gewinnen lassen, umfassen Informationen über die molekulare Natur der Gase und darüber hinaus über die Natur der Moleküle selbst und vermitteln so einen ersten Einblick in den molekularen Aufbau der Materie. Solche Informationen erhält man schon ohne die Zuhilfenahme genereller Theorien, die erst später mitgeteilt werden.

Um molekulare Gaseigenschaften zu studieren, stellt man am besten zuerst einige experimentelle Ergebnisse zusammen und kleidet sie in Form empirischer Gesetze. Diese bilden das Thema des ersten Teils dieses Kapitels. Ihre molekulare Deutung auf klassisch-

mechanischer Basis steht danach im Mittelpunkt und führt zu ersten Aussagen über die
Energie und Bewegung der Gasmoleküle. Eine parallele experimentelle und theoretische
Behandlung wie hier ist selten durchführbar, aber man wird bald erkennen, daß diese
Aspekte wissenschaftlicher Forschung immer miteinander verknüpft sind. Nur beide
zusammen führen zu einem gründlichen Verständnis dieser scheinbar so schwer erfaßbaren
Welt der Moleküle. Die Trennung in eine empirische und theoretische Behandlung bringt
es jedoch immer mit sich, daß die historische Reihenfolge der Erkenntnisse kaum gewahrt
werden kann.

1.1 Die Gasgesetze von Boyle-Mariotte und Gay-Lussac

Schon im Jahre 1664 führte *Boyle* eine Reihe von Versuchen durch, bei denen er
den Einfluß des Druckes auf eine bestimmte Menge Luft untersuchte. Unabhängig von
Boyle unternahm *Mariotte* einige Jahre später ähnliche Versuche und fand dieselbe gesetz-
mäßige Abhängigkeit des Volumens vom Druck. Die von *Boyle* benutzte Apparatur war
denkbar einfach gebaut und bestand aus einem U-förmig gebogenen Glasrohr, das an
einem Ende zugeschmolzen war (Bild 1.1). Durch die verbleibende Öffnung wurde Quecksilber eingefüllt, so daß am zugeschmolzenen Ende eine ganz bestimmte Luftmenge eingeschlossen wurde. *Boyle* maß dann das Volumen der eingeschlossenen Luft nach Zugabe
verschiedener Mengen Quecksilber. Seine Meßergebnisse bestanden aus der gemessenen
Höhe der Luftsäule (proportional zum Volumen der Luft) und aus der gemessenen
Höhendifferenz der beiden Quecksilbersäulen. Zu dieser Höhendifferenz addierte er die
Höhe des Quecksilbers, die dem Atmosphärendruck entsprach. In Tabelle 1.1 sind einige
seiner Meßdaten wiedergegeben.

An Hand der Daten in den Spalten (1) und (3) erkennt man, daß das Volumen der
eingeschlossenen Luft abnimmt, wenn der auf sie ausgeübte Druck zunimmt. Ein derartiger
Zusammenhang läßt vermuten, daß zwischen dem Druck p und dem Volumen V eine
hyperbolische Abhängigkeit besteht:

$$p \sim \frac{1}{V} \qquad \text{oder anders geschrieben} \qquad (1)$$

$$p = \frac{\text{const}}{V} \quad \text{bzw.} \qquad (2)$$

$$pV = \text{const.} \qquad (3)$$

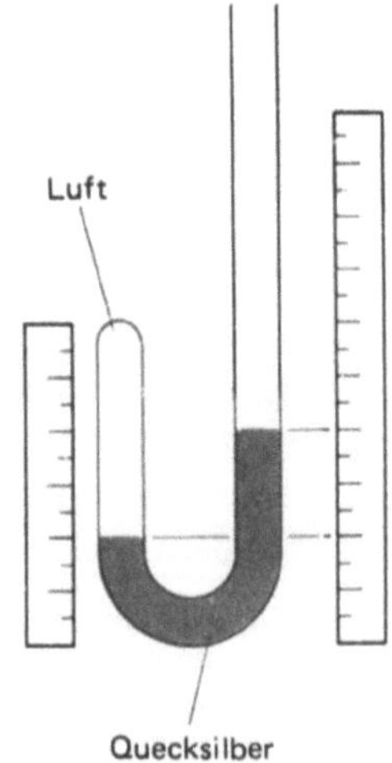

Bild 1.1

Apparatur zur Messung der Druckabhängigkeit
des Volumens einer bestimmten Menge Luft
nach *Boyle*

Tabelle 1.1: Druckabhängigkeit des Volumens einer bestimmten Luftmenge nach *Boyle*

(1) Höhe der Luftsäule cm ($\hat{=}$ Volumen)	(2) Höhendifferenz der Hg-Säulen cm	(3) Höhendifferenz + Atmosphärendruck cm ($\hat{=}$ Druck)	(4) Produkt der Spalten (1) und (3) cm^2 ($\hat{=}$ Druck · Volumen)
12	0	73,7	884,4
10	14,9	88,6	886,0
8	38,3	112,0	896,0
6	72,3	146,0	876,0
4	147,3	221,0	884,0
3	223,1	296,8	890,4

Ob die Boyleschen Meßergebnisse diesem Ansatz genügen, kann sehr leicht an Hand von Gl. (3) und der Daten von Spalte (4) überprüft werden. Die Wahl der Einheit für das Produkt pV ist nicht entscheidend, da es hier nur auf die Konstanz des Resultates ankommt. Und da dies innerhalb der experimentellen Fehlergrenze der Fall ist, läßt sich der Schluß ziehen: Das Volumen der Luft ist indirekt proportional dem Druck oder das Produkt aus Volumen und Druck ist konstant. Später durchgeführte Versuche ergaben allerdings, daß diese funktionelle Abhängigkeit nur bei konstanter Gastemperatur und bei niederen Drücken gilt. Jedoch nicht bloß Luft, sondern auch andere Gase sowie Gasgemische zeigen dann ein solches Verhalten. Das Boyle-Mariottesche Gasgesetz läßt sich deshalb wie folgt formulieren: *Das Volumen einer bestimmten Gasmenge ist bei konstanter Temperatur indirekt proportional dem Druck.*

Die hyperbolische Druck-Volumen-Abhängigkeit läßt sich sehr übersichtlich in einem p,V-Diagramm darstellen (Bild 1.2). Konstanter Parameter ist die Temperatur t; die p (V)-Kurven nennt man *Isothermen.*

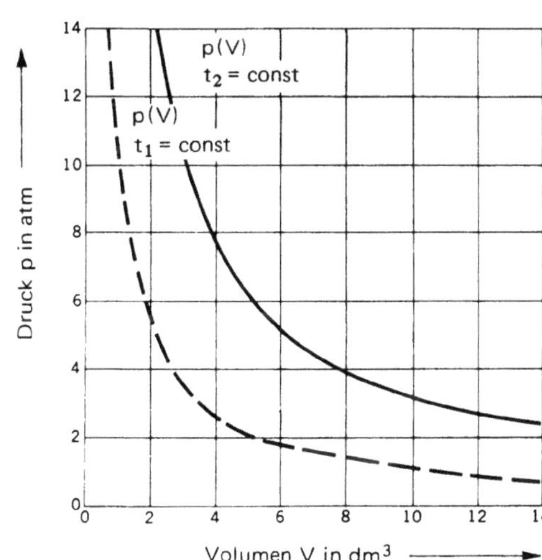

Bild 1.2
Isothermen eines Gases, das dem Boyle-Mariotteschen Gesetz gehorcht (Temperatur t$_2$ > t$_1$)

Mehr als ein Jahrhundert verging, bis das Gegenstück zum Boyle-Mariotteschen Gesetz, nämlich die Temperaturabhängigkeit des Volumens entdeckt wurde. Der Grund für diesen langen Zeitraum liegt in den Schwierigkeiten, die der Begriff der Temperatur im Vergleich zum Druck mit sich brachte. Obwohl qualitativ zwischen heiß und kalt leicht zu unterscheiden ist, war es nicht einfach, Vorrichtungen zur quantitativen Messung des Wärmegrades zu ersinnen. Erst gegen Ende des 18. Jahrhunderts wurde allgemein die Eigenschaft von Flüssigkeiten, sich linear mit der Temperatur auszudehnen, erkannt und zur Temperaturmessung herangezogen. Damit gab es das *Thermometer*.

In *Europa* kam man überein, den Nullpunkt der Temperaturskala durch den Gefrierpunkt des Wassers und die 100-Gradmarke durch den Siedepunkt des Wassers festzulegen. Der Vorschlag dazu stammte von *Celsius* (1742), nach dem auch diese 100-Gradeinteilung benannt ist. Erst das Thermometer mit der so definierten Temperaturskala ermöglichte dann systematische Untersuchungen der Temperaturabhängigkeit des Volumens von Gasen.

Die ersten Untersuchungen stammen von *Charles* (1787) und *Gay-Lussac* (1808). Sie fanden, daß sich das Volumen eines Gases bei konstantem Druck linear mit der Temperatur ändert (Bild 1.3). Der mathematische Ausdruck für diese lineare Beziehung lautet:

$$V = V_0 + \frac{V_0}{273,15}\, t. \tag{4}$$

V_0 ist das Volumen der vorgegebenen Gasmenge bei 0 °C und einem bestimmten konstanten Druck. V ist das Volumen bei einer beliebigen Temperatur t, gemessen in °C. Der Faktor $V_0/273,15$ ergibt sich empirisch; er stellt die Steigung der experimentell ermittelten Geraden V(t) dar.

Eine graphische oder analytische Extrapolation von V(t) zu tieferen Temperaturen liefert eine wichtige Feststellung: Alle Geraden V(t), die zu verschiedenen konstanten Drücken gehören, treffen einander im Punkt −273,15 °C. Aus diesem Grunde schien es vernünftiger, eine neue Temperaturskala einzuführen und die Temperatur von diesem Punkt aus zu messen. Behält man die Intervalle der 100-Gradskala bei und verschiebt man den Nullpunkt nach −273,15 °C, so entsteht die *absolute* Temperaturskala:

$$T = t + 273,15 \tag{5}$$

Eine Temperatur T auf der neuen Skala trägt die Bezeichnung K (*Kelvin*). Umformen von Gl. (4) liefert:

$$V = V_0\, \frac{(273,15 + t)}{273,15} \tag{6}$$

bzw.

$$V = V_0\, \frac{T}{T_0} \tag{7}$$

und da T_0 und V_0 konstante Größen sind

$$V = \text{const}\ T. \tag{8}$$

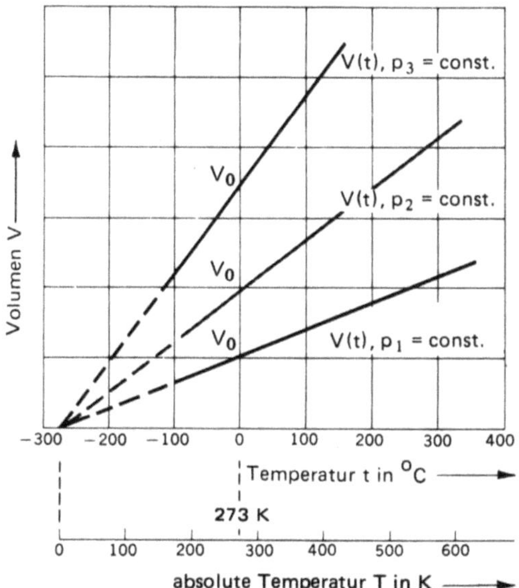

Bild 1.3
Temperaturabhängigkeit des Volumens einer bestimmten Gasmenge bei verschiedenen konstanten Drücken ($p_1 > p_2 > p_3$)

Dieses Resultat, aus Bild 1.3 direkt ablesbar, wird Gay-Lussacsches und mitunter auch Charlessches Gesetz genannt. Es lautet in Worten: *Das Volumen einer bestimmten Gasmenge ist bei konstantem Druck der absoluten Temperatur direkt proportional.*

Die Temperatur, bei der sich die extrapolierten Geraden V (t) bzw. V (T) schneiden, beträgt −273,15 °C oder 0 K. Sie entspricht einem echten, absoluten Temperaturnullpunkt T_0, wie später gezeigt wird. Wir werden uns aber hier keine Gedanken darüber machen, ob eine solche Extrapolation, die auf ein Gasvolumen V = 0 bei T = 0 führt, überhaupt zulässig ist. Gase kondensieren zu Flüssigkeiten und erstarren, bevor sie den absoluten Nullpunkt erreichen. Ein Verhalten in Übereinstimmung mit dem Gay-Lussacschen Gesetz ist daher bei tiefen Temperaturen von vornherein nicht zu erwarten. So wie das Boyle-Mariottesche Gesetz nur bei hinreichend niederen Drücken gilt, gilt das Gay-Lussacsche Gesetz nur bei genügend hohen Temperaturen. Beide Gesetze sind somit *Grenzgesetze* und nicht ohne Einschränkungen anwendbar. Befolgen Gase diese Gesetze, so nennt man sie *ideale* Gase und wenn nicht, *reale* oder *nichtideale* Gase.

Die Versuche von *Charles* und *Gay-Lussac* zeigen an sich nur, daß die thermische Ausdehnung eines Gases bei konstantem Druck proportional zur Ausdehnung des Quecksilbers oder einer anderen Flüssigkeit in einem Glasrohr ist. Eigentlich eine verblüffende Feststellung, denn es ist nur ein purer Zufall, daß sich Flüssigkeiten normalerweise linear mit der Temperatur ausdehnen. Eine berühmte Ausnahme stellt z. B. Wasser mit seiner ausgeprägten Anomalie dar. Die vorhin eingeführte Temperaturskala basiert also auf einer willkürlich, wenn auch glücklich gewählten spezifischen Eigenschaft von Flüssigkeiten.

Ein etwas anspruchsvolleres Temperaturkonzept benutzt deshalb nicht die thermische Ausdehnung von Flüssigkeiten, sondern die von Gasen selbst zur Definition der Skala. Bild 1.4 zeigt schematisch den Aufbau eines sogenannten *Gasthermometers*. Bezugspunkte sind jetzt nicht mehr der Gefrierpunkt und der Siedepunkt des Wassers bei 1 atm, sondern der *absolute Nullpunkt* und der sogenannte *Tripelpunkt* des Wassers, bei dem Wasser, Eis und Wasserdampf miteinander im Gleichgewicht stehen. Er liegt bei 273,160 K und ist experimentell leichter zu verifizieren als der um 0,010 K tieferliegende Gefrierpunkt bei 1 atm. Formt man Gl. (7) um und ersetzt man V_0 durch V_{Tripel}, so erhält man mit $T_0 = 273{,}16\,K$ die Definition des neuen Temperaturkonzeptes:

$$T = 273{,}16\,\frac{V}{V_{Tripel}}. \qquad (9)$$

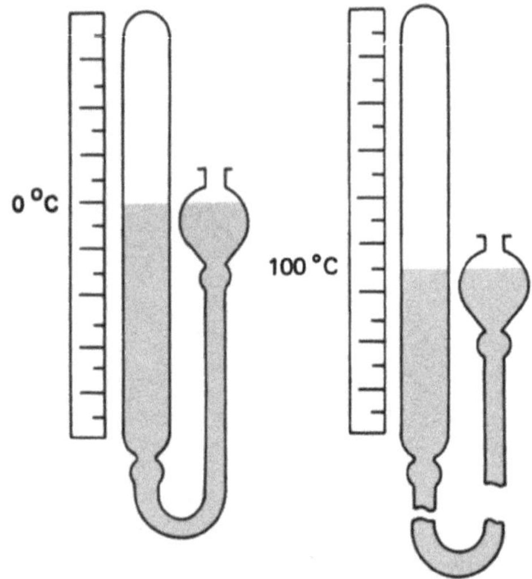

Bild 1.4 Schematische Darstellung des Gasthermometers

Gl. (9) definiert die absolute Temperatur durch das Verhältnis des Gasvolumens bei der Temperatur T zum Gasvolumen beim Tripelpunkt des Wassers. Nachdem diese Definitionsgleichung aber nur für ideale Gase gilt, hat man das Volumenverhältnis durch den Grenzwert zu ersetzen, den es besitzt, wenn der Gasdruck gegen Null geht. Da sich leichter ein Grenzwert von pV als von V bestimmen läßt, definiert man noch besser durch

$$T = 273{,}16\,\frac{\lim_{p \to 0}(pV)}{\lim_{p \to 0}(pV)_{Tripel}}. \qquad (10)$$

Dies ist die heute übliche Definition der absoluten Temperatur.

1.2 Das ideale Gasgesetz und die Gaskonstante

Die Gasgesetze von *Boyle-Mariotte* und *Gay-Lussac* lassen sich zu einem einzigen Gesetz vereinigen, das zugleich die Abhängigkeit des Gasvolumens von der Temperatur und dem Druck angibt. Dies gelingt wie folgt.

Gegeben sei eine bestimmte Gasmenge mit dem Volumen V_1 und dem Druck p_1 bei der Temperatur T_1. Gesucht ist die Beziehung, welche die Berechnung des Volumens V_2 gestattet, wenn der Druck und die Temperatur des Gases auf p_2 und T_2 geändert werden. Man kann sie aus beiden Gasgesetzen ableiten, indem man die Gesamtänderung in zwei Schritten durchführt:

1. Schritt: Bei konstanter Temperatur T_1 wird der Druck von p_1 auf p_2 geändert ($p_1, T_1, V_1 \to p_2, T_1, V_x$)

2. Schritt: Man hält den Druck p_2 konstant und ändert die Temperatur von T_1 auf T_2 ($p_2, T_1, V_x \to p_2, T_2, V_2$).

V_x ist das resultierende Volumen nach dem ersten Schritt. Durch Anwendung des Boyle-Mariotteschen Gesetzes erhält man:

$$V_x = V_1 \frac{p_1}{p_2}. \tag{11}$$

Der zweite Schritt wird durch Anwendung des Gay-Lussacschen Gesetzes durchgeführt:

$$V_2 = V_x \frac{T_2}{T_1}. \tag{12}$$

Eliminiert man V_x aus beiden Gleichungen, so folgt für den gesamten Prozeß

$$V_2 = V_1 \frac{p_1}{p_2} \frac{T_2}{T_1} \tag{13}$$

oder

$$\frac{p_1 V_1}{T_1} = \frac{p_2 V_2}{T_2}. \tag{14}$$

Da Temperatur und Druck bei einer vorgegebenen Gasmenge beliebig variiert werden können, muß außerdem gelten:

$$\frac{pV}{T} = \text{const.} \tag{15}$$

Gl. (14) und Gl. (15) sind das Ergebnis unserer Kombination und können auf Gasprobleme angewendet werden, in denen sowohl Druck- als auch Temperaturänderungen vorkommen. Zu einer wertvollen Verallgemeinerung der Kombination kommt man, wenn der Avogadrosche Satz hinzugezogen wird. Dieser Satz, ursprünglich nur eine Hypothese, wurde erstmals von *Avogadro* 1811 ausgesprochen. Er gilt heute als gesichert und lautet: *Gleiche Volumina verschiedener Gase enthalten unter gleichen äußeren Bedingungen stets die selbe Zahl von Molekülen.* Diese Erkenntnis über den molekularen Aufbau eines Gases rechtfertigt die Erweiterung des kombinierten Gasgesetzes.

Fragt man nach der Zahl der Moleküle, die z.B. in 1 dm^3 Gas enthalten sind, so bekommt man auf Grund von Experimenten die Antwort: Bei 0 °C und 1 atm ($1,0133 \cdot 10^5$ Nm^{-2}) enthält 1 dm^3 Gas $0,2687 \cdot 10^{23}$ Moleküle oder in 22,414 dm^3 Gas befinden sich $6,0225 \cdot 10^{23}$ Moleküle. Diese Zahl ist unter dem Namen *Avogadrosche Zahl* N_A oder *Loschmidtsche Zahl* N_L bekannt. Sie wurde zum erstenmal von *Loschmidt* bestimmt, während *Avogadro* selbst nie den Versuch einer Bestimmung unternommen hat. N_A Moleküle bilden 1 mol Substanz. Mit dem Begriff mol lautet nun der Avogadrosche Satz: *Die Volumina von je 1 mol irgendwelcher idealer Gase sind bei gleicher Temperatur und gleichem Druck gleich groß.* In dieser erweiterten Fassung läßt sich der Avogadrosche Satz direkt auf das kombinierte Gasgesetz (15) anwenden.

Da das Gasvolumen bei einer bestimmten Temperatur und einem bestimmten Druck proportional der Gasmenge, d.h. proportional der Masse oder der Molzahl ist, kann man Gl. (15) auch so anschreiben:

$$\frac{pV}{T} = n \, \text{const}' \tag{16}$$

n ist die Anzahl der Mole oder *Molzahl* und durch n = M/M definiert. Dabei ist M die Masse und M die *Molmasse* (SI-Einheit $kgmol^{-1}$) eines Gases. Die Molmasse ist andererseits die Masse von N_A Molekülen und ist numerisch identisch mit dem *Atom-* oder *Molekulargewicht*. Dieses selbst ist eine dimensionslose Zahl, die angibt, wieviel mal schwerer ein Atom oder Molekül als ein Zwölftel des Kohlenstoffisotops C^{12} ist.

Die Konstante const' bezieht sich jetzt auf 1 mol des betreffenden Gases und ist in jeder Beziehung eine sehr wichtige Größe. Sie heißt *Gaskonstante* und wird mit dem Symbol R bezeichnet. Das Verhalten aller idealen Gase läßt sich nun durch das sogenannte *ideale Gasgesetz* (Bild 1.5) wiedergeben:

$$pV = nRT.$$

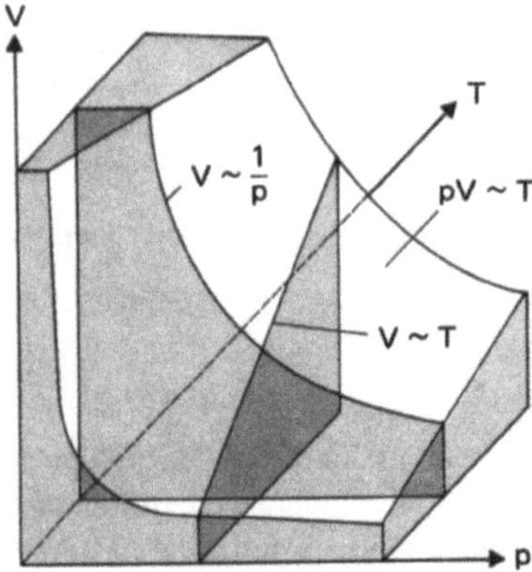

Bild 1.5

Das Volumen V eines Gases in Abhängigkeit vom Druck p und der Temperatur T

R hat für alle idealen Gase denselben Wert. Er läßt sich sofort aus Gl. (17) berechnen, wenn man bedenkt, daß 1 mol ideales Gas bei 0 °C und 1 atm ein Volumen von 22,414 dm^3 bzw. 0,022414 m^3 besitzt. Setzt man nämlich diese Daten in Gl. (17) ein, so bekommt man für R

$$R = \frac{pV}{nT} = \frac{1 \cdot 22,414}{1 \cdot 273,16} = 0,08205 \ dm^3 \ atm \ K^{-1} \ mol^{-1} \tag{18}$$

bzw.

$$R = 8,205 \cdot 10^{-5} \ m^3 \ atm \ K^{-1} \ mol^{-1}. \tag{19}$$

Die Gaskonstante tritt aber nicht nur bei Volumenberechnungen auf, sie spielt auch eine sehr wichtige Rolle bei allen Prozessen, die mit der Energie molekularer Systeme verknüpft sind. Dies erkennt man bereits an ihrer Dimension (Energie · Temperatur^{-1} · Stoffmenge^{-1}). Gibt man nämlich den Druck in der Dimension (Kraft · Fläche^{-1}) und das Volumen in der Dimension (Fläche · Länge) an, so erhält man für das Produkt pV die Dimension einer Energie (Kraft · Länge). Je nach Wahl der Energieeinheit besitzt R verschiedene Zahlenwerte.

Im internationalen Einheitensystem (siehe Tabellenanhang) besitzt der Druck die Einheit Nm^{-2} ($1\,N = 1\,mkgs^{-2}$). Um Gl. (17) verwenden zu können, muß der Druck 1 atm in dieser Einheit eingesetzt werden. Der Druck 1 atm entspricht definitionsgemäß dem Gewicht einer 760 mm hohen Quecksilbersäule von 1 cm² Querschnitt bei 298 K. Man bezeichnet die Angabe der Drücke in mm Hg auch sehr oft mit Torr (1 atm = 760 mm Hg = 760 Torr). Da die Dichte des Quecksilbers bei 298 K 13596 kgm^{-3} beträgt, ergibt sich die Masse einer 760 mm hohen Quecksilbersäule von 1 m² Querschnitt zu $0,76 \cdot 13596$ kg. Das Gewicht dieser Säule, bezogen auf 1 m² Querschnitt beträgt daher $9,807 \cdot 0,76 \cdot 13596\ Nm^{-2}$ (Erdbeschleunigung $9,807\ ms^{-2}$). 1 atm entspricht somit einem Druck von $1,013 \cdot 10^5\ Nm^{-2}$. Mit diesem Wert für den Druck und mit dem Wert $0,022414\ m^3$ für das Volumen von 1 mol Gas, erhält man dann $R = 8,314\ NmK^{-1}\,mol^{-1}$ oder da 1 Nm = 1 J $R = 8,314\ JK^{-1}\,mol^{-1}$.

Doch zurück zum idealen Gasgesetz pV = nRT. Führt man darin die *molare Konzentration* c = n/V, das *Molvolumen* V = V/n oder die *Gasdichte* d = m/V ein, so läßt es sich auch wie folgt anschreiben:

$$p = cRT, \tag{20}$$

$$pV = RT, \tag{21}$$

$$p = \frac{d}{M}RT. \tag{22}$$

Wie schon der Name ausdrückt, gilt es nur für ideale Gase und ist das Grenzgesetz einer allgemeinen Beziehung: V = f(p, T).

Eine solche allgemeine Beziehung wird *thermische Zustandsgleichung* genannt und gilt primär für den realen Zustand eines Gases. Durch sie ist das Volumen eindeutig als Funktion von Druck und Temperatur festgelegt.

1.3 Daltonsches Partialdruckgesetz und mittlere Molmasse

Ein anderes empirisches Gesetz, das die Eigenschaften idealer Gase betrifft, wurde von *Cavendish* (1781) und *Dalton* (1810) gefunden und resultiert aus Beobachtungen des Druckes von Gasgemischen. Es läßt sich mit Hilfe des Konzeptes der Partialdrücke quantitativ formulieren: *Der Gesamtdruck einer Mischung von idealen Gasen ist gleich groß wie die Summe der Partialdrücke der einzelnen Gaskomponenten* (Daltonsches Gesetz).

Unter dem *Partialdruck* (p_i) versteht man dabei den Druck einer Gaskomponente (i), den diese ausüben würde, befände sie sich allein in demselben Behälter. Der Gesamtdruck (p) einer Mischung beträgt dann:

$$p = p_1 + p_2 + \ldots + p_i + \ldots + p_z = \sum_{i=1}^{z} p_i \tag{23}$$

Da man voraussetzungsgemäß auf jede einzelne Komponente das ideale Gasgesetz anwenden darf,

$$p = \frac{n_1 RT}{V} + \frac{n_2 RT}{V} + \ldots + \frac{n_i RT}{V} \ldots + \frac{n_z RT}{V} = \sum_{i=1}^{z} \frac{n_i RT}{V}, \tag{24}$$

bekommt man mit dem Ausdruck für die Gesamtmolzahl

$$n = \sum_{i=1}^{z} n_i \tag{25}$$

das Ergebnis

$$p = \frac{nRT}{V}. \tag{26}$$

Es besagt wörtlich, daß das ideale Gasgesetz direkt auf Gemische idealer Gase anwendbar ist, wenn es für die Komponenten gilt.

Arbeitet man mit Gasmischungen, so muß man in der Lage sein, ihre *Zusammensetzung* zu formulieren. Dies ist auf zweierlei Weise möglich:

1. Durch Definition des Buchteiles eines Partialdruckes p_i im Vergleich zum Gesamtdruck $p : p_i/p$ und
2. durch Definition des Bruchteiles einer Molzahl n_i im Vergleich zur Gesamtmolzahl $n : n_i/n$,

Die Brüche p_i/p und n_i/n sind identisch und werden *Molenbruch* x_i genannt:

$$\frac{p_i}{p} = \frac{n_i\left(\frac{RT}{V}\right)}{n\left(\frac{RT}{V}\right)} = \frac{n_i}{n} = x_i. \tag{27}$$

Die Summe aller Molenbrüche ist ersichtlich gleich 1:

$$\sum_{i=1}^{z} x_i = 1. \tag{28}$$

Das voneinander unabhängige Verhalten einzelner Gaskomponenten, wie es im Daltonschen Gesetz zum Ausdruck kommt, war eines der ersten wichtigen Argumente für die molekulare Vorstellung der Materie. Der Gesamtdruck ist davon unabhängig, ob das Gas aus einer einzigen Molekülsorte oder aus mehreren besteht. Er wird allein durch die Gesamtzahl der Moleküle bestimmt.

Aus dem Daltonschen Gesetz folgt auch die Berechtigung, *mittlere Eigenschaften* zu definieren, z.B. die *mittlere Molmasse* einer Gasmischung wie Luft. Luft, obwohl aus verschiedenen Komponenten bestehend, äußert sich makroskopisch wie ein Gas mit einer einheitlichen mittleren Molmasse. Ermittelt man diese etwa mit Hilfe von Gl. (22) durch Messung der Dichte bei einer bestimmten Temperatur und einem bestimmten Druck, so findet man den Wert $\bar{M} = 29{,}05 \cdot 10^{-3}$ kgmol^{-1}. Im gegenständlichen Fall wurde bei 17 °C und 1 atm ein Dichtewert von 1,22 gdm^{-3} gemessen:

$$\bar{M} = \frac{dRT}{p} = \frac{1{,}22 \cdot 8{,}206 \cdot 10^{-5} \cdot 290{,}2}{1} = 29{,}05 \cdot 10^{-3} \text{ kgmol}^{-1}. \tag{29}$$

Wegen Gl. (24) ist die mittlere Molmasse $\overline{M}$ das Mittel der Molmassen M_i aller beteiligten z Gaskomponenten:

$$\overline{M} = \frac{n_1 M_1 + \dots n_i M_i + \dots n_z M_z}{n_1 + \dots n_i + \dots n_z} = \frac{\Sigma\, n_i M_i}{\Sigma\, n_i} \tag{30}$$

Oder mit Hilfe der Molenbrüche geschrieben:

$$\overline{M} = x_1 M_1 + \dots\dots x_i M_i + \dots\dots x_z M_z = \sum_{i=1}^{z} x_i M_i \tag{31}$$

Für Luft mit der Zusammensetzung 78,1 Vol% N_2, 20,9 Vol% O_2 und 1 Vol% Ar bei 17 °C und 1 atm berechnet man nach dieser Vorschrift den Wert $\overline{M}$ = 28,9, der mit dem experimentell ermittelten recht gut übereinstimmt. Dazu benutzt wurde die nur für ideale Gasmischungen geltende Identität:

$$\frac{V_i}{V} = \frac{p_i}{p} = x_i. \quad \left(\mathrm{Vol\%} = \frac{V_i}{V}\, 100 \right) \tag{32}$$

1.4 Das kinetische Modell der Gase

In den bisherigen Abschnitten wurden die physikalischen Eigenschaften der Gase rein empirisch gesehen. Fragen nach der physikalischen Ursache, warum z. B. Gase den idealen Gasgesetzen gehorchen, wurden nicht gestellt. Ziel dieses und der nächsten Abschnitte wird es sein, solche Fragen mit Hilfe des kinetischen Gasmodelles zu beantworten. Es dient damit nicht nur der molekularen Interpretation der empirischen Gasgesetze, sondern soll zugleich einen ersten Einblick in den molekularen Aufbau der Materie im allgemeinen und der Gase im speziellen verschaffen. Zunächst ein paar Bemerkungen zum Begriff *Modell*.

Es ist grundsätzlich nicht möglich, aus empirischen Gesetzen allein auf die Natur der Materie, d. h. auf ihren Aufbau zu schließen. Hierzu sind Modellvorstellungen notwendig. Sie sollen so beschaffen sein, daß aus ihnen möglichst viele, mit dem Experiment übereinstimmende Aussagen nicht nur theoretisch abgeleitet, geschlossen dargestellt und physikalisch interpretiert, sondern darüber hinaus auch neue Erkenntnisse gewonnen werden können. Meist stellen Modelle zwar grobe Vereinfachungen der Wirklichkeit dar, doch lassen sie sich fast immer so wählen, daß sie den wesentlichsten Anforderungen genügen. Ein absolut richtiges Modell gibt es deshalb nicht. Andererseits kann man sagen: Je weniger Ad hoc-Annahmen oder Postulate es benötigt, je umfassender seine Aussagen sind und je genauer diese mit dem Experiment übereinstimmen, umso besser ist es. Modellvorstellungen sind in den Naturwissenschaften, so auch in der Chemie, nichts Außergewöhnliches. Sie werden nur allzu oft nicht als solche erkannt.

Auch das *kinetische Gasmodell*, ein Modell der klassischen Punktmechanik, ist eine Hilfsvorstellung: Danach besteht ein Gas aus einer großen Zahl von Teilchen (Molekülen), die sich völlig regellos bewegen. Es ist damit an die Existenz von Molekülen geknüpft. Der Begriff *Molekül* entstand allmählich aus den bei den Untersuchungen chemischer Verbindungen und Reaktionen gewonnenen Erkenntnissen. Erst im 18. Jahrhundert setzte sich die Ansicht durch, daß chemische Verbindungen aus Molekülen und diese wiederum aus Atomen aufgebaut sind. Erkenntnisse über Größe, Form und über andere Moleküleigenschaften konnten allerdings damit nicht erzielt werden. Sie blieben atomistischen Modellen vorbehalten. Die Arbeiten von *Boltzmann, Maxwell* und *Clausius* gegen Ende des 19. Jahrhunderts waren ausschlaggebend für die Entwicklung des kinetischen Gasmodells, meistens als *kinetische Gastheorie* bezeichnet.

Wie angedeutet besteht ein Gas aus atomistischer Perspektive aus sich willkürlich bewegenden Molekülen. Ob diese molekulare Vorstellung „richtig" ist, soll dieser Abschnitt zeigen. Richtig ist sie dann, wenn sie zum selben Resultat wie die makroskopische Feststellung pV = nRT, führt. Die molekulare Deutung läuft deshalb auf eine theoretische Berechnung des Gasdruckes hinaus. Um zu einem quantitativen Ergebnis zu gelangen, muß zuerst das kinetische Gasmodell festgelegt werden. Es soll auf folgenden *Postulaten* basieren:

1. Ein Gas besteht aus einer großen Anzahl von Atomen oder Molekülen, deren Durchmesser sehr klein gegen ihre mittlere Entfernung voneinander und gegen die Behälterdimension ist.
2. Die Moleküle eines Gases befinden sich in völlig regelloser, translatorischer Bewegung.
3. Die Zusammenstöße zwischen den Molekülen sowie zwischen den Molekülen und den Behälterwänden sind streng elastisch, d. h. Energie- und Impulsänderungen unterliegen den Erhaltungssätzen der klassischen Mechanik.

Der Druck, den ein Gas auf seinen Behälter ausübt, ist zufolge dieses Modells eine Auswirkung der Molekülstöße auf die Behälterwände. Es soll nun der Druck berechnet werden, den N Moleküle mit der Masse m auf einen kubischen Behälter mit der Seitenlänge *l* ausüben. Die kubische Geometrie ist jedoch keine notwendige Bedingung, denn der Druck hängt nur vom Volumen bzw. der Molekülzahl und nicht von der Behälterform ab.

Die Geschwindigkeit eines beliebigen, herausgegriffenen Moleküls soll durch den Vektor **u** mit den Komponenten $\mathbf{u_x}$, $\mathbf{u_y}$, $\mathbf{u_z}$ gegeben sein (Bild 1.6). Trifft es auf die Behälterwand A, so wird es gemäß Postulat 3 elastisch reflektiert und überträgt dabei

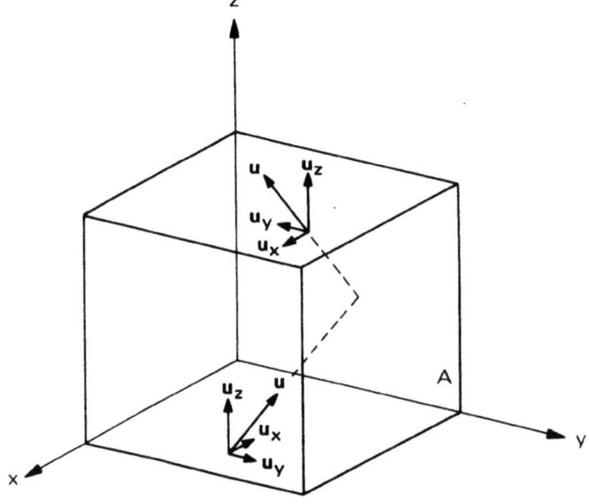

Bild 1.6

Vektorielle Zerlegung der Molekülgeschwindigkeit **u** in ihre Komponenten vor und nach einem Stoß auf die Behälterwand A

unter Erhaltung seiner kinetischen Energie einen Impuls auf die Wand. Die Kraft **F**, die es dadurch auf die Wand A ausübt, ist nach dem *Newtonschen Axiom* gleich dem in der Zeiteinheit übertragenen Impuls mu mit den Komponenten mu_x, mu_y, mu_z:

$$F = \frac{d}{dt}(mu) \cdot \qquad\qquad (|u| = u) \tag{33}$$

Betrachtet man nur die Impulskomponente in der x-Richtung, so beträgt diese vor dem Stoß mu_x und nach dem Stoß $-mu_x$ (Vektor! siehe Anhang I). Die Änderung während des Stoßes beträgt somit $2\,mu_x$. Wenn nun das Molekül die Wand A Z-mal bombardiert, ist seine gesamte Impulsänderung Z-mal so groß. Da das Molekül in der Zeiteinheit aber insgesamt die Strecke u_x und zwischen 2 Wandstößen die Strecke $2l$ zurücklegt, ergibt sich seine zeitliche Stoßzahl zu $Z = u_x/2l$. Die auf die Wand A ausgeübte Kraft beträgt daher:

$$F_x = 2\,mu_x\,\frac{u_x}{2l} = m\,\frac{u_x^2}{l} \cdot \qquad\qquad (|F| = F) \tag{34}$$

Da der Druck mechanisch durch die Kraft pro Flächeneinheit definiert ist, ergibt sich für diesen:

$$p = m\,\frac{u_x^2}{l^3} = \frac{mu_x^2}{V}. \tag{35}$$

$V = l^3$ ist das Volumen des Behälters; p entspricht dem Gasdruck eines einzigen Moleküls.

Betrachten wir nun N Moleküle, so sollte deren Druck eigentlich N-mal so groß sein. Denn zufällige Zusammenstöße zwischen den Molekülen ändern aus Impulserhaltungsgründen nichts am obigen Ergebnis. Gerade wegen dieser Zusammenstöße besitzen aber die Moleküle keine einheitliche Geschwindigkeit, sondern eine Geschwindigkeitsverteilung (Abschnitt 1.4)! Wir dürfen daher den Druck eines Moleküls nicht einfach mit N multiplizieren, sondern müssen zuerst eine *mittlere* Geschwindigkeit einführen. Nachdem eine Mittelung über die Geschwindigkeit u_x Null liefert (es treten bei genügend vielen Molekülen negative und positive Beträge von u_x gleich oft auf), muß grundsätzlich über das Geschwindigkeitsquadrat gemittelt werden. Es wird also eine *mittlere quadratische Geschwindigkeit* $\overline{u_x^2}$ eingeführt. Damit folgt dann für den Druck von N Molekülen:

$$p = N\,\frac{m\overline{u_x^2}}{V} \cdot \qquad\qquad (\overline{u^2} = u^2) \tag{36}$$

Da

$$u^2 = u_x^2 + u_y^2 + u_z^2 \tag{37}$$

und für eine große Anzahl sich regellos bewegender Moleküle

$$\overline{u_x^2} = \overline{u_y^2} = \overline{u_z^2} \tag{38}$$

gilt (keine Raumrichtung ist bevorzugt), bekommt man

$$\overline{u_x^2} = \frac{\overline{u^2}}{3} \tag{39}$$

und damit

$$p = \frac{1}{3}\frac{N}{V}\overline{mu^2} \tag{40}$$

bzw.

$$pV = \frac{1}{3}N\overline{mu^2}. \tag{41}$$

Gl. (41) ist das Resultat der Herleitung des Gasdruckes mit Hilfe des kinetischen Gasmodells: *Das Produkt* pV *ist direkt proportional dem mittleren Geschwindigkeitsquadrat.* Um es aber konkret mit dem empirischen Gesetz pV = nRT vergleichen zu können, empfiehlt es sich, in Gl. (41) die mittlere kinetische Energie anstelle des mittleren Geschwindigkeitsquadrates einzuführen. Dies soll im nächsten Abschnitt geschehen.

1.5 Mittlere kinetische Energie und Gleichverteilungssatz

Nach den Gesetzen der klassischen Mechanik beträgt die *kinetische Energie* eines Moleküles mit der Masse m und der Geschwindigkeit **u**

$$\epsilon = \frac{1}{2}mu^2 \tag{42}$$

und deshalb seine mittlere kinetische Energie

$$\overline{\epsilon} = \frac{1}{2}\overline{mu^2}. \tag{43}$$

Kombiniert man Gl. (43) mit Gl. (41), so findet man

$$pV = \frac{2}{3}N\overline{\epsilon} \tag{44}$$

bzw. mit $N\overline{\epsilon} = \overline{E}$ (mittlere Energie von N Molekülen)

$$pV = \frac{2}{3}\overline{E}. \tag{45}$$

Berücksichtigt man außerdem

$$\overline{E} = \overline{\epsilon}N = \overline{\epsilon}nN_A = n\overline{E} \tag{46}$$

($\overline{E}$ = mittlere kinetische Energie von 1 mol Gas), so folgt

$$pV = \frac{2}{3}n\overline{E}. \tag{47}$$

Jetzt können wir Gl. (47) mit pV = nRT vergleichen. Der Vergleich liefert für die mittlere oder *thermische* Energie von 1 mol Gas

$$\overline{E} = \frac{3}{2}RT \tag{48}$$

bzw. für die mittlere Energie eines Moleküles

$$\overline{\epsilon} = \frac{3}{2}\frac{R}{N_A}T = \frac{3}{2}kT. \tag{49}$$

Für R/N_A wurde k, die sogenannte *Boltzmannkonstante* gesetzt. Damit entfällt auf jede Raumrichtung ein gleich großer Energieanteil im Ausmaß von $1/2\,RT$ pro mol bzw. $1/2\,kT$ pro Molekül. Denn wegen Gl. (37) bis Gl. (39) muß ein jeder Energieanteil gleich groß sein. Diese Erkenntnis, gewonnen durch die molekulare Interpretation des idealen Gasgesetzes, wird *Gleichverteilungssatz* genannt. Er wird durch die experimentelle Erfahrung bestätigt.

Die Bewegungsfreiheiten in den drei Raumrichtungen werden *Freiheitsgrade* genannt. Der Begriff Freiheitsgrad ist allerdings viel wichtiger und weitreichender als vielleicht im Moment erkennbar. Bisher war nämlich nur die Rede von translatorischer Bewegung. Es gibt aber auch noch andere Bewegungsformen der Gasmoleküle: die Rotation und Schwingung von mehratomigen Molekülen sowie die Elektronenanregung. Sie liefern entsprechend ihren Freiheitsgraden ebenfalls Beiträge zur mittleren Gesamtenergie.

Aus dem Gleichverteilungssatz folgt, daß die kinetische Energie der Gasmoleküle direkt proportional der absoluten Temperatur ist. Da die Mechanik jedoch den Begriff Temperatur nicht kennt, kann sie und damit das Gasmodell über die Temperaturabhängigkeit von Gaseigenschaften nichts aussagen. Die Temperatur wurde bisher empirisch eingeführt, und erst durch den eben durchgeführten Vergleich gewinnt sie an anschaulicher Bedeutung: Je höher die Temperatur ist, um so mehr kinetische Energie besitzen die Moleküle und um so schneller bewegen sie sich. Verknüpft man Gl. (43) mit Gl. (49), so bekommt man eine Relation zwischen der mittleren quadratischen Geschwindigkeit und der Temperatur:

$$\frac{1}{2}\,m\overline{u^2} = \frac{3}{2}\,kT \tag{50}$$

Daraus folgt

$$\sqrt{\overline{u^2}} = \sqrt{3\,\frac{kT}{m}} \tag{51}$$

bzw. mit $k = R/N_A$

$$\sqrt{\overline{u^2}} = \sqrt{3\,\frac{RT}{M}}. \tag{52}$$

Ein Demonstrationsbeispiel: Es soll die mittlere quadratische Geschwindigkeit von N_2-Molekülen bei Zimmertemperatur (298 K) und bei 1000 °C (1273 K) berechnet werden. Setzt man dazu in Gl. (51) oder Gl. (52) die spezifischen Daten $R = 8{,}314\ \mathrm{JK^{-1}\,mol^{-1}}$ oder $k = 1{,}381 \cdot 10^{-23}\ \mathrm{JK^{-1}}$, $M = 28{,}01 \cdot 10^{-3}\ \mathrm{kgmol^{-1}}$ oder $m = 4{,}65 \cdot 10^{-26}$ kg und $T = 298$ K bzw. $T = 1273$ K ein, so bekommt man $\sqrt{\overline{u^2}}\,(298) = 515\ \mathrm{ms^{-1}}$ bzw. $\sqrt{\overline{u^2}}\,(1273)$ $= 1065\ \mathrm{ms^{-1}}$. In km/h betragen diese Geschwindigkeiten 1850 bzw. 3830. Die Angabe von molekularen Geschwindigkeiten in km/h ist in den naturwissenschaftlichen Disziplinen allerdings ganz und gar unüblich. Daß es hier trotzdem geschieht, dient nur dem Zweck, ein Gefühl dafür zu erzeugen, wie schnell sich Gasmoleküle überhaupt bewegen. In Tabelle 1.2 sind einige weitere Beispiele angegeben. Verständlich, daß sich bei derselben Temperatur leichtere Moleküle schneller als schwerere bewegen. Als quantitatives Ergebnis dieses Beispieles sollte man sich vielleicht nicht nur die Größenordnung von 500 ms^{-1} für die mittlere Geschwindigkeit, sondern auch die Größenordnung von 4000 Jmol^{-1} ($= 4$ kJ mol^{-1})

für die mittlere kinetische Energie eines Gases merken. Denn man berechnet für 298 K
mit Hilfe von Gl. (48)

$$\bar{E} = \frac{3}{2} RT = \frac{3}{2}\, 8{,}314 \cdot 298{,}16 = 3718 \; \mathrm{J\,mol^{-1}}, \tag{53}$$

was einer Molekülenergie von

$$\bar{\epsilon} = \frac{3}{2} = \frac{3}{2}\, 1{,}381 \cdot 10^{-23} \cdot 298{,}16 = 6{,}17 \cdot 10^{-21} \; \mathrm{J} \tag{54}$$

entspricht.

Tabelle 1.2: Molekulargewicht und mittlere
quadratische Geschwindigkeit verschiedener
Gasmoleküle bei 25 °C

Gas	M $\mathrm{g\,mol^{-1}}$	$\sqrt{\overline{u^2}}$ $\mathrm{ms^{-1}}$	$\mathrm{km/h}$
H_2	2,016	$1{,}92 \cdot 10^3$	6920
He	4,003	1,37	4930
H_2O	18,016	0,64	2310
N_2	28,014	0,51	1840
O_2	32,00	0,48	1720
CO_2	44,01	0,41	1490
Cl_2	70,91	0,32	1170
HJ	127,9	0,24	860
Hg	200,6	0,19	705

Auch die Existenz eines absoluten Nullpunktes wird mit Hilfe des Gleichverteilungssatzes einsichtiger. Beim absoluten Nullpunkt nimmt nämlich die kinetische Energie
(Translationsenergie) der Moleküle auf Null ab. Negative Energien können nicht auftreten,
da die Temperatur nach Gl. (50) eine quadratische Funktion von **u** ist. Alles in allem
gesehen bietet also der Gleichverteilungssatz die Möglichkeit, die makroskopisch-molaren
Gaseigenschaften molekular zu interpretieren. Wohl am deutlichsten kommt dies im
Auftreten der „molekularen" Gaskonstanten k, der Boltzmannkonstanten zum Ausdruck.

1.6 Die MB-Geschwindigkeitsverteilung

Es war wiederholt davon die Rede, daß Gasmoleküle keine einheitliche Geschwindigkeit besitzen, da sie völlig regellos miteinander zusammenstoßen und dabei Energie
und Impuls übertragen. Diese Übertragung führt zum Auftreten eines Spektrums der
Geschwindigkeit bzw. der kinetischen Energie. Aufgabe dieses Abschnittes ist die statistische Beschreibung solcher Geschwindigkeitsspektren oder -verteilungen. Gefragt wird
nach der Häufigkeit der Moleküle, die eine bestimmte Geschwindigkeit oder Energie
haben. Ausgangspunkt für die Beantwortung dieser Frage ist die *Maxwell-Boltzmann-
verteilung* (abgekürzt MB-Verteilung). Sie besagt, daß die Zahl der Moleküle, die eine
bestimmte Energie besitzen, proportional einem Exponentialausdruck ist, dessen Exponent

das Verhältnis dieser Energie zu kT bildet. Die MB-Verteilung ist der klassische Grenzfall zweier Quantenstatistiken und wird deshalb erst später hergeleitet werden. Es bleibt dem Leser überlassen, ihre Einführung hier als Vorwegnahme oder als Postulat bzw. Axiom eines Verteilungsmodelles zu sehen. Gleich wie — die chaotische translatorische Bewegung der Gasmoleküle ist statistisch gesetzmäßig geregelt (Kapitel 10).

Zur Ableitung der *Geschwindigkeitsverteilung* geht man am besten von der MB-Verteilung der Translationsenergie in einer Raumrichtung (z. B. der x-Richtung) aus und stellt sich hierzu ein eindimensionales Gas vor. Die N Gasmoleküle besitzen also nur einen Freiheitsgrad, d. h. sie können sich nur in einer Richtung hin- und herbewegen. Der Bruchteil (dN/N) der Moleküle, deren Geschwindigkeitsbeträge im Intervall zwischen u_x und $u_x + du_x$ liegen (u_x kann alle Werte zwischen $u_x = -\infty$ und $u_x = +\infty$ annehmen), beträgt dann:

$$\frac{dN}{N} = A\, e^{-\frac{mu_x^2}{2kT}}\, du_x. \tag{55}$$

A ist eine Proportionalitätskonstante und so zu wählen, daß die Zahl aller Moleküle, die über den gesamten Geschwindigkeitsbereich verteilt sind, gleich N ist. A ist also ein *Normierungsfaktor*, der an der Form der Verteilung nichts ändert. Der mathematische Ausdruck für diese *Normierungsbedingung* lautet:

$$\int\limits_{u_x = -\infty}^{\infty} dN = N \tag{56}$$

oder

$$\int\limits_{u_x = -\infty}^{\infty} \frac{dN}{N} = 1. \tag{57}$$

Mit Gl. (55) bekommt man dann die Bedingung

$$\int\limits_{u_x = -\infty}^{\infty} A\, e^{-\frac{mu_x^2}{2kT}}\, du_x = 1 \tag{58}$$

und kann aus ihr A ausrechnen:

$$A = \frac{1}{\displaystyle\int\limits_{u_x = -\infty}^{\infty} e^{-\frac{mu_x^2}{2kT}}\, du_x} \tag{59}$$

Substituiert man $mu_x^2/2kT = z^2$ und $du_x = \sqrt{2\,kT/m}\ dz$, so entsteht im Nenner von Gl. (59) das bestimmte Integral

$$\sqrt{\frac{2kT}{m}} \int\limits_{z = -\infty}^{\infty} e^{-z^2}\, dz. \tag{60}$$

Da das Integral (Anhang II)

$$\int\limits_{z=-\infty}^{\infty} e^{-z^2}\, dz \qquad (61)$$

den Wert $\sqrt{\pi}$ besitzt, ergibt sich

$$A = \sqrt{\frac{m}{2\,\pi k T}}. \qquad (62)$$

Die normierte *Verteilungs-* oder *Dichtefunktion* für die eindimensionale Geschwindigkeitsverteilung von Gasmolekülen lautet daher:

$$f(u_x) = \frac{dN}{N}\,\frac{1}{du_x} = \sqrt{\frac{m}{2\,\pi k T}}\; e^{-\frac{m u_x^2}{2kT}}. \qquad (63)$$

Denn dN/Ndu_x ist definitionsgemäß der Bruchteil der Moleküle pro Geschwindigkeitsintervall du_x, also ein Maß für die Dichte der in diesem Intervall vorkommenden Moleküle mit der Geschwindigkeit u_x.

Aus Gl. (63) ist schon qualitativ ablesbar, wie die Verteilungsfunktion $f(u_x)$ aussehen muß. Da u_x in ihr nur quadratisch auftritt, muß sie zunächst einmal symmetrisch gebaut sein. Außerdem muß ihre *häufigste* (*wahrscheinlichste*) Geschwindigkeit Null sein und sie deshalb an der Stelle $u_x = 0$ ein Maximum besitzen. Ferner muß die Funktion für große u_x-Werte exponentiell mit u_x^2 abfallen. Die Verteilung $f(u_x)$ für N_2-Moleküle bei zwei verschiedenen Temperaturen ist in Bild 1.7 zu sehen. Wir erkennen außer der bereits qualitativ diskutierten Form, daß die Verteilungsfunktion bei höherer Temperatur und gleichbleibender Fläche unter der Kurve breiter wird. Die Darstellung in Bild 1.7 besitzt auch eine Energieskala, jedoch nur für positive Werte, da die kinetische Energie nur positiv sein kann (skalare Größe im Gegensatz zu u_x).

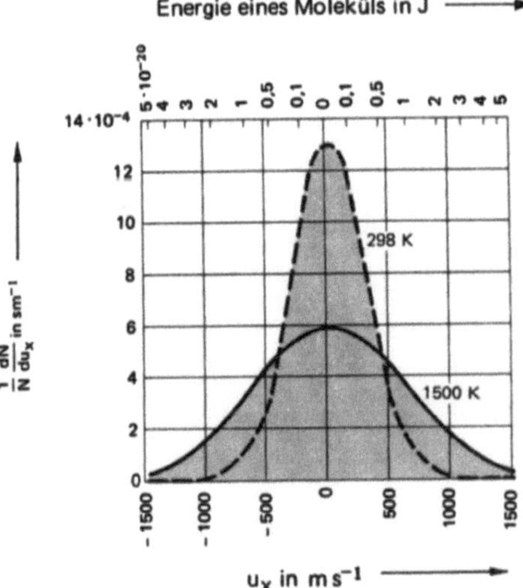

Bild 1.7
Eindimensionale Geschwindigkeitsverteilung
von N_2-Molekülen bei 298 K und 1500 K

Der Übergang von dieser eindimensionalen Verteilung zu einer zwei- und dreidimensionalen ist nicht mehr allzu schwer. Da analoge Verteilungsfunktionen auch für die y- und z-Richtung existieren müssen, können wir für den Bruchteil der Moleküle im Volumenelement $du_x\,du_y\,du_z$ schreiben:

$$\frac{dN}{N} = [f(u_x)\,du_x]\cdot[f(u_y)\,du_y]\cdot[f(u_z)\,du_z] \quad . \tag{64}$$

Dieser Produktansatz folgt aus einer Wahrscheinlichkeitsbetrachtung. Danach ist die Wahrscheinlichkeit, daß die Beträge der drei Geschwindigkeitskomponenten gleichzeitig innerhalb der Intervalle u_x bis $u_x + du_x$, u_y bis $u_y + du_y$ und u_z bis $u_z + du_z$ liegen, durch das Produkt der Einzelwahrscheinlichkeiten gegeben (*sowohl-als-auch-Wahrscheinlichkeit*). Die Verteilungsfunktion $f(u_x, u_y, u_z)$ hat deshalb die explizite Form:

$$f(u_x, u_y, u_z) = \frac{dN}{N}\,\frac{1}{du_x\,du_y\,du_z} = \left(\frac{m}{2\pi kT}\right)^{\frac{3}{2}} e^{-\frac{m}{2kT}(u_x^2 + u_y^2 + u_z^2)} \quad . \tag{65}$$

Gesucht wird aber in Wirklichkeit nicht die Verteilung der Geschwindigkeitskomponenten, sondern die der Geschwindigkeit **u**, deren Absolutbetrag durch

$$u^2 = u_x^2 + u_y^2 + u_z^2 \tag{66}$$

gegeben ist. Gesucht wird also der Bruchteil der Moleküle, die eine Absolutgeschwindigkeit u im Intervall von u bis u + du in einer beliebigen Raumrichtung besitzen. u ist daher an keine bestimmten u_x, u_y, u_z-Wertetripel gebunden; es muß lediglich Gl. (66) erfüllt sein. Da Gl. (66) analytisch die Gleichung einer Kugel mit dem Radius u darstellt, folgt unmittelbar, daß anstelle des Raumelementes $du_x\,du_y\,du_z$ das Raumelement $4\pi u^2\,du$ zu treten hat. Es entspricht dem Volumen einer Kugelschale mit der Dicke du und dem Radius u (Bild 1.8). Der analytische Ausdruck für die *Geschwindigkeitsverteilung* f(u) lautet deshalb:

$$f(u) = \frac{dN}{N}\,\frac{1}{du} = 4\pi\left(\frac{m}{2\pi kT}\right)^{\frac{3}{2}} e^{-\frac{mu^2}{2kT}} u^2 . \tag{67}$$

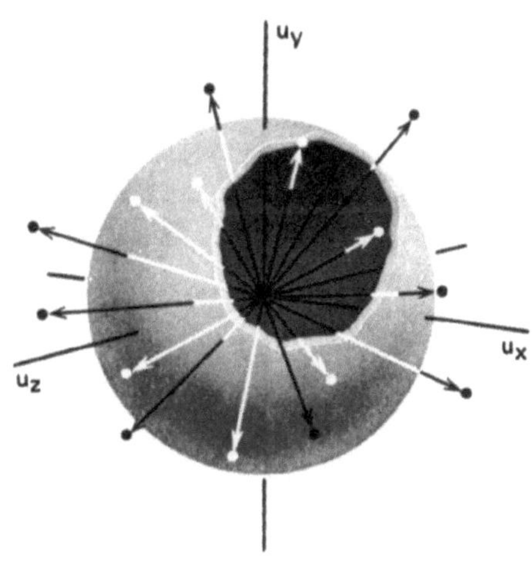

Bild 1.8 Darstellung der Geschwindigkeitsvektoren und des Volumenelementes $4\pi u^2\,du$ (Kugelschale)

In Bild 1.9 ist eine solche Verteilung für N_2-Moleküle bei zwei verschiedenen Temperaturen graphisch dargestellt. Charakteristisch ist, daß im Gegensatz zur eindimensionalen Verteilung (Bild 1.7) die Geschwindigkeit u nur positive Werte besitzt und daher auch die häufigste Geschwindigkeit nicht mehr den Wert Null hat. Bemerkenswert und von großer Bedeutung für die chemische Reaktionskinetik ist die Tatsache, daß mit steigender Temperatur eine starke Zunahme von Molekülen mit größeren Geschwindigkeiten auftritt. Die

Kenntnis von $f(u)$ gestattet auch die Berechnung verschiedener Mittelwerte, z. B. die von u oder u^2. Sie ermöglicht aber auch die Berechnung der häufigsten oder wahrscheinlichsten Geschwindigkeit, die nicht gleich groß wie die mittleren Geschwindigkeiten ist. Zunächst zur Berechnung der mittleren Geschwindigkeit $\bar{u}$.

Besteht ein Gas aus N Molekülen, wovon N_0 Moleküle die Geschwindigkeit u_0, N_i Moleküle die Geschwindigkeit u_i und N_n Moleküle die Geschwindigkeit u_n haben, dann gibt $f_i = N_i/N$ den Bruchteil der Moleküle an, die die Geschwindigkeit u_i besitzen. Die mittlere Geschwindigkeit $\bar{u}$ beträgt folglich:

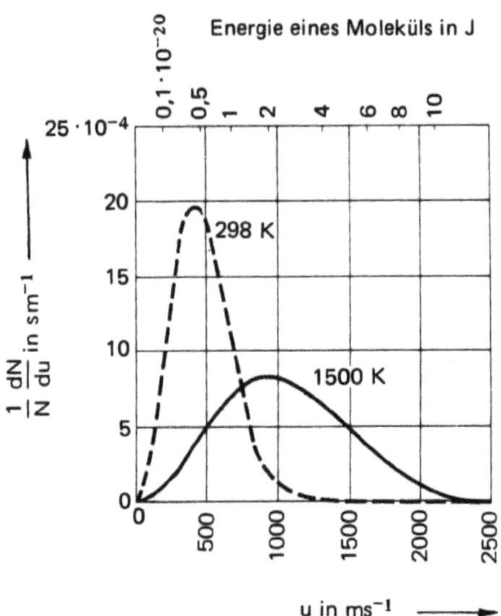

Bild 1.9 Geschwindigkeitsverteilung von N_2-Molekülen bei 298 K und 1500 K

$$\bar{u} = \sum_{i=0}^{n} f_i u_i = \frac{\displaystyle\sum_{i=0}^{n} N_i u_i}{N} = \frac{\displaystyle\sum_{i=0}^{n} N_i u_i}{\displaystyle\sum_{i=0}^{n} N_i} \qquad (68)$$

Sind die Abstände der Eigenschaftswerte u_i sehr klein im Vergleich zum gesamten Bereich von u, so darf man die Summen durch Integrale ersetzen und definiert den Mittelwert durch (Anhang III):

$$\bar{u} = \frac{\displaystyle\int_{u=0}^{\infty} u f(u)\,du}{\displaystyle\int_{u=0}^{\infty} f(u)\,du} \cdot \qquad (69)$$

Ist wie hier $f(u)$ bereits normiert, so hat das Integral im Nenner von Gl. (69) den Wert 1 und es gilt für den Mittelwert $\bar{u}$:

$$\bar{u} = \int_{u=0}^{\infty} u f(u)\,du. \qquad (70)$$

Die konkrete Auswertung des Integrals liefert als Ergebnis:

$$\bar{u} = 4\pi \left(\frac{m}{2\pi kT}\right)^{\frac{3}{2}} \int_{u=0}^{\infty} u^3 e^{-\frac{mu^2}{2kT}}\,du = \sqrt{\frac{8kT}{\pi m}} \cdot \qquad (71)$$

Ähnlich hat man bei der Ermittlung von $\overline{u^2}$ vorzugehen, muß jedoch beachten, daß nun anstelle von $f(u)$ und du $f(u^2)$ und $d(u^2)$ im Mittelwertansatz stehen:

$$\overline{u^2} = \int_{u=0}^{\infty} u^2\, f(u^2)\, d(u^2) \tag{72}$$

Da jedoch die Relation

$$f(u^2)\, d(u^2) = f(u)\, du \tag{73}$$

gilt, läßt sich mit der alten Verteilungsfunktion weiterrechnen:

$$\overline{u^2} = \int_{u=0}^{\infty} u^2\, f(u)\, du = 4\,\pi \left(\frac{m}{2\,\pi\,kT}\right)^{\frac{3}{2}} \int_{u=0}^{\infty} u^4\, e^{-\frac{m\,u^2}{2\,kT}}\, du \tag{74}$$

Die Integration liefert den Wert

$$\sqrt{\overline{u^2}} = \sqrt{\frac{3\,kT}{m}}. \tag{75}$$

Er ist mit dem Wert, der aus dem Gasmodell folgt, identisch.

Schließlich noch zur Berechnung der häufigsten Geschwindigkeit $\hat{u}$, die durch das Maximum der Verteilung definiert ist. Sie läßt sich durch Differenzieren der Verteilungsfunktion $f(u)$ nach u, Nullsetzen der Ableitung und Auflösen nach u ermitteln:

$$\frac{d}{du}\, f(u) = 0. \tag{76}$$

Führen wir diese mathematischen Operationen durch, so bekommen wir:

$$\hat{u} = \sqrt{\frac{2\,kT}{m}}. \tag{77}$$

Die drei charakteristischen Geschwindigkeiten stehen zueinander in einem festen Verhältnis

$$\sqrt{\overline{u^2}} : \overline{u} : \hat{u} = 1 : \sqrt{\frac{8}{3\,\pi}} : \sqrt{\frac{2}{3}}$$
$$= 1 : 0{,}92 \quad : 0{,}82, \tag{78}$$

und es genügt die Kenntnis einer einzigen, um die anderen zu bestimmen.

Mit der axiomatischen Einführung der MB-Verteilung ließen sich mehr Erkenntnisse über die Gasmoleküle erzielen, als dies mit dem kinetischen Gasmodell allein möglich war. Beide zusammen zeigen, daß nur die Verwendung der mittleren quadratischen Geschwindigkeit bzw. nur die ihr proportionale mittlere kinetische Energie mit der Erfahrung übereinstimmende Resultate liefert. Die Verfeinerung des kinetischen Modells durch die MB-Verteilung stellt eine statistische Ergänzung dar, bei der wie beim Gasmodell die spezifischen Eigenschaften der Gasmoleküle keine Rolle spielen. Wie immer bei statistischen Problemen ist es gleichgültig, ob wir Moleküle, Kugeln oder andere Teilchen betrachten und wir können einem herausgegriffenen Molekül keinen bestimmten Eigenschaftswert zuordnen. Es läßt sich vielmehr nur mit einer gewissen Wahrscheinlichkeit behaupten, daß das spezielle Molekül diesen Wert besitzt. Wir verstehen deshalb, daß sich ein System von Molekülen, wie es z. B. das Gas darstellt, makroskopisch immer nur in Form von mittleren Eigenschaften präsentiert.

1.7 Gasmoleküle als starre Kugeln

Dem kinetischen Gasmodell lag die Vorstellung zugrunde, daß die Moleküle wie Punktmassen zwischen den Behälterwänden hin- und herreflektiert werden und der durch sie auf eine Wand übertragene Impuls die Ursache des Gasdruckes schlechthin ist. Moleküle stoßen aber in Wirklichkeit, zumindest bei normalen Drücken, sehr oft miteinander zusammen, bevor sie auf eine Wand auftreffen. Zusammenstöße sind nur möglich, wenn sich die Moleküle nicht wie Punktmassen, sondern wie ausgedehnte Teilchen mit einem endlichen Radius oder Durchmesser verhalten. Mit einem Wort: Es muß der endlichen Ausdehnung von Molekülen Rechnung getragen werden, und zwar so, daß die bisherigen molekularen Ergebnisse erhalten bleiben. Am einfachsten scheint es, sie mit starren Kugeln zu vergleichen, deren Durchmesser immer noch klein gegen die Behälterdimension ist. Drei Eigenschaften bzw. Fragen drängen sich im Zusammenhang mit der endlichen Molekülgröße und der intermolekularen Zusammenstöße auf:

1. Wie weit kann sich im Durchschnitt ein Molekül frei bewegen, ohne einen Zusammenstoß mit einem anderen zu erleiden?
2. Wieviele Zusammenstöße erfährt ein Molekül pro Sekunde im Durchschnitt?
3. Wieviele Zusammenstöße finden insgesamt in 1 m³ Gas pro Sekunde statt?

Alle drei Fragen können mit Hilfe der Vorstellung *starrer Kugeln* zufriedenstellend beantwortet werden.

Wir betrachten dazu das in Bild 1.10 gezeichnete Molekül A, das sich in der dort angegebenen Richtung bewegt. Beträgt seine mittlere molekulare Geschwindigkeit $\bar{u}$ ms^{-1}, so bewegt es sich in einer Sekunde $\bar{u}$ m weit. Verharren die anderen Moleküle in den angegebenen Positionen, so stößt das Molekül A in einer Sekunde mit all den Molekülen zusammen, deren Massenschwerpunkte sich innerhalb des geknickten Zylinders befinden.

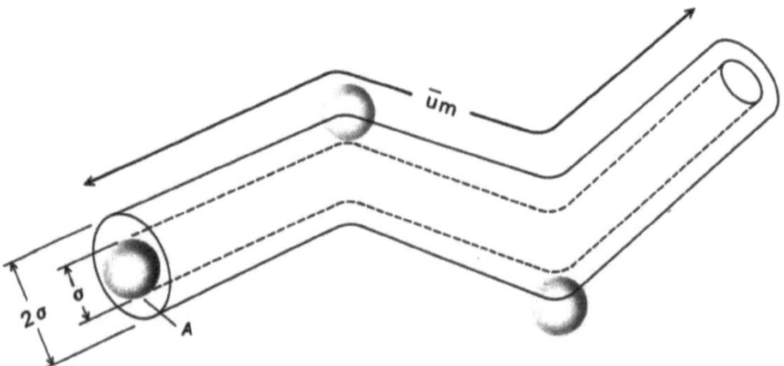

Bild 1.10 Stoßquerschnitt und pro Sekunde zurückgelegter Weg eines Moleküls A; der Moleküldurchmesser ist im Vergleich zur mittleren Molekülentfernung stark vergrößert gezeichnet

Das Volumen dieses Zylinders, dessen Radius gleich dem Moleküldurchmesser σ und dessen Höhe gleich $\bar{u}$ ist, beträgt $\sigma^2 \pi \bar{u}$. Die Zahl der Moleküle in ihm beträgt $\sigma^2 \pi \bar{u} N/V$, wenn N/V die Moleküldichte pro m^3 ist. Die *mittlere freie Weglänge* λ, das ist die durchschnittliche Entfernung zwischen zwei Zusammenstößen, ergibt sich dann zu

$$\lambda = \frac{\bar{u}}{\pi \sigma^2 \bar{u} \frac{N}{V}} = \frac{1}{\pi \sigma^2} \frac{V}{N}, \tag{79}$$

da $\pi \sigma^2 \bar{u} N/V$ die Zahl aller Zusammenstöße auf der Strecke $\bar{u}$ ist.

Folgende Überlegung beweist, daß dieses Resultat für die mittlere freie Weglänge nicht ganz richtig sein kann. Die Forderung, daß sich nur das Molekül A bewegen soll, bedeutet, daß die *relative* Geschwindigkeit der zusammenstoßenden Moleküle gleich der mittleren Geschwindigkeit $\bar{u}$ ist. Dies trifft in Wirklichkeit nicht zu, denn alle Moleküle bewegen sich regellos und alle möglichen Arten von Zusammenstößen (Bild 1.11) sind gleich wahrscheinlich. Es existiert daher nicht nur eine Verteilung der Geschwindigkeit $\bar{u}$, sondern auch eine solche der relativen Geschwindigkeit! Diese kann Werte von Null (dieser Extremfall entspricht einem Winkel zwischen zwei Molekülbahnen von Null Grad) bis $2\bar{u}$ annehmen (dieser Extremfall entspricht einem Winkel von 180 Grad). Eine Mittelung über alle, mit gleicher Wahrscheinlichkeit auftretenden Winkel von 0 bis 180 Grad ergibt einen repräsentativen Winkel von 90 Grad und daher eine *mittlere relative Geschwindigkeit* von $\sqrt{2}\,\bar{u}$ (vektorielle Addition). Für die Zahl der Zusammenstöße auf der Strecke $\bar{u}$ m ist daher in Gl. (79) $\sqrt{2}\,\pi \sigma^2 \bar{u} N/V$ zu setzen:

$$\lambda = \frac{1}{\sqrt{2}\,\pi \sigma^2} \frac{V}{N}. \tag{80}$$

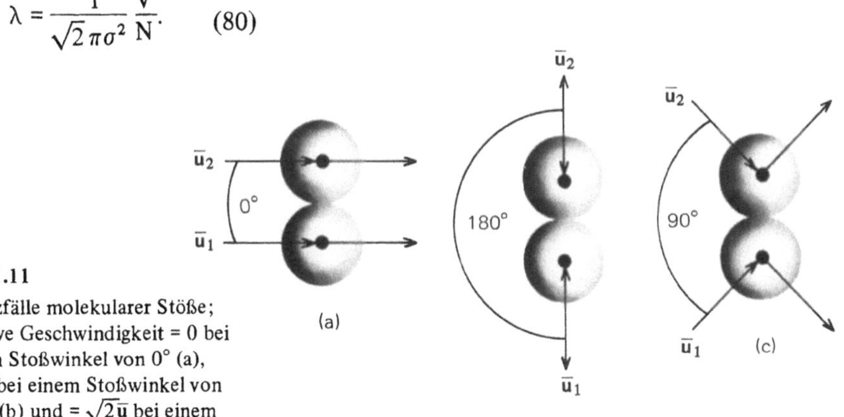

Bild 1.11
Grenzfälle molekularer Stöße; relative Geschwindigkeit = 0 bei einem Stoßwinkel von 0° (a), = $2\bar{u}$ bei einem Stoßwinkel von 180° (b) und = $\sqrt{2}\,\bar{u}$ bei einem Stoßwinkel von 90° (c)

In Worten: *Die mittlere freie Weglänge von Gasmolekülen ist indirekt proportional dem Stoßquerschnitt $\pi\sigma^2$ und indirekt proportional der Moleküldichte N/V.* Damit ist Frage 1 beantwortet.

Die *Stoßzahl* Z_1, das ist die Zahl der Zusammenstöße, die ein Molekül pro Sekunde erleidet, ist gleich der Zahl der Moleküle im Zylinder mit dem Radius σ und der Höhe $\sqrt{2}\,\bar{u}$:

$$Z_1 = (\sqrt{2}\,\bar{u})\,(\pi \sigma^2)\,\frac{N}{V} \tag{81}$$

Damit ist auch Frage 2 beantwortet: *Die Zahl der Zusammenstöße, die ein Molekül pro Sekunde erleidet, ist proportional dem Stoßquerschnitt $\pi\sigma^2$, der relativen mittleren Geschwindigkeit $\sqrt{2}\,\bar{u}$ und der Moleküldichte N/V.*

Die *Stoßzahl* Z_{11} hingegen, das ist die gesamte Zahl der Zusammenstöße in 1 m^3 Gas pro Sekunde, läßt sich sehr einfach mit Hilfe von Z_1 ableiten. Da sich in V m^3 Gas N Moleküle befinden und jedes dieser Moleküle Z_1 Zusammenstöße erfährt, ist die gesamte Stoßzahl pro m^3 und Sekunde $(1/2)\,Z_1\,$N/V. Der Faktor 1/2 ist notwendig, um nicht alle Stöße doppelt zu zählen:

$$Z_{11} = \frac{1}{2}(\sqrt{2}\,\bar{u})(\pi\sigma^2)\left(\frac{N}{V}\right)^2. \tag{82}$$

Die Antwort auf Frage 3 lautet also: *Die gesamte Stoßzahl pro m^3 Gas und Sekunde ist proportional dem Stoßquerschnitt $\pi\sigma^2$, der mittleren relativen Geschwindigkeit $\sqrt{2}\,\bar{u}$ und dem Quadrat der Moleküldichte N/V.*

Bei Kenntnis der mittleren Geschwindigkeit, der Moleküldichte und des Moleküldurchmessers können Z_1, Z_{11} und λ numerisch berechnet werden. Methoden zur Bestimmung der erst genannten Größen sind bereits bekannt, aber noch keine für den Moleküldurchmesser. Es gibt dafür zwar eine große Zahl von Methoden, doch wollen wir hier eine auswählen, die direkt auf einer Gaseigenschaft beruht. Es handelt sich dabei um das Volumen eines realen Gases, das eine direkte Konsequenz der endlichen Molekülgröße ist. Das tatsächliche Volumen muß um das Eigenvolumen der Moleküle reduziert werden, will man das effektive, makroskopisch in Erscheinung tretende Volumen molekular erklären.

1.8 Reale Gase und Moleküldurchmesser

Untersuchen wir die Eigenschaften von Gasen bei hohen Drücken und niederen Temperaturen, so beobachten wir Abweichungen vom idealen pV = nRT-Verhalten (Bild 1.12). Das Produkt pV sollte im Idealfall druckunabhängig sein. Das ideale Gas-

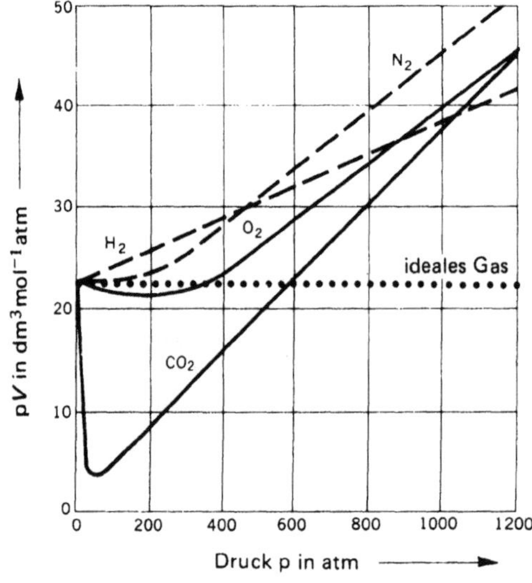

Bild 1.12

Druckabhängigkeit des Produktes pV von einigen Gasen bei 0 °C: ideales Gas
p$V \neq$ f(p) – reales Gas pV = f(p)

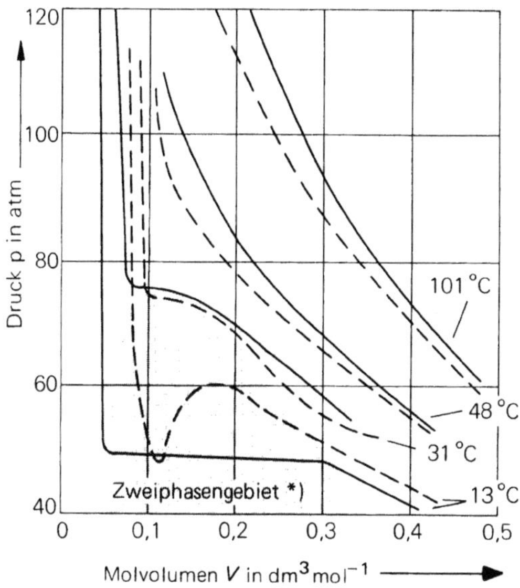

Bild 1.13

Experimentelle (——) und berechnete (– – –) Isothermen von CO_2 in der Nähe des kritischen Punktes; die Berechnung erfolgte mit Hilfe der van der Waalsschen Zustandsgleichung

gesetz $pV = nRT$ stellt also wirklich nur ein Grenzgesetz dar, wie Bild 1.12 beweist. Es gibt bei einem jeden Gas ideale und reale Zustände, denn ein jedes läßt sich im Extremfall verflüssigen und erstarrt letztlich zu einem Festkörper. Dies kommt in Bild 1.13 sehr deutlich zum Ausdruck, wo die experimentell bestimmten Isothermen von CO_2 in einem p, V-Diagramm wiedergegeben sind. Nur die Isothermen bei niederen Drücken und höheren Temperaturen weisen annähernd ideales Verhalten, also eine hyperbolische Kurvenform ($p \sim 1/V$) auf. Das in Bild 1.13 eingezeichnete *Zweiphasengebiet* entspricht dem Koexistenzgebiet von Flüssigkeit und Gas. Rechts davon liegt Gas und links davon Flüssigkeit vor.

Besonders interessant bei realen Gasen ist die Isotherme, die das Zweiphasengebiet berührt (*kritische Isotherme*). Ihre Temperatur ist die sogenannte *kritische Temperatur*. Sie ist die höchste Temperatur, bei der ein Gas durch Druckerhöhung noch verflüssigt werden kann. Der Wendepunkt der kritischen Isotherme ist der *kritische Punkt*, das zugehörige Volumen und der zugehörige Druck sind das *kritische Volumen* und der *kritische Druck* (Kapitel 12).

Die Bilder 1.12 und 1.13 umreißen in globaler Form die wichtigsten Tatsachen über reale Gase. pV ist eine Funktion von p, so daß $pV = nRT$ zur Beschreibung allein nicht ausreicht. Man könnte zwar versuchen, $pV = RT$ rein empirisch zu erweitern, z. B. auf folgende Weise mit beliebigen Parametern B, C, ... usw,

$$pV = RT + Bp + Cp^2 + \ldots, \tag{83}$$

doch erscheint eine Erweiterung unter Zuhilfenahme physikalischer Vorstellungen sinnvoller. Etwa ausgehend vom kinetischen Gasmodell mit einer Einführung der *endlichen Molekülgröße*. Genaugenommen müssen wir noch einen zweiten Aspekt berücksichtigen, nämlich die *zwischenmolekularen Anziehungskräfte*. Diese zwei Aspekte wurden ursprünglich von *van der Waals* (1873) zur Korrektur des idealen Gasgesetzes verwendet.

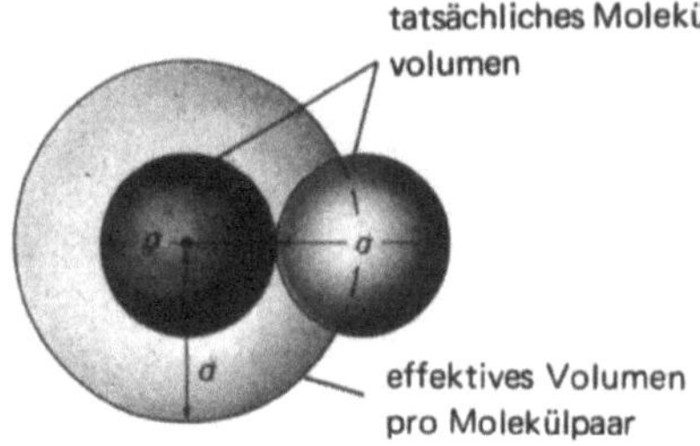

Bild 1.14

Skizze zweier „kugelförmiger" Moleküle
zur Ermittlung des effektiven Volumens
eines Gases

Aus der Anwendung des korrigierten Gasgesetzes kann man dann etwas über die tatsächliche Molekülgröße erfahren.

Befinden sich n mol Gas in einem Behälter mit dem Volumen V, so ist der den Molekülen zur Verfügung stehende Raum nur dann mit V identisch, wenn dagegen das Eigenvolumen der Moleküle vernachlässigbar klein ist. Ist das nicht der Fall, muß es vom Behältervolumen abgezogen werden. Das abzuziehende Eigenvolumen des Gases ist jedoch größer (effektiver) als das Volumen aller $n N_A$ Gasmoleküle. Bezeichnet man das *effektive Eigenvolumen* mit b, so ist bei n mol Gas nb von V abzuziehen. Wie b mit dem tatsächlichen Molekülvolumen zusammenhängt, erkennt man am besten aus Bild 1.14. Zwei Moleküle wurden darin als starre Kugeln mit dem Durchmesser σ gezeichnet. Das halbe Volumen mit dem Kugelradius σ entspricht dann dem effektiven Molekülvolumen, da ein Molekül diesen Raum beansprucht:

$$\frac{1}{2}\left(\frac{4\pi\sigma^3}{3}\right) = 4\left[\frac{4\pi}{3}\left(\frac{\sigma}{2}\right)^3\right]. \tag{84}$$

Das tatsächliche Molekülvolumen (*Modell starrer Kugeln*) beträgt nur

$$\left[\frac{4\pi}{3}\left(\frac{\sigma}{2}\right)^3\right] \tag{85}$$

und ist viermal kleiner. N_A Moleküle (= 1 mol Gas) beanspruchen daher den Raum

$$b = 4N_A\left[\frac{4\sigma}{3}\left(\frac{\sigma}{2}\right)^3\right]. \tag{86}$$

Zieht man deshalb nb von V ab, so hat man die erste van der Waalssche Korrektur bereits vollzogen:

$$p(V - nb) = nRT. \tag{87}$$

Die zweite van der Waalssche Korrektur betrifft die zwischenmolekularen Anziehungskräfte. Daß solche Kräfte existieren (es sind im wesentlichen *Dipol-Dipolkräfte*) erkennen wir an der Tatsache, daß alle Gase bei hinreichend tiefen Temperaturen kondensieren. Dabei muß die kinetische Molekülenergie durch die Anziehung überwunden werden. Obwohl ihre Existenz also sehr plausibel erscheint, ist ihre quantitative Behandlung nicht sehr einfach (Kapitel 15).

Die zwischenmolekularen Anziehungskräfte heben sich zwar im Inneren eines realen Gases auf, nicht aber an den Behälterwänden. Denn ein an eine Behälterwand stoßendes Molekül wird etwas mehr in das Innere gezogen, da zwischen diesem und der Wand (normalerweise) keine Anziehung herrscht. Ein reales Gas übt daher einen etwas geringeren Druck als ein ideales aus. Die Druckdifferenz zwischen beiden Gaszuständen muß proportional $(n/V)^2$ angesetzt werden. Sind nämlich N Moleküle insgesamt vorhanden, so ist die Zahl der zurückgezogenen bzw. an die Wand stoßenden Moleküle proportional der Moleküldichte N/V, die Zahl der zurückziehenden aber ebenfalls proportional N/V. Und da N proportional n ist, muß die Druckdifferenz proportional $(n/V)^2$ sein. Setzt man für die Proportionalitätskonstante a, so beträgt die van der Waalssche Druckkorrektur

$$a\left(\frac{n}{V}\right)^2 . \tag{88}$$

Sie muß zum gemessenen Druck p addiert werden, um den idealen Druck zu ergeben:

$$\left[p + a\left(\frac{n}{V}\right)^2\right] (V - nb) = n R T . \tag{89}$$

Bezieht man Gl. (89) auf 1 mol Gas, so resultiert:

$$\left(p + \frac{a}{V^2}\right) (V - b) = R T . \tag{90}$$

Gl. (89) bzw. Gl. (90) wird *van der Waalssche Zustandsgleichung* genannt. Ihr praktischer Wert steht und fällt mit der Wahl passender Werte für a und b. Diese sind gasspezifisch und außerdem temperaturabhängig, also individuelle Konstanten. Sie werden durch "fitting" so gewählt, daß die Zustandsgleichung dem tatsächlichen pVT-Verhalten am besten gerecht wird. Bild 1.13 und Tabelle 1.3 verdeutlichen, in welchem Ausmaß dies möglich ist. Das Verhalten im Zweiphasengebiet kann sie jedoch nicht beschreiben. Dazu ist sie eine zu grobe Näherung.

Tabelle 1.3: Das Molvolumen V von CO_2 bei verschiedenen Drücken p und der Temperatur 320 K; zum Vergleich wurde V auch nach der van der Waalsschen Zustandsgleichung und nach dem idealen Gasgesetz berechnet

p atm	Molvolumen V in $dm^3\,mol^{-1}$		
	beobachtet	van der Waals	ideal
1	26,2	26,2	26,3
10	2,52	2,53	2,63
40	0,54	0,55	0,66
100	0,098	0,10	0,26

Paßt man die Konstanten a und b realen pVT-Daten an, so kann man umgekehrt Rückschlüsse auf den *Moleküldurchmesser* ziehen. Dies ist in Tabelle 1.4 geschehen. Seine Werte bewegen sich in der Größenordnung von 1 bis $10 . 10^{-10}$ m oder 1 bis 10 Å. Dieses Ergebnis bestätigt die Vorstellung, daß die Moleküle tatsächlich sehr viel kleiner als die Behälterdimension sind. Die Größenordnung von 1 bis 10 Å ist sehr charakteristisch und liefert einen ersten Anhaltspunkt über die Größe atomarer Systeme. Um aber

Tabelle 1.4: Die van der Waalsschen Konstanten a und b
und der Durchmesser σ von einigen Gasmolekülen

Gas	a $atm\,dm^6\,mol^{-2}$	b $dm^3\,mol^{-1}$	σ Å
H_2	0,244	0,0266	2,76
He	0,034	0,0237	2,66
H_2O	5,46	0,0305	2,89
NH_3	4,17	0,0371	3,09
CH_4	2,25	0,0428	3,24
O_2	1,36	0,0318	2,93
N_2	1,39	0,0391	3,14
CO	1,48	0,0399	3,16
CO_2	3,59	0,0427	3,24
Ar	1,34	0,0322	2,94
C_6H_6	18,00	0,115	4,50

Informationen über die wirkliche Gestalt und Form der Moleküle zu erhalten, sind anspruchsvollere physikalische Methoden, z.B. spektroskopischer Natur erforderlich. Wir werden sie später kennenlernen.

In Abschnitt 1.6 war davon die Rede, daß Gasmoleküle keine einheitliche Geschwindigkeit besitzen, weil sie miteinander zusammenstoßen und dabei Energie und Impuls übertragen. Dies bedingt eine Beschreibung durch eine kontinuierliche Verteilung der Molekülgeschwindigkeiten bzw. der Molekülenergien und steht in Übereinstimmung mit dem Experiment. Daraus könnte man schließen, daß die klassische Mechanik zusammen mit der Statistik die Bewegung von Molekülen richtig beschreibt. Dieser Schluß ist jedoch. nur eingeschränkt zulässig. Denn die Energie der Moleküle ist in Wirklichkeit keine kontinuierliche Größe, sondern kann nur ganz bestimmte, diskrete Werte annehmen. Dies ist das Ergebnis vieler spektroskopischer Messungen und gilt nicht nur für die Translationsenergie, sondern auch für alle anderen Energieformen atomarer Teilchen. Daß man bei den Gasmolekülen keine diskreten Energiezustände beobachtet, ist nur eine Frage der Größe und Dichte dieser Zustände! Sie liegen hier nämlich so dicht und eng beieinander, daß sie beim Messen quasi-kontinuierlich erscheinen. Wir müssen also festhalten: Sobald es um die Beschreibung von Teilchen atomarer Größe (Å und kleiner) geht, muß eine neue Theorie der Mechanik, die Quantenmechanik verwendet werden. Diese enthält dann die klassische Mechanik als Grenzfall.

Rechenbeispiele

1. Welches Volumen besitzt ein ideales Gas bei 0,032 atm, wenn es bei 12 atm ein Volumen von $3\,dm^3$ einnimmt und die Temperatur beim Entspannen konstant gehalten wird?

2. Das Volumen eines idealen Gases beträgt bei 100 °C $8,93\,dm^3$. Wie groß ist sein Volumen bei 0 °C, wenn beim Abkühlen der Druck konstant gehalten wird.

3. Zeichnen Sie die 0 °C- und 100 °C-Isothermen eines idealen Gases mit dem Volumen $1\,l$ bei 0 °C und 1 atm.

4. Eine Gasprobe hat auf Meereshöhe ein Volumen von $1\,l$ bei $15\,°C$ und 1 atm. Wie groß ist das Gasvolumen in 500 km Höhe bei 1580 K und $1,6 \cdot 10^{-11}$ atm?

5. In welchem Ausmaß nehmen das Volumen und der Durchmesser eines gasgefüllten Ballons zu, wenn dieser von Meereshöhe bei $20\,°C$ bis in die Stratosphäre steigt. Der Atmosphärendruck beträgt dort 0,003 atm und die Temperatur $-12\,°C$.

6. Wie groß ist die mittlere Molmasse von Luft in 500 km Höhe, wenn dort ihre Dichte $2,2 \cdot 10^{-12}$ gdm^{-3} bei 1580 K und $1,6 \cdot 10^{-11}$ atm beträgt.

7. Ein ideales Gas besitzt eine Dichte von $0,9816\,gdm^{-3}$ bei 0,5 atm und $0\,°C$. Wie groß ist seine Molmasse?

8. Wie groß ist die Dichte von gasförmigem UF_6 bei der Siedetemperatur $56\,°C$ (1 atm), wenn sich UF_6 bei dieser Temperatur wie ein ideales Gas verhält.

9. Ein evakuierter $1\,l$-Gaskolben wiegt 57,4923 g. Wie schwer ist dieser, wenn er mit Helium bei $21\,°C$ und 1 atm gefüllt wird?

10. Bei einer Reaktion entwickelt sich ein Gas, das in einem 200 ml-Behälter aufgefangen wird. Dieser wird durch ein mit Hg gefülltes U-Rohr abgeschlossen. Die Hg-Höhendifferenz in den beiden U-Rohrschenkeln beträgt 22,6 mm, der Atmosphärendruck 752,6 mm Hg und die Temperatur $22\,°C$. Wie groß ist das Gasvolumen unter Standardbedingungen (1 atm, $0\,°C$) und wieviel mol Gas entstanden bei der Reaktion?

11. Wie groß muß das Volumen eines Heliumgefüllten Ballons mindestens sein, damit dieser bei $20\,°C$ und 1 atm eine Last von 45 kg trägt?

12. 1804 stieg *Gay-Lussac* mit einem Ballon in eine Höhe von 23.000 Fuß über Paris auf und nahm Luftproben mit zuvor evakuierten Gaskolben. Wieviel g bzw. mol. O_2/l Luft hätte er bei einer Analyse in der Atmosphäre bzw. auf der Erde gefunden?

13. Versuche von *Sir William Ramsey* und *Lord Rayleigh* um 1894 führten zu dem Ergebnis, daß nach dem Abtrennen aller damals bekannten Luftbestandteile ein Gasrest mit einer Dichte $1,63\,gdm^{-3}$ bei $25\,°C$ übrig bleibt. Um welches Gas handelt es sich?

14. Die Dichte von Essigsäuredampf beim Siedepunkt $(118,5\,°C)$ beträgt $3,15\,gdm^{-3}$. Wie groß ist die Molmasse von Essigsäure, wenn sich der Dampf wie ein ideales Gas verhält? Vergleichen Sie den Wert mit dem, der sich auf Grund der chemischen Formel CH_3COOH ergibt!

15. Die Dichte des Dampfes, der im thermischen Gleichgewicht über NH_4Cl entsteht, beträgt bei 596,9 K und $0,253$ atm $0,1373\,gdm^{-3}$ (*W. H. Rodebush, J. C. Michalek*: J. Am. Chem. Soc. 51 (1929) 748). Woraus besteht der Dampf?

16. Ein „ideales" Gasgemisch besteht aus $100\,g\ H_2$ und $100\,g\ N_2$. Wie groß ist das Volumen bei 1 atm und $25\,°C$ und wie groß sind die beiden Molenbrüche?

17. In Essigsäuredampf sind sowohl monomere als auch dimere Essigsäuremoleküle vorhanden. Das Volumen von 1 g Essigsäuredampf bei $25\,°C$ und bei 0,02 atm beträgt $11,04\ dm^3$ (*F. H. McDougall*: J. Am. Chem. Soc. 58 (1936) 2585). Verhält sich der Dampf wie ein ideales Gemisch aus Monomeren und Dimeren, so sind diese in einem ganz bestimmten Molverhältnis vorhanden. Wie lautet dieses und wie groß sind ihre Partialdrücke?

18. Die kleinsten Gasbläschen, die man mit einem Mikroskop noch beobachten kann, besitzen einen Durchmesser von etwa $1\,\mu m$. Wieviele Moleküle enthält ein solches Gasbläschen aus Luft bei $25\,°C$ und 1 atm?

19. Wie groß ist der Druck von 10^{23} Gasmolekülen mit der Masse 10^{-25} kg in einem $1\,l$-Behälter, wenn deren mittlere quadratische Geschwindigkeit $100\ ms^{-1}$ beträgt? Wie groß ist die gesamte kinetische Energie der Moleküle und ihre Temperatur?

20. Ein $1\,l$-Gasbehälter enthält $1,03 \cdot 10^{23}$ H_2-Moleküle. Wie groß ist ihre mittlere quadratische Geschwindigkeit und ihre Temperatur bei einem Druck von 1 atm?

21. Ein Gasgemisch besteht aus insgesamt N Molekülen, wovon N_1 die Masse m_1 und N_2 die Masse m_2 haben. Leiten Sie mit Hilfe des kinetischen Gasmodells einen Ausdruck für den Gesamtdruck ab.

22. In 300 km Höhe der Erdatmosphäre besteht die Luft aus fast gleich großen Anteilen von O_2 und N_2. Der Druck beträgt dort etwa $2,5 \cdot 10^{-10}$ atm und die Temperatur 1400 K. Wie groß ist die Moleküldichte?

23. Wie groß ist die mittlere quadratische Geschwindigkeit von He-Atomen bei 10, 100 und 1000 K und 10^{-9} atm in ms^{-1} und km/h?

24. Wieviel Energie bzw. Wärme muß 3,45 g Neon in einem 10 l-Kolben zugeführt werden, damit die Temperatur des Neons von 0 auf 100 °C steigt? Wie ändert sich dabei die mittlere quadratische Geschwindigkeit der Neonatome?

25. Die Energieverteilung der Translation von Gasmolekülen lautet:

$$\frac{dN}{N}\frac{1}{dE} = \frac{2}{\sqrt{\pi}\,(kT)^{3/2}}\sqrt{E}\,e^{-E/kT}.$$

Ist diese Funktion bereits normiert?

26. Zeichnen Sie die ein- und dreidimensionale Geschwindigkeitsverteilung von H_2-Molekülen bei 0 °C.

27. Leiten Sie aus der Verteilungsfunktion $f(u_x)$ die Energieverteilungsfunktion $f(E_x)$ ab und berechnen Sie die mittlere kinetische Energie $\overline{E_x}$.

28. Leiten Sie Ausdrücke für folgende Molekülzahlverhältnisse ab:

Zahl der Moleküle mit der Geschwindigkeit $h\hat{u}$/Zahl mit $\hat{u}$,
Zahl der Moleküle mit der Geschwindigkeit $h\overline{u}$/Zahl mit $\overline{u}$,
Zahl der Moleküle mit der Energie $h\,(3/2\,kT)$/Zahl mit $(3/2\,kT)$.

29. Bei welchem Druck beträgt die mittlere freie Weglänge von N_2-Molekülen 1 cm (Temperatur 25 °C)?

30. Berechnen Sie mit Hilfe des Durchmessers von Argonatomen (Tabelle 1.4) die mittlere freie Weglänge λ sowie die Stoßzahlen Z_1 und Z_{11} bei 0 °C und 100 atm. Außerdem Werte bei 1000 K und 1 atm sowie bei 0 °C und 1 atm.

31. Leiten Sie einen Ausdruck für die Abhängigkeit der mittleren freien Weglänge λ von Stoßquerschnitt, Druck und Temperatur für beliebige Gase ab. Zeigen Sie graphisch, wie λ von N_2 bei 0 °C im Druckbereich 10^{-9} bis 1 atm variiert.

32. Berechnen Sie ganz allgemein Z_1 und Z_{11} als Funktion von d, M, p und T.

33. Wie groß ist die mittlere freie Weglänge und die mittlere freie Zeit zwischen den Stößen von Heliumatomen in 900 km Erdatmosphäre am Tage (Temperatur 2000 K) und in der Nacht (Temperatur 700 K). Druck und Dichte betragen $2 \cdot 10^{-12}$ atm bzw. $2,3 \cdot 10^{-13}$ gdm^{-3}.

34. Der Wasserdampfdruck am Tripelpunkt (0,010 °C) beträgt 0,0060 atm. Wie viele Moleküle stoßen pro Sekunde aus der Dampfphase auf die kondensierte Phase, wenn diese 1 m^2 groß ist? Ungefähr 10^{19} Wassermoleküle besetzen die Eisoberfläche. Wie groß ist ihre durchschnittliche Lebensdauer, wenn pro Sekunde gleich viele Wassermoleküle diese verlassen wie aus der Dampfphase ankommen?

35. Eine Gasreaktion wird durch einen festen Katalysator beschleunigt. Dazu wird ein Gasgemisch bei 25 °C und einem Gesamtdruck von 10^{-8} atm 15 min lang mit dem Katalysator in Kontakt gebracht. Wie viele Moleküle bzw. wieviel mol Gas haben in dieser Zeit Kontakt mit 10^{-4} m^2 Katalysatoroberfläche? Die mittlere Molmasse des Gasgemisches beträgt $30 \cdot 10^{-3}$ $kgmol^{-1}$.

Kapitel 2
Die quantenmechanische Beschreibung atomarer Teilchen

Moleküle besitzen sehr kleine Abmessungen und sind aus noch kleineren Atomen aufgebaut. Sie sind deshalb unseren Sinneswahrnehmungen nicht direkt zugänglich. Trotzdem konnte ihr atomarer Aufbau innerhalb weniger Jahre (1890 bis 1930) prinzipiell aufgeklärt werden. Dies ist eigentlich erstaunlich, da man bis zum Ende des 19. Jahrhunderts überhaupt keine konkreten Vorstellungen darüber besaß. Dann aber erkannte man plötzlich, daß die bereits existierenden naturwissenschaftlichen Theorien unter einem völlig neuen Blickwinkel betrachtet werden müssen — die Mechanik entwickelte sich zur Quantenmechanik.

Bis gegen Ende des 19. Jahrhunderts war bereits eine große Anzahl organischer und anorganischer Verbindungen untersucht und ihre chemische Zusammensetzung bekannt. Daß man diesen chemischen Verbindungen die richtige Zusammensetzung zuordnen konnte, ist nicht zuletzt das Verdienst der Avogadroschen Hypothese. Ja, man war sogar in der Lage, Aussagen über das Bindungsverhalten einzelner Atome zu machen. So wurde z. B. festgestellt, daß ein C-Atom insgesamt vier andere Atome in tetraedrischer Anordnung binden kann. Mit Hilfe des kinetischen Gasmodells erhielt man zusätzliche Informationen über die Molekülgröße und über einige andere Eigenschaften. Trotz dieser Erfolge, die die Chemie bis dahin verzeichnet hatte, blieb der Atom- und Molekülaufbau völlig rätselhaft. Erst als man das *Elektron* entdeckte und seine Masse und Ladung messen konnte, begann sich das Rätsel Atom zu lösen. Zwar wußte man, daß die Materie elektrische Eigenschaften besitzt, erfuhr aber erst durch diese Entdeckung, daß die Elektronen als Bestandteile der Atome deren chemisches Verhalten prägen. Das Elektron besitzt die Ladung $1,6021 \cdot 10^{-19}$ C (*Elementarladung*) und die Masse $9,109 \cdot 10^{-31}$ kg. Sehr instruktiv ist ein Vergleich der Elektronenmasse mit der mittleren Masse eines H-Atoms (mittlere Atommasse gebildet aus den natürlich vorkommenden H-Isotopen) von $1,67 \cdot 10^{-27}$ kg: Danach ist die Masse des leichtesten aller Atome noch immer etwa 2000 mal größer als die Elektronenmasse.

1910 untersuchte *Rutherford* die Streuung von α-Teilchen beim Durchgang von Materie. Zu diesem Zweck richtete er einen α-Teilchenstrahl auf einen dünnen Metallfilm. α-Teilchen sind Heliumkerne, die beim Zerfall radioaktiver Substanzen auftreten und waren zu jener Zeit durch die Untersuchungen von *Curie* bereits als schnelle, Materie durchdringende Elementarteilchen bekannt. Der Großteil der α-Teilchen ging durch den Metallfilm, ohne abgelenkt zu werden. Daneben beobachtete *Rutherford* aber auch α-Teilchen, die eine Ablenkung mit Streuwinkeln bis zu 180 Grad erfuhren. Um diese Ablenkung befriedigend deuten zu können, postulierte *Rutherford*, daß der Hauptteil der Atommasse in sehr kleinen Kernen hoher Dichte konzentriert ist. Nur solche positiv geladene Kerne erklärten das Auftreten so großer Streuwinkel. Um eine quantitative Übereinstimmung zu erzielen, mußte den Kernen ein Durchmesser von etwa 10^{-15} m zugeordnet werden. (Wie man heute weiß, bestehen Kerne aus Protonen und Neutronen.) Der Wert von 10^{-15} m für den Kerndurchmesser stand nun dem Wert von 10^{-10} m für den Atomdurchmesser gegenüber. *Rutherford* schloß daraus, daß ein Atom aus einem positiv geladenen Kern bestehen muß, um den wie auf Planetenbahnen Elektronen kreisen. Er konnte damit aber nicht erklären, warum die kreisenden Elektronen weder strahlen noch vom Kern angezogen werden. Und sein Modell versagt auch, wenn es darum geht, die Atomspektren, die das Kriterium für ein Atommodell darstellen, zu erklären. Mehr darüber im nächsten Abschnitt.

2.1 Licht-Materiewechselwirkung

Die meisten Kenntnisse, die wir vom atomaren Aufbau der Materie besitzen, stammen aus Experimenten, bei denen Licht oder allgemein Strahlung und Materie in Wechselwirkung stehen. Speziell die Atomspektroskopie war es, die bei der Entwicklung der Quantenmechanik die experimentelle Grundlage bot. Bevor wir jedoch näher auf diese eingehen, sollen vorher die wesentlichsten Eigenschaften des Lichtes diskutiert werden. Einige physikalische Erscheinungen, die mit der Wechselwirkung von Licht und Materie zusammenhängen, lassen sich mit Hilfe der Wellennatur, andere nur mit Hilfe der Teilchennatur des Lichtes beschreiben.

Sichtbares Licht (SI), Ultraviolettstrahlung (UV), Ultrarotstrahlung (UR) oder Radiowellen sind einige Beispiele für *elektromagnetische Strahlung*. Alle Strahlungsarten haben eines gemeinsam: Sie können als elektromagnetische Wellen, die sich im Vakuum mit Lichtgeschwindigkeit fortpflanzen und sich nur in der Frequenz unterscheiden, aufgefaßt werden. Die Wellen bestehen aus oszillierenden elektrischen und magnetischen Feldern, deren Feldvektoren stets senkrecht aufeinander stehen (Bild 2.1). Sie breiten sich senkrecht zu beiden Feldrichtungen aus und besitzen eine *Ausbreitungsgeschwindigkeit* c, die durch die *Wellenlänge* λ und die *Frequenz* ν gegeben ist.

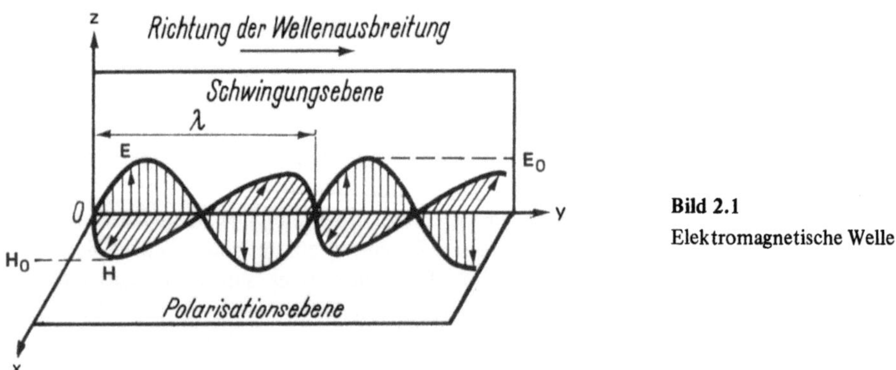

Bild 2.1
Elektromagnetische Welle

Der funktionelle Zusammenhang zwischen diesen drei Größen läßt sich an Hand von Bild 2.2 leicht herleiten. Die Sinus- oder Cosinuskurven stellen die Amplituden des elektrischen oder magnetischen Strahlungsfeldes als Funktion des Abstandes von der Lichtquelle zu einer bestimmten Zeit dar. Die Wellenbewegung nach rechts erfolgt mit der Geschwindigkeit c und wird durch einige Sinuskurven nach gewissen Zeitintervallen δ

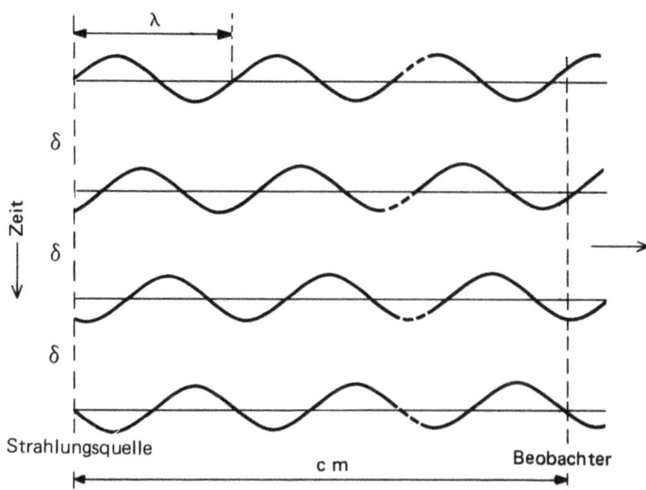

Bild 2.2 Momentaufnahmen des elektrischen oder magnetischen Feldvektors einer Welle nach bestimmten Zeitintervallen δ

veranschaulicht. Stellen wir uns nun einen Beobachter im Abstand c m von der Lichtquelle vor, der die Strahlung 1 s lang beobachtet. Da die Ausbreitungsgeschwindigkeit $c \text{ ms}^{-1}$ beträgt, sieht er während dieses Zeitraumes alle Wellenberge und Wellentäler passieren, die sich anfänglich zwischen ihm und der Lichtquelle befunden haben. Beträgt die Länge einer Welle (*Periode*) λ m, so gibt es auf dieser Strecke c/λ Wellen und der Beobachter zählt c/λ Wellen pro Sekunde. Dies entspricht einer Frequenz der Wellenbewegung von

$$\nu = \frac{c}{\lambda}. \tag{1}$$

Die Ausbreitungsgeschwindigkeit, schlechthin Lichtgeschwindigkeit genannt, ist im Vakuum unabhängig von der Frequenz und beläuft sich auf $2,9979 \cdot 10^8 \text{ ms}^{-1}$. Man beschreibt eine Strahlung entweder durch die Angabe der Frequenz (s^{-1}) oder durch die Angabe der Wellenlänge (m). Im deutschsprachigen Raum bezeichnet man die Frequenzeinheit s^{-1} auch sehr oft mit Hz (*Hertz*). Gelbes sichtbares Licht hat z. B. eine Wellenlänge von etwa 580 nm und eine Frequenz von

$$\nu = \frac{c}{\lambda} = \frac{3 \cdot 10^8}{5,8 \cdot 10^{-7}} = 5,2 \cdot 10^{14} \text{ s}^{-1}. \tag{2}$$

Sehr oft wird auch noch ein anderes Frequenzmaß definiert, nämlich die *Wellenzahl* $\bar{\nu}$, und zwar durch:

$$\bar{\nu} = \frac{\nu}{c} = \frac{1}{\lambda}. \tag{3}$$

Sie ist die auf die Lichtgeschwindigkeit c normierte Frequenz und entspricht der Zahl der Wellen auf 1 m Länge. In Tabelle 2.1 sind die charakteristischen Wellenlängen und Frequenzen von einigen Strahlungen aufgeführt.

Tabelle 3.1: Größenordnung der Wellenlänge λ, der Frequenz ν, der Wellenzahl $\bar{\nu}$ und der Energie $h\nu$ elektromagnetischer Strahlungen

| Strahlung | λ | | ν | $\bar{\nu}$ | $h\nu$ | |
	m	nm	s^{-1}	m^{-1}	J	eV
Röntgen	$1\cdot10^{-10}$	0,1	$3\cdot10^{18}$		$2\cdot10^{-15}$	
Ultra-Violett	$2\cdot10^{-7}$	200	$1{,}5\cdot10^{15}$	$5\cdot10^{6}$	$1\cdot10^{-18}$	6,2
Sichtbares Licht	$5\cdot10^{-7}$	500	$0{,}6\cdot10^{15}$	$2\cdot10^{6}$	$4\cdot10^{-19}$	2,48
Ultra-Rot	$1\cdot10^{-5}$	10 000	$3\cdot10^{13}$	$1\cdot10^{5}$	$2\cdot10^{-20}$	1,24
Mikrowellen	$1\cdot10^{-2}$		$3\cdot10^{10}$	$1\cdot10^{2}$	$2\cdot10^{-23}$	
Radiowellen	$3\cdot10^{3}$		$1\cdot10^{5}$		$7\cdot10^{-29}$	

Mathematisch beschrieben wird eine elektromagnetische Wellenbewegung durch den Ausdruck für die oszillierende elektrische oder magnetische Feldstärke:

$$\mathbf{E} = \mathbf{E}_0 \cos(\omega t) \tag{4}$$

oder

$$\mathbf{H} = \mathbf{H}_0 \cos(\omega t). \tag{5}$$

$\mathbf{E}$ bzw. $\mathbf{H}$ sind die *Momentanwerte* der Feldstärken, $\mathbf{E}_0$ bzw. $\mathbf{H}_0$ sind ihre *Maximalwerte* und ω ist die *Kreisfrequenz*:

$$\omega = 2\pi\nu. \tag{6}$$

Strahlung kann intensiv (energiereich) oder weniger intensiv sein, und ein Maß dafür ist das Quadrat der Feldvektoren, die sogenannte *Energiedichte* des elektromagnetischen Feldes (vgl. Anhang IV):

$$\frac{\epsilon_0}{2}\,\mathbf{E}^2 + \frac{\mu_0}{2}\,\mathbf{H}^2 . \tag{7}$$

ϵ_0 ist die *absolute Dielektrizitätskonstante des Vakuums* mit dem Wert $8{,}859\cdot10^{-12}$ Fm^{-1} und μ_0 die *absolute Permeabilität des Vakuums* mit $1{,}256\cdot10^{-6}$ TA^{-1} m.

Das Modell der Strahlung als eine elektromagnetische Wellenbewegung beschreibt z. B. ausreichend die Erscheinungen der Beugung und Interferenz. Zur Beschreibung manch anderer Erscheinungen, z. B. des Comptoneffektes und des lichtelektrischen Effektes oder der Spektroskopie an sich, versagt dieses Strahlungsmodell vollkommen, und wir müssen auf eine gänzlich andere Vorstellung zurückgreifen. Diese sieht in der Strahlung fliegende Teilchen oder Korpuskel und geht ursprünglich auf *Newton* zurück.

Beide Strahlungsmodelle hatten zu Beginn des 20. Jahrhunderts ihre Anhänger, und der Streit zwischen ihnen, welches Modell nun das wahre sei, dauerte bis in die Zwanzigerjahre. Dann erkannte man, daß sowohl die Wellen- als auch die Korpuskeltheorie gleichberechtigt waren (*Dualismus des Lichtes*). Einen experimentellen Beweis für die duale Natur des Lichtes stellen einerseits der Comptoneffekt und der lichtelektrische Effekt und andererseits die Interferenzerscheinungen dar. Die beiden erstgenannten Effekte können nur verstanden werden, wenn man das Licht als einen Strahl korpuskularer *Photonen* oder *Quanten* ansieht. Man gerät in Konflikte, wollte man das Licht nur als Korpuskelstrahl oder nur als Welle auffassen. Die experimentelle Erfahrung entschied also nicht zugunsten einer Auffassung, sondern, und das ist das Verblüffende, bestätigte beide Modelle. Eine solche Entscheidung kam gänzlich unerwartet, da naturwissenschaftliche Experimente bis dahin immer zugunsten einer Theorie aussagten, wenn sich zwei Theorien gegenseitig logisch ausschlossen. Die Konsequenz dieses Dualismus war die Entwicklung einer neuen Logik und Denkweise in der Naturwissenschaft. Quantitative Zusammenhänge zwischen beiden Modellen wurden erstmals von *Planck* und *Einstein* zu Beginn des 20. Jahrhunderts formuliert.

Einen der kühnsten Schritte in der Geschichte der Naturwissenschaft mit weitreichenden Konsequenzen unternahm *Planck* im Jahre 1900. In diesem Jahr versuchte er, eine Theorie für die von einem schwarzen Strahler abgegebene Energie in Abhängigkeit von der Frequenz der emittierten Strahlung zu finden. Alle bisherigen Theorien zur Erklärung der Energieverteilung, die die oszillierenden Moleküle eines Strahlers verursachen, ergaben nur unbefriedigende Resultate. *Planck* nahm deshalb an, daß ein strahlender Körper aus lauter Oszillatoren, d. h. schwingungs- und strahlungsfähigen Molekülen aufgebaut ist. Nach klassischen elektrodynamischen Vorstellungen absorbieren oder emittieren solche Oszillatoren nur Strahlung ihrer Eigenfrequenz und zwar hinsichtlich ihrer Energie kontinuierlich. Nach *Planck* erfolgen nun Absorptions- und Emissionsvorgänge nicht kontinuierlich sondern *quantenhaft*. Die Energie der absorbierten oder emittierten Strahlung, und folglich auch die Energie der Oszillatoren, muß deshalb ein ganzzahliges Vielfaches eines Energiequants sein. Die Größe dieses Quants ist proportional der Oszillatoreigenfrequenz ν_0:

$$E = h\nu_0. \tag{8}$$

Die Proportionalitätskonstante h, als *Plancksche Konstante* oder als *Wirkungsquantum* bekannt, beträgt $6{,}6256 \cdot 10^{-34}$ Js. Sie besitzt die Dimension einer *Wirkung* (Energie $\cdot$ Zeit). Man kann deshalb mit Recht vermuten, daß die eigentliche gequantelte Größe die Dimension einer Wirkung hat, die gequantelte Energie hingegen nur eine Folge davon ist.

Einstein erkannte in dem Planckschen Ausdruck (8) das Bindeglied zwischen den beiden Modellvorstellungen des Lichtes: Der Energiebetrag E ist mit der Energie eines korpuskularen Strahlungsquants identisch, wenn die Eigenfreqenz ν_0 durch die beliebige Frequenz ν einer Strahlung ersetzt wird:

$$E = h\nu. \tag{9}$$

Gelbes Licht besitzt z. B. nach der Wellentheorie eine Frequenz von etwa $5{,}2 \cdot 10^{14}$ Hz und besteht nach der Korpuskulartheorie aus einem Strahl von Quanten oder Photonen, wovon ein jedes die Energie

$$E = h\nu = 6{,}6 \cdot 10^{-34} \cdot 5{,}2 \cdot 10^{14} = 3{,}4 \cdot 10^{-19} \text{ J } (= 2{,}12 \text{ eV}) \tag{10}$$

hat. Nach den Gesetzen der Mechanik haben dann auch die Photonen alle die Teilcheneigenschaften, die wir von makroskopischen Körpern kennen.

Der Ausdruck (9) stellt mehr als eine gewöhnliche Beziehung zwischen der Energie und Frequenz dar. Er ist gewissermaßen der Ausdruck für den Bruch mit den klassischen Theorien und war Ausgangspunkt für eine völlig neue Phase in der Entwicklungsgeschichte der Naturwissenschaften. Seit Newtons Zeiten bestand die Auffassung, daß die Energieänderungen eines jeden Systems kontinuierlich erfolgen. Sie basierte auf den Gesetzen der klassischen Mechanik und der Bruch machte, zumindest für den atomaren Bereich, die Entwicklung einer neuen Mechanik, der *Quantenmechanik* notwendig. Sozusagen eine Zwischenstation auf dem Weg dorthin bildet das *Bohrsche Atommodell*, das im nächsten Abschnitt zur Sprache kommt.

2.2 Das Bohrsche Atommodell

1913 schlug *Bohr* ein Modell für das H-Atom vor, das auf den Rutherfordschen Vorstellungen beruhte, aber einige zusätzliche Postulate bezüglich des Elektrons enthielt. Es stand in völliger Übereinstimmung mit der spektroskopischen Erfahrung und konnte das Zustandekommen des H-Atomspektrums quantitativ deuten. Obwohl es nur das Spektrum des H-Atoms und nicht auch die Spektren anderer Atome zu erklären vermag, lohnt es sich, es einmal studiert zu haben. Trotz aller ihm anhaftender Mängel liegt es doch sehr vielen modernen Vorstellungen zugrunde. Zunächst das Wichtigste über das H-Atomspektrum und über die Atomspektroskopie.

Es gibt zwei prinzipielle Möglichkeiten zur Beobachtung der Wechselwirkung zwischen Licht und Atomen:

1. Man beobachtet die Strahlung, die angeregte Atome emittieren (*Emissionsspektroskopie*) oder
2. man beobachtet die Strahlung, die Atome absorbieren (*Absorptionsspektroskopie*).

Von größerer Bedeutung zur Beurteilung von Atommodellen ist die Emissionsspektroskopie, bei der man die Intensität der emittierten Strahlung in Abhängigkeit von der Frequenz mißt. Zur Messung der Frequenzabhängigkeit muß die Strahlung spektral zerlegt werden. Im Gebiet der UV-, UR- und sichtbaren Strahlung verwendet man zur Zerlegung aus Quarz· bzw. Glas gefertigte Prismen oder auch Gitter. Die optische Anordnung eines Prismenspektrographen zeigt Bild 2.3. Da der Brechungsindex des Prismas von der Frequenz der Strahlung abhängt (= *Dispersion*), erfahren Strahlungsanteile mit verschiedenen Frequenzen eine verschieden starke Brechung und können so räumlich voneinander

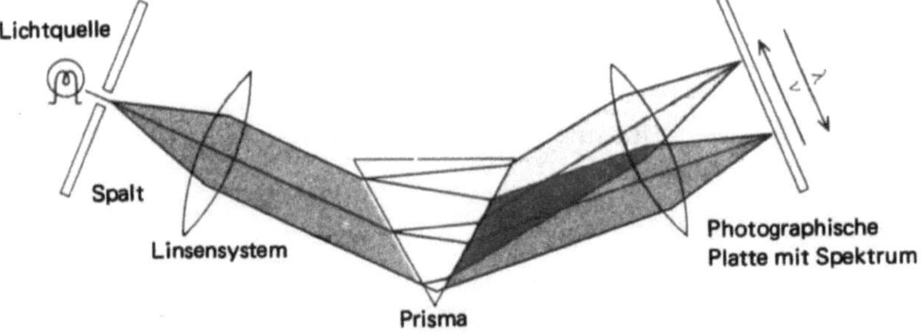

Bild 2.3 Schematische Anordnung eines Prismenspektrographen

getrennt werden. Das sogenannte *Spektrum* der Strahlung kann dann dahinter photographisch oder elektronisch sichtbar gemacht werden. Das Spektrum von Atomen besteht aus einzelnen Linien (*Linienspektrum*) in mehr oder weniger großer Anzahl (Bild 2.4).

Lange Zeit bevor man den Aufbau der Atome verstand, wurde erkannt, daß die von den angeregten Atomen emittierte Strahlung eine *spezifische* Eigenschaft der Atome ist. Die Kenntnis ihrer Spektren war jedoch solange ohne jeden Wert, als keine Beziehung zwischen den einzelnen Linien gefunden wurde. Die Suche nach solchen Beziehungen erfolgte rein empirisch und ohne theoretische Vorstellungen. 1885 fand schließlich *Balmer*, daß sich die Frequenzen einiger H-Atomlinien (*Balmerserie*) durch folgende Relation miteinander verknüpfen lassen:

$$\bar{\nu} = 1{,}09677 \cdot 10^7 \left(\frac{1}{2^2} - \frac{1}{n_1^2} \right) \, m^{-1} \, . \tag{11}$$

n_1 besitzt ganzzahlige Werte: $n_1 = 3, 4, 5 \ldots$ Bald darauf konnte *Rydberg* zeigen, daß sich Gl. (11) verallgemeinern läßt und dann alle beobachtbaren Frequenzen der Spektrallinien korreliert:

$$\bar{\nu} = 1{,}09677 \cdot 10^7 \left(\frac{1}{n_2^2} - \frac{1}{n_1^2} \right) \, m^{-1} \quad (n_1 > n_2). \tag{12}$$

Variiert man in Gl. (12) n_1 und n_2 in passender Weise, so bekommt man die Wellenzahlen aller Linien. Sie können in *Serien* zusammengefaßt werden, wenn für eine jede Serie ein konstanter Wert für n_2 gewählt wird; die Serien sind nach ihren Entdeckern benannt (Bild 2.4).

Von großem Fortschritt für die Spektroskopie war die Erkenntnis, daß auch bei der Strahlungsemission von Atomen die Energie nur in Form von Quanten abgegeben wird. Kombiniert man daher Gl. (9) mit der Rydbergformel (12), so enthält der resultierende Ausdruck implizit das Postulat diskreter Energiezustände:

$$\Delta E = 2{,}18 \cdot 10^{-18} \left(\frac{1}{n_2^2} - \frac{1}{n_1^2} \right) \, J = 13{,}6 \left(\frac{1}{n_2^2} - \frac{1}{n_1^2} \right) \, eV. \tag{13}$$

Der Ausdruck besagt, daß das Elektron des H-Atoms, das für die Strahlung verantwortlich ist, seine Energie nur um ganz bestimmte, feste Beträge ändern kann.

Im Laufe der Zeit wurden viele Versuche unternommen, um das Verhalten der Elektronen in den Atomen zu verstehen und zu beschreiben. Die Hauptforderung galt dabei der Stabilität des Systems Kern – Elektron. Alle Versuche scheiterten an diesem Punkt, da sie auf den bekannten klassischen Gesetzen der Mechanik und Elektrodynamik aufbauten. *Bohr* riß sich von diesen klassischen Vorstellungen los und näherte sich dem Problem mit Hilfe der Planckschen Quantentheorie. Er übertrug die Bedingung (9), obwohl diese ursprünglich nur für die von Oszillatoren emittierte Strahlung gedacht war, axiomatisch und scheinbar recht willkürlich auf die Strahlungsemission von Atomen. Der Erfolg seines Modelles zur Erklärung des H-Atomspektrums gab ihm dazu recht.

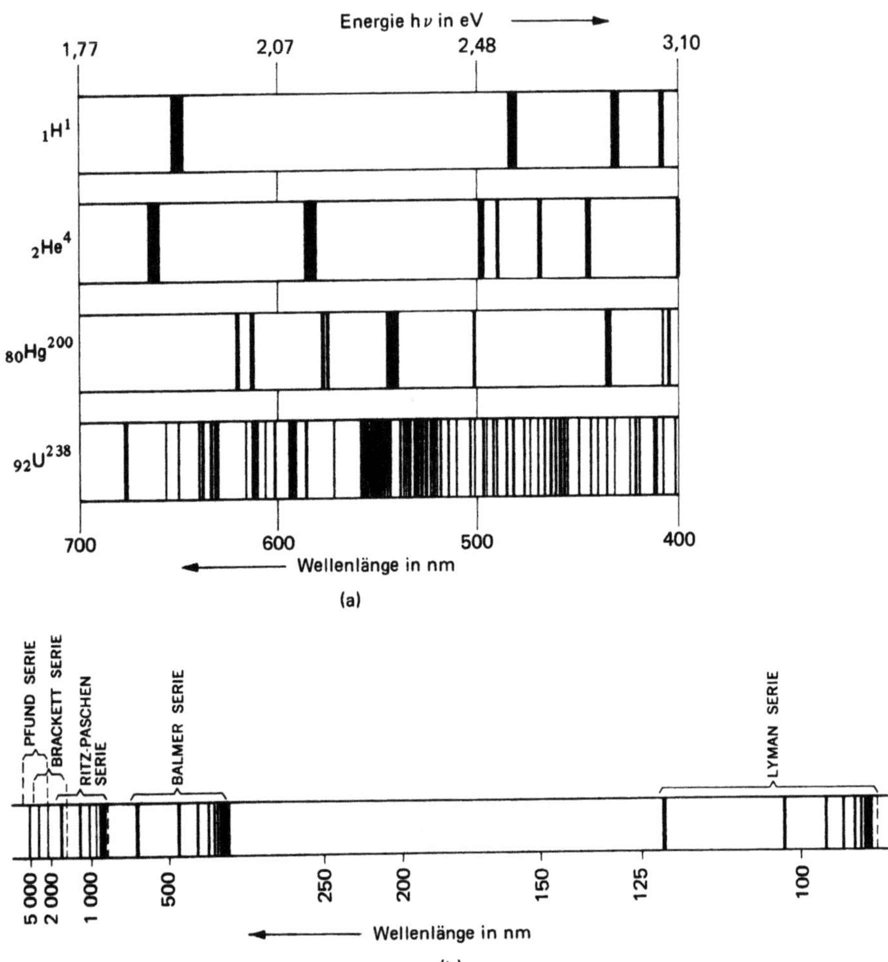

Bild 2.4 Atomspektren im sichtbaren Gebiet (a) und H-Atomspektrum (b) (*G. Herzberg:* Atomic Spectra and Atomic Structure, Dover Pub. New York, 1944)

Das *Bohrsche Modell des H-Atoms* gründet sich auf folgenden Postulaten:

1. Das Elektron umkreist den Kern auf Kreisbahnen.
2. Nur solche Kreisbahnen sind erlaubt, auf denen das Elektron einen Bahndrehimpuls vom Betrag eines ganzzahligen Vielfachen von $h/2\pi$ (abgekürzt $\hbar$) besitzt.
3. Das Elektron strahlt nicht, wenn es sich auf einer solchen ausgezeichneten Bahn bewegt. Es kann nur Energie aufnehmen oder abgeben bei Übergängen zwischen zwei erlaubten Bahnen.

Zum 1. Postulat wäre zu bemerken, daß nach dem später von *Sommerfeld* verfeinerten Modell auch elliptische Bahnen zugelassen sind. Von *Sommerfeld* (1916) stammt auch die Verallgemeinerung des 2. Postulates, wonach das Integral (*Phasenintegral*) über den

Bahnimpuls p nach der Lagekoordinate q über die volle Periode einer Bewegung nur ein ganzzahliges Vielfaches von h sein kann:

$$\oint p \, dq = nh. \tag{14}$$

Im 2. Postulat äußert sich bereits die richtige Vorstellung der quantentheoretischen Wirkungsquantelung. Das 3. Postulat fordert schließlich strahlungslose, stationäre Energiezustände des Elektrons. Mit diesen drei Postulaten lassen sich die *Radien* der Elektronenbahnen und die *Elektronenenergie* berechnen. Zuvor allerdings einige Begriffe zur klassisch-mechanischen Beschreibung von Drehbewegungen.

Für *Drehbewegungen* verwendet die Mechanik anstelle der Größen Masse (m), Bahngeschwindigkeit (v), Impuls (p) und kinetische Energie ($T = 1/2 \, mv^2$) die „Drehgrößen" *Trägheitsmoment* (I), *Winkelgeschwindigkeit* (ω), *Drehimpuls* (*l*) und *kinetische Energie* ($T = 1/2 \, I\omega^2$). Hier die Definition der Drehgrößen, die sich auf die Rotation eines aus n Massenpunkten (Laufzahl i) bestehenden Körpers um eine Drehachse im Schwerpunkt bezieht:

$$I = \sum_{i}^{n} m_i r_i^2 \qquad \text{(m_i i-ter Massenpunkt im Abstand r_i vom Schwerpunkt)} \tag{15}$$

$$\omega = \frac{(r_i \times v_i)}{r_i^2} \qquad \text{(v_i Bahngeschwindigkeit des i-ten Massenpunktes)} \tag{16}$$

$$l = \sum_{i}^{n} (r_i \times p_i) = I\omega \quad \text{($p_i = mv_i$ Bahnimpuls des i-ten Massenpunktes)} \tag{17}$$

$$T = \frac{1}{2} I \omega^2 \qquad (|\omega| = \omega) \tag{18}$$

Im Falle des H-Atoms besteht der Drehkörper oder *Rotator* aus den Massen Proton (1) und Elektron (2) (Bild 2.5). Für das Trägheitsmoment dieses Rotators gilt dann

$$I = m_1 r_1^2 + m_2 r_2^2 = \frac{m_1 m_2^2}{(m_1 + m_2)^2} r^2 + \frac{m_1^2 m_2}{(m_1 + m_2)^2} r^2 = \frac{m_1 m_2}{m_1 + m_2} r^2, \quad (|r| = r) \tag{19}$$

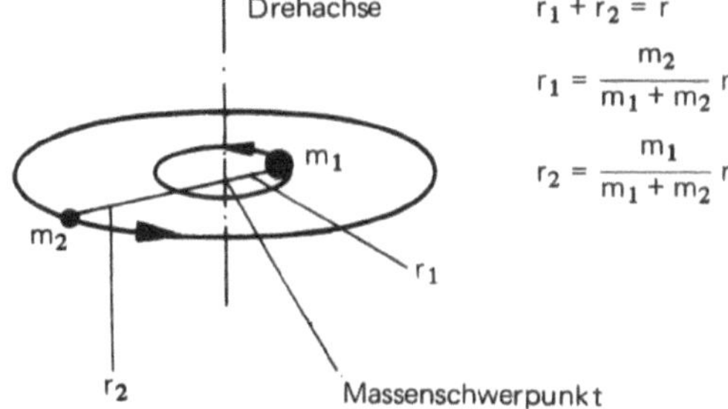

Bild 2.5
Punktmodell eines Rotators mit zwei unterschiedlichen Massenpunkten

da der Massenschwerpunkt durch $m_1 r_1 = m_2 r_2$ festgelegt ist. Außerdem gilt für den Kern — Elektronabstand (= *Atomradius* r) $r_1 + r_2 = r$. Schreibt man ferner für die sogenannte *reduzierte Masse* $m_1 m_2/(m_1 + m_2)$ das Symbol μ, so bekommt man aus Gl. (19):

$$I = \mu r^2. \tag{20}$$

Klassisch kann also das System Kern — Elektron (*Atom*) so aufgefaßt werden, als wenn ein Massenpunkt mit der reduzierten Masse μ um eine in der Entfernung r liegende Drehachse rotiert. Erfolgt die Rotation mit der Winkelgeschwindigkeit ω, dann ist der Drehimpulsbetrag l des Rotators durch

$$l = I\omega = \mu r^2 \omega \tag{21}$$

und seine kinetische Energie durch

$$T = \frac{1}{2} I \omega^2 = \frac{1}{2} \mu r^2 \left(\frac{v}{r}\right)^2 = \frac{1}{2} \mu v^2 \tag{22}$$

gegeben. Da die Masse des Kerns 2000 mal größer als die des Elektrons ist, kann man in erster Näherung so tun, als ob der Kern feststeht, die Drehachse durch ihn geht und das Elektron um ihn kreist ($\mu \cong m_2$). Wir lassen deshalb in der Folge den das Elektron charakterisierenden Index 2 weg, wenn wir statt der reduzierten Masse des Systems näherungsweise die Elektronenmasse einführen.

Anwendung des 2. Bohrschen Postulates liefert nun (Bild 2.6a):

$$\oint pdq = \int_{\theta=0}^{2\pi} prd\theta = 2\pi mvr = nh \tag{23}$$

bzw.

$$mvr = n\hbar \cdot (|v| = v) \tag{24}$$

Die ganze Zahl n bezeichnet man als *Quantenzahl*. In Worten lautet Gl. (24): *Der Betrag des Drehimpulses ist in Einheiten von* $\hbar$ *gequantelt.* Die Radien der Bohrschen Elektronenbahnen finden wir durch Lösen der Bewegungsgleichung

$$\mathbf{F}_Z + \mathbf{F}_C = 0. \tag{25}$$

Sie beschreibt das Kräftegleichgewicht zwischen der *Zentrifugalkraft* $\mathbf{F}_Z$ und der ihr entgegengerichteten *Coulombschen Anziehungskraft* $\mathbf{F}_C$ (Bild 2.6b). Die Zentrifugalkraft ist durch

$$\mathbf{F}_Z = mv^2 \frac{r}{r^2} \tag{26}$$

und die Coulombsche Kraft durch

$$\mathbf{F}_C = -\frac{e^2}{4\pi\epsilon_0} \frac{r}{r^3} \tag{27}$$

definiert (positiv geladener Kern und negativ geladenes Elektron ziehen sich an), so daß

$$mv^2 \frac{r}{r^2} - \frac{e^2}{4\pi\epsilon_0} \frac{r}{r^3} = 0. \tag{28}$$

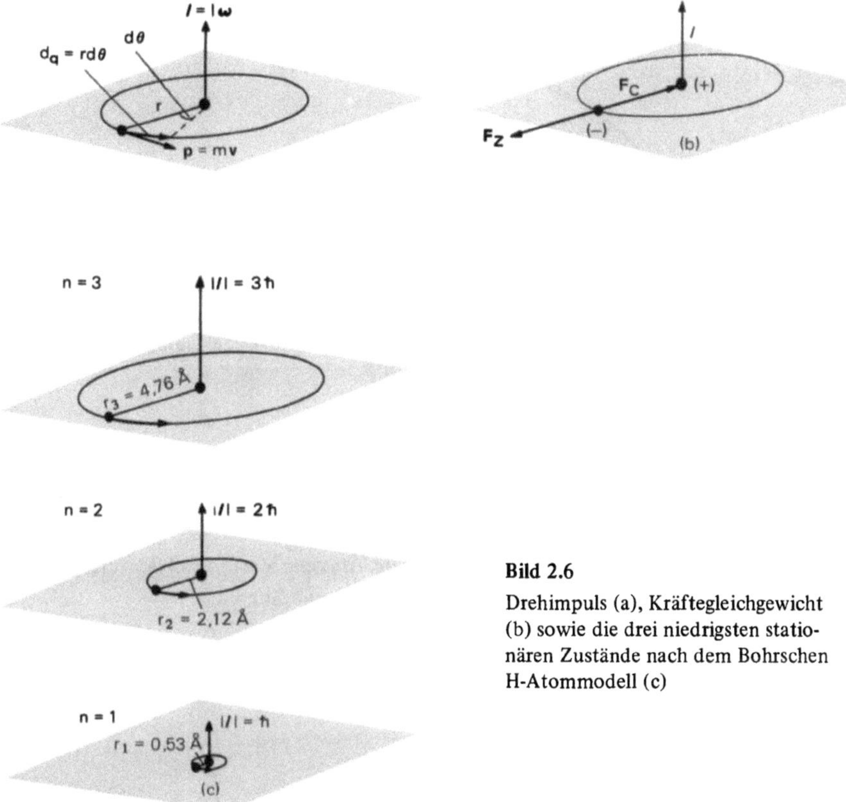

Bild 2.6

Drehimpuls (a), Kräftegleichgewicht
(b) sowie die drei niedrigsten stationären Zustände nach dem Bohrschen
H-Atommodell (c)

Durch Einführen der Quantenbedingung (24) und durch Umformen ergibt sich daraus für
die *Bohrschen Radien* der Elektronenbahnen:

$$r_n = n^2 \, \frac{4\pi\,\epsilon_0\,\hbar^2}{me^2}; \quad n = 1, 2, 3, \dots \tag{29}$$

Der Bohrsche Radius hängt bei Kenntnis des Wirkungsquantums h, der Elektronenmasse
m, der Elektronenladung e und der Dielektrizitätskonstanten des Vakuums ϵ_0 nur vom
Quadrat der Quantenzahl n ab. Setzt man die numerischen Werte für diese Größen ein, so
folgt (Bild 2.6c)

$$r_n = 0,529 \, n^2 \, \text{Å}. \tag{30}$$

Obwohl es kein direktes experimentelles Kriterium für den Bohrschen Radius gibt,
erkennen wir an Hand von Gl. (30) sofort, daß der Radius für den *Grundzustand* (n = 1)
von derselben Größenordnung wie ein gaskinetisch bestimmter Molekülradius ist. Einer
direkten Prüfung kann das Bohrsche Modell nur durch einen Vergleich mit dem H-Atomspektrum unterzogen werden. Die Energiedifferenzen der erlaubten Elektronenbahnen
müssen nämlich mit der Energie der emittierten Strahlung identisch sein.

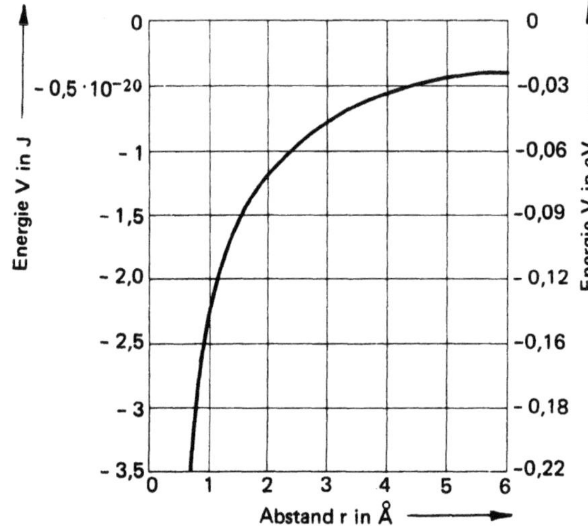

Bild 2.7

Die Coulombsche Energie zweier Punktladungen + e und − e als Funktion ihres Abstandes r

Die *kinetische Energie* T und die *potentielle Energie* V eines Elektrons $(-e)$ im Coulombfeld $|\mathbf{E}| = e/4\pi\epsilon_0 r^2$ des Kerns bzw. Protons $(+e)$ betragen:

$$T = \frac{1}{2}mv^2, \tag{31}$$

$$V = -\frac{e^2}{4\pi\epsilon_0 r}. \tag{32}$$

Die *Coulombsche Energie* $V(r)$ ist in Bild 2.7 graphisch dargestellt. Der Nullpunkt der Energieskala ist durch den unendlichen Abstand des Elektrons vom Kern definiert, so daß alle Werte der potentiellen Energie negativ sind. Die Gesamtenergie des Systems Kern − Elektron ist dann durch die Summe von T und V gegeben:

$$E = T + V = \frac{1}{2}mv^2 - \frac{e^2}{4\pi\epsilon_0 r}. \tag{33}$$

Da nach Gl. (28) (vgl. *Virialsatz* der Mechanik $T = 1/2\,V$) die Bedingung

$$\frac{1}{2}mv^2 = \frac{1}{2}\frac{e^2}{4\pi\epsilon_0 r} \tag{34}$$

gilt, folgt für die *Gesamtenergie* der Ausdruck:

$$E = -\frac{e^2}{8\pi\epsilon_0 r}\ . \tag{35}$$

Setzt man in diesen für r den Bohrschen Radius r_n ein, so ergibt sich schließlich für die Gesamtenergie:

$$E_n = -\frac{me^4}{32\,\pi^2\,\epsilon_0^2\,\hbar^2}\,\frac{1}{n^2}\ . \tag{36}$$

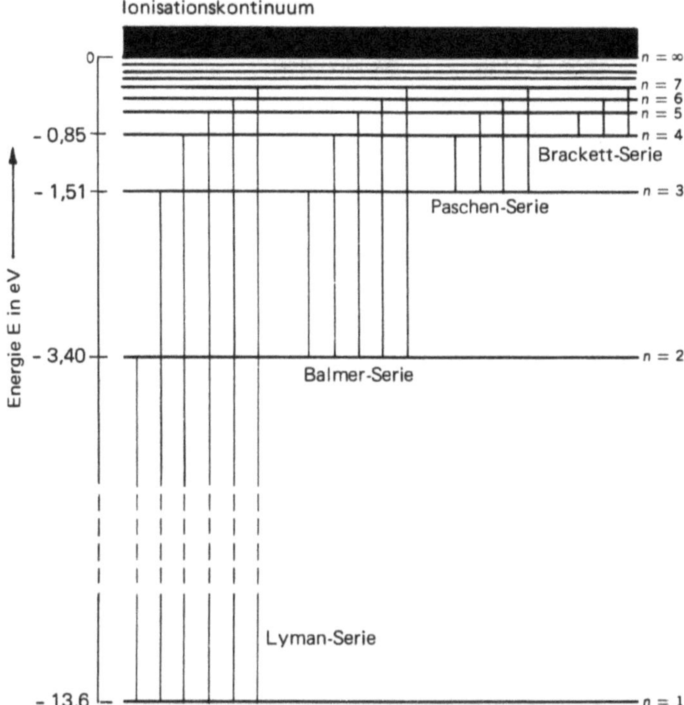

Bild 2.8 Die H-Atomserien nach dem Bohrschen Modell

In Bild 2.8 sind die erlaubten Energiezustände E_n in Form des sogenannten *Energie-* oder *Termschemas* graphisch dargestellt. Jede erlaubte Energie (einer Elektronenbahn) wird durch die Quantenzahl n ausreichend charakterisiert. Den Energiezustand mit n = 1 nennt man *Grundzustand*; das ist der energetisch niedrigste Zustand und zugleich der, den die Atome normalerweise besetzen. Alle anderen höherenergetischen Zustände sind *angeregte Zustände* und ein Elektron in einem solchen Zustand mit n > 1 wird als angeregtes Elektron bezeichnet. Zugleich ist das betreffende Atom ein angeregtes Atom. Es kann seine überschüssige Energie in Form von Lichtquanten abstrahlen, wenn es in einen niedrigeren Zustand oder in den Grundzustand springt. Die Energie des abgestrahlten Lichtquants ist gleich der Energiedifferenz der beiden Zustände (*Bohrsche Frequenz-bedingung* für einen *Elektronenübergang*). Springt etwa ein Elektron vom Energieniveau n = n_1 auf das Niveau n = n_2, wobei n_1 größer als n_2 sein muß, dann emittiert das Atom Quanten mit der Energie

$$\Delta E = \frac{me^4}{32\,\pi^2\,\epsilon_0^2\,\hbar^2}\left(\frac{1}{n_2^2} - \frac{1}{n_1^2}\right), \tag{37}$$

was der Wellenzahl

$$\bar{\nu} = \frac{1}{hc}\frac{me^4}{32\,\pi^2\,\epsilon_0^2\,\hbar^2}\left(\frac{1}{n_2^2} - \frac{1}{n_1^2}\right) = R\left(\frac{1}{n_2^2} - \frac{1}{n_1^2}\right) \tag{38}$$

entspricht. Dieses Ergebnis des Bohrschen Modells stimmt mit der empirischen Rydbergformel (12) quantitativ überein. Davon überzeugt man sich am einfachsten durch Einsetzen der numerischen Werte für die Konstanten m, h, c, e und ϵ_0. Berücksichtigt man dabei statt der Elektronenmasse die reduzierte Masse, so stimmt der Wert der *Rydbergkonstanten* (das ist die Konstante vor dem Klammerausdruck in Gl. (12) bzw. (38)) bis auf die letzte Stelle mit dem gemessenen Wert überein.

Das Bohrsche Atommodell darf somit behaupten, daß es das H-Atomspektrum vollständig erklärt. Der Triumpf dieses Modells war allerdings historisch gesehen nur von kurzer Dauer. Alle Versuche, diese Theorie auch auf Atome mit mehreren Elektronen auszudehnen, blieben erfolglos. Auch eine Erklärung des Phänomens chemische Bindung konnte sie nicht geben. Außerdem könnte man daran Anstoß nehmen, daß sie die Gesetze der klassischen Mechanik und Elektrodynamik mit axiomatischen Quantenbedingungen kombiniert, also keine wirklich geschlossene Theorie darstellt.

2.3 Das Konzept der Quantenmechanik

Zehn Jahre nach *Bohrs* großem, aber begrenztem Erfolg machte *De Broglie* den Vorschlag, allen Elementarteilchen, und damit auch den Elektronen, Welleneigenschaften zuzuordnen. Dieser Vorschlag kam einige Jahre vor der experimentellen Bestätigung durch *Davisson* und *Germer*. Er verhalf der Quantenmechanik zum endgültigen Durchbruch.

De Broglie faszinierte die Tatsache, daß *Bohr* Quantenbedingungen postulieren mußte, um das Verhalten der Elektronen befriedigend beschreiben zu können. Er vermutete einen Zusammenhang zwischen diesen Quantenzahlen und den ganzzahligen Konstanten, die bei der klassischen Darstellung stehender Wellen oder Schwingungen auftreten. Wie Photonen durch elektromagnetische Wellen so müßte ein Teilchenstrahl durch *Materiewellen* beschrieben werden können. *De Broglie* charakterisierte diese Materiewellen durch die verallgemeinerte Plancksche Beziehung E = hν und das *Einsteinsche Energieäquivalenzprinzip*

$$E = mc^2, \tag{39}$$

das aus der speziellen Relativitätstheorie folgt. Setzt man beide Ausdrücke gleich, so erhält man für Photonen:

$$h\nu = mc^2. \tag{40}$$

Mit $\lambda = \frac{c}{\nu}$ folgt weiter:

$$\lambda = \frac{c}{\nu} = \frac{h}{mc}. \tag{41}$$

Nach *de Broglie* gilt dieser Ausdruck aber auch für einen *Teilchenstrahl* mit der Geschwindigkeit v:

$$\lambda = \frac{h}{mv} = \frac{h}{p}. \tag{42}$$

Ein Teilchenstrom, dessen Teilchen die Masse m, die Geschwindigkeit v und den Impuls p (= mv) besitzen, kann somit als eine Welle mit der Wellenlänge $\lambda = \frac{h}{p}$ aufgefaßt werden.

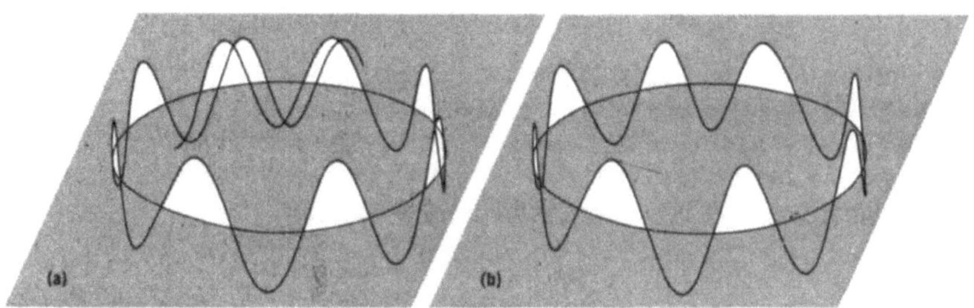

Bild 2.9 De Brogliewelle eines Elektrons auf einer Bohrschen Kreisbahn: Welle mit löschender Interferenz (a), stehende Welle (b)

Einem sich auf einer Kreisbahn um den Kern bewegenden Elektron läßt sich ebenfalls eine Materiewelle zuordnen. Befindet sich das Elektron auf einer beliebigen Bahn, so wird die Materiewelle *interferieren* und sich mehr oder weniger löschen (Bild 2.9). Nur für einige ausgezeichnete Bahnen wird keine Löschung eintreten, sondern eine *stehende* Materiewelle resultieren. Die Bedingung für stehende Wellen lautet (Abschnitt 8.3):

$$2\,\pi r = n\,\lambda; \tag{43}$$

n ist eine ganze Zahl und gleich oder größer als 1. Es hängt also vom Radius r der Elektronenbahn ab, ob eine stehende Welle zustandekommt oder nicht. Setzt man für λ den Ausdruck (42) ein, so findet man genau das Postulat, das *Bohr* axiomatisch in sein Modell einführen mußte:

$$mvr = n \cdot \hbar \quad n = 1, 2, 3, \ldots \tag{44}$$

Die Gültigkeit der de Brroglieschen Beziehung (42) wurde von *Davisson* und *Germer* durch Beugungsversuche bestätigt.

1926 entwickelten *Heisenberg* und *Schrödinger* unabhängig voneinander die *Quantenmechanik*, die die klassische Mechanik als Grenzfall enthält. Die Theorien von *Heisenberg* und *Schrödinger* unterscheiden sich nur in ihrem mathematischen Formalismus: *Heisenberg* benutzte Matrizendarstellungen und *Schrödinger* die Darstellung durch Differentialgleichungen. Da die letztere dem Chemiker eher zusagt, wird sie auch in diesem Buch verwendet.

Die Schrödingersche Darstellung beruht im wesentlichen auf einer einzigen grundlegenden Differentialgleichung, der sogenannten *Schrödingergleichung*. Diese entspricht in ihrer axiomatischen Form den Newtonschen Gesetzen der klassischen Mechanik, obwohl sie auch als eine Schwingungsgleichung von Materiewellen im De Broglieschen Sinne angesehen werden kann. In ihrer derzeitigen, allgemein anerkannten axiomatischen Form besitzt sie den Charakter eines Postulates, zu dem noch einige Zusatzpostulate zur konkreten Berechnung atomarer Systeme hinzukommen. Die Newtonschen Axiome werden durch die Schrödingergleichung nicht ersetzt, sondern behalten ihre Gültigkeit für die Behandlung makroskopischer Systeme bei. Und genauso wie man diese zur Berechnung mechanischer Eigenschaften makroskopischer Systeme benutzt, verfährt man auch mit der Schrödingergleichung, um die Eigenschaften atomarer Systeme zu erkunden.

Das Gebäude der Quantenmechanik ruht auf folgenden Postulaten:

1. Jeder Zustand eines atomaren Systems mit einem Freiheitsgrad wird durch eine *Wellenfunktion (Zustandsfunktion)* $\Psi(x, t)$ beschrieben.
2. Die *Wellengleichung (Zustandsgleichung)* für $\Psi(x, t)$ oder die *Schrödingergleichung* erhält man aus der Gesamtenergie $E = p_x^2/2m + V(x)$, indem man die klassischen Größen durch *Operatoren* ersetzt und auf $\Psi(x, t)$ wirken läßt.

Klassische Größe	Operator	
x (Ort), Ortsfunktion	x, Ortsfunkion	
p_x (Impuls mv_x)	$\dfrac{\hbar}{i}\dfrac{\partial}{\partial x}$	$(i = \sqrt{-1})$
E (Gesamtenergie)	$-\dfrac{\hbar}{i}\dfrac{\partial}{\partial t}$	

3. Die Wellenfunktion $\Psi(x, t)$ soll über den ganzen Bereich der Variablen x *endlich*, *eindeutig* und *differenzierbar* sein.
4. Die Wellenfunktion $\Psi(x, t)$ wird so *normiert*, daß

$$\int_x \Psi^*(x, t)\, \Psi(x, t)\, dx = 1 \; .$$

5. Der *Erwartungswert* $\overline{P}$ einer experimentell beobachtbaren Größe P mit dem Operator **P** wird auf folgende Weise gebildet:

$$\overline{P} = \int_x \Psi^*(x, t)\, \mathbf{P}\, \Psi(x, t)\, dx.$$

Was bedeuten nun die einzelnen Postulate physikalisch? In der klassischen Mechanik hat man es mit experimentell beobachtbaren Größen, wie dem Ort x, dem Impuls p, der Gesamtenergie $E(x, p)$ usw. zu tun. In der Quantenmechanik spielen diese Größen eine vollkommen neue Rolle. Sie werden zu *Operatoren* (2. Postulat), die erst einen physikalischen Sinn bekommen, wenn sie auf die Wellenfunktion $\Psi(x, t)$ wirken. Operatoren sind Rechenvorschriften. $\dfrac{d}{dx}$ ist z. B. der Operator für das Differenzieren. Die Wellenfunktion $\Psi(x, t)$ (1. Postulat) selbst ist keine beobachtbare Größe und besitzt daher auch keinen physikalisch reellen Sinn. Sie wird erst durch die Produktbildung mit ihrer komplexkonjugierten Wellenfunktion $\Psi^*(x, t)$ physikalisch sinnvoll. Das Produkt $\Psi^*\Psi dx$ ist ein Maß für die *Wahrscheinlichkeit* (4. Postulat), mit der man ein Teilchen in einem bestimmten Ortsintervall von x bis x + dx antreffen kann. Die Wahrscheinlichkeit, es überhaupt innerhalb des Bereiches der Variablen x anzutreffen, muß 1 sein. Die Quantenmechanik kann nämlich keine exakten Angaben über den Ort eines Teilchens machen. Dies kommt am klarsten in der *Heisenbergschen Unschärferelation* zum Ausdruck, wonach das Produkt der Unsicherheiten, die bei der gleichzeitigen Messung des Impulses (bzw. Energie) und des Ortes (bzw. Zeit) eines Teilchens auftreten, mindestens von der Größenordnung von $\hbar$ ist:

$$\Delta p \cdot \Delta x \text{ bzw. } \Delta E \cdot \Delta t \geqslant \hbar. \tag{45}$$

Dies bedeutet, daß man entweder nur den Ort oder nur den Impuls bzw. die Geschwindigkeit eines Teilchens genau angeben kann. Der Mangel an einer solchen Information beruht jedoch nicht auf einem Mangel der Quantenmechanik oder auf zu ungenauen und noch verbesserbaren Meßmethoden, sondern ist ein spezifisches Phänomen der Physik atomarer Dimensionen. Daß die Wellenfunktion $\Psi(x, t)$ die im 3. Postulat geforderten mathematischen Eigenschaften besitzen soll, ist am leichtesten an Hand eines konkreten Beispiels einzusehen, das im nächsten Abschnitt gebracht wird. Mit Hilfe des 5. Postulates gelingt es schließlich, die quantenmechanisch berechneten Größen direkt mit dem Experiment zu vergleichen. Dieses Postulat stellt im Prinzip eine Mittelwertbildung dar (vgl. Abschnitt 1.6) und ist deswegen notwendig, weil sich makroskopisch immer nur eine Vielzahl (*Gesamtheit*) von atomaren Systemen (Atome, Moleküle) beobachten läßt.

Führen wir das 2. Postulat algebraisch durch, so gelangen wir zur *zeitabhängigen Schrödingergleichung*:

$$-\frac{\hbar^2}{2m}\frac{\partial^2}{\partial x^2}\Psi(x, t) + V(x)\,\Psi(x, t) = -\frac{\hbar}{i}\frac{\partial}{\partial t}\Psi(x, t). \tag{46}$$

Sie ist mathematisch gesehen eine lineare, partielle Differentialgleichung und gestattet die Behandlung zeitabhängiger Vorgänge (z. B. Strahlungsübergänge). Will man zeitunabhängige, stationäre Systeme untersuchen, so benutzt man die *zeitunabhängige Schrödingergleichung*, die man durch eine Separation aus Gl. (46) mittels des Ansatzes

$$\Psi(x, t) = \psi(x)\,\phi(t) \tag{47}$$

erhält. Setzt man diesen in Gl. (46) ein und dividiert durch $\psi(x)\,\phi(t)$, so entsteht:

$$\frac{1}{\psi(x)}\left[-\frac{\hbar^2}{2m}\frac{d^2}{dx^2}\psi(x) + V(x)\,\psi(x)\right] = -\frac{\hbar}{i}\frac{1}{\phi(t)}\frac{d}{dt}\phi(t)\ (= \epsilon). \tag{48}$$

Da die linke Seite von Gl. (48) nur eine Funktion von x und die rechte nur eine von t ist, muß Gl. (48) für alle Werte dieser Variablen gelten, da x und t voneinander unabhängig sind. Das ist dann der Fall, wenn beide Seiten konstant sind. Bezeichnen wir die Konstante mit ϵ, so liefert die rechte Seite die Lösung $\phi(t) = e^{-i/\hbar t}$, die im Moment nicht weiter interessieren soll. Die linke Seite stellt hingegen die gesuchte zeitunabhängige Schrödingergleichung dar:

$$-\frac{\hbar^2}{2m}\frac{d^2}{dx^2}\psi(x) + V(x)\,\psi(x) = \epsilon\psi(x). \tag{49}$$

Schreiben wir für den Operator der Gesamtenergie E (*Hamiltonoperator*)

$$H = -\frac{\hbar^2}{2m}\frac{d^2}{dx^2} + V(x), \tag{50}$$

so lautet die (zeitunabhängige) Schrödingergleichung einfach

$$H\,\psi(x) = \epsilon\cdot\psi(x). \tag{51}$$

Gl. (51) ist der Spezialfall einer allgemeinen Gleichung, der sogenannten *Eigenwertgleichung*, angewendet auf die stationäre Gesamtenergie eines Systems:

$$\textbf{Operator}\ \psi(x) = \text{Eigenwert}\cdot\psi(x). \tag{52}$$

Diese Gleichung besitzt Lösungen $\psi_n(x)$, *Eigenfunktionen* genannt, nur für ganz bestimmte Eigenwerte der makroskopisch beobachtbaren Größe, aus der der Operator gebildet worden ist. In Gl. (51) hat der Eigenwert ϵ die Dimension einer Energie, Lösungen existieren nur für ganz bestimmte Werte ϵ_n. Diese Eigenwerte sind somit *Energieeigenwerte* für den zeitlich stationären Zustand eines Systems.

Eigenwerte einer experimentell beobachtbaren Größe P gibt es nur, wenn die Bedingung $\overline{P^n} = (\bar{P})^n$ erfüllt ist, d. h. wenn $\psi(x)$ eine Eigenfunktion von P^n ist (n: beliebige ganze Zahl). Nur dann gilt

$$\overline{P^n} = \int_x \psi^*(x)\,P^n\,\psi(x)\,dx = (\bar{P})^n, \tag{53}$$

und es ist der Erwartungswert mit dem Eigenwert der experimentell beobachtbaren Größe identisch. Jede Messung dieser Größe liefert, sehr oft durchgeführt, den selben Wert. Ist die Bedingung nicht erfüllt, so werden beim Messen unterschiedliche Werte gefunden. Ihr Mittelwert ist dann mit dem Erwartungswert nach dem 5. Postulat identisch.

Bei der Anwendung der Schrödingergleichung auf das H-Atom stellt sich z. B. heraus, daß zwar die Energieeigenwerte ϵ_n mit den Bohrschen Energien E_n identisch sind, nicht aber der Erwartungswert $\bar{r}$ des Radius r mit dem Bohrschen Radius r_n. Für diese Aussagen benötigt man nur die Kenntnis des Potentials (bzw. der potentiellen Energie), das durch die Coulombanziehung gegeben ist, und die Elektronenmasse.

2.4   Teilchen in einem eindimensionalen Potentialtopf

Genauso wie man einmal lernen mußte, mit der Newtonschen Bewegungsgleichung umzugehen, muß man auch mit der Schrödingergleichung rechnen lernen. Es ist daher recht nützlich, zur Einführung ein ganz einfaches System atomarer Dimension quantenmechanisch zu behandeln. Das System bestehe aus einem *Teilchen der Masse* m *in einem eindimensionalen Potentialtopf mit unendlich hohen Wänden* (Bild 2.10). Gegeben sind somit V(x) und die Masse des Teilchens. Gesucht sind im Hinblick auf chemische Fragestellungen die Energiewerte ϵ_n und die Eigenfunktionen $\psi_n(x)$ bzw. die Wahrscheinlichkeitsdichte $\psi_n^*(x)\,\psi_n(x)$ des Teilchens.

Zur Beantwortung dieser Fragen muß die Energieeigenwertgleichung (zeitunabhängige Schrödingergleichung) mit den gegebenen Randbedingungen des Systems gelöst werden. Es zeigt sich, daß Lösungen dieser Gleichung $\psi_n(x)$ nur bei bestimmten Eigenwerten der Energie ϵ_n existieren. Das Quadrat der Eigenfunktionen ist dann ein Maß für die Wahrscheinlichkeit, daß man bei einer Messung das Teilchen an einem bestimmten Ort x antrifft.

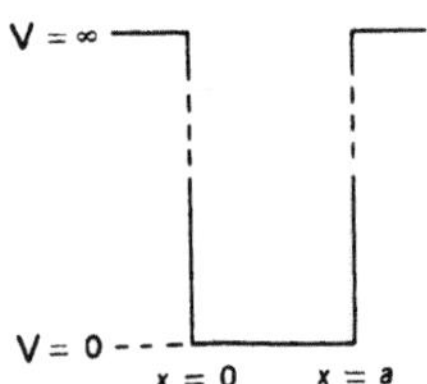

Bild 2.10
Eindimensionaler Potentialtopf mit unendlich
hohen Wänden

Dieses quantenmechanische Beispiel stellt aber nicht nur eine reine Rechenübung dar, sondern ist gleichzeitig das Modell für einige molekulare Systeme. Die *Elektronen in einem Metall* haben z. B. eine potentielle Energie, die etwa dem in Bild 2.10 gezeichneten Potential entspricht. Der wirkliche Potentialverlauf besitzt allerdings keine unendlich hohen Wände. Von Interesse für Chemiker ist die Tatsache, daß die Energie der *π-Elektronen in einem System konjugierter Doppelbindungen* ebenfalls durch einen solchen Potentialtopf angenähert werden kann.

Zwischen $x = 0$ und $x = a$ soll die Energie $V(x) = 0$, außerhalb dieser Grenzen $V(x) = \infty$ sein. Die Wahrscheinlichkeit, das Teilchen außerhalb des Topfes zu finden, ist daher sicher Null. Da $\psi^2(x)$ für $x < 0$ und $x > a$ also verschwindet, muß $\psi(a) = \psi(0) = 0$ sein. Im Bereich $0 < x < a$ muß $\psi(x)$ (4. Postulat) stetig, endlich und eindeutig sein. Für diesen Bereich mit $V(x) = 0$ lautet dann die Schrödingergleichung $H\psi = \epsilon \cdot \psi$:

$$-\frac{\hbar^2}{2m} \frac{d^2}{dx^2} \psi(x) = \epsilon \psi(x). \tag{54}$$

Gl. (54) besitzt die Form der allgemeinen Differentialgleichung

$$y'' + k^2 y = 0, \quad \left(y'' = \frac{d^2 y}{dx^2}\right) \tag{55}$$

wenn $k = \sqrt{\frac{2m\epsilon}{\hbar^2}}$ ist. Ihre Lösungen sind die *trigonometrischen Funktionen* $\sin(kx)$ und $\cos(kx)$. Da nach der Theorie der Differentialgleichungen die *Superposition* von Teillösungen (*Linearkombinationen*) ebenfalls Lösungen liefert,

$$y = A\sin(kx) + B\cos(kx). \tag{56}$$

bekommen wir als allgemeine Lösung von Gl. (54)

$$\psi(x) = A\sin\sqrt{\frac{2m\epsilon}{\hbar^2}}\, x + B\cos\sqrt{\frac{2m\epsilon}{\hbar^2}}\, x. \tag{57}$$

Die Lösung (57) ist den gegebenen Randbedingungen anzupassen: $\psi(x)$ muß an der Stelle $x = 0$ und $x = a$ nach dem vorher Gesagten Null sein. Diese Randbedingung erfüllt nur die *Sinusfunktion*, und sie auch nur dann, wenn

$$\sqrt{\frac{2m\epsilon}{\hbar^2}}\, a = n\pi, \quad n = 1, 2, 3, \ldots \tag{58}$$

Daraus ergibt sich die Energieeigenwertbedingung:

$$\epsilon_n = \frac{n^2 h^2}{8\,ma^2}. \tag{59}$$

Setzen wir diesen Ausdruck für ϵ in Gl. (57) ein und berücksichtigen wir, daß nur die Sinusfunktion geeignete Lösungen liefert, so resultieren die Eigenfunktionen

$$\psi_n(x) = A\sin\left(\frac{n\pi x}{a}\right). \quad n = 1, 2, 3, \ldots \tag{60}$$

Durch Gl. (59) sind die Energieeigenwerte des Problems gefunden. Lösungen (Eigenfunktionen) existieren nur, wenn Gl. (59) erfüllt ist. Eigenwerte und Eigenfunktio-

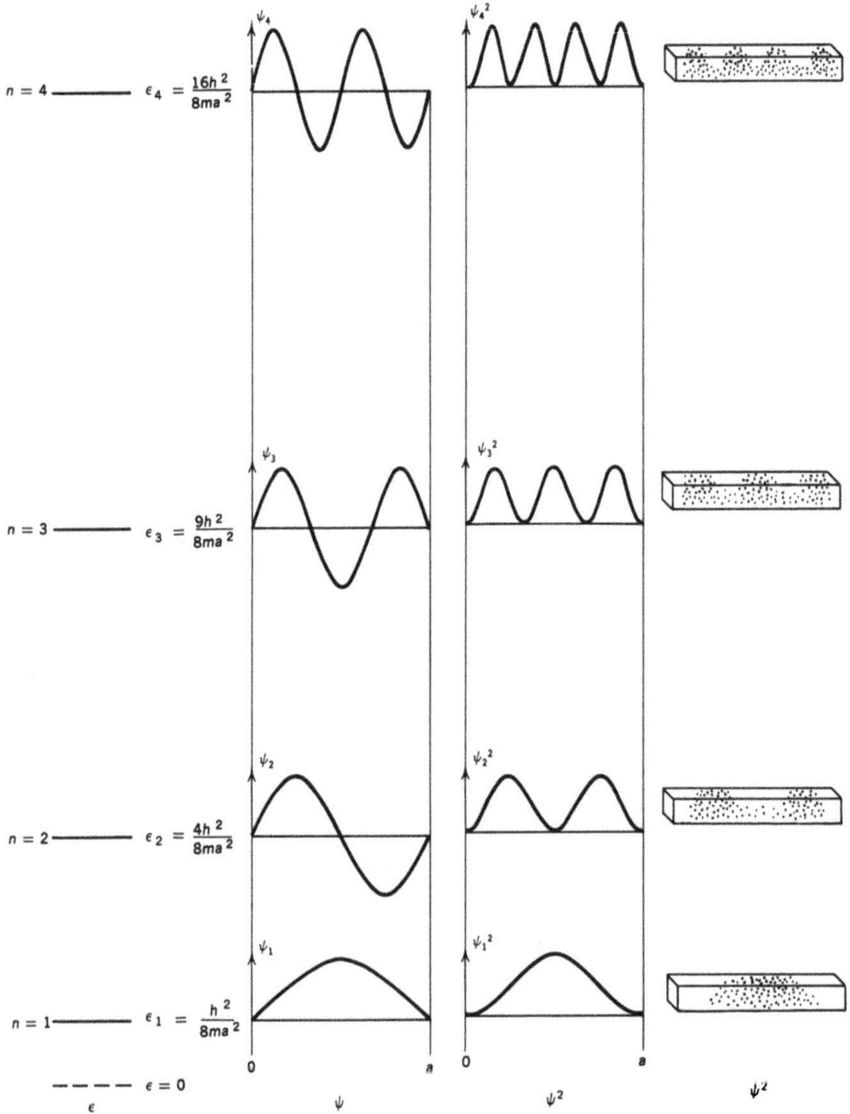

Bild 2.11 Energieeigenwerte, Eigenfunktionen und Wahrscheinlichkeitsdichte eines Teilchens in einem eindimensionalen Potentialtopf

nen werden durch die Quantenzahl n charakterisiert. n besitzt ganzzahlige Werte von gleich oder größer 1. Die triviale Lösung mit n = 0 ist keine physikalisch sinnvolle Lösung, da $\psi_0(x)$ und $\psi_0^2(x)$ Null sind und sich danach das Teilchen nirgendwo aufhält. Niveaus zu den Eigenwerten ϵ_n, die Eigenfunktionen $\psi_n(x)$ und das Quadrat der Eigenfunktionen dieses Problems sind in Bild 2.11 schematisch dargestellt.

Während die diskreten Energiezustände beim Bohrschen Modell über die Quantenbedingung des Drehimpulses axiomatisch postuliert wurden, ergeben sie sich hier zwanglos als Eigenwerte der Wellengleichung. Die Wellengleichung ist formal nichts anderes als eine klassische Schwingungsgleichung, die nur unter gewissen Randbedingungen Eigenwerte hat.

Wählt man die Konstante A und damit die Lösungen $\psi_n(x)$ so, daß die Wahrscheinlichkeit, das Teilchen im Bereich $0 < x < a$ aufzufinden, gleich 1 ist (4. Postulat), dann bezeichnet man die Eigenfunktionen als normiert. Diese Forderung entspricht der mathematischen Formulierung (vgl. Abschnitt 1.6):

$$\int_{x=0}^{a} \psi^*(x)\, \psi(x)\, dx = 1. \tag{61}$$

Setzt man in Gl. (61) für ψ und ψ^* Gl. (60) ein ($\psi = \psi^*$) und integriert von $x = 0$ bis $x = a$, so erhält man für A den Wert:

$$A = \sqrt{\frac{2}{a}}. \tag{62}$$

Die normierten Eigenfunktionen lauten nun:

$$\psi_n(x) = \sqrt{\frac{2}{a}} \sin\left(\frac{n\pi x}{a}\right). \tag{63}$$

Die Wahrscheinlichkeiten ψ_n^2 (siehe Bild 2.11) können mit Hilfe von klassischen Vorstellungen nicht verstanden werden. Es wäre undenkbar, einem Körper makroskopischer Ausdehnung solche Aufenthaltswahrscheinlichkeiten zuzuschreiben, wonach er sich an bestimmten Orten überhaupt nicht aufhalten darf.

Aus der quantenmechanischen Behandlung des Teilchens in einem eindimensionalen Potentialtopf können bereits einige wertvolle physikalische Aussagen abgeleitet werden, wenn das Modell spezifiziert wird. Der Potentialtopf sei 3 Å breit, von unendlich hohen Wänden umgeben, und ein darin befindliches Elektron besitze die potentielle Energie $V = 0$. Nach der Eigenwertbedingung (59) beträgt die Energie des Elektrons

$$\epsilon_n = \frac{n^2 h^2}{8\, ma^2} = n^2 \cdot 6{,}6 \cdot 10^{-19}\, J,$$

wenn man die spezifischen Daten $h = 6{,}625 \cdot 10^{-34}$ Js, $m = 9{,}109 \cdot 10^{-31}$ kg und $a = 3 \cdot 10^{-10}$ m einsetzt. Normalerweise besetzt das Elektron das unterste Energieniveau (Grundzustand). Absorbiert es Strahlung durch einen Übergang $n = 1 \rightarrow n = 2$, oder emittiert es Strahlung durch einen Übergang $n = 2 \rightarrow n = 1$, so ist die Wellenlänge der Strahlung prinzipiell meßbar. Die Energiedifferenz dieser Übergänge ergibt sich zu

$$\Delta\epsilon = 6{,}6 \cdot 10^{-19} (2^2 - 1^2) = 2{,}0 \cdot 10^{-18}\, J = 12{,}5\ eV.$$

Die Wellenlänge der absorbierten bzw. emittierten Strahlung beträgt daher mit $\Delta\epsilon = h\nu$ und $\lambda = \frac{c}{\nu}$ etwa 100 nm. Diese Wellenlänge liegt im Bereich der UV-Strahlung, wo man auch tatsächlich elektronische Übergänge von atomaren und molekularen Systemen beobachtet. Man darf dieses sehr einfache Modell, wenn auch nur in erster Näherung zur

Beschreibung gewisser atomarer Systeme (z. B. π-Elektronen in einem System konjugierter Doppelbindungen) verwenden. Atome und Moleküle selbst erfordern in erster Linie ein dreidimensionales Potential- bzw. Energiemodell.

2.5 Teilchen in einem dreidimensionalen Potentialtopf

Befindet sich das Teilchen nicht in einem eindimensionalen, sondern in einem *dreidimensionalen* Potential- bzw. Energietopf, so geht man zur Lösung des Problems zuerst von einem Separationsversuch aus. Gelingt dieser, erhält man drei Schrödingergleichungen mit drei Teillösungen. Sehr einfach läßt sich das Problem für ein Teilchen in einem Topf mit kubischer Geometrie lösen (Bild 2.12). Innerhalb des Würfels soll die Energie der Moleküle einen endlichen und außerhalb einen unendlich hohen Wert besitzen. Die nun dreidimensionale Schrödingergleichung $H\,\psi = \epsilon\,\psi$ lautet:

$$-\frac{\hbar^2}{2\,m}\left(\frac{\partial^2}{\partial x^2} + \frac{\partial^2}{\partial y^2} + \frac{\partial^2}{\partial z^2}\right)\psi(x, y, z) + V(x, y, z)\,\psi(x, y, z) = \epsilon\,\psi(x, y, z). \qquad (64)$$

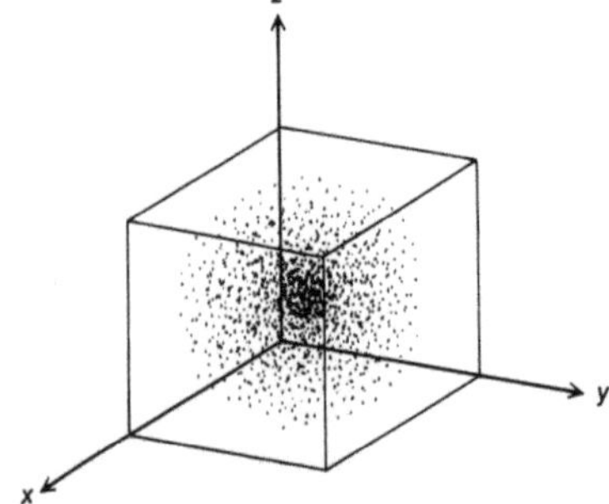

Bild 2.12

Kubischer Potentialtopf und Aufenthaltswahrscheinlichkeit ψ^2 im Grundzustand ($n_x = n_y = n_z = 1$)

Da in diesem speziellen Fall die potentielle Energie durch die Summe $V(x) + V(y) + V(z)$ darstellbar ist, läßt sich zur Separation der Produktansatz

$$\psi(x, y, z) = \psi(x)\,\psi(y)\,\psi(z) \qquad (65)$$

machen (vgl. Abschnitt 2.3). Setzt man ihn in Gl. (64) ein und dividiert man durch $\psi(x)\,\psi(y)\,\psi(z)$, so ergibt sich:

$$-\frac{\hbar^2}{2\,m}\left(\frac{1}{\psi(x)}\frac{d^2}{dx^2}\,\psi(x) + \frac{1}{\psi(y)}\frac{d^2}{dx^2}\,\psi(y) + \frac{1}{\psi(z)}\frac{d^2}{dx^2}\,\psi(z)\right) + V(x) + V(y) + V(z) = \epsilon.$$

$$(66)$$

Damit diese Gleichung für alle Wertekombinationen von x, y, z gilt, muß jeder Term ihrer linken Seite für sich konstant sein. Bezeichnen wir die Konstanten mit ϵ_x, ϵ_y und ϵ_z, so gilt

$$\epsilon = \epsilon_x + \epsilon_y + \epsilon_z \qquad (67)$$

und die Schrödingergleichung zerfällt in drei gleichartige Teile:

$$-\frac{\hbar^2}{2\,m}\frac{d^2}{dx^2}\,\psi(x) + V(x)\,\psi(x) = \epsilon_x\,\psi(x). \qquad (68)$$

Die y- und z-Schrödingergleichungen sehen ganz analog aus. Jede für sich stellt ein eindimensionales Problem dar und besitzt deshalb die Lösungen:

$$\psi(x) = \sqrt{\frac{2}{a}}\sin\left(\frac{n_x\,\pi\,x}{a}\right), \quad n_x = 1, 2, 3\ldots$$

$$\psi(y) = \sqrt{\frac{2}{a}}\sin\left(\frac{n_y\,\pi\,y}{a}\right), \quad n_y = 1, 2, 3\ldots$$

$$\psi(z) = \sqrt{\frac{2}{a}}\sin\left(\frac{n_z\,\pi\,z}{a}\right), \quad n_z = 1, 2, 3\ldots \tag{69}$$

Wegen Gl. (59) und Gl. (67) setzt sich der Energieeigenwert aus drei Beiträgen zusammen:

$$\epsilon = \epsilon_x + \epsilon_y + \epsilon_z = (n_x^2 + n_y^2 + n_z^2)\frac{h^2}{8\,ma^2} = n^2\,\frac{h^2}{8\,ma^2}\,. \quad (n^2 = n_x^2 + n_y^2 + n_z^2) \tag{70}$$

n_x, n_y und n_z sind die entsprechenden Quantenzahlen. Wie man sieht, treten bei einem dreidimensionalen Problem drei Quantenzahlen auf. Verallgemeinern wir diese Erkenntnis: *Es gibt immer so viele Quantenzahlen wie das System Freiheitsgrade besitzt.* Durch sie werden die Eigenfunktionen und Eigenwerte charakterisiert.

Eine Folge des Quantenzahlentripels bei dreidimensionalen Problemen ist die Tatsache, daß es zu einem einzigen Energieeigenwert mehrere Eigenfunktionen geben kann. Wir bezeichnen dies als *Entartung.* Sind es g Eigenfunktionen, so nennen wir das Energieniveau g-fach entartet. In Bild 2.13 ist zur Illustration das Energieschema eines Teilchens in einem kubischen Potentialtopf zu sehen. Zu jedem Energieniveau ist die zugehörige Entartung eingetragen.

Die Entartung der Energieniveaus beim kubischen Potentialtopf wird aufgehoben, wenn wir das Teilchen in einen Topf mit verschiedenen Kantenlängen (a, b, c) geben. Denn die Eigenfunktionen und Eigenwerte lauten

$$\psi(x) = \sqrt{\frac{2}{a}}\sin\left(\frac{n_x\,\pi\,x}{a}\right), \quad \epsilon_x = \frac{n_x^2\,h^2}{8\,ma^2}, \quad n_x = 1, 2, 3, \ldots$$

$$\psi(y) = \sqrt{\frac{2}{b}}\sin\left(\frac{n_y\,\pi\,y}{b}\right), \quad \epsilon_y = \frac{n_y^2\,h^2}{8\,mb^2}, \quad n_y = 1, 2, 3, \ldots$$

$$\psi(z) = \sqrt{\frac{2}{c}}\sin\left(\frac{n_z\,\pi\,z}{c}\right), \quad \epsilon_z = \frac{n_z^2\,h^2}{8\,mc^2}, \quad n_z = 1, 2, 3, \ldots \tag{71}$$

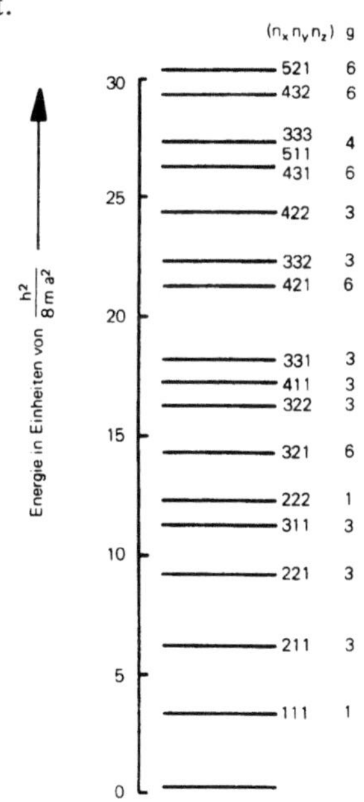

Bild 2.13 Energieschema eines Teilchens in einem kubischen Potentialtopf

und zu jedem Eigenwert gehört eine einzige Funktion. Wir ziehen daraus die Erkenntnis, daß das Energieschema mit seiner Entartung von der *Symmetrie* des Topfes abhängt. In Bild 2.14 wird diese Symmetrieabhängigkeit am Beispiel eines orthorhombischen ($a \neq b \neq c$), eines tetragonalen ($a \neq b = c$) und eines kubischen Potentialtopfes ($a = b = c$)

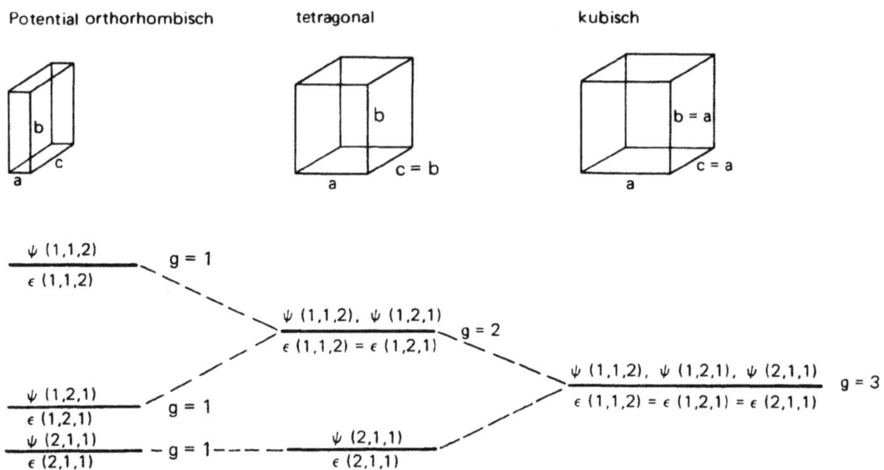

Bild 2.14 Zur Symmetrieabhängigkeit der Entartung

noch besser demonstriert. Wir bemerken, daß die Entartung umso größer ist, je höher die Symmetrie des Potentials ist. Praktischen Beispielen hierzu werden wir in der Kristallfeldtheorie begegnen.

Dreidimensionale Probleme sind für die Chemie von großem Interesse. Leider sind aber die Potentiale nicht immer so einfache Funktionen des Ortes, weshalb das Lösen der Schrödingergleichung mit großem mathematischen Aufwand verbunden ist. Das Ziel einer quantenmechanischen Berechnung, ob durch eine exakte oder angenäherte Lösung angestrebt, bleibt jedoch immer die Bestimmung der Eigenwerte und Eigenfunktionen.

2.6 Die Translationsenergie

Schon in Abschnitt 1.5 wurde angedeutet, daß mehratomige Moleküle außer Translationen noch andere Arten von Bewegungen ausführen können. Schließt man die Eigenbewegungen der Kerne aus, so handelt es sich um insgesamt vier Arten:

1. *Translationen,*
2. *Rotationen,*
3. *Schwingungen* und
4. *elektronische Anregungen.*

Die Energien aller dieser Bewegungen sind grundsätzlich gequantelt, d. h. die Lösung der zeitunabhängigen Schrödingergleichung liefert für jede dieser Energien Eigenwerte, die durch Eigenwertbedingungen festgelegt sind. Die ersten drei Energieformen werden in diesem und in den folgenden Abschnitten besprochen. Elektronische Anregungen der Atome und Moleküle werden in einem späteren Kapitel nach dem Atom- und Molekülaufbau behandelt.

Die quantenmechanische Behandlung der Translation von Gasmolekülen deckt sich völlig mit dem Problem von Teilchen in einem kubischen Potentialtopf, vorausgesetzt, es handelt sich um Moleküle eines idealen Gases ohne gegenseitige Wechselwirkungen. Wenn sich die Moleküle ohne gegenseitige Störung in einem Behälter bewegen, so stellt dieser zugleich den Potentialtopf dar, aus dem sie nicht heraus können. Die im letzten Abschnitt hergeleitete Energieeigenwertbedingung (Gl. (70)) läßt sich dann direkt auf ein Gasmolekül in einem kubischen Behälter anwenden.

Ein kubischer Gasbehälter soll die Seitenlänge 10 cm besitzen und N_2-Moleküle mit der Masse $m = M/N_A = 4{,}65 \cdot 10^{-26}$ kg enthalten. Mit den numerischen Werten für m, h und a folgt aus Gl. (70)

$$\epsilon_n = \frac{h^2}{8\,ma^2}\left(n_x^2 + n_y^2 + n_z^2\right) = 1{,}2 \cdot 10^{-40}\left(n_x^2 + n_y^2 + n_z^2\right) J \tag{72}$$

bzw.

$$\epsilon_n = 7{,}1 \cdot 10^{-17}\left(n_x^2 + n_y^2 + n_z^2\right) J\,mol^{-1}. \tag{73}$$

Der Abstand zweier Energieniveaus ist somit von der Größenordnung

$$\begin{aligned}
\Delta\epsilon &= 1{,}2 \cdot 10^{-40}\left\{\left[(n_x + 1)^2 + n_y^2 + n_z^2\right] - \left[n_x^2 + n_y^2 + n_z^2\right]\right\} \\
&= 1{,}2 \cdot 10^{-40}\,(2n_x + 1) \\
&\cong 10^{-39}\,J
\end{aligned} \tag{74}$$

und selbst bei größeren Quantenzahlen noch sehr klein gegen die mittlere kinetische Translationsenergie bei Zimmertemperatur:

$$\frac{3}{2}kT = 6{,}17 \cdot 10^{-21}\,J. \tag{75}$$

Diese Energie wurde aus der klassischen Vorstellung abgeleitet, daß Gasmoleküle jede beliebige Energie besitzen können. Die Quantenmechanik fordert aber, daß auch die Translationsenergie gequantelt ist. Beide Vorstellungen stimmen dann miteinander überein, wenn die Energieabstände so klein sind, daß man praktisch von einem Energiekontinuum sprechen darf. Dies ist hier der Fall. Wir dürfen das System *Moleküle in einem Gas* so behandeln, als wäre jeder Energiewert erlaubt. Ein konkretes Beispiel für die eingangs erwähnte Behauptung, daß die Quantenmechanik im Grenzfall in die klassische Mechanik übergeht. Auch daß die mittlere Geschwindigkeit $\bar{u}_x$ Null ist und deshalb das mittlere Geschwindigkeitsquadrat als Maß zu nehmen ist, kann quantenmechanisch verständlich gemacht werden. Wir brauchen dazu nur die Erwartungswerte $\bar{u}_x$ und $\overline{u_x^2}$ mit Hilfe des 5. quantenmechanischen Postulates zu bilden.

Die Eigenfunktionen für das eindimensionale Gasmodell sind identisch mit den Eigenfunktionen eines Teilchens in einem eindimensionalen Potentialtopf:

$$\psi_n(x) = \sqrt{\frac{2}{a}}\sin\left(\frac{n\pi x}{a}\right). \tag{76}$$

Die quantenmechanischen Operatoren von u_x und u_x^2 bildet man mit Hilfe des 2. Postulates:

$$u_x = \frac{1}{i}\,\frac{\hbar}{m}\,\frac{d}{dx}, \tag{77}$$

$$u_x^2 = -\frac{\hbar^2}{m^2}\,\frac{d^2}{dx^2}. \tag{78}$$

Die Erwartungswerte erhalten wir durch Auswertung der Integrale

$$\bar{u}_x = \int_x \psi_n(x)\,u_x\,\psi_n(x)\,dx = \int_{x=0}^{a} \sqrt{\frac{2}{a}}\sin\left(\frac{n\pi x}{a}\right)\frac{\hbar}{mi}\,\frac{d}{dx}\left[\sqrt{\frac{2}{a}}\sin\left(\frac{n\pi x}{a}\right)\right]dx \tag{79}$$

und

$$\overline{u_x^2} = \int_x \psi_n(x)\,u_x^2\,\psi_n(x)\,dx = \int_{x=0}^{a} \sqrt{\frac{2}{a}}\sin\left(\frac{n\pi x}{a}\right)\left(-\frac{\hbar^2}{m^2}\right)\frac{d^2}{dx^2}\left[\sqrt{\frac{2}{a}}\sin\left(\frac{n\pi x}{a}\right)\right]dx \tag{80}$$

Gl. (79) liefert den Erwartungswert $\bar{u}_x = 0$, da über das Produkt einer symmetrischen (cos) und einer schiefsymmetrischen Funktion (sin) zu integrieren ist. Aus Gl. (80) bekommt man hingegen nicht Null, sondern

$$\overline{u_x^2} = \frac{2\,\epsilon}{m}\quad . \tag{81}$$

Der Erwartungswert $\overline{u_x^2}$ ist proportional der Gesamtenergie ϵ und da die potentielle Energie von idealen Gasmolekülen Null ist, somit proportional der kinetischen Energie. Dies stimmt mit den statistischen Vorstellungen ebenfalls überein. Einen direkten Zusammenhang mit der Temperatur kann die Quantenmechanik ebensowenig wie die klassische Mechanik bieten, da beiden der Temperaturbegriff fehlt.

Wir fassen zusammen: *Die Translationsenergie von Gasmolekülen darf klassisch berechnet werden, weil die Energieabstände wegen der makroskopischen Größe der Gasbehälter sehr sehr klein sind.*

Die Gesetze der Newtonschen Mechanik gelten für die Translation von Gasmolekülen genauso wie für die Planetenbewegung in einem Sonnensystem. Wird die Bewegung von Molekülen jedoch auf einen Bereich atomarer Dimension eingeschränkt, so läßt sich ihr Verhalten nur noch quantenmechanisch beschreiben. Eine Extrapolation der klassischen Mechanik auf atomare Bereiche ist also verboten! Man versteht deshalb, warum alle Versuche scheitern mußten, dem Atomaufbau mit klassischen Mitteln näher zu kommen.

2.7 Die Rotationsenergie

Wie die beliebige Rotation eines makroskopischen Körpers ist auch die Rotation eines molekularen Gebildes aus den Drehungen um drei *Hauptachsen* zusammensetzbar. Diese dürfen genauso wie die Translation in den drei Achsenrichtungen x, y, z getrennt betrachtet werden. Die Hauptachsen stehen aufeinander senkrecht (Bild 2.15).

Nach dem kinetischen Gasmodell würde man daher einem rotierenden Molekül drei Rotationsfreiheitsgrade und eine mittlere Energie von 3/2 kT zuschreiben. Linear ge-

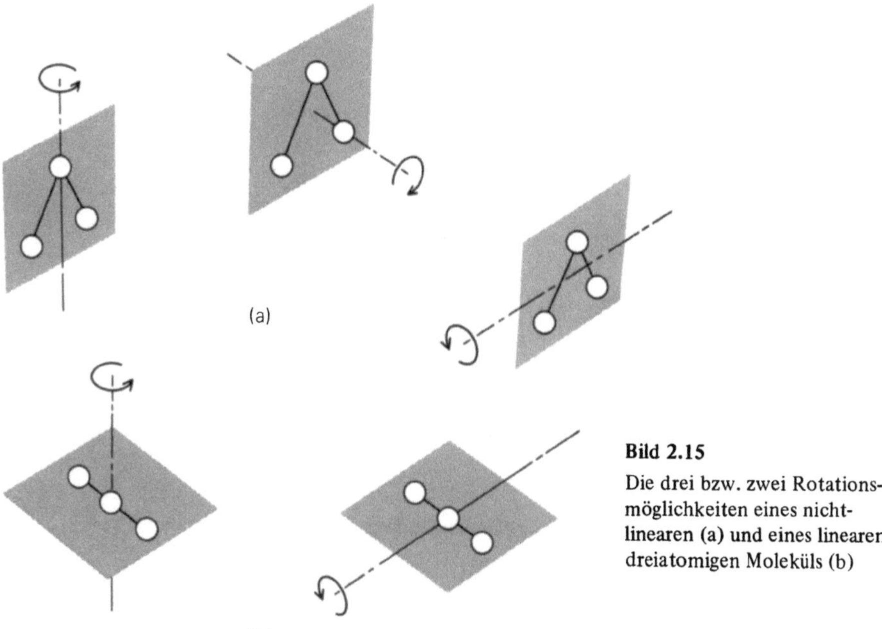

Bild 2.15
Die drei bzw. zwei Rotations-
möglichkeiten eines nichtlinearen (a) und eines linearen
dreiatomigen Moleküls (b)

baute Moleküle besitzen aber nur zwei thermisch anregbare Freiheitsgrade! Eine Änderung des Drehimpulses um die Molekülachse bedingt nämlich eine gleichzeitige Änderung des Elektronendrehimpulses. Elektronenanregungen erfolgen jedoch erst bei sehr hohen Temperaturen, so daß diese Rotation um die Molekülachse verhindert ist.

Bild 2.5 kann auch als das Punktmodell eines rotierenden zweiatomigen Moleküls mit *festem* Atomabstand r aufgefaßt werden. Man bezeichnet dann das Punktmodell als *starren Rotator*. Er besteht aus den Punktmassen (Atomen) m_1 und m_2. Zur Molekül-verbindungsachse senkrecht und durch den Molekülschwerpunkt geht eine Hauptachse (= *Drehachse*). Wie bereits in Abschnitt 2.2 gezeigt wurde, beträgt die kinetische Energie T eines solchen Rotators mit dem Trägheitsmoment $I = \mu r^2$ und der Rotationsgeschwindig-keit ω

$$T = \frac{1}{2} I \, \omega^2 = \frac{1}{2} \mu v^2 . \tag{82}$$

Da sich bei einem starren Rotator die potentielle Energie V nicht ändert, können wir V Null setzen, so daß die Gesamtenergie E gleich der kinetischen Energie T wird. Die Schrödingergleichung des starren Rotators lautet deshalb

$$H \, \psi (x, y, z) = \epsilon \, \psi (x, y, z) \tag{83}$$

mit

$$H = -\frac{\hbar^2}{2\mu} \, \Delta . \tag{84}$$

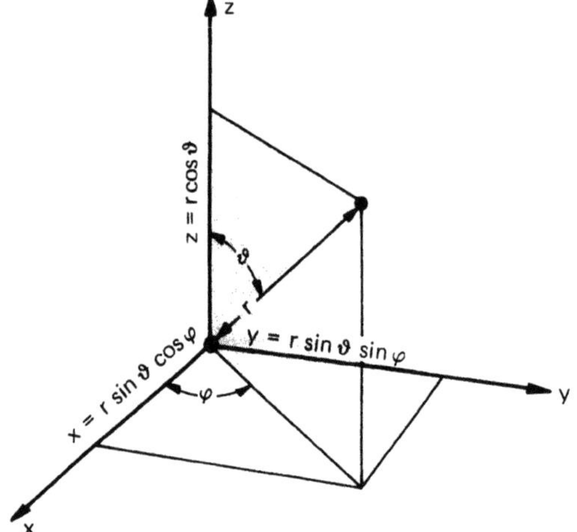

Bild 2.16

Kugelkoordinaten und ihr Zusammenhang mit den kartesischen Koordinaten

Das Symbol Δ bezeichnet man als *Laplaceoperator* (siehe Anhang I):

$$\Delta \equiv \nabla^2 \equiv \left(\frac{\partial^2}{\partial x^2} + \frac{\partial^2}{\partial y^2} + \frac{\partial^2}{\partial z^2} \right). \tag{85}$$

Transformiert man den Laplaceoperator Δ in *Kugelkoordinaten* (Bild 2.16 und Anhang V), so lautet die Schrödingergleichung:

$$-\frac{\hbar^2}{2\mu} \left[\frac{1}{r^2} \frac{\partial}{\partial r} \left(r^2 \frac{\partial}{\partial r} \right) + \frac{1}{r^2 \sin \vartheta} \frac{\partial}{\partial \vartheta} \left(\sin \frac{\partial}{\partial \vartheta} \right) + \frac{1}{r^2 \sin^2 \vartheta} \frac{\partial^2}{\partial \varphi^2} \right] \psi = \epsilon \, \psi. \tag{86}$$

Sie geht bei festem Atomabstand r über in

$$-\frac{\hbar^2}{2\mu r^2} \left[\frac{1}{\sin \vartheta} \frac{\partial}{\partial \vartheta} \left(\sin \frac{\partial}{\partial \vartheta} \right) + \frac{1}{\sin^2 \vartheta} \frac{\partial^2}{\partial \varphi^2} \right] \psi = \epsilon \, \psi. \tag{87}$$

Macht man den Produktansatz

$$\psi = \theta(\vartheta)\,\phi(\varphi), \tag{88}$$

so läßt sich die Differentialgleichung (87) in eine ϑ-abhängige und eine φ-abhängige Differentialgleichung separieren. Setzt man nämlich den Produktansatz in Gl. (87) ein und dividiert durch $\psi(\vartheta, \varphi)$, so bekommt man:

$$-\frac{\hbar^2}{2\mu r^2} \left[\frac{1}{\theta \sin \vartheta} \frac{d\theta}{d\vartheta} \left(\sin \frac{d\theta}{d\vartheta} \right) + \frac{1}{\sin^2 \vartheta} \frac{1}{\phi} \frac{d^2\phi}{d\varphi^2} \right] = \epsilon. \tag{89}$$

Denkt man sich Gl. (89) mit $\sin^2 \vartheta$ multipliziert, so hängt der zweite Term der linken Seite nur mehr von φ ab und muß für sich konstant sein. Setzen wir für die Konstante $-m^2$ (die Zweckmäßigkeit dieses Vorgehens wird später ersichtlich), so folgt die φ-abhängige Gleichung:

$$\frac{1}{\phi} \frac{d^2\phi}{d\varphi^2} = -m^2. \tag{90}$$

Mit Gl. (90) geht dann Gl. (89) über in

$$\frac{1}{\theta} \frac{1}{\sin\vartheta} \frac{d}{d\vartheta} \left(\sin\frac{d\theta}{d\vartheta}\right) - \frac{m^2}{\sin^2\vartheta} = -\beta, \tag{91}$$

wenn man die abgekürzte Schreibweise mit β wählt:

$$\beta = \epsilon \frac{2\mu r^2}{\hbar^2}. \tag{92}$$

Die Gleichungen (90) und (91) sind die gesuchten separierten Differentialgleichungen. m und β (bzw. ϵ) sind mathematisch gesehen noch zu bestimmende Separationskonstanten. Gl. (90) ist die Differentialgleichung der trigonometrischen Funktionen, die sich durch Linearkombination der Teillösungen (mit Hilfe der *Eulerschen Identität* $\cos x = 1/2 \, (e^{ix} + e^{-ix})$ bzw. $\sin x = 1/2 \, i \, (e^{ix} - e^{-ix})$)

$$\phi(\varphi) = e^{im\varphi} \quad (i = \sqrt{-1}) \tag{93}$$

ergeben. Physikalisch sinnvoll sind davon nur solche Lösungen, für die ϕ nach einer vollen Rotation um 2π wieder seinen Anfangswert erreicht (Kriterium der Eindeutigkeit von Lösungen nach dem 3. quantenmechanischen Postulat). Es muß also gelten:

$$e^{im\varphi} = e^{im(\varphi + 2\pi)}. \tag{94}$$

Diese Bedingung ist nur erfüllt, wenn m die ganzzahligen Werte 0, ± 1, ± 2, ... besitzt. Wie später noch begründet wird, heißt m *magnetische Quantenzahl.* Normiert man mit Hilfe des 4. quantenmechanischen Postulates,

$$\int\limits_{\varphi=0}^{2\pi} \phi^* \phi \, d\varphi = 1, \tag{95}$$

so findet man

$$\phi(\varphi) \equiv \phi_m = \frac{1}{\sqrt{2\pi}} \, e^{im\varphi}. \tag{96}$$

Da auch die Linearkombinationen $1/\sqrt{2}\,(\phi_m + \phi_{-m})$ und $-i/\sqrt{2}\,(\phi_m + \phi_{-m})$ der Differentialgleichung (90) genügen, sind sie gleichberechtigte Lösungen. Für $m = 0$ und $m = \pm 1$ gilt dann z. B.

$$\phi_0 = \frac{1}{\sqrt{2\pi}} \tag{97}$$

oder

$$\phi \pm 1 = \frac{1}{\sqrt{\pi}} \cos\varphi \quad \text{bzw.} \quad \frac{1}{\sqrt{\pi}} \sin\varphi. \tag{98}$$

Diese Linearkombinationen sind reell und graphisch anschaulich darstellbar.

Die Lösungen von Gl. (91) sind die sogenannten *zugeordneten Kugelfunktionen* $P_l^{|m|}(\cos\vartheta)$, denn Gl. (91) läßt sich auf die Differentialgleichung der zugeordneten Kugelfunktionen bzw. *Legendreschen Polynome* zurückführen (Anhang VI). Diese hat eindeutige und stetige Lösungen nur dann, wenn

$$\beta = l(l+1) \quad (|m| \leqslant 1) \tag{99}$$

und l die positiven ganzzahligen Werte 0, 1, 2, ... besitzt. Die Quantenzahl l wird *Rotationsquantenzahl* genannt. Die Lösungen lauten

$$\theta(\vartheta) = P_l^{|m|}(\cos\vartheta) = \frac{(-1)^l}{2^l\, l!}\sin^{|m|}\vartheta\left[\frac{d^{l+|m|}(\sin^{2l}\vartheta)}{d\cos\vartheta^{l+|m|}}\right]. \tag{100}$$

Durch Normierung erhält man:

$$\theta(\vartheta) \equiv \theta_{l,m} = \sqrt{\frac{(2l+1)\,(l-|m|)!}{2\,(l+|m|)!}}\; P_l^{|m|}(\cos\vartheta). \tag{101}$$

In diesem Fall resultiert die Quantenbedingung (99) aus der Eindeutigkeits- und Stetigkeitsforderung an die Wellenfunktion. Mit Gl. (98) und (101) bekommt man für $l = 0$, 1 und 2 folgende normierte Lösungen des Rotationsproblems:

$$\theta_{0,0} = \frac{\sqrt{2}}{2}, \quad \theta_{1,0} = \frac{\sqrt{6}}{2}\cos\vartheta, \quad \theta_{2,0} = \frac{\sqrt{10}}{4}(3\cos^2\vartheta - 1),$$

$$\theta_{1,\pm 1} = \frac{\sqrt{3}}{2}\sin\vartheta, \quad \theta_{2,\pm 1} = \frac{\sqrt{15}}{2}\sin\vartheta\cos\vartheta,$$

$$\theta_{2,\pm 2} = \frac{\sqrt{15}}{2}\sin^2\vartheta. \tag{102}$$

Wie wir später sehen werden, sind die Lösungen $\theta_{l|m|}\,\phi_m$ identisch mit den Teillösungen des quantenmechanischen H-Atomproblems (Abschnitt 3.1), wo sie auch in einem Bild dargestellt sind. Sie sind aber auch zugleich Lösungen des Drehimpulseigenwertproblems, weil die Energie und der Drehimpuls bzw. ihre Operatoren kommutieren (Abschnitt 3.3).

Zusammengefaßt: Lösungen existieren nur dann, wenn

$$\epsilon\,\frac{2\mu r^2}{\hbar^2} = l(l+1) \quad (|m| \leqslant l = 0, 1, 2, ...)$$

und damit die *Rotationsenergie* die Bedingung erfüllt:

$$\epsilon_l = \frac{\hbar^2}{2\mu r^2}\,l(l+1) = \frac{\hbar^2}{2\,I}\,l(l+1). \tag{103}$$

Die Rotationsenergie ist mit l gequantelt und l ist zugleich die Quantenzahl des Moleküldrehimpulses. Da Drehimpulse in ausgezeichneten Richtungen ebenfalls gequantelt sind (Abschnitt 3.3), tritt hier die magnetische Quantenzahl m auf. In einem äußeren elektrischen oder magnetischen Feld stellt sich nämlich der Moleküldrehimpulsvektor so ein, daß seine Komponente in Feldrichtung die Eigenwerte $m\hbar = -l\hbar,\ -(l-1)\hbar,\ -(l-2)\hbar,\ ...\ (l-1)\hbar,\ l\hbar$ besitzt. Jedes Rotationsniveau ist deshalb im ungestörten Fall (ohne Feld) $2l+1$-fach entartet. Das Energie- oder Termschema des starren Rotators, gültig für die Rotation um eine Drehachse durch den Schwerpunkt, ist in Bild 2.17 zu sehen. Für einen jeden Rotationsfreiheitsgrad gibt es ein solches Schema.

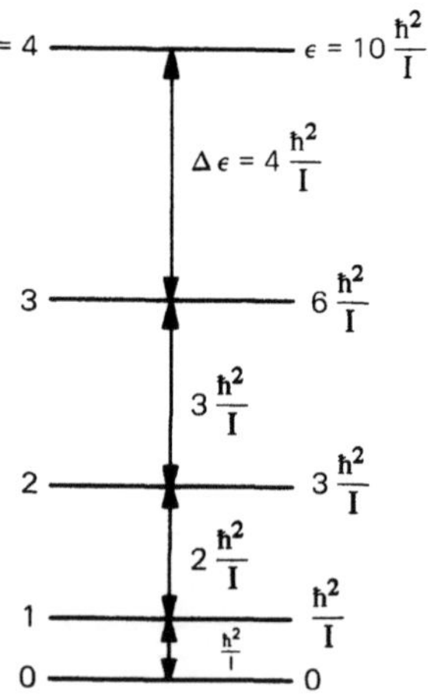

Bild 2.17 Energieschema eines Rotators

Bei Molekülen mit nicht zu kleinem Trägheitsmoment liegen die Energieniveaus energetisch so dicht und eng beieinander, daß man wiederum von einem Energiekontinuum im klassischen Sinne reden darf. Man schätzt z. B. für N_2-Moleküle mit dem Trägheitsmoment $14 \cdot 10^{-47}$ kgm^2 den Energieabstand zwischen dem Grundzustand ($l = 0$) und dem ersten angeregten Zustand ($l = 1$) zu

$$\Delta \epsilon = \epsilon_{l+1} - \epsilon_l = [(l+1)(l+2) - l(l+1)] \frac{\hbar^2}{2I} = 2(l+1) \frac{\hbar^2}{2I}$$

$$= \frac{2(6{,}62 \cdot 10^{-34})^2}{8\pi^2 \cdot 14 \cdot 10^{-47}} = 0{,}078 \cdot 10^{-21} \text{ J}. \tag{104}$$

ab. Das ist im Vergleich zur mittleren kinetischen Energie von $1/2\,kT = 2{,}06 \cdot 10^{-21}$ J bei Zimmertemperatur immer noch ein kleiner Wert. Bei sehr leichten Molekülen wie H_2 mit einem sehr kleinen Trägheitsmoment sind die Energieabstände nicht mehr klein gegen $1/2\,kT$ und ein Übergang zum Energiekontinuum nicht mehr zulässig. Dasselbe gilt auch für Gasmoleküle bei sehr tiefen Temperaturen, weil dann das Kriterium $1/2\,kT$ kleiner wird.

2.8 Die Schwingungsenergie

Die Schwingung eines zweiatomigen Moleküles besteht aus einer Bewegung der beiden Atome gegeneinander, wobei die chemische Bindung die Rolle einer Feder spielt. Die Bindung erlaubt allerdings nur kleine Änderungen des Atomabstandes, und zwar bis zu 10 %, ohne daß das Molekül dissoziiert. Das einfachste Punktmodell eines zweiatomigen, schwingenden Moleküls ist der *harmonische Oszillator*.

Es besteht aus einem am Ende einer Spiralfeder fixierten Massenpunkt, dessen Bewegungsmöglichkeit auf die x-Richtung beschränkt ist. Die Spiralfeder ist am anderen Ende an einer Wand befestigt (Bild 2.18). Bringt man den Massenpunkt durch Dehnung der Feder um die Strecke x aus der Ruhelage, so wird er mit der Federkraft $\mathbf{F} = -kx$ (*Hooksches Gesetz*) in Richtung der Ruhelage zurückgezogen. Je größer dabei die Auslenkung x ist, umso größer ist die zurücktreibende Kraft F. Die Proportionalitätskonstante k ist die sogenannte *Kraftkonstante* und ein Maß für die Stärke der Feder, im übertragenen Sinn auch ein Maß für die Stärke einer chemischen Bindung. Sie besitzt die Dimension (Kraft · Länge^{-1}) und ist die Kraft, die der Massenpunkt erfährt, wenn er um den Betrag der Einheitslänge aus der Gleichgewichtslage ausgelenkt wird.

Um den Massenpunkt um den differentiellen Betrag dx auszulenken, benötigt man die Energie

$$dV = -F\,dx = kx\,dx \tag{105}$$

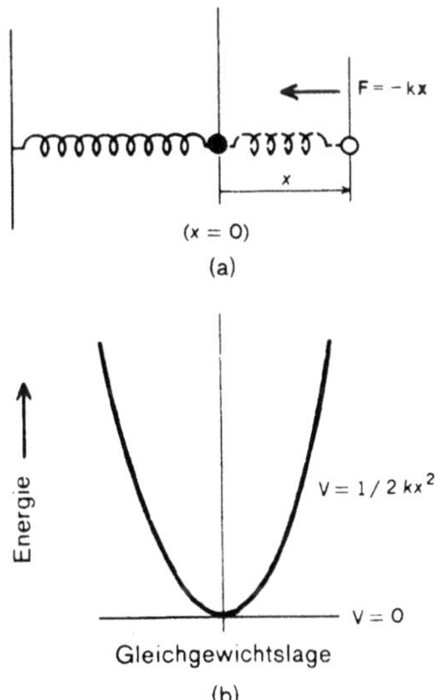

Bild 2.18 Modell eines schwingenden Massenpunktes oder harmonischen Oszillators (a) und seine klassische Energie (b)

und zur Auslenkung um x die Energie

$$V = \frac{1}{2}kx^2. \quad (|x| = x) \tag{106}$$

Der Massenpunkt besitzt somit am Ort x die potentielle Energie $V = 1/2\,kx^2$ und am Ort der Ruhelage bei $x = 0$ die Energie $V = 0$ (Bild 2.18).

Bewegt sich nach der Auslenkung der Massenpunkt vom Ort x unter Einwirkung der Kraft **F** frei zurück, so vollführt er um die Ruhelage $x = 0$ Schwingungen, wenn seine Energie nicht durch Reibung oder sonst irgendwie an die Umgebung verlorengeht (Gesamtenergie $E = $ const). Da in der Ruhelage die potentielle Energie V Null ist, besitzt der Massenpunkt dort nur kinetische Energie $(T = E)$. In den Umkehrpunkten ist hingegen $T = 0$ und $V = E$. Die Gesamtenergie $E = T + V$ ist also konstant. Interessiert man sich für die Bahnkurve $x(t)$, die der Massenpunkt bei der Schwingung beschreibt, so hat man die Newtonsche Bewegungsgleichung

$$\mathbf{F} = m\ddot{x} \qquad \left(\ddot{x} = \frac{d^2x}{dt^2}\right) \tag{107}$$

mit $\mathbf{F} = -kx$ zu lösen:

$$-kx = m\ddot{x} \tag{108}$$

oder

$$\ddot{x} + \frac{k}{m}x = 0. \tag{109}$$

Diese Gleichung ist nichts anderes als die schon zweimal in Erscheinung getretene Differentialgleichung der trigonometrischen Funktionen mit den reellen Lösungen

$$x = A\sin\left(\sqrt{\frac{k}{m}}t\right) \text{ bzw. } B\cos\left(\sqrt{\frac{k}{m}}t\right). \tag{110}$$

Zur Zeit $t = 0$ soll der Massenpunkt am Ort $x = x_0$ sein, so daß $x = x_0\cos(\sqrt{k/m}t)$. x_0 ist die maximale Auslenkung aus der Ruhelage, oder mit einem anderen Wort, x_0 ist die *maximale Schwingungsamplitude*. Der Massenpunkt ändert seinen Ort x periodisch mit der Zeit t (*periodische Bewegung*), denn zur Zeit $t = 2\pi\sqrt{m/k}$ ($= 1$ Periode) befindet er sich wieder am selben Ort wie eine Schwingung zuvor. Anders ausgedrückt: Der Massenpunkt schwingt mit der Frequenz

$$\frac{1}{t} \equiv \nu_0 = \frac{1}{2\pi}\sqrt{\frac{k}{m}}. \tag{111}$$

Dies ist die klassische *Eigenfrequenz* eines harmonischen Oszillators (*Grundschwingung*). Seine potentielle Energie als Funktion von x lautet

$$V = \frac{1}{2}kx^2 = 2\pi^2 m\nu_0^2 x^2, \quad (k = 4\pi^2\nu_0^2 m) \tag{112}$$

während die Gesamtenergie gegeben ist durch

$$E = T + V = \frac{1}{2}m\dot{x}^2 + 2\pi^2 m\nu_0^2 x^2. \tag{113}$$

Diese Beziehungen gelten für den klassischen Grenzfall von Schwingungen. Führt man dem System Energie zu, so wird die maximale Schwingungsamplitude x_0 größer; das geschieht kontinuierlich. Moleküle können aber nur diskrete Energiebeträge aufnehmen, weil ihre Energie nur diskrete Eigenwerte besitzt.

Bildet man deshalb mit Hilfe des 2. quantenmechanischen Postulates aus der Gesamtenergie E den Hamiltonoperator **H**, dann lautet die zugehörige Energieeigenwertgleichung

$$\left[-\frac{\hbar^2}{2\,m}\,\Delta + 2\,\pi^2\,m\,\nu_0^2\,x^2 \right] \psi(x) = \epsilon\,\psi(x) \tag{114}$$

oder anders geschrieben

$$\frac{d^2\psi}{dx^2} + \frac{2\,m}{\hbar^2}\,[\epsilon - 2\,\pi^2\,m\,\nu_0^2\,x^2]\,\psi = 0. \tag{115}$$

Setzt man

$$2\,\pi\,x\,\sqrt{\frac{m\,\nu_0}{h}} = \xi \tag{116}$$

und

$$\frac{2\,\epsilon}{h\,\nu_0} = C, \tag{117}$$

geht Gl. (115) über in

$$\frac{d^2\psi}{d\xi^2} + (C - \xi^2)\,\psi = 0. \tag{118}$$

Versucht man für diese Differentialgleichung den Lösungsansatz (vgl. Theorie der Differentialgleichungen)

$$\psi(\xi) = e^{-\frac{\xi^2}{2}}\,H(\xi), \tag{119}$$

dann folgt aus Gl. (118) für $H(\xi)$ (*Hermitesche Polynome*) die Differentialgleichung

$$\frac{d^2 H}{d\xi^2} - 2\,\xi\,\frac{dH}{d\xi} + (C - 1)\,H = 0. \tag{120}$$

Sie kann durch eine einfache Substitution auf die Differentialgleichung der Hermiteschen Polynome zurückgeführt werden (Anhang VII) und besitzt nur Lösungen, wenn die Bedingung

$$(C - 1) = 2\,v \quad \text{mit} \quad v = 0, 1, 2, \ldots \tag{121}$$

erfüllt ist. Mit Gl. (117) folgt daraus

$$\epsilon_v = h\,\nu_0 \left(v + \frac{1}{2} \right). \tag{122}$$

Das ist die gesuchte Energieeigenwertbedingung des harmonischen Oszillators mit v als *Schwingungsquantenzahl*. Das zugehörige Energieschema ist in Bild 2.19a zu sehen.

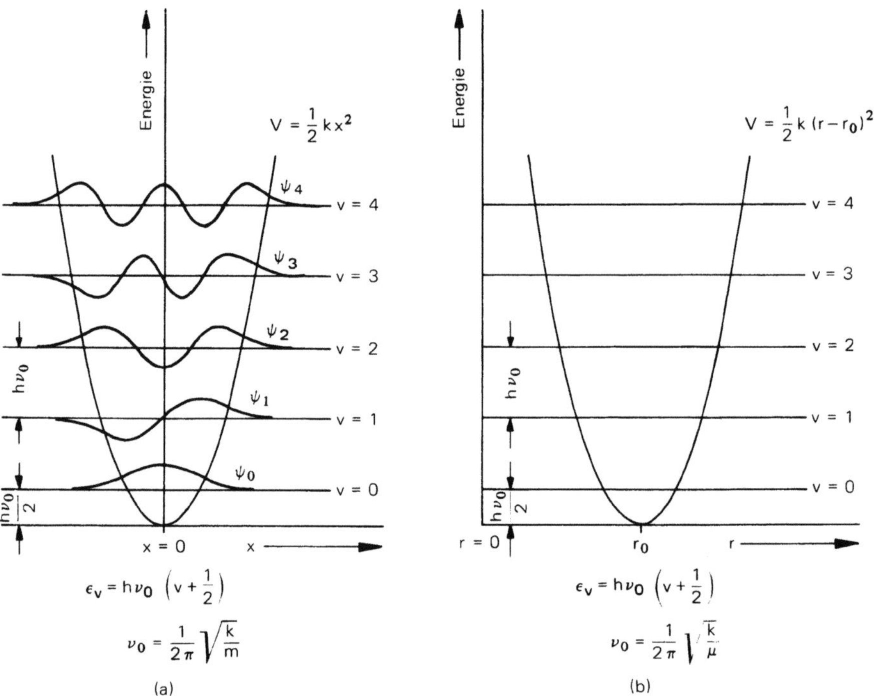

Bild 2.19 Energieeigenwerte und Eigenfunktionen des harmonischen Oszillators (a), Eigenwerte eines harmonisch schwingenden Moleküls mit der reduzierten Masse μ (b)

Die Schwingungseigenfunktionen für die vier ersten Zustände lauten:

$$\psi_0(\xi) = N_0 H_0(\xi) e^{-\frac{\xi^2}{2}} = N_0 e^{-\frac{\xi^2}{2}},$$

$$\psi_1(\xi) = N_1 H_1(\xi) e^{-\frac{\xi^2}{2}} = N_1 2\xi e^{-\frac{\xi^2}{2}},$$

$$\psi_2(\xi) = N_2 H_2(\xi) e^{-\frac{\xi^2}{2}} = N_2 (4\xi^2 - 2) e^{-\frac{\xi^2}{2}},$$

$$\psi_3(\xi) = N_3 H_3(\xi) e^{-\frac{\xi^2}{2}} = N_3 (8\xi^3 - 12\xi) e^{-\frac{\xi^2}{2}}, \tag{123}$$

wobei N_v der Normierungsfaktor

$$N_v = \left[\sqrt{\frac{2m\nu_0}{\hbar}} \; \frac{1}{2^v v!} \right]^{\frac{1}{2}} \tag{124}$$

ist. Sie sind ebenfalls in Bild 2.19a eingezeichnet. Einen graphischen Vergleich zwischen der quantenmechanischen und der klassischen Aufenthaltswahrscheinlichkeit bietet Bild 2.20.

Die Energieeigenwertbedingung (122) führt zu zwei wesentlichen *quantenmechanischen Aussagen*:

1. Die Energieeigenwerte sind äquidistant. D. h. der Abstand der Energieniveaus beträgt $\hbar\sqrt{k/m}$ und ist somit der klassischen Eigenfrequenz ν_0 proportional.
2. Harmonische Oszillatoren und damit schwingungsfähige Moleküle besitzen auch im Grundzustand eine endliche Energie, die sogenannte *Nullpunktenergie* vom Betrag $h\nu_0/2$.

Beide Aussagen sind klassisch nicht zu verstehen. An Hand der ersten Aussage läßt sich auch leicht abschätzen, wie groß der Energieabstand zwischen dem Grundzustand (v = 0) und dem ersten angeregten Zustand (v = 1) ungefähr ist. Verwendet man dazu die Eigenfrequenz des HC*l*-Moleküles mit 86,7 THz, so bekommt man den Wert:

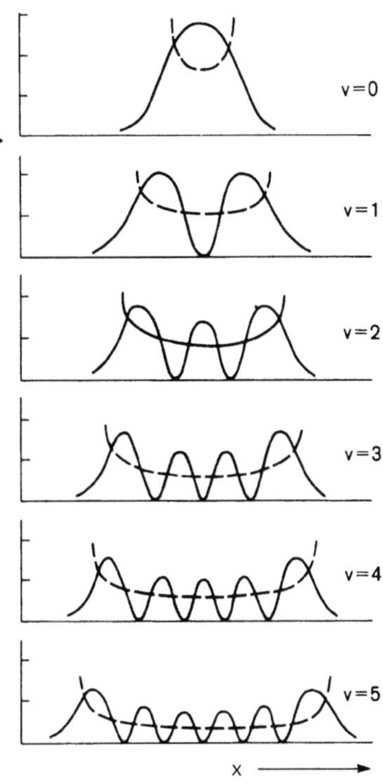

Bild 2.20 Aufenthaltswahrscheinlichkeit des harmonischen Oszillators nach klassischer (– – –) und nach quantenmechanischer Behandlung (——) (*W. Finkelburg:* Einführung in die Atomphysik, Springerverlag Berlin, 1958)

$$\Delta \epsilon = \epsilon_{v+1} - \epsilon_v = h\nu_0 = 6{,}62 \cdot 10^{-34} \cdot 86{,}7 \cdot 10^{12} = 57{,}5 \cdot 10^{-21} \text{ J.} \tag{125}$$

Dies ist ein Wert, der größer als die entsprechende thermische Energie kT bei Zimmertemperatur ist, so daß ein Übergang zum Energiekontinuum nicht gemacht werden darf. Wegen dieses großen Wertes befinden sich auch die meisten Moleküle bei Zimmertemperatur im Schwingungsgrundzustand.

Beim bisherigen Modell des harmonischen Oszillators oszillierte nur ein Massenpunkt. Bei wirklichen Molekülen schwingen aber immer zwei oder mehr Atome gegeneinander. In welcher Weise ist deshalb das bisherige Modell zu verbessern? Man betrachte dazu das zweiatomige HC*l*-Molekül, dessen experimentell bestimmte potentielle Schwingungsenergie als Funktion des Atomabstandes r (Kernabstand) in Bild 2.21 wiedergegeben ist. Approximiert man die experimentelle Energiekurve in der Nähe des Minimums (stabiler Zustand des Moleküles) durch die parabolische potentielle Energie des harmonischen Oszillators, so muß statt $V = 1/2\, kx^2$

$$V = \frac{1}{2} k(r - r_0)^2 \tag{126}$$

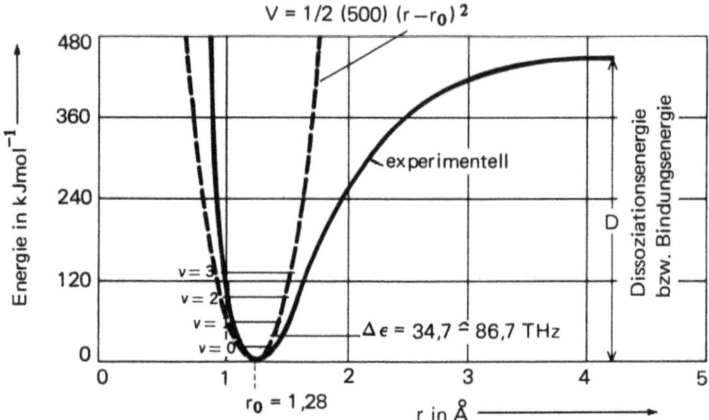

Bild 2.21 Schwingungsenergie des HCl-Moleküls angenähert durch die Energie eines harmonischen Oszillators ($\epsilon_v = h\nu_0\,(v + 1/2)$)

gesetzt werden. Für x steht nun $r - r_0$, die *Auslenkung vom Gleichgewichtsatomabstand* (Bild 2.19b). Da nun auch zwei Massen schwingen, muß man von *zwei Bewegungsglei-chungen* ausgehen:

$$m_1\ddot{r}_1 + k(r - r_0) = 0 \tag{127}$$

und

$$m_2\ddot{r}_2 + k(r - r_0) = 0 \; . \tag{128}$$

r_1 und r_2 sind die Abstände der Atome mit den Massen m_1 und m_2 vom Schwerpunkt:

$$r_1 = \frac{m_2}{m_1 + m_2}r, \tag{129}$$

$$r_2 = \frac{m_1}{m_1 + m_2}r. \tag{130}$$

Setzt man diese Ausdrücke für r_1 und r_2 in die Bewegungsgleichungen ein, so werden diese in eine einzige übergeführt, die statt der Massen m_1 und m_2 die reduzierte Masse μ enthält:

$$\ddot{r} + \frac{k}{\mu}(r - r_0) = 0. \tag{131}$$

Sie beschreibt die Bahnkurve eines schwingenden Teilchens mit der Masse μ. Ihre Auflösung liefert die Eigenfrequenz

$$\nu_0 = \frac{1}{2\pi}\sqrt{\frac{k}{\mu}} \quad . \tag{132}$$

Die quantenmechanische Lösung dieses Problems liefert wiederum die Eigenwertbedingung (122), nur ist jetzt die Eigenfrequenz ν_0 durch Gl. (132) bestimmt. Die Eigenwerte der Energie sind in Bild 2.19b eingezeichnet und haben den äquidistanten Energieabstand

$$h\nu_0 = \hbar\sqrt{\frac{k}{\mu}}. \tag{133}$$

Sehr oft genügt es aber nicht, die wirkliche Energiekurve nur durch ein Parabelpotential zu approximieren. Denn alle Moleküle haben eine *asymmetrische Schwingungsenergiekurve* und werden deshalb besser durch ein *anharmonisches Oszillatormodell* beschrieben. Sehr oft werden Energiekurven nach *Morse* angenähert:

$$V = D\,[1 - e^{-a(r-r_0)}]^2 . \tag{134}$$

a ist eine für die Krümmung der Energiekurve maßgebende Konstante mit dem Wert $\sqrt{k/2D}$ (D *Dissoziations-* bzw. *Bindungsenergie*). Plausibel, daß hier die Dissoziation ins Spiel kommt, denn alle Moleküle dissoziieren in ihre Bestandteile, wenn genügend thermische Energie zugeführt wird. Die Lösung der Energieeigenwertgleichung mit Gl. (134) führt dann nicht mehr auf äquidistante Eigenwerte:

$$\epsilon_v = h\nu_0 \left(v + \frac{1}{2} \right) - \frac{(h\nu_0)^2}{4\,D} \left(v + \frac{1}{2} \right)^2 . \tag{135}$$

Im Gegenteil, die Energieabstände werden mit zunehmender Quantenzahl v kleiner (Bild 2.22).

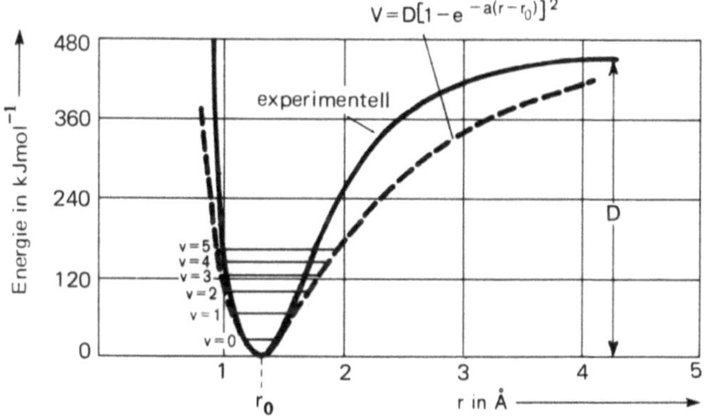

Bild 2.22
Schwingungsenergie des HCl-Moleküls angenähert durch die Morseenergie

2.9 Normalschwingungen mehratomiger Moleküle

Wir haben bisher immer nur von zweiatomigen Molekülen gesprochen. Moleküle aus mehreren Atomen besitzen natürlich auch mehrere Schwingungsmöglichkeiten bzw. Schwingungsfreiheitsgrade. Wieviele? Besteht ein System aus n Atomen und sind diese nicht aneinander gebunden, so braucht man zu ihrer Beschreibung $3n$ Koordinaten, nämlich je drei für ein Atom: $x_1 y_1 z_1, \ldots x_n y_n z_n$. Da sie aber in einem Molekül untereinander chemisch gebunden sind, werden nicht alle $3n$ benötigt oder anders ausgedrückt: ein Großteil von ihnen ist voneinander nicht unabhängig. Voneinander unabhängig sind in einem beliebigen Molekül nur sechs Koordinaten, denn fixiert man drei Atome, die nicht auf einer Linie liegen, so sind die Positionen aller anderen Atome festgelegt. Zur Beschreibung dieser drei Atome benötigt man neun Koordinaten, doch fallen davon drei wegen ihrer drei Atomabstände aus. Sind die drei Atome linear angeordnet, reichen bereits fünf Koordinaten zur Beschreibung aller Atompositionen bei festen Abständen aus. Diese fünf bzw. sechs Koordinaten entsprechen den Freiheitsgraden der Translation und Rotation. Lassen wir noch Schwingungen zu, so entfallen auf deren Freiheitsgrade $3n-5$ bzw. $3n-6$. Diese Schwingungen werden *Normalschwingungen* genannt. Man darf sich diese aber nicht in Richtung der Molekülverbindungsachsen vorstellen; sie bestehen vielmehr aus einer *gemeinsamen* Schwingung aller Atome. Für eine jede Normalschwingung liefert die Lösung der Schrödingergleichung ein eigenes Termschema in der bereits besprochenen Art. Das nichtlineare H_2O-Molekül besitzt z. B. $3n-6=3$ Normalschwingungen und drei Termschemata (Bild 2.23). Wie man quantitativ zu dieser Aussage kommt, wird in diesem Abschnitt gezeigt.

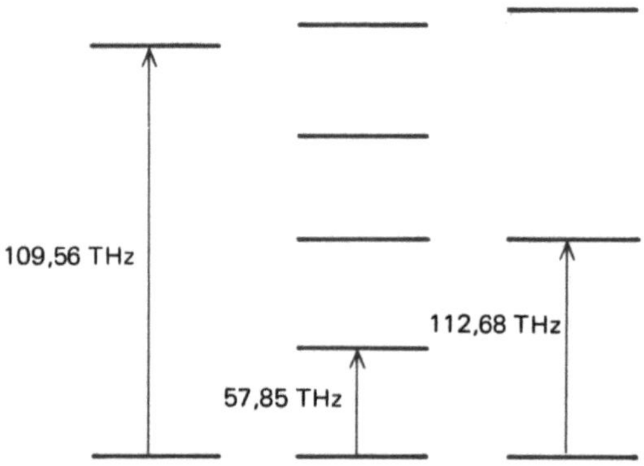

Bild 2.23

Die Normalschwingungen des H_2O-Moleküls

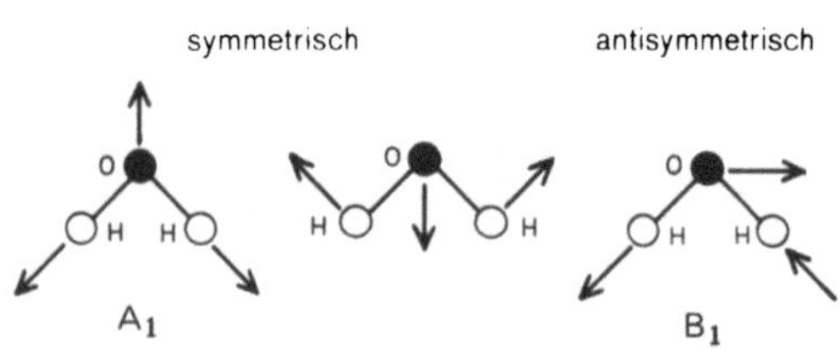

Um zu einem quantitativen Konzept der Normalschwingungen zu kommen, müssen wir vorerst einige *Prinzipien der klassischen Mechanik starrer Körper* formulieren. Starre Körper bestehen aus einer Vielzahl von Massenpunkten mit festen Abständen und für sie sollen bei einer beliebigen Bewegung des Körpers die Newtonschen Bewegungsgleichungen gelöst werden. Dieses Mehrteilchenproblem läßt sich durch Lösen der *Lagrangeschen Bewegungsgleichungen* bewältigen. Erstes Ziel dieses Abschnittes ist deshalb die Herleitung der Lagrangeschen Bewegungsgleichungen. Man bekommt sie, wenn man die Newtonschen Bewegungsgleichungen transformiert und dazu die kartesischen Koordinaten durch sogenannte *verallgemeinerte Koordinaten* ersetzt.

Wirkt z. B. eine Kraft $\mathbf{F}$ mit den Komponenten $\mathbf{F}_x$, $\mathbf{F}_y$, $\mathbf{F}_z$ auf ein Partikel mit der Masse m, so lauten die Newtonschen Bewegungsgleichungen in den drei Raumrichtungen:

$$\mathbf{F}_x = m\ddot{x}, \quad \mathbf{F}_y = m\ddot{y}, \quad \mathbf{F}_z = m\ddot{z} \quad \left(\ddot{x} = \frac{d^2x}{dt^2}, \text{ usw.}\right) \tag{136}$$

Ruft die Kraft $\mathbf{F}$ etwa eine Rotation um eine beliebige Achse hervor, so würden wir Gl. (136) in Kugelkoordinaten transformieren, weil mit diesen die Lösung einfacher durchzuführen wäre (vgl. starrer Rotator). Mathematisch ähnlich verhält es sich mit dem Problem eines starren Körpers, der einer beliebigen Kraft ausgesetzt wird. Eine Transformation von kartesischen in allgemeine Koordinaten erleichtert das Mehrteilchenproblem wesentlich. Ziel ist das Lösen verallgemeinerter Bewegungsgleichungen, der Lagrangeschen Gleichungen. Wir haben bereits gehört, daß ein starrer Körper oder auch ein Molekül aus n Atomen $3n$ Freiheitsgrade besitzt, wovon 5 bzw. 6 auf Rotationen und Translationen und die restlichen $3n - 6$ auf Schwingungen entfallen. Betrachten wir also ein starres Molekül mit 6 unabhängigen Koordinaten, die wir verallgemeinert q_1 bis q_6 nennen. Die restlichen Lagekoordinaten q_6 bis q_{3n} sind dabei konstant. Die alten kartesischen x, y, z-Koordinaten sind nun (lineare) Funktionen der q-Koordinaten:

$$x_1 = f_1(q_1 \ldots q_{3n}) \qquad y_1 = f_2(q_1 \ldots q_{3n}) \qquad z_1 = f_3(q_1 \ldots q_{3n})$$

$$\ldots\ldots\ldots\ldots\ldots\ldots\ldots\ldots\ldots\ldots\ldots\ldots\ldots\ldots\ldots\ldots\ldots\ldots\ldots\ldots\ldots$$

$$x_n = f_{3n-2}(q_1 \ldots q_{3n}) \quad y_n = f_{3n-1}(q_1 \ldots q_{3n}) \quad z_n = f_{3n}(q_1 \ldots q_{3n}) \tag{137}$$

Es ist weiterhin üblich, anstelle von $x_1 \, y_1 \, z_1$ die Notation $x_1 \, x_2 \, x_3$ für das erste Atom, $x_4 \, x_5 \, x_6$ für das zweite Atom, usw. einzuführen, so daß ganz allgemein für den Zusammenhang der alten und neuen Koordinaten gilt:

$$x_i = f_i(q_1 \ldots q_{3n}) \tag{138}$$

In dieser Schreibweise lauten die Bewegungsgleichungen

$$F_i = m_i \ddot{x}_i \quad (|\mathbf{F}| = F, \ |\mathbf{x}| = x) \tag{139}$$

und eine differentielle Änderung der Positionskoordinate x_i:

$$dx_i = \sum_j \frac{\partial x_i}{\partial q_j} \, dq_j. \tag{140}$$

Wird der starre Körper bzw. das starre Molekül mit den n Atomen der Kraft F ausgesetzt, so ruft diese an allen Massenpunkten bzw. Atomen Positionsänderungen dx_i hervor. Die gesamte Energieänderung beträgt dabei

$$dE = \sum_i F_i \, dx_i = \sum_i \sum_j F_i \frac{\partial x_i}{\partial q_j} \, dq_j = \sum_j K_j \, dq_j, \tag{141}$$

wenn wir zur Abkürzung

$$K_j = \sum_i F_i \frac{\partial x_i}{\partial q_j} \tag{142}$$

setzen. **K** ist nun eine *verallgemeinerte* Kraft, also eine Funktion der Lagekoordinaten q_j. Gehen wir andererseits von Gl. (139) aus, so erhalten wir für die Energieänderung

$$dE = \sum_i m_i \, \ddot{x}_i \, dx_i = \sum_i \sum_j m_i \, \ddot{x}_i \frac{\partial x_i}{\partial q_j} \, dq_j \tag{143}$$

und durch Gleichsetzen mit Gl. (141) die Relation

$$\sum_i \sum_j m_i \ddot{x}_i \frac{\partial x_i}{\partial q_j} dq_j = \sum_j K_j dq_j \quad . \tag{144}$$

Da die Lagekoordinaten q_j unabhängige Variable sind, gibt es auch keine Beziehungen zwischen den dq's, so daß die Koeffizienten der dq's auf beiden Seiten von Gl. (144) gleich groß sein müssen:

$$\sum_i m_i \ddot{x}_i \frac{\partial x_i}{\partial q_j} = K_j. \tag{145}$$

Damit bekommen wir einen Satz von j Gleichungen. Mit Hilfe von Differentiationsregeln läßt sich die linke Seite von Gl. (145) umformen. Zunächst gilt für das Differenzieren einer impliziten Funktion

$$\frac{dx_i}{dt} = \sum_j \frac{\partial x_i}{\partial q_j} \frac{dq_j}{dt} , \tag{146}$$

woraus durch abermaliges Differenzieren nach $dq_k/dt = \dot{q}_k$

$$\frac{\partial \dot{x}_i}{\partial \dot{q}_k} = \frac{\partial x_i}{\partial q_k} \tag{147}$$

entsteht. Außerdem gilt

$$\frac{d}{dt} \left(\frac{\partial x_i}{\partial q_k} \right) = \frac{\partial \dot{x}_i}{\partial \dot{q}_k} , \tag{148}$$

da

$$\frac{\partial \dot{x}_i}{\partial q_k} = \sum_j \frac{\partial}{\partial q_k} \left(\frac{\partial x_i}{\partial q_j} \right) \frac{dq_j}{dt} \tag{149}$$

und

$$\frac{d}{dt} \left(\frac{\partial x_i}{\partial q_k} \right) = \sum_j \frac{\partial}{\partial q_j} \left(\frac{\partial x_i}{\partial q_k} \right) \frac{dq_j}{dt}. \tag{150}$$

Für die linke Seite von Gl. (145) läßt sich deshalb schreiben:

$$\sum_i m_i \ddot{x}_i \frac{\partial x_i}{\partial q_j} = \sum_i m_i \frac{d}{dt} \left(\frac{dx_i}{dt} \frac{\partial x_i}{\partial q_j} \right) - \sum_i m_i \dot{x}_i \frac{d}{dt} \left(\frac{\partial x_i}{\partial q_j} \right)$$

$$= \sum_i m_i \frac{d}{dt} \left(\frac{dx_i}{dt} \frac{\partial \dot{x}_i}{\partial \dot{q}_j} \right) - \sum_i m_i \dot{x}_i \frac{\partial \dot{x}_i}{\partial q_j} \tag{151}$$

$$= \frac{d}{dt} \left(\frac{\partial}{\partial \dot{q}_j} \sum_i \frac{1}{2} m_i \dot{x}_i^2 \right) - \frac{\partial}{\partial q_j} \sum_i \frac{1}{2} m_i \dot{x}_i^2$$

bzw. mit $\sum_i 1/2\, m_i\, \dot{x}_i^2 = T$

$$\frac{d}{dt}\left(\frac{\partial T}{\partial \dot{q}_j}\right) - \frac{\partial T}{\partial q_j} = K_j. \tag{152}$$

Resultiert die Kraft **F** schließlich durch *Gradientenbildung* aus einer potentiellen Energie V (siehe Anhang I), dann gilt zudem für ihre Komponenten in den 3 n Raumrichtungen

$$F_i = -\frac{\partial V}{\partial x_i} \tag{153}$$

und in verallgemeinerter Form

$$K_j = -\sum_i \frac{\partial V}{\partial x_i}\frac{\partial x_i}{\partial q_j} = -\frac{\partial V}{\partial q_j}. \tag{154}$$

In diesem Fall geht Gl. (152) über in

$$\frac{d}{dt}\left(\frac{\partial T}{\partial \dot{q}_j}\right) - \frac{\partial}{\partial q_j}(T - V) = 0, \tag{155}$$

bzw., da V nur von den Lagekoordinaten abhängt, über in

$$\frac{d}{dt}\left(\frac{\partial (T-V)}{\partial \dot{q}_j}\right) - \frac{\partial}{\partial q_j}(T - V) = 0. \tag{156}$$

Bezeichnet man schließlich die Energiedifferenz $T - V$ mit dem Symbol L (*Lagrangesche Funktion*), so lauten die Lagrangeschen Bewegungsgleichungen:

$$\frac{d}{dt}\left(\frac{\partial L}{\partial \dot{q}_j}\right) - \left(\frac{\partial L}{\partial q_j}\right) = 0. \tag{157}$$

Es gibt immer so viele Bewegungsgleichungen wie Freiheitsgrade, im Falle eines starren Moleküls also fünf bzw. sechs. Wollen wir die Gleichungen auf die Schwingungen eines mehratomigen Moleküles anwenden, so hätten wir $3n - 5$ bzw. $3n - 6$ derartige Gleichungen zu lösen. Um sie zu erhalten, müssen wir zunächst die Lagrangesche Funktion $L = T - V$ für die Schwingungen formulieren. Dies soll im folgenden geschehen.

Wir fassen nun das Molekül nicht mehr als starr auf, sondern lassen Schwingungen zu. Es besitzt also 3 n Freiheitsgrade, weil wir der Vollständigkeit halber die Translation und Rotation hinzunehmen. Man beschreibt, wie wir im vorigen Abschnitt gesehen haben, die Schwingungen allgemein durch die Auslenkungen der Atome aus ihren Ruhelagen (q_i). Man denke sich dazu in den einzelnen Gleichgewichtslagen kartesische Koordinatenkreuze so angebracht, daß der momentane Schwingungszustand eines Moleküls durch die 3 n Auslenkungen q_1 bis q_{3n} wiedergegeben wird. Stellen wir uns außerdem einen 3 n-dimensionalen Raum vor, in dem wir alle Koordinatenkreuze über einander lagern, läßt sich der momentane Schwingungszustand durch einen 3 n-dimensionalen Vektor mit den Komponenten q_1 bis q_{3n} darstellen. Sind alle Auslenkungen Null (Molekül in der Gleichgewichtslage), so besitzt dieser Vektor den Betrag Null. Nennen wir den Vektor Q, so ist Q eine Funktion der Zeit t, denn er ändert während einer Schwingung periodisch seinen Betrag.

Es gibt nun $3n-5$ bzw. $3n-6$ solche Q-Vektoren, die in dem $3n$-dimensionalen Vektorraum ganz bestimmte Richtungen definieren, entlang denen das Molekül rein *harmonische* Schwingungen ausführt. Die restlichen 5 bzw. 6 Lagen charakterisieren die Translation und Rotation des Moleküls als Ganzes. Die genannten harmonischen Schwingungen, im realen Raum eine Linearkombination von einzelnen Atomschwingungen, sind die gesuchten Normalschwingungen. Die Koordinaten des Q-Vektors sind spezielle verallgemeinerte Koordinaten und werden als *Normalkoordinaten* bezeichnet.

Die Normalkoordinaten werden durch Linearkombination aus den Auslenkungen $(q_1 \ldots q_{3n})$ so ausgewählt,

$$Q = \sum_j h_j q_j, \tag{158}$$

daß aus der *verallgemeinerten kinetischen Energie*

$$T = \frac{1}{2} \sum_i \sum_j a_{ij} \dot{q}_i \dot{q}_j \tag{159}$$

und *potentiellen Energie*

$$V = \frac{1}{2} \sum_i \sum_j b_{ij} q_i q_j \; , \tag{160}$$

folgende Ausdrücke in den Normalkoordinaten Q entstehen:

$$T = \frac{1}{2} \sum_i \dot{Q}_i^2 \, , \tag{161}$$

$$V = \frac{1}{2} \sum_i \lambda_i Q_i^2 \, . \tag{162}$$

Die verallgemeinerte kinetische Energie (Gl. (159)) resultiert aus einer Transformation in die allgemeinen Koordinaten q, wenn man bedenkt, daß die x_i lineare Funktionen der q_i sind. Auch die $\dot{x}_i$ hängen dann linear von den $\dot{q}_i$ ab. Die Koeffizienten a_{ij} sind bei kleinen Auslenkungen konstant. Die potentielle Energie V ist im allgemeinen Fall eine komplizierte Funktion aller q Koordinaten, läßt sich aber durch eine *Taylorreihenentwicklung* (Anhang VIII) in der Gleichgewichtslage $q_i = 0$ harmonisch durch Gl. (160) annähern:

$$V = V_0 + \sum_i \left(\frac{\partial V}{\partial q_i}\right)_0 q_i + \frac{1}{2} \sum_i \sum_j \left(\frac{\partial^2 V}{\partial q_i \partial q_j}\right)_0 q_i q_j \; + \ldots \tag{163}$$

V_0 setzen wir der Einfachheit wegen Null. Der lineare q-Term muß von vornherein Null sein, da bei Schwingungen die potentielle Energie in der Gleichgewichtslage Null sein muß. Übrig bleibt der quadratische Term, der mit der Abkürzung

$$\left(\frac{\partial^2 V}{\partial q_i \partial q_j}\right)_0 = b_{ij} \tag{164}$$

auf den Ausdruck (160) führt, wenn die Terme höherer Ordnung vernachlässigt werden. Man braucht diesen nur zur Beschreibung der Kopplung von Schwingungen, wenn also z. B. die Schwingungsenergie eines Atoms auf andere Atome übertragen wird.

Bilden wir mit den Gln. (159) und (160) die Lagrangesche Funktion $L = T - V$,

$$L = \frac{1}{2} \sum_i \sum_j a_{ij}\, \dot{q}_i\, \dot{q}_j - \frac{1}{2} \sum_i \sum_j b_{ij}\, q_i\, q_j \tag{165}$$

und differenzieren wir diese gemäß Gl. (157) nach den $\dot{q}_i$ und q_i, so folgt

$$\sum_j a_{ij}\, \ddot{q}_j + \sum_j b_{ij}\, q_j = 0. \tag{166}$$

Bei n Molekülatomen haben wir $i = 3n$ Freiheitsgrade und ebensoviele Lagrangesche Gleichungen. Um sie zu lösen, suchen wir nach einem Satz von Koeffizienten c_i, mit dessen Hilfe aus ihnen Gleichungen der Form

$$\ddot{Q} + \lambda Q = 0 \tag{167}$$

entstehen. Dazu multiplizieren wir die Gln. (166) mit c_i und addieren sie. Wir bekommen mit der Abkürzung $Q = \sum_j h_j\, q_j$

$$\sum_i c_i\, a_{ij} = \frac{1}{\lambda} \sum_i c_i\, b_{ij} = h_j. \tag{168}$$

Die linke Seite der Bedingung (168) genügt zur Ermittlung der Koeffizienten c_i, denn sie liefert das *lineare Gleichungssystem*:

$$\sum_i (\lambda\, a_{ij} - b_{ij})\, c_i = 0. \tag{169}$$

Dieses besitzt nichttriviale Lösungen nur dann, wenn die *Koeffizientendeterminante* der c_i verschwindet (Anhang IX):

$$|\lambda\, a_{ij} - b_{ij}| = 0. \tag{170}$$

Als Lösungen erhalten wir insgesamt i λ-Wurzeln. Damit sind sowohl die c_i als auch die h_j und Q's bestimmt. Für eine jede λ-Wurzel ergibt sich dann derselbe Satz Differentialgleichungen, nämlich

$$\ddot{Q}_i + \lambda_i\, Q_i = 0. \tag{171}$$

Betrachten wir die Q_i's als neue verallgemeinerte Koordinaten (Normalkoordinaten), dann nimmt die kinetische und potentielle Energie die durch die Gln. (161) und (162) geforderte einfache Form an.

Die Lösungen der Differentialgleichung (171) lauten:

$$\begin{aligned}
&\text{für } \lambda_i < 0: \quad Q_i = A_i\, e^{\sqrt{\lambda_i}\, t} + B_i\, e^{-\sqrt{\lambda_i}\, t}, \\
&\text{für } \lambda_i = 0: \quad Q_i = A_i + B_i\, t, \\
&\text{für } \lambda_i > 0: \quad Q_i = A_i \cos(\sqrt{\lambda_i}\, t + \phi_i).
\end{aligned} \tag{172}$$

Da wir ein Molekül als stabil voraussetzen, können nur die Lösungen für $\lambda_i > 0$ als eigentliche Schwingungen in Frage kommen. Nur sie stellen periodische Funktionen mit der Zeit t dar. $\sqrt{\lambda}$ hat den Charakter einer Kreisfrequenz ω_0. Die A_i sind zu normierende Amplituden und die ϕ_i Phasenlagen, die von den Anfangsbedingungen abhängen, was uns aber im Moment nicht interessieren soll. Wenn ω_0 die Kreisfrequenz ist, dann ist

$$\nu_{0,i} = \frac{1}{2\pi} \sqrt{\lambda_i} = \frac{1}{2\pi} \sqrt{\frac{m_i}{k_i}} \tag{173}$$

die i-te Eigenfrequenz des mehratomigen Moleküls, mit k_i und m_i als i-te Kraftkonstante und i-te Atommasse. Im kartesischen Raum mit den Koordinaten q lauten die Lösungen

wegen $q_i = \sum_j g_{ij} Q_j$

$$q_i = \sum_j g_{ij} A_j \cos(\omega_j t + \phi_j) \tag{174}$$

und stellen eine Superposition von Normalschwingungen dar. Mit anderen Worten: Die tatsächlichen Schwingungen lassen sich nicht einzeln schwingenden Atomen zuordnen, sondern diese schwingen gleichzeitig in ganz bestimmten Richtungen, die mit den Atomverbindungslinien nichts zu tun haben (Bild 2.23).

Die Lösungen für $\lambda_i = 0$ (Gl. (173)) bedeuten *keine* Schwingung (keine periodische Bewegung), sondern eine mit der Zeit t linear erfolgende Ortsveränderung. Sie verkörpern die Translationen und Rotationen, bei denen die potentielle Energie konstant bleibt. In diesem Zusammenhang werden sie auch als *uneigentliche* Schwingungen bezeichnet. Die Lösungen für $\lambda_i < 0$ stellen schließlich überhaupt keine realen Bewegungen dar.

Zur quantenmechanischen Behandlung mehratomiger Moleküle haben wir aus der klassischen Gesamtenergie den Hamiltonoperator zu bilden und mit diesem die Schrödingergleichung zu lösen. Verwenden wir dazu die Energien in Normalkoordinaten, so erhalten wir auch die Schrödingergleichung in Normalkoordinaten:

$$H = -\frac{\hbar^2}{2} \sum_{i=1}^{3n} \frac{\partial^2}{\partial Q_i^2} + \frac{1}{2} \sum_{i=1}^{3n} \lambda_i Q_i^2, \tag{175}$$

$$H\psi = \epsilon\psi. \tag{176}$$

Da die Normalkoordinaten voneinander unabhängige Koordinaten sind, ist die gesamte Schwingungsenergie (uneigentliche Schwingungen eingeschlossen) additiv aus den Einzelenergien zusammensetzbar

$$\epsilon = \sum_{i=1}^{3n} \epsilon_i \tag{177}$$

und es muß damit der Produktansatz gelten:

$$\psi = \psi_1(Q_1)\, \psi_2(Q_2) \ldots \psi_{3n}(Q_{3n}). \tag{178}$$

Setzen wir den Produktansatz in die Schrödingergleichung (176) ein und dividieren wir durch ihn, so können wir sie in 3 n gleichartige, aber voneinander unabhängige Einzelgleichungen separieren:

$$-\frac{\hbar^2}{2} \frac{d^2\psi_i}{dQ_i^2} + \frac{1}{2}\lambda_i Q_i^2\, \psi_i = \epsilon_i \psi_i. \tag{179}$$

Diese Einzelgleichungen haben dieselbe Form wie die Schwingungsgleichung eines zweiatomigen Moleküls (Abschnitt 2.8) und deshalb auch dieselben Lösungen, nur mit Normalkoordinaten anstelle der kartesischen Koordinaten. Dasselbe gilt für die Energieeigenwerte der Normalschwingungen, die wir nun mit dem Index i unterscheiden:

$$\epsilon_{v_i} = h\,\nu_{0_i}\left(v_i + \frac{1}{2}\right). \tag{180}$$

Summieren wir über die einzelnen Normalschwingungsenergien, so bekommen wir die gesamte Molekülschwingungsenergie zu

$$\epsilon = \sum_{i=1}^{3n} \epsilon_i = \sum_{i=1}^{3n} h\,\nu_{0_i}\left(v_i + \frac{1}{2}\right). \tag{181}$$

Die Energie des Molekülgrundzustandes beträgt

$$\epsilon(0) = \frac{1}{2}\sum_{i=1}^{3n} h\,\nu_{0_i} \tag{182}$$

und die Energie eines angeregten Zustandes

$$\epsilon(v_i = 1, v_{i \neq j} = 0) = \frac{3}{2}h\,\nu_{0_i} + \frac{1}{2}\sum_{i \neq j} h\,\nu_{0_i}. \tag{184}$$

Das Problem der Berechnung von Moleküleigenwerten oder umgekehrt der Auswertung von Schwingungsspektren erfährt eine wesentliche Erleichterung, wenn man die Symmetrie der Moleküle berücksichtigt. Dies geschieht mit Hilfe gruppentheoretischer Überlegungen. Wie dabei vorzugehen ist, werden wir in Abschnitt 6.4 erfahren.

Rechenbeispiele

1. Wie groß ist die Wellenlänge in nm und die Frequenz in Hz einer Strahlung, deren Photonenenergie $3 \cdot 10^{-20}$ J beträgt?

2. Wie groß ist die Materiewellenlänge von Elektronen mit der Geschwindigkeit $6 \cdot 10^7$ ms^{-1} und von N_2-Molekülen bei 25 °C?

3. Berechnen Sie die Frequenz, die Wellenlänge und die Energie der ersten drei Balmerübergänge im H-Atomspektrum.

4. Wie groß ist die Ionisierungsenergie des H-Atoms nach der Rydbergformel in J pro Atom, in kJ pro mol und in eV?

5. Die Lymanserie des H-Atomspektrums besitzt Frequenzen, die durch den Ausdruck

$$\nu = 3{,}29 \cdot 10^{15}\left(\frac{1}{1^2} - \frac{1}{n_1^2}\right) \text{ Hz}, \quad n_1 = 2, 3, \dots$$

beschrieben werden können. Berechnen Sie für $n_1 = 2$ die Frequenz (Hz) und die Wellenlänge (nm), sowie die Quantenenergie in eV und J pro Atom. In welchem elektromagnetischen Strahlungsbereich liegt dieser Übergang?

6. Vergleichen Sie die Bohrsche Energie für die Anregung des ersten H-Atomzustandes mit der mittleren kinetischen Energie von H_2-Molekülen bei 25 °C. Bei welcher Temperatur ist diese gleich groß wie die Anregungsenergie?

7. Berechnen Sie die Bohrsche Energiedifferenz für den H-Atomübergang $n = 6 \rightarrow n = 5$ und geben Sie dafür die Wellenlänge des emittierten Lichtquants an. Welchem Strahlungsbereich läßt sie sich zuordnen?

8. Wie groß sind die Bohrschen Radien der H-Atomelektronenbahnen für $n = 1, 5, 10$ und 20?

9. Das Spektrum des He^+-Ions zeigt u. a. Spektrallinien bei 329170, 390120, 441460 und 421330 cm^{-1}. Leiten Sie für diese Linien einen zur Rydbergformel analogen Ausdruck ab. Wie verhalten sich die beiden Rydbergkonstanten zueinander?

10. Leiten Sie an Hand des Bohrschen Atommodells eine Formel für die Elektronenenergie des He^+-Ions ab.

11. Wie groß ist nach dem Bohrschen Atommodell die kinetische, die potentielle und die Gesamtenergie der H-Atomelektronen auf den Bahnen mit $n = 1$ und $n = 4$?

12. Wie groß sind die Bahn- und Winkelgeschwindigkeit des H-Atomelektrons für $n = 1$ und $n = 4$? Vergleichen Sie diese Geschwindigkeiten mit den mittleren molekularen Geschwindigkeiten.

13. Berechnen Sie die drei niedrigsten Energieeigenwerte für ein Elektron in einem 10 Å breiten, eindimensionalen Potentialtopf. Vergleichen Sie diese mit den Eigenwerten von H_2- und N_2-Molekülen in einem gleich großen Topf.

14. Wie groß ist die Energie eines Elektrons in einem eindimensionalen Potentialtopf von der Größe eines Kerns (Kerndurchmesser 0,001 Å). Wie groß ist das Einsteinsche Massenäquivalent dieser Energie? Vergleichen Sie diese Masse mit der tatsächlichen Elektronenmasse und überlegen Sie, ob Elektronen in Kernen existieren können.

15. Gibt es einen Bohrschen Radius für das He^+-Ion, der gleich groß wie der Radius des H-Atomgrundzustandes ist?

16. Interstellare H-Atomspektren weisen Linien mit größeren n-Werten auf, als sie im Laborversuch beobachtet werden. Warum?

17. Die mittlere Translationsenergie eines H_2-Moleküls in einem kubischen Behälter mit der Seitenlänge 10 cm beträgt bei 25 °C 3/2 kT. Wenn H_2-Moleküle einen Zustand mit einer solchen Energie besetzen, wie groß ist dann die Quantenzahl und der Energieabstand zum benachbarten Zustand?

18. Zeichnen Sie ein Energieschema für Elektronen in einem Behälter mit den Abmessungen $a = 10$ Å, $b = 10$ Å, $c = 20$ Å. Vergleichen Sie dieses mit dem Schema für die Behälterabmessungen $a = b = c = 10$ Å. Versuchen Sie die Energieniveaus zu korrelieren.

19. Versuchen Sie graphisch die Aufenthaltswahrscheinlichkeit zu skizzieren, die ein Teilchen in einem kubischen Potentialtopf in den Zuständen $n_x = n_y = n_z = 1$ und $n_x 2$, $n_y = n_z = 1$ besitzt. Um wieviel unterscheiden sich die Energieeigenwerte, wenn es sich bei dem Teilchen um ein Elektron in einem Potentialtopf mit $a = b = c = 5$ Å handelt?

20. Wieviele Translations-, Rotations- und Schwingungsfreiheitsgrade besitzen die Moleküle Ne, H_2, O_2, N_2O (linear), CO_2 (linear), H_2O (gewinkelt), NH_3 (pyramidal), CH_4 (tetraedrisch) und Benzol (hexagonal-planar)?

21. Berechnen Sie die reduzierte Masse des HCl-Moleküles und vergleichen Sie diese mit den Einzelmassen.

22. Eine 100 g schwere Kugel an einem 1 m langen Seil wird mit einer Umdrehungsgeschwindigkeit von 1 U/s geschwungen. Wie groß ist das Trägheitsmoment, die Winkelgeschwindigkeit, der Drehimpuls und die Rotationsenergie?

23. Das Trägheitsmoment des CO_2-Moleküles beträgt $71,7 \cdot 10^{-47}$ kgm^2. Wie groß ist der Drehimpuls und die Winkelgeschwindigkeit, wenn es mit der Energie $1/2\,kT = 2,06 \cdot 10^{-21}$ J rotiert? Der CO-Atomabstand beträgt 1,16 Å.

24. Ein Molekül befindet sich in einem Energiezustand mit der Energie $2,06 \cdot 10^{-21}$ J. Wie groß ist die Rotationsquantenzahl, wenn es das Trägheitsmoment $2 \cdot 10^{-47}$ kgm^2 besitzt?

25. Berechnen Sie die Trägheitsmomente von H_2 (Atomabstand 0,74 Å) und von Cl_2 (Atomabstand 1,99 Å). Wie verhalten sich die Rotationsenergien dieser beiden Moleküle bei gleichen Rotationsquantenzahlen?

26. Wie groß ist der Drehimpuls eines atomaren Systems mit der Rotationsquantenzahl $l = 5$. Wie groß ist die Entartung, wenn keine äußere bevorzugte Richtung vorhanden ist und welchen Betrag haben die Drehimpulskomponenten bei Existenz einer solchen?

27. Zeichnen Sie ein Drehimpuls-Vektordiagramm für die Richtungsquantelung eines Drehimpulsvektors mit $l = 3$ in einem äußeren Feld.

28. Ein Gasmolekül besitzt das Trägheitsmoment $1 \cdot 10^{-45}$ kgm^2. Wieviele Energiezustände liegen zwischen dem Zustand mit der mittleren Rotationsenergie $1/2\,kT$ bei 25 °C und dem Grundzustand mit $l = 0$? Wie groß ist der Energieabstand zu den beiden nächsten Niveaus?

29. Bei welcher Rotationsquantenzahl beträgt der Energieabstand benachbarter Niveaus $1/2\,kT$ (25 °C), wenn $I = 1 \cdot 10^{-45}$ kgm^2?

30. Berechnen Sie den Erwartungswert $\bar{x}$ eines Teilchens in einem eindimensionalen Potentialtopf (Länge a) im Grundzustand und im ersten angeregten Zustand.

31. Eine Näherungslösung des eindimensionalen Potentialtopfproblems ist z. B. $\psi = Bx\,(a - x)$ anstelle der richtigen Lösung $\psi = \sqrt{2/a}\,\sin(\pi x/a)$. Wie lautet die dazugehörige Energieeigenwertbedingung?

32. Normieren Sie die Näherung $Bx\,(a - x)$ und vergleichen Sie graphisch ihre Aufenthaltswahrscheinlichkeiten mit denen der richtigen Lösung.

33. Die Kraftkonstante von HF beträgt 880 Nm^{-1}. Zeichnen Sie ein HF-Energieschema mit den niedrigsten Schwingungstermen und vergleichen Sie dieses mit dem Energieschema von DF.

34. Zeichnen Sie die Schwingungsenergiekurve eines harmonischen Oszillators mit $k = 500$ Nm^{-1} und $r_0 = 1,5$ Å und vergleichen Sie diese mit der eines anharmonischen Oszillators (*Morse*) mit der Dissoziationsenergie $D = 5$ eV.

Kapitel 3
Der Atomaufbau

Wir haben im vorangehenden Kapitel erfahren, daß Moleküle Translationen, Rotationen, Schwingungen und Elektronenanregungen erleiden, wenn man ihnen Energie, etwa in thermischer Form, zuführt. Die Energie dieser Bewegung ist gequantelt und nur in besonderen Fällen durch ein Energiekontinuum darstellbar. Das ist die grundsätzliche Aussage der quantenmechanischen Beschreibung von Molekülen. Um diese Aussage zu erhalten, war es nicht notwendig, den speziellen Aufbau der Moleküle zu kennen. Wie sind aber die Moleküle aufgebaut und welche Kräfte halten die Molekülatome zusammen? Die Beantwortung dieser Frage ist für die Chemie von ganz besonderem Interesse, werden doch bei chemischen Reaktionen Molekülbindungen gesprengt und neue gebildet. Bevor wir jedoch darüber diskutieren, müssen wir den Atomaufbau, d. h. die Elektronenkonfiguration der Atome kennen. Die Erarbeitung des Atomaufbaus auf quantenmechanischer Grundlage ist deshalb das Ziel dieses Kapitels. Vorweg genommen sei, daß eine geschlossene mathematische Lösung der Energieeigenwertprobleme nur bei Einelektronenatomen möglich ist. Bei Mehrelektronenatomen muß man notgedrungen zu mathematischen Näherungsmethoden greifen, die jedoch die prinzipiellen physikalischen Aussagen in keiner Weise einschränken.

Die Eigenfunktionen der Energie sind zugleich die Eigenfunktionen des Bahndrehimpulsquadrates der Atomelektronen, weil ihre Operatoren kommutieren. Deshalb läßt sich der Atomaufbau alternativ an Hand eines Vektormodelles der Elektronendrehimpulse herleiten und bringt besonders bei der Behandlung von Mehrelektronenatomen Vorteile. Zum Bahndrehimpuls neu hinzu kommt der Eigendrehimpuls oder Spin, der dem bereits mitgeteilten Konzept der Quantenmechanik aus spektroskopischen Gründen hinzugefügt werden muß.

Da es bei Mehrteilchenproblemen und so auch bei den Mehrelektronenatomen immer mehrere, energetisch gleichwertige Lösungen der Schrödingergleichung gibt, muß das bekannte Pauliprinzip in seiner quantenmechanischen Fassung als Antisymmetrieprinzip die geeigneten Lösungen heraussuchen. Aber sowohl das Pauliprinzip als auch das von *Dirac* stammende Antisymmetrieprinzip haben bislang empirischen Charakter. Zusammen mit der Hundschen Regel gelingt es, das Periodische System der Elemente, das ursprünglich allein aus chemischer Erfahrung aufgestellt wurde, theoretisch zu begründen.

3.1 Die Energieeigenwerte der Einelektronenatome

Wie man bei der Lösung von Energieeigenwertgleichungen im Prinzip vorzugehen hat, haben wir in Kapitel 2 gelernt. Zunächst an zwei sehr einfachen Beispielen, dem Problem eines Teilchens in einem ein- und in einem dreidimensionalen Potentialtopf. Diese und auch die anderen Einteilchenprobleme wie die Rotation und Schwingung waren mathematisch geschlossen lösbar, weil die potentiellen Energien sehr einfache

Funktionen der Koordinaten x, y, z waren und die Schrödingergleichung durch Separation auf bekannte Differentialgleichungen zurückgeführt werden konnte. Die Mehrzahl der Atome und Moleküle besitzt jedoch keine so einfach darstellbaren potentiellen Energien und ihre Behandlung wird allein zu einem mathematischen Problem. Nur Einelektronenatome (beliebig geladener Kern + 1 Elektron), darunter das H-Atom, bilden hier eine Ausnahme.

Grundsätzlich ist das quantenmechanische Eigenwertproblem des H-Atoms dem Problem eines Teilchens in einem kubischen Potentialtopf analog. In beiden Fällen geht es darum, das Verhalten eines Teilchens, das des Elektrons in einem Potentialtopf atomarer Ausdehnung zu untersuchen. An die Stelle des kubischen Potentialtopfes tritt beim H-Atomproblem das *kugelsymmetrische* Coulombpotential $e/4\pi\epsilon_0 r$ bzw. die Coulombsche Energie $-e^2/4\pi\epsilon_0 r$. Der wesentliche mathematische und auch physikalische Unterschied besteht nur darin, daß die Coulombsche Energie nicht durch eine Summe $V(x) + V(y) + V(z)$ darstellbar ist. Eine Separation der Schrödingergleichung gelingt jedoch nach ihrer *Transformation in Kugelkoordinaten*, ähnlich wie beim starren Rotator in Abschnitt 2.7. Das H-Atom ist ein *nichtstarrer Rotator* und besitzt als solcher kinetische und potentielle Energie. Es unterscheidet sich von einem starren Rotator durch die zusätzliche Coulombsche Energie

$$V = -\frac{e^2}{4\pi\epsilon_0 r} = -\frac{e^2}{4\pi\epsilon_0 \sqrt{x^2 + y^2 + z^2}}, \tag{1}$$

die die elektrostatische Anziehung zwischen dem negativ geladenen Elektron $(-e)$ und dem positiv geladenen Kern $(+e)$ repräsentiert. Der Kern-Elektronabstand r ist durch

$$r = \sqrt{x^2 + y^2 + z^2} \tag{2}$$

und die reduzierte Masse μ des Systems Kern — bzw. Proton — Elektron durch

$$\mu = \frac{m_e m_p}{m_e + m_p} \tag{3}$$

gegeben. Die Schrödingergleichung des H-Atoms

$$H \psi(x, y, z) = \epsilon \psi(x, y, z) \tag{4}$$

lautet deshalb in kartesischen Koordinaten:

$$\left[-\frac{\hbar^2}{2\mu} \Delta + V \right] \psi(x, y, z) = \epsilon \psi(x, y, z). \tag{5}$$

In Gl. (5) soll die Translationsenergie des H-Atoms nicht mehr enthalten sein, d. h. die kinetische Energie bzw. ihr Operator $-\hbar^2 \Delta/2\mu$ nur mehr die Bewegung des Elektrons im Coulombfeld des Protons beschreiben. Bis auf die potentielle Energie V ist Gl. (5) identisch mit der Schrödingergleichung des starren Rotators und kann wegen der besonderen Form von $V(r)$ in Kugelkoordinaten separiert werden. Führt man die entsprechende Transformation (Anhang V) durch, so bekommt man

$$\left\{ -\frac{\hbar^2}{2\mu} \left[\frac{1}{r^2} \frac{\partial}{\partial r} \left(r^2 \frac{\partial}{\partial r} \right) + \frac{1}{r^2 \sin\vartheta} \frac{\partial}{\partial\vartheta} \left(\sin\vartheta \frac{\partial}{\partial\vartheta} \right) + \frac{1}{r^2 \sin^2\vartheta} \frac{\partial^2}{\partial\varphi^2} \right] + V(r) \right\} \psi(r, \vartheta, \varphi)$$
$$= \epsilon \psi(r, \vartheta, \varphi). \tag{6}$$

Gl. (6) läßt sich mit dem Produktansatz

$$\psi(r, \vartheta, \varphi) = R(r)\,\theta(\vartheta)\,\phi(\varphi) \tag{7}$$

in drei voneinander unabhängige Differentialgleichungen aufspalten, wenn man diesen einsetzt und durch $\psi(r, \vartheta, \varphi)$ dividiert:

$$\frac{1}{\phi}\frac{d^2\phi}{d\varphi^2} = -m^2, \tag{8}$$

$$\frac{1}{\theta}\frac{1}{\sin\vartheta}\frac{1}{d\vartheta}\left(\sin\vartheta\,\frac{d\theta}{d\vartheta}\right) - \frac{m^2}{\sin^2\vartheta} = -\beta, \qquad (\beta = l(l+1)) \tag{9}$$

$$-\frac{\hbar^2}{2\mu r^2}\left[\frac{1}{R}\frac{d}{dr}\left(r^2\frac{dR}{dr}\right) - \beta\right] + V(r) = \epsilon. \tag{10}$$

Die Gln. (8) und (9) mit den Separationskonstanten m und β wurden bereits beim Problem des starren Rotators gelöst. Ihre Lösungen sind einerseits die trigonometrischen Funktionen

$$\phi(\varphi) \equiv \phi_m = \frac{1}{\sqrt{2\pi}}\,e^{im\varphi} \quad \text{mit } m = 0, \pm 1, \pm 2, \ldots \tag{11}$$

und andererseits die zugeordneten Kugelfunktionen

$$\theta(\vartheta) \equiv \theta_{l|m|} = \sqrt{\frac{(2l+1)\,(l-|m|)!}{2\,(l+|m|)!}}\;P_l^{|m|}(\cos\vartheta) \quad \text{mit } |m| \leqslant l = 0, 1, 2, \ldots \tag{12}$$

Zu lösen bleibt Gl. (10), die die Energiekonstante ϵ enthält. Mit $\beta = l(l+1)$ und $V = -e^2/4\pi\epsilon_0\,r$ lautet sie in umgeformter Weise:

$$-\frac{\hbar^2}{2\mu}\left[\frac{d^2R}{dr^2} + \frac{2}{r}\frac{dR}{dr} - \frac{l(l+1)}{r^2}R\right] - \frac{e^2}{4\pi\epsilon_0\,r}R = \epsilon R. \tag{13}$$

Gl. (13) besitzt endliche, eindeutige und im Unendlichen verschwindende Lösungen R nur für ganz bestimmte Werte von ϵ (Energieeigenwerte). Zum Lösen von Gl. (13) wählen wir wie in Bild 2.7 als Energienullpunkt den Zustand des vom Kern völlig losgelösten Elektrons ($r = \infty$), so daß das gebundene Elektron und damit das H-Atom selbst negative Eigenwerte bekommt. Das freie losgelöste Elektron hat dann den Wert Null und wenn es kinetische Energie besitzt, einen positiven Wert.

Für große r-Werte können wir zunächst in Gl. (13) die Glieder mit $1/r$ und $1/r^2$ vernachlässigen und erhalten

$$-\frac{\hbar^2}{2\mu}\frac{d^2R}{dr^2} = \epsilon R. \tag{14}$$

Setzen wir

$$-\frac{\hbar^2}{2\mu\epsilon} = n^2 a^2 \quad \text{mit } a = \frac{4\pi\epsilon_0\hbar^2}{\mu e^2} \tag{15}$$

als Bohrschen Radius des Grundzustandes und führen wir als neue Variable $\rho = 2\,r/na$ ein, so bekommen wir als Lösung von

$$4\,\frac{d^2 R}{d\rho^2} = R: \tag{16}$$

$$R = \text{const}\; e^{-\frac{\rho}{2}}. \tag{17}$$

Um Lösungen für kleinere r-Werte zu finden, versuchen wir auf Grund von Gl. (17) den Lösungsansatz

$$R = u(\rho)\,\rho^l e^{-\frac{\rho}{2}}. \tag{18}$$

Setzen wir diesen Ansatz in Gl. (13) ein, so ergibt sich für $u(\rho)$ die Differentialgleichung

$$\rho\,\frac{d^2 u}{d\rho^2} + (2l + 2 - \rho)\,\frac{du}{d\rho} + (n - l - 1)\,u = 0. \tag{19}$$

Sie ist auf die Differentialgleichung der *zugeordneten Laguerreschen Polynome* zurückführbar (Anhang X) und besitzt geeignete Lösungen $u(\rho)$ lediglich für den Fall, daß $(n + l) - (2l + 1)$ eine positive ganze Zahl ist. Nur wenn $(n - l - 1)$, der Grad der Polynome, eine positive ganze Zahl ist, verschwinden die Lösungen R im Unendlichen und nur dann existieren richtige Lösungen und Eigenwerte. n kann deshalb nur größer oder gleich $(l + 1)$ sein. Damit folgt aus Gl. (15) die *Energieeigenwertbedingung des H-Atoms*:

$$\epsilon_n = -\frac{1}{n^2}\,\frac{\mu e^4}{32\,\pi^2\,\epsilon_0^2\,\hbar^2} \quad \text{mit } n \geq l + 1 = 1, 2, 3, \ldots \tag{20}$$

Sie gleicht völlig der Bohrschen Energiebedingung in Abschnitt 1.3. n wird *Hauptquantenzahl* genannt und besitzt wie beim Bohrschen Modell die Werte 1, 2, 3, … Die Quantenzahl l wird hier *Nebenquantenzahl* genannt und hat wie beim starren Rotator die Werte 0, 1, 2, … Die Quantenzahl m wird wie dort *magnetische Quantenzahl* genannt und kann die Werte 0, 1, 2, … haben.

Die Lösung der Schrödingergleichung für *wasserstoffähnliche Einelektronenatome* wie He^+, Li^{++}, usw. erfolgt auf gleiche Weise wie für das H-Atom. Der einzige Unterschied besteht in der geänderten *Kernladung* Z, also in der geänderten Kern − Elektron-Energie $V = -Ze^2/4\pi\,\epsilon_0\,r$. Da Z jedoch, mathematisch gesehen, nur ein unwesentlicher Parameter ist, sind die Teillösungen R (r), $\theta(\vartheta)$ und $\phi(\varphi)$ mit den Teillösungen des H-Atoms identisch, wenn man ρ mit $\rho = 2\,Zr/na$ identifiziert. Die Energieeigenwerte lauten dann:

$$\epsilon_n = -\frac{Z^2}{n^2}\,\frac{\mu e^4}{32\,\pi^2\,\epsilon_0^2\,\hbar^2} = Z^2\,\epsilon_n\;(\text{H-Atom}). \tag{21}$$

Hierbei wurde näherungsweise für die reduzierte Masse des Atoms die des H-Atoms gesetzt. Charakteristisch für die Energie des H-Atoms wie für alle Einelektronenatome ist, daß sie nur von der Hauptquantenzahl n abhängt. Trotzdem, oder besser deswegen, gehören zu einem Eigenwert ϵ_n n^2 verschiedene Eigenfunktionen, da l von 0 bis $n-1$ läuft und zu jedem l-Wert $2l+1$ verschiedene m-Werte existieren (= n^2 fache Entartung):

$$n \geqslant l + 1,$$

$$l \geqslant |m| \geqslant 0,$$

$$m = 0, \pm 1, \pm 2, \ldots . \tag{22}$$

$$\sum_{l=0}^{n-1} (2l+1) = \frac{n}{2}(1 + 2n - 1) = n^2 . \tag{23}$$

Der Vollständigkeit halber sei hier bereits erwähnt, daß zu diesen drei Quantenzahlen noch die Spinquantenzahl s hinzugefügt werden muß, damit man zu einer kompletten Beschreibung gelangt. Davon wird noch ausführlicher die Rede sein.

3.2 Die Eigenfunktionen der Einelektronenatome

Die Teillösungen $R(r)$ der Einelektronenatome lauten:

$$R(r) = u_{n-l-1}(\rho)\, \rho^l\, e^{-\frac{\rho}{2}} = L_{n+l}^{2l+1}(\rho)\, \rho^l\, e^{-\frac{\rho}{2}} . \tag{24}$$

Die Polynome $u_{n-l-1}(\rho)$ sind dabei die zugeordneten Laguerrepolynome $L_{n+l}^{2l+1}(\rho)$, definiert durch die $2l+1$-te Ableitung der Laguerrepolynome $L_{n+l}(\rho)$:

$$L_{n+l}^{2l+1}(\rho) = \frac{d^{2l+1}}{d\rho^{2l+1}} L_{n+l}(\rho) = \frac{d^{2l+1}}{d\rho^{2l+1}} \left[e^{\rho} \frac{d^{n+l}}{d\rho^{n+l}} (\rho^{n+l} e^{-\rho}) \right] . \tag{25}$$

Normiert man die Lösungen $R(r)$, so bekommt man:

$$R(r) \equiv R_{n,l} = - \sqrt{\left(\frac{2Z}{na}\right)^3 \frac{(n-l-1)!}{2n\,[(n+l)!]^3}}\, \rho^l\, e^{-\frac{\rho}{2}}\, L_{n+l}^{2l+1}(\rho) . \tag{26}$$

Führen wir zur Abkürzung als neue Variable σ ein, definiert durch

$$\sigma = \frac{n}{2}\rho = Z\frac{r}{a} = Z\frac{r\mu e^2}{4\pi\epsilon_0 \hbar^2} , \tag{27}$$

dann besitzen die normierten Teillösungen des H-Atoms ($Z = 1$) für die Hauptquantenzahl $n = 1, 2$ und 3 folgendes Aussehen (Bild 3.1a):

$$R_{1,0} = 2\left(\frac{1}{a}\right)^{\frac{3}{2}} e^{-\sigma}, \quad R_{2,0} = \frac{1}{2\sqrt{2}}\left(\frac{1}{a}\right)^{\frac{3}{2}}(2-\sigma)e^{-\frac{\sigma}{2}}, \quad R_{3,0} = \frac{2}{81\sqrt{3}}\left(\frac{1}{a}\right)^{\frac{3}{2}}(27-18\sigma+2\sigma^2)e^{-\frac{\sigma}{3}},$$

$$R_{2,1} = \frac{1}{2\sqrt{6}}\left(\frac{1}{a}\right)^{\frac{3}{2}}\sigma e^{-\frac{\sigma}{2}}, \qquad R_{3,1} = \frac{4}{81\sqrt{6}}\left(\frac{1}{a}\right)^{\frac{3}{2}}(6\sigma-\sigma^2)e^{-\frac{\sigma}{3}},$$

$$R_{3,2} = \frac{4}{81\sqrt{30}}\left(\frac{1}{a}\right)^{\frac{3}{2}}\sigma^2 e^{-\frac{\sigma}{3}} . \tag{28}$$

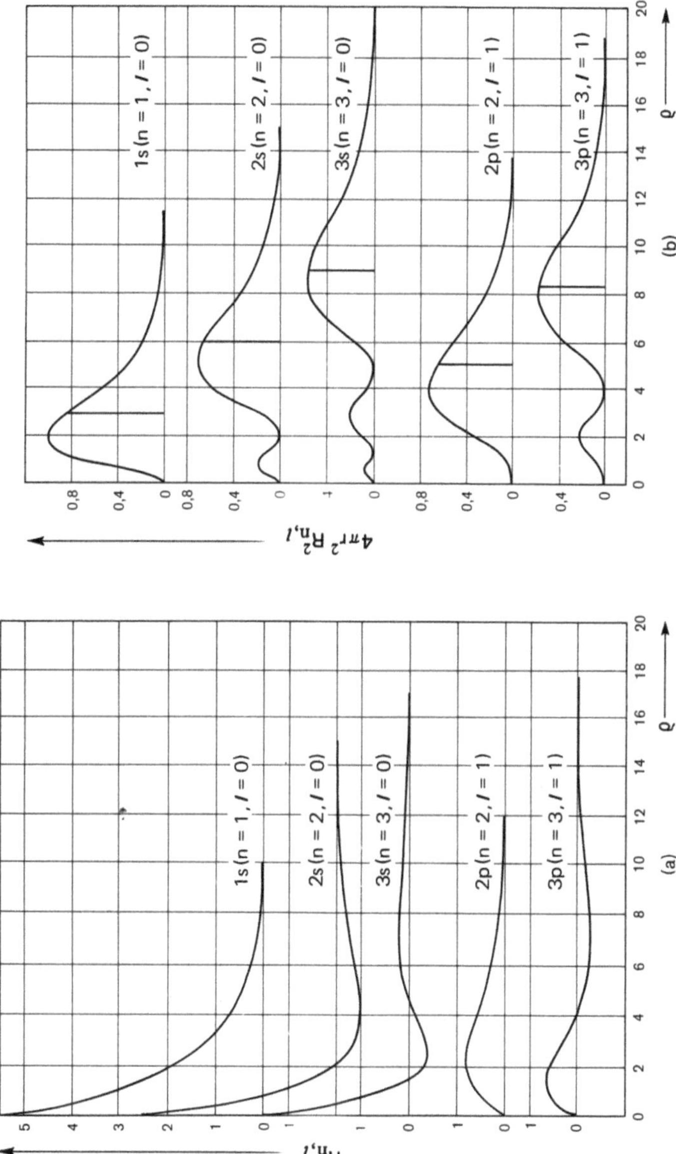

Bild 3.1 Die H-Atomfunktionen $R_{n,l}(\varrho)$ und $4\pi r^2 R_{n,l}^2(\varrho)$ für $n = 1$, 2 und 3; die senkrechten Linien entsprechen den Erwartungswerten von r (*L. Pauling, E. B. Wilson:* Introduction to Quantummechanics, McGraw Hill Book Co., Inc. New York, 1935)

Bis auf die Normierungsfaktoren besitzen also die Einelektronenatome die Eigenfunktionen:

$$\psi_{n,l,m} = R_{n,l}\,\theta_{l,|m|}\,\phi_{\tilde{m}} = \left(\frac{2\sigma}{n}\right)^{l} e^{-\frac{\sigma}{n}}\, L_{n+l}^{2l+1}\left(\frac{2\sigma}{n}\right) P_{l}^{|m|}(\cos\vartheta)\, e^{im\varphi}. \qquad (29)$$

Die Eigenfunktionen $\psi_{n,l,m}$ werden in der Chemie als *Orbitale* bezeichnet: Eigenfunktionen mit der Nebenquantenzahl $l = 0$ heißen s-Orbitale, mit $l = 1$ p-Orbitale, mit $l = 2$ d-Orbitale, mit $l = 3$ f-Orbitale, usw. Die Hauptquantenzahl wird dem Symbol s, p, d, f usw. voraus-, die magnetische Quantenzahl durch einen tiefgesetzten Index dem Symbol nachgestellt. Letztere wird aber auch oft weggelassen. Die Eigenfunktion $\psi_{1,0,0}$ (Grundzustand des H-Atoms) ist also ein $1\,s_0$-Orbital. Entsprechend bezeichnet man Elektronen, die diese Orbitale (Eigenfunktionen) besetzen, als 1s-, 2s-, 2p-, 3s-, ...-Elektronen.

Um Orbitale graphisch darstellen zu können, müssen die komplexen Anteile der Funktionen (29) in reelle umgewandelt werden. Dies geschieht am einfachsten durch die Bildung von Linearkombinationen mit Hilfe der Eulerschen Identität, denn der komplexe Anteil rührt ausschließlich von $\phi(\varphi)$ her. s-Orbitale sind von vornherein reell und man braucht deshalb nur die p-, d-Orbitale usw. reell zu machen. Von den drei p-Orbitalen ist das p_0-Orbital ebenfalls schon reell und da sein Maximalwert in der z-Richtung auftritt, wird es p_z-Orbital genannt:

$$p_z = p_0 \sim \cos\vartheta \sim z \qquad (30)$$

Die p_{+1} und p_{-1}-Orbitale werden zu p_x- und p_y-Orbitalen kombiniert,

$$p_x = \frac{p_{+1} + p_{-1}}{\sqrt{2}} \sim \sin\vartheta\, e^{i\varphi} + \sin\vartheta\, e^{-i\varphi} \sim \sin\vartheta \cos\varphi \sim x,$$

$$p_y = -i\,\frac{p_{+1} - p_{-1}}{\sqrt{2}} \sim -i\,(\sin\vartheta\, e^{i\varphi} - \sin\vartheta\, e^{-i\varphi}) \sim \sin\vartheta \sin\varphi \sim y, \qquad (31)$$

und besitzen dann ihre Maximalwerte in der x- und y-Richtung. Folgende reelle Funktionen erhält man bei den d-Orbitalen:

$$d_{z^2} = d_0 \sim (3\cos^2\vartheta - 1) \sim 3z^2 - 1,$$

$$d_{xz} = \frac{d_{+1} + d_{-1}}{\sqrt{2}} \sim \sin\vartheta \cos\vartheta \cos\varphi \sim xz,$$

$$d_{yz} = -i\,\frac{d_{+1} - d_{-1}}{\sqrt{2}} \sim \sin\vartheta \cos\vartheta \sin\varphi \sim yz,$$

$$d_{xy} = -i\,\frac{d_{+2} - d_{-2}}{\sqrt{2}} \sim \sin^2\vartheta \sin 2\varphi \sim \sin^2\vartheta \cos\varphi \sin\varphi \sim xy,$$

$$d_{x^2-y^2} = \frac{d_{+2} + d_{-2}}{\sqrt{2}} \sim \sin^2\vartheta \cos 2\varphi \sim \sin^2\vartheta\,(\cos^2\varphi - \sin^2\varphi) \sim x^2 - y^2. \qquad (32)$$

Eine Zusammenstellung der wichtigsten reellen Orbitale ist in Tabelle 3.1 zu finden. Eine graphische Darstellung von Atomorbitalen ist praktisch nur so möglich, daß man

Tabelle 3.1: Einelektronenatom-Orbitale $\psi_{n,l,|m|} = R_{n,l}\,\theta_{l,|m|}\,\phi_{|m|}$ für n = 1, 2 und 3

$$\sigma = \frac{n}{2}\rho = \frac{Zr}{a}$$

n	l	m	$R_{n,l}\theta_{l|m|}\phi_{|m|}$	Symbol
1	0	0	$\dfrac{1}{\sqrt{\pi}}\left(\dfrac{Z}{a}\right)^{\frac{3}{2}} e^{-\sigma}$	$1\,s$
2	0	0	$\dfrac{1}{4\sqrt{2\pi}}\left(\dfrac{Z}{a}\right)^{\frac{3}{2}} (2-\sigma)\, e^{-\frac{\sigma}{2}}$	$2\,s$
2	1	0	$\dfrac{1}{4\sqrt{2\pi}}\left(\dfrac{Z}{a}\right)^{\frac{3}{2}} \sigma e^{-\frac{\sigma}{2}} \cos\vartheta$	$2\,p_z$
2	1	± 1	$\dfrac{1}{4\sqrt{2\pi}}\left(\dfrac{Z}{a}\right)^{\frac{3}{2}} \sigma\, e^{-\frac{\sigma}{2}} \sin\vartheta \cos\varphi$	$2\,p_x$
2	1		$\dfrac{1}{4\sqrt{2\pi}}\left(\dfrac{Z}{a}\right)^{\frac{3}{2}} \sigma\, e^{-\frac{\sigma}{2}} \sin\vartheta \sin\varphi$	$2\,p_y$
3	0	0	$\dfrac{1}{81\sqrt{3\pi}}\left(\dfrac{Z}{a}\right)^{\frac{3}{2}} (27 - 18\,\sigma + 2\,\sigma^2)\, e^{-\frac{\sigma}{3}}$	$3\,s$
3	1	0	$\dfrac{\sqrt{2}}{81\sqrt{\pi}}\left(\dfrac{Z}{a}\right)^{\frac{3}{2}} (6-\sigma)\,\sigma\, e^{-\frac{\sigma}{3}} \cos\vartheta$	$3\,p_z$
3	1	± 1	$\dfrac{\sqrt{2}}{81\sqrt{\pi}}\left(\dfrac{Z}{a}\right)^{\frac{3}{2}} (6-\sigma)\,\sigma\, e^{-\frac{\sigma}{3}} \sin\vartheta \cos\varphi$	$3\,p_x$
3	1		$\dfrac{\sqrt{2}}{81\sqrt{\pi}}\left(\dfrac{Z}{a}\right)^{\frac{3}{2}} (6-\sigma)\,\sigma\, e^{-\frac{\sigma}{3}} \sin\vartheta \sin\varphi$	$3\,p_y$
3	2	0	$\dfrac{1}{81\sqrt{6\pi}}\left(\dfrac{Z}{a}\right)^{\frac{3}{2}} \sigma^2\, e^{-\frac{\sigma}{3}} (3\cos^2\vartheta - 1)$	$3\,d_{z^2}$
3	2	± 1	$\dfrac{\sqrt{2}}{81\sqrt{\pi}}\left(\dfrac{Z}{a}\right)^{\frac{3}{2}} \sigma^2\, e^{-\frac{\sigma}{3}} \sin\vartheta \cos\vartheta \cos\varphi$	$3\,d_{xz}$
3	2		$\dfrac{\sqrt{2}}{81\sqrt{\pi}}\left(\dfrac{Z}{a}\right)^{\frac{3}{2}} \sigma^2\, e^{-\frac{\sigma}{3}} \sin\vartheta \cos\vartheta \sin\varphi$	$3\,d_{yz}$
3	2	± 2	$\dfrac{1}{81\sqrt{2\pi}}\left(\dfrac{Z}{a}\right)^{\frac{3}{2}} \sigma^2\, e^{-\frac{\sigma}{3}} \sin^2\vartheta \sin 2\varphi$	$3\,d_{xy}$
3	2		$\dfrac{1}{81\sqrt{2\pi}}\left(\dfrac{Z}{a}\right)^{\frac{3}{2}} \sigma^2\, e^{-\frac{\sigma}{3}} \sin^2\vartheta \cos 2\varphi$	$3d_{x^2-y^2}$

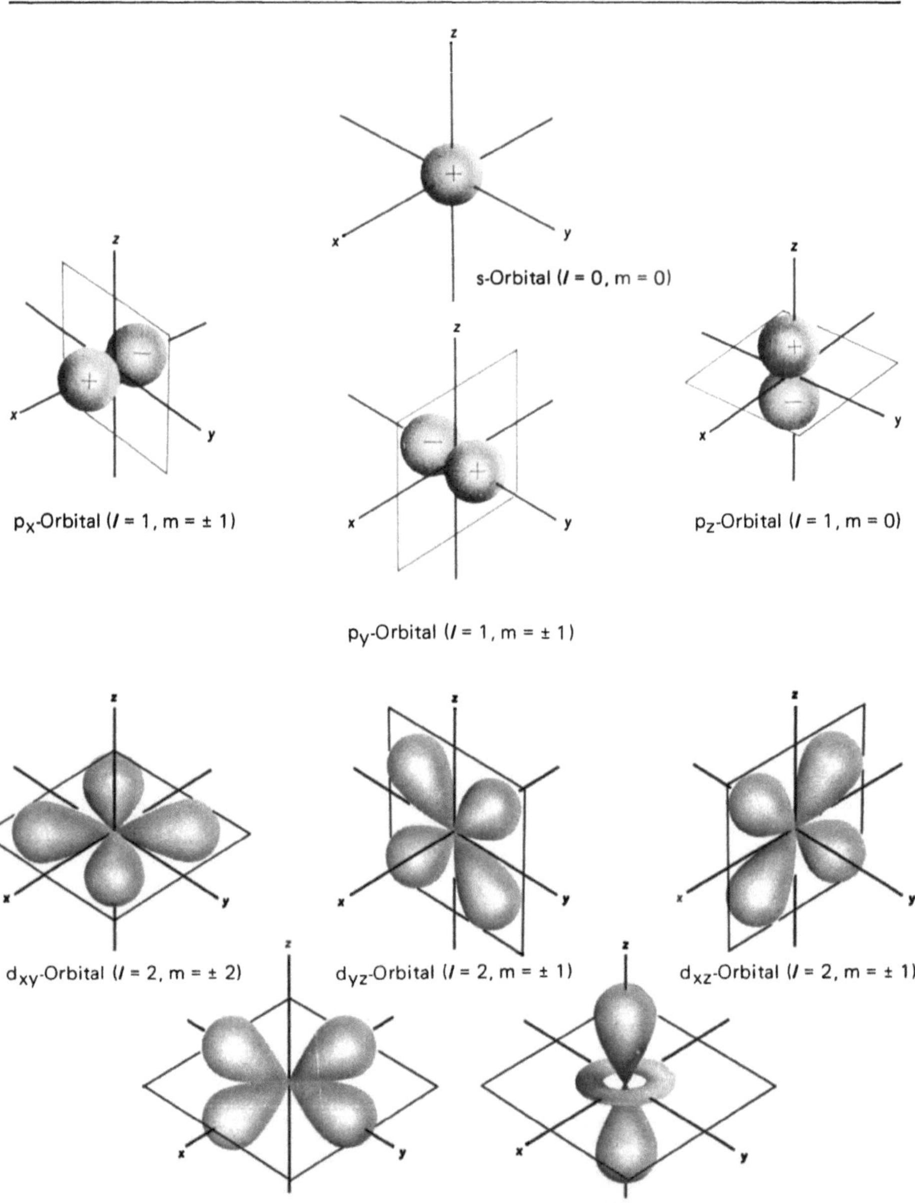

Bild 3.2 Die winkelabhängigen Teile $\theta_{l,\,|m|}\phi_m$ der s-, p-, und d-Orbitale des H-Atoms

die Anteile $R(r)$ und $\theta(\vartheta)\,\phi(\varphi)$ getrennt zeichnet. In Bild 3.1a wurde $R_{n,l}$ für n = 1, 2 und 3 als Funktion von ρ gezeichnet. Man erkennt, daß $R(r)$ zwischen r = 0 und r = ∞ n − l − 1 Nullstellen besitzt. Ihre Zahl entspricht dem Grad der Laguerrepolynome. Die Anteile $\theta(\vartheta)\,\phi(\varphi)$ für die p und d-Orbitale sind in Bild 3.2 zu sehen. Wichtig für spätere chemische Anwendungen (Molekülbindung) ist die Symmetrie dieser Orbitalteile: Die p-Orbitale sind rotationssymmetrisch bezüglich der x, y, z-Achsen, ebenso das d_{z^2}-Orbital, während die anderen d-Orbitale quadratisch-planar angeordnet sind.

Da zu n = 1, unter Beachtung der Einschränkungen (Gl. (22)) m und *l* nur den Wert Null haben können, gibt es zum Eigenwert ϵ_1 (Grundzustand) nur eine einzige Eigenfunktion, nämlich ein 1s-Orbital. Der Grundzustand des H-Atoms ist also nicht entartet (g = n^2 = 1). Zu n = 2 existieren hingegen schon n^2 = 4 Eigenfunktionen, da *l* = 0 und 1 sein kann. Zu *l* = 0 kann m nur Null, aber zu *l* = 1 kann m = 1, 0 und − 1 sein. Zu ϵ_2, also zum ersten angeregten Zustand des H-Atoms, gibt es daher insgesamt ein 2s- und drei 2p-Orbitale (Tabelle 3.1). Die magnetische Quantenzahl m charakterisiert dabei die *Lage* der Orbitale im Raum, und zwar bezüglich einer vorgegebenen ausgezeichneten Raumrichtung, die Nebenquantenzahl *l* bestimmt hingegen ihre Symmetrie. Die Indizes x, y, z sind folglich zyklisch vertauschbar und überhaupt nur dann von Bedeutung, wenn eine ausgezeichnete Richtung, etwa durch ein Magnetfeld oder durch eine Bindung, vorgegeben ist. Die Energie des Elektrons in den drei 2p-Orbitalen ist dann nämlich jeweils verschieden. Zur Hauptquantenzahl n = 3 gibt es insgesamt fünf 3d-Orbitale, drei 3p-Orbitale und ein 3s-Orbital, also eine (n^2 = 9) neunfache Entartung. *l* kann die Werte *l* = 0, 1, 2 und m alle Werte von − 2 bis + 2 besitzen.

Es wurde bereits darauf hingewiesen, daß die Eigenfunktionen oder Orbitale für die anschauliche Darstellung der chemischen Bindung eine große Bedeutung erlangen. Doch nur die Produkte $\psi^* \psi$ bzw. ψ^2 und nicht die Eigenfunktionen ψ selbst sind physikalisch sinnvoll deutbar (Abschnitt 2.3).

Durch das 4. quantenmechanische Postulat ist die *Aufenthaltswahrscheinlichkeit* eines Elektrons im Raumelement dV, d.h. zwischen r und r + dr, ϑ und ϑ + dϑ, φ und φ + dφ durch $\psi^*(r, \vartheta, \varphi) \psi(r, \vartheta, \varphi)$ dV bzw. $\psi^2(r, \vartheta, \varphi)$ dV (dV = r^2 dr sin ϑ dϑ dφ) definiert. Sie muß über den ganzen Raum integriert gleich 1 sein. Die *Wahrscheinlichkeitsdichte* $\psi^* \psi$ bzw. ψ^2 läßt sich als *Ladungs-* bzw. *Elektronendichte* interpretieren, wenn man dem Elektron formal eine räumliche Ausdehnung zuschreibt. Multipliziert man nämlich $\psi^* \psi$ bzw. ψ^2 mit der Elementarladung e, so kann das Produkt als Ladungsdichte ρ (Ladung/Volumeneinheit) aufgefaßt werden, denn über den ganzen Raum integriert ist $\rho = e \int_V \psi^2 \, dV = e$ (vgl. Normierung).

Wird nun nach der Wahrscheinlichkeitsdichte P (r) des Elektrons im Abstand r vom Kern in irgendeiner Raumrichtung gefragt, so ist zur Befreiung von der Winkelabhängigkeit folgende Integration über die Kugeloberfläche (Radius r) notwendig:

$$P(r) \, dr = \int_{\vartheta = 0}^{\pi} \int_{\varphi = 0}^{2\pi} R^2 \theta^2 \phi^2 \sin \vartheta \, d\vartheta \, d\varphi \, r^2 \, dr. \tag{33}$$

Sind θ und ϕ normiert, so liefert die Integration

$$P(r) \, dr = r^2 R^2 \, dr, \tag{34}$$

sonst

$$P(r) \, dr = 4 \pi r^2 R^2 \, dr. \tag{35}$$

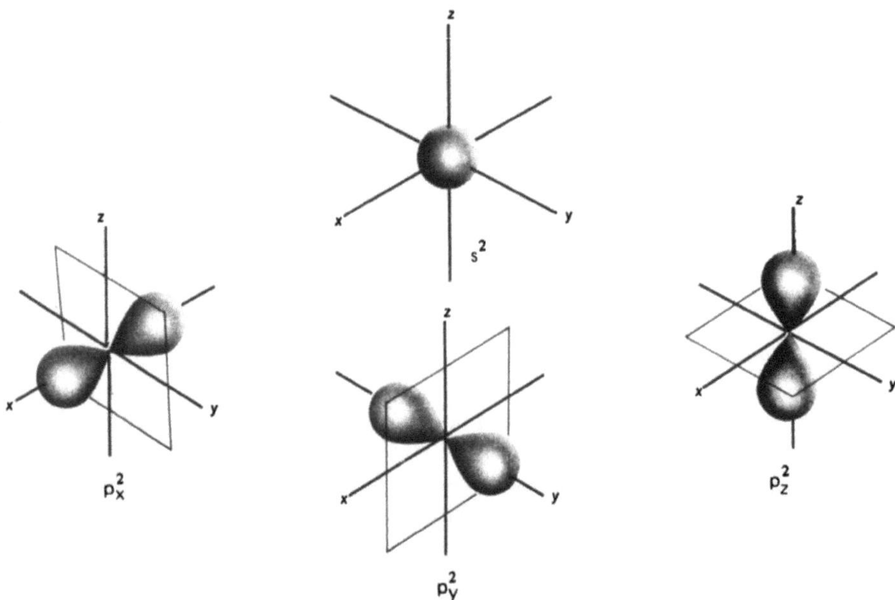

Bild 3.3 Die Quadrate der winkelabhängigen Teile von s- und p-Orbitalen des H-Atoms

$4\pi r^2 R^2\, dr$ ist als Funktion von ρ für n = 1, 2 und 3 in Bild 3.1b graphisch dargestellt. Die *radiale* Wahrscheinlichkeitsdichte P(r) oder Elektronendichte $\rho = eP(r)$ am Kernort (r = 0) ist also immer Null, was physikalisch verständlich ist. Mathematisch ist dies die Folge der Multiplikation von R^2 mit $r^2 \cdot 4\pi r^2 (R_{n,l})^2$ besitzt insgesamt $n - l$ Maxima, wo die Wahrscheinlichkeitsdichte (Elektronendichte) am größten ist. Zeichnet man $\theta^2\phi^2$ für $l = 0$, 1 und 2 als Funktion von ϑ und φ, also den winkelabhängigen Anteil der gesamten Wahrscheinlichkeitsdichte, so ergibt sich folgendes Bild: Die Dichte des Elektrons in den s-Orbitalen ist *kugelsymmetrisch* bezüglich des Kernortes, die des Elektrons in den drei p-Orbitalen *rotationssymmetrisch* bezüglich den x, y, z-Achsen (Bild 3.3) und die des Elektrons in vier d-Orbitalen besitzt *quadratisch-planare* Symmetrie bzw. in einem d-Orbital *Rotationssymmetrie*.

Wir könnten auch fragen, wie das eben skizzierte quantenmechanische Modell des H-Atoms (Einelektronenatoms) mit dem Bohrschen Modell aus Abschnitt 2.2 übereinstimmt, nachdem wir bereits wissen, daß das quantenmechanische und das Bohrsche Energieschema exakt gleich sind. Ein *wesentlicher* Unterschied zwischen beiden Modellen besteht in folgendem: Beim Bohrschen Modell wird das Elektron als *punktförmiges* Massenteilchen angenommen, während es quantenmechanisch überhaupt *nicht lokalisiert* werden kann. Es liegt in der Natur der Quantenmechanik atomarer Systeme, daß sich für den Aufenthaltsort, also hier für den Abstand des Elektrons vom Kern, kein scharfer Wert angeben läßt. Es ist somit auch sinnlos, im Rahmen dieses Modelles von Kreis- oder Ellipsenbahnen zu sprechen. Man kann nur die Wahrscheinlichkeit angeben, mit der man das Elektron innerhalb eines Intervalles von r bis r + dr antrifft. Das Elektron hat danach formal eine räumliche Ausdehnung, und seine Ladung ist nicht in einem Punkt konzentriert, sondern räumlich verteilt.

Mit Hilfe des 5. quantenmechanischen Postulates läßt sich die *mittlere* Entfernung $\bar{r}$ berechnen und mit dem Bohrschen Radius vergleichen. Bildet man den Erwartungswert $\bar{r}$, so findet man für das 1 s-Orbital des H-Atoms:

$$\bar{r} = \int_V \psi^* r \psi \, dV = \int_{r=0}^{\infty} \int_{\vartheta=0}^{\pi} \int_{\varphi=0}^{2\pi} \psi^* r \psi \, r^2 \, dr \sin\vartheta \, d\vartheta \, d\varphi = \int_{r=0}^{\infty} (R_{n,l}(r))^2 \, r^3 \, dr$$

$$= \frac{4}{a^3} \int_{r=0}^{\infty} e^{-\frac{2r}{a}} r^3 \, dr = \frac{4}{a^3} \left[3! \left(\frac{a}{2} \right)^4 \right] = \frac{3}{2} a. \tag{36}$$

Die mittlere Entfernung des Elektrons vom Proton im Grundzustand ist *einundeinhalbmal* so groß wie der Bohrsche Radius der Grundbahn. Die *wahrscheinlichste* Entfernung findet man durch Ableitung des Wahrscheinlichkeitsausdruckes

$$P(r) = (R_{n,l})^2 \, r^2 \tag{37}$$

nach r und Nullsetzen des differenzierten Ausdrucks:

$$\frac{dP}{dr} = -\frac{2}{a} r^2 e^{-\frac{2r}{a}} + 2 re^{-\frac{2r}{a}} = 0. \tag{38}$$

Das Ergebnis: *Die wahrscheinlichste Entfernung ist gleich dem Bohrschen Radius* a.

3.3 Das Vektormodell der Einelektronenatome

Als Lösungen der Energieeigenwertgleichung $H\psi = \epsilon \psi$ wurden in den beiden letzten Abschnitten die Orbitale $\psi_{n,l,m} = R_{n,l} \, \theta_{l,|m|} \, \phi_m$ analytisch ermittelt und durch die drei Quantenzahlen n, l, m charakterisiert. Da die Lösungen $\theta\phi$ und ϕ zugleich Lösungen der Eigenwertgleichungen des Bahndrehimpulsquadrates und seiner z-Komponente darstellen, kommt man mit Hilfe von Drehimpulsen (Gesamtdrehimpuls und Spin eingeschlossen) zu einer äquivalenten Beschreibung von Atomzuständen. Sie wird als das *Vektormodell* von Atomen bezeichnet. Die physikalische Rechtfertigung für die vektorielle Addition des Bahn- und des Spindrehimpulses zu einem Gesamtdrehimpuls des Atoms ist jedoch weniger eine Folge der Vektoreigenschaften, als durch deren magnetische Wechselwirkung oder Kopplung bedingt. Drehimpulse sind immer mit magnetischen Momenten verknüpft. Deshalb kommt es auch zu einer Richtungsquantelung in magnetischen Feldern.

Bezeichnet man mit l^2 den Operator des Bahndrehimpulsquadrates und mit l_z den Operator der Bahndrehimpuls-z-Komponente, so lauten die Eigenwertgleichungen:

$$l^2 \psi = (\text{Eigenwert von } l^2)\psi \tag{39}$$

und

$$l_z \psi = (\text{Eigenwert von } l_z)\psi. \tag{40}$$

Die Operatoren l^2 und l_z werden auf folgende Weise gebildet: Klassisch sind der Drehimpuls l durch das Vektorprodukt

$$l = r \times p \quad \text{(Bahnimpuls } p = m\,v) \tag{41}$$

und seine Komponenten durch

$$l_x = y\,p_z - z\,p_y\,,$$
$$l_y = z\,p_x - x\,p_z\,,$$
$$l_z = x\,p_y - y\,p_x\,, \tag{42}$$

gegeben (Anhang I). *Zur Symbolik*: In Verbindung mit klassischen Größen ist l als Vektor, in Verbindung mit Wellenfunktionen als quantenmechanischer Operator zu lesen. Für das Drehimpulsquadrat gilt dann:

$$l^2 = l_x^2 + l_y^2 + l_z^2\,. \tag{43}$$

Nach dem 2. quantenmechanischen Postulat (Abschnitt 2.3) findet man für die Operatoren der Komponenten:

$$l_x = \frac{\hbar}{i}\left(y\,\frac{\partial}{\partial z} - z\,\frac{\partial}{\partial y}\right),$$
$$l_y = \frac{\hbar}{i}\left(z\,\frac{\partial}{\partial x} - x\,\frac{\partial}{\partial z}\right),$$
$$l_z = \frac{\hbar}{i}\left(x\,\frac{\partial}{\partial y} - y\,\frac{\partial}{\partial x}\right). \tag{44}$$

Mit diesen Komponentenoperatoren läßt sich nach Gl. (43) auch der Operator l^2 bilden. Transformiert man die Operatoren l_x, l_y, l_z und l^2 wie früher den Hamiltonoperator in Kugelkoordinaten, so ergibt sich:

$$l_x = \frac{\hbar}{i}\left(-\sin\varphi\,\frac{\partial}{\partial\vartheta} - \cot\vartheta\,\cos\varphi\,\frac{\partial}{\partial\varphi}\right),$$
$$l_y = \frac{\hbar}{i}\left(\cos\varphi\,\frac{\partial}{\partial\vartheta} - \cot\vartheta\,\sin\varphi\,\frac{\partial}{\partial\varphi}\right),$$
$$l_z = \frac{\hbar}{i}\,\frac{\partial}{\partial\varphi}\,,$$
$$l^2 = -\hbar^2\left[\frac{1}{\sin\vartheta}\,\frac{\partial}{\partial\vartheta}\left(\sin\vartheta\,\frac{\partial}{\partial\vartheta}\right) + \frac{1}{\sin^2\vartheta}\,\frac{\partial^2}{\partial\varphi^2}\right]. \tag{45}$$

Lösen wir mit diesen Operatoren die Eigenwertgleichungen (39) und (40), wobei für l_x und l_y analoge Gleichungen möglich sind, so finden wir, daß wohl l^2 und l_z, *nicht* aber l_x und l_y diskrete Eigenwerte besitzen. Da die Indizes x, y, z zyklisch vertauscht werden dürfen, resultiert die wichtige Feststellung, daß immer nur *eine* Komponente des Drehimpulses einen diskreten Eigenwert besitzt, die beiden anderen hingegen unbestimmt sind.

Wie schon die mathematische Form der Operatoren zeigt, müssen die Eigenfunktionen der Eigenwertgleichungen (39) und (40) mit den Energieeigenfunktionen $\theta(\vartheta)\,\phi(\varphi)$

und $\phi(\varphi)$ gleich sein. Gl. (39) ist offensichtlich mit der Differentialgleichung (9) identisch und Gl. (40) entspricht der Differentialgleichung (8). Dies wird sofort klar, wenn wir die Operationen $l^2\,\theta\phi$ und $l_z\phi$ ausführen:

$$l^2\,\psi = l^2\,\theta\phi = -\hbar^2\left[\frac{1}{\sin\vartheta}\frac{\partial}{\partial\vartheta}\left(\sin\vartheta\frac{\partial}{\partial\vartheta}\right) + \frac{1}{\sin^2\vartheta}\frac{\partial^2}{\partial\varphi^2}\right]\theta\phi$$

$$= -\hbar^2\left[\frac{1}{\theta}\frac{1}{\sin\vartheta}\frac{\mathrm{d}}{\mathrm{d}\vartheta}\left(\sin\vartheta\frac{\mathrm{d}\theta}{\mathrm{d}\vartheta}\right) - \frac{m^2}{\sin^2\vartheta}\right]\theta\phi. \tag{46}$$

Der Ausdruck in der eckigen Klammer ist nach Gl. (9) gleich $-l(l+1)$, so daß sich (vgl. Abschnitt 2.7)

$$l^2\,\theta\phi = l(l+1)\,\hbar^2\,\theta\phi \tag{47}$$

ergibt. Für die Operation (40) folgt analog:

$$l_z\phi = m\hbar\phi. \tag{48}$$

Die einzigen beobachtbaren Werte des Drehimpulses sind also $\sqrt{l(l+1)}\,\hbar$, die einzigen beobachtbaren Werte einer Drehimpulskomponente bezüglich einer ausgezeichneten Achse sind $m\hbar$, wobei $-l \leqslant m \leqslant l$. Die Drehimpulsquantenzahlen l und m sind also mit der Nebenquantenzahl l und der magnetischen Quantenzahl m identisch. Die Nebenquantenzahl und die magnetische Quantenzahl charakterisieren damit nicht nur die Symmetrie und Lage der Orbitale, sondern gleichzeitig die Eigenwerte des Bahndrehimpulses und seiner z-Komponente. Ein Elektron kann demnach nur bestimmte Bahndrehimpulswerte vom Betrag $\sqrt{l(l+1)}\,\hbar$ und nur bestimmte Werte der Bahndrehimpuls-z-Komponente vom Betrag $m\,\hbar$ besitzen.

Dieses Ergebnis kann in Form eines quantenmechanischen Theorems ausgedrückt werden: *Kommutierende Operatoren besitzen denselben Satz von Eigenfunktionen.* Zwei Operatoren **A** und **B** kommutieren dann, wenn die Bedingung

$$(\mathbf{AB} - \mathbf{BA})\,\psi = 0 \tag{49}$$

erfüllt ist. Diese Bedingung ist für $\mathbf{A} = \mathbf{H}$ und $\mathbf{B} = l^2$ erfüllt. Es ist egal, ob zuerst **H** und dann l^2 oder umgekehrt auf ψ wirken:

$$(\mathbf{H}l^2 - l^2\mathbf{H})\,\psi = 0. \tag{50}$$

Gl. (50) verkörpert kurzgefaßt die Begründung für die Gleichwertigkeit der Beschreibung von Energiezuständen der Elektronen bzw. Atome durch das Vektormodell: Die Energie ist deshalb gequantelt, weil der Drehimpuls als Wirkungsgröße gequantelt ist, und mit der Energie kommutiert.

Der Drehimpuls l wird als *Bahndrehimpuls* bezeichnet, weil er sich auf die *Bahnbewegung* des Elektrons bezieht. Außer diesem Drehimpuls gibt es noch den *Eigendrehimpuls (Spin)*, den man aufgrund der spektroskopischen Erfahrung postulieren muß. Einelektronenatome zeigen nämlich in einem äußeren Magnetfeld eine Aufspaltung der sonst entarteten Energieniveaus und man kann diese Aufspaltung nur erklären, wenn man einen zusätzlichen Drehimpuls mit zwei Eigenwerten postuliert.

Um Übereinstimmung mit den spektroskopischen Daten zu erzielen, wird also angenommen, daß der Spin, der als Drehimpuls die gleichen Eigenschaften wie der Bahndrehimpuls haben muß, nur zwei Eigenwerte besitzt. Analog zum Bahndrehimpuls l wird nun der Eigendrehimpuls s mit den Operatoren s^2 und s_z definiert. Die zugehörigen Eigenwertgleichungen lauten dann:

$$s^2 \, \psi(s) = (\text{Eigenwert von } s^2) \, \psi(s) \qquad\qquad (= s(s+1) \, \hbar^2 \, \psi(s)), \tag{51}$$

$$s_z \, \psi(s) = (\text{Eigenwert von } s_z) \, \psi(s) \qquad\qquad (= s_z \, \hbar \, \psi(s)). \tag{52}$$

$\psi(s)$ soll eine *Spinfunktion* sein, die als Argument eine *Spinkoordinate* s enthält. Da es aber nur zwei *Spineigenwerte* geben soll, gibt es auch nur zwei Spineigenfunktionen. Bezeichnet man diese mit α und β, so gilt:

$$s_z \, \alpha = \frac{1}{2} \, \hbar\alpha, \quad s^2 \, \alpha = \frac{3}{4} \, \hbar^2 \, \alpha, \tag{53}$$

$$s_z \, \beta = -\frac{1}{2} \, \hbar\beta, \quad s^2 \, \beta = \frac{3}{4} \, \hbar^2 \, \beta, \tag{54}$$

wobei die *Spinquantenzahlen* s und s_z die Werte $\frac{1}{2}$ bzw. $-\frac{1}{2}$ und $+\frac{1}{2}$ haben.

Der *Bahndrehimpuls l* und der *Eigendrehimpuls s* setzen sich vektoriell zu einem *Gesamtdrehimpuls* j zusammen. Für diesen gelten wieder Drehimpulseigenwert-Gleichungen:

$$j^2 \, \psi(\vartheta, \varphi, s) = j(j+1) \, \hbar^2 \, \psi(\vartheta, \varphi, s),$$

$$j_z \, \psi(\vartheta, \varphi, s) = m \, \hbar \, \psi(\vartheta, \varphi, s). \tag{55}$$

j^2 ist der Operator des Gesamtdrehimpulsquadrates und j_z der Operator seiner z-Komponente. Die *innere* Quantenzahl j besitzt die Werte $l \pm s \geqslant 0$, während m alle Werte von $-j$ bis $+j$ annimmt. Die zugehörigen Eigenfunktionen haben nun die Form

$$\psi(\vartheta, \varphi, s) = \theta \, \phi \, \alpha \text{ bzw. } \theta \, \phi \beta. \tag{56}$$

Ein Einelektronenatom, z. B. das H-Atom, besitzt somit in seinem Grundzustand ($l = 0$) einen Gesamtdrehimpuls vom Betrag

$$|j| = \sqrt{j(j+1)} \, \hbar = \sqrt{\frac{1}{2}\left(\frac{1}{2}+1\right)} \, \hbar \; . \tag{57}$$

Befindet es sich aber in einem angeregten Zustand, etwa mit $l = 1$, so gibt es zwei Möglichkeiten, l und s zu koppeln. Der Spin stellt sich entweder parallel oder antiparallel zum Bahndrehimpuls ein (*Spin-Bahnkopplung*) und bedingt zwei Gesamtdrehimpulse vom Betrag (Bild 3.4a)

$$|j| = \sqrt{j(j+1)} \, \hbar \qquad \text{mit } j = \frac{1}{2} \text{ bzw. } j = \frac{3}{2}. \tag{58}$$

In einem d-Zustand führt die Kopplung zu den Drehimpulsbeträgen

$$|j| = \sqrt{j(j+1)} \, \hbar \qquad \text{mit } j = \frac{5}{2} \text{ bzw. } j = \frac{3}{2}. \tag{59}$$

Daß überhaupt Spin-Bahnkopplung zustande kommt, wobei der Gesamtdrehimpuls wieder in Vielfachen von $\hbar$ gequantelt ist, hat folgenden Grund: Jedes Elektron mit einem endlichen Bahndrehimpuls ($l > 0$) besitzt ein magnetisches Moment μ_l, das dem Bahn-

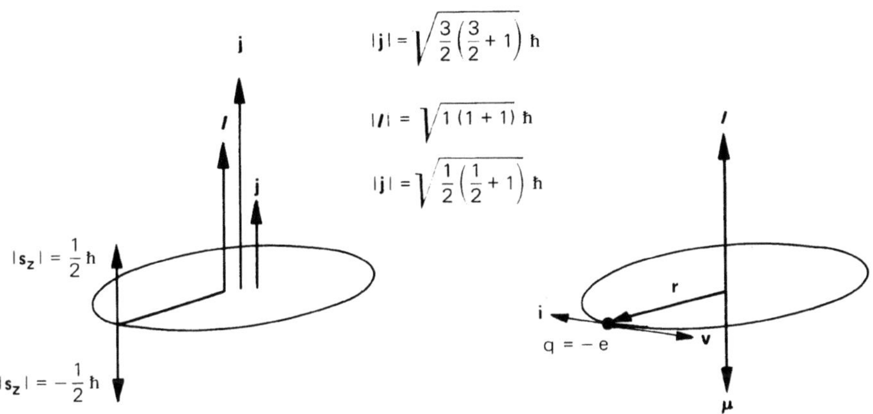

Bild 3.4 Spin-Bahnkopplung in einem Einelektronenatom zum Gesamtdrehimpuls j (a) und Skizze zur Herleitung des Bohrschen Magnetons (b)

drehimpuls *l* dem Betrag nach direkt proportional ist, wegen der negativen Elektronenladung aber in die entgegengesetzte Richtung weist. Da auch dem Spin ein magnetisches Moment zugeordnet werden muß, können beide magnetischen Dipole miteinander in Wechselwirkung treten und liefern die Dipol-Dipolenergie (vgl. Abschnitt 7.2):

$$\epsilon_{l,s} \sim \mu_l\,\mu_s. \tag{60}$$

Diese Spin-Bahnkopplungsenergie ist zwar nicht sehr groß, aber doch groß genug, um spektroskopisch nachgewiesen werden zu können (*Feinstruktur* der Spektrallinien).

Die Existenz von *atomaren magnetischen Momenten* läßt sich wie folgt erklären. Das um einen Kern kreisende Elektron erzeugt einen gewissen Kreisstrom i. Stellt man sich vor, daß dieser in einem kreisförmigen Leiter mit dem Radius r fließt, dann erzeugt er ein zur Kreisfläche (πr^2) senkrecht stehendes Magnetfeld. Dieses Magnetfeld entspricht wiederum dem Feld eines Magneten, dessen Moment μ dem Produkt des Stromes und der Kreisfläche proportional ist (Bild 3.4b):

$$|\mu| = \pi r^2\ |i|. \tag{61}$$

Um nach dieser klassischen Formel das Moment μ berechnen zu können, müssen wir zuerst den Strom des mit der Ladung q = −e und mit der Bahngeschwindigkeit v umlaufenden Elektrons angeben. Da der Strom durch die pro Zeiteinheit transportierte Ladung q definiert ist,

$$i = \frac{q}{t}\,\frac{v}{|v|}, \tag{62}$$

folgt mit q = −e und $|v| = 2\,\pi r/t$:

$$i = -\frac{e}{2\,\pi r}\,v. \tag{63}$$

Mit Gl. (61) folgt daraus

$$\boldsymbol{\mu} = -\frac{e}{2}(\mathbf{r} \times \mathbf{v}) \tag{64}$$

bzw.

$$\frac{\boldsymbol{\mu}}{m\,(\mathbf{r} \times \mathbf{v})} = -\frac{e}{2\,m} = -\gamma. \tag{65}$$

γ ist das sogenannte *gyromagnetische Verhältnis* des Bahndrehimpulses; es ist das Verhältnis zwischen dem magnetischen Moment der rotierenden Elementarladung $-e$ und ihrem mechanischen Drehimpuls. Weil der Bahndrehimpuls $l = m\,(\mathbf{r} \times \mathbf{v})$ mit $\sqrt{l(l+1)}\,\hbar$ gequantelt ist, läßt sich weiter schreiben:

$$\boldsymbol{\mu}_l = -\gamma\, l, \tag{66}$$

$$|\boldsymbol{\mu}_l| = \gamma\,\hbar\,\sqrt{l(l+1)} = \mu_B\,\sqrt{l(l+1)}. \tag{67}$$

μ_B wird *Bohrsches Magneton* genannt und hat den Wert $9{,}273 \cdot 10^{-24}$ Am^2. Es kann als atomare magnetische Einheit aufgefaßt werden. Aus der spektroskopischen Erfahrung folgt, daß das Moment, das vom Spin herrührt, doppelt so groß ist:

$$\boldsymbol{\mu}_s = -2\,\gamma\, s, \tag{68}$$

$$|\boldsymbol{\mu}_s| = 2\,\gamma\,\hbar\,\sqrt{s(s+1)} = 2\,\mu_B\,\sqrt{s(s+1)}. \tag{69}$$

Dieses Phänomen wird *magnetomechanische Anomalie* genannt.

Die Momente $\boldsymbol{\mu}_l$ und $\boldsymbol{\mu}_s$ kann man genauso wie die Drehimpulse vektoriell zu einem Gesamtmoment $\boldsymbol{\mu}$ addieren. Aber aufgrund der magnetomechanischen Anomalie liegt dann $\boldsymbol{\mu}$ *nicht* mehr parallel zu $\mathbf{j}$, sondern präzediert vielmehr um die $\mathbf{j}$-Richtung, und nur seine Komponente $\boldsymbol{\mu}_j$ in $\mathbf{j}$-Richtung ist für das stationäre Atommoment maßgebend. Der sogenannte *Landé*-Faktor g berücksichtigt diese Anomalie (Bild 3.5):

$$\boldsymbol{\mu}_j = -g\,\gamma\,\mathbf{j} \tag{70}$$

$$|\boldsymbol{\mu}_j| = g\,\gamma\,\hbar\,\sqrt{j(j+1)} = g\,\mu_B\,\sqrt{j(j+1)} \tag{71}$$

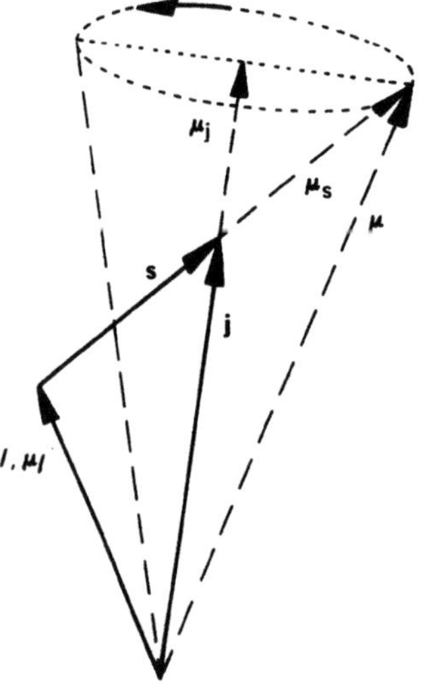

$$|\mu_j| = \left\{ \sqrt{l(l+1)}\,\cos(l,\mathbf{j}) + 2\sqrt{s(s+1)}\,\cos(\mathbf{s},\mathbf{j}) \right\} \mu_B$$

$$= \frac{3j(j+1) + s(s+1) - l(l+1)}{2\sqrt{j(j+1)}}\,\mu_B$$

$$= g\,\mu_B\,\sqrt{j(j+1)}$$

$$g = \frac{3j(j+1) + s(s+1) - l(l+1)}{2j(j+1)}$$

Bild 3.5

Skizze zur Herleitung des Landéfaktors g mit Hilfe des Cosinussatzes

Das gyromagnetische Verhältnis $\gamma = g\,\dfrac{e}{2\,m}$ des Gesamtdrehimpulses $\mathbf{j}$ ist nun g-mal so groß wie das des Bahndrehimpulses l.

Bringen wir ein Einelektronenatom mit dem Gesamtdrehimpuls $\mathbf{j}$ in ein homogenes Magnetfeld, orientiert sich das magnetische Moment μ_j bezüglich der Magnetfeldrichtung so, daß die Drehimpulskomponente $\mathbf{j}_z$ (in Feldrichtung gedacht) die Eigenwerte $m\hbar$ (von $-\,j\hbar$ bis $+\,j\hbar$) annimmt. Hat z. B. das Atom mit einem s-Elektron den Energieeigenwert ϵ_n, stellt sich $\mathbf{j}$ im Magnetfeld so ein, daß $\mathbf{j}_z$ die zwei Werte $|\mathbf{j}_z| = m\hbar = \pm\frac{1}{2}\,\hbar$ besitzt. Da magnetische Dipole in einem Magnetfeld aber je nach ihrer Orientierung verschiedene Energien aufweisen, hat auch das Einelektronenatom zwei verschiedene Energien. Die potentielle Energie eines magnetischen Dipols μ_j in einem Magnetfeld der Stärke $\mathbf{H}$ mit der Induktion $\mathbf{B}$ ist durch das Skalarprodukt

$$-\mu_0\,(\mu_j \cdot \mathbf{H}) \quad \text{bzw.} \quad -(\mu_j \cdot \mathbf{B}) \tag{72}$$

gegeben (Abschnitt 7.2). Das Einelektronenatom mit $j = \frac{1}{2}$ besitzt daher im Feld $\mathbf{H}$ die zwei Energieeigenwerte

$$\epsilon_H = \epsilon_n - (\mu_j \cdot \mathbf{B}) = \epsilon_n + \gamma\,(\mathbf{j} \cdot \mathbf{B}) = \epsilon_n + m\,\hbar\gamma\,|\mathbf{B}| = \epsilon_n \pm \frac{1}{2}\,\hbar\gamma\,|\mathbf{B}|, \tag{73}$$

weil

$$(\mathbf{j} \cdot \mathbf{B}) = |\mathbf{j}|\,|\mathbf{B}|\,\cos(\mathbf{j},\,\mathbf{B}) = |\mathbf{j}_z| \cdot |\mathbf{B}| = m\,\hbar|\mathbf{B}|. \tag{74}$$

Das Energieniveau ϵ_n spaltet also entsprechend der magnetischen Quantenzahl m in zwei Energieniveaus auf (*Zeemaneffekt* oder *Richtungsquantelung*). Vgl. dazu Bild 3.6a.

Handelt es sich um ein Einelektronenatom mit einem p-Elektron ($l = 1$), dessen innere Quantenzahl ($j = l \pm s$) $j = \frac{1}{2}$ oder $\frac{3}{2}$ sein kann, dann erfolgt im Feld eine Aufspaltung der Atomenergie in zwei bzw. vier Energieniveaus. Einmal entsprechend $m = \frac{1}{2}$, $m = -\frac{1}{2}$ und das zweitemal entsprechend $m = \frac{3}{2}$, $m = \frac{1}{2}$, $m = -\frac{1}{2}$, $m = -\frac{3}{2}$ (Bild 3.6b). Solche Aufspaltungen lassen sich experimentell durch spektroskopische Untersuchungen (Atomspektren) in äußeren Magnetfeldern nachweisen und bilden die prinzipielle Grundlage für die in der heutigen Chemie so wichtigen Methoden der *Elektronen-* und *Kernspinresonanz*

Nach diesen Ausführungen über die Drehimpulse ist verständlich, daß man zu den Bahneigenfunktionen (Orbitalen) $\psi_{n,l,m} = R_{n,l}\,\theta_{l,\,|m|}\,\phi_m$ die Spineigenfunktionen α und β hinzunehmen muß, um Einelektronenatome und auch Mehrelektronenatome vollständig zu beschreiben:

$$\psi_{n,l,m,s} = R\,\theta\,\phi\,\alpha \quad \text{bzw.} \quad R\,\theta\,\phi\,\beta. \tag{75}$$

Diese Funktionen werden künftig als Einelektronenfunktionen bezeichnet. Man charakterisiert sie durch die Angabe von insgesamt vier Quantenzahlen: n, l, m und s. Die Energieeigenwerte der Einelektronenatome hängen bei Vernachlässigung der sehr kleinen Spin-Bahnkopplungsenergie (wenn überhaupt vorhanden) nur von n ab. In *äußeren* Feldern ist ihre Energie auch von der Orientierung bezüglich der Feldrichtung und somit auch von m abhängig, wobei m alle Werte von j bis $-j$ annimmt. Die Quantenzahlen l und m gewinnen durch die Identität mit den Quantenzahlen der Drehimpulse eine anschauliche physikalische Bedeutung und charakterisieren nicht nur die Symmetrie und Lage der Orbitale. Zur Beschreibung von Atomzuständen und Atomspektren verwendet man zweckmäßig nicht allein n, l, m und s, sondern zusätzlich die innere Quantenzahl j.

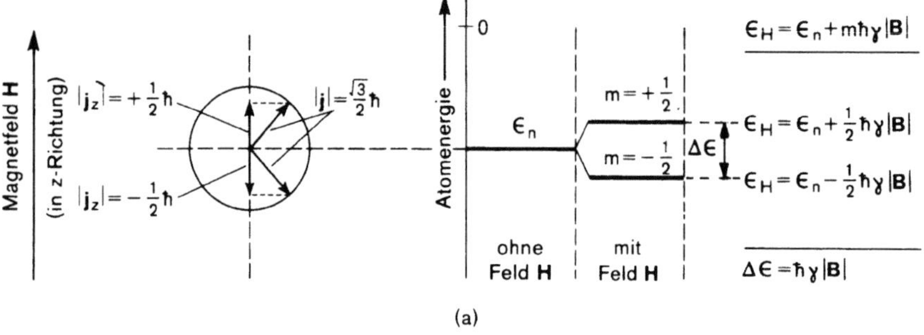

(a)

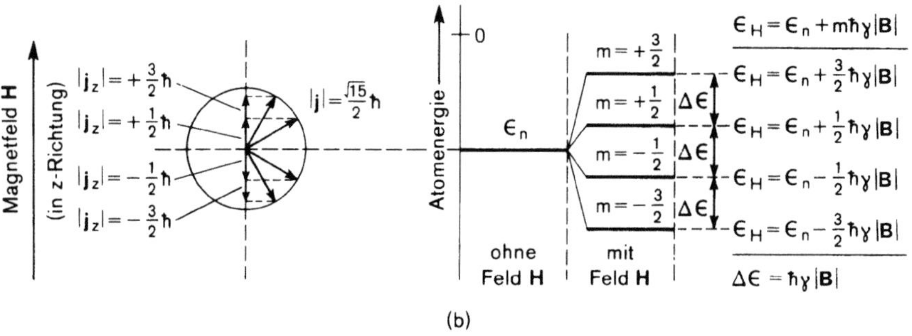

(b)

Bild 3.6 Aufspaltung der Atomenergie mit j = 1/2 (a) und mit j = 3/2 (b) in einem äußeren homogenen Magnetfeld (*Zeemaneffekt*)

3.4 Zweielektronenatome

Bisher wurden nur Einelektronenatome behandelt. Gehen wir zur Beschreibung von Zweielektronenatomen über, so treten infolge der gegenseitigen *Elektronenabstoßung* wesentliche Gesichtspunkte neu hinzu.

Wir betrachten ein Atom, das aus einem Kern mit der Kernladungszahl Z und aus zwei Elektronen (1 und 2) besteht; r_1 und r_2 sei der Abstand der Elektronen vom Kern und r_{12} der Abstand der beiden Elektronen untereinander. Die Schrödingergleichung für dieses Atom lautet dann:

$$H \psi (x_1 y_1 z_1, x_2 y_2 z_2) = \epsilon \psi (x_1 y_1 z_1, x_2 y_2 z_2), \tag{76}$$

wobei der Hamiltonoperator **H** folgendes Aussehen besitzt:

$$H = \left[- \frac{\hbar^2}{2\mu} (\Delta_1 + \Delta_2) + V_1 + V_2 + V_{12} \right] \tag{77}$$

$$\text{mit} \quad \Delta_1 = \frac{\partial^2}{\partial x_1^2} + \frac{\partial^2}{\partial y_1^2} + \frac{\partial^2}{\partial z_1^2}, \quad \Delta_2 = \frac{\partial^2}{\partial x_2^2} + \frac{\partial^2}{\partial y_2^2} + \frac{\partial^2}{\partial z_2^2} \quad . \tag{78}$$

Sowohl die Wellenfunktion ψ als auch der Operator H sind nun Funktionen der drei Ortskoordinaten $x_1 y_1 z_1$ des Elektrons 1 und der Ortskoordinaten $x_2 y_2 z_2$ des Elektrons 2. Da für $Z > 1$ der Unterschied zwischen der reduzierten Masse μ und der Elektronenmasse m immer weniger ins Gewicht fällt, wird ab jetzt nur m genommen. V_1 und V_2 sind die potentiellen Energien der Elektronen 1 und 2 im Coulombkraftfeld des Kernes, V_{12} ist die Coulombsche Abstoßungsenergie der beiden Elektronen:

$$V_1 = -\frac{Ze^2}{4\pi\epsilon_0 r_1}, \quad \left(r_1 = \sqrt{x_1^2 + y_1^2 + z_1^2}\right) \tag{79}$$

$$V_2 = -\frac{Ze^2}{4\pi\epsilon_0 r_2}, \quad \left(r_2 = \sqrt{x_2^2 + y_2^2 + z_2^2}\right) \tag{80}$$

$$V_{12} = +\frac{e^2}{4\pi\epsilon_0 r_{12}}. \quad \left(r_{12} = \sqrt{(x_2 - x_1)^2 + (y_2 - y_1)^2 + (z_2 - z_1)^2}\right) \tag{81}$$

Gesucht sind wieder die Eigenfunktionen und Eigenwerte dieses Energieeigenwertproblems. Der wesentliche Unterschied gegenüber dem Problem des Einelektronenatoms besteht im Auftreten einer *Störung*, nämlich der Abstoßungsenergie V_{12}. Wäre diese nicht vorhanden, d.h. würden sich die Elektronen gegenseitig nicht beeinflussen, dann könnte man die Eigenwertgleichung (76) mit Hilfe eines Produktansatzes in zwei Einelektronengleichungen separieren und diese getrennt lösen.

Nimmt man in erster Näherung an, dies sei tatsächlich der Fall, dann geht Gl. (76) über in

$$\left[-\frac{\hbar^2}{2m}(\Delta_1 + \Delta_2) + V_1 + V_2\right]\phi(x_1 y_1 z_1; x_2 y_2 z_2) = \epsilon\,\phi(x_1 y_1 z_1; x_2 y_2 z_2). \tag{82}$$

Gl. (82) ist nun die Eigenwertgleichung des ungestörten Zweielektronenatoms. Sie besitzt andere Lösungen als Gl. (76), weshalb statt ψ auch ϕ geschrieben wurde. Macht man den Separationsansatz

$$\phi \equiv \phi(1, 2) = \varphi(1)\chi(2), \quad (\varphi(1) \equiv \varphi(x_1 y_1 z_1); \chi(2) \equiv \chi(x_2 y_2 z_2)) \tag{83}$$

so kann man Gl. (82) aufspalten in die beiden *Einelektronengleichungen*

$$\left(-\frac{\hbar^2}{2m}\Delta_1 + V_1\right)\varphi(1) = \epsilon(1)\varphi(1) \tag{84}$$

und

$$\left(-\frac{\hbar^2}{2m}\Delta_2 + V_2\right)\chi(2) = \epsilon(2)\chi(2). \tag{85}$$

Beide Gleichungen sind bis auf die verschiedene Indizierung der Elektronenkoordinaten einander gleich. Da es aber nichts ausmachen kann, ob man das erste Elektron mit 1 und das zweite mit 2 oder umgekehrt bezeichnet (Ununterscheidbarkeit), müssen beide den gleichen Satz von Eigenfunktionen als Lösungen besitzen. Ihre Lösungen sind die bereits bekannten *Einelektronenorbitale*

$$\varphi(1) = \psi_{n_1, l_1, m_1}(1), \tag{86}$$

$$\chi(2) = \psi_{n_2, l_2, m_2}(2), \tag{87}$$

und ihre Eigenwerte nach Gl. (21):

$$\epsilon_{n_1}(1) = Z^2\,\epsilon_{n_1}(H), \tag{88}$$

$$\epsilon_{n_2}(2) = Z^2\,\epsilon_{n_2}(H). \tag{89}$$

Beide Elektronen können sich in verschiedenen Orbitalen $(n_1\,l_1\,m_1 \neq n_2\,l_2\,m_2)$ oder im gleichen Orbital $(n_1\,l_1\,m_1 = n_2\,l_2\,m_2)$ befinden. Als Lösung des Problems (82) ergibt sich somit:

$$\dot{\phi}(1,2) = \varphi(1)\,\chi(2) = \psi_{n_1,l_1,m_1}(1)\,\psi_{n_2,l_2,m_2}(2), \tag{90}$$

$$\epsilon(1,2) = \epsilon_{n_1}(1) + \epsilon_{n_2}(2) = Z^2\,[\epsilon_{n_1}(H) + \epsilon_{n_2}(H)]. \tag{91}$$

Da die Elektronen voneinander ununterscheidbar sind, muß auch

$$\phi(2,1) = \varphi(2)\,\chi(1) = \psi_{n_1,l_1,m_1}(2)\,\psi_{n_2,l_2,m_2}(1) \tag{92}$$

eine Lösung des ungestörten Problems darstellen. Aber auch alle Linearkombinationen

$$\phi = A\,\phi(1,2) + B\,\phi(2,1) = A\,\varphi(1)\,\chi(2) + B\,\varphi(2)\,\chi(1) \tag{93}$$

mit den konstanten Koeffizienten A und B sind gleichwertige Lösungen (Theorie der Differentialgleichungen).

Aufgrund folgender Überlegungen sind aber von diesen nur zwei Kombinationen $(A = \pm\,B = \pm\,1/\sqrt{2})$ physikalisch sinnvoll. Wegen der Ununterscheidbarkeit der Elektronen muß die Wahrscheinlichkeit, mit der man gleichzeitig das Elektron 1 im Raumelement dV_1 und das Elektron 2 im Raumelement dV_2 antrifft, gleich der Wahrscheinlichkeit sein, mit der man Elektron 2 im Raumelement dV_1 und Elektron 1 im Raumelement dV_2 antrifft:

$$A^2\,\phi^2(2,1)\,dV_1\,dV_2 = B^2\,\phi^2(1,2)\,dV_1\,dV_2\,. \tag{94}$$

Diese Bedingung liefert $A = \pm\,B$. Außerdem muß die Wahrscheinlichkeit, beide Elektronen im gesamten Raum anzutreffen, gleich 1 sein (Normierungsbedingung):

$$\int_V \phi^2\,dV = \int_{V_1}\int_{V_2}\,[A\,\phi(1,2) \pm B\,\phi(2,1)]^2\,dV_1\,dV_2 = 1. \tag{95}$$

Da auch die sogenannte *Orthogonalitätsbedingung*

$$\int_{V_1}\int_{V_2}\,\phi(1,2)\,\phi(2,1)\,dV_1\,dV_2 = 0 \tag{96}$$

erfüllt ist (Anhang XI), folgt schließlich $A = \pm\,B = 1/\sqrt{2}$. Folgende zwei Linearkombinationen sind also physikalisch sinnvoll:

$$\phi_s = \frac{1}{\sqrt{2}}\,[\varphi(1)\,\chi(2) + \varphi(2)\,\chi(1)], \tag{97}$$

$$\phi_a = \frac{1}{\sqrt{2}}\,[\varphi(1)\,\chi(2) - \varphi(2)\,\chi(1)]. \tag{98}$$

ϕ_a bezeichnet man als *antisymmetrische* und ϕ_s als *symmetrische* Funktion, weil bei einer Vertauschung der Elektronen zwar ϕ_a, nicht aber ϕ_s das Vorzeichen wechselt. Diese beiden Eigenfunktionen (Orbitale) erhält man also als Näherung für das gestörte Zweielektronenproblem (z. B. He-Atom). Sie beschreiben die Bahnbewegung der beiden Elektronen in dem durch die Elektronenabstoßung *ungestörten* Potential des Kernes und lassen sich durch Linearkombination der Einelektronenorbitale ψ_{n_1, l_1, m_1} und ψ_{n_2, l_2, m_2} darstellen. Der Energieeigenwert $\epsilon(1, 2)$ setzt sich aus ϵ_{n_1} und ϵ_{n_2} additiv zusammen.

Dieses Ergebnis kann auch auf Mehrelektronenatome bei vernachlässigbarer Elektronenabstoßung verallgemeinert werden. Es gibt dann insgesamt Z! mögliche Linearkombinationen, wenn das Atom Z Elektronen besitzt. Diese Z! Möglichkeiten entstehen durch Vertauschung von je zwei der Z Elektronen. Die eine Hälfte der Kombinationen ist symmetrisch, die andere Hälfte antisymmetrisch.

Für den Fall $\psi = \chi$, d. h. $n_1 l_1 m_1 = n_2 l_2 m_2$ brauchen keine Linearkombinationen gebildet zu werden, da dann $\varphi(1)\,\varphi(2)$ bereits eine symmetrische Funktion ist und durch Vertauschung der Elektronenkoordinaten in sich übergeführt wird.

3.5 Das Antisymmetrieprinzip

Die Linearkombinationen (97) und (98) sind Bahnfunktionen (Orbitale) des ungestörten Zweielektronenproblems. Bevor eine Lösung des gestörten Problems (Gl. (76)) angestrebt wird, soll das Spinverhalten der beiden Elektronen untersucht werden.

Die Gln. (97) und (98) müssen der Vollständigkeit halber noch mit den Spinfunktionen beider Elektronen multizipliert werden (vgl. Gl. (75)). Das Produkt von Bahneigenfunktionen und Spineigenfunktionen ist deshalb zulässig, weil bei leichten Atomen mit zwei oder mehr Elektronen die Spin-Bahnkopplung gegenüber der stärkeren Spin-Spin- und Bahn-Bahn-Kopplung vernachlässigt werden kann. Mit anderen Worten: Bei der vektoriellen Addition der Drehimpulse aller Elektronen sind vorerst die Spins und Bahndrehimpulse getrennt zu koppeln ($\Sigma\, s_i = S$, $\Sigma\, l_i = L$) und dann der Gesamtspin und der Gesamtbahndrehimpuls zu einem Gesamtdrehimpuls ($J = L + S$) zusammenzusetzen. Diese Kopplung heißt *Russel-Saunders-* oder *LS-Kopplung. Zur Symbolik:* Alle Drehimpulse der einzelnen Elektronen werden mit kleinen Buchstaben und alle Gesamtdrehimpulse mit Großbuchstaben bezeichnet. Das gleiche gilt für die entsprechenden Quantenzahlen ($\sum_i s_i = S$, $\sum_i l_i = L$, $\sum_i j_i = J$).

Bei einem Zweielektronenatom besitzen die Spins in Richtung des Gesamtbahndrehimpulses L (den Spineigenfunktionen α und β entsprechend) folgende vier Einstellmöglichkeiten:

	$\|\mathbf{S}_z\|$ $(\|s_z\|(1) + \|s_z\|(2))$	Spinrichtung $s_z(1)\, s_z(2)$	Richtung des Gesamtbahndrehimpulses $\mathbf{L}$
$\alpha(1)\,\alpha(2)$	$\hbar$	↑ ↑	
$\beta(1)\,\beta(2)$	$-\hbar$	↓ ↓	
$\alpha(1)\,\beta(2)$	0	↑ ↓	
$\beta(1)\,\alpha(2)$	0	↓ ↑	(99)

$\alpha(1)\,\alpha(2)$ und $\beta(1)\,\beta(2)$ beschreiben die parallele und antiparallele Einstellung der Gesamtspinkomponente $\mathbf{S}_z$ bezüglich der Richtung des Gesamtbahndrehimpulses $\mathbf{L}$. Bei

Vertauschen der beiden Elektronen ändern sie ihr Vorzeichen nicht. Sie sind also *symmetrische* Funktionen. $\alpha(1)\beta(2)$ und $\beta(1)\alpha(2)$ hingegen beschreiben die antiparallele Einstellung der Spins $s_z(1)$ und $s_z(2)$ *untereinander*, und bei einer Vertauschung gehen sie ineinander über; beide Funktionen stellen also denselben energetischen Zustand dar. In diesem Fall muß man wieder Linearkombinationen,

$$\frac{1}{\sqrt{2}}\,[\alpha(1)\beta(2)\pm\alpha(2)\beta(1)], \tag{100}$$

wählen und hat dann insgesamt drei symmetrische und eine antisymmetrische Gesamtspinfunktion:

$$\text{symmetrisch}\quad \left.\begin{cases} \alpha(1)\,\alpha(2)\\[4pt] \beta(1)\,\beta(2)\\[4pt] \dfrac{1}{\sqrt{2}}\,[\alpha(1)\beta(2)+\alpha(2)\beta(1)] \end{cases}\right\}\; S=1 \text{ (Triplettzustand)}$$

$$\text{antisymmetrisch}\quad \frac{1}{\sqrt{2}}\,[\alpha(1)\beta(2)-\alpha(2)\beta(1)]\quad S=0 \text{ (Singulettzustand)} \tag{101}$$

Sie sind jetzt in eindeutiger Weise mit dem Gesamtspin $\mathbf{S}$ verknüpft.

Multiplikation dieser Spineigenfunktionen mit den beiden Bahneigenfunktionen (97) und (98) liefert insgesamt acht Gesamteigenfunktionen:

$$\frac{1}{\sqrt{2}}\,[\varphi(1)\chi(2)+\varphi(2)\chi(1)]\cdot \left\{\begin{array}{c} \alpha(1)\,\alpha(2)\\[4pt] \beta(1)\beta(2)\\[4pt] \dfrac{1}{\sqrt{2}}\,[\alpha(1)\beta(2)+\alpha(2)\beta(1)] \end{array}\right\} \tag{102}$$

$$\frac{1}{\sqrt{2}}\,[\varphi(1)\chi(2)+\varphi(2)\chi(1)]\cdot\frac{1}{\sqrt{2}}\,[\alpha(1)\beta(2)-\alpha(2)\beta(1)] \tag{103}$$

$$\frac{1}{\sqrt{2}}\,[\varphi(1)\chi(2)-\varphi(2)\chi(1)]\cdot \left\{\begin{array}{c} \alpha(1)\,\alpha(2)\\[4pt] \beta(1)\,\beta(2)\\[4pt] \dfrac{1}{\sqrt{2}}\,[\alpha(1)\beta(2)+\alpha(2)\beta(1)] \end{array}\right\} \tag{104}$$

$$\frac{1}{\sqrt{2}}\,[\varphi(1)\chi(2)-\varphi(2)\chi(1)]\cdot\frac{1}{\sqrt{2}}\,[\alpha(1)\beta(2)-\alpha(2)\beta(1)]. \tag{105}$$

Von diesen acht Gesamteigenfunktionen sind (102) und (105) symmetrisch und (103) und (104) antisymmetrisch. Nach der spektroskopischen Erfahrung besitzen aber Mehrelektronensysteme nur antisymmetrische Gesamteigenfunktionen. Befinden sich beide Elektronen im gleichen Orbital ($\varphi=\chi$), so beschreibt nur (103) das Spin- und Bahnverhalten richtig; denn mit $\varphi=\chi$ verschwindet (104) von selbst. Ist hingegen $\varphi\neq\chi$, so beschreibt (103) oder (104) das Verhalten richtig (Singulett- oder Triplettzustand).

Die Bedingung der Antisymmetrie gegenüber Vertauschung wählt also unter den gegebenen Eigenfunktionen die richtigen Gesamteigenfunktionen aus. Das *Antisymmetrieprinzip* ist die streng quantenmechanische Fassung des *Pauliprinzips*, führt aber letztlich darüber hinaus. Das Pauliprinzip besagt, daß zwei Elektronen eines Mehrelektronensystems oder Atoms in einem Orbital nicht in allen vier Quantenzahlen übereinstimmen dürfen. Aber sowohl das Pauliprinzip wie auch seine quantenmechanische Fassung (*Dirac*) besitzen bislang noch empirischen Charakter. Von den Auswirkungen des Antisymmetrieprinzips auf die statistische Beschreibung von Vielteilchensystemen wird in Kapitel 10 die Rede sein. Ganz allgemein gilt: Teilchen mit halbzahligem Spin (*Fermionen*) werden durch antisymmetrische und Teilchen mit ganzzahligem Spin (*Bosonen*) durch symmetrische Funktionen beschrieben.

Das Antisymmetrieprinzip enthält die ursprüngliche Fassung des Pauliprinzips. Zum Beweis: Schreibt man für den Fall $\varphi = \chi$ (vgl. Abschnitt 4.4) Gl. (103) in Determinantenform an, so ergibt sich (vgl. Anhang IX):

$$\Psi_a = \frac{1}{\sqrt{2}} \begin{vmatrix} \varphi(1)\,\alpha(1) & \varphi(2)\,\alpha(2) \\ \varphi(1)\,\beta(1) & \varphi(2)\,\beta(2) \end{vmatrix}. \tag{106}$$

Setzt man statt $\varphi(1)\,\alpha(1)$ bzw. $\varphi(1)\,\beta(1)$ für das erste Elektron $\psi_{n,l,m,s_z}(1)$ bzw. $\psi_{n,l,m,-s_z}(1)$ und Analoges für das zweite Elektron, so bekommt man für Gl. (106) die Determinante (s_z und $-s_z$ stehen für die beiden Spinquantenzahlen $s_z = +\frac{1}{2}$ und $-\frac{1}{2}$):

$$\Psi_a = \frac{1}{\sqrt{2}} \begin{vmatrix} \psi_{n,l,m,s_z}(1) & \psi_{n,l,m,s_z}(2) \\ \psi_{n,l,m,-s_z}(1) & \psi_{n,l,m,-s_z}(2) \end{vmatrix} \tag{107}$$

Besitzen beide Elektronen dieselbe Kombination der vier Quantenzahlen n, l, m und s_z, so werden zwei Reihen der Determinante gleich und Ψ_a verschwindet. Genauso kann man für ein Mehrelektronensystem in Determinantenform schreiben:

$$\Psi_a = \frac{1}{\sqrt{Z!}} \begin{vmatrix} \psi_{n,l,m,s_z}(1) & \psi_{n,l,m,s_z}(2) & \cdot & \psi_{n,l,m,s_z}(Z) \\ \psi_{n,l,m,-s_z}(1) & \psi_{n,l,m,-s_z}(2) & \cdot & \psi_{n,l,m,-s_z}(Z) \\ \cdot & \cdot & \cdot\cdot & \\ \cdot & \cdot & \cdot\cdot & \\ \cdot & \cdot & \cdot\cdot & \end{vmatrix} \tag{108}$$

Besitzen wieder zwei Elektronen dieselben vier Quantenzahlen, so sind zwei Reihen der Determinante gleich und Ψ_a wird Null. Es darf also keine zwei Elektronen mit den gleichen vier Quantenzahlen n, l, m und s_z geben; sie müssen sich in mindestens einer Quantenzahl unterscheiden. Anders formuliert: Eine *Gesamteigenfunktion* darf nur von *einem* Elektron besetzt werden. Oder: Eine *Bahneigenfunktion* (Orbital) darf von *zwei* Elektronen mit verschiedener Spinquantenzahl besetzt werden. Da es aber nur zwei verschiedene Spinquantenzahlen gibt, kann ein Orbital von *höchstens* zwei Elektronen besetzt werden. Vertauscht man in der Determinante je zwei Elektronen (z. B. 1 und 2), so ändert sich am Absolutwert von Ψ_a nichts, es ändert sich nur das Vorzeichen, wie es für antisymmetrische Funktionen ja der Fall sein muß.

3.6 Das He-Atom

Nachdem geklärt ist, welche Rolle dem Spin bei Mehrelektronensystemen zukommt, soll eine Näherungsrechnung (*Störungsrechnung*) dazu dienen, Näherungslösungen für die Energieeigenwertgleichung (76) eines Zweielektronenatoms (z. B. He-Atom) zu finden.

Aufgrund der Wechselwirkungsenergie V_{12} ist nämlich eine mathematisch geschlossene Lösung des Problems nicht möglich. Als wichtigstes Ziel gilt dabei die näherungsweise Bestimmung der (gestörten) Energieeigenwerte.

Die Lösung des ungestörten Problems ($V_{12} = 0$) führte auf Bahneigenfunktionen ϕ_a, die sich als Linearkombinationen von Einelektronenorbitalen darstellen ließen (Abschnitt 3.4). Was passiert, wenn die ungestörte Elektronenbewegung in immer stärkerem Ausmaß gestört wird? Zerlegen wir H (Gl. (77)) in den ungestörten Operator H^0 und den Störoperator H' ($H' = V_{12} = e^2/4\pi\epsilon_0 r_{12}$), so lautet mit dieser Schreibweise die Eigenwertgleichung (76):

$$(H^0 + H')\,\psi = \epsilon\,\psi. \tag{109}$$

Um das Ausmaß der Störung H' variabel wirksam werden zu lassen, führt man den Parameter λ ein, der Null sein soll, wenn die Störung nicht vorhanden ist, und der 1 sein soll, wenn die Störung voll wirksam ist. Für Gl. (109) ergibt sich dann

$$(H^0 + \lambda H')\,\psi = \epsilon\,\psi. \tag{110}$$

Für $\lambda = 0$ (ungestörtes Problem) hat Gl. (110) Lösungen, die mit den in Abschnitt 10.4 gefundenen Linearkombinationen aus den Einelektronenorbitalen (Gln. (97) und (98)) identisch sind. Die Energieeigenwerte des ungestörten Problems sind durch Gl. (91) gegeben.

In dem Maße, wie nun die Störung wirksam wird ($0 < \lambda < 1$), werden diese Linearkombinationen ϕ keine geeigneten Eigenfunktionen mehr darstellen. Deshalb der Versuch, sie mit Hilfe der Näherung

$$\psi_n = \phi_n^0 + \lambda \phi_n' \qquad (\phi_n' = \sum_i c_i\,\phi_i^0) \tag{111}$$

zu erfassen. Die ϕ_n' sollen dabei Linearkombinationen der ungestörten Einelektronenfunktionen ϕ_i^0 mit den noch zu bestimmenden Koeffizienten c_i sein. Aufgrund der beiden Ansätze (Gln. (110) und (111)) müssen sich konsequenterweise auch die Eigenwerte durch

$$\epsilon_n = \epsilon_n^0 + \lambda\epsilon_n' \tag{112}$$

annähern lassen. Die Gln. (110) bis (112) stellen die Voraussetzungen der sogenannten *Störungsrechnung 1. Ordnung* dar. Sie läßt sich immer dann gut verwenden, wenn die Störung relativ klein ist.

Einsetzen der Gln. (111) und (112) in Gl. (110) ergibt:

$$H^0\,\phi_n^0 + \lambda(H'\,\phi_n^0 + H^0\,\phi_n') = \epsilon_n^0\,\phi_n^0 + \lambda(\epsilon_n'\,\phi_n^0 + \epsilon_n^0\,\phi_n'). \tag{113}$$

Damit diese Gleichung für alle Werte von λ gilt, muß

$$H^0\,\phi_n^0 = \epsilon_n^0\,\phi_n^0$$

und

$$(H^0 - \epsilon_n^0)\,\phi_n' = \epsilon_n'\,\phi_n^0 - H'\,\phi_n^0 \tag{114}$$

sein. Um die letzte Gleichung zu lösen, geht man folgendermaßen vor: Nachdem man für ϕ_n' die Linearkombinationen $\sum_i c_i\,\phi_i^0$ eingesetzt hat, multipliziert man die Gleichung von links mit ϕ_n^{0*} und integriert über den gesamten Raum:

$$H^0 \phi_n' = H^0 \sum_i c_i \phi_i^0 = \sum_i c_i \epsilon_i^0 \phi_i^0, \quad (H^0 \phi_i^0 = \epsilon_i^0 \phi_i^0)$$

$$\sum_i c_i (\epsilon_i^0 - \epsilon_n^0) \phi_i^0 = (\epsilon_n' - H') \phi_n^0,$$

$$\int_V \sum_i c_i (\epsilon_i^0 - \epsilon_n^0) \phi_n^{0*} \phi_i^0 \, dV = \int_V \phi_n^{0*} (\epsilon_n' - H') \phi_n^0 \, dV. \tag{115}$$

Die linke Seite von Gl. (115) ist immer Null, da die Normierungsbedingung (für $i = n$ ist $\epsilon_i^0 - \epsilon_n^0 = 0$)

$$\int_V \phi_n^{0*} \phi_n^0 \, dV = 1 \tag{116}$$

und die Orthogonalitätsbedingung (Anhang XI)

$$\int_V \phi_n^{0*} \phi_i^0 \, dV = 0 \tag{117}$$

erfüllt sein müssen. Als Ergebnis findet man daher für die Korrektur der ungestörten Energieeigenwerte:

$$\epsilon_n' = \int_V \phi_n^{0*} H' \phi_n^0 \, dV. \tag{118}$$

Soll Gl. (118) auch für nicht normierte Funktionen des ungestörten Problems gelten, so hat man das Integral noch durch $\int_V \phi_n^{0*} \phi_n^0 \, dV$ zu dividieren. Mit Hilfe von Gl. (118) lassen sich auch die unbekannten Koeffizienten c_i und damit die angenäherten Eigenfunktionen bestimmen, worauf hier jedoch nicht näher eingegangen wird.

Als Anwendung dieses allgemeinen Ergebnisses der Störungsrechnung soll vielmehr die Störenergie ϵ_n' für das He-Atom mit den zwei Elektronen, vorerst in *verschiedenen* Orbitalen, berechnet werden. Es soll also $\varphi \neq \chi$ sein. Da dann die ungestörten Zwei-elektronen-Bahnfunktionen durch

$$\phi^0 = \frac{1}{\sqrt{2}} [\varphi(1) \chi(2) \pm \varphi(2) \chi(1)] \tag{119}$$

gegeben sind (φ und χ sind Einelektronenorbitale), erhält man mit $\phi^{0*} = \phi^0$:

$$\epsilon_n' = \int_{V_1} \int_{V_2} \frac{1}{2} \left[\varphi(1)^2 \chi(2)^2 + \varphi(2)^2 \chi(1)^2 \pm 2 \varphi(1) \chi(1) \varphi(2) \chi(2) \right] \frac{e^2}{4 \pi \epsilon_0 r_{12}} \, dV_1 \, dV_2. \tag{120}$$

Man darf Gl. (118) sofort verwenden, da die Linearkombinationen ϕ^0 bereits normiert sind. Weil die Störung $e^2/4 \pi \epsilon_0 r_{12}$ in den beiden Elektronen symmetrisch ist, sind die

Beiträge $\varphi(1)^2 \chi(2)^2 \dfrac{e^2}{4\pi\epsilon_0 r_{12}} dV_1 dV_2$ und $\varphi(2)^2 \chi(1)^2 \dfrac{e^2}{4\pi\epsilon_0 r_{12}} dV_1 dV_2$ gleich groß, so daß sich Gl. (120) zu

$$\epsilon_n' = \int_{V_1} \int_{V_2} \left[\varphi(1)^2 \chi(2)^2 \pm \varphi(1)\chi(1)\varphi(2)\chi(2) \right] \frac{e^2}{4\pi\epsilon_0 r_{12}} dV_1 dV_2 \qquad (121)$$

vereinfacht. Verwenden wir die Abkürzungen

$$C = \int_{V_1} \int_{V_2} \varphi(1)^2 \chi(2)^2 \frac{e^2}{4\pi\epsilon_0 r_{12}} dV_1 dV_2 \qquad (122)$$

und

$$A = \int_{V_1} \int_{V_2} \varphi(1)\chi(1)\varphi(2)\chi(2) \frac{e^2}{4\pi\epsilon_0 r_{12}} dV_1 dV_2, \qquad (123)$$

so folgt:

$$\epsilon_n' = C \pm A. \qquad (124)$$

Das Integral C heißt *Coulombintegral*, und zwar aus folgendem Grund: Deutet man die Ladungsdichten $e\,\varphi(1)^2\,dV_1$ und $e\,\chi(2)^2\,dV_2$ in den Raumelementen dV_1 und dV_2 als Punktladungen (vgl. Abschnitt 3.2), dann drückt C gerade die Coulombsche Abstoßungsenergie beider Elektronen aus. Weil sich negative Ladungen abstoßen, muß C immer positiv sein.

Das Integral A bezeichnet man meist als *Austauschintegral*. Man könnte auch die *Austauschenergie*, die dieses Integral liefert, mit klassischen Vorstellungen durch *Austauschladungen* interpretieren, doch bleibt eine solche Deutung immer unbefriedigend. Das Auftreten der Austauschenergie ist ein typisches Ergebnis der Quantenmechanik und beruht gänzlich auf der Tatsache der *Ununterscheidbarkeit* der Elektronen und ihrer Beschreibung durch Wellenfunktionen. Die Existenz einer Austauschenergie bei Mehrelektronensystemen (Atome, Moleküle) muß daher als ein grundlegendes Phänomen der Quantenmechanik betrachtet werden. Die Austauschenergie kann positiv oder negativ sein und hat für die Deutung der Atomspektren große Bedeutung. Sehr wichtig ist sie aber auch für die Chemie, da sie eine Erklärung der chemischen Bindung liefert (Kapitel 5). Im Falle des He-Atoms ist die Austauschenergie positiv.

Damit die Linearkombinationen (119) dem Antisymmetrieprinzip genügen, müssen sie noch mit den Spinfunktionen (101) ($S = 0$ und $S = 1$) multipliziert werden, und zwar so, daß sie letztlich antisymmetrisch sind. Die Störenergie

$$\epsilon_n' = C + A \qquad (125)$$

gehört daher zu einem Singulettzustand ($S = 0$) und die Störenergie

$$\epsilon_n' = C - A \qquad (126)$$

zu einem Triplettzustand ($S = 1$) des He-Atoms.

Befinden sich beide Elektronen des He-Atoms im *selben* Orbital (z. B. Grundzustand: 1s-Orbital), dann ist nach dem Antisymmetrieprinzip $\phi^0 = \varphi(1)\,\varphi(2)$ und die Störenergie einfach:

$$\epsilon_n' = \int\limits_{V_1} \int\limits_{V_2} \varphi(1)^2\,\varphi(2)^2\,\frac{e^2}{4\pi\epsilon_0 r_{12}}\,dV_1\,dV_2 . \tag{127}$$

Nachdem sich beide Elektronen lediglich in der Spinquantenzahl unterscheiden (Singulettzustand), besitzt ϵ_n' nur einen Wert (Bild 3.7a). Zur numerischen Berechnung des Grundzustandes ist $\epsilon_n' = \epsilon_1'$ und $\varphi(1) = \psi_{1,0,0}(1)$, $\varphi(2) = \psi_{1,0,0}(2)$ zu setzen:

$$\epsilon_1' = \int\!\!\int \psi_{1,0,0}^2(1)\,\frac{e^2}{4\pi\epsilon_0 r_{12}}\,\psi_{1,0,0}^2(2)\,r_1^2\,dr_1\,\sin\vartheta_1\,d\vartheta_1\,d\varphi_1\,r_2^2\,dr_2\,\sin\vartheta_2\,d\vartheta_2\,d\varphi_2 = 33{,}8\,\text{eV}.$$

Da $\epsilon_1^0 = -108{,}2\,\text{eV}$, wird der gestörte Eigenwert $\epsilon_1 = \epsilon_1^0 + \epsilon_1' = -74{,}4\,\text{eV}$. Experimentell findet man $\epsilon_1 = -78{,}6\,\text{eV}$.

Befindet sich ein Elektron des He-Atoms im Grundzustand und das andere in einem angeregten Zustand (*verschiedene* Orbitale), so ist der ungestörte Energiewert nach Gl. (91) $\epsilon_1(1) + \epsilon_n(2)$. Addiert man zu diesem die Störenergie ϵ_n', so liegt der Triplettzustand energetisch tiefer als der Singulettzustand: Der ungestörte Energiezustand spaltet

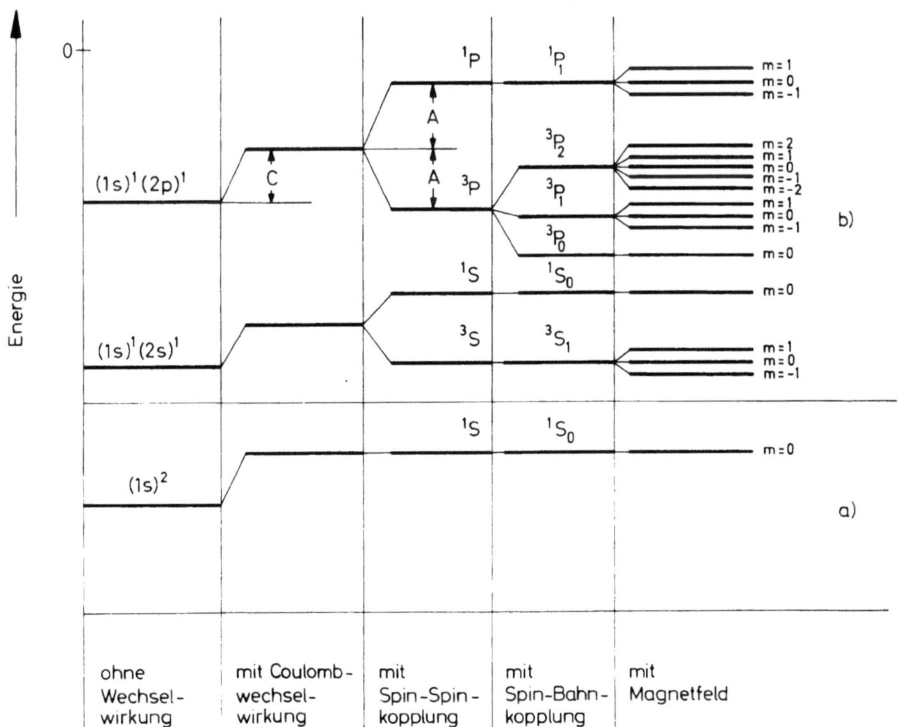

Bild 3.7 Einfluß der Spin-Spin- und Spin-Bahnkopplung auf die Energie des He-Atoms im Grundzustand (a) und in zwei angeregten Zuständen (b)

in zwei Energieniveaus mit dem Abstand 2 A auf (Bild 3.7b). A besitzt aber nicht etwa kleine Werte, sondern Werte von der gleichen Größenordnung wie die Coulombsche Abstoßungsenergie. Der Energieabstand zwischen dem Singulett- und dem Triplettzustand ist daher von der Größenordnung der Energieabstände im H-Atom. Mit anderen Worten, die Kopplung der Elektronenspins (im Singulettzustand antiparallel, im Triplettzustand parallel) ist mit einer großen Kopplungsenergie verbunden.

Wegen der bereits erwähnten Spin-Bahnkopplung (Abschnitt 3.3) spaltet der Triplettzustand *zusätzlich* in $2S + 1 = 3$ Energieniveaus auf, und zwar entsprechend der Quantenzahl $J = L + S = 0, 1, 2$ (Bild 3.8). Bild 3.7b zeigt diese Aufspaltung (im Vergleich zur vorher genannten Spin-Spin-Kopplung aber schwächer) für ein angeregtes Elektron des He-Atoms in einem 2 s- und 2 p-Orbital. Sie liefert die Erklärung für das Auftreten der *Feinstruktur* von Spektren der Mehrelektronenatome. In einem homogenen, äußeren Magnetfeld spalten diese Zustände $(J = 0, 1, 2)$ in weitere $2J + 1$ Energieniveaus auf $(m = + J, J - 1, ..., - J)$.

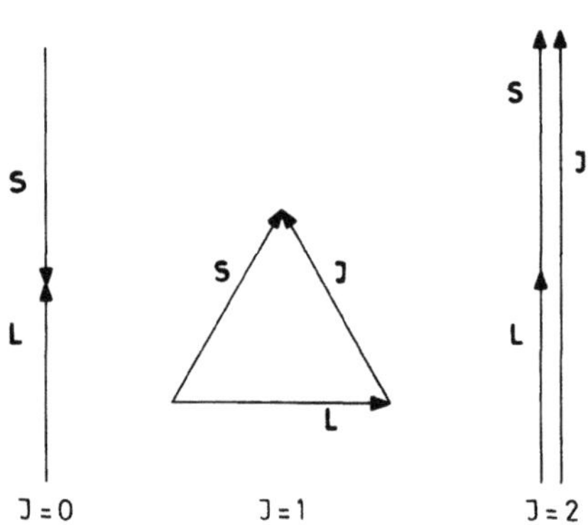

Bild 3.8 Vektoraddition von L und S zu J

Als wichtigstes Ergebnis der hier durchgeführten Störungsrechnung findet man also, daß die Energieeigenwerte nicht wie bei den Einelektronenatomen nur von der Hauptquantenzahl n allein abhängen. Wegen der zwischen den Elektronen vorhandenen Abstoßung hängen sie auch von der Nebenquantenzahl l ab. Es tritt nicht nur eine gegenseitige Verschiebung der Energieniveaus, sondern auch eine Aufspaltung ein. Aufgrund dieser Aufspaltung besitzen die zur selben Hauptquantenzahl n gehörenden s, p, d, f, ... Orbitale verschiedene Energien.

Für die Bezeichnung der Energiezustände (*Terme*) von Mehrelektronenatomen hat sich die aus dem Vektormodell folgende Symbolik $^{2S+1}L_J$ eingebürgert. L kennzeichnet den Gesamtbahndrehimpuls des Atoms; für $L = 0$ wird S, für $L = 1$ wird P, für $L = 2$ wird D usw. geschrieben. Der Index $2S + 1$ (links oben) gibt die sogenannte *Multiplizität* eines Termes wieder; mit der Gesamtdrehimpulsquantenzahl $S = 0$ beträgt die Multiplizität des Termes $2S + 1 = 1$ (Singulett), mit $S = \frac{1}{2}$ ist $2S + 1 = 2$ (Dublett), mit $S = 1$ ist $2S + 1 = 3$ (Triplett), usw. Der Index J (rechts unten) ist die Gesamtdrehimpulsquantenzahl des Atoms; sie kann die Werte $J = L + S, L + S - 1, ..., L - S$ annehmen.

Wie am Beispiel des Heliums zu sehen ist, haben alle Terme der Zweielektronenatome entweder Singulett- oder Triplettcharakter, d.h. sie sind infolge der Spin-Bahnkopplung entweder gar nicht oder dreifach aufgespalten. Man kann deshalb zwei getrennte Termschemata zeichnen, wie das z.B. für Helium in Bild 3.9 geschehen ist. Da die Spin-Spinkopplungsenergie sehr groß ist, sind normalerweise spektrale Übergänge nur innerhalb des Termschemas *gleicher* Multiplizität erlaubt (*Interkombinationsverbot*).

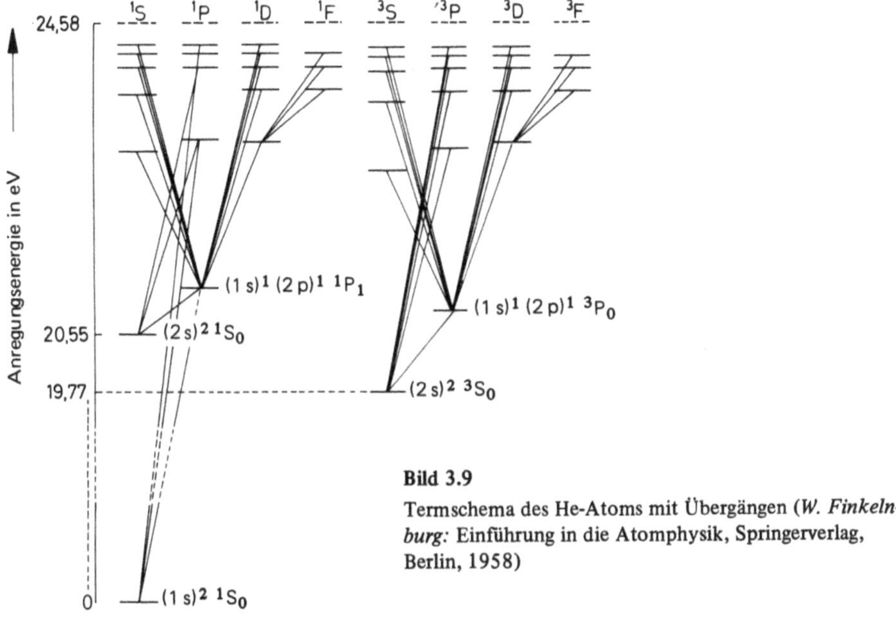

Bild 3.9

Termschema des He-Atoms mit Übergängen (*W. Finkelnburg:* Einführung in die Atomphysik, Springerverlag, Berlin, 1958)

3.7 Atomaufbau der Elemente

Die neutralen Atome der chemischen Elemente bestehen aus Kernen mit der positiven Kernladung Ze, die von jeweils Z Elektronen umgeben sind. Z ist eine ganze Zahl und identisch mit der Zahl der Protonen bzw. Elektronen des Atoms (Atomzahl oder Ordnungszahl). Sie läuft bei den stabilen Isotopen von 1 (Wasserstoff) bis 92 (Uran).

Die Energieeigenwertgleichung eines Z-Elektronenatoms besitzt folgendes Aussehen:

$$\left[-\frac{\hbar^2}{2\,m} \sum_{i=1}^{Z} \Delta_i - \sum_{i=1}^{Z} \frac{Ze^2}{4\,\pi\,\epsilon_0\,r_i} + \sum_{j \neq i}^{Z} \frac{e^2}{4\,\pi\,\epsilon_0\,r_{ij}} \right] \psi(x_1 y_1 z_1, \ldots, x_Z y_Z z_Z) =$$

$$= \epsilon\,\psi(x_1 y_1 z_1, \ldots, x_Z y_Z z_Z). \tag{128}$$

Bei Vernachlässigung der Elektronenwechselwirkung $\displaystyle\sum_{j \neq i}^{Z} \frac{e^2}{4\,\pi\,\epsilon_0\,r_{ij}}$ bewegen sich die Elektronen unabhängig voneinander in dem Potential $Ze/4\,\pi\,\epsilon_0\,r_i$. Durch eine Separation mit dem Produktansatz

$$\psi(x_1 y_1 z_1, \ldots, x_Z y_Z z_Z) = \prod_{i=1}^{Z} \varphi(x_i y_i z_i) \tag{129}$$

zerfällt Gl. (128) in Z voneinander unabhängige Einelektronengleichungen der Art

$$\left[-\frac{\hbar^2}{2\,m} \Delta_i - \frac{Ze^2}{4\,\pi\,\epsilon_0\,r_i} \right] \varphi(x_i y_i z_i) = \epsilon(i)\,\varphi(x_i y_i z_i). \tag{130}$$

Sie können für sich gelöst werden und liefern für jedes Elektron dasselbe Energieschema. Es ist mit dem Energieschema eines Einelektronenatoms (Kernladung Z) identisch. Die Gesamtenergie des Atoms ergibt sich dann aus der Summe der Einelektroneneigenwerte $\epsilon = \sum\limits_{i=1}^{Z} \epsilon(i)$. Diese Darstellung schließt sich eng an die des ungestörten He-Problems an, ist aber eine sehr grobe Näherung.

Man kann diese sehr grobe Näherung etwas verbessern, indem man einen Teil der vernachlässigten Elektronenabstoßung zwar nicht als Störung (dies würde mathematisch zu kompliziert werden), sondern durch ein *effektives* Potential $Z_{eff} \dfrac{e}{4\pi\epsilon_0 r_i}$ berücksichtigt. Die Elektronenabstoßung wirkt sich nämlich wie eine *Abschirmung* der Kernladung Ze durch die weiter innen vorhandenen Elektronen aus, so daß man die tatsächliche Kernladungszahl Z durch eine effektive Kernladungszahl Z_{eff} ersetzen darf. Die Abweichung vom tatsächlichen Coulombpotential ist qualitativ leicht zu übersehen: Im innersten Bereich der Elektronenhülle ist die Abschirmung klein, nach außen hin wird sie immer größer. Z_{eff} wird dadurch von innen nach außen immer kleiner (vgl. Abschnitt 9.1).

Die dann entstehende Energieeigenwertgleichung

$$\left[-\frac{\hbar^2}{2m} \sum_{i=1}^{Z} \Delta_i - \sum_{i=1}^{Z} Z_{eff} \frac{e^2}{4\pi\epsilon_0 r_i} \right] \psi(x_1 y_1 z_1, \ldots, x_z y_z z_z) = \epsilon\, \psi(x_1 y_1 z_1, \ldots, x_z y_z z_z) \tag{131}$$

kann wieder mit dem Produktansatz (129) in Z voneinander unabhängige Einelektronengleichungen separiert werden. Jedes Elektron besitzt wieder seine eigene Gleichung und Einelektronenorbitale als Lösung. Diese *Einelektronennäherung* wird als *Schalenmodell* der Elektronenhülle bezeichnet.

Im Schalenmodell bewegt sich jedes Elektron unabhängig von den anderen in dem effektiven Coulombfeld des Kernes. Alle Z Eigenwertgleichungen sind in ihrer Form identisch und liefern bis auf die Konstanten Z_{eff} dieselben Bahnfunktionen und Energieeigenwerte. Es resultiert also für alle Elektronen ein *gemeinsames* Energieschema mit gleichen Eigenfunktionen, nun *Atomorbitale* genannt. Die Atomorbitale besitzen das gleiche Aussehen wie die Einelektronenorbitale (Abschnitt 3.1) und unterscheiden sich nur in Z_{eff} statt Z. Das alles zeigt deutlich die große Bedeutung der Einelektronenorbitale. Da die Elektronen voneinander ununterscheidbar sind, wird die richtige Gesamteigenfunktion eines Z-Elektronenatoms (einschließlich der Spinfunktionen) durch eine antisymmetrische Linearkombination der Art

$$\Psi_a = \frac{1}{\sqrt{Z!}}
\begin{vmatrix}
\psi_{1,0,0,1/2}(1) & \cdots & \psi_{1,0,0,1/2}(Z) \\
\psi_{1,0,0,-1/2}(1) & \cdots & \psi_{1,0,0,-1/2}(Z) \\
\psi_{2,0,0,1/2}(1) & \cdots & \psi_{2,0,0,1/2}(Z) \\
\psi_{2,0,0,-1/2}(1) & \cdots & \psi_{2,0,0,-1/2}(Z) \\
\cdot & \cdots & \cdot \\
\cdot & \cdots & \cdot \\
\cdot & \cdots & \cdot
\end{vmatrix} \tag{132}$$

gebildet. Diese Determinante heißt *Slaterdeterminante*.

Die Energieeigenwerte der Mehrelektronenatome hängen aber sowohl von der Hauptquantenzahl als auch von der Nebenquantenzahl ab. Zur selben Hauptquantenzahl n gehörende s, p, d, f, ...-Orbitalenergien spalten in energetisch unterschiedliche Niveaus auf. Die s, p, d, f, ...-Orbitale der Mehrelektronenatome besitzen zwar dieselbe Symmetrie wie die Einelektronenorbitale, haben jedoch verschiedene Energie. Im Rahmen des Schalenmodells ist dies so zu verstehen, daß Z_{eff} in der Reihenfolge s, p, d, f, ... abnimmt.

Zur numerischen Berechnung der Atomorbitale bzw. ihrer Wahrscheinlichkeitsdichte oder Elektronendichte kann man auf folgende Weise iterativ vorgehen: Anstelle der effektiven Energie $Z_{eff}\, e^2/4\,\pi\,\epsilon_0\, r_i$ zur Berücksichtigung der Elektronenabstoßung wird der Ansatz

$$-Z\,\frac{e^2}{4\,\pi\,\epsilon_0\, r_i} + \sum_{j \neq i}^{Z}{}' \frac{e^2}{4\,\pi\,\epsilon_0} \int \frac{\psi_j^* \,\psi_j}{r_{ij}}\, dV_j \tag{133}$$

gemacht. Der erste Term besteht wie in Gl. (128) aus der Kern-Elektronanziehung des i-ten Elektrons, während der zweite die Elektronenabstoßung des i-ten Elektrons durch die anderen mit Hilfe einer Summe von Coulombintegralen verkörpert. Unter Verwendung von bekannten Einelektronenorbitalen (z. B. H-Atomorbitale für ψ_j) wird nun die Schrödingergleichung

$$\left[-\frac{\hbar^2}{2\,m}\,\Delta_i - Z\frac{e^2}{4\,\pi\,\epsilon_0\, r_i} + \sum_{j \neq i}^{Z}{}' \frac{e^2}{4\,\pi\,\epsilon_0} \int \frac{\psi_j^* \,\psi_j}{r_{ij}}\, dV_j \right] \psi_i = \epsilon\,(i)\,\psi_i \tag{134}$$

für das i-te Elektron und ebenso die für die anderen Elektronen gelöst. Dadurch bekommt man einen neuen Satz von Orbitalen (ψ_j) und Energien. Mit den neuen Orbitalen wird dieselbe Prozedur solange fortgesetzt, bis sich an der Energie nichts mehr ändert. Dieses iterative Verfahren mit numerischen Lösungen heißt *self consistent field*-Methode. In Bild 3.10 ist als Beispiel dafür die radiale Wahrscheinlichkeitsdichte der Elektronen im

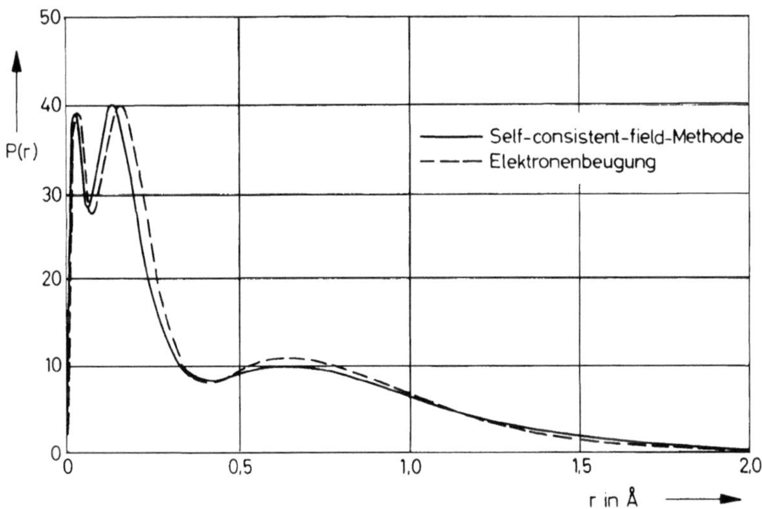

Bild 3.10 Radiale Wahrscheinlichkeitsdichte der Elektronen im Argonatom (*L. S. Bartell, L. O. Brockway:* Phys. Rev. 90 (1953) 833)

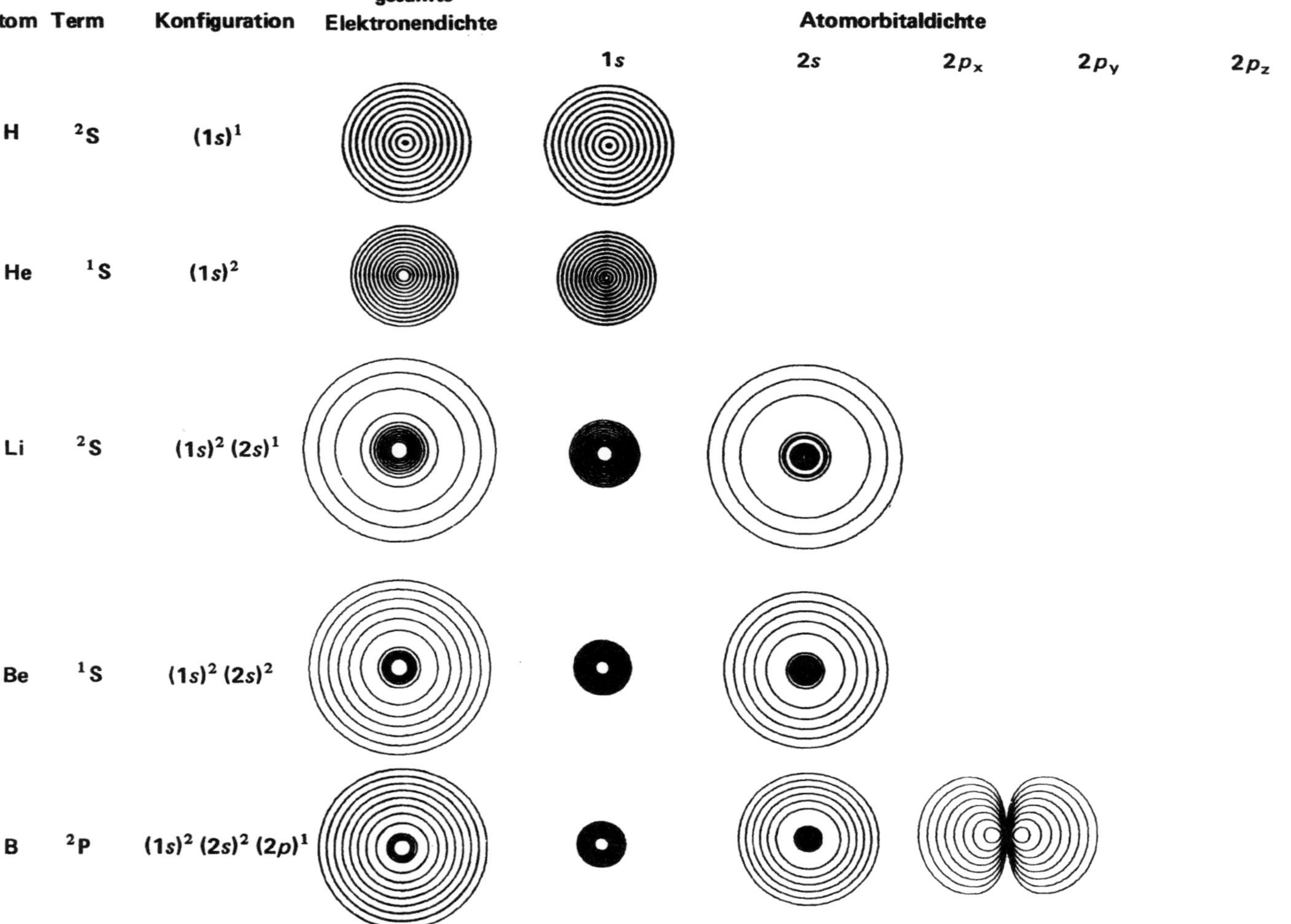

Bild 3.11 Elektronenkarten zur Veranschaulichung der Elektronendichte von Atomorbitalen (*A. C. Wahl:* Molecular Orbital Densities: Pictural Studies, Science 151 (1966) 961)

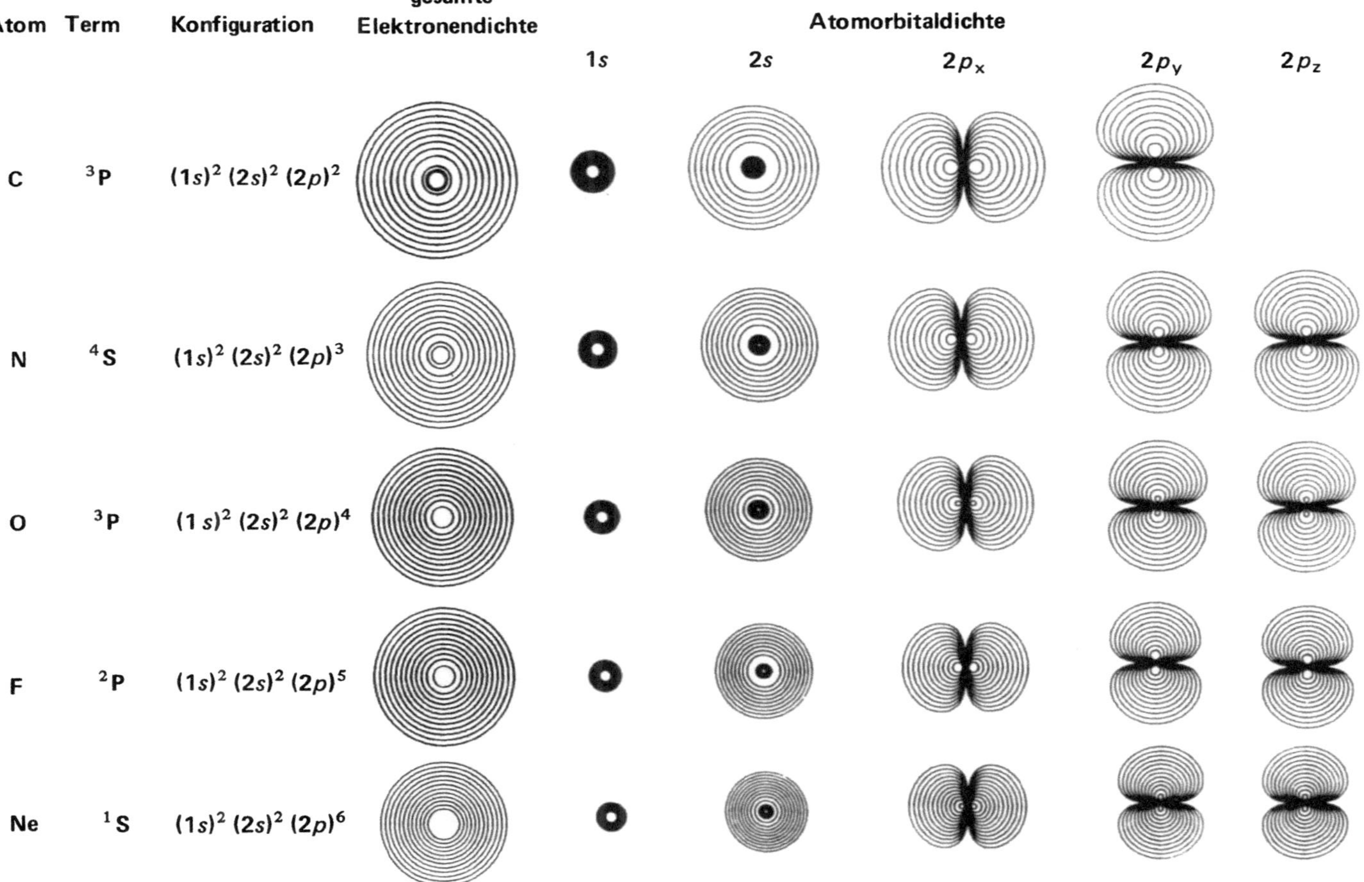

Atom	Term	Konfiguration	gesamte Elektronendichte	$1s$	Atomorbitaldichte			
					$2s$	$2p_x$	$2p_y$	$2p_z$
C	^{3}P	$(1s)^2 (2s)^2 (2p)^2$						
N	^{4}S	$(1s)^2 (2s)^2 (2p)^3$						
O	^{3}P	$(1s)^2 (2s)^2 (2p)^4$						
F	^{2}P	$(1s)^2 (2s)^2 (2p)^5$						
Ne	^{1}S	$(1s)^2 (2s)^2 (2p)^6$						

Argonatom zu sehen. Zum Vergleich ist darin auch die durch Röntgenstreuung bestimmte Dichte eingezeichnet. Eine Übersicht über die Elektronendichten in Form von Schichtenliniendiagrammen (*Elektronenkarten*) von mehreren leichten Atomen zeigt Bild 3.11.

Bild 3.12 zeigt schematisch, wie sich mit zunehmender Kernladungszahl Z die Atomorbitalenergie ändert. Da jedes Niveau mit den Quantenzahlen n, l ($l = 0, 1, 2, \ldots$) einschließlich der Spinfunktionen $2(2l+1)$-fach entartet ist, kann nach dem Pauliprinzip jedes Niveau von $2(2l+1)$ Elektronen besetzt werden. Zu jeder Elektronenanordnung oder *Elektronenkonfiguration* gehört dann ein bestimmter Energieeigenwert, der durch n und l eindeutig charakterisiert ist. Zur Kennzeichnung einer Elektronenkonfiguration schreibt man die Anzahl der Elektronen eines Niveaus als Exponenten der Haupt- und Nebenquantenzahl. Z.B. bedeutet die Konfiguration $(1s)^2 (2s)^2 (2p)^6 (3s)^2 (3p)^5$, daß zwei Elektronen jeweils ein 1s-, 2s- und 3s-Atomorbital, sechs Elektronen drei 2p-Atomorbitale und fünf Elektronen 3p-Orbitale besetzen.

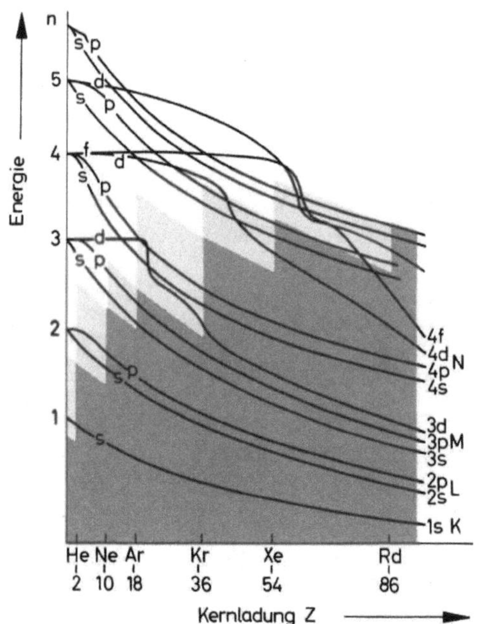

Bild 3.12

Einfluß der Elektronenabstoßung auf die Atomenergie; aufgefüllte Schalen dunkel, teilweise aufgefüllte hell

An dem Energieschema von Bild 3.12 ist folgendes charakteristisch: Alle Niveaus einer bestimmten Hauptquantenzahl liegen dicht beieinander und bilden im energetischen Bild eine Schale. Die zu den Hauptquantenzahlen n = 1, 2, 3 … gehörenden Schalen nennt man K, L, M, …- oder *Hauptschalen*. Die zu den einzelnen Niveaus (s, p, d, f, …) gehörenden Energien, die in Wirklichkeit infolge der Spin-Bahnkopplung auch ein wenig verschieden sind, heißen *Unterschalen*. Ist eine Schale nach dem Pauliprinzip voll besetzt, bezeichnet man sie als *abgeschlossen*.

Mit Hilfe der bisher gewonnenen Erkenntnisse über Mehrelektronenatome läßt sich nun nach dem Pauliprinzip das Periodische System der Elemente durch Auffüllung der Schalen herleiten. Im H-Atom besitzt das Elektron im Grundzustand die Quantenzahlen

$n = 1, l = 0, m = 0, s = 1/2$ und besetzt die Bahneigenfunktion $\psi_{1,0,0}$ (Termsymbol $^2S_{1/2}$).
Die zwei Elektronen im He können im selben Atomorbital untergebracht werden, wenn
sie sich in den Spinquantenzahlen unterscheiden ($^1S_0$). Damit ist die K-Schale abgeschlossen und jedes weitere Elektron müßte, um ebenfalls in $\psi_{1,0,0}$ Platz zu haben, einen
davon verschiedenen Spineigenwert besitzen. Es gibt aber nur zwei und so ist das Unterbringen nach dem Pauliprinzip verboten. Es muß in das energetisch nächsthöhere 2s-
Atomorbital ausweichen. Das Li besitzt daher die Konfiguration $(1s)^2 (2s)^1$ und das
Termsymbol $^2S_{1/2}$. Das 2s-Orbital kann ein weiteres Elektron mit verschiedener Spinquantenzahl aufnehmen, so daß für die Konfiguration des Be $(1s)^2 (2s)^2$ folgt ($^1S_0$).
Das nächste Elektron muß in das energetisch nächsthöhere 2p-Atomorbital. In einem
2p-Atomorbital haben insgesamt sechs Elektronen Platz, denn es ist $2(2l+1)$-fach
(sechsfach) entartet. Dazu gibt es folgende sechs Quantenzahlkombinationen:

$$\left.\begin{array}{lll} l = 1 & m = +1 & s = +1/2 \\ l = 1 & m = +1 & s = -1/2 \\ l = 1 & m = -1 & s = +1/2 \\ l = 1 & m = -1 & s = -1/2 \end{array}\right\} \quad p_x, p_y\text{-Atomorbitale}$$

$$\left.\begin{array}{lll} l = 1 & m = 0 & s = +1/2 \\ l = 1 & m = 0 & s = -1/2 \end{array}\right\} \quad p_z\text{-Atomorbital}$$

Bringt man in ein 2p-Niveau zwei Elektronen, so werden sie nicht das gleiche 2p-
Orbital besetzen, sondern eines wird ein p_x- und das andere ein p_y- oder p_z-Orbital einnehmen. Der Grund ist folgender (*Hundsche Regel*): Wegen der beim He-Atom schon
diskutierten Spin-Spin-Kopplung spalten die 2p-Niveaus in Wirklichkeit in drei energetisch
tiefer liegende Triplettniveaus und in zwei energetisch höherliegende Singulettniveaus
auf. Der Zustand, bei dem die Elektronenspins parallel gerichtet sind ($S = 1$), ist also
energetisch bevorzugt. Mit anderen Worten, es werden zwei verschiedene p-Atomorbitale
besetzt. Der Grundzustand des C-Atoms mit der Konfiguration $(1s)^2 (2s)^2 (2p)^2$ ist daher
ein Triplettzustand, was mit der spektroskopischen Erfahrung übereinstimmt. Die Singulettzustände sind angeregte Zustände des C-Atoms.

Nach derselben Regel erfolgt die weitere Auffüllung der 2p-Schale. Bei N mit drei
2p-Elektronen ist der energetisch bevorzugte Grundzustand wieder der, in dem alle drei
Elektronenspins parallelgerichtet sind ($S = 3/2$). Die auf Be folgenden Elemente haben
somit die Konfigurationen (Grundzustand):

B	$(1s)^2 (2s)^2 (2p)^1$	↑	$^2P_{1/2}$
C	$(1s)^2 (2s)^2 (2p)^2$	↑ ↑	$^3P_0$
N	$(1s)^2 (2s)^2 (2p)^3$	↑ ↑ ↑	$^4S_{3/2}$
O	$(1s)^2 (2s)^2 (2p)^4$	↑ ↓ ↑ ↑	$^3P_2$
F	$(1s)^2 (2s)^2 (2p)^5$	↑ ↓ ↑ ↓ ↑	$^2P_{3/2}$
Ne	$(1s)^2 (2s)^2 (2p)^6$	↑ ↓ ↑ ↓ ↑ ↓	$^1S_0$

Mit Ne ist die L-Schale komplett. Den Abschluß einer Schale bilden immer die Elemente
der Edelgase. Die weiteren Schalen werden nach dem eben erläuterten Verfahren aufgefüllt.

Die Elemente von Na bis Ar füllen die 2s- und 3p-Atomorbitale voll auf. Dann wird
es aber bei kleinem Z (Bild 3.12) günstiger, die 4s-Orbitale vor den 3d-Orbitalen zu

besetzen. Mit zunehmender Kernladung Z werden dann die 3d-Niveaus energetisch gesenkt und aufgefüllt. Der darauf folgende Aufbau ist nicht mehr so übersichtlich darzustellen. Die Elektronenkonfigurationen aller bekannten Elemente sind in der Tabelle 3.2 zusammengestellt.

Tabelle 3.2: Elektronenkonfigurationen der Elemente im gasförmigen Zustand (*M. J. Sienko, R. A. Plane:* Chemistry, McGraw-Hill Book Co., New York, 1957)

Z	Element	1	2		3			4				5				6				7
		s	s	p	s	p	d	s	p	d	f	s	p	d	f	s	p	d	f	s
1	H	1																		
2	He	2																		
3	Li	2	1																	
4	Be	2	2																	
5	B	2	2	1																
6	C	2	2	2																
7	N	2	2	3																
8	O	2	2	4																
9	F	2	2	5																
10	Ne	2	2	6																
11	Na	2	2	6	1															
12	Mg	2	2	6	2															
13	Al	2	2	6	2	1														
14	Si	2	2	6	2	2														
15	P	2	2	6	2	3														
16	S	2	2	6	2	4														
17	Cl	2	2	6	2	5														
18	Ar	2	2	6	2	6														
19	K	2	2	6	2	6		1												
20	Ca	2	2	6	2	6		2												
21	Sc	2	2	6	2	6	1	2												
22	Ti	2	2	6	2	6	2	2												
23	V	2	2	6	2	6	3	2												
24	Cr	2	2	6	2	6	5	1												
25	Mn	2	2	6	2	6	5	2												
26	Fe	2	2	6	2	6	6	2												
27	Co	2	2	6	2	6	7	2												
28	Ni	2	2	6	2	6	8	2												
29	Cu	2	2	6	2	6	10	1												
30	Zn	2	2	6	2	6	10	2												
31	Ga	2	2	6	2	6	10	2	1											
32	Ge	2	2	6	2	6	10	2	2											
33	As	2	2	6	2	6	10	2	3											
34	Se	2	2	6	2	6	10	2	4											
35	Br	2	2	6	2	6	10	2	5											
36	Kr	2	2	6	2	6	10	2	6											
37	Rb	2	2	6	2	6	10	2	6			1								
38	Sr	2	2	6	2	6	10	2	6			1								
39	Y	2	2	6	2	6	10	2	6	1		2								
40	Zr	2	2	6	2	6	10	2	6	2		2								
41	Nb	2	2	6	2	6	10	2	6	4		1								

Tabelle 3.2 (Fortsetzung)

Z	Element	1	2		3			4				5				6				7
		s	s	p	s	p	d	s	p	d	f	s	p	d	f	s	p	d	f	s
42	Mo	2	2	6	2	6	10	2	6	5		1								
43	Tc	2	2	6	2	6	10	2	6	6		1	...?							
44	Ru	2	2	6	2	6	10	2	6	7		1								
46	Pd	2	2	6	2	6	10	2	6	10										
47	Ag	2	2	6	2	6	10	2	6	10		1								
48	Cd	2	2	6	2	6	10	2	6	10		2								
49	In	2	2	6	2	6	10	2	6	10		2	1							
50	Sn	2	2	6	2	6	10	2	6	10		2	2							
51	Sb	2	2	6	2	6	10	2	6	10		2	3							
52	Te	2	2	6	2	6	10	2	6	10		2	4							
53	I	2	2	6	2	6	10	2	6	10		2	5							
54	Xe	2	2	6	2	6	10	2	6	10		2	6							
55	Cs	2	2	6	2	6	10	2	6	10		2	6			1				
56	Ba	2	2	6	2	6	10	2	6	10		2	6			2				
57	La	2	2	6	2	6	10	2	6	10		2	6	1		2				
58	Ce	2	2	6	2	6	10	2	6	10	2	2	6			2	...?			
59	Pr	2	2	6	2	6	10	2	6	10	3	2	6			2	...?			
60	Nd	2	2	6	2	6	10	2	6	10	4	2	6			2				
61	Pm	2	2	6	2	6	10	2	6	10	5	2	6			2	...?			
62	Sm	2	2	6	2	6	10	2	6	10	6	2	6			2				
63	Eu	2	2	6	2	6	10	2	6	10	7	2	6			2				
64	Gd	2	2	6	2	6	10	2	6	10	7	2	6	1		2				
65	Tb	2	2	6	2	6	10	2	6	10	9	2	6			2	...?			
66	Dy	2	2	6	2	6	10	2	6	10	10	2	6			2	...?			
67	Ho	2	2	6	2	6	10	2	6	10	11	2	6			2	...?			
68	Er	2	2	6	2	6	10	2	6	10	12	2	6			2	...?			
69	Tm	2	2	6	2	6	10	2	6	10	13	2	6			2				
70	Yb	2	2	6	2	6	10	2	6	10	14	2	6			2				
71	Lu	2	2	6	2	6	10	2	6	10	14	2	6	1		2				
72	Hf	2	2	6	2	6	10	2	6	10	14	2	6	2		2				
73	Ta	2	2	6	2	6	10	2	6	10	14	2	6	3		2				
74	W	2	2	6	2	6	10	2	6	10	14	2	6	4		2				
75	Re	2	2	6	2	6	10	2	6	10	14	2	6	5		2				
76	Os	2	2	6	2	6	10	2	6	10	14	2	6	6		2				
77	Ir	2	2	6	2	6	10	2	6	10	14	2	6	7		2				
78	Pt	2	2	6	2	6	10	2	6	10	14	2	6	9		1				
79	Au	2	2	6	2	6	10	2	6	10	14	2	6	10		1				
80	Hg	2	2	6	2	6	10	2	6	10	14	2	6	10		2				
81	Tl	2	2	6	2	6	10	2	6	10	14	2	6	10		2	1			
82	Pb	2	2	6	2	6	10	2	6	10	14	2	6	10		2	2			
83	Bi	2	2	6	2	6	10	2	6	10	14	2	6	10		2	3			
84	Po	2	2	6	2	6	10	2	6	10	14	2	6	10		2	4	...?		
85	At	2	2	6	2	6	10	2	6	10	14	2	6	10		2	5	...?		

Tabelle 3.2 (Fortsetzung)

Z	Element	1	2		3			4				5				6				7
		s	s	p	s	p	d	s	p	d	f	s	p	d	f	s	p	d	f	s
86	Rn	2	2	6	2	6	10	2	6	10	14	2	6	10		2	6			
87	Fr	2	2	6	2	6	10	2	6	10	14	2	6	10		2	6			1 ... ?
88	Ra	2	2	6	2	6	10	2	6	10	14	2	6	10		2	6			2
89	Ac	2	2	6	2	6	10	2	6	10	14	2	6	10		2	6	1		2 ... ?
90	Th	2	2	6	2	6	10	2	6	10	14	2	6	10		2	6	2		2
91	Pa	2	2	6	2	6	10	2	6	10	14	2	6	10	2	2	6	1		2 ... ?
92	U	2	2	6	2	6	10	2	6	10	14	2	6	10	3	2	6	1		2
93	Np	2	2	6	2	6	10	2	6	10	14	2	6	10	4	2	6	1		2 ... ?
94	Pu	2	2	6	2	6	10	2	6	10	14	2	6	10	5	2	6	1		2 ... ?
95	Am	2	2	6	2	6	10	2	6	10	14	2	6	10	7	2	6			2 ... ?
96	Cm	2	2	6	2	6	10	2	6	10	14	2	6	10	7	2	6	1		2 ... ?
97	Bk	2	2	6	2	6	10	2	6	10	14	2	6	10	8	2	6	1		2 ... ?
98	Cf	2	2	6	2	6	10	2	6	10	14	2	6	10	9	2	6	1		2 ... ?
99	E	2	2	6	2	6	10	2	6	10	14	2	6	10	10	2	6	1		2 ... ?
100	Fm	2	2	6	2	6	10	2	6	10	14	2	6	10	11	2	6	1		2 ... ?
101	Mv	2	2	6	2	6	10	2	6	10	14	2	6	10	12	2	6	1		2 ... ?

3.8 Elektronenkonfiguration und chemisches Verhalten der Atome

Die Elektronenkonfiguration und das chemische Verhalten der Atome sind auf das engste miteinander verknüpft. Es wird von den äußeren Elektronen eines Atoms geprägt, die keine abgeschlossene Haupt- oder Unterschale bilden. Die *chemische Valenz* (*Wertigkeit*) ist meistens gleich der Zahl der *freien* Elektronen, die sich in einer nicht abgeschlossenen Schale befinden oder gleich der Zahl der Elektronen, die zum Abschluß einer Schale *fehlen*. Elemente, deren Elektronenkonfigurationen sich nur um abgeschlossene Schalen unterscheiden, verhalten sich in chemischer Hinsicht sehr ähnlich. Nach Tabelle 3.2 ist leicht einzusehen, daß sich das chemische Verhalten der Elemente *periodisch* ändern muß. Z. B. haben H, Li, Na, K, ..., von abgeschlossenen Schalen abgesehen, ein freies Elektron und bei F, Cl, Br, ..., fehlt ein Elektron zum Abschluß. Elemente, die nur abgeschlossene Schalen besitzen (Edelgase), werden daher im wesentlichen chemisch indifferent sein. Auf diese Weise gelingt es der Quantentheorie, das *Periodische System der Elemente*, das ursprünglich aus chemischen Erfahrungen aufgestellt worden ist, theoretisch zu begründen.

Eine qualitative Verknüpfung zwischen der Elektronenkonfiguration und dem chemischen Verhalten gelingt mit Hilfe der in der Chemie häufig verwendeten Begriffe Ionisierungsenergie und Elektronenaffinität. Die *Ionisierungsenergie* ist die Energie (meist in eV angegeben), die notwendig ist, um ein Atom zu *ionisieren*, d. h. ein Elektron aus dem Atom abzulösen. Die Ionisierung könnte in Form einer chemischen Reaktionsgleichung geschrieben werden. Für die Ionisierung gasförmigen Natriums gilt dann:

$$Na\,(g) \rightarrow Na^+\,(g) + e^-\,(g) \quad \text{(Ionisierungsenergie 5,138 eV)}.$$

Man bezeichnet die Ionisierungsenergie eines neutralen Atoms auch oft als *erstes Ionisierungspotential*, die Ionisierungsenergie eines einfach positiv geladenen Ions als *zweites Ionisierungspotential* usw. In Tabelle 3.3 sind die ersten und zweiten Ionisierungsenergien einiger leichter Atome zusammengestellt. Anhand dieser speziellen Daten ist bereits der enge Zusammenhang zwischen der Elektronenkonfiguration und dem chemischen Verhalten erkennbar.

Die zweite in diesem Zusammenhang wichtige Größe ist die *Elektronenaffinität*. Sie ist die Energie, mit der ein neutrales Atom ein weiteres Elektron an sich bindet. Auch diese Elektronenanlagerung kann in Form einer Reaktionsgleichung geschrieben werden. Es gilt z. B.:

$$\mathrm{F\,(g) + e^-\,(g) \rightarrow F^-\,(g)} \quad \text{(Elektronenaffinität: 3,45 eV).}$$

Es gibt allerdings nur wenige Atome, die imstande sind, Elektronen mit freiwerdender Energie an sich zu binden. Ionisierungsenergie- und Elektronenaffinitätsdaten (Tabelle 3.4) stammen meist aus photoelektronen- und massenspektroskopischen Untersuchungen (Abschnitt 6.6).

Tabelle 3.3: Die Ionisierungsenergien einiger Atome in eV
(*C. E. Moore:* Atomic Energy Levels, Natl. Bur. Std. (U.S.) Circ. 467, 1949, 1952, 1958)

Element	Ionisierungsenergie		Element	Ionisierungsenergie	
	erste	zweite		erste	zweite
H $^2S_{1/2}$	13,95		Mg $^1S_0$	7,744	15,03
He $^1S_0$	24,580	54,50	Al $^2P_{1/2}$	5,984	18,82
Li $^2S_{1/2}$	5,390	75,62	Si $^3P_0$	8,149	16,34
Be $^1S_0$	9,320	18,21	P $^4P_{3/2}$	11,0	19,65
B $^2P_{1/2}$	8,296	25,15	S $^3P_2$	10,357	23,4
Cl $^2P_{3/2}$	11,264	24,38	S $^3P_2$	13,01	23,80
N $^4S_{3/2}$	14,54	29,60	Ar $^1S_0$	15,755	27,62
O $^3P_2$	13,614	35,15	K $^2S_{1/2}$	4,339	31,81
F $^3P_{3/2}$	17,42	34,98	Ca $^1S_0$	6,111	11,87
Ne $^1S_0$	21,599	41,07	Sc $^2D_{3/2}$	6,56	12,80
Na $^2S_{1/2}$	5,138	47,29			

Tabelle 3.4: Die Elektronenaffinitäten einiger Atome in eV
(*H. B. Gray:* Electrons and Chemical Bonding, W. A. Benjamin, Inc., New York, 1964)

Element	Elektronenaffinität	Element	Elektronenaffinität
H	0,747	J	3,06
F	3,45	O	1,47
Cl	3,61	S	2,07
Br	3,36	C	1,25

Das kleine Ionisierungspotential des Na-Atoms und die große Elektronenaffinität des F-Atoms lassen sich sehr leicht anhand des im letzten Abschnitt diskutierten Schalenmodelles verstehen. Das Na-Atom besitzt die Konfiguration $(1s)^2 (2s)^2 (2p)^6 (3s)^1$. Das 3s-Elektron ist durch die abgeschlossenen K- und L-Schalen so gut abgeschirmt, daß es sich energetisch leicht ablösen läßt. Beim F-Atom ist die Situation völlig anders. Es besitzt die Konfiguration $(1s)^2 (2s)^2 (2p)^5$. Die p-Elektronen werden im wesentlichen nur durch die K-Schale abgeschirmt, da die L-Schale erst bei Aufnahme eines weiteren Elektrons komplett wird.

Die in diesem Kapitel entwickelte Theorie zum Aufbau der speziellen Atome bietet die Grundlage, um an die quantenmechanische Beschreibung der für die Chemie interessanteren Materiebausteine, die Moleküle, herantreten zu können. Dabei wird sich herausstellen, daß die Kenntnis des Atomaufbaues eine wesentliche Voraussetzung für das Verständnis des Molekülaufbaues und der chemischen Bindung ist.

Kapitel 4
Molekülsymmetrie und Gruppentheorie

Sehr viele Moleküle, die wir quantenmechanisch beschreiben möchten, sind symmetrisch aufgebaut. Man denke etwa an das lineare CO_2, an das gewinkelte H_2O, an das tetraedrische CH_4 oder an die oktaedrischen Komplexe der Übergangsmetalle. Symmetrisch heißt, daß es gewisse Symmetrieoperationen gibt, die bei Anwendung ein Molekül in sich selbst überführen und damit unverändert lassen. Spiegeln wir z. B. das Wassermolekül an einer Symmetrieebene, die senkrecht zur H-H-Verbindungslinie steht und das O-Atom enthält, so werden die beiden H-Atome vertauscht. Diese Vertauschung läßt sich mathematisch durch eine Transformation (Operation) beschreiben. Bezeichnen wir die Transformation mit R und wenden wir sie auf ein Molekülorbital an, das das H_2O-Molekül beschreibt, so bleibt dieses erhalten. Erhalten bleibt auch die Molekülenergie, weil sich dabei das Molekülorbital nicht ändert. Somit ist der Operator R mit dem Hamiltonoperator H vertauschbar: $RH = HR$. Es ist gleichgültig, ob zunächst H auf das Molekülorbital ψ und dann R oder zuerst R und dann H auf das Orbital ψ einwirken: $RH\,\psi = HR\,\psi$. Oder anders formuliert, auch die $R\,\psi$ sind Lösungen der Schrödingergleichung. Besitzt das betreffende Molekül noch andere Symmetrieeigenschaften, zusammengenommen eine ganze Gruppe, so können wir die Suche nach den Eigenfunktionen oder Orbitalen wesentlich erleichtern, wenn wir uns auf solche Funktionen beschränken, die den Symmetrieoperationen genügen. Ohne sämtliche Eigenfunktionen suchen zu müssen, läßt sich auf diese Weise qualitativ und ohne quantenmechanische Berechnungen eine gewisse Auswahl treffen. Dies ist der Sinn einer Anwendung der Gruppentheorie in der Quantenmechanik. Damit leistet die Gruppentheorie nicht nur eine klassifizierende Arbeit bei der Einordnung von Molekülen in ein symmetriebezogenes System, sondern erspart auch eine Menge mechanische Rechenarbeit.

Die Menge aller Symmetrieoperationen, die an einem Molekül durchgeführt werden können, bezeichnen wir als Symmetrie- oder Punktgruppe. Sie läßt sich in gewisse Klassen mit charakteristischen Eigenschaften (Drehungen, Spiegelungen) einteilen. Jede Symmetrieoperation wird dazu mathematisch als eine Transformation mit Hilfe von Matrizendarstellungen aufgefaßt, was anfänglich sicherlich sehr abstrakt und unanschaulich klingt. Nach einer Einführung in die Grundbegriffe der Matrizendarstellung von Operationen werden wir die allgemeinen Prinzipien der Gruppentheorie erläutern. Wichtigstes Ergebnis wird die Herleitung der Charaktertafeln sein, Tafeln, die alle Informationen bezüglich Symmetrieoperationen einer Punktgruppe enthalten. Da jedes Molekül einer bestimmten Punktgruppe zugeordnet werden kann, läßt sich dann an Hand der Molekülsymmetrie und der Charaktere die symmetriebezogene Auswahl von Moleküleigenschaften treffen. Dies wird am Beispiel der Normalschwingungen des Wassers und der d-Zentralatomorbitale von Übergangskomplexen in Ligandenfeldern gezeigt. Weitere konkrete Anwendungen werden später die quantenmechanische Behandlung der Molekülbindung und die Molekülspektroskopie bringen.

4.1 Symmetrieoperationen in Matrizendarstellung

Gegeben sei ein Punkt (x_1, y_1) in der xy-Ebene eines kartesischen Raumes (Bild 4.1). Zu ihm weist der Radiusvektor $\mathbf{r}_1$ mit den Komponenten (x_1, y_1) und beschreibt dadurch die Lage des Punktes. Dreht man den Vektor $\mathbf{r}_1$ um den Winkel θ, so entsteht ein neuer Vektor $\mathbf{r}_2$ mit den Koordinaten (x_2, y_2). Man sagt, der Vektor $\mathbf{r}_1$ wird durch die Drehung oder Rotation in den Vektor $\mathbf{r}_2$ transformiert. Der mathematische Ausdruck für diese Drehung oder Transformation ist durch folgenden Zusammenhang zwischen den alten und den neuen Koordinaten (oder Komponenten) und dem Winkel θ gegeben:

$$x_2 = x_1 \cos\theta - y_1 \sin\theta,$$
$$y_2 = x_1 \sin\theta + y_1 \cos\theta. \tag{1}$$

Zu diesen Transformationsgleichungen gehören die Umkehrungen:

$$x_1 = x_2 \frac{\cos\theta}{D} + y_2 \frac{\sin\theta}{D},$$

$$y_1 = -x_2 \frac{\sin\theta}{D} + y_2 \frac{\cos\theta}{D}, \tag{2}$$

mit D als Koeffizientendeterminante (Anhang IX)

$$D = \begin{vmatrix} \cos\theta & -\sin\theta \\ \sin\theta & \cos\theta \end{vmatrix} = \cos^2\theta + \sin^2\theta = 1. \tag{3}$$

Die Gln. (1) können auch auf folgende Weise formuliert werden:

$$\begin{pmatrix} x_2 \\ y_2 \end{pmatrix} = \begin{pmatrix} \cos\theta & -\sin\theta \\ \sin\theta & \cos\theta \end{pmatrix} \begin{pmatrix} x_1 \\ y_1 \end{pmatrix} \tag{4}$$

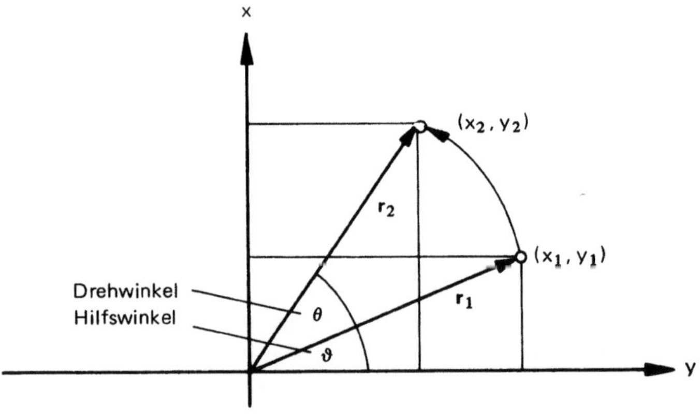

$x_2 = r\,\cos(\vartheta + \theta)$
$\quad = r\,(\cos\vartheta \cos\theta - \sin\vartheta \sin\theta)$
$\quad = x_1 \cos\theta - y_1 \sin\theta$ mit $x_1 = r\cos\vartheta$ und $y_1 = r\sin\vartheta$
sowie $r = |\mathbf{r}_1| = |\mathbf{r}_2|$

$y_2 = r\,\sin(\vartheta + \theta)$
$\quad = r\,(\cos\vartheta \sin\theta + \sin\vartheta \cos\theta)$
$\quad = x_1 \sin\theta + y_1 \cos\theta$

Bild 4.1 Skizze zur Ermittlung der Transformationsgleichungen für die Drehung eines Vektors r um einen bestimmten Winkel θ in der xy-Ebene

Die Matrix

$$\begin{pmatrix} \cos\theta & -\sin\theta \\ \sin\theta & \cos\theta \end{pmatrix} \tag{5}$$

wird als *Transformationsmatrix* bezeichnet. Sie dreht den Vektor r_1 in den Vektor r_2. Die Matrix für die Umkehroperation lautet

$$\begin{pmatrix} \cos\theta & \sin\theta \\ -\sin\theta & \cos\theta \end{pmatrix}. \tag{6}$$

Haben wir anstelle der zweidimensionalen Ebene einen n-dimensionalen Raum, so lauten die Transformationsgleichungen:

$$\begin{aligned} x_1' &= a_{11}x_1 + a_{12}x_2 + \ldots + a_{1n}x_n \\ x_2' &= a_{21}x_1 + a_{22}x_2 + \ldots + a_{2n}x_n \\ &\cdots\cdots\cdots\cdots\cdots\cdots\cdots\cdots\cdots \\ x_n' &= a_{n1}x_1 + a_{n2}x_2 + \ldots + a_{nn}x_n \end{aligned} \tag{7}$$

Die Koordinaten x sind die alten und x' die neuen Koordinaten; die Koeffizienten a sind die Koeffizienten der Transformationsmatrix

$$a = \begin{pmatrix} a_{11} & a_{12} & \ldots & a_{1n} \\ a_{21} & a_{22} & \ldots & a_{2n} \\ \ldots & \ldots & \ldots & \ldots \\ a_{n1} & a_{n2} & \ldots & a_{nn} \end{pmatrix}, \tag{8}$$

für die zur Abkürzung das Symbol **a** geschrieben wird. Wie in Gl. (3) hat die Determinante der Matrix **a** den Wert 1 und wie in Gl. (5) gelten folgende Beziehungen zwischen den Koeffizienten:

$$\sum_{j=1}^{n} a_{jk}^2 = 1; \quad k = 1, 2, \ldots n \qquad \sum_{j=1}^{n} a_{jk}a_{jl} = 0; \; k, l = 1, 2, \ldots n; \; k \neq l$$

$$\sum_{j=1}^{n} a_{kj}^2 = 1; \quad k = 1, 2, \ldots n \qquad \sum_{j=1}^{n} a_{kj}a_{lj} = 0; \; k, l = 1, 2, \ldots n; \; k \neq l \tag{9}$$

Matrizen, deren Koeffizienten diese Eigenschaften haben, werden *unitäre* Matrizen genannt. Matrizen, die die Symmetrieoperation einer Drehung, Spiegelung oder Inversion beschreiben bzw. darstellen, sind allesamt unitär.

Die Matrix der *Umkehroperation* erhält man wie beim Einführungsbeispiel durch Vertauschen der Zeilen und Spalten der Transformationsmatrix **a**. Sie soll nun das Symbol **b** erhalten:

$$b = \begin{pmatrix} a_{11} & a_{21} & \ldots & a_{n1} \\ a_{12} & a_{22} & \ldots & a_{n2} \\ \ldots & \ldots & \ldots & \ldots \\ a_{1n} & a_{2n} & \ldots & a_{nn} \end{pmatrix}. \tag{10}$$

Damit lauten die Transformationsgleichungen in Kurzform:

$$x' = ax,$$

$$x = bx'. \tag{11}$$

Sie repräsentieren zwei Sätze von n Gleichungen. Da sich Transformation und Rücktransformation, hintereinander eingewandt, gegenseitig aufheben, muß gelten:

$$\begin{pmatrix} a_{11} & a_{12} & \cdots & a_{1n} \\ a_{21} & a_{22} & \cdots & a_{2n} \\ \cdots & \cdots & \cdots & \cdots \\ a_{n1} & a_{n2} & \cdots & a_{nn} \end{pmatrix} \begin{pmatrix} a_{11} & a_{21} & \cdots & a_{n1} \\ a_{12} & a_{22} & \cdots & a_{n2} \\ \cdots & \cdots & \cdots & \cdots \\ a_{1n} & a_{2n} & \cdots & a_{nn} \end{pmatrix} = \begin{pmatrix} 1 & 0 & \cdots & 0 \\ 0 & 1 & \cdots & 0 \\ \cdot & \cdots & \cdots \\ 0 & 0 & \cdots & 1 \end{pmatrix} \tag{12}$$

oder in Kurzform mit dem Symbol **E** für die *Einheitsmatrix*: $ab = E$.

Dieses Ergebnis folgt aus der Anwendung der *Multiplikationsregel* für $c = ab$:

$$c_{ik} = \sum_{j=1}^{n} a_{ij} b_{jk}. \tag{13}$$

Wenn die a_{ij} die Koeffizienten der Matrix **a** und die b_{jk} die Koeffizienten der Matrix **b** sind, so liefert die Summe der Koeffizientenprodukte $a_{ij} b_{jk}$ die Koeffizienten c_{ik} der *Produktmatrix* **c**.

Ein konkretes Beispiel soll die Matrizendarstellung von Symmetrieoperationen illustrieren. In Bild 4.2 wurde das CH_3Cl-Molekül mit den möglichen Symmetrieoperationen, nämlich der *Identitätsoperation* **E**, der 120°-*Drehung* C_3 und der 240°-*Drehung*

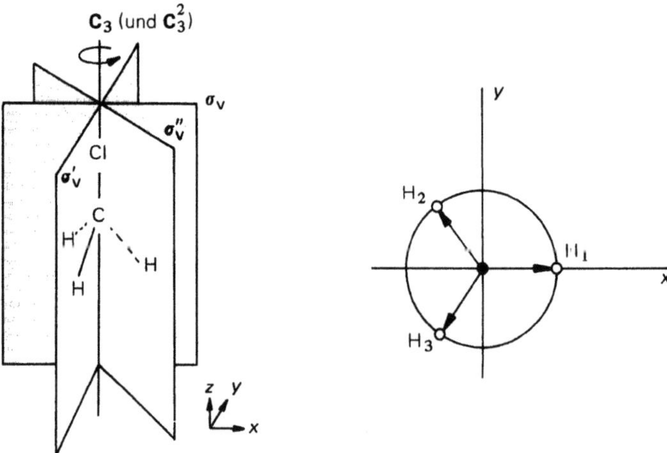

Bild 4.2 Das CH_3Cl-Molekül und seine Symmetrieoperationen sowie die Projektion der H-Atome auf die xy-Ebene

C_3^2 und den drei *Spiegelebenen* σ_v, σ_v' und σ_v'' gezeichnet. Die C-Cl-Molekülbindung bildet die z-Achse des kartesischen Koordinatensystems. Die Koordinaten der drei H-Atome in diesem System lauten:

$$H_1 \ (1, 0, 0)$$
$$H_2 \ (-1/2, \sqrt{3}/2, 0)$$
$$H_3 \ (-1/2, -\sqrt{3}/2, 0) \tag{14}$$

Jede der genannten Symmetrieoperationen führt eine Koordinatentransformation der drei H-Atome durch. Die Identitätsoperation E läßt die H-Atome unverrückt, so daß ihre Transformationsmatrix gleich der Einheitsmatrix ist. Die Matrizendarstellung für die Identitätsoperation lautet deshalb:

$$E = \begin{pmatrix} 1 & 0 & 0 \\ 0 & 1 & 0 \\ 0 & 0 & 1 \end{pmatrix}. \tag{15}$$

Zur Ermittlung der C_3-Matrix untersuchen wir, was mit den drei H-Atomen bei einer Drehung um $120°$ passiert. Während die z-Koordinaten bei allen drei Atomen erhalten bleiben, ändern sich die x- und y-Koordinaten, und zwar so, daß aus den H_1- die H_2-Koordinaten, aus den H_2- die H_3-Koordinaten und aus den H_3- die H_1-Koordinaten entstehen. Es gilt daher für die Transformation des H_1-Vektors in den H_1'-Vektor

$$\begin{pmatrix} -\dfrac{1}{2} \\ \dfrac{\sqrt{3}}{2} \\ 0 \end{pmatrix} = C_3 \begin{pmatrix} 1 \\ 0 \\ 0 \end{pmatrix}. \tag{16}$$

des H_2-Vektors in den H_2'-Vektor

$$\begin{pmatrix} -\dfrac{1}{2} \\ -\dfrac{\sqrt{3}}{2} \\ 0 \end{pmatrix} = C_3 \begin{pmatrix} -\dfrac{1}{2} \\ \dfrac{\sqrt{3}}{2} \\ 0 \end{pmatrix} \tag{17}$$

und des H_3-Vektors in den H_3'-Vektor

$$\begin{pmatrix} 1 \\ 0 \\ 0 \end{pmatrix} = C_3 \begin{pmatrix} -\dfrac{1}{2} \\ -\dfrac{\sqrt{3}}{2} \\ 0 \end{pmatrix}. \tag{18}$$

Da allgemein (vgl. Gl. (7)) gilt

$$\begin{pmatrix} x_i' \\ y_i' \\ z_i' \end{pmatrix} = \begin{pmatrix} a_{11} & a_{12} & a_{13} \\ a_{21} & a_{22} & a_{23} \\ a_{31} & a_{32} & a_{33} \end{pmatrix} \begin{pmatrix} x_i \\ y_i \\ z_i \end{pmatrix} \equiv \left\{ \begin{array}{l} x_i' = a_{11} x_i + a_{12} y_i + a_{13} z_i \\ y_i' = a_{21} x_i + a_{22} y_i + a_{23} z_i \\ z_i' = a_{31} x_i + a_{32} y_i + a_{33} z_i \end{array} \right\}, \tag{19}$$

muß die C_3-Matrix lauten:

$$C_3 = \begin{pmatrix} -\dfrac{1}{2} & -\dfrac{\sqrt{3}}{2} & 0 \\[2mm] \dfrac{\sqrt{3}}{2} & -\dfrac{1}{2} & 0 \\[2mm] 0 & 0 & 1 \end{pmatrix} \tag{20}$$

Denn aus den Gln. (16) bis (18) folgen insgesamt neun Bestimmungsgleichungen für die neun Koeffizienten der C_3-Matrix.

Die C_3^2-Matrix bedeutet eine 120°-Drehung in die entgegengesetzte Richtung und ist mit einer zweimaligen C_3-Drehung hintereinander identisch. Das bedeutet, daß wir die C_3^2-Matrix durch die Multiplikation $C_3 C_3$ erhalten. Die Matrixmultiplikation (vgl. Gl. (13)) liefert:

$$C_3^2 = C_3 C_3 = \begin{pmatrix} -\dfrac{1}{2} & \dfrac{\sqrt{3}}{2} & 0 \\[2mm] -\dfrac{\sqrt{3}}{2} & -\dfrac{1}{2} & 0 \\[2mm] 0 & 0 & 1 \end{pmatrix}. \tag{21}$$

Auf analoge Weise wie für die C_3-Drehung bekommt man die Matrix für die σ_v-Spiegelung und wieder durch Matrixmultiplikation die Darstellungen der σ_v'- und σ_v''-Spiegelungen:

$$\sigma_v = \begin{pmatrix} 1 & 0 & 0 \\ 0 & -1 & 0 \\ 0 & 0 & 1 \end{pmatrix} \quad \sigma_v' = \begin{pmatrix} -\dfrac{1}{2} & -\dfrac{\sqrt{3}}{2} & 0 \\[2mm] -\dfrac{\sqrt{3}}{2} & \dfrac{1}{2} & 0 \\[2mm] 0 & 0 & 1 \end{pmatrix} \quad \sigma_v'' = \begin{pmatrix} -\dfrac{1}{2} & \dfrac{\sqrt{3}}{2} & 0 \\[2mm] \dfrac{\sqrt{3}}{2} & \dfrac{1}{2} & 0 \\[2mm] 0 & 0 & 1 \end{pmatrix} \tag{22}$$

Da wir zur Darstellung dieser Symmetrieoperationen in Matrixform von den drei H-Atomvektoren ausgegangen sind, nennen wir die drei Vektoren die *Basis* der Darstellung. Wie wir später sehen werden, ist dies jedoch nicht die einzige Möglichkeit, um zu einer Darstellung verschiedener Symmetrieoperationen zu gelangen.

4.2 Die Prinzipien der Gruppentheorie

Die Menge aller Operationen, die an einer symmetrischen Figur (z.B. an einem Molekül) durchgeführt werden können und die die Figur unverändert lassen, nennt man

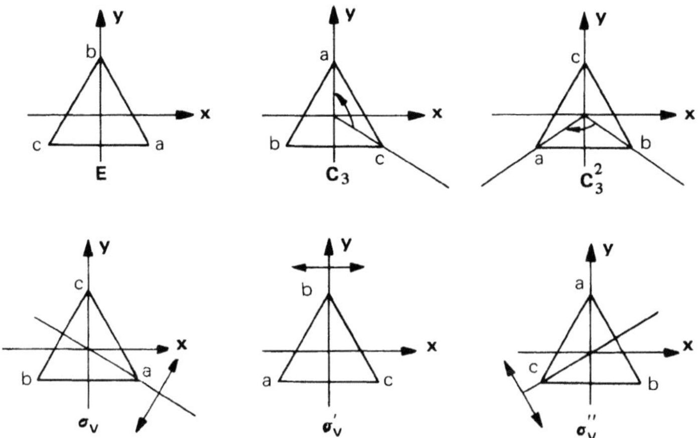

Bild 4.3 Die C_{3v}-Operationen an einem gleichseitigen Dreieck

eine *Gruppe*. Die Symmetrieoperationen E, C_3, C_3^2, σ_v, σ_v', σ_v'' des Moleküles CH_3Cl stellen beispielsweise die *Elemente* einer solchen Gruppe dar.

Bleiben wir zur Herleitung des gruppentheoretischen Formalismus bei der bekannten Symmetrie des CH_3Cl-Moleküles. Da ein gleichseitiges Dreieck bei Operationen in der Ebene dieselbe Symmetrie wie das CH_3Cl-Molekül aufweist, untersuchen wir der Einfachheit halber die Operationen an einem solchen Dreieck (Bild 4.3). Betrachten wir seine Eckpunkte (a, b, c), so können wir insgesamt 6 Symmetrieelemente abzählen, die das Dreieck bei den verschiedenen Operationen unverändert lassen:

1. Die *Identität* E; eine aus formalen Gründen notwendige Einheitsoperation, bei der jeder Eckpunkt unverändert bleibt.
2. Die *Drehung* C_3 um eine dreizählige Drehachse; diese geht durch den Dreiecksmittelpunkt und steht senkrecht zur Dreiecksebene. Eine dreizählige Drehachse bedeutet, daß nach einer Drehung um $2\pi/3$ ($= 120°$) gegen den Uhrzeigersinn ($=$ positive Drehrichtung) das Dreieck zur Deckung gebracht wird.
3. Die *Drehung* C_3^2 um dieselbe Drehachse, jedoch in entgegengesetzter Richtung und äquivalent einer $240°$-Drehung in positiver Richtung.
4. Die *Spiegelung* σ_v, eine Reflexion an einer Ebene, die durch den Eckpunkt a, den Mittelpunkt und durch die senkrecht zur Papierebene stehende z-Achse gebildet wird.
5. Die *Spiegelung* σ_v', eine Reflexion an der ähnlichen Ebene durch den Eckpunkt b.
6. Die *Spiegelung* σ_v'', eine Reflexion an der Ebene durch den Eckpunkt c.

Jede aufeinanderfolgende Produktoperation von zwei der sechs aufgezählten Symmetrieelemente liefert wiederum eine Einzeloperation. Wenn wir alle möglichen Produktoperationen zusammenstellen, so bekommen wir die sogenannte *Multiplikationstafel*. Tabelle 4.1 gibt die Multiplikationstafel der Punktgruppe C_{3v} wieder. Das ist die Gruppe, die wir gerade untersuchen, und die die Symmetrieoperationen des gleichseitigen Dreieckes oder des CH_3Cl-Moleküles (E, C_3, C_3^2, σ_v, σ_v', σ_v'') enthält. Wegen der Nomen-

Tabelle 4.1: Multiplikationstafel der C_{3v}-Gruppe
für Produktoperationen Zeile × Spalte

C_{3v}	E	C_3	C_3^2	σ_v	σ_v'	σ_v''
E	E	C_3	C_3^2	σ_v	σ_v'	σ_v''
C_3	C_3	C_3^2	E	σ_v''	σ_v	σ_v'
C_3^2	C_3^2	E	C_3	σ_v'	σ_v''	σ_v
σ_v	σ_v	σ_v'	σ_v''	E	C_3	C_3^2
σ_v'	σ_v'	σ_v''	σ_v	C_3^2	E	C_3
σ_v''	σ_v''	σ_v	σ_v'	C_3	C_3^2	E

klatur (Schönfliesnomenklatur) der Operationen und Gruppen sei vorderhand auf einen späteren Abschnitt verwiesen. Sie soll im Moment kein Kopfzerbrechen verursachen.

In der Multiplikationstafel stehen die Produkte aus den Operationen Zeile mit Spalte. Die Produkte aus Zeile mit Spalte und Spalte mit Zeile aus der C_{3v}-Gruppe sind nicht immer gleich, also die Reihenfolge der Produktoperation nicht immer vertauschbar. Allgemein: Es kann, es muß aber nicht das Kommutativgesetz $AB = BA$ (A und B beliebige Elemente einer Gruppe) gelten. Gilt das Kommutativgesetz für alle Elemente einer Gruppe, so sprechen wir von einer *kommutativen* oder *Abelschen Gruppe.*

Mit Hilfe der Multiplikationstafel können wir nun zur „abstrakten" Definition einer Gruppe übergehen. Eine Menge mit den Operationen (Elementen) A, B, C, D, E, F stellt dann eine Symmetriegruppe dar, wenn deren Verknüpfung durch Hintereinanderausführen gebildet wird und wenn folgende Bedingungen erfüllt sind:

1. Das Produkt zweier Elemente muß wiederum ein Element der Menge liefern.
2. Die Menge muß das Identitätselement E enthalten, das mit einem jeden anderen Element kommutiert: $EA = AE = A$.
3. Für je drei Elemente A, B, C der Menge muß das Assoziativgesetz gelten: $A\,(BC) = (AB)C$.
4. Jedes Element, z. B. A der Menge muß ein inverses Element A^{-1} besitzen, so daß folgende Bedingung erfüllt wird: $AA^{-1} = A^{-1}A = E$.

Mit Hilfe von Tabelle 4.1 stellen wir fest, daß die Menge C_{3v} tatsächlich eine Gruppe vorstellt, denn sie erfüllt alle geforderten Bedingungen. An Hand der C_{3v}-Gruppe können wir auch eine *Klasseneinteilung* der Elemente vornehmen. Plausibel erscheint, daß wir es mit drei Klassen zu tun haben, nämlich der Identität E, den Drehungen C_3 und C_3^2, sowie den Spiegelungen σ_v, σ_v' und σ_v''. Die „abstrakte" Definition einer Klasse: Zwei Elemente A und B gehören zur selben Klasse, wenn die Relation gilt: $D^{-1}AD = A$ (bzw. B) und D irgendein Element der Gruppe ist. Ist die Gruppe Abelsch, so gilt $D^{-1}AD = D^{-1}DA = A$ für alle Elemente. Jedes Element bildet dann eine eigene Klasse und die Zahl der Klassen ist gleich groß wie die Zahl der Elemente. Die Einteilung in Klassen hat folgende geometrische bzw. symmetriebezogene Bedeutung: Gehören zwei Operationen (Elemente) zur selben Kasse, dann läßt sich immer ein neues Koordinatensystem so angeben, daß in diesem eine Operation einer anderen äquivalent ist. Z. B. könnte man in der C_{3v}-Gruppe, d. h. in Bild 4.3 mit gleichem Recht das Koordinatenkreuz um $120°$ verdrehen. Die

Spiegelung σ_v' im neuen Koordinatensystem entspricht dann der Spiegelung σ_v im alten System usw. Wie wir später sehen werden, beschränkt man sich deshalb auch bei den Charaktertafeln von Punktgruppen auf die Angabe von Klassen. Die *Ordnung* einer Gruppe ist identisch der Zahl der Elemente und identisch mit der Zeilen- bzw. Spaltenzahl in der Multiplikationstafel.

In Abschnitt 4.1 haben wir einer jeden Symmetrieoperation der C_{3v}-Gruppe eine Transformationsmatrix zugeordnet, also die Gruppe durch sechs Matrizen dargestellt. Ausgangspunkt oder Basis dieser Darstellung waren drei Vektoren, die wir in dem dort definierten Koordinatensystem mehr oder weniger frei ausgewählt haben. Wenn wir aber bei der Wahl frei sind, gibt es für eine Gruppe immer viele verschiedene Basen und für eine jede läßt sich eine Matrizendarstellung ableiten. Einige Basen haben eine ganz besondere Bedeutung und mit diesen wollen wir uns im folgenden eingehender beschäftigen.

Tabelle 4.2: Reduzible Matrizendarstellung der C_{3v}-Operationen auf der Basis der drei H-Atomvektoren des CH_3Cl-Moleküles (Bild 4.2)

$$E = \begin{pmatrix} 1 & 0 & 0 \\ 0 & 1 & 0 \\ 0 & 0 & 1 \end{pmatrix} \quad C_3 = \begin{pmatrix} -1/2 & -\sqrt{3}/2 & 0 \\ \sqrt{3}/2 & -1/2 & 0 \\ 0 & 0 & 1 \end{pmatrix} \quad C_3^2 = \begin{pmatrix} -1/2 & \sqrt{3}/2 & 0 \\ -\sqrt{3}/2 & -1/2 & 0 \\ 0 & 0 & 1 \end{pmatrix}$$

$$\sigma_v = \begin{pmatrix} 1 & 0 & 0 \\ 0 & -1 & 0 \\ 0 & 0 & 1 \end{pmatrix} \quad \sigma_v' = \begin{pmatrix} -1/2 & -\sqrt{3}/2 & 0 \\ -\sqrt{3}/2 & 1/2 & 0 \\ 0 & 0 & 1 \end{pmatrix} \quad \sigma_v'' = \begin{pmatrix} -1/2 & \sqrt{3}/2 & 0 \\ \sqrt{3}/2 & 1/2 & 0 \\ 0 & 0 & 1 \end{pmatrix}$$

Wenn wir die Matrizen der C_{3v}-Operationen aus Abschnitt 4.1 in einer Tafel zusammenstellen (Tabelle 4.2), dann erkennen wir auf einen Blick, daß sie alle die einfache Form

$$\begin{pmatrix} a_{11} & a_{12} & 0 \\ a_{21} & a_{22} & 0 \\ 0 & 0 & 1 \end{pmatrix} \tag{22}$$

haben. Wir stellen fest, daß sie eine Summe aus zwei Matrizen ist, nämlich aus der 2×2-Matrix

$$\begin{pmatrix} a_{11} & a_{12} \\ a_{21} & a_{22} \end{pmatrix} \tag{23}$$

und der 1×1-Matrix = Zahl 1. Bezeichnen wir die erste mit Γ_3 und die zweite mit Γ_1, so lautet Gl. (22) in Kurzform:

$$\Gamma = \Gamma_1 + \Gamma_3 . \tag{24}$$

Wir sagen: Die Matrix Γ läßt sich auf die Matrizen Γ_1 und Γ_3 reduzieren und nennen deshalb Matrizen der Art Γ *reduzible* und Matrizen der Art Γ_1 und Γ_3 *irreduzible Darstellungen* der Punktgruppe C_{3v}. Es erhebt sich natürlich jetzt sofort die Frage, ob es außer diesen zwei irreduziblen Darstellungen Γ_1 und Γ_3 der C_{3v}-Gruppe noch andere gibt oder nicht, zumal wir in der Wahl der Basen ja frei sind. Die Antwort auf diese Frage gibt ein Theorem der Gruppentheorie:

Eine Gruppe mit der Ordnung h hat k irreduzible Darstellungen, wenn folgende Bedingung für die Dimension n der Matrizen erfüllt ist:

$$n_1^2 + n_2^2 + \ldots n_i^2 \ldots + n_k^2 = h \tag{25}$$

Da jedes n positiv und ganzzahlig ist, bedeutet Gl. (25), daß k nicht größer als h sein kann. Für die C_{3v}-Gruppe ist $h = 6$, sowie $n_1 = 1$ und $n_3 = 2$, so daß mit Gl. (25) folgt: $n_2 = 1$. Es fehlt also noch eine weitere eindimensionale, irreduzible Darstellung, die wir mit Γ_2 bezeichnen. Wir hätten diese gefunden, wenn wir anstelle der drei H-Vektoren in Abschnitt 4.1 eine allgemeinere Basis gewählt hätten. Würden wir z. B. in jedes H-Atom je ein kartesisches Einheitsvektorsystem legen und die Transformationsmatrizen neu bestimmen, erhielten wir eine reduzible Darstellung der Gruppe durch sechs 9×9-Matrizen. Bei der anschließenden Reduktion würde außer der Γ_1- und Γ_3- die dritte gesuchte eindimensionale Γ_2-Darstellung ebenfalls auftauchen. Die komplette C_{3v}-Darstellung ist in Tabelle 4.3 zu sehen.

Tabelle 4.3: Die drei irreduziblen Matrizendarstellungen der C_{3v}-Gruppe

C_{3v}	E	σ_v	σ_v'	σ_v''	C_3^2	C_3
Γ_1	(1)	(1)	(1)	(1)	(1)	(1)
Γ_2	(1)	(−1)	(−1)	(−1)	(1)	(1)
Γ_3	$\begin{pmatrix} 1 & 0 \\ 0 & 1 \end{pmatrix}$	$\begin{pmatrix} -1 & 0 \\ 0 & 1 \end{pmatrix}$	$\begin{pmatrix} -\frac{1}{2} & -\frac{\sqrt{3}}{2} \\ -\frac{\sqrt{3}}{2} & \frac{1}{2} \end{pmatrix}$	$\begin{pmatrix} -\frac{1}{2} & \frac{\sqrt{3}}{2} \\ \frac{\sqrt{3}}{2} & \frac{1}{2} \end{pmatrix}$	$\begin{pmatrix} -\frac{1}{2} & \frac{\sqrt{3}}{2} \\ -\frac{\sqrt{3}}{2} & -\frac{1}{2} \end{pmatrix}$	$\begin{pmatrix} -\frac{1}{2} & -\frac{\sqrt{3}}{2} \\ \frac{\sqrt{3}}{2} & -\frac{1}{2} \end{pmatrix}$

Bestimmt wird die Zahl der Darstellungsmöglichkeiten durch die Ordnung bzw. Zahl der Klassen einer Gruppe. Gl. (25) legt nämlich gleichzeitig die Zahl der Klassen mit k fest. Eindimensionale Darstellungen werden mit den Symbolen A und B, zweidimensionale mit dem Symbol E und dreidimensionale mit dem Symbol T bezeichnet, wenn von Punktgruppen der Moleküle die Rede ist.

4.3 Der Charakter von Matrizendarstellungen

Die Beschreibung der Symmetrieoperationen einer Gruppe durch Matrizen (vgl. Tabelle 4.3) läßt sich durch das Einführen des sogenannten *Charakters* ganz erheblich vereinfachen. Der Charakter einer Matrix wird durch die *Spur*, das ist die Summe der Diagonalemente einer Matrix, definiert. Bezeichnen wir mit $X_i(\mathbf{R})$ den Charakter der Matrix, die zur Operation $\mathbf{R}$ in der i-ten irreduziblen Darstellung Γ_i gehört, dann lautet die Definitionsgleichung:

$$X_i(\mathbf{R}) = \sum_m \Gamma_i(\mathbf{R})_{mm} \tag{26}$$

Tabelle 4.4: Die Charaktere der irreduziblen Matrizendarstellung der C_{3v}-Gruppe

C_{3v}	E	σ_v	σ_v'	σ_v''	C_3	C_3^2
X_1	1	1	1	1	1	1
X_2	1	-1	-1	-1	1	1
X_3	2	0	0	0	-1	-1

Tabelle 4.5: Die Charaktertafel der C_{3v}-Gruppe nach erfolgter Klasseneinteilung

C_{3v}	E	$2\,C_3$	$3\,\sigma$
A_1	1	1	1
A_2	1	1	-1
E	2	-1	0

Tabelle 4.6: Charaktertafel in allgemeiner Notation zur Herleitung der Gruppenregeln

Zahl der Klassenelemente $\times$ Klasse	$g_1 R_1$ ...... $g_l R_l$ ..... $g_k R_k$
Charaktere der Darstellungen Γ_1	$X_1(R_1)$ ... $X_1(R_l)$ ...$X_1(R_k)$
Γ_i	$X_i(R_1)$ ... $X_i(R_l)$ ..$X_i(R_k)$
Γ_j	$X_j(R_1)$ ... $X_j(R_l)$ ... $X_j(R_k)$
Γ_k	$X_k(R_1)$ ... $X_k(R_l)$ ..$X_k(R_k)$

m ist die Laufzahl des Matrixelementes. Aus der C_{3v}-Tafel in Tabelle 4.3 wird dann die C_{3v}-Tafel in Tabelle 4.4. Es fällt auf, daß die Charaktere der Operationen in ein und derselben Klasse gleich groß sind, so daß wir uns auch diese Unterscheidung ersparen können. Aus Tabelle 4.4 erhält man dann die sogenannte *Charaktertafel* (Tabelle 4.5), in der alle Symmetrieinformationen einer Gruppe enthalten sind.

Die insgesamt h Charaktere $X_i(R_l)$ einer Darstellung Γ_i (Tabelle 4.6), von denen jeweils g_l identisch sind, kann man als die Komponenten eines Darstellungsvektors $X_i(R)$ auffassen. Die Vektoren $X_i(R)$ und $X_j(R)$ zweier verschiedener Darstellungen Γ_i und Γ_j stehen aufeinander senkrecht, weil für die Summe ihrer Komponentenprodukte gilt (Anhang I):

$$\sum_{l=1}^{k} X_i(R_l)\, X_j(R_l)\, g_l = h\, \delta_{ij} . \tag{27}$$

g_l ist die Zahl der Elemente in der Klasse l, R_l ist irgendeine Operation in dieser Klasse und k ist die Zahl der Klassen überhaupt. Das Symbol δ_{ij} ist das *Kroneckersymbol*. Es bedeutet $\delta = 1$ für $i = j$ und $\delta = 0$ für $i \neq j$. Da es ebensoviele Darstellungen wie Klassen gibt, gibt es nur k derartige orthogonale Vektoren. Diese Auffassung der Charaktere als Vektoren hat für die Interpretation der Reduzierbarkeit von Darstellungen eine wichtige Bedeutung. Denn den Charakter von reduziblen Matrizen bzw. Darstellungen kann man nun als eine Linearkombination der Charaktere von irreduziblen Matrizen ansehen und umgekehrt aus einer gegebenen reduziblen Darstellung sehr leicht auf die Zahl der in ihr enthaltenen irreduziblen Darstellungen schließen. Dieser Schluß wird bei praktischen Anwendungen sehr oft gezogen. Gibt c_j an, wie oft die j-te irreduzible Darstellung Γ_j in der reduziblen Γ vorkommt, also $\Gamma = \sum\limits_{j=1}^{k} c_j \, \Gamma_j$, dann gilt analog für die Charaktere einer Operation R_l:

$$X(R_l) = \sum_{j=1}^{k} c_j X_j (R_l) \; . \tag{28}$$

Multipliziert man beide Seiten dieser Gleichung mit $g_l X_i (R_l)$ und summiert man über alle Klassen, so bekommt man:

$$\sum_{l=1}^{k} g_l X_i (R_l) X(R_l) = \sum_{l=1}^{k} g_l X_i (R_l) \sum_{j=1}^{k} c_j X_j (R_l). \tag{29}$$

Wegen der Orthogonalität (Gl. (27)) ist die rechte Seite von Gl. (29) immer Null, außer wenn i = j, so daß

$$\sum_{l=1}^{k} g_l X_i (R_l) X(R_l) = \sum_{l=1}^{k} g_l c_j = h \, c_j \tag{30}$$

oder

$$c_j = \frac{1}{h} \sum_{l=1}^{k} g_l X_i (R_l) \, X(R_l). \tag{31}$$

Als Resumé läßt sich folgendes festhalten: Zwischen den Charakteren einer Gruppe und ihren irreduziblen Darstellungen besteht eine direkte Korrelation, so daß man für weitere gruppentheoretische Anwendungen praktisch mit den Charakteren auskommt. Folgende vier Regeln sollte man dafür außer den Charaktertafeln parat haben:

1. Die Zahl der irreduziblen Darstellungen ist gleich der Zahl der Klassen einer Gruppe.
2. Die Summe der Quadrate der Dimension der irreduziblen Darstellungen ist gleich der Ordnung der Gruppe (Gl. (25)) und wegen $n_i = X_i (E)$ gilt:

$$\sum_i [X_i(E)]^2 = h \; \cdot \tag{32}$$

3. Die Charaktere nichtäquivalenter irreduzibler Darstellungen bilden ein orthogonales Vektorsystem (Gl. (27)).
4. Die Summe der Quadrate der Charaktere einer gegebenen irreduziblen Darstellung ist gleich der Ordnung:

$$\sum_l [X_i(R_l)]^2 = h \; \cdot \tag{33}$$

Vor einer konkreten praktischen Anwendung müssen wir uns aber noch mit den tatsächlich vorkommenden Molekülsymmetrien, ihrer Nomenklatur und einigen weiteren Aussagemöglichkeiten der Charaktertafel beschäftigen.

4.4 Molekülsymmetrie und Charaktertafel

Sehr viele, einfach gebaute Moleküle besitzen Symmetrieoperationen, die gesamtheitlich eine Gruppe bilden und daher gruppentheoretisch behandelt werden können. Einige dieser Operationen haben wir bereits kennengelernt, einige kommen noch hinzu. Wir unterscheiden grundsätzlich die folgenden Operationen:

1. Die *Identätit* **E**. Sie läßt die Atompositionen eines Moleküles unverändert.
2. Die *Drehung* C_n. Sie stellt eine Rotation um die n-zählige Symmetrieachse um den Winkel $2\pi/n$ dar. n = 1 bedeutet keine Symmetrieachse; die Zähligkeiten n = 2, 3, 4, 5, 6 kommen bei Molekülen oft und n = 7, 8, ... usw. recht selten vor. Beispiele für oft vorkommende Drehachsen sind in Bild 4.4 zu sehen.

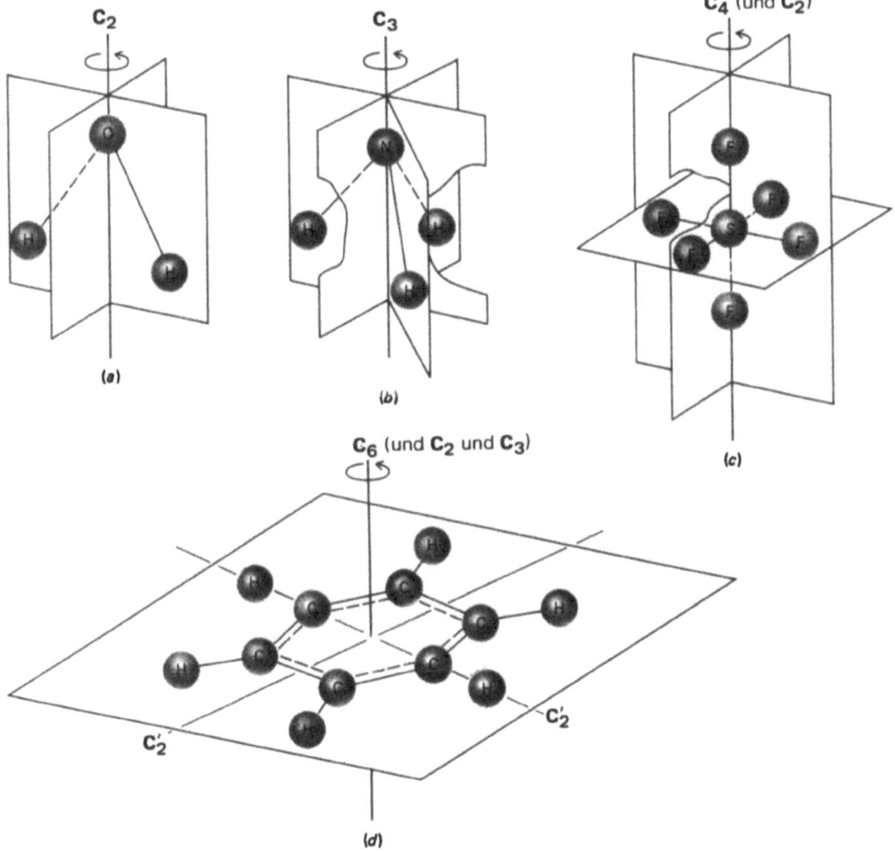

Bild 4.4 Verschiedene n-zählige Drehachsen

3. Die *Spiegelung* **σ**. Sie stellt eine Reflexion an einer Symmetrieebene dar. Spiegelungen werden wie folgt weiter unterschieden: Liegt die Symmetrieebene senkrecht zur Symmetriehauptachse (= Achse mit dem größten n), so wird die Spiegelung mit σ_h bezeichnet, enthält die Ebene die Hauptachse, dann mit σ_v. Gibt es zweizählige Dreh-

achsen senkrecht zur Hauptachse und wird der Winkel zwischen diesen durch eine Symmetrieebene, die die Hauptachse enthält, geteilt, so bezeichnet man die Symmetrieebene mit σ_d (Bild 4.5).

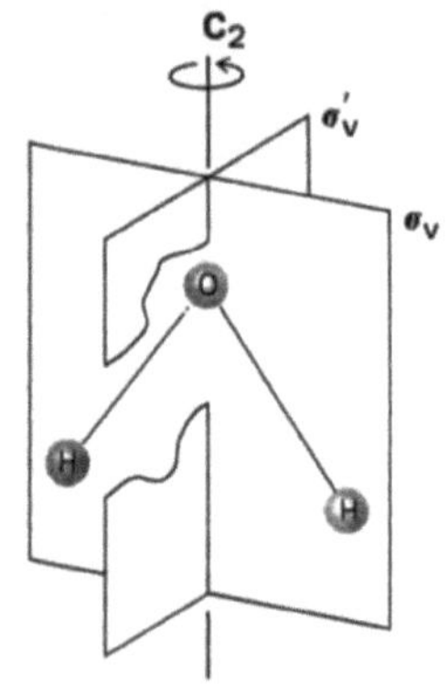

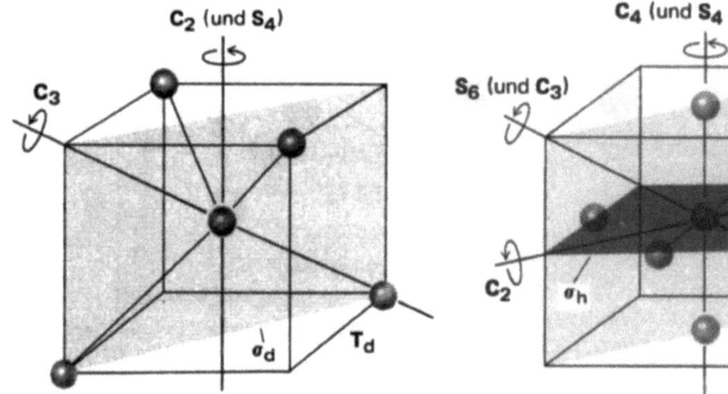

Bild 4.5

H_2O-, Methan- und SF_6-Molekülsymmetrie zur Veranschaulichung verschiedener Spiegelebenen

4. Die *Drehspiegelung* S_n. Sie stellt eine Produktoperation aus einer Drehung um eine n-zählige Achse und einer nachfolgenden Spiegelung an einer Ebene dar, die senkrecht zur Drehachse orientiert ist (Bild 4.6).

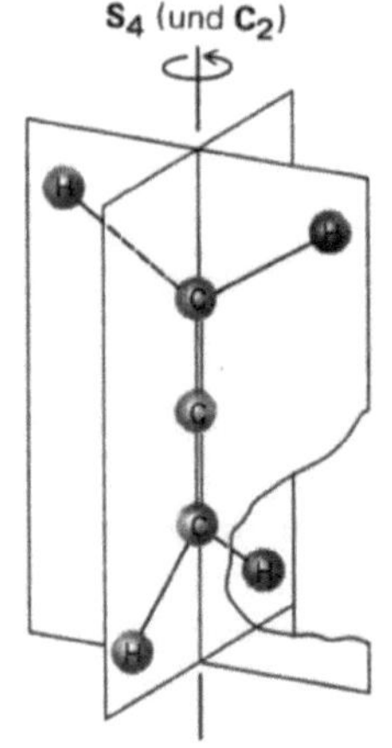

Bild 4.6

Allenmolekül mit Drehspiegelebene

5. Die *Inversion* **i**. Sie entspricht einer Reflexion an einem Punkt und ist in Bild 4.7 an einigen Molekülen illustriert.

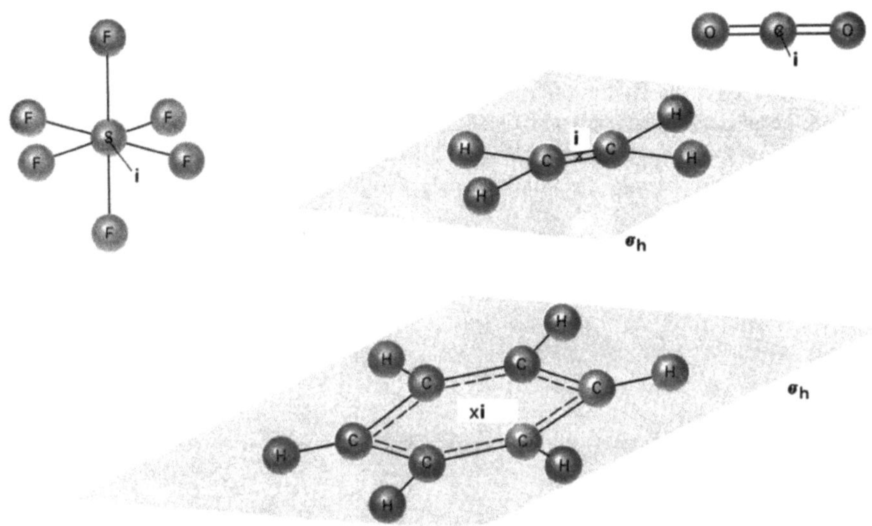

Bild 4.7 Moleküle mit Inversions- oder Symmetriezentrum

Die Symmetriegruppen, die man mit diesen Operationen bilden kann, lassen sich in drei Hauptgruppen einteilen:

1. *In Drehgruppen mit folgendem Charakteristikum:* Sie enthalten eine Drehachse, deren Symmetrie höher ist als die aller anderen, und die in z-Richtung orientiert wird. Folgende Unterteilung kann weiterhin getroffen werden, wenn das Molekül

A. eine einzige n-zählige Drehachse besitzt: $C_1, C_2, C_3, C_4, C_5, C_6$

B. eine n-zählige Drehachse und n Symmetrieebenen σ_v besitzt: $C_{2v}, C_{3v}, C_{4v}, C_{5v}, C_{6v}$.

C. eine n-zählige Drehachse und eine Symmetrieebene σ_h besitzt: $C_{1h}, C_{2h}, C_{3h}, C_{4h}, C_{5h}, C_{6h}$.

D. eine Drehspiegelachse S_n besitzt: S_2, S_4, S_6

E. n zweizählige Drehachsen senkrecht zur n-zähligen Hauptachse besitzt: D_2, D_3, D_4, D_5, D_6.

F. die Operationen D_n und σ_d besitzt: D_{2d}, D_{3d}

G. die Operationen D_n, σ_d und σ_h besitzt: $D_{2h}, D_{3h}, D_{4h}, D_{5h}, D_{6h}$.

2. *In Drehgruppen höherer Symmetrie:* Sie enthalten nicht eine einzige, ausgezeichnete Achse, sondern mehrere n-zählige Achsen mit n > 2. Man unterscheidet dabei folgende Gruppen:

H. Die Symmetriegruppe **T**: Sie enthält Operationen, die ein Tetraeder in sich überführen. Außerdem $T_h = T \cdot i$ und T_d

I. Die Symmetriegruppe **O**: Sie enthält Operationen, die einen Kubus oder einen Oktaeder in sich überführen. Außerdem $O_h = O \cdot i$. (vgl. Bild 4.5).

3. In Drehgruppen mit der Operation C_∞, darunter

 J. die Gruppe $C_{\infty v}$, die die Symmetrieoperationen heteronuklearer zweiatomiger Moleküle enthält, sowie

 K. die Gruppe $D_{\infty h}$, z. B. für homonukleare zweiatomige Moleküle.

Beispiele (Moleküle) für einige dieser Gruppen sind in der Tabelle 4.7 aufgezählt. Als Kurzbezeichnung für die Operationen und Gruppen wurden hier die *Schoenfliessymbole* benutzt. Eine andere, besonders von Kristallographen bevorzugte Symbolik nach *Hermann* und *Mauguin* ist zwar international empfohlen, hat sich aber bei den Gruppen noch nicht durchgesetzt. Wir werden die internationale Symbolik bei der Behandlung der Kristallsymmetrien kennenlernen.

Tabelle 4.7: Einige Moleküle und ihre zugehörigen Punktgruppen

C_s	$NOCl$
C_2	H_2O_2
C_{2v}	H_2O, H_2S, SO_2,
C_{2h}	trans-$C_2H_2Cl_2$
C_{3v}	NH_3, CH_3Cl
C_{4v}	B_5H_9
D_{2d}	Allen
D_{2h}	Äthylen
D_{2d}	Cyclohexan
D_{3h}	Cyclopropan
D_{4h}	Cyclobutan
D_{6h}	Benzol
T_d	Methan
O_h	SF_6
$D_{\infty h}$	H_2, N_2, C_2H_2, CO_2
$C_{\infty v}$	HCl, CO

Wie bereits bekannt, läßt sich den verschiedenen Molekülsymmetriegruppen je eine Charaktertafel zuordnen. Eine Zusammenstellung der wichtigsten Tafeln befindet sich im Tabellenanhang dieses Buches. Greifen wir aus ihr die C_{2v}-Gruppe als die Symmetriegruppe des H_2O heraus. Sie besitzt die vier Klassen E, C_{2v}, σ_v und σ_v' und daher ebensoviele Darstellungen, die mit den Symbolen A_1, A_2, B_1 und B_2 versehen sind. Die Symbole A und B bezeichnen ganz allgemein eindimensionale Matrizendarstellungen mit den Charakteren 1 bzw. -1. Die A's bedeuten immer eine symmetrische und die B's eine antisymmetrische Operation oder Bewegung der Molekülatome bezüglich der Hauptachse. Das heißt, die A's führen die Atome in Drehrichtung und die B's gegen die Drehrichtung in sich über. Bei Vorhandensein von Inversionssymmetrie wird außerdem zwischen Symmetrie (gerade) und Antisymmetrie (ungerade) unterschieden und man schreibt dann A_{1g}, A_{1u}, usw. In Gruppen mit höherer Symmetrie kommen auch E- und T-Darstellungen vor; sie kennzeichnen zwei- bzw. dreidimensionale Matrizen.

In den Charaktertafeln stehen neben den genannten Symbolen für eine Darstellung auch die Translationssymbole x, y, z, ihre reinen und gemischten Produkte sowie die

Rotationssymbole R_x, R_y, R_z. Um ihre Bedeutung zu veranschaulichen, unterwerfen wir den *Translationsvektor* r mit den Komponenten x, y, z oder eine Moleküleigenschaft (z. B. Molekülorbital), die diesem proportional ist, den C_{2v}-Operationen (Bild 4.8) und erhalten folgende Matrizengleichungen:

$$E\begin{pmatrix} x \\ y \\ z \end{pmatrix} = \begin{pmatrix} 1 & 0 & 0 \\ 0 & 1 & 0 \\ 0 & 0 & 1 \end{pmatrix}\begin{pmatrix} x \\ y \\ z \end{pmatrix} \quad C_2\begin{pmatrix} x \\ y \\ z \end{pmatrix} = \begin{pmatrix} -1 & 0 & 0 \\ 0 & -1 & 0 \\ 0 & 0 & 1 \end{pmatrix}\begin{pmatrix} x \\ y \\ z \end{pmatrix}$$

$$\sigma_v\begin{pmatrix} x \\ y \\ z \end{pmatrix} = \begin{pmatrix} 1 & 0 & 0 \\ 0 & -1 & 0 \\ 0 & 0 & 1 \end{pmatrix}\begin{pmatrix} x \\ y \\ z \end{pmatrix} \quad \sigma_v'\begin{pmatrix} x \\ y \\ z \end{pmatrix} = \begin{pmatrix} -1 & 0 & 0 \\ 0 & 1 & 0 \\ 0 & 0 & 1 \end{pmatrix}\begin{pmatrix} x \\ y \\ z \end{pmatrix} \tag{34}$$

Die einzelnen Transformationsmatrizen bestehen aus je 3 eindimensionalen Matrizen, deren Spuren die Charaktere der B_1- $(1-1\ 1-1)$, der B_2- $(1-1-1\ 1)$ und der A_1-Darstellung $(1\ 1\ 1\ 1)$ bilden. Die Komponenten x, y, z werden durch sie in sich übergeführt (transformiert). Man sagt auch, die Komponenten x, y, z gehören zu den Darstellungen B_1, B_2, A_1 bzw. besitzen B_1-, B_2-, A_1-Symmetrie.

Wie mit den Komponenten x, y, z gehen wir mit den Komponenten R_x, R_y, R_z des in Bild 4.9 dargestellten *Drehvektors* R vor und unterwerfen sie denselben C_{2v}-Operationen:

$$E\begin{pmatrix} R_x \\ R_y \\ R_z \end{pmatrix} = \begin{pmatrix} 1 & 0 & 0 \\ 0 & 1 & 0 \\ 0 & 0 & 1 \end{pmatrix}\begin{pmatrix} R_x \\ R_y \\ R_z \end{pmatrix} \quad C_2\begin{pmatrix} R_x \\ R_y \\ R_z \end{pmatrix} = \begin{pmatrix} -1 & 0 & 0 \\ 0 & -1 & 0 \\ 0 & 0 & 1 \end{pmatrix}\begin{pmatrix} R_x \\ R_y \\ R_z \end{pmatrix}$$

$$\sigma_v\begin{pmatrix} R_x \\ R_y \\ R_z \end{pmatrix} = \begin{pmatrix} -1 & 0 & 0 \\ 0 & 1 & 0 \\ 0 & 0 & -1 \end{pmatrix}\begin{pmatrix} R_x \\ R_y \\ R_z \end{pmatrix} \quad \sigma_v'\begin{pmatrix} R_x \\ R_y \\ R_z \end{pmatrix} = \begin{pmatrix} 1 & 0 & 0 \\ 0 & -1 & 0 \\ 0 & 0 & -1 \end{pmatrix}\begin{pmatrix} R_x \\ R_y \\ R_z \end{pmatrix} \tag{35}$$

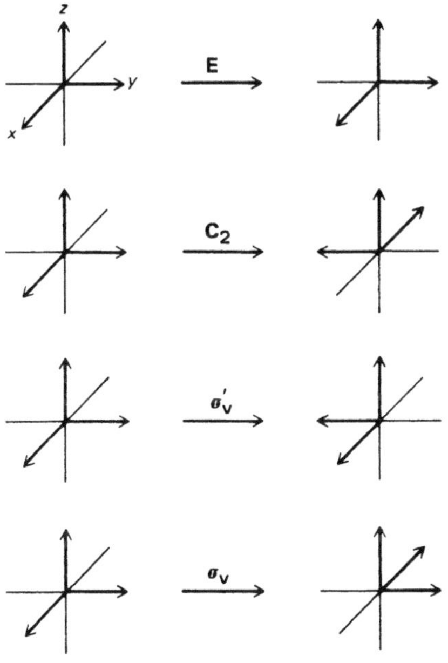

Bild 4.8

C_{2v}-Operationen an den Komponenten x, y, z (zugleich Basisvektoren)

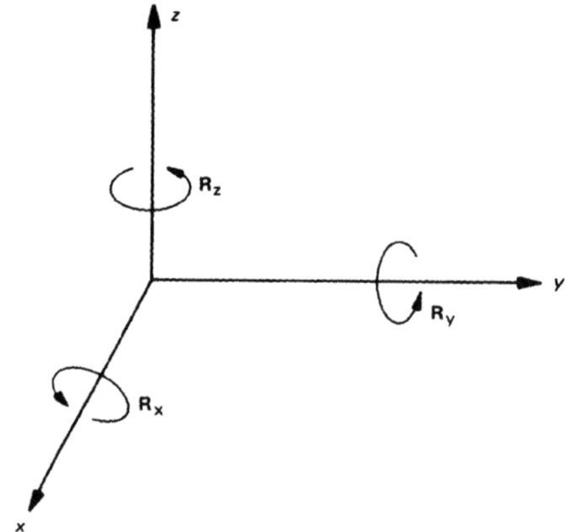

Bild 4.9

Die Komponenten R_x, R_y, R_z
eines Drehvektors R

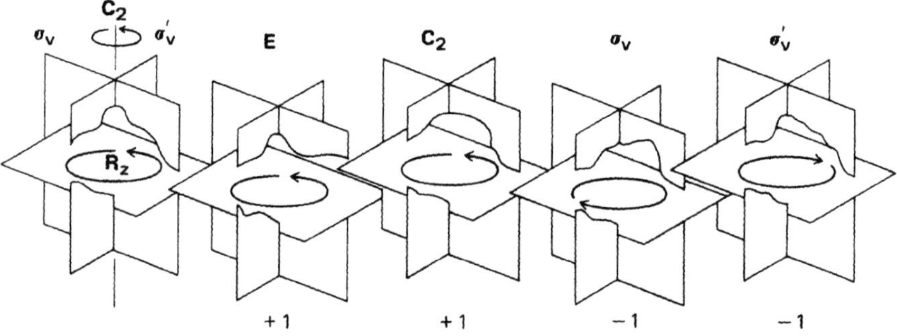

Bild 4.10 Darstellung der Rotationsbewegung eines Moleküles um die z-Achse durch den Drehvektor R_z und seine Transformation durch die Symmetrieoperationen der C_{2v}-Gruppe; sie liefert die Darstellung A_2

Die Operationen an R_z sind in Bild 4.10 anschaulich dargestellt. Die Komponente R_x wird durch B_2, R_y durch B_1 und R_z durch A_2 transformiert. Weil gewisse Moleküleigenschaften wie die Polarisierbarkeit oder die d-Orbitale proportional den Produkten von x, y, z sind, werden in den Charaktertafeln auch ihre Symmetrieeigenschaften angegeben. Es interessieren hier besonders die Produkte xy, xz, yz, z^2 und $x^2 - y^2$ zur Behandlung der Symmetrie von d-Orbitalen.

4.5 Gruppentheoretische Anwendungen

Wir wollen uns in diesem Abschnitt drei Anwendungsbeispielen zuwenden, die die Handhabung der Gruppentheorie in der Chemie illustrieren sollen. Das erste Beispiel handelt von der Symmetrie der Molekülorbitale im Wassermolekül, das zweite von der

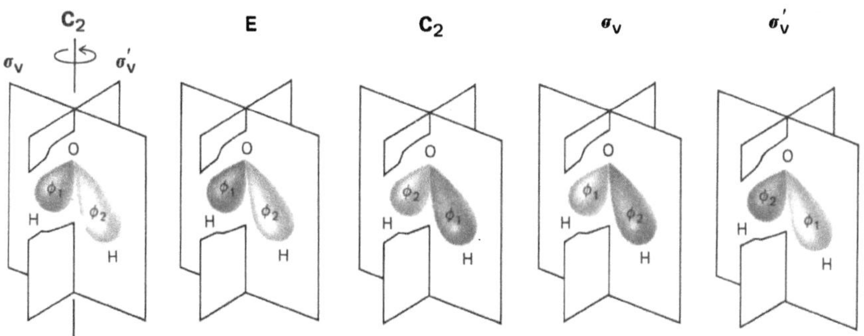

Bild 4.11 Skizze zur Herleitung einer reduziblen Darstellung bzw. reduzibler Charaktere der Molekülorbitale von H_2O aus den Bindungsorbitalen (= Basisvektoren)

Symmetrie seiner Normalschwingungen und das dritte von der Symmetrie der d-Atomorbitale in Ligandenfeldern. Obwohl alle drei Beispiele ausschließlich auf einer Anwendung von Gl. (31) beruhen, wird aus ihnen unterschiedlicher physikalischer Nutzen gezogen.

Im ersten Beispiel wird Gl. (31) dazu verwendet, um die Symmetrie der Molekülorbitale im H_2O-Molekül festzulegen. Man stelle sich hierzu vor, daß die in Bild 4.11 gezeichneten Bindungsorbitale ϕ_1 und ϕ_2 die Bindungselektronen richtig beschreiben. Verwenden wir die Bindungsorbitale ϕ_1 und ϕ_2 als die Basis einer Darstellung der Symmetrieoperationen in C_{2v}, dann lauten die Transformationsgleichungen:

$$E \begin{pmatrix} \phi_1 \\ \phi_2 \end{pmatrix} = \begin{pmatrix} 1 & 0 \\ 0 & 1 \end{pmatrix} \begin{pmatrix} \phi_1 \\ \phi_2 \end{pmatrix},$$

$$C_2 \begin{pmatrix} \phi_1 \\ \phi_2 \end{pmatrix} = \begin{pmatrix} 0 & 1 \\ 1 & 0 \end{pmatrix} \begin{pmatrix} \phi_1 \\ \phi_2 \end{pmatrix},$$

$$\sigma_v \begin{pmatrix} \phi_1 \\ \phi_2 \end{pmatrix} = \begin{pmatrix} 1 & 0 \\ 0 & 1 \end{pmatrix} \begin{pmatrix} \phi_1 \\ \phi_2 \end{pmatrix},$$

$$\sigma'_v \begin{pmatrix} \phi_1 \\ \phi_2 \end{pmatrix} = \begin{pmatrix} 0 & 1 \\ 1 & 0 \end{pmatrix} \begin{pmatrix} \phi_1 \\ \phi_2 \end{pmatrix}, \tag{36}$$

Die Charaktere bezüglich dieser *reduziblen* Darstellung der Matrizen bekommt man durch die Summation der Diagonalelemente, so daß

$$\begin{array}{c|cccc} & E & C_2 & \sigma_v & \sigma'_v \\ \hline X_{red} & 2 & 0 & 2 & 0 \end{array} \tag{37}$$

Daß Gl. (37) auf einer reduziblen Darstellung beruht, erkennt man sofort bei einem Vergleich mit der C_{2v}-Charaktertafel. Gl. (37) stellt eine Linearkombination der irreduziblen Charaktere der C_{2v}-Gruppe dar und es gilt ihre Koeffizienten c_j, in unserem Fall vier, zu bestimmen. Bei diesem einfachen Beispiel erkennt man auch schnell, daß die Linearkombination der Charaktere nur lauten kann:

$$X_{red} = X_{A_1} + X_{B_1} \quad \text{mit } c_{A_1} = c_{B_1} = 1 \quad \text{und} \quad c_{A_2} = c_{B_2} = 0 . \tag{38}$$

Denn mit Gl. (31) folgt für h = 4 und g = 1 (in jeder Klasse gibt es nur eine einzige Symmetrieoperation):

$$c_{A_1} = \frac{1}{4}[1 \cdot 1 \cdot 2 + 1 \cdot 1 \cdot 0 + 1 \cdot 1 \cdot 2 + 1 \cdot 1 \cdot 0] = 1,$$

$$c_{A_2} = \frac{1}{4}[1 \cdot 1 \cdot 2 + 1 \cdot 1 \cdot 0 + 1 \cdot (-1) \cdot 2 + 1 \cdot (-1) \cdot 0] = 0,$$

$$c_{B_1} = \frac{1}{4}[1 \cdot 1 \cdot 2 + 1 \cdot (-1) \cdot 0 + 1 \cdot 1 \cdot 2 + 1 \cdot (-1) \cdot 0] = 1,$$

$$c_{B_2} = \frac{1}{4}[1 \cdot 1 \cdot 2 + 1 \cdot (-1) \cdot 0 + 1 \cdot (-1) \cdot 2 + 1 \cdot 1 \cdot 0] = 0. \tag{39}$$

Wegen Gl. (38) müssen die aus ϕ_1 und ϕ_2 zu bildenden Molekülorbitale (= Linearkombinationen aus ϕ_1 und ϕ_2) durch A_1 bzw. B_1 transformiert werden ($\phi_1 + \phi_2$ durch A_1 und $\phi_1 - \phi_2$ durch B_1). Als Ergebnis läßt sich in Worten festhalten: Die beiden in Frage kommenden Molekülorbitale, die man aus den zwei Bindungsorbitalen zusammensetzen kann, müssen den Symmetrien der Darstellungen A_1 und B_1 genügen.

Wir hätten bei diesem ersten Beispiel auch auf das Anschreiben der Transformationsmatrizen (Gl. 36)) verzichten können. Denn ein Diagonalelement tritt nur dann auf, wenn bei den Operationen die Bindungsorbitale (oder Basisvektoren) in sich übergeführt werden. Operationen, die ein Orbital in die Position eines anderen, gleichwertigen bringen, erzeugen keine Diagonalelemente. Nach Bild 4.11 erhalten wir also sofort den Beitrag + 1 eines Orbitals zum Charakter einer Operation, wenn wir untersuchen, ob eine Verrückung stattfindet oder nicht. Ein analoges Verfahren gilt auch für das folgende zweite Beispiel.

Die Problemstellung des zweiten Beispieles lautet: Wieviele Normalschwingungen besitzt das Wassermolekül und welche Symmetrie besitzen diese? Zur Lösung des gestellten Problems gehen wir wie in Abschnitt 2.9 vor und versehen jedes Atom mit drei kartesischen Translationsvektoren (Bild 4.12). Diese (3n) Vektoren sollen die Basis der Matrizendarstellung verkörpern, an Hand der die Transformationen der C_{2v}-Gruppe durchgeführt werden. Wie schon angedeutet, brauchen wir dazu aber nicht alle 9 × 9 Matrizen zu suchen. Es genügt, wenn wir die Charaktere so ermitteln, daß jeder unverrückte Vektor den Beitrag + 1 und jeder umgedrehte Vektor den Beitrag − 1 liefert. Unterziehen wir uns dieser Mühe, so gelangen wir zu folgender reduzibler Charakterdarstellung:

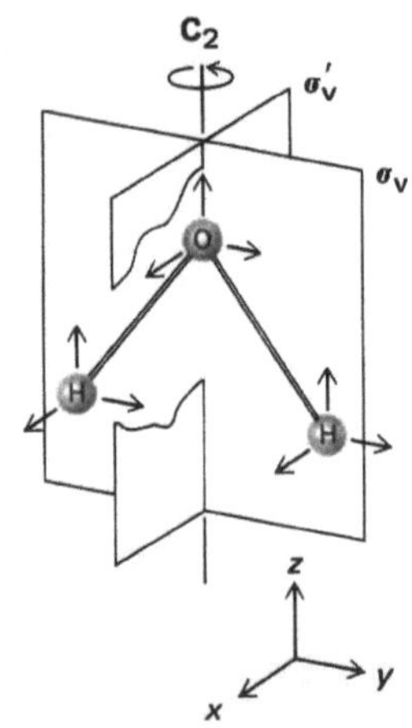

Bild 4.12 H_2O-Molekül mit Translationsvektoren als Basis einer reduziblen Darstellung der Molekülbewegungen

	E	C_2	σ_v	σ_v'
X_{red}	9	−1	3	1

$$\tag{40}$$

Untersuchen wir weiter, wie oft die irreduziblen Charaktere der C_{2v}-Gruppe im reduziblen Charakter X_{red} enthalten sind, so bekommen wir mit Gl. (31):

$$c_{A_1} = \frac{1}{4}[1 \cdot 1 \cdot 9 + 1 \cdot 1 \cdot (-1) + 1 \cdot 1 \cdot 3 + 1 \cdot 1 \cdot 1] = 3,$$

$$c_{A_2} = \frac{1}{4}[1 \cdot 1 \cdot 9 + 1 \cdot 1 \cdot (-1) + 1 \cdot (-1) \cdot 3 + 1 \cdot (-1) \cdot 1] = 1,$$

$$c_{B_1} = \frac{1}{4}[1 \cdot 1 \cdot 9 + 1 \cdot (-1) \cdot (-1) + 1 \cdot 1 \cdot 3 + 1 \cdot (-1) \cdot 1] = 3,$$

$$c_{B_2} = \frac{1}{4}[1 \cdot 1 \cdot 9 + 1 \cdot (-1) \cdot (-1) + 1 \cdot (-1) \cdot 3 + 1 \cdot 1 \cdot 1] = 2. \tag{41}$$

Nach Gl. (28) können wir schreiben:

$$X_{red} = 3 X_{A_1} + X_{A_2} + 3 X_{B_1} + 2 X_{B_2}. \tag{42}$$

Von den insgesamt neun Bewegungsmöglichkeiten der drei H_2O-Atome besitzen somit drei die Symmetrie A_1, eine die Symmetrie A_2, drei die Symmetrie B_1 und zwei die Symmetrie B_2. Da zu den Translationen (x, y, z) die Symmetrien A_1, B_1 und B_2 und zu den Rotationen (R_x, R_y, R_z) die Symmetrien A_2, B_1 und B_2 gehören, verbleiben für die Schwingungen zweimal die Darstellungen A_1 und einmal die Darstellung B_1:

$$X_{Schwingung} = 2 X_{A_1} + X_{B_1} \tag{43}$$

Die zwei A_1-Normalschwingungen sind symmetrisch bezüglich der Hauptachse und die B_1-Schwingung antisymmetrisch (vgl. Bild 2.23). Man kann zwar realisieren, daß die in Bild 2.23 eingezeichneten Schwingungsrichtungen der Atome symmetriegerecht sind, die genaue Richtung erfordert jedoch eine konkrete Berechnung nach Abschnitt 2.9. Noch etwas sollten wir aus den bisherigen Beispielen für später behalten, nämlich Tabelle 4.8 zum Abzählen der Charakterbeiträge eines Molekülatoms. Sie gibt an, wie groß der Beitrag eines Atoms hinsichtlich x, y, z für eine bestimmte Operation ist, wenn dabei das Atom in sich selbst übergeführt wird. Mit Hilfe dieses Rezeptes können wir sehr schnell den reduziblen Charakter von Molekülen bestimmen.

Das dritte Anwendungsbeispiel behandelt die Symmetrie von Atomorbitalen in Kristall- bzw. *Ligandenfeldern*, wie sie z. B. in den Komplexen der Übergangsmetalle vorkommen. Die *Liganden* (Moleküle oder Ionen) solcher Komplexe sind symmetrisch zu einem *Zentralatom* oder -ion angeordnet und stellen daher ein symmetrisches elek-

Tabelle 4.8: Die x, y, z-Charakterbeiträge eines Atoms für verschiedene Operationen

Operation	Beitrag	Operation	Beitrag
E	3	C_4	1
σ	1	S_3	-2
i	-3	S_4	-1
C_2	-1	S_6	0
C_3	0		

trisches Feld dar, in denen die Atomelektronen eine ganz bestimmte Energie bzw. Orbitalsymmetrie besitzen. Sie orientieren sich sozusagen am elektrischen Feld.

Betrachten wir z. B. ein Atom mit s-, p- und d-Elektronen in einem Oktaederfeld mit O_h-Symmetrie. Ziel der Betrachtung soll eine symmetriebezogene Klassifikation der Elektronenzustände und Orbitale im Feld der Liganden sein. Die ligandenfreien Atomorbitale sollen zugleich als Basisvektoren dienen. Ein s-Orbital ist kugelsymmetrisch und wird wie $x^2 + y^2 + z^2$ durch A_{1g} transformiert. Es erhält deshalb im Feld die Bezeichnung a_{1g} und der Energiezustand die Bezeichnung A_{1g}. Die p-Orbitale sind dreifach entartet und besitzen ihre Maximalwerte in der x-, y- und z-Richtung, weshalb sie wie x, y, z durch T_{1u} transformiert werden. Die Orbitalbezeichnung im Feld lautet deshalb t_{1u} und der Energiezustand T_{1u}. Die d-Orbitale des Atoms transformieren hingegen wie xy, yz und xz sowie $x^2 - y^2$ und $3z^2 - r^2$ (vgl. Gl. (32) in Abschnitt 3.2) und gehören laut Charaktertafel zu den Symmetrien E_g und T_{2g}. Die E_g-Spezies ist zweidimensional oder zweifach entartet und die T_{2g}-Spezies ist dreifach entartet. Bringt man also ein Atom mit d-Elektronen in ein Oktaederfeld, so spaltet das fünffach entartete d-Energieniveau in ein zweifach entartetes E_g- und in ein dreifach entartetes T_{2g}-Niveau auf. Grundsätzlich keine Auskunft geben können Symmetrieüberlegungen, welcher der beiden Energiezustände höher liegt. Folgendes „Abstoßungsargument" kann hier qualitativ weiterhelfen: Die E_g-Niveaus werden höher liegen, weil ihre Elektronendichte in den Oktaederrichtungen maximal ist und es zu einer größeren Abstoßung mit den Ligandenelektronen kommen muß. Die T_{2g}-Elektronen „weichen" hingegen den Ligandenatomen aus und haben deshalb eine kleinere Energie (Bild 4.13).

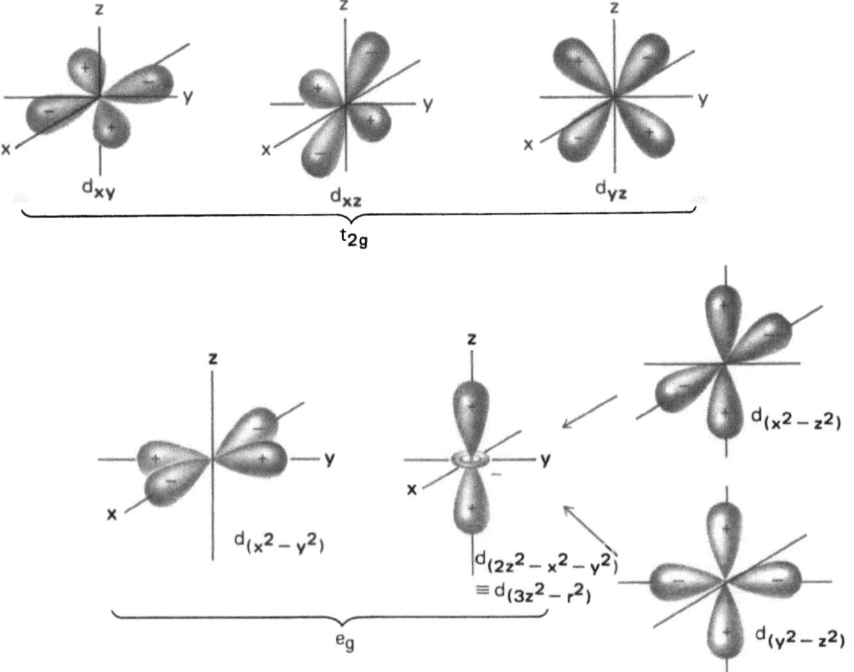

Bild 4.13 d-Atomorbitale zur Veranschaulichung ihrer Orientierung im Oktaederfeld

Verbindet man die Energiezustände der ligandenfreien d-Atomelektronen mit denen im Ligandenfeld, so bekommt man ein *Korrelationsdiagramm*. Ein solches ist in Bild 4.14 für das Ti^{3+}-Ion zu sehen. Es besitzt nur ein einziges d-Elektron mit abgeschlossener innerer Schale. Seine Elektronenkonfiguration lautet ... $(d)^1$ und sein Atomzustand ^2D. In einem starken oktaedrischen Ligandenfeld, z.B. gebildet aus 6 H_2O-Molekülen $(Ti(H_2O)_6^{3+})$ entsteht die Konfiguration ... $(t_{2g})^1 e_g$ mit dem Elektron im energetisch tiefer liegenden T_{2g}-Zustand. Die Größe der Aufspaltung der d-Niveaus, d.h. der Energieabstand zwischen dem E_g- und T_{2g}-Term läßt sich nur mit Hilfe quantenmechanischer Berechnungen oder aus Messungen angeben. Die Aufspaltung Δ beträgt im vorliegenden Fall 244 kJ mol^{-1} oder 2,53 eV. In Tabelle 4.9 sind zur weiteren Verwendung die aus den Atomorbitalen ohne Feld resultierenden Orbitale im Oktaederfeld zusammengestellt.

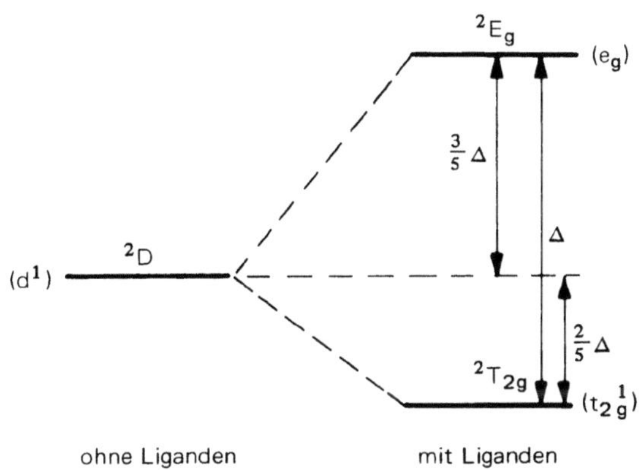

Bild 4.14

Korrelationsdiagramm für das d-Elektron des Ti^{3+}-Ions mit und ohne oktaedrische Liganden; Elektronenkonfiguration in Klammern

Tabelle 4.9: Atomorbitale in einem oktaedrischen Ligandenfeld (O_h)

$s \rightarrow a_1$
$p \rightarrow t_1$
$d \rightarrow e + t_2$
$f \rightarrow a_2 + t_1 + t_2$
$g \rightarrow a_1 + e + t_1 + t_2$
$h \rightarrow e + 2 t_1 + t_2$

Rechenbeispiele

1. Bezeichnen Sie die H-Atome des H_2O-Moleküles (Bild 4.5) mit H_a und H_b und führen Sie die C_{2v}-Operationen E, C_2, σ_v und σ_v' zeichnerisch durch. Wie verhalten sich dabei die H-Atome und auch das O-Atom?

2. Suchen Sie zu den in Tabelle 4.7 angegebenen Molekülen je ein weiteres Beispiel.

3. Zu welchen Punktgruppen gehören die folgenden Moleküle: PCl_3 (pyramidal), S_2Cl_2 (nicht planar), $C_{10}H_8$ (Naphthalin), H_2CO (Formaldehyd), CH_2FCl, CO_3^{2-}.

4. Das S_8-Molekül soll D_{4d}-Symmetrie besitzen. Machen Sie eine schematische Molekülskizze und zeichnen Sie darin einige Symmetrieoperationen ein.

5. SF_5Cl sieht so ähnlich wie SF_6 aus. Welche Punktgruppe läßt sich diesem Molekül zuordnen?

6. Führen Sie folgende Multiplikationen durch:

$$(a)\begin{bmatrix} 1 & 0 & 0 \\ 0 & -1 & 0 \\ 0 & 0 & 1 \end{bmatrix}\begin{bmatrix} 1 \\ -1 \\ -1 \end{bmatrix} \quad (b)\begin{bmatrix} 2 & 3 \\ 1 & 4 \end{bmatrix}\begin{bmatrix} 1 & 2 \\ 3 & 4 \end{bmatrix} \quad (c) \quad [1\ 0\ 2]\begin{bmatrix} 1 & 0 & 0 \\ 0 & -1 & 0 \\ 0 & 0 & 1 \end{bmatrix}$$

$$(d)\begin{bmatrix} a & 0 & 0 \\ 0 & b & 0 \\ 0 & 0 & c \end{bmatrix}\begin{bmatrix} x \\ y \\ z \end{bmatrix} \quad (e)\begin{bmatrix} 1 & -1 & 0 \\ -1 & 1 & 0 \\ 0 & 0 & 2 \end{bmatrix}\begin{bmatrix} x \\ y \\ z \end{bmatrix}$$

7. Wieviele Symmetrieoperationen und Klassen besitzen die folgenden Gruppen: C_{2v}, C_{3v}, C_{4v}, C_{6v} und D_{2h}, T_d, O_h?

8. Erläutern Sie, warum der Charakter von A und B immer 1, der von E immer 2 und der von T immer 3 ist.

9. Zeigen Sie an Hand der C_{2v}-Operationen, daß die Multiplikation zweier Operationen wieder eine Operation der Gruppe liefert.

10. Zeigen Sie mit Hilfe der Charaktertafel von C_{2v}, daß für alle Darstellungen die Beziehung $\sigma_v\,\sigma_v' = C_2$ gilt.

11. Beweisen Sie an Hand der zweidimensionalen Matrizendarstellungen der C_{3v}-Gruppe, daß die Beziehungen $C_3^2 = C_3C_3$ und $E = C_3 C_3^2$ erfüllt sind.

12. Zeigen Sie, daß sich die Charaktere der T_d- und O_h-Darstellungen A_1 und A_2, A_1 und E, sowie E und T_2 wie die Komponenten zweier orthogonaler Vektoren verhalten. Bestätigen Sie außerdem die Gruppenregel, daß die Summe der Charakterquadrate von E über alle Darstellungen die Ordnung h ergibt (vgl. Gl. (32)).

13. Es soll bestätigt werden, daß sich die Charaktere der T_d- und O_h-Darstellungen wie die Vektoren in einem Raum mit der Dimension der Ordnung verhalten.

14. Die 9×9-Matrizen für die Bewegungen eines H_2O-Moleküles auf der Basis von je drei kartesischen Translationsvektoren (Bild 4.12) lauten:

$$E = \begin{bmatrix} 1 & 0 & 0 & 0 & 0 & 0 & 0 & 0 & 0 \\ 0 & 1 & 0 & 0 & 0 & 0 & 0 & 0 & 0 \\ 0 & 0 & 1 & 0 & 0 & 0 & 0 & 0 & 0 \\ 0 & 0 & 0 & 1 & 0 & 0 & 0 & 0 & 0 \\ 0 & 0 & 0 & 0 & 1 & 0 & 0 & 0 & 0 \\ 0 & 0 & 0 & 0 & 0 & 1 & 0 & 0 & 0 \\ 0 & 0 & 0 & 0 & 0 & 0 & 1 & 0 & 0 \\ 0 & 0 & 0 & 0 & 0 & 0 & 0 & 1 & 0 \\ 0 & 0 & 0 & 0 & 0 & 0 & 0 & 0 & 1 \end{bmatrix} \qquad C_2 = \begin{bmatrix} 0 & 0 & 0 & -1 & 0 & 0 & 0 & 0 & 0 \\ 0 & 0 & 0 & 0 & -1 & 0 & 0 & 0 & 0 \\ 0 & 0 & 0 & 0 & 0 & 1 & 0 & 0 & 0 \\ -1 & 0 & 0 & 0 & 0 & 0 & 0 & 0 & 0 \\ 0 & -1 & 0 & 0 & 0 & 0 & 0 & 0 & 0 \\ 0 & 0 & 1 & 0 & 0 & 0 & 0 & 0 & 0 \\ 0 & 0 & 0 & 0 & 0 & 0 & -1 & 0 & 0 \\ 0 & 0 & 0 & 0 & 0 & 0 & 0 & -1 & 0 \\ 0 & 0 & 0 & 0 & 0 & 0 & 0 & 0 & 1 \end{bmatrix}$$

$$\sigma_v = \begin{bmatrix} -1 & 0 & 0 & 0 & 0 & 0 & 0 & 0 & 0 \\ 0 & 1 & 0 & 0 & 0 & 0 & 0 & 0 & 0 \\ 0 & 0 & 1 & 0 & 0 & 0 & 0 & 0 & 0 \\ 0 & 0 & 0 & -1 & 0 & 0 & 0 & 0 & 0 \\ 0 & 0 & 0 & 0 & 1 & 0 & 0 & 0 & 0 \\ 0 & 0 & 0 & 0 & 0 & 1 & 0 & 0 & 0 \\ 0 & 0 & 0 & 0 & 0 & 0 & -1 & 0 & 0 \\ 0 & 0 & 0 & 0 & 0 & 0 & 0 & 1 & 0 \\ 0 & 0 & 0 & 0 & 0 & 0 & 0 & 0 & 1 \end{bmatrix} \qquad \sigma_v' = \begin{bmatrix} 0 & 0 & 0 & 0 & 0 & 0 & 0 & 0 & 0 \\ 0 & 0 & 0 & -1 & 0 & 0 & 0 & 0 & 0 \\ 0 & 0 & 0 & 0 & 1 & 0 & 0 & 0 & 0 \\ 1 & 0 & 0 & 0 & 0 & 0 & 0 & 0 & 0 \\ 0 & -1 & 0 & 0 & 0 & 0 & 0 & 0 & 0 \\ 0 & 0 & 1 & 0 & 0 & 0 & 0 & 0 & 0 \\ 0 & 0 & 0 & 0 & 0 & 0 & 1 & 0 & 0 \\ 0 & 0 & 0 & 0 & 0 & 0 & 0 & -1 & 0 \\ 0 & 0 & 0 & 0 & 0 & 0 & 0 & 0 & 1 \end{bmatrix}$$

    a) Zeichnen Sie in einer Skizze die alten und neuen Translationsvektoren ein, die sich durch die entsprechenden Transformationen des Translationsvektors (in Spaltenform) x_H, y_H, z_H, x_H, y_H, z_H, x_O, y_O, z_O ergeben.

    b) Wie lauten die Charaktere der angeschriebenen reduziblen Matrizen?

    c) Reduzieren Sie diese Matrizen auf irreduzible.

15. Ein Atom besitzt eine tetraedrische Ligandenumgebung.

    a) Wie lauten die Charaktere der reduziblen Darstellung, wenn als Basis einmal das s-Orbital und das anderemal die p-Orbitale genommen werden.

    b) Wählen Sie die d-Orbitale als Basis.

    c) Wie lauten die Charaktere der reduziblen Darstellungen, wenn die Liganden oktaedrische Symmetrie haben?

16. Ermitteln Sie die Charaktere der reduziblen Darstellung für das NH_3-Molekül auf der Basis der s-Orbitale der H-Atome. Wie lauten die irreduziblen Darstellungen und konstruieren Sie auf Grund dieser Basis s-Molekülorbitale.

17. Lösen Sie dasselbe Problem des NH_3 auf der Basis eines zusätzlichen s-Orbitals des N-Atoms.

18. Entwickeln Sie ein Korrelationsdiagramm wie das in Bild 4.14 für eine ... $(d)^1$-Konfiguration in einem Tetraederfeld.

19. Zeichnen Sie ein analoges Diagramm wie in Bild 4.14 für D_{4h}-Symmetrie.

Kapitel 5
Chemische Bindung und Molekülaufbau

Seit Bestehen der Chemie bemühten sich Wissenschaftler, eine befriedigende physikalische Erklärung für die chemische Bindung zu finden. Dem jeweiligen Erkenntnisstand der Naturwissenschaften entsprechend gelang dies mehr oder weniger gut. Gleich vorweg — eine grundsätzlich richtige Beschreibung des Molekülzusammenhalts liefert nur die Quantenmechanik. Daß dabei die Energieeigenwertprobleme der Moleküle, selbst der einfachsten, mathematisch nicht geschlossen lösbar sind, spielt für das prinzipielle Ergebnis keine Rolle. Zur konkreten Berechnung müssen Näherungsmethoden herangezogen werden. Eine wertvolle Hilfe bei qualitativen Überlegungen leistet die im letzten Kapitel vorgestellte Gruppentheorie, mit der man aus einer Vielzahl von möglichen Lösungen die symmetrisch richtigen heraussuchen kann. In diesem Sinne ist auch dieses Kapitel zu verstehen: Es geht hauptsächlich um das Wesen der Bindung, das an Hand einfachster Moleküle erklärt werden soll.

Durch eine Einführung in klassische Deutungsversuche wird zunächst das Molekülproblem vor Augen geführt. Greifen wir die Grenzfälle der chemischen Bindung, nämlich die ionische und die kovalente heraus, so lautet die wichtigste Aussage dieser Einführung: Der ionische Grenzfall läßt sich durch die klassischen Gesetze der Elektrostatik hinreichend beschreiben. Er erweist sich als ein echter Grenzfall der quantenmechanischen Beschreibung, einer Darstellung, die primär zur Deutung der kovalenten Bindung erforderlich ist. Beim Studium der kovalenten Bindung könnte es aus zwei Gründen Verständnisschwierigkeiten geben:

1. Wenn versucht wird, diese auf besondere Bindungskräfte zurückzuführen. Denn der Molekülzusammenhalt ist auch in diesem Fall eine Folge elektrostatischer Kräfte, und zwar wegen der Anhäufung von Bindungselektronen zwischen den positiv geladenen Kernen.

2. Weil es keine geschlossene Lösungsmöglichkeit der Molekülprobleme gibt, existiert auch keine einheitliche quantenmechanische Darstellung. Und obwohl der Hauptteil der Bindungsenergie durch bestimmte Integrale berechenbar ist, so haben diese in den einzelnen Näherungen doch eine unterschiedliche Bedeutung. Die Störungsrechnung z.B., die in der Atomtheorie gute Dienste leistet, ist bei der Lösung von Moleküleigenwertproblemen nicht immer verwendbar. Denn die Elektronenumordnung bei der Molekülbildung ist oft viel zu tiefgreifend, um nachträglich als Störung hinreichend berücksichtigt zu werden. Man greift deshalb auch zu ganz anderen mathematischen Verfahren, z.B. zur Variationsrechnung.

Aus einer analogen Überlegung folgt auch, daß es zwei grundsätzlich verschiedene physikalische Vorstellungen zur Berechnung von Molekülfunktionen geben muß, je nachdem, ob man von den getrennten Atomen und ihren Bahnfunktionen (Atomorbitalen, abgekürzt AO's) oder von dem bereits fertigen Gerüst des Moleküles und sogenannten

Molekülorbitalen (abgekürzt MO's) ausgeht. Die erstgenannte Vorstellung führt zur Heitler-Londonschen VB-Methode (valence bond method). Sie benutzt AO's zur Konstruktion von Valenzorbitalen und eignet sich gut für große Kernabstände, also für Moleküle, bei denen die Bindungselektronen bevorzugt an benachbarten Atomen lokalisiert sind.

Die zweite Vorstellung geht auf *Hund* und *Mulliken* zurück und stellt die Basis der MO-Methode (molecular orbital method) dar. Sie ist eine Einelektronennäherung (vgl. Mehrelektronenatome) und benutzt zur Lösung der Eigenwertprobleme Molekülorbitale, im einfachsten Fall Linearkombinationen von AO's. Diese Methode liefert wie die in Abschnitt 3.7 beschriebene Einelektronennäherung für Mehrelektronenatome ein einziges, sogenanntes MO-Energieschema für alle Molekülelektronen. Zum Molekülaufbau wird es nach dem Pauliprinzip aufgefüllt. Wie bei den Mehrelektronenatomen wird das Verhalten der Elektronen im Feld der positiven Kerne und der über das Kerngerüst verteilt gedachten übrigen Elektronen untersucht. Im Falle des H_2-Moleküls denkt man sich ein jedes Elektron dem Feld zweier positiver Kerne ausgesetzt, von denen jeder nur die Ladung $+ e/2$ besitzt, weil die restliche Ladung durch das zweite Elektron abgeschirmt wird.

5.1 Klassische Deutungsversuche und Ionenbindung

Nachdem sich mit *Dalton* (1808) die Vorstellung des molekularen Aufbaus der Materie durchgesetzt hatte, fragte man sich, welche Kräfte die Atome zu Molekülen zusammenhalten. Als erkannt wurde, daß die Atome aus Kernen und Elektronen bestehen, wurde konsequenterweise versucht, die Bindung auf elektrostatische Kräfte zurückzuführen. Diese Ansicht ist auch heute noch unumstritten. Nach den Gesetzen der Elektrostatik ließ sich die *heteropolare* oder *Ionenbindung* z. B. von Alkalihalogenidmolekülen weitgehend erklären. Die *homöopolare* oder *kovalente* Bindung, wie sie z. B. in den Molekülen H_2 und N_2 vorliegt, fand aber durch solche Wechselwirkungen allein keine Klärung. Es blieb daher anfänglich nichts anderes übrig, als den neutralen Atomen gerichtete Valenzen zuzuordnen. Die Frage nach der wirklichen physikalischen Ursache wurde dadurch umgangen. Obwohl bis um 1900 keine geeignete Bindungstheorie existierte, schritt die Synthese und Analyse organischer und anorganischer Verbindungen immer weiter fort. So wurde z. B. festgestellt, daß das C-Atom vier Atome in tetraedrischer Anordnung binden kann – physikalische Gründe konnten dafür aber nicht angegeben werden. Parallel zu den Erkenntnissen über den Atomaufbau gewann man auch konkretere Vorstellungen über die Struktur der Moleküle. Zwei klassische Bindungsmodelle sollen in diesem Abschnitt vorgestellt werden. Das erste stammt von *Kossel* (1916) und benutzt allein elektrostatische Wechselwirkungen.

Aus der in Kapitel 3 geschilderten Atomtheorie folgt, daß die Edelgase infolge ihrer abgeschlossenen Elektronenschalen im periodischen System der Elemente eine besondere Stellung einnehmen. Sie sind chemisch indifferent, d. h. ihre Tendenz, Moleküle zu bilden, ist sehr klein. Die Atome mit einem Elektron oder mehreren freien Elektronen in nicht abgeschlossenen Schalen (Alkali-, Erdalkaliatome) sind hingegen chemisch aktiv (*elektropositiv*), weil sie durch Elektronenabgabe in Edelgaskonfigurationen übergehen können. Atome, denen ein Elektron oder mehrere Elektronen zum Abschluß einer Schale fehlen, sind ebenfalls chemisch aktiv (*elektronegativ*). Sie bilden durch Aufnahme von Elektronen Edelgaskonfigurationen aus. Durch einen Elektronenübergang von einem elektropositiven zu einem elektronegativen Atom (z. B. von Na zu Cl) können daher die Schalen zweier Atome abgeschlossen werden. Es entstehen dann ein positiv und ein negativ geladenes Ion (z. B. Na^+ und Cl^-), die sich elektrostatisch anziehen und so ein Ionenmolekül bilden. Ein gasförmiges $NaCl$-Molekül bestünde demnach aus dem Ionenpaar $Na^+ Cl^-$.

Die elektrostatischen Wechselwirkungen, die beide Ionen aufeinander ausüben, führen zu einem Molekül mit ganz bestimmtem Ionenabstand. Die gesamte potentielle Wechselwirkungsenergie besteht dabei hauptsächlich aus zwei Teilen:

1. Aus der Coulombschen *Anziehungsenergie* zwischen den entgegengesetzt geladenen Ionen und

2. aus der *Abstoßungsenergie*, die der Abstoßung der Elektronenwolken der Ionen entspringt und ein tieferes gegenseitiges Eindringen verhindert.

Die Coulombsche Anziehungsenergie für ein Ionenmolekül des Typs $A^+ B^-$ lautet:

$$V_{anz} = - \frac{e^2}{4 \pi \epsilon_0 r}. \tag{1}$$

Je kleiner der Ionenabstand r, um so größer ist die Anziehungsenergie. Läßt man jedoch den Ionenabstand immer kleiner werden, so werden sich die Ionen, da sie eine endliche Ausdehnung besitzen, berühren und die elektrostatische Abstoßung der Elektronenwolken wird immer größer. Bei einem bestimmten Ionenabstand (Gleichgewichtsabstand r_0) werden die Anziehung und die Abstoßung gleich groß sein. Die Abstoßung könnte man auch als eine Konsequenz des Pauliprinzipes auffassen. Von *Born* und *Mayer* stammt folgende Beziehung für die Abstoßungsenergie:

$$V_{abst} = be^{-\frac{r}{\rho}}. \tag{2}$$

Sie kann zwar quantenmechanisch begründet werden, doch bestimmt man die Koeffizienten ρ und b besser empirisch. Von Bedeutung ist diese Beziehung auch bei der Berechnung der Gitterenergie von Ionenkristallen (Kapitel 14).

Die gesamte Wechselwirkungsenergie setzt sich aus V_{anz} und V_{abst} additiv zusammen:

$$V_{ges} = - \frac{e^2}{4 \pi \epsilon_0 r} + be^{-\frac{r}{\rho}}. \tag{3}$$

Bei bekanntem Gleichgewichtsabstand r_0 der Ionen kann b eliminiert werden, denn die Energie V_{ges} muß im Gleichgewicht minimal sein:

$$\left(\frac{dV_{ges}}{dr} \right)_{r = r_0} = 0. \tag{4}$$

Führt man die Differentiation mit Gl. (3) durch, so ergibt sich für b:

$$b = \frac{e^2}{4 \pi \epsilon_0} \frac{\rho}{r_0^2} e^{\frac{r_0}{\rho}}. \tag{5}$$

Damit lautet dann die gesamte Wechselwirkungsenergie:

$$V_{ges} = - \frac{e^2}{4 \pi \epsilon_0} \left[\frac{1}{r} + \frac{\rho}{r_0^2} e^{-\frac{r - r_0}{\rho}} \right]. \tag{6}$$

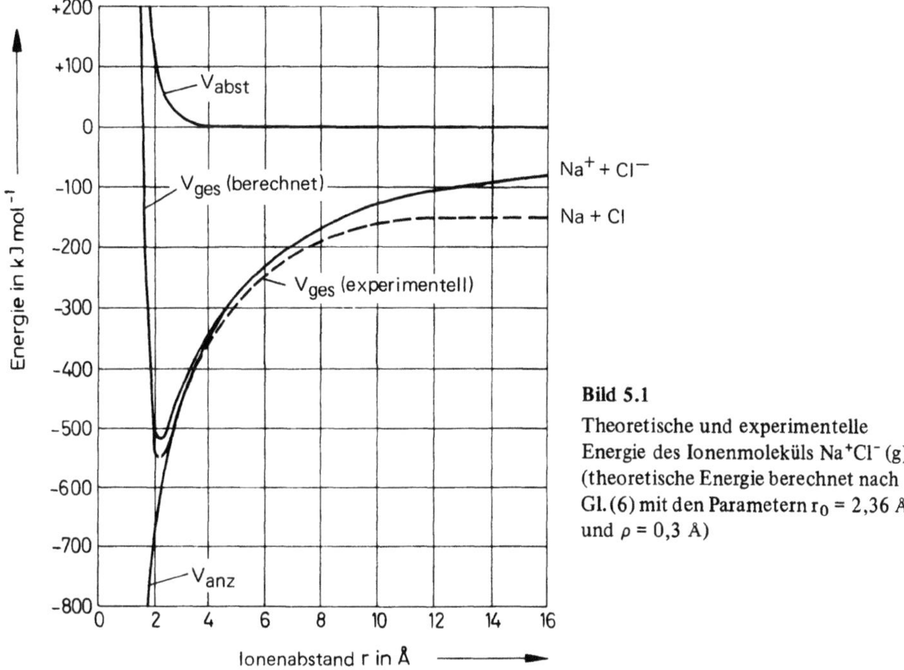

Bild 5.1

Theoretische und experimentelle Energie des Ionenmoleküls Na^+Cl^- (g) (theoretische Energie berechnet nach Gl. (6) mit den Parametern $r_0 = 2,36$ Å und $\rho = 0,3$ Å)

Diese Energie neben der experimentell bestimmten Energie als Funktion von r zeigt Bild 5.1. Man sieht, daß die elektrostatisch berechnete Energie der experimentellen in der Nähe des Energieminimums noch am ehesten entspricht. Bei großem Ionenabstand r ist die Übereinstimmung sehr schlecht: dort ist nämlich das System $Na + Cl$ (neutrale Atome) energetisch stabiler als das System $Na^+ + Cl^-$. Aus der Ionisierungsenergie für Na (5,14 eV $\simeq$ 496 kJ mol⁻¹) und der Elektronenaffinität für Cl (3,61 eV $\simeq$ 348 kJ mol⁻¹) berechnet man näherungsweise folgenden Energieunterschied zwischen beiden Systemen:

$$\begin{array}{ll} Na \rightarrow Na^+ + e^- & -496 \text{ kJ mol}^{-1} \\ Cl + e^- \rightarrow Cl^- & +348 \text{ kJ mol}^{-1} \\ \hline Na + Cl \rightarrow Cl^- + Na^+ & -148 \text{ kJ mol}^{-1} \end{array}$$

Mit kleiner werdendem Abstand verschiebt sich die Stabilität zugunsten der Ionenbildung.

Auch mehratomige Moleküle könnten durch eine solche Ionenbindung erklärt werden. Dabei erscheint von zwei Atomen immer das im periodischen System weiter rechts stehende elektronegativer als das weiter links stehende. Ein Atom der mittleren Gruppen kann je nach Bindungspartner elektropositiv oder elektronegativ auftreten. Im PH_3 z.B. wird die äußerste Elektronenschale des P-Atoms durch Aufnahme von drei H-Atomelektronen zur Ar-Schale ergänzt, so daß das dreifach negativ geladene P^{3-}-Ion drei H^+-Ionen (Protonen) binden kann. Bei PCl_5 ist es gerade umgekehrt: Jedes der fünf Cl-Atome entnimmt dem P-Atom ein Elektron, so daß dessen Elektronenhülle zur Ne-Schale abgebaut wird. Es entsteht ein P^{5+}-Ion, das die fünf Cl^--Ionen bindet.

Trotz der Erfolge, Molekülbindungen heteropolar zu erklären, ist die Kosselsche Theorie nur im Grenzfall anwendbar. Daß die Ionenbindungstheorie wirklich nur im Grenzfall gültig ist, zeigt ein Vergleich der theoretisch berechneten und experimentell bestimmten Dipolmomente der Moleküle (Abschnitt 7.4). Selbst bei KCl, das oft als Prototyp einer Ionenverbindung angesehen wird, ist das gemessene Dipolmoment kleiner als das für die reine Ionenverbindung berechnete. Diese Diskrepanz ist bei den meisten anderen Molekülen noch viel größer.

Etwas später als *Kossel* unternahm *Lewis* den Versuch die *homöopolare* Bindung zu erklären. Auch *Lewis* ging von der Forderung aus, daß die Elektronenschalen soweit wie möglich zu Edelgasschalen abzuschließen sind. Sein Bindungsmodell besteht darin, daß gemeinsame Bindungselektronen zum Abschluß der Elektronenschalen zweier oder mehrerer Atome gleichzeitig beitragen. Deutet man jedes Elektron durch einen Punkt an, so gilt z. B. für die folgenden Moleküle:

$$CH_4 \qquad \cdot \dot{C} \cdot + 4 \cdot H \rightarrow H : \overset{\displaystyle H}{\underset{\displaystyle H}{\overset{\cdot\cdot}{\underset{\cdot\cdot}{C}}}} : H$$

$$H_2O \qquad : \dot{\ddot{O}} + 2 \cdot H \rightarrow H : \overset{\cdot\cdot}{\underset{\cdot\cdot}{O}} : H$$

$$CCl_4 \qquad \cdot \dot{C} \cdot + 4 \cdot \dot{\ddot{Cl}} : \rightarrow : \overset{:\dot{\ddot{Cl}}:}{\underset{:\dot{\ddot{Cl}}:}{\dot{\ddot{Cl}} : \overset{\cdot\cdot}{\underset{\cdot\cdot}{C}} : \dot{\ddot{Cl}}}} :$$

Durch Heranziehen der vier Elektronen der H-Atome kommt das C-Atom zu einer abgeschlossenen L-Schale und die H-Atome gelangen zu abgeschlossenen K-Schalen. Das Entscheidende am Lewisschen Modell ist, daß die Bindung bereits auf die Wirkung von je zwei *gemeinsamen* Elektronen (*Elektronenpaar*) zwischen den zu bindenden Atomen zurückgeführt wird, obwohl sich der Aufenthalt der Elektronen zwischen den Atomen nicht begründen läßt. Diesen gemeinsamen Elektronenpaaren kommt quantenmechanisch eine wesentliche Bedeutung zu; es handelt sich um Elektronenpaare mit antiparallelem Spin. Obwohl also das Lewissche Modell keine physikalische Begründung für das Zustandekommen der Bindung gibt, bedeutet es gegenüber früheren Modellen doch einen großen Fortschritt. Es vermag die Zahl der homöopolaren Bindungsmöglichkeiten aufgrund der Elektronenkonfiguration und somit das chemische Verhalten qualitativ vorherzusagen.

5.2 Das H_2-Molekül

In den Jahren nach 1916 wurden noch weitere Versuche zur physikalischen Deutung der chemischen Bindung unternommen. Doch erst mit der Einführung der Quantenmechanik zur Beschreibung atomarer Systeme gelang eine befriedigende Lösung dieses Problems. Nur sie ist einer sinnvollen Interpretation fähig. 1927 unternahmen *Heitler* und *London* den ersten erfolgreichen Versuch zur Lösung des Energieeigenwertproblems des H_2-Moleküls. Sie verwendeten, da eine geschlossene Lösung nicht möglich ist, als mathematisches Hilfsmittel die Störungsrechnung (vgl. Abschnitt 3.6). Die Grundzüge der Lösung dieses speziellen Eigenwertproblems sollen jetzt besprochen werden.

Bild 5.2 zeigt schematisch das Punktmodell eines H_2-Moleküles. Es besteht aus zwei Kernen (Protonen) und zwei Elektronen. Im Abstand r_{1A} vom Kern A und r_{1B} vom Kern B

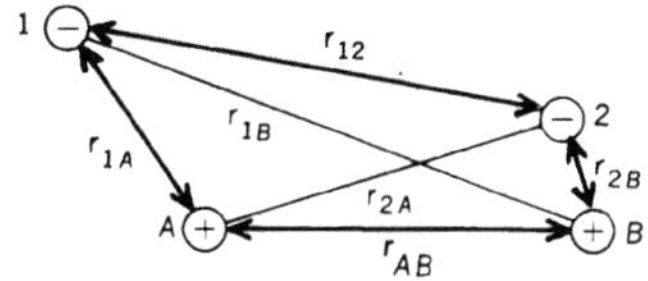

Bild 5.2

Punktmodell des H_2-Moleküls

befindet sich das Elektron 1, im Abstand r_{2A} vom Kern A und r_{2B} vom Kern B das Elektron 2. r_{AB} ist der Abstand der beiden Kerne und r_{12} der Abstand der beiden Eektronen voneinander. Zwischen den Kernen und Elektronen gibt es nur elektrostatische Wechselwirkungen, so daß man für den Hamiltonoperator dieses Systems schreiben kann:

$$H = - \frac{\hbar^2}{2m} (\Delta_1 + \Delta_2) + \frac{1}{4\pi\epsilon_0} \left[\frac{e^2}{r_{AB}} + \frac{e^2}{r_{12}} - \frac{e^2}{r_{1A}} - \frac{e^2}{r_{2B}} - \frac{e^2}{r_{1B}} - \frac{e^2}{r_{2A}} \right]. \tag{7}$$

Bei einem zweiatomigen Molekül hat man nicht nur die elektrostatischen Wechselwirkungen der *Elektronen* untereinander, sondern auch die mit dem anderen Kern und die der *Kerne* untereinander zusätzlich zu berücksichtigen. Das ist der prinzipielle Unterschied gegenüber dem Hamiltonoperator eines Atoms. Mit Hilfe der Störungsrechnung läßt sich die Eigenwertgleichung

$$H \psi (x_1\, y_1\, z_1, x_2\, y_2\, z_2) = \epsilon\, \psi (x_1\, y_1\, z_1, x_2\, y_2\, z_2) \tag{8}$$

angenähert lösen. Gemäß der Störungsrechnung hat man vorerst das ungestörte Problem und dann mit Hilfe der ungestörten Eigenfunktionen die Störenergie

$$\epsilon' = \int_V \phi^0 {}^* H' \phi^0\; dV \tag{9}$$

für den Grundzustand zu berechnen.

Im Fall des H_2-Moleküls betrachtet man die neutralen Atome im Grundzustand in genügender Entfernung voneinander als das ungestörte System. Verbleibt beim Trennen der Atome das Elektron 1 beim Kern A und das Elektron 2 beim Kern B, dann lautet der ungestörte Hamiltonoperator

$$H^0 = - \frac{\hbar^2}{2m} (\Delta_1 + \Delta_2) - \frac{1}{4\pi\epsilon_0} \left[\frac{e^2}{r_{1A}} + \frac{e^2}{r_{2B}} \right], \tag{10}$$

der entsprechende Störoperator

$$H' = \frac{1}{4\pi\epsilon_0} \left[\frac{e^2}{r_{AB}} + \frac{e^2}{r_{12}} - \frac{e^2}{r_{1B}} - \frac{e^2}{r_{2A}} \right]. \tag{11}$$

Verbleibt hingegen das Elektron 2 beim Kern A und das Elektron 1 beim Kern B, dann lautet der ungestörte Hamiltonoperator

$$H^0 = - \frac{\hbar^2}{2m} (\Delta_1 + \Delta_2) - \frac{1}{4\pi\epsilon_0} \left[\frac{e^2}{r_{2A}} + \frac{e^2}{r_{1B}} \right] \tag{12}$$

und der zugehörige Störoperator

$$H'' = \frac{1}{4\pi\epsilon_0} \left[\frac{e^2}{r_{AB}} + \frac{e^2}{r_{12}} - \frac{e^2}{r_{2B}} - \frac{e^2}{r_{1A}} \right]. \tag{13}$$

Diese beiden Möglichkeiten der Trennung gibt es aufgrund der Ununterscheidbarkeit der Elektronen. Im ersten Fall der Trennung heißen die Lösungen des ungestörten Problems

$$\phi^0 = \varphi_A(1)\,\varphi_B(2) = {}_A\psi_{100}(1)\,{}_B\psi_{100}(2) \tag{14}$$

und im zweiten Fall

$$\phi^0 = \varphi_B(1)\,\varphi_A(2) = {}_B\psi_{100}(1)\,{}_A\psi_{100}(2) \ . \tag{15}$$

Da beide Lösungen gleichberechtigt sind, ergibt sich die gesamte Bahnfunktion des Systems der getrennten Atome durch die Bildung ihrer Linearkombinationen:

$$\phi^0_{s,a} = \frac{1}{\sqrt{2}}\left[\varphi_A(1)\,\varphi_B(2) \pm \varphi_A(2)\,\varphi_B(1)\right]. \tag{16}$$

Sucht man nun die Störenergie und setzt die Gln. (16) in Gl. (9) ein, so muß, im Gegensatz zum He-Atom, Gl. (9) noch durch die Norm dividiert werden. ϕ^0_s und ϕ^0_a bestehen nämlich aus H-Atomorbitalen an verschiedenen Kernen (A und B), und Orbitale verschiedener Atome sind *nicht* orthogonal:

$$\epsilon' = \frac{\displaystyle\int_V \phi^{0*}\,\mathbf{H}'\,\phi^0\ dV}{\displaystyle\int_V \phi^{0*}\,\phi^0\ dV} =$$

$$= \frac{\dfrac{1}{2}\displaystyle\int_{V_1}\int_{V_2} [\varphi_A(1)\,\varphi_B(2) \pm \varphi_A(2)\,\varphi_B(1)]\,\mathbf{H}'\,[\varphi_A(1)\,\varphi_B(2) \pm \varphi_A(2)\,\varphi_B(1)]\ dV_1\,dV_2}{\dfrac{1}{2}\displaystyle\int_{V_1}\int_{V_2} [\varphi_A(1)\,\varphi_B(2) \pm \varphi_A(2)\,\varphi_B(1)]^2\ dV_1\,dV_2} \tag{17}$$

Für $\mathbf{H}'$ ist entweder Gl. (11) oder Gl. (13) zu setzen, je nachdem ob $\mathbf{H}'$ auf $\varphi_A(1)\,\varphi_B(2)$ oder $\varphi_A(2)\,\varphi_B(1)$ wirkt. Das Integral im Zähler lautet dann

$$\frac{1}{2}\int_{V_1}\int_{V_2} [\varphi_A(1)\,\varphi_B(2) \pm \varphi_A(2)\,\varphi_B(1)]\,\mathbf{H}'\,[\varphi_A(1)\,\varphi_B(2) \pm \varphi_A(2)\,\varphi_B(1)]\ dV_1\,dV_2 =$$

$$= \frac{1}{2}\Bigg\{ \int_{V_1}\int_{V_2} \varphi_A(1)\,\varphi_B(2)\,\mathbf{H}'\,\varphi_A(1)\,\varphi_B(2)\ dV_1\,dV_2 + \int_{V_1}\int_{V_2} \varphi_A(2)\,\varphi_B(1)\,\mathbf{H}''\,\varphi_A(2)\,\varphi_B(1)\,dV_1\,dV_2$$

$$\pm\, 2\int_{V_1}\int_{V_2} \varphi_A(1)\,\varphi_B(2)\,\mathbf{H}'\,\varphi_A(2)\,\varphi_B(1)\ dV_1\,dV_2\Bigg\}. \tag{18}$$

Die beiden ersten Integrale besitzen denselben Wert, da bei einer Vertauschung der Elektronen diese ineinander übergeführt werden. Der Wert des dritten Integrals ist davon unabhängig, ob der Störoperator $\mathbf{H}'$ oder $\mathbf{H}''$ heißt. Schreibt man

$$C = \int\limits_{V_1} \int\limits_{V_2} [\varphi_A(1)\,\varphi_B(2)]^2 \, \frac{1}{4\pi\epsilon_0} \left[\frac{e^2}{r_{AB}} + \frac{e^2}{r_{12}} - \frac{e^2}{r_{1B}} - \frac{e^2}{r_{2A}} \right] dV_1\, dV_2 \qquad (19)$$

(Coulombintegral)

und

$$A = \int\limits_{V_1} \int\limits_{V_2} [\varphi_A(1)\,\varphi_B(2)\,\varphi_A(2)\,\varphi_B(1)] \, \frac{1}{4\pi\epsilon_0} \left[\frac{e^2}{r_{AB}} + \frac{e^2}{r_{12}} - \frac{e^2}{r_{1B}} - \frac{e^2}{r_{2A}} \right] dV_1\, dV_2 ,$$

(Austauschintegral) (20)

so kann man für den Zähler von Gl. (17) abgekürzt $C \pm A$ schreiben. Im Nenner von Gl. (17) steht

$$\frac{1}{2} \int\limits_{V_1} \int\limits_{V_2} [\varphi_A(1)\,\varphi_B(2) \pm \varphi_A(2)\,\varphi_B(1)]^2 \, dV_1\, dV_2 = \frac{1}{2} \left\{ \int\limits_{V_1} \int\limits_{V_2} \varphi_A(1)^2 \, \varphi_B(2)^2 \, dV_1\, dV_2 + \right.$$

$$\left. + \int\limits_{V_1} \int\limits_{V_2} \varphi_A(2)^2 \, \varphi_B(1)^2 \, dV_1\, dV_2 \pm 2 \int\limits_{V_1} \int\limits_{V_2} \varphi_A(1)\,\varphi_B(1)\,\varphi_A(2)\,\varphi_B(2) \, dV_1\, dV_2 \right\} . \qquad (21)$$

Die beiden ersten Integrale haben wieden denselben Wert, und zwar 1, da φ_A und φ_B normiert sind. Das dritte Integral ist aber aus dem schon erwähnten Grund der Nichtorthogonalität von Null verschieden. Schreibt man dafür

$$S = \int\limits_{V_1} \int\limits_{V_2} \varphi_A(1)\,\varphi_B(1)\,\varphi_A(2)\,\varphi_B(2) \, dV_1\, dV_2 , \qquad \textit{(Überlappungsintegral)} \qquad (22)$$

so folgt für den Nenner: $1 \pm S$.

S heißt *Überlappungsintegral*, weil es je nach der Überlappung der zu den verschiedenen Kernen A und B gehörenden Funktionen einen von Null verschiedenen Wert besitzt. Nur wenn die beiden H-Atome so weit voneinander entfernt sind, daß sich ihre Funktionen kaum mehr überlappen, geht S gegen Null. Andererseits wird S gleich 1, wenn sie sich vollkommen überlappen, d.h. wenn der Kernabstand r_{AB} gegen Null geht. Dann ist nämlich $\varphi_A = \varphi_B$ und

$$S = \int\limits_{V_1} \varphi_A(1)^2 \, dV_1 \int\limits_{V_2} \varphi_B(2)^2 \, dV_2 = 1 . \qquad (23)$$

S hat also Werte zwischen 0 und 1, ist aber meist viel kleiner als 1, so daß man seinen Beitrag bei qualitativen Diskussionen der Bindungsenergie außer Acht lassen kann.

Wie beim He-Atom ergeben sich auch beim H_2-Molekül zwei Störenergien, die aber nun Funktionen des Kernabstandes r_{AB} sind. Die Störenergie

$$\epsilon'_s = \frac{C + A}{1 + S} \qquad (24)$$

gehört zur symmetrischen Linearkombination ϕ_s^0, die aus den 1s-Orbitalen der H-Atome gebildet worden ist. Aufgrund des Antisymmetrieprinzips (Abschnitt 3.5) gehört zu einer solchen Bahnfunktion die Spinfunktion $[\alpha(1)\,\beta(2) - \alpha(2)\,\beta(1)]$ mit antiparallelem Spin der Elektronen; die Gesamteigenfunktion Ψ_a ist antisymmetrisch (Singulettzustand). Die Störenergie

$$\epsilon_a' = \frac{C - A}{1 - S} \tag{25}$$

gehört dagegen zur antisymmetrischen Bahnfunktion ϕ_a^0 und zu den symmetrischen

Spinfunktionen $\begin{bmatrix} [\alpha(1)\,\alpha(2)] \\ [\beta(1)\,\beta(2)] \\ [\alpha(1)\,\beta(2) + \alpha(2)\,\beta(1)] \end{bmatrix}$ mit parallelem (*abgesättigtem*) Spin der Elektro-

nen. Die Gesamteigenfunktion Ψ_a ist natürlich wieder antisymmetrisch (Triplettzustand).

Aufgrund der Definition der *Bindungsenergie* (Differenz der Energie des Moleküls und der getrennten Atome) ist ϵ_a' oder ϵ_s' identisch mit der Bindungsenergie. Um ihre Abhängigkeit vom Kernabstand r_{AB} zu finden, muß für φ_A und φ_B der r-abhängige Anteil der 1s-Atomorbitale zur Auswertung der Integrale C, A und S eingesetzt werden. Der nicht interessierende winkelabhängige Anteil fällt von selbst heraus. Die Auswertung der Integrale ist zwar geschlossen, aber nur mühsam durchführbar; es soll hier darauf verzichtet werden. Als Ergebnis findet man ϵ_s' und ϵ_a' als Funktion von r_{AB}:

$$\epsilon_{s,a}' = \frac{C(r_{AB}) \pm A(r_{AB})}{1 \pm S(r_{AB})}. \tag{26}$$

ϵ_s' und ϵ_a' sind in Bild 5.3 graphisch dargestellt. $C(r_{AB})$ ist immer positiv (Abstoßung) und $A(r_{AB})$ immer negativ (Anziehung). Wie Bild 5.3 zeigt, stellt $\epsilon_a'(r_{AB})$ eine antibindende und $\epsilon_s'(r_{AB})$ eine bindende Energiekurve dar (vgl. Bild 5.1). Da $\epsilon_a'(r_{AB})$ zu einer antisymmetrischen Bahnfunktion und drei symmetrischen Spinfunktionen gehört, ist der *antibindende* Zustand ein *Triplettzustand*. Zu $\epsilon_s'(r_{AB})$ gehört hingegen eine symmetrische Bahnfunktion und nur eine antisymmetrische Spinfunktion. Der *bindende* Zustand ist daher ein *Singulettzustand* mit antiparallelem Spin der Bindungselektronen. Bei Annähe-

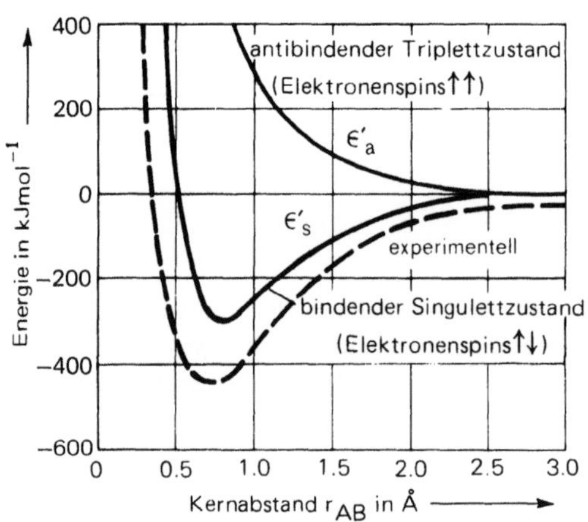

Bild 5.3

Bindender und antibindender Zustand des H_2-Moleküls nach *Heitler-London*

rung zweier H-Atome ist die Chance, eine Bindung einzugehen, d.h. die Wahrscheinlichkeit, daß die beiden Spins zueinander antiparallel gerichtet sind, 1/4. Kommt es zur Bindung, dann geht das System in den energetisch günstigsten Zustand (Energieminimum) über. Einer weiteren Verkleinerung des Kernabstandes wirkt hauptsächlich die Coulombsche Kernabstoßung entgegen. Um beide Atome wieder voneinander zu trennen, muß die *Dissoziationsenergie* (das ist die Energie vom Minimum aus gemessen und gleich der Bindungsenergie) aufgebracht werden. Der zum Energieminimum gehörende Kernabstand ist der Atomabstand im Gleichgewicht.

Zu Vergleichszwecken ist in Bild 5.3 die spektroskopisch bestimmte Energiekurve (= Schwingungsenergiekurve) des H$_2$-Moleküls der theoretisch berechneten gegenübergestellt. Bedenken wir, daß zur Berechnung der theoretischen Kurve das an sich einfachste Verfahren zur Anwendung kam, so stellen wir fest, daß die Diskrepanzen gar nicht so groß sind. Dies geht auch aus folgendem Vergleich hervor:

	experimentell	theoretisch
Dissoziationsenergie (kJ mol^{-1})	458	300
Gleichgewichtsabstand (Å)	0,74	0,80

Die Bindung im H$_2$-Molekül und damit auch die in allen anderen Molekülen ist nach den Ausführungen dieses Abschnittes eine Folge des „Elektronenaustausches", bedingt durch die Ununterscheidbarkeit der Elektronen. Er führt zu einer erhöhten Aufenthaltswahrscheinlichkeit (Bild 5.4) der Elektronen zwischen den Kernen und somit zu einer von Null verschiedenen Elektronendichte im bindenden Zustand. Die Anziehung zweier Atome kommt durch die elektrostatische Coulombwechselwirkung zwischen dieser Elektronenladung und den beiden positiven Kernladungen zustande. Die Bindung wirkt umso stärker, je mehr sich die Atomorbitale überlappen, und den Hauptanteil an der Bindungsenergie trägt das Austauschintegral. Dies sind in Stichworten die physikalischen Charakteristika der chemischen Bindung.

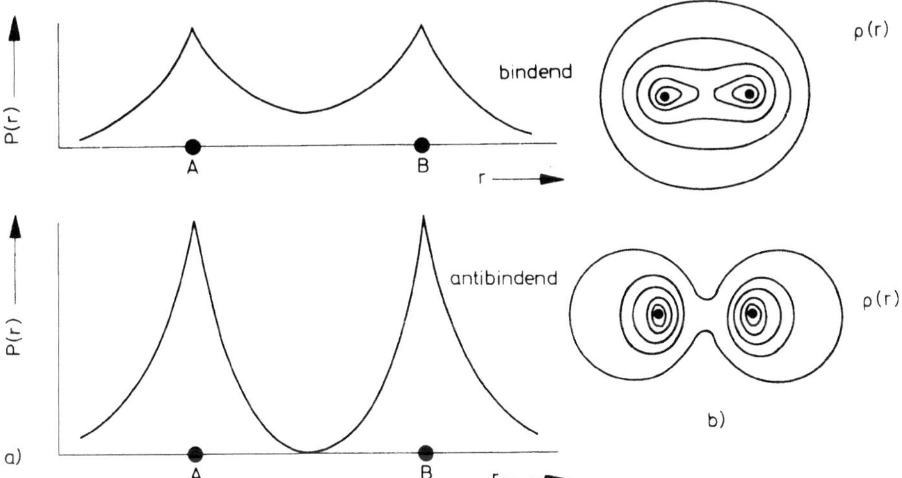

Bild 5.4 Radiale Wahrscheinlichkeitsdichte (a) und Elektronendichte (b) im bindenden und antibindenden Zustand des H$_2$-Moleküls (schematisch)

5.3 VB-Methode und Hybridisierung von Atomorbitalen

Die Heitler-Londonsche Behandlung des H_2-Moleküls im letzten Abschnitt enthält bereits alle wesentlichen Gesichtspunkte der *VB-Methode*. Die VB-Methode untersucht das Verhalten der Bindungselektronen zwischen je zwei Molekülatomen und geht dazu von den getrennten Atomen aus. Aus der Ununterscheidbarkeit der Elektronen resultiert eine Ladungserhöhung zwischen den Atomen und damit eine Bindung. So wird eine A-B-Bindung durch das *Valenzorbital* (Orbital für die Bewegung der Bindungselektronen)

$$[\varphi_A(1)\,\varphi_B(2) + \varphi_A(2)\,\varphi_B(1)]. \tag{27}$$

verkörpert. Nimmt man noch die antiparallelen Spinfunktionen der Bindungselektronen hinzu, dann lautet die gesamte Wellenfunktion für die A-B-Bindung im Grundzustand:

$$[\varphi_A(1)\,\varphi_B(2) + \varphi_A(2)\,\varphi_B(1)]\,[\alpha(1)\,\beta(2) - \alpha(2)\,\beta(1)]. \tag{28}$$

Gl. (27) ist zugleich die Vorschrift für die Konstruktion von Valenzorbitalen aus Atomorbitalen. Ihr zufolge halten sich die Elektronen immer nur an den beteiligten Atomen oder zwischen ihnen auf und man spricht deshalb auch von *lokalisierten Elektronen* und *gerichteten Valenzen*.

Die VB-Methode ist jedoch nicht nur auf eine Anwendung bei zweiatomigen Molekülen beschränkt. Wollen wir z. B. die drei Bindungen im NH_3-Molekül beschreiben, so konstruieren wir die Valenzorbitale aus den drei 2p-Orbitalen des N-Atoms und aus je drei 1s-Orbitalen der H-Atome. Denn die Elektronenkonfiguration des N-Grundzustandes lautet $(1s)^2\,(2s)^2\,(2p)^3$ und dieser ist ein ^4S-Term. Er bedeutet, daß die Spins der drei 2p-Elektronen parallel orientiert sind und diese für je drei Bindungen zur Verfügung stehen:

$$[2p_{xN}(1)\,1s_H(2) + 2p_{xN}(2)\,1s_H(1)],$$

$$[2p_{yN}(1)\,1s_H(2) + 2p_{yN}(2)\,1s_H(1)],$$

$$[2p_{zN}(1)\,1s_H(2) + 2p_{zN}(2)\,1s_H(1)]. \tag{29}$$

Wenn die Überlappung der N- und H-Orbitale in den x, y, z-Richtungen maximal ist, sollte auch die Bindungsenergie maximal sein und damit die Struktur des NH_3 eine dreiseitige Pyramide mit H-N-H-Winkel von $90°$ darstellen. Diese Struktur trifft aber in Wirklichkeit nicht zu, denn die tatsächlichen H-N-H-Winkel sind etwas größer und betragen $108°$. Sie kommen dem Tetraederwinkel von $109{,}5°$ recht nahe. Ähnlich verhält es sich mit dem H_2O-Molekül. Die VB-Methode in ihrer einfachsten Ausführung bedingt hier eine Struktur, bei der der H-O-H-Winkel $90°$ anstatt $104{,}5°$ beträgt. Aus reinen Atomorbitalen konstruierte Valenzorbitale bedeuten offensichtlich eine zu grobe Vereinfachung der Wirklichkeit.

Eine erhebliche Verbesserung, wenn auch nicht für alle Moleküle, wird durch die Verwendung von hybridisierten Atomorbitalen bewirkt. Sie gewährleisten eine noch bessere Überlappung mit den Atomorbitalen der Bindungspartner und führen so zu einer optimalen Bindungsenergie. Wohl am deutlichsten in Erscheinung tritt die Forderung nach hybridisierten Atomorbitalen bei den C-Verbindungen der organischen Chemie, und zwar schon beim einfachsten organischen Molekül, dem Methan (CH_4).

Chemische Experimente zeigen, daß die vier H-Atome des CH_4-Moleküls gleich stark, d. h. energetisch gleichwertig und in tetraedrischer Anordnung an das C-Atom gebunden sind. Da die Elektronen des C-Atoms im Grundzustand die Konfiguration $(1s)^2 (2s)^2 (2p)^2$ besitzen, konnte man lange Zeit nicht verstehen, warum das C-Atom überhaupt vierwertig ist und nicht nur zwei H-Atome bindet. In der genannten Konfiguration hat nämlich das C-Atom nur zwei 2p-Elektronen, die sich an zwei kovalenten Bindungen beteiligen könnten. Bringen wir jedoch ein 2s-Elektron in den dritten 2p-Zustand (unter Beachtung der Hundschen Regel), was eine Promotionsenergie von etwa 270 kJ erfordert (aus spektroskopischen Daten berechnet), würde dies zwar vier Bindungsmöglichkeiten eröffnen, doch könnte man keinesfalls vier gleichwertige Bindungen erwarten. Da das C-Atom dann die Konfiguration $(1s)^2 (2s)^1 (2p)^3$ besäße, müßten mit den 1s-Orbitalen der H-Atome energetisch verschiedene σ-Bindungen resultieren.

Nach *Pauling* und *Slater* läßt sich das Problem der vier gleichwertigen Bindungen am einfachsten dadurch lösen, daß man durch Linearkombinationen des 2s-Orbitals und der drei 2p-Orbitale vier *hybridisierte* Atomorbitale konstruiert. Und zwar derart, daß bei der Kombination der Hybride mit den 1s-Orbitalen der H-Atome eine *maximale* Überlappung und damit *maximale* Bindungsenergie erzielt wird. Mit den noch zu bestimmenden unbekannten Koeffizienten a_i, b_i, c_i und d_i lauten die vier hybridisierten Valenzorbitale des C-Atoms:

$$\varphi_1 = a_1\,(2s) + b_1\,(2p_x) + c_1\,(2p_y) + d_1\,(2p_z),$$
$$\varphi_2 = a_2\,(2s) + b_2\,(2p_x) + c_2\,(2p_y) + d_2\,(2p_z),$$
$$\varphi_3 = a_3\,(2s) + b_3\,(2p_x) + c_3\,(2p_y) + d_3\,(2p_z),$$
$$\varphi_4 = a_4\,(2s) + b_4\,(2p_x) + c_4\,(2p_y) + d_4\,(2p_z). \tag{30}$$

Die Koeffizienten werden so gewählt, daß die resultierenden Hybridorbitale normiert und orthogonal sind. Da die 2s- und 2p-Orbitale bereits normiert sind, ergeben die Normierungs- und Orthogonalitätsbedingungen (Anhang I und XI):

$$a_i^2 + b_i^2 + c_i^2 + d_i^2 = 1,$$
$$a_i a_j + b_i b_j + c_i c_j + d_i d_j = 0 \quad (i \neq j = 1 \text{ bis } 4). \tag{31}$$

Insgesamt sind dies vier Normierungs- und sechs Orthogonalitätsbedingungen für 16 unbekannte Koeffizienten. Von den sechs weiteren unbekannten Koeffizienten werden drei noch durch die Lage im Raum und die restlichen drei durch die Bedingung maximaler Überlappung festgelegt. Die vier Bedingungen (Normierung, Orthogonalität, räumliche Lage und maximale Überlappung) bestimmen dann eindeutig die Koeffizienten. Man erhält nach Lösung der 16 Bestimmungsgleichungen:

$$\varphi_1 = \frac{1}{2}\,[(2s) + (2p_x) + (2p_y) + (2p_z)],$$

$$\varphi_2 = \frac{1}{2}\,[(2s) + (2p_x) - (2p_y) - (2p_z)],$$

$$\varphi_3 = \frac{1}{2}\,[(2s) - (2p_x) + (2p_y) - (2p_z)],$$

$$\varphi_4 = \frac{1}{2}\,[(2s) - (2p_x) - (2p_y) + (2p_z)]. \tag{32}$$

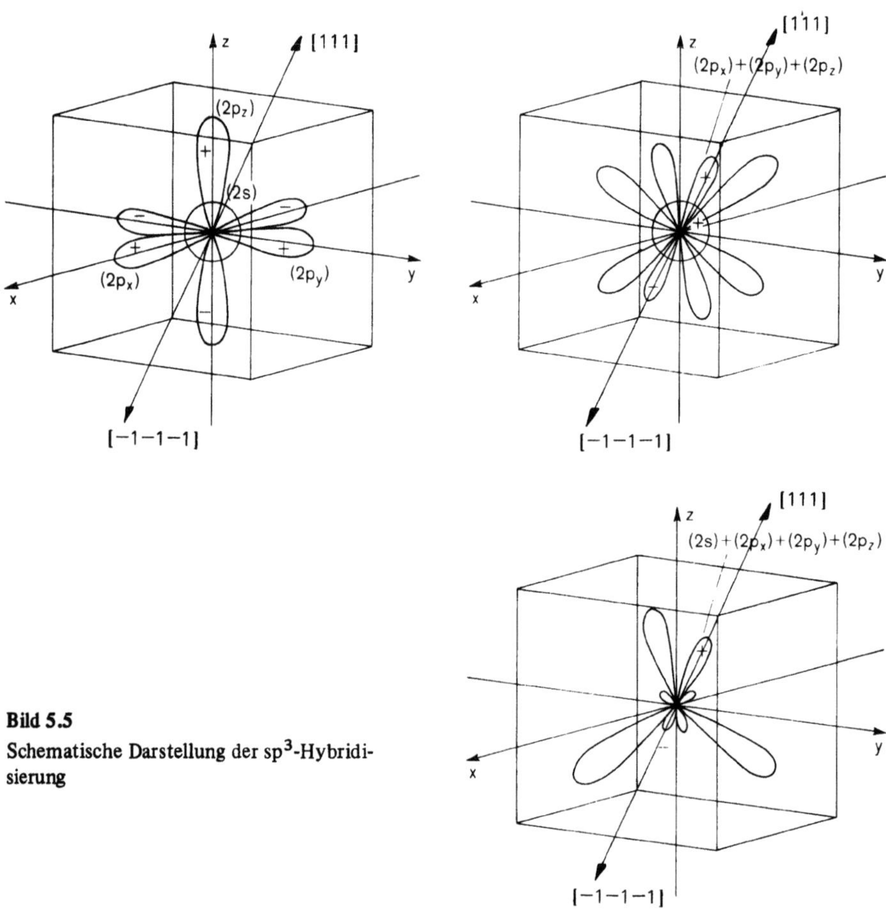

Bild 5.5

Schematische Darstellung der sp³-Hybridi-
sierung

Diese Valenzorbitale werden sp³-*Hybride* genannt, weil sie aus der Kombination eines s-Orbitales mit drei p-Orbitalen hervorgehen. Der Beitrag des s-Charakters beträgt 1/4 und der des p-Charakters 3/4 (Quadrate der Koeffizienten). Die Hybride weisen, räumlich dargestellt, in die Ecken eines Tetraeders, was sehr leicht vorstellbar ist. Um z. B. das räumliche Aussehen des Hybrids φ_1 festzustellen, hat man zuerst die drei p-Orbitale (vektoriell gedacht) zu addieren und dann das s-Orbital zu überlagern. Das resultierende p³-Hybrid muß in der positiven Diagonalrichtung [111] des in Bild 5.5 gezeichneten Kubus liegen, weil die Koeffizienten der drei p-Orbitale gleich groß sind. Da es aber noch immer den Charakter eines p-Orbitales besitzt, ist es schiefsymmetrisch gebaut: In der positiven Diagonalrichtung hat es positive Werte, in der negativen Richtung [−1 −1 −1] negative Werte. Anders ausgedrückt, es besitzt noch ein Inversionsentrum (C-Atomkern). Überlagert man nun dem p³-Hybrid das im ganzen Bereich positive, kugelsymmetrische 2s-Orbital, dann geht die Inversionssymmetrie verloren und der Radialteil des sp³-Hybrids wird auf der negativen Seite beträchtlich kleiner und auf der positiven größer. Die Aufenthaltswahrscheinlichkeit bzw. Ladungsdichte wird also in den positiven Tetraederrichtungen wie gefordert größer.

Bilden wir mit diesen Hybriden und den 1s-Orbitalen der H-Atome Valenzorbitale bzw. Bindungen, so erscheint die Überlappung optimal. Resultat sind sogenannte σ-Bindungen mit Rotationssymmetrie bezüglich der Molekülverbindungsachsen. Die acht Bindungselektronen besetzen die folgenden vier, tetraedrisch orientierten Valenzorbitale:

$$[\varphi_1(1) \cdot 1s_H(2) + \varphi_1(2) \cdot 1s_H(1)],$$

$$[\varphi_2(3) \cdot 1s_H(4) + \varphi_2(4) \cdot 1s_H(3)],$$

$$[\varphi_3(5) \cdot 1s_H(6) + \varphi_3(6) \cdot 1s_H(5)],$$

$$[\varphi_4(7) \cdot 1s_H(8) + \varphi_4(8) \cdot 1s_H(7)]. \tag{33}$$

Um die Gesamteigenfunktionen der Bindungselektronen im Grundzustand vollständig zu beschreiben, müssen die Gln. (33) noch mit den antisymmetrischen Spinfunktionen $[\alpha(1)\,\beta(2) - \alpha(2)\,\beta(1)]$, usw. multipliziert werden.

Die Verwendung von hybridisierten Atomorbitalen liefert für das CH_4-Molekül die richtige Tetraederstruktur und auch für das NH_3-Molekül kommt fast der richtige H-N-H-Winkel zustande, wenn sp^3-Hybride des N-Atoms herangezogen werden. Nicht so gut stimmt der Tetraederwinkel beim H_2O-Molekül mit dem tatsächlichen H-O-H-Winkel von $104{,}5°$ überein. Für eine Beschreibung durch reine p-Orbitale ist der entstehende Winkel ($90°$) einerseits zu klein und durch sp^3-Hybride andererseits zu groß ($109{,}5°$). In Bild 5.6 sind die beiden Grenzfälle anschaulich dargestellt.

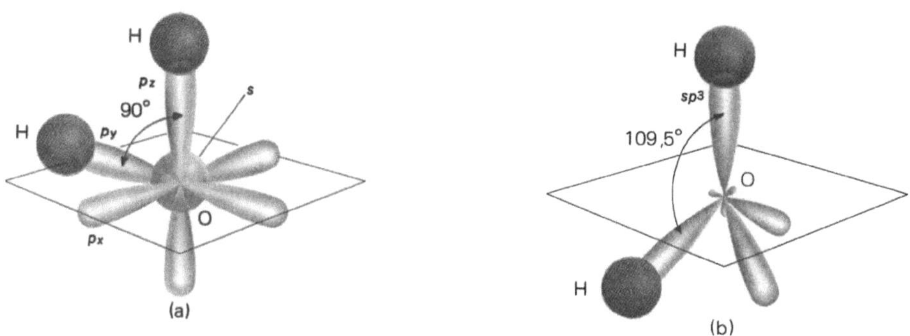

Bild 5.6 Zwei Bindungsmodelle für H_2O: mit (ps) σ-Bindungen (a) und mit (sp^3s) σ-Bindungen (b)

5.4 Valenzorbitale und ihre Symmetrie

Zur Wiedergabe der CH_4-Bindungen wurden in Abschnitt 5.3 die Valenzorbitale so konstruiert, daß sie in die Tetraederrichtungen weisen. Dies gelang durch eine sp^3-Hybridisierung der C-Atomorbitale. Auf analoge Weise können sp^2- und sp-Hybride kombiniert werden, um die σ-Bindung im Äthylen- und Azetylenmolekül zu beschreiben. Mit einem Wort, man könnte sich vorstellen, daß es beliebig viele Hybridkombinationen und damit Valenzorbitale gibt. Die Gruppentheorie lehrt uns jedoch, daß es nur ganz bestimmte symmetriegerechte Kombinationen geben kann. Lassen wir außer s- und p-Orbitalen auch d-Orbitale zur Kombination zu, so stehen uns konkret folgende Atomorbitale zur Verfügung:

$$s,\ p_x,\ p_y,\ p_z,\ d_{z^2},\ d_{xy},\ d_{yz},\ d_{xz},\ d_{x^2-y^2}.$$

Aus ihnen lassen sich verschiedene Sätze von Hybrid- bzw. Valenzorbitalen ableiten, wobei ein jeder Satz zu einer bestimmten Symmetriegruppe gehört. Im allgemeinen stellt jeder Satz auch die Basis einer reduziblen Darstellung dar und kann an Hand der Charaktertafel reduziert werden. Da die s-, p- und d-Orbitale selbst schon eine Basis bilden, folgen aus einem Vergleich mit der reduzierten Darstellung die gewünschten symmetriegerechten Hybrid- bzw. Valenzorbitale. Das Aufsuchen trigonaler Orbitale soll dieses Vorgehen näher bringen.

Trigonale Valenzorbitale liegen in einer Ebene und schließen untereinander Winkel von 120° ein. Sie besitzen deshalb die Symmetrie D_{3h} und die in Tabelle 5.1 wiedergegebene Charaktertafel. In dieser sind nicht nur die Transformationseigenschaften der Vektoren x, y, z sondern auch die ihrer Produkte und Kombinationen angegeben. Da die Atomorbitale wie die x, y, z transformieren, bilden sie eine geeignete Basis zur Darstellung trigonaler Valenzorbitale. Eine Möglichkeit trigonal zu kombinieren besteht z. B. in der Bildung von sp^2-Hybriden nach der Methode von *Pauling* und *Slater* (Abschnitt 5.3):

$$\varphi_1 = \sqrt{\tfrac{1}{3}}\left[(2s) + \sqrt{2}\,(2p_x)\right],$$

$$\varphi_2 = \sqrt{\tfrac{1}{3}}\left[(2s) - \sqrt{\tfrac{1}{2}}\,(2p_x) + \sqrt{\tfrac{3}{2}}\,(2p_y)\right],$$

$$\varphi_3 = \sqrt{\tfrac{1}{3}}\left[(2s) - \sqrt{\tfrac{1}{2}}\,(2p_x) - \sqrt{\tfrac{3}{2}}\,(2p_y)\right]. \tag{34}$$

Tabelle 5.1: Charaktertafel der D_{3h}-Gruppe zur Ermittlung trigonaler Valenzorbitale

Term	D_{3h}		E	σ_h	$2C_3$	$2S_3$	$3C_2$	$3\sigma_v$
$s,\ d_{z^2}$	$x^2+y^2,\ z^2$	A_1'	1	1	1	1	1	1
		A_2'	1	1	1	1	-1	-1
		A_1''	1	-1	1	-1	1	-1
p_z	z	A_2''	1	-1	1	-1	-1	1
$p_x,\ p_y,\ d_{xy},\ d_{x^2-y^2}$	$x,\ y,\ xy,\ x^2-y^2$	E'	2	2	-1	-1	0	0
$d_{xz},\ d_{yz}$		E''	2	-2	-1	1	0	0

Wie wir gleich sehen werden, ist dies aber nicht die einzige Möglichkeit. Skizzieren wir ganz allgemein trigonale Orbitale durch drei Vektoren (Bild 5.7a) und wenden wir auf sie die D_{3h}-Operationen an. Wir stellen fest: Die Operation E läßt die Vektoren unverändert und da jeder Vektor mit $+1$ zum Charakter beiträgt, bekommen wir den reduziblen

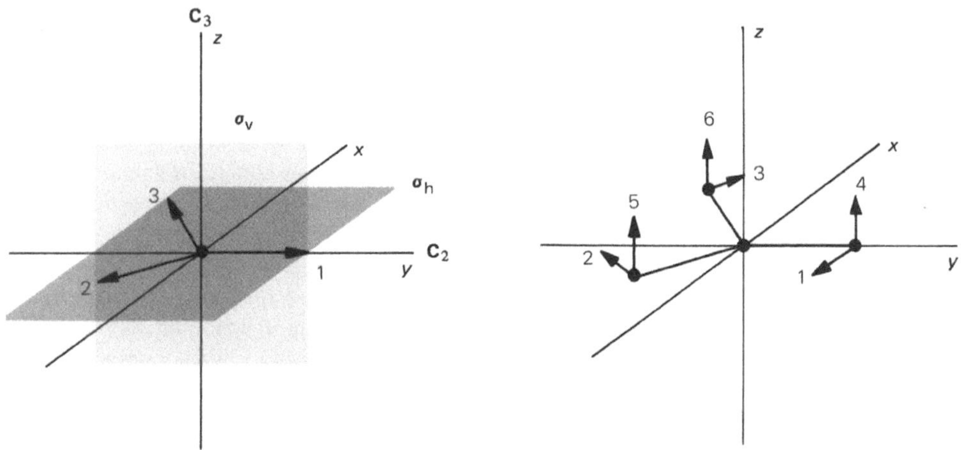

Bild 5.7 Skizze zur Ermittlung der vier trigonalen sp^2-Hybride aus s- und p-Orbitalen (a) und Skizze zur Auswahl von π-Orbitalen (b) (durch Operationen unveränderte Vektoren liefern jeweils den Charakterbeitrag + 1, unveränderte 0 und umgedrehte − 1)

Charakterbeitrag 3. Im Gegensatz dazu verrückt C_3 alle drei Vektoren, so daß ihr Beitrag Null ist. Auch die Operation σ_h läßt die Vektoren unverändert, weshalb ihr Beitrag 3 ist. Die Operation S_3 liefert ebenfalls Null, während C_2 insgesamt 1 bringt. Denn eine Rotation um $180°$ (etwa um die y-Achse) vertauscht die Vektoren 2 und 3 und läßt den Vektor 1 unverändert. Auch die Operation σ_v liefert 1. Die reduziblen Charaktere lauten also:

D_{3h}	E	σ_h	$2\,C_3$	$2\,S_3$	$3\,C_2$	$3\,\sigma_v$
X_{red}	3	3	0	0	1	1

$$\text{(35)}$$

Werden sie mit Hilfe von Gl. (31) aus Abschnitt 4.3 reduziert, so bekommt man

$$X_{red} = X_{A_1'} + X_{E'} \tag{36}$$

und damit folgende vier Kombinationsmöglichkeiten:

$$\sigma = s + p_x + p_y,$$
$$\sigma = d_{z^2} + p_x + p_y,$$
$$\sigma = s + d_{xy} + d_{x^2-y^2},$$
$$\sigma = d_{z^2} + d_{xy} + d_{x^2-y^2}. \tag{37}$$

Wegen der D_{3h}-Symmetrie gibt es mit dieser Basis nur die vier trigonalen Hybridorbitale: sp^2, sd^2, dp^2 und d^3. In Anlehnung an das Vektormodell der Atome werden sie σ-Orbitale genannt, weil der Gesamtdrehimpuls der sie besetzenden Bindungselektronen in Richtung der Bindung Null ist. Dies ist bei allen zur Bindung rotationssymmetrisch konstruierten Valenzorbitalen der Fall. Beträgt hingegen der Gesamtdrehimpuls in Richtung der Bindung $\hbar$, dann wird das Valenzorbital als π-Orbital bezeichnet. Darauf gründet sich letztlich die Bezeichnung σ- und π-Bindung.

Auch Valenzorbitale zur Beschreibung von *Doppelbindungen* wie in Äthylen lassen sich gruppentheoretisch ableiten und werden durch je eine σ- und eine π-Bindung verkörpert. Diese beiden Bindungen sind jedoch keineswegs energetisch gleichwertig, wie man etwa auf Grund der chemischen Strichformel glauben könnte. Während σ-Bindungen auf viererlei Weise (Gl. (37)) zustande kommen können, ist die Konstruktion von π-Bindungen in der Auswahl auf p-Orbitale der Bindungspartner eingeschränkt. Untersuchen wir ein Molekül, das aus einem Zentralatom und drei trigonal gebundenen Partnern besteht (Bild 5.7b). Bei diesen stehen dann maximal je zwei p-Orbitale zur Bildung einer π-Bindung mit dem Zentralatom zur Verfügung. Die p-Orbitale stehen senkrecht zu den σ-Bindungen und sind in Bild 5.7b durch sechs kleine Vektoren 1 bis 6 skizziert. Die Vektoren 1 bis 3 liegen in der xy-Ebene und die Vektoren 4 bis 6 stehen parallel zur z-Achse. Wie früher nach trigonalen Orbitalen suchen wir nun nach π-Valenzorbitalen durch Reduktion reduzibler Charaktere. Da die Symmetrie wieder der D_{3h}-Gruppe angehört, bestimmen wir zunächst den Charakter der einzelnen Vektoren hinsichtlich der D_{3h}-Operationen:

E liefert 6, da alle Vektoren unverändert bleiben.

σ_h liefert Null, da 1 bis 3 unverändert bleiben und 4 bis 6 Vorzeichen wechseln.

C_3 liefert Null, da alle Vektoren verändert werden.

S_3 liefert ebenfalls Null.

C_2 (um die y-Achse) liefert -2, da 2, 3, 5 und 6 verändert werden und 1 und 4 Vorzeichenwechsel erleiden.

σ_v liefert bei Spiegelung an der zy-Ebene Null, da 2, 3, 5 und 6 verändert werden, 4 unverändert bleibt und 1 Vorzeichenwechsel unterliegt.

Die Reduktion der reduziblen Charaktere

D_{3h}	E	σ_h	$2\,C_3$	$2\,S_3$	$3\,C_2$	$3\,\sigma_v$	
X_{red}	6	0	0	0	-2	0	(38)

liefert dann:

$$X_{red} = X_{A_2'} + X_{A_2''} + X_{E'} + X_{E''}. \tag{39}$$

Damit π-Bindungen gebildet werden können, muß das Zentralatom Orbitale besitzen, die wie die p-Orbitale der Partner transformieren. D.h. jedes Zentralorbital, das der reduzierten Darstellung (39) angehört, kann dazu benutzt werden. Das sind das p_z-Orbital (A_2''), die d_{xz}- und d_{yz}-Orbitale (E'') und die zwei Orbitale (E'), die bei der Bildung der σ-Bindung nicht benötigt wurden. Das einfachste π-Valenzorbital ist somit das p_z-Orbital des Zentralatoms; es geht mit einem p-Orbital der Nachbaratome eine π-Bindung ein. Die anderen p-Orbitale der Nachbaratome müssen anderweitig abgesättigt werden. Paradebeispiel für ein Molekül mit einer Doppelbindung ist das Äthylen, dessen Bindungsorbitale in Bild 5.8 anschaulich gezeichnet wurden.

Dehnt man die gruppentheoretischen Überlegungen auf mehr oder weniger Nachbaratome aus, so bekommt man letztlich die in der Tabelle 5.2 aufgelisteten Valenzorbitale

Tabelle 5.2: Symmetriegerechte Möglichkeiten zur Bildung von σ- und π-Orbitalen aus s-, p- und d-Atomorbitalen

Zahl der σ-Orbitale	Hybrid aus	Struktur	verfügbare π-Orbitale	Molekül
2	sp	linear	$p^2 d^2$	Azetylen
	dp	linear	$p^2 d^2$	
	p^2	gewinkelt	d (sd) d (pd)	
	ds	gewinkelt	p (pd) d (pd)	
	d^2	gewinkelt	p (spd) d (pd)	
3	sp^2	trigonal planar	$pd^2 d^2$	Äthylen, BF_3
	dp^2	trigonal planar	$pd^2 d^2$	
	ds^2	trigonal planar	$pd^2 p^2$	
	d^2	trigonal planar	$pd^2 p^2$	
	dsp	unsymmetrisch planar	pd^2 (pd)d	
	p^3	trigonal pyramidal	$(sd)d^4$	
	$d^2 p$	trigonal pyramidal	$(sd) p^2 d^2$	
4	sp^2	tetraedrisch	$d^2 d^3$	CH_4
	$d^2 s$	tetraedrisch	$d^2 p^3$	MnO_4^-
	dsp^2	quadratisch planar	$d^3 p$	$PtCl_4^{2-}$, Ni $(CN)_4^{2-}$
	$d^2 p^2$	quadratisch planar	$d^3 p$	
	$d^2 sp$	unregelmäßig tetraedrisch	d	
	dp^3	unregelmäßig tetraedrisch	s	
	$d^3 p$	unregelmäßig tetraedrisch	s	
	d^4	tetragonal pyramidal	d (sp) p (sp) p	
5	dsp^3	bipyramidal	$d^2 d^2$	$PtCl_5$, Fe $(CO)_5$
	$d^3 sp$	bipyramidal	$d^2 p^2$	
	$d^2 sp^2$	quadratisch pyramidal	d pd^2	
	$d^4 s$	quadratisch pyramidal	d p^3	
	$d^2 p^3$	quadratisch pyramidal	d sd^2	
	$d^4 p$	quadratisch pyramidal	d sp^2	
	$d^3 p^2$	fünfeckig planar	pd^2	
	d^5	fünfeckig pyramidal	(sp) p^2	
6	$d^2 sp^3$	oktaedrisch	d^3	PtF_6, CoF_6^{2-}
	$d^4 sp$	trigonal prismatisch	$p^2 d$	
	$d^5 p$	trigonal prismatisch	$p^2 s$	
	$d^3 p^3$	trigonal antiprismatisch	sd	
	$d^3 sp^2$	unregelmäßig		
	$d^5 s$	unregelmäßig		
	$d^4 p^2$	unregelmäßig		

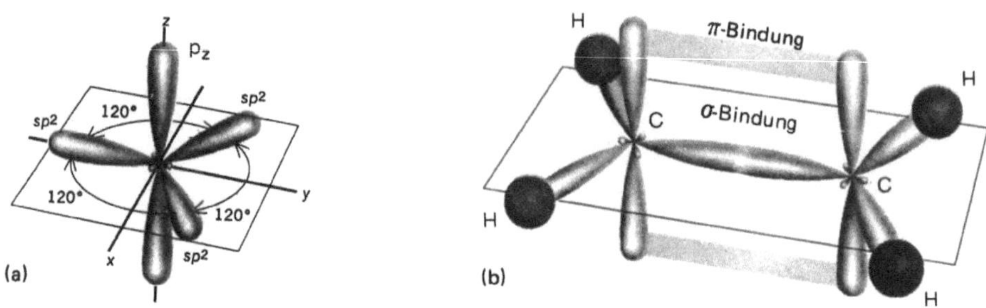

Bild 5.8 Die sp^2-Hybride des C-Atoms (a) und die Bindung in $CH_2 = CH_2$ (b)

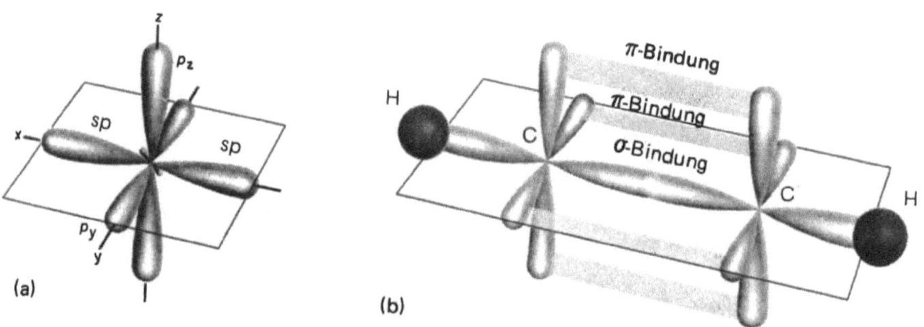

Bild 5.9 Die sp-Hybride des C-Atoms (a) und die Bindung in $CH \equiv CH$ (b)

mit 2, 3, 4, 5 und 6 Valenzen. Doch Vorsicht mit dem Gebrauch dieser Tabelle. Sie kann nicht vorhersagen, welche Valenzorbitale tatsächlich realisiert werden, sie kann nur bestätigen, ob die eine oder andere Struktur symmetriegerecht ist. Ein weiteres Beispiel, das von sp-Hybriden der C-Atome zur Beschreibung der Bindung in Azetylen (Dreifachbindung) ist in Bild 5.9 zu sehen.

5.5 Resonanzhybridisierung

Aromatische Verbindungen haben wegen der besonderen Eigenschaften des Benzolringes schon immer das Interesse der experimentellen wie theoretischen Chemiker erregt. Die verschiedenen *Resonanzstrukturen*, die zwei *Kekulé-* und die drei *Dewar*strukturen, haben anfänglich viel zum Verständnis der aromatischen Verbindungen beigetragen. Sie bilden auch die Grundlage zur quantenmechanischen Beschreibung des Verhaltens der π-Elektronen.

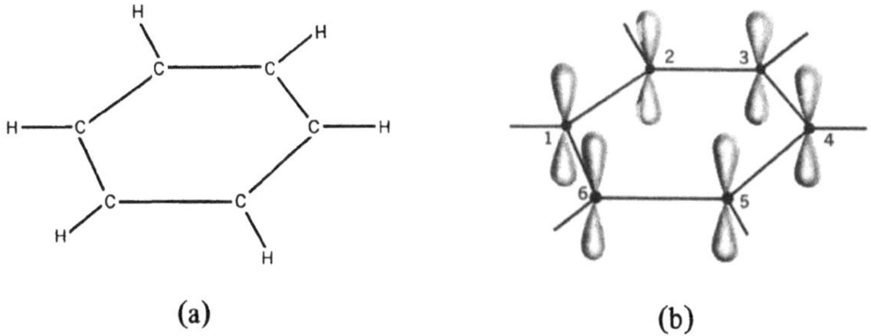

(a)   (b)

Bild 5.10 C-Gerüst aus (sp², sp²) σ-Bindungen (a) und dasselbe Gerüst versehen mit p_z-Orbitalen (b) zur Darstellung der Bindung im Benzol

Das Grundgerüst des Benzolkerns bilden sechs σ-Bindungen, bestehend aus sp²-Hybriden; sie sind für die planare Struktur verantwortlich (Bild 5.10a). Senkrecht zu diesem planaren Kerngerüst stehen sechs $2p_z$-Orbitale für π-Bindungen zur Verfügung (Bild 5.10b). Bezeichnet man die sechs $2p_z$-Orbitale an den C-Atomen mit a, b, c, d, e und f, so ergeben sich aufgrund der fünf Resonanzstrukturen folgende fünf voneinander unabhängige Überlappungsmöglichkeiten der $2p_z$-Orbitale und damit fünf bindende π-Valenzorbitale:

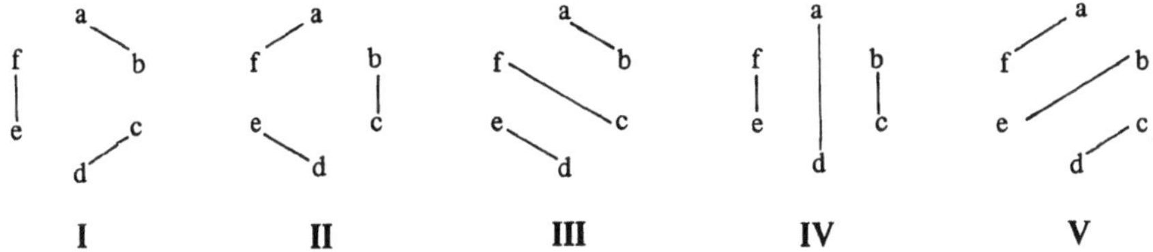

I   II   III   IV   V

Dabei ist $\varphi_I \sim$ [(ab) + (cd) + (ef)] usw. Sie tragen mit unterschiedlichen „Gewichten" A und B zur Gesamtbahnfunktion

$$\phi \simeq A\varphi_I + A\varphi_{II} + B\varphi_{III} + B\varphi_{IV} + B\varphi_V \tag{40}$$

bei. Da die Kekulé- und Dewarstrukturen für sich gleich wahrscheinlich sind, besitzen φ_I und φ_{II} sowie φ_{III}, φ_{IV} und φ_V die selben Gewichte, wobei jedoch A sicher größer als B ist. Die Gesamtbahnfunktion ϕ nennt man ein *Resonanzhybrid*. *Resonanz* ist aber nicht so zu verstehen, daß etwa chemisches Gleichgewicht zwischen den Molekülen mit verschiedenen Resonanzstrukturen vorliegt. Resonanz bedeutet, daß alle Strukturen mit einer bestimmten Wahrscheinlichkeit zur Gesamtfunktion beitragen. Die damit verbundene Energiesenkung heißt *Resonanzenergie*. Sie ist die Differenz der tatsächlichen Energie des Moleküls und der Energie, die es aufgrund *einer* Resonanzstruktur allein hätte. Nach dem Variationstheorem (Anhang XII) ist dies leicht einzusehen: Je besser die Näherungsfunktionen, d. h. je mehr Resonanzstrukturen berücksichtigt werden, um so kleiner wird die Energie des Moleküls im Grundzustand und um so näher kommt sie der tatsächlichen Energie.

An Hand experimenteller Daten läßt sich die Resonanzenergie des Benzols abschätzen. Aus tabellierten *Standardbildungsenthalpien* (Kapitel 19) folgt für die Benzolbildungsreaktion

$$6\,C\,(g) + 6\,H\,(g) \rightarrow C_6H_6\,(g) \qquad \Delta H^o_{298} = -5545\ kJ$$

und für die gesamte Bindungsenergie bzw. Bindungsenthalpie (D) einer Kekuléstruktur

$$6\,D_{C-H} = 6 \cdot 415 = 2490\ kJ,$$
$$3\,D_{C-C} = 3 \cdot 344 = 1032\ kJ,$$
$$3\,D_{C=C} = 3 \cdot 615 = 1845\ kJ,$$
$$\overline{\phantom{3\,D_{C=C} = 3 \cdot 615}}$$
$$D_{C_6H_6} = 5367\ kJ.$$

Die Resonanzenergie beträgt folglich etwa $180\ kJ\,mol^{-1}$. Um diese Energie ist also das Benzolmolekül stabiler als ein aus drei isolierten $C=C$-Bindungen aufgebautes Molekül.

Obwohl Benzol das klassische Beispiel eines Resonanzhybrides darstellt, muß man ähnliche Resonanzhybride auch in anderen aromatischen und ungesättigten organischen Systemen postulieren. Voraussetzung für die Beschreibung durch Resonanzhybride ist das Vorhandensein von mindestens zwei Resonanzstrukturen, d.h. die Existenz von *konjugierten* Doppelbindungen (alternierende Einfach- und Doppelbindungen). Butadien besitzt z.B. folgende Resonanzstrukturen:

Die Resonanzstrukturen II und III sind sicher unwahrscheinlicher als die Struktur I, aber sie liefern immerhin eine Resonanzenergie von $4\ kJ\,mol^{-1}$.

5.6   Variationsrechnung und MO-Theorie

Im Gegensatz zu Molekülen mit lokalisierten Elektronen und gerichteten Valenzen, die mit Vorteil durch Valenzorbitale nach der VB-Methode beschrieben werden, weicht man bei Molekülen mit delokalisierten Elektronen auf die MO-Methode aus. Da hier die Störung der Elektronenbewegung zu groß ist, um mit der Störungsrechnung behandelt zu werden, greift man zur sogenannten Variationsrechnung als mathematisches Näherungsverfahren. Physikalische Basis dieser Näherung ist das quantenmechanische Variationstheorem. Es führt wie in diesem Abschnitt gezeigt werden soll, auf ein Bindungskonzept, das der Einelektronentheorie der Mehrelektronenatome ähnlich ist. Ziel ist die Konstruktion von Molekülorbitalen aus Atomorbitalen und die Herleitung eines Energieschemas, das nach dem Antisymmetrieprinzip mit den Bindungselektronen besetzt werden kann. Damit wird wie beim Atomaufbau ein systematischer Molekülaufbau angestrebt.

Man kann zeigen (Anhang XII), daß für ein beliebiges molekulares System mit dem Hamiltonoperator $\mathbf{H}$, das im Grundzustand den tatsächlichen, aber unbekannten Energieeigenwert ϵ_0 und die Eigenfunktionen ψ_0 besitzt, folgendes Theorem (*Variationstheorem*) gilt:

$$\epsilon_0 \leqslant \frac{\int_V \phi^* \mathbf{H} \, \phi \, dV}{\int_V \phi^* \, \phi \, dV} = \epsilon. \tag{41}$$

Das Gleichheitszeichen gilt für $\phi = \psi_0$. Alle sonstigen Funktionen ϕ liefern einen Energiewert ϵ, der größer als ϵ_0 ist. Je besser ψ_0 durch ϕ angenähert wird, um so niedriger und näher dem tatsächlichen Eigenwert ϵ_0 liegt ϵ. Dieses Theorem ist der Ausgangspunkt für die Variationsrechnung. Man setzt Näherungsfunktionen ϕ für ψ_0 an und berechnet ϵ nach Gl. (41). Die Funktion, für die ϵ den kleinsten Wert besitzt, ist dann die beste Näherungslösung im Rahmen der untersuchten Funktionen ϕ.

In der *MO-Theorie* (LCAO-MO-Methode) wählt man für die ϕ's Linearkombinationen von Atomorbitalen (AO's). Für das H_2^+-Molekül würde man z. B. die Kombination

$$\phi = c_1 \varphi_A + c_2 \varphi_B \tag{42}$$

als Molekülorbital (MO) nehmen, wobei φ_A das 1s-Orbital des H-Atoms A und φ_B das 1s-Orbital des H-Atoms B ist. Für ein N-atomiges Molekül würde man analog aus den N Atomorbitalen aller Atome die Kombination

$$\phi = c_1 \varphi_1 + c_2 \varphi_2 + \ldots c_i \varphi_i \ldots c_N \varphi_N = \sum_{i=1}^{N} c_i \varphi_i \tag{43}$$

vorschlagen. Voraussetzung ist natürlich, daß die AO's bekannt sind. Um aus allen möglichen Kombinationen die geeignetste herauszufinden, variiert man solange die Koeffizienten c_i, bis ϵ ein Minimum wird. Diese Variation soll zuerst allgemein durchgeführt werden. Einsetzen von Gl. (42) in Gl. (41) liefert

$$\epsilon = \frac{\int_V \phi^* \mathbf{H} \, \phi \, dV}{\int_V \phi^* \, \phi \, dV} = \frac{\sum_i \sum_j c_i c_j \int_V \varphi_i^* \mathbf{H} \varphi_j \, dV}{\sum_i \sum_j c_i c_j \int_V \varphi_i^* \varphi_j \, dV}. \tag{44}$$

Mit der abkürzenden Schreibweise

$$H_{ij} = \int_V \varphi_i^* \mathbf{H} \varphi_j \, dV,$$

$$S_{ij} = \int_V \varphi_i^* \varphi_j \, dV \tag{45}$$

erhält man

$$\epsilon = \frac{\sum\limits_i \sum\limits_j c_i c_j H_{ij}}{\sum\limits_i \sum\limits_j c_i c_j S_{ij}} \tag{46}$$

bzw.

$$\epsilon \sum_i \sum_j c_i c_j S_{ij} = \sum_i \sum_j c_i c_j H_{ij} \,. \tag{47}$$

Differenziert man diese Gleichung nach den c_i und setzt $\partial\epsilon/\partial c_i = 0$ (Extremwertbedingung), so folgt daraus

$$\epsilon \sum_j c_j S_{ij} = \sum_j c_j H_{ij} \tag{48}$$

bzw.

$$\sum_j c_j (H_{ij} - \epsilon S_{ij}) = 0. \tag{49}$$

Es gibt insgesamt ebenso viele Gleichungen wie unbekannte Koeffizienten, also N lineare, homogene Gleichungen. Diese lauten ausgeschrieben:

$$
\begin{aligned}
(H_{11} - \epsilon S_{11})\, c_1 + (H_{12} - \epsilon S_{12})\, c_2 + \ldots (H_{1N} - \epsilon S_{1N})\, c_N &= 0, \\
(H_{21} - \epsilon S_{21})\, c_1 + (H_{22} - \epsilon S_{22})\, c_2 + \ldots (H_{2N} - \epsilon S_{2N})\, c_N &= 0. \\
&\vdots \\
(H_{N1} - \epsilon S_{N1})\, c_1 + (H_{N2} - \epsilon S_{N2})\, c_2 + \ldots (H_{NN} - \epsilon S_{NN})\, c_N &= 0.
\end{aligned}
\tag{50}
$$

Nichttriviale Lösungen dieses Gleichungssystems gibt es nur dann, wenn die Koeffizientendeterminante der c_i verschwindet (Anhang IX):

$$
\begin{vmatrix}
(H_{11} - \epsilon S_{11}) & (H_{12} - \epsilon S_{12}) & \ldots & (H_{1N} - \epsilon S_{1N}) \\
(H_{21} - \epsilon S_{21}) & (H_{22} - \epsilon S_{22}) & \ldots & (H_{2N} - \epsilon S_{2N}) \\
\vdots & \vdots & & \vdots \\
(H_{N1} - \epsilon S_{N1}) & (H_{N2} - \epsilon S_{N2}) & \ldots & (H_{NN} - \epsilon S_{NN})
\end{vmatrix} = 0.
\tag{51}
$$

Die Determinante (51) (*Säkulardeterminante*), stellt eine Gleichung N-ten Grades für ϵ dar. Bei einem speziellen Problem hat man nun mit Hilfe der bekannten AO's und des Hamiltonoperators die Integrale H_{ij} und S_{ij} auszuwerten, in Gl. (51) einzusetzen und die Gleichung N-ten Grades nach ϵ aufzulösen. Einsetzen der gefundenen Wurzeln von ϵ in Gl. (50) liefert dann die optimalen Koeffizienten c_i. Durch Symmetrieüberlegungen und Computereinsatz läßt sich dabei das sonst mühsame Auswerten der Säkulardeterminante oft beträchtlich vereinfachen.

In grober Näherung kann man die (normierten) AO's als orthogonal ansehen, obwohl dies nicht der Fall ist, und

$$S_{ii} = 1$$

und

$$S_{ij} = 0 \tag{52}$$

setzen (*Hückelsche Näherung*).

Mit Hilfe der Hückelschen Näherung sollen nun durch Lösen der Säkulardeterminante die optimalen MO's für das H_2^+- bzw. H_2-Molekül gefunden werden. Die Säkulardeterminante ist dann zweireihig (2-atomiges Molekül) und lautet:

$$\begin{vmatrix} H_{AA} - \epsilon & H_{AB} \\ H_{BA} & H_{BB} - \epsilon \end{vmatrix} = 0. \tag{53}$$

Da H_2^+ bzw. H_2 symmetrisch gebaut ist, muß $H_{AA} = H_{BB}$ und $H_{AB} = H_{BA}$ sein, denn beim Vertauschen der Kerne A und B dürfen sich die Werte der Integrale nicht ändern (beim Vertauschen wird das Molekül in sich selbst übergeführt). Man kann daher für die Determinante weiter schreiben:

$$\begin{vmatrix} H_{AA} - \epsilon & H_{AB} \\ H_{AB} & H_{AA} - \epsilon \end{vmatrix} = 0 \tag{54}$$

oder

$$\epsilon^2 - 2\,H_{AA}\,\epsilon + H_{AA}^2 - H_{AB}^2 = 0. \tag{55}$$

Diese Gleichung zweiten Grades besitzt zwei reelle Wurzeln für ϵ:

$$\epsilon = H_{AA} \pm H_{AB}. \tag{56}$$

Mit diesen Wurzeln ergeben sich dann mit Hilfe der Gln. (50), d.h.

$$\begin{aligned} (H_{AA} - \epsilon)\,c_1 + H_{AB}\,c_2 &= 0, \\ H_{AB}\,c_1 + (H_{AA} - \epsilon)\,c_2 &= 0, \end{aligned} \tag{57}$$

folgende Beziehungen zwischen den Koeffizienten c_1 und c_2:

$$\begin{aligned} c_1 &= c_2, \\ c_1 &= -c_2. \end{aligned} \tag{58}$$

Daraus folgen die zwei optimalen MO's:

$$\phi_+ = c_1\,(\varphi_A + \varphi_B), \tag{59}$$

$$\phi_- = c_1\,(\varphi_A - \varphi_B). \tag{60}$$

Da die Normierungsbedingung erfüllt sein muß und die AO's orthogonal sein sollen, erhält man

$$\int_V \phi_+^* \phi_+\,dV = \int_V \phi_-^* \phi_-\,dV = 2\,c_1^2 = 1, \tag{61}$$

$$c_1 = 1/\sqrt{2}.$$

Ohne Hückelsche Näherung hätten wir $c_1 = \dfrac{1}{\sqrt{2(1 \pm S)}}$ berechnet. Die optimalen MO's und ihre Energieeigenwerte sind dann:

$$\phi_+ = \frac{1}{\sqrt{2(1+S)}}(\varphi_A + \varphi_B), \qquad \epsilon_+ = \frac{H_{AA} + H_{AB}}{1+S}, \tag{62}$$

$$\phi_- = \frac{1}{\sqrt{2(1+S)}}(\varphi_A - \varphi_B), \qquad \epsilon_- = \frac{H_{AA} - H_{AB}}{1-S}. \tag{63}$$

Da H_{AB} immer negativ und S viel kleiner als 1 ist, liegt der Eigenwert ϵ_+ um H_{AB} niedriger und ϵ_- um H_{AB} höher als H_{AA}. Es kommt also zu einem *bindenden* und einem *antibindenden* Zustand des H_2^+- bzw. H_2-Moleküls. ϕ_+ ist ein bindendes und ϕ_- ein antibindendes Molekülorbital. In Bild 5.11 ist das Zustandekommen der MO's aus den 1s-Orbitalen der H-Atome (AO's) anschaulich dargestellt. Da H_{AA} die Energie der AO's ist, kann man die zugehörigen energetischen Verhältnisse sehr einfach schematisch darstellen (Bild 5.12a). Zuerst werden die Energien der AO's getrennt gezeichnet (Energie der getrennten Atome) und die Energien der MO's (Energie der MO's im Gleichgewichtsabstand) in der Mitte angefügt.

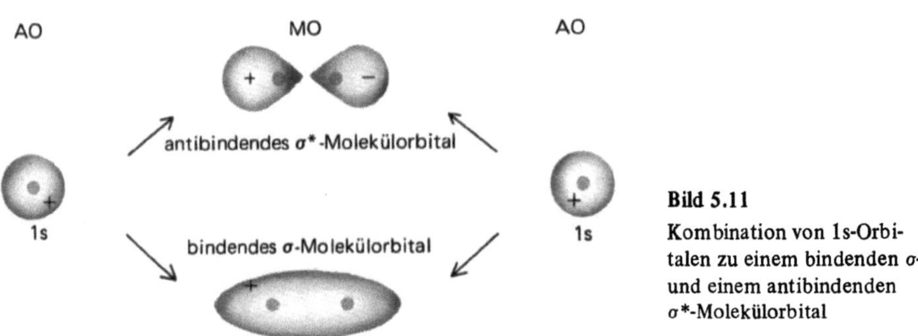

Bild 5.11
Kombination von 1s-Orbitalen zu einem bindenden σ- und einem antibindenden σ*-Molekülorbital

Da die MO-Theorie eine *Einelektronentheorie* ist (vgl. Einelektronentheorie der Atome = Schalenmodell), entsprechen die Energiewerte ϵ_+ und ϵ_- und die MO's ϕ_+ und ϕ_- den Eigenwerten und Bahnfunktionen eines Elektrons im H_2^{++}-Gerüst. Man kann sie nach dem Pauliprinzip mit zwei Elektronen verschiedener Spinquantenzahl besetzen und erhält dann das H_2-Molekül. Besetzt man das bindende Molekülorbital ϕ_+ mit zwei Elektronen (H_2-Molekül im Grundzustand), so folgt für das MO des Elektrons 1

$$\phi(1) = \frac{1}{\sqrt{2(1+S)}}[\varphi_A(1) + \varphi_B(1)] \tag{64}$$

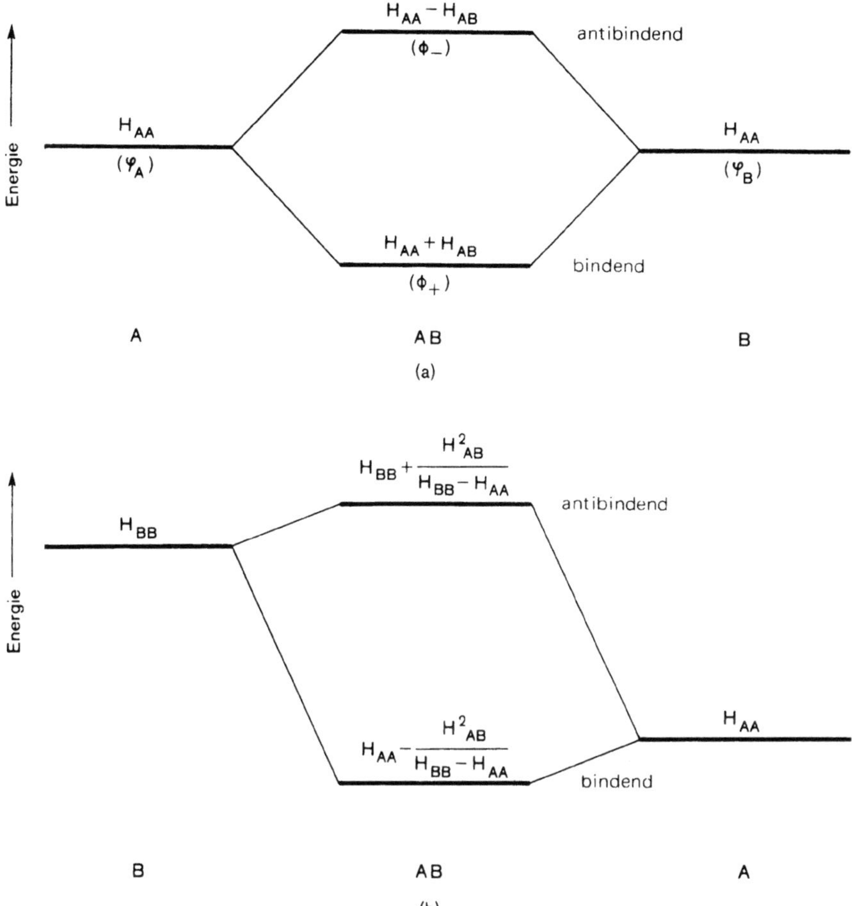

Bild 5.12 MO-Energie eines zweiatomigen homonuklearen (a) und eines heteronuklearen Moleküls AB

und für das des Elektrons 2

$$\phi(2) = \frac{1}{\sqrt{2(1+S)}} [\varphi_A(2) + \varphi_B(2)]. \tag{65}$$

Die Bahnfunktion des gesamten Moleküls lautet daher:

$$\phi = \phi(1)\,\phi(2) = \frac{1}{2(1+S)} [\varphi_A(1) + \varphi_B(1)]\,[\varphi_A(2) + \varphi_B(2)],$$

$$= \frac{1}{2(1+S)} \left\{ [\varphi_A(1)\,\varphi_B(2) + \varphi_A(2)\,\varphi_B(1)] + [\varphi_A(1)\,\varphi_A(2) + \varphi_B(1)\,\varphi_B(2)] \right\}. \tag{66}$$

Um die Gesamteigenfunktion Ψ_a zu ermitteln, muß nach dem Antisymmetrieprinzip ϕ mit der Spinfunktion $1/\sqrt{2}\,[\alpha(1)\,\beta(2)-\alpha(2)\,\beta(1)]$ multipliziert werden:

$$\Psi_a = \phi(1)\,\phi(2)\,\frac{1}{\sqrt{2}}\,[\alpha(1)\,\beta(2)-\alpha(2)\,\beta(1)]. \tag{67}$$

Wie bei der VB-Methode gibt es auch hier nur einen bindenden Zustand, und zwar dann, wenn die Elektronenspins antiparallel (*abgesättigt*) sind.

Bei einem heteronuklearen zweiatomigen Molekül muß Gl. (53) *ohne* die Symmetriebedingung $H_{AA} = H_{BB}$ gelöst werden:

$$\epsilon \simeq H_{AA} - \frac{H_{AB}^2}{H_{BB} - H_{AA}},$$

bzw.

$$\epsilon \simeq H_{BB} + \frac{H_{AB}^2}{H_{BB} - H_{AA}}. \tag{68}$$

Die Lösung liefert ein MO, das nur wenig stabiler als das AO φ_A ist (bindendes MO), und ein MO, das ein wenig instabiler als das AO φ_B (antibindendes MO) ist (Bild 5.12b).

Wie bei der VB-Methode hängt auch bei der MO-Methode die Energie ϵ der Molekülorbitale davon ab, wie stark die beiden AO's überlappen, da die Integrale H_{ij} umso negativer werden, je größer die Überlappung S_{ij} ist. Je besser die Basisfunktionen φ_i gewählt werden, umso eher ist auch Übereinstimmung mit dem tatsächlichen Energiewert ϵ_0 zu erzielen. Da das Variationstheorem nicht an bestimmte Basisfunktionen gebunden ist, muß man auch nicht von AO's ausgehen, sondern kann an sich beliebige Funktionen wählen. Bei allem ist aber zu beachten: Die MO-Theorie ist eine Einelektronennäherung und berücksichtigt keine Elektronenwechselwirkungen. Mit Hilfe der Methode der *Konfigurationswechselwirkung* lassen sich diese in gewissem Ausmaß berücksichtigen.

Ein Vergleich der Gln. (27) und (66) zeigt deutlich den Unterschied zwischen dem VB- und MO-Konzept. Nur die beiden ersten Terme von Gl. (66) sind mit den Heitler-Londonschen Valenzorbitalen Gl. (27) identisch. Sie beschreiben den Zustand eines Moleküls, bei dem sich stets eines der beiden Elektronen bei dem einen Kern, das zweite bei dem anderen Kern befindet. Die beiden letzten Terme in Gl. (66) erfassen zusätzlich einen Zustand, in dem sich entweder beide Elektronen bei dem einen oder dem anderen Korn aufhalten· Sie beschreiben ein Ionenmolekül ($H^+\,H^-$).

5.7 Zweiatomige, homonukleare Moleküle und ihre Symmetrie

Die im vorigen Abschnitt entwickelten Vorstellungen der LCAO-MO-Methode sind sinngemäß auf alle zweiatomigen Moleküle übertragbar. Ihre MO's werden unter Beachtung der Symmetrie aus den AO's der Molekülatome kombiniert und nach dem Pauliprinzip mit den Elektronen besetzt. So wie beim Schalenmodell der Mehrelektronenatome gibt es ein einziges MO-Energiediagramm, das nach und nach gefüllt wird. Es

Tabelle 5.3: Charaktertafel der $D_{\infty h}$-Gruppe zur Ermittlung der MO's zweiatomiger, homonuklearer Moleküle ($D_{\infty h} = i \times C_{\infty v}$)

Term	$D_{\infty h}$		E	$2\,C\varphi$	σ_v	$i\,E$	$2\,iC\varphi$	$i\,\sigma_v$
Σ_g^+	$x^2 + y^2,\, z^2$	A_{1g}	1	1	1	1	1	1
Σ_u^+	z	A_{1u}	1	1	1	-1	-1	-1
Σ_g^-	R_z	A_{2g}	1	1	-1	1	1	-1
Σ_u^-		A_{2u}	1	1	-1	-1	-1	1
Π_g	$xz,\, yz,\, R_x,\, R_y$	E_{1g}	2	$2\cos\varphi$	0	0	$2\cos\varphi$	0
Π_u	$x,\, y$	E_{1u}	2	$2\cos\varphi$	0	-2	$-2\cos\varphi$	0
Δ_g	$x^2 - y^2,\, xy$	E_{2g}	2	$2\cos 2\varphi$	0	2	$2\cos 2\varphi$	0
Δ_u		E_{2u}	2	$2\cos 2\varphi$	0	-2	$-2\cos 2\varphi$	0
...	...	...	...	...	...	...	...	...

stellt einen Zwischenzustand im sogenannten MO-Korrelationsdiagramm dar, das Zustände zwischen vereinigten und den getrennten Molelülatomen korreliert. Dieses ist ein Ergebnis gruppentheoretischer Überlegungen.

Die zweiatomigen homonuklearen Moleküle, die wir in diesem Abschnitt besprechen wollen, gehören der Symmetriegruppe $D_{\infty h}$ an. Ihre Charaktertafel bestimmt, welche Linearkombinationen von AO's zu MO's möglich sind. Aus der Charaktertafel (Tabelle 5.3) geht auch die *Nomenklatur* der Energiezustände und ihre Entartung hervor. Sind die MO's eines Zustandes invariant bezüglich der Symmetrieachse, so wird dieser Σ-Zustand genannt. Nach dem Vektormodell (Abschnitt 6.5) bezieht sich das Symbol Σ auf den Gesamtdrehimpuls Null der Bindungselektronen in Richtung der Symmetrieachse. Π- und Δ-Zustände bedeuten einen Drehimpuls von $\hbar$ und $2\,\hbar$. Σ-Zustände werden ferner wie folgt unterschieden: Ein hochgestelltes $+$ oder $-$ Zeichen soll angeben, wie sich die MO's hinsichtlich der Operation σ_v verhalten.

Man erinnere sich, daß σ_v das Symbol für eine Spiegelebene darstellt, die die Symmetrieachse enthält. Zustände mit MO's, die bei dieser Operation ihr Vorzeichen nicht ändern, erhalten ein hochgestelltes $+$ Zeichen. Ein weiterer Index, g (gerade) und u (ungerade) bezieht sich auf die Inversion. Zustände, deren MO's bezüglich der Inversion invariant sind, erhalten ein tiefgestelltes g. In diesem Zusammenhang sei erwähnt, daß ein Inversionszentrum nur bei den homonuklearen Molekülen existiert und bei den heteronuklearen fehlt. Linearkombinationen wie $(s_A + s_B)$ sind immer gerade und $(s_A - s_B)$ ungerade. Die g-u-Symmetrie hängt nicht vom Atomabstand ab: Sie bleibt erhalten, wenn man die Molekülatome vereinigt oder trennt.

Will man nicht die Energiezustände der Elektronen, sondern die MO's kennzeichnen, so verwendet man als Symbolik kleine griechische Buchstaben (wie bei den Valenzorbitalen) und setzt davor die AO's, aus denen die MO's entstanden sind oder entstehen, wenn man die Atome vereinigt. Es gibt folgende MO's: $1s\sigma$, $2s\sigma$, $2p\sigma$, $2p\pi$, $3s\sigma$, $3p\sigma$, $3p\pi$, $3d\sigma$, $3d\pi$, $3d\vartheta$, ... Bild 5.13 illustriert die drei Möglichkeiten, wie 2p-Atomorbitale zu MO's kombiniert werden können. Kommt die Bindung in z-Richtung zustande, so liefern die zwei

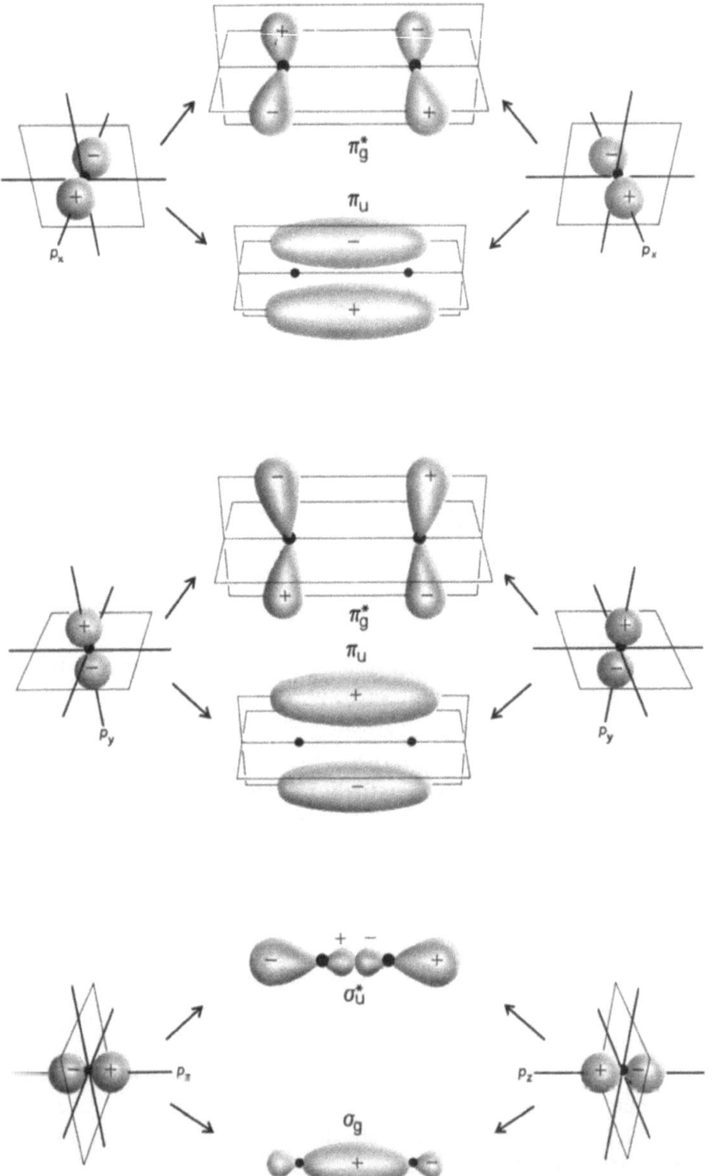

Bild 5.13 Die drei Möglichkeiten der Kombination von p-Orbitalen zu einer σ- und zwei π-Bindungen

$2p_z$-Orbitale ein $2p\sigma$-Molekülorbital und die p_x- und p_y-Orbitale zwei $2p\pi$-Molekülorbitale. Die zwei π-Orbitale sind energetisch gleichwertig, d.h. ihr Energiezustand ist entartet, genauso wie es die Charaktertafel verlangt (π-Darstellung ist zweidimensional). Ein MO-Diagramm mit π-Zuständen ist in Bild 5.14 zu sehen.

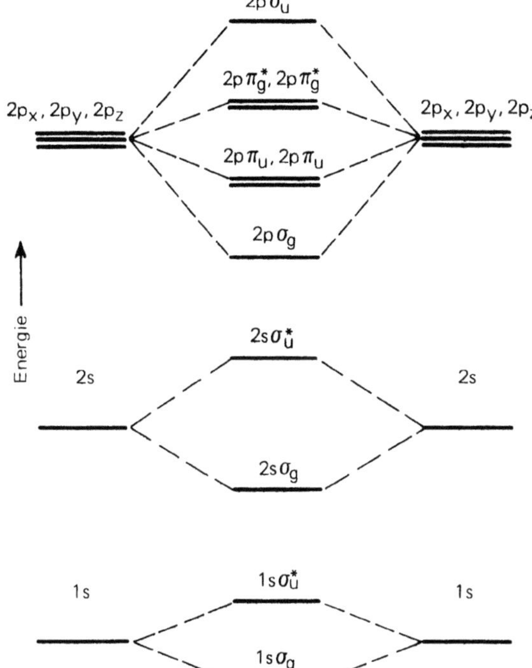

Bild 5.14
MO-Energieschema eines homonuklearen Moleküls

Zur Herleitung des elektronischen Aufbaues der Moleküle wird das MO-Diagramm nach und nach mit Elektronenpaaren besetzt. Beginnen wir mit der Besetzung des niedrigsten Zustandes mit zwei Elektronen antiparallelen Spins, so gelangen wir zum H_2-Molekül. Seine Elektronen besetzen das bindende Orbital $1s\sigma_g$. Füllen wir auch den antibindenden Zustand $1s\sigma_u^*$ (der Index * kennzeichnet antibindende Zustände) mit zwei weiteren Elektronen an, kämen wir zum He_2-Molekül, wenn es dieses gäbe. Da nämlich die Antibindung gleich viel Energie kostet wie durch die Bindung gewonnen wird, resultiert netto keine Bindungsenergie. Füllen wir das MO-Energieschema beispielsweise mit 18 Elektronen an (Bild 5.15), so beschreiben wir das F_2-Molekül. Die inneren Elektronen der abgeschlossenen Schalen tragen offensichtlich nicht zur Bindung bei, da sie gleich viel bindende wie antibindende MO's besetzen. Ebenso verhält es sich mit den $2p_x$- und $2p_y$-Elektronen, die zu viert ein bindendes und ein antibindendes MO besetzen. Zur Bindung trägt mithin allein das $2\sigma_g$-Orbital bei. Für die zustandegekommene Elektronenkonfiguration könnte man schreiben: $(1s\sigma)^2 (1s\sigma^*)^2 (2s\sigma)^2 (2s\sigma^*)^2 (2p\sigma)^2 (2p\pi)^4 (2p\pi^*)^4$. Da alle Energiezustände spinabgesättigt sind, wird der Elektronenzustand durch $^1\Sigma_g^+$ charakterisiert. Wie bei den Mehrelektronenatomen kommt es auch hier mit zunehmender Elektronenzahl zu Elektronenwechselwirkungen, die eine gegenseitige Verschiebung der Energiezustände provozieren. Sie kann wie beim F_2-Molekül soweit gehen, daß das $2p\sigma_g$-Orbital energetisch höher liegt als die $2p\pi_u$-Orbitale.

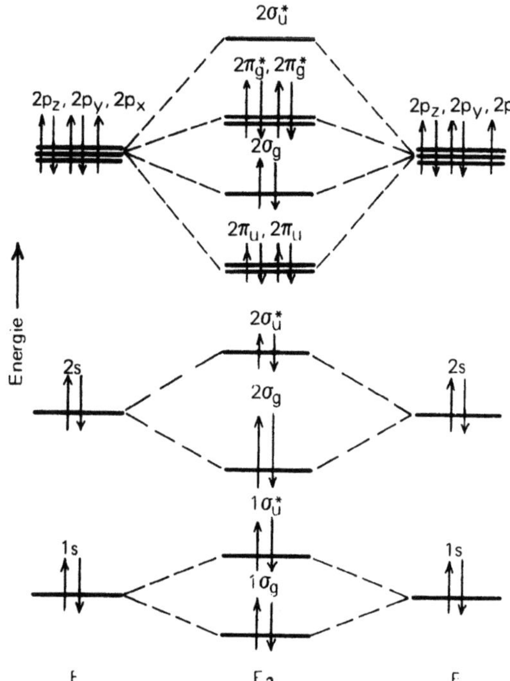

Bild 5.15
MO-Energieschema des F_2-Moleküls

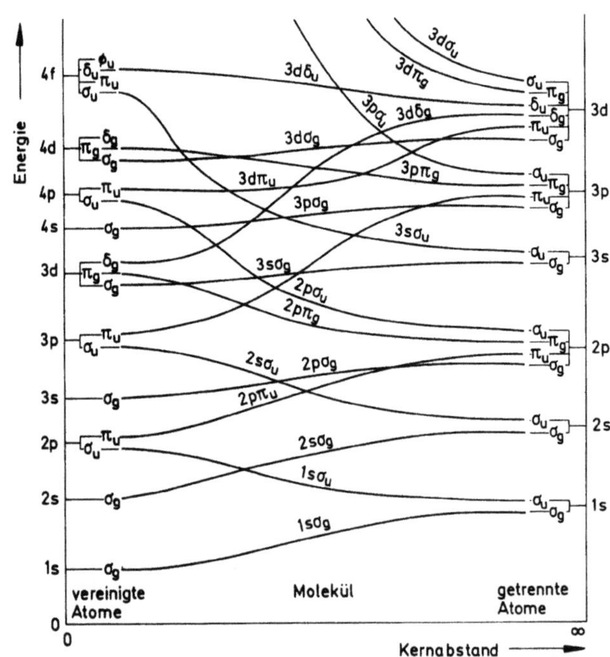

Bild 5.16 MO-Korrelationsdiagramm für zweiatomige homonukleare Moleküle

Die Elektronenwechselwirkung kommt am deutlichsten im sogenannten *Korrelationsdiagramm* zum Ausdruck (Bild 5.16). Es zeigt, wie sich die MO-Energie vom Zustand der getrennten Atome bis zum Zustand der ganz vereinigten Atome ändert. Zwischen diesen Extremfällen befindet sich dann ein Molekülzustand. Bei dieser Modellvorstellung entsteht z. B. aus zwei H-Atomen im vereinigten Zustand ein He-Atom und ein Zwischenzustand ist das H_2-Molekül. Die Gruppentheorie verlangt nun, daß sich bei einem Übergang von rechts nach links oder umgekehrt die Symmetrie der H-Atom-, der H_2-Molekül- und He-Atomorbitale nicht ändert. Ebensowenig dürfen sich die Energiekurven gleicher Symmetrie kreuzen. Ob ein MO bindend oder antibindend ist, liest man aus dem Diagramm ab: Bindende MO's haben mit kleiner werdendem Atomabstand abnehmende Energiekurven und antibindende zunehmende. Bei den bindenden bleibt die Hauptquantenzahl erhalten, bei den antibindenden erhöht sie sich.

Numerische Berechnungen von MO-Energien, wie sie dem Korrelationsdiagramm zugrunde liegen, wurden mit Hilfe der self-consistent-field-Methode durchgeführt und ähneln der Berechnung von AO-Energien (vgl. Abschnitt 3.7). Bild 5.17 zeigt so berechnete Elektronendichten von einigen Molekülen. Um eine gewisse räumliche Vorstellung zu bekommen, wurden die Dichten der MO's von F_2 und O_2 in Bild 5.18 auch räumlich darzustellen versucht. Einige MO-Bindungsenergiedaten sind in Tabelle 5.4 zusammengestellt.

5.8 Zweiatomige, heteronukleare Moleküle und Elektronegativität

Gehen wir zur MO-Behandlung von heteronuklearen Molekülen über, dann fällt die Inversionssymmetrie weg. Diese Moleküle gehören daher zur Symmetriegruppe $C_{\infty v}$, deren Charaktertafel in Tabelle 5.5 zu sehen ist. Wir stellen sofort fest, daß die MO's und Energiezustände mit Ausnahme der g-u-Symmetrie dieselben Eigenschaften haben wie die der $D_{\infty h}$-Gruppe.

Bei der Konstruktion von MO's heteronuklearer Moleküle, deren MO-Energieschema sich von dem der homonuklearen wesentlich unterscheidet (Bild 5.12), ist der *Polarität* Rechnung zu tragen. Legt man einem bindenden MO die Linearkombination $(AO_A + AO_B)$ zugrunde, so wird die Kombination umso schlechter sein, je polarer das Molekül ist. Polarität heißt, daß ionische Bindungsanteile ins Spiel kommen, weil sich die Bindungselektronen im „Zeitmittel" mehr bei dem einen (elektronegativeren) Bindungspartner als bei dem anderen (elektropositiveren) aufhalten. Dieses Verhalten der Elektronen wird durch ein „Gewicht" an den AO's berücksichtigt. Die Gewichtung erfolgt derart, daß sich durch einen Koeffizienten λ die Aufenthaltswahrscheinlichkeit der Elektronen am elektronegativeren Partner erhöht:

$$\phi \sim (\varphi_A + \lambda \varphi_B). \tag{69}$$

Beim HCl-Molekül z. B., wo der elektronegativere Partner das Cl-Atom ist, gilt dann für das erste Bindungselektron

$$\phi(1) \sim [\varphi_H(1) + \lambda \varphi_{Cl}(1)] \tag{70}$$

und für das zweite

$$\phi(2) \sim [\varphi_H(2) + \lambda \varphi_{Cl}(2)]. \tag{71}$$

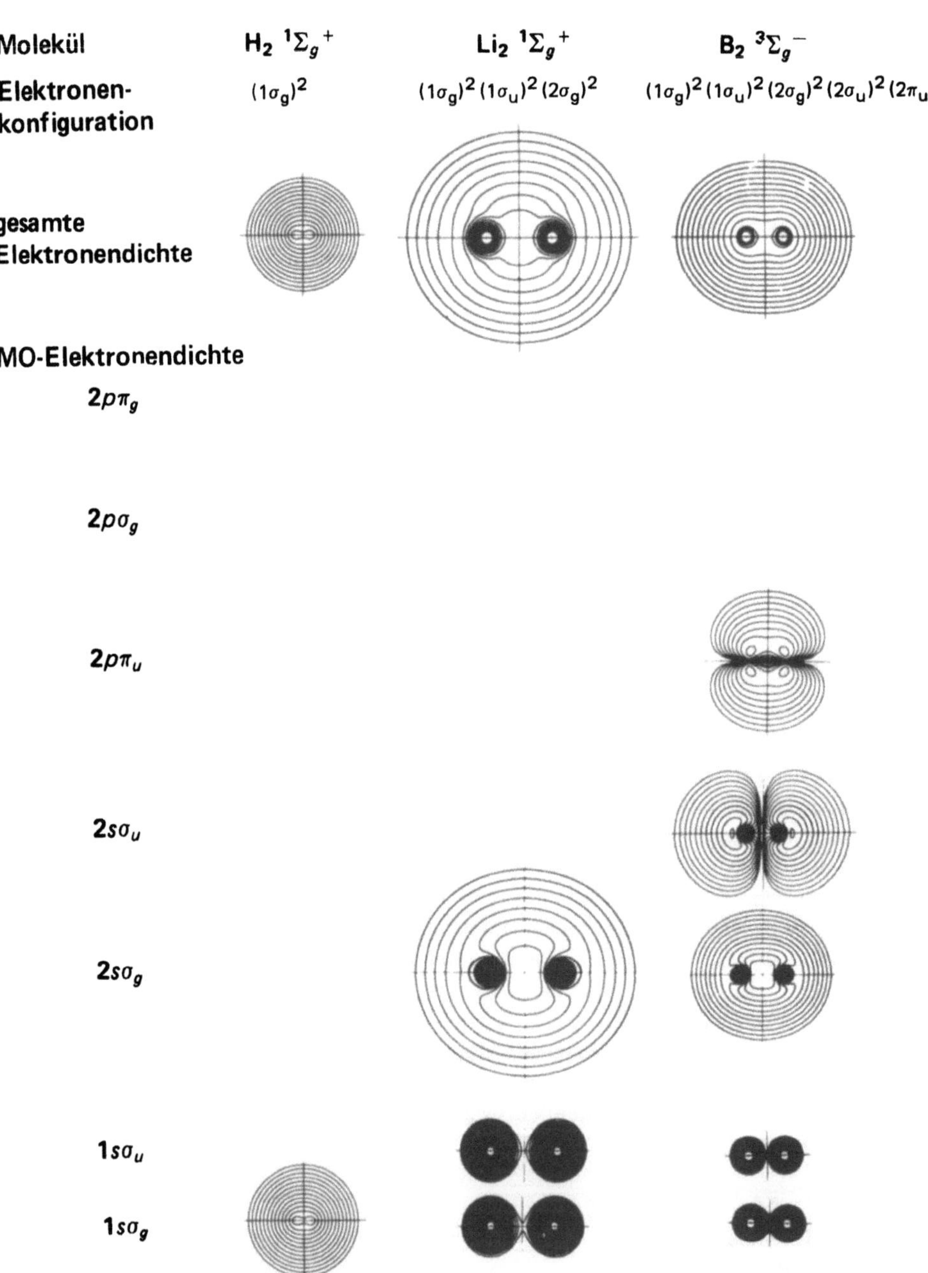

Bild 5.17 Elektronenkarten zur Veranschaulichung der Elektronendichten von Molekülorbitalen (*A. C. Wahl:* Molecular Orbital Densities, Science 151 (1966) 161)

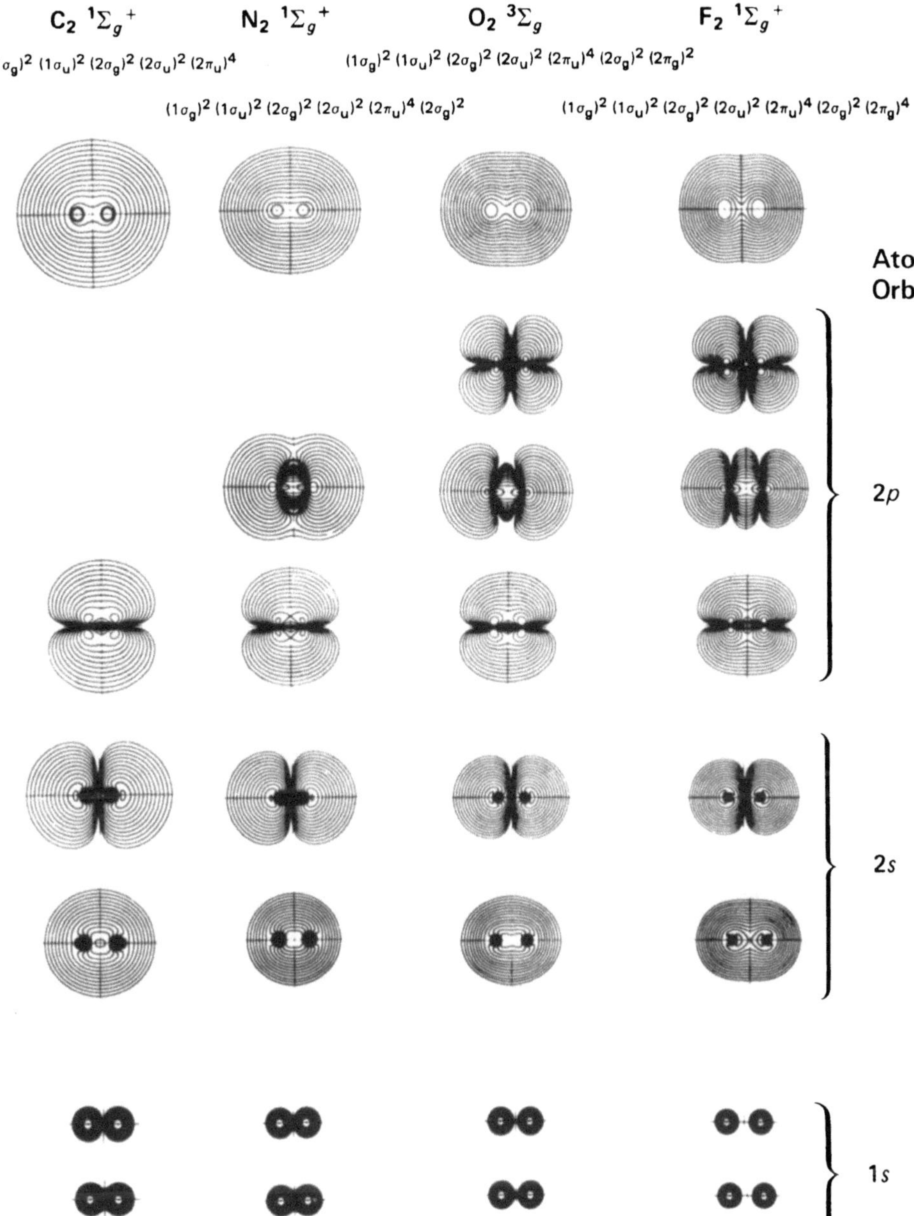

C_2 $^1\Sigma_g^+$
N_2 $^1\Sigma_g^+$
O_2 $^3\Sigma_g$
F_2 $^1\Sigma_g^+$
$(1\sigma_g)^2 (1\sigma_u)^2 (2\sigma_g)^2 (2\sigma_u)^2 (2\pi_u)^4$
$(1\sigma_g)^2 (1\sigma_u)^2 (2\sigma_g)^2 (2\sigma_u)^2 (2\pi_u)^4 (2\sigma_g)^2 (2\pi_g)^2$
$(1\sigma_g)^2 (1\sigma_u)^2 (2\sigma_g)^2 (2\sigma_u)^2 (2\pi_u)^4 (2\sigma_g)^2$
$(1\sigma_g)^2 (1\sigma_u)^2 (2\sigma_g)^2 (2\sigma_u)^2 (2\pi_u)^4 (2\sigma_g)^2 (2\pi_g)^4$
Atom-Orbital
$2p$
$2s$
$1s$

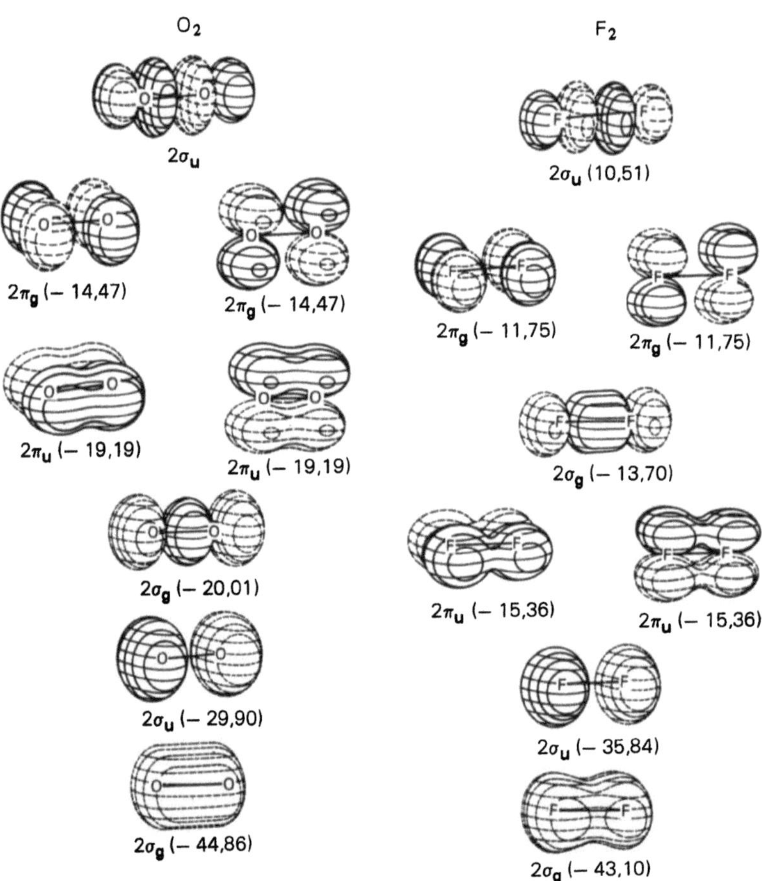

Bild 5.18 Räumliche Darstellung von O_2- und F_2-Molekülorbitalen (mit Ausnahme der 1 σ_g- und 1 σ_u-MO's) sowie ihre Energien in eV; ausgezogene und gestrichelte Linien haben entgegengesetztes Vorzeichen

Tabelle 5.4: Kernabstände und Bindungsenergien für einige Moleküle aus MO-Rechnungen

Anzahl der bindenden Elektronen					
6	5	4	3	2	1
				H_2 0,741 Å 432 kJ	H_2^+ 1,06 Å 255 kJ
	O_2^+ 1,123 Å	O_2 1,207 Å 493 kJ	O_2^{3-} 1,26 Å	O_2^{--} 1,49 Å	
N_2 1,100 Å 941 kJ	N_2^+ 1,116 Å				
				Cl_2^+ 1,891 Å	Cl_2 1,988 Å 239 kJ

Tabelle 5.5: Charaktertafel der $C_{\infty v}$-Gruppe

Term	$C_{\infty v}$		E	$2\,C_\varphi$	σ_v
Σ^+	z^2, x^2+y^2, z	A_1	1	1	1
Σ^-	R_z	A_2	1	1	-1
Π^+	xz, yz, R_x, R_y, x, y	E_1	2	$2\cos\varphi$	0
Π^-	x^2-y^2, xy	E_2	2	$2\cos\varphi$	0
...	...	...	...	...	...
...	...	...	...	...	...

φ_H ist das 1s-Orbital des H-Atoms und φ_{Cl} ein 3p-Orbital des Cl-Atoms. Der Normierungsfaktor, der nun $1/\sqrt{1+\lambda^2+2\lambda S}$ lauten würde, wurde der Einfachheit halber weggelassen. Damit die Polarität entsprechend berücksichtigt wird, muß λ größer als 1 sein. Die Gesamtbahnfunktion der Bindungselektronen ist dann durch das Produkt der beiden Einelektronen-MO's (70) und (71) gegeben:

$$\phi(1,2) = \phi(1)\cdot\phi(2) = [\varphi_H(1)+\lambda\varphi_{Cl}(1)]\,[\varphi_H(2)+\lambda\varphi_{Cl}(2)] = \tag{72}$$
$$= [\varphi_H(1)\,\varphi_H(2)] + \lambda[\varphi_H(1)\,\varphi_{Cl}(2)+\varphi_H(2)\,\varphi_{Cl}(1)] + \lambda^2[\varphi_{Cl}(1)\,\varphi_{Cl}(2)].$$

Wenn sich die Bindungselektronen viel mehr beim Cl-Atom als beim H-Atom aufhalten, ist der erste Term in Gl. (72) gegen die anderen Terme vernachlässigbar klein. Die Gesamtbahnfunktion der Bindungselektronen lautet dann:

$$\phi_{\text{hetero}} = \lambda[\varphi_H(1)\,\varphi_{Cl}(2)+\varphi_H(2)\,\varphi_{Cl}(1)] + \lambda^2[\varphi_{Cl}(1)\,\varphi_{Cl}(2)] \tag{73}$$

bzw. in abgekürzter Schreibweise

$$\phi(1,2) = \phi_{\text{homöo}} + \phi_{\text{hetero}} \tag{74}$$

$\phi_{\text{homöo}}$ beschreibt die *rein homöopolare* Bindung, da sich die Elektronen mit gleicher Wahrscheinlichkeit sowohl beim H-Atom als auch beim Cl-Atom befinden. ϕ_{hetero} kennzeichnet hingegen die *rein heteropolare* Bindung, weil sich beide Elektronen mit großer Wahrscheinlichkeit nur am Cl-Atom aufhalten.

Zur Beschreibung der rein homöopolaren Bindung genügt also $\phi_{\text{homöo}}$ und für die rein heteropolare Bindung ϕ_{hetero}. Dies würde für die Grenzfälle homonuklearer Moleküle und reiner Ionenmoleküle zutreffen. Aber selbst bei den polarsten Ionenmolekülen (z.B. Alkalihalogenide) muß man immer homöopolare Anteile zu einem Molekülorbital beimischen. In besonderem Maße gilt dies für alle heteronuklearen Moleküle, deren Bindungscharakter *zwischen* den beiden aufgezeigten Grenzfällen liegt. Da also heteronukleare Moleküle besser durch Molekülorbitale der Art $\phi \sim (\varphi_A+\lambda\varphi_B)$ beschrieben werden, muß auch die Bindungsenergie, das Kriterium für gut gewählte MO's, der experimentell bestimmten Bindungsenergie näherkommen, als wenn die Polarität unberücksichtigt bleibt. Die meisten heteronuklearen Moleküle besitzen aber zu viele Elektronen, um auch nur näherungsweise den ionischen Anteil der Bindungsenergie berechnen zu können. Man behilft sich dann mit einem halbempirischen Konzept von *Pauling*.

Nach *Pauling* läßt sich der ionische Anteil der Bindungsenergie auf folgende Weise abschätzen. Zuerst wird der rein homöopolare Anteil eines heteronuklearen Moleküls

Tabelle 5.6: Bindungsenergie und Elektronegativität nach *Pauling*

| Bindung | Bindungsenergie in kJ mol^{-1} | | Δ | | |
	D_{AB} (homöopolar) = $\sqrt{D_A D_B}$	D_{AB} (beobachtet)	in kJ	in eV	$\sqrt{\Delta}$ =|$x_B - x_A$|
H–F	262	563	301	3,1	1,7
H–Cl	326	432	105	1,1	1.0
H–Br	290	366	76	0,8	0,9
H–I	256	299	43	0,4	0,6
H–O	250	463	213	2,3	1,5
H–N	264	391	127	1,3	1,1
H–C	387	415	28	0,3	0,5
C–O	222	350	128	·1,4	1,2
C–F	234	441	207	2,1	1,4

(z.B. HCl) durch Mittelung der homöopolaren Bindungsenergien der an der Bindung beteiligten Atome berechnet und dann die Differenz der thermisch bestimmten Bindungsenergie und des homöopolaren Anteils gebildet. Bezeichnet man die Bindungs- oder Dissoziationsenergie mit D, dann folgt für den homöopolaren Anteil von *HCl* durch arithmetische Mittelung von D_{Cl_2} = 243 kJ mol^{-1} und D_{H_2} = 436 kJ mol^{-1} der Wert D_{HCl} = 340 kJ mol^{-1}. Im allgemeinen paßt aber das geometrische Mittel $D_{HCl}=\sqrt{D_{H_2} D_{Cl_2}}$ = 325 kJ mol^{-1} besser in das Konzept. Da die experimentell bestimmte Bindungsenergie von *HCl* nach Tabelle 5.6 432 kJ mol^{-1} beträgt, findet man für den ionischen Anteil der Bindungsenergie

$$\Delta = D_{HCl}(\text{exp}) - D_{HCl}(\text{homöo}) = 432 - 325 = 107 \text{ kJ mol}^{-1}.$$

Dieser Anteil ist sehr beträchtlich und rechtfertigt in jeder Weise die Einführung des Polaritätsparameters λ in das Molekülorbital. Je größer der Wert für Δ, umso polarer ist ein Molekül bzw. seine Bindung.

Obwohl schon verschiedentlich von elektronegativen und elektropositiven Atomen die Rede war, wurde der Begriff *Elektronegativität* selbst noch nicht definiert. Elektronegativität ist die Tendenz eines Atoms im Vergleich zu einem Bindungspartner, die Bindungselektronen stärker als dieser anzuziehen. Zur quantitativen Erfassung sind zwei Definitionen in Gebrauch. Die erste stammt von *Mulliken* und verwendet als *Elektronegativitätsindex* ein „modifiziertes Mittel" aus der Ionisierungsenergie und der Elektronenaffinität:

$$x = \frac{I + A}{5,6} . \qquad (I \text{ und } A \text{ in eV}) \tag{75}$$

Damit die Elektronegativitätsdaten mit denen der zweiten Definition möglichst gut übereinstimmen, wurde anstelle des Faktors 2 der Faktor 5,6 gewählt.

Die zweite Definition geht auf *Pauling* zurück und benutzt die vorhin definierten Differenzen Δ der gemessenen und der homöopolaren Bindungsenergie. Nach *Pauling* soll die Wurzel aus Δ die Elektronegativitätsdifferenz zweier Atome in einem Molekül AB am besten beschreiben:

$$|x_B - x_A| = \sqrt{\Delta}. \qquad (\Delta \text{ in eV}) \tag{76}$$

Nur diese Beziehung liefert *konsistente* Indizes, d. h. gleiche Werte für $|x_B - x_A|$, gleichgültig, ob man die Bindungsenergie von AB oder die zweier beliebiger anderer Moleküle AC und BC heranzieht. Diese Methode gestattet, allein aus Bindungsenergien, die ausreichend zur Verfügung stehen, Differenzen von Indizes herzuleiten (Tabelle 5.6). Um aber Indizes für individuelle Atome angeben zu können, muß irgend einem Bezugsatom ein willkürlicher Wert zugeordnet werden. Setzt man für das H-Atom den Wert 2,2 fest, so liegen alle anderen Indizes zwischen 1 und 4 (Tabelle 5.7). In Tabelle 5.8 sind revidierte Elektronegativitäten in einer periodischen Anordnung (vgl. Periodisches System der Elemente) zusammengestellt. In dieser periodischen Anordnung kommt die Bedeutung des Begriffes Elektronegativität für die Chemie am ehesten zum Ausdruck. Sie ist ein halbempirischer Parameter, der das chemische Verhalten (Reaktionsfähigkeit) widerspiegelt.

Tabelle 5.7: Elektronegativitätsindizes nach *Pauling* und *Mulliken*

Atom	$x_{Pauling}$	$x_{Mulliken}$
H	(2,2)	2,5
F	3,9	3,8
Cl	3,2	3,0
Br	3,1	2,7
I	2,8	2,4

Tabelle 5.8: Elektronegativitäten in periodischer Anordnung (nach *L. Pauling:* Die Natur der chemischen Bindung, Verlag Chemie GmbH, Weinheim 1962)

Li	Be	B		C	N	O	F
1,0	1,5	2,0		2,5	3,0	3,5	4,0
Na	Mg	Al		Si	P	S	*Cl*
0,9	1,2	1,5		1,8	2,1	2,5	3,0
K	Ca	Sc	Ti–Ga	Ge	As	Se	Br
0,8	1,0	1,3	$1,7 \pm 0,2$	1,8	2,0	2,4	2,8
Rb	Sr	Y	Zr–In	Sn	Sb	Te	I
0,8	1,0	1,2	$1,9 \pm 0,3$	1,8	1,9	2,1	2,5
Cs	Ba	La–Lu	Hf–Tl	Pb	Bi	Po	At
0,7	0,9	1,1	$1,9 \pm 0,4$	1,8	1,9	2,0	2,2
Fr	Ra	Ac	Th				
0,7	0,9	1,1	1,3				

5.9 Konjugierte π-Elektronensysteme

Um organische Verbindungen mit konjugierten Doppelbindungen (delokalisierte π-Elektronen) zu beschreiben, wählt man zweckmäßig die MO-Methode. In diesem Sinne kann das im letzten Abschnitt durch VB-Orbitale beschriebene Benzol auch genauso gut, wenn nicht besser, durch Molekülorbitale dargestellt werden.

Das π-Molekülorbital des Benzols wird als Linearkombination der sechs p_z-C-Atomorbitale angesetzt,

$$\phi = c_1 \varphi_1 + \ldots c_i \varphi_i \ldots + c_6 \varphi_6, \tag{77}$$

und für dieses nach der Variationsrechnung (Abschnitt 5.6) in der Hückelschen Näherung die Säkulardeterminante aufgestellt. Bei Beachtung der Bedingungen

$H_{ii} = \alpha$, für alle Werte von i,

$H_{ij} = \beta$, für benachbarte C-Atome

$H_{ij} = 0$, für nicht benachbarte C-Atome,

$S_{ii} = 1$ und

$$S_{ij} = 0 \tag{78}$$

lautet diese:

$$\begin{vmatrix} \alpha - \epsilon & \beta & 0 & 0 & 0 & 0 \\ \beta & \alpha - \epsilon & \beta & 0 & 0 & 0 \\ 0 & \beta & \alpha - \epsilon & \beta & 0 & 0 \\ 0 & 0 & \beta & \alpha - \epsilon & \beta & 0 \\ 0 & 0 & 0 & \beta & \alpha - \epsilon & \beta \\ 0 & 0 & 0 & 0 & \beta & \alpha - \epsilon \end{vmatrix} = 0. \tag{79}$$

Die Wurzeln dieser Gleichung 6. Grades liefern die sechs Eigenwerte:

$$\begin{aligned} &\epsilon_1 = \alpha + 2\beta, &&\epsilon_4 = \alpha - \beta, \\ &\epsilon_2 = \alpha + \beta, &&\epsilon_5 = \alpha - \beta, \quad (\beta \text{ negativ}) \\ &\epsilon_3 = \alpha + \beta, &&\epsilon_6 = \alpha - 2\beta. \end{aligned} \tag{80}$$

Werden sie in das homogene Gleichungssystem (50) eingesetzt, so folgen daraus die gesuchten Koeffizienten c_1 bis c_6. Dadurch sind dann die sechs π-Molekülorbitale des Benzols bestimmt:

$$\phi_1 = \frac{1}{\sqrt{6}}(\varphi_1 + \varphi_2 + \varphi_3 + \varphi_4 + \varphi_5 + \varphi_6),$$

$$\phi_2 = \frac{1}{\sqrt{12}}(2\varphi_1 + \varphi_2 - \varphi_3 - 2\varphi_4 - \varphi_5 + \varphi_6).$$

$$\phi_3 = \frac{1}{2}(\varphi_2 + \varphi_3 - \varphi_5 - \varphi_6),$$

$$\phi_4 = \frac{1}{\sqrt{12}}(2\varphi_1 - \varphi_2 - \varphi_3 + 2\varphi_4 - \varphi_5 - \varphi_6),$$

$$\phi_5 = \frac{1}{2}(\varphi_2 - \varphi_3 + \varphi_5 - \varphi_6),$$

$$\phi_6 = \frac{1}{\sqrt{6}}(\varphi_1 - \varphi_2 + \varphi_3 - \varphi_4 + \varphi_5 - \varphi_6). \tag{81}$$

Die sechs Energieniveaus und MO's sind in Bild 5.19 schematisch gezeichnet. Das zweite und dritte bzw. vierte und fünfte Niveau haben die gleiche Energie. Alle sechs π-Elektronen können in bindenden Molekülorbitalen untergebracht werden, wodurch die große Stabilität des Benzolkerns im Rahmen der MO-Theorie erklärt wird.

In Bild 5.19 wurden die Energiezustände bereits symmetriegerecht bezeichnet. Die Symmetrie der MO's und damit die Bezeichnung der Zustände läßt sich aus der reduziblen Charakterdarstellung der p_z-Orbitale ermitteln. Untersuchen wir nämlich die Charaktere

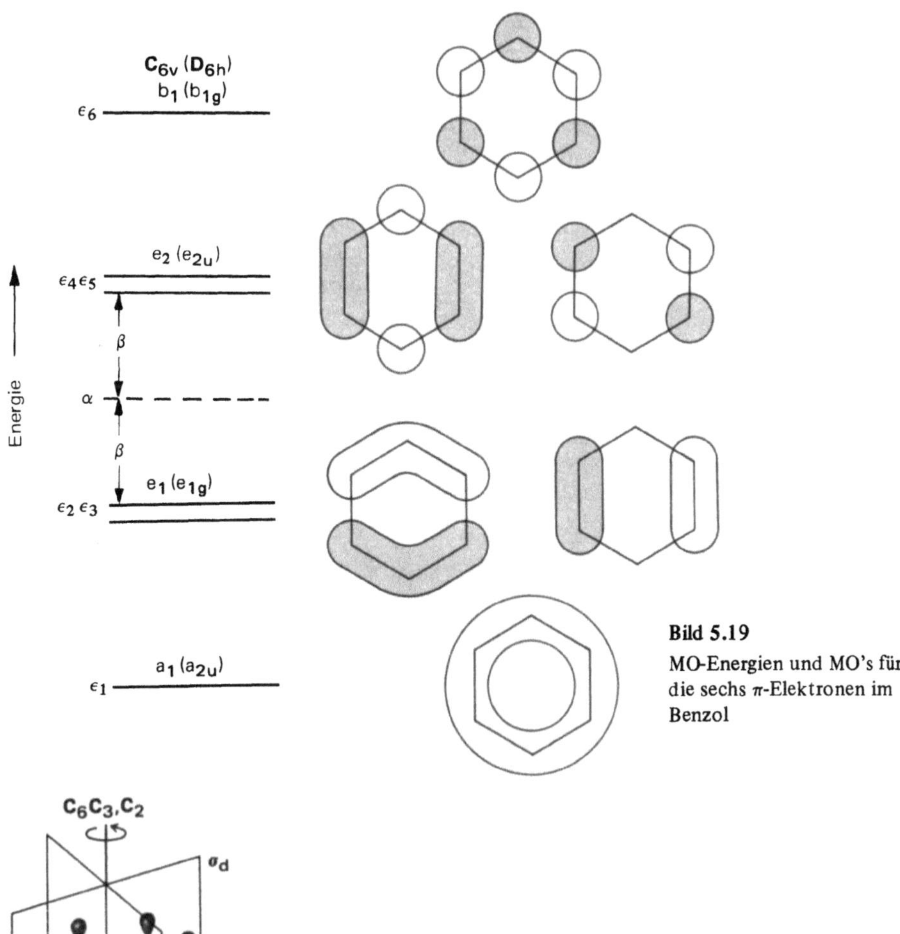

Bild 5.19

MO-Energien und MO's für die sechs π-Elektronen im Benzol

Bild 5.20

Vereinfachte Darstellung der Benzolsymmetrie mit Hilfe von „halben" p_z-C-Atomorbitalen (C_{6v} anstatt D_{6h})

der p_z-Orbitale (Bild 5.20) bezüglich der C_{6v}-Operationen, so gewinnen wir die folgenden reduziblen Charaktere:

C_{6v}	E	C_2	$2\,C_3$	$2\,C_6$	$3\,\sigma_d$	$3\,\sigma_v$	
X_{red}	6	0	0	0	0	0	(82)

X_{red} läßt sich an Hand der Charaktertafel der C_{6v}-Gruppe (Tabellenanhang) reduzieren:

$$X_{red} = X_{A_1} + X_{B_1} + X_{E_1} + X_{E_2} \tag{83}$$

Zwei π-MO's müssen deshalb die Symmetrieeigenschaften der nicht entarteten A_1- und B_1-Darstellung und vier die der zweifach entarteten E_1- und E_2-Darstellung aufweisen.

Für diese Symmetrieüberlegung wurde statt der $\mathbf{D_{6h}}$-Gruppe die $\mathbf{C_{6v}}$-Gruppe gewählt und die p_z-Orbitale in Bild 5.20 nur „halb" gezeichnet. Es geschah dies nur aus Gründen der einfacheren Behandlung.

Betrachten wir abschließend ein System mit sehr vielen konjugierten Doppelbindungen. Es soll sich um das β-Carotin mit elf derartigen Bindungen handeln:

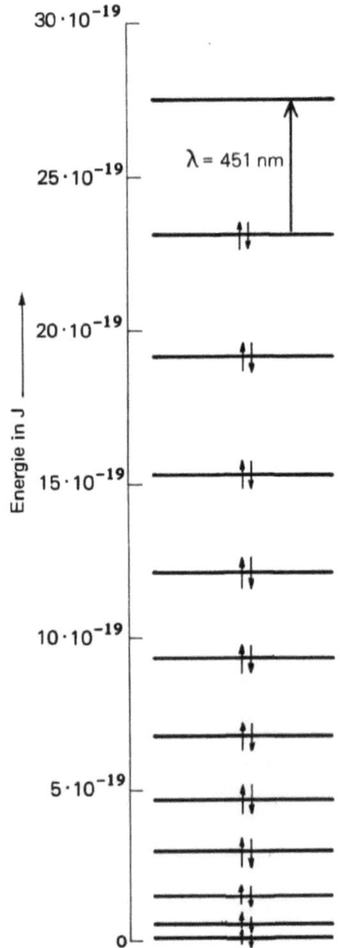

In diesem Molekül sind die π-Elektronen bereits so stark delokalisiert, daß sie sich praktisch frei entlang der Kette bewegen. Molekülorbitale aus einzelnen Atomorbitalen zu konstruieren lohnt daher kaum. Viel sinnvoller ist es in dieser Situation, den Grenzfall der MO-Theorie: *freie Elektronen in einem eindimensionalen Potentialtopf* anzuwenden. Denn das Potential außerhalb der Kette ist im Vergleich zum Inneren unendlich groß. Damit wird aber dieses Eigenwertproblem mit dem eines Teilchens in einem eindimensionalen Potentialtopf identisch.

Für die Energieeigenwerte wurde in Abschnitt 2.4 die Bedingung

$$\epsilon_n = \frac{n^2 h^2}{8ma^2} \qquad n = 1, 2, 3, \ldots \qquad (84)$$

gefunden. a ist die Länge des Potentialtopfes und im vorliegenden Fall die effektive Länge der konjugierten Kette. In Bild 5.21 wurde dieses Energieschema nach dem Pauliprinzip mit den 22 π-Elektronen besetzt. Absorptionsspektrosko-

Bild 5.21
Energieschema der π-Elektronen in β-Carotin (eindimensionaler Potentialtopf)

pisch wird von β-Carotin ein Elektronenübergang bei 451 nm gefunden. Er entspricht dem in Bild 5.21 eingezeichneten Übergang von $n = 11$ auf $n = 12$ (bei 22 π-Elektronen der erste angeregte Zustand). Der zugehörige Energieabstand beträgt allgemein

$$\Delta\epsilon = (\epsilon_{n=12} - \epsilon_{n=11}) = (12^2 - 11^2)\frac{h^2}{8\,ma^2} \tag{85}$$

und besitzt im speziellen Fall den Wert

$$\Delta\epsilon = \frac{hc}{\lambda} = \frac{6,62 \cdot 10^{-34} \cdot 3 \cdot 10^8}{451 \cdot 10^{-9}} = 4,41 \cdot 10^{-19}\ \text{J}. \tag{86}$$

Setzen wir diesen Wert sowie die Werte für h und m in Gl. (85) ein, so finden wir für die Kettenlänge $a = 17,7$ Å. Sie entspricht ungefähr der mit anderen Meßmethoden ermittelten Länge.

5.10 Koordinations- und Elektronenüberschußverbindungen

Drei verschiedene Ligandenfeldkonzepte zur Beschreibung von Koordinationsverbindungen verdienen unser Augenmerk. Das erste und älteste stammt von *Pauling* und benutzt hybridisierte *Valenzorbitale* der VB-Theorie. Das zweite ist neueren Datums und als *Kristallfeldtheorie* bekannt geworden. Eine gewisse Verbesserung erfährt diese durch die Hinzunahme der *MO-Theorie*. Ganz allgemein: Das Charakteristische an Koordinationsverbindungen ist die Beteiligung von d-Elektronen bzw. d-Orbitalen eines Zentralatoms bei der Bindung mit elektronenreichen Atomen oder Ionen, den Liganden. Im Gegensatz zu den meist farblosen Molekülen mit σ- und π-Bindungen sind die Koordinationsverbindungen gefärbt und die Erklärung dieser Farbe stellt zugleich das quantitative Kriterium für ein Ligandenfeldkonzept dar. Zentralatome sind zumeist Übergangsmetallatome oder -ionen wie Fe, Co usw. Bekannte Beispiele für solche Verbindungen sind die oktaedrischen Metallkomplexsalze $K_3Fe(CN)_6$ und K_3FeF_6 und diese sollen auch bei der nachfolgenden qualitativen Diskussion der Konzepte als Demonstrationsbeispiele dienen.

Um nach Pauling den Komplex $Fe(CN)_6^{3-}$ mit Valenzorbitalen zu beschreiben, suchen wir aus der Tabelle 5.2 das oktaedrische d^2sp^3-Hybrid heraus. Zusammen mit den Ligandenorbitalen wird dann daraus ein oktaedrisches Valenzorbital konstruiert und mit Ligandenelektronen besetzt. Im Gegensatz zu früher besprochenen Bindungen entsteht dabei eine Ladungsverschiebung, die zu einem stark homöopolaren Charakter der Bindungen führt. Da Fe die Konfiguration $(1s)^2 (2s)^2 (2p)^6 (3s)^2 (3p)^6 (3d)^6 (4s)^2$ und Fe^{3+} die Konfiguration $(1s)^2 (2s)^2 (2p)^6 (3s)^2 (3p)^6 (3d)^5$ besitzt, resultiert folgende Konfiguration nach der Besetzung mit den Ligandenelektronen: $(1s)^2 (2s)^2 (2p)^6 (3d)^5 (d^2 sp^3)^{12}$. Zur Hybridisierung wurden zwei 3d-, ein 4s- und drei 4p-Orbitale genommen und die sechs Hybride voll, d. h. mit 12 Elektronen besetzt. Die drei restlichen 3d-Orbitale besetzen nur fünf Elektronen, so daß insgesamt eines ungepaart bleibt. Der Komplex $Fe(CN)_6^{3-}$ sollte also ein ungepaartes Elektron besitzen, was experimentell erwiesen ist.

In FeF_6^{3-} hingegen überwiegt der ionische Anteil in den Valenzorbitalen, da das F^--Ion elektronegativer als das CN^--Ion ist. Die Überlappung der d^2sp^3-Hybride mit den Ligandenorbitalen ist geringer, die Aufenthaltswahrscheinlichkeit der Ligandenelektronen am Zentralatom kleiner. Die Folge ist, daß die fünf ungepaarten 3d-Elektronen des Fe^{3+}-Ions allein bleiben und die Besetzung der Valenzorbitale nur unvollständig ist.

Wie bereits im Abschnitt 4.5 angeklungen ist, liegen der Kristallfeldtheorie elektrostatische Wechselwirkungen zwischen dem Zentralatom und seinen Liganden zugrunde. Dazu wird angenommen, daß die negativ geladenen oder stark polaren Liganden ionisch an das Zentralatom gebunden sind. Sie ordnen sich dabei räumlich so an, daß sie den besetzten, nicht hybridisierten d-Orbitalen wegen der Abstoßung der Elektronenwolken ausweichen. Anders ausgedrückt: Die d-Elektronen bevorzugen solche d-Atomorbitale, die nicht in Richtung der Liganden weisen, und nehmen dadurch eine andere Energie als im ungestörten Zustand an. Quantenmechanisch gesehen: Die ungestörten entarteten d-Energieniveaus spalten im elektrostatischen Ligandenfeld auf. Je nach Symmetrie und Stärke des Ligandenfeldes entstehen verschiedene Gruppen von Energieniveaus (Bild 5.22). Die Aufspaltung in einem Oktaederfeld wurde bereits in Abschnitt 4.5 an Hand der O_h-Symmetriegruppe diskutiert. Sie führt zu einem zweifach entarteten E_g- und einem dreifach entarteten T_{2g}-Zustand. Genauso lassen sich die anderen in Bild 5.22 gezeichneten Aufspaltungen gruppentheoretisch deuten.

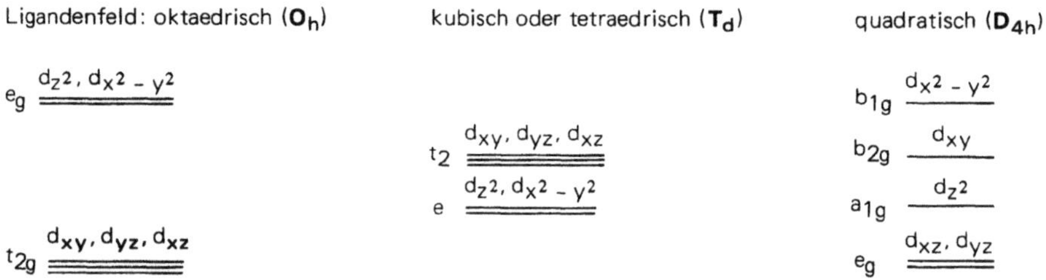

Bild 5.22 Aufspaltung der d-Energieniveaus in Feldern verschiedener Symmetrie (schematisch)

Bleiben wir bei oktaedrischen Ligandenfeldern, im speziellen bei den Komplexen $Fe(CN)_6^{3-}$ und FeF_6^{3-}. Ohne Ligandenfeld besitzt das Fe^{3+}-Ion, wie wir bereits wissen, fünf 3d-Elektronen, wovon ein jedes ungepaart ist (Hundsche Regel). Wenn nun eine Störung in Form von sechs negativen Liganden eintritt, wird je nach Stärke der Liganden die d-Entartung mehr oder weniger aufgehoben. Mehr beim $Fe(CN)_6^{3-}$ und weniger beim FeF_6^{3-}, wie man aus spektroskopischen Untersuchungen erfährt (Bild 5.23). Beim zweiten Komplex ist die Aufspaltung in die E_g- und T_{2g}-Zustände noch so klein, daß die Elektronen nach der Hundschen Regel ungepaart bleiben. Völlig anders sieht die Situation beim ersten Komplex aus. Alle Elektronen besetzen die T_{2g}-Zustände und eines verbleibt ungepaart. Der erste Komplex weist deshalb eine viel größere magnetische Suszeptibilität auf. In der Tabelle 5.9 sind einige weitere Beispiele für oktaedrische Komplexe in starken und schwachen Ligandenfeldern angeführt.

Eine grundsätzliche Verbesserung läßt sich erzielen, wenn man die Ligandenfeldtheorie und die MO-Theorie kombiniert, und zwar auf folgende Weise. Aus d-Orbitalen (im Ligandenfeld) und Ligandenorbitalen werden MO's konstruiert, die die Symmetrie des Ligandenfeldes aufweisen. Bild 5.24 zeigt z.B. das MO-Diagramm für oktaedrische Symmetrie und Bild 5.25 seine Besetzung mit den d- und Ligandenelektronen zum Auf-

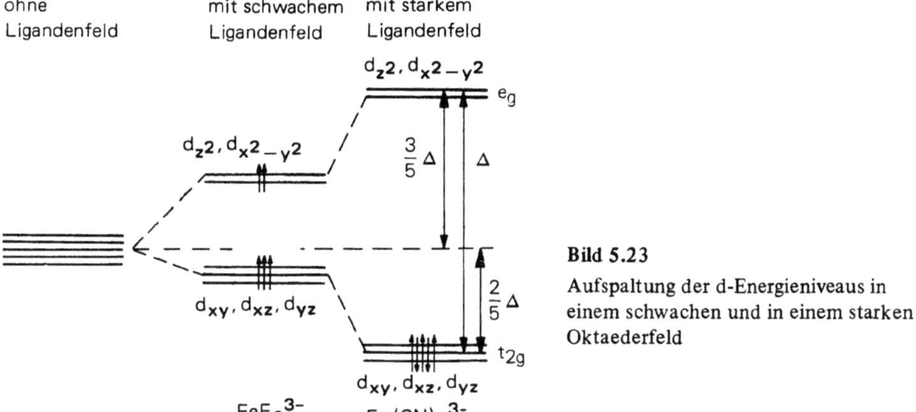

Bild 5.23

Aufspaltung der d-Energieniveaus in einem schwachen und in einem starken Oktaederfeld

Tabelle 5.9: Oktaedrische Komplexe (nach *W. J. Moore, D. O. Hummel:* Physikalische Chemie, W. de Gruyter, Berlin 1973)

	Anzahl der d-Elektronen	Konfiguration	Anzahl der ungepaarten Spins	Komplex
Schwaches	4	$(t_{2g})^3 (e_g)^1$	4	$CrSO_4$
Ligandenfeld	5	$(t_{2g})^3 (e_g)^2$	5	$Fe(H_2O)_6^{3+}$
	6	$(t_{2g})^4 (e_g)^2$	4	$Co(H_2O)_6^{3+}$
	7	$(t_{2g})^5 (e_g)^3$	3	$Co(H_2O)_6^{2+}$
Starkes	4	$(t_{2g})^4$	2	$K_2Mn(CN)_6$
Ligandenfeld	5	$(t_{2g})^5$	1	$K_3Fe(CN)_6$
	6	$(t_{2g})^6$	0	$K_4Fe(CN)_6$

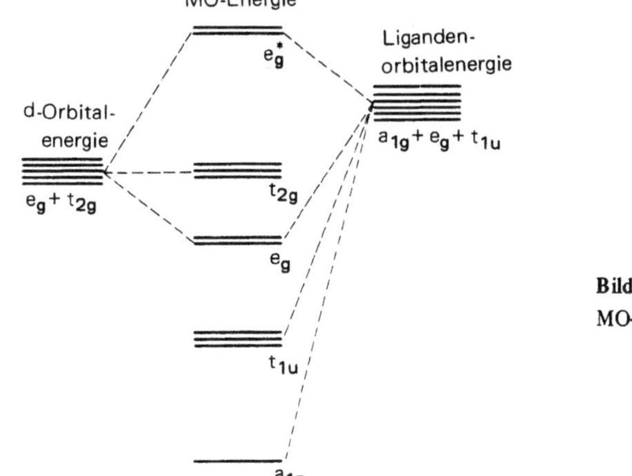

Bild 5.24

MO-Diagramm für oktaedrische Komplexe

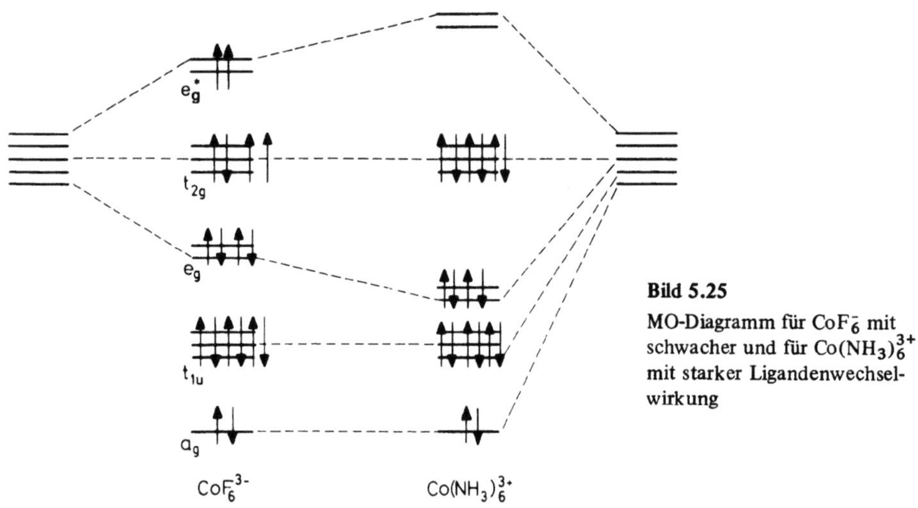

Bild 5.25

MO-Diagramm für CoF_6^- mit schwacher und für $Co(NH_3)_6^{3+}$ mit starker Ligandenwechselwirkung

bau der Komplexe CoF_6^{3-} und $Co\,(NH)_6^{3+}$. Die Verbesserung gegenüber der Ligandenfeldtheorie besteht vor allem in quantitativeren Berechnungen, die ja letztlich das Ziel haben, die charakteristische Absorption im Sichtbaren (Farbe) zu erklären. Absorption entspricht immer einem Übergang von einem energetisch tieferen in ein höheres Niveau. Dieser Energieabstand ist als „Kristallfeldenergie" zugleich ein Maß für die Ligandenfeldstärke.

Die *Elektronenüberschußbindung* in Molekülen wie J_3^-, HF_2^-, usw., die man mit gewöhnlichen Valenzbindungen nicht mehr beschreiben kann, läßt sich zwanglos mit Hilfe der MO-Theorie lösen. Aus der MO-Theorie folgt, daß durch Linearkombination von drei AO's drei MO's entstehen. Von diesen drei MO's sind eines *bindend*, eines *nichtbindend* und eines *antibindend*, da das bindende energetisch tiefer, das nichtbindende energetisch gleich und das antibindende energetisch höher als die AO's liegen. Ganz allgemein treten nur bei Molekülen mit ungerader Atomanzahl nichtbindende MO's auf. Führt man eine MO-Rechnung für das J_3^- durch, so bekommt man die in Bild 5.26 schematisch dargestellten MO-Niveaus. Je ein p_x-Orbital der J-Atome wurden zu drei MO's kombiniert. Da nun die Valenzelektronen der J-Atome die Konfiguration $(5s)^2\,(5p)^5$ haben, bleiben für die Besetzung der MO's drei Elektronen von den J-Atomen und eines von der Ionenladung übrig. Von diesen vier Elektronen besetzen zwei den bindenden und zwei den nichtbindenden Zustand, so daß insgesamt zwei von vier Elektronen binden. Beim HF_2^-, dessen σ-MO's aus einem s-Orbital des H-Atoms und zwei p_x-Orbitalen der F-Atome kombiniert werden, ist es analog. Wiederum sind vier Elektronen unterzubringen, je

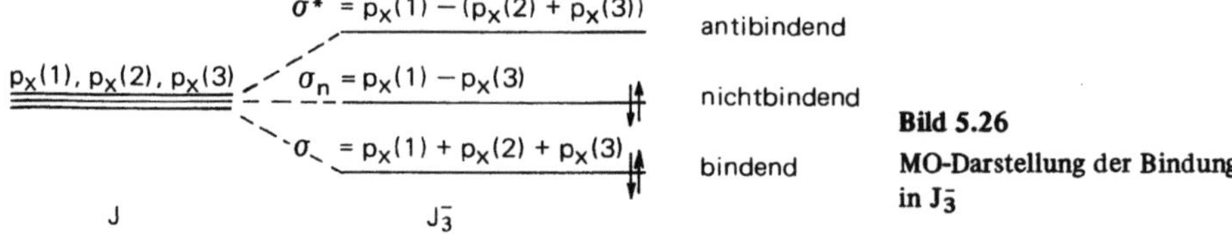

Bild 5.26

MO-Darstellung der Bindung in J_3^-

eines von den beiden F-Atomen, eines vom H-Atom und eines von der Ionenladung. Die Bindung im HF_2^- ist ungewöhnlich stark, sie beträgt 155 kJ mol^{-1}. Sie wird in anderem Zusammenhang auch *Wasserstoffbrückenbindung* genannt und wird später noch diskutiert werden. Zu dieser Gruppe von Molekülen gehören auch die Edelgasverbindungen wie XeF_2, XeF_4, XeF_6, usw., deren Bindungen ebenfalls auf diese Weise erklärt werden können.

Rechenbeispiele

1. Zeigen Sie, daß das Orbital $\phi = 1/\sqrt{2}\,(1s_A + 1s_B)$ die exakte Lösung der Schrödingergleichung mit dem Hamiltonoperator $H = - \hbar^2/2m \nabla^2 - e^2/4\,\pi\epsilon_0\,(1/r_A + 1/r_B)$ für das H_2^+-Ion mit unendlichem Kernabstand darstellt.

2. Zeichnen Sie die Funktionen $\phi = 1/\sqrt{2}\,(1s_A + 1s_B)$ und $\phi^2 = 1/2\,(1s_A + 1s_B)^2$ mit r_{AB} als Abszisse für den Kernabstand 1,06 Å.

3. Zeichnen Sie die VB-Orbitale des H_2-Moleküls $\phi = 1s_A(1)\,1s_B(2)$ und $\phi = 1/\sqrt{2}[1s_A(1)1s_B(2) + 1s_B(1)\,1s_A(2)]$ und ihre Quadrate für den Kernabstand 0,74 Å.

4. Zeichnen Sie das H_2-Molekülorbital $\phi = [1s_A(1) + 1s_B(2)]\,[1s_A(2) + 1s_B(1)]$ und die daraus folgende Elektronendichte für den Kernabstand 0,74 Å.

5. Die Energie eines zweiatomigen Moleküls wird sehr oft durch die Morsefunktion
$V = D\,[1 - \exp -a\,(r - r_0)]^2$ mit $a = \sqrt{k/2D}$ approximiert (vgl. Abschnitt 2.8). Zeichnen Sie die Morsefunktion für das H_2-Molekül mit $D = 4{,}476$ eV, $\nu_0 = 1{,}32 \cdot 10^{14}$ Hz, $r_0 = 0{,}741$ Å und für das O_2-Molekül mit $D = 0{,}814 \cdot 10^{-18}$ J, $\nu_0 = 4{,}74 \cdot 10^{14}$ Hz, $r_0 = 1{,}21$ Å. Vergleichen Sie diese Schwingungsenergiekurven mit den quantenmechanisch berechneten Energiekurven für den Grundzustand.

6. Beschreiben Sie die Elektronenkonfigurationen für den Grundzustand von He_2^+, C_2, N_2 und O_2.

7. Skizzieren Sie für das O_2-Molekül ein MO-Energieschema und erläutern Sie an Hand dieses Schemas, warum O_2 paramagnetisch ist.

8. Erklären Sie an Hand des MO-Energieschemas, warum O_2^- (z. B. in KO_2) mit einem Elektron mehr als O_2 eine größere und N_2 eine kleinere Bindungslänge als N_2^+ besitzt.

9. Stellen Sie die Bindungen in den Molekülen NH_3, BF_3, CH_2O und HCN mit Hilfe von Valenzorbitalen anschaulich dar und beurteilen Sie, ob sie auch durch die Lewisschen Vorstellungen passend beschrieben werden.

10. Berechnen Sie mit Hilfe von Bindungsenergien die Differenzen der Elektronegativität nach *Pauling* von der $H-F$- und der $C-H$-Bindung. Ordnen Sie danach der Elektronegativität von H den Wert 2,2 zu und berechnen Sie die individuellen Werte für C und F. Die Differenz dieser Werte soll dann mit dem Wert verglichen werden, der aus der Bindungsenergie für die $C-F$-Bindung erhalten wird.

11. Verwenden Sie die Ionisierungspotentiale und Elektronenaffinitäten von H, Cl und F zur Berechnung der Elektronegativität nach Mulliken und vergleichen Sie das Ergebnis mit den Daten der Tabelle 5.8.

12. Charakterisieren Sie das chemische Verhalten der Metalle an Hand der Elektronegativitätsskala.

13. Die $C-C$-Bindung in Äthylen und Azetylen muß nicht unbedingt mit sp^2- und sp-Hybriden wiedergegeben werden. Wie sonst noch?

14. Bilden Sie aus den Eigenfunktionen ψ_1 und ψ_2 eines Teilchens in einem eindimensionalen Potentialtopf durch Addition und Subtraktion Hybridorbitale. Zeichnen Sie diese und auch ihr Quadrat als Funktion von x. Berechnen Sie nach dem Variationstheorem die Energien und vergleichen Sie sie mit den Eigenwerten ϵ_1 und ϵ_2.

15. Beweisen Sie, daß der Winkel zwischen den sp^3-Hybriden 109,5° beträgt.

16. Stellen Sie mit Hilfe der MO-Theorie die Bindungen in den Molekülen NH_3, BF_3, CH_2O und HCN dar und versuchen Sie mit Hilfe der Symmetrien ein MO-Termschema zu zeichnen.

17. Die Hydrierung von Cyclohexen und Benzol liefert eine Reaktionswärme von 120 bzw. 208 kJ mol^{-1}. Wie groß ist die Resonanzenergie von Benzol?

18. Die effektive Kettenlänge der konjugierten π-Bindungen in CH_3 $(- CH = CH -)_4$ CH_3 beträgt ungefähr 9,8 A. Berechnen und zeichnen Sie das Energieschema mit Hilfe der eindimensionalen Potentialtopfnäherung und füllen Sie es dann mit den 8 π-Elektronen auf. Berechnen Sie die Wellenlänge für den ersten Übergang des achten Elektrons und vergleichen Sie den Wert mit dem beobachteten von 300 nm.

19. Wie lauten die Charaktere der reduziblen Darstellung der π-Molekülorbitale in Butadien (C_{2h}) und wie die irreduziblen Darstellungen? Bilden Sie aus den p_z-Orbitalen symmetriegerechte MO's und stellen Sie qualitativ ihre energetische Reihenfolge fest.

20. Cyclobutadien gehört der Symmetriegruppe C_{4v} an. Wie lauten die Symmetrien der π-Molekülorbitale und wie werden sie aus den p_z-Orbitalen der C-Atome konstruiert?

Kapitel 6
Molekülspektren

Zur experimentellen Aufklärung von Molekülstrukturen werden heute in erster Linie spektroskopische Methoden herangezogen. Dabei werden die Energieänderungen, die die Moleküle durch die Absorption in einem Strahlungsfeld erfahren, beobachtet. Den einzelnen molekularen Bewegungsformen und ihren Energiewerten entsprechend absorbieren die Moleküle in verschiedenen Strahlungsgebieten und man unterteilt deshalb die Molekülspektroskopie in die Rotations-, Schwingungs- und Elektronenspektroskopie. Geht die Elektronenanregung so weit, daß die Moleküle ionisiert werden und die Elektronen eine kinetische Energie erhalten, dann sprechen wir von Photoelektronenspektroskopie. Die Quantenmechanik der genannten Bewegungsformen wurde bereits in den Kapiteln 2 und 5 erläutert und führte zu den Eigenwertbedingungen bzw. Termschemata. Aus den spektroskopisch beobachtbaren Übergängen in diesen Termschemata kann rückwirkend auf einige Molekülstrukturparameter geschlossen werden. Dies gilt auch für die Kernresonanzspektroskopie, die heute zu einem unerläßlichen Hilfsmittel des Chemikers geworden ist. Sie beruht auf Übergängen im Kernenergieschema und läßt sich am einfachsten an Hand des Vektormodelles der Kerndrehimpulse verstehen. Aus den Resonanzsignalen mit ihrer Feinstruktur kann auf die chemische Umgebung des absorbierenden Kerns geschlossen werden, worin ihre eigentliche Bedeutung für die Chemie besteht.

Aber nicht alle Übergänge sind in einem Termschema erlaubt; es gibt bestimmte Auswahlregeln. Diese sind nur quantenmechanisch erklärbar, lassen sich jedoch mit Hilfe von Symmetrieüberlegungen leicht herleiten. Eng gekoppelt an die Frage, wann Übergänge überhaupt auftreten, ist die Frage nach ihrer Intensität und ihrer experimentellen Beobachtbarkeit. Die Grundlage aller Intensitätsmessungen bei der Absorption verkörpert das Lambert-Beersche Gesetz, gleichgültig um welchen Strahlungsbereich es sich im einzelnen handelt. Der apparative Aufwand zur spektroskopischen Messung hängt natürlich sehr stark von ihm ab und es kann in diesem Buch darauf nur sehr oberflächlich eingegangen werden. Den ersten Teil dieses Kapitels bilden allgemeine spektroskopische Grundlagen, danach werden spezielle Spektren behandelt.

6.1 Strahlungstheorie

Wann finden Übergänge in einem Atom oder Molekül statt? Wie groß ist die dabei emittierte oder absorbierte Energie? Sind alle Übergänge in einem Energieschema erlaubt und wenn nicht, welche sind verboten? Fragen solcher Art sollen in diesem Abschnitt an Hand einer *Strahlungstheorie* allgemein beantwortet werden. Zur Beantwortung muß einmal mehr die Quantenmechanik in Anspruch genommen werden. Als mathematisches Hilfsmittel dient die Störungsrechnung mit zeitabhängigen Wellenfunktionen; die Störung besteht aus einem elektromagnetischen Strahlungsfeld.

Ein ungestörtes, zeitabhängiges System in einer Dimension wird durch die Schrödingergleichung (Abschnitt 2.3)

$$H^0 \, \Psi^0 (x, t) = i\hbar \frac{\partial \, \Psi^0 (x, t)}{\partial t} \tag{1}$$

beschrieben. H^0 ist der Hamiltonoperator des ungestörten Systems mit den reellen Eigenfunktionen $\psi_n^0 (x)$, und die Lösungen

$$\Psi_n^0 = \psi_n^0 (x) \, e^{-\frac{i}{\hbar} \epsilon_n t} \tag{2}$$

sind die Systemfunktionen. Ihre Zeitabhängigkeit beschränkt sich auf den exponentiellen Faktor, in dessen Exponent die stationären Energieeigenwerte ϵ_n vorkommen.

Führen wir nun als Störung das Strahlungsfeld (mit einer bestimmten Frequenz ν) ein, dann bedeutet dies mathematisch das Einführen eines Störoperators H' in die Schrödingergleichung (1):

$$(H^0 + H') \, \Psi = i\hbar \frac{\partial \, \Psi}{\partial t} \, . \tag{3}$$

Wie in Abschnitt 3.6 werden die gestörten Funktionen Ψ als Linearkombinationen der ungestörten Funktionen Ψ_n^0 angesetzt:

$$\Psi = \sum_n c_n (t) \, \Psi_n^0, \tag{4}$$

nur sind jetzt die Koeffizienten ebenfalls zeitabhängig. Um sie zu bestimmen, wird die Linearkombination in Gl. (3) eingesetzt und mit Gl. (1) kombiniert:

$$i\hbar \sum_n \frac{dc_n}{dt} \, \Psi_n^0 \; = \sum_n c_n H' \Psi_n^0 . \; \left(H^0 \sum_n c_n \, \Psi_n^0 = i\hbar \sum_n c_n \, \frac{\partial \Psi_n^0}{\partial t} \right) \tag{5}$$

Multiplizieren wir diese Gleichung von links mit der komplexen Funktion $\Psi_m^{0\,*}$ und integrieren wir über den gesamten „eindimensionalen" Raum, dann erhalten wir unter der Voraussetzung, daß die Funktionen normiert und orthogonal sind:

$$\frac{dc_m}{dt} = \frac{1}{i\hbar} \sum_n c_n \int\limits_x \Psi_m^{0\,*} H' \Psi_n^0 \, dx . \; \left(\int\limits_x \Psi_m^{0\,*} \Psi_n \, dx = \delta_{mn} \right) \tag{6}$$

Aus Gl. (6) wird

$$\frac{dc_m}{dt} = \frac{1}{i\hbar} \int\limits_x \Psi_m^{0\,*} H' \Psi_n^0 \, dx, \tag{7}$$

wenn wir annehmen, daß das System ursprünglich im Zustand n war und zur Zeit $t = 0$ alle Koeffizienten außer $c_n = 1$ Null sind.

Gl. (7) ist der Ausgangspunkt zur Ermittlung des unbekannten Koeffizienten c_m. Da es dabei faktisch nur um die Bestimmung des Störintegrals

$$\int\limits_x \Psi_m^{0\,*} H' \Psi_n^0 \, dx \tag{8}$$

geht, müssen wir $\mathbf{H}'$ spezifizieren, und zwar mit dem Feld $\mathbf{E}$ der Strahlung in Zusammenhang bringen. Strahlung mit der Frequenz ν besitzt in der x-Richtung einen mit der Frequenz ν oszillierenden Feldvektor $\mathbf{E}_x$:

$$\mathbf{E}_x = \mathbf{E}_{x,0} \cos 2\pi\nu t = \frac{1}{2}\mathbf{E}_{x,0}\left(e^{2\pi\nu it} + e^{-2\pi\nu it}\right). \tag{9}$$

Ein H-Atom z. B. besitzt aus klassischer Sicht das elektrische Dipolmoment $\boldsymbol{\mu} = e\,\mathbf{r}$ (Kernladung $+e$ und Elektronenladung $-e$ im Abstand r); seine potentielle Energie in einem elektrischen Feld $\mathbf{E}$ beträgt $V = -(\boldsymbol{\mu}\mathbf{E})$ (Abschnitt 7.2). In einem Wechselfeld $\mathbf{E}_x$ hat es deshalb die Störenergie bzw. den Störoperator

$$\mathbf{H}' = V = -e x \mathbf{E}_x. \tag{10}$$

Führt man Gl. (9) und Gl. (10) unter Berücksichtigung von Gl. (2) in den Ausdruck (7) ein, so bekommt man die Differentialgleichung:

$$\frac{dc_m}{dt} = -\frac{1}{2i\hbar}\,\mathbf{E}_{x,0}\int_x \psi_m^{0*}\, e x\, \psi_n^0\, dx \left[e^{\frac{i}{\hbar}(\epsilon_m - \epsilon_n + h\nu)t} + e^{\frac{i}{\hbar}(\epsilon_m - \epsilon_n - h\nu)t} \right]. \tag{11}$$

Schreiben wir zur Abkürzung für das Integral das *Klammersymbol* $(m/ex/n)$ und integrieren wir Gl. (11) über die Zeit t mit $c_m = 0$ zur Zeit $t = 0$, dann ergibt sich:

$$c_m = \frac{1}{2}\mathbf{E}_{x,0}\,(m/ex/n)\left[\frac{e^{\frac{i}{\hbar}(\epsilon_m - \epsilon_n + h\nu)t} - 1}{\epsilon_m - \epsilon_n + h\nu} + \frac{e^{\frac{i}{\hbar}(\epsilon_m - \epsilon_n - h\nu)t} - 1}{\epsilon_m - \epsilon_n - h\nu} \right]. \tag{12}$$

Betrachten wir nun den Absorptionsvorgang $n \to m$, so ist c_m nur dann groß, wenn der Nenner des zweiten Terms gegen Null geht, also $\epsilon_m - \epsilon_n = h\nu$ ist. Nur wenn diese Absorptionsbedingung erfüllt ist und die Frequenz ν mit einem Energieabstand im Termschema übereinstimmt, kann überhaupt Absorption stattfinden. Man spricht daher auch von einem *Resonanzübergang*. Aber auch die Klammer $(m/ex/n)$ muß zugleich endlich sein, damit der Übergangskoeffizient c_m existiert. Die Wahrscheinlichkeit, daß sich das System zur Zeit t bereits im Zustand m befindet, ist durch das Quadrat von c_m bzw. durch das Produkt $c_m^* c_m$ gegeben. Vernachlässigt man den ersten Term in Gl. (12), weil unter den genannten Bedingungen ja der zweite überwiegt, und bildet man das verlangte Produkt, so erhält man unter Berücksichtigung der Eulerschen Formel $\sin x = \frac{1}{2i}(e^{ix} - e^{-ix})$

$$c_m^* c_m = \frac{1}{4\hbar^2}\mathbf{E}_{x,0}^2\,(m/ex/n)^2 \left[\frac{\sin^2\left(\dfrac{\epsilon_m - \epsilon_n - h\nu}{2\hbar}t\right)}{\left(\dfrac{\epsilon_m - \epsilon_n - h\nu}{2\hbar}t\right)^2} \right] t^2. \tag{13}$$

Bis jetzt wurde angenommen, daß das Strahlungsfeld nur eine einzige Frequenz ν enthält. Korrekterweise muß man aber alle möglichen Frequenzen zulassen. Da jedoch $c_m^* c_m$ sowieso nur endlich ist, wenn $\epsilon_m > \epsilon_n$, reicht eine Integration über den Frequenzbereich

$- \infty$ bis $+ \infty$ aus, wobei $E_{x,0}$ frequenzunabhängig ist. Wenn dies nicht der Fall wäre, müßte man eine Frequenzverteilung einführen. Die Integration über den $\sin^2 x / x^2$-Teil liefert:

$$c_m^* c_m = \frac{1}{4\hbar^2} E_{x,0}^2 (m/ex/n)^2 \, t. \tag{14}$$

Weil laut Anhang IV $E_{x,0}^2 \, t$ der *Strahlungsdichte* $\rho(\nu)$ einer elektromagnetischen Lichtwelle proportional ist $(E_{x,0}^2 \, t = 2\rho/3\,\epsilon_0)$, können wir das Feldstärkenquadrat durch die Strahlungsdichte ersetzen:

$$c_m^* c_m = \frac{1}{6\,\epsilon_0\,\hbar^2} (m/ex/n)^2 \, \rho \, . \tag{15}$$

Gl. (15) drückt die Wahrscheinlichkeit aus, daß sich das System zum Zeitpunkt $t = 0$ im Zustand n und zum Zeitpunkt t im Zustand m befindet. Das Koeffizientenprodukt $c_m^* c_m$ stellt also ein direktes Maß für die sogenannte *Übergangswahrscheinlichkeit* dar. Die Wahrscheinlichkeit B_{nm}, daß bei einer vorgegebenen Strahlungsdichte ρ pro Zeiteinheit ein Übergang von n nach m (= Absorption) stattfindet, beträgt folglich:

$$B_{nm} \equiv \frac{c_m^* c_m}{\rho} = \frac{1}{6\,\epsilon_0\,\hbar^2} (m/ex/n)^2 \, . \tag{16}$$

Genau genommen hat man die bisher durchgeführte Ableitung nicht nur ein-, sondern dreidimensional durchzuführen, so daß man das allgemeine Resultat bekommt:

$$B_{nm} = \frac{1}{6\,\epsilon_0\,\hbar^2} (m/er/n)^2 \, . \tag{17}$$

Die x, y, z-Komponenten der Klammer (m/er/n) werden gewöhnlich *Matrixelemente* des betreffenden Überganges genannt. B_{nm} heißt auch *Einsteinsche Übergangswahrscheinlichkeit für die Absorption*; sie wird durch den Wert der Klammer (m/er/n) bestimmt. Ist der Wert Null, so kann keine Absorption stattfinden.

In Analogie zum Erwartungswert $\bar{\mu}$ des stationären Dipolmomentes, der nach dem 5. quantenmechanischen Postulat (Abschnitt 2.3) identisch mit der Klammer (0/er/0) ist, definieren wir hier für Resonanzübergänge ein *Übergangsmoment* μ_{nm} zwischen zwei ungestörten Zuständen n und m durch

$$\mu_{nm}(t) = \frac{1}{2}\left\{(\Psi_n^{0*}/er/\Psi_m^0) + (\Psi_m^{0*}/er/\Psi_n^0)\right\} = \frac{1}{2}(n/er/m)\left\{e^{i\nu_{nm}t} + e^{-i\nu_{nm}t}\right\}$$

$$= (n/er/m)\cos 2\pi\nu_{nm}t \quad = \text{Realteil von } (\Psi_n^{0*}/er/\Psi_m^0). \tag{18}$$

und für Übergänge zwischen gestörten Zuständen ohne Resonanz durch

$$\mu_{nm}(t) = \text{Realteil von } (\Psi_n^*/er/\Psi_m). \tag{19}$$

Das Inverse zur Absorption gilt für die Emission, die durch ein Strahlungsfeld induziert wird (= *induzierte Emission*). Befindet sich ein System in einem angeregten Zustand, so wird es durch das Feld zu einer Emission stimuliert. Die Einsteinsche Übergangswahrscheinlichkeit B_{mn} für die induzierte Emission ist gleich groß wie die für die Absorption B_{nm}. Von der induzierten Emission zu unterscheiden ist die *spontane Emission*, die schon

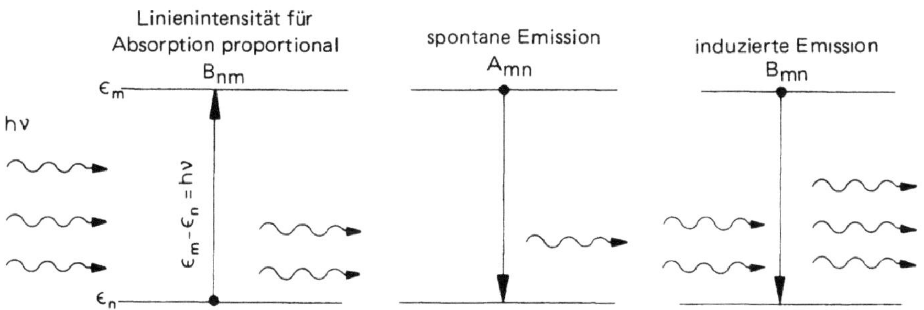

Bild 6.1 Anschauliche Darstellung von Absorption, spontaner und induzierter Emission

ohne Feld erfolgt (Bild 6.1). Wie in Kapitel 24 gezeigt wird, beträgt die entsprechende Übergangswahrscheinlichkeit auf Grund quantenstatistischer Überlegungen:

$$A_{mn} = \frac{8\pi h\nu^3}{c^3} B_{mn} \, . \tag{20}$$

Die sogenannten *Intensitäten* der *Absorptions-* und *Emissionslinien* sind direkt proportional den Übergangswahrscheinlichkeiten und können zu deren Bestimmung herangezogen werden (Abschnitte 6.2 und 24.1). Wenn ein Atom oder Molekül im Grundzustand ein Photon aus dem Strahlungsfeld absorbiert, wird es in einen angeregten Zustand versetzt. Es kann dann spontan oder stimuliert unter Emission eines Photons in den Grundzustand zurückkehren. Stimulierte Emission wird dann wahrscheinlich, wenn dafür gesorgt wird, daß immer genügend Moleküle angeregt sind. Diese Situation wird z. B. beim *Gaslaser* herbeigeführt. Durch die einfallende Strahlung wird sowohl angeregt als auch induziert, wodurch die Intensität der Strahlung bei gleicher Frequenz und Phase verstärkt wird.

Die **x, y, z**-Komponenten des Übergangsmomentes (n/er/m) sind nicht nur für die sogenannte *Auswahl* eines Überganges maßgebend, sondern auch für die *Polarisation* der Strahlung. Ist nämlich nur eine Komponente von Null verschieden, dann ist das emittierte Licht linear polarisiert. Auch ohne komplizierte Integration kann bei alleiniger Kenntnis der Molekülsymmetrie bzw. der Molekülorbitalsymmetrie entschieden werden, ob ein Matrixelement endlich ist. Man hat dazu bloß die *Inversionssymmetrie* der Orbitale ψ_m^0 und ψ_n^0 sowie des Vektors **r** zu beachten. Sind beide Orbitale gerade oder beide ungerade, dann liefert ihr Produkt eine gerade Funktion und nach Multiplikation mit **r** eine ungerade Funktion. Integration über den gesamten Raum liefert dann *Null*, also einen *verbotenen* Übergang. Oder umgekehrt: *Nur Übergänge zwischen geraden und ungeraden Orbitalen sind erlaubt.* Ein Beispiel, das sich auf Atomübergänge bezieht: Bei den Einelektronenatomen sind die Orbitale mit einer geraden Nebenquantenzahl l gerade und die mit einer ungeraden Nebenquantenzahl ungerade Funktionen. Daraus folgt von selbst die *Auswahlregel*:

$$\Delta l = \pm 1 \, . \tag{21}$$

Die Elektronenübergänge von Mehrelektronenatomen unterliegen derselben Auswahlregel, so daß man berechtigt ist, auch bei diesen das Einelektronenmodell anzuwenden. Anders herum ausgedrückt, bei den Übergängen sind die anderen Elektronen nicht beteiligt.

Zum Beispiel: die Übergänge vom Typ $(np)^2 \to (np, md)$ sind erlaubt und solche wie $(np)^2 \to (np, mp)$ und $\to (np, mf)$ sind verboten, je nachdem ob die Summe $\sum_i l_i$ gerade oder ungerade ist.

Bei Anwesenheit eines äußeren Magnetfeldes hängt die Atomenergie auch von der magnetischen Quantenzahl m ab (vgl. Richtungsquantelung in Abschnitt 3.3). Die Übergänge sind dann durch die Auswahlregel

$$\Delta m = 0, \pm 1 \tag{22}$$

eingeschränkt. Die Auswahl $\Delta m = 0$ gehört zu einem nicht verschwindenden Matrixelement in z-Richtung und das emittierte Licht ist in dieser Richtung *linear* polarisiert. Übergänge mit $\Delta m = \pm 1$ gehören hingegen zu Matrixelementen, die in der x- und y-Richtung endlich sind; das emittierte Licht ist in der xy-Ebene *zirkular* polarisiert. Von besonderem Interesse bei Mehrelektronenatomen ist ferner die Auswahlregel

$$\Delta S = 0, \tag{23}$$

die besagt, daß Übergänge nur zwischen Zuständen gleicher Multiplizität (ohne Spinumkehr) erlaubt sind. Wenn wir nämlich die Gesamtwellenfunktion als das Produkt aus einer Bahn- und einer Spinfunktion ansetzen (voneinander unabhängige Bewegung), dann verschwinden die Matrixelemente wegen der Orthogonalität der Spinfunktionen nur dann nicht, wenn die Spinquantenzahl unverändert bleibt (*Interkombinationsverbot*).

Wir wollen nun die Atomauswahlregeln verlassen und versuchen, *gruppentheoretisch* zu einer allgemein gültigen, symmetriegerechten Aussage zu kommen. Auf Grund von Gl. (18) hat man Integrale zu bilden, deren Integranden Produkte von Funktionen sind, von denen ihre Symmetrien (Matrizendarstellungen) bekannt sind. Auch der Momentoperator besitzt eine bestimmte Symmetrie und gehört wegen seiner Vektorform zu den Darstellungen der Translation (x, y, z) einer Symmetriegruppe. Bezeichnen wir die Darstellungen der Orbitale mit Γ_n und Γ_m, sowie die des Momentvektors mit Γ_r, dann sind die Matrixelemente $(m/er/n)$ nur endlich, wenn das direkte Produkt $\Gamma_m \times \Gamma_r \times \Gamma_n$ die Darstellung der Identität oder das direkte Produkt $\Gamma_r \times \Gamma_n$ die Darstellung Γ_m enthält oder die Symmetrien von $\Gamma_m \times \Gamma_n$ und Γ_r übereinstimmen. Dies ist eine direkte Konsequenz der Orthogonalität der Orbitale. Man kann deshalb an Hand der Charaktertafel feststellen, ob gewisse Übergänge erlaubt oder verboten sind. Wir werden solche Überlegungen später anstellen.

6.2 Das Lambert-Beersche Absorptionsgesetz

Daß sehr viele Moleküle *gefärbt* sind, also im sichtbaren Strahlungsbereich absorbieren, verdanken sie den Übergängen ihrer Elektronen, d.h. der Anregung höherer Elektronenzustände. Gefärbt erscheint eine Substanz dann, wenn sie aus sichtbarem weißen Licht einen bestimmten Wellenlängenanteil schluckt oder absorbiert und den komplementären Rest durchläßt. Dasselbe gilt an sich auch für Absorption im UV- und UR-Bereich und darüber hinaus, doch ist unser Auge kein geeigneter Detektor für Wellenlängen außerhalb des sichtbaren Bereiches. Das ist der eigentliche Grund dafür, daß uns die dort absorbierenden Substanzen farblos erscheinen.

Die phänomenologische Basis für Absorptionsmessungen mit Spektralphotometern in allen Strahlungsbereichen liefert das *Lambert-Beersche Gesetz*. Es charakterisiert makroskopisch die Durchlässigkeit einer gefärbten Substanz (gasförmig, flüssig oder fest) bei einer bestimmten Wellenlänge des Lichtes und steht in direktem Zusammenhang mit der Wahrscheinlichkeit von Übergängen. Bevor wir uns mit diesem Gesetz beschäftigen, das Wichtigste zum *Meßprinzip der Absorptionsspektroskopie*. Das von einer Strahlungsquelle kommende Licht mit einer kontinuierlichen Wellenlängen- oder Frequenzverteilung wird mittels eines Monochromators (Prisma, Gitter) in monochromatisches Licht zerlegt und Licht mit einer bestimmten Wellenlänge „herausgefiltert". Dieses durchstrahlt dann die in einer Küvette befindliche und zu untersuchende Substanz. Fährt man dann den gesamten Wellenlängenbereich der Strahlung nacheinander ab, so geben sich die Übergänge durch Absorptionslinien oder -banden zu erkennen, wenn die Intensität des durchgelassenen Lichtes mit einem geeigneten Detektor in eine elektrische Meßgröße umgewandelt wird und in Abhängigkeit von der Wellenlänge aufgeschrieben wird. Mit anderen Worten: Licht mit der „richtigen" Wellenlänge wird aus dem Lichtstrahl absorbiert und vermindert dessen Intensität. Bild 6.2 zeigt dieses Meßprinzip in Form eines Blockschemas mit einem *Absorptionsspektrum*. Dort wo die Absorption durch die Existenz eines erlaubten Überganges maximal ist, erscheint die Durchlässigkeit minimal. Ein geeignetes Maß für die Absorption bzw. für die Durchlässigkeit wird durch das Lambert-Beersche Gesetz definiert.

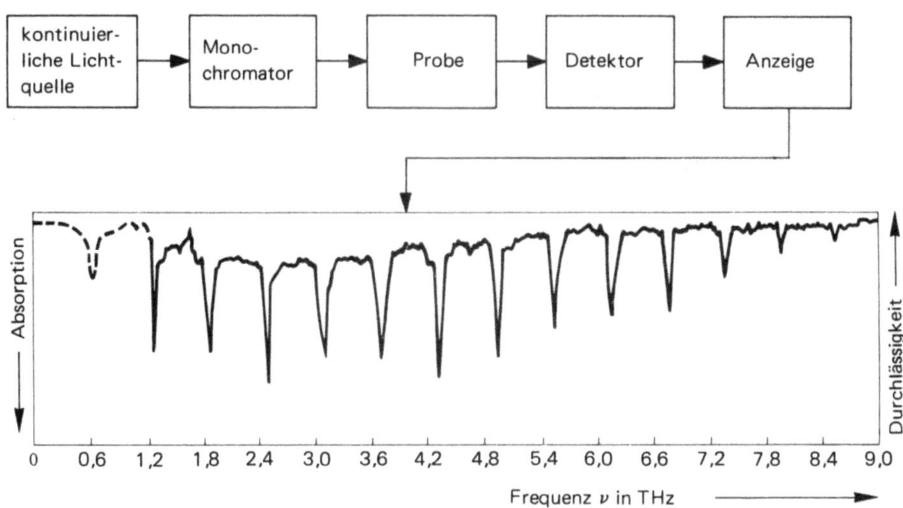

Bild 6.2 Blockschema eines Absorptionsspektrometers und Rotationsspektrum von HCl

Die zu untersuchende Probe befinde sich in einer Küvette mit der Länge x und dem Querschnitt A (Bild 6.3a). Auf die Küvette fällt ein Lichtstrahl von I_0 Photonen pro Sekunde ($\sim$ Intensität). Sie sollen alle dieselbe Frequenz oder Wellenlänge besitzen. Befinden sich in der Küvette N Moleküle mit der Dichte c (= Moleküle pro Volumeneinheit), dann beträgt die Molekülzahl dN in dem abgegrenzten Volumen Adxc. Wir fragen nun nach dem Bruchteil $-dI/I$ der Photonen, die darin insgesamt absorbiert

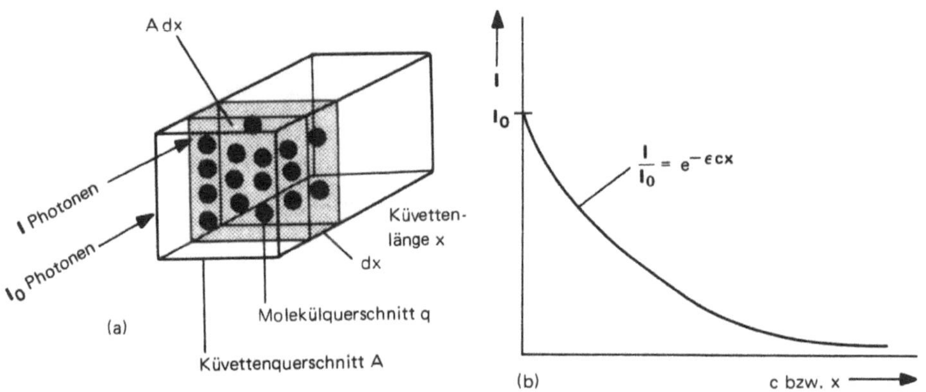

Bild 6.3 Skizze zur Herleitung des Absorptionsgesetzes (a) und graphische Darstellung desselben (b)

werden. Er entspricht der Wahrscheinlichkeit, daß dI von I Photonen pro Sekunde auf Moleküle treffen und geschluckt werden, und ist daher gleich der Molekülzahl dN mal dem Molekülquerschnitt q, bezogen auf den gesamten Küvettenquerschnitt A:

$$-\frac{dI}{I} = dN\,\frac{q}{A} = qc\,dx. \tag{24}$$

Der Molekülquerschnitt q ist jedoch genau genommen kein echter geometrischer Querschnitt, sondern ein *Einfang-* oder *Absorptionsquerschnitt* und damit ein Maß für die quantenmechanische Wahrscheinlichkeit des betreffenden Überganges. Unter diesem Aspekt bezeichnet man bei reinen Substanzen den auf die Dichte $c = N_A/V$ normierten Absorptionsquerschnitt als *Absorptionskoeffizienten* ϵ. Gl. (24) lautet dann

$$-\frac{dI}{I} = \epsilon\,dx \tag{25}$$

und liefert nach Integration in den Grenzen von $x = 0$ bis x (I_0 bis I):

$$-ln\,\frac{I}{I_0} = \epsilon x \tag{26}$$

bzw.

$$I = I_0\,e^{-\epsilon x} \tag{27}$$

Nach Gl. (27) nimmt die Intensität I exponentiell mit der Küvettenlänge x ab (Bild 6.3b). Je größer der Absorptionskoeffizient ist, umso intensiver ist die Färbung einer Substanz (wenn im Sichtbaren beobachtet), weil mehr Übergänge pro Zeiteinheit stattfinden, und umso kleiner ist die *Durchlässigkeit* (D). Sie wird durch das Intensitätsverhältnis $D = I/I_0$ festgelegt. Das Verhältnis $1 - I/I_0$ bezeichnet man als *Absorption*. Den negativen Logarithmus der Durchlässigkeit $E = -ln\,\frac{I}{I_0}$ bezeichnet man gewöhnlich als *Extinktion*. Liegen die absorbierenden Moleküle in variabler Dichte, etwa als Gasmoleküle oder als Ionen in gelöster Form vor, so muß man die Dichte- bzw. Konzentrationsabhängigkeit beibehalten: Die Absorption bzw. Durchlässigkeit hängt dann nicht nur von der Küvettenlänge x, sondern auch von der Dichte c ab:

$$I = I_0 \, e^{-\epsilon' cx} \tag{28}$$

Zwei Dinge sollte man in diesem Zusammenhang beachten. Das Absorptionsgesetz (28) gilt zwar für beliebige Wellenlängen und auch für eine beliebige Matrix, in der die absorbierenden Moleküle eingebettet sind, jedoch nur für streng monochromatisches Licht. Denn der Absorptionskoeffizient ϵ ist ja voraussetzungsgemäß wellenlängenabhängig. Es ist deshalb gleichgültig, ob man ein Absorptionsspektrum durch die Wellenlängenabhängigkeit des Koeffizienten, der Extinktion, der Absorption oder der Durchlässigkeit darstellt. In allen Fällen handelt es sich um die Darstellung von Intensitätsverhältnissen bzw. ihrer Logarithmen gegen die Wellenlänge oder Frequenz. Mit Vorsicht begegnen muß man referierten Absolutwerten von Absorptionskoeffizienten. Seine Dimension hängt davon ab, ob seiner Angabe Gl. (27) oder Gl. (28) zugrunde liegt.

Ein *Absorptionsspektrum* wie in Bild 6.2 ist durch drei Eigenheiten ausgezeichnet:

1. Durch die Lage der Linien oder Banden auf der Frequenzskala,
2. durch deren Intensität und
3. durch deren Breite.

Für die *Lage* der Linien oder Banden im Spektrum ist grundsätzlich das Termschema mit seinen erlaubten Übergängen verantwortlich. Aus ihr kann umgekehrt auf das Termschema und damit auf die Molekülstruktur geschlossen werden. Sie kann auch zum qualitativen Erkennen von unbekannten Substanzen verwendet werden (qualitative chemische Analyse). Für die *Intensität* (gemessen durch den Koeffizienten, die Extinktion, Absorption oder Durchlässigkeit) von Linien oder Banden ist nach Abschnitt 24.1 nicht nur die Übergangswahrscheinlichkeit, sondern auch die Moleküldichte oder Konzentration maßgebend, so daß aus ihr sowohl die Übergangswahrscheinlichkeit als auch die Moleküldichte ermittelt werden kann (quantitative chemische Analyse). Die *Linienbreite* ist schließlich das Spiegelbild der molekularen Umgebung der absorbierenden Spezies und ein Maß für die Lebensdauer eines angeregten Zustandes. Die Anregungsenergie muß nämlich auf die Umgebung übertragen werden, was eine gewisse Zeit erfordert, und diese Zeit begrenzt die Lebensdauer. Je nach Stärke der energetischen Kopplung an die Umgebung kann die Lebensdauer verschieden groß sein. Lebensdauer und Breite eines Energiezustandes (und damit die Linienbreite) sind miteinander über die Heisenbergsche Unschärferelation korreliert (Abschnitt 2.3):

$$\text{Linienbreite} \times \text{Lebensdauer} \geq \hbar \, . \tag{29}$$

Nicht verwechselt werden darf die soeben erklärte natürliche Linienbreite mit Bandenübergängen oder der apparativen Linienbreite. Im ersten Fall liegen verschiedene Übergänge energetisch so dicht beieinander, daß sie im Spektrum überlappende Linien und so eine Bande produzieren. Im zweiten Fall reicht die Auflösung des Absorptionsspektrometers nicht aus, um die natürliche Breite wiederzugeben und die beobachtete Breite wird durch den Austrittsspalt des Monochromators begrenzt.

6.3 Rotationsspektren

In Abschnitt 2.7 wurde der starre Rotator, das Punktmodell eines zweiatomigen rotierenden Moleküles, quantenmechanisch behandelt und die Rotationsenergie

$$\epsilon_l = \frac{\hbar^2}{2I} l(l+1) \qquad l = 0, 1, 2, \ldots \tag{30}$$

ermittelt. Gl. (30) gilt für die Rotation um eine Hauptdrehachse des Moleküles. Die Wellenfunktionen $\theta_{l,|m|}\ \phi_m$ sind identisch mit den radialfreien Teilen der H-Atomorbitale. Mit der Eigenwertbedingung (30) ist zugleich der Zusammenhang zwischen dem Rotationsspektrum und dem Strukturparameter Trägheitsmoment I gegeben. Wie bei den Einelektronenatomen gilt auch hier die Auswahlregel $\Delta l = \pm 1$ und speziell für eine Absorptionsmessung $\Delta l = + 1$. Bild 6.4 zeigt das Energieschema des starren Rotators und das mit $\Delta l = + 1$ daraus ableitbare Frequenzspektrum. Da die Energieabstände im Vergleich zur thermischen Energie kT sehr klein sind (Abschnitt 2.7), besetzen die Rotatoren bei Zimmertemperatur nicht nur den Grundzustand, sondern auch angeregte Zustände. Übergänge treten daher zwischen verschiedenen Energieniveaus auf. Für zwei benachbarte Niveaus gilt

$$\epsilon_l = hBl\,(l+1) \tag{31}$$

und

$$\epsilon_{l+1} = hB\,(l+1)\,(l+2), \tag{32}$$

wenn man zur Abkürzung die *Rotationskonstante* B (Einheit Hz)

$$B = \frac{\hbar}{4\pi I} \tag{33}$$

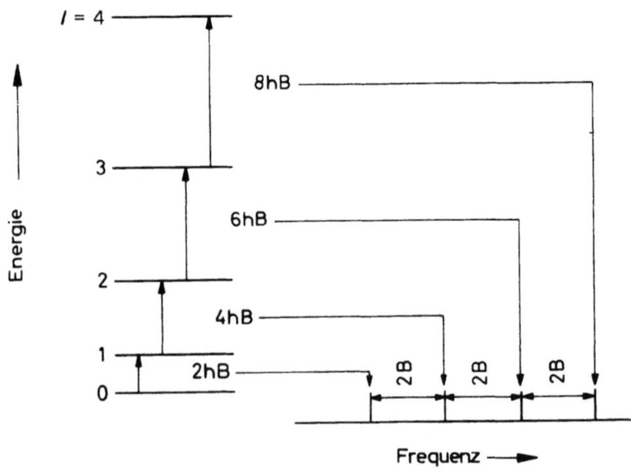

Bild 6.4

Energieschema des starren Rotators mit Spektrum

einführt. Für die Energie bzw. Frequenz des Überganges zwischen diesen benachbarten Niveaus bekommt man

$$\Delta\epsilon = \epsilon_{l+1} - \epsilon_l = 2\,Bh\,(l+1) \tag{34}$$

bzw.

$$\nu_l = \frac{\Delta\epsilon}{h} = 2\,B\,(l+1). \tag{35}$$

Daraus folgen dann mit $l = 0, 1, 2, \ldots$ die Übergänge $\nu_l = 2B, 4B, 6B, \ldots$ Die Frequenzen ν_l sind ganzzahlige Vielfache der Rotationskonstanten B und wir erwarten ein Frequenzspektrum, das aus äquidistanten Linien besteht.

Gasmoleküle besitzen Rotationsspektren im Mikrowellenbereich (cm- und mm-Wellen) und wenn sie ein besonders kleines Trägheitsmoment besitzen, im langwelligen UR. Dies trifft z. B. für HCl zu, dessen Spektrum in Bild 6.2 zu sehen ist. Die Abstände der Absorptionslinien sind mit $2B = 0{,}624$ THz fast konstant (Tabelle 6.1). Mit Hilfe von Gl. (33) berechnet man mit diesem Wert das Trägheitsmoment zu $I = 2{,}7 \cdot 10^{-47}$ kgm^2. Und da die reduzierte Masse des HCl-Moleküls

$$\mu = \frac{m_H\,m_{Cl}}{m_H + m_{Cl}} = \frac{1{,}008 \cdot 35{,}46 \cdot 10^{-3}}{(1{,}008 + 35{,}46) \cdot 6{,}022 \cdot 10^{23}} = 1{,}627 \cdot 10^{-27}\ \mathrm{kg} \tag{36}$$

beträgt, erhält man schließlich für den Atomabstand

$$r = \sqrt{\frac{I}{\mu}} = \sqrt{\frac{2{,}67 \cdot 10^{-47}}{1{,}627 \cdot 10^{-27}}} = 1{,}28 \cdot 10^{-10}\ \mathrm{m} = 1{,}28\ \text{Å}. \tag{37}$$

Dieses Beispiel zeigt, welche Aussagen aus Rotationsspektren über die Molekülstruktur grundsätzlich möglich sind. Aber wie so oft gibt es auch hier Einschränkungen, denn lineare Moleküle machen nur dann Rotationsübergänge, wenn sie ein stationäres Dipolmoment besitzen. Haben sie im Grundzustand kein Moment, wohl aber eines in einem angeregten Elektronenzustand, dann vollführen sie auch Rotationsübergänge, wenn sie sich in diesem befinden, oder wenn in diesen ein Elektronenübergang stattfindet. Die Auswertung der Rotationsfeinstruktur der Elektronenspektren liefert dann gleichwertige Strukturaussagen. Dies gilt im besonderen für Moleküle wie H_2, N_2, CO_2, also Moleküle mit $D_{\infty h}$-Symmetrie.

<table>
<tr><td colspan="2">

Tabelle 6.1:

Rotationsübergänge von HCl im UR (*G. Herzberg:* Spectra of Diatomic Molecules, D. Van Nostrand Co., Inc., Princeton, N. J., 1950)

</td><td>

ν THz	$l \;\; l+1$
0,624	$0 \to 1$
1,248	$1 \to 2$
1,869	$2 \to 3$
2,490	$3 \to 4$
3,123	$4 \to 5$
3,729	$5 \to 6$
4,350	$6 \to 7$
4,965	$7 \to 8$
5,577	$8 \to 9$
6,192	$9 \to 10$
6,795	$10 \to 11$

</td></tr>
</table>

Diese Beobachtung läßt uns mit Recht vermuten, daß bei solchen Molekülen das Matrixelement der Übergänge gänzlich verschwindet bzw. daß seine bisherige alleinige Berechnung mit Rotationswellenfunktionen ungenügend ist. Sie kann wie folgt plausibel gemacht werden: Damit von einem atomaren System elektromagnetische Wellen empfangen (absorbiert) oder abgestrahlt (emittiert) werden, muß dieses einen elektrischen Dipol (Antenne) besitzen, der sich im Rhythmus der Wellen zeitlich ändert. Ob ein Molekül ein elektrisches Dipolmoment besitzt, wird aber nicht durch die Rotationsfunktion, sondern durch die Elektronenfunktion bestimmt. Die Rotationsfunktion gibt nur an, wie sich dieses ändert, wenn eines vorhanden ist. Damit wird zwingend vorgeschrieben, daß bei der Matrixelementberechnung grundsätzlich von der Gesamtwellenfunktion eines Moleküls (Gesamtbewegung zusammengesetzt aus Elektronen- und Kernbewegung) ausgegangen werden muß. Wegen der sehr unterschiedlichen Masse von Elektronen und Kernen erfolgen die Elektronenanregung, die Rotation und die Schwingung fast unabhängig voneinander (*Born-Oppenheimer-Näherung*). Mathematisch bedeutet dies, daß die Gesamtwellenfunktion aus den Einzelfunktionen der Bewegungen multiplikativ zu bilden ist:

$$\psi_{\text{gesamt}} = \psi_{\text{Elektronen}}\ \psi_{\text{Schwingung}}\ \psi_{\text{Rotation}} . \tag{38}$$

Diese Gesamtwellenfunktion ist nun zur Matrixelementberechnung heranzuziehen und Symmetrieüberlegungen sollen diese wieder einmal vereinfachen. Handelt es sich um ein zweiatomiges Molekül, so gehört seine Elektronenfunktion (MO) entweder zu einer Darstellung der $D_{\infty h}$- (homonukleares Molekül) oder der $C_{\infty v}$-Gruppe (heteronukleares Molekül). Die Schwingungsfunktionen hängen nur vom Atomabstand ab und gehören daher immer zur totalsymmetrischen A_1-Darstellung, so daß die Symmetrie der Gesamtfunktion nur durch die Symmetrie des Produktes der Elektronen- und der Rotationsdarstellung geprägt wird. Die Matrixelemente lassen sich folglich in einen elektronischen und in einen rotationsbedingten Anteil aufspalten. Der zweite Anteil liefert die bereits bekannte Auswahlregel $\Delta l = \pm 1$, während der erste die Tatsache erklären soll, daß Rotationsübergänge im elektronischen Grundzustand von homonuklearen Molekülen verboten und von heteronuklearen erlaubt sind.

Betrachten wir zunächst die elektronischen Übergänge zwischen zwei Σ-Zuständen eines heteronuklearen Moleküls ($C_{\infty v}$-Gruppe in Tabelle 5.5). Damit irgendein Übergang erlaubt ist, muß mindestens ein direktes Produkt der Σ-Darstellungen existieren, das wie eine Darstellung der Momentkomponenten ex, ey, ez transformiert (Abschnitt 6.1). Von allen Produkten

$$\Sigma^+\ \Sigma^+ = \Sigma^+, \tag{39}$$
$$\Sigma^-\ \Sigma^- = \Sigma^+,$$
$$\Sigma^+\ \Sigma^- = \Sigma^-,$$

transformiert aber nur Σ^+ wie z, so daß nur die Übergänge

$$\Sigma^+ \leftrightarrow \Sigma^+ \quad \text{und} \quad \Sigma^- \leftrightarrow \Sigma^- \tag{40}$$

erlaubt sind. Für homonukleare Moleküle bekommen wir nach Tabelle 5.3 die Produkte

$$\Sigma_g^+\ \Sigma_g^+ = \Sigma_g^+, \quad \Sigma_g^+\ \Sigma_g^- = \Sigma_g^-, \quad \Sigma_g^-\ \Sigma_u^- = \Sigma_u^+,$$
$$\Sigma_g^-\ \Sigma_g^- = \Sigma_g^+, \quad \Sigma_u^+\ \Sigma_u^- = \Sigma_g^-, \quad \Sigma_g^+\ \Sigma_u^- = \Sigma_u^-,$$
$$\Sigma_u^+\ \Sigma_u^+ = \Sigma_g^+, \quad \Sigma_g^+\ \Sigma_u^+ = \Sigma_u^+, \quad \Sigma_g^-\ \Sigma_u^+ = \Sigma_u^-,$$
$$\Sigma_u^-\ \Sigma_u^- = \Sigma_g^+, \tag{41}$$

von denen nur die Darstellung Σ_u^+ wie $\mathbf{z}$ transformiert. Die zugehörigen Übergänge erfordern einen *Wechsel* der g-u-Symmetrie. Im Gegensatz zu früher heißt das, daß sich der Molekülzustand ändern muß, wenn ein Übergang erlaubt sein soll. Wegen Gl. (40) kann auch ein Rotationsübergang bei heteronuklearen Molekülen bereits im elektronischen Grundzustand bei gleichbleibender Symmetrie stattfinden. Erlaubte Übergänge in homo- und heteronuklearen zweiatomigen Molekülen sind in der Tabelle 6.6 zusammengestellt.

Es wurde bereits gezeigt, wie man aus Linienabständen zweiatomiger Moleküle auf den Strukturparameter Atomabstand schließt. Bei ihnen ist diese Zuordnung im Gegensatz zu mehratomigen eindeutig. Betrachten wir z.B. das lineare dreiatomige Molekül N_2O (N-N-O), dessen Spektrum in Bild 6.5 zu sehen ist. Es besitzt zwei Atomabstände; diese können mit Hilfe des aus dem Spektrum ermittelten Trägheitsmomentes (Bild 6.6)

$$I = \frac{m_N\, m_N\, r_{NN}^2 + m_N\, m_O\, (r_{NN} + r_{NO})^2 + m_N\, m_O\, r_{NO}^2}{m_N + m_N + m_O} \tag{42}$$

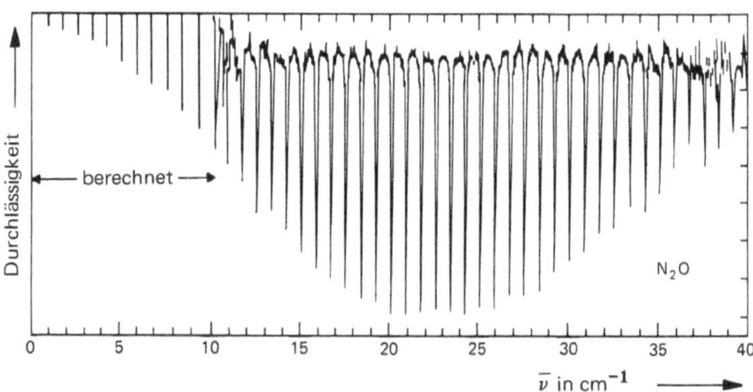

Bild 6.5 Rotationsspektrum von N_2O (Mitt. *Dr. J. Fleming*, National Physical Laboratory, Teddington, England)

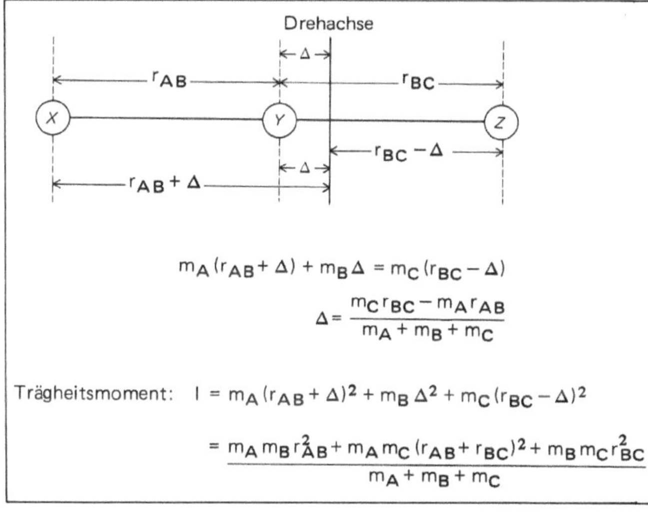

Bild 6.6
Herleitung des Trägheitsmomentes eines linearen dreiatomigen Moleküls ABC

Tabelle 6.2: Atomabstände, Bindungswinkel und Trägheitsmomente, molekülspektroskopisch bestimmt (*Gordy, Smith, Trambarulo:* Microwave Spectroscopy, J. Wiley & Sons Inc., New York, 1953 und *J. D'Ans, E. Lax:* Taschenbuch für Chemiker und Physiker, Springerverlag)

Molekül	Bindung	Atomabstand Å Winkel	Trägheitsmoment kgm^2
H_2	H–H	0,74	$0,47 \cdot 10^{-47}$
HF	H–F	0,917	1,34
HCl	H–Cl	1,275	2,67
HBr	H–Br	1,414	3,26
HJ	H–J	1,604	4,25
N_2	N–N	1,10	13,8
CO	C–O	1,128	15,0
O_2	O–O	1,20	19,2
F_2	F–F	1,26	25,3
NaCl(g)	Na–Cl	2,361	
Cl_2	Cl–Cl	1,98	113,7
HCN	C–H	1,064	190
	$C \equiv N$	1,156	
OCS	$C = O$	1,164	136
	$C = S$	1,558	
OCSe	$C = O$	1,159	206
	$C = Se$	1,709	
HCCCl	C–H	1,052	148
	$C \equiv C$	1,211	
	C–Cl	1,632	
CH_3Cl	H–C–H	$110° 20' \pm 1°$	
	C–H	$1,103 \pm 0,010$	
	C–Cl	$1,782 \pm 0,003$	
CH_2Cl_2	H–C–H	$112° 0' \pm 20'$	
	Cl–C–Cl	$111° 47' \pm 1'$	
	C–H	$1,068 \pm 0,005$	
	C–Cl	$1,7724 \pm 0,0005$	

nicht ohne zusätzliche Information bestimmt werden. Ersetzt man jedoch irgendeinen Kern durch einen isotopen Kern, dann ändern sich das Trägheitsmoment und der Linienabstand und man bekommt eine zweite Bestimmungsgleichung für den zweiten unbekannten Atomabstand.

Bei mehratomigen Molekülen lassen sich beliebige Rotationen in Rotationen um drei zueinander senkrecht stehende Hauptachsen mit drei Hauptträgheitsmomenten zerlegen. Jede dieser drei Rotationen besitzt dann ein *eigenes* Energieschema mit einem zugehörigen Hauptträgheitsmoment. Aus jedem Energieschema kann getrennt mit Hilfe der Isotopenmethode auf die Kernabstände geschlossen werden. Einige der auf diese Weise erhaltenen Ergebnisse sind in Tabelle 6.2 zusammengestellt. Wie daraus ersichtlich, erhält man sehr exakte Atomabstände. Aber die angegebene Methode ist natürlich nicht uneingeschränkt anwendbar. Bei zu vielen Molekülatomen und damit zu vielen

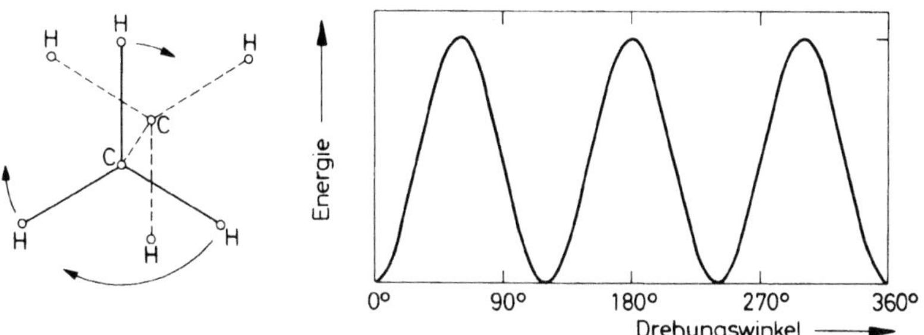

Bild 6.7 Zur Drehung der CH_3-Gruppen in CH_3CH_3 (nach *W. J. Moore, D. O. Hummel:* Physikalische Chemie, W. de Gruyter, Berlin, 1973)

Atomabständen kann man aus den drei bestimmten Hauptträgheitsmomenten nicht auf die Abstände schließen. Eine weitere Einschränkung liegt darin, daß Absorptionsspektroskopie in der Gasphase durchgeführt werden muß, was nicht immer möglich ist.

Bei einer bestimmten Gruppe von mehratomigen Molekülen tritt eine besondere Art von Rotation, die *innere Rotation* auf. Ein schönes Beispiel dafür ist im Äthan die Rotation der Methylgruppen um die Einfachbindung. Dafür geht dabei die Schwingung entlang der Molekülverbindungsachse verloren. Endresultat: Statt eines Schwingungsfreiheitsgrades tritt ein Rotationsfreiheitsgrad auf. Eine solche Rotation ließe sich theoretisch leicht behandeln, wenn sie völlig unbehindert stattfinden würde. In Wirklichkeit müssen jedoch bei solchen Rotationen mehrere Energiebarrieren überwunden werden, im Äthan z.B. drei solche Barrieren (Bild 6.7). Für den Fall der *behinderten* inneren Rotation ist eine gesonderte quantenmechanische Berechnung zur Ermittlung des Energieschemas erforderlich. Ein Molekül mit *freier* innerer Rotation ist hingegen $H_3C-Cd-CH_3$.

Zum Schluß dieses Abschnitts noch ein paar Worte zur Rotationsstruktur der Elektronenspektren von homonuklearen Molekülen wie H_2: Ihre Spektren werden gravierend durch den Gesamtdrehimpuls der Kerne, bei H_2 der Protonen (Kapitel 9), beeinflußt und führen zu einer *Hyperfeinstruktur* der Absorptionslinien. Die Ursache ist eine *Kerndrehimpuls-Moleküldrehimpulskopplung.* Nimmt man daher zur quantenmechanischen Beschreibung der Rotation eines Moleküls die Drehimpulsfunktionen der Kerne hinzu, so gibt es wegen der Ununterscheidbarkeit der Kerne (wie bei den Elektronen) Kernzustände mit *parallelen* Kerndrehimpulsen (Triplettzustand: Gesamtdrehimpulsquantenzahl beider Kerne = 1) und Kernzustände mit *antiparallelen* Kerndrehimpulsen (Singulettzustand: Quantenzahl = 0). Infolge der Kopplung des Kerndrehimpulses beider Kerne mit dem Moleküldrehimpuls erwartet man, daß die Elektronenspektren eine Rotations-Hyperfeinstruktur zeigen, weil jedes Rotationsniveau in drei bzw. ein Niveau aufspaltet. Tatsächlich fallen aber wegen der schwachen Kopplung die drei Triplettniveaus zusammen und bewirken wegen dieser dreifachen Entartung eine erhöhte Linienintensität. Für das Intensitätsverhältnis der Linien gilt: $(I + 1)/I$. I ist dabei die Drehimpulsquantenzahl eines Kerns, z.B. bei H_2 $I = 1/2$. Zwei aufeinanderfolgende Rotationslinien im Elektronenspektrum (Abschnitt 6.5) des H_2 sollten daher ein Intensitätsverhältnis von 3/1 besitzen. Bei O_2 wird dieses Verhältnis unendlich groß und jede zweite Linie fällt aus ($I = 0$).

Bei H_2, wo aufgrund des sehr kleinen Trägheitsmoments die Rotationskonstante B sehr groß ist, führt der Einfluß der Kerndrehimpulse zu einem sonderbaren Effekt. Mit abnehmender Temperatur können sich nicht alle Moleküle in den Grundzustand ($l = 0$) begeben, sondern nur die Moleküle mit antiparallelen Kerndrehimpulsen. Die Moleküle mit parallelen Kerndrehimpulsen müssen im Rotationszustand $l = 1$ verbleiben. Dies ist eine unmittelbare Konsequenz des Antisymmetrieprinzips (Abschnitt 3.5). Nimmt man nämlich zu den Rotationseigenfunktionen die Eigenfunktionen der Kerndrehimpulse hinzu,

$$\Psi \sim \psi_{\text{Rot}} \cdot \psi_{\text{Kern}}, \tag{43}$$

so muß die gesamte Wellenfunktion Ψ *antisymmetrisch* bezüglich der Kernvertauschung sein, weil Protonen *Fermionen* sind. Die Symmetrie der Gesamtwellenfunktion Ψ hängt folglich sehr von der Symmetrie der gesamten Kerndrehimpulsfunktion (im Triplett-zustand: symmetrisch, im Singulettzustand: antisymmetrisch) und von der Symmetrie der Rotationseigenfunktion ab. Zu symmetrischen Rotationsfunktionen ($l = 0, 2, 4, \ldots$) können nur antisymmetrische Kerndrehimpulsfunktionen (Singulett) und zu antisym-metrischen Rotationsfunktionen ($l = 1, 3, 5, \ldots$) nur symmetrische Kernfunktionen (Triplett) gehören, damit die gesamte Wellenfunktion Ψ antisymmetrisch ist. Wasser-stoff verhält sich bei tiefen Temperaturen daher so, als ob er aus zwei verschiedenen Modifikationen bestünde (*Ortho-* und *Para*wasserstoff):

$$
\begin{array}{lll}
l = 3 & \text{———}\ \uparrow\ \uparrow & \text{ortho} \\
l = 2 & \text{———}\ \downarrow\ \uparrow & \text{para} \\
l = 1 & \text{———}\ \uparrow\ \uparrow & \text{ortho} \\
l = 0 & \text{———}\ \downarrow\ \uparrow & \text{para}
\end{array}
$$

Der Kern des O-Atoms ist hingegen wegen $I = 0$ ein *Boson*; damit die Gesamtwellen-funktion des O_2-Moleküls symmetrisch ist, dürfen nur die symmetrischen Rotationszu-stände ($l = 0, 2, 4, \ldots$) besetzt sein. Spektroskopische Übergänge können daher nur zwischen diesen beobachtet werden. Dasselbe gilt für CO_2 und andere symmetrische lineare Moleküle mit $I = 0$. Zwischen Ortho- und Parasystemen, d.h. zwischen Triplett- und Singulettzuständen, gibt es keine Übergänge (Interkombinationsverbot), so daß eine Umwandlung normalerweise nicht möglich ist. Sie gelingt nur auf katalytischem Wege.

6.4 Schwingungsspektren

Wir haben in den Abschnitten 2.8 und 2.9 zwei- und mehratomige Molekülschwin-gungen untersucht und festgestellt, daß jedes nichtlineare n-atomige Molekül 3n-6 Normal-schwingungen und ebensoviele Termschemata besitzt. Beschreiben wir eine solche Nor-malschwingung durch die Schwingung eines harmonischen Oszillators, dann ist sein Term-schema durch die Energieeigenwertbedingung

$$\epsilon_v = h\nu_0 \left(v + \tfrac{1}{2}\right) \qquad \text{mit } v = 0, 1, 2, \ldots \qquad \left(\nu_0 = \frac{1}{2\pi}\sqrt{\frac{k}{\mu}}\right) \tag{44}$$

gegeben. Die Schwingungsfunktionen werden im wesentlichen durch die Symmetrie der Hermiteschen Polynome bestimmt und sind deshalb abwechselnd symmetrisch bzw. schiefsymmetrisch. Der tatsächlichen Anharmonizität von Normalschwingungen kann teilweise durch die Morsenäherung Rechnung getragen werden, die folgende Energie-bedingung liefert:

$$\epsilon_v = h\nu_0 \left(v + \frac{1}{2}\right) - \frac{(h\nu_0)^2}{4D}\left(v + \frac{1}{2}\right)^2. \tag{45}$$

Aus der Symmetrie der Schwingungsfunktionen (vgl. Bild 2.19a) erkennt man sofort, daß nur die Matrixelemente (v/er/v + 1) endlich sind und daß für den harmonischen Oszillator die Auswahlregel

$$\Delta v = \pm 1 \tag{46}$$

gilt. Da sich die schwingungsfähigen Moleküle normalerweise im Grundzustand mit $v = 0$ befinden, erwarten wir auf Grund der harmonischen Näherung eine einzige Schwingungs-linie. Durch gleichzeitige Rotationsübergänge wird diese jedoch gestört und zu einer *Schwingungsbande* verbreitert. In der anharmonischen Näherung, die der Realität besser gerecht wird, führt die Behandlung der Matrixelemente außer zur Grundschwingung $v = 0 \rightarrow v = 1$ auch zu sogenannten *Oberschwingungen* mit

$$|\Delta v| > 1 \tag{47}$$

Ihre Intensität nimmt jedoch mit zunehmender Größe von Δv stark ab.

Bei HCl beobachtet man z.B. die *Grundschwingung* bei 2890 cm^{-1} bzw. 86,7 THz. Damit folgt für die Kraftkonstante als Strukturparameter

$$k = 4\pi^2 \mu\nu_0^2 = 4\pi^2 \cdot 1{,}627 \cdot 10^{-27} \cdot 86{,}7^2 \cdot 10^{24} = 483\,\text{Nm}^{-1}. \tag{48}$$

Die Theorie der Schwingungsspektren führt mithin bei gemessenen Eigen- oder Grund-frequenzen ν_0 zu Werten für die Kraftkonstante k von chemischen Bindungen. Wie schon erläutert, ist diese ein Maß für die Stärke einer Bindung. Unter diesem Blickwinkel sind Bindungen keineswegs als starr anzusehen. Sinnvoller als die Beurteilung der Absolut-werte von k sind aber trotzdem Vergleiche, wie sie z.B. an Hand von Tabelle 6.3 vorge-nommen werden können.

Tabelle 6.3: Grundschwingungsfrequenzen $\bar{\nu}_0$ in cm^{-1} und Kraftkonstanten k in Nm^{-1} von einigen Molekülen bzw. Bindungen

Molekül	$\bar{\nu}_0$	k	Molekül	$\bar{\nu}_0$	k	Bindung	$\bar{\nu}_0$	k
KCl	278	80	F$_2$	892	450	$\diagdown$C$-$Cl	650	360
NaCl	360	120	HCl	2885	480			
Na$_2$	158	170	H$_2$	4162	510	$\diagdown$C$-$H	2960	480
J$_2$	213	170	HF	3958	880			
Br$_2$	321	240	O$_2$	1556	1140	$\diagup$O$-$H	3680	770
HJ	2230	290	NO	1876	1550			
Cl_2	554	320	CO	2143	1860	$\diagdown$C$=$C$\diagup$	1650	960
HBr	2560	380	N$_2$	2331	2240			
						$\diagdown$C$=$O	1700	1210
						$-$C$\equiv$C$-$	2050	1560
						$-$C$\equiv$N	2100	1770

Die HC*l*-Absorption bei 86,7 THz besteht wie schon angekündigt nicht aus einer einzigen Schwingungslinie, sondern aus einer Bande mit einer gewissen *Feinstruktur* (Bild 6.8). Die Feinstruktur rührt davon her, daß die Schwingungsübergänge in Wahrheit von den Rotationszuständen des Schwingungsgrundzustandes zu Rotationszuständen des angeregten Schwingungszustandes erfolgen (Bild 6.9). Die erlaubten Übergänge sind in Bild 6.9 durch senkrechte Linien gekennzeichnet. Die sogenannte *Zentrallinie* $v = 0 \rightarrow v = 1$ mit $\Delta l = 0$ ist verboten und fehlt daher in der Bande. Rechts und links von ihr befinden sich im Abstand $2 B$ die Übergänge mit $\Delta l = + 1$ (R-*Zweig*) und mit $\Delta l = - 1$ (P-*Zweig*).

Ein Schwingungsübergang ist zwar immer mit einer Rotationsfeinstruktur behaftet, doch läßt sich auch aus dieser das Trägheitsmoment und der Atomabstand wie bei der Analyse der Rotationsspektren angeben. Ganz so einfach wie dort ist aber die Auswertung der Rotationsfeinstruktur doch wieder nicht. Denn die Atomabstände und mit ihr die Rotationskonstanten hängen betragsmäßig von dem jeweiligen Schwingungszustand ab. Der Atomabstand ist in einem angeregten Schwingungszustand plausiblerweise größer als im Grundzustand; auch er stellt eine gewisse Strukturinformation dar. Nennen wir die Rotationskonstante für den Grundzustand mit $v = 0$ B_0 und die für den ersten angeregten Zustand mit $v = 1$ B_1. Zum ersten Übergang im R-Zweig ist deshalb die Energie $h (\nu_0 + 2 B_1)$ und zum zweiten die Energie $h (\nu_0 + 6 B_1 - 2 B_0)$ erforderlich. Der Linienabstand, der diesen beiden Übergängen entspricht, beträgt folglich $2 (2 B_1 - B_0)$ Hz, usw. Er ist nur dann zwischen allen Rotationslinien gleich groß, wenn $B_0 = B_1$. Bild 6.9 illustriert graphisch, wie man die zwei Abstände B_0 und B_1 ermittelt. Wertet man nicht nur den ersten Schwingungsübergang, sondern auch höhere Übergänge aus und trägt man die B-Werte in einem Diagramm gegen die Schwingungsquantenzahl v auf, so liefert die Extrapolation zu „$v = - 1/2$" einen $\bar{B}$-Wert, der dem klassischen Energieminimum der Schwingungskurve entspricht. Er läßt sich in einen Atomgleichgewichtsabstand r_0 umrechnen (Tabelle 6.4).

In die Tabelle 6.4 wurden sowohl die Daten von hetero- als auch die von homonuklearen zweiatomigen Molekülen aufgenommen. Dazu muß bemerkt werden, daß die Daten homonuklearer Moleküle aus Ramanspektren (Abschnitt 8.1) stammen; denn ihre Schwingungen können wie ihre Rotationen ohne elektronische Anregung nicht beobachtet werden. Man sagt, sie sind IR-*inaktiv* und *Ramanaktiv*. Welche Grundschwingungen IR-aktiv oder -inaktiv sind, läßt sich sehr einfach gruppentheoretisch feststellen. Wir benutzen dazu den Satz, daß ein Übergang nur dann stattfindet, wenn das direkte Produkt der Darstellungen der korrespondierenden Normalschwingungen eine Darstellung enthält, die einer Darstellung der Momentvektoren ex, ey oder ez entspricht (Abschnitt 6.1). Mit Hilfe dieses Satzes wollen wir zunächst eine Vorschrift ableiten, die bei Kenntnis der Charaktertafel eine sofortige Entscheidung zuläßt.

Aus der Lösung der Schrödingergleichung für ein n-atomiges Molekül in Normalkoordinaten (Abschnitt 2.9) folgt bei Verwendung der harmonischen Näherung für die gesamte Schwingungsfunktion (uneigentliche Schwingungen eingeschlossen):

$$\psi = \psi_{v_1} (Q_1) \, \psi_{v_2} (Q_2) \dots \psi_{v_i} (Q_i) \dots \psi_{v_{3n}} (Q_{3n}) = e^{-\frac{1}{2} \sum_i \lambda_i Q_i^2} \prod_{i = 1}^{3n} H_{v_i} (\sqrt{\lambda_i} Q_i).$$

$$\tag{49}$$

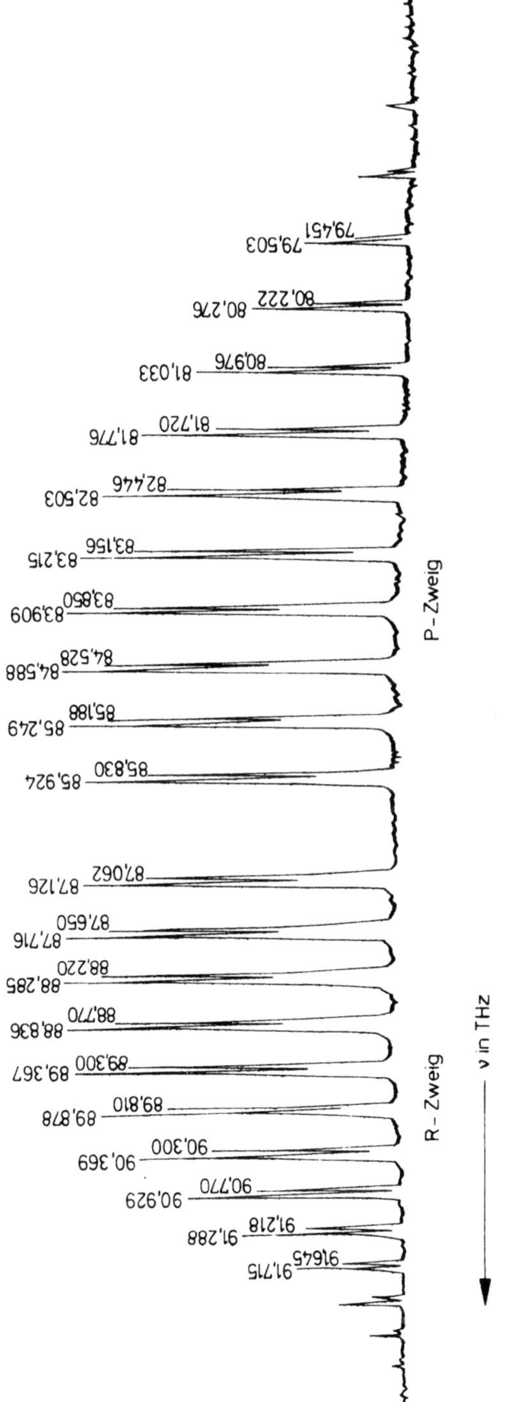

Bild 6.8 Rotations-Schwingungsspektrum von HCl(g) mit $v = 0 \rightarrow v = 1$ bei hoher Auflösung; der Dublettcharakter der einzelnen Absorptionslinien wird durch unterschiedliche Schwingungsfrequenzen von HCl^{35} und HCl^{37} verursacht

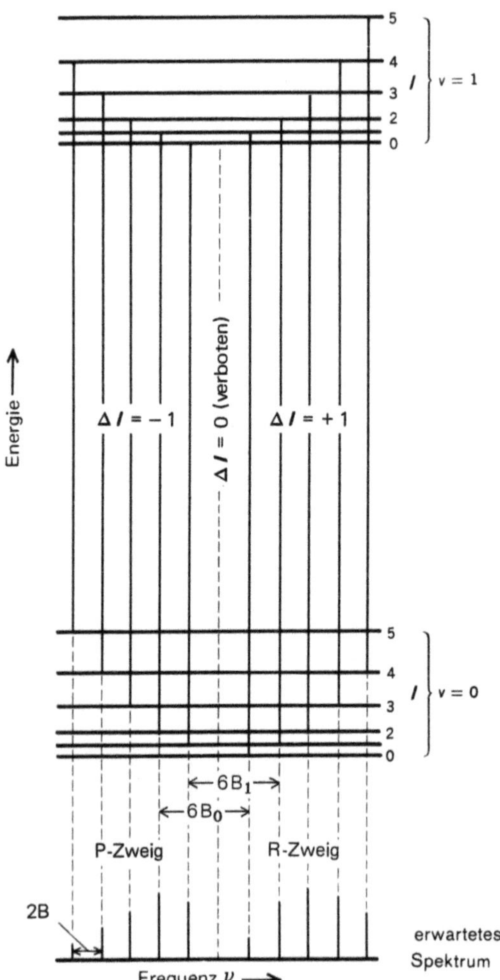

Bild 6.9 Rotationsniveaus des Schwingungszustandes
v = 0 und des ersten angeregten Schwingungszustandes
v = 1 mit Übergängen der Auswahl $\Delta l = \pm 1$ und das
daraus ableitbare Frequenzspektrum

Da wir uns nur für Grundschwingungen interessieren, brauchen wir auch nur Übergänge zu untersuchen, bei denen die i-te Normalschwingung den Übergang $v_i = 0 \rightarrow v_i = 1$ macht:

$$\psi_{0_1} \psi_{0_2} \cdots \psi_{0_i} \cdots \psi_{0_{3n}} \rightarrow \psi_{0_1} \psi_{0_2} \cdots \psi_{1_i} \cdots \psi_{0_{3n}}. \tag{50}$$

Da der Exponentialausdruck in Gl. (49) gegenüber allen Symmetrieoperationen invariant ist, gehört ψ zur selben Darstellung wie das Produkt der Hermiteschen Polynome. Da $\psi_{0_1} \psi_{0_2} \cdots \psi_{0_i} \cdots \psi_{0_{3n}}$ total symmetrisch ist, wird die Funktion durch die total symme-

Tabelle 6.4: Rotationskonstanten $\bar{B}$ in cm^{-1} und Atomabstände r_0, $r_{v=0}$ und $r_{v=1}$ in Å aus Rotationsschwingungsspektren

Molekül	$\bar{B}$	r_0	$r_{v=0}$	$r_{v=1}$
H_2	60,809	0,7412	0,7510	0,7702
HD	45,655	0,7414	0,7495	0,7668
D_2	30,429	0,7414	0,7481	0,7616
HCl	10,5909	1,27460	1,2838	1,3028
DCl	5,445	1,275	1,282	1,295
CO	1,9314	1,1282	1,1307	1,1359
N_2	1,998	1,098	1,100	1,105

trische Darstellung einer Symmetriegruppe repräsentiert und braucht uns nicht mehr zu interessieren. Die Symmetrie bzw. Darstellung der angeregten Schwingungsfunktion

$$\Gamma(\psi_{0_1}\,\psi_{0_2}\,\ldots\,\psi_{1_i}\,\ldots\,\psi_{0_{3n}}) = \Gamma(Q_i) \tag{51}$$

ist allein für den Übergang maßgebend, weil sich das direkte Produkt zu $\Gamma(Q_i)$ vereinfacht. Mit einem Wort: *Eine Normalschwingung ist IR-aktiv, wenn ihre irreduzible Darstellung* $\Gamma(Q_i)$ *mit der x, y oder z-Darstellung übereinstimmt.*

An einem bereits bekannten Molekül, dem CH_3Cl soll diese Aktivitätsregel demonstriert werden. Zu diesem Zweck bestimmen wir zunächst die Zahl und die Symmetrie aller Normalschwingungen auf eine Weise, wie wir es am H_2O-Beispiel in Abschnitt 4.5 geübt haben. Danach bestimmen wir deren IR-Aktivität. Zur Ermittlung der reduziblen Charaktere legen wir in jedes Molekülatom (Bild 6.10) drei kleine kartesische Translationsvektoren als Basis und untersuchen, wie sich diese bezüglich der C_{3v}-Operationen verhalten. Wegen der in Tabelle 4.8 mitgeteilten Charakterbeiträge einzelner Atome können wir das Verfahren abkürzen und erhalten durch Aufsummieren:

C_{3v}	E	$2C_3$	$3\sigma_v$	
X_{red}	15	0	3	(52)

Die Reduktion liefert dann

$$X_{red} = 4\,X_{A_1} + X_{A_2} + 5\,X_E. \tag{53}$$

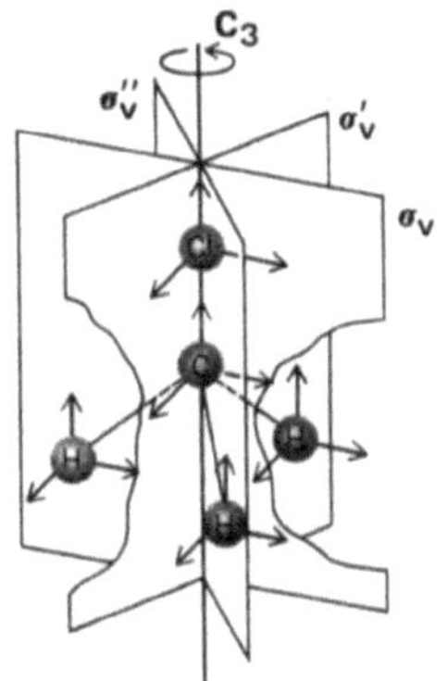

Bild 6.10 Translationsvektoren der CH_3Cl-Atome zur Ermittlung der Normalschwingungen (C_{3v}-Symmetriegruppe)

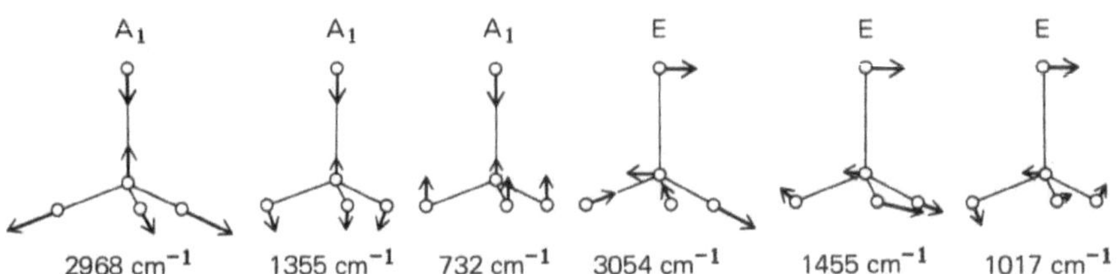

Bild 6.11 Die Normalschwingungen des CH_3Cl-Moleküls (entartete Schwingungen nur einmal gezeichnet) mit ihren Grundfrequenzen $\bar{\nu}_0$ in cm^{-1}

Da nach der Charaktertafel zu den Translationen (einmal) die Darstellung A_1 und (zweimal) die Darstellung E sowie zu den Rotationen (einmal) die Darstellung A_2 und (zweimal) die Darstellung E gehören, verbleiben für die $3n - 6 = 9$ Normalschwingungen drei mit der Symmetrie A_1 und drei je zweifach entartete mit der Symmetrie E:

$$X_{\text{Schwingung}} = 3\,X_{A_1} + 3\,X_E. \tag{54}$$

Alle neun Normalschwingungen, sechs davon sind in Bild 6.11 skizziert, sind IR-aktiv, weil ihre Darstellungen zugleich die Darstellungen der x-, y- oder z-Komponente des Dipolmomentvektors sind.

Bei den A_1-Schwingungen ändert sich das Dipolmoment in der z-Richtung und bei den E-Schwingungen in der x- bzw. y-Richtung. Auch die drei in Bild 2.23 gezeichneten Normalschwingungen des H_2O-Moleküles sind IR-aktiv, weil die A_1- und B_1-Schwingungen den x, y, z-Darstellungen der C_{2v}-Gruppe angehören. H_2O weist deshalb im Spektrum drei IR-Banden auf. Je mehr Schwingungsfreiheitsgrade ein Molekül besitzt, umso komplizierter und unübersichtlicher wird natürlich sein Spektrum (Bild 6.12). Von großem praktischen Nutzen erweist sich hier aber die Tatsache, daß die Schwingungsfrequenzen gewisser organischer Gruppen vom Rest des Moleküles nicht beeinflußt werden. Diesen Gruppen können ganz bestimmte Grundschwingungsfrequenzen zugeordnet und sie selbst dadurch identifiziert werden. In der Tabelle 6.5 sind solche Gruppen zusammengestellt. Einige Beispiele für kompliziertere Spektren gibt Bild 6.12.

Tabelle 6.5: Charakteristische Grundschwingungsfrequenzen ν_0 in chemischen Gruppen

Gruppe	ν_0 in THz	Gruppe	ν_0 in THz
$-O-H$	105 – 111	$-C{\equiv}N$	67,5
$-N-H$	99 – 105	$>C{=}O$	49,8–56,1
${\equiv}C-H$	100,20	$>C{=}C<$	48,0–50,4
${=}C-H$	90,0 – 93,6		
$-C-H$	86,4 – 90,9		
$-C{\equiv}C-$	66,0 – 69,8		

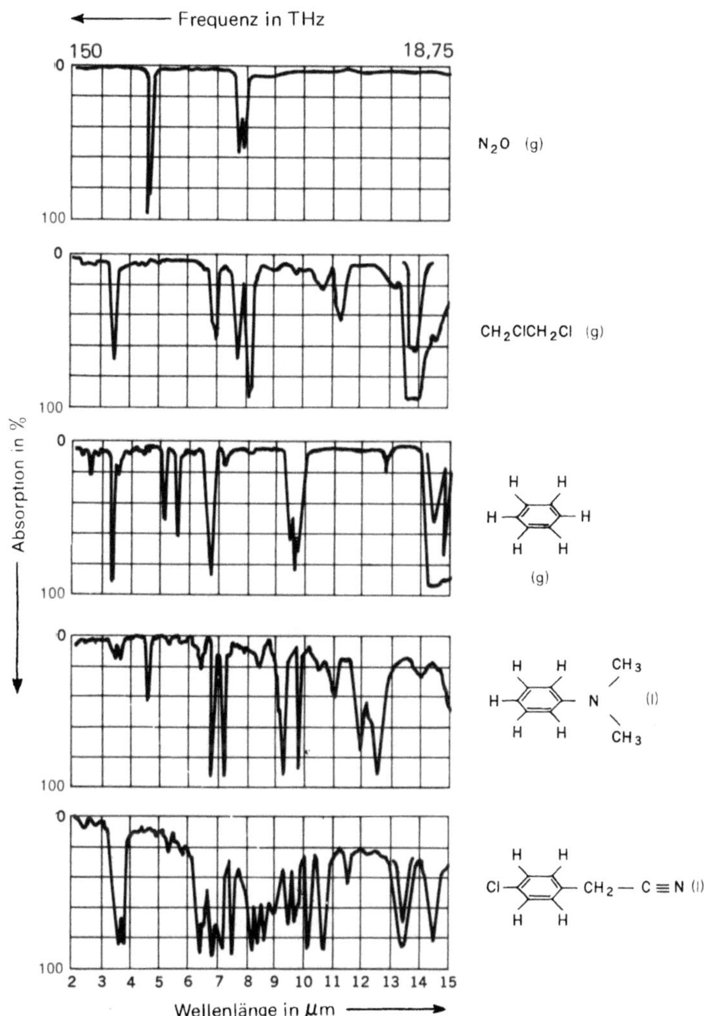

Bild 6.12 IR-Absorptionsspektren von einigen chemischen Verbindungen

6.5 Elektronenspektren

Von den Molekülabsorptionsspektren bleiben noch die Elektronenspektren zu besprechen übrig. Sie resultieren aus Übergängen der Molekülelektronen, und zwar im besonderen der Bindungselektronen. Wie die Atomelektronen absorbieren die Molekülelektronen Quanten aus einem angebotenen Strahlungsfeld und emittieren Quanten beim Rücksprung in den Grundzustand. Auch bei den Molekülen sind die Anregungsenergien so groß, daß die Absorption meist im Sichtbaren oder UV erfolgt. Von der Kennzeichnung der Molekülelektronenzustände war bereits in Abschnitt 5.7 die Rede. Sie wurde dort aus der Symmetrie der Molekülorbitale entwickelt und ihr Zusammenhang mit dem Vektormodell nur angedeutet. Wir wollen zu Beginn dieses Abschnittes das Drehimpulsvektormodell (vgl. Abschnitt 3.3) dazu benutzen, um eine systematische Symbolik der Elektronenterme in zweiatomigen Molekülen herzuleiten. Charakteristisch für das Vektormodell der Molekülelektronen ist im Gegensatz zu den Atomelektronen die Existenz eines *axialen Kernfeldes*. Dieses hat zur Folge, daß der Bahndrehimpuls der Elektronen l um die Kernverbindungsachse präzessiert, und zwar so, daß seine Komponente λ in dieser Richtung ganzzahlig mit $\hbar$ gequantelt ist:

$$|\lambda| = \lambda\,\hbar \; . \tag{55}$$

Das axiale Kernfeld wirkt so wie ein äußeres homogenes Magnetfeld bei den Atomen und an die Stelle der magnetischen Quantenzahl m tritt hier die Quantenzahl λ. λ kann folglich die $2\,l + 1$ verschiedenen Werte

$$\lambda = l,\, l - 1,\, l - 2,\, \dots 0,\, \dots - 1,\, \dots - l \tag{56}$$

annehmen. Im allgemeinen besitzen die positiven und negativen Zustände dieselbe Energie, sind also entartet. Die Entartung kann aber z. B. durch eine Molekülrotation aufgehoben werden. Auch der Spin der Molekülelektronen orientiert sich an der Molekülverbindungsachse. Die Kennzeichnung eines einzelnen Molekülelektrons erfolgt durch die Angabe der Hauptquantenzahl n, der Nebenquantenzahl l in Form der Symbole s, p, d, … und der Quantenzahl λ in Form der Symbole σ, π, ϑ, φ. Ein $3\,\mathrm{d}\pi$-Elektron bezeichnet somit ein Elektron mit n = 3, $l = 2$ und $\lambda = 1$. Diese Bezeichnung stimmt mit der in Abschnitt 5.7 erläuterten MO-Bezeichnung überein.

Bei Molekülen mit mehreren äußeren Elektronen, z. B. Bindungselektronen, bestimmt wie bei den Mehrelektronenatomen die vektorielle Addition ihrer Drehimpulse den Gesamtzustand. Wegen der großen Stärke des axialen Feldes sind jedoch die Kopplungsverhältnisse anders. Die Wechselwirkung der Bahndrehimpulse l_i, die sich im Atom zu einem Gesamtbahndrehimpuls L zusammensetzen, ist im Molekül kleiner als die jeweilige Wechselwirkung eines einzelnen Elektrons mit dem axialen Feld. Die Bahndrehimpulse l_i präzessieren daher jeder für sich um die Kernverbindungsachse und ihre Feldkomponenten λ_i setzen sich erst nachher zu einem gesamten Drehimpuls Λ (gequantelt) zusammen:

$$|\Lambda| = \Lambda\,\hbar \tag{57}$$

Zur Kennzeichnung der Λ-Werte 0, 1, 2, … benutzt man die Symbole Σ, Π, Δ usw. Die Spins s_i der Elektronen setzen sich wie bei den Atomen zuerst zu einem Gesamtspin S der Hülle zusammen. Er präzessiert um die Kernverbindungsachse so, daß seine Komponente Σ in dieser Richtung ganzzahlig gequantelt ist. Infolge der magnetischen Kopplung zwischen Λ und S spaltet jeder zu einem bestimmten Λ-Wert gehörende Term in $2\,S + 1$ Terme auf. Diese unterscheiden sich durch die Quantenzahl des resultierenden Gesamtdrehimpulses $\Omega = \Lambda + \Sigma$ in Kernverbindungsrichtung. Ω ist jedoch noch nicht der Gesamtdrehimpuls eines Moleküles, denn an diesen muß bei Molekülrotationen noch der Moleküldrehimpuls l gekoppelt werden. Durch die Rotation entsteht ein neues Magnetfeld in Konkurrenz zum axialen Kernfeld. Die Ausrichtung des Gesamtspins kann, wenn das neue Feld stark genug ist, auch an der Resultierenden $K = l + \Lambda$ erfolgen (Bild 6.13).

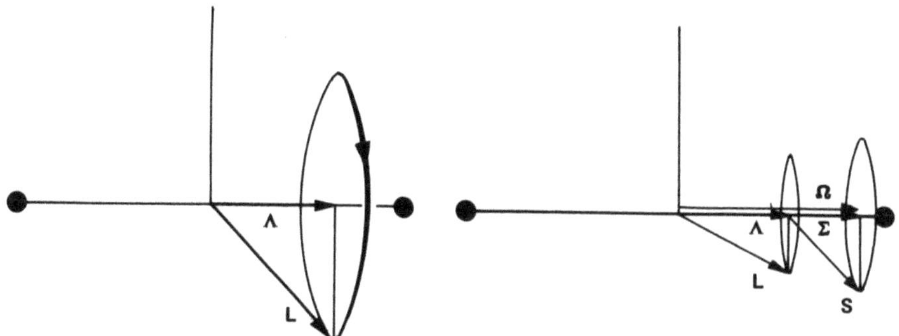

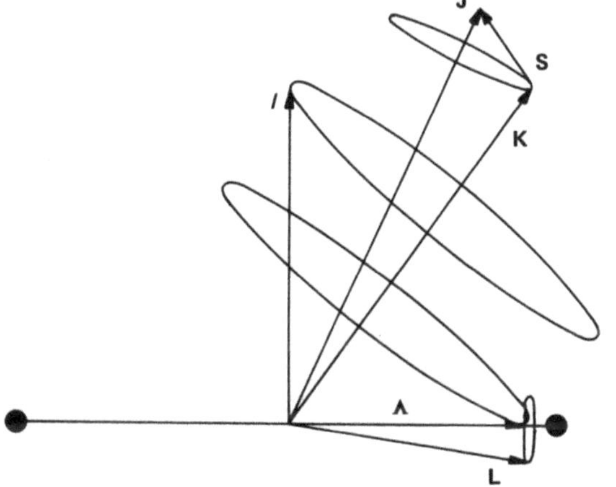

Bild 6.13
(a) Ausrichtung des Gesamt-Drehimpulses
L der Molekülelektronen am axialen Feld
entlang der Kernverbindungsachse;
(b) Kopplung der Axialkomponenten des
Bahndrehimpulses Λ und des Spins Σ zur
Komponente Ω des Gesamtdrehimpulses;
(c) Kopplung des Elektronendrehimpulses
Λ und des Moleküldrehimpulses l zur Resultierenden **K** bei gleichzeitiger Molekülrotation

Genau wie bei den Atomen schreibt man den Wert der Multiplizität $2S+1$ oben
links und die Quantenzahl des Drehimpulses rechts unten an das Λ-Termsymbol an. Zur
vollständigen Charakterisierung setzt man die Symbole der Einzelelektronen vor den
Term. Z. B. ist der Grundzustand des H_2-Moleküles (Bild 6.14) mit zwei $1\,s\sigma$-Elektronen
ein $(1\,s\sigma)^2\ {}^1\Sigma_0$-Zustand. Wie bei den Atomen gehört zu einer geraden Molekülelektronen-
zahl eine ungerade Multiplizität und umgekehrt. Die Auswahlregeln entsprechen wegen
des axialen Feldes nicht ganz denen für Atome. Während sich die Hauptquantenzahl um
beliebige Werte verändern kann, gilt für Λ die Auswahl:

$$\Delta\Lambda = 0, \pm 1. \tag{58}$$

Erlaubte Übergänge in zweiatomigen Molekülen sind in Tabelle 6.6 zusammengestellt.
Sie folgen aus Symmetrieüberlegungen, wie wir sie in Abschnitt 6.3 angestellt haben,
wenn wir Zustände mit $\Lambda \neq 0$ berücksichtigen. Bereits bekannt ist auch, daß es ein Interkombinationsverbot zwischen Termen mit verschiedener Multiplizität gibt. Es wird aber
ähnlich wie bei schwereren Atomen auch bei Molekülen oft durchbrochen. Interessant ist,
daß die sogenannte atmosphärische O_2-Bande, ein ${}^3\Sigma_g \to {}^1\Sigma_g$-Übergang, gerade eine solche
verbotene Interkombination darstellt (Bild 6.15). Ein weiteres Beispiel ist der ${}^3\Pi \to {}^1\Sigma$-
Übergang des CO-Moleküls.

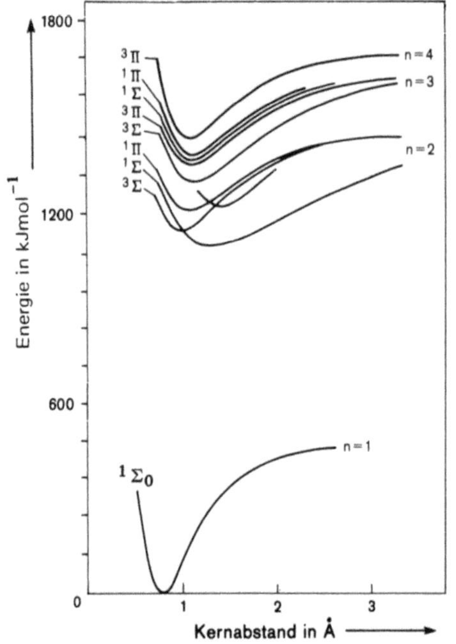

Bild 6.14

Potentialkurven der wichtigsten Elektronenzustände von H_2 (aus *W. Finkelnburg:* Einführung in die Atomphysik, Springerverlag Berlin, 1958)

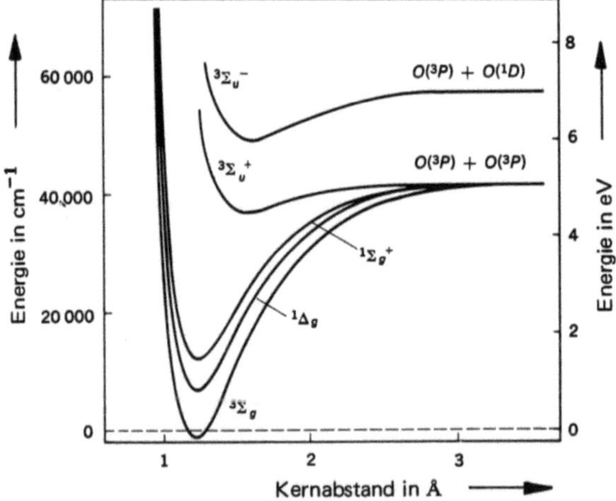

Bild 6.15

Potentialkurven der wichtigsten Elektronenzustände von O_2 (aus *G. Herzberg:* Molecular Spectra and Molecular Structure, Vol. 1. D. van Nostrand Co., Inc. N. J. 1950)

Der Elektronengrundzustand des H_2-Moleküls wurde in Kapitel 4 näherungsweise berechnet. Er stellt einen bindenden Singulettzustand dar. Der aus der Rechnung gleichzeitig folgende antibindende Triplettzustand besitzt bei gleichem Kernabstand eine wesentlich höhere Energie. Wird er angeregt, so kommt es zur Dissoziation in die Atome. Normalerweise besitzen aber anregbare Zustände ebenfalls Energieminima, so daß dann keine Dissoziation erfolgt. Der Gleichgewichtsabstand der verschiedenen Energiekurven

Tabelle 6.6: Erlaubte Elektronenübergänge in zweiatomigen hetero- und homonuklearen Molekülen

$C_{\infty v}$	$D_{\infty h}$	
$\Sigma^+ \leftrightarrow \Sigma^+$	$\Sigma_g^+ \leftrightarrow \Sigma_u^+$	
$\Sigma^- \leftrightarrow \Sigma^-$	$\Sigma_g^- \leftrightarrow \Sigma_u^-$	
$\Pi \leftrightarrow \Sigma^+$	$\Pi_g \leftrightarrow \Sigma_u^+$	$\Pi_u \leftrightarrow \Sigma_g^+$
$\Pi \leftrightarrow \Sigma^-$	$\Pi_g \leftrightarrow \Sigma_u^-$	$\Pi_u \leftrightarrow \Sigma_g^-$
$\Pi \leftrightarrow \Pi$	$\Pi_g \leftrightarrow \Pi_u$	
$\Delta \leftrightarrow \Pi$	$\Pi_g \leftrightarrow \Delta_u$	$\Pi_u \leftrightarrow \Delta_g$
$\Delta \leftrightarrow \Delta$	$\Delta_g \leftrightarrow \Delta_u$	

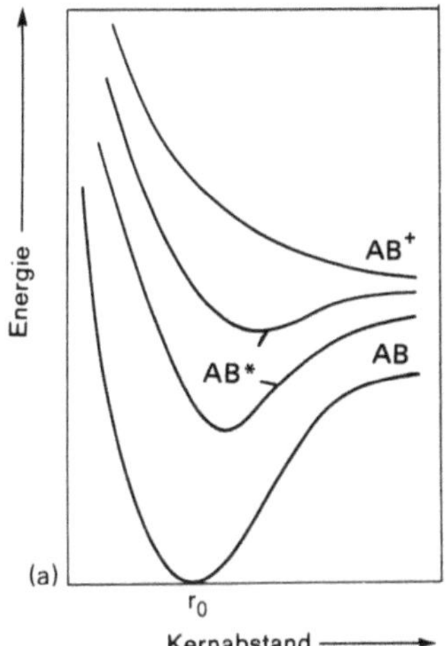

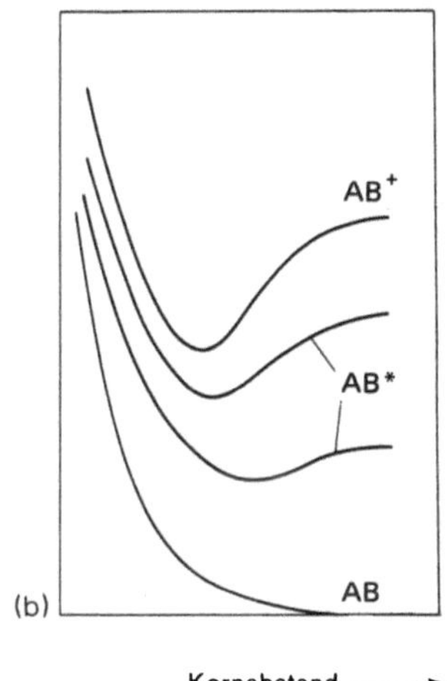

Bild 6.16 Potentialkurven eines Moleküls AB mit bindungslockernder (a) und mit bindungsstärkender Wirkung eines angeregten Elektrons (b)

(vgl. Abschnitt 6.4) hängt von der Wirkung des angeregten Elektrons ab: Es kann bindungsstärkend oder bindungslockernd wirken (Bild 6.16).

Das Entstehen der Elektronenspektren soll an den in Bild 6.17 gezeichneten Energiekurven erklärt werden. Für alle Elektronenübergänge gilt das *Franck-Condonprinzip*. Es besagt, daß Elektronenübergänge nicht vom Potentialminimum des Grundzustandes aus zu den Minima der angeregten Zustände, sondern senkrecht nach oben erfolgen. Es ist dies eine Konsequenz der Tatsache, daß Elektronenbewegungen sehr viel schneller als Kernbewegungen verlaufen. Während Elektronenübergänge in Zeiten von 10^{-16} s ablaufen, benötigen Kernumordnungen eine Zeit von ungefähr 10^{-13} s. Sie entspricht der Periode einer Schwingung. Da sich die Moleküle bei Zimmertemperatur meist im Schwingungsgrundzustand aufhalten, finden Elektronenübergänge immer in angeregte Schwingungszustände statt. Da die Übergangswahrscheinlichkeit oder Intensität des Überganges proportional

$$(0/e\,\mathbf{r}/v)^2 \tag{59}$$

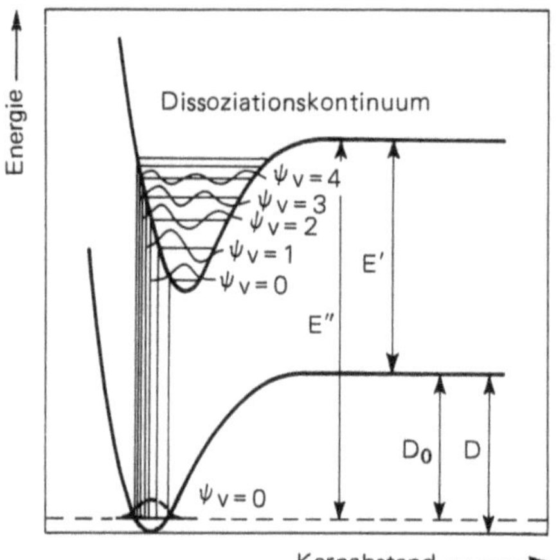

Bild 6.17 Elektronenübergänge aus dem Grundzustand mit $v = 0$ in einen stabilen angeregten Zustand mit $v \geqslant 0$

ist, wird ein Übergang vom Maximum der Schwingungsfunktion ψ_0 im Grundzustand zu irgendeinem Maximum einer angeregten Schwingungsfunktion ψ_v bevorzugt. Die Folge dieser Bevorzugung ist ein System von Banden unterschiedlicher Intensitäten. Aus der Analyse der Intensitäten läßt sich umgekehrt die Lage der Energiekurven und damit auch die Wirkung des angeregten Elektrons auf die Bindung bestimmen. Die Bilder 6.14 und 6.15 zeigen auf diese Weise ermittelte Anregungszustände des H_2- und O_2-Moleküls.

Die Elektronenspektren zweiatomiger Moleküle liefern noch zwei wichtige Größen, die Dissoziationsenergie und die Ionisierungsenergie. Man könnte glauben, daß die *optische* Dissoziation eines Moleküls allein durch Schwingungsanregung im elektronischen Grundzustand möglich wäre. Denn beim anharmonischen Oszillator sind auch Schwingungsübergänge mit $\Delta v > 1$ erlaubt. Sie werden aber mit zunehmender Größe der Quantenzahl v immer unwahrscheinlicher, so daß der direkte Übergang in die Dissoziation praktisch überhaupt nicht erfolgt. Die Schwingungsfunktionen im dissoziierten Zustand sind senkrecht über dem Grundzustand fast Null. Anders verhält es sich mit der thermischen Anregung: Eine *thermische* Dissoziation ist jederzeit möglich, da hierfür das Franck-Condon-Prinzip nicht gilt.

Die optische Dissoziation ist nur bei einer gleichzeitigen elektronischen Anregung möglich. Denn durch Absorption vom Elektronengrundzustand aus können alle Schwingungszustände des angeregten Elektronenzustandes, auch der zur Dissoziation führende, angeregt werden. Über die Dissoziationsgrenze hinaus erfolgt dann eine Anregung der dissoziierten Moleküle (Absorption in das Translationskontinuum). Im Spektrum (Bild 6.18) wird dann ein gegen die Dissoziationsgrenze konvergierendes Bandensystem beobachtet, an das sich das Absorptionskontinuum anschließt. Das Bandensystem konvergiert, weil die Energieabstände des anharmonischen Oszillators mit zunehmender Quantenzahl v kleiner werden. Die Bandenkonvergenzstelle entspricht der Dissoziationsenergie E'' (Bild 6.17). Meist liegt die Konvergenzstelle nicht mehr im Bereich des Absorptionsspek-

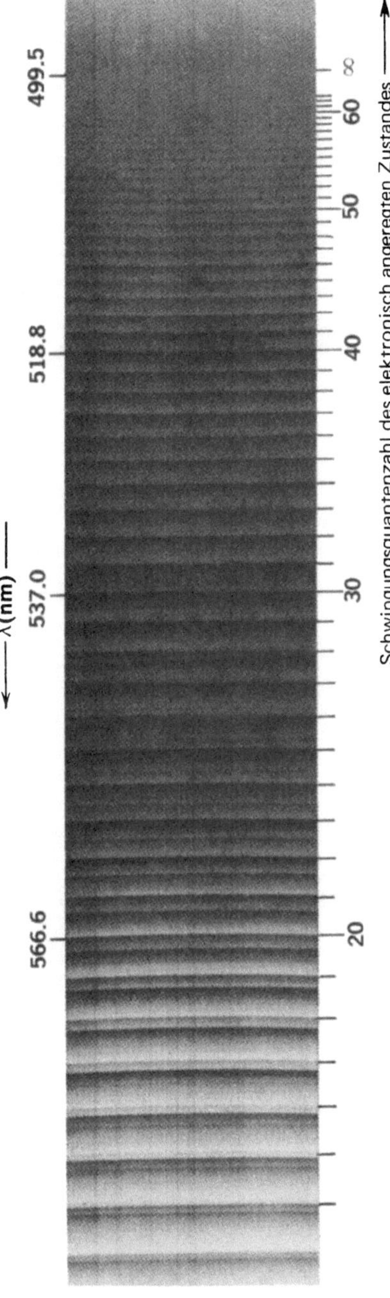

Bild 6.18 Das Elektronenspektrum von J_2 (g) im sichtbaren Gebiet

trums. Sie muß dann durch eine analytische oder graphische Extrapolation gesucht werden. Analytisch bekommt man brauchbare Daten nur, wenn sich die Schwingungsenergie durch die Morsefunktion annähern läßt. Bei der Dissoziation zerfällt das Molekül gewöhnlich in ein angeregtes und ein nicht angeregtes Bruchstück (Atom). Um die Dissoziationsenergie D_0 zu erhalten, müssen wir deshalb von der Energie E'' die Anregungsenergie des atomaren Bruchstückes E' abziehen. Zählen wir dann zu D_0 noch die Nullpunktenergie hinzu, so ergibt sich die Dissoziationsenergie D.

Bei Molekülen mit mehr als zwei Atomen reicht die einleitend vorgestellte Termsymbolik aus verständlichen Gründen nicht mehr aus. Wir machen daher insofern eine Vereinfachung, als wir nur mehr die Elektronen gewisser chemischer Bindungen untersuchen und beschreiben. Dies können wir mit ruhigem Gewissen tun, denn in mehratomigen Molekülen kommt es fast nur zur Anregung von Bindungselektronen, also Elektronen, die sich durch das MO-Energieschema behandeln lassen. Wie das MO-Energieschema in Bild 6.19 darstellt, sind grundsätzlich alle nichtbindenden n- und bindenden σ- und π-

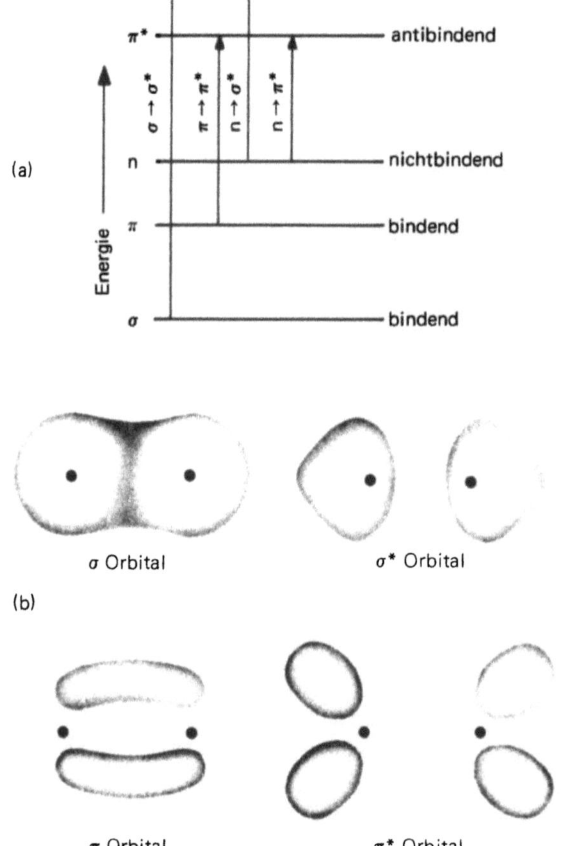

Bild 6.19
Elektronische Anregungsmöglichkeiten im MO-Energieschema (a) und Elektronendichteverteilung von σ-, σ^*-, π- und π^*-Orbitalen (b) (nach *D. A. Skoog, D. M. West*: Principles of Instrumental Analysis, Holt and Rinehart, New York 1971)

Elektronen anregbar. Eine Anregung erfolgt immer zu antibindenden (bindungslockernden) σ^*- und π^*-Orbitalen, die ebenfalls in Bild 6.19 skizziert sind. Als konkretes Demonstrationsbeispiel sind in Bild 6.20 die Übergänge in Formaldehyd anschaulich dargestellt. Sie beinhalten die Anregung bindender π- und nichtbindender Elektronen der Carbonylbindung.

Im allgemeinen werden σ, σ^*-Übergänge schwer angeregt, d. h. sie erfordern eine große UV-Energie und absorbieren deshalb bei etwa 120 nm (z. B. Methan und Äthan mit σ-Bindungen). n, π^*- und π, π^*-Übergänge erfolgen bereits im längerwelligen UV

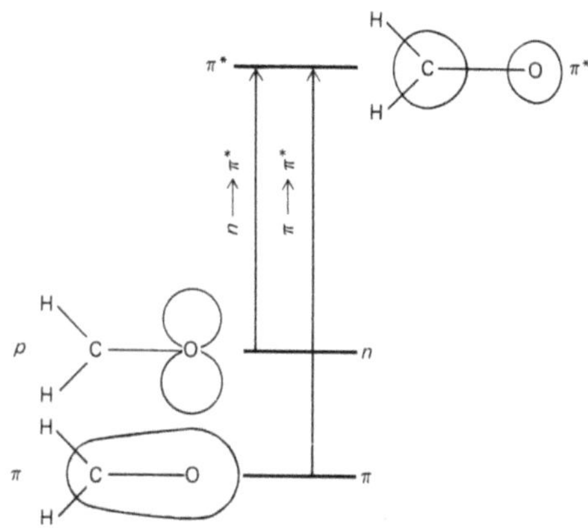

Bild 6.20 MO-Übergänge im Formaldehydmolekül

und gehen zumeist auf die Anregung von Elektronen isolierter Doppelbindungen zurück (Tabelle 6.7). Konjugierte Doppelbindungen mit delokalisierten π-Elektronen absorbieren bereits im sichtbaren Gebiet. Auf ähnliche Weise lassen sich auch z. B. die Farbänderungen der pH-Indikatoren deuten. Sie sind chemisch gesehen schwache Säuren oder Basen und

Tabelle 6.7: Die Absorptionseigenschaften von chromophoren Gruppen

Gruppe	Molekül	Lösungsmittel	λ_{max} in nm	ϵ in $l\,mol^{-1}cm^{-1}$	Übergang
Alken	$C_6H_{13}CH{=}CH_2$	n-Heptan	177	13 000	$\pi \rightarrow \pi^*$
Alkin	$C_5H_{11}C{\equiv}C{-}CH_3$	n-Heptan	178	10 000	$\pi \rightarrow \pi^*$
			196	2 000	–
			225	160	–
Carbonyl	$CH_3\overset{O}{\overset{\|}{C}}CH_3$	n-Hexan	186	1 000	$n \rightarrow \sigma^*$
			280	16	$n \rightarrow \pi^*$
	$CH_3\overset{O}{\overset{\|}{C}}H$	n-Hexan	180		$n \rightarrow \sigma^*$
			293	12	$n \rightarrow \pi^*$
Carboxyl	$CH_3\overset{O}{\overset{\|}{C}}OH$	Äthanol	204	41	$n \rightarrow \pi^*$
Amido	$CH_3\overset{O}{\overset{\|}{C}}NH_2$	Wasser	214	60	$n \rightarrow \pi^*$
Azo	$CH_3N{=}NCH_3$	Äthanol	339	5	$n \rightarrow \pi^*$
Nitro	CH_3NO_2	Isooktan	280	22	$n \rightarrow \pi^*$
Nitroso	C_4H_9NO	Äthyläther	300	100	–
			665	20	$n \rightarrow \pi^*$
Nitrat	$C_2H_5ONO_2$	Dioxan	270	12	$n \rightarrow \pi^*$

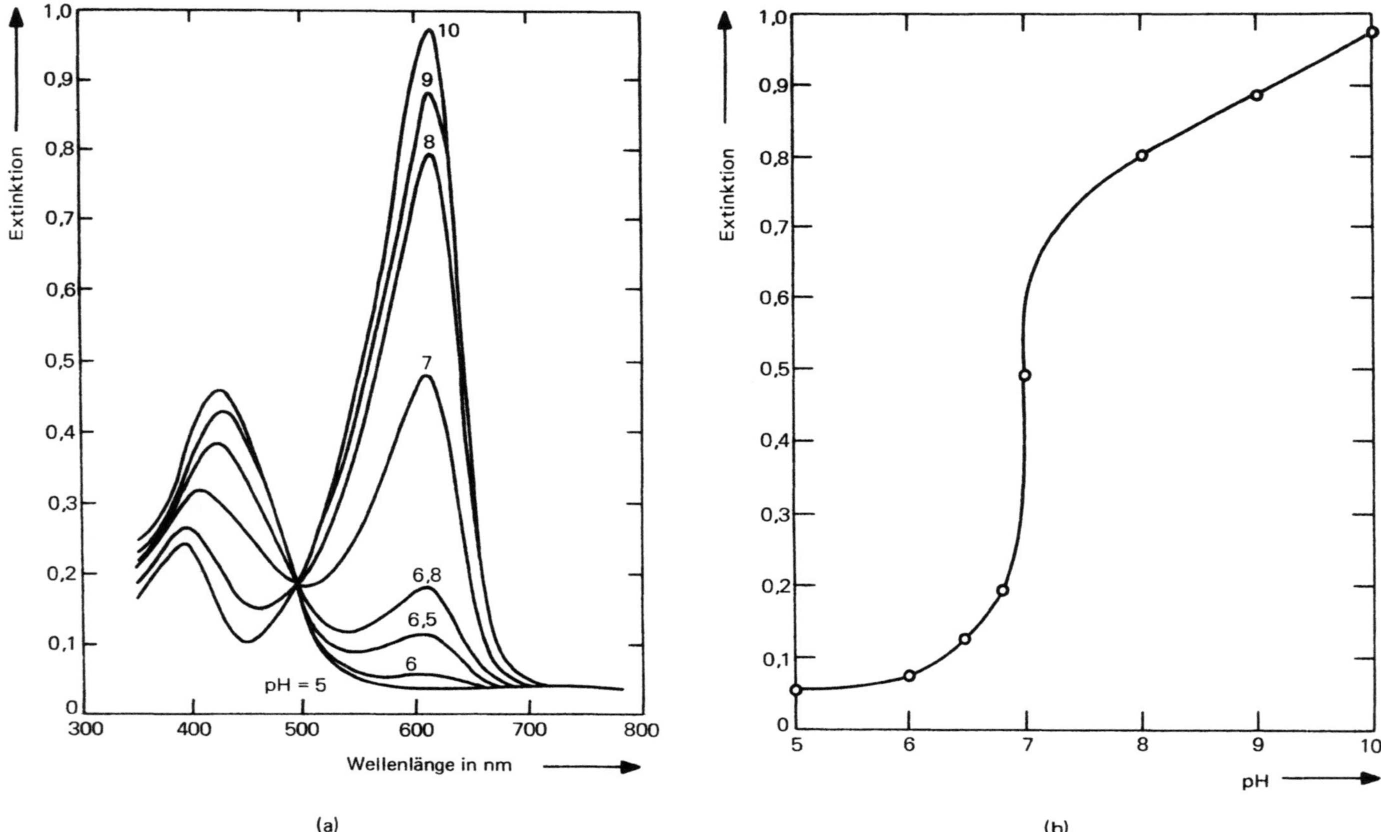

Bild 6.21 Absorptionsspektrum von Phenolrot bei verschiedenen pH-Werten (a) und die pH-Abhängigkeit der Extinktion bei 615 nm (b) (aus *W. Ewing, A. Maschka*: Physikalische Analysen- und Untersuchungsmethoden der Chemie, Bohmannverlag Wien, 1964)

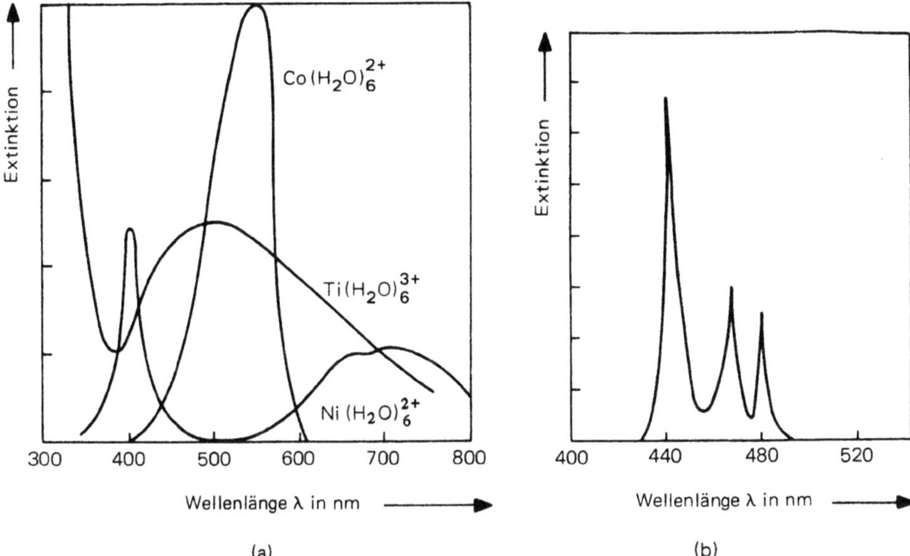

Bild 6.22 Absorptionsspektrum von Übergangsmetallkomplexen (a) und Linienspektrum einer Praseodymchloridlösung (b) (nach *D. A. Skoog, D. M. West:* Principles of Instrumental Analysis, Holt and Rinehart, New York 1971)

eine durchgehende Doppelbindungskonjugation ist entweder nur in alkalischer oder in saurer Lösung vorhanden (Bild 6.21).

Betrachtet man in Bild 6.21 die Absorptionskurven, so fällt auf, daß die Elektronenübergänge durch gleichzeitige Schwingungs- und Rotationsübergänge tatsächlich zu Bandensysteme verbreitert sind. Auch bei den Spektren der Übergangsmetallkomplexe (vgl. Abschnitt 5.10) läßt sich das feststellen (Bild 6.22a). Gewissermaßen eine Sonderstellung nehmen hier die Spektren der Lanthaniden und Aktiniden ein (Bild 6.22b). Sie liefern wie die Atome wohldefinierte Linien. Diese werden durch die Übergänge der 4f- und 5f-Elektronen verursacht und sind nicht verbreitert, weil die noch weiter außen vorhandenen Valenzelektronen den Ligandeneinfluß unterdrücken und abschirmen.

6.6 Photoelektronen- und Massenspektroskopie

Bei den in Abschnitt 6.5 besprochenen Elektronenspektren basiert die Absorption auf der Anregung äußerer Molekülelektronen, hauptsächlich der Bindungselektronen. Die Anregung innerer Molekülelektronen, genauer gesagt der Atomelektronen, erfordert eine sehr viel größere Energie (vgl. Röntgenspektrum in Abschnitt 9.1) und kann in Absorption nicht mehr beobachtet werden. Kurzwelliges UV- oder Röntgenlicht muß hierfür benutzt werden. Wird bei der Anregung innerer Elektronen die Ionisationsgrenze erreicht, so werden die Elektronen vom Atomverband abgelöst. Erfolgt die Anregung bzw. Loslösung mit energiereicheren Quanten als der Ionisierungsenergie entspricht, dann erhalten die abgelösten Elektronen auch eine kinetische Energie. Aus der Differenz der verwendeten Anregungsenergie und der gemessenen kinetischen Energie läßt sich die *Ionisierungsenergie*

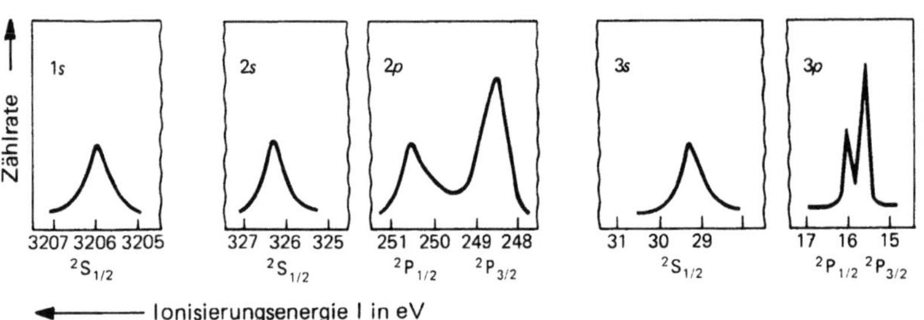

Bild 6.23 Das Photoelektronenspektrum von Argon (*H. Bock, P. Mollere:* J. Chem. Educ. 51 (1974) 506)

bestimmen. Da diese auch von der chemischen Umgebung des Atoms im Molekül abhängt, kann auf sie zurückgeschlossen werden. Die abgelösten Elektronen werden *Photoelektronen* und die Methode *Photoelektronenspektroskopie* genannt. Ein Maß für die Intensität der Ionisation ist die Zählrate der Photoelektronen.

Ein Photoelektronenspektrum ist das Ergebnis einer energetischen Analyse der Photoelektronen und wird zumeist in Form einer Darstellung Zählrate gegen Ionisierungsenergie in eV (Ionisierungsenergie = Anregungsenergie weniger kinetische Energie) wiedergegeben. Ein solches Spektrum von Argonatomen ist in Bild 6.23 zu sehen. Je nachdem, ob ein 1s-, 2s- oder 2p-Elektron usw. abgelöst wird, ist die Ionisierungsenergie unterschiedlich groß. In diesem Bild sind auch die Elektronenterme des Argonions angegeben, dem Endzustand der einfachen Ionisierung neutraler Atome.

Betrachten wir nun die Ionisierung von Molekülen, dann erwarten wir je nach dem Bindungstyp des Elektrons drei verschiedene Situationen. Wird ein nichtbindendes oder inneres Elektron abgelöst, so entsteht nur eine einzige Ionisierungslinie. Deshalb, weil bei der Ablösung der Atomabstand kaum beeinflußt wird und folglich ein v = 0 → v = 0-Übergang stattfindet. Bei der Ionisation eines bindenden Elektrons wird hingegen die Bindung im ionisierten Zustand geschwächt und der Atomabstand vergrößert. Dadurch werden Übergänge in höhere Schwingungszustände des angeregten Elektronenterms wahrscheinlich, wodurch es wegen des Franck-Condon-Prinzips zu einer schwachen Aufspaltung der Ionisierungslinie kommt. Bei der Anregung von antibindenden Elektronen ist es gerade umgekehrt. Diese Schwingungsaufspaltung erleichtert natürlich die Zuordnung ganz erheblich, wie dies z. B. in Bild 6.24 geschehen ist. Dort ist eine solche Zuordnung des N_2-Spektrums zum MO-Energieschema versucht worden. Das gemessene und das in zweiter Näherung mit der self-consistent-field-Methode berechnete Termschema stimmen recht gut miteinander überein. Das Photoelektronenspektrum von H_2O, aufgenommen mit Röntgenlicht, genaugenommen mit MgK_α-Strahlung (Abschnitt 9.1) ist in Bild 6.25a zu sehen. Die Maxima stammen von der Ionisation der Elektronen in den MO's mit A_1-, B_1- und B_2-Symmetrie, so daß das in Bild 5.25b dargestellte MO-Termschema vernünftig erscheint. Das Spektrum innerer Elektronen ist somit ein direktes Abbild ihrer chemischen Umgebung und kann zu einem noch besseren Verstehen des Molekülaufbaues führen.

In gewisser Weise verwandt mit der Photoelektronenspektroskopie ist die *Massenspektroskopie*, jedoch nur insofern, als es auch bei ihr um die Ionisierung von Molekülen geht. Ionisierte Moleküle werden in einem elektrischen Feld beschleunigt und dann durch

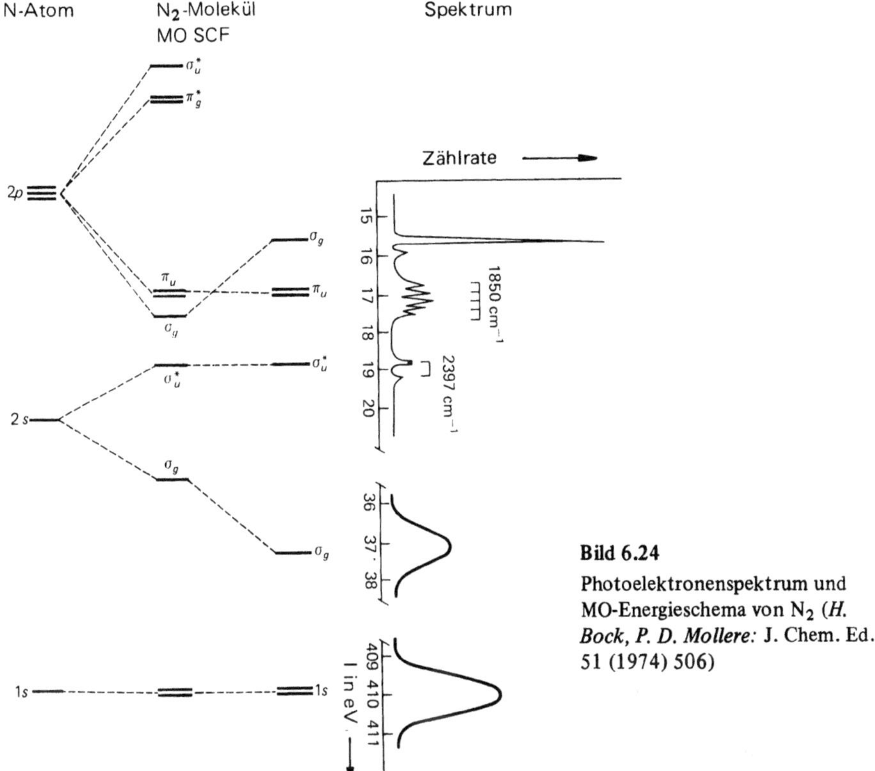

Bild 6.24

Photoelektronenspektrum und MO-Energieschema von N_2 (*H. Bock, P. D. Mollere:* J. Chem. Ed. 51 (1974) 506)

ein Magnetfeld nach ihrer spezifischen Ladung aufgetrennt. Die Massenspektrometrie ist heute als Analysenverfahren in der Chemie gut bekannt, kann aber auch zur Bestimmung der Ionisierungsenergie herangezogen werden. Die schematische Anordnung eines „analytischen" Massenspektrometers ist in Bild 5.26 zusammen mit einem Massenspektrogramm zu sehen. Ionen gleicher *spezifischer Ladung* (Ladung/Masse) treten im Spektrum an derselben Stelle auf. Warum, soll im folgenden begründet werden.

Werden positive Ionen durch ein elektrisches Feld beschleunigt, so erhalten sie eine kinetische Energie, die gleich groß ist wie das Produkt aus ihrer Ladung mal der Beschleunigungsspannung: Beträgt diese U Volt und handelt es sich um einfach geladene Ionen, so gilt:

$$eU = \frac{1}{2}\,mv^2 . \tag{60}$$

Fliegt ein Ion mit dieser kinetischen Energie bzw. mit der Geschwindigkeit

$$v = \sqrt{\frac{2eU}{m}} \tag{61}$$

in das senkrecht zur Flugbahn stehende Magnetfeld **H** mit der Induktion **B**, dann wird es durch die *magnetische Kraft*

$$\mathbf{F} = -e\,\mu_0\,(\mathbf{H} \times \mathbf{v}) = -e\,(\mathbf{B} \times \mathbf{v}) \tag{62}$$

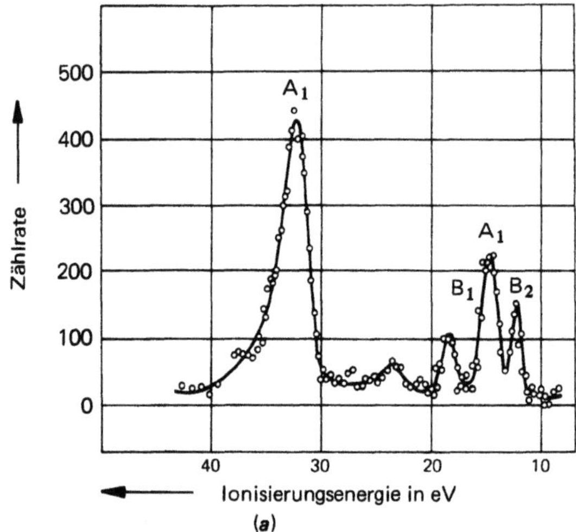

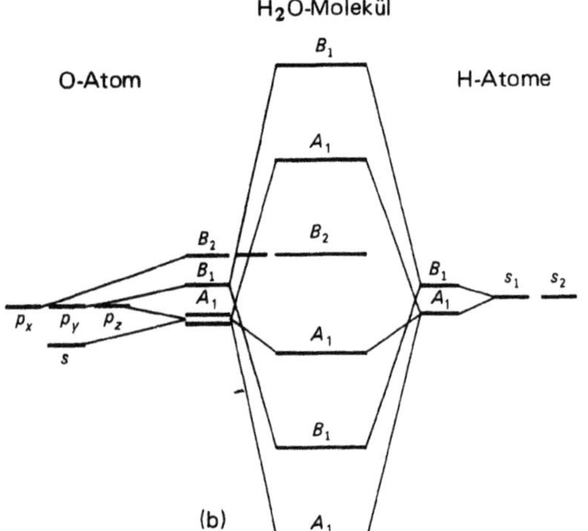

Bild 6.25
Photoelektronenspektrum von H_2O mit MgK_α-Anregung (a) (*K. Siegbahn et al.*: ESCA Applied to Free Molecules, North Holland, Pub. Co., Amsterdam 1969) und MO-Termschema von H_2O (b)

von seiner ursprünglichen Flugrichtung abgelenkt. Es wird auf eine Kreisbahn gezwungen, wenn die magnetische Kraft gleich groß wie Zentrifugalkraft ist, die gegen die Ablenkung wirkt:

$$\frac{mv^2}{r^2}\, r = e\,(\mathbf{B} \times \mathbf{v}). \tag{63}$$

Da aber die Ionengeschwindigkeit durch die Beschleunigungsspannung festgelegt ist, gilt zugleich Gl. (61). Setzt man Gl. (61) in Gl. (63) ein und formt um, so bekommt man die Kreisbahnbedingung:

$$\frac{e}{m} = \frac{2U}{B^2 r^2}\ . \tag{64}$$

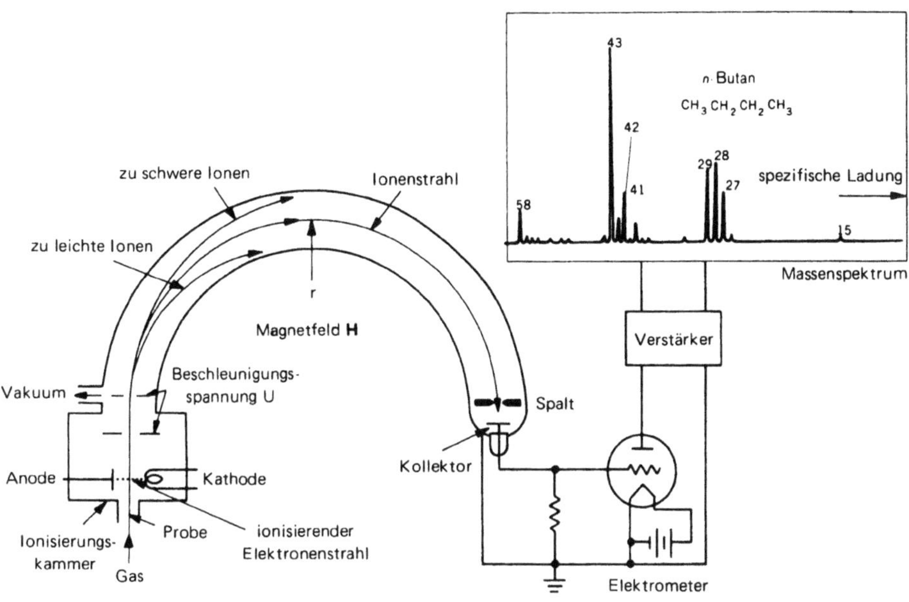

Bild 6.26 Schematische Anordnung eines Massenspektrometers mit Butanspektrum

Nur Ionen mit der spezifischen Ladung $e/m = 2\,U/B^2 r^2$ erreichen bei der apparativ vorgegebenen Spannung U, der Induktion **B** und dem Kreisbahnradius r den Austrittsspalt und werden registriert. Ionen mit einer „falschen" spezifischen Ladung werden bei einer anderen Beschleunigungsspannung registriert.

Von der Energie des ionisierenden Elektronenstrahls hängt es aber auch ab, welche Ionisationsprodukte einer Verbindung entstehen. Die Mindestenergie zur einfachen Ionisierung von Methan beträgt beispielsweise 12 eV, das heißt die ionisierenden Elektronen müssen eine Mindestspannung von 12 V durchlaufen, um Methan ionisieren zu können.

Tabelle 6.8: Ionisierungsenergie einiger Moleküle und Radikale (*F. H. Field, J. L. Franklin:* Electron Impact Phenomena, Acad. Press Inc., New York, 1957)

Molekül	Ionisierungsenergie eV	Radikal	Ionisierungsenergie eV
H_2	15,44	H	13,62
CH_4	13,12	CH_2	11,9
C_2H_2	11,42	CH_3	9,96
C_2H_4	10.56	C_2H_3	8,69
C_2H_6	11,62	C_2H_5	8,72
C_3H_8	11,21		
n-C_4H_{10}	10,80		

Erst dann erscheint im Massenspektrum der erste Peak, nämlich der von CH_4^+. Bei 14, 15 und 22 V erscheinen dann die Peaks von CH_3^+, CH_2^+ und CH^+, also von Methanbruchstücken. Diese Spannung wird normalerweise als *appearence-Potential* bezeichnet. Sie ist ein direktes Maß für die Ionisierungsenergie von Molekülen, Ionen oder Radikalen (Tabelle 6.8).

6.7   Kern- und Elektronenresonanzspektroskopie

Den bisher behandelten molekülspektroskopischen Methoden liegen Übergänge zwischen den Energiezuständen freier Moleküle zugrunde; die Abstände zwischen den Energieniveaus sind für die Molekülstruktur charakteristisch. Zwei weitere spektroskopische Methoden, heute in der Chemie immer mehr verwendet, sind die *Kernresonanz-* und die *Elektronspinresonanzspektroskopie*. Sie beruhen auf Übergängen zwischen solchen Energiezuständen, die bei freien Molekülen entartet, in äußeren homogenen magnetischen Feldern aber proportional der Feldstärke aufspalten. Im ersten Fall handelt es sich um Übergänge zwischen verschiedenen *Kernzuständen* und im zweiten Fall um solche zwischen verschiedenen *Elektronenzuständen*. Beide werden durch die Struktur der Moleküle wesentlich beeinflußt.

Bereits in Abschnitt 3.3 wurde erläutert, warum die Energie der Atome, beschrieben durch die innere Quantenzahl J in einem äußeren Magnetfeld verschiedene Werte besitzt. Im Bild des Vektormodells: Der Gesamtdrehimpulsvektor der Elektronen nimmt in einem äußeren homogenen Magnetfeld bezüglich der Feldrichtung ganz bestimmte Orientierungen ein, und zwar so, daß seine Komponente in Feldrichtung (in z-Richtung gedacht) immer mit $m\hbar$ gequantelt ist ($m = -J, ..., +J$). Je nach Orientierung besitzt dann das Atom verschiedene Energieeigenwerte. Dasselbe gilt für die Elektronen eines Moleküls und auch für die Nukleonen der Atomkerne. Atomkerne sind aus *Nukleonen* (Protonen und Neutronen) aufgebaut (Kapitel 9), die wie die Elektronen alle Elementareigenschaften (z. B. Bahndrehimpuls und Eigendrehimpuls) besitzen. Ein Kern ist also auch durch ein Vektormodell beschreibbar. Der Gesamtdrehimpuls I eines Kerns (innere Quantenzahl) setzt sich aus dem Spin und dem Bahndrehimpuls aller Neutronen und Protonen vektoriell zusammen und ist, wie der von Elektronen, in Vielfachen von $\hbar$ gequantelt. Ein Kern mit einem endlichen Gesamtdrehimpuls ($I > 0$) besitzt daher ebenfalls ein magnetisches Moment und in einem Magnetfeld gewisse erlaubte Orientierungen. Alles, was für die Drehimpulse der Elektronen gilt, trifft im Prinzip auch für die Drehimpulse der Nukleonen eines Kerns zu. Oft ist der Gesamtbahndrehimpuls der Nukleonen und Elektronen Null und daher der Gesamtdrehimpuls gleich dem Gesamtspin; nur unter dieser Bedingung ist dann die Bezeichnung Kern*spin*- und Elektron*spin*resonanz korrekt.

Die prinzipiellen Grundlagen der Kern- und Elektronenresonanzspektroskopie sind mit dem Vektormodell des Kerns und des Atoms schon gegeben. Der Einfachheit halber sollen im folgenden nur Kerne mit dem Gesamtbahndrehimpuls Null betrachtet werden (Gesamtdrehimpuls = Gesamtspin). Bild 6.27a veranschaulicht das Vektormodell des Protons in einem Magnetfeld. Da das Proton die Gesamtdrehimpuls-Quantenzahl (= Gesamtspin-Quantenzahl) $I = 1/2$ besitzt, kann es sich im Feld auf zweierlei Weise orientieren: Einmal hat die Drehimpulskomponente I_z in Feldrichtung (z-Achse) den Wert $1/2\,\hbar$, und einmal den Wert $-1/2\,\hbar$. Der geometrische Ort aller Orientierungen des Gesamtdrehimpulses ($|I| = \sqrt{I(I+1)}\,\hbar$), dessen Projektionen I_z auf die Feldachse immer den gleichen Wert haben, sind daher zwei Kegelmäntel. Klassisch gesehen, stellt der

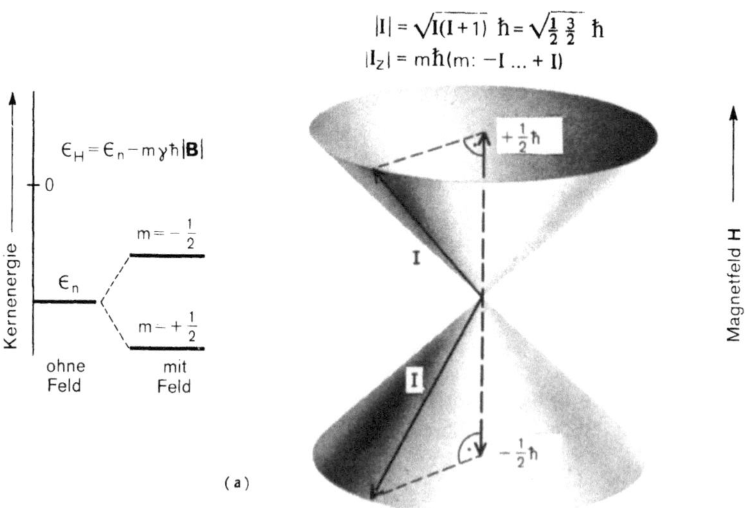

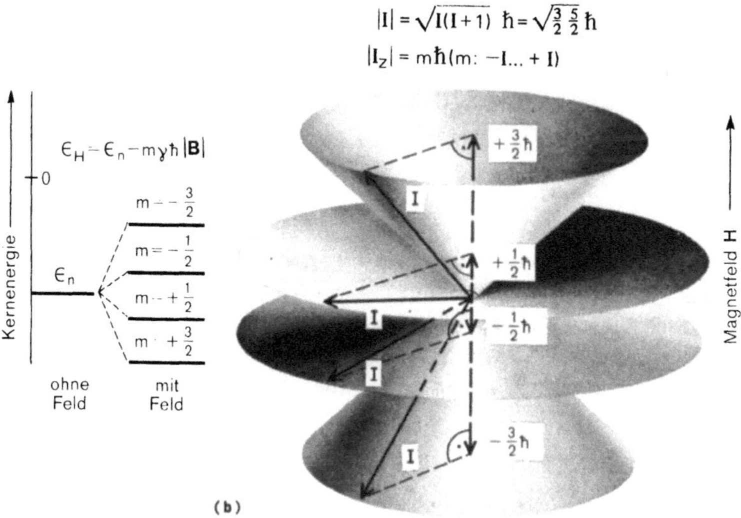

Bild 6.27 Vektormodell eines Kerns mit der Kerndrehimpulsquantenzahl $I = 1/2$ (a) und $I = 3/2$ (b) in einem äußeren homogenen Magnetfeld

Gesamtdrehimpuls-Vektor einen Kreisel dar, der um die Feldrichtung mit ganz bestimmter Kreisfrequenz präzediert. Der Gesamtdrehimpuls-Vektor eines Kerns mit $I = 3/2$ präzediert (den vier möglichen Werten von m entsprechend) auf vier Kegelmänteln (Bild 6.27b).

Wie der Elektronendrehimpuls ist auch der Kerndrehimpuls I mit einem magnetischen Moment μ_I verknüpft; μ_I ist zwar dem Kerndrehimpuls proportional, weist aber im Gegensatz zum Elektronenmoment *in* Richtung von I, da die Kernladung e positiv ist:

$$\mu_I = \frac{e}{2m_p} g_K I = \gamma I,$$

$$|\mu_I| = \gamma\,|I| = \gamma\hbar\sqrt{I(I+1)} = \mu_K g_K \sqrt{I(I+1)}\;. \tag{65}$$

$\gamma = eg_K/2m_p$ ist das *gyromagnetische* Verhältnis des Kerndrehimpulses I, $\mu_K = e\,\hbar/2m_p$ das *Kernmagneton* und g_K der *Kern-g-Faktor*. Die Energie ϵ_H eines Kerns in einem Magnetfeld der Stärke H (Induktion B) beträgt daher

$$\epsilon_H = \epsilon_n - (\mu_I \cdot B) = \epsilon_n - \gamma(I \cdot B) = \epsilon_n - m\hbar\gamma\,|B| = \epsilon_n - mg_K\,|B|. \tag{66}$$

Höhere Energiezustände gehören nun zu negativen und niedrigere zu positiven m-Werten. Für den Energieabstand zwischen zwei aufgespaltenen Energieniveaus folgt

$$\Delta\epsilon = \Delta m\,\hbar\gamma\,|B|. \tag{67}$$

Damit der Kerndrehimpuls I seine Orientierung ändert, muß dieser Energiebetrag einem Strahlungsfeld entnommen werden. Der Übergang von einem unteren (m positiv) zu einem oberen (m negativ) Niveau erfolgt, wenn die Bedingung

$$\Delta\epsilon = h\nu = \Delta m\,\hbar\gamma\,|B| \tag{68}$$

mit der Auswahlregel $\Delta m = -1$ erfüllt ist. Im klassischen Bild bedeutet dies, daß der Kern bzw. der Drehimpulsvektor (oder Momentvektor) seine Präzessionsfrequenz (*Larmorfrequenz* $\omega = 2\pi\nu$) ändert. Die Absorptionsfrequenz, die einem Übergang $\Delta m = -1$ entspricht, beträgt dann

$$\nu = \frac{\Delta\epsilon}{h} = \frac{\gamma}{2\pi}\,|B|. \tag{69}$$

Da das gyromagnetische Verhältnis von Kern zu Kern verschieden ist, gilt dies auch für ν. ν hängt aber auch von der Magnetfeldstärke H bzw. der Induktion $B = \mu_0 H$ ab. Normalerweise wird $\gamma/2\pi$ tabelliert (Tabelle 6.9).

Mit einem Magnetfeld der Induktion 1 Tesla (10 000 Gauß), durch konventionelle Elektromagnete herstellbar, berechnet man nach Gl. (68), bzw. (69) für die Übergangsenergie von Protonen

$$\Delta\epsilon = 42,58 \cdot 10^6 \cdot 6,63 \cdot 10^{-34} = 2,82 \cdot 10^{-26}\,\text{J} = 0,017\,\text{J mol}^{-1}. \tag{70}$$

Für $\gamma/2\pi$ wurde dabei der tabellierte Wert 42,58 MHz T^{-1} gesetzt. Diese Übergangsenergie entspricht einer Absorptionsfrequenz im Radiowellenbereich. Die Energieabstände sind also sehr klein gegen kT bei Zimmertemperatur (2480 J mol^{-1}) und der Grundzustand nur wenig stärker besetzt als der angeregte Zustand (Kapitel 10):

$$\frac{N\,(\text{unterer Zustand, } m = +\tfrac{1}{2})}{N\,(\text{oberer Zustand, } m = -\tfrac{1}{2})} = e^{\frac{\Delta\epsilon}{kT}} \simeq 1,000\,01. \tag{71}$$

Da durch ein Strahlungsfeld nicht nur Übergänge vom unteren zum oberen Zustand, sondern auch umgekehrt induziert werden (induzierte Emission) und der Besetzungsunterschied an sich sehr klein ist, wird gerade noch Absorption überwiegen, aber sehr empfindliche Spektrometereinrichtungen erforderlich machen. Es muß auch dafür gesorgt sein, daß die von den Kernen absorbierte Energie wieder an die Umgebung abgeführt wird, damit der für die Absorption notwendige Besetzungsunterschied immer aufrechterhalten bleibt, da sonst keine Absorption mehr erfolgen kann (*Sättigung*). Von der Zeit der Energieübertragung (*Relaxationszeit*) an die Kernumgebung hängt es also ab, ob überhaupt Absorptionslinien auftreten.

Da Kernübergänge durch Radiowellen induziert werden und die erwartete Absorption sehr klein ist, müssen Spektrometer verwendet werden, die ganz anders als die konventionellen spektroskopischen Prismengeräte arbeiten. Die schematische Skizze einer oft verwendeten Kernresonanzanordnung zeigt Bild 6.28. Senkrecht zu den Polen eines Elektromagneten, zwischen denen sich die Probe befindet, sind um die Probe (senkrecht zueinander) eine Sender- und eine Empfängerspule gewickelt (sogenannte Kreuzspulenanordnung). Der Sender erzeugt innerhalb der Spule ein Hochfrequenzfeld, das die genannten Kernübergänge induziert. Die sich dabei zeitlich ändernden magnetischen Momente der Kerne bewirken *makroskopisch* eine sich zeitlich ändernde *Magnetisierung* der Probe, die ihrerseits eine Spannung (*Signal*) in der Empfängerspule induziert. Das Signal wird verstärkt nachgewiesen. Bei Kernresonanzgeräten wird aber nicht wie bei den optischen Spektrometern die Frequenz variiert, sondern das

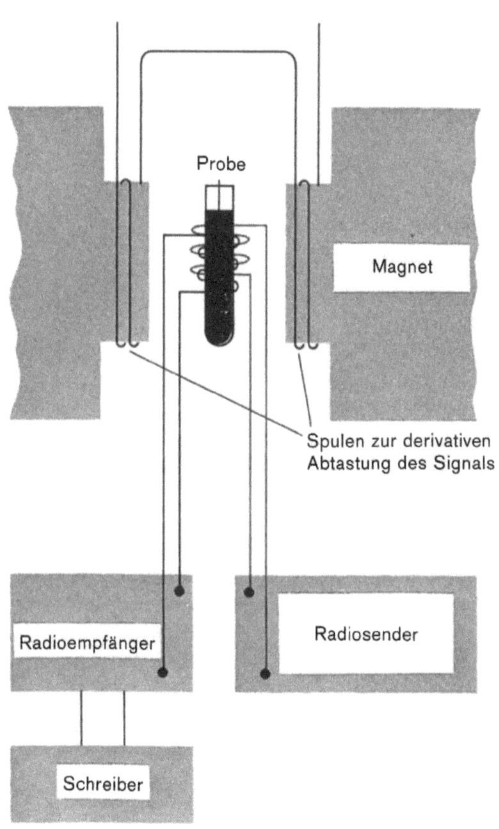

Bild 6.28 Blockschema eines Kerninduktionsspektrometers

Magnetfeld, was aber nur technische Gründe hat. So wird bei einer fest eingestellten Frequenz (bei Protonen z. B. 60 MHz) die Magnetfeldstärke **H** solange variiert, bis die Resonanzbedingung (69) erfüllt ist. Ist die Induktion **B** gerade so groß wie $2\pi\nu/\gamma$ (Resonanzinduktion), so beobachtet man ein maximales Signal. Man fährt dabei mit dem Magnetfeld langsam und kontinuierlich über die Resonanzstelle hinweg. Bild 6.29 zeigt Signale, die sich auf diese Weise beobachten lassen.

Zur Untersuchung der Protonenresonanz in organischen Verbindungen verwendet man besonders gut stabilisierte Magnetfelder, da die Breiten der Signale sehr klein sind. Solche Geräte nennt man *hochauflösende* Spektrometer. Als Sender dient meist ein 60 MHz-Sender. Bild 6.29 zeigt Spektren, die einmal mit normaler Auflösung, das andere Mal mit Hochauflösung gemacht wurden. Charakteristisch für sie sind zwei Dinge:

1. Je nach der chemischen (elektronischen) Umgebung der Protonen absorbieren diese bei verschiedenen Resonanzfeldstärken und

2. je besser die Auflösung, umso deutlicher tritt eine Feinstruktur zu Tage, die von der Kopplung der Protonen mit anderen Protonen des Moleküls herrührt.

Die experimentelle Feststellung, daß die Protonenresonanz (oder auch die Resonanz anderer Kerne) nicht immer an derselben Stelle, d. h. bei der gleichen Magnetfeldstärke trotz gleicher Radiofrequenz gefunden wird, bezeichnet man als *chemische Verschiebung*. Diese Verschiebung kann auf die unterschiedliche chemische Umgebung der Protonen zurückgeführt

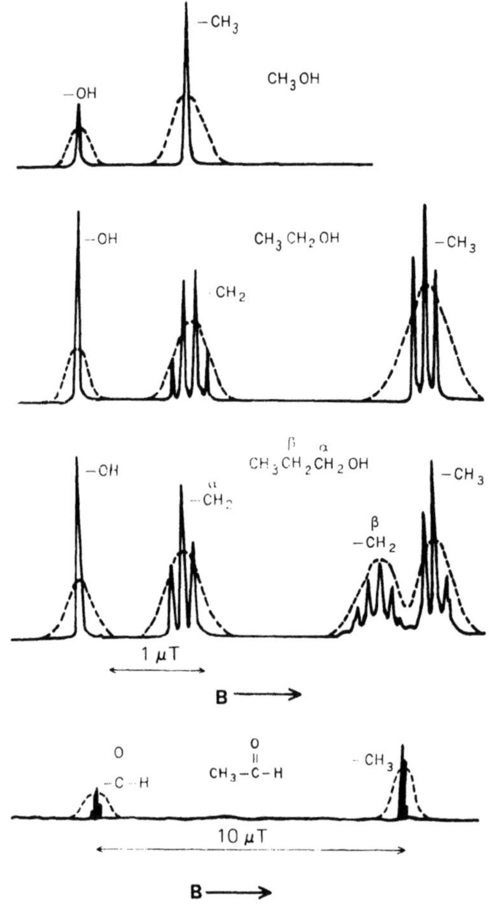

Bild 6.29 Die Protonenresonanzen einiger organischer Verbindungen bei 1,4 T und 60 MHz; – – – – Spektrum bei geringer und ——— bei hoher Auflösung

werden. Um chemische Verschiebungen anzugeben, bezieht man die Resonanzfeldstärke $|H_{res}|$ einer Probe auf die Resonanzfeldstärke $|H_{stand}|$ einer Standardprobe. Die chemische Verschiebung wird also folgendermaßen (empirisch) definiert:

$$\delta = \frac{|H_{stand}| - |H_{res}|}{|H_{stand}|}\ 10^6$$

bzw.

$$\delta = \frac{|B_{stand}| - |B_{res}|}{|B_{stand}|}\ 10^6 . \tag{72}$$

Als Standard wird unter anderem die Protonenresonanz von Tetramethylsilan $(CH_3)_4 Si$ verwendet. Da die Verschiebungen bei etwa 1,4 T und 60 MHz in der Größenordnung von 10^{-5} liegen, multipliziert man noch mit 10^6.

Die chemische Verschiebung wirkt sich nach außen hin so aus, als ob dem äußeren Magnetfeld ein von der Umgebung des Protons herrührendes *inneres* Feld überlagert ist; daher auch die Resonanz bei verschiedenen Feldstärken. Verantwortlich für dieses zusätzliche innere Feld sind die Elektronen (Bindungselektronen) der Kernumgebung. Sie schwächen mehr oder weniger das äußere Feld. Je größer die Elektronendichte in der Nähe des Protons ist, umso stärker ist die Abschirmung und bei umso höheren Feldern tritt deswegen die Resonanz ein. Man kann auch rein empirisch die Verschiebung mit der Elektronegativität der Bindungspartner verknüpfen.

Das Kernresonanzspektrum ist ein richtiges Abbild der chemischen, das heißt der elektronischen Umgebung des Kerns. Dadurch bieten sich verschiedenste Aussagemöglichkeiten. Es ist einmal zur Analyse von unbekannten Molekülstrukturen verwendbar. Da verschiedene organische Gruppen bei ganz bestimmten Feldstärken Signale liefern, kann leicht eine Zuordnung bei unbekannten Molekülen getroffen werden. Einige charakteristische Verschiebungen für Strukturanalysen sind in Bild 6.30 zusammengefaßt.

Unabhängig von chemischen Verschiebungen treten bei hoher Auflösung des Gerätes *Feinstrukturen* der Resonanzsignale zu Tage, und zwar immer dann, wenn sich in der Kernumgebung andere Kerne mit endlichem Kerndrehimpuls $(I > 0)$ befinden. Das effektive Magnetfeld an einem Kernort wird also nicht nur durch die chemische Umgebung, sondern auch durch Nachbarkerne mit magnetischen Momenten beeinflußt. Da O^{16} und C^{12}, die häufigsten natürlichen Isotope dieser Elemente in organischen Molekülen, den Gesamtdrehimpuls Null $(I = 0)$ haben, erfaßt man mit der Kernresonanz nur die Protonen. Nachbarprotonen stellen eine Störung durch Spin-Spin-Kopplung (Abschnitt 3.3) dar und geben zu weiteren Aufspaltungen der Kernenergieniveaus Anlaß. Die Kernresonanzspektroskopie stellt somit eine wertvolle Ergänzung zur UR- und UV-Molekülspektroskopie dar.

Die Spin-Spin-Kopplung soll am Beispiel des Acetaldehydmoleküls

$$
\begin{array}{ccc}
H & & O \\
| & & \diagup \\
H-C-C & & \\
| & & \diagdown \\
H & & H
\end{array}
$$

erläutert werden. Die Protonen der Methylgruppe befinden sich nicht nur im äußeren, von der elektronischen Umgebung schon gestörten, sondern auch in dem durch das Carbonylproton zusätzlich beeinflußten Feld. Anders ausgedrückt: Die Spins der Methylprotonen sind an den Spin des Carbonylprotons gekoppelt. Weil sich der Spin dieses Protons parallel oder antiparallel zum Feld orientiert, befinden sich die Methylprotonen zusätzlich in einem etwas stärkeren und einem etwas schwächeren effektiven Magnetfeld. Daher resultiert eine zweifache Aufspaltung der Protonenenergieniveaus und eine Aufspaltung der Methylprotonenlinie in eine Doppellinie im Spektrum.

Umgekehrt liegt das Carbonylproton im Einflußbereich der Methylprotonen. Abgesehen von der chemischen Verschiebung, die die Resonanz in Richtung niedrigerer Feld-

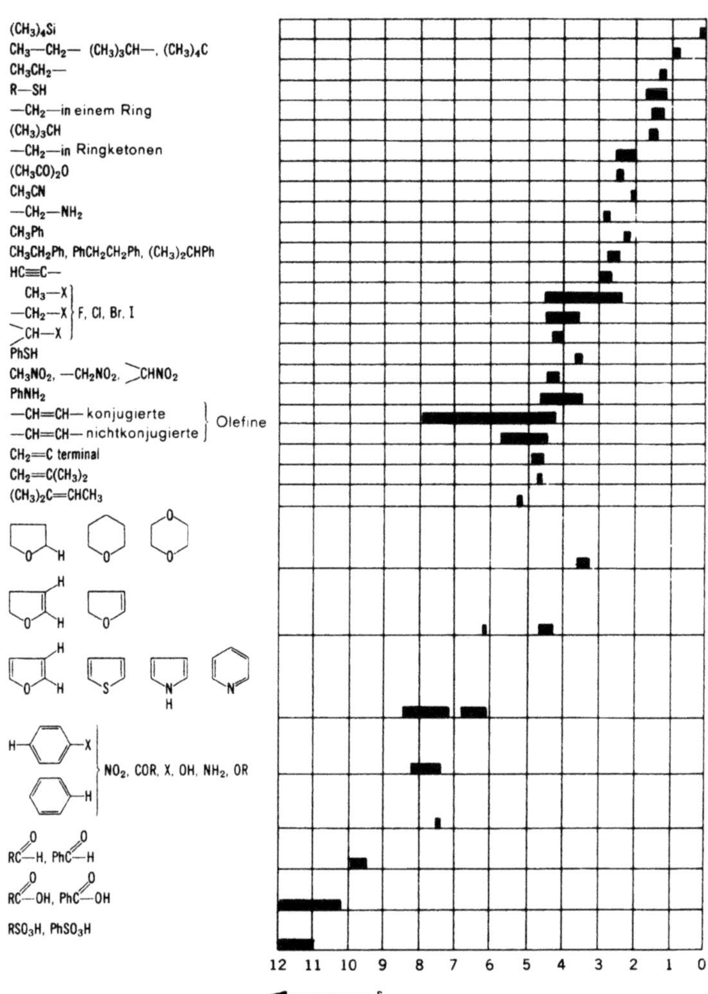

Bild 6.30 Chemische Verschiebungen einiger organischer Gruppen bei Verwendung von Tetramethylsilan als Standard (*E. Mokacci:* J. Chem. Ed. 41 (1964) 38)

stärke verschiebt, verursachen die Methylkerne eine Aufspaltung der Carbonyllinie in vier Linien. Der Gesamtdrehimpuls der drei Methylprotonen kann sich nämlich bezüglich der Feldrichtung auf viererlei Weise einstellen (Bild 6.31). Das Carbonylproton erfährt dadurch vier zusätzliche Störfelder.

Dieses kleine Beispiel illustriert in schöner Weise, daß die magnetischen Wechselwirkungen interessante Aussagen über die Molekülstruktur zulassen. Gerade die Feinstrukturanalyse der Kernresonanzsignale ist heute zu einem sehr wichtigen Zweig der Molekülspektroskopie geworden. Weitere physikalische Aussagen, besonders über die Umgebung des Moleküls, in das der absorbierende Kern eingebaut ist, erhält man aus der Linienbreite des Signals.

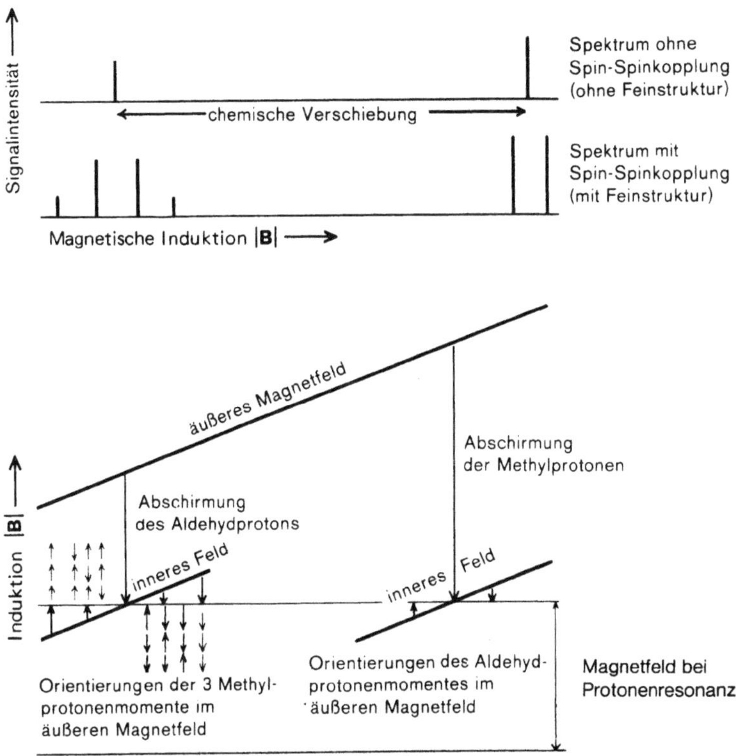

Bild 6.31 Schematische Darstellung des Acetaldehydspektrums und sein Zustandekommen durch Verschiebung und Spin-Spinkopplung

Wenn die Lebensdauer – das ist die Zeit, in der sich ein System in einem angeregten Zustand befindet – sehr klein ist, muß entsprechend Gl. (29) der Energiezustand bandartig verbreitern. Das zieht aber unmittelbar eine Verbreiterung der Absorptionslinie nach sich, denn der Übergang erfolgt nun von einem scharfen Grundzustand aus zu einem verbreiterten angeregten Zustand. Was begrenzt die Lebensdauer eines Energiezustandes? Es ist die Geschwindigkeit, mit der die Anregungsenergie wieder an die Umgebung des Systems abgegeben wird. Diese wiederum hängt ausschließlich von der Wirksamkeit der energetischen Kopplung des Kerns mit der Umgebung ab. Je stärker die Kopplung oder Wechselwirkung, umso schneller wird die Energie zerstreut und umso kleiner ist die Lebensdauer. Die mittlere Zeit der Energieübertragung ist makroskopisch durch die Breite der Resonanzlinie meßbar und wird *Relaxationszeit* genannt. Die physikalische Ursache für die Kopplung kann mannigfaltig sein, ist jedoch entweder elektrischer oder magnetischer Natur. Wirksam sind im Prinzip alle Arten der Wechselwirkung, die wir bisher kennengelernt haben.

Man betrachte einen absorbierenden Kern, einmal eingebettet in einen Kristall, das anderemal eingebettet in Flüssigkeit. Eine bevorzugte, d.h. energetisch günstige Kopplungsart des absorbierenden Kerns an seine Nachbarkerne ist die *magnetische Dipol-*

Dipolwechselwirkung. Ist die Kopplung sehr stark, was bei der starren Kern- bzw. Molekülanordnung in Kristallen der Fall ist, wird die Lebensdauer klein und die Linienbreite groß. In Flüssigkeiten dagegen ist sie sehr schwach, da sich, wie wir wissen, die Flüssigkeitsmoleküle mehr oder weniger schnell und völlig regellos bewegen (Rotieren, Platzwechseln, usw.). Gerade auf dieses „mehr oder weniger schnell" kommt es nun an. Bewegt sich die Umgebung so schnell, daß der absorbierende Kern seine Nachbarmomente nicht mehr starr und geordnet „sieht", geht die Stärke der Kopplung zurück und verschwindet im Grenzfall ganz. Die Nachbarmomente „mitteln" sich wegen ihrer thermischen Bewegung sozusagen zu Null. Damit wird die Lebensdauer des Kernzustandes erhöht und die Energie bzw. Linienbreite scharf. Sie ist in Flüssigkeiten gewöhnlich 1000mal kleiner als in Kristallen. Genauso würde es irgendwelchen elektrischen Kopplungen ergehen, wenn sie die Linienbreite bestimmen. Sie werden vom Kern aus gesehen ebenfalls „weggemittelt". Für Kernresonanzuntersuchungen in Flüssigkeiten braucht man deshalb hochauflösende Spektrometer, während für Kristalle Geräte mit geringerer Auflösung ausreichen (*Breitbandspektrometer*). Würde man bei den Flüssigkeiten keine hohe Anforderung an die Stabilität der Magnetfeldstärke stellen, würden die Magnetfeldschwankungen die Linienbreite begrenzen und die Feinstruktur verwischen.

An Hand der Linienbreitenänderungen in Bild 6.32 kann beispielsweise festgestellt werden, bei welcher Temperatur die innere Rotation beginnt und ob sie abrupt einsetzt oder nicht. Aus demselben Bild kann aber auch herausgelesen werden, wie schnell das Dimethylformamidmolekül rotiert.

Bei niedrigen Temperaturen unterscheiden sich die Signale der beiden Methylgruppenprotonen in ihrer Resonanzinduktion, d. h. in ihrer chemischen Umgebung. Der Unterschied verschwindet mit zunehmender Temperatur, was nur mit einer stärker werdenden Rotation des Moleküls um die CN-Bindung vereinbar ist. Die Methylgruppenprotonen „sehen" die Carbonylgruppe chemisch verschieden, weil die Struktur bei tiefen Temperaturen weitgehend planar ist. Mit zunehmender Temperatur und stärker werdender Rotation um die CN-Bindung wird die chemische Umgebung „gemittelt" und schließlich die Aufspaltung in zwei Signale rückgängig gemacht: Aus den zwei Signalen entsteht allmählich ein einziges. Man kann deshalb schließen: Die Rotationsfrequenz muß beim Verschwinden der Aufspaltung gerade so groß wie die Relaxationszeit (bzw. Linienbreite) oder die Lebensdauer des Kernzustandes sein. Da die Linienbreite direkt aus dem Spektrum ablesbar ist, läßt sich umgekehrt aus ihr die Rotationsfrequenz des Moleküls ermitteln. Mit Hilfe von Gl. (69) und der Linienbreite $\Delta\delta = 0{,}1$ ppm bei 123 °C schätzt man diese

$$\frac{1}{\tau} \equiv \frac{\Delta\epsilon}{\hbar} = 2\pi\Delta\nu = 2\pi\Delta\delta\,\gamma_{\text{Resonanz}} = 2\pi\,0{,}1\cdot10^{-6}\cdot60\cdot10^{6} = 36\,\text{Hz} \tag{73}$$

ab. Schon bei einer so niedrigen Frequenz sehen also die Protonen die Aldehydgruppe nicht mehr. Ein verblüffendes Ergebnis, aber ein sehr eindrucksvolles Beispiel für die Leistungsfähigkeit und vielseitige Anwendbarkeit der nmr-Spektroskopie.

Analog zur Kernresonanzspektroskopie, wo Übergänge zwischen Kernenergieniveaus untersucht werden, geht es bei der *Elektronenresonanzspektroskopie* um Übergänge zwischen energetisch verschiedenen Elektronenzuständen im Magnetfeld. Voraussetzung für den Nachweis von Elektronenübergängen ist bei einem Elektronenbahndrehimpuls Null die Existenz von nichtabgesättigten Elektronenspins.

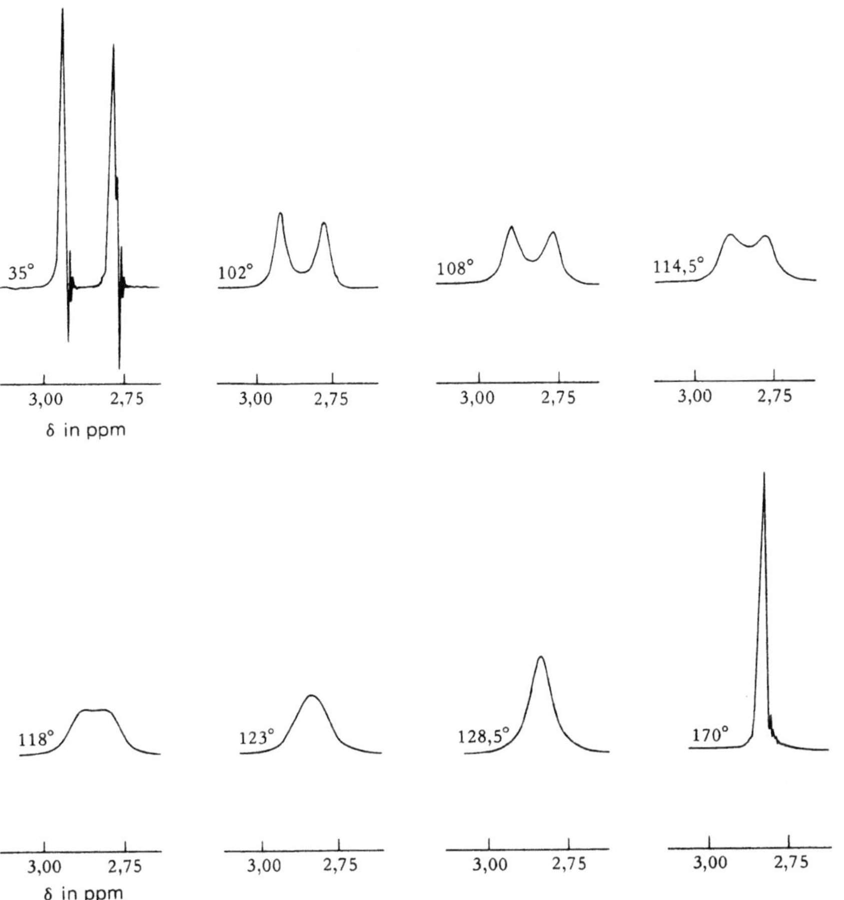

Bild 6.32 Temperaturabhängigkeit des Protonensignals der Methylgruppen in Dimethylformamid bei 60 MHz (*F. A. Bovey:* Nuclear Magnetic Resonance Spectroscopy, Academic Press, New York 1969)

Da das Bohrsche Magneton etwa 10^3 mal größer als das Kernmagneton ist ($\mu_B/\mu_K = m_p/m_e$), sind die Abstände der Elektronenniveaus bei gleicher Magnetfeldstärke 10^3 mal größer als die der Kernniveaus. Bei einer Induktion von 0,3 Tesla und einem g-Faktor von 2 für Elektronen beträgt so der Energieabstand

$$\Delta\epsilon = \Delta\,mg\mu_B\,|\mathbf{B}| = 2\cdot 9,27\cdot 10^{-24}\cdot 0,3 \simeq 6\cdot 10^{-24}\text{ J.} \tag{74}$$

Diese Energie entspricht einer Anregungsfrequenz von etwa 100 GHz (cm-Wellenlängenbereich). Dementsprechend sind auch die Elektronenresonanzapparate ganz anders gebaut.

Der Anwendungsbereich der Elektronenresonanz erstreckt sich auf Verbindungen mit nichtabgesättigten Elektronenspins, darunter besonders Verbindungen der Übergangsmetalle (d-Elektronen) und anorganische sowie organische Radikale. Wie bei der Kernresonanz sind für die Feinstruktur der Resonanzsignale die Spins der Nachbarkerne maßgebend. Ein Beispiel dazu zeigt Bild 6.33. Das Spektrum des Radikals $(SO_3)_2\,NO^-$

Tabelle 6.9: Spinquantenzahlen und $\gamma/2\pi$-Werte einiger wichtiger Kerne

Isotop	I	$\gamma/2\pi$ in MHz T^{-1}	Isotop	I	$\gamma/2\pi$ in MHz T^{-1}
^{1}H	$\frac{1}{2}$	42,58	^{14}N	1	0,40
^{2}H	1	6,54	^{16}O	0	
^{13}C	$\frac{1}{2}$	0,70	^{17}O	$\frac{5}{2}$	1,89
^{12}C	0		^{31}P	$\frac{1}{2}$	1,13

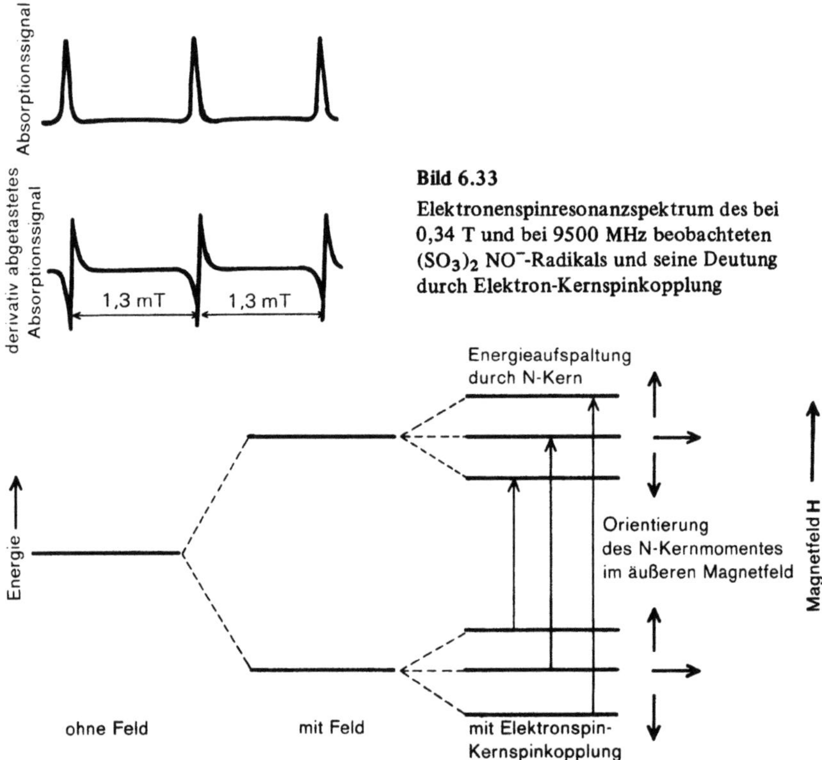

Bild 6.33
Elektronenspinresonanzspektrum des bei 0,34 T und bei 9500 MHz beobachteten $(SO_3)_2$ NO$^-$-Radikals und seine Deutung durch Elektron-Kernspinkopplung

liefert drei Signale im Abstand von 1,3 mT. Die Erklärung dafür gibt ebenfalls Bild 6.33. Der N-Kern $(I = 1)$ besitzt den Gesamtdrehimpuls $|I| = \sqrt{1\,(1 + 1)}\,\hbar$ und dieser kann sich bezüglich der Elektronenspinkomponente s_z auf dreierlei Weise orientieren. Jede dieser Einstellungen erzeugt wieder ein Störfeld, in dem die Elektronenniveaus weiter aufspalten. Die Übergänge zwischen diesen aufgespalteten Niveaus führen dann zu den drei beobachteten Signalen. Ein weiteres Beispiel ist in Bild 6.34 dargestellt. Es handelt sich um das Radikal Semichinon:

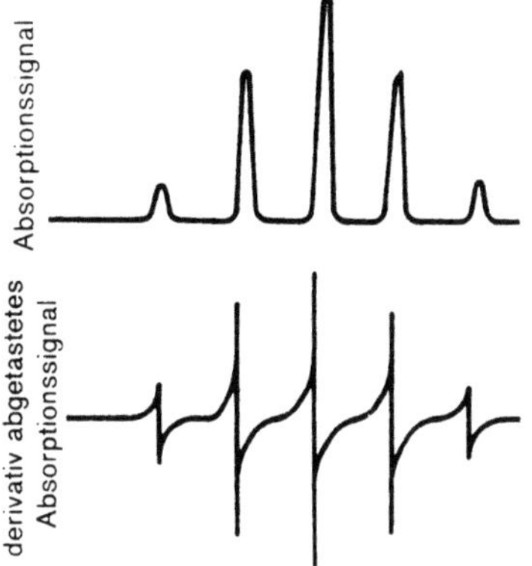

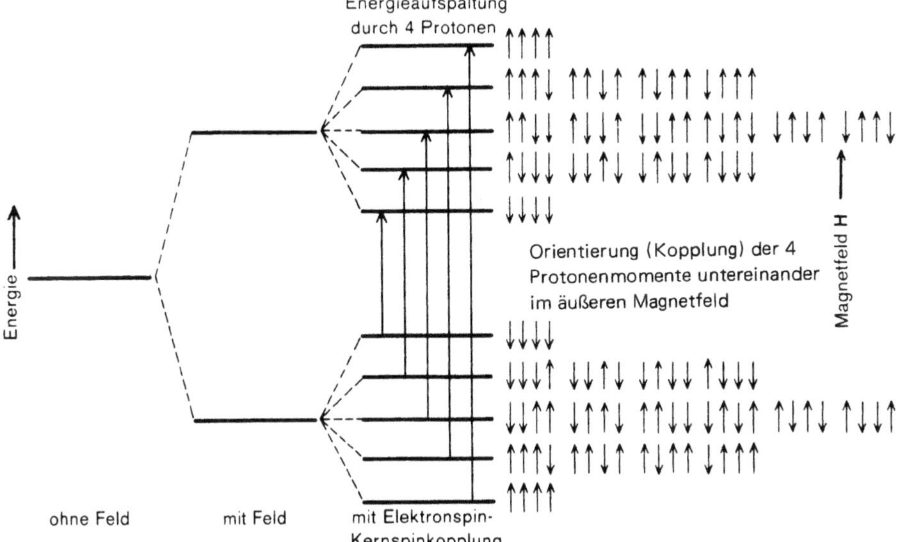

Bild 16.34
Elektronenspinresonanzsignale des Semichinon-radikals und seine Deutung durch Elektron-Kern-spinkopplung

Das freie Elektron ist innerhalb des Benzolgerüsts frei beweglich und steht daher unter dem Einfluß von vier Protonen. Die Elektronspinresonanz ist also ein wertvolles Hilfsmittel zur Untersuchung von Substanzen mit freien Elektronen.

Rechenbeispiele

1. Die Wellenzahl für den Rotationsübergang $l = 0 \rightarrow 1 = 1$ von CO wurde zu 3,842 cm^{-1} bestimmt. Welchen Wert hat die Konstante B und wie groß ist das Trägheitsmoment? Wie groß ist die Bindungslänge, wenn CO aus den Isotopen ^{12}C und ^{16}O besteht?

2. Der Atomabstand im HF-Molekül beträgt 0,93 Å. Berechnen Sie das Trägheitsmoment, die Rotationskonstante sowie die vier niedrigsten Übergänge in Hz.

3. KCl (g) absorbiert im Mikrowellenbereich bei 7,688 GHz. Diese Absorption kann dem Übergang $l = 0 \rightarrow l = 1$ von $^{39}KCl^{35}$ zugeordnet werden. Berechnen Sie das Trägheitsmoment und den Gleichgewichtsabstand.

4. Das Mikrowellenspektrum von CN-Radikalen weist Linien auf, die voneinander fast denselben Abstand haben ($3,798$ cm^{-1}). Wie groß ist der CN-Atomabstand?

5. Das Mikrowellenspektrum von HF beginnt mit einer Linie bei $41,11$ cm^{-1}, wobei der Abstand zur nächsten ebenso groß ist. Der Linienabstand wird zunehmend kleiner und beträgt z. B. für die Übergänge $l = 5 \rightarrow l = 6$ $40,08$ cm^{-1} und $l = 10 \rightarrow l = 11$ $37,81$ cm^{-1}. Geben Sie dafür eine Erklärung?

6. Folgende Rotationskonstanten wurden für die „isotopen" OCS-Moleküle gemessen:

	$^{16}O\,^{12}O\,^{32}S$	$^{16}O\,^{12}C\,^{34}S$	$^{16}O\,^{14}C\,^{32}S$	$^{18}O\,^{12}C\,^{32}S$	$^{18}O\,^{12}C\,^{34}S$
B in cm^{-1}	0,20286	0,19790	0,2016	0,19029	0,18546

Stimmen die in Tabelle 6.2 referierten OC- und CS-Bindungslängen damit überein?

7. Bei schlechter Auflösung zeigt CO eine Absorptionsbande bei $65,1$ THz. Wie groß ist die Kraftkonstante?

8. Zeichnen Sie ein „harmonisches" Termschema mit den drei niedrigsten Schwingungsenergien von HF (Kraftkonstante 970 Nm^{-1}). Wie groß ist der Energieabstand zwischen den Termen und die Wellenzahl, die dem ersten Übergang entspricht?

9. Da HCl aus $75\,\%$ $H^{35}Cl$ und $25\,\%$ $H^{37}Cl$ besteht, sollte das Schwingungsspektrum zwei Banden aufweisen. Berechnen Sie den Unterschied der Grundschwingungsfrequenzen unter der Annahme, daß beide Molekülsorten dieselbe Kraftkonstante (484 Nm^{-1}) besitzen. Vergleichen Sie diesen Wert mit dem Linienabstand im Rotations-Schwingungsspektrum (Bild 6.8).

10. Berechnen Sie an Hand von Bild 6.8 die Rotationskonstanten $\bar{B}$ und B_0 für die beiden isotopen HCl-Moleküle.

11. Ein Elektronenübergang in CO ist für die Absorption bei 140 nm verantwortlich. Diese besteht aus einer Anzahl von Banden bei $64\,703$ cm^{-1}, $66\,231$ cm^{-1}, $69\,088$ cm^{-1}, $70\,470$ cm^{-1}, usw., die Rotations-Schwingungsübergängen von $v = 0$ aus entsprechen. Das abrupte Auftreten der Banden bei $64\,703$ cm^{-1} läßt vermuten, daß es sich dabei um einen Übergang in einen elektronisch angeregten Zustand mit $v = 0$ handelt. Zeigen Sie, daß die zitierten Banden „harmonisch" erklärt werden können und berechnen Sie aus dem Übergang $v = 0 \rightarrow v = 1$ des angeregten elektronischen Zustandes die Kraftkonstante und vergleichen Sie diese mit der des Grundzustandes.

12. Zeichnen Sie eine Schwingungsenergiekurve für HJ mit der anharmonischen Morsenäherung (Kraftkonstante 320 Nm^{-1}, Dissoziationsenergie 220 kJ mol^{-1}) und zeichnen Sie darin das Termschema ein.

13. Die Dissoziationsenergie D_0 bei H_2 und D_2 beträgt $4,976$ eV bzw. $4,554$ eV. Ist dieser Unterschied physikalisch plausibel?

14. Ermitteln Sie die Zahl und die Symmetrie der Normalschwingungen des Formaldehydmoleküls und versuchen Sie symmetriegerechte Atomauslenkungen zu skizzieren. Welche sind IR-aktiv?

15. Ermitteln Sie für NH_3 die Symmetrien der Translationen, Rotationen und Schwingungen. Experimentell werden vier Absorptionsbanden beobachtet. Stimmt Ihre Analyse damit überein?

16. Das Molekül BF_3 ist planar gebaut (D_{3h}). Verifizieren Sie die Symmetrien der Normalschwingungen. Welche sind IR-aktiv?

17. Beim H_2-Molekül ist der Unterschied zwischen den Dissoziationsenergien D und D_0 (Bild 6.17) am größten. Warum?

18. Hätte man zur Ionisierung von Argon (Bild 6.23) $2,291$ Å Licht (Cr K_α-Linie) verwendet, würden die Photoelektronen eine andere kinetische Energie besitzen und die in Bild 6.23 gezeichneten peaks an anderer Stelle auftauchen. Bei welchen Energien?

Kapitel 7
Elektrische und magnetische Molekülmomente

Da Moleküle aus elektrisch geladenen Teilchen, nämlich aus Kernen und Elektronen bestehen, ist es nicht verwunderlich, daß sie stationäre oder permanente elektrische und magnetische Momente aufweisen. Die Momente lassen sich durch ihre Wechselwirkungen mit äußeren elektrischen und magnetischen Feldern nachweisen und auch zu gewissen Strukturaussagen heranziehen. Das im Mittelpunkt dieses Kapitels stehende elektrische Dipolmoment repräsentiert global die elektrische Ladungsverteilung innerhalb eines Moleküls und alle zu Beginn dieses Kapitels vermittelten elektrostatischen Grundlagen zielen darauf ab, es eindeutig zu definieren und seine Energie in einem elektrischen Feld anzugeben. Die polaren Moleküle (mit einem stationären Moment) orientieren sich in einem Feld so, daß sie eine minimale potentielle Energie annehmen. Die unpolaren Moleküle werden im Feld polarisiert und werden dadurch Träger eines induzierten Moments. Die Induktion bedingt jedoch einen gewissen Energieaufwand und deshalb ist deren Energie im Feld geringer.

Beide Momentarten verursachen makroskopisch das Phänomen der dielektrischen Polarisation, wonach die Materie in einem Feld nach außen hin als Ganzes polarisiert erscheint. Äußere Kennzeichen für polarisierbare Materie sind die Dielektrizitätskonstante und die Polarisierbarkeit. Auf Grund einer atomaren Interpretation kann aus der Dielektrizitätskonstanten die Größe des elektrischen Moleküldipols berechnet werden. Die auf diese Weise bestimmten Momente bilden schließlich das Kriterium für quantenmechanisch ermittelte Momente und Polarisierbarkeiten, aber auch die Basis für ein Konzept von Bindungsmomenten. Da magnetische Molekülmomente keine so große Bedeutung wie die elektrischen besitzen — ihre Existenz ist an ungepaarte, spinunabgesättigte Elektronen gebunden — wird in diesem Buch auf magnetische Moleküleigenschaften nur oberflächlich eingegangen.

7.1 Die dielektrische Polarisation

Bringen wir polare Moleküle in ein homogenes elektrisches Feld, so orientieren sie sich derart, daß ihre potentielle Energie minimal ist. Makroskopisch äußert sich die Ausrichtung so, als ob die eingebrachte Materie als Ganzes polarisiert würde. Aber auch unpolare Moleküle zeigen eine Ladungstrennung oder *Polarisation*, weil die symmetrische Ladungsverteilung durch die Induktion gestört wird. Das induzierte Moment ist dabei umso größer, je stärker das Feld ist. Proportionalitätskonstante ist die Polarisierbarkeit. Die makroskopische Beschreibung der Polarisation einschließlich ihrer Messung durch die Dielektrizitätskonstante beruht auf den Gesetzen der Elektrostatik. Diese Gesetze werden einleitend in dem Umfang in Erinnerung gebracht, als sie zur Darstellung der Eigenschaften benötigt werden.

Das wichtigste Grundgesetz ist das *Coulombsche Gesetz*, wonach zwei Punktladungen q_1 und q_2 im Abstand r im Vakuum aufeinander die Kraft (in Richtung von q_1 nach q_2)

$$\mathbf{F} = q_1 q_2 \frac{\mathbf{r}}{4\pi\epsilon_0 r^3} \tag{1}$$

ausüben. Besitzen q_1 und q_2 dasselbe Vorzeichen, ist **F** positiv und die Ladungen stoßen sich ab. ϵ_0 ist die *Dielektrizitätskonstante des Vakuums* und hat den Wert

$$\epsilon_0 = \frac{10^7}{4\pi c^2} \text{ Fm}^{-1} = 8{,}859 \cdot 10^{-12} \text{ Fm}^{-1}. \qquad (4\pi\epsilon_0 = 1{,}113 \cdot 10^{-10} \text{ Fm}^{-1}) \tag{2}$$

Die *elektrische Feldstärke* wird über die Kraft **F** definiert; sie ist jene Kraft, die eine *Testladung* von + 1C erfährt. Bezeichnen wir die Feldstärke mit **E** und die Testladung mit q, dann gilt die Definition:

$$\mathbf{E} = \frac{\mathbf{F}}{q}. \tag{3}$$

E ist ein Vektor in Richtung der Kraft **F**. Um die Feldstärke graphisch zu illustrieren, zeichnet man pro Feldstärkeneinheit eine *Feldlinie* pro m^2 Querschnitt. Dies soll am Feld der in Bild 7.1 gezeichneten Punktladung erläutert werden. Im Abstand r von der Punktladung q = + a erfährt die Testladung q = + 1 die Abstoßungskraft $+ a/4\pi\epsilon_0 r^2$. Die Feldstärke beträgt daher $\mathbf{E} = ar/4\pi\epsilon_0 r^3$. Das Feld wird graphisch durch $a/4\pi\epsilon_0 r^2$ Feldlinien pro m^2 im Abstand r gekennzeichnet (*Feldliniendichte*). Die Zahl der insgesamt von der Ladung + a ausgehenden Linien beträgt daher

$$\frac{a}{4\pi\epsilon_0 r^2} 4\pi r^2 = \frac{a}{\epsilon_0}. \tag{4}$$

Handelt es sich bei der felderzeugenden Ladung um die positive Einheitsladung + 1C, gehen von ihr insgesamt $1/\epsilon_0$ Feldlinien aus.

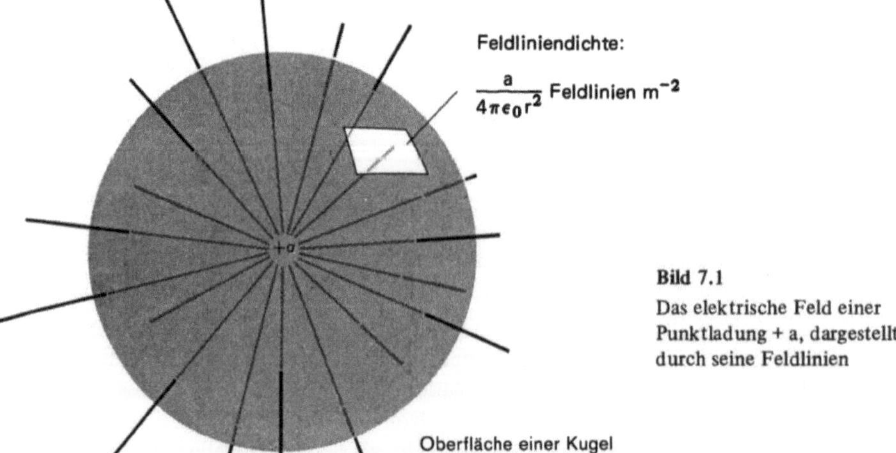

Bild 7.1
Das elektrische Feld einer Punktladung + a, dargestellt durch seine Feldlinien

Eine weitere wichtige Größe ist das *elektrische Potential* (φ). Es repräsentiert die potentielle Energie V einer positiven Testladung im Feld **E**. Da die Testladung die Kraft **F** = **E** erfährt, beträgt die Änderung der potentiellen Energie bei einer Verschiebung der Testladung um die differentielle Strecke d**r**

$$dV = -\mathbf{F}d\mathbf{r} = -\mathbf{E}d\mathbf{r} \equiv d\varphi. \qquad (5)$$

Daraus folgt

$$\mathbf{E} = -\frac{d\varphi}{dr} \qquad (6)$$

bzw. (Anhang I)

$$\mathbf{E} = -\nabla\varphi. \qquad (7)$$

Eine Potentialdifferenz $\Delta\varphi$ wird als *Spannung* U bezeichnet.

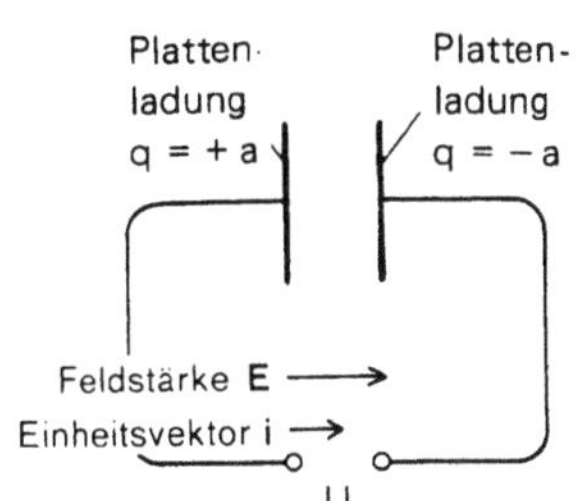

Bild 7.2 Plattenkondensator ohne Dielektrikum

Mit Hilfe der genannten Grundgrößen soll nun ein *Plattenkondensator*, dessen Platten sich im Vakuum befinden, beschrieben werden (Bild 7.2). Liegt an den Platten die Spannung U, dann herrscht zwischen den Platten mit dem Abstand l das Feld $|\mathbf{E}| = \frac{U}{l}$. Das Feld **E** läßt sich andererseits auch mit Hilfe der Ladungen q = + a und q = − a auf den Platten beschreiben. Bezeichnen wir mit A die Plattenfläche, dann können wir die *Ladungsdichte* σ = q/A definieren und bekommen mit dieser Größe für das Feld:

$$\mathbf{E} = \frac{1}{\epsilon_0}\,\sigma\mathbf{i}. \qquad (8)$$

Denn jede Einheitsladung erzeugt wie gesagt $1/\epsilon_0$ Feldlinien. **i** ist der Einheitsvektor in Feldrichtung. Die *Kapazität* eines Kondensators wird allgemein durch die bei der Spannung U aufgenommene Ladung q definiert:

$$C = \frac{q}{U} \qquad (9)$$

und kann über die Ladungsdichte q/A mit der Geometrie des Kondensators verknüpft werden. Schreiben wir für die Kapazität im Vakuum C_0, dann gilt:

$$C_0 = \frac{q}{U} = \frac{\sigma A}{|\mathbf{E}|\,l} = \frac{\sigma A}{\frac{1}{\epsilon_0}\sigma l} = \frac{A}{l}\,\epsilon_0. \qquad (10)$$

Die Kapazität ist mithin die Fähigkeit eines Kondensators bei einer bestimmten Spannung U die Ladung q aufzunehmen und zu speichern. Sie hängt von seiner Geometrie ab und ist umso größer, je größer die Plattenfläche A und je kleiner der Plattenabstand l ist.

Befindet sich zwischen den Kondensatorplatten Materie, im folgenden dielektrisches Material oder *Dielektrikum* genannt, dann ändert sich seine Kapazität. Denn sowohl die Coulombsche Kraft als auch die Feldstärke einer felderzeugenden Ladung werden in einem

Dielektrikum herabgesetzt. Diese Herabsetzung wird durch die *Dielektrizitätskonstante* ϵ berücksichtigt:

$$F = q_1\, q_2\, \frac{r}{4\,\pi\epsilon_0\, r^3}\, \frac{1}{\epsilon}\, , \tag{11}$$

$$E = q\, \frac{r}{4\,\pi\epsilon_0\, r^3}\, \frac{1}{\epsilon}\, . \tag{12}$$

Ein Dielektrikum hat also eine Verringerung der Feldliniendichte bzw. Feldlinienzahl um den Faktor $1/\epsilon$ zur Folge:

$$\frac{q}{4\,\pi\epsilon_0\, r^2}\, 4\,\pi r^2\, \frac{1}{\epsilon} = q\, \frac{1}{\epsilon_0 \epsilon}\, . \tag{13}$$

Wird der Kondensator wie früher bei der Spannung U mit $q = +\,a$ und $q = -\,a$ beladen, so beträgt seine Ladungsdichte unverändert $\sigma = q/A$, aber die Feldliniendichte und das Feld werden verkleinert. Die Feldstärke beläuft sich nun auf

$$E = \frac{1}{\epsilon_0 \epsilon}\, \sigma i. \tag{14}$$

Für die Kapazität mit Dielektrikum ergibt sich daher:

$$C = \frac{q}{U} = \frac{\sigma A \epsilon}{\dfrac{1}{\epsilon_0}\, \sigma l} = \frac{A}{l}\, \epsilon_0\, \epsilon. \tag{15}$$

Ein Vergleich von C mit C_0 in Form des Verhältnisses liefert direkt die Dielektrizitätskonstante und kann zu ihrer Definition herangezogen werden:

$$\frac{C}{C_0} = \epsilon. \tag{16}$$

Im Gegensatz zu ϵ_0 ist ϵ eine dimensionslose Zahl. Je größer sie ist, umso mehr erhöht sich die Kondensatorkapazität gegenüber dem Vakuum (ϵ (Vakuum) $\cong \epsilon$ (Luft)).

Es liegt nun nahe, nach einem Grund dafür zu suchen, warum die Kapazität mit Dielektrikum gegenüber der im Vakuum erhöht wird. Ohne auf eine molekulare Deutung einzugehen, können wir den Effekt nur so verstehen, als ob das Dielektrikum als Ganzes polarisiert wird. Polarisation heißt aber nichts anderes als Ladungstrennung im Dielektrikum, wobei dieses als *homogenes Kontinuum* von gasförmiger, flüssiger oder fester Materie aufgefaßt wird. Das Dielektrikum erhält durch die Ladungstrennung an seiner Oberfläche, d.h. in der Nähe der Platten pro m^2 die Ladungen $+\,|P|$ und $-\,|P|$, während sich im Inneren die Ladungen insgesamt kompensieren. Da pro Ladung $|P|$ ebenfalls $1/\epsilon_0$ Feldlinien ausgehen, entsteht ein *entgegengerichtetes, induziertes* elektrisches Feld $E_{Pol} = -P/\epsilon_0$ (Bild 7.3). Es schwächt das äußere Feld E_0 und wirkt sich so aus, als ob die Ladungsdichte σ um die Ladungsdichte $|P|$ reduziert würde. Der Vektor P wird die *Polarisation* genannt und besitzt die Einheit Cm^{-2} (Dimension einer Ladungsdichte). Die vektorielle Addition von E_0 und E_{Pol} liefert für das Feld zwischen den Platten:

$$E = E_0 + E_{Pol} = E_0 - \frac{1}{\epsilon_0}\, P. \tag{17}$$

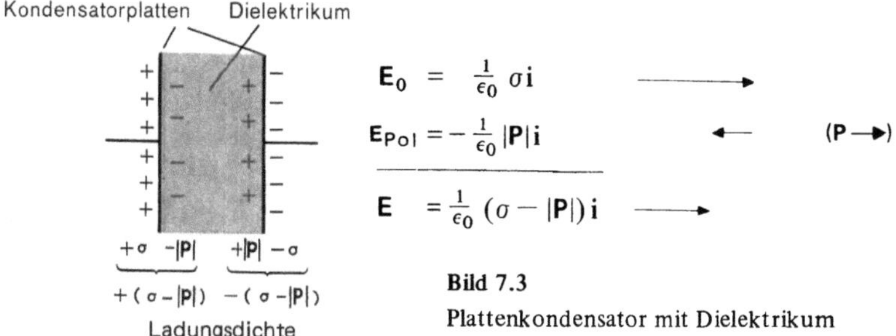

$$E_0 = \frac{1}{\epsilon_0}\,\sigma\,i$$

$$E_{Pol} = -\frac{1}{\epsilon_0}\,|P|\,i \qquad\qquad (P\rightarrow)$$

$$E = \frac{1}{\epsilon_0}\,(\sigma - |P|)\,i$$

Bild 7.3

Plattenkondensator mit Dielektrikum

Zugleich gelten aber noch die Gln. (8) und (14), mit deren Hilfe aus Gl. (17)

$$E = \epsilon E - \frac{1}{\epsilon_0}\,P \tag{18}$$

entsteht. Formen wir dieses Ergebnis um, so bekommen wir folgenden Zusammenhang zwischen der Polarisation und der effektiv wirksamen Feldstärke:

$$E = \frac{P}{\epsilon_0\,(\epsilon - 1)}\,. \tag{19}$$

Die Brücke zwischen beiden Größen bildet die Dielektrizitätskonstante ϵ.

Um mit Hilfe dieses Ausdruckes, von dem nur die Dielektrizitätskonstante ϵ einer Messung zugänglich ist, eine Bestimmungsmethode für Molekülmomente herzuleiten, müssen wir eine vorläufige molekulare Interpretation der Polarisation **P** vornehmen. Wir betrachten dazu das Dielektrikum nicht mehr als Kontinuum, sondern sehen es als eine Gesamtheit von *induzierten* und *stationären Molekülmomenten*. Wir spalten also die gesamte Polarisation in eine Verschiebungs- und eine Orientierungspolarisation auf. Besteht z. B. das Dielektrikum mit dem Volumen $V = Al$ aus N induzierten (μ_{ind}) und N stationären Momenten (μ_E), dann beträgt die Polarisation

$$P = \frac{N}{V}\,(\mu_{ind} + \mu_E). \tag{20}$$

μ_{ind} ist dem effektiven Feld **E** am Molekülort im Inneren des Dielektrikums direkt proportional,

$$\mu_{ind} = 4\,\pi\,\epsilon_0\,\alpha\,E \tag{21}$$

und μ_E ist die Komponente von μ in Feldrichtung, so daß

$$P = \frac{N}{V}\,(4\,\pi\epsilon_0\,\alpha\,E + \mu_E). \tag{22}$$

Die Proportionalitätskonstante α ist die *Polarisierbarkeit* des Moleküls in Feldrichtung und soll der Einfachheit halber in allen Richtungen des Moleküls gleich groß sein (*isotrope* Polarisierbarkeit). α ist also ein Maß für die Verschiebbarkeit der Elektronen innerhalb des Moleküls und besitzt nach obigen Definition die Volumeneinheit m^3.

Wir könnten jetzt Gl. (22) in Gl. (19) einsetzen, wenn Gl. (19) generell anwendbar wäre. Erfahrungsgemäß gilt Gl. (19) jedoch nur für Gase und so müssen wir erst eine

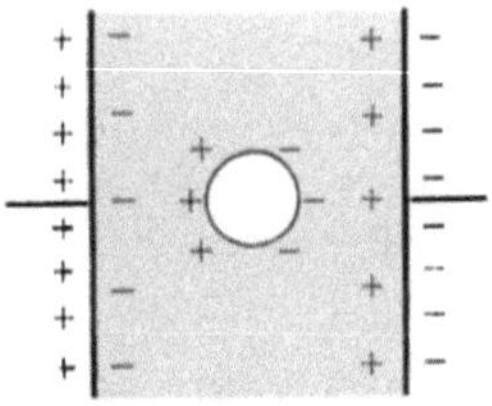

$$\mathbf{E}_0 \;=\; \tfrac{1}{\epsilon_0}\,\sigma\,\mathbf{i}$$

$$\mathbf{E}_{Pol} \;=\; -\tfrac{1}{\epsilon_0}\,|\mathbf{P}|\,\mathbf{i}$$

$$\mathbf{E}_{Kugel} \;=\; \tfrac{1}{3\epsilon_0}\,|\mathbf{P}|\,\mathbf{i}$$

$$\mathbf{E} \;=\; \tfrac{1}{\epsilon_0}\,(\sigma - \tfrac{2}{3}\,|\mathbf{P}|)\,\mathbf{i}$$

Bild 7.4 Polarisiertes Dielektrikum mit Hohlkugel

Korrektur für kondensierte Phasen anbringen. Sie wird so berechnet, als ob sich jedes Molekül in einem kleinen kugelförmigen Hohlraum des Dielektrikums aufhielte. Auf dieser kleinen Hohlkugel befinden sich dann ebenfalls getrennte Ladungen, die ein weiteres inneres Zusatzfeld bedingen. Bei der Berechnung des effektiven Feldes werden also nicht nur die Ladungen auf der Oberfläche des Dielektrikums, sondern auch die in der unmittelbaren Umgebung eines Moleküls berücksichtigt. Letztere liefert zum bisherigen Feld $\mathbf{E}$ das Zusatzfeld $\mathbf{E}_{Kugel} = \mathbf{P}/3\,\epsilon_0$, dessen Betrag durch die Kugelgestalt bedingt ist und in Richtung von $\mathbf{E}$ weist (Bild 7.4). Addieren wir das Zusatzfeld zu Gl. (19), so bekommen wir:

$$\mathbf{E}' = \frac{\mathbf{P}}{\epsilon_0\,(\epsilon - 1)} + \frac{\mathbf{P}}{3\,\epsilon_0} = \frac{1}{3\,\epsilon_0}\,\frac{(\epsilon + 2)}{(\epsilon - 1)}\,\mathbf{P}\,. \tag{23}$$

Setzen wir nun den molekularen Ausdruck (22) für die Polarisation in Gl. (23) ein, so erhalten wir das Resultat:

$$\mathbf{E}' = \frac{1}{3}\frac{N}{V}\frac{(\epsilon + 2)}{\epsilon_0\,(\epsilon - 1)}\,(4\,\pi\epsilon_0\,\alpha\,\mathbf{E}' + \mu_\mathbf{E})\,. \tag{24}$$

Durch geeignetes Umformen folgt daraus

$$\frac{4\,\pi}{3}\,N\,\left(\alpha + \frac{\mu_\mathbf{E}}{4\,\pi\epsilon_0\,\mathbf{E}'}\right) = \frac{\epsilon - 1}{\epsilon + 2}\,V\,. \tag{25}$$

Beziehen wir Gl. (25) auf 1 mol Substanz (N_A Moleküle im Molvolumen V), so folgt:

$$\boldsymbol{\alpha} \equiv \frac{4\,\pi}{3}\,N_A\,\left(\alpha + \frac{\mu_\mathbf{E}}{4\,\pi\epsilon_0\,\mathbf{E}'}\right) = \frac{\epsilon - 1}{\epsilon + 2}\,V\,. \tag{26}$$

Die Größe α wird auch *Molpolarisation* (molare Polarisierbarkeit) genannt. Gl. (26) stammt von *Clausius* und *Mosotti* und verknüpft die Polarisierbarkeit α mit der Dielektrizitätskonstanten ϵ und mit dem Molvolumen V. Sowohl die Polarisierbarkeit α als auch die molare Polarisierbarkeit $\boldsymbol{\alpha}$ sind nicht direkt meßbar, sondern müssen aus Gl. (26) berechnet werden. Der durch α repräsentierte Anteil rührt von der elektronischen Ladungsverschiebung her und wird deshalb *Elektronen-* oder *Verschiebungspolarisation* genannt. Der zweite Anteil stammt von der Ausrichtung der Molekülmomente im Feld $\mathbf{E}$ und wird als *Orientierungspolarisation* bezeichnet. Gl. (26) berücksichtigt aber noch nicht die thermische Bewegung der Molekülmomente, die das völlige Ausrichten aller Momente verhindert. Denn nicht jedes Molekül trägt mit $\mu_\mathbf{E}/4\pi\epsilon_0\,\mathbf{E}'$ zu $\boldsymbol{\alpha}$ bei, sondern es stellt sich eine statistische Verteilung der Momente in Feldrichtung ein, weshalb nur die Summe der Momentkomponenten für die makroskopisch beobachtbare Orientierungspolarisation maßgebend ist. Das Problem der weiteren Verbesserung besteht deshalb in der Bildung eines statistischen Mittelwertes der Momentkomponenten. Da wir hierfür über die Energie eines Dipols in einem Feld Bescheid wissen müssen, wollen wir uns vorher etwas genauer mit dem Begriff Dipolmoment und Dipolenergie beschäftigen.

7.2 Das elektrische Dipolmoment

Das *elektrische Moment* zweier gleich großer Punktladungen $q_1 = -e$ und $q_2 = +e$ mit den Ortsvektoren r_1 und r_2 (Bild 7.5a) ist bezüglich eines weit entfernten Aufpunktes durch Ladung mal Abstand definiert:

$$\mu = e\mathbf{r} \quad . \quad (\mathbf{r} = \mathbf{r}_1 - \mathbf{r}_2) \tag{27}$$

μ ist ein Vektor in Richtung des Ladungsabstandes und so gerichtet, daß seine Spitze zur positiven Ladung weist. Da wir Moleküle durch zwei einzelne Punktladungen nur schlecht darstellen können, erweitern wir diese Definition auf eine Ladungsverteilung. Wie wir weiter unten sehen werden, beträgt das Moment eines aus beliebig vielen Punktladungen bestehenden Haufens

$$\mu = \sum_i q_i \, \mathbf{r}_i \quad . \tag{28}$$

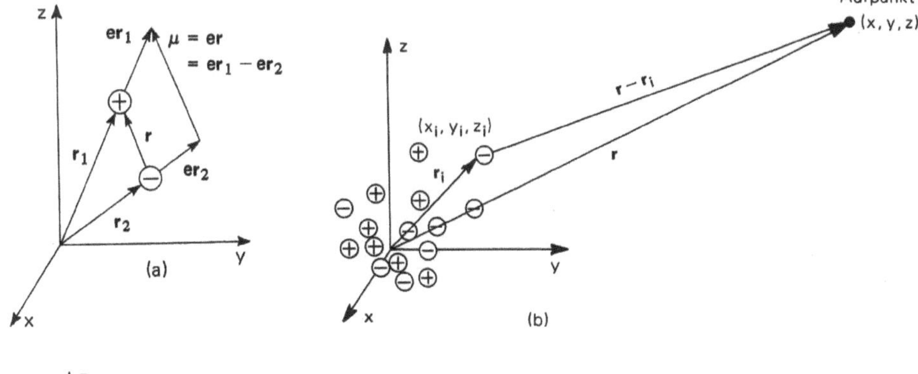

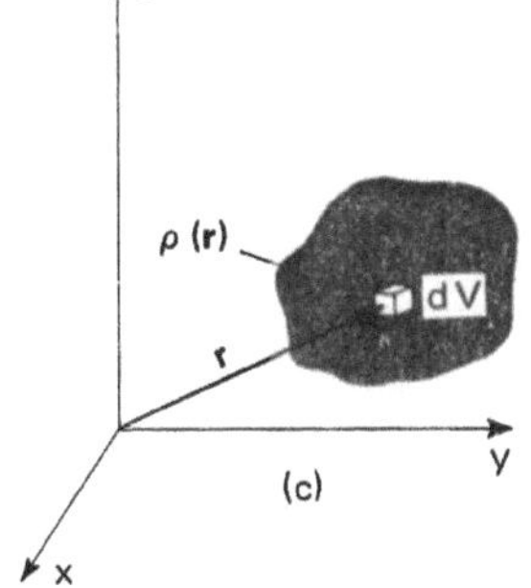

Bild 7.5

Zur Definition des elektrischen Dipolmomentes zweier Punktladungen (a) einer Punktladungsverteilung (b) und einer kontinuierlichen Ladungsverteilung (c)

Die q_i sind die einzelnen Punktladungen und die r_i sind ihre Ortsvektoren (Bild 7.5b).
Sind die Ladungen schließlich kontinuierlich über den Raum verteilt, dann wird das
Moment durch das Integral

$$\mu = \int_V \rho(r)\, r\, dV \tag{29}$$

gebildet (Bild 7.5c). $\rho(r)$ ist die Ladungsdichte als Funktion des Ortsvektors r.

Denkt man an die elektrische Ladungsverteilung in Atomen und Molekülen, dann
wird diese durch eine kontinuierliche Verteilung am besten dargestellt. Ist der Ladungs-
schwerpunkt der Elektronendichteverteilung vom Schwerpunkt der positiven Kernladungen räumlich getrennt, so ist das Molekül polar und besitzt ein stationäres Moment.
Fallen hingegen die Schwerpunkte zusammen, ist das Molekül unpolar und besitzt kein
Moment. Allein schon die homöopolare Bindung in heteronuklearen zweiatomigen
Molekülen garantiert eine asymmetrische Verteilung und damit ein endliches Moment.
Im allgemeinen ist $\rho(r)$ unbekannt und man trifft umgekehrt aus gemessenen Momenten
gewisse Aussagen über die Verteilung. Das Moment ist sozusagen ein integrales Maß
für die Verteilung. Wir wollen vorderhand so tun, als gäbe es keine quantenmechanische
Berechnungsmöglichkeit für Molekülmomente und als bestünden die Moleküle aus sehr
vielen einzelnen Punktladungen, die um ein Zentrum gruppiert sind. Diese Situation
ist in Bild 7.5b schematisch skizziert und wir fragen nach dem Moment dieser Ladungs-
situation. Die Beantwortung dieser Frage ist gleichbedeutend mit der Ermittlung des
elektrischen Potentials in einem weit entfernten Aufpunkt. Später wollen wir untersuchen,
wie groß die potentielle Energie dieser Verteilung bzw. ihres Momentes in einem äußeren
homogenen elektrischen Feld ist.

Gegeben sei also eine beliebige Verteilung aus Z verschieden großen Punktladungen
q_i mit den Ortskoordinaten $x_i y_i z_i$, zu denen die Ortsvektoren r_i weisen. Die Verteilung
stellt einen elektrischen Dipol dar und erzeugt in seiner Umgebung ein Feld E, dessen
Potential φ an einem weit entfernten Ort xyz gesucht wird. Da das elektrische Potential
am Ort xyz (Ortsvektor r) einer einzigen Ladung q_i durch das Coulombsche Potential
(Abschnitt 7.1)

$$\varphi_i \equiv \frac{1}{4\pi\epsilon_0}\frac{q_i}{(r-r_i)} = \frac{1}{4\pi\epsilon_0}\frac{q_i}{\sqrt{(x-x_i)^2+(y-y_i)^2+(z-z_i)^2}} \tag{30}$$

gegeben ist, bekommen wir das gesamte Potential aller felderzeugenden Ladungen durch
die Summation:

$$\varphi \equiv \sum_i^Z \varphi_i = \frac{1}{4\pi\epsilon_0}\sum_i^Z \frac{q_i}{\sqrt{(x-x_i)^2+(y-y_i)^2+(z-z_i)^2}}. \tag{31}$$

Befindet sich der Ort xyz (Aufpunkt) genügend weit weg, d.h. sind die Koordinaten
$x_i y_i z_i$ sehr viel kleiner als die Koordinaten xyz, dann kann Gl. (31) in eine Taylorreihe
entwickelt werden. Man denke sich hierzu die Ladungen um den Koordinatenursprung

gruppiert. Für eine solche Reihenentwicklung gilt die im Anhang VIII angegebene Vorschrift: Ist f eine Funktion von xyz und von hk$l$, so ist

$$f(x + h, y + k, z + l) = f(xyz) + h\left(\frac{\partial f}{\partial x}\right)_0 + k\left(\frac{\partial f}{\partial y}\right)_0 + l\left(\frac{\partial f}{\partial z}\right)_0 + \dots \tag{32}$$

wenn $x \gg h$, $y \gg k$ und $z \gg l$. Schreiben wir nach dieser Vorschrift $f = \varphi$ mit $h = -x_i$, $k = -y_i$ und $l = -z_i$, dann erhalten wir aus Gl. (31):

$$\varphi = \frac{1}{4\pi\epsilon_0}\left\{\sum_i \frac{q_i}{r} - \sum_i q_i x_i \frac{\partial}{\partial x}\left(\frac{1}{r}\right) - \sum_i q_i y_i \frac{\partial}{\partial y}\left(\frac{1}{r}\right) - \sum_i q_i z_i \frac{\partial}{\partial z}\left(\frac{1}{r}\right) + \dots\right\}. \tag{33}$$

bzw.

$$\varphi = \frac{1}{4\pi\epsilon_0}\left\{\sum_i \frac{q_i}{r} + \frac{1}{r^3}\left[x\sum_i q_i x_i + y\sum_i q_i y_i + z\sum_i q_i z_i\right] + \dots\right\}. \tag{34}$$

Gl. (34) stellt nun das durch eine Taylorreihe angenäherte Potential der Punktladungen am Ort xyz dar. Es rührt von mehreren Termen her. Der erste Term ist nichts anderes als die im Koordinatenursprung vereint gedachte gesamte Ladung $\sum q_i$. Wenn wie im Normalfall eines Moleküles gleich viel positive und negative Ladungen vorhanden sind, verschwindet dieser Term. Bei einem Ion würde seine Ladung übrig bleiben. Der zweite Term stammt vom *Dipolmoment* der Verteilung, denn die Größen $\sum q_i x_i$, $\sum q_i y_i$ und $\sum q_i z_i$ können als die Komponenten μ_x, μ_y und μ_z des Vektors μ aufgefaßt werden. Die höheren, hier nicht angeschriebenen Terme entsprechen sogenannten *Multipolmomenten* (*Quadrupol-, Oktupolmoment*, usw.). Je näher wir an die Ladungsverteilung mit dem Ort xyz herangehen, umso mehr Terme oder Multipolmomente müssen wir berücksichtigen. Umgekehrt, je weiter weg wir sind, umso eher können wir die Verteilung einfach durch ihre Gesamtladung approximieren.

Aus diesem Momentenkonzept folgt für das Dipolmoment einer elektroneutralen Verteilung

$$\mu = \sum_i q_i r_i \tag{35}$$

und für dessen Potential im Abstand r

$$\varphi = \frac{1}{4\pi\epsilon_0}\frac{(\mu r)}{r^3}. \tag{36}$$

Da die elektrische Feldstärke durch Gradientenbildung aus dem Potential φ hervorgeht (Abschnitt 7.1 und Anhang I),

$$E = -\nabla\varphi = -\operatorname{grad}\varphi = -\left(\frac{\partial\varphi}{\partial x}i + \frac{\partial\varphi}{\partial y}j + \frac{\partial\varphi}{\partial z}k\right), \tag{37}$$

bekommen wir mit Gl. (36) auch sofort die Feldstärke eines Dipols:

$$E = -\frac{1}{4\pi\epsilon_0}\operatorname{grad}\frac{1}{r^3}(\mu r) = -\frac{1}{4\pi\epsilon_0}\left[\frac{1}{r^3}\operatorname{grad}(\mu r) + (\mu r)\operatorname{grad}\frac{1}{r^3}\right]$$

$$= -\frac{1}{4\pi\epsilon_0 r^3}\left[\mu + (\mu r)\frac{\partial}{\partial r}r^3\frac{\partial}{\partial r}\left(\frac{1}{r^3}\right)\operatorname{grad}r\right]$$

$$= -\frac{1}{4\pi\epsilon_0}\frac{1}{r^3}\left[\mu - 3\frac{(\mu r)r}{r^2}\right]. \tag{38}$$

Jedes Molekül mit einem stationären Moment μ erzeugt demnach in seiner Umgebung ein Feld, das zu μ direkt proportional ist und das mit der dritten Potenz des Abstandes kleiner wird.

Von Bedeutung ist dieses Feld, wenn wir die Wechselwirkungsenergie zweier benachbarter Dipole berechnen wollen. Wie leicht einzusehen, ist diese Energie so zu berechnen, als ob sich ein Dipol im elektrischen Feld eines anderen befindet. Wir untersuchen deshalb zuerst die Energie eines Dipols in einem beliebigen elektrischen Feld und ersetzen es dann durch das eines benachbarten Dipols. Das beliebige elektrische Feld $\mathbf{E}$ soll am Ort der Ladungsverteilung $(x_i y_i z_i)$ *homogen* sein. D.h. sein Potential ist linearisierbar und kann durch

$$\varphi = \varphi_0 + x_i \left(\frac{\partial \varphi}{\partial x}\right)_0 + y_i \left(\frac{\partial \varphi}{\partial y}\right)_0 + z_i \left(\frac{\partial \varphi}{\partial z}\right)_0 \tag{39}$$

angeschrieben werden. Da die potentielle Energie V_i einer Ladung q_i im Feld $\mathbf{E}$ $q_i \varphi (x_i y_i z_i)$ beträgt, haben wir über alle Ladungen zu summieren:

$$V = \sum_i V_i = \sum_i q_i \varphi = \sum_i q_i \varphi_0 - \sum_i q_i x_i E_x - \sum_i q_i y_i E_y - \sum_i q_i z_i E_z. \tag{40}$$

Ist die Verteilung elektroneutral, fällt der erste Term wiederum weg und für die restlichen Terme läßt sich mit den Momentkomponenten schreiben:

$$V = -(\mu_x E_x) - (\mu_y E_y) - (\mu_z E_z) = -(\mu E). \tag{41}$$

Die energetisch stabile Lage (Energie V negativ) eines Dipols ist folglich immer die, in der sein Moment in Richtung des Feldes weist. Darauf aufmerksam gemacht werden muß, daß das Feld $\mathbf{E}$ immer von positiver zu negativer Ladung weist, während die Richtung des Momentvektors umgekehrt definiert ist. Ein analoger Ausdruck gilt auch für die potentielle Energie eines magnetischen Dipols in einem homogenen magnetischen Feld der Stärke $\mathbf{H}$ (*magnetische Induktion* $\mathbf{B} = \mu_0 \mathbf{H}$, vgl. Abschnitt 7.5):

$$V = -(\mu B). \tag{42}$$

Wir haben diesen Ausdruck bereits mehrfach verwendet; es sei hier nur an die Kernresonanzspektroskopie erinnert. Mit Hilfe dieses Energiekonzeptes läßt sich die elektrische und magnetische *Wechselwirkungsenergie zweier Dipole* i und j folgendermaßen formulieren:

$$V = -(\mu_j E_i) = \frac{1}{4\pi\epsilon_0 r^3}\left[(\mu_i \mu_j) - 3\frac{(\mu_i r)(\mu_j r)}{r^2}\right] \tag{43}$$

bzw.

$$V = -(\mu_j B_j) = \frac{\mu_0}{4\pi r^3}\left[(\mu_i \mu_j) - 3\frac{(\mu_i r)(\mu_j r)}{r^2}\right]. \qquad (r = r_i - r_j) \tag{44}$$

Die Dipol-Dipolenergie hängt demnach hauptsächlich vom Produkt der beiden Momente μ_i und μ_j und ihrem Abstand und erst in zweiter Linie von ihrer Lage bezüglich des Vektors $\mathbf{r}$ ab. r ist hier der Abstandsvektor der Ortsvektoren r_i und r_j, die zu den Momenten weisen. Die magnetische Dipol-Dipolenergie haben wir in Abschnitt 3.3 zur Erklärung der Spin-Bahnkopplung bereits benötigt und dazu den r^3-abhängigen ersten Term in

Gl. (44) verwendet. Nur am Rande sei hier das wichtigste Anwendungsgebiet der elektrischen Dipol-Dipolwechselwirkungen erwähnt: van der Waalssche Wechselwirkungen von Gas- und Flüssigkeitsmolekülen (Kapitel 15).

Handelt es sich bei den Molekülmomenten nicht um stationäre Momente, sondern werden diese durch das Feld selbst *induziert*, dann setzt sich ihre Gesamtenergie aus der Feldenergieänderung zur Erzeugung des Dipols und seiner Energie im Feld zusammen. Eine Feldänderung um $d\mathbf{E}$ führt aber nicht nur zu einer Änderung der Dipolenergie um

$$dV' = -(\boldsymbol{\mu}\,d\mathbf{E} + \mathbf{E}\,d\boldsymbol{\mu}), \tag{45}$$

sondern auch zu einer Änderung, bedingt durch den Arbeitsaufwand beim Ladungstrennen

$$dV'' = q\mathbf{E}\,d\mathbf{r} = \mathbf{E}\,d\boldsymbol{\mu}, \tag{46}$$

so daß insgesamt die Änderung

$$dV = dV' + dV'' = -\boldsymbol{\mu}\,d\mathbf{E} \tag{47}$$

beträgt. Nach Einsetzen von $\boldsymbol{\mu} = 4\,\pi\epsilon_0\,\alpha\,\mathbf{E}$ und Integration ergibt sich als Resultat, daß die potentielle Energie eines induzierten Dipols nur halb so groß wie die eines stationären ist:

$$V = -\frac{4\,\pi\epsilon_0\,\alpha\mathbf{E}^2}{2} = -\frac{1}{2}\,(\boldsymbol{\mu}\mathbf{E})\,. \tag{48}$$

7.3 Messung des Dipolmomentes und der Polarisierbarkeit

Gl. (26) aus Abschnitt 7.1 kann zur experimentellen Bestimmung des Molekülmomentes und der Polarisierbarkeit herangezogen werden, wenn wir in der Lage sind, μ_E durch ein geeignetes Momentmittel $\bar{\mu}_E$ in Feldrichtung zu ersetzen. Dies gelingt, wenn wir für die Verteilung der Momentkomponente bzw. der Energie der Dipole in Feldrichtung axiomatisch eine Maxwell-Boltzmannsche Verteilung annehmen und bei der Mittelung wie in Abschnitt 1.6 vorgehen. Dort handelt es sich um die Bestimmung der mittleren quadratischen Geschwindigkeit, nun geht es um die Momentkomponente μ_E, weil die thermische Energie der Moleküle eine totale Ausrichtung verhindert. Wegen Gl. (41) hängt die molekulare Dipolenergie ϵ_E im Feld $\mathbf{E}$ vom Winkel ϑ zwischen dem Momentvektor und dem Feldvektor ab (Bild 7.6):

$$\epsilon_E = -(\boldsymbol{\mu}\mathbf{E}) = -|\boldsymbol{\mu}||\mathbf{E}|\cos\vartheta\,. \tag{49}$$

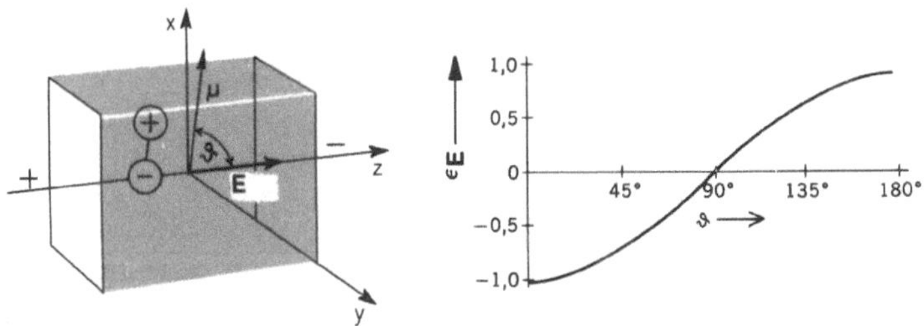

Bild 7.6 Dipolenergie als Funktion des Winkels zwischen Moment- und Feldrichtung

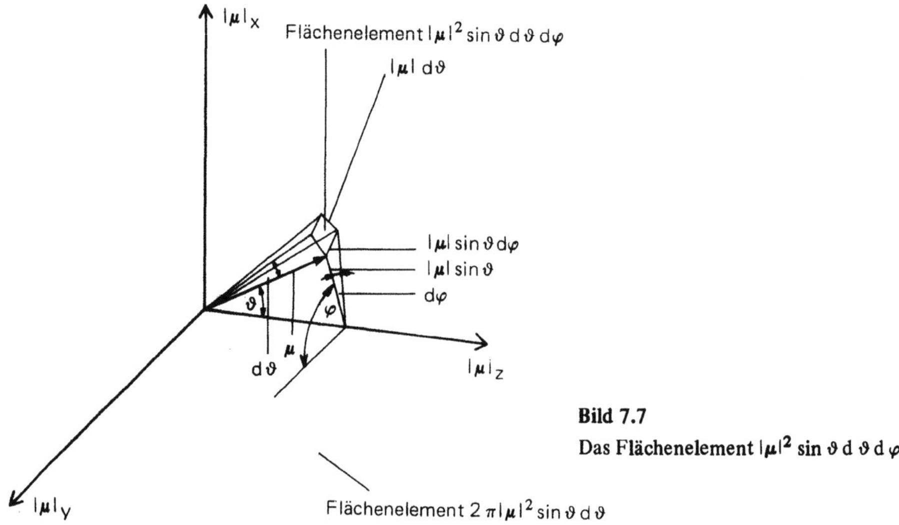

Bild 7.7

Das Flächenelement $|\mu|^2 \sin \vartheta \, d\vartheta \, d\varphi$

Wir suchen deshalb den Bruchteil dN/N der Moleküle, die die Energie $-|\mu||E|\cos\vartheta$ bzw. die die Momentkomponente $|\mu|\cos\vartheta$ besitzen, wenn ϑ Werte zwischen ϑ und $\vartheta + d\vartheta$ annimmt. Der Bruchteil dN/N ist dem Exponentialausdruck $e^{|\mu||E|\cos\vartheta/kT}$ und dem Flächenelement $|\mu|^2 \sin\vartheta \, d\vartheta d\varphi$ proportional, denn alle Molekülmomente mit Winkeln im genannten Bereich liegen im Momentraum auf diesem Flächenelement (Bild 7.7). Da der Winkel zwischen Moment- und Feldvektor (in z-Richtung gedacht) identisch mit der Kugelkoordinate ϑ ist, wurde das Flächenelement in Kugelkoordinaten ausgedrückt. Für die Verteilungsfunktion $f(|\mu|\cos\vartheta)$ gilt daher:

$$f \equiv \frac{dN}{N} \frac{1}{2\pi |\mu|^2 \sin\vartheta \, d\vartheta} = A \, e^{\frac{|\mu||E|\cos\vartheta}{kT}} \tag{50}$$

A ist ein Normierungsfaktor; f hängt nur vom Winkel ϑ ab.

In Abschnitt 1.6 war die mittlere quadratische Geschwindigkeit bei einer gegebenen kontinuierlichen Verteilung durch die statistische Mittelung

$$\overline{u^2} = \frac{\int u^2 f(u^2) du^2}{\int f(u^2) du^2} \tag{51}$$

gebildet worden. Ersetzen wir nun die Eigenschaft u^2 durch die Eigenschaft $|\mu|\cos\vartheta$ und $f(u^2)$ durch $f(|\mu|\cos\vartheta)$ sowie du^2 durch $-|\mu|\sin\vartheta \, d\vartheta$, dann folgt für das Komponentenmittel:

$$\overline{|\mu|\cos\vartheta} = \frac{\displaystyle\int_{\vartheta=0}^{\pi} |\mu|\cos\vartheta \, A \, e^{\frac{|\mu||E|\cos\vartheta}{kT}} \sin\vartheta \, d\vartheta}{\displaystyle\int_{\vartheta=0}^{\pi} A \, e^{\frac{|\mu||E|\cos\vartheta}{kT}} \sin\vartheta \, d\vartheta} \, . \tag{52}$$

Um es konkret zu berechnen, machen wir die Substitutionen $x = |\boldsymbol{\mu}||\mathbf{E}|/kT$, $y = \cos\vartheta$ und $dy = -\sin\vartheta\, d\vartheta$ und erhalten den Integralausdruck:

$$\overline{|\boldsymbol{\mu}|\cos\vartheta} = |\boldsymbol{\mu}|\frac{\displaystyle\int_{y=1}^{-1} y\, e^{xy}\, dy}{\displaystyle\int_{y=1}^{-1} e^{xy}\, dy} \;. \tag{53}$$

Seine Integration liefert das Ergebnis:

$$\overline{|\boldsymbol{\mu}|\cos\vartheta} = |\boldsymbol{\mu}|\left(\frac{e^x + e^{-x}}{e^x - e^{-x}} - \frac{1}{x}\right) = |\boldsymbol{\mu}|\left(\operatorname{ctgh} x - \frac{1}{x}\right). \tag{54}$$

Dieses Ergebnis hat *Langevin* ursprünglich für das mittlere magnetische Moment in Richtung eines homogenen Magnetfeldes abgeleitet. Wir können es auf folgende Weise weiter vereinfachen. Weil bei Zimmertemperatur $|\boldsymbol{\mu}||\mathbf{E}|$ viel kleiner als kT ist, können wir $\operatorname{ctgh} x$ in eine Exponentialreihe (Anhang VIII) entwickeln. Brechen wir nach dem zweiten Glied die Reihenentwicklung ab, dann erhalten wir für $\operatorname{ctgh} x$:

$$\operatorname{ctgh} x = \frac{1}{x}\left(1 - \frac{x^2}{3}\right)^{-1}. \tag{55}$$

Der Ausdruck $(1 - x^2/3)^{-1}$ kann außerdem noch in eine Binominalreihe entwickelt werden (Anhang VIII),

$$\left(1 - \frac{x^2}{3}\right)^{-1} = 1 + \frac{x^2}{3}\ ..., \tag{56}$$

so daß schließlich für das Komponentenmittel näherungsweise resultiert:

$$\overline{|\boldsymbol{\mu}|\cos\vartheta} = |\boldsymbol{\mu}|\,\frac{x}{3} = \frac{1}{3}\frac{|\boldsymbol{\mu}|^2}{kT}\,|\mathbf{E}| \quad \text{bzw.} \quad \overline{\boldsymbol{\mu}}_{\mathbf{E}} = \frac{1}{3}\frac{|\boldsymbol{\mu}|^2}{kT}\,\mathbf{E}. \tag{57}$$

Setzen wir es in Gl. (26) ein, so ergibt sich der gewünschte Polarisationsausdruck, in dem neben der Polarisierbarkeit α auch das stationäre Moment μ vorkommt:

$$\alpha = \frac{4\pi}{3}N_A\left(\alpha + \frac{|\boldsymbol{\mu}|^2}{4\pi\epsilon_0\, 3kT}\right) = \frac{\epsilon - 1}{\epsilon + 2}\,V. \tag{58}$$

Diese Beziehung, mitunter auch *Debyegleichung* genannt, verknüpft die Dielektrizitätskonstante mit der *temperaturunabhängigen* Elektronenpolarisation und mit der *temperaturabhängigen* Orientierungspolarisation bei Existenz von stationären Momenten. Beide Polarisationsarten tragen additiv zur Molpolarisation bei. Wie sich Molekülmomente und Polarisierbarkeiten an Hand von Gl. (58) bestimmen lassen, wird im folgenden gezeigt.

Experimentelle Meßgröße ist die Dielektrizitätskonstante, genauer die Kapazität eines mit der zu untersuchenden Substanz gefüllten Kondensators. Wird die Kapazität mit und ohne Substanz gemessen, so läßt sich nach Gl. (16) aus dem Kapazitätsverhältnis die Dielektrizitätskonstante berechnen. Setzt man ihre Werte, die man bei verschiedenen

Temperaturen ermittelt, in Gl. (58) ein, so kann man durch eine Auftragung der Molpolarisation gegen 1/T diese in den temperaturunabhängigen und in den temperaturabhängigen Anteil zerlegen. Diese erste Methode verlangt also eine Messung der Temperaturabhängigkeit von ϵ. Hierzu kann z. B. eine Kapazitätsmeßbrücke mit hochfrequentem Wechselstrom der Größenordnung 1 MHz verwendet werden. Substanzen mit einem starken stationären Moment sollen in den Kondensator in verdünnter Form, also gasförmig oder gelöst, eingebracht werden, damit Dipol-Dipol-wechselwirkungen unterdrückt werden. Als Lösungsmittel eignen sich inerte unpolare Verbindungen wie Benzol oder CCl_4. Auf Grund von Gl. (58) sollte die Auftragung gegen 1/T eine Gerade liefern. Bild 7.8 zeigt, daß dies zumindest für die

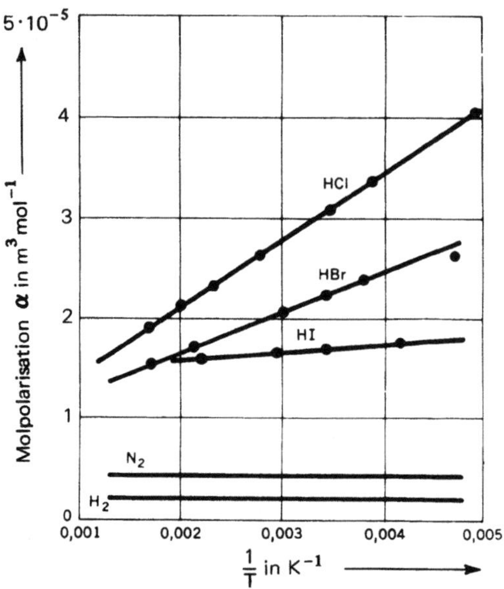

Bild 7.8 Temperaturabhängigkeit der Molpolarisation von einigen Substanzen

Halogenwasserstoffe im untersuchten Temperaturbereich zutrifft. Aus der Steigung der Geraden berechnet man dann das Dipolmoment und aus dem Ordinatenabschnitt die Polarisierbarkeit. Diese erste Methode funktioniert, solange die Moleküle nicht aus irgendwelchen chemischen Gründen assoziieren oder andere Strukturänderungen erleiden.

Die zweite Methode bedient sich der Tatsache, daß Moleküle einem mit höchster Frequenz oszillierenden Wechselfeld, z. B. sichtbarem Licht zeitlich nicht folgen können und dadurch die Orientierungspolarisation völlig unterdrückt wird. Diese Methode läuft also auf eine getrennte Bestimmung der Elektronenpolarisation hinaus und basiert auf einer Verknüpfung der Dielektrizitätskonstanten ϵ mit dem *Brechungsindex* n:

$$\epsilon = n^2 . \tag{59}$$

Diese Verknüpfung ist eine Beziehung der Maxwellschen Theorie für die elektromagnetische Strahlung. Der Brechungsindex ist dabei durch das Verhältnis der Lichtgeschwindigkeit im Vakuum zu der in einem Dielektrikum definiert und folglich immer größer als 1. Die Lichtgeschwindigkeit in einem Dielektrikum ist deshalb kleiner als im Vakuum, weil die Strahlung mit den Molekülelektronen in Wechselwirkung tritt und dadurch grob gesprochen abgebremst wird. Die stationären Momente würden zwar ebenfalls mit dem Licht in Wechselwirkung treten und sich am Feldvektor des Lichtes orientieren, doch sind dessen Oszillationen eben zu schnell. Messen wir den Brechungsindex auf irgendeine konventionelle Weise, so folgt aus Gl. (59) direkt die Hochfrequenzdielektrizitätskonstante. Gegenüber früher beträgt nun die Lichtfrequenz etwa 10^{15} Hz, so daß die Nichteinstel-

Tabelle 7.1: Dipolmomente und Polarisierbarkeiten einiger einfach gebauter Moleküle (*N. F. Ramsey:* Molecular Beams, Oxford Univ. Press, Fair Lawn, N.Y., 1956; *A. L. McClellan:* Tables of Experimental Dipol Moments, Freeman and Co., San Francisco, 1963)

Molekül	$|\mu|$ in Cm	Molekül	$|\mu|$ in Cm	Molekül	α in m^3
HF	$6{,}0 \cdot 10^{-30}$	CH_2Cl_2	$5{,}34 \cdot 10^{-30}$	He	$0{,}20 \cdot 10^{-30}$
HCl	3,44	CH_3Cl	3,51	Ne	0,39
HBr	2,64	HCN	9,85	A	1,62
HI	1,27	CH_3NO_2	11,7	H_2	0,80
BrClCO	0,43	CH_3OH	5,71	N_2	1,73
H_2O	6,17	CsF	26,4	H_2O	1,44
NH_3	4,82	CsCl	35,1	H_2S	3,64
NF_3	0,77	KF	24,4	CH_4	2,60
PH_3	1,55	KCl	34,7	CCl_4	25,6
AsH_3	0,60	KBr	35,1	C_6H_6	25,1
$CHCl_3$	6,47				

lung der stationären Momente verständlich wird. Die Moleküle müßten sich schneller als es ihren Rotationsfrequenzen entspricht in die Feldrichtung drehen.

Ersetzen wir in Gl. (58) ϵ durch n^2 und lassen wir die Orientierungspolarisation weg, so folgt für die reine Elektronenpolarisation der Ausdruck:

$$\alpha = \frac{4\pi}{3} N_A \alpha = \frac{n^2 - 1}{n^2 + 2} V. \tag{60}$$

α wird nun als *Molrefraktion* bezeichnet. Wurde die Molrefraktion einmal aus dem gemessenen Brechungsindex bestimmt und zieht man sie von der Molpolarisation (58) ab, dann erhält man ebenfalls das Molekülmoment. In Tabelle 7.1 wurden einige Molekülmomente und Polarisierbarkeiten zusammengestellt. Molekülmomente sind wegen ihres Zusammenhanges mit dem Ionencharakter für die Chemie bedeutungsvoller als die Polarisierbarkeiten. Trotzdem ein paar Bemerkungen zu Effekten, die die Polarisierbarkeit betreffen.

Alle niedersymmetrischen Moleküle haben entlang ihrer Bindungen verschieden große Polarisierbarkeiten und damit verschieden große Dielektrizitätskonstanten. Mathematisch ausgedrückt: Die Polarisierbarkeit ist ein *Tensor*. Bei Kenntnis der *Anisotropie* der Polarisierbarkeit können daher auch aus ihr Schlüsse auf die Molekülstruktur gezogen werden. Die Anisotropie ist jedoch nur meßbar, wenn es glückt, die Moleküle untereinander streng orientiert in eine Matrix einzubauen und die Dielektrizitätskonstante oder den Brechungsindex in Richtung der Molekül- bzw. Kristallhauptachsen zu messen. Haben wir dieses Glück, dann bekommen wir den Tensor direkt auf Hauptachsen transformiert:

$$\alpha = \begin{pmatrix} \alpha_{xx} & 0 & 0 \\ 0 & \alpha_{yy} & 0 \\ 0 & 0 & \alpha_{zz} \end{pmatrix}. \tag{61}$$

Hierzu ein einfaches Beispiel: NaN_3 ist eine Ionenverbindung aus kugelsymmetrischen Na^+- und langgestreckten N_3^--Ionen. Es kristallisiert hexagonal; die N_3^--Ionen sind senkrecht zur hexagonalen Basisfläche der Elementarzelle angeordnet. Der Brechungsindex in Richtung der c-Achse beträgt 1,52 und senkrecht dazu 1,38. Nach Gl. (60) läßt sich bei Kenntnis der Polarisierbarkeit der Na^+-Ionen, des Molvolumens, der Dichte und des Molekulargewichtes die Polarisierbarkeit der N_3^--Ionen in den Hauptachsen berechnen:

$$\alpha_{N_3^-} = \begin{pmatrix} 3 & 0 & 0 \\ 0 & 3 & 0 \\ 0 & 0 & 4 \end{pmatrix} \cdot 10^{-30} \, m^3. \tag{62}$$

Die Anisotropie ist auch mit Hilfe des *elektrooptischen Kerreffektes* meßbar, der darauf beruht, daß gewisse Gase und Flüssigkeiten in einem starken elektrischen Feld *doppelbrechend* werden. Doppelbrechung heißt, daß die Lichtgeschwindigkeit für verschiedene Polarisationsrichtungen unterschiedlich ist (*Dichroismus*). Mit dem Kerreffekt verwandt ist auch das Phänomen der *optischen Aktivität* von einigen organischen Verbindungen. Wir verstehen darunter die Verschiedenheit des Brechungsindex für links- und rechtszirkularpolarisiertes Licht (*Zirkulardichroismus*). Wie bei der Doppelbrechung von linearpolarisiertem Licht hängt auch bei Verwendung zirkularpolarisierten Lichts die optische Weglänge und damit der Brechungsindex von der asymmetrischen Atomanordnung ab.

7.4 Dipolmoment und Ionencharakter

Das stationäre Dipolmoment liefert direkten Aufschluß über den *Ionencharakter* einer Molekülbindung, was bei heteronuklearen Bindungen nicht verwunderlich ist. Zwischen den Grenzfällen homonuklearer Moleküle mit rein homöopolarer Bindung und heteronuklearer mit rein ionischer Bindung, die selten realisiert sind, gibt es ein breites Spektrum von Molekülen mit gemischtem Charakter (vgl. Polarität in Abschnitt 5.8).

Zur Illustration wollen wir mit Hilfe des gemessenen Dipolmomentes von HC*l* den Ionencharakter der HC*l*-Bindung in % berechnen. Das Moment beträgt $3{,}44 \cdot 10^{-30}$ Cm und der Kernabstand 1,275 Å. Wäre die Bindung streng heteropolar, befänden sich also beide Bindungselektronen gänzlich beim C*l*-Atom, dann wären der positive und der negative Ladungsschwerpunkt genau um den Kernabstand getrennt (= 100 % Ionencharakter). Das entsprechende Moment betrüge:

$$|\mu| = er = 1{,}602 \cdot 10^{-19} \cdot 1{,}275 \cdot 10^{-10} = 20{,}4 \cdot 10^{-30} \, Cm. \tag{63}$$

Bei rein homöopolarer Bindung würden sich die Bindungselektronen genau zwischen den beiden Atomen aufhalten und die Ladungsschwerpunkte zusammenfallen (0 %). In Wirklichkeit liegt aber das beobachtete Moment zwischen 0 und $20 \cdot 10^{-30}$ Cm, so daß sich mit dem tatsächlichen Wert

$$\frac{|\mu|_{exp}}{|\mu|} \, 100 = \frac{3{,}44}{20{,}4} \, 100 = 17 \, \% \tag{64}$$

Ionencharakter ergibt.

Obwohl die Bestimmung des Ionencharakters aus gemessenen Dipolmomenten zu scheinbar konsistenten und für die Chemie interessanten Bindungsmomenten führt, ist eine quantenmechanische Erklärung nicht so einfach zu geben. Wollen wir etwa den Ionencharakter im HC*l*-Molekül erklären, so können wir dazu entweder von linearkombi-

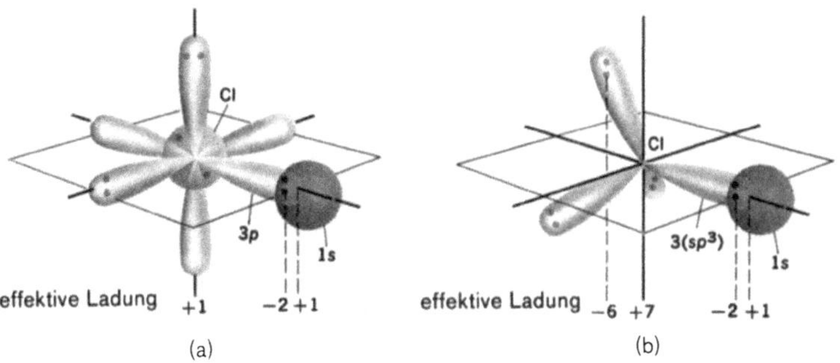

Bild 7.9 Zur Bindung in HCl mit einer Linearkombination aus 1s-H- und 3p-Cl-Atomorbitalen (a) mit einer Linearkombination aus 1s-H- und sp³-Cl-Atomorbitalen (b)

nierten Atomen oder Valenzorbitalen ausgehen, wie dies in Bild 7.9 geschehen ist. Dort wurde jeweils ein 1s-H-Atomorbital mit einem 3p-Cl-Atomorbital bzw. mit einem sp³-hybridisierten Cl-Atomorbital vereinigt. Wie aus der speziellen Lage der Ladungsschwerpunkte hervorgeht, besitzen beide Kombinationen ein verschieden großes Moment. Zudem fallen bei der zweiten Kombination der negative Schwerpunkt der nichtbindenden Elektronen und der positive des Cl-Kerns nicht zusammen, wodurch eine gewisse Beteiligung nichtbindender Elektronen am Moment zustande kommt. Mehr als eine qualitative Erklärung dürfen wir aber an Hand solcher Bilder nicht erwarten. Wäre das Molekülorbital des elektronischen Grundzustandes ganz genau bekannt, ließe sich jedoch das stationäre Moment aus dem Matrixelement (0/er/0) exakt berechnen. Denn das Matrixelement ist ja nichts anderes als der Erwartungswert des Dipolmomentes μ = er nach dem 5. quantenmechanischen Postulat (Abschnitt 2.3).

Um auch induzierte Momente, oder was dasselbe ist, die Polarisierbarkeit quantenmechanisch berechnen zu können, müssen wir das in Abschnitt 6.1 definierte Übergangsmoment für ein molekulares System berechnen, das durch ein elektrisches Wechselfeld im Grundzustand gestört wird. Das Wechselfeld sei durch $\mathbf{E} = \mathbf{E}_0 \cos 2\pi\nu t$ und die Wellenfunktion ohne Wechselfeld durch Ψ_0^0 gegeben. Mit Hilfe der Störungsrechnung 1. Ordnung können wir dann für den gestörten Grundzustand schreiben:

$$\Psi_0 = \Psi_0^0 + \sum_m c_m \Psi_m^0 , \tag{65}$$

wobei der Koeffizient c_m wie in Abschnitt 6.1 durch

$$c_m = \frac{\mathbf{E}_0}{2}(m/er/0)\left[\frac{e^{2\pi i(\nu_{mo}+\nu)t}}{h\nu_{mo}+h\nu} + \frac{e^{2\pi i(\nu_{mo}-\nu)t}}{h\nu_{mo}-h\nu}\right] + \text{const} \tag{66}$$

gegeben ist. Da die Integrationskonstante mit dem Wert für t = 0 zeitunabhängig ist und deshalb keinen Einfluß auf das nachfolgende Resultat ausübt, wird sie Null gesetzt. Anstelle von $\epsilon_m - \epsilon_0$ wurde $h\nu_{mo}$ geschrieben. Ψ_m^0 charakterisiert einen ungestörten angeregten Molekülzustand. Das Übergangsmoment des gestörten Grundzustandes beträgt (Gl. (19) in Abschnitt 6.1):

$$\mu_{00} = \text{Realteil von } (\Psi_0^*/er/\Psi_0) = \text{Re}\left(\Psi_0^{0*} + \sum_m c_m^* \,\Psi_m^{0*}/er/\Psi_0^0 + \sum_m c_m\,\Psi_m^0\right)$$

$$\cong (0/er/0) + \text{Re}\,\sum_m c_m^*\,(m/er/0)\,e^{2\,\pi\,i\nu_{mo}t} + \sum_m c_m\,(0/er/m)\,e^{-2\,\pi\,i\nu_{mo}t}. \tag{67}$$

Der $c_m^*\,c_m$-Term wurde wegen seiner Kleinheit vernachlässigt. Einsetzen der Koeffizienten c_m^* und c_m liefert dann:

$$\mu_{00} = (0/er/0) + \text{Re}\left\{\sum_m{}' \mathbf{E}_0\,(0/er/m)\,(m/er/0)\left[\frac{e^{2\,\pi\nu it}}{h\nu_{mo}+h\nu} + \frac{e^{-2\,\pi\nu it}}{h\nu_{mo}-h\nu}\right]\right\}$$

$$= (0/er/0) + \text{Re}\left\{\sum_m{}' \mathbf{E}_0\,(0/er/m)\,(m/er/0)\times\right.$$

$$\left.\times\;\frac{h\nu_{mo}\,(e^{2\,\pi\nu it}+e^{-2\,\pi\nu it})-h\nu\,(e^{2\,\pi\nu it}-e^{-2\,\pi\nu it})}{(h\nu_{mo})^2-(h\nu)^2}\right\} \tag{68}$$

Gl. (68) kann mit Hilfe der Eulerschen Formeln $\sin x = 1/2\,i\,(e^{ix}-e^{-ix})$ und $\cos x = 1/2\,(e^{ix}+e^{-ix})$ zu

$$\mu_{00} = (0/er/0) + \text{Re}\left\{\sum_m{}' 2\mathbf{E}_0(0/er/m)\,(m/er/0)\,\frac{h\nu_{mo}\cos 2\,\pi\nu t - ih\nu\sin 2\,\pi\nu t}{(h\nu_{mo})^2-(h\nu)^2}\right\} \tag{69}$$

vereinfacht werden und ergibt, wenn wir nur den Realteil nehmen, sowie $\mathbf{E}_0\cos 2\,\pi\nu t$ durch $\mathbf{E}$ ersetzen:

$$\mu_{00} = (0/er/0) + \frac{2}{h}\,\mathbf{E}\sum_m{}' \frac{\nu_{mo}}{\nu_{mo}^2-\nu^2}\,(0/er/m)\,(m/er/0). \tag{70}$$

Vergleichen wir diesen Ausdruck mit dem Gesamtmoment, gebildet aus einem stationären und einem induzierten Moment,

$$\mu_{00} = \mu + \mu_{ind}$$

$$= \mu + 4\pi\epsilon_0\,\alpha\mathbf{E}, \tag{71}$$

dann entspricht wie erwartet das Matrixelement $(0/er/0)$ dem stationären und der zweite Term dem induzierten Moment. Aus dem zweiten Term können wir die Polarisierbarkeit ausrechnen und erhalten für die den quantenmechanischen Ausdruck:

$$\alpha = \frac{2}{4\pi\epsilon_0\,3h}\sum_m{}' \frac{\nu_{mo}}{\nu_{mo}^2-\nu^2}\,(0/er/m)\,(m/er/0). \tag{72}$$

Bei diesem Vergleich wurde der Faktor $1/3$ hinzugenommen, weil von den Matrixelementen bei Gleichverteilung nur $1/3$ in Richtung des Feldes zum Tragen kommt. Gehen wir vom Wechselfeld weg zu einem stationären Feld, und setzen dazu die Frequenz ν gleich Null, dann bekommen wir

$$\alpha = \frac{2}{4\pi\epsilon_0\,3h}\sum_m{}' \frac{1}{\nu_{mo}}\,(0/er/m)\,(m/er/0). \tag{73}$$

Auf Grund dieses Resultates sollte zur Berechnung das komplette Termschema mit den Molekülorbitalen vorliegen, denn die Summation hinsichtlich m läuft über alle Zustände des Moleküls. Da dies aber kaum der Fall sein wird, müssen wir es mit einer Näherung versuchen. Wir ersetzen dazu die Frequenzen ν_{mo} durch eine mittlere Frequenz $\bar{\nu}$, ziehen diese vor die Summe und nähern die Energie $h\bar{\nu}$ durch die Ionisierungsenergie I an (die Frequenzen mit den höchsten m-Werten werden das Mittel bestimmen). Zugleich können wir die Summe über die Matrixelemente wie folgt vereinfachen (vgl. Anhang XIX):

$$\sum_{m} (0/er/m)\,(m/er/0) = e^2\,(0/r^2/0) = e^2\,\overline{r^2} \tag{74}$$

und erhalten schließlich die Näherung

$$\alpha = \frac{2e^2\,\overline{r^2}}{4\pi\epsilon_0\,3I} \cdot \tag{75}$$

Bei Kenntnis der Ionisierungsenergie, etwa aus Messungen mit Hilfe der Photoelektronenspektroskopie, sowie bei Kenntnis des mittleren quadratischen Molekülradius, lassen sich damit angenäherte Polarisierbarkeiten berechnen.

Es hat sich eingebürgert, den einzelnen Bindungen mehratomiger Moleküle *Bindungsmomente* zuzuordnen, also das Gesamtmolekülmoment auf einzelne Bindungen aufzuteilen. Ein Beispiel: Das H_2O-Molekül besitzt ein Moment von $6{,}18 \cdot 10^{-30}$ Cm und durch eine vektorielle Zerlegung dieses Momentes bekommt eine jede OH-Bindung ein Moment von $4{,}97 \cdot 10^{-30}$ Cm (Bild 7.10). Bei symmetrischen Molekülen ohne Gesamt-

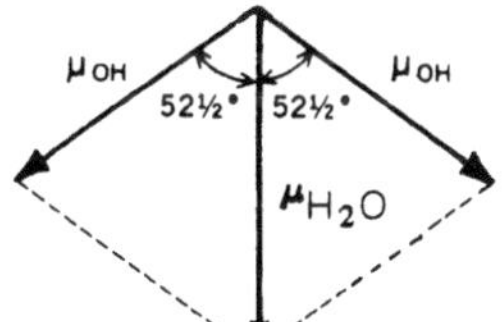

Bild 7.10

Vektorielle Zerlegung des
H_2O-Momentes in zwei
OH-Bindungsmomente

Tabelle 7.2: Bindungsmomente

Bindung	$\lvert\mu\rvert$ in Cm	Bindung	$\lvert\mu\rvert$ in Cm
H–F	$6{,}34 \cdot 10^{-30}$	F–Cl	$3{,}01 \cdot 10^{-30}$
H–Cl	3,34	F–Br	4,34
H–Br	2,67	Br–Cl	2,06
H–J	1,34	C–H	(1,34)
H–O	5,0	C–F	4,67
H–N	4,34	C–Cl	5,0
H–P	1,34	C–Br	4,67
P–Cl	2,67	C–J	4,01
P–Br	1,34	C–O	5,70
As–F	6,68	C–N	0,67
As–Cl	5,34	C≡O	7,68
As–Br	4,34		

moment ist eine solche Zuordnung natürlich nicht durchführbar. Auf Grund einiger wenig durchsichtiger Methoden ordnet man dem CH-Moment im Methan den Wert $1,34 \cdot 10^{-30}$ Cm zu, wobei dieses zum H-Atom weist. Mit diesem etwas unsicheren Wert können dann auch die Momente anderer Bindungen tabelliert werden (Tabelle 7.2). Dieses Inkrementenkonzept besitzt jedoch eine prinzipielle unangenehme Eigenschaft. Es kennt keine Dipol-Dipolwechselwirkungen, so daß die vorausgesetzte Additivität der Momentvektoren grundsätzlich zweifelhaft erscheint.

7.5 Magnetische Molekülmomente

Die magnetischen Eigenschaften haben keine so große Bedeutung für die Strukturaufklärung der Moleküle wie die elektrischen Eigenschaften. Ihr Untersuchungsbereich ist nämlich auf wenige Verbindungsgruppen mit freien Elektronen (Spins nicht abgesättigt) bzw. stationären magnetischen Dipolmomenten beschränkt. Für die Moleküle solcher Verbindungen sind aber dann die Aussagen besonders informativ. Die Theorie der magnetischen Eigenschaften bzw. ihre Entwicklung verläuft parallel zu der der elektrischen Eigenschaften. Anstelle der elektrischen Polarisation in äußeren elektrischen Feldern tritt jetzt die Magnetisierung in Magnetfeldern aufgrund stationärer und induzierter magnetischer Dipolmomente. Wurde zur Beschreibung der elektrischen Polarisation die Molpolarisation definiert, so definiert man nun zur Beschreibung der Magnetisierung die molare Magnetisierung, *molare Suszeptibilität* genannt. Sie setzt sich analog zur Orientierungs- und Elektronenpolarisation aus der molaren para- und diamagnetischen Suszeptibilität zusammen. Die wichtigsten magnetischen Beziehungen sind im folgenden ohne Ableitung angegeben.

Eine dem Coulombschen Gesetz analoge Beziehung ergibt sich, wenn man statt der elektrischen Ladung (hypothetische) magnetische Pole definiert. Obwohl diese Pole nie getrennt herstellbar sind, läßt sich das zwischen zwei magnetischen Polen herrschende magnetische Feld analog zum elektrischen beschreiben. Die Feldstärke ist wieder die Kraft, die ein magnetischer Testpol im magnetischen Feld erfährt. Die magnetische Feldstärke **H** wird im SI-System in Am^{-1} und die magnetische Induktion $\mathbf{B} = \mu_0 \mathbf{H}$ in Tesla (T) angegeben. Die *absolute magnetische Permeabilität des Vakuums* μ_0 hat den Wert $\mu_0 = 4\pi \cdot 10^{-7}$ TA^{-1} m ($\equiv VsA^{-1}\, m^{-1}$). Charakterisiert wird ein Magnetfeld durch magnetische Feldlinien, die von Pol zu Pol verlaufen (Bild 7.11).

Bringt man zwischen die Pole irgendein Material magnetischer oder nichtmagnetischer Art, so wird die Feldstärke **H** gegenüber der Feldstärke $\mathbf{H_0}$ im Vakuum oder Luft geändert. Die der Dielektrizitätskonstanten ϵ, die nur Werte größer als 1 annehmen kann, analoge magnetische *Permeabilität* μ kann jedoch größer *oder* kleiner als 1 sein. Zwischen dem Feld im Vakuum und dem Feld in einem Material der Permeabilität μ gilt dann der Zusammenhang

$$\mathbf{H_0} = \mu \mathbf{H}. \tag{76}$$

Im Vergleich zum Vakuum ist die elektrische Feldliniendichte in einem Medium immer kleiner, die magnetische Feldliniendichte dagegen kleiner *oder* größer (Bild 7.11). Eine Änderung der Permeabilität μ (wie ϵ dimensionslose Zahl) wirkt sich makroskopisch so aus, als ob dem äußeren Feld entweder ein entgegengesetzt oder gleich gerichtetes magnetisches Feld **M** (*Magnetisierung*) überlagert wäre.

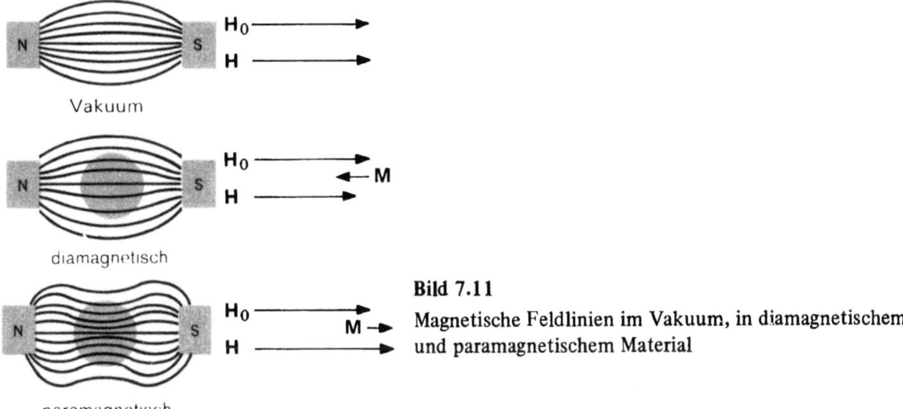

Bild 7.11
Magnetische Feldlinien im Vakuum, in diamagnetischem und paramagnetischem Material

Das entgegengesetzt gerichtete Feld rührt von induzierten magnetischen Dipolen, das gleichgerichtete Feld von der Ausrichtung stationärer Dipole her. Die zu Gl. (20) analoge atomistische Interpretation der Magnetisierung lautet:

$$\mathbf{M} = \frac{N}{V}\left(\mu_{\mathrm{ind}} + \mu_{\mathbf{H}}\right). \tag{77}$$

Für die induzierten Dipole gilt:

$$\mu_{\mathrm{ind}} = 4\pi\chi\mathbf{H}. \tag{78}$$

μ_{ind} ist das induzierte *magnetische Moment* (Einheit Am²); es ist dem effektiven Magnetfeld $\mathbf{H}$ proportional. Die Proportionalitätskonstante χ heißt *Suszeptibilität* (Einheit m³, vgl. Polarisierbarkeit α). Das effektive Magnetfeld am Molekülort ist aber praktisch gleich dem äußeren Feld $\mathbf{H_0}$, da die Magnetisierung, im Gegensatz zur elektrischen Polarisation, betragsmäßig nur klein ist:

$$\mu_{\mathrm{ind}} \cong 4\pi\chi\mathbf{H_0}. \tag{79}$$

Ein Zusammenhang zwischen der Permeabilität und Suszeptibilität, wie zwischen Dielektrizitätskonstante und Polarisierbarkeit, braucht außerdem nicht hergeleitet zu werden, da Suszeptibilitäten direkt meßbar sind. Im Gegensatz dazu muß die Polarisierbarkeit experimentell über die Dielektrizitätskonstante bestimmt werden.

Nach der gleichen Mittelwertbildung wie in Abschnitt 7.3 folgt für das Mittel der Dipolkomponenten in Feldrichtung bei Molekülen mit stationären Dipolmomenten:

$$\bar{\mu}_{\mathbf{H}} = \frac{1}{3}\mu_0\,\frac{|\mu|^2}{kT}\,\mathbf{H}. \tag{80}$$

Besitzen die Moleküle die Suszeptibilität χ, so definiert man die Größe

$$\mathbf{X} = N_{\mathrm{A}}\left(\chi + \frac{1}{3}\mu_0\,\frac{|\mu|^2}{4\pi kT}\right) \tag{81}$$

als *molare Suszeptibilität* (molare Magnetisierung). Sie setzt sich wie die Molpolarisation aus zwei Anteilen zusammen. Der erste Term rührt von den induzierten Dipolen her und wird *diamagnetische* Suszeptibilität genannt (vgl. Elektronenpolarisation). Der zweite Term rührt von der Ausrichtung der permanenten Dipole der Moleküle her und heißt *paramagnetische* Suszeptibilität (vgl. Orientierungspolarisation). Man spricht auch von *Dia-* und *Paramagnetismus* sowie dia- und paramagnetischen Stoffen. Alle Stoffe sind *grundsätzlich* diamagnetisch, andere *zusätzlich* paramagnetisch, wenn die Moleküle stationäre magnetische Momente besitzen. Diamagnetische Stoffe haben kleine, temperaturunabhängige negative Suszeptibilitäten (Permeabilität kleiner als 1), paramagnetische Stoffe haben größere, temperaturabhängige positive Suszeptibilitäten (Permeabilität > 1). Dies bedeutet, daß im ersten Fall dem äußeren Feld entgegengerichtete Dipolmomente induziert werden, die das äußere Feld schwächen und die Feldliniendichte herabsetzen. Im zweiten Fall sind die stationären Momente dem Feld gleichgerichtet und erhöhen die Feldliniendichte. Beide Fälle werden durch Gl. (81), auch *Langevingleichung* genannt, beschrieben.

Suszeptibilitäten werden mit der sogenannten *Gouy-Waage* (Bild 7.12) gemessen. Die zu untersuchende Substanz hängt an dem Balken einer Waage und befindet sich gleichzeitig zwischen den Polen eines Magneten, der ein stark inhomogenes Feld in z-Richtung erzeugt. Ist die Substanz diamagnetisch, wird sie vom Feld abgestoßen, ist sie paramagnetisch, wird sie vom Feld angezogen. Die Kräfte werden mit der Waage gemessen. Die Abhängigkeit der Kraft von der Suszeptibilität soll anhand der Skizze in Bild 7.12 abgeleitet werden. Der eingezeichnete Probenkörper sei paramagnetisch ($\chi > 0$) und besitze die Länge z_0 und den Querschnitt A. Da die Suszeptibilität positiv ist, richten sich die paramagnetischen Momente dem Feld gleich. Das Moment des Volumenelementes Adz beträgt dann nach Gl. (77) und (78)

$$\mathbf{M}\,\mathrm{A}dz = \frac{\mathrm{N}}{\mathrm{V}}\,4\pi\chi\,\mathbf{H}\,\mathrm{A}\,dz. \qquad (82)$$

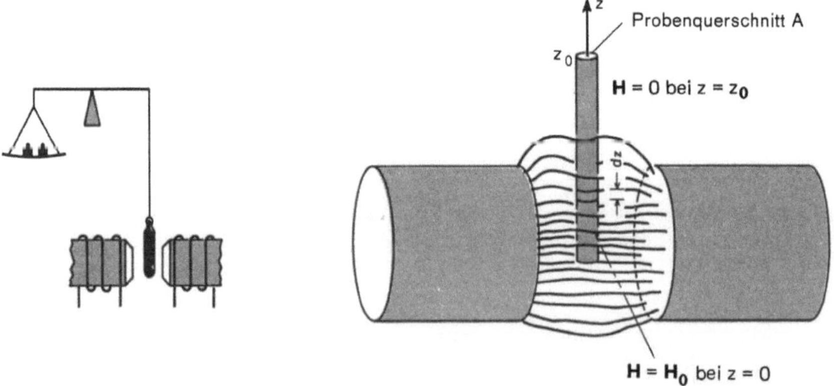

Bild 7.12 Gouywaage zur Bestimmung der magnetischen Suszeptibilität (a) und Skizze zur Herleitung der auf eine Probe wirkenden Kraft in einem inhomogenen Magnetfeld (b)

Die potentielle Energie eines Magneten mit dem Moment $\mathbf{M}\,A\,dz$ beläuft sich in einem Magnetfeld der Stärke $\mathbf{H}$ auf $-\mu_0\,(\mathbf{M}\,A\,dz\,\mathbf{H})$. Da aber die potentielle Energie über die ganze Probe nicht gleich groß ist, weil in ihrer Längsrichtung das Feld den Gradienten $d\mathbf{H}/dz$ besitzt, erfährt das Probenelement die magnetische Kraft (Moment · Feldgradient)

$$\mathbf{F} = -\frac{N}{V}\,4\pi\chi\,A\,dz\,\mu_0\,|\mathbf{H}|\,\frac{d\,|\mathbf{H}|}{dz}\,\mathbf{k}\,. \tag{83}$$

$\mathbf{k}$ ist der Einheitsvektor in z-Richtung. Auf die gesamte Probe wirkt dann die Kraft:

$$\mathbf{F} = -\frac{N}{V}\,4\pi\chi\,A\,\mathbf{k}\,\mu_0 \int\limits_{|\mathbf{H}|\,=\,0}^{|\mathbf{H}_0|} |\mathbf{H}|\,d\,|\mathbf{H}| = -\frac{1}{2}\frac{N}{V}\,4\pi\chi\,A\,\mu_0\,|\mathbf{H}_0|^2\mathbf{k}$$

$$= -\frac{1}{2}\frac{d}{M}\,4\pi\chi\,A\,\mu_0\,|\mathbf{H}_0|^2\mathbf{k} \quad (\chi = N_A\,\chi). \tag{84}$$

Da χ positiv ist, erfährt die gesamte Probe eine Kraft in Richtung der negativen z-Achse vom Betrag $\frac{1}{2}\frac{d}{M}\,4\pi\chi\,A\,\mu_0\,|\mathbf{H}_0|^2$. Die Integration erfolgte von der minimalen Feldstärke $|\mathbf{H}| = 0$ bei $z = z_0$ bis zur maximalen Feldstärke $|\mathbf{H}| = |\mathbf{H}_0|$ an der Stelle $z = 0$. Um Kräftegleichgewicht an der Waage herzustellen, muß man auf dem anderen Waagebalken Gewichtsstücke auflegen. Auf diese Weise wird die Kraft gemessen. In der Praxis wird die gesamte Anordnung einschließlich des Probengefäßes mit einer Standardprobe bekannter Suszeptibilität geeicht. Um einen Begriff von der Größe molarer Suszeptibilitäten zu bekommen: Sie beträgt bei paramagnetischen Substanzen etwa 10^{-10} m^3 mol^{-1} und bei diamagnetischen -10^{-12} m^3 mol^{-1}. Diamagnetische Proben werden daher vom Feld abgestoßen. Wie betont, sind alle Moleküle diamagnetisch, unabhängig davon, ob sie zusätzlich paramagnetisch sind. Der Diamagnetismus rührt von den induzierten Dipolmomenten her, wird aber bei vorhandenen stationären Momenten vom Paramagnetismus bei weitem überwogen.

Ob ein Atom oder Molekül nur diamagnetisch oder auch paramagnetisch ist, weiß man sofort bei Kenntnis des elektronischen Grundzustands. Das He-Atom besitzt z. B. einen Singulettgrundzustand, weil die beiden Elektronen des 1s-Atomorbitals entgegengesetzten Spin haben. Sowohl der Gesamtspin als auch der Gesamtbahndrehimpuls sind Null; folglich kann He kein stationäres Moment besitzen. Das gleiche gilt für Moleküle wie H$_2$ mit abgesättigtem Elektronenspin und dem Gesamtbahndrehimpuls Null. Man sollte daher für He und H$_2$ unmagnetisches Verhalten erwarten. Daß sie trotzdem diamagnetisch sind, ist eine Folge des äußeren Felds, und kann sogar klassisch verstanden werden. Der Gesamtbahndrehimpuls läßt sich nämlich so auffassen, als ob sich die beiden Elektronen in entgegengesetzten Richtungen um den Kern bewegen, wodurch dann eines beschleunigt und das andere gebremst wird. Nach dem Induktionsgesetz entspricht dies einem induzierten Moment, das dem äußeren Feld entgegengerichtet sein muß. Gerade diese Wirkung ist die einer negativen diamagnetischen Suszeptibilität. Es ist deshalb auch verständlich, daß sie temperaturunabhängig ist. Die genannte Induktion ist aber auch bei Atomen und Molekülen mit endlichem Gesamtbahndrehimpuls vorhanden, fällt aber gegenüber dem Paramagnetismus nicht ins Gewicht.

Tabelle 7.3: Pascalsche Konstanten und Korrekturen zur
Berechnung der diamagnetischen Suszeptiblität von Molekülen.
(*P. W. Selwood:* Magnetochemistry, 2d ed., Interscience Publ.
Inc., New York, 1956)

atomare Beiträge in $m^3 \, mol^{-1}$			
H	$-2,93 \cdot 10^{-12}$	Cl	$-20,1 \cdot 10^{-12}$
C	$-6,00$	Br	$-30,6$
N (Kette)	$-5,55$	J	$-44,6$
N (zyklisch)	$-4,61$	S	-15
N (Monamide)	$-1,54$	Se	-23
O (Alkohol, Äther)	$-4,61$	B	-7
O (Carbonyl)	$1,72$	Si	-13
O (Carboxyl)	$-3,36$	P	-10
F	$-6,3$	As	-21

Bindungskorrekturen in $m^3 \, mol^{-1}$	
C=C	$5,5 \cdot 10^{-12}$
C=C–C=C	$10,6$
N=N	$1,85$
C=N	$8,15$
C≡N	$0,8$
Benzol	$-1,4$
Zyklohexan	$-3,0$

Man hat Tabellen aufgestellt, um die diamagnetische Suszeptibilität von Molekülen
abschätzen zu können (Tabelle 7.3). Danach werden den Atomen bestimmte Suszeptibili-
tätswerte zugeordnet, die sich zur Berechnung der Molekülsuszeptibilität additiv zusammensetzen lassen. Diese atomaren Suszeptibilitäten heißen auch *Pascalsche Konstanten.*
Um zu einer besseren Übereinstimmung mit gemessenen Werten zu gelangen, führt man
Korrekturen für Mehrfachbindungen und ungewöhnliche Bindungssituationen zusätzlich
ein. Sie sind in Tabelle 7.3 ebenfalls angeführt.

Für den paramagnetischen Anteil der molaren Suszeptibilität eines Mehrelektronensystems (Molekül), dessen Gesamtbahndrehimpuls Null ist, gilt nach Gl. (81) mit
$|\mu_S| = 2\,\mu_B \sqrt{S(S+1)}$:

$$\chi = \frac{\mu_0 \mu_B^2 N_A}{3\pi kT} \, S(S+1). \tag{85}$$

In Tabelle 7.4 sind die nach dieser Formel berechneten molaren paramagnetischen Suszeptibilitäten für verschiedene Spinquantenzahlen S angegeben. Gl. (85) ist auch der
exakte mathematische Ausdruck für das 1895 von *Curie* empirisch gefundene Gesetz:

$$\chi = \frac{const}{T}. \tag{86}$$

Tabelle 7.4: Beiträge ungepaarter Elektronen zur paramagnetischen Suszeptibilität

Zahl der ungepaarten Elektronen	Gesamtspinquantenzahl S	Moment $|\mu_S|$	Paramagnetische Suszeptibilität (25 °C) $\chi = \dfrac{\mu_0 \mu_B^2 N_A}{3\pi kT} S(S+1)$
1	1/2	1,73 μ_B	$1\,260 \cdot 10^{-12}$ m^3 mol^{-1}
2	2/2	2,83 μ_B	$3\,360 \cdot 10^{-12}$
3	3/2	3,87 μ_B	$6\,290 \cdot 10^{-12}$
4	4/2	4,90 μ_B	$10\,100 \cdot 10^{-12}$
5	5/2	5,92 μ_B	$14\,700 \cdot 10^{-12}$

Aus Suszeptibilitätsdaten kann auf die Zahl der ungepaarten Elektronen in Molekülen geschlossen werden. Ein schönes Beispiel hierfür bietet das O_2-Molekül, wofür folgende Temperaturabhängigkeit festgestellt wird:

$$\chi = \frac{10^{-6}}{T} \; \text{m}^3 \, \text{K}^{-1} \, \text{mol}^{-1}. \tag{87}$$

Für Zimmertemperatur berechnet man daraus $\chi_{298} = 3360 \cdot 10^{-12}$ m^3 mol^{-1}. Nach Tabelle 7.4 entspricht dies der paramagnetischen Suszeptibilität von zwei ungepaarten Elektronenspins, obwohl eine gerade Anzahl von Elektronen vorhanden ist. Anhand des in Bild 5.14 gezeigten allgemeinen MO-Energieschemas ist dies aber verständlich.

Ein weiteres Anwendungsbeispiel der paramagnetischen Suszeptibilität ist der Nachweis von freien Radikalen. Stabile freie Radikale entstehen bevorzugt bei der Dissoziation von hocharomatischen Systemen:

Die Bruchstücke besitzen spinunabgesättigte freie Elektronen. Die Existenz solcher freier Radikale läßt sich quantenmechanisch durch das Vorhandensein vieler Radikal-Resonanzstrukturen verstehen. Von solchen stabilen Radikalen kann in Lösung sehr einfach die Suszeptibilität gemessen und daraus die Zahl der freien Elektronen berechnet werden. Das zur Zeit wichtigste Anwendungsgebiet in der Chemie liegt bei den Komplexverbindungen von Übergangsmetallen. Aufgrund der Ligandenfeldtheorie (Abschnitt 5.10) erwartet man z.B. bei $Fe(CN)_6^{3-}$ und FeF_6^{3-} ein ungepaartes Elektron bzw. fünf ungepaarte Elektronen. Experimentell findet man aus Suszeptibilitätsmessungen für die magnetischen Momente 2,3 bzw. 6 Bohrmagneton. Dies entspricht nach Tabelle 7.4 vollkommen den Erwartungen. Solche Messungen sind also die beste Stütze für die Ligandenfeldtheorie.

Rechenbeispiele

1. Wie groß ist das Dipolmoment eines NaCl-Moleküls, wenn sein Atomabstand 2,4 Å beträgt?

2. Wie groß ist das momentane Dipolmoment eines H_2^+-Ions, wenn die Kerne und das Elektron gerade die Ecken eines gleichseitigen Dreieckes besetzen (Seitenlänge 1,1 Å)?

3. An den Platten eines Kondensators liege eine Spannung von 100 V. Die Fläche der planparallelen Platten betrage 2,4 cm² und diese seien 1 cm voneinander entfernt. Berechnen Sie die Feldstärke, die Ladungsdichte und die Kraft, die ein Elektron in diesem Feld ohne Dielektrikum erfährt. Berechnen Sie im Vergleich dazu die analogen Größen für einen Kondensator mit Dielektrikum (Dielektrizitätskonstante 2,2).

4. Die Dielektrizitätskonstante von flüssigem CCl_4 beträgt bei 20 °C 2,2 und seine Dichte 1,595 g cm⁻³. Das tetraedrisch gebaute CCl_4-Molekül besitzt kein stationäres Moment. Berechnen Sie die Polarisierbarkeit α und die Molpolarisation $\boldsymbol{\alpha}$.

5. An einem Kondensator, dessen Platten einen Abstand von 1 cm haben und der mit Dielektrikum (ϵ = 2,2) gefüllt ist, kann eine Spannung von 10^6 V angelegt werden, ohne daß Durchschlag erfolgt. Wie groß ist der Energieunterschied zwischen der günstigsten und der ungünstigsten Lage eines elektrischen Dipols mit dem Moment 10^{-30} Cm in diesem Feld?

6. Bei der Herleitung der Molpolarisation für Gase kann das Zusatzfeld, das durch die Polarisation einer Hohlraumkugel in kondensierten Dielektrika zustandekommt, weggelassen werden. Wie lautet dann der Ausdruck für die Molpolarisation?

7. Die Dielektrizitätskonstante von O_2 bei 0 °C und 1 atm beträgt 1,000523. Wie läßt sich dieser Wert molekular interpretieren?

8. Folgende Daten für die Dielektrizitätskonstante von BrF_5 (g) bei 1 atm wurden bei verschiedenen Temperaturen gemessen (*M. T. Rogers et al.*: J. Am. Chem. Soc. 78 (1955) 44):

T (K)	345,6	362,6	374,9	388,9	402,4	417,2	430,8
ϵ	1,00632	1,00582	1,00552	1,00518	1,00491	1,00460	1,00438

Ermitteln Sie die Polarisierbarkeit und das Dipolmoment des BrF_5-Moleküls und schlagen Sie auf Grund des letzteren eine BrF_5-Struktur vor.

9. Die Molpolarisation von Diäthyläther beträgt bei 20 °C 58,5 cm³ mol⁻¹ und die Molrefraktion 22,48 cm³ mol⁻¹. Wie groß ist das Dipolmoment des Äthermoleküls?

10. Die Temperaturabhängigkeit der Molpolarisation von gasförmigem SO_2 lautet: $\alpha = 9,38 + 16,83/T$ cm³ mol⁻¹. Wie groß sind die Polarisierbarkeit und das Dipolmoment des SO_2-Moleküls?

11. Folgende Daten berichten *Sanger* und *Steiger* (Helv. Phys. Acta 1 (1928) 369) über die Dielektrizitätskonstante von Wasserdampf bei der konstanten Dichte von $4,181 \cdot 10^{-4}$ gcm⁻³:

Temperatur (K)	393	423	453	483
ϵ	1,004002	1,003717	1,003488	1,003287

Berechnen Sie unter der Voraussetzung, daß sich der Wasserdampf wie ein ideales Gas verhält, die Polarisierbarkeit und das Dipolmoment. Kommen im Wasserdampf auch dimere Moleküle vor?

12. Folgende Daten für Triäthylamin/Benzol-Gemische bei 25 °C wurden für die Dielektrizitätskonstante gemessen:

Molenbruch Triäthylamin	0	0,0170	0,0222	0,0265	0,0447	0,0580	0,0805
ϵ	2,2725	2,2817	2,2839	2,285	2,2914	2,2949	2,2999

Bezeichnet man die Molenbrüche der beiden Komponenten mit x_1 und x_2 und ihre Molpolarisationen im reinen Zustand mit $\boldsymbol{\alpha}_1$ und $\boldsymbol{\alpha}_2$, dann gilt, wenn sich die Moleküle gegenseitig nicht beeinflussen, das Additivitätsprinzip: $\alpha = x_1 \alpha_1 + x_2 \alpha_2$. Die Dichte von Benzol bei 25 °C beträgt 0,874 gcm^{-3} und die von Triäthylamin 1,069 gcm^{-3}. Wie groß ist das Dipolmoment von Triäthylamin, wenn der Brechungsindex 1,40032 beträgt?

13. Das Dipolmoment von CH_3Cl und $CHCl_3$ beträgt 3,51 bzw. 6,47 · 10^{-30} Cm. Beide Molekülsorten besitzen nahezu Tetraederstruktur. Das CH-Bindungsmoment sei 1,34 · 10^{-30} Cm. Wie groß ist in den beiden Sorten das CCl-Bindungsmoment?

14. Das Dipolmoment und der HNH-Bindungswinkel von NH_3 betragen 4,82 · 10^{-30} Cm bzw. 107°. Berechnen Sie das NH-Bindungsmoment.

15. Berechnen Sie den Ionencharakter von CsF, CsCl, KF, KCl und KBr. Die Kernabstände betragen: 2,34 Å, 2,90 Å, 2,55 Å, 2,67 Å und 2,82 Å.

16. $Fe(CN)_6^{3-}$ und FeF_6^{3-} besitzen ein bzw. fünf ungepaarte Elektronen. Beide Komplexe werden in Proberöhrchen von 1 cm^2 Querschnitt in 1 molarer Lösung mit der Gouy-Waage (magnetische Induktion 0,5 T) „gewogen". Wie „schwer" sind die Proben?

17. Berechnen Sie mit Hilfe von Tabelle 7.3 die Suszeptibilität von Benzol. Wie groß ist der Gewichtsverlust einer Probe mit 1 cm^2 Querschnitt in einem Magnetfeld der Induktion 3 T. Die Suszeptibilität des Probengefäßes sei vernachlässigbar klein, die Dichte von Benzol beträgt 870 kgm^{-3}.

18. Wie empfindlich muß eine Gouy-Waage sein, damit man mit ihr die Suszeptibilität von O_2 unter Standardbedingungen messen kann? O_2 verhalte sich unter diesen Bedingungen ideal, der Probenquerschnitt soll 1 cm^2 betragen.

19. Wie groß ist der Gewichtsverlust von O_2 (l) bei -180 °C, wenn die magnetische Induktion 3 T beträgt? (Dichte 1140 kgm^{-3}, Probenquerschnitt 1 cm^2).

Kapitel 8
Lichtstreuung an Molekülen

Sehr viele Informationen, die wir heute über Bindungslängen, Bindungswinkel und ähnliche Strukturparameter von Molekülen besitzen, stammen nicht aus spektroskopischen Untersuchungen mit Resonanzmethoden, wie wir sie in Kapitel 6 kennengelernt haben, sondern aus Untersuchungen mit Lichtstreuung. Resonanz- und Lichtstreumethoden sind voneinander streng zu unterscheiden. Während bei den ersteren eine Molekülanregung dadurch provoziert wird, daß die Frequenz des Strahlungsfeldes mit einer Absorptionsfrequenz übereinstimmt, und die Absorption im Durchlicht beobachtet wird, wird bei den letzteren durch die Verwendung von Licht verschiedener Frequenz eine Lichtstreuung initiiert. Das auffallende Licht wird in alle Raumrichtungen abgelenkt oder gestreut, besitzt eine räumliche Intensitätsverteilung und kann daher nicht im Durchlicht untersucht werden. Grundsätzlich unterscheidet man zwischen Streuung mit und ohne Frequenzänderung des eingestrahlten Lichtes.

Die praktisch wichtigste Streumethode mit Frequenzänderung ist die Ramanspektroskopie, bei der es sich um eine Spektroskopie der Streustrahlung handelt. Neben den Hauptlinien der Erregerstrahlung treten im senkrecht zur Einfallsrichtung beobachteten Streulicht sogenannte Ramanlinien auf, die durch Schwingungen und Rotationen verursacht werden. Die Anregungsenergie wird der Erregerstrahlung entnommen, wodurch es zu der Frequenzänderung kommt. Man bezeichnet diese Art der Streuung auch als unelastische Streuung.

Je nach dem Verhältnis von Molekülgröße zu Lichtwellenlänge können bei elastischer Streuung auch Interferenzen zwischen den abgelenkten Strahlen auftreten. Sind die Moleküle als Streuzentren ungefähr so groß wie die Wellenlänge des auffallenden Lichtes, so entsteht vorwiegend kohärentes Streulicht mit Beugungsbildern. Allen Beugungsmethoden, gleichgültig ob es sich um solche mit Röntgen-, Elektronen- oder Neutronenstrahlen handelt, liegt das klassisch beschreibbare Interferenzprinzip elektromagnetischer Wellen zugrunde. Die Auswertung der Beugungsbilder hinsichtlich der Struktur der molekularen Streuzentren hängt jedoch maßgeblich von dem speziell verwendeten Verfahren und dem Zustand ab, in dem die Streuzentren vorliegen. Wir werden hier speziell die Beugung an Gasmolekülen untersuchen.

Besitzt das auffallende Licht eine Wellenlänge, die größer als der mittlere Molekülradius ist, kommt es zu einer räumlichen Verteilung inkohärenter Streustrahlung, nun Rayleighstreuung genannt. Auch aus ihr erhält man Informationen struktureller Art, ganz besonders über Makromoleküle.

Wie bei den spektroskopischen Methoden spielt auch bei den Streumethoden das Übergangsmoment und im Grenzfall das stationäre und induzierte Moment die Rolle des Vermittlers zwischen Licht und Materie. Dies ist mit ein Grund, warum wir Streuvorgänge mit klassischen Mitteln beschreiben können. Für quantitative Überlegungen, etwa zur Ermittlung der Auswahlregel für ramanaktive Schwingungen, ist jedoch eine quantenmechanische Beschreibung unerläßlich.

8.1 Ramanspektren

Ramanstreuung wird mit Hilfe der in Bild 8.1 skizzierten Anordnung untersucht. Monochromatische UV-Strahlung, z. B. das Licht einer Quecksilberdampflampe oder das eines Lasers, fällt auf die Moleküle und wird senkrecht zur Einfallsrichtung beobachtet. Da es spektral zerlegt wird, kann man diese Methode als eine Spektroskopie der Streustrahlung bezeichnen. Neben den Linien der Erregerstrahlung, die ohne Frequenzänderung gestreut werden (Rayleighanteil), treten im Spektrum auch Linien auf, die um ganz bestimmte Frequenzbeträge gegen die Erregerlinie verschoben sind (Bild 8.2). Diese nach *Raman* benannten und von *Smekal* vorausgesagten Linien stammen von der Anregung

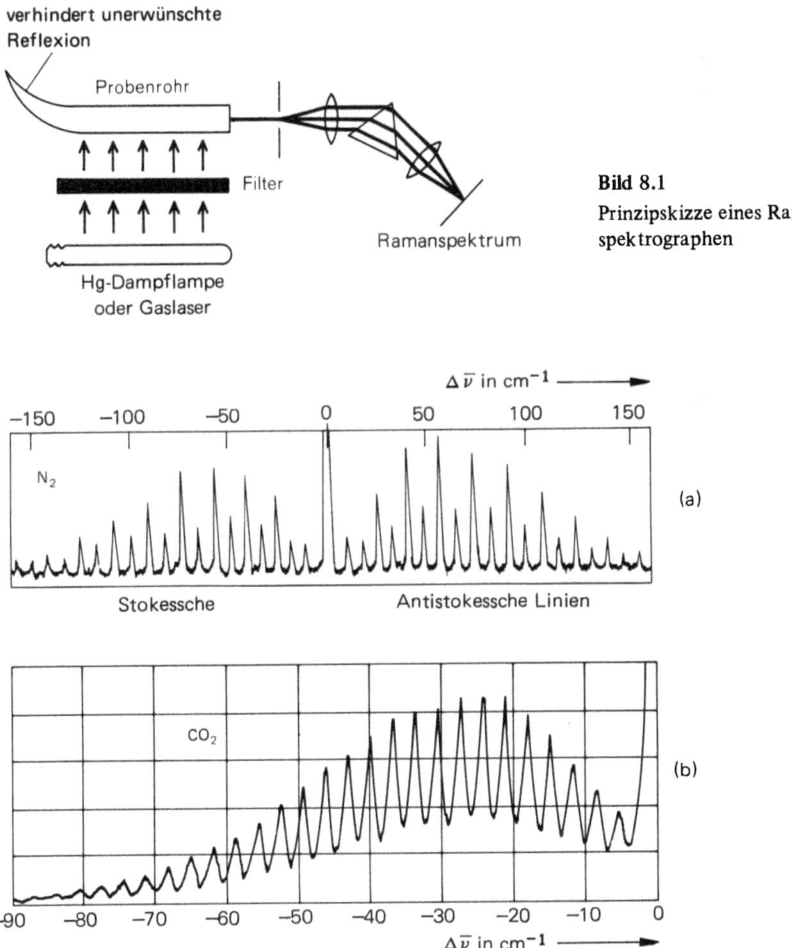

Bild 8.1 Prinzipskizze eines Raman-spektrographen

Bild 8.2 Rotationsramanspektrum von N$_2$ aufgenommen mit 6328 Å-Licht eines He-Ne-Lasers; die alternierende Intensität der Ramanlinien stammt von der unterschiedlichen Entartung der geraden und ungeraden Rotationsniveaus (*H. W. Kroto:* Molecular Rotation Spectra, Wiley Inc. New York, 1975) (a) Ramanspektrum von CO$_2$ (b)

von Schwingungs- und Rotationszuständen der Moleküle. Da die zugehörige Anregungsenergie der Erregerstrahlung entnommen wird, kommt es zu einer Frequenzänderung, die im Spektrum sichtbar wird. Das Entstehen der Ramanlinien kann zwar klassisch wie folgt erklärt werden, befriedigt jedoch nicht in allen Aspekten.

Trifft eine Strahlung mit der Frequenz ν auf Moleküle mit einer isotropen Polarisierbarkeit α auf, so induziert sie in diesen ein elektrisches Moment $\boldsymbol{\mu}$, das dem Feldvektor $\mathbf{E}$ proportional ist (Abschnitt 7.1):

$$\boldsymbol{\mu} = 4\,\pi\epsilon_0\,\alpha\,\mathbf{E}(t) = 4\,\pi\epsilon_0\,\alpha\,\mathbf{E}_0\cos 2\pi\nu\,t. \tag{1}$$

Ist die Polarisierbarkeit α zeitlich nicht konstant, sondern ändert sie sich mit der Auslenkung bei der Schwingung oder Rotation (Eigenfrequenz ν_0), dann kann man den plausiblen Zeitansatz machen:

$$\alpha(t) = \alpha + \alpha'\cos 2\pi\nu_0\,t\;. \tag{2}$$

Setzen wir ihn in Gl. (1) ein, so bekommen wir für das elektrische Moment:

$$\boldsymbol{\mu} = 4\pi\epsilon_0\,[\alpha + \alpha'\cos 2\pi\nu_0\,t]\,\mathbf{E}_0\cos 2\pi\nu\,t$$

$$= 4\pi\epsilon_0\,\alpha\mathbf{E}_0\cos 2\pi\nu t + \frac{1}{2}\,4\pi\epsilon_0\,\alpha'\,\mathbf{E}_0\,[\cos 2\pi t\,(\nu + \nu_0) + \cos 2\pi t\,(\nu - \nu_0)]. \tag{3}$$

Der erste Term bedeutet ein mit der Erregerfrequenz ν oszillierendes Moment (Abschnitt 7.4) und verursacht elastische *Rayleighstreuung*. Der zweite Term verkörpert hingegen Momente, die mit den Schwebungsfrequenzen $\nu \pm \nu_0$ oszillieren und bedingt einen unelastischen Streuvorgang. Wenn also das spektral zerlegte Streulicht Schwebungsfrequenzen aufweist, dann hat das an den Molekülen gestreute Licht einen Teil seiner Energie unter Anregung eines Schwingungs- oder Rotationszustandes abgegeben. Im klassischen Sinne sind daher solche Molekülzustände ramanaktiv, bei denen sich die Polarisierbarkeit mit der Auslenkung zeitlich ändert. In Erinnerung gerufen sei, daß Moleküle dann IR-aktiv sind, wenn sich ihr Dipolmoment ändert. Bei der IR-Absorption muß auch die Erregerstrahlungsfrequenz mit der Eigenfrequenz übereinstimmen, während dies hier nicht der Fall ist: Die Energie oder Frequenz der Erregerstrahlung ist sehr viel größer als die Energieänderung bei einer Schwingung oder Rotation. Raman- und Absorptionsspektroskopie ergänzen sich vorteilhaft, weil IR-inaktive Schwingungen zumeist Raman-aktiv sind und umgekehrt. Darin liegt auch die eigentliche Bedeutung der Ramanspektroskopie für die Strukturaufklärung von Molekülen.

Um quantitativ feststellen zu können, welche Schwingungen tatsächlich Raman-aktiv sind, müssen wir einen zu Gl. (3) analogen quantenmechanischen Ausdruck für das Übergangsmoment ableiten. Wir machen dies so ähnlich wie in Abschnitt 7.4, wo wir das Moment des gestörten Grundzustandes bestimmt haben. Bei Ramanübergängen handelt es sich nun um Übergänge zwischen zwei beliebigen Schwingungs- oder Rotationszuständen, wobei jeder durch die Anwesenheit des Feldes $\mathbf{E} = \mathbf{E}_0\cos 2\pi\nu t$ gestört wird. Wir beschreiben deshalb beide Zustände durch gestörte Funktionen:

$$\Psi_a = \Psi_a^0 + \sum_k c_k\,\Psi_k^0, \tag{4}$$

$$\Psi_b = \Psi_b^0 + \sum_l c_l\,\Psi_l^0. \tag{5}$$

Das Übergangsmoment zwischen den beiden gestörten Zuständen a und b lautet jetzt:

$$\mu_{ab} = \mathrm{Re}\,(\Psi_a^* / e\mathbf{r} / \Psi_b) = \mathrm{Re}\left(\Psi_a^{0*} + \sum_k c_k^* \Psi_k^{0*} / e\mathbf{r} / \Psi_b^0 + \sum_l c_l \Psi_l^0\right)$$

$$\cong \mathrm{Re}\left\{(a/e\mathbf{r}/b)e^{2\pi\nu_{ab}it} + \sum_k c_k^*(k/e\mathbf{r}/b)e^{2\pi\nu_{kb}it} + \sum_l c_l(a/e\mathbf{r}/l)e^{2\pi\nu_{al}it}\right\}, \qquad (6)$$

mit den beiden Übergangskoeffizienten

$$c_k^* = \frac{E_0}{2}\,(k/e\mathbf{r}/a)\left[\frac{e^{-2\pi(\nu_{ka}+\nu)it}}{h\nu_{ka}+h\nu} + \frac{e^{-2\pi(\nu_{ka}-\nu)it}}{h\nu_{ka}-h\nu}\right] \qquad (7)$$

und

$$c_l = \frac{E_0}{2}\,(l/e\mathbf{r}/b)\left[\frac{e^{2\pi(\nu_{lb}+\nu)it}}{h\nu_{lb}+h\nu} + \frac{e^{2\pi(\nu_{lb}-\nu)it}}{h\nu_{lb}-h\nu}\right]. \qquad (8)$$

Die Integrationskonstante der Übergangskoeffizienten wurde wiederum Null gesetzt, da sie auf das Resultat keinen Einfluß ausübt. Setzen wir die Koeffizienten in Gl. (6) ein, so bekommen wir den etwas unhandlichen Ausdruck

$$\mu_{ab} = \mathrm{Re}\left\{(a/e\mathbf{r}/b)e^{2\pi\nu_{ab}it} + \sum_k \frac{E_0}{2}(k/e\mathbf{r}/b)(k/e\mathbf{r}/a)\left[\frac{e^{2\pi(\nu_{ab}-\nu)it}}{h\nu_{ka}+h\nu} + \frac{e^{2\pi(\nu_{ab}+\nu)it}}{h\nu_{ka}-h\nu}\right]\right.$$

$$\left. + \sum_l \frac{E_0}{2}(a/e\mathbf{r}/l)(l/e\mathbf{r}/b)\left[\frac{e^{2\pi(\nu_{ab}+\nu)it}}{h\nu_{lb}+h\nu} + \frac{e^{2\pi(\nu_{ab}-\nu)it}}{h\nu_{lb}-h\nu}\right]\right\} \qquad (9)$$

Zur Vereinfachung von Gl. (9) berücksichtigen wir, daß

$$\mathrm{Re}\left\{e^{ix}\right\} = \mathrm{Re}\left\{\cos x + i\sin x\right\} = \cos x \qquad (10)$$

bzw.

$$\mathrm{Re}\left\{e^{-ix}\right\} = \mathrm{Re}\left\{\cos x - i\sin x\right\} = \cos x \qquad (11)$$

und bekommen mit $\cos x = \cos -x$

$$\mu_{ab} = (a/e\mathbf{r}/b)\cos 2\pi\nu_{ab}t + \sum_k \frac{E_0}{2h}(k/e\mathbf{r}/b)(k/e\mathbf{r}/a)\left[\frac{\cos 2\pi(\nu-\nu_{ab})t}{\nu_{ka}+\nu} + \frac{\cos 2\pi(\nu+\nu_{ab})t}{\nu_{ka}-\nu}\right]$$

$$+ \sum_l \frac{E_0}{2h}(a/e\mathbf{r}/l)(l/e\mathbf{r}/b)\left[\frac{\cos 2\pi(\nu+\nu_{ab})t}{\nu_{lb}+\nu} + \frac{\cos 2\pi(\nu-\nu_{ab})t}{\nu_{lb}-\nu}\right] \qquad (12)$$

Da die Summationen über k und l gleichartig verlaufen, können wir nun ihre Unterscheidung aufheben und die Laufzahlen k und l durch eine einzige, z. B. durch j ersetzen:

$$\mu_{ab} = (a/e\mathbf{r}/b)\cos 2\pi\nu_{ab}t + \cos 2\pi(\nu+\nu_{ab})t\,\frac{E_0}{2h}\sum_j (a/e\mathbf{r}/j)(j/e\mathbf{r}/b)\left[\frac{1}{\nu_{ja}-\nu} + \frac{1}{\nu_{jb}+\nu}\right] +$$

$$+ \cos 2\pi(\nu-\nu_{ab})t\,\frac{E_0}{2h}\sum_j (a/e\mathbf{r}/j)(j/e\mathbf{r}/b)\left[\frac{1}{\nu_{jb}-\nu} + \frac{1}{\nu_{ja}+\nu}\right]. \qquad (13)$$

Der erste Term in Gl. (13) stellt ein Moment für Schwingungs- und Rotationsübergänge dar, das nur im Resonanzfall $\nu = \nu_{ab}$ zum Tragen kommt (IR-Übergänge). Dies ist keine neuartige Aussage, sondern entspricht der gewöhnlichen Resonanzbedingung, wie wir sie in Abschnitt 6.1 kennengelernt haben. Wenn jedoch außer den beiden Zuständen a und b noch ein Zustand j existiert, für den gleichzeitig die Matrixelemente $(a/er/j)$ und $(j/er/b)$ endlich sind, dann wird zusätzlich Licht mit der Schwebungsfrequenz $\nu + \nu_{ab}$ bzw. $\nu - \nu_{ab}$ aufgenommen bzw. abgestrahlt.

Da bei der Ramanspektroskopie die Erregerfrequenz ν sehr viel größer als die Schwingungs- bzw. Rotationsfrequenzen ν_{aj}, ν_{jb} bzw. ν_{ab} ist, lassen sich der 2. und der 3. Term in Gl. (13) wegen

$$\sum_j (\nu_{aj} - \nu_{jb})\,(a/er/j)\,(j/er/b) = \nu_{ab}\,(a/(er)^2/b) \tag{14}$$

noch weiter zu

$$\frac{E_0}{2h}\left[\cos 2\pi(\nu + \nu_{ab})\,t \sum_j (a/er/j)\,(j/er/b)\,\frac{\nu_{aj} - \nu_{jb}}{\nu^2} + \cos 2\pi(\nu - \nu_{ab})\,t \sum_j (a/er/j)\,(j/er/b) \times \right.$$
$$\left. \times \frac{\nu_{aj} - \nu_{jb}}{\nu^2} \right] =$$

$$= \frac{E_0}{2h}\left[\frac{\nu_{ab}}{\nu^2}\,(a/(er)^2/b)\,\cos 2\pi(\nu + \nu_{ab})\,t + \frac{\nu_{ab}}{\nu^2}\,(a/(er)^2/b)\,\cos 2\pi(\nu - \nu_{ab})\,t \right] \tag{15}$$

vereinfachen. Vergleichen wir Gl. (15) mit dem klassischen Ausdruck (3), so finden wir, daß die zeitabhängige Polarisierbarkeit α' von einem quadratischen Matrixelement abhängt:

$$\alpha' = \frac{\nu_{ab}}{4\pi\epsilon_0 h\nu^2}(a/(er)^2/b) \tag{16}$$

In Worten: *Ramaneffekte treten dann auf, wenn irgendein quadratisches Matrixelement vom Typ* $(a/x^2/b)$, $(a/xz/b)$, *usw. nicht verschwindet.* An Hand der Molekülsymmetrie läßt sich deshalb sehr einfach feststellen, ob es Raman-aktive Normalschwingungen gibt. Es gibt sie dann, wenn die irreduzible Darstellung einer Normalschwingung mit einer **xy-**, **xz-** usw. Darstellung der Symmetriegruppe übereinstimmt. Schwingungsramaneffekte unterliegen der Auswahl

$$\Delta v = 0, \pm 2. \tag{17}$$

Das ergibt sich auf Grund folgender Überlegung: Ein Molekül befinde sich in einem Zustand a mit der Quantenzahl v. Das Matrixelement $(a/er/j)$ ist nur dann nicht Null, wenn der Zustand j die Quantenzahl $v \pm 1$ hat. Zugleich gilt, daß $(j/er/b)$ nur endlich ist, wenn sich die Quantenzahl w im Zustand b von dem in j um ± 1 unterscheidet. Beide Matrixelemente können also nur dann gleichzeitig endlich sein, wenn $v = w$ oder $v = w \pm 2$ ist. Übergänge mit $\Delta v = 0$ entsprechen der elastischen Streuung von Licht mit der Erregerfrequenz ν, und Übergänge der zweiten Art der unelastischen Streuung (Energieänderung) von Licht mit der Frequenz $\nu \pm 2\nu_0$ (ν_0 ist die Eigenfrequenz).

Auf analoge Weise leitet man auch die Auswahlregel für Rotationsramaneffekte ab:

$$\Delta l = 0, \pm 2. \tag{18}$$

Ramanlinien mit der Auswahl − 2 werden als *Stokesche* und solche mit der Auswahl + 2 als *Antistokesche Linien* bezeichnet. Sie sind im Spektrum zu beiden Seiten der Erregerlinie zu sehen (Bild 8.2). Wegen dieser Auswahlregel ist der Linienabstand doppelt so groß wie bei den Rotationsspektren (4 B statt 2 B).

8.2 Rayleighstreuung an Makromolekülen

Eine sehr charakteristische Eigenschaft von Molekülen ist die Art und Weise, wie sie Licht streuen, wenn dieses eine Wellenlänge besitzt, die größer als der Molekülradius ist. Es handelt sich dabei um eine elastische Rayleighstreuung mit einer ganz bestimmten Intensitätsverteilung. Liegen Makromoleküle in geeigneter disperser Form vor, so kann auf ihre Gestalt und auf ihre Molmasse geschlossen werden.

Eine erste Anwendung der Rayleighstreuung stellt bereits das Sichtbarmachen kolloidaler Teilen im *Ultramikroskop* dar (Bild 8.3). Das vom Präparat gestreute Licht wird senkrecht zur Einfallsrichtung beobachtet. Kolloidale oder makromolekulare Teilchen geben sich dabei als leuchtende Punkte zu erkennen (*Tyndalleffekt*). Ihre Gestalt und Form wird allerdings nicht aufgelöst, die Partikel wirken lediglich als globale Streuzentren. Die Intensität des Streulichtes hängt sehr vom Unterschied der Brechungsindizes zwischen der makromolekularen Lösung und dem reinen Lösungsmittel ab. Da dieser Unterschied bei makromolekularen Lösungen nur sehr gering ist, beschränkt sich die Anwendung des Ultramikroskops auf anorganische Kolloide. Die Anwendung der Rayleighstreuung auf Makromoleküle bedarf deshalb einer Untersuchung der Streulichtintensität. Experimentell wird aber meist nicht diese selbst gemessen, sondern nur die Intensitätsabnahme im Durchlicht. Man nennt dieses Verfahren auch *Turbidimetrie*. Die Messung basiert auf einem, dem Lambert-Beerschen Absorptionsgesetz analogen Gesetz:

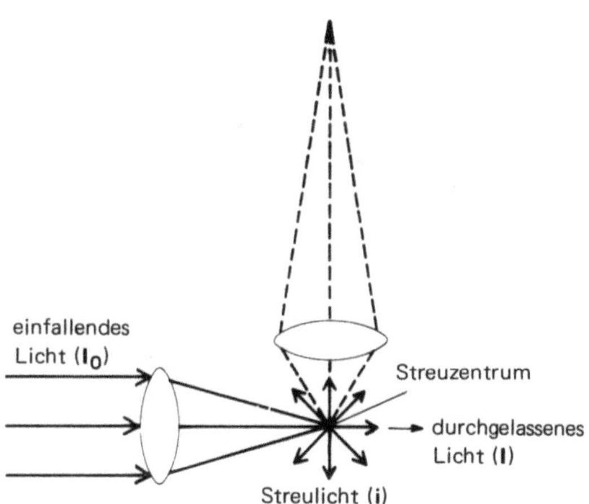

Bild 8.3 Schematische Darstellung des Strahlenganges in einem Ultramikroskop

$$\frac{I}{I_0} = e^{-\tau x} \tag{19}$$

Wegen der Streuung in alle Raumrichtungen nimmt die eingestrahlte Intensität I_0 in der Einfallsrichtung auf I ab. x ist die Küvettenlänge und τ der sogenannte *Turbiditätskoeffizient*. Da die räumliche Verteilung des Streulichtes gesetzmäßig erfolgt, kann das Intensitätsverhältnis $ln\ I/I_0$ bzw. der Koeffizient τ theoretisch erfaßt werden. Umgekehrt läßt sich aus gemessenen τ-Daten auf die Moleküleigenschaften zurückschließen. Ein Konzept für turbidimetrische Untersuchungen von makromolekularen Lösungen soll im folgenden vorgestellt werden. In Abschnitt 8.1 wurde erklärt, daß die Rayleighstreuung durch das induzierte Moment

$$\boldsymbol{\mu} = 4\,\pi\epsilon_0\,\alpha\,\mathbf{E}_0\cos 2\,\pi\nu\,t, \tag{20}$$

das mit der Erregerfrequenz ν oszilliert, hervorgerufen wird. Nehmen wir weiterhin zur Kenntnis, daß wir die Rayleighstreuung klassisch behandeln dürfen, dann können wir den klassisch-elektrodynamischen Ausdruck für die mittlere von einem oszillierenden Dipol pro Zeit- und Flächeneinheit abgestrahlte Energie (= Intensität der Strahlung) verwenden:

$$i = \frac{\mu_0}{16\,\pi^2 c}\left(\overline{\frac{d^2\mu}{dt^2}}\right)^2\frac{\sin\vartheta}{r^2}. \tag{21}$$

μ_0 ist die absolute magnetische Permeabilität, c ist die Lichtgeschwindigkeit, μ das Moment des Dipols und r bzw. ϑ sind Polarkoordinaten. Wegen $\sin\vartheta/r^2$ besitzt das von einem Dipol abgestrahlte Licht eine Intensitätsverteilung, wie sie in Bild 8.4 dargestellt ist. Nur in der Richtung, in der der Dipol oder ein Molekül schwingt, ist die Intensität Null. Identifizieren wir den Dipol mit einem Molekül bestimmter Polarisierbarkeit und setzen wir Gl. (20) in Gl. (21) ein, dann bekommen wir nach Mittelung über die Zeit t:

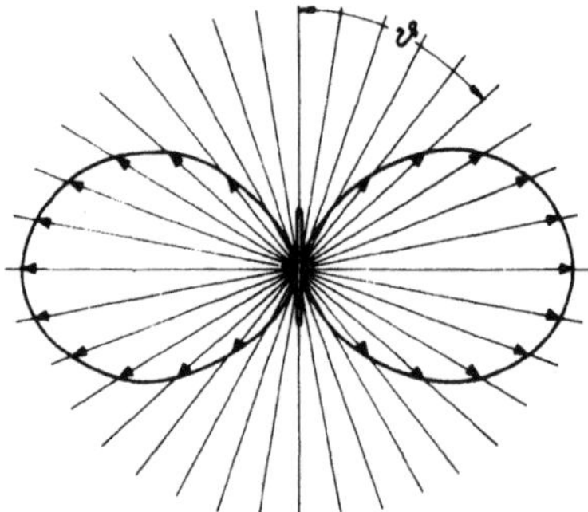

Bild 8.4 Polardiagramm der von einem oszillierenden elektrischen Dipol abgestrahlten Energie

$$i = \frac{\mu_0\,\epsilon_0^2}{c}\,(2\pi\nu)^4\,\alpha^2\,\mathbf{E}_0^2\,\overline{\cos 2\,\pi\nu t^2}\,\frac{\sin^2\vartheta}{r^2}$$

$$= \frac{\mu_0\,\epsilon_0^2}{2c}\,(2\pi\nu)^4\,\alpha^2\,\mathbf{E}_0^2\,\frac{\sin^2\vartheta}{r^2}. \tag{22}$$

Dieser Ausdruck für die Intensitätsverteilung des Streulichtes gilt jedoch nur für einfallendes linear polarisiertes Licht (Bild 8.5). Je nachdem, ob die Schwingungsrichtung des linear polarisierten Lichtes mit der Schwingungsrichtung des elektrischen Moleküldipols übereinstimmt, besitzt das Streulicht verschiedene Verteilungen (Bild 8.6 a und b). Fällt unpolarisiertes Licht ein, das man sich aus zwei aufeinander senkrecht stehenden linearpolarisierten Komponenten zusammengesetzt denken kann, so besitzt es eine Verteilung, die sich additiv aus den einzelnen Komponentenverteilungen zusammensetzt (Bild 8.6c). Mathematisch ausgedrückt:

$$i = \frac{\mu_0\,\epsilon_0^2}{2c}\,(2\pi\nu)^4\,\alpha^2\,\mathbf{E}_0^2\,\frac{1+\cos^2\vartheta}{2r^2}. \tag{23}$$

Demnach ist das Streulicht nach hinten genauso intensiv wie nach vorn.

Bezieht man i auf die Intensität des einfallenden Lichtes (Anhang IV)

$$I_0 = c\,\epsilon_0\,\mathbf{E}^2 = c\,\epsilon_0\,\mathbf{E}_0^2\,\overline{\cos(2\,\pi\nu t)^2} = \frac{c\,\epsilon_0}{2}\,\mathbf{E}_0^2, \tag{24}$$

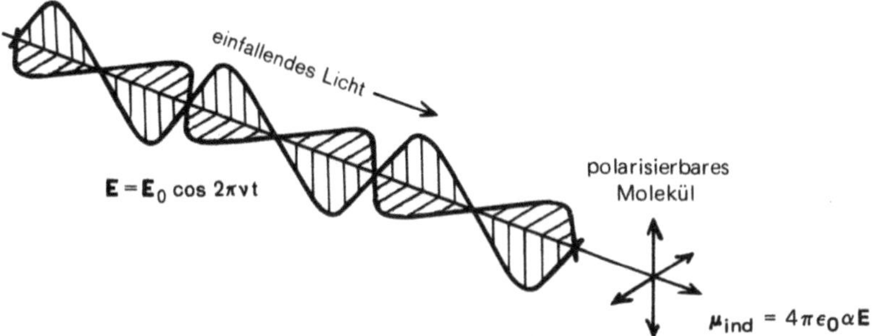

Bild 8.5 Zerlegung von weißem Licht in linearpolarisierte Komponenten mit entsprechend induzierten Momenten in einem Molekül

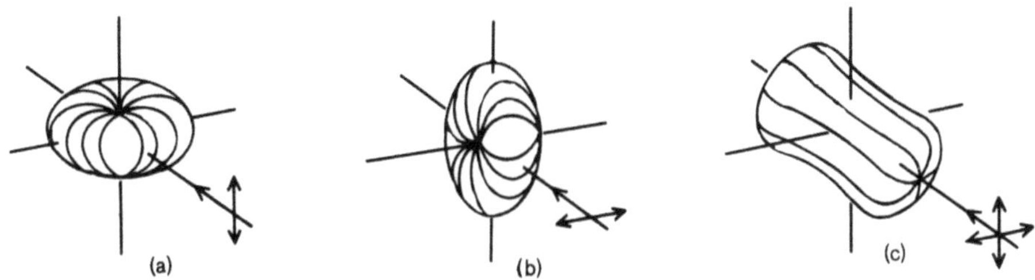

Bild 8.6 Intensitätsverteilung des Streulichtes bei einfallendem linear polarisiertem Licht (a) und (b), bei weißem Licht (c)

so folgt für das Verhältnis i/I_0:

$$\frac{i}{I_0} = \left(\frac{2\pi\nu}{c}\right)^4 \alpha^2 \frac{1 + \cos^2 \vartheta}{2r^2} , \quad \left(\text{Lichtgeschwindigkeit } c = \frac{1}{\sqrt{\epsilon_0 \mu_0}}\right) \tag{25}$$

bzw. mit $c/\nu = \lambda$:

$$\frac{i}{I_0} = \left(\frac{2\pi}{\lambda}\right)^4 \alpha^2 \frac{1 + \cos^2 \vartheta}{2r^2} . \tag{26}$$

Integration über den gesamten Raum,

$$\int\limits_{\vartheta = 0}^{\pi} \frac{i}{I_0} 2\pi r^2 \sin \vartheta \, d\vartheta , \tag{27}$$

liefert schließlich das Verhältnis von gesamtem Streulicht zu einfallendem Licht für ein Molekül:

$$\frac{i_{gesamt}}{I_0} = \frac{8\pi}{3} \left(\frac{2\pi}{\lambda}\right)^4 \alpha^2 . \tag{28}$$

Für N Moleküle ist dieses Verhältnis N-mal so groß und beträgt auf die Volumeneinheit bezogen:

$$\frac{i_{gesamt}}{I_0\,V} = \frac{8\pi}{3}\,\frac{N}{V}\left(\frac{2\pi}{\lambda}\right)^4 \alpha^2 . \tag{29}$$

Bemerkenswert an Gl. (29) ist die Abhängigkeit von der Wellenlänge, die mit der 4. Potenz geht: Langwelliges Licht wird weniger als kurzwelliges gestreut. Der blaue Anteil des sichtbaren Lichtes wird z. B. viel stärker als der rote Anteil gestreut (blauer Himmel).

Um nun aus dem experimentell bestimmten Turbiditätskoeffizienten τ bzw. dem gemessenen Intensitätsverhältnis I/I_0 auf Moleküleigenschaften zurückschließen zu können, muß der (phänomenologische) Turbiditätskoeffizient mit dem molekular abgeleiteten Intensitätsverhältnis $i_{gesamt}/I_0 V$ verknüpft werden. Aus Gl. (19) ergibt sich durch Logarithmieren

$$\tau x = -\ln\frac{I}{I_0}. \tag{30}$$

Setzt man $x = 1$, so bekommt man

$$\tau = -\ln\left(\frac{I}{I_0} - \frac{I_0}{I_0} + 1\right) = -\ln\left(\frac{I - I_0}{I_0} + 1\right) \simeq \frac{I_0 - I}{I_0} . \tag{31}$$

$I_0 - I$ entspricht der pro Volumeneinheit gestreuten Lichtintensität i_{gesamt}/V, so daß

$$\tau = \frac{I_0 - I}{I_0} \equiv \frac{i_{gesamt}}{I_0\,V} = \frac{8\pi}{3}\,\frac{N}{V}\left(\frac{2\pi}{\lambda}\right)^4 \alpha^2 . \tag{32}$$

Mit $N/V = N_A/V$ folgt dann für den Koeffizienten

$$\tau = \frac{8\pi}{3}\,\frac{N_A}{V}\left(\frac{2\pi}{\lambda}\right)^4 \alpha^2 . \tag{33}$$

Um nach dieser Formel aus der gemessenen Turbidität die Molmasse bestimmen zu können, muß die Molekülpolarisierbarkeit α bekannt sein. Die Molrefraktion bzw. der Brechungsindex kann hierfür herangezogen werden. Nach Abschnitt 7.3 gilt für die Molrefraktion:

$$\frac{4\pi}{3}N_A\alpha = \left(\frac{n^2 - 1}{n^2 + 2}\right)V. \tag{34}$$

Für Gase kann man mit $n \simeq 1$ näherungsweise $n^2 + 2 \cong 3$ und $(n^2 - 1) \cong 2(n - 1)$ setzen, so daß

$$\alpha = \frac{1}{2\pi}\left(\frac{V}{N_A}\right)(n - 1) \tag{35}$$

und

$$\tau = \frac{2}{3\pi}\left(\frac{2\pi}{\lambda}\right)^4 \left(\frac{V}{N_A}\right)(n - 1)^2 . \tag{36}$$

Dieser Ausdruck wurde ursprünglich von *Rayleigh* für die Lichtstreuung an Gasmolekülen abgeleitet. Er kann auf die Streuung an gelösten Makromolekülen ausgedehnt werden, wenn man annimmt, daß für sie die Differenz der Brechungsindizes der Lösung (n) und des reinen Lösungsmittels (n°) maßgebend ist. Das heißt, für die Differenz der Polarisierbarkeiten setzt man:

$$\alpha = \frac{1}{4\pi}\left(\frac{V}{N_A}\right)(n^2 - n^{\circ 2})$$

$$= \frac{1}{4\pi}\left(\frac{M}{N_A d}\right)(n + n^\circ)(n - n^\circ)$$

$$= \frac{1}{4\pi}\left(\frac{M}{N_A}\right) 2\, n^\circ\left(\frac{dn}{dd}\right) \quad \left(n \cong n^\circ, \frac{n - n^\circ}{d} \cong \frac{dn}{dd}\right) \tag{37}$$

Drückt man also α in Gl. (33) nicht durch Gl. (35), sondern durch Gl. (37) aus und setzt für d die Gewichtskonzentration c (kg Polymer pro Volumeneinheit), so bekommt man:

$$\tau = \frac{2}{3\pi}\left(\frac{2\pi}{\lambda}\right)^4 \frac{n^{\circ 2}}{N_A}\left(\frac{dn}{dc}\right)^2 c M. \tag{38}$$

Gl. (38) kann zur Molmassenbestimmung benutzt werden; sie liefert ein Massenmittel (Abschnitt 18.5). Schreibt man für praktische Zwecke

$$H = \frac{2}{3\pi}\left(\frac{2\pi}{\lambda}\right)^4 \frac{n^{\circ 2}}{N_A}\left(\frac{dn}{dc}\right)^2. \tag{39}$$

so lautet Gl. (39):

$$\tau = H c M. \tag{40}$$

Mißt man die Abhängigkeit des Brechungsindex von der Konzentration und bildet man dessen Ableitung nach der Konzentration (bei der zur Lichtstreuung verwendeten Wellenlänge), so bekommt man Werte für H. Extrapoliert man dann H auf die Konzentration Null und setzt diesen Wert in Gl. (40) ein, kann M ermittelt werden. Dieser Wert für M ist von den zwischenmolekularen Wechselwirkungen der Moleküle unabhängig und kann z.B. mit den aus Viskositätsmessungen stammenden verglichen werden. Alles bisher Gesagte gilt für Moleküle, die klein im Vergleich zur Lichtwellenlänge sind. Was passiert aber, wenn die Moleküle nicht mehr klein gegen die Wellenlänge sind, z.B. sichtbares Licht verwendet wird, dessen Wellenlänge von gleicher Größenordnung wie der Molekülradius ist?

Das inkohärente Streulicht geht dann in ein kohärentes über und die Streustrahlen interferieren miteinander. Man hat nun einen zur Elektronen- oder Röntgenbeugung analogen Fall vor sich. In gewissen Richtungen überlagern sich die gestreuten Wellen maximal, in anderen löschen sie sich und auf einem Schirm werden Beugungsringe beobachtet. Die Intensitätsverteilung besitzt auch nicht mehr die Form $(1 + \cos^2 \vartheta)/2r^2$, sondern weicht davon ab. Vergleiche dazu Bild 8.7. Der Intensitätsverteilung liegt jetzt die *Wierlgleichung* zugrunde (Abschnitt 8.4) und ihre Form hängt von der Gestalt der Moleküle ab. Aus dem Vergleich berechneter und beobachteter Intensitätsverteilungen kann so auf die Gestalt der Moleküle geschlossen werden.

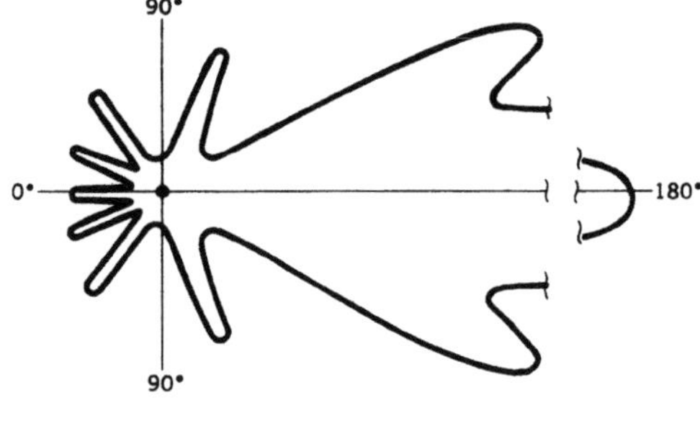

Bild 8.7
Intensitätsverteilung des Streulichtes von
sichtbarem Licht an Makromolekülen mit
einem Radius von 5000 Å (*V. K. La Mer,
M. Kerker:* Sci. Am. 188 (1953) (69)

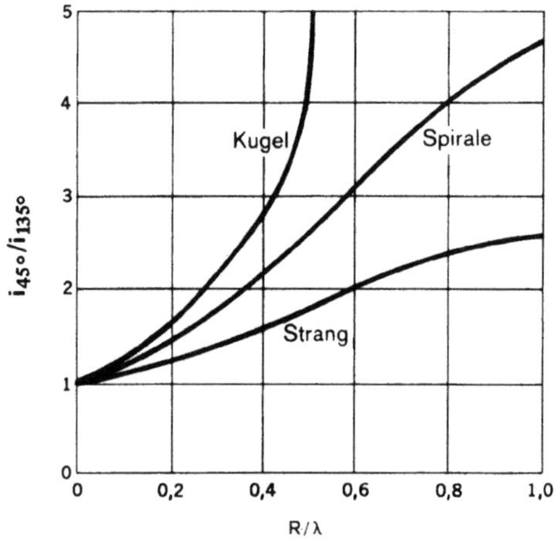

Bild 8.8
Verhältnis der für 45° und 135° berechneten Streulichtintensität als Funktion
eines Molekülparameters R, bezogen auf
die Wellenlänge; R entspricht bei kugelförmiger Gestalt dem Durchmesser, bei
spiralartiger Form der Länge der Spirale
und bei Strängen ihrer Länge

Dazu ein Beispiel in Bild 8.8. Hier wurde das Intensitätsverhältnis bei zwei verschiedenen Winkeln unter Zugrundelegung verschiedener Molekülgestalten berechnet und gegen
das Verhältnis eines Molekülparameters (Radius) zu Wellenlänge in einem Diagramm
aufgetragen. Aus dem Vergleich mit beobachteten Streukurven folgt dann eine Aussage
über die Molekülgestalt.

8.3 Beugungserscheinungen

Die klassisch beschreibbaren Interferenzeffekte bilden die Grundlage der verschiedenen experimentellen Beugungsmethoden. Man beobachtet sie, wenn elektromagnetische
Wellen oder Materiewellen an einer großen Zahl von Zentren gestreut werden, die voneinander Abstände derselben Größenordnung wie die Strahlungswellenlänge haben. Z. B.
treten Beugungserscheinungen auf, wenn sichtbares Licht durch eine Reihe von Spalten
(mit Abständen von ungefähr einer Wellenlänge) hindurchtritt (Bild 8.9). Ist das Licht
monochromatisch, d.h. besteht es nur aus Licht mit einer bestimmten Frequenz, dann
interferieren die Wellen hinter den Spalten *konstruktiv* nur in gewissen Raumrichtungen.
In den anderen Richtungen sind die gestreuten Wellen gegeneinander *phasenverschoben*
und löschen sich mehr oder weniger aus. Um diesen Effekt zu verstehen, hat man sich
jeden Spalt als eine eigene Lichtquelle vorzustellen und Beugung als Streuung mit Interferenz aufzufassen.

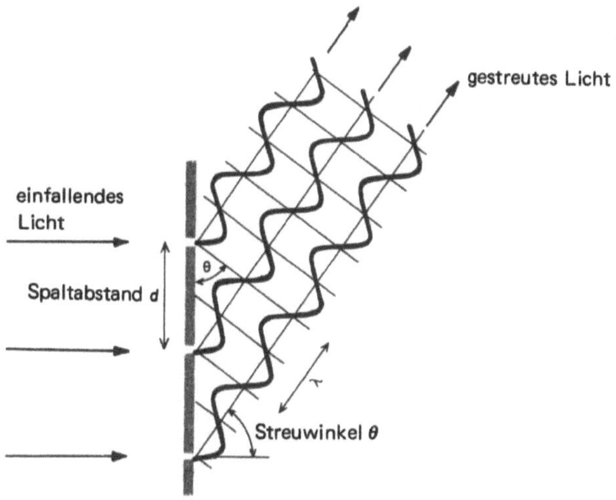

$$d \sin \theta = n\lambda \,\hat{=}\, n2\pi \quad (n = 0,1,2,3\ldots)$$

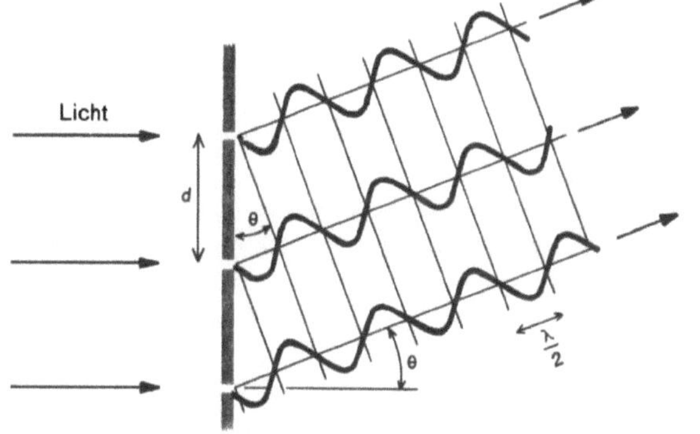

Bild 8.9
Konstruktive und destruk' ve Interferenz von monochromatischem Licht mit der Wellenlänge λ an einer Reihe von Spalten

$$d \sin \theta = (2n+1)\frac{\lambda}{2} \,\hat{=}\, (2n+1)\pi \quad (n = 0,1,2,3\ldots)$$

Konstruktive Interferenz tritt ein, wenn zwischen dem Streu- oder Beugungswinkel θ (= Winkel zwischen einfallendem und gestreutem Licht), der Wellenlänge λ und dem Abstand d der Spalte die Bedingung

$$d \sin \theta = n\lambda \tag{41}$$

erfüllt und n eine ganze positive Zahl ist. Nur wenn $d \sin \theta$ ein ganzzahliges Vielfaches der Wellenlänge λ ist (Bild 8.10), besteht zwischen zwei Wellen keine Phasenverschiebung und die Wellenamplituden addieren sich optimal. Der Spaltabstand d muß außerdem von der Größenordnung λ sein, damit $n\lambda/d$ einen Wert zwischen 0 und 1 besitzt, wenn n eine kleine Zahl ist. Unter diesen Bedingungen gibt es verschiedene Streuwinkel θ, bei denen konstruktive Interferenz eintritt. Wird θ experimentell gemessen, so kann nach Gl. (41)

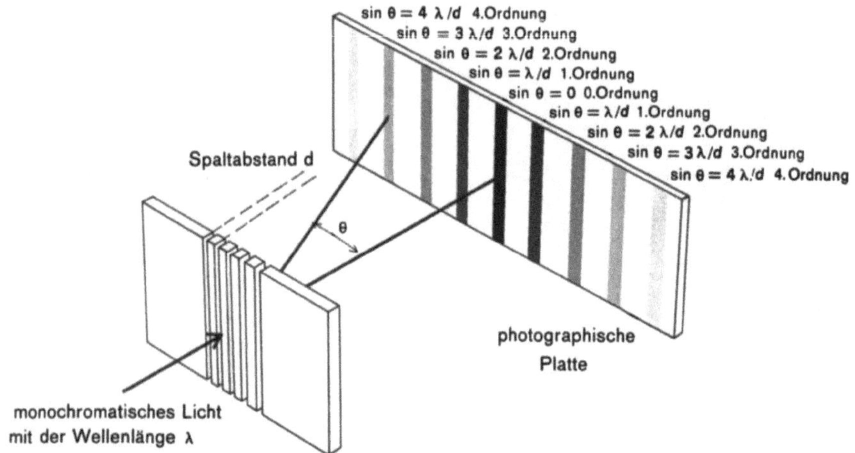

Bild 8.10 Beugungslinien 1. und höherer Ordnung von Spalten, die der Interferenzbedingung
d sin θ = n λ genügen

bei bekanntem λ der Spaltabstand d, also der Abstand zwischen den Streuzentren, berechnet werden. Dies ist bereits das grundlegende Prinzip aller experimentellen Beugungsmethoden.

Eine wichtige Größe bei den Interferenzerscheinungen ist die *Intensität* der gebeugten Streustrahlen, die sich experimentell aus der Schwärzung der photographischen Platte bestimmen läßt. Aus den Bildern 8.9 und 8.10 geht klar hervor, daß konstruktive bzw. destruktive Interferenz eintritt, wenn die gestreuten Wellen eine Phasendifferenz von nλ bzw. $(2n + 1)\lambda/2$ haben ($\lambda = 2\pi$; n = 0, 1, 2, 3, ...). Im ersten Fall ist die Intensität der gestreuten Wellen ein Maximum, im zweiten Fall ein Minimum. Zwischen beiden Extremfällen gibt es einen kontinuierlichen Übergang. Das ist auch der Grund, warum überhaupt ein Beugungsspektrum auftritt.

Interferieren zwei Wellen mit gleicher maximaler Amplitude $\mathbf{A_0}$ und gleicher Frequenz ν bzw. Kreisfrequenz $\omega = 2\pi\nu$, aber mit verschiedenen Phasen ϕ_1 und ϕ_2, so kann man für die oszillierende Amplitude des elektromagnetischen Feldvektors $\mathbf{A}$ (= $\mathbf{E}(t)$ bzw. $\mathbf{H}(t)$) beider Wellen und ihrer resultierenden Welle schreiben:

Welle 1: $\mathbf{A}(1) = \mathbf{A_0}\cos(\omega t + \phi_1)$,

Welle 2: $\mathbf{A}(2) = \mathbf{A_0}\cos(\omega t + \phi_2)$,

resultierende Welle: $\mathbf{A}(1) + \mathbf{A}(2) = \mathbf{A_0}[\cos(\omega t + \phi_1) + \cos(\omega t + \phi_2)]$. $\qquad$ (42)

Mit Hilfe des trigonometrischen Satzes $\cos x + \cos y = 2\cos\frac{1}{2}(x + y)\cos\frac{1}{2}(x - y)$ kann Gl. (42) für die resultierende Welle umgeformt werden:

$$\mathbf{A}(1) + \mathbf{A}(2) = 2\mathbf{A_0}\cos\frac{1}{2}(\phi_1 - \phi_2)\cos[\omega t + \frac{1}{2}(\phi_1 + \phi_2)]. \qquad (43)$$

Die resultierende Welle besitzt also bei gleicher Kreisfrequenz ω die maximale Amplitude $2\mathbf{A_0}\cos\frac{1}{2}(\phi_1 - \phi_2)$, aber eine Phase, die das Mittel aus den Phasen ϕ_1 und ϕ_2 ist. Ist daher die *Phasendifferenz* $(\phi_1 - \phi_2)$ ein ganzzahliges Vielfaches von 2π, tritt konstruktive

Interferenz ein. Ist die Phasendifferenz $(\phi_1 - \phi_2)$ ein halbzahliges Vielfaches von 2π, tritt destruktive Interferenz (Auslöschung) ein.

Das Quadrat der maximalen Amplitude einer Lichtwelle ist ein Maß für ihre *Intensität* I (Anhang IV).:

$$I \sim 4\,A_0^2 \cos^2 \frac{1}{2}(\phi_1 - \phi_2). \tag{44}$$

Durch Umformen mit dem trigonometrischen Satz $2\cos^2 x = 1 + \cos 2x$ ergibt sich daraus:

$$I \sim 2\,A_0^2\,[1 + \cos(\phi_1 - \phi_2)]. \tag{45}$$

Interferieren zwei Wellen nicht mit derselben, sondern mit *verschiedenen* maximalen Amplituden A_0 und B_0, so führt man die Überlagerung mathematisch besser in komplexer Schreibweise durch:

$$\textit{Welle 1: } \mathbf{A} = \mathbf{A}_0\, e^{i(\omega t + \phi_1)}, \qquad (i = \sqrt{-1})$$

$$\textit{Welle 2: } \mathbf{B} = \mathbf{B}_0\, e^{i(\omega t + \phi_2)},$$

$$\textit{resultierende Welle: } \mathbf{A} + \mathbf{B} = (\mathbf{A}_0\, e^{i\phi_1} + \mathbf{B}_0\, e^{i\phi_2})\, e^{i\omega t}. \tag{46}$$

Das Amplitudenquadrat ist dann durch das Produkt der *komplexen* mit der *konjugiert-komplexen* Amplitude $(i \rightarrow -i)$ definiert. Für die Intensität I gilt dann:

$$\begin{aligned} I &\sim (\mathbf{A}_0\, e^{i\phi_1} + \mathbf{B}_0\, e^{i\phi_2})\,(\mathbf{A}_0\, e^{-i\phi_1} + \mathbf{B}_0\, e^{-i\phi_2}) \\ &= \mathbf{A}_0^2 + \mathbf{B}_0^2 + \mathbf{A}_0\mathbf{B}_0\,[e^{i(\phi_1 - \phi_2)} + e^{-i(\phi_1 - \phi_2)}]. \end{aligned} \tag{47}$$

Der letzte Term kann schließlich mit Hilfe des Satzes $e^{ix} + e^{-ix} = 2\cos x$ umgeformt werden, so daß folgende Beziehung entsteht:

$$I \sim \mathbf{A}_0^2 + \mathbf{B}_0^2 + 2\,\mathbf{A}_0\mathbf{B}_0 \cos(\phi_1 - \phi_2). \tag{48}$$

Sie geht für $A_0 = B_0$ in Gl. (45) über. Damit wir mit ihr arbeiten können, schreiben wir für die Phasendifferenz

$$\phi_1 - \phi_2 = \frac{\delta}{\lambda}\,2\pi. \tag{49}$$

δ ist die Wegdifferenz der beiden Wellen.

Die ersten Beugungsexperimente wurden an Kristallen durchgeführt und auf eine von *Max von Laue* ausgesprochene Vermutung hin (1912): An Kristallen gestreute Röntgenstrahlen sollten Beugungserscheinungen zeigen, da ihre Wellenlänge von der gleichen Größenordnung wie die Molekül- oder Ionenabstände in den Kristallen ist. Daß ähnliche Effekte auch mit Korpuskularstrahlen beobachtet werden, ergibt sich aus der Wellennatur der Materie (*De Broglie*). Jeder Korpuskularstrahl aus Teilchen mit dem Impuls mv verhält sich wie eine elektromagnetische Welle mit der De Brogliewellenlänge $\lambda = h/mv$ (vgl. Abschnitt 2.3). Durchläuft beispielsweise ein Elektronenstrahl eine Beschleunigungsspannung von U Volt, so erhöht sich die kinetische Energie der Elektronen um

$$T = \frac{1}{2}\,mv^2 = eU \qquad [\text{J}]. \tag{50}$$

Damit folgt für den Elektronenimpuls

$$mv = \sqrt{2meU} \qquad [\text{Ns}] \tag{51}$$

und für die De Brogliewellenlänge des Elektronenstrahls

$$\lambda = \frac{h}{mv} = h\sqrt{\frac{1}{2\,meU}} = \frac{1{,}224}{\sqrt{U}} \qquad [nm].\qquad\qquad (52)$$

Bei dieser Ableitung wurden relativistische Effekte vernachlässigt. Nach dem Durchlaufen einer Potentialdifferenz von 40000 V beträgt die Materiewellenlänge ungefähr 6 pm. Ein solcher Elektronenstrahl ruft wie jede andere monochromatische Welle Interferenzerscheinungen hervor.

Trifft der Elektronenstrahl auf Moleküle, so wirken die Molekülatome als Beugungszentren. Da die eigentlichen Zentren die Molekülelektronen sind, ist die Streuwirkung (Streuquerschnitt) recht groß. Zur Beobachtung eines Beugungsbildes reichen daher kleine Moleküldichten (Molekülstrahl) aus. Anders ist es bei den ungeladenen Röntgenstrahlen (Abschnitt 9.1), deren Streuquerschnitt relativ klein ist und die Zentren mit hoher Dichte (Kristalle) erfordern. Bild 8.11 zeigt schematisch die Anordnung zur Untersuchung von Molekülen in der Gasphase. Dem kohärenten Streulicht, das die Beugungsbilder liefert, ist jedoch meist inkohärentes überlagert. Dieses ist von der Molekülstruktur unabhängig und äußert sich im Beugungsbild als Untergrund. Unsere Aufgabe besteht nun darin, eine Verknüpfung zwischen dem Beugungsbild und der Molekülstruktur, gleichsam den Weg der Strahlung zurückgehend, herzustellen. Gesucht ist eine Beziehung wie Gl. (41), die die Molekülgeometrie in Form von Parametern (vergleichbar mit d) enthält. Diese Beziehung heißt *Wierlgleichung*; sie wird für lineare, homonukleare Moleküle im nächsten Abschnitt abgeleitet.

8.4 Die Wierlgleichung

Ein Elektronenstrahl der Wellenlänge λ trifft wie in Bild 8.11 dargestellt, auf einen Molekülstrahl. Der größte Teil des Elektronenstrahls tritt ungehindert durch und hinterläßt auf der photographischen Platte eine zentrale, punktförmige Schwärzung. Der Rest wird an den Molekülen gebeugt. Infolge Interferenz der an den einzelnen Molekülen gebeugten Wellen erscheint auf der Platte eine Reihe von konzentrischen, geschwärzten Ringen.

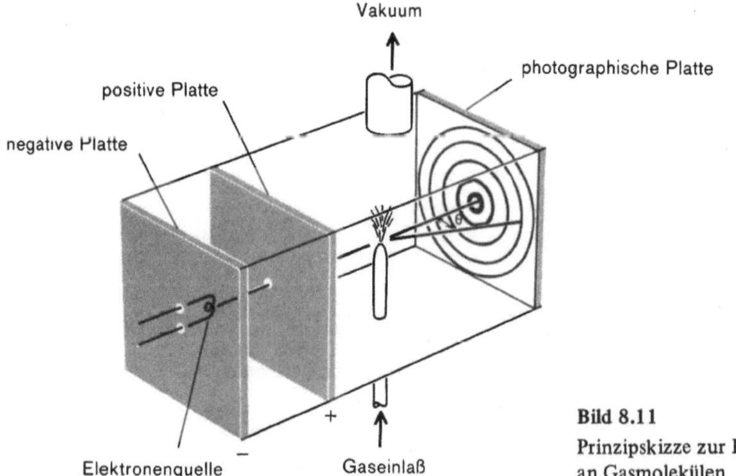

Bild 8.11
Prinzipskizze zur Elektronenbeugung
an Gasmolekülen

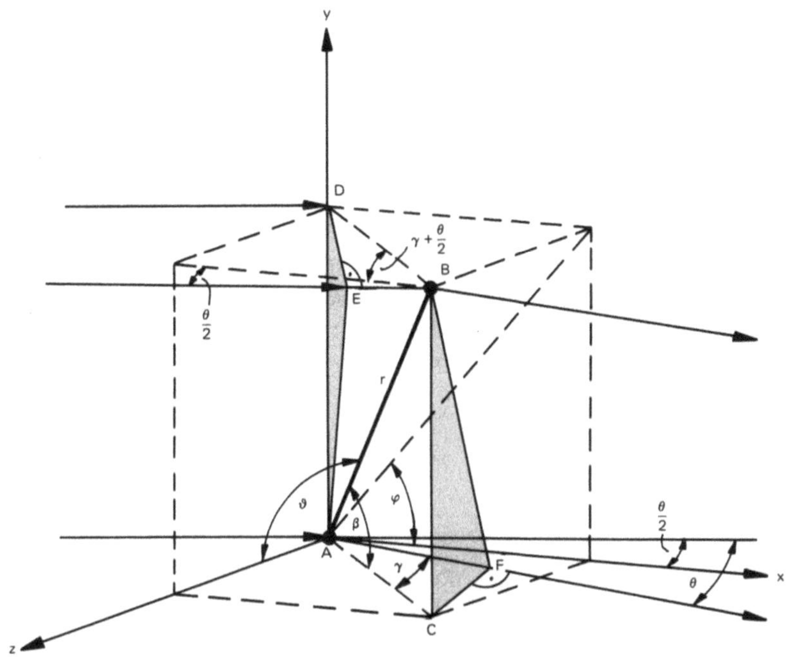

Bild 8.12 Interferenz der unter dem Streuwinkel θ an den Molekülatomen A und B gebeugten Wellen

Die klassische Beschreibung der Beugung an Spalten und der Intensität des Beu-gungsspektrums war relativ einfach, weil alle Spalte einen festen Abstand hatten. Nun aber ist die Beugung an regellos verteilten Spalten bzw. Molekülen (Streuzentren) zu beschreiben. Dies soll anhand von Bild 8.12 geschehen, wo das Punktmodell eines *homo-nuklearen*, zweiatomigen Moleküls (mit AB bezeichnet) mit dem Atomabstand r in einer beliebigen Raumlage, gegeben durch die Kugelkoordinaten ϑ und φ, gezeichnet ist. Der Streu- oder Beugungswinkel, der Winkel zwischen einfallendem und gebeugtem Elektronen-strahl sei θ. Um die mittlere Intensität in bezug auf alle Molekülorientierungen zu finden, muß man zuerst die Intensität der Streuwelle bezüglich der Raumlage eines Moleküls bestimmen und dann über alle Moleküle in den verschiedenen Raumlagen mitteln. Da die Intensität nur von der Orientierung zur Elektronenstrahlrichtung, nicht aber vom Molekülort abhängt, darf die Summe über alle Moleküle durch die Summe bzw. durch das Integral über alle Raumlagen (mit ortsfestem Atom A) ersetzt werden. Der geometrische Ort aller räumlichen Lagen des Atoms B ist dabei eine Kugel vom Radius r.

Die im Bild 8.12 gezeichnete Raumlage (ϑ, φ) wird herausgegriffen und die Phasen-differenz der an den Atomen A und B gestreuten Wellen bestimmt. In der Ebene $\overline{ADE}$ (senkrecht zur Elektronenstrahlrichtung) sind alle einfallenden Wellen noch in Phase, dahinter nicht mehr; denn die Welle, die auf A trifft, wird bereits gestreut. Bis zu dem Zeitpunkt, da eine Welle auf B trifft (Weg $\overline{EB}$), hat die an A gestreute bereits den Weg $\overline{AF}$ zurückgelegt. Die Ebene $\overline{BCF}$ steht senkrecht zur Streurichtung mit dem Streuwinkel θ. Die an A und B gestreuten Wellen besitzen daher eine Phasendifferenz, die dem Weg $\overline{EB} - \overline{AF}$ proportional ist:

$$\phi_1 - \phi_2 = \frac{\delta}{\lambda}\, 2\pi \quad \text{mit} \quad \delta = \overline{EB} - \overline{AF}\,. \tag{53}$$

Beträgt der Wegunterschied δ gerade ein ganzzahliges Vielfaches der Wellenlänge λ, dann interferieren die Wellen konstruktiv; ist δ ein halbzahliges Vielfaches von λ, so tritt Auslöschung ein.

Nach Gl. (44) ist die Intensität proportional dem maximalen Amplitudenquadrat. Die Amplitude der interferierten Welle hängt wiederum von der Anzahl der Atomelektronen ab und ist daher porportional der Ordnungszahl Z (je mehr Elektronen, umso wirksamer die Streuung), so daß man schreiben kann:

$$I \sim Z^2 \cos^2 \tfrac{1}{2}\, (\phi_1 - \phi_2)\,. \tag{54}$$

Mit Gl. (53) folgt dann:

$$I \sim Z^2 \cos^2 \left(\frac{\delta\,\pi}{\lambda} \right). \tag{55}$$

Nun muß δ mit der Geometrie des Moleküls AB verknüpft werden. Da mit den in Bild 8.12 angegebenen Hilfswinkeln β und γ die Beziehungen

$$\overline{DB} = \overline{AC} = r \cos\beta,$$
$$\overline{EB} = r \cos\beta \cos(\gamma + \theta),$$
$$\overline{AF} = r \cos\beta \cos\gamma \tag{56}$$

gelten, ergibt sich für $\delta = \overline{EB} - \overline{AF}$:

$$\delta = r \cos\beta \left[\cos(\gamma + \theta) - \cos\gamma \right]. \tag{57}$$

Gl. (57) kann mit dem trigonometrischen Satz $\cos x - \cos y = 2 \sin \frac{x+y}{2} \sin \frac{x-y}{2}$ umgeformt werden:

$$\delta = 2\, r \cos\beta \sin(\gamma + \tfrac{\theta}{2}) \sin\tfrac{\theta}{2}\,. \tag{58}$$

Um eine Mittelung über alle Moleküle durchführen zu können, wird dieser Ausdruck nochmals umgeformt. $r \cos\beta$ ist die Projektion von AB auf die xz-Ebene und gleich $\overline{AC}$; $\overline{AC}$ multipliziert mit $\sin(\gamma + \theta/2)$ ist aber nichts anderes als die Projektion auf die Koordinatenachse z. Beide Projektionen nacheinander durchgeführt sind gleichbedeutend mit der direkten Projektion von $\overline{AB}$ auf die z-Achse:

$$r \cos\beta \sin\left(\gamma + \frac{\theta}{2}\right) = r \cos\vartheta\,. \tag{59}$$

Damit geht Gl. (58) in

$$\delta = 2\, r \cos\vartheta \sin\frac{\theta}{2} \tag{60}$$

und Gl. (55) in

$$I \sim Z^2 \cos^2 \left(\frac{2\pi}{\lambda} r \cos \vartheta \sin \frac{\theta}{2} \right) \qquad (61)$$

über. Mit der Substitution

$$s = \frac{4\pi}{\lambda} \sin \frac{\theta}{2} \qquad (62)$$

erhält man schließlich für die Intensität der am Molekül AB gestreuten Welle (s gibt die Position des Strahles auf der Platte an):

$$I(\vartheta) \sim Z^2 \cos^2 \left(\frac{sr}{2} \cos \vartheta \right). \qquad (63)$$

Nun läßt sich die notwendige Mittelung über alle Moleküle (Atom A ortsfest gedacht) durchführen. Kennzeichnet man die Zahl der Moleküle mit den gegebenen Koordinaten ϑ und φ mit N_i, ihre Häufigkeit (Verteilung) mit f_i ($= N_i/N$) sowie den Intensitätsbeitrag eines Moleküls mit I_i, so gilt für die mittlere Intensität $\overline{I}$ der an einem Molekül gestreuten Wellen:

$$\overline{I} = \frac{\displaystyle\sum_{i=1}^{N} f_i \, I_i}{\displaystyle\sum_{i=1}^{N} f_i}. \qquad (64)$$

Alle Raumlagen sind aber gleich wahrscheinlich, so daß $f_i = $ const; die Atomlagen von B sind über die ganze Kugeloberfläche ($r = $ const) gleichmäßig dicht verteilt. Bei genügend großer Molekülzahl N darf man die Summen durch Integrale ersetzen:

$$\overline{I} = \frac{\text{const} \displaystyle\int_i I(i)\, di}{\text{const} \displaystyle\int_i di}. \qquad (65)$$

di ist nichts anderes als das Flächenelement $di = r^2 \sin\vartheta\, d\vartheta\, d\varphi$ (vgl. Bild 7.7), so daß:

$$\overline{I} \sim \frac{r^2 \displaystyle\int_{\varphi=0}^{2\pi} \int_{\vartheta=0}^{\pi} I(\vartheta) \sin\vartheta\, d\vartheta\, d\varphi}{r^2 \displaystyle\int_{\varphi=0}^{2\pi} \int_{\vartheta=0}^{\pi} \sin\vartheta\, d\vartheta\, d\varphi} \sim \int_{\vartheta=0}^{\pi} I(\vartheta) \sin\vartheta\, d\vartheta. \qquad (66)$$

Der Integrand hängt von φ nicht mehr ab. Mit Gl. (63) folgt weiter:

$$\overline{I}(s) \sim Z^2 \int_{\vartheta = 0}^{\pi} \cos^2\left(\frac{sr}{2}\cos\vartheta\right) \sin\vartheta \, d\vartheta \tag{67}$$

Dieses auszuwertende Integral sieht komplizierter aus, als es in Wirklichkeit ist. Denn mit

$$\sin\vartheta \, d\vartheta = - \, d(\cos\vartheta),$$

$$- \, d(\cos\vartheta) = -\frac{2}{sr}\, d\left(\frac{sr}{2}\cos\vartheta\right) \tag{68}$$

kann man $(sr/2)\cos\vartheta$ durch y substituieren und für das Integral schreiben:

$$\overline{I}(s) \sim Z^2 \left(-\frac{2}{sr}\right) \int_{y \,=\, sr/2}^{-\,sr/2} \cos^2 y \, dy. \tag{69}$$

Die Integration liefert

$$\overline{I}(s) \sim Z^2 \left(-\frac{2}{rs}\right)\frac{1}{2}\left|y + \sin y \cos y\right|_{sr/2}^{-\,sr/2} = Z^2 \left[1 + \frac{2}{sr}\sin\left(\frac{sr}{2}\right)\cos\left(\frac{sr}{2}\right)\right] \tag{70}$$

bzw. für die *gesamte* Intensität der an N Molekülen gestreuten Wellen

$$I(s) \sim NZ^2 \left[1 + \frac{\sin sr}{sr}\right]. \tag{71}$$

Dieser letzte Ausdruck für die Intensität als Funktion von s ist die sogenannte *Wierlglei-chung* für *zweiatomige, homonukleare* Moleküle, die nur zum Zweck der Rechnung mit AB bezeichnet worden sind. Sie verknüpft die Intensität der Beugungsringe bei einem be-stimmten Streuwinkel θ mit der Größe $s = \frac{4\pi}{\lambda}\sin\frac{\theta}{2}$ und dem Kernabstand r.

Die Wierlgleichung für *mehratomige* Moleküle läßt sich analog herleiten. Man hat nur statt des Atoms B gleichzeitig zwei oder mehr Atome räumlich zu orientieren:

$$I(s) \sim \sum_k \sum_j Z_k Z_j \frac{\sin sr_{jk}}{sr_{jk}}. \tag{72}$$

Die Summe erstreckt sich über alle j und k Atome des Moleküls. Ist $j = k = 1$, reduziert sich Gl. (72) zu Gl. (71), dem Spezialfall zweiatomiger, homonuklearer Moleküle.

Die Wierlgleichung ist leider nicht direkt zur Bestimmung von r_{jk} bei gemessenen Werten von $I(s)$ geeignet. Die Bestimmung gelingt nur auf indirektem Weg, wobei man folgendermaßen vorzugehen hat. Die Schwärzung der photographischen Platte (propor-tional der Intensität) wird photometrisch ausgemessen und als Funktion von s (reziproke Å) in einem Diagramm aufgetragen (experimentelle Streukurve, Bild 8.13). Dann berechnet man theoretische *Streukurven* für verschiedene Molekülstrukturen (variierte Molekül-parameter, z. B. r_{ij}) nach Gl. (72) und vergleicht sie mit der experimentellen Streukurve. Durch einen derartigen Vergleich können die optimalen Molekülparameter gefunden werden. Diese Methode wurde z. B. zur Bestimmung des FCF-Bindungswinkels von CHF_3 bei konstanten Werten für die r_{jk} benutzt (Bild 8.13).

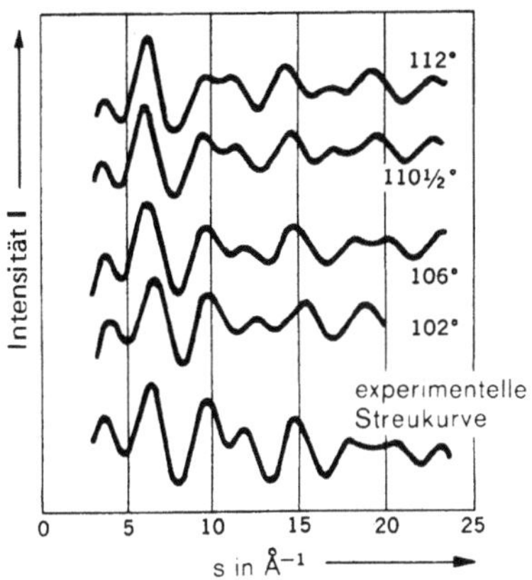

Bild 8.13

Theoretisch berechnete Intensität von CHF_3 für verschiedene FCF-Bindungswinkel und gemessene Intensitätskurve (*L. O. Brockway* in *Weissberger: Physical Methods of Organic Chemistry*, Interscience, N. Y., 1960)

Tabelle 8.1: Bindungswinkel und Bindungslängen einiger Moleküle aus Elektronenbeugungsuntersuchungen

Molekül	Bindungswinkel		Bindungslänge in Å	
$P(CH_3)_3$	C–P–C	$98,6 \pm 3°$	C–P	$1,846 \pm 0,003$
	P–C–H	$110,7 \pm 5°$	C–H	$1,091 \pm 0,006$
CH_3Cl	H–C–H	$110 \ \pm 2°$	C–Cl	$1,784 \pm 0,003$
			C–H	$1,11 \ \pm 0,01$
CF_3Cl	F–C–F	$108,6 \pm 0,4°$	C–F	$1,328 \pm 0,002$
			C–Cl	$1,751 \pm 0,004$
CCl_4	tetraedrisch		C–Cl	$1,769 \pm 0,005$
C_2H_4	H–C–H	$115,5 \pm 0,6°$	C=C	$1,333 \pm 0,002$
			C–H	$1,084 \pm 0,003$
CH_3OH	C–O–H	$108 \ \pm 3°$	C–O	$1,427 \pm 0,004$
	H–C–H	$109° \ 28'$	C–H	$1,095 \pm 0,010$
			O–H	$0,960 \pm 0,020$
$(CH_3)_2O$	C–O–C	$111,5 \pm 1,5°$	C–O	$1,416 \pm 0,003$
			C–H	$1,094 \pm 0,006$
C_6H_6	C–C–C	$120 \ \pm 4°$	C–C	$1,39 \ \pm 0,03$
			C–H	$1,08 \ \pm 0,02$

Eine theoretische Berechnung der Intensität ist bei zweiatomigen Molekülen noch relativ einfach durchführbar, da nur ein Parameter (r) variiert werden muß. Bei mehratomigen Molekülen müssen jedoch viele Parameter ausprobiert werden, um eine theoretische Streukurve zu finden, die mit der beobachteten übereinstimmt. Selbst dann können Kombinationen falscher Strukturparameter eine Übereinstimmung vortäuschen. Trotzdem wurden auf diesem indirekten Weg bereits sehr viele Strukturdaten ermittelt. Einige davon sind in der Tabelle 8.1 zusammengestellt.

8.5 Auswertung des Beugungsspektrums

Nach *Pauling* und *Brockway* läßt sich die Intensität der Beugungsringe direkt mit den Kernabständen in Zusammenhang bringen.

Bei der Ableitung der Wierlgleichung behandelten wir die Atome A und B global als Streuzentren. Es wurde ihnen dabei eine Streuwirkung zugeschrieben, die proportional der Elektronenzahl ist. Mit anderen Worten: Jedes Atomelektron sollte als eigentliches Streuzentrum gleichviel zur Streuwirkung beitragen. Es ist aber bekannt, daß in allen Atomen eine radiale Elektronendichteverteilung $\rho(r) = eP(r)$ vorliegt (Abschnitt 3.2). Deshalb kann man die Streuwirkung eines Atoms nicht einfach direkt proportional der Elektronenzahl Z setzen, sondern muß ihre radiale Verteilung berücksichtigen. Es gilt für ein Einelektronenatom

$$\int_{r=0}^{\infty} P(r)\, dr = \int_{r=0}^{\infty} R^2(r)\, 4\pi r^2\, dr = 1 \tag{73}$$

bzw. für ein Mehrelektronenatom

$$\int_{r=0}^{\infty} P(r)\, dr = \int_{r=0}^{\infty} R^2(r)\, 4\pi r^2\, dr = Z. \tag{74}$$

In Gl. (74) ist $R^2(r)$ das Quadrat des radialen Anteils des Einelektronen-Atomorbitals bzw. das Quadrat des radialen Anteils des Mehrelektronen-Atomorbitals.

Berechnet man auf gleiche Weise wie für Moleküle die Streuintensität für Atome mit radialer Elektronendichteverteilung (A = Kern, B = Elektron, r variabel), so ergibt sich die Intensität proportional dem Quadrat von

$$ef(s) = \int_{r=0}^{\infty} \rho(r)\, \frac{\sin sr}{sr}\, dr \quad \text{bzw. } f(s) = \int_{r=0}^{\infty} P(r)\, \frac{\sin sr}{sr}\, dr. \tag{75}$$

f ist der sogenannte *Streufaktor* des Atoms oder *Atomstreufaktor*. r ist nun der variable Elektronenabstand vom Atomkern und s wieder durch Gl. (62) gegeben. Die Streuintensität eines Atoms ist also ebenfalls eine Funktion von s, besitzt aber *keine* Intensitätsmaxima und Minima (*Beugungsringe*), sondern ist eine kontinuierlich mit s abfallende Kurve (Bild 8.14). Der Streufaktor spiegelt (sein wesentlichstes Merkmal) die Elektronenverteilung in einem Atom wieder, denn $4\pi r R^2(r)$ kann als die Fouriertransformierte von $sf(s)$ aufgefaßt werden (Anhang XIII):

$$4\pi r R^2(r) = \int_{s=0}^{\infty} sf(s)\, \sin sr\, ds. \tag{76}$$

Aufgrund dieser Tatsache hat man korrekterweise in der Wierlgleichung die Elektronenzahl Z durch den Streufaktor f zu ersetzen. Nur im Grenzfall kleinster Beugungswinkel ($\theta \to 0$) geht $s \to 0$ und f in Z über. Es gilt also:

$$I(s) \sim \sum_i \sum_j f_i f_j\, \frac{\sin sr}{sr}. \tag{77}$$

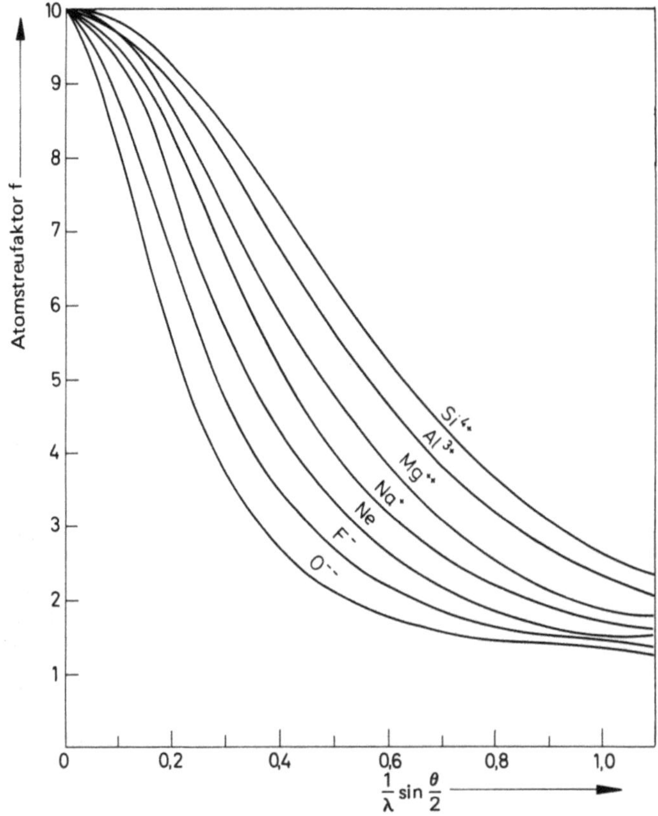

Bild 8.14 Atomstreufaktoren in Abhängigkeit vom Streuwinkel (*L. V. Azaroff:* Elements of X-Ray Crystallography, McGraw Hill, New York, 1968)

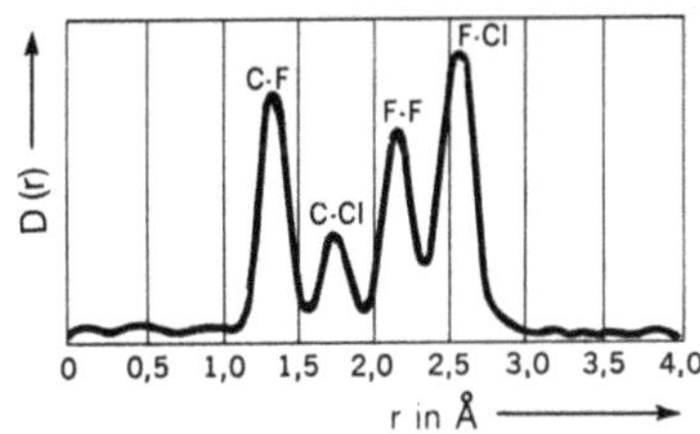

Bild 8.15

Die Funktion D (r) für CF_3Cl (*L. O. Brockway:*
J. Chem. Phys. 23 (1955) 1860)

Nun zur Auswertung nach *Pauling* und *Brockway*: Man ersetzt das Produkt $f_i(s)\,f_j(s)$ näherungsweise durch eine radiale Verteilungsfunktion $4\pi r^2\,D(r)$, wodurch Gl. (77) in

$$I(s) \sim \int\limits_{r=0}^{\infty} 4\pi r^2 D(r)\,\frac{\sin sr}{sr}\,dr \tag{78}$$

übergeht. r ist nun nicht mehr irgendein Kernabstand, sondern der Abstand zweier beliebiger Punkte (elektronische Streuzentren) im Molekül. Wird er identisch mit irgendeinem
Kernabstand, dann erwartet man maximale Intensität. Da s im Nenner von Gl. (78) nur
eine vom Zentrum des Beugungsbildes nach außen kontinuierliche abnehmende Intensität
bedingt, wird er konstant gesetzt. Man kann dann (bis auf const) die Funktion $I(s)$ als
Fouriertransformierte von $rD(r)$ und umgekehrt auffassen:

$$rD(r) = \text{const} \int\limits_{s=0}^{\infty} I(s) \sin sr \, ds \quad \text{bzw.} \quad D(r) = \text{const} \int\limits_{s=0}^{\infty} I(s) \frac{\sin sr}{r} \, ds. \tag{79}$$

Die Intensität ist folglich die Fouriertransformierte der Funktion $4\pi r^2 D(r)$ und steht
mit der Elektronendichteverteilung in den Molekülatomen bzw. im Molekül in direktem
Zusammenhang. Für praktische Zwecke schreibt man Gl. (79) näherungsweise

$$D(r) = \sum_i I_i \frac{\sin s_i r}{s_i r}. \tag{80}$$

Die Summation i läuft dann über alle Beugungsringe. Um die Funktion $D(r)$ zu berechnen, bildet man die Summe für verschiedene Werte von r (siehe z. B. Bild 8.15). Aus der
sich ergebenden Kurve kann man die Kernabstände ohne irgendwelche Annahmen über die
Molekülstruktur entnehmen. Die Maxima der Kurve zeigen jedoch nicht, um welche
speziellen Kernabstände es sich dabei handelt. Was man daraus ersieht, sind nur die
Absolutwerte der Kernabstände.

Wie immer bei Strukturuntersuchungen von mehratomigen Molekülen hat man oft
zu wenig Bestimmungsstücke für alle Strukturparameter. Befriedigende Aussagen bekommt
man, wenn die Moleküle hochsymmetrisch sind und sich die Zahl der Strukturparameter
aus Symmetriegründen reduziert.

Einen Nachteil hat allerdings die Elektronenbeugung an Molekülen. Atome mit
kleiner Atomzahl, also geringer Elektronendichte, besitzen eine sehr geringe Streuintensität. Darunter fallen besonders die Atome der organischen Verbindungen. Als Ausweg
bietet sich die Neutronenbeugung an, da Neutronen an H-Atomen besonders gut elastisch
gestreut werden; der Streuquerschnitt der H-Atome ist für Neutronen wesentlich größer
als für Elektronen.

Die vielen aus Beugungsaufnahmen und spektroskopischen Untersuchungen ermittelten Strukturdaten erlauben es, den Molekülatomen effektive Radien zuzuschreiben,
wenn sie kovalent (homöopolar) gebunden sind. Man nennt sie *kovalente Radien*. Die
Zuordnung erfolgt so, daß der halbe Kernabstand homonuklearer zweiatomiger Moleküle
als Radius definiert wird. Im Cl_2-Molekül beträgt z. B. der Kernabstand 1,99 Å, so daß
dem Cl-Atom ein Radius von 1 Å zukommt. Aus dem C–C Abstand im Äthanmolekül
berechnet man für das C-Atom einen Wert von 0,77 Å usw. Dieses Konzept setzt aber
voraus, daß sich die Bindungslänge additiv aus den Radien zusammensetzt. Decken sich
die so berechneten Bindungslängen (Kernabstände) mit den beobachteten, dann ist dieses
empirische Konzept akzeptabel. Die berechneten Bindungslängen stimmen oft innerhalb
von Hundertstel Å mit den beobachteten überein. Dies bedeutet, daß die Tabellierung
von kovalenten Radien einen großen praktischen Wert besitzt (Tabellen 8.2 und 8.3).

Tabelle 8.2: Beispiele zur Additivität kovalenter Radien in Å (Tables of Interatomic Distances and Configurations on Molecules and Ions, The Chemical Society, 11, 1958)

		$-\overset{\shortmid}{\underset{\shortmid}{C}}-Cl$ (beobachtet)	
$-\overset{\shortmid}{\underset{\shortmid}{C}}-C-$ (Äthan)	1,54	In CCl_4	1,766
$Cl-Cl$ (Cl_2)	1,99	In $CHCl_4$	1,767
$-\overset{\shortmid}{\underset{\shortmid}{C}}-Cl$ (berechnet)	1,77	In CH_3Cl	1,784
		$>N-F$ (beobachtet)	
$>N-N<$ (H_2N-NH_2)	1,46	In NF_3	1,37
$F-F$ (F_2)	1,42	In N_2F_4	1,46
$>N-F$ (berechnet)	1,44		
$H-H$	0,741	$H-F$ (beobachtet)	
$F-F$	1,418	In $H-F$	0,917
$H-F$ (berechnet	1,08		
$-\overset{\shortmid}{\underset{\shortmid}{C}}-\overset{\shortmid}{\underset{\shortmid}{C}}-$ (Äthan)	1,54	$-\overset{\shortmid}{\underset{\shortmid}{C}}-O_\backslash$ (beobachtet)	
$-O-O-$ (HO$-$OH)	1,48	In CH_3OH	1,43
$-\overset{\shortmid}{\underset{\shortmid}{C}}-O_\backslash$ (berechnet)	1,51	In C_2H_5OH	1,48
		In CH_3-O-CH_3	1,42

Tabelle 8.3: Kovalente Radien einfach gebundener Atome in Å (*A. F. Wells:* Structural Inorganic Chemistry, Oxford Univ. Press, Fair Lawn, N. J., 1962)

H	C	N	O	F
0,37	0,77	0,74	0,74	0,72
	Si	P	S	Cl
	1,17	1,10	1,04	0,99
	Ge	As	Se	Br
	1,22	1,21	1,17	1,14
	Sn	Sb	Te	J
	1,40	1,41	1,37	1,33

Differenzen zwischen berechneten und beobachteten Kernabständen werden meist auf partielle ionische Bindungsanteile zurückgeführt. Um diese zu berücksichtigen, verknüpfen *Schomaker* und *Stevenson* den kovalenten Radius mit der Elektronegativität der bindenden Atome:

$$r_{AB} = r_A + r_B - 0,09 \, |x_A - x_B|. \tag{81}$$

Rechenbeispiele

1. Bestimmen Sie von folgenden Molekülen die Zahl und die Symmetrie der IR-aktiven und Raman-aktiven Schwingungen: N_2, CCl_4, CO_2, BF_3 (planar), Azetylen, Äthylen, PCl_5 (trigonal-pyramidal), SF_6 (oktaedrisch).

2. Die Abstände der Schwingungsenergieniveaus von H_2, HD und D_2 wurden aus Ramanspektren zu 4395 cm^{-1}, 3817 cm^{-1} und 3118 cm^{-1} bestimmt. Berechnen Sie die Kraftkonstanten dieser Moleküle und erklären Sie, warum der Isotopenaustausch die Kraftkonstante kaum beeinflußt.

3. Ermitteln Sie aus dem Ramanspektrum von CO_2 (Bild 8.2) die Rotationskonstante und das Trägheitsmoment sowie die CO-Bindungslänge.

4. Die Bindungslänge im N_2-Molekül wurde Raman-spektroskopisch zu $1,097 \cdot 10^{-10}$ m bestimmt. Wie sah das Spektrum aus?

5. Mit der Beugungsanordnung in Bild 8.10 und mit monochromatischem Licht der Wellenlänge 589 nm erhält man Beugungslinien bei den Streuwinkeln $10°$, $21°$, $32°$, $44°$ usw. Wie groß ist der Abstand der Spalte?

6. Wie groß ist die Geschwindigkeit der Elektronen nach Durchlaufen eines Potentialgefälles von 40000 V und wie groß ist nach $m = m_0 \, (1 - v^2/c^2)$ das Verhältnis der Ruhemasse m_0 zur relativistischen Masse m?

7. Zeichnen Sie das Amplitudenquadrat der resultierenden Welle als Funktion der Phasendifferenz von 0 bis $2\,\pi$ für zwei interferierende Wellen mit gleich großen Amplituden und für zwei Wellen mit dem Amplitudenverhältnis 1/4.

8. Zeichnen Sie in einem Diagramm untereinander die theoretischen Streukurven für das CO-Molekül bei Kernabständen von 1, 1,2 und 1,4 Å (s = 20).

9. Zeichnen sie die Streukurven von CCl_4 mit Bindungslängen von 1,7 und 1,8 Å (s = 20). Vergleichen Sie die theoretischen mit den experimentellen Kurven von *Karle* in J. Chem. Phys. 17 (1949) 1052 und von *Bartell* et al. in J. Chem. Phys. 23 (1955) 1854.

10. Das Beugungsbild eines Elektronenstrahls (40 kV) an CO_2-Molekülen zeigt Intensitätsmaxima bei s = 6,7, 12,2, 17,8 und 23. Außerdem Schultern an diesen Maxima bei s = 8,5, 14 und 19 und Minima bei s = 10, 15,4 und 21. Zeichnen Sie die theoretischen Kurven für verschiedene Bindungslängen und ermitteln Sie die optimale CO-Bindungslänge.

Kapitel 9
Aufbau der Atomkerne

Die allgemeinen Grundlagen des Atomkernaufbaus sind das Thema dieses Kapitels. Es geht dabei im wesentlichen um die qualitative Beschreibung solcher Kerneigenschaften, die Auskunft über die Ursachen der Stabilität und Instabilität der Kerne geben, wie sie sich bei der natürlichen und künstlichen Radioaktivität äußern. Zunächst kommen allgemeine Kerneigenschaften zur Sprache, danach zwei Kernmodelle. Ein Überblick über Kernreaktionen und Kernspaltung beschließt dieses Kapitel. Die Ausführung erfolgt in enger Anlehnung an *W. Finkelnburg:* Einführung in die Atomphysik, Springerverlag, 1958.

9.1 Allgemeine Kerneigenschaften

Dieser Abschnitt gibt einen kurzen Überblick über die wichtigsten, experimentell faßbaren Kerneigenschaften wie Ladung, Masse, Größe usw. Zuerst zur *Ladung* der Kerne.

Die Größe der positiven Kernladung Z, identisch mit der Zahl der Protonen eines Kerns und der Elektronenzahl eines neutralen Atoms, kann z. B. aus den Röntgenspektren der Atome bestimmt werden. Röntgenstrahlung wird von Atomen immer dann emittiert, wenn hochenergetische Elektronen auf sie auftreffen. Die spektrale Zerlegung dieser Strahlung liefert dann das sogenannte *Röntgenspektrum.*

Röntgenstrahlung, wie sie auch zu Beugungsuntersuchungen an Kristallen verwendet wird, erzeugt man mit Hilfe einer Röntgenröhre. Die schematische Skizze einer solchen Röhre zeigt Bild 9.1. Aus einer Glühkathode treten Elektronen aus und werden in einem starken elektrischen Feld (Hochspannung) beschleunigt; sie gehen durch die Anode hindurch und treffen auf die *Antikathode.* Die Antikathode besteht aus dem Metall des zu untersuchenden Atomkerns. Die auftreffenden Elektronen hoher kinetischer Energie dringen in die Elektronenhülle der Atome ein und schlagen innere Elektronen (*Stoßionisation*) heraus. In die freigewordenen Elektronenlücken springen Elektronen der höheren Schalen und emittieren dabei Röntgenstrahlen, die durch ein Austrittsfenster in der Röhre herausgelassen und spektral zerlegt werden können.

Röntgenstrahlen besitzen Wellenlängen der Größenordnung 0,1 nm, was sich mit Hilfe des Energieschemas der Mehrelektronenatome und in erster Näherung mit Hilfe des Einelektronenatomschemas verstehen läßt. Wird z. B. aus der K-Schale des Cu-Atoms (Bild 9.2a) ein Elektron durch Stoß mit einem beschleunigten Elektron herausgeschlagen (ionisiert) oder auch nur in ein leeres Energieniveau angeregt, kann ein Elektron der vollen L- oder M-Schale usw. in die freie Lücke springen. Die Energieänderung bei einem solchen Übergang beträgt dann (Abschnitt 2.2 und 3.7)

$$\Delta\epsilon = hc\, Z_{eff}^2\, R\left(\frac{1}{n_2^2} - \frac{1}{n_1^2}\right) \qquad (1)$$

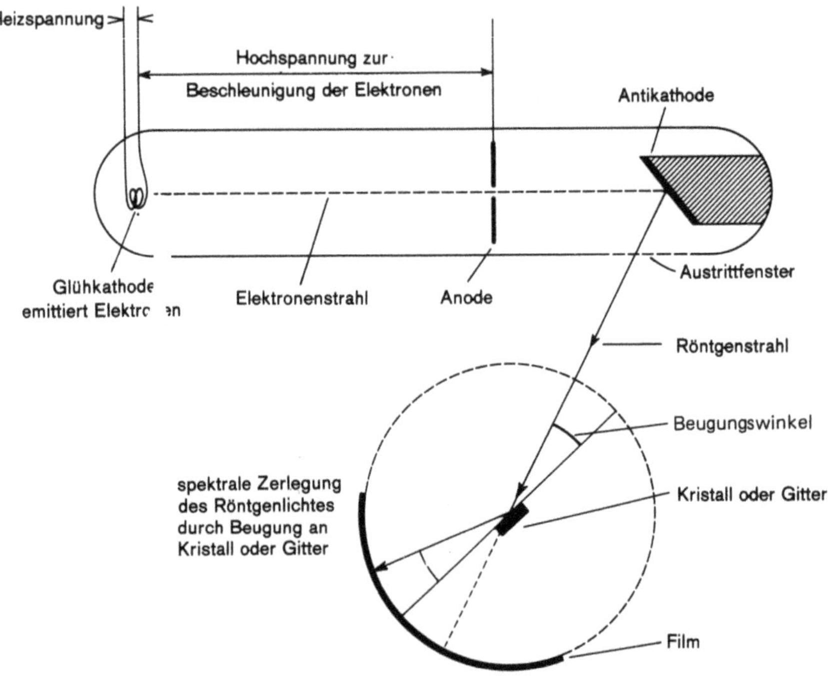

Bild 9.1 Schematische Skizze einer Röntgenröhre und der spektralen Zerlegung der Röntgenstrahlen durch Beugung

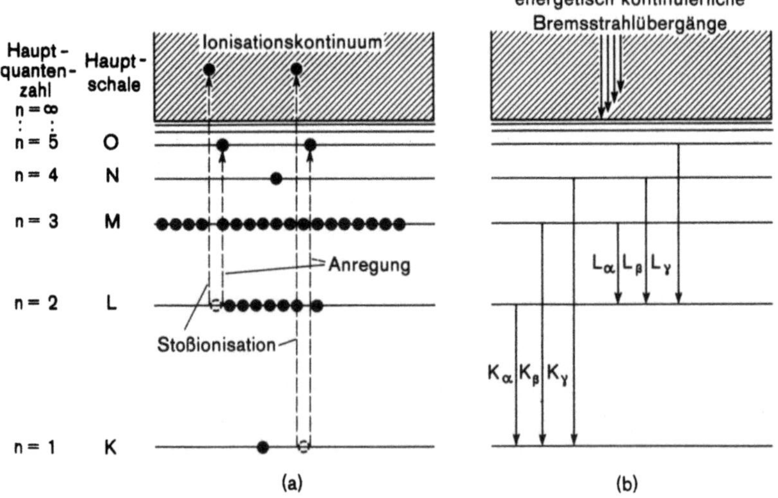

Bild 9.2 Stoßionisation und Anregung von Elektronen der K- und L-Schale (a) und nachfolgende Elektronenübergänge in einem Energieschema wasserstoffähnlicher Atome (b)

und entspricht einem Röntgenquant mit der Frequenz

$$\nu = \frac{\Delta\epsilon}{h} = c\,Z_{eff}^2\,R\left(1 - \frac{1}{n_1^2}\right).\tag{2}$$

$Z_{eff} = Z - 1$, da der Elektronenübergang in dem durch das zweite K-Elektron *abgeschirmten* Kernfeld (Coulombfeld) vor sich geht. Die bei einem Übergang $n_1 = 2 \to n_2 = 1$ emittierte Strahlung besitzt deshalb die Wellenlänge

$$\lambda = \frac{c}{\nu} = \frac{1}{(Z-1)^2\,R\frac{3}{4}}$$

$$= \frac{1}{(29-1)^2\,1{,}097\cdot 10^7\,\frac{3}{4}} \cong 0{,}15\ \text{nm}.\tag{3}$$

Alle Röntgenlinien, die aus solchen Übergängen ($n_1 > 1 \to n_2 = 1$) resultieren, faßt man zu einer Serie, der sogenannten *K-Serie* (K_α, K_β, K_γ, ...) zusammen. Röntgenlinien, die die L-Schale als Endzustand haben, bezeichnet man als L_α, L_β, L_γ, ...-Linien (Bild 9.2b).

Die Röntgenspektren entsprechen demnach völlig den Atomspektren, nur ist zu ihrer Entstehung Ionisierung bzw. die Anregung *innerer* Elektronen notwendig. Untersucht man die K-Linien mehrerer Atomkerne, findet man Gl. (3) experimentell bestätigt. Gl. (3), ursprünglich von *Moseley* empirisch gefunden, heißt nach ihm *Moseleysches Gesetz*. Trägt man die gemessenen Werte von $\sqrt{\nu/R}$ gegen die Atomzahl Z (Ordnungszahl) in einem Diagramm auf, so ergibt sich fast eine Gerade (Bild 9.3). Aus dem Röntgenspektrum eines Atoms läßt sich also sofort die Kernladungszahl Z angeben. Sie wird am Symbol des chemischen Elements als Index unten links angegeben (z. B. $_3$Li).

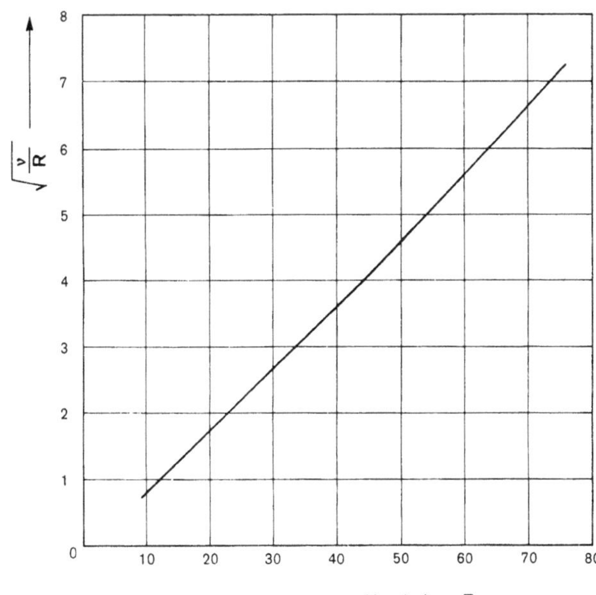

Bild 9.3

Abhängigkeit der Frequenz der K_α-Röntgenstrahlung von der Kernladungszahl

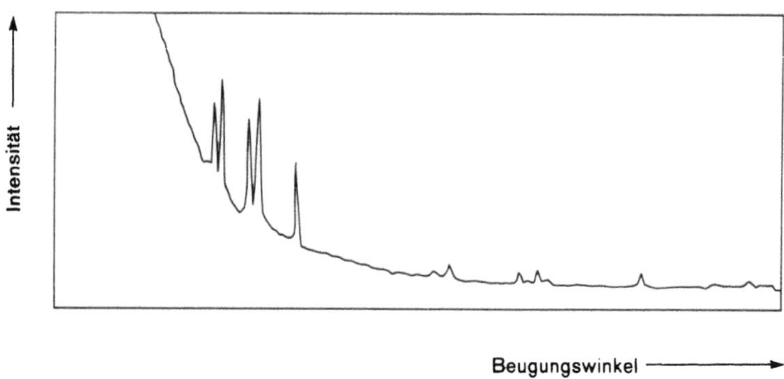

Bild 9.4 Bremsstrahlspektrum mit Röntgenlinien

Röntgenlinien besitzen eine *Feinstruktur*, die sich anhand des Vektormodells von Mehrelektronenatomen verstehen läßt. Dem Linienspektrum ist außerdem ein sogenanntes *kontinuierliches Bremsstrahlspektrum* (Bild 9.4) überlagert. Es resultiert aus dem Abbremsen der stoßenden Elektronen im Kernfeld. Im Energieschema entspricht dieses Abbremsen Übergängen im Ionisationskontinuum mit einer kontinuierlichen Änderung der kinetischen Energie und daraus folgender Emission von Lichtquanten (Bild 9.2b). Für Röntgenbeugungen hat man bis auf die meist verwendete K_α-Strahlung (Cu) die restliche Strahlung durch spektrale Zerlegung abzutrennen.

Nach dieser Methode zur Bestimmung der Kernladung aus Röntgenspektren jetzt zur *Massenbestimmung* von Kernen. Die Atom- bzw. Kernmasse einer Isotopensorte wird wie die Molmasse (Abschnitt 1.2) als Vielfaches von einem Zwölftel der Masse des Standardisotops C^{12} (*physikalisches* Atomgewicht) angegeben. Der Unterschied zum *chemischen* Atomgewicht besteht lediglich darin, daß sich bei diesem die relative Masse auf das in der Natur vorkommende *Isotopengemisch* eines Elements bezieht. Das auf ganze Zahlen auf- oder abgerundete physikalische Atomgewicht, die sogenannte *Massenzahl* (A), wird am Symbol des chemischen Elements als Index rechts oder links oben angegeben (z. B. $_7N^{14}$ oder $^{14}_7N$). Aus vielen Massenbestimmungen weiß man, daß die Atomgewichte der Isotope bis auf geringe Abweichungen ganzzahlig sind (Tabellenanhang). Kernmassen und Isotopenhäufigkeit werden massenspektrometrisch bestimmt.

Das älteste Verfahren der Massenspektrometrie ist das von *Thomson* entwickelte *Parabelverfahren* zur Bestimmung der spezifischen Ladung (vgl. Abschnitt 6.6):

Ein *gleichgerichtetes* elektrisches und magnetisches Feld befinden sich am selben Ort (Bild 9.5). In einer Ionisationskammer verdampfte und danach beschleunigte positive Ionen werden von beiden Feldern abgelenkt und auf einer photographischen Platte oder einem Leuchtschirm sichtbar gemacht. Im elektrischen Feld **E** erfahren die Ionen der Ladung + e und der Masse m eine Beschleunigung

$$b = \frac{e}{m}\,\mathbf{E} \qquad \text{(Kräftegleichgewicht: } mb - e\mathbf{E} = 0\text{).} \qquad (4)$$

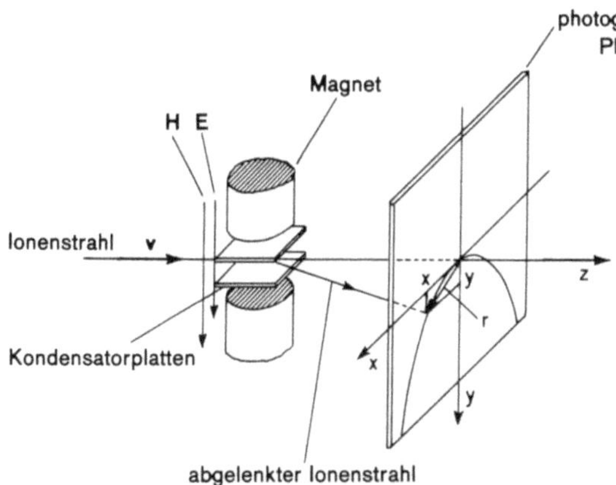

Bild 9.5
Schematische Anordnung eines Massen-
spektrographen zur Bestimmung der
spezifischen Ladung von Ionen nach
Thomson

Sie durchlaufen den Kondensator (Länge l) in der Zeit $t = l/v$, wenn sie ursprünglich die Geschwindigkeit v in z-Richtung besitzen. Sie werden dabei um

$$y = \frac{1}{2}\,b\,t^2 = \frac{e l^2}{2\,mv^2}\,E \tag{5}$$

in **E**-Richtung abgelenkt. Außer der *elektrischen Kraft* wirkt aber auf die Ionen die *magnetische Kraft*

$$\mathbf{F} = -e\mu_0\,(\mathbf{H} \times \mathbf{v}) = -e\,(\mathbf{B} \times \mathbf{v}). \tag{6}$$

Da **H** bzw. **B** auf **v** senkrecht steht, beschreiben die Ionen im Magnetfeld Kreise in der xz-Ebene mit dem Radiusvektor

$$\mathbf{r} = \frac{er^2}{mv^2}\,(\mathbf{B} \times \mathbf{v}) \qquad \left(\text{Kräftegleichgewicht:}\ \frac{mv^2}{r^2}\,\mathbf{r} - e\,(\mathbf{B} \times \mathbf{v}) = 0\right). \tag{7}$$

Durchlaufen die Ionen also im Magnetfeld die Strecke l, so erfahren sie in der x-Richtung eine Ablenkung von

$$x = \frac{1}{2}\,a_r\,t^2 = \frac{1}{2}\left(\frac{v^2}{r^2}\mathbf{r}\right)\!\left(\frac{l}{v}\right)^2 = \frac{1}{2}\left(\frac{v^2}{r^2}\frac{er^2}{mv^2}\frac{l^2}{v^2}\right)(\mathbf{B} \times \mathbf{v}) = \frac{1}{2}\frac{e l^2}{mv^2}\,(\mathbf{B} \times \mathbf{v}). \tag{8}$$

Mit Gl. (5) erhält man dann für die Ablenkung auf der photographischen Platte zwischen x und y die parabolische Beziehung (Eliminierung von v)

$$y = \frac{2|\mathbf{E}|}{l^2\,|\mathbf{B}|^2}\,\frac{m}{e}\,x^2. \tag{9}$$

Ionen mit gleicher *spezifischer Ladung*, aber verschiedener Geschwindigkeit zeichnen auf der Platte eine Parabel, deren Krümmung proportional m/e ist und somit die Massenbestimmung bei bekannter Ladung erlaubt. Verfeinerte Methoden benutzen außerdem eine *Geschwindigkeits-* und *Richtungsfokussierung*. Darunter versteht man die Gleichrichtung aller Ionengeschwindigkeiten und Richtungen derart, daß die Ionen verschiedener Geschwindigkeit und Anfangsrichtung auf der Platte in einem Punkt auftreffen.

Der *Durchmesser* von Kernen kann ebensowenig eindeutig und exakt wie der von Atomen oder Molekülen angegeben werden; er hängt von der verwendeten Bestimmungsmethode ab. Bestimmt man ihn durch Streuung von α-Teilchen oder anderen positiv geladenen Partikeln, so wird der Kerndurchmesser bzw. -radius wie folgt ermittelt. Verhielte sich der Kern wie eine geladene Punktmasse, so müßten „Coulombsche" Streukurven beobachtet werden. Da dies nicht der Fall ist, treten davon Abweichungen auf, aus denen mit Hilfe der klassischen Stoßgesetze die Größenordnung 10^{-14} bis 10^{-15} m errechnet wird. Nach allen derartigen Bestimmungsmethoden ergibt sich ferner, daß der Kernradius in erster Näherung der Kubikwurzel aus der Massenzahl proportional ist:

$$r_K \simeq 10^{-15} \cdot A^{1/3} \, m. \tag{10}$$

Die *Kerndichte* ist daher konstant und beträgt etwa 10^{17} kg^{-3}. Sie ist im Vergleich zu normaler Materiedichte ungewöhnlich groß. Damit verhalten sich die Kerne wie „Flüssigkeitströpfchen", deren Dichte ebenfalls konstant ist. Vieles spricht dafür, daß mittelschwere Kerne kugelförmige und schwere Kerne ellipsoidale Gestalt haben.

Atomkerne sind aus Protonen und Neutronen, *Nukleonen* genannt, aufgebaut. Diese Elementarteilchen besitzen wie die Elektronen einen Spin und Bahndrehimpuls, die sich vektoriell zu einem Gesamtdrehimpuls (I) des Kerns zusammensetzen. Dieser Gesamtdrehimpuls wird sehr oft mißverständlich als Kernspin bezeichnet, obwohl er nur dann mit dem Gesamtspin identisch ist, wenn der Gesamtbahndrehimpuls Null ist. Aus den Intensitätsverhältnissen der Absorptionslinien von Elektronenspektren (Hyperfeinstruktur) folgt außerdem, daß Kerne mit gerader Nukleonenzahl einen ganzzahligen (oft Null) und Kerne mit ungerader Nukleonenzahl einen halbzahligen Gesamtdrehimpuls besitzen. Wie bei den Elektronen sind auch bei den Nukleonen die Drehimpulse mit einem magnetischen Moment verknüpft. Nach dem Vektormodell gilt für das Moment eines Mehrelektronenatoms (Abschnitt 3.3 und 3.6):

$$\mu_J = -\frac{e}{2m_e} gJ = -\gamma J \,;\, |\mu_J| = \gamma |J| \left(= g\mu_B \sqrt{J(J+1)} \right). \tag{11}$$

Ersetzt man hierin die Elektronenmasse durch die 1836mal größere Protonenmasse und ändert das Vorzeichen wegen der positiven Ladung, so folgt für das Kernmoment:

$$\mu_I = \frac{e}{2m_p} g_K I = \gamma I \,;\, |\mu_I| = \gamma |I| \left(= \mu_K g_K \sqrt{I(I+1)} \right). \tag{12}$$

Während aber das Atommoment bis auf etwa 1 % mit dem nach Gl. (11) theoretisch berechenbaren übereinstimmt, erhält man für das Kernmoment nur größenordnungsmäßig Übereinstimmung. Das Proton besitzt nämlich statt eines Moments von 1 μ_K eines von 2,79 μ_K und das Neutron ein Moment von $-1,9\,\mu_K$, obwohl es als ungeladenes Partikel überhaupt kein Moment haben sollte. Der dem Landéfaktor (g) entsprechende *Kern-g-Faktor* (g_K) berücksichtigt dies; er ist nur experimentell bestimmbar. Kernmomente an sich mißt man z. B. mit der in Abschnitt 6.7 beschriebenen Methode der Kernresonanz.

Da die meisten natürlichen Kerne äußerst stabile Gebilde sind, die nur durch Reaktionen mit hochenergetischen Partikeln verändert werden können, müssen die Nukleonen

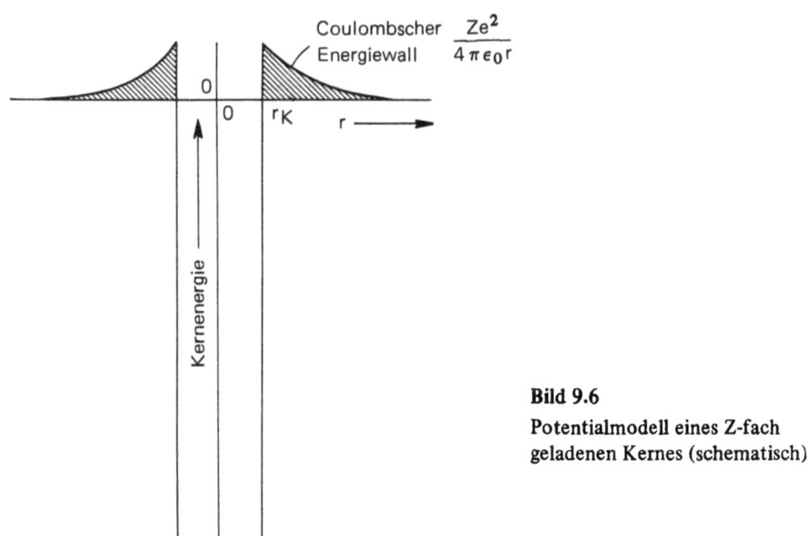

Bild 9.6
Potentialmodell eines Z-fach
geladenen Kernes (schematisch)

im Kern durch sehr starke Kräfte zusammengehalten werden. Ohne nähere Kenntnisse dieser Kernkräfte kann man sich bereits ein qualitatives Bild über den Energieverlauf im Kern machen (Bild 9.6). Im Bereich der Kernmasse (Kernenergie negativ) muß ein tiefes Minimum existieren, das der Bindungsenergie (= Kernenergie positiv gezählt) der Nukleonen im Kern entspricht. Außerhalb des Kernbereichs muß die Energie entsprechend der positiven Kernladung mit $Ze^2/4\pi\epsilon_0 r$ abfallen, denn auf den Kern zufliegende positiv geladene Partikel (Rutherfordsche Streuversuche) werden nach dem Coulombschen Gesetz abgestoßen. Der Kern ist also von einem Coulombschen Energiewall umgeben. Damit positiv geladene Teilchen von außen in den Kern gelangen können, müssen sie diesen Wall überwinden bzw. durchstoßen. Das gleiche gilt natürlich auch für positive Teilchen, die den Kern verlassen wollen (siehe α-Zerfall in Abschnitt 9.4).

Über die Tiefe des Minimums, also die Bindungsenergie von Z Protonen und A-Z Neutronen erfahren wir Näheres von den *Massendefekten* der Kerne. Ein Vergleich des Atomgewichts bzw. der -masse eines Kerns mit der Masse der freien Nukleonen zeigt nämlich, daß die Masse des Kerns immer kleiner ist.

Aus dem Atomgewicht eines Atoms A und dem Atomgewicht e des Elektrons folgt für das Atomgewicht bzw. die Molmasse eines Kerns K:

$$M_K = M_A - Z M_e \tag{13}$$

Andererseits ergibt sich für die Summe der freien Nukleonen (Z Protonen p und A−Z Neutronen n):

$$M_{K'} = Z A_p + (A - Z) M_n . \tag{14}$$

Die Differenz von $M_{K'}$ und M_K liefert dann den Massendefekt für N_A Kerne:

$$\Delta M = M_{K'} - M_K = [Z M_p + (A - Z) M_n] - [M_A - Z M_e]. \tag{15}$$

Für den Massendefekt des $_2\mathrm{He}^4$-Kerns (α-Teilchen) erhält man z. B.:

$$\Delta M = 4{,}031\,884 - 4{,}001\,504 = 0{,}030\,38\ \mathrm{g\,mol}^{-1}. \tag{16}$$

$(A = 4,\ Z = 2,\ M_A = 4{,}002\,60,\ M_e = 0{,}00\,548,\ M_p = 1{,}007\,277,\ M_n = 1{,}008\,665\ \mathrm{g\,mol}^{-1})$

Den Zusammenhang mit der Bindungsenergie vermittelt die *Einsteinsche Beziehung* (Masse − Energieäquivalenz)

$$E = m\,c^2$$

bzw. $\Delta E = \Delta M\,c^2$ (c Vakuumlichtgeschwindigkeit), $\tag{17}$

die für den Massendefekt $\Delta M = 1\ \mathrm{g\,mol}^{-1}$ (= 1 Masseneinheit ME) die Energie

$$\Delta E = 10^{-3}\,c^2 = 9 \cdot 10^{13}\ \mathrm{J\,mol}^{-1} = 931\ \mathrm{MeV} \tag{18}$$

ergibt. Die Bindungsenergie des $_2\mathrm{He}^4$-Kerns beträgt daher etwa 28 MeV und ist 10^6 mal größer als die Bindungsenergie eines Elektrons in der Atomhülle oder die Bindungsenergie von Molekülen. Man erwartet daher bei Kernreaktionen Energieänderungen, die rund 10^6 mal größer als bei chemischen Reaktionen sind.

Trägt man die nach Gl. (15) berechneten Massendefekte bzw. die Bindungsenergie (= positiv gezählte Kernenergie) der Atomkerne gegen die Massenzahl A der Elemente auf, dann ergibt sich nahezu eine Gerade (Bild 9.7). Das bedeutet, daß die Bindungsenergie pro Nukleon in allen Kernen von der gleichen Größenordnung ist; sie beträgt im Durch-

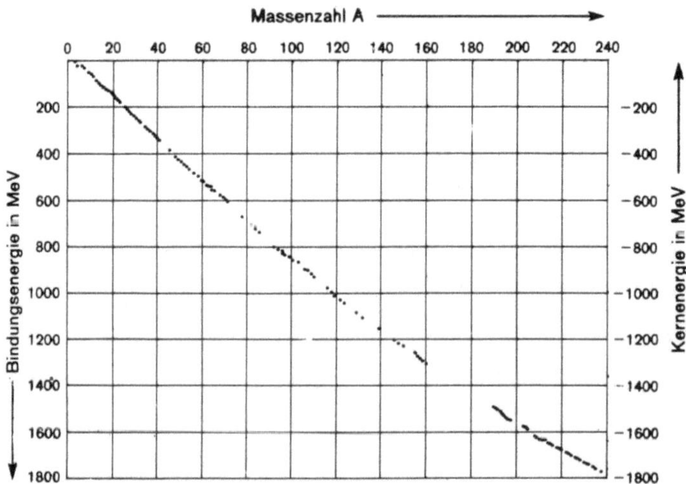

Bild 9.7 Abhängigkeit der Bindungsenergie von der Massenzahl der Kerne (*Finkelnburg: Einführung in die Atomphysik, Springerverlag, 1958*)

schnitt 8 MeV. Dieser Befund stimmt ebenfalls mit dem Modell der Kerne als tröpfchenförmige Gebilde überein, denn deren Energieinhalt ist ebenfalls direkt proportional der Masse.

Die Bindungsenergie von 8 MeV pro Nukleon erklärt auch die Ganzzahligkeit der Atomgewichte. Nach Gl. (18) entsprechen 8 MeV einem Massendefekt von etwa 0,0086 ME. Betrachtet man nun z. B. das Atomgewicht des Neutrons (M_n = 1,008 665), so ist die Differenz auf 1 dem Massendefekt gleichzusetzen. Abweichungen der Ganzzahligkeit bei leichten Kernen sind verständlich, denn für diese stellt das Tröpfchenmodell sicherlich eine schlechtere Näherung als für schwerere Kerne dar.

9.2 Tröpfchenmodell und Stabilität der Atomkerne

Aus der konstanten Kerndichte und der mittleren Bindungsenergie von 8 MeV pro Nukleon (Abschnitt 9.1) muß man schließen, daß die bindenden Kernkräfte eine sehr geringe Reichweite besitzen und nur zwischen je zwei Nukleonen wirksam sind. Dies ist der empirische Befund über die Kernkräfte, der im Gegensatz zu elektrostatischen Kräften steht. Beschießt man Neutronen mit Protonen oder umgekehrt, kann man Rückschlüsse auf die Reichweite dieser Kernkräfte ziehen. Auf diese Weise hergeleitete Wechselwirkungsenergien zwischen zwei Protonen und zwischen je einem Proton und Neutron sind in Bild 9.8 schematisch gezeichnet. Sie unterscheiden sich um die bei der Proton-Protonwechselwirkung zusätzlich vorhandene Coulombabstoßung. Aus diesen Energiekurven könnte man folgern, daß das Kernenergieminimum mit der Bindungsenergie zwischen zwei Nukleonen identisch ist. Dies ist aber nicht der Fall. Aus dem Massendefekt des Deuterons ($_1H^2$) berechnet man nämlich für die Bindungsenergie pro Nukleon nur 2,3 MeV, also insgesamt nur 4,6 MeV. Beide Nukleonen besetzen daher einen Energiezustand, der weit über dem des Energieminimums liegt. Die restliche Energie ist *kinetische* Energie.

Diese hohe kinetische Energie kann man aufgrund der Heisenbergschen Unschärferelation verstehen: Wegen

$$\Delta p \, \Delta x \geqslant \hbar \tag{19}$$

und

$$\Delta x \simeq r_K \simeq 10^{-15} \, \text{m} \tag{20}$$

folgt ein unscharfer Impuls und damit eine unbestimmte, hohe kinetische Energie.

Auftragen der aus den Massendefekten berechneten Bindungsenergie pro Nukleon gegen die Massenzahl A in einem Diagramm liefert den in Bild 9.9 gezeichneten Kurven

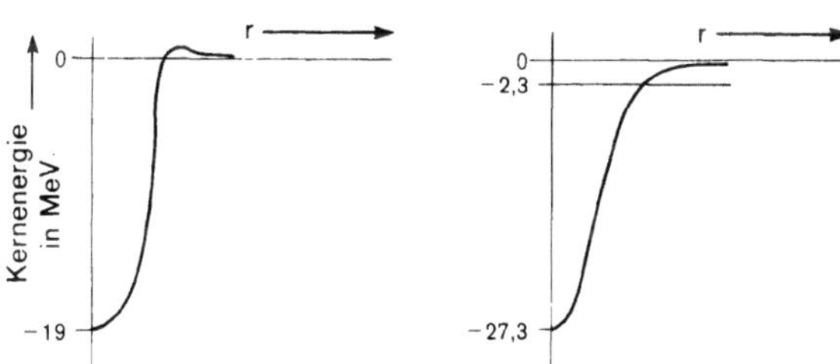

Bild 9.8

Wechselwirkungsenergie zweier Protonen (a) und eines Protons und eines Neutrons (b) (schematisch)

verlauf. Danach ist die Bindungsenergie pro Nukleon nur bei mittelschweren Kernen im Mittel 8 MeV und weicht bei den leichteren und schweren Kernen von diesem Durchschnittswert ab. Dies soll anhand des Tröpfchenmodells begründet werden. Außerdem gilt es, die Aussagemöglichkeiten über die Stabilität der Atomkerne zu untersuchen.

Nach *v. Weizsäcker* setzt sich die Bindungsenergie pro Nukleon aus fünf Beiträgen zusammen:

1. Beitrag: Für *jedes Nukleon* eines Kerns wird ein *konstanter Beitrag der Wechselwirkungsenergie* zwischen dem Proton und Neutron angesetzt. Er überwiegt bei den leichten Kernen die folgenden Beiträge, die mehr oder weniger als Korrekturen aufzufassen sind.

$$\frac{E_1}{N+Z} = a_1 \qquad \text{(N Zahl der Neutronen und Z Zahl der Protonen, N + Z = A)} \qquad (21)$$

2. Beitrag: Durch eine Korrektur ist zu berücksichtigen, daß *überschüssige Neutronen weniger stark als Proton-Neutronenpaare* gebunden sind. Sie ist negativ (bindungslockernd), weil ja zum ersten Beitrag für *jedes* Nukleon die Proton-Neutronbindungsenergie gerechnet wurde. Dieser 2. Beitrag ist daher proportional dem Neutronenüberschuß $(N - Z)$, auf ein Nukleon bezogen proportional $(N - Z)/(N + Z)$. Der Beitrag muß aber, genau genommen, dem Quadrat von $(N - Z)/(N + Z)$ proportional sein, da bei $N = Z$ ein Minimum der Bindungsenergie pro Nukleon existiert (Bild 9.9). Dieses Minimum wird also durch eine Parabel angenähert:

$$\frac{E_2}{N+Z} = - a_2 \left(\frac{N-Z}{N+Z} \right)^2 . \qquad (22)$$

3. Beitrag: Nukleonen an der *Oberfläche* sind nur *einseitig* gebunden; dies ist durch einen weiteren negativen Beitrag zu berücksichtigen. Er ist der Zahl der Oberflächennukleonen, also der Kernoberfläche $4 \pi r_K^2 \sim (N + Z)^{2/3}$ (vgl. Gl. (10)), direkt proportional. Bezogen auf ein Nukleon ergibt dies:

$$\frac{E_3}{N+Z} = - a_3 \frac{(N+Z)^{2/3}}{N+Z} = - a_3 \frac{1}{(N+Z)^{1/3}} . \qquad (23)$$

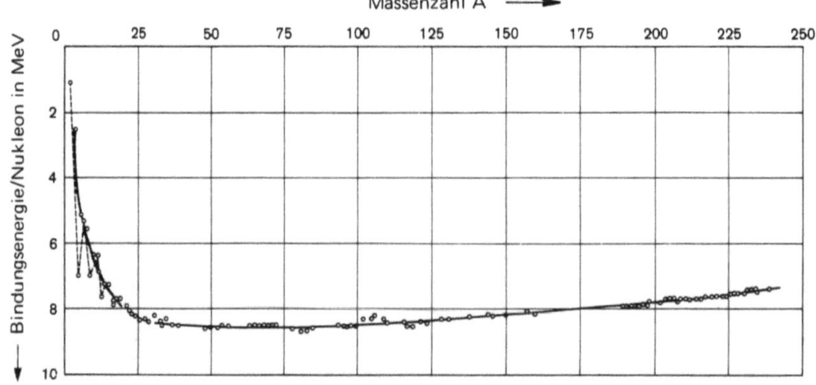

Bild 9.9 Abhängigkeit der Bindungsenergie pro Nukleon von der Massenzahl der Kerne (*W. Finkelnburg:* Einführung in die Atomphysik, Springerverlag, 1958)

4. Beitrag: Es muß auch der *Coulombschen Abstoßung der Protonen* Rechnung getragen werden (negativ zu zählen). Diese ist näherungsweise proportional dem Quadrat der Protonenzahl und verkehrt proportional dem Abstand der Protonen, wofür in erster Näherung der Kernradius $r_k \sim (N + Z)^{1/3}$ gesetzt wird. Um den Beitrag auf ein Nukleon zu beziehen, dividiert man wieder durch $(N + Z)$:

$$\frac{E_4}{N + Z} = - a_4 \frac{Z^2}{(N + Z)^{1/3}} \frac{1}{(N + Z)} = - a_4 \frac{Z^2}{(N + Z)^{4/3}}. \tag{24}$$

5. Beitrag: Es muß außerdem berücksichtigt werden, daß Kerne mit gerader Protonen- und Neutronenzahl (gg-*Kerne*) eine etwas *größere*, Kerne mit ungerader Protonen- und Neutronenzahl (uu-*Kerne*) aber eine *kleinere* Bindungsenergie als Kerne mit gerader Protonenzahl und ungerader Neutronenzahl oder umgekehrt (gu- bzw. ug-*Kerne*) besitzen. Dieser letzte Beitrag wird durch

$$\frac{E_5}{N + Z} = \pm a_5 \frac{1}{(N + Z)^2} \tag{25}$$

dargestellt und ist für gg-Kerne positiv, für uu-Kerne negativ und für gu- bzw. ug-Kerne Null. Er berücksichtigt die energetischen Unterschiede, die durch die Absättigung bzw. Nichtabsättigung der Nukleonenspins entstehen.

Insgesamt ergeben diese fünf Beiträge:

$$\frac{E(N, Z)}{N + Z} = a_1 - a_2 \left(\frac{N - Z}{N + Z} \right)^2 - a_3 \frac{1}{(N + Z)^{1/3}} - a_4 \frac{Z^2}{(N + Z)^{4/3}} \pm a_5 \frac{1}{(N + Z)^2}. \tag{26}$$

Die Konstanten a_1 bis a_5 können theoretisch nicht berechnet werden, sondern sind den wirklichen Verhältnissen, also der Kurve in Bild 9.9, anzupassen. Nach einer solchen Anpassung erhält man dann für die Bindungsenergie pro Nukleon in MeV:

$$\frac{E(N, Z)}{E + Z} = 14{,}0 - 19{,}3 \left(\frac{N - Z}{N + Z} \right)^2 - 13{,}1 \frac{1}{(N + Z)^{1/3}} - 0{,}6 \frac{Z^2}{(N + Z)^{4/3}} \pm \frac{1}{(N + Z)^2} \tag{27}$$

bzw. für die gesamte Bindungsenergie pro Kern:

$$E(N, Z) = 14 (N + Z) - 19{,}3 \frac{(N - Z)^2}{(N + Z)} - 13{,}1 (N + Z)^{2/3} - 0{,}6 \frac{Z^2}{(N + Z)^{1/3}} \pm 130 \frac{1}{(N + Z)}. \tag{28}$$

Gl. (27) beschreibt den Kurvenverlauf in Bild 9.9 bis auf das Stück bei den leichtesten Kernen ausgezeichnet (dick gezeichnete Kurve in Bild 9.9). Für leichte Kerne kann $E_4/N + Z \sim Z^2$ vernachlässigt werden. Größte Stabilität (maximale Bindungsenergie pro Nukleon) erhält man dann nach Gl. (27), wenn für $E_2/N + Z$ $N - Z = 0$ wird, also die Neutronenzahl gleich der Protonenzahl ist. Dies bestätigt die Erfahrung. Erst bei schwereren Kernen macht sich $E_4/N + Z$ durch allmähliche Abnahme der Bindungsenergie/Nukleon bemerkbar.

Dies ist auch die Ursache für die Emission von α-Teilchen bei den schweren, natürlichen radioaktiven Kernen (Isotopentabelle im Anhang). Sie setzt dann ein, wenn die im Kern zur Ablösung von einem α-Teilchen (2 Neutronen + 2 Protonen) aufzuwendende

Tabelle 9.1: Grundeigenschaften von Elementarteilchen (*B. M. Jaworsky, A. A. Detlav: Physik griffbereit*, Friedr. Vieweg & Sohn Verlagsgesellschaft mbH, Braunschweig, 1972)

Klasse	Teil-chen	Anti-teil-chen	Spin I in Ein-heiten $\hbar$	Isoto-pen-spin T	Projektion des Isotopenspins	Ruhmasse MeV in MeV	Mittlere Lebensdauer in s
Photon	γ	γ	1	–	–	0	stabil
Leptonen	ν_e	$\tilde{\nu}_e$	1/2	–	–	0 $(< 0{,}60$ eV$)$	stabil
	ν_μ	$\tilde{\nu}_e$	1/2	–	–	0 $(< 1{,}6$ eV$)$	stabil
	e^-	e^+	1/2	–	–	0,511 006 ± 0,000 002	stabil
	μ^-	μ^+	1/2	–	–	105,659 ± 0,002	$(2{,}1983 \pm 0{,}0008) \cdot 10^{-6}$
Mesonen	π^0	π^0	0	1	(0,0)	134,975 ± 0,05	$(089 \pm 0{,}29) \cdot 10^{-16}$
	π^+	π^-	0	1	$(+ 1, - 1)$	139,60 ± 0,05	$(2{,}60 \pm 0{,}26) \cdot 10^{-8}$
	K^+	K^-	0	1/2	$(+ 1/2, - 1/2)$	493,8 ± 0,2	$(1{,}235 \pm 0{,}008) \cdot 10^{-8}$
	K^0	K^0	0	1/2	$(- 1/2, + 1/2)$	497,76 ± 0,5	$K_1^0\ (0{,}86 \pm 0{,}02) \cdot 10^{-10}$ $K_2^0\ (5{,}38 \pm 0{,}68) \cdot 10^{-8}$
	η	$\tilde{\eta}$	0	0	(0,0)	548, 8	?
Nukle-onen	p	$\tilde{p}$	1/2	1/2	$(+ 1/2, - 1/2)$	938,256 ± 0,005	stabil
	n	$\tilde{n}$	1/2	1/2	$(- 1/2, + 1/2)$	939,550 ± 0,005	$(1{,}01 \pm 0{,}03) \cdot 10^{+3}$
Hype-ronen	Λ^0	$\tilde{\Lambda}^0$	1/2	0	(0,0)	1115,60 ± 0,11	$(2{,}51 \pm 0{,}02) \cdot 10^{-10}$
	Σ^+	$\tilde{\Sigma}^0$	1/2	1	$(+ 1, - 1)$	1189,41 ± 0,14	$(0{,}802 \pm 0{,}0027) \cdot 10^{-10}$
	Σ^0	$\tilde{\Sigma}^0$	1/2	1	(0,0)	1192,3 ± 0,3	$< 1{,}0 \cdot 10^{-14}$
	Σ^-	$\tilde{\Sigma}^-$	1/2	1	$(- 1, + 1)$	1197,08 ± 0,19	$(1{,}49 \pm 0{,}05) \cdot 10^{-10}$
	Ξ^0	$\tilde{\Xi}^0$	1/2	1/1	$(+ 1/2, - 1/2)$	1314,3 ± 1,0	$(3{,}06 \pm 0{,}40) \cdot 10^{-10}$
	Ξ^-	$\tilde{\Xi}^-$	1/2	1/2	$(- 1/2, + 1/2)$	1321,3 ± 0,2	$(1{,}66 + 0{,}05) \cdot 10^{-10}$
	Ω	$\tilde{\Omega}^-$	3/2 (?)	0 (?)	0	1672 ± 3	$\sim 1{,}3 \cdot 10^{-10}$

Energie kleiner als 28 MeV ist (Bindungsenergie des freien α-Teilchens). Für die Bindungs-energie der vier Nukleonen im U^{238}-Kern z. B. liest man zwar aus Bild 9.9 etwa $7{,}5 \cdot 4 = 30$ MeV ab, in Wirklichkeit beträgt aber die Bindungsenergie der zuletzt eingebauten Nukleo-nen nur 5,35 MeV/Nukleon (sie sind lockerer gebunden), also ist die Bindungsenergie nur 21 MeV. Deshalb ist U^{238} radioaktiv (α-Teilchenemission). Der Überschuß von 7 MeV steht den emittierten Teilchen als kinetische Energie zur Verfügung, was experimentell bestätigt werden kann. Eine entsprechende Überlegung zeigt jedoch für Kerne unter der Massenzahl 210, daß keine α-Emission auftreten kann, weil die Bindungsenergie der α-Teilchen im Kern größer als 28 MeV ist.

Die Funktion $E(N, Z)$ stellt geometrisch eine gekrümmte Fläche dar; sie ist in Bild 9.10 als Schichtliniendiagramm gezeichnet. Auf der Ordinate ist die Neutronen-zahl N und auf der Abszisse die Protonenzahl Z aufgetragen. Die negativen Werte der Bindungsenergie, also die Werte der Kernenergie, sind auf den Schichtenlinien in MeV angegeben. Die gekrümmte Fläche ist talförmig ausgebildet, wobei die Kernenergie links unten am größten ist und nach rechts oben entlang der Talsohle abnimmt. In der Tal-sohle liegen alle stabilen, natürlich vorkommenden Kerne. Dazu zählt z. B. der aus zwei Neutronen und zwei Protonen aufgebaute $_2He^4$-Kern, mit 28 MeV der stabilste Kern. Auch alle anderen gg-Kerne (C^{12}, O^{16}, Ne^{20}, Mg^{24}, Si^{28}, S^{32}, Ca^{40}, Ti^{48} usw.) sind

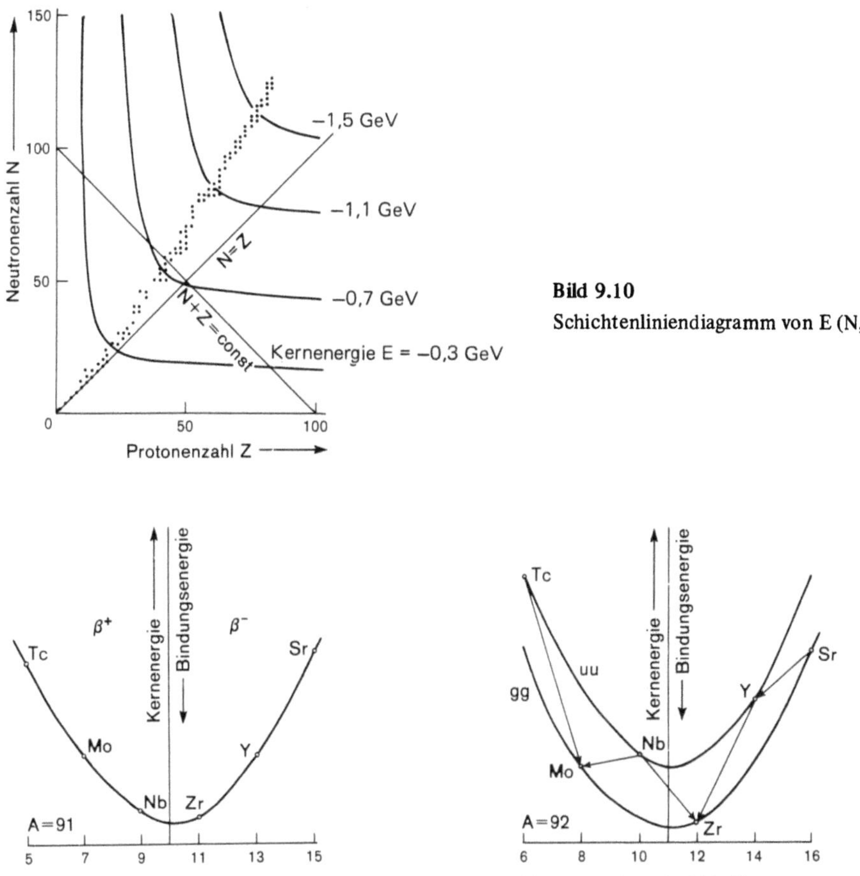

Bild 9.10
Schichtenliniendiagramm von E (N, Z)

Bild 9.11 Isobarenschnitt durch das Energietal bei ungerader Massenzahl (A = N + Z = 91) (a) und gerader Massenzahl (A = N + Z = 92) (b) (*W. Finkelnburg:* Einführung in die Atomphysik, Springer-verlag, 1958)

besonders stabil. Insgesamt 80 % der die Erdrinde aufbauenden Elemente sind gg-Kerne. Von den 276 bekannten stabilen Kernen sind 162 gg-Kerne, 56 gu- bzw. 52 gu-Kerne und nur 6 uu-Kerne.

Isotope Kerne (gleiche Protonenzahl, verschiedene Massenzahl, Z = const) liegen auf den Ebenen $E(N, Z)_{Z = \text{const}}$, *isobare* Kerne (verschiedene Protonenzahl, gleiche Massenzahl; N + Z = const) auf den Ebenen $E(N, Z)_{N + Z = \text{const}}$.

Trägt man in Bild 9.10 auch alle bekannten künstlichen radioaktiven Kerne ein und zeichnet die Ebene $E(N, Z)_{N + Z = \text{const}}$ heraus (Querschnitt durch das Energietal), so liegen alle isobaren Kerne auf einer Schnittkurve, falls man den Isobarenschnitt bei einer *ungeraden* Massenzahl durchführt. In Bild 9.11a ist der Isobarenschnitt für N + Z = 91 gezeichnet. Auf dem linken Ast der Schnittkurve liegen die isobaren Kerne mit *Protonen-*

überschuß, auf dem rechten Ast die isobaren Kerne mit *Neutronenüberschuß*. Stabil sind aber nur die Kerne im Kernenergieminimum (Bindungsenergie maximal), also in Bild 9.11a nur der Kern $_{40}Zr^{91}$. Alle auf der Schnittkurve liegenden Kerne müssen sich daher in $_{40}Zr^{91}$ umwandeln. Dies geschieht entweder durch Elektronen- (β^--Strahlung) oder Positronenemission (β^+-Strahlung) bzw. durch Einfang eines Elektrons der Atomhülle (K-Einfang). Der Mechanismus dieser Strahlungsarten kommt in Abschnitt 9.4 zur Sprache.

Tatsächlich gibt es zu jeder ungeraden Massenzahl nur einen stabilen Kern (1. *Mattauchsche Isobarenregel*). Etwas komplizierter ist die Sache bei einem Isobarenschnitt mit $N + Z = 92$ (Bild 9.11b), also bei *gerader* Massenzahl. Da es hierzu sowohl gg- als auch uu-Kerne gibt, wovon die uu-Kerne etwas weniger stabil sind, kann man eigentlich zwei Schnittkurven zeichnen, eine für die gg- und eine für die uu-Kerne. Der stabilste Kern ist $_{40}Zr^{92}$, aber auch $_{43}Mo^{92}$ ist stabil, da er auf der gg-Kurve nicht in $_{40}Zr^{92}$ übergehen kann. Es dürfen nämlich nicht gleichzeitig zwei Positronen emittiert werden und der Weg über $_{41}Nb^{92}$ ist nur unter Energieaufwand möglich. Es gibt daher zwei stabile gg-Kerne, die sich aber energetisch unterscheiden. Mithin gilt der Satz: Es kann mehrere stabile gg-Kerne bei gerader Massenzahl geben; sie unterscheiden sich immer um zwei Ladungseinheiten (2. *Mattauchsche Isobarenregel*).

Daß die uu-Kerne $_1H^2$, $_3Li^6$, $_5B^{10}$ und $_7N^{14}$ trotzdem stabil sind, hat seinen Grund darin, daß bei diesen leichten Kernen das Energieminimum der uu-Kurve unter dem der gg-Kurve zu liegen kommt.

Ähnliche Energiebetrachtungen liefern auch die Erklärung für die *Astonsche Isotopenregel*, wonach Elemente einer ungeraden Ordnungszahl höchstens zwei stabile Isotope, Elemente mit gerader Ordnungszahl aber mehrere stabile Isotope aufweisen können.

Diese Kernsystematik, aus dem Tröpfchenmodell abgeleitet, kann aber keine Auskunft darüber geben, warum gerade $_{42}Mo^{97}$ und nicht $_{43}Tc^{97}$ stabiler ist. Sie kann nur aussagen, daß Tc nicht stabiler ist, wenn Mo stabil ist. Solche Aussagen sind charakteristisch für die in der Kernphysik oft verwendeten Kombinationen aus theoretischen Überlegungen und empirischen Daten. Im Gegensatz zur Atomtheorie gibt es nämlich noch *keine* geschlossene Kerntheorie, die ohne empirische Hilfe auskommt.

9.3 Das Schalenmodell der Atomkerne

Bei der quantenmechanischen Beschreibung der Elektronenhülle von Atomen (Kapitel 3) waren die Wechselwirkungskräfte der Elektronen untereinander und die der Elektronen mit dem Kern genau bekannt. Es konnte deshalb die potentielle Energie im Hamiltonoperator exakt angeschrieben werden, wenn auch die Lösung der Schrödingergleichung für Mehrelektronenatome nur näherungsweise möglich war (Einelektronennäherung). Alle Wechselwirkungskräfte sind elektrostatischer Natur und die Lösung ist ein mehr oder weniger mathematisches Problem.

Die quantenmechanische Beschreibung der Atomkerne stößt hingegen auf eine grundsätzliche physikalische Schwierigkeit. Die Wechselwirkungskräfte zwischen den Nukleonen (Kernkräfte) sind bis auf den viel geringeren Anteil der Coulombschen Abstoßung der Protonen unbekannt, so daß sich die potentielle Energie theoretisch nicht angeben läßt. Es kann höchstens versucht werden, das wirkliche Kernpotential durch Modelle anzunähern. Die Frage nach der physikalischen Ursache wird aber damit nur umgangen und bleibt nach wie vor unbeantwortet. Man kann sich jedoch trotzdem gewisse Vorstellungen über die Art dieser Kräfte machen.

Von *Heisenberg* stammt die Hypothese, daß die Kernkräfte (ähnlich wie bei der Molekülbindung) durch den *Austausch* eines Elementarteilchens, und zwar eines π-Mesons, zwischen Protonen und Neutronen zustande kommen. Während es sich aber bei der Molekülbindung *nicht* um Austauschkräfte im Sinn einer neuen Art von Kräften handelt, muß dies bei den Kernen angenommen werden. Die Kernkräfte sind also keineswegs elektrostatischer Natur. Die Rolle der Elektronen übernimmt im übertragenen Sinn ein geladenes π-Meson, das nur während des Austausches existent ist und deshalb nur eine kurze Lebensdauer hat.

Bei einem solchen Austausch wandelt sich ein Proton durch Mesonenabgabe in ein Neutron um und umgekehrt. In diesem Sinn könnte man auch das Proton und Neutron als zwei verschiedene Energiezustände eines einzigen Nukleons auffassen. Der Mesonenaustausch kann sowohl mit einem positiv als auch negativ geladenen π-Meson formuliert werden. Das Proton wandelt sich unter Absorption eines negativen Mesons, das vom Neutron emittiert wird, in ein Neutron und umgekehrt das Neutron in ein Proton um. Ersetzt man das negative Meson durch ein positives, vertauschen sich Absorption und Emission:

$$p \;\rightarrow \pi^+ + n$$
$$\underline{n + \pi^+ \rightarrow p}$$

$$n + p \underset{\pi^-}{\overset{\pi^+}{\rightleftarrows}} p + n$$

Aus dieser Vorstellung folgt auch eine Erklärung dafür, daß das Moment des Protons nicht ganzzahlig und das des Neutrons nicht Null ist.

Um zu einer quantenmechanischen Beschreibung der Kerne zu gelangen, hätte man die Schrödingergleichung $H\phi = \epsilon\phi$ für eine Nukleonensorte mit dem Hamiltonoperator

$$H = -\frac{\hbar^2}{2m} \sum_{i=1}^{Z \text{ oder } N} \Delta_i + \sum_{j \,\cong\, i}^{Z \text{ oder } N} V(r_{ij}) \quad (r_{ij} \text{ Nukleonenabstand}) \tag{29}$$

zu lösen. $V(r_{ij})$ ist die Wechselwirkungsenergie zwischen zwei Nukleonen, die etwa den in Bild 9.8 gezeichneten Verlauf besitzt. Da sie aber theoretisch nicht bekannt ist, kann nur versucht werden, das gesamte Potential durch ein effektives Zentralpotential $\sum_i V(r_i)$ anzunähern (vgl. Abschnitt 3.7).

Approximiert man weiterhin für leichte Kerne $V(r_i)$ durch ein Parabelpotential (Bild 9.12a) und für schwere Kerne durch einen rechteckigen Potentialtopf (Bild 9.12b), dann lautet der Hamiltonoperator:

$$H = -\frac{\hbar^2}{2m} \sum_i \Delta_i + \sum_i V(r_i), \tag{30}$$

mit

$$V(r) = \begin{cases} 0 \\ \infty \end{cases} \text{für} \begin{array}{l} r < r_K \\ r > r_K \end{array}, \qquad \text{(schwere Kerne)}$$

$$V(r) \sim r^2 \quad \text{für } r < r_K . \qquad \text{(leichte Kerne)} \tag{31}$$

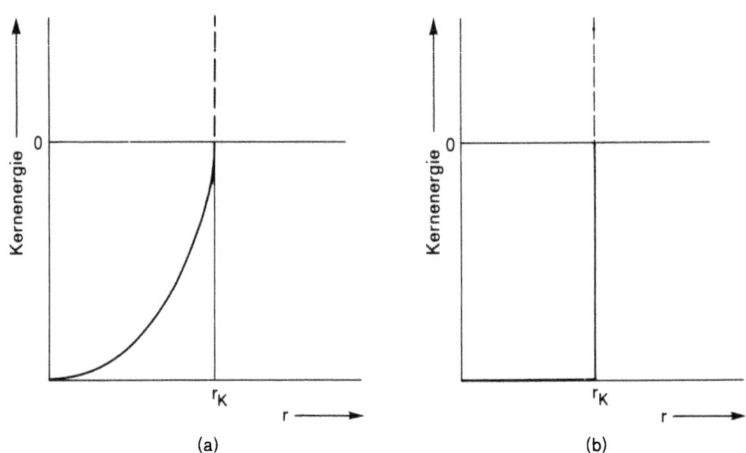

Bild 9.12 Potential leichter Kerne angenähert durch Parabelpotential (a) und Potential schwerer Kerne angenähert durch rechteckigen Potentialtopf (b)

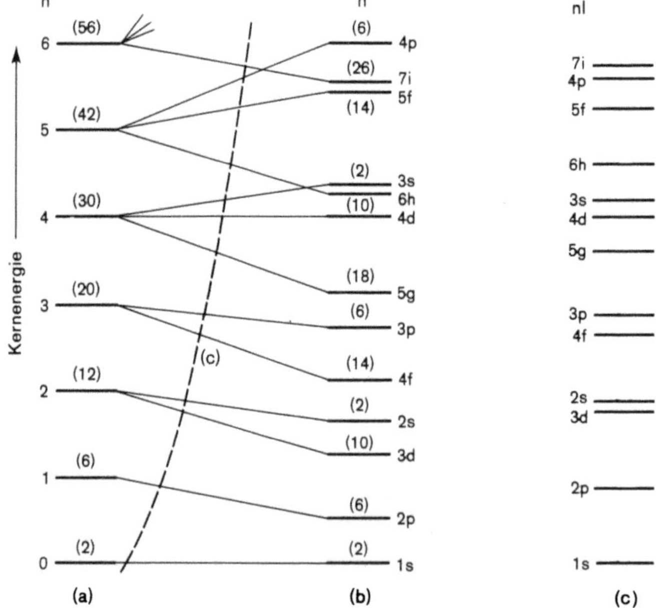

Bild 9.13 Energieschema, berechnet mit Hilfe des Parabelpotentials (a), mit Hilfe des rechteckigen Potentialtopfes (b) und korreliertes bzw. interpoliertes Energieschema (c) für eine Nukleonensorte; Besetzungszahlen in Klammern (*G. Hertz:* Lehrbuch der Kernphysik, Verlag Dausien, Hanau 1959)

$H\phi = \epsilon\phi$ kann damit in Z bzw. N Protonen- oder Neutronengleichungen separiert werden, wie das für die Elektronen der Mehrelektronenatome in Abschnitt 3.7 geschehen ist. Für jedes einzelne Nukleon ergibt sich dann das gleiche Energieschema. Das Energieschema (Einnukleonenschema) für leichte Kerne besitzt große Ähnlichkeit mit dem Energieschema des harmonischen Oszillators (Bild 9.13a) und das für schwere Kerne hat große Ähnlichkeit mit dem eines Mehrelektronenatoms (Bild 9.13b). Korrelation zwischen beiden Energieschemata in der in Bild 9.13 angegebenen Weise liefert ein Schema für mittelschwere Kerne (Bild 9.13c). Dieses interpolierte Energieschema läßt sich noch etwas verbessern, indem man die jj-Kopplung der Nukleonendrehimpulse berücksichtigt. Es sei daran erinnert, daß bei den Atomen LS-Kopplung der Drehimpulse vorherrscht. Dadurch spalten die einzelnen Energieniveaus weiter in Dublette auf (Bild 9.14).

Das in Bild 9.14 gezeigte Energieschema kann wie das Elektronenenergieschema der Atome oder das MO-Energieschema der Moleküle nach dem Pauliprinzip aufgefüllt werden. Besonders stabile Kerne ergeben sich bei abgeschlossenen Schalen mit 2, 8, 20, 28, usw.

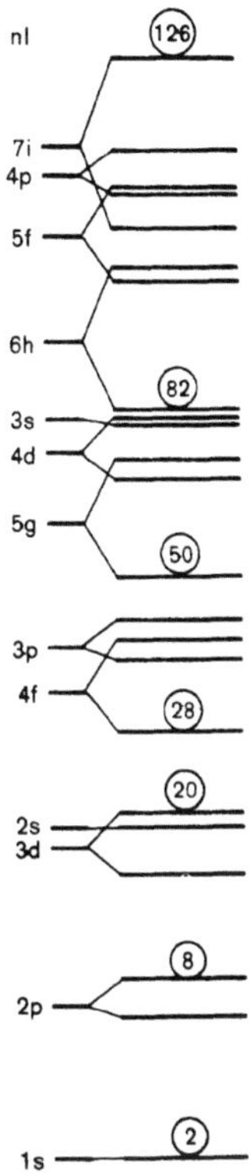

Bild 9.14

Dublettaufspaltung der interpolierten Energieniveaus von Bild 9.13c infolge jj-Kopplung; Schalenabschlüsse in Kreisen (*G. Hertz:* Lehrbuch der Kernphysik, Verlag Dausien, Hanau 1959)

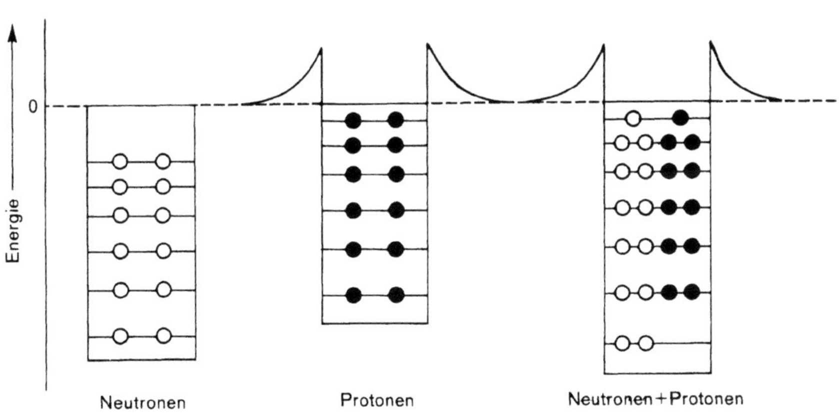

Bild 9.15 Überlagerung eines Neutronen- und Protonenenergieschemas (schematisch)

Neutronen oder Protonen (*magische* Nukleonenzahl). Der wesentliche Unterschied gegenüber dem Elektronenschema besteht darin, daß infolge der jj-Kopplung die Energieniveaus mit dem größeren Gesamtdrehimpuls niedriger liegen. Außerdem gibt es prinzipiell sowohl für die Neutronen als auch für die Protonen je ein solches Schema. Bild 9.15 zeigt schematisch ein Energieschema mit Z Protonen und eines mit ebenso vielen Neutronen. Bei ihrer Überlagerung zu einem einzigen muß sich das letzte besetzte Protonenniveau dem letzten besetzten Neutronenniveau angleichen (Potentialausgleich). Der Potentialausgleich kann aber nur so erfolgen, daß sich Protonen in Neutronen umwandeln. Dies geschieht durch Mesonenemission. Wie wir noch sehen werden, werden bei solchen Umwandlungen nicht wirklich Mesonen emittiert, sondern *Positronen* und *Neutrinos*, weil Mesonen in diese Teilchen zerfallen. Deshalb haben schwere Kerne immer einen Neutronenüberschuß, der mit zunehmender Atomzahl Z größer wird. Es ist dies letztlich eine Folge der Coulombabstoßung der Protonen, denn dadurch wird überhaupt erst das Potential der Protonen gegenüber dem der Neutronen angehoben, und zwar proportional Z.

In Analogie zu den Elektronen bezeichnet man dieses quantenmechanische Modell des Kerns als *Schalenmodell*, da für die Nukleonen verschiedene Energieniveaus existieren, die zu Schalen zusammenfaßbar sind. Während das Tröpfchenmodell (*Vielteilchenmodell*) die gesamte Bindungsenergie ausgezeichnet beschreibt, erklärt das Schalenmodell (*Einteilchenmodell*) gut die Kerneigenschaften Drehimpuls, Moment usw. Beide Modelle *widersprechen* aber einander in den Voraussetzungen. Beim Tröpfchenmodell wird angenommen, daß die Nukleonen miteinander so stark wechselwirken, daß man nur den *Gesamtzustand* aller Nukleonen ausreichend definieren kann. Beim Schalenmodell hingegen, daß sich den *einzelnen* Nukleonen ein bestimmter Zustand zuordnen läßt, und zwar so, daß sich die Nukleonen gegenseitig kaum stören, obwohl gegenseitig Kernkräfte wirken. Trotz dieses Widerspruchs leisten beide Modelle in der Kernphysik gute Dienste. Es bleibt abzuwarten, wie sie innerhalb einer zukünftigen Theorie einzuordnen sein werden.

9.4 Natürliche und künstliche radioaktive Kerne

Zu den radioaktiven Kernen zählen alle Kerne, die unter Emission von Elementarteilchen spontan und freiwillig in energetisch stabilere Endkerne übergehen. Man unterscheidet gewöhnlich zwischen *natürlichen* und *künstlichen* radioaktiven Kernen, wobei letztere durch Kernreaktionen und Kernspaltungen entstehen. Sie unterscheiden sich aber nicht nur in ihrer Herkunft, sondern auch wesentlich in den *Teilchenarten*, die sie emittieren. Natürliche radioaktive Kerne emittieren nur α-Teilchen, Elektronen und γ-Quanten. Man spricht daher auch von α-, β^-- und γ-Zerfällen. Beim Zerfall gehen die instabilen Kerne meist nicht direkt, sondern indirekt über radioaktive Zwischenkerne in die stabilen Endkerne über (*Zerfallsreihe*).

Zunächst kommen die Zerfallsarten der *natürlichen* radioaktiven Kerne und dann die der künstlichen zur Sprache. Beim α-*Zerfall* emittiert der aktive Kern einen doppelt positiv geladenen $_2\mathrm{He}^4$-Kern, der nach früheren Ausführungen eine besonders stabile Einheit bildet (28 MeV Bindungsenergie). Dabei erniedrigt sich die Kernladung bzw. die Ordnungszahl des Kerns um zwei Einheiten. Es entsteht ein Isotop jenes chemischen Elements, das im Periodischen System der Elemente zwei Gruppen weiter links steht.

Beim β^--*Zerfall* (Elektronenemission) vergrößert sich die Kernladung um eine Einheit. Es entsteht ein Isotop des Elements, das im Periodensystem eine Gruppe weiter rechts steht. Der γ-*Zerfall* entspricht dagegen nur einem Übergang von einem höheren zu einem niedrigeren Energieniveau desselben Kerns.

In der Mehrzahl der Fälle emittieren aktive Kerne entweder nur α-Teilchen oder nur β-Teilchen, beide aber begleitet von γ-Strahlung. Der Zerfall kann von außen signifikant weder beschleunigt noch gebremst werden; er erfolgt spontan und rein statistisch. Die Zahl der pro Zeiteinheit zerfallenden Kerne hängt nämlich nur davon ab, wieviel vollständige Kerne noch insgesamt vorhanden sind:

$$\frac{dN}{dt} = -\lambda N. \tag{32}$$

Die Proportionalitätskonstante λ heißt *Zerfallskonstante* und ist für jede Kernart charakteristisch. Integration von Gl. (32) ergibt das *Zerfallsgesetz*

$$\frac{N}{N_0} = e^{-\lambda t}. \tag{33}$$

N_0 ist die Zahl der ursprünglich vorhandenen Kerne. In Worten: Die Zahl der zerfallenden Kerne nimmt exponentiell mit der Zeit ab. Statt λ führt man besser eine neue Konstante, die sogenannte *Halbwertszeit* $t_{1/2}$, ein. Das ist die Zeit, in der von einer vorgegebenen Menge die Hälfte der Kerne zerfällt. Sie hängt mit der Zerfallskonstante wie folgt zusammen. Ersetzt man in Gl. (33) N durch $N_0/2$ und t durch $t_{1/2}$,

$$\frac{1}{2} = e^{-\lambda t_{1/2}}, \tag{34}$$

so folgt

$$t_{1/2} = \frac{\ln 2}{\lambda}. \tag{35}$$

Die Halbwertszeiten der natürlichen radioaktiven Isotope liegen zwischen 10^{-7} s und 10^{20} Jahren (vgl. Isotopentabelle im Anhang).

Mit Hilfe des in Abschnitt 9.3 quantenmechanisch hergeleiteten Kernenergieschemas läßt sich das Verhalten der Kerne beim α-, β- und γ-Zerfall sehr übersichtlich darstellen. In Bild 9.16 sind z. B. die Zusammenhänge der α-, β^-- und γ-Übergänge zwischen vier Kernen am Ende der Thoriumzerfallsreihe schematisch gezeichnet. Es gibt also nicht nur Übergänge *innerhalb* des Energieschemas eines Kerns, sondern auch Übergänge *zwischen* den Energieschemata verschiedener Kerne, die mit α- oder β-Emission verbunden sind. Der stabile Zustand bezüglich γ-Emission ist daher der Grundzustand (des Energieschemas) des γ-strahlenden Kerns. Bezüglich α- und β-Emission gibt es aber nur einen Grundzustand, nämlich den des stabilsten Kerns.

Abschnitt 9.2 lieferte eine Erklärung, warum sehr schwere Kerne α-Teilchen emittieren, aber keine wie diese den Kern verlassen können. Hierzu betrachte man Bild 9.6. Klassisch können den Kern nur solche Nukleonen oder Nukleonengruppen verlassen, die die nötige Energie besitzen, um über den Potentialwall hinwegzukommen. Daß trotzdem α-Teilchen, die keineswegs diese Energie aufweisen, den Kern verlassen, ist eine Folge des quantenmechanischen *Tunneleffekts*. Die Materiewellen der α-Teilchen werden am

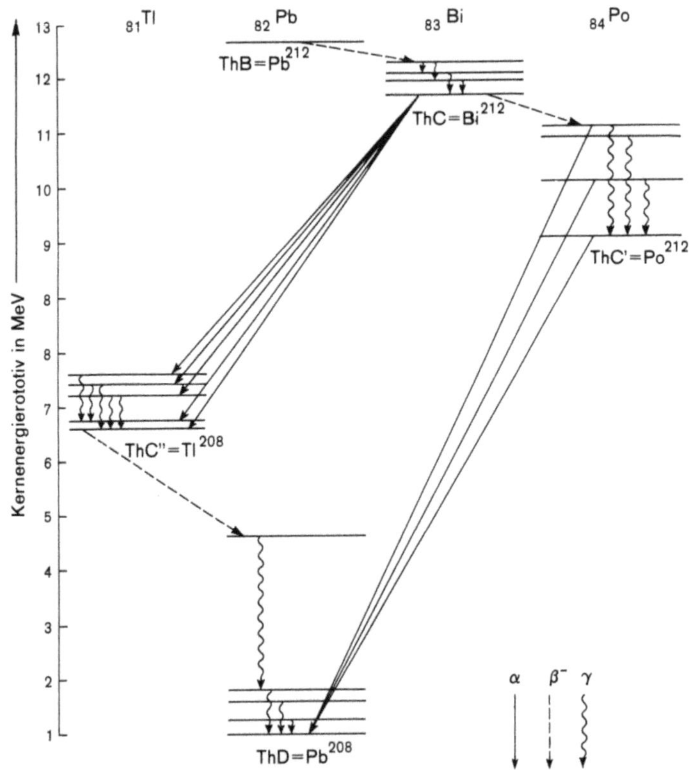

Bild 9.16 Energieschemata und Übergänge zwischen den Kernen $_{81}$Th, $_{82}$Pb, $_{83}$Bi und $_{84}$Po am Ende der Thoriumzerfallsreihe; stabiler Kern: $_{82}$Pb^{208} (*W. Finkelnburg:* Einführung in die Atomphysik, Springerverlag, 1958)

Potentialwall nicht nur reflektiert, sondern können diesen auch mit einer gewissen Wahrscheinlichkeit durchdringen. Es gibt also auch eine *endliche* Aufenthaltswahrscheinlichkeit der Partikel *außerhalb* des Potentialwalls, wenn dieser nicht unendlich hoch ist. Sie ist umso größer, je kleiner und enger der Wall ist (Anhang XIV). Hat ein Partikel den Wall durchstoßen, so wird es vom Coulombfeld beschleunigt und erhält kinetische Energie vom Betrag

$$2\,(Z-2)\,\frac{e^2}{4\,\pi\epsilon_0\,r}. \tag{36}$$

Z wurde um zwei Einheiten reduziert, weil ja beim Verlassen des Teilchens die Kernladung um zwei Einheiten erniedrigt wird. Die Reichweite von α-Teilchen in Materie, die man experimentell mißt, stimmt mit dieser kinetischen Energie überein.

Schwierigkeiten treten auf bei der Erklärung des *β⁻-Zerfalls.* Erstens ist es unverständlich, warum Kerne Elektronen emittieren, wenn sie gar keine besitzen, und zweitens, wenn Kerne Elektronen emittieren, weshalb die Erhaltungssätze der Energie, des Drehimpulses und des Impulses nicht verletzt werden. Die kinetische Energie der Elektronen besitzt nämlich ein kontinuierliches Spektrum und keine scharfen Werte. Dies steht in krassem Gegensatz zu den diskreten Kernenergieniveaus. Berechnet man außerdem die Drehimpulsbilanz, z. B. für den β^--Zerfall eines Kerns mit ungerader Massenzahl und der Gesamtdrehimpuls-Quantenzahl I = 1/2, der durch Elektronenemission in einen Kern gleicher Massenzahl und daher gleicher Quantenzahl I = 1/2 übergeht, so wird der Erhaltungssatz des Drehimpulses verletzt; das Elektron besitzt nämlich ebenfalls einen Drehimpuls, der mit 1/2 ℏ gequantelt ist. Ähnlich verhält es sich mit der Impulsbilanz.

Die an zweiter Stelle genannte Schwierigkeit überwindet man, indem man die Emission eines weiteren Elementarteilchens postuliert (*Pauli* 1931). Dieses Teilchen soll die restliche Energie und den fehlenden Drehimpuls wie auch Impuls besitzen, so daß die Bilanz schließlich stimmt. Das Teilchen, *Antineutrino* genannt, *muß* also existieren, wenn man nicht die grundlegenden Erhaltungssätze der Physik preisgeben will. Die Existenz des Antineutrino ist inzwischen, allerdings wieder nur indirekt, bewiesen worden. Es ist in der Nebelkammer unsichtbar, weil es keine Ladung trägt und nur eine sehr kleine Ruhemasse hat.

Es bleibt noch die Frage zu beantworten, woher das Elektron beim β^--Zerfall stammt. Es entsteht nach *Fermi* gemeinsam mit dem Antineutrino $\widetilde{\nu}$ beim Zerfall eines π^--Mesons, das auch für die Austauschkernkraft verantwortlich gemacht wird. Das π^--Meson, das nur eine sehr kurze Lebensdauer besitzt, zerfällt nach

$$\pi^- \rightarrow e^- + \widetilde{\nu}.$$

π-Mesonen treten nach außen hin also nur durch ihre β-Emission in Erscheinung und sind direkt nicht nachweisbar. Besitzt ein Kern Neutronenüberschuß, so wird der Überschuß durch Umwandlung eines Neutrons in ein Proton unter β^--Emission abgebaut.

Bei den *künstlichen* radioaktiven Kernen sind α-Zerfälle sehr selten, jedoch kommen häufig Elektronen- und Positronenemission vor. Aber auch *K-Einfang* und *Neutronenemission* sind zu beobachten. Ist der β^--Zerfall für Kerne mit Neutronenüberschuß charakteristisch, so ist der β^+-Zerfall für Kerne mit Protonenüberschuß kennzeichnend. Der β^--Zerfall bei den künstlichen radioaktiven Kernen unterscheidet sich von dem der natürlichen in keiner Weise.

Die Frage, warum in der Natur stets nur negative, aber keine positiven Elektronen (β^+-Teilchen oder Positronen) gefunden werden, ist leicht zu beantworten. Das Positron kann in Gegenwart negativ geladener Materie (Atomhüllen) nur kurze Zeit existieren und vereinigt sich alsbald mit einem Elektron zu zwei γ-Quanten. Die Masse beider β-Teilchen zerstrahlt völlig unter Entstehung zweier γ-Quanten, was wegen der Erhaltungssätze erforderlich ist. Beide Quanten besitzen zusammen die Energie, die den zwei Elektronenmassen nach der Energieäquivalenzbeziehung (16) entspricht. Das Positron hat bis auf die andere Ladung die gleichen Eigenschaften wie das negative Elektron.

Wie Kerne mit Neutronenüberschuß Elektronen und Antineutrinos emittieren, so emittieren Kerne mit Protonenüberschuß Positronen und Neutrinos. Ein wesentlicher Unterschied gegenüber dem β^--Zerfall besteht allerdings doch: Da sich beim Positronenzerfall die Kernladung um eine Einheit erniedrigt, muß aus Elektroneutralitätsgründen gleichzeitig ein Hüllenelektron abgestrahlt werden. Es werden also insgesamt zwei β-Teilchen emittiert; ein Kern mit Protonenüberschuß muß daher mindestens das Energieäquivalent dieser zwei Teilchen (1 MeV) mehr als die Endprodukte besitzen. Für den β^--Zerfall gilt diese Einschränkung offensichtlich nicht.

Statt einer β^+-Emission kann ein Kern mit Protonenüberschuß auch ein Elektron aus der Elektronenhülle einfangen. Da hiervon meist ein K-Elektron betroffen ist, bezeichnet man diesen Zerfallsprozeß als *K-Einfang*. *Experimenteller Beweis:* Die Elektronenlücke wird unter Emission eines nachweisbaren Röntgenquants aufgefüllt. Je größer die Kernladungszahl eines Kerns ist, umso wahrscheinlicher ist dieser Prozeß.

Warum emittieren Kerne mit Neutronenüberschuß nicht einfach Neutronen statt Elektronen? Diese Frage läßt sich aufgrund einer energetischen Überlegung beantworten. Die Neutronenemission setzt eine Energie des zerfallenden Kerns voraus, die größer als die der Endprodukte Endkern + Neutron ist. Hingegen wird bei der β-Emission Energie *frei*, da die Elektronen kinetische Energie der Größenordnung 1 MeV besitzen. Trotzdem gibt es auch einige Kerne, wo der Neutronenzerfall energetisch begünstigt ist.

9.5 Kernanregung, Kernreaktionen und Kernspaltung

Während die Zerfälle der radioaktiven Kerne (Radioisotope) spontan und ohne Möglichkeit eines äußeren Eingriffs ablaufen, kann man durch Beschuß stabiler Kerne mit energiereichen Elementarteilchen *Kernanregungen, Kernreaktionen* und *Kernspaltungen* erzwingen. Als Beispiel diene folgende Kernreaktion:

$$_7N^{14} + {_2He^4} \rightarrow {_8O^{17}} + {_1H^1} ,$$

bzw. in abgekürzter Schreibweise

$$_7N^{14} (\alpha, p) \, _8O^{17} \qquad (_2He^4 = \alpha, \, _1H^1 = p).$$

Durch Beschuß mit α-Teilchen wandeln sich nach dieser Reaktionsgleichung $_7N^{14}$-Kerne in $_8O^{17}$-Kerne um, wobei gleichzeitig ein Proton emittiert wird. Die Summe der Ladungszahlen und Massenzahlen auf beiden Seiten der Reaktionsgleichung müssen bei Kernreaktionen gleich sein. Diese Bedingung ist für das angeschriebene Beispiel erfüllt. Die Summe der Massenzahlen links (14 + 4) und rechts (17 + 1) sowie die Summe der Ladungszahlen links (7 + 2) und rechts (8 + 1) sind gleich.

Kernreaktionen, d. h. Kernteilchen, können in der *Nebelkammer* sichtbar gemacht werden. Die schematische Skizze einer solchen Nebelkammer zeigt Bild 9.17a, die Skizze einer Nebelkammeraufnahme Bild 9.17b. Durch plötzliche Expansion oder auf andere Weise wird in einer Kammer übersättigter Wasserdampf hergestellt. Eindringende, geladene Elementarteilchen ionisieren die Wassermoleküle, deren Ionen Kondensationskeime darstellen und die Bahn der Teilchen als Nebelspuren sichtbar machen. Die Tröpfchendichte entlang einer Spur hängt von der kinetischen Energie, der Masse und der Ladung der ionisierenden Teilchen ab.

Eingeleitet werden Kernreaktionen durch *Absorption* des stoßenden Teilchens. Damit stoßende Teilchen den Coulombpotentialwall des Kerns durchdringen können, müssen sie eine hohe kinetische Energie besitzen. Dies gilt für alle (positiv) *geladenen* Teilchen, nicht aber für ungeladene, insbesondere für die technisch wichtigen Kernreaktionen mit Neutronen. Um den Potentialwall im Abstand r vom Kernmittelpunkt zu durchdringen, benötigen z. B. einfach geladene Teilchen eine kinetische Energie vom Betrag

$$Z \frac{e^2}{4 \pi \epsilon_0 r} . \tag{37}$$

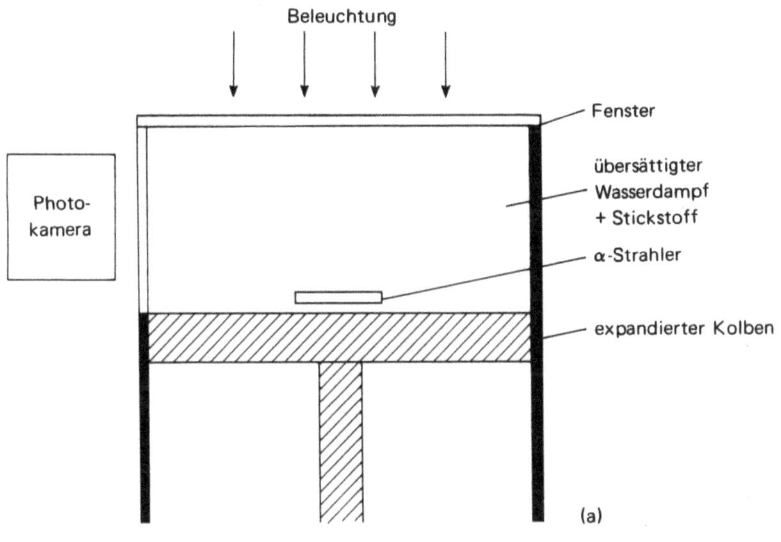

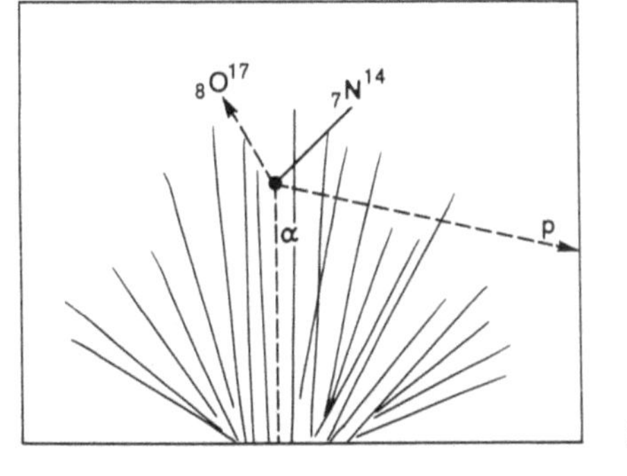

Bild 9.17
Schematische Skizze einer Nebelkammer mit α-strahlendem Präparat und übersättigtem Wasserdampf sowie N_2 (a); Nebelkammeraufnahme schematisch gezeichnet mit Spuren der ionisierenden α-Teilchen sowie Spuren des nach $_7N^{14}$ (α, p)$_8O^{17}$ entstandenen $_8O^{17}$-Kernes und Protons

Zur Größenordnung der erforderlichen Energie: Bei $Z = 40$ und $r = 6 \cdot 10^{-15}$ m erhält man $1,6 \cdot 10^{-13}$ J oder ungefähr 10 MeV. Um Teilchen mit einer so großen kinetischen Energie herzustellen, müssen diese ein Potentialgefälle von 19 Millionen Volt durchlaufen. Verbunden mit der Absorption des stoßenden Teilchens ist im Verlauf der Reaktion meist die Emission irgendeines anderen Teilchens oder γ-Quants.

Durch die Absorption eines stoßenden Teilchens entsteht zuerst ein metastabiler *Zwischenkern* (angeregter Übergangskern). Faßt man den Kern als Tröpfchen auf, so bedeutet dies, daß der Zwischenkern nichts anderes als ein um die Bindungsenergie des absorbierten Teilchens (8 MeV/Nukleon) *angeregter* Kern ist. Er besitzt dann entweder einen Protonen- oder Neutronenüberschuß und stellt daher einen künstlichen radioaktiven Kern dar. Er kann durch β-Zerfall in einen stabilen Endkern übergehen. Eine solche Kernanregung erfolgt bevorzugt bei *niedriger kinetischer Energie* des stoßenden Teilchens, da dann die Wechselwirkungszeit mit den Nukleonen des Kerns groß ist.

Bei *höherenergetischen* Teilchen kann der Stoß auf zweierlei Art erfolgen. Beim *zentralen* Stoß gibt das stoßende Teilchen seine Energie bei Zusammenstößen mit den Nukleonen des Kerns allmählich ab und wird abgebremst. Der Kern wird angeregt, oder anders ausgedrückt, *aufgeheizt*. Erfolgt der Stoß hingegen *nicht* zentral, werden vom stoßenden Teilchen Nukleonen oder Nukleonengruppen herausgeschossen.

Bei *höchsten* Stoßenergien schließlich verhält sich der Kern dem stoßenden Teilchen gegenüber als zusammenhangloser Nukleonenhaufen, so daß das Teilchen praktisch mit freien Nukleonen zusammenprallt. Das Tröpfchenmodell ist dann natürlich keine akzeptable Näherung mehr.

Ein Spezialfall dieser Reaktionsarten ist die *Kernspaltung*, bei der der angeregte Kern nicht durch β-Zerfall in einen stabilen Endkern übergeht, sondern in Bruchstücke von etwa gleicher Masse zerfällt. Davon ist später noch die Rede.

Wie chemische Reaktionen kann man auch Kernreaktionen in *exotherme* und *endotherme* Reaktionen einteilen. Aufgrund der Masse-Energie-Äquivalenzbeziehung ist bei exothermen Reaktionen die Summe der Massen der Ausgangsprodukte größer als die der Endprodukte. Bei endothermen Reaktionen ist es umgekehrt. γ-Quanten müssen bei der Berechnung der Bilanz natürlich miteinbezogen werden. Aus dem erhaltenen Massendefekt errechnet man schließlich die Reaktionswärme. *Beispiel einer exothermen Reaktion:*

$$_3\mathrm{Li}^7\,(p,\,\alpha)_2\,\mathrm{He}^4 \qquad \text{Reaktionswärme negativ}$$

Beispiel einer endothermen Reaktion

$$_3\mathrm{Li}^7\,(p,\,n)_4\,\mathrm{B}^7 \qquad \text{Reaktionswärme positiv.}$$

Zum Ablauf einer endothermen Reaktion ist also grundsätzlich eine Mindestenergie des stoßenden Teilchens erforderlich.

Die *Ausbeute* von Kernreaktionen hängt vom sogenannten *Wirkungsquerschnitt* bezüglich der Absorption des Teilchens ab. Darunter versteht man einen *effektiven* Kernquerschnitt, so definiert, daß *jedes* innerhalb dieses Querschnitts eindringende Teilchen absorbiert wird. Der Wirkungsquerschnitt hat also direkt nichts mit dem Kernquerschnitt zu tun. Wirkungsquerschnitte werden auch bezüglich Streuung, Spaltung usw. definiert. Der Wirkungsquerschnitt besitzt die Dimension cm^2 und wird meist in 10^{-24} cm^2 (1 *barn*) angegeben. Bild 9.18 zeigt z.B. den Wirkungsquerschnitt als Maß für die Ausbeute der Absorption von Neutronen in Ag in Abhängigkeit von der Neutronenenergie. Bei ganz bestimmten Neutronenenergiewerten tritt maximale Absorption ein, und zwar dann, wenn diese Energie mit einer Übergangsenergie im Kernenergieschema übereinstimmt (Absorptionsspektroskopie). Mit Hilfe solcher Absorptionsuntersuchungen und den Zerfallseigenschaften angeregter Kerne kann schließlich das Kernenergieschema grundsätzlich bestimmt werden (vgl. Molekülspektroskopie).

Neutronen durchdringen als ungeladene Teilchen ungehindert den Coulombpotentialwall der Kerne und rufen Kernreaktionen hervor. Sie brauchen dazu vorher nicht beschleunigt zu werden. Gerade *langsame* Neutronen haben hohe Wirkungsquerschnitte. Denn je langsamer ein Neutron ist, umso größer ist seine Wechselwirkungszeit mit den Nukleonen des beschossenen Kerns. Langsame Neutronen sind daher besonders gut für Kernreaktionen geeignet. Sie werden *thermische* Neutronen genannt, wenn ihre kinetische

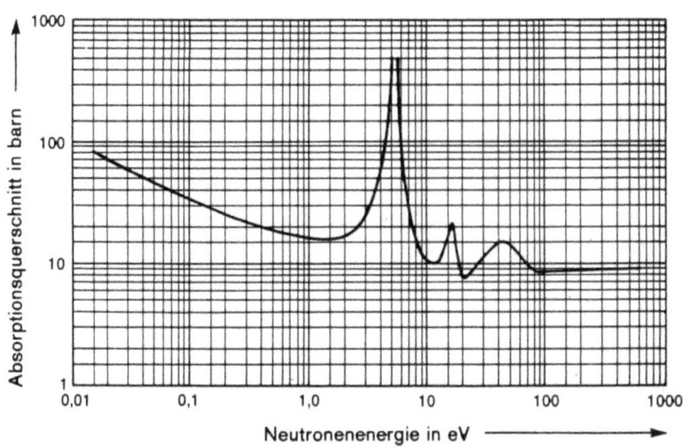

Bild 9.18
Neutronenabsorptionsquerschnitt von Ag als Funktion der Neutronenenergie nach *Goldsmith, Ibser* und *Feld* (*W. Finkelnburg:* Einführung in die Atomphysik, Springerverlag, 1958)

Energie von der Größenordnung kT ist. Man erzeugt sie aus schnellen Neutronen durch Abbremsen in leichtem Material, wie D_2O, Paraffin, Graphit usw. An die leichten Kerne dieser Stoffe können Neutronen ihre kinetische Energie besonders gut durch elastische Zusammenstöße abgeben. Energieübertragung bei elastischen Stößen ist nämlich umso größer, je ähnlicher die Massen zweier stoßender Partikel sind (klassische Mechanik). Durch spektrale Zerlegung von Neutronenmateriewellen an Kristallen können schließlich auch monochromatische Neutronen erzeugt werden. Neutronen selbst bekommt man durch (α, n), (d, n), (γ, n)-Reaktionen; sie treten in hoher Konzentration z. B. in Kernreaktoren auf. Charakteristisch für langsame Neutronen sind die durch sie hervorgerufenen (n, γ)Reaktionen. Die entstehenden instabilen Kerne mit Neutronenüberschuß sind β^--aktiv.

Einige schwere, durch Neutronen aktivierte Kerne bauen ihren Neutronenüberschuß nicht durch β-Zerfall ab, sondern spalten sich in zwei ungefähr gleichschwere *Bruchstücke*. *Hahn* und *Strassmann* (1938) stellten fest, daß beim Beschuß von Uran mit langsamen Neutronen nicht wie erwartet *Transurane*, sondern Bruchstücke mit einer Massenverteilung entstanden (Bild 9.19). Uran kommt mit dem Isotopenverhältnis

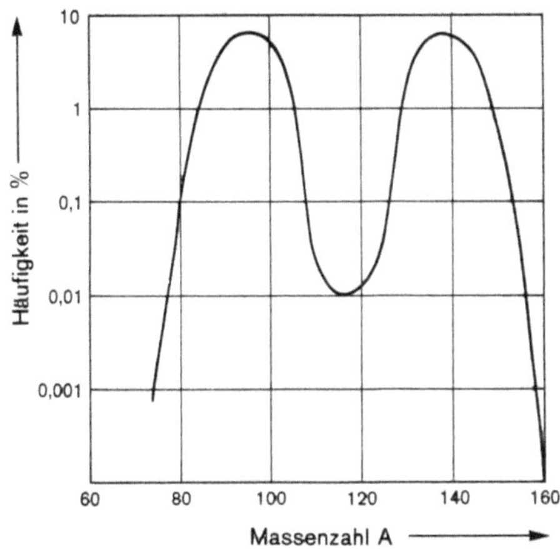

Bild 9.19
Massenverteilung der bei der $_{92}U^{235}$-Spaltung mit langsamen Neutronen auftretenden Bruchstücke

$_{92}U^{235}/_{92}U^{238} = 0,7/99,3$ natürlich vor; der $_{92}U^{235}$-Kern wird durch langsame Neutronen gespalten. Der *Spaltquerschnitt* (Wirkungsquerschnitt hinsichtlich Spaltung) von $_{92}U^{235}$ ist bezüglich langsamer Neutronen viel größer als der von $_{92}U^{238}$. Dies gilt aber nur für langsame Neutronen. Neben U^{235} sind auch $_{92}U^{233}$ und $_{94}Pu^{239}$ durch langsame Neutronen spaltbar.

Absorbiert ein $_{92}U^{235}$-Kern ein Neutron, so besitzt der entstehende $_{92}U^{236}$-Kern mit 52 überschüssigen Neutronen sehr viel mehr Energie als die zwei entstehenden Bruchstücke, die ebenfalls Neutronenüberschuß besitzen und β^--aktiv sind. Der Energieunterschied beträgt etwa 200 MeV und wird direkt frei. Ein Teil wird in Form von γ-Quanten abgestrahlt, der Hauptteil wird aber in Form von kinetischer Energie der Spaltprodukte frei. Theoretisch ist die Spaltung der schwersten Kerne bei geeigneter Energiezufuhr nicht verwunderlich, da die natürliche Radioaktivität der schwersten Kerne bereits ihre Instabilität beweist. Die Reaktionsenergie von 200 MeV folgt unmittelbar aus der Bindungsenergie. Nach Bild 9.9 beträgt die Bindungsenergie pro Nukleon in Uran etwa 7,5 MeV, die der Spaltprodukte etwa 8,4 MeV. Der Differenzbetrag von 0,8 MeV multipliziert mit der Zahl der Nukleonen (235) gibt die Größenordnung von 200 MeV.

Bei der Spaltung entstehen aber neben den Bruchstücken nicht nur Elektronen, sondern auch zwei oder drei freie *Neutronen* pro Spaltakt. Es spricht vieles dafür, daß diese während der Spaltung selbst und nicht erst durch Neutronenemission der Spaltprodukte entstehen. Dadurch bietet sich die Möglichkeit, ohne äußeren Beschuß andere Urankerne zu spalten, und zwar in Art einer Kettenreaktion, da durch ein auslösendes Neutron zwei bis drei weitere neu erzeugt werden. Es kann so zu einer explosionsartigen Spaltung des gesamten Materials kommen. Ist man andererseits in der Lage, die Zahl der entstandenen Neutronen so zu steuern, daß jeweils nur ein Neutron pro Spaltakt weiterreagiert, dann kann die dabei freiwerdende Kernenergie kontrolliert nutzbar gemacht werden. Das ist der wesentliche Unterschied zwischen der Kernreaktion in einer Atombombe und der kontrollierten Reaktion in einem Kernreaktor.

Hat man eine Kugel aus *reinem* U^{235}, U^{233} oder Pu^{239} von solchem Durchmesser, daß die mittlere freie Weglänge der neu entstehenden, anfänglich schnellen Neutronen kleiner als der Kugeldurchmesser ist, werden alle schnellen Neutronen letztlich abgebremst und zur Spaltung absorbiert. Da pro Spaltakt 200 MeV frei werden, wird pro kg U^{235} eine Energie von ungefähr $7,5 \cdot 10^{10}$ kJ plötzlich frei (Atombombe). Bei einer gleich großen Kugel aus *natürlichem* Uran passiert hingegen gar nichts, da die entstehenden zwei bis drei schnellen Neutronen bevorzugt von U^{238} absorbiert werden. Der Absorptionsquerschnitt von U^{238} ist nämlich für schnelle Neutronen viel größer als der von U^{235}. Außerdem ist das Isotopenverhältnis bezüglich der Spaltung äußerst ungünstig. Deshalb die Anstrengungen, die Uranisotope zu trennen.

Bei der Reaktion von schnellen Neutronen mit U^{238} entsteht nach

$$_{92}U^{238} (n, \gamma) \, _{92}U^{239} \rightarrow \, _{93}Np^{239} + e^- \rightarrow \, _{94}Pu^{239} + e^-$$

spaltbares Plutonium. Einerseits muß diese Reaktion in einem Reaktor unterdrückt werden, damit die schnellen Neutronen von U^{238} nicht weggefangen werden. Andererseits benutzt man diese Reaktion, um spaltbares $_{94}Pu^{239}$ aus $_{92}U^{238}$ herzustellen, denn dieses ist ebenfalls als Reaktorbrennmaterial geeignet. Diese Umwandlung zu Plutonium geschieht in den sogenannten *Brutreaktoren*, die große Zukunft haben, da U^{235} natürlich nur begrenzt vorkommt. Zur Abbremsung der schnellen Neutronen wählt man bei Reaktoren, die mit angereichertem U^{235} als Brennstoff fahren, sehr oft Graphit, der zwischen das Brennmaterial eingesetzt wird. Das Abbremsen ist notwendig, um den Reaktor überhaupt in Gang zu bringen (*kritisch* werden zu lassen). Entsteht dann pro Spaltakt gerade ein langsames Neutron, das seinerseits Spaltung hervorruft, so hält sich die Kernreaktion von selbst in Gang und die dabei auftretende Reaktionswärme kann in nutzbare Energie umgewandelt werden.

In der Umgebung des Brennmaterials herrschen hohe Neutronenkonzentrationen, die zur Herstellung radioaktiver Isotope ausgenutzt werden. Die Anwendung dieser radioaktiven Isotope ist in der heutigen Wissenschaft und Technik aber so vielfältig, daß sie im Rahmen dieses Lehrbuchs nicht referiert werden kann.

9.6 Elementarteilchen

Unter *Elementarteilchen* versteht man nach dem gegenwärtigen Stand der Kernphysik die Teilchen, denen man keine bestimmte innere Struktur zuschreiben kann, darunter alle bisher in diesem Kapitel genannten Teilchen. Ein Elementarteilchen verhält sich bei der Wechselwirkung mit anderen Teilchen und mit Feldern wie ein einheitliches Ganzes, wie ein Massenpunkt mit bestimmten Eigenschaften (Ruhemasse, elektrische Ladung, Drehimpuls usw.). Teilchen mit Struktur müßten sich hingegen deformieren lassen, wenn sich Strukturteile unabhängig voneinander bewegen sollten. Dies widerspricht aber den Postulaten der Relativitätstheorie. Diese Vorstellung von der Strukturlosigkeit ist allerdings auf den Energiebereich $2\,mc^2$ beschränkt.

Gegenwärtig kennt man mehrere Gruppen von Elementarteilchen, die sich durch ihre Eigenschaften und den Charakter ihrer Wechselwirkungen unterscheiden. Nach ihrer Ruhemasse unterscheidet man zwischen *Leptonen* (leichte Teilchen), *Mesonen* (mittelschwere Teilchen) und *Baryonen* (schwere Teilchen). Hinsichtlich des Vorzeichens ihrer elektrischen Elementarladung gibt es *neutrale, positive* und *negative* Teilchen. Man vermutet allerdings auch Teilchen (*Quarks*), die nur einen Bruchteil der Elementarladung tragen. Teilchen mit Vielfachen der Elementarladung wurden bisher nur bei sogenannten *Resonanzen* festgestellt. Man versteht darunter Resonanzzustände von Baryonen und Mesonen. Die Mehrzahl aller Teilchen besitzt den *Spin* $1/2\,\hbar$, es gibt aber auch Teilchen mit dem Spin Null und $1\,\hbar$ (Photonen bzw. π-Mesonen, K-Mesonen).

Zwischen den Elementarteilchen sind mindestens drei Arten von *Wechselwirkungen* möglich: *Starke, elektromagnetische* und *schwache*. Starke Wechselwirkungen treten bei Reaktionen mit Baryonen und Mesonen auf und basieren auf Kernkräften. Reaktionen dieser Art sind *schnelle* Prozesse, sie laufen in Zeiten von $10^{-22} - 10^{-23}$ s ab. Elektromagnetische Wechselwirkungen treten nur zwischen geladenen Teilchen in Erscheinung; ihre Zeitdauer beträgt $10^{-18} - 10^{-20}$ s. Schwache Wechselwirkungen sind charakteristisch für Reaktionen mit Leptonen (z. B. β-Zerfall); sie laufen in Zeiten von $10^{-8} - 10^{-10}$ s ab und werden deshalb langsame Prozesse genannt.

Bei allen drei Wechselwirkungsarten gelten die *Erhaltungssätze* für die Energie, den Drehimpuls und die elektrische Ladung. Die *Ladungsunabhängigkeit* starker Wechselwirkungen ist charakteristisch: Die Wechselwirkung in Kernen zwischen Neutronen wie zwischen Protonen ist völlig gleich. Dieser Begriff Ladungsunabhängigkeit führt in weiterer

Folge zur Einführung des Begriffes *Isotopen-* oder *Isospin* T. Teilchen mit nahezu gleicher Masse erscheinen in verschiedenen Ladungszuständen, z. B. die Nukleonen als Protonen und Neutronen (Dublettcharakter). π-Mesonen treten als π^+-, π^-- und π^0-Mesonen (Ladungstriplett) in Erscheinung. Die Zahl der Ladungszustände einer gegebenen Multiplettstruktur ist $2\,T + 1$. Für die bis heute untersuchten Teilchen ist $T = 0$, $1/2$ und 1. Die *Projektion* von T (als Vektor gedacht) auf eine beliebige Achse dient zur Unterscheidung zwischen Teilchen und Antiteilchen. Die Komponente von T in die beliebige Achsenrichtung soll die Werte T, $T - 1$, ... 0 ... $-T$ haben. Positive Werte werden dann den *Teilchen* und negative Werte den *Antiteilchen* zugeordnet. Bei allen Reaktionen, in denen eine Umwandlung von Teilchen erfolgt, gilt außerdem der Erhaltungssatz des Gesamtisotopenspins. Tabelle 9.1 gibt einen Überblick über die wichtigsten bekannten Teilchen und ihre Eigenschaften.

Teil II

Gase, Flüssigkeiten, Festkörper und Mischphasen

Kapitel 10
Statistische Beschreibung der Materie 1

Kapitel 11
Die Thermodynamik 36

Kapitel 12
Reale Gase 74

Kapitel 13
Die Kristallstruktur 100

Kapitel 14
Festkörper 129

Kapitel 15
Flüssigkeiten 176

Kapitel 16
Systeme aus mehreren chemischen Komponenten
und Phasen 214

Kapitel 17
Kolligative Eigenschaften von Lösungen 256

Kapitel 18
Elektrolyt- und Makromoleküllösungen 281

Kapitel 10
Statistische Beschreibung der Materie

Der Band I dieses Lehrbuches beschäftigte sich mit dem Aufbau „isolierter" Atome und Moleküle. Unter Zuhilfenahme der Quantenmechanik wurden ihre Energiezustände und Eigenfunktionen (Orbitale) theoretisch berechnet. Ein Vergleich der daraus folgenden Übergänge mit den spektroskopischen Daten bestätigte die Quantenmechanik atomarer Teilchen. Da Atome und Moleküle bei Energiezufuhr nicht nur elektronische Übergänge, sondern auch Translations-, Rotations- und Schwingungsübergänge ausführen, wurden auch die Energieschemata für diese Bewegungsformen abgeleitet. Alles in allem: Ein „isoliertes" atomares Teilchen befindet sich vor und nach einem Übergang in einem ganz genau definierten Zustand hinsichtlich der Energie dieser Bewegungsformen.

Jedoch nicht alle Atome oder Moleküle eines chemischen Systems (Gas, Flüssigkeit oder Festkörper) nehmen denselben Zustand ein. Bei konstanter Gesamtenergie entsteht eine gewisse Verteilung der besetzten Energiezustände. Diese erfolgt nicht regellos, sondern nach statistischen Gesetzen, und zwar nach den Verteilungsgesetzen der Fermi-Dirac- (abgekürzt FD) oder der Bose-Einstein- (abgekürzt BE) bzw. der Maxwell-Boltzmann- (abgekürzt MB)-Statistik. Die MB-Statistik ist als Grenzfall der beiden erstgenannten Statistiken für die Chemie von ganz besonderer Bedeutung. Die Existenz der FD- und BE-Statistik ist eine Folge des Antisymmetrieprinzips. Wie wir aus der Behandlung der Mehrelektronenatome bereits wissen, lassen sich auf Grund der Erfahrung Fermionen nur durch antisymmetrische und Bosonen nur durch symmetrische Gesamtwellenfunktionen beschreiben. Daraus folgt für ein Mehrelektronensystem, daß jede Wellenfunktion (Orbital mit Spinanteil) nur von einem einzigen Elektron (Fermion) besetzt werden kann. Im Gegensatz dazu können sich beliebig viele, unter Umständen auch alle Bosonen in einer einzigen Wellenfunktion aufhalten. Dadurch ergibt sich der gravierende Unterschied in den FD- und BE-Verteilungsgesetzen.

Es muß aber etwas mildernd gesagt werden, daß die FD- und die BE-Statistik in der Chemie nur selten benötigt werden, z. B. zur Beschreibung von Metallelektronen, von Gasen bei tiefen Temperaturen und von Photonen. Bei höheren Temperaturen, wenn sich die einzelnen Teilchen eines Systems auf immer mehr Energiezustände verteilen und dann sehr viel mehr besetzbare Zustände als Teilchen vorhanden sind, brauchen wir zwischen Fermionen und Bosonen nicht mehr zu unterscheiden und die beiden Quantenstatistiken gehen in die MB-Statistik über. Das ist diejenige Statistik, mit der wir uns hauptsächlich beschäftigten werden, und die wir zur Beschreibung der meisten gasförmigen, flüssigen und festen Systeme heranziehen können. „Isolierte" Atome und Moleküle kommen ja in Wirklichkeit nicht vor und durch nichtspektroskopische Methoden erfassen wir nie einzelne Moleküle, sondern immer eine Gesamtheit. Wir messen also stets mittlere Eigenschaften eines Mehrteilchensystems, z. B. die mittlere Energie eines Gases. Das Messen mittlerer makroskopischer Eigenschaften sowie ihre Verknüpfung untereinander ist Aufgabe der Thermodynamik. Aufgabe der Statistik ist hingegen die theoretische Berechnung solcher Eigenschaften mit Hilfe von Termschemata einzelner Moleküle, gleichgültig, ob diese aus quantenmechanischen Berechnungen oder aus spektroskopischen Untersuchungen stammen.

Statistik und Thermodynamik stehen zueinander in einem ähnlichen Verhältnis wie Quantenmechanik und Spektroskopie: Quantenmechanik und Statistik bilden das theoretische Gerippe, während Spektroskopie und Thermodynamik die experimentelle Basis zur Verfügung stellen. Oder anders gesehen: Thermodynamische Eigenschaften von makroskopischen Systemen können auf statistische Weise molekular interpretiert werden. Die Statistik stellt damit eine Brücke zwischen atomistischen und makroskopischen Vorstellungen her.

Statistik und Thermodynamik verkörpern (in diesem Band) das methodische Rüstzeug zur Beschreibung gasförmiger, flüssiger und fester Materie. In diesem Sinne werden zuerst statistische und thermodynamische Grundlagen vermittelt, dann am Beispiel des idealen Gases erläutert, und schließlich auf die realen Aggregatzustände der Materie angewandt.

10.1 Das Antisymmetrieprinzip

Da das *Antisymmetrieprinzip* (Vertauschungssymmetrie) das Kriterium für die Unterscheidung zwischen Fermionen und Bosonen darstellt, sollen hier seine wichtigsten Aussagen aus Abschnitt 3.5 wiederholt werden. Beginnen wir mit einem System aus zwei Elektronen mit den Ortskoordinaten $x_1 y_1 z_1$ und $x_2 y_2 z_2$, für die abgekürzt 1 und 2 geschrieben wird. Das erste Elektron besetze das Orbital φ und habe den Energieeigenwert $\epsilon(1)$, das andere besetze das Orbital χ und habe den Eigenwert $\epsilon(2)$. Das Systemorbital oder die Gesamteigenfunktion des Systems ist dann durch das Produkt der beiden Orbitale und die Gesamtenergie durch die Summe der Einzelenergien gegeben:

$$\phi(1, 2) = \varphi(1)\, \chi(2), \tag{1}$$

$$E(1, 2) = \epsilon(1) + \epsilon(2). \tag{2}$$

Vertauscht man die beiden Elektronen (sie sind ja ununterscheidbar), so bleibt zwar die Gesamtenergie erhalten, aber es entsteht formal eine neue Gesamteigenfunktion des Systems:

$$\phi(2, 1) = \varphi(2)\, \chi(1), \tag{3}$$

$$E(2, 1) = \epsilon(2) + \epsilon(1). \tag{4}$$

Nach der Theorie der Differentialgleichungen sind nun nicht nur Gl. (1) und Gl. (3), sondern auch alle anderen Linearkombinationen der Art

$$\phi = A\, \phi(1, 2) + B\, \phi(2, 1) \tag{5}$$

gleichzeitig Lösungen der Schrödingergleichung. Vertauscht man in Gl. (5) die beiden Elektronen (genaugenommen die Elektronenkoordinaten), so darf sich am Quadrat von ϕ nichts ändern. Es muß egal sein, von welchen Koordinaten man zur Berechnung der Aufenthaltswahrscheinlichkeit ϕ^2 ausgeht. Dies bedeutet mathematisch, daß $A = \pm B$

sein muß. Aus Normierungsgründen sind aber von allen möglichen ϕ's mit A = ± B nur zwei Kombinationen physikalisch plausibel. Denn Normierung bedeutet

$$\int_V \phi^2 \, dV = \int_{V_1} \int_{V_2} [A\,\phi(1,2) + B\,\phi(2,1)]^2 \, dV_1 \, dV_2 = 1, \tag{6}$$

und da alle in der Quantenmechanik vorkommenden Orbitale zugleich orthogonal sind,

$$\int_{V_1} \int_{V_2} \phi(1,2)\,\phi(2,1)\,dV_1\,dV_2 = 0, \tag{7}$$

ergibt sich als weitere Auswahl:

$$A = \pm B = \pm \frac{1}{\sqrt{2}}. \tag{8}$$

Damit lauten die zwei möglichen, sinnvollen *Systemorbitale*:

$$\phi_{\text{symm}} = \frac{1}{\sqrt{2}}[\varphi(1)\,\chi(2) + \varphi(2)\,\chi(1)], \tag{9}$$

$$\phi_{\text{anti}} = \frac{1}{\sqrt{2}}[\varphi(1)\,\chi(2) - \varphi(2)\,\chi(1)]. \tag{10}$$

Die erste Kombination wird symmetrisches Systemorbital genannt, weil sie bei einer Elektronenvertauschung (1 gegen 2) gleich bleibt; die zweite antisymmetrisch, weil sie dabei ihr Vorzeichen wechselt.

Berücksichtigt man durch einen weiteren Produktansatz noch die zwei möglichen Spinorientierungen (durch die zwei Spinfunktionen α und β), so bekommt man insgesamt für das Zweielektronensystem vier symmetrische und vier antisymmetrische *Systemfunktionen*. Die antisymmetrischen lauten:

$$\frac{1}{\sqrt{2}}[\varphi(1)\,\chi(2) + \varphi(2)\,\chi(1)] \; \frac{1}{\sqrt{2}}\Big[\alpha(1)\,\beta(2) - \alpha(2)\,\beta(1)\Big], \tag{11}$$

$$\frac{1}{\sqrt{2}}[\varphi(1)\,\chi(2) - \varphi(2)\,\chi(1)] \left\{ \begin{array}{c} \alpha(1)\,\alpha(2) \\ \beta(1)\,\beta(2) \\ \frac{1}{\sqrt{2}}[\alpha(1)\,\beta(2) + \alpha(2)\,\beta(1)] \end{array} \right\}. \tag{12}$$

Auf Grund der spektroskopischen Erfahrung lassen sich nun *Fermionen* (= atomare Teilchen mit halbzahligem Spin wie Elektronen) nur durch antisymmetrische und *Bosonen* (= atomare Teilchen mit ganzzahligem Spin wie He-Atome oder wie Photonen mit dem Spin Null) nur durch symmetrische Systemfunktionen beschreiben. Diese Erfahrungstatsache wird Antisymmetrieprinzip genannt, weil es unter den gegebenen Funktionen die richtigen auswählt. Befinden sich nämlich beide Elektronen im selben Orbital ($\varphi = \chi$), so beschreibt nur Gl. (11) das Spin- und Bahnverhalten richtig (mit $\varphi = \chi$ verschwindet

Gl. (12) von selbst). Im Fall $\varphi \neq \chi$ ist hingegen Gl. (11) oder (12) „richtig". Die Auswirkungen dieses Antisymmetrieprinzips, es ist die strenge quantenmechanische Fassung des Pauliprinzips, auf das PSE sind bereits bekannt. Die Folgen hinsichtlich der statistischen Beschreibung der Materie bleiben zu diskutieren. Besetzen zwei Elektronen dasselbe Orbital (φ oder χ), dann müssen sie eine unterschiedliche Spinorientierung aufweisen. Anders formuliert: Eine *Teilchenfunktion* $\varphi\alpha$ bzw. $\chi\alpha$ darf nur von einem einzigen Elektron besetzt werden. Diese Einschränkung fällt bei Bosonen weg: Eine symmetrische Systemfunktion gibt es auch dann, wenn alle Bosonen ein einziges Orbital besetzen.

Gehen wir nun zu einem N-Teilchensystem über und versuchen wir eine allgemeine Formulierung zu finden. Zu diesem Zweck nennen wir die Teilchenfunktionen (Produkt aus Orbital und Spinfunktion) a, b, c, ... z; sie sind jetzt Funktionen von drei Ortskoordinaten und einer Spinkoordinate, wofür zur Abkürzung wieder 1, 2, 3, ... N geschrieben wird. Für die Systemfunktion von zwei Bosonen bzw. Fermionen gilt dann analog zu Gl. (9) und (10):

$$\Psi_{\text{symm}} = \frac{1}{\sqrt{2}}\,[a(1)\,b(2) + a(2)\,b(1)], \tag{13}$$

$$\Psi_{\text{anti}} = \frac{1}{\sqrt{2}}\,[a(1)\,b(2) - a(2)\,b(1)]. \tag{14}$$

Sie stellt jeweils eine Summe von Produkten dar, in denen je zwei Elektronen vertauscht wurden. Verallgemeinern wir diese Formulierung auf N Teilchen, so können wir für die Systemfunktionen schreiben (Anhang IX):

$$\Psi_{\text{symm}} = \sum_{v=1}^{N!} \mathbf{P}_v\,[a(1)\,b(2)\,...\,(N)], \tag{15}$$

$$\Psi_{\text{anti}} = \sum_{v=1}^{N!} (-1)^v \mathbf{P}_v\,[a(1)\,b(2)\,...\,(N)]. \tag{16}$$

Sie setzen sich aus einer N!-fachen Summe von Produkten der Teilchenfunktionen zusammen, wobei der Operator **P** im v-ten Produkt eine Vertauschung von jeweils zwei Teilchen vornimmt. Im Ausdruck (16) kann keine Teilchenfunktion mehr als ein Fermion aufnehmen ohne Null zu werden. Es ist aber egal, welches Fermion gerade ein bestimmtes Orbital besetzt, weil Fermionen ununterscheidbar sind. Es gibt also sehr viele gleichwertige, antisymmetrische Systemfunktionen bei einer bestimmten Gesamtenergie und die Bestimmung der Zahl aller dieser Funktionen ist unsere erste Aufgabe innerhalb der Statistik. Sie ist gleichbedeutend mit der Feststellung der Zahl aller Realisierungsmöglichkeiten einer bestimmten Energieverteilung. Unsere zweite Aufgabe wird darin bestehen, aus all diesen Realisierungsmöglichkeiten die wahrscheinlichste herauszusuchen.

10.2 Die FD- und die BE-Statistik

Besteht z. B. ein Gas, das keine zwischenmolekularen Wechselwirkungen besitzt, aus insgesamt N Teilchen (Fermionen oder Bosonen), wovon N_0 den Energiewert ϵ_0,

N_1 Teilchen den Energiewert ϵ_1, allgemein N_i Teilchen den Energiewert ϵ_i haben, dann beträgt die *mittlere Teilchenenergie* (arithmetischer Mittelwert):

$$\bar{\epsilon} = \frac{\sum\limits_{i=0}^{n} \epsilon_i N_i}{\sum\limits_{i=0}^{n} N_i}. \tag{17}$$

Wird der Bruchteil der Teilchen mit dem Energieeigenwert ϵ_i durch

$$f_i \equiv \frac{N_i}{N} = \frac{N_i}{\sum\limits_{i=0}^{n} N_i} \tag{18}$$

definiert, läßt sich Gl. (17) auch so anschreiben:

$$\bar{\epsilon} = \frac{\sum\limits_{i=0}^{n} f_i \epsilon_i}{\sum\limits_{i=0}^{n} f_i} = \sum\limits_{i=0}^{n} f_i \epsilon_i. \tag{19}$$

Mit dem Begriff *Verteilung* (f_i) lautet dann die *gesamte Energie des Gases*

$$\bar{E} \equiv N\bar{\epsilon} = N \sum\limits_{i=0}^{n} f_i \epsilon_i \tag{20}$$

oder eine andere beliebige makroskopische extensive Eigenschaft $\bar{X}$:

$$\bar{X} = N \sum\limits_{i=0}^{n} f_i X_i. \tag{21}$$

Die Aufgabe der Statistik besteht nun in der Herleitung eines expliziten Ausdruckes (Funktion) für die Verteilung f_i an Hand eines vorgegebenen gequantelten Energieschemas der Gasmoleküle. Es wird sich herausstellen, daß f_i nicht irgendeine x-beliebige Verteilung ist, sondern eine sein muß, die die größte Realisierungswahrscheinlichkeit besitzt. Zu ihrer Herleitung werden deshalb Kombinatorikregeln verwendet. Ausgangspunkt ist ein allgemeines, nicht näher definiertes Termschema, auf das zunächst Fermionen (*Fermigas*), dann Bosonen (*Bosegas*) verteilt werden. Durch Aufhebung des Antisymmetrieprinzips wird danach der Übergang zur MB-Verteilung durchgeführt. Das ist das Programm dieses Abschnittes.

Wir gehen von dem in Bild 10.1 gezeichneten Termschema aus und wollen es mit Fermionen besetzen. Da jedes der N Teilchen ein solches Schema besitzt, dürfen wir alle Teilchen in ein einziges Schema eintragen, wenn wir eine Verteilung beschreiben wollen. Das i-te Energieniveau soll g_i-fach entartet sein (Zahl der Teilchenfunktionen bzw. Orbitale a, b, c, ... ist g_i). Es werden nun N Fermionen so auf das Energieschema verteilt, daß beim

Verteilen alle Orbitale dieselbe *a-priori-Wahrscheinlichkeit* aufweisen. D. h. die Besetzung eines Orbitals ist gleich wahrscheinlich wie die aller anderen. Das ist genauso, als wenn wir die Teilchen durch Kugeln und das ganze Energieschema durch einen großen Behälter mit unterschiedlich großen Fächern (Fächergröße proportional der Entartung g_i) ersetzen und dann gleichzeitig alle Kugeln über dem Behälter fallen lassen. Wir würden dann die Kugeln mit einer zufälligen Verteilung in den Fächern wiederfinden. Eine solche zufällige Verteilung soll Bild 10.1 mit N_0 in ϵ_0, N_1 in ϵ_1, usw. darstellen. Wiederholen wir den Fallversuch einige Male, so wird jedesmal eine andere Verteilung resultieren. Je öfter wir aber wiederholen, umso größer wird die Chance, daß wir eine schon bekannte Verteilung noch einmal oder sogar mehrmals bekommen. Uns interessiert nun die wahrscheinlichste Verteilung (f_i), also die, die am häufigsten wiederkommt. Denn eine solche wird sich bei einem molekularen System von selbst einstellen, wenn dieses mit einer gewissen Gesamtenergie sich selbst überlassen wird.

Mathematisch gesehen haben wir zuerst nach den Regeln der Kombinatorik alle möglichen Anordnungen (oder Ψ_{anti}'s) einer zufälligen Verteilung abzuzählen und haben dann durch Extremwertbildung die am häufigsten auftretende herauszusuchen. Um dieses Problem besser verstehen zu können, ein kleines Demonstrationsbeispiel: Das System bestehe aus 2 Fermionen (Elektronen), die auf die 4 Orbitale bzw. Teilchenfunktionen a, b, c und d verteilt werden sollen. Da jede Teilchenfunktion nur von einem Fermion besetzt werden darf, gibt es nur 6 Anordnungen oder Realisierungsmöglichkeiten der Verteilung (= 2 Fermionen in einem vierfach entarteten Energiezustand): ab, ac, ad, bc, bd und cd. Es gibt zugleich 6 antisymmetrische Systemorbitale:

$$a\,(1)\,b\,(2) - b\,(1)\,a\,(2),$$
$$b\,(1)\,c\,(2) - b\,(2)\,c\,(1),$$
usw. $\qquad\qquad\qquad\qquad\qquad\qquad\qquad\qquad\qquad\qquad$ (22)

Die Zahl der Realisierungsmöglichkeiten (Anordnungen) einer zufälligen Verteilung entspricht damit der Zahl ihrer Ψ_{anti}'s.

Ganz allgemein haben wir die Zahl der *Kombinationen* zu suchen, die man mit g_i Elementen (Orbitalen bzw. Teilchenfunktionen) zur N_i-ten Klasse (Teilchen im Energieniveau ϵ_i) *ohne Wiederholung* bilden kann. Sie beträgt:

$$W_i\,(\text{ohne}) = \binom{g_i}{N_i} = \frac{g_i\,(g_i - 1)\,(g_i - 2)\,\dots\,(g_i - N_i + 1)}{1.\,2.\,3.\,\dots\,N_i}$$
$$= \frac{g_i!}{N_i!\,(g_i - N_i)!}. \qquad\qquad (23)$$

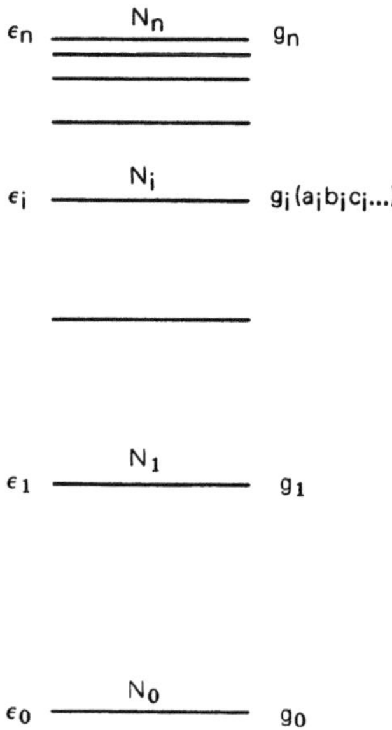

Bild 10.1 Termschema eines Teilchens zur Herleitung der Verteilungsgesetze; das Energieniveau ϵ_i ist g_i-fach entartet und mit N_i Teilchen besetzt; die Besetzung N_0 in ϵ_0, N_1 in ϵ_1, usw. repräsentiert eine zufällige Verteilung

Es existieren also W_i FD-Anordnungen oder Ψ_{anti}'s, die man mit einem g_i-fach entarteten Energiezustand bei N_i Teilchen bilden kann. Sind gleichzeitig (sowohl-als-auch-Wahrscheinlichkeit) N_0 Teilchen in ϵ_0, N_1 in ϵ_1, usw., dann sind es insgesamt

$$FD \; W = W_0 \, W_1 \, W_2 \, ... \, W_i \, ... \, W_n$$

$$= \prod_{i=0}^{n} W_i$$

$$= \prod_i \frac{g_i!}{N_i! \, (g_i - N_i)!} \tag{24}$$

Anordnungsmöglichkeiten. In Tabelle 10.1 sind zur Veranschaulichung die Einzelwahrscheinlichkeiten W_i bei Verteilung verschieden vieler Teilchen N_i auf g_i-fach entartete Niveaus angegeben.

Tabelle 10.1:

Zahl der Anordnungen bzw. Einzelwahrscheinlichkeiten W_i bei verschiedenen Entartungen und Teilchenzahlen (Fermionen)

g_i	N_i	W_i
2	0	1
	1	2
	2	1
3	0	1
	1	3
	2	3
	3	1
4	0	1
	1	4
	2	6
	3	4
	4	1

Ein weiteres Demonstrationsbeispiel: Sollen auf ein Termschema mit zwei Energieniveaus, die 2- und 3-fach entartet sind, zwei Fermionen verteilt werden, dann gibt es für die 3 existierenden Verteilungen nur die in Bild 10.2 dargestellten Anordnungsmöglichkeiten. Wir erkennen, daß die Verteilung mit je einem Teilchen in den beiden Niveaus am öftesten, nämlich sechsmal realisierbar und daher am wahrscheinlichsten ist. Dagegen treten die Verteilungen mit je einem Teilchen auf einem der Niveaus nur einmal bzw. dreimal auf und sind unwahrscheinlicher.

Beim letzten Demonstrationsbeispiel konnten wir durch explizites Aufschreiben der Anordnungen bzw. mit Hilfe von Gl. (24) die wahrscheinlichste Verteilung herausfinden. Das ist diejenige, die am öftesten realisierbar ist und den größten W-Wert besitzt. Um dies mathematisch exakt zu formulieren, müssen wir mit dem Ausdruck (24) eine Extremwertbildung durchführen, also das maximale W bezüglich der N_i-Variation suchen. Der mathematischen Einfachheit halber suchen wir aber nicht das Extremum von W, sondern von lnW, wofür sich mit der *Stirlingschen Formel* (Anhang XV) eine bequeme Umformung der Fakultäten anbietet:

$$\ln N! = N \ln N - N \tag{25}$$

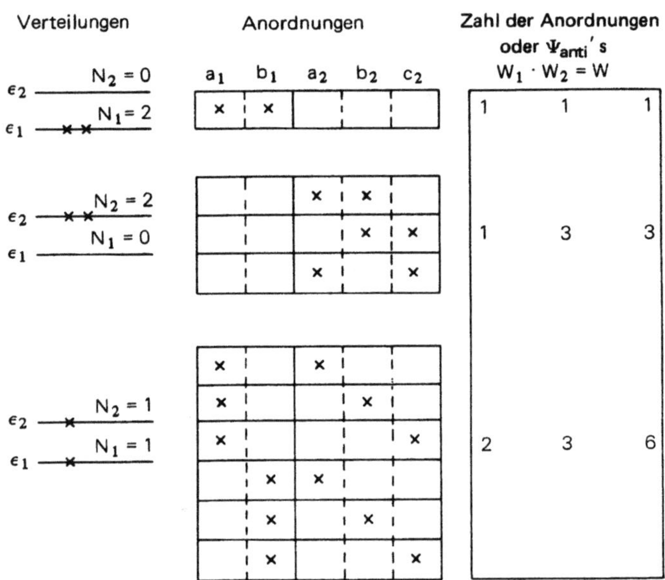

Bild 10.2 Anordnungen und Verteilungen von zwei Fermionen auf ein Termschema mit einem 2- und einem 3-fach entarteten Energieniveau

Wird Gl. (24) logarithmiert und mit Gl. (25) umgeformt, so erhält man:

$$\ln W = \ln \prod_i \frac{g_i!}{N_i!\,(g_i - N_i)!}$$

$$= \sum_i \ln \frac{g_i!}{N_i!\,(g_i - N_i)!}$$

$$= \sum_i \ln(g_i!) - \ln(N_i!) - \ln((g_i - N_i)!)$$

$$= \sum_i (g_i \ln g_i - g_i) - (N_i \ln N_i - N_i) - [(g_i - N_i) \ln(g_i - N_i) - (g_i - N_i)]$$

$$= \sum_i g_i \ln g_i - \sum_i N_i \ln N_i - \sum_i (g_i - N_i) \ln(g_i - N_i). \tag{26}$$

Die weitere Extremwertbildung von Gl. (26) muß jedoch mit den Nebenbedingungen

$$\sum_i N_i = N \quad \text{und} \quad \sum_i N_i \epsilon_i = E \tag{27}$$

durchgeführt werden, da sich bei der Variation weder die Teilchenzahl noch die Gesamtenergie ändern dürfen. Eine derartige Änderung würde nämlich eine chemische Reaktion bedeuten und eine solche muß ausgeschlossen sein.

Im Anhang XVI wird erläutert, wie solche Nebenbedingungen bei Extremwertbildungen von Funktionen mehrerer Variablen (N_0 bis N_n) berücksichtigt werden. Es handelt sich dabei um die *Methode der Lagrangeschen Multiplikatoren*. Hierzu werden zwei konstante Multiplikatoren α und β eingeführt und das Extremum der neuen Funktion

$$\ln W - \alpha \left(N - \sum_i N_i \right) - \beta \left(E - \sum_i N_i \epsilon_i \right) \tag{28}$$

bezüglich der Variation von N_i, α und β gesucht. Die Variation bezüglich der N_i liefert n Gleichungen der Art

$$\frac{\partial \ln W}{\partial N_i} - \alpha - \beta \epsilon_i = 0. \tag{29}$$

Ersetzen wir darin $\ln W$ durch Gl. (26), so bekommen wir durch Differenzieren:

$$- (\ln N_i + 1) - \left[(g_i - N_i) \frac{(-1)}{(g_i - N_i)} + (-1) \ln (g_i - N_i) \right] - \alpha - \beta \epsilon_i = 0. \tag{30}$$

Durch Vereinfachen folgt

$$\ln \left(\frac{g_i - N_i}{N_i} \right) - \alpha - \beta \epsilon_i = 0 \tag{31}$$

bzw.

$$\ln \left(\frac{g_i}{N_i} - 1 \right) = \alpha + \beta \epsilon_i \tag{32}$$

und schließlich

$$\text{FD } N_i = \frac{g_i}{e^{\alpha + \beta \epsilon_i} + 1}. \tag{33}$$

Bis auf die noch unbestimmten Multiplikatoren (Konstanten) α und β ist damit das FD-*Verteilungsgesetz* gefunden. Gl. (33) bestimmt, wieviele Teilchen sich im i-ten Energieniveau befinden dürfen, wenn das Termschema, die Teilchenzahl und die Gesamtenergie vorgegeben sind. Bevor wir aber näher auf die Parameter α und β eingehen, sollen eine analoge Herleitung für das BE-Verteilungsgesetz und der Übergang zum MB-Verteilungsgesetz skizziert werden.

Zunächst wieder ein einfaches Zahlenbeispiel: Es sollen zwei Bosonen auf die vier (entarteten) Orbitale a, b, c und d verteilt werden. Da jetzt alle Teilchen in einem Orbital Platz haben, ergeben sich insgesamt 10 Anordnungsmöglichkeiten für die einzige Verteilung: aa, ab, ac, ad, bb, bc, bd, cc, cd und dd. Allgemein gilt für die Zahl aller *Kombinationen* mit g_i Elementen (Orbitale) zur N_i-ten Klasse (Teilchen) *mit Wiederholung*:

$$W_i \text{ (mit)} = \binom{g_i + N_i - 1}{N_i} = \frac{(g_i + N_i - 1) \ldots (g_i + N_i - 1 - N_i + 1)}{1.2.3. \ldots N_i}$$

$$= \frac{(N_i + g_i - 1)!}{N_i! (g_i - 1)!}. \tag{34}$$

Für die Zahl aller Kombinationen (komplettes Termschema) folgt daher durch Produktbildung:

$$\text{BE} \quad W = \prod_i \binom{g_i + N_i - 1}{N_i} = \prod_i \frac{(N_i + g_i - 1)!}{N_i!\,(g_i - 1)!} \quad . \tag{35}$$

Das Auffinden der wahrscheinlichsten BE-*Verteilung* verläuft nach demselben Schema wie vorher und liefert:

$$\text{BE} \quad N_i = \frac{g_i}{e^{\alpha + \beta \epsilon_i} - 1} \quad . \tag{36}$$

Besonders bemerkenswert und wichtig ist die Tatsache, daß sich die FD- und BE-Verteilungsgesetze nur im Vorzeichen des Terms 1 im Nenner unterscheiden. Wird nämlich unter den äußeren Bedingungen der Term 1 klein gegen den vorstehenden Exponentialterm, dann entsteht bei seiner Vernachlässigung direkt das MB-*Verteilungsgesetz*:

$$\text{MB} \quad N_i = \frac{g_i}{e^{\alpha + \beta \epsilon_i}} \quad . \tag{37}$$

Das ist der Fall, wenn sehr viel mehr Zustände bzw. Orbitale als Teilchen vorhanden sind ($g_i \gg N_i$), so daß wir nicht mehr zwischen Fermionen und Bosonen unterscheiden müssen. Man kann nämlich Gl. (33) bzw. (36) wie folgt umformen:

$$\frac{N_i}{g_i} = \frac{1}{e^{\alpha + \beta \epsilon_i} \pm 1} \, ,$$

$$\frac{g_i}{N_i} = e^{\alpha + \beta \epsilon_i} \pm 1 \, . \tag{38}$$

Wenn $g_i \gg N_i$ muß $e^{\alpha + \beta \epsilon_i} \gg 1$ sein und es folgt Gl. (37).

Das MB-Gesetz (37) hätten wir auch durch eine Verteilung von *spinindifferenten* und *unterscheidbaren* Teilchen auf ein Energieschema erhalten. Die Zahl aller Anordnungsmöglichkeiten spinindifferenter Teilchen erhalten wir durch den Grenzübergang $N_i \to 1$ und $g_i \to \infty$ (gleichbedeutend mit $g_i \gg N_i$) aus Gl. (24) oder (35) (bzw. Gl. (23) oder (34)):

$$\text{MB (ununterscheidbar)} \quad W = \prod_i \frac{g_i^{N_i!}}{N_i!} \, . \tag{39}$$

Sind die Teilchen zusätzlich voneinander unterscheidbar, so erhöht sich die Zahl der Anordnungsmöglichkeiten um den Permutationsfaktor N!:

$$\text{MB (unterscheidbar)} \quad W = N! \prod_i \frac{g_i^{N_i!}}{N_i!} \, . \tag{40}$$

Variation und Extremwertbildung von $\ln W$ führen in beiden Fällen auf Gl. (37). Von Bedeutung ist die Differenzierung zwischen unterscheidbaren und nichtunterscheidbaren MB-Teilchen bei der Berechnung der Entropie (Abschnitt 10.7).

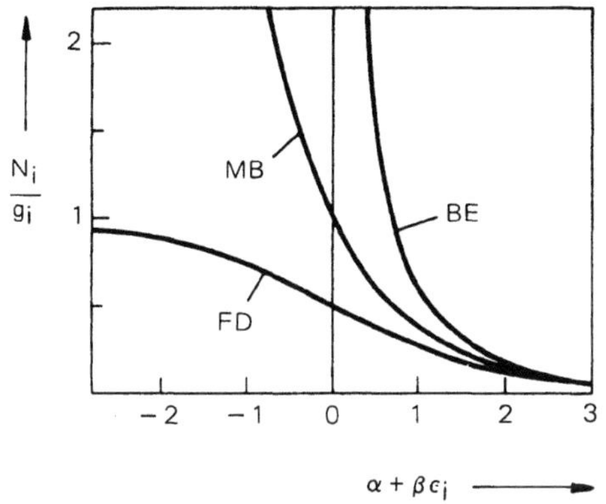

Bild 10.3

Graphische Darstellung der Verteilungsgesetze zur Veranschaulichung des Überganges von der FD- bzw. BE-Statistik zur MB-Statistik; zur Vereinfachung wurde die diskrete Besetzungsdichte N_i/g_i gegen die diskrete Energie $\alpha + \beta\epsilon_i$ kontinuierlich gezeichnet

Den Übergang von der FD- bzw. BE- zur MB-Statistik kann man sehr schön in Bild 10.3 erkennen. Dort wurde jeweils das Verhältnis N_i/g_i, das ist die Zahl aller Teilchen pro Orbital eines Energieniveaus ϵ_i, gegen $\alpha + \beta\epsilon_i$ aufgetragen. Bei kleinen *Besetzungsdichten* $(N_i/g_i \ll 1)$ spielt das Antisymmetrieprinzip keine Rolle mehr und das MB-Gesetz kann auf Mehrteilchensysteme angewendet werden. Ohne die Multiplikatoren α und β zu spezifizieren, was in den Abschnitten 10.3 und 10.9 geschehen wird, läßt sich bereits folgendes festhalten und aussagen: Die FD-Verteilung „treibt" die Teilchen (z. B. Metallelektronen) in die höchsten Energiezustände $(N_i/g_i \leqslant 1)$ und die BE-Verteilung die Teilchen (z. B. He-Atome bei tiefsten Temperaturen) in die niedrigsten $(N_i/g_i > 1)$. Wir werden später konkreter auf einige Anwendungen eingehen und uns in diesem Kapitel hauptsächlich mit der MB-Statistik beschäftigen, d. h. diese auf die verschiedenen Bewegungsformen von Gasmolekülen bei gewöhnlichen Temperaturen anwenden.

10.3 Die MB-Verteilung und der Multiplikator β

Bildet man mit $N_i = g_i e^{-(\alpha + \beta\epsilon_i)}$ und $N_j = g_j e^{-(\alpha + \beta\epsilon_j)}$ das Verhältnis der MB-Besetzung zweier Energieniveaus ϵ_i und ϵ_j, so kann man sich des Multiplikators α entledigen:

$$\frac{N_i}{N_j} = \frac{g_i}{g_j} e^{-\beta(\epsilon_i - \epsilon_j)}. \tag{41}$$

Ebenso wird man α los, wenn man N_i auf die gesamte Teilchenzahl $N = \sum_i N_i = \sum_i g_i e^{-(\alpha + \beta\epsilon_i)}$ bezieht:

$$\frac{N_i}{N} = \frac{g_i e^{-\beta\epsilon_i}}{\sum_i g_i e^{-\beta\epsilon_i}}. \tag{42}$$

Die Division durch N bedeutet nichts anderes als eine *Normierung auf die Teilchenzahl*, so daß dann die MB-Verteilung $f_i = N_i/N$ normiert ist. Obwohl wir auf diese Weise den Multiplikator α eliminieren können, kommt auch ihm eine physikalische Bedeutung zu. Doch mehr darüber in Abschnitt 10.9.

Über die Natur des Multiplikators β läßt sich mit Hilfe von Wahrscheinlichkeits-
überlegungen allein nichts aussagen. Das einzige, was man daraus erfahren kann, ist seine
Dimension: Er muß die Dimension einer reziproken Energie haben, weil der Exponent in
Gl. (42) (genauso wie α) dimensionslos sein muß. Eine physikalische Interpretation von β
gelingt z.B. durch einen Vergleich mit dem experimentell bestätigten Gleichverteilungssatz.
Wie wir in diesem Abschnitt sehen werden, bildet man dazu den statistischen Mittelwert
der Translationsenergie und vergleicht das Ergebnis mit 3/2 kT. Dabei stellt sich heraus,
daß β gleich 1/kT wird. Die dadurch vollständig bestimmte, normierte MB-Verteilung
lautet dann:

$$f_i = \frac{N_i}{N} = \frac{g_i\, e^{-\frac{\epsilon_i}{kT}}}{\sum\limits_i g_i\, e^{-\frac{\epsilon_i}{kT}}} \; . \tag{43}$$

Die auf diese Weise in die Statistik eingeführte Temperatur T ließe sich mit Gl. (43)
gänzlich neu definieren. Denn sie ist bei einem vorgegebenen Termschema durch das
Besetzungsverhältnis N_i/N eindeutig bestimmt. Kann man durch äußere Einwirkungen das
Besetzungsverhältnis zweier Zustände über 1 hinaus vergrößern, wären außerdem negative
Temperaturen auf der absoluten Temperaturskala „vernünftig" definiert.

Wir wollen für den genannten Vergleich das Modell eines eindimensionalen Gases
verwenden. Es entspricht dem Modell eines Teilchens in einem eindimensionalen Potentialtopf und für dieses wurde in Abschnitt 2.4 folgende Eigenwertbedingung der Translationsenergie abgeleitet:

$$\epsilon_n = \frac{n_x^2\, h^2}{8\,ma^2} \quad \text{mit } n_x = 1, 2, 3, \dots (\infty) \; . \tag{44}$$

h ist das Plancksche Wirkungsquantum, m ist die Masse der Teilchen, a ist die Ausdehnung
des Potentialtopfes (und zugleich die Länge des eindimensionalen Gasbehälters) und n_x
ist die Translationsquantenzahl. Da die Energieniveaus nicht entartet sind, ist $g_n = 1$.
Identifizieren wir den Index i in der MB-Verteilung (42) mit n_x und schreiben wir dafür
abgekürzt n, dann lautet das Verteilungsgesetz:

$$f_n = \frac{N_n}{N} = \frac{e^{-\beta\epsilon_n}}{\sum\limits_n e^{-\beta\epsilon_n}} \; . \tag{45}$$

Verwenden wir zur Ermittlung der mittleren Translationsenergie Gl. (19), so bekommen
wir dafür den Ausdruck:

$$\bar{\epsilon} = \sum_{n=1}^{\infty} f_n\, \epsilon_n = \frac{\sum\limits_{n=1}^{\infty} \epsilon_n\, e^{-\beta\epsilon_n}}{\sum\limits_{n=1}^{\infty} e^{-\beta\epsilon_n}} \; . \tag{46}$$

Erinnern wir uns daran, daß die Energieabstände bei Gasmolekülen sehr sehr klein gegen kT sind (klassisches Energiekontinuum, siehe Abschnitt 2.6), so dürfen wir die Summen in Gl. (46) durch Integrale ersetzen (Anhang III):

$$\bar{\epsilon} = \frac{\int\limits_{n=0}^{\infty} \epsilon(n)\, e^{-\beta\,\epsilon(n)}\, dn}{\int\limits_{n=0}^{\infty} e^{-\beta\,\epsilon(n)}\, dn}. \tag{47}$$

Mit der Eigenwertbedingung (44) ergibt sich dann:

$$\bar{\epsilon} = \frac{h^2}{8\,ma^2}\; \frac{\int\limits_{n=0}^{\infty} n^2\, e^{-\frac{n^2\,\beta h^2}{8\,ma^2}}\, dn}{\int\limits_{n=0}^{\infty} e^{-\frac{n^2\,\beta h^2}{8\,ma^2}}\, dn}. \tag{48}$$

Durch die Substitution

$$z = \sqrt{\frac{n^2\,\beta h^2}{8\,ma^2}} \quad \text{bzw.} \quad dn = \sqrt{\frac{8\,ma^2}{\beta h^2}}\, dz \tag{49}$$

kann Gl. (48) auf die Form gebracht werden:

$$\bar{\epsilon} = \frac{1}{\beta}\; \frac{\int\limits_{z=0}^{\infty} z^2\, e^{-z^2}\, dz}{\int\limits_{z=0}^{\infty} e^{-z^2}\, dz}. \tag{50}$$

Mit den Werten für die bestimmten Integrale im Zähler und Nenner von Gl. (50) (Anhang II) folgt für die mittlere Energie pro Molekül und Freiheitsgrad:

$$\bar{\epsilon} = \frac{1}{\beta}\; \frac{\frac{\sqrt{\pi}}{4}}{\frac{\sqrt{\pi}}{2}} = \frac{1}{2\beta}. \tag{51}$$

Für N Moleküle beträgt daher die mittlere Translationsenergie:

$$\bar{E} = N\,\bar{\epsilon} = N\,\frac{1}{2\beta}\;. \tag{52}$$

Gl. (52) stellt ein an sich merkwürdiges Resultat dar, denn die Energie $\bar{E}$ hängt nur von der Molekülzahl ab, solange man nicht dem Multiplikator β einen physikalischen Sinn gibt. Aber so ungewöhnlich es erscheint, gerade β spielt eine fundamentale Rolle dadurch,

daß es die Besetzungsverhältnisse in einem makroskopischen System regelt. Man kann β
mit $1/kT$ identifizieren, wenn man $\overline{E}$ mit der gaskinetisch berechneten, mittleren kinetischen Energie von $1/2RT$ pro mol und Freiheitsgrad vergleicht (Abschnitt 1.5):

$$N_A \frac{1}{2\beta} = N_A \frac{1}{2} kT, \tag{53}$$

$$\beta = \frac{1}{kT}. \tag{54}$$

Die Temperatur T, nun durch den Multiplikator β in die Statistik eingeführt, ist mit
der früher definierten Temperatur identisch und der statistische Ausdruck für die MB-
Verteilung f_i dadurch vollständig bestimmt.

Wegen der exponentiellen Form der MB-Verteilung wird das Besetzungsverhältnis
N_i/N klein, wenn ϵ_i groß gegen kT ist. Andererseits wird es groß, wenn ϵ_i klein gegen kT
ist. Der Term kT spielt damit die Rolle des Züngleins an der Waage, wenn es um die
Besetzung von Energiezuständen geht. An Hand von Gl. (41) läßt sich jetzt etwa die Frage
nach der Besetzung von Elektronenzuständen in Atomen wie folgt beantworten: Da die
Energiedifferenz zwischen dem Grundzustand und den angeregten Zuständen immer viel
größer als kT bei Zimmertemperatur ist, kann bei dieser nur ein verschwindend kleiner
Bruchteil thermisch angeregt sein. Anders bei hohen Temperaturen, wenn kT erheblich
größer wird. Man denke z. B. an die Flammenphotometrie, ein analytisches Verfahren,
bei dem die Atome in der heißen Flamme eines Brenners thermisch angeregt werden und
dann charakteristische Atomlinien emittieren. Die Besetzung der Translationsniveaus von
Gasmolekülen entspricht hingegen dem anderen Grenzfall, bei dem die Energieabstände
sehr klein gegen kT sind. Aufeinanderfolgende Zustände weisen eine „praktisch" gleich
große Besetzung auf. Folge: Die MB-Verteilung geht in eine kontinuierliche Energie- bzw.
Geschwindigkeitsverteilung über (vgl. Abschnitt 10.6).

10.4 Das Konzept der Zustandssumme

Die statistische Berechnung der mittleren Energie von Gasmolekülen, die nur Translationen ausführen, könnte man durch den Gleichverteilungssatz

$$\overline{\epsilon} = \frac{3}{2} kT \quad \text{bzw.} \quad \overline{E} = \frac{3}{2} RT \tag{55}$$

bereits als gelöst betrachten. Mit anderen Worten, wir kennen bereits das Ergebnis der
statistischen Mittelwertbildung, die wir mit dem dreidimensionalen Translationsterm-
schema durchzuführen haben. Es ist dies aber so instruktiv, daß wir es trotzdem tun
wollen. Man lernt dadurch auch das grundsätzliche Vorgehen bei der Berechnung von
makroskopischen Eigenschaften kennen; aber auch, wie man bei Rotationen und Schwingungen vorzugehen hat. Wir skizzieren vorerst einen generellen Formalismus, dessen
zentrale Größe der Begriff Zustandssumme ist, und werden dann mit diesem die mittlere
oder innere Energie von idealen Gasen berechnen.

In Kapitel 2 wurde gezeigt, daß mehratomige Moleküle folgende vier Arten von
Bewegungen ausführen: Translationen, Rotationen, Schwingungen und elektronische
Übergänge. Alle diese Bewegungsformen liefern einen gewissen Beitrag zur mittleren
Energie eines Moleküls bzw. zur mittleren Energie einer Gesamtheit von Molekülen. Für

ideale Gase kann man diese Beiträge (unabhängig voneinander) exakt berechnen, während bei nicht idealen Gasen, Flüssigkeiten und Festkörpern wegen der zwischenmolekularen Wechselwirkungen bis auf wenige Ausnahmen weder eine exakte quantenmechanische noch statistische Berechnung möglich ist. Wenn also im folgenden von einem Vielteilchensystem die Rede sein wird, so ist damit in erster Linie ein ideales Gas gemeint.

Die MB-Statistik liefert für die Verteilung der Translationsenergie N_n/N den Ausdruck (46). Dieser Ausdruck ist zugleich die Wahrscheinlichkeit dafür, daß N_n von insgesamt N Molekülen eines Systems den Eigenwert ϵ_n besitzen. (n ist die Translationsquantenzahl.) Die Wahrscheinlichkeiten dafür, daß $N_{n,\,l}$ Moleküle gleichzeitig den Rotationseigenwert ϵ_l (Rotationsquantenzahl l) haben, ist dann durch das Produkt der Einzelverteilungen f_n und f_l gegeben (sowohl-als-auch-Wahrscheinlichkeit):

$$f_{n,l} = f_n f_l = \frac{g_n\, e^{-\frac{\epsilon_n}{kT}}}{\sum_n g_n\, e^{-\frac{\epsilon_n}{kT}}} \; \frac{g_l\, e^{-\frac{\epsilon_l}{kT}}}{\sum_l g_l\, e^{-\frac{\epsilon_l}{kT}}} \, . \tag{56}$$

Nimmt man außerdem die Verteilungen der Schwingung (Schwingungsquantenzahl v) und der Elektronenanregung (Quantenzahl k) hinzu, so ist die Wahrscheinlichkeit dafür, daß $N_{n,l,v,k}$ Moleküle gleichzeitig den Translationseigenwert ϵ_n, den Rotationseigenwert ϵ_l, den Schwingungseigenwert ϵ_v und den Elektroneneigenwert ϵ_k besitzen, festgelegt durch

$$f_{n,l,v,k} = f_n f_l f_v f_k \, . \tag{57}$$

Diese Festlegung setzt voraus, daß sich die einzelnen Bewegungen gegenseitig nicht beeinflussen und daß man ihre Energieeigenwerte additiv zu einem Gesamteigenwert ϵ_i des Moleküls zusammensetzen darf:

$$\epsilon_i \equiv \epsilon_{n,\,l,v,k} = \epsilon_n + \epsilon_l + \epsilon_v + \epsilon_k \, . \tag{58}$$

Damit lautet dann die Verteilung explizit

$$f_i \equiv f_{n,l,v,k} = \frac{g_i\, e^{-\frac{\epsilon_i}{kT}}}{\sum_i g_i\, e^{-\frac{\epsilon_i}{kT}}}, \quad (g_i \equiv g_n\, g_l g_v g_k) \tag{59}$$

wobei i durch den Satz der vier Quantenzahlen n, l, v und k definiert ist und die verschiedensten Kombinationswerte aufweisen kann.

Nach der Definition des Mittelwertes (Gl. (19)) gilt für die mittlere Molekülenergie:

$$\bar{\epsilon} = \sum_i \epsilon_i f_i = \frac{\sum_i \epsilon_i g_i\, e^{-\frac{\epsilon_i}{kT}}}{\sum_i g_i\, e^{-\frac{\epsilon_i}{kT}}} \, . \tag{60}$$

G. (60) kann in

$$\bar{\epsilon} = kT^2 \frac{\partial}{\partial T} \ln \sum_i g_i e^{-\frac{\epsilon_i}{kT}} \tag{61}$$

umgeformt werden. Damit ergibt sich für die Energie eines aus N Molekülen bestehenden Systems:

$$\bar{E} = N\bar{\epsilon} = kT^2 \frac{\partial}{\partial T} \ln\left\{\sum_i g_i e^{-\frac{\epsilon_i}{kT}}\right\}^N . \tag{62}$$

Dieser Mittelwert ist mit der thermodynamisch definierten *inneren Energie* U eines idealen Gases identisch. Mit der abkürzenden Schreibweise

$$Q = \sum_i g_i e^{-\frac{\epsilon_i}{kT}} \tag{63}$$

bekommt man weiter:

$$\bar{E} = kT^2 \frac{\partial}{\partial T} \ln Q^N . \tag{64}$$

Die Summe Q heißt *Molekülzustandssumme*. Sie setzt sich aus den Zustandssummen der Translation $Q(n)$, der Rotation $Q(l)$, der Schwingung $Q(v)$ und der Elektronenanregung $Q(k)$ auf Grund der Gln. (57) bis (59) multiplikativ zusammen:

$$Q = Q(n)\, Q(l)\, Q(v)\, Q(k) \tag{65}$$

mit

$$Q(n) = \sum_n g_n e^{-\frac{\epsilon_n}{kT}}, \; Q(l) = \sum_l g_l e^{-\frac{\epsilon_l}{kT}}, \text{ usw.} \tag{66}$$

Die Summe Q^N wird allgemein als *Systemzustandssumme* Z bezeichnet:

$$Z = Q^N . \tag{67}$$

Mit diesem Begriff läßt sich Gl. (64) für die mittlere Energie noch einfacher anschreiben:

$$\bar{E} = kT^2 \frac{\partial}{\partial T} \ln Z. \tag{68}$$

Vergleichen wir diese Gleichung für die mittlere Gesamtenergie mit Gl. (61) für die mittlere Molekülenergie, so können wir aus dem analogen Aufbau folgendes schließen: Wir dürfen das Mehrteilchensystem wie ein Einteilchensystem betrachten, wenn wir statt des Molekülenergieschemas und der Molekülzustandssumme ein Systemenergieschema und die Systemzustandssumme nehmen, definiert durch die Eigenwerte $E_r = \sum_{\text{Teilchen}} \epsilon_i$:

$$\bar{E} = \frac{\sum\limits_r E_r e^{-\frac{E_r}{kT}}}{\sum\limits_r e^{-\frac{E_r}{kT}}} = \frac{\sum\limits_r E_r e^{-\frac{E_r}{kT}}}{Z} = kT^2 \frac{\partial}{\partial T} \ln Z. \tag{69}$$

Die neue Quantenzahl r bezieht sich jetzt auf einen Systemenergiezustand. Die dadurch definierte Verteilung $f = \text{const}\, e^{-E_r/kT}$ wurde bereits um 1900 von *Gibbs* entdeckt und verkörpert, losgelöst von allen atomistischen Vorstellungen, die Energieverteilung eines makroskopischen Körpers, der Teil eines noch größeren abgeschlossenen Systems ist (*Gibbssche* oder *kanonische* Verteilung).

Gl. (67) gilt allerdings nur für solche Systeme, deren Teilchen im Sinne der MB-Statistik unterscheidbar sind, so als wären sie durchgehend numeriert (z. B. lokalisierte Festkörperteilchen). Für nicht unterscheidbare MB-Teilchen (Gasmoleküle) gilt stattdessen

$$Z = \frac{Q^N}{N!}. \tag{70}$$

Zur Berechnung der mittleren Systemenergie ist es aber gleichgültig, ob man die eine oder die andere Formel nimmt, da N! bei der Bildung der partiellen Ableitung nach T herausfällt. Nicht gleichgültig ist es jedoch bei der Berechnung der Entropie (Abschnitt 10.9). Aus dem Gesagten geht bereits klar hervor, daß die Zustandssumme Q bzw. Z bei der statistischen Berechnung thermodynamischer Eigenschaften eine maßgebende zentrale Rolle spielt. Zu ihrer konkreten Berechnung müssen die Energieeigenwerte mit ihren Entartungen bekannt sein. Der nächste Abschnitt beschäftigt sich mit solchen Berechnungen.

10.5 Die Zustandssummen der Translation, der Rotation und der Schwingung und die mittlere Gesamtenergie eines Gases

Die *mittlere Translationsenergie* von $3/2\,kT$ bzw. $3/2\,RT$ läßt sich statistisch nach Gl. (68) berechnen, wenn man die Systemzustandssumme Z für ein N-Molekülgas kennt. Dazu genügt der Ansatz $Z = Q^N = Q(n)^N$. Es soll zunächst $Q(n)$ berechnet werden. Die Energieeigenwerte der Translation ϵ_n sind durch

$$\epsilon_n = \left(n_x^2 + n_y^2 + n_z^2\right)\frac{h^2}{8ma^2} \quad \text{mit}\; n_x, n_y, n_z = 1, 2, 3 \dots (\infty) \tag{71}$$

für drei Freiheitsgrade gegeben. $Q(n)$ setzt sich deshalb aus drei Teilsummen, je eine für einen Freiheitsgrad, multiplikativ zusammen:

$$Q(n) = Q(n_x)\, Q(n_y)\, Q(n_z) = \sum_{n_x=1}^{\infty} e^{-\frac{\epsilon_{n_x}}{kT}} \sum_{n_y=1}^{\infty} e^{-\frac{\epsilon_{n_y}}{kT}} \sum_{n_z=1}^{\infty} e^{-\frac{\epsilon_{n_z}}{kT}}. \tag{72}$$

Diese Teilsummen darf man, wie schon einmal begründet, durch Einzelintegrale ersetzen:

$$Q(n) = \int_{n_x=0}^{\infty} e^{-\frac{\epsilon_{n_x}}{kT}} dn_x \int_{n_y=0}^{\infty} e^{-\frac{\epsilon_{n_y}}{kT}} dn_y \int_{n_z=0}^{\infty} e^{-\frac{\epsilon_{n_z}}{kT}} dn_z. \tag{73}$$

Substituiert man mit $z^2 = \dfrac{n_x^2 h^2}{8\,ma^2 kT}$ und $dn_x = \sqrt{\dfrac{8\,ma^2 kT}{h^2}}\, dz$, so erhält man:

$$\int_{n_x=0}^{\infty} e^{-\frac{\epsilon_{n_x}}{kT}} dn_x = \frac{a}{h}(8\,mkT)^{\frac{1}{2}} \int_{z=0}^{\infty} e^{-z^2} dz. \tag{74}$$

In gleicher Weise lassen sich die anderen Integrale substituieren. Mit

$$\int\limits_{z=0}^{\infty} e^{-z^2}\, dz = \frac{\sqrt{\pi}}{2} \tag{75}$$

folgt dann für $Q(n)$:

$$Q(n) = \frac{a^3}{h^3}\, (2\pi mkT)^{\frac{3}{2}}. \tag{76}$$

Mit $a^3 = V$ (Volumen) läßt sich weiter schreiben

$$Q(n) = (2\pi mkT)^{\frac{3}{2}}\, \frac{V}{h^3} \tag{77}$$

und damit $\overline{E}$ berechnen:

$$\overline{E} = kT^2\, \frac{\partial \ln Q(n)^N}{\partial T} = kT^2\, \frac{\partial \ln}{\partial T}\left\{(2\pi mkT)^{\frac{3}{2}}\frac{V}{h^3}\right\}^N = kT^2\, \frac{3}{2}\, N\, \frac{\partial \ln T}{\partial T} = \frac{3}{2}\, NkT. \tag{78}$$

Besteht das System aus N_A Molekülen (1 mol), so folgt $\overline{E} = 3/2\, RT$. Dies ist das erwartete Ergebnis.

Die statistische Berechnung der *mittleren Rotationsenergie* eines linearen zwei- (oder mehr) atomigen Moleküls mit dem Trägheitsmoment I erfolgt wieder mit Hilfe von Gl. (67), so daß $Z = Q(l)^N$. Da die Rotationsenergieniveaus $2l + 1$-fach entartet sind (Abschnitt 2.7), lautet die Zustandssumme:

$$Q(l) = \sum_{l=0}^{\infty} g_l e^{-\frac{\epsilon_l}{kT}} = \sum_{l=0}^{\infty} (2l+1)\, e^{-\frac{\epsilon_l}{kT}}. \tag{79}$$

Wenn die Abstände der Rotationsniveaus $\epsilon_l = l(l+1)\dfrac{\hbar^2}{2I}$ viel kleiner als kT sind, darf die Summe wieder durch ein Integral ersetzt werden:

$$Q(l) = \int\limits_{l=0}^{\infty} (2l+1)\, e^{-l(l+1)\frac{\hbar^2}{2IkT}}\, dl\ . \tag{80}$$

Schreibt man b für $\hbar^2/2IkT$ und substituiert man $z = l(l+1)$ bzw. $dz = (2l+1)\, dl$, geht Gl. (80) über in das bestimmte Integral

$$\int\limits_{z=0}^{\infty} e^{-bz}\, dz = \frac{1}{b}. \tag{81}$$

$Q(l)$ wird damit

$$Q(l) = \frac{2IkT}{\hbar^2}. \tag{82}$$

Dieses Ergebnis gilt allerdings nicht für symmetrische lineare Moleküle wie H_2, N_2, CO_2, usw., da wegen ihrer Symmetrie nicht alle Eigenwerte existieren, über die oben summiert bzw. integriert worden ist. Im Fall von H_2 und N_2 ist deshalb $Q(l)$ durch 2 zu dividieren, doch soll hier nicht im Detail auf solche Symmetriebeschränkungen eingegangen werden. Mit Gl. (82) erhält man schließlich aus Gl. (68) das Resultat $\bar{E} = RT$, wenn $N = N_A$ gesetzt wird, also den für zwei Freiheitsgrade erwarteten klassischen Ausdruck.

Im Gegensatz zu den bisher behandelten Fällen der Translation und Rotation darf die *mittlere Schwingungsenergie* nicht mehr klassisch berechnet werden, da die Energieänderungen bei Schwingungsübergängen von derselben Größenordnung oder größer als kT sind. Nach Abschnitt 2.8 lautet die Energieeigenwertbedingung eines harmonischen Oszillators mit der Eigenfrequenz ν_0:

$$\epsilon_v = h\nu_0 \left(v + \frac{1}{2}\right), \quad \text{mit } v = 0, 1, 2, \ldots (\infty). \tag{83}$$

Unsere folgende Aufgabe besteht darin, die mittlere Schwingungsenergie von N harmonischen Oszillatoren nach der bereits vertrauten Methode über die Zustandssumme zu berechnen. Es gilt wieder $Z = Q(v)^N$ und $\bar{E} = kT^2 \frac{\partial}{\partial T} \ln Q(v)^N$. Mit $g_v = 1$ und der Abkürzung $x = h\nu_0/kT$ lautet unser Ausgangspunkt:

$$Q(v) = \sum_{v=0}^{\infty} e^{-x\left(v+\frac{1}{2}\right)} \left(= e^{-\frac{x}{2}} + \sum_{v=0}^{\infty} e^{-x\left(v+\frac{3}{2}\right)}\right). \tag{84}$$

Diese Summe muß aus den erwähnten Gründen explizit ermittelt werden, was mit Hilfe eines Tricks gelingt. Man multipliziert $Q(v)$ mit e^{-x} und erhält

$$Q(v)\, e^{-x} = \sum_{v=0}^{\infty} e^{-x\left(v+\frac{3}{2}\right)}. \tag{85}$$

Subtrahiert man dann Gl. (85) von Gl. (84), so folgt

$$Q(v)\,(1 - e^{-x}) = e^{-\frac{x}{2}} \tag{86}$$

bzw.

$$Q(v) = \frac{e^{-\frac{x}{2}}}{1 - e^{-x}}. \tag{87}$$

Setzt man diesen Ausdruck in Gl. (68) ein, so erhält man die mittlere Schwingungsenergie:

$$\bar{E} = -NkT^2 \frac{h\nu_0}{kT^2} \frac{\partial \ln}{\partial x} \left(\frac{e^{-\frac{x}{2}}}{1 - e^{-x}}\right)$$

$$= \frac{NxkT}{e^x - 1} + \frac{1}{2}\,NxkT. \tag{88}$$

Da $xkT/2$ identisch mit der Energie des Schwingungsgrundzustandes (*Nullpunktenergie*) ist, folgt schließlich mit $N = N_A$ und mit $E_0 = N_A\, h\nu_0/2$:

$$\bar{E} = \frac{xRT}{e^x - 1} + E_0. \tag{89}$$

Die Schwingungsenergie setzt sich somit aus einem temperatur*abhängigen (thermischen)* und einem temperatur*unabhängigen* Energieanteil zusammen. Der erste Anteil,

$$\overline{E} - E_0 = \frac{xRT}{e^x - 1}, \qquad (90)$$

wurde für vier verschiedene Temperaturen in Bild 10.4 graphisch dargestellt. Um ihn für Zimmertemperatur abzuschätzen, nehmen wir für $h\nu_0$ den Wert $2 \cdot 10^{-20}$ J an. Für $x = h\nu_0/kT$ folgt dann der Wert 5 und für $\overline{E} - E_0$ 84 J mol^{-1}. Im Gegensatz dazu bekommt man nach dem Gleichverteilungssatz den Wert 2480 J mol^{-1}. Denn nach klassischer Auffassung besitzt ein harmonischer Oszillator nicht nur kinetische, sondern auch potentielle Energie (zwei Freiheitsgrade), so daß die mittlere Energie $2 \times 1/2 RT = 2 \times 1240$ J mol^{-1} beträgt. Diese Diskrepanz zwischen 2480 und 84 J mol^{-1} ist einzig und allein auf die großen Abstände der Energieniveaus zurückzuführen. Erst im Grenzfall sehr hoher Temperaturen geht die quantenstatistische Verteilung in eine klassische über. Wählt man nämlich in Gl. (90) x klein gegen 1 ($kT > h\nu_0$), und führt man im Nenner eine Reihenentwicklung mit Abbrechen nach dem zweiten Glied durch, so sieht man die Richtigkeit dieser Behauptung sofort ein.

Die numerische Berechnung der temperaturabhängigen Schwingungsenergie soll am Beispiel des SO_2 demonstriert werden. Spektroskopische Untersuchungen ergaben die in Bild 10.5 gezeichneten Energieschemata, die den drei Normalschwingungen zugeordnet wurden. Mit den angegebenen Energieabständen bekommt man für Zimmertemperatur aus Gl. (90) die

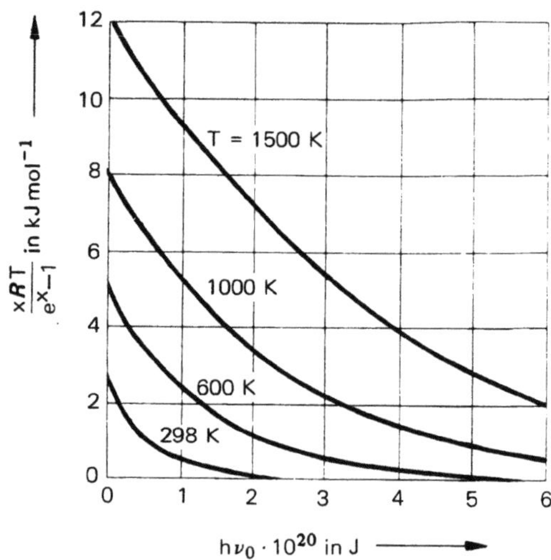

Bild 10.4 Der Beitrag einer Normalschwingung zur thermischen Energie $\overline{E} - E_0$ als Funktion des Energieabstandes $h\nu_0$ bei vier verschiedenen Temperaturen

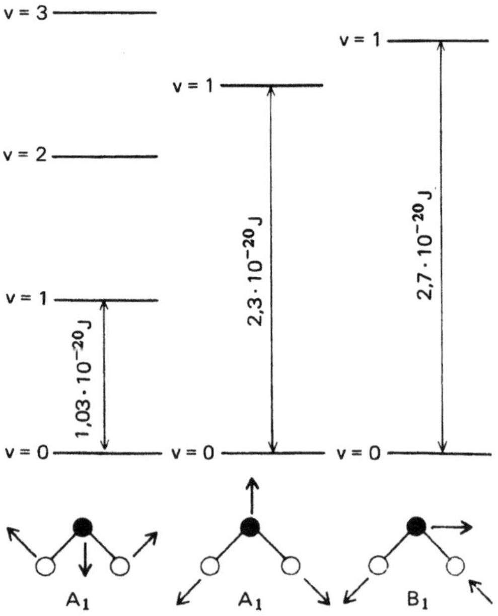

Bild 10.5 Die drei Normalschwingungen des SO_2-Moleküls und ihre Energieschemata

Werte 550, 51 und 22 J mol^{-1}. In Summa ergibt dies 623 J mol^{-1}. Für 1000 K beträgt das Ergebnis 11 500 J mol^{-1}. Verantwortlich für diesen viel größeren Wert ist die thermische Anregung höherer Schwingungszustände.

Bisher wurden die mittleren Energien der Translation, der Rotation und der Schwingung getrennt berechnet. Dies war nur möglich, weil sich die einzelnen Bewegungsarten gegenseitig kaum beeinflussen. Wir dürfen deshalb auch die einzelnen Energiebeiträge additiv zu einer *Gesamtenergie* des idealen Gases zusammenfassen:

$$\overline{E} = \overline{E}(n) + \overline{E}(l) + \overline{E}(v) + \overline{E}(k). \tag{91}$$

In Gl. (91) wurde korrekterweise die bisher vernachlässigte Elektronenanregungsenergie berücksichtigt. Aber wie aus Tabelle 10.2 hervorgeht, ist dies meist unnötig, weil Elektronenanregungen bei gewöhnlichen Temperaturen kaum vorkommen. Für nichtlineare Moleküle ergibt sich nach den Ausführungen dieses Abschnittes explizit

$$\overline{E} = \frac{3}{2}RT + \sum_{\substack{\text{Normal-} \\ \text{schwingungen}}} \frac{xRT}{e^x - 1} + E_0 \tag{92}$$

und für lineare

$$\overline{E} = \frac{3}{2}RT + RT + \sum_{\substack{\text{Normal-} \\ \text{schwingungen}}} \frac{xRT}{e^x - 1} + E_0 . \tag{93}$$

Man hätte dieses Ergebnis auch in einem erhalten können. Denn nach Gl. (65) besteht die Molekülzustandssumme Q aus dem Produkt der Einzelsummen (Q(n), Q(l), Q(v) und Q(k), so daß sich automatisch Gl. (93) ergibt.

Zusammenfassend läßt sich feststellen, daß man bei Kenntnis der Energieeigenwerte der Gasmoleküle ihr mittleres energetisches Verhalten (innere Energie) exakt angeben kann. Es ist dabei gleichgültig, ob jene quantenmechanisch berechnet oder experimentell gemessen werden. Die statistische Berechnung erfolgt dabei immer über die Molekül- bzw. Systemzustandssumme. Wir werden bald sehen, daß die Statistik nicht nur die innere Energie, sondern auch beliebige andere thermodynamische Eigenschaften zu berechnen gestattet. Obwohl der Thermodynamik eine ganz andere Art der Darstellung makroskopisch beobachtbarer Eigenschaften zugrunde liegt, stellt deren statistische Interpretation den eigentlichen Schlüssel zum physikalischen Verständnis dar.

Tabelle 10.2: Größenordnung der Termabstände (Abschnitte 2.6 bis 2.8) und der thermischen Energien ($\frac{3}{2}$ kT = 6,17 $\cdot$ 10^{-21} J bzw. $\frac{3}{2}$ RT = 3720 J mol^{-1} bei Zimmertemperatur)

Bewegung	Termabstand		thermische Energie
	J	J mol^{-1}	($\overline{E} - E_0$)
Elektronenanregung	10^{-18}	600 000	0
Schwingung	10^{-20}	6 000	siehe Bild 10.4
Rotation	10^{-23}	6	$\frac{3}{2} R T$ bzw. $R T$
Translation	10^{-39}	$6 \cdot 10^{-16}$	$\frac{3}{2} R T$

10.6 Statistische Begründung der MB-Geschwindigkeitsverteilung

In Abschnitt 10.3 wurde festgestellt, daß die MB-Verteilung für die Translation von Gasmolekülen in eine kontinuierliche Energieverteilung übergeht, weil die Energieabstände des Translationsschemas sehr klein sind. Die kontinuierliche Energieverteilung kann in eine Geschwindigkeitsverteilung umgeformt werden. Eine solche Verteilung wurde in Abschnitt 1.6 bei der kinetischen Herleitung des idealen Gasgesetzes postuliert, für diese selbst jedoch noch nicht benötigt. Notwendig wurde sie zur Begründung der mittleren quadratischen Geschwindigkeit als Maß für die tatsächliche Molekülgeschwindigkeit. Wie man auf statistischem Weg zur Geschwindigkeitsverteilung kommt, soll dieser Abschnitt zeigen.

Ausgangspunkt ist einmal mehr Gl. (43). Setzt man darin für ϵ_i die dreidimensionalen Translationseigenwerte ϵ_n sowie für die Zustandssumme $Q(n) = (a/h)^3 (2\pi mkT)^{3/2}$, so folgt:

$$f_n = \frac{g_n \, e^{-\frac{\epsilon_n}{kT}}}{\left(\frac{a}{h}\right)^3 (2\pi mkT)^{\frac{3}{2}}}. \tag{94}$$

Da die Energieniveaus dicht beieinander liegen, dürfen wir in Gl. (94) ϵ_n durch die kontinuierliche Energievariable E ersetzen, müssen aber gleichzeitig g_n durch eine Funktion $g(E)$ darstellen. Die Entartung g_n ist nämlich umso größer, je größer die Translationsquantenzahlen n_x, n_y, n_z bzw. die Eigenwerte selbst sind, so daß g direkt eine Funktion von E wird. Es gilt nun, die sogenannte *Zustandsdichte* $g(E)$ durch einen Übergang zu großen Quantenzahlen zu finden. Dazu betrachten wir am besten die dreidimensionale Darstellung des Zahlentripels n_x, n_y, n_z in Bild 10.6. Jeder darin eingezeichnete Punkt entspricht einem ganz bestimmten Zahlentripel. Alle Punkte mit derselben Entfernung vom Ursprung (gleiche Energie) liegen auf der Oberfläche einer Kugel, deren Radius die Länge

$$|n| = \sqrt{n_x^2 + n_y^2 + n_z^2} = \sqrt{\frac{8ma^2 \epsilon_n}{h^2}} \tag{95}$$

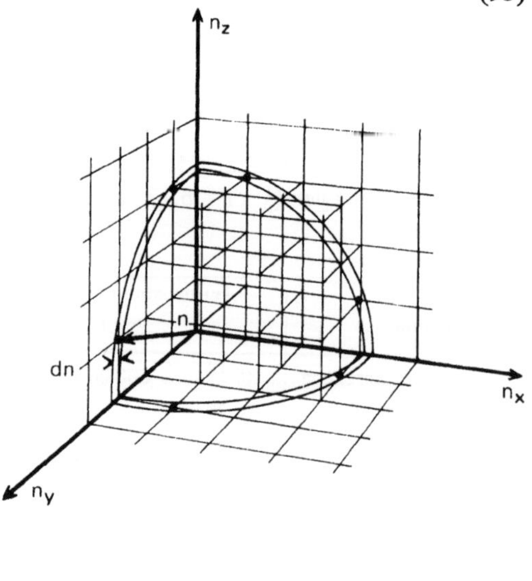

Bild 10.6

Graphische Darstellung des Quantenzahlentripels n_x, n_y, n_z für Teilchen in einem kubischen Potentialtopf

hat. Je größer der Radius $|n|$ ist, umso dichter liegen auf der Kugeloberfläche die Punkte und bedecken sie schließlich ganz. Die Zahl g_n (das ist die Zahl aller Eigenfunktionen zu einem Energiewert ϵ_n) ist dann direkt durch den achten Teil der Kugeloberfläche gegeben (es sind nur ganzzahlige n-Werte möglich). Fragen wir also nach der Zahl aller Punkte in einem Bereich zwischen n und n + dn bzw. zwischen E und E + dE, so ist diese durch ein Achtel des Kugelschalenvolumens $4\pi n^2$ dn gegeben:

$$g(E)\,dE = \frac{1}{8}\,4\,\pi\,n^2\,dn. \tag{96}$$

Darin läßt sich dn durch dE substituieren, denn wegen Gl. (95) gilt ($\epsilon_n \to E$)

$$dn = \sqrt{\frac{8\,ma^2}{h^2}}\,\frac{1}{2\sqrt{E}}\,dE, \tag{97}$$

erhältlich durch Differenzieren von n nach ϵ_n bzw. E. Aus Gl. (96) wird daher

$$g(E) = \frac{1}{8}\,4\,\pi\,\frac{8\,ma^2}{h^2}\,E\,\sqrt{\frac{8\,ma^2}{h^2}}\,\frac{1}{2\sqrt{E}}$$

$$= 2\,\pi\left(\frac{a}{h}\right)^3 (2\,m)^{\frac{3}{2}}\,\sqrt{E}. \tag{98}$$

Setzen wir diesen Ausdruck für die Zustandsdichte in Gl. (94) ein, so resultiert die *klassische MB-Verteilung der Translationsenergie*

$$f(E) = \frac{2}{\sqrt{\pi}}\left(\frac{1}{kT}\right)^{\frac{3}{2}} e^{-\frac{E}{kT}}\,\sqrt{E} \tag{99}$$

und wenn man noch E durch $mu^2/2$ ersetzt, die gesuchte *MB'sche Geschwindigkeitsverteilung:*

$$f(u) \equiv f(E)\,\frac{dE}{du} = f\left(\frac{mu^2}{2}\right)\,mu =$$

$$= 4\,\pi\left(\frac{m}{2\,\pi kT}\right)^{\frac{3}{2}} e^{-\frac{mu^2}{2\,kT}}\,u^2. \tag{100}$$

Diese wurde zur Veranschaulichung für N_2-Moleküle bei verschiedenen Temperaturen in Bild 10.7 graphisch dargestellt. Es fällt sofort auf, daß sich mit zunehmender Temperatur das Funktionsmaximum, also die *häufigste* Geschwindigkeit zu höheren Werten hin verlagert. Dieser Effekt hat z. B. für die Geschwindigkeit chemischer Reaktionen größte Bedeutung, denn durch Temperaturerhöhung tritt eine starke Zunahme höherenergetischer und damit reaktionsfähiger Moleküle auf. Nicht zu verwechseln ist dabei die häufigste Geschwin-

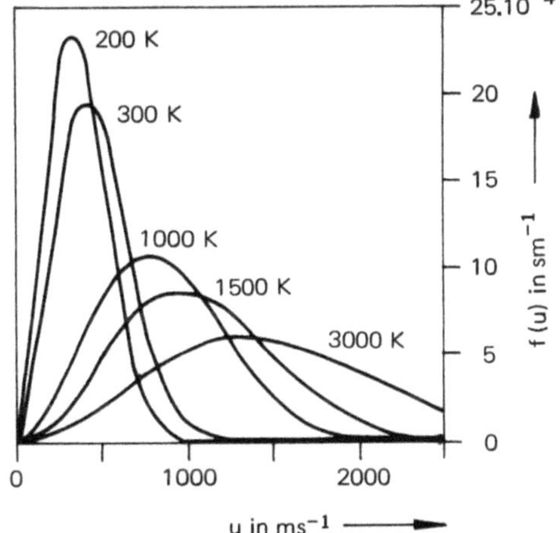

Bild 10.7 MB-Geschwindigkeitsverteilung von N_2-Molekülen bei einigen Temperaturen

digkeit, die man durch Differenzieren von Gl. (100) nach u und Nullsetzen erhält, mit der bereits bekannten mittleren quadratischen Geschwindigkeit $\sqrt{\overline{u^2}}$! Wie schon deren Bezeichnung verrät, wird sie durch eine Mittelwertbildung von u^2 mit Hilfe von $f(u)$ erhalten:

$$\overline{u^2} = \int\limits_{u=0}^{\infty} u^2\, f(u)\, du = 4\,\pi \left(\frac{m}{2\,\pi kT}\right)^{\frac{3}{2}} \int\limits_{u=0}^{\infty} u^4\, e^{-\frac{mu^2}{2\,kT}}\, du$$

$$= 4\,\pi \left(\frac{m}{2\,\pi kT}\right)^{\frac{3}{2}} \left(\frac{2kT}{m}\right)^{\frac{5}{2}} \frac{3}{8}\, \sqrt{\pi} = \frac{3kT}{m} = \frac{3RT}{M}. \tag{101}$$

Es ist dies dasselbe Ergebnis, wie wir es gaskinetisch abgeleitet haben. Damit schließt sich auf elegante Weise der Kreis zur kinetischen Gastheorie: Sie gibt sich als Grenzfall der MB-Statistik zu erkennen.

Nicht zu verwechseln mit der MB'schen Energieverteilung (99) ist der sogenannte *Boltzmannsche e-Satz*. Dieser gibt nämlich den Bruchteil der Moleküle (N_a/N) eines Gases an, der eine gewisse Mindestenergie E_a oder größer E_a besitzt. Will man diesen Bruchteil bestimmen, so hat man die Verteilungsfunktion $f(E)$ von $E = E_a$ bis $E = \infty$ zu integrieren (Bild 10.8). Die im Anhang XVII erklärte Integration liefert (Bild 10.9)

$$\frac{N_a}{N} = \int\limits_{E=E_a}^{\infty} f(E)\, dE = \sqrt{\frac{4E_a}{\pi kT}}\; e^{-\frac{E_a}{kT}} + 1 - \operatorname{erf}\left(\sqrt{\frac{E_a}{kT}}\right). \tag{102}$$

Würde von der Energie $E = 0$ bis $E = \infty$ integriert werden, so ergäbe sich der Wert 1, denn $f(E)$ ist ja teilchennormiert. Anders ausgedrückt: Alle Teilchen haben einen größeren Energiewert als Null. Für $E_a \gg kT$ folgt aus Gl. (102) näherungsweise:

$$\frac{N_a}{N} \cong \sqrt{\frac{4E_a}{\pi kT}}\; e^{-\frac{E_a}{kT}}. \tag{103}$$

Zu Bild 10.9: Der Bruchteil N_a/N mit einer Energie gleich oder größer als E_a ist primär durch den alles überwiegenden *Boltzmannschen e-Faktor* $e^{-E_a/kT}$ gegeben. Je größer daher E_a ist, umso kleiner ist der Bruchteil bei einer bestimmten Temperatur. Mit zuneh-

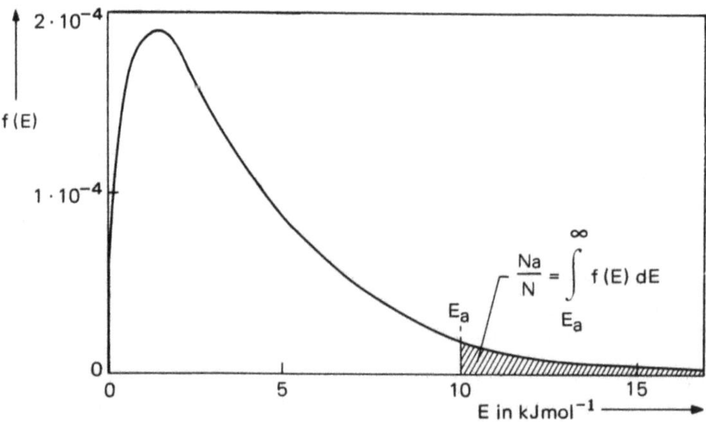

Bild 10.8 Die MB-Energieverteilung von Gasmolekülen bei 300 K

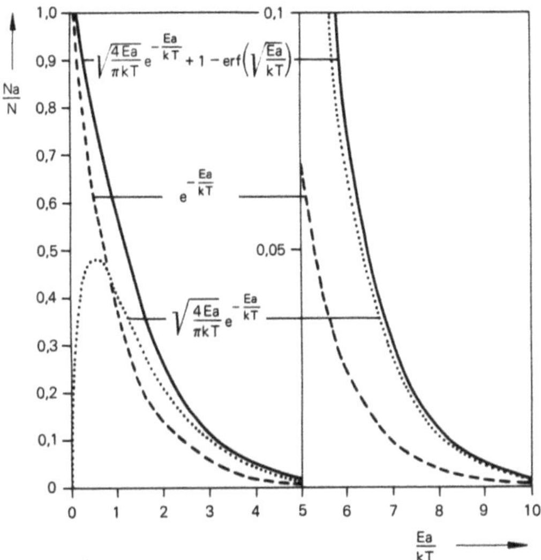

Bild 10.9

Bruchteil der Gasmoleküle $\dfrac{N_a}{N}$ als Funktion der Mindestenergie $\dfrac{E_a}{kT}$ (exakt und näherungsweise)

mender Temperatur wird für einen vorgegebenen E_a-Wert der Bruchteil natürlich größer. Bei vielen Problemen der Chemie, sei es in der chemischen Kinetik oder bei der Temperaturabhängigkeit von Transportprozessen (z. B. Diffusion), wo nach dem Bruchteil der Moleküle mit einer Mindest- oder *Aktivierungsenergie* gefragt wird, läßt er sich in der einen oder anderen Näherung anwenden.

10.7 Die Entropie

Eng verknüpft mit dem Begriff wahrscheinlichste Verteilung ist außer der Energie eine weitere thermodynamische Größe, die *Entropie*. Sie ist genauso wie die innere Energie eine Eigenschaft der Materie und erlangt zusammen mit dieser eine große Bedeutung bei der Beschreibung von thermodynamischen Gleichgewichten. Zunächst einige erläuternde Bemerkungen aus statistischer Sicht an Hand zweier anschaulicher Beispiele.

Wir betrachten eine Schachtel mit einer großen Anzahl gleichartiger Münzen. Zu Beginn seien alle Münzen in der Schachtel so geordnet, daß sie die Vorderseite herzeigen. Schütteln wir die Schachtel einmal ordentlich durch, so werden nachher einige Münzen bereits ihre Rückseite zeigen. Schütteln wir schließlich intensiv genug, werden ungefähr gleich viele Münzen die Vorder- und Rückseite aufweisen. Die Gesamtheit aller Münzen geht also durch das Schütteln von einer Verteilung mit geringerer Wahrscheinlichkeit (= *Nichtgleichgewicht*) in die wahrscheinlichste (= *Gleichgewicht*) über. Die Wahrscheinlichkeit bildet hier sozusagen ein Maß für die „Kraft", die das System vom Nichtgleichgewicht ins Gleichgewicht treibt. Vorausgesetzt wird implizit, daß das System von der Außenwelt energetisch abgeschlossen ist. Wir können deshalb mit Recht vermuten, daß die Entropie etwas mit der Wahrscheinlichkeit (wahrscheinlichste Verteilung) zu tun hat und ein Maß dafür sein muß, wie „innerlich" ungeordnet ein System oder Materie ist.

Zurück zum Demonstrationsbeispiel. Die Verteilungen und Anordnungen, die es für insgesamt vier Münzen gibt, sind in Bild 10.10 wiedergegeben. Diejenige Verteilung, bei der es jeweils zwei Vorder- und zwei Rückseiten gibt, ist die wahrscheinlichste. Denn sie

Verteilung	Anordnung	Zahl der Anordnungen
4 V, 0 R	VVVV	1
3 V, 1 R	VVVR, VVRV, VRVV, RVVV	4
2 V, 2 R	VVRR, VRVR, VRRV, RVVR, RVRV, RRVV	6
1 V, 3 R	RRRV, RRVR, RVRR, VRRR	4
0 V, 4 R	RRRR	1

Bild 10.10 Verteilungen und Anordnungen von vier Münzen; V = Vorderseite, R = Rückseite

besitzt sechs Anordnungsmöglichkeiten und ist damit wahrscheinlicher als eine, bei der nur eine Münze umgedreht ist. Da es in einem abgeschlossenen System wie hier keine treibenden Kräfte gibt, die von energetischen Unterschieden herrühren, kann eine solche nur darauf zurückzuführen sein, daß das System von einem Zustand geringerer Wahrscheinlichkeit *freiwillig* in einen solchen mit größerer übergeht.

Noch ein Beispiel, das nicht mehr von Münzen oder Kugeln, sondern von Molekülen handelt. Bei der isothermen Expansion eines idealen Gases bleibt die innere Energie konstant, da isotherme Expansion Ausdehnung (= Volumenvergrößerung) bei konstanter Temperatur bedeutet, und wegen des Gleichverteilungssatzes bei konstanter Temperatur auch die Energie konstant bleibt. Bei der Ausdehnung wird jedoch die Entropie größer.

Wie ist dies zu verstehen? Betrachten wir dazu die in Bild 10.11 schematisch gezeichneten Translationstermschemata im komprimierten und expandierten Zustand eines idealen Gases (kleineres und größeres Gasvolumen V). Da bei einer Ausdehnung $V = a^3$ größer wird, verkleinern sich wegen

$$\epsilon_n = n^2 \frac{h^2}{8\,m a^2} \qquad (104)$$

die Energieabstände. Obwohl dies eine Änderung der Besetzung bzw. Verteilung nach sich zieht, wirkt sich diese auf die Gesamtenergie nicht aus. Was geändert wird ist die Zustandsdichte. Pro Energiebereich dE gibt es im expandierten Zustand mehr Energieniveaus. Der expandierte Zustand muß deswegen eine größere Realisierungswahrscheinlichkeit und damit Entropie besitzen.

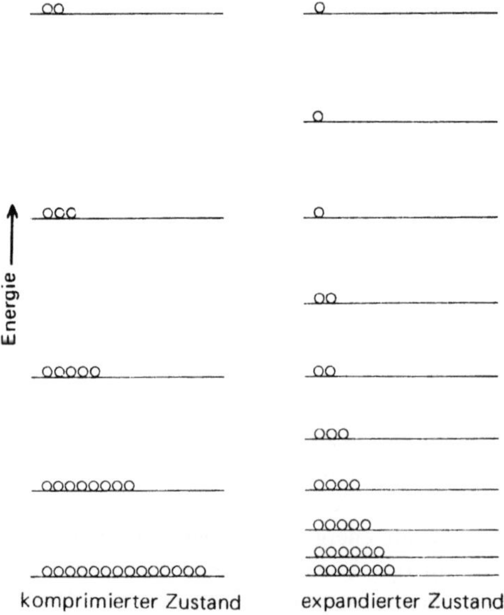

Bild 10.11 Schematische Darstellung der Besetzung von Translationsniveaus eines komprimierten und expandierten idealen Gases

Gesucht wird nun ein quantitativer Zusammenhang zwischen der Wahrscheinlichkeit W (vgl. Abschnitt 10.2) und der Entropie S als physikalische Größe. W selbst kommt als Maß für S nicht in Betracht. Warum nicht? Besteht nämlich ein System aus zwei voneinander unabhängigen Teilsystemen (Gas a und Gas b), so ist die Gesamtwahrscheinlichkeit W durch das Produkt der Einzelwahrscheinlichkeiten W_a und W_b gegeben:

$$W = W_a W_b. \tag{105}$$

Die Gesamtentropie muß sich aber aus den einzelnen Entropien S_a und S_b additiv zusammensetzen, wenn diese wie die innere Energie eine *extensive* Größe (je mehr Gas umso mehr Energie bzw. Entropie) sein soll:

$$S = S_a + S_b. \tag{106}$$

S kann also nicht direkt proportional W sein. Die einzige Funktion, die beiden Forderungen gerecht wird, ist der Logarithmus:

$$S \sim \ln W. \tag{107}$$

Proportionalitätskonstante ist die Boltzmannkonstante k, was aus einer Verknüpfung mit der MB-Verteilung folgt. Daraus folgt auch ein direkter Zusammenhang mit der inneren Energie U eines Systems.

In Abschnitt 10.2 wurde bei der Herleitung des FD-Verteilungsgesetzes folgender Ausdruck für die partielle Änderung von $\ln W$ mit N_i gefunden:

$$\frac{\partial \ln W}{\partial N_i} = \ln \left(\frac{g_i}{N_i} - 1 \right). \tag{108}$$

Der entsprechende MB-Ausdruck lautet

$$\frac{\partial \ln W}{\partial N_i} = \ln \frac{g_i}{N_i} \tag{109}$$

und geht aus Gl. (108) mit dem Kriterium $g_i/N_i \gg 1$ hervor. Da sich die gesamte Änderung von $\ln W$ mit den N_i additiv aus den partiellen Änderungen zusammensetzt, läßt sich schreiben:

$$d \ln W = \sum_i \frac{\partial \ln W}{\partial N_i} \, dN_i = \sum_i \ln \frac{g_i}{N_i} \, dN_i. \tag{110}$$

Mit dem MB-Verteilungsgesetz (37) in der Form

$$\ln \frac{g_i}{N_i} = \frac{\epsilon_i}{kT} + \alpha \tag{111}$$

erhält man dann für die Änderung der maximalen Wahrscheinlichkeit W_{max} mit den N_i:

$$d \ln W_{max} = \sum_i \frac{\epsilon_i}{kT} \, dN_i + \alpha \sum_i dN_i. \tag{112}$$

Weil sich bei einer Änderung der Verteilung bei konstantem Volumen die Molekülzahl N nicht ändert ($\sum_i dN_i = 0$), wohl aber die Gesamtenergie ($\overline{E} = N\overline{\epsilon} = U$), gilt zusätzlich

$$dU = \sum_i \epsilon_i dN_i. \tag{113}$$

Damit entsteht mit Gl. (113) folgender Zusammenhang zwischen der inneren Energie U und der maximalen Realisierungswahrscheinlichkeit W_{max}:

$$d \ln W_{max} = \frac{dU}{kT} \tag{114}$$

oder

$$dS = k \, d \ln W_{max} \tag{115}$$

bzw.

$$S = k \ln W_{max}. \tag{116}$$

Somit ist nicht nur die Proportionalitätskonstante k, sondern auch die Definition der Entropie

$$dS = \left(\frac{dU}{T}\right)_V \tag{117}$$

bei konstantem Volumen V festgelegt.

Die Entropie eines Mehrteilchensystems ist also eindeutig mit der maximalen Wahrscheinlichkeit W_{max} verknüpft. Um einen expliziten Ausdruck für die Entropie eines idealen Gases zu finden, müssen wir vorerst einen solchen für $\ln W_{max}$ suchen. Dazu muß einmal mehr die MB-Verteilung herhalten, denn sie ist ja die wahrscheinlichste Verteilung für Gasmoleküle. Aus der FD-Statistik in Abschnitt '10.2 läßt sich ein MB-Ausdruck für $\ln W_{max}$ herleiten. Wir verwenden dazu Gl. (26) in der Form

$$\ln W = \sum_i N_i \ln \left(\frac{g_i}{N_i} - 1\right) - g_i \ln \left(1 - \frac{N_i}{g_i}\right), \tag{118}$$

und machen wiederum den Übergang $g_i/N_i \gg 1$:

$$MB \quad \ln W = \sum_i N_i \ln \frac{g_i}{N_i} + N_i. \tag{119}$$

Für den zweiten Term auf der rechten Seite wurde die Entwicklung

$$\ln \left(1 - \frac{N_i}{g_i}\right) \cong -\frac{N_i}{g_i} \quad (\ln (1 + x) \cong x \text{ für } x \ll 1) \tag{120}$$

für kleine N_i/g_i verwendet. Führen wir daher in Gl. (120) die MB-Verteilung in der Form

$$\frac{g_i}{N_i} = \frac{Q}{N} e^{\frac{\epsilon_i}{kT}} \tag{121}$$

als wahrscheinlichste Verteilung ein, so bekommen wir

$$\ln W_{max} = \sum_i N_i \left(1 + \frac{\epsilon_i}{kT} + \ln \frac{Q}{N}\right), \tag{122}$$

also für ein Gas aus N Molekülen:

$$S = k \ln W_{max} = \frac{U}{T} + kN \ln \frac{Q}{N} + kN. \tag{123}$$

Wir können Gl. (123), den Zusammenhang zwischen der thermodynamischen Größe S und der statistischen Größe Q, mit Hilfe der Systemzustandssumme Z allgemeiner formulieren. Denn in der Fassung (123) gilt er nur für Gasmoleküle, die nicht lokalisierbar und damit nicht unterscheidbar sind. Wir formen dazu Gl. (123) auf folgende Weise um:

$$\begin{aligned} S &= \frac{U}{T} + kN \ln \frac{Q}{N} + kN \\ &= \frac{U}{T} + k \ln Q^N + kN - kN \ln N \\ &= \frac{U}{T} + k \ln Q^N - k \ln N! \\ &= \frac{U}{T} + k \ln \frac{Q^N}{N!} \\ &= \frac{U}{T} + k \ln Z . \end{aligned} \tag{124}$$

In der letzten Phase der Umformung wurde $Z = Q^N / N!$ eingeführt. Für die unterscheidbaren Teilchen eines Festkörpers müßten wir stattdessen $Z = Q^N$ nehmen und bekämen dann für die Entropie den statistischen Ausdruck:

$$S = \frac{U}{T} + kN \ln Q. \tag{125}$$

Mit Hilfe des Entropieausdruckes für 1 mol Gas,

$$S = \frac{U}{T} + R \ln \frac{Q}{N_A} + R, \tag{126}$$

läßt sich beispielsweise die CO-Entropie wie folgt numerisch berechnen. CO besitzt als zweiatomiges, heteronukleares Molekül drei Translations-, zwei Rotations- und einen Schwingungsfreiheitsgrad (eine Erweiterung auf mehratomige Moleküle ist sinngemäß durchführbar). Da wir die expliziten Ausdrücke für die Zustandssummen der Translation, Rotation und Schwingung und die Energieausdrücke bereits aus Abschnitt 10.5 kennen, bietet die konkrete Berechnung keine Schwierigkeiten. Wegen $Q = Q(n) \, Q(l) \, Q(v) \, Q(k)$ und $U = \bar{E}(n) + \bar{E}(l) + \bar{E}(v) + \bar{E}(k)$ folgt aus Gl. (125):

$$S = S(n) + S(l) + S(v) + S(k). \tag{127}$$

Also: Die Entropie ist wie die innere Energie aus den Einzelbeiträgen additiv zusammensetzbar. Sie lauten:

$$S(n) = \frac{5}{2} R + R \ln \frac{(2\pi mkT)^{\frac{3}{2}}}{N_A h^3} \, V,$$

$$S(l) = R + R \ln \frac{8\pi^2 \, IkT}{h^2},$$

$$S(v) = \frac{xR}{e^x - 1} + R \ln \frac{e^{-\frac{x}{2}}}{1 - e^{-x}} + \frac{E_0}{T} . \tag{128}$$

Für $S(k)$ läßt sich wiederum kein allgemeiner Ausdruck angeben. Die Entropie von CO soll für Zimmertemperatur (298 K) und 1 atm berechnet werden. Hierzu folgende Daten:

$$m = 4{,}651 \cdot 10^{-26}\,\text{kg} \qquad\qquad N_A = 6{,}022 \cdot 10^{23}\,\text{mol}^{-1}$$
$$k = 1{,}381 \cdot 10^{-23}\,\text{JK}^{-1} \qquad\quad I = 1{,}45 \cdot 10^{-46}\,\text{kgm}^2$$
$$T = 298\,\text{K} \qquad\qquad\qquad\quad h\nu_0 = 4{,}31 \cdot 10^{-20}\,\text{J}$$
$$h = 6{,}626 \cdot 10^{-34}\,\text{Js} \qquad\qquad R = 8{,}314\,\text{JK}^{-1}$$
$$V = 0{,}0244\,\text{m}^3\,\text{mol}^{-1}$$

Mit diesen Daten bekommt man den Wert $S_{298} = 150{,}2 + 47{,}2 + 0{,}002 = 197{,}4\,\text{JK}^{-1}\,\text{mol}^{-1}$. Den größten Beitrag liefert die Translation, weil deren Energiezustände dichter als die der Rotation liegen. Demgegenüber ist der Schwingungsbeitrag vernachlässigbar klein: Die Schwingungen sind bei Zimmertemperatur noch nicht angeregt. Thermodynamische Messungen liefern den Wert $193{,}3\,\text{JK}^{-1}\,\text{mol}^{-1}$. Die Differenz von $4{,}7\,\text{JK}^{-1}\,\text{mol}^{-1}$ entspricht einer endlichen *Nullpunktentropie*, von der später noch die Rede sein wird.

10.8 Die Mischungsentropie

Mischt man zwei miteinander nicht reagierende ideale Gase, die sich unter gleichen äußeren Bedingungen (Druck, Temperatur) zuerst in getrennten Behältern befinden, etwa durch Öffnen eines Verbindungshahnes, so wird ein *irreversibler* Prozeß (Kapitel 11 und 25) initiiert: Moleküle des einen Gases diffundieren in den Behälter des anderen und umgekehrt. Dieser Prozeß geht solange vor sich, bis eine homogene Mischung beider Gase entstanden ist. Da er nicht umkehrbar ist, muß die damit verbundene Entropieänderung größer als Null sein. Diese Entropieänderung (*Mischungsentropie*) soll auf statistischem Weg berechnet werden.

Es wird zuerst die Entropie des gesamten, aber getrennten Systems (Ausgangszustand a) und dann die des gemischten Systems (Endzustand b) ermittelt. Die Differenz der Entropien des End- und des Ausgangszustandes ist die gesuchte Mischungsentropie. Die Entropie des Ausgangszustandes setzt sich additiv aus den Entropien der getrennten Gase zusammen:

$$S_a = S_1 + S_2. \tag{129}$$

Läßt man mehrere (n) verschiedene Gase ineinander diffundieren, so beträgt die Ausgangsentropie:

$$S_a = \sum_{i=1}^{n} S_i. \tag{130}$$

Für die Entropie eines idealen Gases läßt sich nach Gl. (124) schreiben:

$$S_i = \frac{U_i}{T} + kN_i \ln Q_i - kN_i (\ln N_i - 1). \tag{131}$$

Gl. (124) wurde gewählt, weil die Moleküle der einzelnen Gase nicht unterscheidbar sind. Wären sie es, so fiele der dritte Term' weg. Mit Gl. (124) erhält man für die Ausgangsentropie:

$$S_a = \sum_{i=1}^{n} \frac{U_i}{T} + k \sum_{i=1}^{n} N_i \ln Q_i - k \sum_{i=1}^{n} N_i (\ln N_i - 1). \tag{132}$$

Zur Berechnung der Entropie des Endzustandes dient wieder Gl. (131). Da man es aber jetzt mit einem einzigen System (Gasmischung) zu tun hat, setzt sich die Entropie nicht additiv aus den Bestandteilen zusammen. Jeder Term von Gl. (131) soll der Reihe nach für die Gasmischung untersucht werden. Der erste Term betrifft die mittlere Energie U. Diese setzt sich bei idealen Gasen additiv aus den Beiträgen der einzelnen Komponenten zusammen, so daß auch für die Gasmischung gilt:

$$\frac{U}{T} = \sum_{i=1}^{n} \frac{U_i}{T}. \tag{133}$$

Der zweite Term von Gl. (131) betrifft die Zustandssummen Q_i und bezieht sich jetzt auf die Molekülzustandssumme der einzelnen Komponenten in der Mischung. Da die Q_i aber vom Volumen abhängen (Q (n) ist volumenabhängig) und sich dieses beim Mischen im Verhältnis $V/V_i = N/N_i$ ändert, muß man statt der Q_i die reduzierten Summen $Q_i N/N_i$ nehmen. Der zweite Term beträgt daher:

$$k \sum_{i=1}^{n} N_i \ln Q_i \frac{N}{N_i}. \tag{134}$$

Der dritte Term betrifft nur die Molekülzahlen und bleibt gleich:

$$-k \sum_{i=1}^{n} N_i (\ln N_i - 1). \tag{135}$$

Die Entropie der Gasmischung beträgt daher insgesamt:

$$S_b = \sum_{i=1}^{n} \frac{U_i}{T} + k \sum_{i=1}^{n} N_i \ln Q_i \frac{N}{N_i} - k \sum_{i=1}^{n} N_i (\ln N_i - 1). \tag{136}$$

Für die Mischungsentropie ΔS_{Misch} ergibt sich dann durch Differenzbildung:

$$\Delta S_{\text{Misch}} = S_b - S_a = k \sum_{i=1}^{n} N_i \ln \frac{N}{N_i}$$

$$= -k \sum_{i=1}^{n} N x_i \ln x_i. \tag{137}$$

Für das Verhältnis N_i/N wurde der Molenbruch x_i eingeführt. Da Molenbrüche immer kleiner als 1 sind, ist nach Gl. (137) die Mischungsentropie immer *positiv* und nimmt zu. Sie charakterisiert die Irreversibilität des betrachteten Mischungsvorganges. Gl. (137) kann auch auf Mischungsvorgänge von ideal mischbaren Flüssigkeiten und ideal verdünnten Lösungen angewendet werden. Will man hingegen die Mischungsentropie von realen Gasen und konzentrierteren Lösungen berechnen, so sind die Voraussetzungen nicht mehr erfüllt. Darüber mehr bei der Besprechung von Flüssigkeiten und Lösungen.

Läßt man Gase mit verschiedenen Molekülen ineinander diffundieren, dann ist die Mischungsentropie positiv. Wenn hingegen Gase, die aus denselben Molekülen aufgebaut sind, ineinander diffundieren, so ist sie Null. Formal deshalb, weil der Molenbruch 1 wird.

Als verallgemeinerte Aussage können wir festhalten: Beim Übergang von einem geordneten Materiezustand (getrennte Gase) in einen ungeordneten (gemischte Gase) ist die Entropieänderung positiv, d. h. die Gesamtentropie nimmt zu, weil dieser die größere Realisierungswahrscheinlichkeit besitzt. Bleibt dabei die Gesamtenergie gleich, so kann die Entropieänderung als quantitatives Maß dafür benutzt werden, um die Übergangstendenz zu beschreiben. Diese hier durchgeführte Verallgemeinerung wird später auf thermodynamischem Wege bewiesen werden.

10.9 Das chemische Potential μ und der Multiplikator α

Mit Hilfe des Begriffes Entropie bzw. chemisches Potential kann der Lagrangesche Multiplikator α (Abschnitt 10.2) physikalisch interpretiert werden. Dies ist auch der Grund, warum wir erst jetzt auf ihn zu sprechen kommen. Was bei der MB-Verteilung gelingt, nämlich das Ausschalten des Multiplikators durch Normierung (Abschnitt 10.3), das gelingt bei den FD- und BE-Verteilungsgesetzen nicht. Denn bei diesen kürzt sich der Faktor e^{α} nicht:

$$f_i = \frac{N_i}{N} = \frac{g_i \left(e^{\alpha + \frac{\epsilon_i}{kT}} \pm 1 \right)^{-1}}{\sum_i g_i \left(e^{\alpha + \frac{\epsilon_i}{kT}} \pm 1 \right)^{-1}} . \tag{138}$$

Um zu einer schnellen Interpretation zu gelangen, gehen wir der Einfachheit halber von der MB-Verteilung

$$N_i = g_i \, e^{-\left(\alpha + \frac{\epsilon_i}{kT} \right)} \tag{139}$$

aus und summieren auf beiden Seiten über i. Die linke Seite liefert die Teilchenzahl N und die rechte $e^{-\alpha}Q$, also

$$N = e^{-\alpha} Q, \tag{140}$$

so daß

$$\alpha = \ln \frac{Q}{N}. \tag{141}$$

Die Beziehung (141) wird nun in Zusammenhang mit der Entropie (124) gebracht:

$$S = \frac{U}{T} + kN\ln \frac{Q}{N} + kN. \tag{142}$$

Man erkennt, daß der Ausdruck $k\ln\frac{Q}{N}$ identisch mit der Ableitung von S nach N bei konstanter Energie U und konstantem Volumen V ist. Denn

$$\left(\frac{\partial S}{\partial N} \right)_{U,V} = k \frac{\partial}{\partial N} [N\ln Q - N\ln N + N] = k\left[\ln Q - \left(\ln N + \frac{N}{N} \right) + 1 \right] = k\ln \frac{Q}{N}. \tag{143}$$

Schreiben wir anstelle von $-T\left(\dfrac{\partial S}{\partial N} \right)_{U,V}$ den Buchstaben μ, so bekommen wir die Identität

$$\alpha = -\frac{\mu}{kT}. \tag{144}$$

μ wird *chemisches Potential* genannt und ist dimensionsmäßig eine Teilchenenergie.

Das chemische Potential wird gewöhnlich durch die partielle Ableitung der *freien Energie* F = U − TS nach der Teilchenzahl N bei konstanter Temperatur und konstantem Volumen definiert. Verwenden wir anstatt Gl. (142) den allgemeineren Ausdruck

$$S = \frac{U}{T} + k \ln Z, \tag{145}$$

dann lautet die statistische Definition der freien Energie

$$F = - kT \ln Z \tag{146}$$

und die von μ

$$\mu = \left(\frac{\partial F}{\partial N}\right)_{T,\,V} = - \frac{\partial}{\partial N}(kT \ln Z). \tag{147}$$

F ist nach thermodynamischer Auffassung der Anteil der inneren oder gesamten Energie U eines Systems, der zur Arbeitsleistung diesem entzogen werden kann (Abschnitt 11.6). Der Anteil TS ist dagegen nicht nutzbar und wird als *gebundene Energie* bezeichnet. Mit Hilfe von F wird später das thermodynamische Gleichgewicht zwischen verschiedenen Systemen behandelt. μ dient vorwiegend zur Behandlung von realen Mischphasen (Abschnitt 11.6). In idealen Mischphasen (z. B. ideale Gasmischung) sind die chemischen Potentiale der Komponenten gleich der freien Energie je mol reiner Komponente, weil in solchen Phasen F nicht von der Zusammensetzung abhängt. Handelt es sich also wie in diesem Kapitel hauptsächlich um ideale Gase mit einer einzigen Komponente, dann ist das chemische Potential nichts anderes als die auf ein Teilchen bezogene freie Energie des Gases:

$$\mu = \frac{F}{N}. \tag{148}$$

Aus Abschnitt 10.4 und 10.6 wissen wir, daß E bzw. U und S temperaturabhängige Größen sind. Dasselbe gilt natürlich auch für F bzw. μ und damit für den Multiplikator α. Das haben wir zu beachten, wenn wir mit FD- und BE-Verteilungen arbeiten. Mit Hilfe der identifizierten Multiplikatoren lassen sich die FD- und BE-Verteilungsgesetze bzw. Besetzungsdichten wie folgt neu anschreiben,

$$\frac{N_i}{g_i} = \frac{1}{e^{\frac{\epsilon_i - \mu}{kT}} \pm 1}, \tag{149}$$

und Bild 10.3 neu beschriften.

Dies ist in Bild 10.12 geschehen. Wir bemerken, daß die BE-Verteilung asymptotisch gegen ∞ geht, wenn die Energie ϵ_i so klein wie die systemcharakteristische Energie μ wird. Das chemische Potential von Bosonen muß deshalb *unterhalb* aller Energiezustände liegen. Im Gegensatz dazu die FD-Verteilung: Für T gegen Null (gestrichelte

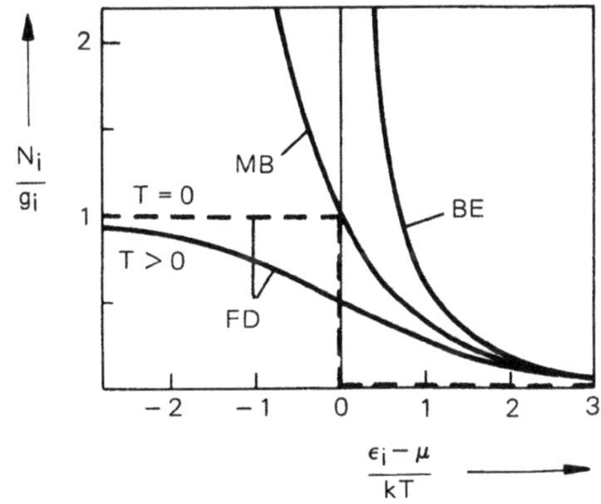

Bild 10.12 Besetzungsdichten

Kurve in Bild 10.12) stellt das chemische Potential eine obere Grenze (*Fermienergie*) dar. Alle Zustände bei $T = 0$ sind bis zu dieser oberen Grenze $\epsilon_i = \mu$ voll aufgefüllt ($N_i/g_i = 1$). Wird die Temperatur erhöht, gehen die Teilchen in Zustände mit $\epsilon_i > \mu$ (ausgezogene FD-Kurve). Dadurch entsteht eine schiefsymmetrische Verteilung. Bei genügend tiefen Temperaturen gehen alle Bosonen in den Grundzustand und werden dort so stark konzentriert, daß eine Art Kondensation eintritt. Diese ist jedoch keine gewöhnliche Kondensation, sondern eine quantenstatistische Besonderheit. Dadurch weist z. B. Helium superfluide Eigenschaften auf. Warum dieses Phänomen gerade bei Helium und sonst kaum beobachtet wird, hängt mit den van der Waalsschen Dipolkräften zusammen. Normalerweise verursachen diese schon bei höheren Temperaturen eine ganz gewöhnliche Kondensation im Sinne einer Phasenumwandlung, so daß der superfluide Zustand bei weiterer Temperaturerniedrigung gar nicht mehr eintritt. Ein Mittelding in Bild 10.12 stellt schließlich die MB-Kurve dar, die sich bei $\epsilon_i - \mu \gg kT$ den beiden anderen Kurven nähert.

Rechenbeispiele

1. Ein Energieschema besteht aus zwei Termen mit einem Abstand der Größe kT. Wie groß ist ihr Besetzungsverhältnis bei $T = 0$, 298 und 1000 K?

2. Bei welcher Temperatur beträgt der Besetzungsunterschied zweier Energieterme 1 %, wenn die Terme einen Energieunterschied von $1\ kJ\,mol^{-1}$ aufweisen?

3. Ein N_2-Molekül befindet sich in einem eindimensionalen Behälter mit variabler Länge x. Wie groß muß x mindestens sein, damit die Besetzung des 2. Zustandes weniger als 1 % des 1. Zustandes beträgt?

4. Für die Gasmoleküle in einem kubischen Behälter der Größe a^3 soll die Relation gelten: $h^2/8\,ma^2 = 0{,}1\ kT$. Berechnen Sie das Besetzungsverhältnis der Zustände mit $n_x = 1$, $n_y = 2$, $n_z = 3$ und $n_x = n_y = n_z = 1$.

5. Für N_2-Moleküle in einem kubischen 1 *l*-Behälter (25 °C) gilt $h^2/8\ ma^2\ kT = 2{,}87 \cdot 10^{-20}$. Wie groß ist die Translationsquantenzahl n, die der wahrscheinlichsten Molekülgeschwindigkeit entspricht?

6. Gasförmige Jodatome besitzen einen 4-fach entarteten Grundzustand und im Abstand von $15{,}11 \cdot 10^{-20}$ J einen 2-fach entarteten, elektronisch anregbaren Zustand (weitere anregbare Zustände liegen sehr viel höher). Wie groß ist die elektronische Zustandssumme bei $T = 0$, 298, 1000, 2000 K und $T = \infty$?

7. Berechnen Sie den Bruchteil der H-Atome, die sich bei Zimmertemperatur im ersten angeregten Zustand ($n = 2$) im Vergleich zum Grundzustand ($n = 1$) befinden. Bei welcher Temperatur beträgt der Besetzungsunterschied 50 %?

8. Kennzeichnen Sie durch vertikale Linien auf einer horizontalen Energieskala die Besetzungen der ersten fünf Elektronenzustände (Elektronen in einem eindimensionalen Behälter von 100 A Länge bei 298 und 1000 K).

9. Berechnen Sie die Translationszustandssumme für He und Xe bei 1 atm und 25 °C. Wie groß ist in beiden Fällen die thermische Energie?

10. Ein Atom wird durch einen kubischen Potentialtopf der Größe 10^{-10} m angenähert. Wie groß ist die elektronische Zustandssumme Q (k) von solchen Atomen bei 25 °C?

11. Wie ändert sich die Translationszustandssumme von N_2-Molekülen in einem kubischen Behälter bei 25 °C, wenn durch eine Druckerhöhung das Volumen auf 1/100 verkleinert wird?

12. Wie groß ist die Translationszustandssumme von 1 mol Wasserdampf bei 1 atm und 25 bzw. 100 °C?

13. Sie wissen nur, daß CO_2 linear und SO_2 gewinkelt gebaut ist. Welches dieser beiden Molekülsorten besitzt das größere Summenprodukt $Q(l) \, Q(v)$?

14. Warum muß zur Berechnung der Translationszustandssumme eines Gases sein pVT-Zustand bekannt sein?

15. Moleküle mit einem kleinen Trägheitsmoment haben ein Rotationsenergieschema mit großen Abständen; der Ersatz von Summen durch Integrale bei der Berechnung von Zustandssummen ist dann nicht mehr erlaubt. Welchen Fehler begehen Sie, wenn Sie die Rotationszustandssumme von HCl bei 25 °C trotzdem durch Integration ermitteln?

16. Wie groß ist die thermische Energie von N_A starren, zweiatomigen Molekülen bei 298 und 1000 K?

17. Gegeben ist ein Termschema mit drei nichtentarteten Energieniveaus, deren Abstand voneinander $3 \cdot 10^{-21}$ J beträgt. Wie groß ist die thermische Energie von N_A Molekülen mit einem derartigen Termschema?

18. Berechnen und vergleichen Sie die Schwingungszustandssummen $Q(v)$ von HCl ($h\nu_0 = 5{,}7 \cdot 10^{-20}$ J) und von Br_2 ($0{,}64 \cdot 10^{-20}$ J).

19. Berechnen Sie $Q(v)$ für SO_2 bei 25 °C (Bild 10.5).

20. Wie groß ist die thermische Energie von SO_2 bei 25 °C?

21. Vergleichen Sie die Grenzwerte der mittleren Schwingungsenergie, die man aus Bild 10.4 abliest ($h\nu_0 \to 0$ und $T \to 0$), mit den Werten, die man klassisch erhält?

22. Zeichnen und diskutieren Sie die Massen- und Temperaturabhängigkeit der Translationsentropie eines idealen Gases.

23. Um wieviel ändert sich die Translationsentropie von 1 mol idealem Gas, wenn man seinen Druck verdoppelt?

24. Begründen Sie, warum der Translations- und Rotationsbeitrag idealer Gase zur thermischen Energie gleich und zur Entropie verschieden groß sind?

25. Berechnen Sie die Translationsentropie von 1 mol H_2 bei 25 °C (1 atm). Wie groß ist diese im Vergleich zur gesamten H_2-Entropie?

26. Zeichnen Sie für hetero- und homonukleare Moleküle die Rotationsentropie als Funktion des Trägheitsmomentes im Bereich 10^{-46} bis 10^{-44} kgm^2 (bei 298 und 1000 K). Diskutieren Sie die Unterschiede.

27. Zeichnen Sie den Entropiebeitrag eines Schwingungsfreiheitsgrades als Funktion von $x = h\nu_0/kT$ für 298 und 1000 K (Bereich bis $\bar{\nu}_0 = 4000$ cm^{-1}).

28. Berechnen Sie die Entropie von 1 mol Cl_2 bei 1 atm und 25 °C (Trägheitsmoment $1{,}15 \cdot 10^{-45}$ kgm^2, $h\nu_0 = 1{,}10 \cdot 10^{-20}$ J).

29. Berechnen Sie die Entropie von He bei 25 °C und 1 atm. Vergleichen Sie das Ergebnis mit dem thermodynamisch gefundenen Wert von 124,7 JK^{-1} mol^{-1}.

30. Berechnen Sie die Entropie von N_2O bei 25 °C und 1 atm. N_2O ist linear gebaut und besitzt ein Trägheitsmoment von $6{,}7 \cdot 10^{-46}$ kgm^2. Die zu den vier Normalschwingungen gehörenden Energieschemata haben Niveauabstände im Ausmaß von 1,17, 1,17, 2,56 und $4{,}45 \cdot 10^{-20}$ J. Vergleichen Sie den Entropiewert mit dem thermodynamisch bestimmten von 220,1 JK^{-1} mol^{-1} unter Berücksichtigung der Nullpunktentropie von $R \ln 2$.

Kapitel 11
Die Thermodynamik

Die Thermodynamik ist eine phänomenologische, in sich geschlossene Theorie zur Beschreibung makroskopischer, d.h. durch kalorische Messungen direkt zugänglicher Eigenschaften der Materie. Sie kann vollkommen unabhängig von den bisher behandelten atomaren bzw. molekularen Vorstellungen aus drei empirischen Erfahrungssätzen, den sogenannten drei Hauptsätzen entwickelt werden. Ihre Gültigkeit hängt ausschließlich von diesen drei Hauptsätzen und daraus logisch ableitbaren Konsequenzen ab. Von irgendeiner Änderung unserer heutigen Auffassung über das molekulare Bild der Materie wird sie in keiner Weise berührt. Sie vermag daher auch nichts über den molekularen Aufbau der Materie auszusagen. Im Gegenteil, sie behielte ihre Gültigkeit auch dann, wenn die Materie nicht atomar aufgebaut wäre!

11.1 Zustandsfunktionen und Energieerhaltungssatz

Die Thermodynamik bedient sich zur Beschreibung der makroskopischen Eigenschaften und ihrer Zusammenhänge sogenannter *Zustandsfunktionen*. Diese Funktionen beschreiben makroskopische Zustände genauso wie Eigenfunktionen die Zustände eines atomaren Systems. Wie diese haben sie natürlich auch gewisse mathematische Eigenschaften, die wir kennenlernen müssen. Zustandsfunktionen sind Funktionen der *Zustandsvariablen* (z.B. Druck, Temperatur, chemische Zusammensetzung) und sind vom *Weg*, auf dem ein bestimmter Zustand realisiert wird, *unabhängig*. Sie bilden gemeinsam mit ihren *partiellen Ableitungen* nach den Variablen das theoretische Gebäude der Thermodynamik. Wenn ein Teil von ihnen auf Grund experimenteller Messungen bekannt ist, lassen sich daraus auch andere ermitteln.

Einige Zustandsfunktionen wie das Volumen (V), die innere Energie (U), die freie Energie (F) und die Entropie (S) haben wir bereits in der Statistik kennengelernt, doch nicht als solche identifiziert. Dies war statistisch nicht möglich und nicht notwendig. Aus Abschnitt 10.9 kennen wir auch schon eine partielle Ableitung, nämlich das chemische Potential (μ). Eine weitere wichtige partielle Größe ist die spezifische Wärme, definiert als die Ableitung der inneren Energie nach der Temperatur. Daraus folgt, daß man umgekehrt diese und andere Energien durch eine Integration aus der spezifischen Wärme bekommt. Wann ist nun eine makroskopisch beobachtbare Größe eine Zustandsfunktion und was bedeutet sie für die Chemie? Diese Frage soll im folgenden an Hand der inneren Energie untersucht und dann verallgemeinert beantwortet werden.

Doch zunächst: Was ist eigentlich innere Energie aus thermodynamischer Sicht? Wir ziehen zur Erklärung am besten den Energieerhaltungssatz heran: Er lautet: Die Summe aller Energieformen in einem abgeschlossenen System (= von der Umgebung isoliert) ist konstant. Drastischer ausgedrückt: Energie kann weder gewonnen noch

vernichtet werden. Dieser allgemein bekannte Satz, dem heute angesichts von Energie-
versorgungsschwierigkeiten größte praktische Bedeutung zukommt, ist nichts anderes
als der *1. Hauptsatz der Thermodynamik.* Er lautet mathematisch formuliert:

$$\sum_i E_i = \text{const} \equiv U \tag{1}$$

oder

$$\Delta U = \sum_i \Delta E_i = 0. \tag{2}$$

Laufen innerhalb des abgeschlossenen Systems irgendwelche physikalischen oder chemischen Vorgänge mit Energieänderungen ab (endliche Änderungen werden in der Thermodynamik generell mit dem Symbol Δ bezeichnet und bedeuten immer die Differenz
Endzustand − Ausgangszustand), so dürfen sich zwar die einzelnen Energien E_i, nicht
aber ihre Summe ändern.

Unter den Energien E_i darf man sich alle möglichen Energieformen vorstellen. Das
können chemische Energie, latente Wärme, Arbeit, usw. sein. Eine andere Energieform
ist z. B. die Masse. Sollte sich der Energieerhaltungssatz auch auf Kernreaktionen beziehen, müßte die Masse als Energieform zugelassen werden. Denn bei Kernreaktionen
ändern sich die Massen der beteiligten Kerne und die Massendifferenzen treten als Energie
in Erscheinung (*Einsteinsches Energieäquivalenzprinzip:* Energie = Masse × Lichtgeschwin-
digkeit^2). Bei chemischen Reaktionen brauchen wir die Masse als Energieform nicht zu
berücksichtigen, weil dabei Kernmassenänderungen nicht vorkommen.

Nimmt hingegen das System aus der Umgebung Energie in Form von Arbeit oder
Wärme auf (= von der Umgebung nicht isoliert), oder gibt es solche Energie an die Umgebung ab, dann ist ΔU endlich und die innere Energie U ändert ihren Wert gerade um
den Betrag ΔU:

$$\Delta U = \sum_i \Delta E_i. \tag{3}$$

In Abschnitt 10.5 haben wir gesehen, daß die innere Energie eines idealen Gases
nur von der Temperatur und nicht auch vom Volumen abhängt. Das ist physikalisch
plausibel, denn zwischen den Teilchen eines idealen Gases gibt es schon per definitionem
keine wie immer geartete Wechselwirkung. Anders in kondensierten Phasen. Dort ist die
Energie immer auch eine Funktion des Volumens. Zwischenmolekulare Wechselwirkungen
bewirken eine potentielle Energie, die umso größer ist, je kleiner der Molekülabstand wird
(Kapitel 12). Bei einer Volumenänderung wird daher wegen des geänderten Molekülabstandes auch die potentielle und damit die innere Energie geändert. Der Normalfall
ist also der, bei dem diese sowohl eine Funktion der Temperatur als auch des Volumens
ist. (Das ideale Gas bildet in diesem Sinne eine Ausnahme):

$$U = f(T, V). \tag{4}$$

Bringt man durch eine Temperatur- und Volumenänderung ein reales System mit der
inneren Energie U von einem Zustand a in den Zustand b, so ist es für die gesamte Ände-

rung von U gleichgültig, ob man zuerst T bei konstantem V und dann V bei konstantem T oder beide gleichzeitig ändert:

$$\Delta U_{a,b} = U_b - U_a = f(T_b, V_b) - f(T_a, V_a). \tag{5}$$

T_a, V_a sind die Zustandsvariablen, die den Ausgangszustand U_a und T_b, V_b die Zustandsvariablen, die den Endzustand U_b festlegen. Die Funktion $U = f(T, V)$ stellt geometrisch eine gekrümmte Fläche dar (Bild 11.1). Für die Änderung $\Delta U_{a,b}$ folgt daher, wenn sie einmal bei konstantem V und einmal bei konstantem T durchgeführt wird:

$$\Delta U_{a,b} = \Delta U_{V=const} + \Delta U_{T=const}, \tag{6}$$

mit

$$\Delta U_{V=const} = f(T + \Delta T, V) - f(T, V) \tag{7}$$

und

$$\Delta U_{T=const} = f(T, V + \Delta V) - f(T, V). \tag{8}$$

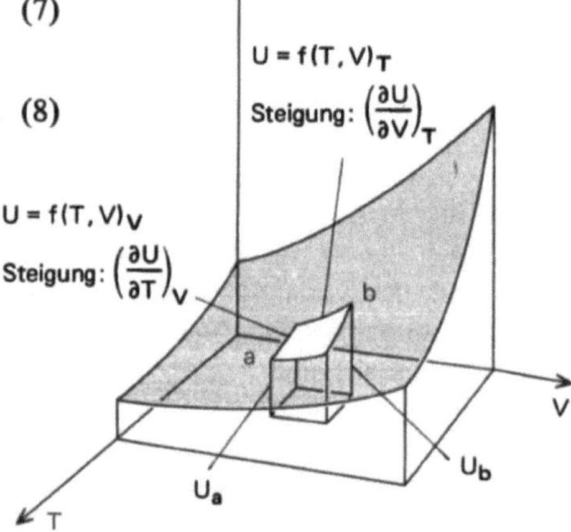

Bild 11.1

Graphische Darstellung der Zustandsfunktion U (innere Energie) als Funktion von T und V und ihrer partiellen Differentiale

Erweitert man die Gln. (7) und (8) mit $\Delta T/\Delta T$ und $\Delta V/\Delta V$ und geht man zu den Grenzwerten für $\Delta T \to 0$ und $\Delta V \to 0$ über, so bekommt man:

$$(\Delta U_{V=const})_{\Delta T \to 0} \equiv (dU)_V = \frac{f(T + \Delta T, V) - f(T, V)}{\Delta T} \Delta T = \left(\frac{\partial U}{\partial T}\right)_V dT \tag{9}$$

und

$$(\Delta U_{T=const})_{\Delta V \to 0} \equiv (dU)_T = \frac{f(T, V + \Delta V) - f(T, V)}{\Delta V} \Delta V = \left(\frac{\partial U}{\partial V}\right)_T dV. \tag{10}$$

Für die Gesamtänderung dU gilt dann

$$dU = \left(\frac{\partial U}{\partial T}\right)_V dT + \left(\frac{\partial U}{\partial V}\right)_T dV. \tag{11}$$

dU nennt man ein *vollständiges* oder *totales* (auch exaktes) *Differential.* Jede differentielle Änderung einer Zustandsfunktion ist somit ein totales Differential.

Ob eine Funktion wie $U = f(T, V)$ eine Zustandsfunktion ist, entscheidet die Mathematik u. a. mit Hilfe des sogenannten *Schwarzschen Satzes:*

$$\frac{\partial}{\partial T}\left(\frac{\partial U}{\partial V}\right)_T = \frac{\partial}{\partial V}\left(\frac{\partial U}{\partial T}\right)_V. \tag{12}$$

Nur wenn die Reihenfolge bei der Bildung der gemischten zweiten Ableitungen vertauscht werden kann, verkörpert dU ein totales Differential und ist vom Weg unabhängig integrierbar. Mathematisch ausgedrückt durch das *Linienintegral* über einen geschlossenen Weg:

$$\oint dU = 0. \tag{13}$$

Mit den Beziehungen (11) und (12) beherrschen wir praktisch den ganzen mathematischen Formalismus der Thermodynamik. Er wird uns auf Schritt und Tritt begegnen, d.h. wir werden immer wieder auf diesen zurückgreifen, wenn gewisse Aussagen nicht schon von sich aus plausibel genug erscheinen. Wenden wir ihn z. B. auf ein ideales Gas an, so wissen wir, daß das zweite *partielle Differential* in Gl. (11) sicher Null ist:

$$\left(\frac{\partial U}{\partial V}\right)_T = 0. \tag{14}$$

Das erste Differential ist nichts anderes als die *spezifische Wärme* oder *Wärmekapazität* bzw. *Molwärme*, wenn man sie auf 1 mol Substanz bezieht:

$$C_V = \left(\frac{\partial U}{\partial T}\right)_V. \tag{15}$$

Sie ist durch die Ableitung bei konstantem Volumen definiert.

Wollen wir die innere Energie eines beliebigen Systems (chemischer Stoff), sei es gasförmig, flüssig oder fest, bei einer bestimmten Temperatur ermitteln, müssen wir die spezifische Wärme C_V (bzw. C_p, vgl. Abschnitt 11.3) als Funktion der Temperatur durch eine kalorische Messung bestimmen. Um dann aus ihr U zu erhalten, muß Gl. (15) von $T = 0$ bis zur interessierenden Temperatur T integriert werden:

$$U_T = \int\limits_{T=0}^{T} C_V \, dT + U_0. \tag{16}$$

$C_V\,(T)$ ist gewöhnlich nicht explizit bekannt, so daß wir die Integration graphisch oder numerisch auszuführen haben. Explizite Ausdrücke gibt es höchstens für ideale Gase und Festkörper aus der Statistik (Abschnitt 11.4). Was wir aber durch die Integration (gleichgültig wie sie nun ausgeführt wird) nicht bekommen, ist die Integrationskonstante U_0, die sich als identisch mit der Nullpunktenergie $\overline{E}_0$ erweist. Kalorisch oder thermodynamisch messen wir nämlich immer nur Energiedifferenzen $(U_T - U_0)$. Diese Feststellung ist von grundsätzlicher Bedeutung und viel wichtiger als es im Moment erscheinen mag. Sie läßt sich auf folgende Weise verallgemeinern: Die Thermodynamik kennt und rechnet prinzipiell nur mit Energiedifferenzen und Differenzen anderer Zustandsfunktionen. Ein Nachteil, den die statistische Thermodynamik nicht besitzt. Diese kann thermodynamische Funktionen absolut berechnen, benötigt aber dazu die Termschemata. Die thermodynamische Behandlung von chemischen Stoffen und Reaktionen liefert mithin nur Differenzwerte von End- und Ausgangszuständen. Daher tritt in der Thermodynamik auch das Problem der Einführung zweckmäßiger Bezugszustände auf, was das sonst so klare Bild der Thermodynamik äußerlich etwas trübt.

Eine weitere bekannte Zustandsfunktion verkörpert das *Volumen eines Stoffes*, wenn man es als Funktion der Zustandsvariablen p, T und n ausdrückt (*Zustandsgleichung*):

$$V = V(p, T, n) \tag{17}$$

Das totale Differential des Volumens lautet daher:

$$dV = \left(\frac{\partial V}{\partial p}\right)_{T,n} dp + \left(\frac{\partial V}{\partial T}\right)_{p,n} dT + \left(\frac{\partial V}{\partial n}\right)_{p,T} dn. \tag{18}$$

Die tiefgestellten Indizes bedeuten, daß bei der Bildung der partiellen Ableitung nach einer Zustandsvariablen die übrigen Variablen konstant gehalten werden. Untersucht man nur Volumenänderungen bei konstanter Molzahl n, dann ist dn = 0 und

$$dV = \left(\frac{\partial V}{\partial p}\right)_{T} dp + \left(\frac{\partial V}{\partial T}\right)_{p} dT. \tag{19}$$

Wenn V wirklich eine Zustandsfunktion ist, muß der Schwarzsche Satz erfüllt sein:

$$\frac{\partial}{\partial T}\left(\frac{\partial V}{\partial p}\right)_{T} = \frac{\partial}{\partial p}\left(\frac{\partial V}{\partial T}\right)_{p}. \tag{20}$$

Bei idealen Gasen ist V als Funktion von p, T und n durch das ideale Gasgesetz gegeben:

$$V = \frac{nRT}{p}. \tag{21}$$

Bildet man mit ihm die gemischten zweiten Ableitungen, so bekommt man bei konstanter Molzahl n:

$$\frac{\partial}{\partial T}\left(\frac{\partial V}{\partial p}\right)_{T} = \frac{\partial}{\partial p}\left(\frac{\partial V}{\partial T}\right)_{p} = -\frac{nR}{p^2}. \tag{22}$$

Das Volumen eines idealen Gases ist also sicher eine Zustandsfunktion. Es charakterisiert den thermischen Zustand im Gegensatz zum energetischen, von dem in den nächsten Abschnitten die Rede sein wird.

Bezieht man die partiellen Differentiale von Gl. (19) auf das Volumen V^o bei 1 atm, so erhält man die Definitionen des *thermischen Ausdehnungskoeffizienten* α und der *Kompressibilität* κ (beide Größen sind meßbar):

$$\alpha = \frac{1}{V^o}\left(\frac{\partial V}{\partial T}\right)_{p},$$

$$\kappa = -\frac{1}{V^o}\left(\frac{\partial V}{\partial p}\right)_{T}. \tag{23}$$

Für ideale Gase folgt mit Gl. (21)

$$\alpha = \frac{1}{V^o}\frac{nR}{p},$$

$$\kappa = \frac{1}{V^o}\frac{nRT}{p^2}. \tag{24}$$

α ist temperaturunabhängig, worauf letztlich die Temperaturdefinition des Gasthermometers beruht (Abschnitt 1.1).

In der nun folgenden Entwicklung der Zusammenhänge thermodynamischer Größen wird die Molzahl eines Systems immer konstant gehalten. Zustandsänderungen durch Molzahländerungen (bei konstantem Druck und konstanter Temperatur) sowie der Begriff der partiellen molaren Größen $(\partial X/\partial n)_{p,\,T}$ kommen erst später bei der Behandlung von Mischphasen zur Sprache.

11.2 Wärme und Volumenarbeit

Zwei Energieformen, die normalerweise keine Zustandsfunktionen sind, spielen in der Thermodynamik eine große Rolle: Die *Wärme* und die *Volumenarbeit*. Daß beide einander äquivalent und nichts anderes als zwei verschiedene Energieformen sind, ist jedem klar. Wir können uns heute kaum vorstellen, daß es einmal so große Schwierigkeiten bereitete, die Wärme als solche zu identifizieren. Wärme und Arbeit sind zwar einander äquivalent, und es läßt sich auch Arbeit (z. B. Reibung) quantitativ in Wärme umwandeln, doch umgekehrt nicht. Letzteres gelingt aus grundsätzlichen Erwägungen nicht vollständig. In welchem Ausmaß sich Wärme in nutzbare Arbeit umwandeln läßt, bestimmt der 2. Hauptsatz (Abschnitt 11.5).

Gemessen wird Wärme über die Wärmekapazität bzw. spezifische Wärme. Zum Beispiel beträgt die Wärmemenge q, die man zur Temperaturerhöhung von 1 g Wasser um 1 K benötigt:

$$q = \frac{C_V}{M}\,\Delta T = \frac{4{,}184}{1}\cdot 1 = 4{,}184\,\text{J}. \tag{25}$$

Diese Wärmemenge wurde ursprünglich zur Definition der Wärmeeinheit *Kalorie* herangezogen. Wärme wird heute jedoch generell in der SI-Einheit Joule angegeben. Noch ein wichtiger Punkt im Zusammenhang mit dem Begriff Wärme: Wird Wärme von einem System abgegeben, so gibt man dem Betrag von q ein negatives Vorzeichen und umgekehrt (= altruistische systembezogene Vorzeichengebung der Thermodynamik!).

Nun zum Begriff Volumenarbeit, der besonders bei Gasen große Bedeutung hat. Denn kondensierte Phasen wie Flüssigkeiten und Festkörper lassen sich nur sehr schwer ausdehnen oder zusammendrücken, so daß deren Volumenarbeit meist vernachlässigbar klein ist. Bei Gasen kann durch *Expansion* oder *Kompression* Arbeit verrichtet werden, was sich in einer Volumenänderung als Folge des ausgeübten Druckes äußert. Deshalb auch die Bezeichnung Volumenarbeit.

In einem *Zylinder* befinde sich ein Gas (z. B. Luft in einer Fahrradpumpe), abgeschlossen durch einen Kolben, auf den die Kraft F wirkt (Bild 11.2). Besitzt der Zylinder den Querschnitt A, so beträgt der Druck p auf das Gas F/A ($|F| = F$); er entspricht dem *Gasdruck*. Bei einer sehr kleinen Verschiebung des Kolbens um dl leistet dieser die Arbeit

$$\delta w = F\,\mathrm{d}l = \frac{F}{A}\,A\,\mathrm{d}l. \tag{26}$$

Da F/A mit dem Druck p und A dl mit der Volumenänderung dV identisch sind, läßt sich schreiben:

$$\delta w = -p\,\mathrm{d}V \tag{27}$$

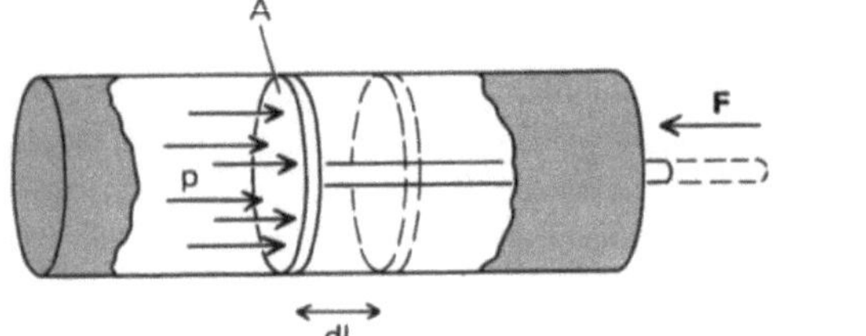

Bild 11.2

Skizze zur Ableitung der Volumenarbeit

bzw. nach Integration

$$w = - \int_{V_a}^{V_b} p\,dV. \tag{28}$$

Das negative Vorzeichen wurde konventionsgemäß eingeführt, damit bei einer Expansion ($V_b > V_a$) die abgegebene Arbeit des Systems w negativ und bei einer Kompression ($V_b < V_a$) die vom System aufgenommene Arbeit positiv gezählt wird. Diese Vorzeichengebung (sie entspricht der oben für die Wärme eingeführten) ist in der Thermodynamik konsequent einzuhalten, wenn man nicht ein Vorzeichenchaos provozieren will.

Bei der Herleitung von Gl. (28) wurde implizit ein *Gleichgewichtszustand* des Systems angenommen. Und zwar insofern, als die durch den Kolben ausgeübte Kraft gleich groß, aber entgegengesetzt zu der vom Gasdruck verursachten ist. Wird in diesem Gleichgewichtszustand eine Volumenänderung vollzogen, so spricht man von einem *reversiblen Vorgang* oder *Prozeß*. Ein solcher ist natürlich nicht wörtlich realisierbar, denn Gleichgewicht und Volumenänderung widersprechen einander. Gleichgewicht ist also wie ein Grenzfall zu verstehen, ohne daß seine Definition zu einem Widerspruch führt. Erfolgt dagegen eine Volumenänderung weit entfernt von diesem (Unterschied zwischen Kolben- und Gasdruck sehr groß), dann läßt sich die Kolbenverschiebung nicht jederzeit rückgängig machen (*irreversibler Prozeß*). Das hier besprochene Gleichgewicht verkörpert ein rein mechanisches, determiniert durch die minimale Gesamtenergie (*Energieminimum*). Vorweggenommen sei, daß die thermodynamisch definierten Gleichgewichte wie das Phasen- oder das chemische Gleichgewicht durch die maximal nutzbare Arbeit mit Hilfe der freien Energie bzw. Enthalpie definiert werden (Abschnitt 11.6).

An Hand der Begriffe Wärme und Volumenarbeit (andere Energieformen sind selten involviert) läßt sich der Energieerhaltungssatz (2) für nicht abgeschlossene Systeme wie folgt anschreiben:

$$\Delta U = q + w. \tag{29}$$

In Worten: Jeder Austausch von Wärme (q) oder Arbeit (w) mit der Umgebung äußert sich in einer Änderung der Energie (ΔU) des Systems. Dazu darf es natürlich nicht von der Umgebung isoliert sein. Es soll vielmehr *wärme-* und *arbeitsdurchlässig* sein, d.h. eine wie immer geartete Vorrichtung besitzen, durch die auch Arbeit austauschbar ist. Die Differenz ΔU entspricht dann der inneren Energiedifferenz zwischen dem Endzustand (b) und dem Ausgangszustand (a):

$$\Delta U = U_b - U_a \tag{30}$$

ΔU ist vom Weg, auf dem das System von a nach b gebracht wird, unabhängig. Würden zwei Wege mit unterschiedlichen ΔU-Werten existieren, könnte ein sogenanntes *Perpetuum mobile* gebaut werden, eine Maschine, die nichts anderes macht, als durch periodisches Durchlaufen der beiden Wege Energie zu gewinnen ($\oint dU \neq 0$). Dies widerspricht aber völlig unserer Erfahrung mit der Natur. $\oint dU = 0$ stellt somit eine zweite Fassung des Energieerhaltungssatzes oder des 1. Hauptsatzes der Thermodynamik dar.

Für eine differentiell kleine Änderung von U schreiben wir anstelle von $\Delta U = q + w$ den 1. Hauptsatz in der Form:

$$dU = \delta q + \delta w. \tag{31}$$

Während dU ein totales Differential darstellt, bedeutet das Symbol δ bei q und w, daß diese Größen keine Zustandsfunktionen sind. Gl. (29) und (31) spielen bei der Behandlung chemischer Reaktionen eine fundamentale Rolle, denn sie erlauben bei einer Messung von q und w eine Berechnung von ΔU. ΔU wird dort Reaktionsenergie genannt und als die Differenz der inneren Energie von Produkten und Reaktanten definiert (Kapitel 19). In diesem Kapitel wollen wir uns mit einfachsten physikalischen Beispielen begnügen und dabei ideale Gase gewissen Zustandsänderungen unterwerfen.

Die Größen q, w und ΔU sollen für eine reversible Expansion von 10 mol idealem Gas bei 0 °C von einem Anfangsdruck $p_a = 1$ atm auf einen Enddruck $p_b = 0{,}1$ atm berechnet werden. Da die innere Energie nur von der Temperatur abhängt und diese während der Expansion konstant bleiben soll, ist $\Delta U = 0$ und daher $q = -w$. w läßt sich aus Gl. (28) mit Hilfe des idealen Gasgesetzes $pV = nRT$ durch Integration ermitteln:

$$w = - \int_{V_a}^{V_b} p\,dV = - \int_{V_a}^{V_b} \frac{nRT}{V}\,dV = -nRT\ln V \Big|_{V_a}^{V_b}$$

$$= -nRT\ln \frac{V_b}{V_a} = -nRT\ln \frac{p_a}{p_b}$$

$$= -10 \cdot 8{,}314 \cdot 273 \cdot 2{,}303 \lg \frac{1}{0{,}1} = -52\,270 \text{ J.} \tag{32}$$

Das Ergebnis lautet also:

$$q = -w = 52{,}27 \text{ kJ.} \tag{33}$$

Die gesamte aus der Umgebung des Gases aufgenommene Wärme wird zur Expansion verbraucht, während die innere Energie unverändert bleibt. Solche Prozesse bei konstanter Temperatur heißen *isotherme Prozesse*. Ist andererseits $w = 0$ ($pdV = 0$), also das Volumen konstant, so heißt der Prozeß *isochor* und ist schließlich $q = 0$, *adiabatisch*. Im isochoren Fall lautet der 1. Hauptsatz

$$\Delta U = q + w = q + 0 = q \qquad (dU = \delta q) \tag{34}$$

und im adiabatischen Fall

$$\Delta U = q + w = 0 + w = w \qquad (dU = \delta w). \tag{35}$$

Diese beiden Beziehungen bilden die Grundlage für viele Anwendungen, wenn man sie mit dem idealen Gasgesetz kombiniert. Zur Illustration wollen wir die isotherme und die adiabatische Expansion in einem p, V-Diagramm miteinander vergleichen. Während für den isothermen Fall $p = p(V)$ durch das ideale Gasgesetz bereits gegeben ist und hyperbolische Isothermen liefert, müssen die Adiabaten erst mit Hilfe von Gl. (35) gesucht werden.

Für die Energieänderung von n mol idealem Gas gilt nach Gl. (15)

$$dU = nC_V \, dT \tag{36}$$

und für die Änderung der reversiblen Volumenarbeit nach Gl. (28) mit $p = nRT/V$

$$\delta w = -p\,dV = -nRT\,\frac{dV}{V}. \tag{37}$$

Setzen wir beide Ausdrücke in Gl. (35) ein, so erhalten wir:

$$nC_V\,dT = -nRT\,\frac{dV}{V}, \tag{38}$$

$$\frac{C_V}{R}\,\frac{dT}{T} = -\frac{dV}{V}. \tag{39}$$

Für einen Prozeß, bei dem sich das Gasvolumen von V_1 (Temperatur T_1) auf V_2 (Temperatur T_2) ändert, ergibt sich dann durch die Integration von Gl. (39):

$$\frac{C_V}{R}\int_{T_1}^{T_2}\frac{dT}{T} = -\int_{V_1}^{V_2}\frac{dV}{V}, \tag{40}$$

$$\frac{C_V}{R}\ln\frac{T_2}{T_1} = -\ln\frac{V_2}{V_1}. \tag{41}$$

Umformen der letzten Gleichung bringt das gesuchte Ergebnis:

$$V_1 T_1^{\frac{C_V}{R}} = V_2 T_2^{\frac{C_V}{R}}. \tag{42}$$

Ersetzt man in diesem Ergebnis die Temperatur T durch pV/nR und C_V durch $C_p - R$ (siehe Gl. (55)), so folgt

$$p_1 V_1^{\frac{C_p}{C_V}} = p_2 V_2^{\frac{C_p}{C_V}}. \tag{43}$$

Führt man schließlich noch für das Verhältnis der Molwärmen C_p/C_V das Symbol γ ein, so geht Gl. (43) in

$$p_1 V_1^{\gamma} = p_2 V_2^{\gamma} \tag{44}$$

und

$$pV^{\gamma} = \text{const} \tag{45}$$

über.

Zeichnet man in einem p, V-Diagramm p(V) für einen adiabatischen und einen isothermen Prozeß, dann tritt klar hervor, daß die Adiabaten steiler als die Isothermen verlaufen (Bild 11.3). Dies ist mathematisch leicht einzusehen: Wegen $\gamma > 1$ fällt bei einem adiabatischen Prozeß ($p \sim 1/V^{\gamma}$) der Druck p mit zunehmendem Volumen V stärker als bei einem isothermen ($p \sim 1/V$) ab. Der physikalische Grund dafür ist folgender: Wenn sich ein Gas isotherm ausdehnt, wird Wärme aus der Umgebung aufgenommen und zur Volumenarbeit verwendet. Bei einer adiabatischen Expansion steht aber hierfür nur die innere Energie des Gases zur Verfügung. Die Temperatur muß deshalb abnehmen und der Druck stärker sinken als im isothermen Fall.

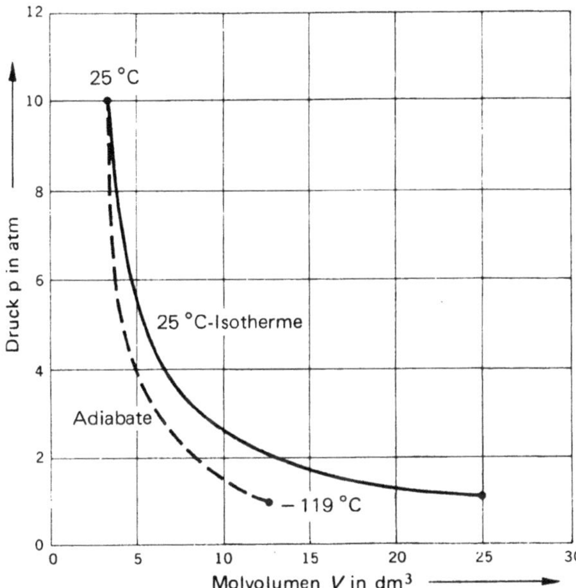

Bild 11.3
Isotherme und adiabatische Expansion von 1 mol N_2 von 10 atm auf 1 atm (γ = 1,4 bei 25 °C)

11.3 Enthalpie und spezifische Wärme bei konstantem Druck

Viel häufiger als bei konstantem Volumen werden in den Naturwissenschaften Prozesse bei konstantem Druck durchgeführt. Darunter z. B. alle chemischen Reaktionen in offenen Gefäßen, die unter Atmosphärendruck stattfinden. Um diese mathematisch einfacher als mit der inneren Energie beschreiben zu können, führen wir eine neue thermodynamische Energiefunktion ein. Sie wird durch

$$H = U + pV \tag{46}$$

definiert und *Enthalpie* genannt. H ist eine Zustandsfunktion, weil U und pV Zustandsfunktionen sind. Wurde die Definition sinnvoll gewählt? Für die Änderung dH eines Systems ergibt sich durch Variation von H

$$dH = dU + pdV + Vdp \qquad (d(pV) = pdV + Vdp). \tag{47}$$

Treten außer Volumenarbeiten keine anderen Arbeitsleistungen auf, so gilt $\delta w = - pdV$ und zusammen mit dem 1. Hauptsatz $dU = \delta q + \delta w$ folgt:

$$dH = \delta q + Vdp. \tag{48}$$

Bei Prozessen unter konstantem Druck ist aber $dp = 0$, so daß sich Gl. (48) auf

$$dH = \delta q \tag{49}$$

reduziert. Bei konstantem äußeren Druck führt demnach die vom System aufgenommene oder abgegebene Wärme δq ausschließlich zu einer Änderung der Enthalpie H.

Die Enthalpie ist wie die innere Energie eine Eigenschaft des Systems. Bei Flüssigkeiten und Festkörpern sind ihre Änderungen fast so groß wie die der inneren Energie, denn diese Aggregatzustände besitzen, wie schon erwähnt, nur kleine Ausdehnungskoeffizienten und damit nur kleine Beträge der Energie pV. Physikalisch hat man die Enthalpie H wie die innere Energie U als Maß für die Energie eines makroskopischen Systems aufzufassen. Sie ist bei konstantem Druck nur eine Funktion der Temperatur. Molekular betrachtet gilt für sie dasselbe wie für die Energie: Temperaturänderungen haben geänderte Besetzungen im Termschema zur Folge.

Ähnlich wie die spezifische Wärme bei konstantem Volumen (C_V) aus der partiellen Ableitung der inneren Energie definiert wurde, läßt sich diese Größe jetzt durch die Ableitung der Enthalpie bei konstantem Druck definieren:

$$C_p = \left(\frac{\partial H}{\partial T}\right)_p. \tag{50}$$

Sie unterscheidet sich von der erstgenannten um einen bestimmten Betrag, berechenbar aus:

$$C_p - C_V = \left(\frac{\partial H}{\partial T}\right)_p - \left(\frac{\partial U}{\partial T}\right)_V. \tag{51}$$

Ersetzt man darin H durch U + pV, so bekommt man

$$C_p - C_V = \left(\frac{\partial U}{\partial T}\right)_p + p\left(\frac{\partial V}{\partial T}\right)_p - \left(\frac{\partial U}{\partial T}\right)_V \tag{52}$$

und mit

$$\left(\frac{\partial U}{\partial T}\right)_p = \left(\frac{\partial U}{\partial T}\right)_V + \left(\frac{\partial U}{\partial V}\right)_T \left(\frac{\partial V}{\partial T}\right)_p \tag{53}$$

(zu erhalten aus Gl. (11) durch Umformung)

$$C_p - C_V = \left[p + \left(\frac{\partial U}{\partial V}\right)_T\right]\left(\frac{\partial V}{\partial T}\right)_p. \tag{54}$$

Bei idealen Gasen ist $(\partial U/\partial V)_T = 0$ und $(\partial V/\partial T)_p = nR/p$, womit sich Gl. (59) für 1 mol Gas (n = 1) auf

$$C_p - C_V = R \tag{55}$$

reduziert. Bei den kondensierten Phasen einschließlich realer Gase weicht die *Molwärmedifferenz* vom Betrag *R* stark ab. Wie man mit Recht vermutet, hängt dies mit den zwischenmolekularen Wechselwirkungen zusammen, so daß U nicht mehr allein eine Funktion der Temperatur ist.

Zur thermodynamischen Behandlung chemischer Reaktionen (Kapitel 19 und 20) wurden die spezifischen Wärmen sehr vieler Substanzen über weite Temperaturbereiche gemessen und tabelliert. Bei Temperaturen, wo eine experimentelle Bestimmung aus apparativen Gründen nicht mehr möglich ist, wurden sie statistisch berechnet (Abschnitt 11.4). In diesen Tabellen sind die Molwärmedaten meist durch folgende Funktion approximiert:

$$C_p = a + bT + cT^{-2} \tag{56}$$

a, b und c sind spezifische Konstanten. Man hätte C_p auch durch eine Potenzreihe annähern können, doch es stellte sich heraus, daß diese Form für praktische Zwecke besser zu handhaben ist. Tabelle 11.1 gibt einige Beispiele wieder. Der Anwendungsbereich obiger Näherung ist natürlich eingeschränkt.

Wollen wir z.B. die Enthalpieänderung berechnen, wenn 1 mol Substanz von Zimmertemperatur auf T K erhitzt wird, so ersparen wir uns mit Gl. (56) eine graphische oder numerische Integration. Denn:

$$\Delta H = H_T - H_{298} = \int_{298}^{T} (a + bT + cT^{-2})dT$$

$$= a(T - 298) + \frac{b}{2}(T^2 - 298^2) - c\left(\frac{1}{T} - \frac{1}{298}\right). \tag{57}$$

Die Integration von $T = 0$ bis T würde

$$H_T - H_0 = aT + \frac{b}{2}T^2 - \frac{c}{T} \tag{58}$$

ergeben, worin die Integrationskonstante H_0 wiederum unbekannt ist und getrennt ermittelt werden muß. Vorausgesetzt man braucht sie überhaupt. Mit Hilfe von Gl. (57) und den in Tabelle 11.1 referierten a-, b- und c-Werten berechnen wir so z.B. für die Enthalpieänderung bei der Erwärmung von 1 mol CO_2 von Zimmertemperatur auf 125 °C:

$$\Delta H = 44{,}22 \cdot 100 + \frac{8{,}79 \cdot 10^{-3}}{2}(398^2 - 298^2) - 8{,}62 \cdot 10^5\left(\frac{1}{398} - \frac{1}{298}\right)$$

$$= 4{,}1 \text{ kJ mol}^{-1}. \tag{59}$$

In Tabelle 11.2 sind die Enthalpiedaten von einigen Gasen bei verschiedenen Temperaturen zusammengestellt. Für Temperaturen, die experimentell nicht mehr zugänglich sind, wurden statistische Werte nach

$$H_T - H_0 = U_T - U_0 + pV = \bar{E} - \bar{E}_0 + RT \tag{60}$$

berechnet. Eine besondere Demonstration dafür, wie sich Thermodynamik und Statistik gegenseitig ergänzen. Angegeben sind zwar $H_T - H_0$-Werte, doch interessieren wie gesagt sowieso immer nur Differenzwerte.

Nachdem sich herausgestellt hat, daß die spezifische Wärme in der chemischen Thermodynamik als zentrale Meßgröße fungiert, sollten ein paar Worte über ihre Messung

Tabelle 11.1: Temperaturabhängigkeit der Molwärme von verschiedenen
Substanzen beim Standarddruck p = 1 atm (Index °) (*G. N. Lewis,
M. Randall:* Thermodynamics, 2d ed. K. S. Pitzer, L. Brewer, McGraw
Hill Book Co., New York, 1961)

Substanz	Molwärme C_p° $JK^{-1}\,mol^{-1}$
einatomige Gase ohne Elektronenanregung	
He, Ne, Ar, Kr, Xe	$C_p^\circ = 20{,}79$
mehratomige Gase (von 298 K bis 2000 K anwendbar)	
S	$C_p^\circ = 22{,}01 - 0{,}42 \cdot 10^{-3}\,T + 1{,}51 \cdot 10^5\,T^{-2}$
H_2	$C_p^\circ = 27{,}28 + 3{,}26 \cdot 10^{-3}\,T + 0{,}50 \cdot 10^5\,T^{-2}$
O_2	$C_p^\circ = 29{,}96 + 4{,}18 \cdot 10^{-3}\,T - 1{,}67 \cdot 10^5\,T^{-2}$
N_2	$C_p^\circ = 28{,}58 + 3{,}76 \cdot 10^{-3}\,T - 0{,}50 \cdot 10^5\,T^{-2}$
S_2	$C_p^\circ = 36{,}48 + 0{,}67 \cdot 10^{-3}\,T - 3{,}76 \cdot 10^5\,T^{-2}$
CO	$C_p^\circ = 28{,}41 + 4{,}10 \cdot 10^{-3}\,T - 0{,}46 \cdot 10^5\,T^{-2}$
F_2	$C_p^\circ = 34{,}56 + 2{,}51 \cdot 10^{-3}\,T - 3{,}51 \cdot 10^5\,T^{-2}$
Cl_2	$C_p^\circ = 37{,}03 + 0{,}67 \cdot 10^{-3}\,T - 2{,}84 \cdot 10^5\,T^{-2}$
Br_2	$C_p^\circ = 37{,}32 + 0{,}50 \cdot 10^{-3}\,T - 1{,}25 \cdot 10^5\,T^{-2}$
J_2	$C_p^\circ = 37{,}40 + 0{,}59 \cdot 10^{-3}\,T - 0{,}71 \cdot 10^5\,T^{-2}$
CO_2	$C_p^\circ = 44{,}22 + 8{,}79 \cdot 10^{-3}\,T - 8{,}62 \cdot 10^5\,T^{-2}$
H_2O	$C_p^\circ = 30{,}54 + 10{,}29 \cdot 10^{-3}\,T$
H_2S	$C_p^\circ = 32{,}68 + 12{,}38 \cdot 10^{-3}\,T - 1{,}92 \cdot 10^5\,T^{-2}$
NH_3	$C_p^\circ = 29{,}75 + 25{,}10 \cdot 10^{-3}\,T - 1{,}55 \cdot 10^5\,T^{-2}$
CH_4	$C_p^\circ = 23{,}64 + 47{,}86 \cdot 10^{-3}\,T - 1{,}92 \cdot 10^5\,T^{-2}$
TeF_6	$C_p^\circ = 148{,}66 + 6{,}74 \cdot 10^{-3}\,T - 29{,}29 \cdot 10^5\,T^{-2}$
Flüssigkeiten (vom Schmelzpunkt bis zum Siedepunkt anwendbar)	
J_2	$C_p^\circ = 80{,}33$
H_2O	$C_p^\circ = 75{,}48$
NaCl	$C_p^\circ = 66{,}94$
$C_{10}H_8$	$C_p^\circ = 79{,}50 + 407{,}5 \cdot 10^{-3}\,T$
Festkörper (von 298 K bis zum Schmelzpunkt bzw. 2000 K anwendbar)	
C (Graphit)	$C_p^\circ = 16{,}86 + 4{,}77 \cdot 10^{-3}\,T - 8{,}54 \cdot 10^5\,T^{-2}$
Al	$C_p^\circ = 20{,}67 + 12{,}38 \cdot 10^{-3}\,T$
Cu	$C_p^\circ = 22{,}63 + 6{,}28 \cdot 10^{-3}\,T$
Pb	$C_p^\circ = 22{,}13 + 11{,}72 \cdot 10^{-3}\,T + 0{,}96 \cdot 10^5\,T^{-2}$
J_2	$C_p^\circ = 40{,}12 + 49{,}79 \cdot 10^{-3}\,T$
NaCl	$C_p^\circ = 45{,}94 + 16{,}32 \cdot 10^{-3}\,T$
$C_{10}H_8$	$C_p^\circ = -115{,}90 + 937 \cdot 10^{-3}\,T$

Tabelle 11.2: Werte für $H - H_0$ von einigen Stoffen bei verschiedenen Temperaturen; $U - U_0$ ergibt sich durch Abziehen von $R\,T$ (*F. A. Rossini* et al.: Tables of Selected Values of Chemical Thermodynamic Properties, Natl. Bur. Std. (US) Circ. 500, 1952)

Substanz	$H - H_0$ $\mathrm{J\,mol^{-1}}$			
	298 K	600 K	1000 K	1500 K
H_2	8 467	17 274	29 145	44 744
O_2	8 660	17 904	31 367	49 272
CO	8 672	17 612	30 361	47 525
CO_2	9 364	22 269	42 769	71 145
H_2O	9 906	20 427	36 016	57 940
CH_4	10 029	23 217	48 367	88 408
Äthan	11 950	33 539	76 484	144 348
Äthylen	10 565	28 167	61 756	113 386
Azetylen	10 008	25 635	50 585	85 969
Benzol	14 230	51 400	126 202	239 952

nicht fehlen. Es reicht aus, wenn wir hier keine speziellen *Kalorimeter,* sondern nur das Meßprinzip besprechen. Die Messung erfolgt entweder bei konstantem Druck oder bei konstantem Volumen so, daß eine kleine bekannte Wärmemenge δq der zu untersuchenden Substanz von außen zugeführt wird. Sie verursacht eine Änderung der inneren Energie bzw. Enthalpie und hat eine Temperaturänderung ΔT der Substanz zur Folge. Diese wird gemessen. Da die Wärmemenge δq zumeist in Form von elektrischer Wärme über einen Heizdraht zugeführt wird, ist ihr Betrag bekannt und eine Division durch die gemessene Temperaturänderung liefert direkt C_V oder C_p:

$$C_V \text{ oder } C_p = \left(\frac{\delta q}{\Delta T}\right)_{V \text{ oder } p} . \tag{61}$$

Je kleiner man die zugeführte Wärmemenge macht, umso kleiner werden die Temperaturänderungen und umso genauer wird der $C\,(T)$-Verlauf. Mißt man über einen weiten Temperaturbereich, so muß man auf *Phasenumwandlungen* achtgeben, denn alles was bisher über Zustandsfunktionen gesagt wurde, gilt nur für Änderungen innerhalb *einer* Phase. Bei Phasenumwandlungen (z. B. flüssig-gasförmig = Verdampfung) werden *latente Wärmen* umgesetzt, die keine Temperaturänderungen zur Folge haben! Sie geben sich in einer sprunghaften Änderung der Energie oder Enthalpie bzw. Molwärme zu erkennen (Bild 11.11). Da die Phasenumwandlung auf einer Strukturänderung beruht, wird gleichsam in der Struktur selbst die Umwandlungswärme gespeichert. Auch umgekehrt, bei der Berechnung von U- und H-Werten aus gemessenen C-Daten muß man auf solche Umwandlungen aufpassen. Man darf nicht über solche Diskontinuitäten hinwegintegrieren, sondern muß vielmehr die Integration abschnittsweise durchführen. Ein Anwendungsbeispiel dafür werden wir bei der thermodynamischen Berechnung der Entropie in Abschnitt 11.8 kennenlernen.

11.4 Statistische Berechnung der Molwärme

Wird der statistische Ausdruck für die innere Energie (Abschnitt 10.5)

$$U = kT^2 \frac{\partial}{\partial T} \ln Z \tag{62}$$

nach T differenziert,

$$\left(\frac{\partial U}{\partial T}\right)_V = \frac{\partial}{\partial T}\left(kT^2 \frac{\partial}{\partial T} \ln Z\right), \tag{63}$$

und mit der thermodynamischen Beziehung (15) verglichen, so folgt für die spezifische Wärme idealer Gase (bei konstantem Volumen):

$$C_V = \frac{d}{dT}\left(kT^2 \frac{\partial}{\partial T}\ln Z\right). \tag{64}$$

Dieselbe Vorgangsweise mit dem statistischen Ausdruck für die Enthalpie

$$H = U + NkT = kT^2 \frac{\partial}{\partial T}\ln Z + NkT \qquad (nRT = NkT) \tag{65}$$

liefert durch einen Vergleich mit Gl. (50) (bei konstantem Druck):

$$C_p = \frac{d}{dT}\left(kT^2 \frac{\partial}{\partial T}\ln Z\right) + Nk. \tag{66}$$

Bei Kenntnis der Systemzustandssumme Z kann daher die spezifische Wärme von Stoffen unabhängig von kalorischen Messungen ermittelt werden. Da wir die innere Energie von idealen Gasen bereits statistisch berechnet haben, kommen wir durch die Bildung der Ableitung von

$$U = 3RT + \frac{xRT}{e^x - 1} + E_0\,(v) \qquad \text{(für nichtlineare Moleküle)} \tag{67}$$

und von

$$U = \frac{5}{2}RT + \frac{xRT}{e^x - 1} + E_0\,(v) \qquad \text{(für lineare Moleküle)} \tag{68}$$

nach T direkt zu den gesuchten statistischen Formeln für die Molwärme:

$$C_V = 3R + \frac{Rx^2 e^x}{(e^x - 1)^2}, \tag{69}$$

bzw.

$$C_V = \frac{5}{2}R + \frac{Rx^2 e^x}{(e^x - 1)^2}. \tag{70}$$

Die einzelnen Beiträge zur Molwärme C_V sind in Tabelle 11.3 aufgeschlüsselt. Um die Molwärme C_p zu erhalten, ist zu C_V der Betrag R zu addieren. Zur numerischen Ermittlung des Beitrags einer Normalschwingung wurde in Bild 11.4 $Rx^2 e^x/(e^x - 1)^2$ als Funktion von x ($= h\nu_0/kT$) graphisch dargestellt. Zu ergänzen wäre, daß in den Bezie-

Tabelle 11.3: Beiträge zur Molwärme C_V eines idealen Gases

Translationsbeitrag:	$\dfrac{d}{dT}\left(\dfrac{3}{2}RT\right) = \dfrac{3}{2}R$
Rotationsbeitrag linearer Moleküle:	$\dfrac{d}{dT}(RT) = R$
nichtlinearer Moleküle:	$\dfrac{d}{dT}\left(\dfrac{3}{2}RT\right) = \dfrac{3}{2}R$
Schwingungsbeitrag:	$\displaystyle\sum \dfrac{d}{dT}\left(\dfrac{xRT}{e^x-1}\right) = \sum \dfrac{Rx^2 e^x}{(e^x-1)^2}$
Elektronischer Beitrag:	$= 0$
Summe aller Beiträge:	$C_V = 3R \quad\text{bzw.}\quad \dfrac{5}{2}R + \displaystyle\sum \dfrac{Rx^2 e^x}{(e^x-1)^2}$

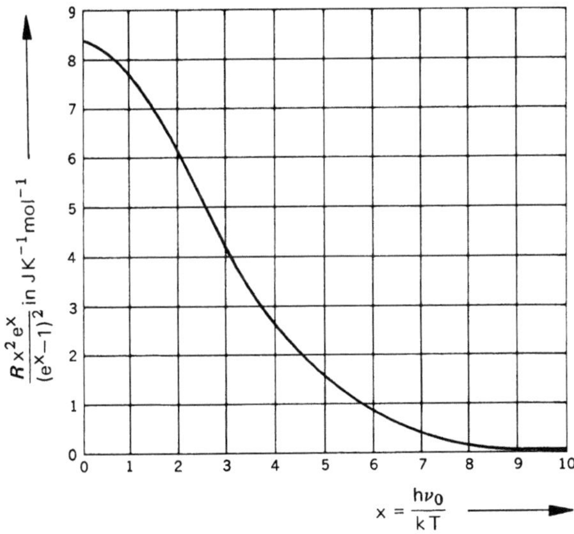

Bild 11.4

Beitrag einer Normalschwingung zur Molwärme C_V

hungen (68) und (69) die Elektronenanregung unberücksichtigt blieb, was nur bei tiefen Temperaturen erlaubt ist. Die Berechnung des Elektronenbeitrags stellt aber fast immer ein gesondertes Problem dar, weil meist nur (wenn überhaupt) unvollständige Termschemata von Molekülen zur Verfügung stehen.

NO_2-Gas soll auch als Beispiel für eine numerische Berechnung der Molwärme dienen. Die einzelnen Molwärmebeiträge sind in Tabelle 11.4 zusammengefaßt und liefern insgesamt $C_V = 28{,}79\ \text{JK}^{-1}\ \text{mol}^{-1}$ bei Zimmertemperatur. Der entsprechende Wert für C_p beträgt $37{,}10\ \text{JK}^{-1}\ \text{mol}^{-1}$. In Tabelle 11.5 sind die Ergebnisse ähnlicher Berechnungen für einige einfach gebaute Moleküle zusammengestellt.

Tabelle 11.4:

Berechnung der Molwärme C_V von NO_2 bei 25 °C

Translationsbeitrag:		$\frac{3}{2}R = 12{,}47\ \mathrm{JK^{-1}\,mol^{-1}}$
Rotationsbeitrag:		$\frac{3}{2}R = 12{,}47\ \mathrm{JK^{-1}\,mol^{-1}}$
Schwingungsbeitrag:		
$h\nu_0 = 1{,}49 \cdot 10^{-20}\ \mathrm{J}$	(x = 3,63)	$\dfrac{Rx^2 e^x}{(e^x-1)^2} = 3{,}07\ \mathrm{JK^{-1}\,mol^{-1}}$
$h\nu_0 = 2{,}63 \cdot 10^{-20}\ \mathrm{J}$	(x = 6,40)	$\dfrac{Rx^2 e^x}{(e^x-1)^2} = 0{,}57\ \mathrm{JK^{-1}\,mol^{-1}}$
$h\nu_0 = 3{,}21 \cdot 10^{-20}\ \mathrm{J}$	(x = 7,80)	$\dfrac{Rx^2 e^x}{(e^x-1)^2} = 0{,}21\ \mathrm{JK^{-1}\,mol^{-1}}$
Elektronischer Beitrag:		$=\quad 0\ \mathrm{JK^{-1}\,mol^{-1}}$
Summe aller Beiträge:		$C_V = 28{,}79\ \mathrm{JK^{-1}\,mol^{-1}}$

Tabelle 11.5:

Statistisch berechnete Molwärme C_p° von einigen Gasen (25 °C, 1 atm) (*F. A. Rossini* et al., Tables of Selected Values of Chemical Thermodynamik Properties, Natl. Bur. Std. (US) Circ. 500, 1952)

Gas	C_p° $\mathrm{JK^{-1}\,mol^{-1}}$
H_2	28,8
N_2	29,1
O_2	29,4
HCl	29,1
CO	29,2
H_2O	33,6
CO_2	37,1
SO_2	39,8
NH_3	35,6
CH_4	35,7

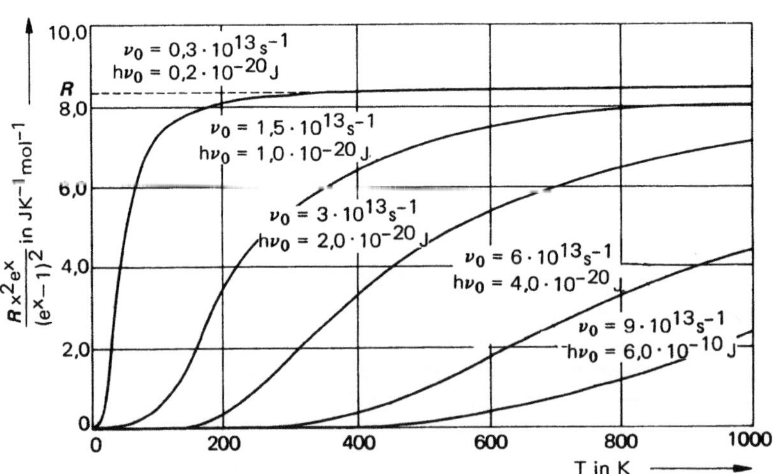

Bild 11.5 Molwärmebeitrag verschiedener Normalschwingungen in Abhängigkeit von der Temperatur

Eine sehr instruktive Darstellung der statistisch berechenbaren Molwärme vermittelt Bild 11.5, in dem der Molwärmebeitrag verschiedener Normalschwingungen gegen die Temperatur aufgetragen wurde. Man erkennt, daß bei allen Normalschwingungen der klassische Grenzwert R mehr oder weniger rasch erreicht wird. Bei Annäherung an den absoluten Nullpunkt (T = 0) geht hingegen jeder einzelne Beitrag gegen Null. Verständlich, denn bei sehr tiefen Temperaturen reicht die thermische Energie nicht mehr aus, um vom Schwingungsgrundzustand in den ersten angeregten Zustand zu gelangen. Alles zusammengefaßt: Die Molwärme stellt neben der inneren Energie bzw. Enthalpie eine weitere statistisch berechenbare Größe dar. Dies ist besonders dann von Nutzen, wenn sie bei extremen Temperaturen nicht mehr gemessen werden kann.

11.5 Entropie und 2. Hauptsatz

Ein Großteil thermodynamischer Untersuchungen befaßt sich direkt oder indirekt mit dem Gleichgewichtszustand eines realen Systems sowie mit dessen Tendenz, sich ins Gleichgewicht zu begeben, wenn es sich außerhalb dessen befindet. Für eine quantitative Formulierung dieser Tendenz reicht der 1. Hauptsatz nicht aus: Die Energie oder Enthalpie allein ist dafür kein geeignetes Maß. Andererseits wissen wir bereits aus Abschnitt 10.7, daß man dafür bei einem energetisch abgeschlossenen System die Entropie heranziehen kann. Bei energetisch offenen Systemen muß folglich sowohl die Energie bzw. Enthalpie als auch die Entropie zur Beschreibung des Gleichgewichtszustandes verwendet werden. Das Zusammenspiel dieser beiden Größen erfordert die Definition einer neuen Zustandsfunktion, der freien Energie bzw. freien Enthalpie (Abschnitt 11.6). Die Verknüpfung beider Größen gelingt mit Hilfe des 2. Hauptsatzes der Thermodynamik. Zur thermodynamischen Absolutberechnung von Entropien und Gleichgewichten muß allerdings noch der 3. Hauptsatz herangezogen werden. Er ist, anders als die zwei ersten, nur bedingt ein thermodynamischer Hauptsatz, denn er läßt sich statistisch konsequent herleiten und verstehen (Abschnitt 11.8). Erfahrungssätze können wir ja an sich nicht verstehen, sondern müssen sie als Axiome so wie die Newtonsche Bewegungsgleichung oder die Schrödingergleichung akzeptieren.

Ob die in Abschnitt 10.7 definierte *Entropie* auch im thermodynamischen Sinn eine Zustandsfunktion darstellt, läßt sich an Hand des Schwarzschen Satzes sehr leicht überprüfen. Einen thermodynamischen Ausdruck für S = f(T, V) oder S = f(T, p) kennen wir zwar noch nicht, dafür aber einen statistischen. Verwenden wir zur Überprüfung z. B. den Ausdruck für die Translationsentropie von 1 mol idealem Gas

$$S(n) = \frac{5}{2}R + R\ln\frac{(2\pi mkT)^{3/2}}{N_A h^3}\,V, \tag{71}$$

so stellen wir zunächst einmal fest, daß $S(n)$ wirklich eine Funktion der Temperatur und des Volumens ist. Bilden wir dann von $S(n)$ das totale Differential,

$$dS = \left(\frac{\partial S}{\partial T}\right)_V dT + \left(\frac{\partial S}{\partial V}\right)_T dV, \tag{72}$$

so folgt mit Gl. (71)

$$\left(\frac{\partial S}{\partial T}\right)_V = \frac{3}{2}\frac{R}{T} \tag{73}$$

sowie

$$\left(\frac{\partial S}{\partial V}\right)_T = \frac{R}{V}: \tag{74}$$

$$dS = \left(\frac{3}{2}\frac{R}{T}\right)dT + \left(\frac{R}{V}\right)dV. \tag{75}$$

Da das erste partielle Differential nur eine Funktion von T und das zweite nur eine von V ist, werden beide gemischten zweiten Differentiale Null, womit der Schwarzsche Satz erfüllt ist. S (n) ist in diesem speziellen Fall sicher eine Zustandsfunktion. Hätten wir auch noch die Rotations- und Schwingungsentropie eines mehratomigen idealen Gases untersucht, so hätten wir dasselbe Resultat erhalten. Immer dann, wenn sich die Entropiefunktion additiv aus einem temperatur- und einem volumenabhängigen Term (= Funktion) zusammensetzt, erfüllt sie die Schwarzsche Bedingung. Daß dies nicht nur bei idealen Gasen zutrifft, sondern ganz allgemein für beliebige Substanzen gilt, bestimmt der 2. Hauptsatz der Thermodynamik, auf den wir gleich ausführlicher zu sprechen kommen.

Die obige Feststellung bedeutet andererseits, daß der in Abschnitt 10.7 abgeleitete Zusammenhang zwischen der Entropie und der inneren Energie

$$dS = \left(\frac{dU}{T}\right)_V \tag{76}$$

für isochore Prozesse auch im thermodynamischen Sinn vernünftig ist. Denn mit dem ersten Hauptsatz $dU = \delta q + \delta w$ gilt im isochoren Fall $dU = \delta q$, so daß

$$dS = \frac{\delta q}{T} = d\left(\frac{q}{T}\right). \tag{77}$$

Die einem Stoff von außen zugeführte Wärme δq führt bei konstanter Temperatur und konstantem Volumen zu einer Änderung seiner Entropie. Befand sich dieser vorher im Zustand S_a, so geht er durch die Wärmeaufnahme q in den Zustand S_b über:

$$\Delta S = S_b - S_a = \int_{S_a}^{S_b} dS = \frac{q}{T}. \tag{78}$$

Die Beziehungen (76) und (77) gelten, wie wir gleich sehen werden, auch für nicht isochore Änderungen. Wenden wir nämlich Gl. (77) auf die nicht isochore Änderung eines idealen Gases an, so müssen wir mit dem 1. Hauptsatz schreiben:

$$dS = d\left(\frac{U - w}{T}\right) = \frac{dU}{T} + \frac{p}{T}\,dV \tag{79}$$

und erhalten mit $dU = C_V dT$ und dem idealen Gasgesetz $pV = nRT$ für 1 mol Gas:

$$dS = \left(\frac{C_V}{T}\right)dT + \left(\frac{R}{V}\right)dV. \tag{80}$$

Gl. (80) ist identisch mit Gl. (75), wenn wir C_V mit $3/2\,R$ identifizieren. Die durch Gl. (77) definierte Funktion S (T, V) ist also eine Zustandsfunktion im thermodynamischen

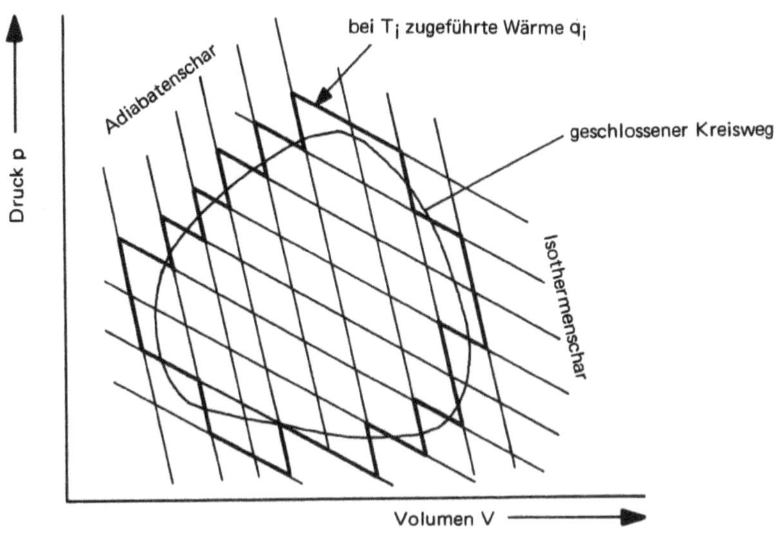

Bild 11.6 Zerlegung eines geschlossenen Kreisweges in kleinste adiabatische und isotherme Schritte

Sinn. Führt man die Integration von Gl.(77) nicht nur von a nach b, sondern längs eines geschlossenen Weges wieder nach a zurück, so muß das Linienintegral den Wert Null liefern:

$$\oint dS = \oint d\left(\frac{q}{T}\right) = 0. \tag{81}$$

Das heißt mit anderen Worten: q/T ist eine Zustandsfunktion, obwohl q selbst keine ist! Zerlegen wir einen beliebigen geschlossenen Kreisweg in einzelne kleine isotherme und adiabatische Abschnitte (Bild 11.6), so muß die Summe aller bei den jeweiligen Temperaturen T_i aufgenommenen Wärmemengen q_i Null sein:

$$\sum_i \frac{q_i}{T_i} = 0. \tag{82}$$

Diskutieren wir diese Aussage an Hand eines sehr einfachen, aber speziellen Kreisprozesses, so führt sie direkt zum zweiten Hauptsatz und zum Wirkungsgrad von Wärmekraftmaschinen. In Bild 11.7 ist ein solcher Prozeß, es handelt sich um den sogenannten *Carnotschen Kreisprozeß*, im pV-Diagramm skizziert. Bild 11.8 zeigt hingegen, wie man

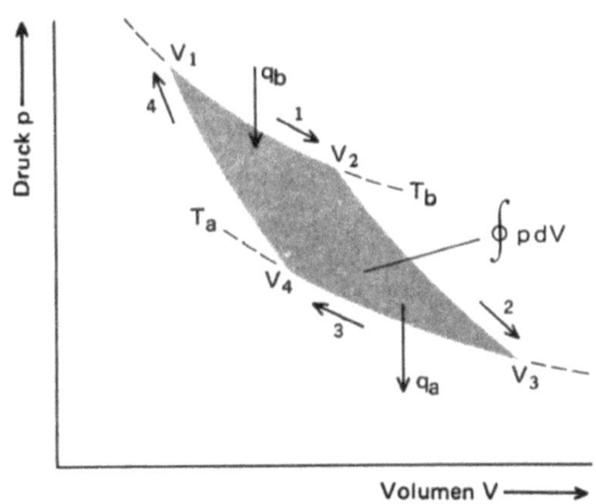

Bild 11.7 Der Carnotsche Prozeß im pV-Diagramm

einen solchen Prozeß in die Tat umsetzen könnte. Die Carnotsche Maschine besteht aus einem gasgefüllten Zylinder mit einem verschiebbaren Kolben, so daß am Gas und vom Gas Volumenarbeit verrichtet werden kann. Als Gas wählen wir vorderhand wieder 1 mol ideales Gas. Die Umgebung des Kolbens besteht aus zwei Wärmereservoiren mit den Temperaturen T_a und T_b, wobei T_b größer als T_a sein soll. Zwischen den beiden Wärmereservoiren befinden sich zwei Wärmeisolatoren, mit deren Hilfe wahlweise ein Wärmeübergang herstellbar ist. Der Prozeß setzt sich aus vier Einzelschritten zusammen, und zwar aus je einer isothermen und adiabatischen Kompression sowie aus je einer isothermen und adiabatischen Expansion. Jeder der vier Schritte soll reversibel erfolgen, d.h. der Gasdruck soll im Sinne eines mechanischen Gleichgewichtes (Abschnitt 11.2) nur differentiell vom Kolbendruck abweichen. Die Anwendung von Gl. (82) ergibt dann

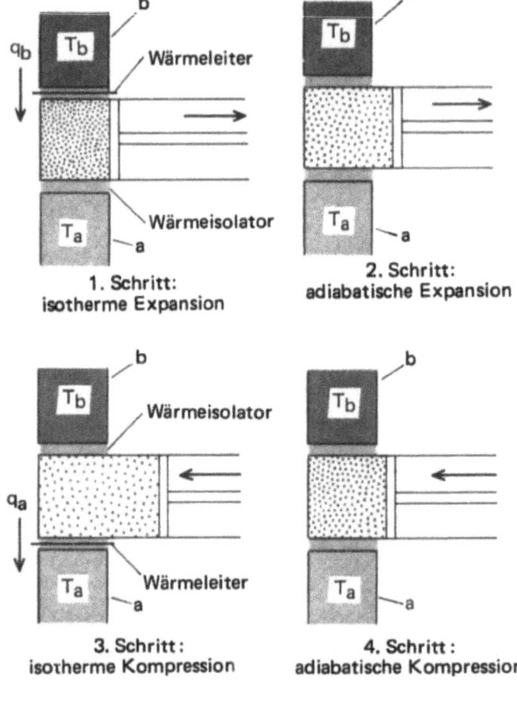

Bild 11.8 Anschauliche Darstellung der vier Carnot-Schritte

$$\frac{q_a}{T_a} + \frac{q_b}{T_b} = 0 \tag{83}$$

oder umgeformt

$$\frac{q_b + q_a}{q_b} = \frac{T_b - T_a}{T_b} . \tag{84}$$

q_b ist die bei der Temperatur T_b während des Expansionsschrittes zugeführte und q_a die bei der Temperatur T_a während des Kompressionsschrittes abgeführte Wärme. Die beiden anderen Schritte erfolgen adiabatisch, so daß für sie $q = 0$ gilt.

Da $q_b + q_a = |q_b| - |q_a|$ wegen des ersten Hauptsatzes die vom Gas insgesamt geleistete Volumenarbeit ist, wird gerade der Bruchteil $(T_b - T_a)/T_b$ der zugeführten Wärme q_b umgewandelt. Er entspricht im pV-Diagramm der vom Weg eingeschlossenen Fläche, also dem Linienintegral

$$\oint p\,dV . \tag{85}$$

Der Bruchteil $(q_b + q_a)/q_b$ oder w/q_b ist zugleich der *Wirkungsgrad* der Carnotschen Maschine, die im Endeffekt Wärme in nutzbare Arbeit umwandelt. Ihr Wirkungsgrad w/q_b ist umso größer, je größer die Temperaturdifferenz $T_b - T_a$ der beiden Wärmereservoire und je kleiner T_b ist. Da man aber den absoluten Nullpunkt $T = 0$ *erfahrungsgemäß* nicht realisieren kann und deshalb auch T_b nicht auf Null abgesenkt werden kann, müssen alle derartigen Maschinen einen kleineren Wirkungsgrad als 1 haben. Die Umwandlung von Wärme in mechanisch oder elektrisch nutzbare Arbeit ist also grundsätzlich eingeschränkt. Diese Aussage, die wir nur mit Hilfe des ersten Hauptsatzes und seiner Anwendung auf ideale Gase bekommen haben, gewinnt den Charakter eines *zweiten Hauptsatzes*, wenn man von einem idealen Gas zu einer beliebigen Substanz und von der Carnotschen Maschine zu einer beliebigen Maschine übergeht.

„Es ist unmöglich, durch irgendeinen Kreisprozeß aus einem Reservoir Wärme zu entnehmen und diese vollständig in Arbeit umzuwandeln, ohne gleichzeitig Wärme von diesem an ein kälteres Reservoir abzuführen." Diese Formulierung des zweiten Hauptsatzes stammt von *Lord Kelvin*. Sie sei der von *Clausius* stammenden Formulierung gegenübergestellt: „Es ist unmöglich, Wärme ohne Arbeitsleistung von einem kälteren zu einem wärmeren Niveau zu pumpen." Die Wärmepumpe ohne Arbeitszufuhr würde nur dann funktionieren, wenn man den absoluten Nullpunkt tatsächlich realisieren könnte. Die grundsätzliche Unerreichbarkeit des absoluten Nullpunktes ist damit direkt an den zweiten Hauptsatz gekoppelt.

Für die makroskopische Beschreibung realer Systeme (Gase, Flüssigkeiten, Festkörper) gipfeln alle diese Formulierungen in der Existenz der Entropie als Zustandsfunktion. Sie läßt sich in der Form $\Delta S = q/T$ quantitativ mit dem Begriff Gleichgewicht in Verbindung bringen. Anders ausgedrückt: Arbeit kann optimal nur gewonnen werden, wenn wir eine Zustandsänderung reversibel durchführen. Hierzu ein anschauliches Beispiel. Es soll die Entropieänderung ΔS berechnet werden, die bei der Expansion von n mol idealem Gas bei der Temperatur T vom Volumen V_1 auf das Volumen V_2 auftritt. Das physikalische System bestehe aus einem gasgefüllten Zylinder mit einem Kolben und einem Wärmereservoir bei TK. Es ist in sich abgeschlossen, d.h. innerhalb des totalen Systems gilt der Energieerhaltungssatz, so daß die innere Energie konstant bleibt (Bild 11.9a). Entropieänderungen betreffen daher nicht nur das Gas, sondern auch seine Umgebung in Form des Wärmereservoirs. Um nun eine reversible Wärmeaufnahme aus dem Reservoir zu gewährleisten, darf der Temperaturunterschied zwischen dem Gas und dem Reservoir nur differentiell klein sein. Mit anderen Worten, er muß im Grenzfall des *thermischen Gleichgewichtes* (dT = 0, T = const) verschwinden. Reversible isotherme Expansion bedeutet also vornehmer formuliert, Volumenänderung im thermischen Gleichgewicht. Wegen der Temperaturkonstanz beträgt die Volumenarbeit:

$$w = - \int_V p\,dV = - \int_V nRT\,\frac{dV}{V} = -q. \tag{86}$$

Sie ist dem Betrag nach gleich groß wie die bei T aufgenommene Wärme q, so daß sich die Entropieänderung bei der Expansion auf

$$\Delta S_{Gas} = \frac{q}{T} = \int_{V_1}^{V_2} \frac{nRT}{T}\,\frac{dV}{V} = nR\ln\frac{V_2}{V_1} \tag{87}$$

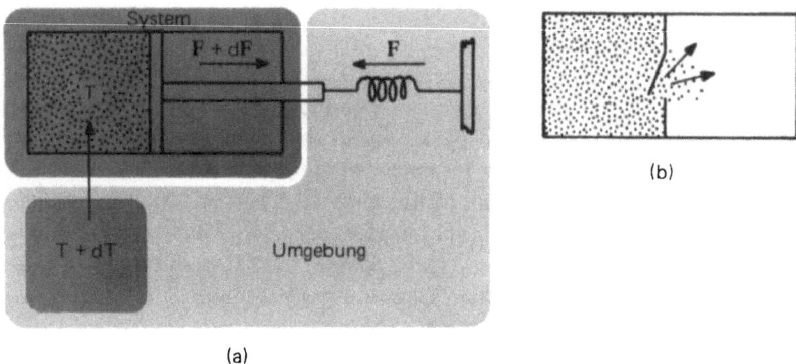

Bild 11.9 Anschauliche Darstellung einer reversiblen (a) und irreversiblen Expansion (b)

beläuft. Gleichzeitig mit der Expansion erfährt jedoch die Umgebung in Form des Wärmereservoirs einen Wärmeverlust im selben Ausmaß:

$$\Delta S_{Umgebung} = -nR\ln\frac{V_2}{V_1}\,. \tag{88}$$

Für das komplette, abgeschlossene System gilt daher:

$$\Delta S_{total} = \Delta S_{Gas} + \Delta S_{Umgebung} = 0. \tag{89}$$

Dieses Ergebnis läßt sich verallgemeinern, weil man es an beliebigen Systemen bestätigt
findet: Die Entropieänderung beliebiger, energetisch abgeschlossener Systeme ist immer
Null, ihre Entropie also immer konstant.

Dies ist nicht der Fall bei *irreversiblen* Prozessen, da bei irreversibler Führung die
Umgebung nicht mitspielt! Hierzu dasselbe Demonstrationsbeispiel bei irreversibler
Vorgangsweise: Durch plötzliches Entspannen des Gases, etwa durch Öffnen einer Klappe,
die das Gas von einem evakuierten Behälter trennt (Bild 11.9b), erfolgt eine spontane
irreversible Expansion auf dasselbe Volumen. Dabei hat sozusagen das Gas keine Zeit,
mit dem Reservoir Wärme auszutauschen. $\Delta S_{Umgebung}$ ist daher gleich Null und die
totale Entropieänderung ist gleich groß wie die des Gases. Würden wir weitere Beispiele
untersuchen, fänden wir immer wieder, daß die Entropieänderung abgeschlossener Systeme
bei irreversiblem Ablauf positiv ist, d. h. daß die Entropie des Systems zunimmt. Bei
reversiblem Ablauf ist hingegen ΔS_{total} immer Null und schließt die Entropieänderung
der Umgebung mit ein (vgl. Kapitel 25).

Die Größe $\Delta S = q/T$ stellt somit ein geeignetes Maß für die Tendenz eines Systems
dar, von einem Nichtgleichgewichts- in den Gleichgewichtszustand überzugehen. Und
zwar bei konstanter innerer Energie bzw. Enthalpie. Diese Formulierung des zweiten
Hauptsatzes ist auf chemische Probleme besser anwendbar als etwa die Kelvinsche oder
Clausiussche. Denn durch sie läßt sich jedem beliebigen chemischen Stoff eine Entropiefunktion S zuordnen. Für irgendeine endliche Änderung von S gilt dann:

$$\Delta S \geqslant 0. \tag{90}$$

Befindet sich der Stoff im thermischen Gleichgewicht mit seiner Umgebung, ist $\Delta S = 0$ und wenn nicht ist $\Delta S > 0$. ΔS hat einen positiven Wert, d.h. seine Entropie nimmt zu. Bei dieser letzten Aussage ist aber sehr wohl die Einschränkung hinsichtlich der konstanten inneren Energie bzw. Enthalpie zu beachten. Kommen nämlich Energieänderungen hinzu, so muß, wie schon eingangs erwähnt, eine weitere neue Energiefunktion definiert werden. Die Umwandlung der aufgenommenen Wärme in maximal nutzbare Arbeit gelingt im geschilderten reversiblen Fall optimal, im irreversiblen Fall gar nicht. Bei zusätzlichen Energieänderungen wird nicht mehr ΔS, sondern die maximal nutzbare Arbeit als neues Maß genommen. Sie kann praktisch nur gewonnen werden, wenn gleichzeitig ein Teil der aufgenommenen Wärme ungenutzt bleibt.

11.6 Die freie Enthalpie

Aus den Überlegungen des letzten Abschnitts geht deutlich hervor, daß wir bei reversiblen Zustandsänderungen nicht abgeschlossener Systeme sowohl Energie- bzw. Enthalpie- als auch Entropieänderungen berücksichtigen müssen. Wir werden diesem Aspekt durch die Definition der sogenannten *freien Energie* F bzw. *freien Enthalpie* G gerecht:

$$
\begin{aligned}
F &= U - TS, & G &= H - TS, \\
dF &= dU - d(TS), & dG &= dH - d(TS), \\
\Delta F &= \Delta U - \Delta(TS), & \Delta G &= \Delta H - \Delta(TS).
\end{aligned}
\tag{91}
$$

dF bzw. dG symbolisieren differentiell kleine und ΔF bzw. ΔG endliche F- bzw. G-Änderungen eines beliebigen, nicht abgeschlossenen Systems. Sie sind ein quantitatives Maß für die bei einem Prozeß (Zustandsänderung) maximal nutzbare Arbeit, die wegen des zweiten Hauptsatzes nicht so groß wie die zugeführte Wärme q sein kann. Für den Zusammenhang zwischen F und G gilt dasselbe wie für H und U, denn aus den Gleichungen (91) folgt unmittelbar:

$$
\begin{aligned}
G &= F + pV, \\
dG &= dF + d(pV), \\
\Delta G &= \Delta F + \Delta(pV).
\end{aligned}
\tag{92}
$$

Es sind hier dieselben Gründe maßgebend wie bei der Einführung der Enthalpie: ΔG dient vornehmlich zur Beschreibung von Zustandsänderungen bei konstantem Druck und ΔF bei konstantem Volumen. Wir werden uns im folgenden nur noch mit der Zustandsfunktion G beschäftigen; für F gilt sinngemäß dasselbe.

Es soll zunächst bewiesen werden, daß ΔG die *maximal nutzbare Arbeit* eines Prozesses bei konstantem Druck und konstanter Temperatur ist. Auf Grund des ersten und zweiten Hauptsatzes gilt

$$
dH = \delta w + \delta q + d(pV)
\tag{93}
$$

und

$$
T\,dS = \delta q.
\tag{94}
$$

Verknüpfen wir beide Hauptsätze miteinander, so heißt das automatisch, daß bei einem reversiblen Prozeß w die maximale, aus der zugeführten Wärme q umwandelbare und nutzbare Arbeit ist. Zu einem bestimmten Wert von q gibt es dann nur eine ganz bestimmte, maximale Nutzarbeit w:

$$dH = \delta w_{max} + T dS + d(pV). \tag{95}$$

Mit Hilfe der Variation von TS

$$d(TS) = T dS + S dT \tag{96}$$

kann Gl. (95) umgeformt werden. Außerdem wird bei isothermen reversiblen Vorgängen w eine Zustandsfunktion, da $dT = 0$ ist und H, S sowie pV Zustandsfunktionen sind:

$$dH - d(TS) = \delta w_{max} + d(pV) - S dT, \tag{97}$$

$$d(H - TS) = \delta w_{max} + d(pV) \equiv dG. \tag{98}$$

w_{max} einschließlich (pV) wird als freie Enthalpie bezeichnet; sie ist um den Betrag von pV größer als die freie Energie.

Mit diesem Konzept der freien Enthalpie G läßt sich nun der Begriff *thermodynamisches Gleichgewicht* wie folgt charakterisieren: Ein System (chemischer Stoff) besitzt im thermischen Gleichgewicht mit seiner Umgebung eine minimale freie Enthalpie. Befindet es sich außerhalb, also in einem Zustand größerer freier Enthalpie, so muß es in das G-Minimum unter Freisetzen der (überschüssigen) maximalen Nutzarbeit ΔG übergehen. Erfolgt dieser Übergang reversibel, was wir technisch in der Hand haben, so kann ΔG komplett als Nutzarbeit gewonnen werden. Im nicht reversiblen Fall ist der Wert von ΔG zwar ebenso groß, kann jedoch nicht in Form von Arbeit nutzbar gemacht werden. Das thermodynamische Gleichgewicht ist damit analog zum mechanischen Gleichgewicht (Abschnitt 11.2) definiert. Wichtiger Merksatz für Zustandsänderungen eines Stoffes:

$$\text{im Gleichgewicht} \qquad \Delta G = \Delta H - T \Delta S = 0, \tag{99}$$

$$\text{im Nichtgleichgewicht} \quad \Delta G = \Delta H - T \Delta S < 0. \tag{100}$$

Da G bzw. F eindeutige Zustandsfunktionen sind, bedeutet thermodynamisches Gleichgewicht zugleich thermisches Gleichgewicht und umgekehrt. Folgendes Beispiel soll Gl. (99) bzw. Gl. (100) illustrieren.

Es soll der Unterschied der freien Enthalpie von n mol idealem Gas bei den Drücken p_1 und p_2 berechnet werden, wenn p_1 größer als p_2 und die Temperatur T konstant ist. Die Berechnung erfolgt so, als ob sich das Gas in einem Behälter befindet und der Druck isotherm und reversibel von p_1 auf p_2 geändert wird. Nach dem ersten Hauptsatz $(q = -w)$ folgt

$$q = -w = \int_{V_1}^{V_2} p dV = nRT \ln \frac{V_2}{V_1} \tag{101}$$

und mit $p_1 V_1 = p_2 V_2$

$$q = nRT \ln \frac{p_1}{p_2}, \tag{102}$$

für die Änderung der Entropie somit

$$\Delta S = \int_0^q d\left(\frac{q}{T}\right) = \frac{q}{T} = nR \ln \frac{p_1}{p_2}. \tag{103}$$

Da die Expansion bei konstanter Temperatur vor sich geht, ist $\Delta H = 0$, so daß

$$\Delta G = \Delta H - T\,\Delta S = nRT\ln\frac{p_2}{p_1}\,. \tag{104}$$

Das Ergebnis in Worten: Die freie Enthalpie eines idealen Gases ist im komprimierten Zustand größer als im expandierten. Wegen $p_1 > p_2$ besitzt ΔG einen negativen Wert, d. h. das Gas geht spontan in den Zustand kleinerer freier Enthalpie über, wenn wir die Expansion wie in Bild 11.9a durch Öffnen einer Klappe durchführen. Das negative Vorzeichen von ΔG bedeutet, daß das System nicht vom Zustand 1 in 2 sondern von 2 in 1 freiwillig übergeht. Das Vorzeichen liefert also direkt die Richtung, in die ein Vorgang freiwillig erfolgt. Besonders wichtig ist dies bei der Berechnung von Reaktionsgleichgewichten (Kapitel 20), wo man danach entscheiden kann, ob ein Reaktionsgemisch überhaupt in die gewünschte Richtung reagiert oder nicht.

Die freie Enthalpie G ist wie die Enthalpie H eine Funktion der Temperatur und des Druckes. Ihr totales Differential dG lautet allgemein:

$$dG = \left(\frac{\partial G}{\partial T}\right)_p dT + \left(\frac{\partial G}{\partial p}\right)_T dp\,. \tag{105}$$

Welche physikalische Bedeutung haben die partiellen Differentiale? Aus der Definitionsgleichung $G = H - TS$ folgt durch Variation

$$dG = dH - T\,dS - S\,dT = dU + p\,dV + V\,dp - T\,dS - S\,dT. \tag{106}$$

Mit dem ersten Hauptsatz $dU - \delta q - \delta w = 0$ und dem zweiten Hauptsatz $T\,dS = dq$ und $dw = -p\,dV$ (bei reversiblen Prozessen) reduziert sich Gl. (106) auf

$$dG = V\,dp - S\,dT. \tag{107}$$

Ein Vergleich zwischen Gl. (105) und Gl. (107) liefert dann die gesuchte physikalische Bedeutung:

$$\left(\frac{\partial G}{\partial p}\right)_T = V \tag{108}$$

und

$$\left(\frac{\partial G}{\partial T}\right)_p = -S. \tag{109}$$

Die Änderung von G mit der Temperatur entspricht direkt der Entropie S und die Änderung von G mit dem Druck dem Volumen V. Sowohl die Temperatur- als auch die Druckabhängigkeit von G spielen in der chemischen Thermodynamik eine wichtige Rolle.

Untersuchen wir die *Druckabhängigkeit* genauer, so gehen wir am besten von Gl. (108) aus und integrieren vom Anfangsdruck p^0 bis zum Enddruck p bei konstanter Temperatur:

$$G - G^0 = \int_{p = p^0}^{p} V\,dp. \tag{110}$$

Für ideale Gase gilt $pV = nRT$, so daß

$$G = \int\limits_{p = p^o}^{p} nRT \frac{dp}{p} + G^o = nRT \ln \frac{p}{p^o} + G^o. \tag{111}$$

Es ist dies dasselbe Ergebnis wie in dem vorhergegangenen Beispiel, wo die freie Enthalpieänderung aus der Entropie- und Enthalpieänderung getrennt ermittelt wurde. Wichtig für die Chemie sind die Änderungen der freien Enthalpie von Gasen beim *Standarddruck* $p^o = 1$ atm als Anfangsdruck. Denn wir stehen einmal mehr vor dem Problem, die Integrationskonstante, in diesem Fall G^o, festlegen zu müssen. Da $p^o = 0$ wegen der logarithmischen Abhängigkeit keine physikalisch vernünftige Festlegung mit sich bringt, beziehen wir p^o und damit G^o auf 1 atm:

$$G = G^o + nRT \ln p. \tag{112}$$

Man darf daher nie vergessen, p in der Einheit atm anzugeben, wenn man bei konkreten Berechnungen nicht Schwierigkeiten bekommen will (hinter dem Logarithmus muß immer eine dimensionslose Zahl stehen!). Besser wäre natürlich die Schreibweise

$$G = G^o + nRT \ln \frac{p}{p^o}, \tag{113}$$

doch hat sich nun einmal obige Formulierung in der Chemie eingebürgert. Noch nicht durchgesetzt hat sich bis heute die Druckangabe in der SI-Einheit $Pa = Nm^{-2}$ oder bar, weil dazu die tabellierten, auf 1 atm bezogenen G^o-Werte geändert werden müßten.

Um einen Ausdruck für die *Temperaturabhängigkeit* von G bzw. ΔG zu erhalten, gehen wir von Gl. (109) aus und ersetzen darin die Entropie durch

$$S = \frac{H - G}{T}. \tag{114}$$

Dies liefert

$$\left(\frac{\partial G}{\partial T} \right)_p = \frac{-H + G}{T} \tag{115}$$

bzw.

$$\left(\frac{\partial G}{\partial T} \right)_p - \frac{G}{T} = -\frac{H}{T}. \tag{116}$$

Die linke Seite dieser Gleichung ist identisch mit

$$T \frac{\partial}{\partial T} \left(\frac{G}{T} \right)_p, \tag{117}$$

da für die Ableitung einer Funktion $u(T)/w(T)$ nach T

$$\frac{u'w - w'u}{w^2} \qquad \left(\frac{\partial u}{\partial T} = u', \frac{\partial w}{\partial T} = w' \right) \tag{118}$$

gilt. Wir können für Gl. (116) deshalb auch

$$\frac{\partial}{\partial T}\left(\frac{G}{T}\right)_p = -\frac{H}{T^2} \qquad (119)$$

oder, wenn die Ableitung mit ΔG durchgeführt wird, schreiben:

$$\frac{\partial}{\partial T}\left(\frac{\Delta G}{T}\right)_p = -\frac{\Delta H}{T^2}. \qquad (120)$$

Wir werden die beiden letzten Gleichungen später bei konkreten chemischen Anwendungen benutzen.

Mit Hilfe der statistischen Thermodynamik lassen sich die Funktionen F und G auch atomistisch berechnen. Setzen wir in $F = U - TS$ bzw. $G = H - TS$ den statistischen Ausdruck $TS = U + kT\ln Z$ (Gl. (124) in Abschnitt 10.7) ein, so bekommen wir für die freie Energie

$$F = -kT\ln Z \qquad (121)$$

und für die freie Enthalpie

$$G = NkT - kT\ln Z. \qquad (122)$$

Je nachdem ob wir ideale Gase oder ideale Festkörper berechnen wollen, müssen wir dann entweder

$$Z = \frac{Q^N}{N!} \qquad (123)$$

oder

$$Z = Q^N \qquad (124)$$

verwenden. Für reale Gase und Flüssigkeiten gelten die Voraussetzungen nicht mehr und die „ideale" Systemzustandssumme Z muß um die „nichtideale" Konfigurationszustandssumme (Abschnitt 12.4) erweitert werden.

Mit Gl. (123) beträgt z. B. die freie Enthalpie eines idealen Gases:

$$G = NkT - kT\ln\frac{Q^N}{N!} = -NkT\ln\frac{Q}{N}, \qquad (125)$$

wobei zur Eliminierung von N! die Stirlingsche Formel verwendet wurde. Spaltet man die Molekülzustandssumme gemäß $Q = Q(n)\,Q(l)\,Q(v)\,Q(k)$ auf, so folgt für zweiatomige Moleküle:

$$G = -NkT\left\{\ln\frac{Q(n)}{N} + \ln Q(l) + \ln Q(v) + \ln Q(k)\right\}$$

$$= -NkT\left\{\ln(2\pi mkT)^{3/2}\,\frac{V}{Nh^3} + \ln\frac{8\pi^2\,IkT}{h^2} + \ln\frac{e^{-x/2}}{1-e^{-x}} + \ln Q(k)\right\}. \qquad (126)$$

Bildet man von diesem Ausdruck den Grenzwert für $T \to 0$, so erweist sich G_0 bei Vernachlässigung der Elektronenenergie als identisch mit der Nullpunktenergie der Schwingung $E_0 = Nh\nu_0/2$. Für eine Reihe von gasförmigen Stoffen bei 1 atm sind im Tabellenanhang $(G - E_0)/T$-Daten für einige Temperaturen aufgelistet.

11.7 Unerreichbarkeit des absoluten Nullpunktes

Um den 2. Hauptsatz auf chemische Probleme anwenden zu können, wird den chemischen Verbindungen (aus Gründen der Zweckmäßigkeit) die Eigenschaft Entropie zugeordnet; über ihren Absolutwert kann aber auf Grund dessen nichts ausgesagt werden. Man erinnere sich in diesem Zusammenhang, daß auch über die Absolutwerte der Energie und Enthalpie thermodynamisch nichts zu erfahren war. Wenn man jedoch den 3. Hauptsatz der Thermodynamik hinzunimmt, so läßt sich die Entropie absolut festlegen (Abschnitt 11.8). Die Grundlagen zu diesem Postulat stammen aus den Erfahrungen, die man beim Übergang zu immer tieferen Temperaturen macht. Alle Versuche, den absoluten Nullpunkt zu erreichen, führen nämlich zu der Erkenntnis, daß er unerreichbar ist. Diese empirische Erkenntnis kann umgekehrt als eine erste Aussage des 3. Hauptsatzes aufgefaßt werden.

Die Untersuchung der Materie bei tiefsten Temperaturen hat zur Entdeckung so mancher außergewöhnlicher Phänomene geführt, es sei hier nur auf das unterschiedliche Verhalten von Bosonen und Fermionen hingewiesen, daß immer bessere Methoden zur Erreichung tiefster Temperaturen entwickelt wurden. Die älteste Methode gründet sich auf den Joule-Thomsonkoeffizienten realer Gase (Abschnitt 12.6): Befindet sich ein reales Gas unterhalb seiner Inversionstemperatur, so bewirkt eine Druckdrosselung seine Abkühlung. Im Gegenstromprinzip durchgeführt, kann diese bis zur Verflüssigung des Gases ausgenutzt werden (Linde 1895). Auf diese Weise läßt sich z. B. Luft verflüssigen und durch eine nachfolgende fraktionierte Destillation (Abschnitt 16.4) in O_2 (Siedepunkt 90 K) und N_2 (77 K) trennen. Noch tiefere Temperaturen sind nach derselben Methode mit Wasserstoff erreichbar (Siedepunkt 20,3 K). Der Wasserstoff wird zunächst mit flüssigem N_2 unter seine Inversionstemperatur (193 K) abgekühlt und dann gedrosselt. Schließlich kann flüssiger Wasserstoff zur Vorkühlung von Helium (Siedepunkt 4 K) dienen. Temperaturen unter 4 K lassen sich durch eine adiabatische Verdampfung von Helium erzielen.

Temperaturen wesentlich unter 1 K erreicht man nach einer völlig anderen Methode. Sie beruht auf der *adiabatischen Entmagnetisierung* von paramagnetischen Substanzen und stammt von *Debye* und *Giauque* (Abschnitt 3.3 und 7.5). Die Ionen paramagnetischer Salze zeichnen sich dadurch aus, daß sich der Spin und der Bahndrehimpuls ihrer Elektronen nicht zu Null kompensieren, wie das bei nichtparamagnetischen Salzen der Fall ist. Ist der Bahndrehimpuls Null, so resultiert der Gesamtdrehimpuls nur aus dem Spin der Elektronen. Da jeder Elektronendrehimpuls ein magnetisches Moment besitzt, das dem Drehimpuls proportional ist, orientiert sich das magnetische Moment eines Ions in einem homogenen Magnetfeld. Wenn sich alle Momente der Ionen orientieren, äußert sich dies in einer makroskopisch beobachtbaren Magnetisierung des Salzes. Das gesamte System aller Spins bezeichnet man gewöhnlich als *Spinsystem*, das restliche Gitter als *Gittersystem*. Nach der Magnetisierung in einem Magnetfeld befindet sich das Spinsystem in einem Zustand geringerer Wahrscheinlichkeit und Entropie als vorher. Schaltet man dann das Magnetfeld ab, so verliert die paramagnetische Substanz ihre Magnetisierung, weil sich die Momente der Spins wieder regellos über alle Raumrichtungen verteilen. Da die Entmagnetisierung spontan erfolgt, muß sich die Entropie des Spinsystems vergrößern. Das kann aber nur auf Kosten der Wärme des Gittersystems geschehen, wenn die Probe von der Umgebung wärmeisoliert ist (Bild 11.10). Diese Wärme wird der Schwingungs-

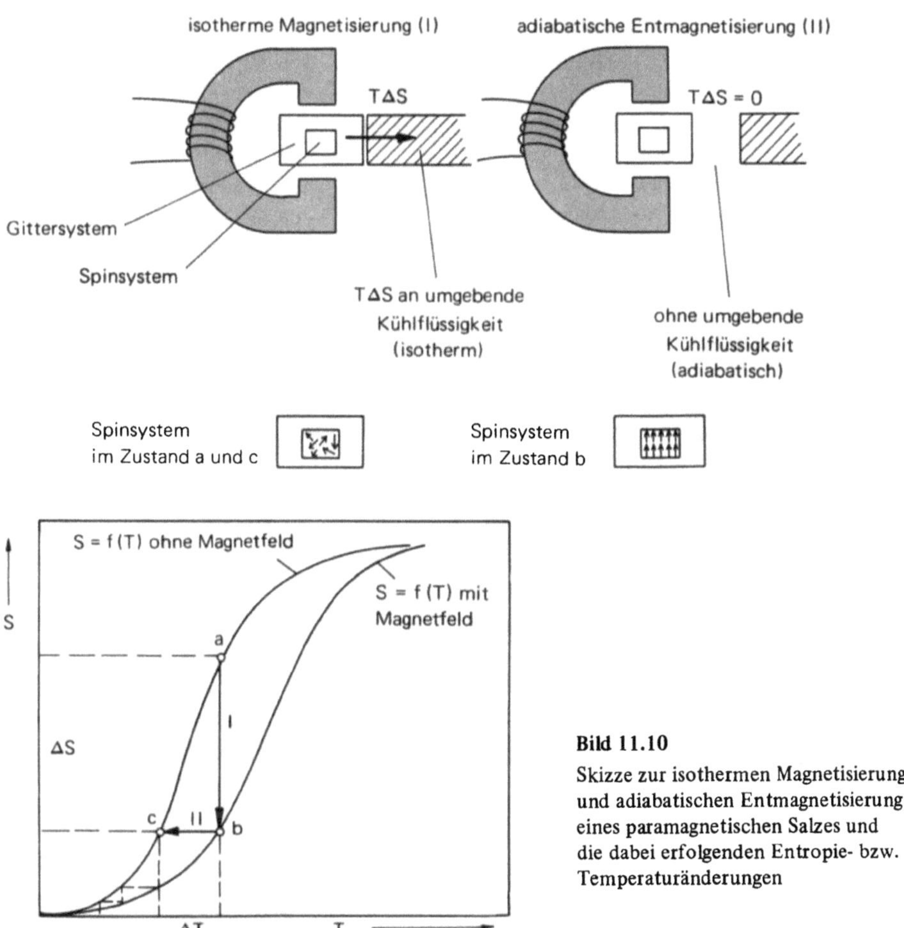

Bild 11.10
Skizze zur isothermen Magnetisierung
und adiabatischen Entmagnetisierung
eines paramagnetischen Salzes und
die dabei erfolgenden Entropie- bzw.
Temperaturänderungen

energie entnommen, so daß sich das Gittersystem abkühlt. Mit dieser Technik gelang es bisher, Temperaturen bis zu 10^{-2} K zu erzielen.

11.8 Entropie und 3. Hauptsatz

Bei der Methode der adiabatischen Entmagnetisierung wird die Entropiedifferenz des geordneten und ungeordneten Spinsystems dazu benutzt, um einem paramagnetischen Kristall Wärme zu entziehen und so dessen Temperatur zu senken. Im allgemeinen könnte jeder Kreisprozeß, der zwischen zwei verschiedenen Entropiezuständen durchgeführt wird, zur Abkühlung eines Systems hergenommen werden. Wenn Entropiedifferenzen auch bei Annäherung an den absoluten Nullpunkt existierten, könnte man durch einen solchen Kreisprozeß die Temperatur bis zum absoluten Nullpunkt senken. Da dieser aber erfahrungsgemäß nicht erreichbar ist, bedeutet das, daß die Entropien aller Substanzen am absoluten Nullpunkt denselben Wert besitzen müssen. Diese Aussage muß allerdings

auf solche chemischen Substanzen eingeschränkt werden, die in diesem Temperaturbereich thermodynamisch stabil sind, d. h. sich eindeutig durch Zustandsvariable beschreiben lassen. Es gibt nämlich auch Substanzen, die beim Einfrieren nicht in den stabilen
kristallinen Zustand, sondern in einen glasartigen, amorphen Zustand mit höherer Entropie
übergehen können. Wäre zwischen diesen beiden Zuständen ein reversibler Kreisprozeß
durchführbar, dann könnte die Entropiedifferenz dazu benutzt werden, den absoluten
Nullpunkt zu erreichen, was aber erfahrungsgemäß nicht realisierbar ist. Außerdem ist
ein reversibler Kreisprozeß zwischen einem thermodynamisch stabilen und einem thermodynamisch instabilen Zustand eines Systems nicht möglich. Man muß daher fordern,
daß die Entropie aller thermodynamisch stabilen Substanzen am absoluten Nullpunkt
gleich groß ist, d. h. daß dort alle Entropieunterschiede verschwinden.

Diese Forderung (3. Hauptsatz der Thermodynamik) wurde ursprünglich, obwohl
anders formuliert, von *Nernst* bei der Berechnung von chemischen Gleichgewichten
(Kapitel 20) erhoben. *Nernst* vermutete, daß die Reaktionsentropien am absoluten
Nullpunkt gegen Null gehen, weil die experimentell gemessenen Differenzen der Molwärmen von Reaktanten und Produkten bei Annäherung an den absoluten Nullpunkt
verschwinden. *Planck* erweiterte dieses Postulat und sagte, daß die Entropie selbst, und
nicht nur ihre Unterschiede, bei idealen Festkörpern verschwinden müsse. Mit diesem
Postulat $S_0 = 0$ folgt aus Gl. (76):

$$S_T = \int\limits_U \frac{dU}{T} \tag{127}$$

bzw. mit $dU = C_V\, dT$ bei isochoren Prozessen

$$S_T = \int\limits_0^T \frac{C_V}{T}\, dT. \tag{128}$$

Wenn nun nach der Planckschen Formulierung die Entropie von idealen, stabilen Festkörpern am absoluten Nullpunkt $T = 0$ verschwindet, muß dort auch ihre spezifische
Wärme oder Molwärme Null werden. Bei Kenntnis der Temperaturabhängigkeit der Molwärme läßt sich somit durch Integration die Entropie bei allen Temperaturen absolut
angeben. Man beachte, daß ein thermodynamischer Nullwert nur hier bei der Entropie
und nicht auch bei den verschieden definierten Energien möglich ist.

Molekularstatistisch kann der 3. Hauptsatz wie folgt gedeutet werden: Einsetzen
von

$$C_V = \frac{d}{dT}\left(kT^2\, \frac{\partial}{\partial T}\, \ln Z\right) \tag{129}$$

in Gl. (128) mit nichtverschwindender Integrationskonstante S_0 liefert

$$S_T - S_0 = \int\limits_0^T \frac{C_V}{T}\, dT = \int\limits_0^T \frac{1}{T}\frac{d}{dT}\left(kT^2\, \frac{\partial}{\partial T}\, \ln Z\right) dT. \tag{130}$$

Partielle Integration (Anhang XVII) ergibt dann

$$S_T - S_0 = \frac{1}{T} kT^2 \frac{\partial}{\partial T} \ln Z + k \int_0^T \left(\frac{\partial}{\partial T} \ln Z \right) dT \qquad (131)$$

und

$$S_T - S_0 = \frac{U}{T} + k \ln Z - |k \ln Z|_{T=0} . \qquad (132)$$

Die Integrationskonstante S_0 in Gl. (132) kann nur mit dem Term $|k \ln Z|_{T=0}$ gleich sein. Berücksichtigen wir, daß für die unterscheidbaren Moleküle eines Festkörpers $Z = Q^N$ gilt, so finden wir bei Ausschluß von Translationen

$$S_0 = |k \ln Q^N|_{T=0} = kN \ln g_0 . \qquad (133)$$

Liegt keine Entartung vor ($g_0 = 1$), d.h. gibt es nur eine Gesamteigenfunktion des Festkörpergrundzustandes, dann ist $S_0 = 0$. Gehören zu ihm zwei Funktionen, dann ist $g_0 = 2$, usw. Statistisch folgt somit ganz zwanglos, daß die Nullpunktentropie von der Entartung des Grundzustandes abhängt. Weil Festkörpermoleküle normalerweise nur Schwingungen um ihre Ruhelage ausführen (Gitterschwingungen), sind sie nicht entartet und die *Nullpunktentropie* S_0 ist Null. Abweichungen von Null, die thermodynamisch nicht erklärbar sind, erhalten dadurch eine physikalische Deutung.

In Tabelle 11.6 sind hierfür einige Beispiele angeführt. So besitzt z.B. CO eine endliche Nullpunktentropie von $4{,}7 \ JK^{-1} \ mol^{-1}$. Dieser Wert stammt aus der Differenzbildung des statistischen Wertes $S^\circ_{298} = 198{,}0 \ JK^{-1} \ mol^{-1}$ und des thermodynamischen Wertes $S^\circ_{298} = 193{,}3 \ JK^{-1} \ mol^{-1}$. Der hier angegebene statistische Wert differiert von dem in Abschnitt 10.7 berechneten, denn er wurde nicht mit der klassischen Näherung des Rotationsanteils (Ersatz der Summen durch Integrale) ermittelt. Zur Erklärung der endlichen Nullpunktentropie von $4{,}7 \ JK^{-1} \ mol^{-1}$ kann Gl. (133) herangezogen werden. CO hat zwar dieselbe Elektronenkonfiguration wie N_2 und verhält sich daher wie ein symmetrisches Molekül, doch gibt es im festen Zustand zwei energetisch gleichwertige Anordnungsmöglichkeiten. In einem perfekten CO-Kristall sind die CO-Moleküle streng:

COCOCOCOCOCO

Tabelle 11.6: Vergleich statistisch und thermodynamisch ermittelter Standardentropien S°_{298} verschiedener Gase

Gas	Standardentropie $JK^{-1} mol^{-1}$		Abweichung $JK^{-1} mol^{-1}$
	statistisch	thermodynamisch	
Cl_2	223,1	223,0	0,0
CO	198,0	193,3	4,7
HCl	186,7	186,2	0,5
H_2O	188,7	185,4	2,3
N_2O	178,2	173,2	5,0
NO (121,4 K)	183,1	179,9	3,2
CH_4	186,2	185,4	0,8
C_2H_4	219,7	219,7	0,0

und in einem ungeordneten beliebig orientiert:

COOCCOCOOCOCOC

Die erste Lage liefert die Nullpunktentropie

$$S_0 = kN_A \ln g_0 = R \ln 1 = 0 \tag{134}$$

und die zweite, weil es zwei CO-Orientierungen gibt:

$$S_0 = R \ln 2 = 5{,}8 \text{ JK}^{-1} \text{ mol}^{-1}. \tag{135}$$

Die Entropiedifferenz beider Lagen beträgt somit $5{,}8$ JK^{-1} mol^{-1} und ist von derselben Größenordnung wie die beobachtete. Solche Differenzen erklären auch die endliche Nullpunktentropie von glasartigen oder amorphen Festkörpern, die demnach als ungeordnet kristallisierte, feste Phasen angesprochen werden können. Versuche, derartige Entropiedifferenzen allein thermodynamisch zu erklären, schlagen fehl. Dies gilt aber nicht nur hier, sondern für alle thermodynamische Funktionen, da die Thermodynamik zwar die Zusammenhänge und die Änderungen dieser Größen zu deuten vermag, nicht aber die Eigenschaft selbst. Daß man beispielsweise glaubt, sich unter dem Begriff innere Energie mehr vorstellen zu können als unter dem Begriff Entropie, ist lediglich auf eine größere Vertrautheit mit dem Wort Energie und einer intuitiv vorgenommenen molekularen Interpretation zurückzuführen.

Abschließend soll noch einmal auf die thermodynamische Bestimmung der Entropie zurückgekommen werden. Bei konstantem Druck gilt für 1 mol Substanz:

$$S_T = \int_0^T \frac{C_p}{T} \, dT. \tag{136}$$

Ist $C_p(T)$ von $T = 0$ an bekannt, so läßt sich die Integration entweder graphisch oder analytisch durchführen. Aufzupassen ist bei der Integration auf Phasenumwandlungen, die sich in einer sprunghaften C_p-Änderung äußern, und über die nicht hinwegintegriert werden darf. Die zugehörigen Umwandlungsentropien kann man aus den *latenten Umwandlungswärmen* erhalten,

$$\Delta S_{Umw} = \frac{\Delta H_{Umw}}{T_{Umw}}, \tag{137}$$

und müssen hinzuaddiert werden. Bei der abschnittweisen Integration, die sehr oft graphisch vollzogen wird, treten Integrale der Art

$$\int_{T_1}^{T_2} \frac{C_p}{T} \, dT = \int_{T_1}^{T_2} C_p \, d\ln T \tag{138}$$

auf (Bild 11.11). Da die Molwärmedaten gewöhnlich nur bis 15 K tabelliert sind, hat man diese außerdem bis $T = 0$ zu extrapolieren. Bild 11.12 vermittelt einen Eindruck über die Temperaturabhängigkeit von S, und zwar an Hand von N_2-Daten (vgl. auch Tabelle 11.7).

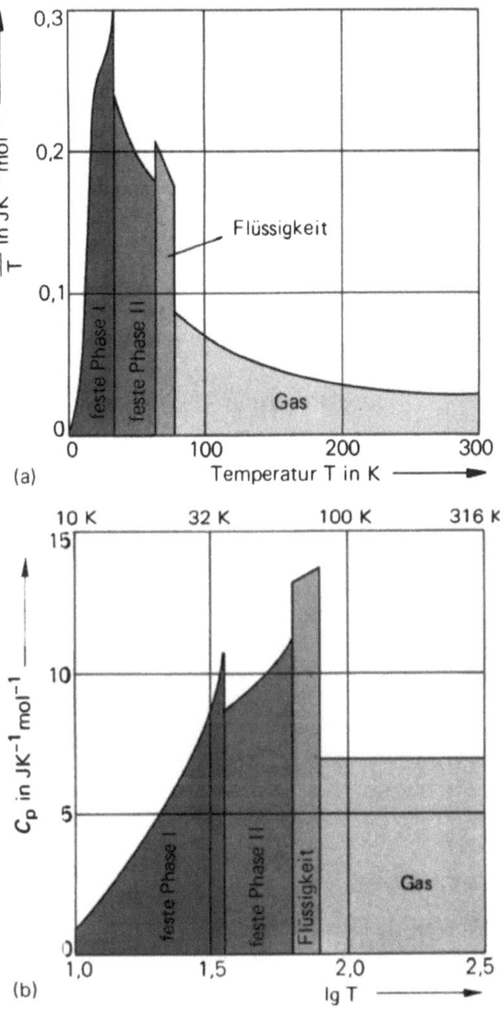

Bild 11.11
C_p/T, T- (a) und C_p, lg T-Darstellung (b) zur Berechnung der molaren Entropie eines chemischen Stoffes mit zwei festen Phasen

Tabelle 11.7: Standardentropie von N_2 (*W. F. Giauque, J. O. Clayton:* J. Am. Chem. Soc. 55 (1933) 4875)

0 bis 10 K (extrapoliert)	1,92
10 bis 35,61 K (graphisch integriert)	25,25
Umwandlung bei 35,61 K (Umwandlungswärme/Umwandlungstemperatur)	6,43
35,61 bis 63,14 K (graphisch integriert)	23,38
Schmelze bei 63,14 K (Schmelzwärme/Schmelztemperatur)	11,42
63,14 bis 77,32 K (graphisch integriert)	11,41
Verdampfung bei 77,32 K (Verdampfungswärme/Siedetemperatur)	72,13
77,32 bis 298,2 K (als ideales Gas berechnet)	39,20
Korrektur für nichtideales Verhalten	0,92
Summe: Standardentropie S°_{298}	192,06

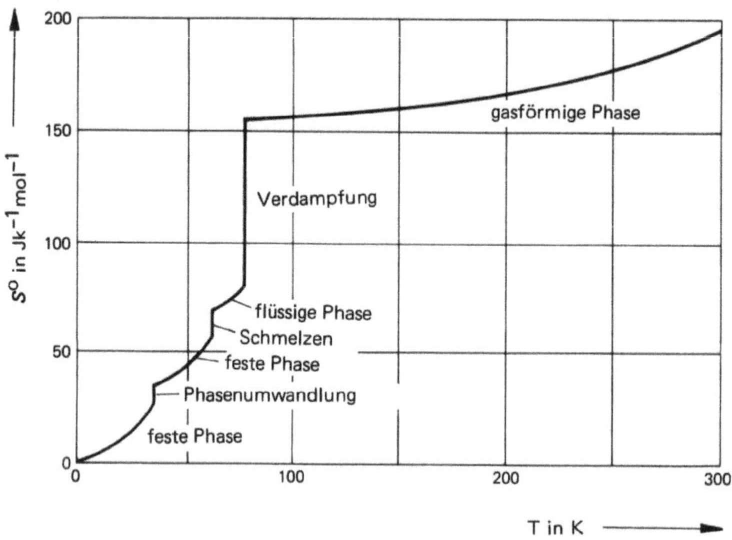

Bild 11.12 Temperaturabhängigkeit der Entropie von N_2

Die Entropien chemischer Stoffe sind immer positiv und werden gewöhnlich für den Standardzustand (25 °C und 1 atm) angegeben und tabelliert. Sie heißen *Standardentropien* (S^o_{298}). Den Chemiker interessieren ihre Daten aus zweierlei Gründen. Erstens können sie mit molekularen Entropien verglichen und interpretiert werden, und zweitens bilden sie gemeinsam mit den Enthalpiedaten die Grundlagen zur numerischen Berechnung chemischer Gleichgewichte (Kapitel 20).

11.9 Das thermodynamische Formelgebäude

Zum Abschluß dieses Kapitels sollen einige Bemerkungen zur Vielfalt der thermodynamischen Formeln nicht fehlen. Fassen wir alle bisher bekannten Zustandsfunktionen und Zustandsvariablen zusammen, so sind das insgesamt acht Größen: p, V, T, U, S, H, F, G. Die Zahl aller partiellen Ableitungen, die man mit diesen Größen bilden kann, beträgt $\binom{8}{3}3! = 8 \times 7 \times 6 = 336$, denn jede Ableitung enthält zwei unabhängige und eine abhängige Variable. Einige dieser partiellen Ableitungen sind bekannte Größen, wie z. B. die spezifischen Wärmen, doch ihre Mehrzahl ist uns nicht geläufig. Das ist in der thermodynamischen Praxis auch nicht notwendig. Zwischen jeweils vier Ableitungen und den acht genannten Größen existieren weitere Beziehungen und deren Zahl ist gigantisch groß. Da es 336 Ableitungen gibt, sind es insgesamt $336 \times 335 \times 334 \times 333/4! = 521631180$ separate Beziehungen. Kein anderer Zweig der Physik ist derart reich mit Formeln gesegnet und es liegt nahe, eine gewisse Systematik in dieses Formelgebäude hineinzubringen.

Von *Bridgeman* stammt ein Vorschlag, der alle Formeln, die erste Ableitungen beinhalten, klassifiziert. Seine Methode besteht darin, jede partielle Ableitung als Funktion von drei Standardableitungen auszudrücken. Bei diesen handelt es sich um die experimentell zugänglichen Größen $(\partial V/\partial T)_p = \alpha V^o$, $(\partial V/\partial p)_T = -\kappa V^o$ und $(\partial H/\partial T)_p = C_p$

Tabelle 11.8: Wichtige thermodynamische Beziehungen

$$\left(\frac{\partial S}{\partial T}\right)_p = \frac{C_p}{T}$$

$$\left(\frac{\partial U}{\partial T}\right)_p = C_p - p\left(\frac{\partial V}{\partial T}\right)_p$$

$$\left(\frac{\partial H}{\partial T}\right)_p = C_p$$

$$\left(\frac{\partial F}{\partial T}\right)_p = -p\left(\frac{\partial V}{\partial T}\right)_p - S$$

$$\left(\frac{\partial G}{\partial T}\right)_p = -S$$

$$\left(\frac{\partial V}{\partial T}\right)_p = \alpha V^0$$

$$\left(\frac{\partial p}{\partial T}\right)_S = \frac{C_p}{T\left(\frac{\partial V}{\partial T}\right)_p}$$

$$\left(\frac{\partial V}{\partial T}\right)_S = -\frac{\left(\frac{\partial V}{\partial p}\right)_T}{\left(\frac{\partial V}{\partial T}\right)_p}\frac{C_V}{T} = \frac{\left(\frac{\partial V}{\partial p}\right)_T}{\left(\frac{\partial V}{\partial T}\right)_p}\left[\frac{C_p}{T} + \frac{\left(\frac{\partial V}{\partial T}\right)_p^2}{\left(\frac{\partial V}{\partial p}\right)_T}\right]$$

$$\left(\frac{\partial U}{\partial T}\right)_S = -p\frac{\left(\frac{\partial V}{\partial p}\right)_T}{\left(\frac{\partial V}{\partial T}\right)_p}\frac{C_V}{T} = -p\frac{\left(\frac{\partial V}{\partial p}\right)_T}{\left(\frac{\partial V}{\partial T}\right)_p}\left[\frac{C_p}{T} + \frac{\left(\frac{\partial V}{\partial T}\right)_p^2}{\left(\frac{\partial V}{\partial P}\right)_T}\right]$$

$$\left(\frac{\partial H}{\partial T}\right)_S = \frac{VC_p}{T\left(\frac{\partial V}{\partial T}\right)_p}$$

$$\left(\frac{\partial F}{\partial T}\right)_S = -p\frac{\left(\frac{\partial V}{\partial p}\right)_T}{\left(\frac{\partial V}{\partial T}\right)_p}\frac{C_V}{T} - S$$

$$= -p\frac{\left(\frac{\partial V}{\partial p}\right)_T}{\left(\frac{\partial V}{\partial T}\right)_p}\left[\frac{C_p}{T} + \frac{\left(\frac{\partial V}{\partial T}\right)_p^2}{\left(\frac{\partial V}{\partial p}\right)_T}\right] - S$$

$$\left(\frac{\partial G}{\partial T}\right)_S = \frac{VC_p}{T\left(\frac{\partial V}{\partial T}\right)_p} - S$$

$$\left(\frac{\partial V}{\partial p}\right)_T = -\kappa V^0$$

$$\left(\frac{\partial S}{\partial p}\right)_T = -\left(\frac{\partial V}{\partial T}\right)_p$$

$$\left(\frac{\partial U}{\partial p}\right)_T = -T\left(\frac{\partial V}{\partial T}\right)_p - p\left(\frac{\partial V}{\partial p}\right)_T$$

$$\left(\frac{\partial H}{\partial p}\right)_T = V - T\left(\frac{\partial V}{\partial T}\right)_p$$

$$\left(\frac{\partial F}{\partial p}\right)_T = -p\left(\frac{\partial V}{\partial p}\right)_T$$

$$\left(\frac{\partial G}{\partial p}\right)_T = V \qquad\qquad \left(\frac{\partial U}{\partial V}\right)_T = T\left(\frac{\partial p}{\partial T}\right)_V - p$$

$$\left(\frac{\partial p}{\partial T}\right)_V = -\frac{\left(\frac{\partial V}{\partial T}\right)_p}{\left(\frac{\partial V}{\partial p}\right)_T}$$

$$\left(\frac{\partial H}{\partial T}\right)_V = C_V - V\frac{\left(\frac{\partial V}{\partial T}\right)_p}{\left(\frac{\partial V}{\partial p}\right)_T} = C_p + T\frac{\left(\frac{\partial V}{\partial T}\right)_p^2}{\left(\frac{\partial V}{\partial p}\right)_T} - V\frac{\left(\frac{\partial V}{\partial T}\right)_p}{\left(\frac{\partial V}{\partial p}\right)_T}$$

$$\left(\frac{\partial S}{\partial T}\right)_V = \frac{C_V}{T} = \frac{C_p}{T} + \frac{\left(\frac{\partial V}{\partial T}\right)_p^2}{\left(\frac{\partial V}{\partial p}\right)_T}$$

$$\left(\frac{\partial F}{\partial T}\right)_V = -S$$

$$\left(\frac{\partial U}{\partial T}\right)_V = C_V = C_p + T\frac{\left(\frac{\partial V}{\partial T}\right)_p^2}{\left(\frac{\partial V}{\partial p}\right)_T}$$

$$\left(\frac{\partial G}{\partial T}\right)_V = -S - V\frac{\left(\frac{\partial V}{\partial T}\right)_p}{\left(\frac{\partial V}{\partial p}\right)_T}$$

(Ausdehnungskoeffizient, Kompressibilität und spezifische Wärme). Unsere Aufgabe besteht nun darin, alle 336 Ableitungen außer diesen drei aufzufinden. Diese Aufgabe läßt sich mit Hilfe von

$$\left(\frac{\partial x}{\partial y}\right)_z = \frac{\left(\frac{\partial x}{\partial u}\right)_z}{\left(\frac{\partial y}{\partial u}\right)_z} \qquad\qquad (139)$$

bewältigen. u, x, y, z sind jeweils vier der acht Grundgrößen. Um alle Formeln zwischen $(\partial x/\partial y)_z$ und den Standardableitungen für ein y zu finden, brauchen wir nur x durchzuvariieren. Schreiben wir z. B. alle Ableitungen nach der Temperatur T bei konstantem Druck auf diese Weise an, so kommen wir zu den am Anfang der Tabelle 11.8 aufgelisteten Formeln. Die restlichen können nach demselben Muster entwickelt werden, doch wurden in der Tabelle 11.8 nur die wichtigsten, nämlich die vom Typ $(\partial x/\partial T)_p$, $(\partial x/\partial p)_T$, $(\partial x/\partial T)_S$ und $(\partial x/\partial T)_V$ aufgenommen.

Rechenbeispiele

1. 1 mol Gas wird reversibel vom Anfangsdruck 10 atm auf den Enddruck 0,4 atm entspannt und dabei die Temperatur 0 °C konstant gehalten.
    a) Wie groß ist die Arbeit, die das Gas bei der Expansion leistet?
    b) Wie ändert sich dabei seine innere Energie und Enthalpie?
    c) Wieviel Wärme wird dabei aus der Umgebung aufgenommen?

2. Wie lauten die Ergebnisse, wenn bei derselben Expansion wie in Beispiel 1 die Temperatur bei 25 °C konstant gehalten wird?

3. In einem Zylinder befindet sich 1 mol flüssiges Wasser (1 atm). Wie groß ist die Volumenarbeit, die bei der Verdampfung bei 100 °C (1 atm) vom Wasserdampf geleistet werden muß? Wie groß ist die innere Energie- und Enthalpieänderung, wenn die Verdampfungswärme 40670 $Jmol^{-1}$ beträgt?

4. 0,3 mol CO werden bei konstantem Druck (10 atm) von 0 auf 250 °C erwärmt. Die Temperaturabhängigkeit von C_p (CO) ist gegeben (Tabelle 11.1). Berechnen Sie q, w, ΔU und ΔH unter der Annahme, daß sich CO wie ein ideales Gas verhält.

5. Ein Ballon, der bei 20 °C und 1 atm ein Volumen von 500 m^3 einnimmt, wird mit Helium aus einer Bombe (409 atm) gefüllt. Berechnen Sie für diese Füllung q, w, ΔH und ΔH.

6. Die Molwärme C_p von CO_2 ist gegeben (Tabelle 11.1). Wie groß ist die Änderung der inneren Energie und Enthalpie bei einer Erwärmung von 100 auf 500 °C, wenn dabei der Druck 0,1 atm konstant gehalten wird?

7. Berechnen Sie q, w und ΔH für die Erwärmung von 3,45 g flüssigem CCl_4 von 0 auf 25 °C bei 1 atm. Der thermische Ausdehnungskoeffizient beträgt 0,00118 K^{-1}, die Dichte 1,595 $kgdm^{-3}$ bei 20 °C und C_p 129 $JK^{-1}\,mol^{-1}$.

8. Gasförmiger Wasserstoff wird adiabatisch und reversibel expandiert. Ausgangszustand: V = 1,43 dm^3, p = 3 atm, T = 298 K; Endzustand: V = 2,86 dm^3. Die Molwärme des Wasserstoffs beträgt 28,8 $JK^{-1}\,mol^{-1}$. Berechnen Sie den Druck und die Temperatur des Endzustandes, sowie q, w, ΔU und ΔH.

9. Gasförmiger Stickstoff wird adiabatisch und reversibel von 1 dm^3 bei 0 °C und 1 atm auf 2 dm^3 expandiert. C_V bzw. C_p sollen dabei konstant sein und betragen 20,8 bzw. 29,1 $JK^{-1}\,mol^{-1}$. Wie groß sind der Enddruck und die Endtemperatur sowie q, w, ΔU und ΔH?

10. $1\,l$ Luft (mittlere Molmasse 28,2, $C_V = 5/2\,R$, $C_p = 7/2\,R$) wird mit einer Wärmemenge von 40 J erhitzt. Wie groß ist das Endvolumen, wenn dabei der Druck 1 atm konstant gehalten wird? Wie groß ist der Enddruck, wenn das Volumen konstant gehalten wird?

11. In einem Raumschiff entsteht ein Leck und es entweicht plötzlich soviel Luft, daß der Druck von 1 atm auf die Hälfte absinkt. Wie groß ist die dadurch im Raumschiff auftretende Temperaturänderung?

12. Zeichnen Sie in ein p, V-Diagramm die folgenden isothermen und adiabatischen Änderungen (1 mol Gas von 1 atm bei 400 K auf 0,1 atm) ein:

   a) isotherme Expansion eines idealen Gases,
   b) adiabatische Expansion von Benzoldampf ($C_V = 73,36$ und $C_p = 81,67\ \text{JK}^{-1}\,\text{mol}^{-1}$),
   c) adiabatische Expansion von Argon ($C_V = 12,48$ und $C_p = 20,79\ \text{JK}^{-1}\,\text{mol}^{-1}$).

13. Wie groß ist ΔH bei der Erwärmung von 1 mol N_2 bzw. He in einem $1\,l$-Behälter von -20 auf $20\,^\circ\text{C}$ ($C_p\,(N_2) = 29,12$ und $C_p\,(\text{He}) = 20,79\ \text{JK}^{-1}\,\text{mol}^{-1}$)?

14. Der Wert für C_p/C_V von Methan, das sich bei Zimmertemperatur und bci Drücken unter 1 atm ideal verhält, beläuft sich auf 1,31. Durch eine reversible, adiabatische Expansion von 3 dm^3 Methan bei $100\,^\circ\text{C}$ wird der Druck von 1 atm auf 0,1 atm gesenkt. Wie groß sind das Volumen und die Temperatur nach der Expansion, sowie die Volumenarbeit.

15. Die Moleküle eines „künstlichen" Gases besitzen ein Termschema, das aus einem nicht entarteten Grundzustand und einem angeregten Zustand (Energieabstand kT bei 100 K) besteht. Der angeregte Zustand sei a) 1-fach, b) 3-fach, c) 10-fach entartet. Berechnen Sie für alle drei Fälle die Molwärme und zeichnen Sie ihre Temperaturabhängigkeit von 0 bis 100 K in einem Diagramm ein.

16. Berechnen Sie die thermische Energie sowie die Molwärme von Cl_2 bei $25\,^\circ\text{C}$ und $100\,^\circ\text{C}$ unter der Annahme, daß sich Cl_2 in diesem Temperaturbereich bei 1 atm ideal verhält. Benutzen Sie zur statistischen Berechnung den Schwingungstermabstand $h\nu_0 = 1,1 \cdot 10^{-20}$ J.

17. Bestimmen Sie die Temperaturabhängigkeit der Cl_2-Molwärme und vergleichen Sie diese mit der in Tabelle 11.1. Verwenden Sie die berechnete Abhängigkeit zur Ermittlung von ΔU, ΔH, w und q für die Erwärmung von 1/3 mol Cl_2 von 100 auf $500\,^\circ\text{C}$ bei 1 atm.

18. Im Rechenbeispiel 10.6 wurde nach der elektronischen Zustandssumme von J (g) gefragt. Berechnen Sie mit dieser den Beitrag zur gesamten thermischen Energie und zur gesamten Molwärme bei 298 K bzw. 1000 K.

19. Der Schwingungstermabstand ($\bar{\nu}_0$) von N_2 beträgt 2320 cm^{-1}. Berechnen Sie $C_p\,(N_2)$ bei 300, 500 und 1000 K.

20. Die Schwingungstermabstände von gasförmigem F_2, Cl_2, Br_2 und J_2 betragen 894, 554, 322 und 213 cm^{-1}. Wie groß sind die einzelnen Beiträge zu C_p bei 298 K, die man aus Bild 11.4 abliest?

21. Die Molwärme von Methan bei 298 K beträgt $C_p = 35,71$ und die von CCl_4 3,51 JK^{-1} mol^{-1} (1 atm). Wie groß sind die einzelnen Schwingungsbeiträge und Termabstände, wenn man Bild 11.4 zu Hilfe nimmt.

Kapitel 12
Reale Gase

Nachdem in den beiden ersten Kapiteln dieses Bandes die statistische und die thermodynamische Beschreibung der Materie am idealen Gas vorgestellt wurden, können wir uns der Behandlung realer Systeme zuwenden. Wir werden in diesem Kapitel reale Gase untersuchen, die sich von den idealen durch die Existenz zwischenmolekularer Wechselwirkungen unterscheiden. Genau genommen ist das ideale Gas nur der Grenzfall des realen, da eine gegenseitige Molekülanziehung fast immer vorhanden ist. Er wird durch das ideale Gasgesetz $pV = nRT$ als Zustandsgleichung beschrieben. Im realen Fall gibt es davon Abweichungen, besonders bei hohen Drücken und niederen Temperaturen.

In Ermangelung exakter Theorien für die zwischenmolekularen Wechselwirkungen läßt sich das reale Gasverhalten nur unzureichend beschreiben. Die einfachste Vorgangsweise besteht im Aufstellen einer empirischen Zustandsgleichung $pV/nRT = 1 + Bp + Cp^2 +...$ und einer Anpassung der sogenannten Virialkoeffizienten B, C, usw. Solche Anpassungen sind aber nichtssagend, wenn sich ihre Koeffizienten nicht physikalisch interpretieren lassen. Es gibt zwei Möglichkeiten der Interpretation: Die erste und simpelste beruht auf der bekannten van der Waalsschen Zustandsgleichung. Diese geht aber doch so weit, daß unter Heranziehung der kritischen Daten eine einzige Zustandsgleichung für alle realen Gase postuliert werden kann (Theorem der übereinstimmenden Zustände). Die zweite Möglichkeit bedient sich statistischer Mittel. Man nimmt dazu eine Wechselwirkungsenergie zwischen je zwei Molekülen an (potentielle Energie) und addiert sie zur Translationsenergie (kinetische Energie). Mit der Gesamtenergie wird dann, wenn auch nur näherungsweise, die Systemzustandssumme und aus ihr die freie Energie berechnet. Deren Ableitung nach dem Volumen liefert schließlich eine theoretische Zustandsgleichung. Vergleicht man diese mit der empirischen Reihenentwicklung, so gewinnt man durch Koeffizientenvergleich die Virialkoeffizienten. Ist die Paarwechselwirkungsenergie bekannt, lassen sich diese sogar absolut ermitteln. Thermodynamische Auswirkungen der Molekülanziehung sind u. a. eine Abweichung der Molwärmedifferenz $C_p - C_V$ vom Betrag R sowie die Existenz eines endlichen Joule-Thomsonkoeffizienten $(\partial T/\partial p)_H$. Denn die innere Energie bzw. Enthalpie realer Gase ist volumen- bzw. druckabhängig. Dies hat natürlich auch Folgen auf die freie Enthalpie und ganz besonders auf ihre Druckabhängigkeit. Um das thermodynamische Formelgebäude zu retten, wird das Fugazitätskonzept als Näherung eingeführt.

12.1 Das reale Verhalten der Gase

Rein empirisch stellt man fest, daß die Gase bei tiefen Temperaturen und hohen Drücken das ideale Gasgesetz $pV = nRT$ nicht befolgen. Wir kennen zwar den Grund dafür, es sind zwischenmolekulare Wechselwirkungsenergien und wir wollen uns auch später um eine physikalisch genauere Vorstellung bemühen, doch kommen wir nicht umhin, zuerst einige empirische Daten und Phänomene zur Kenntnis zu nehmen.

Verhält sich ein Gas ideal, dann ist das Verhältnis pV/nRT gleich 1 und sonst abweichend von 1 (Bild 12.1). Wie man aus Bild 12.1 ebenfalls erkennt, ist es druck- und temperaturabhängig. Wir können deshalb versuchen, pV/nRT (auch *Realfaktor* z oder *Virial* genannt) durch

$$\frac{pV}{nRT} = 1 + B(T)\,p + C(T)\,p^2 + \dots \quad (1)$$

oder durch

$$\frac{pV}{nRT} = 1 + B(T)\left(\frac{n}{V}\right) + C(T)\left(\frac{n}{V}\right)^2 + \dots \quad (2)$$

darzustellen, um eine Erweiterung des idealen Gasgesetzes zu bekommen. Gl. (1) bzw. Gl. (2) ist zugleich eine empirische Zustandsgleichung und wird *Virialgleichung* genannt. B(T), C(T), usw. heißen *zweiter*, *dritter*, usw. *Virialkoeffizient* und sind gasspezifisch. Es können prinzipiell auch ganz andere Zustandsgleichungen verwendet werden, sie müssen nur den Zustand (Volumen) eines Gases eindeutig als Funktion von Druck und Temperatur beschreiben.

Eine Zustandsgleichung läßt sich graphisch nur durch eine gekrümmte Fläche (*Zustandsdiagramm*) darstellen, denn Gleichungen mit $V = V(p, T)$ oder $p = p(V, T)$ verkörpern in einem dreidimensionalem Raum mit den Koordinaten p, V, T gekrümmte Flächen. Zur Illustration ist in Bild 12.2 die pVT-Fläche eines Stoffes schematisch wiedergegeben. Senkrechte Schnitte durch diese Fläche bei

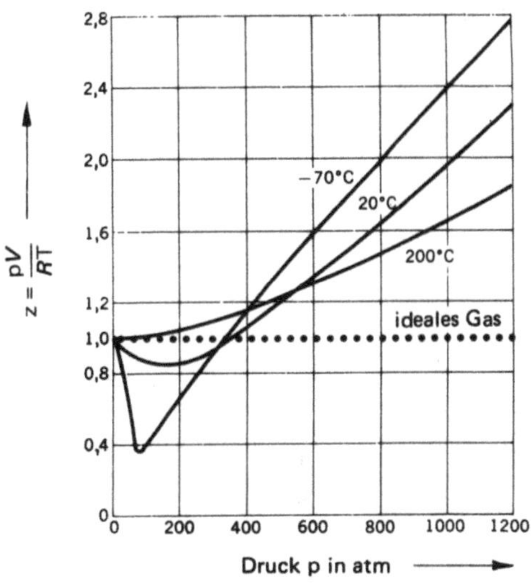

Bild 12.1 Druckabhängigkeit des Realfaktors von Methan bei verschiedenen Temperaturen (*H. M. Kvalnes, V. L. Gaddy*: J. Am. Chem. Soc. 53 (1931) 394)

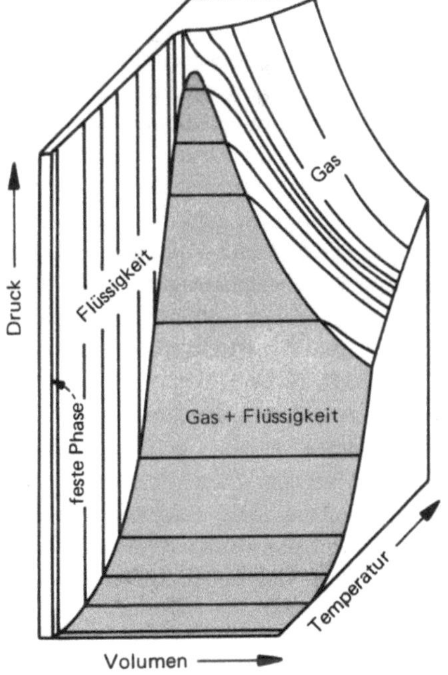

Bild 12.2 Die pVT-Fläche (Zustandsdiagramm) eines chemischen Stoffes (Zweiphasengebiet gerastert, Einphasengebiete ungerastert)

konstanter Temperatur liefern die
bekannten Isothermen im zweidimensionalen p, V-Diagramm (Bild 12.3).
Mit diesen Isothermen wollen wir uns
eingehender beschäftigen, denn sie
bringen das reale Gasverhalten recht
drastisch zum Ausdruck. Anders gesagt: Eine Kondensation von Gas bzw.
Dampf zu einer Flüssigkeit oder einem
Festkörper kann es nur mit zwischenmolekularen Wechselwirkungen geben.

Betrachten wir eine Isotherme
bei niederen Temperaturen, z. B. die,
bei der durch Volumenverkleinerung
(im p, V-Diagramm von rechts kom-
mend) im Punkt A Verflüssigung eintritt. Nach Erreichen des Punktes A
kondensiert das Gas solange bei

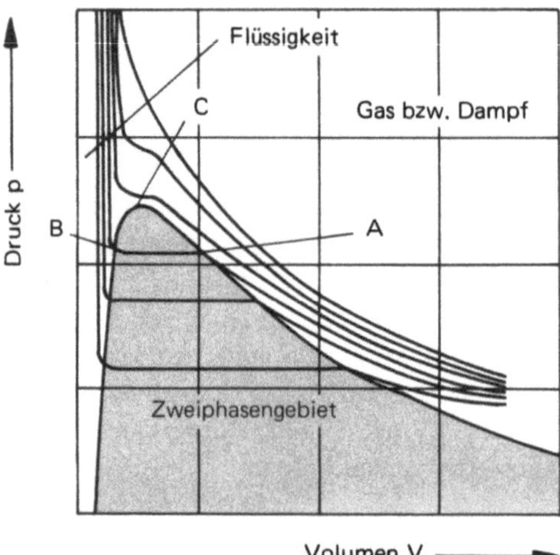

Bild 12.3 Die Isothermen eines realen Gases im
p, V-Diagramm

konstantem Druck, bis alles verflüssigt ist. Der während der Phasenumwandlung konstant
bleibende Druck entspricht dem Dampfdruck der Flüssigkeit. Nach Beendigung der Verflüssigung im Punkt B gelingt eine weitere Volumenverkleinerung nur mit Mühe, d. h. mit
hoher Druckanwendung. (Flüssigkeiten lassen sich wie Festkörper bekanntlich schwer zusammendrücken.) Dieses Verhalten äußert sich in dem sehr steilen Anstieg der Isothermen.
Untersuchen wir hingegen eine Isotherme, die über dem Punkt C liegt, dann kommt es
trotz höchster Druckanwendung zu keiner Verflüssigung. Die Isotherme, die im Punkt C
die punktierte Kurve gerade berührt, wird *kritische Isotherme* genannt. Ihre Temperatur
ist die *kritische Temperatur* (T_k), und in der Praxis deshalb von Bedeutung, weil sie die
höchste Temperatur ist, bei der ein Gas noch verflüssigt werden kann. Der Wendepunkt C
ist der *kritische Punkt* und der zugehörige Druck bzw. das Volumen der *kritische Druck*
(p_k) bzw. das *kritische Volumen* (V_k). Die in Bild 12.3 gerasterte Fläche stellt das *Koexistenzgebiet* (Zweiphasengebiet) von Flüssigkeit und Gas (bzw. *Dampf*) eines Stoffes
dar. Innerhalb dieses Gebietes liegen nämlich gleichzeitig *zwei* Phasen (Flüssigkeit und
Gas) vor, außerhalb jeweils nur *eine* Phase: rechts davon Gas und links davon Flüssigkeit
(vgl. Abschnitt 16.1).

Untersucht man den Isothermenverlauf sehr vieler Gase näher, so stellt man immer
wieder fest: Sie verhalten sich umso idealer, je weiter entfernt vom kritischen Punkt sie
beobachtet werden. Diese Feststellung läßt umgekehrt vermuten, daß es eine einzige
Zustandsgleichung realer Gase geben muß, wenn man diese mit Hilfe der kritischen Daten
auf geeignete Weise reduziert. Wir machen dazu folgenden Gedankenversuch und führen
in die jeweilige Zustandsgleichung V = V (p, T) von verschiedenen Gasen das zugehörige
reduzierte Volumen

$$V_r = \frac{V}{V_k} \,, \tag{3}$$

den *reduzierten Druck*

$$p_r = \frac{p}{p_k} \qquad (4)$$

und die *reduzierte Temperatur*

$$T_r = \frac{T}{T_k} \qquad (5)$$

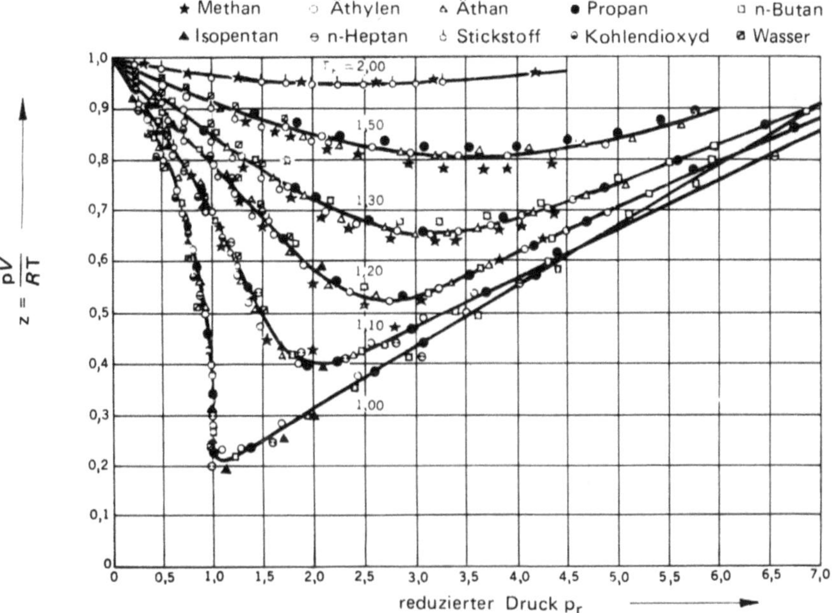

Bild 12.4 Abhängigkeit des Realfaktors z vom reduzierten Druck p_r von einigen Gasen bei verschiedenen reduzierten Temperaturen T_r (*Goup-Jen Su:* Ind. Eng. Chem. 38 (1946) 803)

Tabelle 12.1:

Kritische Daten einiger Gase

Gas	p_k atm	V_k dm³ mol⁻¹	T_k K
N_2	33,5	0,090	126,0
O_2	49,7	0,074	154,4
CO	35,0	0,094	134,4
CO_2	72,8	0,095	304,3
NH_3	112,2	0,072	405,6
H_2O	217,7	0,056	647,2
CH_4	45,6	0,099	190,2
Ar	48,0	0,077	150,7
H_2	12,8	0,070	33,3
He	2,26	0,062	5,3
$n - C_5 H_{12}$	33,0	0,310	470,3
CH_3OH	78,5	0,118	513,1
C_6H_6	47,9	0,256	561,6

ein. Sind die kritischen Daten V_k, p_k und T_k der Gase bekannt, so müßte eine derartige Normierung für alle realen Gase zum selben Endergebnis führen. Ob sich die Normierung lohnt, läßt sich allerdings nur an Hand von experimentellen Daten überprüfen. Ein entsprechender Test ist in Bild 12.4 graphisch dargestellt. In diesem Bild wurden die Werte von pV/RT gegen den reduzierten Druck p_r in Form von Isothermen (T_r) eingetragen. Da die von 10 verschiedenen Gasen stammenden Werte ganz gut auf den Isothermen liegen, können wir mit Recht vermuten, daß es eine (wie das ideale Gasgesetz) einzige reduzierte Zustandsgleichung für alle Gase geben sollte.

12.2 Das Theorem der übereinstimmenden Zustände

Nach den letzten Ausführungen sollte es möglich sein, durch das Einführen reduzierter Zustandsgrößen eine allgemein gültige reduzierte Zustandsgleichung aufzustellen. Dies ist der Inhalt des Theorems der übereinstimmenden Zustände. Eine solche generelle Zustandsgleichung würde eine beträchtliche Vereinfachung der Beschreibung realer Gase mit sich bringen, denn der spezielle Molekülaufbau mit seinen Wechselwirkungen (verkörpert durch die kritischen Daten) würde dann implizit in ihr enthalten sein. In diesem Abschnitt soll eine reduzierte Zustandsgleichung aus der *van der Waalsschen Gleichung* abgeleitet werden.

Wie schon in Abschnitt 1.8 mitgeteilt wurde, gelang *van der Waals* eine erste Interpretation des realen Gasverhaltens dadurch, daß er am idealen Gasgesetz zwei Korrekturen anbrachte. Die erste betrifft das Gasvolumen V und stellt in Rechnung, daß die Gasmoleküle ein effektives Eigenvolumen b besitzen, das von V abgezogen werden muß. Die zweite berücksichtigt, daß ein reales Gas wegen seiner Wechselwirkung einen um a/V^2 geringeren Druck als ein ideales ausübt:

$$\left(p + \frac{a}{V^2}\right)(V - b) = RT \tag{6}$$

R, a und b sind, obwohl sie mit der Molekülgröße zusammenhängen, undefinierte Parameter und müssen für ein spezielles Gas seinen pVT-Daten angepaßt werden. Diese Parameter können aber andererseits durch die kritischen Daten eines Gases ausgedrückt werden. Auf welche Weise, soll im folgenden gezeigt werden.

Auf Grund ihrer mathematischen Form besitzt die van der Waalssche Zustandsgleichung (6) bei konstanter Temperatur zwei Extremwerte, da sie analytisch eine Gleichung dritten Grades vorstellt. Für die Spezialfall der kritischen Temperatur existiert eine horizontale Wendetangente, weil dort alle drei Wurzeln zusammenfallen. Die Daten dieses Wendepunktes, sie sind mit den kritischen Daten identisch, lassen sich wie folgt mit den Parametern R, a und b verknüpfen. Gl. (6) kann durch Umformen auf die explizite Form p = p(V) gebracht werden:

$$p = \frac{RT}{(V-b)} - \frac{a}{V^2} \tag{7}$$

Um den Wendepunkt der Funktion p(V) zu finden, hat man die erste und die zweite Ableitung nach V zu bilden:

$$\frac{dp}{dV} = -\frac{RT}{(V-b)^2} + \frac{2a}{V^3}, \tag{8}$$

$$\frac{d^2 p}{dV^2} = \frac{2RT}{(V-b)^3} - \frac{6a}{V^4}. \tag{9}$$

Am kritischen Punkt sind beide Ableitungen Null:

$$p_k = \frac{RT_k}{V_k - b} - \frac{a}{V_k^2}, \tag{10}$$

$$0 = -\frac{RT_k}{(V_k - b)^2} + \frac{2a}{V_k^3}, \tag{11}$$

$$0 = \frac{2RT_k}{(V_k - b)^3} - \frac{6a}{V_k^4}. \tag{12}$$

Diese drei Gleichungen können nach a, b und R aufgelöst werden und ergeben:

$$a = 3 p_k V_k^2 \,,$$
$$b = \frac{1}{3} V_k \,, \tag{13}$$
$$R = \frac{8 p_k V_k}{3 T_k}.$$

Führt man mit den Ausdrücken (13) eine Substitution in Gl. (6) durch, so treten in ihr Terme der Art p/p_k, T/T_k und V/V_k auf, die mit den in Abschnitt 12.1 definierten reduzierten Variablen p_r, T_r und mit dem reduzierten Molvolumen V_r übereinstimmen. Mit ihnen lautet dann die *reduzierte Zustandsgleichung:*

$$\left(p_r + \frac{3}{V_r^2}\right)\left(V_r - \frac{1}{3}\right) = \frac{8}{3} T_r. \tag{14}$$

In dieser Form genügt die van der Waalssche Gleichung vollkommen dem Theorem. Sie besitzt keine individuellen Konstanten mehr, was besagt, daß sie das Verhalten aller Gase gleich gut beschreiben sollte.

12.3 Das van der Waalsgas

In Bild 12.5 wurden einige der mit der van der Waalsgleichung (6) berechenbaren Isothermen graphisch dargestellt. Vergleichen wir sie mit den tatsächlichen Isothermen in Bild 12.3, so scheint auf den ersten Blick nur wenig übereinzustimmen: Es gibt Maxima und Minima und auch negative Drücke. Untersuchen wir jedoch das durch Bild 12.5 definierte *van der Waalsgas* näher, so lassen sich die Ungereimtheiten ausmerzen. Wir stellen

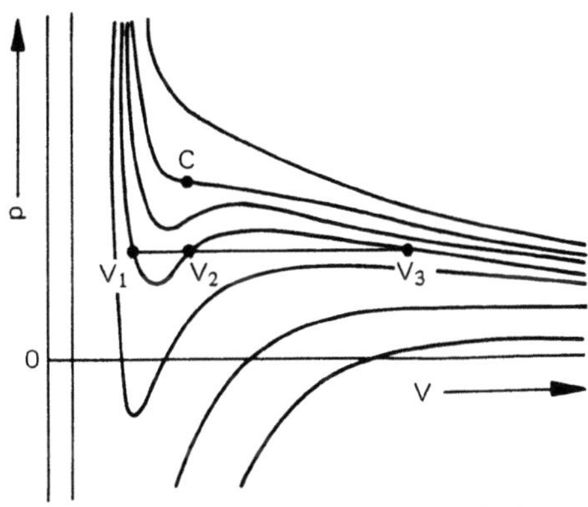

Bild 12.5 Isothermen eines van der Waalsgases

dazu die Frage, wie es sich mit den drei Volumina V_1, V_2 und V_3 verhält, die es zu einem bestimmten Druck auf einer Isothermen $T < T_k$ gibt. Es kann ja in Wirklichkeit nur ein einziges Volumen bei einem bestimmten Druck und einer bestimmten Temperatur geben, wenn es sich um eine einzige Phase (Gas oder Flüssigkeit) handelt. Die freie Enthalpie gibt uns darauf eine Antwort: Stabil ist derjenige Zustand, der die kleinste freie Energie bzw. Enthalpie besitzt. Befindet sich der betrachtete Stoff in einem Zustand mit einer höheren freien Enthalpie, so geht er freiwillig in den energetisch minimalen über (Umwandlung). Eine Umwandlung bedeutet also einen Übergang von einem Nichtgleichgewichts- in den Gleichgewichtszustand. Ob nun die Existenz mehrerer Volumina bei einem Druck mit der Realität verträglich ist oder ob die van der Waalssche Zustandsgleichung entsprechend zu modifizieren ist, soll in diesem Abschnitt untersucht werden.

Um die molare freie Enthalpie eines Stoffes als Funktion des Druckes entlang einer van der Waalsisotherme zu ermitteln, hätten wir nach Gl. (108) aus Abschnitt 11.6 die Integration von

$$\mathrm{d}G = \int_p V \mathrm{d}p \tag{15}$$

mit der van der Waalsschen Zustandsgleichung $V = V(\mathrm{p})$ durchzuführen. Da wir aber V nicht explizit als Funktion von p ausdrücken können, gehen wir einen Umweg über die freie Energie, die über pV mit der freien Enthalpie eindeutig zusammenhängt ($G = F + \mathrm{p}V$). Da analog zu Gl. (15) bei konstanter Temperatur

$$\mathrm{d}F = - \int_V \mathrm{p} \, \mathrm{d}V \tag{16}$$

gilt, können wir die van der Waalssche Zustandsgleichung $\mathrm{p} = \mathrm{p}(V)$ (Gl. 7)) direkt einsetzen und integrieren:

$$F = - \int_V \left[\frac{RT}{(V-\mathrm{b})} - \frac{\mathrm{a}}{V^2} \right] \mathrm{d}V + \mathrm{const}$$

$$= - RT \ln(V - \mathrm{b}) - \frac{\mathrm{a}}{V} + \mathrm{const} \,. \tag{17}$$

Für die freie Enthalpie G folgt damit

$$G = F + \mathrm{p}V$$
$$= \mathrm{p}V - RT \ln(V - \mathrm{b}) - \frac{\mathrm{a}}{V} + \mathrm{const} \,. \tag{18}$$

Gl. (18) beschreibt leider nur die Volumenabhängigkeit und nicht die gesuchte Druckabhängigkeit. Da eine einfache analytische Umformung nicht möglich ist, müssen wir diese auf numerischem Weg durchführen. Mit Hilfe von Gl. (18) lassen sich bis auf die Integrationskonstante G-Werte für verschiedene Volumina berechnen und diese an Hand des p, V-Diagrammes (Bild 11.5) den zugehörigen Drücken zuordnen. Tragen wir dann die G-Werte in Abhängigkeit von p in einem Diagramm ein, so erhalten wir eine G(p)-Darstellung wie in Bild 12.6.

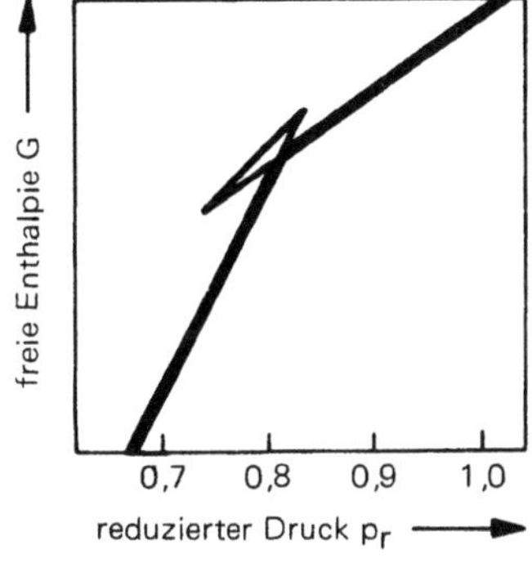

Bild 12.6
Die freie Enthalpie eines van der Waalsgases als Funktion
des reduzierten Druckes bei der konstanten Temperatur
$0,95\ T_k$ (nach *J. C. Slater:* Introduction to Chemical
Physics, McGraw Hill Book Co., N.Y., 1963)

In dem speziellen Fall von Bild 12.6 wurde die Temperatur $T = 0,95\ T_k$ gewählt
und G in willkürlichen Einheiten gegen den reduzierten Druck p_r aufgetragen. Man
erkennt, daß im Bereich von $p_r = 0,75$ bis $0,85$ drei G-Werte zu einem Druck existieren.
Der niedrigste dieser drei Werte entspricht dem stabilen Zustand des Systems und liegt
immer auf der dick ausgezogenen Kurve. Diese setzt sich aus einem Ast bei niederem
und einem zweiten Ast bei höheren Drücken zusammen. Beide Äste schneiden sich bei
$p_r = 0,82$. Wegen $(\partial G/\partial p)_T = V$ repräsentiert ihre Steigung das molare Systemvolumen.
Zustände auf dem ersten Ast gehören zu einem größeren und auf dem zweiten zu einem klei-
neren Volumen. Stabile Zustände auf einer Isothermen in Bild 12.5 gibt es also bei niederen
Drücken nur bis zum Druck $p = 0,82\ p_k$ und bei höheren nur über $p = 0,82\ p_k$. Der
Isothermenbereich dazwischen ist *thermodynamisch instabil.* Dies läßt sich besonders
schön aus der Schleife in Bild 12.6 herauslesen. All ihre Zustände haben eine höhere freie
Enthalpie als die Zustände auf den beiden Kurvenästen. Da zum Schnittpunkt nur ein
freier Enthalpiewert gehört, haben wir die van der Waalsisothermen in Bild 12.5 so
abzuändern, daß zwischen V_1 und V_3 eine horizontale Linie beim Druck $p = 0,82\ p_k$
entsteht. Wegen der Diskontinuität im freien Enthalpieschnittpunkt existiert dort kein
definiertes Volumen: Es ändert sich von V_1 zu V_3. Da V_1 das Volumen der Flüssigkeit
und V_3 das Volumen des Gases verkörpert, beschreibt der Übergang $V_1 \rightarrow V_3$ eine
Phasenumwandlung, exakter die Verdampfung. Kommt man umgekehrt vom Gaszustand,
so beschreibt $V_3 \rightarrow V_1$ die Verflüssigung. Beide Vorgänge gehen bei konstanter freier
Systementhalpie vor sich und es gibt dort deshalb zwei Phasen (*Zweiphasengebiet*).

All diese theoretischen Erkenntnisse befinden sich in voller Übereinstimmung mit
dem experimentellen Befund, was wir durch einen Vergleich mit dem Zweiphasengebiet
in Bild 12.3 bestätigen können. Die reellen Isothermen im Zweiphasengebiet sind ebenfalls horizontale, Volumen-undefinierte Linien. Sie gehen mit zunehmender Temperatur
in den kritischen Punkt über. In Bild 12.6 bedeutet dies ein Kleinerwerden der G-Schleife,
bis diese schließlich ganz verschwindet. Beim Überschreiten des kritischen Punktes
verschwindet die bis dahin vorhandene Diskontinuität und die beiden Kurvenäste gehen
in eine einzige, stetig ansteigende Kurve über.

12.4 Statistische Behandlung realer Gase

Da das im letzten Abschnitt benutzte van der Waalsgas theoretisch nur auf sehr
schwachen Beinen steht, kann es den realen Gaszustand und die Vorgänge im Zweiphasen-

gebiet Flüssigkeit-Dampf nur in prinzipieller Weise, nicht aber in absoluter beschreiben. Das leuchtet ein, denn eine grundsätzliche Erklärung ist nur durch eine physikalische Deutung der van der Waalskoeffizienten erreichbar. Die statistische Mechanik vermag eine solche Deutung zu liefern.

Wie in diesem Abschnitt gezeigt werden soll, ist die Statistik in der Lage, den zweiten Virialkoeffizienten, den man durch eine Entwicklung der van der Waalsgleichung erhält, exakt herzuleiten. Sie führt dabei die Parameter a und b auf Ausdrücke zurück, die nur mehr die potentielle Wechselwirkungsenergie enthalten. Würde man diese exakt kennen, von dieser Problematik wird im Kapitel über Flüssigkeiten noch ausführlich gesprochen werden, ließen sich die Parameter absolut berechnen. Über das Vorgehen bei der statistischen Berechnung von makroskopischen Größen wurde in Kapitel 10 berichtet. Zentrales Problem ist immer die Berechnung der Systemzustandssumme, weil ihr Logarithmus direkt die freie Systemenergie bzw. -enthalpie liefert. So auch hier. Die Berechnung wird zwar durch die zusätzliche potentielle Energie erschwert, läßt sich jedoch in den bereits bekannten *kinetischen* Teil (ideale Gas-Zustandssumme) und in einen *potentiellen* (Konfigurationszustandssumme) aufspalten. Die Berechnungsschwierigkeiten betreffen den zweiten Teil, der aber durch das Einschränken auf Paarwechselwirkungen näherungsweise lösbar wird.

Aus atomarer Sicht besteht ein reales Gas aus Molekülen, die kinetische Energie der Translation, Rotation, Schwingung und Elektronenanregung sowie potentielle Energie durch gegenseitige Anziehung besitzen. Betrachten wir der Einfachheit halber ein einatomiges Gas, dann besitzt dieses nur Translationsenergie und potentielle Energie. Gäbe es keine gegenseitigen Wechselwirkungen, so verhielte es sich ideal und besäße die ideale Gibbssche Systemzustandssumme (Abschnitt 10.4)

$$Z_{ideal} = \sum_r e^{-\frac{E_r}{kT}} . \tag{19}$$

Diese läßt sich mit Hilfe der Molekülzustandssumme

$$Q_{ideal} = \sum_{n=1}^{\infty} g_n e^{-\frac{\epsilon_n}{kT}} = \frac{(2\pi mkT)^{3/2}}{h^3} V \tag{20}$$

aus

$$Z_{ideal} = \frac{(Q_{ideal})^N}{N!} \tag{21}$$

berechnen. Bei einem realen Gas tritt nun an die Stelle der Translationsenergie E_r des Gases seine gesamte Energie $E_r + V_r$. V_r ist die potentielle Energie des Gases bei einer bestimmten Molekülanordnung im Raum (*Molekülkonfiguration*), gegeben durch die Molekülpositionen $r_1 \ldots r_i \ldots r_j \ldots r_N$. Lassen wir nur Wechselwirkungen zwischen je zwei Molekülen (*Paarwechselwirkung*) zu und bezeichnen wir die Energie zwischen dem i-ten und dem j-ten Molekül (im Abstand $r_{ij} = r_i - r_j$) mit V_{ij}, dann beträgt die gesamte Wechselwirkungsenergie des Gases mit der Molekülkonfiguration r

$$V_r = \sum_{\text{Paare}} V_{ij} \tag{22}$$

und seine Gesamtenergie

$$E_r + \sum_{\text{Paare}} V_{ij} \, . \tag{23}$$

Setzen wir diesen Ausdruck in Gl. (19) ein, so bekommen wir für die reale Systemzustandssumme (Summe über alle möglichen Molekülkonfigurationen):

$$Z_{\text{real}} = \sum_r e^{-\frac{E_r}{kT}} \cdot e^{-\frac{\Sigma V_{ij}}{kT}}$$

$$= \sum_r e^{-\frac{E_r}{kT}} \cdot \sum_r e^{-\frac{\Sigma V_{ij}}{kT}}$$

$$= Z_{\text{ideal}} \cdot Z_{\text{Konfig}} \, . \tag{24}$$

Bei der ersten Umformung haben wir von der Tatsache Gebrauch gemacht, daß sich Zustandssummen wie Verteilungsfunktionen multiplikativ zusammensetzen (vgl. Abschnitt 10.4). In der letzten Zeile wurde die sogenannte *Konfigurationszustandssumme* definiert:

$$Z_{\text{Konfig}} = \sum_r e^{-\frac{\Sigma V_{ij}}{kT}} \, . \tag{25}$$

Da die Paarwechselwirkungsenergie V_{ij} eine Funktion des Abstandes r_{ij} zweier Moleküle (Schwerpunktskoordinaten) und damit eine Funktion von $x_i - x_j$, $y_i - y_j$, $z_i - z_j$ ist, ist auch ΣV_{ij} eine Funktion der Koordinaten $x_1 y_1 z_1$ bis $x_N y_N z_N$ und wir können die Summe über alle Konfigurationen durch das Mehrfachintegral (Anhang III).

$$Z_{\text{Konfig}} = \frac{1}{V^N} \int_{x_1} \cdots \int_{z_N} e^{-\frac{\Sigma V_{ij}}{kT}} \, dx_1 \, dy_1 \, dz_1 \, \ldots \, dx_N \, dy_N \, dz_N \tag{26}$$

ersetzen. Befindet sich das reale Gas in einem kubischen Behälter mit der Kantenlänge a, so läuft die Integration jeweils von Null bis a. Da $V_i = \int\limits_{x_i}^{a} \int\limits_{y_i}^{a} \int\limits_{z_i=0}^{a} dx_i \, dy_i \, dz_i = a^3$ und N derartige Integrationen vorgenommen werden müssen, wurde Gl. (26) durch den Faktor $1/V^N$ normiert. Die Konfigurationszustandssumme wird dadurch im Idealfall gleich 1.

Das Problem, vor dem wir nun stehen, ist die Auswertung des Mehrfachintegrals (26); sie wird schrittweise durchgeführt. Zuerst integrieren wir nur über die Koordinaten des N-ten Moleküls, also über $dx_N \, dy_N \, dz_N$. Da nur über diese Koordinaten integriert werden soll, können aus dem Exponentialterm all die Terme herausgenommen werden, die keine Wechselwirkung mit dem N-ten Molekül verkörpern. Zu integrieren ist also vorerst der Ausdruck

$$\int\limits_{x_N}^{a} \int\limits_{y_N}^{a} \int\limits_{z_N=0}^{a} e^{-\frac{\Sigma V_{iN}}{kT}} \, dx_N \, dy_N \, dz_N \, . \tag{27}$$

Wir formen ihn wie folgt um,

$$\int\limits_{x_N}^{a}\int\limits_{y_N}^{a}\int\limits_{z_N=0}^{a} dx_N\,dy_N\,dz_N - \int\limits_{x_N}^{a}\int\limits_{y_N}^{a}\int\limits_{z_N=0}^{a}\left(1-e^{-\frac{\Sigma V_{iN}}{kT}}\right)dx_N\,dy_N\,dz_N = V - W, \quad (28)$$

und nennen gleichzeitig den ersten Term V (Volumen) und den zweiten W. Der Term W muß bei idealem Verhalten verschwinden. Um ihn für reales Verhalten zu bestimmen, stellen wir uns vor, daß alle Moleküle außer dem N-ten fixiert sind (Momentaufnahme des Gases). Ist das Gas ideal, sind alle Moleküle sehr weit voneinander entfernt; auch die Position $x_N\,y_N\,z_N$ ist dann von allen anderen weit entfernt, so daß keinerlei Molekül-anziehung vorherrscht und $W = 1 - e^0 = 0$. Bewegen wir zur Simulation des Integrals W im Realfall das N-te Molekül durch den ganzen Gasraum von $x_N\,y_N\,z_N = 0$ bis a, dann ist das Integral immer nur in der unmittelbaren Nachbarschaft eines anderen Moleküls endlich und die Beiträge aller anderen Wechselwirkungen sind Null. Wenn das Molekül durch den Gasraum bewegt wird, kommt es an $N - 1$ Molekülen vorbei, so daß

$$W = (N-1)\int\limits_{x_N}^{a}\int\limits_{y_N}^{a}\int\limits_{z_N=0}^{a}\left(1-e^{-\frac{V_{iN}}{kT}}\right)dx_N\,dy_N\,dz_N. \quad (29)$$

Zur Vereinfachung dieses Integrals setzen wir das i-te Molekül in den Koordinatennullpunkt, schreiben statt $x_N\,y_N\,z_N$ xyz und integrieren von $xyz = 0$ bis ∞. Statt bis $xyz = a$ dürfen wir bis $xyz = \infty$ integrieren, da erfahrungsgemäß die Wechselwirkung zwischen zwei Molekülen sehr kurzreichend ist und sehr schnell mit der Entfernung abfällt (Bild 12.7):

$$W = (N-1)\int\limits_{x}^{\infty}\int\limits_{y}^{\infty}\int\limits_{z=0}^{\infty}\left(1-e^{-\frac{V(r)}{kT}}\right)dx\,dy\,dz$$

bzw.

$$W = (N-1)\int\limits_{r=0}^{\infty} 4\pi r^2\left(1-e^{-\frac{V(r)}{kT}}\right)dr. \quad (30)$$

Das Integral in Gl. (30) wollen wir einstweilen w nennen und uns über die spezielle Form von V (r) keine Gedanken machen:

$$W = (N-1)\,w. \quad (31)$$

Wenn wir jetzt noch über die verbleibenden $N - 1$ Koordinaten des Mehrfachintegrals integrieren wollen, so stehen wir vor einer analogen Situation wie vorher, außer daß dann $N - 2$ restliche Koordinaten verbleiben, usw. Das Mehrfachintegral in der Zustandssumme (26) beträgt somit:

$$[V - (N-1)\,w]\,[V - (N-2)\,w]\,...\,V = \quad (32)$$

$$= V^N\,[1 - (N-1)\frac{w}{V}]\,[1 - (N-2)\frac{w}{V}]\,...$$

$$= V^N\prod\limits_{s=0}^{N-1}[1 - s\frac{w}{V}]$$

Um dieses Produkt in eine handlichere Form zu bringen, führen wir einige Umformungen durch. Da wir später zur Ermittlung der freien Enthalpie sowieso den Logarithmus der Zustandssumme benötigen, logarithmieren wir zuerst Gl. (32):

$$N \ln V + \sum_{s=0}^{N-1} \ln \left(1 - \frac{sw}{V}\right). \tag{33}$$

Ersetzen wir die Summe über s durch ein Integral, so bekommen wir mit $N - 1 \cong N$:

$$N \ln V + \int_{s=0}^{N} \ln \left(1 - \frac{sw}{V}\right) ds = N \ln V - \frac{V}{w} \int_{1}^{1 - \frac{Nw}{V}} \ln \left(1 - \frac{sw}{V}\right) d\left(1 - \frac{sw}{V}\right)$$

$$= N \ln V - \frac{V}{w} \left(1 - \frac{Nw}{V}\right) \ln \left(1 - \frac{Nw}{V}\right) - N . \tag{34}$$

Da Nw/V eine kleine Größe gegen 1 ist, können wir weiterhin den logarithmischen Term entwickeln (Anhang VIII):

$$\ln \left(1 - \frac{Nw}{V}\right) = -\frac{Nw}{V} - \frac{1}{2}\left(\frac{Nw}{V}\right)^2 . \tag{35}$$

Nach seiner Substitution in Gl. (34) und der Vernachlässigung des entstehenden N^3-Termes resultiert für den Logarithmus des Produktes (32):

$$N \ln V - \frac{1}{2} N^2 \frac{w}{V} . \tag{36}$$

Der Logarithmus der Konfigurationszustandssumme beträgt daher einschließlich des $1/V^N$-Faktors:

$$\ln Z_{Konfig} = -N \ln V + N \ln V - \frac{1}{2} N^2 \frac{w}{V}$$

$$= -\frac{1}{2} N^2 \frac{w}{V} . \tag{37}$$

Da die freie Energie durch $F = -kT \ln Z$ definiert ist (Abschnitt 11.6), erhalten wir für das reale Gas:

$$F = -kT \ln Z_{real} = -kT \ln Z_{ideal} - kT \ln Z_{Konfig}$$

$$= -kT \ln Z_{ideal} + \frac{N^2 kTw}{2V} . \tag{38}$$

Die freie Energie eines idealen und eines realen Gases unterscheiden sich demnach in dieser Näherung nur um den Term $N^2 kTw/2V$.

Zur Ermittlung einer statistischen Zustandsgleichung benutzen wir das partielle Differential

$$p = -\left(\frac{\partial F}{\partial V}\right)_T \tag{39}$$

und differenzieren dazu die freie Energie (38) nach dem Volumen bei konstanter Temperatur:

$$p = \frac{\partial}{\partial V}\left[kT\ln Z_{\text{ideal}}\right]_T - \frac{\partial}{\partial V}\left[\frac{N^2 kTw}{2V}\right]_T$$

$$= \frac{\partial}{\partial V}\left[kT\ln\frac{Q^N}{N!}\right]_T + \frac{N^2 kTw}{2V^2}$$

$$= \frac{\partial}{\partial V}\left[kTN\ln\frac{(2\pi mkT)^{3/2}}{h^3 N!}V\right] + \frac{N^2 kTw}{2V^2}$$

$$= \frac{NkT}{V} + \frac{N^2 kTw}{2V^2}. \tag{40}$$

Mit $N_A k = R$ und $N_A = N/n$ folgt daraus die Zustandsgleichung

$$\frac{pV}{nRT} = 1 + \left(\frac{N_A w}{2}\right)\left(\frac{n}{V}\right). \tag{41}$$

Diese Zustandsgleichung ist vom Typ her eine Virialgleichung (Gl. (2)), so daß wir $N_A w/2$ als zweiten Virialkoeffizienten ansprechen können:

$$B(T) = \frac{N_A w}{2}, \tag{42}$$

wobei w durch folgendes Integral gegeben ist:

$$w = \int\limits_{r=0}^{\infty} \left(1 - e^{-\frac{V(r)}{kT}}\right) 4\pi r^2\, dr \tag{43}$$

Die Herleitung von Gl. (42) ist trotz der gemachten Vereinfachungen und Näherungen exakt, denn eine genauere Durchrechnung beweist, daß die strengeren Ausdrücke nur den dritten und die weiteren Virialkoeffizienten beeinflussen. Gl. (42) behält auch ihre Gültigkeit für mehratomige Gase. In diesem Fall hängt die potentielle Energie $V(r)$ nicht nur vom gegenseitigen Abstand der Moleküle, sondern auch von ihrer gegenseitigen Orientierung ab. Darf man aber, und das ist fast immer der Fall, die Drehung der Moleküle klassisch betrachten, so wird $V(r)$ auch eine Funktion von irgendwelchen Rotationskoordinaten (Winkeln), die die Lage im Raum bestimmen. In die Konfigurationszustandssumme kommen dann auch Winkel hinein, doch wie bei der Volumennormierung (Faktor $1/V^N$) muß deswegen bezüglich der Winkel normiert werden, so daß der Wert der Summe erhalten bleibt (im Idealfall wieder 1). Gl. (42) ist natürlich nur unter der Bedingung sinnvoll, daß das Integral (43) konvergiert. Dazu müssen die Wechselwirkungskräfte hinreichend schnell mit dem Abstand r abfallen. Wird $V(r)$ bei großen Abständen durch $-1/r^n$ angenähert, muß n mindestens 3 betragen. Ist diese Bedingung nicht erfüllt, so könnten danach Gase überhaupt nicht existieren.

Für einatomige Gase besitzt $V(r)$ die in Bild 12.7 schematisch dargestellte Form. r_0 ist der Gleichgewichtsabstand und D die zugehörige maximale Wechselwirkungsenergie zweier Atome (Bindungsenergie). Wegen der Undurchdringlichkeit der Atome wird $V(r)$ bei kleineren Abständen sehr schnell groß und bei größeren Abständen nähert sich $V(r)$

langsam dem Wert Null. D ist von der
Größenordnung kT_k, also sehr viel kleiner
als chemische Bindungsenergien (vgl.
Abschnitte 5.8, 19.6 und 19.7). Die
Kenntnis dieses schematischen Verlaufs
von $V(r)$ genügt bereits, um das Vorzeichen von $B(T)$ in den Grenzfällen
hoher und tiefer Temperaturen zu bestimmen (vgl. Bild 12.1, in dem beide
Fälle vorkommen). Bei hohen Temperaturen $(kT \gg V(r))$ haben wir im Gebiet
$r > r_0$ $V(r)/kT \ll 1$ und der Integrand in
Gl. (43) ist fast Null. Der Wert des Integrals wird daher im wesentlichen durch
das Gebiet $r < r_0$ bestimmt, in dem $V(r)/kT$
positiv und groß ist. Dort sind folglich der
Integrand und auch das Integral (43)
positiv: Bei hohen Temperaturen besitzt
$B(T)$ einen positiven Wert. Bei tiefen
Temperaturen spielt umgekehrt das Gebiet

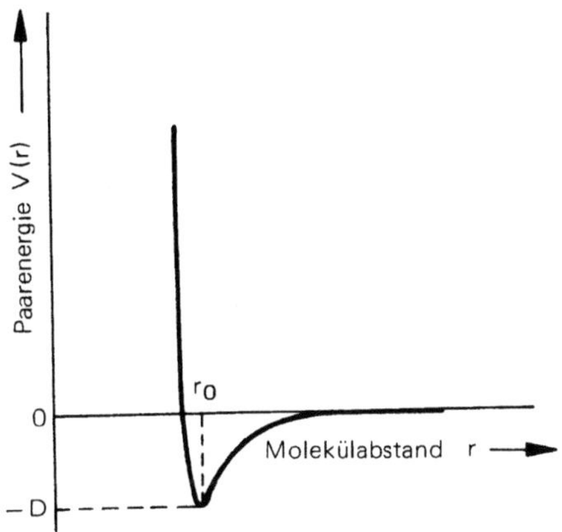

Bild 12.7 Schematische Darstellung der
Wechselwirkungsenergie zweier Moleküle im
realen Gaszustand

$r > r_0$ die entscheidende Rolle; dort ist $V(r)/kT$ negativ und betragsmäßig groß, so daß
$B(T)$ negativ wird und sein Wert hauptsächlich durch $e^{-D/kT}$ bestimmt wird. Wenn also
einerseits bei hohen Temperaturen $B(T)$ positiv und andererseits bei tiefen negativ ist,
muß $B(T)$ bei irgendeiner Temperatur durch Null gehen. Diese Temperatur mit $B(T) = 0$
heißt *Boyletemperatur*. Im z, p-Diagramm besitzt die Boyleisotherme bei $z = 1$, $p = 0$ eine
horizontale Tangente; sie teilt die Isothermenschar in eine solche mit positiver und
negativer Anfangssteigung (Bild 12.1). Von Bedeutung ist, wie wir später sehen werden,
das Vorzeichen von $B(T)$ für den Joule-Thomsonkoeffizienten; er bestimmt, ob sich ein
reales Gas bei Druckdrosselung erwärmt oder abkühlt.

12.5 Statistische Interpretation des van der Waalsgases

Durch die folgende Binominal-Entwicklung (Anhang VIII) läßt sich die van der
Waalssche Zustandsgleichung (7) als Virialgleichung (2) anschreiben:

$$p = \frac{nRT}{V - nb} - a\left(\frac{n}{V}\right)^2 = \frac{nRT}{V}\left(1 - \frac{nb}{V}\right)^{-1} - a\left(\frac{n}{V}\right)^2$$

$$= \frac{nRT}{V}\left[1 + \left(\frac{nb}{V}\right) + \left(\frac{nb}{V}\right)^2 + \ldots\right] - a\left(\frac{n}{V}\right)^2 \tag{44}$$

bzw.

$$\frac{pV}{nRT} = 1 + \left(b - \frac{a}{RT}\right)\left(\frac{n}{V}\right) + b^2\left(\frac{n}{V}\right)^2 + \ldots \tag{45}$$

Durch Vergleich mit Gl. (2) folgt daraus der Zusammenhang

$$B(T) = b - \frac{a}{RT} \tag{46}$$

und durch Vergleich mit Gl. (41)

$$b - \frac{a}{RT} = \frac{N_A w}{2} = \frac{N_A}{2} \int\limits_{r=0}^{\infty} \left(1 - e^{-\frac{V(r)}{kT}}\right) 4\pi r^2\, dr. \tag{47}$$

Durch eine geeignete Integration gelingt es mit Hilfe von Gl. (47) separate Ausdrücke für die Parameter a und b zu erhalten, also diese statistisch zu interpretieren.

Der in Bild 12.7 wiedergegebene Charakter der Wechselwirkung $V(r)$ zwischen zwei Atomen gestattet eine Zerlegung des Integrals (47) in zwei Teile, indem wir von $r = 0$ bis r_0 und von $r = r_0$ bis ∞ integrieren:

$$4\pi \int\limits_{r=0}^{r_0} \left(1 - e^{-\frac{V(r)}{kT}}\right) r^2\, dr + 4\pi \int\limits_{r=r_0}^{\infty} \left(1 - e^{-\frac{V(r)}{kT}}\right) r^2\, dr. \tag{48}$$

Im ersten Bereich ist die potentielle Energie $V(r)$ immer sehr groß, so daß der Exponentialterm im ersten Integral gegen 1 vernachlässigt werden kann. Umgekehrt ist im zweiten Bereich $V(r)$ nie größer als D und $V(r)/kT$ meist immer kleiner als 1, so daß sich der Exponentialterm im zweiten Integral in eine Potenzreihe entwickeln läßt (Anhang VIII):

$$4\pi \int\limits_{r=0}^{r_0} r^2\, dr + 4\pi \int\limits_{r=r_0}^{\infty} \left[1 - \left(1 - \frac{V(r)}{kT} \dots\right)\right] r^2\, dr \tag{49}$$

bzw.

$$\frac{4}{3}\pi r_0^3 + \frac{4\pi}{kT} \int\limits_{r=r_0}^{\infty} r^2 V(r)\, dr. \tag{50}$$

Das erste Integral liefert das Volumen einer Kugel mit dem Radius r_0 und ist achtmal so groß wie das Volumen einer Kugel mit dem Radius $r_0/2$, der dem Atomradius entspricht. Wegen Gl. (47) beträgt dann b:

$$b = 4 N_A \frac{4}{3} \pi \left(\frac{r_0}{2}\right)^3 \tag{51}$$

oder wenn wir für r_0 den aus Abschnitt 1.8 bekannten (starren) Atomdurchmesser σ einführen:

$$b = 4 N_A \frac{4}{3} \pi \left(\frac{\sigma}{2}\right)^3. \tag{52}$$

Gl. (52) ist mit dem in Abschnitt 1.8 abgeleiteten Ausdruck für das effektive Eigenvolumen von N_A Molekülen identisch.

Für den van der Waalsparameter a bekommen wir das Integral:

$$a = \frac{N_A^2}{2} \int\limits_{r=r_0}^{\infty} -V(r) 4\pi r^2\, dr. \tag{53}$$

Weil im ganzen Integrationsbereich die Energie $V(r)$ negativ ist (Molekülanziehung), hat der Parameter a positive Werte und ist ein Maß für die Anziehungskraft der Moleküle.

Die statistische Interpretation von a und b beweist, daß die originalen Korrekturen von *van der Waals* eigentlich sehr gut angebracht wurden. Sie führen zur Virialgleichung

$$\frac{pV}{nRT} = 1 + \left(b - \frac{a}{RT}\right)\left(\frac{n}{V}\right), \tag{54}$$

aus der auch sofort ein statistischer Ausdruck für die *Boyletemperatur* folgt:

$$T = \frac{a}{Rb}. \tag{55}$$

Das nun durch Gl. (54) definierte *van der Waalsgas* stellt eine gute Approximation des realen Gaszustandes dar, denn es basiert auf einem exakt abgeleiteten zweiten Virialkoeffizienten. Aber es verkörpert nicht die einzig mögliche, sie ist nur die einfachste und gebräuchlichste. Die durch Gl. (53) gegenüber *van der Waals* verbesserte Druckkorrektur wird direkt auf Paarwechselwirkungen zurückgeführt. In diesem Sinne wird der Exponentialterm $e^{-V(r)/kT}$ auch als *Paarverteilungsfunktion* bezeichnet. Bei Flüssigkeiten sind die Wechselwirkungen zwar stärker als im Gaszustand, doch ist ihre physikalische Natur, über die bisher noch nicht gesprochen wurde, dieselbe wie bei den Gasen. Weil man Paarverteilungsfunktionen bei Flüssigkeiten auch aus Beugungsexperimenten bestimmen und so auf $V(r)$ zurückschließen kann, werden wir die theoretischen Möglichkeiten der Erklärung zwischenmolekularer Anziehungen erst im Kapitel über Flüssigkeiten erörtern.

12.6 Die Molwärmedifferenz und der Joule-Thomsonkoeffizient

Die Volumen- bzw. Druckabhängigkeit der inneren Energie bzw. Enthalpie realer Gase führt einerseits dazu, daß die Molwärmedifferenz nicht mehr den Wert R hat und führt andererseits dazu, daß die partielle Größe $(\partial T/\partial p)_H$ (Joule-Thomsonkoeffizient) nicht mehr Null ist. Diese beiden realen Gaseffekte werden in diesem Abschnitt besprochen.

Einen exakten thermodynamischen Ausdruck für die *Molwärmedifferenz* $C_p - C_V$ kann man wie folgt herleiten. Es gilt:

$$C_p - C_V = \left(\frac{\partial H}{\partial T}\right)_p - \left(\frac{\partial U}{\partial T}\right)_V. \tag{56}$$

Mit der Definitionsgleichung von H ergibt sich:

$$C_p - C_V = \left(\frac{\partial U}{\partial T}\right)_p + p\left(\frac{\partial V}{\partial T}\right)_p - \left(\frac{\partial U}{\partial T}\right)_V. \tag{57}$$

Gleichzeitig erhält man aus dem totalen Differential dU durch Umformen:

$$\left(\frac{\partial U}{\partial T}\right)_p = \left(\frac{\partial U}{\partial V}\right)_T \left(\frac{\partial V}{\partial T}\right)_p + \left(\frac{\partial U}{\partial T}\right)_V. \tag{58}$$

Setzt man diesen Ausdruck in Gl. (57) ein, so folgt

$$C_p - C_V = \left[p + \left(\frac{\partial U}{\partial V}\right)_T\right]\left(\frac{\partial V}{\partial T}\right)_p \tag{59}$$

bzw.

$$C_p - C_V = \left[p + \left(\frac{\partial U}{\partial V}\right)_T \right]\left(\frac{\partial V}{\partial T}\right)_p . \tag{60}$$

Für den Grenzfall des idealen Gases gilt $(\partial U/\partial V)_T = 0$ und $(\partial V/\partial T)_p = nR/p$ bzw. $(\partial V/\partial T)_p = R/p$, so daß sich Gl. (60) zu $C_p - C_V = R$ reduziert. Bei realen Gasen, Flüssigkeiten und Festkörpern ist aber die innere Energie wegen der Wechselwirkungen eine Funktion des Volumens und das partielle Differential $(\partial U/\partial V)_T$ von Null verschieden. Es kann mit Hilfe des zweiten Hauptsatzes (Tabelle 11.8)durch

$$\left(\frac{\partial U}{\partial V}\right)_T = T\left(\frac{\partial p}{\partial T}\right)_V - p \tag{61}$$

ersetzt werden. Dadurch entsteht die Möglichkeit, die Differenz $C_p - C_V$ mit dem experimentell leicht zugänglichen Ausdehnungskoeffizienten und mit der Kompressibilität zu verknüpfen. Einsetzen von Gl. (61) in Gl. (59) liefert:

$$C_p - C_V = T\left(\frac{\partial p}{\partial T}\right)_V \left(\frac{\partial V}{\partial T}\right)_p . \tag{62}$$

Bei konstantem Volumen V ist

$$dV = \left(\frac{\partial V}{\partial T}\right)_p dT + \left(\frac{\partial V}{\partial p}\right)_T dp = 0 \tag{63}$$

und man bekommt mit den Definitionen des Ausdehnungskoeffizienten α und der Kompressibilität κ (Abschnitt 11.1)

$$C_p - C_V = T\frac{V^o \alpha^2}{\kappa} \text{ bzw. } C_p - C_V = T\frac{V^o \alpha^2}{\kappa} . \tag{64}$$

Zur Illustration der Druck- und Temperaturabhängigkeit der Molwärmedifferenz, wie sie theoretisch in Gl. (60) zum Ausdruck kommt, sind in Tabelle 12.2 und in Bild 12.8 Daten von N_2 wiedergegeben.

Nun zum zweiten realen Gaseffekt. Expandiert man ein reales Gas über eine Drossel (im einfachsten Fall ein poröser Pfropfen), so beobachtet man, wenn das System gegen

Tabelle 12.2: Temperatur- und Druckabhängigkeit der Molwärmendifferenz $C_p - C_V$ von N_2 (*W. E. Deming, L. E. Shupe:* Phys.Rev. 37 (1931) 638)

Temperatur °C	Druck atm	$C_p - C_V$ $JK^{-1} mol^{-1}$			
		0	50	100	200
−50		8,314	13,0	18,4	22,2
0		8,314	10,9	13,4	16,7
100		8,314	9,6	10,5	12,1
200		8,314	8,8	9,2	10,0
400		8,314	8,4	8,8	9,2

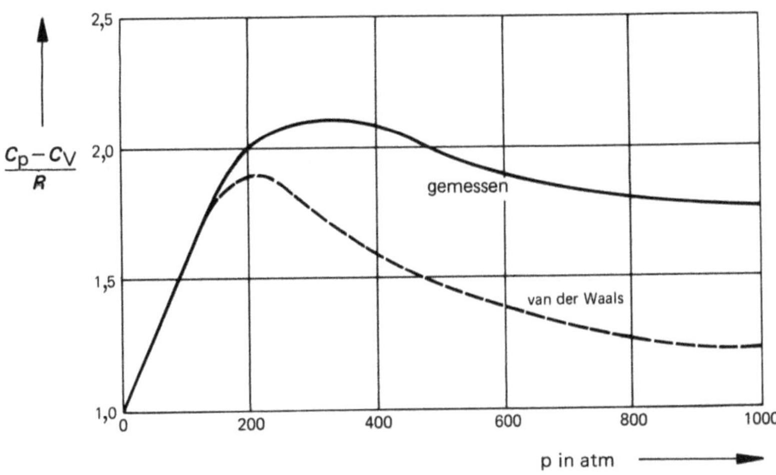

Bild 12.8 Gemessene und van der Waals-Molwärmedifferenz $C_p - C_V/R = 1 + 2ap/(RT)^2$ von N_2 bei 0 °C als Funktion des Druckes (*S. M. Blinder:* Advanced Physical Chemistry – A Survey of Modern Theoretical Principles, The McMillan Co., New York, 1969)

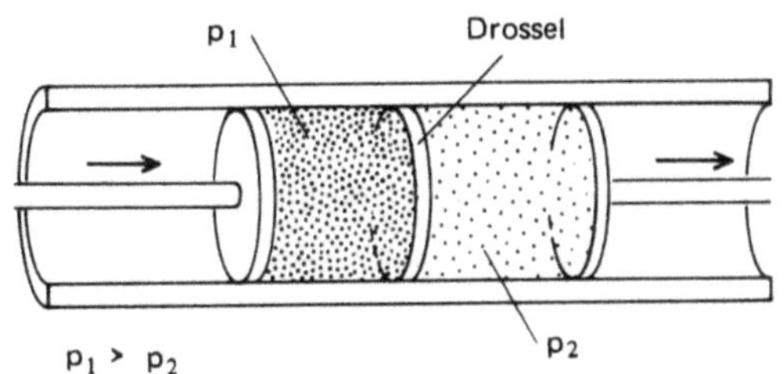

Bild 12.9

Skizze zur Drosselung eines realen Gases vom Druck p_1 auf p_2

die Umgebung thermisch isoliert ist, eine Temperaturdifferenz zwischen dem komprimierten und entspannten Gas. Einen solchen *Drosseleffekt* beschrieben erstmals *Joule* und *Thomson*. Er besitzt eine große praktische Bedeutung, weil die dabei auftretenden Temperaturänderungen zur Abkühlung und Verflüssigung von Gasen ausgenutzt werden können. Bild 12.9 zeigt die prinzipielle Versuchsanordnung zur Beobachtung des Drosseleffektes. Der Druck und die Temperatur des Gases werden auf beiden Seiten der Drossel gemessen. An Hand dieser Skizze läßt sich die vom Gas bei der Drosselung von p_1 auf p_2 geleistete Volumenarbeit berechnen.

Die Volumenarbeit, die das Gas vor der Drossel gegen den Kolbendruck p_1 verrichtet, beträgt

$$w_1 = -pdV = -p_1 \int_{V_1}^{V_2} dV = -p_1 V_1 \qquad (65)$$

und die Volumenarbeit nach der Drossel

$$w_2 = -p_2 V_2 . \qquad (66)$$

Die Differenz beider Volumenarbeiten

$$w = w_2 - w_1 = -p_2 V_2 + p_1 V_1 \tag{67}$$

entspricht der vom Gas bei der Drosselung geleisteten Arbeit. Verknüpft man Gl. (67) mit dem 1. Hauptsatz, so folgt:

$$\Delta U = q + w = 0 - p_2 V_2 + p_1 V_1 \,. \tag{68}$$

Da $\Delta U = U_2 - U_1$, kann man weiter schreiben:

$$U_2 + p_2 V_2 = U_1 + p_1 V_1 \tag{69}$$

oder mit $H = U + pV$

$$H_2 = H_1 \quad \text{bzw. } dH = 0. \tag{70}$$

Die Drosselung des Gases verläuft somit bei konstanter Enthalpie (*isenthalpiescher Prozeß*). Sie ist dadurch ausgezeichnet, daß das totale Differential von H Null ist:

$$dH = \left(\frac{\partial H}{\partial T}\right)_p dT + \left(\frac{\partial H}{\partial p}\right)_T dp = 0. \tag{71}$$

Durch Umformen von Gl. (71) mit Hilfe von Tabelle 11.8 bekommt man schließlich:

$$\left(\frac{\partial T}{\partial p}\right)_H = -\frac{\left(\frac{\partial H}{\partial p}\right)_T}{\left(\frac{\partial H}{\partial T}\right)_p} = \frac{T\left(\frac{\partial V}{\partial T}\right)_p - V}{C_p} \,. \tag{72}$$

Das partielle Differential $(\partial T/\partial p)_H$ heißt *Joule-Thomsonkoeffizient* und hängt vom Druck und von der Temperatur ab. Es kann positiv oder negativ sein und dementsprechend tritt bei der Drosselung entweder eine Abkühlung oder eine Erwärmung des realen Gases ein. Diejenige Temperatur, bei der der Koeffizient Null ist, wird *Inversionstemperatur* genannt. Daten des Koeffizienten von He und N_2 für einige Temperaturen sind in der Tabelle 12.3 angegeben. Alle bekannten Gase außer H_2 und He haben bei Zimmertemperatur positive Koeffizienten und können durch eine Drosselung bis zur Verflüssigung abgekühlt werden. Dieses Prinzip liegt den technischen Verflüssigungsmaschinen zugrunde.

Für das durch Gl. (54) definierte van der Waalsgas läßt sich der Joule-Thomsonkoeffizient mit dem zweiten Virialkoeffizienten $B(T)$ bzw. mit den van der Waalspara-

Tabelle 12.3: Joule-Thomson-Koeffizient $\left(\frac{\partial T}{\partial p}\right)_H$ von He und N_2 bei verschiedenen Temperaturen und 1 atm Druck

Temperatur °C	$\left(\frac{\partial T}{\partial p}\right)_H$ K atm^{-1}	
	He	N_2
-100	$-0{,}058$	$0{,}649$
0	$-0{,}062$	$0{,}266$
100	$-0{,}064$	$0{,}129$
200	$-0{,}064$	$0{,}056$

metern a und b und dann die Inversionstemperatur mit der Boyletemperatur in Beziehung bringen. Bilden wir dazu mit Gl. (54) die Ableitung (Tabelle 11.8)

$$\left(\frac{\partial V}{\partial T}\right)_p = -\frac{\left(\frac{\partial p}{\partial T}\right)_V}{\left(\frac{\partial p}{\partial V}\right)_T}$$

$$= \frac{-\left(\frac{nR}{V} + \frac{bn^2R}{V^2}\right)}{\left(-\frac{nRT}{V^2}\right)\left[1 + 2\left(b - \frac{a}{RT}\right)\left(\frac{n}{V}\right)\right]}$$

$$\cong \frac{V - nb + \frac{2na}{RT}}{T} \, , \tag{73}$$

wobei wir das Quadrat von $\left(b - \frac{a}{RT}\right)\left(\frac{n}{V}\right)$ als vernachlässigbar kleine Größe ansehen, und setzen wir Gl. (73) in Gl. (72) ein, so bekommen wir:

$$\left(\frac{\partial T}{\partial p}\right)_H = \frac{n}{C_p}\left(-b + \frac{2a}{RT}\right). \tag{74}$$

Wir sehen sofort, daß die Inversionstemperatur doppelt so groß wie die Boyletemperatur ist:

$$T = \frac{2a}{Rb} \, . \tag{75}$$

Wir erkennen aber auch, daß bei hohen Temperaturen der Joule-Thomsonkoeffizient negativ, und bei niederen positiv ist. Denn da bei einer Drosselung dp immer negativ ist, ist die Temperaturänderung des Gases bei $2a/RT < |b|$ (hohe Temperaturen) insgesamt positiv und bei $2a/RT > |b|$ negativ (niedere Temperaturen). Umgekehrt läßt sich Gl. (75) auch dazu verwenden, um aus gemessenen Daten des Koeffizienten und der spezifischen Wärme Daten für a und b zu bestimmen.

12.7 Die freie Enthalpie

Die in Abschnitt 11.6 für thermodynamische Rechnungen definierte Druckabhängigkeit der freien Enthalpie

$$G = G^o + RT \ln p \tag{76}$$

gilt nur für ideale Gase. Sollte sie auch für reale Gase gelten, so müßte man bei ihrer Definition bzw. Herleitung statt $pV = nRT$ eine reale Zustandsgleichung verwenden. Man bekäme dann aber recht komplizierte Ausdrücke für G (p) (vgl. Abschnitt 12.3). Um diese zu umgehen, verzichtet man in der thermodynamischen Praxis von vornherein auf eine solche Vorgangsweise und macht eine Näherung, in dem man „korrigierte" Drücke einführt. Sie werden *Fugazitäten* genannt und sind durch

$$f = \gamma p \tag{77}$$

definiert. Dabei wird vorausgesetzt, daß der *Fugazitätskoeffizient* $\gamma = f/p$ im Grenzfall $p \to 0$ gleich 1 wird. Trotz der Einführung dieses Fugazitätskonzeptes erneuert sich jedoch das Problem der Festlegung eines *Standarddruckes*. Wir könnten diesen z. B. bei 10^{-5} atm fixieren, wo sich die Gase sicherlich ideal verhalten. Ideal im Sinne eines Verschwindens der zwischenmolekularen Wechselwirkungen. Das wäre aber mit obiger Voraussetzung nicht konsistent! Man bleibt deshalb beim Standarddruck $p = 1$ atm, muß aber bedenken, daß dieser kein echter realisierbarer, sondern nur ein hypothetischer Gaszustand ist (Bild 12.10). *Bezugszustand* ist also das ideale Gas bei $p \to 0$, *Standardzustand* aber nach wie vor das reale Gas bei $p = 1$ atm! Man sollte sich über diese Feststellung ganz genau im klaren sein.

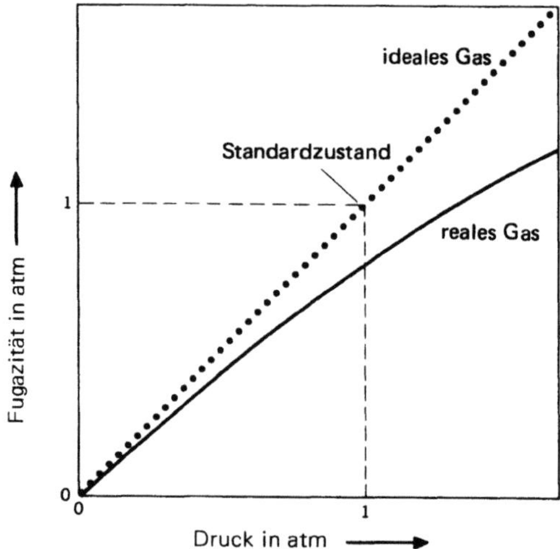

Bild 12.10 Schematische Darstellung der Druckabhängigkeit der Fugazität eines realen und idealen Gases

Der Fugazitätskoeffizient erweist sich damit als ein praktisches Maß für die zwischenmolekularen Wechselwirkungen in der Thermodynamik und verkörpert eine direkte Maßzahl für die Abweichung vom Idealzustand. Der Vorteil: Der bisherige mathematische Formalismus der Thermodynamik bleibt erhalten. Mit der neuen Zustandsvariablen f soll also für reale Gase gelten:

$$G = G^{\circ} + RT \ln f = G^{\circ} + RT \ln \gamma p, \tag{78}$$

wobei

$$\lim_{p \to 0} \gamma = 1. \tag{79}$$

Da man in der chemischen Technologie sehr oft mit realen Gasen zu tun hat, soll gezeigt werden, wie die Fugazität f eines Gases vom Druck abhängt und für $p \to 0$ Gl. (79) erfüllt. Für eine Druckänderung von p_1 auf p_2 gilt allgemein $G_2 - G_1 = \int_1^2 V \, dp$. Ergänzt man den Integranden um RT/p, so kann man dafür auch schreiben:

$$G_2 - G_1 = \int_{p_1}^{p_2} \left(\frac{RT}{p} + V - \frac{RT}{p} \right) dp = \int_{p_1}^{p_2} \frac{RT}{p} \, dp + \int_{p_1}^{p_2} \left(V - \frac{RT}{p} \right) dp$$

$$= RT \ln \frac{p_2}{p_1} + \int_{p_1}^{p_2} \left(V - \frac{RT}{p} \right) dp. \tag{80}$$

Die Verwendung der Definition (78) ergibt dann

$$RT \ln \frac{f_2}{f_1} = RT \ln \frac{p_2}{p_1} + \int\limits_{p_1}^{p_2} \left(V - \frac{RT}{p} \right) dp \tag{81}$$

und

$$RT \ln \frac{f_2/p_2}{f_1/p_1} = \int\limits_{p_1}^{p_2} \left(V - \frac{RT}{p} \right) dp. \tag{82}$$

Läßt man den Druck p_1 gegen Null gehen, so findet man

$$RT \ln \frac{f}{p} = \int\limits_{p=0}^{p} \left(V - \frac{RT}{p} \right) dp, \tag{83}$$

wenn gleichzeitig der Index 2 weggelassen wird. Dies ist die gesuchte Druckabhängigkeit der Fugazität, wie sie auch in Bild 12.10 schematisch zum Ausdruck kommt. Läßt man auch p gegen Null gehen, so resultiert

$$\lim_{p \to 0} RT \ln \frac{f}{p} = 0 \tag{84}$$

bzw.

$$\lim_{p \to 0} \frac{f}{p} = 1. \tag{85}$$

Gl. (83) diente dazu, die Druckabhängigkeit der Fugazität von Methan bei $-50\,^\circ\mathrm{C}$ aus pVT-Daten zu berechnen (Tabelle 12.4). Danach wurden $V - \frac{RT}{p}$ -Werte in einem Diagramm gegen den Druck p aufgetragen (Bild 12.11) und graphisch integriert (Spalte 5 der Tabelle 12.4). Nach dieser Methode läßt sich generell die Fugazität von Gasen berechnen, vorausgesetzt es stehen genügend pVT-Daten zur Verfügung.

Sind keine pVT-Daten, dafür aber die kritischen Daten eines realen Gases bekannt, so läßt sich die Fugazität mit Hilfe des Theorems der übereinstimmenden Zustände ermitteln (Abschnitt 12.2). Um dieses Theorem auszunützen, führen wir den Realfaktor z, dessen Abhängigkeit vom reduzierten Druck bekannt sein soll, in Gl. (83) ein, d.h. wir ersetzen V durch zRT/p:

$$RT \ln \frac{f}{p} = \int\limits_{p=0}^{p} \left(z\frac{RT}{p} - \frac{RT}{p} \right) dp = RT \int\limits_{p=0}^{p} (z-1) \frac{dp}{p}, \tag{86}$$

und erhalten nach Übergehen zum reduzierten Druck p_r

$$\ln \frac{f}{p} = \int\limits_{p_r=0}^{p_r} (z-1) \frac{dp_r}{p_r}. \tag{87}$$

Tabelle 12.4: Die Fugazität des Methans bei − 50 °C (*R. H. Perry, C. H. Chilton, S. D. Kirkpatrick:* Chemical Engineers' Handbook; 3 rd ed., MacGraw Hill Book Co., New York 1950)

p atm	V dm³ mol⁻¹	RT/p dm³ mol⁻¹	$V - RT/p$ dm³ mol⁻¹	$\int_0^p (V - RT/p)\, dp$	f/p	f atm
1	18,3	18,3	0	0	1,000	1,00
10	1,747	1,830	− 0,083	− 0,41	0,980	9,80
20	0,830	0,915	− 0,085	− 1,54	0,920	18,40
40	0,366	0,458	− 0,092	− 3,27	0,835	33,40
60	0,208	0,305	− 0,097	− 5,16	0,722	45,30
80	0,129	0,229	− 0,110	− 7,28	0,672	53,80
100	0,092	0,183	− 0,091	− 9,35	0,600	60,00
120	0,076	0,153	− 0,077	− 11,03	0,548	65,80
160	0,064	0,114	− 0,050	− 13,49	0,479	76,60
200	0,059	0,0915	− 0,0324	− 15,15	0,436	87,20
300	0,0525	0,0610	− 0,0085	− 17,10	0,393	118,00
400	0,0491	0,0458	+ 0,0033	− 17,27	0,388	155,00
600	0,0451	0,0305	+ 0,0146	− 15,36	0,432	260,00
800	0,0427	0,0229	+ 0,0198	− 11,89	0,522	418,00
1 000	0,0410	0,0183	+ 0,0227	− 7,59	0,661	661,00

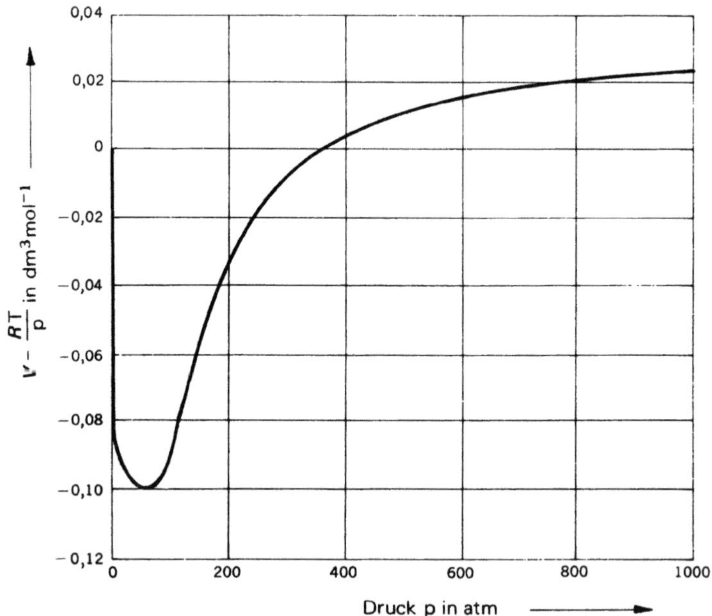

Bild 12.11 Druckabhängigkeit des Ausdruckes *V*-*R*T/p von Methan bei − 50 °C nach Tabelle 12.4

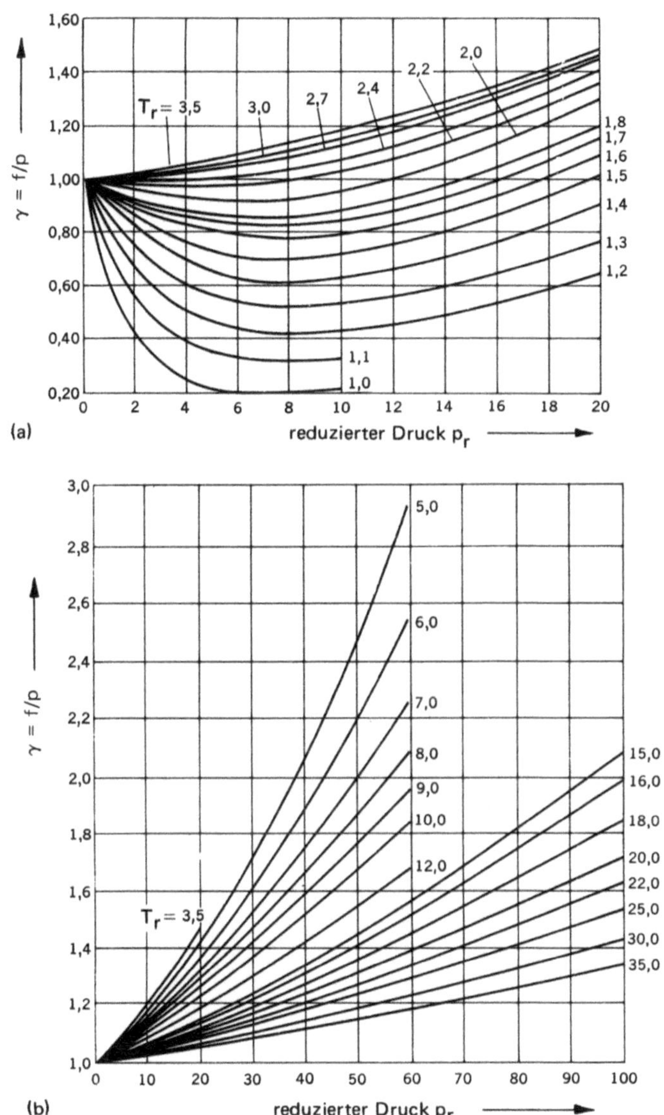

Bild 12.12 Druckabhängigkeit des Fugazitätskoeffizienten realer Gase bei verschiedenen Temperaturen; in der Nähe des kritischen Punktes (a) und bei hohen Drücken und Temperaturen (b) (*R. H. Newton:* Ind. Eng. Chem. 27 (1935) 302 und *R. H. Perry:* Chemical Engineers, McGraw Hill Book. Co., New York 1950)

Die graphische Integration von Gl. (87) wurde für Methan bei niederen und hohen Drücken durchgeführt. Ihr Ergebnis in Bild 12.12 gilt dann für beliebige Gase.

Nach diesem Kapitel über reale Gase wäre eine Behandlung der Flüssigkeiten folgerichtig, doch werden wir uns in den nächsten zwei Kapiteln zuerst den Festkörpern zuwenden. Der Festkörper stellt den Grenzfall aller starken zwischenmolekularen Wechselwirkungen dar; er besitzt keine Translationsfreiheitsgrade mehr und seine Moleküle sind im Raum (bis auf Selbstdiffusion und Schwingungen) lokalisiert. Kristalle bzw. Festkörper sind als Pendent zum idealen Gas theoretisch leichter erfassbar als Flüssigkeiten. Eine Voraussetzung dafür ist allerdings eine genaue Kenntnis des Aufbaues (Struktur). Mit der Strukturermittlung beschäftigt sich das nächste Kapitel.

Rechenbeispiele

1. Vergleichen Sie das ideale Gasvolumen mit dem v. d. Waalsvolumen von 20 g Wasserdampf bei 100 °C und 0,5 atm.

2. Bei 200 °C wird ein Druck von 41,9 atm gebraucht, um das Molvolumen von NH_3 auf 0,851 $l\,mol^{-1}$ zu reduzieren. Welchen Druck benötigt man, um das ideale Gasvolumen bzw. das v. d.-Waalsvolumen auf dasselbe Volumen zu reduzieren:

3. Zeichnen Sie die Isothermen von CO_2 bei 320 K mit Hilfe des idealen Gasgesetzes und vergleichen Sie sie mit den v. d. Waalsisothermen.

4. 5 mol N_2 in einem 1 l-Kolben übt einen Druck von 98,4 atm bei 250 K aus. Wie groß wäre der ideale Gasdruck bzw. der v. d. Waalsdruck?

5. Für die -50 °-Isotherme von Argon wurden folgende Daten ermittelt:

$\dfrac{p}{atm}$	8,99	17.65	26,01	34,10	41,92	49,50	56,86	64,02
$\dfrac{V}{dm^3\,mol^{-1}}$	2	1	0,667	0,500	0,400	0,333	0,286	0,250

   T_k und p_k betragen 151 K und 48 atm. Zeichnen Sie den Realfaktor z in Abhängigkeit vom reduzierten Druck und vergleichen Sie das Ergebnis mit Bild 12.4.

6. Das kritische Molvolumen von Wasser beträgt 0,045 $m^3\,mol^{-1}$. Vergleichen Sie diesen Wert mit dem, der aus $V_k = 3b$ folgt.

7. Zeichnen Sie in einem Diagramm die Druckabhängigkeit des Molvolumens von Wasserdampf bei 100 °C nach v. d. Waals. Vergleichen Sie diese mit der beobachteten Abhängigkeit, der folgende Daten zugrunde liegen:

    a) Bei 100 °C beträgt die Dichte des Wassers 0,958 $kgdm^{-3}$ und die des Wasserdampfes 0,00059 $kgdm^{-3}$.

    b) Wasserdampf verhält sich bei niederen Drücken ideal.

    c) Wasser läßt sich durch eine Druckerhöhung von 100 atm um 0,04 Vol% zusammendrücken.

8. Das Molvolumen von gesättigtem Wasserdampf bei 300 °C und 84,78 atm beträgt 0,3895 $dm^3\,mol^{-1}$ Wie groß ist das entsprechende ideale Gas- bzw. v. d. Waalsvolumen unter denselben Bedingungen?

9. Wie groß ist das effektive Eigenvolumen b von N_2 bei 1 atm und 25 °C sowie am kritischen Punkt?

10. Wie groß ist das v. d. Waalsvolumen eines realen Gases (1 mol) beim kritischen Punkt im Vergleich zum tatsächlichen Molekülvolumen?

11. Zeichnen Sie für $T_r = 0,8$, 1,0 und 1,2 v. d. Waalsisothermen in einem p_r, V_r-Diagramm, und zwar für p_r bis 2 und V_r bis 10. Verwenden Sie dann die 0,8-Isotherme zur Zeichnung des Zweiphasengebietes mit Hilfe des Dampfdruckes eines beliebigen Stoffes.

12. Berechnen Sie mit Hilfe der v. d. Waalsgleichung und der kritischen Daten den Durchmesser des n-Pentanmoleküls.

13. Bei hinreichend kleinen Drücken läßt sich die v. d. Waalsgleichung auf $pV = RT(1 + B(T))$ mit $B(T) = b/RT - a/(RT)^2$ reduzieren. Benutzen Sie diese Näherung zur Ermittlung des zweiten Virialkoeffizienten von CH_4 aus tabellierten a- und b-Werten.

14. Die Dichte von Wasserdampf bei 100 °C und 1 atm beträgt 0,5976 gdm^{-3}. Wie groß ist der Realfaktor? Geben Sie für ihn eine molekulare Deutung.

15. Folgende p, V-Daten von Methan bei 25 °C sind gegeben:

V dm^3 mol^{-1}	p atm	V dm^3 mol^{-1}	p atm
1	23,5	1/7	140,5
1/2	45,2	1/8	159,7
1/3	65,5	1/9	180,1
1/4	84,9	1/10	202,1
1/5	103,5	1/11	226,7
1/6	121,9	1/12	254,6

Ermitteln Sie graphisch oder durch Computerfitting die Virialkoeffizienten B, C und D von folgender Virialgleichung: $pV/RT = 1 + B/V + C/V^2 + D/V^3$.

16. Folgende CO$_2$-Daten bei 0 °C werden von *E. B. Millard:* Physical Chemistry for Colleges, 5th ed., McGrawHill Book Co., N.Y. 1941 referiert:

p atm	Dichte d gdm^{-3}	p atm	Molvolumen V dm^3 mol^{-1}
1/6	0,328	15,07	1,320
1/4	0,492	17,70	1,100
1/3	0,660	21,22	0,880
1/2	0,985	26,67	0,660
2/3	1,315		
1	1,977		

Ermitteln Sie die Virialkoeffizienten für $pV = RT (1 + Bp + Cp^2)$.

17. Die CO$_2$-Dichte beträgt bei 0 °C und 34 atm 97 gdm^{-3}, bei 50 atm 925 gdm^{-3}. Verwenden Sie die in Beispiel 16 gefundene Virialgleichung, zeichnen Sie eine pV,p-Kurve und extrapolieren Sie diese bis 50 atm. Liegen die angegebenen Werte für 34 und 50 atm auf dieser Kurve bzw. ist diese eine gute Näherung?

18. Skizzieren Sie Wasserisothermen zwischen 25 und 400 °C mit Hilfe folgender Angaben:
    a) T_k = 374 °C, p_k = 218 atm, d_k = 0,3 g ml^{-1};
    b) Siedepunkt 100 °C bei 1 atm;
    c) Wasserdampf verhält sich ideal;
    d) Wasserdampfdruck bei 25 °C beträgt ungefähr 0,03 atm;
    e) Wasserdichte beträgt 1 g ml^{-1} und ist kaum druck- und temperaturabhängig.

19. Die Kurve T_r = 1,00 in Bild 12.4 fällt in ihrem ersten Teil nahezu senkrecht ab. Warum?

Kapitel 13
Die Kristallstruktur

In Kapitel 12 klang bereits an, daß das Gegenstück zum idealen Gas der ideale Festkörper ist, und daß reale Gase und Flüssigkeiten nur gewisse Zwischenzustände darstellen. Die idealen Gase besitzen nur kinetische und die idealen Festkörper nur potentielle Energie. Die Festkörpermoleküle unterscheiden sich zudem von den Gasmolekülen durch ihre quantenstatistische Unterscheidbarkeit, weil sie im Raum auf festen Plätzen lokalisiert sind. Wie wir bereits wissen, wirkt sich dies auf die Systemzustandssumme eklatant aus: Der Permutationsfaktor N! fällt bei Festkörpermolekülen weg. Abgesehen von diesem Faktum müssen wir von jedem System, das wir statistisch behandeln wollen, seine Energiezustände (Termschema) kennen und daher primär versuchen, zu einem solchen zu gelangen. Während wir bei den Gasen ein einziges Termschema für alle Gasmoleküle hatten, ist es beim Festkörper gerade umgekehrt. Wir können ihn energetisch nur durch ein Mehrteilchenenergieschema beschreiben, weil alle Moleküle miteinander wechselwirken. Wenn wir aber ein Festkörpertermschema klassisch oder quantenmechanisch aufstellen wollen, müssen wir über die Anordnung bzw. Struktur der Festkörpermoleküle Bescheid wissen. Bevor wir uns also über statistische oder thermodynamische Festkörpereigenschaften unterhalten können, muß wenigstens die Kristallstruktur bekannt sein. Aus diesem Grunde wollen wir in diesem Kapitel über experimentelle Methoden sprechen, mit deren Hilfe eine Strukturaufklärung gelingt. Wegen der großen Streuwirkung von Röntgenstrahlen an Atomelektronen sind dafür in erster Linie Röntgenbeugungsverfahren prädestiniert.

In den Kristallen sind die atomaren Streuzentren dreidimensional unendlich angeordnet, so daß die Beugungseffekte, verglichen mit denen an Gasmolekülen, in verstärktem Maße auftreten. Röntgenbeugung stellt daher eine vorzügliche Methode dar, um die Abstände der atomaren Streuzentren exakt zu ermitteln. Mit einem Wort, aus der Lage und der Intensität der Reflexe kann auf die Kristallstruktur geschlossen werden. Aus den Reflexintensitäten läßt sich aber auch mittels Fouriersynthese auf die Elektronendichte in den Kristallen schließen und man gelangt so zu einer Einteilung der Festkörper in Ionen-, Valenz-, Metall- und Molekülkristalle.

13.1 Die Kristallsymmetrie

Eine genauere Betrachtung natürlicher oder künstlicher Einkristalle beweist, daß ihre äußere Gestalt durch Begrenzungsebenen gebildet wird, die sich durch gewisse Symmetrieoperationen zur Deckung bringen lassen. Außerdem wiederholen sich die Winkel, die die Ebenen untereinander einschließen; beide unterliegen somit bestimmten Gesetzmäßigkeiten. Kristalle können entweder rein empirisch durch ihre äußere Gestalt oder durch ihre innere atomare Molekülanordnung (Struktur) beschrieben werden. Bild 13.1 zeigt

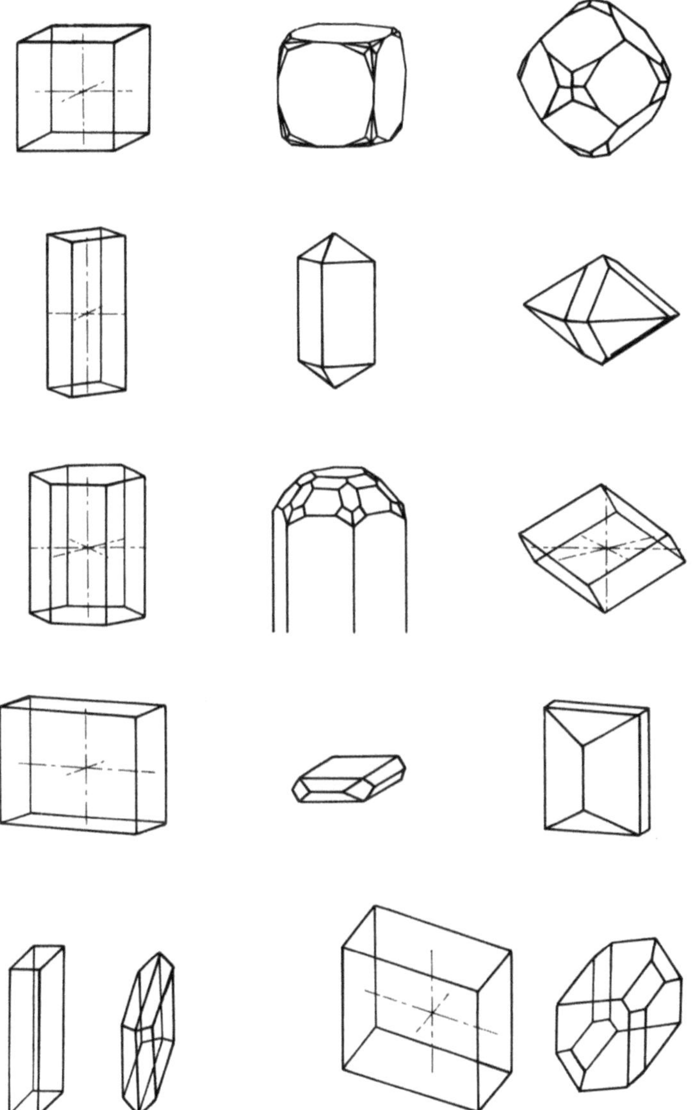

Bild 13.1 Einige idealisiert gezeichnete Kristallformen *(W. E. Ford:* Dana's Textbook of Mineralogy, 4th ed., J. Wiley & Sons, Inc. New York, 1842)

einige Kristalle, die sich, obwohl äußerlich sehr verschieden, auf wenige Grundformen zurückführen lassen. Bei diesen handelt es sich um eine Einteilung in sieben Kristallsysteme, für die die Symmetrie der inneren Struktur verantwortlich ist. Sie bedingt die äußere Kristallgestalt.

Wie die in Kapitel 4 besprochenen Moleküle besitzen auch die Kristalle folgende vier Symmetrieeigenschaften (-operationen):

1. Das *Inversionszentrum* (Spiegelung an einem Punkt),
2. die *Spiegelebene* (Spiegelung an einer Ebene),
3. die *Drehachse* (Drehung um eine n-zählige Achse) und
4. die *Drehspiegelachse* (aus einer Drehung und einer Spiegelung zusammengesetzte Operation).

Um festzustellen, ob ein Kristall ein Inversionszentrum besitzt, führt man eine Inversion an dem vermuteten Zentrum durch; unterscheidet sich der invertierte Kristall vom ursprünglichen nicht, dann ist das Zentrum ein Inversionszentrum. Auf ähnliche Weise können wir feststellen, ob die Spiegelung an einer Ebene zu einem vom ursprünglichen nicht unterscheidbaren Kristall führt. Drehen wir ihn um eine Kristallachse und wird er z. B. nach einer Drehung um 180° reproduziert, so besitzt er eine zweizählige Drehachse, usw. Die Drehspiegelung setzt sich schließlich aus einer Drehung um eine zweizählige Achse und einer nachfolgenden Spiegelung (oder umgekehrt) zusammen.

Bezieht man in die aufgezählten Operationen auch die *Translation* ein, so ergeben sich insgesamt 230 Kombinationen, die *Raumgruppen* genannt werden. Die Translation als Symmetrieoperation äußert sich makroskopisch nicht, sondern bezieht sich auf die innere atomare Struktur. Man versteht darunter die Verschiebung einer bestimmten elementaren Molekülanordnung (Elementargitter oder Elementarzelle) in gewisse Raumrichtungen, wodurch die dreidimensional unendliche Periodizität der Struktur gewährleistet (beschrieben) wird. Während Punktgruppen, gebildet aus den vier aufgezählten Operationen, zur Beschreibung von Molekülsymmetrien ausreichen, müssen zur Beschreibung der Kristallsymmetrien Raumgruppen verwendet werden. Alle Kristalle lassen sich in 230 mögliche Raumgruppen einordnen und in sieben *Kristallsystemen* zusammenfassen, wenn man diese durch gewisse minimale Symmetriebedingungen definiert. Zur Klassifikation der Kristalle genügen dann die vier genannten makroskopischen Symmetrieelemente, ermittelbar an Hand der Kristallflächen.

Um die Kristalle an Hand dieser Flächen in wenige Systeme einordnen zu können, benötigt man für sie eine geeignete Nomenklatur oder Symbolik. Diese wird auf folgende Weise eingeführt: Je nach der Symmetrie eines Kristalls läßt sich parallel zu seinen Hauptachsen immer ein Koordinatensystem so festlegen, daß die Achsenabschnitte beliebiger Flächen zueinander in einem rationalen Zahlenverhältnis stehen. Zur Veranschaulichung sind in Bild 13.2 drei Achsen mit den Einheitslängen a, b, c dargestellt. Sie werden von einer Ebene in den Punkten A, B, C geschnitten und liefern die Achsenabschnitte: $\overline{OA}$, $\overline{OB}$, $\overline{OC}$. In Einheiten von a, b, c lauten die Abschnitte: $\overline{OA}/a$, $\overline{OB}/b$, $\overline{OC}/c$. Rein empirisch beobachten wir nun, daß die Achsenabschnitte verschiedener Kristallflächen zueinander immer in einem Verhältnis rationaler Zahlen auftreten (*Gesetz der rationalen Indizes*). Das bedeutet aber nichts anderes, als daß die Abschnitte ganzzahlige Vielfache von kristallographischen Elementarlängen (a, b, c) sein müssen. Die reziproken Achsenabschnitte lassen sich durch Multiplikation mit dem gemeinsamen Nenner auf kleinstmögliche ganze Zahlen bringen und werden dann *Millersche Indizes* genannt (h, k, *l*). Jede Kristallfläche besitzt so eine ganz bestimmte hk*l*-Kombination. Diese Indizes werden wir in den nächsten Abschnitten bevorzugt zur Indizierung innerer Kristallflächen (Gitterebenen) benutzen.

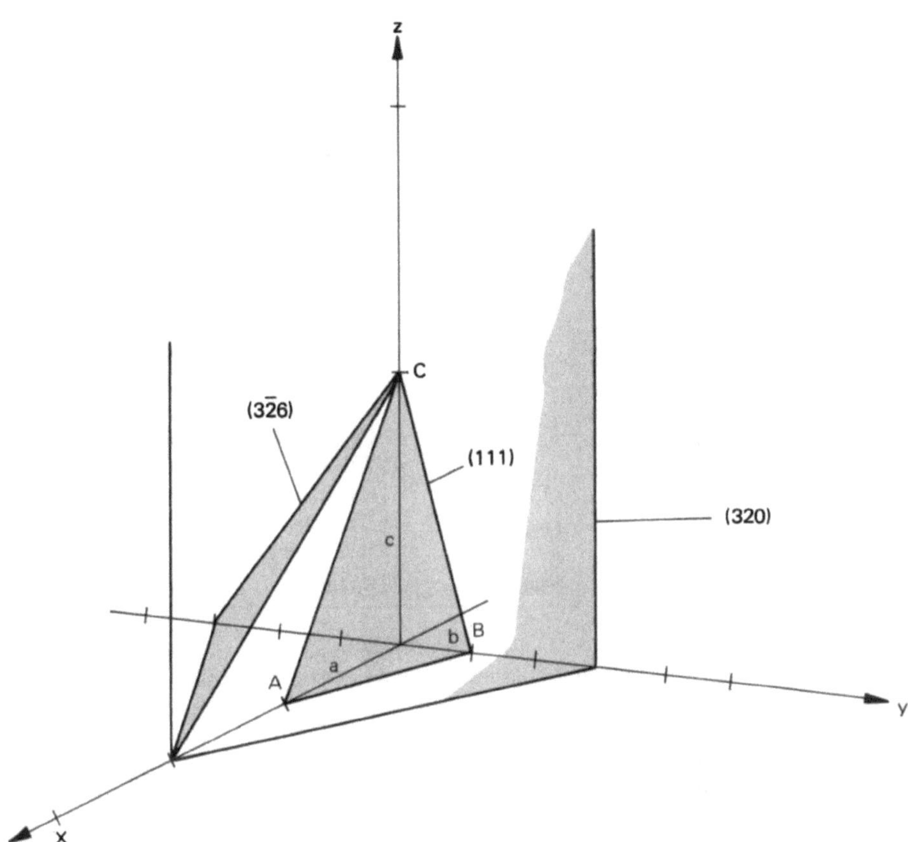

Bild 13.2 Achsenabschnitte dreier Kristallflächen oder Gitterebenen

Bei Beachtung des Gesetzes der rationalen Indizes und der geeigneten Wahl eines Koordinatensystems können alle Kristalle in sieben voneinander unabhängige Systeme bzw. in 32 *Kristallklassen* eingeteilt werden (Tabellen 13.1 und 13.2). Wie es die Raumgruppentheorie verlangt. Sehen wir uns die Tabelle 13.1 etwas genauer an, untersuchen wir also die makroskopische Symmetrie, dann machen wir eine triviale, aber wichtige Feststellung: Die einzigen Drehachsen, die vorkommen, sind 2-, 3-, 4- und 6-zählig. Die Erklärung dafür ist denkbar einfach: Es ist unmöglich, einen Raum mit beispielsweise 5-zähligen Figuren voll auszufüllen. Dies läßt schon eine zweidimensionale Darstellung erkennen. Einen Fußboden können wir lückenlos mit gleichseitigen Dreiecken, mit Rechtecken und mit Sechsecken, nicht aber mit gleichseitigen Fünfecken bedecken. Diese Erkenntnis ist schon sehr alt (*Hooke, Hauy*) und gleichbedeutend mit der Forderung, daß alle Kristalle aus regelmäßigen atomaren Untereinheiten (Elementarzellen) aufgebaut sein müssen.

Tabelle 13.1: Die 7 Kristallsysteme und 14 Bravaisgitter (vgl. Bild 13.4)

Kristallsystem	Elementargitter		Bravaisgitter	minimale Symmetriebedingungen
	Achsen	Winkel		
1. Kubisch	$a = b = c$	$\alpha = \beta = \gamma = 90°$	1. Primitiv 2. Raumzentriert 3. Flächenzentriert	vier 3-zählige Drehachsen
2. Hexagonal	$a = b, c$	$\alpha = \beta = 90°$ $\gamma = 120°$	4. Basiszentriert	eine 6-zählige Drehachse
3. Rhomboedrisch (Trigonal)	$a = b = c$	$\alpha = \beta = \gamma \neq 90°$	5. Primitiv	eine 3-zählige Drehachse
4. Tetragonal	$a = b, c$	$\alpha = \beta = \gamma = 90°$	6. Primitiv 7. Raumzentriert	eine 4-zählige Drehachse
5. Orthorhombisch	a, b, c	$\alpha = \beta = \gamma = 90°$	8. Primitiv 9. Basiszentriert 10. Raumzentriert 11. Flächenzentriert	drei 2-zählige Drehachsen
6. Monoklin	a, b, c	$\alpha = \beta = 90°$	12. Primitiv 13. Basiszentriert	eine 2-zählige Drehachse
7. Triklin	a, b, c	α, β, γ	14. Primitiv	keine Drehachse

Tabelle 13.2: Die 32 Kristallklassen mit internationaler (bzw. Schoenfliesscher) Symbolik (vgl. Abschnitt 4.4); jedes Symbol enthält die zu drei wichtigen Richtungen gehörenden Symmetrieelemente, die wie folgt definiert sind:

keine Symmetrie	1	4-zählige Drehachse	4
Spiegelebene	m	4-zählige Drehspiegelachse	$\bar{4}$
2-zählige Drehachse	2	6-zählige Drehachse	6
3-zählige Drehachse	3	6-zählige Drehspiegelachse	$\bar{6}$
3-zählige Drehspiegelachse	$\bar{3}$	Inversionszentrum	$\bar{1}$

Spiegelebenen senkrecht zu einer Drehachse stehen im Nenner

System	Beispiel	Kristallklassen
1. Kubisch	NaCl	23 (T), 43 (O), $\frac{2}{m}\bar{3}$ (T$_h$), $\bar{4}$3m (T$_d$), $\frac{4}{m}\bar{3}\frac{2}{m}$ (O$_h$)
2. Hexagonal	C (Graphit)	6 (C$_6$), $\bar{6}$ (C$_{3h}$), 62 (D$_6$), 6 mm (C$_{6v}$), $\bar{6}$ m (D$_{3h}$), $\frac{6}{m}$ (D$_{3h}$), $\frac{6}{m}\frac{2}{m}\frac{2}{m}$ (D$_{6h}$)
3. Rhomboedrisch	Ca Mg (CO$_3$)$_2$	3 (C$_3$), $\bar{3}$ (C$_{3i}$), 3 mm (C$_{3v}$), 32 (D$_3$), $\bar{3}\frac{2}{m}$ (C$_{3d}$)
4. Tetragonal	TiO$_2$	4 (C$_4$), $\bar{4}$ (S$_4$), $\frac{4}{m}$ (C$_{4h}$), 42 (D$_4$), $\bar{4}$2m (D$_{2d}$), 4 mm (C$_{4v}$), $\frac{4}{m}\frac{2}{m}\frac{2}{m}$ (D$_{4h}$)
5. Orthorhombisch	BaSO$_4$	222 (D$_2$), 2 mm (C$_{2v}$), mm (D$_{2h}$)
6. Monoklin	CaSO$_4 \cdot$ 2 H$_2$O	2 (C$_2$), m (C$_s$), $\frac{2}{m}$ (C$_{2h}$)
7. Triklin	K$_2$Cr$_2$O$_7$	1 (C$_1$), $\bar{1}$ (C$_s$)

13.2 Kristallgitter und Elementarzelle

Wie die periodische Anordnung der Bausteine in einem Kristall zustande kommt, zeigt bereits Bild 13.3 für den hypothetischen Fall zweidimensionaler Punktgitter. Es gibt insgesamt nur fünf solche Punktgitter. Jedes weitere kann sich von den eingezeichneten nur in der Größe der Abstände a und b sowie dem Winkel unterscheiden, wenn die Periodizität erhalten bleiben soll. Ihre kleinsten Einheiten (*Elementargitter*) ergeben durch fortgesetzte Translation in den zwei Raumrichtungen das gesamte Punktgitter. Im dreidimensionalen Raum gibt es insgesamt 14 Punktgitter (*Bravaisgitter*). Ihre Einheiten sind in Bild 13.4 dargestellt; sie besitzen die in Tabelle 13.1 aufgezählten Symmetrieeigenschaften und lassen sich daher auch den sieben Systemen zuordnen.

Werden die einzelnen Elementar- bzw. Punktgitter mit Atomen, Ionen oder Molekülen besetzt, so spricht man von *Elementarzellen* bzw. *Kristallgitter*. Liegt nur eine Teilchensorte vor, so entsprechen die Elementarzellen den Bravaisgittern. Bei mehreren Teilchensorten ergibt sich das Kristallgitter durch Ineinanderstellen mehrerer Bravaisgitter (z. B. Kationen und Anionen in Ionenkristallen).

Man kann die Elementarzellen auch noch von einem anderen Gesichtspunkt aus diskutieren. Es gibt unter den Zellen solche, wo nur die Ecken von Atomen oder Molekülen besetzt sind, und andere, wo diese auch die Seitenflächen oder den Innenraum einnehmen. Zellen der ersten Art heißen *primitive* Elementarzellen. Da jedes Atom oder Molekül nur zu einem Achtel der Zelle angehört, enthält jede primitive Elementarzelle nur ein Atom bzw. Molekül. Zellen der zweiten Art bezeichnet man als *basiszentrierte* bzw. *flächenzentrierte* bzw. *innenzentrierte* Elementarzellen; sie enthalten mehr als ein Atom pro Zelle.

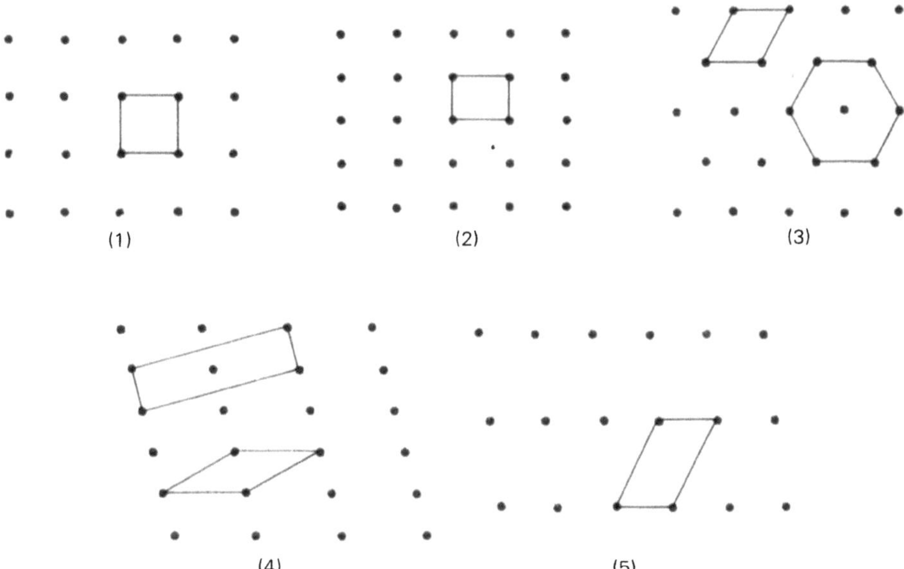

Bild 13.3 Die fünf periodisch wiederholbaren Elementareinheiten eines zweidimensionalen Gitters

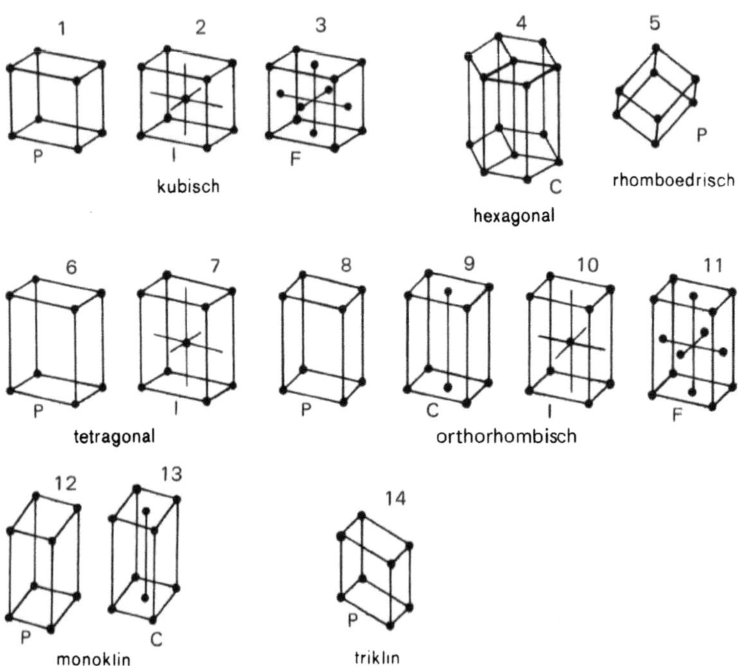

Bild 13.4 Die 14 Bravaisgitter (P primitiv, I raum- oder innenzentriert, F allseitig
flächenzentriert, C basiszentriert)

Zur quantitativen Beschreibung der Elementarzellen legt man den Symmetrieeigenschaften angepaßte Koordinatensysteme fest und gibt darin ihre Abmessungen
(Kantenlängen + Winkel) an. Bei den kubischen Elementarzellen empfiehlt sich das
orthogonale kartesische Koordinatensystem von selbst. Zur Angabe der Abmessung
genügt die Kubuslänge a. Hinzugefügt wird, ob es sich um eine primitive, flächenzentrierte oder raumzentrierte kubische Zelle handelt. Auch bei den tetragonalen Elementarzellen nimmt man das kartesische Koordinatensystem, benötigt aber die Angabe von
zwei Kantenlängen a und c, da $a = b \neq c$ ist. Bei den anderen werden zweckmäßig schief-
winkelige Koordinatensysteme verwendet (vgl. Tabelle 13.1). Je höher symmetrisch ein
Kristall ist, umso weniger Bestimmungsstücke seiner Elementarzelle sind notwendig. Bei
den Kristallen der niedrigsten Symmetrie (triklin), braucht man insgesamt drei Winkel
und drei Kantenlängen. Allgemein werden die Elementarzellen durch die drei Vektoren
a, **b**, **c** im betreffenden Koordinatensystem definiert (Bild 13.5). a, b, c sind die Beträge
dieser Vektoren (*Gitterkonstanten*); durch ihre Vielfache werden Gitterpunkte und Raumrichtungen definiert.

Auch die Millerschen Indizes, zunächst nur zur Beschreibung äußerer Kristallflächen
eingeführt, erscheinen bei atomarer Betrachtung in einem neuen Licht. Sie charakterisieren jetzt *Gitterebenen*, also innere Kristallebenen, die Gitterpunkte enthalten (Bild 13.6).
Man sollte sich immer bewußt sein, daß die hkl-Indizes reziprok definiert wurden: Kleine
Indizes bedeuten große Koordinatenabschnitte und umgekehrt. Zu Koordinatenachsen
parallele Gitterebenen sind durch den Index 0 gekennzeichnet.

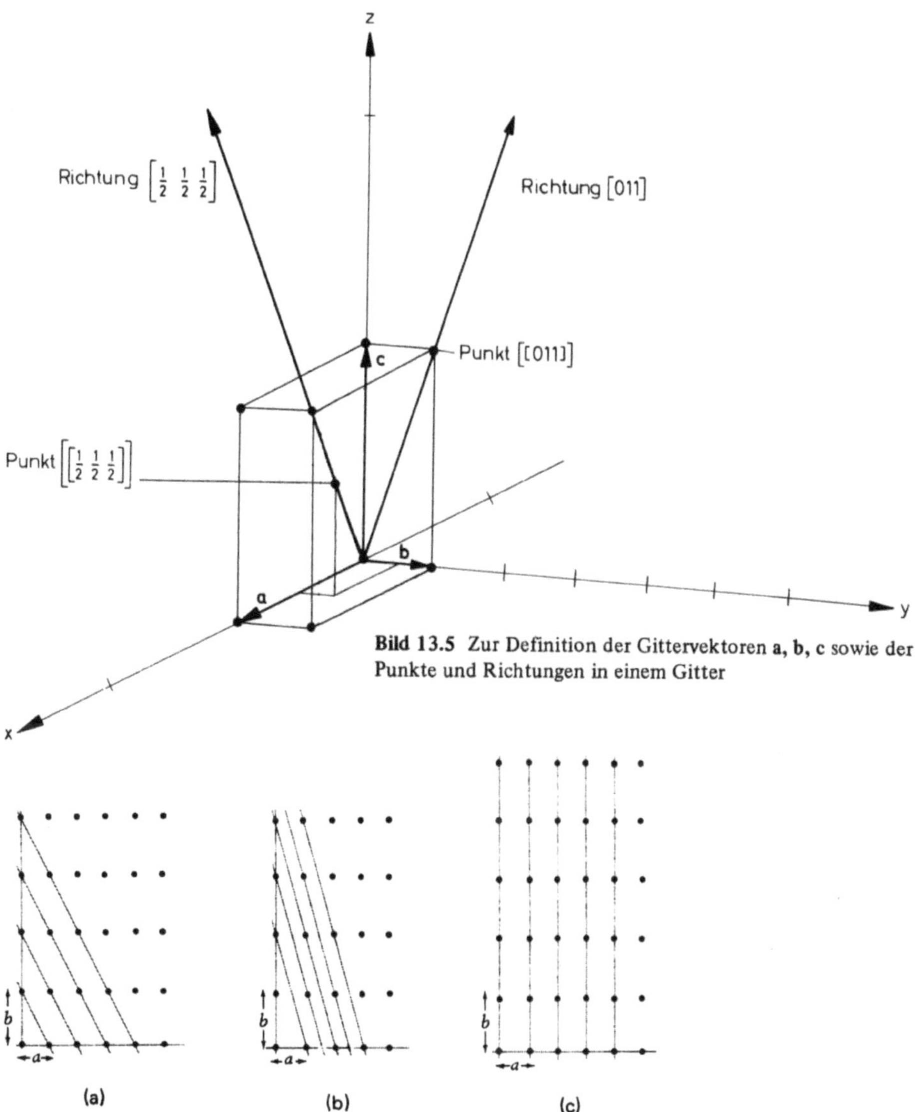

Bild 13.5 Zur Definition der Gittervektoren **a**, **b**, **c** sowie der Punkte und Richtungen in einem Gitter

Bild 13.6 Beispiele für Gitterebenen (c-Achse senkrecht zur Papierebene)
(a) Ordinatenabschnitte: a, b, ∞; Millersche Indizes: 1, 1, 0
(b) Ordinatenabschnitte: a/2, b, ∞; Millersche Indizes: 2, 1, 0
(c) Ordinatenabschnitte: a, ∞, ∞; Millersche Indizes: 1, 0, 0

Eine wichtige Größe in der Theorie der Röntgenbeugung und bei der Auswertung der Röntgenbilder ist der *Gitterebenenabstand* d_{hkl}, der kleinste Abstand zwischen zwei parallelen (hk$l$)-Gitterebenen. In Bild 13.7 ist eine (hk$l$)-Ebene gezeichnet. Wegen der Definition der Millerschen Indizes besitzt diese Ebene die Koordinatenabschnitte a/h, b/k, c/l. Gesucht ist nun der Abstand vom Koordinatenursprung, denn dieser ist identisch mit d_{hkl}, weil die nächste parallele Ebene durch den Ursprung gehen soll.

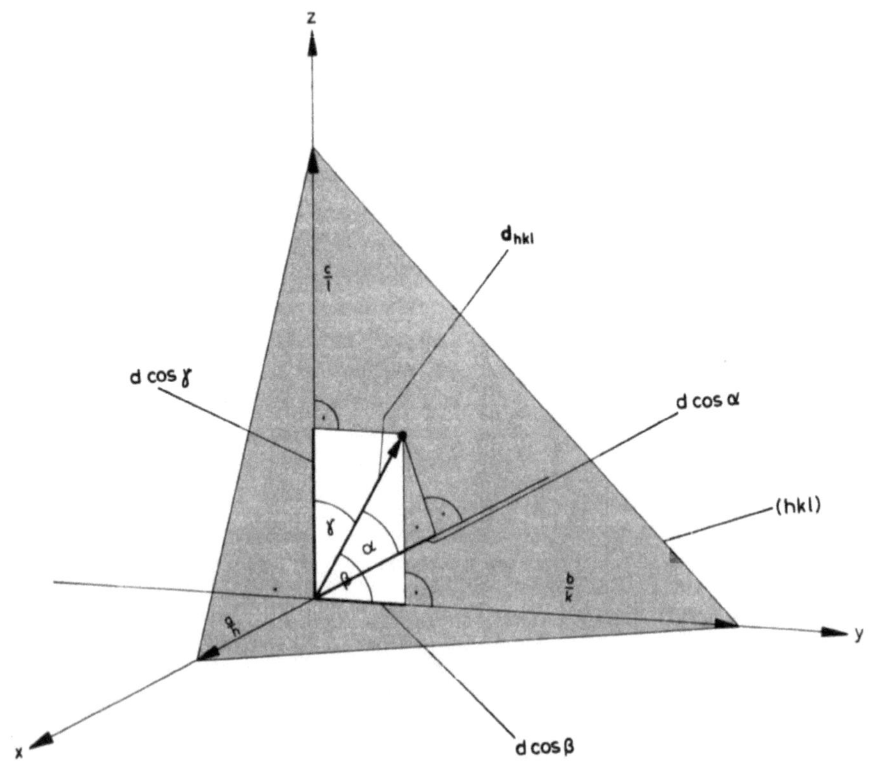

Bild 13.7 Skizze zur Berechnung von d$_{hkl}$

Mit den Beziehungen

$$(d\cos\alpha)^2 + (d\cos\beta)^2 + (d\cos\gamma)^2 = d^2 \tag{1}$$

bzw.

$$(\cos\alpha)^2 + (\cos\beta)^2 + (\cos\gamma)^2 = 1 \tag{2}$$

und

$$\frac{a}{h}\cos\alpha = d, \quad \frac{b}{k}\cos\beta = d, \quad \frac{c}{l}\cos\gamma = d \tag{3}$$

bekommt man dann

$$\frac{h^2}{a^2} + \frac{k^2}{b^2} + \frac{l^2}{c^2} = \frac{1}{d^2} \tag{4}$$

und für den Spezialfall des kubischen Gitters (a = b = c):

$$h^2 + k^2 + l^2 = \frac{a^2}{d_{hkl}^2}. \tag{5}$$

Definiert man anstelle der Vektoren $\mathbf{a}, \mathbf{b}, \mathbf{c}$, die die Elementarzelle aufspannen, sogenannte *reziproke (orthogonale) Vektoren* $\mathbf{a}^*, \mathbf{b}^*, \mathbf{c}^*$ durch

$$\mathbf{a}^* = \frac{\mathbf{b} \times \mathbf{c}}{V}, \qquad V \text{ Volumen der Elementarzelle} = \mathbf{a} \cdot \mathbf{b} \cdot \mathbf{c};$$

$$\mathbf{b}^* = \frac{\mathbf{c} \times \mathbf{a}}{V}, \qquad \mathbf{a}\mathbf{a}^* = 1, \ \mathbf{b}\mathbf{b}^* = 1, \ \mathbf{c}\mathbf{c}^* = 1; \ \mathbf{a}\mathbf{b}^* = 0, \ \mathbf{b}\mathbf{c}^* = 0, \text{ usw.}$$

$$\mathbf{c}^* = \frac{\mathbf{a} \times \mathbf{b}}{V}, \tag{6}$$

so kann man Gl. (4) auch schreiben:

$$h^2 \, \mathbf{a}^{*\,2} + k^2 \, \mathbf{b}^{*\,2} + l^2 \, \mathbf{c}^{*\,2} = \sigma_{hkl}^2. \tag{7}$$

Für den reziproken Gitterebenenabstand $1/d_{hkl}$ wurde der Vektor σ_{hkl} eingeführt. Er steht wie $\mathbf{d}_{hkl}$ senkrecht auf der (hkl)-Ebene. Ordnet man auf diese Weise jeder möglichen Gitterebene einen σ-Vektor zu, so stellen die Spitzen der Vektoren ein *reziprokes Gitter* (im reziproken Raum) dar.

13.3 Braggsche Reflexion und Einkristallverfahren

Alle Röntgenbeugungsverfahren basieren auf der Streuung der tief in den Kristall eindringenden Röntgenstrahlen. Streuzentren sind die periodisch regelmäßig angeordneten Atome (und Moleküle) bzw. deren Elektronenhülle. Beugungsbilder entstehen dadurch, daß zwischen den gestreuten Wellen Phasenverschiebungen auftreten, die zu konstruktiver oder destruktiver Interferenz führen (Abschnitt 8.3). Dringt ein monochromatischer Röntgenstrahl in den Kristall ein, so wird er an den Gitterebenen infolge der Streuung teilweise reflektiert; die reflektiert gestreuten Wellen des Strahls interferieren konstruktiv nur in gewissen Raumrichtungen. Wären dabei die Gitterebenenabstände nicht von derselben Größenordnung wie die Wellenlängen des Röntgenstrahls (Å-Bereich), so würde keine Beugung eintreten.

Die *Interferenzbedingung* für die Beugung an Kristallen läßt sich an Hand von Bild 13.8 ermitteln. Alle einfallenden Strahlen seien zueinander in Phase. Der Wegunterschied der beiden gezeichneten Wellen beträgt nach der Streuung

$$\delta = 2 \, \mathrm{d} \sin \frac{\theta}{2} . \tag{8}$$

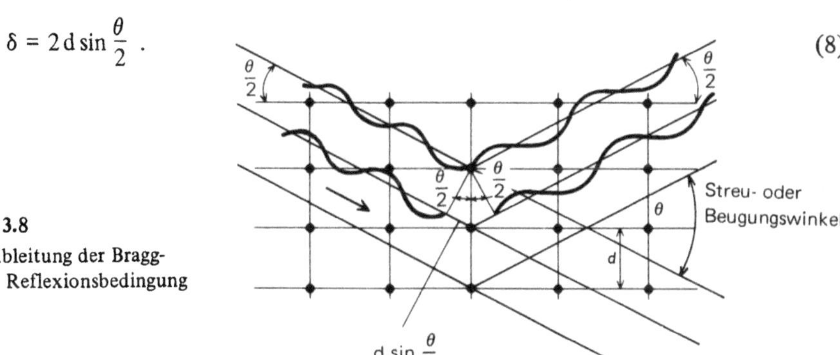

Bild 13.8
Zur Ableitung der Braggschen Reflexionsbedingung

Ist δ ein ganzzahliges Vielfaches von λ, so tritt maximale konstruktive Interferenz ein. Die zugehörige Bedingung lautet daher:

$$2\mathrm{d}\,\sin\frac{\theta}{2} = \mathrm{n}\lambda. \tag{9}$$

Sie ist unter dem Namen *Braggsche Interferenz-* oder *Reflexionsbedingung* bekannt. Ist sie bei einem bestimmten Streuwinkel $\frac{\theta}{2}$ erfüllt, so werden auf einer photographischen Platte oder auf einem Film Beugungsflecke (*Reflexe*) sichtbar. Bei bekannter Wellenlänge λ und gemessenem Streuwinkel $\frac{\theta}{2}$ kann daher nach Gl. (9) der Gitterebenenabstand d berechnet werden.

Eine graphische Darstellung der Reflexionsbedingung (9) im realen Raum zeigt Bild 13.9a und im reziproken Raum Bild 13.9b. Hat der einfallende Strahl die Richtung $\overline{\mathrm{AO}}$ und beträgt der Winkel zwischen $\overline{\mathrm{AO}}$ und $\overline{\mathrm{AP}}$ $\theta/2$, so muß AP der Lage der reflektierenden (hk$l$)-Ebene entsprechen und diese sich in K befinden. Der reflektierte Strahl hat deshalb die Richtung $\overline{\mathrm{KP}}$ und der reziproke Gitterabstandsvektor σ (= $\overline{\mathrm{OP}}$) steht senkrecht zur Gitterebene. Da σ im reziproken Raum aufgrund seiner Definition immer zu dem reziproken Gitterpunkt (hk$l$) weist, ist P ein reziproker Gitterpunkt und O der Ursprung des reziproken Raums. Immer wenn ein reziproker Gitterpunkt auf dem Kreis bzw. auf der Kugeloberfläche zu liegen kommt, ist die Reflexionsbedingung erfüllt und der gebeugte Strahl hat maximale Intensität. Ein Reflex auf dem Film ist das Resultat. Der Reflex ist also eine „Photographie" des reziproken Gitterpunktes (hk$l$). Alle Beugungsbilder, egal nach welchem experimentellen Verfahren aufgenommen, sind daher „Photographien" des reziproken Gitters und jeder Reflex stammt von einer ganz bestimmten Gitterebene. Dies ist auch der Grund, warum in der Theorie der Röntgenbeugung und zu ihrer Deutung der reziproke Raum eingeführt wird. Mathematisch ausgedrückt: Die Beugung entspricht einer Transformation vom realen in den reziproken Raum.

Es gibt drei Verfahren zur Abbildung von Einkristallen: 1. Das Laueverfahren bei feststehendem Kristall und mit Variation der Röntgenwellenlänge, 2. das Drehkristallverfahren bei konstanter Wellenlänge und mit Drehung des Kristalls und 3. das Präzessionsverfahren, eine spezielle Variante des Drehkristallverfahrens. Sie können an Hand der in Bild 13.9b erklärten *Reflexions-* oder *Ewaldkugel* diskutiert werden.

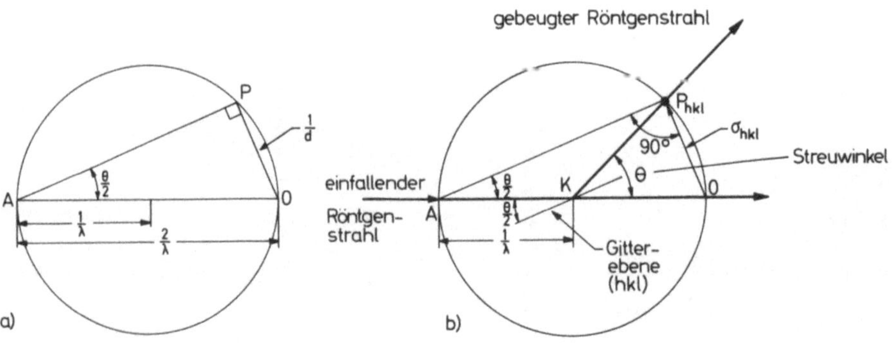

Bild 13.9 Darstellung der Reflexionsbedingung im realen (a) und im reziproken Raum (b)

1. Laueverfahren

Immer wenn ein reziproker Gitterpunkt auf der Reflexionskugel zu liegen kommt, gelangt eine Gitterebene zur Abbildung. Da eine Variation der Wellenlänge eine solche des Kugeldurchmessers bewirkt, werden bei Verwendung von weißem Röntgenlicht auch Ebenen abgebildet, die sonst ausgeschlossen sind. Da der Wellenlängenbereich von weißem Röntgenlicht jedoch begrenzt ist, gelangen nur die innerhalb der größeren und außerhalb der kleineren Kugel (Bild 13.10) liegenden reziproken Gitterpunkte zur Abbildung.

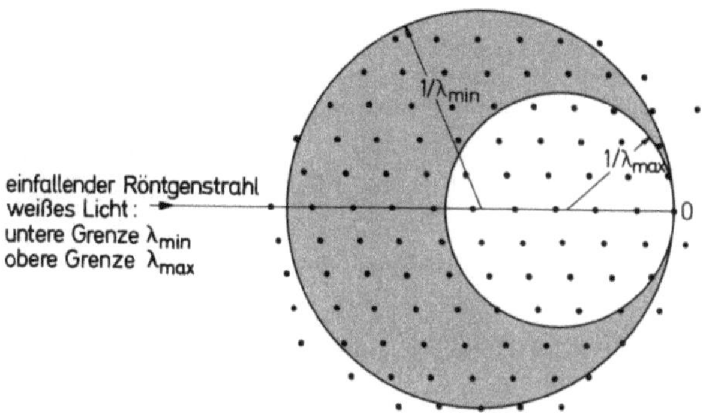

Bild 13.10 Schnitt durch den reziproken Gitterraum mit begrenzenden Reflexionskugeln beim Laueverfahren (*L. V. Azaroff*: Elements of X-Ray Crystallography, McGraw Hill Book Co., N. Y. 1968)

2. Drehkristallverfahren

Beim Drehkristallverfahren wird der Kristall um eine Hauptachse gedreht und mit ihm gleichzeitig das reziproke Gitter um eine dazu parallele Achse, die durch den Ursprung des reziproken Raumes geht (Bild 13.11). Bei der Drehung gehen nun verschiedene reziproke Gitterpunkte durch die Oberfläche der Reflexionskugel und geben jedesmal einen Reflex. Wird z. B. ein tetragonaler Kristall um die c-Achse gedreht, so bedeutet dies ein Abbilden der reziproken Gitterpunkte (hk0), (hk1), (hk2), (hk$\bar{1}$), (kh$\bar{2}$) usw. Da diese voneinander denselben Abstand haben, entstehen im realen Raum Beugungskegel. Wird daher das Beugungsbild auf einem zylindrischen Film sichtbar gemacht (Bild 13.12), so

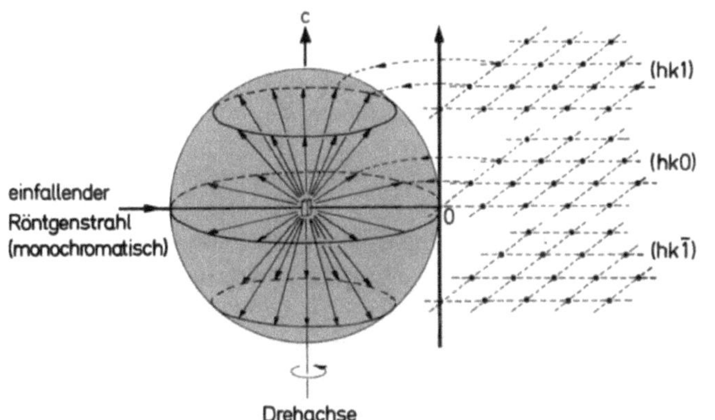

Bild 13.11

Reziprokes Gitter und Reflexionskugel beim Drehkristallverfarhen (*L. V. Azaroff*: Elements of X-Ray Crystallograph. McGraw Hill Book Co., N. Y., 1968

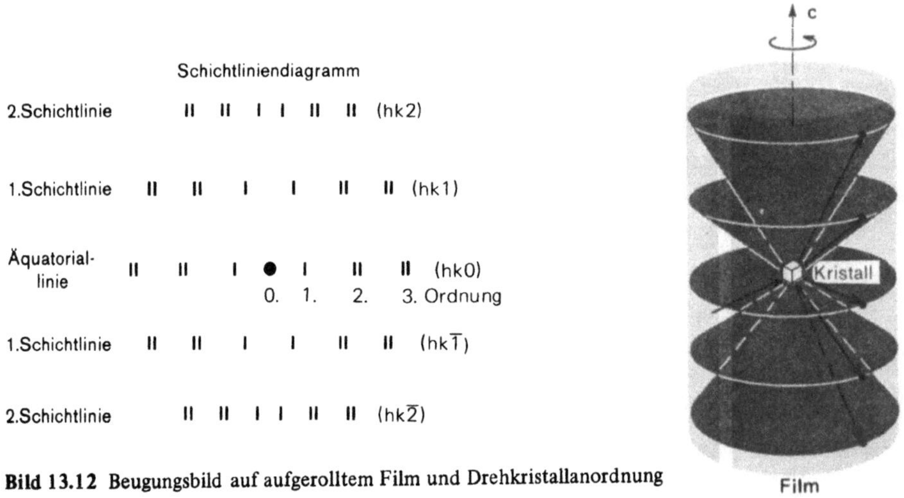

Bild 13.12 Beugungsbild auf aufgerolltem Film und Drehkristallanordnung

sieht man nach dem Aufrollen des Films ein Schichtenliniendiagramm. Der Abstand der einzelnen Schichten entspricht der Gitterkonstanten c. Alle Äquatorialreflexe bei einer Rotation um die c-Achse stammen von (hk0)-Ebenen (Flächen parallel zur c-Achse). Die anderen Schichtlinienreflexe liegen symmetrisch zu beiden Seiten der Äquatorialreflexe und gehören zu (hk1)-Ebenen, also zu solchen, die gegen die Drehachse geneigt sind. Eine vollständige Strukturanalyse erfordert zwei weitere Drehkristallaufnahmen, und zwar mit Rotationen des Kristalls um die a- und b-Achse.

Greift man die Äquatorialreflexe heraus, so lassen sich zu ihrer Indizierung die Reflexe höherer Beugungsordnung so auffassen, als seien sie Reflexe 1. Ordnung mit den Gitterebenenabständen d/n. Durch Umformung von Gl. (9) ergibt sich nämlich:

$$\lambda = 2\,\frac{d}{n}\sin\frac{\theta}{2} = 2d_{hko}\sin\frac{\theta}{2}. \tag{10}$$

Jedem Reflex kann daher eine bestimmte erzeugende (hk0)-Ebene zugeordnet werden, und zwar mit dem Gitterabstand d_{hko}. Ein (200)-Reflex entspricht so einem (100)-Reflex mit dem halben (100)-Gitterebenenabstand. Diese Zuordnung ist sinnvoller als die Charakterisierung durch verschiedene Beugungsordnungen. Ähnlich geht man auch bei den anderen Schichten vor.

3. Präzessionsverfahren

Eine neuerdings oft benutzte Variante des Drehkristallverfahrens ist das Präzessionsverfahren. Ein Einkristall wird entlang einer Hauptachse präzessionsartig um den Röntgenstrahl gedreht. Mit dem Effekt, daß auf einer dahinterliegenden Photoplatte nur Reflexe mit hk0, h0*l* und 0k*l* auftreten. Wird dazu die Photoplatte synchron mit der Präzessionsbewegung mitgedreht, so lassen sich aus den reziproken Reflexabständen direkt die Gitterebenenabstände ablesen.

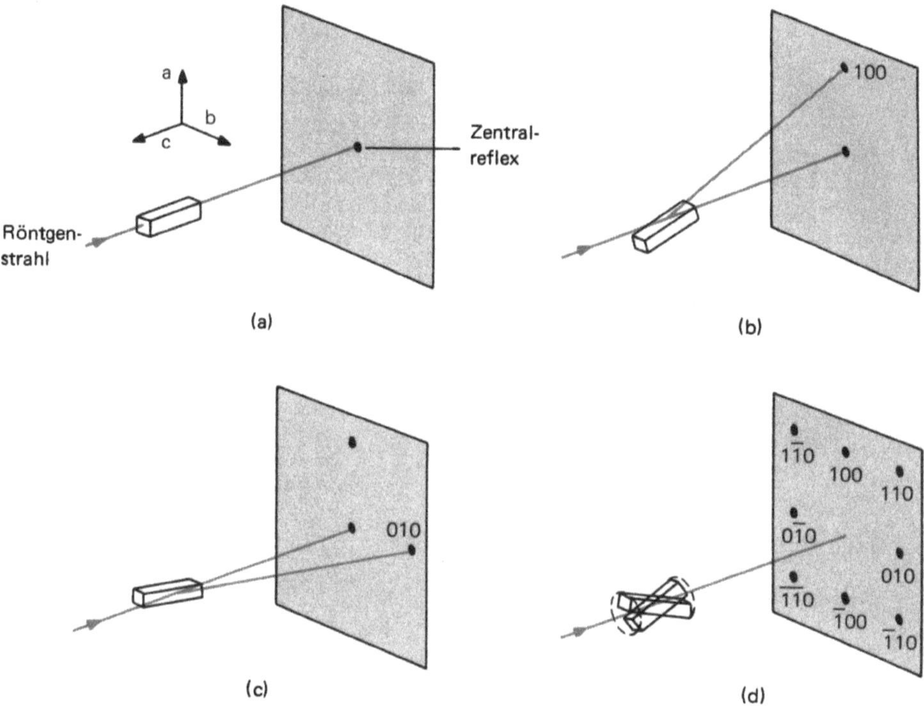

Bild 13.13 Zum Entstehen der Reflexe beim Präzisionsverfahren

Wir betrachten hierzu Bild 13.13. Der Kristall wird so eingespannt, daß seine c-Achse parallel zur Röntgeneinfallsrichtung liegt (Bild 13.13a). Wird nun der Kristall wie in Bild 13.13b gegen die Einfallsrichtung gekippt, so reflektieren nur die 100-Ebenen und erzeugen einen 100-Reflex. Dieser liegt senkrecht über dem Zentralreflex, wenn der Kristall eine kubische oder tetragonale Struktur besitzt (a = b). Wird der Kristall bei gleichbleibendem Einfallswinkel auf die Seite gedreht, so erzeugen die 010-Ebenen einen 010-Reflex auf einer zum Zentralreflex horizontalen Linie (Bild 13.13c). Wird er unter demselben Einfallswinkel auf die andere Seite gedreht, erzeugen dieselben Ebenen einen 01̄0-Reflex. Bei einer vollen Drehung um die Einfallsrichtung (= Präzessionsbewegung) entstehen auf diese Weise alle hk0-Reflexe (Bild 13.13d). Während alle 0k0-Reflexe auf der Horizontallinie zu liegen kommen, befinden sich die hk0- und hk̄0-Reflexe auf den diagonalen Linien. Im ersten Fall deshalb, weil die erzeugenden 0k0-Ebenen gegen die a-Achse nicht und im zweiten Fall, weil die hk0- und hk̄0-Ebenen unter 45° gegen die a-Achse geneigt sind. Die Richtung der Reflexe (vom Zentralreflex aus gesehen) ist also identisch mit der Flächennormalen der Gitterebenen. Dies ist ein wichtiger Punkt beim Präzessionsverfahren. Stehen nämlich die Kristallhauptachsen nicht senkrecht aufeinander, so wird zwar die Indizierung etwas undurchsichtiger, doch die Reflexrichtungen stehen nach wie vor senkrecht aufeinander. Bild 13.14 zeigt hierzu als Anwendungsbeispiel die Aufnahme eines Lysozymchloridkristalls.

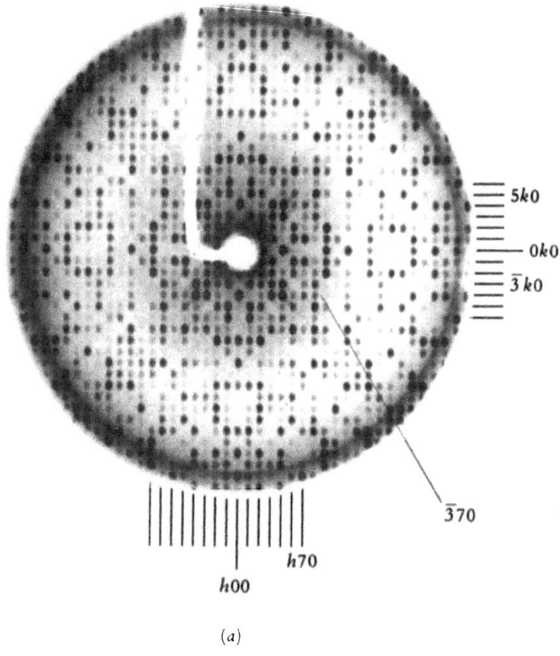

(a)

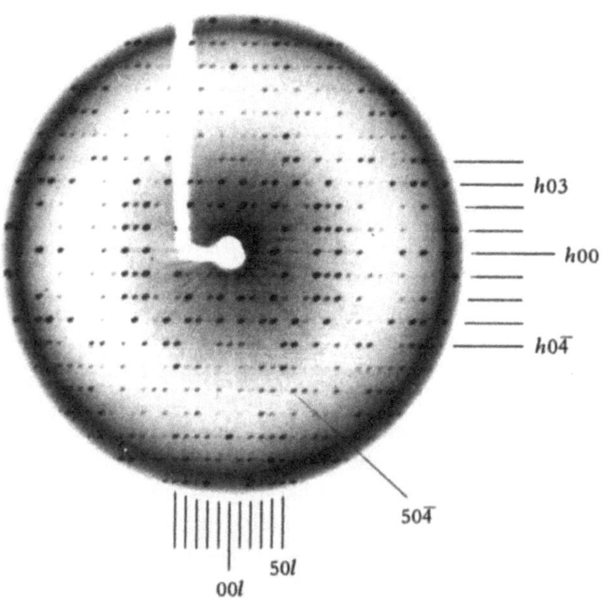

(b)

Bild 13.14
Beugungsbild eines Lysozymchloridkristalles mit hk0- (a) und h0*l*-Reflexen (b) (*J. R. Knox:* J. Chem. Educ. 49 (1972) 476)

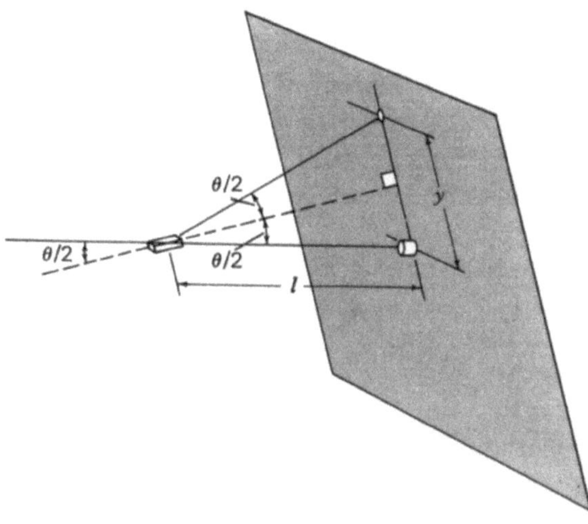

Bild 13.15

Skizze zur Herleitung der Reziprozitätsrelation (12) beim Präzessionsverfahren

Ein zweiter wichtiger Punkt beim Präzessionsverfahren betrifft die synchron geführte Bewegung der Photoplatte. Da die Kristallhauptachse immer senkrecht zur Platte mitbewegt wird, sind die Reflexabstände (vom Zentralreflex) umgekehrt proportional zu den Gitterabständen d_{hkl}. Dies läßt sich an Hand von Bild 13.15 leicht beweisen. Ist eine Kristallachse im Winkel $\theta/2$ gegen die Einfallsrichtung geneigt, so gilt

$$\sin\frac{\theta}{2} = \frac{y/2}{l}. \tag{11}$$

Mit der Braggschen Beziehung $\lambda = 2\,d_{hkl}\sin\theta/2$ kombiniert, ergibt das den Ausdruck

$$d_{hkl} = \frac{\lambda}{2\sin\frac{\theta}{2}} = \frac{\lambda l}{y}. \tag{12}$$

Bei bekannter Wellenlänge λ und bekannter Kameralänge l (= Kristall-Plattenabstand) läßt sich damit nach Ausmessen von y d_{hkl} eines jeden Reflexes einfach ermitteln. An Hand von Bild 13.14a wurde z. B. für $2y_{700}$ der Wert 27,3 mm gefunden. Dies ergibt bei einer Kameralänge von 100 mm und einer Wellenlänge von 0,1542 nm den Abstand

$$d_{700} = \frac{\lambda l}{y} = \frac{1,54\cdot 10^{-10}\cdot 100}{13,65} = 11,29\cdot 10^{-10}\ \text{m} = 11,29\ \text{Å} \tag{13}$$

bzw.

$$d_{100} = 7\,d_{700} = 79,1\ \text{Å}. \tag{14}$$

Nachdem aber d_{100} identisch mit a ist, hat man bereits eine Kantenlänge der Elementarzelle gefunden. Aus derselben Aufnahme folgt auch a = b (tetragonale Struktur), weil die vertikalen und horizontalen Reflexabstände gleich groß sind. Aus den h0l-Reflexen des Bildes 13.14 ergibt sich bei analoger Auswertung der c-Wert 37,9 Å. Die Abmessungen der tetragonalen Elementarzelle des Lysozymchlorids betragen somit a = b = 79,1 Å, c = 37,9 Å und das Zellenvolumen $V = a^2 c = 237\,100\ \text{Å}^3$.

Mit den Abmessungen der Elementarzelle können wir die Zahl der Proteinmoleküle pro Zelle berechnen. Aus einer geeigneten Proteinfraktion wurde die Dichte des Lysozymchloridkristalls zu $1{,}24\ \mathrm{kg\,dm^{-3}}$ und der Proteinanteil zu $67\,\%$ bestimmt. Die Molmassenbestimmung dieser Fraktion lieferte $15\ \mathrm{kg\,mol^{-1}}$. Die Molekülzahl pro Zelle beträgt daher

$$z = 0{,}67\,\frac{\mathrm{d}V N_A}{M} = 0{,}67\,\frac{1240 \cdot 237\,100 \cdot 10^{-30} \cdot 6 \cdot 10^{23}}{15} \cong 8 \tag{15}$$

Bei der Aufnahmetechnik des Präzessionsverfahrens sind die Reflexabstände y immer indirekt proportional zu d_{hkl}. Denn jede hkl-Ebene erzeugt einen Reflex, dessen Richtung vom Zentralreflex senkrecht auf der Gitterebene steht. Damit ist das Beugungsbild eine echte Photographie des reziproken Gitters.

13.4 Das Debye-Scherrerverfahren und die NaCl-Struktur

Ein für die Röntgenpraxis sehr wichtiges Verfahren ist das *Debye-Scherrerverfahren*, dann nämlich, wenn man von einer Substanz keine Einkristalle besitzt. Während man bei den Einkristallverfahren um Achsen drehen muß, liegen bei einem Kristallpulver sämtliche Kristallorientierungen wegen der in allen Lagen vorkommenden Kriställchen bereits vor. Das Zustandekommen einer Debye-Scherreraufnahme können wir wieder mit Hilfe der Reflexionskugel und des reziproken Gitters erklären. Greifen wir einen Vektor σ_{hkl} heraus, so kommt dieser in allen möglichen Raumlagen vor. Alle reziproken Gitterpunkte (hkl) müssen deshalb im reziproken Raum auf einer Kugel liegen. Dasselbe gilt auch für alle anderen Vektoren bzw. Gitterebenen, so daß sich um den Ursprung 0 konzentrische Kugeln ergeben. Die Interferenzbedingung ist wiederum nur dann erfüllt, wenn diese die Reflexionskugel schneiden (Bild 13.16). Das bedeutet andererseits das Zustandekommen von konzentrischen Beugungskegeln im realen Raum, wovon jeder einer bestimmten reflektierenden Gitterebene entspricht. Bringt man nun wie in Bild 13.17 gezeigt, einen Film um das beugende Präparat, so bekommt man nach dem Aufrollen charakteristische sichelförmige Reflexe. Jedem Reflex ist also eine Gitterebene zugeordnet.

Bei allen Untersuchungen, egal nach welchem Verfahren, gilt es bei der Strukturaufklärung zuerst einmal, die Reflexe zu identifizieren, mit anderen Worten, diese nach

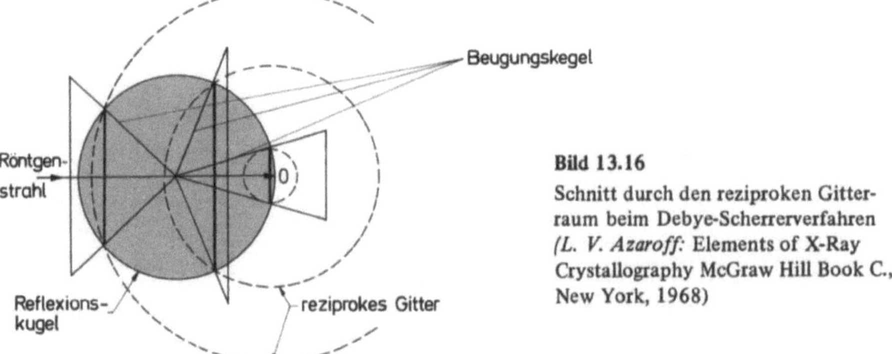

Bild 13.16

Schnitt durch den reziproken Gitterraum beim Debye-Scherrerverfahren (*L. V. Azaroff:* Elements of X-Ray Crystallography McGraw Hill Book C., New York, 1968)

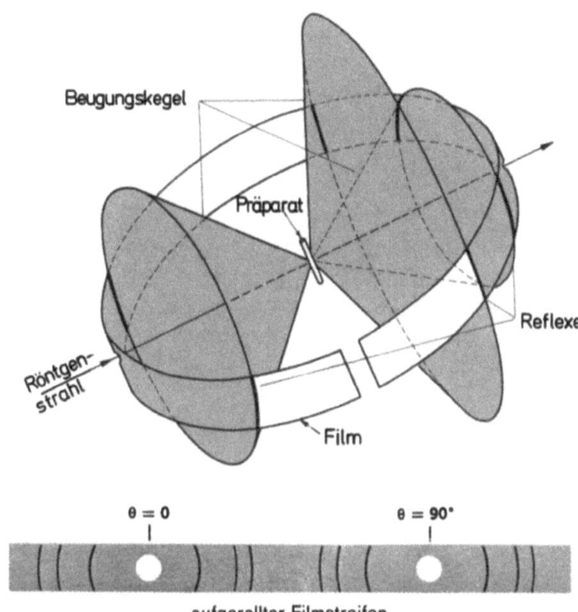

Bild 13.17
Anordnung zur Aufnahme von Pulverdiagrammen nach *Debye-Scherrer (L. V. Azaroff:* Elements of X-Ray Crystallography, McGraw Hill Book C., New York, 1968)

ihren erzeugenden Gitterebenen zu *indizieren.* Pulverdiagramme eignen sich nur zur Strukturbestimmung hochsymmetrischer Kristalle. Niedersymmetrische Kristalle besitzen nämlich Gitterebenen mit sehr ähnlichen Gitterabständen, deren Reflexe sich im Pulverdiagramm überlagern und nicht trennbar sind. Nur Einkristalluntersuchungen können dann weiterhelfen. Das Pulververfahren findet auch oft zur reinen Analyse von Gemengen Anwendung; denn anhand der sehr charakteristischen und in Tabellenwerken zusammengefaßten Pulverdiagramme können die einzelnen Bestandteile einfach identifiziert werden.

Je gestörter ein Kristall ist, d. h. je kleiner seine wirklich kristallinen Bezirke sind, umso breiter werden die Reflexe. Diese Reflexverbreiterung läßt sich zur Bestimmung der Größe dieser kristallinen Bereiche (kohärente Streubereiche) heranziehen. Wären Kristalle an sich nicht aus Mikrokristalliten (*Mosaikstruktur*) mit ein wenig „verwackelten" Orientierungen aufgebaut, müßten die Reflexe sehr scharf sein. Allein aus der endlichen Breite der Reflexe läßt sich umgekehrt auf die Mosaikstruktur aller natürlichen oder synthetischen Einkristalle schließen.

Die makroskopischen Symmetrieeigenschaften von NaCl-Einkristallen zeigen, daß NaCl dem kubischen Kristallsystem angehört. Anhand von Pulveraufnahmen soll zunächst das Vorliegen der kubischen Symmetrie bestätigt und die Kantenlänge der kubischen Elementarzelle (Gitterkonstante a) berechnet werden. Außerdem gilt es festzustellen, welches der drei kubischen Bravaisgitter (primitiv, raumzentriert oder flächenzentriert) vorliegt. Im Fall dieser hohen Symmetrie lassen sich dann auch noch die Atomkoordinaten auf Grund von Intensitätsvergleichen festlegen.

Bild 13.18a gibt das Pulverdiagramm von NaCl wieder. Jeder Reflex soll einer bestimmten reflektierenden (hk$l$)-Gitterebene, d. h. ihrem Abstand von einer parallelen Nachbarebene d_{hkl} zugeordnet werden (*Indizierung*). Dazu leitet man durch Kombina-

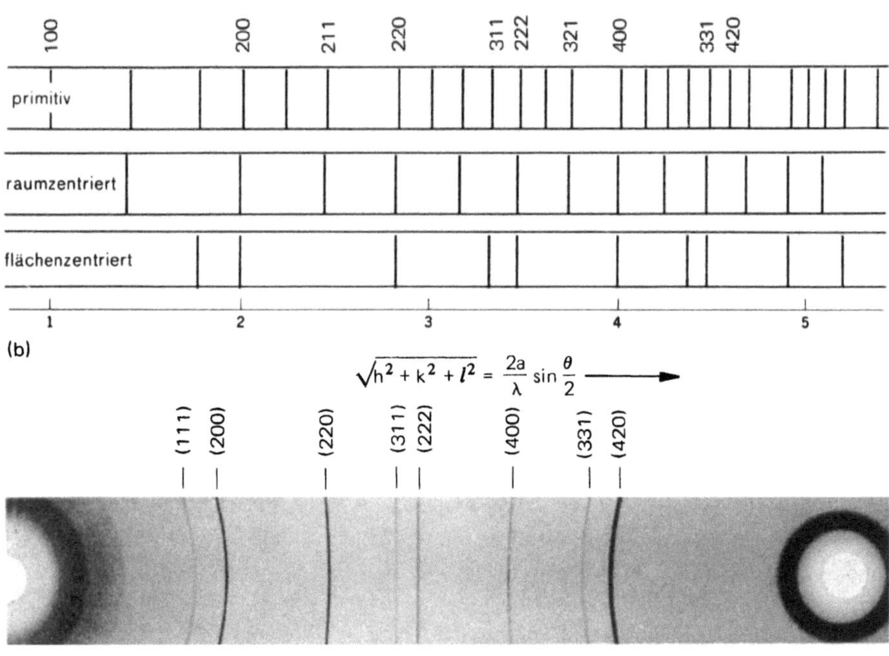

$$\sqrt{h^2 + k^2 + l^2} = \frac{2a}{\lambda} \sin \frac{\theta}{2} \longrightarrow$$

Bild 13.18 NaCl-Pulverdiagramm (Röntgen-Cr/K_α-Strahlung λ = 0,2291 nm) (a) und theoretisch berechnetes Diagramm (b)

tion von Gl. (5) und Gl. (9) einen Ausdruck für die Gitterabstände ab, zeichnet die zugehörigen Reflexe in ein Diagramm ein und vergleicht mit dem beobachteten Diagramm. Macht man dies für alle drei kubischen Bravaisgitter, muß *ein* Diagramm mit dem beobachteten übereinstimmen. Die Kombination von Gl. (5) und Gl. (9) gibt:

$$\sin \frac{\theta}{2} = \frac{\lambda}{2} \frac{\sqrt{h^2 + k^2 + l^2}}{a}. \tag{16}$$

Obwohl die Gitterkonstante a noch unbekannt ist, gestattet diese Formel, bereits ein Diagramm für das primitive Gitter durch Einsetzen verschiedener hkl-Werte zu zeichnen (Bild 13.19b). Zwischen den (211)- und (220)-Reflexen sowie zwischen den (321)- und (400)-Reflexen treten charakteristische Lücken auf. Der Grund: Es gibt keine Kombinationen von hkl zu $(h^2 + k^2 + l^2)$ = 7 und 15. Die Diagramme für das raumzentrierte und flächenzentrierte Gitter lassen sich dann aus dem bereits berechneten Diagramm für das primitive Gitter herleiten. Unter den Gitterebenen und Reflexen beider Gitter gibt es nämlich solche, die keine konstruktive Interferenz liefern, weshalb sich die Zahl der Reflexe gegenüber dem primitiven Gitter wesentlich reduziert (*Auslöschungsbedingungen*).

In Bild 13.19a wurden Gitterebenen des *raumzentrierten* Gitters gezeichnet, zwischen denen genau in der Mitte Gitteratome liegen. Es sind dies gerade die Ebenen, für die die Summe $(h + k + l)$ ungeradzahlige Werte besitzt. Ihre Reflexe fehlen wegen destruktiver Interferenz. Nur solche Ebenen liefern Reflexe, für die die Summe $(h + k + l)$

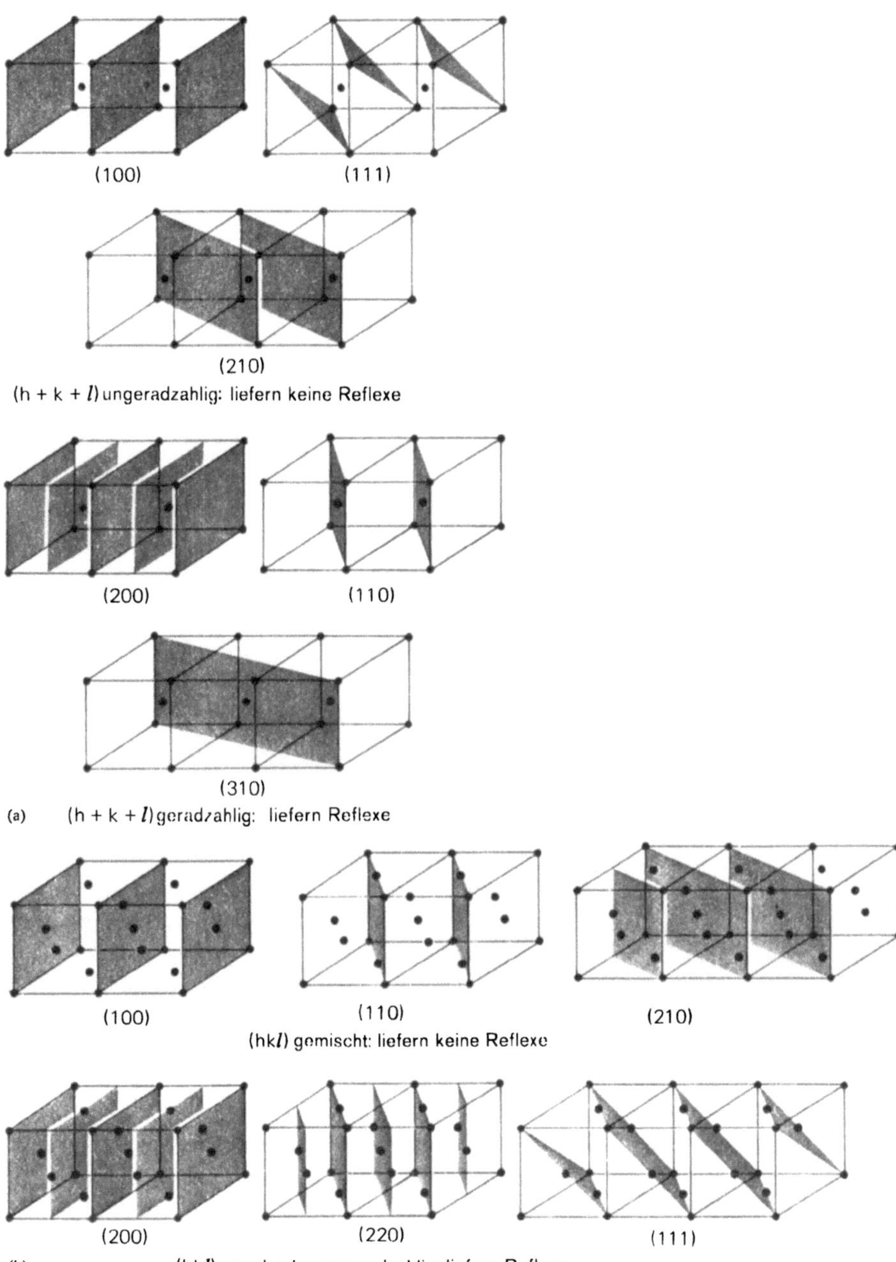

Bild 13.19 Gitterebene mit ungeradzahligen und geradzahligen Werten von h+k+l im kubisch raumzentrierten Bravaisgitter (a) und Gitterebenen mit gemischten und gerad- bzw. ungeradzahligen Indizes im kubisch flächenzentrierten Bravaisgitter (b)

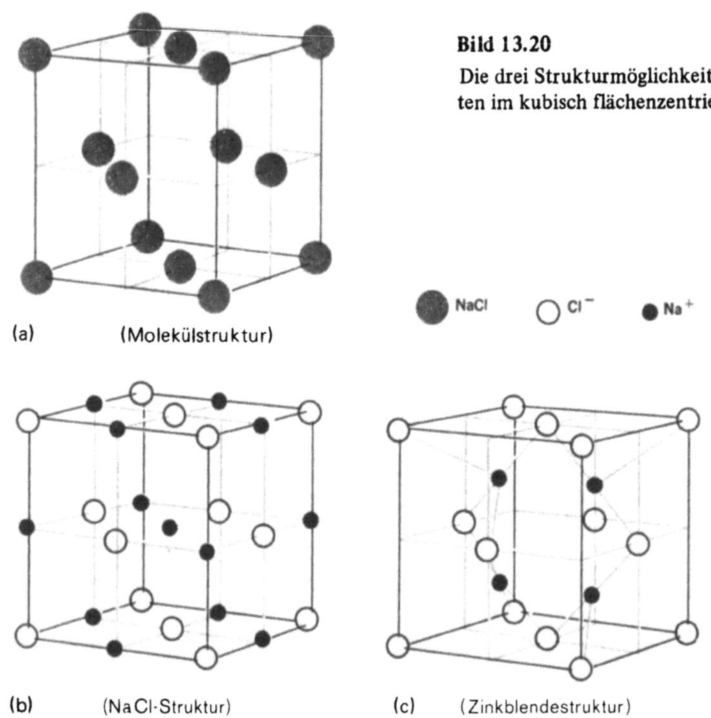

Bild 13.20

Die drei Strukturmöglichkeiten von 4 NaCl-Einheiten im kubisch flächenzentrierten Bravaisgitter

geradzahlige Werte aufweist. Das mit dieser Auslöschungsbedingung gewonnene Diagramm ist unter dem für das primitive Gitter in Bild 13.18 zu sehen. Ähnliche Aus-
löschungen treten auch beim kubisch *flächenzentrierten* Bravaisgitter auf. Alle Ebenen
mit gemischten (geraden und ungeraden) Indizes (z. B. 210) geben keine Reflexe. Das
daraus resultierende Diagramm zeigt ebenfalls Bild 13.18.

Ein Vergleich der drei berechneten Diagramme mit dem beobachteten ergibt Übereinstimmung *nur* mit dem kubisch flächenzentrierten Gitter. Die Elementarzelle des
NaCl-Kristalls ist also kubisch flächenzentriert. Mit den bekannten Indizes kann dann
nach Gl. (16) bei gemessenem Winkel $\theta/2$ und bekannter Wellenlänge (λ = 0,2291 nm) die
Abmessung der Elementarzelle (a = 5,64 Å) berechnet werden.

Damit ist der erste Schritt zur Strukturbestimmung getan. Weitere Information
über die Struktur erhält man bei Kenntnis der Dichte des NaCl-Kristalls. Mit ihrer Hilfe
kann nämlich die Zahl der Moleküle oder Ionenpaare pro Elementarzelle ermittelt werden.
Da die Dichte von NaCl einen Wert von 2163 kgm^{-3} besitzt, folgt für die Masse pro Elementarzelle $2163 (5,64 \cdot 10^{-10})^3 = 38,8 \cdot 10^{-26}$ kg. NaCl hat ein Molekulargewicht von
58,45, so daß man für die Anzahl der NaCl-Einheiten pro Elementarzelle

$$z = \frac{38,8 \cdot 10^{-26} \cdot 6,02 \cdot 10^{23}}{58,45 \cdot 10^{-3}} \simeq 4 \tag{17}$$

findet. 4 NaCl-Moleküle oder 4 Ionenpaare sind also pro Elementarzelle vorhanden.

Wie lassen sich die 4 Paare in der Elementarzelle anordnen? Bestünde NaCl aus homöopolar gebundenen NaCl-Molekülen, so wäre die in Bild 13.20a gezeichnete Anordnung möglich. Da aber NaCl ein Ionenkristall ist, muß ein Partner, entweder Na^+ oder Cl^- kubisch flächenzentrierte Struktur aufweisen. Der andere Partner muß dann in der gleichen Zelle auf geeigneten Positionen untergebracht werden. Dabei müssen aber sowohl die Symmetrie- als auch die Elektroneutralitätsbedingung gewahrt bleiben. Wegen dieser Bedingungen kommen nur die zwei in Bild 13.20b und 13.20c wiedergegebenen Strukturen in Frage. Welche davon die richtige ist, kann allerdings nicht entschieden werden.

Zu einer Entscheidung muß die allgemeinere Beugungstheorie, die die Intensitätsverhältnisse der Reflexe einschließt, herangezogen werden (Abschnitt 13.5). Es sei jedoch vorweggenommen, daß die größere Intensität des (222)-Reflexes gegenüber dem (111)-Reflex nur mit der Struktur in Bild 13.20b vereinbar ist. Die (111)-Ebenen enthalten abwechselnd entweder nur Cl^--Ionen oder nur Na^+-Ionen, so daß eigentlich Auslöschung eintreten sollte. Wegen des größeren Streufaktors des Cl^--Ions ist jedoch die Auslöschung nicht vollständig. Der resultierende (111)-Reflex ist also intensitätsschwach. Die (222)-Reflexe treten dann auf, wenn der Gitterabstand d_{111} gerade zwei Perioden entspricht, also wenn die (111)-Ebenen in 1. Ordnung Reflexe mit dem halben Gitterabstand liefern. Daher überlagern sich sowohl die von den Na^+- als auch die von den Cl^--Ionen gestreuten Wellen maximal; der (222)-Reflex ist intensitätsstark.

Die hier am NaCl erläuterte Strukturaufklärung aus Pulverdiagrammen ist für andere, ähnlich hochsymmetrische Kristalle beispielgebend. Mit den aus den Diagrammen ermittelten Abmessungen der Elementarzelle und den relativen Intensitäten verschiedener Reflexe lassen sich die Positionen der Gitterionen festlegen. Eine eindeutige Entscheidung zwischen verschiedenen ins Auge gefaßten Strukturen, besonders bei niedersymmetrischen Kristallen, gelingt aber nur durch einen Vergleich von berechneten und mit gemessenen Reflexintensitäten.

13.5 Der Strukturfaktor

Das in Abschnitt 13.4 skizzierte Verfahren eignet sich nur zur Strukturbestimmung einfacher Ionenkristalle des Typs AB. Sind die Ionen komplizierter gebaut oder handelt es sich überhaupt um Molekülkristalle, dann bleibt die Frage nach der Anordnung der Atome innerhalb des Ions oder Moleküls nach wie vor unbeantwortet. Wie man diese Anordnung bestimmt, soll an einem Molekülkristall gezeigt werden, der aus zweiatomigen Molekülen besteht. Wie schon angedeutet müssen hierzu die relativen Intensitäten der Reflexe ausgewertet werden.

Bild 13.21 zeigt schematisch zwei Gitterebenen eines AB-Molekülkristalles mit unbekanntem Kernabstand und unbekannter Moleküllage. Die Positionen der A-Atome sollen den Gitterpunkten des Kristalls entsprechen, dessen Elementarzelle mit den Kantenlängen a, b und c nach dem Pulververfahren ermittelt wurde. Zu bestimmen bleiben die Lage der B-Atome der Moleküle im Kristall und der Kernabstand $\overline{AB}$. Die Aufgabe wird zuerst zweidimensional gelöst. Der Einfachheit halber sei angenommen, daß die Moleküle zueinander parallel orientiert sind und in der xy-Ebene (Papierebene, Bild 13.21) liegen. Für den späteren Übergang zum dreidimensionalen Problem wird die

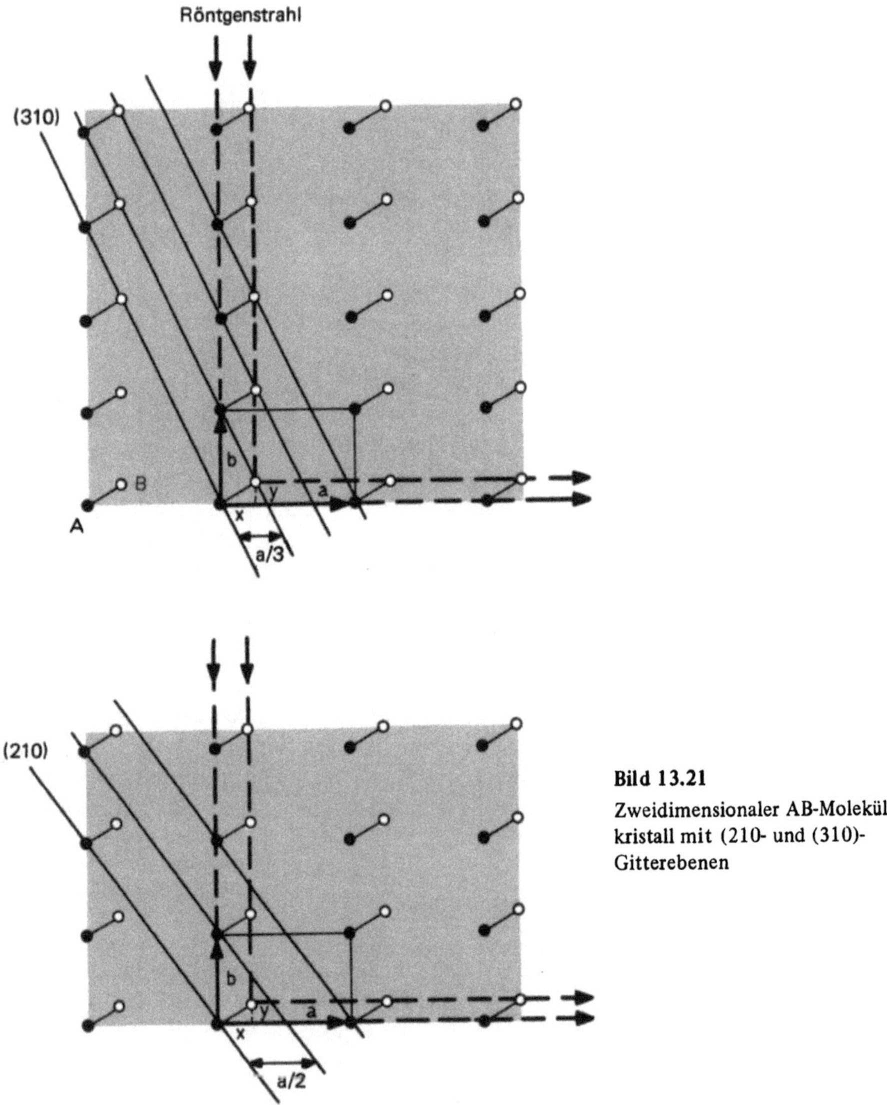

Bild 13.21
Zweidimensionaler AB-Molekül-
kristall mit (210- und (310)-
Gitterebenen

z-Achse senkrecht zur xy-Ebene angenommen. Der Einfluß verschiedener B-Atomlagen auf die Reflexion in Ebenen senkrecht zur z-Achse soll nun untersucht werden. Für die Intensität der Reflexe sind also die (hk0)-Ebenen maßgebend. Zwei (hk0)-Ebenen, die (210)und (310)-Ebene, sind in Bild 13.21 gezeichnet. Das A-Atom besitze die Position [[0,0]], das B-Atom die Position [[x, y]] (x, y gemessen in Einheiten von a, b).

Es soll die Intensität der an A und B gestreuten Wellen berechnet werden, wenn die A-Atome der (210)-Ebene für sich gerade maximale konstruktive Interferenz liefern. Die Phasenverschiebung der an den A-Atomen gestreuten Wellen soll also genau Null bzw. 2π betragen. Die Interferenz der an den A- und B-Atomen gleichzeitig gestreuten Wellen hängt nun von den Positionen der B-Atome relativ zu den A-Atomen ab, denn ihre Phasen sind gerade um $[x/(1/2)]\,2\pi$ in der x-Richtung und um $[y/(1/1)]\,2\pi$ in der y-Richtung verschoben. Für die (310)-Ebene beträgt der Phasenunterschied $[x/(1/3)]\,2\pi$ in der x-Richtung und $[y/(1/1)]\,2\pi$ in der y-Richtung. Für irgendeine (hk0)-Ebene beträgt daher der Phasenunterschied allgemein

$$\phi_A - \phi_B \equiv \frac{\delta}{\lambda}\,2\pi = (hx + ky)\,2\pi \tag{18}$$

und im dreidimensionalen Fall

$$\phi_A - \phi_B = (hx + ky + lz)\,2\pi. \tag{19}$$

Die resultierende Intensität der an einem Molekül AB gestreuten Wellen mit den Phasen $\phi_A = 0$ und $\phi_B = 2\pi\,(hx + ky + lz)$ lautet dann (Abschnitt 8.3)

$$I\,(hkl) \sim \left|(A_0\,e^{i\phi_A} + B_0\,e^{i\phi_B})\right|^2 = \left|A_0 + B_0\,e^{2\pi i(hx + ky + lz)}\right|^2. \tag{20}$$

Verallgemeinert auf ein n-atomiges Molekül (j Laufzahl der Atome in einem Molekül):

$$I\,(hkl) \sim \left|\sum_{j=1}^{n} A_j\,e^{i\phi_j}\right|^2 = \left|\sum_{j=1}^{n} A_j\,e^{2\pi i(hx_j + ky_j + lz_j)}\right|^2. \tag{21}$$

Sind z Moleküle pro Elementarzelle vorhanden, ist die pro Zelle resultierende Intensität z-mal so groß:

$$I\,(hkl) \sim \left|z \sum_{j=1}^{n} A_j\,e^{2\pi i(hx_j + ky_j + lz_j)}\right|^2. \tag{22}$$

Die Summe erstreckt sich über alle Atome eines n-atomigen Moleküls. (Im Falle eines zweiatomigen Moleküls AB ist $j = 1$ und 2). Setzt man außerdem die Amplituden A_j den Streufaktoren f_j der Atome proportional (Abschnitt 8.5), so erhält man:

$$I\,(hkl) \sim |F\,(hkl)|^2 \tag{23}$$

mit

$$F\,(hkl) = \sum_{j=1}^{zn} f_j\,e^{2\pi i(hx_j + ky_j + lz_j)}. \tag{24}$$

Die Summe $F\,(hkl)$ wird als *Strukturfaktor* bezeichnet. Er ist proportional der Amplitude der gestreuten Wellen, die von der Reflexion an einer bestimmten (hkl)-Ebene herrührt. Die Summe läuft über alle Molekülatome in der Elementarzelle in den Positionen $[[x_j y_j z_j]]$ (in Einheiten von a, b, c).

Wird Gl. (24) auf das Beispiel angewendet, von dem die Ableitung ausging, so bekommt man für den Strukturfaktor der (210)-Ebene:

$$F\,(210) = f_A\,e^{2\pi i(0)} + f_B\,e^{2\pi i(2x + 1y + 0z)} = f_A + f_B\,e^{2\pi i(2x + y)}. \tag{25}$$

(1 Molekül in der Elementarzelle)

Der Strukturfaktor und mit ihm die Intensität der gebeugten Wellen hängt somit wesentlich von der Position des B-Atoms [[xy]] ab. Da die Intensität proportional dem Quadrat des Strukturfaktors $F(hkl)$ ist, erhält man für die Reflexintensität der 210-Ebenen in reeller Schreibweise

$$I(210) \sim |F(210)|^2 = f_A^2 + f_B^2 + 2 f_A f_B \cos[2\pi(2x + y)]. \tag{26}$$

Eine qualitative Überprüfung dieser Beziehung ergibt für $I(210)$ mit $x = y = 0$ (AB-Kernabstand gegen Null) $I \sim (f_A + f_B)^2$, was physikalisch plausibel ist. Ist $x = 1/4$ und $y = 0$, findet man $I \sim (f_A - f_B)^2$.

Gl. (23) ist das wichtige Ergebnis dieser Ableitung. Nimmt man verschiedene Atompositionen an und vergleicht die berechneten Reflexintensitäten mit den beobachteten, so kann bei Übereinstimmung auf die wahre Molekülanordnung im Kristall geschlossen werden. Da bei der Röntgenbeugung, im Gegensatz zur Elektronenbeugung, wesentlich mehr Reflexe zur Verfügung stehen, lassen sich die Strukturen mit großer Sicherheit bestimmen. In diesem Sinn ist also die Röntgenbeugung der Elektronenbeugung überlegen.

13.6 Fouriersynthese der Elektronendichte

Wie bei der Elektronenbeugung darf man die streuenden Atomelektronen in Wirklichkeit nicht lokalisiert auffassen, sondern muß bei der Berechnung der Strukturfaktoren die dreidimensionale Ladungsverteilung berücksichtigen. Anstelle der verschiedenen Streufaktoren f_j, die den Z_j Atomelektronen proportional sind, ist also die Elektronendichteverteilung $\rho(r)$ bzw. $P(r)$ oder $P(x, y, z)$ zu setzen (Abschnitt 3.2). Stellt man dann $P(x, y, z)$ durch eine Fourierreihe dar, so findet man, daß die Fourierkoeffizienten proportional den Strukturfaktoren sind. Da diese aus den gemessenen Reflexintensitäten bestimmbar sind, läßt sich umgekehrt durch eine Fouriersynthese die Elektronendichteverteilung im Kristall berechnen.

Die Dichte $P(x, y, z)$ wird durch folgende Fourierreihe (Anhang XIII, Bild 13.24) dargestellt:

$$P(x, y, z) = \sum_{p=-\infty}^{+\infty} \sum_{q=-\infty}^{+\infty} \sum_{r=-\infty}^{+\infty} A(pqr)\, e^{2\pi i(px + qy + rz)} \qquad (i = \sqrt{-1}). \tag{27}$$

Die Koordinaten x, y, z sollen wieder in Einheiten von a, b, c der Elementarzellenabmessungen gegeben sein. Die $A(pqr)$ sind die Fourierkoeffizienten

$$A(pqr) = \int_{x=0}^{1} \int_{y=0}^{1} \int_{z=0}^{1} P(x, y, z)\, e^{-2\pi i(px + qy + rz)}\, dx\, dy\, dz. \tag{28}$$

Der Strukturfaktor wurde im letzten Abschnitt wie folgt definiert:

$$F(hkl) = \sum_{j=1}^{zn} f_j\, e^{2\pi i(hx_j + ky_j + lz_j)}. \tag{29}$$

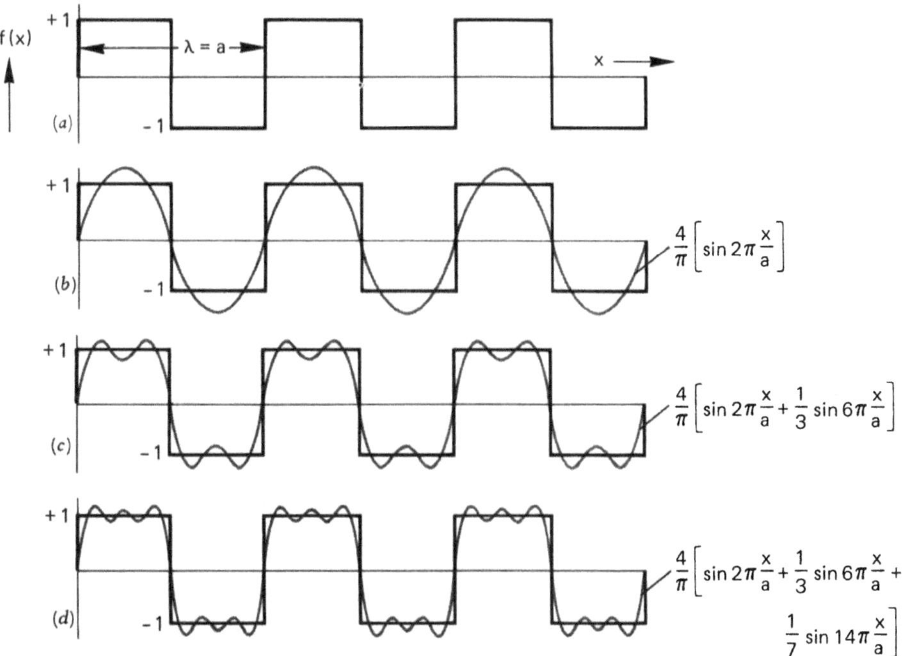

Bild 13.22 Beispiel einer Anpassung (Entwicklung) einer gebrochenen, schiefsymmetrischen Funktion f (x) durch eine Fourierreihe

Da f_j durch einen der Dichte $P(x, y, z)$ proportionalen Ausdruck gegeben ist, läßt sich Gl. (29) in Integralform schreiben:

$$\mathbf{F}(hkl) = \text{const} \int_{x=0}^{1} \int_{y=0}^{1} \int_{z=0}^{1} P(x, y, z)\, e^{2\pi i (hx + ky + lz)}\, dx\, dy\, dz. \tag{30}$$

Weil x, y, z in Einheiten von a, b, c gegeben ist, ist die Integration von $x = 0$ bis $x = 1$ usw. (genauso wie in Gl. (28)) durchzuführen. Ein Vergleich von Gl. (28) mit Gl. (30) zeigt, daß $\mathbf{F}(hkl)$ bis auf einen konstanten Faktor mit $A(pqr)$ identisch ist, wenn $p = -h$, $g = -k$, $r = -l$ ist. Daraus folgt:

$$\mathbf{F}(hkl) = \text{const } A(-h, -k, -l) \tag{31}$$

bzw.

$$A(-h, -k, -l) = \frac{\mathbf{F}(hkl)}{\text{const}}. \tag{32}$$

Setzt man unter Berücksichtigung von $p = -h$, $q = -k$, $r = -l$ diese Koeffizienten in Gl. (27) ein, so folgt für die Elektronendichteverteilung ($\rho = eP$)

$$\rho(x, y, z) = \frac{e}{\text{const}} \sum_{h=-\infty}^{+\infty} \sum_{k=-\infty}^{+\infty} \sum_{l=-\infty}^{+\infty} \mathbf{F}(hkl)\, e^{-2\pi i (hx + ky + lz)}. \tag{33}$$

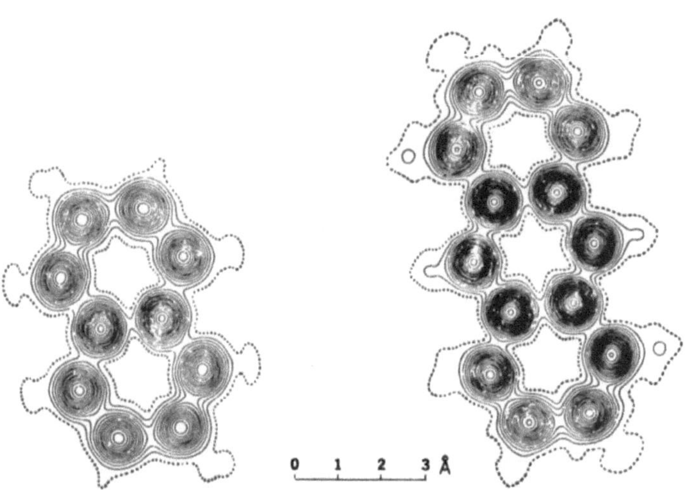

Bild 13.23 Elektronenkarten (Elektronendichteverteilung) von Naphtalin und Anthrazen; die punktierte Schichtlinie besitzt eine Elektronendichte von $1/2e\ \text{Å}^{-3}$, jede weitere eine um $1/2e\ \text{Å}^{-3}$ höhere Dichte *(J. M. Robertson et al.:* Acta Cryst. 3 (1950) 245)

Da die Strukturfaktoren der Quadratwurzel aus den Reflexintensitäten proportional sind, läßt sich aus diesen bis auf das unbestimmte Vorzeichen direkt die Elektronendichteverteilung im Kristall berechnen. Sind die Vorzeichen bekannt, braucht man nur die Reflexintensitäten für alle (hk*l*)-Ebenen auszumessen, ihre Wurzeln in Gl. (33) einzusetzen und für bestimmte Orte [[xyz]] die Dichte ρ zu berechnen. Da die intensiven Reflexe in der Summe überwiegen, genügt eine Summation über die wichtigsten Reflexe. Trägt man die Elektronendichte in ein Schichtenliniendiagramm ein, so ergeben sich Elektronenkarten wie in Bild 13.23.

Eine Reihe von Näherungsverfahren wurde entwickelt, um die Vorzeichen zu ermitteln. Im wesentlichen hängen aber alle davon ab, ob wenigstens ungefähr die Struktur der Moleküle und ihre Lage in der Elementarzelle vorhersehbar sind. Besitzt beispielsweise ein Molekül irgendein Atom mit hoher Atomzahl (große Streuwirkung) und läßt sich dieses lokalisieren (der Rest wird anfänglich ignoriert), so lassen sich die meisten Vorzeichen erraten. Die Reflexe dieses Atoms können dann zur Zeichnung einer ungefähren Elektronenkarte herangezogen werden. Diese wird zur Abschätzung der Positionen der anderen Molekülatome benutzt und dann mit den restlichen Reflexen verfeinert. Durch iteratives Hinzunehmen von immer mehr Reflexen erhält man letztlich eine ziemlich genaue Elektronenkarte. Eine derartige Strukturaufklärung erfordert zwar ein recht aufwendiges Computerprogramm, doch gibt es kein anderes Verfahren, das Gleiches zu leisten im Stande wäre.

Aus der Elektronendichte entlang von Kernverbindungsachsen läßt sich einiges über die *Bindungsart in Kristallen* aussagen. Bild 13.24 zeigt schematisch die Elektronendichte verschiedener Kristallarten. Bei reinen Ionenkristallen sinkt die Dichte wie erwartet zwischen den Ionen auf Null ab, weil die Bindungspartner positiv und negativ geladen sind (13.24a). Sind hingegen wie im Diamant die Partner weitgehend homöopolar gebun-

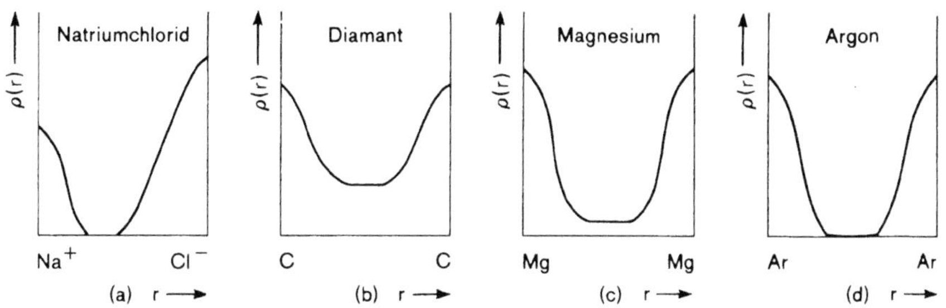

Bild 13.24 Die Elektronendichte (schematisch) in Abhängigkeit vom Atomabstand in verschiedenen Kristallen *(J. Eggert:* Lehrbuch der Physikalischen Chemie, S. Hirzelverlag, Stuttgart 1968)

den, so verursacht dies eine große Elektronendichte zwischen den C-Atomen (Bild 13.24b). Bei den Metallen schließlich sind die Bindungselektronen delokalisiert, so daß die Dichte zwischen zwei Metallatomen einen etwas geringeren Wert besitzt (Bild 13.24c). Werden die Atome nur durch van der Waalskräfte zusammengehalten, muß die Elektronendichte praktisch Null sein (Bild 13.24d). Sie ist aber im Gegensatz zum Fall a symmetrisch.

Man kann demnach zwischen Ionenbildung, homöopolarer Bindung, metallischer und van der Waalsscher Bindung in Kristallen unterscheiden. Zwischen ihnen gibt es natürlich auch Übergangsfälle. Die vier Hauptbindungsarten werden im nächsten Kapitel eingehender besprochen.

Rechenbeispiele

1. $KMgF_3$ kristallisiert kubisch und die Kristallatome nehmen folgende Positionen ein: K [[0, 0, 0]], Mg [[1/2, 1/2, 1/2]], F [[0, 1/2, 1/2]] [[1/2, 0, 1/2]] [[1/2, 1/2, 0]]. Zeichnen Sie die zugehörige Elementarzelle. Um welche kubische Zelle handelt es sich und wieviele Atome einer jeden Sorte sind in ihr enthalten? Beschreiben Sie die Koordination des F^--Ions.

2. Wie lauten die Millerschen Indizes von folgenden Ordinatenabschnitten in Einheiten von a, b, c: (1, 1/2, 1/2), (1/4, 1/2, 1/2), (1/4, 1/2, 1/2), (1, ∞, 1/2), (∞, 1, 2/5), (− 1/2, − 1/2, 1). Gehören diese Abschnitte zu Gitterebenen einer tetragonalen Struktur?

3. Eine tetragonale Elementarzelle hat die folgenden Abmessungen: a = 12,04 Å, b = 12,04 Å, c = 19,63 Å. Skizzieren Sie diese Zelle und kennzeichnen Sie darin die Ebenen mit den Millerschen Indizes (011), (101), (122) und (021).

4. Eine Drehkristallaufnahme wurde mit CuK_α-Strahlung (1,542 Å) durchgeführt. Der Durchmesser des zylindrisch gerollten Films (Bild 13.12) betrug 30 mm. Der Abstand der beiden nächsten Schichtlinien von den Äquatorialreflexen beträgt 8,25, 18,65 und 37,3 mm. Wie groß ist die Gitterkonstante a (Drehung erfolgte um die x-Achse)?

5. Bei einer Einkristallaufnahme wird der Röntgenstrahl (2,29 Å-Licht) um den Streuwinkel 5°27' gebeugt. Was folgern Sie daraus?

6. Das Pulverdiagramm von MgO weist Reflexe bei sin θ/2 = 0,1461, 0,1690, 0,2394, 0,2801, 0,2935, 0,3182 und 0,3697 auf. Wie lautet die zugrundeliegende Elementarzelle?

7. Folgende Daten sind für das Protein RNS charakteristisch *(J. R. Knox:* J. Chem. Ed. 49 (1971) 476):

   a) Volumen der Elementarzelle 167000 $Å^3$,
   b) Proteindichte 1,282 gcm^{-3},
   c) Proteinanteil im Kristall 0,68 %,
   d) 6 Moleküle pro Elementarzelle.

   Berechnen Sie die Molmasse des Proteins.

8. $CaTiO_3$ (Perovskit) kristallisiert kubisch (a = 3,8 Å), seine Dichte beträgt 4,1 gcm^{-3}. Wie können die Kristallatome in dieser Zelle untergebracht werden und wieviele Atome enthält sie dann?

9. CsCl kristallisiert kubisch primitiv. Geben Sie die hk*l*-Werte bis $h^2 + k^2 + l^2 = 27$ an und berechnen Sie die zugehörigen Strukturfaktoren.

10. Stellen Sie wie im Beispiel 9 eine Liste der Strukturfaktoren für KCl auf, wobei jedoch $f_{k^+} = f_{Cl^-}$.

11. Wie sieht das Präzessionsdiagramm für NaCl aus, wenn die Strukturfaktoren der Kristallionen ihren Atomzahlen proportional sind?

12. Berechnen Sie den Gitterebenenabstand d_{110} von KCl unter der Voraussetzung, daß KCl eine kubisch primitive Elementarzelle besitzt, die K^+- und Cl^--Ionen gleich stark streuen und d_{100} den Wert 3,152 Å besitzt. Bei welchem Streuwinkel beobachtet man Beugung 1. und 2. Ordnung?

13. Die Streufaktoren in Bild 13.21 sollen folgendes Verhältnis besitzen: $f_B = f_A/2$. Die Kantenlängen der zweidimensionalen Zelle seien a = 5 Å und b = 3 Å und die B-Atome sollen die Position [[0,4 0,3]] haben.

    a) Berechnen Sie die Streuwinkel für maximale konstruktive Interferenz 1. Ordnung an den Ebenen (100), (010), (110), (210) und (120).

    b) Wie groß ist der Einfluß der B-Atome auf die Reflexintensitäten?

    c) Zeigen Sie, wie sich die Intensitäten mit der Lage der B-Atome ändern.

14. Schreiben Sie die Fourierreihen für die Elektronendichte in den Punkten A (0, 0, 0) und B (0,4 0,3 0) an. Berechnen Sie P (0, 0, 0) und P (0,4 0,3 0) aus den in Beispiel 13 berechneten Reflexintensitäten.

15. Zeigen Sie an Hand der Strukturfaktoren, daß der (222)-Reflex intensiver als der (111)-Reflex von NaCl ist.

Kapitel 14
Festkörper

Im letzten Kapitel wurde gezeigt, daß man mit Hilfe von Röntgenbeugungsmethoden nicht nur Kristallstrukturen, sondern durch Fouriersynthesen auch Elektronendichteverteilungen bekommen kann. Struktur und Elektronendichte lassen bereits wichtige Aussagen über die zwischenmolekularen Wechselwirkungen bzw. Bindungsarten im Kristallverband zu. Es kann zwischen ionischer, homöopolarer, metallischer und van der Waalsscher Bindung unterschieden werden, doch auch „gemischte" Bindungen sind nicht ausgenommen. Wir gelangen auf diese Weise zu einer Einteilung der Festkörper in Ionen-, Valenz-, Metall- und Molekülkristalle.

Als Ionenkristalle bezeichnet man solche Festkörper, die unter Erhalt der Neutralität aus positiven und negativen Ionen aufgebaut sind. Wie bei der Ionenverbindung in einem stark polaren Molekül (Abschnitt 5.1) besteht der Hauptteil der Bindungsenergie eines Ionenkristalls (Gitterenergie) aus der Coulombschen Energie und der Abstoßungsenergie der Elektronenhüllen. Da die Coulombschen Kräfte nicht gerichtet sind und sehr weit reichen (Fernordnung), setzt sich die Gitterenergie aus den Beiträgen sehr vieler Ionenpaare zusammen. Die Abstoßung erfolgt dagegen fast nur zwischen sich berührenden Ionen. Strukturbestimmend ist die Packungsdichte; die Elektronendichte entlang der Verbindung Kation – Anion durchläuft ein Minimum, in dem sie auf Null absinkt.

In den Valenzkristallen werden die Atome wie bei der Molekülbindung durch gerichtete, homöopolare Bindungen zusammengehalten. Im Diamant z. B. ist jedes C-Atom tetraedrisch an vier andere C-Atome homöopolar gekoppelt, so daß die Bindungselektronen zwischen je zwei Atomen lokalisiert sind. Die Elektronendichte zwischen den Atomen ist daher sehr groß und strukturbestimmend ist nicht wie bei den Ionenkristallen die Packungsdichte, sondern die gerichtete Valenz. Während Ionenkristalle elektronisch gesehen Isolatoren verkörpern, haben Valenzkristalle halbleitende Eigenschaften.

Die Bindung in den Metallen und Legierungen besitzt in gewissem Sinn ein Gegenstück in den organischen Molekülen mit sehr vielen konjugierten Doppelbindungen. Sind dort die Bindungselektronen entlang der Kohlenstoffkette delokalisiert, so sind sie es in den Metallkristallen in allen Raumrichtungen. Ihre Elektronendichte ist im Mittel in allen Richtungen gleich groß. Die Bindungselektronen sind relativ frei beweglich und dies ist auch die Ursache für die hohe metallische Leitfähigkeit. Die Packungsdichte der positiven Atomrümpfe ist strukturbestimmend.

Alle Arten von zwischenmolekularen Bindungen in Molekülkristallen, die aus neutralen Molekülen bestehen, bezeichnet man mit dem Sammelbegriff van der Waalssche Bindung. Sie beruhen auf denselben Kräften, die auch für das reale Gasverhalten einschließlich des flüssigen Zustandes verantwortlich sind. Wie wir bei den Flüssigkeiten sehen werden, gehören dazu alle Wechselwirkungen zwischen den stationären Dipolmomenten zweier Moleküle, aber auch alle Wechselwirkungen mit oder zwischen indu-

zierten Momenten. Charakteristisch für sie ist, daß die Wechselwirkungsenergien mit der
6. Potenz des Molekülabstandes abnehmen und Werte der Größenordnung $10\ \mathrm{kJmol^{-1}}$
besitzen. Diese unterscheidet sich damit gewaltig von den Gitterenergien der bisher
genannten Kristalle, die allesamt von der Größe chemischer Energien (etwa $1000\ \mathrm{kJmol^{-1}}$)
sind. Zwischen den einzelnen Molekülen ist die Elektronendichte praktisch Null.

Ideale Kristalle oder Festkörper, definiert durch eine starre Molekülstruktur aus
Ionen und Elektronen, besitzen nur potentielle Energie (Gitterenergie), reale auch kine-
tische bzw. thermische Energie. Bei Temperaturen über dem absoluten Nullpunkt beginnen
Freiheitsgrade der Schwingungen, der inneren Rotationen und in gewissem Maße auch der
Translation (Selbstdiffusion) aufzutauen. Man kann alle durch Abweichung von der
starren Struktur auftretenden Gitterstörungen als Baufehler ansehen, und so den realen
festen Zustand definieren. Betrachten wir den Festkörper als ein Mehrteilchensystem aus
Ionen bzw. Atomen und Elektronen, so können wir zwischen atomaren und elektronischen
Fehlern unterscheiden und z. B. die Molwärme, die hauptsächlich durch die Gitterschwingungen geprägt wird, durch die Energieverteilung eines Phononengases beschreiben.
Während für diese die BE-Statistik zuständig ist, muß zur Beschreibung angeregter Elektronen die FD-Statistik herangezogen werden. Atomare und elektronische Fehler sind
auch die physikalische Voraussetzung dafür, daß sich die Kristallbausteine von einem Ort
zu einem anderen bewegen können, sei es angetrieben durch ein äußeres elektrisches Feld
(ionische und elektronische Leitfähigkeit) oder in Form einer völlig regellosen Diffusionsbewegung auf Grund lokaler thermischer Energieschwankungen.

14.1 Ionenkristalle und Gitterenergie

Als Gitterenergie von Kristallen bezeichnet man allgemein den Energieunterschied
zwischen einem Kristall und seinen Bestandteilen in isolierter Form, also den „gasförmigen" Atomen in Metall- und Valenzkristallen, den Molekülen in Molekülkristallen und
den Ionen in Ionenkristallen. Die endliche Oberfläche der Kristalle wird dabei nicht
beachtet und der Energieunterschied für die starre Gitterstruktur am absoluten Nullpunkt
definiert. Die Gitterenergie ist damit als die Bindungsenergie der Kristalle anzusehen.
Ihre Berechnung erweist sich als ein quantenmechanisches Vielteilchenproblem, das aus
Atomrümpfen und Bindungselektronen zusammengesetzt ist. Dies gilt speziell für die
Metalle und Valenzkristalle, während für die Ionenkristalle eine elektrostatische Behandlung ausreicht. Für die genannte quantenmechanische Behandlung muß auf die spezielle
Literatur verwiesen werden, denn sie würde den Rahmen eines Lehrbuches für Physikali-
sche Chemie sprengen. Wir wollen uns deshalb nur mit der Bindung in Ionenkristallen
beschäftigen.

Um zu einem quantitativen Bild der Bindungsenergie in Ionenkristallen zu gelangen,
gibt es einen thermodynamisch-experimentellen und einen molekulartheoretischen Weg.
Beide beruhen auf obiger grundsätzlicher Definition: Die *Gitterenergie* von Ionenkristallen
ist die Energie, die beim Zusammenbau von je N_A „gasförmigen" Kationen und Anionen
am absoluten Nullpunkt frei wird. Diese Definition wird gewählt, damit man theoretische
und experimentelle Ergebnisse miteinander vergleichen kann. In Form einer thermochemischen Reaktionsgleichung lautet sie für AB-Ionenkristalle:

$$\mathrm{A^+(g) + B^-(g) \rightarrow AB\,(s)} \qquad \Delta U_0 = \text{Gitterenergie}\,. \tag{1}$$

Tabelle 14.1:

Born-Habersche Gitterenthalpie ΔH^o_{298}, theoretische Gitterenergie D und Gitterkonstante a von Alkalihalogeniden mit NaCl-Struktur

	ΔH^o_{298}	D	a
	in kJmol^{-1}		in Å
LiF	1040	1003	4,02
NaF	920	896	4,62
KF	818	793	5,34
LiCl	862	819	5,14
NaCl	787	759	5,62
KCl	716	689	6,28
NaBr	747	724	5,94
KBr	683	661	7,58
NaJ	700	672	6,46
KJ	644	621	7,06

Die experimentelle Ermittlung mit Hilfe des *Born-Haberschen Kreisprozesses* ist eine indirekte Bestimmung und beruht auf einer Anwendung des ersten Hauptsatzes der Thermodynamik bzw. des Energieerhaltungssatzes. Sie wird im Kapitel 19 als ein thermochemisches Problem besprochen werden. Für Vergleichszwecke sei hier nur festgehalten, daß sich die Gitterenergien bzw. -enthalpien der Alkalihalogenide zwischen 600 und 1000 kJmol^{-1} (Tabelle 14.1) bewegen.

Nun zur theoretischen Gitterenergieberechnung. Es wird zunächst ein allgemeiner Ansatz für beliebige Ionenkristalle gemacht, dann die Gitterenergie für Ionenkristalle mit NaCl-Struktur als Funktion der Identitätsperiode (Gitterkonstante) abgeleitet und schließlich zur Demonstration die NaCl-Gitterenergie berechnet. Wir erinnern uns dazu an Abschnitt 5.1, in dem die Bindungsenergie eines Ionenmoleküls vom Typ AB aus der Coulombschen Anziehungsenergie und der Abstoßungsenergie der Elektronenwolken berechnet wurde. Ganz analog setzt sich die Energie eines Ionenkristalles zusammen, nur sind zusätzlich die Coulombsche Abstoßung und sehr viele Ionenpaare zu berücksichtigen.

Schreiben wir für die Coulombsche Energie eines beliebig herausgegriffenen Ionenpaares i, j mit den Ladungen $Z_i e$ und $Z_j e$ im Abstand r_{ij}

$$Z_i Z_j \frac{e^2}{4\pi\epsilon_0 r_{ij}} \tag{2}$$

und für die Abstoßungsenergie (vgl. Abschnitt 5.1)

$$b e^{-\frac{r_{ij}}{\rho}}, \tag{3}$$

wobei b und ρ zwei unbekannte Parameter sind, so beträgt die gesamte Wechselwirkungsenergie des Ionenpaares

$$Z_i Z_j \frac{e^2}{4\pi\epsilon_0 r_{ij}} + b e^{-\frac{r_{ij}}{\rho}}. \tag{4}$$

Summiert man nun über alle Ionen (j) in der Umgebung des festgehaltenen Ions i, so bekommt man die Energie des Ions i im Feld aller Nachbarionen:

$$\sum_{j \neq i} Z_i Z_j \frac{e^2}{4\pi\epsilon_0 r_{ij}} + \sum_{j \neq i} be^{-\frac{r_{ij}}{\rho}}. \tag{5}$$

Summation über alle im Kristall vorhandenen Ionen (i) ergibt dann die potentielle Energie aller Ionen im Feld ihrer Nachbarn:

$$\sum_{i \neq j} \sum_{j \neq i} Z_i Z_j \frac{e^2}{4\pi\epsilon_0 r_{ij}} + \sum_{i \neq j} \sum_{j \neq i} be^{-\frac{r_{ij}}{\rho}}. \tag{6}$$

Durch diese Summation werden aber alle Ionenpaare doppelt gezählt, nämlich einmal mit i und einmal mit j als festgehaltenem Bezugsion. Um deshalb die gesamte potentielle Energie des Kristalls richtigzustellen, muß Gl. (6) durch 2 geteilt werden:

$$V = \frac{1}{2} \sum_{i \neq j} \sum_{j \neq i} Z_i Z_j \frac{e^2}{4\pi\epsilon_0 r_{ij}} + \frac{1}{2} \sum_{i \neq j} \sum_{j \neq i} be^{-\frac{r_{ij}}{\rho}}. \tag{7}$$

Von diesem Ausdruck für die Gitterenergie soll zunächst die Summe der Coulombterme berechnet werden. Da die Ladungszahlen Z_i und Z_j sowohl positiv als auch negativ sind, treten bei der Summation über alle Ionenpaare positive und negative Coulombterme auf (Coulombanziehung und Coulombabstoßung). Hält man zuerst das Ion i als Bezugsion fest, so läuft die Summe $\sum_{j \neq i}$ über alle negativen und positiven Nachbarionen. Ist das Bezugsion ein Kation, so besteht seine nächste Umgebung immer aus Anionen. Je nach der Symmetrie der Struktur sind es mehr oder weniger Anionen im gleichen Abstand.

Besitzt der Kristall z. B. NaCl-Struktur (Bild 14.1), so ist das Kation i immer von 6 Anionen im Abstand $r_{ij} = d/2$ umgeben. d ist eine noch variable Identitätsperiode, die sich später als die Gitterkonstante a erweisen wird. Die Energie des Kations i im Coulombfeld der 6 Anionen beträgt:

$$\sum_{j \neq i = 1}^{6} Z_i Z_j \frac{e^2}{4\pi\epsilon_0 r_{ij}} = 6 \cdot (+1)(-1) \frac{e^2}{4\pi\epsilon_0 \frac{d}{2}} = -2 \frac{e^2}{4\pi\epsilon_0 d} \frac{6}{\sqrt{1}}. \tag{8}$$

Die übernächste Umgebung des Kations i bilden 12 Kationen im Abstand $r_{ij} = \frac{d}{2}\sqrt{2}$. Die Coulombenergie des Kations i bezüglich dieser 12 Nachbarn beträgt

$$\sum_{j \neq i = 7}^{18} Z_i Z_j \frac{e^2}{4\pi\epsilon_0 r_{ij}} = 12(+1)(+1) \frac{e^2}{4\pi\epsilon_0 \frac{d}{2}\sqrt{2}} = +2 \frac{e^2}{4\pi\epsilon_0 d} \frac{12}{\sqrt{2}}. \tag{9}$$

Die weiteren Nachbarn sind 8 Anionen im Abstand $r_{ij} = \frac{d}{2}\sqrt{3}$ und die Energie bezüglich dieser 8 Nachbarn beträgt

$$-2 \frac{e^2}{4\pi\epsilon_0 d} \frac{8}{\sqrt{3}}. \tag{10}$$

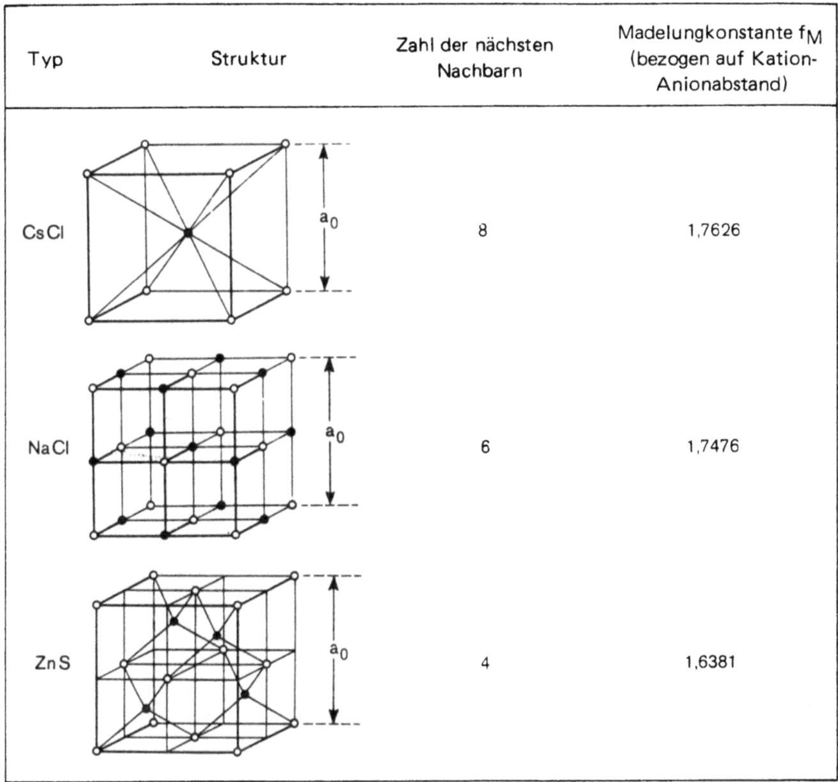

Bild 14.1 Die CsCl-, NaCl- und ZnS(Zinkblende)-Strukturen mit ihren Madelungkonstanten

Wird die Summation mit immer weiter entfernten Nachbarn fortgeführt und werden dabei die gleich weit entfernten Ionen zusammengefaßt, so ergibt sich für die Coulombenergie des Kations i im elektrostatischen Feld all seiner Nachbarn die Reihe

$$2\frac{e^2}{4\pi\epsilon_0 d}\left[-\frac{6}{\sqrt{1}}+\frac{12}{\sqrt{2}}-\frac{8}{\sqrt{3}}+\frac{6}{\sqrt{4}}-\ldots\right]. \tag{11}$$

Die Summation dieser schlecht konvergierenden Reihe liefert schließlich:

$$\sum_{j\,\neq\,i} Z_i Z_j \frac{e^2}{4\pi\epsilon_0 r_{ij}} = -2\frac{e^2}{4\pi\epsilon_0 d}\,1,7476\ldots. \tag{12}$$

Die Zahl 1,7476 ... wird *Madelungkonstante* (f_M) des NaCl-Gitters genannt. Sie ist nichts anderes als die Gittersumme

$$f_M = \frac{d}{2}\sum_{j\,\neq\,i} Z_i Z_j \frac{1}{r_{ij}} \qquad \frac{d}{2} = \text{Kation-Anionabstand} \tag{13}$$

und daher von Gitter zu Gitter verschieden. Die Madelungkonstanten für drei kubische Gitter sind in Bild 14.1 angegeben. Dasselbe Resultat Gl. (12) findet man natürlich auch, wenn man als Bezugsion ein Anion wählt.

Sind in einem Ionenkristall mit NaCl-Struktur $2N_A$ Ionen ($= N_A$ Ionenpaare) vorhanden, so resultiert durch Multiplikation von Gl. (12) mit $2N_A$ und Einsetzen in den Coulombterm von Gl. (7) die gesamte Coulombenergie des Kristalls:

$$\frac{1}{2} \sum_{i \neq j} \sum_{j \neq i} Z_i Z_j \frac{e^2}{4\pi\epsilon_0 r_{ij}} = \frac{1}{2} 2N_A \sum_{j \neq i} Z_i Z_j \frac{e^2}{4\pi\epsilon_0 r_{ij}} = -2N_A \frac{e^2}{4\pi\epsilon_0 d} 1{,}747. \tag{14}$$

Auf dieselbe Weise läßt sich die Coulombenergie auch für andere Kristallgitter berechnen. Sie ist immer negativ, d.h. Kationen und Anionen ziehen sich gegenseitig an und bilden einen stabilen Kristall. Beim Zusammenbau von Kationen und Anionen wird somit immer Energie frei. Sie ist umso größer, je kleiner die Identitätsperiode, also je größer die *Packungsdichte* ist. Der Coulombanziehung entgegen wirkt die Abstoßung der Elektronenhüllen der Ionen; sie verhindert ihr gegenseitiges Eindringen und führt im Verein mit der Coulombanziehung zu einem Energieminimum bei einem ganz bestimmten Ionenabstand. Dieser entspricht der halben Identitätsperiode bzw. halben Gitterkonstante a. Die Abstoßung ist aber im Gegensatz zur Coulombanziehung vom Vorzeichen der Ionen unabhängig. Zur Berechnung der Abstoßungsenergie nach Gl. (7) braucht nur über die nächsten Nachbarionen des Bezugsions i summiert zu werden, da sich die Abstoßung praktisch nur auf nächste Entfernungen bemerkbar macht. Bezüglich der 6 nächsten Nachbarn im NaCl-Gitter lautet daher die Abstoßungsenergie:

$$\sum_{j \neq i = 1}^{6} b e^{-\frac{r_{ij}}{\rho}} = 6\, b e^{-\frac{d}{2\rho}}. \tag{15}$$

Die Energie für $2N_A$ Ionen ergibt sich dann zu

$$\frac{1}{2} \sum_{i \neq j} \sum_{j \neq i} b e^{-\frac{r_{ij}}{\rho}} = \frac{1}{2} 2N_A \sum_{j \neq i = 1}^{6} b e^{-\frac{r_{ij}}{\rho}} = 6\,N_A\, b e^{-\frac{d}{2\rho}}, \tag{16}$$

wobei für den Faktor $\frac{1}{2}$ derselbe Grund wie früher bei der Coulombenergie maßgebend ist. Addiert man die Gln. (14) und (16), so folgt als Ergebnis für die gesamte potentielle Energie eines Ionenkristalls mit NaCl-Struktur:

$$V = -2N_A \frac{e^2}{4\pi\epsilon_0 d} 1{,}747 + 6\,N_A\, b e^{-\frac{d}{2\rho}}. \tag{17}$$

Sie hängt von der noch variablen *Identitätsperiode* d und den zwei unbekannten Parametern b und ρ ab.

Da ein System, wenn es sich selbst überlassen wird, das Energieminimum anstrebt, muß d in diesem einen ganz bestimmten Wert, nämlich den der Gitterkonstanten a besitzen. Dadurch kann auch der unbekannte Parameter b durch ρ ausgedrückt werden. Im Energieminimum (Gleichgewichts- oder Ruhelage) gilt

$$\left(\frac{dV}{dd}\right)_{d=a} = 2N_A \frac{e^2}{4\pi\epsilon_0 a^2} 1{,}747 - 6\,N_A \frac{b}{2\rho} e^{-\frac{a}{2\rho}} = 0, \tag{18}$$

so daß

$$b = \frac{2}{3}\frac{e^2}{4\pi\epsilon_0 a^2}\,1{,}747\,e^{\frac{a}{2\rho}}\,\rho. \tag{19}$$

Wird dieser Ausdruck für b in Gl. (17) eingesetzt, so ergibt sich mit d = a:

$$V = -2\,N_A\,\frac{e^2}{4\pi\epsilon_0 a}\,1{,}747 + 6\,N_A\,e^{-\frac{a}{2\rho}}\,\frac{2}{3}\frac{e^2}{4\pi\epsilon_0 a^2}\,1{,}747\,e^{\frac{a}{2\rho}}\,\rho$$

$$= -2\,N_A\,\frac{e^2}{4\pi\epsilon_0 a}\,1{,}747\left(1 - \frac{2\rho}{a}\right). \tag{20}$$

Ein Ionenkristall mit NaCl-Struktur, aufgebaut aus N_A Anionen und N_A Kationen, besitzt somit die potentielle Energie (= Gitterenergie)

$$V = -2\,N_A\,\frac{e^2}{4\pi\epsilon_0 a}\,1{,}747\left(1 - \frac{2\rho}{a}\right)$$

bzw. die Bindungsenergie

$$D = 2\,N_A\,\frac{e^2}{4\pi\epsilon_0 a}\,1{,}747\left(1 - \frac{2\rho}{a}\right). \tag{21}$$

Der noch unbekannte Parameter ρ kann mit der Kompressibilität des Kristalls verknüpft werden. Die Ableitung dieses Zusammenhanges würde aber hier zu weit führen. Das Ergebnis dieser Verknüpfung: ρ besitzt für alle Alkalihalogenide mit NaCl-Struktur denselben Wert.

Mit $N_A = 6{,}022\cdot10^{23}$ mol^{-1}, a = $5{,}62\cdot10^{-10}$ m, e = $1{,}602\cdot10^{-19}$ C, $4\pi\epsilon_0 = 1{,}113\cdot10^{-10}$ Fm^{-1} und $\rho = 3{,}4\cdot10^{-11}$ m berechnet sich die Gitterenergie von NaCl nach Gl. (21) zu 759 kJmol^{-1}. Vergleicht man diesen Wert mit dem empirisch bestimmten ΔH^o_{298}-Wert 787 kJmol^{-1} ($\Delta U^o_{298} = 782$ kJmol^{-1}), so kann man aus der Übereinstimmung schließen, daß sich die Gitterenergie tatsächlich zum Großteil aus der Coulombenergie und der Abstoßungsenergie zusammensetzt, die theoretischen Ansätze also gut getroffen sind. Van der Waalssche Energien (Größenordnung 20 kJmol^{-1}), sowie die zusätzlich zu berücksichtigende Nullpunktenergie (Größenordnung 4 kJmol^{-1}) stellen im Falle der Alkalihalogenide mehr oder weniger Korrekturen dar.

Aus der Packungsdichte der Ionenkristalle lassen sich *Ionenradien* ableiten. Einatomige Ionen werden dabei durch *starre Kugeln* angenähert und ihr Radius aus den Abmessungen der Elementarzelle (Gitterkonstanten) ermittelt. Da man auf diese Weise je nach Kristall für dasselbe Ion unterschiedliche Werte bekommt, muß gemittelt werden. Zur konkreten Herleitung (Bild 14.2) stellen wir uns vor, daß sich benachbarte Anionen und Kationen wie in NaCl gerade berühren, so daß der Anionen- und Kationenradius zusammen ebenso groß wie die halbe Gitterkonstante sind. Um die Summe in Einzelradien aufzuspalten, muß ein Ionenradius auf eine andere Weise bestimmt werden. Sind z.B. wie in LiJ die Kationen so klein, daß sich die Anionen berühren, so läßt sich der J$^-$-Ionenradius angeben (Tabelle 14.2). Auch aus der Molrefraktion der Ionenkristalle (Abschnitt 7.3) lassen sich nach *Goldschmidt* Ionenradien ableiten. Sie sind ebenfalls in Tabelle 14.2 enthalten; doch auch sie sind wie jene mit großen Unsicherheiten behaftet und nicht bedenkenlos anwendbar.

Tabelle 14.2: Goldschmidtsche und Paulingsche ( ) Ionenradien in Å (*L. Pauling:* The Nature of the Chemical Bond, 3d ed., Cornell University Press, Ithaca, N.Y., 1960; *F. Seitz:* The Modern Theory of Solids, McGraw Hill Book Co., New York, 1940)

Li^+ 0,78 (0,60)	Be^{++} 0,34 (0,31)	B^{3+} (0,20)	C^{4+} (0,15)	N^{5+} (0,11)	$O^=$ 1,32 (1,40)	H^- 1,27 (2,08)	
Na^+ 0,98 (0,95)	Mg^{++} 0,78 (0,65)	Al^{3+} 0,57 (0,50)	Si^{4+} (0,41)	P^{5+} (0,34)	$S^=$ 1,74 (1,84)	F^- 1,33 (1,36)	
K^+ (1,33)	Ca^{++} 1,06 (0,99)	Se^{3+} 0,83 (0,81)	Ti^{4+} (0,68)	V^{5+} (0,59)	$Se^=$ 1,91 (1,98)	Cl^- (1,81)	
Cu^+ 0,53 (0,96)	Zn^{++} 0,83 (0,74)	Ga^{3+} (0,62)	Ge^{4+} (0,53)	As^{5+} (0,47)		Br^- (1,95)	
Rb^+ (1,48)	Sr^{++} 1,27 (1,13)	Y^{3+} 1,06 (0,93)	Zr^{4+} (0,80)	Nb^{5+} (0,70)	$Te^=$ 2,03 (2,21)	J^- 2,20 (2,16)	
Ag^+ 1,0 (1,26)	Cd^{++} 1,03 (0,97)	In^{3+} 0,92 (0,81)	Sn^{4+} (0,71)	Sb^{5+} (0,62)			
Cs^+ 1,65 (1,69)	Ba^{++} 1,34 (1,35)	La^{3+} 1,22 (1,15)	Ce^{4+} (1,01)				
Au^+ (1,37)	Hg^{++} 1,12 (1,10)	Tl^{3+} 1,05 (0,95)	Pb^{4+} (0,84)	Bi^{5+} (0,74)			

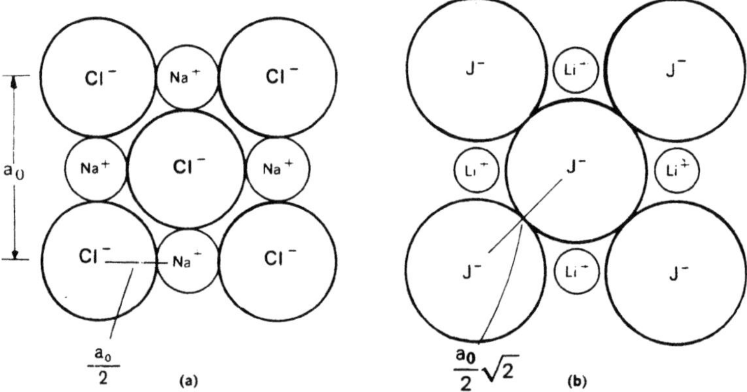

Bild 14.2 Ionen als starre Kugeln zur Bestimmung von Radien: aus der (100)-Ebene von NaCl (a) und von LiJ (b)

14.2 Die Molwärme

Schon um 1820 beobachteten *Dulong* und *Petit,* daß sehr viele Elemente in fester Form, ganz besonders die Metalle, Molwärmen um 25 JK^{-1} mol^{-1} bei Zimmertemperatur besitzen. Dies gilt sowohl für C_p als auch für C_V, da die Molwärmedifferenz $C_p - C_V$ meist nicht mehr als 1 JK^{-1} mol^{-1} ausmacht (Tabelle 14.3). Eine einfache Erklärung für diesen Sachverhalt liefert die klassische kinetische Gastheorie (Kapitel 1). Ihr zufolge ent-

Tabelle 14.3: Molwärmen einatomiger Festkörper bei 25 °C

Festkörper	C_p $JK^{-1}mol^{-1}$	C_V $JK^{-1}mol^{-1}$	$C_p - C_V$ $JK^{-1}mol^{-1}$
Ag	25,5	24,5	1,0
C (Diamant)	6,1	6,1	0,0
Cu	24,5	23,8	0,7
Fe	25,0	24,6	0,4
Pb	26,8	25,0	1,8
Zn	24,6	23,3	1,3

spricht jedem Schwingungsfreiheitsgrad eine mittlere kinetische Energie von $1/2\,RT$ pro mol und da jedes Kristallatom drei Freiheitsgrade besitzt, beträgt die mittlere Gesamtenergie $3/2\,RT$. Klassisch gesehen besitzt aber jedes schwingende Atom auch potentielle Energie, für die derselbe Energiebetrag anzusetzen ist. Insgesamt also

$$\overline{E} = 3\,RT. \tag{22}$$

Differenziert man diesen Ausdruck nach der Temperatur T, so folgt für die Molwärme

$$C_V = \left(\frac{\partial \overline{E}}{\partial T}\right)_V = 3\,R. \tag{23}$$

Klassisch ergibt sich also für die Molwärme einatomiger Festkörper 25 $JK^{-1}\,mol^{-1}$. Außerdem sollte sie danach temperaturunabhängig sein, was aber nicht zutrifft. Wie wir wissen, gehen die Molwärmen aller kristallinen Stoffe bei Annäherung an den absoluten Nullpunkt gegen Null (3. Hauptsatz der Thermodynamik). Bild 14.3 zeigt auch, daß der Dulong-Petitsche Wert bei Zimmertemperatur faktisch nur bei den Metallen gefunden wird. Er wird sich als der klassische Grenzwert der statistisch berechenbaren Molwärme erweisen.

Die Erklärung der Temperaturabhängigkeit der Molwärme stellte vor Einführung der Quantentheorie ein fast unüberwindliches Problem dar. Die erste quantenstatistische Lösung dieses Problems stammt von *Einstein* aus dem Jahre 1907. Nach *Einstein* wird ein einatomiger Kristall aus voneinander unabhängig mit derselben Eigenfrequenz schwingenden Gitter-

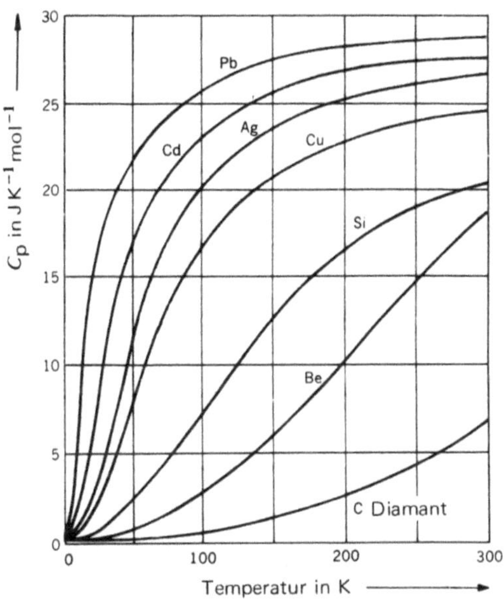

Bild 14.3 Die Molwärme einatomiger Festkörper *(E. B. Millard:* Physical Chemistry for Colleges, McGraw Hill Book Co., New York, 1953)

atomen (harmonische Oszillatoren) aufgefaßt. Jedes Gitteratom besitzt drei Schwingungsfreiheitsgrade. Da die thermische Energie eines mit der Eigenfrequenz ν_0 schwingenden Oszillators pro Freiheitsgrad

$$\overline{\epsilon} = \frac{h\nu_0}{e^{\frac{h\nu_0}{kT}} - 1} \tag{24}$$

beträgt (Abschnitt 10.5), besitzen N_A Gitteratome die mittlere Energie

$$\overline{E} = \sum_{i=1}^{3N_A} \frac{h\nu_{0,i}}{e^{\frac{h\nu_{0,i}}{kT}} - 1} = 3\,N_A\,\overline{\epsilon} = 3\,N_A\,\frac{h\nu_0}{e^{\frac{h\nu_0}{kT}} - 1}. \tag{25}$$

Die Molwärme des Kristalls beträgt daher

$$C_V = \left(\frac{\partial \overline{E}}{\partial T}\right)_V = 3R \left(\frac{h\nu_0}{kT}\right)^2 \frac{e^{\frac{h\nu_0}{kT}}}{\left(e^{\frac{h\nu_0}{kT}} - 1\right)^2} \tag{26}$$

und der klassische Grenzwert $3R$. Dieser ergibt sich aus Gl. (26) für $kT \gg h\nu_0$, also für hohe Temperaturen. Andererseits liefert Gl. (26) für $T \to 0$ auch tatsächlich $C_V = 0$. Die wesentliche Voraussetzung bei dieser Ableitung nach *Einstein* ist, daß alle Oszillatoren *unabhängig* voneinander schwingen und jeder dasselbe Schwingungstermschema besitzt. Obwohl zwar alle Gitteratome gleichartig aneinander gebunden sind, schwingen sie in Wirklichkeit *nicht unabhängig* voneinander und auch nicht mit derselben Frequenz. Viele aneinander gekoppelte Oszillatoren besitzen immer ein *Frequenzspektrum*, also eine Frequenzverteilung. Die Einsteinfunktion (26) stellt mithin nur eine erste Näherung dar, was man auch bei einem Vergleich berechneter und gemessener Molwärmen erkennt (Bild 14.4).

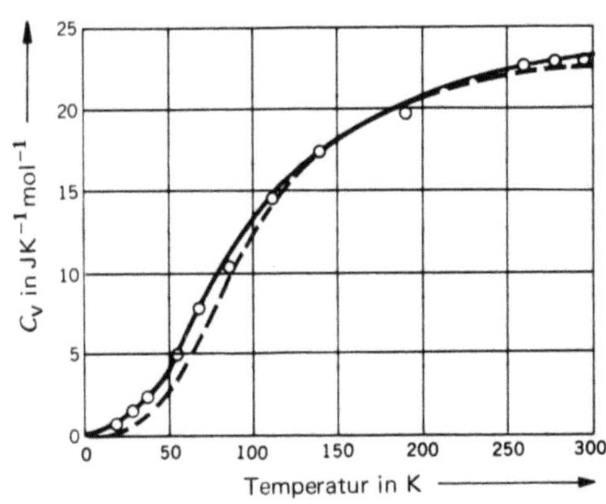

Bild 14.4

Gemessene und nach *Debye* sowie nach *Einstein* berechnete Molwärme von Aluminium

Zu einer besseren Näherung für C_V (T) gelangt man, wenn man nach *Debye* (1912) den Kristall aus voneinander abhängig schwingenden Atomen zusammensetzt. Der ganze Kristall wird als *ein* schwingendes Mehrteilchensystem mit sehr vielen diskreten Eigenfrequenzen aufgefaßt und behandelt. Dazu wird die Dichte der Eigenfrequenzen (Zustandsdichte) durch ein kontinuierliches Frequenzspektrum g(ν) ersetzt. Anstelle von Gl. (25) schreiben wir:

$$\overline{E} = \int_{\nu = 0}^{\nu_{max}} \frac{h\nu}{e^{\frac{h\nu}{kT}} - 1} \, g(\nu) \, d\nu. \tag{27}$$

ν_{max}, eine obere Frequenzgrenze, ist durch folgende Bedingung festgelegt: Schwingungen mit Wellenlängen kleiner als die halbe Gitterkonstante sind von den längerwelligen Schwingungen nicht mehr unabhängig; d. h. über diese Grenze hinaus gäbe es unendlich viele kurzwellige Schwingungen, die gleich gut durch längerwellige beschrieben werden. Für die mittlere Energie und die Molwärme brauchen deshalb nur die Frequenzen von $\nu = 0$ bis $\nu = \nu_{max}$ berücksichtigt zu werden. *Debye* leitet für die Frequenzverteilung den Ausdruck

$$g(\nu) = 3 \, V \frac{4\pi}{c^3} \nu^2 \tag{28}$$

ab. V ist das Volumen des Kristalls und c die Ausbreitungs- bzw. Schallgeschwindigkeit im Kristall.

Zur Herleitung von $g(\nu)$ geht *Debye* von einem isotropen Medium (*Kontinuum*) aus, das die Form eines Quaders mit den Kantenlängen l_x, l_y, l_z hat (vgl. dreidimensionales Potentialtopfmodell in Abschnitt 2.5). Die Gleichung für die Gitterschwingungen in diesem abgegrenzten Medium lautet:

$$\Delta \mathbf{A} = \frac{1}{c^2} \frac{\partial^2 \mathbf{A}}{\partial t^2} \qquad (\Delta \text{ Laplaceoperator}). \tag{29}$$

$\mathbf{A}$ ist die Schwingungsamplitude. Nach Trennung der Variablen mit dem Lösungsansatz

$$\mathbf{A} = X(x) \, Y(y) \, Z(z) \, T(t) \tag{30}$$

ergeben sich als Lösungen stehende Wellen,

$$\mathbf{A} = \mathbf{A}_0 \sin\left(\frac{\pi n_x x}{l_x}\right) \sin\left(\frac{\pi n_y y}{l_y}\right) \sin\left(\frac{\pi n_z z}{l_z}\right) \sin(2\,\pi\nu t), \tag{31}$$

wenn die Eigenwertbedingung

$$\nu^2 = \frac{c^2}{4} \left(\frac{n_x^2}{l_x^2} + \frac{n_y^2}{l_y^2} + \frac{n_z^2}{l_z^2} \right) \qquad (n_x, n_y, n_z = 1, 2, 3, \dots)$$

bzw.

$$\left(\frac{1}{\lambda}\right)^2 = \left(\frac{n_x}{2l_x}\right)^2 + \left(\frac{n_y}{2l_y}\right)^2 + \left(\frac{n_z}{2l_z}\right)^2 \tag{32}$$

erfüllt ist. Diese Bedingung folgt direkt aus der Anpassung an die Randbedingungen (wie beim dreidimensionalen Potentialtopfproblem). Stehende Wellen gibt es also nur, wenn l_x, l_y, l_z halbzahlige Vielfache der Wellenlänge λ sind. Die Komponenten $1/\lambda_x = n_x/2\,l_x$, $1/\lambda_y = n_y/2\,l_y$, $1/\lambda_z = n_z/2\,l_z$ kann man als die Komponente eines *Wellenzahlvektors* $\mathbf{k}$ auffassen, dessen Absolutwert

$$k = \sqrt{k_x^2 + k_y^2 + k_z^2} \tag{33}$$

die analytische Form einer Kugelgleichung besitzt. Wie bei der Herleitung der Zustandsdichte in Abschnitt 10.6 fragt man nun nach der Zahl der Schwingungen bzw. Punkte im k-Raum, die bis zu einem maximalen k-Wert vorhanden sind. Da nur positive k-Werte zugelassen sind, liegen alle gesuchten Punkte im positiven Oktanten mit dem Volumen

$$\frac{1}{8} \frac{4\pi}{3} k_{max}^3 = \frac{1}{6} \pi \, k_{max}^3. \tag{34}$$

Die Zahl aller Punkte in diesem Oktanten beträgt dann

$$N = 8\, l_x\, l_y\, l_z\, \frac{1}{6}\, \pi\, k_{max}^3\,, \tag{35}$$

denn das mittlere Volumen eines Punktes im k-Raum beträgt $k_x\, k_y\, k_z = \dfrac{1}{8\, l_x\, l_y\, l_z}$. Schreibt man $l_x\, l_y\, l_z = V$, so geht Gl. (35) über in

$$N(k_{max}) = V\, \frac{4\pi}{3}\, k_{max}^3\,. \tag{36}$$

Da aber genau genommen jeder k-Wert drei Schwingungen repräsentiert, nämlich eine longitudinale und zwei transversale, folgt mit $k = \nu/c$ für die Zahl aller Schwingungen (bei gleich großen Ausbreitungsgeschwindigkeiten)

$$N(\nu_{max}) = V\, 4\pi\, \frac{\nu_{max}^3}{c^3} \tag{37}$$

und für ihre Dichte im Frequenzbereich $d\nu$:

$$g(\nu) \equiv \frac{dN}{d\nu} = 3\, V\, \frac{4\pi}{c^3}\, \nu^2\,. \tag{38}$$

Mit Hilfe der Normierungsbedingung

$$\int\limits_{\nu\,=\,0}^{\nu_{max}} g(\nu)\, d\nu = 3\, N_A\,, \tag{39}$$

bekommt man schließlich die normierte Frequenzverteilung

$$g(\nu) = 9\, N_A\, \frac{\nu^2}{\nu_{max}^3}\,. \tag{40}$$

Wird diese Frequenzverteilung in Gl. (27) eingesetzt, so resultiert die molare mittlere Energie

$$\overline{E} = \int\limits_{\nu\,=\,0}^{\nu_{max}} \frac{h\nu}{\left(e^{\frac{h\nu}{kT}} - 1\right)}\, 9\, N_A\, \frac{\nu^2}{\nu_{max}^3}\, d\nu = \frac{9 N_A h}{\nu_{max}^3} \int\limits_{\nu\,=\,0}^{\nu_{max}} \frac{\nu^3}{\left(e^{\frac{h\nu}{kT}} - 1\right)}\, d\nu \tag{41}$$

und schließlich die Molwärme

$$C_V = \left(\frac{\partial \overline{E}}{\partial T}\right)_V = 9\, R \left(\frac{kT}{h\nu_{max}}\right)^3 \int\limits_{0}^{\frac{h\nu_{max}}{kT}} \frac{e^{\frac{h\nu}{kT}}\left(\frac{h\nu}{kT}\right)^4}{\left(e^{\frac{h\nu}{kT}} - 1\right)^2}\, d\left(\frac{h\nu}{kT}\right)\,. \tag{42}$$

Die nach dieser *Debyefunktion* berechnete Molwärme in Abhängigkeit von der Temperatur mit optimal angepaßtem ν_{max} wurde ebenfalls in Bild 14.4 eingetragen. Wie man sieht, ist die Annäherung an die beobachteten Daten wesentlich besser als bei der *Einsteinfunktion*.

Tabelle 14.4: Die charakteristische Temperatur θ, die Eigenfrequenz ν_{max} und die Größe $4\pi\nu_{max}^2\,m$ von einigen einatomigen Festkörpern

Kristall	$\theta = h\nu_{max}/k$ K	ν_{max} Hz	$4\pi\nu_{max}^2\,m$ Nm^{-1}
Ne	63	$1{,}32\cdot 10^{12}$	0,7
K	100	2,10	3,6
Xe	55	1,14	3,5
Na	150	3,12	4,6
Li	385	8,09	9,4
Pb	88	1,83	14,4
Hg	96	2,01	16,9
Ca	230	4,80	19,2
KCl	227	4,71	35,5
Al	390	8,12	37,1
Ag	215	4,47	44,9
Au	170	3,54	51,5
Cu	315	6,54	56,7
Be	1000	20,84	81,6
Fe	420	8,75	89,2
W	310	6,42	158,1
C (Diamant)	1840	38,37	369,0

In Tabelle 14.4 sind die spezifischen Eigenfrequenzen ν_{max} und die Größe $4\pi\nu_{max}^2\,m$, sowie die durch

$$\theta = \frac{h\nu_{max}}{k} \tag{43}$$

definierten *charakteristischen Temperaturen* θ für verschiedene feste Substanzen zusammengestellt. In Analogie zur Beziehung

$$\nu = \frac{1}{2\pi}\sqrt{\frac{k}{\mu}}, \tag{44}$$

die die Frequenz eines harmonischen Oszillators mit der Kraftkonstanten k und der reduzierten Masse μ verknüpft (Abschnitt 2.8), kann zu Vergleichszwecken statt μ die Molekülmasse m $(= M/N_A)$ einer festen Substanz eingeführt werden. $4\pi\nu_{max}^2\,m$ ist dann direkt proportional k und stellt in erster Näherung ein Maß für die Bindungsstärke der Gitterbausteine dar. Nach Tabelle 14.4 besitzt $4\pi\nu_{max}^2\,m$ kleine Werte bei Molekülkristallen, mittlere Werte bei Ionenkristallen und ganz große Werte bei Valenzkristallen.

Von großem praktischen Interesse für thermodynamische Berechnungen ist die Kenntnis der Temperaturabhängigkeit der Molwärme zwischen Zimmertemperatur und dem absoluten Nullpunkt. Wie leicht gezeigt werden kann, liefert die Debyefunktion (42) für T $\to$ 0 ein T^3-*Gesetz*. Mit $\theta = h\nu_{max}/k$ und x = $h\nu/kT$ lautet Gl. (41)

$$\overline{E} = 9\,RT\left(\frac{T}{\theta}\right)^3 \int\limits_{x=0}^{x} \frac{x^3}{e^x - 1}\,dx \tag{45}$$

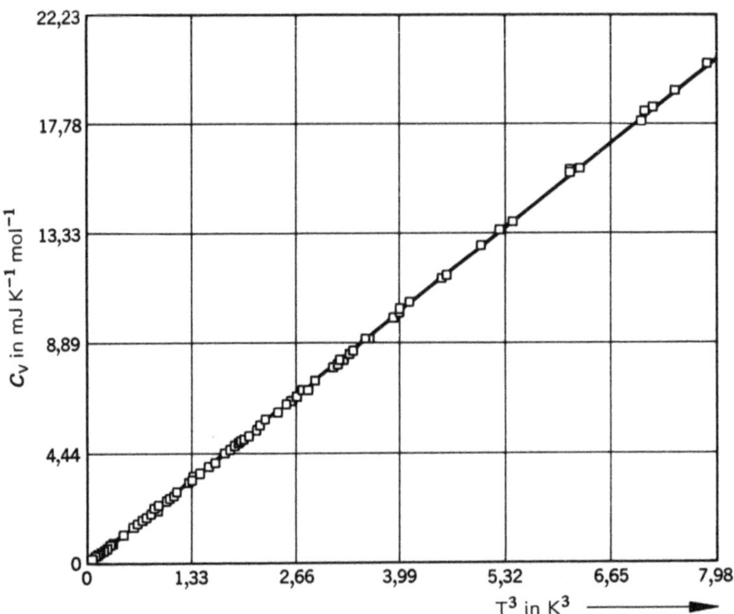

Bild 14.5 Tieftemperaturmolwärme von festem Argon ($\theta = 92{,}0$ K) (nach *L. Finegold* und *N. E. Phillips* aus *J. Kittel:* Introduction to Solid State Physics, John Wiley & Sons Inc., New York, 1953)

und liefert, wenn man x gegen Unendlich gehen läßt, die thermische Kristallenergie:

$$\overline{E} = 9\,RT\left(\frac{T}{\theta}\right)^3 \int\limits_{x=0}^{\infty} \frac{x^3}{e^x - 1}\,dx = 9\,RT\left(\frac{T}{\theta}\right)^3 \cdot \frac{\pi^4}{15} = \frac{3}{5}\,\pi^4\,R\frac{T^4}{\theta^3}\,. \tag{46}$$

Damit folgt für die Molwärme bei tiefen Temperaturen

$$C_V = \left(\frac{dE}{dT}\right)_V = \frac{12}{5}\,\pi^4\,R\left(\frac{T}{\theta}\right)^3 \tag{47}$$

oder

$$C_V = \alpha T^3\,. \tag{48}$$

Gl. (48) wird durch Messungen an Ionen-, Valenz- und Molekülkristallen (Bild 14.5) bestätigt. α ist eine spezifische Konstante, denn in ihr steckt die charakteristische Temperatur θ. Das T^3-Gesetz kann direkt zur Extrapolation von Molwärmen bis zum absoluten Nullpunkt verwendet werden. Zur Beschreibung der Molwärme von Metallen ist es allerdings nicht geeignet, da bei diesen noch ein Beitrag der Elektronen hinzukommt.

14.3 Die Molwärme der Metalle und das Elektronengasmodell

Von den Metallen weiß man, daß sie im Gegensatz zu den Ionen-, Valenz- und Molekülkristallen eine sehr hohe elektronische Leitfähigkeit besitzen. Die Ursache dafür sind relativ frei bewegliche Elektronen, die neben den positiv geladenen (unbeweglichen)

Atomrümpfen sozusagen eine zweite Art von Gitterbausteinen bilden. Es kann deshalb mit Recht vermutet werden, daß diese Elektronen ebenfalls einen Beitrag zur Molwärme liefern. N_A frei bewegliche Elektronen (Elektronengas) sollten klassisch gesehen eine mittlere Translationsenergie von $3/2\,RT$ besitzen und deshalb mit $3/2\,R$ zur Molwärme beitragen. Wie jedoch die Erfahrung lehrt, trifft dies nicht zu: im allgemeinen C_V (T)-Verlauf ist kein gravierender Unterschied zu den Molwärmen der Valenz- und Ionenkristalle zu erkennen. Nur eine genaue Analyse der Molwärmedaten weist auf Unterschiede hin, und zwar findet man bei tiefen Temperaturen Abweichungen vom T^3 Gesetz. Rein empirisch beobachtet man, daß die Molwärme der Metalle folgendem modifiziertem T^3-Gesetz folgt:

$$C_V = \alpha T^3 + \gamma T. \tag{49}$$

Während der erste Term von den Gitterschwingungen herrührt, ist der lineare Term eine Folge der Elektronenbewegung. Dividiert man Gl. (49) durch T,

$$\frac{C_V}{T} = \alpha T^2 + \gamma, \tag{50}$$

und trägt man die bei verschiedenen Temperaturen gemessenen C_V/T-Werte gegen T^2 in einem Diagramm auf, so liegen diese auf einer Geraden mit dem Ordinatenabschnitt γ (Bild 14.6). Mit dem so bestimmten γ-Wert bekommt man dann den elektronischen Molwärmebeitrag γT für beliebige Temperaturen. Es zeigt sich, daß er bei hohen Temperaturen gegen $3R$ vernachlässigbar klein ist (Größenordnung 1 $JK^{-1}\,mol^{-1}$).

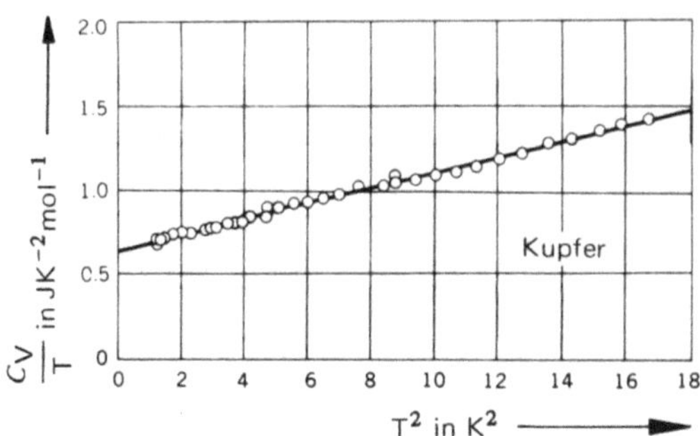

Bild 14.6
Die Molwärme von Kupfer bei tiefen Temperaturen

Der nur bei tiefen Temperaturen in Erscheinung tretende Molwärmebeitrag kann mit Hilfe des *Elektronengasmodelles* erklärt und verstanden werden. Wir stellen uns dazu gasförmige Elektronen in einem dreidimensionalen Potentialtopf vor und untersuchen ihre Verteilung auf das Energieschema. Da Elektronen Fermionen sind, folgt die Verteilung der FD-Statistik (Abschnitt 10.2). Mit der FD-Energieverteilung läßt sich dann die mittlere Energie und Molwärme berechnen. Gegeben sei ein kubischer Metallkristall mit der Kantenlänge a, der aus N Metallionen und N frei beweglichen Elektronen besteht. Bewegen sich diese wie die Moleküle eines idealen Gases in dem durch den

Metallwürfel vorgeschriebenen Potentialtopf (Volumen a^3), so lauten die Energieeigenwerte der Elektronen:

$$\epsilon_n = n^2 \frac{h^2}{8ma^2}, \quad n^2 = n_x^2 + n_y^2 + n_z^2, \quad \left\{ \begin{array}{l} n_x = 1, 2, 3, \ldots \\ n_y = 1, 2, 3, \ldots \\ n_z = 1, 2, 3, \ldots \end{array} \right\} \tag{51}$$

Wie bereits aus Abschnitt 10.9 bekannt ist, besetzen Elektronen (Fermionen) am absoluten Nullpunkt das Energieschema bis zu einem obersten Niveau, *Ferminiveau* oder *Fermienergie* ϵ_F genannt. Bis zu dieser Energie beträgt die Besetzungsdichte $N_i/g_i = 1$, darüber $N_i/g_i = 0$. Die Fermienergie hängt auf Grund folgender Überlegung nur von der Elektronendichte des Metalls ($N/V = N/a^3$) ab: Da jedes Orbital des Termschemas (51) mit zwei Elektronen besetzt werden kann, ist die zugehörige Zustandsdichte $g(E)$ doppelt so groß wie die von spinindifferenten MB-Teilchen (vgl. Gl. (98) in Abschnitt 10.6):

$$g(E) = 4\pi \left(\frac{a}{h} \right)^3 (2m)^{\frac{3}{2}} \sqrt{E}. \tag{52}$$

Damit resultiert aus der Normierungsbedingung (Zahl aller besetzten Zustände beträgt N)

$$\int\limits_{E=0}^{\epsilon_F} g(E)\, dE = N, \tag{53}$$

$$4\pi \left(\frac{a}{h} \right)^3 (2m)^{\frac{3}{2}} \frac{2}{3} \epsilon_F^{\frac{3}{2}} = N, \tag{54}$$

bzw.

$$\epsilon_F = \frac{h^2}{8m} \left(\frac{3N}{\pi a^3} \right)^{\frac{2}{3}}. \tag{55}$$

Am absoluten Nullpunkt ist also die Fermienergie ϵ_F allein eine Funktion der Elektronendichte. Um aber mit der FD-Verteilung bei beliebigen Temperaturen rechnen zu können, müssen wir die Temperaturabhängigkeit des chemischen Potentials μ der Elektronen durch folgende Teilchennormierung (Abschnitt 10.9) bestimmen:

$$\int\limits_{E=0}^{\infty} g(E) \left(e^{\frac{E-\mu}{kT}} + 1 \right)^{-1} dE = N. \tag{56}$$

Die Integration von Gl. (56) ist leider sehr umständlich und gelingt auch nur näherungsweise (siehe z. B. *F. Seitz*: The Modern Theory of Solids, McGraw Hill Book Co., N.Y., 1940); sie liefert

$$4\pi (2m)^{\frac{3}{2}} \left(\frac{a}{h} \right)^3 \left[\frac{2}{3} \mu^{\frac{3}{2}} + \frac{\pi^2}{12} \frac{(kT)^2}{\sqrt{\mu}} \right] \cong N. \tag{57}$$

Für $T = 0$ geht Gl. (57) über in

$$4\pi (2m)^{\frac{3}{2}} \left(\frac{a}{h} \right)^3 \left[\frac{2}{3} \mu^{\frac{3}{2}} \right] = N \tag{58}$$

und gibt

$$\mu = \frac{h^2}{8m} \left(\frac{3N}{\pi a^3}\right)^{\frac{2}{3}} \equiv \epsilon_F . \tag{59}$$

In Worten: $\mu(T = 0)$ ist mit der vorher definierten Fermienergie identisch. Für beliebige Temperaturen folgt aus Gl. (57) mit Gl. (59)

$$\mu \cong \epsilon_F \left[1 - \frac{\pi^2}{8}\left(\frac{kT}{\epsilon_F}\right)^2\right]^{\frac{2}{3}} \cong \epsilon_F \left[1 - \frac{\pi^2}{12}\left(\frac{kT}{\epsilon_F}\right)^2\right] , \tag{60}$$

wenn man in erster Näherung im zweiten Term von Gl. (57) $\mu = \epsilon_F$ setzt und eine Binominalentwicklung vornimmt. Damit ist nun die FD-Verteilung $f(E)$ eindeutig bestimmt bzw. normiert:

$$f(E) = \frac{g(E)\left(e^{\frac{E-\mu}{kT}} + 1\right)^{-1}}{\int\limits_{E=0}^{\infty} g(E)\left(e^{\frac{E-\mu}{kT}} + 1\right)^{-1} dE} = 4\pi(2m)^{\frac{3}{2}}\left(\frac{a}{h}\right)^3 \left(e^{\frac{E-\mu}{kT}} + 1\right)^{-1} \sqrt{E}. \tag{61}$$

Die mittlere molare Energie ($N = N_A$) ergibt sich dann aus der mittleren Teilchenenergie

$$\overline{E} = \frac{\int\limits_{E=0}^{\infty} f(E)\,EdE}{\int\limits_{E=0}^{\infty} f(E)\,dE} = \int\limits_{0}^{\infty} f(E)\,EdE \tag{62}$$

zu

$$\overline{E} = N_A \overline{E} = \frac{3}{2} N_A \frac{1}{\epsilon_F^{\frac{3}{2}}} \left[\frac{2}{5}\mu^{\frac{5}{2}} + \frac{\pi^2}{4}\mu^{\frac{1}{2}}(kT)^2\right] \tag{63}$$

bzw. mit Gl. (60) zu

$$\overline{E} = N_A \frac{3}{5}\epsilon_F \left[1 + \frac{5}{12}\pi^2\left(\frac{kT}{\epsilon_F}\right)^2\right] . \tag{64}$$

Differenziert man dieses Ergebnis der Mittelwertbildung nach T, so erhält man den elektronischen Anteil der Molwärme:

$$C_V = \left(\frac{\partial \overline{E}}{\partial T}\right)_V = \frac{R\pi^2}{2}\frac{kT}{\epsilon_F} . \tag{65}$$

Er ist proportional zu T, wie auch empirisch gefunden wurde.

Die FD-Besetzungsdichte eines Elektronengases mit der *Fermitemperatur* $T_F = \epsilon_F/k = 50000\,K$ wurde für verschiedene Temperaturen in Bild 14.7 graphisch dargestellt. Man erkennt sehr deutlich, daß sie mit zunehmender Temperatur wegen der Temperaturabhängigkeit des chemischen Potentials unsymmetrischer wird. Bei tiefen Temperaturen

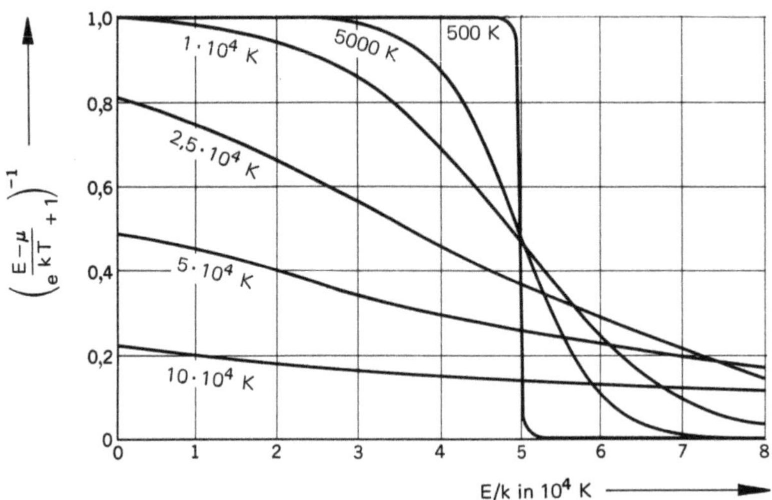

Bild 14.7 FD-Besetzungsdichte eines Elektronengases mit $T_F = 50\,000$ K bei verschiedenen
Temperaturen

sind nur sehr wenige Elektronen thermisch angeregt, woraus der zwar sehr kleine, aber
immerhin endliche Molwärmebeitrag resultiert. Mit anderen Worten, die Nullpunktenergie der Elektronen ist schon so groß, daß Temperaturänderungen die Energieverteilung kaum beeinflussen. Kommt andererseits T in die Größenordnung von T_F und
darüber, so läßt sich die FD-Verteilung durch die MB-Verteilung approximieren. Bei
den Metallen liegt die Fermitemperatur gewöhnlich zwischen 30000 und 80000 K, was
sich mit Hilfe von Gl. (55) abschätzen läßt:

$$T_F = \frac{h^2}{8mk}\left(\frac{3N}{\pi a^3}\right)^{\frac{2}{3}}. \tag{66}$$

14.4 Bändermodell und Metalle

Das Elektronengasmodell ist zur Beschreibung von Festkörpereigenschaften, die
auf Elektronenbewegungen beruhen, wie z. B. die elektronische Leitfähigkeit und die
Lichtabsorption viel zu grob. Es muß dazu ein periodisches Potentialmodell herangezogen werden und dieses liefert ein Energieschema der Festkörperelektronen, das als
Bändermodell bezeichnet wird.

Im Gegensatz zu den Energieschemata einzelner Atome mit ihren scharfen (diskreten) Energieeigenwerten entstehen beim Zusammenbau von Atomen zu einem Kristall
breite Energiezustände, sogenannte *Bänder*. Ähnlich wie bei der Molekülbindung kann
man sich dem Energieproblem auch hier von zwei Seiten nähern. Je nach Kristalltyp geht
man dazu entweder von den getrennten Atomen aus und untersucht die Energie der
Elektronen beim Annähern der Atome oder man geht von dem bereits fertigen Gitter-

gerüst aus positiven Ionen aus und untersucht die Energie der Elektronen in dem Potential dieses Gerüstes. Die erste Näherung entspricht der Heitler-Londonschen Mehrelektronennäherung, die zweite der Einelektronennäherung der MO-Theorie (Kapitel 5).

Die erste Näherung dient vornehmlich zur Beschreibung von lokalisierten Elektronen in Valenz- und Ionenkristallen. Sind die Atome, die zum Kristall zusammengebaut werden sollen, sehr weit voneinander entfernt, so sind die Elektronenenergieniveaus noch sehr scharf. Ähnlich wie beim Zusammenbringen von zwei H-Atomen zwei Energieniveaus (Singulett und Triplett) entstehen, so entstehen beim Zusammenbringen von drei Atomen drei Energieniveaus, usw. Beim Aufbau eines Kristalls normaler Größe entstehen schließlich so viele eng benachbarte Niveaus wie der Kristall Atome besitzt. Weil sie sehr eng benachbart sind, kann man alle Niveaus zusammen mit einem kontinuierlichen Energieband vergleichen. Aus jedem Atomniveau entsteht auf diese Weise ein Band. Auch Überlappungen solcher Bänder treten auf. Bei der Einelektronennäherung, speziell für Metalle gut geeignet, geht man von den periodisch angeordneten Atomrümpfen (positiven Metallionen) aus und untersucht in deren periodischem Potential die Bewegung eines Elektrons. Implizit wird vorausgesetzt, daß sich die Elektronen unabhängig voneinander bewegen. Diese Einelektronennäherung wird nun etwas eingehender besprochen.

Beschreibt man das Potential eines Atomrumpfes (Ion) durch ein effektives kugelsymmetrisches Potential (Kapitel 3), das proportional $-1/r$ ist (Bild 14.8a), so entsteht beim Aneinanderreihen von vielen Atomrümpfen mit jeweils gleichen Abständen ein *periodisches Gitterpotential* (Bild 14.8b). Jedem Gitteratom entspricht in diesem Fall

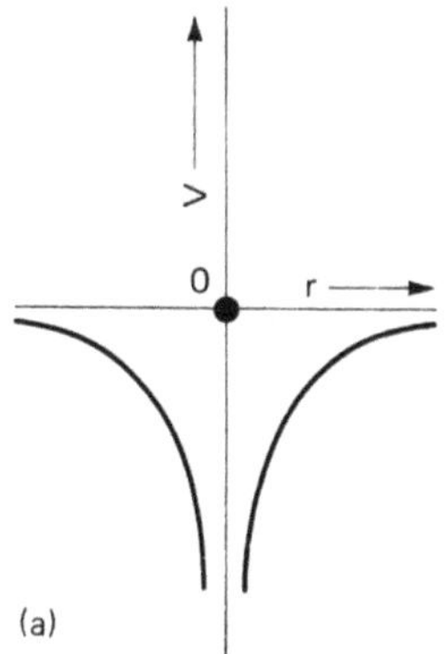

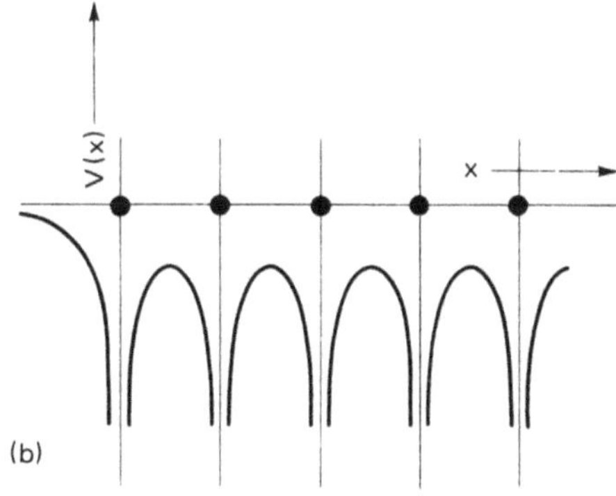

Bild 14.8

Schematische Darstellung der kugelsymmetrischen Atomenergie V $\sim 1/r$ (a), einer Reihe von Atomen (b) und ihre Approximation durch das rechteckige Kronig-Penneypotential (c)

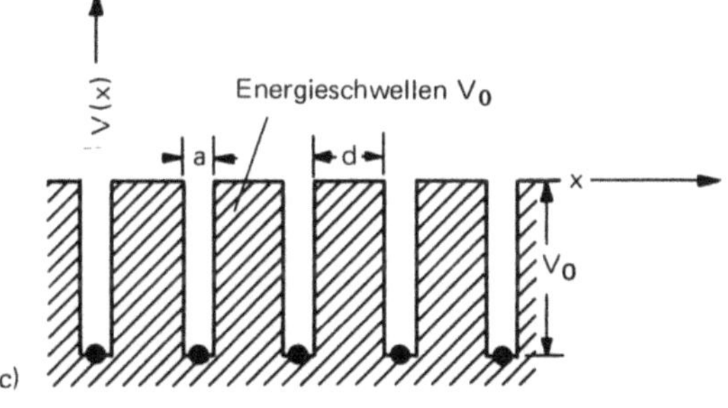

eine eindimensionale Elementarzelle. Nähert man dieses periodische Gitterpotential durch aneinander gereihte rechteckige Potentialtöpfe an (*Kronig-Penneypotential* Bild 14.8c), so läßt sich hierfür die Schrödingergleichung

$$H\Psi(x) = \epsilon\Psi(x) \tag{67}$$

relativ einfach lösen. Plausible Lösungsansätze für Eigenwertgleichungen mit periodischem Potential sind die sogenannten *Blochfunktionen*,

$$\Psi(r) = e^{ikr}\phi(r), \tag{68}$$

deren allgemeine Form wie folgt an Hand von Symmetrieüberlegungen hergeleitet werden kann.

Ein Ring aus N_x Gitterpunkten (im Abstand a) besitze die Länge $l_x = N_x a$. Die potentielle Energie V ist an jeder Stelle dieses ringförmigen Gitters periodisch in der Gitterkonstanten a:

$$V(x) = V(x + n_x a) \tag{69}$$

n_x ist eine ganze Zahl und markiert eine Translation um $n_x a$. Wegen dieser Symmetrie müssen auch die Eigenfunktionen dieselbe Periodizität aufweisen, also die Form

$$\phi(x + a) = C\,\phi(x) \tag{70}$$

besitzen. C ist eine Konstante. Außerdem muß an der Stelle $x + n_x a$

$$\phi(x + n_x a) = C^{n_x}\,\phi(x) \tag{71}$$

und nach einer Translation um $N_x a$ gelten:

$$\phi(x + N_x a) = C^{N_x}\,\phi(x) = \phi(x). \tag{72}$$

Wegen Gl. (72) muß

$$C^{N_x} = 1\ (n_x = \pm 1, \pm 2, \dots \pm N_x) = e^{2\pi i n_x} \tag{73}$$

bzw.

$$C = e^{2\pi i n_x/N_x} \tag{74}$$

sein. Führen wir die Größe

$$k_x = |k_x| = \frac{2\pi n_x}{N_x a} \tag{75}$$

als Wellenzahlvektor ein, dann erhalten wir

$$C = e^{ik_x a}. \tag{76}$$

In einem dreidimensionalen Gitter spiegelt k die Symmetrie der Elementarzelle (a, b, c Kantenlängen der Elementarzelle) wieder:

$$\begin{aligned}
k_x &= \frac{2\pi n_x}{N_x a}, \\[2mm]
k_y &= \frac{2\pi n_y}{N_y b}, \\[2mm]
k_z &= \frac{2\pi n_z}{N_z c}.
\end{aligned} \tag{77}$$

Die Blochfunktionen für ein eindimensionales, periodisches Kronig-Penneypotential lauten demnach

$$\Psi(x) = e^{ik_x x}\, \phi(x), \tag{78}$$

wobei $\phi(x)$ durch Lösen der Schrödingergleichung ermittelt werden muß. Setzt man diesen Ansatz in Gl. (67) ein, so entsteht die Differentialgleichung

$$\frac{d^2\phi}{dx^2} + 2ik_x \frac{d\phi}{dx} + \frac{2m}{\hbar^2}\left(\epsilon - \frac{\hbar^2 k_x^2}{2m} - V\right)\phi = 0 \ . \tag{79}$$

Im Potentialbereich $0 < x < a$ (Bild 14.8c) hat sie die allgemeine Lösung

$$\phi_I = Ae^{i(\alpha - k_x)x} + Be^{-i(\alpha + k_x)x} \qquad \left(\alpha = \sqrt{\frac{2m\epsilon}{\hbar^2}}\right) \tag{80}$$

und im Bereich $a < x < a + d$ die allgemeine Lösung

$$\phi_{II} = Ce^{(\beta - ik_x)x} + De^{-(\beta + ik_x)x} \qquad \left(\beta = \sqrt{\frac{2m(V_0 - \epsilon)}{\hbar^2}}\right). \tag{81}$$

Die Konstanten A, B, C und D müssen so gewählt werden, daß die Funktionen ϕ und $d\phi/dx$ bei $x = 0$ und $x = a$ stetig sind (3. quantenmechanisches Postulat) und daß die Periodizität von ϕ gewahrt bleibt. Dies gibt insgesamt vier Bedingungen zur Bestimmung der vier Konstanten:

$$\phi_I(0) = \phi_{II}(0), \qquad \phi_I(a) = \phi_{II}(-d),$$
$$\left(\frac{d\phi_I}{dx}\right)_0 = \left(\frac{d\phi_{II}}{dx}\right)_0 \qquad \left(\frac{d\phi_I}{dx}\right)_a = \left(\frac{d\phi_{II}}{dx}\right)_{-d}, \tag{82}$$

bzw.

$$A + B = C + D$$
$$i(\alpha - k_x)\,A - i(\alpha + k_x)\,B = (\beta - ik_x)\,C - (\beta + ik_x)\,D$$
$$Ae^{i(\alpha - k_x)a} + Be^{-i(\alpha + k_x)a} = Ce^{-(\beta - ik_x)d} + De^{(\beta + ik_x)d}$$
$$i(\alpha - k_x)\,Ae^{-i(\alpha + k_x)a} - i(\alpha + k_x)\,Be^{-i(\alpha - k_x)a} = (\beta - ik_x)\,Ce^{-(\beta - ik_x)d} -$$
$$- (\beta + ik_x)\,De^{(\beta + ik_x)d} \tag{83}$$

Die Koeffizientendeterminante dieses linearen Gleichungssystems verschwindet (Anhang IX), wenn

$$\frac{\beta^2 - \alpha^2}{2\alpha\beta}\,\sinh(\beta d)\,\sin(\alpha a) + \cosh(\beta d)\,\cos(\alpha a) = \cos k_x(a + d). \tag{84}$$

Zur einfacheren physikalischen Interpretation der Eigenwertbedingung (84) werden nachträglich die Energieschwellen des Kronig-Penneypotentials durch den Grenzübergang $d \to 0$ unendlich hoch gemacht, und zwar so, daß das Produkt $V_0 d$ konstant bleibt und a Gitterperiode wird. Anstelle des tatsächlichen Festkörperpotentials wird also letztlich ein

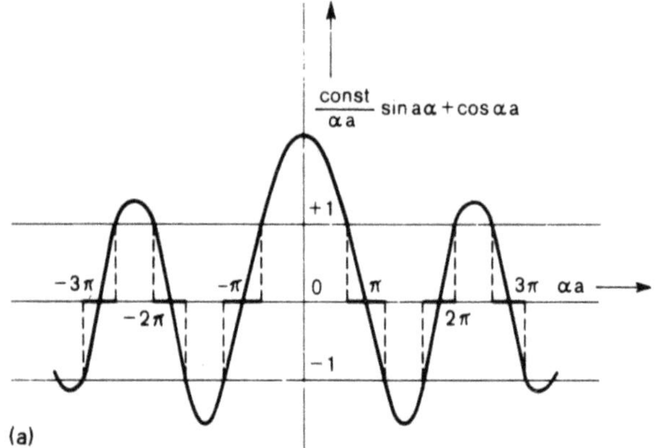

Bild 14.9

Graphische Lösung der Energieeigenwertbedingung (86) (a)
und ihre Darstellung durch
$\epsilon\,(k_x)$ mit daraus resultierenden Energiebändern (b) für
positive k_x-Werte

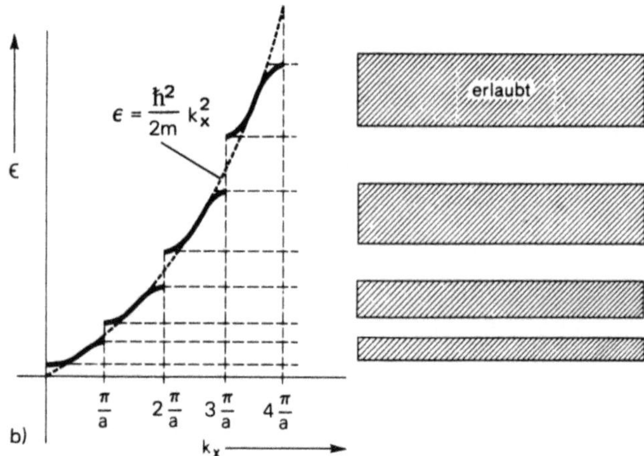

extrem vereinfachtes Potentialmodell zur Einführung der Energiebänder verwendet. Für
diesen Grenzübergang setzt man

$$\lim_{\substack{d\,\to\,0\\ \beta\,\to\,\infty}}\left(\frac{\beta^2 ad}{2}\right) = \text{const} \tag{85}$$

und erhält aus Gl. (84) die Energieeigenwertbedingung

$$\text{const}\,\frac{\sin(\alpha a)}{\alpha a} + \cos(\alpha a) = \cos(k_x a). \tag{86}$$

Sie ist als transzendente Gleichung nur graphisch oder numerisch lösbar. In Bild 14.9a
wurde dazu die linke Seite von Gl. (86) mit einem beliebigen Wert für const als Funktion
von αa aufgetragen. Da der Cosinusterm auf der rechten Seite nur Werte zwischen -1 und
$+1$ besitzen kann, nimmt auch die linke nur diese Werte an. αa besitzt also reelle Werte in

den dick eingezeichneten Bereichen. Nach Gl. (86) entsprechen diese *erlaubten* Energien, deren Grenzen durch $\pm n_x \pi/a$ für k_x gegeben sind. Trägt man die Energie gegen den Wellenzahlvektor k_x in einem Diagramm auf (Bild 14.9b), so resultiert eine *Parabel* mit *Diskontinuitäten*, die *verbotene* Energiebereiche darstellen. Sie verschwinden, wenn const gegen Null geht, es also keine Trennwände (Energieschwellen $V_0 d$) zwischen den Elementarzellen gibt; mit anderen Worten, wenn das periodische Potential in einen einzigen großen Potentialtopf übergeht. Wird hingegen const unendlich groß, dann reduzieren sich die erlaubten Energiebereiche auf diskrete Energieniveaus, wie man sie bei den isolierten Atomen vorfindet.

Als Ergebnis dieser Ableitung soll festgehalten werden: Die Einelektronennäherung liefert erlaubte, kontinuierliche Energiebänder (*Brillouinzonen*), die mit verbotenen Zonen abwechseln (Bild 14.9c). Da es in jedem Energieband N_x erlaubte Wellenzahlvektoren gibt (im ersten Band von $k_x = \pm 2\pi/l_x$, usw. bis $\pm 2\pi(N_x/2)/l_x = \pm \pi/a$), gibt es auch ebensoviele Orbitale, die mit Elektronen besetzt werden können. Das oberste voll besetzte Band wird *Valenzband* (Valenzelektronen) und das nächste leere oder unvollständig besetzte Band *Leitungsband* genannt.

Mit Hilfe des auf diese Weise erklärten Bändermodells lassen sich die Festkörper in bezug auf ihre elektronischen Eigenschaften in *Metalle, Halbleiter* und *Isolatoren* einteilen (Bild 14.10). Bei den Metallen überlappen sich das Valenzband und Leitungsband, so daß dieses immer partiell besetzt ist. Der leichte Elektronenaustausch (Platztausch) in diesem Zustand ist verantwortlich für die große Beweglichkeit der Elektronen in Metallen und damit für deren hohe elektronische Leitfähigkeit. Bei den Halbleitern ist die Energielücke zwischen dem Valenz- und dem Leitungsband von der Größenordnung einiger Zehntel eV und daher für Elektronen thermisch überbrückbar. Bei T = 0 ist das Valenzband voll, das Leitungsband gänzlich unbesetzt. Eine Ladungsverschiebung (Leitung) in diesem Zustand ist nicht möglich und der Halbleiter verhält sich elektronisch isolierend. Mit zunehmender Temperatur werden Elektronen in das Leitungsband angeregt und *Löcher (Defektelektronen)* bleiben im Valenzband zurück. Im energetischen Zustand beider Bänder kann nun eine Ladungsverschiebung stattfinden. Bei den Isolatoren schließlich ist die Energielücke so groß, daß sie von den Elektronen thermisch nicht übersprungen werden kann. Isolatoren besitzen daher auch bei höheren Temperaturen keine elektronische Leitfähigkeit. Daß sie trotzdem elektrischen Strom transportieren, beruht auf der *elektrolytischen* Leitfähigkeit durch Ionenwanderung (Abschnitt 14.8).

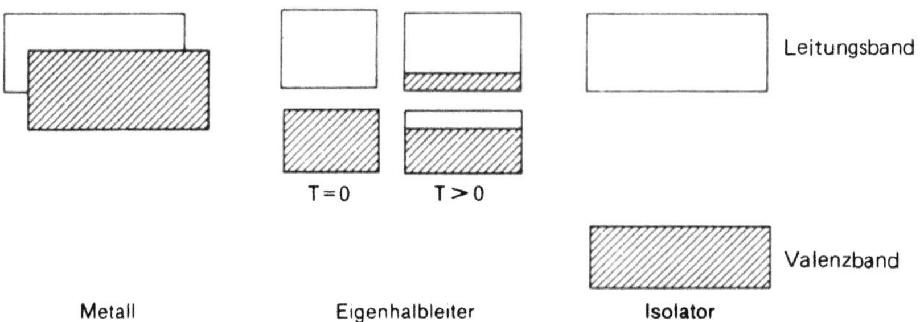

Bild 14.10 Schematisches Bändermodell eines Metalles, eines Eigenhalbleiters und eines Isolators

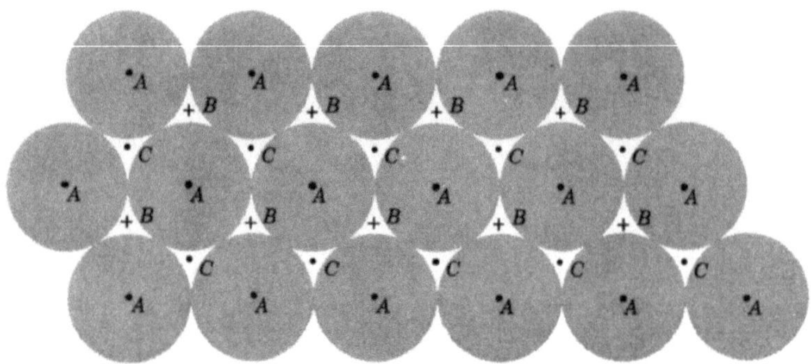

Bild 14.11 Zweidimensionale dichteste Kugelpackung (aus *J. Kittel:* Introduction to Solid State Physics, J. Wiley & Sons Inc., New York, 1953)

Die große Beweglichkeit der Elektronen in den Metallen bedingt, daß sich die verbleibenden Atomrümpfe (Ionen) in *dichtesten Kugelpackungen* anordnen, und die Metalle zumeist mit höchster Symmetrie kristallisieren (kubisch bzw. hexagonal). Was heißt dichteste Kugelpackung? Versucht man gleich große Kugeln räumlich so anzuordnen, daß möglichst kleine Zwischenräume entstehen, so gelingt dies auf zweifache Weise. Bildet man zuerst eine möglichst dichte, ebene Schicht (Bild 14.11), so entsteht eine Kugelpackung mit hexagonaler Symmetrie: Jede Kugel besitzt sechs nächste Nachbarn, deren Mittelpunkte die Ecken eines regelmäßigen Sechseckes bilden. (Auch ein Kreis kann höchstens von sechs gleich großen Kreisen berührt werden.) Man beachte nun die entstandenen „dreieckigen" Zwischenräume, wovon es zwei Sorten gibt. Die einen zeigen mit einer Ecke nach oben und die anderen nach unten. Ihre Positionen seien mit B und C bezeichnet, die Mittelpunkte der Kugeln mit A. Nun soll eine zweite dichtest gepackte Schicht auf die erste gelegt werden. Wird zuerst eine Kugel auf die Position B gelegt, dann kann nicht gleichzeitig eine andere Kugel auf einer benachbarten Position C zu liegen kommen. Die Kugeln der zweiten Schicht können entweder nur auf B- oder nur auf C-Plätzen untergebracht werden, ohne daß die dichteste Packung zerstört wird. Die Schichtanordnung AB (Kugeln der ersten Schicht auf A- und Kugeln der zweiten Schicht auf B-Plätzen) unterscheidet sich aber überhaupt nicht von der Anordnung AC! Denn die eine Anordnung kann durch eine einfache Koordinatentransformation (Drehung des auf die Kugelmittelpunkte bezogenen Koordinatensystems um 60°) in die andere Anordnung übergeführt werden.

Beim Plazieren einer dritten Schicht gibt es wiederum zwei Anordnungsmöglichkeiten: Entweder auf den Positionen C oder wie bei der ersten Schicht auf den Positionen A (ABC oder ABA). In beiden Fällen entsteht eine dichteste Kugelpackung, denn eine jede Kugel besitzt 12 Nachbarkugeln, die sie berühren. Von diesen liegen 6 in derselben Schicht, 3 in der Schicht darüber und 3 darunter. Der Unterschied zwischen den beiden Strukturen oder Packungen besteht nur darin, daß bei der Anordnung ABC der „dreieckige" Zwischenraum zwischen den drei oberen Nachbarn gegenüber dem unteren um 180° verdreht ist. Bei der Anordnung ABA decken sich die Zwischenräume. Der weitere dichteste Aufbau ergibt sich durch eine periodische Wiederholung der Anordnungen: ABAB ... und ABCABC ... Diese zwei dichtest gepackten Strukturen oder Kugelpackungen wurden erstmals von *Barlow* um 1880 erkannt. Er schrieb sie dem Atomaufbau der

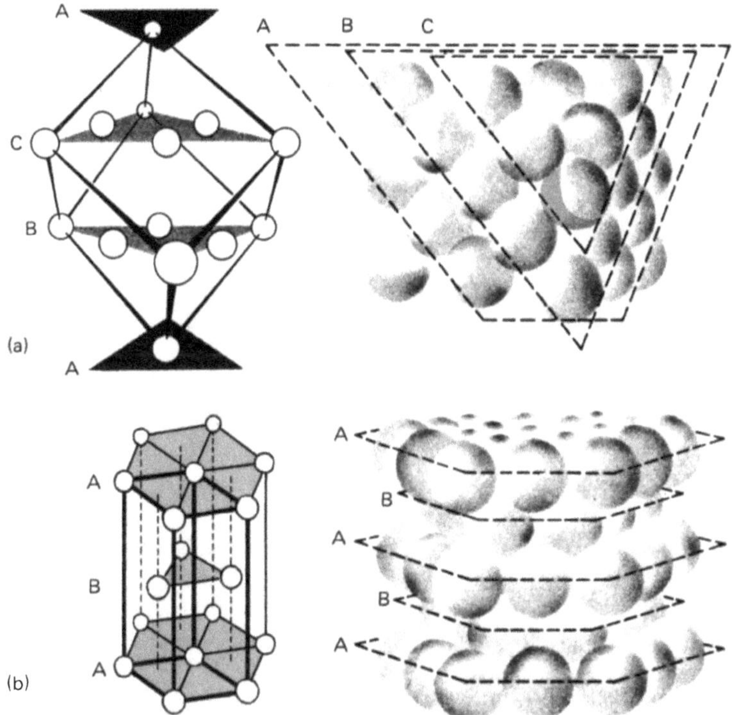

Bild 14.12 Kubisch dichteste (a) und hexagonal dichteste Kugelpackungen (b) (*W. J. Moore:* Der feste Zustand, F. Vieweg, 1977)

Metalle schon lange bevor sie experimentell durch Röntgenstrukturanalysen bewiesen werden konnten, zu. Da der ABA-Packung eine hexagonale Elementarzelle mit zwei Atomen zugrunde liegt (Bild 14.12a), wird sie *hexagonal-dichteste* Kugelpackung genannt. Ihre dichtest gepackten Schichten entsprechen den Gitterebenen senkrecht zur c-Achse der Zelle. Die ABC-Packung ist dagegen auf die kubisch-flächenzentrierte Elementarzelle zurückführbar und wird *kubisch-dichteste* Packung genannt. In diesem Fall sind die dichtesten Schichten die (111)-Ebenen senkrecht zur [111]-Richtung (Bild 14.12b). Die meisten Metalle kristallisieren entweder in der kubisch- oder in der hexagonal dichtesten Packung; daneben tritt auch noch sehr häufig die kubisch raumzentrierte Struktur auf (Abschnitt 13.2). Soviel zum atomaren Aufbau der Metalle.

14.5 Valenzkristalle und Halbleiter

Im Gegensatz zu den Ionen- und Metallkristallen, in denen die Bindung zwischen den Bausteinen nicht gerichtet ist, handelt es sich bei den Valenzkristallen um Festkörper mit *gerichteten homöopolaren* Bindungen. Diese sind auch strukturbestimmend. Ein sehr instruktives Beispiel bietet hier der Diamant, doch auch die heute so wichtigen Halbleiter wie Germanium und Silizium sind schöne Beispiele. In diesen Valenzkristallen ist ein jedes Gitteratom von 4 Nachbaratomen tetraedrisch umgeben (Bild 14.13) und die Ladungsdichte zwischen ihnen ist relativ groß. Ihre Gitterenergie läßt sich wie folgt abschätzen: Da ein Kristall mit N_A Atomen $2N_A$ Bindungen aufweist, ist die Gitterenergie halb so groß wie die Sublimationsenergie. Das ist die Energie, die zum Verdampfen des Kristalls in gasförmige Atome benötigt wird. Charakteristisch für die genannten Valenzkristalle sind jedoch ihre *halbleitenden* Eigenschaften.

Wie aus Bild 14.10 hervorgeht, sind bei den Halbleitern das Leitungs- und das Valenzband durch eine *Energielücke* getrennt. Diese beträgt einige Zehntel eV und ist damit thermisch überbrückbar (Elektronenanregung mit Hilfe von $kT \cong 0{,}01$ eV). Bei $T = 0$ ist das Valenzband komplett besetzt und das Leitungsband leer, so daß keine Ladungsverschiebung möglich

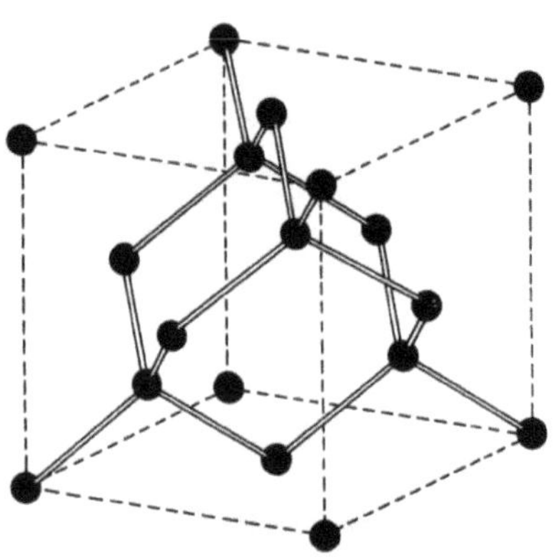

Bild 14.13 Die tetraedrische Diamantstruktur

ist. Im Valenzband sind keine Orbitale für beschleunigte Elektronen frei. Mit zunehmender Temperatur $(T > 0)$ werden aber Elektronen in das Leitungsband angeregt und diese lassen quasi positiv geladene Löcher im Valenzband zurück. In beiden Bändern kann dann Ladungstransport stattfinden: Im einen Fall mit Elektronen und im anderen mit Löchern als Ladungsträger. Die Löcher besitzen eine *effektive positive Ladung* und eine *effektive Masse*. Ihre Dichte ist bei den sogenannten *Eigenhalbleitern* ebenso groß wie die Elektronendichte, hängt jedoch von der Temperatur und dem *Bandabstand* ab. Dies läßt sich FD-statistisch zeigen.

Zur Berechnung der Elektronendichte N_e/V im Leitungsband haben wir über die FD-Verteilung f_e (Bild 14.14) vom unteren Rand des Leitungsbandes bei $E = \epsilon_L$ bis $E = \infty$ zu integrieren:

$$\frac{N_e}{V} = \int\limits_{E=\epsilon_L}^{\infty} \frac{g(E - \epsilon_L)}{e^{\frac{E-\mu}{kT}} + 1}\, dE \tag{87}$$

Da die Elektronendichte normalerweise klein im Vergleich zur Zustandsdichte ist (MB-Grenzfall), kann der Exponentialausdruck im Nenner groß gegen 1 gesetzt werden. Durch die Substitution $\left(E - \epsilon_L\right)/kT = z$ gelangt man dann zum Integral $\int\limits_0^{\infty} \sqrt{z}\, e^{-z}\, dz = \sqrt{\pi}/2$, so daß

$$\frac{N_e}{V} = \int\limits_{E=\epsilon_L}^{\infty} g(E - \epsilon_L)\, e^{\frac{E-\mu}{kT}}\, dE \cong \text{const } m_e^{\frac{3}{2}}\, e^{-\frac{\epsilon_L - \mu}{kT}}. \tag{88}$$

Analog dazu ergibt sich die Defektelektronendichte N_p/V durch Integration der spiegelbildlichen Verteilung f_p vom oberen Rand des Valenzbandes bei $E = \epsilon_V$ bis $E = -\infty$:

$$\frac{N_p}{V} = \int\limits_{E=-\infty}^{\epsilon_V} g(\epsilon_V - E)\left(1 - \frac{1}{e^{\frac{E-\mu}{kT}} + 1}\right) dE \cong \text{const } m_p^{\frac{3}{2}}\, e^{\frac{\epsilon_V - \mu}{kT}}. \tag{89}$$

Gleichsetzen der Elektronen- und Löcherdichte liefert dann

$$m_e^{\frac{3}{2}} \, e^{-\frac{\epsilon_L - \mu}{kT}} = m_p^{\frac{3}{2}} \, e^{\frac{\epsilon_V - \mu}{kT}} \tag{90}$$

und Logarithmieren sowie Umformen:

$$\mu = \frac{\epsilon_L + \epsilon_V}{2} - \frac{3}{4} \, kT \, \ln \frac{m_e}{m_p} \; . \tag{91}$$

Damit ist die Fermienergie μ für Eigenhalbleiter festgelegt; sie liegt bei $T = 0$ bzw. bei annähernd gleich großen effektiven Massen in der Mitte der Bandlücke (Bandabstand: $\epsilon_L - \epsilon_V$, Bild 14.14):

$$\mu \equiv \epsilon_F = \frac{\epsilon_L + \epsilon_V}{2} \; . \tag{92}$$

Die Elektronendichte im Leitungsband, sie ist maßgebend für die elektronische Leitfähigkeit, beträgt deshalb:

$$\frac{N_e}{V} = \frac{N_p}{V} = \text{const}' \, e^{-\frac{\epsilon_L - \epsilon_V}{2kT}} \; . \tag{93}$$

Bei den Halbleitern Ge und Si besitzt der Bandabstand die Werte 0,78 bzw. 1,21 eV.

Aus Isolatoren (Bandabstand einige eV bis 10 eV) werden Halbleiter, wenn man sie mit geeigneten Fremdatomen dotiert. Dies kann auf zweierlei Weise geschehen: Entweder durch Dotierung mit elektronegativeren oder mit elektropositiveren (nieder- oder höherwertigen) Atomen als die Isolatoratome. Im ersten Fall nehmen die Fremdatome (= *Akzeptoren*) Elektronen aus dem Valenzband auf und hinterlassen darin positive Löcher. Da sich die positiven Löcher wie positive Teilchen verhalten (sie wandern beim Anlegen einer Spannung zum negativen Pol), bezeichnet man diesen Halbleitertyp als *p-Halbleiter*

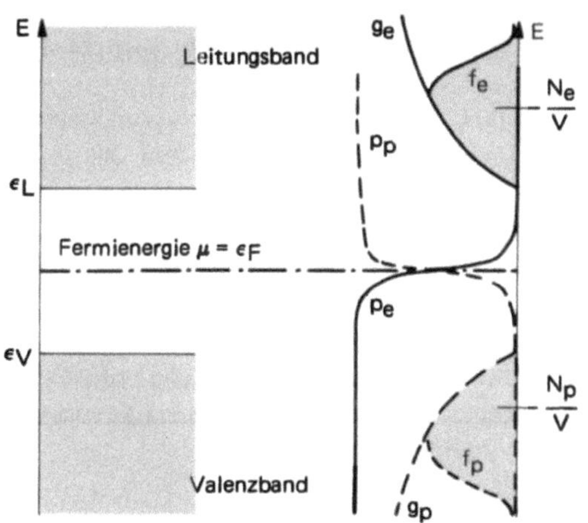

Bild 14.14

Energieschema und FD-Verteilung in einem Eigenhalbleiter bei endlicher Temperatur ($p_e = (e^{E - \mu/kT} + 1)^{-1}$ $p_p = 1 - p_e, \; g_e = g(E - \epsilon_L),$ $g_p = g(\epsilon_V - E), \; f_e = g_e p_e, \; f_p = g_p p_p$)

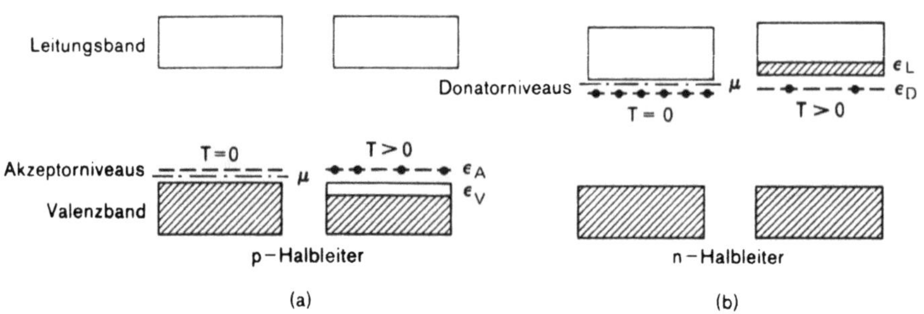

Bild 14.15 Schematisches Bändermodell eines p- und eines n-Halbleiters

(Bild 14.15). Im zweiten Fall liegen die Energieniveaus der Fremdatome knapp unter dem leeren Leitungsband, und durch thermische Anregung gelangen Elektronen aus den zudotierten Fremdatomen (= *Donatoren*) ins Leitungsband. Stromtransport erfolgt dann vorwiegend durch Elektronenverschiebung im Leitungsband (*n-Halbleiter*).

Die Eigenhalbleiter Ge und Si werden durch Dotieren für ihre praktische Verwendbarkeit derart umfunktioniert, daß überwiegend nur positive Löcher oder nur Elektronen leiten. Sie bilden die Ausgangsmaterialien für Dioden, Transistoren, usw. Durch Dotieren mit fünf- bzw. dreiwertigen Fremdatomen führt man in diese Eigenhalbleiter Donatoren und Akzeptoren ein und kommt dadurch zu n- und p-Ge bzw. n- und p-Si. Eine analoge statistische Berechnung zeigt dann, daß die Fermienergie μ zwischen der Donator- bzw. Akzeptorenergie und der Leitungsbandunter- bzw. Valenzbandoberkante liegt (Bild 14.15), und daß die Elektronendichte exponentiell mit der Energie $(\epsilon_L - \epsilon_D)/2$ bzw. $(\epsilon_A - \epsilon_V)/2$ von der Temperatur abhängt. Das Zustandekommen der Donator- und Akzeptorzustände im verbotenen Energiebereich kann man sich qualitativ auf folgende Weise erklären: Jedes Fremdatom stellt eine Störung oder Unterbrechung des periodischen Gitterpotentials (vgl. Kronig-Penneypotential) dar. Bei der Lösung der Schrödingergleichung müssen deshalb die Blochfunktionen an die Lösungen der Fremdatomzelle angeschlossen werden. Die daraus resultierende Energieeigenwertbedingung liefert dann nicht nur das bereits bekannte Energiebandmodell, sondern auch Energieterme im verbotenen Bereich.

Im verbotenen Energiebereich liegen außer den Donator- und Akzeptorzuständen auch elektronische Anregungszustände, im Teilchenbild *Excitonen* genannt. Sie folgen allerdings nicht aus der quantenmechanischen Energiebandableitung, sondern müssen extra eingeführt werden. Excitonen entsprechen im Teilchenbild Elektronen, die an Defektelektronen gekoppelt sind. Man kann sie mit H-Atomen vergleichen, wo ein Elektron an das Proton gebunden ist. Auch die quantitative Beschreibung lehnt sich an das H-Atommodell an und führt so zu einem wasserstoffähnlichen Energieschema im verbotenen Energiebereich. Vom Grundzustand aus (Elektron im Valenzband) entsteht so durch optische, unter Umständen auch durch thermische Anregung ein Exciton, das sich wie ein Elektron oder Defektelektron im Gitter bewegt.

14.6 Molekülkristalle

Alle Kristalle, die aus neutralen Molekülen aufgebaut sind, werden global als *Molekülkristalle* und alle Arten von Bindungen zwischen den Molekülen mit dem Sammelbegriff *van der Waalssche Bindung* bezeichnet. Sie beruhen auf denselben Kräften, die auch für das nichtideale Verhalten von Gasen verantwortlich sind. Dazu gehören die Wechselwirkungen zwischen elektrischen Molekülmomenten, aber auch alle möglichen Wechselwirkungen mit oder zwischen induzierten Momenten, einschließlich der Wasserstoffbrückenbindung. Charakteristisch für sie ist, daß ihre Energie mit der 6. Potenz des Molekülabstandes abnimmt und Werte der Größenordnung 10 kJ mol^{-1} besitzt. Diese Bindungsarten werden im Kapitel 15 über Flüssigkeiten eingehender besprochen. In diesem Abschnitt wollen wir uns auf die elektronischen und strukturellen Eigenschaften konzentrieren.

Wie aus der Ladungsdichteverteilung in Bild 13.24d hervorgeht, ist die Ladung zwischen den Molekülen verschwindend klein. Die Molekülkristalle sind demnach als elektronische Isolatoren im Sinne des Bändermodells anzusehen. Die Energielücke zwischen dem Leitungs- und Valenzband ist im Vergleich zu kT extrem groß (Größenordnung 10 eV) und könnte höchstens durch Röntgenlichtabsorption überbrückt werden. Trotzdem wird eine Anregung durch Absorption im sichtbaren Strahlungsbereich beobachtet (Bild 15.16), die noch dazu durch den Kristall wandern kann. Diese Eigenschaft spielt z. B. eine große Rolle bei biologischen Mechanismen. So wurde schon vor Jahren postu-

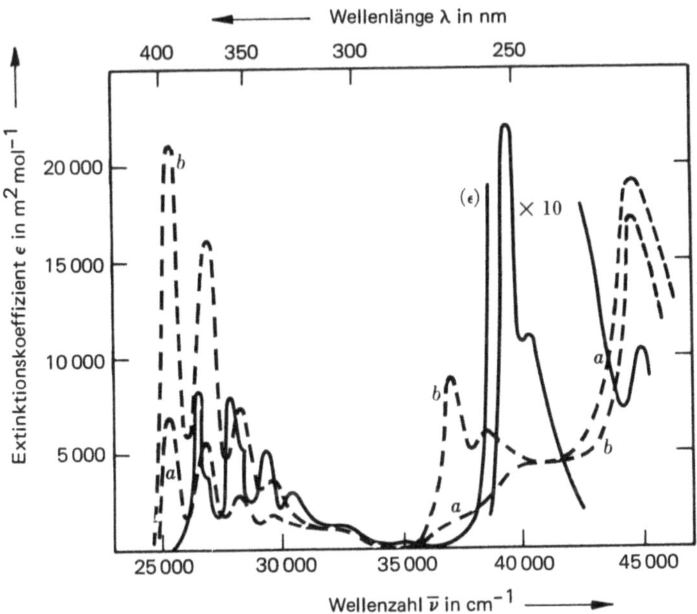

Bild 14.16 Absorptionsspektren von kristallinem (- - - - -) und gelöstem (——) Anthrazen, aufgenommen mit polarisiertem Licht (a Polarisation parallel zu trikliner ac-Ebene bzw. ⬡⬡⬡ und b Polarisation parallel zu trikliner b-Achse bzw. ⬡⬡⬡ (*A. V. Bree, L. E. Lyons:* J. Chem. Soc. (1960) 5206 in *W. Moore:* Der feste Zustand, F. Vieweg, Braunschweig 1977)

liert, daß gewisse Zellbestandteile wie Halbleiter funktionieren. Das ist jedoch nur möglich, wenn große organische Moleküle in lebenden Zellen kristallisieren, z. B. das Chlorophyll im Chloroplast der grünen Blätter. Wird von diesem irgendwo ein Lichtquant absorbiert, so sollte die dadurch erzeugte Anregung solange durch den Kristall wandern, bis an einer anderen, geeigneteren Stelle durch sie ein Primärschritt der Photosynthese initiiert wird. Auch bei der Sinneswahrnehmung an der Retina erfolgt ständig eine Absorption von Lichtquanten, die letztlich in elektrische Impulse umgewandelt und in den Sehnerven weitergeleitet wird. Nimmt man zu diesen biochemischen Beispielen noch die Erscheinungen der Luminiszenz und der Photoleitfähigkeit hinzu, so muß man schließen, daß es bei den Isolatoren im verbotenen Energiebereich erlaubte scharfe Energiezustände geben muß, die durch sichtbares Licht anregbar sind. Aber nicht nur eine Anregung, sondern auch eine Wanderung dieser Anregung durch den Kristall muß möglich sein.

Eine Theorie für diese *elektronischen Anregungen* oder *Excitonen* in Molekülkristallen geht auf *Peierls*, *Frenkel* und *Davydov* zurück. Sie erklärt recht gut die gemessenen Absorptionsspektren und damit das scharfe Energieschema im verbotenen Bereich. Ihre Grundzüge sollen qualitativ vermittelt werden. Man betrachte zwei benachbarte Moleküle A und B im Kristallverband. Sind diese sehr weit voneinander entfernt, so existiert zwischen ihnen keinerlei elektrische Wechselwirkung, und ihr Spektrum gleicht dem der Moleküle im Gaszustand. Die quantenmechanische Beschreibung dieses „gasförmigen" Zustandes kann deshalb durch das Produkt der zwei isolierten Molekülorbitale ψ_A und ψ_B erfolgen:

$$\psi = \psi_A \psi_B. \tag{94}$$

Nähern sich die beiden Moleküle bis auf etwa 5 bis 10 Å, so kann es zu einer partiellen Überlappung ihrer Ladungsverteilungen bzw. Orbitale kommen. Da die Überlappung sicher sehr gering ist, läßt sich der neue Zustand näherungsweise noch immer durch Gl. (94) beschreiben. Absorbiert nun das Molekül B ein Lichtquant und wird es dadurch vom Grundzustand ψ_A in den Zustand ψ_B^* angeregt, so lautet das Orbital für den angeregten Molekülkomplex AB*:

$$\psi^* = \psi_A \psi_B^*. \tag{95}$$

Da aber die beiden Moleküle chemisch identisch sind, gibt es eigentlich keinen Grund, warum die Anregung auf B beschränkt bleiben sollte, zumal der Abstand klein genug ist, um eine gewisse, wenn auch geringe Überlappung zu gewährleisten. Ein gleich gutes Orbital für den angeregten Molekülkomplex ist deshalb

$$\psi^* = \psi_A^* \psi_B. \tag{96}$$

Immer dann, wenn wie hier, zwei energetisch gleichwertige Zustände existieren, sind auch die *Linearkombinationen* gleich gute Beschreibungen (Abschnitt 10.1):

$$\psi^* = \psi_A^* \psi_B + \psi_A \psi_B^*, \tag{97}$$

$$\psi^* = \psi_A^* \psi_B - \psi_A \psi_B^*. \tag{98}$$

Wie bei der Molekülbindung (bei engstem Abstand) spaltet deshalb dieser Zustand in zwei Energiezustände auf. Die physikalische Ursache für die Aufspaltung bzw. für die Bindung ist eine Dipol-Dipolwechselwirkung. Aber nicht wie bei den van der Waalsschen Wechselwirkungen mit zwei permanenten elektrischen Molekülmomenten, sondern zwischen zwei Übergangsmomenten, wie sie zur quantenmechanischen Behandlung der Absorptionsvorgänge notwendig sind (Abschnitt 6.1). Mit Hilfe des so berechenbaren Energieschemas lassen sich dann die Absorptionsspektren deuten. Sie beweisen umgekehrt die Existenz von Excitonen im verbotenen Bereich. Auch daß Anregungen im Kristall beweglich sind, wird nach dem Gesagten verständlich: Es gibt immer wieder Nachbarmoleküle, mit denen ein Austausch der Anregung möglich ist.

Wie wir in Abschnitt 13.6 gesehen haben, geben Röntgenbeugungsuntersuchungen an Molekülkristallen nicht nur Auskunft über die zwischenmolekularen Abstände (Kristallstruktur), sondern mittels Fouriersynthese auch Auskunft über die Atomabstände innerhalb von Molekülen. Wie mit den absorptionsspektroskopischen Verfahren bekommt man Daten über *Bindungslängen* und *Bindungswinkel*. Sie haben in der organischen Chemie eine große praktische Bedeutung. Denn mit Hilfe der an speziellen Molekülen gewonnenen Daten lassen sich mittlere Atomabstände und Winkel definieren, die als repräsentative Werte für funktionelle Atomgruppierungen tabelliert werden können. Bild 14.17 zeigt eine Zusammenstellung einiger sehr oft vorkommender *funktioneller Gruppen.*

Äquivalent dazu ist die Definition mittlerer Radien von homöopolar gebundenen Atomen, die natürlich mit den Radien isolierter Atome nichts zu tun haben. Sie sind am ehesten mit den früher eingeführten Ionenradien vergleichbar. Man nennt sie auch *kovalente Radien.* Ihre Zuordnung erfolgt so, daß der halbe Atomabstand gleichatomiger Moleküle als Radius definiert wird. Obwohl diese Methode nicht sehr exakt aussieht, bekommt man doch sehr konsistente Radien (Tabelle 14.5). Die damit berechneten Bindungslängen beliebiger Moleküle stimmen oft bis auf 0,01 Å mit den tatsächlichen

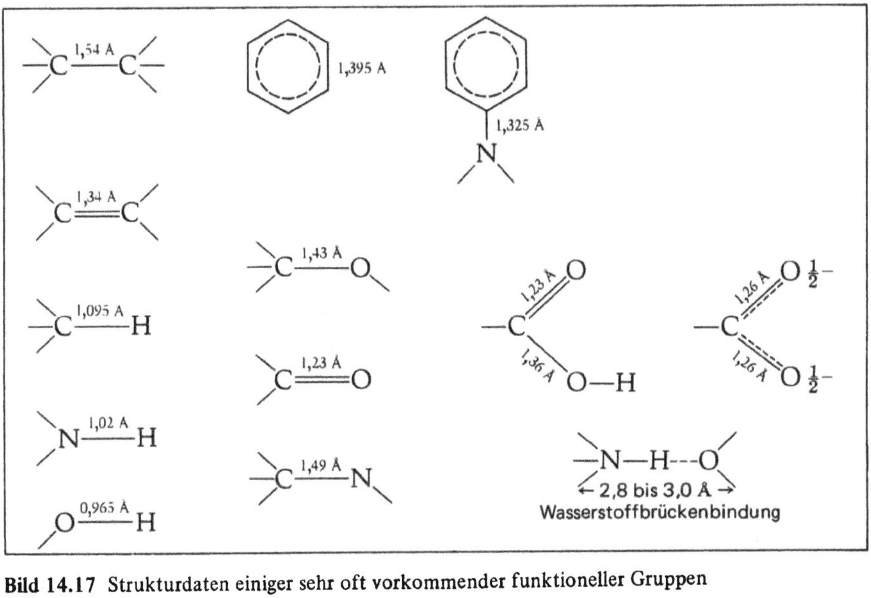

Bild 14.17 Strukturdaten einiger sehr oft vorkommender funktioneller Gruppen

Tabelle 14.5: Kovalente Atomradien in Å

H 0,37	C 0,77	N 0,70	O 0,66	F 0,64
	Si 1,17	P 1,10	S 1,04	Cl 0,99
	Ge 1,22	As 1,21	Se 1,17	Br 1,14
	Sn 1,40	Sb 1,41	Te 1,37	J 1,33

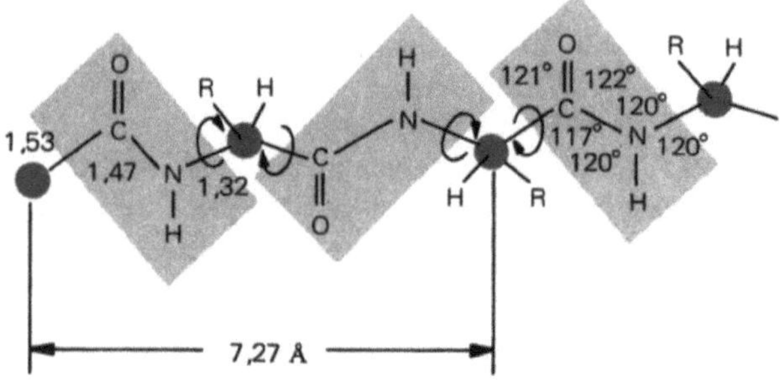

Bild 14.18
Die Struktur der periodisch in
Polypeptiden (Proteinen) auf-
tretenden Grundeinheit

überein. Eine sehr verblüffende Feststellung. Aber gerade dies macht die kovalenten
Radien zu einem vielbenutztem Konzept.

So wie die Struktur von einfach gebauten Molekülkristallen kann grundsätzlich
auch die Struktur von *festem polymeren Material* mit Hilfe der Röntgenbeugung untersucht werden. Wegen des sehr komplexen Molekülaufbaues — in einer Elementarzelle
können sich sehr viele Atome befinden — lassen sich die einzelnen Atomlagen leider
nicht direkt festlegen. Aber es gibt sehr oft gewisse, periodisch angeordnete Grund-
einheiten, die das Beugungsbild prägen, und deren Lage läßt sich bestimmen. Zum Beispiel ist die sich periodisch wiederholende Grundeinheit der Polypeptide ein Dipeptid, das
aus zwei miteinander verketteten Aminosäuren besteht. Ihre grundsätzliche Struktur kann
mit Hilfe der Bindungslängen und Bindungswinkel angegeben werden (Bild 14.18). Die
beiden Aminosäuren haben für sich planare Struktur, weil zwischen der Carbonyl- und
der Enolatform Resonanzhybridisierung mit Aufhebung der freien Drehbarkeit besteht.
Freie Drehbarkeit besteht jedoch nach wie vor um die in Bild 14.18 dick eingezeichneten
C-Atome, so daß die eigentliche räumliche Struktur der Grundeinheit in einem Polypeptid
noch zu klären ist.

Aus Beugungsaufnahmen von *Faserproteinen* kann geschlossen werden, daß die
Periodizität nicht wie in Bild 14.18 ~ 7 Å, sondern nur etwa die Hälfte beträgt. Man
kann deshalb mit Recht vermuten, daß die Polypeptidkette nicht gestreckt, sondern
gefaltet sein muß (Bild 14.19a). Außerdem müssen zwei Peptidketten, wenn sie sich zu
Proteinen zusammenlagern sollen, optimal Wasserstoffbrücken ausbilden können: Um nun
alle Strukturdaten miteinander in Einklang zu bringen, müssen die Polypeptide sowohl

Bild 14.19
Gefaltete (a) und helixartige Struktur eines linearen
Polypeptides (b) mit Wasserstoffbrücken (- - - -)

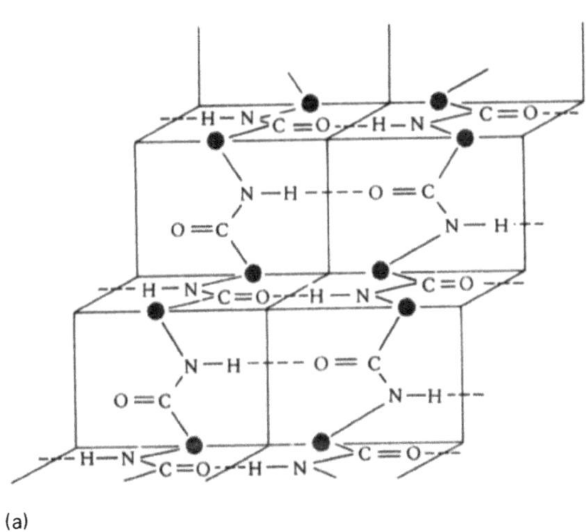

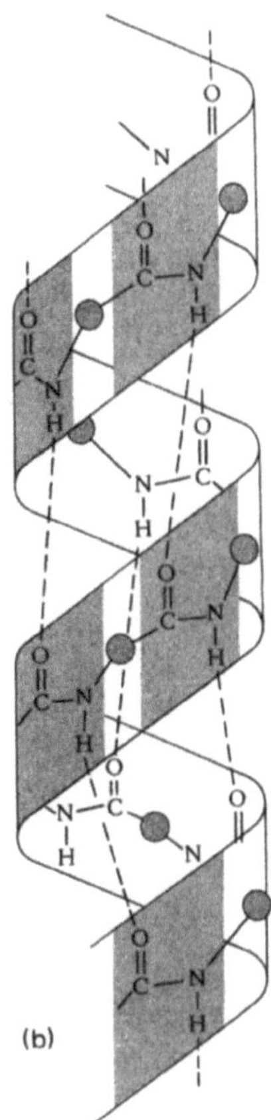

gefaltet wie auch in sich *schraubenartig* gewunden sein. Eine solche schraubenartige Struktur bezeichnet man als *α-Helix* (Bild 14.19b). Faserproteine lassen sich folglich elastisch dehnen. Peptide mit einer solchen α-Helix sind in den Proteinen noch einmal litzenartig miteinander umschlungen.

Charakteristisch für die meisten natürlichen und synthetischen Polymere im festen Zustand ist, daß dieser nur *teilweise kristallin* ist. Kristalline und amorphe Bereiche (z. B. in Glas) wechseln einander ab. Besonders deutlich tritt dies bei isotaktisch und ataktisch polymerisiertem Polypropylen zu Tage. Während das isotaktische Material die für Kristalle scharfen Reflexe liefert, sind diese beim ataktischen in hohem Maße diffus und verwaschen (Bild 14.20a). Man muß deshalb schließen, daß die Polymere das in Bild 14.20b grob gezeichnete Aussehen haben. Die parallel liegenden Ketten deuten kristalline Bereiche von etwa 100 Å Länge an. Je nach der Herstellung unterscheidet sich deshalb ihre Struktur, was sich auf die mechanischen Eigenschaften eines Kunststoffe eklatant auswirkt.

Bild 14.20
Schematisches Beugungsbild von ataktischem und
isotaktischem Polypropylen (a) sowie die grundsätzliche Struktur von halbkristallinem Polymer (b)

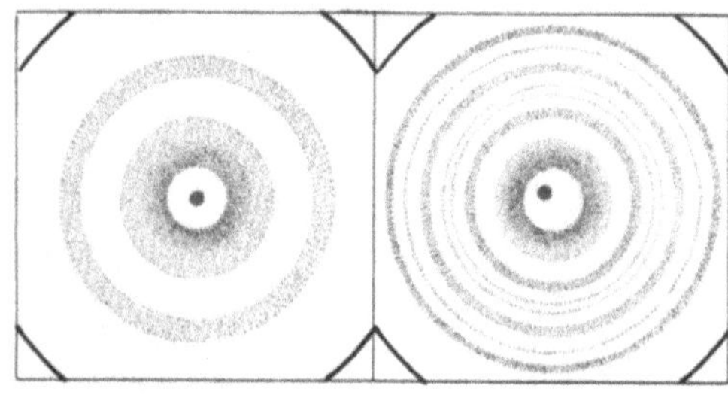

(a)

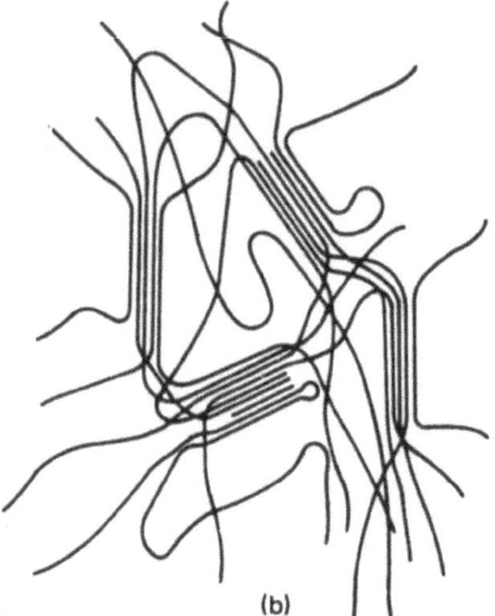

(b)

14.7 Der reale Festkörper

Es gibt zahlreiche Eigenschaften des Festkörpers (z. B. Transporteigenschaften), die
sich aus den bisher mitgeteilten idealen Modellvorstellungen nicht ableiten lassen. Sie
beruhen vielmehr auf den Abweichungen von diesen, den sogenannten *Gitterfehlern*.
Betrachten wir den Idealkristall als ein quantenmechanisches Vielteilchenproblem, so
dürfen wir in erster und trotzdem guter Näherung die Elektronen- und die Kernbewegung getrennt behandeln. Diese Näherung ist sicherlich dann schlecht, wenn Elektronen-
prozesse und atomare Prozesse, wie sie etwa bei chemischen Reaktionen im und am
Festkörper vorkommen, sehr stark aneinander gekoppelt sind. Die Behandlung der
Elektronen allein führt zum Energiebandschema, die der Atombewegung zum Schwingungsspektrum. Durch ihren Grundzustand wird der ideale, starre Festkörper definiert
und alle Abweichungen von diesem werden als Kristall- oder Gitterfehler bezeichnet.
Sie sind entweder elektronischer, atomarer oder gemischter Natur:

1. *Elektronische Fehler* wie Elektronen, Löcher, Excitonen,

2. *Atomare Fehler* wie Kationen- und Anionenleerstellen, Zwischengitteratome, Fremdatome, Phononen, Versetzungen, Oberfläche und

3. *Gemischte Fehler* wie F-Zentren usw.

Da die Gitterfehler im Festkörper nur in sehr geringer Konzentration oder Dichte vorkommen, lassen sie sich formal wie Gasmoleküle in einer sonst homogenen Matrix auffassen. Damit verknüpft ist die Vorstellung, daß sie Translationen ausführen, deren
Ausmaß von ihrer Beweglichkeit und Dichte abhängt. Eine Translationsbewegung bedeutet aber Materie- und Ladungstransport, wenn sie in einem äußeren Feld stattfindet, also
Diffusion und Leitfähigkeit. Zunächst zur Beschreibung der einfachsten und wichtigsten
Fehler, deren Ziel die jeweilige Herleitung der Dichte und Beweglichkeit als Funktion
atomarer Parameter ist. Die Elektronen, Löcher und Excitonen haben wir in den voran-

gegangenen Abschnitten bereits kennengelernt und die beiden ersten auch einer FD-statistischen Behandlung unterzogen.

Hinsichtlich ihres funktionellen Zusammenhanges mit der Temperatur lassen sich *reversible* (Phononen, Leerstellen, Zwischengitteratome) und *irreversible atomare Fehler* (Fremdatome, Versetzungen, Oberfläche) unterscheiden. Nur die reversiblen können einer thermodynamischen Behandlung unterzogen werden. Führt die Quantelung elektromagnetischer Strahlung zum Begriff Photon, so führt die Quantelung der Gitterschwingungen zum Begriff *Phonon*. Zur Demonstration wird eine solche Quantelung für eine Reihe mit zwei Atomsorten, dem einfachsten Modell eines Ionenkristalls mit der Gitterkonstanten a durchgeführt (vgl. Debyesches Kontinuumsmodell in Abschnitt 14.2).

Je N Atome bzw. Ionen mit den Massen m_1 und m_2 sind aneinander mit der Kraftkonstanten k (Kapitel 2) gebunden (Bild 14.21a). Die Atome mit den Massen m_1 sitzen an den Gitterpunkten 2n $(0, 2, 4, \dots)$ und die mit den Massen m_2 an den Gitterpunkten $2n + 1$ $(1, 3, 5, \dots)$. Um das Schwingungsproblem zu lösen, werden die klassischen Newtonschen Bewegungsgleichungen $F_{2n} = m_1 \ddot{x}_{2n}$ und $F_{2n+1} = m_2 \ddot{x}_{2n+1}$ formuliert und für Kräftegleichgewicht gelöst. Die Auslenkung des 2n-ten Atoms aus seiner Ruhelage sei x_{2n} und seine Beschleunigung $\ddot{x}_{2n}$. Die rücktreibende Kraft (Hookesches Gesetz $\mathbf{F} = -k\mathbf{x}$),

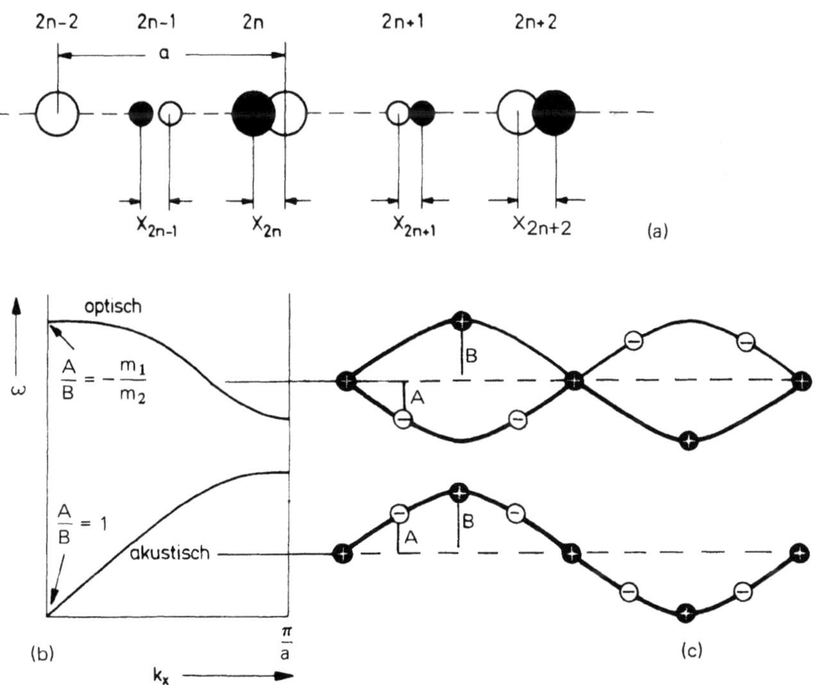

Bild 14.21 Atomreihe mit zwei unterschiedlichen Massen in Ruhe (o) und mit eindimensionaler Auslenkung (•) (a), zugehörige optische und akustische Dispersionskurven (b) und Amplituden (c)

die auf das ausgelenkte Atom wirkt, ist proportional seiner relativen Auslenkung zum
$2n - 1$-ten und $2n + 1$-ten Atom:

$$F = -kx_{2n} = -k\left[(x_{2n} - x_{2n-1}) - (x_{2n+1} - x_{2n})\right]. \tag{99}$$

Dasselbe gilt für das $2n + 1$-te Atom, so daß sich folgende zwei Bewegungsgleichungen
ergeben:

$$m_1 \ddot{x}_{2n} = k(x_{2n+1} + x_{2n-1} - 2x_{2n}),$$
$$m_2 \ddot{x}_{2n+1} = k(x_{2n+2} + x_{2n} - 2x_{2n+1}). \tag{100}$$

Da die Lösungen im Wellenbild laufende Wellen darstellen sollen, werden folgende Lö-
sungssätze getroffen:

$$\begin{aligned}
x_{2n} &= Ae^{i(\omega t + 2nk_x a)}, & x_{2n+2} &= Ae^{i(\omega t + (2n+2)k_x a)}, \\
x_{2n+1} &= Be^{i(\omega t + (2n+1)k_x a)}, & x_{2n-1} &= Be^{i(\omega t + (2n-1)k_x a)}.
\end{aligned} \tag{101}$$

Der Wellenzahlvektor k_x ist wie in Abschnitt 14.4 definiert; ω ist die Kreisfrequenz der
Gitterwellen. Um die erlaubten A- und B-Werte der Schwingungsamplitude zu erhalten,
werden die Lösungsansätze (101) in die Bewegungsgleichungen (100) eingesetzt. Daraus
resultieren die Bedingungen

$$\begin{aligned}
-\omega^2 A m_1 &= k(2B\cos k_x a - 2A), \\
-\omega^2 B m_2 &= k(2A\cos k_x a - 2B).
\end{aligned} \tag{102}$$

Für dieses homogene Gleichungssystem gibt es nur nichttriviale Wurzeln, wenn die Determinante der Koeffizienten A und B verschwindet:

$$\begin{vmatrix} 2k - m_1\omega^2 & -2k\cos k_x a \\ -2k\cos k_x a & 2k - m_2\omega^2 \end{vmatrix} = 0 \; . \tag{103}$$

Wird die Determinante ausmultipliziert und die quadratische Gleichung nach ω^2 aufgelöst, so erhält man als Quantenbedingung:

$$\omega^2 = \frac{k}{\mu} \pm k\sqrt{\frac{1}{\mu^2} - \frac{4\sin^2 k_x a}{m_1 m_2}} \qquad \left(\mu = \frac{m_1 m_2}{m_1 + m_2}\right). \tag{104}$$

Wird ω gegen k_x in einem Diagramm aufgetragen (Bild 14.21b), so bekommt man
zwei Kurvenäste, *Dispersionskurven* genannt. Ihr Unterschied wird am besten bei einem
Übergang $k_x \to 0$ erkannt: Beim höherfrequenten Ast geht A/B gegen $-m_1/m_2$ und ω
gegen $\sqrt{2k/\mu}$, beim niederfrequenten jedoch A/B gegen 1 und ω gegen Null. Das bedeutet
physikalisch, daß beim ersten die verschiedenen Atome gegeneinander (außer Phase) und
beim zweiten miteinander (in Phase) schwingen. Die höherfrequente Kurve wird *optischer*
und die andere *akustischer Ast* genannt. Tragen nämlich die Atome wie in den Ionenkristallen Ladungen, so kann die Schwingung im optischen Bereich einem fluktuierenden
elektrischen Dipol gleichgesetzt werden. Damit verbunden ist ein sich zeitlich änderndes
Dipolmoment, weshalb diese Schwingungen auch optisch anregbar sind. Die akustischen
lassen sich dagegen nur mechanisch oder durch Schallwellen anregen. Die Quantenzahl
k_x bzw. k spezifiziert den energetischen Charakter der Phononen in all seinen Belangen.
k = 0 beschreibt so z. B. den Grundzustand des Kristalles. Im thermischen Gleichgewicht

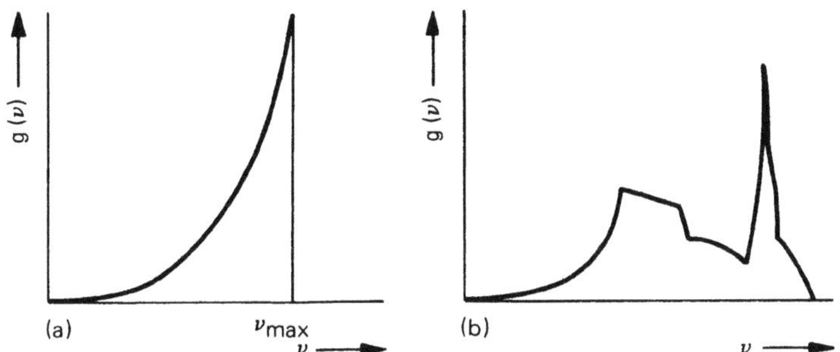

Bild 14.22 Debyedichte der Gitterschwingungen (a) im Vergleich zur tatsächlichen Dichte in einem realen Kristall (b) (in beiden Fällen beginnt die Dichte mit g $(\nu) \sim \nu^2$ anzusteigen)

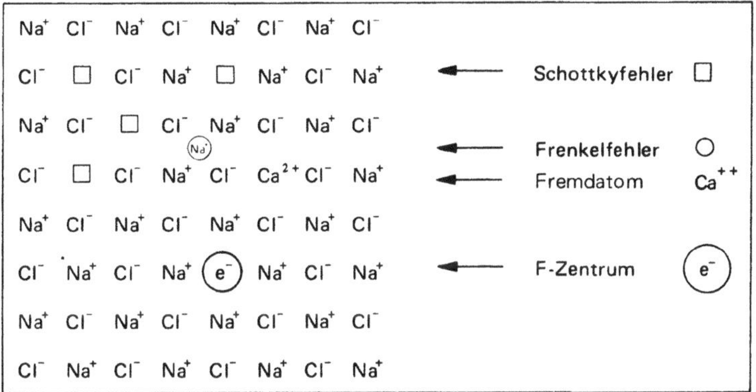

Bild 14.23 Schematische Darstellung einiger punktförmiger Gitterfehler

bei $T > 0$ enthält dieser allerdings ein ganzes Spektrum von Phononen unterschiedlicher Energie bzw. Frequenz. Dieses Spektrum entspricht der Zustandsdichte g $(\nu) \sim dk/d\nu$ und wäre der Ausgangspunkt für eine gegenüber der Debyetheorie der Molwärme verbesserte Theorie (Bild 14.22). Aus dem Spektrum folgt aber auch, daß die Phononendichte größer wird, wenn der Kristall in eine heißere Umgebung kommt: Von der Kontaktstelle fließen höherenergetische Phononen in den Kristall ein (Phänomen Wärmeübergang und Wärmeleitung).

Stoßen Phononen an einem Gitteratom zusammen, so wird dort unter Umständen soviel Energie konzentriert, daß das betreffende Gitteratom seinen Platz verlassen kann. Es entsteht dadurch ein weiterer atomarer Fehler, eine *Gitterleerstelle*. Die einfachsten derartigen Gitterfehler sind *Schottky-* und *Frenkelfehler* (Bild 14.23). Schottkyfehler werden durch Einwandern von Anionen- und Kationenleerstellen von oder durch Auswandern von Ionen an äußere oder innere Oberflächen erzeugt. Begeben sich Ionen auf Zwischengitterplätze, so spricht man von Frenkelfehlern; sie bestehen aus einer Leerstelle und einem Zwischengitteratom. Aus Elektroneutralitätsgründen ist immer nur eine paarweise Fehlerbildung möglich, denn auch die atomaren Fehler sind effektiv geladen. Da zur Erzeugung Energie benötigt wird, stellt sich im thermischen Gleichgewicht eine ganz bestimmte *Fehlerdichte (Fehlordnungsgrad)* ein.

Man kann den Fehlordnungsgrad aus der Entropieänderung, die die Fehler verursachen, berechnen. Es bedarf zwar einer gewissen Energie (E_f) um Fehler zu erzeugen, aber es tritt gleichzeitig ein Entropiegewinn auf, weil eine größere Unordnung resultiert. Man stelle sich n Fehler vor, die wahllos auf N Gitterplätze verteilt sind. Die Zahl aller Anordnungsmöglichkeiten W von n Fehlern auf N Plätzen beträgt

$$W = \binom{N}{n} = \frac{N!}{n!\,(N-n)!} \, . \tag{105}$$

W sind alle Kombinationen zur n-ten Klasse von N Elementen ohne Wiederholung, also alle Fehleranordnungen, die man mit n Fehlern auf N Gitterplätzen realisieren kann. Für den Fall, daß z. B. zwei Fehler auf zehn Plätze kommen, gibt es $10!/8!2! = 45$ Anordnungsmöglichkeiten.

Da die Entropieänderung beim Fehlordnen

$$\Delta S = k \ln W \tag{106}$$

und die Enthalpieänderung

$$\Delta H \cong n\, E_f \tag{107}$$

beträgt, ergibt sich die Änderung der freien Enthalpie zu:

$$\Delta G = \Delta H - T \Delta S$$
$$= n\, E_f - kT \ln \frac{N!}{n!\,(N-n)!} \, . \tag{108}$$

Im thermischen Gleichgewicht muß ΔG hinsichtlich der Variation der Fehlerzahl n Null sein:

$$\frac{\partial}{\partial n} \Delta G = 0. \tag{109}$$

Führt man die Differentiation nach Umformung mit der Stirlingschen Formel durch (Anhang XV), so findet man:

$$\ln \left(\frac{n}{N-n} \right) = -\frac{E_f}{kT} . \tag{110}$$

Da n immer sehr viel kleiner als N ist, folgt schließlich für den Fehlordnungsgrad (Molenbruch):

$$x \equiv \frac{n}{N} = e^{-\frac{E_f}{kT}} . \tag{111}$$

Bei 1000 K und $E_f = 1$ eV beträgt dieser etwa 10^{-5}.

Für ein Schottkyfehlerpaar ist die Zahl der Anordnungsmöglichkeiten das Produkt aus den Einzelwahrscheinlichkeiten und man erhält dann:

$$x \equiv \frac{n}{N} = e^{-\frac{E_f}{2kT}} . \tag{112}$$

Für Frenkelfehlerpaare ergibt sich analog:

$$x \equiv \frac{n}{\sqrt{NN'}} = e^{-\frac{E_f}{2kT}} . \tag{113}$$

N' ist die Zahl der verfügbaren Zwischengitterplätze. Nur wenn die Zahl der Gitterplätze gleich groß wie die Zahl der Zwischengitterplätze ist, werden die Gln. (112) und (113) identisch. Nach diesem Ergebnis ist klar, daß die Fehlerbildungsenergie E_f eine dominierende Rolle spielt. Sie ist jedoch leider keine so einfach zu berechnende Größe wie die Gitterenergie, da zum Ein- bzw. Ausbau ein Energieterm hinzukommt, der von der Polarisation der Umgebung herrührt. Da es dabei auch zu Ionenabstandsänderungen kommt, ist diese Energie sehr schwierig zu berechnen.

14.8 Diffusion und Leitfähigkeit

Rein formal lassen sich in einem Festkörper oder in einer Flüssigkeit zwei Arten von Teilchenbewegungen unterscheiden:

1. Die immer vorhandene völlig *regellose* Bewegung aufgrund von lokalen thermischen Energieschwankungen und
2. die *gerichtete* Bewegung aufgrund von äußeren Kräften, die sich der ersten überlagert.

Während die erste zum makroskopisch beobachtbaren Effekt der *Selbstdiffusion* führt, verursacht die zweite einen gerichteten *Diffusionsstrom*. Die physikalische Ursache kann bei beiden dieselbe sein: Lokale Konzentrations- bzw. Dichteunterschiede im ersten und makroskopische Dichteunterschiede im zweiten Fall. Die Diffusion hat also die Tendenz vorhandene Dichteunterschiede auszugleichen. Die makroskopische Beschreibung (Phänomenologie) des Dichteausgleichs ist unabhängig von der Art der diffundierenden Teilchen und unabhängig vom Medium, in dem sie sich bewegen. Art und Medium äußern sich nur in der Größe der *phänomenologischen Koeffizienten*, wie dem Diffusionskoeffizienten, der Beweglichkeit oder der Leitfähigkeit. Eine absolute Berechnung dieser Koeffizienten bleibt der atomistischen Betrachtungsweise vorbehalten.

Die Bewegung von isolierten Teilchen wird durch die Newtonsche Bewegungsgleichung

$$m\dot{v} = F \tag{114}$$

beschrieben. Ist F eine zeitlich konstante Kraft, so werden die Teilchen gleichförmig beschleunigt. In einem Medium hingegen (Festkörper, Flüssigkeit) werden sie nicht gleichförmig beschleunigt, sondern auf eine konstante Endgeschwindigkeit abgebremst. Sie unterliegen dort einer, der Kraft F entgegengesetzt gerichteten *Reibungskraft* R, die proportional zur Teilchengeschwindigkeit anzusetzen ist (vgl. *Stokessches Reibungsgesetz* für makroskopische Kugeln des Radius R in einer Flüssigkeit mit der Viskosität η: $R = 6\pi\eta vR$):

$$R = \frac{1}{B}v . \tag{115}$$

Als Proportionalitätskonstante wurde hier 1/B genommen (im Stokeschen Fall: $1/B = 6\,\pi\eta R$). Die Bewegungsgleichung mit Reibung lautet dann:

$$m\dot{v} = F - \frac{1}{B}\,v. \tag{116}$$

Als Lösung dieser Differentialgleichung bekommt man nach Trennung der Variablen und Integration in den Grenzen von $v(0)$ bis v und von $t = 0$ bis t:

$$v = BF + [v(0) - BF]\,e^{-\frac{t}{Bm}}. \tag{117}$$

In Worten: Hatte ein Teilchen zur Zeit $t = 0$ die Anfangsgeschwindigkeit $v(0)$, so wird seine Geschwindigkeit nach einer gewissen Bremszeit Bm kleiner und erreicht schließlich die konstante Endgeschwindigkeit

$$v = BF. \tag{118}$$

Durch die Proportionalitätskonstante B wird die sogenannte *Beweglichkeit* des Teilchens definiert. Sie ist die Geschwindigkeit, mit der es sich unter dem Einfluß der Einheitskraft durch ein Medium bewegt, ihre Dimension daher durch [Geschwindigkeit $\cdot$ Kraft^{-1}] festgelegt. Handelt es sich um Z-fach geladene Teilchen in einem elektrischen Feld **E**, so wird die Beweglichkeit meist durch

$$v = B\,\mathbf{E} \qquad (B_{\text{elektrisch}} = Ze\,B_{\text{mechanisch}}) \tag{119}$$

definiert (siehe Abschnitt 18.1). Phänomenologisch drückt also eine große Beweglichkeit einen geringen Einfluß und eine kleine Beweglichkeit einen großen Einfluß des Mediums auf das Teilchen und seine Bewegung aus.

Der zweite wichtige phänomenologische Koeffizient ist der *Diffusionskoeffizient*, definiert durch die zum Dichteausgleich führende *Teilchenstromdichte*

$$\mathbf{j} = -D\,\mathrm{grad}\left(\frac{N}{V}\right), \qquad \left(j \equiv \frac{1}{A}\frac{dN}{dt} = \frac{N}{V}\,v\right) \tag{120}$$

wenn in einem Medium der *Dichtegradient* grad (N/V) herrscht. Die treibende Kraft für den Ausgleich ist der Unterschied in der freien Energie (allgemeiner im chemischen Potential, Abschnitt 16.2), denn eine örtlich verschiedene Dichte oder Konzentration bedeutet zugleich eine örtlich verschiedene freie Energie.

Zur Definition (120) gelangen wir durch folgende Überlegung: In zwei angrenzenden Volumenelementen soll der Dichteunterschied d (N/V) herrschen und beide Elemente im Mittel dr voneinander entfernt sein. Der angrenzende Querschnitt der Volumenelemente sei A. Die treibende Kraft ist dann durch

$$\mathbf{F} = -\,\mathrm{grad}\,G \tag{121}$$

definiert. Da G nach

$$G = G^{\circ} + kT\ln\left(\frac{N}{V}\right) \tag{122}$$

von der Teilchendichte abhängt, ergibt sich für $\mathbf{F}$:

$$\mathbf{F} = - kT \operatorname{grad} \ln \left(\frac{N}{V}\right)$$

$$= - kT \frac{1}{\left(\frac{N}{V}\right)} \operatorname{grad} \left(\frac{N}{V}\right). \tag{123}$$

Identifiziert man $\mathbf{F}$ mit einer äußeren Kraft, unter deren Einfluß die Teilchen die Endgeschwindigkeit $\mathbf{v}$ erreichen, so folgt für die Teilchenstromdichte

$$\mathbf{j} = \left(\frac{N}{V}\right) \mathbf{v} = \left(\frac{N}{V}\right) B\mathbf{F} = - B\, kT \operatorname{grad} \left(\frac{N}{V}\right). \tag{124}$$

Gl. (124) ist identisch mit Gl. (120), wenn wir als Abkürzung schreiben:

$$D = B\, kT \tag{125}$$

Gl. (120) ist auch unter dem Namen *1. Ficksches Gesetz* bekannt und besagt, daß Teilchen oder (Materie) von Orten höherer zu Orten niederer Dichte strömt. Dieser Vorgang wird durch den Vektor der Teilchen- oder Materiestromdichte beschrieben, der dem Dichtegradienten entgegengerichtet ist. Der durch das 1. Ficksche Gesetz definierte Diffusionskoeffizient hat die Dimension [Fläche $\cdot$ Zeit^{-1}] und die SI-Einheit $m^2 s^{-1}$. Er ist eine von der diffundierenden Substanz, dem Medium und der Temperatur abhängige Größe. D hat bei Gasen die Größenordnung $10^{-5} \dots 10^{-4}\, m^2 s^{-1}$, bei Flüssigkeiten $10^{-9}\, m^2 s^{-1}$ und bei Festkörpern $10^{-14}\, m^2 s^{-1}$. Man ersieht daraus, daß D primär vom Aggregatzustand abhängt, obwohl es auch genügend Festkörper gibt, bei denen D so groß wie in Flüssigkeiten ist. Wollte man den Diffusionskoeffizienten nach Gl. (120) messen, müßte man eine Anordnung konstruieren, die die Messung des Teilchenstroms bei zeitlich konstantem Konzentrationsgradienten erlaubt.

Die Verknüpfung zwischen D und B nach Gl. (125) wird *Einsteinsche Relation* genannt und spielt bei der Beschreibung von Diffusionsprozessen eine wichtige Rolle. Auf Grund dieser Relation bedeutet eine Kenntnis des Diffusionskoeffizienten gleichzeitig eine Kenntnis der Beweglichkeit. Beide Größen sind also untrennbar miteinander verknüpft.

In der Praxis gelingt es jedoch selten (vgl. Sedimentation, Abschnitt 18.7), den Konzentrationsgradienten konstant zu halten. Die Konzentration bzw. Dichte hängt dann nicht nur vom Ort, sondern auch von der Zeit ab. Die *Diffusionsgleichung*, die nun den meßbaren Konzentrationsverlauf beschreibt, lautet:

$$\frac{\partial}{\partial t} \left(\frac{N}{V}\right) = D \operatorname{div} \operatorname{grad} \left(\frac{N}{V}\right). \tag{126}$$

Sie wird auch *2. Ficksches Gesetz* genannt und geht durch eine Verknüpfung der sogenannten *Kontinuitätsgleichung* (Anhang XIX) mit Gl. (120) hervor:

$$- \frac{\partial}{\partial t} \left(\frac{N}{V}\right) = \operatorname{div} \mathbf{j}. \tag{127}$$

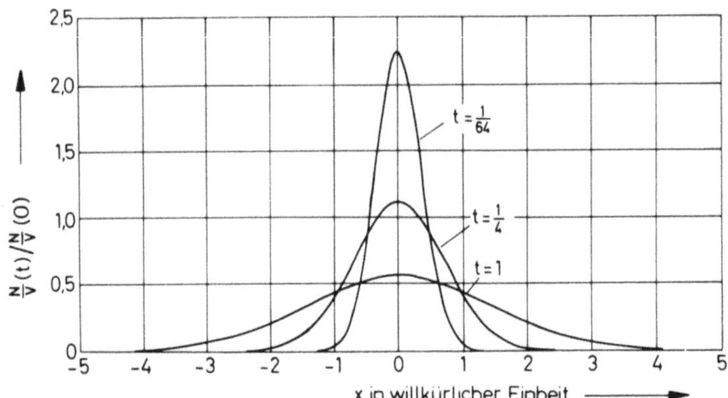

Bild 14.24 Graphische Darstellung des Auseinanderlaufens eines zur Zeit t = 0 bei x = 0 konzentrierten Teilchenhaufens (nach *W. Jost:* Diffusion in Solids, Liquids, Gases, Academic Press Inc., N. Y., 1960). Wendepunkte bei $X = \pm \sqrt{x^2}$.

Für eindimensionale Vorgänge lautet die Diffusionsgleichung

$$\frac{d}{dt}\left(\frac{N}{V}\right) = D\,\frac{d^2}{dx^2}\left(\frac{N}{V}\right) \tag{128}$$

und eine wichtige partikuläre Lösung ist

$$\frac{N}{V}(x, t) = \frac{N}{V}(0)\,\frac{1}{\sqrt{4\pi Dt}}\,e^{-\frac{x^2}{4Dt}}. \tag{129}$$

Diese Lösung ist identisch mit der *Gaußschen Verteilung* (Anhang XX), wenn man das mittlere Fehlerquadrat $\overline{x^2}$ mit 2 Dt identifiziert. Sie beschreibt das Auseinanderlaufen eines Teilchenhaufens, der zur Zeit t = 0 bei x = 0 konzentriert war (Bild 14.24). Fragen wir nach der mittleren Verschiebung beim Auseinanderlaufen des Teilchenhaufens, so ergibt sich dafür von selbst als Maß das *mittlere Verschiebungsquadrat* $\overline{x^2}$. Interpretieren wir nämlich die Lösung (129) als statistische Verteilungsfunktion, so folgt für $\overline{x^2}$ zur Zeit t:

$$\overline{x^2} = \frac{\displaystyle\int x^2\,\frac{N}{V}(x, t)\,dx}{\displaystyle\int \frac{N}{V}(x, t)\,dx} = 2\,Dt. \tag{130}$$

Im dreidimensionalen Fall ergibt sich $\overline{r^2} = 6\,Dt$ (vgl. Abschnitt 18.6). Das mittlere Verschiebungsquadrat ist für Abschätzungen in der Praxis sehr nützlich.

Bei geladenen Teilchen sind der Diffusionskoeffizient und die *elektrische Leitfähigkeit* proportionale Größen. Das bezieht sich im besonderen auf Ionen. Damit eröffnet sich aber auch die Möglichkeit D bzw. B auf dem Weg über Leitfähigkeitsmessungen zu bestimmen. Es ist allerdings auf Ionenkristalle und Elektrolytlösungen (Kapitel 18) beschränkt, da bei Metallen und Halbleitern der Ladungstransport durch Elektronen und Defektelektronen überwiegt.

Die *spezifische Leitfähigkeit* σ ist (phänomenologisch) durch die *Stromdichte* j definiert, die durch ein äußeres elektrisches Feld **E** hervorgerufen wird:

$$\mathbf{j} = \sigma\,\mathbf{E}. \tag{131}$$

Sie ist andererseits (atomistisch) durch die Dichte der Ladungsträger N/V, ihre Geschwindigkeit **v** und ihre Ladung Ze gegeben:

$$\mathbf{j} = (Ze)\left(\frac{N}{V}\right)\mathbf{v} = (Ze)\left(\frac{N}{V}\right)B\,\mathbf{E}. \quad \text{(B elektrisch definiert)} \tag{132}$$

Man bekommt somit für die Leitfähigkeit σ den Ausdruck

$$\sigma = (Ze)\left(\frac{N}{V}\right)B. \tag{133}$$

bzw. mit D = BkT (B mechanisch definiert)

$$\sigma = (Ze)^2\left(\frac{N}{V}\right)\frac{D}{kT}. \tag{134}$$

Sind mehrere Teilchensorten (i) am Stromtransport beteiligt, so setzt sich die Gesamtstromdichte **j** entsprechend den *Überführungszahlen* t_i aus den Einzelstromdichten j_i additiv zusammen:

$$\mathbf{j} = \sum_i \mathbf{j}_i = \sum_i t_i\mathbf{j}. \tag{135}$$

Analoges gilt auch für die Gesamt- und Teilleitfähigkeit:

$$\sigma = \sum_i \sigma_i = \sum_i t_i\sigma. \tag{136}$$

Die Gln. (135) und (136) sind gleichzeitig die Definitionsgleichungen für die Überführungszahl t_i:

$$t_i = \frac{j_i}{j} = \frac{\sigma_i}{\sigma}; \quad \sum_i t_i = 1. \tag{137}$$

Die spezifische Leitfähigkeit ist identisch mit dem *reziproken spezifischen Widerstand*, der wie folgt definiert und gemessen wird. Legt man an einen Festkörper mit Hilfe von zwei Elektroden die Spannung U an, so fließt in diesem der elektrische Strom (*Ohmsches Gesetz*)

$$i = \frac{1}{R}\,U. \tag{138}$$

R ist der *absolute* elektrische Widerstand des Festkörpers. Hat dieser die Länge l und den Querschnitt A, so ist R direkt proportional l und indirekt proportional A:

$$R = \rho\,\frac{l}{A}. \tag{139}$$

Die Proportionalitätskonstante ρ wird spezifischer Widerstand genannt. Sie hat die Einheit Ωm, die spezifische Leitfähigkeit folglich die Einheit $\Omega^{-1}\,m^{-1}$. Mit Gl. (139) läßt sich nun für das Ohmsche Gesetz auch schreiben:

$$\frac{i}{A} = \frac{1}{\rho}\frac{U}{l}\,. \tag{140}$$

Dieser Ausdruck ist mit Gl. (131) identisch, wenn man i/A als Stromdichte j, $1/\rho$ als spezifische Leitfähigkeit σ und U/l als elektrische Feldstärke E bezeichnet. Widerstandsmessungen (Leitfähigkeitsmessungen) führt man am einfachsten so durch, daß man den Strom i in Abhängigkeit von der angelegten Spannung U mißt, und wenn dieser Zusammenhang linear ist, aus der Steigung $1/R$ bzw. R bestimmt. Kennt man die Maße l und A des Festkörpers, so kann man nach Gl. (139) den spezifischen Widerstand ausrechnen. Ist der Zusammenhang aber auf Grund von irgendwelchen Elektrolyseeffekten nicht linear, so müssen die Widerstände mit Hilfe einer Wechselstrombrücke bestimmt werden (Abschnitt 18.1).

Rein empirisch wird beobachtet, daß die Leitfähigkeit von Ionenkristallen (Ladungsträger sind Ionen) und von Halbleitern (Ladungsträger sind Elektronen oder Defektelektronen) mit

$$\sigma = \sigma^0\, e^{-\frac{E}{kT}} \tag{141}$$

und die Leitfähigkeit von Metallen mit

$$\sigma \sim \frac{1}{T} \tag{142}$$

von der Temperatur abhängt. Die Deutung dieser Temperaturabhängigkeiten gelingt nur mit Hilfe atomarer Modelle und knüpft direkt an das Partikelbild der Gitterfehler an.

In Ionenkristallen gibt es zwei Arten von Wanderungsmechanismen: 1. Sprünge von Ionen bzw. Leerstellen im *Gitterraum* und 2. Sprünge von Ionen im *Zwischengitterraum*. Beide sind an die Existenz von Gitterfehlern gebunden, im ersten Fall an Schottky- und im zweiten Fall an Frenkelfehler. An Hand des Leerstellenmechanismus kann man sich leicht vorstellen, daß der Ionenstrom dem Fehlerstrom äquivalent ist. Da die Leitfähigkeit generell durch $(Ze)(N/V)B$ definiert ist, kann die Temperaturabhängigkeit entweder von der *Ladungsträgerdichte* N/V oder von der *Beweglichkeit* B oder von beiden gleichzeitig herrühren. Da die Temperaturabhängigkeit der Fehlerdichte N/V bereits bekannt ist (Gln. (112) bzw. (113), Abschnitt 14.7), bleibt nur die von B zu erklären. Hierzu folgendes Modell:
Da die Gitterplätze voneinander durch Energiebarrieren (V) getrennt sind, kann ein Ion, das mit der Frequenz ν auf seinem Gitterplatz schwingt, in der Zeiteinheit durchschnittlich (vgl. Boltzmannscher e-Satz, Abschnitt 10.6)

$$\nu e^{-\frac{V}{kT}} \tag{143}$$

Sprünge in eine benachbarte Leerstelle ausführen. Genauso umgekehrt eine Leerstelle. Da nun die Teilchen umso beweglicher sind, je öfter sie pro Zeiteinheit springen, ist auch die Beweglichkeit B proportional der durchschnittlichen *Sprungfrequenz* (143):

$$B \sim \nu e^{-\frac{V}{kT}}\,. \tag{144}$$

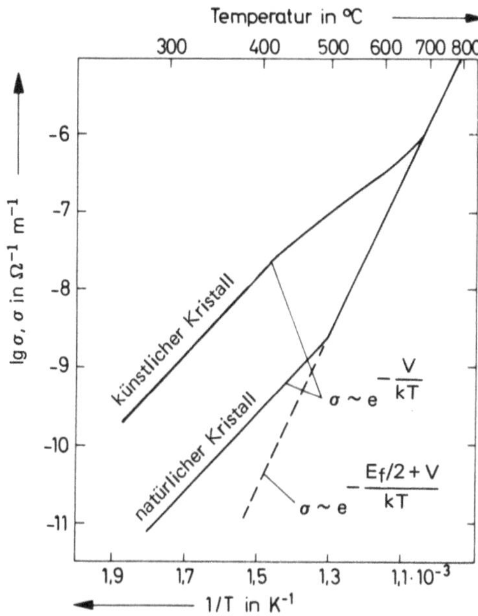

Bild 14.25
Temperaturabhängigkeit der spezifischen Leitfähigkeit von NaCl-Kristallen (künstlicher und natürlicher Kristall sind verschieden stark verunreinigt)

Die Temperaturabhängigkeit von σ in Ionenkristallen ist deshalb allgemein durch

$$\sigma = \sigma^0 \, e^{-\frac{E_f/2 + V}{kT}} \tag{145}$$

gegeben. Wie man am Beispiel des NaCl in Bild 14.25 sieht, bestimmt bei tiefen Temperaturen nur die *Schwellenenergie* V die Leitfähigkeit: Es überwiegen dort die irreversiblen, durch Verunreinigungen entstandenen Gitterfehler die im thermischen Gleichgewicht befindlichen.

Bei den Halbleitern ist die Beweglichkeit der elektronischen Ladungsträger nur sehr schwach temperaturabhängig,

$$B \sim T^{-\frac{2}{3}}, \tag{146}$$

so daß in der Leitfähigkeit der exponentielle Anteil der Elektronendichte (Gl. (88), Abschnitt 14.5) überwiegt (Bild 14.26a). Die Herleitung des $T^{-2/3}$-Gesetzes basiert auf der Annahme, daß die Elektronen an den Phononen gestreut werden (mit ihnen kollidieren), doch ist die exakte Herleitung nur mit viel quantenmechanischer Mühe möglich. Bei den Metallen schließlich ist die Elektronendichte konstant und die Temperaturabhängigkeit der Leitfähigkeit rührt nur von der Beweglichkeit der Elektronen her. Sie stammt ebenfalls primär von der Streuung an Phononen. Sind Fremdatome eingebaut (Legierungen), ist zusätzliche Streuung an diesen möglich und die Beweglichkeit bzw. Leitfähigkeit nimmt linear mit dem Zusatz ab (Bild 14.26b).

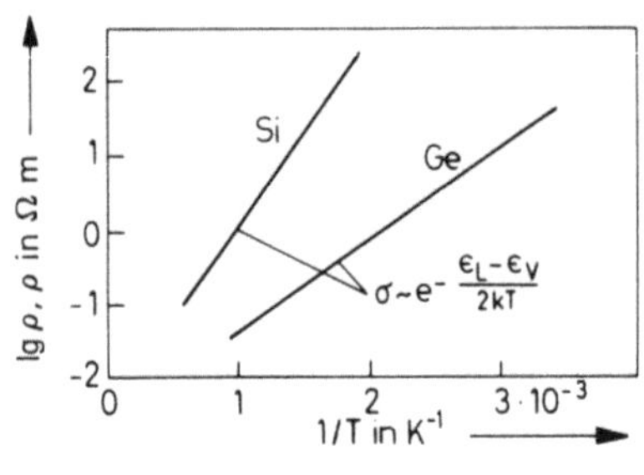

(a)

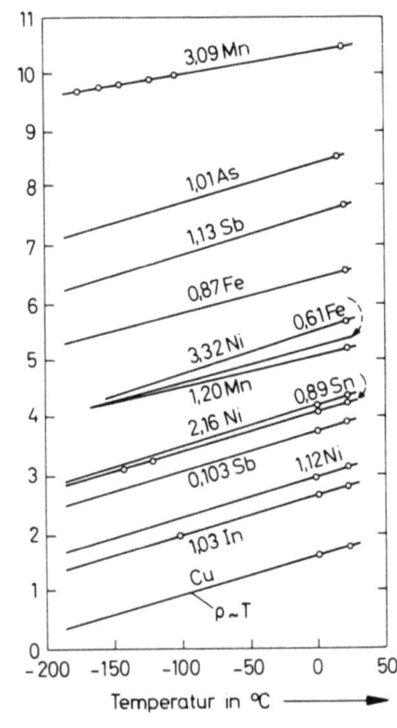

(b)

Bild 14.26

Temperaturabhängigkeit des spezifischen Widerstandes von eigenleitendem Silizium und Germanium (a) und von Kupfer (b) mit verschiedenen Legierungszusätzen (in Atom %) *(J. O. Linde:* Ann. Phys. 15 (1932) 219)

Rechenbeispiele

1. Berechnen Sie die Gitterenergien von LiBr und LiJ (Gitterkonstanten 5,49 und 6,0 Å) nach Gl. (21) und vergleichen Sie diese mit denen aus dem Born-Haberschen Kreisprozeß.

2. Die Coulombenergie von NaF (NaCl-Struktur) beträgt -1037 kJmol^{-1}. Berechnen Sie den kürzesten Kation-Anionabstand und das Volumen der Elementarzelle.

3. Berechnen sie die Gitterenergie von MgO (NaCl-Struktur, Gitterkonstante 4,213 Å).

4. Erklären Sie an Hand eines V, r-Diagrammes (Anziehungs- und Abstoßungsteil der Gitterenergie, Kation-Anionabstand), warum allein schon die Coulombsche Anziehung fast die richtige Gitterenergie liefert.

5. Leiten Sie mit Hilfe der Abstoßungsenergie b/r^n einen Ausdruck für die Gitterenergie ab und berechnen Sie mit diesem (n = 8) die Gitterenergie für einige Alkalihalogenidkristalle. Vergleichen Sie das Ergebnis mit den Energien der Tabelle 14.1

6. Die Sublimationswärme von Graphit beträgt 710 kJmol^{-1}, die Anziehungsenergie einzelner Graphitschichten beträgt schätzungsweise 8 kJmol^{-1}. Berechnen Sie die C-C-Bindungsenergie.

7. Warum kann man auch Ionenkristallen wie KCl und nicht nur einatomigen Kristallen ,,Kraftkonstanten'' zuschreiben?

8. Berechnen Sie die Atomabstände in den (100)-, (111)- und (110)-Ebenen eines Goldkristalles (a = 0,407 nm bei 25 °C). Berechnen sie außerdem den Durchmesser der ,,kugelförmigen'' Goldatome in der dichtest gepackten (111)-Ebene und vergleichen Sie diesen mit dem eines Atoms, das gerade auf einem Zwischengitterplatz untergebracht werden kann.

9. LiJ kristallisiert kubisch flächenzentriert und besitzt die Gitterkonstante a = 6,0 Å. Wie groß ist der J$^-$-Ionenradius, wenn sich die J$^-$-Ionen gerade berühren und wie groß darf der Li$^+$-Ionenradius höchstens sein, damit diese Annahme nicht verletzt wird? (vgl. Tabelle 14.2)

10. Gegeben ist der J^--Ionenradius mit 2,2 Å. Berechnen Sie den Radius von Na^+ in NaJ (Gitter-onstante 6,46 Å) und dann mit diesem den Radius von Cl^- in NaCl (Gitterkonstante 5,62 Å).

11. Passen Sie die Eigenfrequenz für die Einsteinfunktion möglichst gut den beobachteten KCl-Mol-wärmen an. Vergleichen Sie dann den optimalen C_V-Wert mit dem einer Debyefunktion (Tabelle 14.4) und beurteilen Sie den Grad der Anpassung.

T (K)	10	20	30	40	60	80	100	140	180	220
C_V ($JK^{-1}\,mol^{-1}$)	0,008	0,71	1,99	3,56	6,31	8,16	9,31	10,52	11,1	11,4

12. Ermitteln Sie aus folgenden C_V-Daten von Ag den elektronischen Molwärmeanteil:

T (K)	C_V ($JK^{-1}\,mol^{-1}$)	T (K)	C_V ($JK^{-1}\,mol^{-1}$)	T (K)	C_V ($JK^{-1}\,mol^{-1}$)
1,35	0,0016	10	0,199	55,9	13,3
2	0,00262	12	0,347	74,6	16,9
3	0,00675	14	0,559	83,9	18,1
4	0,0127	16	0,845	103,1	20,07
5	0,0213	20	1,67	124,2	21,27
6	0,0373	28,6	4,30	144,4	22,48
7	0,0632	36,2	7,09	166,8	22,86
8	0,0987	47,1	10,8	190,2	205,3

13. Berechnen Sie die Fermienergie von verschiedenen Metallen unter der Voraussetzung, daß pro Atom ein bzw. zwei freie Elektronen vorhanden sind.

Kapitel 15
Flüssigkeiten

Jedes Mehrteilchensystem, z. B. aus N_A Atomen oder Molekülen, tritt je nach dem Verhältnis von potentieller (zwischenmolekularer) zu kinetischer (thermischer) Energie makroskopisch entweder als Gas, Flüssigkeit oder Festkörper in Erscheinung. Fehlt nämlich die zwischenmolekulare Anziehung ganz, so ist die kinetische Energie der Teilchen identisch mit ihrer Gesamtenergie und wir haben ein ideales Gas vor uns. Beginnen sich die Gasmoleküle auf Grund der noch zu erklärenden van der Waalswechselwirkungen gegenseitig anzuziehen, so ist die potentielle Energie nicht mehr Null, was sich in einem realen Gaszustand äußert. Bei ihm ist die potentielle Energie immer noch kleiner als die kinetische. Im umgekehrten Fall entsteht eine Flüssigkeit, und im Grenzfall verschwindender kinetischer Energie ein Festkörper. Da die potentielle Energie immer eine Funktion der Molekülabstände im System ist, wird durch sie die Struktur des Aggregatzustandes bestimmt. Diese ist also eine direkte Konsequenz der Molekülwechselwirkungen.

Während für den idealen Festkörper die (fast) starre periodische Anordnung seiner Gitterbausteine charakteristisch ist, ist diese bei den Flüssigkeiten weitgehend, aber nicht vollständig aufgehoben. In kleinen Bezirken besitzen die Flüssigkeitsmoleküle meist noch eine gewisse Ordnung, die man als Nahordnung bezeichnet. Diese läßt sich an Hand von Röntgenbeugungsaufnahmen sehr schön nachweisen. Was beim Übergang vom Kristall zur Flüssigkeit verschwindet ist die Fernordnung, die die Periodizität des Gitters über makroskopische Distanzen gewährleistet. Der Fernordnung entgegen wirkt die thermische Bewegung der Bausteine (Fluktuationen der Molekülpositionen). Aus der fast gleich großen Dichte von Festkörper und Flüssigkeiten folgt unmittelbar, daß der flüssige Zustand, außer in der Nähe des kritischen Punktes, dem festen näher als dem gasförmigen kommt. Trotzdem können auch Gasmodelle einige Flüssigkeitseigenschaften wie die Verdampfungsentropie zwanglos erklären. Alles in allem: Wir sind darauf angewiesen, Flüssigkeiten sowohl durch Gas- als auch durch Festkörpermodelle zu beschreiben.

Wie bei den Molekülkristallen und den realen Gasen sind die van der Waalswechselwirkungen für die Nahordnung in Flüssigkeiten verantwortlich und eine Hauptaufgabe dieses Kapitels ist die Gegenüberstellung theoretischer Ansätze und experimenteller Fakten. Wegen der größeren Moleküldichte kommen aber nicht nur Paarwechselwirkungen in Frage. Zentrale Größe bei der Beschreibung der Struktur ist die aus Kapitel 12 bekannte Paarverteilungsfunktion, die aus Röntgenbeugungsaufnahmen experimentell ermittelt werden kann. Sie kann auch zur Berechnung statistischer bzw. thermodynamischer Eigenschaften herangezogen werden. Für ihre physikalische Deutung müßte die potentielle Wechselwirkungsenergie explizit bekannt sein, doch erreicht man nur eine gewisse Annäherung an die realen Verhältnisse. Z. B. bei einatomigen Flüssigkeiten durch Verwendung der Lennard-Jonesenergie. Ihre Anziehungsenergie, die mit der 6ten Potenz des Molekülabstandes geht, läßt sich durch Dipol-Dipolwechselwirkungen von stationären und induzierten elektrischen Momenten erklären. Energetische Vergleiche können mit den Daten der Verdampfungsenergie angestellt werden, die man aus der Temperaturabhängigkeit des Dampfdruckes erhält.

In Ermangelung einer konkreten Berechenbarkeit der Paarverteilungsfunktion, die ein direktes Abbild der Molekülfluktuationen in einer Flüssigkeit darstellt, weicht man heute vielfach auf Computerexperimente aus. Diese simulieren entweder eine Maxwell-Boltzmannsche (moleküldynamische Verfahren) oder eine Gibbssche Verteilung (Monte-Carlo-Verfahren). Sie liefern zwar nur künstliche Flüssigkeitsstrukturen, sind aber doch so ausgereift, daß sie zu vernünftigen thermodynamischen Daten führen.

Bei allem Interesse für theoretische Flüssigkeitsmodelle dürfen aber zwei technologisch wichtige Flüssigkeitseigenschaften, die Viskosität und die Oberflächenspannung, nicht vergessen werden. Sie werden zum Abschluß dieses Kapitels besprochen, und zwar aus angewandter Sicht.

15.1 Flüssigkeitsstruktur und Röntgenbeugung

Röntgenbeugungsaufnahmen von Kristallen liefern Informationen über die Fernordnung, Aufnahmen von Flüssigkeiten geben Hinweise auf die Nahordnung. Ausgangspunkt hierfür ist die Beobachtung, daß die Röntgenreflexe ähnlich wie bei den amorphen Festkörpern diffus und verwaschen sind. Ziel dieses Abschnittes ist eine Auswertung der Reflexintensitäten hinsichtlich der Flüssigkeitsstruktur an Hand der Paarverteilungsfunktion. Analoges gilt für die Auswertung von Neutronenbeugungsbildern.

Man erinnere sich an die Herleitung der Reflexintensität I in Abschnitt 13.5, die von einer (hkl)-Gitterebene eines AB-Molekülkristalls stammt. Die bei der Beugung an einem Molekül AB auftretende Phasendifferenz der gestreuten Wellen betrug

$$|\phi_A - \phi_B| \equiv \frac{\delta}{\lambda} 2\pi = (hx + ky + lz)\, 2\pi \tag{1}$$

und die zugehörige Intensität

$$I_{hkl} \sim |f_A\, e^{2\pi i(hx_A + ky_A + lz_A)} + f_B\, e^{2\pi i(hx_B + ky_B + lz_B)}|^2 . \tag{2}$$

Diese hängt bei fix gedachtem Atom A (Ortsvektor $\mathbf{r}_A$) nur vom Ortsvektor $\mathbf{r}_B$ des B-Atoms ab und führte durch einen Vergleich berechneter und gemessener Intensitäten zur Lage von B. Wenn nun A und B nicht die Atome eines Kristallmoleküls, sondern zwei gleichartige Atome einer Kristallschmelze oder Flüssigkeit verkörpern, so beträgt die maximale Phasendifferenz bei variablem Atomabstand $|\mathbf{r}_A - \mathbf{r}_B|$ (Bild 15.1)

$$|\phi_A - \phi_B| \equiv \frac{\delta}{\lambda} 2\pi = \frac{4\pi}{\lambda} |\mathbf{r}_A - \mathbf{r}_B|\, \sin\frac{\theta}{2} . \tag{3}$$

Mit der Abkürzung (vgl. Wellenzahlvektor)

$$s = \frac{4\pi}{\lambda} \sin\frac{\theta}{2} \tag{4}$$

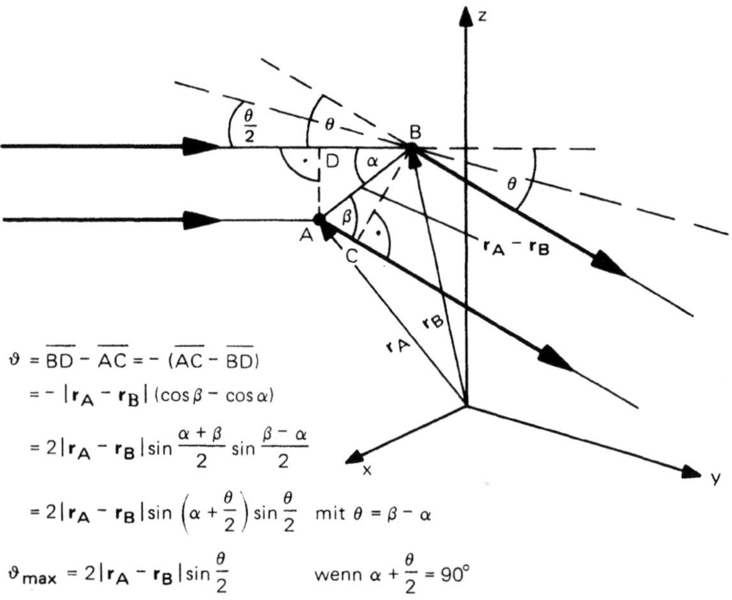

$$\vartheta = \overline{BD} - \overline{AC} = -(\overline{AC} - \overline{BD})$$

$$= -|r_A - r_B|\,(\cos\beta - \cos\alpha)$$

$$= 2|r_A - r_B|\sin\frac{\alpha+\beta}{2}\sin\frac{\beta-\alpha}{2}$$

$$= 2|r_A - r_B|\sin\left(\alpha + \frac{\theta}{2}\right)\sin\frac{\theta}{2}\quad \text{mit } \theta = \beta - \alpha$$

$$\vartheta_{max} = 2|r_A - r_B|\sin\frac{\theta}{2}\qquad \text{wenn } \alpha + \frac{\theta}{2} = 90°$$

Bild 15.1 Skizze zur Herleitung der Phasendifferenz der an zwei Flüssigkeitsatomen A und B gebeugten Strahlen

beträgt dann die Intensität der von beiden Atomen kommenden und interferierenden Wellen ($f_A = f_B = f(s)$).

$$I \sim |f(s)\,(e^{isr_A} + e^{isr_B})|^2$$

$$\sim f(s)^2\,(e^{isr_A} + e^{isr_B})\,(e^{-isr_A} + e^{-isr_B}) \tag{5}$$

$$\sim f(s)^2\,[2 + e^{is(r_A - r_B)} + e^{is(r_B - r_A)}] = f(s)^2\,[2 + 2\,e^{is(r_A - r_B)}]$$

und wenn N gleiche Atome vorhanden sind:

$$I \sim \left|f(s)\sum_{i=1}^{N} e^{isr_i}\right|^2 = \left|f(s)^2 \sum_i \sum_j e^{is(r_i - r_j)}\right|. \tag{6}$$

Da die Positionen aller Flüssigkeitsatome und damit auch die Positionen r_i und r_j eines beliebigen Paares (ij) willkürlich schwanken, läßt sich die Doppelsumme nicht explizit ausrechnen. Es muß vielmehr an ihrer Stelle eine *Mittelwertbildung* durchgeführt werden. Dies geschieht am einfachsten durch das Einführen der *Paarverteilungsfunktion* $g(r)$, die angibt, wie groß die Wahrscheinlichkeit ist, daß irgendwo in der Flüssigkeit im Abstand $r = |r_i - r_j|$ von einem Atom i ein zweites Atom j anzutreffen ist (Abschnitt 12.5). Nachdem aber auch das Bezugsatom i seine Lage regellos verändert und ebenfalls nur mit einer gewissen Wahrscheinlichkeit am Ort r_i anzutreffen ist, muß $g(r)$ noch mit dieser multipliziert werden. Sie ist identisch mit der Teilchendichte (N/V) in der Flüssigkeit. Außerdem muß (N/V) $g(r)$ noch mit der Oberfläche des Volumenelementes $4\pi r^2$ dr multipliziert werden, um die Wahrscheinlichkeit für eine beliebige Raumrichtung zu erhalten (d. h. i am Ort r_i und j zwischen r und r + dr in beliebiger Richtung). Man findet die gesamte Wahrscheinlichkeit durch Multiplizieren, weil auf Grund der Kombinatorikregeln die Wahrscheinlichkeit, daß mehrere Ereignisse gleichzeitig eintreffen, das Produkt aus den Einzelwahrscheinlichkeiten ist:

$$\left(\frac{N}{V}\right) g(r)\, 4\pi r^2 \ . \tag{7}$$

Mit Hilfe dieser *radialen Teilchendichteverteilung* läßt sich nun das Mitteln der Doppelsumme durchführen. Es liefert:

$$\sum_i{}' \sum_j{}' e^{is(r_i - r_j)} = \left[N + N \int_{r=0}^{\infty} \left(\frac{N}{V}\right) g(r)\, e^{isr}\, 4\pi r^2\, dr \right]. \tag{8}$$

Der erste Term in der Klammer beträgt N, weil für i = j der Exponentialausdruck gleich 1 wird und N solche Terme vorhanden sind. Der zweite Term berücksichtigt alle anderen, ungleich indizierten Beträge, denn $(N/V)\,g(r)\,4\pi r^2$ dr stellt nichts anderes als die Häufigkeit dar, mit der die ungleich indizierten Exponentialausdrücke auftreten. Damit geht die Doppelsumme in ein Integral über.

Die Intensität der an allen N Flüssigkeitsatomen gestreuten Strahlen ist folglich proportional dem Ausdruck (8),

$$I(s) \sim f(s)^2\, N \left[1 + \left(\frac{N}{V}\right) \int g(r)\, e^{isr}\, 4\pi r^2\, dr \right]$$

$$= I_0(s) \left[1 + \left(\frac{N}{V}\right) \int g(r)\, e^{isr}\, 4\pi r^2\, dr \right], \tag{9}$$

so daß für die um $I_0(s)$ (= Streulicht an isolierten Atomen) reduzierte relative Intensität folgt:

$$\frac{I(s) - I_0(s)}{I_0(s)} \equiv i(s) = \left(\frac{N}{V}\right) \int g(r)\, e^{isr}\, 4\pi r^2\, dr. \tag{10}$$

Gelingt es $g(r)$ explizit auszudrücken, so ermöglicht eine Messung der Intensität i in Abhängigkeit von s die Bestimmung der radialen Teilchendichteverteilung $(N/V)\,g(r)\,4\pi r^2$. Auf Grund der besonderen mathematischen Form von Gl. (9) führt eine Fouriertransformation (Anhang XIII) zum Ziel: Die radiale Verteilungsfunktion ist die Fouriertransformierte der Intensität i(s). Allgemein gilt nämlich für eine Funktion f(x) und ihre Transformierte A(p):

$$f(x) = 2 \int_{p=0}^{\infty} A(p) \sin(2\pi p x)\, dp, \tag{11}$$

$$A(p) = 2 \int_{x=0}^{\infty} f(x) \sin(2\pi p x)\, dx. \tag{12}$$

Während z. B. die Elektronendichteverteilung $\rho(x,y,z)$ in Kristallen eine periodische Funktion mit den Perioden a,b,c und deshalb durch eine Fourierreihe darstellbar ist, muß für die unperiodische radiale Verteilung $(N/V)g(r)4\pi r^2$ eine Fouriertransformation gemacht werden:

$$\frac{N}{V}4\pi r^2 g(r) \sim \int_{s=0}^{\infty} i(s)\sin(rs)\,ds. \tag{13}$$

Aus den in Abhängigkeit von s bzw. vom Streuwinkel θ gemessenen Reflexintensitäten läßt sich damit auf elegante Weise die Teilchendichteverteilung bzw. die Paarverteilung ermitteln. In Bild 15.2 sind hierzu die Röntgenaufnahme von geschmolzenem Aluminium und die Debye-Scherreraufnahme von festem Aluminium gegenübergestellt. Im geschmolzenen Zustand verschwinden die meisten scharfen Debye-Reflexe und die restlichen sind stark verbreitert. Daß nicht überhaupt alle verschwinden, ist eine Folge der *Nahordnung*.

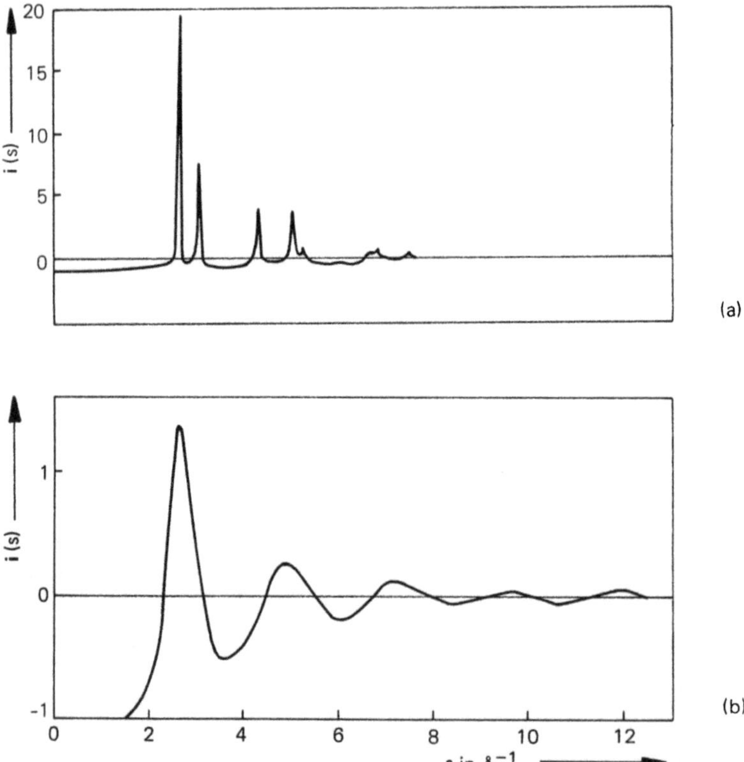

Bild 15.2 Reduzierte Intensität $i(s)$ einer Beugungsaufnahme von festem Aluminium bei 650 °C (a) und von geschmolzenem Aluminium bei 670 °C (b) (*H. Ruppersberg, H. J. Seemann:* Z. Naturf. 20a (1965) 104 in *F. Kohler:* The Liquid State, Verlag Chemie, Weinheim, Bergstraße 1972)

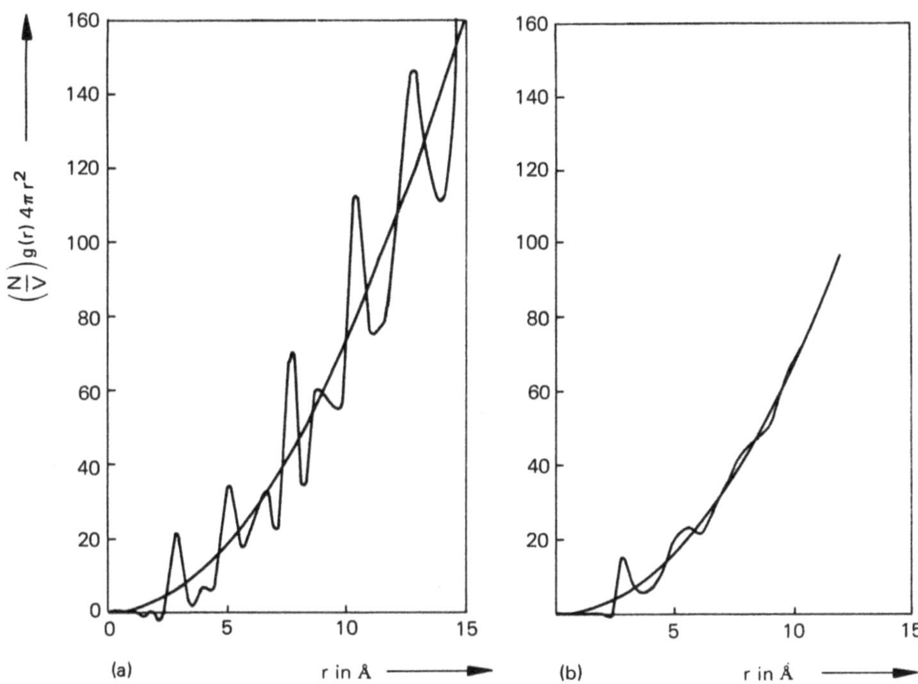

Bild 15.3 Teilchendichteverteilung (N/V) g (r) 4 πr^2 von festem Aluminium bei 650 °C (a) und von geschmolzenem Aluminium bei 670 °C (b)

Machen wir von den beiden Aufnahmen in Bild 15.2 eine (numerische) Fouriertransformation, so bekommen wir die in Bild 15.3 gezeichneten radialen Verteilungskurven. Es überrascht, daß sich beide Kurven bei kleinen Abständen (von einem fix gedachten Atom aus gemessen) sehr stark ähneln, obwohl die Ähnlichkeit mit zunehmendem Abstand rasch verschwindet. Das bedeutet aber andererseits, daß die unmittelbare Nachbarschaft eines Atoms im festen und im flüssigen Zustand nahezu gleich aussieht. In der nächsten Umgebung müssen sich ebensoviele Atome in ähnlicher symmetrischer Anordnung wie im kristallinen Zustand befinden. Makroskopisch kommt dieses Ergebnis am stärksten in der fast gleich großen Dichte und Kompressibilität von Flüssigkeiten und Festkörper zum Ausdruck.

Integriert man die radiale Verteilungskurve von r = 0 bis r = R (Abstand zum ersten Minimum), so erhält man die sogenannte *Koordinationszahl*, das ist die Zahl der nächsten Nachbarmoleküle:

$$\text{Koordinationszahl} = \left(\frac{N}{V}\right) \int_{r=0}^{R} g(r)\, 4\pi r^2\, dr. \tag{14}$$

Aus allen Überlegungen dieses Abschnittes geht die zentrale Rolle der Paarverteilungsfunktion g (r) klar hervor. Sie enthält die gesamte Information über die Flüssigkeitsstruktur, die sich wie folgt charakterisieren läßt: Die nächste Umgebung irgendeines Flüssigkeitsmoleküls ist nahgeordnet (erstes g-Maximum) und die von ihm sehr weit entfernte ist völlig ungeordnet. D. h. in großer Entfernung „sieht" es an jedem Ort Moleküle mit gleich großer Wahrscheinlichkeit (regellose oder stochastische Verteilung). Wie sich erahnen läßt, muß durch die Paarverteilungsfunktion eine Beziehung zum Wechselspiel zwischen Anziehung und Abstoßung der Moleküle und ihrer Flüssigkeitsstruktur bestehen. Oder stärker formuliert: Die Struktur ist eine direkte Auswirkung der zwischenmolekularen Bindungen, wobei $g(r)$ die Brücke zwischen ihnen herstellt. Wenn aber $g(r)$ alle wichtigen Informationen enthält, so muß es über diese Brücke einen direkten Weg zu den statistischen bzw. thermodynamischen Flüssigkeitseigenschaften geben. Dieser Weg wird, ohne daß wir dabei auf spezielle Wechselwirkungen näher eingehen, im nächsten Abschnitt skizziert.

15.2 Paarverteilungsfunktion und thermodynamische Eigenschaften

Aus einer bekannten Paarverteilungsfunktion $g(r)$, die aus einem Beugungs- oder Computerexperiment (Abschnitt 12.7) stammt, lassen sich bei Kenntnis der Paarwechselwirkung $V(r)$ thermodynamische Flüssigkeitseigenschaften berechnen. Ausgangspunkt ist jeweils die statistische Formulierung der gesuchten Eigenschaft über die reale Zustandssumme. Wie wir aus Abschnitt 12.4 von der Behandlung realer Gase wissen, ist diese ein Produkt aus einer idealen kinetischen Summe Z_{ideal} und der Konfigurationszustandssumme Z_{Konfig}. Diese betrifft die potentielle Energie der zwischenmolekularen Anziehungen und ließ sich bei den realen Gasen relativ einfach durch eine Funktion von $V(r)$ ausdrücken. Der Grund dafür ist, daß sich die Zustandssumme bzw. das $3N$-fache Zustandsintegral wegen der geringen Moleküldichte in ein Produkt von $3N$ Einfachintegralen aufspalten läßt. Der allgemeine Ansatz

$$Z_{Konfig} = \sum_{r} e^{-\frac{\Sigma V_{ij}}{kT}} \quad \text{bzw.} \quad \frac{1}{V^N} \int_{x_1} \dots \int_{z_N} e^{-\frac{\Sigma V_{ij}}{kT}} \, dx_1 \dots dz_N \tag{15}$$

führte zur freien Energie

$$F = -kT \ln Z_{real}$$

$$= -kT \ln Z_{ideal} + \frac{N^2 kT}{2V} \int_{r=0}^{\infty} \left(1 - e^{-\frac{V(r)}{kT}} \right) 4\pi r^2 \, dr \tag{16}$$

und wurde zur Herleitung einer Zustandsgleichung für reale Gase verwendet. Auf analoge Weise wollen wir hier bei den Flüssigkeiten vorgehen und die innere Energie U, den Druck p (bzw. Zustandsgleichung) und die freie Energie F als Funktion von $g(r)$ (in Gl. (16) identisch mit $e^{-V(r)/kT}$) suchen. Wegen der großen Moleküldichte lassen sich diese Größen jedoch nur allgemein als Funktion von $g(r)$ formulieren. Eine explizite Verknüpfung mit $V(r)$ wie in Gl. (16) ist nicht möglich.

Die *mittlere potentielle Energie* einer N-Teilchenflüssigkeit beträgt allgemein

$$\overline{V} = \frac{\displaystyle\int_{x_1} \dots \int_{z_N} (\Sigma V_{ij}) \, e^{-\frac{\Sigma V_{ij}}{kT}} \, dx_1 \dots dz_N}{V^N \, Z_{Konfig}} \, . \tag{17}$$

Das Integral im Zähler läßt sich durch Ausschreiben der Summe ΣV_{ij} über alle Paare in $N(N-1)/2$ Paarintegrale vom Typ

$$\int\limits_{x_1} \dots \int\limits_{z_2} V_{12} \left\{ \int\limits_{x_3} \dots \int\limits_{z_N} e^{-\frac{\Sigma V_{ij}}{kT}} \, dx_3 \dots dz_N \right\} dx_1 \dots dz_2 \qquad (18)$$

zerlegen, so daß

$$\overline{V} = \frac{N(N-1)}{2} \int\limits_{x_1} \dots \int\limits_{z_2} V_{12} \left\{ \int\limits_{x_3} \dots \int\limits_{z_N} \frac{e^{-\frac{\Sigma V_{ij}}{kT}}}{V^N Z_{Konfig}} \, dx_3 \dots dz_N \right\} dx_1 \dots dz_2 \, . \qquad (19)$$

Auf Grund folgender Überlegungen können wir den Ausdruck in der Klammer mit $g(r)$ verknüpfen bzw. identifizieren. Wir gehen dazu vom Integranden

$$\frac{e^{-\frac{\Sigma V_{ij}}{kT}}}{V^N Z_{Konfig}} \qquad (20)$$

aus und untersuchen, was seine Integration über die Koordinaten x_3 bis x_N bedeutet. Gl. (20) können wir als die Wahrscheinlichkeitsdichte auffassen, mit der eine bestimmte Molekülkonfiguration mit der Gesamtenergie ΣV_{ij} in der Flüssigkeit auftritt. Multiplizieren wir Gl. (20) mit $dx_1 \dots dz_N$, dann haben wir einen Ausdruck für die Wahrscheinlichkeit, daß sich das Teilchen 1 im Volumenelement $dx_1 \, dy_1 \, dz_1$ und gleichzeitig die Teilchen 2, usw. in den Volumenelementen $dx_2 \, dy_2 \, dz_2$, usw. befinden. Die Wahrscheinlichkeit dafür, daß sich *unabhängig* von den anderen die Teilchen 1 und 2 in den Volumenelementen dV_1 und dV_2 aufhalten, bekommen wir dann durch Integration über x_3 bis z_N. Da aber die Teilchen in Wirklichkeit nicht numeriert sind und wir sie nicht unterscheiden können, erhöht sich die Wahrscheinlichkeit um den Faktor $\binom{N}{2} = N(N-1)/2$:

$$W_{12} = \frac{N(N-1)}{2} \frac{dx_1 \, dy_1 \, dz_1 \, dx_2 \, dy_2 \, dz_2 \int\limits_{x_3} \dots \int\limits_{z_N} e^{-\frac{\Sigma V_{ij}}{kT}} \, dx_3 \dots dz_N}{V^N Z_{Konfig}} \, . \qquad (21)$$

Multiplizieren wir W_{12} mit der Paarenergie V_{12} und integrieren wir über die Koordinaten x_1 bis z_2, so erhalten wir exakt Gl. (19), formuliert mit Hilfe der Wahrscheinlichkeit W_{12}:

$$\overline{V} = \frac{N(N-1)}{2} \int\limits_{x_1} \dots \int\limits_{z_2} V_{12} \, W_{12} \, dx_1 \dots dz_2 \, . \qquad (22)$$

Wir können die Integration über die Volumina V_1 und V_2 durch eine Integration über r, den Abstand zwischen den Teilchen 1 und 2 ($r = |\mathbf{r}_1 - \mathbf{r}_2|$), ersetzen, wenn wir dV_1 in den Koordinatenursprung verlegen und dV_2 gegen das Kugelschalenelement $4\pi r^2 \, dr$ austauschen. Aus Normierungsgründen müssen wir gleichzeitig durch das gesamte Volumen V dividieren:

$$\overline{V} = \frac{N-1}{2} \left(\frac{N}{V}\right) \int\limits_{r=0}^{\infty} V(r) \, g(r) \, 4\pi r^2 \, dr \, . \qquad (23)$$

Aus W_{12} (Funktion von x_1 bis z_2) entsteht auf diese Weise die Paarverteilungsfunktion $g(r)$ (Funktion des Teilchenabstandes r). Addition dieses Ausdrucks für die mittlere potentielle Energie zur mittleren kinetischen Energie $3/2\,NkT$ liefert dann die innere Energie:

$$U = \frac{3}{2}NkT + \frac{N-1}{2}\left(\frac{N}{V}\right)\int_{r=0}^{\infty} V(r)\,g(r)\,4\pi r^2\,dr. \tag{24}$$

Um also aus einer vorliegenden $g(r)$-Funktion thermodynamische Eigenschaften wie die innere Energie berechnen zu können, muß außerdem $V(r)$, die Wechselwirkungsenergie zweier Flüssigkeitsmoleküle bekannt sein. Dies ist eine erste Aussage unserer statistischen Analyse.

Gemäß unserer ersten Aussage soll nun eine *Zustandsgleichung* für eine Flüssigkeit mit bekannter Paarverteilung $g(r)$ und Paarenergie $V(r)$ abgeleitet werden. Wir gehen dazu vom statistischen Ausdruck für den Druck

$$p = -\left(\frac{\partial F}{\partial V}\right)_T$$

$$= kT\,\frac{\partial}{\partial V}\,\ln Z_{real}$$

$$= kT\,\frac{\partial}{\partial V}\,\ln\left[Z_{ideal}\cdot Z_{Konfig}\right]$$

$$= \frac{NkT}{V} + kT\,\frac{\partial}{\partial V}\ln\left\{\frac{1}{V^N}\int_{x_1}\cdots\int_{z_N} e^{-\frac{\Sigma V_{ij}}{kT}}\,dx_1\ldots dz_N\right\} \tag{25}$$

aus und suchen zuerst nach einer anderen Formulierung der Klammer in Gl. (25). Dazu substituieren wir die Positionskoordinaten x_1 bis z_N durch neue (volumennormierte) Koordinaten $x_1 = x_1/V^{1/3}$ bis $z_N/V^{1/3}$. Dadurch wird auch die Konfigurationsenergie ΣV_{ij} eine Funktion der neuen Koordinaten und die Mehrfachintegration läuft von jeweils $x_i = 0$ bis 1:

$$Z_{Konfig} = \int_{x_1=0}^{1}\cdots\int_{z_N=0}^{1} e^{-\frac{\Sigma V_{ij}}{kT}}\,dx_1\ldots dz_N. \tag{26}$$

Wegen der Identität

$$\frac{\partial V(x_{ij})}{\partial V} = \frac{\partial V(x_{ij})}{\partial x_{ij}}\,\frac{\partial x_{ij}}{\partial V} = \frac{1}{3V}\,r_{ij}\,\frac{\partial V(r_{ij})}{\partial r_{ij}}, \tag{27}$$

weil $r_{ij} = r_i - r_j$, $x_{ij} = x_i - x_j$, usw., entsteht aus Gl. (26) durch Ableitung nach dem Volumen V

$$\frac{\partial Z_{Konfig}}{\partial V} = -\frac{1}{3VkT}\sum_{Paare}\int_{x_i=0}^{1}\cdots\int_{z_N=0}^{1} r_{ij}\,\frac{\partial V_{ij}}{\partial r_{ij}}\,e^{-\frac{\Sigma V_{ij}}{kT}}\,dx_1\ldots dz_N \tag{28}$$

und nach Wiedereinführen der alten Koordinaten

$$\frac{\partial Z_{Konfig}}{\partial V} = -\frac{1}{3VkTV^N} \sum_{Paare} \int_{x_1} \cdots \int_{z_N} r_{ij} \frac{\partial V_{ij}}{\partial r_{ij}} e^{-\frac{\Sigma V_{ij}}{kT}} dx_1 \ldots dz_N \, . \tag{29}$$

Da die Relation gilt

$$kT \frac{\partial}{\partial V} \ln Z = \frac{kT}{Z} \frac{\partial Z}{\partial V}, \tag{30}$$

wird aus dem zweiten Term von Gl. (25):

$$kT \frac{\partial}{\partial V} \ln Z_{Konfig} = \frac{1}{3V} \frac{-\sum_{Paare} \int_{x_1} \cdots \int_{z_N} r_{ij} \frac{\partial V_{ij}}{\partial r_{ij}} e^{-\frac{\Sigma V_{ij}}{kT}} dx_1 \ldots dz_N}{Z_{Konfig}}$$

$$= \frac{1}{3V} \overline{\left(-\sum_{Paare} r_{ij} \frac{\partial V_{ij}}{\partial r_{ij}} \right)} \tag{31}$$

$$= \frac{1}{3V} \overline{vdW} \, .$$

Der Ausdruck $\overline{vdW}$ steht zur Abkürzung für *Virial der van der Waalswechselwirkungen*. Die Zustandsgleichung der N-Teilchenflüssigkeit lautet damit:

$$p = \frac{NkT}{V} + \frac{1}{3V} \overline{vdW} \, . \tag{32}$$

Bildet man wie früher mit der potentiellen Energie den Zusammenhang zwischen dem Virial $\overline{vdW}$ und $g(r)$, so findet man

$$\overline{vdW} = -\frac{N-1}{2} \left(\frac{N}{V} \right) \int_{r=0}^{\infty} r \frac{\partial V(r)}{\partial r} g(r) \, 4\pi r^2 \, dr, \tag{33}$$

so daß für die Zustandsgleichung als Funktion von $g(r)$

$$\frac{pV}{NkT} = 1 - \frac{1}{6kT} \left(\frac{N}{V} \right) \int_{r=0}^{\infty} r \frac{\partial V(r)}{\partial r} g(r) \, 4\pi r^2 \, dr \qquad (N-1 \cong N) \tag{34}$$

folgt. Da alle thermodynamischen Funktionen, die man als Funktion von $g(r)$ direkt bilden kann, immer nur die partiellen Ableitungen von F bzw. G betreffen, lassen sich diese Größen nur durch eine Integration ermitteln. Z. B.:

$$F = F° + \int_V p \, dV$$

$$= F° + \int_V \left(\frac{NkT}{V} + \frac{1}{3V} \overline{vdW} \right) dV \, . \tag{35}$$

Das in diesem Abschnitt vorgestellte statistische Konzept dient heute vielfach zur Berechnung von computersimulierten Flüssigkeitseigenschaften. Die Computersimulation basiert auf plausiblen, aber angenommenen Wechselwirkungsenergien $V(r)$ und liefert $g(r)$. $V(r)$, $g(r)$ und $dV(r)/dr$ zusammen erlauben dann eine direkte Eigenschaftsberechnung und ihren Vergleich mit experimentellen Daten. Die Simulation von Flüssigkeiten wird in ihren Grundzügen in Abschnitt 15.6 besprochen, nachdem wir Näheres über konkrete Bindungsmodelle $V(r)$ erfahren haben.

15.3 van der Waalswechselwirkungen

Das einfachste Bindungsmodell, das wir uns bei neutralen Flüssigkeitsmolekülen vorstellen können, ist ein *Modell starrer Kugeln* (vgl. starre Ionenkugeln in Abschnitt 14.1). Fassen wir also die Moleküle als starre Kugeln mit dem Durchmesser σ auf, so ist die Wechselwirkungsenergie $V(r)$ bei Abständen größer als σ gleich Null und bei Abständen gleich oder kleiner σ unendlich groß (Abstoßung infolge Inkompressibilität der Kugeln). Bei $r = \sigma$ beginnt eine für die Moleküle undurchdringliche Energieschwelle; außerhalb dieser Schwelle sind sie frei beweglich (Bild 15.4a). Ein realistischeres Modell als dieses ist beispielsweise die sogenannte *Lennard-Jonesenergie,* die hier durch

$$V(r) = -D\left[2\left(\frac{r_0}{r}\right)^6 - \left(\frac{r_0}{r}\right)^{12}\right] \tag{36}$$

definiert wird (Bild 15.4b). Die gesamte Wechselwirkungsenergie besteht dann aus dem anziehenden Energieterm $-2D(r_0/r)^6$ und dem abstoßenden Term $D(r_0/r)^{12}$. r_0 ist der Gleichgewichtsabstand zweier Moleküle und $-D$ ist die Energie des Minimums, die Bin-

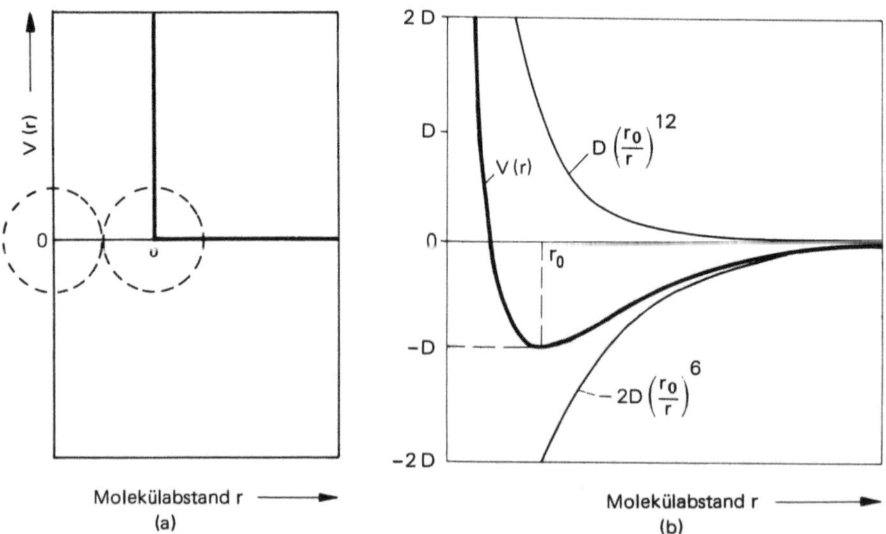

Bild 15.4 Bindungsmodelle für Flüssigkeitsmoleküle; potentielle Energie $V(r)$ bei starren Molekülkugeln (a) und bei Lennard-Jonesmolekülen (b) in Abhängigkeit vom Molekülabstand r

dungsenergie zweier Moleküle. Wie bei den realen Gasen (Bild 12.7) besitzt V(r) ein Minimum. Verständlich, weil sich ja die Wechselwirkungen in Gasen und Flüssigkeiten nur graduell unterscheiden. Wir werden sehen, daß sich der anziehende 6er-Term mit Hilfe von Dipol-Dipolwechselwirkungen einwandfrei interpretieren läßt. Nicht jedoch der abstoßende 12er-Term, der zwar auch die Abstoßung der Elektronenwolken repräsentiert, aber rein empirisch eingeführt werden muß. Die Lennard-Jonesenergie (36) beschreibt ausgezeichnet flüssige Edelgase, also Flüssigkeitsatome ohne stationäres elektrisches Moment.

In Abschnitt 15.2 wurde angedeutet, daß die Paarverteilung g(r) mit der Paarenergie V(r) zusammenhängt. Eine eindeutige Verknüpfung zwischen diesen beiden Größen gelingt jedoch höchstens für reale Gase, weil dort die Moleküldichte klein im Vergleich zu Flüssigkeiten ist. Nach Gl. (16) gilt:

$$g(r) = e^{-\frac{V(r)}{kT}} . \tag{37}$$

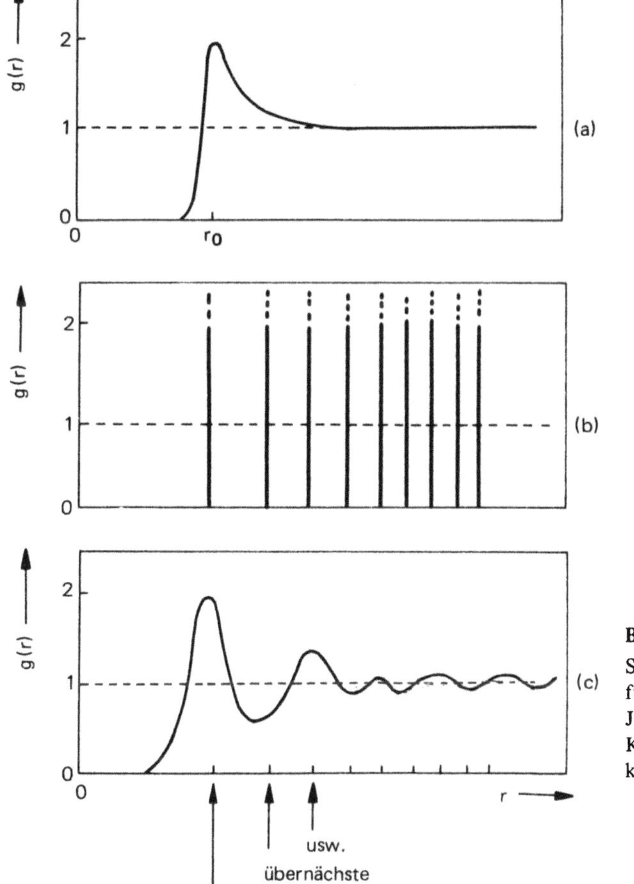

Bild 15.5

Schematische Paarverteilungsfunktionen g(r) für ein Lennard-Jonesgas (a), für einen idealen Kristall (b) und für eine Flüssigkeit (c)

Berechnen wir $g(r)$ mit Gl. (36) für ein Lennard-Jonesgas, so erhalten wir die in Bild 15.5a schematisch gezeichnete Paarverteilungskurve. Sie hat in der Nähe des Gleichgewichtsabstandes $r = r_0$ ein Maximum, geht für $r \gg r_0$ gegen 1 und verschwindet für $r \ll r_0$. Verwenden wir hingegen für den Grenzfall eines Kristalls bei jedem Gitterpunkt eine große scharfe Aufenthaltswahrscheinlichkeit und summieren wir über alle Gitterpunkte in nächster, übernächster, usw. Entfernung, so ergibt sich die in Bild 15.5b dargestellte Verteilung. Sie besteht aus sehr vielen scharfen Peaks. Stellen wir uns nun einen Zustand zwischen diesen beiden Fällen vor, so gelangen wir zum $g(r)$-Bild einer Flüssigkeit (Bild 15.5c): Die Zahl der Peaks nimmt ab, sie werden wesentlich breiter und $g(r)$ nähert sich viel früher dem Grenzwert 1.

Der wirkliche Übergang eines Kristalles in seine Schmelze (bzw. Flüssigkeit) erfolgt aber keineswegs allmählich, sondern ganz abrupt bei der Schmelztemperatur. Die Fernordnung bricht plötzlich zusammen! Aus dieser bekannten Tatsache muß man schließen, daß die gesamte Kristallstruktur kooperativ zerstört wird, wenn einmal ungeordnete flüssige Bereiche entstanden sind. Zur Erklärung dieses Phänomens könnte man folgenden Modellversuch machen. Bildet man aus gleich großen Kugeln eine regelmäßige Struktur (dichteste Kugelpackung in der Ebene) und gruppiert man um eine beliebige Kugel (A) nicht sechs sondern nur fünf Kugeln, so ruft dies eine Störung der Struktur bis auf eine Entfernung von etwa 100 weiteren Kugeln hervor (Bild 15.6). Das bedeutet aber nicht, daß natürliche Kristalle nur ohne Gitterstörungen und Gitterfehler vorkommen, also nur existieren, wenn sie über makroskopische Entfernungen ideal und fehlerlos aufgebaut sind. Von den sechs Nachbarkugeln darf ruhig eine fehlen (Gitterleerstelle), ohne daß die periodizitätserhaltende Fernordnung zusammenbricht. Es dürfen die fünf Nachbarkugeln bloß nicht gleichverteilt angeordnet werden. Dieser einfache Modellversuch hilft vielleicht über die hier auftretenden Verständnisschwierigkeiten hinweg, wenn man zur Erklärung des Schmelzvorganges in realen Kristallen die immer vorhandenen Gitterfehler heranzieht.

Nachdem feststeht, daß die Lennard-Jonesflüssigkeit, definiert durch Gl. (36) ein halbwegs vernünftiges Modell darstellt, und auch schon gesagt wurde, daß der Anziehungsterm durch Dipol-Dipolwechselwirkungen erklärbar ist, wollen wir uns im folgenden damit beschäftigen. Man unterscheidet drei Arten der Wechselwirkung:

1. Dipol-Dipolwechselwirkung zwischen stationären Dipolmomenten von Molekülen

Moleküle mit stationären elektrischen Dipolmomenten üben aufeinander eine anziehende Wirkung aus, die von ihrer gegenseitigen Orientierung abhängt. Da jeder elektrische Dipol mit dem Moment μ_i und dem Ortsvektor r_i im Abstand r_{ij} ein elektrisches Feld

$$E = -\frac{1}{4\pi\epsilon_0 r_{ij}^3}\left[\mu_i - 3\frac{(\mu_i r_{ij})r_{ij}}{r_{ij}^2}\right] \quad (|r| = r) \tag{38}$$

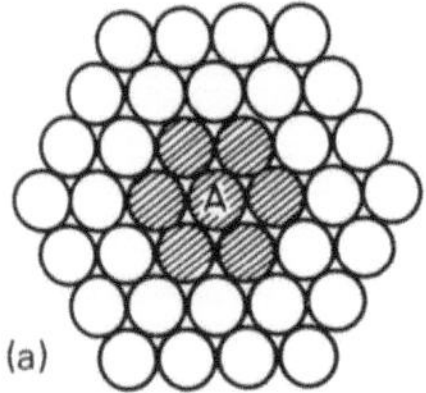

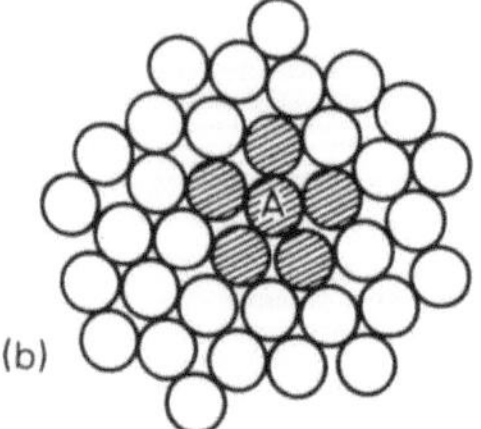

Bild 15.6
Kugelmodell zur Erläuterung
des Schmelzvorganges

erzeugt, besitzt ein weiterer Dipol mit dem Moment μ_j und dem Ortsvektor r_j ($r_{ij} = r_i - r_j$) in diesem Feld die potentielle Energie (Abschnitt 7.2)

$$V = -(\mu_j \cdot E) = \frac{1}{4\pi\epsilon_0 r_{ij}^3}\left[(\mu_i\mu_j) - 3\frac{(\mu_i r_{ij})(\mu_j r_{ij})}{r_{ij}^2}\right]. \tag{39}$$

Im Grenzfall zweier antiparallel nebeneinander bzw. parallel hintereinander liegender Dipole beträgt die Wechselwirkungsenergie:

$$V = -\frac{|\mu_i||\mu_j|}{4\pi\epsilon_0 r_{ij}^3} \quad \text{bzw.} \quad -2\frac{|\mu_i||\mu_j|}{4\pi\epsilon_0 r_{ij}^3}. \tag{40}$$

Wegen der thermischen Bewegung der Moleküle wird aber sowohl eine dauernde Parallel- als auch Antiparallelstellung verhindert, so daß die Wechselwirkungsenergie temperaturabhängig ist und mittlere Werte annimmt. Berücksichtigt man durch eine statistische Mittelwertbildung (ähnlich wie bei der Berechnung der Orientierungspolarisation in Abschnitt 7.3) alle möglichen Orientierungen der Flüssigkeitsdipole, so bekommt man für die mittlere potentielle Energie

$$\overline{V} = -\frac{2\,|\mu_i|^2\,|\mu_j|^2}{(4\pi\epsilon_0)^2\,3kT\,r_{ij}^6} \tag{41}$$

bzw. für die entsprechende Bindungsenergie

$$\overline{D}_{DD} = \frac{2\,|\mu_i|^2\,|\mu_j|^2}{(4\pi\epsilon_0)^2\,3kT r_{ij}^6}. \tag{42}$$

Die mittlere Dipol-Dipolenergie ist umso größer, je größer die Momente der beiden Moleküle sind und je kleiner die Temperatur ist. Handelt es sich um eine Flüssigkeit mit nur einer Molekülsorte ($i = j$), so geht Gl. (42) über in

$$\overline{D}_{DD} = \frac{2\,|\mu|^4}{(4\pi\epsilon_0)^2\,3kT r^6}. \tag{43}$$

2. *Dipol-Dipolwechselwirkungen zwischen stationären und induzierten Dipolmomenten von Molekülen*

Für Moleküle mit stationären Dipolmomenten besteht eine zusätzliche Möglichkeit der Wechselwirkung: Moleküle mit Momenten können in anderen Molekülen Momente induzieren, worauf dann das *stationäre* und das *induzierte* Moment in Wechselwirkung treten. Diese Energie ist bei kugelsymmetrischen Molekülen von der gegenseitigen Lage der Molekülmomente unabhängig. Das induzierte Moment μ_j ist nämlich direkt proportional dem vom stationären Moment μ_i erzeugten Feld E (Abschnitt 7.1)

$$\mu_j = 4\pi\epsilon_0 \alpha E. \tag{44}$$

α ist die Polarisierbarkeit des Moleküls und genau genommen ein Tensor; nur bei kugelsymmetrischen Molekülen ist α eine Konstante. Die potentielle Energie eines induzierten Dipols im Feld E ist aber nur halb so groß wie die eines stationären, weil die Ladungstrennung einen Arbeitsaufwand (Abschnitt 7.2) im Ausmaß von

$$V = -\frac{(\mu_j \cdot E)}{2} = -\frac{4\pi\epsilon_0 \alpha E^2}{2} \tag{45}$$

erfordert. Mit Gl. (38) beträgt daher die Induktionswechselwirkungsenergie

$$V = - \frac{2\alpha\mu_i^2}{4\pi\epsilon_0\, r_{ij}^6} \qquad (46)$$

und die Bindungsenergie

$$D_{ind} = \frac{2\alpha\,|\mu|^2}{4\pi\epsilon_0\, r^6} \cdot \qquad (47)$$

3. Die Londonsche Dispersionsenergie

Außer der Dipol-Dipol- und Induktionswechselwirkung gibt es noch eine dritte Art, und zwar bei Molekülen ohne permanentes Moment. Vielmehr, es muß sie geben, denn sonst könnten z. B. Edelgase nicht verflüssigt werden. Diese Art der Wechselwirkung kann auf folgende Weise erklärt werden: Man stelle sich beispielsweise zwei H-Atome in genügend großer Entfernung (~ 5 Å) voneinander vor. Um eine chemische Bindung miteinander eingehen zu können, sind sie zu weit voneinander entfernt, und eine Dipol-Dipolkopplung kann es nicht geben, weil die H-Atome kein permanentes Moment besitzen. Macht man nun von jedem Atom eine Momentaufnahme, so kann man ein sehr „kurzlebiges" Moment, gebildet aus der Kern- und der Elektronenladung „sehen". Im Zeitmittel ist dieses natürlich nicht vorhanden. Über diese kurzlebigen Momente können die Atome wechselwirken, sich gegenseitig anziehen und einen weiteren Beitrag zur van der Waalsenergie liefern. Eine Berechnung gelingt allerdings nur auf quantenmechanischem Weg (Anhang XX) und führt zum Ergebnis

$$V = - \frac{3}{2} \frac{I_i I_j}{(I_i + I_j)} \frac{\alpha_i \alpha_j}{r^6} \qquad (48)$$

bzw. für eine einzige Molekülsorte (i = j)

$$D_{London} = \frac{3}{4} I \frac{\alpha^2}{r^6} \cdot \qquad (49)$$

Die Energie ist proportional der Ionisierungsenergie I und dem Quadrat der Polarisierbarkeit α, sowie wiederum proportional r^{-6}. Zu Ehren *Londons*, der diese quantenmechanische Berechnung zum erstenmal durchgeführt hat, wird sie auch als *Londonsche Dispersionsenergie* bezeichnet.

Der Vollständigkeit halber müssen an dieser Stelle auch noch die *Wasserstoffbrückenbindungen* genannt werden. Sie liefern eine etwa gleich große Bindungsenergie wie die drei bisher genannten Dipolenergien, nämlich einige kJmol^{-1}. Eine Wasserstoffbrücke entsteht, wenn sich das partiell positiv geladene H-Atom einer OH-, FH- oder NH-Gruppe dem elektronenreichen Atom eines anderen Moleküls nähert (Bild 14.17). Obwohl diese Bindung weder rein kovalent noch rein ionischen Charakter besitzt, wird sie am einfachsten doch ionisch behandelt. Zwei Beispiele besonderer Art — und für unsere Existenz auf der Erde lebensnotwendig — bilden das Wasser und die Proteine. Der hohe Siedepunkt von Wasser im Vergleich zu H_2S sowie die geringere Dichte von Eis im Vergleich zu Wasser sind direkte Auswirkungen von Wasserstoffbrücken. Eis hat eine geringere Dichte, weil jedes O-Atom tetraedisch von H-Atomen umgeben ist (zwei H-Atome sind kovalent, die anderen zwei über Brücken gebunden). Im Wasser ist diese tetraedische

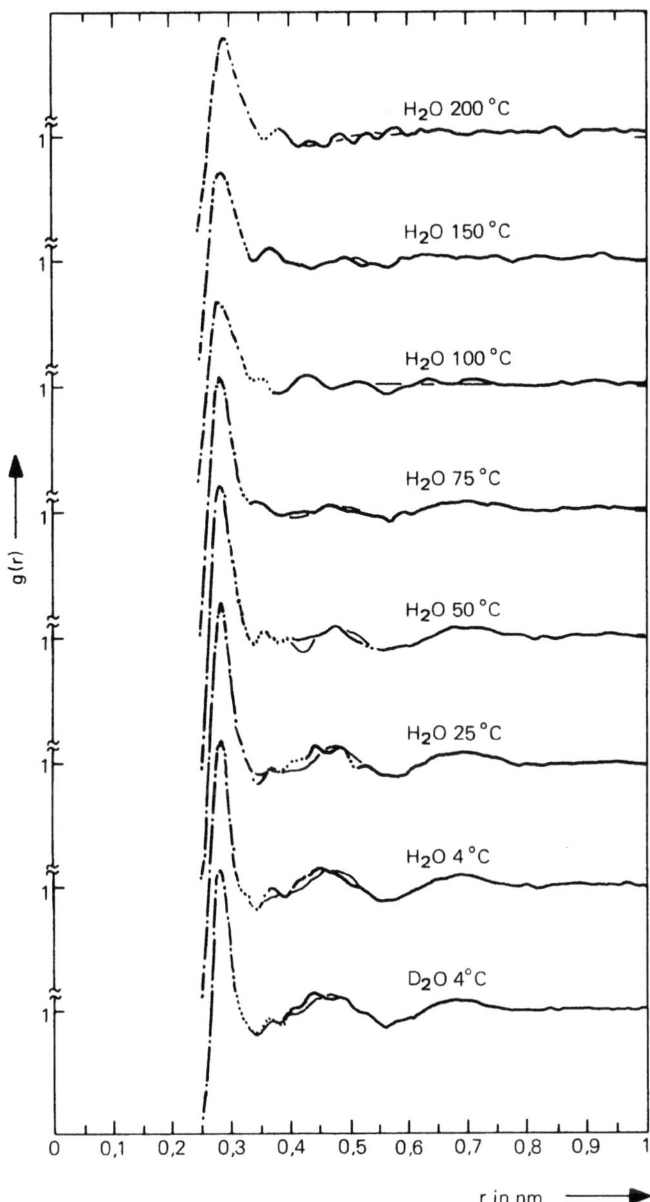

Bild 15.7 Gemessene (·······) und berechnete (———) Paarverteilungskurven von Wasser bei verschiedenen Temperaturen; bis 100 °C bei 1 atm, darüber beim jeweiligen Dampfdruck (*A. H. Narten et al.:* Disc. Farad. Soc. 43 (1967) 97 in *W. J. Moore* und *D. O. Hummel:* Physikalische Chemie, Walter de Gruyter, Berlin 1973)

Struktur bis auf die Nahordnung aufgehoben, so daß sich dort die H_2O-Moleküle enger aneinander lagern können und eine größere Dichte als im Eis bedingen. Beugungsaufnahmen von Wasser bestätigen diese Struktur. In Bild 15.7 sind die berechneten und gemessenen radialen Paarverteilungskurven bei einigen Temperaturen wiedergegeben. Unterhalb von 2,5 Å verschwindet g(r), was einem Moleküldurchmesser von etwa 2,5 Å entspricht. Andererseits hat g(r) bereits bei 8 Å den Wert 1, so daß die Nahordnung auf den Bereich zwischen 2,5 Å und 8 Å eingegrenzt ist. Bei höheren Temperaturen nimmt dieser auf 2,5 bis 6 Å ab. Der Peak bei 2,9 Å liefert nach Integration über das Volumenelement $4\,\pi\,r^2$ dr eine Koordinationzahl von 4,4 in annähernder Übereinstimmung mit der tetraedischen Struktur (bei exakter Tetraederstruktur sollte die Koordinationszahl natürlich den Wert vier haben). Während auch die übrigen Peaks mit der Tetraederstruktur übereinstimmen, läßt sich der schwache Peak bei 3,5 Å tetraedrisch nicht erklären. Er entsteht möglicherweise durch Wassermoleküle auf Zwischengitterplätzen, die mit zunehmender Temperatur häufiger besetzt werden (*Fehlordnung*). Dadurch würde sich zwanglos eine Begründung für die Dichteänderung beim Schmelzen ergeben. Welche Rolle Wasserstoffbrücken bei den Proteinen spielen, wurde bereits in Abschnitt 14.6 diskutiert. Die Zusammenlagerung von Polypeptiden zu Proteinen ist energetisch nur möglich, wenn Wasserstoffbrücken gebildet werden.

Das experimentelle Kriterium für die van der Waalsschen Energien, einschließlich der Wasserstoffbrückenbindungen, verkörpert die *Verdampfungsenthalpie*. Das ist die Energie, die bei konstantem Druck aufgebracht werden muß, um eine Flüssigkeit zu verdampfen (Abschnitt 15.3). Hierbei muß die zwischenmolekulare Anziehung in der Flüssigkeit überwunden und andererseits den Molekülen im Gasraum kinetische Energie mitgegeben werden. Da der Hauptteil der Verdampfungsenthalpie zur Überwindung der Anziehung dient, läßt sich mit Hilfe bekannter Verdampfungsdaten das Konzept der Dipol-Dipolenergien überprüfen. Es wird beobachtet, daß die Verdampfungsenthalpie mit zunehmender Temperatur abnimmt und bei Annäherung an den kritischen Punkt gegen Null geht (im kritischen Punkt läßt sich Dampf von Flüssigkeit nicht unterscheiden!). Das erscheint plausibel im Rahmen des Dipol-Dipolkonzeptes, denn mit zunehmender Temperatur werden die temperaturabhängigen van der Waalsschen Energieterme kleiner. Außerdem dehnt sich die Flüssigkeit aus, wodurch der mittlere Molekülabstand größer und auch die anderen Energieterme kleiner werden. Im Grenzfall des idealen Gases ist dann der mittlere Molekülabstand so groß, daß die restliche zwischenmolekulare Anziehung gegen die Translation keine Rolle mehr spielt. Spielt sie dennoch eine Rolle, so haben wir einen realen Gaszustand vor uns.

Wie gut das Dipol-Dipolkonzept nun wirklich paßt, zeigt Tabelle 15.1, in der die einzelnen Anteile zu einer gesamten van der Waalsschen Energie zusammengerechnet und der Verdampfungsenthalpie gegenübergestellt wurden. Obwohl hierbei nur je ein Molekülpaar berücksichtigt worden ist, stimmen sie doch größenordnungsmäßig mit den gemessenen Werten überein. Dies beweist auch, daß die eingangs empirisch eingeführte Lennard-Jonesenergie mit der r^{-6}-Abhängigkeit vernünftig gewählt worden ist. Sie bekommt dadurch einen reellen physikalischen Hintergrund. Durch Hinzunehmen von Wechselwirkungen mit mehr als zwei Molekülen würde die Übereinstimmung natürlich noch besser werden. Da aber daraus keine wesentlich neuen physikalischen Erkenntnisse resultieren, können wir auf eine solche, noch dazu sehr komplizierte Behandlung verzichten. Rückblickend erscheint auch das van der Waalssche Vorgehen bei der Korrek-

Tabelle 15.1: Vergleich van der Waalssche Bindungsenergie – Verdampfungsenthalpie für Molekülpaare von einigen Flüssigkeiten bei 25 °C

Molekül	Abstand = Moleküldurchmesser	Polarisierbarkeit α m^3	Ionisierungsenergie I eV	Dipolmoment μ Cm	$D_{DD} + D_{ind} + D_{Lond.}$ kJ mol^{-1}	ΔH_{Verd} kJ mol^{-1}
He	2,7	$0,2 \cdot 10^{-30}$	24,5	0	0,18	0,09
A	2,9	$1,6 \cdot 10^{-30}$	15,7	0	4,9	6,6
CCl$_4$	5,5	$10,5 \cdot 10^{-30}$	14,1	0	4,0	30
H$_2$O	2,9	$1,5 \cdot 10^{-30}$	12,6	$6,14 \cdot 10^{-30}$	22,2	39,4
NH$_3$	3,1	$2,2 \cdot 10^{-30}$	11,2	$5,0 \cdot 10^{-30}$	10,0	23,3

tur des idealen Gasgesetzes zur Anwendung auf reale Gase in einem vernünftigen atomistischen Licht: Da die Dipol-Dipolenergien vom mittleren Abstand abhängen (die Potenz spielt bei dieser Überlegung nur eine untergeordnete Rolle), wirkt sich dies sowohl auf den Druck als auch auf das Volumen aus.

15.4 Dampfdruck und Verdampfungsenthalpie

Eine makroskopische Eigenschaft, die bei der Untersuchung von Flüssigkeiten eine tragende Rolle spielt, ist der *Gleichgewichtsdampfdruck* oder einfach *Dampfdruck* der Flüssigkeit. Er ist der Druck, der sich im thermischen Gleichgewicht über der flüssigen Phase einstellt und ist deshalb einer thermodynamischen Behandlung zugänglich. Diese führt zu Daten der Verdampfungsenthalpie und -entropie und diese beiden Größen sind wiederum Kriterien für molekulare Modelle von Flüssigkeiten.

Wie Bild 15.8 zeigt, ist der Dampfdruck sehr stark temperaturabhängig. Diese Temperaturabhängigkeit läßt sich thermodynamisch beschreiben. Thermisches Gleichgewicht zwischen einer flüssigen und einer dampfförmigen Phase (vgl. Phasengleichgewicht Kapitel 16) verlangt, daß die molare freie Flüssigkeitsenthalpie gleich groß wie die molare freie Dampfenthalpie ist:

$$G_l = G_g \qquad (50)$$

Für eine differentielle Änderung der freien Enthalpie, was einer Verdampfung von dn mol entspricht, gilt dann:

$$dG_l = dG_g. \qquad (51)$$

Mit dem totalen Differential von G (Abschnitt 11.6)

$$dG = \left(\frac{\partial G}{\partial p}\right)_T dp + \left(\frac{\partial G}{\partial T}\right)_p dT$$

$$= V dp - S dT, \qquad (52)$$

angewendet auf die Flüssigkeit (Index: l) und den Dampf (Index: g) ergibt sich:

$$V_l dp - S_l dT = V_g dp - S_g dT. \qquad (53)$$

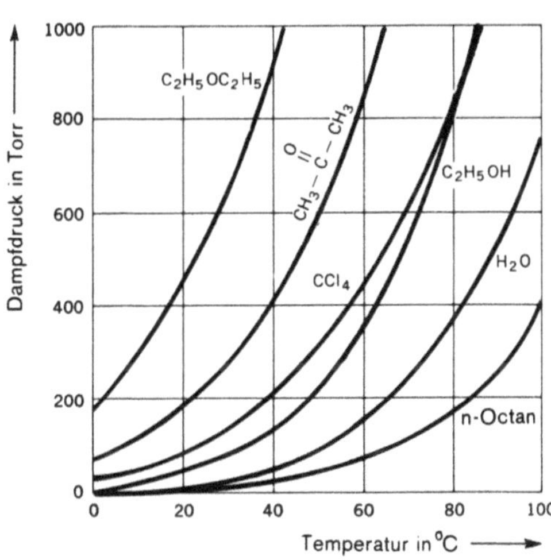

Bild 15.8 Temperaturabhängigkeit des Dampfdruckes von einigen Flüssigkeiten

Für die Änderung des Druckes mit der Temperatur folgt daraus:

$$\frac{dp}{dT} = \frac{S_g - S_l}{V_g - V_l}. \tag{54}$$

Die Entropiedifferenz $S_g - S_l$ ist die molare *Verdampfungsentropie* ΔS_{Verd}; sie steht mit der Verdampfungsenthalpie ΔH_{Verd} in folgendem Zusammenhang:

$$\Delta S_{Verd} = S_g - S_l = \int\limits_{n=0}^{1} \frac{\Delta H_{Verd}}{T}\, dn = \frac{\Delta H_{Verd}}{T}. \tag{55}$$

Substituiert man deshalb in Gl. (54) $S_g - S_l$ durch $\Delta H_{Verd}/T$ und schreibt man ΔV_{Verd} für die Molvolumendifferenz $V_g - V_l$, so resultiert:

$$\frac{dp}{dT} = \frac{\Delta H_{Verd}}{T \Delta V_{Verd}}. \tag{56}$$

Dieser Ausdruck ist bei entsprechender Indizierung der Terme ΔH und ΔV auch auf andere Phasenumwandlungen anwendbar.

Bei Temperaturen unter der kritischen Temperatur ist das Molvolumen der Flüssigkeit vernachlässigbar klein gegen das Molvolumen des Dampfes, so daß sich Gl. (56) zu

$$\frac{dp}{dT} = \frac{\Delta H_{Verd}}{T V_g} \tag{57}$$

vereinfacht. Behandelt man außerdem den Dampf wie ein ideales Gas, so gilt für das Dampfvolumen $V_g = RT/p$ und Gl. (57) geht in

$$\frac{dp}{dT} = \frac{\Delta H_{Verd}}{RT^2}\, p \tag{58}$$

bzw.

$$\frac{d\ln p}{d(1/T)} = -\frac{\Delta H_{Verd}}{R} \tag{59}$$

über. Diese Differentialgleichung wird *Clausius-Clapeyronsche Gleichung* genannt. Verhält sich ΔH_{Verd} temperaturunabhängig, was über einen kleinen Temperaturbereich sicher der Fall ist, so folgt daraus durch Integration:

$$\ln p = -\frac{\Delta H_{Verd}}{RT} + const \quad bzw. \quad p = const\, e^{-\frac{\Delta H_{Verd}}{RT}}. \tag{60}$$

Werden die bei verschiedenen Temperaturen gemessenen Dampfdrücke logarithmisch gegen $1/T$ in einem Diagramm aufgetragen, so sollten die Meßpunkte Gl. (60) zufolge auf einer Geraden mit der Steigung $-\Delta H_{Verd}/R$ liegen. Eine solche Auftragung wurde für die in Bild 15.8 gemessenen Dampfdrücke in Bild 15.9 vorgenommen. Wie man sieht, wird die geforderte Linearität im wesentlichen bestätigt; Abweichungen von ihr gehen zu Lasten der bei der Ableitung gemachten Vereinfachungen.

Die *Dampfdruckgleichung* (60) läßt sich auch mit Hilfe gaskinetischer Vorstellungen verstehen, was hier qualitativ skizziert werden soll. Ihrer Ableitung liegt ein *dynamisches*

Gleichgewicht zugrunde, in dem ein ständiger Austausch von Molekülen der flüssigen Phase mit der dampfförmigen erfolgt. Im Zeitmittel treten gleich viele Moleküle in den Dampfraum und umgekehrt über. In den Dampfraum gelangen aber nur die Moleküle, die genug thermische Energie besitzen, um die zwischenmolekulare Anziehung in der Flüssigkeit überwinden zu können. Dieser Bruchteil ist näherungsweise proportional dem Boltzmannschen Ausdruck (Abschnitt 10.6)

$$e^{-\frac{V(r)}{kT}}. \tag{61}$$

$V(r)$ soll hier die Wechselwirkungsenergie eines Moleküls mit all seinen Nachbarn sein. Da der Dampfdruck diesem Bruchteil proportional ist, lautet die Temperaturabhängigkeit des Dampfdruckes:

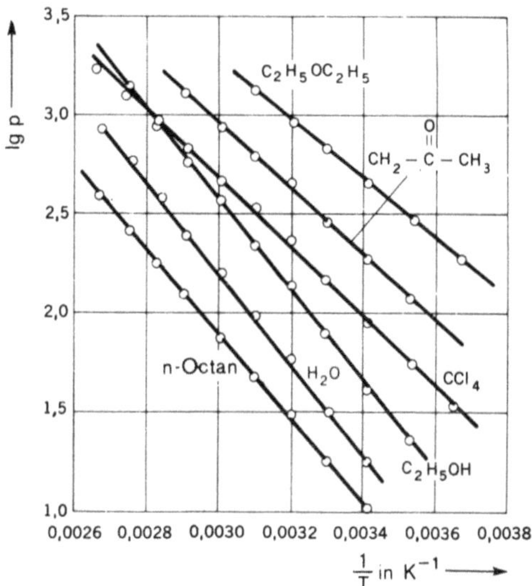

Bild 15.9 Logarithmische Darstellung der Dampfdruckdaten aus Bild 15.8

$$p \sim e^{-\frac{V(r)}{kT}} = \text{const}\, e^{-\frac{\Delta H_{Verd}}{RT}}. \tag{62}$$

Der Hauptteil der Verdampfungsenergie bzw. -enthalpie besteht zwar aus $V(r)$, doch wird zusätzlich etwas Energie zur Ausdehnung in den Gas- bzw. Dampfraum benötigt ($p\Delta V$). Die Verdampfungsenthalpie selbst kann entweder direkt kalorimetrisch oder indirekt durch Auswertung der Dampfdruckkurven bestimmt werden. Tabelle 15.2 gibt einige Beispiele wieder. Man erkennt, daß ΔH_{Verd} von der Temperatur abhängt und bei Annäherung an den kritischen Punkt gegen Null geht. Deshalb, weil im kritischen Punkt

Tabelle 15.2: Verdampfungsenthalpie ΔH_{Verd} einiger Flüssigkeiten bei verschiedenen Temperaturen (*International Critical Tables* 5, McGraw-Hill Book Co., New York, 1926–1930)

Temperatur °C	ΔH_{Verd} in kJ mol⁻¹			
	H_2O	C_2H_5OH	$(C_2H_5)_2O$	CCl_4
0	44,8	42,4	28,8	33,5
25	44,01			
40	43,2	41,5	25,7	
80	41,6	39,2	22,3	29,8
100	40,67			
120	39,7	35,1	18,9	27,2
160	37,4	30,0	13,6	24,6
200	34,8	22,1		21,1
240		7,4		16,5
280				6,7

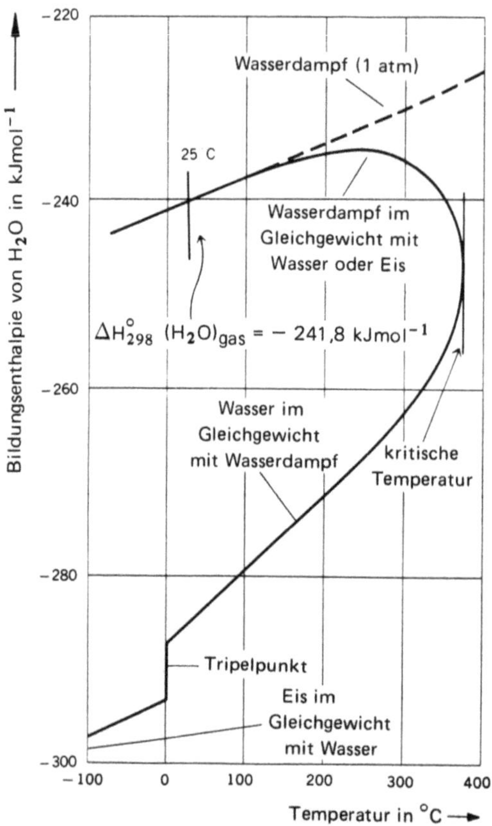

$$\Delta H^{\circ}_{298}\ (H_2O)_{gas} = -241{,}8\ kJmol^{-1}$$

Bild 15.10

Temperaturabhängigkeit der H_2O-Bildungsenthalpie (Differenz der Bildungsenthalpien von Wasserdampf und Wasser = Verdampfungsenthalpie)

Flüssigkeit und Dampf nicht mehr unterschieden werden können (Bild 15.10). Thermodynamisch ist die Temperaturabhängigkeit der Verdampfungsenthalpie wie die Temperaturabhängigkeit einer Reaktionsenthalpie (Abschnitt 19.4) durch

$$(\Delta H_{Verd})_T = (\Delta H_{Verd})_{298} + \int_{298}^{T} \Delta C_p\, dT \tag{63}$$

gegeben. Dabei ist $\Delta H_{Verd} = H_g - H_l$ und $\Delta C_p = C_{p,g} - C_{p,l}$.

15.5 Verdampfungsentropie und Gasmodell

Berechnet man nach Gl. (55) die Verdampfungsentropie für verschiedene Flüssigkeiten, und zwar aus der Verdampfungsenthalpie beim Siedepunkt, so bekommt man Werte, die um den Durchschnittswert $90\ JK^{-1}\ mol^{-1}$ streuen (Tabelle 15.3). Das bedeutet, daß die Verdampfungsentropie im Mittel gleich groß und unspezifisch ist (*Troutonsche Regel*). Diese Regel und davon abweichende Beobachtungen lassen sich molekular interpretieren. Dies ist u. a. der Inhalt dieses Abschnittes.

Tabelle 15.3: Siedepunkt (1 atm), Verdampfungsenthalpie ΔH_{Verd} und Verdampfungsentropie ΔS_{Verd} einiger Flüssigkeiten

Flüssigkeit	Siedepunkt °C	ΔH_{Verd} J mol^{-1}	$\Delta S_{Verd} = \Delta H_{Verd}/T$ JK^{-1} mol^{-1}
CH_3COOH	118,2	24 390	62
HCOOH	100,8	21 100	64
N_2	− 195,5	5 560	72
C_4H_{10} (n-Butan)	− 1,5	22 260	82
$C_{10}H_8$ (Naphtalin)	218	40 460	82
CH_4	− 161,4	9 720	83
$(C_2H_5)_2O$	34,6	25 980	84
C_6H_{12} (Cyclohexan)	80,7	30 080	85
CCl_4	76,7	30 000	86
$SnCl_4$	112	33 050	86
C_6H_6 (Benzol)	80,1	30 760	87
$CHCl_3$	61,5	29 500	88
H_2S	− 59,6	18 800	88
Hg	356,6	59 270	94
NH_3	− 33,4	23 260	97
CH_3OH	64,7	35 270	104
H_2O	100,0	40 670	109
C_2H_5OH	78,5	38 570	110

Alle Verbindungen mit Verdampfungsentropien über 90 JK^{-1} mol^{-1} sind im flüssigen Zustand über Wasserstoffbrücken assoziiert (z. B. H_2O). Da assoziierte Moleküle weniger Bewegungsfreiheit als nicht assoziierte besitzen, hat dies eine kleinere Flüssigkeitsentropie und damit größere Verdampfungsentropie zur Folge. Anders gesehen: Die Flüssigkeitsstruktur ist bei Vorhandensein von Wasserstoffbrücken geordneter. Verbindungen mit Verdampfungsentropien unter 90 JK^{-1} mol^{-1} sind nicht nur in der Flüssigkeit, sondern auch in der Dampfphase assoziiert (z. B. dimere Komplexe von organischen Säuren). Die kleinere Verdampfungsentropie rührt daher, daß zur Berechnung ihrer Werte nach Gl. (55) nicht die Molmasse der Molekülkomplexe, sondern die einfache Molmasse verwendet wurde. Dies bedingt eine um den Faktor 2 zu große Entropie.

Nun aber zum Troutonschen Regelfall mit Verdampfungsentropien um 90 JK^{-1} mol^{-1}, in dem diese vom speziellen Molekülaufbau unabhängig ist. Er kann aus molekularer Sicht an Hand eines einfachen *Gasmodells* der Flüssigkeiten verstanden werden. Das Gasmodell wird durch folgende experimentelle Tatsachen gestützt: Das Schwingungsspektrum von Molekülen in der flüssigen Phase unterscheidet sich kaum von dem in der dampfförmigen. Dasselbe gilt für die Molekülrotationen, z. B. ersichtlich aus den Konturen der Absorptionsbande von DCl in der Dampfphase und in einer Lösung von CCl_4 (Bild 15.11). Das diskrete und wohldefinierte Rotationsspektrum tritt zwar in der flüssigen Phase nicht auf, doch kann man aus den Konturen den Schluß ziehen: Die Moleküle rotieren und schwingen in beiden Phasen auf sehr ähnliche Weise. Wesentliche energetische und entropische Änderungen bei der Verdampfung müssen deshalb die Translation betreffen. Wenn dies aber der Fall ist, muß die Flüssigkeit die Charakteristika

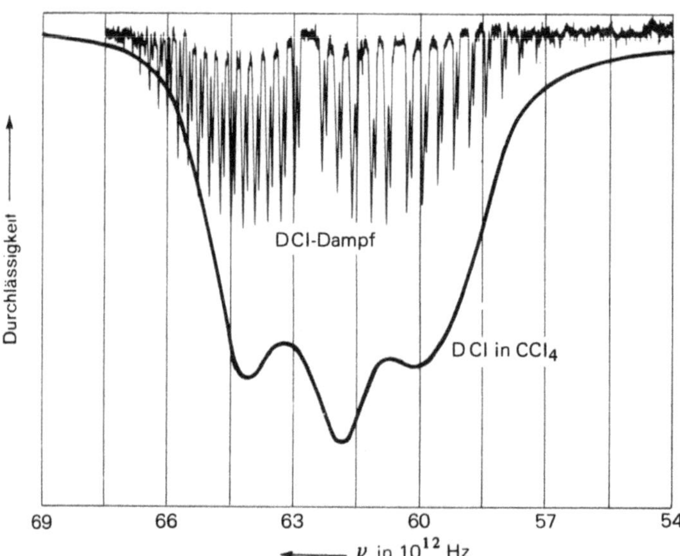

Bild 15.11 Schwingungsspektrum von gasförmigem und von in CCl$_4$ gelöstem DCl

eines komprimierten Gases aufweisen. Bei einem Gasmodell geht es deshalb primär darum zu zeigen, daß den Flüssigkeitsmolekülen ebenfalls ein freier Raum zur Ausführung aller Bewegungen, insbesondere der Translation zur Verfügung steht.

Die Translationsenergie und -entropie von idealen Gasen wurde in Kapitel 10 mit Hilfe des Energieschemas der Translation berechnet. Es zeigte sich, daß die mittlere Energie eines Gases volumenunabhängig ist, obwohl bei einer Volumenänderung der Abstand der Translationseigenwerte variiert. Die Translationsentropie hängt dagegen mit $R \ln V$ direkt vom Volumen ab. Dieses freie Volumen wird natürlich in der flüssigen Phase sehr stark eingeschränkt und am besten mit einem fluktuierenden *Käfig* aus Nachbarmolekülen verglichen. Da die Moleküle diesen Käfig auch verlassen können, ist das Potential bzw. die Energie an seinen Grenzen sicher nicht unendlich hoch, also alles in allem eine sehr komplizierte Funktion des Molekülabstandes. Nichtsdestoweniger soll das Potential dieses Käfigs einmal mehr durch einen unendlich hohen, rechteckigen Potentialtopf approximiert werden. Mit anderen Worten: Wir behandeln die Flüssigkeit wie ein Gas und die Verdampfung wie die Expansion eines Gases. Der den Flüssigkeitsmolekülen zur Verfügung stehende freie Raum, im folgenden *freies Volumen* genannt, ist natürlich sehr viel kleiner als das Volumen gewöhnlicher Gasbehälter. Die Abstände der Translationsniveaus werden deshalb für die Flüssigkeit größer als für den Dampf sein. Bild 15.12 soll schematisch die räumlichen und energetischen Verhältnisse veranschaulichen.

Bezeichnen wir das freie Molvolumen mit V_f und das Molvolumen des Dampfes mit V_g, so beträgt die Verdampfungsentropie

$$\Delta S_{\text{Verd}} = S_g - S_l = R \ln \frac{V_g}{V_f}. \tag{64}$$

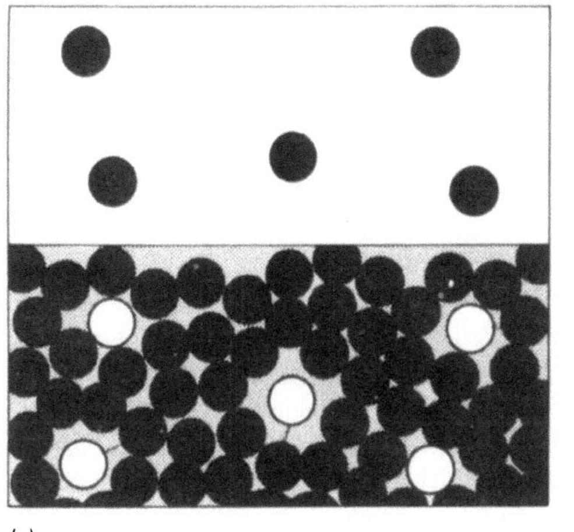
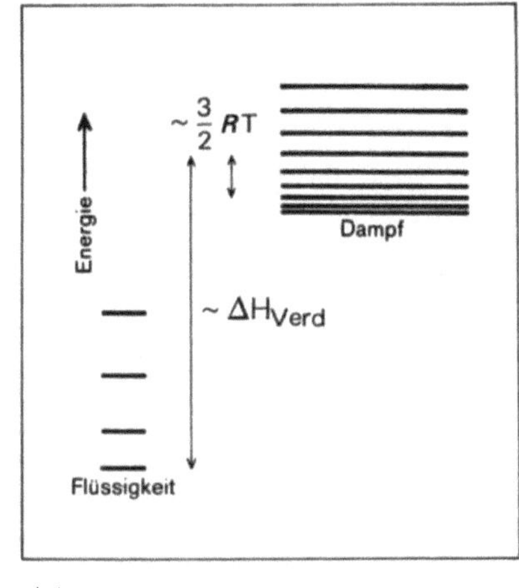

(a)   (b)

Bild 15.12 Zur Veranschaulichung des Gasmodelles einer Flüssigkeit: Käfige mit freiem Volumen zur Molekültranslation (a) und Molekülenergie (b)

Statt nun V_f auf irgendeine Weise abzuschätzen, um damit die Verdampfungsentropie zu berechnen, wollen wir umgekehrt diese mit $90\ JK^{-1}\ mol^{-1}$ vorgeben und das freie Volumen ermitteln:

$$90 = R \ln \frac{V_g}{V_f} \tag{65}$$

bzw.

$$V_f \cong \frac{V_g}{10000}. \tag{66}$$

Setzen wir näherungsweise $V_g = 10000\ cm^3\ mol^{-1}$, so ergibt sich das freie Molvolumen zu $1\ cm^3\ mol^{-1}$. Das ist 1% des Flüssigkeitsvolumens, wenn man dieses zu $100\ cm^3$ annimmt. Wendet man also das Gasmodell auf Flüssigkeiten an, so steht N_A Flüssigkeitsmolekülen für ihre Translation ein Raum von etwa $1\ cm^3$ zur Verfügung. Dieses Resultat wird auch auf andere Weise bestätigt.

15.6 Die Molwärme

In Kapitel 12 wurde festgestellt, daß die innere Energie realer Gase vom Volumen abhängt. Dafür wurden zwischenmolekulare Wechselwirkungen verantwortlich gemacht und diese in Abschnitt 15.3 als Dipol-Dipolwechselwirkungen (einschließlich Wasserstoffbrücken) identifiziert. Da diese mit $1/r^6$ vom Molekülabstand abhängen, ist auch die Volumenabhängigkeit plausibel. Verständlich ist deshalb auch, daß die Molwärme dasselbe Verhalten aufweist. In Kapitel 12 wurde außerdem die Möglichkeit skizziert, die Molwärmedifferenz $C_p - C_V$ mit dem thermischen Ausdehnungskoeffizienten α und der Kompressibilität κ zu verknüpfen:

$$C_p - C_V = \frac{\alpha^2 V^0 T}{\kappa}. \tag{67}$$

Da sich die Flüssigkeiten von den realen Gasen nur im Verhältnis thermischer zu zwischenmolekularer Energie unterscheiden, soll dieser Ausdruck auch für die Flüssigkeiten gelten. Auch aus einem anderen Grund kommt ihm eine gewisse Bedeutung zu: Einerseits kann nur C_p experimentell gemessen und andererseits nur C_V molekular interpretiert werden.

Werte für die in Gl. (67) vorkommenden Größen wurden in der Tabelle 15.4 für einige Flüssigkeiten zusammengestellt. Sie sollen kurz diskutiert werden, und zwar zuerst die Molwärme von flüssigem Quecksilber, die bei 25 °C etwa $3\,R$ beträgt. Würde man sie nach dem Gasmodell aus drei Translationsfreiheitsgraden berechnen, so käme man nur auf $3/2\,R$. Fassen wir dagegen das flüssige Quecksilber als einen einatomigen Festkörper auf, so beträgt die Molwärme im klassischen Fall $3\,R$. Wie man sieht, ist hier ein Festkörpermodell angebrachter als ein Gasmodell. Bei mehratomigen Flüssigkeitsmolekülen kommen außerdem Rotationsfreiheiten hinzu, die bei unbehinderter Rotation einen Molwärmebeitrag von $1/2\,R$ je Freiheitsgrad liefern. Bei behinderter Rotation (schwingungsähnliche Bewegung verursacht durch die Molekülumgebung) kann der Beitrag bis auf R anwachsen. Mit derartigen Überlegungen lassen sich die Molwärmen von Flüssigkeiten abschätzen (Tabelle 15.5).

Tabelle 15.4: Molwärme C_p und C_V, Ausdehnungskoeffizient α, Kompressibilität κ und Molvolumen V^o verschiedener Flüssigkeiten

Flüssigkeit	C_p	$\alpha = \dfrac{1}{V^o}\left(\dfrac{\partial V}{\partial T}\right)_p$	$\kappa = -\dfrac{1}{V^o}\left(\dfrac{\partial V}{\partial p}\right)_T$	V^o	$C_p - C_V$	C_V
	$JK^{-1}\,mol^{-1}$	K^{-1}	$m^2\,N^{-1}$	m^3	$JK^{-1}\,mol^{-1}$	$JK^{-1}\,mol^{-1}$
H_2O	75,5	$2{,}35\cdot10^{-4}$	$46\cdot10^{-11}$	$18\cdot10^{-6}$	0,63	74,9
Hg	27,8	1,81	3,4	14,8	4,25	23,6
CS_2	75,7	12,4	96	60	28,6	47,1
CCl_4	131,7	12,5	107	97	42,2	89,5
C_6H_6	134,3	12,5	97	89	42,7	91,6
$CHCl_3$	116,3	13,3	97	80	43,5	72,8

Tabelle 15.5: Abschätzung der Molwärme C_V in $JK^{-1}\,mol^{-1}$ (25 °C)

	Hg		CS_2		CCl_4	
Translation	$3\,R = 24{,}9$		$3\,R = 24{,}9$		$3\,R = 24{,}9$	
Schwingung	0		10,3		45,1	
	unbehindert	behindert	unbehindert	behindert	unbehindert	behindert
Rotation	0	0	$R = 8{,}3$	$2R = 16{,}6$	$\tfrac{3}{2}R = 12{,}5$	$3R = 24{,}9$
C_V (berechnet)	24,9	24,9	43,5	51,8	82,5	94,9
C_V (gemessen)	23,6		47,1		89,5	

15.7 Computersimulation

Wie bereits in Abschnitt 15.2 angedeutet beschäftigt sich die Computersimulation mit der statistischen Berechnung von thermodynamischen Eigenschaften über die Paarverteilungsfunktion $g(r)$. Zu ihrer Berechnung wird über eine große Anzahl von repräsentativen Molekülkonfigurationen gemittelt. Das Computermodell einer Flüssigkeit besteht aus einem hypothetischen Behälter, in dem sich einige hundert Moleküle befinden; diesen wird eine plausible Wechselwirkungsenergie $V(r)$ zugeordnet. Um Oberflächeneffekte durch die Behälterwände zu vermeiden, führt man periodische Behälterrandbedingungen ein, und zwar in der Weise, daß ein Molekül, das den Behälter auf einer Seite verläßt, durch die gegenüber liegende Behälterwand wieder eintritt. Die Beschränkung auf einige hundert Moleküle hat ihren Grund in der Rechenzeit, die nicht beliebig lange ausdehnbar ist. In einem Computerexperiment werden die Moleküle aus einer willkürlichen Startposition „aufeinander losgelassen" und ihre Positionen bzw. Energien nach der Einstellung eines stationären Zustandes (thermisches Gleichgewicht) untersucht. Aus den zugehörigen fluktuierenden Molekülkonfigurationen wird dann $g(r)$ ermittelt. Die bedeutendsten Computersimulationen gründen sich auf *moleküldynamische Verfahren* und *Monte Carloverfahren*; diese simulieren entweder eine MB-sche teilchenbezogene oder Gibbssche systembezogene Verteilung der Konfigurationsenergie ΣV_{ij}.

Bei moleküldynamischen Verfahren werden die klassischen Bewegungsgleichungen für die einzelnen Moleküle numerisch gelöst. Wird die gesamte potentielle Energie von N Flüssigkeitsmolekülen durch die Summe über alle Paarenergien

$$V(\mathbf{r}_1 \dots \mathbf{r}_N) = \sum_{\text{Paare}}{}' V(r_{ij}) \tag{68}$$

dargestellt, dann beträgt die Kraft, die auf ein einzelnes Molekül wirkt:

$$\mathbf{F}_i = -\sum_{i \neq j}^{N}{}' \nabla V(r_{ij}). \tag{69}$$

Die $\mathbf{r}_i$ sind die Positionskoordinaten der Moleküle und die r_{ij} ihre Abstände voneinander. Die Bewegungsgleichung des i-ten Moleküls mit der Masse m lautet dann:

$$\frac{d^2 \mathbf{r}_i}{dt^2} = \frac{\mathbf{F}_i}{m}; \tag{70}$$

sie ist wegen Gl. (69) über $\mathbf{F}_i$ an die Positionen der anderen Moleküle bzw. an deren Bewegungsgleichungen gekoppelt. Die Lösung dieses mathematischen Problems wird dem Computer überlassen. Wird zur Lösung z.B. der *Verletsche Algorithmus* verwendet, dann wird auf folgende Weise vorgegangen: Der Positionsvektor $\mathbf{r}_i$ wird in eine Taylorreihe entwickelt (Anhang VIII) und diese nach dem quadratischen Term abgebrochen:

$$\mathbf{r}_i(t + \Delta t) = \mathbf{r}_i(t) + \mathbf{v}_i(t)\,\Delta t + \frac{1}{2}\,\mathbf{a}_i(t)\,\Delta t^2 + \dots \tag{71}$$

Approximiert man weiterhin die Molekülgeschwindigkeit $\mathbf{v}_i$ durch

$$\mathbf{v}_i(t) = \frac{\mathbf{r}_i(t + \dot{\Delta} t) - \mathbf{r}_i(t - \Delta t)}{2\Delta t} \tag{72}$$

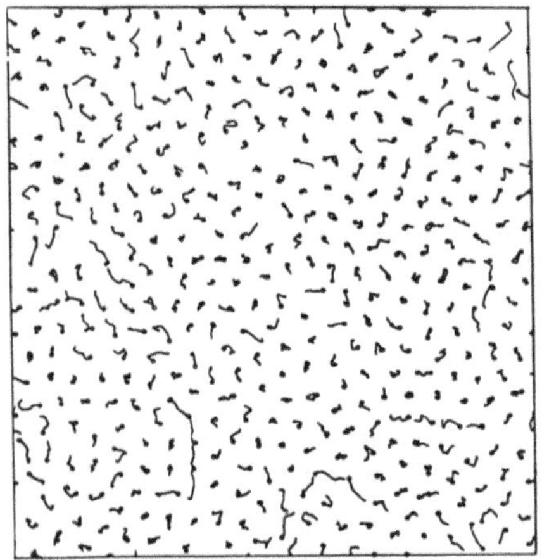

Bild 15.13 Trajektorien einer zweidimensionalen Modellflüssigkeit

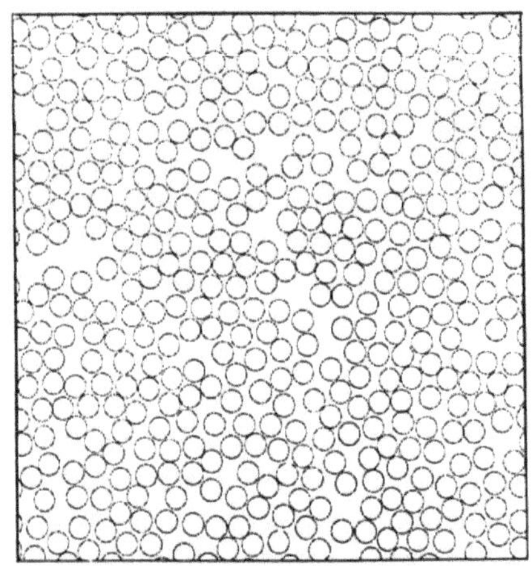

Bild 15.14 Momentanstruktur (Konfiguration)
einer zweidimensionalen Modellflüssigkeit aus
einatomigen Molekülen (nach *C. A. Emeis,
P. L. Fehder:* J. Am. Soc. 92 (1970) 2246 in
A. F. Barton: The dynamic liquid state,
Longman Inc., New York, 1974)

und setzt in Gl. (71) ein, so erhält man die Verletschen Grundgleichungen, in denen v_i nicht mehr explizit vorkommt:

$$r_i(t + \Delta t) = 2r_i(t) - r_i(t - \Delta t) + a_i(t)\, \Delta t^2 . \tag{73}$$

Die Lösungen der Bewegungsgleichungen erscheinen in der Form (73) und können in Zeitabständen von Δt notiert bzw. gezeichnet werden. Trajektorien der Molekülpositionen in einer zweidimensionalen Lennard-Jonesflüssigkeit sind z. B. in Bild 15.13 zu sehen. Die kleinen Kreise markieren die Anfangspositionen, die unregelmäßigen, stochastischen Spuren sind die zurückgelegten Molekülwege nach $2 \cdot 10^{-12}$ s. Die jeweiligen momentanen Flüssigkeitsstrukturen (Molekülkonfigurationen) dieser zweidimensionalen Modellflüssigkeit sehen wie die „Momentaufnahme" in Bild 15.14 aus; sie besitzen auch relativ große Leerstellen (vgl. Käfig beim Gasmodell in Abschnitt 15.5) mit einer langen Lebensdauer.

Die Ermittlung von $g(r)$ und damit von thermodynamischen Daten erfolgt durch eine zeitliche Mittelwertbildung über die verschiedenen Molekülkonfigurationen. Je nach vorgegebener kinetischer Energie sprich Temperatur schwanken diese wie in einer wirklichen Flüssigkeit (vgl. Brownsche Molekularbewegung). Denn im Zeitmittel besitzt ja jedes Molekül nach dem Gleichverteilungssatz dieselbe mittlere kinetische Energie $3mv^2/2 = 3kT/2$. Während das moleküldynamische Verfahren im großen und ganzen bewegte Einzelmoleküle betrachtet und Zeitmittelwerte berechnet, wird beim zweiten aktuellen Verfahren, der Monte Carlomethode ein Scharmittel aus statischen Molekülkonfigurationen gebildet.

Das Monte Carloverfahren beruht auf der Mittelwertbildung mit Hilfe einer Gibbs-schen Verteilung der potentiellen Energie V einer N-Teilchen-Flüssigkeit (Abschnitt 10.4):

$$f = \frac{e^{-\dfrac{V(r_1\dots r_N)}{kT}}}{\displaystyle\int_{r_1}\dots\int_{r_N} e^{-\dfrac{V(r_1\dots r_N)}{kT}}\,dr_1\dots dr_N}\,. \tag{74}$$

Im einfachsten Fall müßten dazu für sehr viele Konfigurationen N Zufallsvektoren bzw. -positionen genommen, $e^{-V/kT}$ berechnet und nach Gl. (74) die am häufigsten auftreten-de Konfiguration zur Ermittlung von f oder von g(r) berechnet werden. Das Verwenden von reinen Zufallspositionen wäre aber wegen des Auftretens von vielen Hochenergie-konfigurationen sehr unökonomisch. Deshalb führten *Metropolis et al.* 1953 eine Ver-besserung durch, die diese Konfigurationen vermeidet, ohne daß die simulierte Flüssigkeit ihre kanonische Eigenart verliert. Die Verbesserung basiert auf einem Algorithmus, der garantiert, daß die Wahrscheinlichkeit eines Überganges zwischen zwei Konfigurationen

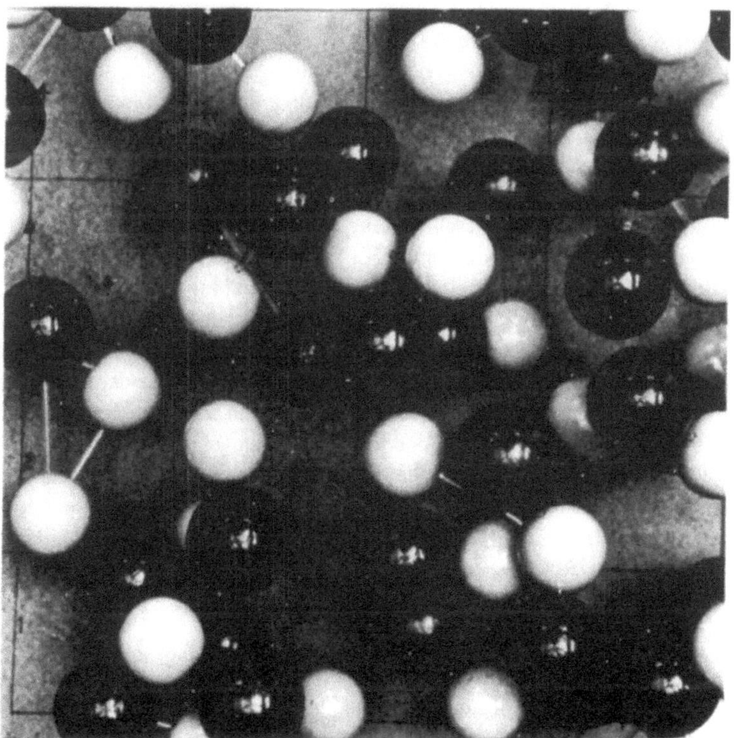

Bild 15.15 Modell von geschmolzenem KCl nach molekulardynamischen Berechnungen (*L. V Wood-cock:* Nature Phys. 232 (1971) 63 in *A. F. Barton:* The dynamic liquid state, Longman Inc., New York, 1974)

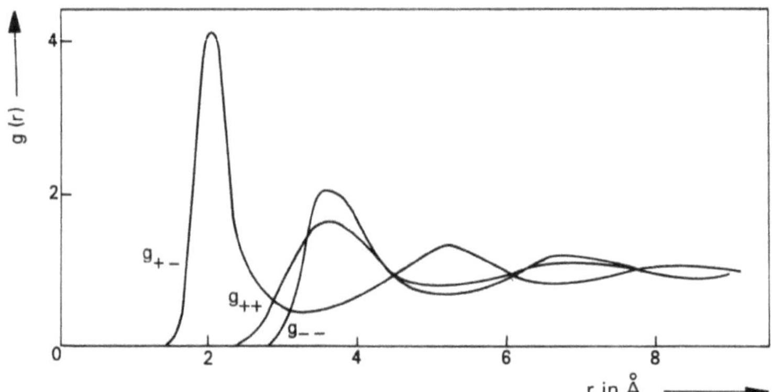

Bild 15.16 Paarverteilungsfunktionen von geschmolzenem LiCl aus molekulardynamischen Berechnungen (*L. V. Woodcock:* Chem. Phys. Letters 10 (1971) 257 in *A. F. Barton:* The dynamic liquid state, Longman Inc., New York, 1974)

proportional $e^{-\Delta V/kT}$ ist. Im einzelnen: Erster Schritt ist die Auswahl eines Moleküls i des Ensembles und seine Verrückung um einen zufälligen Betrag in einer zufälligen Richtung. Dann wird die Energiedifferenz ΔV und $e^{-\Delta V/kT}$ berechnet. Wenn $e^{-\Delta V/kT}$ kleiner als eine zwischen 0 und 1 liegende, rechteckverteilte Zufallszahl ist, so wird das herausgegriffene Molekül auf seine ursprüngliche Position zurückgesetzt und die neue Konfiguration nicht berücksichtigt. Die einzelnen Schritte werden so lange wiederholt, bis das Scharmittel, abgesehen von statistischen Fluktuationen, konvergiert.

Computersimulationen wurden nicht nur für einfache einatomige Flüssigkeiten wie flüssiges Argon, sondern auch schon für geschmolzene Salze mit sehr starken weitreichenden Wechselwirkungen durchgeführt. Dazu einige Ergebnisse in den Bildern 15.15 und 15.16. Im ersten Bild ist die Photographie eines makroskopischen Modelles von geschmolzenem KCl zu sehen, das nach moleküldynamischen Berechnungen gebaut wurde. Das zweite Bild zeigt die berechneten Paarverteilungsfunktionen ($g_{+−}$, g_{++} und $g_{−−}$) von flüssigem LiCl. Die Funktionen g_{++} und $g_{−−}$ unterscheiden sich sehr von der Funktion $g_{+−}$ (bzw. $g_{−+}$): Im ersten Fall sind die nächsten Nachbarionen sehr viel weiter als im zweiten Fall entfernt − plausibel, wie wir von den Ionenkristallen wissen. Als Paarwechselwirkungsenergie $V(r)$ wurden in diesen Beispielen die Coulombenergie, eine exponentielle Abstoßungsenergie, Dipol-Dipol- und Dipol Quadrupolenergien verwendet, alles Energien, die man auch zu einer verfeinerten Gitterenergieberechnung von Kristallen heranziehen muß.

15.8 Die Viskosität und das Hagen-Poiseuillesche Gesetz

Eine Flüssigkeitseigenschaft, die eine direkte Konsequenz der inneren Molekülanziehung ist, ist die Viskosität, denn jene muß beim Strömen einer Flüssigkeit überwunden werden. Wenn eine Flüssigkeit strömen soll, dann muß eine treibende Kraft vorhanden sein, die der durch die Molekülanziehung verursachten Reibungskraft entgegengerichtet ist und sie übertrifft. Ähnlich wie bei der Diffusion in Ionenkristallen hat man sich vorzustellen, daß an einander vorbeigleitende Moleküle eine Energieschwelle

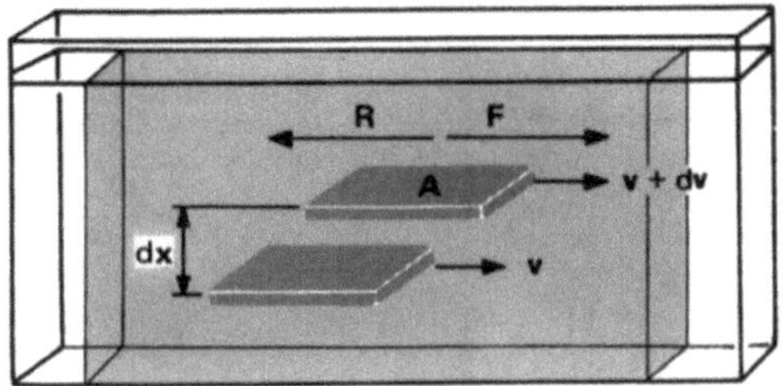

Bild 15.17

Schematische Darstellung der Strömungsverhältnisse zweier Flüssigkeitsschichten

zu überwinden haben. Da nur ein Bruchteil der Moleküle diese oder eine höhere Energie
besitzt, kann insgesamt von der Flüssigkeit pro Zeiteinheit nur eine bestimmte Entfernung zurückgelegt werden. Die Strömungsgeschwindigkeit einer Flüssigkeit ist daher
direkt proportional dem Boltzmannschen e-Satz. Empirisch wird festgestellt, daß die
Schwellenenergie etwa ein Drittel der Verdampfungsenthalpie ausmacht. Das ist ein
Drittel der Energie, die man benötigt, um ein Molekül ganz aus seiner Umgebung zu
entfernen.

Eine quantitative Definition des Begriffes *Viskosität* liefert Bild 15.17, das die
Strömungsverhältnisse einer Flüssigkeit makroskopisch beschreibt: Zwei Flüssigkeitsschichten im Abstand ds voneinander sollen sich mit den Geschwindigkeiten v und
v + dv in der angegebenen Richtung bewegen. Der Geschwindigkeitsgradient senkrecht
zur Strömungsrichtung betrage dv/dx. Die treibende Kraft F muß ebenso groß wie die
Reibungskraft R sein, die durch die Molekülanziehung verursacht wird. Diese ist um so
größer, je größer die Schicht A und der (negative) Gradient dv/dx sind, so daß (Abschnitt 25.4)

$$R = \eta A \frac{dv}{dx} \frac{v}{v} \, . \tag{75}$$

Durch die Proportionalitätskonstante η ist dann der *Viskositätskoeffizient* oder einfach
die Viskosität festgelegt (*Newtonsches Reibungsgesetz* für v = v(x)). Dickflüssige Stoffe
haben hohe Viskositäten, dünnflüssige niedere.

Vielen verschiedenen Bestimmungsmethoden der Viskosität liegt das *Hagen-Poiseuillesche Gesetz* zugrunde. Es stellt eine Beziehung zwischen der Durchflußgeschwindigkeit
und der Viskosität bei vorgegebenem Rohrdurchmesser und Druckdifferenz dar, wenn
eine Flüssigkeit durch ein Rohr strömt. Zu seiner Herleitung betrachten wir ein Rohr
mit der Länge *l* und mit dem Durchmesser 2R. Das Druckgefälle längs des Rohres betrage
$p_2 - p_1$ (Bild 15.18a). Greifen wir eine zylindrische Flüssigkeitsschicht mit dem Radius r
heraus, so wirkt auf sie die Reibungskraft

$$R = \eta \, (2\pi r l) \frac{dv}{dr} \frac{v}{v} \tag{76}$$

Sie ist der durch das Druckgefälle verursachten treibenden Kraft

$$F = (p_2 - p_1) \, \pi r^2 \frac{v}{v} \qquad (|v| = v) \tag{77}$$

entgegengerichtet und gleich groß:

$$- \eta \, (2\pi r l) \frac{dv}{dr} = (p_2 - p_1) \, \pi r^2 \, . \tag{78}$$

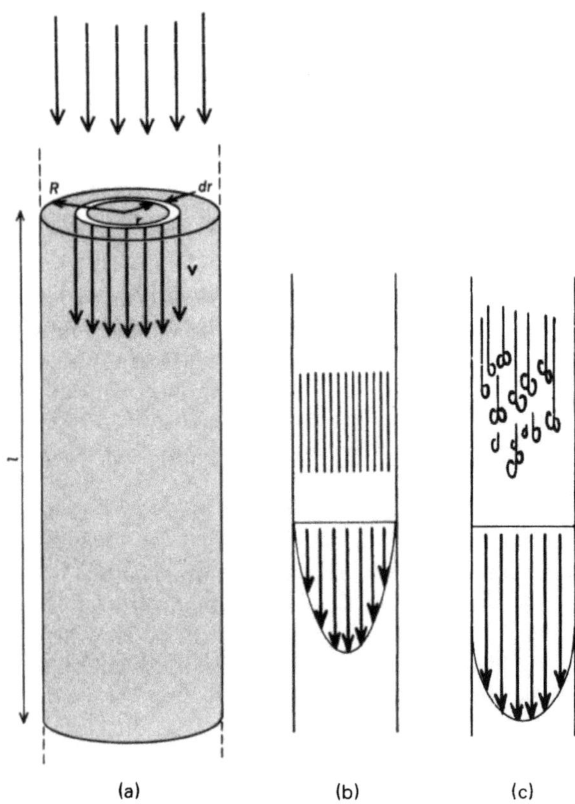

Bild 15.18
Skizze zur Herleitung des
Hagen-Poiseuilleschen Gesetzes
(a) sowie Geschwindigkeitsprofil und Stromlinien bei
laminarer (b) und turbulenter
Strömung (c)

(a)   (b)   (c)

Daraus folgt:

$$dv = - \frac{(p_2 - p_1)}{2\eta l} \, r \, dr. \tag{79}$$

Die Lösung dieser Differentialgleichung mit den Randbedingungen $v = 0$ bei $r = R$ (Rohrwand) und v bei r ergibt die Strömungsgeschwindigkeit v als Funktion von r:

$$v = - \frac{(p_2 - p_1)}{2\eta l} \int\limits_{r = R}^{r} r \, dr = \frac{(p_2 - p_1)}{4\eta l} (R^2 - r^2). \tag{80}$$

Sie ist dem Quadrat des Durchmessers der Flüssigkeitsschicht direkt proportional. In Bild 15.18b ist diese Abhängigkeit durch ein Profildiagramm anschaulich dargestellt. Die Spitzen der Geschwindigkeitsvektoren liegen auf einem Paraboloid. Strömungen mit einem parabolischen Geschwindigkeitsprofil bezeichnet man allgemein als *laminare* Strömungen. Sie treten bei relativ kleinem Rohrdurchmesser und kleiner Durchflußgeschwindigkeit auf. Sind diese beiden Parameter hingegen wesentlich größer, so ist das Geschwindigkeitsprofil nicht mehr parabolisch (Bild 15.18c); die Strömungen sind dann *turbulent.* Unter welchen Bedingungen laminare oder turbulente Strömung auftritt, ist nur empirisch, und zwar mit Hilfe der dimensionslosen *Reynoldszahl,* feststellbar:

$$\text{Reynoldszahl} = \frac{2\,R\,\bar{v}\,d}{\eta}. \tag{81}$$

$2\,R$ ist der Rohrdurchmesser, $\bar{v}$ die mittlere Strömungsgeschwindigkeit, d die Dichte und η die Viskosität der Flüssigkeit. Strömungen mit Reynoldsschen Zahlen unter 2000 sind immer laminar, über 4000 immer turbulent. Viskositätsmessungen müssen immer mit laminaren Strömungen durchgeführt werden, weil sonst das Hagen-Poiseuillesche Gesetz nicht mehr gilt.

Man bekommt dieses Gesetz, wenn man mit Hilfe von Gl. (80) die *Durchfluß-geschwindigkeit,* also das pro Zeiteinheit durch den Rohrquerschnitt πR^2 strömende Flüssigkeitsvolumen berechnet:

$$\frac{V}{t} = \int\limits_{r=0}^{R} (2\pi r)\,v\,dr = \int\limits_{r=0}^{R} (2\pi r)\,\frac{(p_2 - p_1)}{4\eta l}(R^2 - r^2)\,dr = \frac{\pi(p_2 - p_1)R^4}{8\eta l}. \tag{82}$$

Setzt man die gemessene Durchflußgeschwindigkeit V/t in das Hagen-Poiseuillesche Gesetz (82) ein, so kann bei bekanntem Rohrdurchmesser R, bekannter Rohrlänge l, sowie bekanntem Druckgefälle $(p_2 - p_1)$ die Viskosität η ausgerechnet werden. Einige Meßdaten sind in Bild 15.19a graphisch dargestellt: mit zunehmender Temperatur werden die Flüssigkeiten dünnflüssiger, d. h. die Viskosität nimmt exponentiell mit der Temperatur ab. Trägt man die Viskositätsdaten logarithmisch gegen 1/T auf (Bild 15.19b), so erhärtet sich die eingangs vermutete Vorstellung, daß der Boltzmannsche e-Satz für die Temperaturabhängigkeit verantwortlich ist. Wenn nämlich die Strömungsgeschwindigkeit dem Boltzmannbruchteil $e^{-E_a/kT}$ proportional ist, dann muß die Viskosität diesem indirekt proportional sein:

$$\eta \sim e^{\frac{E_a}{kT}}. \tag{83}$$

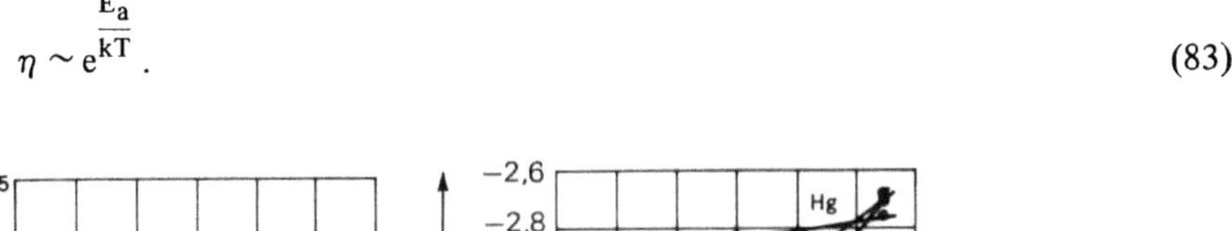

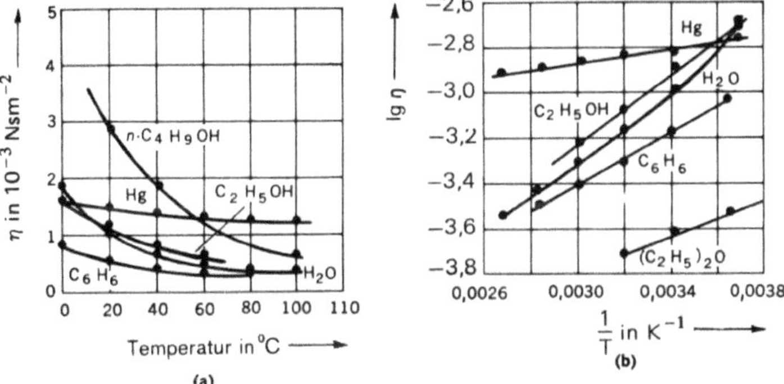

Bild 15.19 Temperaturabhängigkeit der Viskosität einiger Flüssigkeiten (a) und ihre logarithmische Darstellung in einem lgη, 1/T-Diagramm (b)

Tabelle 15.6: Aktivierungsenergie E_a für laminare Strömung (Viskosität) und Verdampfungsenthalpie ΔH_{Verd} einiger Flüssigkeiten (*R. H. Ewell, H. Eyring:* J. Chem. Phys. 5 (1937) 726

Flüssigkeit	E_a $kJ\,mol^{-1}$	ΔH_{Verd} $kJ\,mol^{-1}$
CCl_4	10,5	27,6
C_6H_6	10,6	27,9
CH_4	3,0	7,6
N_2	1,9	5,1
O_2	1,7	6,1
$CHCl_3$	7,4	27,8
$(C_2H_5)_2O$	6,7	23,8
Aceton	6,9	26,8
Hg	2,5	54
Na (bei 500 °C)	6,1	98
Pb (bei 700 °C)	11,7	178

In Tabelle 15.6 sind so ermittelte Aktivierungsenergien den Verdampfungsenthalpien einiger Flüssigkeiten gegenübergestellt.

15.9 Die Oberflächenspannung

Eine Flüssigkeitseigenschaft, die in den Gaseigenschaften kein Gegenstück besitzt, ist die *Oberflächenspannung*. Sie ist die Kraft, die der Vergrößerung einer Flüssigkeitsoberfläche entgegenwirkt, weil die Moleküle in ihr nun eine einseitige, nach dem Inneren gerichtete Anziehung durch die anderen erfahren. Diese Kräfteverhältnisse an der Oberfläche und im Inneren sind in Bild 15.20a anschaulich dargestellt. Daraus folgt auch, daß die Molekülenergie an der Oberfläche und im Inneren unterschiedlich groß ist. Die Oberflächenspannung wird an Hand von Bild 15.20b definiert. Zwischen dem Bügel und dem Rahmen aus Draht, vergleichbar mit einem zweidimensionalen Kolben und einem Zylinder, befindet sich eine Flüssigkeitslamelle. Die zur Dehnung der Lamelle notwendige Kraft ist proportional der doppelten Drahtbügellänge, weil die Lamelle zwei Oberflächen besitzt:

$$F = \sigma\, 2l. \tag{84}$$

Die Proportionalitätskonstante σ wird als Oberflächenspannung bezeichnet. Sie entspricht der Kraft, die dem expandierenden Bügel entgegenwirkt, wenn die Länge des Bügels $\frac{1}{2}$ m beträgt.

Bild 15.20 Anschauliche Darstellung der Molekülanziehung an der Flüssigkeitsoberfläche und im Flüssigkeitsinneren (a) und Skizze zur Definition der Oberflächenspannung (b)

Um den Bügel um die Strecke dx zu verschieben, braucht man die Energie

$$F\,dx = \sigma\,2l\,dx. \tag{85}$$

Da $2l\,dx$ identisch mit der Größe der neugeschaffenen Oberfläche ist, ist σ auch identisch mit der pro Oberflächeneinheit aufzuwendenden Energie:

$$\sigma = \frac{F\,dx}{2l\,dx}. \tag{86}$$

Um diesen Energiebetrag besitzen die Moleküle in 1 m^2 Oberfläche mehr Energie als eine vergleichbare Anzahl von Molekülen im Flüssigkeitsinneren. Da jedes System in den Zustand minimaler Energie überzugehen trachtet, und Kugeln von allen geometrischen Körpern die kleinste Oberfläche haben, sind Flüssigkeitstropfen immer kugelförmig.

Von den zahlreichen Methoden zur Bestimmung von Oberflächenspannungen sei hier die *Kapillarmethode* genannt. Taucht man eine Glaskapillare in einen Behälter mit glasbenetzender Flüssigkeit, von der die Oberflächenspannung bestimmt werden soll, so steigt diese in der Kapillare in einer dünnen Schicht an der Wand empor: Die Wand wird benetzt, wodurch eine Oberflächenvergrößerung erfolgt. Die Flüssigkeit wirkt dem entgegen, indem sie gegen die Schwerkraft in der Kapillare nach oben steigt. Dort bildet sie eine konkave, fast halbkugelförmige Oberfläche aus, da dies die kleinste erreichbare Oberfläche für die Flüssigkeit ist. Die gesamte Oberfläche besteht jetzt aus der sichtbaren konkaven Meniskusoberfläche und der dünnen Wandschicht oberhalb des Meniskus (Bild 15.20). Gegen die zum Krümmungsmittelpunkt gerichtete Oberflächenspannung wirkt die Gravitationskraft, also das Gewicht der hochgestiegenen Flüssigkeit. Energieminimum ist dann gegeben, wenn Kräftegleichgewicht zwischen der Oberflächenspannung und dem Gewicht herrscht. Da die Oberflächenspannung zum Krümmungsmittelpunkt hin gerichtet ist, muß eigentlich ihre Komponente in senkrechter Richtung der Gravitationskraft gleichgesetzt werden. Sie beträgt

$$2\pi r\sigma\cos\vartheta. \tag{87}$$

ϑ ist der Winkel zwischen der Flüssigkeitsoberfläche und der Rohrwand. Da ϑ für sehr viele Flüssigkeiten nur sehr kleine Werte besitzt, kann man in erster Näherung $\cos\vartheta = 1$ setzen. Das Gewicht der Flüssigkeitssäule bis zur Höhe h beträgt:

$$d\,g\,\pi r^2 h. \tag{88}$$

d ist die Dichte der Flüssigkeit und g die Erdbeschleunigung. Im Energieminimum bzw. Kräftegleichgewicht sind beide Kräfte gleich groß,

$$2\pi r\sigma = \pi r^2 h\,d\,g, \tag{89}$$

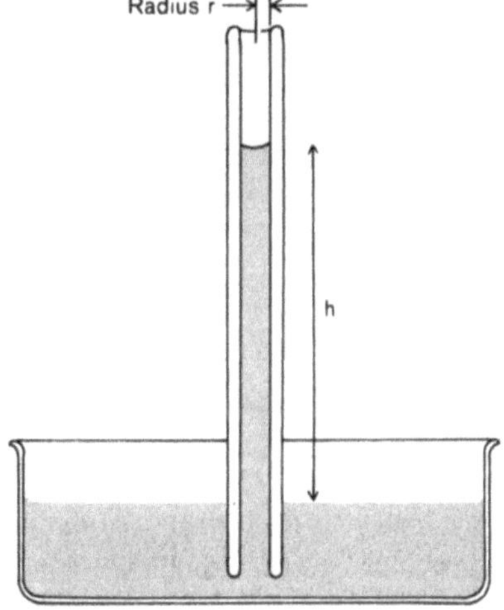

Bild 15.21 Skizze zur Ableitung des Kapillaranstieges

Tabelle 15.7: Oberflächenspannung σ einiger Flüssigkeiten bei
verschiedenen Temperaturen in Nm^{-1}

Flüssigkeit	20 °C	60 °C	100 °C
H_2O	0,07275	0,06618	0,05885
C_2H_5OH	0,0223	0,0223	0,0190
C_6H_6	0,0289	0,0237	
$(C_2H_5)_2O$	0,0170		0,0800
Hg	0,480 bei 0 °C		
Ag	0,800 bei 970 °C		
NaCl	0,094 bei 1080 °C		
AgCl	0,125 bei 452 °C		

so daß sich für die Oberflächenspannung der betreffenden Flüssigkeit

$$\sigma = \frac{rdgh}{2} \tag{90}$$

ergibt. Benetzt die Flüssigkeit Glas nicht, so tritt der gegenteilige Effekt ein, eine *Niveau-depression*. Bei nichtbenetzenden Flüssigkeiten ist die Anziehung zwischen den Molekülen in der Flüssigkeit größer als zwischen den Molekülen der Flüssigkeit und dem Glas, so daß das System eine möglichst geringe Glasberührung anstrebt. Die Flüssigkeit zieht sich noch weiter zusammen und senkt das Niveau in der Kapillare. Eine Depression zeigen Flüssigkeiten mit sehr großen Oberflächenspannungen, wie z. B. Quecksilber oder geschmolzene Metalle (Tabelle 15.7).

Die Oberflächenspannung nimmt zwar mit steigender Temperatur ab, doch ist die Abnahme nicht so stark wie bei der Viskosität. Um sie gesetzmäßig zu erfassen, wurden empirische Beziehungen aufgestellt. Eine solche von *McLeod* verknüpft z. B. die Oberflächenspannung mit der Dichte der Flüssigkeit (d_l) und der Dichte des Dampfes (d_g)

$$\sigma = c\,(d_l - d_g)^4. \tag{91}$$

Die Konstante c ist für Flüssigkeiten spezifisch. Die 4. Potenz der Dichte liefert hierin eine passende Annäherung an die wirkliche Temperaturabhängigkeit der Oberflächenspannung. Durch Multiplikation von Gl. (91) mit der Molmasse (M^4) gelangt man zur Definition einer ähnlichen Größe, dem *Parachor*,

$$M\,c^{\frac{1}{4}} = \frac{M\sigma^{\frac{1}{4}}}{(d_l - d_g)}, \tag{92}$$

der ein Maß für das Molekülvolumen darstellt. Er kann zwar mit der Molekülstruktur in Zusammenhang gebracht werden, spielt aber für Strukturbestimmungen heute keine Rolle mehr.

Obwohl nach diesen Ausführungen die Oberflächenmoleküle eine größere Energie und damit andere Eigenschaften als die Moleküle im Flüssigkeitsinneren besitzen, wirkt sich das normalerweise auf die Flüssigkeitseigenschaften nicht aus. Die Zahl der Oberflächenmoleküle, bezogen auf die Gesamtmolekülzahl, ist unter gewöhnlichen Umständen viel zu klein. Nur bei sehr fein verteilten Flüssigkeiten, also Tröpfchen, mit insgesamt großer Oberfläche ist dieses Verhältnis bemerkenswert. Es wirkt sich dann z. B. auf den Dampfdruck aus. Da die freie Enthalpie von „ebener" und „tröpfchenförmiger" Flüssigkeit verschieden ist, bedingt dies einen unterschiedlichen Dampfdruck. Wird mit p_0 der Dampfdruck der ebenen und mit p der Dampfdruck der tröpfchenförmigen Flüssigkeit bezeichnet, so beträgt der freie Enthalpieunterschied

$$\Delta G = \Delta n\, RT \ln \frac{p}{p_0}\,. \tag{93}$$

Für eine differentielle Änderung der freien Enthalpie beim Übergang von dn mol Substanz von der Flüssigkeit auf die Tröpfchen gilt daher:

$$dG = dn\, RT \ln \frac{p}{p_0}\,. \tag{94}$$

Jede Vergrößerung der Oberfläche eines kugelförmigen Tröpfchens ist andererseits mit dem Anbau einer Kugelschale vom Volumenelement $4\pi r^2\, dr$ verbunden. Sollen in dieser Kugelschale dn mol Substanz Platz finden, so wird dafür ein Volumen von $(M/d)\,dn$ benötigt. Durch das Hinzufügen von dn mol resultiert aber eine Vergrößerung des Radius um dr, die sich aus

$$\frac{M}{d}\, dn = 4\pi r^2\, dr \tag{95}$$

zu

$$dr = \frac{M}{4\pi r^2\, d}\, dn \tag{96}$$

ergibt. Bei einer Radiusvergrößerung um dr ändert sich aber auch die Oberfläche und damit die Oberflächenenergie, die

$$dG = \sigma 4\pi\,(r + dr)^2 - \sigma 4\pi r^2 \simeq 8\pi\sigma r\, dr \tag{97}$$

beträgt. Setzt man hierin den Ausdruck für dr ein, so folgt:

$$dG = 8\pi\sigma r\, \frac{M}{4\pi r^2\, d}\, dn = \frac{2\sigma M}{rd}\, dn\,. \tag{98}$$

Gleichsetzen von Gl. (94) und Gl. (98) liefert schließlich

$$dn\, RT \ln \frac{p}{p_0} = \frac{2\sigma M}{rd}\, dn \tag{99}$$

und

$$\ln \frac{p}{p_0} = \frac{2\sigma M}{rd\, RT}\,. \tag{100}$$

Diese Beziehung verknüpft den Dampfdruck von Flüssigkeitströpfchen mit ihrem Radius. In welchem Ausmaß der Dampfdruck vom Radius abhängt, zeigt Tabelle 15.8. Die Abhängigkeit des Dampfdruckes vom Radius bringt es mit sich, daß der Vorgang der Kondensation von Dampf beim Gleichgewichtsdruck speziell erklärt werden muß. Die Kondensation kann nämlich nicht mit der Ausbildung kleinster Tröpfchen beginnen; diese würden ja auf Grund ihres höheren Dampfdruckes sofort wieder verdampfen. Man muß sich des-

Tabelle 15.8: Der Dampfdruck von Wassertröpfchen mit verschiedenen Radien bei 25 °C (p_0 = 23,76 Torr)

r in cm	p/p_0
10^{-4}	1,001
10^{-5}	1,011
10^{-6}	1,111

halb vorstellen, daß die erste Kondensation immer an kleinen Staubkörnchen oder ähnlichen Stellen (*Keimen*) einsetzt, wo der größere Dampfdruck nicht zustande kommt. Sind überhaupt keine Keime vorhanden, kondensiert der Dampf nicht; er ist *übersättigt*. Ähnliche Überlegungen hat man auch bei der Umkehrung der Kondensation, der Verdampfung, anzustellen, die mit der Ausbildung kleinster Dampfblasen beginnen sollte.

Rechenbeispiele

1. Der Dampfdruck von Wasser bei 25 °C beträgt 23,76 Torr. Berechnen Sie mit Hilfe der Clausius-Clapeyronschen Gleichung die Verdampfungswärme und die Verdampfungsentropie.

2. n-Hexan siedet bei 69 °C. Setzen Sie voraus, daß die Troutonsche Regel gilt, und berechnen Sie den Dampfdruck bei 25 °C.

3. Wie verhält sich die Volumenarbeit bei der Verdampfung von Wasser zur gesamten Verdampfungswärme (100 °C und 1 atm)?

4. . Folgende Dampfdruckdaten von Neon sind gegeben:

T (°C)	−228,7	−233,6	−240,2	−243,7	−245,7	−247,3	−248,5
p (Torr)	19800	10040	3170	1435	816	486	325

Bestimmen Sie die Verdampfungswärme und -entropie.

5. Wo liegt der Siedepunkt von Wasser bei 500 Torr?

6. Dipole aus je zwei Einheitsladungen im Abstand 1 und 5 Å sind parallel und antiparallel zueinander orientiert.

   a) Berechnen Sie ihre Energie, wenn Sie voneinander den Abstand 5 bzw. 10 Å haben.

   b) Berechnen Sie mit Hilfe der MB-Verteilung den Bruchteil der Dipole, der die höherenergetische Lage einnimt.

   c) Berechnen Sie die mittlere Energie von N_A Dipolen (1 bzw. 5 Å Ladungsabstand) bei 25 °C und einem mittleren Dipolabstand von 10 Å.

7. Glycerin besitzt bei −20, 0, 20 und 30 °C die Viskosität 134, 121, 1,49 und 0,63 Nsm^{-2}. Wie groß ist die Schwellenenergie, die bei laminarer Strömung überwunden werden muß?

8. Wasser fließt mit einer Geschwindigkeit von 100 $l\,min^{-1}$ durch ein Rohr mit dem Durchmesser 1 cm. Ist die Strömung laminar oder turbulent?

9. Die Viskosität von Chlorbenzol beträgt bei 20 °C 0,8 · 10^{-3} Nsm^{-2}, der Siedepunkt liegt bei 1 atm bei 132 °C. Wie groß ist die Viskosität bei 100 °C?

10. Ein Nebeltröpfchen besitzt eine Masse von 10^{-12} g. Wie groß ist sein Dampfdruck im Vergleich zu Wasser bei 20 °C?

11. Flüssiges Äthanol besitzt bei 20 °C einen thermischen Ausdehnungskoeffizienten von 1,12 · 10^{-3} K^{-1}, eine Kompressibilität von 1,1 · 10^{-9} $m^2 N^{-1}$ und eine Dichte von 0,789 gml^{-1}. Wie groß ist die Molwärmedifferenz $C_p - C_V$?

12. Die Lennard-Jonesenergieparameter von N_2 betragen D = 1,28 · 10^{-21} J und r_0 = 3,69 Å. Zeichnen Sie die Lennard-Jonesenergie V (r) und die Paarverteilung g (r) = exp (− V/kT).

13. Der Siedepunkt von Benzol liegt bei 1 atm bei 80,1 °C und Benzol genügt der Troutonschen Regel. Ermitteln Sie den Benzoldampfdruck bei 25 °C.

14. Der Dampfdruck von CCl_4 besitzt folgende Temperaturabhängigkeit:

T (°C)	0	10	20	30	40	50	60	70	80	90	100
p (Torr)	33	56	91	143	216	317	451	622	843	1122	1463

Wo liegt der Siedepunkt bei 1 atm und wie groß ist die Verdampfungswärme?

15. Bei welcher Temperatur siedet Wasser, wenn der Luftdruck 0,66 atm beträgt?

16. Die Clausius-Clapeyronsche Gleichung wurde in Abschnitt 15.4 unter der Voraussetzung abgeleitet, daß die Verdampfungswärme temperaturunabhängig ist. Berechnen Sie die Temperaturabhängigkeit des Wasserdampfdruckes unter Berücksichtigung der spezifischen Wärmen.

Kapitel 16
Systeme aus mehreren chemischen Komponenten und Phasen

In den bisherigen Kapiteln wurde der strukturelle Aufbau von reinen Gasen, Flüssigkeiten und Festkörpern sowie ihre statistische bzw. thermodynamische Behandlung nahegebracht. Letztere gipfelt in der Aussage, daß sich der energetische Zustand eines reinen chemischen Stoffes im thermischen Gleichgewicht mit seiner Umgebung nur durch seine freie Energie bzw. Enthalpie charakterisieren läßt. Im allgemeinen besteht jedoch ein System nicht nur aus einer einzigen chemischen Komponente in einer einzigen Phase, sondern aus mehreren Komponenten in verschiedenen Phasen. Man denke z. B. an eine Flüssigkeit oder an eine Lösung, über der sich immer Dampf ausbildet. Zu den bisher benötigten Zustandsvariablen Druck und Temperatur muß notgedrungen die Zusammensetzung einer Phase als weitere Variable hinzukommen. Bestehen Phasen aus mehreren chemischen Komponenten, so spricht man von Mischphasen. Ihre thermodynamische Beschreibung mit der Zusammensetzung als neuer Variabler führt zum Begriff chemisches Potential μ. Dies gilt im besonderen für die Behandlung nichtidealer Mischungen und Lösungen, bei denen die freie Systementhalpie G eine Funktion der chemischen Potentiale aller Komponenten ist.

Mit Hilfe des chemischen Potentials läßt sich auch die Existenz mehrerer Phasen in einem System begründen: Mehrere Phasen im thermischen Gleichgewicht (Phasengleichgewicht) existieren dann, wenn die Potentiale der Komponenten in allen Phasen gleich groß sind. An Hand dieser Bedingung gelangt man zu einer quantitativen, thermodynamischen Formulierung von Phasenumwandlungen bzw. von Zustandsdiagrammen. Wie wir bereits aus Kapitel 12 wissen, werden die verschiedenen Phasen eines Systems am übersichtlichsten in Form von zwei- und dreidimensionalen Darstellungen der Zustandsgleichungen wiedergegeben; diese werden als Zustandsdiagramme bezeichnet. Da man die Zustandsgleichungen meist nicht explizit kennt, ist man auf die reine Wiedergabe von Zustandsdaten in Form solcher Diagramme angewiesen. Wir werden in diesem Kapitel die wichtigsten Typen ein-, zwei- und dreikomponentiger Systeme besprechen und soweit es in diesem Rahmen möglich ist, eine molekulare Interpretation geben. Sie wird die Grundlage zur Erklärung von Ordnungs-Unordnungserscheinungen in festen Mischphasen (Legierungen) bilden.

16.1 Phasen, Komponenten und Freiheiten

Drei Begriffe eines zusammengesetzten Systems: Phase, Komponente und Freiheit sind für eine thermodynamische Behandlung neu zu definieren. Zwischen ihnen gibt es eine Beziehung, die gewöhnlich als Phasenregel bezeichnet wird, und die ein wertvolles Kriterium bei der Diskussion von Zustandsdiagrammen verkörpert. Ihre Herleitung ist das Ziel dieses Abschnittes.

Eine *Phase* ist der Teil eines Systems, der bis in molekulare Bereiche homogen aufgebaut ist. Dazu einige erläuternde Beispiele: Eis in Form eines großen Blockes stellt eine einzige Phase dar (einheitliche Kristallstruktur). Auch homogene Mischungen zweier verschiedener chemischer Stoffe bilden eine einzige Phase, eine sogenannte *Mischphase*, selbst wenn diese keine einheitliche Zusammensetzung besitzt. Das Kriterium für eine Phase oder Mischphase ist ihr mikroskopisch einheitliches Aussehen, gleichgültig, ob sie nur aus einem oder aus mehreren chemischen Stoffen zusammengesetzt ist. In jedem System kann es immer nur eine einzige gasförmige Phase geben, da Gase bis in molekulare Bereiche vollkommen mischbar sind. Unter den Flüssigkeiten gibt es mischbare und unmischbare. Unmischbare Flüssigkeiten trennen sich in zwei reine Phasen, die miteinander im thermischen Gleichgewicht stehen. Bei Festkörpern ist die Kristallstruktur das Kriterium, ob sie aus einer oder mehreren Phasen bestehen. Jede feste Substanz mit einer einzigen Kristallstruktur, Mischkristalle eingeschlossen, stellt eine einzige Phase dar.

Der chemische Aufbau eines Systems wird durch den Begriff *Komponente* beschrieben. Jede chemische Verbindung in einem System ist ursächlich eine Komponente, doch wird ihre Zahl definitionsgemäß eingeschränkt: Die Zahl der Komponenten eines Systems ist die kleinste Zahl von unabhängigen Verbindungen, die zur Beschreibung der Zusammensetzung aller Phasen gebraucht werden. Eine wäßrige Zuckerlösung besteht aus zwei Komponenten in einer Mischphase, aus Zucker und Wasser. Kühlt man sie tief genug ab, so beginnt Zucker auszukristallisieren und es entsteht eine reine feste Zuckerphase und eine Zuckerlösung mit einem niedrigerem Zuckergehalt. Das System besteht dann aus zwei Phasen, aber nach wie vor aus zwei Komponenten.

Wenn unter den verschiedenen chemischen Stoffen chemische Gleichgewichte (Kapitel 20) vorliegen, muß die Abzählung der Komponenten mit Vorsicht vorgenommen werden. Essigsäure dissoziiert beispielsweise in Wasser in Acetat- und H^+-Ionen, die mehr oder weniger hydratisiert sind und für sich eine neue Molekülart darstellen:

$$HAc \rightleftharpoons H^+ + Ac^-$$
$$H^+ + H_2O \rightleftharpoons H_3O^+ .$$

Man könnte daher vermuten, daß die Komponentenzahl nicht 2 (Essigsäure + Wasser), sondern 3 oder noch größer ist. Da aber die Konzentrationen der verschiedenen hydratisierten Ionen über die Gleichgewichtskonstanten miteinander verknüpft sind, erscheinen sie nicht unabhängig und die Komponentenzahl bleibt 2. Ähnliches gilt für Salzlösungen, aber auch für Gleichgewichte zwischen zwei Phasen; das Auflösen von Salz oder eine Phasenumwandlung hat keine Erhöhung der Komponentenzahl zur Folge. Ein weiteres signifikantes Beispiel: In Gegenwart eines geeigneten Katalysators stellt sich zwischen H_2O, H_2 und O_2 das Gleichgewicht

$$2\,H_2O \rightleftharpoons 2\,H_2 + O_2$$

sehr schnell ein. In diesem besitzt das System 2 Komponenten, da die dritte über die Gleichgewichtskonstante festgelegt ist. Ohne Katalysator stellt sich jedoch das Gleichgewicht so langsam ein, daß man praktisch 3 unabhängige Komponenten hat. Die Drücke bzw. Konzentrationen aller 3 Komponenten lassen sich unabhängig voneinander variieren. Im Gegensatz zu thermodynamisch stabilen, im Gleichgewicht befindlichen Systemen, werden solche Systeme *metastabil* genannt. Es hängt also auch von den äußeren Umständen ab, wieviele Komponenten man einem System zuzuordnen hat.

Um die *Freiheiten* eines Systems zu definieren, benötigt man den Begriff *intensive Eigenschaft*. Das sind solche Systemeigenschaften wie Druck, Temperatur, Konzentration, Brechungsindex, usw., die von der Menge unabhängig sind. Eigenschaften wie Masse, Volumen, usw. hängen dagegen von der Menge ab und werden *extensive Eigenschaften* genannt. Zur Beschreibung eines Systems müssen aber nicht all seine intensiven Eigenschaften aufgezählt werden. Erfahrungsgemäß reichen dazu bei einem reinen Gas oder einer reinen Flüssigkeit (je eine Komponente) zwei davon aus, z. B. der Druck und die Temperatur. Alle übrigen intensiven Eigenschaften sind Funktionen des Druckes und der Temperatur. Umgekehrt können statt Druck und Temperatur natürlich auch zwei andere Eigenschaften herangezogen werden.

Während man zur Charakterisierung eines einkomponentigen Systems zwei unabhängige intensive Eigenschaften oder Variablen benötigt, braucht man zur Beschreibung mehrkomponentiger Systeme mehr als zwei intensive Variablen. Die Variablen, die man insgesamt benötigt, werden Freiheiten genannt. Ihre Zahl ist die Zahl der Variablen, die unabhängig voneinander variiert werden können, ohne daß sich dabei die Zahl der Phasen ändert.

Gesucht wird nun der Zusammenhang zwischen der Zahl der Komponenten und der Freiheiten eines einphasigen Systems. Wie früher empirisch festgestellt wurde, beträgt die Zahl der Freiheiten 2, so daß man die Verknüpfung

$$F = K + 1 \tag{1}$$

herstellen kann. F ist die Zahl der Freiheiten und K die Zahl der Komponenten. Haben wir dagegen ein zweikomponentiges System (z. B. Alkohol/Wassergemisch), so lehrt die Erfahrung, daß 3 intensive Variable (z. B. Druck p, Temperatur T und Zusammensetzung n) erforderlich sind, um alle anderen festzulegen. Jede weitere läßt sich wiederum als Funktion dieser drei ausdrücken:

$$X = f(p, T, n) \tag{2}$$

Im Moment interessieren uns aber nicht die Funktionen $f(p, T, n)$, sondern bloß die Zahl der Freiheiten. Wie leicht zu überprüfen ist, gilt die vorhin aufgestellte Regel (1) auch für zweikomponentige Systeme mit einer Phase. Wären für die Systemeigenschaften außerdem äußere elektrische oder magnetische Felder oder auch Strahlungsfelder maßgebend, müßte die Phasenregel (1) auf $F = K + 2$, $F = K + 3$, usw. erweitert werden.

Die Zahl der Freiheiten (F) eines K-komponentigen, P-phasigen Systems soll gefunden werden. Wir nehmen an, daß die K Komponenten mit den Konzentrationen $c_1 \dots c_K$ auf die Phasen 1 bis P verteilt sind. Zur Herleitung der *Phasenregel* für dieses System gehen wir so vor: Zunächst zählen wir ab, wieviele intensive Variable zur Beschreibung jeder einzelnen, getrennten Phase notwendig sind und subtrahieren die Zahl derjenigen Variablen, die durch *Gleichgewichtsbeziehungen* zwischen den Phasen festgelegt sind. Für eine jede Phase sind $K - 1$ Angaben der Zusammensetzung (Konzentrationsangaben) erforderlich, sofern man diese in Mol- oder Gew.% ausdrückt. Da P Phasen zu beschreiben sind, braucht man insgesamt $P(K - 1)$ Angaben. Dazu kommen noch der Druck und die Temperatur, so daß sich $P(K - 1) + 2$ Variable ergeben. Da es aber für eine Komponente i, die auf P Phasen verteilt ist, $P - 1$ Gleichgewichtsbeziehungen der Art

$$\text{Gleichgewichtskonstante} = \frac{c_i \, (\text{in Phase 1})}{c_i \, (\text{in Phase 2})}, \text{ usw.} \tag{3}$$

gibt, sind es für K Komponenten insgesamt $K(P-1)$. Diese Variablenzahl wird von $P(K-1)+2$ abgezogen, so daß

$$F = P(K-1)+2-K(P-1)$$
$$= K - P + 2. \tag{4}$$

Ist eine Komponente gar nicht, d. h. nur in vernachlässigbar kleiner Konzentration in irgendeiner Phase vorhanden, dann fällt eine Gleichgewichtsbeziehung und eine Freiheit aus. Daraus folgt unmittelbar, daß die Phasenregel (4) auf beliebige Systeme anwendbar ist, gleichgültig, ob in allen Phasen dieselben Komponenten vorhanden sind oder nicht: Die Phasenregel ist diesbezüglich invariant. Wie sich in den folgenden Abschnitten herausstellen wird, stellt sie ein wertvolles Kriterium bei der qualitativen Diskussion der Zustandsdiagramme dar.

Bei der Aufstellung von Zustandsdiagrammen sollten die Konzentrationsmaße zur Angabe der Zusammensetzung (n) zweckmäßig gewählt werden. Von den im Tabellenanhang zusammengestellten Einheiten sind die *Molarität* und die *Molalität* immer dann sinnvoll, wenn eine Komponente in großem Überschuß vorhanden ist, also als *Lösungsmittel* fungiert. Die darin befindlichen anderen Komponenten werden als *gelöste Stoffe* bezeichnet. Die Molalität ist an sich ein besseres Maß als die Molarität, weil diese über das Lösungsvolumen von der Dichte und damit von der Temperatur abhängt.

Sind die Komponenten hingegen in vergleichbaren Konzentrationen vorhanden, so wird die Zusammensetzung zweckmäßig in *Molenbrüchen* oder mit 100 multipliziert in *Mol %* angegeben. Die Molenbrüche der Komponenten A und B eines zweikomponentigen Systems sind wie bekannt durch

$$x_A = \frac{n_A}{n_A + n_B}, \quad x_B = \frac{n_B}{n_A + n_B} \tag{5}$$

definiert. Ihre Summe ist immer 1. n_A und n_B sind die *Molzahlen* der Komponenten:

$$n_A = \frac{M_A}{\mathcal{M}_A}, \quad n_B = \frac{M_B}{\mathcal{M}_B}. \tag{6}$$

M_A, M_B sind die Massen und $\mathcal{M}_A$, $\mathcal{M}_B$ sind die Molmassen der Komponenten. Unter Umständen geeignete Konzentrationseinheiten sind *Volumen-* und *Gewichts %*. Gew. % finden besonders bei Schmelzdiagrammen Verwendung. Umrechnungsfaktoren der verschiedenen Einheiten sind ebenfalls im Tabellenanhang zu finden.

16.2 Das chemische Potential von Komponenten in Mischphasen

Bestehen Phasen aus mehreren Komponenten, so spricht man von Mischphasen. Ihre thermodynamische Beschreibung unterscheidet sich von der reiner einkomponentiger Phasen, die nach dem bisher mitgeteilten Konzept erfolgen kann (vgl. Abschnitt 11.1). Für Mischphasen muß dieses erweitert werden, und zwar im besonderen für nichtideale Mischungen und Lösungen. Die Erweiterung besteht in der Hinzunahme der Zustandsvariablen *Zusammensetzung* zu Druck und Temperatur und führt zu einem neuen partiellen Differential der freien Enthalpie, dem sogenannten *chemischen Potential.*

Das totale Differential der freien Enthalpie eines einkomponentigen Systems lautet:

$$dG = \left(\frac{\partial G}{\partial p}\right)_T dp + \left(\frac{\partial G}{\partial T}\right)_p dT. \tag{7}$$

Es reicht zur Beschreibung von Druck- und Temperaturänderungen aus. Ändert sich aber auch die Menge der chemischen Komponente, so ändert sich zusätzlich der Wert von G. Besteht das System aus n mol Substanz und ändert sich die Molzahl differentiell, so muß Gl. (7) um diese Änderung ergänzt werden:

$$dG = \left(\frac{\partial G}{\partial p}\right)_{T,n} dp + \left(\frac{\partial G}{\partial T}\right)_{p,n} dT + \left(\frac{\partial G}{\partial n}\right)_{T,p} dn. \tag{8}$$

Das Symbol n bekommt so den Charakter einer neuen Zustandsvariablen. Geht man weiter zu einem mehrkomponentigen System, muß Gl. (8) abermals erweitert werden, denn G hängt jetzt von den Molzahlen *aller* Komponenten ab:

$$dG = \left(\frac{\partial G}{\partial p}\right)_{T,n_1,n_2,n_3,\ldots} dp + \left(\frac{\partial G}{\partial T}\right)_{p,n_1,n_2,n_3,\ldots} dT + \left(\frac{\partial G}{\partial n_1}\right)_{T,p,n_2,n_3,\ldots} dn_1$$

$$+ \left(\frac{\partial G}{\partial n_2}\right)_{T,p,n_1,n_3,\ldots} dn_2 + \ldots . \tag{9}$$

Alle Terme mit dn_1, dn_2, ... usw. fallen in diesem Ausdruck weg, wenn die Molzahlen bei einer Zustandsänderung gleich bleiben. Etwa dann, wenn nur der Druck oder nur die Temperatur verändert werden. In der Thermodynamik von Mischphasen interessieren nun weniger Druck- und Temperaturänderungen als Molzahländerungen bei konstanter Temperatur und konstantem Druck. Das totale Differential lautet dann:

$$dG = \sum_i^m \left(\frac{\partial G}{\partial n_i}\right)_{T,p,\text{alle n bis auf } n_i \text{ konstant}} dn_i. \tag{10}$$

Die partiellen Differentiale $(\partial G/\partial n_i)$ usw. haben eine ganz spezielle Bedeutung: Sie charakterisieren die Abhängigkeit von G mit der Zusammensetzung der Mischphase und werden *chemische Potentiale* genannt (vgl. Abschnitt 10.9). Sie werden generell mit dem Symbol μ bezeichnet:

$$dG = \sum_i^m \mu_i dn_i. \tag{11}$$

Wenn die Zusammensetzung der Mischphase, die aus n_1 bis n_m mol einzelnen Komponenten 1 bis m besteht, konstant bleibt und nur die Gesamtmenge variiert wird, läßt sich Gl. (11) integrieren und liefert:

$$G = \sum_{i=1}^m \mu_i n_i. \tag{12}$$

Handelt es sich bei der Mischphase um eine ideale Mischung (kein Auftreten von Mischungswärme, Abschnitt 16.5), so können wir statt μ auch die molaren freien Enthalpien G_i der einzelnen Komponenten nehmen:

$$G = \sum_{i=1}^m n_i G_i. \tag{13}$$

Die freie Enthalpie einer idealen Mischphase setzt sich additiv aus der Summe der freien Enthalpien der Einzelbestandteile zusammen.

Besteht das System zusätzlich aus mehreren Phasen (I, II, III, ..., usw.), so beträgt seine freie Enthalpie bei konstanter Temperatur und konstantem Druck:

$$G = \sum_i {}^I\mu_i {}^I n_i + \sum_i {}^{II}\mu_i {}^{II} n_i + \dots . \tag{14}$$

Die Änderung von G bei einer *Phasenumwandlung* ergibt sich daher zu

$$dG = \sum_i {}^I\mu_i {}^I dn_i + \sum_i {}^{II}\mu_i {}^{II} dn_i + \dots . \tag{15}$$

Gehen dabei dn_1 mol der Komponente 1 aus der Phase I in die Phase II über, so muß ${}^I dn_1 = - {}^{II} dn_1$ sein. Denn was aus der einen Phase verschwindet, muß in der anderen auftauchen. Außerdem muß $dG = 0$ sein, wenn die beiden Phasen I und II nebeneinander im thermischen Gleichgewicht vorliegen. Bleiben dabei die anderen Molzahlen konstant, so wird aus Gl. (15) für einen solchen Phasenübergang

$$dG = {}^I\mu_i {}^I dn_i - {}^{II}\mu_i {}^{II} dn_i = 0 \tag{16}$$

oder

$${}^I\mu_i = {}^{II}\mu_i . \tag{17}$$

Das Ergebnis dieser Überlegung in Worten: Bei Gleichgewichten mit Mischphasen muß das chemische Potential einer jeden Komponente in jeder Phase denselben Wert aufweisen. Von dieser Gleichgewichtsbedingung werden wir bei der Behandlung realer Systeme Gebrauch machen. In idealen Systemen (z.B. ideale Gasgemische oder flüssige Mischungen) sind die chemischen Potentiale gleich den molaren freien Enthalpien der reinen Komponenten, so daß dann für das Phasengleichgewicht geschrieben werden kann:

$${}^I G_i = {}^{II} G_i . \tag{18}$$

Von einem Grenzfall des Mischphasengleichgewichts (eine einzige Komponente) war bereits in Abschnitt 15.4 die Rede.

16.3 Zustandsdiagramme einkomponentiger Systeme

Die Phasen eines einkomponentigen Systems werden am übersichtlichsten in einem p, T-Diagramm dargestellt. Zum Beispiel ist in Bild 16.1a das p, T-Diagramm von H_2O bei niederen Drücken zu sehen. Welche Bedeutung den einzelnen durch die p(T)-Kurven abgegrenzten Flächen, diesen Kurven selbst und einzelnen Punkten dabei zukommt, wird im folgenden untersucht.

Die Kurve $\overline{TC}$ ist nichts anderes als die Dampfdruckkurve p(T) von Wasser. Entlang dieser Kurve befinden sich Wasser und Wasserdampf miteinander im thermischen Gleichgewicht. Zu ihrer linken Seite liegt ausschließlich Wasser, zu ihrer rechten Wasserdampf vor. Der Phasenübergang beim Überschreiten der Kurve von links nach rechts entspricht einer Verdampfung und der Phasenübergang von rechts nach links einer Kondensation. Eine Verdampfung kann sowohl durch eine Temperaturerhöhung bei konstantem Druck

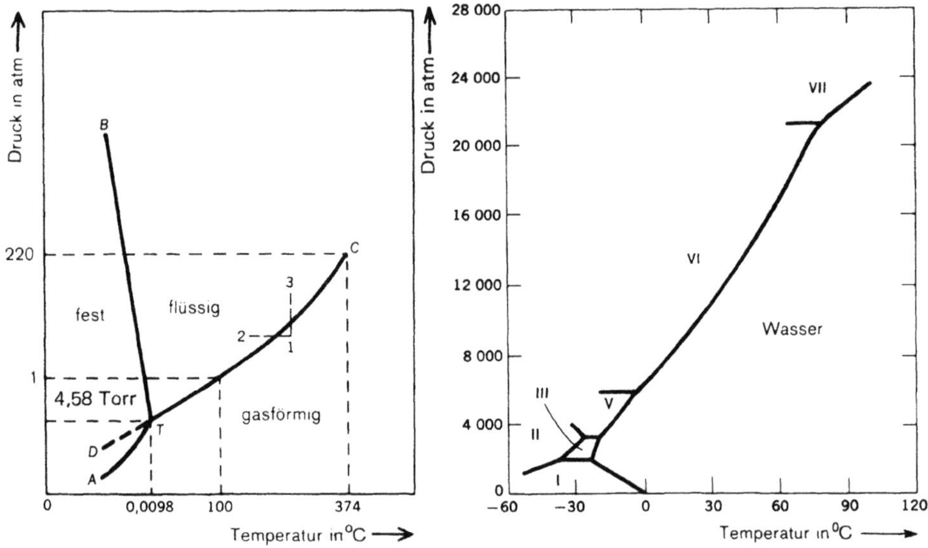

Bild 16.1 Zustandsdiagramm von H_2O bei niederen (a) und hohen Drücken (b)

$(2 \rightarrow 1)$, als auch durch eine Druckerniedrigung bei konstanter Temperatur $(3 \rightarrow 1)$ und Kondensation durch Umkehrung dieser Prozesse durchgeführt werden. Druck und Temperatur können dabei aber auch gleichzeitig geändert werden. Die Kurve $\overline{TA}$ repräsentiert die Dampfdruckkurve von Eis; dabei sind Eis und Wasserdampf im thermischen Gleichgewicht. Links von ihr liegt Eis und rechts von ihr Wasserdampf vor. Die Kurve $\overline{TB}$ schließlich gibt den Schmelzpunkt in Abhängigkeit vom Druck wieder; hierbei sind Eis und Wasser im Gleichgewicht.

Bild 16.1a zeigt aber nur einen Teil des Zustandsdiagrammes von Wasser. Bei höheren Drücken (Bild 16.1b) gibt es eine Reihe von weiteren festen Phasen, jede gekennzeichnet durch eine eigene Kristallstruktur. Die Existenz von mehreren festen Phasen bezeichnet man allgemein als *Polymorphie*. Beim Betrachten des Bildes 16.1b fällt auf, daß die Phase IV fehlt. Dies kommt bloß daher, weil man ursprünglich glaubte, eine neue Phase entdeckt zu haben; sie stellte sich aber als nicht existent heraus und die Bezeichnung der anderen Phasen wurde in der Folge nicht mehr geändert.

An Hand der Phasenregel soll nun das Zustandsdiagramm von Wasser diskutiert werden. Wie bei allen Zustandsdiagrammen einkomponentiger Systeme ist auch hier der Existenzbereich einzelner Phasen durch abgegrenzte Flächen gekennzeichnet. Innerhalb dieser Flächen können sowohl der Druck als auch die Temperatur beliebig variiert werden, ohne daß dadurch (Phasenumwandlung) eine neue Phase auftritt. Dies bedeutet zwei Freiheiten, was die Phasenregel bestätigt: $F = K - P + 2 = 1 - 1 + 2 = 2$. Zweiphasengebiete in Diagrammen einkomponentiger Systeme werden durch die Phasengrenzkurven beschrieben. Ist der Druck vorgegeben, gibt es nur eine ganz bestimmte Temperatur, bei der zwei Phasen nebeneinander im Gleichgewicht vorliegen können. Dies entspricht einer Freiheit: $F = K - P + 2 = 1 - 2 + 2 = 1$.

Sind schließlich drei Phasen in einem einkomponentigen System gleichzeitig vorhanden, so gibt es keine Freiheit mehr. Das heißt, alle drei Phasen können miteinander nur bei einer ganz bestimmten Temperatur und bei einem ganz bestimmten Druck existieren. Dieser Zustand des Systems entspricht im Diagramm einem Punkt, *Tripelpunkt* genannt. Er ist für das betreffende chemische System *spezifisch*. Wie man den Bildern 16.1a und 16.1b entnimmt, kann es mehrere Tripelpunkte geben. Der wichtigste Tripelpunkt von H_2O ist aber der, bei dem Eis, Wasser und Wasserdampf im Gleichgewicht sind (Punkt T). Da Tripelpunkte eindeutig definiert sind, und der von Wasser außerdem einfach realisierbar ist, wird dieser auch als Bezugspunkt für die Temperaturskala verwendet (Kapitel 1).

In Bild 16.1a ist eine weitere Zweiphasenkurve ($\overline{TD}$) gestrichelt gezeichnet; sie beschreibt den Dampfdruck von *unterkühltem* Wasser (*metastabiler* Zustand). Unterkühlungen treten dann auf, wenn die Kristallisation von Wasser trotz Temperaturerniedrigung verhindert wird, weil z.B. in reinstem Wasser keine Kristallisationskeime vorkommen.

Wie das Entstehen der Zustandsdiagramme einkomponentiger Systeme thermodynamisch erklärt werden kann, veranschaulichen die Bilder 16.2a und 16.2b. Im ersten Bild wurde die freie Enthalpie eines Systems als Funktion von Druck und Temperatur für den festen, flüssigen und dampfförmigen Zustand schematisch gezeichnet. Sie wird jeweils durch eine Energiefläche dargestellt, denn für eine jede Phase gilt je mol Substanz

$$dG = \left(\frac{\partial G}{\partial p}\right)_T dp + \left(\frac{\partial G}{\partial T}\right)_p dT \tag{19}$$

bzw.

$$G = \int_{p=0}^{p} V dp - \int_{T=0}^{T} S dT + G_0^0 \cdot \tag{20}$$

Da normalerweise die Bedingungen

$$V(\text{Dampf}) \gg V(\text{Flüssigkeit}) > V(\text{Festkörper}) \tag{21}$$

und

$$S(\text{Dampf}) > S(\text{Flüssigkeit}) > S(\text{Festkörper}) \tag{22}$$

gelten, sind die einzelnen Energieflächen zueinander immer in der gleichen Weise geneigt. (Eine Ausnahme davon bildet z.B. H_2O.) Bringt man nun jeweils zwei Flächen miteinander zum Schnitt (Gleichgewichtsbedingung (18)) und projeziert man die Schnitte auf die p,T-Ebene, so entstehen die Phasengrenzkurven. Sie repräsentieren im Fall Flüssigkeit/Dampf die bereits in Abschnitt 15.4 abgeleitete Dampfdruckkurve einer Flüssigkeit:

$$\ln p = -\frac{\Delta H_{V\,erd}}{RT} + \text{const.} \tag{23}$$

Analoge Beziehungen gelten auch für die Grenzkurven zwischen den anderen Phasen.

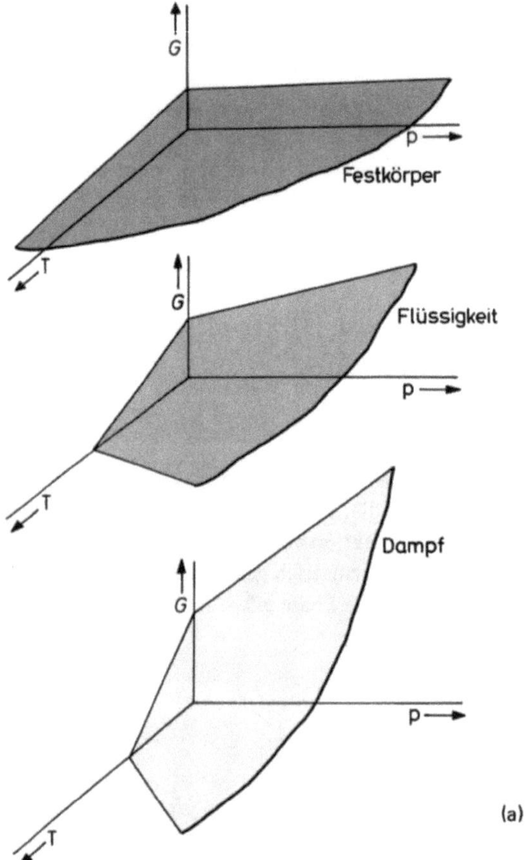

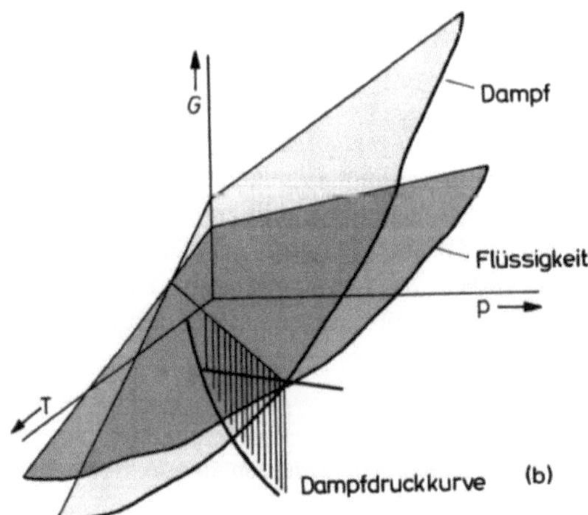

Bild 16.2

Schematische Darstellung der freien Enthalpie $G = G$ (p, T) für den festen, flüssigen und dampfförmigen Zustand eines einkomponentigen Systems (a) und Projektion des Schnittes zweier freier Enthalpieflächen auf die p, T-Ebene (b)

16.4 Zustandsdiagramme zweikomponentiger flüssiger Systeme

Zur eindeutigen Beschreibung zweikomponentiger Systeme braucht man drei Zustandsvariable, den Druck, die Temperatur und die Zusammensetzung. Eine vollständige graphische Darstellung der Zustandsgebiete wie in Abschnitt 16.3 gelingt deshalb nur in einem dreidimensionalen Bild. Gewöhnlich verzichtet man aber auf eine Variable und hält entweder den Druck oder die Temperatur konstant. Das ist gleichbedeutend mit einem Schnitt durch das dreidimensionale Zustandsdiagramm mit den Achsen p, T und n bzw. x. Wesentlichster „chemischer" Unterschied gegenüber den einkomponentigen Diagrammen ist hier das Auftreten von *Mischphasen* im festen und flüssigen Zustand. Die Beschreibung fester Phasen durch sogenannte Schmelzdiagramme werden wir etwas zurückstellen und uns hier nur mit den flüssigen Phasen und der Dampfphase beschäftigen.

Wie bei den einkomponentigen Flüssigkeiten stellt sich auch über flüssigen Mischphasen ein ganz bestimmter *Gleichgewichtsdampfdruck* ein. Er hängt von der Zusammensetzung der Mischphase ab und wird durch das *Raoultsche Gesetz* beschrieben. Zu seiner Ableitung gehen wir vom Daltonschen Gesetz für Mischungen idealer Gase aus (Kapitel 1). Danach setzt sich der Gesamtdruck additiv aus den Partialdrücken zusammen, was auf das Fehlen jeglicher van der Waalsscher Molekülanziehung zurückführbar ist (weder zwischen eigenen noch zwischen fremden Molekülen). Da Flüssigkeiten aber überhaupt nur wegen solcher Wechselwirkungen existieren, kann der ideale flüssige Zustand nicht analog durch das Fehlen aller Wechselwirkungen definiert werden! Wir betrachten deshalb eine flüssige Mischung dann als ideal, wenn die Wechselwirkungen zwischen den fremden Molekülen ebenso stark wie zwischen den gleichartigen sind, also ihre *Mischungswärme Null* ist (vgl. Abschnitt 16.5 und 16.9).

Messen wir den Gesamtdruck über flüssigen Mischungen, so machen wir folgende Erfahrung: Die Partialdrücke der einzelnen Komponenten ändern sich linear mit der Zusammensetzung, und der Gesamtdruck setzt sich aus ihnen additiv zusammen:

$$p_A = x_A \, p_A^o , \tag{24}$$

$$p_B = x_B \, p_B^o , \tag{25}$$

$$p = p_A + p_B . \tag{26}$$

p_A und p_B sind die Partialdrücke der Komponenten A und B über der Mischung, p ist der Gesamtdruck; p_A^o und p_B^o sind die Dampfdrücke der reinen Komponenten und x_A und x_B sind die Molenbrüche der in der Mischung vorkommenden Komponenten. Obige Beziehungen bezeichnet man allgemein als Raoultsches Gesetz. Es stellt ein weiteres Kriterium für eine ideale Mischung dar, z. B. Benzol/Toluolgemische (Bild 16.3). Nichtideale Mischungen weichen von diesem Gesetz ab und ihre Gesamtdruckkurven besitzen entweder ein Minimum oder ein Maximum (Bild 16.4).

Für ideale Mischungen kann die Zusammensetzung des Dampfes sehr einfach mit Hilfe des Raoultschen Gesetzes ermittelt werden. Da nämlich die Partialdrücke den Molenbrüchen in der Dampfphase direkt proportional sind,

$$^g x_A = \frac{p_A}{p_A + p_B}, \tag{27}$$

$$^g x_B = \frac{p_B}{p_A + p_B}, \tag{28}$$

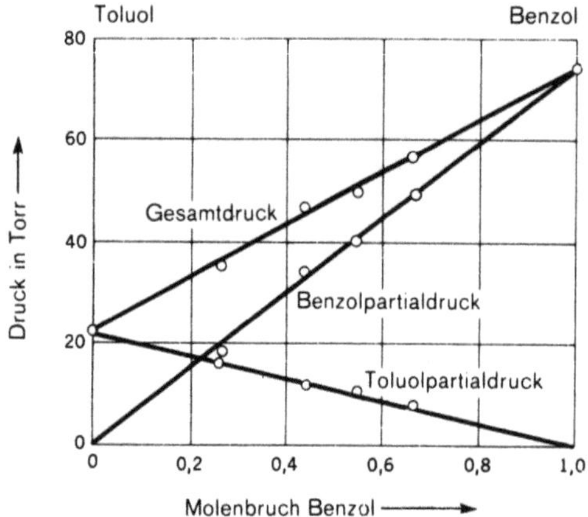

Bild 16.3

Gesamtdruck und Partialdrücke des ideal mischbaren Systems Toluol/Benzol bei 20 °C (*R. Bell, T. Wright:* J. Phys. Chem. 31 (1927) 1884)

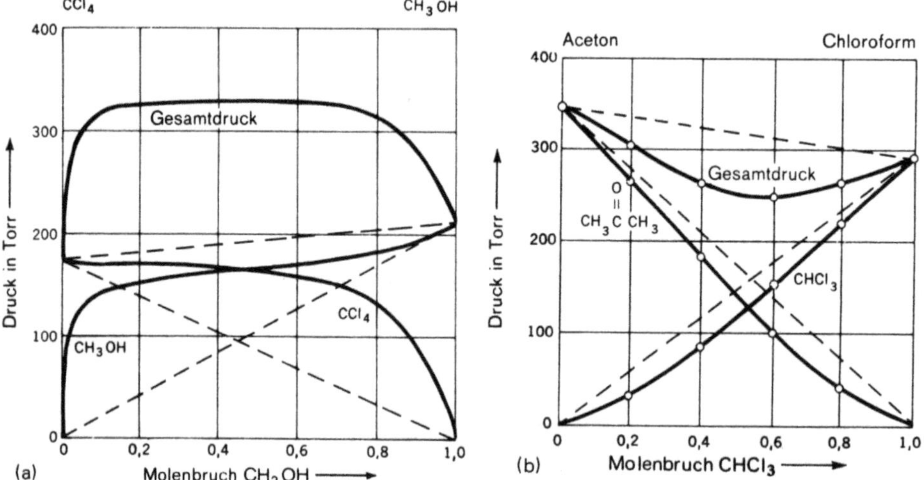

Bild 16.4 Gesamtdruck und Partialdrücke zweier nicht ideal mischbarer Systeme: CCl_4/CH_3OH bei 35 °C (a) und Aceton/Chloroform bei 35 °C (b) (*R. Timmermans:* Physicochemical Constants of Binary Systems, 2, Interscience Publ., Inc., New York, 1959 und *J. van Zawidzki:* Z. Physik. Chem. 35 (1900) 129)

erhält man mit den Gln. (24) bis (26)

$$g_{x_A} = \frac{x_A p_A^o}{p}, \tag{29}$$

$$g_{x_B} = \frac{x_B p_B^o}{p}, \tag{30}$$

und somit für das Verhältnis der Molenbrüche:

$$\frac{g_{x_A}}{g_{x_B}} = \frac{x_A}{x_B} \frac{p_A^o}{p_B^o}. \tag{31}$$

Suchen wir uns die Dampfdrücke p_A^o und p_B^o der reinen Komponenten bei den betreffenden Temperaturen aus Tabellenwerken heraus, können wir aus den Gln. (29) und (30) die Dampfzusammensetzung für beliebige Mischungen berechnen. Aus Gl. (31) folgt außerdem, daß der Dampf immer reicher an der flüchtigeren Komponente ist (die flüchtigere Komponente hat bei derselben Temperatur den höheren Dampfdruck). Diese Erkenntnis hat eine grundlegende Bedeutung für die Trennung von Gemischen durch Destillation.

Zeichnet man die so ermittelte Dampfzusammensetzung und die Zusammensetzung der Mischung bei dem zugehörigen Dampfdruck in ein Diagramm ein (= *Dampfdruckdiagramm*), so grenzen die Flüssigkeits- und Dampfzusammensetzungskurven ein Zweiphasengebiet ab. In diesem existieren Dampf und flüssige Mischung nebeneinander im Gleichgewicht (= flüssig-gasförmige Mischphase) (Bild 16.5a).

Geben wir z. B. von dem in Bild 16.5a gezeichneten System die Zusammensetzung x_0 vor, so besteht es bei 40 Torr aus Dampf der Zusammensetzung x_2 und aus einer flüssigen Mischung mit der Zusammensetzung x_1. Erniedrigen wir den Druck, beginnend bei etwa 80 Torr, so entsteht beim Erreichen des Zweiphasengebietes Dampf mit der Zusammensetzung x_3, während die Mischung noch die Zusammensetzung x_0 hat. Erniedrigen wir den Druck noch weiter, so ändert sich die Zusammensetzung der Mischung entlang der Kurve a und die des Dampfes entlang von b. Beim Erreichen des Druckes 30 Torr ist schließlich die ganze Mischung verdampft und der Dampf besitzt die ursprüngliche Zusammensetzung der Mischung x_0. Charakteristisch für das Verdampfen durch Druckerniedrigung ist also das Durchschreiten des Zweiphasengebietes. Bei Druckerhöhung wird umgekehrt der Prozeß als Kondensation durchlaufen.

Interessiert uns, wieviel Dampf der Zusammensetzung x_1 und wieviel Flüssigkeit der Zusammensetzung x_2 im Punkt x_0 bei 40 Torr nebeneinander vorliegen, so kön-

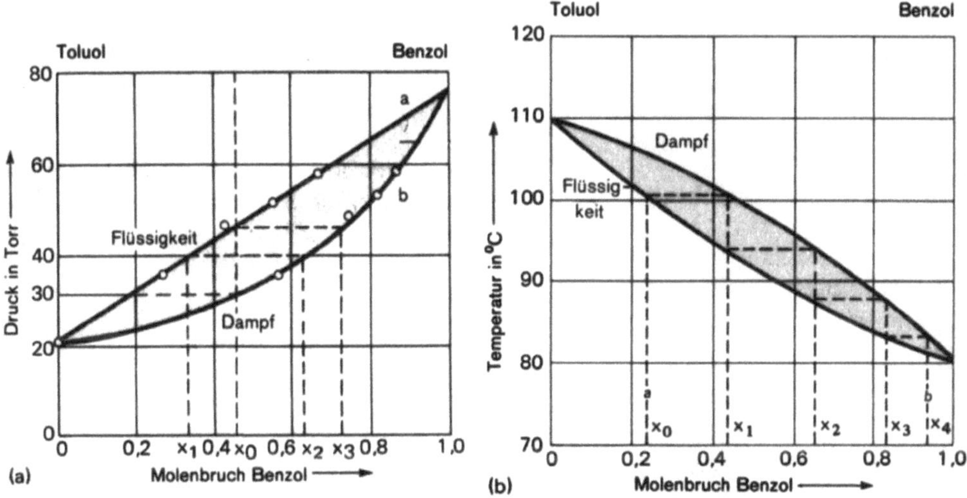

Bild 16.5 Dampfdruck- (a) und Siedediagramm (b) des idealen Systems Toluol/Benzol bei 20 °C bzw. bei 1 atm (Daten aus Bild 16.3)

nen wir das Mengenverhältnis mit Hilfe des sogenannten *Hebelgesetzes* bestimmen: Wenn ursprünglich eine Mischung mit der Zusammensetzung x_0 und der Gesamtmenge n_0 mol vorliegt und die getrennten Phasen die Gesamtmengen n_1 und n_2 mol besitzen, so muß gelten

$$n = n_1 + n_2 \tag{32}$$

und

$$x_0\, n_0 = x_1\, n_1 + x_2\, n_2, \tag{33}$$

weil die Mengen n_0 und $x_0 n_0$ invariant sind. Formen wir Gl. (33) um, so erhalten wir

$$\frac{n_1}{n_2} = \frac{x_2 - x_0}{x_0 - x_1}. \tag{34}$$

Das Mengenverhältnis von flüssiger Mischung und Dampf ist durch das Streckenverhältnis $(x_2 - x_0)/x_0 - x_1)$ gegeben. In Analogie zur Mechanik kann man sich die Punkte 1 und 2 mit den Mengen n_1 und n_2 belegt denken, sowie den Punkt 0 versehen mit einer Drehachse. Kräftegleichgewicht dieses „Waagebalkens" herrscht dann, wenn $n_1 (x_0 - x_1) = n_2 (x_2 - x_0)$ ist.

Während wir zum Aufstellen der Dampfdruckdiagramme von idealen Mischungen (und Lösungen) die Partialdrücke nicht zu messen brauchen, da sie über das Raoultsche Gesetz berechnet werden können, müssen wir dies bei nichtidealen Mischungen tun. Ihre Partialdrücke sind der Zusammensetzung x keineswegs direkt proportional. Sind p_A- und p_B-Daten einmal gemessen worden, können wir mit Hilfe von Gl. (29) und (30) die Dampfzusammensetzung berechnen. Eine solche Berechnung wurde für die Systeme Aceton/Chloroform und Tetrachlorkohlenstoff/Methylalkohol mit den Partialdrücken aus Bild 16.4 durchgeführt und danach in Bild 16.6 Dampfdruckdiagramme gezeichnet. Die Kurven der Dampfzusammensetzung liegen immer unter der der Mischungszusammensetzung und berühren diese in den Punkten der Extrema.

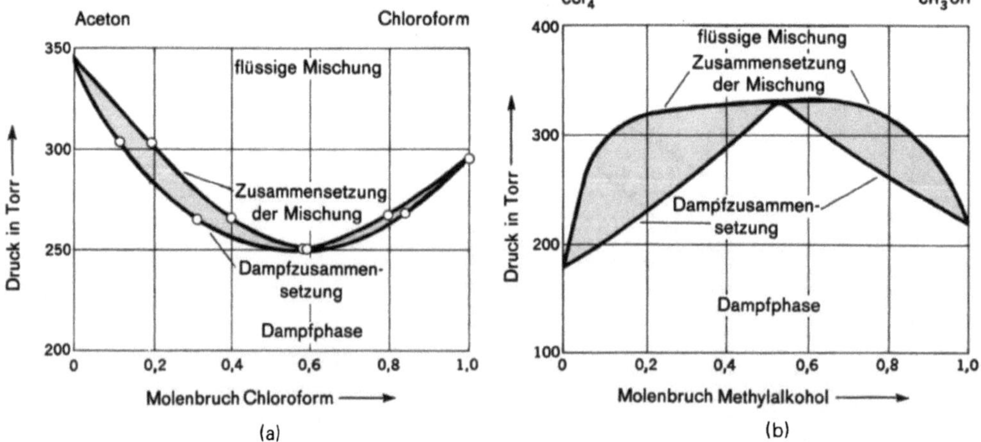

Bild 16.6 Dampfdruckdiagramme der nicht idealen Systeme Aceton/Chloroform (a) und CCl₄/ Methanol (b) bei 35 °C (*International Critical Tables*, McGraw Hill Book Co., New York, 1926–1930)

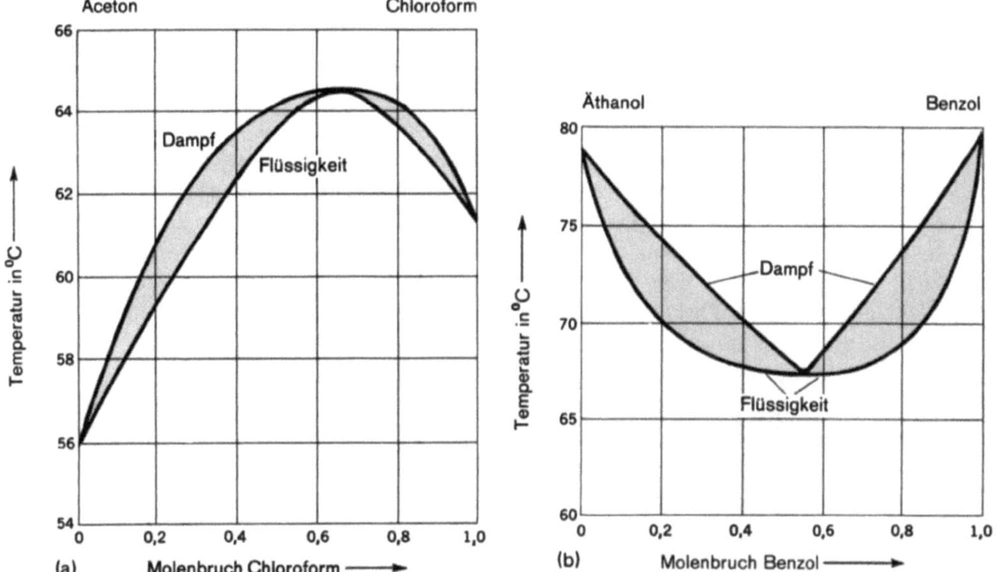

Bild 16.7 Siedediagramme der nicht idealen Systeme Aceton/Chloroform (a) und Äthanol/Benzol (b) bei 1 atm bzw. 750 Torr

Von größerer praktischer Bedeutung als Dampfdruckdiagramme sind *Siedediagramme* bei konstantem Druck, weil Destillationen meist bei konstantem Druck durchgeführt werden. Zwischen der Siedetemperatur und der Zusammensetzung gibt es jedoch leider keine so einfachen Beziehungen wie für die Dampfdrücke, nicht einmal bei idealen Mischungen. Sie sind systemspezifisch und müssen experimentell bestimmt werden. In den Siedediagrammen liegt die Kurve der Dampfzusammensetzung immer über der der Mischung (Bild 16.5b). Beide grenzen wiederum das Zweiphasengebiet Mischung/Dampf ab. Siedediagramme nichtidealer Mischungen sind in Bild 16.7 zu sehen. Auch sie besitzen Minima und Maxima, doch entspricht nun ein Siedemaximum einem Dampfdruckminimum und umgekehrt. Mischungen mit der Zusammensetzung bei den Extrema werden *azeotrope* Mischungen oder kurz *Azeotrope* genannt.

An Hand der Siedediagramme erkennen wir, daß beim Sieden einer Mischung mit der Zusammensetzung x_0 der Dampf an flüchtigerer Komponente reicher ist als die Mischung. Er besitzt nämlich die Zusammensetzung x_1. Wird nun Dampf dieser Zusammensetzung kondensiert, so hat man bereits einen gewissen Trenneffekt erzielt (= *einfache Destillation*). Wird das Kondensat erneut zum Sieden erhitzt, so besitzt der Dampf die Zusammensetzung x_2. Der Dampf des Kondensats ist wiederum reicher an flüchtigerer Komponente, usw.

Eine solche *stufenweise* oder *fraktionierte Destillation* könnte zwar bis zur vollständigen Trennung der beiden Komponenten getrieben werden, doch nur mit einem großen Nachteil: Die Ausbeute ist wegen des Hebelgesetzes sehr klein. Um sie zu vergrößern, müßten die einzelnen Stufen mit immer neuer Ausgangsmischung sehr oft durchschritten werden. Man geht deshalb in der Praxis so vor, daß die getrennten Operationen (Verdampfung-Kondensation, usw.) in einer Operation gleichzeitig durchgeführt werden. Zu diesem Zweck wird mit mehrstufigen Destillationsapparaten (*Kolonnen*) gearbeitet.

Fährt man eine Kolonne mit einer Benzol/Toluolmischung der Zusammensetzung x_0 an, wartet bei 100 % Rückfluß (keine Kondensatabnahme) thermisches Gleichgewicht ab und findet man bei einer Analyse des Kondensats die Zusammensetzung x_4, so schreibt man der Kolonne soviel theoretische Böden zu, als man Stufen zwischen x_0 und x_4 im Siedediagramm zeichnen kann. Im Falle der Benzol/Toluolmischung gibt das eine theoretische Bodenzahl von 4. Der Trenneffekt bei 100 % Rückfluß kommt also dem Trenneffekt einer vierfachen Destillation gleich.

In der Praxis entspricht ein Boden nicht ganz einem theoretischen Boden, da das Kondensat nicht vollständig in die Kolonne zurückkehrt, sondern abgezweigt wird. Der Trenneffekt wird schlechter und es bleibt der Wirtschaftlichkeit überlassen, welches Rückflußverhältnis wirklich eingestellt wird.

Alles was bisher über Destillationen gesagt wurde, gilt allerdings *nur* für ideale zweikomponentige Mischungen. Ihre Trennung in die Komponenten ist im Prinzip durch fraktionierte Destillation vollständig durchführbar. Dies gilt nicht für reale Mischungen mit Extrema in den Siedediagrammen. Gleichgültig von welcher Zusammensetzung man bei ihnen ausgeht, eine vollständige Trennung ist nicht zu erreichen. Bei Mischungen mit Siedeminimum besitzt das Kondensat und bei Mischungen mit Siedemaximum der Rückstand die azeotrope Zusammensetzung. Eine Trennung ist also grundsätzlich nur bis zu dieser Zusammensetzung möglich. Z. B. ändert sich bei der fraktionierten Destillation eines Äthanol/Benzolgemisches die Zusammensetzung des Dampfes entlang der Siedekurve bis zur azeotropen Zusammensetzung; dann destilliert das Azeotrop bei konstanter Temperatur über.

Ein technisches Beispiel ist die fraktionierte Destillation von Äthanol/Wassergemischen zur Herstellung von reinem Alkohol. Das Siedediagramm von Alkohol/Wasser besitzt ein Minimum bei 96 % Alkohol, so daß durch fraktioniertes Destillieren nur ein Gemisch dieser Zusammensetzung gewonnen werden kann. Im Rückstand bleibt reines Wasser übrig. Reinen Alkohol bekommt man entweder durch anschließende Destillation über gebranntem Kalk, der das Wasser chemisch bindet, oder durch fraktioniertes Destillieren nach Zugabe einer dritten Komponente wie Benzol. Das durch Zugabe von Benzol entstehende dreikomponentige System ist ein neues Azeotrop (19 Gew.% Alkohol, 74 Gew.% Benzol und 7 Gew.% Wasser) und destilliert bei 65 °C solange über, bis alles Wasser weg ist. Danach geht bei 68 °C ein Azeotrop aus 32 Gew.% Alkohol und 68 Gew.% Benzol über, bis im Rückstand reiner Alkohol verbleibt. Auf ähnliche Weise lassen sich auch andere konstantsiedende azeotrope Gemische trennen.

16.5 Thermodynamik idealer und realer flüssiger Mischungen

Ideale flüssige Mischungen sind dadurch ausgezeichnet, daß sie dem Raoultschen Gesetz gehorchen und ihre Mischungswärmen Null sind. Für sie wird in diesem Abschnitt die Konzentrationsabhängigkeit des chemischen Potentials abgeleitet und die resultierende Beziehung dazu verwendet, um die freie Mischungsenthalpie zu berechnen. Dabei wird sich herausstellen, daß die Mischungswärme oder Mischungsenthalpie tatsächlich den Wert

Null hat, obiges Kriterium also vernünftig gewählt worden ist. Die Konzentrationsabhängigkeit realer Mischungen kommt danach zur Sprache.

Eine flüssige Mischung bestehe aus m chemischen Stoffen, gegeben durch die Molenbrüche x_1 bis x_m. Sie befinde sich im thermischen Gleichgewicht mit ihrem Dampf. Für die i-te Komponente gilt dann nach Gl. (17):

$$^l\mu_i = {}^g\mu_i. \tag{35}$$

Analoge Ausdrücke gelten für die anderen Komponenten. Verhält sich der Dampf wie ein ideales Gas, dann ist das chemische Potential der i-ten Komponente in der Dampfphase durch

$$^g\mu_i = {}^g\mu_i^{\ddot o} + RT\ln p_i \tag{36}$$

festgelegt. Gl. (36) entspricht der in Abschnitt 11.6 abgeleiteten Beziehung

$$G_i = G_i^o + RT\ln p_i, \tag{37}$$

wenn man μ_i mit G_i identifiziert. $^g\mu_i^o$ ist das chemische *Standardpotential* der Dampfkomponente i beim Standarddruck $p_i = 1$ atm. Setzt man Gl. (36) in Gl. (35) ein, so gelangt man zum chemischen Potential der i-ten Komponente in der flüssigen Mischphase:

$$^l\mu_i = {}^g\mu_i^o + RT\ln p_i. \tag{38}$$

Handelt es sich um eine ideale Mischung, so gehorcht der Dampfdruck p_i dem Raoultschen Gesetz

$$p_i = x_i p_i^{\ddot o} \tag{39}$$

und aus Gl. (38) resultiert:

$$^l\mu_i = {}^g\mu_i^o + RT\ln p_i^o + RT\ln x_i. \tag{40}$$

Die beiden ersten Terme sind für eine bestimmte Temperatur konstant und von der Zusammensetzung unabhängig. Sie können zu einem Standardpotential $^l\mu_i^o$ der Komponente i in der Flüssigkeit zusammengefaßt werden. Das chemische Potential der i-ten Komponente in der idealen Mischung lautet dann:

$$^l\mu_i = {}^l\mu_i^o + RT\ln x_i. \tag{41}$$

Das Standardpotential $^l\mu_i^o$ ist aber andererseits nichts anderes als die freie Enthalpie G_i^o von 1 mol reiner flüssiger Komponente. Gl. (41) stellt damit das Gegenstück zu Gl. (36) dar. Sie gibt an, wie sich das chemische Potential μ mit dem Molenbruch x_i ändert.

Mit Gl. (41) lassen sich die energetischen Änderungen beim Zusammenmischen von reinen Komponenten exakt beschreiben. Mischen wir n_1 mol der Komponente 1, n_2 mol der Komponente 2, usw. zusammen, dann beträgt die freie Enthalpie nach dem Mischungsvorgang:

$$G_{nachher} = \sum_{i=1}^{m} \mu_i n_i = \sum_i \mu_i^{\ddot o} n_i + RT \sum_i n_i \ln x_i. \tag{42}$$

Dividieren wir Gl. (42) durch die Gesamtmolzahl $\sum_i n_i$, so erhalten wir die mittlere freie Enthalpie je mol Mischung:

$$\overline{G}_{nachher} = \frac{G_{nachher}}{\sum_i n_i} = \sum_i \mu_i^{\,\hat{o}} x_i + RT \sum_i x_i \ln x_i. \tag{43}$$

Da die freie Enthalpie der reinen Komponenten vor dem Zusammenmischen

$$G_{vorher} = \sum_{i=1}^{m} \mu_i^{\,\hat{o}} n_i \tag{44}$$

ausmacht, beträgt diese, wiederum auf 1 mol bezogen,

$$\overline{G}_{vorher} = \sum_i \mu_i^{\,o} x_i. \tag{45}$$

Die Differenz $\overline{G}_{nachher} - \overline{G}_{vorher}$ nennt man *freie Mischungsenthalpie* ΔG_{Misch} je mol Mischung:

$$\Delta G_{Misch} = RT \sum_i x_i \ln x_i. \tag{46}$$

Für zwei Komponenten lautet der Ausdruck

$$\Delta G_{Misch} = RT (x_1 \ln x_1 + x_2 \ln x_2). \tag{47}$$

ΔG_{Misch} beträgt bei 25 °C 1720 J, wenn die Mischung aus je 1/2 mol Komponenten besteht (Tabelle 16.1). Da die Molenbrüche immer kleiner als 1 sind, haben die freien Mischungsenthalpien immer *negative* Werte. Das heißt die Mischung der reinen Komponenten erfolgt *spontan*. Wie unten gezeigt wird, ist sie ausschließlich auf die dabei erfol-

Tabelle 16.1: Mischungsentropie und freie Mischungsenthalpie idealer zweikomponentiger Mischungen bei 25 °C

Molenbrüche		$x_1 R \ln x_1$	$x_2 R \ln x_2$	ΔS_{Misch}	ΔG_{Misch}	$T \Delta S_{Misch}$
x_1	x_2	J	J	$JK^{-1} mol^{-1}$	in $J mol^{-1}$	
1	0	0	0	0	0	0
0,9	0,1	$-0,79$	$-1,91$	2,70	-805	805
0,8	0,2	$-1,48$	$-2,68$	4,16	-1240	1240
0,7	0,3	$-2,08$	$-3,00$	5,08	-1510	1510
0,6	0,4	$-2,55$	$-3,05$	5,60	-1670	1670
0,5	0,5	$-2,88$	$-2,88$	5,76	-1720	1720
0,4	0,6	$-3,05$	$-2,55$	5,60	-1670	1670
0,3	0,7	$-3,00$	$-2,08$	5,08	-1510	1510
0,2	0,8	$-2,68$	$-1,48$	4,16	-1240	1240
0,1	0,9	$-1,91$	$-0,79$	2,70	-805	805
0	0	0	0	0	0	0

gende Entropiezunahme zurückzuführen (vgl. Mischungsentropie von idealen Gasen, Abschnitt 10.8).

Nach Abschnitt 11.6 gilt allgemein $\Delta G = \Delta H - T\,\Delta S$ und daher auch für den Zusammenhang zwischen der freien Mischungsenthalpie und der Mischungsentropie:

$$\Delta G_{Misch} = \Delta H_{Misch} - T\,\Delta S_{Misch}\,. \tag{48}$$

Außerdem gilt für die Temperaturabhängigkeit von ΔG bzw. ΔG_{Misch}

$$\frac{\partial}{\partial T}\left(\frac{\Delta G_{Misch}}{T}\right)_p = -\frac{\Delta H_{Misch}}{T^2}\,. \tag{49}$$

Da nun wegen Gl. (47) $\Delta G_{Misch}/T$ temperaturunabhängig, d. h. $\partial(\Delta G_{Misch}/T)/\partial T = 0$ ist, muß die Mischungsenthalpie Null sein! Dies ist die exakte Begründung dafür, daß ideale Mischungen thermodynamisch durch die Mischungswärme Null definierbar sind. Damit folgt unmittelbar:

$$\Delta S_{Misch} = -\frac{\Delta G_{Misch}}{T} = -R\sum_i x_i \ln x_i\,. \tag{50}$$

Die Mischungsentropie ist deswegen auch unabhängig vom speziellen Aufbau der beteiligten Moleküle. Ob Mischungen, mit denen man zu tun hat, wirklich ideal sind, muß von Fall zu Fall experimentell geprüft werden. Eine graphische Darstellung der idealen Verhältnisse ist in Bild 16.8 zu sehen. Sowohl die freie Mischungsenthalpie als auch die

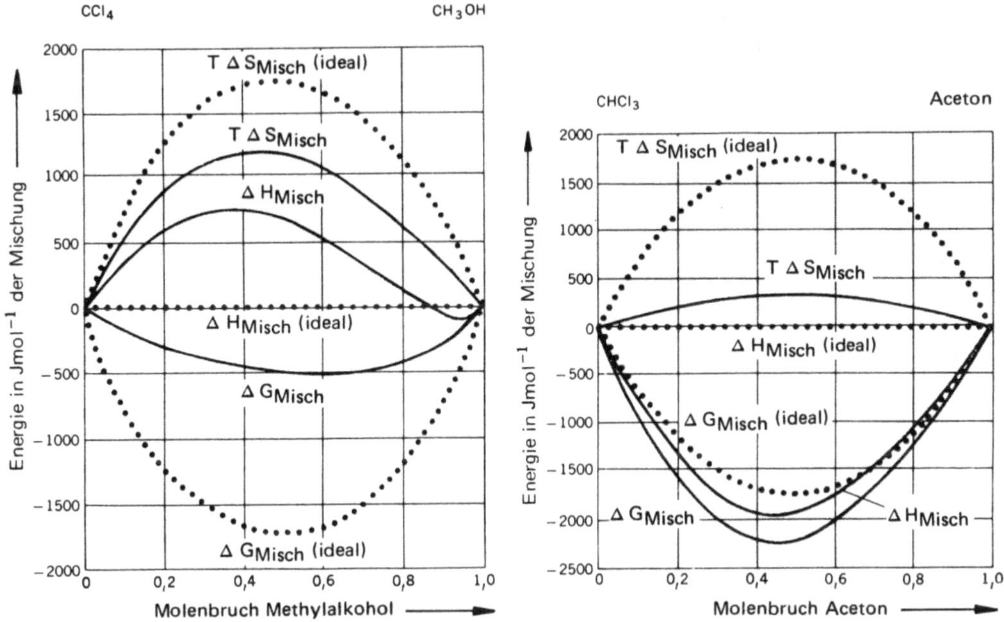

Bild 16.8 Mischungsenthalpien der nicht ideal mischbaren Systeme CCl_4/CH_3OH (a) und Chloroform/Aceton (b) bei 25 °C (*I. Prigogine, R. Defay:* Thermodynamique chimique, Desoer, Liege 1950)

Mischungsentropie besitzen Extremwerte, wenn die beiden Komponenten in gleicher Menge vorhanden sind.

Will man mit demselben Konzept auch reale *Mischungen* beschreiben, so hat man die Molenbrüche durch geeignet definierte „aktive" Molenbrüche bzw. *Aktivitäten* zu ersetzen. Aus der Grundgleichung (41) wird dann

$$\mu_i = \mu_i^0 + R\,T\ln a_i. \tag{51}$$

a_i ist nun die Aktivität der i-ten Komponente in der Mischphase und Korrekturfaktor gegenüber dem Molenbruch ist der Aktivitätskoeffizient

$$\gamma_i = \frac{a_i}{x_i}. \tag{52}$$

Er geht gegen 1, wenn der Standardzustand ($a_i = 1$) mit der reinen Komponente identisch wird (Bild 16.9),

$$\lim_{x_i \to 1}\gamma_i = 1, \tag{53}$$

und beschreibt thermodynamisch die Abweichung vom Idealzustand (vgl. Fugazitätskoeffizient in Abschnitt 12.7). Abweichungen vom Idealzustand drücken sich makroskopisch durch eine Nichtbefolgung des Raoultschen Gesetzes und durch eine endliche Mischungsenthalpie aus.

Wie wir schon wissen, lassen sich zwei reale Mischungstypen unterscheiden: 1. Mischungen mit Dampfdrücken unter den Raoultschen Werten und 2. Mischungen mit Dampfdrücken darüber; sie entsprechen negativen bzw. positiven Mischungsenthalpien. Dieses reale Verhalten kann molekular durch gegenseitige Molekülanziehung unter Ausbildung von Assoziaten erklärt werden. Beim ersten Typ besitzen die ungleichen Moleküle eine größere Anziehung als die gleichen, denn es wird beim Zusammenmischen Wärme frei. Durch die

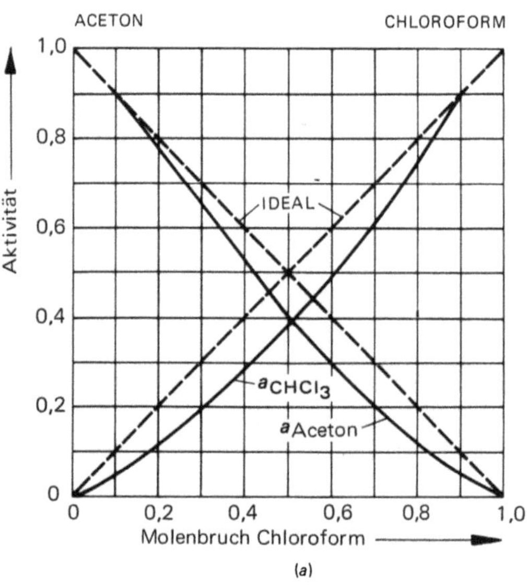

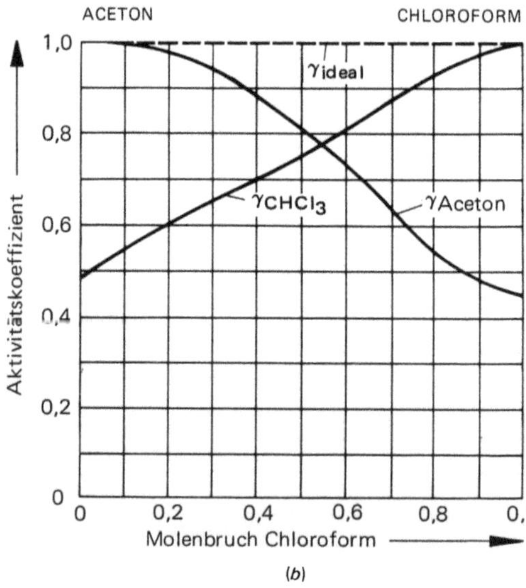

Bild 16.9 Aktivitäten (a) und Aktivitätskoeffizienten (b) von Aceton und Chloroform in Mischungen bei 25 °C (berechnet aus Daten des Bildes 16.4b)

Tabelle 16.2: Aktivitäten und Aktivitätskoeffizienten verschiedener zweikomponentiger Mischungen (*R. Bell, T. Wright:* J. Phys. Chem. 31 (1972) 1884; *J. von Zawidski:* Z. Phys. Chem. 35 (1900) 129; *J. Timmermanns:* Physico-chemical Constants of Binary Systems, 2, Interscience Publ., Inc., New York)

Lösungsmittel Benzol (gelöster Stoff Toluol, 20 °C)			Lösungsmittel Toluol (gelöster Stoff Benzol, 20 °C)		
Molenbruch x	Aktivität a	Aktivitätskoeffizient x_γ	Molenbruch x	Aktivität a	Aktivitätskoeffizient x_γ
1,00	1,00	1,00	1,00	1,00	1,00
0,67	0,65	0,97	0,77	0,78	1,01
0,55	0,54	0,98	0,57	0,55	1,07
0,43	0,46	1,07	0,45	0,47	1,04

Lösungsmittel Aceton (gelöster Stoff CHCl$_3$, 35 °C)			Lösungsmittel CHCl$_3$ (gelöster Stoff Aceton, 35 °C)		
x	a	x_γ	x	a	x_γ
1,00	1,00	1,00	1,00	1,00	1,00
0,94	0,94	1,00	0,92	0,91	0,99
0,88	0,87	0,99	0,81	0,76	0,94
0,73	0,70	0,96	0,66	0,55	0,83
0,63	0,57	0,90	0,58	0,48	0,83
0,51	0,42	0,82	0,49	0,38	0,78

Lösungsmittel CH$_3$OH (gelöster Stoff CCl$_4$, 35 °C)			Lösungsmittel CCl$_4$ (gelöster Stoff CH$_3$OH, 35 °C)		
x	a	x_γ	x	a	x_γ
1,00	1,00	1,00	1,00	1,00	1,00
0,91	0,95	1,04	0,98	0,99	1,01
0,79	0,88	1,11	0,87	0,97	1,11
0,66	0,84	1,27	0,64	0,94	1,47
0,49	0,80	1,63	0,51	0,92	1,80
0,36	0,78	2,16	0,34	0,87	2,56

Ausbildung von *Assoziaten*, z. B. über Wasserstoffbrücken wird auch der niedrigere Dampfdruck verständlich; die Moleküle werden sozusagen in der Lösung zurückgehalten. Assoziationen beeinflussen aber auch die Entropie, denn sie schränken die Unordnung der Flüssigkeitsstruktur ein (Aufbau von Nahordnung). Die Entropie der Mischphase muß folglich kleiner als die der ungemischten sein. Dem zweiten Typ liegen hingegen stärkere Wechselwirkungen der eigenen Moleküle zugrunde; diese werden beim Mischen aufgehoben, was eine Energiezufuhr erfordert (positive Mischungsenthalpie).

In Tabelle 16.2 sind für einige bereits bekannte Systeme die Aktivitätskoeffizienten der Komponenten bei verschiedenen Zusammensetzungen angegeben; ihrer Berechnung liegen die Dampfdruckdiagramme zugrunde. Je nachdem, ob es sich um Systeme mit positiver oder negativer Mischungswärme handelt, sind die Koeffizienten größer oder kleiner als 1, dem Wert, der ideales Verhalten kennzeichnet. Mit Hilfe der sogenannten

Gibbs-Duhemschen Gleichung können Relationen zwischen den Aktivitäten bzw. Koeffizienten einzelner Komponenten formuliert werden, was von großer praktischer Bedeutung sein kann.

Die Gibbs-Duhemsche Gleichung lautet

$$\sum_i n_i \, d\mu_i = 0$$

bzw.

$$\frac{1}{\sum_i n_i} \sum_i n_i \, d\mu_i = \sum_i x_i \, d\mu_i = 0 \tag{54}$$

und wird wie folgt abgeleitet (Abschnitt 16.2): Ändern sich infolge einer Zuständsänderung außer den Komponentenmolzahlen auch die chemischen Potentiale eines realen Systems, dann beträgt die gesamte freie Enthalpieänderung (Variation von G)

$$dG = \sum_{i=1}^{m} \mu_i \, dn_i + \sum_{i=1}^{m} d\mu_i \, n_i . \tag{55}$$

Andererseits muß immer Gl. (11) (totales Differential von G)

$$dG = \sum_{i=1}^{m} \mu_i \, dn_i \tag{56}$$

gelten, so daß

$$\sum_{i=1}^{m} d\mu_i \, n_i = 0 . \tag{57}$$

Setzt man Gl. (51) in Gl. (57) ein, so resultiert die gewünschte Gibbs-Duhemsche Beziehung in der Form

$$\sum_i x_i \, d\ln a_i = 0 . \tag{58}$$

Für die Relation zwischen den Aktivitäten einer zweikomponentigen Mischung ergibt sich damit

$$d\ln a_1 = -\frac{x_2}{x_1} \, d\ln a_2 . \tag{59}$$

Um eine solche für die zugehörigen Aktivitätskoeffizienten herzuleiten, setzen wir $a_1 = \gamma_1 x_1$ und $a_2 = \gamma_2 x_2$ in Gl. (59) ein und berücksichtigen, daß $x_1 \, d\ln x_1 + x_2 \, d\ln x_2 = 0$:

$$x_1 \, d\ln\gamma_1 = -x_2 \, d\ln\gamma_2 . \tag{60}$$

Bei Kenntnis der Abhängigkeit der Aktivität a_2 bzw. des Koeffizienten γ_2 von der Zusammensetzung können wir nach Gl. (59) bzw. (60) a_1 bzw. γ_1 berechnen. Dazu ist jedoch meist eine graphische Integration erforderlich; in Bild 16.10 ist eine solche zu sehen. Gegeben ist die Wasseraktivität einer Rohrzuckerlösung als Funktion des Molen-

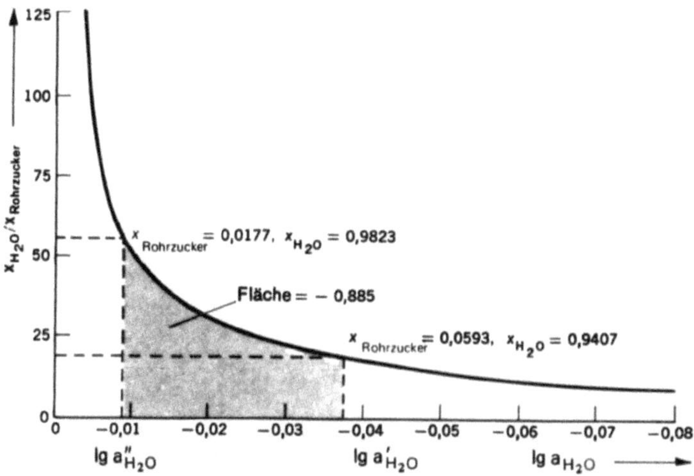

Bild 16.10 Graphische Ermittlung der Rohrzuckeraktivität aus der gemessenen Wasseraktivität bei 0 °C (nach Tabelle 16.3)

Tabelle 16.3: Aktivitäten des Rohrzuckers und des Wassers verschieden konzentrierter Rohrzuckerlösungen bei 0 °C (*The International Critical Tables*, III, 293, McGraw Hill Book Co., New York, 1928)

Molalität des Rohrzuckers	Molenbrüche		Dampfdruck des Wassers Torr	a_{H_2O}	$a_{Rohrzucker}$
	Rohrzucker	Wasser			
0	0	1,000	4,579	1,000	0
0,2	0,0036	0,996	4,562	0,996	0,0036
0,5	0,0089	0,991	4,536	0,990	0,0089
1,0	0,0177	0,982	4,489	0,980	0,019
3,5	0,059	0,941	4,195	0,916	0,146
4,5	0,075	0,925	4,064	0,888	0,238
5,0	0,082	0,918	3,994	0,872	0,292
6,0	0,098	0,902	3,867	0,845	0,403

bruchverhältnisses x_{H_2O}/x_{Zucker} aus Messungen des Wasserdampfdruckes. Die Fläche unter der Kurve zwischen den Punkten $\lg a'$ und $\lg a''$ beträgt

$$\lg \frac{a'_{Zucker}}{a''_{Zucker}} = -\int_{\lg a''}^{\lg a'} \frac{x_{H_2O}}{x_{Zucker}} \, d\lg a_{H_2O} \tag{61}$$

und liefert direkt das Verhältnis der Zuckeraktivitäten mit a' und a''. Da wir aber auf diese Weise nur das Verhältnis zweier Aktivitäten bekommen, muß zusätzlich die Aktivität eines Referenzzustandes bekannt sein. Wir können dafür z. B. den Zustand $a_{Zucker} = x_{Zucker}$ der ideal verdünnten Mischung wählen und von diesem Punkt aus integrieren. Ergebnisse solcher Integrationen sind in der Tabelle 16.3 für 0 °C enthalten.

16.6 Unvollständig mischbare Flüssigkeiten

Einfach aussehende Zustandsdiagramme haben Systeme mit flüssigen Phasen dann, wenn sie bei konstantem Druck innerhalb eines gewissen Konzentrationsbereiches unmischbar und außerhalb dieses vollständig mischbar sind. Sie besitzen natürlich bei tiefen Temperaturen auch feste Phasen und bei hohen auch eine Gasphase, doch sollen diese erst später besprochen werden.

Drei charakteristische Typen von zweikomponentigen, flüssigen Systemen kennt man. Die Zustandsdiagramme dreier Beispiele dafür sind in Bild 16.11 zu sehen. Bei allen Beispielen grenzen die stark ausgezogenen Phasengrenzkurven ein Zweiphasengebiet, wo die Flüssigkeiten miteinander unmischbar sind, von dem Einphasengebiet vollständiger Mischbarkeit ab.

An Hand von Bild 16.11a soll das Gebiet der Unmischbarkeit näher untersucht werden. Gibt man z. B. bei 60 °C zu reinem Wasser portionsweise Isobutylalkohol zu, so mischen sich beide Flüssigkeiten solange (*Mischphase*), bis die Mischbarkeitsgrenze im Punkt a erreicht ist. Geht man umgekehrt von reinem Isobutylalkohol aus und gibt man Wasser zu, so ist die Grenze im Punkt c erreicht. Wollte man dazwischenliegende, mischbare Zusammensetzungen herstellen, so gelingt dies nicht. Gibt man z. B. die Systemzusammensetzung b vor, so entstehen immer zwei getrennte flüssige Mischphasen mit den Zusammensetzungen a und c. Ihre Mengenverhältnisse hängen von der vorgegebenen Systemzusammensetzung ab. Innerhalb der Phasengrenzkurve sind also beide Flüssigkeiten nur teilweise (Zweiphasengebiet), außerhalb vollkommen mischbar (Einphasengebiet = Mischphase). Die Anwendung der Phasenregel auf Zweiphasengebiete liefert $F = K - P + 2 = 2 - 2 + 2 = 2$. Hält man den Druck und die Temperatur fest, so gibt es keine Freiheit. Das heißt, innerhalb des Zweiphasengebietes findet man immer zwei Phasen mit denselben Zusammensetzungen. Nur ihr Mengenverhältnis ändert sich bei einer Änderung der Systemzusammensetzung.

Gibt man die Systemzusammensetzung $x_0 = b$ bei 60 °C vor und erhöht man die Temperatur (entlang der senkrechten, gestrichelt gezeichneten Linie), so ändert sich die

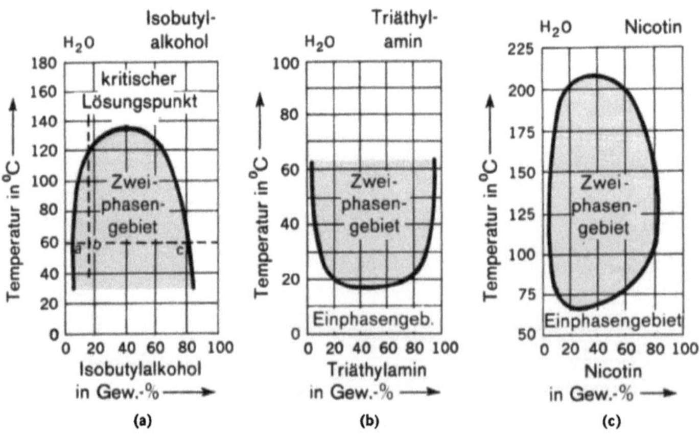

Bild 16.11 Zustandsdiagramme zweier unvollständig mischbarer Flüssigkeiten bei 1 atm

Zusammensetzung der beiden flüssigen Mischphasen nach dem Hebelgesetz, denn es ändern sich ja mit zunehmender Temperatur auch die Streckenverhältnisse. In diesem speziellen Fall (Zusammensetzung b) nimmt dem Hebelgesetz zufolge die wasserreichere Mischphase auf Kosten der anderen an Isobutylalkohol zu. Beim Überschreiten der Phasengrenzkurve gehen schließlich beide Mischphasen in eine einzige über. Wählt man von vornherein eine Zusammensetzung des Systems, die dem Maximum der Phasengrenzkurve entspricht, so sind zuletzt beide Mischphasen in gleicher Menge vorhanden, bevor sie sich in eine einzige Mischphase umwandeln. Der Punkt im Maximum wird als *kritischer Lösungs-* oder *Entmischungspunkt* bezeichnet.

Die beiden anderen Zustandsdiagramme in Bild 16.11 sind zwei weitere ausgesuchte Beispiele für zweikomponentige flüssige Systeme. Das Zustandsdiagramm von Wasser/ Triäthylamin besitzt eine Phasengrenzkurve, die im Gegensatz zu der des Systems Wasser/ Isobutylalkohol zur Abszisse hin konvex gekrümmt ist. Dies bedeutet, daß die Mischbarkeit bei tieferen Temperaturen, entgegen normalen Vorstellungen, größer ist als bei höheren. Die zwischenmolekularen Wechselwirkungen sind offensichtlich bei tieferen Temperaturen wirksamer. Die Phasengrenzkurve des Systems Wasser/Nikotin ist schließlich in sich geschlossen. Das von ihr umschlossene Gebiet wird als *Mischungslücke* bezeichnet.

Nun zu einer Destillationsmethode, die sich in der organischen Chemie großer Beliebtheit erfreut, der *Wasserdampfdestillation.* Bei dieser Destillationsart bilden verschiedene Mischungen von Wasser und organischen Verbindungen das System. Mischt man z.B. Wasser und Isobutylalkohol innerhalb der Mischungslücke zusammen, so bekommt man zwei getrennte Mischphasen mit verschiedener Zusammensetzung. Jede

Mischphase besitzt ihren eigenen Partialdruck; die Partialdrücke setzen sich additiv zum Gesamtdruck zusammen. Solange zwei Mischphasen vorhanden sind, muß der Gesamtdruck konstant bleiben, da sich die Partialdrücke ja nur dann ändern, wenn sich die Zusammensetzung der beiden Mischphasen ändert. Es muß folglich auch der Siedepunkt und die Zusammensetzung der Dampfphase konstant bleiben. Da normalerweise ein äußerer Gesamtdruck von 1 atm vorgegeben wird, die zwei Mischphasen aber kleinere Partialdrücke besitzen, liegt der Siedepunkt des Systems niedriger als die Siedepunkte beider Komponenten. Dies alles geht aus dem Siedediagramm in Bild 16.12 auch hervor. Alle Zweiphasenmischungen sieden bei der Temperatur T_M und besitzen im Gleichgewicht

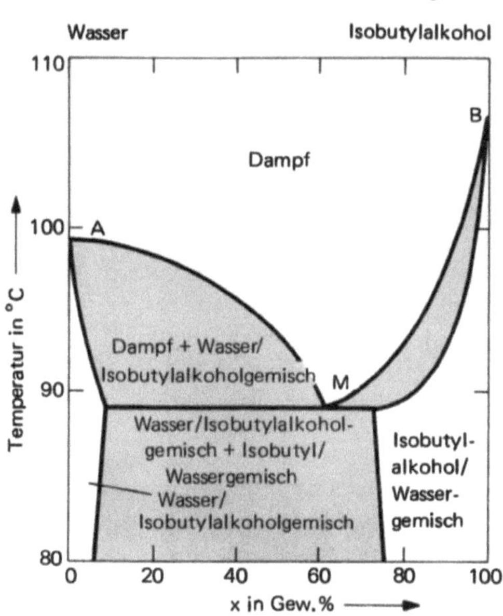

Bild 16.12 Siedediagramm des Systems Wasser/Isobutylalkohol bei 1 atm (*L. P. Hamett:* Introduction to the Study of Physical Chemistry, McGraw Hill Book Co., New York, 1952)

eine Dampfphase mit der Zusammensetzung x_M. Wesentliche Erkenntnis: Durch Zugabe von Wasser wird der Siedepunkt erniedrigt.

Sehr viele organische Substanzen zersetzen sich bevor sie sieden und können daher durch Fraktionieren nicht voneinander getrennt werden. Die Herabsetzung des Siedepunktes durch Zugabe von Wasser ist nun der eigentliche Grund, weshalb man überhaupt mit Wasserdampf destilliert. Hierzu wird das organische Gemisch mit Wasser vermengt und erwärmt, oder es wird direkt Wasserdampf eingeblasen. Die Destillation erfolgt bei Temperaturen unter 100 °C. Das Kondensat besteht dann aus unmischbarer organischer Substanz und Wasser mit einer Zusammensetzung, die dem Dampfdruck proportional ist. Der Trennung durch Wasserdampfdestillation ist aber auch eine praktische Grenze gesetzt. Sehr hoch siedende organische Stoffe mit hohem Molekulargewicht haben sehr kleine Dampfdrücke und ihr Anteil im Kondensat ist deshalb nur gering.

16.7 Schmelzdiagramme

Untersucht man zweikomponentige Systeme auch nach tieferen Temperaturen hin, so bekommt man in den Zustandsdiagrammen, jetzt *Schmelzdiagramme* genannt, flüssige und feste Phasen. Besonders einfache Schmelzdiagramme haben Systeme, deren Komponenten in der Schmelze (Mischphase) vollkommen mischbar sind, während die festen Phasen aus einem Gemenge reiner Kristalle bestehen. Ein Beispiel dafür ist das System Benzol/Naphthalin (Bild 16.13). Die Phasengrenzkurven $\overline{AE}$ und $\overline{BE}$ (*Schmelzkurven*) geben die Temperatur an, bei der sich Schmelzen (verschiedener Zusammensetzung) im Gleichgewicht mit einer festen Phase befinden. Die durch E gehende, horizontale Linie

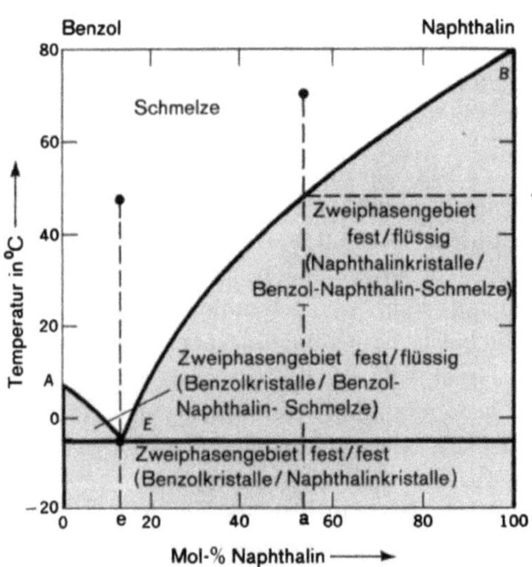

Bild 16.13 Schmelzdiagramm des Systems Benzol/Naphthalin bei 1 atm (mit Eutektikum)

grenzt gemeinsam mit den Kurven $\overline{AE}$ und $\overline{EB}$ ein fest-flüssiges Zweiphasengebiet ab, während unterhalb der horizontalen Linie ein fest-festes Zweiphasengebiet existiert.

Was wird beobachtet, wenn man Benzol/Naphthalingemische verschiedener Zusammensetzung abkühlt und die Temperatur des Systems in Abhängigkeit von der Zeit mißt? Trägt man die Temperatur gegen die Zeit in einem Diagramm auf, bekommt man sogenannte *Abkühlungskurven*. Solche Abkühlungskurven stellen u. a. die experimentelle Grundlage für die Zustandsdiagramme dar. Daneben werden meist noch Röntgenstruktur- und Schliffbilduntersuchungen angestellt.

In Bild 16.14 sind die Abkühlungskurven für verschiedene Benzol/Naphthalingemische zu sehen, darunter die Abkühlungskurve, die der Zusammensetzung $x_0 = a$ in Bild 16.13 entspricht. Das flüssige System kühlt sich zunächst schnell bis zu einer bestimmten Temperatur ab, wo dann eine Verzögerung der Abkühlungsgeschwindigkeit

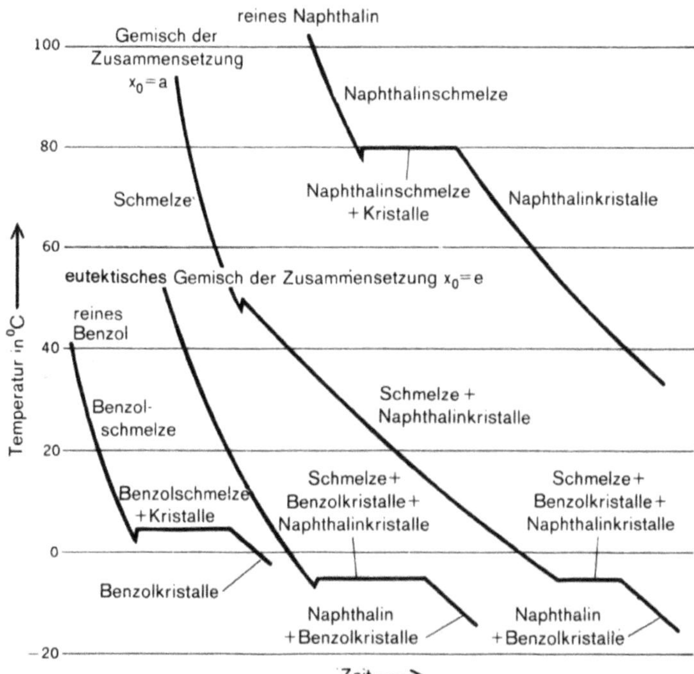

Bild 16.14 Schematische Abkühlungskurven von verschiedenen Benzol/Naphthalingemischen

eintritt. Diese Temperatur ist durch die Phasengrenzkurve $\overline{BE}$ gegeben. Beim Unterschreiten dieser Temperatur beginnt Naphthalin auszukristallisieren (Eintritt in das Zweiphasengebiet). Bei weiterem Abkühlen ändert sich die Zusammensetzung der Schmelze entlang der Kurve $\overline{BE}$, ihre Masse nach dem Hebelgesetz. Es kristallisiert immer mehr Naphthalin aus, bis die Schmelze die Zusammensetzung x = e erreicht; sie wird folglich immer benzolreicher.

Da während der Kristallisation von Naphthalin die Kristallisationswärme (Gitterenergie) frei wird, kühlt sich das System langsamer als vorher ab. Diese Verzögerung der Abkühlungsgeschwindigkeit macht sich im Auftreten eines *Knies* in der Abkühlungskurve bemerkbar. Erreicht das System die Temperatur im Punkt E (Zusammensetzung der Schmelze x = e), kristallisieren Benzol und Naphthalin gleichzeitig aus. Da die Temperatur des Systems nicht eher absinken kann, bevor nicht alles Benzol und Naphthalin auskristallisiert ist, bekommt man in der Abkühlungskurve einen sogenannten *Haltepunkt*.

Weil während des Abkühlungsvorganges fortlaufend Naphthalin auskristallisiert und neue Substanz immer an bereits vorhandenen Naphthalinkristallen anwächst, entsteht ein Gemenge von großen Naphthalinkristallen und kleinen Benzolkristallen. Das gesamte Benzol muß nämlich beim Erreichen der Temperatur im Punkt E, der eutektischen Temperatur, auf einmal auskristallisieren. Dadurch entstehen sehr viele Kristallisationskeime, auf die überall gleichviel Benzol aufwächst. Das Schliffbild einer festen Mischung zeigt daher große Naphthalinkristalle, eingebettet in kleine Benzolkristalle.

Führt man den Abkühlungsvorgang mit einer Mischung der Anfangszusammensetzung $x_0 = e$ durch, so kühlt sich die Schmelze schnell bis zum Punkt E ab, ohne daß Naphthalin oder Benzol auskristallisiert. Erst beim Unterschreiten der Temperatur im Punkt E kristallisieren Benzol und Naphthalin gleichzeitig aus. Ein Schliffbild muß daher ein Gemenge von gleich großen Benzol- und Naphthalinkristallen zeigen. Die Mischung mit der Zusammensetzung $x_0 = e$ ist die tiefstschmelzende Mischung aller Benzol/Naphthalinmischungen; sie wird *eutektische* Mischung (*Eutektikum*) genannt. Das Eutektikum erkennt man sowohl an den Abkühlungskurven (nur ein Haltepunkt), als auch an den Schliffbildern.

Kühlt man schließlich die Schmelzen der reinen Komponenten ab, so bleibt die Abkühlungsgeschwindigkeit bis zu den Schmelzpunkten gleich. Der Schmelzpunkt selbst gibt sich in der Abkühlungskurve ebenfalls durch einen Haltepunkt zu erkennen.

Dem Schmelzdiagramm in Bild 16.13 entnimmt man, daß der Schmelzpunkt von Naphthalin durch Zugabe von Benzol bis zur eutektischen Temperatur herabgesetzt werden kann. Dasselbe gilt auch für viele andere organische Substanzen. Darauf gründet sich letztlich die Reinheitsprüfung von organischen Präparaten durch eine Schmelzpunktbestimmung.

Schmelzdiagramme mit Eutektika und Mischkristallen

Etwas modifiziert wird das Schmelzdiagramm mit Eutektikum, wenn bei der Abkühlung nicht die reinen Substanzen, sondern feste Lösungen beider Komponenten auskristallisieren (Mischkristalle = Mischphase). Hierzu das Beispiel Silber/Kupfer (Bild 16.15). Die Mischkristallbildung äußert sich im Schmelzdiagramm im Auftreten zweier neuer Mischphasengebiete, die durch die zwei Phasengrenzkurven $\overline{AC}$ und $\overline{DB}$ abgegrenzt werden. Die Abkühlungskurven sehen ähnlich wie früher aus; das eutektische Gemisch besteht nun aber aus einem Gemenge von zwei Mischkristallarten.

Schmelzdiagramme mit Eutektika und Verbindungen

Eine andere Gruppe von zweikomponentigen Systemen besitzt Schmelzdiagramme, die durch *Verbindungsbildung* ausgezeichnet sind. Besitzen die zwei Komponenten unter bestimmten Bedingungen die Tendenz, eine Verbindung (Legierung, Anlagerungsverbindung, usw.) einzugehen, so entstehen Schmelzdiagramme, wie sie die Bilder 16.16a und b zeigen. Verbindungsbildung tritt bei ganz bestimmten Molverhältnissen der Komponenten ein. Beim Abkühlen einer Schmelze kristallisieren dann die beiden Komponenten nicht rein aus, auch nicht in Form von Mischkristallen, sondern als reine Kom-

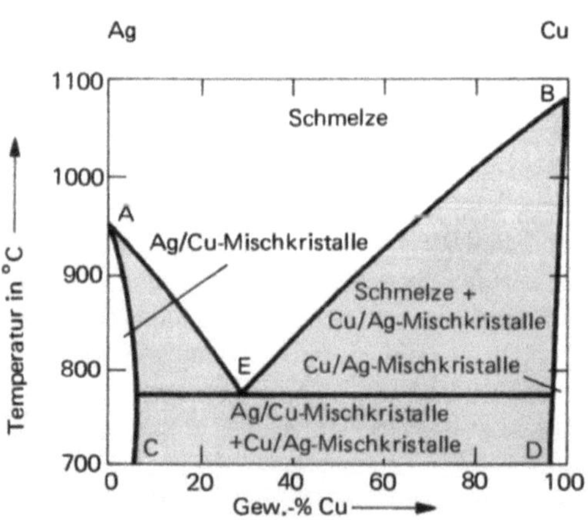

Bild 16.15 Schmelzdiagramm des Systems Ag/Cu bei 1 atm (mit Eutektikum und Mischkristallbildung)

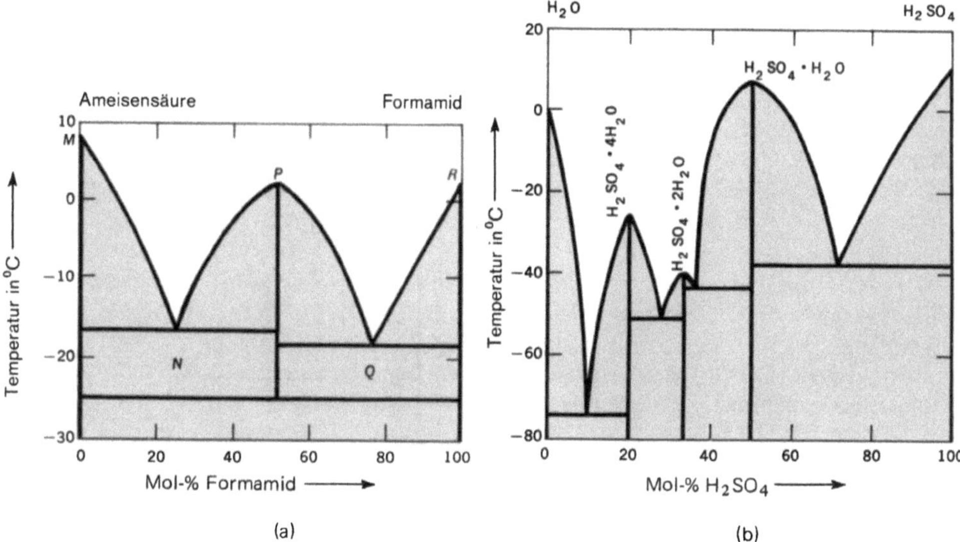

Bild 16.16 Schmelzdiagramm der Systeme Ameisensäure/Formamid (a) und H_2O/H_2SO_4 (b) bei 1 atm (*L. P. Hamett:* Introduction to the Study of Physical Chemistry, McGraw Hill Book Co., New York, 1952) (mit Verbindungsbildung)

ponenten oder Mischkristalle und Kristalle der Verbindung. Das gesamte Schmelzdiagramm setzt sich daher formal aus mehreren Schmelzdiagrammen mit Eutektika zusammen.

Kühlt man z. B. eine Ameisensäure/Formamidschmelze mit Zusammensetzungen zwischen x_M und x_N sowie zwischen x_R und x_Q ab, so kristallisiert zuerst reine Ameisensäure bzw. Formamid aus. Beim Abkühlen im Bereich zwischen x_P und x_N, sowie zwischen x_P und x_Q kristallisiert zuerst die Anlagerungsverbindung von einem Molekül Ameisensäure und einem Molekül Formamid aus. Das Eutektikum bei N besteht aus einem Gemenge von Ameisensäure- und Verbindungskristallen, das bei Q aus Verbindungs- und Formamidkristallen. Besonders häufig sind auch Verbindungsbildungen bei wäßrigen Lösungen von Säuren und Salzen zu beobachten. Die Verbindungen sind Hydrate mit mehr oder weniger Wassermolekülen (Bild 16.16b).

Schmelzdiagramme mit inkongruent schmelzenden Verbindungen

Etwas komplizierter sehen Schmelzdiagramme aus, wenn die Verbindungen nicht bis zu ihrem Schmelzpunkt stabil sind, sondern schon vorher in reine Kristalle einer Komponente und in eine Lösung beider Komponenten zerfallen. Dies wird an Hand eines konkreten Beispiels, des Systems $CaF_2/CaCl_2$ (Bild 16.17) leichter verständlich. Geht man von dem Doppelsalz $CaF_2 \cdot CaCl_2$ als Verbindung aus und erwärmt dieses, so zerfällt es bei 737 °C in eine Schmelze der Zusammensetzung x_B und in feste CaF_2-Kristalle. Zerfälle dieser Art bezeichnet man als *inkongruentes Schmelzen* oder als *peritektische Reaktion*. Die in Bild 16.17 gestrichelt gezeichnete Kurve soll andeuten, wie das Schmelzdiagramm aussehen würde, wäre die Verbindung stabil; sie ist für die Praxis ohne Bedeutung.

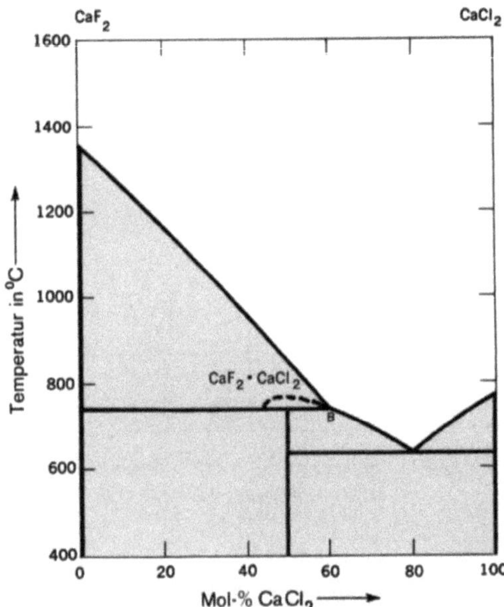

Bild 16.17

Schmelzdiagramm des Systems CaF$_2$/CaCl$_2$ bei 1 atm (inkongruentes Schmelzen der Verbindung) (*International Critical Tables*, IV, McGraw Hill Book Co., New York, 1927)

Schmelzdiagramme mit Mischkristallen

Zum Abschluß dieses Abschnittes über Schmelzdiagramme zweikomponentiger Systeme ein Typ, bei dem nur eine einzige feste Phase, eine Mischphase, in Erscheinung tritt. Bei dieser Phase handelt es sich um eine feste Lösung beider Komponenten (*Mischkristalle*). Daß nur eine einzige feste Phase auftritt, ist eine Folge der vollständigen Mischbarkeit beider Komponenten im festen Zustand.

Partielle Mischbarkeit im festen Zustand (z. B. beim System Kupfer/ Silber) tritt auf, wenn das Grundgitter einer Komponente die Atome der anderen bis zu einem gewissen Ausmaß auf Zwischengitterplätze einbauen kann. Man spricht dann von *Einlagerungsmischkristallen*. Vollkommene Mischbarkeit ergibt sich hingegen dann, wenn zwei Atomsorten ungefähr gleichen Ionenradius besitzen und sich im regulären Gitter gegenseitig vertreten können. Mischkristalle dieser Art werden *Substitutionsmischkristalle* genannt.

Das System Kupfer/Nickel bildet Substitutionsmischkristalle (Bild 16.18). Durch die Liquidus- und Solidus-Kurve wird ein Zweiphasengebiet abgegrenzt, in dem Schmelze

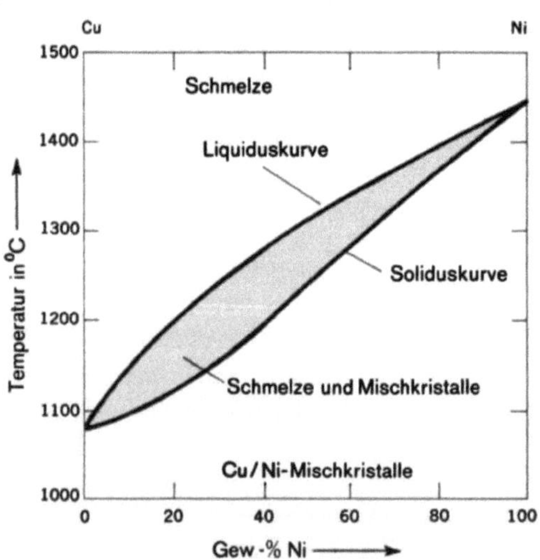

Bild 16.18 Schmelzdiagramm des Systems Cu/Ni (vollständige Mischbarkeit im festen Zustand) (*International Critical Tables*, II, 433, McGraw Hill Book Co., New York, 1927)

und Mischkristalle nebeneinander vorkommen. Die Mischkristalle sind immer reicher an der höherschmelzenden Komponente, wie man aus dem Diagramm leicht abliest. Für die Abkühlung von Schmelzen ist in diesem Fall charakteristisch, daß sich innerhalb des Zweiphasengebietes auch die Zusammensetzung der Mischkristalle laufend ändern muß. Wird eine Schmelze schnell abgekühlt, im Grenzfall abgeschreckt, entstehen Mischkristalle, die nicht homogen aufgebaut sind. Auf die zuerst entstandenen Mischkristalle wachsen Schichten mit Zusammensetzungen auf, die sich nicht im thermischen Gleichgewicht mit der Schmelze befanden.

16.8 Zustandsdiagramme dreikomponentiger Systeme

Zur empirischen Beschreibung der Phasen von Systemen mit drei Komponenten braucht man insgesamt vier intensive Variable. Um zweidimensionale Zustandsdiagramme zeichnen zu können, muß man sich daher auf zwei Variablen beschränken, und die beiden anderen konstant halten. Meist werden der Druck und die Temperatur konstant gehalten und Zustandsdiagramme mit zwei Koordinaten der Zusammensetzung gezeichnet. Die dritte Koordinate der Zusammensetzung ist durch die zwei übrigen festgelegt.

Für solche Zustandsdiagramme wird gewöhnlich ein schiefwinkeliges Koordinatensystem benutzt, bei dem die Koordinatenachsen miteinander Winkel von 60° einschließen (Bild 16.19). Da die Koordinaten bei jeweils 100 % der Komponenten enden, ergibt sich ein gleichseitiges Dreieck. Jeder Punkt in diesem Dreieck gibt dann die Zusammensetzung des dreikomponentigen Systems an. Interessiert man sich außerdem für die Temperaturabhängigkeit, so kann senkrecht zu diesem zweidimensionalen Diagramm noch eine Temperaturachse hinzugenommen werden (vgl. Bild 16.22).

Das Zustandsdiagramm eines dreikomponentigen flüssigen Systems bei konstanter Temperatur

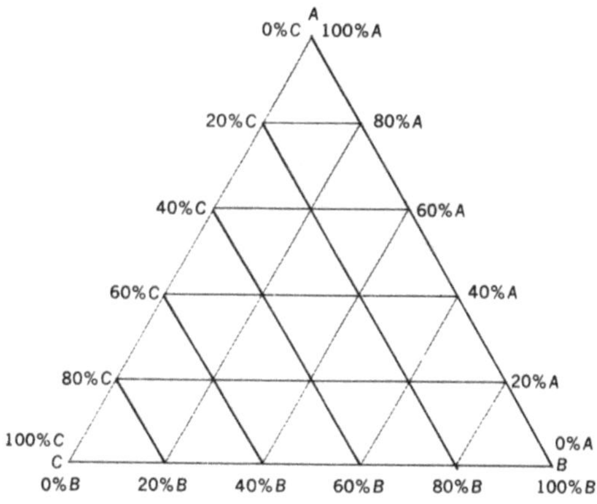

Bild 16.19 Koordinatensystem für ein dreikomponentiges System bei konstanter Temperatur und konstantem Druck

ähnelt den Diagrammen zweikomponentiger Systeme, nur sind hier drei Komponenten in gewissen Bereichen der Zusammensetzung miteinander mischbar, in anderen unmischbar. Im unmischbaren Bereich trennen sie sich in zwei Mischphasen. Das System Essigsäure/Chloroform/Wasser ist z. B. im Bereich großer Essigsäurekonzentrationen vollkommen mischbar (Bild 16.20). Die Verbindungslinien im Zweiphasengebiet verknüpfen die Zusammensetzungen der zwei getrennten Phasen. Sie verlaufen aber nicht wie früher bei den zweikomponentigen Systemen horizontal. Gibt man z. B. die Systemzusammensetzung $x_0 = b$ vor, so zerfällt das System in die zwei Phasen mit den Zusammensetzungen $x_1 = a$ und $x_2 = c$. Der Punkt d auf der Zweiphasenkurve ist der kritische,

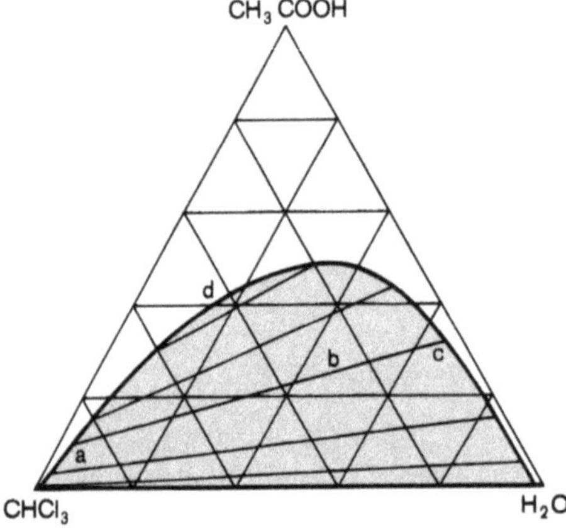

Bild 16.20

Zustandsdiagramm des Systems Essigsäure/ Chloroform/Wasser bei 18 °C und 1 atm (*R. H. Perry, C. H. Chilton, S. D. Kirkpatrick:* Chemical Engineers's Handbook, 2nd ed., McGraw Hill Book Co., New York, 1941)

isotherme Lösungs- oder Entmischungspunkt. Er ist mit dem Lösungs- bzw. Entmischungspunkt bei zweikomponentigen Systemen vergleichbar.

Die Anwendung der Phasenregel auf das Zweiphasengebiet liefert: $F = K - P + 2 = 3 - 2 + 2 = 3$, also drei Freiheiten. Druck, Temperatur und eine Zusammensetzung könnten unabhängig voneinander variiert werden, ohne daß man das Zweiphasengebiet verläßt.

Ein dreikomponentiges System aus zwei Salzen und Wasser zeigt Bild 16.21. Die Phasengrenzkurven $\overline{DF}$ und $\overline{FE}$, sowie $\overline{BF}$ und $\overline{CF}$ grenzen vier Phasengebiete ab: Eine vollkommen mischbare Lösung der beiden Salze in Wasser (Einphasengebiet), zwei Lösungen im Gleichgewicht mit jeweils einem reinen festen Stoff (Zweiphasengebiet) und eine Lösung, gesättigt an beiden Salzen im Gleichgewicht mit beiden festen Salzen (Dreiphasengebiet).

Anschaulicher wird dieses Verhalten beim Betrachten der Verbindungslinien, die von B und C ausgehen. Alle Mischungen mit Systemzusammensetzungen entlang dieser

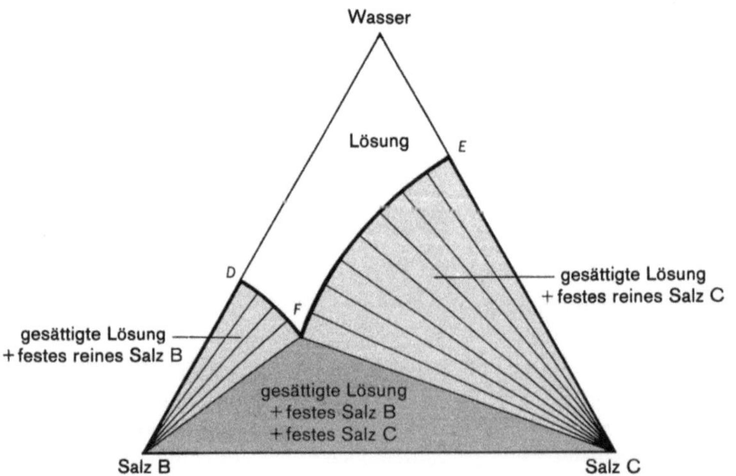

Bild 16.21 Schematisches Zustandsdiagramm von Wasser und zwei Salzen B und C bei konstanter Temperatur und konstantem Druck (Einphasengebiet ohne Raster, Zweiphasengebiet hell und Dreiphasengebiet dunkel gerastert)

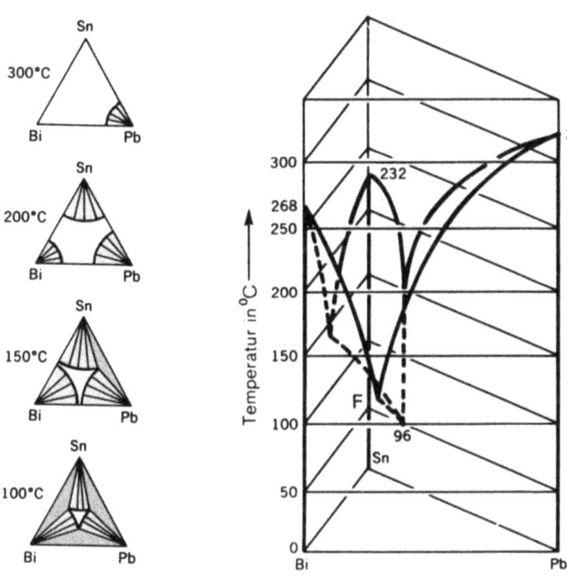

Bild 16.22

Schmelzdiagramm des Systems Pb/Sn/Bi bei 1 atm mit isothermen Schnitten

Linien zerfallen in reines festes Salz B oder C und gesättigte Lösungen an B und C, mit Zusammensetzungen, die auf den Phasengrenzkurven abgelesen werden können. Im Punkt F ist gesättigte Lösung im Gleichgewicht mit beiden festen Salzen vorhanden. Entzieht man einer solchen Lösung Wasser, so bleibt die Konzentration der Lösung erhalten bis alles Wasser entzogen ist. Dabei kristallisieren die Komponenten B und C aus.

Das Zustandsdiagramm eines dreikomponentigen Systems mit Temperaturabhängigkeit, das sich formal aus drei Schmelzdiagrammen mit Eutektika zusammensetzt, ist in Bild 16.22 gezeichnet. Es ist das Zustandsdiagramm bzw. Schmelzdiagramm von Blei/Zinn/Wismuth. Es gilt für den Druck 1 atm. Isotherme Schnitte durch dieses dreidimensionale Diagramm sind im gleichen Bild daneben dargestellt.

Wird eine Schmelze mit 32 Gew.% Pb, 15 Gew.% Sn und 53 Gew.% Bi (diese Zusammensetzung entspricht dem Punkt F) abgekühlt, so kristallisieren bei 90 °C gleichzeitig Pb, Sn und Bi nebeneinander in reinem Zustand aus. Der Punkt F ist daher ein *ternärer eutektischer Punkt.* Die Phasenregel liefert für ihn zwar eine Freiheit, $F = K - P + 2 = 3 - 4 + 2 = 1$, doch ist diese Freiheit durch den konstanten Druck bereits vergeben.

16.9 Freie Enthalpie und Stabilität von Mischkristallen

In Abschnitt 16.5 haben wir flüssige Mischphasen thermodynamisch durch die freie Mischungsenthalpie beschrieben und festgestellt, daß ideale Systeme keine Mischungsenthalpie besitzen. Im Gegensatz dazu stehen die realen Systeme wegen ihrer Wechselwirkungen zwischen den fremden Komponentenmolekülen. Obwohl wir jene nicht quantitativ erfassen können, lassen sich mit Hilfe statistischer Überlegungen doch einige allgemeine Erkenntnisse gewinnen, die sich auf das energetische Bild der Schmelzdiagramme beziehen.

Wir gehen dazu von einem System aus, das aus den Komponenten A und B in den Konzentrationen x_A und $x_B = 1 - x_A$ besteht. Wir nehmen weiter an, daß A und B

Atome sind und jeweils s Nachbaratome besitzen (z. B. s = 8 für raumzentrierte und s = 12 für flächenzentrierte kubische Struktur). In einer festen Mischung (Mischphase) ist daher die Wahrscheinlichkeit, daß irgendein A-Atom einen bestimmten Gitterplatz besetzt, proportional x_A bzw. daß ein B-Atom denselben Platz besetzt proportional $1 - x_A$. Nehmen wir weiterhin eine völlig regellose Verteilung aller Atome an. Regellos in dem Sinne, daß sich diese unabhängig von der Nachbarschaft eines Atoms einstellt. Egal welches Atom (A oder B) wir dann betrachten, ein jedes besitzt im Durchschnitt sx A- und $s(1 - x)$ B-Nachbaratome (wegen der einfacheren Schreibweise setzen wir $x_A = x$). Fassen wir die Nachbaratome paarweise zusammen, so sind das insgesamt $Nsx^2/2$ AA-Paare, $Ns(1 - x)^2/2$ BB-Paare und $Nsx(1 - x)$ AB-Paare. N soll die Zahl aller Atome sein. Setzen wir voraus, daß zwischen den einzelnen Atompaaren immer nur Anziehung stattfindet (Bindungsenergien D_{AA}, D_{BB} und D_{AB} positiv), dann beträgt die gesamte Bindungsenergie der festen Mischung bzw. die innere Energie des Systems bei T = 0 (vgl. Abschnitt 14.1):

$$U_0 = \frac{Nsx^2}{2} D_{AA} + \frac{Ns(1 - x)^2}{2} D_{BB} + Nsx(1 - x) D_{AB}$$

$$= \frac{Ns}{2}\left[xD_{AA} + (1 - x) D_{BB} + 2x(1 - x)\left(D_{AB} - \frac{D_{AA} + D_{BB}}{2}\right)\right]. \tag{62}$$

Da die Gitterenergie eines A-Kristalls $(Ns/2)\,D_{AA}$ und die eines B-Kristalls $(Ns/2)D_{BB}$ beträgt, entsprechen die ersten zwei Terme auf der rechten Seite von Gl. (62) gerade der Energie eines Gemenges aus x Teilen A- und $(1 - x)$ Teilen B-Kristallen. Der dritte Term (Mischungsenergie) im Ausmaß von $2x(1 - x)$ betrifft die möglichen fremdatomigen Wechselwirkungen. Da die Funktion $x(1 - x)$ zwischen x = 0 und x = 1 nur positive Werte mit einem Maximum bei x = 1/2 besitzt, hat der dritte Term dasselbe Vorzeichen wie $D_{AB} - (D_{AA} + D_{BB})/2$. Wir können deshalb drei energetische Grenzfälle unterscheiden: (a) Mischungswärme bzw. Mischungsenergie positiv $D_{AB} > (D_{AA} + D_{BB})/2$, (b) Mischungsenergie Null $D_{AB} = (D_{AA} + D_{BB})/2$ und (c) Mischungsenergie negativ $D_{AB} < (D_{AA} + D_{BB})/2$. Um die innere Systemenergie bei einer beliebigen Temperatur zu finden, haben wir Gl. (62) um einen $\int C_V \, dT$-Term zu ergänzen. Nehmen wir dazu an, daß sich die spezifische Wärme des Gemenges und der Mischung nicht wesentlich unterscheiden ($C_v = x_A\,C_{V,A} + x_B\,C_{V,B}$)

$$U = \frac{Ns}{2}\left[(xD_{AA} + (1 - x) D_{BB} + 2x(1 - x)\left(D_{AB} - \frac{D_{AA} + D_{BB}}{2}\right)\right] + \int\limits_{T = 0}^{T} C_V \, dT. \tag{63}$$

Für den Entropieunterschied zwischen dem Gemenge und der Mischung läßt sich die bekannte Formel für die Mischungsentropie von Gasen bzw. Flüssigkeiten verwenden (Abschnitte 10.8 und 16.5):

$$\Delta S_{\text{Misch}} = -Nk\left[x \ln x + (1 - x) \ln(1 - x)\right]. \tag{64}$$

Warum, soll kurz begründet werden. Wir erinnern uns dazu an die Herleitung des Entropiezuwachses beim Verteilen von atomaren Gitterfehlern in Abschnitt 14.8 und verteilen nun nicht Leerstellen, sondern A- bzw. B-Atome. Besitzt das Gitter N Plätze und werden darauf Nx A- bzw. $N(1-x)$ B-Atome verteilt, so ergibt sich für die Zahl aller Anordnungsmöglichkeiten:

$$W = \binom{N}{Nx} \equiv \binom{N}{N(1-x)} = \frac{N!}{(Nx)!\,[N(1-x)]!} \tag{65}$$

und nach Anwendung der Stirlingschen Formel:

$$W = \left[\frac{1}{x^x(1-x)^{1-x}}\right]^N . \tag{66}$$

Daraus folgt mit $S = k \ln W$ direkt Gl. (64).

Vernachlässigen wir bei der folgenden Berechnung von $G = U + pV - TS$ den pV-Term, so bekommen wir für die freie Enthalpie des zweiatomigen Systems:

$$G \cong U_0 + NkT\,[x\ln x + (1-x)\ln(1-x)] - T \int\limits_{T=0}^{T} \frac{C_p}{T}\,dT . \tag{67}$$

In Bild 16.23 wurde $G(x)$ für die drei Grenzfälle $D_{AB} \gtrless (D_{AA} + D_{BB})/2$ schematisch skizziert. In allen drei Fällen beginnt G bei $x = 0$ bzw. 1 steil abzufallen, weil dort der logarithmische Term der Mischungsentropie alle anderen Energieterme überwiegt. Die gestrichelte Gerade, die die Punkte $G(0)$ und $G(1)$ verbindet, verkörpert die freie Systementhalpie von Gemengen aus A- und B-Kristallen. Sie wird nur im Grenzfall (a) von $G(x)$ geschnitten, d. h. nur hier gibt es Gemenge als stabile Phasen. In den Fällen (b) und (c) sind nur feste Lösungen (Legierungen) stabil, weil $G(x)$ immer unterhalb der Gemengegeraden liegt.

Bleiben wir noch etwas bei Bild 16.23a und untersuchen wir, was passiert, wenn wir ein Gemenge aus zwei homogenen Phasen der Zusammensetzung x_1 und x_2 (G_1 und G_2) vorlegen. Weil G_1 und G_2 zwei stabile Phasen repräsentieren, können wir durch Zusammenmischen jede beliebige Zusammensetzung zwischen x_1 und x_2 realisieren. Die freie Enthalpie ist dabei durch die Verbindungsgerade $\overline{G_1 G_2}$ gegeben und beschreibt ein Zweiphasengebiet. Im Bereich $x < x_1$ und $x > x_2$ existiert jeweils nur eine stabile Mischphase. Maßgebend für Zusammensetzungen $x_1 < x < x_2$ ist also nicht die gestrichelte, sondern die punktierte Gerade. $G(x)$ in Bild 16.23a ist genaugenommen eine Summenkurve aus zwei einzelnen Phasenkurven und wenn wir z. B. ein Schmelzdiagramm mit Mischkristallen energetisch beschreiben wollen, dann müssen wir zuerst je eine G-Kurve für die Schmelze und die feste Phase getrennt

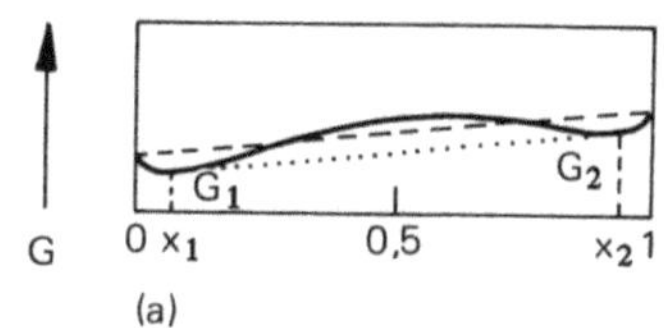

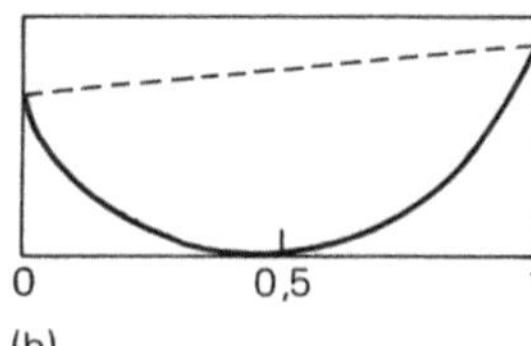

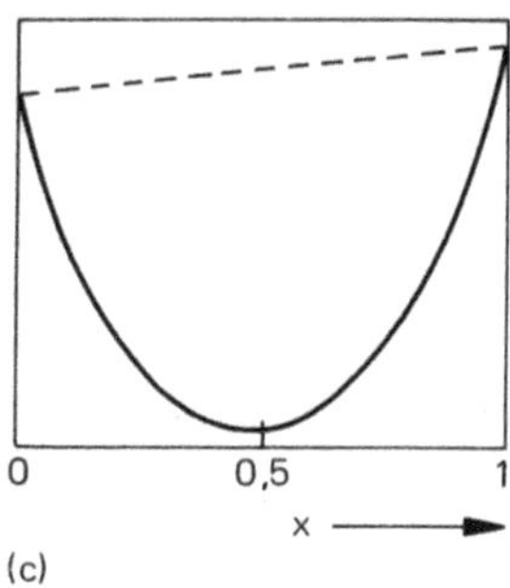

Bild 16.23 Freie Enthalpie eines zweikomponentigen Systems mit den Grenzfällen:
$D_{AB} > (D_{AA} + D_{BB})/2$ (a)
$D_{AB} = (D_{AA} + D_{BB})/2$ (b)
$D_{AB} < (D_{AA} + D_{BB})/2$ (c)

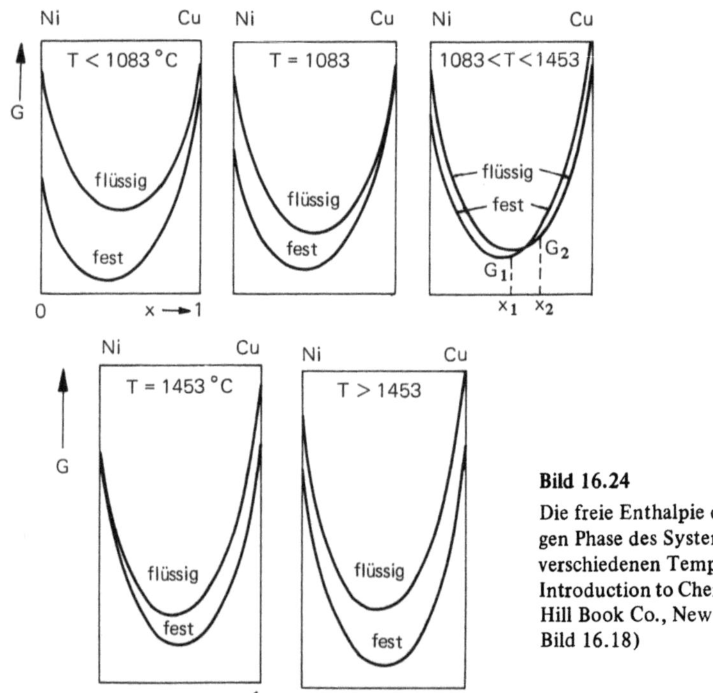

Bild 16.24
Die freie Enthalpie der festen und flüssigen Phase des Systems Cu/Ni bei fünf verschiedenen Temperaturen (*J. C. Slater*: Introduction to Chemical Physics, McGraw Hill Book Co., New York 1963) (vgl. Bild 16.18)

zeichnen. Betrachten wir das Cu/Ni-System; Cu sei die Komponente A und Ni die Komponente B ($x = 0$ bedeutet reines Ni und $x = 1$ reines Cu). Wie sich empirisch herausstellt, entspricht dieses System dem Grenzfall (b) in Bild 16.23; die Bindungsenergie zwischen den Cu- und Ni-Atomen ist etwa das Mittel aus den Cu-Cu und Ni-Ni-Energien. Mit anderen Worten: Die Cu- und Ni-Atome verhalten sich chemisch sehr ähnlich und ihre Mischungsenergie bzw. -enthalpie ist Null (Idealfall). Die freie Enthalpie wird daher nur durch die Mischungsentropie und den $T \int C_p / T \, dT$-Term geprägt. Wenn wir also die freie Enthalpie von reinem Cu und Ni sowie den C_p-Verlauf kennen, sind wir in der Lage, G-Kurven für flüssiges und festes Cu sowie Ni zu zeichnen. Dies ist in Bild 16.24 geschehen. Alle Kurven für Temperaturen unter dem Schmelzpunkt von 1083 °C für Cu sehen analog aus. Beim Schmelzpunkt selbst berühren einander die G-Kurven bei $x = 1$ und bei Temperaturen zwischen den Schmelzpunkten schneiden sich die Solidus- und die Liquiduskurve. Ziehen wir eine Tangente zwischen den Punkten G_1 und G_2, so haben wir einen zu Bild 16.23a analogen Fall: Zwischen G_1 und G_2 entsteht ein Zweiphasengebiet, in diesem Fall aus Schmelze mit der Zusammensetzung x_2 und festen Mischkristallen mit der Zusammensetzung x_1.

16.10 Phasenumwandlungen zweiter Ordnung

Gewöhnliche Phasenumwandlungen erfolgen bei einem vorgegebenen äußeren Druck nur bei einer ganz bestimmten, eindeutigen Temperatur. Alle thermodynamischen Eigenschaften eines chemischen Stoffes besitzen dort Diskontinuitäten, was sich in latenten Umwandlungswärmen manifestiert (Schmelzwärme, Verdampfungswärme, usw.). Es gibt allerdings Fälle, in denen die Phasenänderung nicht diskontinuierlich und „schlagartig", sondern innerhalb eines gewissen Temperaturbereiches stetig und „langsam" erfolgt. In diesem Bereich nimmt die spezifische Wärme abnorm hohe Werte an und es gibt keine latente Wärme. Man nennt die diskontinuierlichen Phasenänderungen *Umwandlungen erster* und die stetigen *Umwandlungen zweiter Ordnung*. Diese treten bei festen Phasen auf, obwohl man sich schwer vorstellen kann, daß es zwischen zwei verschiedenen, definierten Kristallstrukturen so etwas wie einen kontinuierlichen Übergang geben soll. Das ist auch nicht der Fall; es gibt sie nur bei gleichbleibender Struktur, wobei Veränderungen innerhalb dieser die genannten anomalen Effekte hervorrufen.

Das wohl bekannteste Beispiel hierzu bieten die Ferromagnetika: Ihr magnetischer Zustand wechselt bei hohen Temperaturen zu einem unmagnetischen, ohne daß die Kristallstruktur geändert wird. Die Magnetisierung nimmt kontinuierlich auf Null ab. Je näher das System seiner Curietemperatur kommt, umso schneller erfolgt zwar die Demagnetisierung, jedoch niemals schlagartig. Ein weiteres Beispiel betrifft Kristalle wie NH_4Cl, in denen bei höheren Temperaturen Rotationen der NH_4^+-Tetraeder vorkommen. Die Änderung vom Normalzustand ohne Rotationen in den mit Rotationen erfolgt innerhalb eines begrenzten Temperaturbereiches und ist mit einer anomal hohen spezifischen Wärme (ohne Freiwerden von latenter Wärme) verbunden. Als drittes Beispiel sollen hier die Ordnungs-Unordnungsumwandlungen von Legierungen genannt werden und mit diesen wollen wir uns im folgenden eingehender beschäftigen.

Eines der best untersuchten Systeme mit einer derartigen Umwandlung stellt die β-Phase des *Messings* (Cu-Zn-Legierung) mit Zusammensetzungen um 50 Mol% dar (Bild 16.25). Die β-Phase kristallisiert kubisch-raumzentriert. Von der Raumerfüllung her gesehen lassen sich die Gitterplätze in zwei Sorten einteilen: In 50 % Eck- und 50 % Zentralplätze. Nachdem beide Sorten miteinander im Raum vertauschbar sind, können wir folgende geordnete Strukturen realisieren: Entweder alle Cu-Atome in den Zentren und alle Zn-Atome an den Ecken oder umgekehrt. Im völlig ungeordneten Zustand sind die beiden Atomarten regellos auf alle Plätze verteilt. Während bei völliger Ordnung jedes Cu-Atom von 8 Zn-Atomen und umgekehrt umgeben ist, besitzt es bei völliger Unordnung

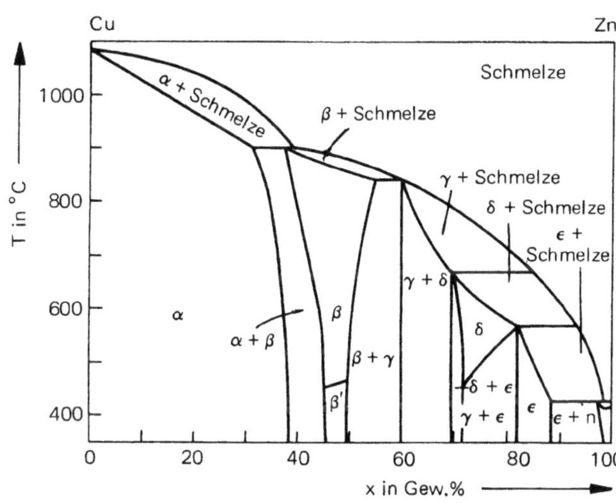

Bild 16.25 Das Zustandsdiagramm des Systems Cu/Zn (nach *J. C. Slater:* Introduction to Chemical Physics, McGraw Hill Book Co., N.Y. 1963)

im Durchschnitt 4 weitere Cu- und 4 Zn-Atome als Nachbarn. Wir wollen versuchen, die freie Energie und die spezifische Wärme dieser Phase bei der Ordnungs-Unordnungs-umwandlung zu berechnen. Wir gehen dabei wie in Abschnitt 16.9 vor und ermitteln zuerst die innere Energie U_0. Wir nehmen auch wie dort an, daß sich die gesamte potentielle Energie additiv aus Paarenergien zusammensetzt. Unser Problem besteht nun darin, alle Paare AA, BB und AB zu finden, um die Energie aufaddieren zu können. Wir führen dazu einen *Ordnungsparameter* w ein. Nennen wir die Eckplätze α und die anderen β; es soll w = 1 sein, wenn alle A-Atome auf α- und alle B-Atome auf β-Plätzen sind. Außerdem w = $-$1, wenn alle A auf β und alle B auf α sind, sowie w = 0, wenn Gleichverteilung herrscht. w = $\pm$ 1 bedeutet also völlige Ordnung und w = 0 völlige Unordnung.

Werden insgesamt N Atome, also N/2 einer jeden Art, auf N Gitterplätze beim Ordnungsgrad w verteilt, so gibt es

$$\frac{(1 + w)\,N}{4} \quad \text{A-Atome auf } \alpha\text{-Plätzen,}$$

$$\frac{(1 - w)\,N}{4} \quad \text{A-Atome auf } \beta\text{-Plätzen,}$$

$$\frac{(1 - w)\,N}{4} \quad \text{B-Atome auf } \alpha\text{-Plätzen und}$$

$$\frac{(1 + w)\,N}{4} \quad \text{B-Atome auf } \beta\text{-Plätzen.} \tag{68}$$

Die Zahl aller AA-Paare beträgt:

$$\frac{(1 + w)\,N}{4} \; \frac{8}{\frac{N}{2}} \; \frac{(1 - w)\,N}{4} = N\,(1 - w^2). \tag{69}$$

Die Zahl aller BB-Paare ist gleich groß wie die der AA-Paare und die Zahl der AB-Paare beträgt:

$$N\,(1 + w)^2 + N\,(1 - w)^2 = 2\,N\,(1 + w^2). \tag{70}$$

Wir multiplizieren die Bindungsenergie D_{AA} mit der Zahl der AA-Paare, usw. und summieren zur inneren Energie U_0 auf:

$$U_0 = N\,(1 - w^2)\,(D_{AA} + D_{BB}) + 2\,N\,(1 + w^2)\,D_{AB}. \tag{71}$$

Um eine zu Gl. (62) analoge Formelstruktur zu erhalten, wird die Zusammensetzung x (= 1/2) eingeführt und Gl. (71) entsprechend umgeformt:

$$U_0 = 4\,N\left[xD_{AA} + (1 - x)\,D_{BB} + 2x\,(1 - x)\left(D_{AB} - \frac{D_{AA} + D_{BB}}{2}\right)\right] + 8Nx^2w^2\left(D_{AB} - \frac{D_{AA} + D_{BB}}{2}\right) \tag{72}$$

Für w = 0 (ungeordnete Struktur) geht Gl. (72) richtig in Gl. (62) über. Um U zu erhalten, müssen wir noch einen temperaturabhängigen C_V-Term addieren und nehmen dazu näherungsweise die Molwärme des ungeordneten Zustandes, so daß

$$U = U_0 + \int_0^T C_V\, dT. \tag{73}$$

Nun zur Entropie. Zur Verteilung von $(1 + w)N/4$ A- und $(1 - w)N/4$ B-Atomen auf α-Plätzen sowie von $(1 - w)N/4$ A- und $(1 + w)N/4$ B-Atomen auf β-Plätzen gibt es

$$\left\{ \frac{\left(\frac{N}{2}\right)!}{\left[(1 + w)\,\frac{N}{4}\right]!\left[(1 - w)\,\frac{N}{4}\right]!} \right\}^2 \tag{74}$$

Möglichkeiten, wobei α- und β-Plätze gleich viel beitragen (deshalb das Quadrat!). Mit Hilfe von $S = k\ln W$ folgt daraus die Entropie

$$S = -Nk\left(\frac{1 + w}{2}\ln\frac{1 + w}{2} + \frac{1 - w}{2}\ln\frac{1 - w}{2}\right) + \int_0^T \frac{C_p}{T}\,dT$$

$$= Nk\ln 2 - \frac{Nk}{2}\left[(1 + w)\ln(1 + w) + (1 - w)\ln(1 - w)\right] + \int_0^T \frac{C_p}{T}\,dT. \tag{75}$$

Herrscht völlige Unordnung ($w = 0$), dann verschwindet der zweite Term von Gl. (75) und übrig bleibt $S = Nk\ln 2$. Ein Ergebnis, das auch aus Gl. (64) mit $x = 1/2$ resultiert. Bei völliger Ordnung hingegen ($w = \pm 1$) wird die Entropie, so wie es sein soll, Null.

Berechnen wir mit Hilfe der inneren Energie (72) und der Entropie (75) die freie Enthalpie (wie in Abschnitt 16.9) und tragen wir sie gegen den Ordnungsparameter w in einem Diagramm auf, so erhalten wir je nach gewählter Temperatur unterschiedliche Kurvenformen (Bild 16.26). Da gleiche positive und negative w-Werte denselben Zuständen entsprechen, sind die G-Kurven symmetrisch bezüglich der G-Achse. Die G-Kurven wurden unter der Voraussetzung $D_{AB} < (D_{AA} + D_{BB})/2$ berechnet, was dem Grenzfall (c) in Bild 16.23 entspricht (AB-Anziehung schwächer als AA- oder BB-Anziehung). Nur wenn dieser Grenzfall vorliegt, erwarten wir, daß der geordnete Zustand stabiler als der

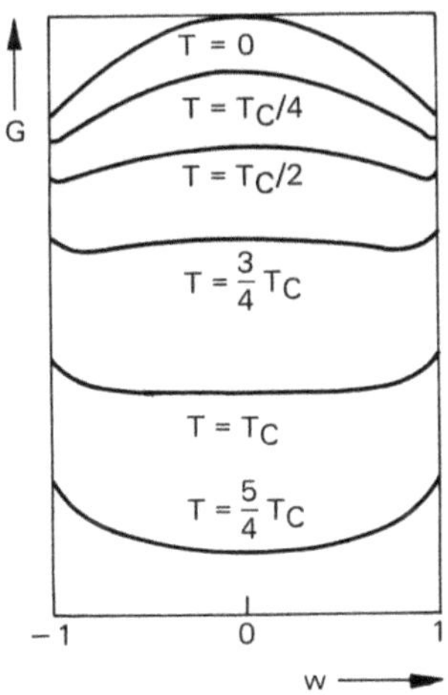

Bild 16.26 Die freie Enthalpie der β-Messingstruktur als Funktion des Ordnungsgrades w

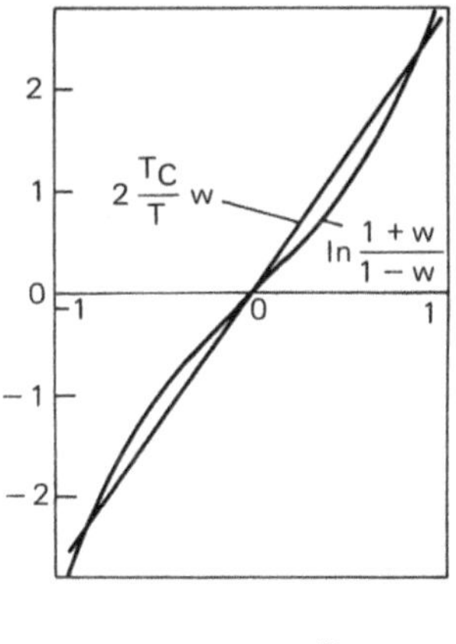

Bild 16.27 Graphische Lösung der transzendenten Gleichung (78)

ungeordnete ist. (Würde der Grenzfall (a) vorliegen, müßten zwei Phasen entstehen). Wir sehen in Bild 16.26, daß bei tiefen Temperaturen die geordnete Phase bei $w = 1$ stabil ist und daß mit zunehmender Temperatur die G-Minima (Stabilitätskriterium) nach innen zu $w = 0$ wandern. Bei der Temperatur T_C (*Curietemperatur*) gehen diese in ein einziges Minimum über. Um die Minima der G-Kurve bezüglich der Temperatur zu finden, differenzieren wir die G-Funktion $G \cong U_0 - TS$ nach w und setzen die Ableitung Null:

$$4\,Nw \left(D_{AB} - \frac{D_{AA} + D_{BB}}{2} \right) + \frac{NkT}{2} \ln \frac{1 + w}{1 - w} = 0. \tag{76}$$

Da Gl. (76) transzendent ist, wollen wir sie graphisch lösen. Dazu formen wir sie um,

$$\ln \frac{1 + w}{1 - w} = w \left[-\frac{8}{kT} \left(D_{AB} - \frac{D_{AA} + D_{BB}}{2} \right) \right] = \left(2\,w\,\frac{T_C}{T} \right), \tag{77}$$

und tragen die Ausdrücke der linken und rechten Seite in einem Diagramm gegen w auf (Bild 16.27). Die beiden Ausdrücke schneiden sich in drei Punkten: Bei $w = 0$, was dem Maximum der G-Kurve in Bild 16.26 entspricht, und in zwei zu $w = 0$ symmetrisch liegenden Punkten bei etwa $w = 0{,}9$. Führen wir solche Lösungen für verschiedene Temperaturen durch und tragen wir die w-Werte gegen T_C/T auf, so erhalten wir die in Bild 16.28a gezeichnete Temperaturabhängigkeit des Ordnungsparameters w: In der Nähe des Curiepunktes $T_C = T$ beginnt die Unordnung sehr stark zuzunehmen.

Nachdem wir nun $w\,(T)$ kennen, läßt sich auch der durch die Unordnung zunehmende C_p-Anstieg quantitativ formulieren. Der über dem normalen C_p-Verlauf vorhandene „C_p-Überschuß" beträgt:

$$\begin{aligned}
C_p &= \left(\frac{\partial U}{\partial w} \right)_T \left(\frac{dw}{dT} \right) = T \left(\frac{\partial S}{\partial w} \right)_T \left(\frac{dw}{dT} \right) \\
&= -\frac{NkT}{2} \ln \frac{1 + w}{1 - w} \left(\frac{dw}{dT} \right) \\
&= -NkT_C\, w \left(\frac{dw}{dT} \right). \tag{79}
\end{aligned}$$

dw/dT läßt sich aus Bild 16.28a ablesen und damit $C_p\,(T)$ zeichnen, was in Bild 16.28b geschehen ist. Die Ordnungs-Unordnungsumwandlung beginnt demnach bereits bei $T = 0$, obwohl sie sich „praktisch" erst in der Nähe der Curietemperatur bemerkbar macht.

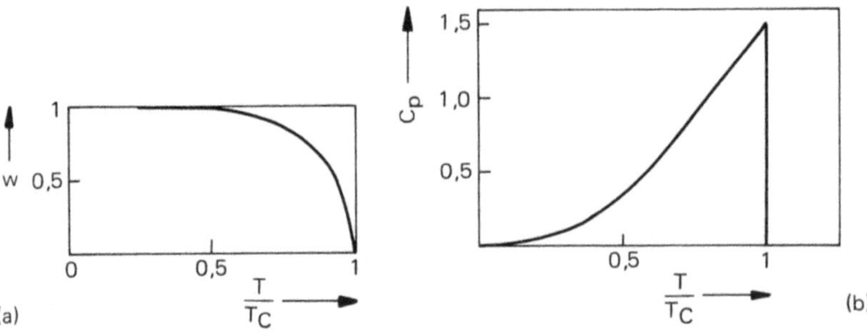

Bild 16.28 Temperaturabhängigkeit des Ordnungsgrades w (a) und der spezifischen Wärme C_p (b)

Rechenbeispiele

1. $NH_4CO_2NH_2$ besitzt im Gleichgewicht eine Dampfphase aus CO_2 und NH_3, NH_4Cl eine aus HCl und NH_3. Wie groß ist die Zahl der Komponenten des Systems, das entsteht, wenn man $NH_4CO_2NH_2$ und NH_4Cl zusammenmischt? Wieviele Phasen und Freiheiten besitzt dieses System?

2. Wieviele Phasen besitzen die folgenden Systeme:
   a) Eine zugeschmolzene Ampulle, die an Luft mit Wasser halbvoll gefüllt wurde,
   b) ein 1 l-Kolben, in dem sich 2 g Wasser bei 100 °C (ohne Luft) befindet,
   c) eine Dispersion von Öl in Wasser?

3. Wieviele Komponenten besitzen die folgenden Systeme:
   a) $N_2(g) + O_2(g)$,
   b) $N_2(g) + O_2(g)$ mit Katalysator, der Oxydation zu mehreren Stickoxyden katalysiert,
   c) $NaCl(s)$ + gesättigte Lösung an NaCl + HCl,
   d) Steinsalz + Wasser,
   e) Steinsalz + Wasser + Metallhydroxyd?

4. Bei Temperaturen um 1000 °C stellen sich die beiden Reaktionsgleichgewichte $FeO(s) + H_2(g)$ $\rightleftharpoons Fe(s) + H_2O(g)$ und $FeO(s) + CO(g) \rightleftharpoons Fe(s) + CO_2(g)$ ein. Wieviele Komponenten, Phasen und Freiheiten besitzt das System, wenn ein Reaktor mit FeO(s), $H_2(g)$ und CO(g) beaufschlagt wird?

5. Stellen Sie sich einen Katalysator vor, der Kohlenstoff und Wasserstoff mit allen möglichen Kohlenwasserstoffen schnell ins Gleichgewicht bringt. Wieviele Komponenten besitzt dann das System Graphit + H_2, das System $H_2 + CH_4$ und die Systeme $H_2 + CH_4 +$ Äthylen?

6. Wieviele intensive Variable oder Freiheiten besitzen die folgenden Systeme:
   a) $H_2O(l)$ und $H_2(g)$ im thermischen Gleichgewicht bei 1 atm,
   b) $H_2O(g)$ und $H_2(g)$ im Gleichgewicht mit $O_2(g)$,
   c) $J_2(s)$ verteilt in Wasser und Chloroform bei 1 atm,
   d) $NH_3(g)$, $N_2(g)$ und $H_2(g)$ im Gleichgewicht,
   e) eine wäßrige Lösung mit H_3PO_4 und NaOH bei 1 atm,
   f) H_2SO_4 in wäßriger Lösung im Gleichgewicht mit $H_2SO_4 \cdot 2 H_2O$ bei 1 atm?

7. Beschreiben Sie an Hand von Bild 16.11 die Phasenänderungen bei portionsweiser Zugabe von Nikotin zu einer kleinen Menge Wasser und die Phasenänderungen einer 60 %igen Nikotinlösung beim Erwärmen von 50 auf 250 °C.

8. Zeichnen Sie ein p, T-Zustandsdiagramm (wie Bild 16.1a) von CO_2 mit Hilfe folgender Daten:
   a) $CO_2(s)$ sublimiert bei 1 atm und $-78{,}2$ °C.
   b) Der Tripelpunkt liegt bei 73 atm und 31,1 °C.
   c) Die (temperaturunabhängige) Dichte von $CO_2(l)$ und $CO_2(s)$ beträgt 1,11 bzw. 1,56 $g\,ml^{-1}$.
   Wie groß sind die Verdampfungs-, Sublimations- und Schmelzwärme?

9. Bei welcher Temperatur (1 atm) befinden sich rhombischer und monokliner Schwefel im thermischen Gleichgewicht?

10. Zeichnen Sie an Hand von Bild 16.15 die Zahl der Freiheiten des Systems Ag/Cu bei 800 °C als Funktion der Gew.% Cu sowie als Funktion der Temperatur bei 50 Gew.% Cu.

11. Berechnen Sie an Hand von Bild 16.13 die Mengenverhältnisse von Schmelze und fester Phase beim Abkühlen von 100 g Schmelze der Zusammensetzung a.

12. Beschreiben Sie an Hand von Bild 16.15 die Phasen beim Abkühlen einer Schmelze von 20 Gew.% Cu sowie die Phasenänderungen, die bei Zugabe von Silber zu einer Schmelze von 40 % Cu entstehen.

13. Bei 737 °C besitzt das System $CaCl_2/CaF_2$ mit einer Zusammensetzung von 60 % $CaCl_2$ einen peritektischen Punkt (Bild 16.17). Wenden Sie auf diesen die Phasenregel (bei konstantem Druck) an und diskutieren Sie die Phasenänderungen, die beim Erwärmen von festem $CaCl_2 \cdot CaF_2$ von 400 auf 1400 °C auftreten.

14. Zeigen Sie, daß die Summe der Lote von einem beliebigen Punkt des dreikomponentigen Zustandsdiagrammes (wie Bild 16.19) auf die Dreieckseiten gleich der Höhe des Dreieckes ist.

15. Berechnen Sie die Löslichkeit von Naphtalin in Benzol bei 25 °C und vergleichen Sie den berechneten Wert mit dem gemessenen (69 %).

16. Berechnen Sie den Molenbruch, die Aktivität und den Koeffizienten von H_2O bei 100 °C in folgenden Lösungen:

    a) 11,8 g NaCl + 100 g H_2O, p = 708 Torr,
    b) 35,4 g NaCl + 100 g H_2O, p = 585 Torr.

17. Folgende Daten über die Dampfzusammensetzung und über den Dampfdruck von CCl_4/Acetonitrilgemischen bei 45 °C sind gegeben:

$x^l_{CCl_4}$	0,0347	0,1914	0,3752	0,4790	0,6049	0,8069	0,9609
$x^g_{CCl_4}$	0,1801	0,4603	0,5429	0,5684	0,5936	0,6470	0,8001
p in Torr	248,0	336,0	346,6	369,6	371,1	362,8	314,4

Die Dampfdrücke der reinen Komponenten betragen 258,8 bzw. 208,4 Torr. Zeichnen Sie ein Dampfdruckdiagramm und diskutieren Sie an Hand dieses Diagrammes die fraktionierte Destillation hochprozentiger Mischungen.

18. Berechnen Sie mit Hilfe der in Beispiel 17 angegebenen Daten die Aktivitäten und Koeffizienten beider Komponenten. Tragen Sie dann in einem Diagramm die Aktivitäten beider Komponenten (Bezugszustand reine Komponente) gegen die Zusammensetzung auf. Wie müßte das Diagramm für eine ideale Mischung aussehen?

19. Folgende Werte wurden für die Mischungswärme von CCl_4 und CH_3CN bei 45 °C gemessen:

x_{CCl_4}	0,128	0,317	0,407	0,419	0,631	0,821
ΔH_{Misch} (J)	414	745	862	858	930	736

Berechnen Sie aus diesen Daten ΔG_{Misch} und $T\Delta S_{Misch}$ und tragen Sie diese Größen zusammen mit ΔH_{Misch} gegen die Zusammensetzung auf.

20. Prüfen Sie, ob die in Tabelle 16.2 angegebenen Daten der Aktivitäten der Gibbs-Duhemschen Gleichung genügen.

21. Folgende Dichten von CCl_4/cyclo-Hexan-Mischungen wurden bei 30 °C gemessen:

x_{CCl_4}	Dichte (gcm^{-3})	x_{CCl_4}	Dichte (gcm^{-3})
1,0000	1,5748	0,3751	1,0487
0,8725	1,4604	0,2520	0,9543
0,7485	1,3528	0,1303	0,8636
0,6511	1,2707	0,0000	0,7692
0,4978	1,1456		

Berechnen Sie aus diesen Daten das partielle molare Volumen der Komponenten und zeichnen Sie ein Diagramm: Volumen, Zusammensetzung.

22. Folgende Dampfdruckdaten von $SiCl_4$/CCl_4-Gemischen wurden bei 25 °C gemessen:

x_{SiCl_4} im Gemisch	0	0,266	0,472	0,632	1,00
x_{SiCl_4} im Dampf	0	0,436	0,648	0,773	1,00
Gesamtdruck (Torr)	115	153	179	199	238

Zeichnen Sie ein Dampfdruckdiagramm (wie Bild 16.3); verhält sich dieses System ideal?

23. Berechnen Sie an Hand von Bild 16.20 die Massen der drei Komponenten im Punkt d (Systemmasse 100 g). Berechnen Sie außerdem die Zusammensetzung und die Massen der zwei Phasen im Punkt a.

24. Beschreiben Sie die Phasenänderungen, die bei Zugabe von Wasser zu einer anfänglich wasser-losen Mischung aus 5 % Salz B und 95 % Salz C auftreten (Bild 16.21).

25. Berechnen Sie den Gleichgewichtsdampfdruck und die Gleichgewichtszusammensetzung des Dampfes einer Mischung von 0,4753 mol CCl_4 in 0,5247 mol Cyclohexan bei 40 °C, unter der Voraussetzung, daß sich diese Mischung ideal verhält. Die Dampfdrücke von reinem CCl_4 und Cyclohexan sind 213,34 Torr bzw. 184,61 Torr bei 40 °C. Vergleichen Sie die berechneten Werte mit den gemessenen ($p^o_{CCl_4}$: 203,45 Torr und $x^g_{CCl_4} = 0,5116$).

26. Der Siedepunkt einer Mischung aus 65,89 Mol% Benzol und 34,11 Mol% Toluol beträgt bei 1 atm 88,0 °C. Bei dieser Temperatur sind die Partialdrücke 957 Torr und 379,5 Torr. Wie lautet die Dampfzusammensetzung?

27. Bei 55 °C besitzt eine Mischung von 22,05 Mol% Äthanol und 77,95 Mol% Cyclohexan einen Gesamtdruck von 368,0 Torr und eine Dampfzusammensetzung von 56,45 Mol% Äthanol und 43,55 Mol% Cyclohexan. Die Dampfdrücke der reinen Substanzen sind 279,9 Torr und 168,1 Torr. Zeichnen Sie mit diesen Angaben ein Dampfdruckdiagramm.

28. Benzol und Äthanol sind in einer Kolonne bei 750 Torr (100 % Rückfluß) im thermischen Gleichgewicht. Die Blase enthält 5 Mol% und der Rückfluß 50 Mol% Benzol. Wieviel theoretische Böden hat diese Kolonne und wie sind die Temperaturen in der Blase und am Kopf der Kolonne?

29. Beschreiben Sie die bei der Erwärmung eines 40%igen Isobutylalkohol/Wassergemisches von 50 °C auf 100 °C auftretenden Phasenänderungen an Hand von Bild 16.12. Was passiert bei der Umkehrung dieses Prozesses?

Kapitel 17
Kolligative Eigenschaften von Lösungen

Ganz allgemein sprechen wir von Lösungen, wenn die Konzentration einer Komponente (Lösungsmittel) die Konzentration anderer Komponenten (gelöste Stoffe) in einer flüssigen oder festen Mischphase weit überwiegt. Wurde zur thermodynamischen Beschreibung von Mischphasen im letzten Kapitel als Bezugszustand der Zustand der reinen Komponenten gewählt, so ist es für Lösungen vernünftiger, den hypothetischen Zustand der unendlich verdünnten (idealen) Lösung zu wählen. Denn bei Lösungen handelt es sich meist um Systeme, bei denen die gelösten Stoffe im reinen Zustand fest oder gasförmig sind. Während nun die Eigenschaften der reinen Komponenten ganz erheblich differieren, sind diese in gelöster Form weitgehend verwischt und unabhängig von anderen gelösten Stoffen. Die Ursache für dieses weitgehende energetische Nivellieren ist die Solvatation (Hydratation in Wasser). Der Standardzustand, definiert bei der Einheit der benutzten Konzentration, ist daher wie bei den realen Gasen nicht realisierbar. Während die Konzentration (Zusammensetzung) von idealen und realen Mischungen zweckmäßig in Molenbrüchen angegeben wird, verwendet man als Konzentrationsangabe von gelösten Stoffen die Molarität und Molalität. Die Aktivitäten und Aktivitätskoeffizienten nichtidealer Lösungen müssen dementsprechend neu formuliert werden.

In diesem Kapitel werden Phasengleichgewichte zwischen Lösungen und reinen Nachbarphasen untersucht. Rein heißt hier, daß das Lösungsmittel oder der gelöste Stoff in der Nachbarphase praktisch nicht nachweisbar ist. Die Anwendung der Phasengleichgewichtsbedingung führt dann zu einer Reihe von makroskopisch beobachtbaren Eigenschaften, die kolligative Eigenschaften genannt werden. Sie hängen nur von der Konzentration der Stoffe, nicht aber von deren molekularem Aussehen ab. Ursache dafür ist die bereits genannte energetische Nivellierung durch die Solvatation. Damit ist andererseits klar, daß aus ihnen keine Aussagen über die Struktur von Lösungen gewonnen werden können. Diese Erkenntnis ist aber nichts Neues: Thermodynamische Ergebnisse sind immer strukturinvariant. Don spezifischen Aufbau von Lösungen, im speziellen von Elektrolyt- und Makromoleküllösungen werden wir hinterher in Kapitel 18 behandeln.

Wir unterscheiden kolligative Eigenschaften von Systemen, bei denen nur das Lösungsmittel und solche, bei denen nur der gelöste Stoff in beiden Phasen vorhanden ist. Die ersteren beschreiben die Dampfdruckerniedrigung, die Gefrierpunktserniedrigung und den osmotischen Druck; die letzteren die Löslichkeit von Gasen und Festkörpern in Lösungsmitteln. Da all diese Effekte nur von der Konzentration der gelösten Stoffe abhängen, können sie zur Konzentrations- bzw. Molmassenbestimmung herangezogen werden. Ein thermodynamisches Kriterium für die Löslichkeit ist die Lösungswärme; sie wird im Anschluß an die kolligativen Eigenschaften besprochen.

17.1 Dampfdruckerniedrigung

Wird ein fester Stoff in einem Lösungsmittel gelöst, so beobachtet man eine Erniedrigung des Lösungsmitteldampfdruckes. Dabei wird angenommen, daß der Austausch des gelösten Stoffes zwischen der Lösung und dem Dampf vernachlässigbar klein ist. Diese Voraussetzung ist fast immer erfüllt, da Festkörper nur unmeßbar kleine Dampfdrücke besitzen. Die Dampfphase ist also als eine reine Phase anzusehen und besteht nur aus Lösungsmittelmolekülen. Bevor wir nun die Konzentrationsabhängigkeit der Dampfdruckerniedrigung thermodynamisch berechnen, soll eine Zusammenstellung der Definitionen des chemischen Potentials für Lösungen gegeben werden.

Will man die Gültigkeit der bisherigen Beziehungen des chemischen Potentials für Lösungen erhalten, so hat man die Molenbrüche (Gl. (51) in Abschnitt 16.5) durch Aktivitäten zu ersetzen,

$$\mu_i = \mu_i^o + RT \ln a_i, \tag{1}$$

wobei sich diese jetzt aber auf den Bezugszustand *ideal (unendlich) verdünnte Lösung* beziehen. μ_i^o ist das Standardpotential der ideal verdünnten Lösung bei der Konzentrationseinheit und druck- und temperaturabhängig. Im Gegensatz zu Gl. (53) in Abschnitt 16.5 ist der Aktivitätskoeffizient von Lösungen durch

$$\lim_{x_i \to 0} {}^x\gamma_i = \lim_{x_i \to 0} \frac{a_i}{x_i} = 1 \tag{2}$$

definiert. Er soll den Grenzwert 1 haben, wenn der Molenbruch des gelösten Stoffes gegen Null geht. Es ist sehr wichtig, zwischen dem Bezugszustand für Mischungen und dem für Lösungen zu unterscheiden! Je nach Wahl der Konzentrationseinheit, dem *Molenbruch* x (dimensionslos), der *Molarität* c (mol l^{-1}) oder der *Molalität* m (mol kg^{-1}) gelten dann folgende Konzentrationsabhängigkeiten des chemischen Potentials:

$$\begin{aligned}
\text{mit Molenbruch:} \quad & \mu_i = {}^x\mu_i^o + RT \ln ({}^x\gamma_i x_i) \\
\text{mit Molarität:} \quad & \mu_i = {}^c\mu_i^o + RT \ln ({}^c\gamma_i c_i) \\
\text{mit Molalität:} \quad & \mu_i = {}^m\mu_i^o + RT \ln ({}^m\gamma_i m_i),
\end{aligned} \tag{3}$$

wobei die Aktivitätskoeffizienten durch

$$\begin{aligned}
{}^x\gamma_i &\to 1 \quad & \text{für } x_i \to 0 \\
{}^c\gamma_i &\to 1 \quad & \text{für } c_i \to 0 \qquad ({}^x\gamma_i \neq {}^c\gamma_i \neq {}^m\gamma_i) \\
{}^m\gamma_i &\to 1 \quad & \text{für } m_i \to 0
\end{aligned} \tag{4}$$

definiert sind. Meist werden in der Praxis die Molarität und die Molalität als Konzentrationsmaße verwendet. Auch die numerischen Werte der Aktivitätskoeffizienten hängen vom Konzentrationsmaß ab und nur in sehr verdünnten Lösungen (m $\cong$ c $< 0{,}1$) werden sie annähernd gleich. Beim Rechnen mit Aktivitäten bzw. ihren Koeffizienten ist daher Vorsicht am Platz; es ist immer ihre Definition zu beachten. Zur Symbolik eine Anmerkung: Das Lösungsmittel wird künftig mit 1 und der gelöste Stoff mit 2 indiziert. Eigenschaften von Lösungen (Mischphasen) erhalten den Index I und die reiner Nachbarphasen den Index II.

Mit dieser Symbolik lautet dann die Bedingung für das Gleichgewicht zwischen der Lösung und der Dampfphase (Gl. (17) in Abschnitt 16.2):

$$^{I}\mu_1 = {}^{II}\mu_1 \,. \tag{5}$$

Führt man für das chemische Potential des Lösungsmittels in der Lösung den Ausdruck

$$^{I}\mu_1 = {}^{I}\mu_1^{\circ} + RT\ln a_1 \tag{6}$$

ein, so erhält man die Gleichgewichtsbedingung

$$^{II}\mu_1 = {}^{I}\mu_1^{\circ} + RT\ln a_1 \,. \tag{7}$$

Ein differentieller Stoffaustausch des Lösungsmittels zwischen der Lösung und der Dampfphase führt dann zu einer differentiellen Änderung der Potentiale:

$$d\left(^{II}\mu_1\right) = d\left(^{I}\mu_1^{\circ} + RT\ln a_1\right) = d\,^{I}\mu_1^{\circ} + RT\,d\ln a_1 \,. \tag{8}$$

Da die Dampfdruckänderung in Abhängigkeit von der Aktivität bei konstanter Temperatur gesucht ist, hat man die Variation des Potentials bezüglich des *Druckes* auszuführen. Allgemein gelten für die partiellen molaren Eigenschaften dieselben Beziehungen wie für die entsprechenden extensiven Eigenschaften, so daß für die Variation des chemischen Potentials bei konstanter Temperatur und Lösungsmittelaktivität folgt:

$$d\,^{II}\mu_1 = \left(\frac{\partial\,^{II}\mu_1}{\partial p}\right)_{T,a_1} dp = {}^{II}v_1\,dp \tag{9}$$

und

$$d\,^{I}\mu_1^{\circ} = \left(\frac{\partial\,^{I}\mu_1^{\circ}}{\partial p}\right)_{T,a_1} dp = {}^{I}v_1^{\circ}\,dp. \tag{10}$$

$^{I}v_1^{\circ}$ ist das *partielle molare Volumen des reinen Lösungsmittels* und identisch mit dem Molvolumen $^{I}V_1$ des Lösungsmittels. $^{II}v_1$ ist das *partielle molare Volumen des Dampfes* und entspricht dem Molvolumen $^{II}V_1$ des Lösungsmittels in der Dampfphase beim Gleichgewichtsdruck p. Mit den Gln. (9) und (10) bekommt man dann für die Gleichgewichtsbedingung

$$^{II}V_1\,dp = {}^{I}V_1\,dp + RT\,d\ln a_1 \tag{11}$$

bzw.

$$\frac{dp}{d\ln a_1} = \frac{RT}{{}^{II}V_1 - {}^{I}V_1} \,. \tag{12}$$

Diese Differentialgleichung beschreibt die Änderung des Dampfdruckes p des Lösungsmittels mit der Änderung der Aktivität a_1 des Lösungsmittels bei konstanter Temperatur. Sie kann etwas vereinfacht werden, wenn man das Molvolumen des Lösungsmittels gegen das Molvolumen des Dampfes vernachlässigt und $^{II}V_1 = RT/p$ setzt, also den Dampf als ideales Gas betrachtet:

$$\frac{dp}{d\ln a_1} = p \tag{13}$$

bzw.

$$d\ln p = d\ln a_1 \,. \tag{14}$$

Integration in den Grenzen von $p = p_1^o$ bis $p = p_1$ und von $a_1 = 1$ (Aktivität des reinen Lösungsmittels) bis $a_1 = a_1$,

$$\int_{p_1 = p_1^o}^{p_1} d\ln p = \int_{a_1 = 1}^{a_1} d\ln a_1 \tag{15}$$

liefert

$$\ln \frac{p_1}{p_1^o} = \ln a_1 \tag{16}$$

bzw.

$$\frac{p_1}{p_1^o} = a_1 . \tag{17}$$

In Worten: Die Aktivität des Lösungsmittels ist proportional dem Dampfdruck über der Lösung und kann durch Dampfdruckmessungen bestimmt werden.

Bei ideal verdünnten Lösungen ist $a_1 = x_1$ und man erhält aus Gl. (17) als Grenzgesetz das Raoultsche Gesetz, das bisher als empirisches Gesetz galt:

$$\frac{p_1}{p_1^o} = x_1 . \tag{18}$$

Mit $x_1 = 1 - x_2$ umgeformt lautet dieses:

$$\Delta p \equiv p_1^o - p_1 = p_1^o x_2 \tag{19}$$

Die Dampfdruckerniedrigung Δp ist direkt proportional dem Molenbruch des gelösten Stoffes x_2. Proportionalitätskonstante ist der Dampfdruck des reinen Lösungsmittels (Abschnitt 15.4). Aus Gl. (19) erkennt man auch, daß tatsächlich eine *Erniedrigung* des Dampfdruckes stattfindet: p_1 ist immer kleiner als p_1^o, da x_2 nur positiv sein kann (Bild 17.1).

17.2 Siedepunkterhöhung

Während sich das Auflösen eines festen Stoffes bei konstanter Temperatur in einer Dampfdruckerniedrigung äußert, wird umgekehrt bei konstantem Druck die Siedetemperatur erhöht. Dies geht ebenfalls anschaulich aus dem Zustandsdiagramm in Bild 17.1 hervor. Da die Dampfdruckkurve einer Lösung immer unterhalb der Dampfdruckkurve des Lösungsmittels verläuft, muß bei konstantem Druck die Siedetemperatur ansteigen, damit beide Phasen im thermischen Gleichgewicht sind. Die Abhängigkeit der Siedetemperatur von der Konzentration des gelösten Stoffes soll berechnet werden.

Es wird wiederum von der Gleichgewichtsbedingung (7)

$$^{II}\mu_1 = {}^{I}\mu_1^o + RT \ln a_1 \tag{20}$$

ausgegangen. Sie lautet anders geschrieben:

$$\frac{^{II}\mu_1}{T} = \frac{^{I}\mu_1^o}{T} + R \ln a_1 . \tag{21}$$

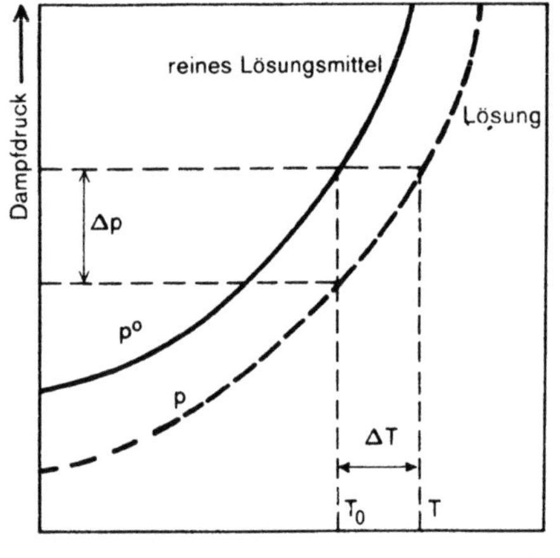

Bild 17.1

Dampfdruckerniedrigung Δp und Siedepunkterhöhung ΔT einer Lösung im p, T-Diagramm

Nun ist die Variation der Potentiale nicht bezüglich des Druckes, sondern bezüglich der
Temperatur bei konstantem Druck und konstanter Aktivität a_1 durchzuführen:

$$d\left(\frac{^{II}\mu_1}{T}\right)_{p,a_1} = d\left(\frac{^{I}\mu_1^o}{T}\right)_{p,a_1} + R\,d(\ln a_1)_p. \tag{22}$$

Mit dem totalen Differential von μ/T bei konstantem Druck (analog G/T Abschnitt 11.6)

$$d\left(\frac{\mu_i}{T}\right)_p = -\left(\frac{h_i}{T^2}\right) dT, \tag{23}$$

bekommt man dann für die Gleichgewichtsbedingung:

$$-\frac{^{II}h_1}{T^2}\,dT = -\frac{^{I}h_1^o}{T^2}\,dT + R\,d\ln a_1. \tag{24}$$

Durch Umformen ergibt sich daraus die Differentialgleichung

$$\frac{dT}{d\ln a_1} = -\frac{RT^2}{(^{II}h_1 - {}^{I}h_1^o)}. \tag{25}$$

$^{II}h_1 - {}^{I}h_1^o$ ist die Differenz der *partiellen molaren Enthalpie des Dampfes* und des *reinen
Lösungsmittels* und kann der Verdampfungsenthalpie ΔH_{Verd} gleichgesetzt werden:

$$\frac{dT}{d\ln a_1} = -\frac{RT^2}{\Delta H_{Verd}}. \tag{26}$$

Diese Differentialgleichung gibt an, wie sich die Siedetemperatur der Lösung mit
der Aktivität des Lösungsmittels ändert. Integriert man sie in den Grenzen von $T = T_0$
(Siedepunkt des reinen Lösungsmittels) bis T (Siedepunkt der Lösung) und von $a_1 = 1$
bis a_1, so erhält man:

$$\ln a_1 = -\frac{\Delta H_{Verd}(T - T_0)}{RT\,T_0}. \tag{27}$$

Dabei wurde vorausgesetzt, daß a_1 und ΔH_{Verd} innerhalb des Temperaturbereiches von T_0 bis T temperaturunabhängig sind.

Für verdünnte Lösungen kann man weiterhin $\ln a_1 \cong \ln(1 - x_2) \cong -x_2$ setzen und $T_0 T$ durch T_0^2 approximieren:

$$x_2 = \frac{\Delta H_{Verd}(T - T_0)}{R T_0^2}. \tag{28}$$

Aus Gl. (28) sieht man, daß $T > T_0$ sein muß, also die Siedetemperatur erhöht wird. Schreibt man für $(T - T_0)$ das Symbol ΔT und formt um, so bekommt man die Abhängigkeit der Siedepunkterhöhung ΔT von x_2 (Molenbruch des gelösten Stoffes):

$$\Delta T = \frac{R T_0^2}{\Delta H_{Verd}} x_2. \tag{29}$$

In Worten: Die Siedepunkterhöhung ΔT ist dem Molenbruch des gelösten Stoffes x_2 direkt proportional.

In der Praxis verwendet man statt des Molenbruchs besser die Molalität. Rechnet man deshalb den Molenbruch x_2 mit dem im Tabellenanhang angegebenen Umrechnungsfaktor in die Molalität m_2 um, so ergibt sich für sehr verdünnte Lösungen ($n_1 \gg n_2$):

$$\Delta T = \left[\frac{R T_0^2 M_1}{\Delta H_{Verd}}\right] m_2 = K_e m_2. \tag{30}$$

Die in Klammer gesetzten Größen werden meist zur *ebullioskopischen Konstanten* K_e zusammengefaßt. Ist $m_2 = 1$, erhält man für ΔT einen Wert, der der ebullioskopischen Konstanten entspricht. K_e ist die Siedepunkterhöhung für die Konzentration 1 mol gelöster Stoff in 1 kg Lösungsmittel. Gemessene und berechnete ebullioskopische Konstanten von einigen Lösungsmitteln sind in Tabelle 17.1 angegeben. Eine Anordnung zur experimentellen Bestimmung von Siedepunkterhöhungen zeigt Bild 17.2. Apparaturen wie diese sind immer so konstruiert, daß das Thermometer mit siedender Lösung umspült wird. Gl. (30) kann auch zur Molmassenbestimmung gelöster Stoffe benutzt werden. Aber besser als mit Hilfe der Siedepunkterhöhung bestimmt man die Molmasse mit Hilfe der Gefrierpunkterniedrigung, die im nächsten Abschnitt diskutiert wird.

Tabelle 17.1: Experimentelle und berechnete ebullioskopische Konstanten K_e von einigen Lösungsmitteln in K kg mol^{-1}

Lösungsmittel	Siedepunkt in °C	K_e (experimentell)	K_e (berechnet)
Wasser	100,0	0,51	0,51
Äthylalkohol	78,4	1,22	1,20
Benzol	80,1	2,53	2,63
Äthyläther	34,6	2,02	2,11
Chloroform	61,3	3,63	3,77

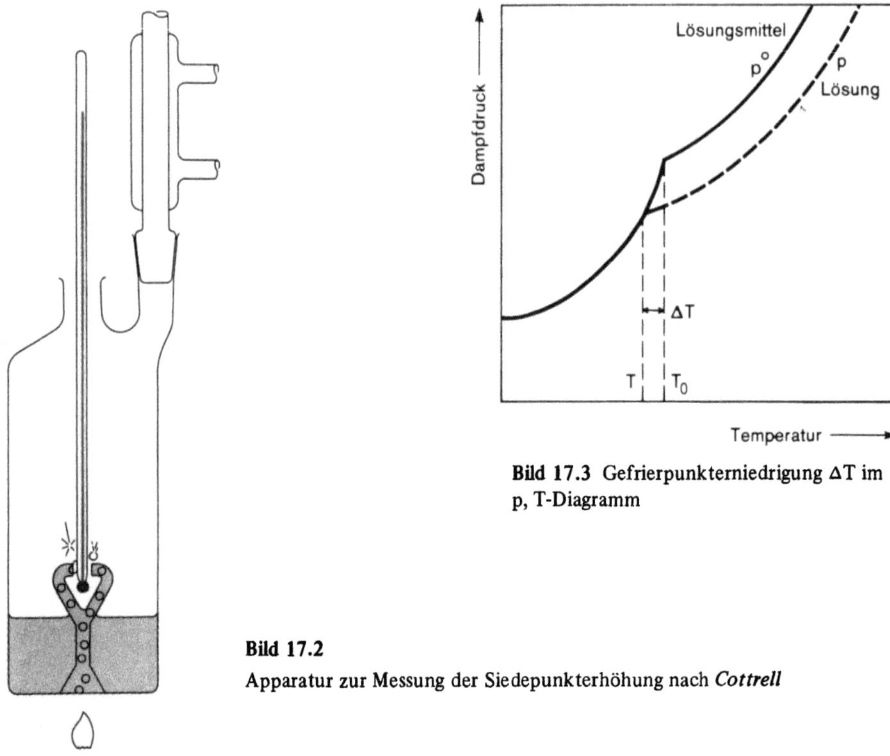

Bild 17.3 Gefrierpunkterniedrigung ΔT im
p, T-Diagramm

Bild 17.2
Apparatur zur Messung der Siedepunkterhöhung nach *Cottrell*

17.3 Gefrierpunkterniedrigung

Der Gefrierpunkt einer Lösung liegt dort, wo sich die Dampfdruckkurven der
Lösung und des reinen festen Lösungsmittels schneiden (Bild 17.3). Er liegt etwas tiefer
als der Gefrierpunkt des reinen Lösungsmittels, da die Dampfdruckkurve der Lösung
unter der des reinen Lösungsmittels verläuft. Die Differenz der beiden Gefrierpunkte
bezeichnet man als Gefrierpunkterniedrigung. Ihre Abhängigkeit von der Aktivität des
gelösten Stoffes soll thermodynamisch berechnet werden.

Ausgangspunkt für diese Berechnung ist ebenfalls die Gleichgewichtsbedingung
(21). Der Index II bezieht sich nun auf das reine Lösungsmittel im festen Zustand, während der Index I wiederum die Lösung kennzeichnet. Die Nachbarphase ist also jetzt eine
reine *feste Phase*. Im Gegensatz zu früher muß jetzt sowohl die Temperatur- als auch die
Druckabhängigkeit bei der Variation der Potentiale berücksichtigt werden. Mit Druck-
und Temperaturvariation geht

$$\frac{^{II}\mu_1}{T} = \frac{^{I}\mu_1^{\,o}}{T} + R\ln a_1 \tag{31}$$

über in

$$\left(\frac{\partial \frac{^{II}\mu_1}{T}}{\partial T}\right)_p dT + \left(\frac{\partial \frac{^{II}\mu_1}{T}}{\partial p}\right)_T dp = \left(\frac{\partial \frac{^{I}\mu_1^\circ}{T}}{\partial T}\right)_p dT + \left(\frac{\partial \frac{^{I}\mu_1^\circ}{T}}{\partial p}\right)_T dp + R\, d\ln a_1 \tag{32}$$

und

$$-\frac{^{II}h_1}{T^2} dT + \frac{^{II}v_1}{T} dp = -\frac{^{I}h_1^\circ}{T^2} dT + \frac{^{I}v_1^\circ}{T} dp + R\, d\ln a_1 \, . \tag{33}$$

Durch Umformen erhält man weiter:

$$d\ln a_1 = \frac{^{I}h_1^\circ - {}^{II}h_1}{R\,T^2} dT + \frac{^{II}v_1 - {}^{I}v_1^\circ}{R\,T} dp. \tag{34}$$

$(^{I}h_1^\circ - {}^{II}h_1)$ ist nun mit der *Schmelzenthalpie* des reinen Lösungsmittels $\Delta H_{Schmelz}$ identisch und $^{II}v_1 - {}^{I}v_1^\circ$ ist gleich der Differenz der Molvolumina der festen und flüssigen reinen Phase des Lösungsmittels. Diese Volumendifferenz ist aber bei kondensierten Phasen meist so klein, daß der zweite Term auf der rechten Seite von Gl. (34) überhaupt vernachlässigt werden kann:

$$\frac{dT}{d\ln a_1} = \frac{R\,T^2}{\Delta H_{Schmelz}}. \tag{35}$$

Gl. (35) beschreibt die Schmelzpunktänderung mit der Änderung der Aktivität a_1 und entspricht bis auf das entgegengesetzte Vorzeichen formal Gl. (26). Integriert man diese Differentialgleichung in den Grenzen von $T = T_0$ bis T sowie von $a_1 = 1$ bis a_1 und macht dieselben Vereinfachungen wie in Abschnitt 17.2, so bekommt man als Resultat dieser Berechnung:

$$T - T_0 \equiv \Delta T = -\frac{R\,T_0^2}{\Delta H_{Schmelz}} x_2 \, . \tag{36}$$

In Worten: Die Gefrierpunkterniedrigung ΔT ist proportional dem Molenbruch des gelösten Stoffes x_2.

Durch Umrechnen von x_2 in die Molalität m_2 ergibt sich:

$$\Delta T = \left[-\frac{R\,T_0^2 M_1}{\Delta H_{Schmelz}}\right] m_2 = K_k\, m_2. \tag{37}$$

Die durch die Klammer zusammengefaßten Größen wurden durch die *kryoskopische Konstante* K_k ersetzt. Sie entspricht der Gefrierpunkterniedrigung einer Lösung von 1 mol Stoff in 1 kg Lösungsmittel. Wie die Siedepunkterhöhung hängt auch die Gefrierpunkterniedrigung von idealen Lösungen nur von der Konzentration des gelösten Stoffes und nicht von dessen chemischem Aufbau ab. Verschiedenartige Salze in derselben Konzentration liefern immer gleich große Erniedrigungen. Diese Aussage über die Konzentrationsabhängigkeit ist für alle kolligativen Eigenschaften charakteristisch.

Gefrierpunkterniedrigungen sind einfacher als Siedepunkterhöhungen zu messen (Bild 17.4). Die Badtemperatur des in Bild 17.4 dargestellten Apparates liegt etwas unter der des erwarteten Gefrierpunktes, so daß die im innersten Rohr befindliche Lösung nur langsam abkühlt. Um Unterkühlungen zu vermeiden, wird die Lösung dauernd gerührt und der zeitliche Temperaturverlauf gemessen. Beginnt das Lösungsmittel auszukristallisieren, so entsteht in der Abkühlungskurve ein Knie, auf das ein Haltepunkt folgt, weil Kristallisationswärme frei wird (vgl. Abschnitt 16.7). Kryoskopische Konstanten von einigen Lösungsmitteln wurden in der Tabelle 17.2 zusammengestellt.

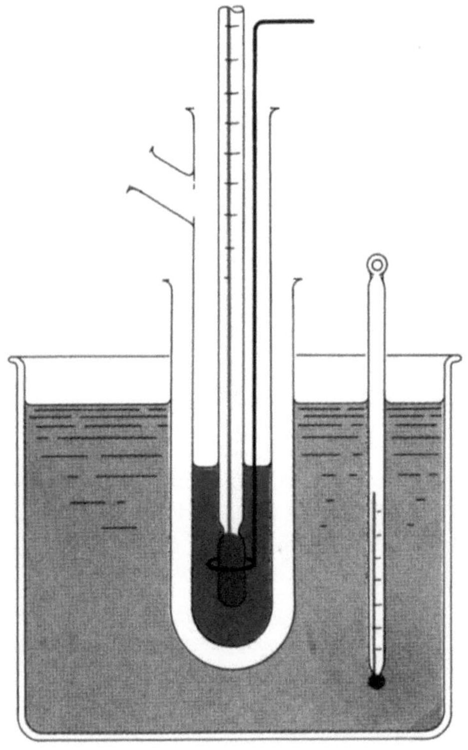

Bild 17.4

Apparatur zur Messung der Gefrierpunkterniedrigung nach *Beckmann*

Tabelle 17.2: Kryoskopische Konstanten K_k von einigen Lösungsmitteln

Lösungsmittel	Gefrierpunkt °C	K_k K kg mol^{-1}
Wasser	0,00	− 1,86
Essigsäure	16,6	− 3,90
Benzol	5,5	− 5,12
Bromoform	7,8	−14,4
Cyclohexan	6,5	−20
Campher	173	−40

Gefrierpunktsmessungen können auch zur Molmassenbestimmung dienen. Denn aus Gl. (37) folgt durch Umformen:

$$M_2 = -\frac{K_k}{\Delta T} \cdot \frac{\text{Masse gelöster Stoff}}{\text{Masse Lösungsmittel}} \cdot \tag{38}$$

Diese Bestimmungsmethode wird vielfach in der organischen Chemie angewandt, wenn es die Molmassen neu synthetisierter Verbindungen festzustellen gilt. Natürlich müssen dazu solche Lösungsmittel ausgesucht werden, die mit der Verbindung nicht reagieren. Ganz allgemein gilt: Je größer die kryoskopische Konstante des ausgesuchten Lösungsmittels ist, umso größer ist die Gefrierpunkterniedrigung und umso genauer läßt sich die Molmasse angeben.

17.4 Der osmotische Druck

Trennt man ein reines Lösungsmittel und eine Lösung durch eine halbdurchlässige Membran, die nur für Lösungsmittelmoleküle durchlässig ist, so hat man nebeneinander eine reine flüssige Phase und eine flüssige Mischphase (Lösung) vorliegen. Lösungsmittel dringt dann solange aus der reinen flüssigen Phase in die Lösung ein, bis sich thermodynamisches Gleichgewicht eingestellt hat. Gleichgewicht heißt in diesem Fall Gleichheit der chemischen Potentiale des Lösungsmittels in beiden Phasen. Damit es zum Potentialausgleich kommt, muß sich zwischen den flüssigen Phasen eine Druckdifferenz aufbauen. Wie groß diese Druckdifferenz, *osmotischer Druck* genannt, sein muß, und wie diese von der Konzentration des gelösten Stoffes abhängt, gilt zu berechnen.

Im thermodynamischen Gleichgewicht sei ^{II}p der Druck, unter dem das reine Lösungsmittel und ^{I}p der Druck, unter dem die Lösung steht. Der osmotische Druck ist definitionsgemäß die Druckdifferenz (Bild 17.5):.

$$\pi = {}^{I}p - {}^{II}p. \tag{39}$$

Steht das Lösungsmittel von vornherein unter dem Druck ^{II}p und die Lösung unter dem Druck ^{I}p, so findet keine Wanderung von Lösungsmittelmolekülen statt. Andernfalls findet solange eine Wanderung statt, bis sich der chemische Potentialausgleich einstellt und demzufolge das System den Druckunterschied $^{I}p - {}^{II}p$ selbst aufbaut. Wenn das chemische Potential des reinen Lösungsmittels beim Druck ^{II}p

$$^{II}\mu_1 = {}^{II}\mu_1^{\circ} \tag{40}$$

und das des Lösungsmittels in der Lösung beim Druck ^{I}p

$$^{I}\mu_1 = {}^{I}\mu_1^{\circ} + RT \ln a_1 \tag{41}$$

Bild 17.5

Apparatur zur Messung des osmotischen Druckes (schematisch)

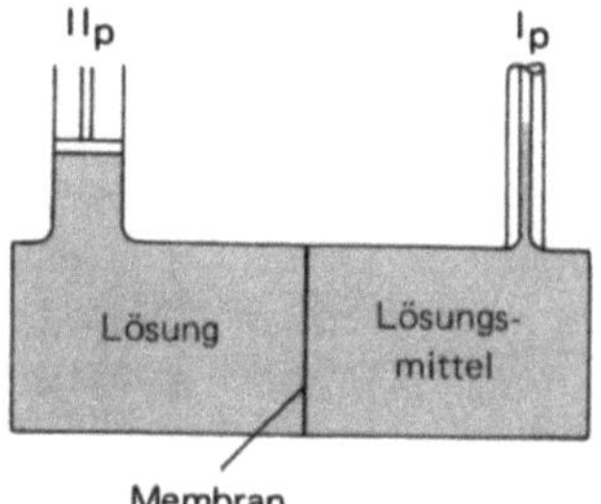

beträgt, dann gilt im thermodynamischen Gleichgewicht:

$$^{II}\mu_1^o = {}^{I}\mu_1^o + RT\ln a_1 \tag{42}$$

bzw.

$$^{II}\mu_1^o - {}^{I}\mu_1^o = RT\ln a_1 \,. \tag{43}$$

Der Ausdruck auf der linken Seite ist aber gleich

$$^{II}\mu_1^o - {}^{I}\mu_1^o = \int\limits_{^{I}p}^{^{II}p} \left(\frac{\partial\mu_1^o}{\partial p}\right)_T dp = \int\limits_{^{I}p}^{^{II}p} v_1^o\, dp$$

$$= v_1^o\,(^{II}p - {}^{I}p) = v_1^o\,(-\pi) = -V_1\,\pi, \tag{44}$$

weil die beiden Standardpotentiale nichts anderes als das Standardpotential μ_1^o bei verschiedenen äußeren Drücken sind.

v_1^o ist das Molvolumen des reinen Lösungsmittels und ändert sich nur wenig mit dem Druck. Die Integration konnte daher mit praktisch konstantem v_1^o durchgeführt werden. Damit folgt aus Gl. (43) und Gl. (44)

$$V_1\,\pi = -RT\ln a_1 \,. \tag{45}$$

Für sehr verdünnte Lösungen gilt wiederum $\ln(1-x_2) \cong -x_2$, so daß

$$V_1\,\pi = RT x_2 \tag{46}$$

und

$$\pi = \frac{RT}{V_1}\,x_2 \,. \tag{47}$$

In Worten: Der osmotische Druck π verdünnter Lösungen ist dem Molenbruch x_2 des gelösten Stoffes proportional. Wie alle anderen kolligativen Eigenschaften hängt er nur von der Konzentration und nicht von der Molekülart ab. Führen wir für den Molenbruch x_2 in Gl. (46) den Ausdruck $x_2 = n_2/(n_1 + n_2)$ ein und vernachlässigen wir n_2 gegen n_1, so folgt mit $n_1\,V_1 = V$ das Grenzgesetz

$$\pi V = n_2\,RT, \tag{48}$$

das in seiner Form mit dem idealen Gasgesetz übereinstimmt (*vant'Hoffsches Gesetz*).

Wichtigster Bestandteil einer Apparatur zur Messung des osmotischen Druckes (Bild 17.5) ist die halbdurchlässige Membran. Sie soll nur Lösungsmittelmoleküle und keine gelösten Stoffe durchlassen. Membranen aus Cellophan oder aus Proteinen sind z. B. nur wasserdurchlässig. Membranen aus hochpolymeren Verbindungen wirken ganz allgemein wie mechanische Filter oder Siebe, lassen kleinere Moleküle durch und halten größere zurück. Aber wie immer der Mechanismus des „Filterns" auch aussehen mag, von Bedeutung ist nur, daß sich ein *osmotisches Gleichgewicht* einstellen kann. Die schematische Meßanordnung in Bild 17.5 besteht aus einer Kammer, die durch die Membran in zwei Hälften geteilt wird. In der einen Hälfte befindet sich unter dem Druck ^{II}p die Lösung, in der anderen das Lösungsmittel unter dem Gleichgewichtsdruck ^{I}p (Meßgröße). Tabelle 17.3 gibt als Beispiel den gemessenen $(^{II}p - {}^{I}p)$ und den berechneten osmotischen Druck von verschiedenen Rohrzuckerlösungen an.

Tabelle 17.3: Experimenteller und berechneter osmotischer Druck π von verschiedenen Rohrzuckerlösungen bei 20 °C (*A. Findlay:* Osmotic Pressure, Longmans, Green & Co., Inc., New York, 1919)

Molalität mol kg^{-1}	Molarität mol l^{-1}	π (experimentell) atm	π (berechnet) nach Gl. (47)	π (berechnet) nach Gl. (48)
0,1	0,098	2,59	2,40	2,36
0,2	0,192	5,06	4,81	4,63
0,3	0,282	7,61	7,21	6,80
0,4	0,370	10,14	9,62	8,90
0,5	0,453	12,75	12,00	10,9
0,6	0,533	15,39	14,4	12,8
0,7	0,610	18,13	16,8	14,7
0,8	0,685	20,91	19,2	16,5
0,9	0,757	23,72	21,6	18,2
1,0	0,825	26,64	24,0	19,8

So wie die Gefrierpunkterniedrigung wird auch der osmotische Druck hauptsächlich zur Molmassenbestimmung, und zwar im besonderen von hochpolymeren Verbindungen verwendet. Umformen von Gl. (48) liefert nämlich:

$$M = \frac{RT}{\pi}\, d. \tag{49}$$

Diese Beziehung gilt aber genau genommen nur für den ideal verdünnten Fall, so daß eine Extrapolation auf die Dichte Null (d → 0) angebracht ist:

$$M = \lim_{d \to 0} \frac{RT}{\pi}\, d. \tag{50}$$

Werden gemäß Gl. (49) die gemessenen π-Druckwerte durch die Dichte der Lösung dividiert und in einem Diagramm gegen die Dichte aufgetragen, so liefert der Ordinatenabschnitt RT/M, woraus M berechnet werden kann. Bild 17.6 zeigt eine solche Auftragung für Lösungen von Polyisobutylen in Benzol und Cyclohexan. Die graphische Extrapolation der in Tabelle 17.4 zusammengestellten Meßwerte liefert für π/d den Wert 0,097 atm dm^{3}kg^{-1}, woraus sich die Molmasse zu 250 kg mol^{-1} ergibt. Dem Bild 17.6 entnimmt man auch, daß die Messungen für Konzentrationen um 10^{-5} mol l^{-1}

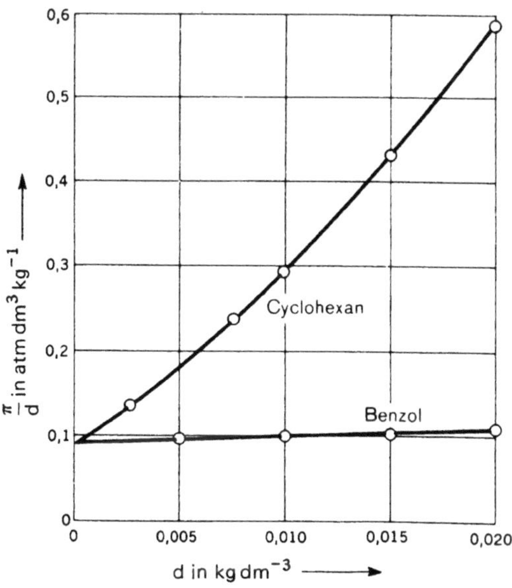

Bild 17.6 π/d, d-Diagramm für Polyisobutylen gelöst in Benzol und in Cyclohexan (Daten aus Tabelle 8.4)

durchgeführt wurden. Das sind für Siedepunkterhöhungen und Gefrierpunkterniedrigungen viel zu kleine Konzentrationen, als daß mit ihnen eine Molmassenbestimmung in Frage kommen könnte.

Tabelle 17.4: Der osmotische Druck π und die Größe π/d von Polyisobutylenlösungen in Benzol und Cyclohexan (*P. J. Flory:* J. Am. Chem. Soc. 65 (1943) 372)

Konzentration $kg\,dm^{-1}$	π in atm		$\frac{\pi}{d}$ in atm dm^3 kg^{-1}	
	in Benzol	in Cyclohexan	in Benzol	in Cyclohexan
0,0200	0,00208	0,0117	0,104	0,585
0,0150	0,00152	0,0066	0,101	0,44
0,0100	0,00099	0,0030	0,099	0,30
0,0075		0,00173		0,23
0,0050	0,00049	0,00090	0,098	0,18
0,0025		0,00035		0,14

17.5 Löslichkeit von Gasen und festen Stoffen

Gase sind in Flüssigkeiten bis zu einem gewissen Grad löslich; ihre Löslichkeit hängt nur von der Temperatur und dem Druck ab. Gegeben sei eine schwer flüchtige Flüssigkeit, so daß ihr Dampfdruck vernachlässigt werden kann. Die Gleichgewichtsbedingung (chemisches Potential des Gases = chemisches Potential des gelösten Gases) lautet demnach

$$^{II}\mu_2 = {}^{I}\mu_2 \,, \tag{51}$$

wobei für die Lösung (Mischphase) geschrieben werden kann:

$$^{I}\mu_2 = {}^{I}\mu_2^{\circ} + RT \ln a_{s,2} \,. \tag{52}$$

$a_{s,2}$ ist die sogenannte *Sättigungsaktivität* des Gases in der Lösung. Als Bezugszustand wurde die ideal verdünnte Lösung gewählt, so daß $^{I}\mu_2^{\circ}$ das Standardpotential des gelösten Gases verkörpert; es ist druck- und temperaturabhängig. Im Gleichgewicht gilt dann:

$$^{II}\mu_2 = {}^{I}\mu_2^{\circ} + RT \ln a_{s,2} \tag{53}$$

und

$$\ln a_{s,2} = \frac{{}^{II}\mu_2 - {}^{I}\mu_2^{\circ}}{RT} \tag{54}$$

bzw.

$$a_{s,2} = e^{\frac{{}^{II}\mu_2 - {}^{I}\mu_2^{\circ}}{RT}} = K. \tag{55}$$

Bei konstantem Druck und konstanter Temperatur hat die Sättigungsaktivität einen ganz bestimmten Wert und chemisch indifferente Zusätze zur Lösung haben auf sie keinen Einfluß. Das gilt nicht für die Sättigungskonzentration $c_{s,2}$ bzw. für den Molenbruch $x_{s,2}$, denn Zusätze zur Lösung verändern den Aktivitätskoeffizienten, so daß sich bei konstanter Aktivität die Konzentration ändern muß.

Um die Druckabhängigkeit der Sättigungsaktivität zu finden, müssen wir Gl. (54) bezüglich des Gasdruckes variieren:

$$\left(\frac{\partial \ln a_{s,2}}{\partial p}\right)_T dp = \left(\frac{\partial \left(\frac{^{II}\mu_2 - {}^I\mu_2^o}{RT}\right)}{\partial p}\right)_T dp = \frac{{}^{II}v_2 - {}^Iv_2^o}{RT} dp. \tag{56}$$

Mit ${}^Iv_2^o \ll {}^{II}v_2$ und ${}^{II}v_2 = RT/p$ (ideales Verhalten des Gases) folgt daraus:

$$\left(\frac{\partial \ln a_{s,2}}{\partial p}\right)_T = \frac{1}{p}. \tag{57}$$

Gl. (57) wird in den Grenzen von p = 1 bis p integriert,

$$\int_{a_{s,2}(p=1)}^{a_{s,2}(p)} d\ln a_{s,2} = \int_{p=1}^{p} \frac{dp}{p}, \tag{58}$$

und liefert

$$\ln a_{s,2}(p) - \ln a_{s,2}(p = 1) = \ln p. \tag{59}$$

$a_{s,2}(p = 1)$ ist die Sättigungsaktivität beim Standarddruck p = 1 atm; sie hängt nur von der Temperatur ab und ist deshalb konstant (K):

$$\frac{a_{s,2}}{K} = p. \tag{60}$$

Bei idealem Verhalten des Gases in der Lösung kann außerdem $a_{s,2}$ durch $x_{s,2}$ ersetzt werden, so daß

$$x_{s,2} = Kp \tag{61}$$

resultiert. In Worten: Die Löslichkeit $x_{s,2}$ eines Gases in einer Flüssigkeit ist proportional seinem Druck p über der Lösung (*Henrysches Gesetz*). Das Henrysche Gesetz gilt auch für ideale Gasmischungen: Die Löslichkeit einer Gaskomponente ist proportional ihrem Partialdruck über der Lösung. Ein Beispiel zur Löslichkeit, nämlich die von O_2 in Wasser ist in Tabelle 17.5 und in Bild 17.7 zu sehen.

Tabelle 17.5: Druckabhängigkeit der Sättigungsmolalität m_s und der Sättigungsaktivität a_s ($mol\,kg^{-1}$) von O_2 in Wasser bei 26 °C

Druck atm	m_s	a_s	$\gamma = a_s/m_s$
1	0,00117	0,00117	1,000
2	0,00233	0,00233	1,000
4	0,00462	0,00467	1,013
6	0,00683	0,00701	1,027
8	0,00894	0,00935	1,046
10	0,01095	0,01169	1,068
12	0,01284	0,01403	1,093

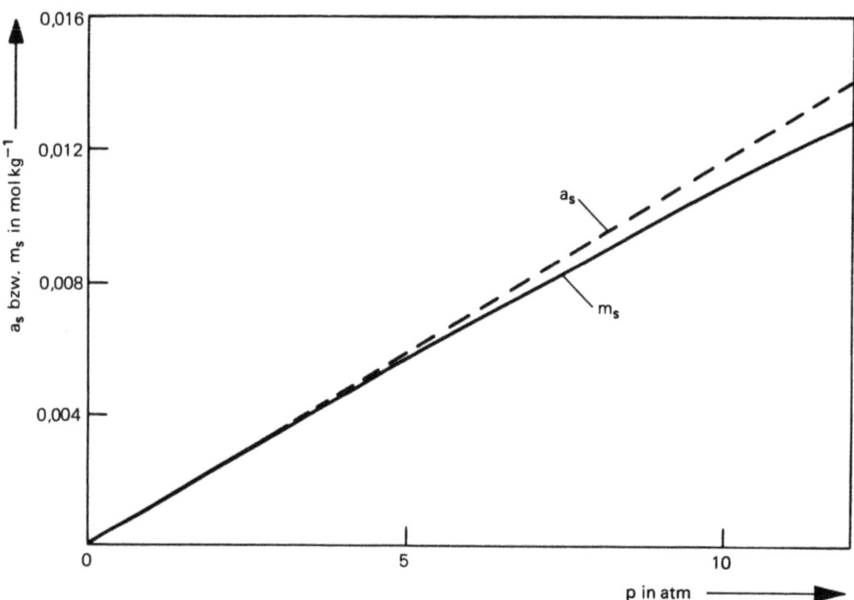

Bild 17.7 Löslichkeit von O_2 in Wasser

Ist die Nachbarphase einer Lösung ein fester Stoff und nicht wie früher ein Gas oder eine Flüssigkeit, so gilt für das Gleichgewicht zwischen der reinen festen Phase (II) und der Lösung (I)

$$^{II}\mu_2 = {}^I\mu_2 ,$$
$$^{II}\mu_2^{\circ} = {}^I\mu_2^{\circ} + RT \ln a_{s,2} \tag{62}$$

und bei konstantem Druck und konstanter Temperatur

$$a_{s,2} = e^{\dfrac{^{II}\mu_2^{\circ} - {}^I\mu_2^{\circ}}{RT}} = \text{const.} \tag{63}$$

Gl. (63) besagt, daß die Aktivität des gelösten Stoffes solange konstant ist, als fester Stoff (Bodenkörper) als Nachbarphase vorhanden ist. Diese Aktivität heißt wieder *Sättigungsaktivität*; sie ist von anderen gleichzeitig in der Lösung vorhandenen (gelösten) Stoffen unabhängig.

Dies gilt aber nur für die Aktivität und nicht etwa für die Konzentration oder den Aktivitätskoeffizienten. Diese beiden Größen hängen sehr wohl von der Konzentration der anderen Komponenten ab. Bei Zugabe anderer löslicher Stoffe nimmt der Aktivitätskoeffizient ab. Da $a_{s,2}$ konstant ist, muß m_2 größer werden, also die Löslichkeit zunehmen (*Einsalzen*). Umgekehrt nimmt die Löslichkeit von Nichtelektrolyten beim Auflösen von Fremdsalzen ab (*Aussalzen*).

Die Temperaturabhängigkeit der Sättigungsaktivität folgt aus der Temperaturvariation der Gleichgewichtsbedingung (62):

$$d\left(\frac{^{II}\mu_2^{\circ}}{T}\right) = d\left(\frac{^{I}\mu_2^{\circ}}{T}\right) + R\,d\ln a_{s,2}, \tag{64}$$

$$-\frac{^{II}h_{2,fest}^{\circ}}{T^2}\,dT = -\frac{^{I}h_2^{\circ}}{T^2}\,dT + R\,d\ln a_{s,2}. \tag{65}$$

$^{I}h_2$ ist die partielle molare Enthalpie des Stoffes in der Lösung und in einer idealen Lösung gleich $^{I}h_2^{\circ}$ (unendliche Verdünnung). $^{II}h_{2,fest}^{\circ}$ ist die partielle molare Enthalpie des reinen festen Stoffes und gleich der molaren Enthalpie $^{II}H_{2,fest}^{\circ}$. Die Differenz $(^{I}h_2^{\circ} - {}^{II}h_{2,fest}^{\circ}) = \Delta h_2^{\circ}$ ist die sogenannte *erste Lösungswärme* (Abschnitt 17.6). Die Integration von Gl. (65) führt zu

$$\ln a_{s,2} = -\frac{\Delta h_2^{\circ}}{RT} + \text{const} \tag{66}$$

bzw.

$$a_{s,2} = \text{const}\, e^{-\frac{\Delta h_2^{\circ}}{RT}}. \tag{67}$$

Ist die erste Lösungswärme temperaturunabhängig, so nimmt die Sättigungsaktivität exponentiell mit der Temperatur zu. Trägt man daher die Sättigungsaktivität logarithmisch gegen die reziproke absolute Temperatur auf, so bekommt man aus der Steigung der Geraden die erste Lösungswärme.

17.6 Lösungswärmen

Die Gesamtenthalpie (H) einer Lösung aus n_1 mol Lösungsmittel und n_2 mol gelöstem Stoff beträgt:

$$H = n_1 h_1 + n_2 h_2. \tag{68}$$

$$h_1 = \left(\frac{\partial H}{\partial n_1}\right)_{n_2,T,p} \quad \text{und} \quad h_2 = \left(\frac{\partial H}{\partial n_2}\right)_{n_1,T,p} \tag{69}$$

sind die partiellen molaren Enthalpien des Lösungsmittels und des gelösten Stoffes in der Lösung. Die Absolutwerte dieser partiellen molaren Enthalpien h_1 und h_2 sind aber grundsätzlich nicht bekannt. Es ist deshalb notwendig, diese Größen auf bestimmte Standardwerte zu beziehen, also mit Enthalpiedifferenzen zu rechnen.

Für das *Lösungsmittel* wird zweckmäßig als Standardenthalpie die (ebenfalls unbekannte) molare Enthalpie des reinen Lösungsmittels H_1° genommen. H_1° und h_1° sind dann identisch. Für den *gelösten Stoff* bezieht man die partielle molare Enthalpie h_2 auf die partielle molare Enthalpie bei unendlicher Verdünnung h_2°. h_2° ist zwar identisch mit der molaren Enthalpie H_2°, aber verschieden von der Standardenthalpie des Stoffes in seiner *reinen* Phase. Je nachdem, ob ein Gas, eine Flüssigkeit oder ein fester Körper gelöst werden, ist der Standardzustand der reinen Phase entweder das ideale Gas, die reine Flüssigkeit oder der reine feste Stoff. Die zugehörigen Standardenthalpien werden durch den zusätzlichen Index gas, flüss oder fest gekennzeichnet.

Die Differenzen der partiellen molaren Enthalpien h und der Standardenthalpien bei unendlicher Verdünnung $h°$ der Komponenten 1 und 2 in Lösung

$$l_1 = h_1 - h_1° ,$$
$$l_2 = h_2 - h_2° , \tag{70}$$

sind nunmehr thermodynamisch exakt definiert. Man bezeichnet sie als *relative Enthalpien*. l_1 und l_2 gehen gegen Null, wenn die Lösung immer verdünnter wird. Sie verkörpern also direkt den Unterschied zwischen einer realen und idealen Lösung. Es ist aber nicht sinnvoll, die Standardenthalpien selbst Null zu setzen. Denn bei einer solchen Festlegung wären bei einer anderen Temperatur die Standardenthalpien von Null verschieden, der Standardzustand also von der Temperatur abhängig.

Die relative Enthalpie der Lösung (L) ist nun die Differenz der Enthalpie H der Lösung und der Enthalpie der Komponenten in den Standardzuständen:

$$L = H - (n_1 h_1° + n_2 h_2°). \tag{71}$$

Mit den Gln. (68) und (70) lautet diese:

$$L = (n_1 h_1 + n_2 h_2) - (n_1 h_1° + n_2 h_2°) = n_1 l_1 + n_2 l_2 . \tag{72}$$

Die relative Enthalpie L der Lösung ist aber noch nicht die Lösungswärme; die (*integrale*) Lösungswärme ΔH_L ist vielmehr die Enthalpieänderung (vgl. Reaktionsenthalpie in Kapitel 19) folgender Lösungsreaktion:

$$n_1 \text{ mol Lösungsmittel} + n_2 \text{ mol fester Stoff} \rightarrow \text{Lösung.}$$

Endprodukt dieser Lösungsreaktion ist die Lösung, Ausgangsprodukte sind der feste Stoff (oder auch ein Gas oder eine Flüssigkeit) und das Lösungsmittel. Die Enthalpieänderung lautet deshalb:

$$\Delta H_L = [H_{\text{Lösung}}] - [H_{\text{Lösungsmittel}} + H_{\text{fester Stoff}}]. \tag{73}$$

In dieser Gleichung stehen die absoluten Enthalpien der End- und Ausgangsprodukte. Alle diese Enthalpien werden nun auf den früher festgelegten Standardzustand der idealen Lösung und des reinen Lösungsmittels bezogen, d.h. in relative Enthalpien übergeführt:

$$\Delta H_L = [L] - [L_{\text{Lösungsmittel}} + L_{\text{fester Stoff}}]$$
$$= [(n_1 h_1 + n_2 h_2) - (n_1 h_1° + n_2 h_2°)] - [(n_1 h_1 - n_1 h_1°) + (n_2 h_{2,\text{fest}}° - n_2 h_2°)] \tag{74}$$

$h_{2,\text{fest}}°$ ist die molare Enthalpie des festen Stoffes in seiner reinen Phase. Im zweiten Term von Gl. (74) ist h_1 gleich $h_1°$, da es sich beim Ausgangsprodukt um das reine Lösungsmittel handelt. Damit wird

$$\Delta H_L = n_1 (h_1 - h_1°) + n_2 (h_2 - h_{2,\text{fest}}°). \tag{75}$$

Schreibt man

$$\Delta h_1 = h_1 - h_1° ,$$
$$\Delta h_2 = h_2 - h_{2,\text{fest}}° , \tag{76}$$

so lautet Gl. (75)

$$\Delta H_L = n_1 \Delta h_1 + n_2 \Delta h_2 . \tag{77}$$

Δh_1 nennt man auch die *differentielle Verdünnungswärme*, weil sie die Enthalpieänderung der Lösung angibt, wenn bei konstant gehaltenem n_2 die Lösungsmittelmenge n_1 infinitesimal geändert wird. Analoges gilt für Δh_2, die *differentielle Lösungswärme*. Sie ist auf Grund ihrer Definition unabhängig von der Wahl des Standardzustandes.

Zur Illustration von Gl. (77) denke man sich zu einer Lösung, die n_1 mol H_2O und n_2 mol $NaCl$ gelöst enthält, eine geringe Menge dn_2 $NaCl$ zugesetzt; n_1 werde konstant gehalten ($dn_1 = 0$). Nach Gl. (77) muß sich dann die integrale Lösungswärme um

$$d(\Delta H_L) = \Delta h_1\, dn_1 + \Delta h_2\, dn_2 = \Delta h_2\, dn_2 \tag{78}$$

ändern. Daraus folgt für die differentielle Lösungswärme

$$\left(\frac{\partial \Delta H_L}{\partial n_2}\right)_{n_1} = \Delta h_2 . \tag{79}$$

Damit ist ein Weg aufgezeigt, wie differentielle Lösungswärmen experimentell bestimmt werden können. Man mißt sie, indem man schrittweise Δn_2 verändert und die auftretenden Wärmeänderungen kalorimetrisch feststellt (Kapitel 19). Trägt man diese dann in einem Diagramm gegen Δn_2 auf und extrapoliert auf $\Delta n_2 \to 0$, so liefert der Ordinatenabschnitt Δh_2° die differentielle Lösungswärme bei unendlicher Verdünnung. Sie wird *erste Lösungswärme* genannt und entspricht der relativen Enthalpie des festen Stoffes. Für NaCl erhält man auf diese Weise $\Delta h_2^\circ = 4,3$ kJ bei 25 °C. Erste Lösungswärmen für andere Stoffe sind in Tabelle 17.6 angegeben. Sie haben relativ kleine Werte und sind positiv oder negativ.

Mit dem Wert für Δh_2° und den jeweiligen Werten für Δh_2 bekommt man dann nach

$$l_2 = \Delta h_2 - \Delta h_2^\circ \tag{80}$$

(aus den Gln. (70) und (76)) Daten für die relativen Enthalpien l_2, welche gewöhnlich tabelliert werden. Die l_2-Werte für NaCl sind in Tabelle 17.7 zusammengestellt; sie sind

Tabelle 17.6: Erste Lösungswärmen Δh_2° von einigen gasförmigen und festen Stoffen in Wasser bei 25 °C in kJ mol^{-1}

	F^-	Cl^-	Br^-	J^-
H^+	$-48,5$	$-75,1$	$-83,5$	$-80,4$
Li^+	$4,2$	$-35,1$	$-47,0$	$-61,7$
Na^+	$2,5$	$4,3$	$0,4$	$-5,2$
K^+	$-15,1$	$17,2$	$19,8$	$21,8$
Rb^+	$-24,3$	$18,4$	$24,9$	$27,2$
Cs^+	$-36,0$	$19,9$	$28,2$	$34,5$
Ag^+	$-14,2$	$66,1$	$84,0$	$111,8$
Tl^+		$42,3$	$54,4$	$73,3$
Mg^{++}	$-11,6$	$-150,2$	$-181,2$	$-208,4$
Zn^{++}		$-65,4$	$-62,8$	$-47,3$
Cd^{++}		$-12,6$	$-3,2$	$4,0$
Hg^{++}		$13,2$	$6,7$	
Cr^{++}		$77,8$		
Mn^{++}		$66,9$	$66,9$	

Tabelle 17.7: Relative Enthalpien l_1 und l_2 von verdünnten NaCl-Lösungen bei 25 °C in J (*G. N. Lewis, M. Randall:* Thermodynamics, McGraw Hill Book Co., New York, 1961)

Molalität in mol kg^{-1}	l_1	l_2
0	0	0
0,278	0,84	289
0,370	1,26	176
0,555	3,77	− 113
0,793	10,0	− 640
1,110	16,7	−1038
2,13	46,0	−1975
3,47	83,7	−2795
4,63	89,5	−2845
6,12 (gesättigt)	48,1	−2456

natürlich konzentrationsabhängig. Auf ähnliche Weise wie die differentielle Lösungswärme kann auch die differentielle Verdünnungswärme Δh_1 gemessen werden. Wegen der Wahl des Standardzustandes ist sie identisch mit der relativen Enthalpie l_1 (vgl. Tabelle 17.7 für NaCl). Außerdem: Bei Kenntnis von l_2 in Abhängigkeit von n_1 und n_2 bzw. x_2/x_1 kann mit Hilfe der Gibbs-Duhemschen Gleichung (Abschnitt 16.5)

$$x_1\, dl_1 + x_2\, dl_2 = 0 \tag{81}$$

l_1 durch eine (graphische) Integration

$$l_1 = - \int_0^{x_2} \frac{x_2}{x_1}\, dl_2 \tag{82}$$

ermittelt werden.

Bild 17.8 zeigt eine anschauliche graphische Darstellung der verschiedenen Lösungswärmen.

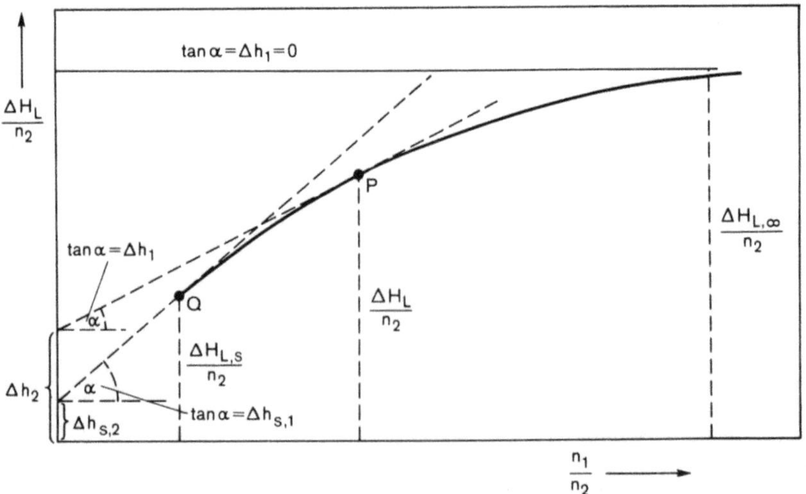

Bild 17.8 Integrale molare Lösungswärme in Abhängigkeit von der Verdünnung (schematisch)

In ihr ist $\Delta H_L/n_2$, definiert durch

$$\frac{\Delta H_L}{n_2} = \frac{n_1}{n_2} \Delta h_1 + \Delta h_2 , \tag{83}$$

gegen n_1/n_2 aufgetragen. $\Delta H_L/n_2$ nennt man auch die *integrale molare Lösungswärme*, das Verhältnis n_1/n_2 *Verdünnung*. Legt man bei einer bestimmten Zusammensetzung der Lösung (etwa im Punkt P) die Tangente an die Kurve der integralen molaren Lösungswärme, so ist nach Gl. (83) der Ordinatenabschnitt gleich der differentiellen Lösungswärme Δh_2, während die Steigung der Tangente unmittelbar die differentielle Verdünnungswärme Δh_1 angibt. Außerdem sieht man, daß für die unendlich verdünnte Lösung ($n_1/n_2 \to \infty$) die Verdünnungswärme Null ist und die differentielle Lösungswärme gleich der integralen molaren Lösungswärme wird (horizontale Tangente). Die bei der Sättigungskonzentration im Punkt Q gelegte Tangente gibt als Abschnitt auf der Ordinate $\Delta h_{s,2}$, die sogenannte *letzte Lösungswärme*, bzw. als Steigung die *letzte Verdünnungswärme*. Die integrale molare Lösungswärme bei der Sättigungskonzentration heißt *ganze Lösungswärme*.

Bei Kenntnis der relativen partiellen molaren Größen l_1 und l_2 in Abhängigkeit von der Zusammensetzung kann die relative Enthalpie jeder beliebigen Lösung berechnet werden. Dies sei an einem Beispiel unter Verwendung der Tabelle 17.7 (3,47 molare NaCl-Lösung) gezeigt:

$$L = n_1 l_1 + n_2 l_2 = \frac{1}{0,018} \, 83,7 + 3,47 \, (-2795) = -5048 \text{ J}. \tag{84}$$

Die integrale Lösungswärme hingegen ergibt sich aus den Gln. (77) und (80) zu

$$\Delta H_L = n_1 \Delta h_1 + n_2 \Delta h_2 = n_1 l_1 + n_2 (\Delta h_2^{\circ} + l_2)$$

$$= \frac{1}{0,018} \, 83,7 + 3,47 \, (4270 - 2795) = 9768 \text{ J}. \tag{85}$$

Die Lösungswärmen können auch aus den Bildungs- und Standardbildungsenthalpien (Kapitel 19) des festen Stoffes, des Lösungsmittels und der Lösung berechnet werden. Das heißt, es wird der Enthalpienullpunkt so gewählt, daß die Elemente, die die Lösung aufbauen, die Enthalpie Null haben. Dies ist für die Praxis von Vorteil, denn für viele Systeme sind die Bildungs- und Standardbildungsenthalpien tabelliert.

17.7 Nernstsches Verteilungsgesetz

Für die Verteilung eines gelösten Stoffes zwischen zwei nichtmischbaren Lösungsmitteln bei konstanter Temperatur und konstantem Druck gilt einmal mehr die Gleichgewichtsbedingung $^{I}\mu_i = {}^{II}\mu_i$. Bezeichnet man nun den gelösten Stoff mit dem Index 3 und mit I und II die beiden flüssigen Phasen, dann lautet sie:

$$^{I}\mu_3^{\circ} + RT \ln {}^{I}a_3 = {}^{II}\mu_3^{\circ} + RT \ln {}^{II}a_3 . \tag{86}$$

Durch Umformen folgt daraus

$$\ln \frac{^{II}a_3}{^{I}a_3} = \frac{^{I}\mu_3^{\circ} - {}^{II}\mu_3^{\circ}}{RT} = \text{const} \tag{87}$$

und

$$\frac{{}^{II}a_3}{{}^{I}a_3} = e^{\frac{{}^{I}\mu_3^\circ - {}^{II}\mu_3^\circ}{RT}} = K. \tag{88}$$

Für genügend verdünnte Lösungen kann $a_3 = x_3$ gesetzt werden, so daß sich für das Verhältnis der Molenbrüche in den beiden flüssigen Phasen

$$\frac{{}^{II}x_3}{{}^{I}x_3} = K \tag{89}$$

ergibt. Gl. (89) besagt, daß das Konzentrationsverhältnis des gelösten Stoffes in den zwei flüssigen Phasen im Idealfall konstant ist. Dieses Grenzgesetz wird als *Nernstsches Verteilungsgesetz* bezeichnet und spielt bei der Trennung von Stoffgemischen mit Hilfe von Extraktions- und chromatographischen Methoden eine maßgebende Rolle. Besitzen nämlich die Gemischkomponenten unterschiedliche Verteilungskonstanten (K), so werden beim Verteilen unterschiedliche Mengen der Komponenten in einer Phase erhalten.

Sieht man hier vom Spezialfall der Destillationsmethode ab, so kann man zwischen Gleichgewichten mit je einer *stationären* (festen oder flüssigen) Phase und einer *mobilen* (flüssigen oder gasförmigen) Phase unterscheiden (Tabelle 17.8). Der ideale lineare Zusammenhang (89) gilt allerdings nur für mäßige Konzentrationen und auch nur für zwei flüssige Phasen (*Extraktion*). Drei typische Verteilungskurven (${}^{I}x$, ${}^{II}x$- oder ${}^{I}c$, ${}^{II}c$-Diagramme) zeigt Bild 17.9. Ähnlich wie bei der Trennung durch Destillation wird nicht einstufig, sondern mehrstufig bzw. kontinuierlich verfahren. Wie die *lokale Verteilung* eines Stoffes nach mehreren Stufen aussieht, soll am Beispiel des diskontinuierlichen *Craigprozesses* (*Gegenstromextraktion*) nahegebracht werden. Diese läßt sich dann auf andere chromatographische Verteilungen übertragen.

Bild 17.10 zeigt schematisch 5 Extraktionsgefäße einer Craigapparatur während 5 Extraktionsschritten. In allen 5 Gefäßen befindet sich anfänglich gleich viel reines Lösungsmittel II (dunkel gerastert = stationäre Phase) und im Prozeßschritt n = 0 wird Stoff mit der Verteilungskonstanten K = 1 im Lösungsmittel I (hell gerastert = mobile Phase) eingebracht und verteilt. Beträgt die Konzentration des Stoffes ursächlich $1000\,\text{mg}/{}^{I}V$, so

Tabelle 17.8: Trennmethoden, die auf Verteilungsgleichgewichten basieren

mobile Phase (I) \ stationäre Phase (II)	fest	flüssig
flüssig	Adsorptionschromatographie Dünnschichtchromatographie Ionenaustauschchromatographie	Gegenstromextraktion Papierchromatographie Verteilungschromatographie Dünnschichtchromatographie
gasförmig	Gaschromatographie	Fraktionierte Destillation Gas-Flüssigchromatographie

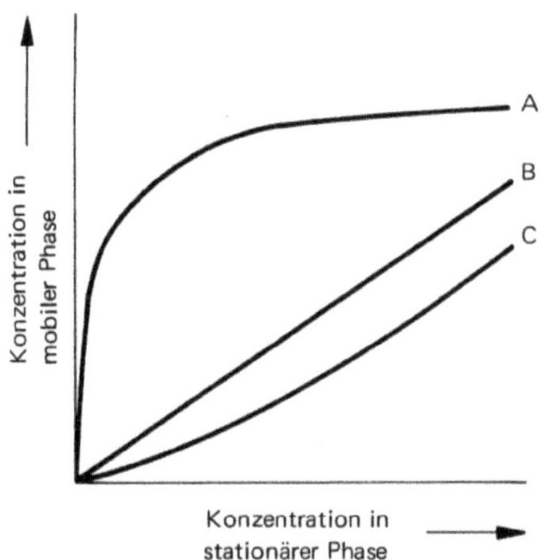

Bild 17.9
Typische Verteilungskurven (A Verteilung
flüssig oder gasförmig auf fest, B Verteilung
zwischen zwei unmischbaren Flüssigkeiten im
Idealfall, C Verteilung mit einer Störung, z. B.
durch Dissoziation in einer Phase)

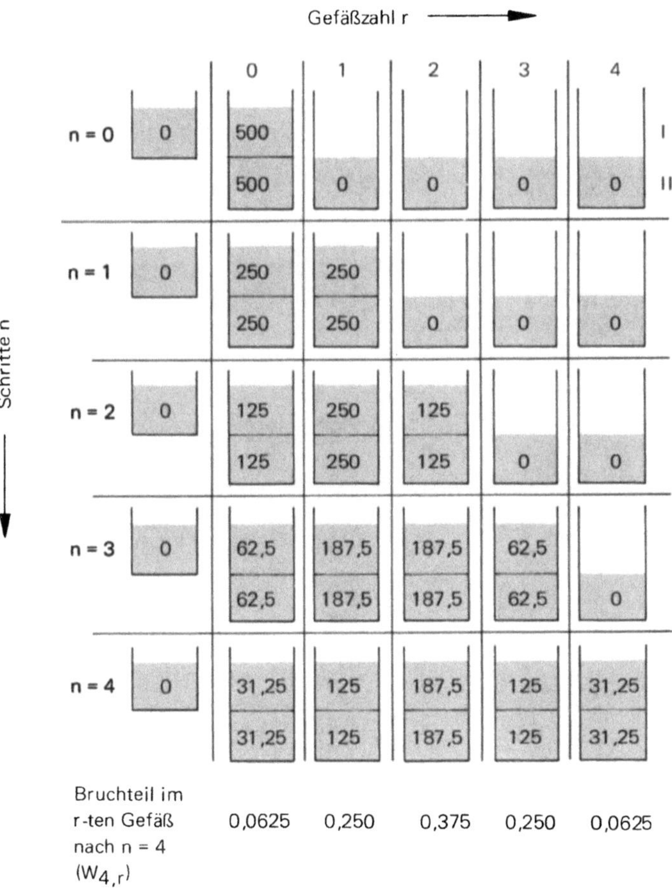

Bild 17.10 Skizze zur Ableitung der Craigverteilung $W_{n,r}$

sind nach dem Schritt n = 0 500 mg in die stationäre Phase übergegangen, wenn $^I V = {}^{II} V$.
Beim nächsten Schritt n = 1 wird die Phase I mit 500 mg an das zweite Gefäß weitergege-
ben und in das erste „rückt" reines Lösungsmittel I in gleicher Menge nach. Danach wird
geschüttelt d.h. verteilt. Die Situation nach dem Verteilen (n = 1) ist im Bild zu sehen.
Bei allen weiteren Schritten wird analog vorgegangen. Nach fünfmaligem Schütteln (n = 4)
wird die im Bild gezeigte lokale Verteilung erhalten. Craigverteilungen nach 25-, 50- und
100-maligem Schütteln zeigt Bild 17.11a. Zum Vergleich dazu in Bild 17.11b die Verteilungen dreier Stoffe (getrenntes Gemisch) mit verschiedenen K-Werten nach n = 50.

Um einen quantitativen Ausdruck für solche lokale Verteilungen zu erhalten, gehen
wir vom Verteilungsgesetz eines Stoffes

$$K = \frac{{}^{II} c}{{}^{I} c} \tag{90}$$

aus und überlegen uns, wie groß die Wahrscheinlichkeit des Stoffes für sein Weiterrücken
in der mobilen Phase I bzw. für sein Verharren in der stationären Phase II ist. Da das

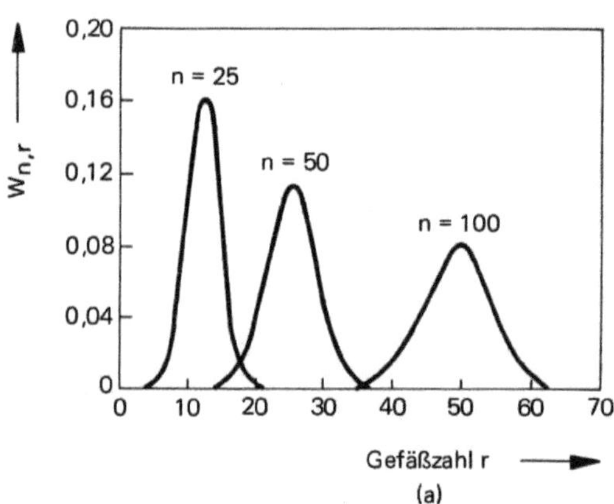

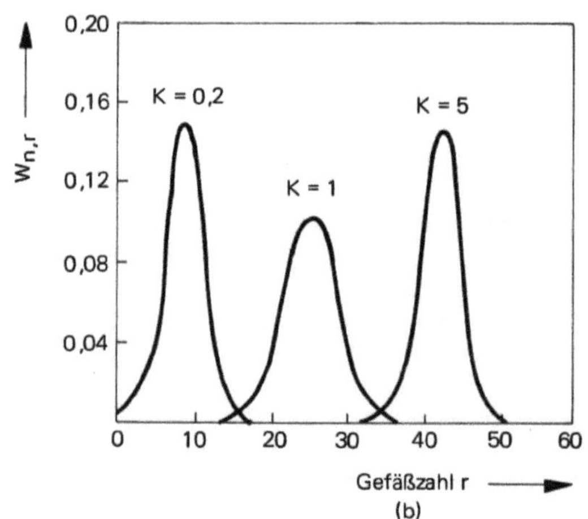

Bild 17.11

Craigverteilung $W_{n,r}$ als Funktion der
Gefäßzahl r nach verschieden langer Ausschüttelung eines Stoffes mit K = 1 (a) und
von Stoffen mit verschiedenen K-Werten nach
gleich langer Ausschüttelung (n = 50) (b)

Gewicht des Stoffes (z. B. im r-ten Gefäß) in der Phase I $^{I}c^{I}V$, in der Phase II $^{II}c^{II}V$ und in beiden Phasen zusammen $^{I}c^{I}V + {}^{II}c^{II}V$ beträgt, definieren wir seine Wahrscheinlichkeit in der Phase I durch

$$^{I}W = \frac{^{I}c^{I}V}{^{I}c^{I}V + {}^{II}c^{II}V} = \frac{^{I}V}{^{I}V + \frac{^{II}c}{^{I}c}\,{}^{II}V} = \frac{^{I}V}{^{I}V + K^{II}V} \tag{91}$$

und in der Phase II durch

$$^{II}W = 1 - {}^{I}W = \frac{K^{II}V}{^{I}V + K^{II}V}. \tag{92}$$

Die Wahrscheinlichkeiten (Verteilung) des Stoffes nach n = 3 lauten z. B.:

$$\text{Gefäß 0 } W_{3,0} = (^{II}W)^3$$
$$\text{Gefäß 1 } W_{3,1} = 3\,(^{II}W)^2\,(^{I}W)$$
$$\text{Gefäß 2 } W_{3,2} = 3\,(^{I}W)^2\,(^{II}W)$$
$$\text{Gefäß 3 } W_{3,3} = (^{I}W)^3 \tag{93}$$

Und allgemein nach n Schritten (Kombinatorik):

$$W_{n,r} = \frac{n!}{r!\,(n-r)!}\,(^{I}W)^r\,(^{II}W)^{n-r} \tag{94}$$

Gl. (94) repräsentiert eine *Binominalverteilung* und geht für große n und r in die *Gauß-sche Verteilung* (Vgl. Anhang XX)

$$W_{n,r} = \frac{1}{\sqrt{2\pi n\,^{I}W\,^{II}W}}\,e^{-\frac{(r_{max}-r)^2}{2n\,^{I}W\,^{II}W}} \tag{95}$$

über.

Rechenbeispiele

1. Folgende Gefrierpunkterniedrigungen wäßriger Harnstofflösungen sind gegeben:

Molalität	0,3241	0,646	1,521	3,360
ΔT (K)	0,5953	1,170	2,673	5,490

Wie groß ist die Molmasse von Harnstoff, wenn die kryoskopische Konstante von Wasser 1,86 kg K mol^{-1} beträgt? Wie groß ist die kryoskopische Konstante, wenn umgekehrt die Molmasse bekannt ist?

2. Eine Lösung von 9 g Naphthalin ($C_{10}H_8$) in 1000 g Benzol gefriert bei 5,07 °C. Der Siedepunkt und der Gefrierpunkt von reinem Benzol liegen bei 1 atm bei 80,0 bzw. 5,42 °C, seine Verdampfungswärme beträgt 30,76 kJmol^{-1}. Berechnen Sie den Dampfdruck der Lösung bei 80,0 °C, den Siedepunkt der Lösung und die Schmelzwärme von Benzol.

3. Der Siedepunkt von Benzol (80,0 °C bei 1 atm) steigt bei Zugabe von 13,76 g Diphenyl zu 100 g Benzol auf 82,4 °C an. Wie groß sind die ebullioskopische Konstante und die Verdampfungs-enthalpie von Benzol?

4. Wie groß ist der Dampfdruck einer Rohrzuckerlösung aus 15,5 g Wasser und 1,68 g Rohrzucker bei 100 °C?

5. Zeichnen Sie für Chloroform (Siedepunkt 61,3 °C, Verdampfungsenthalpie 29,5 kJmol^{-1}) ein p,T-Diagramm und zeichnen Sie darin die Dampfdruckkurve einer Lösung von 0,1 mol Hexacloräthan in 1 mol Chloroform ein.

6. Die Lösungskeit von CO_2 in Wasser wurde bei 50 und 100 °C gemessen:

p_{CO_2} (atm)	25	50	75	100
Molalität von CO_2 in der Lösung bei 50 °C	0,44	0,77	1,0	1,15
Molalität von CO_2 in der Lösung bei 100 °C	0,24	0,45	0,64	0,79

Wird das Henrysche Gesetz durch diese Messungen bestätigt? Wenn nicht, warum nicht?

7. Bei Körpertemperatur beträgt der osmotische Druck von Blut durchschnittlich 7,7 atm. Wo liegen der Siede- und der Gefrierpunkt des Blutplasmas?

8. Durch welche NaCl-Lösung (Konzentration) läßt sich Blutplasma ersetzen?

9. Zeichnen Sie die integrale Lösungswärme (wie Bild 17.8) für NaCl und Na_2SO_4 in Abhängigkeit von der Verdünnung.

Kapitel 18
Elektrolyt- und Makromoleküllösungen

Viele chemische Probleme, mit denen sich Naturwissenschaftler beschäftigen, betreffen chemische Reaktionen mit gelösten Stoffen. Man denke beispielsweise an die Elektrochemie mit ihren Elektrolytlösungen oder an die Biochemie mit ihren Makromoleküllösungen. Wenn wir Elektrolytlösungen sagen, dann haben wir bereits eine molekulare Interpretation vorgenommen: Es handelt sich um geladene Ionen, die in polaren Lösungsmitteln eingebettet und der thermischen Bewegung ausgesetzt sind. Da Wasser auf unserer Erde das gegebene Lösungsmittel darstellt, interessieren uns besonders stark wäßrige Elektrolytlösungen. Ihre Strukturanalyse gründet sich hauptsächlich auf das Studium der elektrolytischen Leitfähigkeit, der Hydratation und des Aktivitätskoeffizienten und gipfelt in der theoretischen Herleitung dieser Eigenschaften.

Noch um 1900 hatte man eine große Zahl von mehr oder weniger befriedigenden Erklärungen zur Hand, weshalb Elektrolytlösungen überhaupt Strom leiten, und es bereitet heute Schwierigkeiten, die damaligen Verhältnisse im richtigen Licht zu sehen. Denn man wächst als Chemiker bereits mit der Vorstellung auf, daß starke Basen und Säuren sowie Salze in Wasser vollständig in geladene Ionen dissoziieren. Man hielt sehr lange an der Ansicht fest, daß so stark gebundene Moleküle wie z. B. HCl nur bei sehr hohen Temperaturen dissoziieren könnten. Wie wir aber heute wissen, ist die Ursache, warum stark polare Lösungsmittel wie Wasser so gute Lösungsmittel für Ionenkristalle sind, die Hydratation. Das ist die Fähigkeit der Ionen, Wassermoleküle unter Freiwerden von Energie zu binden, wodurch die Energie zum Aufbrechen der Kristallbindung (Gitterenergie) wettgemacht wird. So wie die Hydratation den atomaren Schlüssel zur Existenz der Elektrolytlösungen darstellt, kann man die Ladungsverteilung um ein gelöstes Ion oder kurz Ionenwolke als den Schlüssel zu einer atomistischen Erklärung des Aktivitätskoeffizienten und der Leitfähigkeit ansehen. Die Ionenwolke ist das zentrale Modell einer Elektrolytlösung in den Theorien von *Debye*, *Hückel* und *Onsager* zur Deutung dieser Eigenschaften. Aber so gut diese Theorien für verdünnte Lösungen sind, an einer geschlossenen Theorie für konzentrierte Lösungen mangelt es auch heute noch.

Eine zweite wichtige Gruppe umfaßt die Makromoleküllösungen. Charakteristisch für gelöste künstliche oder natürliche Makromoleküle ist ihre große, uneinheitliche Molmasse (Molmassenverteilung). Für die Untersuchung mit molekülspezifischen Methoden sind die oft schon optisch sichtbaren Großmoleküle einerseits zu groß, aber andererseits noch zu klein, um wie Kristalle als makroskopische Systeme aufgefaßt werden zu können. Ganz spezielle physikalisch-chemische Methoden sind deshalb erforderlich, um etwas über die Struktur solcher Lösungen zu erfahren. Wenn man mit diesen auch keine so eindeutigen Aussagen wie z. B. mit Röntgenbeugungsmethoden bekommt, so spielen sie doch eine große Rolle in der Biochemie und in der chemischen Technologie synthetischer Polymere. Es handelt sich hier um die Methoden der Sedimentation und Viskositätsmessung, die zu Aussagen über die Struktur bzw. Gestalt der Großmoleküle führen.

18.1 Elektrolytlösungen und ihre Leitfähigkeit

Die Leitfähigkeit von Elektrolytlösungen präsentiert nicht nur eines der stärksten Argumente, sondern zugleich einen konkreten Beweis dafür, daß sich Ionenkristalle (hier Elektrolyte genannt) in Wasser in ionogener Form auflösen. Bei der Auflösung in Wasser entstehen nämlich Ionen, die den elektrischen Strom leiten. Entstünden neutrale Moleküle, so gäbe es keine elektrolytische Leitfähigkeit. Die Ionen wandern in einem elektrischen Feld, das man mit Hilfe einer Spannung über die in die Lösung tauchende Elektroden erzeugen kann, und bedingen so einen Stromtransport. Da die Wassermoleküle selbst bis zu einem gewissen Grad in Protonen und Hydroxylionen dissoziieren, besitzt auch schon reinstes Wasser eine ionische Leitfähigkeit. Wäre diese Eigendissoziation nicht vorhanden, müßte sich Wasser wie ein elektrischer Isolator im Sinne des Bändermodells (Abschnitt 14.4) verhalten. Denn auch im Molekülkristall Eis gibt es keine elektronischen Ladungsträger.

Physikalisch ist die elektrische Leitfähigkeit durch den *reziproken Widerstand* einer Elektrolytlösung definiert (Abschnitt 14.8). Dieser wird zur Ausschaltung von Elektrolyseeffekten am besten mit einer Wheatstoneschen Widerstandsbrücke, und zwar unter Verwendung von Wechselstrom kleiner Spannungen, gemessen (Bild 18.1). Er ließe sich zwar auch mit Hilfe von Strom-Spannungsmessungen über das *Ohmsche Gesetz*

$$U = Ri \tag{1}$$

ermitteln, doch sind solche Messungen meist mit Elektrolyseerscheinungen verknüpft. Da der absolute Widerstand R von der Elektrodengröße A und dem Elektrodenabstand l abhängt, definiert man einen auf diese Größen normierten, *spezifischen Widerstand* (ρ),

$$\rho = \frac{A}{l}\, R, \tag{2}$$

und die *spezifische Leitfähigkeit* (σ) durch

$$\sigma = \frac{1}{\rho} \tag{3}$$

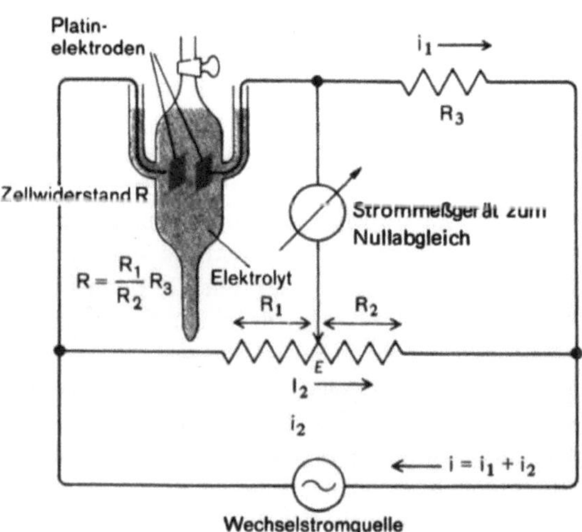

Bild 18.1

Schematische Darstellung einer Wechselstrombrücke (Wheatstonebrücke) zur Messung des Widerstandes bzw. der Leitfähigkeit von Elektrolytlösungen

(SI Einheit $\Omega^{-1}\,m^{-1}$). Wollen wir also die spezifische Leitfähigkeit einer Lösung bestimmen, so müssen wir die Abmessungen A und l kennen. Wegen Gl. (2) genügt dazu bereits die Kenntnis des Verhältnisses l/A oder A/l. Es wird am einfachsten durch eine Eichung der Meßzelle mit einer Lösung bekannter spezifischer Leitfähigkeit ermittelt:

$$\frac{A}{l} = \frac{1/R(\text{gemessen})}{\sigma\,(\text{bekannt})} \cdot \tag{4}$$

Zur Eichung könnten wir z. B. die in Tabelle 18.1 angeführten spezifischen Leitfähigkeitsdaten von verschieden konzentrierten KCl-Lösungen verwenden.

Tabelle 18.1 läßt auch erkennen, daß die spezifische Leitfähigkeit nicht nur von der Temperatur, sondern auch ausgesprochen stark von der Konzentration abhängt. Das ist jedoch kein Wunder, denn die Zahl der Ladungsträger (in diesem Fall die K^+- und die Cl^--Ionen) ist ja direkt proportional der Elektrolytkonzentration. Wegen dieser Konzentrationsabhängigkeit stellt also σ kein geeignetes Maß für Vergleiche zwischen verschiedenen Elektrolytlösungen dar. Wir führen deshalb die auf die Konzentration c = 1 genormte *Äquivalentleitfähigkeit* (λ) ein:

$$\lambda = \frac{1}{1000}\frac{\sigma}{c} \cdot \tag{5}$$

Tabelle 18.1: Spezifische Leitfähigkeit σ von verschieden konzentrierten KCl-Lösungen (*G. Kortüm, J. O. M. Bockris:* Textbook of Electrochemistry, 1 Elsevier Press, Inc., Amsterdam, 1951)

Konzentration c in val l^{-1}	σ in $\Omega^{-1}\,m^{-1}$		
	0 °C	18 °C	25 °C
1	6,543	9,820	11,173
0,1	0,7154	1,1192	1,2886
0,01	0,07751	0,12227	0,14114

Tabelle 18.2: Äquivalentleitfähigkeit λ in $\Omega^{-1}\,val^{-1}\,m^2$ von einigen wäßrigen Elektrolytlösungen bei 25 °C (*D. A. McInnes:* The Principles of Electrochemistry, Reinhold Publ. Co., N.Y., 1939)

c	NaCl	KCl	HCl	NaAc	CuSO$_4$	H$_2$SO$_4$	HAc	NH$_4$OH
0,000	0,012645	0,014986	0,042616	0,00910	0,04296	0,03907	0,03907	0,02714
0,0005	0,012450	0,014781	0,042274	0,00892		0,04131	0,00677	0,0047
0,001	0,012374	0,014695	0,042136	0,00885	0,01152	0,03995	0,00492	0,0034
0,010	0,011851	0,014127	0,041200	0,008376	0,00833	0,03364	0,00163	0,00113
0,100	0,010674	0,012896	0,039132	0,007280	0,00505	0,02508		0,00036
1,00		0,01119	0,03328	0,00491	0,00293			

Der Faktor 1000 resultiert aus der Umrechnung der Konzentrationseinheit $\mathrm{val}\,l^{-1}$ in SI Einheiten. c ist hier die Konzentration in $\mathrm{val}\,l^{-1}$ (*Normalität*). Sie unterscheidet sich von der gewöhnlich benutzten Angabe $\mathrm{mol}\,l^{-1}$ (Molarität) durch einen Faktor, der die Mehrwertigkeit der Ionen berücksichtigt:

$$\text{Normalität} = \text{Ladungszahl} \times \text{Molarität} \tag{6}$$

Die Größe λ läßt sich aus Gl. (5) berechnen, stellt also eine reine Rechengröße dar.

Bereits vor über einem Jahrhundert wurden von *Kohlrausch* und Mitarbeitern Leitfähigkeitsmessungen durchgeführt (Tabelle 18.2 und Bild 18.2) und die Ergebnisse in empirische Beziehungen wie

$$\lambda = \lambda^{\circ} - \text{const}\,\sqrt{c} \tag{7}$$

gekleidet (*Quadratwurzelgesetz*). Trotz der Normierung von λ bleibt also noch immer eine gewisse Konzentrationsabhängigkeit übrig! Doch nicht alle, sondern nur die *starken Elektrolyte* wie NaCl gehorchen der Beziehung (7); sie dissoziieren im Wasser vollständig in ihre Ionen. Elektrolyte hingegen, die nur unvollständig dissoziieren, wie z. B. Essigsäure, bezeichnet man allgemein als *schwache Elektrolyte;* bei ihnen sieht die Konzentrationsabhängigkeit viel komplizierter aus. Von *Kohlrausch* stammt auch die Erkenntnis, daß sich die *Grenzleitfähigkeit* λ° (λ bei $c \to 0$) aus den Grenzleitfähigkeiten einzelner Ionen (*Ionenleitfähigkeiten*) additiv zusammensetzt. Mit anderen Worten: In *ideal verdünnten Lösungen* bewegen sich die Ionen voneinander unabhängig auf die Elektroden zu (Anionen zur Anode und Kationen zur Kathode):

$$\lambda^{\circ} = \lambda_{+}^{\circ} + \lambda_{-}^{\circ}. \tag{8}$$

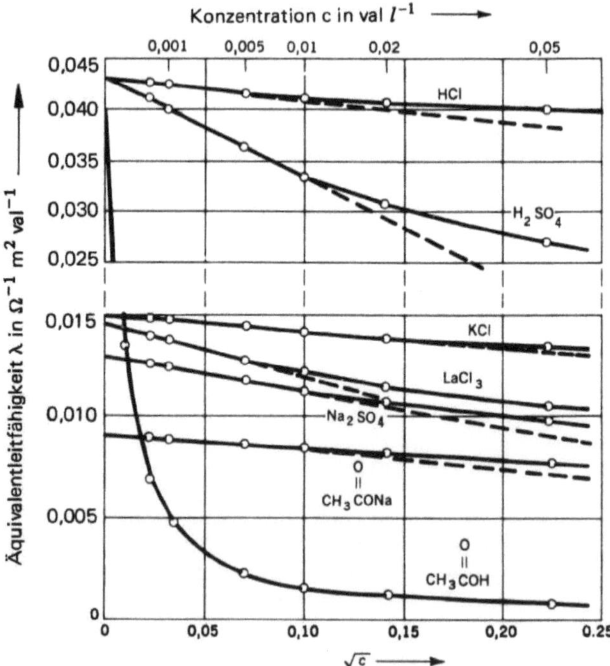

Bild 18.2

Die Äquivalentleitfähigkeit von Elektrolytlösungen in Abhängigkeit von $\sqrt{c}$ bei 25 °C

Die ideal verdünnte Lösung ist eigentlich ein Paradoxon, denn unendliche Verdünnung und endliche Leitfähigkeit schließen sich gegenseitig aus. Trotzdem wird mit diesem Begriff auch hier und nicht nur in der Thermodynamik (Kapitel 11) gearbeitet. Gl. (8) bedeutet nicht nur, daß man einzelne spezifische Ionenleitfähigkeiten tabelliert und mit ihnen rechnet, sondern liefert einen ersten Hinweis auf die Struktur verdünnter Lösungen: Die Ionen bewegen sich darin wie Gasmoleküle. Sie besitzen natürlich bei gleich großer thermischer Energie (gleiche Temperatur) keine so hohen Geschwindigkeiten (Beweglichkeiten) wie diese, weil sie in der Wassermatrix gebremst werden. Dazu kommen in konzentrierteren Lösungen noch die zwischenionischen Wechselwirkungen, die die Beweglichkeit weiter herabsetzen. In Tabelle 18.3 sind einige Ionenleitfähigkeiten und -beweglichkeiten zusammengestellt.

Mit dem Begriff Ionenleitfähigkeit ist soeben der Begriff *Ionenbeweglichkeit* gefallen. Die Beweglichkeit von Ionen (oder auch die von elektronischen Ladungsträgern in einem Festkörper) wurde in Abschnitt 14.8 eingeführt und lieferte folgenden Zusammenhang mit der spezifischen Leitfähigkeit:

$$\sigma = (Ze)\left(\frac{N}{V}\right) B. \tag{9}$$

Oder mit $(N/V)Z = N_A \ (n/V)Z = N_A \ 1000c$ und $N_A \ e = F$,

$$\sigma = F \ 1000 \ cB. \tag{10}$$

Vergleicht man Gl. (10) mit Gl. (5), so ergibt sich die Proportionalität:

$$\lambda = F B. \tag{11}$$

Proportionalitätskonstante ist die *Faradaykonstante F*, die Ladung von N_A Elementarladungen; sie hat die Größe 96487 C.

Da wir jedoch immer nur die gesamte Leitfähigkeit einer Lösung messen können, sie setzt sich additiv aus den Leitfähigkeiten der einzelnen Ionensorten zusammen (Gl. (8)),

$$\sigma = \sum_i \sigma_i, \tag{12}$$

Tabelle 18.3: Ionenleitfähigkeit λ° und Ionenbeweglichkeit B° von einigen Kationen und Anionen bei 25 °C (*D. A. McInnes:* The Principles of Electrochemistry, Reinhold Publ. Co., New York, 1939)

Ion	λ_+° $\Omega^{-1} m^2 val^{-1}$	B_+° $m^2 s^{-1} V^{-1}$	Ion	λ_-° $\Omega^{-1} m^2 val^{-1}$	B_-° $m^2 s^{-1} V^{-1}$
H^+	$34{,}98 \cdot 10^{-3}$	$36{,}3 \cdot 10^{-8}$	OH^-	$19{,}80 \cdot 10^{-3}$	$20{,}5 \cdot 10^{-8}$
Li^+	3,86	4,01	Cl^-	7,62	7,91
Na^+	5,01	5,19	J^-	7,68	7,95
K^+	7,35	7,61	CH_3COO^-	4,09	4,23
Ag^+	6,19	6,41	SO_4^-	7,98	8,27
NH_4^+	7,34	7,60			
Ca^{++}	5,95	6,16			
La^{3+}	6,96	7,21			

müssen wir, um deren Ausmaß j_i an der gesamten Stromdichte j festzulegen, das bereits in Abschnitt 14.8 benutzte Konzept der *Überführungszahlen* (t_i) einführen:

$$t_i = \frac{j_i}{j} = \frac{\sigma_i}{\sigma} = \frac{c_i B_i}{\sum\limits_i c_i B_i} \; . \tag{13}$$

Die Überführungszahl t_i ist der Bruchteil an Strom, den eine Ionensorte zum gesamten Strom beiträgt. Mit diesem Konzept lassen sich dann aus experimentellen Gesamtleitfähigkeitsdaten auch einzelnen Ionensorten Äquivalentleitfähigkeiten (Ionenleitfähigkeiten) zuordnen:

$$\lambda_+^\circ = t_+ \lambda^\circ \quad \text{bzw.} \quad \lambda_-^\circ = t_- \lambda^\circ . \tag{14}$$

Aus den so ermittelten Daten folgen auch unmittelbar Daten für die Ionenbeweglichkeiten, denn

$$B_+^\circ = \frac{1}{F} \lambda_+^\circ \quad \text{bzw.} \quad B_-^\circ = \frac{1}{F} \lambda_-^\circ . \tag{15}$$

Eine Methode zur unabhängigen Messung der Überführungszahlen werden wir später noch kennenlernen. Es braucht nicht noch einmal betont zu werden, daß

$$\sum_i t_i = 1 . \tag{16}$$

Nach Gl. (15) berechnete Ionenbeweglichkeiten sind in der Tabelle 18.3 zusammengestellt. Das Auffallende an ihnen sind die im Vergleich zu allen anderen Ionensorten hohen Werte der H^+- und OH^--Ionen, was an sich nicht plausibel ist. Das kann nur damit zusammenhängen, daß sich diese Ionen als die Dissoziationsprodukte des Wassers anders bewegen (anderer Bewegungsmechanismus). Erinnern wir uns an die tetraedrische Nahordnung von Wassermolekülen in Abschnitt 15.2, so könnten wir uns folgenden Mechanismus vorstellen (Bild 18.3): Ein Proton oder Hydroxylion legt einen scheinbar kürzeren Weg als ein beliebiges anderes Ion zurück, weil die Bewegung aus einem *kooperativen* Verrücken vieler Protonen besteht. In anderen Lösungsmitteln kann eine solche Bewegung nicht stattfinden; dort sind auch tatsächlich die H^+- und OH^--Beweglichkeiten von denen der anderen Ionen nicht wesentlich verschieden.

Ein Vergleich der mittleren Ionengeschwindigkeit in wäßrigen Lösungen mit der Geschwindigkeit von Gasmolekülen ist recht instruktiv: Bei einer elektrischen Feldstärke von $10\,000$ Vm^{-1} bewegen sich die Ionen mit einer Geschwindigkeit von etwa

$$|v| = B \, |E| \cong 5 \cdot 10^{-8} \cdot 10\,000 \cong 5 \cdot 10^{-4} \, ms^{-1} . \tag{17}$$

Sie benötigen also ca. 2000 s oder 30 min, um eine Strecke von 1 m zurückzulegen. Bei derselben Temperatur legen hingegen Gasmoleküle dieselbe Strecke schon in 0,002 s zurück (mittlere quadratische Molekülgeschwindigkeit bei Zimmertemperatur 500 ms^{-1}). Der Weg der Ionen durch das Lösungsmittel mutet also recht beschwerlich an.

Zum Abschluß dieses Abschnittes noch ein Beispiel, das die praktische Anwendbarkeit der Leitfähigkeit illustrieren soll, und zwar an Hand der Bestimmung des *Dissoziationsgleichgewichts* von Wasser. Gesucht sind der *Dissoziationsgrad* und die *Dissoziations-*

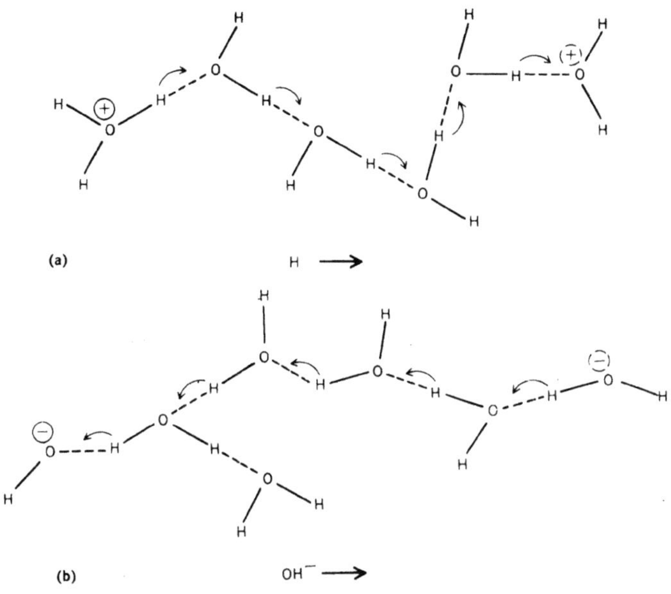

Bild 18.3 Anschauliche Darstellung des Protonenaustausches (Platzwechsel) zur Erklärung der hohen Protonen- (a) und Hydroxylionenbeweglichkeit (b) nach *Grotthus*

konstante des schwachen Elektrolyts H_2O, das nach folgender Reaktionsgleichung in H^+- und OH^--Ionen dissoziiert:

$$H_2O \rightleftharpoons H^+ + OH^-. \tag{18}$$

Gegeben ist die bei 25 °C gemessene spezifische Leitfähigkeit von reinstem Wasser (mehrfach destilliertes Wasser = *Leitfähigkeitswasser*) mit $5{,}8 \cdot 10^{-6}\ \Omega^{-1}\ m^{-1}$.

Da die Molarität von Wasser

$$c = \frac{d}{1000\,M} = \frac{997}{18} = 55{,}3\ \text{mol}\ l^{-1} \tag{19}$$

beträgt, bekommen wir für die Äquivalentleitfähigkeit nach Gl. (5)

$$\lambda = \frac{1}{1000}\frac{\sigma}{c} = \frac{5{,}8 \cdot 10^{-6}}{1000 \cdot 55{,}3} = 1{,}05 \cdot 10^{-10}\ \Omega^{-1}\ \text{val}^{-1}\ m^2. \tag{20}$$

Für vollständige Dissoziation, d. h. für einen Dissoziationsgrad (α) von

$$\alpha = \frac{\lambda}{\lambda^\circ} = 1 \tag{21}$$

berechnen wir aus den Ionenleitfähigkeiten der Tabelle 18.3 folgende Grenzleitfähigkeit der Lösung (= Wasser):

$$\lambda^\circ = \lambda^\circ_{H^+} + \lambda^\circ_{OH^-} = 0{,}0548\ \Omega^{-1}\ \text{val}^{-1}\ m^2, \tag{22}$$

und für den tatsächlichen Dissoziationsgrad

$$\alpha = \frac{\lambda}{\lambda^0} = \frac{1{,}05 \cdot 10^{-10}}{5{,}48 \cdot 10^{-2}} = 1{,}9 \cdot 10^{-9}\,. \tag{23}$$

Die im Wasser vorliegende Konzentration an Protonen und Hydroxylionen beträgt daher

$$c_{H^+} = c_{OH^-} = \alpha c = 1{,}05 \cdot 10^{-7}\,\text{mol}\,l^{-1}\,. \tag{24}$$

Da die *Gleichgewichtskonstante* K der Reaktion (18) durch

$$K = \frac{c_{H^+} \cdot c_{OH^-}}{c_{H_2O}} \tag{25}$$

definiert ist (Kapitel 20), ergibt sich schließlich für die *Dissoziationskonstante* K_w des Wassers:

$$K_w = c_{H_2O} K = c_{H^+} c_{OH^-} = 1{,}1 \cdot 10^{-14}\,. \tag{26}$$

Bei so niedrigen Konzentrationen verhält sich Wasser wie eine ideal verdünnte Lösung, so daß eine Anwendung der Leitfähigkeitsgesetze ($c \to 0$) berechtigt war.

18.2 Die Hydratation der Ionen

Alle in Abschnitt 18.1 mitgeteilten Beziehungen sind eigentlich Grenzgesetze und nur auf ideal verdünnte Lösungen anwendbar: Sie versagen, wenn es um die Beschreibung konzentrierterer Lösungen geht. Darunter auch das Konzept des Dissoziationsgrades bzw. des Dissoziationsgleichgewichts zur Beschreibung schwacher Elektrolyte. Die Dissoziationskonstanten sind dann keine echten Konstanten mehr, sondern konzentrationsabhängig. Diese Schwächen können mit Hilfe der Modelle der *Hydratation* und der *Ionenwolke* teilweise behoben werden.

Ohne auf spezielle Probleme einzugehen, wollen wir zunächst die Frage beantworten, warum stark polare Lösungsmittel wie Wasser so gute Lösungsmittel für Ionenkristalle sind. Die physikalische Ursache ist die Tendenz der Ionen, sich unter Energiegewinn mit einer Hydrathülle zu umgeben. Die dabei freiwerdende Energie ist etwa gleich groß wie die Gitterenergie, die zum Aufbrechen der Kristallbindungen erforderlich ist, und kompensiert diese vollauf.

Atomistisch gesehen besteht die Hydratation in einer Anlagerung von Wassermolekülen, also in einem Entstehen von Ion-Wasserbindungen. Es handelt sich dabei um elektrostatisch erklärbare *Ion-Dipolwechselwirkungen*, deren Energien fast so groß wie die Ion-Ionenergien sind. Denn H_2O-Moleküle haben ein starkes elektrisches Moment (Abschnitt 7.2) und wenn sich ein Wasserdipol mit seinem entgegengesetzt geladenen Ende an das Ion anlagert, so übertrifft die Coulombsche Anziehung bei weitem die Abstoßung mit dem anderen Dipolende. Hinzukommt, daß sich immer gleich mehrere Moleküle anlagern, was sich auf die Ion-Dipolenergie insgesamt sehr „positiv" auswirkt. Wieviele Moleküle sich anlagern, ist in erster Linie ein Platzproblem, aber auch eine Frage der Ionenladung. Mehrwertige Ionen haben immer eine größere Hydrathülle als einwertige. Die Koordinationszahl, hier *Hydratationszahl* genannt, beträgt im Durchschnitt sechs oder etwas weniger. In zweiter und dritter Schicht angelagerte Wassermoleküle sind natürlich schwächer gebunden, aber alle zusammen bilden eine größere Hydrathülle (vgl. Nahordnung in Abschnitt 15.1). Ein besonderes Beispiel bieten wieder einmal die Protonen, die, wie spektroskopische Untersuchungen ergaben, überwiegend als H_3O^+-Ionen (*Hydroniumionen*) vorliegen.

Um die Hydratationsenergie abzuschätzen, wollen wir hier nicht atomistisch vorgehen und über sämtliche Ion-Dipolwechselwirkungen summieren (so wie wir es bei der Gitterenergie gemacht haben), sondern ein *homogenes* Modell der Wassermatrix von *Born* verwenden. Wir fassen also die Elektrolytlösung als Ionen auf, die in ein homogenes Dielektrikum (Kontinuum) eingebettet sind. Wie sich herausstellen wird, ist die Hydratationsenergie allein eine Folge der hohen Dielektrizitätskonstanten (abgekürzt DK) des Wassers.

Wie bereits Kapitel 7 zeigte, ist die Coulombsche Energie zweier Ladungen $+ e$ und $- e$ mit dem Abstand r in einem Dielektrikum mit der DK ϵ gegenüber der Energie im Vakuum um den Faktor $1/\epsilon$ herabgesetzt:

$$V = - \frac{e^2}{4\pi\epsilon_0 \epsilon r}. \tag{27}$$

Auch das elektrische Feld $\mathbf{E}$, das sich um eine einzelne Ladung $+ e$ aufbaut, wird um denselben Faktor $1/\epsilon$ kleiner:

$$\mathbf{E} = \frac{e}{4\pi\epsilon_0 \epsilon r^2} \frac{\mathbf{r}}{r}. \tag{28}$$

Nach *Born* ist nun die Hydratationsenergie gleich der Energiedifferenz, die man zum Aufbau eines elektrostatischen Feldes im Vakuum und im Dielektrikum braucht. Bringen wir gedanklich ein kugelförmiges Ion mit der Ladung $+ e$ und dem Radius R aus dem Vakuum ins Wasser, so bricht das Feld $\mathbf{E}$ im Vakuum zusammen, und im Dielektrikum wird ein neues aufgebaut. Da die Energiedichte eines elektrischen Feldes $\epsilon_0 \mathbf{E}^2/2$ beträgt (Anhang IV), benötigen wir zum Aufbau des kugelsymmetrischen Feldes im Vakuum die Energie

$$V_{\text{Vakuum}} = \frac{\epsilon_0}{2} \int\limits_{r=R}^{\infty} \mathbf{E}^2 dV = \frac{\epsilon_0}{2} \int\limits_{r=R}^{\infty} \frac{e^2}{(4\pi\epsilon_0)^2 r^4} 4\pi r^2 dr = \frac{e^2}{4\pi\epsilon_0} \frac{1}{2R}. \tag{29}$$

Sie ist im Dielektrikum um den Faktor $1/\epsilon$ kleiner:

$$V_{\text{Dielektrium}} = \frac{e^2}{4\pi\epsilon_0 \epsilon} \frac{1}{2R}. \tag{30}$$

Die Differenz beider Energien beträgt daher:

$$\Delta V = \frac{e^2}{4\pi\epsilon_0 2R} \left(1 - \frac{1}{\epsilon}\right). \tag{31}$$

Setzen wir darin für einen durchschnittlichen Ionenradius $R = 1$ Å, für die DK von Wasser $\epsilon = 80$ und für den Faktor $4\pi\epsilon_0 = 1{,}113 \cdot 10^{-10}\,\mathrm{Fm^{-1}}$ und multiplizieren wir außerdem mit $2\,N_A = 2 \cdot 6{,}022 \cdot 10^{23}\,\mathrm{mol^{-1}}$, so erhalten wir für 1 mol Ionenpaare den Wert 1400 $\mathrm{kJ\,mol^{-1}}$. Er ist zwar um etwas größer als das experimentelle Kriterium, die *Hydratationsenthalpie* (Kapitel 19), aber doch von derselben Größenordnung wie diese und auch wie die Gitterenergie (Tabelle 14.1).

Nun aber konkret zu den eingangs aufgezeigten Schwächen der Beschreibung von konzentrierteren Elektrolytlösungen. Es liegt auf der Hand, daß wir bei solchen Lösungen (starker Elektrolyte) zwischenionische Wechselwirkungen zu beachten haben. Denn wie wir bereits von den Ionenkristallen her wissen, reichen die Coulombschen Kräfte sehr weit (Abschnitt 14.1). Um die Größenordnung ihrer Reichweite abzuschätzen, müssen wir uns ein Bild davon machen, wie weit die Ionen einer Lösung überhaupt im Durchschnitt voneinander entfernt sind. Es ist logisch, daß der mittlere Ionenabstand von der Ionenkonzentration abhängt. Wir wollen uns deshalb auf eine 1 molare Lösung beschränken und folgendes *starres Gittermodell* für die Lösung machen: Die Na^+- und Cl^--Ionen einer wäßrigen 1 molaren NaCl-Lösung sollen ein aufgeweitetes Gitter mit dem mittleren Ionenabstand r als halbe Gitterkonstante bilden. Der aufgeweitete Kristall, in dem sich N_A NaCl-Paare befinden, hat ein Volumen von $1\ l = 1\ dm^3$, und die Seitenkante dieses „Molwürfels" beträgt 10 cm. $\sqrt[3]{2 \cdot 6 \cdot 10^{23}}$ Ionen besetzen deshalb eine Seitenkante, was einer halben Gitterkonstante von $r = 10^3 \sqrt[3]{12 \cdot 10^{23}}\ m \cong 9\ Å$ entspricht. Resultat dieses Modells: In einer 1 molaren NaCl-Lösung sind die Ionen im Mittel 9 Å voneinander entfernt. Mit diesem Wert läßt sich nun die zwischenionische Energie abschätzen.

Die Coulombsche Anziehungsenergie zweier entgegengesetzt geladener Ionen im Abstand 9 Å in Wasser beträgt

$$V_{\text{Dielektrium}} = -\frac{e^2}{4\pi\epsilon_0 \epsilon r} = -\frac{(1{,}602 \cdot 10^{-19})^2}{1{,}113 \cdot 10^{-10} \cdot 80 \cdot 9 \cdot 10^{-10}}$$

$$= -3{,}2 \cdot 10^{-21}\ J \cong -2\ kJ\,mol^{-1}. \tag{32}$$

Sie ist damit annähernd so groß wie die van der Waalssche Energie zwischen neutralen Flüssigkeitsmolekülen. Diesem Vergleich ist aber mit Vorsicht zu begegnen, denn die van der Waalssche Energie beim selben Abstand von 9 Å beträgt nur $0{,}0004\ kJ\,mol^{-1}$! Die zwischenionischen Wechselwirkungen übertreffen also bei weitem die van der Waalsschen Dipolenergien und dürfen daher bei konzentrierteren Lösungen nicht unterschlagen werden. Sie sind auch der Mittelpunkt einer quantitativen Theorie, die um 1920 von *Debye* und *Hückel* aufgestellt wurde. Modell ist die elektrostatische Wechselwirkung eines Ions mit seiner entgegengesetzt geladenen Ionenumgebung, die am einfachsten mit einer *Ionenwolke* vergleichbar ist. Genau genommen handelt es sich zwar um hydratisierte Ionen, doch spielt dabei die Hydrathülle nur eine untergeordnete Rolle. Wir wollen versuchen, im nächsten Abschnitt die Grundzüge dieser Theorie zu verstehen.

18.3 Die Ionenwolke und der Aktivitätskoeffizient

Die elektrostatische Anziehung zwischen einem Ion und seiner Umgebung erzeugt im Verein mit der thermischen Bewegung natürlich kein starres Ionengitter, wie wir es vorhin benutzt haben, sondern eine mehr oder weniger kugelsymmetrische Ionen- und damit Ladungsverteilung (Bild 18.4). Um die Energie dieser Ion-Wolkenwechselwirkung zu finden, muß zunächst das Potential der Ionenwolke in der Nähe des Zentralions bekannt sein bzw. berechnet werden. Im Gegensatz zur Dipolentwicklung in Abschnitt 7.2, wo das Potential eines Ladungshaufens in weiter Entfernung gesucht wurde, muß hier von der sogenannten *Poissongleichung* (Anhang XXI) ausgegangen werden:

$$\Delta\varphi(r) = -\frac{1}{\epsilon\epsilon_0}\,\rho(r) \qquad \left(\Delta = \frac{1}{r^2}\frac{d}{dr}\left(r^2\frac{d}{dr}\right)\right). \tag{33}$$

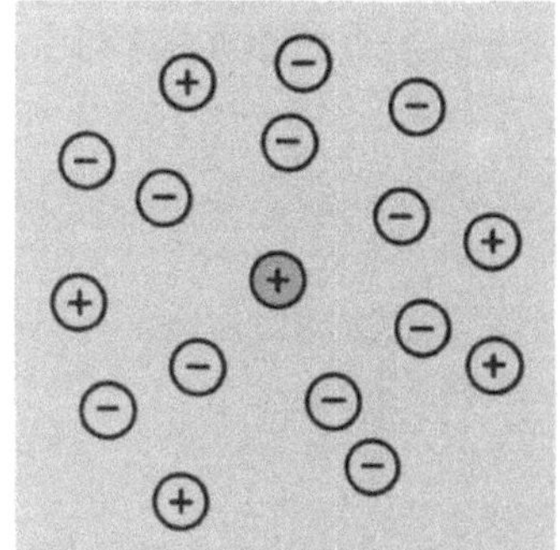

Bild 18.4
Anschauliche Darstellung der Ionenwolke um ein Zentralion

Sie gibt das Potential $\varphi(r)$ einer Ladungsverteilung mit der Dichte $\rho\,(r)$, wie sie die Ionenwolke einschließlich des Zentralions darstellt, im Abstand r vom Zentrum an. (Im Fall einer einzigen Punktladung $+ e$ geht Gl. (33) in $\Delta\varphi = - e/\epsilon\epsilon_0$ über). Die Ladungsdichte $\rho\,(r)$ läßt sich mit Hilfe der bekannten Paarverteilungsfunktion $g\,(r)$ (Abschnitt 15.2) formulieren. Schreibt man $Z_i e\varphi\,(r)$ für die Wechselwirkungsenergie des Zentralions mit einem anderen Ion am Ort r und summiert man über alle vorhandenen Ionensorten i mit der Dichte N_i/V, so wird $\rho\,(r)$ selbst eine Funktion von $\varphi\,(r)$:

$$\rho\,(r) = \sum_i Z_i e \left(\frac{N_i}{V}\right) g_i\,(r) = \sum_i Z_i e \left(\frac{N_i}{V}\right) e^{-\,Z_i e\varphi(r)/kT}. \tag{34}$$

Im Grenzfall $Z_i e\varphi \ll kT$, d.h. Wechselwirkungsenergie kleiner als thermische Energie, geht Gl. (34) mit Hilfe der Potenzreihenentwicklung $e^x = 1 + x + x^2/2 \ldots$ $(x = - Z_i e\varphi/kT)$ über in

$$\rho\,(r) = \sum_i Z_i e \left(\frac{N_i}{V}\right) - \frac{e^2}{kT}\,\varphi\,(r)\sum_i Z_i^2 \left(\frac{N_i}{V}\right). \tag{35}$$

Führen wir darin $N_i/V = 1000\,c_i N_A$ und den neuen Begriff *Ionenstärke* $I = 1/2 \sum_i c_i Z_i^2$ ein, so bekommen wir mit $\sum_i Z_i e = 0$ (Zentralion + Ionenwolke sind insgesamt neutral)

$$\rho\,(r) = - \frac{2000\,N_A e^2 I}{kT}\,\varphi\,(r) \tag{36}$$

oder mit der Abkürzung

$$\beta = 2000\,N_A e^2 I/kT\,\epsilon\epsilon_0: \tag{37}$$

$$\rho\,(r) = - \epsilon\epsilon_0 \beta\varphi\,(r). \tag{38}$$

Die Poissongleichung, in dieser Form auch *Poisson-Boltzmanngleichung* genannt, lautet dann:

$$\Delta\varphi = \beta\varphi. \tag{39}$$

Sie liefert für verdünnte Lösungen (Anhang XXI) das Potential (Bild 18.5a)

$$\varphi\,(r) = \frac{Z_i e}{4\pi\epsilon_0\epsilon}\,\frac{e^{-\sqrt{\beta}r}}{r} \cong \frac{Z_i e}{4\pi\epsilon_0\epsilon r}\,(1 - \sqrt{\beta}r + \ldots), \tag{40}$$

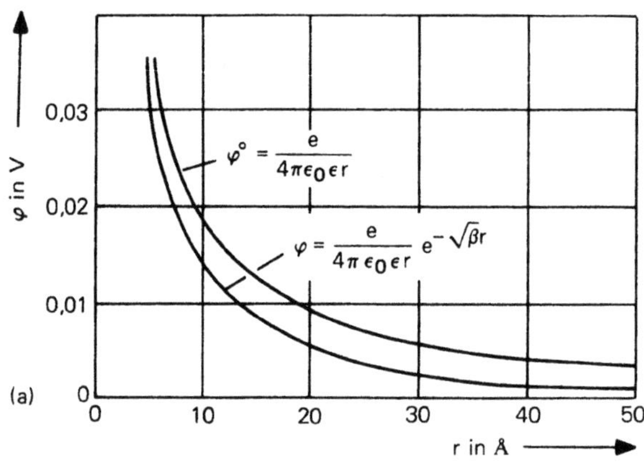

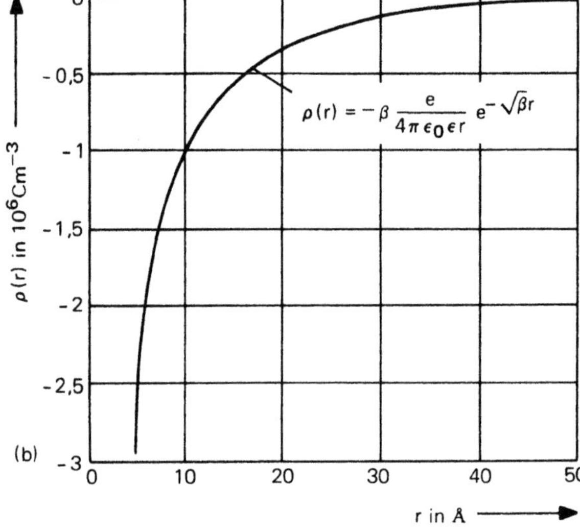

Bild 18.5
Die Potentiale φ und φ° (a) und
die Ladungsdichte ρ (b) als Funktion des Abstandes r vom Zentralion nach der Debye-Hückeltheorie

das in zwei Anteile zerlegt werden kann. In einen Coulombschen Potentialteil φ°, der vom Zentralion herrührt

$$\varphi^\circ = \frac{Z_i e}{4\pi\epsilon_0\epsilon r}, \tag{41}$$

und in einen anderen, der von der Ionenwolke stammt:

$$\varphi' = -\frac{Z_i e}{4\pi\epsilon_0\epsilon}\sqrt{\beta}. \tag{42}$$

Der erste Term φ° entspricht dem Potential einer Punktladung $Z_i e$ im Abstand r in einem Dielektrikum, also dem eines Ions in einer idealen Lösung. Da zum Aufbau eines Feldes,

das von einem Ion mit dem Radius R erzeugt wird, die Energie $V_{\text{Dielektrium}}$ (Gl. (30))
notwendig ist, entspricht das Potential φ° der Energie eines Ions in der *idealen* Lösung:

$$V^\circ \equiv \frac{Z_i e}{2}\, \varphi^\circ = \frac{(Z_i e)^2}{8\pi\epsilon_0\epsilon R}. \tag{43}$$

Der zweite Term φ' entspricht dann der Energie, die durch die Ionenwolke mit dem
„Radius" $1/\sqrt{\beta}$ zusätzlich hinzukommt:

$$V' \equiv \frac{Z_i e}{2}\, \varphi' = -\frac{(Z_i e)^2\sqrt{\beta}}{8\pi\epsilon_0\epsilon}. \tag{44}$$

Er entspricht dem Energiegewinn eines Ions, wenn dieses von einer ideal verdünnten
Lösung in eine konzentriertere gebracht wird. Energiegewinn deshalb, weil die zusätzliche
Energie V' negativ ist: Das Ion wird durch die Ionenwolke stabilisiert.

Da der Energieunterschied zwischen einer realen und einer idealen Lösung nach
Abschnitt 17.1 (thermodynamisch) durch die Differenz von $\mu_i = \mu_i^\circ + RT\ln a_i$ und
$\mu_i = \mu_i^\circ + RT\ln c_i$, d. h. durch

$$\Delta\mu_i = RT\ln\gamma_i \tag{45}$$

definiert ist, können wir Gl. (45) direkt mit Gl. (44) vergleichen:

$$-N_A\,\frac{(Z_i e)^2\sqrt{\beta}}{8\pi\epsilon_0\epsilon} = RT\ln\gamma_i \tag{46}$$

bzw.

$$\ln\gamma_i = -\frac{(Z_i e)^2}{8\pi\epsilon_0\epsilon kT}\sqrt{\beta}. \tag{47}$$

Mit diesem Zusammenhang ergibt sich die Möglichkeit, den Aktivitätskoeffizienten
atomistisch zu berechnen und mit diesem dann die molaren Konzentrationen zu korrigieren. Setzen wir in Gl. (47) für β die tatsächlichen Größen ein, so erkennen wir, daß
der Koeffizient sowohl von der Temperatur als auch von der Ionenstärke (Konzentration)
sehr stark abhängt:

$$\ln\gamma_i = -Z_i^2\,\frac{1}{2}\left(\frac{e^2}{4\pi\epsilon_0\epsilon kT}\right)^{3/2}\sqrt{8\pi\,1000\,N_A}\,\sqrt{I}. \tag{48}$$

Mit $T = 298\ \text{K}$, $4\pi\epsilon_0 = 1{,}113\cdot 10^{-10}\ \text{Fm}^{-1}$, $N_A = 6{,}02\cdot 10^{23}\ \text{mol}^{-1}$, $\epsilon = 80$ und
$k = 1{,}38\cdot 10^{-23}\ \text{JK}^{-1}$ sowie Umformen des natürlichen Logarithmus in den Zehnerloga-
rithmus erhalten wir schließlich das berühmte *Debye-Hückelsche Grenzgesetz*:

$$\lg\gamma_i = -0{,}509\,Z_i^2\,\sqrt{I}. \tag{49}$$

Es gilt allerdings nur für Konzentrationen bis zu etwa $0{,}01\ \text{mol}\,l^{-1}$. Bei höheren Konzentrationen muß man die Koeffizienten experimentell bestimmen.

Nach Gl. (49) bekäme man für Ionen *individuelle* Aktivitätskoeffizienten. Da diese
aber auf thermodynamische Weise grundsätzlich nicht gemessen werden können (Ionen
treten immer paarweise auf!), ist man gezwungen, *mittlere* Aktivitäten und *mittlere*
Koeffizienten zu definieren. Bildet man das arithmetische Mittel von $\Delta\mu_+$ und $\Delta\mu_-$

bzw. von $R T \ln \gamma_+$ und $R T \ln \gamma_-$, so ergibt sich für das Koeffizientenmittel eines Elektrolyten mit der chemischen Formel $A_x B_y$:

$$\gamma_\pm = \sqrt[x+y]{\gamma_+^x \; \gamma_-^y} \; . \tag{50}$$

Setzen wir nach Logarithmieren dieses Ausdrucks die individuellen Koeffizienten γ_+ und γ_- ein, so bekommen wir nach einigen Umformungen:

$$\lg \gamma_\pm = 0{,}509 \; Z_+ Z_- \; \sqrt{I} \; . \tag{51}$$

Das ist das Debye-Hückelsche Grenzgesetz in einer Formulierung, die es direkt auf praktische Probleme anwendbar macht.

Als Demonstrationsbeispiel soll hier der mittlere Aktivitätskoeffizient von $BaCl_2$ in Lösungen mit der Ionenstärke $I = 0{,}01$ berechnet werden:

$$\lg \gamma_\pm = 0{,}509 \cdot 2 \cdot (-1) \sqrt{0{,}01} = -0{,}108 \tag{52}$$

bzw.

$$\gamma_\pm = 0{,}792 \; . \tag{53}$$

Als individuelle Koeffizienten hätten wir nach Gl. (49) die Werte $\gamma_+ = 0{,}626$ und $\gamma_- = 0{,}890$ gefunden. $\gamma_\pm$ beeinflußt auch das sogenannte *Löslichkeitsprodukt* oder *Aktivitätenprodukt*, definiert durch (Kapitel 20)

$$K_L = a_{A_x B_y} \quad K = a_A^x \; a_B^y \; , \tag{54}$$

wenn K die Gleichgewichtskonstante ist. Es ist im vorliegenden Fall des $BaCl_2$ durch

$$K_L = a_+ a_-^2 + \gamma_\pm^3 c_+ c_-^2 = 0{,}497 \, c_+ c_-^2 \tag{55}$$

gegeben.

Bei Konzentrationen über $0{,}01 \; mol \, l^{-1}$ beobachtet man Abweichungen der gemessenen Koeffizienten vom Grenzgesetz (51) (Bild 18.6a). Dies kann soweit gehen, daß der Koeffizient ein Minimum durchläuft und bei hohen Konzentrationen sogar über den Wert 1 ansteigt (Bild 18.6b). Im Bereich $0{,}01$ bis $0{,}1 \; mol \, l^{-1}$ verhält er sich noch unspezifisch, darüber jedoch für einzelne Ionensorten spezifisch. In beiden Bereichen werden die zwischenionischen Wechselwirkungen offensichtlich so groß, daß es zu richtigen *Assoziaten* (Ionenpaaren, Ionentripletts, usw.) kommt. Wir können dann natürlich nicht mehr von einer kugelsymmetrischen Ionenwolke sprechen und ein homogenes Dielektrikum als Modell des Lösungsmittels verwenden: Die Debye-Hückeltheorie versagt ihre Dienste. Aber alle neu hinzukommenden ionischen Wechselwirkungen, zwischen welchen Aggregaten auch immer, verringern den Koeffizienten und erklären nicht seinen Anstieg hinter dem Minimum.

Eine physikalische Ursache für den Anstieg ist die Hydratation. Wenn nämlich Ionen hydratisiert sind, so darf bei hohen Konzentrationen die Hydrathülle nicht mehr zum Lösungsmittel gezählt werden (vgl. van der Waalssche Eigenvolumenkorrektur bei realen Gasen). Je „dicker" eine Lösung ist, umso weniger darf die Masse der Hydrathülle gegen die Lösungsmittelmasse vernachlässigt werden. Die Koordinate der Konzentration in Bild 18.6b stimmt daher nicht mehr mit der „eingewogenen" Konzentration überein, sondern besitzt einen ganz anderen „effektiven" Wert.

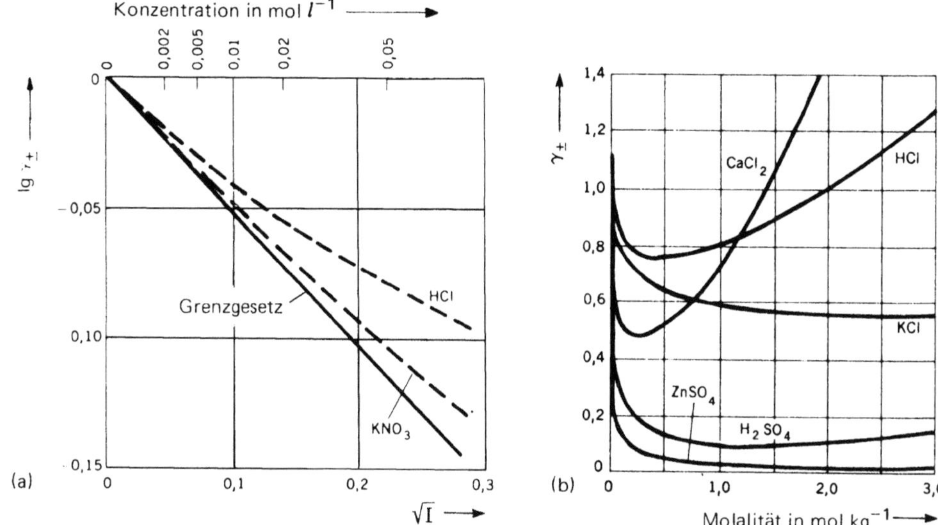

Bild 18.6 Gemessene und berechnete Aktivitätskoeffizienten von verdünnten Lösungen (a) und gemessene Koeffizienten von konzentrierten Lösungen (b) (*L. P. Hamett:* Introduction to the Study of Physical Chemistry, McGraw Hill Book Co., N.Y., 1952)

Das in diesem Abschnitt erläuterte Debye-Hückelsche Modell erklärt zwanglos den atomaren Aufbau von nicht zu konzentrierten Elektrolytlösungen, und zwar mit Hilfe der Wechselwirkung zwischen einem Ion und seiner Ionenwolke in einem homogenen Dielektrikum. Das experimentelle Kriterium ist der Aktivitätskoeffizient; ein Konzept, dem Chemiker auf Schritt und Tritt begegnen, denn Elektrolytlösungen sind in der Chemie sehr selten ideal verdünnt. Ja, eine solche Lösung würde geradezu ihrer Definition widersprechen. Mit Hilfe des Wolkenmodells läßt sich nach *Debye, Hückel* und *Onsager* auch das empirische Kohlrauschsche Quadratwurzelgesetz (7) physikalisch begründen. Zwei Effekte der Ionenwolke, der *elektrophoretische Effekt* und der *Relaxationseffekt* verursachen eine derartige Konzentrationsabhängigkeit der Äquivalentleitfähigkeit; beide bremsen bzw. behindern die Ionenbewegung in einer nichtidealen Lösung.

18.4 Theorie der elektrolytischen Leitfähigkeit

Die Theorie der Leitfähigkeit von *Debye, Hückel* und *Onsager* zur Erklärung des Kohlrauschschen Quadratwurzelgesetzes gründet sich auf zwei, die Ionenwanderung bremsende Effekte, den *elektrophoretischen Effekt* und den *Relaxationseffekt*. Ihre quantitative Behandlung schließt direkt an die Debye-Hückelsche Vorstellung an, daß selbst bei Vorhandensein der zufälligen thermischen Bewegung (Selbstdiffusion, Abschnitt 18.6) jedes Ion immer von einer kugelsymmetrischen, entgegengesetzt geladenen Ionenwolke umgeben ist (Bild 18.7a). Legt man nun, wie bei Leitfähigkeitsmessungen notwendig, ein äußeres elektrisches Feld an, so wird diese Ladungsverteilung gestört und unsymmetrisch (Bild 18.7b). Anders gesehen: Das Zentralion und die Ionenwolke wandern

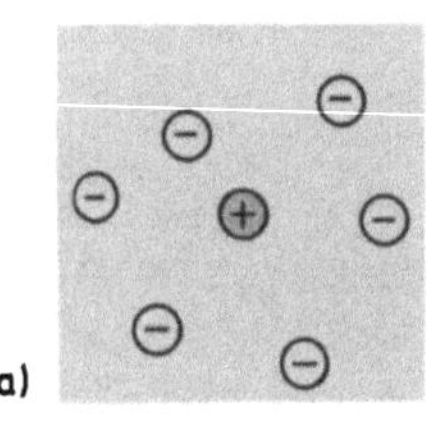
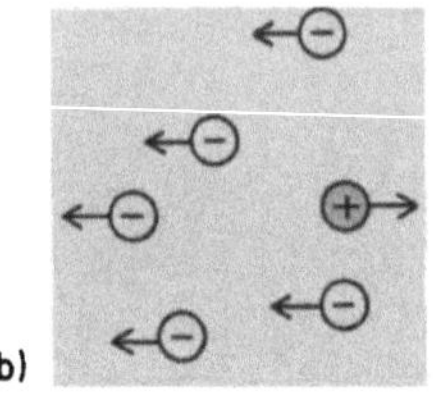

Bild 18.7

Anschauliche Darstellung eines Zentralions mit Ionenwolke ohne (a) und mit äußerem elektrischen Feld (b)

in entgegengesetzte Richtung, d. h. das Zentralion bewegt sich in einem ihm entgegenströmenden Elektrolyten. Diese Relativbewegung (elektrophoretischer Effekt) kann wie folgt vereinfacht behandelt werden und liefert als Ergebnis die eine bremsende Komponente der Ionenwanderungsgeschwindigkeit (vgl. Elektrophorese in Abschnitt 25.3).

Wie in Abschnitt 18.3 berechnet wurde, besitzt ein Zentralion der Ladung $Z_i e$ eine Ionenwolke mit der Ladungsdichte

$$\rho(r) = -\epsilon\epsilon_0\beta\varphi(r) = -\beta\epsilon\epsilon_0\frac{Z_i e}{4\pi\epsilon_0\epsilon}\frac{e^{-\sqrt{\beta}r}}{r}. \tag{56}$$

In einem äußeren elektrischen Feld **E** wirkt auf ein Volumenelement dV der Ionenwolke die Kraft

$$d\mathbf{F} = \rho\,\mathbf{E}\,dV \tag{57}$$

und auf eine Kugelschale zwischen r und r + dr die Kraft

$$d\mathbf{F} = -\epsilon_0\epsilon\beta\frac{Z_i e}{4\pi\epsilon\epsilon_0}\frac{e^{-\sqrt{\beta}r}}{r}\mathbf{E}\,4\pi r^2\,dr. \tag{58}$$

Sie erteilt der eingeschlossenen Flüssigkeitskugel und dem darin befindlichen Zentralion den relativen Geschwindigkeitszuwachs

$$d\mathbf{v}_{el} = B\,d\mathbf{F} = -\frac{1}{6\pi\eta r}\epsilon_0\epsilon\beta\frac{Z_i e}{4\pi\epsilon\epsilon_0}\frac{e^{-\sqrt{\beta}r}}{r}\mathbf{E}\,4\pi r^2\,dr. \tag{59}$$

Nach dem Stokeschen Gesetz ist $B = 1/6\pi\eta r$ (B mechanisch definiert), wenn r der Kugelradius ist. Die ganze, der Ionengeschwindigkeit $v°$ (ohne Bremseffekte) entgegengerichtete Komponente v_{el} bekommt man dann durch Integration von $v = 0$ bis $v = v$ und von $r = 0$ bis $r = \infty$:

$$\mathbf{v}_{el} = \int B\,d\mathbf{F} = \int B\,\rho\,\mathbf{E}\,dV = -\epsilon\epsilon_0\beta\int_{r=0}^{\infty}\frac{1}{6\pi\eta r}\frac{Z_i e}{4\pi\epsilon_0\epsilon}\frac{e^{-\sqrt{\beta}r}}{r}\mathbf{E}\,4\pi r^2\,dr$$

$$= -\frac{Z_i e}{6\pi\eta}\sqrt{\beta}\,\mathbf{E}. \tag{60}$$

Der zweite, das Zentralion bremsende Effekt (Relaxationseffekt) beruht schließlich darauf, daß das Nachziehen bzw. der Neuaufbau der Ionenwolke nicht beliebig schnell erfolgt, sondern eine gewisse Mindestzeit (*Relaxationszeit*) beansprucht. Das bedeutet eine noch größere Herabsetzung der Wanderungsgeschwindigkeit v°. Denn je größer die Relaxationszeit ist, umso langsamer erfolgt das Nachziehen und umso kleiner ist die Wanderungsgeschwindigkeit. Zuerst zur quantitativen Definition der Relaxationszeit. Da zum Neuaufbau einer Ionenwolke Ionen über eine mittlere Entfernung von der Größe des Wolkenradius $1/\sqrt{\beta}$ herandiffundieren müssen, ist die Relaxationszeit (τ) durch die Diffusionszeit begrenzt und beträgt auf Grund des mittleren Verschiebungsquadrates $\overline{x^2} = 2\,Dt$ (Abschnitt 14.8 und 18.6)

$$\tau = \frac{\overline{x^2}}{2D} = \frac{1}{2\beta D} \tag{61}$$

bzw. nach Umformung mit der Einsteinrelation $D = BkT$:

$$\tau = \frac{1}{2\beta BkT}\,. \tag{62}$$

Beträgt die Wanderungsgeschwindigkeit des Zentralions ohne Bremseffekt im äußeren Feld $\mathbf{E}$

$$\mathbf{v}^\circ = Z_i e B \mathbf{E}, \tag{63}$$

so ist das Zentralion während der Relaxationszeit τ die Strecke

$$l = \tau \mathbf{v}^\circ = \frac{Z_i e\,B}{2\beta BkT}\,|\mathbf{E}| = \frac{Z_i e|\mathbf{E}|}{2\beta kT} \tag{64}$$

gewandert. Der Schwerpunkt der Ionenwolke bleibt also während der Zeit τ um l hinter dem Zentralion zurück. Es resultiert eine Trennung beider Ladungsschwerpunkte, was eine rücktreibende „Relaxationskraft" verursacht. Sie ist der Strecke l proportional und hat ihren Maximalwert dann, wenn l so groß wie der Radius der Ionenwolke $1/\sqrt{\beta}$ ist, und verschwindet, wenn $l = 0$ ist. Der Maximalwert ist gerade so groß wie die Coulombsche Kraft

$$|\mathbf{F}| = \frac{(Z_i e)^2}{4\pi\epsilon_0\epsilon\frac{1}{\beta}}, \tag{65}$$

die entstünde, wenn die gesamte Ladung der Ionenwolke in ihrem Schwerpunkt vereinigt wäre. Ist aber das Zentralion nur den Streckenteil $l\sqrt{\beta}$ gewandert, so ist auch die Relaxationskraft um diesen Bruchteil geringer:

$$|\mathbf{F}| = \frac{(Z_i e)^2}{4\pi\epsilon_0\epsilon\frac{1}{\beta}}\,l\sqrt{\beta}. \tag{66}$$

Setzt man hierin für l den Ausdruck (64) ein, so folgt in vektorieller Notation

$$\mathbf{F} = -\frac{(Z_i e)^3}{4\pi\epsilon_0\,\epsilon\,2kT}\sqrt{\beta}\mathbf{E} \tag{67}$$

und mit $v_{rel} = B\mathbf{F}$ für die relaxierende Komponente der Geschwindigkeit

$$\mathbf{v}_{rel} = -\frac{(Z_i e)^3}{4\pi\epsilon_0\epsilon}\frac{B}{2kT}\sqrt{\beta}\mathbf{E}\,. \tag{68}$$

Ziehen wir von der Geschwindigkeit $v°$ den elektrophoretischen und den relaxierenden Anteil ab und berücksichtigen wir $B_{mechanisch} = B°_{elektrisch}/Z_i\,e$, so resultiert

$$v = v° - \left[\frac{Z_i\,e}{6\pi\eta} + \frac{(Z_i\,e)^2\,B°}{8\pi\epsilon_0\,\epsilon kT}\right]\sqrt{\beta}\,E \tag{69}$$

und nach Umformen mit

$$\lambda° = FB° = F\frac{v°}{|E|} \tag{70}$$

der gewünschte Ausdruck für die Äquivalentleitfähigkeit:

$$\lambda = \lambda° - \left[\frac{FZ_i\,e}{6\pi\eta} + \frac{(Z_i\,e)^2\lambda°}{8\pi\epsilon_0\,\epsilon kT}\right]\sqrt{\beta}. \tag{71}$$

Da β proportional der Ionenstärke I und diese proportional der Konzentration c ist, geht auch die Äquivalentleitfähigkeit mit der Quadratwurzel aus der Konzentration:

$$\lambda = \lambda° - \text{const}\,\sqrt{c}. \tag{72}$$

Dieses Ergebnis steht in voller Übereinstimmung mit dem empirischen Quadratwurzelgesetz (7). In Bild 18.2 wurden die nach dieser Theorie berechneten Leitfähigkeiten gestrichelt eingezeichnet. Die Übereinstimmung mit den experimentellen Daten bis zu Konzentrationen von etwa $0,01\ \mathrm{mol}\,l^{-1}$ ist hervorragend. Konzentriertere Lösungen lassen sich damit allerdings nicht mehr beschreiben. Einige Gesichtspunkte müssen dann neu hinzugenommen werden, z. B. die Bildung von Ionenpaaren, Ionentripletts, usw. *Bjerrum* und *Fuoss* berechneten beispielsweise für einen 1 molaren Elektrolyten (Ionendurchmesser 1 Å), daß etwa 20 % aller Ionen als Ionenpaare vorliegen müßten. Anders herum: Im Zeitmittel stoßen etwa 20 % der Ionen mit Gegenionen zusammen und bilden kurzfristig Paare. Für die Leitfähigkeit bleibt es dann belanglos, ob größere oder kleinere Aggregate entstehen, denn sie tragen dann zur Leitfähigkeit kaum mehr bei. Damit ist das molekulare Bild der Elektrolytlösungen, wie es aus der Theorie des Aktivitätskoeffizienten und der Leitfähigkeit folgt, halbwegs quantitativ gezeichnet.

18.5 Makromolekulare Lösungen

Haben die Moleküle einer Lösung einen kleinen Durchmesser, dann können wir zwischen ihren molekularen und makroskopischen Eigenschaften noch sinnvoll unterscheiden. Dies wird bei Molekülen mit einem Durchmesser von 10000 Å und mehr problematisch. Sie entstehen in der Natur durch freiwillig und im Labor durch erzwungen ablaufende Polymerisationsreaktionen. Solche Reaktionen führen aber nie zu einheitlichen Kettenlängen und zu gleich schweren Molekülen. Da der Kettenabbruch durch Radikalkombination nicht regelmäßig nach Erreichen einer bestimmten Molekülgröße, sondern rein zufällig erfolgt, entsteht immer eine *Molmassenverteilung*. Diese Eigenschaft ist charakteristisch für Makromoleküllösungen und steht im Gegensatz zu den Elektrolytlösungen. Man kann deshalb nur von mittleren Molekülgrößen und -massen sprechen.

Sind in einer makromolekularen Lösung insgesamt N Makromoleküle vorhanden, wovon N_i die Molmasse M_i haben, so lautet der statistische Mittelwert der Molmasse (vgl. Abschnitt 1.2 und 10.2), auch *Zahlenmittel* genannt:

$$\overline{M} = \frac{1}{N} \sum_i^N N_i M_i = \sum_i^N x_i M_i \,. \tag{73}$$

Nach dieser Definition müßte das Zahlenmittel auf folgende Weise bestimmt werden: Die Makromoleküllösung mit M kg gelöstem Polymer ist auf geeignete Weise in n Fraktionen mit den Massen $M_1 \dots M_j \dots M_n$ zu zerlegen, dann ist von jeder nun (annähernd) einheitlichen Fraktion die jeweilige Molmasse $M_1 \dots M_j \dots M_n$ zu ermitteln und schließlich nach

$$\overline{M} = \frac{\sum\limits_i^N N_i M_i}{\sum\limits_i^N N_i} = \frac{\sum\limits_j^N M_j}{\sum\limits_j^n \dfrac{M_j}{M_j}} = \frac{M}{\sum\limits_j^n \dfrac{M_j}{M_j}} \tag{74}$$

das Zahlenmittel zu berechnen. Eine solche Vorgangsweise wäre aber viel zu umständlich.

$\overline{M}$ läßt sich einfacher unter Ausnutzung einer kolligativen Eigenschaft X bestimmen, denn diese Eigenschaften sind ja der Konzentration bzw. Teilchenzahl direkt proportional (Kapitel 17):

$$X \sim N = N_A \frac{M}{M} \,. \tag{75}$$

Aus X ergäbe sich M, bestünde die Lösung aus einheitlich schweren Molekülen mit der Molekülmasse M/N_A. Es gilt nun zu beweisen, daß M aus Gl. (75) mit dem vorher definierten Zahlenmittel identisch ist. Da X der Teilchenzahl und nur dieser proportional ist, kann die gesamte Teilchenzahl der Lösung aus den Teilchenzahlen der einzelnen Fraktionen additiv zusammengesetzt werden:

$$X \sim N = \sum_j N_j = N_A \sum_j \frac{M_j}{M_j} \equiv N_A \frac{M}{\overline{M}} \tag{76}$$

Aus dem Vergleich von Gl. (75) mit (76) folgt unmittelbar $M = \overline{M}$.

Anders bei Molmassenbestimmungen aus Eigenschaften, die nicht nur der Teilchenzahl proportional sind. Die Sedimentation (Abschnitt 18.7) ist z.B. eine Eigenschaft, die sowohl von der Molekülmasse als auch von der Konzentration c abhängt und daher dem Produkt mc bzw. $M M$ proportional ist. Analog zu Gl. (75) wird dann der Wert

$$X \sim M\overline{M} = \overline{M} \sum_i N_i M_i \tag{77}$$

(gemessen) und setzt sich analog zu Gl. (76) aus

$$X \sim \sum_j M_j M_j = \sum_j N_j M_j^2 \tag{78}$$

zusammen. Der Vergleich dieser beiden Gleichungen liefert dann:

$$\overline{M} = \frac{\sum\limits_{j} N_j M_j^2}{\sum\limits_{i} N_i M_i}. \tag{79}$$

Das Mittel (79) ist mit dem Zahlenmittel nicht mehr identisch und wird *Massenmittel* genannt.

Es hängt also von der zur Bestimmung benutzten Methode ab, welche mittlere Molmasse dem tatsächlichen Wert zu Grunde liegt. Bei allen Angaben von mittleren Molmassen ist dies zu beachten. Die Methode mit Hilfe des osmotischen Druckes (kolligative Eigenschaft) wurde bereits in Kapitel 17 besprochen. Grundsätzlich könnten zwar alle kolligativen Eigenschaften zur Molmassenbestimmung von Makromolekülen herangezogen werden, doch sind alle anderen viel zu unempfindlich. Unempfindlich deshalb, weil die Konzentrationen makromolekularer Lösungen auf Grund der hohen Molmasse sehr klein sind und folglich auch der Wert der Eigenschaft klein ist. Empfindlich genug reagiert nur der osmotische Druck; mit ihm können Molmassen bis zu 500 kgmol^{-1} gemessen werden. Nun zu einer Eigenschaft, die etwas über die Größe der Makromoleküle aussagt.

18.6 Diffusion und Brownsche Molekularbewegung

Grenzen zwei Lösungen mit verschiedener Konzentration (Dichte) des selben Polymers aneinander und wird das System sich selbst überlassen, so findet ein Konzentrationsausgleich statt. Die treibende Kraft für den Ausgleich ist der Gradient der freien Enthalpie bzw. des chemischen Potentials und damit der Konzentrationsunterschied. Die zum Ausgleich führende Diffusionsstromdichte ist proportional dem Konzentrationsgradienten

$$\mathbf{j} = - D \,\mathrm{grad}\, c \qquad \left(|\mathbf{j}| \equiv \frac{dn}{A\,dt} \right) \tag{80}$$

und die den Ausgleich beschreibende Diffusionsgleichung bei zeitlich veränderlichem Gradienten durch

$$\frac{\partial c}{\partial t} = D\,\Delta c \tag{81}$$

gegeben. Dies sind die wichtigsten Aussagen der in Abschnitt 14.8 mitgeteilten makroskopischen Diffusionstheorie, die sich natürlich auch auf diffundierende Makromoleküle in einer Lösung anwenden läßt. Es sei daran erinnert, daß es für die makroskopische Beschreibung völlig gleichgültig ist, wie die diffundierenden Teilchen und die umgebende Matrix aussehen. Lediglich die Größe des Diffusionskoeffizienten und der anderen makroskopischen Koeffizienten hängt davon ab und muß molekular interpretiert werden.

Ausgangspunkt für die molekulare Deutung ist hier die in Abschnitt 14.8 abgeleitete Einsteinsche Relation

$$D = BkT. \tag{82}$$

Faßt man die (verknäulten) Makromoleküle als starre Kugeln auf, so gilt für die Reibungskraft, die sie erfahren, das Stokessche Gesetz

$$\mathbf{R} = 6\,\pi\eta\,R v. \tag{83}$$

η ist die Viskosität des Lösungsmittels, R der Radius der Kugeln und v die Endgeschwindigkeit. Da bei der Herleitung der (mechanischen) Beweglichkeit B

$$R = \frac{1}{B} v \tag{84}$$

gesetzt wurde, kann B mit $1/6\,\pi\eta\,R$ identifiziert werden und es folgt:

$$D = \frac{1}{6\pi\eta R}\,kT. \tag{85}$$

In Worten lautet Gl. (85): Der Diffusionskoeffizient ist umso größer, je kleiner der Teilchenradius und die Viskosität des Lösungsmittels sind. Er ist außerdem direkt proportional der Temperatur, doch vom chemischen Aufbau nahezu unabhängig (Tabelle 18.4). Messen wir den Diffusionskoeffizienten bei gegebener Temperatur und gegebener Viskosität, so erhalten wir aus Gl. (85) den Molekülradius und damit einen ersten Anhaltspunkt für die Größe der Moleküle. Zwei Dinge sind dabei zu bedenken: Gl. (85) wurde für einheitlich große Moleküle ohne Massenverteilung abgeleitet und es wurde nicht berücksichtigt, daß diese solvatisiert sind und keine richtigen Kugeln darstellen. Der Radius R ist also nach diesem Modell nicht viel mehr als ein grober Durchschnittswert.

Nach den makroskopischen Diffusionsvorstellungen ist für einen Diffusionsstrom ein makroskopischer Konzentrationsunterschied notwendig. Läßt man den Unterschied gegen Null gehen, so hören die Moleküle auf, in die ausgezeichnete Richtung des Konzentrationsgefälles zu diffundieren. Sie bewegen sich jedoch auf Grund der lokalen thermischen Energieschwankungen trotzdem, und zwar in völlig unregelmäßiger Weise in alle Richtungen. Diese ungerichtete Diffusionsbewegung bezeichnet man als *Selbstdiffusion*. Bei großen, leichten Molekülen ist diese Bewegung auch makroskopisch sichtbar und wird dann als *Brownsche Molekularbewegung* bezeichnet. Ein herausgegriffenes Molekül legt dabei in einer gewissen Zeit t einen ganz bestimmten Weg von seinem ursprünglichen Ort aus zurück. Der von einem Molekül im Mittel zurückgelegte Weg ist identisch mit der Wurzel aus dem in Abschnitt 14.8 berechneten mittleren Verschiebungsquadrat:

$$\sqrt{\overline{r^2}} = \sqrt{6\,Dt}. \tag{86}$$

Tabelle 18.4: Spezifisches Volumen (bzw. reziproke Dichte) V_{eff}, Sedimentationskoeffizient s, Diffusionskoeffizient D und Molmasse M von einigen Polymeren in wäßriger Lösung bei 20 °C

Protein	V_{eff} m³kg⁻¹	s rad⁻¹ s	D m² s⁻¹	M kgmol⁻¹
Insulin	$0,75 \cdot 10^{-3}$	$3,5 \cdot 10^{-13}$	$8,2 \cdot 10^{-11}$	41
Hämoglobin	0,75	4,5	6,5	67
Katalase	0,73	11,3	4,1	270
Urease	0,73	18,6	3,5	470
Tabak-Mosaikvirus	0,73	185	0,53	31 000

Dies läßt sich auf statistischem Weg wie folgt zeigen. Das Molekül führe (der Einfachheit halber) n gleich große Verschiebungen der Länge r in beliebige Richtungen durch (Bild 18.8). Nach n elementaren Verschiebungen, das ist nach der Zeit t = nτ, wenn τ die Zeit für eine elementare Verschiebung ist, hat es insgesamt den Weg

$$r = \sum_{i=1}^{n} r_i \tag{87}$$

zurückgelegt. Gemittelt über alle Moleküle (gleichbedeutend mit der Aussage, daß alle Richtungen gleich wahrscheinlich sind) ist allerdings

$$\overline{r} = \overline{\sum_{i=1}^{n} r_i} = 0. \tag{88}$$

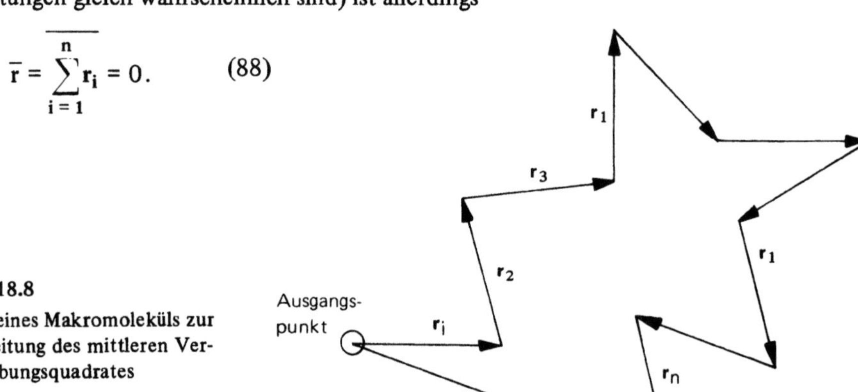

Bild 18.8
Weg eines Makromoleküls zur Herleitung des mittleren Verschiebungsquadrates

Nicht Null ist dagegen das mittlere Verschiebungsquadrat (vgl. Abschnitt 14.8)

$$\overline{r^2} = \overline{\left(\sum_{i=1}^{n} r_i \right)^2}, \tag{89}$$

das in Matrixform angeschrieben lautet:

$$\overline{r^2} = \overline{r_1 r_1} + \overline{r_1 r_2} \dots + \overline{r_1 r_n}$$
$$\overline{r_2 r_1} + \overline{r_2 r_2} \dots + \overline{r_2 r_n}$$
$$\vdots$$
$$\overline{r_n r_1} + \overline{r_n r_2} \dots + \overline{r_n r_n} = \sum_j \sum_i r_i r_j . \tag{90}$$

Mit

$$\overline{r_i r_j} = r^2 \, \overline{\cos \alpha_{ij}} \tag{91}$$

für das Skalarprodukt (α_{ij} ist der Winkel zwischen r_i und r_j) ergibt sich weiter:

$$\overline{r^2} = nr^2 + 2 \sum_{i=j+1}^{n} \sum_{j=1}^{n-1} r^2 \, \overline{\cos \alpha_{ij}} . \tag{92}$$

Der erste Term gibt die Summe der Diagonalelemente (für diese ist $\overline{\cos\alpha_{ij}} = 1$) und der zweite die Nichtdiagonalelemente wieder. Da alle Winkel gleich wahrscheinlich sind (gleich oft beim Mitteln auftreten), ist

$$\overline{\cos\alpha_{ij}} = 0 \tag{93}$$

und

$$\overline{r^2} = n\,r^2. \tag{94}$$

Gleiche Wahrscheinlichkeit heißt andererseits, daß nachfolgende Verschiebungen von vorhergegangenen *unabhängig* (nicht *korreliert*) sind. Setzt man in Gl. (94) $n = t/\tau$ und $r^2/\tau = 6\,D$, so stimmt Gl. (94) mit dem makroskopischen Verschiebungsquadrat (86) überein. Dieses Resultat gilt auch, wenn das Molekül verschieden große, aber gleich wahrscheinliche Elementarverschiebungen durchführt. Dieses statistische Problem ist auch unter dem Namen *Irrflugproblem* bekannt geworden.

18.7 Sedimentation

Unterwirft man die Makromoleküle einer Lösung der Gravitationskraft $\mathbf{F}$, so werden sie beschleunigt und wandern in Richtung des Gravitationszentrums. Besitzen sie die Beweglichkeit B, so stellt sich nach einiger Zeit eine konstante Wanderungs- oder *Sedimentationsgeschwindigkeit*

$$\mathbf{v} = B\mathbf{F} \tag{95}$$

und eine konstante *Sedimentationsstromdichte*

$$\mathbf{j} = c\mathbf{v} = cB\mathbf{F} \tag{96}$$

ein (Abschnitt 14.8). Wird die Gravitation mit Hilfe einer *Ultrazentrifuge* (Bild 18.9) erzeugt, so entspricht jene der Zentrifugalkraft. Diese beträgt, wenn sie auf ein Molekül mit der Masse m wirkt:

$$\mathbf{F} = m\,(1 - d_{L\ddot{o}}/d)\,\mathbf{r}\,\omega^2. \tag{97}$$

In Gl. (97) wurde die Molekülmasse m schon um den Auftrieb $Vd_{L\ddot{o}} = md_{L\ddot{o}}/d$ reduziert. $|\mathbf{r}|$ ist der Abstand des Moleküls vom Rotationszentrum, V ist das Volumen des Makromoleküls, $d_{L\ddot{o}}$ ist die Dichte des Lösungsmittels, d ist die Dichte des Moleküls und ω ist die Winkelgeschwindigkeit der Zentrifuge.

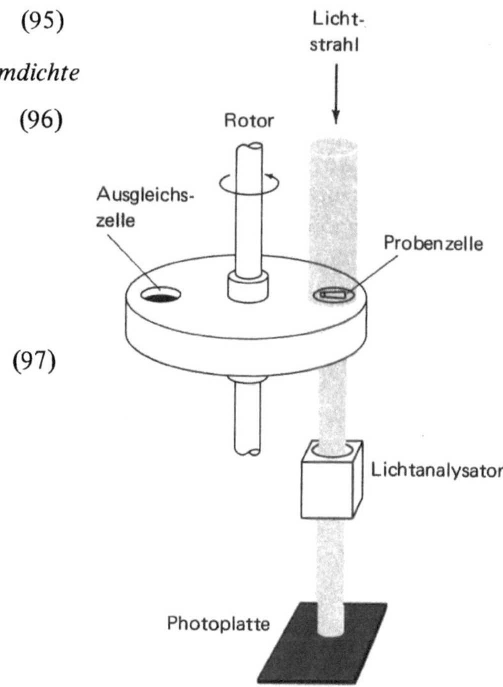

Bild 18.9 Schematische Anordnung einer Ultrazentrifuge mit Beobachtung durch Lichtabsorption nach *Svedberg*

Aus Gl. (95) und (97) folgt dann:

$$v = Bm\,(1 - d_{L\ddot{o}}/d)\,r\,\omega^2 . \tag{98}$$

Die auf die Beschleunigung $r\omega^2$ bezogene Sedimentationsgeschwindigkeit wird als *Sedimentationskoeffizient* s (SI-Einheit $\mathrm{rad}^{-1}\mathrm{s}$) bezeichnet:

$$s \equiv \frac{v}{r\omega^2} = Bm\,(1 - d_{L\ddot{o}}/d). \tag{99}$$

Diese Normierung muß deshalb gemacht werden, damit man die Meßergebnisse bei unterschiedlichen Winkelgeschwindigkeiten miteinander vergleichen kann. Ersetzen wir noch die Beweglichkeit mit Hilfe von $D = BkT$ durch den Diffusionskoeffizienten und die Molekülmasse durch die Molmasse $M = N_A m$, so erhalten wir den Ausdruck:

$$s = \frac{MD}{N_A kT}\,(1 - d_{L\ddot{o}}/d). \tag{100}$$

Er kann zur Molmassenbestimmung dienen, wenn s und D gemessen werden (Tabelle 18.6).

Besitzen die Moleküle keine einheitliche Molmasse, sondern eine Molmassenverteilung, dann entsteht bei der Sedimentation eine *Geschwindigkeits-* bzw. *Konzentrationsverteilung:* Es kommt zu einer räumlichen Auftrennung der verschieden schweren Moleküle (Bild 18.10). Würde durch die Auftrennung nicht auch eine rücktreibende Diffusion einsetzen, müßte jene immer stärker werden. Die Diffusionsstromdichte ist der Sedimentationsstromdichte entgegengerichtet und wird mit zunehmender Konzentrationsänderung größer:

$$j = - D\,\mathrm{grad}\,c. \tag{101}$$

Werden beide Stromdichten gleich groß, kommen die Makromoleküle zur Ruhe und wandern nicht mehr weiter (abgesehen von Selbstdiffusion). Dieser stationäre Zustand wird *Sedimentationsgleichgewicht* genannt. In diesem gilt:

$$cv - D\,\frac{dc}{dr} = 0, \tag{102}$$

$$D\,\frac{dc}{dr} = Bm\,(1 - d_{L\ddot{o}}/d)\,r\,\omega^2\,c. \tag{103}$$

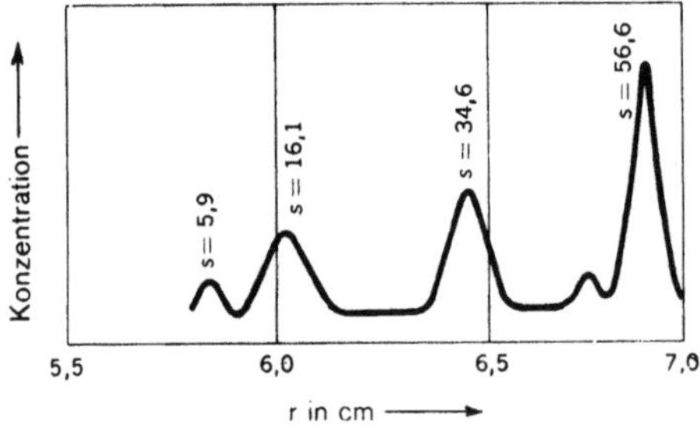

Bild 18.10

Konzentrationsverteilung eines Hämocyaninpräparates nach Einstellung des Sedimentationsgleichgewichtes bei 120000-facher Erdbeschleunigung (*T. Svedberg:* Proc. Roy. Soc. (London) B 127 (1939) 1)

Der stationäre Zustand hat eine ganz bestimmte Konzentrationsverteilung zur Folge, die sich durch eine Integration von Gl. (103) ermitteln läßt:

$$D \int_{c_1}^{c_2} \frac{dc}{c} = Bm \, (1 - d_{L\ddot{o}}/d) \, \omega^2 \int_{r_1}^{r_2} r \, dr, \qquad (104)$$

$$\ln \frac{c_2}{c_1} = \frac{B}{2D} \, m \, (1 - d_{L\ddot{o}}/d) \, \omega^2 \, (r_2^2 - r_1^2). \qquad (105)$$

Als Integrationsgrenzen wurden c_1 am Ort r_1 und c_2 am Ort r_2 genommen ($c_2 > c_1$, $r_2 < r_1$). Ersetzen wir wiederum die Molekülmasse durch die Molmasse und B durch D, so resultiert nach Umformen folgende Beziehung:

$$M = \frac{2 N_A kT \ln \frac{c_2}{c_1}}{(1 - d_{L\ddot{o}}/d) \, \omega^2 \, (r_2^2 - r_1^2)} \, . \qquad (106)$$

Werden nach Einstellung des Sedimentationsgleichgewichtes auf irgendeine Weise die Konzentrationen c_1 und c_2 an den Orten r_1 und r_2 gemessen, so kann die Molmasse berechnet werden. Auf Gl. (105) beruht außerdem die rein präparative Möglichkeit zur Trennung in einzelne Fraktionen.

Zusammenfassend können wir feststellen: Die Molmasse läßt sich nach zwei Sedimentationsmethoden bestimmen, und zwar unter Ausnutzung der Sedimentationsgeschwindigkeit und des Sedimentationsgleichgewichtes. Liegt eine Massenverteilung vor, so wird das Massenmittel (79) gemessen.

18.8 Viskosität

Eine andere Eigenschaft von makromolekularen Lösungen, die ebenfalls von der Molmasse abhängt und daher zu ihrer Bestimmung dienen kann, ist die *Viskosität*. Der Zusammenhang zwischen ihr und der Molmasse ist allerdings nicht so eindeutig wie bei der Sedimentation und basiert nur auf empirischen Beziehungen. Ähnliches gilt für ihre Abhängigkeit von der Molekülgestalt. Der allgemeine empirische Befund lautet: Die Viskosität eines Lösungsmittels wird durch das Auflösen eines Polymers größer, die Lösung also zähflüssiger. Diese Viskositätszunahme der Lösung kann auf verschiedene Weise quantitativ erfaßt werden (Tabelle 18.5). Am aussagekräftigsten von den in dieser Tabelle definierten Viskositätsmaßen ist noch die auf unendliche Verdünnung bezogene, reduzierte spezifische Viskosität $[\eta]$. In ihr sind nämlich die Wechselwirkungen zwischen den Makromolekülen nicht mehr enthalten. Sie wird aus der experimentell bestimmten reduzierten Viskosität durch Extrapolation auf die Konzentration Null erhalten.

Nach *Einstein, Staudinger*, u.a. hängt die Viskositätserhöhung gegenüber dem Lösungsmittel mit der Gestalt bzw. der Form der Moleküle zusammen. Eine Korrelation läßt sich über das *effektive spezifische Volumen* V_{eff} (Volumen pro Masseneinheit oder reziproke Moleküldichte) herstellen. Die reduzierte spezifische Viskosität $[\eta]$ muß dem Volumen V_{eff} direkt proportional sein, denn je größer das Molekülvolumen ist, umso

Tabelle 18.5: Viskositätsmaße (η°: Viskosität des reinen Lösungsmittels, η: Viskosität der Lösung, c: Konzentration)

Relative Viskosität	$\dfrac{\eta}{\eta^\circ}$
Spezifische Viskosität	$\dfrac{\eta - \eta^\circ}{\eta^\circ}$
Reduzierte spezifische Viskosität	$\dfrac{1}{c}\dfrac{\eta - \eta^\circ}{\eta^\circ}$
Reduzierte spezifische Viskosität, bezogen auf unendliche Verdünnung	$[\eta] = \lim_{c \to 0}\left(\dfrac{1}{c}\dfrac{\eta - \eta^\circ}{\eta^\circ}\right)$ $= \lim_{c \to 0}\left[\dfrac{1}{c}\left(\dfrac{\eta}{\eta^\circ} - 1\right)\right]$

Tabelle 18.6: Die reduzierte (auf unendliche Verdünnung bezogene) spezifische Viskosität [η] von einigen biologisch wichtigen Makromolekülen

Gestalt	Protein	M in gmol^{-1}	[η] in mlg^{-1}
kugelförmig	Ribonuclease	13 680	3,4
	Serumalbumin	67 500	3,7
	Ribosom (*E. Coli*)	900 000	8,1
	Bushy stunt virus	10 700 000	3,4
spiralartig	Insulin	2 980	6,1
	Ribonuclease	13 680	16,0
	Serumalbumin	68 000	52
	Myosin	197 000	93
strangförmig	Fibrinogen	330 000	27
	Myosin	440 000	217
	Poly-α-benzyl-L-glutamat	340 000	720

stärker sind die „molekularen" Strömungshindernisse und umso größer ist die Viskositätszunahme:

$$[\eta] = \nu\, V_{\mathrm{eff}}. \tag{107}$$

Die Proportionalitätskonstante ν ist ein Parameter, der von der Molekülgestalt abhängt. Bei gleichem Volumen V_{eff} kann sich nämlich ein Strömungshindernis verschieden stark auswirken. Berücksichtigt man außerdem, daß V_{eff} im festen und im gelösten Zustand unterschiedlich groß ist (im gelösten Zustand sind die Makromoleküle mehr oder weniger stark gequollen), so müßte eigentlich noch ein diesbezüglicher Korrekturfaktor eingeführt werden. Dieser ist allerdings bei den einzelnen Makromolekülklassen fast gleich groß, so daß man aus der gemessenen Viskosität umgekehrt etwas über die Molekülgestalt aussagen kann. Mit einiger Raffinesse wird so zwischen Molekülen mit Kugelform (z.B. Kugelproteine) und mit ellipsoidaler Form unterschieden. Wie aus Tabelle 18.6 hervorgeht, haben Kugelproteine kleine, spiralartige Proteine mittlere und faden- oder strangartige Moleküle große Viskositätswerte. Letztere stellen die größten Strömungshindernisse dar.

[η] läßt sich nicht nur mit dem spezifischen Volumen, sondern auch mit der Molmasse verknüpfen. Von *Staudinger* stammt folgender empirischer Ausdruck:

$$[\eta] = K\,M^a. \tag{108}$$

Die Konstanten K und a hängen wiederum vom Lösungsmittel, der Molekülgestalt und der Temperatur ab. Paßt man sie den Meßdaten an (fitting), so kann mit Hilfe von Gl. (108) die Molmasse ermittelt werden. Es hat auch nicht an Versuchen gefehlt, die Konstante a hinsichtlich der Molekülgestalt zu interpretieren. Je kugeliger und verknäuelter das Makromolekül, umso kleiner ist a: Die Moleküle können leichter aneinander vorbei gleiten (Tabelle 18.7).

Obwohl solche Aussagen über die Gestalt, sei es über den Parameter ν oder die Konstante a, physikalisch nicht eindeutig sind, haben sich entsprechende Meßmethoden eingebürgert. Erstens hat man keine schnelleren und einfacheren und zweitens bekommt man doch eine gewisse Vorstellung vom Grad der Verknäuelung eines Kettenmoleküls. Ähnlich verhält es sich mit der Molmassenauswertung.

Tabelle 18.7: Die Konstanten a und K der Staudingerschen Beziehung [η] = KM^a von einigen makromolekularen Lösungen (*P. J. Flory:* Principles of Polymer Chemistry, Cornell University Press, Ithaca, N.Y. 1953)

Polymer	Lösungsmittel	°C	M in g mol^{-1}	K	a
Polystyrol	Benzol	25	32 000−1 300 000	$1{,}03 \cdot 10^{-2}$	0,74
Polystyrol	Methyläthylketon	25	2 500−1 700 000	3,9	0,58
Polyisobutylen	Cyclohexan	30	6 000−3 150 000	2,6	0,70
Polyisobutylen	Benzol	24	1 000−3 150 000	8,3	0,50
Natürlicher Kautschuk	Toluol	25	40 000−1 500 000	5,0	0,67

Rechenbeispiele

1. Folgende Äquivalentleitfähigkeiten von NaJ in Aceton wurden bei 25 °C ermittelt:

c in mol l^{-1}	λ in Ω^{-1} val^{-1} m^2
0,0001	0,01736
0,0002	0,01717
0,0005	0,01646
0,001	0,01550
0,002	0,01432
0,005	0,01245
0,01	0,01097
0,02	0,00950
0,05	0,00761
0,1	0,00641

Wie würden Sie diese Messungen interpretieren?

2. Sind die folgenden Daten ein Beweis dafür, daß der Aktivitätskoeffizient von der Ionenstärke einer Lösung abhängt?

Löslichkeit von TlCl (mol l^{-1})	in K_2SO_4-Lösung (mol l^{-1})
0,01607	0,000
0,01779	0,010
0,01942	0,025
0,02137	0,050
0,02600	0,150
0,03417	0,500

Berechnen Sie außerdem den mittleren Aktivitätskoeffizienten und das Löslichkeitsprodukt von TlCl.

3. Folgende Löslichkeitsdaten von $TlJO_3$ in KCl-Lösungen bei 25 °C wurden bestimmt:

$TlJO_3$ (mol l^{-1})	0	0,01	0,02	0,05	0,10
KCl (mol l^{-1})	0,001844	0,002005	0,00217	0,002335	0,002625

Setzen Sie voraus, daß $TlJO_3$ ein starker Elektrolyt ist, und berechnen Sie für $TlJO_3$ den Aktivitätskoeffizienten in allen Lösungen. Vergleichen Sie in einem $\lg\gamma_\pm$,I-Diagramm die gemessenen Daten mit den Daten, die man mit Hilfe des Debye-Hückelschen Grenzgesetzes berechnet.

4. Die spezifische Leitfähigkeit einer 0,1 molaren KCl-Lösung beträgt bei 25 °C 1,289 $\Omega^{-1}m^{-1}$. Wie groß ist die Leitfähigkeit bzw. der Widerstand dieser Lösung in einer Zelle mit dem Elektrodenquerschnitt 2,037 cm^2 und mit dem Elektrodenabstand 0,532 cm?

5. Der Widerstand einer Leitfähigkeitszelle gefüllt mit einer 0,01 molaren KCl-Lösung beträgt bei 25 °C 8,3 Ω. Wie groß ist die Zellkonstante?

6. Eine Zelle mit 0,1 molarer KCl-Lösung hat den Widerstand 192,3 Ω. Wird sie mit einer 0,003186 molaren NaCl-Lösung gefüllt, so besitzt sie den Widerstand 6363 Ω. Wie groß ist die spezifische Leitfähigkeit und die Äquivalentfähigkeit der NaCl-Lösung?

7. Die Grenzleitfähigkeiten von NH_4Cl, NaOH und NaCl betragen bei 25 °C 0,01497, 0,02478 und 0,012645 $\Omega^{-1}m^2val^{-1}$. Berechnen Sie die Grenzleitfähigkeit von NH_4OH und vergleichen Sie sie mit der in Tabelle 18.2.

8. Die Grenzleitfähigkeit von NaOH beträgt 0,02478 $\Omega^{-1}m^2val^{-1}$ (25 °C). Berechnen Sie damit und mit den in Tabelle 18.2 angegebenen Daten die Grenzleitfähigkeit von Wasser.

9. Folgende Äquivalentleitfähigkeiten von Na-Propionatlösungen werden berichtet:

Molarität (mol l^{-1})	0,002178	0,00418	0,00787	0,01427	0,01597
λ ($\Omega^{-1}m^2val^{-1}$)	82,53	81,27	79,72	77,88	75,64

Wie groß sind die Grenzleitfähigkeiten von Na-Propionat und von Propionsäure (Tabelle 18.2)? Die Äquivalentfähigkeit einer 1 molaren Na-Propionatlösung beträgt 1,4 $\Omega^{-1}m^2val^{-1}$; wie groß sind der Dissoziationsgrad und die Dissoziationskonstante der Propionsäure?

10. Die spezifische Leitfähigkeit einer gesättigten $BaSO_4$-Lösung (25 °C) beträgt $3,59 \cdot 10^{-4}$ $\Omega^{-1}m^{-1}$. Das Wasser, aus dem die gesättigte Lösung hergestellt wurde, besitzt eine spezifische Leitfähigkeit von $0,618 \cdot 10^{-4}$ $\Omega^{-1}m^{-1}$. Wie lautet das Löslichkeitsprodukt von $BaSO_4$?

11. Berechnen Sie die Dissoziationsenergie von 1 mol NaCl in Acetonitril und Benzol (Dielektrizitätskonstanten 39 und 23). Vernachlässigen Sie entropische Änderungen sowie die Solvatation. Berechnen Sie mit Hilfe der MB-Verteilung, welcher Bruchteil von NaCl sich jeweils in Acetonitril, Benzol und Wasser löst.

Teil III

Thermodynamische und kinetische Behandlung chemischer Reaktionen

Kapitel 19
Thermochemie   1

Kapitel 20
Das chemische Gleichgewicht   20

Kapitel 21
Das elektrochemische Gleichgewicht   47

Kapitel 22
Kinetik homogener Reaktionen   79

Kapitel 23
Phasengrenzflächen und Kinetik heterogener Reaktionen   127

Kapitel 24
Photochemie   170

Kapitel 25
Irreversible Thermodynamik   195

Kapitel 19
Thermochemie

Bereits gegen Ende des 19. Jahrhunderts war von einer ganzen Reihe chemischer Reaktionen der Wärmeumsatz, sprich die Reaktionswärme, bekannt. Die Untersuchungen stammen hauptsächlich von *Thomson* und *Berthelot*, die damit zu erklären hofften, warum einige Reaktionen freiwillig und andere überhaupt nicht abliefen. In Analogie zu mechanischen Systemen glaubte man damals, daß die Reaktionswärme ein Maß für die Reaktionsfreudigkeit oder Triebkraft eines reaktionsfähigen Systems sei. Wie wir aber vom heutigen thermodynamischen Konzept (Kapitel 11) wissen, reicht dazu die Reaktionswärme als Maß allein nicht aus.

Ob ein chemisches System reagiert, bestimmt die freie Reaktionsenthalpie (ΔG bei konstantem Druck und konstanter Temperatur). Sie verkörpert auch die bei einer Reaktion maximal nutzbare Arbeit, kann jedoch nur bei reversibler Reaktionsführung gewonnen werden. Bei irreversibler Führung fällt die gesamte Reaktionsenergie in Form von Wärme an und entspricht dann der Reaktionsenthalpie ΔH. Auf Grund des zweiten Hauptsatzes der Thermodynamik besteht ΔH aus der verfügbaren freien Reaktionsenthalpie ΔG und der gebundenen, immer in Form von Wärme auftretenden Energie $T \Delta S$ (Gibbs-Helmholtzsche Gleichung).

Wenn wir diese Aussage treffen, haben wir bereits den ersten und zweiten Hauptsatz auf chemische Reaktionen angewandt und dazu intuitiv eine Reaktion wie eine Zustandsänderung aufgefaßt. Anfangszustand vor der Änderung ist ein Gemisch von Reaktanten im Nichtgleichgewicht und Endzustand nach der Reaktion ist ein Gemisch von Produkten, wenn die Reaktion vollständig abläuft. Eine chemische Reaktion ist also eine Zustandsänderung, bei der sich die Molzahlen gemäß den stöchiometrischen Koeffizienten der Reaktionsgleichung ändern. Kurz gesagt: Die chemische Thermodynamik beschäftigt sich mit Reaktionswärmen (Thermochemie) und mit der maximal nutzbaren Arbeit von Reaktionen. Sie verwendet diese weiterhin zur Formulierung des chemischen Gleichgewichtes bzw. zur Herleitung des Begriffes Gleichgewichtskonstante. Zum numerischen Rechnen werden keine Absolutwerte der Zustandsfunktionen benötigt, wie sie höchstens die Statistik zu liefern im Stande ist, sondern Relativwerte: Standardenthalpien, Standardbildungsenthalpien und freie Standardbildungsenthalpien werden nach internationaler Konvention definiert.

Wir wollen uns in diesem Kapitel mit thermochemischen Problemen und im nächsten mit chemischen Gleichgewichten beschäftigen. Nach den Definitionen der Reaktionswärme und der thermochemischen Reaktionsgleichung werden ein direkter und ein indirekter Weg zu ihrer Bestimmung skizziert. Hierauf kommt das Konzept der Standardenthalpien und Standardbildungsenthalpien zur Sprache, das dann zusammen mit der Temperaturabhängigkeit (Kirchhoffscher Satz) eine Berechnung von beliebigen Reaktionswärmen aus Tabellendaten erlaubt. Im Anschluß daran wird auf thermochemisch ermittelbare Bindungsenergien sowie Gitter- und Hydratationsenthalpien eingegangen.

19.1 Reaktionsenergie und Reaktionsenthalpie

Schreiben wir chemische Reaktionen so an, daß die Reaktanten A_i mit ihren stöchiometrischen Koeffizienten a_i auf der linken Seite und die Produkte B_k mit ihren Koeffizienten b_k auf der rechten Seite der Gleichung stehen,

$$a_1 A_1 + \dots a_i A_i + \dots a_m A_m \to b_1 B_1 + \dots b_k B_k + \dots b_n B_n, \tag{1}$$

dann wird die Reaktionsenergie ΔU durch die Differenz der Systemenergie nach und vor der Reaktion definiert. Verläuft nämlich die Reaktion vollständig, was später noch zu erklären sein wird, so besteht das Reaktionsgemisch vorher nur aus den Komponenten A_i und nachher nur aus den Komponenten B_k. Liegen also die Reaktanten mengenmäßig gerade im Verhältnis der stöchiometrischen Koeffizienten vor, so beträgt die Systemenergie vorher

$$U_{vorher} = \sum_{i=1}^{m} a_i U_i \tag{2}$$

und nachher

$$U_{nachher} = \sum_{k=1}^{n} b_k U_k. \tag{3}$$

U_i und U_k sind die molaren Energien der Reaktionspartner. Die Energiedifferenz zwischen Anfangs- und Endzustand beträgt daher

$$\Delta U = \sum_{k} b_k U_k - \sum_{i} a_i U_i \tag{4}$$

und wird *Reaktionsenergie* genannt. Analog wird die *Reaktionsenthalpie* ΔH definiert:

$$\Delta H = \sum_{k} b_k H_k - \sum_{i} a_i H_i. \tag{5}$$

Liegen die Reaktanten nicht im richtigen Mengenverhältnis vor, so spielt dies keine Rolle, denn die nicht reagierenden Anteile fallen bei der Formulierung der Differenz heraus. Die Definitionen (4) und (5) gelten also ganz allgemein. Beide sind über

$$\Delta H' = \Delta U + \Delta(pV) = \Delta U + p\,\Delta V \tag{6}$$

mit

$$\Delta V = \sum_{k} b_k V_k - \sum_{i} a_i V_i \tag{7}$$

miteinander verknüpft. V_i und V_k sind die Molvolumina der Reaktanten und Produkte. Die genannten Definitionen legen zugleich die Bedeutung des Symbols Δ in der chemischen Thermodynamik fest. Wurde bisher damit die Änderung irgendeiner Systemeigenschaft bezeichnet, so kennzeichnet Δ nun immer die Differenz einer Eigenschaft von Produkten und Reaktanten. Zum Beispiel ergibt sich die Reaktionsenthalpie der Reaktion

$$2\,C + O_2 \to 2\,CO \tag{8}$$

aus folgender Differenz:

$$\Delta H = 2H(CO) - 2H(C) - H(O_2). \tag{9}$$

Nun zum Zusammenhang zwischen der *Reaktionswärme* und der Reaktionsenergie bzw. Reaktionsenthalpie. Für eine Reaktion bei konstantem Volumen (Volumenarbeit $w = 0$) gilt nach dem ersten Hauptsatz ($\Delta U = q + w$)

$$\Delta U = q_V \tag{10}$$

und bei konstantem Druck

$$\Delta H = \Delta U + p\Delta V = q_p. \qquad (q_p \neq q_V) \tag{11}$$

Wird bei einer Reaktion Wärme aus der Umgebung aufgenommen (q_V bzw. q_p positiv), so ist auch ΔU bzw. ΔH positiv und die gesamte aufgenommene Wärme wird zur Erhöhung der inneren Energie bzw. Enthalpie des Reaktionsgemisches verbraucht. Solche Reaktionen heißen *endotherme* Reaktionen. Wird hingegen Wärme an die Umgebung abgegeben (q_V bzw. q_p und ΔU bzw. ΔH negativ), dann nennt man solche Reaktionen *exotherme* Reaktionen. Es trifft zwar im allgemeinen zu, daß Reaktionen mit großer Reaktionswärme rasch und quantitativ ablaufen, der Schluß aber, daß diese ein Maß für die treibende Kraft darstellt, ist nicht zulässig. Allein die Existenz freiwillig ablaufender endothermer Reaktionen beweist dies. Zusätzlich zur Reaktionswärme muß die Entropieänderung bei einer Reaktion berücksichtigt werden (Kapitel 20). In Abschnitt 19.2 wird gezeigt, wie man Reaktionswärmen und damit Reaktionsenergien und -enthalpien mißt bzw. indirekt ermittelt.

Sind sowohl die Reaktanten als auch die Produkte fest oder flüssig (ein- oder mehrphasig), dann ist die *Volumenänderung* ΔV und damit $p\Delta V$ vernachlässigbar klein. Besitzt z. B. 1 mol einer flüssigen oder festen Komponente ein Volumen von 100 cm^3 (vgl. Kapitel 14 und 15), dann ist die Volumenänderung durch eine chemische Reaktion sicher nicht größer als 10 cm^3. $\Delta(pV) = p\Delta V$ beträgt dann bei 1 atm etwa 10^{-5} m^3 atm oder 1 J. Je nach dem Vorzeichen der Volumenänderung ist die Reaktionsenthalpie um diesen Betrag größer oder kleiner als die Reaktionsenergie. Da diese aber größenordnungsmäßig bis zu 100 000 kJ pro Reaktionsumsatz beträgt, braucht $\Delta(pV)$ nicht berücksichtigt zu werden. Sind allerdings Gase beteiligt, nimmt $\Delta(pV)$ erheblich größere Werte an. Mit $pV = nRT$ als Näherung wird

$$\Delta(pV) = p\Delta V = RT\,\Delta n. \tag{12}$$

Δn bedeutet die *Molzahländerung* der an einer Reaktion beteiligten Gase. Handelt es sich im Grenzfall um eine Gasreaktion, dann gilt:

$$\Delta n = \sum_{k=1}^{n} b_k - \sum_{i=1}^{m} a_i \tag{13}$$

Die Reaktionsenthalpie ist somit je nach dem Vorzeichen von Δn um ΔnRT größer oder kleiner als die Reaktionsenergie. Zum Beispiel soll die Reaktionsenthalpie der Reaktion

$$2\,CO\,(g) + O_2\,(g) \rightarrow 2\,CO_2\,(g) \tag{14}$$

aus der gegebenen Reaktionsenergie von $-563,5$ kJ berechnet werden. Da die Reaktionsprodukte aus 2 mol Gas und die Reaktanten aus 3 mol Gas bestehen, beträgt $\Delta n = -1$ und somit die Reaktionsenthalpie:

$$\Delta H = -563500 - 8,314 \cdot 298 = -565,98 \text{ kJ}. \tag{15}$$

Ein paar Worte zum Begriff *Reaktionsgleichung*. Während in chemischen Reaktionsgleichungen wie Gl. (1) nur ganzzahlige stöchiometrische Koeffizienten stehen, treten in *thermochemischen* Reaktionsgleichungen auch Bruchzahlen auf. Und zwar dann, wenn sich die Reaktionswärme auf 1 mol einer betrachteten Komponente beziehen soll. Zum Beispiel würde man die Bildungsreaktion von H_2O aus H_2 und O_2 wie folgt anschreiben:

$$2\,H_2 + O_2 \rightarrow 2\,H_2O \qquad \Delta H = -571,68 \text{ kJ}. \tag{16}$$

Um aber die Bildungswärme auf 1 mol H_2O zu beziehen, muß Gl. (16) einschließlich des ΔH-Wertes durch 2 dividiert werden:

$$H_2 + \frac{1}{2}O_2 \rightarrow H_2O \qquad \Delta H = -285,84 \text{ kJ}. \tag{17}$$

Für die Verbrennung von Benzol gilt aus demselben Grund die folgende thermochemische Reaktionsgleichung:

$$C_6H_6 + \frac{15}{2}O_2 \rightarrow 6\,CO_2 + 3\,H_2O \qquad \Delta H = -3301 \text{ kJ}. \tag{18}$$

Da die Reaktionswärme von den *Phasen* der an einer Reaktion beteiligten Stoffe abhängt, muß dies entsprechend gekennzeichnet werden. Gewöhnlich indiziert man die Phasen durch die nachgestellten Buchstaben s, *l*, g (solid, liquid, gas). Besitzt ein Reaktionspartner mehrere feste Phasen, so muß außerdem gesagt werden, in welcher er vorliegt. Ist z. B. Kohlenstoff an einer Reaktion beteiligt, so muß zwischen den Phasen Graphit und Diamant unterschieden werden. Diese besitzen nämlich eine unterschiedliche innere Energie bzw. Enthalpie. Gl. (17) für die Wasserbildung lautet jetzt:

$$H_2\,(g) + \frac{1}{2}O_2\,(g) \rightarrow H_2O(l) \qquad \Delta H = -285,84 \text{ kJ}. \tag{19}$$

Gehen aus dem Text die äußeren Bedingungen *Druck* und *Temperatur* nicht hervor, so müssen diese zusätzlich angegeben werden, da die inneren Energien bzw. Enthalpien der Reaktionsteilnehmer und damit auch die Reaktionsenergie bzw. -enthalpie druck- und temperaturabhängig sind. Druck und Temperatur werden meist durch nachgestellte Indizes an U bzw. H gekennzeichnet. Der hochgestellte Index $^\circ$ bedeutet z. B. den Druck 1 atm (Standarddruck), der Temperaturindex wird tiefgestellt und in K angegeben. 1 atm und 298 K werden als *Standardzustand* bezeichnet. Die vollständige Reaktionsgleichung für die Wasserbildung unter Standardbedingungen lautet demnach:

$$H_2\,(g) + \frac{1}{2}O_2\,(g) \rightarrow H_2O\,(l) \qquad \Delta H^\circ_{298} = -285,84 \text{ kJ}. \tag{20}$$

19.2 Direkte und indirekte Bestimmung der Reaktionswärme

Nur wenige chemische Reaktionen verlaufen so, daß ihre Reaktionswärme exakt meßbar ist. Eine Reaktion muß nämlich *schnell*, *quantitativ* und *eindeutig* ablaufen, damit eine exakte Messung durchgeführt werden kann. Bedingungen, die selten erfüllt sind. Genauer: Eine Reaktion muß wenigstens so schnell vor sich gehen (Wärmeumsatz in so kurzer Zeit), daß das Meßsystem (*Kalorimeter*) keine Zeit zum Wärmeausgleich mit der Umgebung findet. Sie soll aber auch quantitativ verlaufen, damit sich komplizierte Korrekturen wegen der nicht umgesetzten Reaktanten erübrigen. Unter einer eindeutigen Reaktion versteht man eine Reaktion, die zu definierten Endprodukten führt und keinerlei Nebenprodukte liefert.

Eine Gruppe von Reaktionen, die diese Forderungen einigermaßen erfüllt, sind die *Verbrennungsreaktionen* organischer Substanzen. Diese bestehen hauptsächlich aus den Elementen C, H, O und produzieren bei ihrer Verbrennung CO_2 und H_2O. Enthalten sie noch andere Elemente, so sind die Verbrennungsprodukte schon nicht mehr so genau definiert. Fast alle tabellierten thermochemischen Daten stammen aus solchen Verbrennungsmessungen.

Verbrennungsreaktionen werden gewöhnlich in einem *Bombenkalorimeter* durchgeführt. Bild 19.1 zeigt schematisch ein derartiges Kalorimeter. Eine abgewogene Probe wird in die Bombe, die unter O_2-Druck von etwa 20 atm steht, eingebracht. Ein Heizdraht in Kontakt mit der Probe wird elektrisch zum Glühen gebracht und zündet so die Verbrennungsreaktion. Unter dem hohen O_2-Druck erfolgt eine rasche Verbrennung, verbunden mit einem schnellen Wärmeumsatz. Die Bombe befindet sich in einem Wasserbad, das gegen die Umgebung thermisch isoliert ist. Die Temperaturänderung des Wassers wird gemessen. Zuvor wird das Kalorimeter mit einer Substanz bekannter Verbrennungswärme geeicht. Ein Kalorimeter, das gegen die Umgebung gut wärmeisoliert ist, wird *adiabatisches* Kalorimeter genannt. Die Verbrennungswärmen organischer Stoffe besitzen Werte von der Größenordnung einiger tausend $kJ\,mol^{-1}$ und lassen sich mit einer Genauigkeit von etwa 0,01 % bestimmen (Tabelle 19.1).

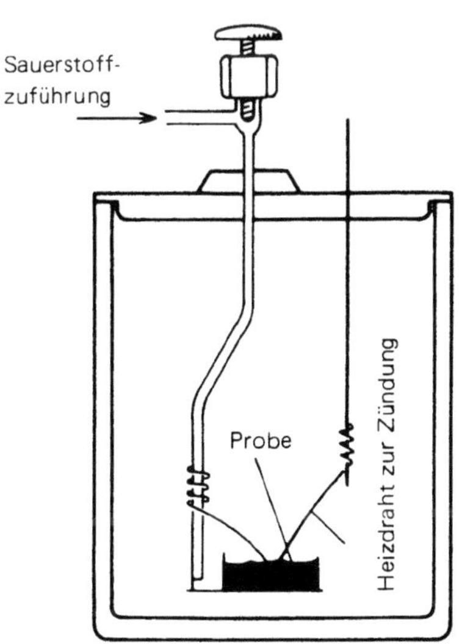

Bild 19.1 Bombenkalorimeter zur Bestimmung von Verbrennungswärmen

Tabelle 19.1: Verbrennungswärmen (ΔH) einiger organischer Substanzen bei 25 °C; Verbrennungsprodukte sind $CO_2\,(g)$ und $H_2O\,(l)$

Substanz	ΔH $kJ\,mol^{-1}$
$H_2\,(g)$	$-\ 285,8$
C (Graphit)	$-\ 393,5$
CO (g)	$-\ 283,0$
$CH_4\,(g)$	$-\ 890,4$
$C_2H_6\,(g)$	$-\ 1\,560,0$
$C_3H_8\,(g)$	$-\ 2\,220,0$
n-Butan (g)	$-\ 2\,878,5$
i-Butan (g)	$-\ 2\,871,6$
n-Heptan (g)	$-\ 4\,811,2$
Äthylen (g)	$-\ 1\,411,0$
Acetylen (g)	$-\ 1\,299,6$
Benzol (g)	$-\ 3\,301,5$
Äthanol (*l*)	$-\ 1\,367,0$
Essigsäure (*l*)	$-\ 872,4$

Eine zweite Gruppe von Reaktionen, die den Anforderungen einer kalorimetrischen Messung genügen, sind die *Hydrierungsreaktionen* ungesättigter organischer Verbindungen, die H_2 an ihre Doppel- und Dreifachbindungen anlagern können. Die dabei auftretenden Hydrierungswärmen sind im allgemeinen etwas kleiner als die Verbrennungswärmen. Auch Lösungs- und Komplexbildungsreaktionen in wäßrigen Lösungen eignen sich zur kalorimetrischen Messung und sind in offenen Kalorimetern bei Atmosphärendruck durchführbar. Bei den meisten anderen Reaktionen ist jedoch eine solche direkte Bestimmung nicht möglich. Ihre Wärmen werden auf Grund des Energieerhaltungssatzes (*erster Hauptsatz*) indirekt ermittelt.

Die indirekte Methode (*Hesscher Wärmesatz*) basiert auf folgendem Prinzip: Die Reaktionsenergie bzw. -enthalpie ist vom Reaktionsweg unabhängig. Das ist leicht einzusehen, wenn man ihre Definitionen (4) und (5) bedenkt. Beide Größen sind lineare Funktionen der Energien bzw. Enthalpien der Reaktionspartner, und da diese Zustandsfunktionen darstellen, müssen auch sie Zustandsfunktionen sein. Bemerkenswert ist aber, daß dieses Prinzip von *Hess* schon um 1840, also Jahre vor dem Energieerhaltungssatz ausgesprochen wurde. Die indirekte Methode soll an einem Beispiel erläutert werden. Gesucht sei die Umwandlungswärme von Graphit in Diamant:

$$C\,(Graphit) \to C\,(Diamant) \quad \Delta H = ? \tag{21}$$

Obwohl sich heute diese Reaktion technisch realisieren läßt, ist sie wegen der abnormen äußeren Bedingungen für eine direkte kalorimetrische Messung ungeeignet. Die Verbrennung von Graphit und Diamant läßt sich dagegen sehr einfach direkt messen und liefert:

$$C\,(Graphit) \;\; + O_2\,(g) \to CO_2\,(g) \quad \Delta H^\circ_{298} = -393{,}51\ kJ, \tag{22}$$

$$C\,(Diamant) \; + O_2\,(g) \to CO_2\,(g) \quad \Delta H^\circ_{298} = -395{,}40\ kJ. \tag{23}$$

Gliedern wir ΔH°_{298} in die molaren Enthalpien der Reaktanten und Produkte auf,

$$H^\circ_{298}\,(CO_2) - H^\circ_{298}\,(Graphit) \; - H^\circ_{298}\,(O_2) = -393{,}51\ kJ, \tag{24}$$

$$H^\circ_{298}\,(CO_2) - H^\circ_{298}\,(Diamant) - H^\circ_{298}\,(O_2) = -395{,}40\ kJ, \tag{25}$$

so liefert die Subtraktion Gl. (25) − Gl. (24) „indirekt" die gesuchte Umwandlungswärme:

$$H^\circ_{298}\,(Diamant) - H^\circ_{298}\,(Graphit) \equiv \Delta H^\circ_{298} = 1{,}89\ kJ. \tag{26}$$

Dieses Resultat hätte man auch durch die Subtraktion der thermochemischen Reaktionsgleichungen (22) und (23) bekommen. Ein Beweis dafür, daß solche Gleichungen wie algebraische Gleichungen behandelbar sind. Wir ersparen uns dadurch das Zerlegen in die Enthalpien der einzelnen Reaktionspartner, wie das vorhin geschah. Die Methode der indirekten Bestimmung läßt sich am übersichtlichsten in Form eines *Kreisprozesses* darstellen, für den $\oint dH = 0$ bzw. $\sum_i \Delta H_i = 0$ gilt (vgl. Born-Haberscher Kreisprozeß zur Bestimmung der Gitterenergie in Abschnitt 19.7):

$$\begin{array}{ccc}
& CO_2 & \\
\Delta H^\circ_{298} = 393{,}51\ kJ \nearrow & & \nwarrow \Delta H^\circ_{298} = -395{,}40\ kJ \\
& & \\
C\,(Graphit) + O_2 \longrightarrow & & C\,(Diamant) + O_2 \\
& \Delta H^\circ_{298} = 1{,}89\,kJ &
\end{array} \tag{27}$$

Zur Übung noch ein weiteres Beispiel. Reaktionswärmen bei Verbindungsbildungen aus den Elementen sind besonders interessant, können aber in den seltensten Fällen direkt gemessen werden. So auch bei der Methanbildungsreaktion bei 298 K:

$$C\,(\text{Graphit}) + 2\,H_2\,(g) \to CH_4\,(g). \tag{28}$$

Aus den Verbrennungswärmen von Methan, Wasserstoff und Kohlenstoff läßt sich wie in Gl. (27) ein Kreisprozeß zusammenstellen, der auf folgenden algebraischen Operationen beruht:

$$
\begin{array}{lll}
\text{(a)} & CH_4\,(g) + 2\,O_2\,(g) \to CO_2\,(g) + 2\,H_2O\,(l) & \Delta H^{\circ}_{298} = -890{,}35 \text{ kJ}, \\[2ex]
\text{(b)} & H_2\,(g) + \dfrac{1}{2}\,O_2\,(g) \to H_2O\,(l) & \Delta H^{\circ}_{298} = -285{,}84 \text{ kJ}, \\[2ex]
\text{(c)} & C\,(\text{Graphit}) + O_2\,(g) \to CO_2\,(g) & \Delta H^{\circ}_{298} = -393{,}51 \text{ kJ}, \\[1ex]
\hline
& -\,\text{(a)} + 2\,\text{(b)} + \text{(c)} \quad C\,(\text{Graphit}) + 2\,H_2\,(g) \to CH_4\,(g) & \Delta H^{\circ}_{298} = -\;74{,}84 \text{ kJ}.
\end{array}
\tag{29}
$$

19.3 Standardbildungsenthalpie

Wie schon öfter festgestellt, kennt die Thermodynamik keine absoluten Energie- und Enthalpiewerte, weil kalorisch immer nur Differenzen gemessen werden können. Da sie andererseits auch keine benötigt, darf man irgendeinen Stoffzustand als Bezugszustand (Energie- bzw. Enthalpienullpunkt) frei wählen. Nach internationaler Übereinkunft wird dafür der Zustand der Elemente genommen, in dem diese sich bei 1 atm und 25 °C (298 K) in stabiler Form befinden. Der Elemententhalpie wird unter diesen Bedingungen der Wert Null zugeordnet. So ist z. B. die Enthalpie des Wasserstoffs (H_2) bei 1 atm und 25 °C definitionsgemäß Null; bei höheren Temperaturen ist sie positiv, bei niedrigeren negativ. Die so definierten Enthalpien der Elemente bezeichnet man als *Standardenthalpien*. Ihre Wahl ist aber nur deshalb möglich, weil es keine chemischen Reaktionen gibt, die die Elemente ineinander überführen.

Wurden einmal Standardenthalpien festgelegt, so folgen aus ihnen unmittelbar die Bildungsenthalpien von Verbindungen als ihre Bildungswärme. Sie heißen *Standardbildungsenthalpien*. Die Verbrennungsreaktion von Graphit

$$C\,(\text{Graphit}) + O_2\,(g) \to CO_2\,(g) \qquad \Delta H^{\circ}_{f} \equiv \Delta H^{\circ}_{298} = -393{,}51 \text{ kJmol}^{-1} \tag{30}$$

soll dies verständlich machen. Da die Standardenthalpien von C und O_2 mit Null feststehen, ist die Reaktionsenthalpie zugleich die Bildungsenthalpie von CO_2. Es gilt also allgemein: Die Standardbildungsenthalpie eines chemischen Stoffes ist die Reaktionsenthalpie der Bildungsreaktion aus den Elementen. Sie bezieht sich aber im Gegensatz zur Reaktionsenthalpie pro Formelumsatz immer auf 1 mol Substanz bei 1 atm und 25 °C und wird mit dem Symbol ΔH°_{f} (f formation) bezeichnet.

Die Standardbildungsenthalpie von beliebigen Verbindungen finden wir durch geeignete Kombination von bekannten Reaktionen, z. B. von Verbrennungsreaktionen. Sind solche samt ihren Verbrennungswärmen bekannt, lassen sich aus ihnen die von anderen berechnen. Im Tabellenanhang sind die Standardbildungsenthalpien von einigen einfachen Verbindungen tabellarisch zusammengestellt. Mit ihrer Hilfe können wir die

Reaktionsenthalpien beliebiger Reaktionen bei Zimmertemperatur (25 °C) berechnen.
Denn analog zur Definition (5) gilt:

$$\Delta H^{\circ}_{298} = \sum_{k} b_k \, \Delta H_{f,k} - \sum_{i} a_i \, \Delta H_{f,i}. \tag{31}$$

Als numerisches Beispiel soll die Ermittlung der Reaktionsenthalpie für die Hydrierung
von Äthylen unter Standardbedingungen dienen. Die Reaktionsgleichung mit den zugehörigen Standardbildungsenthalpien lautet:

$$
\begin{aligned}
&H_2C = CH_2\,(g) + H_2\,(g) \rightarrow CH_3CH_3\,(g) \\
&\Delta H_f = 52{,}30 \qquad 0 \qquad -84{,}68 \ \mathrm{kJmol}^{-1}
\end{aligned}
\tag{32}
$$

Damit ergibt sich nach Gl. (31)

$$
\begin{aligned}
\Delta H^{\circ}_{298} &= \Delta H_f(CH_3CH_3) - \Delta H_f(H_2) - \Delta H_f(CH_2 = CH_2) \\
&= -\,84{,}68 - 0 - 52{,}3 \\
&= -137 \ \mathrm{kJ}.
\end{aligned}
\tag{33}
$$

Das bisher Gesagte gilt für Reaktionen mit gasförmigen, flüssigen und festen Reak-
tionspartnern. Bei *Ionenreaktionen*, die sich in der Hauptsache in wäßrigen Lösungen
abspielen, müssen wir einzelnen Ionen Standardbildungsenthalpien zuordnen, um genauso
wie bisher numerisch verfahren zu können. Bezugszustand ist hier die aus Kapitel 17 und
18 bekannte ideale oder unendlich verdünnte Lösung. Da es aber keine Möglichkeit gibt,
die Bildungsenthalpie einzelner Ionen kalorisch zu untermauern, sind wir gezwungen,
einer Ionenart eine ganz bestimmte Bildungsenthalpie zuzuordnen. Konventionellerweise
wird die Bildungsenthalpie von H^+-Ionen in ideal verdünnter Lösung Null gesetzt:

$$\Delta H_f[H^+(aq)] = 0. \tag{34}$$

Mit Hilfe dieser Festlegung und den ersten Lösungswärmen (Abschnitt 17.6) lassen sich
dann die Standardbildungsenthalpien der anderen Ionen ausrechnen. Zum Beispiel beträgt
die erste Lösungswärme von HCl unter Standardbedingungen $-75{,}14 \ \mathrm{kJmol}^{-1}$. Ihr liegt
die Reaktionsgleichung

$$HCl(g) \rightarrow H^+(aq) + Cl^-(aq) \qquad\qquad \Delta H^{\circ}_{298} \equiv \Delta h^{\circ}_{298} \tag{35}$$

zugrunde. Die Standardbildungsenthalpie der Cl^--Ionen beträgt dann mit

$$\Delta H^{\circ}_{298} = \Delta H_f[H^+(aq)] + \Delta H_f[Cl^-(aq)] - \Delta H_f[HCl(g)]: \tag{36}$$

$$
\begin{aligned}
\Delta H_f[Cl^-(aq)] &= \Delta H^{\circ}_{298} - \Delta H_f[H^+(aq)] + \Delta H_f[HCl(g)] \\
&= -\,75{,}14 - 0 - 92{,}30 \\
&= -167{,}44 \ \mathrm{kJ}.
\end{aligned}
\tag{37}
$$

Die Standardbildungsenthalpien des Tabellenanhanges sollen zur Berechnung der
Reaktionswärme benutzt werden, die bei der Fällung von $CaCO_3$ durch Einleiten von
CO_2 in eine verdünnte Ca^{++}-Lösung auftritt. Dieser Fällungsreaktion liegt folgende Reaktionsgleichung zugrunde:

$$Ca^{++}(aq) + CO_2\,(g) + H_2O\,(l) \rightarrow CaCO_3\,(s) + 2H^+\,(aq). \tag{38}$$

Unter Standardbedingungen folgt dafür nach Gl. (31)

$$
\begin{aligned}
\Delta H^{\circ}_{298} &= 2\,\Delta H_f[H^+] + \Delta H_f[CaCO_3] - \Delta H_f[Ca^{++}] - \Delta H_f[CO_2] - \Delta H_f[H_2O] \\
&= 2.0 + (-1206{,}87) - (-542{,}96) - (-393{,}51) - (-285{,}84) \\
&= 15{,}44 \ \mathrm{kJ}.
\end{aligned}
\tag{39}
$$

Die Fällungsreaktion ist also eine endotherme Reaktion und verbraucht Wärme, die der Lösung entzogen wird. Wenn der Wärmeaustausch mit der Umgebung nicht schnell genug erfolgt, kühlt sich die Lösung etwas ab.

19.4 Temperaturabhängigkeit der Reaktionsenthalpie

Die im letzten Abschnitt mit Hilfe tabellierter Standardbildungsenthalpien berechneten Reaktionsenthalpien beziehen sich allesamt auf die Standardtemperatur 25 °C bzw. 298 K. Um sie auch zur Berechnung von Reaktionsenthalpien bei beliebigen Temperaturen verwerten zu können, muß die Temperaturabhängigkeit der Reaktionsenthalpie bekannt sein. Ihre Bestimmung mit Hilfe von tabellierten spezifischen Wärmedaten ist das Ziel dieses Abschnittes.

Ausgangspunkt zur Herleitung der Temperaturabhängigkeit ist die Definition (5), die durch Ableitung nach der Temperatur T bei konstantem Druck den Ausdruck

$$\left(\frac{\partial \Delta H}{\partial T}\right)_p = \sum_k b_k \left(\frac{\partial H_k}{\partial T}\right)_p - \sum_i a_i \left(\frac{\partial H_i}{\partial T}\right)_p \tag{40}$$

liefert. Da die Änderung der Enthalpie mit der Temperatur bei konstantem Druck definitionsgemäß die spezifische Wärme C_p ist (Kapitel 11), läßt sich weiter schreiben:

$$\left(\frac{\partial \Delta H}{\partial T}\right)_p = \sum_k b_k C_{p,k} - \sum_i a_i C_{p,i} \equiv \Delta C_p. \tag{41}$$

Analog dazu ist die Temperaturabhängigkeit der Reaktionsenergie durch das partielle Differential (*Kirchhoffscher Satz*)

$$\left(\frac{\partial \Delta U}{\partial T}\right)_V = \Delta C_V \tag{42}$$

bestimmt. Die Integration des Differentials (41) liefert

$$\Delta H_T = \int_{T=0}^{T} \Delta C_p \, dT + \Delta H_0. \tag{43}$$

Doch da man die Integrationskonstante ΔH_0 nicht kennt, wohl aber die bei der Standardtemperatur 298 K, wird T = 298 K als untere Grenze genommen:

$$\Delta H_T = \int_{298}^{T} \Delta C_p \, dT + \Delta H_{298}. \tag{44}$$

Egal welche Integrationskonstante man immer kennt, zur Ausführung des Integrals müssen die Molwärmen der Reaktionspartner über den interessierenden Temperaturbereich bekannt sein.

Für nicht allzu große Temperaturbereiche läßt sich ΔC_p sicherlich konstant setzen, so daß dann durch Integrieren die Näherung entsteht:

$$\Delta H_T - \Delta H_{298} = \int_{298}^{T} \Delta C_p \, dT = \Delta C_p \, (T - 298). \tag{45}$$

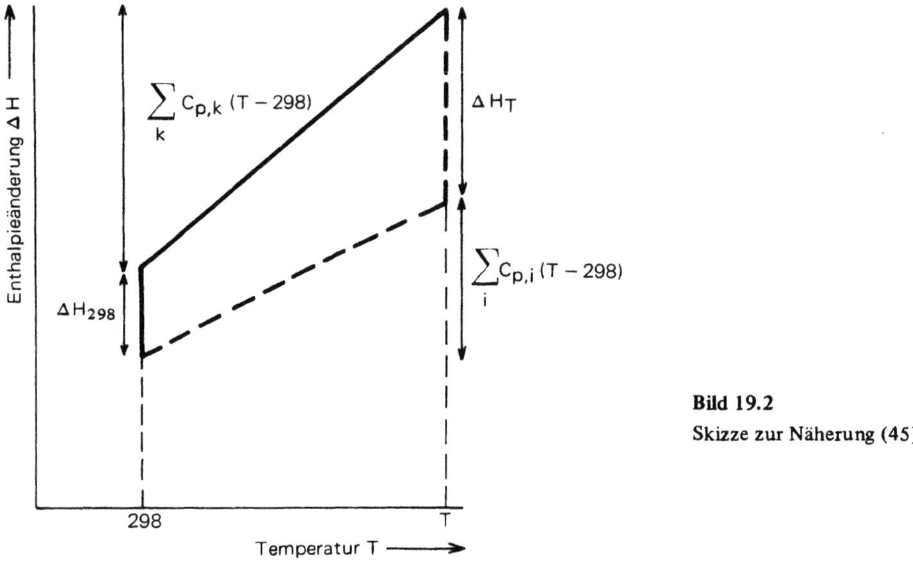

Bild 19.2
Skizze zur Näherung (45)

Bild 19.2 veranschaulicht graphisch diese Näherung. Eine Reaktion besitze bei der Standardtemperatur die Reaktionsenthalpie ΔH_{298} und bei der Temperatur T die Reaktionsenthalpie ΔH_T. Werden zuerst die Reaktanten von 298 auf T K erwärmt und wird dann die Reaktion durchgeführt, so bedingt dies eine Enthalpieänderung um $\sum_{i} C_{p,i}\,(T-298) + \Delta H_T$. Wird dagegen zuerst die Reaktion bei 298 K durchgeführt und dann erst die Temperatur der Produkte geändert, so hat dies eine Enthalpieänderung von $\Delta H_{298} + \sum_{k} C_{p,k}\,(T-298)$ zur Folge. Setzt man beide Enthalpieänderungen gleich (Anfangs- und Endzustand sind jeweils identisch), so resultiert Gl. (45). Dieses Ergebnis besagt einmal mehr, daß die Reaktionsenthalpie eine Zustandsfunktion und als solche vom Reaktionsweg unabhängig ist.

Müssen wir Reaktionsenthalpien oder Reaktionswärmen über einen größeren Temperaturbereich hinweg berechnen, kommen wir um die Kenntnis der Temperaturabhängigkeit der Molwärmen nicht herum. In Kapitel 11 wurde gesagt, daß diese meist in der Form

$$C_p^{\circ} = a + bT + cT^{-2} \tag{46}$$

tabelliert sind (Tabelle 11.1). a, b und c sind spezifische Konstanten beim Standarddruck 1 atm. Weisen die Molwärmen aller beteiligten Stoffe eine solche Temperaturabhängigkeit auf, so besitzt auch ΔC_p° dasselbe funktionelle Aussehen:

$$\Delta C_p^{\circ} = \Delta a + \Delta bT + \Delta cT^{-2} \tag{47}$$

Das Integral (44) liefert dann nach Ausführung mit Gl. (47) folgenden Ausdruck für die Temperaturabhängigkeit der Reaktionsenthalpie:

$$\Delta H_T^{\circ} = \Delta H_{298}^{\circ} + \Delta a\,(T-298) + \frac{1}{2}\,\Delta b\,(T^2 - 298^2) - \Delta c\left(\frac{1}{T} - \frac{1}{298}\right). \tag{48}$$

Er ist natürlich an den Gültigkeitsbereich der Approximation (46) gebunden.

Zur Demonstration soll die Temperaturabhängigkeit der Reaktionsenthalpie für die Hydrierung von Graphit ($C + 2 H_2 \rightarrow CH_4$) mit Hilfe von Tabelle 11.1 und der tabellierten Standardbildungsenthalpie von Methan (Tabellenanhang) ermittelt werden. Aus den dort tabellierten Koeffizienten von C_p^o folgt

$$\Delta a = -47,78,$$
$$\Delta b = 36,56 \cdot 10^{-3}, \qquad (49)$$
$$\Delta c = 5,61 \cdot 10^5,$$

und ergibt zusammen mit $\Delta H_f^o (CH_4) = -74,85 \text{ kJmol}^{-1}$:

$$\Delta H_T^o = -60350 - 47,78\,T + 18,28 \cdot 10^{-3}\,T^2 - 5,61 \cdot 10^5 \frac{1}{T}. \qquad (50)$$

Gelten die Koeffizienten der verwendeten Molwärmen bis in die Nähe von $T = 0$, dann nimmt die Konstante $-60\,350\,J$ den Charakter eines echten ΔH_0^o-Wertes an. Anders formuliert: Bei Kenntnis irgendeines Reaktionsenthalpiewertes (z. B. bei der Standardtemperatur) und der vollständigen Temperaturabhängigkeit der Molwärmen läßt sich die Integrationskonstante ΔH_0^o von Gl. (43) ausrechnen; sie ist identisch mit ΔU_0^o.

19.5 Statistische Berechnung der Reaktionsenthalpie

Statistisch gesehen setzt sich die Enthalpie von 1 mol chemischem Stoff aus dem temperaturunabhängigen Anteil H_0 bzw. E_0 und dem temperaturabhängigen Anteil $H - H_0$ bzw. $H - E_0$ zusammen (vgl. Tabelle 11.2). Auf ähnliche Weise läßt sich die Reaktionsenthalpie aus ΔH_0 und $\Delta(H - H_0)$ bzw. aus ΔE_0 und $\Delta(H - E_0)$ zusammensetzen. Der erste Anteil betrifft den Grundzustand der Reaktionspartner und gibt die Reaktionsenthalpie bzw. -energie am absoluten Nullpunkt an. Er ist zugleich ein Maß für die Bindungsstärke und wird im nächsten Abschnitt diskutiert werden. Der zweite Anteil spiegelt die thermische Anregung der an der Reaktion beteiligten Moleküle wieder und läßt sich mit statistischen Mitteln berechnen.

Sind die reagierenden und die entstehenden Moleküle nicht zu kompliziert gebaut, so kann für sie $H - E_0$ als Funktion von T (wie in Abschnitt 11.3 und 11.4 erklärt) und daraus $\Delta(H - E_0)$ ermittelt werden. Zum Beispiel soll dies für die Reaktion

$$N_2\,(g) + 2\,O_2\,(g) \rightarrow 2\,NO_2\,(g) \qquad (51)$$

bei 298 und 1500 K geschehen. Wie man dabei vorgeht, zeigt Tabelle 19.2, in der die einzelnen Beiträge der Translation, der Rotation und der Schwingung aufgelistet wurden. Vorausgesetzt wurde, daß sich die beteiligten Gase ideal verhalten. Es ist deshalb auch gleichgültig, ob die Enthalpien auf den Standarddruck 1 atm bezogen werden oder nicht. Mit den Tabellendaten folgt

$$\Delta(H_{298} - E_0) = 2\,(H_{298} - E_0)_{NO_2} - 2\,(H_{298} - E_0)_{O_2} - (H_{298} - E_0)_{N_2} = -5,65 \text{ kJ}$$

und

$$\qquad (52)$$

$$\Delta(H_{1500} - E_0) = -5,26 \text{ kJ}. \qquad (53)$$

Die Beziehung

$$\Delta(H - E_0) = \Delta H - \Delta E_0 \qquad (54)$$

Tabelle 19.2: Berechnung von $H-E_0$ (in J) für N_2, O_2 und NO_2 bei 298 K und 1500 K aus molekularen Daten

298 K	N_2		O_2		NO_2	
Translation	$\frac{3}{2}RT =$	3718	$\frac{3}{2}RT =$	3718	$\frac{3}{2}RT =$	3718
Rotation	$RT =$	2479	$RT =$	2479	$\frac{3}{2}RT =$	3718
Schwingung	$(h\nu_0 = 4{,}69 \cdot 10^{-20}$ J)	0	$(h\nu_0 = 3{,}14 \cdot 10^{-20}$ J)	9	$(h\nu_0 = 1{,}49 \cdot 10^{-20}$ J)	250
					$(h\nu_0 = 2{,}63 \cdot 10^{-20}$ J)	24
					$(h\nu_0 = 3{,}21 \cdot 10^{-20}$ J)	8
pV	$RT =$	2479	$RT =$	2479	$RT =$	2479
$(H - H_0)_{298}$		8676		8685		10197
1500 K	N_2		O_2		NO_2	
Translation	$\frac{3}{2}RT =$	18708	$\frac{3}{2}RT =$	18708	$\frac{3}{2}RT =$	18708
Rotation	$RT =$	12472	$RT =$	12472	$\frac{3}{2}RT =$	18708
Schwingung	$(h\nu_0 = 4{,}69 \cdot 10^{-20}$ J)	3280	$(h\nu_0 = 3{,}14 \cdot 10^{-20}$ J)	5320	$(h\nu_0 = 1{,}49 \cdot 10^{-20}$ J)	8480
					$(h\nu_0 = 2{,}63 \cdot 10^{-20}$ J)	6180
					$(h\nu_0 = 3{,}21 \cdot 10^{-20}$ J)	5262
pV	$RT =$	12472	$RT =$	12472	$RT =$	12472
$(H - H_0)_{1500}$		46932		48972		69810

kann bei Kenntnis einer (gemessenen) Reaktionswärme dazu dienen, um ΔE_0-Werte auszurechnen. Dies soll für die Reaktion (51) gezeigt werden. Aus den tabellierten Standardbildungsenthalpien (Tabellenanhang) ergibt sich für die Reaktionsenthalpie bei der Standardtemperatur 298 K:

$$\begin{aligned} \Delta H_{298} &= 2\,\Delta H_f(NO_2) - 2\,\Delta H_f(O_2) - \Delta H_f(N_2) \\ &= 2 \cdot 33{,}85 - 2 \cdot 0 - 0 \\ &= 67{,}7 \text{ kJ}. \end{aligned} \quad (55)$$

Mit diesem Wert resultiert dann aus Gl. (54):

$$\begin{aligned} \Delta E_0 &= \Delta H_{298} - \Delta(H_{298} - E_0) \\ &= 67{,}7 - (-5{,}65) \\ &= 73{,}35 \text{ kJ}. \end{aligned} \quad (56)$$

Statistische Berechnungen dieser Art finden besonders bei solchen Reaktionen Anwendung, deren Reaktionswärmen wegen extrem hoher Temperatur oder wegen anderer Hindernisse kalorisch nicht gemessen werden können. Erforderlich sind andererseits Energieschemata aus quantenmechanischen Berechnungen oder aus spektroskopischen Analysen.

19.6 Thermochemische Bindungsenergien

Wie vorhin angedeutet, läßt sich die Größe ΔE_0 mit dem atomistischen Begriff *chemische Bindung* korrelieren. Die *Bindungs-* oder *Dissoziationsenergie* D ist die Differenz der Energie eines Moleküls und seiner „isolierten" Atome im Grundzustand (vgl.

Kapitel 5). Danach ist ΔE_0 identisch mit der Bindungsenergie von N_A Molekülen. Da sich der temperaturabhängige Anteil der Bindungsenergie nicht sehr von der Bildungsenthalpie der Moleküle unterscheidet und beide klein im Vergleich zu ΔE_0 sind, dürfen wir in erster Näherung die Standardbildungsenthalpien zu einer thermochemischen Abschätzung von Bindungsenergien heranziehen.

Bei zweiatomigen Molekülen ist die gegebene Definition eindeutig; die Bindungsenergie meist auch meßbar, weil sie der Bildungsenthalpie entspricht. Anders bei mehratomigen Molekülen, wo die Abschätzung einer gewissen Willkür unterliegt. Man betrachte z. B. die C-H-Bindung im Methanmolekül. Seine Standardbildungsenthalpie beträgt:

$$C\,(\text{Graphit}) + 2\,H_2\,(g) \rightarrow CH_4\,(g) \qquad \Delta H_f^\circ = -74{,}84 \text{ kJmol}^{-1} \tag{57}$$

Mit der Sublimationswärme von Kohlenstoff

$$C\,(\text{Graphit}) \rightarrow C\,(g) \qquad \Delta H = 718{,}4 \text{ kJmol}^{-1} \tag{58}$$

und der Dissoziationswärme von Wasserstoff

$$H_2\,(g) \rightarrow 2\,H\,(g) \qquad \Delta H = 435{,}9 \text{ kJmol}^{-1} \tag{59}$$

resultiert aus der Kombination der Gln. (57) bis (59):

$$C\,(g) + 4\,H\,(g) \rightarrow CH_4\,(g) \qquad \Delta H = -1665 \text{ kJ} \tag{60}$$

Diese Reaktion führt zu 4 C-H-Bindungen und da alle gleichwertig sind, entfällt auf eine die Energie $D = 416 \text{ kJmol}^{-1}$. Wenn früher gesagt wurde, daß die Bindungsenergien mehratomiger Moleküle nicht eindeutig festlegbar sind, so beruht dies u. a. auch darauf, daß die Sublimationswärme des Kohlenstoffs nicht direkt gemessen werden kann. Ihr Wert aus indirekten Bestimmungen ist mit einer gewissen Unsicherheit behaftet. Auf analoge Weise lassen sich die Bindungsenergien für die O-H-, H-N- und H-S-Bindungen in den Molekülen H_2O, NH_3 und H_2S aus den Bildungsreaktionen ableiten.

Noch unsicherer wird die thermochemische Methode bei Molekülen mit nicht gleichwertigen Bindungen. So berechnet man z. B. mit den Daten des Tabellenanhangs für CH_3OH:

$$C\,(g) + 4\,H\,(g) + O\,(g) \rightarrow CH_3OH \qquad \Delta H = -2039 \text{ kJ.} \tag{61}$$

Eine Aufteilung der Bildungsenthalpie läßt sich hier nur noch mit Zusatzannahmen treffen. So muß z. B. angenommen werden, daß die C-H- und die O-H-Bindung im CH_3OH-Molekül gleich stark wie im CH_4- und H_2O-Molekül sind,

$$3\,D\,(\text{C-H})_{CH_4} + D\,(\text{O-H})_{H_2O} + D\,(\text{C-O})_{CH_3OH} = 2039 \text{ kJ,} \tag{62}$$

woraus dann folgt:

$$D\,(\text{C-O})_{CH_3OH} = 2039 - 3 \cdot 416 - 463 = 328 \text{ kJ.} \tag{63}$$

Trotz aller Unsicherheiten bei der Aufteilung lassen sich durch Mittelwertbildungen aus einer Vielzahl von Verbindungen halbwegs konsistente Bindungsenergien angeben (Tabelle 19.3). Um eine Vorstellung von ihrer Güte zu erhalten, vergleiche man beispielsweise die Moleküle n-Pentan und 2,2-Dimethylpropan. Obwohl sich die gesamte Bindungsenergie bei beiden Molekülen aus je vier C-C- und zwölf C-H-Bindungen zusammensetzt, weisen ihre Standardbildungsenthalpien einen Unterschied von 20 kJmol^{-1} auf. Aus den Tabellendaten resultiert hingegen kein Unterschied. Ungewöhnliche Bindungseffekte sind die Ursache für solche Diskrepanzen.

Tabelle 19.3: Thermochemische Bindungsenergien in kJmol^{-1} (*L. Pauling:* Die Natur der chemischen Bindung; Verlag Chemie, Weinheim, 3. Auflage 1967)

Einfachbindungen

H – H	436	C – H	416	N – H	391	O – H	463	F – F	158	Cl – F	251
H – F	563	C – C	344	N – N	159	O – O	143	Cl – Cl	245	Br – Cl	218
H – Cl	432	C – Cl	328	N – Cl	200	O – F	212	Br – Br	193	J – Cl	210
H – Br	366	C – Br	276	N – F	270	S – S	266	J – J	151	J – Br	178
H – J	299	C – O	350	N – O	175	S – H	368				
		C – N	292								

Mehrfachbindungen

C = C	615	N = N	418	O_2	495
C $\equiv$ C	812	N $\equiv$ N	946		
C = O	724				

19.7 Gitter- und Hydratationsenthalpie

Zwei wichtige thermochemische Anwendungen stellen in der Physikalischen Chemie die Bestimmung der Gitterenergie und der Hydratationsenergie bzw. -enthalpie dar. Beide Größen sind direkt kalorisch nicht meßbar, weil ihre Definitionen von gasförmigen Ionen ausgehen. Es muß indirekt (Abschnitt 19.2) unter Zuhilfenahme von Kreisprozessen (Energieerhaltungssatz oder Hesscher Wärmesatz) vorgegangen werden. Dazu werden aber neben einer Reihe von kalorischen auch atomistische Meßgrößen wie die Ionisierungsenergie und die Elektronenaffinität (Abschnitt 3.8) benötigt. Doch zunächst zu den Definitionen.

Laut Abschnitt 14.1 ist die *Gitterenergie* diejenige Reaktionswärme, die beim Zusammenbau von je N_A isolierten, gasförmigen Kationen (A^+) und Anionen (B^-) zu einem Ionenkristall (AB) bei T = 0 frei wird:

$$A^+(g) + B^-(g) \to AB(s) \qquad \Delta H_0^\circ = \Delta U_0^\circ = \text{Gitterenergie.} \qquad (64)$$

Sie ist also die Reaktionsenergie ΔU_0° bzw. die Reaktionsenthalpie ΔH_0° und besitzt immer negative Werte. Die obige Definition wurde deshalb gewählt, damit theoretische Gitterenergiedaten mit thermochemischen verglichen werden können. Die *Hydratationsenergie* bzw. *-enthalpie* wird dagegen bei der Standardtemperatur definiert. Sie ist die Reaktionswärme, die bei der Überführung isolierter, gasförmiger Ionen in Wasser als Lösungsmittel frei wird (Abschnitt 18.2):

$$A^+(g) + B^-(g) \to A^+(aq) + B^-(aq) \qquad \Delta H_{298}^\circ = \Delta H_{\text{Hydrat}}. \qquad (65)$$

Die indirekte Bestimmung der Gitterenergie ist unter dem Namen *Born-Haberscher Kreisprozeß* bekannt geworden. Er besteht aus vier Schritten mit den Enthalpieänderungen ΔH_1 bis ΔH_4 und wird z. B. für NaCl wie folgt formuliert:

$$
\begin{array}{ccc}
Na^+(g) + Cl^-(g) & \xrightarrow[\Delta H_4 = \text{Gitterenthalpie}]{\text{4. Schritt}} & NaCl(s) \\[2mm]
\text{3. Schritt} \Big\uparrow \Delta H_3 & & \Delta H_1 \Big\downarrow \text{1. Schritt} \\[2mm]
Na(g) + Cl(g) & \xleftarrow[\text{2. Schritt}]{\Delta H_2} & Na(s) + \tfrac{1}{2} Cl_2(g)
\end{array}
\qquad (66)
$$

Wegen der Definition (64) ist ΔH_4 die gesuchte Gitterenthalpie bei der Temperatur des Kreisprozesses. Da für diesen

$$\sum_{i=1}^{4} \Delta H_i = 0 \tag{67}$$

gilt, läßt sich ΔH_4 bei Kenntnis der drei anderen Größen ausrechnen:

$$\Delta H_4 = -(\Delta H_1 + \Delta H_2 + \Delta H_3). \tag{68}$$

Durch Umrechnung auf die entsprechende Reaktionsenergie und eine eventuelle Berücksichtigung ihrer Temperaturabhängigkeit ergibt sich dann ΔU_0°.

Die vier Prozeßschritte für NaCl bei 298 K lauten im einzelnen:

1. Schritt: Bildungsreaktion von NaCl in umgekehrter Richtung

$$NaCl(s) \to Na(s) + \frac{1}{2} Cl_2(g) \qquad \Delta H_1 = -\Delta H_f^\circ = 411 \ kJmol^{-1} \tag{69}$$

2. Schritt: Sublimation von Na(s) und Dissoziation von Cl_2(g)

$$Na(s) \to Na(g) \qquad \Delta H_{Subl} = 108 \ kJmol^{-1}$$

$$\frac{1}{2} Cl_2(g) \to Cl(g) \qquad \Delta H_{Diss} = \frac{1}{2}(D + RT) = 122 \ kJmol^{-1}$$

$$\overline{Na(s) + \frac{1}{2} Cl_2(g) \to Na(g) + Cl(g)} \qquad \Delta H_2 = \Delta H_{Subl} + \Delta H_{Diss} = 230 \ kJmol^{-1} \tag{70}$$

3. Schritt: Ionisierung von Na(g) und Cl(g)

$$Na(g) \to Na^+(g) + e^- \qquad \Delta H_{Ion} = +I = 496 \ kJmol^{-1}$$

$$Cl(g) + e^- \to Cl^-(g) \qquad \Delta H_{Elekt} = -A = -350 \ kJmol^{-1}$$

$$\overline{Cl(g) + Na(g) \to Na^+(g) + Cl^-(g)} \qquad \Delta H_3 = \Delta H_{Ion} + \Delta H_{Elek} = 146 \ kJmol^{-1} \tag{71}$$

4. Schritt: Reaktion von Na^+(g) und Cl^-(g) zu NaCl(s)

$$Na^+(g) + Cl^-(g) \to NaCl(s) \qquad \Delta H_4 = ? \tag{72}$$

Einsetzen der Enthalpieänderungen (69) bis (71) in Gl. (68) liefert:

$$\Delta H_4 = -(411 + 230 + 146) = -787 \ kJmol^{-1}. \tag{73}$$

Da sich die Gitterenergie und die -enthalpie bei 298 K um $\Delta(pV) = 2RT \cong 5 \ kJmol^{-1}$ unterscheiden, kommen wir zum Ergebnis $\Delta U_{298} = -782 \ kJmol^{-1}$. Um die Energie auf den absoluten Nullpunkt zu beziehen, hätte man von ihr noch den temperaturabhängigen Anteil abzuziehen. Dieser ist jedoch so klein, daß wir ihn vernachlässigen können ($\Delta U_{298} \cong \Delta U_0$). In Tabelle 19.4 sind die auf diese Weise berechneten Gitterenthalpien samt den notwendigen kalorischen und atomistischen Größen für die anderen Alkalihalogenide mit NaCl-Struktur zusammengestellt. Sie liegen allesamt zwischen 600 und 1000 $kJmol^{-1}$ und wurden bereits in Abschnitt 14.1 zum Vergleich mit theoretischen Daten herangezogen.

Setzen wir die Kenntnis von Gitterenthalpiedaten voraus, so ersparen wir uns zur Ermittlung der *Hydratationsenthalpien* das Formulieren von Kreisprozessen. Denn zur

Tabelle 19.4: Gitterenthalpie von Alkalihalogeniden mit NaCl-Struktur und die zu ihrer Berechnung benutzten Daten der Standardbildungsenthalpie ΔH_f°, der Sublimationsenthalpie ΔH_{Subl}, der Ionisierungsenergie I, der Elektronenaffinität A und der Dissoziationsenthalpie $1/2\,(D + RT)$ in $kJmol^{-1}$

	ΔH_f°	ΔH_{Subl}	I	A	$1/2\,(D + RT)$	ΔH_{298}°
LiF	-612	161	520	322	80	-1051
NaF	-569	108	496	322	80	-931
KF	-563	89	419	322	80	-829
LiCl	-409	161	520	349	122	-863
NaCl	-411	108	496	349	122	-787
KCl	-436	89	419	349	122	-717
NaBr	-376	108	496	325	97	-752
KBr	-408	89	419	325	97	-688
NaJ	-319	108	496	295	77	-705
KJ	-359	89	419	295	77	-649

Bestimmung von ΔH_{Hydrat}° nach der Definition (65) brauchen wir nur die Gitterbildung und die Lösungsreaktion (Abschnitt 17.6) zu addieren:

$$Na^+(g) + Cl^-(g) \rightarrow NaCl(s) \qquad \text{Gitterenthalpie} \quad \Delta H_{298}^\circ \quad = -787\ kJ$$

$$NaCl(s) \rightarrow Na^+(aq) + Cl^-(aq) \qquad \text{erste Lösungswärme} \quad \Delta h_{298}^\circ \quad = \quad 4\ kJ$$

$$Na^+(g) + Cl^-(g) \rightarrow Na^+(aq) + Cl^-(aq) \qquad \text{Hydratationswärme} \quad \Delta H_{Hydrat}^\circ = -783\ kJ \tag{74}$$

Gl. (73) läßt sich wie folgt interpretieren: Da die ersten Lösungswärmen (Tabelle 17.6) nur kleine positive oder negative Werte besitzen, sind die Hydratationsenthalpien fast ebenso groß wie die Gitterenergien. Oder umgekehrt, das Auflösen von Ionenkristallen in Wasser ist wegen der großen Hydratationsenthalpien nur mit kleinen positiven oder negativen Wärmetönungen verbunden. Dasselbe gilt auch für die Hydratation gasförmiger Elektrolyte wie HCl. Anstelle der Gitterenthalpie muß dann die Bildungsenthalpie aus den gasförmigen Ionen verwendet werden:

$$H(g) + Cl(g) \rightarrow HCl(g) \qquad \Delta H_{298}^\circ = \quad -432\ kJ$$

$$H^+(g) + e^- \rightarrow H(g) \qquad \Delta H_{298}^\circ = -1310\ kJ$$

$$Cl^-(g) \rightarrow Cl(g) + e^- \qquad \Delta H_{298}^\circ = \quad 347\ kJ$$

$$H^+(g) + Cl^-(g) \rightarrow HCl(g) \qquad \Delta H_{298} = -1395\ kJ \tag{75}$$

Kombiniert man diese Bildungsreaktion mit der Lösungsreaktion

$$HCl(g) \rightarrow H^+(aq) + Cl^-(aq) \qquad \Delta h_{298}^\circ = -75\ kJ, \tag{76}$$

so folgt als Ergebnis:

$$H^+(g) + Cl^-(g) \rightarrow H^+(aq) + Cl^-(aq) \qquad \Delta H_{Hydrat}^\circ = -1470\ kJ. \tag{77}$$

Auf ähnliche Art berechnete Hydratationsenthalpien wurden in der Tabelle 19.5 zusammengestellt.

Betrachten wir die Tabelle 19.5 genauer, so stellen wir fest, daß die Differenzen der Zahlen in benachbarten Kolonnen fast gleich groß (konstant) sind. Das bedeutet, daß sich einzelnen Ionen Hydratationsenthalpien zuordnen lassen sollten, aus denen sich dann

Tabelle 19.5: Hydratationsenthalpien fester und gasförmiger Elektrolyte in kJmol^{-1}

	F^-	Cl^-	Br^-	J^-
H^+	-1594	-1470	-1439	-1397
Li^+	-1036	-897		
Na^+	-918	-783	-747	-705
K^+	-833	-699	-663	-622

Tabelle 19.6: Hydratationsenthalpien einzelner Ionen in kJmol^{-1}

H^+	-1090	Ca^{++}	-1580	F^-	-510
Li^+	-530	Zn^{++}	-2040	Cl^-	-380
Na^+	-410	Al^{3+}	-4680	Br^-	-350
K^+	-330	La^{3+}	-3300	J^-	-300

additiv die der Ionenpaare ergeben. Wir stehen dabei allerdings vor einem Problem, vor dem die Thermodynamik immer steht, wenn sie Daten für Ionenpaare in Daten für einzelne Ionen aufspalten will (siehe z. B. mittlere Aktivitäten und Aktivitätskoeffizienten in Abschnitt 18.3). Obwohl eine solche Aufspaltung für ideale Elektrolytlösungen plausibel erscheint, ist sie dazu allein (grundsätzlich) nicht fähig. Nehmen wir aber atomistische Vorstellungen zu Hilfe, z. B. die Absolutberechnung einer Ionensorte (vgl. Abschnitt 18.2), dann lassen sich die Daten der Tabelle 19.5 in konsistenter Weise auftrennen. Die Tabelle 19.6 basiert so auf dem Bezugswert

$$H^+(g) \rightarrow H^+(aq) \qquad\qquad \Delta H_{Hydrat} = -1090 \, kJmol^{-1} \qquad\qquad (78)$$

und kann atomistisch interpretiert werden. Nehmen wir dazu an, daß jeweils sechs Wassermoleküle die Nachbarschaft eines Ions bilden, dann liefert die Division durch 6 die Energie einer Ion-Wasserbindung: Diese ist umso größer, je stärker das Ion geladen ist.

Rechenbeispiele

1. 0,7663 g Äthanol werden in einem Bombenkalorimeter (Wärmekapazität 5643 JK^{-1} einschließlich Probe) zu $H_2O\,(l)$ und $CO_2\,(g)$ verbrannt; es wird ein Temperaturanstieg von 20,62 auf 24,64 °C beobachtet. Wie groß ist die Verbrennungswärme von 1 g bzw. 1 mol Äthanol? Wie groß sind Δn und ΔH?

2. Welchen Temperaturanstieg erwarten Sie für die Verbrennung von 0,2347 g Glukose ($C_6H_{12}O_6$) in einem Bombenkalorimeter, das zuvor elektrisch geeicht wurde und für 2512 J einen Temperaturanstieg von 0,512° lieferte. Die Verbrennungsenthalpie von Glukose beträgt 2815,8 kJmol^{-1} (bei 25 °C).

3. Wie groß sind die Verbrennungsenergien (ΔU) der in der Tabelle 6.1 aufgelisteten Stoffe?

4. Die molaren Verbrennungsenthalpien von C, S und CS_2 betragen bei 25 °C 393,5, 296,1 und 1073,5 kJmol^{-1} (Verbrennungsprodukte sind $CO_2\,(g)$ und $SO_2\,(g)$). Wie groß ist die Bildungsenthalpie von $CS_2\,(l)$ bei 25 °C?

5. Berechnen Sie die Reaktionsenthalpie (25 °C) für die Reaktion

$$2\,CH_4\,(g) \rightarrow CH_3CH_3\,(g) + H_2\,(g)$$

   aus den Verbrennungsdaten der beteiligten Produkte (Tabelle 6.1).

6. Die Verbrennungsenthalpien von flüssigem Äthanol, gasförmigem Wasserstoff und festem Graphit betragen 1367, 285,8 und 393,5 kJmol^{-1}. Berechnen Sie die Bildungsenthalpie des flüssigen Äthanols.

7. Wie verhalten sich die Verbrennungswärmen von C ($\rightarrow$ CO$_2$ (g)) und Si ($\rightarrow$ SiO$_2$ (s)) bei 25 °C, wenn sie auf 1 mol bzw. 1 kg bezogen werden?

8. Der menschliche Körper besitzt ungefähr $5 \cdot 10^{12}$ Zellen, die durchschnittlich mit 0,3 l O$_2$ pro Minute bei 1 atm versorgt werden. Wieviel g Glukose werden damit pro Tag verbrannt bzw. müssen dazu in Form von Nahrung zu sich genommen werden?

9. Um 1 km laufen zu können, verbraucht ein Mensch schätzungsweise 2,5 kJ pro kg Körpergewicht. Ein 1000 kg schweres Auto benötigt dafür etwa 0,1 l Benzin. Wer nützt die Verbrennung besser aus, der Mensch oder das Auto?

10. Berechnen Sie mit den Daten folgender Reaktionen die Standardbildungsenthalpie von HBr (g):

1/2 H$_2$ (g) + 1/2 Cl$_2$ (g) $\rightarrow$ HCl (g)	ΔH = $-$ 92,0 kJ
HCl (g) $\rightarrow$ HCl (aq)	$-$ 72,4
KBr (aq) + 1/2 Cl (g) $\rightarrow$ KCl (aq) + 1/2 Br$_2$ (aq)	$-$ 48,1
KOH (aq) + HCl (aq) $\rightarrow$ KCl (aq)	$-$ 57,3
1/2 Br$_2$ (g) $\rightarrow$ 1/2 Br$_2$ (aq)	$-$ 2,1
HBr (g) $\rightarrow$ HBr (aq)	$-$ 83,3

11. Periklas (MgO) besitzt NaCl-Struktur (Gitterkonstante 4,213 Å). Berechnen Sie (theoretisch) die Gitterenergie und verwenden Sie ihren Wert unter Zuhilfenahme eines Born-Haberschen Kreisprozesses zur Ermittlung der Elektronenaffinität des O-Atoms für 2 Elektronen. Gegeben sind außerdem die Standardbildungsenthalpie von MgO (s) mit $-$ 601,2 kJmol^{-1}, die Sublimationsenergie von Mg mit 147,6 kJmol^{-1}, die O$_2$-Dissoziationsenergie mit 498,4 kJmol^{-1}, die O-Elektronenaffinität für 1 Elektron mit 1,465 eV und die Summe der ersten beiden Mg-Ionisierungsenergien mit 22,67 eV.

12. Die Lösungswärmen von CuSO$_4$-Anhydrit und von -Pentahydrat betragen 66,5 bzw. $-$ 11,7 kJmol^{-1} (25°C). Sind diese Angaben konsistent mit den tabellierten Standardbildungsenthalpien beider Substanzen (Tabellenanhang)?

13. Die J$_2$ (g)-Dissoziationsenergie wurde spektroskopisch zu 1,542 eV ermittelt; die J$_2$ (s)-Sublimationsenthalpie beträgt 65,52 kJmol^{-1} (25 °C). Wie groß ist die Standardbildungsenthalpie von J (g)?

14. Von *G. B. Kistiakowsky et alii* (J. Am. Chem. Soc. 57 (1935) 65) werden $-$ 137,32 kJmol^{-1} als Hydrierungswärme von Äthylen angegeben (355 K). Welchen Wert berechnen Sie mit Hilfe der im Anhang angegebenen Tabellendaten?

15. Eine verdünnte CuSO$_4$-Lösung wird mit einer verdünnten NH$_4$OH-Lösung versetzt. Tritt bei der Cu (NH$_3$)$_4^{2+}$-Komplexbildung eine Erwärmung oder eine Abkühlung auf?

16. Die Standardbildungsenthalpie von CO kann durch direkte Messung der Verbrennungswärme von C nicht bestimmt werden. Wie indirekt?

17. 0,5 mol Acetylen werden pro Minute katalytisch zu Benzol umgesetzt. Wieviel Wärme muß dem Reaktor pro Minute zugeführt werden, damit das entstehende dampfförmige Benzol dieselbe Temperatur wie das eintretende Acetylen besitzt?

18. Ermitteln Sie die Standardbildungsenthalpie von n-Butan mit Hilfe der in Tabelle 19.1 referierten Daten.

19. Diboran verbrennt nach folgender Reaktionsgleichung:

$$B_2H_6(g) + 3 O_2(g) \rightarrow B_2O_3(s) + 3 H_2O(g) \qquad \Delta H = - 2020 \text{ kJ}$$

Elementares Bor verbrennt ebenfalls zu B$_2$O$_3$ und liefert eine Verbrennungswärme von ΔH = $-$ 1264 kJmol^{-1}. Wie groß ist die Bildungsenthalpie von Diboran?

20. Berechnen Sie die Reaktionsenthalpie für die Bildung von Äthylalkohol aus Äthylen und Wasser.

21. Wie groß ist die Reaktionswärme bei der Komplexierung von 1 mol AgCl in einer ideal verdünnten NH$_4$OH-Lösung (Tabellenanhang)?

22. Wie groß ist die Verbrennungswärme von C (Graphit) zu CO_2 (g) bei 1500 K?

23. Berechnen Sie die Temperaturabhängigkeit der Reaktionswärme folgender Reaktionen an Hand von tabellierten Daten:

Cl_2 (g) $\rightarrow$ 2 Cl (g)

B_2H_6 (g) + 3 O_2 (l) $\rightarrow$ B_2O_3 (s) + 3 H_2O (l)

24. Die Reaktionsenthalpie der Cl_2 (g)-Dissoziation beträgt 243 J bei 25 °C; der Termabstand (harmonische Näherung) der Cl_2-Schwingungsniveaus beträgt $1{,}11 \cdot 10^{-20}$ J. Wie groß sind ΔE_0 und ΔH bzw. ΔU bei 1500 K?

25. Zeichnen Sie die Funktion $H - E_0$ für CO, O_2 und CO_2 zwischen 300 und 1500 K. Die Abstände der Schwingungsenergieniveaus von CO und O_2 betragen $4{,}31 \cdot 10^{-20}$ J bzw. $3{,}14 \cdot 10^{-20}$ J. CO_2 ist ein lineares Molekül und besitzt 4 Normalschwingungen mit den Termabständen 1,32, 1,32, 2,75 und $4{,}67 \cdot 10^{-20}$ J. Zeichnen Sie $\Delta (H - E_0)$ für die Reaktion

CO (g) + 1/2 O_2 (g) $\rightarrow$ CO_2 (g)

als Funktion der Temperatur. Benutzen Sie zur Berechnung von ΔE_0 die Standardbildungsenthalpie von CO_2. Vergleichen Sie die statistisch berechnete Temperaturabhängigkeit mit der thermodynamisch ermittelbaren (an Hand von Tabellendaten).

26. Die Verbrennungswärme von Cyclopropan beträgt 2091 kJmol^{-1}. Wie groß ist die CC-Bindungsenergie?

27. Berechnen Sie mit Hilfe der Tabelle 19.3 die Standardbildungsenthalpie und vergleichen Sie diese mit dem Tabellenwert im Anhang.

28. Erklären Sie, warum die CC-Bindungsenergie im Diamant halb so groß wie die Sublimationswärme des Graphits ist.

29. Berechnen Sie auf irgendeine Weise einen Wert für die NH-Bindung.

Kapitel 20
Das chemische Gleichgewicht

Mit der freien Reaktionsenthalpie ΔG besitzt die Thermodynamik ein strenges Kriterium dafür, ob eine chemische Reaktion in die eine oder andere Richtung freiwillig abläuft oder ob sich das Reaktionsgemisch bereits im Gleichgewicht befindet. Hat ΔG vor der Reaktion einen von Null verschiedenen Wert, so reagiert es so lange, bis die chemische Gleichgewichtsbedingung $\Delta G = 0$ erfüllt ist. Das Symbol Δ steht hier für die Differenz der freien Enthalpien der Reaktionsteilnehmer nachher und vorher. Um mit ΔG praktisch rechnen zu können, werden, wie bei der Reaktionsenthalpie, freie Standardbildungsenthalpien für die einzelnen chemischen Stoffe eingeführt. Da die freien Enthalpien druckabhängig sind, ist auch die freie Reaktionsenthalpie eine Funktion der Partialdrücke der Reaktionsteilnehmer und u. U. des Gesamtdruckes. Von besonderer Bedeutung ist die Druckabhängigkeit natürlich bei Gasreaktionen.

Mit der Gleichgewichtsbedingung $\Delta G = 0$ folgt aus der Druckabhängigkeit ein wichtiger terminus technicus, die Gleichgewichtskonstante K. Sie besagt, daß das Verhältnis der Gleichgewichtsdrücke einen durch ΔG° festgelegten, ganz bestimmten Wert annimmt. Die so definierte Gleichgewichtskonstante läßt sich durch Einführen der Fugazität anstelle des Druckes auch auf reale Gasreaktionen anwenden und gewinnt dann den Charakter einer echten thermodynamischen Konstanten. Zur Definition von K für Reaktionen in und mit Mischphasen (z. B. Lösungs- und Dissoziationsgleichgewichte) benötigt man jedoch das in Abschnitt 16.5 und in Kapitel 17 eingeführte Konzept der Mischphasen. Vor alledem werden wir uns allerdings mit dem Grundkonzept des Gleichgewichtes und seiner Anwendung auf Gasreaktionen beschäftigen. In diesem Zusammenhang wird auch die Temperatur- und Druckabhängigkeit der Gleichgewichtskonstanten behandelt. Druck und Temperatur bestimmen nämlich den Grad oder die Ausbeute einer chemischen Reaktion. Dies wird an einigen großtechnisch durchgeführten Reaktionen gezeigt: Sie können durch Druck- und Temperaturvariation optimiert werden.

Benutzen wir zur Beschreibung des chemischen Gleichgewichtes den statistischen Ausdruck für die freie Enthalpie bzw. freie Reaktionsenthalpie, dann gelangen wir zu einer statistischen Gleichgewichtskonstanten, die anstelle der Drücke oder Konzentrationen Teilchenzahlen oder Molekülzustandssummen enthält. Ihre Berechnung über Zustandssummen ist immer dann angezeigt, wenn bei einer Reaktion thermodynamisch nicht faßbare kurzlebige Moleküle teilnehmen, von denen man zwar atomistische Informationen oder Vorstellungen aber keine thermodynamischen Daten besitzt. Ein konkretes Beispiel, die Dissoziation von Na_2 (g) in Na-Atome, wird dieses statistische Konzept illustrieren. Für die explizite Berechnung der Gleichgewichte werden statt der bisher bekannten Molekülzustandssummen um den Grundzustand reduzierte Summen eingeführt.

20.1 Die freie Reaktionsenthalpie

Die freie Energie F und die freie Enthalpie G sowie ihre Änderungen wurden in Abschnitt 11.6 folgendermaßen definiert:

$$F = U - TS, \qquad\qquad G = H - TS,$$
$$dF = dU - d(TS), \qquad\qquad dG = dH - d(TS), \qquad\qquad (1)$$
$$\Delta F = \Delta U - \Delta(TS), \qquad\qquad \Delta G = \Delta H - \Delta(TS).$$

Dort bedeuteten dF bzw. dG differentielle und ΔF bzw. ΔG endliche F- bzw. G-Änderungen von energetisch nicht abgeschlossenen (isolierten) chemischen Systemen. Hat man es mit chemischen Reaktionen zu tun, so haben ΔF und ΔG die Bedeutung einer *freien Reaktionsenergie* bzw. *-enthalpie;* die Beziehung $\Delta F = \Delta U - \Delta(TS)$ bzw. $\Delta G = \Delta H - \Delta(TS)$ wird *Gibbs-Helmholtzsche Gleichung* genannt. ΔF dient zur Beschreibung isochorer und ΔG zur Beschreibung isobarer chemischer Prozesse oder Reaktionen. Da wir es vornehmlich mit letzteren zu tun haben, werden wir das Konzept der thermodynamischen Beschreibung chemischer Gleichgewichte an Hand von ΔG herleiten.

Die Definition von ΔG lautet (vgl. Abschnitt 19.1):

$$\Delta G = G_{\text{nachher}} - G_{\text{vorher}}$$

$$= \sum_{k=1}^{n} b_k G_k - \sum_{i=1}^{m} a_i G_i$$

$$= \sum_{k=1}^{n} b_k H_k - \sum_{i=1}^{m} a_i H_i - T \left\{ \sum_{k=1}^{n} b_k S_k - \sum_{i=1}^{m} a_i S_i \right\}, \qquad (2)$$

wenn sie sich auf folgende Reaktionsgleichung bezieht:

$$a_1 A_1 + \dots a_i A_i + \dots a_m A_m \rightarrow b_1 B_1 + \dots b_k B_k + \dots b_n B_n. \qquad (3)$$

G_i, G_k, H_i, H_k, S_i, S_k sind die molaren freien Enthalpien, die molaren Enthalpien und die molaren Entropien.

Ein Beispiel zur Illustration von Gl. (2). Es soll die freie Reaktionsenthalpie für die Bildung von Wasser aus den Elementen unter Standardbedingungen berechnet werden:

$$H_2(g) + \frac{1}{2} O_2(g) \rightarrow H_2O(l) \qquad \Delta G^{\circ}_{298} = ? \qquad (4)$$

Gemäß der Gibbs-Helmholtzschen Gleichung gilt

$$\Delta G^{\circ}_{298} = \Delta H^{\circ}_{298} - T \Delta S^{\circ}_{298} \qquad (5)$$

und da wir ΔH°_{298} aus den tabellierten Standardbildungsenthalpien und ΔS°_{298} aus den tabellierten Standardentropien (Tabellenanhang) ausrechnen können, bekommen wir:

$$\Delta G^{\circ}_{298} = \Delta H^{\circ}_f(H_2O) - \frac{1}{2} \Delta H^{\circ}_f(O_2) - \Delta H^{\circ}_f(H_2) -$$

$$- T \left\{ S^{\circ}_{298}(H_2O) - \frac{1}{2} S^{\circ}_{298}(O_2) - S^{\circ}_{298}(H_2) \right\}$$

$$= -285840 - \frac{1}{2} \cdot 0 - 0 - 298 \left\{ 69{,}94 - \frac{1}{2} \cdot 205{,}03 - 130{,}59 \right\} \text{ J} \qquad (6)$$

$$= -237{,}2 \text{ kJ}.$$

Die Wasserbildung (4) sollte demnach (negatives Vorzeichen von ΔG_{298}°) freiwillig und spontan ablaufen. H_2/O_2-Mischungen reagieren aber nie spontan, denn sie sind kinetisch gehemmt und müssen durch eine Flamme oder einen Katalysator gezündet werden. Dasselbe gilt für alle organischen Substanzen in unserer Luftatmosphäre; sie sind thermodynamisch *metastabil.* Über die Ursachen der Hemmung kann die Thermodynamik keine Aussagen machen; sie kann lediglich vorhersagen, daß die Reaktion in Richtung der Verbrennung abläuft (in Richtung $\Delta G = 0$), wenn die Hemmung beseitigt wird. Diese Erkenntnis ist von allgemeiner Bedeutung und bezieht sich nicht nur auf Verbrennungen: Das Vorzeichen der freien Reaktionsenthalpie gibt an, ob die Reaktion in der angeschriebenen Richtung (Pfeil in der Reaktionsgleichung) freiwillig abläuft oder nicht. Negatives Vorzeichen bedeutet eine Reaktion in die angeschriebene Richtung und umgekehrt. Die Reaktion kommt zum Stillstand, wenn sich die Molzahlen der einzelnen Partner so verändert haben, daß $\Delta G = 0$ wird.

Um nicht wie beim Beispiel (4) die freie Reaktionsenthalpie auf getrennte Weise aus der Reaktionsenthalpie und Reaktionsentropie berechnen zu müssen, werden durch Konvention *freie Standardenthalpien der Elemente* und *freie Standardbildungsenthalpien der chemischen Verbindungen* eingeführt und tabelliert. Wie in Abschnitt 19.3 bei der Standardenthalpie wird den Elementen beim Standardzustand (25 °C und 1 atm) in ihren stabilen Formen der freie Standardenthalpiewert Null zugeordnet. Genauso lassen sich daraus freie Standardbildungsenthalpien (ΔG_f) für Verbindungen ableiten (Tabellenanhang). Den praktischen Nutzen solcher tabellierter Werte soll folgendes Anwendungsbeispiel zeigen. Es soll geprüft werden, ob die Suche nach einem Katalysator zur Hydrierung von Äthylen unter Standardbedingungen sinnvoll ist. Der Hydrierung liegt folgende Reaktionsgleichung zugrunde:

$$H_2C = CH_2\,(g) + H_2\,(g) \rightarrow CH_3CH_3\,(g) \qquad \Delta G_{298}^{\circ} = ? \qquad (7)$$

Für sie gilt:

$$\Delta G_{298}^{\circ} = \sum_k b_k\,\Delta G_{f,k} - \sum_i a_i\,\Delta G_{f,i}$$

$$= \Delta G_f(CH_3CH_3) - \Delta G_f(H_2C = CH_2) - \Delta G_f(H_2)$$

$$= -32{,}89 - 68{,}12 - 0$$

$$= -101 \text{ kJ}. \qquad (8)$$

Der große negative ΔG-Wert bedeutet, daß die Reaktion spontan abliefe, hätte man einen geeigneten Katalysator zur Verfügung.

20.2 Temperatur- und Druckabhängigkeit der freien Reaktionsenthalpie

Da die freie Enthalpie der Reaktionsteilnehmer eine Funktion der Temperatur und des Druckes ist (Abschnitt 11.6), gilt dasselbe auch für die freie Reaktionsenthalpie. Zunächst zur *Temperaturabhängigkeit* von ΔG, wofür in Abschnitt 11.6 folgende Differentialgleichung abgeleitet wurde:

$$\frac{\partial}{\partial T}\left(\frac{\Delta G}{T}\right)_p = -\frac{\Delta H}{T^2}. \qquad (9)$$

Integration von Gl. (9) bei konstantem Druck liefert

$$\frac{\Delta G}{T} = - \int_0^T \frac{\Delta H}{T^2}\, dT - \text{const} \tag{10}$$

bzw.

$$\Delta G_T = - T \int_0^T \frac{\Delta H}{T^2}\, dT - T\text{const}. \tag{11}$$

Setzen wir für die temperaturabhängige Reaktionsenthalpie den Ausdruck

$$\Delta H = \int_0^T \Delta C_p\, dT + \Delta H_0, \tag{12}$$

so folgt aus Gl. (11) durch partielles Integrieren ($\int g F dx = GF - \int G f dx$ mit $F = \int f dx$ und $G = \int g dx$):

$$\Delta G_T = \Delta H_0 - \int_0^T \frac{dT}{T^2} \int_0^T \Delta C_p dT - T\,\text{const}$$

$$= \Delta H_0 + \int_0^T \Delta C_p dT - T \int_0^T \frac{\Delta C_p}{T}\, dT - T\,\text{const}. \tag{13}$$

Vergleichen wir mit der Gibbs-Helmholtzschen Gleichung $\Delta G = \Delta H - T\Delta S$, dann läßt sich die Integrationskonstante mit ΔS_0 identifizieren:

$$\Delta G_T = \Delta H_0 + \int_0^T \Delta C_p dT - T \int_0^T \frac{\Delta C_p}{T}\, dT - T\Delta S_0. \tag{14}$$

Bei reinen festen Phasen *verschwindet* ΔS_0 und besitzt sonst einen nach Abschnitt 11.8 statistisch berechenbaren Wert. Unter Zuhilfenahme statistischer Überlegungen läßt sich also die Temperaturabhängigkeit der freien Reaktionsenthalpie aus den Molwärmen absolut berechnen. Kennen wir ΔH_0 nicht, sondern nur die Standardbildungsenthalpien bei 298 K, dann nehmen wir bei der Integration anstelle der unteren Grenze $T = 0$ die Temperatur $T = 298$ (vgl. Abschnitt 19.4):

$$\Delta G_T^\circ = \Delta G_{298}^\circ + \int_{298}^T \Delta C_p dT - T \int_{298}^T \frac{\Delta C_p}{T}\, dT. \tag{15}$$

Bild 20.1 zeigt schematisch die Temperaturabhängigkeit von ΔG im Vergleich zu ΔH und $T\Delta S$.

Die Temperaturabhängigkeit von ΔG° für die Ammoniaksynthese bei den Standard-drücken

$$N_2 + 3H_2 \rightarrow 2NH_3 \qquad \Delta G_T^\circ = ? \tag{16}$$

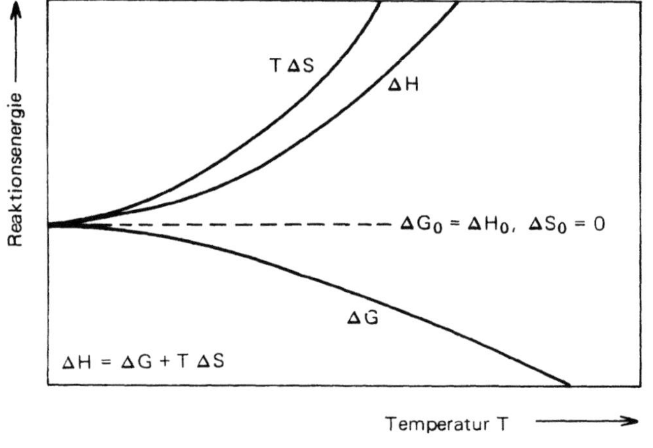

Bild 20.1

Temperaturabhängigkeit
der Reaktionsenergien
ΔG, ΔH und $T\,\Delta S$
(schematisch)

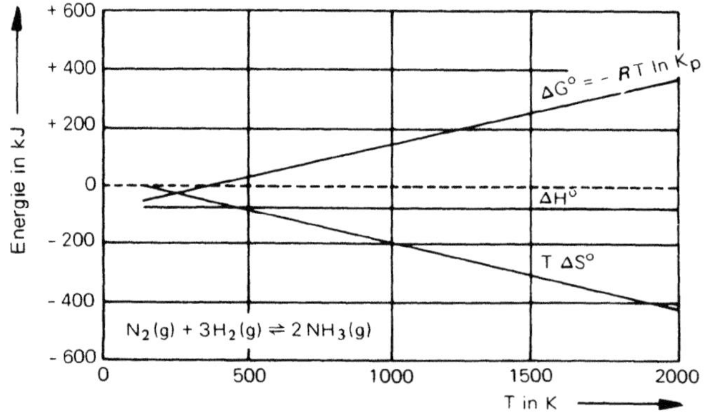

Bild 20.2

Temperaturabhängigkeit
der freien Reaktionsenthalpie
$\Delta G°$ für die Ammoniak-
sythese
$N_2(g) + 3\,H_2(g) \;\rightarrow 2\,NH_3(g)$

soll zur weiteren Illustration dienen. Aus den freien Standardenthalpien und Standardbildungsenthalpien ergibt sich die freie Reaktionsenthalpie unter Standardbedingungen zu

$$\Delta G^{o}_{298} = 2\,\Delta G_f(NH_3) - 3\,\Delta G_f(H_2) - \Delta G_f(N_2)$$
$$= 2\cdot(-16{,}63) - 0 - 0 \tag{17}$$
$$= -33{,}26\ \text{kJ}.$$

Unter diesen Bedingungen ist die Ammoniakbildung eine freiwillig ablaufende Reaktion.
In Wirklichkeit ist sie jedoch sehr stark kinetisch gehemmt und verläuft äußerst langsam.
Bei höheren Temperaturen wird diese Hemmung allmählich überwunden, doch verschiebt
sich dann ΔG zu positiven Werten, und die Reaktion würde überhaupt nicht ablaufen. Diese
Erkenntnis gewinnen wir aus Bild 20.2, in dem die Temperaturabhängigkeit von $\Delta G°$
graphisch dargestellt wurde. Die Daten hierzu stammen aus Berechnungen nach Gl. (15).
Demnach nimmt $\Delta G°$ fast linear mit der Temperatur zu. Die Ursache hierfür: $\Delta H°$ und
$\Delta S°$ sind nahezu temperaturunabhängig, so daß die Linearität ausschließlich vom Faktor
T vor der Reaktionsentropie herrührt. Gleichgewicht herrscht bei $\Delta G° = 0$, was bei unge-

fähr 350 K der Fall ist. Für die Ammoniaksynthese bedeutet dies, daß sich dort die Reaktionsrichtung umkehrt. Zu beachten ist aber, daß diese Aussagen nur für das System bei den Standarddrücken gelten, bei dem ursprünglich alle Reaktionspartner (Reaktanten und Produkte) mit den Partialdrücken $p^\circ = 1$ atm vorgelegt wurden. Denn bei Gasreaktionen ist ΔG immer druckabhängig, so daß sich das energetische Bild bei anderen Drücken völlig ändern kann. Dies wird in der Praxis auch ausgenützt.

Die Druckabhängigkeit der freien Enthalpie von idealen Gasen lautet nach Abschnitt 11.6:

$$G = G^\circ + RT \ln p \qquad (\text{p in atm}) \tag{18}$$

Führen wir sie mit entsprechender Indizierung für einen jeden Reaktionspartner in Gl. (2) ein, so resultiert sofort die gesuchte *Druckabhängigkeit* der freien Reaktionsenthalpie:

$$\Delta G = \sum_k b_k G_k^\circ - \sum_i a_i G_i^\circ + RT \ln \frac{\prod_k (p_k)^{b_k}}{\prod_i (p_i)^{a_i}}\,.$$

$$= \Delta G^\circ + RT \ln \frac{\prod_k (p_k)^{b_k}}{\prod_i (p_i)^{a_i}} \tag{19}$$

ΔG setzt sich somit aus dem Enthalpieterm ΔG° bei den Standarddrücken und einem druckabhängigen Enthalpieterm zusammen. In letzterem steht das Verhältnis der vor der Reaktion vorgelegten Partialdrücke.

Verläuft die Reaktion bis zum Gleichgewicht bei $\Delta G = 0$, so entsteht aus Gl. (19) die Gleichgewichtsbedingung:

$$\Delta G^\circ = -RT \ln \left. \frac{\prod_k (p_k)^{b_k}}{\prod_i (p_i)^{a_i}} \right|_{\text{Gleichgewicht}} = -RT \ln K_p\,. \tag{20}$$

In Worten: Aus den Reaktanten A_i bilden sich solange Produkte B_k, bis das Partialdruckverhältnis zwischen ihnen den Wert $e^{-\Delta G^\circ / RT}$ annimmt. Das heißt andererseits, daß nicht alles zu Produkten reagieren muß. Auch bei einer praktisch vollständigen Reaktion sind immer noch Reaktanten in einem genau definierten Ausmaß (wenn auch oft nur in Spuren) anwesend. Der Index „Gleichgewicht" in Gl. (20) soll darauf hinweisen, daß im Gleichgewicht nicht die ursprünglich vorgelegten Anfangsdrücke, sondern die entstandenen Gleichgewichtspartialdrücke maßgebend sind.

20.3 Die Gleichgewichtskonstante

Das im Gleichgewicht vorliegende Partialdruckverhältnis in Gl. (20) nennt man *Gleichgewichtskonstante* K_p:

$$K_p = \frac{\prod_k (p_k)^{b_k}}{\prod_i (p_i)^{a_i}} = e^{-\frac{\Delta G^\circ}{RT}}\,. \tag{21}$$

Sie ist durch die freie Reaktionsenthalpie bei den Standarddrücken festgelegt und mit der nach dem *Massenwirkungsgesetz* (Abschnitt 22.3) für Gasreaktionen definierten Konstanten identisch. Zu beachten ist außerdem, daß K_p dimensionslos ist, weil bei allen Ableitungen wegen der Definition (18) der Standarddruck $p^\circ = 1$ atm weggelassen wurde.

Die Beziehung (21) läßt sich durch Einführen des Fugazitätskonzeptes (Abschnitt 12.7) auf reale Gasmischungen bzw. Reaktionen mit realen Gasen erweitern. Mit

$$G = G^\circ + RT \ln f \tag{22}$$

folgt nämlich aus einer analogen Ableitung:

$$K = \frac{\prod\limits_{k}(f_k)^{b_k}}{\prod\limits_{i}(f_i)^{a_i}} \cdot \tag{23}$$

Das Fugazitätsverhältnis wird nun als *thermodynamische Gleichgewichtskonstante* K bezeichnet. K und K_p hängen über das Fugazitätskoeffizientenverhältnis K_γ $(\gamma = f/p)$ zusammen:

$$K = \frac{\prod\limits_{k}(\gamma_k)^{b_k}}{\prod\limits_{i}(\gamma_i)^{a_i}} K_p = K_\gamma K_p \cdot \tag{24}$$

Bei realen Gasen ist K_p wegen $H = H(p)$ druckabhängig und nur K eine „gute" Konstante, d. h. vom Gesamtdruck und den Partialdrücken unabhängig. Das reale Verhalten steckt sozusagen im Koeffizientenverhältnis. Dies läßt sich sehr schön am Beispiel der Ammoniaksynthese zeigen, die großtechnisch bei hohen Drücken und bei Temperaturen über 450 °C (katalytisch) durchgeführt wird. In Tabelle 20.1 sind die aus den gemessenen Gleichgewichtsdrücken berechneten Daten für K und K_p gegenübergestellt. K_p wird sehr stark vom Druck beeinflußt und ist deshalb als Gleichgewichtskonstante unbrauchbar. Wird dagegen mit Hilfe von Bild 12.12 das Fugazitätskoeffizientenverhältnis K_γ zur Korrektur von K_p verwendet, so resultiert die nahezu druckunabhängige thermodynamische Konstante K. Diese Korrektur scheint aber auch nur bis etwa 1000 °C wirksam zu sein. Wahrscheinlich deshalb, weil die Koeffizienten so bestimmt wurden, als würden die Synthesegase als reine reale Gase vorliegen. Eine weitere Korrektur müßte deshalb auf γ-Koeffizientenmessungen in Gasmischungen aufbauen.

Tabelle 20.1: Gleichgewichtskonstanten K_p und K der Ammoniakbildung (16)
(*A. T. Larson:* J. Am. Chem. Soc. 46 (1924) 367)

Gesamtdruck atm	Partialdruck atm			$K_p \cdot 10^5$	K_γ	$K \cdot 10^5$
	NH_3	N_2	H_2			
10	0,204	2,44	7,35	4,4	0,98	4,2
50	4,58	11,3	34,1	4,6	0,88	4,1
100	16,35	20,9	62,7	5,2	0,77	4,0
300	106,5	48,4	145	7,7	0,48	3,7
600	322	69,5	208	16,7	0,25	4,1
1000	694	76,5	229	53,4	0,18	9,8

Aufzupassen bei der Angabe von Gleichgewichtskonstanten ist auf die zugehörige Reaktionsgleichung, weil sich ihr Wert mit dieser ändert. Z. B. haben wir in Abschnitt 20.2 die Ammoniaksynthese durch Gl. (16) mit ganzzahligen stöchiometrischen Koeffizienten formuliert. Die freie Reaktionsenthalpie unter Standardbedingungen betrug $-33{,}28$ kJ, so daß

$$K_p = \frac{p_{NH_3}^2}{p_{N_2}\, p_{H_2}^3} = e^{-\frac{\Delta G_{298}^\circ}{RT}} = 6{,}8 \cdot 10^5 . \tag{25}$$

Hätten wir die Reaktionsgleichung anders angeschrieben, z. B.

$$\frac{1}{2}\, N_2 + \frac{3}{2}\, H_2 \rightarrow NH_3 , \tag{26}$$

so würde die freie Reaktionsenthalpie $-16{,}64$ kJ betragen und die Gleichgewichtskonstante den Wert

$$K_p = \frac{p_{NH_3}}{(p_{N_2})^{\frac{1}{2}}\, (p_{H_2})^{\frac{3}{2}}} = e^{-\frac{\Delta G_{298}^\circ}{RT}} = \sqrt{6{,}8 \cdot 10^5} = 8{,}2 \cdot 10^2 \tag{27}$$

annehmen.

Mit Gl. (21) ist grundsätzlich auch die *Temperaturabhängigkeit der Gleichgewichtskonstanten* gegeben, wenn wir die von ΔG° kennen (vgl. Abschnitt 20.2). Setzen wir die Temperaturabhängigkeit (14) in Gl. (21) ein, so bekommen wir allgemein:

$$\ln K_p = -\frac{\Delta G^\circ}{RT}$$
$$= -\frac{\Delta H_0^\circ}{RT} - \frac{1}{RT}\int_0^T \Delta C_p\, dT + \frac{1}{R}\int_0^T \frac{\Delta C_p}{T}\, dT + \frac{\Delta S_0^\circ}{R} . \tag{28}$$

Die ihr zugrundeliegende Differentialgleichung geht durch Einsetzen von $\Delta G^\circ = -RT \ln K_p$ in Gl. (9) hervor und wird *van't Hoffsche Reaktionsisobare* genannt:

$$\frac{\partial}{\partial T}(\ln K_p)_p = \frac{\Delta H^\circ}{RT^2} . \tag{29}$$

Ist in erster Näherung die Reaktionsenthalpie ΔH° temperaturunabhängig, so entsteht aus ihr bzw. aus Gl. (29) oder (28):

$$\ln K_p = -\frac{\Delta H_0^\circ}{RT} + \frac{\Delta S_0^\circ}{R} . \tag{30}$$

Wenn diese Näherung in Ordnung ist, sollten die Meßpunkte in einem $\ln K_p$, $1/T$-Diagramm auf einer Geraden mit der Steigung $-\Delta H_0^\circ/R$ und dem Ordinatenabschnitt $\Delta S_0^\circ/R$ liegen. Eine solche Auftragung wurde in Bild 20.3 für die Reaktion

$$CO_2 + H_2 \rightarrow CO + H_2O \tag{31}$$

durchgeführt; die Gerade wurde mit einem theoretischen ΔH_0°-Wert gezeichnet. Die Qualität der Näherung (30) kann somit als ganz gut bezeichnet werden.

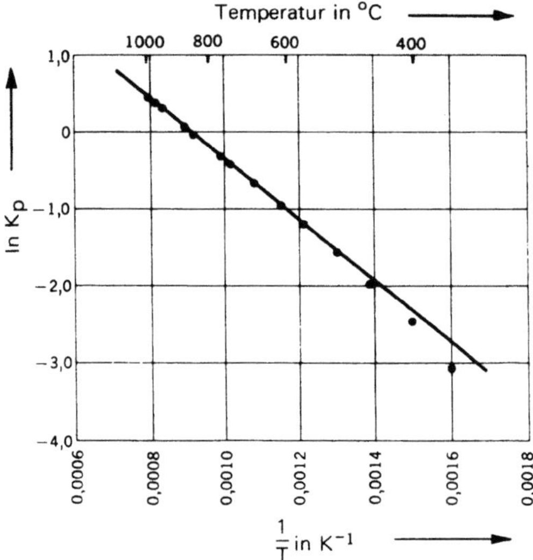

Bild 20.3
Temperaturabhängigkeit der Gleichgewichtskonstanten K_p für die Reaktion
$CO_2\,(g) + H_2 \to CO\,(g) + H_2O\,(g)$
(*L. P. Hammett:* Introduction to the Study of Physical Chemistry, McGraw Hill Book Co., N.Y., 1952)

Alle bisherigen Beziehungen für isobare Gasreaktionen lassen sich auf *isochore Prozesse* umschreiben, wenn man ihre Herleitung statt mit Gl. (18) bzw. (22) mit der konzentrations- bzw. aktivitätsabhängigen freien Energie

$$F = F^\circ + RT\ln c \tag{32}$$

bzw.

$$F = F^\circ + RT\ln a \tag{33}$$

vollzieht. Anstelle von $\Delta G^\circ = -RT\ln K_p$ entsteht dann

$$\Delta F^\circ = -RT\ln K_c, \tag{34}$$

wobei sich der Index $^\circ$ jetzt auf die Standardkonzentration $1\ \mathrm{mol\,dm^{-3}}$ bezieht. Zwischen K_p und K_c besteht ein Zusammenhang, der wie folgt abgeleitet werden kann. Setzen wir in Gl. (21) für die Gleichgewichtspartialdrücke

$$p_i = c_i RT,$$
$$p_k = c_k RT, \tag{35}$$

so resultiert:

$$K_p = \frac{\prod_k (c_k)^{b_k}(RT)^{b_k}}{\prod_i (c_i)^{a_i}(RT)^{a_i}} = K_c \frac{\prod_k (RT)^{b_k}}{\prod_i (RT)^{a_i}}. \tag{36}$$

Wie wir in Abschnitt 20.5 sehen werden, läßt sich das hier an Gasreaktionen erklärte chemische Gleichgewicht auf beliebige reale, mehrphasige Reaktionsgemische (einschließlich Mischphasen) erweitern. Es wird sich dabei herausstellen, daß sich an der Gleichgewichtsbedingung $\Delta G = 0$ nichts ändert. Was sich ändert, ist bloß die Ermittlung von ΔG-Werten, die dann aus den chemischen Potentialen der einzelnen Reaktanten und Produkte zu erfolgen hat. Gl. (21) bzw. (23) stellt damit die wichtigste chemisch-thermodynamische Beziehung dieses Kapitels dar. Sie verknüpft die thermodynamisch berechenbare Eigenschaft ΔG° mit der Gleichgewichtskonstanten K, die angibt, in welchem Verhältnis die Reaktanten und Produkte nach der Reaktion vorliegen. Besitzt ΔG° einen großen negativen Wert, so bedeutet dies ein Überwiegen der Produkte und umgekehrt. Wie die konkrete Ermittlung des Umsatzes einer Reaktion berechnet wird, werden wir u. a. an einem Beispiel im nächsten Abschnitt erfahren.

20.4 Statistische Berechnung der Gleichgewichtskonstante

Zur statistischen Berechnung von Gleichgewichtskonstanten gehen wir wieder von der Definition (2) aus und setzen darin die statistischen Ausdrücke für die molaren freien Enthalpien der Reaktionspartner ein. Beschränken wir uns dabei auf Gasreaktionen, so lautet der statistische Ausdruck für die molare freie Enthalpie eines Partners (Abschnitt 11.6)

$$G = -N_A\, kT \ln \frac{Q}{N_A} \tag{37}$$

und für a_i mol Reaktanten

$$a_i\, G_i = -N_i kT \ln \frac{Q_i}{N_i} \qquad (N_i = a_i N_A) \tag{38}$$

bzw. für b_k mol Produkte

$$b_k\, G_k = -N_k\, kT \ln \frac{Q_k}{N_k}. \qquad (N_k = b_k N_A) \tag{39}$$

N_i bzw. N_k sind die reagierenden bzw. entstehenden Moleküle, Q_i bzw. Q_k sind die entsprechenden Molekülzustandssummen. Setzen wir die Ausdrücke (38) und (39) in die Definition $\Delta G = \sum_k b_k G_k - \sum_i a_i G_i$ ein, so erhalten wir,

$$\Delta G = -kT \sum_k{}' b_k N_A \ln \frac{Q_k}{N_k} + kT \sum_i{}' a_i N_A \ln \frac{Q_i}{N_i} \tag{40}$$

bzw.

$$\Delta G = -kT N_A \ln \frac{\prod\limits_k \left(\dfrac{Q_k}{N_k}\right)^{b_k}}{\prod\limits_i \left(\dfrac{Q_i}{N_i}\right)^{a_i}}. \tag{41}$$

Ist ΔG negativ oder positiv, so erfolgt die Reaktion in die eine oder andere Richtung, wobei sich die Molekülzahlen N_i und N_k ändern. (Die Zustandssummen hängen nur vom Volumen bzw. dem Druck und der Temperatur ab.) Im Gleichgewicht gilt $\Delta G = 0$, so daß wir als Gleichgewichtsbedingung bekommen:

$$-RT \ln \frac{\prod\limits_k (Q_k)^{b_k}}{\prod\limits_k (Q_i)^{a_i}} + RT \ln \frac{\prod\limits_k (N_k)^{b_k}}{\prod\limits_i (N_i)^{a_i}} = 0 \tag{42}$$

bzw.

$$\left. \frac{\prod\limits_{k}(Q_k)^{b_k}}{\prod\limits_{i}(Q_i)^{a_i}} = \frac{\prod\limits_{k}(N_k)^{b_k}}{\prod\limits_{i}(N_i)^{a_i}} \right|_{\text{Gleichgewicht}} = K_N. \tag{43}$$

Die Molekülzahlen beziehen sich jetzt auf das Gleichgewicht, wobei in diesem insgesamt

$$N = \sum_{i} N_i + \sum_{k} N_k \tag{44}$$

Moleküle vorhanden sind. Durch Gl. (43) ist die *statistische* Gleichgewichtskonstante K_N definiert.

Wie hängt K_N mit K_p zusammen? Ersetzen wir in Gl. (43) die Molekülzahlen mit Hilfe des idealen Gasgesetzes durch

$$N_k = p_k \frac{V}{kT}$$

und

$$N_i = p_i \frac{V}{kT}, \tag{45}$$

so erhalten wir den gesuchten Zusammenhang:

$$K_N = K_p \frac{\prod\limits_{k}\left(\frac{V}{kT}\right)^{b_k}}{\prod\limits_{i}\left(\frac{V}{kT}\right)^{a_i}}. \tag{46}$$

Interessieren wir uns nur für K_p, so können wir mit Hilfe von Gl. (43) auch schreiben:

$$K_p = \frac{\prod\limits_{k}\left(\frac{Q_k}{V} kT\right)^{b_k}}{\prod\limits_{i}\left(\frac{Q_i}{V} kT\right)^{a_i}}. \tag{47}$$

Zur numerischen Berechnung eines chemischen Gleichgewichts nach Gl. (47) müssen wir dann die Molekülzustandssummen der beteiligten Reaktionspartner kennen. Gewöhnlich rechnet man aber nicht mit den Molekülzustandssummen, wie sie in Abschnitt 10.4 definiert worden sind, sondern mit *reduzierten* Summen. Denn es geht einmal mehr nur um Energiedifferenzen. Was das heißt, soll an einem Beispiel erklärt werden.

Die Reaktanten A und B reagieren zu dem Endprodukt AB und befinden sich mit diesem im Gleichgewicht:

$$A + B \rightleftharpoons AB. \tag{48}$$

Die Moleküle A, B und AB sollen die in Bild 20.4 schematisch gezeichneten Termschemata besetzen. Wir können uns darunter z. B. Schwingungstermschemata vorstellen. Wenn es wie gesagt nur um Energiedifferenzen geht, läßt sich der Energienullpunkt in Bild 20.4 genau so gut in den jeweiligen Grundzustand verlegen. Das bedeutet für die Berechnung

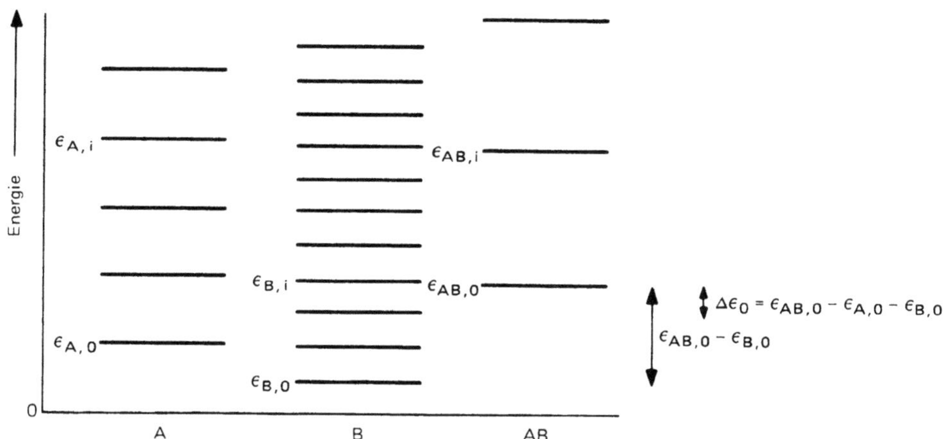

Bild 20.4 Schematische Termschemata dreier Molekülsorten zur statistischen Behandlung der Reaktion
A + B $\to$ AB

der Molekülzustandssumme Q, daß jedes Niveau der A-Moleküle um die Energie $\epsilon_{A,0}$ und
das der anderen um $\epsilon_{B,0}$ bzw. $\epsilon_{AB,0}$ reduziert wird:

$$Q_A = \sum_i e^{-\frac{\epsilon_{A,i}}{kT}} = e^{-\frac{\epsilon_{A,0}}{kT}} \sum_i{}' e^{-\frac{\epsilon_{A,i}-\epsilon_{A,0}}{kT}}, \tag{49}$$

$$Q_B = \sum_i{}' e^{-\frac{\epsilon_{B,i}}{kT}} = e^{-\frac{\epsilon_{B,0}}{kT}} \sum_i e^{-\frac{\epsilon_{B,i}-\epsilon_{B,0}}{kT}}, \tag{50}$$

$$Q_{AB} = \sum_i e^{-\frac{\epsilon_{AB,i}}{kT}} = e^{-\frac{\epsilon_{AB,0}}{kT}} \sum_i{}' e^{-\frac{\epsilon_{AB,i}-\epsilon_{AB,0}}{kT}}. \tag{51}$$

Allgemein:

$$Q = Q'e^{-\frac{\epsilon_0}{kT}} \tag{52}$$

mit

$$Q' = \sum_i{}' e^{-\frac{\epsilon_i-\epsilon_0}{kT}}. \tag{53}$$

Bei Verwendung der Notation

$$\Delta\epsilon_0 = (\epsilon_{AB,0} - \epsilon_{A,0} - \epsilon_{B,0}). \tag{54}$$

folgt dann aus Gl. (47)

$$K_p = \frac{Q'_{AB}}{Q'_A\,Q'_B}\,\frac{V}{kT}\,e^{-\frac{\Delta\epsilon_0}{kT}}. \tag{55}$$

K_p erscheint in dieser statistischen Ableitung dimensionsbehaftet, denn die Zustandssummen sind dimensionslos, und V/kT hat die Dimension eines Druckes. Berechnet man daher K_p in SI-Einheiten, so muß K_p nachträglich auf den Druck 1 atm normiert werden. $\Delta\epsilon_0$ ist dabei identisch mit der Reaktionsenthalpie ΔG_0° am absoluten Nullpunkt.

Bei einer konkreten Berechnung müssen wir außerdem beachten, daß die Molekülzustandssumme aus dem Produkt der Summen für die Translation, Rotation, Schwingung und Elektronenanregung besteht. Da bei vernachlässigbarer Elektronenanregung alle Summen bis auf die Schwingungssumme bei T = 0 gegen Null gehen, entspricht $\Delta\epsilon_0$ der Differenz der Nullpunktenergie aller Reaktionspartner. Wegen

$$Q(v) = \frac{e^{-\frac{x}{2}}}{1 - e^{-x}} \qquad \left(x = \frac{h\nu_0}{kT}\right) \tag{56}$$

lautet nun die reduzierte Schwingungssumme $Q'(v)$

$$Q'(v) = \frac{1}{1 - e^{-x}} \,, \tag{57}$$

während $Q(t) = Q'(t)$ und $Q(r) = Q'(r)$ gleich bleiben.

Zum Abschluß dieser statistischen Interpretation der Gleichgewichtskonstanten ein kleines Anwendungsbeispiel. Metallisches Natrium bildet in der Dampfphase Na_2-Moleküle und Na-Atome. Zwischen beiden Teilchenarten besteht ein chemisches Gleichgewicht, das der Dissoziationsreaktion.

$$Na_2 \rightleftharpoons 2\,Na \tag{58}$$

entspricht. Bekannt ist die Dissoziationsenergie der Na_2-Moleküle aus Schwingungsspektren (0,73 eV), ihr Kernabstand (0,3078 nm) und ihre Eigenschwingungsfrequenz (4,777 THz). Wie groß ist K_p bei 1000 K und der Dissoziationsgrad α bei einem Gesamtdruck von 1 atm? Aus Gl. (55) folgt

$$K_p = \frac{(Q'_{Na})^2}{Q'_{Na_2}\cdot} \left(\frac{kT}{V}\right) e^{-\frac{\Delta\epsilon_0}{kT}}. \tag{59}$$

Im Zähler steht das Quadrat der Molekülzustandssumme für die Na-Atome und im Nenner die Summe für das Na_2-Molekül. Wenn wir die elektronische Anregung weglassen, besteht Q'_{Na} aus der Translationszustandssumme $Q'(t)_{Na}$ und Q'_{Na_2} aus der Translationssumme $Q'(t)_{Na_2}$, der Rotationssumme $Q'(r)_{Na_2}$ und der Schwingungssumme $Q'(v)_{Na_2}$, so daß

$$K_p = \frac{(Q'(t)_{Na})^2}{Q'(t)_{Na_2}\, Q'(r)_{Na_2}\, Q'(v)_{Na_2}} \left(\frac{kT}{V}\right) e^{-\frac{\Delta\epsilon_0}{kT}}. \tag{60}$$

Verwenden wir für die Translation und Rotation die Summen aus Abschnitt 10.5 und für die Schwingung Gl. (57), so lautet der explizite Ausdruck für K_p

$$K_p = \frac{(2\pi m_{Na}kT)^3 \dfrac{V^2}{h^6} \left(\dfrac{kT}{V}\right) e^{-\frac{\Delta\epsilon_0}{kT}}}{(2\pi m_{Na_2}kT)^{3/2} \dfrac{V}{h^3} \left(\dfrac{IkT}{\hbar^2}\right) \left(\dfrac{1}{1 - e^{-x}}\right)}. \tag{61}$$

Setzen wir für die Masse des Na-Atoms $3,82 \cdot 10^{-26}$ kg, für die Na_2-Molekülmasse die doppelte Na-Masse, für das Trägheitsmoment $I = \mu r^2 = 1,91 \cdot 10^{-26} (0,3078)^2 \cdot 10^{-18} = 1,81 \cdot 10^{-45}$ kgm² und für $x = h\nu_0/kT = 0,23$, so bekommen wir schließlich

$$K_p = \frac{(2\pi \cdot 3,82 \cdot 10^{-26} \cdot 1,381 \cdot 10^{-23} \cdot 1000)^3 \cdot (1 - e^{-0,23}) \, e^{-\frac{1,6 \cdot 10^{-19} \cdot 0,73}{1,381 \cdot 10^{-20}}}}{(2\pi \cdot 7,64 \cdot 10^{-26} \cdot 1,381 \cdot 10^{-23} \cdot 1000)^{3/2} \cdot 6,626 \cdot 10^{-34} \cdot 4\pi^2 \cdot 1,81 \cdot 10^{-45}} \tag{62}$$

$$= 61\,000 \; Nm^{-2}$$

bzw.

$$K_p = \frac{61\,000}{1,013 \cdot 10^5} = 0,6 \qquad (1 \text{ atm} = 1,013 \cdot 10^5 \; Nm^{-2}). \tag{63}$$

Sind ursprünglich 1 mol Na_2-Moleküle vorhanden und zerfallen davon α mol, so beträgt im Gleichgewicht die Na_2-Molzahl $1 - \alpha$ und die Na-Molzahl 2α. Der Na_2-Gleichgewichtspartialdruck beträgt daher

$$p_{Na_2} = \frac{1 - \alpha}{1 - \alpha + 2\alpha} p = \frac{1 - \alpha}{1 + \alpha} p \qquad (p = \text{Gesamtdruck}) \tag{64}$$

und der Na-Partialdruck

$$p_{Na} = \frac{2\alpha}{1 + \alpha} p. \tag{65}$$

Einsetzen von Gl. (64) und Gl. (65) in

$$K_p = \frac{p_{Na}^2}{p_{Na_2}} \tag{66}$$

liefert nach Umformen

$$\alpha = \sqrt{\frac{K_p}{K_p + 4\,p}}. \tag{67}$$

Mit $K_p = 0,6$ und $p = 1$ atm folgt $\alpha = 0,36$.

20.5 Allgemeine Formulierung des chemischen Gleichgewichts

Wie angekündigt soll in diesem Abschnitt die chemische Gleichgewichtsbedingung $\Delta G = 0$ auf ganz allgemeine Weise abgeleitet werden. Allgemein soll heißen, daß an der Reaktion Stoffe in einer beliebigen Phase oder Mischphase zugegen sein können; Druck und Temperatur sollen jedoch während der Reaktion konstant sein. Die einzelnen Stoffe oder Komponenten können sich außerdem ideal oder real verhalten. Gegeben sei wieder die allgemeine Reaktionsgleichung (3), doch sollen anfänglich sowohl die Komponenten A_i als auch die B_k mit n_i bzw. n_k mol im System vorliegen (nicht stöchiometrisches Verhältnis). Sie besitzen die chemischen Potentiale μ_i und μ_k, definiert durch ihre Standardzustände in den jeweiligen Phasen des Systems. Es soll die freie Reaktionsenthalpie berechnet werden.

Auf Grund obiger Bedingungen beträgt die *freie Systementhalpie* vor der Reaktion:

$$G_{vorher} = \sum_i \mu_i n_i + \sum_k \mu_k n_k. \tag{68}$$

Ändert sich infolge der Reaktion (3) die Zusammensetzung des Systems infinitesimal, so ändern sich auch die Molzahlen und die chemischen Potentiale der Komponenten:

$$dG = \sum_i \mu_i \, dn_i + \sum_k \mu_k \, dn_k + \sum_i n_i \, d\mu_i + \sum_k n_k \, d\mu_k \,. \tag{69}$$

Da G eine Zustandsfunktion ist, gilt zugleich das totale Differential:

$$dG = \sum_i \mu_i \, dn_i + \sum_k \mu_k \, dn_k \,, \tag{70}$$

so daß (vgl. Gibbs-Duhemsche Gleichung, Abschnitt 16.5):

$$\sum_i n_i \, d\mu_i + \sum_k n_k \, d\mu_k = 0 \,. \tag{71}$$

Gl. (70) ist unser Ausgangspunkt zur Ableitung von ΔG. Die Änderungen der Molzahlen n_i und n_k stehen mit den stöchiometrischen Koeffizienten a_i und b_k von Gl. (3) in ursächlichem Zusammenhang:

$$-\frac{dn_{A_1}}{a_1} = -\frac{dn_{A_2}}{a_2} = \ldots - \frac{dn_{A_i}}{a_i} = \ldots - \frac{dn_{A_m}}{a_m} = \frac{dn_{B_1}}{b_1} = \frac{dn_{B_2}}{b_2} = \ldots \frac{dn_{B_k}}{b_k} = \ldots \frac{dn_{B_n}}{b_n} \,, \tag{72}$$

und lassen sich deshalb auf die Änderung *einer* Molzahl beziehen: Wählt man als Bezugswert dn_{B_l}, dann gilt:

$$
\begin{array}{lll}
dn_{A_1} = -\dfrac{a_1}{b_l}\, dn_{B_l} & & dn_{B_1} = \dfrac{b_1}{b_l}\, dn_{B_l} \\[2ex]
\vdots & & \vdots \\[1ex]
dn_{A_i} = -\dfrac{a_i}{b_l}\, dn_{B_l} & & dn_{B_k} = \dfrac{b_k}{b_l}\, dn_{B_l} \\[2ex]
\vdots & \text{und} & \\[1ex]
dn_{A_m} = -\dfrac{a_m}{b_l}\, dn_{B_l} & & dn_{B_l} = dn_{B_l} \\[2ex]
 & & \vdots \\[1ex]
 & & dn_{B_n} = \dfrac{b_n}{b_l}\, dn_{B_l}
\end{array}
\tag{73}
$$

Einsetzen von Gl. (73) in Gl. (70) liefert

$$dG = -\sum_{i=1}^{m} \mu_i \frac{a_i}{b_l}\, dn_{B_l} + \sum_{k=1}^{n} \mu_k \frac{b_k}{b_l}\, dn_{B_l} = \left(\sum_{k=1}^{n} \mu_k b_k - \sum_{i=1}^{m} \mu_i a_i \right) \frac{dn_{B_l}}{b_l} \,. \tag{74}$$

Im Gleichgewicht ist die freie Enthalpie G eines Systems minimal, d. h. $dG/dn_{B_l} = 0$ und es folgt als allgemeingültiges Gleichgewichtskriterium:

$$\Delta G = \sum_{k=1}^{n} \mu_k b_k - \sum_{i=1}^{m} \mu_i a_i = 0 \,. \tag{75}$$

Die Änderung der freien Enthalpie einer chemischen Reaktion ergibt sich daher durch die Differenzbildung der chemischen Potentiale der Produkte und der Reaktanten:

$$\Delta G = \sum_{k=1}^{n} b_k \mu_k - \sum_{i=1}^{m} a_i \mu_i. \tag{76}$$

Um diese Gleichung auf konkrete Beispiele anwenden zu können, müssen die chemischen Potentiale der Komponenten bekannt sein. In *idealen* Mischphasen (z. B. Mischungen von idealen Gasen) sind die chemischen Potentiale der Komponenten gleich der freien Enthalpie je mol reiner Komponente, denn in solchen Phasen hängt die freie Enthalpie nicht von der Anwesenheit anderer Komponenten (Zusammensetzung) ab. Gl. (76) geht dann in die Definition (2) des bisherigen Konzeptes über:

$$\Delta G = \sum_{k=1}^{n} b_k G_k - \sum_{i=1}^{m} a_i G_i \tag{77}$$

Gl. (76) soll als Ausgangspunkt zur nachfolgenden Behandlung von *Dissoziationsgleichgewichten* in Elektrolytlösungen und von *Lösungsgleichgewichten* mit Elektrolytlösungen dienen. In Abschnitt 19.1 wurde auf Grund von Leitfähigkeitsdaten festgestellt, daß es *starke vollständig* und *schwache unvollständig* dissoziierende Elektrolyte gibt. Tabelle 20.2 zeigt z. B. den unterschiedlichen Dissoziationsgrad von Essigsäure und Salzsäure auf. Ganz allgemein dissoziiert eine schwache Säure HA (A organischer oder anorganischer Rest) nach folgender Reaktionsgleichung:

$$HA\,(aq) + H_2O \rightleftharpoons H_3O^+ + A^-\,(aq). \tag{78}$$

Der Doppelpfeil soll andeuten, daß das Gleichgewicht nicht ganz auf der rechten Seite liegt, daß also in diesem noch undissoziierte Säure in beträchtlichem Ausmaß vorliegt (unvollständige Reaktion). An solchen Dissoziationsreaktionen ist nur eine einzige Phase, die wäßrige Lösung als Mischphase beteiligt (einphasiges Reaktionsgemisch). Anders bei Lösungsreaktionen wie

$$AB(s) + H_2O \rightleftharpoons A^+(aq) + B^-\,(aq), \tag{79}$$

bei denen neben der Lösung noch eine feste (reine) Phase zugeben ist (mehrphasiges Reaktionsgemisch). Stoffe wie z. B. Silberhalogenide bezeichnet man als *schwer lösliche* und Stoffe wie Alkalihalogenide als *leicht lösliche* Elektrolyte. Das chemische Gleichgewicht befindet sich im ersten Fall sehr weit links und im zweiten Fall sehr weit rechts.

Lassen wir zunächst die Phasen der beteiligten Komponenten an den Dissoziationsund Lösungsreaktionen offen und führen wir die Konzentrationsabhängigkeit der chemischen Potentiale in der allgemeinen Form (Abschnitt 17.1)

$$\mu_i = \mu_i^\circ + RT \ln a_i \tag{80}$$

und

$$\mu_k = \mu_k^\circ + RT \ln a_k \tag{81}$$

in Gl. (76) ein, so folgt für das Gleichgewicht:

$$\Delta G = \Delta G^\circ + \sum_{k} b_k RT \ln a_k - \sum_{i} a_i RT \ln a_i = 0. \tag{82}$$

Tabelle 20.2: Dissoziationsgrad α und Dissoziationskonstante K
bei 25 °C von Salzsäure und Essigsäure aus Äquivalentleitfähig-
keitsmessungen λ (*D. A. Mc Innes, T. Shedlovsky:* J. Am. Chem.
Soc. 54 (1932) 1429)

Salzsäure

$\dfrac{c}{\text{val } l^{-1}}$	$\dfrac{\lambda}{\Omega^{-1}\,m^2 val^{-1}}$	$\alpha = \dfrac{\lambda}{\lambda^\circ}$	$K = \dfrac{c\alpha^2}{1-\alpha}$
0	0,042616 (λ°)	1,00	
0,001	0,042136	0,99	0,10
0,005	0,041580	0,98	0,24
0,01	0,041200	0,97	0,31
0,05	0,039909	0,94	0,73
0,1	0,039132	0,92	1,1
0,5	0,03592	0,84	2,2
1,0	0,03328	0,78	2,8

Essigsäure

0	0,03901 (λ°)	1,000	
0,0000280	0,02103	0,541	$1,79 \cdot 10^{-5}$
0,000113	0,01277	0,327	1,77
0,001			
0,001028	0,00481	0,123	1,78
0,00984	0,001637	0,0419	1,80
0,0200	0,001156	0,0296	1,80
0,030			
0,0500	0,000736	0,0189	1,81
0,1000	0,000520	0,0133	1,80
0,2000	0,000365	0,0094	1,78

In Gl. (82) sind die Aktivitäten der Komponenten a_i und a_k bereits Gleichgewichtsaktivi-
täten. Aus Gl. (82) folgt weiter

$$\Delta G^\circ = -RT \ln \frac{\prod\limits_{k} (a_k)^{b_k}}{\prod\limits_{i} (a_i)^{a_i}} \qquad\qquad \Delta G^\circ = \sum_{k} b_k \mu_k^\circ - \sum_{i} a_i \mu_i^\circ \qquad (83)$$

und

$$K = \frac{\prod\limits_{k} (a_k)^{b_k}}{\prod\limits_{i} (a_i)^{a_i}} = e^{-\frac{\Delta G^\circ}{RT}}. \qquad (84)$$

Die thermodynamische Gleichgewichtskonstante K wird hier *Dissoziationskonstante*
genannt. In sehr verdünnten Lösungen lassen sich die Aktivitäten durch die Konzentrationen ersetzen, so daß

$$K_c = \frac{\prod\limits_{k} (c_k)^{b_k}}{\prod\limits_{i} (c_i)^{a_i}}. \qquad (85)$$

Gl. (84) bzw. (85) wird in Abschnitt 20.7 zur Definition des Löslichkeitsproduktes
verwendet werden.

20.6 Säure-Basengleichgewicht

Nach der Reaktionsgleichung (78) besteht die Dissoziation einer schwachen Säure in einer wäßrigen Lösung aus dem Protonenübergang von einem neutralen Säuremolekül zu einem Wassermolekül. Wieviele Moleküle oder mol Säure im Gleichgewicht dissoziiert und wieviele undissoziiert vorliegen, gibt der Dissoziationsgrad α bzw. die Dissoziationskonstante K an. In welchem Zusammenhang diese beiden Größen stehen, wie sie bestimmt werden können und welche praktische Anwendungsmöglichkeit daraus resultieren, soll dieser Abschnitt zeigen.

In konzentrierten Lösungen gilt nach Gl. (84) für die Säuredissoziation (78)

$$K = \frac{a_{H_3O^+}\, a_{A^-}}{a_{H_2O}\, a_{HA}} \tag{86}$$

und in verdünnten Lösungen

$$K_c = \frac{c_{H_3O^+}\, c_{A^-}}{c_{H_2O}\, c_{HA}}. \tag{87}$$

Für die Herleitung der folgenden Zusammenhänge spielt es aber keine Rolle, wenn wir von der vereinfachten Gleichung

$$HA \rightleftharpoons H^+ + A^- \tag{88}$$

mit

$$K_c = \frac{c_{H^+}\, c_{A^-}}{c_{HA}} \tag{89}$$

ausgehen. Denn thermodynamisch kann zwischen isolierten und hydratisierten Protonen sowieso nicht unterschieden werden.

Wurden z. B. M kg oder M/M = n mol einer schwachen Säure abgewogen und in V l Wasser gelöst, so beträgt die Anfangskonzentration (= *Totalkonzentration*) c = n/V mol l^{-1}. Vor dem Dissoziationsvorgang herrschen also die folgenden Konzentrationtsverhältnisse: c_{HA} = c, c_{H^+} = 0, c_{A^-} = 0. Nach dem Dissoziationsvorgang, wenn der Bruchteil αc (α ist der *Dissoziationsgrad*, vgl. Abschnitt 18.1) dissoziiert ist, liegen undissoziierte HA-Moleküle noch in der Konzentration $(1 - \alpha)$ c vor, und H^+- und A^--Ionen in den Konzentrationen $c_{H^+} = \alpha c$ und $c_{A^-} = \alpha c$ sind entstanden. Setzt man diese Gleichgewichtskonzentrationen in Gl. (89) ein, so ergibt sich der Ausdruck:

$$K = \frac{\alpha^2 c}{1 - \alpha}. \tag{90}$$

Er wird auch als *Ostwaldsches Verdünnungsgesetz* bezeichnet. Lösen wir diese in α quadratische Gleichung nach der allgemeinen Vorschrift

$$x = \frac{-b \pm \sqrt{b^2 - 4ac}}{2a} \tag{91}$$

für

$$ax^2 + bx + c = 0 \tag{92}$$

nach α auf, so resultiert:

$$\alpha = \frac{K}{2c}\left(\sqrt{1 + \frac{4c}{K}} - 1\right). \tag{93}$$

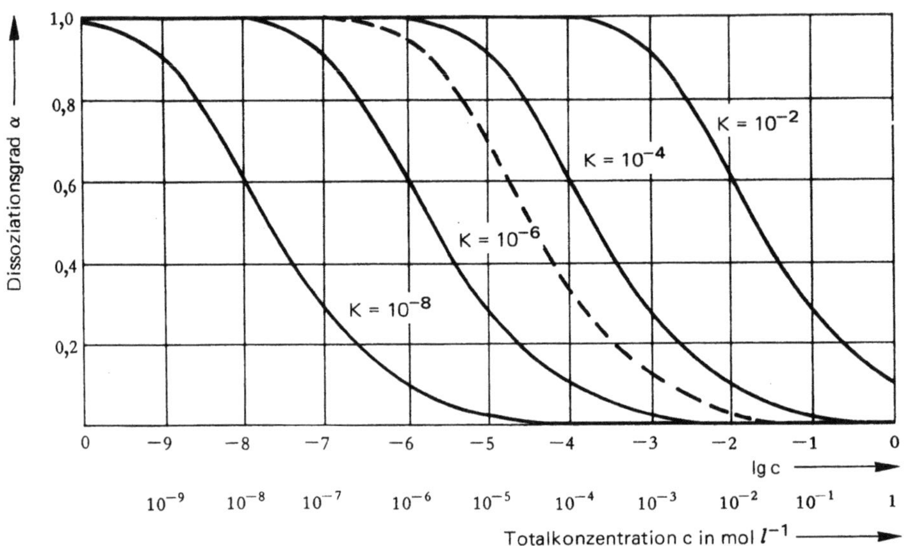

Bild 20.5 Der Dissoziationsgrad α als Funktion von lgc von verschiedenen schwachen Säuren;
- - - - - Essigsäure mit $K = 10^{-4,75}$

Der Dissoziationsgrad α ist also eine Funktion der Totalkonzentration c. Parameter ist
die Dissoziationskonstante K, eine Konstante der jeweiligen schwachen Säure oder Base.
Denn eine analoge Herleitung läßt sich natürlich auch für eine schwache Base machen,
wenn sie nach

$$A^- + H_2O \rightleftharpoons HA + OH^- \tag{94}$$

dissoziiert und in der Lösung OH^--Ionen erzeugt.

Bei geringer Dissoziation geht Gl. (90) bzw. Gl. (93) ($\alpha \ll 1$ bzw. $4c \gg K$) in das
Grenzgesetz

$$\alpha = \sqrt{\frac{K}{c}} \tag{95}$$

über. In Bild 20.5 wurde der Dissoziationsgrad α als Funktion von lgc für verschiedene
Dissoziationskonstanten aufgetragen. Die Auftragung erfolgt logarithmisch, weil einerseits die praktisch auftretenden Konstanten über einen sehr weiten Bereich streuen und
andererseits die Konzentration c über mehrere Zehnerpotenzen variiert werden kann.
Betrachten wir z. B. die gestrichelt gezeichnete Dissoziationskurve von Essigsäure mit
$K = 10^{-4,75}$, so erkennen wir sofort, daß sich zu einer bestimmten Totalkonzentration
c ein definierter Dissoziationsgrad α einstellen muß. Bei höheren Konzentrationen ist
„relativ" weniger und bei kleinen „relativ" mehr dissoziiert. Die Betonung liegt auf dem
Wort relativ, denn absolut gesehen ist es gerade umgekehrt. Diese Erkenntnis ist aber
nichts Neues, denn sie steckt bereits im Gleichgewichtsansatz (89).

Für praktische Anwendungen wichtiger ist eine Darstellung des Dissoziationsgrades
α in Abhängigkeit vom pH-*Wert*. Dieser ist durch den negativen Zehnerlogarithmus der

Hydroniumionenaktivität und in gröbster Näherung durch den negativen Logarithmus der Protonenkonzentration definiert:

$$pH = -\lg a_{H_3O^+} \cong -\lg c_{H^+}. \tag{96}$$

Um die pH-Abhängigkeit zu eruieren, gehen wir wieder von Gl. (89) aus und erhalten durch Logarithmieren:

$$\lg K = \lg c_{H^+} + \lg c_{A^-} - \lg c_{HA}. \tag{97}$$

Schreiben wir konventionellerweise $-\lg c_{H^+} = pH$ und analog $-\lg K = pK$, so bekommen wir für das Konzentrationsverhältnis von dissoziierter (A^-) zu undissoziierter Säure (HA):

$$\frac{c_{A^-}}{c_{HA}} = 10^{pH - pK}. \tag{98}$$

Gesucht ist aber der Dissoziationsgrad α, das Verhältnis der Konzentration von dissoziierter Säure (A^-) zur Totalkonzentration c. Dazu drücken wir c_{A^-} in Gl. (98) aus und bilden das Verhältnis:

$$\alpha \equiv \frac{c_{A^-}}{c} = \frac{c_{A^-}}{c_{HA} + c_{A^-}} = \frac{c_{HA}\, 10^{pH - pK}}{c_{HA} + c_{HA}\, 10^{pH - pK}} = \frac{1}{10^{pK - pH} + 1}. \tag{99}$$

Damit haben wir explizit die Abhängigkeit des Dissoziationsgrades α vom pH-Wert gefunden. Sie ist in Bild 20.6 für Essigsäure (pK = 4,75) graphisch dargestellt.

Zu beachten ist, daß zwar das Verhältnis c_{A^-}/c_{HA} von 0 bis ∞ variiert, der Dissoziationsgrad aber nur Werte zwischen 0 und 1 haben kann. Die in Bild 20.6 gezeichnete α(pH)-Kurve gibt an, welcher Dissoziationsgrad sich bei einem bestimmten pH-Wert der Lösung einstellt. Bei hohen pH-Werten liegt praktisch nur dissoziierte Säure $A^-(\alpha \cong 1)$ und bei niederen nur undissoziierte HA ($\alpha \cong 0$) vor. Bei pH = pK ist der Dissoziationsgrad gerade 1/2, also die Hälfte der Säure dissoziiert. Auch das ist an sich keine neue Erkenntnis, denn wir haben außer Gl. (89) keine neuen Annahmen getroffen. Wir haben das Konzept nur so formuliert, daß es in der Praxis anwendbar ist. Soll nämlich nach Gl. (96) die Protonenkonzentration einen ganz bestimmten Wert haben, so muß, da ja K konstant ist, ein ganz bestimmtes c_{A^-}/c_{HA}-Verhältnis vorgelegt werden.

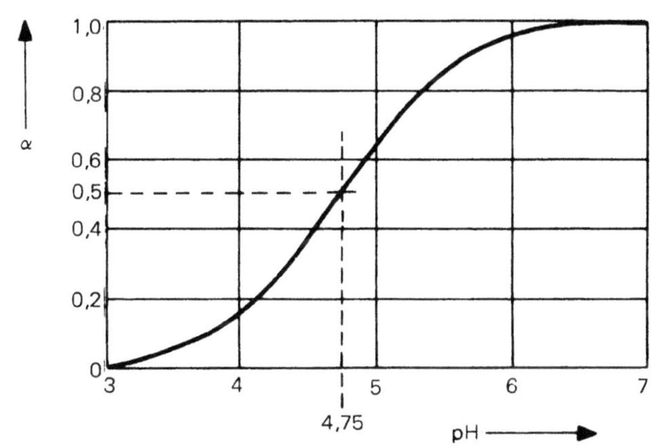

Bild 20.6

Die pH-Abhängigkeit des Dissoziationsgrades der Essigsäure

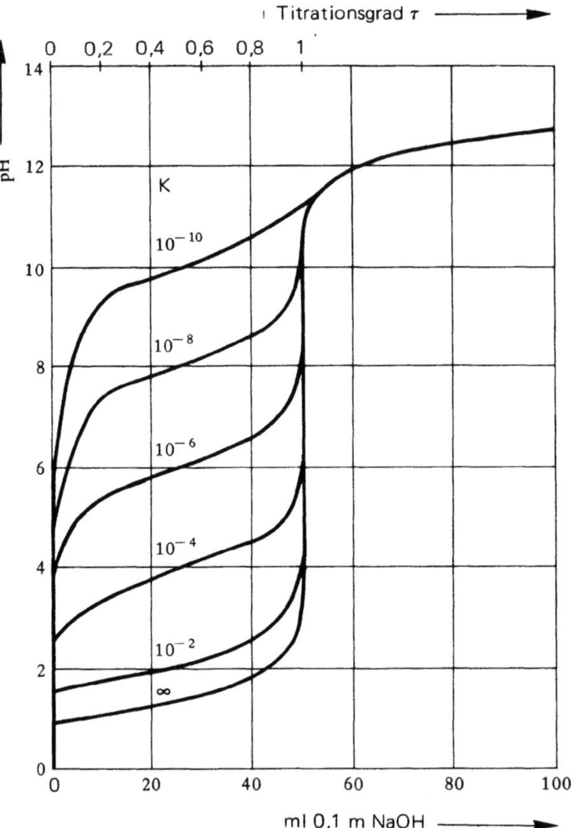

Bild 20.7
Titrationskurven von jeweils 50 ml 0,1 molaren Säuren unterschiedlicher pK-Werte mit 0,1 molarer NaOH; Titrationsgrad $\tau = c_{OH^-}/c$

Lösungen mit dem Dissoziationsgrad $\alpha = 1/2$ werden *Pufferlösungen* genannt. Sie haben einen pH-Wert, der dem pK-Wert einer schwachen Säure entspricht. Praktische Herstellung einer Pufferlösung: Einwiegen von äquimolaren Mengen schwacher Säure und eines Salzes dieser Säure. Pufferlösungen haben den ganz großen Vorteil, daß sich ihr pH-Wert in der Nähe von pH = pK nur sehr wenig mit der Zugabe von weiteren Säuren oder Basen ändert (große *Pufferkapazität*). Man kann auf diese Weise z. B. eine chemische Reaktion bei einem genau definierten pH-Wert ablaufen lassen.

Zur Bestimmung des Dissoziationsgrades oder der Dissoziationskonstanten oder, wie in der chemischen Analytik, der Totalkonzentration (c) dienen u. a. *Titrationen.* Bild 20.7 zeigt, wie eine Titrationskurve aussieht (pH als Funktion der zugegebenen Menge Säure oder Base). Säure-Basentitrationen basieren auf der Neutralisation von Säuren durch Basen oder umgekehrt. Der Titration einer schwachen Säure mit einer starken Base liegt z. B. die folgende Neutralisationsreaktion zu Grunde:

$$HA + OH^- \rightleftharpoons A^- + H_2O. \tag{100}$$

Titrationskurven pH(τ) sind im Prinzip nichts anderes als pH(α)-Kurven. Warum? Rein mathematisch folgt zunächst aus Gl. (99) durch Umformen

$$pH = pK - \lg \frac{1-\alpha}{\alpha}. \tag{101}$$

Liegt zu Titrationsbeginn Säure in der Totalkonzentration c vor ($\alpha \cong 0$), so hängt ihr Dissoziationsgrad im weiteren Verlauf linear von der zugegebenen Menge an Base ab, vorausgesetzt die dabei hervorgerufenen Volumenänderungen sind vernachlässigbar klein. Denn die jeweilige Konzentration c_{A^-}, die den Dissoziationsgrad nach Gl. (99) bestimmt, ist direkt proportional der zugegebenen Menge an Base (OH$^-$) und c_{A^-} damit gleich groß wie die Konzentration c_{OH^-}. Es gilt also:

$$\alpha = \frac{c_{A^-}}{c} = \frac{c_{OH^-}}{c} \sim \frac{\text{Menge oder ml Base}}{c}. \tag{102}$$

Definiert man den sogenannten *Titrationsgrad* τ durch das Verhältnis c_{OH^-}/c, so ist dieser zu Beginn Null und am Ende der Reaktion 1. Das heißt τ entspricht völlig dem Dissoziationsgrad α. Ersetzt man daher in Gl. (101) α durch τ, so erhält man direkt einen analytischen Ausdruck für Titrationskurven schwacher Säuren. Daß diese nach dem *Neutralpunkt* (*Äquivalenzpunkt*) weiter ansteigen, hängt mit der darüber hinaus zugegebenen Menge an Base zusammen, die den pH-Wert logarithmisch ansteigen läßt.

Wie die Indikation des pH-Wertes in der Praxis am besten erfolgt, ob elektrochemisch durch eine pH-Elektrode, durch Leitfähigkeitsmessung, durch optische Indikation (Indikatoren) oder sonst wie, hängt vom speziellen Problem ab. Sehr oft genügt eine ganz gewöhnliche Indikation mit Säure-Basenindikatoren. Diese sind selbst schwache Säuren oder Basen und ändern ihre Farbe in einem begrenzten pH-Bereich. Liegt dieser Bereich dort, wo der steile Anstieg in der Titrationskurve erfolgt, so gibt sich der Äquivalenzpunkt durch eine Farbänderung zu erkennen. Von solchen Farbänderungen im Sichtbaren und im UV-Strahlungsbereich war bereits in Abschnitt 6.5 die Rede.

Zum Schluß noch ein paar Worte zur *experimentellen Bestimmung der Dissoziationskonstanten* K und des *Aktivitätskoeffizienten* schwacher Elektrolyte. Nach Gl. (86) lautet die thermodynamische Dissoziationskonstante:

$$K = \frac{\gamma_{H_3O^+}\,\gamma_{A^-}}{\gamma_{H_2O}\,\gamma_{HA}}\,\frac{c_{H_3O^+}\,c_{A^-}}{c_{H_2O}\,c_{HA}}. \tag{103}$$

Da das reale Verhalten von Elektrolytlösungen hauptsächlich von den zwischenionischen Wechselwirkungen verursacht wird (Abschnitt 18.3), hängt K in erster Linie von den Aktivitäten bzw. den Koeffizienten der Ionen ab. Die neutralen HA- und H_2O-Moleküle bleiben so gesehen ohne Einfluß, so daß $\gamma_{HA} = 1$ und $\gamma_{H_2O} = 1$ gesetzt werden darf. Führen wir außerdem den in Abschnitt 18.3 definierten mittleren Aktivitätskoeffizienten $\gamma_\pm$ für Ionenpaare ein, so folgt aus Gl. (103)

$$K = \gamma_\pm^2\,\frac{c_{H_3O^+}\,c_{A^-}}{c_{HA}} \tag{104}$$

und nach Logarithmieren

$$\lg\left(\frac{c_{H_3O^+}\,c_{A^-}}{c_{HA}}\right) = \lg K - 2\lg\gamma_\pm. \tag{105}$$

Umformen mit Hilfe von Gl. (90) ergibt dann die Beziehung

$$\lg \frac{\alpha^2 c}{1-\alpha} = \lg K - 2\lg\gamma_\pm \, , \tag{106}$$

die aus Dissoziationsgradmessungen K- bzw. $\gamma_\pm$-Werte liefert. Der Dissoziationsgrad kann entweder aus Leitfähigkeiten ($\alpha = \lambda/\lambda^\circ$) oder chemisch analytisch ($\alpha = c_{A^-}/c$) bestimmt werden.

Die linke Seite von Gl. (106) variiert mit der Konzentration; die rechte Seite enthält den Logarithmus der thermodynamischen Gleichgewichtskonstanten K, die von der Konzentration nicht abhängt, und den Logarithmus des konzentrationsabhängigen Produktes des mittleren Aktivitätskoeffizienten. Handelt es sich um relativ verdünnte Lösungen, so darf man für $\lg\gamma_\pm$ das Debye-Hückelsche Grenzgesetz (Abschnitt 18.3) anwenden und in Gl. (106) einführen. Für Essigsäure bei verschiedenen Konzentrationen lautet dieses:

$$\lg\gamma_\pm = -0{,}5091\sqrt{I} = -0{,}591\sqrt{\tfrac{1}{2}(c\alpha\,1^2 + c\alpha\,1^2)} = -0{,}5091\sqrt{c\alpha}, \tag{107}$$

so daß

$$\lg\left(\frac{c\alpha^2}{1-\alpha}\right) = \lg K + 1{,}018\sqrt{c\alpha}. \tag{108}$$

Trägt man zufolge dieser Gleichung die für verschiedene Konzentrationen gemessenen Werte der linken Seite von Gl. (108) in einem Diagramm gegen $\sqrt{c\alpha}$ auf, so sollten die Meßpunkte auf einer Geraden liegen (Bild 20.8). Die Steigung der Geraden sollte den Wert 1,018 besitzen und der Ordinatenabschnitt einen Wert für $\lg K$ liefern. Aus dem Diagramm in Bild 20.8 geht hervor, daß die Meßwerte nur bis zu etwa $\sqrt{c\alpha} = 0{,}015$ auf einer Geraden liegen. Das heißt, nur bis zu dieser Ionenstärke ist hier das Debye-Hückelsche Grenzgesetz anwendbar. Der Ordinatenabschnitt beträgt $\lg K = -4{,}7565$ bzw. $K = 1{,}75\cdot10^{-5}$, womit dann Gl. (106) umgekehrt lautet:

$$\lg\gamma_\pm = \frac{1}{2}\lg K - \frac{1}{2}\lg\left(\frac{c\alpha^2}{1-\alpha}\right) = -2{,}3782 - \frac{1}{2}\lg\left(\frac{c\alpha^2}{1-\alpha}\right). \tag{109}$$

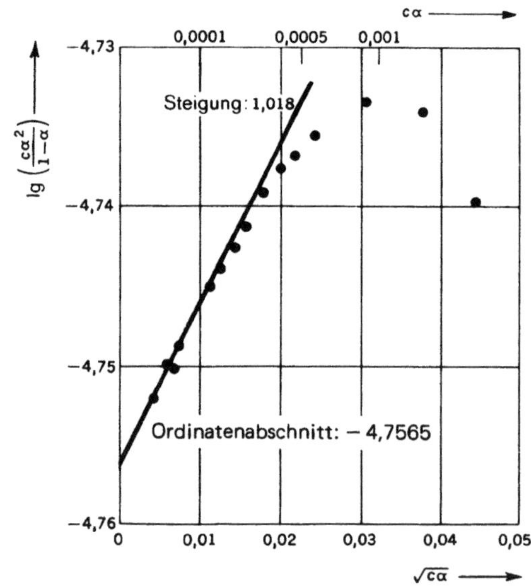

Bild 20.8

Darstellung zur graphischen Bestimmung der Dissoziationskonstanten und des mittleren Aktivitätskoeffizienten von Essigsäure aus Dissoziationsgradmessungen

Gl. (109) gibt die Abhängigkeit des mittleren Aktivitätskoeffizienten von der Konzentration für verdünnte Lösungen in analytischer Form wieder. Aus ihr läßt sich der mittlere Aktivitätskoeffizient von Essigsäure bei beliebigen Konzentrationen berechnen, vorausgesetzt der Dissoziationsgrad α ist bekannt.

20.7 Das Löslichkeitsprodukt

Ein schwer löslicher 1,1-Elektrolyt (AB) löst sich in Wasser nach der Reaktionsgleichung (79) nur begrenzt auf. Die zugehörige thermodynamische Gleichgewichtskonstante K lautet:

$$K = \frac{a_{A^-}\, a_{B^-}}{a_{H_2O}\, a_{AB}}. \tag{110}$$

Da in der Lösung eine *vollständige* Dissoziation der AB-Moleküle erfolgt und die Aktivitäten des Wassers und der reinen festen Phase AB definitionsgemäß 1 sind bzw. in die Konstante K mit einbezogen werden können, entsteht aus Gl. (110) das sogenannte *Löslichkeits-* oder *Aktivitätenprodukt:*

$$K_L = a_{A^+} \cdot a_{B^-} \tag{111}$$

Mit $\gamma_+\gamma_- = \gamma_\pm^2$ erhält man weiterhin

$$K_L = \gamma_\pm^2\, c_{A^+}\, c_{B^-} \tag{112}$$

bzw. in logarithmischer Form

$$\lg(c_{A^+}\, c_{B^-}) = \lg K_L - 2\,\lg\gamma_\pm\,. \tag{113}$$

Befindet sich außer dem Elektrolyten AB kein weiteres Salz in der Lösung, welches das Gleichgewicht oder die Ionenstärke ändern könnte, so gilt für die Konzentration der Ionen:

$$c_{A^+} = c_{B^-} = c_s\,. \tag{114}$$

c_s ist die *Sättigungskonzentration* und besitzt für jede Temperatur einen festen Wert (Abschnitt 17.5). Damit folgt aus Gl. (113)

$$2\,\lg c_s = \lg K_L - 2\,\lg\gamma_\pm \tag{115}$$

bzw.

$$\lg c_s = \frac{1}{2}\,\lg K_L - \lg\gamma_\pm\,. \tag{116}$$

Wird durch Zugabe von Fremdsalzen, also Salzen, die die Ionen A^+ und B^- nicht enthalten, die Ionenstärke der Lösung verändert, so ändert sich auch der mittlere Aktivitätskoeffizient und die Sättigungskonzentration, denn die Sättigungsaktivität muß ja konstant bleiben. Durch eine solche Variation bietet sich die Möglichkeit, Aktivitätskoeffizienten als Funktion der Sättigungskonzentration zu bestimmen.

Ersetzen wir in Gl. (115) $\lg\gamma_\pm$ durch das Debye-Hückelsche Grenzgesetz, so bekommen wir:

$$\lg c_s = \frac{1}{2}\,\lg K_L + 0{,}5091\,\sqrt{I}. \tag{117}$$

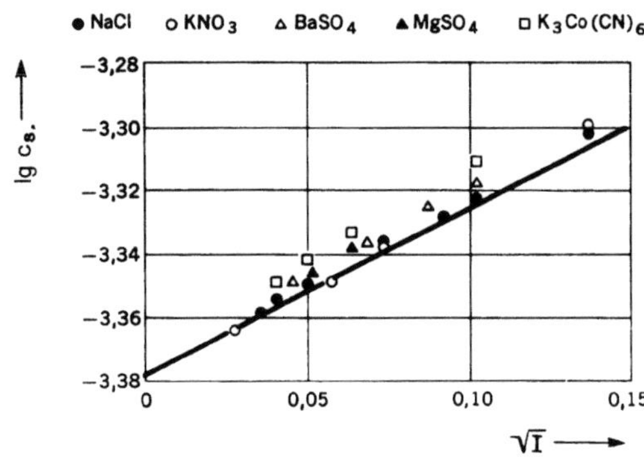

Bild 20.9

Abhängigkeit der Sättigungskonzentration c_S des Elektrolyten $[Co(NH_3)_4C_2O_4]$ $[Co(NH_3)_2(NO_2)_2C_2O_4]$ von der Ionenstärke I (*L. P. Hammett:* Introduction of the Study of Physical Chemistry, McGraw Hill Book, Co., N.Y., 1952)

Tragen wir $\lg c_s$ gegen $\sqrt{I}$ in einem Diagramm auf, so sollten die Meßpunkte wiederum auf einer Geraden liegen. Die Steigung im Bereich kleiner Ionenstärken sollte nach Gl. (116) 0,5091 und der Ordinatenabschnitt $\frac{1}{2}\lg K_L$ betragen. In Bild 20.9 wurde ein solches $\lg c_s$, $\sqrt{I}$-Diagramm für den Elektrolyt $[Co(NH_3)_4C_2O_4]$ $[Co(NH_3)_2(NO_2)_2C_2O_4]$ gezeichnet. Der Ordinatenabschnitt beträgt $\frac{1}{2}\lg K_L = -3,377$ ($K_L = 1,76\cdot 10^{-7}$) und die Steigung besitzt den erwarteten Wert. Damit lautet Gl. (116) umgekehrt

$$\lg \gamma_\pm = \frac{1}{2}\lg K_L - \lg c_s \tag{118}$$
$$= -3,377 - \lg c_s$$

und ist der analytische Ausdruck für die Abhängigkeit des Aktivitätskoeffizienten von der Sättigungskonzentration.

Ähnliche Beziehungen wie Gl. (117) lassen sich auch für 2,1-Elektrolyte usw. ableiten. Für einen 2,1-Elektrolyt (A_2B) gilt

$$A_2B(s) \rightleftharpoons 2A^+(aq) + B^{2-}(aq) \tag{119}$$

und das Löslichkeitsprodukt lautet

$$K_L = a_{A^+}^2 a_{B^{2-}} = \gamma_\pm^3 c_{A^+}^2 c_{B^{2-}} \, . \tag{120}$$

Da die Sättigungskonzentration von A^+ doppelt so groß wie die von B^{2-} ist, gilt

$$c_{A^+} = 2c_s,$$
$$c_{B^{2-}} = c_s, \tag{121}$$

so daß Gl. (119) in

$$K_L = \gamma_\pm^3 (2c_s)^2 c_s = \gamma_\pm^3 4c_s^3 \tag{122}$$

übergeht. Durch Logarithmieren ergibt sich daraus

$$\lg \gamma_\pm = \frac{1}{3}(\lg K_L - \lg 4) - \lg c_s \, . \tag{123}$$

Bestimmt man K_L wiederum aus einer $\lg c_s$, $\sqrt{I}$-Auftragung, so bekommt man den analytischen Ausdruck für die Abhängigkeit des mittleren Aktivitätskoeffizienten des 2,1-Elektrolyten von der Sättigungskonzentration bei konstanter Temperatur.

Rechenbeispiele

1. Vergleichen Sie die Reaktionsenthalpie ΔH mit der freien Reaktionsenthalpie ΔG bei der Verbrennung von 1 mol Äthan und bei der Umwandlung von 1 mol O_3 in 1,5 mol O_2 (25 °C und 1 atm).

2. Berechnen Sie die freie Reaktionsenthalpie ΔG für die Wasserbildung aus H_2 (g) und O_2 (g) (Partialdrücke jeweils 10^{-5} atm, 25 °C). Vergleichen und kommentieren Sie den Unterschied zur tabellierten Standardbildungsenthalpie von Wasser.

3. Berechnen Sie die Gleichgewichtskonstante (25 °C) der Reaktion

$$Cl_2 (g) + 2\, CH_4 (g) \rightarrow 2\, CH_3Cl (g) + H_2 (g)$$

4. Ermitteln Sie die Temperaturabhängigkeit des O_2-Gleichgewichtspartialdruckes über Ag_2O und Al_2O_3.

5. Wie groß ist der Wasserdampfdruck über $CuSO_4 \cdot 5\, H_2O$ bei 25 °C?

6. Folgende O_2-Drücke wurden gemäß der Dissoziation

$$Ag_2O(s) \rightarrow 2\, Ag(s) + 1/2\, O_2 (g)$$

gemessen:

Temperatur	(°C)	150	173	183	191	200
p_{O_2} (Torr)		182	422	605	790	1050

Berechnen Sie mit Hilfe dieser Daten die Standardbildungsenthalpie und die freie Standardbildungsenthalpie und vergleichen Sie das Ergebnis mit den tabellierten Daten im Anhang.

7. Folgende Dissoziationsgrade wurden für die Dissoziationsreaktion

$$H_2O(g) \rightarrow 1/2\, O_2 (g) + H_2 (g)$$

ermittelt:

Temperatur (K)	1300	1500	1705	2155	2257	2300
α (%)	0,0027	0,02	0,102	1,18	1,77	2,60

Berechnen Sie mit Hilfe der im Anhang tabellierten Daten die Gleichgewichtskonstante und den Dissoziationsgrad bei den angegebenen Temperaturen und vergleichen Sie diese mit den experimentellen Werten.

8. NO_2 (g) dissoziiert bei höheren Temperaturen in NO (g) und $1/2 O_2$ (g). Bei 1 atm Gesamtdruck wurden folgende Dissoziationsgrade gemessen:

Temperatur (K)	457	552	767	903
α_{NO_2} (%)	5	13	56,5	99

Berechnen Sie mit Hilfe dieser Daten $\Delta G°$.

9. Bei welcher Temperatur dissoziiert O_2 (bzw. N_2) so stark, daß gleichviel O_2- (bzw. N_2) und O- (bzw. N)-Atome entstehen?

10. In 300 bis 500 km Höhe besteht die Erdatmosphäre hauptsächlich aus O_2. Wie groß ist der O_2-Dissoziationsgrad, wenn dort der Druck $5 \cdot 10^{-11}$ atm und die Temperatur 2000 K betragen?

11. Die Reaktion $Br_2 (g) \rightarrow 2\, Br (g)$ besitzt folgende Temperaturabhängigkeit der Gleichgewichtskonstanten:

Temperatur (K)	1123	1173	1223	1273
K_p	0,00043	0,0014	0,00328	0,0071

Berechnen Sie auf statistische Weise K_p in diesem Temperaturbereich und vergleichen Sie. Folgende atomaren Daten sind gegeben: Br_2-Trägheitsmoment $3,46 \cdot 10^{-45}$ kgm^2; Termabstand der Schwingungszustände 322 cm^{-1}; der elektronische Grundzustand von Br(g) besitzt eine Multiplizität von 4; $7,33 \cdot 10^{-20}$ J darüber befindet sich ein zweifach entarteter, anregbarer Zustand.

12. In Verbrennungsmaschinen entsteht u. a. NO aus N_2 und O_2 der Luft. Berechnen Sie die Gleichgewichtsdrücke von NO für Luft bei 298, 1000, 2000 und 3000 K bei 1 atm Gesamtdruck.

13. Ein großtechnisches Verfahren zur Erzeugung von Azetylen beruht auf folgender Reaktion:

$$5\,CH_4 + 3\,O_2 \rightarrow C_2H_2 + 3\,CO + 6\,H_2 + 3\,H_2O$$

Dazu wird Methan bei 1800 K mit O_2 verbrannt. Berechnen Sie an Hand von Tabellendaten die Temperaturabhängigkeit der Gleichgewichtskonstanten und diese speziell für 1800 K. Wie groß ist bei einem CH_4/O_2-Verhältnis von 3/2 und einem Gesamtdruck von 1 atm die Ausbeute an Azetylen.

14. In den USA wird HCN u. a. katalytisch nach

$$CH_4 + NH_3 + 3/2\,O_2 \rightarrow HCN + 3\,H_2O$$

bei 1100 °C hergestellt. Die HCN-Ausbeute soll (auf CH_4 bezogen) 20 % betragen. Bei höheren Temperaturen treten ausbeutemindernde Nebenreaktionen auf. Ist die Temperatur von 1100 °C notwendig, um die Reaktion kinetisch zu beschleunigen oder um die 20 %ige Ausbeute zu bekommen?

15. Methanol wird großtechnisch bei Drücken von 300 bis 500 atm und Temperaturen um 400 ° C nach

$$2\,H_2\,(g) + CO\,(g) \rightarrow CH_3OH\,(g)$$

erzeugt. Berechnen Sie die Gleichgewichtskonstante für diesen Druckbereich, und zwar sowohl für ideale als auch für reale Gasbedingungen. Wieviel Wärme muß man pro mol H_2 zuführen, damit der Reaktor auf konstanter Temperatur gehalten werden kann?

16. Berechnen Sie ΔH, ΔS und ΔG für die Reaktion $H_2 + C_2H_4 \rightarrow C_2H_6$, wenn H_2 und C_2H_4 zu Beginn mit den Partialdrücken 1/2 und 1/3 atm (Gesamtdruck 1 atm) bei 500 K vorliegen. Welchen Einfluß üben die Reaktionsentropie bzw. die -enthalpie auf das Gleichgewicht aus?

17. n-Pentan und Neopentan besitzen eine Standardbildungsenthalpie von $-146{,}44$ bzw. $-165{,}98$ $kJmol^{-1}$ und eine Standardentropie von 349 bzw. 306 $JK^{-1}\,mol^{-1}$. Beide Verbindungen stehen über einem Katalysator miteinander im Gleichgewicht. Wie groß sind die Gleichgewichtsdrücke der beiden Isomeren bei 25 °C?

18. Wie groß ist die Gleichgewichtskonstante bei 25 °C für die Trimerisierung von Acetylen zu Benzol? Wie groß sind die Gleichgewichtsdrücke, wenn der Anfangsdruck von Acetylen 1 atm beträgt?

19. Berechnen Sie die Temperaturabhängigkeit der Gleichgewichtskonstanten K_p zwischen 300 und 1000 °C für folgende Reaktion:

$$CO_2\,(g) + H_2\,(g) \rightarrow CO\,(g) + H_2O\,(g)$$

Benutzen Sie dazu die Standardbildungsenthalpien und die temperaturabhängigen Molwärmen.

20. Bei 3000 K betragen die Gleichgewichtsdrücke von CO_2, CO und O_2 0,6, 0,4 und 0,2 atm ($2\,CO_2 \rightarrow 2\,CO + O_2$). Berechnen Sie ΔG°_{3000} und K_p (3000).

21. Die Gleichgewichtskonstante K_p der Reaktion $H_2 + CO_2 \rightarrow H_2O + CO$ beträgt bei 986 °C und nicht zu hohen Drücken 1,6. Wie groß ist sie bei einem Gesamtdruck von 500 atm?

Kapitel 21
Das elektrochemische Gleichgewicht

Direkte kalorimetrische Methoden zur Messung der freien Reaktionsenthalpie wie solche zur Messung von Reaktionswärmen gibt es nicht, denn dazu müßten Reaktionen auch in der Praxis reversibel durchgeführt werden können. In Gefäßen mit gemischten Reaktanten (Mischphase) erfolgen Reaktionen jedoch immer irreversibel, d. h. sie lassen sich nicht jederzeit rückgängig machen, weil sie meist zu weit vom Gleichgewicht entfernt gestartet werden. Um sie trotzdem reversibel durchführen zu können, müßte ein „chemischer Kolben" zur Verfügung stehen, der die Reaktion auch zurücktreiben kann. Einen solchen Kolben verkörpert die elektrische Spannung, wenn die Reaktion in einer elektrochemischen Zelle durchgeführt wird. Äußeres Kennzeichen dabei ist die örtliche Auftrennung der Reaktion in zwei verschiedene elektrochemische Reaktionen (Teilreaktionen), an denen Elektronen und Ionen trotz neutraler Bruttoreaktion teilnehmen.

Um dies zu demonstrieren, tauchen wir am einfachsten zwei Metallelektroden in eine Elektrolytlösung und legen an sie eine Gleichspannung von mehreren Volt an. An den Elektroden finden dann die elektrochemischen Teilreaktionen (oder auch Elektrodenreaktionen) statt, und zwar in Form von elektrolytischen Effekten. Die positive Elektrode (Anode) stellt dabei eine Elektronensenke und die negative (Kathode) eine Elektronenquelle dar. Erstere raubt sozusagen Elektronen und die andere bietet solche an. Dieses Rauben und Anbieten von Elektronen erfordert allerdings einen gewissen Energieaufwand. Denn dazu müssen die Elektronen im äußeren elektrischen Kreis von der Anode zur Kathode gepumpt werden. Zudem muß die zur Elektrolyse erforderliche Spannung größer als die von der Zelle selbst produzierte Zellspannung und ihr entgegengerichtet sein. Ist sie nämlich kleiner als diese, so laufen alle Elektrodenreaktionen in umgekehrter Richtung ab. Die Zelle arbeitet dann nicht elektrolytisch sondern galvanisch und liefert eine der freien Reaktionsenthalpie ΔG entsprechende elektrische Energie (Zelle = Batterie). Die an den Elektroden (ohne Stromentnahme) auftretende Zellspannung oder EMK ist ΔG direkt proportional und kann mit einem Voltmeter gemessen werden. Dies ist das Prinzip der Messung von freien Reaktionsenthalpien mit Hilfe reversibel arbeitender elektrochemischer Zellen.

21.1 Die elektrochemische Zelle

In Bild 21.1a ist schematisch eine *elektrochemische Zelle* gezeichnet. In ihr soll die Bruttoreaktion

$$2\,HCl\,(aq) \rightarrow H_2\,(g) + Cl_2\,(g) \tag{1}$$

ablaufen. Die Zelle besteht aus einer HCl-Lösung mit zwei inerten, d. h. an der Reaktion nicht teilnehmenden Platinelektroden und einer Gleichstromquelle, im einfachsten Fall aus einer Batterie. Legt man mit Hilfe der Batterie an die Elektroden eine Spannung von 1,3 V oder mehr an, so entwickelt sich im Kathodenraum gasförmiges H_2 und im Anodenraum gasförmiges Cl_2 (HCl-*Elektrolyse*). Welche Elektrodenreaktionen sind dafür verantwortlich? Im äußeren metallischen Leiter fließen Elektronen von der Batterie zur Kathode und von der Anode zur Batterie zurück. Damit der Stromkreis geschlossen ist, muß auch durch die Lösung Strom fließen..Er wird durch H^+- und Cl^--Ionenwanderung aufrechterhalten. An der Kathode werden die Protonen durch Elektronenaufnahme

$$2\,H^+\,(aq) + 2\,e^- \to H_2\,(g) \tag{2}$$

und an der Anode die Cl^--Ionen durch Elektronenabgabe

$$2\,Cl^-\,(aq) \to 2\,e^- + Cl_2\,(g) \tag{3}$$

entladen.

Chemisch gesehen geht also an der *Kathode* eine *Reduktion* und an der *Anode* eine *Oxidation* vor sich. Für eine thermodynamische Behandlung dieser Reaktionen ist nur der Ausgangs- und Endzustand maßgebend und dieser besteht einerseits aus Salzsäure in Form von H^+- und Cl^--Ionen und andererseits aus gasförmigem H_2 und Cl_2. Implizit wird vorausgesetzt, daß die angelegte Spannung größer als die noch zu definierende Zellspannung ist. Elektrolysen, bei denen die wandernden Kationen und Anionen reduziert bzw. oxidiert werden, stellen einen ersten Typ von Elektrodenreaktionen dar.

Ein zweiter Typ besteht aus Elektrodenreaktionen, bei denen nicht die wandernden, sondern die in der Lösung vorhandenen Ionen reagieren, z. B. bei der Elektrolyse einer $CuSO_4$-Lösung. Stromträger sind zwar die Cu^{2+}- und SO_4^{2-}-Ionen im Ausmaß ihrer Überführungszahlen (Abschnitte 14.8 und 18.1), und es werden auch Cu^{2+}-Ionen an der Kathode entladen (metallisches Kupfer wird abgeschieden), doch an der Anode werden OH^-- bzw. H_2O-Moleküle zu O_2 oxidiert. Die Mindestspannung für die Entladung der SO_4^{2-}-Ionen ist viel größer als die für die immer vorhandenen OH^-- bzw. H_2O-Moleküle.

Die Bruttoreaktion der HCl-Elektrolyse (1) setzt sich additiv aus den Einzelvorgängen (2) und (3) zusammen. Ist die angelegte Spannung jedoch nicht so groß wie die Zellspannung, so erfolgen die Einzelreaktionen (2) und (3) und damit auch die Bruttoreaktion in umgekehrter Richtung. Aus H_2 und Cl_2 entsteht Salzsäure:

$$
\left.\begin{aligned}
Cl_2 + 2\,e^- &\to 2\,Cl^- \\
H_2 &\to 2\,H^+ + 2\,e^-
\end{aligned}\right| + \text{ oder } \left.\begin{aligned}
Cl_2 + 2\,e^- &\to 2\,Cl^- \\
2\,H^+ + 2\,e^- &\to \;\; H_2
\end{aligned}\right| - \tag{4}
$$
$$
\overline{Cl_2 + H_2 \;\to 2\,HCl} \qquad\qquad \overline{Cl_2 + H_2 \;\to 2\,HCl}
$$

Die *Chlor-Knallgasreaktion* (4) ist mithin die Umkehrung der *Salzsäureelektrolyse* (1). „Reversibles Reaktionsgefäß" ist in beiden Fällen die elektrochemische Zelle. Auch die Elektronen im äußeren Kreis fließen im zweiten Fall in umgekehrter Richtung. Alle Prozesse in umgekehrter Richtung werden *galvanische Prozesse* genannt. Eine Zelle kann somit prinzipiell sowohl elektrolytisch auch als galvanisch arbeiten:

$$H_2\,(g) + Cl_2\,(g) \; \underset{\text{elektrolytisch}}{\overset{\text{galvanisch}}{\rightleftharpoons}} \; 2\,HCl\,(aq). \tag{5}$$

Während bei der Elektrolyse das chemische System elektrische Energie verbraucht (sie wird der Batterie entnommen), wird bei galvanischem Ablauf Energie an die Batterie abgegeben und diese aufgeladen. Würde man statt der Batterie einen Elektromotor in den äußeren Kreis schalten, so würde dieser angetrieben werden und könnte mechanische Arbeit (Nutzarbeit ΔG) leisten.

Chemisches Gleichgewicht in der Zelle herrscht dann, wenn keinerlei chemische Reaktion vor sich geht. Dies ist der Fall, wenn die außen angelegte Spannung gleich groß wie die Zellspannung ist. Denn nur dann fließt kein äußerer Strom und nur dann gibt es keine Elektrodenreaktionen in die eine oder andere Richtung. Zur chemischen Gleichgewichtsbedingung $\Delta G = 0$ muß folglich auch die elektrische Energie ($\Delta E_{elektrisch}$) hinzugenommen werden. Die Gleichgewichtsbedingung für eine elektrochemische Zelle lautet daher ganz allgemein:

$$\Delta G + \Delta E_{elektrisch} = 0. \tag{6}$$

Sie wird *elektrochemische Gleichgewichtsbedingung* genannt. Wegen Gl. (6) muß die bei einer galvanischen Reaktion maximal nutzbare Arbeit gleich groß wie die elektrische Energie sein. Damit aber tatsächlich die maximale Arbeit gewonnen werden kann, muß die Reaktion in der Nähe des elektrochemischen Gleichgewichts (Voraussetzung für Reversibilität) ablaufen. Mit anderen Worten: Die äußere angelegte Spannung darf nur ein klein wenig, im Grenzfall gar nicht von der entgegengesetzt gerichteten Zellspannung verschieden sein.

Werden bei einer Reaktion je Formelumsatz n mol = nN_A Elektronen ausgetauscht, so beträgt die vom System reversibel geleistete elektrische Arbeit:

$$\Delta E_{elektrisch} = nN_A e \Delta E. \tag{7}$$

Elektrische Energie oder Arbeit ist ja durch Ladung (e) mal Spannung (ΔE) definiert. Mit ΔE wird üblicherweise die *Zellspannung* (Potentialdifferenz) oder *elektromotorische Kraft* (abgekürzt EMK) bezeichnet. Mit $F = N_A e$ ($1\ F = 9{,}6487 \cdot 10^4\ C\,mol^{-1}$) folgt dann für die elektrochemische Gleichgewichtsbedingung

$$\Delta G + nF \Delta E = 0 \tag{8}$$

oder anders geschrieben

$$\Delta G = -nF\Delta E. \tag{9}$$

Eine Abnahme (Zunahme) der freien Enthalpie des chemischen Teils der Zelle ist gleich groß wie die Zunahme (Abnahme) der Energie des elektrischen Teils. Damit ist umgekehrt auch die Zellspannung ΔE durch die maximale Nutzarbeit ΔG eindeutig festgelegt. Ist andererseits ($\Delta G + nF \Delta E$) negativ, haben wir eine galvanische Zelle, und ist ($\Delta G + nF \Delta E$) positiv, eine elektrolytische Zelle vor uns. Eine positive EMK bedeutet, daß die Bruttoreaktion von links nach rechts verläuft und einen negativen ΔG-Wert besitzt (Bild 21.1b).

Über die Gleichgewichtsbedingung (9) bietet sich die Möglichkeit, die freie Reaktionsenthalpie ΔG aus Spannungsmessungen ΔE zu bestimmen. Voraussetzung ist nur, daß während der Spannungsmessung kein Strom durch die Zelle fließt. Die Spannungsmessung muß also stromlos vorgenommen werden. Wenn nicht, gerät das System aus dem Gleichgewicht, und Reaktionen laufen ab. Primitive Voltmeter mit kleinem Innenwiderstand lassen sich daher als Spannungsmeßgeräte nicht verwenden. Zur stromlosen Messung muß entweder ein Voltmeter mit hohem Eingangswiderstand oder eine *Potentiometerschaltung* verwendet werden. Bei letzterer wird an die Zelle eine Gegenspannung angelegt und diese solange variiert, bis durch das System kein Strom fließt. Dieser wird durch ein Amperemeter angezeigt (Bild 21.2).

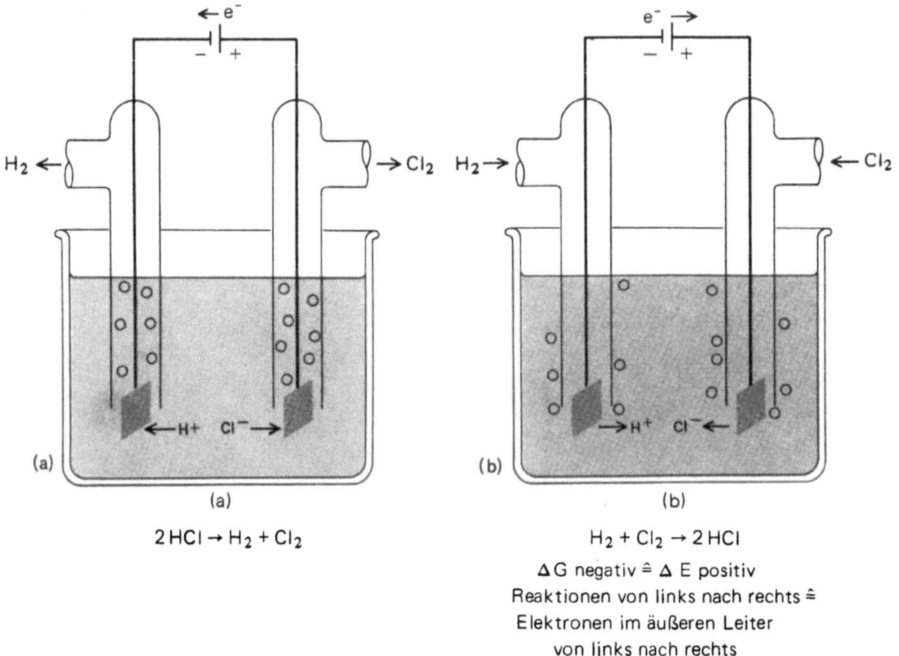

ΔG negativ $\hat{=}$ ΔE positiv
Reaktionen von links nach rechts $\hat{=}$
Elektronen im äußeren Leiter
von links nach rechts

Bild 21.1 Elektrochemische Zelle als elektrolytische (a) und als galvanische Zelle (b)

In der Praxis läßt sich ΔG natürlich nicht vollständig in elektrische Energie umsetzen, da dies nur im stromlosen Zustand gelänge. Denn nur wenn der innere Widerstand der Zelle (Widerstand der Elektrolytlösung) gegen Null und der äußere Widerstand im Stromkreis gegen Unendlich geht, nähert sich die Zellspannung dem theoretischen Wert. Immerhin kann mit technischen Wirkungsgraden von 80 bis 90 % gerechnet werden, während z. B. bei der Verbrennung in Dampfmaschinen nur 40 % an Primärenergie nutzbar gemacht werden können. Die unmittelbare Verbrennung von fossilen organischen Stoffen in sogenannten *Brennstoffzellen* besitzt deshalb größtes technisches Interesse.

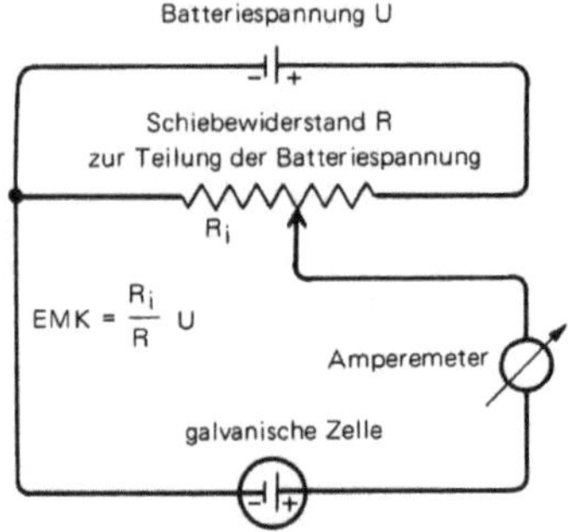

Bild 21.2 Potentiometrische EMK-Messung

Außerdem muß berücksichtigt werden, daß zahlreiche Zellen nicht tatsächlich reversibel arbeiten. Das heißt, es tritt nicht immer Stromlosigkeit auf, wenn eine Gegenspannung im Ausmaß der theoretischen Zellspannung angelegt wird. Oder Elektrolyse, wenn die Gegenspannung darüberhinaus erhöht wird. Auch dann nicht, wenn der innere Widerstand gegen Null und der äußere gegen Unendlich geht. Man bezeichnet diese Erscheinung als *Polarisation* oder *Überspannung*. Sie hat ihre physikalische Ursache zumeist in der kinetischen Hemmung irgendeines heterogenen Teilschrittes einer Elektrodenreaktion und ist daher thermodynamisch nicht erfaßbar. Die Stromdichte und die Elektrodenbeschaffenheit spielen dabei eine wichtige Rolle. Wollen wir trotzdem eine Elektrolyse durchführen, so müssen wir eine höhere als die theoretische Zellspannung anlegen. Auf diese Weise kommen wir auch zu einer Definition des Begriffes Polarisation (Abschnitte 23.1 und 23.2): Sie entspricht der Differenz von notwendiger Gegenspannung und theoretischer Zellspannung und damit einer irreversibel aufgebrachten Energie, denn sie kann bei der Umkehrung im galvanischen Prozeß nicht zurückgewonnen werden.

21.2 Die EMK und das Elektrodenpotential

Die EMK einer galvanischen Zelle hängt von den Konzentrationen bzw. Aktivitäten und Partialdrücken der beteiligten Reaktionspartner sowie von der Temperatur ab. Dies folgt unmittelbar aus Gl. (9) durch Einsetzen der entsprechenden Abhängigkeiten der freien Reaktionsenthalpie. Da für die Konzentrationsabhängigkeit der freien Reaktionsenthalpie (Abschnitt 20.5)

$$\Delta G = \Delta G^\circ + RT \ln \frac{\prod_k (a_k)^{b_k}}{\prod_i (a_i)^{a_i}} \tag{10}$$

gilt, ergibt sich mit Gl. (9) für die EMK einer beliebigen Bruttoreaktion:

$$\Delta E = -\frac{\Delta G}{nF} = -\frac{\Delta G^\circ}{nF} - \frac{RT}{nF} \ln \frac{\prod_k (a_k)^{b_k}}{\prod_i (a_i)^{a_i}} . \tag{11}$$

Der Term

$$-\frac{\Delta G^\circ}{nF} \tag{12}$$

wird in Analogie zu ΔG° als *Standard*-EMK ΔE° bezeichnet. ΔE° ist diejenige EMK einer Zelle unter Standardbedingungen (1 atm und 25 °C), in der die Aktivitäten aller Reaktionsteilnehmer 1 sind. RT/F besitzt für 25 °C den Wert

$$\frac{RT}{F} = \frac{8,314 \cdot 298,16}{96487} = 0,0257 \text{ V.} \tag{13}$$

Rechnet man außerdem den natürlichen Logarithmus in den Zehnerlogarithmus um ($\ln x = (1/\lg e) \lg x = 2,3026 \ldots \lg x$), so resultiert:

$$\Delta E = \Delta E^\circ - \frac{0,0591}{n} \lg \frac{\prod_k (a_k)^{b_k}}{\prod_i (a_i)^{a_i}} . \tag{14}$$

An Hand dieser Beziehung soll die Konzentrationsabhängigkeit der EMK für die Chlor-Knallgasreaktion (4) unter Standardbedingungen angeschrieben werden. Da HCl in wäßriger Lösung vollständig in Ionen dissoziiert und H_2 und Cl_2 jeweils in einer reinen Phase vorliegen ($a_{H_2} = a_{Cl_2} = 1$) lautet die EMK (n = 2):

$$\Delta E = \Delta E^{\circ} - \frac{0,0591}{2} \lg a_H^2 + a_{Cl^-}^2 \tag{15}$$

$$= \Delta E^{\circ} - 0,0591 \lg a_{H^+} a_{Cl^-}$$

bzw. nach Einführung des mittleren Aktivitätskoeffizienten $\gamma_\pm$:

$$\Delta E = \Delta E^{\circ} - 0,0591 \lg \gamma_\pm^2 c_{H^+} c_{Cl^-}. \tag{16}$$

Zu beachten ist, ob man mit der Molarität oder Molalität als Konzentrationsmaß rechnet. Denn ihre Aktivitätskoeffizienten unterscheiden sich dann voneinander. (In der Elektrochemie wird heute allgemein das Molalitätsmaß benutzt.) Kennen wir z. B. die Gleichgewichtskonstante K oder ΔG° aus thermodynamischen Tabellenwerken, so läßt sich ein ΔE°-Wert sofort angeben. Mit $\Delta G_{298}^{\circ} = 2\,\Delta G_f^{\circ}\,(Cl^-) = 2 \cdot 131{,}17$ kJ (Tabellenanhang) folgt aus Gl. (12)

$$\Delta E^{\circ} = \frac{2 \cdot 131170}{2 \cdot 96487} = 1,359 \text{ V.} \tag{17}$$

Die Konzentrationsabhängigkeit der Chlor-Knallgasreaktion lautet damit explizit:

$$\Delta E = 1,359 - 0,0591 \lg \gamma_\pm^2 c_{H^+} c_{Cl^-}. \tag{18}$$

Kurz der Weg, wie man zur *Druck-* und *Temperaturabhängigkeit* der EMK gelangt. Setzen wir Gl. (19) aus Abschnitt 20.2 in Gl. (9) ein, so resultiert für die Abhängigkeit der EMK von den Partialdrücken der gasförmigen Reaktionsteilnehmer bei der Standardtemperatur 25 °C und den Standardaktivitäten $a_i = a_k = 1$:

$$\Delta E = -\frac{\Delta G^{\circ}}{RT} - \frac{RT}{nF} \ln \frac{\prod\limits_{k} (p_k)^{b_k}}{\prod\limits_{i} (p_i)^{a_i}} \tag{19}$$

bzw.

$$\Delta E = \Delta E^{\circ} - \frac{RT}{nF} \ln \frac{\prod\limits_{k} (p_k)^{b_k}}{\prod\limits_{i} (p_i)^{a_i}}. \tag{20}$$

Im Falle der Chlor-Knallgasreaktion lautet Gl. (20) explizit:

$$\Delta E = 1,359 + 0,0295 \lg (p_{H_2}\, p_{Cl_2}). \tag{21}$$

Auf ähnliche Weise bekommen wir mit Gl. (15) aus Abschnitt 20.2 aus Gl. (9) die Temperaturabhängigkeit bei den Standarddrücken $p_i = p_k = 1$ und den Standardaktivitäten $a_i = a_k = 1$:

$$\Delta E = \Delta E^{\circ} + \frac{1}{nF} \int\limits_{298}^{T} \Delta S\, dT \tag{22}$$

bzw.

$$\Delta E = 1,359 + \frac{1}{nF} \int\limits_{298}^{T} \Delta S\, dT. \tag{23}$$

Aus diesen thermodynamischen Überlegungen folgt zwangsläufig, daß EMK-Messungen ein wertvolles Hilfsmittel zur Bestimmung thermodynamischer Reaktionsgrößen darstellen. Aus der Standard-EMK ergibt sich unmittelbar ΔG° bzw. K, aus der Temperaturabhängigkeit ΔS und aus ΔG und ΔS über die Gibbs-Helmholtzsche Gleichung $\Delta G = \Delta H - T\,\Delta S$ die Reaktionsenthalpie ΔH. Um dieses Hilfsmittel konkret anwenden zu können (siehe Abschnitt 21.5), bedarf es allerdings eines Konzeptes für Elektrodenpotentiale. Es kommt nämlich darauf an, wie man eine geeignete Kombination von zwei Elektrodenreaktionen zur Messung zusammenstellt. Dieses Konzept wird im folgenden vorgestellt.

Die EMK einer Zelle läßt sich immer als die Differenz zweier Einzelelektrodenpotentiale (EMK = Potentialdifferenz) auffassen, also jeder Elektrodenreaktion ein bestimmtes *Elektrodenpotential* zuordnen. Da nur Potentialdifferenzen gemessen werden können, ist es belanglos, welches Elektrodenpotential man Null setzt, um zu einer Potentialskala zu kommen. Wie bei der Festlegung von Standardgrößen in der Thermodynamik werden auch hier in Ermangelung absoluter Potentialwerte relative Potentiale bzw. Standardpotentiale definiert. Demnach setzt sich z. B. die EMK der Chlor-Knallgasreaktion aus der Differenz folgender Potentialwerte zusammen:

$$Cl_2 + 2\,e^- \rightarrow 2\,Cl^- \qquad E^\circ(Cl_2/Cl^-) = 1{,}359\ V \tag{24}$$

$$2\,H^+ + 2\,e^- \rightarrow\ \ H_2 \qquad\ \ \ \ E^\circ(H^+/H_2)\ = 0 \tag{25}$$

$$\overline{H_2\ + Cl_2 \rightarrow 2\,HCl \qquad \Delta E^\circ = 1{,}359 - 0 = 1{,}359\ V} \tag{26}$$

Da die Einzelreaktionen je nach Ablauf im chemischen Sinne eine Oxidation oder Reduktion darstellen, bezeichnet man sie auch als *Redoxreaktionen*. Die Paare H_2/H^+ und Cl_2/Cl^- werden *Redoxpaare* genannt.

Die Gesamtheit aller Standardpotentiale bezeichnet man meist als *Spannungsreihe*. Sie werden nach internationaler Konvention vom H_2/H^+-Potential aus gemessen, das willkürlich bei allen Temperaturen und bei einem Wasserstoffpartialdruck von 1 atm Null gesetzt wird. Auf diese Weise entsteht eine Potentialskala (Tabelle 21.1 und Tabellenanhang), die sich über etwa ± 3 V erstreckt. Starke Oxidationsmittel wie MnO_4^-, Cl_2, usw. erhalten stark positive und die Reduktionsmittel entsprechende negative Werte. Man beachte jedoch, daß der Ausdruck positiv oder negativ nur eine *relative Wertung* verkörpert. Denn in der Spannungsreihe weiter oben stehende Systeme sind immer Oxidationsmittel hinsichtlich weiter unten stehender! Gl. (26) könnten wir also auch so interpretieren, daß H_2 von Cl_2 oxidiert wird. All dies gilt jedoch nur bei Vorliegen von Standardaktivitäten. Geht man zu beliebigen Aktivitäten oder Konzentrationen über, so kommt es zu einer Verschiebung der Elektrodenpotentiale. Das ist plausibel, denn die EMKs sind ja konzentrationsabhängig. Ebenso weisen die Elektrodenpotentiale eine Druck- und Temperaturabhängigkeit auf.

Zur Konzentrationsabhängigkeit und zugleich zu einer vernünftigen Definition des Elektrodenpotentials (*Nernstsche Gleichung*) gelangen wir, wenn wir von der Konzentrationsabhängigkeit der EMK einer beliebigen Redoxreaktion ausgehen und diese in die Teilreaktionen zerlegen. Schreiben wir dazu ganz allgemein für die reduzierte Form eines Redoxpaares red und für die oxidierte Form ox, demnach für die erste Elektrodenreaktion

$$ox_1 + n\,e^- \rightarrow red_1 \qquad E_1^\circ \tag{27}$$

Tabelle 21.1: Spannungsreihe (Daten aus Handbook of Chemistry and Physics: 48th ed. by *R. C. Weast, S. M. Selby,* The Chemical Rubber Co. Ohio, 1967)

Kurzbezeichnung	Elektrodenreaktion	Standardpotential E° in V
in saurer Lösung ($a_{H^+} = 1$)		
$Pt|F_2|F^-$	$F_2(g) + 2\,e^- \rightarrow 2\,F^-$	$+\,2,87$
$Pt|H_2O_2|H^+$	$H_2O_2 + 2\,H^+ + 2\,e^- \rightarrow 2\,H_2O$	$+\,1,776$
$Pt|Mn^{2+},\,MnO_4^-$	$MnO_4^- + 8\,H^+ + 5\,e^- \rightarrow Mn^{2+} + 4\,H_2O$	$+\,1,49$
$Pt|Cl_2|Cl^-$	$Cl_2 + 2\,e^- \rightarrow 2\,Cl^-$	$+\,1,359$
$Pt|Tl^+,\,Tl^{3+}$	$Tl^{3+} + 2\,e^- \rightarrow Tl^+$	$+\,1,247$
$Pt|Br_2|Br^-$	$Br_2 + 2\,e^- \rightarrow 2\,Br^-$	$+\,1,065$
$Ag|Ag^+$	$Ag^+ + e^- \rightarrow Ag$	$+\,0,799$
$Pt|Fe^{2+},\,Fe^{3+}$	$Fe^{3+} + e^- \rightarrow Fe^{2+}$	$+\,0,770$
$Pt|O_2|H_2O_2$	$O_2 + 2\,H^+ + 2\,e^- \rightarrow H_2O_2$	$+\,0,682$
$Pt|J_2|J^-$	$J_3^- + 2\,e^- \rightarrow 3\,J^-$	$+\,0,535$
$Cu|Cu^{2+}$	$Cu^{2+} + 2\,e^- \rightarrow Cu$	$+\,0,340$
$Pt|Hg|Hg_2Cl_2|Cl^-$	$Hg_2Cl_2 + 2\,e^- \rightarrow 2\,Cl^- + 2\,Hg$	$+\,0,268$
$Ag|AgCl|Cl^-$	$AgCl + e^- \rightarrow Ag + Cl^-$	$+\,0,223$
$Pt|Cu^+,\,Cu^{2+}$	$Cu^{2+} + e^- \rightarrow Cu^+$	$+\,0,158$
$Ag|AgBr|Br^-$	$AgBr + e^- \rightarrow Ag + Br^-$	$+\,0,071$
$Pt|H_2|H^+$	$2\,H^+ + 2\,e^- \rightarrow H_2$	$0,000$
$Pb|Pb^{2+}$	$Pb^{2+} + 2\,e^- \rightarrow Pb$	$-\,0,126$
$Ag|AgJ|J^-$	$AgJ + e^- \rightarrow Ag + J^-$	$-\,0,152$
$Pb|PbSO_4|SO_4^{2-}$	$PbSO_4 + 2\,e^- \rightarrow Pb + SO_4^{2-}$	$-\,0,351$
$Pt|Ti^{2+},\,Ti^{3+}$	$Ti^{3+} + e^- \rightarrow Ti^{2+}$	$-\,0,369$
$Cd|Cd^{2+}$	$Cd^{2+} + 2\,e^- \rightarrow Cd$	$-\,0,403$
$Fe|Fe^{2+}$	$Fe^{2+} + 2\,e^- \rightarrow Fe$	$-\,0,440$
$Zn|Zn^{2+}$	$Zn^{2+} + 2\,e^- \rightarrow Zn$	$-\,0,763$
$Mn|Mn^{2+}$	$Mn^{2+} + 2\,e^- \rightarrow Mn$	$-\,1,029$
$Al|Al^{3+}$	$Al^{3-} + 3\,e^- \rightarrow Al$	$-\,1,706$
$Mg|Mg^{2+}$	$Mg^{2+} + 2\,e^- \rightarrow Mg$	$-\,2,375$
$Na|Na^+$	$Na^+ + e^- \rightarrow Na$	$-\,2,717$
$Ca|Ca^{2+}$	$Ca^{2+} + 2\,e^- \rightarrow Ca$	$-\,2,866$
$Ba|Ba^{2+}$	$Ba^{2+} + 2\,e^- \rightarrow Ba$	$-\,2,906$
$K|K^+$	$K^+ + e^- \rightarrow K$	$-\,2,925$
$Li|Li^+$	$Li^+ + e^- \rightarrow Li$	$-\,3,045$
in basischer Lösung ($a_{OH^-} = 1$)		
$Pt|MnO_2|MnO_4^-$	$MnO_4^- + 2\,H_2O + 3\,e^- \rightarrow 4\,OH^-$	$+\,0,588$
$Pt|O_2|OH^-$	$O_2 + 2\,H_2O + 4\,e^- \rightarrow 4\,OH^-$	$+\,0,401$
$Pt|H_2|OH^-$	$2\,H_2O + 2\,e^- \rightarrow H_2 + 2\,OH^-$	$-\,0,828$
$Pt|SO_3^{2-},\,SO_4^{2-}$	$SO_4^{2-} + H_2O + 2\,e^- \rightarrow SO_3^{2-} + 2\,OH^-$	$-\,0,92$

und für die zweite

$$ox_2 + n\,e^- \rightarrow red_2 \qquad E_2^\circ\,, \tag{28}$$

so bekommen wir für die Gesamtreaktion durch Differenzbildung:

$$ox_1 + red_2 \rightarrow red_1 + ox_2 \qquad \Delta E^\circ = E_1^\circ - E_2^\circ\,. \tag{29}$$

Der Einfachheit halber setzten wir alle stöchiometrischen Koeffizienten 1. Mit dieser Vereinfachung lautet dann die Konzentrationsabhängigkeit von ΔG:

$$\Delta G = \Delta G^\circ + RT \ln \frac{a_{ox_2}\, a_{red_1}}{a_{red_2}\, a_{ox_1}}$$

$$= \left[(\mu_{ox_2}^\circ - \mu_{red_2}^\circ) + RT \ln \frac{a_{ox_2}}{a_{red_2}}\right] - \left[(\mu_{ox_1}^\circ - \mu_{red_1}^\circ) + RT \ln \frac{a_{ox_1}}{a_{red_1}}\right]. \tag{30}$$

Rechnen wir nun ΔG mit Gl. (9) in ΔE um,

$$\Delta E = -\frac{1}{nF}\left[(\mu_{ox_2}^\circ - \mu_{red_2}^\circ) + RT \ln \frac{a_{ox_2}}{a_{red_2}}\right]$$

$$+ \frac{1}{nF}\left[(\mu_{ox_1}^\circ - \mu_{red_1}^\circ) + RT \ln \frac{a_{ox_1}}{a_{red_1}}\right], \tag{31}$$

so läßt sich ΔE in die Einzelpotentiale E_1 und E_2 aufspalten:

$$\Delta E = E_1 - E_2 \tag{32}$$

mit

$$E_1 = \frac{1}{nF}\left[(\mu_{ox_1}^\circ - \mu_{red_1}^\circ) + RT \ln \frac{a_{ox_1}}{a_{red_1}}\right],$$

$$E_2 = \frac{1}{nF}\left[(\mu_{ox_2}^\circ - \mu_{red_2}^\circ) + RT \ln \frac{a_{ox_2}}{a_{red_2}}\right]. \tag{33}$$

Schreiben wir noch

$$E_1^\circ = \frac{1}{nF}(\mu_{ox_1}^\circ - \mu_{red_1}^\circ) \quad \text{und} \quad E_2^\circ = \frac{1}{nF}(\mu_{ox_2}^\circ - \mu_{red_2}^\circ), \tag{34}$$

so erhalten wir die sogenannte *Nernstsche Gleichung* für eine Elektrodenreaktion mit den Koeffizienten 1:

$$E = E^\circ + \frac{RT}{nF} \ln \frac{a_{ox}}{a_{red}} \quad \text{bzw.} \quad E = E^\circ - \frac{RT}{nF} \ln \frac{a_{red}}{a_{ox}}. \tag{35}$$

Wären wir von Redoxreaktionen mit den Koeffizienten a und b ausgegangen

$$a\,ox + n\,e^- \rightarrow b\,red, \tag{36}$$

hätte sich

$$E = E^\circ + \frac{RT}{nF} \ln \frac{(a_{ox})^a}{(a_{red})^b} \quad \text{bzw.} \quad E = E^\circ - \frac{RT}{nF} \ln \frac{(a_{red})^b}{(a_{ox})^a} \tag{37}$$

ergeben.

Das Elektrodenpotential E entspricht so gesehen der Differenz des chemischen Potentials eines Redoxpaares in seiner reduzierten und oxidierten Form:

$$E = \frac{1}{nF}(\mu_{ox} - \mu_{red}) \quad \text{bzw.} \quad E = -\frac{1}{nF}(\mu_{red} - \mu_{ox}) \,. \tag{38}$$

Das wird verständlich, wenn man bedenkt, daß die reduzierte und oxidierte Komponente gerade durch einen Übergang von $nN_A = nF/e$ Elektronen ineinander umwandelbar sind. Ihre partiellen molaren freien Enthalpien müssen sich deshalb um den elektrischen Energiebetrag nFE unterscheiden. Dies führt zu einem elektrischen Potentialgefälle E, wenn sich die beiden Komponenten in getrennten Phasen befinden. Mit anderen Worten: Zwischen den beiden Phasen entsteht eine geladene Grenzschicht (elektrische Doppelschicht, Abschnitt 23.1). Man denke etwa an einen Silberstab, der in eine Ag^+-ionenhaltige Elektrolytlösung taucht. Zwischen dem metallischen Silber mit der Aktivität 1 (reine feste Phase) und der Ag^+-Lösung mit der Aktivität a_{Ag^+} tritt ein elektrischer Potentialsprung auf. Einen solchen Potentialsprung können wir jedoch nicht *absolut* messen, weil er an der Grenze zwischen zwei verschiedenen Phasen entsteht. Spannungsabfälle lassen sich nur in einer Phase bestimmen, etwa an den Enden ein und desselben metallischen Leiters, durch den Strom fließt. Um diese Aussage verständlicher zu gestalten, wollen wir einige Gedankenexperimente durchführen.

Man betrachte Bild 21.3a, das einen in eine $AgNO_3$-Lösung tauchenden Ag-Draht darstellen soll. Bringen wir einen zweiten Ag-Draht in die Lösung und versuchen wir eine dazwischen auftretende Spannung zu messen, so erleben wir eine Enttäuschung. Denn schon aus Symmetriegründen kann eine solche nicht auftreten. Wir müßten es mit einem anderen Draht, z. B. einem Cu-Draht versuchen (Bild 21.3b). Wenn wir dann eine Spannung messen, ist das wiederum die Summe aus den Spannungsabfällen am Ag- und Cu-Draht, jedoch sicherlich nicht ein einziger Potentialsprung. Wir könnten aber auch aus rein chemischen Gründen keine zeitlich konstante Spannung erwarten, denn das Ag/Cu-System wäre ja nicht im chemischen Gleichgewicht. Ag müßte sich am Cu-Draht abscheiden und dafür müßten Cu^+-Ionen in Lösung gehen (Silber ist edler als Kupfer.). Damit dies nicht passiert, müßte man weiter den direkten Kontakt zwischen den Ag^+-Ionen und dem Cu-Draht verhindern, also die Elektrodenräume örtlich trennen. Dies könnten wir durch Einbringen eines Diaphragmas (durchlässige Membran) erreichen (Bild 21.3c). Außerdem müßten wir $CuSO_4$ als Elektrolyt zugeben. Wir haben dann aber das Problem der Potentialmessung nur hinausgeschoben, denn das Cu/Cu^{++}-Potential ist immer noch da. Zusätzlich entsteht noch ein neuer Potentialsprung zwischen den angrenzenden

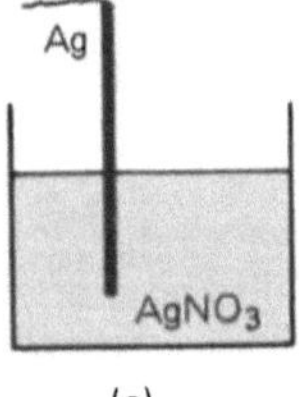

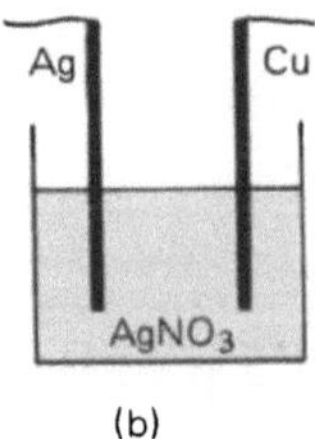

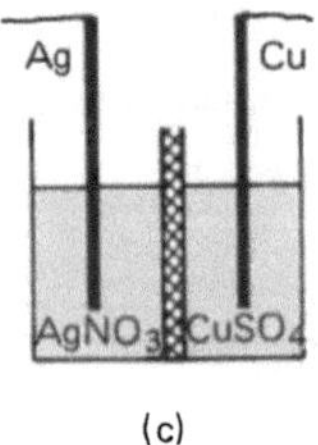

(a)   (b)   (c)

Bild 21.3 Zum Problem der Messung von Elektrodenpotentialen

flüssigen Phasen (Diffusionspotential, Abschnitt 21.3). Vernachlässigen wir diesen, so würden wir bei stromloser Messung gerade die EMK der Zellreaktion

$$Cu + 2\,Ag^+ \to Cu^{++} + Ag \tag{39}$$

finden. Diese liefert unter Standardbedingungen (Tabelle 21.1) 0,459 V. Was immer man versucht, man gelangt zur Erkenntnis, daß absolute Einzelpotentiale nicht meßbar sind.

21.3 Konzentrationszellen, Diffusionspotential und Salzbrücken

Das vorhin erwähnte Diffusionspotential an der Grenze zwischen zwei Elektrolytlösungen hat seine Ursache in einem irreversiblen Diffusionsvorgang, weil Ionen verschieden große Beweglichkeiten besitzen (Abschnitt 18.1). Um einen Konzentrationsausgleich zwischen zwei unterschiedlich konzentrierten Lösungen herbeizuführen, diffundieren Ionen der einen Phase in die andere und umgekehrt. Wenn nun die Kationen und Anionen verschieden schnell wandern, laden sie beim Verlassen ihrer Phase diese entweder positiv oder negativ auf und es entsteht eine neue elektrische Doppelschicht. Der Potentialsprung (*Diffusionspotential*) in dieser ist zwar gegen die üblichen EMK-Werte relativ klein, doch werden dadurch exakte EMK-Messungen verfälscht. Um ihn möglichst klein zu machen, kommen Salzbrücken zur Anwendung.

Vollständig unterdrücken läßt sich das Diffusionspotential nur dadurch, daß man den Flüssigkeitskontakt überhaupt unterbindet, was durch den Bau von Doppelzellen gelingt. In Bild 21.4a ist eine sogenannte *Konzentrationszelle* in Form einer Doppelzelle gezeichnet. Zellen dieser Art bezeichnet man als *Zellen ohne Überführung* (ohne Diffusionspotential). Da im linken Teil (I) der Doppelzelle die Bruttoreaktion

$$H_2 + Cl_2 \to 2\,H^+\,(^I a) + 2\,Cl^-\,(^I a) \tag{40}$$

und im rechten Teil (II) die Bruttoreaktion

$$2\,H^+\,(^{II} a) + 2\,Cl^-\,(^{II} a) \to H_2 + Cl_2 \tag{41}$$

abläuft, lautet die gesamte Reaktion ($^{II} a > {^I a}$):

$$H^+\,(^{II} a) + Cl^-\,(^{II} a) \to H^+\,(^I a) + Cl^-\,(^I a). \tag{42}$$

Sie beschreibt einen *Konzentrationsausgleich* der zwei verschieden starken Salzsäuren. Potentialbestimmend sind die H^+- und die Cl^--Ionen. Nach Gl. (14) beträgt die EMK der Gesamtreaktion:

$$\Delta E = \Delta E^\circ - \frac{RT}{F}\ln\frac{^I(a_{H^+}a_{Cl^-})}{^{II}(a_{H^+}a_{Cl^-})} = 0 - \frac{RT}{F}\ln\frac{(^I a_\pm)^2}{(^{II} a_\pm)^2} = -2\,\frac{RT}{F}\ln\frac{(^I a)}{(^{II} a)}. \tag{43}$$

Eine solche Konzentrations-Doppelzelle kann solange durch Stromentnahme belastet werden, bis die Konzentrationen ausgeglichen sind.

Im Gegensatz zu Zellen ohne Überführung sind *Zellen mit Überführung* immer mit einem Diffusionspotential behaftet. Und das ist in der Elektrochemie eigentlich der Normalfall. Denn konventionelle Zellen sind einfach gebaut und die Elektrodenräume elektrolytisch durch ein *Diaphragma* (Bild 21.4b) oder durch eine *Salzbrücke* (Bild 21.4c) miteinander verbunden. Wir wollen die Zelle in Bild 21.4b eingehender untersuchen, weil sich aus der Differenz der EMK's mit und ohne Überführung ein quantitativer Ausdruck für das Diffusionspotential ableiten läßt. Außerdem wird dadurch ein Weg aufgezeigt, wie

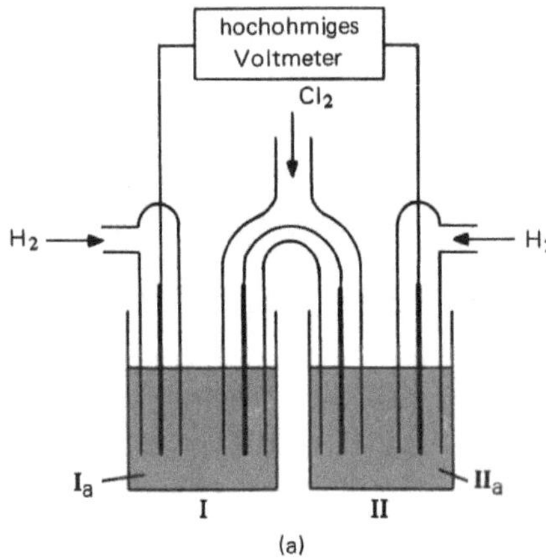

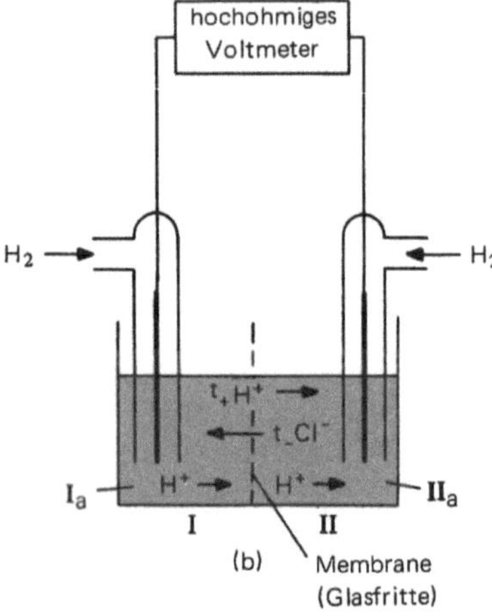

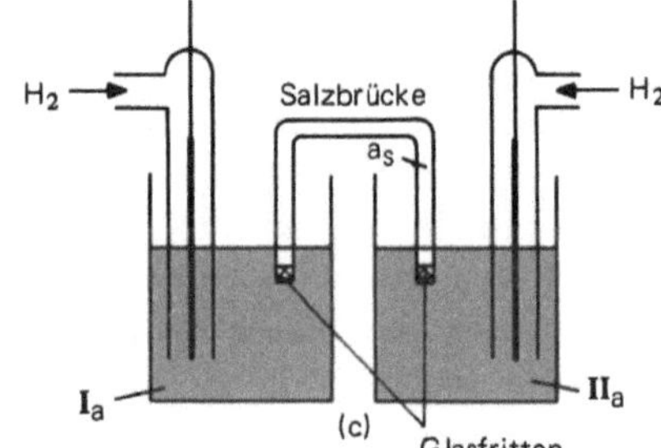

Bild 21.4
Konzentrations-Doppelzelle (ohne Überführung) (a),
Konzentrationszelle mit Diaphragma (mit Überführung) (b) und Konzentrationszelle mit Salzbrücke (mit vernachlässigbarer Überführung) (c)

man Überführungszahlen (Abschnitte 14.8 und 18.1) messen kann. Wir stellen uns zunächst vor, daß die zwei Elektrolytlösungen zwar nebeneinander, jedoch in Kontakt miteinander liegen. Ob dies praktisch möglich ist, interessiert uns im Moment nicht. Folgende Reaktionen gehen dann an den inerten Platinelektroden vor sich: im linken Elektrodenraum (I)

$$H_2 \rightarrow 2\,H^+\,(^I a) + 2\,e^- \tag{44}$$

und im rechten (II)

$$2\,H^+\,(^{II}a) + 2\,e^- \rightarrow H_2 \tag{45}$$

Potentialbestimmend sind deswegen hier nur die H^+-Ionen. Sie reagieren nach der Bruttogleichung ($^{II}a > {}^I a$)

$$H^+\,(^{II}a) \rightarrow H^+\,(^I a) \tag{46}$$

und liefern nach Gl. (14) eine EMK ohne Überführung von

$$\Delta E = \Delta E^\circ - \frac{RT}{F} \ln \frac{(^I a_{H^+})}{(^{II}a_{H^+})} = -\frac{RT}{F} \ln \frac{(^I a)}{(^{II}a)} \, . \tag{47}$$

Zur Berechnung der EMK mit Überführung müssen die Diffusionsvorgänge durch die Grenzfläche berücksichtigt werden. Werden bei Stromdurchgang insgesamt 1 F Ladungen von links nach rechts transportiert, dann wandern t_+ val Protonen von links nach rechts:

$$t_+ \, H^+ \, (^{I}a) \to t_+ H^+ \, (^{II}a) \tag{48}$$

oder

$$(1 - t_-) \, H^+ \, (^{I}a) \to (1 - t_-) \, H^+ \, (^{II}a) \tag{49}$$

und t_- val Cl$^-$-Ionen von rechts nach links:

$$t_- \, Cl^- \, (^{II}a) \to t_- \, Cl^- \, (^{I}a). \tag{50}$$

Addiert man beide Phasengrenzreaktionen zur Zellreaktion (46), so findet man als Bruttoreaktion:

$$t_- \, [H^+ \, (^{II}a) + Cl^- \, (^{II}a)] \to t_- \, [H^+ \, (^{I}a) + Cl^- \, (^{I}a)]. \tag{51}$$

Die Konzentrationsabhängigkeit der EMK einer solchen Reaktion lautet dann:

$$\Delta E = \Delta E° - \frac{RT}{F} \ln \frac{^{I}(a_{H^+} a_{Cl^-})^{t_-}}{^{II}(a_{H^+} a_{Cl^-})^{t_-}} = - \frac{RT}{F} \ln \frac{^{I}(a_\pm)^{2\,t_-}}{^{II}(a_\pm)^{2\,t_-}} \tag{52}$$

oder anders formuliert:

$$\Delta E = - 2\,t_- \, \frac{RT}{F} \ln \frac{(^{I}a)}{(^{II}a)}. \tag{53}$$

Die EMK mit Überführung hängt also auch von der Überführungszahl t_- ab. Sie ist 2 t_- mal negativer als die einer Zelle ohne Überführung. Wären die Anionen potentialbestimmend, würde der Faktor 2 t_+ an die Stelle von 2 t_- treten. Darauf gründet sich auch eine Methode zur Messung von Überführungszahlen.

Zieht man schließlich von der EMK ohne Überführung die mit Überführung ab, so entspricht die Differenz dem Diffusionspotential:

$$\Delta E_{Diff} = - (t_+ - t_-) \, \frac{RT}{F} \ln \frac{(^{I}a)}{(^{II}a)}. \qquad (t_+ + t_- = 1) \tag{54}$$

Es ist umso größer, je größer der Unterschied zwischen den Überführungszahlen von Kation und Anion ist. Sind beide gleich groß, so verschwindet ΔE_{Diff}. Diffusionspotentiale treten natürlich auch zwischen *verschiedenen* Elektrolytlösungen auf. Ein allgemeiner Ausdruck für solche Situationen kann wie folgt abgeleitet werden. Bei einer Strombelastung, die einer Ladungsmenge von 1 F entspricht, wandern t_i/Z_i mol Ionen einer Sorte i durch die Phasengrenze. Die Änderung der freien Enthalpie während dieses Vorganges beträgt daher bei differentiell kleinen Konzentrationsunterschieden beider Lösungen (I und II):

$$dG = \sum_i \frac{t_i}{Z_i} \, d\mu_i = \sum_i \frac{t_i}{Z_i} \, d(\mu_i° + RT \ln a_i) = RT \sum_i \frac{t_i}{Z_i} \, d \ln a_i. \tag{55}$$

Sie entspricht der elektrischen Energie $F\mathrm{dE_{Diff}}$, weshalb

$$\mathrm{dE_{Diff}} = -\frac{dG}{F} = -\frac{RT}{F} \sum_i \frac{t_i}{Z_i}\, d\ln a_i \tag{56}$$

und

$$\Delta\mathrm{E_{Diff}} = -\frac{RT}{F} \int_{a_i = {}^I a_i}^{{}^{II} a_i} \sum_i \frac{t_i}{Z_i}\, d\ln a_i. \tag{57}$$

Die Aktivitäten der i-ten Sorte in den angrenzenden Lösungen wurde mit ${}^I a_i$ und ${}^{II} a_i$ bezeichnet. Um die Integration (57) durchführen zu können, müßten der Aktivitätsverlauf in der Phasengrenzschicht und die Konzentrationsabhängigkeiten der Überführungszahlen aller Ionensorten bekannt sein. Da wir aber darüber so gut wie gar nichts wissen (Kapitel 23), nehmen wir in erster Näherung einen linearen Aktivitätsabfall in der Schicht an und setzen außerdem voraus, daß die Überführungszahlen bzw. Beweglichkeiten konzentrationsunabhängig sind. Mathematisch wird der lineare Aktivitätsabfall durch

$$a_i = {}^{II} a_i + ({}^I a_i - {}^{II} a_i)\, x \tag{58}$$

simuliert. x variiert von 0 bis 1. Die Überführungszahlen t_i lassen sich dann durch die Ionenbeweglichkeiten B_i (Abschnitt 18.1) ausdrücken,

$$t_i = \frac{a_i B_i}{\sum\limits_i a_i B_i} = \frac{{}^{II} a_i B_i + ({}^I a_i - {}^{II} a_i)\, B_i x}{\sum\limits_i [{}^{II} a_i B_i + ({}^I a_i - {}^{II} a_i)\, B_i x]}, \tag{59}$$

woraus mit Gl. (57)

$$\Delta\mathrm{E_{Diff}} = -\frac{RT}{F} \int_{x=1}^{0} \sum_i \frac{({}^I a_i - {}^{II} a_i)\, B_i}{Z_i \sum\limits_i {}^{II} a_i B_i + x Z_i \sum\limits_i ({}^I a_i - {}^{II} a_i)\, B_i}\, dx \tag{60}$$

folgt. Die Integration (60) liefert dann:

$$\Delta\mathrm{E_{Diff}} = -\frac{RT}{F} \frac{\sum\limits_i B_i/Z_i({}^{II} a_i - {}^I a_i)}{\sum\limits_i B_i ({}^{II} a_i - {}^I a_i)} \ln \frac{\sum\limits_i B_i\, {}^{II} a_i}{\sum\limits_i B_i\, {}^I a_i}. \tag{61}$$

Dieser Ausdruck (*Hendersonsche Gleichung*) gibt das Diffusionspotential zwischen zwei Lösungen I und II an, in denen die Ionen die individuellen Aktivitäten ${}^I a_i$ und ${}^{II} a_i$ und die Beweglichkeiten B_i besitzen. Für eine Konzentrationszelle mit einem 1,1-Elektrolyten geht er bei Ersatz von a_i durch a in Gl. (54) über.

Statt die EMK einer Zelle mit verschiedenen Konzentrationen zu messen und diese dann mit Hilfe von Gl. (61) zu korrigieren, kann das Diffusionspotential weitgehend durch die Verwendung sogenannter *Salzbrücken* (Bild 21.4c) unterdrückt werden. Zwischen die beiden Lösungen wird eine Elektrolytlösung geschaltet, deren Ionenbeweglichkeiten bzw. Überführungszahlen sich nur wenig unterscheiden. Statt einer Phasengrenzfläche bekommt man dann natürlich deren zwei, und folglich auch zwei Diffusionspotentiale, doch ist die Summe dieser Potentiale nur sehr klein. Zur Illustration soll die Hendersonsche Gleichung auf eine Salzbrücke mit einer gesättigten KCl-Lösung angewendet werden, die zwei verschieden starke Salzsäuren verbindet: $HCl(a_1)/KCl(a_s)/HCl(a_2)$. Das Diffusionspotential an der ersten Phasengrenze lautet dann:

$$\Delta E_{Diff} = -\frac{RT}{F}\frac{a_s(B_{K^+} - B_{Cl^-}) - a_1(B_{H^+} - B_{Cl^-})}{a_s(B_{K^+} - B_{Cl^-}) - a_1(B_{H^+} - B_{Cl^-})} \ln \frac{a_s(B_{K^+} + B_{Cl^-})}{a_1(B_{H^+} - B_{Cl^-})}. \tag{62}$$

Sind die Salzsäuren sehr verdünnt, also die Aktivität a_s sehr viel größer als die Aktivitäten a_1 und a_2, so vereinfacht sich Gl. (62) mit Hilfe von Gl. (59) zu:

$$\Delta E_{Diff} = -\frac{RT}{F}\frac{(t_{K^+} - t_{Cl^-})}{(t_{K^+} + t_{Cl^-})} \ln \frac{c_s(t_{K^+} + t_{Cl^-})}{c_1(t_{H^+} + t_{Cl^-})}. \tag{63}$$

Wegen $t_{K^+} = 0{,}49$ besitzt die Differenz $t_{K^+} - t_{Cl^-}$ und damit das Diffusionspotential einen sehr kleinen Wert. Einen ähnlich kleinen Wert mit umgekehrten Vorzeichen bekommt man für das Diffusionspotential an der zweiten Phasengrenze, so daß sich die beiden Potentialsprünge fast zur Gänze kompensieren. Eine völlige Kompensation ist jedoch ausgeschlossen, denn in der Hendersonschen Gleichung steckt die Voraussetzung konzentrationsunabhängiger Ionenbeweglichkeiten, was bei der KCl-Sättigungskonzentration c_s sicher nicht zutrifft.

Statt KCl- werden auch oft NH_4NO_3-Brücken verwendet. Am besten überzeugt man sich aber vor der Verwendung irgendeiner Brücke rein experimentell von ihrer Wirksamkeit, indem man ihre Elektrolytkonzentration variiert. Wenn die mit ihr gemessenen EMK-Werte voneinander nicht allzusehr abweichen, so ist die Brücke geeignet.

21.4 Spezielle Elektroden und ihre Anwendung

Auf Grund der Definition (38), wonach das Elektrodenpotential identisch mit einem Potentialsprung an der Grenzfläche zweier Phasen ist, läßt sich je nach Art der beteiligten Phasen eine Systematik der praktisch verwendeten Elektroden einführen (siehe auch elektrochemisches Phasengleichgewicht in Abschnitt 21.6). Die Elektrolytlösung als eine Phase ist immer vorhanden.

Ist die Nachbarphase eine Gasphase, so spricht man von *Gaselektroden*. Die Elektroden der Chlor-Knallgaszelle sind z. B. Gaselektroden. Als Medium für den Elektronentransfer von der gasförmigen zur gelösten Komponente werden inerte, nicht reagierende Metallelektroden, z. B. aus Platin verwendet. Sie dienen nicht nur als Potentialsonden, sondern haben auch die Aufgabe, den Elektronenübergang reversibel zu gestalten. Genaugenommen besteht also eine Gaselektrode aus drei Phasen (Pt/Gas/Lösung), doch scheint Pt in der potentialbestimmenden Elektrodenreaktion nicht auf. Zur Illustration soll hier die *Wasserstoffelektrode* (Bild 21.5) mit der Kurzbezeichnung $Pt/H^+/H_2$ dienen. Nach Gl. (38) besitzt die Elektrodenreaktion $2\,H^+ + 2\,e^- \rightarrow H_2$ folgenden Konzentrationsabhängigkeit:

$$E = \frac{1}{2F}\left(2\,\mu^\circ_{H^+} - \mu^\circ_{H_2} + RT \ln \frac{a^2_{H^+}}{a_{H_2}}\right). \tag{64}$$

Unter Standardbedingungen ist $a_{H_2} = 1$, so daß

$$E = \frac{1}{2F}(2\,\mu^\circ_{H^+} - \mu^\circ_{H_2} + RT \ln a^2_{H^+}) \tag{65}$$

$$= E^\circ + \frac{RT}{F} \ln a_{H^+}$$

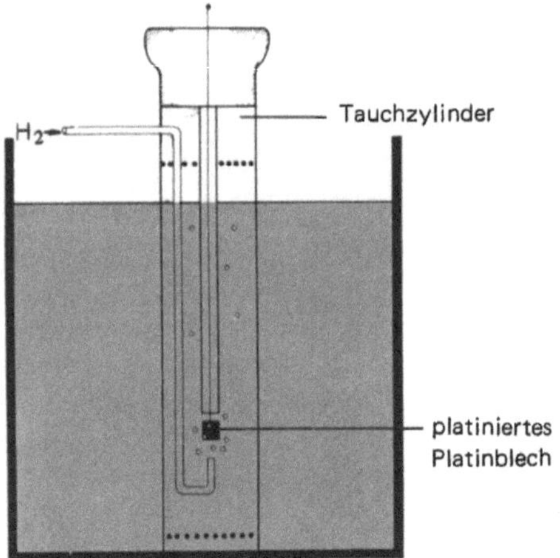

Bild 21.5
Wasserstoffelektrode schematisch (*H. Rau:*
Kurze Einführung in die Physikalische Chemie,
Vieweg, Wiesbaden 1977)

und mit $E^\circ(H^+/H_2) = 0$ V und $RT/F\lg e = 0{,}0591$ V:

$$E = 0{,}0591 \lg a_{H^+} = -0{,}0591\ \text{pH} \tag{66}$$

bzw. zusammen mit der Druckabhängigkeit:

$$E = 0{,}0591\ \lg(a_{H^+}/\sqrt{p_{H_2}}). \tag{67}$$

Dies ist der analytische Ausdruck für die Konzentrations- und Druckabhängigkeit des Potentials der Wasserstoffelektrode. Analog dazu der für die Chlorelektrode.

Die Wasserstoffelektrode könnte zwar als pH-Elektrode verwendet werden, doch werden hierfür fast ausschließlich Glaselektroden verwendet (Abschnitt 21.6). Sie wird jedoch auch heute noch als zuverlässige Referenzelektrode (zu Eichzwecken) verwendet, denn sie liefert bei richtiger Behandlung gut reproduzierbare Meßwerte. Unter „richtiger" Behandlung versteht man dabei das *Platinieren* des Platins, d. h. durch elektrolytische Reduktion einer Platinlösung wird auf dem blanken Platinblech ein schwarzer, poröser Pt-Niederschlag erzeugt. An einer solchen platinierten Platinoberfläche läuft dann die Elektrodenreaktion ohne kinetische Hemmung ab. In der Sprache der Elektrochemiker: Sie verläuft ohne das Auftreten einer Überspannung (Abschnitt 21.1). Die Platin-Wasserstoffelektrode ist allerdings sehr empfindlich gegen Vergiftungen, z. B. durch Schwefelverbindungen und wirkt außerdem reduzierend auf gelöste Stoffe.

In gewissem Sinne verwandt mit den Gaselektroden sind die *Redoxelektroden*. Obwohl an sich alle Elektrodenreaktionen Redoxreaktionen sind, bezeichnet man gemeinhin diejenigen Elektroden, bei denen die Nachbarphase fehlt und sich sowohl die reduzierte als auch oxidierte Form in der Lösung befinden, als Redoxelektroden. Inertelektroden sind wiederum das Medium für den Elektronentransfer und gehen in die thermodynamische Behandlung nicht ein. Die allgemeine Kurzbezeichnung einer Redoxelektrode: Pt/ox/red. Zum Beispiel: $Pt/Fe^{3+}/Fe^{2+}$ für die Reaktion $Fe^{3+} + e^- \rightarrow Fe^{2+}$. Die Konzentrationsabhängigkeit ihres Potentials lautet:

$$E = E^\circ + 0{,}0591\ \lg\frac{a_{Fe^{3+}}}{a_{Fe^{2+}}}. \tag{68}$$

Dieses Elektrodensystem kann z. B. in der chemischen Analytik als Indikatorelektrode bei *Redoxtitrationen* von oder mit Fe (II)-Lösungen erfolgreich verwendet werden. Bei diesen Titrationen wird eine platinierte Platinelektrode in die zu titrierende Lösung getaucht, die Lösung über eine Salzbrücke mit einer Referenzelektrode verbunden und die zwischen beiden Elektroden auftretende EMK mit einem Röhrenvoltmeter gemessen (Bild 21.6a). Während der Titration (z. B. von Fe^{2+} mit MnO_4^-) ändert sich drastisch das Verhältnis c_{ox}/c_{red} und damit das indizierende Elektrodenpotential, während das der Referenzelektrode konstant bleibt. Die gemessene EMK liefert daher ein logarithmisches Bild der jeweils vorherrschenden Konzentrationsverhältnisse des potentialbestimmenden Redoxsystems. Definieren wir im Fall einer Fe^{2+}-Titration den Titrationsgrad τ durch das Verhältnis $c_{MnO_4^-}/c_{Fe^{2+}}^\circ$ (jeweilige Titratorkonzentration/Titrandanfangskonzentration), so können wir für das Fe^{3+}/Fe^{2+}-Potential schreiben:

$$E = E^\circ + 0{,}0591 \lg \frac{c_{Fe^{3+}}}{c_{Fe^{2+}}} = E^\circ + 0{,}0591 \lg \frac{c_{MnO_4^-}}{c_{Fe^{2+}}^\circ - c_{MnO_4^-}} , \tag{69}$$

$$E = E^\circ + 0{,}0591 \lg \frac{\tau}{1 - \tau} . \tag{70}$$

Mit Zugabe von MnO_4^- wird E positiver und erreicht seine stärkste Änderung beim Äquivalenzpunkt. Da danach $c_{Fe^{3+}}$ konstant ist (es wurde bis dorthin alles Fe^{2+} umgesetzt), bleibt auch das Verhältnis $c_{Fe^{3+}}/c_{Fe^{2+}}$ und damit das Potential konstant (Bild 21.6b).

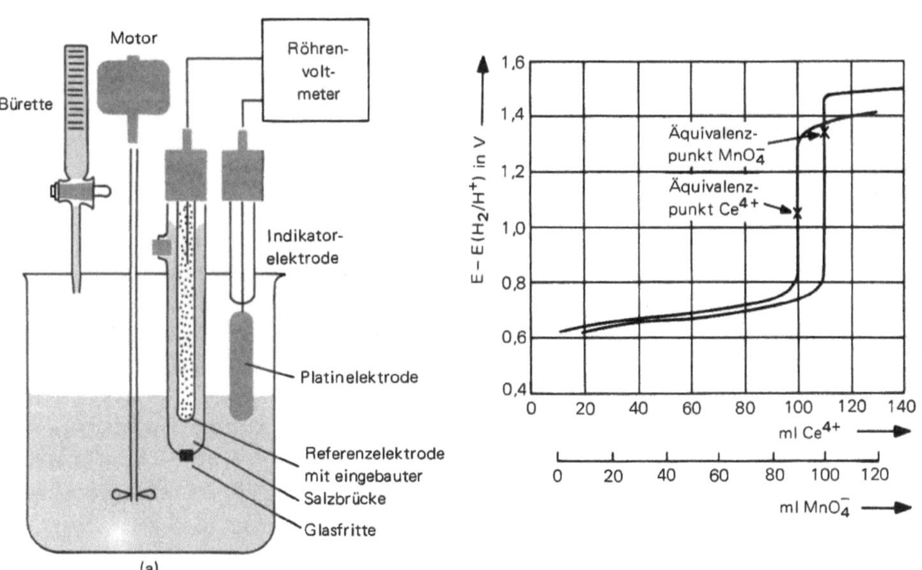

Bild 21.6 Meßzelle für Redoxtitrationen (a) und Titrationskurven von 100 ml 0,1 normaler Fe^{++}-Lösung mot 0,1 normaler MnO_4^-- bzw. Ce^{4+}-Lösung (b) (*D. A. Skoog, D. M. West:* Principles of Instrumental Analysis, Holt, Rinehart and Winston, Inc. N. Y. 1971)

Ist nicht nur das Redoxsystem des Titranden (z. B. Fe^{3+}/Fe^{2+}), sondern auch das des Titrators (z. B. Ce^{4+}/Ce^{3+}) potentialbestimmend, so entsteht an der indizierenden Platinelektrode ein sogenanntes *Mischpotential.* Es entspricht dem arithmetischen Mittel der Einzelpotentiale, wenn ihre Austauschstromdichten gleich groß sind (Abschnitt 23.2):

$$E_{Fe} = E^\circ_{Fe} + 0{,}0591 \lg \frac{c_{Fe^{3+}}}{c_{Fe^{2+}}}, \tag{71}$$

$$E_{Ce} = E^\circ_{Ce} + 0{,}0591 \lg \frac{c_{Ce^{4+}}}{c_{Ce^{3+}}}, \tag{72}$$

$$E_{Misch} = \frac{E_{Fe} + E_{Ce}}{2} = \frac{E^\circ_{Fe} + E^\circ_{Ce}}{2} + 0{,}0591 \lg \frac{c_{Fe^{3+}}\, c_{Ce^{4+}}}{c_{Fe^{2+}}\, c_{Ce^{3+}}}. \tag{73}$$

Die Titrationskurve wird nun durch das Konzentrationsverhältnis beider Redoxsysteme geprägt. Während zu Beginn noch das Fe-System überwiegt, wirkt nach dem Äquivalenzpunkt in erster Linie das Ce-System potentialbestimmend. Der Äquivalenzpunkt liegt dort, wo $c_{Fe^{3+}} = c_{Ce^{3+}}$ und $c_{Fe^{2+}} = c_{Ce^{4+}}$ ist, also beim Potential (Tabellenanhang)

$$E_{Misch} = \frac{E^\circ_{Fe} + E^\circ_{Ce}}{2} = \frac{0{,}770 + 1{,}443}{2} \cong 1{,}10 \text{ V}. \tag{74}$$

Metall/Metallionenelektroden stellen einen weiteren Typ von Elektroden dar. Bei ihnen taucht eine Metallelektrode in eine Lösung des betreffenden Metallsalzes ein, z. B. ein Silberdraht in eine $AgNO_3$-Lösung. Die Elektrodenreaktion lautet:

$$Ag^+ + e^- \to Ag. \tag{75}$$

Diesem Elektrodentyp mit der Kurzbezeichnung Ag^+/Ag liegt eine *reagierende* Metallelektrode zu Grunde. Zwischen der reinen Metallphase und der Metallsalzlösung stellt sich das Nernstsche Potential

$$E = E^\circ + 0{,}0591 \lg c_{Ag^+} \tag{76}$$

ein. Aus der Tatsache, daß sich manche Metalle gegenüber der Lösung ihrer Ionen positiv und andere negativ aufladen, muß man schließen, daß die Tendenz, Ionen an die Lösung abzugeben, von Metall zu Metall verschieden groß ist. Chemisch ausgedrückt: Metalle werden verschieden leicht oxidiert bzw. reduziert. Metalle, die sich gegen ihre Lösung positiv aufladen, also schwer oxidiert werden, bezeichnet man als *edle* Metalle. Sie haben ein positiveres Potential als die *unedlen* und stehen in der Spannungsreihe (Tabelle 21.1) weiter oben.

Tauchen wir ein unedles Metall, z. B. Zink (negatives Standardpotential) in eine 1 molare Säure ein (1 normal an Zn^{++}), so entwickelt sich Wasserstoff — es wird aufgelöst. Die Bruttoreaktion läßt sich durch Differenzbildung aus den Einzelreaktionen $2\,H^+ + 2\,e^- \to H_2$ und $Zn^{++} + 2\,e^- \to Zn$ kombinieren:

$$Zn + 2\,H^+ \to Zn^{++} + H_2 \qquad \Delta E \equiv \Delta E^\circ = E^\circ(H^+/H_2) - E^\circ(Zn^{++}/Zn) = 0{,}763 \text{ V}. \tag{77}$$

Ganz allgemein gilt: Metalle lösen sich thermodynamisch gesehen umso eher auf, je negativer die freie Reaktionsenthalpie ΔG ist und elektrochemisch, je positiver die resultierende Zellspannung ΔE ist. Die direkte Metallauflösung ist eine *irreversible Kurzschlußreaktion*, da sie in einem einzigen Elektrodenraum und an einer einzigen Elektrode vor sich geht! An letzterer finden gleichzeitig die Metallauflösung und die Wasserstoffabscheidung statt.

Gehen wir von der Metallauflösung in einer Säure zu einer Auflösung in neutralem Wasser (pH = 7) über, so stellen nicht mehr die Protonen, sondern die H_2O-Moleküle das Oxidationsmittel dar. Kombinieren wir deshalb die Elektrodenreaktion $2\,H_2O + 2\,e^- \rightarrow H_2 + 2\,OH^-$ mit der Elektrodenreaktion $Zn^{++} + 2\,e^- \rightarrow Zn$, so kommen wir zur Bruttoreaktion

$$Zn + 2\,H_2O \rightarrow Zn^{++} + 2\,OH^- + H_2$$

bzw. bei Zn^{++}-Sättigung
$$Zn + H_2O \rightarrow ZnO + H_2 \tag{78}$$

mit

$$\Delta E = \Delta E^\circ - \frac{0{,}0591}{2}\,\lg\frac{a_{s,Zn^{++}}\,a_{OH^-}^2\,a_{H_2}}{a_{H_2O}^2\,a_{Zn}}$$

$$\cong -0{,}065 - \frac{0{,}0591}{2}(-5-14) \cong 0{,}50\ \text{V}. \tag{79}$$

Hierin wurden $a_{H_2O} = a_{Zn} = a_{H_2} = 1$ (reine Phasen) und die Sättigungs- bzw. Hydroxylkonzentration $a_{s,Zn^{++}} = 10^{-5}$ und $a_{OH^-} = 10^{-7}$ gesetzt sowie E°-Werte des Tabellenanhanges verwendet. Diese Reaktion spielt als Korrosionsreaktion von metallischen Werkstoffen eine große Rolle. Bedeckt sich nämlich das Metall nicht gleichmäßig mit einer Oxidhaut, so entstehen durch lokale Auflösung an unbedeckten Stellen Löcher (*Lochfraß*). Verstärkt wird dieser Effekt durch die Anwesenheit von gelöstem Luftsauerstoff, da dann O_2 als Oxidationsmittel fungiert. Von der Teilreaktion $O_2 + 2\,H_2O + 4\,e^- \rightarrow 4\,OH^-$ muß deshalb die Teilreaktion $Zn^{++} + 2\,e^- \rightarrow Zn$ abgezogen werden. Dies liefert die Bruttoreaktion:

$$2\,Zn + O_2 + 2\,H_2O \rightarrow 2\,Zn^{++} + 4\,OH^-$$

bzw. bei Zn^{++}-Sättigung
$$2\,Zn + O_2 \rightarrow 2\,ZnO \tag{80}$$

mit

$$\Delta E = \Delta E^\circ - \frac{0{,}0591}{4}\,\lg a_{s,Zn^{++}}^2\,a_{OH^-}^4$$

$$\cong 1{,}164 - \frac{0{,}0591}{4}(-10-28) \cong 1{,}73\ \text{V}, \tag{81}$$

also einen wesentlich positiveren ΔE- bzw. negativeren ΔG-Wert. Als Konsequenz dieser Betrachtungen können wir festhalten: Thermodynamisch bzw. elektrochemisch gesehen sind alle unedlen Metalle an Luft oder in neutralem Wasser instabil. Daß wir sie dennoch als Werkstoffe verwenden können, ohne daß sie an Luft oder in Wasser „verbrennen", verdanken wir den schützenden Oxidschichten. Werden diese aus irgendeinem Grund verletzt und heilen sie nicht zu, so kann katastrophale Lochfraßkorrosion auftreten (vgl. Abschnitt 23.6). Abschließend sei noch erwähnt, daß konventionelle Batterien wie der Blei-Akku mindestens eine derartige Metall-Metallionelektrode enthalten.

Als *Elektroden zweiter Art* (die bisher besprochenen sind Elektroden erster Art) bezeichnet man solche Elektroden, bei denen die Elektrolytlösung nicht nur mit einer einzigen Nachbarphase, sondern mit zwei solchen im Gleichgewicht steht. Bleiben wir bei dem vorhin erwähnten Beispiel der Silberelektrode, so wird aus ihr eine Elektrode zweiter Art, wenn man als dritte Phase zum Metall und zur Metallsalzlösung soviel festes Metallsalz hinzugibt, daß diese gesättigt wird. Wie bei der Ag^+/Ag-Elektrode lautet zwar die Konzentrationsabhängigkeit wiederum

$$E = E° + 0{,}0591 \lg a_{Ag^+}, \tag{82}$$

doch es gilt gleichzeitig $a_{Ag^+} = K_L/a_{Cl^-}$, so daß dann resultiert:

$$E = E° + 0{,}0591 \lg \frac{K_L}{a_{Cl^-}} = const - 0{,}0591 \lg a_{Cl^-}. \tag{83}$$

Das Potential der $Ag^+/AgCl/Ag$-Elektrode wird also ausschließlich eine Funktion der Cl^--Ionenaktivität. Dieselbe Funktion ergibt sich auch, wenn wir die Bruttoreaktion auf folgende Weise formulieren:

$$AgCl(s) + e^- \rightarrow Ag + Cl^-. \tag{84}$$

Elektroden zweiter Art werden als *Referenz-* oder *Bezugselektroden* verwendet, weil sie einfach und gut reproduzierbar herstellbar sind sowie ein sehr stabiles Potential aufweisen. Neben der $Ag^+/AgCl/Ag$-Elektrode wird sehr oft die sogenannte *Kalomelelektrode* benutzt: $Hg^+/Hg_2Cl_2/Hg$. Sie besteht aus Quecksilber im Kontakt mit festem Hg_2Cl_2 und einer gesättigten Hg_2Cl_2-Lösung. Diese enthält außerdem eine definierte Menge KCl, so daß sie entweder 1 molal, 0,1 molal oder gesättigt ist. Wegen des konstanten Löslichkeitsproduktes stellt sich eine ganz bestimmte Hg^+-Aktivität ein:

$$E = E° + \frac{0{,}0591}{2} \lg a_{Hg^+}^2 = E° + 0{,}0295 \lg \frac{K_L}{a_{Cl^-}^2}. \tag{85}$$

Amalgamelektroden liegt ein elektrochemisches Phasengleichgewicht zwischen der Lösung und einer Mischphase als Nachbarphase zu Grunde. Bei diesen bildet in Quecksilber aufgelöstes Metall (Amalgam) die Mischphase und steht mit einer Metallionenlösung im Gleichgewicht. Da also zwei Mischphasen miteinander im Gleichgewicht stehen, beträgt das Nernstsche Potential:

$$E = E° + \frac{0{,}0591}{n} \lg \frac{a_{Me^{n+}}}{a_{Me}}. \tag{86}$$

Das chemische Potential des Metalles im Hg hängt ja von seiner Konzentration ab. Eine $Hg^+/Hg_2SO_4/Hg$-Elektrode und eine Cd-*Amalgamelektrode* bilden z. B. das *Weston-Standardelement* (Bild 21.7), das zum Eichen verwendet wird.

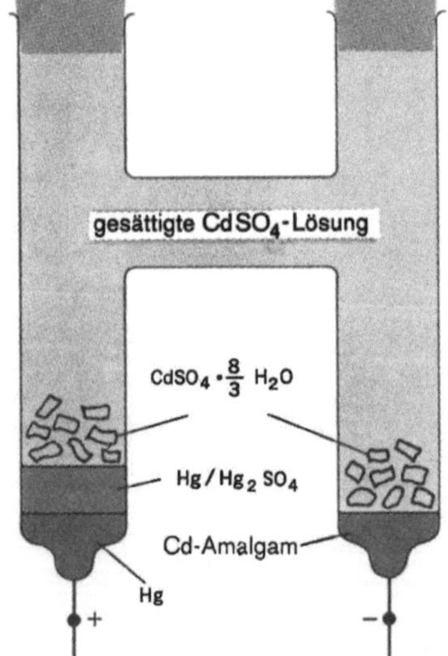

Bild 21.7 Weston-Standardzelle

21.5 Bestimmung thermodynamischer Größen aus EMK-Daten

Aus den Ausführungen des Abschnittes 21.2 folgt, daß EMK-Messungen zur Bestimmung thermodynamischer Größen herangezogen werden können. Meßgröße ist jeweils die EMK geeignet zusammengestellter Zellreaktionen. Auf Grund ihrer Definition (9) entspricht sie direkt der freien Reaktionsenthalpie. Die Standard-EMK's erhält man aus den Standardpotentialen und wenn keine tabellierten E°-Werte zur Verfügung stehen, durch eine ΔE°-Messung. Hierzu folgendes Beispiel.

Gegeben sei die galvanische Zelle $Pt/H_2/HCl(a)//Ag^+/AgCl(a_s)/Ag$. Ihre Elektrodenreaktionen und ihre Bruttoreaktion lauten:

$$\left.\begin{array}{l} AgCl(s) + e^- \to Ag + Cl^- \\[2mm] H^+ + e^- \to \dfrac{1}{2}\,H_2 \end{array}\right| -$$

$$AgCl(s) + \frac{1}{2}\,H_2 \to Ag + H^+ + Cl^- \tag{87}$$

Die Konzentrationsabhängigkeit der EMK dieser Zelle beträgt

$$\Delta E = \Delta E^\circ - 0{,}0591 \lg\,(a_{H^+} a_{Cl^-}) \tag{88}$$

bzw. mit $a = \gamma_\pm\, c$ und $\gamma_\pm^2 = \gamma_+\,\gamma_-$:

$$\Delta E = \Delta E^\circ - 0{,}0591 \lg\,(c_{H^+} c_{Cl^-}) - 0{,}0591 \lg \gamma_\pm^2 . \tag{89}$$

Wird Gl. (89) so umgeformt, daß die Meßgrößen (EMK und Konzentration) auf der linken Seite stehen,

$$\Delta E + 0{,}0591 \lg\,(c_{H^+} c_{Cl^-}) = \Delta E^\circ - 0{,}0591 \lg \gamma_\pm^2 , \tag{90}$$

so folgt mit $c_{H^+} = c_{Cl^-} = c_{HCl} = c$:

$$\Delta E + 0{,}0591 \lg c^2 = \Delta E^\circ - 0{,}1182 \lg \gamma_\pm . \tag{91}$$

Der Term $\lg \gamma_\pm$ ist nach dem Debye-Hückelschen Grenzgesetz (Abschnitt 18.3) proportional $\sqrt{c}$. Trägt man deshalb die Werte der linken Seite von Gl. (91) für verschiedene Konzentrationen gegen $\sqrt{c}$ in einem Diagramm auf (Bild 21.8), so sollten die Meßwerte bei einer Extrapolation nach $\sqrt{c} = 0$ den Ordinatenabschnitt ΔE° liefern. Im vorliegenden

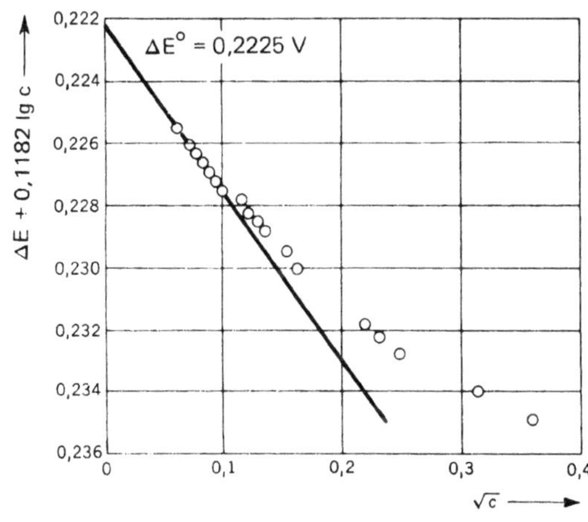

Bild 21.8

Diagramm zur graphischen Bestimmung der Standard-EMK der Zelle $Ag/AgCl/Ag^+//HCl/H_2/Pt$ (*L. P. Hammett:* Introduction to the Study of Physical Chemistry, McGraw Hill Book Co., N.Y. 1952)

Fall ergibt sich ein Wert, der mit dem aus den Standardpotentialen (Tabellenanhang) berechneten übereinstimmt:

$$\Delta E^\circ = E^\circ(Ag^+/AgCl/Ag) - E^\circ(H^+/H_2) = 0{,}2225 - 0 = 0{,}2225 \text{ V.} \tag{92}$$

Die EMK ist gleich groß wie das Standardpotential der $Ag^+/AgCl/Ag$-Elektrode, denn das Standardpotential der Wasserstoffelektrode ist verabredungsgemäß Null. Damit ergibt sich folgende Meßmöglichkeit für Standardpotentiale: Die Elektrode, deren Standardpotential gemessen werden soll, wird gegen eine Wasserstoffelektrode geschaltet.

Zurück zur EMK der Zelle (87). Setzen wir den Wert für ΔE° in Gl. (91) ein, so erhalten wir nach einer weiteren Umformung:

$$\lg \gamma_\pm = -\frac{\Delta E}{0{,}1182} - \lg c + 1{,}88. \tag{93}$$

Mit Hilfe dieser Gleichung läßt sich dann der mittlere Aktivitätskoeffizient für HCl aus gemessenen ΔE-Daten berechnen. In Tabelle 21.2 sind die Ergebnisse für verschiedene Konzentrationen zusammengestellt. Wie hier geht man auch bei der Bestimmung der Aktivitätskoeffizienten anderer Elektrolyte vor. Vorausgesetzt, es läßt sich dafür eine geeignete Zelle aufbauen.

Tabelle 21.2:

Mittlerer Aktivitätskoeffizient von HCl, aus EMK-Werten der Zelle $Ag/AgCl/Ag^+//$ HCl/H_2Pt nach Gl. (93) berechnet

c_{HCl} in mol l^{-1}	ΔE in V	$\gamma_\pm$
0,003 215	0,520 53	0,942
0,005 619	0,492 57	0,926
0,009 138	0,468 60	0,909
0,013 407	0,449 74	0,895
0,025 63	0,418 24	0,866
0,123 8	0,341 99	0,788

Aus EMK-Messungen bekommt man aber nicht nur Koeffizienten und damit Aktivitäten. Da die Standard-EMK über $\Delta G^\circ = -nF\Delta E^\circ$ mit der freien Standardbildungsenthalpie und diese über $\Delta G^\circ = -RT\ln K$ mit der Gleichgewichtskonstanten der Zellreaktion zusammenhängt, kann K direkt ermittelt werden:

$$K = e^{\frac{nF\Delta E^\circ}{RT}}. \tag{94}$$

Die Kenntnis von ΔE° bedeutet also zugleich die Kenntnis von K. Dies soll am Beispiel der Zelle $Zn^{++}/Zn//Fe^{3+}/Fe^{2+}$ mit den Elektrodenreaktionen

$$Fe^{3+} + e^- \rightarrow Fe^{2+} \qquad E^\circ - 0{,}770 \text{ V,}$$
$$\tfrac{1}{2} Zn^{2+} + e^- \rightarrow \tfrac{1}{2} Zn \qquad E^\circ = -0{,}763 \text{ V,} \tag{95}$$

und der Gesamtreaktion

$$Fe^{3+} + \tfrac{1}{2} Zn \rightarrow Fe^{2+} + \tfrac{1}{2} Zn^{2+} \qquad \Delta E^\circ = 1{,}533 \text{ V} \tag{96}$$

vorgeführt werden:

$$K = e^{\frac{96487 \cdot 1{,}533}{8{,}314 \cdot 298}} \cong 8{,}5 \cdot 10^{25}. \tag{97}$$

Unter Standardbedingungen liegt also das Gleichgewicht der Zellreaktion (96) praktisch ganz auf der Seite des Fe^{2+}. D.h. andererseits, Fe^{3+} wird durch Zn „vollständig" zu Fe^{2+} reduziert.

Auch das Löslichkeitsprodukt eines Elektrolyten kann direkt aus ΔE°-Werten ermittelt werden. Soll z.B. das Löslichkeitsprodukt K_L von AgBr gefunden werden, so sucht man zunächst ΔE° von folgender Kombination:

$$
\begin{array}{ll}
Ag^+ + e^- \to Ag & E^\circ = 0{,}7996\ V \\
AgBr(s) + e^- \to Ag + Br^- \quad - & E^\circ = 0{,}0713\ V \quad - \\
\hline
Ag^+ + Br^- \to AgBr(s) & \Delta E^\circ = 0{,}7283\ V
\end{array}
\tag{98}
$$

Da K_L durch das Aktivitätenprodukt $a_{Ag^+} a_{Br^-}$ definiert ist und der Umkehrung von Gl. (98) entspricht, ergibt sich mit Gl. (94):

$$
K_L = e^{-\dfrac{n F \Delta E^\circ}{R T}} = 4{,}8 \cdot 10^{-13}.
\tag{99}
$$

Aus der Temperaturabhängigkeit der EMK folgt unmittelbar als weitere thermodynamische Größe die Reaktionsentropie ΔS und aus $\Delta H = \Delta G + T\Delta S$ die Reaktionsenthalpie bzw. Reaktionswärme. Zum Beispiel: Die Zelle $Pt/H_2/HCl(m)//Ag^+/AgCl/Ag$ besitzt eine Standard-EMK von 0,2225 V und unter Standardbedingungen einen Temperaturkoeffizienten von $(\partial \Delta E^\circ/\partial T)_p = -0{,}000645\ VK^{-1}$. Die freie Reaktionsenthalpie beträgt daher unter diesen Bedingungen

$$
\begin{aligned}
\Delta G^\circ &= -nF \Delta E^\circ \\
&= -1 \cdot 96487 \cdot 0{,}2225 = -21{,}47\ kJ
\end{aligned}
\tag{100}
$$

und die Reaktionsentropie

$$
\begin{aligned}
\Delta S^\circ &= nF(\partial \Delta E^\circ/\partial T)_p \\
&= 1 \cdot 96427\,(-0{,}000645) = -62{,}2\ JK^{-1}.
\end{aligned}
\tag{101}
$$

Damit erhält man für die Reaktionsenthalpie den Wert

$$
\begin{aligned}
\Delta H^\circ &= \Delta G^\circ + T \Delta S^\circ \\
&= -21470 + 298\,(-62{,}2) = -40\ kJ.
\end{aligned}
\tag{102}
$$

Aus den hier gezeigten Anwendungsbeispielen sieht man, wie wertvoll EMK-Messungen für die chemische Thermodynamik sind.

21.6 Membrangleichgewicht und elektrochemisches Potential

Trennt man zwei verschiedene Elektrolytlösungen voneinander durch eine *Membran,* die nur für eine einzige Ionensorte durchlässig ist, dann entsteht ähnlich dem Diffusionspotential zwischen den beiden Lösungen ein Potentialsprung. Da derartige Potentiale in der Biochemie eine eminente Bedeutung haben — man denke etwa an den Stoffaustausch zwischen Blut und anderen Körperflüssigkeiten durch die halbdurchlässigen Blutgefäße — und diese auch die physikalischen Grundlagen der Glaselektrode sowie anderer ionenselektiver Elektroden darstellen, seien diesem Gebiet zwei eigene Abschnitte gewidmet. Wir wollen in diesem Abschnitt *Membrangleichgewichte* ohne und im nächsten solche mit Osmose besprechen.

Membrangleichgewichte sind eigentlich nichts anderes als *elektrochemische Phasengleichgewichte*. Elektrochemisches Gleichgewicht und elektrochemisches Phasengleichgewicht stehen im selben Verhältnis zueinander wie chemisches Gleichgewicht und chemisches Phasengleichgewicht. Bei den zuerst genannten sind geladene Ionen und Elektronen beteiligt, bei den letzteren neutrale Moleküle. Für neutrale Moleküle gelten die chemischen Gleichgewichtsbedingungen $\Delta G = 0$ und $^{I}\mu_i = {}^{II}\mu_i$ (vgl. Abschnitte 16.2 und 20.5), während für das elektrochemische Gleichgewicht $\Delta G + nF\,\Delta E = 0$ hergeleitet wurde. Es fehlen jedoch noch die Definitionen der Begriffe elektrochemisches Phasengleichgewicht und elektrochemisches Potential. Dazu erinnern wir uns an die Herleitung des Elektrodenpotentials E (wohl zu unterscheiden von dem zu definierenden elektrochemischen Potential η) in Abschnitt 21.2. Dort wurde festgestellt, daß sich E aus der Differenz der chemischen Potentiale μ_{ox} und μ_{red} eines Redoxsystems zusammensetzt (Gl. (38)). Trennen wir nun diese Differenz in Einzelpotentiale auf, so können wir einer jeden geladenen Komponente ein *elektrochemisches Potential* η (Dimension Energie!) zuordnen:

$$\eta = \mu + nF\varphi = \mu^{\circ} + RT\ln a + nF\varphi. \tag{103}$$

φ ist das *innere elektrische Potential* einer Phase und μ das chemische Potential der Komponente in dieser Phase. In einer anderen, mit dieser im Gleichgewicht stehenden hat φ einen anderen Wert. Das elektrochemische Potential ist also ein Maß dafür, wieviel Energie gebraucht wird, um 1 mol n-wertiger Ionen aus dem ladungsfreien Unendlichen in das Innere der betrachteten Phase zu bringen (vgl. Abschnitt 18). Besitzt die oxidierte Komponente eines Redoxpaares in der Lösung die Aktivität a_{ox}, dann lautet ihr elektrochemisches Potential (Lösung = Phase I)

$$^{I}\eta_{ox} = {}^{I}\mu_{ox}^{\circ} + RT\ln{}^{I}a_{ox} + nF\,{}^{I}\varphi. \tag{104}$$

Für die reduzierte Form in einer Nachbarphase II (Gas, Elektrodenmaterial, zweite Lösung, usw.) gilt dann

$$^{II}\eta_{red} = {}^{II}\mu_{red}^{\circ} + RT\ln{}^{II}a_{red} + nF\,{}^{II}\varphi. \tag{105}$$

Gleichgewicht hinsichtlich der Elektrodenreaktion $ox + ne^{-} \rightarrow red$ herrscht dann, wenn $\Delta\eta = 0$ ist, also beide elektrochemischen Potentiale gleich groß sind:

$$^{I}\eta_{ox} = {}^{II}\eta_{red}. \tag{106}$$

Das Nernstsche Elektrodenpotential, per Definition die Differenz der elektrischen Potentiale, ergibt sich dann zu (vgl. Gln. (27) und (38))

$$E \equiv {}^{II}\varphi - {}^{I}\varphi = \frac{1}{nF}\left[{}^{I}\mu_{ox}^{\circ} - {}^{II}\mu_{red}^{\circ} + RT\ln\frac{{}^{I}a_{ox}}{{}^{II}a_{red}}\right] = E^{\circ} + RT\ln\frac{{}^{I}a_{ox}}{{}^{II}a_{red}}. \tag{107}$$

Handelt es sich nicht um eine Elektrodenreaktion an einer Phasengrenze, sondern um das Gleichgewicht ein und derselben geladenen Komponente in zwei angrenzenden Phasen, so gilt entsprechend

$$^{I}\eta_i = {}^{II}\eta_i. \tag{108}$$

Dies ist die gesuchte elektrochemische Phasengleichgewichtsbedingung, wie sie zur Behandlung von Membrangleichgewichten benötigt wird. Nun zu dessen Beschreibung.

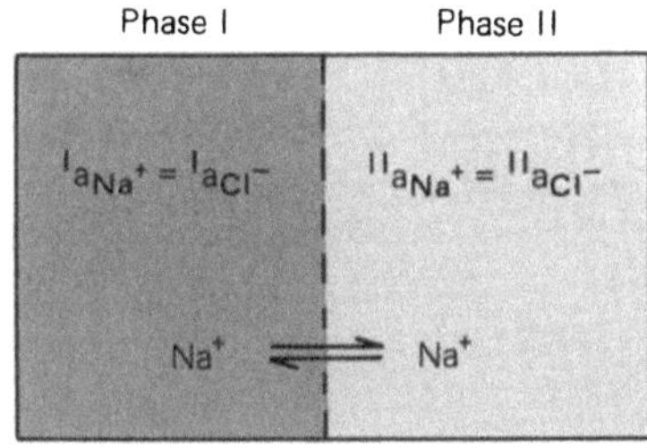

Bild 21.9
Schematische Skizze einer Zelle mit zwei verschieden konzentrierten NaCl-Lösungen und einer nur
für Na^+-Ionen durchlässigen Membran zur Herleitung
des Membranpotentials

Bild 21.9 zeigt schematisch zwei NaCl-Lösungen (I und II), die voneinander durch eine Membran getrennt sind. Diese soll Lösungsmittel-undurchlässig sein, so daß wir keinen zusätzlichen osmotischen Effekt bekommen. Die Aktivitäten seien $^I a_{Na^+} = {}^I a_{Cl^-}$ und $^{II} a_{Na^+} = {}^{II} a_{Cl^-}$. Bei einer für alle Ionen durchlässigen Membran käme es durch Diffusion zu einem Konzentrationsausgleich, in dem dann das Diffusionspotential verschwindet. Ist die Membran jedoch nur für *eine* Ionensorte durchlässig, so bleibt auch im Gleichgewicht eine Potentialdifferenz bestehen. Ihre Größe ist mit Hilfe des mitgeteilten Phasengleichgewichtkonzepts sofort hinschreibbar. Wenn z. B. die Membran nur für die Na^+-Ionen durchlässig ist, muß im Gleichgewicht gelten:

$$^I \eta_{Na^+} = {}^{II} \eta_{Na^+} \tag{109}$$

bzw. mit Gl. (103)

$$^I \mu^\circ_{Na^+} + RT \ln {}^I a_{Na^+} + F\, {}^I\varphi = {}^{II} \mu^\circ_{Na^+} + RT \ln {}^{II} a_{Na^+} + F\, {}^{II}\varphi. \tag{110}$$

Die elektrische Potentialdifferenz zwischen den beiden NaCl-Phasen beträgt daher:

$$E_{Membran} = {}^{II}\varphi - {}^I\varphi = \frac{RT}{F} \ln \frac{{}^I a_{Na^+}}{{}^{II} a_{Na^+}}. \tag{111}$$

Handelt es sich um verdünnte Lösungen, so können wir das Aktivitätsverhältnis durch das Konzentrationsverhältnis ersetzen:

$$E_{Membran} = \frac{RT}{F} \ln \frac{{}^I c}{{}^{II} c}. \tag{112}$$

Der Aufbau dieses *Membranpotentials* ist aber nicht so zu verstehen, daß dazu eine große Menge von Na^+-Ionen in die verdünntere Phase diffundieren muß — es genügt vielmehr ein ganz kleiner Bruchteil. Eine kleine Ladungsverschiebung erzeugt sofort einen relativ großen Potentialsprung. Wir könnten diesen auch als die Potentialdifferenz (Spannung) ansehen, die man an die Phasengrenze anlegen müßte, um den Konzentrationsausgleich zu verhindern.

Gl. (111) verkörpert die grundsätzliche theoretische Basis zur Beschreibung der sogenannten *ionenselektiven Elektroden*. Gestaltet man nämlich die Membran selektiv für ein gewisses Ion, so hängt der meßbare Potentialsprung nur von seiner Konzentration ab. Bild 21.10 zeigt die Prinzipskizze zur Messung des pH-Wertes mit einer H^+-selektiven *Glaselektrode*. Die Membran ist eine dünne, etwa 0,1 mm starke Glaswand. Gemessen wird der Potentialsprung mit Hilfe zweier Referenzelektroden, deren Potential von der Protonenkonzentration nicht abhängt. In der Glaselektrode ist eine $Ag/AgCl/Ag^+$-Elektrode direkt eingebaut. Die zwischen dieser und einer beliebigen anderen Referenzelektrode

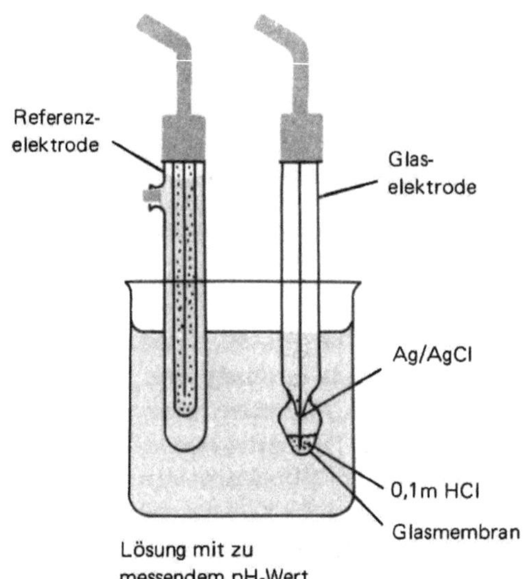

Bild 21.10

pH-Meßanordnung mit einer Glas- und einer Referenzelektrode (*D. A. Skoog, D. M. West:* Prinziples of Instrumental Analysis, Holt, Rinehart and Winston, Inc., N. Y., 1971)

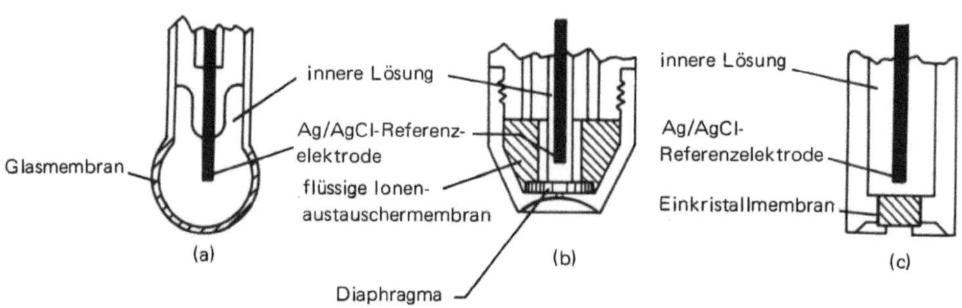

Bild 21.11 Aufbau ionenselektiver Elektroden mit Glasmembran (a) mit flüssiger (b) und mit fester Membran (c) (aus *G. A. Rechnitz:* Chem. Eng. News (1975) 35)

auftretende Spannung (EMK) hängt bei einer definierten Protonenkonzentration (Standardpuffer) nur vom pH-Wert der zu messenden Lösung ab:

$$E = 0{,}0591 \lg \frac{^{I}a_{H^+}}{^{II}a_{H^+}} = \text{const} - 0{,}0591 \lg\, ^{II}a_{H^+} = \text{const} + 0{,}0591 \text{ pH.} \qquad (113)$$

In der Konstanten „const" sind alle pH-unabhängigen Größen vereinigt.

In Wirklichkeit ist der potentialerzeugende Vorgang an einer solchen Glaselektrode viel komplizierter als soeben dargestellt. Denn die Glasmembran ist nicht tatsächlich protonendurchlässig und das Membranpotential setzt sich aus mindestens zwei derartigen Sprüngen zusammen. Gl. (113) beschreibt einmal mehr nur das Bruttoverhalten. Bild 21.12 zeigt schematisch, wie man sich heute den potentialbestimmenden Mechanismus vorstellt. Die Glasmembran ist in ihrem dicksten Teil „trocken" (fester Elektrolyt) und nur an ihren beiden Grenzflächen zu den Lösungen hin mit Wasser aufgequollen. Sie ist daher

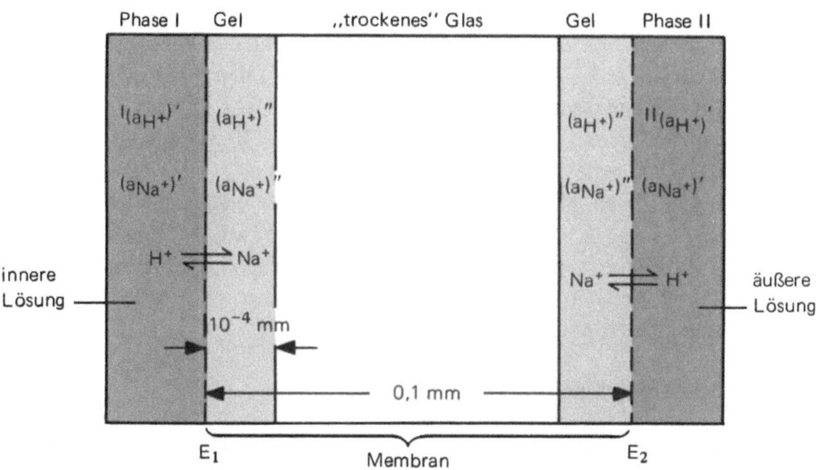

Bild 21.12 Schematischer Aufbau einer Glasmembran im Gleichgewicht mit zwei Lösungen unterschiedlichen pH-Wertes

meßtechnisch gesehen sehr hochohmig (ca. 10^8 Ohm). In den beiden etwa 10^{-4} mm starken Gelschichten erfolgt folgende *Austauschreaktion* der Protonen mit den Na^+-Ionen des Glases:

$$H^+(aq)' + Na^+(s)'' \rightleftharpoons H^+(s)'' + Na^+(aq)'. \tag{114}$$

Ihr Gleichgewicht ist durch

$$K = \frac{(a_{H^+})''\,(a_{Na^+})'}{(a_{H^+})'\,(a_{Na^+})''} \tag{115}$$

beschreibbar. Die einfach gestrichenen Aktivitäten (a') beziehen sich auf die Lösungen und die zweifach gestrichenen (a'') auf die Gelschichten. Potentialbestimmend, weil „durchtrittsfähig" durch den festen Elektrolyt Glas, sind also nicht die Protonen, sondern die Na^+-Ionen. Schreiben wir deshalb für den ersten Potentialsprung

$$E_1 = 0{,}0591 \lg \frac{^I(a_{Na^+})'}{^I(a_{Na^+})''} = 0{,}0591 \lg K \frac{^I(a_{H^+})'}{^I(a_{H^+})''} \tag{116}$$

und für den zweiten

$$E_2 = 0{,}0591 \lg K \frac{^{II}(a_{H^+})'}{^{II}(a_{H^+})''}, \tag{117}$$

so liefert die Differenz beider den „Bruttosprung":

$$E \equiv E_1 - E_2 = 0{,}0591 \lg \frac{^I(a_{H^+})'}{^{II}(a_{H^+})'} - 0{,}0591 \lg \frac{^I(a_{H^+})''}{^{II}(a_{H^+})''}. \tag{118}$$

Liegt das Gleichgewicht der Austauschreaktion (114) sehr weit rechts (nahezu vollständiger Austausch), so können wir die H^+-Ionenkonzentration in den beiden Gelschichten gleich groß setzen, wodurch sich Gl. (118) zu Gl. (113) vereinfacht.

Wenn es sich aber in Wirklichkeit um eine Austauschreaktion mit zwei Ionensorten handelt, muß es zusätzlich zum Auftreten von Diffusionspotentialen kommen. Denn die Beweglichkeiten der H^+- und Na^+-Ionen sind sicherlich auch in den beiden Gelschichten verschieden groß. In der Konstanten „const" in Gl. (113) ist dann implizit eine weitere von Diffusionspotentialen herrührende Größe enthalten. Da die Beweglichkeit vom Glasmaterial abhängt, müssen Glaselektroden immer geeicht werden.

Selektive Glaselektroden gibt es heute für Li^+-, Na^+-, K^+-, Ag^+-, NH_4^+-Ionen usw. und können wie pH-Elektroden zur direkten Anzeige verwendet werden. Ihre Selektivität liegt in der Chemie des Glases begründet. An Stelle von Glasmembranen lassen sich auch flüssige Membrane sowie Festkörpermembrane verwenden. Ihre kommerzielle Herstellung ist noch in Entwicklung begriffen.

21.7 Das Donnangleichgewicht

Sind bei einem Membrangleichgewicht nicht nur selektive Ionen sondern zugleich Lösungsmittelmoleküle durchtrittsfähig (z. B. Wassermoleküle), so kommt zur Erscheinung des Membranpotentials noch der *osmotische Druck* hinzu (Abschnitt 17.4). Die Theorie zur Beschreibung solcher Gleichgewichte stammt ursprünglich von *Donnan*, weshalb diese auch *Donnangleichgewichte* genannt werden. Ein „schematisches" Beispiel zeigt Bild 21.13. Die Lösung auf der einen Seite der Membran enthalte eine makromolekulare Lösung von RCl (Phase I) und die auf der anderen Seite NaCl (Phase II). Die Membran sei nur für die Makromolekülionen R^+ undurchlässig. Ihre Anwesenheit verursacht im Gleichgewichtszustand eine unsymmetrische Verteilung der Na^+- und Cl^--Ionen. Die Herleitung dieser ungleichmäßigen Verteilung gelingt wiederum am einfachsten mit Hilfe des elektrochemischen Potentialkonzepts.

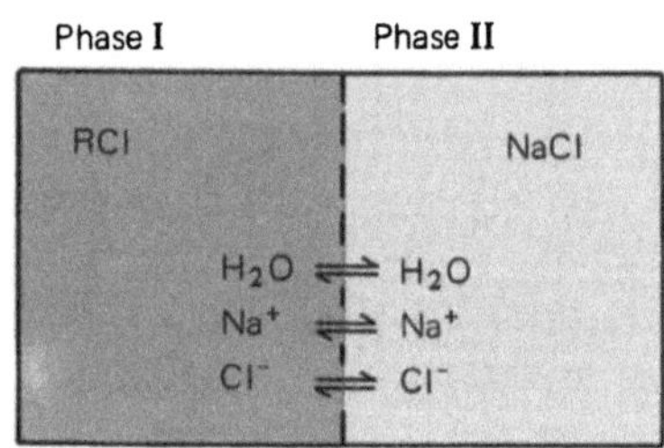

Bild 21.13
Schematische Skizze einer Zelle mit RCl- und NaCl-
Lösungen zur Herleitung des Donnanpotentials

Die chemischen und die elektrochemischen Phasengleichgewichtsbedingungen für die durchtrittsfähigen H_2O Moleküle und Na^+-Ionen sowie Cl^--Ionen lauten:

$$^I\mu_{H_2O} = {}^{II}\mu_{H_2O}, \qquad {}^I\eta_{Cl^-} = {}^{II}\eta_{Cl^-}, \qquad {}^I\eta_{Na^+} = {}^{II}\eta_{Na^+} \,. \tag{119}$$

Setzen wir in sie die entsprechenden Konzentrationsabhängigkeiten ein und führen wir dann wie in Abschnitt 17.4 eine Berechnung des osmotischen Druckes π durch, so finden wir die drei Ausdrücke:

$$\pi V_{H_2O} - RT \ln \frac{{}^{II}a_{H_2O}}{{}^{I}a_{H_2O}} = 0, \tag{120}$$

$$\pi V_{Cl^-} - RT \ln \frac{{}^{II}a_{Cl^-}}{{}^{I}a_{Cl^-}} = - \, E F, \tag{121}$$

$$\pi V_{Na^+} - RT \ln \frac{{}^{II}a_{Na^+}}{{}^{I}a_{Na^+}} = E F. \tag{122}$$

Zusammenziehen der beiden letzten Ausdrücke ergibt:

$$\pi = \frac{RT}{V_{Na^+} + V_{Cl^-}} \ln \frac{{}^{II}a_{Na^+}\,{}^{II}a_{Cl^-}}{{}^{I}a_{Na^+}\,{}^{I}a_{Cl^-}} = \frac{RT}{V_{Na^+} + V_{Cl^-}} \ln \frac{({}^{II}a_{\pm})^2}{({}^{I}a_{\pm})^2}. \tag{123}$$

Eliminieren wir schließlich π mit Hilfe von Gl. (120), so resultiert die Bedingung für das Donnangleichgewicht:

$$\frac{1}{V_{H_2O}} \ln \frac{{}^{II}a_{H_2O}}{{}^{I}a_{H_2O}} = \frac{1}{V_{Na^+} + V_{Cl^-}} \ln \frac{({}^{II}a_{\pm})^2}{({}^{I}a_{\pm})^2}. \tag{124}$$

Verwenden wir die Abkürzung

$$x = \frac{V_{Na^+} + V_{Cl^-}}{V_{H_2O}}, \tag{125}$$

so lautet Gl. (124) nach Entlogarithmieren:

$$\frac{({}^{II}a_{\pm})^2}{({}^{I}a_{\pm})^2} = \frac{({}^{II}a_{H_2O})^x}{({}^{I}a_{H_2O})^x}. \tag{126}$$

Für verdünnte Lösungen kann $a_{H_2O} = 1$ gesetzt werden, so daß sich Gl. (126) auf

$$\frac{({}^{II}a_{\pm})^2}{({}^{I}a_{\pm})^2} = \frac{{}^{II}a_{\pm}}{{}^{I}a_{\pm}} = 1 \tag{127}$$

reduziert. In Worten: Im Donnangleichgewicht ist die mittlere Aktivität des NaCl in beiden Phasen gleich groß. Was bedeutet diese Aussage?

Setzen wir in Gl. (127) an Stelle der Aktivitäten die Konzentrationen

$$\frac{{}^{II}c_{Na^+}\,{}^{II}c_{Cl^-}}{{}^{I}c_{Na^+}\,{}^{I}c_{Cl^-}} = 1, \tag{128}$$

so ergibt sich bei Beachtung der Neutralitätsbedingung

$${}^{I}c_{R^+} + {}^{I}c_{Na^+} = {}^{I}c_{Cl^-} \tag{129}$$

und der Identität ${}^{II}c_{Cl^-} = {}^{II}c_{Na^+} = {}^{II}c_{NaCl}$ die in ${}^{I}c_{Na^+}$ quadratische Gleichung

$${}^{I}c_{Na^+}({}^{I}c_{Na^+} + {}^{I}c_{R^+}) - ({}^{II}c_{NaCl})^2 = 0, \tag{130}$$

die bei Vernachlässigung des quadratischen Gliedes liefert:

$${}^{I}c_{Na^+} \cong {}^{II}c_{NaCl} - \frac{{}^{I}c_{R^+}}{2}, \tag{131}$$

$${}^{I}c_{Cl^-} \cong {}^{II}c_{NaCl} + \frac{{}^{I}c_{R^+}}{2}. \tag{132}$$

Im Donnangleichgewicht wird ungefähr die Hälfte der Ladung der von der Membran nicht durchgelassenen Makromolekülionen R^+ durch einen Überschuß von Gegenionen Cl^-, die andere Hälfte durch Verdrängung der Na^+-Ionen kompensiert. Das heißt: Die Cl^--Konzen-

Tabelle 21.3: Konzentrationsverhältnisse im Donnangleichgewicht bei 25 °C, berechnet nach Gl. (131) bis Gl. (133) (*Ch. Tanford:* Physical Chemistry of Makromolecules, J. Wiley, New York 1961)

$^I c_{R^+}$	$^{II} c_{NaCl}$	$^I c_{Na^+}$	$^I c_{Cl^-}$	$^{II} c_{Na^+}/^I c_{Na^+} = {}^I c_{Cl^-}/^{II} c_{Cl^-}$	E_{Donnan} in mV
0,002	0,0010	0,00041	0,00241	2,44	22,90
	0,0100	0,00905	0,01105	1,10	2,56
	0,100	0,0990	0,1010	1,01	2,58
0,02	0,0010	0,00005	0,02005	20,05	76,96
	0,0100	0,00414	0,02414	2,41	22,65
	0,100	0,0905	0,1105	1,10	2,56

tration in der Phase I nimmt zu, weil NaCl von der Phase II in die Phase I diffundiert. Wie Tabelle 21.3 zeigt, ist dieser Effekt umso größer, je größer die Makromolekülkonzentration ist. Mit diesem Verteilungseffekt verknüpft ist das Auftreten des *Donnanpotentials*, für das man einen quantitativen Ausdruck aus Gl. (122) erhält, wenn man π mit Hilfe von Gl. (120) eliminiert und $a_{H_2O} = 1$ setzt:

$$E_{Donnan} = 0{,}0591 \lg \frac{^I a_{Na^+}}{^{II} a_{Na^+}} = 0{,}0591 \lg \frac{^{II} a_{Cl^-}}{^I a_{Cl^-}}. \tag{133}$$

Dieser Ausdruck für das Donnanpotential ist zwar formal identisch mit dem des Membranpotentials, doch muß man berücksichtigen, daß sich das Konzentrationsverhältnis nicht auf die Anfangskonzentrationen, sondern auf die ungleichmäßige Verteilung im Gleichgewicht bezieht.

Hochinteressant ist die Anwendung der Donnangleichgewichte in der Biochemie. Die Membrane der Nervenzellen von Säugetieren z. B. sind im Ruhezustand selektiv für K^+-Ionen durchlässig und das Konzentrationsverhältnis der K^+-Ionen inner- und außerhalb der Zellen beträgt etwa 10. Nach Gl. (133) berechnet man für 37 °C Körpertemperatur ein Donnanpotential von

$$E = 0{,}0591 \lg \frac{1}{20} = -0{,}080 \text{ V} = -80 \text{ mV}. \tag{134}$$

Dies würde bedeuten, daß die innere Seite der Membran (Zellwand) gegen die äußere negativ aufgeladen ist. Diese Vorhersage ließ sich experimentell bestätigen.

Donnangleichgewichte sorgen auch dafür, daß z. B. die K^+-Konzentration im Innern von Nervenzellen immer größer als außerhalb ist, oder daß der Magen immer wieder 1 molare HCl produziert, obwohl das Reservoir für HCl das neutrale Blutserum verkörpert. Kurz gesagt: Gäbe es keine Donnangleichgewichte, könnte keine Ionendiffusion *gegen* einen Konzentrationsgradienten stattfinden (Kapitel 25). Mit relativ geringem Energieaufwand können so Ionen von einer verdünnten zu einer konzentrierteren Lösung transportiert werden. Der Energieaufwand zur Überwindung eines Konzentrationsunterschiedes von 10 : 1 bei 37 °C beträgt

$$\Delta G = RT \ln \frac{c_2}{c_1} = \frac{RT}{2{,}3} \lg 10 \cong 4{,}5 \text{ kJ mol}^{-1}, \tag{135}$$

für einen Unterschied von 100 : 1 nur das Doppelte, usw. Die Energie hierfür wird in der lebenden Zelle von der Hydrolyse des *Adenosintriphosphates* geliefert:

$$ATP + H_2O \to ADP + P \qquad \Delta G^\circ = -9 \text{ kJ}. \tag{136}$$

Wird im Magen 1 molare Salzsäure verbraucht, so kommt das System aus dem Donnangleichgewicht und HCl muß aus dem Blut nachgeliefert werden.

Rechenbeispiele

1. Wie groß ist die Standard-EMK der Bleibatterie mit der Bruttogleichung

   $$Pb\,(s) + PbO_2\,(s) + 2\,H_2SO_4\,(aq) \rightleftharpoons 2\,PbSO_4\,(s) + 2\,H_2O\,(l)$$

   In welcher Richtung verläuft die Reaktion bei Stromentnahme? In der Praxis wird 20 %ige Schwefelsäure mit der Dichte 1,15 gcm^{-3} verwendet. Wie groß ist die EMK unter diesen Bedingungen?

2. Die EMK einer Bleibatterie (25 °C) beträgt 1,90 V mit 7,4 %iger Schwefelsäure, 2,00 V mit 21,4 %iger Säure und 2,14 V mit 39,2 %iger Säure. Welche Erkenntnisse ziehen Sie daraus hinsichtlich des Aktivitätskoeffizienten der Schwefelsäure?

3. Die Zelle Zn-Amalgam/ZnSO$_4$ (m), PbSO$_4$ (s)/Pb-Amalgam wurde von *Cowperthwaite* und *LaMer* (J. Am. Chem. Soc. 53 (1931) 4333) untersucht und lieferte folgende Daten:

Molalität ZnSO$_4$	0,0005	0,002	0,01	0,05
$\Delta E\,(V)$	0,6114	0,5932	0,5535	0,5287

   ΔE° wurde zu 0,4109 V bestimmt. Ermitteln Sie daraus den mittleren Aktivitätskoeffizienten von ZnSO$_4$ und vergleichen Sie die Werte mit denen aus dem Debye-Hückelschen Grenzgesetz.

4. Die EMK der Zelle Ag(s)/AgCl (gesättigt), KCl (m = 0,05)/AgNO$_3$ (m = 0,1)/Ag(s) beträgt bei 25 °C 0,4312 V. Die mittleren Aktivitätskoeffizienten von KCl und AgNO$_3$ wurden zu 0,817 und 0,723 abgeschätzt. Wie groß ist das Löslichkeitsprodukt von AgCl?

5. Die Zelle H$_2$ (1 atm)/Ba(OH)$_2$ (m = 0,005), BaCl$_2$ (c$_1$), AgCl(s)/Ag liefert bei 25 °C folgende EMK-Werte:

c$_1$ (mol l^{-1})	0,0005	0,01166	0,01833	0,02833
$\Delta E\,(V)$	1,0498	1,0278	1,0160	1,0044

   Ersetzen Sie in $\Delta E = \Delta E^\circ - 0,00591 \lg a_{H^+} a_{Cl^-}$ die Aktivität der Protonen durch K_W/a_{OH^-} und die individuelle Aktivität durch eine mittlere $\gamma_\pm c_\pm$. Formen Sie dann so um, daß alle bekannten bzw. meßbaren Größen auf der linken Seite stehen. Tragen Sie dann die linke Seite in einem Diagramm gegen die Ionenstärke auf und ermitteln Sie einen Wert für K_W.

6. Berechnen Sie mit Hilfe der Standardpotentiale in Tabelle 21.1 das Löslichkeitsprodukt von PbSO$_4$ bei 25 °C.

7. Berechnen Sie die EMK folgender Amalgam-Konzentrationszelle: erste Elektrode 0,001 und zweite 0,003 molar an Zn; Elektrolyt ist 0,1 molare ZnCl$_2$-Lösung.

8. Die EMK der Konzentrationszelle Ag(s)/AgCl (gesättigt), HCl (c = 0,1)/HCl (c = 0,02), AgCl (gesättigt)/Ag(s) beträgt bei 25 °C 0,0645 V. Die EMK der analogen Zelle ohne Überführung Ag(s)/AgCl (gesättigt), HCl (c = 0,1)/H$_2$//H$_2$/HCl (c = 0,02), AgCl (gesättigt)/Ag(s) beträgt 0,0778 V. Was können Sie daraus über die Überführungszahlen aussagen?

9. Die EMK der Zelle Pt/H$_2$ (1 atm)/HCl (c = 0,01), AgCl (gesättigt)/Ag(s) wurde bei verschiedenen Temperaturen gemessen:

Temperatur (°C)	0	15	25	35
$\Delta E\,(V)$	0,4578	0,4621	0,4642	0,4657

   Wie groß ist die Bildungsenthalpie von HCl in einer 0,01 molaren Lösung? Vergleichen Sie mit dem tabellierten Wert.

10. Die Zelle $Pb/PbCl_2(s)$, KCl, $AgCl(s)/Ag$ besitzt bei 25 °C eine EMK von 0,4902 V und einen Temperaturkoeffizienten von $(\partial \Delta E/\partial T)_p = -0,000186\ VK^{-1}$. Berechnen Sie ΔG und ΔH für die Bruttoreaktion $Pb(s) + 2\,AgCl(s) \rightarrow PbCl_2(s) + 2\,Ag(s)$. Vergleichen Sie mit thermodynamisch berechenbaren Werten.

11. Das Ionenprodukt von Wasser beträgt bei 25 °C $1,008 \cdot 10^{-14}$, bei 0 °C $0,115 \cdot 10^{-14}$ und bei 60 °C $9,614 \cdot 10^{-14}$. Vergleichen Sie mit Werten aus Tabellendaten.

12. Die Löslichkeit von AgCl in Wasser wurde aus Leitfähigkeitsmessungen ermittelt:

Temperatur (°C)	1,55	4,68	9,97	17,51	25,86	34,12
g AgCl/kg H_2O	0,0056	0,0068	0,0089	0,00131	0,0131	0,0274

Berechnen Sie das AgCl-Löslichkeitsprodukt und ermitteln Sie graphisch die AgCl-Lösungswärme.

13. Bei der Elektrolyse einer Salzsäure entstehen 94 cm³ H_2 und 94 cm³ Cl_2 (bei 25 °C und 1 atm). Wie groß ist die Ladung, die zur Abscheidung dieser Gasmenge benötigt wird? Wieviel Strom fließt durch die Zelle, wenn die Elektrolyse 10 min dauert?

14. Wie lauten die Bruttoreaktionsgleichungen für die in den folgenden Zellen ablaufenden Reaktionen und wie groß sind die Standard-EMK's (Tabelle 21.1):

a) $Cd/Cd^{++}//KCl/Hg_2Cl_2/Hg/Pt$

b) $Pt/Tl^+, Tl^{3+}//Cu^{++}, Cu^+/Pt$

c) $Pb/PbSO_4(s)/SO_4^{--}//Cu^{++}/Cu$.

15. Berechnen Sie aus den Standard-EMK's folgender Zellreaktionen Werte für $\Delta G°$:

a) $\frac{1}{2}Br_2 + Ag \rightarrow AgBr(s)$

b) $H_2 + Cu^{++} \rightarrow 2\,H^+ + Cu$ d) $Ca^{++} + 2\,Na \rightarrow Ca + 2\,Na^+$

c) $\frac{1}{2}Cl_2 + Br^- \rightarrow Cl^- + \frac{1}{2}Br_2$ e) $Hg_2Cl_2 \rightarrow 2\,Hg + Cl_2$.

16. Benutzen Sie die in Tabelle 21.1 angegebenen Standardpotentiale zur Berechnung der Standard-EMK und $\Delta G°$ von folgender Zelle: Pt/Cl_2 (1 atm)$//ZnCl_2$ (a = 1)$/Zn$.

17. Die EMK der Zelle Pt/H_2 (1 atm)$/HBr$ (Lösung)$/AgBr(s)/Ag$ besitzt folgende gemessene Konzentrationsabhängigkeit (*Keston:* J. Am. Chem. Soc. 57 (1935) 1671):

$c\,(mol\,l^{-1})$	0,0003198	0,0004042	0,000844	0,001850	0,001850	0,002386
$\Delta E\,(V)$	0,48469	0,47381	0,43636	0,41243	0,39667	0,38383

Bestimmen Sie graphisch die Standard-EMK und berechnen Sie den mittleren Aktivitätskoeffizienten bei den angegebenen Konzentrationen.

18. Die EMK für die Zellreaktion $H_2 + Hg_2Cl_2 \rightarrow 2\,Hg + 2\,HCl$ wurde von *Lewis* und *Randall* (J. Am. Chem. Soc. 36 (1944) 1969 in Abhängigkeit vom Wasserstoffdruck bei 25 °C gemessen:

p in cm Wassersäule	0	37	63	84
$\Delta E\,(V)$	0,40088	0,40137	0,40163	0,40190

Vergleichen Sie dieses Ergebnis mit der theoretisch berechenbaren Druckabhängigkeit.

19. Von denselben Autoren stammen folgende Werte für die Konzentrationsabhängigkeit der EMK der Zelle $Zn/ZnCl_2$ (Lösung)$//AgCl(s)/Ag$:

$c\,(mol\,l^{-1})$	0,000772	0,001253	0,001453	0,003112	0,006022	0,01021
$\Delta E\,(V)$	1,2475	1,2289	1,2219	1,1953	1,1742	1,1558

Bestimmen Sie durch graphische Extrapolation $\Delta E°$ und den mittleren Aktivitätskoeffizienten von $ZnCl_2$. Vergleichen Sie den graphisch bestimmten Wert von $\Delta E°$ mit dem, der aus den Standardpotentialen folgt (Tabelle 21.1).

20. Berechnen Sie aus den Standardpotentialen (Tabelle 21.1) das Löslichkeitsprodukt von $PbSO_4$ bei 25 °C.

21. Berechnen Sie aus den Standardpotentialen $\Delta G°$ und die Gleichgewichtskonstante für die Reaktion $H_2 + O_2 \rightarrow H_2O_2$ bei 25 °C. Bei welchem Gesamtdruck ist ΔG Null?

Kapitel 22
Kinetik homogener Reaktionen

Die chemische Thermodynamik sagt uns, ob sich ein System im Gleichgewicht bezüglich einer bestimmten Reaktion befindet oder nicht. Gibt es mehrere Reaktionsmöglichkeiten, so wählt sie mit Hilfe der freien Reaktionsenthalpie ΔG die energetisch und entropisch günstigste aus. Ob nun die günstigste Reaktion auch tatsächlich, d. h. mit meßbarer Geschwindigkeit abläuft, darüber kann sie uns keine Auskunft geben. Mit dem zeitlichen Verlauf von chemischen Reaktionen befaßt sich ein Gebiet der Physikalischen Chemie, das man global chemische Kinetik nennt. Wichtige phänomenologische Begriffe der chemischen Kinetik sind die Reaktionsgeschwindigkeit (zeitlicher Umsatz), deren Abhängigkeit von den äußeren Bedingungen wie Konzentration oder Druck (Geschwindigkeitsgleichung), die integrierte Geschwindigkeitsgleichung (Geschwindigkeitsgesetz) und die Geschwindigkeitskonstante samt ihrer Temperaturabhängigkeit. Die physikalische Deutung dieser Begriffe geht von atomaren Vorstellungen über Reaktionswege aus und verwendet dazu alle atomistischen und statistischen Theorien, die wir bisher kennengelernt haben.

Bei der kinetischen Behandlung von chemischen Reaktionen erweist es sich als zweckmäßig, eine Trennung in homogene und heterogene Reaktionen vorzunehmen. Von homogenen Reaktionen spricht man, wenn diese in einer einzigen Mischphase ablaufen. Dagegen sind an heterogenen Reaktionen mindestens zwei Phasen beteiligt, wobei der Phasengrenze und Transportvorgängen große Bedeutung zukommt. Wir werden in diesem Kapitel über homogene Reaktionen an Hand einiger Beispiele die wichtigsten Geschwindigkeitsgleichungen von vollständigen und unvollständigen Reaktionen kennenlernen und dabei auch kurz auf das Prinzip der chemischen Relaxation eingehen. Relaxationsmethoden haben in den letzten zwei Jahrzehnten die Untersuchung sehr schneller Reaktionen ermöglicht.

Charakteristisch für die Theorien der Reaktionsgeschwindigkeit, die danach zur Sprache kommen, ist, daß sie zwar im Prinzip gut sind, aber in quantitativer Hinsicht noch Mängel aufweisen. So läßt sich eine absolute Geschwindigkeitstheorie mit quantenmechanischen und statistischen Mitteln jederzeit formulieren, doch bei ihrer praktischen Anwendbarkeit müssen gewaltige Abstriche gemacht werden. Daher kommt es, daß nebeneinander scheinbar unterschiedliche Theorien für gewisse Reaktionsarten existieren. Genannt seien hier stellvertretend die Theorie des Übergangszustandes und die Stoßtheorie.

22.1 Phänomenologische Begriffe der chemischen Kinetik

Als *Reaktionsgeschwindigkeit* oder zeitlichen Umsatz einer Reaktion definiert man die pro Zeiteinheit reagierende Zahl der Moleküle bzw. die Molzahl, bezogen auf das Volumen. Also eine Konzentration, die sich im Laufe der Reaktion ändert. Für eine vollständige Reaktion mit den Konzentrationen c_{A_i} der Reaktanten und den Konzentrationen c_{B_k} der gebildeten Produkte mit den stöchiometrischen Koeffizienten a_i und b_k,

$$a_1 A_1 + \dots a_i A_i + \dots a_m A_m \rightarrow b_1 B_1 + \dots b_k B_k + \dots b_n B_n, \qquad (1)$$

lautet daher die Definition:

$$v = -\frac{1}{a_i}\frac{dc_{A_i}}{dt} \quad \text{oder} \quad +\frac{1}{b_k}\frac{dc_{B_k}}{dt}. \qquad (2)$$

Denn die zeitliche Abnahme (negatives Vorzeichen) irgendeines Reaktanten ist gleich groß wie die zeitliche Zunahme (positives Vorzeichen) irgendeines Produktes. Beide Änderungen können stellvertretend für die Geschwindigkeit v der gesamten Reaktion stehen.

Die so erklärte Reaktionsgeschwindigkeit ist im allgemeinen eine Funktion der Konzentrationen c_{A_i} (oder der Partialdrücke bei Gasreaktionen) und der Temperatur:

$$v = f(\dots c_{A_i}(t) \dots, T). \qquad (3)$$

Die Differentialgleichung (3) wird *Geschwindigkeitsgleichung* genannt. Sie kann, wenn $f(\dots c_{A_i}(t) \dots, T)$ bekannt ist, für bestimmte Anfangskonzentrationen integriert werden und liefert dann ein *Geschwindigkeitsgesetz* $c = g(t)$. Für eine bestimmte Klasse von Reaktionen, den sogenannten *Elementarreaktionen*, hat die Funktion $f(\dots c_{A_i} \dots, T)$ eine besonders einfache Form. Handelt es sich bei der Reaktion (1) um eine derartige Elementarreaktion, dann ist die Geschwindigkeit v zur Zeit t direkt proportional dem Produkt der jeweilig vorliegenden Reaktantenkonzentrationen:

$$v = k \prod_{i=1}^{m} c_{A_i}^{a_i} \qquad (4)$$

Die Proportionalitätskonstante k wird *Geschwindigkeitskonstante* genannt; sie hängt nur von der Temperatur T ab.

Unter Elementarreaktionen versteht man Reaktionen, die mikroskopisch so ablaufen, wie die Reaktionsgleichung angeschrieben ist. Z. B.:

$$H + Br_2 \rightarrow HBr + Br. \qquad (5)$$

Bei dieser Reaktion stößt ein H-Atom mit einem Br_2-Molekül unter Ausbildung eines HBr-Moleküls zusammen. Im Gegensatz dazu

$$H_2 + Br_2 \rightarrow 2\,HBr. \qquad (6)$$

Diese Reaktion besteht aus einer Reihe von hintereinander ablaufenden Elementarreaktionen. Die Geschwindigkeitsgleichung kann zwar, muß aber nicht die Form (4) besitzen. Mit dieser Unterscheidung von Elementar- und Bruttoreaktionen haben wir bereits intuitiv eine molekulare Interpretation vorgenommen. Damit Moleküle miteinander reagieren, müssen sie in der dafür notwendigen Orientierung miteinander zusammenstoßen. Je nach der Zahl der bei einem Zusammenstoß beteiligten Moleküle spricht man von *mono-*, *bi-* und *trimolekularen* Elementarreaktionen. Laut Bruttoreaktionsgleichung sollten zwar sehr oft mehr Moleküle miteinander reagieren, was jedoch in Wirklichkeit in einem Schritt nicht realisierbar ist. Die Bruttoreaktion besteht nämlich zumeist aus mehreren, zeitlich hintereinander ablaufenden Teilreaktionen, die für sich mono-, bi- oder trimolekular sein können. Und die langsamste Teilreaktion bestimmt die Reaktionsgeschwindigkeit (vorausgesetzt, alle anderen sind wesentlich schneller). Wir können uns daher auf folgende einfache Geschwindigkeitsansätze konzentrieren:

$$v = k\,c_{A_i}$$
$$v = k\,c_{A_i}^2 \quad \text{oder} \quad = k\,c_{A_i}c_{A_{j\pm i}}$$
$$v = k\,c_{A_i}^3 \quad \text{oder} \quad = k\,c_{A_i}^2 c_{A_{j\pm i}} \quad \text{oder} \quad = k\,c_{A_i}c_{A_{j\pm i}}c_{A_{l\pm j\pm i}}. \tag{7}$$

Reaktionen, die diese Geschwindigkeitsgleichungen befolgen, bezeichnet man als *Reaktionen erster, zweiter* und *dritter Ordnung.* Der Begriff *Reaktionsordnung* stimmt mit der Summe der Exponenten in den Gleichungen (7) überein und gewährleistet bereits eine gewisse Systematik. Durch Kopplung mehrerer Reaktionen können allerdings auch gebrochene Reaktionsordnungen zustandekommen. Denn wie gesagt, ein Zusammenhang zwischen der Bruttoreaktionsgleichung und der Geschwindigkeitsgleichung kann zwar, muß aber nicht bestehen. Tabelle 22.1 und Bild 22.1 zeigen die wichtigsten Geschwindigkeitsgleichungen und -gesetze für die Anfangskonzentration $c = c_0$ der reagierenden Stoffe bei $t = 0$. Die Variable x ist der *Umsatz*, das ist die bis zur Zeit t umgesetzte Konzentration ($x = c_0 - c$); sie wird zur einfacheren mathematischen Schreibweise eingeführt. Durch entsprechende graphische oder numerische Prüfung von Meßdaten können die Reaktionsordnung und die Konstante k ermittelt werden.

Nach diesen einleitenden Begriffsbildungen erkennt man bereits die Hauptaufgabe der chemischen Reaktionskinetik: Sie besteht darin, Geschwindigkeitsgleichungen bzw. -gesetze zu erfassen und sie dann an Hand von molekularen Reaktionswegen oder -mechanismen zu deuten. Wie wir später sehen werden, übernimmt dabei die Temperaturabhängigkeit der Geschwindigkeitskonstanten eine führende Rolle. Viele chemische Reaktionen

Tabelle 22.1: Kenndaten von Geschwindigkeitsgleichungen

Ord-nung	Geschwindigkeits-gleichung	Geschwindigkeitsgesetz (implizit)	Dimension der Geschwindig-keitskonstanten	Halbwertszeit $t_{1/2}$
0	$\dfrac{dx}{dt} = k$	$k = \dfrac{x}{t}$	$\mathrm{mol}\,l^{-1}\,s^{-1}$	$\dfrac{c_0}{2\,k}$
1/2	$\dfrac{dx}{dt} = k\,(c_0 - x)^{1/2}$	$k = \dfrac{2}{t}\left[c_0^{1/2} - (c_0 - x)^{1/2}\right]$	$\mathrm{mol}^{1/2}\,l^{-1/2}\,s^{-1}$	$\dfrac{\sqrt{2\,c_0}\,(\sqrt{2}-1)}{k}$
1	$\dfrac{dx}{dt} = k\,(c_0 - x)$	$k = \dfrac{1}{t}\ln\dfrac{c_0}{c_0 - x}$	s^{-1}	$\dfrac{1}{k}\ln 2$
3/2	$\dfrac{dx}{dt} = k\,(c_0 - x)^{3/2}$	$k = \dfrac{2}{t}\dfrac{1}{(c_0 - x)^{1/2}} - \dfrac{1}{c_0^{1/2}}$	$\mathrm{mol}^{-1/2}\,l^{1/2}\,s^{-1}$	$\dfrac{2}{k}\dfrac{\sqrt{2}-1}{\sqrt{c_0}}$
2	$\dfrac{dx}{dt} = k\,(c_0 - x)^2$	$k = \dfrac{1}{t}\dfrac{x}{c_0\,(c_0 - x)}$	$\mathrm{mol}^{-1}\,l\,s^{-1}$	$\dfrac{1}{c_0\,k}$
3	$\dfrac{dx}{dt} = k\,(c_0 - x)^3$	$k = \dfrac{1}{2t}\dfrac{2\,c_0 x - x^2}{c_0^2\,(c_0 - x)^2}$	$\mathrm{mol}^{-2}\,l^2\,s^{-1}$	$\dfrac{3}{2}\dfrac{1}{c_0^2\,k}$

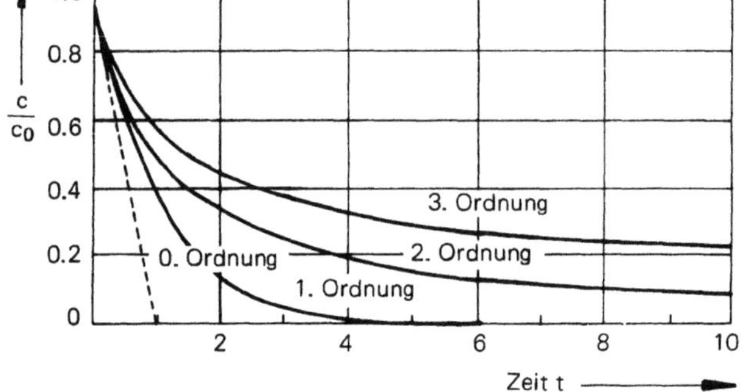

Bild 22.1

Geschwindigkeitsgesetze 0. bis 3. Ordnung für dieselbe Anfangskonzentration der Reaktionsteilnehmer

besitzen zudem einen ähnlichen *Reaktionsmechanismus,* wodurch die durch die Molekularität eingeführte Systematik erhärtet wird. Hand in Hand mit solchen Erkenntnissen geht auch ihre praktische Anwendung.

In der chemischen Industrie kommt es vor allem auf „vernünftige" Reaktionszeiten an, denn dort sind zu langsame Reaktionsabläufe unerwünscht. Eine erste praktische Anwendung können wir schon aus Gl. (3) herauslesen: Reaktionsgeschwindigkeiten lassen sich durch Konzentrations- und Temperaturänderungen steuern und im besonderen beschleunigen, gleichgültig wie die Geschwindigkeitsgesetze im einzelnen aussehen. Sind Reaktionen aber so stark gehemmt, daß auch das Optimieren dieser Variablen nichts fruchtet, dann besteht immer noch die Möglichkeit einer katalytischen Beschleunigung. *Katalysatoren* verändern zwar die Reaktionsgeschwindigkeit, nicht aber das chemische Gleichgewicht und damit die Ausbeute einer Reaktion. Sie beeinflussen direkt die Geschwindigkeitskonstante oder erzeugen überhaupt einen neuen Reaktionsweg in denselben Endzustand. Um geeignete Katalysatoren zu finden, ist ein Studium des Reaktionsweges unerläßlich, sieht man von der natürlich immer anwendbaren Methode des Ausprobierens ab.

22.2 Vollständige Reaktionen erster und höherer Ordnung

Am Beginn einer jeden kinetischen Analyse steht die Messung der Reaktionsgeschwindigkeit in Abhängigkeit von der Konzentration der Reaktionspartner bei verschiedenen konstant gehaltenen Temperaturen (Ermittlung der Geschwindigkeitsgleichung). Hierzu sind Konzentrationsmessungen von meist mehreren Partnern zu verschiedenen Zeiten erforderlich. Geeignet sind dafür alle analytischen Methoden, die den Reaktionsablauf nicht stören. Bevorzugt werden aus diesem Grund physikalische Methoden wie z. B. die molekülspezifische Absorption von Strahlung. Folgende Beispiele sollen das grundsätzliche Vorgehen illustrieren. Zunächst die Reaktion

$$(CH_3)_3\,CBr + H_2O \rightarrow (CH_3)_3\,COH + HBr, \tag{8}$$

die in einem Gemisch von 90 % Aceton und 10 % Wasser nach erster Ordnung praktisch quantitativ (vollständig) zu den Endprodukten abläuft.

Die Reaktion (8) ist so langsam, daß der jeweilige Gehalt an entstandenem HBr durch Titration von kleinen, dem Reaktionsgefäß entnommenen Proben bestimmt werden kann. In Bild 22.2a wurde die aktuelle Konzentration des Bromids (= Anfangskonzentra-

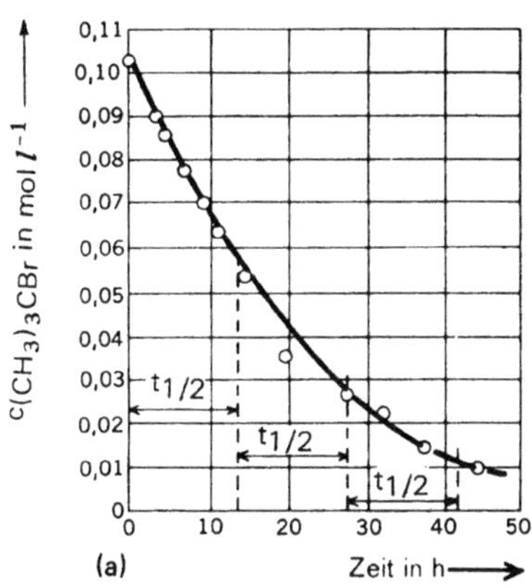

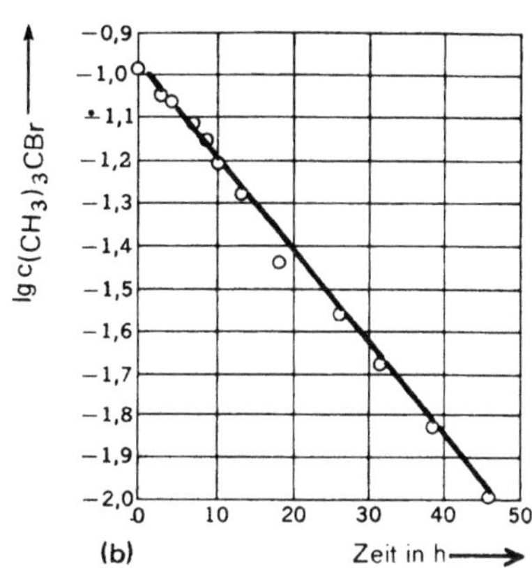

Bild 22.2 Meßdaten c (t) (a) und logarithmische Darstellung von c (t) (b) für die Reaktion $(CH_3)_3CBr + H_2O \rightarrow (CH_3)_3COH + HBr$ bei 25 °C (*L. C. Bateman, E. D. Hughes, C. K. Ingold:* J. Chem. Soc. (1940) 960)

tion von Bromid — gemessene HBr-Konzentration) gegen die Zeit aufgetragen. In einem logarithmischen Diagramm (Bild 22.2b) liegen die Meßpunkte auf einer Geraden, was die erste Reaktionsordnung beweist:

$$v \equiv -\frac{dc}{dt} = kc. \qquad (9)$$

Durch Integration mit der Anfangsbedingung $c = c_0$ bei $t = 0$ ergibt sich nämlich:

$$- \int_{c=c_0}^{c} \frac{dc}{c} = k \int_{t=0}^{t} dt, \qquad (10)$$

$$- \ln \frac{c}{c_0} = kt, \qquad (11)$$

$$\lg c = -\frac{k}{2,303} t + \lg c_0. \qquad (12)$$

Hätten wir versucht, die Meßdaten einem anderen Geschwindigkeitsgesetz anzupassen, so wäre das nicht gelungen. Aus der Steigung der lgc,t-Geraden bekommen wir für k den Wert $1,4 \cdot 10^{-5}$ s^{-1} und damit eine *Halbwertszeit* von $t_{1/2} = \ln 2/k = 49510$ s. $t_{1/2} = \ln 2/k$ ergibt sich aus Gl. (11) durch Einsetzen von $c = c_0/2$ und $t = t_{1/2}$ (vgl. radioaktiver Zerfall in Abschnitt 9.4). Die Halbwertszeit ist jene Zeit, in der der halbe Umsatz erfolgt. Die Geschwindigkeitsgleichung lautet daher explizit:

$$-\frac{dc}{dt} = 1,4 \cdot 10^{-5} c. \qquad (13)$$

Wurde einmal die Geschwindigkeitsgleichung ermittelt, so drängt sich die Frage nach dem molekularen Mechanismus der Reaktion ganz von selbst auf: Handelt es sich um eine Elementarreaktion oder um eine Folge von Elementarreaktionen? Im ersten Fall wird die Reaktion molekular als ein Zusammenstoß aller beteiligten Moleküle betrachtet, wobei sich ihre Atom- und Elektronenkonfigurationen *gleichzeitig* ändern. Die gesamte chemische Umordnung erfolgt in einem einzigen, *konzertierten Schritt* und dieser bestimmt die Reaktionsgeschwindigkeit. Im zweiten Fall besteht die Reaktion aus mehreren, aufeinanderfolgenden *Einzelschritten,* wovon der langsamste die Geschwindigkeit bestimmt (*geschwindigkeitsbestimmender Schritt*). Bei jedem einzelnen vollzieht sich irgendeine Atomumordnung zu einem mehr oder weniger stabilen Zwischenprodukt. Während Gasreaktionen, Reaktionen in unpolaren Lösungsmitteln und photochemische Reaktionen meist an radikalische Zwischenprodukte gebunden sind, verläuft ein Großteil der organischen und anorganischen Reaktionen in polaren Lösungsmitteln über positiv oder negativ geladene Zwischenprodukte (Substitutions-, Additions- und Eliminierungsreaktionen mit nuleophilem oder elektrophilem Angriff auf ein Carbokation oder Carbanion). Mehrzentrenreaktionen, wie sie die erste Modellvorstellung impliziert, werden selten postuliert.

Aus der vorhin gefundenen Geschwindigkeitsgleichung (13) für die Reaktion (8) kann über den Reaktionsweg nichts ausgesagt werden; Modellvorstellungen müssen zu Hilfe genommen werden. Die Reaktion kann z. B. eine sogenannte *Pseudoreaktion erster Ordnung* sein. Wenn wie hier die Wasserkonzentration sehr groß ist und während der Reaktion praktisch konstant bleibt, so steckt in der Geschwindigkeitskonstanten k auch die Wasserkonzentration. Die Reaktion äußert sich nach außen hin als eine Reaktion erster Ordnung, obwohl sie nach dem Mechanismus eine zweite Ordnung aufweisen sollte, wenn dieser mit der Bruttogleichung übereinstimmt. Andererseits braucht aber das Wassermolekül am geschwindigkeitsbestimmenden Schritt gar nicht beteiligt zu sein. Zwei plausible Reaktionswege können deshalb angenommen werden. Mit Wassermolekülen der SN2-Pseudomechanismus

$$H_2O + \underset{\underset{CH_3}{|}}{\overset{\overset{CH_3}{|}}{C}}-Br \longrightarrow H_2O \cdots \underset{\underset{CH_3}{\diagdown}}{\overset{\overset{CH_3}{|}}{C}} \cdots Br \longrightarrow H_2^+O-C(CH_3)_3 + Br^- \quad \text{(langsam)}$$

$$H_2^+O-C(CH_3)_3 \longrightarrow (CH_3)\,COH + H^+ \qquad \text{(schnell)}$$

(14)

oder ohne Wassermoleküle der SN1-Mechanismus

$$CH_3)_3\,CBr \longrightarrow (CH_3)_3\,C^+ + Br^- \qquad\qquad \text{(langsam)}$$

$$(CH_3)_3\,C^+ + OH_2 \longrightarrow (CH_3)_3\,C-O^+H_2 \qquad \text{(schnell)} \quad (15)$$

$$(CH_3)_3\,C-O^+H_2 \longrightarrow (CH_3)_3\,COH + H^+ \qquad \text{(schnell)}$$

Beide sind mit der beobachteten Geschwindigkeitsgleichung vereinbar. Von den Autoren, die diese Reaktion untersucht haben, wird der zweite als wahrscheinlicher angenommen.

Reaktionen verlaufen nach zweiter Ordnung, wenn ihre Geschwindigkeit dem Quadrat der Konzentration eines Reaktionspartners oder dem Produkt der Konzentrationen zweiter Partner proportional ist. Der zweite Fall reduziert sich, mathematisch gesehen, auf den ersten, wenn die Anfangskonzentrationen beider Partner gleich groß sind und beide im selben Maße an der Reaktion beteiligt sind. Die Geschwindigkeitsgleichung lautet dann:

$$v \equiv -\frac{dc}{dt} = kc^2.$$

(16)

Die Auswertung experimenteller Daten wird wiederum mit der integrierten Form der Geschwindigkeitsgleichung durchgeführt:

$$- \int\limits_{c=c_0}^{c} \frac{dc}{c^2} = k \int\limits_{0}^{t} dt, \quad \frac{1}{c} - \frac{1}{c_0} = kt. \tag{17}$$

Zweite Ordnung einer Reaktion liegt also dann vor, wenn die Meßpunkte in einem $1/c,t$-Diagramm auf einer Geraden liegen. Aus der Steigung der Geraden ergibt sich wiederum die Geschwindigkeitskontante k, die nun aber die Dimension [Konzentration^{-1} Zeit^{-1}] besitzt. Aus Gl. (17) kann weiterhin ein Ausdruck für die jetzt auch von der Anfangskonzentration abhängige Halbwertszeit abgeleitet werden:

$$t_{1/2} = \frac{1}{kc_0}. \tag{18}$$

Nicht immer besteht allerdings die Möglichkeit, die Anfangskonzentrationen beider Reaktionspartner gleich groß zu wählen. Es ist dann zweckmäßiger, die Konzentration c in der Geschwindigkeitsgleichung durch die Anfangskonzentrationen und die Konzentrationen der bereits entstandenen Endprodukte auszudrücken. Folgende Größen für eine Reaktion A + B $\to$ C werden dazu neu eingeführt:

a   Anfangskonzentration von A
b   Anfangskonzentration von B
x   bereits vorhandenes Endprodukt zur Zeit t
a $-$ x Konzentration von A zur Zeit t
b $-$ x Konzentration von B zur Zeit t.

Die mit diesen Größen abgeänderte Geschwindigkeitsgleichung (16) lautet dann:

$$v \equiv \frac{dx}{dt} = k(a-x)(b-x). \tag{19}$$

Ihre Integration erfolgt durch Partialbruchzerlegung:

$$\frac{dx}{(a-x)(b-x)} = k\,dt, \tag{20}$$

$$\frac{1}{(a-b)} \int\limits_{x=0}^{x} \left[-\frac{1}{(a-x)} + \frac{1}{(b-x)} \right] dx = k \int\limits_{t=0}^{t} dt. \tag{21}$$

Damit erhält man

$$\frac{1}{(a-b)} \left[\ln(a-x) - \ln(b-x) \right] \Big|_{x=0}^{x} = kt. \tag{22}$$

Nach Einsetzen der Grenzen und einer weiteren Umformung ergibt sich

$$\frac{1}{(a-b)} \ln \left[\frac{b}{a} \frac{(a-x)}{(b-x)} \right] = kt. \tag{23}$$

Tabelle 22.2: Zeitabhängigkeit der Konzentration von Isobutylbromid und Na-Alkoholat in alkoholischer Lösung bei 95 °C (*I. Dostrovxky, E. D. Hughes:* J. Chem. Soc. (1946) 157)

t min	b − x mol $C_4H_9Br\ l^{-1}$	a − x mol $NaOEt\ l^{-1}$	x mol C_4H_9Br oder mol $NaOEt\ l^{-1}$	k nach Gl. (23)
0	0,0505	0,0762	0,0030	5,6
2,5	0,0475	0,0732	0,0059	5,6
5	0,0446	0,0703	0,0086	5,8
7,5	0,0419	0,0676	0,0107	5,6
10	0,0398	0,0655	0,0135	5,8
13	0,0370	0,0627	0,0166	5,8
17	0,0340	0,0596	0,0182	5,7
20	0,0322	0,0580	0,0230	5,4
30	0,0275	0,0532	0,0277	5,5
40	0,0228	0,0485	0,0311	5,6
50	0,0193	0,0451	0,0335	5,5
60	0,0169	0,0427	0,0355	5,5
70	0,0150	0,0407	0,0386	5,4
90	0,0119	0,0376	0,0421	5,4
120	0,0084	0,0341		

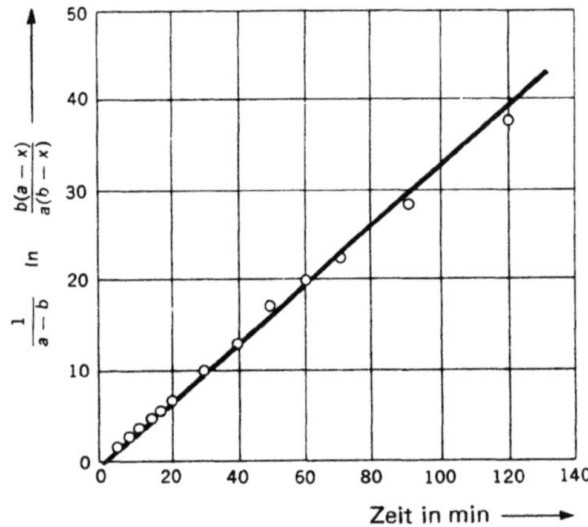

Bild 22.3

Darstellung der in Tabelle 22.2 referierten Meßergebnisse nach Gl. (23)

Ein Beispiel zur Anwendung des Geschwindigkeitsgesetzes (23): Es wird beobachtet, daß die Reaktion von Isobutylbromid mit Natriumalkoholat zu Isobutylen zweiter Ordnung ist und folgende Geschwindigkeitsgleichung besitzt:

$$-\frac{dc_{C_4H_9Br}}{dt} = 5{,}5 \cdot 10^{-3} \cdot c_{C_4H_9Br} \cdot c_{NaOC_2H_5} \cdot \tag{24}$$

Dieser Befund folgt aus den in Tabelle 22.2 angegebenen Daten, wenn man $\frac{1}{(a-b)} \ln \left[\frac{b\,(a-x)}{a\,(b-x)}\right]$ gegen t in einem Diagramm aufträgt (Bild 22.3): Die Meßpunkte liegen auf einer Geraden und die Steigung liefert eine Geschwindigkeitskonstante von $5{,}5 \cdot 10^{-3}\ l\,mol^{-1}\,s^{-1}$. Eine

Analyse der Endprodukte deutet darauf hin, daß der Reaktion entweder eine Substitution oder eine Eliminierung zweiter Ordnung zugrunde liegt.

$$S_N2: CH_3CH_2O^- + CH_3-\underset{\underset{H}{|}}{\overset{\overset{CH_3}{|}}{C}}-CH_2-Br \longrightarrow \left[CH_3-\underset{\underset{O\,\delta-}{|}}{\overset{\overset{CH_3}{|}}{C}} \overset{H_2}{-C}\cdots\overset{\delta-}{Br} \right] \to CH_3-\underset{\underset{H}{|}}{\overset{\overset{CH_3}{|}}{C}}-CH_2-OCH_2CH_3 + Br^-$$

$$CH_3-\underset{\underset{H}{|}}{\overset{\overset{CH_3}{|}}{C}}-CH_2-OCH_2CH_3 \longrightarrow CH_3-\overset{\overset{CH_3}{|}}{C}=CH_2 + CH_3CH_2OH \tag{25}$$

oder

$$E2: CH_3CH_2O^- + CH_3-\underset{\underset{H}{|}}{\overset{\overset{CH_3}{|}}{C}}-CH_2-Br \longrightarrow \left[CH_3-\underset{\underset{H}{|}}{\overset{\overset{CH_3}{|}}{C}}\rightharpoonup CH_2\cdots Br \right] \to CH_3-\overset{\overset{CH_3}{|}}{C}=CH_2 +$$

$$-OCH_2CH_3 \qquad\qquad + CH_3CH_2OH + Br^- \tag{26}$$

Nur wenige Beispiele für Reaktionen dritter Ordnung sind bekannt. Gut untersucht sind davon die Reaktionen mit NO in der Gasphase. Der Reaktion

$$2\,NO + Cl_2 \longrightarrow 2\,NOCl \tag{27}$$

z. B. liegt die Geschwindigkeitsgleichung

$$-\frac{dc_{NO}}{dt} = kc_{NO}^2\,c_{Cl_2} \tag{28}$$

zugrunde. Aber auch Reaktionen dritter Ordnung in Lösung sind kaum bekannt. Obwohl viele Reaktionen (auch die in Lösung) auf einem Zusammenstoß von drei Molekülen beruhen, äußern sie sich makroskopisch meist als Pseudo-Reaktion zweiter Ordnung. Sehr oft ist nämlich der dritte Reaktionspartner ein Lösungsmittelmolekül und da diese Moleküle immer in sehr hoher Konzentration vorliegen, bleibt ihre Konzentration praktisch konstant.

22.3 Unvollständige Reaktionen und chemische Relaxation

Für alle in Abschnitt 22.2 besprochenen Reaktionen ist folgendes Merkmal charakteristisch: Sie verlaufen praktisch quantitativ in eine Richtung, d. h. nach ihrer Beendigung sind die Reaktanten analytisch nicht mehr nachweisbar, wenn sie im stöchiometrischen Verhältnis eingesetzt wurden. Es gibt jedoch auch viele Reaktionen, bei denen wegen der besonderen Lage des chemischen Gleichgewichtes jene immer in meßbarer Konzentration verbleiben, weil sie eine mit der Hinreaktion vergleichbar schnelle Rück- oder Gegenreaktion besitzen. Die Folge davon ist, daß die Geschwindigkeit der Hinreaktion solange ab- und die der Gegenreaktion solange zunimmt, bis das Gleichgewicht erreicht ist. Mit anderen Worten: Am Ende der Reaktion sind beide Geschwindigkeiten gleich groß. Auf Grund dieser Tatsache läßt sich ein Zusammenhang zwischen den Geschwindigkeitskonstanten und der Gleichgewichtskonstanten ableiten, der *kinetisches* oder *dynamisches*

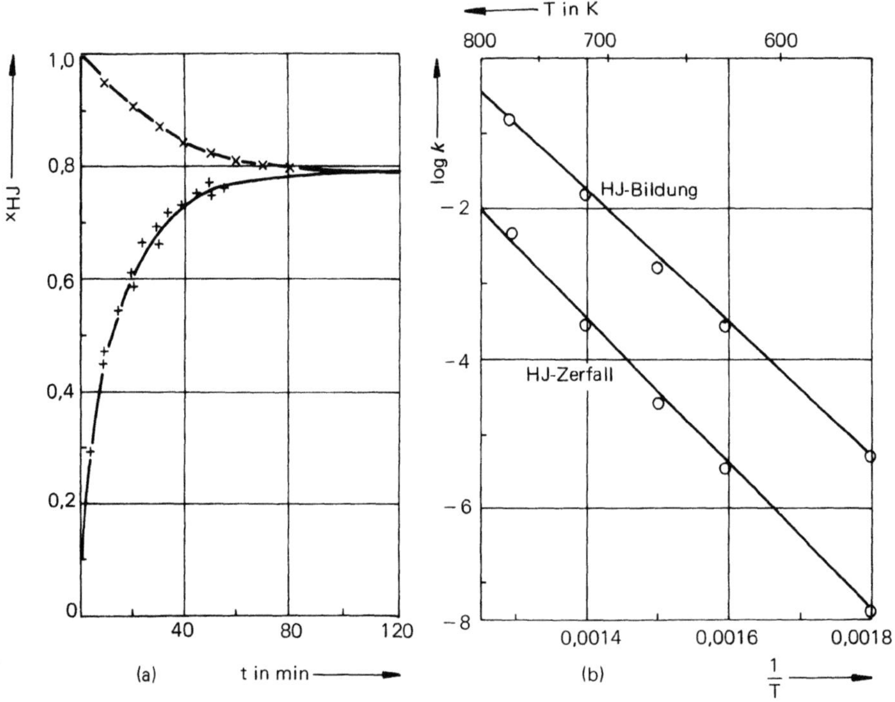

Bild 22.4 HJ-Bildung und HJ-Zerfall (a) sowie die Temperaturabhängigkeit der zugehörigen Geschwindigkeitskonstanten $\vec{k}$ und $\overleftarrow{k}$ (aus *W. Jost, J. Troe:* Kurzes Lehrbuch der physikalischen Chemie, Steinkopffverlag, Darmstadt, 1973)

Gleichgewicht genannt wird und seine atomistische Begründung im *Prinzip der mikroskopischen Reversibilität* findet (Kapitel 25). Es besagt, daß makroskopisch nur Gleichgewicht herrschen kann, wenn mikroskopisch molekulare Vorgänge in beiderlei Richtung im selben Ausmaß ablaufen.

Zur Illustration der Kinetik unvollständiger Reaktionen soll die klassische Jodwasserstoffreaktion (Bild 22.4a)

$$H_2 + J_2 \underset{\overleftarrow{k}}{\overset{\vec{k}}{\rightleftarrows}} 2\,HJ \tag{29}$$

dienen. Nennen wir die aus einem Gemisch von $a\,\text{mol}\,l^{-1}$ H_2 und $b\,\text{mol}\,l^{-1}$ J_2 nach der Zeit t entstandene Konzentration an HJ x, dann gilt analog zu Gl. (19) für die Bildungsgeschwindigkeit von HJ (*Hinreaktion*)

$$\vec{v} = \vec{k}\left(a - \frac{x}{2}\right)\left(b - \frac{x}{2}\right), \qquad \left(\vec{v} \equiv \frac{\overrightarrow{dx}}{dt}\right) \tag{30}$$

und wegen des zugleich einsetzenden HJ-Zerfalls auch (*Gegenreaktion*)

$$\overleftarrow{v} = \overleftarrow{k}\,x^2. \qquad \left(\overleftarrow{v} \equiv \frac{\overleftarrow{dx}}{dt}\right) \tag{31}$$

Für die insgesamt zu beobachtende Geschwindigkeit der HJ-Bildung gilt daher:

$$\overrightarrow{v} - \overleftarrow{v} = v = \overrightarrow{k}\left(a - \frac{x}{2}\right)\left(b - \frac{x}{2}\right) - \overleftarrow{k}\,x^2. \qquad \left(v \equiv \frac{dx}{dt} = \frac{\overrightarrow{dx}}{dt} - \frac{\overleftarrow{dx}}{dt}\right) \tag{32}$$

Im Gleichgewicht wird $v = 0$, so daß das Verhältnis der dann vorliegenden Konzentrationen konstant wird:

$$\frac{x^2}{\left(a - \frac{x}{2}\right)\left(b - \frac{x}{2}\right)} = \frac{\overrightarrow{k}}{\overleftarrow{k}}\,. \tag{33}$$

Ausgehend von gleich viel H_2 und J_2 ($a = b$) würde gelten:

$$\frac{x^2}{\left(a - \frac{x}{2}\right)^2} = \frac{\overrightarrow{k}}{\overleftarrow{k}} = K \tag{34}$$

und die Gleichgewichtskonzentration an HJ

$$x = \frac{-Ka \pm Ka\,\sqrt{1 + \frac{4}{K}\left(1 - \frac{K}{4}\right)}}{2\left(1 - \frac{K}{4}\right)} \tag{35}$$

betragen. Bei vollständigem Ablauf ($K/4 \gg 1$) müßte sie den Wert $2a$ besitzen.

Lassen wir nun die Reaktion (29) nicht in der Hin-, sondern in der Gegenrichtung mit der Anfangskonzentration $2a\ \mathrm{mol}\,l^{-1}$ HJ ablaufen, so folgt für die gesamte H_2- bzw. J_2-Bildungsgeschwindigkeit:

$$v = \overleftarrow{k}\,(2a - y)^2 - \overrightarrow{k}\left(\frac{y}{2}\right)^2. \qquad \left(v \equiv \frac{\overleftarrow{dy}}{dt} - \frac{\overrightarrow{dy}}{dt}\right) \tag{36}$$

$2a - y$ bedeutet jetzt die zur Zeit t noch vorhandene HJ-Konzentration und $y/2$ die bereits gebildete H_2- bzw. J_2-Konzentration. Mit der Substitution $x = 2a - y$ gehen beide Geschwindigkeitsgleichungen ineinander über, d. h. sie erreichen gegen Reaktionsende denselben Gleichgewichtszustand (Bild 22.4a). Schreiben wir für die Konzentrationen im Gleichgewicht

$$c_{HJ} = x = 2a - y,$$

$$c_{H_2} = a - \frac{x}{2} = \frac{y}{2}, \tag{37}$$

$$c_{J_2} = a - \frac{x}{2} = \frac{y}{2},$$

so haben wir mit

$$\frac{\overrightarrow{k}}{\overleftarrow{k}} = \frac{c_{HJ}^2}{c_{H_2}\,c_{J_2}} \tag{38}$$

und

$$K = \frac{\overrightarrow{k}}{\overleftarrow{k}} \tag{39}$$

das *Massenwirkungsgesetz* kinetisch bzw. dynamisch abgeleitet.

Tabelle 22.3: Geschwindigkeitskonstanten (in $l\,mol^{-1}\,min^{-1}$) und Gleichgewichtskonstanten der Jodwasserstoffreaktion $J_2 + H_2 \rightleftharpoons 2\,HJ$ bei einigen Temperaturen T (in K)

T	$\vec{k}$	$\overleftarrow{k}$	$K = \dfrac{\vec{k}}{\overleftarrow{k}}$	K aus Gleichgewichts- messungen
556	$2{,}7 \cdot 10^{-3}$	$2{,}1 \cdot 10^{-5}$	128	83
629	$1{,}5 \cdot 10^{-1}$	$1{,}8 \cdot 10^{-3}$	83	67
666	$8{,}5 \cdot 10^{-1}$	$1{,}3 \cdot 10^{-2}$	67	59
781	81	2,4	56	50
			34	40

Bodenstein konnte Gl. (39) experimentell (Bild 22.4b) untermauern. Seine in Tabelle 22.3 referierten K-Daten aus Geschwindigkeits- und analytischen Gleichgewichtsmessungen stimmen recht gut überein. Trotzdem darf daraus nicht gefolgert werden, daß eine Übereinstimmung immer erhalten werden muß. Denn die kinetische Ableitung gilt streng nur in der Nähe des chemischen Gleichgewichtes und auch nur dann, wenn die Reaktionsgleichung mit dem Elementarprozeß übereinstimmt. Experimentelle Schwierigkeiten bei diesbezüglichen kinetischen Messungen lassen sich durch die Anwendung von *Relaxationsmethoden* beseitigen. Bei diesen wird durch einen Schock das im Gleichgewicht befindliche chemische System in einen davon nicht allzu weit entfernten neuen Gleichgewichtszustand versetzt und dabei die zeitliche Konzentrationsänderung beobachtet. Ist die Verschiebung des chemischen Gleichgewichtes nicht allzu groß, dann ist die Geschwindigkeit, mit der sich der neue Zustand einstellt, proportional zur Auslenkung aus diesem. Die Herleitung dieser Geschwindigkeits- oder Relaxationsgleichung soll an Hand eines konkreten Beispiels gezeigt werden.

Wasser dissoziiert nach

$$H_2O \rightleftharpoons H^+ + OH^- \tag{40}$$

in Protonen und Hydroxylionen. Der Dissoziationsgrad ist durch die temperaturabhängige Gleichgewichts- bzw. Dissoziationskonstante (Abschnitt 20.6) festgelegt. Mit ihrer Hilfe können durch Relaxationsmessungen die Geschwindigkeitskonstanten ermittelt werden. Da die Dissoziationsreaktion eine sehr schnelle Reaktion ist, könnten diese durch analytische Konzentrationsmessungen auch gar nicht bestimmt werden. Ist a die ursprüngliche Wasserkonzentration und x die zur Zeit t bereits vorhandene H^+- bzw. OH^--Konzentration und sind $\vec{k}$ und $\overleftarrow{k}$ die Geschwindigkeitskonstanten der Hin- und Rückreaktion, dann lautet die Geschwindigkeitsgleichung für die Dissoziation analog zu Gl. (32)

$$v = \vec{k}\,(a - x) - \overleftarrow{k}\,x^2. \qquad \left(v \equiv \frac{dx}{dt}\right) \tag{41}$$

Am Ende der gedanklich durchgeführten Reaktion herrscht Gleichgewicht ($v = 0$) und x besitzt dann einen Gleichgewichtswert, den wir x_0 nennen wollen:

$$\vec{k}\,(a - x_0) = \overleftarrow{k}\,x_0^2 \tag{42}$$

bzw.

$$K = \frac{\vec{k}}{\overleftarrow{k}}. \tag{43}$$

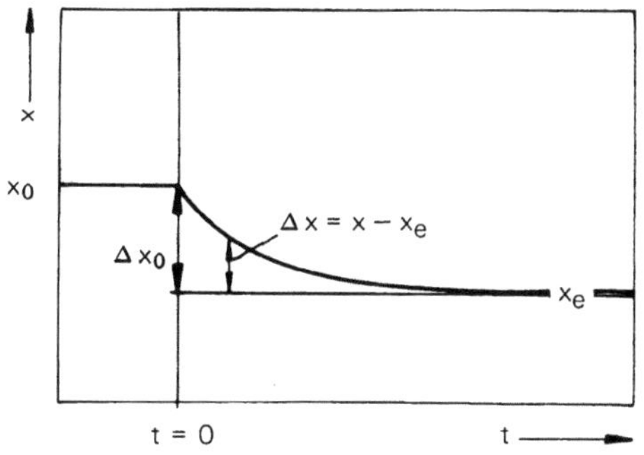

Bild 22.5

Abklingfunktion $\Delta x(t)$ nach einer Auslenkung des Gleichgewichtszustandes um Δx_0 zur Zeit $t = 0$

Dieser Gleichgewichtszustand ist nun der Ausgangszustand für eine plötzliche Änderung von K zur Zeit $t = 0$. Da K temperaturabhängig ist, kann die Änderung z. B. durch einen Temperatursprung hervorgerufen werden. (Es ist aber gleichgültig, ob wir statt der Temperatur einen anderen äußeren Parameter nehmen, er muß nur K diskontinuierlich ändern.) Auf den Temperatursprung hin muß sich das System einem neuen Gleichgewichtswert x_e anpassen, also auf den Sprung antworten. Da hierzu Energieübertragungen von Molekül zu Molekül notwendig sind, erfordert die Anpassung eine gewisse Zeit (Relaxationszeit), so daß die Antwort nicht ebenfalls sprunghaft erfolgen kann (Bild 22.5). Beziehen wir die neuen x-Werte auf den Gleichgewichtswert x_e, dann gilt zur Zeit t: $x = x_e + \Delta x$. Führen wir diese Substitution in Gl. (41) durch, so erhalten wir eine Geschwindigkeitsgleichung für die Auslenkung Δx:

$$v \equiv \frac{d(x_e + \Delta x)}{dt} = \frac{d\Delta x}{dt} = \overrightarrow{k}\,(a - x_e - \Delta x) - \overleftarrow{k}\,(x_e + \Delta x)^2 . \tag{44}$$

Für kleine Auslenkungen Δx im Vergleich zu x_e kann der quadratische Term mit Δx^2 vernachlässigt werden, so daß

$$\frac{d\Delta x}{dt} = \overrightarrow{k}\,(a - x_e) - \overrightarrow{k}\,\Delta x - \overleftarrow{k}\,x_e^2 - 2\,\overleftarrow{k}\,x_e\,\Delta x . \tag{45}$$

Mit der zu Gl. (42) analogen Beziehung

$$\overrightarrow{k}\,(a - x_e) = \overleftarrow{k}\,x_e^2 \tag{46}$$

folgt daraus die gesuchte *Relaxations-* oder *Geschwindigkeitsgleichung:*

$$\frac{d\Delta x}{dt} = -(\overrightarrow{k} + 2\,\overleftarrow{k}\,x_e)\,\Delta x . \tag{47}$$

Setzen wir zur Abkürzung

$$\overrightarrow{k} + 2\,\overleftarrow{k}\,x_e = \frac{1}{\tau}, \tag{48}$$

so bekommen wir die Differentialgleichung

$$\frac{d\Delta x}{dt} = -\frac{1}{\tau}\,\Delta x , \tag{49}$$

die nach Integration mit Δx_0 zur Zeit t = 0 die *Abklingfunktion*

$$\Delta x = \Delta x_0 \, e^{-\frac{t}{\tau}} \tag{50}$$

liefert. Die Zeit τ hat den Charakter einer Halbwertszeit erster Ordnung ($\tau = t_{1/2}/\ln 2$) und wird *chemische Relaxationszeit* genannt. Gelingt es, die exponentielle Konzentrationsauslenkung $\Delta x(t)$ zu messen, so kann auch τ angegeben werden. Mit Hilfe von Gl. (48) kann dann bei bekannten x_e- oder k-Werten $\overrightarrow{k}$ und $\overleftarrow{k}$ errechnet werden.

Mit Hilfe von Temperatursprungmessungen wurde für die Wasserdissoziation eine Relaxationszeit von 36 μs bei 25 °C gefunden. Da bei dieser Temperatur $x_e = \sqrt{K_W} = 1 \cdot 10^{-7}$ mol l^{-1} und das Geschwindigkeitsverhältnis $\overrightarrow{k}/\overleftarrow{k} = K = K_W/55,5 = 1,8 \cdot 10^{-16}$ mol l^{-1} betragen, berechnet man nach Gl. (48) $\overrightarrow{k} = 2,5 \cdot 10^{-5}$ s^{-1} und $\overleftarrow{k} = 1,4 \cdot 10^{11}$ l mol^{-1} s^{-1}. Werte für andere Dissoziationsreaktionen sind in Tabelle 22.4 zu finden. Große Verdienste um die Einführung von Relaxationsmethoden hat sich *Eigen* erworben. Nachzutragen wäre noch, daß die Relaxationsgleichung unabhängig von der tatsächlichen Kinetik ist, solange die Auslenkungen nicht zu groß gemacht werden. Was sich ändert, ist nur die Beziehung zwischen der Relaxationszeit und den Konstanten sowie Konzentrationen. Für eine unvollständige Reaktion erster Ordnung (z. B. die Isomerisierung A $\rightleftharpoons$ B) folgt nach einer analogen Ableitung:

$$\overrightarrow{k} + \overleftarrow{k} = \frac{1}{\tau}. \tag{51}$$

Schwierigkeiten bei der Zuordnung kann es geben, wenn es mehrere Relaxationszeiten auf Grund von mehreren aneinander gekoppelten Reaktionsschritten gibt. Von solchen Reaktionen wird im nächsten Abschnitt die Rede sein.

Tabelle 22.4: Geschwindigkeitskonstante $\overrightarrow{k}$ in l mol^{-1} s^{-1} von einigen schnellen Dissoziationsreaktionen aus Relaxationszeitmessungen (aus *W. J. Moore, D. O. Hummel:* Physikalische Chemie, Walter de Gruyter, Berlin 1973)

Reaktion	$\overrightarrow{k}$	Temperatur (K)
$H_2S \rightleftharpoons H^+ + HS^-$	$7,5 \cdot 10^{10}$	298
$[HN(CH_3)_3]^+ \rightleftharpoons N(CH_3)_3 + H^+$	$2,5 \cdot 10^{10}$	298
$[(NH_3)_5 Co]^{3+} + H_2O \rightleftharpoons [(NH_3)_5 CoOH]^{2+} + H^+$	$1,4 \cdot 10^9$	285
$Al^{3+} + H_2O \rightleftharpoons [AlOH]^{2+} + H^+$	$3,8 \cdot 10^9$	298
Diäthylmalonation + $H_2O \rightleftharpoons$ − malonsäure + OH^-	$2,4 \cdot 10^{11}$	298

22.4 Folgereaktionen und Näherung des stationären Zustandes

Viele chemische Reaktionen (Tabelle 22.5) besitzen Geschwindigkeitsgleichungen, die sich auf eine Reaktionsfolge der Art

$$\begin{aligned}
A &\rightleftharpoons M + C \\
M + B &\longrightarrow D \\
\hline
A + B &\longrightarrow C + D
\end{aligned} \tag{52}$$

Tabelle 22.5:

Einige Reaktionen, die nach
der Folge Gl. (52) ablaufen

$$OCl^- + H_2O \;\rightleftharpoons\; HOCl + OH^-$$
$$J^- + HOCl \;\rightarrow\; OJ^- + Cl^- + H^+$$
$$\overline{J^- + OCl^- \;\rightarrow\; OJ^- + Cl^-}$$

$$Br_2 \;\rightleftharpoons\; 2\,Br$$
$$Br + H_2 \;\rightarrow\; HBr + H$$
$$\overline{Br_2 + H_2 \;\rightarrow\; 2\,HBr}$$

$$CHCl_3 + OH^- \;\rightleftharpoons\; :CCl_3^- + H_2O$$
$$:CCl_3^- \;\rightarrow\; :CCl_2 + Cl^-$$
$$\overline{2\,CHCl_3 + 7\,OH^- \;\rightarrow\; CO + HCOO^- + 6\,Cl^- + 4\,H_2O}$$

$$Co\,(CN)_5\,OH_2{}^{2-} \;\rightleftharpoons\; Co\,(CN)_5{}^{2-} + H_2O$$
$$Co\,(CN)_5{}^{2-} + J^- \;\rightarrow\; Co\,(CN)_5\,J^{3-}$$
$$\overline{Co\,(CN)_5\,OH_2{}^{2-} + J^- \;\rightarrow\; Co\,(CN)_5\,J^{3-} + H_2O}$$

zurückführen lassen. An die erste unvollständige Reaktion, bei der nur ein Zwischenprodukt M aus A gebildet wird, ist eine *Folgereaktion* mit dem Partner B gekoppelt, woraus schließlich die Endprodukte C und D entstehen. Der einfachste Fall einer solchen Folge ist der, bei dem das Zwischenprodukt durch aktivierende Stöße der A-Moleküle entsteht und dann in C und D zerfällt (Abschnitt 22.9). Als konkretes Beispiel zur Formulierung der Kinetik soll hier die *Haloformreaktion* (Halogenierung von Aceton in alkalischem Milieu) dienen:

$$CH_3-\overset{\overset{\displaystyle O}{\|}}{C}-CH_3 + 3\,X_2 + 4\,OH^- \longrightarrow CH_3-\overset{\overset{\displaystyle O}{\|}}{C}-O^- + CHX_3 + 3\,X^- + 3\,H_2O. \tag{53}$$

Während die Bromierung (X = Br) und Jodierung (X = J) nach der Geschwindigkeitsgleichung

$$-\frac{dc_{Aceton}}{dt} = k\,c_{Aceton}\,c_{OH^-} \tag{54}$$

erfolgen, besitzt die Chlorierung (X = Cl) die wesentlich kompliziertere Geschwindigkeitsgleichung:

$$-\frac{dc_{Aceton}}{dt} = k_1\,c_{Aceton}\,c_{OH^-}\,\frac{c_{Cl_2}}{k_2 + c_{Cl_2}}. \tag{55}$$

Wie diese Gleichungen an Hand von Reaktionsmechanismen hergeleitet werden können, soll nun untersucht werden. Vorerst einige empirische Erkenntnisse aus kinetischen Untersuchungen ähnlicher Reaktionen.

Es wurde beispielsweise festgestellt, daß die Bromierung eines Ketons, das in α-Stellung ein optisch aktives C-Atom besitzt (asymmetrische Bindungspartner), gleich schnell wie die Razemisierung dieses Ketons verläuft. Beiden Reaktionen liegt also derselbe geschwindigkeitsbestimmende Schritt zugrunde, nämlich die *Enolisierung* des Ketons in alkalischem Milieu:

$$\underset{\underset{\displaystyle \text{Resonanzhybrid}}{}}{\overset{\overset{\displaystyle O\quad H}{\| \quad |}}{C}-\underset{*}{C}-CH_2 \;\rightleftharpoons\; \overset{\overset{\displaystyle O}{\|}}{C}-\overset{(-)}{\underset{}{C}}-CH_2- \;\longleftrightarrow\; \overset{\overset{\displaystyle \overset{(-)}{O}}{|}}{C}=C-CH_2-} \tag{56}$$

Das entstehende Ion ist ein Resonanzhybrid aus einem Carbanion und einem Enolation. Durch Protonenumlagerung stellt sich dann ein chemisches Gleichgewicht zwischen der Keto- und Enolform ein. Da das C-Atom in der Keto-Form aber optisch aktiv ist, entsteht durch die Enolisierung ein Razemat, also ein Gemisch aus gleichviel links- und rechtsdrehendem Keton. Denn die Wahrscheinlichkeit, daß bei der Protonenanlagerung an das C-Atom die rechts- bzw. linksdrehende Konfiguration entsteht, ist gleich groß. Die Enolisierung hat daher einen Verlust an optischer Aktivität zur Folge.

Man kann nun vermuten, daß auch bei der Haloformreaktion die Enolisierung der geschwindigkeitsbestimmende Schritt ist. Einen weiteren experimentellen Hinweis darauf liefert die Austauschreaktion:

$$\text{C}_6\text{H}_5-\overset{\overset{\text{O}}{\|}}{\text{C}}-\overset{\overset{\text{H}}{|}}{\underset{\underset{\text{C}_2\text{H}_5}{|}}{\text{C}^*}}-\text{CH}_3 \underset{\text{H}}{\overset{\text{D}}{\rightleftharpoons}} \text{C}_6\text{H}_5-\overset{\overset{\text{O}}{\|}}{\text{C}}-\overset{\overset{\text{D}}{|}}{\underset{\underset{\text{C}_2\text{H}_5}{|}}{\text{C}^*}}-\text{CH}_3 \tag{57}$$

Sie ist gleich schnell wie die Enolisierung des Ketons. Nehmen wir an, daß auch die Haloformreaktion mit der Enolisierung beginnt:

$$
\begin{aligned}
&\text{CH}_3-\overset{\overset{\text{O}}{\|}}{\text{C}}-\overset{(-)}{\ddot{\text{C}}\text{H}_2} + \text{X}_2 \longrightarrow \text{CH}_3-\overset{\overset{\text{O}}{\|}}{\text{C}}-\text{CH}_2\text{X} + \text{X}^- \\[4pt]
&\text{CH}_3-\overset{\overset{\text{O}}{\|}}{\text{C}}-\text{CH}_2\text{X} + \text{OH}^- \longrightarrow \text{CH}_3-\overset{\overset{\text{O}}{\|}}{\text{C}}-\overset{(-)}{\ddot{\text{C}}\text{HX}} + \text{H}_2\text{O} \\[4pt]
&\text{CH}_3-\overset{\overset{\text{O}}{\|}}{\text{C}}-\overset{(-)}{\ddot{\text{C}}\text{HX}} + \text{X}_2 \longrightarrow \text{CH}_3-\overset{\overset{\text{O}}{\|}}{\text{C}}-\text{CHX}_2 + \text{X}^- \\[4pt]
&\text{CH}_3-\overset{\overset{\text{O}}{\|}}{\text{C}}-\text{CHX}_2 + \text{OH}^- \longrightarrow \text{CH}_3-\overset{\overset{\text{O}}{\|}}{\text{C}}-\overset{(-)}{\ddot{\text{C}}\text{X}_2} + \text{H}_2\text{O} \\[4pt]
&\text{CH}_3-\overset{\overset{\text{O}}{\|}}{\text{C}}-\overset{(-)}{\ddot{\text{C}}\text{X}_2} + \text{X}_2 \longrightarrow \text{CH}_3-\overset{\overset{\text{O}}{\|}}{\text{C}}-\text{CX}_3 + \text{X}^- \\[4pt]
&\text{CH}_3-\overset{\overset{\text{O}}{\|}}{\text{C}}-\text{CX}_3 + \text{OH}^- \longrightarrow \left[\overset{\overset{\text{O}}{\|}}{\underset{}{\text{HO}\text{---}\text{C}\text{---}\text{CX}_3}}\right]^{\delta-\,\,\,\delta-} \longrightarrow \text{HO}-\overset{\overset{\text{O}}{\|}}{\text{C}}-\text{CH}_3 + \overset{(-)}{\ddot{\text{C}}\text{X}_3} \longrightarrow \\[2pt]
&\hspace{17.5em} \longrightarrow \text{CH}_3\text{COO}^- + \text{HCX}_3
\end{aligned}
\tag{58}
$$

Um damit die beobachteten Geschwindigkeitsgleichungen (54) und (55) erklären zu können, müssen die Hin- und Gegenreaktion sowie die Folgereaktion der Enolisierung langsam und alle weiteren Schritte schnell gegen diese verlaufen. Mit den Symbolen A für Aceton, E für Enolation, k_1 für die Konstante der Hinreaktion, k_{-1} für die Konstante der Gegenreaktion und k_2 für die Konstante der Folgereaktion, können dann die langsamen Einzelschritte wie folgt angeschrieben werden:

$$\text{A} + \text{OH}^- \underset{k_{-1}}{\overset{k_1}{\rightleftharpoons}} \text{E} + \text{H}_2\text{O} \tag{59}$$

$$\text{E} + \text{X}_2 \overset{k_2}{\longrightarrow} \text{CH}_3\overset{\overset{\text{O}}{\|}}{\text{C}}\text{CH}_2\text{X} + \text{X}^- \tag{60}$$

Für die Reaktionsgeschwindigkeit der Hinreaktion allein gilt

$$-\frac{dc_A}{dt} = k_1 c_A c_{OH^-} \tag{61}$$

und für die Reaktionsgeschwindigkeit der Gegenreaktion allein gilt

$$\frac{dc_A}{dt} = k_{-1} c_E. \tag{62}$$

Die Summe dieser beiden Geschwindigkeiten (Gesamtänderung von A) ergibt dann die Reaktionsgeschwindigkeit für den „reversiblen" Schritt:

$$-\frac{dc_A}{dt} = -k_{-1} c_E + k_1 c_A c_{OH^-}. \tag{63}$$

Die Konzentration des Wassers wurde dabei konstant gesetzt und in k_{-1} einbezogen. Diese Geschwindigkeitsgleichung ist aber solange ohne praktischen Wert, als nicht über die Konzentration des Enolations, des Zwischenproduktes, verfügt werden kann. Um darüber etwas aussagen zu können, wird folgende Überlegung angestellt.

Auf Grund des reversiblen Schrittes kann man für die Bildungsgeschwindigkeit des Enolations

$$-\frac{dc_A}{dt} \equiv \frac{dc_E}{dt} = k_1 c_A c_{OH^-} - k_{-1} c_E \tag{64}$$

und auf Grund der Folgereaktion

$$\frac{dc_E}{dt} = -k_2 c_E c_{X_2} \tag{65}$$

schreiben. Insgesamt ergibt dies

$$\frac{dc_E}{dt} = k_1 c_A c_{OH^-} - k_{-1} c_E - k_2 c_E c_{X_2}. \tag{66}$$

Diese komplizierte Differentialgleichung für c_E kann mit Hilfe folgender Annahme wesentlich vereinfacht werden: Da Zwischenprodukte normalerweise nur in unmeßbar kleinen Konzentrationen vorkommen, muß ihre Bildungsgeschwindigkeit sehr klein und in erster Näherung Null sein (*Näherung des stationären Zustandes*). Wird deswegen Gl. (66) Null gesetzt, so folgt nach Umformung für die Konzentration des Enolations:

$$c_E = \frac{k_1 c_A c_{OH^-}}{k_{-1} + k_2 c_{X_2}}. \tag{67}$$

Dieser Ausdruck, in Gl. (65) eingeführt, ergibt schließlich mit

$$-\frac{dc_A}{dt} = k_1 c_A c_{OH^-} \frac{k_2 c_{X_2}}{k_{-1} + k_2 c_{X_2}} \tag{68}$$

eine Geschwindigkeitsgleichung, wie sie bei der Chlorierung beobachtet wird (Gl. (55)). Im Grenzfall $k_2 c_{X_2} \gg k_{-1}$ geht Gl. (68) in die Gleichung für die Bromierung und Jodierung über (Gl. (54)). Die Bedingung $k_2 c_{X_2} \gg k_{-1}$ bedeutet, daß die Folgereaktion viel schneller als die Gegenreaktion abläuft, d.h. daß die Enolisierung allein geschwindigkeitsbestimmend ist.

Dieses Beispiel der Haloformreaktion zeigt deutlich, daß eine Kombination von Gegen- und Folgereaktionen zu komplizierten Geschwindigkeitsgleichungen führt und diese in das einfache Konzept der Reaktionen 1. bis 3. Ordnung nicht hineinpassen. Wendet man es trotzdem an, so bekommt man keine ganzzahligen Konzentrationsexponenten mehr. Einfacher und überblickbarer ist die Situation *ohne Gegenreaktionen:*

$$A \xrightarrow{k_1} B \xrightarrow{k_2} C \tag{69}$$

oder wenn A *parallel* in B und C reagiert:

$$A \overset{k_1}{\underset{k_2}{\diagdown}} \begin{matrix} C \\ B \end{matrix} \tag{70}$$

Die erste Reaktionsfolge entspricht genau der eines radioaktiven Zerfalls, bei der das Zerfallsprodukt seinerseits radioaktiv ist. Für die Zerfallsgeschwindigkeiten von A und B gilt dann:

$$-\frac{dc_A}{dt} = k_1 c_A \, , \tag{71}$$

$$-\frac{dc_B}{dt} = -k_1 c_A + k_2 c_B. \tag{72}$$

Die Lösung von Gl. (71) mit $c_A = a$ zur Zeit $t = 0$ lautet $c_A = ae^{-k_1 t}$ und wird in Gl. (72) zur Ermittlung von c_B eingesetzt. Ihre Integration liefert dann:

$$c_B = e^{-k_2 t}\left[\frac{k_1 a e^{(k_2-k_1)t}}{k_2 - k_1} - \frac{k_1 a}{k_2 - k_1}\right]. \tag{73}$$

Da zu jeder Zeit $c_A + c_B + c_C = a$ gilt, läßt sich mit Gl. (73) und $c_A = ae^{-k_1 t}$ die Konzentration c_C ausrechnen:

$$c_C = a\left(1 - \frac{k_2 e^{-k_1 t}}{k_2 - k_1} + \frac{k_1 e^{-k_2 t}}{k_2 - k_1}\right). \tag{74}$$

$c_A(t)$, $c_B(t)$ und $c_C(t)$ wurden in Bild 22.6 graphisch dargestellt.

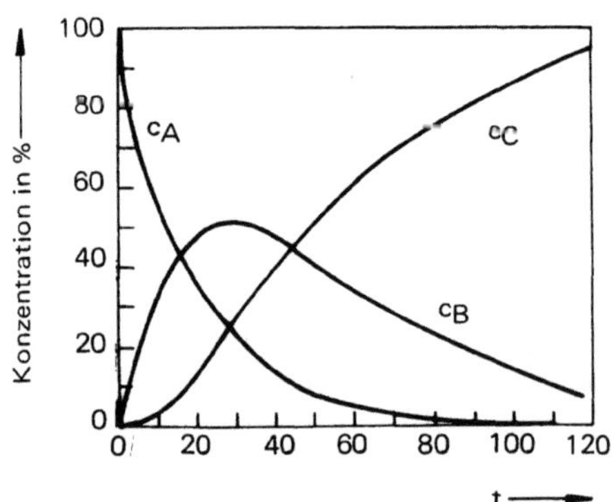

Bild 22.6

Abhängigkeit der Konzentration des Ausgangsstoffes (c_A), des Zwischenproduktes (c_B) und des Endproduktes (c_C) von der Zeit (in willkürlichen Einheiten) für zwei aufeinanderfolgende Reaktionen mit $k_1 = 2k_2$ (nach *W. J. Moore, D. O. Hummel:* Physikalische Chemie, de Gruyter, Berlin 1973)

Gekoppelte Parallelreaktionen in der Art von Gl. (70) lassen sich einfach berechnen, wenn sie nach derselben Reaktionsordnung verlaufen. Im Falle 1. Ordnung gilt z. B.

$$\frac{dc_B}{dt} = k_1 (a - c_B - c_C), \tag{75}$$

$$\frac{dc_C}{dt} = k_2 (a - c_B - c_C), \tag{76}$$

woraus durch Integration folgt:

$$c_B = \frac{k_1 a}{k_1 + k_2} (1 - e^{-(k_1 + k_2)t}), \tag{77}$$

$$c_C = \frac{k_2 a}{k_2 + k_1} (1 - e^{-(k_1 + k_2)t}). \tag{78}$$

Bei solchen Reaktionsfolgen bestimmt die größte Reaktionsgeschwindigkeit den bevorzugten Reaktionsweg. Dies kann von praktischer Bedeutung bei der Suche nach Katalysatoren sein, die den einen oder anderen Reaktionsweg begünstigen (Abschnitte 22.5 und 23.5). So können z. B. Alkohole entweder zu Olefinen oder zu Aldehyden dehydriert werden, obwohl thermodynamisch nur eine Reaktion, nämlich die mit dem größeren negativen ΔG-Wert bevorzugt ist.

Alle bisher aufgezählten Reaktionen konnten mit Hilfe eines Mechanismus erklärt werden, der aus einem oder wenigen molekularen Schritten bis zum Endprodukt besteht. Es gibt jedoch auch Reaktionen mit einer sich selbst erhaltenden Kette von identischen Einzelschritten wie *radikalische Kettenreaktionen* in der Gasphase und *Polymerisationen* in der flüssigen Phase. Zum erstgenannten Typ gehört z. B. die *Chlor-Knallgasreaktion* ($Cl_2 + H_2 \longrightarrow 2\,HCl$). In sehr sauberen Behältern und im Dunkeln tritt bei der Mischung der Gase überhaupt keine Reaktion ein. Sie muß erst z. B. durch Licht (Kapitel 24) oder durch metallisches Natrium initiiert werden, erfolgt dann aber explosionsartig. Die Initialschritte produzieren Atome oder Radikale,

$$\begin{aligned} Cl_2 + h\nu &\longrightarrow 2\,Cl, \\ Cl_2 + Na &\longrightarrow NaCl + Cl, \end{aligned} \tag{79}$$

und leiten die Kettenreaktion

$$\begin{aligned} Cl + H_2 &\longrightarrow HCl + H, \\ H + Cl_2 &\longrightarrow HCl + Cl \ \text{usw.} \end{aligned} \tag{80}$$

ein. Ein Cl-Atom ist letztlich für die Bildung von durchschnittlich 10^6 HCl-Molekülen verantwortlich; erst danach bricht durch Radikalkombination die Kette ab. Beim Abbruch wird die Reaktionswärme an die Behälterwand abgeführt. Man versteht deshalb, daß die Geschwindigkeit solcher Kettenreaktionen von der Behälteroberfläche abhängt.

22.5 Homogene Katalyse und Enzymreaktionen

Eine wichtige Rolle in der chemischen Reaktionskinetik spielen *Katalysatoren*. Das sind Stoffe, die Reaktionen beschleunigen oder u. U. auch in eine völlig andere Richtung lenken. Sie werden bei der Reaktion weder verändert noch verbraucht und müssen daher oft nur in sehr geringer Konzentration anwesend sein. Katalysatoren haben allerdings keinen Einfluß auf das chemische Gleichgewicht und können somit nicht die Ausbeute erhöhen. Dieser Abschnitt behandelt die *homogene* Katalyse, d. h. das Reaktionsgemisch und der Katalysator bilden eine Mischphase. Die heterogene Katalyse kommt erst in Abschnitt 23.5 zur Sprache.

Ein sehr bekanntes Beispiel für eine homogene katalytische Beschleunigung bietet die *Esterverseifung* (Hydrolyse). Sie wird durch Säuren und Basen katalysiert. In neutralem Milieu werden Ester nach folgender Reaktionsgleichung verseift:

$$\text{R--C(=O)--OR} + H_2O \longrightarrow \text{R--C(=O)--OH} + ROH \tag{81}$$

Man kann sich vorstellen, daß im ersten Schritt ein Wassermolekül am Carbonylatom des Esters (Resonanzhybrid) nukleophil angreift und durch einen Protonentransfer die Verseifung schließlich beendet wird.

$$\text{(82)}$$

Der langsamste Schritt bei diesem Mechanismus und damit geschwindigkeitsbestimmend ist der Wasserangriff.

Wird zum Reaktionsgemisch eine Säure hinzugefügt, so erfolgt zuerst der elektrophile Angriff eines Protons am Carbonyl-Sauerstoffatom, der schnell zu folgendem Gleichgewicht führt:

$$\text{R--C(=O)--OR} + H^+ \rightleftharpoons \text{R--C}^+(\text{OH})\text{--OR} \tag{83}$$

Das resultierende Carbokation ist dann wieder dem Wasserangriff ausgesetzt; die Reaktion erfolgt jedoch jetzt viel schneller, weil das C-Atom viel elektropositiver als früher ist. Spaltung und Protonentransfer erfolgen ebenfalls wie früher. Die Säurekatalyse hat also nichts anderes als einen energetisch günstigeren Weg für den Wasserangriff bewirkt. Auch Wassermoleküle mit kleinerer Energie können jetzt am C-Atom angreifen. Die Beschleunigung wirkt sich insgesamt so aus, als ob die Reaktion bei höherer Temperatur durchgeführt würde. Diese Eigenschaft ist für Katalysatoren kennzeichnend. Die Esterverseifung wird aber auch durch Basen katalysiert, wobei anstelle des Wasser- bzw. Protonenangriffes ein energetisch begünstigter OH^--Angriff erfolgt:

$$\text{R--C(=O)(OH}^-)\text{--OR} \longrightarrow \text{R--C(=O)(O}^-) + HOR \tag{84}$$

Der Übergangskomplex lagert sich dann wie früher in das Endprodukt um.

Unter Einschluß des katalytischen Effektes läßt sich folglich für die Geschwindigkeitskonstante der Verseifung schreiben:

$$k = k_0 + k_{H^+}c_{H^+} \qquad \text{bzw.} \qquad k = k_0 + k_{OH^-}c_{OH^-} \tag{85}$$

k_0 ist dabei die Geschwindigkeitskonstante der nichtkatalysierten Reaktion in neutraler Lösung und $k_{H^+}c_{H^+}$ bzw. $k_{OH^-}c_{OH^-}$ sind additive Korrekturen der Geschwindigkeitskonstanten bei Säure- bzw. Basenkatalyse. Es muß aber gesagt werden, daß nicht alle durch Säure katalysierten Reaktionen auch durch Basen beschleunigt werden. Die Esterverseifung bildet in diesem Sinne eine Ausnahme. Andere homogene Katalysatoren, wie *Enzyme*, spielen in der Biochemie eine wichtige Rolle.

Enzymkatalysierte Reaktionen unterscheiden sich von den anderen durch das Phänomen der Sättigung an Substrat. Bei kleiner Substratkonzentration ist die Reaktionsgeschwindigkeit $-dc_S/dt$ proportional der jeweiligen Substratkonzentration c_S, die Reaktion entspricht einer Reaktion erster Ordnung. Bei großer Substrat- und konstanter Enzymkonzentration c_E (Katalysator) ist jedoch die Reaktionsgeschwindigkeit konstant (Sättigung) und entspricht dann einer Reaktion nullter Ordnung. Die empirische, praktisch nur für den Reaktionsbeginn gültige Geschwindigkeitsgleichung lautet (Bild 22.7a):

$$- \frac{dc_S}{dt} = \frac{kc_{E,\,gesamt}\,c_S}{k' + c_S} \;. \tag{86}$$

Trägt man zufolge Gl. (86) die reziproke Reaktionsgeschwindigkeit gegen die reziproke Substratkonzentration bei konstanter Enzymgesamtkonzentration $c_{E,gesamt} = c_E + c_{ES}$ in einem Diagramm auf, so ergibt sich eine Gerade, deren Steigung und Ordinatenabschnitt durch die Konstanten bestimmt sind (Bild 22.7b):

$$- \frac{1}{(dc_S/dt)} = \frac{1}{kc_{E,\,gesamt}} + \frac{k'}{kc_{E,\,gesamt}\,c_S} \tag{87}$$

Die experimentellen Fakten lassen sich durch folgenden Mechanismus erklären.

Es wird angenommen, daß im ersten Schritt aus dem Enzym (E) und dem Substrat (S) ein Übergangskomplex (ES) entsteht und daß der geschwindigkeitsbestimmende Schritt der Zerfall dieses Komplexes in Enzym und Endprodukte (P) ist (zu Reaktionsbeginn keine Rückreaktion der Produkte):

$$E + S \rightleftharpoons ES \longrightarrow E + P. \tag{88}$$

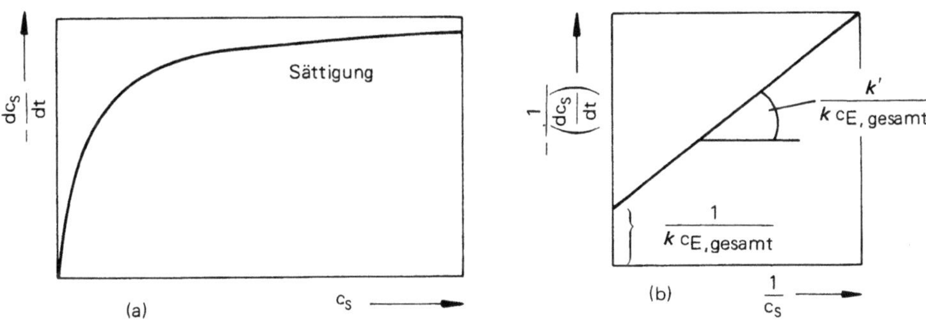

Bild 22.7 Abhängigkeit der Reaktionsgeschwindigkeit enzymkatalysierter Reaktionen von der Substratkonzentration (a) und schematische reziproke Darstellung der Geschwindigkeitsgleichung nach Gl. (87) (b)

Die Bildungsgeschwindigkeit von ES lautet daher

$$\frac{dc_{ES}}{dt} = k_1 c_E c_S - k_{-1} c_{ES} - k_2 c_{ES} \tag{89}$$

und wird in der Näherung des stationären Zustandes Null gesetzt, woraus durch Umformen folgt:

$$c_{ES} = \frac{k_1}{k_{-1} + k_2} c_E c_S \; . \tag{90}$$

Da man im allgemeinen c_E nicht kennt, sondern bestensfalls die Gesamtkonzentration $c_{E,\,gesamt}$, muß man c_E in Gl. (90) durch $c_{E,\,gesamt} - c_{ES}$ ersetzen:

$$c_{ES} = \frac{k_1 c_{E,\,gesamt} c_S}{k_{-1} + k_2 + k_1 c_S} \; . \tag{91}$$

Gl. (91) kann nun in den Ausdruck für die Geschwindigkeit der Zerfallsreaktion

$$-\frac{dc_S}{dt} \equiv -\frac{dc_{ES}}{dt} = k_2 c_{ES} \tag{92}$$

eingesetzt werden:

$$-\frac{dc_S}{dt} = \frac{k_2 c_{E,\,gesamt} c_S}{(k_{-1} + k_2)/k_1 + c_S} \; . \tag{93}$$

Schreibt man schließlich $(k_{-1} + k_2)/k_1 = k'$ und $k_2 = k$, so stimmt Gl. (93) mit Gl. (86) überein. Wegen Gl. (90) besitzt k' die Bedeutung einer Gleichgewichtskonstanten für die Reaktion $ES \rightleftharpoons E + S$:

$$\frac{c_E c_S}{c_{ES}} = K. \tag{94}$$

Liegen andererseits alle Enzymmoleküle in Form von ES-Komplexen ($c_{E,\,gesamt} = c_{ES}$) vor, so wird die Reaktionsgeschwindigkeit allein durch die Konzentration der Komplexe bestimmt (Sättigung). $k_2 c_{ES}$ entspricht daher einer maximalen Reaktionsgeschwindigkeit bei einer vorgegebenen Gesamtkonzentration an Enzym.

22.6 Die Geschwindigkeitskonstante

Wurde einmal ein plausibler Reaktionsmechanismus gefunden und stimmt die mit ihm abgeleitete Kinetik mit der beobachteten überein, so bleibt immer noch die Interpretation der absoluten Geschwindigkeit, gegeben durch die Geschwindigkeitskonstanten der einzelnen Elementarschritte offen. Wir müssen daher einen Schritt weiter gehen und atomistische Modelle entwickeln, um diese berechnen zu können. Stimmt ihr Wert mit dem gemessenen überein, so ist das Modell als gut zu bezeichnen. Eine wesentliche Hilfe bei der Suche nach theoretischen Vorstellungen leistet eine Eigenschaft der Geschwindigkeitskonstanten, nämlich ihre Temperaturabhängigkeit.

Schon eine zur Tradition gewordene Faustregel in der Chemie besagt, daß Reaktionen bei einer Temperaturerhöhung um 10 K zwei- bis dreimal so schnell ablaufen. Mit Hilfe von Meßdaten läßt sich diese Regel quantitativ fassen:

$$k = A \, e^{-\frac{E_a}{kT}} \; . \tag{95}$$

Tabelle 22.6: Aktivierungsenergien und Frequenzfaktoren von einigen bimolekularen Reaktionen (aus *W. J. Moore, D. J. Hummel:* Physikalische Chemie, Walter de Gruyter, Berlin 1973)

Reaktion	Aktivierungs-energie E_a in kJ mol^{-1}	$\log A$, A in cm^3 mol^{-1} s^{-1}		
		beobachtet	nach der Theorie des Übergangs-zustandes	nach der einfachen Stoßtheorie
$NO + O_3 \rightarrow NO_2 + O_2$	10,5	11,9	11,6	13,7
$NO_2 + O_3 \rightarrow NO_3 + O_2$	29,3	12,8	11,1	13,8
$NO_2 + F_2 \rightarrow NO_2F + F$	43,5	12,2	11,1	13,8
$NO_2 + CO \rightarrow NO + CO_2$	132,0	13,1	12,8	13,6
$2 NO_2 \rightarrow 2 NO + O_2$	111,0	12,3	12,7	13,6
$NO + NO_2Cl \rightarrow NOCl + NO_2$	28,9	11,9	11,9	13,9
$2 NOCl \rightarrow 2 NO + Cl_2$	103,0	13,0	11,6	13,8
$NOCl + Cl \rightarrow NO + Cl_2$	4,6	13,1	12,6	13,8
$NO + Cl_2 \rightarrow NOCl + Cl$	84,9	12,6	12,1	14,0
$F_2 + ClO_2 \rightarrow FClO_2 + F$	35,6	10,5	10,9	13,7
$2 ClO \rightarrow Cl_2 + O_2$	0,0	10,8	10,0	13,4
$COCl + Cl \rightarrow CO + Cl_2$	3,5	14,6	12,3	13,8

Die Geschwindigkeitskonstante steigt exponentiell mit der Temperatur. Werden die Daten, so wie es z. B. in Bild 22.4 geschehen ist, logarithmisch in einem Diagramm gegen $1/T$ aufgetragen, so liegen sie meist auf einer Geraden mit der Steigung E_a/k und mit dem Ordinantenabschnitt $\lg A$. Die sogenannte *Aktivierungsenergie* E_a besitzt die Größenordnung von chemischen Reaktionsenergien (Tabelle 22.6) und der Faktor A bei bimolekularen Reaktionen in der Gasphase die Größenordnung 10^7 bis 10^{11} l mol^{-1} s^{-1}. A wird sehr oft *Frequenzfaktor* genannt, und zwar wie wir später sehen werden, aus einem ganz bestimmten Grund. Gl. (95) stammt von *Arrhenius* (1889), der erstmals die Temperaturabhängigkeit untersucht hat, und wird ihm zu Ehren *Arrheniussche Gleichung* genannt. Von ihm stammt auch die erste Idee zu einer physikalischen Interpretation. Neuere Theorien lassen vermuten, daß auch der Frequenzfaktor A eine schwache, experimentell kaum erfaßbare, Temperaturabhängigkeit aufweist:

$$k \sim T^n e^{-\frac{E_a}{kT}}, \qquad \text{(Größenordnung von n: } -1 \text{ bis} + 1) \qquad (96)$$

Am Beispiel der Isotopenaustauschreaktion

$$D + H_2 \longrightarrow DH + H \qquad (97)$$

wollen wir schrittweise eine Theorie zur Absolutberechnung der Reaktionsgeschwindigkeit entwickeln. Aus zwei Gründen wählen wir Gl. (97): 1. Wegen des sehr einfachen Molekülaufbaues der Reaktionspartner gibt es dazu schon quantenmechanische Berechnungen und 2. sind dafür Meßdaten bekannt ($E_a = 38$ kJ mol^{-1} und $k = 10^{11}$ l mol^{-1} s^{-1}). Als erster Schritt in Richtung der Endprodukte wird die Ausbildung eines höherenergetischen DHH-Komplexes postuliert, der in weiterer Folge in die End- oder Ausgangsproduk-

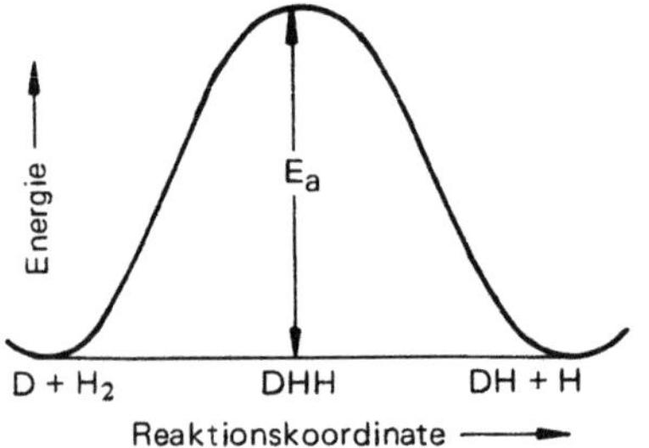

Bild 22.8
Schematische Darstellung des Aktivierungsberges
für die Reaktion D + H$_2$ $\rightleftharpoons$ DH + H

te zerfällt. Ob dieser tatsächlich existiert, könnten wir nur durch einen experimentellen Nachweis oder durch eine quantenmechanische Rechnung entscheiden. Bild 22.8 zeigt dazu eine schematische, eindimensionale Energiedarstellung, worin die Energie des Dreiteilchensystems H, H, D als Funktion einer sogenannten *Reaktionskoordinate* gezeichnet wurde. Diese Koordinate ist ein Ortsparameter, der die Konstellation der drei Atome untereinander beschreibt. Der Reaktionsweg ist in diesem Bild der Weg auf der potentiellen Energiekurve von einem Energieminimum über den Aktivierungsberg mit der Höhe E_a zum anderen (Bindungsenergie). Links vom Berg beschreibt die Koordinate den Molekülzustand D + H$_2$, rechts davon den Zustand DH + H und am Maximum den Übergangskomplex DHH. Mit 38 kJ mol^{-1} ist der Aktivierungsberg um vieles kleiner als die H$_2$-Bindungsenergie von 436 kJ mol^{-1}. Bei chemisch verschiedenen Ausgangs- und Endprodukten sind die Energieminima unterschiedlich tief; ihre Differenz entspricht der Reaktionsenergie ΔU.

Fassen wir nach *Arrhenius* den Übergangskomplex DHH als eine eigene chemische Spezies auf, die mit den D- und H$_2$-Molekülen im chemischen Gleichgewicht steht (D + H$_2 \rightleftharpoons$ DHH), dann läßt sich die Zahl der Komplexe statistisch berechnen (Abschnitt 20.4). Gibt es nur je einen diskreten Energiezustand (ϵ_D, ϵ_{H_2} und ϵ_{DHH}), dann beträgt diese:

$$N_{DHH} = N_{H_2} N_D K_N$$

$$= N_{H_2} N_D\, e^{-\dfrac{\epsilon_{DHH} - \epsilon_D - \epsilon_{H_2}}{kT}} \tag{98}$$

$$= N_{H_2} N_D\, e^{-\dfrac{\Delta \epsilon}{kT}}.$$

Nimmt man nach *Arrhenius* weiter an, daß die Reaktionsgeschwindigkeit $\vec{v} \equiv -\,dc/dt$ der Zahl der Übergangskomplexe N_{DHH} proportional ist, so gilt

$$-\frac{dc}{dt} \sim N_{H_2} N_D\, e^{-\dfrac{\Delta \epsilon}{kT}}$$

$$= A\, c_{H_2}\, c_D\, e^{-\dfrac{E_a}{kT}} \tag{99}$$

In Gl. (99) wurde die Proportionalitätskonstante mit A und die Energie $\Delta \epsilon$ mit E_a identifiziert. In dieser Arrheniusschen Theorie erweist sich somit die Aktivierungsenergie als die Energiedifferenz zwischen der Komplexenergie und der Energie der Ausgangsmoleküle, während über den Frequenzfaktor A nichts ausgesagt wird. Eine quantitative Theorie sollte aber auch über diesen Informationen liefern können.

22.7 Theorie des Übergangszustandes

Eine Theorie, die auch den Frequenzfaktor A zu interpretieren vermag, stammt von *Eyring* u. a. und ist als Theorie des Übergangszustandes bekannt geworden. Wie in der Arrheniusschen Theorie wird der Übergangszustand oder -komplex (wie ein Zwischenprodukt) als existent angesehen und zwischen ihm und den Endprodukten ein chemisches Gleichgewicht angenommen. Dieses wird statistisch bzw. thermodynamisch formuliert. Der Zerfall des Übergangskomplexes in den Endzustand bestimmt die Reaktionsgeschwindigkeit. Die Eyringsche Theorie eignet sich besonders gut für Reaktionen in kondensierten Phasen und sie kann auch die exponentielle Temperaturabhängigkeit der phänomenologischen Transportkoeffizienten (Beweglichkeit, Diffusionskoeffizient usw., Abschnitt 14.8) erklären. Durch diese Ergebnisse scheint die Annahme des chemischen Gleichgewichtes gerechtfertigt.

Nun zur konkreten Berechnung der Geschwindigkeit der Reaktion (97) bzw. ähnlicher vollständiger Reaktionen mit der allgemeinen Reaktionsgleichung

$$A + B \longrightarrow C + D. \tag{100}$$

Nehmen wir zwischen den Reaktanten A, B und dem Komplex $AB^{\ddagger}$ das Gleichgewicht

$$A + B \rightleftharpoons AB^{\ddagger} \ (\longrightarrow C + D), \tag{101}$$

an, so stellt sich nach

$$K_c^{\ddagger} = \frac{c_{AB^{\ddagger}}}{c_A c_B} \tag{102}$$

bzw.

$$c_{AB^{\ddagger}} = K^{\ddagger} c_A c_B \tag{103}$$

eine bestimmte Gleichgewichtskonzentration von Übergangskomplexen ein. Die Geschwindigkeit des Zerfalls der Komplexe ist dann so groß wie die zu berechnende Reaktiongsgeschwindigkeit. Besitzt eine Schwingung des Komplexes eine große Amplitude in Richtung des Reaktionsweges, so zerfällt der Komplex, und die Frequenz dieser niederfrequenten Schwingung ist ein Maß für die Zerfallsfrequenz $\nu^{\ddagger}$. Für die Reaktionsgeschwindigkeit, das ist die pro Zeit- und Volumeneinheit zerfallende Molzahl der Komplexe, läßt sich dann ansetzen:

$$-\frac{dc_A}{dt} \equiv \nu^{\ddagger} c_{AB^{\ddagger}} = \nu^{\ddagger} c_A c_B K_c^{\ddagger}. \tag{104}$$

Daraus folgt die Geschwindigkeitskonstante zu

$$k = \nu^{\ddagger} K_c^{\ddagger}. \tag{105}$$

mit

$$K_c^{\ddagger} = e^{-\frac{\Delta G^{\ddagger}}{RT}} \tag{106}$$

könnten wir bei Kenntnis von $\nu^{\ddagger}$ und $\Delta G^{\circ\ddagger}$ bzw. $\Delta H^{\circ\ddagger}$ und $\Delta S^{\circ\ddagger}$ k absolut berechnen:

$$k = \nu^{\ddagger}\, e^{-\dfrac{\Delta G^{\circ\ddagger}}{RT}}$$

$$= \nu^{\ddagger}\, e^{-\dfrac{\Delta S^{\circ\ddagger}}{R}}\, e^{-\dfrac{\Delta H^{\circ\ddagger}}{RT}}. \tag{107}$$

$\Delta G^{\circ\ddagger}$, $\Delta S^{\circ\ddagger}$ und $\Delta H^{\circ\ddagger}$ werden *freie Aktivierungsenthalpie, Aktivierungsentropie* und *Aktivierungsenthalpie* genannt. Sie sind die thermodynamischen Größen für das postulierte chemische Gleichgewicht zwischen dem Ausgangs- und dem Zwischenzustand. Da hierfür jedoch keine Daten zur Verfügung stehen — es ist ja nur ein virtuelles und makroskopisch nicht beobachtbares Gleichgewicht — müssen wir zur Berechnung die statistische Thermodynamik heranziehen. Wir gehen dazu von Gl. (55) in Abschnitt 20.4 aus,

$$K_p = \frac{Q'_{AB^{\ddagger}}}{Q'_A\, Q'_B}\left(\frac{V}{kT}\right) e^{-\dfrac{\Delta \epsilon_0{}^{\ddagger}}{kT}}, \tag{108}$$

und formen diesen Ausdruck für K_p in einen solchen für K_c um. Das gelingt mit Hilfe des allgemeinen Zusammenhangs zwischen K_p und K_c, wenn man die Drücke in der Definitionsgleichung von K_p über

$$p = \left(\frac{n}{V}\right) RT = 1000\, cRT \tag{109}$$

durch die molaren Konzentrationen $(\mathrm{mol}\, l^{-1})$ ersetzt:

$$K_p = \frac{p_{AB^{\ddagger}}}{p_A\, p_B} = \frac{1}{1000\, RT}\frac{c_{AB^{\ddagger}}}{c_A\, c_B} = \frac{1}{1000\, RT}\, K_c. \tag{110}$$

Daraus folgt $K_c = 1000\, RT\, K_p$ und mit Gl. (108):

$$K_c = \frac{Q'_{AB^{\ddagger}}}{Q'_A\, Q'_B}\,(1000\, VN_A)\, e^{-\dfrac{\Delta \epsilon_0{}^{\ddagger}}{kT}}. \tag{111}$$

Zusammen mit Gl. (105) bekommen wir schließlich

$$k = \nu^{\ddagger}\,(1000\, VN_A)\,\frac{Q'_{AB^{\ddagger}}}{Q'_A\, Q'_B}\, e^{-\dfrac{\Delta \epsilon_0{}^{\ddagger}}{kT}}. \tag{112}$$

Wenn keine quantenmechanischen Informationen über den Übergangskomplex existieren, müssen für spezielle Berechnungen mit Gl. (112) gewisse Annahmen (Modelle) getroffen werden. Dazu sollten nämlich die Zustandssummen aller Reaktionspartner bekannt sein. Für die Reaktion (97), bei der D-Atome mit H_2-Molekülen primär zu Übergangskomplexen DHH reagieren, gilt nach Abschnitt 10.5 (vgl. Tabelle 22.7):

$$Q'_{AB^{\ddagger}} \equiv Q'_{DHH} = Q'_{DHH}(t)\, Q'_{DHH}(r)\prod_{i=1}^{3n-5=4} Q'_{DHH}(v_i)$$

$$= \left[\left(\frac{2\pi m_{DHH}kT}{h^2}\right)^{\frac{3}{2}} V\right]\left[\frac{8\pi^2 I_{DHH}kT}{h^2}\right]\left[\frac{kT}{h\nu^{\ddagger}}\prod_{i=1}^{3}\frac{1}{1-e^{-h\nu_{0,i}/kT}}\right]. \tag{113}$$

Tabelle 22.7: Größenordnung des Frequenzfaktors A nach der Theorie des Übergangszustandes für verschiedene Reaktionstypen (*A. A. Frost, R. G. Pearson:* Kinetics and Mechanisms, J. Wiley & Sons, Inc. N. Y. 1961)

Reaktionstyp	A	Größenordnung bei 25 °C in $m^3 s^{-1}$	in $l\,mol^{-1}s^{-1}$
Atom + Atom $\rightarrow$ zweiatomiges Molekül‡	$\dfrac{kT}{h}\dfrac{Q'(r)}{Q'(t)}V$	10^{-15}	10^{12}
Atom + lineares Molekül $\rightarrow$ lineares Molekül‡	$\dfrac{kT}{h}\dfrac{Q'(v)^2}{Q'(t)}V$	10^{-17}	10^{10}
Atom + lineares Molekül $\rightarrow$ nichtlineares Molekül‡	$\dfrac{kT}{h}\dfrac{Q'(v)\,Q'(r)^{1/2}}{Q'(t)}V$	10^{-16}	10^{11}
Atom + nichtlineares Molekül $\rightarrow$ nichtlineares Molekül‡	$\dfrac{kT}{h}\dfrac{Q'(v)^2}{Q'(t)}V$	10^{-17}	10^{10}
lineares Molekül + lineares Molekül $\rightarrow$ nichtlineares Molekül‡	$\dfrac{kT}{h}\dfrac{Q'(v)^3}{Q'(t)\,Q'(r)^{1/2}}V$	10^{-19}	10^{8}
nichtlineares Molekül + nichtlineares Molekül $\rightarrow$ nichtlineares Molekül‡	$\dfrac{kT}{h}\dfrac{Q'(v)^5}{Q'(t)\,Q'(r)^{3/2}}V$	10^{-20}	10^{7}

Von den vier Normalschwingungen des linearen Übergangskomplexes DHH wurde in Gl. (113) die zum Zerfall führende vierte separiert. Für sie muß $h\nu_0 \equiv h\nu^{\ddagger} \ll kT$ gelten, so daß $Q'_{DHH}(v_4)$ den Grenzwert

$$Q'_{DHH}(v_4) = \frac{1}{1-(1-\frac{h\nu^{\ddagger}}{kT}+...)} = \frac{kT}{h\nu^{\ddagger}} \tag{114}$$

annimmt. Zugleich gilt

$$Q'_A\,Q'_B \equiv Q'_D\,Q'_{H_2} = Q'_D(t)\,Q'_{H_2}(t)\,Q'_{H_2}(r)\,Q'_{H_2}(v)$$

$$= \left[\left(\frac{2\pi m_D kT}{h^2}\right)^{\frac{3}{2}}V\right]\left[\left(\frac{2\pi m_{H_2} kT}{h^2}\right)^{\frac{3}{2}}V\right]\left[\frac{8\pi^2 I_{H_2}kT}{h^2}\right]\left[\frac{1}{1-e^{-h\nu_0/kT}}\right] \tag{115}$$

Setzen wir die Zustandssummen (113) und (115) in Gl. (112) ein, so resultiert für die Geschwindigkeitskonstante mit $\nu^{\ddagger} = kT/h$ der Ausdruck:

$$k = \nu^{\ddagger}(1000\,N_A\,V)\frac{Q'_{DHH}}{Q'_D\,Q'_{H_2}}\,e^{-\frac{\Delta\epsilon_0^{\ddagger}}{kT}}$$

$$= 1000\,N_A\,\frac{kT}{h}\left[\frac{m_{DHH}}{m_D m_{H_2}}\right]^{\frac{3}{2}}\left[\frac{h^2}{2\pi kT}\right]^{\frac{3}{2}}\left[\frac{I_{DHH}}{I_{H_2}}\right]\left[\frac{1-e^{-h\nu_0/kT}}{\prod\limits_{i=1}^{3}1-e^{-h\nu_{0,i}/kT}}\,e^{-\frac{\Delta\epsilon_0^{\ddagger}}{kT}}\right] \tag{116}$$

bzw.

$$A = 1000\,N_A\,\frac{kT}{h}\left[\frac{m_{DHH}}{m_D m_{H_2}}\right]^{\frac{3}{2}}\left[\frac{h^2}{2\pi kT}\right]^{\frac{3}{2}}\left[\frac{I_{DHH}}{I_{H_2}}\right]\left[\frac{1-e^{-h\nu_0/kT}}{\prod\limits_{i=1}^{3}1-e^{-h\nu_{0,i}/kT}}\right] \tag{117}$$

Um A ausrechnen zu können, treffen wir folgende Annahmen über den DHH-Komplex: $m_D = 2\,m_H$ bzw. $m_{DHH} = 4\,m_H$, $r_{DH} = r_{HD} = r_{H_2}$ und $h\nu_{0,i}$ bzw. $h\nu_0 \gg kT$. Damit reduzieren sich die beiden ersten Klammern in Gl. (117) auf $(h^2/2\,\pi m_H kT)^{3/2}$ und die letzte auf 1. Zu ermitteln bleibt das Verhältnis der Trägheitsmomente. Wir benutzen für I_{DHH} den in Abschnitt 6.3 für ein lineares dreiatomiges ABC-Molekül angegebenen Ausdruck:

$$I_{ABC} = \frac{m_A m_B r_{AB}^2 + m_A m_C (r_{AB} + r_{BC})^2 + m_B m_C r_{BC}}{m_A + m_B + m_C} \tag{118}$$

und erhalten:

$$I_{DHH} = \frac{m_D m_H r_{H_2}^2 + m_D m_H 4 r_{H_2}^2 + m_H m_H r_{H_2}^2}{m_{DHH}} = \frac{11}{4}\,m_H r_{H_2}^2 . \tag{119}$$

Für I_{H_2} ergibt sich

$$I_{H_2} = \frac{m_H m_H}{m_H + m_H}\left(\frac{r_{H_2}}{2}\right)^2 = \frac{1}{8}\,m_H r_H^2 , \tag{120}$$

so daß wir für das Trägheitsmomentverhältnis I_{DHH}/I_{H_2} den Wert 22 bekommen:

$$A = 1000\,N_A\,\frac{kT}{h}\left[\frac{h^2}{2\,\pi m_H kT}\right]^{\frac{3}{2}} 22 . \tag{121}$$

Einsetzen der spezifischen und allgemeinen Daten liefert schließlich für $T = 300$ K den A-Wert $8{,}3 \cdot 10^{11}$ $l\,\text{mol}^{-1}\,\text{s}^{-1}$. Berechnete und gemessene A-Werte (aus einer Arrheniusauftragung) von anderen bimolekularen Reaktionen werden in Tabelle 22.6 miteinander verglichen.

Gegenüber der Arrheniustheorie fällt auf, daß der Frequenzfaktor A von der Temperatur abhängt. Die Temperaturabhängigkeit kommt in dieser Theorie durch den Verlust eines niederenergetischen Schwingungsfreiheitsgrades des Übergangskomplexes zustande; er wird beim Überschreiten des Energiesattels zugunsten eines Translationsfreiheitsgrades in Richtung des Endzustandes aufgegeben. Die Temperaturabhängigkeit, im obigen Beispiel proportional $1/\sqrt{T}$, ist aber gegenüber der durch den exponentiellen Energiefaktor so wenig ausgeprägt, daß sie bei Messungen gewöhnlich nicht bemerkt wird.

Gl. (107) kann so umgewandelt werden, daß sie die Arrheniussche Aktivierungsenergie E_a enthält, also mit dem (experimentellen) Arrheniusschen Ausdruck (95) verglichen werden kann: Durch Logarithmieren und Differenzieren nach T resultiert aus Gl. (105) unter Beachtung von $\nu^{\ddagger} = kT/h$ (vgl. Abschnitt 20.3)

$$\begin{aligned}
\frac{d\ln k}{dT} &= \frac{1}{T} + \frac{d\ln K_c^{\ddagger}}{dT} \\[2mm]
&= \frac{RT + \Delta U^{\circ\ddagger}}{RT^2} \\[2mm]
&= \frac{RT + \Delta H^{\circ\ddagger} - \Delta n^{\ddagger} RT}{RT^2} \\[2mm]
&= \frac{\Delta H^{\circ\ddagger} - (\Delta n^{\ddagger} - 1)\,RT}{RT^2}
\end{aligned} \tag{122}$$

und aus Gl. (95)

$$\frac{\mathrm{d}\ln k}{\mathrm{dT}} = \frac{E_a}{R\mathrm{T}^2},$$ (123)

so daß $E_a = \Delta H^{\circ\ddagger} - (\Delta n^{\ddagger} - 1)\,RT$ und

$$k = \frac{kT}{h}\,e^{-(\Delta n^{\ddagger}-1)} \cdot e^{\frac{\Delta S^{\circ\ddagger}}{R}} \cdot e^{-\frac{E_a}{RT}}.$$ (124)

Damit folgt für den Arrheniusschen Frequenzfaktor A:

$$A = \frac{kT}{h} \cdot e^{-(\Delta n^{\ddagger}-1)} \cdot e^{\frac{\Delta S^{\circ\ddagger}}{R}}.$$ (125)

Infolge des Verlustes dreier Translationsfreiheitsgrade ist z. B. bei bimolekularen Gasreaktionen $\Delta S^{\circ\ddagger}$ immer negativ, denn der Übergangskomplex besitzt dort weniger Bewegungsfreiheiten als die Ausgangsmoleküle. Rechnen wir z. B. die A-Werte der Tabelle 22.6 nach Gl. (125) um, so resultieren durchwegs negative Aktivierungsentropien. Anders bei Reaktionen in einer Lösung: Gelöste Ionen oder Moleküle sind immer solvatisiert und deshalb in ihren Bewegungen gegenüber den Übergangskomplexen eingeschränkt. Die Aktivierungsentropie nimmt dann positive Werte an. Ein Beispiel dafür ist die Reaktion

$$Cr(H_2O)_6^{3+} + CNS^- \longrightarrow Cr(H_2O)_5\,CNS^{2+} + H_2O.$$ (126)

Ihre Aktivierungsentropie beträgt $120\,\mathrm{JK}^{-1}\,\mathrm{mol}^{-1}$. Die physikalische Ursache dafür ist die Ionenladung des Übergangskomplexes: Je kleiner die Ionenladung ist, umso kleiner ist auch die Hydrathülle. Im umgekehrten Fall, bei neutralen Ausgangsmolekülen und geladenen Komplexen, ist die Aktivierungsentropie negativ. Zum Beispiel:

$$\langle\bigcirc\rangle\!-\!NH_2 + \langle\bigcirc\rangle\!-\!\overset{\overset{O}{\|}}{C}\!-\!CH_2\,Br \longrightarrow \overset{(+)}{N}\cdots\overset{\overset{H}{|}}{C}\cdots\overset{(-)}{Br} \qquad \Delta S^{\circ\ddagger} = -200\,\mathrm{J\,K\,mol}^{-1}$$ (127)

An Hand dieser wenigen Beispiele gewinnt man bereits eine recht gute Vorstellung von der Leistungsfähigkeit der Theorie des Übergangszustandes. Sie illustriert zugleich, wie atomistische und thermodynamische Ideen in der Chemie nutzbringend anzuwenden sind. Spielen schließlich entropische Effekte keine Rolle, so geht die Theorie des Übergangszustandes in die Arrheniustheorie über.

22.8 Die Stoßtheorie

Wie bereits die Bezeichnung Stoßtheorie verrät, handelt es sich bei ihr um die Herleitung der Reaktionsgeschwindigkeit bzw. der Geschwindigkeitskonstanten mit Hilfe gaskinetischer Überlegungen, wie wir sie in Kapitel 1 kennengelernt haben. Sie beschreibt daher ursächlich nur Gasreaktionen, ist aber in ihrer Aussagekraft der Theorie des Übergangszustandes keineswegs hintanzustellen. Ihrer einfachsten Darstellung liegt die sehr plausible Idee zugrunde, daß zwei Moleküle nur dann miteinander reagieren, wenn sie vorher zusammenstoßen und die *Kollisionsenergie* ausreicht, um den Aktivierungsberg zu überwinden. Im Mittelpunkt dieser Theorie steht deshalb die Berechnung von Stoßzahlen mit Hilfe der MB-Statistik.

Wir betrachten die Reaktion $A + B \longrightarrow C$. Bei einer einzigen Molekülsorte (z. B. der Sorte A) beträgt die Stoßzahl Z_{AA}, das ist die Zahl der Zusammenstöße pro Volumen- und Zeiteinheit (Abschnitt 1.7):

$$Z_{AA} = \frac{1}{2} S_{AA} \, \bar{u}_{AA} \left(\frac{N_A}{V}\right)^2 . \tag{128}$$

N_A/V ist die Moleküldichte, $S_{AA} = \pi \sigma_A^2$ ist der Stoßquerschnitt und $\bar{u}_{AA}$ ist die mittlere relative Molekülgeschwindigkeit, gegeben durch

$$\begin{aligned}
\bar{u}_{AA} &= \sqrt{\bar{u}_A^2 + \bar{u}_A^2} \\
&= \sqrt{2} \, \bar{u}_A \\
&= \sqrt{2} \, \sqrt{\frac{8 \, kT}{\pi m_A}} .
\end{aligned} \tag{129}$$

Besteht das Gas aus zwei Molekülsorten mit den Dichten N_A/V und N_B/V, dem Stoßquerschnitt $S_{AB} = \pi (\sigma_A + \sigma_B)^2 /4$ und der mittleren relativen Geschwindigkeit $\bar{u}_{AB}$, dann beträgt die Stoßzahl zwischen den A- und B-Molekülen:

$$Z_{AB} = S_{AB} \, \bar{u}_{AB} \left(\frac{N_A}{V}\right) \left(\frac{N_B}{V}\right) . \tag{130}$$

$\bar{u}_{AB}$ ist jetzt durch die vektorielle Addition von $\bar{u}_A$ und $\bar{u}_B$ gegeben:

$$\begin{aligned}
\bar{u}_{AB} &= \sqrt{\bar{u}_A^2 + \bar{u}_B^2} \\
&= \sqrt{\frac{8 \, kT}{\pi} \left(\frac{1}{m_A} + \frac{1}{m_B}\right)} \\
&= \sqrt{\frac{8 \, kT}{\pi \mu}} .
\end{aligned} \tag{131}$$

Von den Z_{AB} kollidierenden Molekülpaaren reagieren aber nur die, die zusammen mindestens die Energie $E \geqslant E_a$ in Form von Translation, Rotation oder Schwingung aufbringen. Bei Stößen von Gasmolekülen, die in einer Ebene erfolgen, müssen diese eine so große relative Geschwindigkeit u besitzen, daß $1/2 \, \mu u^2 \geqslant E_a$ ist. Zur Berechnung des Bruchteils N_a/N reagierender Molekülpaare dient deshalb die zweidimensionale Energieverteilung für Teilchen mit der reduzierten Masse μ, direkt ableitbar aus der zweidimensionalen MB-Geschwindigkeitsverteilung (Kapitel 1):

$$f(u_x, u_y) \equiv \frac{dN}{N} \frac{1}{du_x du_y} = \frac{\mu}{2 \pi kT} \, e^{-\frac{\mu}{2 kT}(u_x^2 + u_y^2)} . \tag{132}$$

Nach Umwandlung in die (radiale) Verteilung mit $u_x^2 + u_y^2 = u^2$ und $du_x du_y = 2 \pi u du$,

$$f(u) \equiv \frac{dN}{N} \frac{1}{du} = \frac{\mu u}{kT} \, e^{-\frac{\mu u^2}{2kT}} , \tag{133}$$

und Substitution mit $E = 1/2 \, \mu u^2$ und $dE = \mu u du$ bekommen wir die zweidimensionale Energieverteilung

$$f(E) \equiv \frac{dN}{NdE} = \frac{1}{kT} \, e^{-\frac{E}{kT}} , \tag{134}$$

woraus durch Integration von $E = E_a$ bis $E = \infty$ der Boltzmannfaktor

$$\frac{N_a}{N} = e^{-\frac{E_a}{kT}} \tag{135}$$

resultiert. Der „reine" Boltzmannfaktor $e^{-E_a/kT}$ bezieht sich also streng nur auf zweidimensionale Energieverteilungen (vgl. Abschnitt 10.6).

In der einfachsten Form der Stoßtheorie ist daher die Reaktionsgeschwindigkeit durch das Produkt aus Z_{AB} und $e^{-E_a/kT}$ gegeben:

$$-\frac{d(N_A/V)}{dt} \equiv -\frac{d(N_B/V)}{dt} = Z_{AB}\, e^{-\frac{E_a}{kT}} = S_{AB}\, \sqrt{\frac{8kT}{\pi\mu}}\, e^{-\frac{E_a}{kT}} \left(\frac{N_A}{V}\right)\left(\frac{N_B}{V}\right). \tag{136}$$

Durch Umrechnen der Moleküldichte N/V in Teilchen m^{-3} auf die Konzentration c in $mol\,l^{-1}$ mit

$$\frac{N}{V} = 1000\, N_A\, c, \quad d\left(\frac{N}{V}\right) = 1000\, N_A\, dc \qquad (N_A \text{ Avogadrosche Zahl}) \tag{137}$$

erhält man schließlich für die Reaktionsgeschwindigkeit

$$-\frac{dc_A}{dt} \equiv -\frac{dc_B}{dt} = 1000\, N_A\, S_{AB}\, \sqrt{\frac{8\,kT}{\pi\mu}}\, e^{-\frac{E_a}{kT}}\, c_A\, c_B. \tag{138}$$

Dieses Ergebnis entspricht der Geschwindigkeitsgleichung einer Reaktion zweiter Ordnung mit der Geschwindigkeitskonstanten

$$k = 1000\, N_A\, S_{AB}\, \sqrt{\frac{8\,kT}{\pi\mu}}\, e^{-\frac{E_a}{kT}}. \tag{139}$$

Nach dieser Gleichung berechnete Temperaturabhängigkeiten liegen der Tabelle 22.8 zugrunde.

Tabelle 22.8: Temperaturabhängigkeit der Geschwindigkeitskonstanten in $l\ mol^{-1}s^{-1}$ von einigen Gasreaktionen, berechnet nach Gl. (139); E_a ist die experimentelle Aktivierungsenergie in $J\ mol^{-1}$

Reaktion	$A\, e^{-\frac{E_a}{kT}}$
$H_2 + J_2 \rightarrow 2\,HJ$	$2{,}0 \cdot 10^9\, \sqrt{T}\, e^{-167000/RT}$
$2\,HJ \rightarrow H_2 + J_2$	$3{,}3 \cdot 10^9\, \sqrt{T}\, e^{-184000/RT}$
$2\,NO_2 \rightarrow 2\,NO + O_2$	$2{,}6 \cdot 10^8\, \sqrt{T}\, e^{-112500/RT}$
$NO + Cl_2 \rightarrow NOCl + Cl$	$1 \cdot 10^8\, \sqrt{T}\, e^{-83000/RT}$
$NO + O_3 \rightarrow NO_2 + O_2$	$6{,}3 \cdot 10^7\, \sqrt{T}\, e^{-10500/RT}$
$CH_3J + HJ \rightarrow CH_4 + J_2$	$5{,}2 \cdot 10^{10}\, \sqrt{T}\, e^{-140000/RT}$
$2\,C_2F_4 \rightarrow cyclo - C_4F_8$	$3{,}8 \cdot 10^6\, \sqrt{T}\, e^{-108000/RT}$

Der bisherigen Betrachtungsweise liegt das Modell starrer Kugeln zugrunde. Es ging in Form des geometrischen Stoßquerschnittes S_{AB} in die Berechnung der Stoßzahlen ein. Aus chemischer Sicht tritt eine Wechselwirkung erst ein, wenn sich die Moleküle bis auf den Abstand $(\sigma_A + \sigma_B)/2$ genähert haben. Sie werden elastisch reflektiert, wenn ihre Energie zur Reaktion nicht ausreicht. Wie *Molekularstrahlexperimente* beweisen, ist an dieser Modellvorstellung einiges auszusetzen und zu verbessern. Ebenso wie die Relaxationsmethoden für Reaktionen in kondensierten Phasen haben jene in den letzten zwei Jahrzehnten für gaskinetische Untersuchungen große Bedeutung erlangt. Ohne auf apparative Details einzugehen, soll im folgenden das Prinzip skizziert werden.

Bei Molekularstrahlexperimenten werden zwei Molekülstrahlen senkrecht aufeinander gerichtet und ihre Streuwirkung (Ablenkung von der Flugbahn) in Abhängigkeit von ihrer Energie bzw. Geschwindigkeit beobachtet. Da es dabei nur auf ihre relative Energie ankommt, dürfen wir den einen Molekülstrahl gedanklich durch ein ruhendes Streuzentrum ersetzen (Bild 22.9). Je nach Einstrahlrichtung und Molekülenergie sowie der Molekül-Molekülwechselwirkung kommt es zu einer verschieden großen Ablenkung vom

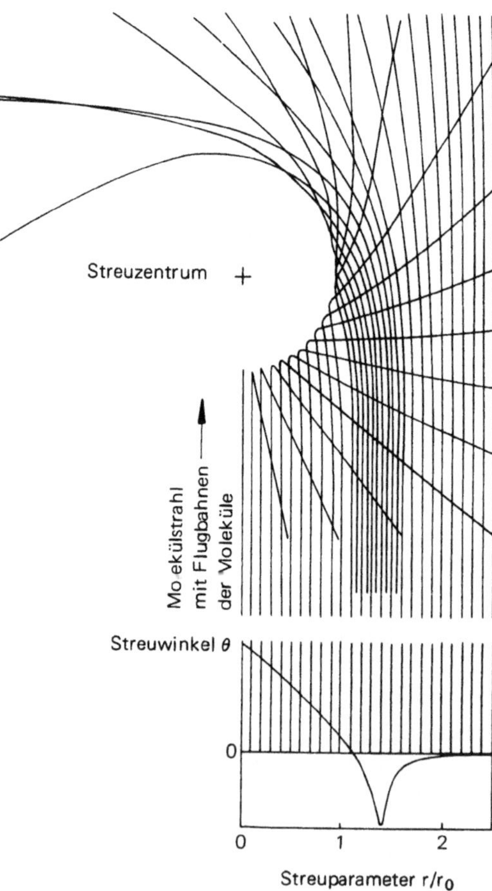

Bild 22.9

Trajektorien und Ablenkungsfunktion $\theta\,(r/r_0)$ für elastische Streuung von Lennard-Jonesmolekülen

$$V\,(r) = -\,D\left[2\left(\frac{r_0}{r}\right)^6 - \left(\frac{r_0}{r}\right)^{12}\right]$$

mit einer Stoßenergie $E = 1{,}25\,D$ (aus *W. Jost:* Physical Chemistry, An Advanced Treatise, VIB, Academic Press., N. Y. 1975)

Streuzentrum. Läßt sich wie in Bild 22.9 die Molekül-Molekülwechselwirkung durch die Lennard-Jonesenergie (Abschnitt 15.3) beschreiben, dann wirkt das Streuzentrum außen schwach anziehend und weiter innen stark abstoßend. Gelangt nun ein Molekül aus dem auftreffenden Strahl in seine Nähe, so hängt es ganz von dessen Geschwindigkeit bzw. Energie und Richtung ab, wie es die Kräfte fühlt. Ist seine Energie sehr groß, so wird es die Anziehung kaum bemerken und vorbeifliegen, wenn es nicht zufällig zentral stößt. Bei mittleren Energien wird die Anziehung spürbar und führt zu einer Ablenkung von der Bahn. Bei ganz kleinen Energien kommt es hingegen zu einer Anziehung, auch wenn der Stoß nicht zentral erfolgt. Für diesen anziehenden, aber noch nicht zur Reaktion führenden Fall wollen wir die Z_{AB}-Stoßzahl neu berechnen.

Wir können dazu nicht direkt von Gl. (130) ausgehen, sondern haben die Mittelung von u neu vorzunehmen. Denn S_{AA} ist nun eine Funktion von u. Verwenden wir zur Mittelung die dreidimensionale MB-Geschwindigkeitsverteilung

$$f(u) \equiv \frac{dN}{Ndu} = 4\pi u^2 \left(\frac{m}{2\pi kT}\right)^{\frac{3}{2}} e^{-\frac{mu^2}{2kT}}, \tag{140}$$

so haben wir wie früher beim Übergang auf mittlere Geschwindigkeiten $\bar{u}_{AB}$ die Masse m von Einzelmolekülen durch die reduzierte Masse μ zu ersetzen:

$$dZ_{AB} = S_{AB}(u)\, f(u)\, udu \left(\frac{N_A}{V}\right)\left(\frac{N_B}{V}\right)$$

$$= S_{AB}(u)\, 4\pi u^3 \left(\frac{\mu}{2\pi kT}\right)^{\frac{3}{2}} e^{-\frac{\mu u^2}{2kT}}\, du \left(\frac{N_A}{V}\right)\left(\frac{N_B}{V}\right). \tag{141}$$

Substitution von $E = 1/2\,\mu u^2$ und $dE = \mu u du$ liefert folgenden Integralausdruck für die Stoßzahl:

$$Z_{AB} = \left(\frac{1}{\pi\mu}\right)^{\frac{1}{2}} \left(\frac{2}{kT}\right)^{\frac{3}{2}} \int\limits_{E=0}^{\infty} S_{AB}(E)\, E\, e^{-\frac{E}{kT}}\, dE \left(\frac{N_A}{V}\right)\left(\frac{N_B}{V}\right). \tag{142}$$

$S_{AB}(E)$ hat im *nicht reaktiven* Fall das in Bild 22.10 schematisch skizzierte Aussehen. Bei niederen Kollisionsenergien wird der Stoßquerschnitt wegen der van der Waalswechselwirkungen größer als der Stoßquerschnitt bei Annahme starrer Kugeln.

Gehen wir nun zum *reaktiven* Fall eines Molekülstoßes über und definieren wir anstelle des Stoßquerschnittes $S_{AB}(E)$ einen *Reaktionsquerschnitt* $R_{AB}(E)$ durch

$$-\frac{d}{dt}\left(\frac{N_A}{V}\right) = Z_{AB}(E)$$

$$= \left(\frac{1}{\pi\mu}\right)^{\frac{1}{2}} \left(\frac{2}{kT}\right)^{\frac{3}{2}} \int\limits_{E=E_0}^{\infty} R_{AB}(E)\, E\, e^{-\frac{E}{kT}}\, dE \left(\frac{N_A}{V}\right)\left(\frac{N_B}{V}\right) \tag{143}$$

$$= k\left(\frac{N_A}{V}\right)\left(\frac{N_B}{V}\right).$$

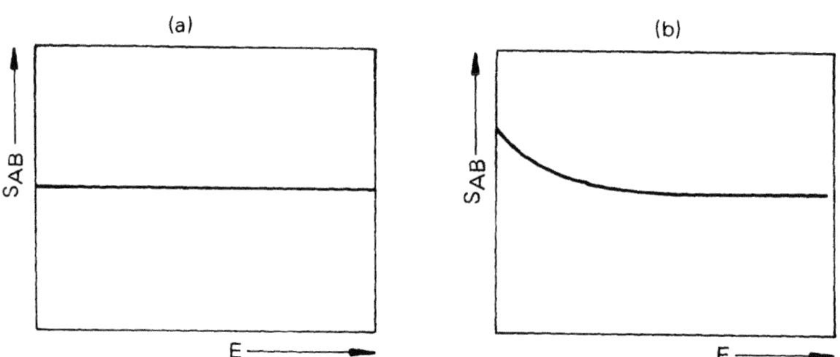

Bild 22.10 Stoßquerschnitt im nicht reaktiven Fall für starre Molekülkugeln (a) und für v. d. Waals-moleküle (b)

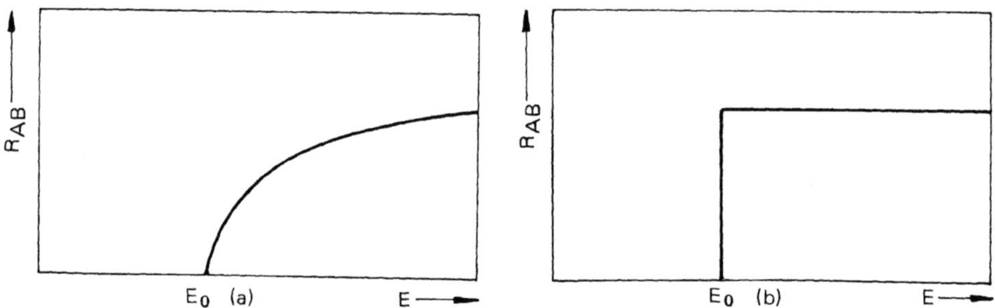

Bild 22.11 Schematischer Verlauf des Reaktionsquerschnittes (a) und seine Approximation durch eine Stufe (b)

Nahegelegt wird diese Definition durch Bild 22.11a, in dem der Verlauf des Stoßquerschnittes bei chemischen Reaktionen, wie er in Molekularstrahlexperimenten beobachtet wird, schematisch dargestellt ist. Ab einer kritischen Energie E_0 nimmt der Stoß- oder jetzt Reaktionsquerschnitt positive Werte an, d. h. ab dieser Kollisionsenergie beginnt die Reaktion. Approximiert man den $R_{AB}(E)$-Verlauf in der Nähe von $E = E_0$ durch die in Bild 22.11b eingezeichnete Stufenfunktion

$$R_{AB}(E) = \begin{cases} 0 & \text{für } E < E_0 \\ S_{AB} = (\sigma_A + \sigma_B)^2/4 & \text{für } E > E_0 \end{cases}, \tag{144}$$

so liefert die Integration k' (bzw. $\lambda = 1000\, N_A k'$, wenn wir auf molare Konzentrationen beziehen):

$$k' = \left(\frac{1}{\pi\mu}\right)^{\frac{1}{2}} \left(\frac{2}{kT}\right)^{\frac{3}{2}} \left[0 + S_{AB} \int\limits_{E = E_0}^{\infty} E\, e^{-\frac{E}{kT}}\, dE\right]$$

$$= \left(\frac{1}{\pi\mu}\right)^{\frac{1}{2}} \left(\frac{2}{kT}\right)^{\frac{3}{2}} S_{AB}(kT)^2 \left(1 + \frac{E_0}{kT}\right) e^{-\frac{E_0}{kT}}$$

$$= S_{AB} \sqrt{\frac{8kT}{\pi\mu}} \left(1 + \frac{E_0}{kT}\right) e^{-\frac{E_0}{kT}}. \tag{145}$$

Nähern wir $R_{AB}(E)$ durch die etwas realistischere Funktion

$$R_{AB}(E) = \begin{cases} 0 & \text{für } E < E_0 \\ (\sigma_A + \sigma_B)^2 \left(1 - \dfrac{E_0}{E}\right)/4 & \text{für } E > E_0 \end{cases} \tag{146}$$

an, so resultiert aus der Integration dasselbe Resultat wie in der einfachen Stoßtheorie mit starren Kugeln, nämlich Gl. (139), wenn man E_0 mit E_a identifiziert. Wie sehr sich der Wert des Integrals und damit k mit der Form von $R_{AB}(E)$ ändert, kann man an Bild 22.12 ermessen. Kleine Änderungen von $R_{AB}(E)$ in der Nähe von $E = E_0$ bewirken eine sehr starke Änderung des Integralwertes, da dort der Integrand das Produkt aus einer sehr steil ansteigenden Funktion (R_{AB}) und der sehr stark abfallenden Funktion $Ee^{-E/kT}$ ist. Diese verbesserte Stoßtheorie steht und fällt mit der Güte von Molekularstrahlexperimenten, aus denen $R_{AB}(E)$ erschlossen werden kann.

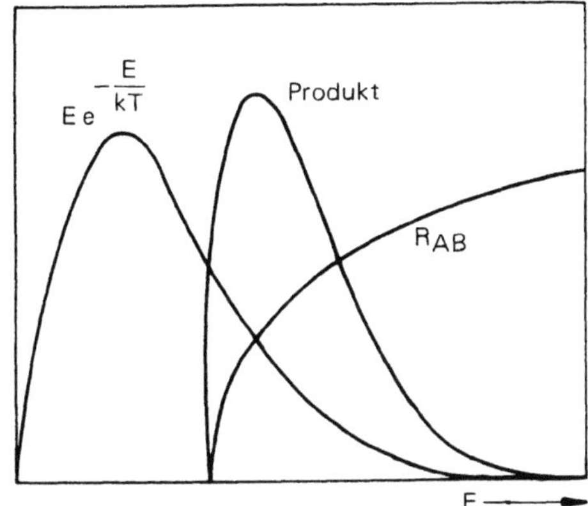

Bild 22.12 Graphische Veranschaulichung des Produktes $R_{AB}(E)\,Ee^{-E/kT}$

22.9 Theorie monomolekularer Zerfallsreaktionen

So paradox es klingt, auf monomolekulare Zerfallsreaktionen und Isomerisierungen in der Gasphase lassen sich weder die Übergangstheorie noch die Stoßtheorie so ohne weiteres anwenden. Die Geschwindigkeit solcher Reaktionen wurde zuerst von *Lindemann* untersucht. Er stellte fest, daß sie bei hohen Drücken nach erster und bei niederen nach zweiter Ordnung ablaufen. Ein schönes Beispiel aus jüngerer Zeit ist in Bild 22.13 zu sehen. Es handelt sich dort um eine doppeltlogarithmische Auftragung der nach dem

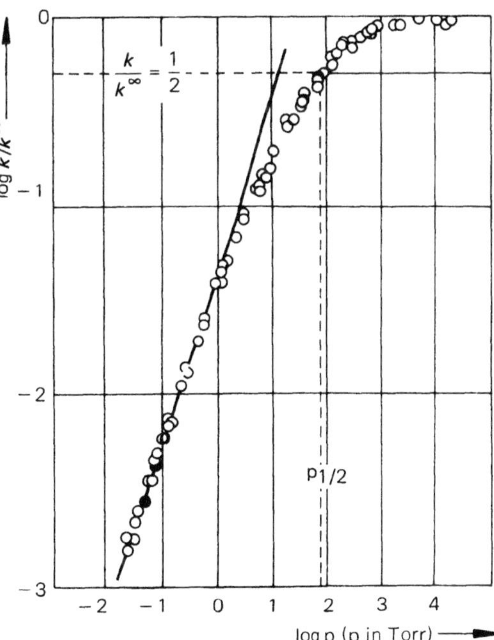

Bild 22.13 Doppeltlogarithmisches k/k^∞,p-Diagramm für die monomolekulare Umlagerung $CH_3NC \rightarrow CH_3CN$ bei 230 °C (*F. W. Schneider, B. S. Rabinowitsch:* J. Am. Chem. Soc. 84 (1962) 4215)

Tabelle 22.9: Einige monomolekulare Zerfallsreaktionen ($k^{\infty} = A\, e^{-E_a/RT}$) (aus *S. W. Benson:* The Foundations of Chemical Kinetics, McGraw Hill, N.Y. 1960)

	Zerfallsprodukte	$\log A$ in s^{-1}	E_a in kJ mol^{-1}
CH_3CH_2Cl	$C_2H_4 + HCl$	14,6	254
CCl_2CH_3	$CCl_2 = CH_2 + HCl$	12,5	200
t-Butylbromid	Isobuten + HBr	14,0	177
t-Butanol	Isobuten + H_2O	11,5	228
$ClOOOC_2H_5$	$C_2H_5Cl + CO_2$	10,7	123
$ClCOOCCl_3$	$2\,COCl_2$	13,15	174
Cyclobutan	$2\,C_2H_4$	15,6	262
Perfluorcyclobutan	$2\,C_2F_4$	15,95	310
N_2O_4	$2\,NO_2$	16	54

Gesetz erster Ordnung ermittelten Geschwindigkeitskonstanten k (bezogen auf die Konstante k^{∞} bei sehr großen Drücken) gegen den Druck für die Isomerisierung $CH_3NC \rightarrow CH_3CN$ bei 230 °C. Dieser Reaktionstyp A $\rightarrow$ B sollte auf den ersten Blick hin über den gesamten Konzentrations- bzw. Druckbereich monomolekular nach erster Ordnung verlaufen. Wie Bild 22.13 aber zeigt, ist dies nur bei höheren Drücken der Fall, denn nur dort wird k druckunabhängig. Bei niedrigeren Drücken gilt $k \sim p$, was eine zweite Reaktionsordnung bedeutet. Dieses Verhalten weisen auch sehr viele Zerfallsreaktionen der Art A$\longrightarrow$ B + C auf (Tabelle 22.9). An ihnen fällt auf, daß es sich immer um vielatomige A-Moleküle handelt.

Nach *Lindemann* läßt sich der Übergang von der ersten zur zweiten Reaktionsordnung mit abnehmendem Druck durch folgenden Mechanismus qualitativ erklären:

$$A + A \underset{k_{-1}}{\overset{k_1}{\rightleftharpoons}} A^* + A \qquad \text{(Aktivierung bzw. Desaktivierung)}$$

$$A^* \xrightarrow{k_2} \text{Endprodukte} \qquad \text{(Zerfall)} \tag{147}$$

A^* stellt ein energiereiches, aktiviertes Gasmolekül dar, das seine Energie durch Zusammenstöße mit anderen gewonnen hat und danach in ein Endprodukt zerfällt. Gemäß der formalen Kinetik beträgt daher die Bildungsgeschwindigkeit von A^*:

$$\frac{dc_A{}^*}{dt} = k_1 c_A^2 - k_{-1} c_A c_A{}^* - k_2 c_A{}^* \ . \tag{148}$$

Die aktivierten Moleküle können nur in sehr geringer Konzentration vorliegen ($c_A{}^* = c_A \exp(-E_a/RT)$), weshalb die Näherung des stationären Zustandes (Abschnitt 22.4) angewendet werden darf ($dc_A{}^*/dt = 0$). Damit folgt aus Gl. (148)

$$c_A{}^* = \frac{k_1 c_A^2}{k_{-1} c_A + k_2} \tag{149}$$

und zusammen mit

$$-\frac{dc_A}{dt} = k_2 c_A{}^* \tag{150}$$

die Geschwindigkeitsgleichung für den Zerfall von A:

$$-\frac{dc_A}{dt} = \frac{k_1 k_2 c_A^2}{k_{-1} c_A + k_2} \, ,$$ (151)

wobei

$$-\frac{1}{c_A} \frac{dc_A}{dt} \equiv k = \frac{k_1 k_2 c_A}{k_{-1} c_A + k_2}$$ (152)

als monomolekulare, jedoch konzentrations- bzw. druckabhängige Geschwindigkeitskonstante fungiert. Da üblicherweise der Druck von A gemessen wird, bekommt man aus Gl. (152) mit $c_A = p/(1000\,RT)$:

$$k = \frac{k_1 k_2}{k_{-1} + 1000\,RT\,\frac{k_2}{p}} \, .$$ (153)

Im Grenzfall $p \longrightarrow \infty$, also bei hohen Drücken, entsteht daraus $k^\infty = k_1 k_2/k_{-1}$ und im Grenzfall $p \longrightarrow 0$ $k^\circ = k_1 p/1000\,RT$. Im gesamten Druckbereich gilt deshalb

$$k = \frac{k^\infty}{1 + \frac{1000\,RT k^\infty}{k_1 p}}$$ (154)

bzw.

$$\lg \frac{k}{k^\infty} = -\lg \left(1 + \frac{1000\,RT\,k^\infty}{k_1 p} \right) \, .$$ (155)

Bei hohen Drücken sollte $\lg \frac{k}{k^\infty} = 0$ (erste Reaktionsordnung) und bei niederen $\lg \frac{k}{k^\infty} = \lg p - \lg 1000\,RT k^\infty/k_1$ (zweite Reaktionsordnung) sein; eine Druckabhängigkeit, wie sie experimentell beobachtet wird (Bild 22.13).

Als nicht akzeptabel erweist sich die Lindemanntheorie, wenn man die Geschwindigkeitskonstante k mit den bisherigen Theorien berechnen will; z. B. im Spezialfall $k/k^\infty = 1/2$, also wenn $1000\,RT\,k^\infty/k_1 p = 1$. In diesem Fall beträgt der Druck

$$p_{1/2} = \frac{1000\,RT k^\infty}{k_1} = \frac{1000\,RT k_2}{k_{-1}}$$ (156)

und kann zu einigen tausend atm abgeschätzt werden. Nehmen wir dazu als k_2 die A^*-Zerfallsfrequenz (in die Endprodukte) mit $10^{13}\ s^{-1}$ und als k_1 den Frequenzfaktor A von bimolekularen Gasreaktionen mit $10^{10}\ l\,mol^{-1}\,s^{-1}$ an (Abschnitte 22.7 und 22.8), so bekommen wir:

$$p_{1/2} = \frac{1000 \cdot 8{,}2 \cdot 10^{-5} \cdot 500 \cdot 10^{13}}{10^{10}} = 41.000\ \text{atm.}$$ (157)

Dieser Wert stimmt bei weitem nicht mit dem aus Bild 22.13 ablesbaren von etwa 100 Torr überein. *Lindemann* vermutete, daß k_2 viel kleiner als angenommen ist, da angeregte mehratomige Moleküle eine wesentlich längere Lebensdauer (kleinere Zerfallsfrequenz) haben. Auf Grund ihrer vielen inneren Schwingungsfreiheitsgrade können sie die Anregungsenergie konservieren und verlieren diese eher durch Desaktivierung als durch Zerfall. Erst wenn durch Schwankungserscheinungen die sonst auf das ganze Molekül verteilte Energie an der Bruchstelle lokalisiert ist, kommt es zum Zerfall.

Hinshelwood versuchte dagegen eine Korrektur von k_{-1} oder, was dasselbe ist, von k_1 ($k_1 = A \exp(-E_a/RT)$, $k_{-1} = A$) und berechnete A nach der Stoßtheorie mit einer um n inneren Schwingungsfreiheitsgraden erweiterten Energieverteilung (anstelle der zweidimensionalen Verteilung (134)):

$$f(E) = \left(\frac{E}{kT}\right)^{n-1} \frac{1}{(n-1)!} \, e^{-\frac{E}{kT}} . \tag{158}$$

Sie liefert einen um

$$\left(\frac{E_a}{kT}\right)^{n-1} \frac{1}{(n-1)!} \tag{159}$$

größeren Frequenzfaktor und damit eine bessere Anpassung an das Experiment.

Die Verteilung (158) läßt sich als klassische Näherung für n Schwingungsfreiheitsgrade auffassen, wenn die Schwingungsniveaus nicht weiter als kT auseinanderliegen, und kann wie folgt abgeleitet werden. Befinden sich die *inneren Schwingungen* in den Energiezuständen E_1, ... E_i ... E_n, dann beträgt der Bruchteil der Moleküle mit dieser Energiekonfiguration:

$$f(E_1 ... E_n) = \frac{e^{-\sum_i \frac{E_i}{kT}}}{kT} = \frac{e^{-\frac{E}{kT}}}{kT} . \tag{160}$$

Gesucht wird aber der Bruchteil $f(E)$ von Molekülen, die die Energie E besitzen, gleichgültig wie ihre innere Energiekonfiguration aussieht. Wir können so tun, als wäre die Molekülenergie $E = \sum_i E_i$ hinsichtlich der inneren Schwingungen entartet, so daß, um $f(E)$ zu erhalten, Gl. (134) nur um eine Zustandsdichte $g(E)$ zu erweitern ist. Das Problem reduziert sich also auf eine Berechnung von $g(E)$ und wegen $g(E) = dN(E)/dE$ auf die Ermittlung von $N(E)$.

Besitzen die Moleküle nur einen Schwingungsfreiheitsgrad und können wir auf diesen die harmonische Näherung mit Energieabständen der Größenordnung kT anwenden, dann beträgt die Zahl aller Schwingungszustände im Energiebereich von $E = 0$ bis E:

$$N(E) = \int_{E=0}^{E} d\left(\frac{E}{kT}\right) = \frac{E}{kT} . \tag{161}$$

Erweitern wir Gl. (161) auf n schwach gekoppelte, d. h. voneinander unabhängige Oszillatoren, so gilt entsprechend das Produkt

$$N(E) = \int ... \int d\left(\frac{E_1}{kT}\right) d\left(\frac{E_2}{kT}\right) ... d\left(\frac{E_n}{kT}\right) , \tag{162}$$

allerdings mit der Nebenbedingung, daß sich die gesamte Energie der Oszillatoren nur zwischen 0 und E bewegen darf: $0 \leqslant \sum E_i \leqslant E$. Mit anderen Worten, die Integration nach dE_1 hat von 0 bis E, nach dE_2 von 0 bis $E - E_1$ usw. zu erfolgen. Sie liefert:

$$N(E) = \int_{E=0}^{E} d\left(\frac{E_1}{kT}\right) \int_{E=0}^{E-E_1} d\left(\frac{E_2}{kT}\right) ... \int_{E=0}^{E-\sum\limits^{n-1} E_i} d\left(\frac{E_n}{kT}\right) = \left(\frac{E}{kT}\right)^n \frac{1}{n!} \tag{163}$$

Durch Differenzieren nach dE folgt daraus die Zustandsdichte

$$g(E) \equiv \frac{dN(E)}{dE} = \left(\frac{E}{kT}\right)^{n-1} \frac{1}{(n-1)!}. \tag{164}$$

Wird $g(E)$ mit Gl. (134) multipliziert, erhält man sofort die gesuchte Verteilung (158).

Selbst wenn man den Hinshelwoodschen Korrekturfaktor (164) berücksichtigt und damit die richtige Größenordnung von $p_{1/2}$ bzw. der Geschwindigkeitskonstanten bekommt (man schießt dabei allerdings oft über das Ziel hinaus), bleibt ein weiteres experimentelles Faktum ungeklärt. Dieses tritt auf, wenn man Gl. (154) in

$$\frac{1}{k} = \frac{1}{k^\infty} + \frac{1000\,RT}{k_1\,p} \tag{165}$$

umformt und danach die gemessenen k-Daten gegen $1/p$ aufträgt (Bild 22.14). Es sollten diese auf einer Geraden (mit dem Ordinatenabschnitt $1/k^\infty$ und der Steigung $1000\,RT/k_1$) liegen, was nicht zutrifft. Die Lindemann-Hinshelwoodgerade stellt also nur eine erste Approximation dar. Was erklärt das Abweichen von der Geraden im bimolekularen Niederdruckbereich? Es ist die Hinshelwoodsche Annahme einer einzigen Zerfallsfrequenz, wonach alle aktivierten Moleküle, egal welchen Energieinhalts $E \geqslant E_a$, mit k_2 zerfallen. Postuliert man plausiblerweise ein Frequenzspektrum $k_2 = f(E - E_a)$, wonach Moleküle mit einem größeren Energieüberschuß $E - E_a$ schneller zerfallen, so läßt sich der lineare Zusammenhang (165) wiederherstellen. Wenn nämlich ein derartiges Spektrum existiert, dann werden bei niederen Drücken die Moleküle mit $E = E_a$ desaktiviert und alle anderen zerfallen mit einem (verbleibenden) mittleren $\overline{k}_2$. Bei höheren Drücken werden auch höherenergetische desaktiviert und $\overline{k}_2$ wird größer. k_2 steigt also etwas mit p; damit auch k^∞, wodurch es zur Abweichung von der Geraden kommt. Von *Rice, Ramsperger* und *Kassel* wurde diese Korrektur quantitativ durchgeführt. Sie führt auf den Faktor $(1 - E_a/E)^{n-1}$, mit dem k_2 zu multiplizieren ist.

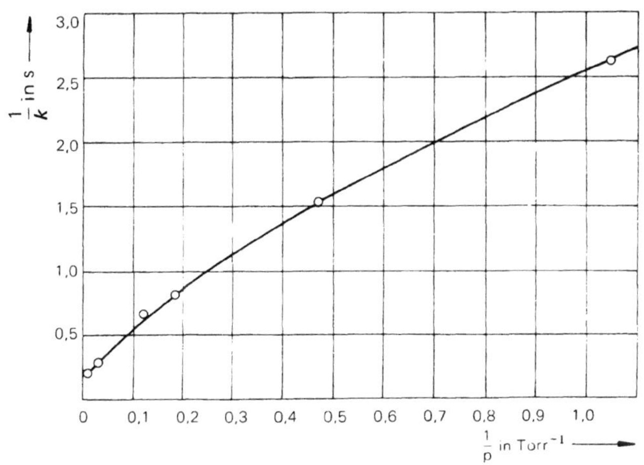

Bild 22.14 $1/k$, $1/p$-Darstellung nach Gl. (164) für Daten aus Bild 22.13

22.10 Theorie diffusionskontrollierter Reaktionen

Es wäre an sich unlogisch, wollte man das Konzept der Stoßtheorie von Gasreaktionen direkt auf Reaktionen in Flüssigkeiten oder Lösungen übertragen. Denn während bei Gasreaktionen die Reaktionsgeschwindigkeit durch die Stoßzahl begrenzt wird, basiert die Theorie diffusionskontrollierter Reaktionen auf der gegensätzlichen Vorstellung, daß *alle* durch Diffusion zueinander gelangenden Moleküle miteinander reagieren. Mit anderen Worten: Die Diffusion der Moleküle zueinander ist der langsamste und bestimmende Schritt. Es geht deshalb primär um die Beantwortung der Frage, wieviele Moleküle durch Diffusion überhaupt zueinander finden.

(N_A/V) sei die Teilchendichte einer Molekülsorte A und (N_B/V) die Teilchendichte einer Molekülsorte B in einer Lösung, in der die Lösungsmittelmoleküle nicht mitreagieren. Betrachtet man die B-Moleküle vorerst als unbeweglich, so diffundieren die A-Moleküle von überall her zu diesen hin, reagieren und verschwinden. Greift man ein (unbewegliches) B-Molekül heraus, so beträgt die stationäre Teilchenstromdichte zu diesem (Abschnitt 14.8):

$$j = - D_A \, \mathrm{grad} \left(\frac{N_A}{V} \right). \tag{166}$$

Der radiale Teilchenstrom durch die Oberfläche $(4\,\pi r^2)$ einer Kugel um das B-Molekül in Richtung auf das Zentrum beträgt dann:

$$i \equiv 4\,\pi r^2 j = 4\,\pi r^2\, D_A \frac{d}{dr}\left(\frac{N_A}{V} \right). \tag{167}$$

Durch Integration in den Grenzen von $(N_A/V) = 0$ bis N_A/V und von $r = r_A + r_B$ bis $r = \infty$,

$$i \int\limits_{r = r_A + r_B}^{\infty} \frac{1}{r^2}\, dr = 4\,\pi D_A \int\limits_{N_A/V = 0}^{N_A/V} d\left(\frac{N_A}{V} \right), \tag{168}$$

resultiert für den Teilchenstrom:

$$i = 4\,\pi D_A \, (r_A + r_B) \left(\frac{N_A}{V} \right). \tag{169}$$

Er entspricht der Zahl der A-Moleküle, die auf ein B-Molekül in der Zeiteinheit treffen. Da die B-Moleküle insgesamt in der Dichte N_B/V vorhanden sind, treffen pro Zeiteinheit

$$4\,\pi D_A (r_A + r_B) \left(\frac{N_A}{V} \right) \left(\frac{N_B}{V} \right) \tag{170}$$

A- und B-Moleküle aufeinander und verschwinden. Das analoge Resultat hätte man bei unbeweglichen A-Molekülen erhalten. Da in Wirklichkeit aber weder die A- noch die B-Moleküle unbeweglich sind, folgt insgesamt

$$4\,\pi (D_A + D_B) (r_A + r_B) \left(\frac{N_A}{V} \right) \left(\frac{N_B}{V} \right). \tag{171}$$

Rechnet man weiterhin mit $N/V = 1000\,N_A\,c$ auf die molare Konzentration um, so ergibt sich die Reaktionsgeschwindigkeit zu

$$-\frac{dc_A}{dt} = 4\,\pi\,1000\,N_A\,(D_A + D_B)\,(r_A + r_B)\,c_A\,c_B \tag{172}$$

und die Geschwindigkeitskonstante zu

$$k = 4\,\pi\,1000\,N_A\,(D_A + D_B)\,(r_A + r_B). \tag{173}$$

Die Temperaturabhängigkeit der Geschwindigkeitskonstanten sollte demnach durch die des Diffusionskoeffizienten bzw. der dazu proportionalen Beweglichkeit B bestimmt sein.

Setzt man, um die Größenordnung von k abzuschätzen $r_A + r_B = 3\,\text{Å}$ und $D_A + D_B = 10^{-9}\,\text{m}^2\,\text{s}^{-1}$, so bekommt man für k den Wert $7{,}5 \cdot 10^8\,l\,\text{mol}^{-1}\,\text{s}^{-1}$. Ein verblüffendes Ergebnis, denn es ist von derselben Größenordnung wie das nach der Stoßtheorie für Gase berechnete und vergleichbar mit den experimentell beobachteten Daten. Damit k nach der Diffusionstheorie aber wirklich diese Größe erreicht, müssen tatsächlich alle sich begegnenden Moleküle reagieren: Eine Vorstellung, die etwas unwahrscheinlich anmutet.

Eine atomistische Erklärung dafür mag vielleicht der sogenannte *Käfigeffekt* geben. Zwei (später) reagierende Moleküle müssen eine Zeitlang in völlig regelloser Weise diffundieren, bevor sie aufeinandertreffen. Letzteres geschieht zwar weniger oft als in der Gasphase, dafür ist aber die Zeit ihres Beisammenseins größer. Denn sie sind während dieser Zeit von Lösungsmittelmolekülen umgeben, also wie in einen Käfig gesperrt (Bild 22.15). Sie können darin wiederholt zusammenstoßen und sicherlich einmal reagieren. Man kann nun fragen, wie lange sie im Käfig eingesperrt sind und wie oft sie darin zusammenstoßen. Da sich die Teilchen nur durch Selbstdiffusion voneinander (ohne reagiert zu haben) lösen können, beträgt ihr mittleres Verschiebungsquadrat nach der Zeit τ ihres Beisammenseins

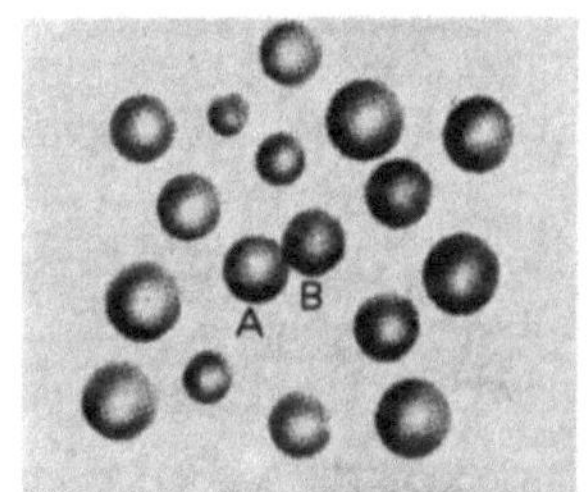

Bild 22.15 Anschauliche Darstellung des Lösungsmittelkäfigs

$$\overline{(r_A + r_B)^2} = 6\,(D_A + D_B)\,\tau. \tag{174}$$

Das heißt, man betrachtet sie als wieder getrennt, wenn sie $r_A + r_B$ weit voneinander entfernt sind. Die Verweilzeit ergibt sich daher zu

$$\tau = \frac{\overline{(r_A + r_B)^2}}{6\,(D_A + D_B)}. \tag{175}$$

Mit $r_A + r_B = 3\,\text{Å}$ und $D_A + D_B = 10^{-9}\,\text{m}^2\,\text{s}^{-1}$ berechnet man auf diese Weise eine Verweilzeit von $1{,}5 \cdot 10^{-11}$ s. Im Gegensatz dazu beträgt die Verweilzeit in der Gasphase

$$\tau = \frac{r_A + r_B}{\overline{u}_{AB}} \tag{176}$$

und liefert für dieselbe Entfernung und $\overline{u} = 300\,\text{ms}^{-1}$ den Wert $0{,}08 \cdot 10^{-11}$ s. Das bedeutet, daß die Verweilzeit in der Lösung 10 bis 100 mal größer ist und die Begegnung im Käfig aus 10 bis 100 Stößen besteht. Es ist daher plausibel, daß ein solches Zusammentreffen praktisch immer zu einer Reaktion führt.

22.11 Quantenstatistische Geschwindigkeitstheorie

Wir betrachten wiederum die Austauschreaktion (97), jetzt jedoch mit quantenmechanischen Augen. Im Rahmen einer quantenstatistischen Theorie genügt es nämlich nicht mehr, einen Aktivierungsberg E_a wie in Bild 22.8 zu postulieren. Es sollte vielmehr die gesamte Energiehyperfläche des Dreiatomsystems DHH bekannt sein. Eine solche ist für lineare DHH-Konfigurationen in Bild 22.15 in Form eines Schichtendiagrammes zu sehen. Die Schichtenlinien verkörpern gleiche Energie als Funktion der Atomabstände R_{HH} und R_{DH}. Die Energie besitzt im gesamten Bereich negative Werte und entspricht positiven Werten der DHH-Bindungsenergie. Bild 22.16 wurde nach quantenmechanischen Berechnungen von *Karplus* et al. angefertigt. (Erste derartige Berechnungen stammen von *Eyring* und *Polanyi* aus dem Jahre 1931).

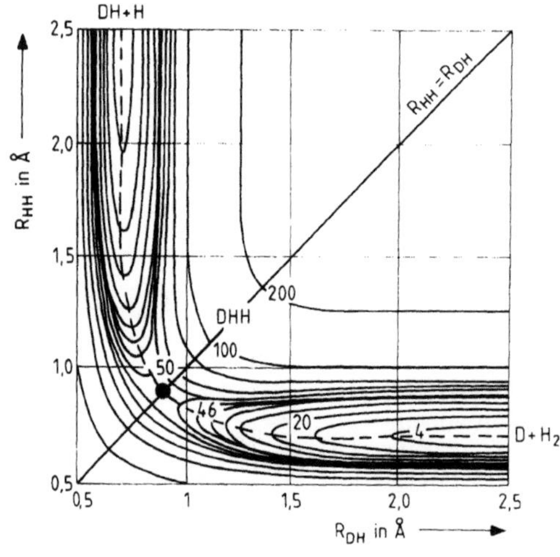

Bild 22.16

Energiefläche für lineare DHH-Konfigurationen (D + H$_2$ → DH + H) (Energie in kJ mol^{-1}) ● Sattel

Nehmen wir also an, daß der DHH-Komplex nur lineare Konfigurationen besitzt und aus einem Angriff des D-Atoms auf das H$_2$-Molekül resultiert. In demselben Maße, wie eine D-H$_2$-Annäherung und Bindung auftritt, rückt das zweite H-Atom vom Komplex ab. Da sich das D-Atom chemisch wie ein H-Atom verhält, muß im Übergangszustand der DHH-Komplex symmetrisch sein ($R_{HH} = R_{DH}$). Plausibel ist auch, daß beim D-Angriff die Elektronenwolken des H$_2$-Moleküls abstoßend wirken. Eine gewisse Energieerniedrigung verursacht schließlich doch die Delokalisierung der Bindungselektronen, so daß zwei neue schwache Bindungen zum DHH-Komplex entstehen. Diese werden durch eine Linearkombination aus DH- und H-H-Molekülfunktionen beschrieben. Löst man mit ihrer Hilfe die Schrödingergleichung, so bekommt man die im Bild dargestellte potentielle Energie (im elektronischen Grundzustand) als Funktion der Reaktionskoordinaten R_{HH} und R_{DH} (vgl. H$_2$-Energieberechnung in Abschnitt 5.2).

Der Ausgangszustand (D + H$_2$) befindet sich im Energietal bei $R_{HH} \cong 0,7$ Å (H$_2$-Kernabstand) der Endzustand (DH + H) im Tal bei $R_{DH} \cong 0,7$ Å. Um vom Ausgangs- in den Endzustand zu kommen, sind sehr viele Reaktionswege auf der Hyperfläche möglich, doch auf allen ist ein Energieberg zu überwinden. Ein solcher erstreckt sich nämlich entlang der Schnittlinie $R_{HH} = R_{DH}$. Dieser entspricht zugleich der DHH-Bindungsenergie. Der energetisch günstigste Weg führt über den Sattel bei $R_{HH} = R_{DH} \cong 0{,}9$ Å mit einer (berechneten) Energie von $47\,\mathrm{kJ\,mol^{-1}}$ (experimenteller Wert $38\,\mathrm{kJ\,mol^{-1}}$). Der eindimensionale Reaktionsweg in Bild 22.8 entspricht diesem günstigsten Weg. Ein Schnitt durch die Energietäler zu beiden Seiten des Sattels bei R_{HH} oder $R_{DH} = $ const liefert die Schwingungsenergiekurven des DHH-Systems (bzw. der H_2- und DH-Moleküle). Entlang des im Bild 22.16 gestrichelt gezeichneten Weges bewegen sich die Moleküle im Schwingungsgrundzustand. Durch Austausch von Translations- mit Schwingungsenergie kann es zu beliebig geformten Wegen kommen. Auf dem Energiesattel kann dann der Komplex mit gleicher Wahrscheinlichkeit in den Endzustand oder zurück in den Ausgangszustand gehen. Ähnlich, nur sehr viel komplizierter, haben wir uns die Energiehyperflächen bei anderen Reaktionen vorzustellen. Um ein System in allen Belangen zu charakterisieren, müssen zudem auch die elektronischen Anregungszustände bekannt sein. Ein heute rechnerisch noch nicht gelöstes Problem. Trotzdem soll im folgenden der prinzipielle Ansatz zu einer quantenstatistischen Berechnung der Reaktionsgeschwindigkeit nähergebracht werden.

Wir gehen dazu von der Vorstellung aus, daß sich ein System wie das DHH-System zur Zeit $t = 0$ im Zustand $D + H_2$ (Ψ_n) befindet und durch eine Störung (Energieschwankung) in den Zustand $DH + H$ (Ψ_m) übergeht. Ähnliches gilt für die im thermischen Gleichgewicht befindlichen anderen DHH-Systeme, die sich in den angeregten Zuständen $\Psi_{n'}$ befinden und in $\Psi_{m'}$ übergehen. Die Wellenfunktionen Ψ_n und Ψ_m bzw. $\Psi_{n'}$ und $\Psi_{m'}$ beschreiben die Elektronen- und Kernbewegung, weil bei einer Reaktion sowohl die Elektronen- als auch die Kernkonfigurationen geändert werden. Die Übergangswahrscheinlichkeit ist ein Maß für die Reaktionsgeschwindigkeit und soll berechnet werden. Als Ausgangspunkt verwenden wir die in Abschnitt 6.1 (mit Hilfe der Störungsrechnung) abgeleitete Beziehung für ein eindimensionales System:

$$\frac{dc_m}{dt} = \frac{1}{i\hbar} \int_x \Psi_m^{0\,*} H' \Psi_n^0\, dx$$

$$= \frac{1}{i\hbar} \int_x \psi_m^{0\,*} H' \psi_n^0\, dx \cdot e^{\frac{i}{\hbar}(\epsilon_m - \epsilon_n)t}$$

$$= \frac{1}{i\hbar}\, (m/H'/n)\, e^{\frac{i}{\hbar}(\epsilon_m - \epsilon_n)t} \tag{177}$$

H' ist der Störenergieoperator, ϵ_m der Energiezustand und ψ_m^0 das Orbital im Endzustand, ϵ_n der Energiezustand und ψ_n^0 das Orbital im Ausgangszustand. c_m ist der m-te Koeffizient aus der Entwicklung nach den ungestörten Funktionen $\Psi = \sum_n c_n(t)\, \Psi_n^0(t)$ zur Zeit t. Die Integration von Gl. (177) mit $c_m = 0$ zur Zeit $t = 0$ liefert:

$$c_m = \frac{1}{i\hbar}\, (m/H'/n) \int e^{\frac{i}{\hbar}(\epsilon_m - \epsilon_n)t}\, dt$$

$$= \frac{(m/H'/n)}{(\epsilon_m - \epsilon_n)} \left(e^{\frac{i}{\hbar}(\epsilon_m - \epsilon_n)t} - 1 \right). \tag{178}$$

Die Wahrscheinlichkeit, daß sich das System zur Zeit t im Zustand m befindet, beträgt dann:

$$
\begin{aligned}
c_m^* \, c_m &= \frac{(m/H'/n)^2}{(\epsilon_m - \epsilon_n)^2} \left(2 - 2\cos \frac{(\epsilon_m - \epsilon_n)\, t}{\hbar} \right) \\
&= \frac{(m/H'/n)^2}{(\epsilon_m - \epsilon_n)^2} \, 4\sin^2 \frac{(\epsilon_m - \epsilon_n)\, t}{2\,\hbar} \, .
\end{aligned}
\tag{179}
$$

Im Zeitmittel beträgt die Zahl aller Übergänge pro Zeiteinheit:

$$
\begin{aligned}
k &\equiv \frac{\overline{d(c_m^* \, c_m)}}{dt} \\[2mm]
&= \overline{\frac{4\,(m/H'/n)^2}{\hbar(\epsilon_m - \epsilon_n)} \, \sin\left(\frac{\epsilon_m - \epsilon_n}{2\,\hbar}\, t \right) \cos\left(\frac{\epsilon_m - \epsilon_n}{2\,\hbar}\, t \right)} \\[2mm]
&= \frac{2}{\hbar}\, \overline{(m/H'/n)^2 \, \frac{\sin\left(\frac{\epsilon_m - \epsilon_n}{\hbar}\, t \right)}{(\epsilon_m - \epsilon_n)}} \\[2mm]
&= \frac{2\,\pi}{\hbar}\, \overline{(m/H'/n)^2}\, \delta\,(\epsilon_m - \epsilon_n)\, .
\end{aligned}
\tag{180}
$$

k entspricht der Geschwindigkeitskonstanten einer Reaktion erster Ordnung. Das Symbol δ (*Deltafunktion*) bedeutet, daß der Sinusausdruck nur endlich ist, wenn $\epsilon_m \cong \epsilon_n$. Nur wenn sich die Energien des Ausgangs- und des Endzustandes gleichen, ist k und damit die Reaktionsgeschwindigkeit endlich. Bestehen diese aus je zwei Oszillatoren mit zwei Energiekurven, so müssen sich diese irgendwo kreuzen, damit die Reaktion $\overline{\text{abläuft}}$. In Bild 22.16 entspricht der Aktivierungsberg bei E_a dem Kreuzungspunkt. $\overline{(m/H'/n)^2}$ ist der quantenmechanische Ausdruck für die mittlere quadratische Energieschwankung (*Energierauschen*); er ist immer positiv.

Erfolgt die Einstellung des thermischen Gleichgewichtes schneller als die makroskopisch zu beobachtende Reaktion, dann gilt für die Verteilung der Moleküle im Ausgangs- und Endzustand die MB-Verteilung und Übergänge finden von allen besetzten Ausgangszuständen n' aus in die angeregten Endzustände m' statt. Wir haben deshalb mit Hilfe der Boltzmannverteilung zu gewichten und über alle möglichen Übergänge von n' nach m' zu summieren:

$$
k = \frac{2\,\pi}{\hbar} \sum_{m'} \sum_{n'} \overline{(m'/H'/n')^2}\, \frac{e^{-\frac{\epsilon_n'}{kT}}}{\sum_{n'} e^{-\frac{\epsilon_n'}{kT}}}\, \delta\,(\epsilon_{m'} - \epsilon_{n'}).
\tag{181}
$$

Die Geschwindigkeitsberechnung nach Gl. (181) läuft also auf eine Kenntnis der kompletten Energiehyperfläche mit allen Anregungszuständen und Orbitalen hinaus. Wie in **Physical Chemistry, An Advanced Treatise VII**, Academic Press N.Y. 1975, herausgegeben von *Eyring, Henderson* und *Jost*, gezeigt wird, läßt sich Gl. (181) für zwei Grenzfälle von Reaktionen in kondensierten Phasen vereinfachen, ohne daß über die Störung

$\overline{(m'/H'/n')^2}$ verfügt werden muß. Der erste Fall bezieht sich auf Elektronenübergänge (elektrochemische Reaktionen) und wird durch

$$k = \frac{\overline{(a/H'/b)^2}}{\hbar^2} \sqrt{\frac{\pi}{4\,kT\,\Delta E}} \; e^{-\frac{\Delta E}{kT}} \qquad (182)$$

beschrieben. $(a/H'/b)$ ist das Matrixelement (Übergangsmoment) für einen Übergang aus dem elektronischen Zustand b in den Zustand a (z. B. $Fe^{2+} \longrightarrow Fe^{3+}$), der von der Atomposition bzw. den Kernkoordinaten nur wenig beeinflußt wird und deshalb aus $(m'/H'/n')$ abgetrennt werden kann (siehe Born-Oppenheimernäherung in Abschnitt 6.3). ΔE ist die Differenz der Schwingungsenergien nachher − vorher, gegeben durch die Eigenfrequenz ω_j' und die Normalkoordinaten $Q_j'' - Q_j'$ (vgl. Abschnitt 2.9):

$$\Delta E = \sum_j \omega_j'^2 \, (Q_j'' - Q_j')^2 \, . \qquad (183)$$

Der zweite Grenzfall beschreibt vornehmlich Übergänge, bei denen Atombewegungen eine große Rolle spielen (z. B. Transportvorgänge),

$$k = \frac{\overline{(a/H'/Q_j/b)^2}}{2\,\hbar\omega_j'^2} \sqrt{\frac{8\,\pi kT}{\Delta E}} \; e^{-\frac{\Delta E}{kT}}\,, \qquad (184)$$

was im Matrixelement $(a/H'/Q_j/b)$ zum Ausdruck kommt.

Nach dieser quantenstatistischen Geschwindigkeitstheorie entspricht die Aktivierungsenergie der mittleren Schwingungsenergiedifferenz ΔE. Der Frequenzfaktor A beinhaltet außer einem kT-Term die mittlere quadratische Energieschwankung, die die Übergänge induziert, und die für spezielle Reaktionsarten getrennt berechnet werden muß. Wir wollen festhalten, daß es grundsätzlich absolute Geschwindigkeitsansätze gibt, diese aber wegen der mathematischen Komplexität nur näherungsweise lösbar sind. Bis zu einem gewissen Ausmaß gereift ist die theoretische Behandlung von Elektronenübergängen in einfachen elektrochemischen Reaktionen $H^+ + e^- \longrightarrow H$.

Rechenbeispiele

1. Die Geschwindigkeit einer Reaktion ist proportional $c_A c_B^{2/3}$. Welche Dimension und Einheit besitzt die Geschwindigkeitskonstante?

2. Folgende 50 °C-Daten für die Hydrolyse von tert-Butylbromid wurden gemessen (*L. C. Bateman, E. D. Hughes, C. K. Ingold:* J. Chem. Soc. 960 (1940):

Zeit (min)	0	9	18	27	40	54	72	105
Konzentration Butylbromid (mol l^{-1})	0,1056	0,0961	0,0856	0,0767	0,0645	0,0536	0,0432	0,0270

Verläuft die Reaktion (wie bei 25 °C) nach erster Ordnung? Wie groß sind die Geschwindigkeitskonstante und die Halbwertszeit?

3. Die Hydrolyse von tert-Bytylchlorid soll über ein Carbokation als Übergangskomplex verlaufen; die Reaktionsgeschwindigkeit ist sehr groß. Die Reaktionsgeschwindigkeit der Hydrolyse von

$$HC\overset{\displaystyle{CH_2-CH_2}}{\underset{\displaystyle{CH_2-CH_2}}{-CH_2-CH_2-C-Cl}}$$

ist hingegen sehr klein. Warum?

4. Die Hydratisierung von Äthylenoxid erfolgt nach der Reaktionsgleichung

$$\overset{\displaystyle{CH_2-CH_2}}{\underset{\displaystyle{O}}{}} + H_2O \longrightarrow CH_2OCHCH_2OH$$

Von *Bronstedt, Kilpatrick* und *Kilpatrick* (J. Am. Chem. Soc. 51 (1928) 428) wurde die Reaktionsgeschwindigkeit durch Messung der Volumenänderung des Reaktionsgemisches bestimmt, das aus einer 0,12 molaren Äthylenoxid-Lösung bestand; bei 20 °C wurden folgende Werte für die Flüssigkeitshöhe bei gleichem Querschnitt gemessen:

Zeit (min)	0	30	60	90	120	240	300	360	390	∞
Flüssigkeitshöhe (willkürliche Einheit)	18,48	18,05	17,62	17,25	16,89	15,70	15,22	14,80	14,62	12,30

Nach welcher Ordnung verläuft die Reaktion? Wie groß ist die Geschwindigkeitskontante? Schlagen Sie einen plausiblen Reaktionsmechanismus vor.

5. Die Dimerisierung von Butadien in der Gasphase wurde von *Vaughan* (J. Am. Chem. Soc. 54 (1932) 3863, bei 326 °C untersucht. Er machte folgende Beobachtungen:

Zeit (min)	0	3,25	8,02	12,18	17,30	24,55	33,00	42,50
Druck (Torr)	632,0	618,5	599,4	584,2	567,3	546,8	527,8	509,3
Zeit (min)	55,08	68,85	90,05	119,00	176,67	259,58	373	
Druck (Torr)	490,2	474,6	453,3	432,8	405,3	381,0	357,1	

Nach welcher Reaktionsordnung verläuft die Reaktion und wie groß ist die Geschwindigkeitskonstante?

6. Folgende Substitutionsreaktion wurde bei 37,5 °C untersucht:

$$n - C_3H_7Br + S_2O_3^{2-} \rightarrow C_3H_7S_2O_3^{2-} + Br^-$$

(*Crowell, Hamett:* J. Am. Chem. Soc. 70, (1948) 3444). Die Thiosulfatkonzentration wurde zu bestimmten Zeiten durch Titration mit Jod bestimmt:

Zeit (s)	0	1110	2010	3192	5052	7380	11232	78840
Konzentration $S_2O_3^{2-}$ (mol l^{-1})	0,0966	0,0907	0,0863	0,0819	0,0766	0,072	0,0668	0,0571
Konzentration C_3H_7Br (mol l^{-1})	0,0395	0,0333,	0,0292	0,0248	0,0196	0,0149	0,0097	0,000

Bestimmen Sie die Geschwindigkeitsgleichung und die Geschwindigkeitskonstante.

7. Benzdiazochlorid zerfällt in wäßriger Lösung nach folgender Bruttoreaktionsgleichung:

$$\left[\langle\bigcirc\rangle - \overset{+}{N}\equiv N\right]Cl^- \longrightarrow \langle\bigcirc\rangle - Cl + N_2$$

Die dabei auftretende Stickstoffentwicklung kann verfolgt werden.
Cain, Nicoll (J. Am. Chem. Soc. 81 (1902) 412) referierten folgende Daten, erhalten mit einer Lösung von 10 g Diazochlorid in 35 cm^3 Wasser bei 20 °C und 0,987 atm

Zeit (min)	116	192	355	481	1282	1429	∞
N_2 (cm^3)	9,7	16,2	26,3	33,7	51,4	54,3	60,0

Wie lautet die Geschwindigkeitsgleichung und wie groß ist die Geschwindigkeitskonstante?

8. Radium besitzt eine Halbwertszeit von 1590 Jahren und liefert als Zerfallsprodukt gasförmiges Radon mit einer Halbwertszeit von 3,82 Tagen. Das Radon wird volumetrisch gemessen.

   a) Berechnen Sie einen Ausdruck für die Zahl der Radonatome, und zwar für Zeiten kleiner als 1 Jahr, wenn ursprünglich 1 g Radium vorgelegen hat.

   b) Die Zahl der Radonatome erreicht nach einer gewissen Zeit einen konstanten Wert, säkulares Gleichgewicht genannt. Wie unterscheidet sich dieses säkulare Gleichgewicht von einem chemischen?

   c) Tragen Sie die Zahl der Radonatome gegen die Zeit in einem Diagramm für das Intervall von 0 bis 2 Wochen auf.

9. Folgender hypothetischer Reaktionsmechanismus sei gegeben:

$$A \underset{k_{-1}}{\overset{k_1}{\rightleftharpoons}} B, \quad B + A \xrightarrow{k_2} C$$

   a) Leiten Sie Ausdrücke für die Reaktionsgeschwindigkeit aller beteiligten Partner ab.

   b) Geben Sie außerdem Ausdrücke für die Konzentration von A und C an, wenn B nur in sehr kleinen Konzentrationen vorhanden ist.

   c) Stellen Sie mit Hilfe der abgeleiteten Ausdrücke die Reaktionsgeschwindigkeit als Abnahme von A und als Zunahme von B dar.

   d) Wie müssen sich die Geschwindigkeitskonstanten der Einzelschritte verhalten, damit die Reaktion nach erster oder zweiter Ordnung verläuft?

10. Um wieviel nimmt die Reaktionsgeschwindigkeit zu, wenn die Aktivierungsenergie $150\,kJ\,mol^{-1}$ beträgt und die Temperatur von 25 °C auf 35 °C erhöht wird?

11. Berechnen Sie die Aktivierungsentropien der in Tabelle 22.8 angegebenen Reaktionen. Die Reaktionsentropien derselben Gasreaktionen liegen in der Größenordnung von $150 \dots 200\,J\,K^{-1}$. Kann man die Aktivierungsentropien im Vergleich zu den Reaktionsentropien deuten?

12. Der Diffusionskoeffizient von Hämoglobin in Wasser beträgt bei 20 °C $6{,}5 \cdot 10^{-11}\,m^2\,s^{-1}$. Wie groß ist die Verweilzeit in einem Käfig aus Wassermolekülen, wenn man dem Hämoglobinmolekül einen mittleren Radius von 30 Å zuordnet?

13. Wie groß ist nach der Stoßtheorie die Halbwertszeit für eine bimolekulare Gasreaktion, wenn bei Zimmertemperatur alle Zusammenstöße zur Reaktion führen und der Anfangsdruck der Gase 10^{-9} atm beträgt? Wie groß ist die Halbwertszeit bei 10^{-11} atm und 1500 K?

14. Die Reaktionsgeschwindigkeit der Zersetzung von NO_2 in NO und O_2 ist unter gewissen Bedingungen proportional dem Quadrat der NO_2-Konzentration. Die Bestimmung der Geschwindigkeitskonstanten k ergab hierfür folgende Werte (*M. Bodenstein:* Z. Physik. Chem. 100 (1922) 106)

T (K)	592	603,2	627	651,5	656
$k\,(l\,mol^{-1}s^{-1})$	0,522	0,755	1,700	4,020	5,030

Bestimmen Sie A und E_A.

15. Die Geschwindigkeitskonstante für die Rekombination von Methylradikalen (zu Äthan) wurde bei 125 °C zu $4{,}5 \cdot 10^{10}\,l\,mol^{-1}\,s^{-1}$ bestimmt; die Aktivierungsenergie ist Null und es gibt auch keine wesentliche sterische Hinderung. Berechnen Sie unter Verwendung des Durchmessers $\sigma_{CH_3} = 1{,}54$ Å (entspricht der C − C-Bindungslänge) einen Wert für k mit Hilfe der Stoßtheorie und vergleichen Sie diesen mit dem zitierten experimentellen Wert.

16. Die Dissoziation des Indikators Bromkresolgrün,

$$HIn^- \underset{k_{-1}}{\overset{k_1}{\rightleftharpoons}} H^+ + In^{2-},$$

ist eine sehr schnelle Reaktion und wurde mit einer Relaxationsmethode untersucht:

$c_{H^+} + c_{In^{2-}}\,(mol\,l^{-1})$	4,30	6,91	50,9	85,7	100,5	129,1	176,0	286,5
Zeit (μs)	0,99	0,86	0,319	0,180	0,151	0,127	0,089	0,058

Verifizieren Sie, daß für die Dissoziation der Ausdruck $1/\tau = k_{-1}\,(c_{H^+} + c_{In^{2-}}) + k_1$ gilt, und bestimmen Sie k_1, k_{-1} und K.

17. Mit Hilfe einer Relaxationsmethode wurden für die Essigsäuredissoziation

$$CH_3COOH \underset{k_{-1}}{\overset{k_1}{\rightleftharpoons}} CH_3COO^- + H^+$$

die Geschwindigkeitskonstanten k_1 und k_{-1} zu $7{,}8 \cdot 10^5\ s^{-1}$ bzw. $4{,}5 \cdot 10^{10}\ l\,mol^{-1}\,s^{-1}$ bestimmt. Berechnen Sie die Relaxationszeit für eine 1 molare und eine 0,01 molare Lösung.

18. Fumarase katalysiert die Dehydratation von l-Malat in Fumarat. Für eine bestimmte konstante Enzymkonzentration wurden bei 25 °C in Anwesenheit von 5 mmol Phosphat folgende Malatkonzentrationen gemessen (*R. A. Alberty, V. Massey, C. Frieden, A. R. Fuhlbrigge*: J. Am. Chem. Soc. 76 (1954) 2485):

$c_{S,0}\,(mmol\,l^{-1})$	0,1	0,333	1,000	3,33	10,0	33,3	100
$(c_{S,0} - c_S)/t\ (mmol\,l^{-1}\,min^{-1})$	1,9	4,2	6,1	6,5	7,2	7,4	6,9

Genügen diese Daten der Geschwindigkeitsgleichung (93)? Formen Sie dazu Gl. (93) in $(c_{S,0} - c_S)/t = k_2\,c_{E,gesamt}\,c_{S,0}(K + c_{S,0})$ um.

19. Der Stärkeabbau zu Maltose wird durch das Enzym Amylase katalysiert. Von *Hames* (Biochem. J. 26 (1932) 1406) wurde die Reaktionsgeschwindigkeit zu Reaktionsbeginn bei verschiedenen Stärkekonzentrationen gemessen:

Stärke (Gew.%)	0,030	0,040	0,050	0,086	0,129	0,216	0,431	1,078
$(c_{S,0} - c_S)/t$ $(mg\,min^{-1})$	0,140	0,165	0,180	0,260	0,305	0,345	0,400	0,445

Gilt Gl. (93) in der abgeänderten Form (Beispiel 18) und wie groß ist K?

20. Beim Stärkeabbau wurde auch die Enzymkonzentration bei einer konstanten Stärkekonzentration variiert:

c_E (rel. Einheit)	0,125	0,25	0,375	0,50	0,75	1,00
$(c_{S,0} - c_S)/t\ (mg\,min^{-1})$	0,167	0,36	0,495	0,70	1,01	1,35

Genügen diese Meßdaten ebenfalls der Geschwindigkeitsgleichung (93)?

21. Der Diffusionskoeffizient von Sucrose in Wasser beträgt $4 \cdot 10^{-10}\ m^2\,s^{-1}$ (20 °C). Wie oft stoßen zwei Sucrosemoleküle in einem Wasserkäfig im Durchschnitt zusammen, wenn die Sucroselösung sehr verdünnt ist, und der Moleküldurchmesser 10 Å beträgt?

Kapitel 23
Phasengrenzflächen und Kinetik heterogener Reaktionen

Fast alle in der Natur und in der Industrie ablaufenden chemischen Prozesse finden in heterogenen mehrphasigen Systemen statt. Beispiele hierfür sind die Auflösung und Kristallisation, die Verdampfung und Kondensation, die Adsorption und Desorption, katalytische Reaktionen, Elektrodenprozesse, Photoreaktionen, usw. Zentrum all dieser Reaktionen ist die Grenzfläche zwischen zwei Phasen. Kenntnisse über diese erhalten wir vor allem aus der Kinetik. Mit einem Wort, die Phasengrenzfläche und die Kinetik heterogener Reaktionen sind so eng miteinander verknüpft, daß wir sie in diesem Kapitel gemeinsam besprechen wollen.

Lassen wir alle elektrischen Effekte des Kapitels 21 Revue passieren, so stellen wir ein gemeinsames signifikantes Merkmal fest: Der Sitz aller Potentialsprünge, sei es der des Elektroden-, des Diffusions- oder des Membranpotentials, befindet sich an der Phasengrenze fest-flüssig oder flüssig-flüssig. Ähnliches können wir unbesehen von fest-fest-Potentialen behaupten, denn dazu brauchen wir nur einen strukturellen Übergang von der Flüssigkeit zum Festkörper zu machen. Behauptungen solcher Art lassen sich allein schon aus thermodynamischen Überlegungen ableiten. In ihrer Natur liegt es aber auch, daß sie über die molekulare Struktur von Phasengrenzflächen oder -räumen keine Information liefern, wozu es einmal mehr atomarer Modelle bedarf. Es darf daher nicht verwundern, daß es gerade für die Phasengrenze nur wenige gute Modelle gibt. Unsere Kenntnisse darüber sind auf Grund der schlechten Reproduzierbarkeit von Phasengrenzen noch sehr mangelhaft. Und das, obwohl Grenzflächen und heterogene Reaktionen in der chemischen Technologie das Um und Auf darstellen. Man denke beispielsweise an die Ammoniak- und Schwefelsäuresynthese, die an fest-gas-Kontakten katalytisch beschleunigt werden. Unzählige Beispiele könnten hier genannt werden, die irgendwie mit Grenzflächen zu tun haben. Trotz dieser Mannigfaltigkeit müssen wir uns jedoch mit einigen wenigen begnügen.

Weil für fest-flüssig-Grenzflächen aus Kapitel 21 schon gewisse thermodynamische Überlegungen existieren, wollen wir mit diesen beginnen. Zentrum ihrer Behandlung werden die elektrische Doppelschicht und die Elektrodenkinetik sein. Danach werden fest-feste und fest-gasförmige Grenzflächen mit Adsorptions- und katalytischen Reaktionen zur Sprache kommen. Allen Grenzflächen ist nämlich gemein, daß es an ihnen zu einer Anreicherung von Elektronen, Ionen oder Molekülen aus einer angrenzenden Phase kommt. Man spricht in diesem Fall von Adsorption und deutet diese als Folge von unabgesättigten Bindungen, weil Oberflächenmoleküle (in welcher Phase immer) einseitig an das Phaseninnere gebunden sind. Makroskopisch ausgedrückt, das chemische Potential der einzelnen Bestandteile besitzt hier einen anderen Wert als im Phaseninneren.

Ein weiterer, allen Grenzflächen gemeinsamer Aspekt betrifft das Verhältnis der Zahl der Oberflächenmoleküle zur Zahl der Moleküle im Phaseninneren. Weil es sehr klein ist, bedingt es ganz spezielle und empfindliche Untersuchungsmethoden, von denen es nicht allzuviele gibt. Übliche Moleküluntersuchungsmethoden sind hier kaum anwendbar, und so ist unser Mangel an Informationen über die Grenzflächenstruktur und damit über die Kinetik irgendwie verständlich.

23.1 Die elektrische Doppelschicht

Zum Verständnis elektrischer Doppelschichten an der Phasengrenze fest-flüssig (z. B. inertes Metall-Elektrolyt) begeben wir uns gedanklich in das Phaseninnere, und zwar weit genug von der Phasengrenze entfernt. Im Phaseninneren halten sich die zwischenmolekularen Kräfte trotz thermischer Bewegung im Zeitmittel die Waage und die mittlere, auf ein herausgegriffenes Molekül wirkende Kraft ist Null. In diesem thermischen Gleichgewichtszustand sind die Kationen und Anionen in der Elektrolytlösung und die Elektronen im Metall gleichmäßig verteilt. Auch die Wassermoleküle sind hinsichtlich ihrer Dipolorientierung völlig regellos verteilt. Allerdings nur, wenn wir nicht zu genau hinsehen, denn sonst würden wir die Nahordnung der Wassermoleküle um die Ionen bemerken. Ähnlich ist es an der Phasengrenze. Ein Ion empfindet hier eine gravierende Störung der sonst allseitig gleichmäßig wirkenden Umgebung. Wegen der Anwesenheit der Metallatome befindet es sich dort in einem Wirkungsbereich andersartiger Anziehungs- und Abstoßungskräfte. Wäre kein Metall vorhanden, hätten wir also einen Kontakt Lösung/ Vakuum, so würden die nach innen gerichteten Anziehungskräfte eine meßbare Oberflächenspannung bewirken (Abschnitt 15.9).

Bewirken die Metallatome eine Bindung, die nur etwas stärker als die zum Lösungsinneren ist, dann reichern sich Ionen an der Phasengrenze an. Auch die Wassermoleküle werden beeinflußt, und zwar orientieren sich ihre Dipole zusätzlich an den Metallatomen. Eine Anreicherung passiert auch auf der Metallseite, in dem je nach Ladung der Ionen entweder ein Elektronenüber- oder -unterschuß induziert wird. Überwiegen bei der Anreicherung die Kationen die Anionen, so wird die Metalloberfläche negativ aufgeladen und umgekehrt. Dazu braucht kein Elektronenübergang von der einen zur anderen Seite im Sinne einer Elektrodenreaktion stattzufinden, eine Induktionswechselwirkung der Ionen (*Bildkraft*) reicht zur Erklärung des Entstehens von *Flächenladungen* aus. Das Metall „spürt" die Ionenansammlung und reagiert mit einer Ladungstrennung, so daß es zu einer *elektrischen Doppelschicht* kommt. Ob es auf der Elektrolytseite zu Flächen- oder Raumladungen kommt, hängt hauptsächlich von der Elektrolytkonzentration ab. Wie bei den Metallen kann angenommen werden, daß in Systemen mit guter Leitfähigkeit eher Flächen- als *Raumladungen* gebildet werden. Bei geringen Konzentrationen spricht man von diffusen Raumladungen (siehe Strukturmodell der elektrischen Doppelschicht in Bild 23.1).

Flächen- und Raumladungen lassen sich mit Hilfe von *Kapazitätsmessungen* studieren (Abschnitt 7.3). Um sie in der Nähe von Grenzflächen zu erfassen, müssen diese allerdings klein gegen die Fläche der Gegenelektrode gemacht werden. Wenn nämlich die Grenzfläche (Doppelschicht) wie ein kleiner Kondensator wirkt, der auf- und entladen werden kann, so muß der analoge Kondensator an der Gegenelektrode möglichst groß gemacht werden. Das gesamte System besteht dann aus einer kleinen Grenzflächenkapazität in Serie mit einer großen und einem dazwischenliegenden Elektrolytwiderstand. Da zwei serielle Kapazitäten reziprok-additiv zu einer Gesamtkapazität zu summieren sind, wird praktisch nur die kleine Kapazität gemessen. Das Einführen einer geerdeten Gegenelektrode beseitigt zugleich die „Gegenionen und -elektronen". In Bild 23.2 wird die elektrische Doppelschicht mit einem verlustbehafteten Plattenkondensator verglichen, d. h. parallel zur Doppelschichtkapazität ein Verlustwiderstand angenommen. Gut paßt dieses *Ersatzschaltbild* aber nur, wenn der Großteil der überschüssigen Ionen in der äußeren Helmholtzschicht tatsächlich zu einer Flächenladung zusammengedrängt ist.

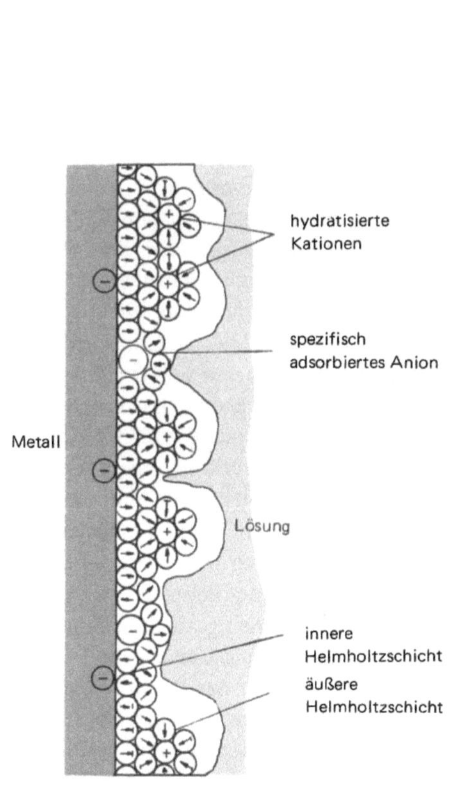

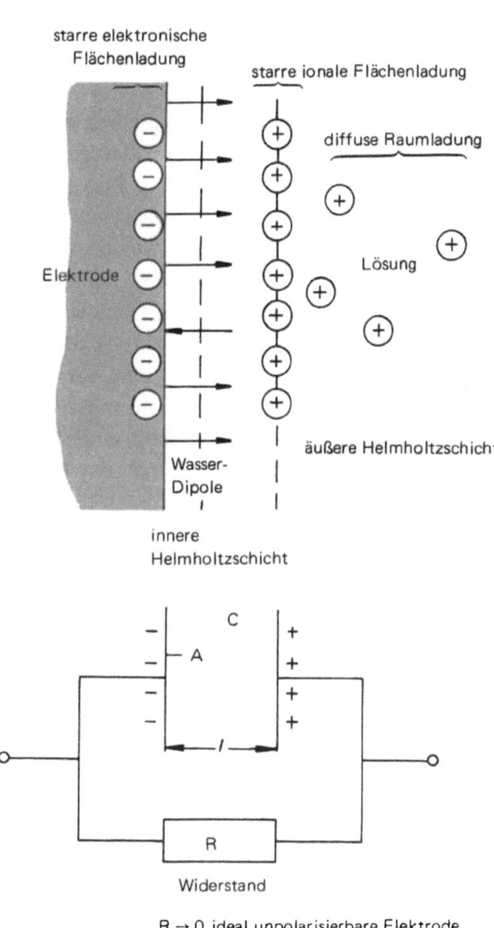

Bild 23.1 Elektrodengrenzflächenmodell mit angereicherten hydratisierten Kationen (= Überschußladungen) und mit mehr oder weniger orientierten Wassermolekülen

Bild 23.2 Schematisierte Ladungsverteilung des Elektrodengrenzflächenmodelles mit paralleler Kapazitäts-Widerstandskombination als elektrischem Ersatzschaltbild

Die *Kapazität* eines idealen, verlustlosen Plattenkondensators, der mit Dielektrikum (Dielektrizitätskonstante ϵ) gefüllt ist, beträgt nach Abschnitt 7.1:

$$C = \epsilon_0 \epsilon \, \frac{A}{l} \, . \tag{1}$$

A ist die Plattenfläche und l der Plattenabstand. Wollen wir Formel (1) auf die elektrische Doppelschicht anwenden, d. h. gemessene Kapazitätsdaten mit ihr interpretieren, so bekommen wir sofort Schwierigkeiten. Denn wir kennen weder ϵ noch l, da ϵ an der Phasengrenze sicher nicht denselben Wert wie im Phaseninneren besitzt und l nicht unabhängig gemessen werden kann. Wir wollen einstweilen trotzdem so tun, als wäre dieser Kondensator ein vernünftiges elektrisches Ersatzschaltbild. Durch die vorhandenen Flächenladungen $\pm$ q ist er bereits aufgeladen, und zwar als ob an ihm die Spannung

$$U = \frac{q}{C} = \frac{1}{\epsilon_0 \epsilon} \, \frac{l}{A} \, q \tag{2}$$

liegen würde. Dieser Ladungszustand beschreibt einen *Metall/Elektrolytkontakt,* mit anderen Worten eine „äußerlich" ungeladene inerte Elektrode.

Was passiert, wenn diese Elektrode von außen her aufgeladen (*polarisiert*) wird? Auf der Metallseite wird ein zusätzlicher Elektronenüberschuß oder -mangel erzwungen, je nachdem, ob man die positive oder die negative Seite einer Gleichstromquelle (Batterie) anschließt. Um die geänderte Metalladung auszugleichen, müssen Ionen aus dem Lösungsinneren herandiffundieren und sich weiter anreichern oder umgekehrt. Auch die Wasserdipolorientierung wird verstärkt, da vorher sicherlich nicht alle Dipole ausgerichtet waren. Das Polarisieren bewirkt also eine Verstärkung oder Schwächung des vorherigen Ladungszustandes. Der zum Umladen notwendige Diffusionsstrom ist elektrisch gesehen ein (*kapazitiver*) *Verschiebungsstrom.* Es gibt auch einen Ladungszustand, bei dem die Grenzfläche elektrisch neutral erscheint (*Ladungsnullpunkt*). Beim Umladen treten keine Ionen oder Elektronen durch die Grenzfläche (keine Elektrodenreaktion), d. h. es sieht so aus, als sei der Verlustwiderstand R im Ersatzschaltbild 23.2 unendlich groß. In diesem idealen Grenzfall spricht man von einer ideal *polarisierbaren* Elektrode (vgl. Hg-Tropfelektrode bei der Polarographie in Abschnitt 23.2). Das andere Extrem, die ideal *unpolarisierbare* Elektrode wird dagegen durch einen gegen Null gehenden Widerstand simuliert, weil ein bestmöglicher Elektronen- oder Ionentransfer durch die Grenzfläche stattfindet. Bei inerten Elektroden haben wir Elektrodenreaktionen mit Elektronentransfer und bei reagierenden Elektroden Metallionentransfer. Solche Elektroden lassen sich bei Anlegen noch so großer Spannungen nicht aufladen oder polarisieren, die Ladungen werden für Reaktionen verbraucht. Ein schon bekanntes Beispiel für diesen Grenzfall sind die Referenzelektroden (Abschnitt 21.4). Zwischen den genannten Grenzfällen gibt es natürlich Übergänge, bei denen ein Teil der Ladungen zum Umladen und der andere für Reaktionen verbraucht wird. Wie leicht oder wie schwer der Durchtritt von Elektronen und Ionen durch die Grenzfläche erfolgt, ist eine Frage der energetischen Verhältnisse in ihr und kann mit Hilfe von Strom-Spannungsmessungen studiert werden (siehe Elektrodenkinetik in Abschnitt 23.2).

Wir wollen uns nun etwas genauer mit dem *elektrischen Potentialverlauf* an der Grenzfläche einer polarisierbaren Elektrode beschäftigen. Wenn wir das Modell des

Plattenkondensators für die elektrische Doppelschicht akzeptieren, dann können wir mit Gl. (2) schreiben:

$$\varphi_{(l)} - \varphi_{(0)} \equiv U = \frac{ql}{\epsilon_0 \epsilon A} \qquad (3)$$

und bekommen für den Potentialverlauf:

$$\varphi_{(x)} = \frac{qx}{\epsilon_0 \epsilon A} + \varphi_{(0)} \,. \qquad (4)$$

Danach nimmt das Potential je nach Vorzeichen der ionalen Flächenladung q linear mit dem Abstand x von der Phasengrenze bei x = 0 ab oder zu (Bild 23.3a). Wie schon angedeutet, gibt es aber Probleme wegen der unbekannten Größen ϵ und l. Außerdem basiert das Kapazitätskonzept auf einem homogenen Dielektrikum (Abschnitt 7.1), so daß es nur mit Gewalt übertragbar ist. Versuchen wir es trotzdem und nehmen wir für l einige Å (Größe der Wassermoleküle bzw. der hydratisierten Ionen) und für ϵ einen Wert zwischen 80 und 5 an (DK von Wasser bzw. von Ionenkristallen), dann erkennen wir sehr schnell, daß wir uns leicht um ein bis zwei Zehnerpotenzen irren können. Die experimentell meßbare Kapazität von etwa 20 μF cm^{-2} ist damit nur sehr schlecht erklärbar. Außerdem hängt sie von der angelegten Spannung ab, was bei einem Plattenkondensator nicht der Fall ist. Dieser ist also die gröbste Näherung, die wir überhaupt machen können. Sie stammt ursprünglich von *Helmholtz*.

Gouy und *Chapman* gingen nicht von einer ionalen Flächenladung, sondern von einer *diffusen* ionalen Raumladung aus. So wie die Debye-Hückeltheorie auf dem Modell eines Zentralions mit einer kugelsymmetrischen Ladungsverteilung basiert (Ionenwolke,

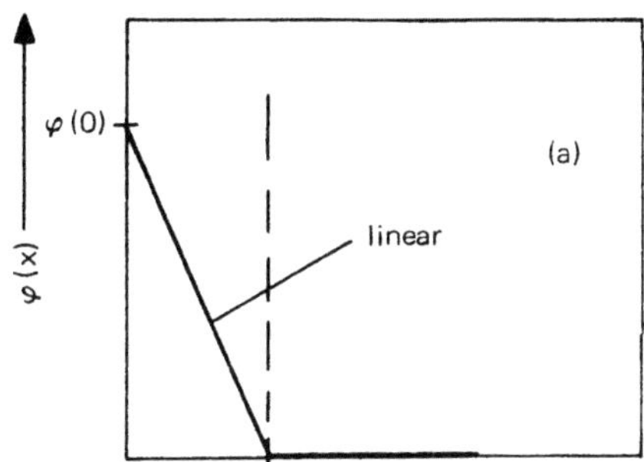

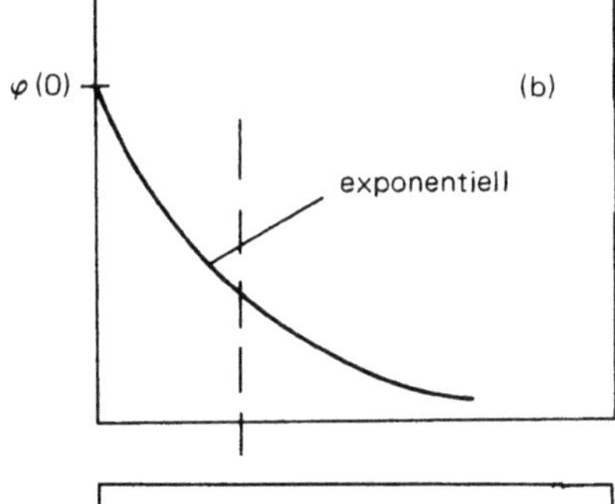

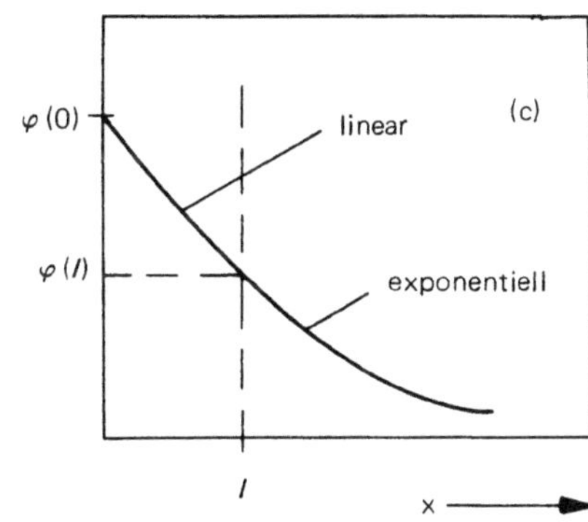

Bild 23.3 Elektrische Potentialmodelle des elektrolytischen Doppelschichtanteils nach *Helmholtz* (a), nach *Gouy* und *Chapman* (b) und nach *Stern* (c)

Abschnitt 18.3), so basiert die Gouy-Chapmantheorie auf einer geladenen Metallfläche mit einer eindimensionalen Ladungsverteilung. Da diese keine grundsätzlich neuen physikalischen Annahmen gegenüber der Debey-Hückeltheorie beinhaltet, kommt auch sie zu einem analogen Resultat. Das Potential steigt oder fällt exponentiell mit dem Abstand x von der Grenzfläche (Bild 23.3b):

$$\varphi_{(x)} = \varphi_{(0)}\, e^{-\sqrt{\beta}\, x} \qquad (6)$$

mit

$$\beta = \frac{1000\,N_A\,e^2}{kT}\ \sum_i c_i Z_i^2 \, . \tag{7}$$

$1/\sqrt{\beta}$ kann als die *mittlere Reichweite* des Potentials interpretiert werden, denn bei $x = 1/\sqrt{\beta}$ ist das Potential auf den $1/e$-ten Teil abgefallen. Je kleiner die Elektrolytkonzentration c_i ist, umso weiter reicht die Raumladung in das Phaseninnere. Dem Grenzfall einer weitreichenden diffusen Verteilung der Ionen bei kleinen Konzentrationen steht somit der Grenzfall einer zusammengedrängten *starren* Verteilung bei hohen Konzentrationen gegenüber. Die Wahrheit liegt möglicherweise irgendwo in der Mitte, wie es in Bild 23.3c gezeichnet ist. Ein Teil besteht aus einer starren adsorbierten Ionenladung in der äußeren Helmholtzschicht mit annähernd linearem Potentialverlauf, und daran schließt sich ein Teil diffuser Raumladung mit exponentiellem Verlauf an. Eine exakte Klärung des Potentialsverlaufs und damit der Struktur der Doppelschicht steht heute noch aus. Es gibt eben keine Mikrosonde, mit der man die Doppelschicht abtasten könnte, um die diversen Modelle einer Prüfung unterziehen zu können. Und alles, was wir aus obigen makroskopischen Modellen ersehen können ist, daß es einen elektrischen Potentialsprung zwischen den beiden Phasen geben muß.

Während der Potentialabfall bei Metall-Elektrolytgrenzflächen nur auf der Elektrolytseite lokalisiert ist, gibt es einen solchen bei *Halbleiter-Elektrolytkontakten* (vgl. Abschnitt 24.5) auch auf der Festkörperseite. Er wird durch eine analoge elektronische Raumladung (Elektronen oder positive Löcher) erzeugt. Das hängt mit der geringeren elektrischen Leitfähigkeit (wegen der kleineren Elektronendichte) im Halbleiter zusammen. Diese Feststellung folgt unmittelbar aus Gl. (6), wenn man die Ionenkonzentration c_i als Elektronenkonzentration des Halbleiters interpretiert: Die mittlere Reichweite $1/\sqrt{\beta}$ der elektronischen Raumladung (von der Grenzfläche aus gemessen) geht wiederum umgekehrt proportional mit der Elektronenkonzentration. Einen Grenzfall im Sinne dieser Behandlung stellen die sehr gut leitenden Metalle mit ihren hohen Elektronenkonzentrationen dar: Deren Raumladungen werden zu einer Flächenladung auf der Oberfläche zusammengedrängt ($1/\sqrt{\beta} \to 0$).

23.2 Elektrodenkinetik

Gleichgewicht an einer polarisierbaren Elektrode herrscht dann, wenn das elektrochemische Potential der beweglichen und durchtrittsfähigen Teilchen (Ionen oder Elektronen) in beiden Phasen gleich groß ist. In einem Energiediagramm der Phasengrenze Festkörper/Elektrolyt (Bild 23.4a) wird dieser Zustand durch eine horizontale Gerade repräsentiert. η setzt sich nach Abschnitt 21.6 additiv aus dem chemischen Potential μ und der elektrischen Energie $nF\varphi$ (alle Größen haben die Dimension Energie) zusammen. Wenn nun auf Grund der Überlegungen des letzten Abschnittes zwischen zwei Phasen ein elektrischer Potential- bzw. Energiesprung existiert, so muß auch das chemische Potential einen entgegengesetzt gleich großen Sprung aufweisen. Denn $\mu = \eta - nF\varphi$. In Bild 23.4a ist dies schematisch skizziert. Solange $\Delta\eta = 0$, fließt durch die Grenzfläche kein Strom, der makroskopisch meßbar wäre. Wird jedoch durch Anlegen einer äußeren Spannung (U) das elektrische Potential einer Phase um $\Delta\varphi$ angehoben oder gesenkt, so verschiebt sich

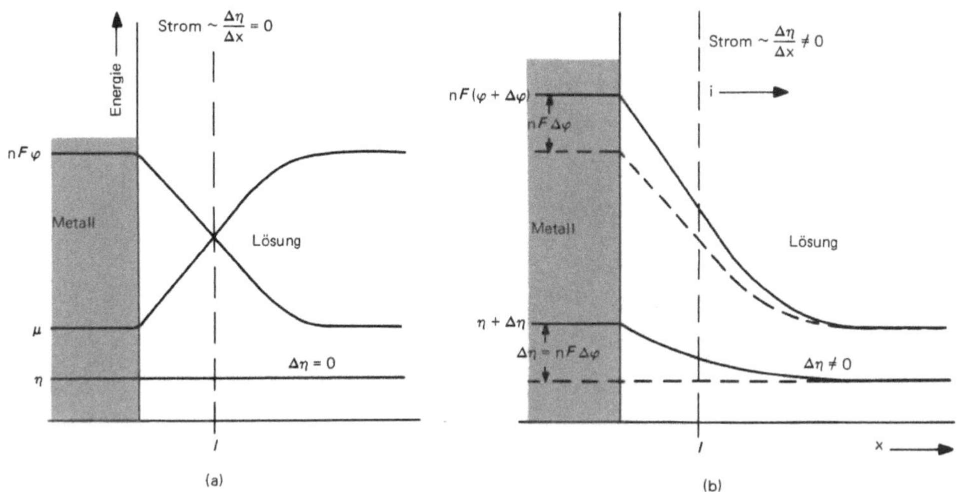

Bild 23.4 Thermodynamische Darstellung des elektrochemischen Potentials η, der elektrischen Energie nF $\Delta\varphi$ und des chemischen Potentials μ einer durchtrittsfähigen Komponente im Gleichgewicht (a) sowie nach Anlegen einer äußeren Spannung U $\equiv \Delta\varphi$, die zur Energieerhöhung in der metallischen Phase führt (b); frei gewählter Energienullpunkt

das Energiebild der einen Phase relativ zur anderen und es entsteht ein elektrochemisches Potentialgefälle ($\Delta\eta \neq 0$). Die *potentialbestimmenden* Ionen einer Metall-Metallionelektrode z. B. müssen dann auf die energieärmere Seite wandern (Bild 23.4b). Erhöht man die Spannung weiter, so fließt noch mehr Strom durch die Phasengrenze; polt man die äußere Spannung um, so fließt Strom in der umgekehrten Richtung. Wie auf diese Weise erhältliche *Strom-Spannungskurven* aussehen, welche Rückschlüsse man aus ihnen auf die Grenzfläche ziehen kann und was sie für die Praxis bedeuten, soll in diesem Abschnitt diskutiert werden.

Um Strom-Spannungskurven bei definiertem Elektrodenpotential (bei Stromfluß ein *Nichtgleichgewichtspotential* E_{AE} = E (Nernst) + $\Delta\varphi$) messen zu können, brauchen wir außer einer elektrolytischen Zelle noch eine dritte Elektrode, eine *Referenzelektrode*, gegen die wir das Elektrodenpotential E_{AE} *stromlos* messen können (Bild 23.5). Die zu untersuchende Elektrode wird in der Elektrochemie meist *Arbeitselektrode* (kurz AE) und die zweite stromdurchflossene Elektrode *Gegenelektrode* (GE) genannt. Die Referenzelektrode trägt die Kurzbezeichnung RE. Der durch die AE fließende Strom wird durch ein Amperemeter und die Spannung E_{AE} (Nernst) $- E_{RE}$ (Nernst) + $\Delta\varphi = \Delta E + \Delta\varphi$ durch ein Röhrenvoltmeter angezeigt. Variable Gleichspannung entnimmt man am einfachsten einem Akku, dessen Zellspannung durch ein Potentiometer geteilt wird. Der bei verschiedenen äußeren Spannungen U gemessene Strom i wird in einem Diagramm gegen die zwischen der AE und RE auftretende Spannung $\Delta E + \Delta\varphi$ oder nur gegen $\Delta\varphi$ aufgetragen. Hat man eine elektrochemische Laboreinrichtung zur Verfügung, so wird man einen Potentiostaten verwenden, der die AE auf einem ganz bestimmten Sollpotential $\Delta\varphi$ (gemessen gegen das Nernstsche Gleichgewichtspotential) hält. Was wir, grob gesprochen, bei Strom-Spannungsmessungen tun, ist nichts anderes als eine potentialkontrollier-

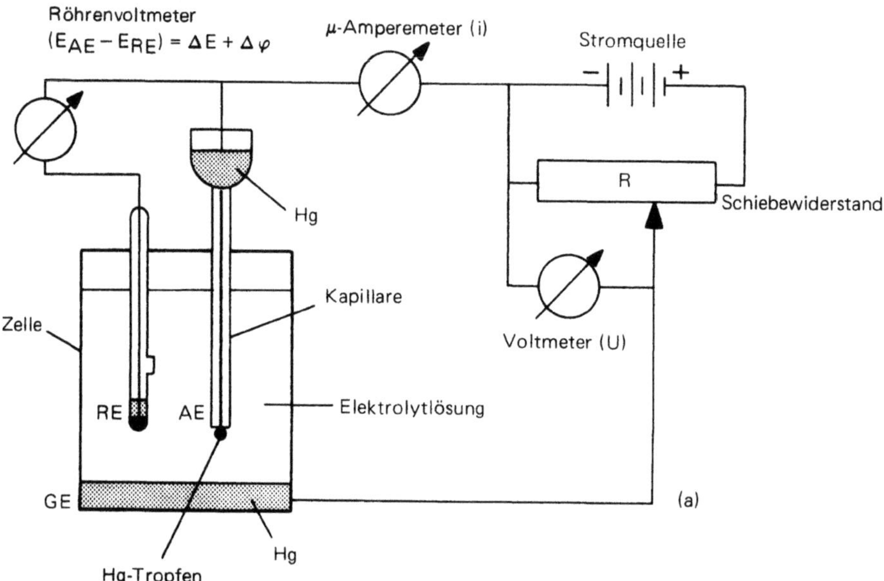

Bild 23.5 Prinzipskizze zur Messung von Strom-Spannungskurven mit Hg-Arbeitselektrode und Hg-Gegenelektrode

te Elektrolyse bei verschiedenen äußeren Spannungen. Um zu verhindern, daß die Effekte der GE mitgemessen werden, muß diese großoberflächig gestaltet sein, damit sie den Gesamtstrom nicht begrenzt.

Haben wir eine ideal unpolarisierbare AE vor uns (z. B. einen Hg-Tropfen in einer Hg^+-Lösung) und beginnen wir bei U = 0 V zu messen, so stellt sich im Gleichgewicht ohne Stromfluß das Nernstsche Potential

$$E_{AE} \text{ (Nernst)} = E^{\circ}_{Hg/Hg^+} + 0{,}0591 \lg c_{Hg^+} \tag{8}$$

ein. Es hängt nur von der Hg^+-Konzentration ab ($\Delta \varphi = 0$, da U = 0). Polarisiert man nun die AE positiv ($\Delta \varphi$ bzw. U positiv), so löst sich nach der Reaktionsgleichung $Hg \rightarrow Hg^+ + e^-$ Quecksilber auf: Hg^+-Ionen treten aus dem Metall aus, gehen durch die Grenzfläche und werden in der Lösung hydratisiert. Wir beobachten am Meßgerät einen sogenannten *anodischen Strom* (i_a). Umgekehrt ist die Situation bei negativer Polarisation: Hg scheidet sich aus der Lösung ab und verursacht einen *kathodischen Strom* (i_k). Die Größe dieser Ströme (Strom ist proportional der Reaktionsgeschwindigkeit, Kapitel 22) hängt davon ab, welcher Teilschritt der Elektrodenreaktion der langsamste und damit strombestimmende ist. Das könnte der Ein- oder Ausbau von Hg^+-Ionen im Metall, ihr Durchtritt durch die Grenzfläche, das Hydratisieren oder Dehydratisieren der Ionen, das Zu- oder Wegdiffundieren der hydratisierten Ionen oder ihr Transport durch die Lösung (Elektrolytwiderstand) sein. Beginnen wir unsere Diskussion mit dem letzteren.

Ist der Elektrolyt sehr verdünnt und damit hochohmig, dann können in die Grenzfläche nicht mehr Ionen pro Zeiteinheit eintreten als es der *Elektrolytwiderstand* zuläßt.

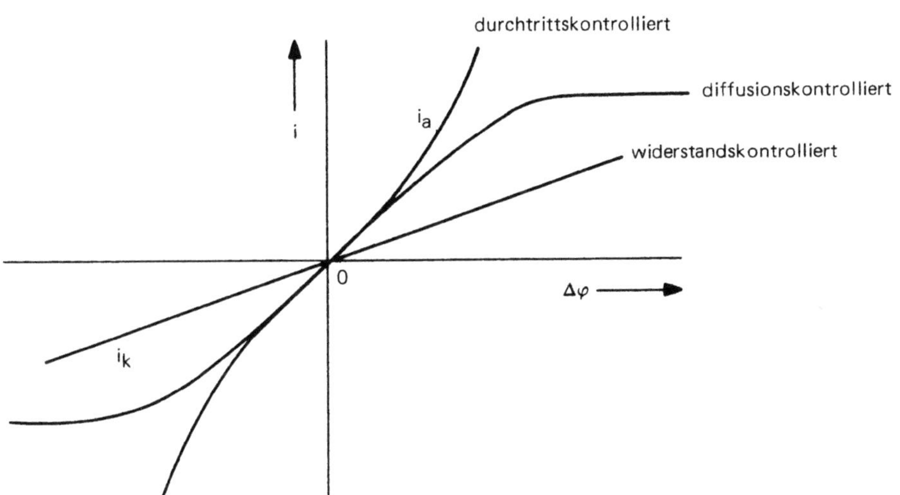

Bild 23.6 Verschiedene Strom-Spannungskurven (schematisch)

Der meßbare Strom wird dann über das Ohmsche Gesetz durch den Widerstand bestimmt: Als Strom-Spannungskurve resultiert eine Gerade. Bestimmt der *Durchtritt* durch die Grenzfläche den Strom, so bekommt man einen exponentiellen Anstieg des Stromes, und bestimmt ein *Diffusionsvorgang* von oder zur Grenzfläche die Geschwindigkeit, so erhält man eine S-förmige Kurve (Bild 23.6). Alle Kurven haben bezüglich des Nernstschen Potentials ($\Delta\varphi = 0$) ein schiefsymmetrisches Aussehen. Untersuchen wir dagegen eine ideal polarisierbare AE (z. B. Hg-Tropfen in einer KCl-Lösung), dann fließt nach Anlegen der äußeren Spannung nur ein kapazititver Ladestrom, bis die AE das Nernstsche Potential einer möglichen Elektrodenreaktion erreicht. Die Elektrode verwandelt sich dann in eine reagierende Elektrode und speziell in eine Amalgamelektrode, wenn in der Lösung abscheidbare Metallionen vorhanden sind.

Ein und dieselbe Metallelektrode kann also je nach den elektrolytischen Bedingungen verschiedene „kinetische Masken" aufsetzen. Metall-Metallionelektroden sind sehr oft durch die Metallionen durchtrittbestimmt und liefern eine exponentielle Kurvenform. Hierzu eine atomare Begründung. Damit ein einzelnes Ion die Phasengrenze durchschreiten kann, muß es zunächst seine Hydrathülle ablegen. Dazu ist soviel Energie erforderlich, wie bei der Hydratation frei wird (Abschnitt 19.7). Bild 23.7 veranschaulicht, daß sich das Ion in seinem *Hydratkäfig* energetisch in einem Minimum befindet, aus dem es in Richtung Grenzfläche nur mit Energieaufwand herauskommt. Wegen der MB-Verteilung gibt es jedoch immer energiereichere Ionen, die näher an die Grenzfläche herankommen können. Da der provisorische Endzustand der Ionen auf der Metalloberfläche ein adsorbierter Zustand ist (der endgültige wäre einer in der Metallmatrix), müssen diese wieder in ein Energieminimum rutschen. Andernfalls könnte es keine Reaktion geben. Überlagert man beide Ionenenergiekurven des Bildes 23.7, so entsteht zwischen den Minima ein Aktivierungsberg mit der Höhe E_a, den es für die Ionen zu überwinden gilt (Bild 23.8). Im elektrochemischen Gleichgewicht ($\Delta\eta = 0$) liegen bei Vernachlässigung entropischer Effekte

Bild 23.7

Atomistische Darstellung durchtretender Ionen (a) und ihre potentielle Energie in der äußeren Helmholtzschicht und in dehydratisierter Adsorptionslage (b)

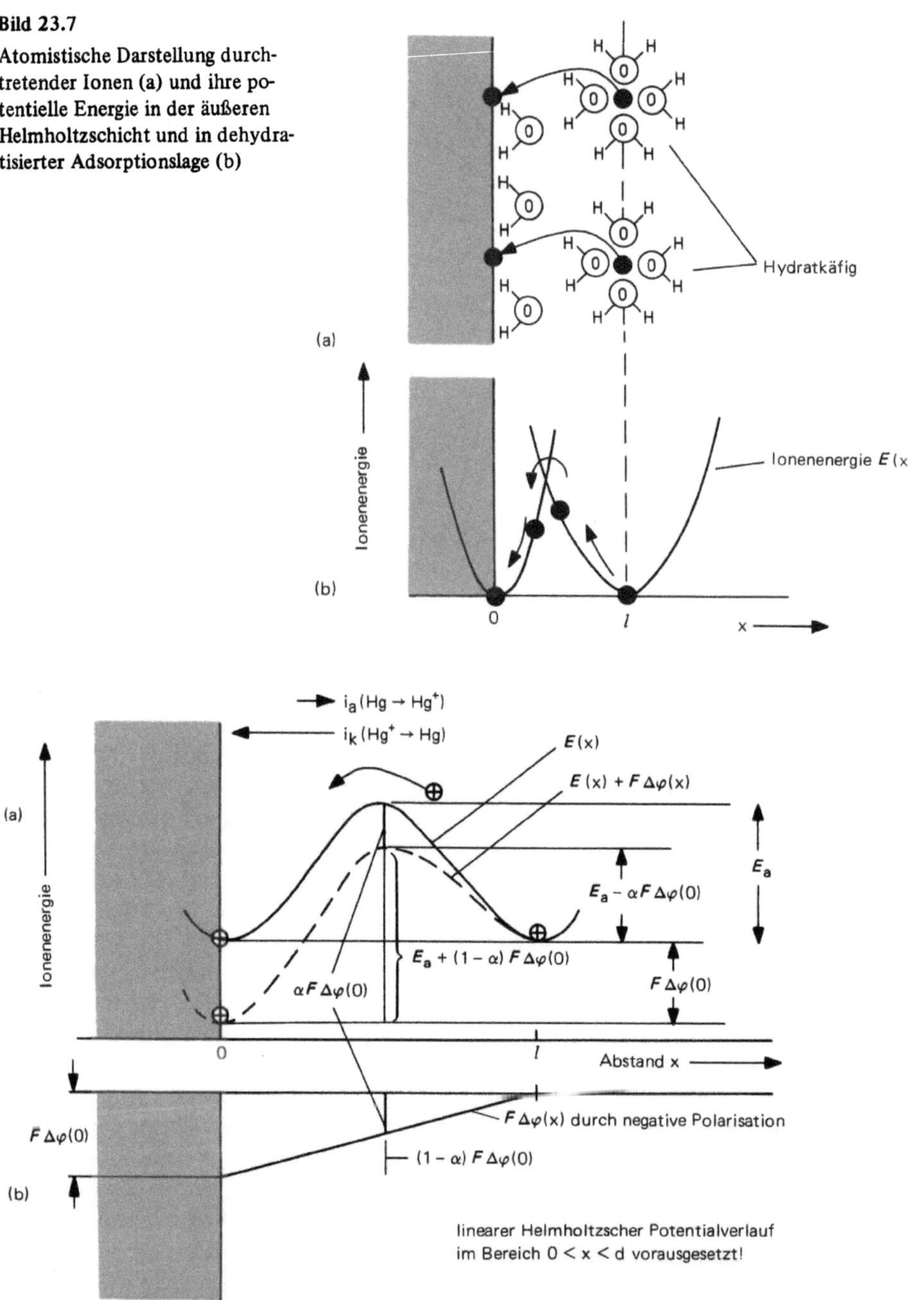

Bild 23.8 Aktivierungsberg für den Durchtritt eines Kations ohne und mit äußerer negativer Polarisation des Metalles (a) und die dadurch verursachte elektrische Energieänderung F $\Delta\varphi$ (b); der Potentialverlauf in der Grenzschicht wurde als linear angenommen

Tabelle 23.1: Austauschströme i_0 der Elektrodenreaktion $2H^+ + 2e^- \longrightarrow H_2$ (1 m H_2SO_4) an verschiedenen Metallen (*J. O'M. Bockries, N. Bonciocal, F. Gutmann*): An Introduction to Electrochemical Science, Wykeham Publ. Ltd., London 1974)

Metall	i_0 in Am^{-2}
Pd, Pt	8
Rh, Ir	2
W	$1 \cdot 10^{-2}$
Ni	$3 \cdot 10^{-2}$
Nb	$1 \cdot 10^{-3}$
Ti	$6 \cdot 10^{-5}$
Cd	$1 \cdot 10^{-7}$
Hg	$6 \cdot 10^{-9}$

der Ausgangs- und der Endzustand energetisch gleich hoch, so daß weder ein Strom in die eine noch in die andere Richtung meßbar ist. Trotzdem gibt es ständig Ströme in beiden Richtungen, sogenannte *Austauschströme*. Diese sind im Gleichgewicht gleich groß und kompensieren sich nach außen hin. Es ist dies ein sehr schönes Beispiel für ein kinetisches oder dynamisches Gleichgewicht, in dem $i_a = i_k = i_0 = $ const (Tabelle 23.1).

Polarisieren wir die Elektrode negativ, so verrücken wir den Endzustand energetisch nach unten und heben die Energieverhältnisse in der Lösung an (Bild 23.8). Dadurch wird der Aktivierungsberg E_a in Richtung der Metalloberfläche um einen gewissen Bruchteil α der elektrischen Energie $F \Delta\varphi(0)$ erniedrigt (n wurde einfachheitshalber 1 gesetzt) und beträgt $E_a - \alpha F \Delta\varphi(0)$. Zur Berechnung des kathodischen Stromes i_k gehen wir von der allgemeinen Stromdefinition

$$i \equiv e \frac{dN}{dt} = N_A e \frac{dn}{dt} \sim F \frac{dc}{dt} \tag{9}$$

aus und verwenden zur Berechnung der Reaktionsgeschwindigkeit eine der aus Kapitel 22 bekannten Theorien mit der Aktivierungsenergie $E_a - \alpha F \Delta\varphi(0)$:

$$i_k \sim F \frac{dc_{ox}}{dt} = (-) F c_{ox} e^{-\frac{E_a - \alpha F \Delta\varphi(0)}{RT}} \, . \qquad (\text{z. B. ox} = Hg^+) \tag{10}$$

i_k wird in unserem Strom-Spannungsbild als negativer Strom definiert. Andererseits fließt in der umgekehrten Richtung der anodische Strom i_a, der aber wegen der höheren Aktivierungsenergie $E_a + (1 - \alpha) F \Delta\varphi(0)$ nicht so groß wie i_k ist:

$$i_a \sim F c_{red} e^{-\frac{E_a + (1-\alpha)F \Delta\varphi(0)}{RT}} \, . \qquad (\text{z. B. red} = Hg) \tag{11}$$

Den anodischen Strom zählen wir positiv, so daß sich der gesamte makroskopisch meßbare Strom zu

$$i \equiv i_a + i_k \sim F c_{red} e^{-\frac{E_a + (1-\alpha)F \Delta\varphi(0)}{RT}} - F c_{ox} e^{-\frac{E_a - \alpha F \Delta\varphi(0)}{RT}} \tag{12}$$

ergibt. Vereinfachen wir Gl. (12), indem wir für die Größen vor den e-Potenzen i_0 schreiben (schon aus Dimensionsgründen müssen diese einen Strom darstellen), so können wir i_0 mit dem vorhin definierten Austauschstrom im Gleichgewicht identifizieren. Dazu brauchen wir nur in Gl. (12) $i = 0$ und $\Delta\varphi(0) = 0$ setzen und erhalten $i_0 \sim e^{-E_a/RT}$, so daß letztlich

$$i = i_0 \left\{ e^{-\frac{(1-\alpha)F \Delta\varphi(0)}{RT}} - e^{\frac{\alpha F \Delta\varphi(0)}{RT}} \right\} . \tag{13}$$

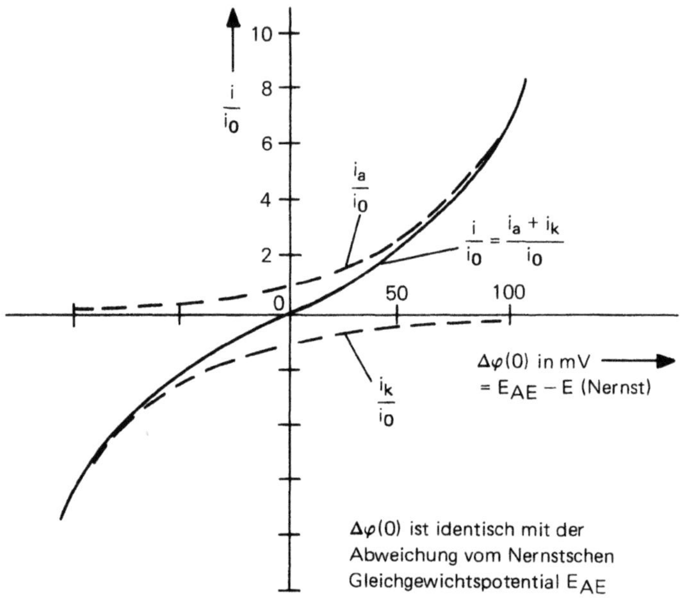

Bild 23.9 Theoretische Strom-Spannungskurve i ($\Delta \varphi$) sowie die Teilstrom-Spannungskurven i_k ($\Delta \varphi$) und i_a ($\Delta \varphi$) mit $\alpha = 1/2$ für durchtrittskontrollierte Reaktionen

In Bild 23.9 wurde i/i_0 gegen $\Delta \varphi(0)$ für den Spezialfall $\alpha = 1/2$ aufgetragen. Bei großen positiven und negativen $\Delta \varphi$-Werten überwiegt immer ein Einzelterm (i_a oder i_k), so daß ein exponentieller Stromanstieg zustandekommt. Bei kleinen $\Delta \varphi$-Werten ist i hingegen durch einen hyperbolischen Verlauf charakterisiert. Denn mit Hilfe der Euler-schen Identität $2 \sinh x = e^x - e^{-x}$ läßt sich Gl. (13) mit $\alpha = 1/2$ auch schreiben:

$$i = 2\,i_0 \sinh \frac{F\Delta\varphi(0)}{2RT} \;.$$

(14)

Nach diesem kinetischen Konzept setzt sich die Gesamtstromkurve immer additiv aus zwei exponentiellen Einzelstromkurven zusammen, deren Steilheit der Durchtrittsfaktor α bestimmt. Er läßt sich aus einer lgi, $\Delta \varphi$-Darstellung bei großen positiven und negativen $\Delta \varphi$-Werten ermitteln. Er verkörpert neben i_0 das Charakteristische einer Durchtritts-reaktion, d. h. er stellt ein Maß dar, wie gut der Durchtritt von Ionen durch die Phasen-grenzfläche erfolgt. Um ihn theoretisch zu berechnen, bedarf es allerdings besserer ato-marer Potentialmodelle als das hier verwendete, genauer gesagt quantenmechanischer. Aber wenn man bedenkt, wie schwierig quantenmechanische Berechnungen schon für ganz einfach gebaute Moleküle sind, so ist es kein Wunder, daß solche Berechnungen für die Grenzfläche noch nicht sehr gereift sind.

Eine praktische Anwendung von Strom-Spannungsmessungen stellt die *Polaro-graphie* dar, die heute zu einem gängigen instrumentellen Hilfsmittel in der chemischen Analyse geworden ist. Sie basiert auf diffusionskontrollierten Reaktionen. Bild 23.10

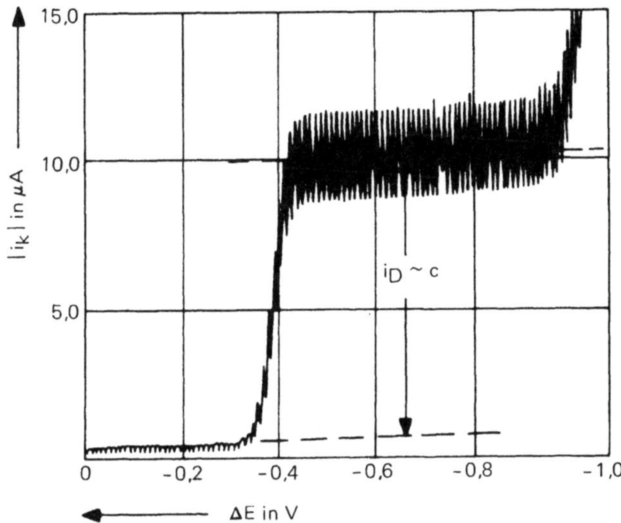

Bild 23.10
Typische polarographische Strom-Spannungskurve als Beispiel für eine diffusionskontrollierte Elektrodenreaktion (die Stromschwankungen kommen durch die fallenden Hg-Tropfen zustande)

zeigt eine polarographische Strom-Spannungskurve. Charakteristisch ist ihr S-förmiger Stromverlauf, auch *polarographische Stufe* genannt. Arbeitselektrode ist eine tropfende Hg-Elektrode und Elektrolyt ist z.B. eine KCl-Lösung. Diese AE verhält sich wie eine ideal polarisierbare Elektrode und bei Spannungserhöhung in negativer Richtung fließt anfänglich ein kapazitiver Ladestrom, der den geringen linearen Anstieg des kathodischen Stroms verursacht. Erreicht die AE das Potential einer möglichen Elektrodenreaktion, z. B. das der Abscheidung von Cd^{++}-Ionen aus der Lösung, so beginnt ein Reaktionsstrom zu fließen, der durch die Zudiffusion von Cd^{++}-Ionen aus der Lösung kontrolliert wird. Die Elektrode wird damit unpolariserbar, und ihr Potential kann nicht mehr in dem Ausmaß wie vorher ansteigen, bis alle in der Grenzfläche vorhandenen Cd^{++}-Ionen abgeschieden sind. Zur Erklärung der S-Kurvenform kann man wie folgt vorgehen.

Würde man das Abscheidungspotential (= Nernstsches Potential) mit einem hängenden Hg-Tropfen erreichen und ließe man dieses Potential zeitlich konstant, so würde sich alles Cd^{++} aus der Lösung abscheiden (Elektrolyse). Dadurch, daß aber immer wieder neue Tropfen entstehen, kann sich mit den Ionen der Lösung kein Gleichgewicht einstellen. Potentialbestimmend sind daher nicht die Cd^{++}-Ionen in der Lösung, sondern die nahe der Grenzfläche. Elektrochemisches Gleichgewicht läßt sich also nur bezüglich der Konzentrationen von oxidierter und reduzierter Form (c_{Ox}^0 und c_{red}^0) an der Grenzfläche formulieren. Es bestimmt die zwischen der AE und RE meßbare Spannung ΔE:

$$\Delta E = E_{AE} - E_{RE} = E_{Cd/Cd^{++}}^\circ + 0{,}0296\ \lg \frac{c_{Cd^{++}}^0}{c_{Cd}^0} - E_{RE}\,. \tag{15}$$

Erhöht man die äußere Spannung weiter, so muß sich an jedem neuen Tropfen das entsprechende Konzentrationsverhältnis $c_{Cd^{++}}^0/c_{Cd}^0$ neu einstellen. Weiter als bis auf Null kann aber $c_{Cd^{++}}^0$ nicht abnehmen, so daß es schließlich zu einem stationären Zustand kommt, in dem alle zudiffundierenden Cd^{++}-Ionen sofort reagieren. Der Strom i ist also zu jedem Zeitpunkt von der Zudiffusion aus der Lösung abhängig und wird durch das Konzentrationsgefälle zwischen der Lösung und der Grenzfläche bestimmt.

Da die Dicke des Phasengrenzraumes als konstant angenommen werden kann, läßt sich der Diffusionsstrom der Konzentrationsdifferenz ($c_{Cd^{++}} - c^0_{Cd^{++}}$) proportional setzen. Denn je größer der Konzentrationsunterschied ist, umso mehr Cd^{++}-Ionen diffundieren pro Zeiteinheit zur Grenzfläche (vgl. Abschnitt 23.7):

$$i \equiv jA = -DA\,\text{grad}\,c = k_1\,(c_{Cd^{++}} - c^0_{Cd^{++}}) \tag{16}$$

Den größten Diffusionsstrom erhält man im stationären Zustand mit $c^0_{Cd^{++}} = 0$

$$i_D = k_1\,c_{Cd^{++}}. \tag{17}$$

Andererseits entsteht c^0_{Cd} in dem Maße wie i fließt, so daß zugleich gilt:

$$c^0_{Cd} = k_2\,i. \tag{18}$$

Aus Gl. (16) und Gl. (17) läßt sich die Konzentration $c^0_{Cd^{++}}$ ausrechnen:

$$c^0_{Cd^{++}} = \frac{i_D - i}{k_1}. \tag{19}$$

Führen wir Gl. (18) und Gl. (19) in Gl. (15) ein, so bekommen wir den gesuchten Zusammenhang zwischen der Spannung ΔE und dem Strom i, allerdings in etwas unhandlicher Form:

$$\Delta E = E^0_{Cd/Cd^{++}} - E_{RE} - 0{,}0296\,\lg k_1 k_2 + 0{,}0296\,\lg \frac{i_D - i}{i}. \tag{20}$$

Mit Hilfe des Begriffes *Halbstufenspannung* $\Delta E_{1/2}$ läßt sich dieser Zusammenhang einfacher gestalten. Denn unmittelbar aus Gl. (20) folgt für den Spezialfall $i = i_D/2$:

$$\Delta E_{1/2} = E^0_{Cd/Cd^{++}} - E_{RE} - 0{,}0296\,\lg k_1 k_2. \tag{21}$$

$\Delta E_{1/2}$ ist konzentrationsunabhängig und ionenspezifisch. Mit Gl. (21) ergibt sich aus Gl. (20)

$$\Delta E = \Delta E_{1/2} + 0{,}0296\,\lg \frac{i_D - i}{i} \tag{22}$$

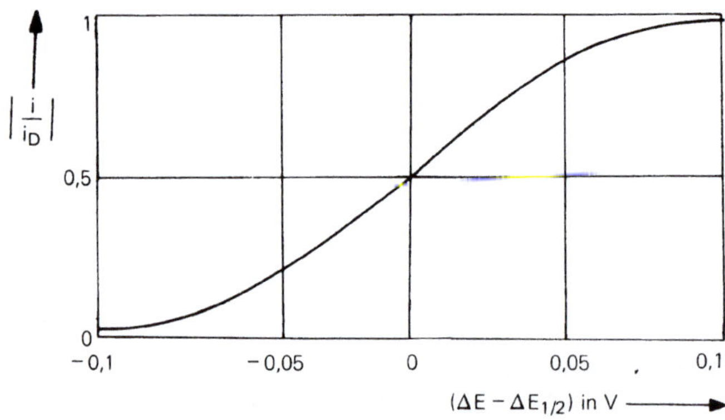

Bild 23.11 Theoretische Strom-Spannungskurve für diffusionskontrollierte Reaktionen

und nach Entlogarithmieren für den kathodischen Strom

$$\frac{i}{i_D} = \frac{1}{10^{(\Delta E - \Delta E_{1/2})33,84} + 1} \tag{23}$$

In Bild 23.11 wurde i/i_D gegen $\Delta E - \Delta E_{1/2}$ in einem Diagramm aufgetragen. Die polarographische Konzentrationsbestimmung beruht nun einfach auf Gl. (17), wonach der Diffusionsstrom i_D im stationären Zustand proportional der Metallionenkonzentration ist. Eine Messung von i_D (nach Eichung) erlaubt somit eine direkte Konzentrationsbestimmung.

23.3 Festkörperkontakte

In Kapitel 14 wurde je nach Größe des Bandabstandes zwischen Valenz- und Leitfähigkeitsband, zwischen gut leitenden Metallen, halbleitenden Valenzkristallen und isolierenden Ionenkristallen unterschieden. Technisch von Bedeutung sind die Phasengrenzflächen zwischen zwei Metallen bzw. zwei Halbleitern. Charakteristisch für beide Arten von Grenzflächen ist, daß sie im Gegensatz zu den Metall/Elektrolytgrenzflächen nur vom Durchtritt der Elektronen bzw. der positiven Löcher (Defektelektronen) bestimmt werden. Der Ionendurchtritt spielt nur eine untergeordnete Rolle. Auch bei Festkörperkontakten kann mit Erfolg das elektrochemische Potentialkonzept angewendet werden.

Man betrachte zunächst zwei Metalle mit unterschiedlichen Fermienergien ϵ_F (Abschnitt 14.3) und Austrittsarbeiten ϵ_A (Bild 23.12). Ein jedes wird durch einen Energie- bzw. Potentialtopf simuliert. Die *Austrittsarbeit* ist die Energie, die notwendig ist, um Elektronen aus dem obersten besetzten Niveau (Ferminiveau bei $T = 0$) ins Vakuum (Energienullpunkt) abzulösen. Bringt man beide Metalle in Kontakt, so fließen wegen des Niveau- und Konzentrationsunterschiedes Elektronen aus dem Topf mit der größeren Fermienergie in den anderen. Da es sich bei den Elektronen um geladene Teilchen handelt, kann kein völliger Konzentrationsausgleich stattfinden (vgl. Membrangleichgewicht mit

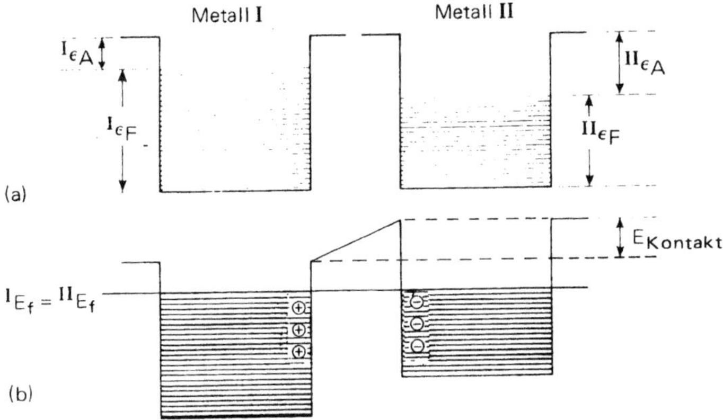

Bild 23.12 Potentialtöpfe zweier verschiedener Metalle vor (a) und nach der Kontaktierung (b)

einer durchtrittsfähigen Ionensorte in Abschnitt 21.6). Denn schon bei einem Übertritt kleinster Ladungsmengen verschieben sich die beiden Töpfe energie- bzw. potentialmäßig gegeneinander. Der eine wird positiver und der andere negativer. Elektronentransfer erfolgt solange, bis die beiden Fermienergien gleich groß geworden sind. Der entstehende Potential- bzw. Energieunterschied wird hier *Kontaktpotential* (E_{Kontakt}) genannt. Ausgleich der Fermienergien heißt in der Sprache der Elektrochemie Ausgleich der elektrochemischen Potentiale der Elektronen in den beiden metallischen Phasen:

$$^{\text{Metall I}}\eta_e = {}^{\text{Metall II}}\eta_{e^-} . \tag{24}$$

Wir können die Fermienergie thermodynamisch als das elektrochemische Potential der Elektronen ansehen und erhalten dann mit der Konzentrationsabhängigkeit für das Kontaktpotential:

$$^{\text{I}}\eta - {}^{\text{II}}\eta = {}^{\text{I}}\mu^° + F\,{}^{\text{I}}\varphi + R\,T\ln{}^{\text{I}}c - ({}^{\text{II}}\mu^° + F\,{}^{\text{II}}\varphi + RT\ln{}^{\text{II}}c) = 0, \tag{25}$$

$$E_{\text{Kontakt}} \equiv \Delta\varphi = \frac{1}{F}\left({}^{\text{I}}\mu^° - {}^{\text{II}}\mu^° + RT\ln\frac{{}^{\text{I}}c}{{}^{\text{II}}c}\right). \tag{26}$$

Eng verwandt, jedoch keinesweg dasselbe, ist die sogenannte *Thermospannung* von *Thermoelementen,* die zur Temperaturmessung genutzt wird. Hat man wie in Bild 23.13 zwei solche Phasengrenzkontakte, die über dasselbe Metall I verbunden sind, so tritt

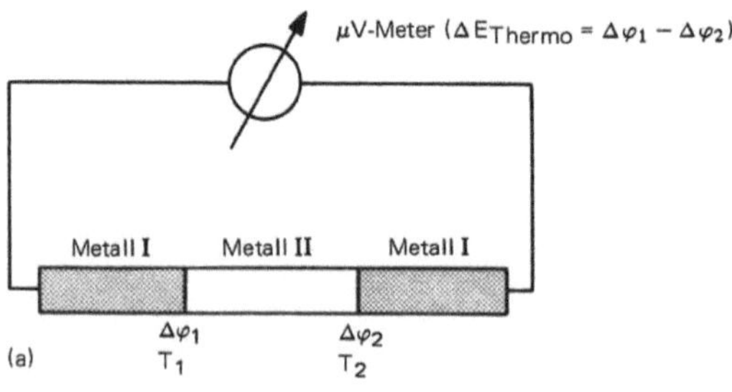

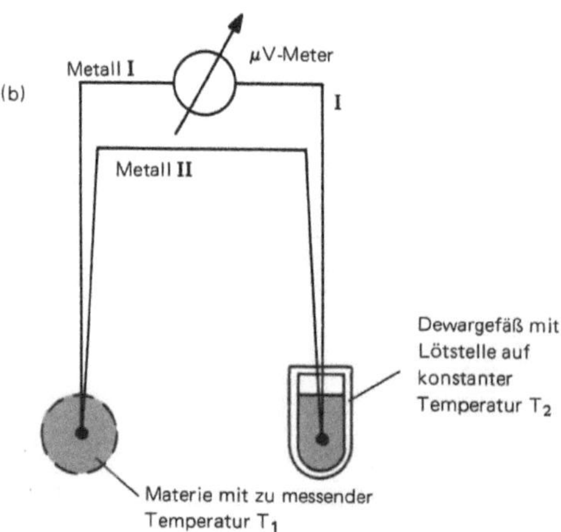

Bild 23.13

Skizze zur Entstehung einer Thermospannung (a) und zur Messung mit einem Thermoelement (b)

zwischen den Phasen I eine Spannung auf, wenn sich die beiden Kontakte auf verschiedenen Temperaturen befinden. Bei der Thermospannung handelt es sich also um die Differenz zweier Kontaktpotentiale. Sie heben sich bei gleicher Temperatur gegenseitig auf. Mit Hilfe von Gl. (26) erhalten wir für die Thermospannung bei den Temperaturen T_1 und T_2:

$$\Delta E_{\text{Thermo}} = \Delta\varphi_1 - \Delta\varphi_2 = (T_1 - T_2)\,\frac{R}{F}\,\ln\frac{{}^{\text{I}}c}{{}^{\text{II}}c}\,. \tag{27}$$

Die Thermospannung ΔE_{Thermo} ist damit direkt proportional der Temperaturdifferenz an den beiden Kontakten. Proportionalitätskonstante ist der Logarithmus des Verhältnisses der zwei Elektronenkonzentrationen. Da diese in den Metallen normalerweise sehr groß, aber wenig unterschiedlich sind, ist auch der Logarithmus sehr klein. Die Proportionalitätskonstante bekommt deshalb die Größenordnung μVK^{-1}, weshalb man zur Temperaturmessung sehr empfindliche Voltmeter benötigt. Experimentell geht man so vor, daß man eine Kontaktstelle (geschweißt oder gelötet) auf konstanter Temperatur hält und die andere in die Materie gibt, von der man die Temperatur messen will. Sehr oft wird auch auf die erste Lötstelle verzichtet, nur muß dann das System geeicht werden. Die Funktion der zweiten Lötstelle übernimmt ein beliebiger Kontakt am Voltmeter (bei Zimmertemperatur).

Während der Potentialsprung bei Metall-Metallkontakten wegen der Flächenladungen direkt an beiden Oberflächen lokalisiert ist, erscheint er bei den Halbleitern „diffus". Denn die Halbleiterleitfähigkeiten sind nicht so groß, die Ladungen erstrecken sich in das Innere und werden zu Raumladungen. Halbleiterkontakte beinhalten daher ebenfalls elektrische Doppelschichten; diese sind je nach Polarisation (positiv oder negativ) für Elektronen verschieden stark durchlässig. Die Doppelschichten haben in einer Richtung Sperrcharakter und können deshalb als Gleichrichter und Transistoren Anwendung finden. Wie kommt es zu solchen Sperrwirkungen?

Wird z. B. ein n-halbleitender Si-Einkristall mit einem p-halbleitenden Si-Einkristall kombiniert, so erlangt der Kontakt ausgesprochene Gleichrichterwirkung, wenn er mit Wechselstrom belastet wird. In Bild 23.14 ist eine schematische Darstellung der Energieverhältnisse im Moment der Kontaktherstellung und nachher zu sehen. Im Gleichgewichtszustand sind die Energiebänder „verbogen". Bei der Herstellung des Kontaktes fließen

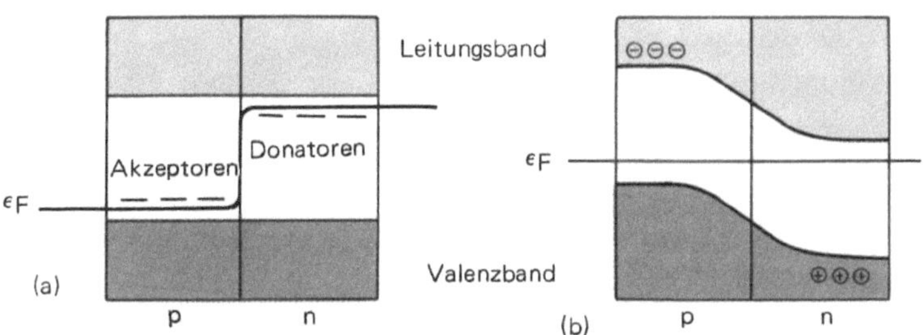

Bild 23.14 Bändermodelle von p- und n-leitendem Si vor (a) und nach der Kontaktierung (b) (*W. J. Moore:* Der feste Zustand, Vieweg, Wiesbaden, 1977)

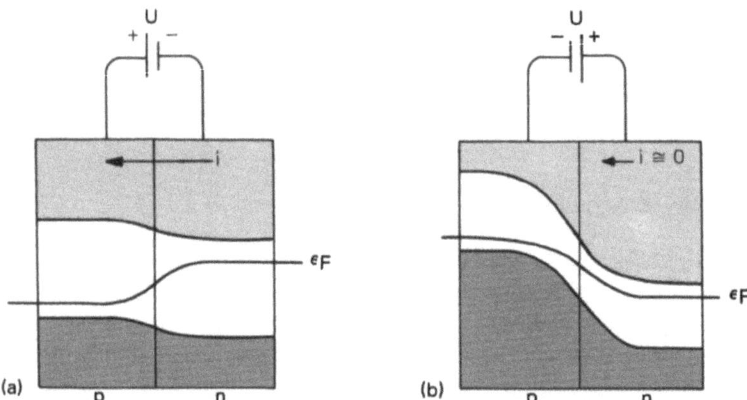

Bild 23.15 Bändermodell eines pn-Kontaktes mit Polung in Durchlaßrichtung (a) und mit Polung in Sperrichtung (b) (*W. J. Moore:* Der feste Zustand, Vieweg, Wiesbaden, 1977)

Elektronen vom Leitungsband der n-Seite über die scharfe Kante der Fermienergie (Diskontinuität im elektrochemischen Potential) ins Leitungsband der anderen Seite und positive Löcher (Defektelektronen) von der p-Seite in das Valenzband der n-Seite. Bis zum Ausgleich des elektrochemischen Potentials verschieben sich gegenseitig die Potentiale bzw. Energien sowohl der n- als auch der p-Seite. Ein solcher pn-Kontakt sperrt den Stromdurchgang einseitig. Legt man nämlich an den Kontakt eine äußere Spannung so an, daß der positive Pol an die n-Seite kommt, so wird der Elektronenfluß von rechts nach links gesperrt (Bild 23.15). Bei umgekehrter Polung ist der Kontakt offen. In einer solchen Energiedarstellung fließen die Elektronen den „Berg" hinunter. Was beim Polarisieren gegenüber dem Gleichgewichtszustand passiert, ist einmal mehr ein gegenseitiges Verschieben der Energiezustände in den beiden Phasen. Positives Polarisieren bedeutet ein

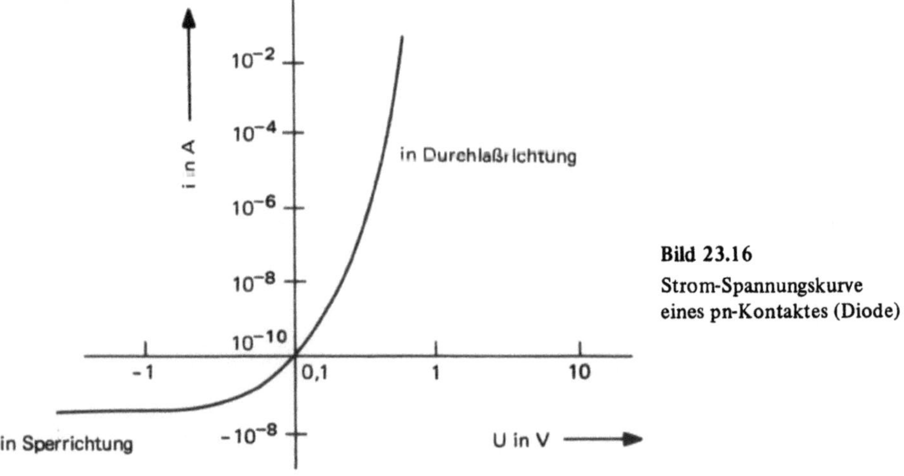

Bild 23.16
Strom-Spannungskurve eines pn-Kontaktes (Diode)

Absenken der Elektronenenergie usw. Da verschiebbare Elektronen nur im Leitungsband vorkommen, müßten diese das η-Gefälle hinaufwandern (Sperre!). Das Gleiche gilt für die positiven Löcher in umgekehrter Richtung.

Beim soeben beschriebenen pn-Kontakt war die Zahl der Elektronen gleich groß wie die Zahl der positiven Löcher, beide Phasen also gleichmäßig mit Fremdatomen dotiert. Durch ungleichmäßiges Dotieren kann die Gleichrichterwirkung noch weiter verstärkt werden, was man in der Industrie ausnutzt. Gleichrichter, die heute in der Elektronikindustrie verwendet werden, beruhen fast ausschließlich auf p- und n-dotierten Siliciumdioden. Gleichrichtende Wirkung erkennt man am einfachsten und schnellsten durch Aufnehmen einer Strom-Spannungscharakteristik (Bild 23.16). Der noch in Sperrichtung fließende Reststrom (*Leckstrom*) ist ein thermisch bedingter Diffusionsstrom.

23.4 Adsorption von Gasmolekülen an Festkörperoberflächen

Wesentlichster physikalischer Unterschied zwischen fest-gasförmigen Grenzflächen und den bisher aufgezählten besteht in der Ladung der „durchtrittsfähigen" Teilchen. Gasmoleküle sind bis auf ganz wenige, spezielle Ausnahmen neutral, so daß es keine diffusen Raumladungen geben kann. Es fehlen deshalb auch alle experimentellen Verfahren, die auf der Messung von Strom-Spannungskurven beruhen. Wenn wir die Diskussion solcher Grenzflächen eröffnen, gehen wir am besten vom Modell der „hydratisierten" Metalloberfläche einer Metall-Elektrolytelektrode aus (Abschnitt 23.1). Mittelpunkt der Diskussion wird hier der adsorbierte Zustand sein, da alle in Abschnitt 23.1 genannten Zwischenzustände fehlen. Mit anderen Worten, es wird um die Wechselwirkungen einzelner Gasmoleküle mit der Festkörperoberfläche gehen. Anstelle von elektrischen Strömen durch die Phasengrenze bieten sich hier katalytische Reaktionen als experimentelles Hilfsmittel an. Aber auch Adsorptionsreaktionen ohne katalytischen Effekt leisten hier Hilfestellung.

Betrachten wir noch einmal Bild 23.12. Handelt es sich beim ersten Metall z. B. um Natrium und beim zweiten um Titan, so werden bei der Berührung Elektronen vom Natrium zum Titan fließen und dieses negativ aufladen. Bei adsorbierten Natriumatomen an Titanoberflächen kann man nun schwerlich von festem Metall sprechen, eher noch von einem zweidimensionalen Metall. Im Grenzfall ganz kleiner Belegungen hat man jedoch wirklich einzelne Natriumatome vorliegen. Wie sieht ihre Wechselwirkung mit dem Titan aus und findet wie früher ein Elektronenübergang statt oder nicht? Es spricht nichts dagegen, daß man statt der Austrittsarbeit des Natriummetalles die *Ionisierungsenergie* der Atome hernimmt und diese in Relation zur Austrittsarbeit des Titans setzt. Da in diesem Fall die Ionisierungsenergie kleiner als die Austrittsarbeit ist, kommt es zu einer Ionisierung der Natriumatome und infolgedessen zu einer elektrostatischen Attraktion (= *Adsorption*). Adsorbierte Atome verhalten sich also wie Donatoren oder Akzeptoren und können daher als solche im Energiediagramm dargestellt werden (Bild 23.17).

Ähnlich können wir das Entstehen einer Bindung bei der Adsorption von Molekülen erklären. Je nach der Größe ihrer Ionisierungsenergie im Vergleich zur Austrittsarbeit des Festkörpers findet ein Elektronenübertritt vom oder zum Festkörper statt. Direkt nachweisbar ist ein solcher Austausch z. B. über die Änderung der magnetischen Suszeptibilität (Abschnitt 7.5), wenn der Festkörper paramagnetisch ist. Denn mit einem Elektronen-

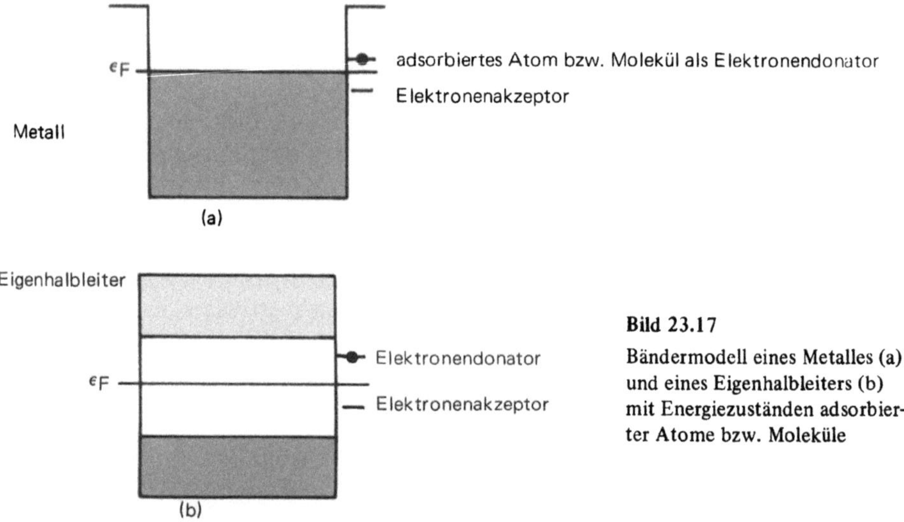

Bild 23.17
Bändermodell eines Metalles (a)
und eines Eigenhalbleiters (b)
mit Energiezuständen adsorbierter Atome bzw. Moleküle

übertritt ändert sich die Dichte der freien Elektronen und damit seine Suszeptibilität. So konnte z. B. *Selwood* folgende Elektronenverschiebungen bei der Adsorption an Nickeloberflächen feststellen:

Die Pfeile kennzeichnen die Richtung der Elektronenverschiebung im adsorbierten Zustand. Bei diesen Molekülen handelt es sich vorwiegend um Moleküle mit nicht besetzten Orbitalen. H_2O-Moleküle erfahren demnach eine ausrichtende Kraft mit gleichzeitiger Elektronenverschiebung (Polarisation). Alle Moleküle besitzen ja eine gewisse Polarisierbarkeit.

Wie verhält es sich aber mit solchen Molekülen wie den Kohlenwasserstoffen, deren Orbitale vollständig mit Elektronen besetzt sind? Diese haben ursächlich keine Möglichkeit, einen Austausch der genannten Art einzugehen. Ihre einzige Möglichkeit besteht darin, sich homolytisch (radikalisch) zu spalten, um dann in Radikalform adsorbiert zu werden. Argumente für diese Adsorptionsart stammen von Crackversuchen und von Austauschreaktionen mit D_2. An geeigneten Katalysatoren beobachtet man einen Austausch der D-Atome gegen die gebundenen H-Atome. Eine Donator- oder Akzeptorwirkung entwickeln solche Moleküle also nur in radikalischer Form.

Je nach der Art der durch den Austausch verursachten Bindung kann man zwischen *chemischer* und *physikalischer Adsorption* (abgekürzt Chemi- und Physisorption) unterscheiden. Denn Adsorption muß ja nicht bis zur völligen Ionisation der Moleküle gehen, sondern kann bereits bei einer Polarisation der Moleküle aufhören. Bei der Physisorption werden Moleküle van-der-Waalsartig und bei der Chemisorption durch Eingehen einer mehr oder weniger polaren Bindung gebunden. Erstere hat demnach den Charakter einer

Kondensation und letztere die Eigenschaften einer chemischen Reaktion. Wir werden später die Chemisorption durch ein chemisches Gleichgewicht beschreiben.

Es gibt zwar eine Fülle von Kombinationsmöglichkeiten Festkörper-Gas, eine allgemeine Theorie der Adsorption, z. B. eine, die auch die Oberflächenrauhheit berücksichtigt, gibt es jedoch nicht. Der adsorbierte Zustand muß jeweils am interessierenden Objekt studiert werden. Eine Vorhersage, auf welche Weise beliebige Moleküle an irgendeinem Festkörper adsorbieren, ist heue noch nicht möglich. Trotzdem kann nach *Schwab, Hauffe* u. a. auf Grund von katalytischen Reaktionen eine gewisse Systematik aufgestellt werden (Abschnitt 23.5).

Vergleicht man die Physisorption mit einer Kondensation und die Chemisorption mit einer chemischen Reaktion, so wäre sinngemäß die Physisorption durch ein chemisches Phasengleichgewicht der Art

$$\text{Gas (g)} \rightleftharpoons \text{Gas (flüssig)} \qquad \Delta H \equiv \Delta H_{Verd} \tag{28}$$

und die Chemisorption durch das chemische Gleichgewicht

$$\text{Gas (g)} \rightleftharpoons \text{Gas (adsorbiert)} \qquad \Delta H \equiv \Delta H_{Ads} \tag{29}$$

zu beschreiben. Der thermodynamisch wirksame Parameter ist hier nur die Reaktionswärme (*Adsorptionswärme*). Und zwar aus folgendem Grund: Im Gegensatz zu chemischen Reaktionen mit ihren positiven und negativen Reaktionswärmen haben Adsorptionswärmen immer *negative* Werte. Dies folgt unmittelbar aus der Tatsache, daß die Adsorptionsentropie negativ ist, denn der adsorbierte Zustand ist immer geordneter als der gasförmige. Da außerdem ΔG ebenfalls negativ ist (Adsorption ist ja eine spontane Reaktion), bedeutet dies nach dem Gibbs-Helmholtzschen Satz $\Delta H = \Delta G + T \Delta S$ eine negative Reaktionsenthalpie oder -wärme (mit einem Wert größer als $T \Delta S$). Physisorption und Chemisorption lassen sich natürlich nicht streng voneinander abgrenzen – die Grenze ist fließend. Bei der Physisorption beträgt die Adsorptionswärme meist weniger als 50 kJ mol^{-1} und ist damit von der Größenordnung der Verdampfungs- bzw. Kondensationswärme. Sie hängt praktisch nur von der Art des adsorbierenden Gases ab, während die Chemisorptionswärme zusätzlich von den Eigenschaften des Festkörpers beeinflußt wird. Letztere beträgt etwa 100 kJ mol^{-1} und mehr und entspricht damit einer chemischen Reaktionswärme.

Ist die Festkörperoberfläche einmal ganz mit chemisorbierten Gasmolekülen bedeckt, können weitere Moleküle nicht mehr chemisch gebunden werden. Weitere Adsorption erfolgt dann an die bereits bedeckte Oberfläche van-der-Waalsartig. Deshalb muß sich grundsätzlich auch die Adsorptionswärme mit dem Bedeckungsgrad ändern. Wenn zu Beginn die maximale Chemisorptionswärme frei wird, kann bei vollständiger Belegung (mit einer monomolekularen Schicht) nur mehr die Physisorptionswärme frei werden. Das Belegen und Freiwerden von Wärme erfolgt aber nicht sprunghaft bei einem ganz bestimmten Bedeckungsgrad, sondern allmählich. Bild 23.18 zeigt dies anschaulich an Hand der H_2-Adsorption an verschiedenen Festkörperoberflächen. In diesem Bild wurde die sogenannte *differentielle Adsorptionswärme* gegen den Bedeckungsgrad aufgetragen. Sie ist wie alle anderen partiellen Eigenschaften als die Änderung der *integralen Adsorptionswärme* mit dem Bedeckungsgrad definiert. Die integrale Adsorptionswärme würde also in Bild 23.18 durch eine Integration der differentiellen Adsorptionswärme vom Bedeckungsgrad Null an hervorgehen. Bei einer sprunghaften Änderung der integralen

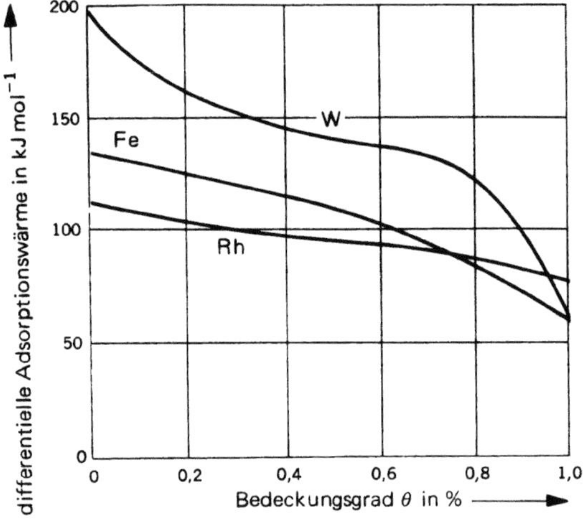

Bild 23.18
Differentielle Adsorptionswärme von H_2 an verschiedenen Metallen in Abhängigkeit vom Bedeckungsgrad (*O. Beeck:* Disc. Farad. Soc. 118 (1950))

Wärme müßte daher bei der differentiellen ein Maximum auftreten und bei einer linearen Änderung die differentielle Wärme konstant sein. Weder das eine noch das andere ist der Fall. Jede Oberfläche besitzt eine Energieverteilung ihrer *aktiven* adsorbierenden Stellen. Zunächst werden die aktivsten und dann die weniger aktiven abgesättigt, so daß zuerst die größte Adsorptionswärme auftritt. Eine andere Erklärung wäre folgende: Die chemische Bindung erfordert einen Elektronentransfer, und dieser kommt nach Erreichen einer gewissen Belegung allmählich zum Stillstand.

Sehr vielen Adsorptionsstudien liegen Messungen des Bedeckungsgrades als Funktion des Gasdruckes zugrunde. Da diese normalerweise bei konstanter Temperatur durchgeführt werden, bezeichnet man die gemessenen Volumen oder Gewicht, Druckkurven als *Adsorptionsisothermen.* Es wird also entweder die Volumenänderung des Gases oder die Gewichtszunahme des Festkörpers gemessen. Je nach Art der Adsorption besitzen die Isothermen eine unterschiedliche Kurvenform (Bild 23.19). Chemisorption ist bei Druckerhöhung immer mit einer *Zunahme* der adsorbierten Menge verknüpft, die mit steigendem Druck letztlich auf Null sinkt. Das heißt, bei genügend hohem Druck stellt sich ein fast konstanter druckunabhängiger Wert der adsorbierten Menge ein (Bild 23.19a). Danach kommt nur mehr Physisorption zum Tragen. Sie verursacht aber im Gegensatz zu vorher eine mit steigendem Druck größer werdende Zunahme (Bild 23.19b). Die adsorbierte Menge nimmt solange zu, bis der Druck erreicht wird, der dem Dampfdruck des flüssigen adsorbierten Gases entspricht. Die adsorbierten Moleküle verhalten sich dann wie Flüssigkeitsmoleküle.

Den grundsätzlichen Verlauf der Chemisorptionskurve beschreibt die Adsorptionsisotherme von *Langmuir.* Danach wird die Chemisorption bis zur Ausbildung einer zusammenhängenden monomolekularen Schicht als eine chemische Reaktion im Sinne von Gl. (29) aufgefaßt und die Reaktion mit Hilfe eines dynamischen Gleichgewichts (Abschnitt 22.3) behandelt. In diesem sind die Desorptions- und Adsorptionsgeschwindigkeiten gleich groß. Die Desorptionsgeschwindigkeit wird der Zahl der adsorbierten Mole-

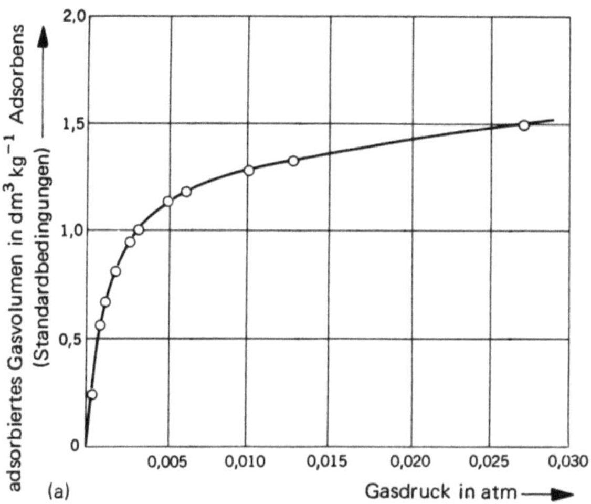

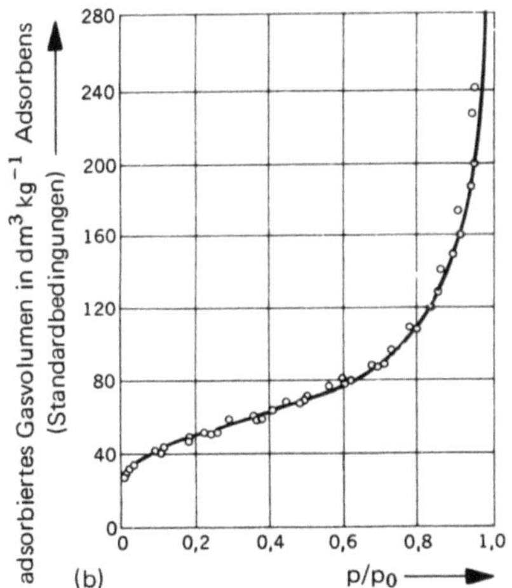

Bild 23.19

Adsorptionsisotherme von H_2 an Cu-Pulver bei 25 °C (a) und von N_2 an Kieselsäure (b) (p = Gasdruck und $p°$ = Gleichgewichtsdampfdruck von flüssigem N_2) (*A. F. Ward:* Proc. Roy. Soc. London A 133 (1931) 506 und *P. Emmet:* Catalysis I Reinhold Publ. Co. N. Y., 1954)

küle proportional gesetzt, und weil diese umso größer ist, je größer der Bruchteil der bedeckten Oberfläche ist, wird der lineare Ansatz gemacht:

$$\text{Desorptionsgeschwindigkeit} = k_1\,\theta\,. \tag{30}$$

Die Adsorptionsgeschwindigkeit hängt dagegen sowohl vom Gasdruck als auch von der Größe der unbedeckten Oberfläche ab. Denn die Adsorptionsgeschwindigkeit ist proportional der Zahl der auf die unbedeckte Oberfläche auftreffenden Gasmoleküle:

$$\text{Adsorptionsgeschwindigkeit} = k_2\,(1-\theta)\,p\,. \tag{31}$$

Im dynamischen Gleichgewicht ist

$$k_1\,\theta = k_2\,(1-\theta)\,p, \tag{32}$$

woraus durch Umformen resultiert:

$$\theta = \frac{k_2\,p}{k_1 + k_2\,p}\,.$$

(33)

Nach Einführen einer Gleichgewichtskonstanten

$$K = \frac{k_2}{k_1}$$

(34)

ergibt sich schließlich für den Bedeckungsgrad θ in Abhängigkeit vom Gasdruck p:

$$\theta = \frac{Kp}{1 + Kp}\,.$$

(35)

Gl. (35) ist die Langmuirsche Adsorptionsisotherme. Bei kleinen Drücken kann im Nenner Kp gegen 1 vernachlässigt werden und bei hohen Drücken überwiegt p, so daß dann $\theta = 1$ wird. Dieses Sättigungsverhalten stimmt bei fast allen Adsorptionsisothermen mit der Theorie überein. Um die Übereinstimmung mit dem Experiment über den ganzen Druckbereich zu überprüfen, formt man Gl. (35) zweckmäßigerweise um. Bezeichnet man die experimentell gemessene adsorbierte Menge bei einem bestimmten Druck mit y und die bei vollständiger Belegung mit y_{max}, so ist der Bedeckungsgrad durch

$$\theta = \frac{y}{y_{max}}$$

(36)

gegeben. Führt man diesen Ausdruck in Gl. (35) ein, so resultiert nach Umformen:

$$\frac{p}{y} = \frac{p}{y_{max}} + \frac{1}{Ky_{max}}\,.$$

(37)

Trägt man demzufolge p/y gegen p in einem Diagramm auf, so sollten die Meßpunkte auf einer Geraden liegen, wenn es sich um Chemisorption handelt. Die Steigung der Geraden liefert einen Wert für $1/y_{max}$ und der Ordinatenabschnitt einen Wert für $1/Ky_{max}$. Aus beiden folgt dann ein K-Wert.

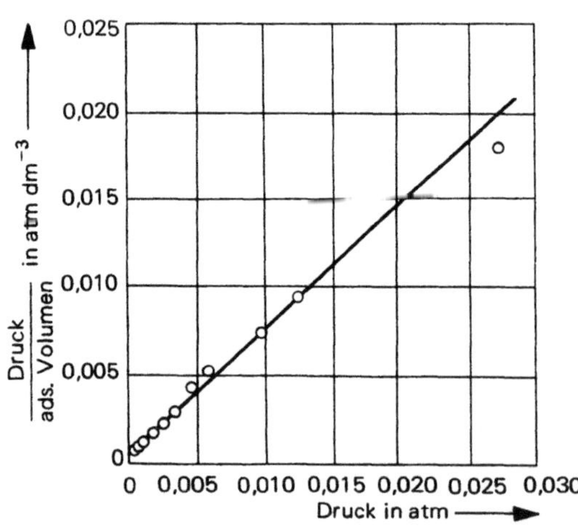

Bild 23.20

Langmuirsche Auswertung der Adsorptionsisotherme von H_2 an Cu-Pulver (Daten aus Bild 23.19a)

Viele Isothermen weisen tatsächlich einen Langmuirschen Verlauf auf (siehe z. B. Bild 23.20). Das bedeutet aber atomar gesehen nicht sehr viel, denn dazu müßte K absolut berechnet werden können. Auch wurde von vornherein eine Abhängigkeit der Adsorptionswärme vom Bedeckungsgrad nicht berücksichtigt. Eine weitere Einschränkung der Interpretierbarkeit folgt aus der Tatsache, daß der Langmuirmechanismus die Physisorption nicht wiedergibt. In diesem Sinne erweiterte Theorien wie die von *Brunauer, Emmet* und *Teller* kommen über eine phänomenologische Darstellung nicht hinaus. Damit ähneln die Adsorptionsisothermen in ihrer Aussagekraft den kinetischen Geschwindigkeitsgleichungen.

Um trotzdem etwas über den Adsorptionsmechanismus aussagen zu können, muß man zu allererst eine Vorstellung von der Größe einer Festkörperoberfläche haben. Die einfachste Methode der Oberflächenbestimmung basiert auf der Langmuirschen Adsorptionsisotherme und ist daher auf den Bereich der Chemisorption eingeschränkt, also nicht immer anwendbar. An Hand der H_2-Adsorption an Cu (Bild 23.20) soll die *spezifische Oberfläche* (Oberfläche pro kg Adsorbens) ermittelt werden. Dem Langmuirdiagramm entnimmt man für die Steigung der Geraden den Wert

$$\frac{1}{y_{max}} = 0,735 \text{ dm}^{-3} \tag{38}$$

und für ihren Ordinatenabschnitt den Wert

$$\frac{1}{Ky_{max}} = 5,3 \cdot 10^{-4} \text{ atm dm}^{-3}. \tag{39}$$

Daraus ergibt sich $y_{max} = 1,36 \text{ dm}^3$ und $K = 1390 \text{ atm}^{-1}$, so daß die Adsorptionsisotherme explizit lautet:

$$y = \frac{1900 \, p}{1 + 1390 \, p}. \tag{40}$$

Unter Standardbedingungen besitzt die an 1 kg Adsorbens maximal adsorbierte Gasmenge ein Volumen von $1,36 \text{ dm}^3$, was einer Zahl von

$$N = \frac{1,36 \cdot 6,02 \cdot 10^{23}}{22,4} = 3,6 \cdot 10^{22} \tag{41}$$

H_2-Molekülen entspricht. Um den Platzbedarf eines Moleküls abzuschätzen, nehmen wir an, daß sich der Wasserstoff an der Oberfläche wie eine Flüssigkeit (Dichte $0,07 \text{ kg dm}^{-3}$) verhält. Der Platzbedarf pro Molekül beträgt daher

$$\left(\frac{V}{N_A}\right)^{\frac{2}{3}} = \left(\frac{2 \cdot 10^{-6}}{0,07 \cdot 6 \cdot 10^{23}}\right)^{\frac{2}{3}} = 1,32 \cdot 10^{-19} \text{ m}^2 \tag{42}$$

und die Oberfläche pro kg Adsorbens

$$N \left(\frac{V}{N_A}\right)^{\frac{2}{3}} = 3,6 \cdot 10^{22} \cdot 1,32 \cdot 10^{-19} = 4750 \text{ m}^2. \tag{43}$$

In der Praxis verwendet man statt der Langmuirschen Isotherme besser die Isotherme von *Brunauer, Emmett* und *Teller*, weil sie im Bereich physikalischer Adsorption

Tabelle 23.2: Die spezifische Oberfläche eines Nickelfilmes bei verschiedenen Gasbelegungen (*O. Beeck, A. W. Ritchie:* Disc. Farad. Soc. 8 (1950) 159)

Gas	Oberfläche/Molekül Å^2	Zahl der Moleküle in einer monomolekularen Schicht an 1 kg Ni	Oberfläche $m^2 kg^{-1}$
Kr	14,6	$6,15 \cdot 10^{22}$	9000
CH_4	15,7	5,40	8500
$n\text{-}C_4H_{10}$	24,5	3,48	8500

Tabelle 23.3: Das zur Schaffung einer monomolekularen Bedeckung von verschiedenen Katalysatorenoberflächen erforderliche N_2-Volumen unter Standardbedingungen; der Platzbedarf eines N_2-Moleküls wurde zu 16,2 Å^2 angenommen (*P. H. Emmett:* Catalysis I, Reinhold Publ. Co. New York, 1955)

Material	spezifisches N_2-Volumen $dm^3 kg^{-1}$	spezifische Oberfläche $m^2 kg^{-1}$
Cu Katalysator	0,09	390
Fe, K_2O Katalysator 930	0,14	610
Fe, Al_2O_2, K_2O Katalsysator 931	0,81	3 500
Fe, Al_2O_3 Katalysator 954	2,86	12 600
Cr_2O_3	53,3	230 000
Silicagel	116,2	500 000

arbeitet und daher fast immer anwendbar ist. Das Verfahren ist dem eben skizzierten vollkommen analog. Tabelle 23.2 gibt die aus verschiedenen Gasbelegungen ermittelte spezifische Oberfläche eines Nickelpulvers wieder. In Tabelle 23.3 sind dagegen die spezifischen Oberflächen verschiedener Katalysatormaterialien bei derselben Gasbelegung angegeben. Allen so bestimmten Oberflächenwerten ist gemein, daß sie nur mittlere Werte darstellen, zumal die spezifischen Eigenheiten der Oberflächen weder in der einen noch in der anderen Theorie berücksichtigt werden. Die besondere Beschaffenheit der Oberflächen führt zu ganz verschiedenen Oberflächenwerten. Zum Beispiel: Sind Poren für große Gasmoleküle zu eng, können sie nicht mit diesen belegt werden und liefern zu kleine Oberflächenwerte. Bei der Angabe von Oberflächenwerten ist daher auch immer die Art des verwendeten Gases anzugeben.

In diesem Zusammenhang sei auch auf die sogenannten *Molekularsiebe* hingewiesen. Sie bestehen z. B. aus dehydratisierten *Zeolithen* und besitzen Poren einheitlicher Größe. Molekularsiebe dienen zur Trennung großer Moleküle von kleinen, denn kleine Moleküle werden in den Poren adsorbiert, große nicht.

Ein anderer Adsorptionsprozeß, der auch technische Bedeutung besitzt, ist die Adsorption von Molekülen aus Lösungen. Er ist aber theoretisch viel schwieriger zu behandeln als die Adsorption aus der Gasphase. Kein Wunder, denn Flüssigkeiten an sich sind schon viel schwieriger zu beschreiben als Gase. Eine Näherung zur Beschreibung von Adsorptionsisothermen aus Flüssigkeiten stammt von *Freundlich.* Sie lautet:

$$y = \text{const } c^{1/n} . \tag{44}$$

const und n sind empirische Konstanten. Gl. (44) kann unter Umständen auch zur Beschreibung der Gasadsorption herangezogen werden; die Konzentration c der Moleküle in der Lösung ist dann durch den Gasdruck p zu ersetzen.

23.5 Heterogene Katalyse

Aus den Ausführungen des letzten Abschnittes folgt unmittelbar, daß sich chemische Reaktionen an Festkörperoberflächen anders als z. B. in der Gasphase abspielen müssen. Bereits die physikalische Adsorption beschleunigt die Reaktionsgeschwindigkeit dadurch, daß sie eine Anhäufung von (adsorbierten) Molekülen erzeugt. Festkörperkatalysatoren stellen zudem Wärme- und Elektronenreservoire dar. So können diese die zur Aktivierung notwendige Energie liefern und andererseits die entstehende Reaktionswärme aufnehmen. Für die heterogene Katalyse wichtiger sind jedoch die elektronischen Eigenschaften der Katalysatoren bzw. die Chemisorption. Durch sie kann eine so starke Elektronenumordnung in den Molekülen bewirkt werden, daß die Aktivierungsenergie des geschwindigkeitsbestimmenden Schrittes erheblich erniedrigt wird. Oder dadurch gar ein völlig anderer die Geschwindigkeitskontrolle erlangt. Eine gewisse Systematik der katalytischen Reaktionen läßt sich durch eine Untersuchung der elektronischen Verhältnisse der belegten Katalysatoroberfläche erzielen.

Handelt es sich beispielsweise um Moleküle mit einer hohen Ionisierungsenergie wie O_2, so nehmen diese Elektronen aus dem Festkörper auf. Es ist bekannt, daß Reaktionen mit O_2 (Oxidationen) vorwiegend an elektronenreichen Metallen beschleunigt werden. Durch Chemisorption wird die O_2-Bindung „aufgeweicht", das O_2-Molekül aktiviert. Liegt der geschwindigkeitsbestimmende Schritt der Oxidation bei diesem Aufweichen oder Aktivieren, so ist die Oxidationsgeschwindigkeit ebenso groß wie die Geschwindigkeit der Elektronenübertragung. Diese ist aber umso größer, je größer die Elektronendichte im Metall ist. Ist andererseits der geschwindigkeitsbestimmende Teilschritt die Reaktion der bereits aktivierten mit den inaktiven Molekülen, so hängt die Geschwindigkeit der Teil- und Gesamtreaktion von der Konzentration der adsorbierten, aktiven Moleküle ab. Ihre Konzentration ist aber umso größer, je größer der Unterschied zwischen der Fermienergie und der Akzeptorenergie ist. In beiden Fällen spielt also die Fermienergie des Metalles eine kontrollierende Rolle. Erhöht oder erniedrigt man sie bzw. die Elektronendichte durch Fremdmetallzusätze, so wird die Aktivierungsenergie verändert.

Umgekehrt liegen die Verhältnisse bei Molekülen mit einer kleinen Ionisierungsenergie wie H_2 und CO. Hydrierungen werden bevorzugt durch die Übergangselemente mit großer Austrittsarbeit beschleunigt. Legierungszusätze mit elektronenreichen Metallen wie Zn und Sn erhöhen die Aktivierungsenergie. p-halbleitende Festkörper wie NiO und CoO sind dagegen gute Katalysatoren für Reaktionen mit CO, weil CO-Moleküle durch Elektronenabgabe gebunden werden. Auch Eigenhalbleiter wie Ge zeigen die erwarteten Unterschiede im katalytischen Verhalten. Durch experimentelle Befunde scheint damit sichergestellt, daß bei Redoxreaktionen die heterogene Katalyse auf einem Elektronenaustausch beruht.

Es muß jedoch davor gewarnt werden, das Elektronenaustauschmodell allzusehr zu strapazieren. Denn gerade Metalle unter großtechnischen Bedingungen sind bei Reaktionen mit O_2 sicherlich mit einer halbleitenden Oxidhaut bedeckt, die die Metalleigenschaften

„verdeckt". Wenn dann etwas katalytisch wirkt, so ist das der oxidische Halbleiter, den im besonderen die Existenz von Raumladungen auszeichnet. Diese können das Innere der Festkörper gänzlich abschirmen oder andere Effekte des Metalles vortäuschen. Außerdem sind bei einer strengen Diskussion des Austauschmodells die sterischen Effekte von den elektronischen „ordentlich" abzutrennen.

Die Wirksamkeit eines Katalysators hängt sehr oft von beigemengten *Aktivatoren* ab. Die Ammoniaksynthese wird z. B. besonders gut durch den Mischkatalysator Fe + Al$_2$O$_3$ + K$_2$O beschleunigt. *Wyckoff* konnte zeigen, daß die Wirksamkeit dieses Gemenges darauf beruht, daß das Zusammenwachsen der katalysierenden Fe-Kristallite zu großen Kristallen durch das Al$_2$O$_3$ verhindert wird. Der Aktivator Al$_2$O$_3$ verhindert also lediglich die im Laufe der Zeit vor sich gehenden strukturellen Veränderungen des Fe-Katalysators. In anderen Fällen beruht der Einfluß der Aktivatoren auf besonders aktiven Phasengrenzflächen zwischen Aktivator und Katalysator. Diese Phasengrenzflächen besitzen ganz andere energetische Verhältnisse, so daß die Adsorption und damit die katalytische Wirkung völlig anders sein kann als beim reinen Katalysator (Tabelle 23.4). Über den Einfluß auf die Kinetik siehe Abschnitt 25.6.

Tabelle 23.4: Katalysatoren für einige groß-technisch durchgeführte chemische Reaktionen

Katalysator	katalysierter Prozeß
SiO$_2$ · Al$_2$O$_3$	Kracken von Erdölfraktionen
Cr$_2$O$_3$, Cr$_2$O$_3$ · Al$_2$O$_3$, NiO · Al$_2$O$_3$	Hydrierung und Dehydrierung von Kohlenwasserstoffen
H$_3$PO$_4$ · Kieselgur	Polymerisation von ungesättigten Kohlenwasserstoffen

Heterogen katalysierte Reaktionen werden im Labor gewöhnlich so durchgeführt, daß das Reaktionsgemisch über einen in einem Reaktor befindlichen Katalysator strömt. Die Reaktortemperatur wird konstant gehalten, kann aber auch variiert werden, um aus der Temperaturabhängigkeit der Geschwindigkeitskonstanten die Aktivierungsenergie bestimmen zu können. Nach gewissen Zeitabständen läßt man das Reaktionsgemisch aus dem Reaktor austreten und analysiert die Bestandteile auf ihren Umsatz. Auch Druckänderungen im Reaktor können für diesen Zweck herangezogen werden. Die daraus folgenden Geschwindigkeitsgleichungen lassen sich oft dadurch erklären, daß die Reaktionsgeschwindigkeit der adsorbierten Gasmenge direkt proportional ist (geschwindigkeitsbestimmender Schritt ist die Adsorption). Je nach dem Ausmaß der Katalysatorbelegung können drei Grenzfälle unterschieden werden.

Der erste Grenzfall ist nach der Langmuirschen Theorie dann gegeben, wenn die Belegung, also die Zahl der adsorbierten Moleküle direkt proportional dem Gasdruck p ist. Angewendet auf eine Zersetzungsreaktion, bei der ein Molekül in zwei oder mehrere Bruchstücke zerfällt, lautet die Geschwindigkeitsgleichung:

$$-\frac{dn}{dt} \sim \theta \sim Kp = k p. \tag{45}$$

Die Spaltung der Moleküle an der Oberfläche ist proportional dem Gasdruck, da die Zahl der adsorbierten Moleküle diesem direkt proportional ist. Bleibt das Volumen während der Reaktion konstant, dann kann dn durch

$$\left(\frac{V}{RT}\right) dp \tag{46}$$

ersetzt werden und man erhält

$$-\frac{dp}{dt} = \frac{RT}{V}\,k\,p \tag{47}$$

bzw. nach Integration des Partialdruckes von $p = p_0$ zur Zeit $t = 0$ bis p zur Zeit t

$$\ln\frac{p_0}{p} = \frac{RT}{V}\,k\,t. \tag{48}$$

Die Zersetzung von Phosphin ($PH_3 \rightarrow P + \frac{3}{2} H_2$) an Glaswolle erfolgt z. B. nach einer solchen Geschwindigkeitsgleichung (Bild 23.21). Daß die Glaswolle wirklich katalytisch wirksam ist, stellt man bei einer Variation ihrer Menge fest. Je mehr Glaswolle eingesetzt wird, umso größer ist die Reaktionsgeschwindigkeit.

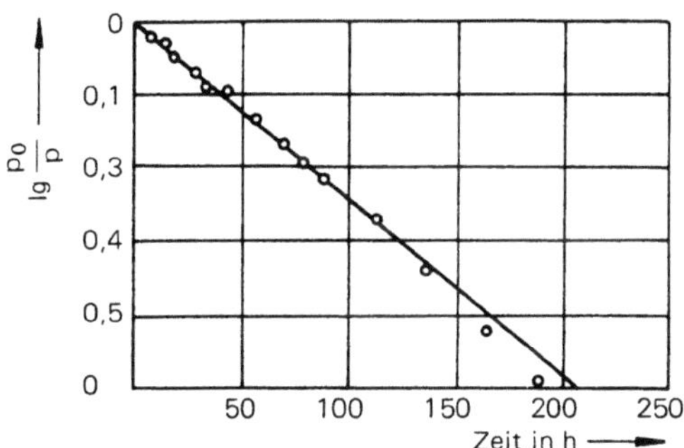

Bild 23.21
Darstellung kinetischer Daten für die Phosphinzersetzung an Glaswolle bei 446 °C nach Gl. (48) (*D. M. Kooiji: Z. Physik. Chemie 12 (1893) 155*)

Der zweite Grenzfall gilt für mittlere Belegungen der Oberfläche. Auf Grund der Langmuirschen Adsorptionsisotherme

$$\theta = \frac{Kp}{1 + Kp} \tag{49}$$

lautet die Geschwindigkeitsgleichung für eine Zersetzungsreaktion

$$-\frac{dp}{dt} = \frac{RT}{V}\,k\,\frac{Kp}{1 + Kp}. \tag{50}$$

Trennung der Variablen und Integration ergibt dann:

$$-\frac{1}{K}\,\frac{dp}{p} - dp = \frac{RT}{V}\,k\,dt, \tag{51}$$

$$\lg\frac{p_0}{p} + \frac{K}{2,303}\,(p_0 - p) = \frac{KRT}{2,303}\,\frac{k}{V}\,t. \tag{52}$$

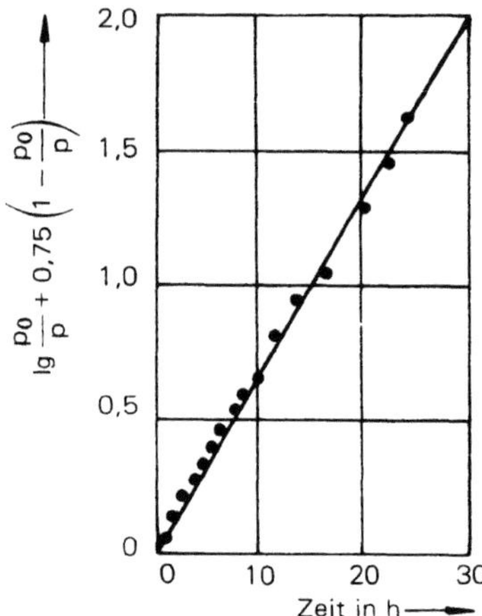

Bild 23.22 Darstellung kinetischer Daten für die Stibinzersetzung an metallischem Sb (*A. Stock, M. Bodenstein:* Ber. 40 (1907) 570) nach Gl. (52)

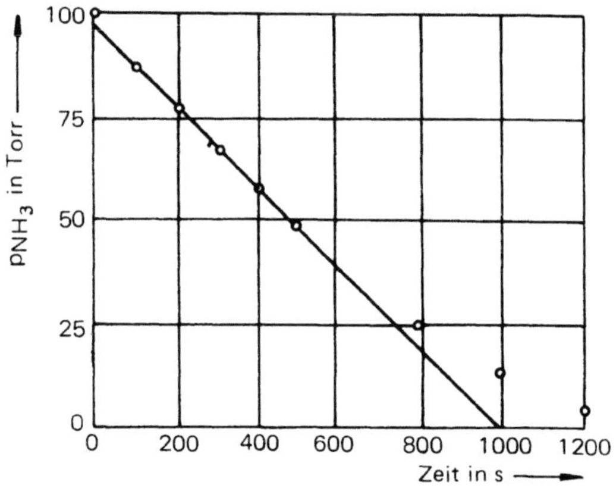

Bild 23.23 Darstellung kinetischer Daten für die NH$_3$-Zersetzung an Titan bei 856 °C nach Gl. (55) (*O. N. Hinshelwood, R. E. Burk:* J. Am. Chem. Soc. 127 (1925) 1105

Ein Beispiel für eine Reaktion mit einer solchen Geschwindigkeitsgleichung ist die Zersetzung von Stibin:

$$SbH_3 \rightarrow Sb + \tfrac{3}{2}\,H_2 . \tag{53}$$

Die Prüfung von Gl. (52) wurde in Bild 23.22 vorgenommen.

Ist schließlich die Belegung der Katalysatoroberfläche schon so groß, daß sie vom Gasdruck nicht mehr abhängt (dritter Grenzfall), so wird auch die Zersetzungsgeschwindigkeit vom Gasdruck unabhängig:

$$-\frac{dp}{dt} = k, \tag{54}$$

$$p = -k\,t + \text{const.} \tag{55}$$

Die Zersetzung von NH$_3$ an Titan (Bild 23.23) erfolgt z. B. nach Gl. (55).

Bei solchen katalysierten Zersetzungsreaktionen kann auch der Fall eintreten, daß ein Zersetzungsprodukt nicht desorbiert wird, sondern an der Oberfläche chemisorbiert bleibt und die weitere katalytische Reaktion behindert. Man spricht dann von einer *Vergiftung* des Katalysators. Zum Beispiel: Die Zersetzung von NH$_3$ an Platin, wo H$_2$ chemisorbiert bleibt. Die analytischen Ausdrücke für die Langmuirisotherme bei gleichzeitiger Adsorption von H$_2$ und NH$_3$ lauten:

$$\theta_{NH_3} = \frac{K_{NH_3}\,p_{NH_3}}{1 + K_{NH_3}\,p_{NH_3} + K_{H_2}\,p_{H_2}} \tag{56}$$

und

$$\theta_{H_2} = \frac{K_{H_2}\,p_{H_2}}{1 + K_{H_2}\,p_{H_2} + K_{NH_3}\,p_{NH_3}} \tag{57}$$

Bei einer getrennten Untersuchung der Adsorption von H_2 und NH_3 stellt man fest, daß H_2 viel stärker adsorbiert wird. Es ist daher

$$K_{H_2}\, p_{H_2} \gg K_{NH_3}\, p_{NH_3} \, . \tag{58}$$

Bei höheren Drücken ist außerdem

$$K_{H_2}\, p_{H_2} \gg 1, \tag{59}$$

so daß sich die Langmuirisotherme zu

$$\theta_{NH_3} = \frac{K_{NH_3}\, p_{NH_3}}{K_{H_2}\, p_{H_2}} \tag{60}$$

reduziert. Die Geschwindigkeitsgleichung für die Zersetzungsreaktion von NH_3 an Platin lautet daher:

$$-\frac{dp_{NH_3}}{dt} = k\, \frac{p_{NH_3}}{p_{H_2}} \, . \tag{61}$$

Sie stimmt mit den experimentellen Beobachtungen überein.

So wie bei homogenen Gasreaktionen kann auch bei katalysierten Gasreaktionen aus der Temperaturabhängigkeit der Geschwindigkeitskonstanten die Aktivierungsenergie bestimmt werden. Sie ist jedoch nur dann mit der Energieschwelle des reaktionsbestimmenden Schrittes identisch, wenn durch Temperaturerhöhung nicht gleichzeitig die Belegung der Katalysatoroberfläche verändert wird (dritter vorhin diskutierter Grenzfall). Bei den übrigen ist dem geschwindigkeitsbestimmenden Schritt der Adsorptionsschritt vorgelagert, so daß sich die gemessene Aktivierungsenergie aus der Energieschwelle und der Adsorptionswärme additiv zusammensetzt. Deshalb treten bei katalysierten Reaktionen auch oft negative Aktivierungsenergien auf.

23.6 Die Oxidation von Metallen

Alle Metalle mit Ausnahme der Edelmetalle sind an Luft nicht stabil und gehen mehr oder weniger schnell in ihre thermodynamisch stabile Form, die Metalloxide, über. Die freie Reaktionsenthalpie für die Oxidation durch Sauerstoff besitzt große negative Werte:

$$Al + \frac{3}{4}\, O_2 \longrightarrow \frac{1}{2}\, Al_2O_3 \qquad \Delta G^{\circ}_{298} = -1689 \text{ kJ}$$

$$Fe + \frac{1}{2}\, O_2 \longrightarrow FeO \qquad \Delta G^{\circ}_{298} = -284 \text{ kJ} \tag{62}$$

$$Ni + \frac{1}{2}\, O_2 \longrightarrow NiO \qquad \Delta G^{\circ}_{298} = -250 \text{ kJ} \qquad \text{usw.}$$

Es scheint deshalb verwunderlich, daß so reaktive Metalle wie Eisen, Zink oder Aluminium in ihrer elementaren Form überhaupt als Werkstücke Verwendung finden können. Der eigentliche Grund dafür ist die Bildung einer zusammenhängenden Oxidschicht auf der Metalloberfläche, die das darunterliegende Metall vor weiterer Oxidation (*Korrosion*) schützt. Eine Theorie für die *Wachstumsgeschwindigkeit* solcher *Oxidschichten* stammt von *C. Wagner* und erklärt die oft zu beobachtende Geschwindigkeitsgleichung

$$\frac{dl}{dt} = \frac{k}{l}, \tag{63}$$

die nach Integration das sogenannte *parabolische Anlaufgesetz*

$$\frac{l^2}{2} = k\,t \tag{64}$$

liefert. l ist hier die Dicke der Oxidschicht. Obwohl das Wachstum nicht unbedingt nach Gl. (63) bzw. (64) erfolgen muß, wollen wir uns trotzdem mit dieser Theorie beschäftigen, weil sie ein sehr schönes Beispiel für die Behandlung heterogener Festkörperreaktionen darstellt. Zur Illustration soll die Oxidation eines reinen Nickelblechs betrachtet werden.

Die Oxidation verläuft in drei Phasen, die schematisch in Bild 23.24 skizziert sind: 1. In einem O_2-Adsorptionsschritt, 2. in einem Keimwachstum und 3. in einem Dickenwachstum. Als erster Schritt kann zweifellos angenommen werden, daß O_2 auf der Ni-Oberfläche in Form von O-Atomen chemisorbiert wird. Wahrscheinlich bindet je ein O-Atom ein Ni-Atom, bis die Oberfläche völlig bedeckt ist. Die Chemisorption verläuft schon bei niedrigen Temperaturen (78 K) und Drücken (10^{-7} Torr) so rasch, daß eine saubere Oberfläche in weniger als einer Minute mit Sauerstoff bedeckt ist. Ein Argument hierfür aus der kinetischen Gastheorie.

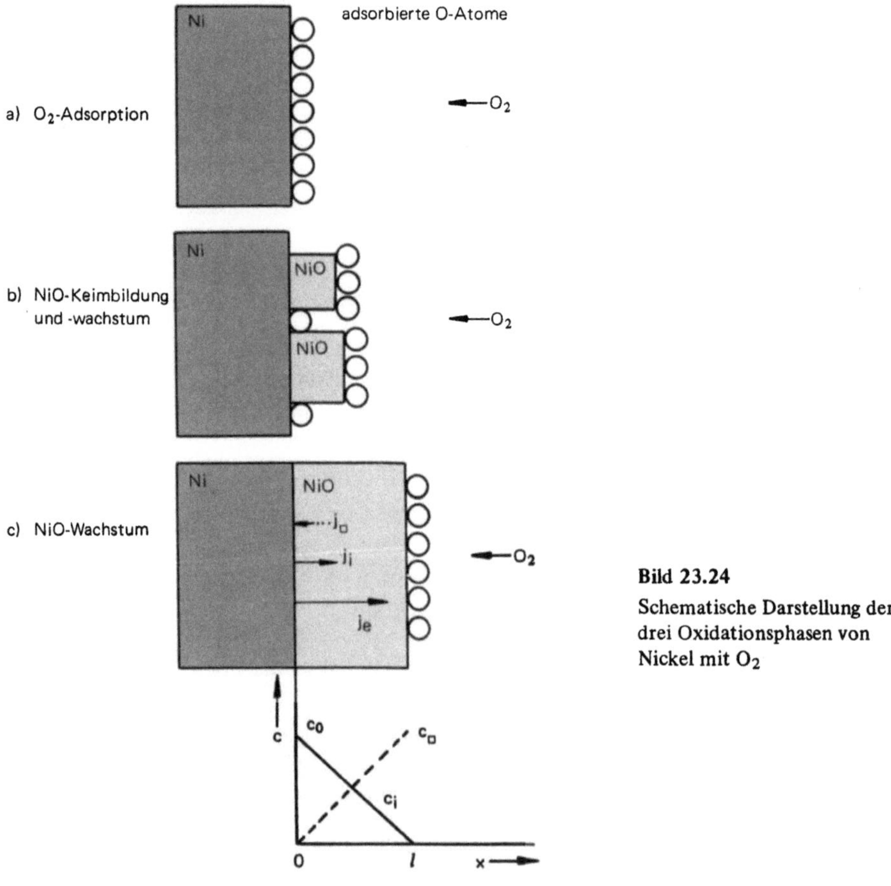

Bild 23.24

Schematische Darstellung der drei Oxidationsphasen von Nickel mit O_2

Die Zahl der Moleküle, die pro Flächeneinheit und Sekunde auf das Ni-Blech auftreffen, kann mit Hilfe der *Wandstoßzahl*

$$Z = \frac{1}{4} \left(\frac{N}{V} \right) \bar{u} \tag{65}$$

berechnet werden. Mit $\bar{u} = \sqrt{8\,kT/\pi m}$ und $N/V = p/kT$ folgt daraus

$$Z = \frac{1}{4} \frac{p}{kT} \sqrt{\frac{8kT}{\pi m}} . \tag{66}$$

Setzen wir darin die spezifischen Werte für O_2 bei 10^{-7} Torr und Raumtemperatur ein, so erhalten wir eine Stoßzahl von ungefähr $10^{17}\,\mathrm{m}^{-2}\mathrm{s}^{-1}$. Andererseits läßt sich die Dichte der Ni-Atome an der Metalloberfläche zu $1,8 \cdot 10^{19}\,\mathrm{m}^{-2}$ berechnen. Denn Ni kristallisiert mit kubisch dichtester Kugelpackung und die Kantenlänge der Elementarzelle beträgt $0,352\,\mathrm{nm}$. Der angegebene Dichtewert bezieht sich auf die (111)-Gitterebene. (Werte derselben Größenordnung bekommt man auch für andere dichtest gepackte Ebenen und auch für andere Metalle). Wenn nun jeder O_2-Wandstoß zu zwei O-Atomen führt und ein jedes O-Atom ein Ni-Atom bindet, dann ist die Oberfläche unter diesen Bedingungen in 52 s bedeckt. Diese Abschätzung zeigt auch, daß es hoffnungslos ist, Metalloberflächen unter „normalem" Vakuum untersuchen zu wollen. Unter „Hochvakuum" bei 10^{-10} Torr überzieht sich jedoch die Metalloberfläche erst nach Stunden mit einer O-Haut. Der nächste Schritt der Oxidation führt zunächst zu Oxidkristallkeimen und dann zu einer ersten Oxidschicht, und zwar bereits mit einer fast richtigen Oxidstruktur. Die Informationen über diese Oxidationsphase sind jedoch noch sehr mangelhaft. Wir können nur vermuten, daß sich während dieser Phase eine zusammenhängende, 10 bis 100 Å dicke Oxidschicht bildet.

Das weitere Oxidwachstum geht sehr langsam vor sich, da es diffusionskontrolliert verläuft. Damit es nämlich zu einer Vereinigung von Ni und O_2 kommt, müssen entweder die Ni-Atome durch die Deckschicht hinaus- oder die O-Atome hineindiffundieren. Hier und in vielen ähnlich gelagerten Fällen diffundieren die Metallatome hinaus, und zwar in Form von Ionen und Elektronen getrennt. Der Grund dafür ist die meist größere Beweglichkeit der Metallionen als die der O^{2-}-Ionen. Daß die meisten Metalloxide überhaupt elektronisch leiten und nicht isolieren, hat seine Ursache in der *Nichtstöchiometrie*. So löst z. B. ZnO bei seiner Herstellung durch Oxidation von Zink Zinkatome überschüssig im Gitter auf. Diese werden auf Zwischengitterplätzen eingebaut (Bild 23.25a) und wegen ihrer leichten Ionisierbarkeit wird das ZnO zum n-Halbleiter. Anders bei NiO. Dort entstehen Ni^{2+}-Ionen im Unterschuß (Leerstellen) und zur elektrischen Kompensation zwei Ni^{3+}-Ionen bzw. zwei positive Löcher (Bild 23.25b) (vgl. Abschnitt 14.5). Dieser nichtstöchiometrische Zustand entspricht einem O-Überschuß, so daß wir folgende chemische Reaktionsgleichung für die O-Auflösung anschreiben können:

$$2\,Ni^{2+} + \frac{1}{2} O_2 \longrightarrow O^{2-} + \square + 2\,Ni^{3+} . \tag{67}$$

Gleichgewicht bezüglich der überschüssigen O-Aufnahme herrscht dann, wenn das Konzentrationsverhältnis

$$K = \frac{c^2_{Ni^{3+}}\, c_{\square}\, c_{O^{2-}}}{c^2_{Ni^{2+}}\, \sqrt{p_{O_2}}} \tag{68}$$

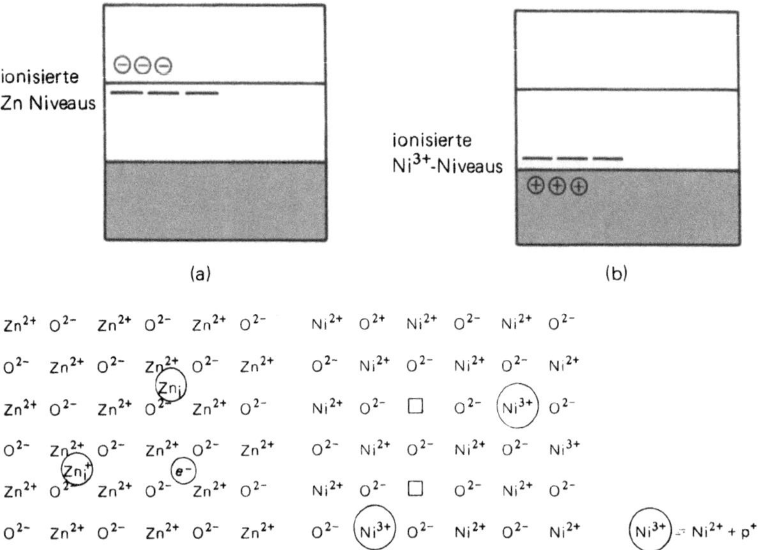

Bild 23.25 Gitter und Bändermodell zur Deutung der nichtstöchiometrischen Zusammensetzung von n-ZnO (a) und von p-NiO (b)

konstant wird. Eine derartige Situation ist in Bild 23.25b skizziert. Da die Ni^{3+}-Ionen positiven Löchern (Ni^{3+} ≡ Ni^{2+} + p$^+$) entsprechen, erscheint NiO auf Grund des Bändermodells als p-Halbleiter. Die p-Beweglichkeit ist jedoch gering und stark temperaturabhängig. Die in Bild 23.24c gezeichneten Konzentrationsverhältnisse beim Schichtdickenwachstum verkörpern einen Nichtgleichgewichtszustand (Ni und O$_2$ lokal getrennt), weshalb es zu einem Elektronen- und Ni^{2+}-Fluß nach rechts (bzw. □-Fluß nach links) kommt. Gelangen die Ni^{2+}-Ionen an die Oberfläche, so lagern sie sich zusammen mit den durch Elektronenreduktion gebildeten O^{2-}-Ionen als NiO ab. Das Oxid wächst.

Um für diesen Vorgang nach *C. Wagner* ein Gesetz abzuleiten, fassen wir die Oxidation als einen Fluß von Elektronen und Ni^{2+}-Ionen auf, der langsamer als alle anderen Grenzflächenschritte erfolgt. Das erscheint plausibel, denn es handelt sich ja hier um einen Materietransport durch eine feste Phase. Strömen ganz allgemein positive und negative Teilchen auf Grund eines äußeren Konzentrationsunterschiedes, dann erzeugen diese, wenn sie eine unterschiedliche Beweglichkeit besitzen, ein elektrisches Feld (Gradient des Diffusionspotentials, vgl. Abschnitt 21.3). Das Feld bremst die schnelleren und beschleunigt die langsameren Teilchen. Mit einem Wort: Der Stromfluß wird zwar durch einen Konzentrationsgradienten verursacht, aber zugleich durch das entstehende Feld beeinflußt.

Bezeichnen wir die Ni^{2+}-Konzentration mit c$_i$ und die Elektronenkonzentration mit c$_e$ sowie ihre Diffusionskoeffizienten bzw. Beweglichkeiten mit D$_i$, D$_e$ und B$_i$, B$_e$, so können wir die beiden Flüsse j$_i$, j$_e$ wie folgt formulieren, ohne über das entstehende Feld **E** etwas aussagen zu müssen:

$$j_e = -D_e \frac{dc_e}{dx} - e c_e B_e \, |\mathbf{E}|, \tag{69}$$

$$j_i = -D_i \frac{dc_i}{dx} + 2 e c_i B_i \, |\,\mathbf{E}\,| \, . \tag{70}$$

Angenommen wurden hier stationäre Konzentrationsgradienten. Division von Gl. (69) durch $e c_e B_e$ und von Gl. (70) durch $2 e c_i B_i$ und Addition beider Gleichungen ermöglicht eine Eliminierung des unbekannten Feldes $\mathbf{E}$:

$$\frac{j_e}{e c_e B_e} + \frac{j_i}{2 e c_i B_i} = -\frac{D_e}{e c_e B_e} \frac{dc_e}{dx} - \frac{D_i}{2 e c_i B_i} \frac{dc_i}{dx} \, . \tag{71}$$

Führen wir an dieser Stelle die Beziehungen

$$t_e \, \sigma = e c_e B_e \quad \text{und} \quad t_i \, \sigma = 2 e c_i B_i \, , \tag{72}$$

sowie die Einsteinrelationen (Abschnitt 14.8)

$$\frac{D_e}{B_e} = kT \quad \text{und} \quad \frac{D_i}{B_i} = kT \tag{73}$$

ein, so bekommen wir zusammen mit (Elektroneutralität)

$$j_i = j_e/2 = j \quad \text{und} \quad c_i = c_e/2 = c : \tag{74}$$

$$\frac{2j}{t_e \sigma} + \frac{j}{t_i \sigma} = -\frac{kT}{e} \left[\frac{1}{c} \frac{dc}{dx} + \frac{1}{2c} \frac{dc}{dx} \right] \, . \tag{75}$$

Dieser Ausdruck kann durch Umformen auf

$$j = -\frac{3 kT t_i t_e}{e \, (t_i + 1)} \, \sigma \, \frac{1}{2c} \frac{dc}{dx} \tag{76}$$

gebracht werden. Da die Summe der Überführungszahlen gleich 1 ist, gilt $2 t_i + t_e = t_i + 1$ und weil $t_i \ll 1$ und $t_e \cong 1$ ist, läßt sich Gl. (76) zu

$$j = -\frac{3 kT}{e} \, t_i \sigma \, \frac{1}{2c} \frac{dc}{dx} \tag{77}$$

vereinfachen. Mit

$$t_i \sigma = 2 e c B = 2 e c \, \frac{D}{kT} \tag{78}$$

bekommen wir schließlich einen Ausdruck für den Materiefluß, in dem nur der Ni^{2+}-Diffusionskoeffizient und der Ni-Konzentrationsgradient vorkommen:

$$j = -3 D \frac{dc}{dx} \, . \tag{79}$$

Was jetzt zu tun bleibt, ist das Umformen des Flusses j in einen kinetischen Ausdruck mit der Schichtdicke l. Beträgt die Ni-Konzentration an der Stelle $x = 0$ $c = c_0$ und an der Stelle $x = l$ $c = 0$, dann beträgt der Gradient $- c_0/l$, so daß aus Gl. (79)

$$j = 3 D \frac{c_0}{l} \tag{80}$$

entsteht. Um die Stromdichte j in Zusammenhang mit der Dicke l zu bringen, erinnern wir uns an ihre Definition in Abschnitt 14.8. Danach ist j die Zahl der Mole Materie, die pro Zeiteinheit durch die Flächeneinheit ($c \triangleq c_{NiO} = n/V$) strömen:

$$\begin{aligned} j &= \frac{dn}{dt} \frac{1}{A} \\[2mm] &= \frac{d(cV)}{dt} \frac{1}{A} \\[2mm] &= \frac{d(cAl)}{dt} \frac{1}{A} \\[2mm] &= c_{NiO} \frac{dl}{dt} \; . \end{aligned} \qquad (81)$$

Führen wir Gl. (81) in Gl. (80) ein und fassen wir die als zeitlich konstant angenommenen Größen c_{NiO} und c_0 mit $3\,D$ zu einer Geschwindigkeitskonstanten k zusammen, so bekommen wir das gesuchte Resultat:

$$\frac{dl}{dt} = \frac{k}{l} \, , \qquad (82)$$

$$k = 3\,D\,\frac{c_0}{c_{NiO}} \; . \qquad (83)$$

Aus dem Resultat können wir folgende Schlüsse ziehen: 1. Die Reaktionsgeschwindigkeit ist umso größer, je kleiner die Schichtdicke ist. 2. Die Geschwindigkeitskonstante ist umso größer, je größer die Ionenbeweglichkeit und je kleiner die Oxiddichte ist. 3. Die Voraussetzung gute Elektronenbeweglichkeit trifft für viele Oxide (ZnO, NiO, FeO, usw.) zu, so daß diese relativ schnell wachsen (korrodieren). Für die Praxis günstig ist demnach eine schlechte elektronische Leitfähigkeit, wie sie z. B. beim Al_2O_3 angetroffen wird. Aluminium ist auch tatsächlich korrosionsbeständiger als Zink oder Eisen, weil eine bereits 4 nm dicke Oxidhaut ausreicht, um vor weiterer Oxidation zu schützen. Es muß aber betont werden, daß obiger Ableitung eine festhaftende Oxidschicht zugrunde liegt. Löst sich diese vom Metall ab oder verläuft die Oxidation so rasch, daß diese porös wird, so gilt das parabolische Gesetz nicht. Eine katastrophale Oxidation (*Lochfraß*) ist die Folge. Die Widerstandsfähigkeit von Metallen ist daher bei technischen Anwendungen sowohl eine Frage der sekundären Oxidation als auch eine ihrer elektronischen Eigenschaften.

23.7 Lösungsreaktionen

Von den vielen heterogenen Reaktionstypen sollen in diesem Abschnitt noch die *Lösungsreaktionen* behandelt werden. Sie sind phänomenologisch entweder durch eine *Diffusions-* oder *Durchtrittskontrolle* ausgezeichnet. Denn entweder ist der Transport von Lösungsmittelmolekülen zum Festkörper bzw. der Abtransport von gelösten Festkörpermolekülen in die Lösung oder der Abbau des Festkörpergitters langsam und geschwindigkeitsbestimmend. Eine schnelle qualitative Entscheidung zwischen den beiden Möglichkeiten läßt sich durch folgende Prüfung herbeiführen. Hängt die Lösungsgeschwindigkeit vom Rühren der Lösung ab, so spielen Diffusionsprozesse unter den vorliegenden Bedingungen die entscheidende Rolle. Denn durch das Rühren werden die Transportbedingungen drastisch geändert. Wir wollen uns hier mit einer diffusionskontrollierten Reaktion ohne und mit Rühren auseinandersetzen.

Tauchen wir einen löslichen Festkörper in ein Lösungsmittel ein, so stellt sich an seiner Oberfläche alsbald die Sättigungskonzentration der Festkörpermoleküle oder -ionen ein (Abschnitt 17.5). Nach Voraussetzung soll dieser Transfer an der Phasengrenze schneller als alle anderen Schritte sein. Mit dem Aufbau der Sättigung setzt zugleich ein Diffusionsvorgang in das Lösungsmittelinnere ein, weshalb sich in diesem die Konzentration c zeitlich und örtlich fortlaufend ändert (Konvektionsprozesse sollen hier nicht stören). Dieser Vorgang dauert solange, bis in der ganzen Lösung Sättigung herrscht. Die mathematische Behandlung dieses Problems geht von der Diffusionsgleichung (Abschnitt 14.8)

$$\frac{\partial c}{\partial t} = D \operatorname{div} \operatorname{grad} c \tag{84}$$

aus und liefert als Lösung unter den gegebenen Randbedingungen die Konzentration c als Funktion des Ortes und der Zeit (siehe z. B. c (x, t) in Bild 23.26a). Bei kinetischen Lösungsexperimenten können aber lokale Konzentrationen nicht gemessen werden. Was einfach zu messen ist, ist die mittlere Konzentration $\bar{c}$ im gesamten Lösungsvolumen. Mathematisch muß deshalb über den Ort (Gefäß) gemittelt werden. In *W. Jost:* **Diffusion in Solids, Liquids, Gases**, Academic Press Inc. Publ. N. Y. 1960, wird z. B. gezeigt, daß man für die mittlere Konzentration $\bar{c}$ nach der Diffusion in ein „lineares" Gefäß näherungsweise den Ausdruck

$$\bar{c} = c_s \left(1 - e^{-\frac{t}{\tau}}\right) \tag{85}$$

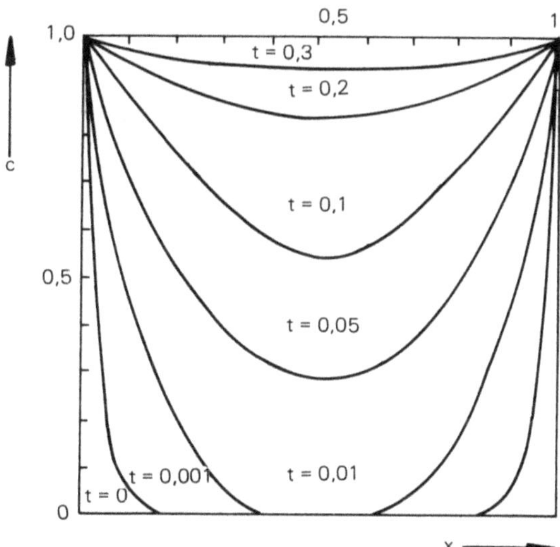

Bild 23.26 Lösungen c (x, t) der Diffusionsgleichung (84) im Falle linearer Geometrie (z. B. Diffusion von den Basisflächen in einem Zylinder) (nach *W. Jost:* Diffusion in Solids, Liquids, Gases, Academic Press Inc. Publ. N. Y. 1960)

mit

$$\tau = \frac{h^2}{\pi^2 D} \tag{86}$$

erhält. h ist die Ausdehnung des „linearen" Gefäßes, d. h. bei $x = 0$ und $x = h$ wird die Sättigungskonzentration festgehalten, und D ist der Diffusionskoeffizient der gelösten und diffundierenden Spezies. Handelt es sich im gegebenen Fall um Ionen in einer wäßrigen Lösung, so ergibt sich mit $h = 1$ cm und $D = 10^{-9}$ m^2 s^{-1} eine mittlere Diffusionsdauer von $\tau = 3$ h. Demnach müßte $\bar{c}(t)$ auf folgende Weise gemessen werden: Für jedes Punktepaar $\bar{c}$, t müßte ein getrennter Versuch bis zur jeweiligen Zeit t durchgeführt und $\bar{c}$ bestimmt werden. Um Konvektionsvorgänge zu unterdrücken, arbeitet man jedoch besser von vornherein mit Rühren, und zwar mit definiertem Rühren.

Definiertes Rühren kann nach der Theorie rotierender Scheiben (siehe z. B. *A. C. Riddiford* in **Advances in Elektrochemistry and Elektrochemical Engineering**, 4, Interscience Publ. N. Y. 1966) dadurch bewerkstelligt werden, daß man den scheibenförmig zugeschnittenen Festkörper in konstante Rotation versetzt. Selbst bei schneller Rotation haftet an der Festkörperoberfläche immer eine gewisse Lösungsschicht (*Nernstsche Schicht*) und rotiert mit. Festkörper und Lösungsschicht stellen somit ein relativ ruhendes System dar. Die Dicke der Schicht ist eine Funktion der Drehzahl bzw. Winkelgeschwindigkeit ω:

$$l = 1{,}6 \cdot D^{1/3} \, \nu^{1/6} \, \frac{1}{\sqrt{\omega}} \tag{87}$$

l ist die Nernstsche Schichtdicke (m), D der Diffusionskoeffizient (m^2 s^{-1}) und ν die kinematische Viskosität des Lösungsmittels (m^2 s^{-1}). Die Dicke l ist über die gesamte rotierende Fläche gleich stark, so daß auch ein gleichmäßiger Teilchenstrom resultiert, wenn sich der Festkörper gleichmäßig auflöst. An der Oberfläche herrsche wieder die Sättigungskonzentration c_s und an ihrer Grenze zur Lösung bzw. in dieser die Konzentration c zur Zeit t. Innerhalb der Nernstschen Schicht ist der Konzentrationsgradient näherungsweise konstant und stationär, wenn l klein gegen die Gefäßdimension h ist:

$$j = -D \, \text{grad} \, c \tag{88}$$

bzw. mit einer A m^2 großen Grenzfläche

$$i = -DA \, \text{grad} \, c \tag{89}$$

bzw. mit $i = dn/dt = d\,(cV)/dt$ und $-\text{grad}\,c = (c_s - c)/l$ (Bild 23.27a):

$$\frac{dc}{dt} = \frac{DA}{Vl} \, (c_s - c). \tag{90}$$

Nach Variablentrennung und Integration von $t = 0$ bis t und von $c = 0$ bis c erhält man schließlich

$$\ln \frac{c_s - c}{c_s} = -\frac{DA}{Vl} \, t \tag{91}$$

bzw. Bild 23.27b:

$$c = c_s \left(1 - e^{-\frac{DA}{Vl}}\right). \tag{92}$$

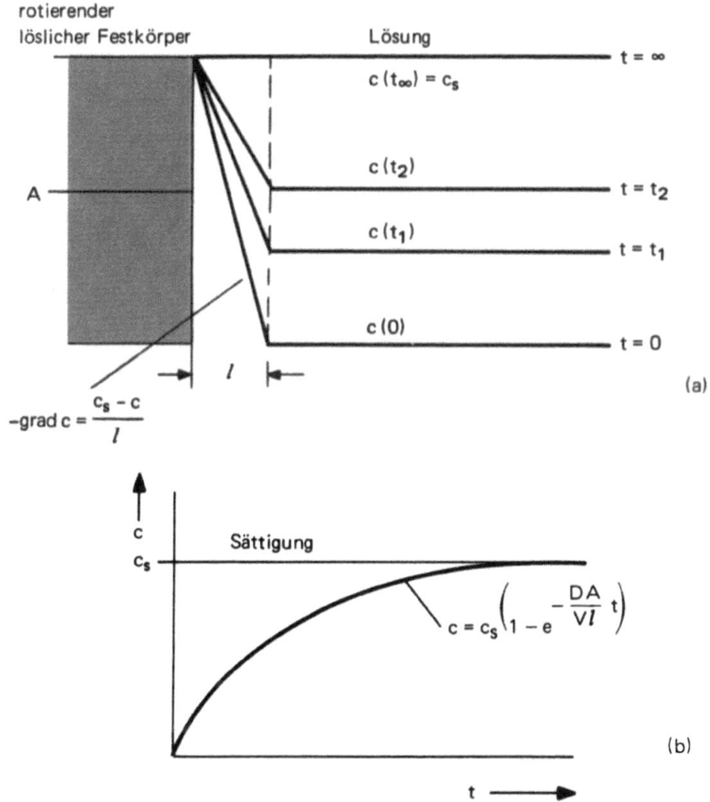

Bild 23.27 Konzentrationsprofile bei einer diffusionskontrollierten Reaktion mit definiertem Rühren (a) und daraus folgendes Geschwindigkeitsgesetz (b)

Gl. (92) ist das „theoretische" Geschwindigkeitsgesetz für eine diffusionskontrollierte Auflösung unter definierten Rotationsbedingungen. Unter solchen Bedingungen wird die Entscheidung zwischen Durchtritts- und Diffusionskontrolle relativ einfach, man braucht nur die Drehzahl zu variieren. Ist die Lösungsgeschwindigkeit nach

$$\frac{dc}{dt} \sim \frac{1}{l} \sim \sqrt{\omega} \tag{93}$$

drehzahlabhängig und die Geschwindigkeitskonstante nach

$$k = \frac{DA}{Vl} = \frac{DA}{V \cdot 1{,}61 \cdot D^{1/3} \nu^{1/6}} \tag{94}$$

berechenbar, so ist die Diffusionskontrolle sichergestellt. Fehlt hingegen die Drehzahlabhängigkeit gänzlich, so kommt nur eine Transferkontrolle in Frage. Ein praktisches Beispiel hierzu in Bild 23.28. In 0,1 m Acetatpufferlösung lösen sich ZnO-Einkristalle drehzahlunabhängig und in 0,1 m Borsäure drehzahlabhängig auf. Dafür gibt es folgende

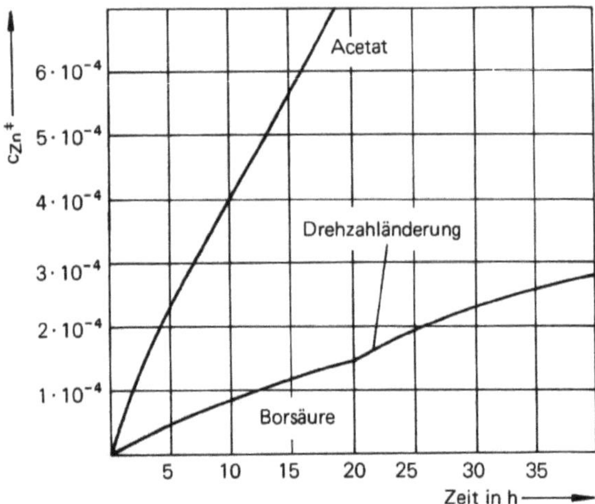

Bild 23.28 Lösungskurven c(t) mit drehzahlunabhängiger ZnO-Auflösung in 0,1 m Acetatpuffer und mit drehzahlabhängiger ZnO-Auflösung in 0,1 m Borsäure (*O. Fruhwirth et al.*: Surface Technology 15 (1982) 41)

phänomenologische Erklärung: In Acetatpufferlösung beträgt die Zn^{++}-Sättigungskonzentration c_s (pH = 4,7) wegen des Lösungsgleichgewichtes

$$ZnO + H_2O \rightleftharpoons Zn^{++} + 2\,OH^- \tag{95}$$

mehr als $1\ mol\,l^{-1}$ und wird nicht erreicht. D. h. der Zn^{++}-Konzentrationsgradient bleibt ständig so groß, daß die Transportgeschwindigkeit die Durchtrittsgeschwindigkeit immer überwiegt. Umgekehrt in der ungepufferten Borsäure (Anfangs-pH = 5,1), wo der pH-Wert und damit die Sättigungskonzentration während der Auflösung laufend sinken und der Transport langsamer als der Transfer wird.

Rotierende Scheibenelektroden haben besonders in der Elektrodenkinetik eine große Bedeutung erlangt. Sie werden deswegen eingesetzt, damit die Reaktionsprodukte der Elektrodenreaktionen nicht undefiniert und unkontrolliert angehäuft bzw. wegtransportiert werden.

23.8 Adsorption an Flüssigkeitsoberflächen

Werden oberflächenaktive Stoffe in Wasser aufgelöst, so reichern sie sich an der Oberfläche an und setzen die Oberflächenspannung des Wassers herab. Handelt es sich z. B. um Stearinsäuremoleküle, die aus einer langen hydrophoben aliphatischen Kette mit einer hydrophilen Carboxylgruppe bestehen, so bilden diese je nach ihrer Konzentration eine mehr oder weniger zusammenhängende monomolekulare Schicht. In ihr sind die Carboxylgruppen nach innen und die aliphatischen Ketten zur Gasphase gerichtet. Sieht man von der thermischen Molekülbewegung ab, so sind in dieser Schicht die Ketten parallel zueinander angeordnet. Die Eigenschaften mono- und multimolekularer Schichten (Filme) lassen sich mit der sogenannten *Langmuirwaage* studieren (Bild 23.29). Diese

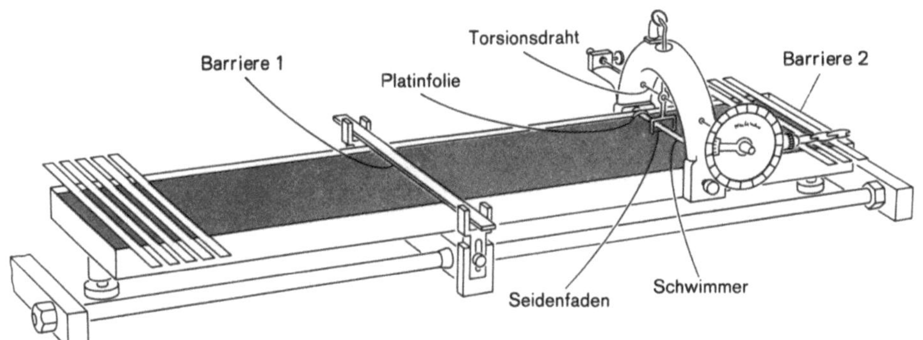

Bild 23.29 Langmuirwaage zur Untersuchung mono- und multimolekularer Adsorptionsschichten an Flüssigkeitsoberflächen

ähnelt einem zweidimensionalen Kolben, wobei die bewegliche Barriere 1 den Kolben und der Trog den Zylinder darstellen. Zwischen der beweglichen Barriere 1 und der fixen Barriere 2 befindet sich z. B. die mit Stearinsäure angereicherte Wasseroberfläche. Sie wird mit Hilfe der beweglichen Barriere 1 zusammengedrückt und der auf sie ausgeübte Druck mittels eines Torsionsdrahtes gemessen.

Derartige Druckmessungen werden am zweckmäßigsten in Druck, Oberfläche / Molekül-Diagramme gekleidet. Bild 23.30 zeigt ein solches für Stearinsäurelösungen. Darin ist der Filmdruck in Nm^{-1} (Einheit der Oberflächenspannung, vgl. Abschnitt 15.9) und die Oberfläche pro Molekül in Å^2 angegeben. Mit zunehmendem Druck nimmt die Konzentration der Moleküle an der Oberfläche zu, die Oberfläche/Molekül also ab. Anfänglich genügt eine kleine Druckerhöhung, um die Oberfläche/Molekül zu verkleinern: Der Druck steigt hyperbolisch an. In diesem Druckbereich werden die Moleküle zu einer

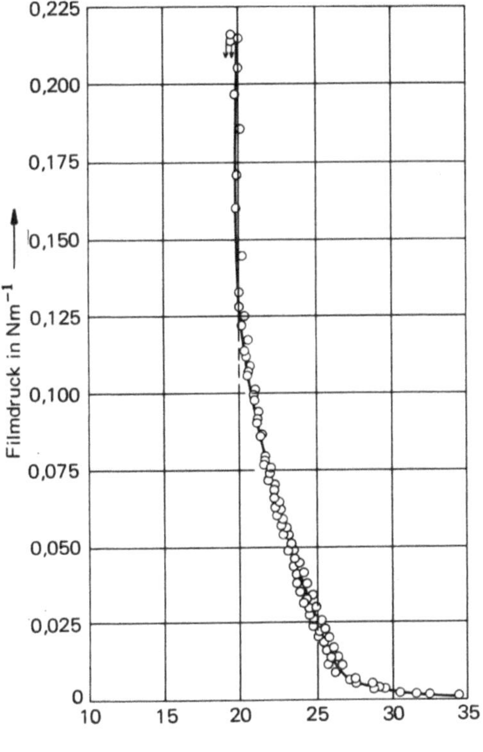

Bild 23.30 Darstellung von Meßdaten, die mit der Langmuirwaage erhalten wurden (Stearinsäure in Wasser)

zusammenhängenden monomolekularen Schicht zusammengeschoben (vergleichbar mit der isothermen Kompression von Gasen). Hat sich eine monomolekulare Schicht einmal ausgebildet, muß der Druck extrem erhöht werden, damit die Schicht weiter zusammengepreßt werden kann (geringe Kompressibilität wie in kondensierten Phasen). Bei genügend großen Drücken läßt sich die Schicht dann ohne weiteres zusammenfalten: Doppel- und Mehrfachschichten bilden sich aus.

Nach Durchlaufen des hyperbolischen Druckbereiches beträgt der Druck zu Beginn des steilen Anstieges etwa $0,125\,\mathrm{Nm}^{-1}$ und die Oberfläche/Molekül etwa $20\,\text{Å}^2$. Ob dieser Platzbedarf mit einer zusammenhängenden monomolekularen Schicht übereinstimmt, soll geprüft werden. Das Molvolumen von fester Stearinsäure (Dichte $805\,\mathrm{kgm}^{-3}$) beträgt $V = M/d = 0,284/850 = 3,3 \cdot 10^{-4}\,\mathrm{m}^3$, der Raumbedarf eines Moleküls daher $V/N_\mathrm{A} = 550\,\text{Å}^3$. Da die Länge der aliphatischen Kette zu $17 \cdot 1,54 \cos 30° = 21\,\text{Å}$ abgeschätzt werden kann, errechnet man einen effektiven Molekülquerschnitt von $550/21 = 26\,\text{Å}^2$. Dieser Wert steht in relativ guter Übereinstimmung mit dem gemessenen Platzbedarf von $20\,\text{Å}^2$, so daß die Prüfung positiv ausfällt.

Wie die Oberfläche bei den verschiedenen Filmdrücken optisch aussieht, zeigen die elektronenmikroskopischen Aufnahmen des Bildes 23.31. Die Kontrastwirkung bei diesen Aufnahmen wurde durch gleichzeitiges Bedampfen mit Chromatomen erzielt. Die hellen

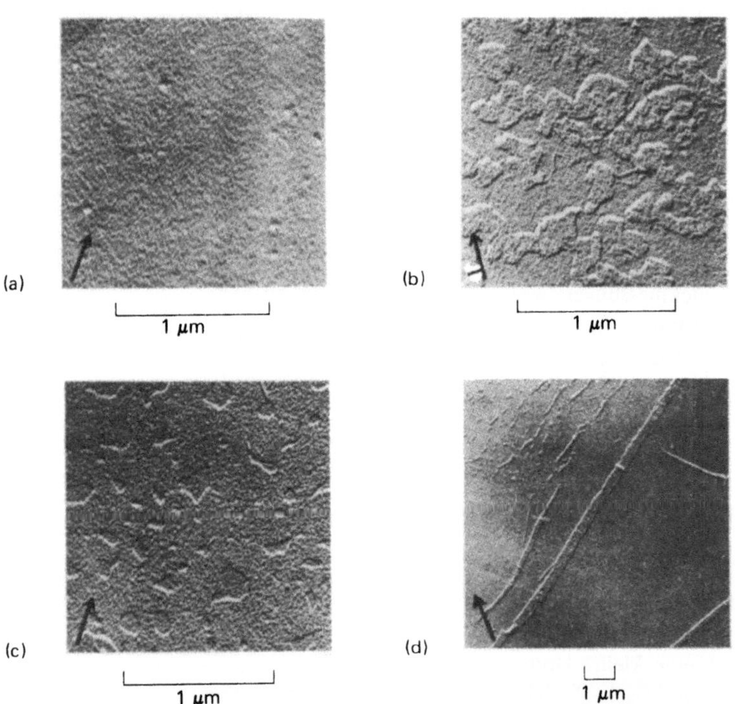

Bild 23.31 Elektronenmikroskopische Aufnahmen von $CH_3(CH_2)_{34}COOH$-Schichten: die Pfeile geben die jeweilige, unter $15°$ geneigte Einfallsrichtung eines Chromatomstrahls wieder; Oberfläche ohne Druck (a), bei Filmdruck von $0,075\,\mathrm{Nm}^{-1}$ (b), bei $0,125\,\mathrm{Nm}^{-1}$ (c), nach Faltung der monomolekularen Schicht (d); (private Mitteilung von *H. E. Ries:* Standard Oil. Co. Indiana, Whiting, Ind.)

Stellen sind Flächen, die mit Chrom bedeckt sind. Aus dem Einfallswinkel des Chromstrahls und der Länge des jeweiligen Schattens läßt sich dann die Schichtdicke berechnen. Auf diese Weise fand man, daß die zusammengeschobenen Schichten doppelt so dick wie die monomolekularen sind (Bild 23.32d). Die darüber geschobenen liegen sandwichartig auf den unteren, wobei die Carboxylgruppen jeweils nach außen gerichtet sind.

Rechenbeispiele

1. 0,1 ml einer 0,1 molaren alkoholischen Palmitinsäurelösung werden mit einer Langmuirwaage gemessen. Skizzieren Sie hierfür den Verlauf des Filmdruckes als Funktion der Oberfläche/Molekülzahl.

2. Schätzen Sie aus den elektronenmikroskopischen Bildern 23.31b und c die Dicke der fast vollständigen monomolekularen Stearinsäureschicht ab.

3. Wie könnten die einzelnen Schritte der Faltung einer monomolekularen Schicht aussehen, wenn schließlich eine dreimal so dicke Schicht entsteht?

4. Von *Langmuir* stammen folgende Daten für die Adsorption von N_2 an Glimmer bei 90 K (J. Am. Chem. Soc. 1361 (1918) 40):

p in atm	2,8	3,4	4,0	4,9	6,0	7,3	9,4	12,8	17,1	23,5	33,5
N_2-Volumen in mm^3 bei 20 °C und 1 atm	12,0	13,4	15,1	17,0	19,0	21,6	23,9	25,5	28,2	30,8	33,0

Zeigen Sie, daß diese Daten einer Langmuirschen Adsorptionsisotherme genügen und bestimmen Sie die spezifischen Konstanten. Wie groß ist der Platzbedarf eines Stickstoffmoleküls, wenn die Dichte von flüssigem Stickstoff 0,81 kg dm^{-3} beträgt, und wie groß ist die spezifische Oberfläche des von *Langmuir* verwendeten Glimmers?

5. Aktivkohle adsorbiert aus einer wäßrigen Essigsäurelösung Essigsäuremoleküle. Folgende Mengen Essigsäure werden bei verschiedenen Essigsäurekonzentrationen adsorbiert:

c in mol l^{-1}	0,018	0,031	0,126	0,268	0,471	0,882
y in mol l^{-1}	0,47	0,62	1,11	1,55	2,04	2,48

Zeigen Sie, daß diese Daten einer Freundlichschen Adsorptionsisotherme genügen und bestimmen Sie die individuellen Adsorptionskontanten.

6. Zeigen Sie, daß bei geringer Oberflächenbelegung die Langmuirsche Adsorptionsisotherme und die Freundlichsche mit n = 1 identisch werden und daß bei großen Belegungen die Langmuirsche Isotherme einer Freundlichschen mit n = ∞ entspricht.

7. Leiten Sie nach der Langmuirschen Theorie die Adsorptionsisotherme für die gleichzeitige Belegung einer Oberfläche mit zwei Gassorten ab.

8. Folgende Daten für die N_2-Adsorption von N_2 an Al_2O_3 bei 77 K wurden ermittelt:

p_{N_2} (atm)	0,0417	0,0849	0,1272	0,223
adsorbierte Menge N_2 (mmol g^{-1} Al_2O_3)	83,1	90,3	104,5	118,8

Genügen diese Daten einer Langmuirschen Adsorptionsisotherme? Wie groß ist die Al_2O_3-Oberfläche, wenn ein N_2-Molekül einen Platzbedarf von $16 \cdot 10^{-20}$ m^2 hat?

9. Die Zersetzung von NH_3 an Pt-Katalysatoren wird durch H_2 gebremst. Folgende Daten wurden bei 1138 °C gemessen:

p_{H_2} (mm Hg)	50	100	150
Zersetzungsgeschwindigkeit (mm Hg s^{-1})	0,275	0,133	0,083

Sind diese Meßwerte mit den Vorstellungen in Abschnitt 23.5 konsistent?

Kapitel 24
Photochemie

Werden chemische Reaktionen durch eine geeignete elektromagnetische Strahlung ausgelöst, so bezeichnet man sie als photo- bzw. strahlenchemische Reaktionen. Gewöhnlich wird jedoch zwischen beiden auf Grund ihrer Energie unterschieden. Bei den photochemischen wird von den Molekülen Licht des Energiebereichs 1 bis 10 eV unter Anregung eines höherenergetischen Molekülzustandes absorbiert (Primärprozeß); darauf folgen Reaktionen der so aktivierten Moleküle (Sekundärprozesse). Strahlungslose Konversion, Fluoreszenz und Phosphoreszenz sind derartige Prozesse ohne chemische Auswirkungen. Von strahlenchemischer Anregung spricht man hingegen dann, wenn Moleküle durch hochenergetische Wellen- oder Teilchenstrahlung (z. B. γ-Quanten mit Energien im MeV-Bereich) unspezifisch ionisiert und gespalten werden und diese Bruchstücke dann Reaktionen verursachen. Wir wollen uns in diesem Buch auf die Besprechung photochemischer Reaktionen beschränken.

Wie bei den Reaktionen ohne Licht geht es bei diesen um das Auffinden plausibler Mechanismen, d. h. die Photochemie beginnt dort, wo die Molekülspektroskopie endet, bei den Sekundärprozessen. Nichts charakterisiert dieses Gebiet der Chemie treffender als die Feststellung, daß wir heute noch weit davon entfernt sind, etwa die Photosynthese der Pflanzen verstehen und nachahmen zu können. Licht spielt eine doppelte Rolle: 1. Durch Initiieren von Reaktionsfolgen und 2. durch Umwandlung seiner Energie in chemische Energie. Technische Beispiele für den ersten Fall sind etwa der photographische Prozeß sowie durch Licht ausgelöste Kettenreaktionen und für den zweiten Fall die Photosynthese und Solarzellen.

Ein wichtiger Begriff in der Photochemie ist die Lebensdauer eines angeregten Molekülzustandes. Von ihr hängt es ab, ob überhaupt Folgereaktionen auftreten oder ob das Molekül schon vorher desaktiviert wird. Die Lebensdauer wird durch die reziproke Einsteinsche Übergangswahrscheinlichkeit definiert; ein quantitativer Ausdruck als Funktion des Absorptionskoeffizienten kann dafür mit Hilfe des Strahlungsgleichgewichtes und des Planckschen Strahlungsgesetzes abgeleitet werden. Dadurch ergibt sich die experimentelle Möglichkeit, aus dem Absorptionsspektrum die Lebensdauer zu bestimmen. Während Fluoreszenz und Phosphoreszenz auf spontaner Emission beruhen, basiert Laserlicht auf der induzierten Emission angeregter Zustände.

24.1 Strahlungsgleichgewicht und Lebensdauer angeregter Zustände

Photochemische Primärprozesse sind einfach die durch Licht hervorgerufenen elektronischen Molekülanregungen. Es sei deshalb an den Abschnitt 6.5 über die Elektronenspektren erinnert und kurz wiederholt: Bei der Absorption im UV ist der angeregte Molekülzustand entweder bindend oder nichtbindend. Wird ein nichtbindender Zustand angeregt, so dissoziiert das Molekül zumeist in radikalische Bruchstücke. Dies ist auch der Grund, warum Ketten- und Polymerisationsreaktionen durch Licht initiiert werden können. Verhält sich jedoch der angeregte Zustand bindend (Schwingungsenergiekurve mit Minimum), können Folgereaktionen mit dem so aktivierten Molekül eintreten. Vorausgesetzt seine Lebensdauer ist dazu groß genug. Reicht sie nicht aus, um mit einem anderen Molekül zusammenzustoßen und zu reagieren, so verliert es seine Energie durch Strahlung oder strahlungslos an die Umgebung. Dies geschieht durch Fluoreszenz und Phosphoreszenz bzw. durch Konversion.

Kreuzt z. B. wie in Bild 24.1 schematisch skizziert der angeregte Zustand mehrere andere und damit direkt oder indirekt seinen eigenen elektronischen Grundzustand, so kann ein strahlungsloser Übergang in diesen erfolgen. Die überschüssige Anregungsenergie wird in Form von Schwingungsenergie frei. Diesen Vorgang bezeichnet man als innere *Konversion*. Er verläuft besonders bei vielatomigen Molekülen so schnell, daß keine Zeit für eine Strahlungsemission oder für eine Reaktion mit anderen Molekülen bleibt. Wichtig in der Photochemie sind deshalb solche Moleküle, bei denen die Molekülzustände nicht kreuzen und die zu spontaner Emission durch Fluoreszenz oder Phosphoreszenz gezwungen sind. Die spontane Emissionswahrscheinlichkeit bestimmt dann ihre Lebensdauer. Es soll im folgenden gezeigt werden, wie diese aus dem Absorptionsspektrum der betreffenden Moleküle ermittelt werden kann.

Wie bereits in Abschnitt 6.1 über Molekülabsorptionsvorgänge mitgeteilt, hängen die *Übergangswahrscheinlichkeiten* für die Absorption B_{nm} bzw. die gleich große für die induzierte Emission B_{mn} und die für die spontane Emission A_{mn} wie folgt zusammen:

$$A_{mn} = \frac{8\,\pi\,h\,\nu^3}{c^3}\,B_{mn} = \frac{8\,\pi\,h\,\nu^3}{c^3}\,B_{nm}. \tag{1}$$

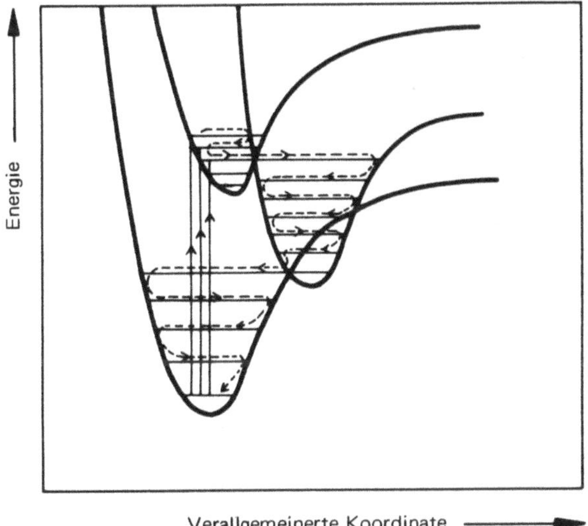

Bild 24.1
Strahlungslose Übergänge
(schematisch)

Dieser Zusammenhang soll jetzt nachträglich abgeleitet werden. Gegeben sei ein Strahlungsfeld mit folgender spektraler Verteilung seiner *Energiedichte:*

$$\rho(\nu) \equiv \frac{dE}{dV\,d\nu} = \frac{8\pi\nu^2}{c^3} \frac{h\nu}{e^{\frac{h\nu}{kT}} - 1} \ . \tag{2}$$

Gl. (2) ist das berühmte *Plancksche Strahlungsgesetz;* es läßt sich mit dem Frequenzspektrum der Gitterschwingungen eines erhitzten Festkörpers (Abschnitt 14.2) identifizieren, wenn man von der Zustandsdichte

$$g(\nu) \equiv \frac{dN}{dV\,d\nu} = \frac{12\pi\nu^2}{c^3} \tag{3}$$

zwei Drittel (transversale strahlende) Schwingungen nimmt und $g(\nu)$ mit der mittleren Energie eines Oszillators

$$\bar{\epsilon} = \frac{h\nu}{e^{\frac{h\nu}{kT}} - 1} \tag{4}$$

multipliziert. In Bild 24.2a erkennt man, wie das Maximum der Verteilung (2) mit zunehmender Temperatur größer wird und sich zu höheren Frequenzen (niedrigeren Wellenlängen) verschiebt. Die Verteilungen einiger in der Spektroskopie verwendeter Lampen sind zur Illustration in Bild 24.2b zu sehen.

Im Strahlungsfeld der Dichte $\rho(\nu)$ sollen sich Moleküle mit dem Grundzustand n und mit einem angeregten Zustand m befinden (Bild 24.3). Alle in Bild 24.3 gezeichneten Übergänge können dann stattfinden und im stationären *Strahlungsgleichgewicht* werden pro Zeiteinheit ebenso viele Moleküle absorbieren wie induziert und spontan emittieren (vgl. dynamisches bzw. kinetisches Gleichgewicht in Abschnitt 22.3). Die Zahl der Ab-

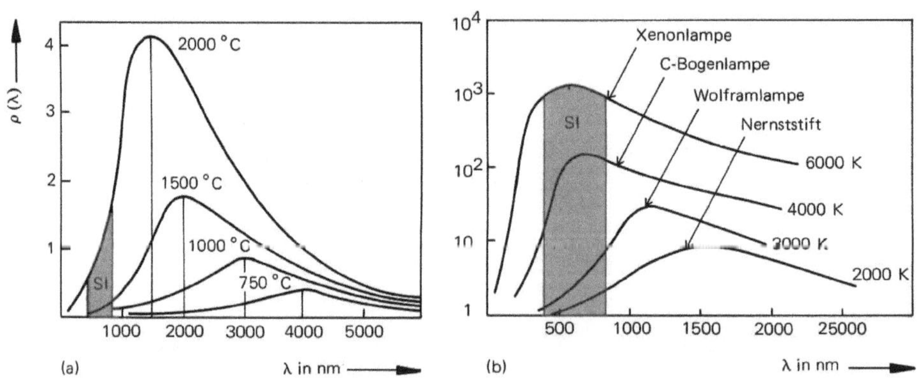

Bild 24.2 Temperaturabhängigkeit der spektralen Energiedichteverteilung eines schwarzen Strahlers (a) und Verteilungen praktisch benutzter Lichtquellen (b)

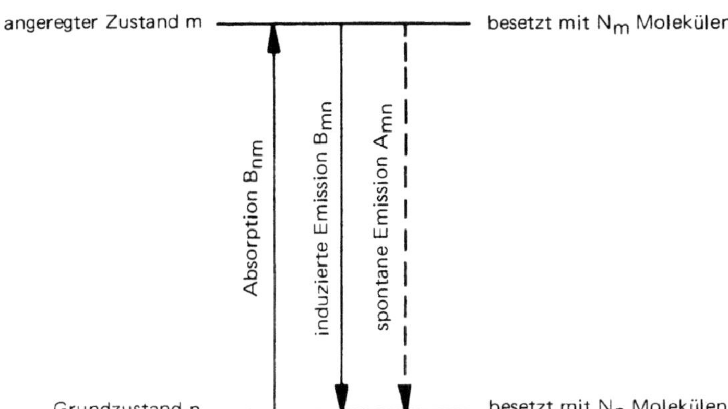

Bild 24.3 Skizze zur Ableitung des Strahlungsgleichgewichtes

sorptionen pro Zeiteinheit ist proportional der Zahl der Moleküle im Grundzustand n und proportional der Strahlungsdichte ρ bei der Resonanzfrequenz ν_{nm}:

$$-\frac{dN_n}{dt} = B_{nm}\, N_n\, \rho\,(\nu_{nm}). \tag{5}$$

Analog gilt für die Zahl der induzierten Emissionen pro Zeiteinheit:

$$-\frac{dN_m}{dt} = B_{mn}\, N_m\, \rho\,(\nu_{nm}). \qquad (\nu_{nm} = \nu_{mn}) \tag{6}$$

Da die spontane Emission, die die induzierte begleitet, nicht vom Strahlungsfeld abhängt, gilt für sie:

$$-\frac{dN_m}{dt} = A_{mn}\, N_m. \tag{7}$$

Im Gleichgewicht müssen sich die Übergänge nach oben und nach unten die Waage halten, so daß mit $B_{nm} = B_{mn}$ resultiert:

$$N_m\,[A_{mn} + \rho\,(\nu_{nm})\, B_{nm}] = N_n\, B_{nm}\, \rho\,(\nu_{nm}) \tag{8}$$

bzw.

$$\frac{N_m}{N_n} = \frac{B_{nm}\, \rho\,(\nu_{nm})}{B_{nm}\, \rho\,(\nu_{nm}) + A_{mn}}. \tag{9}$$

Ersetzen wir darin das Verhältnis N_m/N_n durch das MB-Verhältnis (Abschnitt 10.3)

$$\frac{N_m}{N_n} = e^{-\frac{h\nu_{nm}}{kT}}, \tag{10}$$

das die Besetzung der zwei Zustände im thermischen Gleichgewicht regelt, und $\rho\,(\nu_{nm})$ durch das Plancksche Strahlungsgesetz (2), so erhalten wir als Resultat Gl. (1).

Befinden sich im Gleichgewicht N_m^0-Moleküle gerade im Zustand m und wird zur Zeit t = 0 das Strahlungsfeld plötzlich weggeschaltet, so begeben sich die angeregten Moleküle spontan in den Grundzustand. Für die Geschwindigkeit dieses spontanen Überganges gilt dann nur Gl. (7); sie liefert nach Integration in den Grenzen von $N_m = N_m^0$ zur Zeit t = 0 bis N_m zur Zeit t die Abklingfunktion

$$N_m = N_m^0 \, e^{-A_{mn}t} \tag{11}$$

(vgl. chemische Relaxation in Abschnitt 22.3). Danach ist $1/A_{mn}$ die Zeit, in der von N_m^0 angeregten Molekülen alle bis auf den Bruchteil $1/e$ spontan emittiert haben. Somit kann $1/A_{mn}$ als eine charakteristische Zeit oder *Lebensdauer* aufgefaßt werden. Nach Gl. (1) könnten wir A_{mn} bzw. $1/A_{mn}$ aus der Wahrscheinlichkeit B_{nm} berechnen, sofern diese bekannt ist. Da jedoch quantenmechanische Berechnungen von B_{nm} viel zu kompliziert sind, um nur annähernd verläßliche Werte für mehratomige Moleküle zu liefern, müssen wir uns eine experimentelle Bestimmungsmethode ausdenken.

In Abschnitt 6.2 wurde für Absorptionsvorgänge das *Lambert-Beersche Gesetz* in der Form

$$- dI = \epsilon \, cdxI \qquad \text{(c Konzentration)} \tag{12}$$

mit Hilfe eines geometrischen Absorptionsquerschnittes für monochromatische Strahlung hergeleitet. Gelingt es, den Absorptionskoeffizienten ϵ in Zusammenhang mit der Wahrscheinlichkeit B_{nm} zu bringen, so können wir diese experimentell ermitteln. Wir versuchen zunächst Gl. (12) auf eine alternative Weise herzuleiten und wollen dann die beiden Formeln miteinander vergleichen. Da $- dI$ die im Volumenelement $dV = Adx$ erfolgende Intensitätsabnahme darstellt und diese identisch mit der pro Zeiteinheit im Querschnitt A durch Absorption verschwindenden Energie ist, läßt sich alternativ schreiben:

$$- dI = h\nu \left(-\frac{dN_n}{dt} \right) \frac{1}{A} = h\nu_{nm} \, B_{nm} \, N_n \, \rho \, (\nu_{nm}) \, \frac{1}{A} \, . \tag{13}$$

Befinden sich die Moleküle mit der molaren Konzentration c in der Küvette, so gibt es im Volumenelement dV $N = N_A cAdx$ Moleküle. Da $h\nu_{nm}$ bei elektronischen Anregungen von der Größenordnung 1 bis 10 eV ist, besetzen davon die meisten Moleküle den Grundzustand. Wir dürfen deshalb $N_n \cong N_A cAdx$ setzen:

$$- dI = h\nu_{nm} \, B_{nm} \, \rho \, (\nu_{nm}) \, N_A \, cdx \, . \tag{14}$$

Die Intensität I bei der Frequenz ν_{nm} beträgt andererseits (Bild 24.3) bei einer Bandbreite von $\Delta\nu$ (Anhang IV)

$$I = c \, \rho \, (\nu_{nm}) \, \Delta\nu, \qquad \text{(c Lichtgeschwindigkeit)} \tag{15}$$

so daß wir weiter schreiben können:

$$- dI = h\nu_{nm} \, B_{nm} \, \frac{1}{c \, \Delta\nu} \, N_A \, cdxI \, . \tag{16}$$

Durch Vergleich mit Gl. (12) erhalten wir dann

$$\epsilon \, (\nu_{nm}) = h\nu_{nm} \, B_{nm} \, \frac{1}{c \, \Delta\nu} \, N_A$$

bzw.

$$B_{nm} = \frac{c}{h\nu_{nm} \, N_A} \, \epsilon \, (\nu_{nm}) \, \Delta\nu \, . \tag{17}$$

Ist der Übergang von n nach m sehr scharf (Absorptionslinie), so liefert eine Absorptionsmessung bei der Frequenz ν_{nm} einen Koeffizienten, aus dem nach Gl. (17) B_{nm} berechnet werden kann. Normalerweise sind jedoch die Linien zu Banden verbreitert, d. h. Übergänge finden auch in der Umgebung von ν_{nm} statt. Um deshalb alle Übergänge von unten nach oben zu erfassen, haben wir über den gesamten Bereich der Bande zu integrieren:

$$B_{nm} = \frac{c}{h\nu_{nm} N_A} \int \epsilon(\nu)\, d\nu\,. \tag{18}$$

Mit Gl. (1) folgt daraus für die reziproke Übergangswahrscheinlichkeit der spontanen Emission:

$$\frac{1}{A_{mn}} = \frac{c^3}{8\,\pi h\nu_{nm}^3\, B_{nm}} = \frac{N_A\, c^2}{8\,\pi\nu_{nm}^2 \int \epsilon(\nu)\, d\nu} \tag{19}$$

Approximieren wir das Integral im Nenner durch das Produkt aus der Halbwertsbreite $\Delta\nu_{1/2}$ und dem maximalen ϵ-Wert in der Bandenmitte (Bild 24.4), so bekommen wir für die Lebensdauer:

$$\tau \equiv \frac{1}{A_{nm}} = \frac{N_A\, c^2}{8\,\pi\nu_{nm}^2\, \epsilon_{max}\, \Delta\nu_{1/2}} = \frac{N_A\, \lambda_{max}^2\, \Delta\lambda_{1/2}}{8\,\pi\, \epsilon_{max}\, c} \tag{20}$$

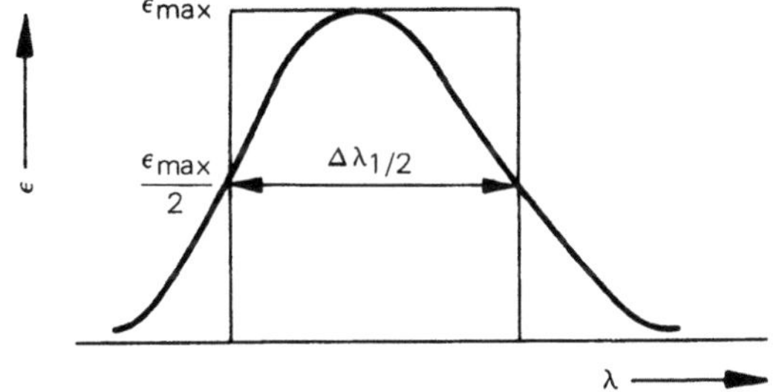

Bild 24.4

Approximation der Fläche unter einer Bande durch das Produkt aus Halbwertsbreite und maximalem ϵ-Wert

An dieser Formel erkennt man sehr deutlich, daß die Lebensdauer eines angeregten Zustandes sowohl von der Lage der Bande (λ_{max}) als auch von ihrer Halbwertsbreite ($\Delta\lambda_{1/2}$) abhängt. Je kleiner die Anregungsenergie ($h\nu_{max}$) und die Halbwertsbreite ($\Delta\nu_{1/2}$) sind, umso länger lebt der Anregungszustand. Zur Abschätzung der Größenordnung von Lebensdauern wollen wir eine bei 400 nm liegende und 50 nm breite Bande mit einem ϵ_{max}-Wert von $20\,000\ \text{mol}^{-1}\,l\,\text{cm}^{-1}$ annehmen. Rechnen wir zuerst ϵ_{max} in SI-Einheiten um, so bekommen wir $2000\ \text{mol}^{-1}\,\text{m}^2$ und damit:

$$\tau = \frac{6\cdot 10^{23}\cdot 400^2\cdot 10^{-18}\cdot 50\cdot 10^{-9}}{8\,\pi\cdot 2000\cdot 3\cdot 10^8} = 3{,}2\cdot 10^{-10}\,\text{s}. \tag{21}$$

Gewöhnlich liegen die Lebensdauern oder Halbwertszeiten ($t_{1/2} = \tau \ln 2$) zwischen 10^{-9} und 10^{-4} s. Die Berechnungsmöglichkeit nach Gl. (20) gilt jedoch ursächlich nur für direkt angeregte Zustände und nicht für solche, die aus einem ersten angeregten Zustand durch einen strahlungslosen Übergang erreicht wurden.

24.2 Fluoreszenz und Phosphoreszenz

Die direkte Absorption bei organischen Molekülen erfolgt gewöhnlich von einem Singulettgrundzustand aus in einen angeregten Singulettzustand. Denn die Wahrscheinlichkeit für den Übergang in einen Triplettzustand ist aus Spinkopplungsgründen sehr gering. Wenn dann das Molekül durch spontane Emission wieder in den Grundzustand zurückkehrt, so nennt man diesen Vorgang *Fluoreszenz.* Die zu beobachtende Emissionsbande ist aber nicht identisch mit der Absorptionsbande, sondern gegen diese zu längeren Wellenlängen hin verschoben (Bild 24.5). Man erklärt dies auf folgende Weise: Wegen des Franck-Condonprinzips (Abschnitt 6.5) erfolgt der Übergang vom Schwingungsgrundzustand des unteren in einen angeregten Schwingungszustand des oberen Elektronenzustandes. Durch Abgabe von Schwingungsenergie gelangt das Molekül zuerst in den Schwingungsgrundzustand des oberen und emittiert dann erst spontan, aber wegen des kleineren Termabstandes bei längeren Wellenlängen (Bild 24.6 und 24.7).

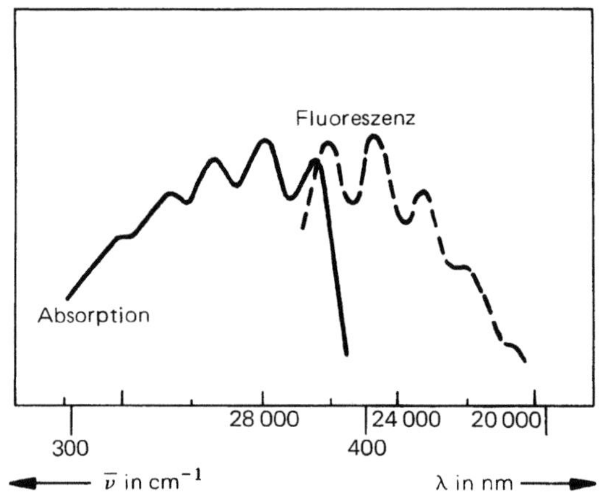

Bild 24.5

Absorptions- und Fluoreszenzspektrum von in Dioxan gelöstem Anthrazen (*G. Kortüm, B. Finckh: Z.* Phys. Chem. B 52 (1942) 263)

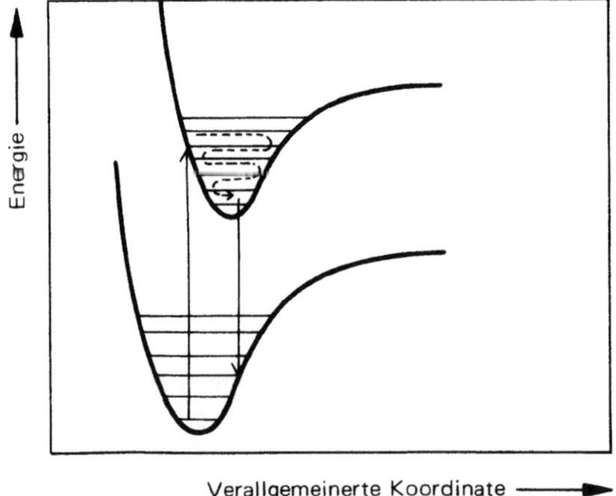

Bild 24.6

Schematische Energiedarstellung zur Fluoreszenz

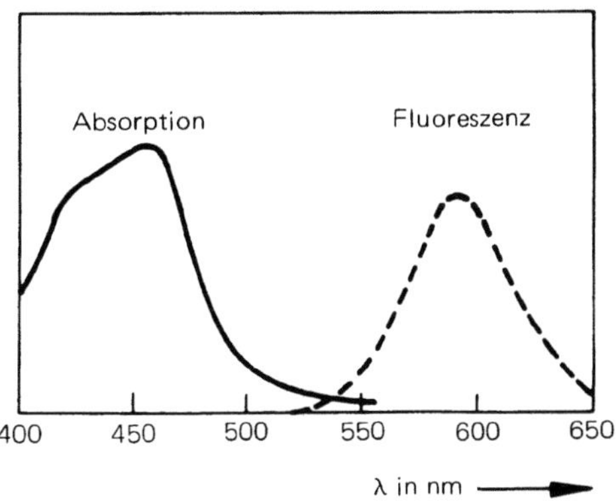

Bild 24.7
Absorptions- und Fluoreszenzspektrum von in Wasser gelösten Ru(bipy)_3^{2+}-Ionen (*J. N. Demas:* J. Chem. Educ. 52 (1975) 677)

Die Lebensdauer von fluoreszierenden Molekülen wird sehr oft durch die Anwesenheit fremder Moleküle, sogenannter *Quenchermoleküle* verkürzt. Dies kann kinetisch erklärt werden. Die Anregung, die Fluoreszenz, die strahlungslose Konversion und das bimolekulare Quenchen der Moleküle D durch die Moleküle Q lassen sich formal durch folgende Reaktionsgleichungen beschreiben:

$$D + h\nu \longrightarrow D^*, \quad D^* \xrightarrow{k_1} D + h\nu,$$

$$D^* \xrightarrow{k_1'} D + \text{Wärme}, \tag{22}$$

$$D^* + Q \xrightarrow{k_2} D + Q + \text{Wärme}.$$

Bezeichnen wir die Geschwindigkeitskonstante für den fluoreszierenden Übergang mit k_1, die für den strahlungslosen mit k_1' und die für das bimolekulare Quenchen mit k_2, dann beträgt die gesamte Zerfallsgeschwindigkeit:

$$-\frac{dc_{D^*}}{dt} = (k_1 + k_1' + k_2\, c_Q)\, c_{D^*}. \tag{23}$$

Für die Lebensdauer mit Quenchen kann deshalb

$$\tau = \frac{1}{k_1 + k_1' + k_2\, c_Q} \tag{24}$$

und für die Lebensdauer ohne Quenchen

$$\tau_0 = \frac{1}{k_1 + k_1'} \tag{25}$$

formuliert werden. Die Vereinigung von Gl. (24) mit Gl. (25) liefert

$$\frac{1}{\tau} = \frac{1}{\tau_0} + k_2\, c_Q, \tag{26}$$

wonach bei einer Auftragung der reziproken Lebensdauer gegen die Q-Konzentration eine Gerade erhalten werden sollte. Die Steigung der Geraden sollte direkt die Konstante k_2 und der Ordinatenabschnitt $1/\tau_0$ ergeben. Diese kinetische Vorstellung wurde am Beispiel der Fluoreszenz von wäßrigen Ru(bipy)_3^{2+}-Lösungen überprüft. Quenchendes

Molekül war in diesem Fall gelöster Sauerstoff. Das Absorptions- und Fluoreszenzspektrum sind in Bild 24.7 und die Auftragung gemäß Gl. (26) in Bild 24.8 zu sehen. Die Zerfallszeiten wurden in sauerstofffreier, in luft- und O_2-gesättigter Lösung gemessen. Die Steigung der durch die Meßpunkte gelegten Geraden in Bild 24.8 liefert $k_2 = 3{,}5 \cdot 10^9$ $l\,\text{mol}^{-1}\,\text{s}^{-1}$ und der Ordinatenabschnitt $\tau_0 = 0{,}56\ \mu s$.

Weitere Informationen über das Quenchen gewinnt man aus Intensitätsmessungen in Abhängigkeit von der Quencherkonzentration. Belichtet man kontinuierlich mit fluoreszenzanregender Strahlung, so daß sich eine stationäre D^*-Bildung einstellt, so muß die Bildungsgeschwindigkeit dD^*/dt mit und ohne Quenchermolekülen gleich groß sein. Wenn aber die Bildungsgeschwindigkeiten gleich groß sind, müssen auch die Zerfallsgeschwindigkeiten gleich groß sein, d. h. es muß gelten:

$$(k_1 + k_1') \, c_{D^*}(0) = (k_1 + k_1' + k_2\, c_Q)\, c_{D^*}(Q). \tag{27}$$

Umformen von Gl. (27) liefert

$$\frac{c_{D^*}(O)}{c_{D^*}(Q)} - 1 = \frac{k_2}{k_1 + k_1'}\, c_Q \tag{28}$$

bzw. mit Gl. (25)

$$\frac{c_{D^*}(O)}{c_{D^*}(Q)} - 1 = k_2\, \tau_0\, c_Q\ . \tag{29}$$

Da die Intensität der Fluoreszenzsignale proportional der Konzentration der angeregten Zustände D^* ist, kann man in Gl. (29) anstelle des Konzentrationsverhältnisses das Intensitätsverhältnis einführen:

$$\frac{I(0)}{I(Q)} - 1 = k_2\, \tau_0\, c_Q. \tag{30}$$

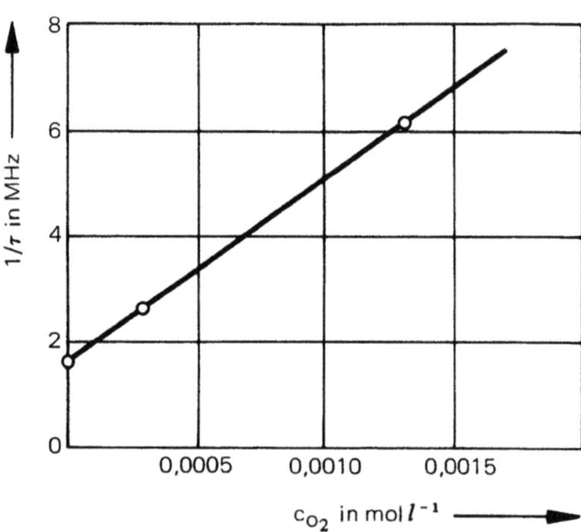

Bild 24.8 Abhängigkeit der Lebensdauer fluoreszierender Ru$(bipy)_3^{2+}$-Ionen von der O_2-Konzentration (*J. N. Demas:* J. Chem. Educ. 52 (1975) 677)

An Hand von Gl. (30) läßt sich mit Hilfe von Intensitätsmessungen bei unterschiedlichen Quencherkonzentrationen die Näherung des stationären Zustandes überprüfen und wenn diese gilt, aus einer $I(0)/I(Q) - 1$, c_Q-Auftragung ein Wert für $k_2\, \tau_0$ ermitteln. Dies ist in Bild 24.9 für Ru$(bipy)_3^{2+}$-Lösungen geschehen. Aus der Steigung der Geraden folgt für $k_2\, \tau_0$ der Wert $1{,}6 \cdot 10^4$ und zusammen mit $\tau_0 = 0{,}56\ \mu s$ von früher folgt $k_2 = 3 \cdot 10^{10}$ $l\,\text{mol}^{-1}\,\text{s}^{-1}$ als Geschwindigkeitskonstante für die bimolekulare Quenchreaktion mit $Fe(CN)_6^{4-}$. Da diese Konstante größer als die für eine diffusionskontrollierte Reaktion ist (Abschnitt 22.10), läßt sich folgender Mechanismus postulieren: Fluoreszierende positiv geladene Moleküle und negativ geladene Quenchermoleküle ziehen einander elektrostatisch an, was eine reaktionskontrollierte Reaktion bedingt.

Früher wurde zwischen Fluoreszenz und Phosphoreszenz auf Grund der unterschiedlich großen Lebensdauer unterschieden: Dauerte die Emission längere Zeit, so

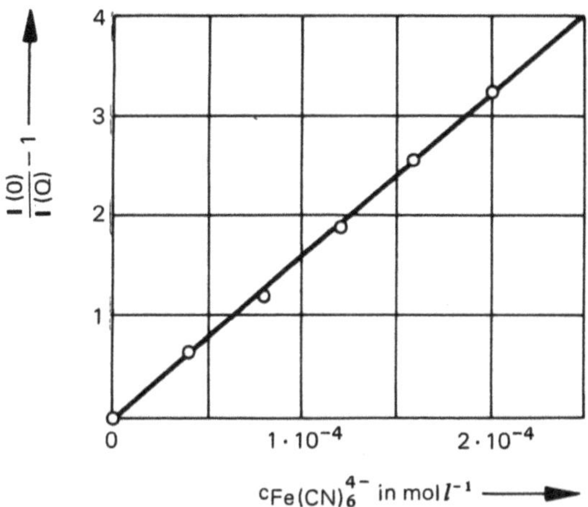

Bild 24.9
Abhängigkeit der Ru (bipy)$_3^{2+}$-Fluoreszenzintensität von der K$_4$Fe (CN)$_6$– Quencherkonzentration (*J. N. Demas:* J. Chem. Educ. 52 (1975) 577)

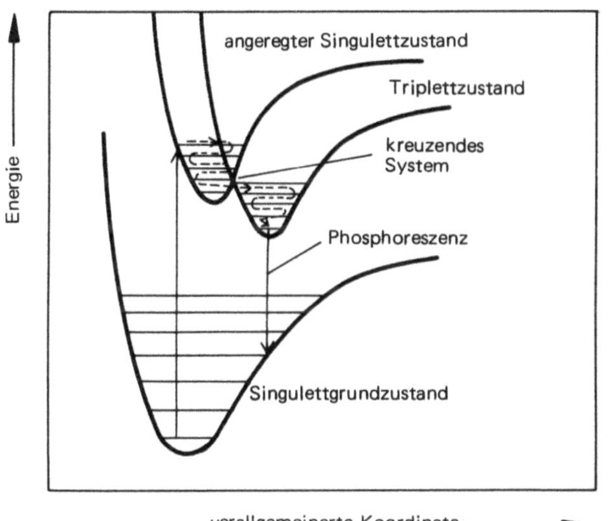

Bild 24.10
Schematische Energiedarstellung zur Phosphoreszenz

bezeichnete man sie als Phosphoreszenz, war sie nur von kurzer Dauer, als Fluoreszenz. Mit 10^{-9} bis 10^{-6} s sind Fluoreszenzen kurzlebiger als Phosphoreszenzen mit 10^{-3} bis 1 s. Die Bezeichnung *Phosphoreszenz* wird heute ausschließlich für spontane Emissionen zwischen Triplett- und Singulettzuständen verwendet. Ein sehr oft vorkommender Mechanismus ist in Bild 24.10 dargestellt: Anregung erfolgt von einem Singulettgrundzustand in einen anregbaren Singulettzustand. Durch Zusammenstöße mit anderen überträgt bzw. verliert das angeregte Molekül soviel Schwingungsenergie, bis es in einen Schwingungszustand gelangt, in dem ein Triplett- den Singulettzustand kreuzt. In diesem ist zwar eine Spinumkehr auch nicht so ohne weiteres möglich, doch wird dieser Singulett-Triplett-Übergang umso wahrscheinlicher, je langsamer die Schwingungsenergie abgegeben wird. Fand einmal eine Spinumkehr statt, so kann weitere strahlungslose Konversion bis in den Schwingungsgrundzustand erfolgen. Die elektronische Rückkehr in den Singulettgrundzustand ist nun wiederum ein sehr unwahrscheinlicher Übergang, d. h. A_{mn} ist sehr klein und damit die Lebensdauer des Triplettzustandes sehr groß. Sie kann mehrere Sekunden betragen. In Flüssigkeiten ist Phosphoreszenz bei Raumtemperatur selten zu beobachten. Es gelingt, wenn die Flüssigkeit eingefroren wird. Mit anderen Worten, Phosphoreszenz ist normalerweise eine Domäne von Molekülkristallen (Abschnitt 14.6).

Wird z. B. ein Anthrazenkristall mit dem 694 nm-Licht eines Rubinlasers (Abschnitt 24.3) bestrahlt, so fluoresziert dieser blau. Die blaue Fluoreszenz besteht aus zwei Komponenten, einer kurzlebigen mit 30 ns und einer langlebigen mit einigen ms. Die kurzlebige Fluoreszenz entsteht beim Zerfall eines Singulettexcitons ($^1B_{2u}$), das nach einer Doppelabsorption strahlungslos aus dem ^1A_g-Exciton gebildet wird. Da die Anregung eine gleichzeitige Absorption von zwei Photonen benötigt, können solche Prozesse wegen der erforderlichen Lichtintensität nicht mit einer normalen Lichtquelle, sondern nur mit Laserlicht erzeugt werden. Die langlebige Komponente der blauen Fluoreszenz ist die Folge einer komplizierten Kinetik, an der der Triplettzustand $^3B_{2u}$ mit einer Lebensdauer von einigen ms beteiligt ist. Seine Besetzung gelingt auf verschiedene Weise (Bild 24.11), direkt oder indirekt durch strahlungslose Übergänge aus dem $^1B_{2u}$-Zustand. Seine Lebensdauer wird durch eine Rekombination von zwei Triplettexcitonen zu einem ^1A_g-Exciton begrenzt. (Phosphoreszenzen des Triplettzustandes gibt es hier keine.) Die Phosphoreszenz beobachtet man nur dann, wenn Anthrazen z. B. in flüssigem Benzol

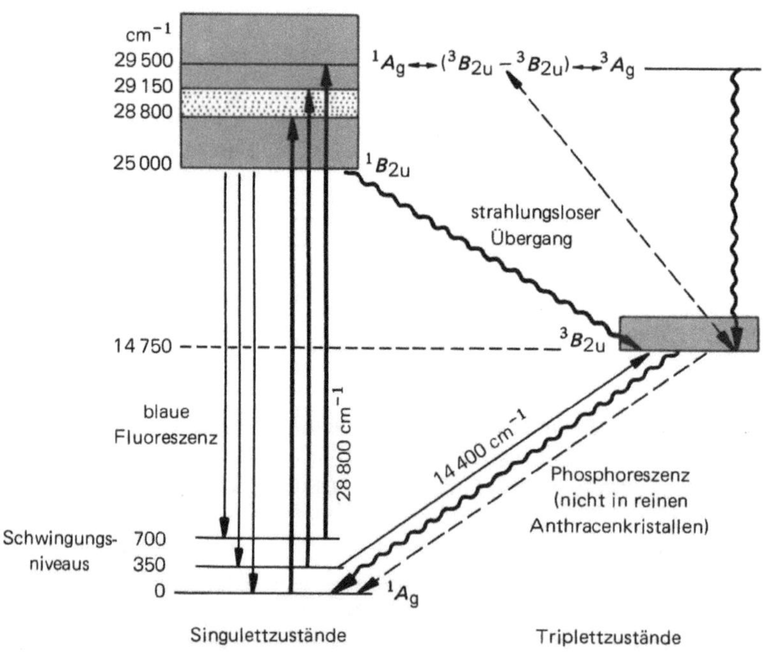

Bild 24.11 Termschema zur Fluoreszenz von Anthrazenkristallen (*S. Singh et al.*: J. Chem. Phys. 42 (1965) 330)

gelöst wird. Zum Abschluß dieses Abschnittes noch ein paar Worte zur *Energieübertragung* (Excitonenwanderung, vgl. Abschnitt 14.6) in kondensierten Phasen.

In Rubinlaserlicht fluoresziert sehr reines Anthrazen blau, sehr reines Tetrazen hingegen grün. Wird etwas Tetrazen (ca. 10^{-2} Mol%) in Anthrazen gelöst, so beobachtet man nur grüne Tetrazenfluoreszenz, obwohl fast das gesamte Licht von den Anthrazenmolekülen geschluckt wird. Beim Erwärmen ändert sich daran nichts; erst beim Schmelzen verschwindet die grüne Fluoreszenz und die blaue des Anthrazens erscheint. Dieses Verhalten spricht dafür, daß eine Energieübertragung nur in Kristallen möglich ist. Die Excitonen können in der Flüssigkeit nicht wandern und bleiben an den Molekülen lokalisiert. In einem genial einfachen Experiment maß *Simpson* den Diffusionsweg dieser Excitonen. Verschieden dicke Anthrazenschichten wurden auf die Spitze von tetrazendotierten Anthrazeneinkristallen aufgedampft und mit Licht der Anthrazenabsorptionsbande bestrahlt. Die Dicke des aufgedampften Anthrazens, die gerade noch ausreichte, um die grüne Tetrazenfluoreszenz zu sehen, entspricht dann dem Diffusionsweg der Excitonen. Sie betrug in diesem Experiment 40 nm. Die Energieübertragung über eine so große Entfernung beweist eindeutig, daß die Excitonen in Kristallen sehr beweglich sind. Sie gelangen sehr schnell von Molekül zu Molekül, weil in benachbarten Molekülen gleichartige Zustände existieren, zwischen denen eine Austauschwechselwirkung möglich ist. Nehmen wir eine mittlere Lebensdauer von 30 ns bei einer mittleren quadratischen Verschiebung von 40 nm an, so ergibt sich nach $D = \Delta x^2 / \tau$ ein Diffusionskoeffizient von ungefähr $5 \cdot 10^{-4}$ cm^2 s^{-1}. Das ist um eine Potenz mehr als der von Ionen in einer wäßrigen Lösung. Die Excitonen hüpfen sozusagen ganz vergnügt solange durch den Kristall, bis sie von Tetrazenmolekülen eingefangen werden. Bei Abwesenheit von Verunreinigungen wie Tetrazen kann es vorkommen, daß sie an Gitterfehlern eingefangen und reemittiert werden.

Es soll in diesem Zusammenhang nicht unerwähnt bleiben, daß es noch einen anderen Mechanismus des Energietransportes gibt, der in manchen Fällen von Bedeutung sein kann. Es handelt sich dabei um einen direkten Resonanztransfer, der *Förster-Mechanismus* genannt wird. Dieser kann sowohl zwischen gleichen als auch zwischen fremden Molekülen ablaufen, nur müssen sich dazu das Fluoreszenzspektrum des Donatormoleküls und das des Akzeptormoleküls überlappen. Nur dann ist eine ausreichende energetische Kopplung zwischen den beiden Molekülen gegeben, und das Donatormolekül kann seine Energie ganz einfach auf das Akzeptormolekül übertragen. Irgendeine Emission oder Absorption ist dann nicht notwendig. Die Kopplungsursache ist letztlich genau dieselbe wie bei den van der Waalsschen Wechselwirkungen und hängt ebenfalls mit $1/r^6$ vom Molekülabstand ab. Es ist daher auch nicht zu erwarten, daß der Förster-Mechanismus über eine weitere Entfernung als 5 nm hinweg funktioniert. Dieser „theoretische" Wert von 5 nm wurde in einem Experiment überprüft. Anthrazen und Tetrazen wurden in geringer Konzentration in Naphtalin aufgelöst, d. h. so eingebaut, daß die normale Strahlung im Absorptionsband des Anthrazens emittiert wird. Unter diesen Bedingungen ist eine Excitonenwanderung unmöglich, weil das Anthrazen keine gleichartigen Nachbarn besitzt. Auf diese Weise wurde gefunden, daß die Grenze der Reichweite bei diesem Energietransfer bei ungefähr 4,4 nm liegt, was gut zum Förster-Mechanismus paßt. Solche Energietransfers über größere Strecken hinweg spielen sicherlich auch bei biologischen Prozessen wie der Photosynthese und der optischen Sinneswahrnehmung eine maßgebende Rolle.

24.3 Induzierte Emission und Laser

Während die Fluoreszenz und die Phosphoreszenz spontane Emissionsakte darstellen, verkörpert der *Laser* (light amplification by stimulated emission of radiation) induzierte Emissionsvorgänge. Laser sind leistungsstarke monochromatische Lichtquellen, die kohärentes Licht abstrahlen, was mit gewöhnlichen Lampen unmöglich ist. Das Erzeugungsprinzip beruht auf der Populationsumkehr eines langlebigen angeregten Zustandes mit einer kurzzeitigen induzierten Emission aller angeregten Moleküle.

Zur Erläuterung der Populationsumkehr gehen wir vom Strahlungsgleichgewicht (9) in Abschnitt 24.1 aus. Der Wert des Verhältnisses N_m / N_n wird wie schon gesagt durch das MB-Verhältnis geregelt und ist etwa im Bereich sichtbarer Strahlung sehr sehr klein. Erst im Grenzfall einer unendlich hohen Temperatur ließe sich die Gleichverteilung mit $N_m / N_n = 1$ erreichen. Bei Anwendung sehr großer Strahlungsdichten $\rho(\nu_{nm})$ ließe sich ebenfalls Gleichverteilung erzielen, weil dann im Nenner von Gl. (9) der Term $B_{nm}\,\rho(\nu_{nm})$ groß gegen A_{mn} und, was dasselbe ist, die spontane Emission klein gegen die induzierte wird. Gelingt es auf irgendeine Weise eine Populationsumkehr ($N_m / N_n > 1$) zu erzwingen und die angeregten Moleküle zu einer gleichzeitigen Emission zu bringen, so verstärkt diese das induzierende Licht *in Phase*.

Populationsumkehr kann auf drei Arten erzwungen werden: 1. Durch Strahlung, 2. durch Molekülstöße und 3. durch chemische Reaktionen. Bei allen drei Arten wird Energie in einen angeregten Zustand gepumpt, dort gespeichert und dann durch Induktion ausgelöst. Eine Energiespeicherung kann jedoch nur mit Hilfe von langlebigen Zuständen (vgl. Triplettzustände bei Phosphoreszenz) bewerkstelligt werden. Wir unterscheiden zwei Typen von Lasern, Zwei- und Dreiniveaulaser (Bild 24.12). Zum ersten Typ gehört der *Rubin-* und zum zweiten der *Gaslaser*. Beim Rubinlaser wird optisch und beim Gaslaser durch Molekülstöße Energie gepumpt. Diese beiden Laser sollen im folgenden besprochen werden.

Der Rubin ist eine durch gelöstes Chrom rot gefärbte Abart des Korunds (α-Al_2O_3). Die Korundstruktur besteht aus einer annähernd hexagonal-dichtesten Kugelpackung von O^{2-}-Ionen und aus Al^{3+}-Ionen auf verzerrten oktaedrischen Zwischengitterplätzen. Nur Drittel dieser Plätze ist mit Al^{3+}-Ionen besetzt. Da die Cr^{3+}-Ionen etwa so groß wie die

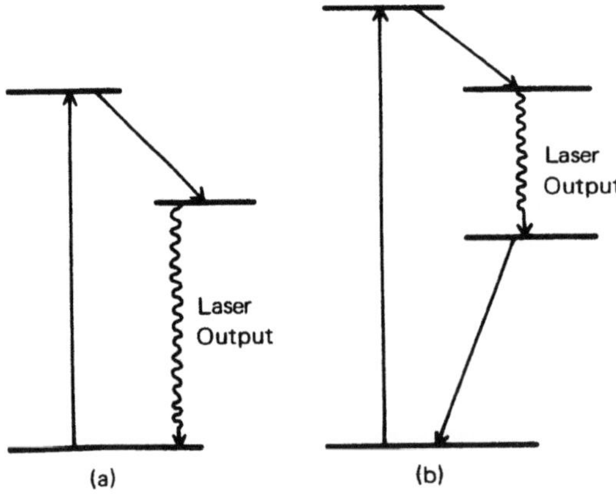

Bild 24.12
Termschema eines Zwei- (a) und eines Dreiniveaulasers (b) (schematisch)

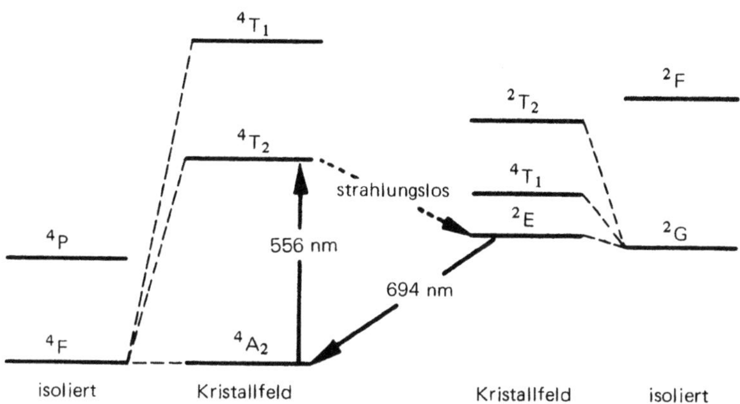

Bild 24.13 Oktaedrische Kristallfeldaufspaltung der Cr^{3+}-$3d^3$-Terme (Quartettzustände links, Dublettzustände rechts)

Al^{3+}-Ionen sind, können sie diese im Gitter bis zu 0,5 Mol% ersetzen und färben dann den Korund rot. Die rote Farbe rührt von einem *Kristallfeldübergang* der $3d^3$-Elektronen des Cr^{3+}-Ions her (Bild 24.13). Das elektronische Energieschema der isolierten Cr^{3+}-Ionen mit der $3d^3$-Konfiguration enthält Dublett- und Quartettzustände, da drei ungepaarte Spins vorhanden sind. Der ^4F-Grundzustand ist ein Quartettzustand (Hundsche Regel). Ohne äußeres Ligandenfeld erzeugt zwar die innere Spin-Bahnwechselwirkung auch schon eine kleine Aufspaltung, doch wurde diese in Bild 24.13 nicht berücksichtigt. Im oktaedrischen Kristall- oder Ligandenfeld (Abschnitt 4.5 und 5.10) der O^{2-}-Ionen spalten die Dublett- und Quartettzustände auf; der Übergang $^4A_2 \rightarrow {}^4T_2$ liegt bei 556 nm und verleiht dem Rubin die rote Farbe. Da die absorbierte Energie zum Teil strahlungslos in den ^2E-Zustand abgeführt und dort gespeichert werden kann, läßt sich bezüglich dieses Zustandes eine Populationsumkehr erzwingen. Wegen der anderen Multiplizität hat der ^2E-Term eine wesentlich längere Lebensdauer als der $^4T_2$-Term ($A_{mn} = 2 \cdot 10^2$ Hz). Die Wellenlänge des $^2E \rightarrow {}^4A_2$-Überganges beträgt 694 nm und entspricht ebenfalls rotem Licht. Wird also genügend stark mit 556 nm-Licht gepumpt, so entsteht eine viel größere Zahl von ^2E-Cr^{3+}-Ionen, als es dem MB-Gleichgewicht zukommt. Wenig intensives 694-nm-Licht reicht dann aus, um den ^2E-Speicher zu entleeren. Rubinlaser werden normalerweise so gebaut, daß das emittierte Licht nicht sofort austritt, sondern selbst weiter stimuliert. Da die Emissionsgeschwindigkeit proportional der Intensität des stimulierenden Lichtes ist, schaukelt sich die Strahlungsdichte sehr rasch auf und eine regelrechte Lichtexplosion ist die Folge.

Der erste Rubinlaser wurde 1960 von *Maiman* konstruiert (Bild 24.14). Ein zylindrischer Rubinkristall befindet sich in einer spiralartigen Xenonlampe, die ihrerseits von

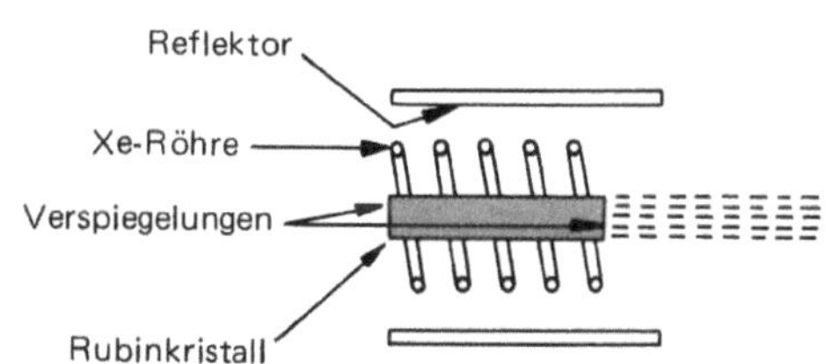

Bild 24.14 Prinzipskizze zum Rubinlaser (aus *W. J. Moore:* Der feste Zustand, F. Vieweg Verlag 1977)

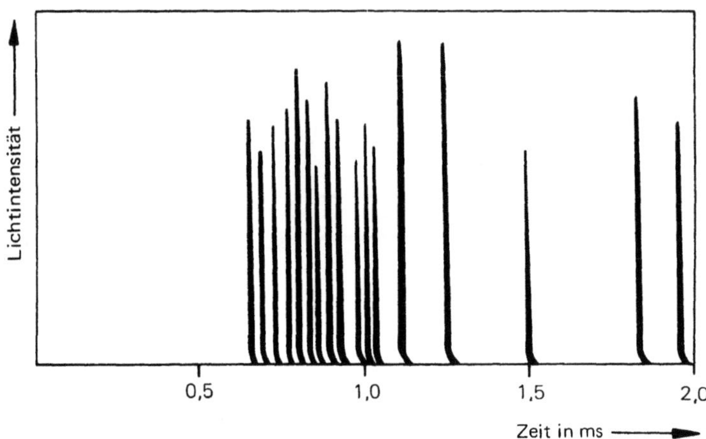

Bild 24.15 Unregelmäßige Impulsfolge des Rubinlaserlichtes (aus *W. J. Moore:* Der feste Zustand, F. Vieweg Verlag 1977)

einem reflektierenden Zylinder aus Magnesia umgeben ist. Das eine Ende des Rubins ist undurchlässig und das andere zu einem Drittel durchlässig verspiegelt. Durch Einschalten der Xenonlampe wird kurzzeitig voll gepumpt und induziert, die induzierte Emission aber solange hin und her reflektiert, bis sie alles entladen hat. Da sie währenddessen stoßweise durch das andere Ende austritt, besteht eine komplette Entladung aus einzelnen unregelmäßig auftretenden Impulsen (Bild 24.15). Die Leistung der Laserimpulse beträgt bei Impulsbreiten von 10^{-4} cm^{-1} bis zu 10 MW. Eine wichtige Eigenschaft des Laserlichtes ist seine Kohärenz. Während bei spontaner Emission (Zufallsprozeß) die aufeinander folgenden Wellenzüge zueinander nicht in Phase sind, ist dies bei Laserlicht der Fall. Es besteht aus phasengleich verstärkten Wellenzügen und kann gut gebündelt als Signalträger in der Nachrichtentechnik verwendet werden.

Ein Sonderfall des Rubinlasers ist der *Maser* (microwave amplification by stimulated emission of radiation), der im Mikrowellenbereich arbeitet. Dabei werden die Übergänge der d-Elektronen in einem äußeren Magnetfeld ausgenutzt (Bild 24.16, vgl. Elektronenspinresonanz in Abschnitt 6.7). Die Aufspaltung des $^4A_2$-Grundzustandes im Oktaederfeld führt wegen der kleinen Spin-Bahnkopplung zu einer unsymmetrischen Magnetfeldaufspaltung. Durch eine geeignete Orientierung der z-Kristallachse in bezug auf die Magnetfeldrichtung läßt sie sich aber symmetrisieren (Zustände rechts in Bild 24.16). Pumpt man nun mit 24,2 GHz, so werden die Niveaus E_3 und E_4 aufgefüllt und gleichzeitig die Niveaus E_1 und E_2 entleert. Dadurch entsteht eine Populationsumkehr des E_3- bezüglich des E_2-Niveaus und das Niveau E_3 kann induziert entleert werden.

Der *CO$_2$-Gaslaser* beruht auf den Niveaus der drei Normalschwingungen mit den Quantenzahlen v_1, v_2 und v_3 (symmetrische Streckschwingung, Biegeschwingung und antisymmetrische Streckschwingung in Bild 24.17). Auf ungefähr gleicher Energie wie der 001-Zustand des CO_2 befindet sich auch der erste angeregte Zustand des N_2, das dem CO_2 beigemischt wird. Durch Zusammenstöße der N_2-Moleküle mit Elektronen (durch elektrische Entladung in einer Röhre) wird dieser populiert. Die so angeregten

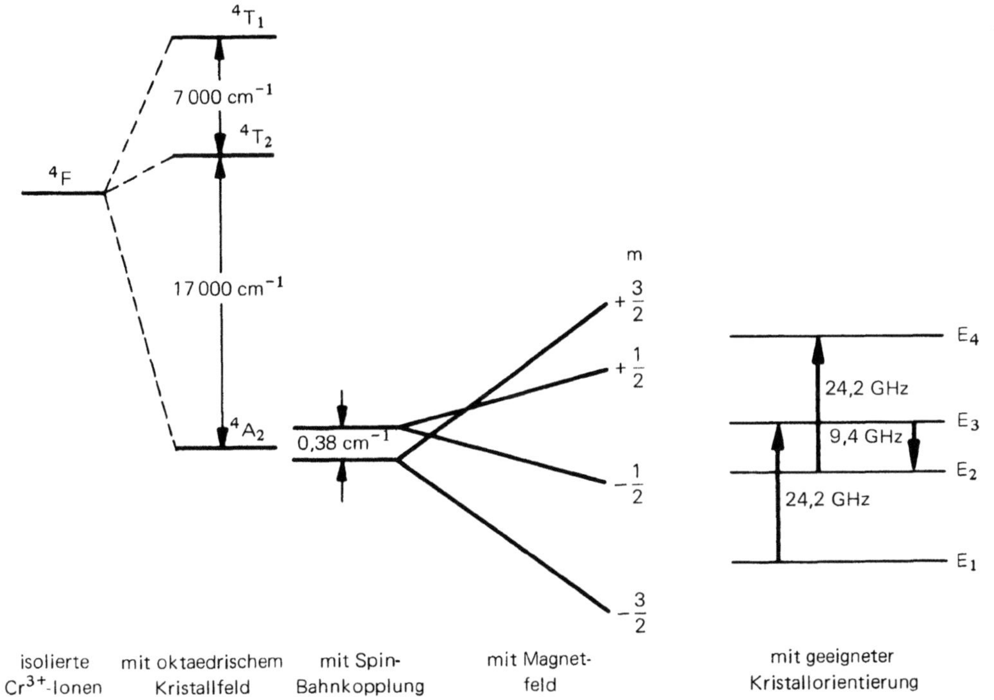

Bild 24.16 Magnetfeldaufspaltung des Cr^{3+}-$^4A_2$-Zustandes im Laser (a) und Termschema nach Symmetrisieren durch geeignete Kristallorientierung (b)

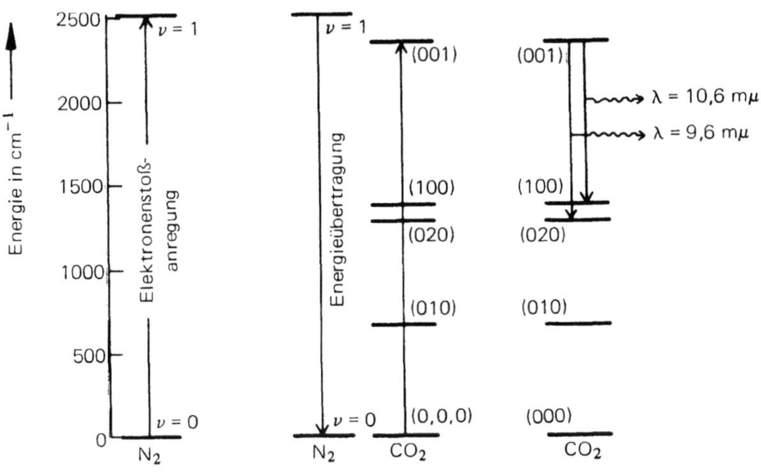

Bild 24.17 N$_2$- und CO$_2$-Schwingungstermschemata zur Erklärung des CO$_2$-Gaslasers

N_2-Moleküle übertragen dann ihre überschüssige Schwingungsenergie auf die CO_2-Moleküle, da sie ihre Energie nur strahlungslos abgeben können. Vom 001-CO_2-Zustand aus sind zwei mit Strahlungsemission verknüpfte Übergänge möglich, und zwar in den 100- und in den 020-Zustand. Der erste Übergang ist etwa 10mal so wahrscheinlich wie der zweite und kann zu induzierter Emission veranlaßt werden. Durch strahlungslose Übergänge werden die CO_2-Moleküle schließlich gänzlich desaktiviert. Wird die Pumpenergie nicht durch eine elektrische Entladung, sondern durch eine chemische Reaktion aufgebracht, so spricht man von einem chemischen Laser. Bei Reaktionen entstehende angeregte Moleküle übertragen die Energie auf das 001-CO_2-Niveau. Da bei Gaslasern Schwingungszustände emittieren, arbeiten diese im IR. Ein Nachteil aller Laserarten ist ihr sehr begrenzter Frequenzbereich. Die Entwicklung geht dahin, sie über einen größeren Frequenzbereich durchstimmbar zu machen.

24.4 Photochemische Reaktionen und Blitzlichtphotolyse

Bei der Beschreibung photochemischer Reaktionen wird sehr oft der Begriff *Quantenausbeute* benutzt. Diese ist das Verhältnis der Zahl neu entstandener Moleküle zur Zahl der absorbierten Lichtquanten. In günstigen Fällen beträgt die Quantenausbeute 1, doch Ausbeuten bis zu 10^6 sind bei Kettenreaktionen auch keine Seltenheit. Sie kann aus der Intensitätsabnahme im Reaktionsgefäß bestimmt werden.

Bild 24.18 zeigt schematisch eine Versuchsanordnung, mit der auch Intensitäten gemessen werden können. Durch einen Monochromator wird das weiße Licht einer leistungsstarken Lampe zerlegt und nur Licht mit der gewünschten Wellenlänge durch das Reaktionsgefäß geschickt. Hinter dem Gefäß mit lichtdurchlässigen Fenstern wird einmal ohne und dann mit reagierenden Molekülen die Intensität mittels eines geeichten Detektors gemessen (Photozelle, Photomultiplier, usw.). Aus der Differenz der Intensitäten und der Bestrahlungszeit läßt sich dann die absorbierte Energie berechnen. Zum Beispiel werden bei der Photodissoziation von gasförmigem HJ mit 254 nm-Licht 307 J absorbiert und der Zerfall von 0,0013 mol HJ in H_2 und J_2 analytisch festgestellt. Da ein 254 nm-Lichtquant eine Energie von $7,8 \cdot 10^{-19}$ J besitzt, wurden bei der Photoreaktion $39 \cdot 10^{19}$ Quanten absorbiert. Da aus 1 mol HJ pro Formelumsatz je 1/2 mol H_2 und J_2 entstehen, wurden

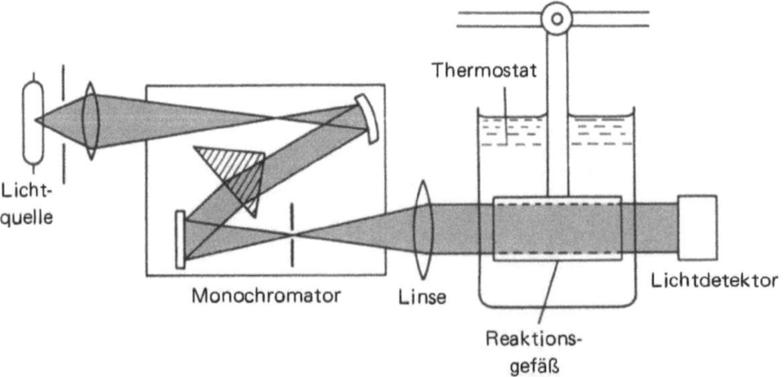

Bild 24.18 Schematische Anordnung zur Durchführung photochemischer Reaktionen (aus *W. J. Moore, D. O. Hummel*: Physikalische Chemie, Walter de Gruyter, Berlin, 1973)

bei der Reaktion $78 \cdot 10^{19}$ Moleküle erzeugt. Die Quantenausbeute beträgt daher 2. Dieses Ergebnis zeigt, daß es sich hier nur um eine kurze Reaktionsfolge handelt. Mit 254 nm-Licht wird ein antibindender Elektronenzustand im HJ angeregt (vgl. Abschnitt 6.5):

$$HJ + h\nu \longrightarrow H + J. \tag{31}$$

Plausible Folgeschritte sind

$$H + HJ \longrightarrow H_2 + J \tag{32}$$

und

$$M + J + J \longrightarrow J_2 + M. \tag{33}$$

M bedeutet irgendein drittes Molekül oder die Gefäßwand, die die Rekombinationswärme der Radikale aufnehmen. Die Summe aller Einzelschritte ergibt

$$2\,HJ + h\nu \longrightarrow H_2 + J_2 \tag{34}$$

und stimmt mit der experimentell ermittelten Quantenausbeute überein. Daß die angeschriebenen Einzelschritte plausibel sind, folgt aus Energiebetrachtungen. Die Reaktion

$$J + HJ \;\rightarrow J_2 + H \tag{35}$$

spielt z. B. keine Rolle, da sie mit $\Delta H = 148$ kJ endotherm verläuft. Die Reaktion (32) ist hingegen mit $\Delta H = -137$ kJ exotherm.

Charakteristisch, aber eine experimentelle Einschränkung, ist die Tatsache, daß in vertretbar kleinen Zeiten nur eine sehr geringe Zahl von Quanten absorbiert wird. Um dann die Ausbeute zu bestimmen, müssen die Endprodukte der Photoreaktion sehr genau untersucht und ihre Konzentrationen exakt bestimmt werden können.

Die Chlor-Knallgasreaktion

$$H_2 + Cl_2 + h\nu \longrightarrow 2\,HCl \tag{36}$$

ist ein Beispiel par excellence für eine durch Licht initiierbare *Kettenreaktion*. Ihr Primärschritt ist mit der optischen Dissoziation von Cl_2 identisch:

$$Cl_2 + h\nu \longrightarrow 2\,Cl. \tag{37}$$

Folgereaktionen sind

$$Cl + H_2 \longrightarrow HCl + H \tag{38}$$

und

$$H + Cl_2 \longrightarrow HCl + Cl. \tag{39}$$

Sie sind aus energetischen Gründen bevorzugt. Pro HCl-Paar liefern sie eine Reaktionswärme von

$$2\,D_{HCl} - D_{H_2} - D_{Cl_2} = 2 \cdot 432 - 436 - 243 = 185 \text{ kJ}. \tag{40}$$

Die kettenartige Fortsetzung der zwei Folgereaktionen ist daher in keiner Weise eingeschränkt. Abbruch der Kette kann auf dreierlei Weise erfolgen:

$$\begin{aligned} M + 2\,Cl &\longrightarrow Cl_2 + M, \\ M + 2\,H &\longrightarrow H_2 + M, \\ M + H + Cl &\longrightarrow HCl + M. \end{aligned} \tag{41}$$

In allen drei Fällen muß wieder ein Dreierstoß (Dreizentrenschritt) erfolgen. Da dieser bei geringen Konzentrationen sehr unwahrscheinlich ist, hängt die Quantenausbeute auch von der Größe der Gefäßwand ab. Unter Laborbedingungen beträgt jene 10^4 bis 10^6.

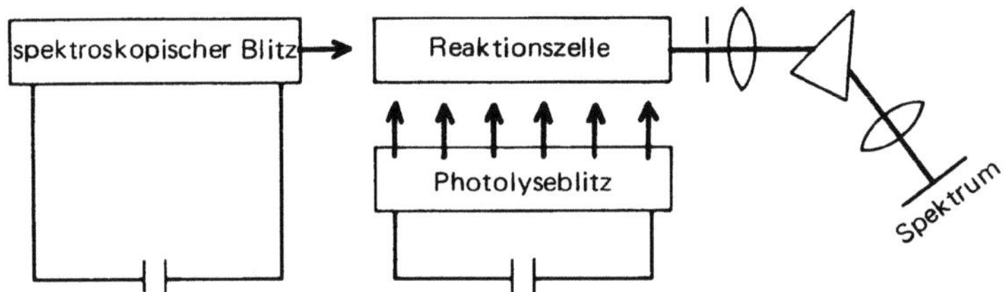

Bild 25.19 Schematische Anordnung einer Blitzlichtphotolyseapparatur

Unter *Blitzlichtphotolysen* versteht man Photodissoziationen mit Folgereaktionen durch eingestrahlte Lichtblitze. Die kurzlebigen Zwischenprodukte werden durch einen schnell darauf folgenden zweiten Lichtblitz spektroskopisch analysiert. Durch die blitzartige Entladung von Lampen können sehr hohe Lichtintensitäten erzeugt werden. Man erhält daher die Zwischenprodukte in größeren Konzentrationen. Die prinzipielle Meßanordnung zeigt Bild 24.19. Ein Blitz von etwa 10^{-5} s Dauer wird in das Reaktionsgefäß eingestrahlt. Innerhalb der Lebensdauer der Zwischenprodukte folgt der zweite „analytische" Blitz zur Aufnahme eines Absorptionsspektrums. Die Ergebnisse dienen hauptsächlich der Aufklärung von Primär- und Sekundärschritten. Zur Illustration dieser speziellen Methode einige Ergebnisse aus Untersuchungen über die Bildung und Reaktion von HO_2-Radikalen, die bei der Photolyse von H_2O aus O_2 in Anwesenheit von H_2 bzw. anderen Molekülen in der Reaktionsfolge

$$H_2O + h\nu \longrightarrow OH + H,$$
$$H + O_2 + H_2 \longrightarrow HO_2 + H_2 \tag{42}$$

entstehen.

Das untersuchte Reaktionsgemisch bestand aus 2,8 Vol% H_2O, 1,9 % O_2 und soviel H_2, daß sich ein Gesamtdruck von 1 atm ergab. Innerhalb von 10 μs-Blitzen entstanden nach Gl. (42) HO_2-Radikale; ihre Bildung und ihr Verschwinden durch Folgereaktionen wurden durch 210 nm-Blitze spektroskopisch verfolgt. Wie anfänglich vermutet, reagieren die HO_2-Radikale in der Folge bimolekular nach der Reaktionsgleichung

$$2\,HO_2 \longrightarrow H_2O_2 + O_2 \tag{43}$$

ab. Dies beweist Bild 24.20, in dem $1/\lg(I_0/I)$ gegen die Zeit aufgetragen wurde. Wegen des Lambert-Beerschen Gesetzes $-\ln(I/I_0) = \epsilon\,cx$ ist die HO_2-Konzentration proportional der Extinktion $-\ln(I/I_0)$ und wegen der Kinetik

$$\frac{1}{c_{HO_2}} = \frac{1}{c_0} + kt \tag{44}$$

muß eine derartige Auftragung bei Vorliegen von 2. Reaktionsordnung eine Gerade ergeben. Mit Hilfe eines geschätzten Absorptionskoeffizienten wurde aus der Steigung die Geschwindigkeitskonstante zu $6 \cdot 10^9$ $l\,mol^{-1}\,s^{-1}$ berechnet. Wird im Reaktionsgemisch H_2 durch Argon ersetzt, so bildet sich sehr schnell HO_2 nach

$$H_2O + h\nu \longrightarrow OH + H,$$
$$H + O_2 + Ar \longrightarrow HO_2 + Ar \tag{45}$$

und reagiert dann hauptsächlich unter Rückbildung von H_2O ab:

$$OH + HO_2 \longrightarrow H_2O + O_2 . \qquad (46)$$

In einem analogen Versuch wurde die entsprechende Konstante zu $1,2 \cdot 10^{11}\, l\,\mathrm{mol}^{-1}\,\mathrm{s}^{-1}$ bestimmt. Auf ähnliche Weise wurden auch die Konstanten für die in Tabelle 24.1 zusammengestellten Reaktionen eruiert. Sie liegen den in Bild 24.21 aus Computerberechnungen ermittelten Konzentrations-Zeitkurven zugrunde. Danach entsteht während der Blitzdauer fortlaufend HO_2. Diese Untersuchungen dienten dem Zweck, Auflüsse über die Reaktionen in der Erdatmosphäre zu gewinnen.

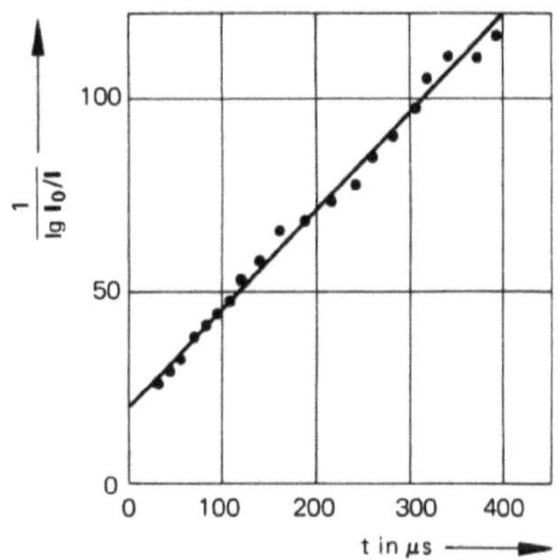

Bild 24.20 Logarithmische Darstellung des HO_2-Zerfalls nach Gl. (44) (*C. J. Hochanadel et al.*: J. Chem. Phys. 56 (1972) 4426)

Bild 24.21

Computerberechnete Konzentrations-Zeit-Kurven für die Bildung und die Reaktion von HO_2-Radikalen (Reaktionsgemisch: H_2 + 3 Vol% H_2 + 2 Vol% O_2 bei Gesamtdruck 1 atm) (*S. M. Koop, P. J. Ogren:* J. Chem. Educ. 53 (1976) 128)

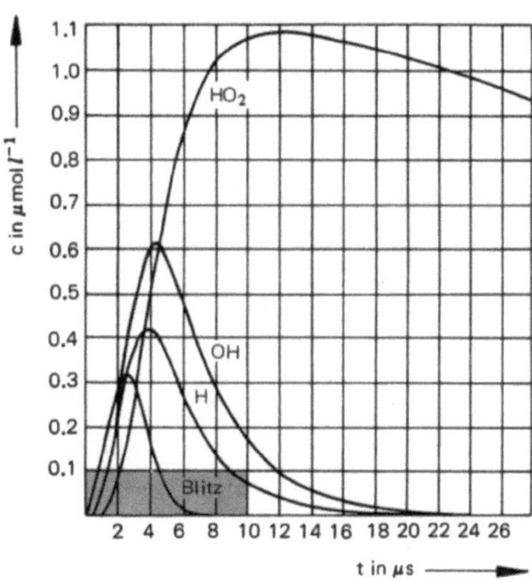

Tabelle 24.1: Reaktionen und Geschwindigkeitskonstanten für die in Bild 24.21 berechneten Konzentrations-Zeit-Kurven

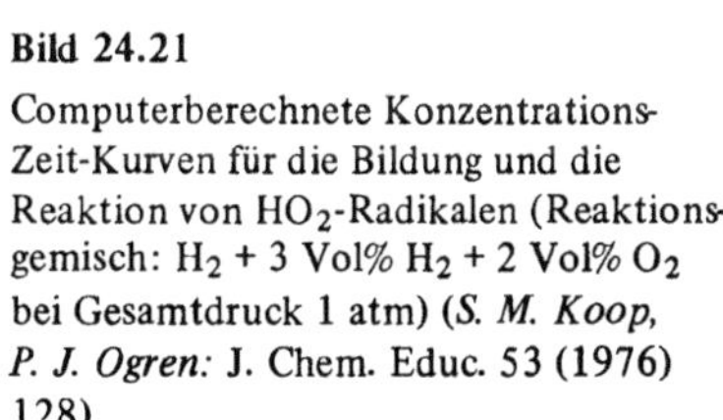

	k
$OH + H_2 \longrightarrow H_2O + H$	$4 \cdot 10^6\ l\,\mathrm{mol}^{-1}\,\mathrm{s}^{-1}$
$H + O_2 + H_2 \longrightarrow HO_2 + H_2$	$2 \cdot 10^{10}\ l^2\,\mathrm{mol}^{-2}\,\mathrm{s}^{-1}$
$H + O_2 + H_2O \longrightarrow HO_2 + H_2O$	$1,4 \cdot 10^{11}\ l^2\,\mathrm{mol}^{-2}\,\mathrm{s}^{-1}$
$HO_2 + HO_2 \longrightarrow H_2O_2 + O_2$	$6 \cdot 10^9\ l\,\mathrm{mol}^{-1}\,\mathrm{s}^{-1}$
$OH + HO_2 \longrightarrow H_2O + O_2$	$1,2 \cdot 10^{11}\ l\,\mathrm{mol}^{-1}\,\mathrm{s}^{-1}$

24.5 Photoeffekte an Halbleiterkontakten

Mit Ausnahme von Kern-, Wasser- und Windenergie sind all unsere Energieressourcen pflanzlichen Ursprungs und damit Endstadien einer photosynthetischen Energieumwandlung. Als gesichert gilt heute, daß der erste Schritt bei der Photosynthese aus der Lichtabsorption in mehrschichtigen Membranen besteht, die in engem Kontakt mit Chlorophyllmolekülen stehen. Die absorbierte Energie wird danach wie beim Förstermechanismus (Abschnitt 24.2) von Molekül zu Molekül übertragen und an gewissen aktiven Stellen konzentriert. Dort kommt es zur Umwandlung der Anregungsenergie in chemische Energie, und zwar mit Hilfe von elektrochemischen Reaktionen. Wieder an anderer Stelle beginnt dann der Aufbau von Kohlehydraten aus CO_2 und H_2O. Alle künstlichen Nachahmungsversuche scheitern bereits an der Herstellung von Membranen, die mit genügender Effizienz die über das ganze sichtbare Spektrum verteilte Energie einsammeln. Von den Folgeschritten soll gar nicht die Rede sein.

Versuche, um Sonnenenergie mit einer akzeptablen Quantenausbeute umzuwandeln, werden heute in zwei Richtungen hin unternommen: 1. Mit Hilfe von *elektrischen Photozellen* und 2. von *elektrolytischen Solarzellen.* Beiden gemeinsam ist ein Halbleiterkontakt mit einer elektrischen Doppelschicht, in deren Feld die bei der Lichtabsorption entstandenen Elektronen und positiven Löcher räumlich getrennt werden. Dabei resultieren Photospannungen bzw. Photoströme — mit einem Wort Lichtenergie wird in elektrische Energie umgewandelt. Dieses Prinzip ist eigentlich schon uralt und in Form von Photoelementen oder Photozellen gut bekannt. Das Hauptproblem bei solchen Umwandlungen besteht aber, abgesehen von konstruktiven und materiellen Details, in der geringen Strahlungsdichte des Sonnenlichtes, weil Halbleiterkontakte immer nur einen schmalen Frequenzbereich ausnützen können.

Bestrahlt man z. B. einen n-Halbleiter (Abschnitt 14.5) mit Licht, dessen Energie der Bandlücke entspricht, so werden Elektronen aus dem Valenzband in das Leitungsband angeregt und hinterlassen im Valenzband positive Löcher (Bild 24.22). Da relativ zu den vorhandenen Ladungsträgern mehr positive Löcher als Elektronen entstehen, ändert sich der Halbleiterwiderstand (*Photowiderstand*). Eine derartige Photoanregung kann aber auch zur Erzeugung eines Photostroms ausgenutzt werden, der der auftreffenden Lichtintensität direkt proportional ist. Kontaktiert man nämlich wie in Bild 24.23 eine n-Halbleiterschicht mit zwei Metallelektroden, wovon eine dünn und lichtdurchlässig ist, und belichtet man dann, so fließt im äußeren Kreis ein mit einem Mikroamperemeter meßbarer *Photostrom.* Bei geöffnetem Stromkreis entsteht an den beiden Elektroden eine *Photospannung* oder *Photo-EMK*, die bei den üblichen Halbleitern etwa 1/2 bis 1 V ausmacht. Sie ist die Differenz zweier Kontaktpotentiale und kommt an der belichteten n-Halbleiter/Metallphasengrenze auf folgende Weise zustande.

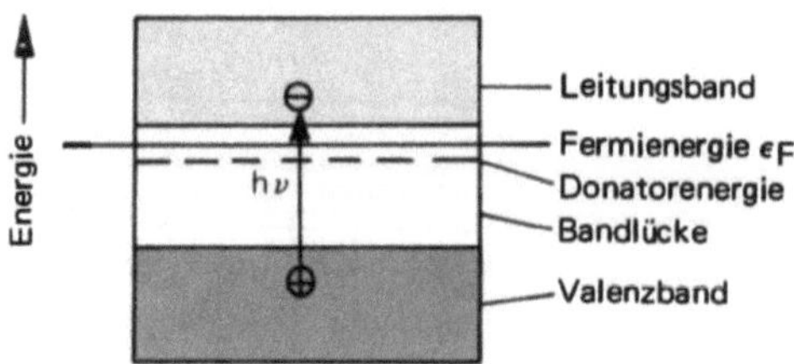

Bild 24.22

Elektronen- und Löcherproduktion in einem n-Halbleiter durch Licht mit einer Energie, die mindestens der Bandlücke entspricht

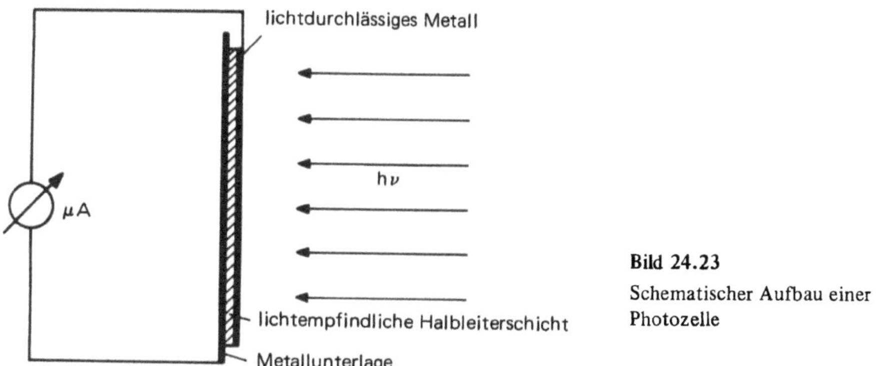

Bild 24.23

Schematischer Aufbau einer Photozelle

Wie schon in Abschnitt 22.3 erklärt wurde, bildet sich an jedem Festkörperkontakt bei Vorhandensein durchtrittsfähiger Elektronen oder positiver Löcher eine elektrische Doppelschicht aus; sie besteht in diesem Fall aus negativen Ladungen (Elektronen) auf der Metalloberfläche und aus positiven (Löchern) auf der n-Halbleiterseite (Sperrschicht). Im Gegensatz zu den negativen Ladungen erstrecken sich die positiven als diffuse Raumladung (je nach Leitfähigkeit mehr oder weniger weit) in das Halbleiterinnere und erzeugen darin ein elektrisches Feld. Da nach Abschnitt 22.1 das Potential diffuser Raumladungen exponentiell von der Oberfläche in das Innere abfällt,

$$\varphi(x) = \varphi(0)\, e^{-\sqrt{\beta}\,x} \tag{46}$$

gilt dies auch für den Potentialgradienten bzw. für die Feldstärke. Werden nun an der Halbleiteroberfläche durch Lichtabsorption zusätzlich Elektronen und Löcher erzeugt, so fließen in diesem elektrischen Feld die Löcher zur Metallseite und die Elektronen in Richtung des Halbleiterinneren. Dadurch wird die Doppelschicht bis zu einem gewissen Ausmaß entladen (Bild 24.24). Bei dauernder Belichtung wird ein stationärer Zustand dann erreicht, wenn die Erzeugung in dem kleiner werdenden Feld durch die Rekombination von Elektronen und Löchern gerade kompensiert wird. Gegenüber der Dunkelsituation wird der elektrische Potentialsprung am belichteten Kontakt auf jeden Fall kleiner, so daß netto zwischen beiden Metall/Halbleiterkontakten eine Photo-EMK resultiert. Belastet man eine solche „trockene" Zelle durch einen elektrischen Verbraucher, so fließt durch den Kreis ein Photostrom. So wie hier führt auch die Belichtung von pn-Kontakten (Bild 22.14b) zur Trennung von Photoelektronen und -löchern und damit zum Auftreten von Photoeffekten. Aus solchen pn-Kontakten aus Si bestehen die heute kommerziell hergestellten trockenen elektrischen Solarzellen. Zur Erzeugung von technisch vernünftigen Quanten- bzw. Stromausbeuten müssen natürlich sehr viele Zellen zusammengeschaltet werden.

Ebenfalls mit Hilfe einer elektrischen Doppelschicht funktionieren die *elektrolytischen Solarzellen*. Photogenerator ist hier ein Halbleiter/Elektrolytkontakt, der mit einer Gegenelektrode zu einer elektrochemischen Zelle (Batterie) zusammengeschlossen ist (vgl. Bild 24.25). Notwendig ist wiederum eine diffuse Raumladung mit Feld auf der Halbleiterseite, die die Photoelektronen und -löcher trennt. Durch Gl. (46) beschreibbare Raumladungen beobachtet man bei den meisten oxidischen und sulfidischen Halbleitermaterialien wie ZnO, NiO, Cu_2O, TiO_2, CdS usw., deren Ursache ein nichtstöchiome-

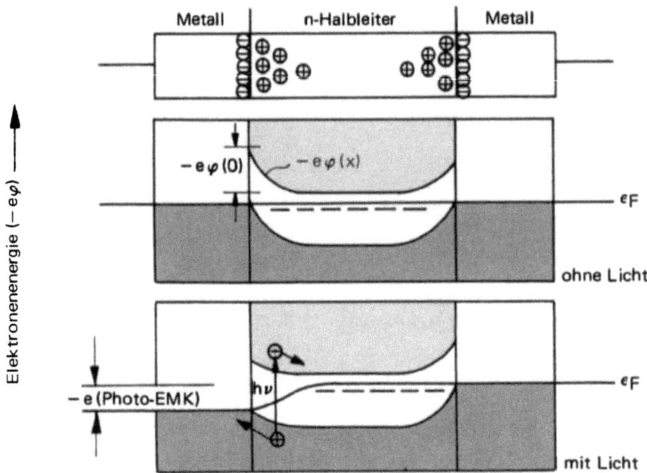

Bild 24.24 Deutung der Photo-EMK in einer Photozelle mit Hilfe des Bändermodells

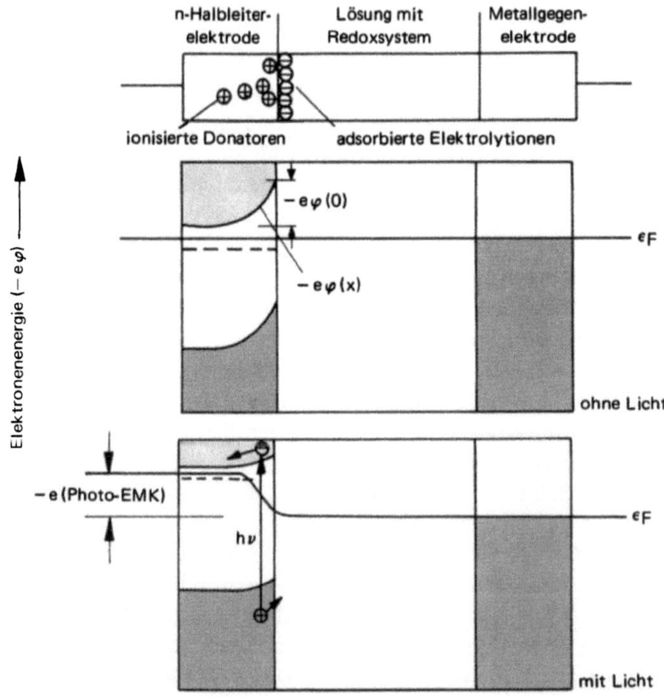

Bild 24.25 Deutung der Photo-EMK in einer elektrolytischen Solarzelle mit Hilfe des Bändermodells

trischer Aufbau ist (vgl. Abschnitt 23.6). Sie sind im stöchiometrischen Zustand eigentlich Isolatoren (Bandlücke 2 bis 3 eV) und werden durch den Einbau von Elektronendonatoren bzw. Löcherakzeptoren zu n- bzw. p-Halbleitern. Wenn z. B. n-ZnO in Kontakt mit einer Elektrolytlösung gebracht und durch Anschließen an den positiven Pol einer Batterie positiv polarisiert wird, so werden die auf Zwischengitterplätzen sitzenden Zn-Atome (Elektronendonatoren) komplett ionisiert, die Elektronen fließen ab und die Zn^+-Ionen bilden dann eine positive Raumladung aus.

Eine solche Raumladung läßt sich ohne äußere Polarisation durch ein Redoxpaar von innen her erzwingen, so als würde eine Metallelektrode im elektrochemischen Gleichgewicht mit dem Redoxpaar stehen. Bei offenem Stromkreis stellt sich in diesem an der Halbleiterelektrode das Nernstsche Potential ein und wenn dieses positiv genug ist, hat es eine positive Raumladung zur Folge. Bei einer Belichtung mit der Energie der Bandlücke entstehen dann Photoelektronen und -löcher und diese werden wie beim Photoelement im Feld der Raumladung getrennt. Zur Aufnahme der positiven Löcher müssen jetzt aber Akzeptoren an der Phasengrenze vorhanden sein. Ist dies der Fall, so wird die elektrische Doppelschicht entladen und eine Photo-EMK tritt auf. Schließt man den Stromkreis durch einen Verbraucher, so müssen sehr viele Löcherakzeptoren (oxidierbare Ionen) in der Elektrolytlösung vorhanden sein, damit ein Stromtransport durch die Phasengrenze und damit im gesamten Kreis möglich ist. Dies bedingt, daß auch an der Gegenelektrode Reaktionen ablaufen müssen.

Wenn an der Gegenelektrode gerade die umgekehrten Reaktionen wie an der Halbleiterelektrode vor sich gehen können, so haben wir bereits das Prinzip einer *regenerativen* elektrolytischen Solarzelle vor uns. An der Halbleiterelektrode werden bei Belichtung Ionen durch Löcher oxidiert, zur Gegenelektrode transportiert, dort durch Elektronen wieder reduziert und schließlich zurück zur Halbleiterelektrode transportiert. Es entspricht völlig dem Prinzip beim Photoelement. Schneller Transport durch die Lösung wird durch kleine Diffusionsstrecken von Elektrode zu Elektrode bewerkstelligt. Eine halbwegs funktionierende Kombination stellt $n\text{-}MoSe_2$ mit einer KJ/KJ_3-Lösung dar. An der Halbleiterelektrode werden die J^--Ionen zu Jod durch Löcher oxidiert,

$$2\,J^- + 2\,p^+ \longrightarrow J_2 \, , \tag{47}$$

das Jod durch überschüssige J^--Ionen komplexiert,

$$J_2 + J^- \longrightarrow J_3^- \, , \tag{48}$$

an der Gegenelektrode demaskiert und durch Elektronen wieder zu J^--Ionen reduziert. Ein großer Nachteil all solcher Oxidelektroden ist aber erstens ihre Löslichkeit und zweitens ihre Oxidierbarkeit durch Löcher. In gewissem Ausmaß werden die O^{2-}-Ionen des Gitters selbst durch die Löcher zu O_2 oxidiert und so das Gitter langsam abgebaut.

Sogenannte *speichernde* Solarzellen verzichten von vornherein auf eine Regeneration und haben die Photolyse des Wassers zum Ziel. An der Halbleiterelektrode soll nur die Löcheroxidation von H_2O zu O_2 und an der Gegenelektrode nur die Elektronenreduktion von H_2O zu H_2 vor sich gehen:

$$2\,H_2O + 4\,p^+ \longrightarrow \; O_2 + 4\,H^+ \, ,$$
$$4\,H_2O + 4\,e^- \longrightarrow 2\,H_2 + 4\,OH^- \, . \tag{49}$$

Der entstandene Wasserstoff kann dann bei Bedarf wie in einer Brennstoffzelle wieder zu Wasser verbrannt werden und die gespeicherte und umgewandelte Energie abgeben. Um Halbleiter/Elektrolytkontakte mit Photoreaktionen haben sich in den letzten Jahren besonders *Gerischer* und Mitarbeiter verdient gemacht.

Rechenbeispiele

1. Wie groß sind die Wellenlänge und die Frequenz einer elektromagnetischen Strahlung, deren Photonen die Energie 10^{-21} J besitzen?

2. Wie groß ist die Energie einer 200 nm- und einer 600 nm-Strahlung, gemessen in Vielfachen von $3/2\,kT$ bei Zimmertemperatur? Bei welcher Temperatur ist sie gleich groß wie die thermische Energie?

3. Durchschnittlich 300 kJ mol^{-1} sind zum Aufbrechen einer chemischen Bindung erforderlich. In welchem Frequenzbereich wird dies photochemisch geschehen?

4. Die Sonneneinstrahlung liefert pro Tag und m^2 eine durchschnittliche Energie von 240 J. Wieviele Quanten träfen auf 1 cm^2 pro Stunde auf, bestünde das Sonnenlicht nur aus 500 nm-Strahlung? Chloroplaste in den Pflanzen haben im Durchschnitt 15 $\mu\mathrm{m}^2$ Querschnitt. Wieviele Elementarprozesse können darin bei ganztägiger Bestrahlung ablaufen?

5. Eine $3{,}4 \cdot 10^{-5}$ molare Zimtaldehydlösung ($C_6H_5CH = CH-HC = O$ in Cyclohexan) besitzt bei 280 nm eine Absorptionsbande mit einer maximalen Absorption von $\lg I_0/I = 0{,}88$ (bei 1 cm Küvettenlänge). Diese fällt bei $\pm$ 20 nm auf etwa 0,44 ab. Wie groß ist der Absorptionskoeffizient beim Bandenmaximum und wie groß ist die Lebensdauer des Zustandes?

6. Die Natriumdoppellinie bei 589 nm besteht aus fluoreszierenden ^{2}P-Zuständen. Die Fluoreszenz wird durch N_2 (0,002 atm) in ihrer Intensität geschwächt. Ist N_2 als Quencher nicht vorhanden, so beträgt die Lebensdauer der fluoreszierenden Zustände etwa 0,1 μs. Wie groß ist die Geschwindigkeitskonstante für das N_2-Quenchen?

7. Die Geschwindigkeitskontante für das O_2-Quenchen der Hg-Phosphoreszenz beträgt $4 \cdot 10^{10}$ $l\,\mathrm{mol}^{-1}\,\mathrm{s}^{-1}$. Das Ausmaß des Quenchens in der Gasphase läßt sich durch einen Quenchquerschnitt S_Q beschreiben, der dem Stoßquerschnitt S in Gl. (139) in Abschnitt 23.8 entspricht. Dazu wird normalerweise angenommen, daß die Aktivierungsenergie für das Quenchen Null ist. Wie groß ist im vorliegenden Fall der Quenchquerschnitt?

8. Cyclohexatrien (C_6H_8) zerfällt in H_2 und Benzol, wenn es mit 254 nm-Licht bestrahlt wird. Es wird angenommen, daß ein angeregter C_6H_8-Zustand sehr schnell durch innere Konversion in einen angeregten Schwingungszustand des elektronischen Grundzustandes übergeht. Dieser zerfällt dann in die Endprodukte oder wird durch irgendwelche Moleküle gequencht. Von *Srinivason* (J. Chem. Phys. 38 (1963) 1039) stammen hierzu folgende Reaktionsdaten:

p_{H_2} (mm Hg)	0,3	0,85	1,50	2,35	4,75	10,25	23,10
v (mol min^{-1})	0,295	0,256	0,214	0,202	0,119	0,072	0,032

Stellen Sie für den skizzierten Mechanismus ohne Quenchen eine Geschwindigkeitsgleichung auf und überprüfen Sie diese an Hand der Meßdaten.

9. Photoreaktionen werden sehr oft durch mit 254 nm-Licht angeregte Hg-Atome initiiert. Reicht z. B. die Hg-Anregungsenergie aus, um die Reaktion $Hg^* + H_2 \longrightarrow Hg + 2H$ ablaufen zu lassen und wenn ja, welche elektronisch angeregten H-Zustände entstehen?

10. In einem 1 l großen Reaktionsgefäß befinden sich H_2 (Partialdruck: $\frac{1}{2}$ atm) und Cl_2 (Partialdruck: $\frac{1}{2}$ atm). Bestrahlt man dieses Gasgemisch bei Zimmertemperatur mit Licht der Wellenlänge 400 nm, so werden 6,28 J absorbiert und die Partialdrücke sinken auf 0,013 atm ab. Wie groß ist die Quantenausbeute?

11. Eine Natriumdampflampe (1000 W) strahlt den größten Teil ihrer Energie bei 589 nm (D-Linie) ab. Wie lange muß eine Probe mit $N_A/1000$ Molekülen mit dieser Lampe bestrahlt werden, damit mindestens die Hälfte der Moleküle angeregt wird?

12. Wie groß ist der Absorptionskoeffizient einer 0,25 molaren Lösung mit der Schichtdicke 10 cm und einer Durchlässigkeit von 90 %?

13. Wieviel Strahlungsenergie würde man benötigen, um N_A Moleküle Aceton mit Licht der Wellenlänge 253,7 nm anzuregen? Ist sie vergleichbar mit der C=O Bindungsenergie?

14. Bestrahlung von HJ-Dampf mit UV-Licht der Wellenlänge 207 nm führt zur Bildung von H_2 und J_2. Pro Joule Strahlungsenergie werden 0,00044 g HJ gespalten. Wie groß ist die Quantenausbeute?

Kapitel 25
Irreversible Thermodynamik

Die chemische Thermodynamik, die wir bisher kennengelernt haben, ist nur in der Lage auszusagen, ob sich ein reaktionsfähiges System noch außerhalb oder schon im Gleichgewicht befindet. Sie prüft dies an Hand der freien Reaktionsenthalpie ΔG, die mit der Zeit kleiner wird und im Gleichgewicht Null wird (Endzustand der Reaktion). Chemische Reaktionen sind so gesehen immer irreversible Vorgänge, da sie freiwillig in eine Richtung ablaufen. Ähnlich verhält es sich mit Transportvorgängen von Materie, Ladung und Wärme, die in Richtung des Konzentrations-, Potential- und Temperaturgradienten erfolgen und zu einem Konzentrations-, Potential- und Temperaturausgleich führen. All diese Prozesse einschließlich der chemischen Reaktionen können zeitlich stationär gemacht werden, wenn die Gradienten durch Nachschub von Materie usw. konstant gehalten werden. Mit anderen Worten, wenn an einen dissipativen (Entropie produzierenden) Vorgang ein Versorgungsprozeß angekoppelt wird. Darüberhinaus kann sogar z. B. Materie gegen einen Konzentrationsgradienten transportiert werden. Das beste Beispiel für aneinander gekoppelte Prozesse ist wohl das Leben biologischer Materie, das durch Nachschub von Materie und Energie von außen aufrechterhalten wird.

Zur Beschreibung all solcher Prozesse, die außerhalb des Gleichgewichtes ablaufen, benötigt man ein thermodynamisches Konzept, das Nichtgleichgewichtsthermodynamik oder irreversible Thermodynamik genannt wird, und das die Gleichgewichtsthermodynamik als Grenzfall enthält. Für Reaktionen in Gleichgewichtsnähe läßt sich ein Zusammenhang zwischen der Reaktionsgeschwindigkeit und der freien Reaktionsenthalpie herstellen. Gleichgewichtsnähe heißt, daß ΔG von der Größenordnung der thermischen Energie RT ist. Für den Fall $\Delta G \ll RT$ ist der Zusammenhang linear, sonst nichtlinear. Dies ist die Begründung für eine Unterscheidung von linearen und nichtlinearen Prozessen. Im Fall $\Delta G \gg RT$ gibt es keinen Zusammenhang, die Reaktionsgeschwindigkeit ist dann von ΔG unabhängig.

Der lineare Grenzfall bedeutet für chemische Reaktionen, daß es eine treibende Kraft gibt, die die Ursache für einen Reaktionsstrom ist bzw. daß Entropie produziert wird. Im stationären Fall ist die Entropieproduktion konstant und minimal. Um das Fortschreiten einer chemischen Reaktion zu beschreiben, wird der Begriff Reaktionslaufzahl eingeführt und mit dieser die Reaktionsgeschwindigkeit neu definiert. Die Kopplung linearer Prozesse führt zu einer linearen Beziehung, wonach durch irgendeine Kraft ein beliebiger Strom verursacht wird. Durch die Onsagerrelationen lassen sich solche gekreuzten Phänomene einfacher beschreiben. Als Anwendungsbeispiele, die auch technische Bedeutung haben, werden die elektrokinetischen Effekte besprochen. Als Ergebnis werden thermodynamische Beziehungen mit phänomenologischen Koeffizienten erhalten; diese werden anschließend atomistisch interpretiert. Die lineare Nichtgleichgewichtsthermodynamik gipfelt schließlich in der Aussage, daß zufällige Auslenkungen aus dem Gleichgewicht oder aus einem stationären Zustand, etwa durch innere Energieschwankungen provoziert, immer abgebaut werden, d. h. daß diese Zustände stabil sind.

Das Abbauen oder Minimieren der Entropieproduktion ist im linearen Bereich ein Prinzip; es gilt im nichtlinearen Bereich nicht mehr. Durch eine zufällige Schwankung kann sich auch ein neuer stationärer Zustand einstellen oder das System um den alten Zustand oszillieren. Im neuen Zustand kann auch mehr Entropie produziert werden als im alten, vorausgesetzt die Energie- oder Materiezufuhr von außen hält an. Es können auf diese Weise geordnetere Materiezustände gebildet werden – ein Vorgang, der durch die Gleichgewichtsthermodynamik nicht erklärbar ist. Bestes Beispiel hierzu ist der Aufbau von biologischem Material. Besonders verdient gemacht um die Entwicklung der irreversiblen Thermodynamik, im besonderen um den nichtlinearen Bereich, hat sich in den letzten Jahrzehnten *Prigogine*. Der heutige Trend geht dahin, den Ablauf biochemischer Reaktionen, die durch ihre Komplexität einerseits und durch ihre Gleichgewichtsnähe andererseits ausgezeichnet sind, mit Hilfe obiger Prinzipien zusammen mit stochastischen Theorien zu deuten.

25.1 Kinetik und Thermodynamik

Für unvollständige Reaktionen (siehe z. B. die Jodwasserstoffreaktion in Abschnitt 22.2) läßt sich in Gleichgewichtsnähe ein linearer bzw. nichtlinerarer Zusammenhang zwischen der Reaktionsgeschwindigkeit v und der zugehörigen freien Reaktionsenthalpie ΔG ableiten. Dies soll in diesem Abschnitt gezeigt werden.

Die freie Reaktionsenthalpie für die Bildungsreaktion von HJ,

$$H_2 + J_2 \longrightarrow 2\,HJ \tag{1}$$

beträgt nach Gl. (76) in Abschnitt 20.5:

$$\Delta G = \sum_{k=1}^{n} b_k \mu_k - \sum_{i=1}^{m} a_i \mu_i$$

$$= 2\,\mu_{HJ} - \mu_{H_2} - \mu_{J_2} . \tag{2}$$

Mit der Konzentrationsabhängigkeit der chemischen Potentiale

$$\mu_{HJ} = \mu_{HJ}^{o} + RT \ln c_{HJ}, \quad \text{usw.} \tag{3}$$

bekommen wir dann aus Gl. (2):

$$\Delta G = \Delta G^{\circ} + RT \ln \frac{c_{HJ}^2}{c_{H_2}\, c_{J_2}}$$

$$= - RT \ln K + RT \ln K'$$

$$= RT \ln \frac{K'}{K} \tag{4}$$

bzw.

$$\frac{K'}{K} = e^{\frac{\Delta G}{RT}} . \tag{5}$$

Zur Abkürzung wurde K für das Produkt der Gleichgewichtskonzentrationen unter Standardbedingungen (Gleichgewichtskonstante) und K' für das Produkt der vorgelegten Konzentrationen geschrieben. ΔG bezieht sich auf den durch Gl. (1) festgelegten Formelumsatz, also auf eine Reaktion von 1 mol H_2 und 1 mol J_2 zu 2 mol HJ.

Gl. (5) kann bei Gültigkeit des kinetischen Gleichgewichtes $K = \vec{k}/\overleftarrow{k}$ mit dem Ausdruck (Abschnitt 22.2)

$$v = \vec{v} - \overleftarrow{v} \qquad\qquad \left(v \equiv \frac{dc}{dt}\right)$$

$$= \vec{k}\, c_{H_2}\, c_{J_2} - \overleftarrow{k}\, c_{HJ}^2$$

$$= \vec{k}\, c_{H_2}\, c_{J_2} \left(1 - \frac{\overleftarrow{k}}{\vec{k}}\, \frac{c_{HJ}^2}{c_{H_2}\, c_{J_2}}\right) \tag{6}$$

verknüpft werden und liefert so den gesuchten Zusammenhang zwischen v und ΔG:

$$v = \vec{v}\left(1 - \frac{K'}{K}\right)$$

$$= \vec{v}\left(1 - e^{\frac{\Delta G}{RT}}\right) . \tag{7}$$

In der Nähe des chemischen Gleichgewichtes, also bei kleinen (negativen) ΔG-Werten im Vergleich zu RT,

$$\frac{|\Delta G|}{RT} \ll 1 , \tag{8}$$

entsteht durch Potenzreihenentwicklung von $\exp(\Delta G/RT)$ und durch Abbrechen nach dem zweiten Glied:

$$v = \vec{v}_0 \left(1 - \left(1 + \frac{\Delta G}{RT}\right)\right)$$

$$= \vec{v}_0 \left(-\frac{\Delta G}{RT}\right). \tag{9}$$

Danach ist die Nettoreaktionsgeschwindigkeit v proportional der Hingeschwindigkeit $\vec{v}_0$ und der freien Reaktionsenthalpie ΔG. Im Gleichgewicht selbst ist $\Delta G = 0$ und $v = 0$ bzw. $\vec{v}_0 = \overleftarrow{v}_0$. Die Richtung der Reaktionsgeschwindigkeit v stimmt mit der von $\vec{v}$ dann überein, wenn ΔG einen (kleinen) negativen Wert besitzt: Die Reaktion verläuft von links nach rechts. Die durch Gl. (9) ausgedrückte Verknüpfung von Kinetik und Thermodynamik gilt aber auch im umgekehrten Fall, weil dann $v = -\vec{v} = \overleftarrow{v}$.

Wenn andererseits wegen

$$\frac{|\Delta G|}{RT} \gg 1 \tag{10}$$

die e-Potenz in Gl. (7) nicht entwickelbar und klein gegen 1 ist, wird $v = \vec{v}$ und die Reaktionsgeschwindigkeit von ΔG unabhängig. Diesen Fall, der sich auf vollständige Reaktionen bezieht, nennt man auch *kinetische Reaktionskontrolle;* er wird durch die kinetischen Theorien der Kapitel 22 und 23 ausreichend beschrieben. Im Gegensatz dazu steht der erste Grenzfall, der *thermodynamische Reaktionskontrolle* genannt wird, da die freie Reaktionsenthalpie die Reaktionsgeschwindigkeit mit beeinflußt. Er beschreibt ursächlich unvollständig ablaufende Reaktionen. Auf Grund von Gl. (9) läßt sich ein *linearer* und auf Grund von Gl. (7) ein *nichtlinearer Bereich* der irreversiblen Thermodynamik abgrenzen. Wie wir später sehen werden, führen sie zu unterschiedlichen phänomenologischen Aussagen. Wir werden uns in diesem Kapitel hauptsächlich mit dem linearen Bereich befassen.

Identifizieren wir formal v mit einem *Reaktionsstrom* j und $-\Delta G/T$ mit einer *Kraft* X, so bekommen wir aus Gl. (9) mit $\vec{v}_0/R = L$ und $-\Delta G/T = X$ die Basisbeziehung des linearen Bereichs:

$$j = LX. \tag{11}$$

Die Kraft X ruft einen Strom j hervor. Proportionalitätskonstante ist der phänomenologische Koeffizient L. Gl. (11) wurde zwar für eine Reaktion abgeleitet, beschreibt jedoch formal auch die Transportbeziehungen wie z. B. das Ohmsche Gesetz:

$$\mathbf{j} = \sigma \mathbf{E}. \tag{12}$$

j ist hier die elektrische Stromdichte, **E** das elektrische Kraftfeld und σ die elektrische Leitfähigkeit.

Die Gültigkeit von Gl. (9) bzw. Gl. (11) für chemische Reaktionen wurde von *Prigogine* und Mitarbeitern mit Hilfe der Dehydrierungsreaktion

$$\text{cyclo-Hexan} \longrightarrow \text{Benzol} + 3\,H_2 \tag{13}$$

untersucht. Dabei wurde die Reaktiongeschwindigkeit der katalytischen Gasreaktion (13) als Bildungsgeschwindigkeit des Benzols gemessen und die freie Reaktionsenthalpie nach Gl. (4) aus den gemessenen Gleichgewichtskonstanten K_p berechnet:

$$\Delta G = RT \ln \frac{c_{\text{Benzol}}\, c_{H_2}^3}{K\, c_{\text{cyclo-Hexan}}}$$

$$= RT \ln \frac{p_{\text{Benzol}}\, p_{H_2}^3}{K_p\, p_{\text{cyclo-Hexan}}}. \tag{14}$$

Die Untersuchungsergebnisse sind in den Bildern 25.1a und b sowie in den Tabellen 25.1a und b festgehalten. In der Versuchsreihe a wurde ΔG durch Temperatur- und in der Reihe b durch Partialdruckänderungen variiert. Wie aus dem Diagramm in Bild 25.1 hervorgeht, stimmt Gl. (9) sogar dann, wenn die Ungleichung (8) nicht ganz erfüllt ist. Der Zusammenhang zwischen v und ΔG ist trotzdem linear, obwohl dann umgekehrt $|\Delta G|/RT > 1$ gilt und wir eine nichtlineare Abhängigkeit erwarten würden.

Derartige Fälle treten dann auf, wenn die Reaktionsgleichung mit dem molekularen Mechanismus nicht übereinstimmt und dieser aus einer Reaktionsfolge besteht, deren Einzelschritte Gl. (9) genügen. Lagert sich z. B. die Substanz A über das Zwischenprodukt X in B um,

$$A \longrightarrow X \longrightarrow B \tag{15}$$

dann beträgt die gesamte freie Reaktionsenthalpie

$$\Delta G = \Delta G\,(AX) + \Delta G\,(XB). \tag{16}$$

Nehmen wir an, daß das Zwischenprodukt instabil ist, so dürfen wir den in der Reaktionskinetik üblichen stationären Zustand mit

$$v\,(AX) = v\,(XB) = v \tag{16}$$

einführen, so daß gilt:

$$v = v_0\,(AX) \left(-\frac{\Delta G(AX)}{RT} \right) = v_0\,(XB) \left(-\frac{\Delta G(XB)}{RT} \right) = v_0\,(AB) \left(-\frac{\Delta G}{RT} \right). \tag{17}$$

Tabelle 25.1: Benzolbildungsgeschwindigkeit v in gh^{-1}, Partialdrücke p in atm und $\Delta G/R$ in K für die Reaktion Gl. (14)

200 mg Katalysator: 50 Mol% Ni, 25 % ZnO, 23 % Cr_2O_3 (Bild 25.1a)

p (c-Hexan)	p (Benzol)	p (H_2)	T	$\Delta G/R$	v
0,0262	0,0977	0,925	500	− 1150	− 36
			524	− 686	− 21
			545	− 271	− 11,5
			554	− 85	− 3
			561	+ 84	+ 1
			571	+ 323	+ 8
			582	+ 526	+ 13

175 mg Katalysator: 50 Mol% Ni, 10 % ZnO, 40 % Cr_2O_3 (Bild 25.1b)

p (c-Hexan)	p (Benzol)	p (H_2)	T	$\Delta G/R$	v
0,073	0,179	0,792	548	− 197	− 24
0,048	0,204	0,790		− 323	− 31
0,195	0,051	0,799		+ 328	+ 32
0,145	0,107	0,796		+ 86	+ 9
0,097	0,154	0,792		− 92	− 15
0,121	0,128	0,797		0	− 1
0,017	0,077	0,786		+ 227	+ 29
0,073	0,179	0,781		− 154	− 21
0,121	0,128	0,782		+ 1	+ 1

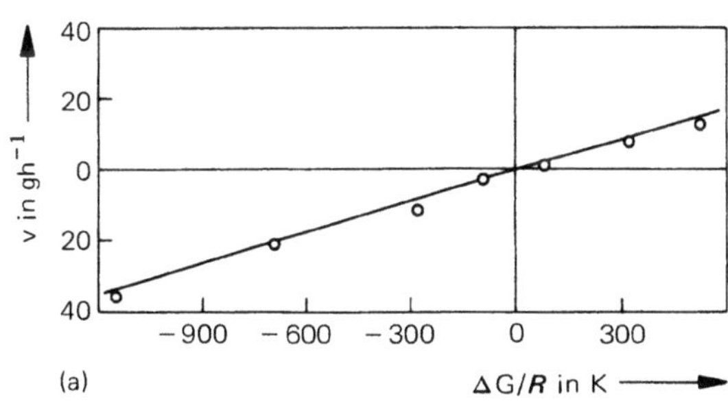

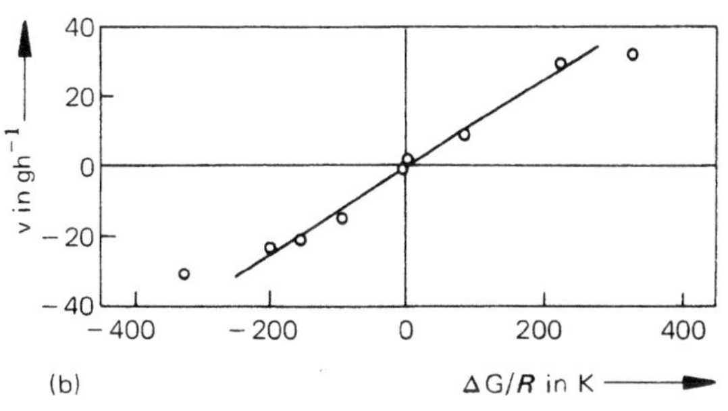

Bild 25.1

Abhängigkeit der Benzolbildungs-geschwindigkeit v von der freien Reaktionsenthalpie ΔG bei Temperaturvariation (a) und bei Druckvariation (b) (aus *R. Haase:* Thermodynamik der irreversiblen Prozesse, Dr. D. Steinkopffverlag, Darmstadt 1963)

Danach kann die gemessene Reaktionsgeschwindigkeit v der Bruttoreaktion $A \longrightarrow B$ sehr wohl der freien Reaktionsenthalpie ΔG proportional sein. Es muß wie gesagt nur Gl. (8) für die Einzelschritte gelten. Ein spezielles Beispiel hierfür stellt die Isomerisierung von o- in m- und weiter in p-Xylol dar, die in toluolischer Lösung bei 50 °C mit dem Katalysator $AlCl_3/HCl$ abläuft. Ähnliche Reaktionsfolgen werden auch bei biologischen Reaktionen angenommen. Charakteristisch für sie ist, daß alle Einzelschritte nahe am Gleichgewicht vor sich gehen.

25.2 Die Entropieproduktion irreversibler Prozesse

Chemische Reaktionen, Diffusion, Wärmeleitung und andere Transportvorgänge sowie all ihre gekoppelten linear beschreibbaren Effekte sind Prozesse, bei denen Entropie produziert wird. Dies soll in diesem Abschnitt für chemische Reaktionen und für die Wärmeleitung gezeigt werden. Durch Verallgemeinerung kann dann eine Formel für die in der Zeiteinheit entstehende Entropie (Entropieproduktion) aufgestellt werden. Ihr zugrunde liegt die Idee, daß Entropie in dem Maße entsteht, wie ein irreversibler Prozeß fortschreitet. Um ein Maß für das Fortschreiten einer chemischen Reaktion zu haben, wird die Reaktionslaufzahl eingeführt.

Ausgangspunkt unserer Betrachtungen ist Gl. (9), in der die Größe $-\Delta G/T$ die treibende Kraft für eine Reaktion darstellt. Sie läßt sich durch die Gibbs-Helmholtzsche Gleichung $\Delta G = \Delta H - T\Delta S$ als chemischer Entropiezuwachs interpretieren:

$$-\frac{\Delta G}{T} = -\frac{\Delta H}{T} + \Delta S > 0. \tag{18}$$

Da ΔG voraussetzungsgemäß negativ ist, wenn die Reaktion von links nach rechts verläuft, kann $-\Delta G/T$ nur positive Werte haben. In der umgedrehten Form

$$\Delta S = \frac{\Delta H}{T} - \frac{\Delta G}{T} \tag{19}$$

besagt dieselbe Gleichung, daß die gesamte Entropieänderung aus einem mit der Umgebung austauschbaren Entropieteil $\Delta H/T$ ($= \Delta_a S$ positiv oder negativ) und aus einer Entropiequelle $-\Delta G/T$ ($= \Delta_i S$ positiv) besteht:

$$\Delta S = \Delta_a S + \Delta_i S. \tag{20}$$

Gl. (20) hat den Charakter einer Entropiebilanz für das System, in dem eine die Entropie $\Delta_i S = -\Delta G/T$ produzierende Reaktion vor sich geht, und in das durch die Systemgrenzen die Entropie $\Delta_a S = \Delta H/T$ herein- oder hinausfließt.

Um die bisher auf einen ganzen Formelumsatz bezogene Entropie auf kleinere Änderungen anwenden zu können, führen wir die sogenannte *Reaktionslaufzahl* ξ ein. Sie soll den Fortgang einer Reaktion (Umsatz)

$$\dots a_i A_i \dots \longrightarrow \dots b_k B_k \dots \tag{21}$$

mit Hilfe der Molzahlen n_{A_i} bzw. n_{B_k} beschreiben. Im Gleichgewicht soll die Reaktionslaufzahl den Wert ξ_0, zu Reaktionsbeginn den Wert 0 und nach einem Formelumsatz den Wert 1 haben. Wir definieren deshalb (vgl. Gl. (72) in Abschnitt 20.5):

$$\dots -\frac{dn_{A_i}}{a_i} \dots = \dots \frac{dn_{B_k}}{b_k} \dots \equiv d\xi \qquad \left(\xi = \frac{n'_{A_i} - n_{A_i}}{a_i} \text{ usw.}\right) \tag{22}$$

Eine kleine Auslenkung aus dem Gleichgewicht wird durch $\xi - \xi_0$ beschrieben. Setzen wir die Definition in Gl. (74) aus Abschnitt 20.5 ein, so erhalten wir für eine differentielle G-Änderung:

$$dG = \Delta G \, d\xi \quad \text{bzw.} \quad G = \int_{\xi = 0}^{\xi} \Delta G \, d\xi \,. \tag{23}$$

Zur Illustration sind in den Bildern 25.2 und 25.3 die Funktionen $G(\xi)$ und $\Delta G(\xi)$ der Reaktion $N_2O_4 \rightarrow 2\,NO_2$ bei 298 K mit den Anfangsdaten $n'_{N_2O_4} = 1$ und $n'_{NO_2} = 0$ zu sehen. Die jeweils vorhandenen Molzahlen betragen $n_{N_2O_4} = 1 - \xi$, $n_{NO_2} = 2\xi$ und $n_{\text{gesamt}} = 1 + \xi$, so daß $x_{N_2O_4} = (1 - \xi)/(1 + \xi)$ und $x_{NO_2} = 2\xi/(1 + \xi)$ und

$$G = (1 - \xi)\mu_{N_2O_4}(\xi) + 2\xi\mu_{NO_2}(\xi)$$

$$= (1 - \xi)\left(\mu^\circ_{N_2O_4} + RT\ln\frac{1 - \xi}{1 + \xi}\right) + 2\xi\left(\mu^\circ_{NO_2} + RT\ln\frac{2\xi}{1 + \xi}\right). \tag{24}$$

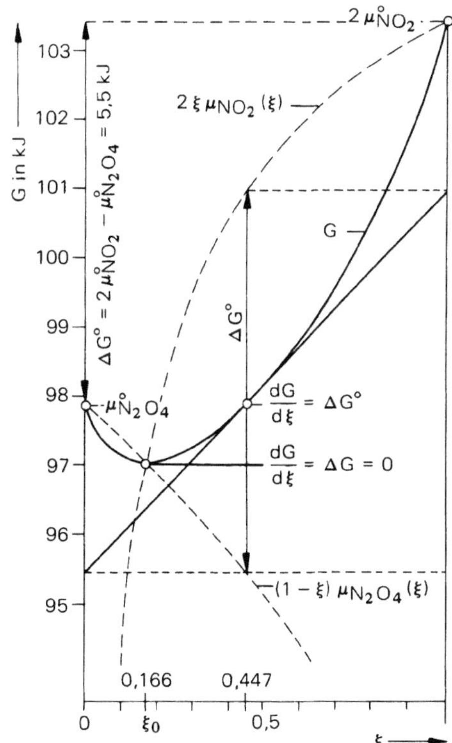

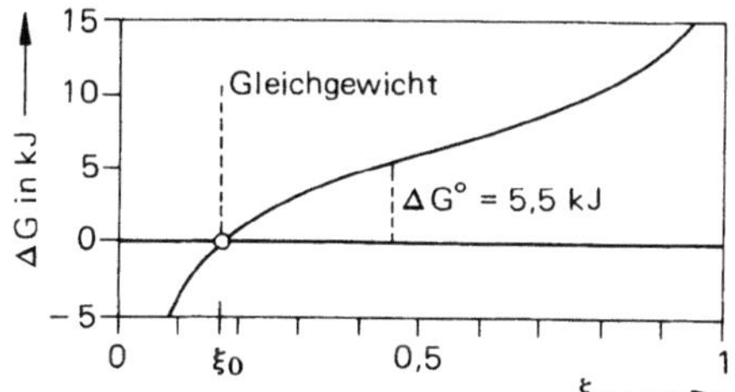

Bild 25.2 Die freie Systementhalpie $G(\xi)$ beim $N_2O_4 \rightarrow 2\,NO_2$-Zerfall (298 K); Ausgangszustand: 1 mol N_2O_4, 0 mol NO_2; $K_p = 0,113$ (*K. Torkar*: private Mitteilung)

Bild 25.3 Abhängigkeit der freien Reaktionsenthalpie ΔG von der Reaktionslaufzahl ξ für den in Bild 25.2 dargestellten N_2O_4-Zerfall; chemisches Gleichgewicht $\Delta G = 0$ bei $\xi_0 = 0,166$

Die danach errechenbaren G-Werte wurden in Bild 25.2 aufgetragen. Die freie Systementhalpie besitzt bei $\xi_0 = 0{,}166$ ein Minimum (chemisches Gleichgewicht). Dort ist $dG/d\xi = \Delta G = 0$. $\Delta G(\xi)$ in Bild 25.3 folgt aus der Ableitung der G-Kurve nach ξ und entspricht der Differenz $2\,\mu_{NO_2}(\xi) - \mu_{N_2O_4}(\xi)$.

Mit der Laufzahl ξ läßt sich dann auch die Reaktionsgeschwindigkeit v neu formulieren:

$$v \equiv -\frac{1}{a_i}\frac{dc_{A_i}}{dt} = \frac{1}{b_k}\frac{dc_{B_k}}{dt}$$

$$\equiv \frac{1}{V}\frac{d\xi}{dt}\,. \tag{25}$$

Mit dieser Schreibweise lautet dann die durch die chemische Reaktion verursachte Entropieänderung (2. Term von Gl. (20)):

$$d_i S = -\frac{\Delta G}{T}\,d\xi \tag{26}$$

und für die Entropieproduktion gilt:

$$\frac{d_i S}{dt} = -\frac{\Delta G}{T}\frac{d\xi}{dt}$$

$$= -\frac{\Delta G}{T}\,v\,V > 0\,. \tag{27}$$

Damit v dasselbe Vorzeichen (Richtung) wie die treibende Kraft $-\Delta G/T$ besitzt, wird in der Literatur statt $-\Delta G$ vielfach der Ausdruck *chemische Affinität* A gebraucht:

$$A \equiv -\Delta G = \sum_i a_i \mu_i - \sum_k b_k \mu_k\,. \tag{28}$$

Dieser Begriff wurde ursprünglich von *De Donder* in die Thermodynamik eingeführt. Trotz dieses Vorteils der Vorzeichenanpassung wollen wir ihn in diesem Buch aus Gründen der einheitlichen Symbolwahl nicht verwenden.

Laufen in einem System mehrere Reaktionen *simultan* ab, wovon jede Entropie produziert, so setzt sich der gesamte Zuwachs additiv aus den Einzelreaktionen zusammen:

$$d_i S = \sum_r \left(-\frac{\Delta G_r}{T}\right) d\xi_r > 0\,. \tag{29}$$

Die Entropieproduktion beträgt dann:

$$\frac{d_i S}{dt} = \sum_r \left(-\frac{\Delta G_r}{T}\right) v_r V > 0\,. \tag{30}$$

Da Gl. (30) nur verlangt, daß die Summe über alle Reaktionen (Laufzahl r) größer als Null ist, kann es passieren, daß für zwei Reaktionen allein z. B.

$$-\frac{\Delta G_1}{T}\,v_1 V < 0 \quad \text{und} \quad -\frac{\Delta G_2}{T}\,v_2 V > 0, \tag{31}$$

obwohl gleichzeitig für die Summe gilt:

$$\left(-\frac{\Delta G_1}{T}\right) v_1 V + \left(-\frac{\Delta G_2}{T}\right) v_2 V > 0. \tag{32}$$

Durch diese thermodynamische Kopplung muß die Reaktion 1 gegen ihre normale Richtung ablaufen. Solche Situationen sind in der irreversiblen Thermodynamik an der Tagesordnung; es sei hier z. B. auf den Effekt der Thermodiffusion verwiesen, bei dem Materie gegen einen Konzentrationsgradienten strömt. Dies gelingt, weil gleichzeitig genug Entropie durch einen Wärmestrom produziert wird bzw. Energie dissipiert wird. Auch biologische Transportvorgänge werden durch Kopplung an Entropiequellen so versorgt, daß sie in die entgegengesetzte Richtung ablaufen. Z. B. das Aufkonzentrieren der Magensäure bzw. Konstanthalten des Säurespiegels geschieht so, daß Säure aus dem Blut nachgeliefert wird, obwohl sie dort sehr viel verdünnter vorliegt.

Bevor wir an eine Verallgemeinerung von Gl. (29) bzw. (30) schreiten, ein weiteres Beispiel für einen irreversiblen Prozeß, der wie alle anderen mit einer Entropieproduktion verknüpft ist. Es handelt sich dabei um den Wärmeübergang zwischen zwei sich berührenden Körpern a und b, die auf den Temperaturen T_a und T_b gehalten werden (Bild 25.4). Die Wärme q fließt von b nach a, da $T_b > T_a$ sein soll. Die gesamte Entropieänderung des aus a und b bestehenden Systems beträgt:

$$\Delta_i S = \frac{q}{T_a} - \frac{q}{T_b} > 0. \tag{33}$$

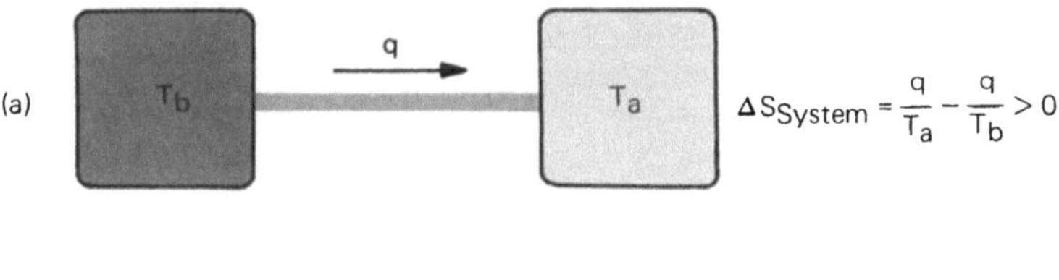

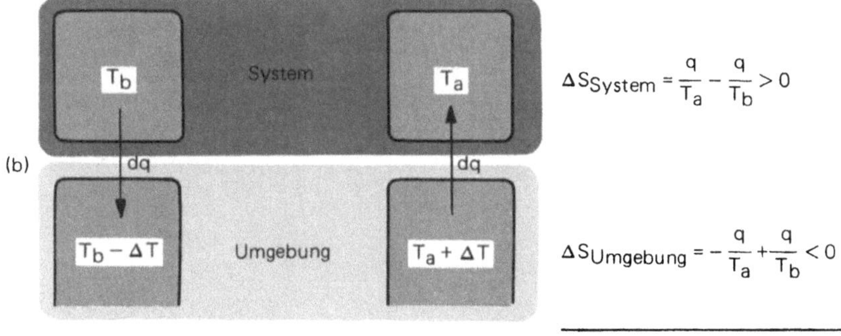

Bild 25.4 Direkter irreversibler (a) und indirekter reversibler Wärmeübergang (b) von einem Körper mit der Temperatur T_b zu einem mit T_a

Setzen wir $T_b - T_a = \Delta T$ und $T_a = T$, so wird aus Gl. (33)

$$\Delta_i S = q\left(\frac{1}{T} - \frac{1}{T + \Delta T}\right)$$

$$\cong q\frac{\Delta T}{T^2} > 0, \tag{34}$$

und für die Entropieproduktion ergibt sich

$$\frac{d_i S}{dt} = \frac{dq}{dt}\frac{\Delta T}{T^2} > 0. \tag{35}$$

So wie wir in Gl. (9) v mit einem Reaktionsstrom j und $-\Delta G/T$ mit einer chemischen Kraft X identifizierten, so können wir das auch mit Gl. (35) tun. dq/dt ist ein verallgemeinerter *Wärmestrom* j und $\Delta T/T^2$ ist eine verallgemeinerte Kraft. Es gilt also allgemein

$$\frac{d_i S}{dt} = jX > 0, \tag{36}$$

wonach die Entropieproduktion beliebiger irreversibler Prozesse das Produkt aus einem Strom und einer Kraft ist. Der positive Charakter des Produktes verbürgt, daß beide dasselbe Vorzeichen haben, also z. B. Wärme immer von Orten höherer zu niederer Temperatur fließt.

Sind mehrere irreversible Prozesse im Spiel, so ist die totale Entropieproduktion die Summe aus der der Einzelprozesse:

$$\frac{d_i S}{dt} = \sum_r j_r X_r > 0. \tag{37}$$

Im thermodynamischen Gleichgewicht sind alle Ströme und Kräfte gleichzeitig Null:

$$j_r = 0,$$
$$X_r = 0. \tag{38}$$

Bereits in Abschnitt 25.1 wurde festgestellt, daß $j = LX$ gilt. Erfahrungsgemäß verursacht nun bei gleichzeitiger Anwesenheit verschiedener Kräfte eine Kraft X_s einen Strom j_r und eine Kraft X_r auch einen Strom j_s, was sich mathematisch durch eine Linearkombination darstellen läßt:

$$j_r = \sum_s L_{rs} X_s. \tag{39}$$

Für die Entropieproduktion gilt dann nach Gl. (37):

$$\frac{d_i S}{dt} = \sum_r \sum_s L_{rs} X_r X_s. \tag{40}$$

Für zwei Prozesse lautet Gl. (39):

$$j_1 = L_{11} X_1 + L_{12} X_2, \tag{41}$$

$$j_2 = L_{21} X_1 + L_{22} X_2. \tag{42}$$

Die L-Koeffizienten sind *phänomenologische Koeffizienten,* d. h. sie können nur atomistisch berechnet werden. L_{11} steht z. B. für den Diffusionskoeffizienten D und L_{22} für die elektrische Leitfähigkeit σ:

$$j = - D \operatorname{grad} c, \tag{43}$$

$$i = - \sigma \operatorname{grad} \varphi. \tag{44}$$

Die Koeffizienten L_{12} und L_{21} beschreiben das Ausmaß der Überlagerung beider Prozesse. Für die Entropieproduktion gilt dann:

$$\frac{d_i S}{dt} = L_{11} X_1^2 + (L_{12} + L_{21}) X_1 X_2 + L_{22} X_2^2 > 0. \tag{45}$$

Da die reinen Koeffizienten sicher positiv sind,

$$L_{11} > 0, \; L_{22} > 0, \tag{46}$$

ist die Ungleichung (45) nur erfüllt, wenn zugleich gilt:

$$(L_{12} + L_{21})^2 < 4 \, L_{11} \, L_{22} . \tag{47}$$

25.3 Elektrokinetische Effekte

Gl. (40) ist die zentrale Gleichung in der linearen Nichtgleichgewichtsthermodynamik; sie gilt für beliebige Kombinationen von verallgemeinerten Flüssen und Kräften. Für je zwei Flüsse geht sie in Gl. (45) mit den Nebenbedingungen (46) und (47) über. Wir wollen in diesem Abschnitt Gl. (40) auf die sogenannten *elektrokinetischen Effekte* anwenden. Diese beruhen auf einem Teilchen- oder Massenstrom und auf einem elektrischen Strom, die gegenseitig durch einen Druck- und einen Potentialgradienten hervorgerufen werden. Der Potentialgradient (elektrisches Feld) verursacht bei Vorhandensein von beweglichen Ladungsträgern den elektrischen Strom $i = L_{11} \operatorname{grad} \varphi$ (Ohmsches Gesetz) und der Druckgradient (Druckgefälle) den Massestrom $j = L_{22} \operatorname{grad} p$ (vgl. Hagen-Poiseuillesches Gesetz in Abschnitt 15.8). Bei gleichzeitiger Anwesenheit der „Kräfte" $\operatorname{grad} \varphi$ und $\operatorname{grad} p$ entstehen die Ströme

$$i = L_{11} \operatorname{grad} \varphi + L_{12} \operatorname{grad} p \tag{48}$$

und

$$j = L_{21} \operatorname{grad} \varphi + L_{22} \operatorname{grad} p \tag{49}$$

und rufen folgende Entropieproduktion hervor:

$$\frac{d_i S}{dt} = j \operatorname{grad} \varphi + i \operatorname{grad} p > 0. \tag{50}$$

Für i oder j = 0 ist bei Auftrechterhaltung der Gradienten die Entropieproduktion immer noch positiv. Setzen wir i = 0, so entsteht aus Gl. (48) eine thermodynamische Beziehung für das *Strömungspotential:*

$$\left(\frac{\operatorname{grad} \varphi}{\operatorname{grad} p} \right)_{i=0} = - \frac{L_{12}}{L_{11}} . \tag{51}$$

Mit j = 0 entsteht hingegen aus Gl. (49) ein Ausdruck für den *elektroosmotischen Druck:*

$$\left(\frac{\operatorname{grad} p}{\operatorname{grad} \varphi} \right)_{j=0} = - \frac{L_{21}}{L_{22}} . \tag{52}$$

Werden andererseits grad p oder grad φ Null gesetzt und die Ströme aufrechterhalten, so resultieren aus den Gln. (48) und (49) Beziehungen für die *Elektrophorese* bzw. *Elektroosmose*

$$\left(\frac{j}{i}\right)_{\text{grad}\,p\,=\,0} = \frac{L_{21}}{L_{11}} \tag{53}$$

und für den *Strömungsstrom:*

$$\left(\frac{i}{j}\right)_{\text{grad}\,\varphi\,=\,0} = \frac{L_{12}}{L_{22}}. \tag{54}$$

Wegen Gl. (50) wird in allen vier Fällen Entropie produziert, und zwar pro Zeiteinheit immer gleich viel, da einerseits die Gradienten und andererseits die Ströme konstant sind:

$$\frac{d_i S}{dt} = \text{const.} \tag{55}$$

Es handelt sich hier also um *stationäre Zustände* des linearen Bereichs, wohl zu unterscheiden von Gleichgewichtszuständen mit

$$\frac{d_i S}{dt} = 0. \tag{56}$$

Da die elektrokinetischen Effekte in der Chemie eine große Bedeutung besitzen, wollen wir uns mit ihnen näher beschäftigen. Wir studieren dazu makromolekulare bzw. kolloidale Lösungen im Hinblick auf ihre elektrischen Eigenschaften.

Betrachten wir z. B. gelöste Proteine, die auf Grund ihrer freien Carboxyl- und Aminogruppen elektrisch geladen sind. In neutraler Lösung verhalten sie sich neutral, in alkalischem Milieu sind sie negativ und in saurem positiv aufgeladen. Die Aufladung der Proteine erfolgt grob gesprochen wegen ihres amphoteren Charakters (Bild 25.5). Auch anorganische kolloide Partikel tragen Ladungen, und zwar wegen der Adsorption von Ionen aus der Lösung. Die Stabilität kolloidaler Lösungen ist letztlich eine Folge dieser Adsorption: Die geladenen Adsorptionsschichten verhindern das Zusammenwachsen gleichsinnig geladener Kolloidpartikel zu größeren Teilchen. Werden nun die geladenen Partikel relativ zum Lösungsmittel bewegt, so treten die bewußten elektrokinetischen Effekte auf. Bei solchen Bewegungen werden alle Ladungen, die sich in der näheren oder

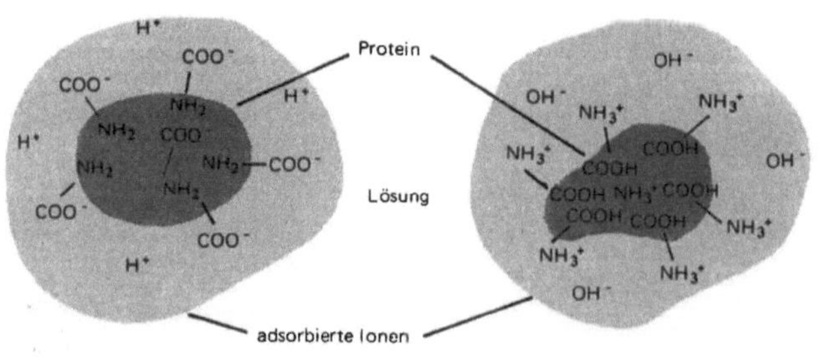

Bild 25.5

Aufladung eines Proteins durch Ionenadsorption in alkalischem (a) und in saurem Milieu (b) (schematisch)

weiteren Umgebung befinden, mitbewegt (vgl. Nernstsche Schicht in Abschnitt 23.8) und zur Gesamtladung der Partikel gezählt. Wir haben es also mit einer elektrischen Doppelschicht zu tun, die aus zwei Raumladungen besteht.

Wenn wir die Relativbewegung mit Hilfe einer elektrischen Kraft durch ein äußeres Feld oder mechanisch durch Herstellen eines Druckgefälles bewerkstelligen, so können wir die folgenden vier Effekte realisieren:

1. *Strömungspotential:* Die Lösung wird durch ein Druckgefälle grad p gegen das feststehende kolloidale System (i = 0) bewegt, wodurch ein Materiestrom j und nach Gl. (51) im stationären Zustand der Potentialgradient

$$\operatorname{grad} \varphi = -\frac{L_{12}}{L_{11}} \operatorname{grad} p \qquad (57)$$

erzeugt wird.

2. *Elektroosmotischer Druck:* Durch ein elektrisches Feld werden die geladenen Kolloidteilchen gegen die feststehende Lösung (j = 0) bewegt, wodurch ein elektrischer Strom i und eine nach Gl. (52) berechenbare Druckdifferenz

$$\operatorname{grad} p = -\frac{L_{21}}{L_{22}} \operatorname{grad} \varphi \qquad (58)$$

entsteht.

3. *Elektrophorese:* Durch ein elektrisches Feld werden die geladenen Kolloidteilchen gegen die feststehende Lösung bewegt, wodurch ein elektrischer Strom i erzeugt wird. Wird jedoch im Gegensatz zu 2 der Aufbau eines elektroosmotischen Druckes verhindert (grad p = 0), so muß sich die Lösung bewegen (j). Der nach Gl. (53) berechenbare Massestrom beträgt:

$$j = \frac{L_{21}}{L_{11}} i. \qquad (59)$$

Derselbe Effekt wird *Elektroosmose* genannt, wenn die geladene Lösung gegen das feststehende Kolloid bewegt wird.

4. *Strömungsstrom:* Wird die Lösung durch ein Druckgefälle grad p gegen das kolloidale System bewegt (j) und das Entstehen eines Strömungspotentials (grad φ = 0) verhindert, so müssen sich die Kolloidteilchen bewegen und rufen einen durch Gl. (54) gegebenen elektrischen Strom i hervor:

$$i = \frac{L_{12}}{L_{22}} j. \qquad (60)$$

Für die Praxis von Bedeutung sind die unter Punkt 3 genannten Effekte der Elektroosmose und Elektrophorese. Da die irreversible Thermodynamik aber über das Verhältnis der phänomenologischen Koeffizienten keine Aussagen zu machen vermag, müssen wir die beiden Effekte auf atomistische Weise berechnen. Berechnen wir auch das Strömungspotential, einen Effekt, der die Umkehrung zur Elektroosmose darstellt, so werden wir durch einen Vergleich der Koeffizientenverhältnisse $L_{12} = L_{21}$ bekommen.

25.4 Atomistische Behandlung der Elektroosmose und des Strömungspotentials

Bild 25.6 stellt anschaulich die Adsorptionsverhältnisse an der Innenwand einer Glaskapillare dar, die mit einer Elektrolytlösung gefüllt ist. Die Glaswand besitzt die Funktion des kolloidalen Systems. Durch die Adsorption von Ionen entsteht zwischen der Wand und der Lösung eine elektrische Doppelschicht mit einem gewissen Potentialsprung. Legt man an die im Bild gezeichneten Elektroden ein elektrisches Feld $\mathbf{E}\,(=-\operatorname{grad}\varphi)$ an, so strömt die Lösung je nach ihrer Raumladung in Richtung der einen oder der anderen Elektrode. Konstante Strömungsgeschwindigkeit (Massestrom j) stellt sich ein, wenn zwischen der elektrischen Kraft und der Reibungskraft Gleichgewicht herrscht. Das zylindrische Volumenelement $dV = 2\pi r\,dr\,dz$ mit der Ladungsdichteverteilung $\rho(r)$ erfährt im Feld $\mathbf{E}$ die Kraft (Bild 25.7):

$$dF = E\,\rho(r)\,dV. \tag{61}$$

Die Reibungskraft $d\mathbf{R}$ auf die zylindrische Mantelfläche $2\pi r\,dz$ bei einer inhomogenen Strömungsgeschwindigkeit $\mathbf{v} = \mathbf{v}(r)$ beträgt (Bild 25.8)

$$d\mathbf{R} = \eta\,\Delta_r\,\mathbf{v}(r)\,2\pi r\,dr\,dz \tag{62}$$

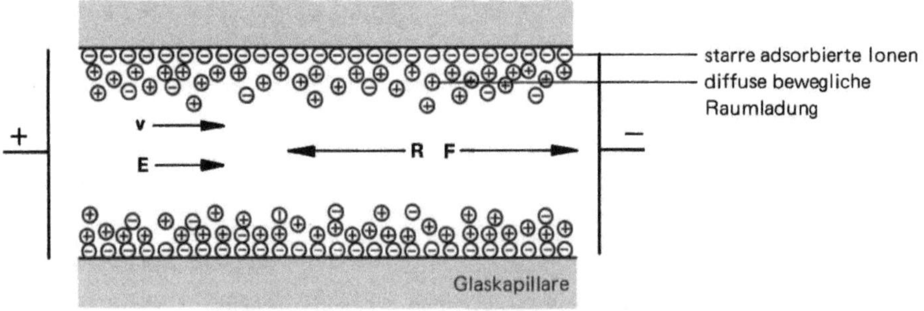

Bild 25.6 Schematische Darstellung der elektrischen Doppelschicht aus adsorbierten Anionen an einer Glaskapillare und aus diffus verteilten Gegenionen in der darin befindlichen Lösung

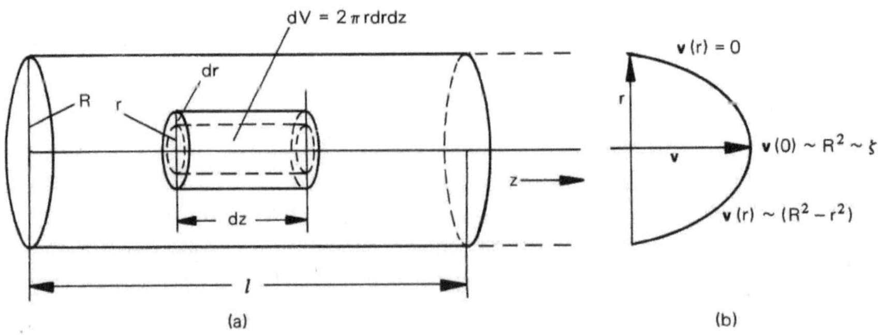

Bild 25.7 Zylindrisches Volumenelement $dV = 2\pi r\,dr\,dz$ (a) und parabolisches Profil der Strömungsgeschwindigkeit $\mathbf{v}(r)$ bzw. des Raumladungpotentials $\varphi(r)$ (b)

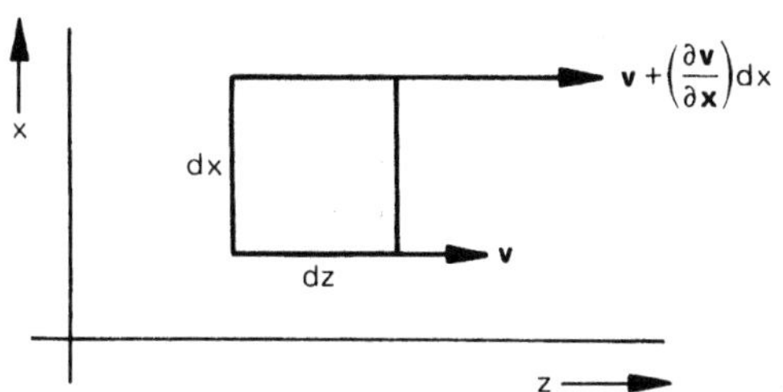

homogene Strömung $\mathbf{v} = \mathbf{v}(x, z)$: $\mathrm{d}\mathbf{R} = \eta\,\mathrm{d}y\mathrm{d}z\left(\dfrac{\partial\left(\mathbf{v} + \left(\frac{\partial \mathbf{v}}{\partial x}\right)\mathrm{d}x\right)}{\partial x} - \dfrac{\partial \mathbf{v}}{\partial x}\right) = \eta\,\dfrac{\mathrm{d}^2\mathbf{v}}{\mathrm{d}x^2}\,\mathrm{d}V$ bzw. $\eta\,\mathrm{d}A\,\dfrac{\mathrm{d}v}{\mathrm{d}x}$

inhomogene Strömung $\mathbf{v} = \mathbf{v}(x, y, z)$: $\mathrm{d}\mathbf{R} = \eta\,\Delta\mathbf{v}\,\mathrm{d}V$

Bild 25.8 Skizze zur Ableitung der Reibungskraft d$\mathbf{R}$ auf ein Volumenelement dV = dxdydz bei homogener und inhomogener Strömung (y-Achse senkrecht zur Papierebene)

und wird auf das Volumenelement übertragen. Δ_r ist der r-abhängige Teil des Laplace-operators in Zylinderkoordinaten (Anhang V)

$$\Delta_r = \frac{1}{r}\frac{\partial}{\partial r}\left(r\frac{\partial}{\partial r}\right), \tag{63}$$

und η ist die Viskosität (vgl. Abschnitt 15.8). Inhomogene Strömung bedeutet, daß senkrecht zur Strömungsrichtung (z-Richtung) eine Geschwindigkeitsverteilung (mit einem negativen Gradienten) vorliegt. Im Kräftegleichgewicht gilt dann:

$$\mathrm{d}\mathbf{F} = -\,\mathrm{d}\mathbf{R}, \tag{64}$$

$$\mathbf{E}\,\rho\,\mathrm{d}V = -\,\eta\Delta_r\mathbf{v}\,\mathrm{d}V. \tag{65}$$

Mit Hilfe der Poissongleichung (Anhang XXI) in Zylinderkoordinaten,

$$\Delta_r\varphi = -\frac{1}{\epsilon_0\epsilon}\,\rho$$

$$= \frac{1}{\epsilon_0\epsilon}\,\frac{\eta}{|\mathbf{E}|}\,\Delta_r\mathbf{v} \tag{66}$$

läßt sich dann durch zweimalige Integration das elektrische Potential $\varphi(r)$ bzw. der Potentialsprung in der elektrischen Doppelschicht $\varphi(R) - \varphi(0)$ ausrechnen. Randbedingungen sind

$$\varphi(0) = 0,\ v(R) = 0,\ \left(\frac{\mathrm{d}\varphi}{\mathrm{d}r}\right)_0 = 0,\ \left(\frac{\mathrm{d}v}{\mathrm{d}r}\right)_0 = 0: \tag{67}$$

$$\varphi(r) = -\frac{\eta}{\epsilon_0\epsilon\,|\mathbf{E}|}\,v(r), \tag{68}$$

$$\varphi(R) = -\frac{\eta}{\epsilon_0\epsilon\,|\mathbf{E}|}\,v(0) \equiv \zeta. \quad \left(|\zeta| = \frac{\eta v(0)}{\epsilon_0\epsilon\,|\mathbf{E}|}\right) \tag{69}$$

Der Potentialsprung $\varphi(R)$ wird auch *elektrokinetisches Potential* oder *Zetapotential* genannt und mit dem Buchstaben ζ bezeichnet. Er hängt von der Strömungsgeschwindigkeit $v(0)$ außerhalb der diffusen Helmholtzschicht (vgl. Abschnitt 23.1) und sein Vorzeichen wegen Gl. (66) von der Ionenladung ab (Bild 25.9).

Messen wir im Kräftegleichgewicht (= stationärer Zustand) den Massestrom j durch die Durchflußgeschwindigkeit V/t, also durch das in der Zeiteinheit durch den Kapillarenquerschnitt $A = \pi R^2$ strömende Flüssigkeitsvolumen V, so gilt bei laminarer Strömung die parabolische Geschwindigkeitsverteilung (Abschnitt 15.8)

$$v(r) = \frac{\Delta p}{4\eta l} (R^2 - r^2), \qquad (70)$$

so daß

$$j \equiv \frac{V}{t} = \int_{r=0}^{R} v(r)\, 2\pi r dr = \frac{\pi \Delta p R^4}{8\eta l}. \qquad (71)$$

Auf Grund von Gl. (69) und Gl. (70) gilt auch

$$|\zeta| = \frac{\Delta p R^2}{\epsilon_0 \epsilon |\mathbf{E}| 4 l}, \qquad (72)$$

womit aus Gl. (71)

$$j = \frac{\epsilon_0 \epsilon |\zeta| \pi R^2}{2\eta} |\mathbf{E}| \qquad (73)$$

entsteht.

Den elektrischen Strom i drücken wir durch das Ohmsche Gesetz aus,

$$i = \sigma \pi R^2 |\mathbf{E}|, \qquad (74)$$

und eliminieren in Gl. (73) das Feld $\mathbf{E}$ mit Hilfe dieser Beziehung:

$$j = \frac{\epsilon_0 \epsilon |\zeta|}{2\eta\sigma} i. \qquad (75)$$

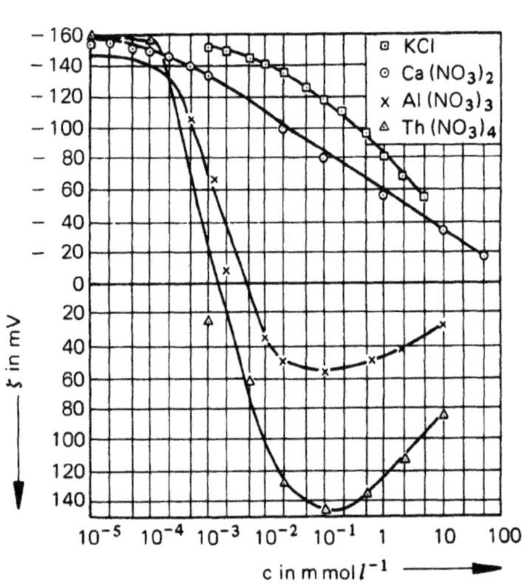

Bild 25.9 Abhängigkeit des Zetapotentials ζ an Glas von der Konzentration verschiedener Elektrolyte (*A. J. Rutgers, M. de Smet:* Trans. Farad. Soc. 41 (1945) 764 in *G. Kortüm:* Lehrbuch der Elektrochemie, Verlag Chemie, Weinheim/Bergstraße, 1966)

Vergleichen wir nun die atomistische Beziehung (75) mit der thermodynamischen (59), so erhalten wir für das Koeffizientenverhältnis:

$$\frac{L_{21}}{L_{11}} = \frac{\epsilon_0 \epsilon |\zeta|}{2\eta\sigma}. \qquad (76)$$

Pressen wir in Umkehrung des osmotischen Vorganges die Flüssigkeit mit Hilfe eines Druckgefälles grad p (laminar) durch die Kapillare hindurch, so entsteht an den Elektroden das Strömungspotential $-\mathrm{grad}\,\varphi\,(= \mathbf{E})$, wofür die thermodynamische Beziehung (57) zuständig ist. Atomistisch stellen wir uns dazu vor, daß die Ionen der elektrolytischen Raumladung mit der Lösung zu den Elektroden transportiert werden und diese aufladen. Ein stationärer Zustand stellt sich dann ein (zeitlich konstantes Strömungspotential), wenn die Ionen in dem Maße, wie sie durch den Strom i′ herangeführt werden, im entstehenden Feld mit dem Strom i zurückwandern.

Um den Ionenstrom i' zu erhalten, haben wir über die radiale Geschwindigkeitsverteilung $v(r)$ und die Raumladungsdichte $\rho(r)$ zu integrieren:

$$i' = \int_{r=0}^{R} v\,\rho\, 2\,\pi\, r\,dr. \tag{77}$$

Bei laminarer Strömung gilt für $v(r)$ wieder Gl. (70); für $\rho(r)$ gilt andererseits:

$$\rho = \frac{\eta}{|\mathbf{E}|}\,\frac{1}{r}\,\frac{\partial}{\partial r}\left(r\,\frac{\partial v}{\partial r}\right)$$

$$= -\frac{\Delta p}{|\mathbf{E}|\, l}, \tag{78}$$

so daß mit Gl. (72) resultiert:

$$i' = -\frac{\Delta p}{|\mathbf{E}|\, l}\int_{r=0}^{R} v(r)\, 2\,\pi\, r\, dr$$

$$= -\frac{\pi (\Delta p)^2}{8\,\eta\, l^2\,|\mathbf{E}|}\, R^4$$

$$= \frac{\epsilon_0\,\epsilon\,|\zeta|}{2\,\eta}\,\pi\, R^2\,\frac{\Delta p}{l}$$

$$= \frac{\epsilon_0\,\epsilon\,|\zeta|}{2\,\eta}\,\pi\, R^2\,\mathrm{grad}\, p. \tag{79}$$

Der gegenläufige Strom i beträgt wie in Gl. (74)

$$i = \sigma\,\pi\, R^2\,|\mathbf{E}|, \tag{80}$$

und wird i' gleichgesetzt:

$$\mathbf{E} = -\mathrm{grad}\,\varphi = \frac{\epsilon_0\,\epsilon\,|\zeta|}{2\,\eta\,\sigma}\,\mathrm{grad}\, p. \tag{81}$$

Durch Vergleich mit Gl. (57) folgt für das Koeffizientenverhältnis:

$$\frac{L_{12}}{L_{11}} = \frac{\epsilon_0\,\epsilon\,|\zeta|}{2\,\eta\,\sigma}. \tag{82}$$

Aus einem weiteren Vergleich mit Gl. (76) folgt das sehr bemerkenswerte Resultat:

$$L_{12} = L_{21}. \tag{83}$$

Es wird uns noch im nächsten Abschnitt beschäftigen. Wir wollen im Moment nur festhalten, daß sich dadurch die Behandlung überlagerter Phänomene wesentlich vereinfacht.

Die Elektroosmose findet technische Anwendung bei der Entwässerung von Gelen in elektrolytischen Zellen mit Diaphragmen. Bringt man z. B. Wasserglas in den Anodenraum und elektrolysiert man, so wandern die Na^+-Ionen in den Kathodenraum. In dem Maße, wie die Abwanderung vor sich geht, nimmt die Leitfähigkeit in der Zelle ab, die äußere Spannung steigt und Elektroosmose setzt ein. Da das Diaphragma (festes kolloi-

dales System) gegen die Lösung negativ aufgeladen wird, strömt Wasser aus dem Anodenraum in den Kathodenraum und entwässerte Kieselsäure sammelt sich im Anodenraum
aus.

Die Elektrophorese bildet hierzu das Gegenstück, denn bei ihr wandern die kolloidalen Teilchen. Beiden kinetischen Erscheinungen liegt jedoch dieselbe Relativbewegung
zugrunde, so daß auch hier (Gl. (69) gilt. Tun wir in erster Näherung so, als ob nur geladene Partikel im Feld **E** wandern, dann haben sie die Beweglichkeit

$$B = \frac{|\mathbf{v}|}{|\mathbf{E}|} = \frac{\epsilon_0 \, \epsilon \, \zeta}{\eta}. \tag{84}$$

Da die Partikel wegen ihrer äußeren Gestalt (Abschnitt 18.5) meist ein unterschiedliches
Zetapotential und damit eine unterschiedliche Beweglichkeit aufweisen, läßt sich die
Elektrophorese sowohl zu ihrer Identifizierung als auch zu ihrer Trennung heranziehen.

Bringt man z. B. eine Proteinlösung und ein Lösungsmittel in Kontakt miteinander
und legt außen eine Spannung an, so wandern die Proteinmoleküle verschieden schnell
zur entsprechenden Elektrode (vgl. Sedimentation, Abschnitt 18.7). Gleichzeitig verschiebt sich die Phasengrenze der Lösungen und kann z. B. über den Brechungsindex
verfolgt werden. Wegen der verschieden großen Beweglichkeiten erfolgt eine räumliche
Auftrennung der makromolekularen Konzentrationsverteilung (Bild 25.10). Derartige
Trennungsmethoden zeichnen sich durch äußerste Schonung aus. Die Beweglichkeit der

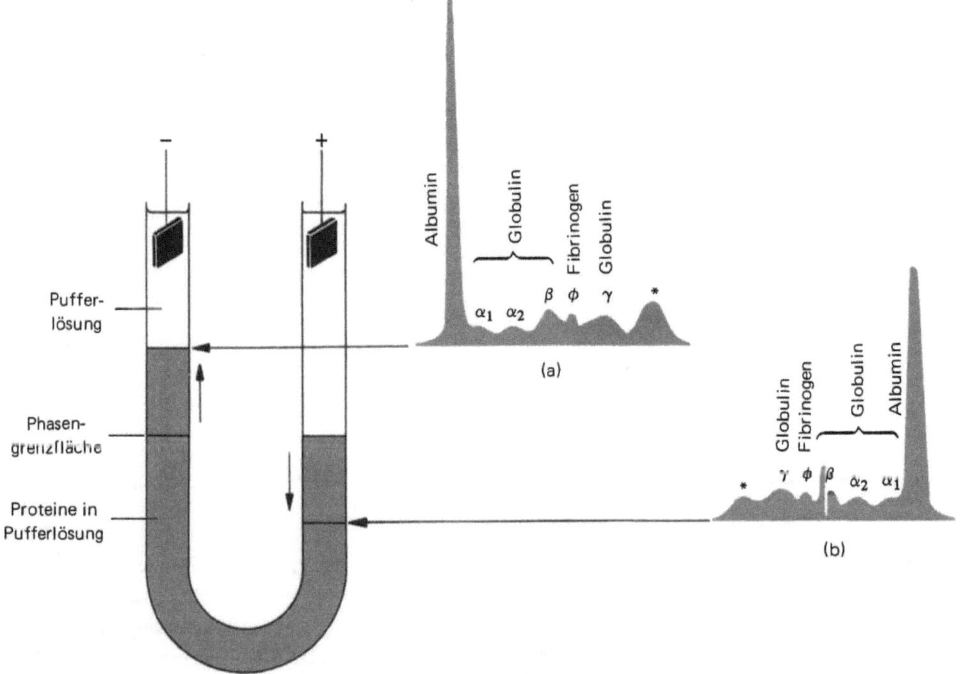

Bild 25.10 Elektrophoretische Auftrennung von Proteinen in einer Pufferlösung: Spektren von Blutplama bei pH = 8,6 (*R. A. Alberty:* J. Chem. Educ. 25 (1948) 426) in kathodischer (a) und anodischer
Richtung (b)

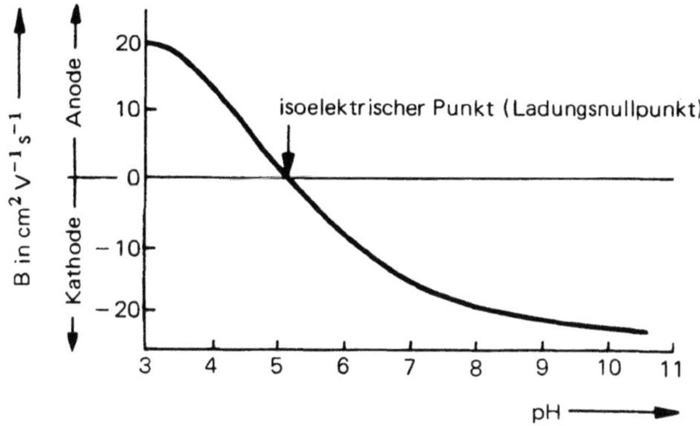

Bild 25.11

pH-Abhängigkeit der Beweglichkeit von β-Lactoglobulin
(*K. O. Pedersen:* Biochem. J.
30 (1936) 1961)

Proteine hängt natürlich vom pH-Wert ab (Bild 25.11). Eine weitere technische Anwendung der Elektrophorese betrifft die Abscheidung von Aerosolen durch Elektrofilter (Cotrellverfahren).

25.5 Onsagerrelationen und Prinzip der minimalen Entropieproduktion

Im vorigen Abschnitt haben wir festgestellt, daß es durch $L_{12} = L_{21}$ beschreibbare elektrokinetische Effekte gibt. Dieses Resultat gilt ganz allgemein:

$$L_{ij} = L_{ji} \, . \tag{85}$$

Diese Symmetriebeziehung wird *Onsagersche Reziprozitätsrelation* genannt und lautet in Worten: Wenn der zum Prozeß i gehörende Fluß j_i von der Kraft X_j des Prozesses j herrührt, dann hängt der Fluß j_j von der Kraft X_i mit demselben Koeffizienten ab. Die Gültigkeit der Onsagerrelationen beruht jedoch nicht auf irgendwelchen atomistischen Modellen, sondern ist wie die Gleichgewichtsthermodynamik von der Annahme solcher Modelle völlig unabhängig. Der Beweis dafür läßt sich mit Hilfe der Theorie stochastischer Entropieschwankungen führen, was jedoch den Rahmen dieses Kapitels sprengen würde. Es sei hierzu auf die weiterführende Literatur, z. B. auf *A. Höpfner*, Irreversible Thermodynamik für Chemiker, Walter de Gruyter, Berlin 1977, verwiesen.

Durch die Existenz der Onsagerrelationen tritt eine erhebliche Vereinfachung der Behandlung irreversibler Prozesse ein. So reduziert sich die Beziehung für die Entropieproduktion (45) auf

$$\frac{d_i S}{dt} = L_{11} X_1^2 + 2 L_{12} X_1 X_2 + L_{22} X_2^2 > 0. \tag{86}$$

Differenzieren wir Gl. (86) z. B. nach X_2 bei einem festen Wert für X_1, so bekommen wir die prinzipielle Aussagen für $j_2 = 0$:

$$\frac{d}{dX_2} \left(\frac{d_i S}{dt} \right) = 2 (L_{12} X_1 + L_{22} X_2)$$
$$= 2 j_2$$
$$= 0 \, . \tag{87}$$

Da die Produktion eine positive quadratische Funktion von X_2 ist, beschreibt Gl. (87) ein Produktionsminimum für stationäre Zustände: Es wird minimal Entropie erzeugt. Minimale Entropieproduktion verkörpert eine Art Trägheit des stationären Nichtgleichgewichtszustandes. Im Gegensatz dazu ist der Gleichgewichtszustand durch eine maximale Systementropie (bei konstanter Energie) ausgezeichnet.

Wird ein chemisches System durch ständige Stoff- oder (und) Energiezufuhr daran gehindert, in den Gleichgewichtszustand überzugehen, so strebt es einen stationären Zustand mit minimaler Entropieproduktion an. Auf diese Weise gelingt ihm, möglichst wenig Stoff bzw. Energie zu dissipieren bzw. zu verschwenden. Diese Aussage gilt jedoch nur für den linearen Bereich, denn im nichtlinearen kann es zu gegenläufigen Situationen kommen. Es soll im folgenden bewiesen werden, daß die Produktion im linearen Fall minimiert wird. D. h., befindet sich ein System einmal in einem stationären Zustand und wird es durch eine innere oder äußere Energieschwankung ausgelenkt, so kehrt es von selbst wieder dorthin zurück. Um diesen Beweis zu führen, müssen wir überlegen, ob nach der Störung die Entropieproduktion beschleunigt oder gebremst wird. Also, ob die Ableitung der Produktion nach der Zeit

$$\frac{d}{dt}\left(\frac{d_i S}{dt}\right)$$

positiv oder negativ ist. Im positiven Fall wird die Produktion vergrößert, im negativen solange verkleinert, bis der Minimalzustand wieder hergestellt ist.

Zu diesem Zweck gehen wir von Gl. (86) aus und untersuchen zwei aneinander gekoppelte Reaktionen mit den Kräften $X_1 = -\Delta G_1/T$ und $X_2 = -\Delta G_2/T$:

$$\frac{d_i S}{dt} = L_{11}\left(-\frac{\Delta G_1}{T}\right)^2 + 2\,L_{12}\,\frac{(-\Delta G_1)(-\Delta G_2)}{T^2} + L_{22}\left(-\frac{\Delta G_2}{T}\right)^2 > 0. \tag{88}$$

Bei der folgenden Differentiation nach der Zeit haben wir zu bedenken, daß die ΔG-Werte der Reaktionen zeitabhängig sind bzw. daß ΔG von der Reaktionslaufzahl ξ abhängt (vgl. Abschnitt 25.2 und Bild 25.3):

$$\frac{1}{2}\frac{d}{dt}\left(\frac{d_i S}{dt}\right) = \left\{L_{11}\left(-\frac{\Delta G_1}{T}\right) + L_{12}\left(-\frac{\Delta G_2}{T}\right)\right\}\frac{d}{dt}\left(-\frac{\Delta G_1}{T}\right) +$$

$$+ \left\{L_{12}\left(-\frac{\Delta G_1}{T}\right) + L_{22}\left(-\frac{\Delta G_2}{T}\right)\right\}\frac{d}{dt}\left(-\frac{\Delta G_2}{T}\right). \tag{89}$$

Die Ausdrücke in den geschweiften Klammern entsprechen den Reaktionsströmen v_1 und v_2, so daß sich Gl. (89) einfacher anschreiben läßt:

$$\frac{1}{2}\frac{d}{dt}\left(\frac{d_i S}{dt}\right) = v_1\,V\,\frac{d}{dt}\left(-\frac{\Delta G_1}{T}\right) + v_2\,V\,\frac{d}{dt}\left(-\frac{\Delta G_2}{T}\right). \tag{90}$$

Wenn die Reaktionen isobar und isotherm geführt werden, können wir $1/T$ aus den Differentialen herausziehen:

$$\frac{1}{2}\frac{d}{dt}\left(\frac{d_i S}{dt}\right) = \frac{v_1\,V}{T}\frac{d}{dt}(-\Delta G_1) + \frac{v_2\,V}{T}\frac{d}{dt}(-\Delta G_2). \tag{91}$$

Das Beschleunigen oder Abbremsen der Produktion hängt somit direkt mit der zeitlichen Veränderung der ΔG-Werte zusammen. Um diese abzuschätzen, begeben wir uns in die Nähe des Gleichgewichtes bei $\Delta G_1 = \Delta G_2 = 0$ und entwickeln ΔG_1 und ΔG_2 als Funktion der zwei Reaktionslaufzahlen ξ_1 und ξ_2 durch eine Taylorreihe. Man muß jeweils als Funktion beider Reaktionskoordinaten entwickeln, weil sich die Reaktionen über die Molzahlen gegenseitig beeinflussen:

$$\Delta G_1 = f(\xi_1, \xi_2) \text{ und } \Delta G_2 = g(\xi_1, \xi_2). \tag{92}$$

ΔG_1 und ΔG_2 sind also Funktionen zweier Variabler und können nach der im Anhang VIII (Gl. (16) mit $h = \xi_1 - \xi_{1,0}$ bzw. $\xi_2 - \xi_{2,0}$) angegebenen Vorschrift entwickelt werden:

$$\Delta G_1 = f(\xi_{1,0}, \xi_{2,0}) + \left(\frac{df}{d\xi_1}\right)(\xi_1 - \xi_{1,0}) + \left(\frac{df}{d\xi_2}\right)(\xi_2 - \xi_{2,0}) + \dots \tag{93}$$

$$\Delta G_2 = g(\xi_{1,0}, \xi_{2,0}) + \left(\frac{dg}{d\xi_1}\right)(\xi_1 - \xi_{1,0}) + \left(\frac{dg}{d\xi_2}\right)(\xi_2 - \xi_{2,0}) + \dots \tag{94}$$

Die ersten Terme beschreiben durch $\xi_{1,0}$ und $\xi_{2,0}$ das Gleichgewicht und sind Null. Brechen wir nach den linearen Gliedern ab und differenzieren wir nach der Zeit, so erhalten wir:

$$\frac{d\Delta G_1}{dt} = \left(\frac{d\Delta G_1}{d\xi_1}\right)\frac{d\xi_1}{dt} + \left(\frac{d\Delta G_1}{d\xi_2}\right)\frac{d\xi_2}{dt},$$

$$\frac{d\Delta G_2}{dt} = \left(\frac{d\Delta G_2}{d\xi_1}\right)\frac{d\xi_1}{dt} + \left(\frac{d\Delta G_2}{d\xi_2}\right)\frac{d\xi_2}{dt}. \tag{95}$$

Setzen wir diese Gleichungen unter Berücksichtigung von $v_1 V = d\xi_1/dt$ und $v_2 V = d\xi_2/dt$ in Gl. (89) ein, so ergibt sich folgender Ausdruck für die zeitliche Ableitung der Entropieproduktion:

$$\frac{1}{2}\frac{d}{dt}\left(\frac{d_i S}{dt}\right) = \frac{V^2}{T}\left\{\left(-\frac{d\Delta G_1}{d\xi_1}\right)v_1^2 + 2\left(-\frac{d\Delta G_1}{d\xi_2}\right)v_1 v_2 + \left(-\frac{d\Delta G_2}{d\xi_2}\right)v_2^2\right\} < 0. \tag{96}$$

Da die Ableitung von $\Delta G(\xi)$ nach ξ in Gleichgewichtsnähe immer positiv ist (vgl. Bild 25.3) und die Reaktionsgeschwindigkeiten eine richtungsunabhängige, quadratische Form aufweisen, ist die zeitliche Produktion immer kleiner als Null bzw. negativ. Mit anderen Worten: Zufällige Schwankungen bzw. Auslenkungen aus dem Gleichgewicht bewirken im linearen Bereich keinen neuen stationären Zustand, weil die Produktion abgebremst wird. Der ursprüngliche Zustand ist stabil. Man könnte sagen, der stationäre Zustand ist in der irreversiblen Thermodynamik das Pendent zum Gleichgewichtszustand in der Gleichgewichtsthermodynamik. Eine Störung dieses Zustandes provoziert eine Gegenreaktion zur Kompensation. Das Verhalten des stationären Zustandes ist dem völlig analog.

25.6 Nichtlineare Prozesse

Transportvorgänge, elektrochemische und elektrokinetische Vorgänge sowie ihre überlagerten Phänomene werden durch die linearen Beziehungen zwischen Flüssen und Kräften ausreichend beschrieben. Durch die Onsagerrelationen läßt sich die Formulierung wesentlich vereinfachen. Für stationäre Zustände gilt das Prinzip der minimalen Entropieproduktion. Diese drei Sätze charakterisieren das Gebäude der linearen irreversiblen Thermodynamik. Bei vielen chemischen Reaktionen, insbesondere biochemischen, muß man jedoch dieses Gebäude verlassen und nichtlineare Beziehungen zwischen den Flüssen und Kräften hinnehmen. Wichtigstes Merkmal der nichtlinearen irreversiblen Thermodynamik ist das Umschlagen des Prinzips der minimalen Entropieproduktion, das dann für die stationären Zustände nicht mehr gilt bzw. erweitert werden muß. Dadurch wird die Entwicklung bzw. Evolution von stationären Systemen mit minimaler zu solchen mit einer höheren Entropieproduktion möglich. Initiativ sind dafür wieder zufällige Systemschwankungen. Eine von *Eigen* in den letzten Jahren entwickelte Theorie über die Entstehung von biologischen Makromolekülen fußt auf den Prinzipien der nichtlinearen Prozesse. Wir wollen in diesem Abschnitt die sogenannte *Evolutionsbedingung* näherbringen und sie auf ein einfaches kinetisches Beispiel anwenden.

Wir gehen von Gl. (37) aus,

$$\dot{S} = \sum_r j_r X_r > 0, \qquad \left(\dot{S} = \frac{d_i S}{dt} \right) \tag{97}$$

und untersuchen die Variation der Entropieproduktion bezüglich der Flüsse j_r und Kräfte X_r:

$$d\dot{S} = d_X \dot{S} + d_j \dot{S}$$

$$= \sum_r j_r dX_r + \sum_r X_r dj_r. \tag{98}$$

$d_X \dot{S}$ und $d_j \dot{S}$ sind gleich groß, so daß

$$d_X \dot{S} = d_j \dot{S} = \frac{1}{2} d\dot{S}. \tag{99}$$

Denn mit Gl. (39) wird aus der Variation bezüglich der Kräfte

$$d_X \dot{S} = \sum_r j_r dX_r$$

$$= \sum_r \sum_s L_{rs} X_s dX_r \tag{100}$$

und weiter mit den Onsagerrelationen $L_{rs} = L_{sr}$:

$$d_X \dot{S} = \sum_r \sum_s X_s (L_{rs} dX_r) = \sum_s X_s dj_s = d_j \dot{S}. \tag{101}$$

Im gesamten Bereich der irreversiblen Thermodynamik gilt nun das Theorem, daß die Variation der Entropieproduktion bezüglich der chemischen Kräfte und damit der Konzentrationen nur negativ oder Null sein kann:

$$d_X \dot{S} \leq 0. \tag{102}$$

Diese Ungleichung wird als *Evolutionskriterium* oder *-bedingung* bezeichnet. Für lineare stationäre Prozesse reduziert sich diese auf Gl. (87), wonach alle partiellen Ableitungen $(\partial \dot{S}/\partial X_r)$ für sich Null sind:

$$d_X \dot{S} = \sum_r \left(\frac{\partial \dot{S}}{\partial X_r} \right) = 0. \tag{103}$$

Im nichtlinearen Fall tritt hingegen bei chemischen Prozessen ein zusätzlicher Term auf, so daß dann $d_X \dot{S}$ kleiner als Null wird:

$$d_X \dot{S} = \sum_r d\left(-\frac{\Delta G_r}{T}\right) v_r V \quad \text{bzw.} \quad \sum_r \left(-\frac{\Delta G_r}{T}\right) dv_r V < 0. \tag{104}$$

Zum Beweis dieses Theorems sei z. B. auf *I. Prigogine:* Introduction to Thermodynamics of Irreversible Processes, Interscience Publ., N.Y., 1967 verwiesen, von dem auch das spätere Anwendungsbeispiel stammt.

Gl. (104) bedeutet, daß im nichtlinearen Bereich das Prinzip der minimalen Entropieproduktion nicht mehr eingehalten werden muß und sich ein System in Richtung auf einen neuen stationären Zustand hin bewegen bzw. entwickeln kann. Wegen der rechten Seite von Gl. (104), auf der die Reaktionsgeschwindigkeiten und freien Enthalpien der Einzelschritte einer Reaktion stehen und weil zwischen diesen kein linearer Zusammenhang mehr besteht, werden neue *labile* Zustände möglich. Kleine Störungen führen dazu, daß das System aus dem stationären Zustand herausläuft. Es kann auch passieren, daß es unter den gegebenen Umständen um den stationären Zustand oder um einen neuen oszilliert. Man spricht dann in der Chemie von *oszillierenden Reaktionen.*

Zur Illustration der Einstellung eines neuen Zustandes das Prigoginesche Beispiel, wo ein Stoff A über das Zwischenprodukt X in den Stoff B reagiert und X gleichzeitig in das Nebenprodukt M übergehen kann (vgl. das Beispiel $A \longrightarrow X \longrightarrow B$ in Abschnitt 25.1):

$$\begin{array}{c} A \longrightarrow X \longrightarrow B \\ \downarrow \\ M \end{array} \tag{105}$$

Als Randbedingung werden bei dieser Reaktionsfolge die Konzentrationen von A und B vorgegeben bzw. festgehalten; also die Stoffe A und B in dem Maße zu- bzw. abgeführt, wie sie reagieren. Untersucht werden soll, wohin sich dieses System bei einer zufälligen Störung des stationären Zustandes entwickelt.

Stationärer Zustand bedeutet nach Gl. (104), daß die Variation der freien Reaktionsenthalpien $d(-\Delta G_r/T)$ mit den Konzentrationen c_A und c_B Null sein müssen (ΔG_r ist ja konzentrationsabhängig),

$$V \sum_{c\,=\,c_A, c_B} \frac{d}{dc}\left(-\frac{\Delta G(AX)}{T}\right) v(AX) + \frac{d}{dc}\left(-\frac{\Delta G(XB)}{T}\right) v(XB) + \frac{d}{dc}\left(-\frac{\Delta G(XM)}{T}\right) v(XM) = 0 \tag{106}$$

und daß die gesamte freie Reaktionsenthalpie zeitlich konstant sein muß:

$$\Delta G(AB) = \Delta G(AX) + \Delta G(XB) = \text{const} \tag{107}$$

bzw.

$$d\left(-\frac{\Delta G(AX)}{T}\right) + d\left(-\frac{\Delta G(XB)}{T}\right) = 0. \tag{108}$$

Damit Gl. (106) und Gl. (108) zugleich erfüllt sind, muß $v(AX) = v(XB)$ und $v(XM) = 0$ sein. Das sind die Bedingungen für das Aufrechterhalten der stationären Reaktion von A zu B. Die freien Reaktionsenthalpien $\Delta G(AX)$ und $\Delta G(XB)$ sind frei wählbar, so daß verschiedene stationäre Zustände durch entsprechende konstante Konzentrationen von A und B herstellbar sind. Die genannten Bedingungen können auch in Form einer einzigen Stationaritätsbedingung angeschrieben werden,

$$(v(AX) - v(XB))\, d\left(-\frac{\Delta G(AX)}{T}\right) + v(XM)\left(-\frac{\Delta G(XM)}{T}\right) = 0 , \qquad (109)$$

die dann die Thermodynamik und Kinetik der Einzelschritte vereinigt. Beide Kriterien müssen bekannt sein, wenn man die Stationarität untersucht.

Nehmen wir dazu an, daß alle Geschwindigkeitsgesetze von erster Ordnung sind und daß alle Geschwindigkeitskonstanten sowie das (zeitunabhängige) Volumen V 1 sind:

$$v(AX) = (c_A - c_X) ,$$
$$v(XB) = (c_X - c_B) ,$$
$$v(XM) = (c_X - c_M) . \qquad (110)$$

Für die Konzentrationsabhängigkeit der freien Reaktionsenthalpien soll der Einfachheit wegen gelten (alle $\Delta G°$-Werte 0):

$$\Delta G(AX) = RT\ln\frac{c_A}{c_X} ,$$

$$\Delta G(XB) = RT\ln\frac{c_X}{c_B} ,$$

$$\Delta G(XM) = RT\ln\frac{c_X}{c_M} . \qquad (111)$$

Setzen wir die Geschwindigkeiten (110) und die freien Reaktionsenthalpien (111) in Gl. (104) ein, und differenzieren wir v (zur Variation dv) nach den Konzentrationen c_X und c_M, so erhalten wir:

$$\frac{\partial \dot S}{\partial c_X} - R\ln\frac{c_X^3}{c_A\, c_B\, c_M} = 0 \qquad (112)$$

und

$$\frac{\partial \dot S}{\partial c_M} + R\ln\frac{c_X}{c_M} = 0 . \qquad (113)$$

Die Stationaritätsbedingungen liefern $c_A - c_X = c_X - c_B$ und $c_X - c_M = 0$ bzw. $c_X = c_M = (c_A + c_B)/2$. Untersuchen wir nur den stationären Fall, so wird aus Gl. (112)

$$\frac{\partial \dot S}{\partial c_X} - R\ln\frac{(c_A + c_B)^2}{4 c_A\, c_B} = 0 \qquad (114)$$

und aus Gl. (113)

$$\frac{\partial \dot S}{\partial c_M} = 0 . \qquad (115)$$

Aus den Gl. (114) lesen wir folgendes Ergebnis heraus: Abweichungen vom Prinzip der minimalen Entropieproduktion werden durch den logarithmischen Term wiedergegeben und sind im Normalfall sehr klein. Mit $\gamma = (c_A - c_B)/c_A$ läßt sich ein quantitatives Maß für die Nichtlinearität des Prozesses bzw. ein Maß für die Abweichung des stationären

Zustandes vom Gleichgewicht einführen. Weil die Geschwindigkeitskonstanten der Einfachheit wegen 1 gesetzt wurden, wird für $c_A = c_B$ $\gamma = 0$ und der stationäre Zustand zum Gleichgewichtszustand. Schreiben wir also

$$\frac{(c_A + c_B)^2}{4\,c_A c_B} = \frac{(2 - \gamma)^2}{4\,(1 - \gamma)} = 1 + \frac{\gamma^2}{4\,(1 - \gamma)} \tag{116}$$

und entwickeln wir den logarithmischen Term nach $\ln(1 + x) \cong x$, so erkennen wir, daß die Nichtlinearität durch das Quadrat von γ beschrieben wird.

Diskutieren wir die Bedeutung von γ an Hand folgenden Beispiels. Es handelt sich genaugenommen um dieselbe Reaktion wie früher, nur soll M jetzt einen Katalysator verkörpern (z. B. ein Enzym, wenn es sich um eine biochemische Reaktion handelt). Dieser soll in die Reaktionsgeschwindigkeit des ersten Schrittes über

$$v(AX) = (1 + \alpha c_M)\,(c_A - c_X) \tag{117}$$

eingreifen. Der Faktor α soll ein Maß für die Wirksamkeit des Katalysators sein. Für $\alpha = 0$ haben wir das alte Beispiel. Die Reaktionsgeschwindigkeiten $v(BX)$ und $v(XM)$ hängen wie früher von den Konzentrationen ab. Die Stationaritätsbedingungen liefern nun $(1 + \alpha c_M)\,(c_A - c_X) = c_X - c_B$ und $c_X = c_M$ sowie

$$c_X = \frac{1}{2\alpha}\left\{(\alpha c_A - 2 + \sqrt{\alpha^2 c_A^2 + 4 + 4\,\alpha c_A\,(1 - \gamma)}\,\right\}. \tag{118}$$

Für sehr große katalytische Wirksamkeit ($\alpha = \infty$) folgt aus Gl. (118) $c_X = c_M = c_A$. Während für $\alpha = 0$ c_X genau zwischen c_A und c_B liegt, orientiert sich c_X nun an der Konzentration c_A. Eine solche Verstärkung der Zwischenproduktkonzentration ist ein typisches Ergebnis des nichtlinearen Ansatzes bzw. der Evolutionsbedingung. Es besitzt eine große Bedeutung für biologische Prozesse, in denen lange Reaktionsfolgen mit enzymatischer Katalyse involviert sind.

Zum Abschluß dieses Abschnittes soll noch gezeigt werden, daß die Entropieproduktion $\dot{S}$ minimal bezüglich c_M ist und sich die Lage des $\dot{S}$-Minimums mit der katalytischen Aktivität zu höheren Werten verschiebt. Die stationäre Produktion nach Gl. (30) beträgt mit Gl. (117) und Gl. (111):

$$\dot{S} = \left(-\frac{\Delta G(AX)}{T}\right) v(AX) + \left(-\frac{\Delta G(XB)}{T}\right) v(XB) + \left(-\frac{\Delta G(XM)}{T}\right) v(XM)$$

$$= \left(-R \ln \frac{c_A}{c_X}\right)(1 + \alpha c_M)\,(c_A - c_X) + \left(-R \ln \frac{c_X}{c_B}\right)(c_X - c_B) +$$

$$+ \left(-R \ln \frac{c_X}{c_M}\right)(c_X - c_M) \tag{119}$$

bzw. mit den stationären Konzentrationen für $\alpha = 0$

$$\dot{S} = \frac{c_A - c_B}{2} \ln \frac{c_A}{c_B} = -\frac{c_A}{2}\,\gamma \ln(1 - \gamma). \tag{120}$$

Und für $\alpha = \infty$:

$$\dot{S} = -c_A\,\gamma \ln(1 - \gamma). \tag{121}$$

Während für $\alpha = 0$ beide Einzelschritte (A $\rightarrow$ X und X $\rightarrow$ B) zur Produktion beitragen, fällt der erste bei $\alpha = \infty$ aus.

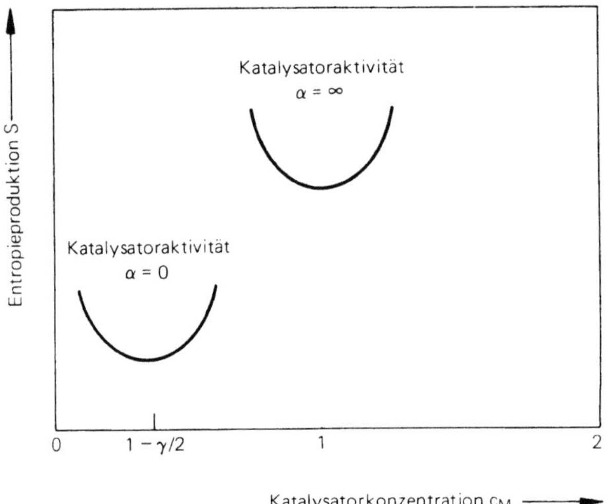

Bild 25-12 Abhängigkeit der Entropieproduktion von der Katalysatorkonzentration in der Umgebung zweier stationärer Zustände

Setzen wir näherungsweise $c_X = c_M$ und leiten wir Gl. (119) nach c_M ab, so entsteht der Ausdruck:

$$\frac{\partial \dot{S}}{\partial c_M} = -\frac{c_A + c_B - 2 c_M}{c_M} - \ln \frac{c_A c_B}{c_M^2} - \alpha \left\{ (c_A - c_M) - (c_A - 2 c_M) \ln \frac{c_A}{c_M} \right\}. \tag{122}$$

Wird er Null gesetzt, so findet man für $\alpha = 0$ das Produktionsminimum bei $c_M = 1 - \gamma/2$ und für $\alpha = 0$ bei $c_M = 1$. Bild 25.12 zeigt schematisch beide stationären Situationen, den im linearen Bereich und den im nichtlinearen. Sein Übergang von unten nach oben ist allein eine Folge der katalytischen Wirksamkeit des Stoffes M. Verallgemeinert auf biologische Reaktionen beim Aufbau von Makromolekülen: Die „thermodynamische Umgebung" in Form von Enzymen läßt durch eine katalytische Verstärkung des stationären Zustandes zu, daß Makromoleküle entgegen der gleichgewichtsthermodynamischen Richtung produziert werden. Erforderlich ist nur eine entsprechende zufällige Störung bzw. Entfernung vom Gleichgewicht, die nichtlinear von γ abhängt. Vorausgesetzt, der Nachschub von kleineren Molekülen funktioniert.

Teil IV

Anhang, Tabellen, Verzeichnisse

Anhang

I.	Vektoren und Vektoroperationen	1
II.	Integrale vom Typ $\displaystyle\int_{x=0}^{\infty} x^n\, e^{-ax^2}\, dx$	4
III.	Ersatz von Summen durch Integrale	5
IV.	Energiedichte des elektrostatischen bzw. elektromagnetischen Feldes	6
V.	Transformation des Laplaceoperators in Kugelkoordinaten	8
VI.	Zugeordnete Legendresche Polynome	10
VII.	Hermitesche Polynome	13
VIII.	Taylorreihenentwicklung	14
IX.	Determinanten und Gleichungssysteme	16
X.	Zugeordnete Laguerresche Polynome	19
XI.	Orthogonalität von Eigenfunktionen	20
XII.	Variationstheorem	21
XIII.	Fourierreihe und Fourierintegral	22
XIV.	Tunneleffekt	25
XV.	Stirlingsche Näherungsformel	29
XVI.	Lagrangesche Multiplikatoren	29
XVII.	Ermittlung des Integrals $\dfrac{N_a}{N} = \displaystyle\int_{E=E_a}^{\infty} f(E)\, dE$	31
XVIII.	Kontinuitätsgleichung	32
XIX.	Londonsche Dispersionsenergie	33
XX.	Die Gaußsche Verteilung	37
XXI.	Poissonsche Gleichung und Debye-Hückeltheorie	40

Verzeichnis der Symbole	43
Tabellen	46
Sachwortverzeichnis	73

Anhang I

Vektoren und Vektoroperationen

Ein *Vektor* ist eine Größe, die durch *Betrag* und *Richtung* gegeben ist. Ist A ein Vektor und sind A_x, A_y, A_z die Projektionen dieses Vektors auf die karthesischen Koordinatenachsen x, y, z, so kann man A vektoriell zusammensetzen:

$$A = A_x + A_y + A_z \; . \tag{1}$$

Es ist üblich, die *Komponenten* A_x, A_y, A_z als Vielfache von *Einheitsvektoren* i, j, k anzugeben. Die Einheitsvektoren sind durch die Richtung der Koordinatenachsen und durch den Betrag der Koordinateneinheit definiert. Schreibt man für den Betrag der Komponenten $|A_x| = A_x$ usw., dann gilt für die Komponenten

$$A_x = i \, A_x$$
$$A_y = j \, A_y$$
$$A_z = k \, A_z \tag{2}$$

und für den Vektor A

$$A = i \, A_x + j \, A_y + k \, A_z \; . \tag{3}$$

Es gibt zwei Arten von Vektorprodukten, das *skalare* und das *vektorielle* Produkt zweier Vektoren. Das skalare Product C von zwei Vektoren A und B, die miteinander den Winkel ϑ einschließen, ist folgendermaßen definiert:

$$C = (A \cdot B) = AB \cos\vartheta \qquad (|A| = A, \; |B| = B) \; . \tag{4}$$

Es ergibt eine *skalare* Größe. *Beispiel:* Die potentielle Energie V eines elektrischen Dipols mit dem Moment μ in einem elektrischen Feld E erhält man durch (Abschnitt 7.2):

$$V = -(\mu \cdot E) = -|\mu| \, |E| \cos\vartheta \, . \tag{5}$$

Sind nicht die Beträge A und B sowie der Winkel ϑ, sondern die Komponenten A_x, A_y, A_z und B_x, B_y, B_z zweier Vektoren A und B gegeben, so wird das innere Produkt durch

$$(A \cdot B) = A_x B_x + A_y B_y + A_z B_z \tag{6}$$

gebildet. *Beispiel:* Zwei Ortsvektoren r_1 und r_2 mit den Komponenten x_1, y_1, z_1 und x_2, y_2, z_2 stehen aufeinander senkrecht (sind zueinander *orthogonal*), wenn die Summe der Komponentenprodukte

$$x_1 x_2 + y_1 y_2 + z_1 z_2 \text{ bzw. } x_1 x_2 + y_1 y_2 + z_1 z_2 \tag{7}$$

verschwindet. Das folgt unmittelbar aus dem Cosinussatz mit $\vartheta = 90°$ bzw. $\cos\vartheta = 0 \, (|r| = r)$:

$$r_1 r_2 \cos\vartheta = \frac{1}{2}\left\{ r_1^2 + r_2^2 - (r_1 - r_2)^2 \right\}$$

$$= \frac{1}{2}\left\{ x_1^2 + y_1^2 + z_1^2 + x_2^2 + y_2^2 + z_2^2 - (x_1 - x_2)^2 - (y_1 - y_2)^2 - (z_1 - z_2)^2 \right\}$$

$$= x_1 x_2 + y_1 y_2 + z_1 z_2 = 0. \tag{8}$$

Haben die Ortsvektoren $\mathbf{r}_1$ und $\mathbf{r}_2$ den Betrag 1 (sind sie *normiert*), so lassen sich die *Orthogonalitätsbedingung* (8) und die zwei *Normierungsbedingungen*

$$x_1^2 + y_1^2 + z_1^2 \ \text{bzw.} \ x_2^2 + y_2^2 + z_2^2 = 1 \tag{9}$$

formal zu einer einzigen Bedingung zusammenfassen:

$$\sum_{i,j=1}^{2} x_i x_j + y_i y_j + z_i z_j = \delta_{ij}. \tag{10}$$

$\delta_{i,j}$ ist das sogenannte *Kroneckersymbol* und bedeutet $\delta = 1$ für $i = j$ und $\delta = 0$ für $i \neq j$.

Das *Vektorprodukt* von $\mathbf{A}$ und $\mathbf{B}$ ist hingegen wieder ein *Vektor*:

$$\mathbf{C} = (\mathbf{A} \times \mathbf{B}), \tag{11}$$

und sein Betrag ist durch

$$C = AB \sin \vartheta \qquad\qquad (\,|\mathbf{C}| = C, |\mathbf{A}| = A, |\mathbf{B}| = B) \tag{12}$$

festgelegt. Der Vektor $\mathbf{C}$ steht auf der von $\mathbf{A}$ und $\mathbf{B}$ aufgespannten Ebene senkrecht; seine Richtung ist so definiert, daß die Vektoren $\mathbf{A}, \mathbf{B}$ und $\mathbf{C}$ ein Rechtssystem bilden. Von der Spitze des Vektors $\mathbf{C}$ aus gesehen, muß der erste der beiden Vektoren ($\mathbf{A}$) gegen den Uhrzeigersinn auf kürzestem Weg in Richtung von $\mathbf{B}$ gedreht werden können.

Sind nicht die Beträge von $\mathbf{A}$ und $\mathbf{B}$ und der Winkel ϑ gegeben, sondern die Komponenten der Vektoren $\mathbf{A}$ und $\mathbf{B}$, so findet man $\mathbf{C}$ durch

$$\mathbf{C} = (\mathbf{A} \times \mathbf{B}) = \mathbf{i}(A_y B_z - A_z B_y) + \mathbf{j}(A_z B_x - A_x B_z) + \mathbf{k}(A_x B_y - A_y B_x)$$
$$= \mathbf{i}\,C_x + \mathbf{j}\,C_y + \mathbf{k}\,C_z. \tag{13}$$

In Determinantenform geschrieben lautet Gl. (13) (Anhang IX):

$$\mathbf{C} = \begin{vmatrix} \mathbf{i} & \mathbf{j} & \mathbf{k} \\ A_x & A_y & A_z \\ B_x & B_y & B_z \end{vmatrix} \tag{14}$$

Aus der Definition des Vektorprodukts folgt außerdem

$$(\mathbf{A} \times \mathbf{B}) = -(\mathbf{B} \times \mathbf{A}). \tag{15}$$

Beispiel: Der Drehimpuls l eines mit der Masse m und der Geschwindigkeit $\mathbf{v}$ in der Entfernung r um eine Achse rotierenden Massenpunktes ist durch folgendes Vektorprodukt gegeben:

$$l = (\mathbf{r} \times m\mathbf{v}) = m\,(\mathbf{r} \times \mathbf{v}). \tag{16}$$

Sind x, y, z die Komponenten von $\mathbf{r}$ und v_x, v_y, v_z die Komponenten von $\mathbf{v}$, dann lauten nach Gl. (13) die Beträge der Komponenten von l:

$$\begin{aligned} l_x &= m(y\,v_z - z\,v_y)\ , \\ l_y &= m(z\,v_x - x\,v_z)\ , \\ l_z &= m(x\,v_y - y\,v_x)\ . \end{aligned} \tag{17}$$

Mit dem Vektoroperator

$$\nabla = i\,\frac{\partial}{\partial x} + j\,\frac{\partial}{\partial y} + k\,\frac{\partial}{\partial z} \tag{18}$$

können verschiedene Operationen durchgeführt werden. Wirkt ∇ auf eine skalare Größe, so ergibt diese Vektoroperation einen Vektor, *Gradient* der skalaren Größe genannt: *Beispiel:* Ist φ das Potential einer elektrischen Punktladung, so ist der negative Gradient von φ die Feldstärke **E** des von ihr erzeugten Feldes:

$$-\nabla\varphi = -\left[i\,\frac{\partial\varphi}{\partial x} + j\,\frac{\partial\varphi}{\partial y} + k\,\frac{\partial\varphi}{\partial z} \right] = -\operatorname{grad}\varphi = \mathbf{E}\,. \tag{19}$$

Wirkt ∇ auf einen Vektor **A**, so liefert die Skalarproduktbildung:

$$(\nabla \cdot \mathbf{A}) = \frac{\partial A_x}{\partial x} + \frac{\partial A_y}{\partial y} + \frac{\partial A_z}{\partial z} = \operatorname{div}\mathbf{A}. \tag{20}$$

$(\nabla \cdot \mathbf{A})$ wird auch als *Divergenz* von **A** bezeichnet. Das vektorielle Produkt von ∇ mit **A** liefert hingegen wieder einen Vektor:

$$(\nabla \times \mathbf{A}) = \begin{vmatrix} i & j & k \\ \dfrac{\partial}{\partial x} & \dfrac{\partial}{\partial y} & \dfrac{\partial}{\partial z} \\ A_x & A_y & A_z \end{vmatrix} = \operatorname{rot}\mathbf{A}. \tag{21}$$

$(\nabla \times \mathbf{A})$ nennt man auch die *Rotation* von **A**.

Beispiel: Die Maxwellschen Gleichungen für das Vakuum, wonach jedes sich zeitlich ändernde elektrische Feld **E** ein magnetisches Wirbelfeld **H** (und umgekehrt) erzeugt, lauten in vektorieller Schreibweise:

$$(\nabla \times \mathbf{H}) = \epsilon_0\,\frac{\partial \mathbf{E}}{\partial t}\,, \tag{22}$$

$$(\nabla \times \mathbf{E}) = -\frac{\partial \mathbf{B}}{\partial t}\,.$$

Das skalare Produkt von ∇ mit ∇ ergibt schließlich den sogenannten *Laplaceoperator* Δ, einen skalaren Operator:

$$\Delta = (\nabla \cdot \nabla) = \nabla^2 = \frac{\partial^2}{\partial x^2} + \frac{\partial^2}{\partial y^2} + \frac{\partial^2}{\partial z^2}\,. \tag{23}$$

Wirkt der Laplaceoperator auf eine skalare Größe, z. B. auf die Wellenfunktion ψ, so liefert die Operation wieder eine skalare Größe:

$$\Delta\psi = \frac{\partial^2\psi}{\partial x^2} + \frac{\partial^2\psi}{\partial y^2} + \frac{\partial^2\psi}{\partial z^2}\,. \tag{24}$$

Anhang II

Integrale vom Typ $\displaystyle\int_{x=0}^{\infty} x^n e^{-ax^2} dx$

Reduktion

Durch partielle Integration nach

$$\int_{x=0}^{\infty} u'v\,dx = uv\,\Big|_{x=0}^{\infty} - \int_{x=0}^{\infty} uv'\,dx \qquad (u' = xe^{-ax^2},\ v = x^{n-1}) \tag{1}$$

lassen sich Integrale vom Typ

$$\int_{x=0}^{\infty} x^n e^{-ax^2}\,dx\ , \tag{2}$$

wo n eine positive ganze Zahl und a eine Konstante größer als Null ist, auf Integrale vom Typ

$$\frac{n-1}{2a} \int_{0}^{\infty} x^{n-2} e^{-ax^2}\,dx \tag{3}$$

reduzieren. Ist n eine ungerade Zahl, so kann man durch fortgesetztes Reduzieren alle Integrale vom genannten Typ auf Ausdrücke bringen, die das Integral

$$\int_{0}^{\infty} xe^{-ax^2}\,dx \tag{4}$$

enthalten. Dieses Integral läßt sich direkt auswerten:

$$\int_{0}^{\infty} xe^{-ax^2}\,dx = \frac{1}{2a}\ . \tag{5}$$

Ist n eine gerade Zahl, so führt fortgesetztes Reduzieren auf Ausdrücke, die das Integral

$$\int_{0}^{\infty} e^{-ax^2}\,dx \tag{6}$$

enthalten. Durch eine Transformation (vgl. *B. Baule:* Die Mathematik des Naturforschers und Ingenieurs, S. Hirzel Verlag Leipzig 1957) läßt es sich auswerten; es besitzt den Wert:

$$\int_{0}^{\infty} e^{-ax^2}\,dx = \frac{1}{2}\sqrt{\frac{\pi}{a}}\ . \tag{7}$$

Einige spezielle Integrale

Nach der vorhin skizzierten Methode kann man die Integrale vom genannten Typ für beliebige positive ganze Zahlen n bestimmen. Die Werte für einige oft gebrauchte Integrale seien angeführt:

$$\int_{-\infty}^{+\infty} e^{-ax^2} dx = 2 \int_{0}^{\infty} e^{-ax^2} dx = \sqrt{\frac{\pi}{a}} \ . \tag{8}$$

$$\int_{-\infty}^{+\infty} x^2 e^{-ax^2} dx = 2 \int_{0}^{\infty} x^2 e^{-ax^2} dx = \frac{1}{2a} \sqrt{\frac{\pi}{a}} \ . \tag{9}$$

$$\int_{-\infty}^{+\infty} x^4 e^{-ax^2} dx = 2 \int_{0}^{\infty} x^4 e^{-ax^2} dx = \frac{3}{4a^2} \sqrt{\frac{\pi}{a}} \ . \tag{10}$$

$$\int_{0}^{\infty} x e^{-ax^2} dx = \frac{1}{2a} \ . \tag{11}$$

$$\int_{0}^{\infty} x^3 e^{-ax^2} dx = \frac{1}{2a^2} \ . \tag{12}$$

Anhang III

Ersatz von Summen durch Integrale

Eine Größe A sei durch folgende Summe darstellbar:

$$A = a_1 + a_2 + \ldots a_i + \ldots a_n = \sum_{i=1}^{n} a_i \ . \tag{1}$$

Jeder Term dieser Summe sei dabei durch den Wert der Funktion

$$a_i = a(i) \tag{2}$$

gegeben, wobei i nur die positiven ganzzahligen Werte 1, 2, 3 ... n besitzt. Da die aufeinanderfolgenden Werte von i immer denselben Abstand

$$\Delta i = 1 \tag{3}$$

haben, kann man für die Summe (1) auch schreiben:

$$A = a_1 \Delta i + a_2 \Delta i + \ldots a_i \Delta i + \ldots a_n \Delta i \ . \tag{4}$$

Wenn nun der Wert a_i von a_{i-1} und a_{i+1} nicht sehr verschieden ist, darf man a_i an dieser Stelle durch den Funktionswert $a(i)$ approximieren:

$$A = a(1) \Delta i + a(2) \Delta i + \ldots a(i) \Delta i + \ldots a(n) \Delta i \tag{5}$$

und Δi durch di ersetzen; muß aber, damit der Abstand $\Delta i = 1$ erhalten bleibt, von $i - 1$ bis i integrieren:

$$A = \int_0^1 a(1)\,di + \int_1^2 a(2)\,di + \dots \int_{i-1}^i a(i)\,di + \dots \int_{n-1}^n a(n)\,di \; . \tag{6}$$

Gl. (6) ist aber nichts anderes als das Integral:

$$A = \int_{i=0}^n a(i)\,di \; . \tag{7}$$

Die wesentliche Voraussetzung für den Ersatz einer Summe durch ein Integral ist die Bedingung, daß a_i im Vergleich zum gesamten Bereich, in dem $a(i)$ variiert, von den benachbarten Werten a_{i-1} und a_{i+1} nicht sehr verschieden ist. *Beispiel:* Die Geschwindigkeitswerte u_i von Gasmolekülen liegen im Vergleich zum gesamten Bereich von u so eng beieinander, daß man f_i durch $f(u)$ und die Summe $\Sigma f_i u_i$ durch das Integral $\int u f(u)\,du$ ersetzen darf (Abschnitt 1.6).

Anhang IV

Energiedichte des elektrostatischen bzw. elektromagnetischen Feldes

Die Gesamtenergie E (= potentielle Energie V) einer räumlichen Verteilung von Punktladungen im Vakuum ist nach Abschnitt 7.2 durch die Summe über alle Coulombwechselwirkungen gegeben:

$$E = \frac{1}{2} \sum_i \sum_j \frac{q_i q_j}{4\pi\epsilon_0 r_{ij}} \; . \tag{1}$$

Die q_i und q_j sind die einzelnen Ladungen und die r_{ij} ihre Abstände. Schreibt man

$$\varphi_j = \sum_{i \neq j} \frac{q_i}{4\pi\epsilon_0 r_{ij}} \; , \tag{2}$$

so wird aus Gl. (1)

$$E = \frac{1}{2} \sum_j \varphi_j q_j \; . \tag{3}$$

φ_j ist das Potential, das alle anderen Ladungen am Ort der Ladung j erzeugen. Für eine kontinuierliche Ladungsverteilung mit der Ladungsdichte ρ gilt analog:

$$E = \frac{1}{2} \int_V \varphi\rho \, dV \; . \tag{4}$$

Unter Verwendung der Poissonschen Gleichung für das Vakuum (Anhang XXI)

$$\Delta\varphi = -\frac{\rho}{\epsilon_0} \tag{5}$$

bekommt man dann aus Gl. (4):

$$E = -\frac{\epsilon_0}{2} \int_V \varphi\Delta\varphi \, dV \, . \tag{6}$$

Wird auf $\varphi\nabla\varphi$ der Gaußsche Satz (Anhang XIX) angewendet, so erhält man:

$$\oint_A \varphi\nabla\varphi \, dA = \int_V \nabla(\varphi\nabla\varphi) \, dV = \int_V \varphi\Delta\varphi \, dV + \int_V (\nabla\varphi)^2 \, dV \, . \tag{7}$$

Da das Potential φ und damit auch sein Gradient in großer Entfernung Null sind, verschwindet links das Hüllenintegral und es ergibt sich aus den beiden letzten Termen ($\nabla\varphi = -\mathbf{E}$):

$$\int_V \varphi\Delta\varphi \, dV = -\int \mathbf{E}^2 \, dV \, . \tag{8}$$

Damit wird aus Gl. (6)

$$E = \frac{\epsilon_0}{2} \int \mathbf{E}^2 \, dV \tag{9}$$

und die *Energiedichte* (dE/dV) des elektrostatischen Feldes

$$\frac{dE}{dV} = \frac{\epsilon_0}{2} \mathbf{E}^2 \, . \tag{10}$$

Die Energiedichte eines elektromagnetischen Wechselfeldes mit $\mathbf{E} = \mathbf{E}_0 \cos 2\pi\nu t$ und $\mathbf{H} = \mathbf{H}_0 \cos 2\pi\nu t$ beträgt hingegen

$$\begin{aligned}
\frac{dE}{dV} &= \frac{\epsilon_0}{2} \mathbf{E}^2 (\nu) + \frac{\epsilon_0}{2} \mathbf{H}^2 (\nu) \\
&= \epsilon_0 \mathbf{E}^2 (\nu) \\
&= \epsilon_0 \frac{\overline{\mathbf{E}_0^2}}{2} \, ,
\end{aligned} \tag{11}$$

weil die elektrische und die magnetische Energie im Zeitmittel gleich groß sind. Handelt es sich beim Wechselfeld um Licht, das sich von einer Quelle in alle Raumrichtungen ausbreitet (z. B. strahlendes Atom oder Molekül), so gilt zugleich:

$$\frac{dE}{dV} = \frac{3}{2} \epsilon_0 \overline{\mathbf{E}_{x,0}^2} \, , \tag{12}$$

da

$$\overline{\mathbf{E}_{x,0}^2} = \overline{\mathbf{E}_{y,0}^2} = \overline{\mathbf{E}_{z,0}^2} = \frac{1}{3} \overline{\mathbf{E}_0^2} \, . \tag{13}$$

Die *Strahlungsdichte* $\rho\,(\nu)$ ist definitionsgemäß die in der Zeit t abgestrahlte Energiedichte:

$$\rho\,(\nu) \equiv \frac{dE}{dV\,d\nu} = \frac{3}{2}\,\epsilon_0\,\overline{E_{x,0}^2}\,t\,, \tag{14}$$

während die *Intensität* I *einer Strahlung*, die sich mit der Lichtgeschwindigkeit c fortpflanzt, durch die in der Zeiteinheit durch den Querschnitt A gehende Energie definiert wird:

$$I \equiv \frac{E}{At} \equiv \frac{dE}{dV}\,c = c\epsilon_0\,E^2\,(\nu)\,. \tag{15}$$

Anhang V

Transformation des Laplaceoperators in Kugelkoordinaten

Zwischen den karthesischen Koordinaten x, y, z und den Kugelkoordinaten r, ϑ, φ (Bild 2.16) gelten die folgenden Transformationsgleichungen:

$$\begin{aligned}
x &= r\,\sin\vartheta\,\cos\varphi\,, \\
y &= r\,\sin\vartheta\,\sin\varphi\,, \\
z &= r\,\cos\vartheta\,.
\end{aligned} \tag{1}$$

Daraus folgen die Beziehungen

$$\begin{aligned}
\frac{x}{y} &= \operatorname{ctg}\varphi\,, \\
x^2 + y^2 &= r^2\sin^2\vartheta\,, \\
\frac{x^2 + y^2}{z^2} &= \operatorname{tg}^2\vartheta\,,
\end{aligned} \tag{2}$$

und aus diesen die Transformationsgleichungen für die Rücktransformation:

$$\begin{aligned}
r &= \sqrt{x^2 + y^2 + z^2}\,, \\
\vartheta &= \operatorname{arctg}\sqrt{(x^2 + y^2)/z^2}\,, \\
\varphi &= \operatorname{arcctg} x/y\,.
\end{aligned} \tag{3}$$

Aus den Gln. (3) ergeben sich die partiellen Differentiale

$$\frac{\partial r}{\partial x} = \frac{1}{2}\,(\sqrt{x^2 + y^2 + z^2})^{-1}\,2x = \frac{x}{r} = \sin\vartheta\,\cos\varphi\,.$$

$$\frac{\partial\vartheta}{\partial x} = \frac{1}{1 + \frac{x^2 + y^2}{z^2}}\,\frac{1}{2}\left(\frac{x^2 + y^2}{z^2}\right)^{-\frac{1}{2}}\,\frac{2x}{z^2} = \frac{\cos\vartheta\,\cos\varphi}{r}\,,$$

$$\frac{\partial\varphi}{\partial x} = -\frac{1}{1 + (x^2/y^2)}\,\frac{1}{4} = \frac{-\sin\varphi}{r\sin\vartheta}\,, \tag{4}$$

und auf gleiche Weise die insgesamt neun partiellen Differentiale:

$$\frac{\partial r}{\partial x} = \sin\vartheta\,\cos\varphi\,, \qquad \frac{\partial\vartheta}{\partial x} = \frac{\cos\vartheta\,\cos\varphi}{r}\,, \qquad \frac{\partial\varphi}{\partial x} = \frac{-\sin\varphi}{r\,\sin\vartheta}\,,$$

$$\frac{\partial r}{\partial y} = \sin\vartheta\,\sin\varphi\,, \qquad \frac{\partial\vartheta}{\partial y} = \frac{\cos\vartheta\,\sin\varphi}{r}\,, \qquad \frac{\partial\varphi}{\partial y} = \frac{\cos\varphi}{r\,\sin\vartheta}$$

$$\frac{\partial r}{\partial z} = \cos\vartheta\,, \qquad \frac{\partial\vartheta}{\partial z} = -\,\frac{\sin\vartheta}{r}\,, \qquad \frac{\partial\varphi}{\partial z} = 0\,. \tag{5}$$

Für die partiellen Ableitungen $\dfrac{\partial\psi}{\partial x}, \dfrac{\partial\psi}{\partial y}, \dfrac{\partial\psi}{\partial z}$ einer Funktion $\psi\,(x,\,y,\,z)$ in Kugelkoordinaten findet man dann:

$$\frac{\partial\psi}{\partial x} = \frac{\partial\psi}{\partial r}\frac{\partial r}{\partial x} + \frac{\partial\psi}{\partial\vartheta}\frac{\partial\vartheta}{\partial x} + \frac{\partial\psi}{\partial\varphi}\frac{\partial\varphi}{\partial x} = \sin\vartheta\,\cos\varphi\,\frac{\partial\psi}{\partial r} + \frac{\cos\vartheta\,\cos\varphi}{r}\frac{\partial\psi}{\partial\vartheta} - \frac{\sin\varphi}{r\,\sin\vartheta}\frac{\partial\psi}{\partial\varphi}\,,$$

$$\frac{\partial\psi}{\partial y} = \sin\vartheta\,\sin\varphi\,\frac{\partial\psi}{\partial r} + \frac{\cos\vartheta\,\sin\varphi}{r}\frac{\partial\psi}{\partial\vartheta} + \frac{\cos\varphi}{r\,\sin\vartheta}\frac{\partial\psi}{\partial\vartheta}\,,$$

$$\frac{\partial\psi}{\partial z} = \cos\vartheta\,\frac{\partial\psi}{\partial r} - \frac{\sin\vartheta}{r}\frac{\partial\psi}{\partial\vartheta}\,. \tag{6}$$

Bildet man weiter die zweite Ableitung $\dfrac{\partial^2\psi}{\partial x^2}$, erhält man:

$$\frac{\partial^2\psi}{\partial x^2} = \frac{\partial}{\partial x}\left(\frac{\partial\psi}{\partial x}\right) = \sin\vartheta\,\cos\varphi\,\frac{\partial}{\partial r}\left(\frac{\partial\psi}{\partial x}\right) + \frac{\cos\vartheta\,\cos\varphi}{r}\frac{\partial}{\partial\vartheta}\left(\frac{\partial\psi}{\partial x}\right) - \frac{\sin\varphi}{r\,\sin\vartheta}\frac{\partial}{\partial\varphi}\left(\frac{\partial\psi}{\partial x}\right) =$$

$$= \sin\vartheta\,\cos\varphi\left\{\sin\vartheta\,\cos\varphi\,\frac{\partial^2\psi}{\partial r^2} + \frac{\cos\vartheta\cos\varphi}{r}\frac{\partial^2\psi}{\partial r\partial\vartheta} - \frac{\cos\vartheta\,\cos\varphi}{r^2}\frac{\partial\psi}{\partial\vartheta} - \frac{\sin\varphi}{r\,\sin\vartheta}\frac{\partial^2\psi}{\partial r\partial\varphi} + \frac{\sin\varphi}{r^2\sin\vartheta}\frac{\partial\psi}{\partial\varphi}\right\} +$$

$$+ \frac{\cos\vartheta\,\cos\varphi}{r}\left\{\sin\vartheta\,\cos\varphi\,\frac{\partial^2\psi}{\partial r\partial\vartheta} + \cos\vartheta\,\cos\varphi\,\frac{\partial\psi}{\partial r} + \frac{\cos\vartheta\,\cos\varphi}{r}\frac{\partial^2\psi}{\partial\vartheta^2} - \frac{\sin\vartheta\,\cos\varphi}{r}\frac{\partial\psi}{\partial\vartheta} - \frac{\sin\varphi}{r\,\sin\vartheta}\frac{\partial^2\psi}{\partial\varphi\partial\vartheta} +$$

$$+ \frac{\sin\varphi\cos\vartheta}{r\,\sin^2\vartheta}\frac{\partial\psi}{\partial\varphi}\right\} - \frac{\sin\varphi}{r\,\sin\vartheta}\left\{\sin\vartheta\,\cos\varphi\,\frac{\partial^2\psi}{\partial r\partial\varphi} - \sin\vartheta\,\sin\varphi\,\frac{\partial\psi}{\partial r} + \frac{\cos\vartheta\,\cos\varphi}{r}\frac{\partial^2\psi}{\partial\varphi\partial\vartheta} -$$

$$- \frac{\cos\vartheta\,\sin\varphi}{r}\frac{\partial\psi}{\partial\vartheta} - \frac{\sin\varphi}{r\,\sin\vartheta}\frac{\partial^2\psi}{\partial\varphi^2} - \frac{\cos\varphi}{r\,\sin\vartheta}\frac{\partial\psi}{\partial\varphi}\right\} \tag{7}$$

und analoge Ausdrücke für $\partial^2\psi/\partial y^2$ und $\partial^2\psi/\partial z^2$. Bei der Bildung der Summe $\Delta\psi = \partial^2\psi/\partial x^2 + \partial^2\psi/\partial y^2 + \partial^2\psi/\partial z^2$ erkennt man, daß die Koeffizienten der gemischten zweiten Ableitungen und von $\partial\psi/\partial\varphi$ verschwinden. Für $\Delta\psi$ bleibt übrig:

$$\Delta\psi = \left[\frac{\partial^2\psi}{\partial r^2} + \frac{2}{r}\frac{\partial\psi}{\partial r} + \frac{1}{r^2}\frac{\partial^2\psi}{\partial\vartheta^2} + \frac{\mathrm{ctg}\,\vartheta}{r^2}\frac{\partial\psi}{\partial\vartheta} + \frac{1}{r^2\sin^2\vartheta}\frac{\partial^2\psi}{\partial\varphi^2}\right]\,. \tag{8}$$

Da

$$\frac{1}{r^2}\frac{\partial^2 \psi}{\partial \vartheta^2} + \frac{ctg\,\vartheta}{r^2}\frac{\partial \psi}{\partial \vartheta} = \frac{1}{r^2 \sin\vartheta}\left(\sin\vartheta\,\frac{\partial^2 \psi}{\partial \vartheta^2} + \cos\vartheta\,\frac{\partial \psi}{\partial \vartheta}\right) = \frac{1}{r^2 \sin\vartheta}\frac{\partial}{\partial \vartheta}\left(\sin\vartheta\,\frac{\partial \psi}{\partial \vartheta}\right),\tag{9}$$

folgt für den Laplaceoperator Δ in Kugelkoordinaten:

$$\Delta = \left[\frac{\partial^2}{\partial r^2} + \frac{2}{r}\frac{\partial}{\partial r} + \frac{1}{r^2 \sin\vartheta}\frac{\partial}{\partial \vartheta}\left(\sin\vartheta\,\frac{\partial}{\partial \vartheta}\right) + \frac{1}{r^2 \sin^2\vartheta}\frac{\partial^2}{\partial \varphi^2}\right]\tag{10}$$

Auf beliebige Koordinaten $q_1 . q_2 , q_3$ verallgemeinert:

$$\Delta = \frac{1}{h_1 h_2 h_3}\left[\frac{\partial}{\partial q_1}\left(\frac{h_2 h_3}{h_1}\frac{\partial}{\partial q_1}\right) + \frac{\partial}{\partial q_2}\left(\frac{h_3 h_1}{h_2}\frac{\partial}{\partial q_2}\right) + \frac{\partial}{\partial q_3}\left(\frac{h_1 h_2}{h_3}\frac{\partial}{\partial q_3}\right)\right] .\tag{11}$$

Der Zusammenhang zwischen h_1 , h_2 , h_3 und q_1 , q_2 , q_3 ist durch

$$h_1^2 = \left(\frac{\partial x}{\partial q_1}\right)^2 + \left(\frac{\partial y}{\partial q_1}\right)^2 + \left(\frac{\partial z}{\partial q_1}\right)^2$$

$$h_2^2 = \left(\frac{\partial x}{\partial q_2}\right)^2 + \left(\frac{\partial y}{\partial q_2}\right)^2 + \left(\frac{\partial z}{\partial q_2}\right)^2$$

$$h_3^2 = \left(\frac{\partial x}{\partial q_3}\right)^2 + \left(\frac{\partial y}{\partial q_3}\right)^2 + \left(\frac{\partial z}{\partial q_3}\right)^2\tag{12}$$

gegeben.

Anhang VI

Zugeordnete Legendresche Polynome

Schreibt man die Differentialgleichung

$$(1 - x^2)\frac{dy}{dx} + 2lxy = 0\tag{1}$$

mit l als positive ganze Zahl in der Form

$$\frac{dy}{y} = -\frac{2l\,x\,dx}{(1-x^2)} ,\tag{2}$$

so erhält man durch Integration wegen

$$-\int\frac{x\,dx}{1-x^2} = \frac{1}{2}\ln(1-x^2)\tag{3}$$

als Lösung:

$$y = \text{const}\,(1 - x^2)^l \ .$$

(4)

Differenziert man aber Gl. (1) vorher noch $(l + 1)$-mal nach x (Produktregel), so findet man die *Legendresche* Differentialgleichung:

$$(1 - x^2)\,\frac{d^{l+2}y}{dx^{l+2}} - 2x\,\frac{d^{l+1}y}{dx^{l+1}} + l(l + 1)\,\frac{d^l y}{dx^l} = 0 \ .$$

(5)

Mit

$$z = \frac{d^l y}{dx^l} = \text{const}\,\frac{d^l}{dx^l}\,(1 - x^2)^l$$

(6)

kann man sie auch wie folgt schreiben:

$$(1 - x^2)\,\frac{d^2 z}{dx^2} - 2x\,\frac{dz}{dx} + l(l + 1)\,z = 0 \ .$$

(7)

Ihre Lösungen lauten:

$$z = P_l(x) = \text{const}\,\frac{d^l}{dx^l}\,(1 - x^2)^l \ , \quad \text{const} = (-1)^l\,\frac{1}{2^l l!} \ .$$

(8)

Sie werden *Legendresche Polynome* und mit $x = \cos \vartheta$ *Kugelfunktionen* genannt.
$P_0(x)$ ist definitionsgemäß 1; die Konstante ergibt sich aus der Bedingung $P_l(+ 1) = 1$.

Differenziert man Gl. (1) nicht $(l + 1)$-mal, sondern $(m + l + 1)$-mal nach x (m positive oder negative ganze Zahl, gleich oder kleiner als l), so ergibt sich:

$$(1 - x^2)\,\frac{d^{m+l+2}y}{dx^{m+l+2}} - 2(m + 1)\,x\,\frac{d^{m+l+1}y}{dx^{m+l+1}} + (m + l + 1)(l - m)\,\frac{d^{m+l}y}{dx^{m+l}} = 0 \ .$$

(9)

Mit

$$z = \frac{d^{m+l}y}{dx^{m+l}} = \frac{d^m}{dx^m}\,P_l(x) = \text{const}\,\frac{d^{m+l}}{dx^{m+l}}\,(1 - x^2)^l$$

(10)

wird Gl. (9) wie folgt geschrieben:

$$(1 - x^2)\,\frac{d^2 z}{dx^2} - 2(m + 1)\,x\,\frac{dz}{dx} + (m + l + 1)(l - m)\,z = 0 \ .$$

(11)

Zur Lösung wird der Ansatz

$$z = u(1 - x^2)^{-m/2}$$

(12)

versucht, wo u eine noch zu bestimmende Funktion von x ist. Es ist dann

$$\frac{dz}{dx} = \left[\frac{du}{dx} + \frac{mxu}{1-x^2} \right] (1-x^2)^{-m/2} \ ,$$

$$\frac{d^2z}{dx^2} = \left\{ \frac{d^2u}{dx^2} + \frac{2mx}{1-x^2} \frac{du}{dx} + \left[\frac{m}{1-x^2} + \frac{mx^2(m+2)}{(1-x^2)^2} \right] u \right\} (1-x^2)^{-m/2} \ . \tag{13}$$

Mit diesen Ausdrücken erhält man dann aus Gl. (11) für u eine Differentialgleichung, die sogenannte *zugeordnete Legendresche* Differentialgleichung

$$(1-x^2) \frac{d^2u}{dx^2} - 2x \frac{du}{dx} + \left[l(l+1) - \frac{m^2}{1-x^2} \right] u = 0 \ . \tag{14}$$

Nach Gl. (10) und (12) besitzt sie die Lösungen

$$u = P_l^m(x) = (1-x^2)^{m/2} z = (1-x^2)^{m/2} \frac{d^m}{dx^m} P_l(x) \ , \tag{15}$$

oder mit Gl. (8) anders geschrieben

$$u = P_l^m(x) = (-1)^l \frac{(1-x^2)^{m/2}}{2^l l!} \frac{d^{m+l}}{dx^{m+l}} (1-x^2)^l \ . \tag{16}$$

Sie heißen *zugeordnete Legendresche Polynome* bzw. *zugeordnete Kugelfunktionen.*

Nun zur Lösung der ϑ-abhängigen Differentialgleichung (91) des starren Rotators aus Abschnitt 2.7:

$$\frac{1}{\theta} \frac{1}{\sin\vartheta} \frac{d}{d\vartheta} \left(\sin\vartheta \frac{d\theta}{d\vartheta} \right) - \frac{m^2}{\sin^2\vartheta} = -\beta \ . \tag{17}$$

Setzt man $\beta = l(l+1)$ — andernfalls existieren keine Lösungen — und $x = \cos\vartheta$, so folgt aus Gl. (17):

$$(1-x^2) \frac{d^2\theta}{dx^2} - 2x \frac{d\theta}{dx} + \left[l(l+1) - \frac{m^2}{1-x^2} \right] \theta = 0 \ . \tag{18}$$

Ein Vergleich der Gln. (14) und (18) zeigt, daß beide für $\theta = u$ identisch werden. Die Lösungen von Gl. (17) lauten daher nach Gl. (16):

$$\theta_{l,\,|m|} = P_l^{|m|}(\cos\vartheta) = \frac{(-1)^l}{2^l l!} \sin^{|m|}\vartheta \left[\frac{d^{l+|m|}}{d\cos\vartheta^{l+|m|}} (\sin^{2l}\vartheta) \right] \ ; \tag{19}$$

sie existieren nur für $l \geqslant |m|$. Die Produkte $\theta_{l,\,|m|}\phi_m$ werden auch *Kugelflächenfunktionen* genannt.

Anhang VII

Hermitesche Polynome

Die *Differentialgleichung* der *Hermiteschen Polynome* wird wie folgt hergeleitet. Durch (v + 1)-malige Differentiation der Gleichung

$$\frac{dy}{dx} + 2xy = 0 \tag{1}$$

(Lösungen $y = \text{const } e^{-x^2}$) nach x, erhält man

$$\frac{d^2z}{dx^2} + 2x\frac{dz}{dx} + 2(v+1)z = 0 \;, \tag{2}$$

wobei

$$z = \frac{d^v}{dx^v}y = \text{const }\frac{d^v}{dx^v}(e^{-x^2}) \tag{3}$$

gesetzt wurde. Mit Hilfe des Lösungsansatzes

$$z = H(x)e^{-x^2} \tag{4}$$

folgt dann die Differentialgleichung der Hermiteschen Polynome:

$$\frac{d^2H}{dx^2} - 2x\frac{dH}{dx} + 2vH = 0 \;. \tag{5}$$

Mit const $= (-1)^v$ (v muß eine positive ganze Zahl sein), ergeben sich als Lösungen die sogenannten *Hermiteschen Polynome* vom Grad v:

$$H_v(x) = (-1)^v e^{x^2}\frac{d^v}{dx^v}(e^{-x^2}) \;. \tag{6}$$

Zur Lösung der Schrödingergleichung des harmonischen Oszillators vergleicht man Gl. (12)) aus Abschnitt 2.8,

$$\frac{d^2H}{d\zeta^2} - 2\zeta\frac{dH}{d\zeta} + (C-1)H = 0 \;, \tag{7}$$

mit Gl. (5). Wird $\xi = x$ und $(C-1) = 2v$ gesetzt, so werden beide Gleichungen identisch. Nur wenn die Bedingung $(C-1) = 2v$ erfüllt ist, existieren Lösungen. Sie lauten:

$$H_v(\xi) = (-1)^v e^{\xi^2}\frac{d^v}{d\xi^v}(e^{-\xi^2}) \;. \tag{8}$$

Anhang VIII

Taylorreihenentwicklung

Verschwindet eine zwischen x_0 und $x_0 + h$ differenzierbare Funktion $f(x)$ an diesen Stellen, so gibt es immer wenigstens eine Zahl θ zwischen 0 und 1, daß

$$f(x_0 + h) = f(x_0) + h\,f'(x_0 + \theta h) \tag{1}$$

gilt. Geometrisch gesehen: Es gibt unter den gegebenen Voraussetzungen zwischen x_0 und $x_0 + h$ wenigstens eine Stelle, wo die Tangente parallel zur x-Achse ist. Dieser *Mittelwertsatz* von *Rolle* ermöglicht uns z. B. den Funktionswert in der Nähe von x_0 zwischen Schranken einzuschließen, wenn wir ihn an der Stelle x_0 kennen und für die Größe der Ableitung $f'(x)$ innerhalb des Intervalles eine obere und eine untere Schranke angeben können. Zum Beispiel soll der Wert $\sin 35°$ in Schranken eingeschlossen werden:

$$\sin 35° = \sin(30° + 5°) = \sin\left(\frac{\pi}{6} + 5\,\frac{\pi}{180}\right) = \sin\left(\frac{\pi}{6} + 0{,}087\ldots\right) =$$

$$= \sin(x_0 + h) = \sin x_0 + h\cos(x_0 + \theta h) = \frac{1}{2} + 0{,}087\cos\left(\frac{\pi}{6} + 0{,}087\,\theta\right) \tag{2}$$

Für $\theta = 0$ erscheint rechts mit $\cos 30° = 1/2\sqrt{3}$ der größte mögliche Wert und für $\theta = 1$ mit $\cos 35°$ der kleinste. Da aber $\cos 35°$ unbekannt ist, schreiben wir stattdessen $\cos 45° = 1/2\sqrt{2}$. Dadurch wird die untere Schranke noch weiter hinabgeschoben. Jedenfalls liegt $\sin 35°$ ganz bestimmt zwischen

$$\frac{1}{2} + 0{,}087\,\frac{\sqrt{3}}{2} \tag{3}$$

und

$$\frac{1}{2} + 0{,}087\,\frac{\sqrt{2}}{2}, \tag{4}$$

also zwischen 0,576 und 0,561.

Diesen Mittelwertsatz von *Rolle* wollen wir zur Herleitung des *Taylorschen Satzes* verwenden. Ausgangspunkt ist Gl. (1) mit den dort gemachten Spezifikationen. Setzen wir voraus, daß es auch *höhere* Ableitungen als die erste gibt, so können wir den Mittelwertsatz wiederholt anwenden:

$$f(x_0 + h) = f(x_0) + hf'(x_0 + \theta_1 h),$$
$$f'(x_0 + \theta_1 h) = f'(x_0) + \theta_1 hf''(x_0 + \theta_2 h),$$
$$f''(x_0 + \theta_2 h) = f''(x_0) + \theta_2 hf'''(x_0 + \theta_3 h),$$
$$\text{usw.} \tag{5}$$

Wenn wir von diesen Gleichungen immer eine weitere hinzunehmen, so bekommen wir:

$$f(x_0 + h) = f(x_0) + hf'(x_0 + \theta_1 h),$$
$$= f(x_0) + hf'(x_0) + \theta_1 h^2 f''(x_0 + \theta_2 h),$$
$$= f(x_0) + hf'(x_0) + \theta_1 h^2 f''(x_0) + \theta_1\theta_2 h^3 f'''(x_0 + \theta_3 h), \tag{6}$$
$$= \text{usw.}$$

Wir wissen nun, daß es Zahlen θ_1, θ_2, θ_3, usw. geben muß, alle zwischen 0 und 1, für die Gl. (6) richtig ist. Ob es viele Wertesysteme oder ob es nur eines für die θ's gibt, darüber sagt der Mittelwert nichts aus. Nach dem Taylorschen Satz lassen sich aber alle θ's der Reihe nach durch die Brüche 1/2, 1/3, 1/4, usw. ersetzen, wenn man nur das in der Funktionsklammer stehende letzte θ unbestimmt läßt. Der strenge Beweis dafür ist nicht gerade bequem auszuführen und wir wollen ihn später in etwas vereinfachter Form für eine Potenzreihe angeben. Zunächst jedoch die Taylorsche Reihe mit den Brüchen und der Einfachheit wegen ohne das letzte Glied:

$$f(x_0 + h) = f(x_0) + hf'(x_0) + \frac{h^2}{2!} f''(x_0) + \frac{h^3}{3!} f'''(x_0) + \ldots \tag{7}$$

Wählt man als Entwicklungsstelle $x_0 = 0$, so erhalten wir die Reihe in einer zweiten Fassung (auch *McLaurinsche Formel* genannt):

$$f(x) = f(0) + xf'(0) + \frac{x^2}{2!} f''(0) + \frac{x^3}{3!} f'''(0) + \ldots \tag{8}$$

Nach dem Taylorschen Satz kann also eine Funktion $f(x)$ durch ein Polynom $n - 1$-ten Grades in der Umgebung von x_0 approximiert werden, wenn von ihr n Ableitungen existieren.

Die Entwickelbarkeit der Funktion $f(x)$ in eine Potenzreihe vorausgesetzt, kommt man folgendermaßen zur Taylorschen Reihe:

$$\begin{aligned}
f(x) &= a_0 + a_1 x + a_2 x^2 + \quad\; a_3 x^3 + \ldots \\
f'(x) &= \qquad\; a_1 + 2a_2 x + \quad 3a_3 x^2 + \ldots \\
f''(x) &= \qquad\qquad\; 2a_2 + 3 \cdot 2a_3 x + \ldots \\
&\text{usw.}
\end{aligned} \tag{9}$$

Diese Identitäten sollen für jeden Wert von x, also auch für $x = 0$ gelten, so daß

$$\begin{aligned}
f(0) &= a_0 & a_0 &= f(0) \\
f'(0) &= 1 \cdot a_1 & a_1 &= f'(0) \\
f''(0) &= 2 \cdot 1 \cdot a_2 & a_2 &= \frac{1}{2!} f''(0) \\
&\text{usw.}
\end{aligned} \tag{10}$$

Auf diesem Wege erhält man zwar die Koeffizienten, nicht aber das Restglied. Mit dem Restglied gilt die Taylorsche Reihe immer, ohne das Restglied nur unter bestimmten Voraussetzungen. Einige oft gebrauchte Taylorreihen:

1. $f(x) \equiv e^x$

$$e^x = 1 + \frac{x}{1!} + \frac{x^2}{2!} + \frac{x^3}{3!} + \ldots \quad \text{Restglied geht gegen Null} \tag{11}$$

2. $f(x) \equiv \sin x$ (schiefsymmetrische Funktion, daher nur ungerade Potenzen)

$$\sin x = \frac{x}{1!} - \frac{x^3}{3!} + \frac{x^5}{5!} - \ldots \text{Restglied geht gegen Null} \tag{12}$$

3. $f(x) \equiv \cos x$ (symmetrische Funktion, daher nur gerade Potenzen)

$$\cos x = 1 - \frac{x^2}{2!} + \frac{x^4}{4!} - \frac{x^6}{6!} + \dots \quad \text{Restglied geht gegen Null} \tag{13}$$

4. $f(x) \equiv (1 + x)^m$ (liefert *Binominalreihe*) $\tag{14}$

$$(1 + x)^m = 1 + \binom{m}{1} x + \binom{m}{2} x^2 + \binom{m}{3} x^3 + \dots \text{(ist der Exponent eine po-}$$

sitive ganze Zahl, bricht die
Reihe von selbst ab; sonst unendliche Reihe mit Restglied
gegen Null nur wenn $|x| < 1$)

5. $f(x) \equiv \ln (1 + x)$ (unsymmetrische Funktion)

$$\ln (1 + x) = x - \frac{x^2}{2} + \frac{x^3}{3} - \dots \text{(an der Stelle } x = 0 \text{ nicht entwickelbar, weil}$$
$$\text{dort nicht definiert)} \tag{15}$$

Wenn wir eine Funktion von einer Veränderlichen durch eine Potenzreihe approximieren können, so geht das auch bei *mehreren* Veränderlichen:

$$f(x_0 + h, y_0 + k, z_0 + l) = f(x_0, y_0, z_0) + h \frac{\partial f}{\partial x} (x_0, y_0, z_0) + k \frac{\partial f}{\partial y} (x_0, y_0, z_0)$$

$$+ l \frac{\partial f}{\partial z} (x_0, y_0, z_0) + \frac{1}{2!} \left[h^2 f_{xx} + k^2 f_{yy} + l^2 f_{zz} \right] + \text{gemischte Glieder} +$$

$$+ \text{höhere Glieder}$$
$$+ \text{Restglieder} \tag{16}$$

Anhang IX

Determinanten und Gleichungssysteme

Eine quadratische (n x n) Determinante ist wie folgt definiert:

$$D = \begin{vmatrix} a_{11} & a_{12} & a_{13} & a_{1j} & \cdots & a_{1n} \\ a_{21} & a_{22} & a_{23} & \cdot & \cdots & a_{2n} \\ a_{31} & a_{32} & a_{33} & \cdot & \cdots & a_{3n} \\ \cdot & \cdot & \cdot & \cdot & \cdots & \cdot \\ \cdot & \cdot & \cdot & a_{ij} & \cdots & \cdot \\ a_{n1} & a_{n2} & a_{n3} & a_{nj} & \cdots & a_{nn} \end{vmatrix} = \sum_{v=1}^{n!} (-1)^v P_v (a_{11} a_{22} a_{33} \dots a_{nn}) \cdot \tag{1}$$

P_v ist ein *Permutationsoperator*, der den Index j von zwei Zahlen a_{ij} vertauscht und v ist die Zahl der *paarweisen* Indexvertauschungen durch die Operation P_v. Z. B. gilt für die zweireihige quadratische Determinante:

$$D = \begin{vmatrix} a_{11} & a_{12} \\ a_{21} & a_{22} \end{vmatrix} = \sum_{v=1}^{2} (-1)^v P_v (a_{11} a_{22}) = (-1)^1 P_1 (a_{11} a_{22}) + (-1)^2 P_2 (a_{11} a_{22})$$
$$= - a_{12} a_{21} + a_{11} a_{22} \cdot \tag{2}$$

Aus dieser Definition der Determinante folgt sofort, daß ihr Wert D verschwindet, wenn zwei Reihen oder Spalten gleich sind. Für die dreireihige quadratische Determinante gilt z. B.

$$D = \begin{vmatrix} a_{11} & a_{12} & a_{13} \\ a_{21} & a_{22} & a_{23} \\ a_{31} & a_{32} & a_{33} \end{vmatrix} = (-1)^1 P_1 (a_{11} a_{22} a_{33}) + (-1)^2 P_2 (a_{11} a_{22} a_{33}) + (-1)^3 P_3 (a_{11} a_{22} a_{33})$$
$$+ (-1)^4 P_4 (a_{11} a_{22} a_{33}) + (-1)^5 P_5 (a_{11} a_{22} a_{33}) + (-1)^6 P_6 (a_{11} a_{22} a_{33})$$

$$= {}^- a_{12} a_{21} a_{33} + a_{12} a_{23} a_{31} {}^- a_{13} a_{22} a_{31}$$
$$+ a_{13} a_{21} a_{32} {}^- a_{11} a_{23} a_{32} + a_{11} a_{22} a_{33} \quad . \tag{3}$$

Damit folgt für die Determinante mit zwei gleichen Reihen:

$$D = \begin{vmatrix} a_{11} & a_{12} & a_{13} \\ a_{11} & a_{12} & a_{13} \\ a_{31} & a_{32} & a_{33} \end{vmatrix} = {}^- a_{12} a_{11} a_{33} + a_{12} a_{13} a_{31} {}^- a_{13} a_{12} a_{31}$$
$$+ a_{13} a_{11} a_{32} {}^- a_{11} a_{13} a_{32} + a_{11} a_{12} a_{33} = 0 \quad . \tag{4}$$

Den Wert einer (n × n) Determinante kann man auch durch die Entwicklung nach einer Reihe oder Spalte mit Hilfe von *Unterdeterminanten* bestimmen. Danach gilt für den Wert D:

$$D = \sum_{i=1}^{n} (-1)^{i+j} a_{ij} D_{ij} \qquad (j = 1, 2, 3, \ldots) \quad . \tag{5}$$

D_{ij} ist der Wert der Unterdeterminante, die sich aus der (n × n) Determinante durch *Streichen der Reihe und Spalte* ergibt, *in der* a_{ij} *steht*. Z. B. gilt für die (3 × 3) Determinante (Entwicklung nach 1. Spalte):

$$D = \begin{vmatrix} a_{11} & a_{12} & a_{13} \\ a_{21} & a_{22} & a_{23} \\ a_{31} & a_{32} & a_{33} \end{vmatrix} = \sum_{i=1}^{3} (-1)^{i+1} a_{i1} D_{i1} = (-1)^2 a_{11} D_{11} + (-1)^3 a_{21} D_{21} + (-1)^4 a_{31} D_{31} \quad .$$

$$= a_{11} \begin{vmatrix} a_{22} a_{23} \\ a_{32} a_{33} \end{vmatrix} - a_{21} \begin{vmatrix} a_{12} a_{13} \\ a_{32} a_{33} \end{vmatrix} + a_{31} \begin{vmatrix} a_{12} a_{13} \\ a_{22} a_{23} \end{vmatrix}$$

$$= a_{11} [a_{33} a_{22} {}^- a_{23} a_{32}]$$
$$- a_{21} [a_{33} a_{12} {}^- a_{13} a_{32}]$$
$$+ a_{31} [a_{23} a_{12} {}^- a_{13} a_{22}] \quad . \tag{6}$$

Der letzte Ausdruck in Gl. (6) ist mit dem letzten Ausdruck von Gl. (3) identisch. Aus Gl. (5) folgt auch, daß

$$D = \sum_{i=1}^{n} (-1)^{i+j} a_{ij} D_{ik} = 0 \qquad (j \neq k) \quad . \tag{7}$$

Dies könnte ebenfalls anhand der (3 x 3) Determinante gezeigt werden.

Nun zur allgemeinen Methode der Lösung eines inhomogenen Gleichungssystems, das aus n linearen Gleichungen mit den n Unbekannten $x_1, x_2, \ldots, x_n$ besteht.

$$
\begin{aligned}
a_{11}x_1 + a_{12}x_2 + a_{13}x_3 + \ldots a_{1n}x_n &= c_1 \; , \\
a_{21}x_1 + a_{22}x_2 + a_{23}x_3 + \ldots a_{2n}x_n &= c_2 \; . \\
\cdot \qquad \cdot \qquad \cdot \qquad \ldots \qquad & \quad , \\
\cdot \qquad \cdot \qquad \cdot \qquad \ldots \qquad & \quad , \\
a_{n1}x_1 + a_{n2}x_2 + a_{n3}x_3 + \ldots a_{nn}x_n &= c_n \; .
\end{aligned}
\tag{8}
$$

Zur Lösung wird folgendermaßen vorgegangen: Man multipliziert die erste Gleichung mit D_{11}, die zweite mit $-D_{21}$ usw. und addiert alle Gleichungen. Das gibt:

$$
\sum_{i=1}^{n}(-1)^{i+1}a_{i1}D_{i1}x_1 + \sum_{i=1}^{n}(-1)^{i+1}a_{i2}D_{i1}x_2 + \ldots \sum_{i=1}^{n}(-1)^{i+1}a_{in}D_{i1}x_n = \sum_{i=1}^{n}(-1)^{i+1}c_iD_{i1} \; .
\tag{9}
$$

Da aber nach Gl. (5) $\sum_{i=1}^{n}(-1)^{i+1}a_{i1}D_{i1}$ gleich D ist und $\sum_{i=1}^{n}(-1)^{i+1}a_{ij}D_{i1}$ für $j \neq 1$ gleich Null ist (Gl. (7)), reduziert sich Gl. (9) zu

$$
x_1 D = \sum_{i=1}^{n}(-1)^{i+1}c_iD_{i1} \; .
\tag{10}
$$

Für die erste Unbekannte x_1 erhält man somit

$$
x_1 = \frac{\sum_{i=1}^{n}(-1)^{i+1}c_iD_{i1}}{D} \; .
\tag{11}
$$

Die Summe $\sum_{i=1}^{n}(-1)^{i+1}c_iD_{i1}$ ist aber nichts anderes als diejenige Determinante, in der die Koeffizienten a_{i1} durch die Konstanten c_i ersetzt worden sind. Auf diese Weise können x_1 und analog dazu die anderen n Unbekannten (x_j) berechnet werden. Es gilt also allgemein:

$$
x_j = \frac{\sum_{i=1}^{n}(-1)^{i+j}c_iD_{ij}}{D} \; .
\tag{12}
$$

Lösungen existieren aber nur, wenn $D \neq 0$ ist oder wenn bei $D = 0$ die Konstanten $c_i = 0$ sind. Umgekehrt ausgedrückt: Außer der trivialen Lösung $x_1 = x_2 = \ldots x_n = 0$ gibt es für homogene Gleichungssysteme nur Lösungen, wenn die *Determinante der Koeffizienten* der x_j verschwindet ($D = 0$).

Anhang X

Zugeordnete Laguerresche Polynome

Um die *Differentialgleichung* der *Laguerreschen Polynome* zu finden, wird die Differentialgleichung

$$x \frac{dy}{dx} + (x - \alpha)\, y = 0 \tag{1}$$

mit den Lösungen $y = x^{\alpha} e^{-x}$ ($\alpha + 1$)-mal nach x differenziert. Mit

$$z = \frac{d^{\alpha}}{dx^{\alpha}}\, y = \frac{d^{\alpha}}{dx^{\alpha}} (x^{\alpha} e^{-x}) = e^{-x} L_{\alpha}(x) \tag{2}$$

erhält man:

$$x \frac{d^2 z}{dx^2} + (x + 1) \frac{dz}{dx} + (\alpha + 1)\, z = 0 \; . \tag{3}$$

Setzt man für z den Ausdruck $e^{-x} L_{\alpha}(x)$ in diese Gleichung ein, ergibt sich die Differentialgleichung der Laguerreschen Polynome:

$$x \frac{d^2 L_{\alpha}}{dx^2} + (1 - x) \frac{d L_{\alpha}}{dx} + \alpha L_{\alpha} = 0 \; . \tag{4}$$

Differenziert man Gl. (4) noch β-mal nach x und setzt

$$u = \frac{d^{\beta} L_{\alpha}}{dx^{\beta}} = L_{\alpha}^{\beta} \; , \tag{5}$$

so folgt die *Differentialgleichung* der *zugeordneten Laguerreschen Polynome*

$$x \frac{d^2 u}{dx^2} + (\beta + 1 - x) \frac{du}{dx} + (\alpha - \beta) u = 0 \; . \tag{6}$$

Ihre Lösungen lauten, unter der Voraussetzung, daß $(\alpha - \beta)$ eine positive ganze Zahl ist:

$$u = L_{\alpha}^{\beta} = \frac{d^{\beta}}{dx^{\beta}} L_{\alpha} = \frac{d^{\beta}}{dx^{\beta}} \left[e^{x} \frac{d^{\alpha}}{dx^{\alpha}} (x^{\alpha} e^{-x}) \right] \; . \tag{7}$$

Zur Lösung der r-abhängigen Differentialgleichung (19) für das H-Atom aus Abschnitt 3.1

$$\rho \frac{du^2}{d\rho^2} + (2l + 2 - \rho) \frac{du}{d\rho} + (n - l - 1) u = 0 \; , \tag{8}$$

vergleicht man diese mit Gl. (6). Mit $\rho = x$, $\beta = (2l + 1)$ und $\alpha = (n + l)$, werden beide Gleichungen identisch. Die Lösungen $u(\rho)$ lauten daher:

$$u_{n-l-1}(\rho) = L_{n+l}^{2l+1}(\rho) = \frac{d^{2l+1}}{d\rho^{2l+1}} [L_{n+l}(\rho)] = \frac{d^{2l+1}}{d\rho^{2l+1}} \left[e^{\rho} \frac{d^{n+l}}{d\rho^{n+l}} (\rho^{n+l} e^{-\rho}) \right] \; . \tag{9}$$

Sie existieren nur, wenn $(\alpha - \beta) = n - l - 1$ eine positive ganze Zahl oder Null ist. Da l die Werte $0, 1, 2, \ldots$ besitzen kann, muß $n \geqslant l + 1$ sein.

Anhang XI

Orthogonalität von Eigenfunktionen

Gegeben seien die Eigenwerte und Eigenfunktionen eines eindimensionalen atomaren Systems (z. B. Teilchen in einem eindimensionalen Potentialtopf), dem die Energieeigenwertgleichung

$$\left[-\frac{\hbar^2}{2m}\frac{d^2}{dx^2} + V(x) \right] \psi = \epsilon\,\psi \tag{1}$$

zugrunde liegt. Greift man den Eigenwert ϵ_n und die Eigenfunktion ψ_n heraus, so müssen sie der Gleichung (1) genügen:

$$\left[-\frac{\hbar^2}{2m}\frac{d^2}{dx^2} + V(x) \right] \psi_n = \epsilon_n\psi_n \ . \tag{2}$$

Aber auch die zu einem anderen Eigenwert ϵ_h gehörende Funktion ψ_h bzw. die entsprechende konjugiert-komplexe Funktion ψ_h^* genügt Gl. (1):

$$\left[-\frac{\hbar^2}{2m}\frac{d^2}{dx^2} + V(x) \right] \psi_h^* = \epsilon_h\psi_h^* \ . \tag{3}$$

Es gilt dann die *Orthogonalitätsbedingung*

$$\int_{x=-\infty}^{+\infty} \psi_h^*\psi_n \ dx = 0 \ , \tag{4}$$

was bewiesen werden soll.

Multipliziert man Gl. (2) von links mit ψ_h^* und Gl. (3) mit ψ_n und subtrahiert beide Gleichungen voneinander, so erhält man:

$$\frac{2m}{\hbar^2}(\epsilon_n - \epsilon_h)\psi_h^*\psi_n = \psi_n\frac{d^2\psi_h^*}{dx^2} - \psi_h^*\frac{d^2\psi_n}{dx^2} \ . \tag{5}$$

Gl. (5) wird weiter mit dx multipliziert und über den gesamten Bereich der Variablen x von $-\infty$ bis $+\infty$ integriert:

$$\frac{2m}{\hbar^2}(\epsilon_n-\epsilon_h)\int_{x=-\infty}^{+\infty}\psi_h^*\psi_n dx = \int_{x=-\infty}^{+\infty}\left[\psi_n\frac{d^2\psi_h^*}{dx^2} - \psi_h^*\frac{d^2\psi_n}{dx^2}\right]dx \ . \tag{6}$$

Mit Hilfe der Identität

$$\frac{d}{dx}\left[\psi_n\frac{d\psi_h^*}{dx} - \psi_h^*\frac{d\psi_n}{dx}\right] = \psi_n\frac{d^2\psi_h^*}{dx^2} - \psi_h^*\frac{d^2\psi_n}{dx^2} \tag{7}$$

ergibt sich

$$\frac{2m}{\hbar^2}(\epsilon_n - \epsilon_h) \int\limits_{x=-\infty}^{+\infty} \psi_h^* \psi_n \, dx = \left|\, \psi_n \frac{d\psi_h^*}{dx} - \psi_h^* \frac{d\psi_n}{dx} \,\right|_{-\infty}^{+\infty} \tag{8}$$

Wegen des 3. quantenmechanischen Postulats (Abschnitt 2.3) muß ψ differenzierbar, also $d\psi/dx$ überall stetig und endlich bzw. Null sein. Aufgrund des 4. quantenmechanischen Postulats muß ψ für $x \to \infty$ außerdem gegen Null gehen. Aus Gl. (8) folgt daher

$$\frac{2m}{\hbar^2}(\epsilon_n - \epsilon_h) \int\limits_{x=-\infty}^{+\infty} \psi_h^* \psi_n \, dx = 0 \; . \tag{9}$$

Da $\epsilon_n \neq \epsilon_h$ ist, verschwindet das Integral in Gl. (9), was zu beweisen war. Die Orthogonalität ist mithin eine *grundlegende* Eigenschaft der Eigenfunktionen eines atomaren Systems; sie folgt direkt aus den quantenmechanischen Postulaten. Die Eigenfunktionen zweier verschiedener atomarer Systeme sind aber zueinander nicht orthogonal.

Beispiel: Die Eigenfunktionen $\psi_1 = \sqrt{2/a} \, \sin \pi x/a$ und $\psi_2 = \sqrt{2/a} \, \sin 2\pi x/a$ eines Teilchens in einem eindimensionalen Potentialtopf der Länge a sind zueinander orthogonal:

$$\int\limits_{x=0}^{a} \psi_1 \psi_2 \, dx = \frac{2}{a} \int\limits_{x=0}^{a} \sin \frac{\pi x}{a} \sin \frac{2\pi x}{a} \, dx = 0 \quad . \tag{10}$$

Anhang XII

Variationstheorem

Es soll bewiesen werden, daß für den Grundzustand (ϵ_0) eines atomaren Systems die Gleichung

$$\epsilon_0 \leq \int\limits_V \phi^* H \phi \, dV = \epsilon \tag{1}$$

gilt, wenn die Funktion ϕ dem 4. quantenmechanischen Postulat (Abschnitt 2.3) genügt und normiert ist:

$$\int\limits_V \phi^* \phi \, dV = 1 \quad . \tag{2}$$

Dazu geht man am besten von folgendem Ausdruck aus:

$$\int\limits_V \phi^* H \phi \, dV - \epsilon_0 = \int\limits_V \phi^* H \phi \, dV - \epsilon_0 \int\limits_V \phi^* \phi \, dV$$

$$= \int\limits_V \phi^* (H - \epsilon_0) \phi \, dV \; . \tag{3}$$

Wird ϕ als Linearkombination der exakten Eigenfunktionen ψ_i des betrachteten Systems

$$\phi = \sum_i c_i \psi_i \quad ,$$

$$\phi^* = \sum_i c_i^* \psi_i^* \tag{4}$$

dargestellt, für das die Energieeigenwertgleichung $\mathbf{H}\psi_i = \epsilon_i \psi_i$ gilt, ergibt sich aus Gl. (3)

$$\int_V \phi^* (\mathbf{H} - \epsilon_0) \phi \, dV = \int_V (\sum_i c_i^* \psi_i^*)(\sum_i (\epsilon_i - \epsilon_0) c_i \psi_i) \, dV$$

$$= \sum_i c_i^* c_i (\epsilon_i - \epsilon_0) \quad . \tag{5}$$

Da $c_i^* c_i$ eine positive Zahl ist und per definitionem $\epsilon_i \geqslant \epsilon_0$ ist, kann man schließlich schreiben

$$\int_V \phi^* (\mathbf{H} - \epsilon_0) \phi \, dV \geqslant 0 \tag{6}$$

bzw.

$$\int_V \phi^* \mathbf{H} \phi \, dV \geqslant \epsilon_0 \quad , \tag{7}$$

was zu beweisen war. Das Gleichheitszeichen gilt dann, wenn $\phi_0 \equiv \psi_0$ ist.

Anhang XIII

Fourierreihe und Fourierintegral

Jede periodische Funktion (z. B. Elektronendichteverteilung in einem Kristallgitter) kann durch eine Reihe von bekannten periodischen Funktionen, die dieselbe Periode besitzen, angenähert werden. Nähert man die Funktion $f(x)$ durch eine unendliche Reihe von trigonometrischen Funktionen an, so heißt diese Reihe *Fourierreihe*. Besitzt $f(x)$ die Periode $\lambda = 2\pi$, dann ist

$$f(x \pm 2\pi) = f(x) \quad , \tag{1}$$

und man kann für die für $f(x)$ angenäherte Funktion schreiben:

$$f(x) = B(0) + B(1) \cos x + B(2) \cos 2x + \ldots B(p) \cos px + \ldots$$
$$+ C(0) + C(1) \sin x + C(2) \sin 2x + \ldots C(p) \sin px + \ldots$$

$$= \sum_{p=0}^{\infty} [B(p) \cos px + C(p) \sin px]. \tag{2}$$

Der *Index* p besitzt die Werte p = 0, 1, 2, 3, ..., ∞. In komplexer Schreibweise lautet die Fourierreihe (2):

$$f(x) = \sum_{p=-\infty}^{+\infty} A(p)e^{ipx} \ . \tag{3}$$

Der *Index* p hat nun ganzzahlige Werte zwischen $-\infty$ und $+\infty$.
Besitzt $f(x)$ die Periode $\lambda = a$ (a z.B. Gitterkonstante),

$$f(x \pm a) = f(x) \ , \tag{4}$$

dann lautet die Fourierreihe von $f(x)$ in komplexer Schreibweise

$$f(x) = \sum_{p=-\infty}^{+\infty} A(p)e^{2\pi ipx/a} \ . \tag{5}$$

Die Koeffizienten $A(p)$ der Fourierreihe bestimmt man gemäß der Gaußschen Forderung so, daß die mittlere quadratische Abweichung der Reihe von $f(x)$ innerhalb der Periode a minimal wird:

$$\frac{1}{a} \int_{-a/2}^{+a/2} \left[\sum_{p=-\infty}^{+\infty} A(p)e^{2\pi ipx/a} - f(x) \right]^2 dx = \text{Minimum}\,! \tag{6}$$

Da das Integral feste Grenzen hat, darf man zur Minimisierung die Differentiation nach den $A(p)$ im Integranden vornehmen:

$$\frac{1}{a} \int_{x=-a/2}^{+a/2} \frac{\partial}{\partial A(p)} \left[\sum_{p=-\infty}^{+\infty} A(p)e^{2\pi ipx/a} - f(x) \right]^2 dx = 0 \ . \tag{7}$$

Damit ergeben sich zwar ebenso viele Bestimmungsgleichungen wie unbekannte Koeffizienten $A(p)$, aber es läßt sich aus jeder für sich $A(p)$ berechnen. Nach Durchführung der Differentiation und Integration von Gl. (7) erhält man schließlich für die Koeffizienten

$$A(p) = \frac{1}{a} \int_{x=-a/2}^{+a/2} f(x)e^{-2\pi pix/a}\, dx = \frac{1}{a} \int_{x=0}^{a} f(x)e^{-2\pi pix/a}\, dx \ . \tag{8}$$

Ist die Funktion, die durch eine Fourierreihe dargestellt werden soll, eine Funktion aller drei karthesischen Koordinaten x, y, z, so führt die analoge Ableitung mit

$$f(x,y,z) = \sum_{p=-\infty}^{+\infty} \sum_{q=-\infty}^{+\infty} \sum_{r=-\infty}^{+\infty} A(pqr)e^{2\pi i\left(p\frac{x}{a} + q\frac{y}{b} + r\frac{z}{c}\right)} \tag{9}$$

zu den Koeffizienten

$$A(pqr) = \frac{1}{abc} \int_{x=0}^{a} \int_{y=0}^{b} \int_{z=0}^{c} f(x,y,z)e^{-2\pi i\left(p\frac{x}{a} + q\frac{y}{b} + r\frac{z}{c}\right)}\, dx\, dy\, dz \ . \tag{10}$$

Werden die Koordinaten in Einheiten der drei Perioden $\lambda_x = a$, $\lambda_y = b$, $\lambda_z = c$ gemessen, gilt

$$A(pqr) = \int\limits_{x=0}^{1} \int\limits_{y=0}^{1} \int\limits_{z=0}^{1} f(x,y,z)e^{-2\pi i(px+qy+rz)} \, dx\,dy\,dz \ . \tag{11}$$

Wie im einzelnen hier nicht gezeigt werden kann, geht beim Grenzübergang $\lambda \to \infty$, d.h. beim Übergang zu einer *unperiodischen* Funktion $f(x)$, Gl. (3) in das sogenannte *Fourierintegral* über:

$$f(x) = \int\limits_{p=-\infty}^{+\infty} A(p)e^{2\pi i px} \, dp \ . \tag{12}$$

p ist nun eine *Variable* mit Werten zwischen $-\infty$ und $+\infty$ (*kein* Index mehr). Gl. (8) geht gleichzeitig über in

$$A(p) = \int\limits_{x=-\infty}^{+\infty} f(x)e^{-2\pi i px} \, dx \ . \tag{13}$$

$A(p)$, nun eine *Funktion* von p, wird als *Fouriertransformierte* von $f(x)$ bezeichnet. Umgekehrt ist $f(x)$ die Fouriertransformierte von $A(p)$. In reeller Schreibweise lauten die Gln. (12) und (13)

$$f(x) = \int\limits_{-\infty}^{+\infty} A(p)\cos 2\pi px \, dp = 2 \int\limits_{0}^{\infty} A(p)\cos 2\pi px \, dp \ ,$$

$$A(p) = \int\limits_{-\infty}^{+\infty} f(x)\cos 2\pi px \, dx = 2 \int\limits_{0}^{\infty} f(x)\cos 2\pi px \, dx \ , \tag{14}$$

wenn $f(x)$ eine symmetrische Funktion ($f(x) = f(-x)$), und

$$f(x) = \int\limits_{-\infty}^{+\infty} A(p)\sin 2\pi px \, dp = 2 \int\limits_{0}^{\infty} A(p)\sin 2\pi px \, dp \ ,$$

$$A(p) = \int\limits_{-\infty}^{+\infty} f(x)\sin 2\pi px \, dx = 2 \int\limits_{0}^{\infty} f(x)\sin 2\pi px \, dx \ , \tag{15}$$

wenn $f(x)$ eine schiefsymmetrische Funktion ($f(-x) = -f(x)$) ist. Analog zu den Gln. (9) und (10) läßt sich auch für $f(x,y,z)$ das Fourierintegral von $f(x,y,z)$ und seine Fouriertransformierte angeben.

Während z.B. die Elektronendichteverteilung $\rho(x,y,z)$ in Kristallen eine periodische Funktion mit den Perioden $\lambda_x = a$, $\lambda_y = b$, $\lambda_z = c$ ist und deshalb durch eine *Fourierreihe* darstellbar ist (Abschnitt 13.6), muß die Elektronendichteverteilung $\rho(r)$ in einem Atom durch ein *Fourierintegral* dargestellt werden, weil die Periodizität fehlt ($\lambda \to \infty$) (Abschnitt 8.5).

Anhang XIV

Tunneleffekt

Bei Kernreaktionen mit geladenen Partikeln, wie auch beim radioaktiven Zerfall, spielt im Energiebereich unterhalb der Coulomb-Potentialschwelle eines Kerns der quantenmechanische *Tunneleffekt* eine große Rolle. Klassisch besteht für die vor oder hinter dem Wall anfliegenden Teilchen keine Möglichkeit, diesen zu überwinden, wenn sie nicht eine kinetische Energie besitzen, die mindestens so groß wie die Energieschwelle ist. Quantenmechanisch gibt es aber immer eine gewisse Wahrscheinlichkeit, daß sie den Potentialwall auch mit kleinerer Energie durchdringen. Die Aufenthaltswahrscheinlichkeit vor wie hinter dem Wall ist quantenmechanisch endlich. Es soll nun die Durchlässigkeit für eine einfache, rechteckige Potentialschwelle berechnet werden. Die Übertragung auf andersartige Schwellen ist sinngemäß durchführbar.

Wir beginnen zuerst mit der quantenmechanischen Beschreibung der Bewegung eines *potentialfreien* Teilchens, das sich mit der kinetischen Energie $T = \frac{1}{2} m v_x^2$ in der x-Richtung bewegt. Das Teilchen ist also *nicht* in einem Potentialtopf eingesperrt, sondern frei beweglich. Nach dem 2. quantenmechanischen Postulat (Abschnitt 2.3) lautet seine zeitabhängige Schrödingergleichung:

$$-\frac{h^2}{2m}\frac{\partial^2}{\partial x^2}\Psi(x,t) = -\frac{h}{i}\frac{\partial}{\partial t}\Psi(x,t) \ . \qquad (V(x)=0) \ . \tag{1}$$

Mit dem Lösungsansatz

$$\Psi(x,t) = \psi(x)\phi(t) \tag{2}$$

kann Gl. (1) in eine zeitabhängige und zeitunabhängige Gleichung separiert werden:

$$-\frac{h^2}{2m}\frac{d^2}{dx^2}\psi(x) = \epsilon\psi(x) \ , \tag{3}$$

$$-\frac{h}{i}\frac{d}{dt}\phi(t) = \epsilon\phi(t) \ . \tag{4}$$

Als Teillösungen von Gl. (3) und (4) findet man

$$\psi(x) = A e^{+\frac{i}{\hbar}\sqrt{2m\epsilon}\,x} \ , \ \psi(x) = B e^{-\frac{i}{\hbar}\sqrt{2m\epsilon}\,x} \tag{5}$$

$$\phi(t) = e^{-\frac{i}{\hbar}\epsilon t} \ . \tag{6}$$

und somit für die Lösungen von Gl. (1)

$$\Psi(x,t) = A e^{+\frac{i}{\hbar}\sqrt{2m\epsilon}\,x}\, e^{-\frac{i}{\hbar}\epsilon t} \ , \tag{7}$$

$$\Psi(x,t) = B e^{-\frac{i}{\hbar}\sqrt{2m\epsilon}\,x}\, e^{-\frac{i}{\hbar}\epsilon t} \ . \tag{8}$$

Gl. (7) beschreibt die Bewegung des Teilchens in der positiven x-Richtung und Gl. (8) die Bewegung in der negativen x-Richtung. Klassisch gesehen stellen beide Gleichungen Materiewellen des Teilchens dar.

Stellt sich nun dem Teilchen ein Hindernis in den Weg, und zwar in Form einer Energieschwelle (Bild), dann lautet die Schrödingergleichung:

$$\left[-\frac{\hbar^2}{2m}\frac{\partial^2}{\partial x^2} + V(x) \right] \Psi(x,t) = \epsilon\,\Psi(x,t) \ . \tag{9}$$

V(x) besitzt nun in den Bereichen I, II und III die verschiedenen Werte:

$$V(x) = 0\ , \qquad\qquad -\infty < x < -\frac{l}{2}\cdot \qquad \text{(I)}$$

$$V(x) = V_0\ , \qquad\qquad -\frac{l}{2} \leqslant x \leqslant \frac{l}{2} \qquad \text{(II)}$$

$$V(x) = 0\ . \qquad\qquad \frac{l}{2}\ < x < +\infty \qquad \text{(III)} \tag{10}$$

Da die Energie $V(x)$ nur den zeitunabhängigen Teil beeinflußt, kann man den zeitabhängigen wie vorher separieren. Für die zeitunabhängige Schrödingergleichung gilt dann mit Gl. (1):

$$\left[-\frac{\hbar^2}{2m}\frac{d^2}{dx^2} + V(x) \right] \psi(x) = \epsilon\,\psi(x) \ . \tag{11}$$

Im Bereich I ist das $V(x) = 0$ und die Lösung von Gl. (11) ist bis auf andere Koeffizienten die gleiche wie für das potentialfreie Teilchen. Schreibt man die Lösung als Linearkombination für die beiden Flugrichtungen an, so folgt

$$\psi_I(x) = A\,e^{i\alpha x} + B^{-i\alpha x} \qquad (\alpha = \frac{\sqrt{2m\epsilon}}{\hbar}) \ . \tag{12}$$

Der erste Teil dieser Kombination entspricht dem gegen die Schwelle anfliegenden und der zweite Teil dem von der Schwelle reflektierten Teilchen. Im Bereich II ist $V(x) = V_0$; die Lösung ist ähnlich, nur mit $\beta = \sqrt{2m(\epsilon - V_0)}/\hbar$ anstelle von α und wieder anderen Koeffizienten:

$$\psi_{II} = C\,e^{i\beta x} + D\,e^{-i\beta x} \ . \tag{13}$$

Der erste Teil dieser Kombination entspricht dem Teilchen, das sich in der Schwelle bewegt (in positiver x-Richtung), und der zweite Teil dem bei $x = l/2$ reflektierten Teilchen (in negativer x-Richtung). Im Bereich III schließlich ist ψ_{III} von gleicher Form wie ψ_1:

$$\psi_{III} = E\,e^{i\alpha x} + F\,e^{-i\alpha x} \ . \tag{14}$$

Aufgrund des 3. quantenmechanischen Postulats (Abschnitt 2.3) muß aber sowohl ψ als auch $d\psi/dx$ im gesamten Bereich (I + II + III) stetig sein. Das heißt, es existieren folgende Anschlußbedingungen:

$$\psi_I = \psi_{II} \ , \quad \frac{\partial\psi_I}{\partial x} = \frac{\partial\psi_{II}}{\partial x} \qquad \text{für } x = -\frac{l}{2} \tag{15}$$

$$\psi_{II} = \psi_{III} \ , \quad \frac{\partial\psi_{II}}{\partial x} = \frac{\partial\psi_{III}}{\partial x} \qquad \text{für } x = +\frac{l}{2} \ . \tag{16}$$

Setzt man ψ_I, ψ_{II} und ψ_{III} in diese Bedingungen ein, so erhält man vier Bestimmungsgleichungen für die sechs Koeffizienten A bis F:

$$
\begin{aligned}
B e^{i\alpha\frac{l}{2}} - C e^{-i\beta\frac{l}{2}} - D e^{i\beta\frac{l}{2}} + 0 &= -A e^{-i\alpha\frac{l}{2}} \\
-\alpha B e^{i\alpha\frac{l}{2}} - \beta C e^{-i\beta\frac{l}{2}} + \beta D e^{i\beta\frac{l}{2}} + 0 &= -\alpha A e^{-i\alpha\frac{l}{2}} \ , \\
0 + C e^{i\beta\frac{l}{2}} + D e^{-i\beta\frac{l}{2}} - E e^{i\alpha\frac{l}{2}} &= F e^{-i\alpha\frac{l}{2}} \ , \\
0 + \beta C e^{i\beta\frac{l}{2}} - \beta D e^{-i\beta\frac{l}{2}} - \alpha E e^{i\alpha\frac{l}{2}} &= -\alpha F e^{-i\alpha\frac{l}{2}} \ .
\end{aligned}
\tag{17}
$$

Drückt man B, C, D und E als Funktion von A und F aus, so bekommt man z. B. für E nach Anhang IX:

$$
E = \frac{
\begin{vmatrix}
e^{i\alpha\frac{l}{2}} & -e^{-i\beta\frac{l}{2}} & -e^{i\beta\frac{l}{2}} & -A e^{-i\alpha\frac{l}{2}} \\
-\alpha e^{i\alpha\frac{l}{2}} & -\beta e^{-i\beta\frac{l}{2}} & \beta e^{i\beta\frac{l}{2}} & -\alpha A e^{-i\alpha\frac{l}{2}} \\
0 & e^{i\beta\frac{l}{2}} & e^{-i\beta\frac{l}{2}} & F e^{-i\alpha\frac{l}{2}} \\
0 & \beta e^{i\beta\frac{l}{2}} & -\beta e^{-i\beta\frac{l}{2}} & -\alpha F e^{-i\alpha\frac{l}{2}}
\end{vmatrix}
}{
\begin{vmatrix}
e^{i\alpha\frac{l}{2}} & -e^{-i\beta\frac{l}{2}} & -e^{i\beta\frac{l}{2}} & 0 \\
-\alpha e^{i\alpha\frac{l}{2}} & -\beta e^{-i\beta\frac{l}{2}} & \beta e^{i\beta\frac{l}{2}} & 0 \\
0 & e^{i\beta\frac{l}{2}} & e^{-i\beta\frac{l}{2}} & -e^{i\alpha\frac{l}{2}} \\
0 & \beta e^{i\beta\frac{l}{2}} & -\beta e^{-i\beta\frac{l}{2}} & -\alpha e^{i\alpha\frac{l}{2}}
\end{vmatrix}
} \qquad \text{usw.} \tag{18}
$$

$|B|^2$ ist aber nichts anderes als die Wahrscheinlichkeit dafür, daß das Teilchen an der Schwelle reflektiert wird, und $|E|^2$ die Wahrscheinlichkeit, daß es durch die Schwelle hindurchgelaufen ist. $|E|^2/|A|^2$ ist also ein Maß für die Durchlässigkeit der Potential-schwelle mit der Breite l und der Höhe V_0. Für den Spezialfall

$$A = 1, \quad F = 0, \tag{19}$$

daß das Teilchen links von der Schwelle in positiver x-Richtung fliegt und weiterfliegt, wenn es einmal hindurch ist, berechnet man dann aus Gl. (18) für die Durchlässigkeit mit $V_0 > \epsilon$:

$$\frac{|E|^2}{|A|^2} = 16 \; \frac{\epsilon(V_0 - \epsilon)}{V_0^2} \; e^{-\frac{2l}{\hbar} \sqrt{2m(V_0 - \epsilon)}} \; . \tag{20}$$

Für diesen Spezialfall (eindimensionales Potentialmodell eines Kerns) sind $\psi(x)$ und $|\psi(x)|^2$ im Bild zu diesem Anhang schematisch gezeichnet. Die Durchlässigkeit ist also umso größer, je kleiner die Breite und Höhe der Schwelle ist. Damit steht der Tunneleffekt in krassem *Gegensatz* zur klassischen Mechanik, denn es besteht immer eine gewisse Wahrscheinlichkeit für Teilchen, den Potentialwall zu durchdringen, auch wenn sie ihn klassisch nicht überwinden können.

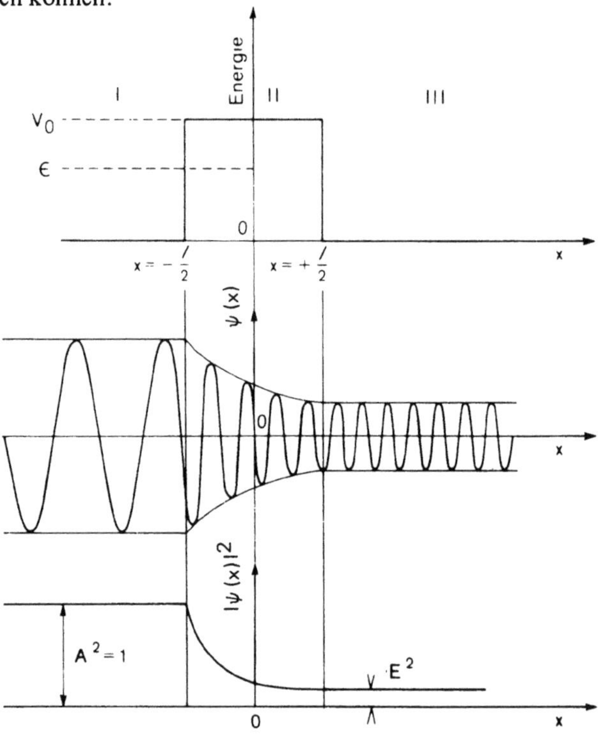

Anhang XV

Stirlingsche Näherungsformel

Zur Umwandlung des Ausdruckes N! benutzt man meist die Stirlingsche Näherung:

$$N! = N^N e^{-N} \tag{1}$$

Gl. (1) läßt sich wie folgt herleiten:

$$\ln N! = \ln N + \ln(N-1) + \ln(N-2) + \dots \ln 2 + \ln 1 \tag{2}$$

$$= \sum_{i=1}^{N} \ln i.$$

Für große Zahlen N darf man nun die Summe durch ein Integral ersetzen (Anhang III)

$$\ln N! = \int_0^N \ln i \, di. \qquad (u' = 1, \, v = \ln i) \tag{3}$$

Durch partielle Integration erhält man weiter:

$$\ln N! = i \ln i \bigg|_0^N - \int_0^N i \frac{1}{i} di$$

$$= N \ln N - N \tag{4}$$

bzw.

$$N! = N^N e^{-N}$$

Ein genaueres Verfahren liefert anstelle von Gl. (4) bzw. Gl. (1):

$$N! = N^N e^{-N} (2\pi N)^{\frac{1}{2}} \tag{5}$$

Anhang XVI

Lagrangesche Multiplikatoren

Eine Funktion $f(x_1, x_2, \dots x_i, \dots x_n)$ besitzt dann ein Extremum, wenn die Variation df bezüglich aller x_i Null ist:

$$df = \sum_{i=1}^{n} \frac{\partial f}{\partial x_i} dx_i = 0; \tag{1}$$

df ist aber nur dann Null, wenn alle partiellen Ableitungen gleichzeitig Null sind:

$$\frac{\partial f}{\partial x_1} = 0$$

$$\frac{\partial f}{\partial x_2} = 0$$

$$\vdots$$

$$\frac{\partial f}{\partial x_i} = 0$$

$$\vdots$$

$$\frac{\partial f}{\partial x_n} = 0. \tag{2}$$

Um das Extremum zu finden, muß man also alle partiellen Ableitungen Null setzen und das Gleichungssystem (2) nach den x_i auflösen. Wenn nun aber nicht alle x_i voneinander unabhängig sind, sondern Nebenbedingungen existieren, z. B.

$$g(x_1, x_2, \ldots x_i, \ldots x_n) = 0$$

und

$$h(x_1, x_2, \ldots x_i, \ldots x_n) = 0, \tag{3}$$

so muß man anders vorgehen. Zur Berücksichtigung dieser beiden Nebenbedingungen löst man das folgende System von n + 2 Gleichungen:

$$\frac{\partial f}{\partial x_1} + \alpha \frac{\partial g}{\partial x_1} + \beta \frac{\partial h}{\partial x_1} = 0, \text{ usw.}$$

$$g(x_1, x_2, \ldots x_i, \ldots x_n) = 0, \tag{4}$$

$$h(x_1, x_2, \ldots x_i, \ldots x_n) = 0.$$

α und β sind die sogenannten *Lagrangeschen Multiplikatoren*, d.h. unbestimmte konstante Faktoren. Durch ihr Einführen kann man sich die Funktion

$$F(x_1, \ldots x_n, \alpha, \beta) = f(x_1, \ldots x_n) - \alpha g(x_1, \ldots x_n) - \beta h(x_1, \ldots x_n) \tag{5}$$

aus den nun voneinander unabhängigen Variablen $x_1, \ldots x_n, \alpha, \beta$ gebildet denken und nun nach dem Extremum suchen. Man findet dann nach der eingangs angeführten Methode das Gleichungssystem (4). Durch die Bildung der Funktion $F(x_1, \ldots x_n, \alpha, \beta)$ hat man sich also von den Nebenbedingungen befreit und findet n + 2 Gleichungen für n + 2 Unbekannte. Ob an jenen Stellen, die man auf diese Weise findet, wirklich ein Extremum vorliegt, insbesondere ein Maximum oder Minimum, bedarf einer besonderen Untersuchung, falls diese Frage nicht durch die Anschauung beantwortet wird.

Anhang XVII

Ermittlung des Integrals $\dfrac{N_a}{N} = \displaystyle\int\limits_{E = E_a}^{\infty} f(E)\,dE$

Zur Ermittlung des Integrals (102) aus Abschnitt 10.6

$$\frac{N_a}{N} = \frac{2}{\sqrt{\pi}} \left(\frac{1}{kT}\right)^{\frac{3}{2}} \int\limits_{E = E_a}^{\infty} \sqrt{E}\, e^{-\frac{E}{kT}}\, dE \tag{1}$$

wird zunächst folgende Substitution vorgenommen:

$$\frac{E}{kT} = \xi^2 \qquad \text{bzw.} \quad \sqrt{E} = \sqrt{kT}\,\xi \tag{2}$$

und

$$dE = 2\,kT\xi\,d\xi. \tag{3}$$

Damit ergibt sich

$$\frac{N_a}{N} = \frac{4}{\sqrt{\pi}} \int\limits_{\xi = \sqrt{\frac{E_a}{kT}}}^{\infty} \xi^2 e^{-\xi^2}\, d\xi. \tag{4}$$

Durch *partielle Integration*

$$\int gF\,d\xi = GF - \int Gf\,d\xi \tag{5}$$

mit

$$F = \int f\,d\xi \quad \text{und} \quad G = \int g\,d\xi \tag{6}$$

läßt sich das Integral in Gl. (4) in

$$\int \xi^2 e^{-\xi^2} d\xi = -\frac{\xi}{2} e^{-\xi^2} + \frac{1}{2} \int e^{-\xi^2} d\xi \tag{7}$$

bzw.

$$\int \xi^2 e^{-\xi^2} d\xi = -\frac{\xi}{2} e^{-\xi^2} + \frac{\sqrt{\pi}}{4} \operatorname{erf}(\xi) \tag{8}$$

überführen (siehe Anhang XX). Einsetzen der Grenzen liefert:

$$\frac{N_a}{N} = \frac{4}{\sqrt{\pi}} \left\{ \left\| -\frac{\xi}{2} e^{-\xi^2} + \frac{\sqrt{\pi}}{4} \operatorname{erf}(\xi) \right|_{\xi = \sqrt{\frac{E_a}{kT}}}^{\xi = \infty} \right\}$$

$$= \frac{4}{\sqrt{\pi}} \left\{ 0 + \sqrt{\frac{E_a}{4\pi kT}}\, e^{-\frac{E_a}{kT}} + \left|\frac{\sqrt{\pi}}{4} \operatorname{erf}(\xi)\right|_{\xi = 0}^{\xi = \infty} - \left|\frac{\sqrt{\pi}}{4} \operatorname{erf}(\xi)\right|_{\xi = 0}^{\xi = \sqrt{\frac{E_a}{kT}}} \right\}$$

$$= \sqrt{\frac{4 E_a}{\pi kT}}\, e^{-\frac{E_a}{kT}} + 1 - \operatorname{erf}\left(\sqrt{\frac{E_a}{kT}}\right). \tag{9}$$

Im Grenzfall $E_a \gg kT$ wird $\operatorname{erf}\sqrt{\left(\frac{E_a}{kT}\right)} \cong 1$, so daß sich dann näherungsweise

$$\frac{N_a}{N} \cong \sqrt{\frac{4 E_a}{\pi kT}}\, e^{-\frac{E_a}{kT}} \tag{10}$$

ergibt.

Anhang XVIII

Kontinuitätsgleichung

Die Diffusionsgleichung (126) aus Abschnitt 14.8 basiert auf dem Gesetz der Erhaltung der Masse bzw. der Teilchen in einem System und geht durch eine Verknüpfung von

$$\mathbf{j} = - D \operatorname{grad}\left(\frac{N}{V}\right) \tag{1}$$

mit der sogenannten *Kontinuitätsgleichung* hervor. Zur Ableitung der Kontinuitätsgleichung betrachtet man am einfachsten eine kompressible, strömende Flüssigkeit. Sie soll die Teilchendichte N/V und die Strömungsgeschwindigkeit $\mathbf{v}$ besitzen, so daß die Teilchenstromdichte $\mathbf{j} = (N/V)\,\mathbf{v}$ beträgt. Der aus einem durch die Oberfläche dA abgegrenzten Volumenelement dV austretende Strom muß wegen der Teilchenerhaltung gleich groß wie der durch eine Dichteänderung in dV erzeugte Strom sein. Da die gesamte Teilchenzahl in dV

$$N = \int\limits_V \left(\frac{N}{V}\right) dV \tag{2}$$

beträgt, ist der Strom durch die Dichteänderung

$$|\mathbf{i}| = -\frac{\partial N}{\partial t} = -\int\limits_V \frac{\partial}{\partial t}\left(\frac{N}{V}\right) dV \tag{3}$$

gegeben. Der Strom durch dA beträgt andererseits

$$|i| = \oint_A \left(\frac{N}{V}\right) \mathbf{v}\, d\mathbf{A} = \int_V \operatorname{div}\left[\left(\frac{N}{V}\right)\mathbf{v}\right] dV. \tag{4}$$

Zur Umwandlung des Hüllenintegrals in ein Volumenintegral wurde dabei der Gaußsche Satz (Anhang XXI ; $\mathbf{A}$ = Flächenvektor)

$$\oint_A \mathbf{j}\, d\mathbf{A} = \int_V \operatorname{div}\mathbf{j}\, dV \tag{5}$$

verwendet. Setzt man nun beide Teilchenströme gleich, so bekommt man unabhängig vom Integrationsbereich die gesuchte Kontinuitätsgleichung:

$$-\int_V \frac{\partial}{\partial t}\left(\frac{N}{V}\right) dV = \int_V \operatorname{div}\left[\left(\frac{N}{V}\right)\mathbf{v}\right] dV, \tag{6}$$

$$-\frac{\partial}{\partial t}\left(\frac{N}{V}\right) = \operatorname{div}\mathbf{j}. \tag{7}$$

Sie hat die Form einer Teilchenbilanzgleichung: Die lokale Änderung auf der linken Seite ist gleich der Divergenz des Stromes auf der rechten Seite.

Anhang XIX

Londonsche Dispersionsenergie

An Hand von zwei H-Atomen läßt sich quantenmechanisch zeigen, wie die Londonsche Dispersionswechselwirkung zustandekommt. Bringt man zwei H-Atome genügend nahe zusammen, so vereinigen sie sich zum H_2-Molekül. Für die unnormierte Bahnfunktion des Moleküls kann man nach der VB-Methode von *Heitler, London* schreiben (Abschnitt 5.2):

$$\phi = [\varphi_A(1)\,\varphi_B(2) + \varphi_A(2)\,\varphi_B(1)]. \tag{1}$$

Kommen die Atome aber einander nicht so nahe, daß sie sich vereinigen und eine chemische Bindung eingehen, so bleiben die Elektronen bei ihren Protonen lokalisiert (kein Elektronenaustausch) und für die Bahnfunktion des Systems gilt:

$$\phi = \varphi_A(1)\,\varphi_B(2). \tag{2}$$

Die Wechselwirkungsenergie entspricht der Störenergie und beträgt nach der Störungsrechnung 1. Ordnung (Abschnitt 3.6)

$$\epsilon' = \int\limits_{V_1} \int\limits_{V_2} \varphi_A^\star(1)\, \varphi_B^\star(2)\, H'\, \varphi_A(1)\, \varphi_B(2) dV_1 dV_2 \tag{3}$$

wobei der Störoperator H' durch

$$H' = \frac{e^2}{4\pi\epsilon_0} \left[\frac{1}{r_{AB}} + \frac{1}{r_{12}} - \frac{1}{r_{2A}} - \frac{1}{r_{1B}} \right] \tag{4}$$

gegeben ist (Bild 5.2). Das H-H-System soll nun in einem Koordinatensystem so orientiert
sein, daß die Verbindungsachse der beiden Atome A und B auf der z-Achse liegt. Bezieht
man weiter die Koordinaten des Elektrons 1 $(x_1 y_1 z_1)$ auf die des Protons A und die des
Elektrons 2 $(x_2 y_2 z_2)$ auf die des Protons B, so lassen sich die oben genannten Abstände
wie folgt ausdrücken:

$$\begin{aligned}
r_{AB} &= r\,, \\
r_{12} &= \sqrt{(x_1 - x_2)^2 + (y_1 - y_2)^2 + (z_1 - z_2 - r)^2}\,, \\
r_{2A} &= \sqrt{x_2^2 + y_2^2 + (r + z_2)^2}\,, \\
r_{1B} &= \sqrt{x_1^2 + y_1^2 + (z_1 - r)^2}\,.
\end{aligned} \tag{5}$$

Da voraussetzungsgemäß die Atome noch relativ weit voneinander entfernt sind, gilt
$r \gg x_1$, $r \gg x_2$ usw. Unter Zuhilfenahme der Taylorentwicklung (h klein gegen 1) (Anhang VIII)

$$\frac{1}{\sqrt{1 + h}} = 1 - \frac{h}{2} + \frac{3}{8} h^2 + \dots \tag{6}$$

erhält man bei Abbruch der Reihe nach den zweiten Potenzen:

$$\frac{1}{r_{AB}} = \frac{1}{r}\,,$$

$$\frac{1}{r_{12}} = \frac{1}{r} \left[1 - \frac{(x_1 - x_2)^2 + (y_1 - y_2)^2 - 2(z_1 - z_2)^2 - 2r(z_1 - z_2)}{2r^2} \right],$$

$$\frac{1}{r_{2A}} = \frac{1}{r} \left[1 - \frac{x_2^2 + y_2^2 - 2z_2^2 + 2rz_2}{2r^2} \right], \tag{7}$$

$$\frac{1}{r_{1B}} = \frac{1}{r} \left[1 - \frac{x_1^2 + y_1^2 - 2z_1^2 - 2rz_1}{2r^2} \right].$$

Kombiniert man diese Ausdrücke zum Störoperator H', so ergibt sich für diesen:

$$H' = \frac{e^2}{4\pi\epsilon_0 r^3} [x_1 x_2 + y_1 y_2 - 2z_1 z_2]. \tag{8}$$

Er entspricht der klassischen Dipol-Dipolenergie zweier Moleküle mit stationären Dipol-momenten (vgl. Abschnitt 7.2). Mit Gl. (8) als Störoperator liefert nun das Integral (3) bei Verwendung von 1s-Orbitalen der Wert Null. Denn H' ist eine ungerade und 1s-Orbitale sind gerade Funktionen in den Koordinaten, so daß die Integration über den gesamten Raum Null ergeben muß. Dieses Ergebnis stimmt mit der klassischen Vor-stellung überein, weil ja H-Atome kein stationäres Dipolmoment haben.

Die Londonsche Wechselwirkung ist hingegen ein Effekt, der sich nur mit Hilfe der *Störungsrechnung 2. Ordnung* beschreiben läßt. Analog zur Störenergie 1. Ordnung läßt sich die Störenergie 2. Ordnung herleiten, wenn man auch quadratische Terme des Para-meters λ einschließt (Abschnitt 3.6). Es ist dies allerdings etwas umständlich und deshalb auf die quantenchemische Literatur verwiesen (z.B. *Eyring, Walter, Kimball:* Quantum Chemistry, J. Wiley, Inc. New York, 1944):

$$\epsilon'' = \sum_{k \neq 0} \frac{H'_{0k} H'_{k0}}{\epsilon_0 - \epsilon_k} . \tag{9}$$

Die Summation läuft über alle Zustände der beiden H-Atome mit Ausnahme des Grund-zustandes mit der Energie ϵ_0. H'_{0k} und H'_{k0} sind Störintegrale des Typs

$$\int \phi_0^* H' \phi_k \, dV, \qquad \int \phi_k^* H' \phi_0 \, dV. \tag{10}$$

Da die Energie eines H-Atoms im Zustand k mit der Hauptquantenzahl n in Einheiten des Bohrschen Radius $a = \left(\frac{4 \pi \epsilon_0 \hbar^2}{me^2} \right)$

$$\epsilon_n = - \frac{me^4}{32 \pi^2 \epsilon_0^2 \hbar^2} \frac{1}{n^2} = - \frac{e^2}{4 \pi \epsilon_0 \, 2a} \frac{1}{n^2} \tag{11}$$

beträgt, kann man für die Differenzen $\epsilon_0 - \epsilon_k$ beider H-Atome schreiben:

$$\epsilon_0 - \epsilon_k = - \frac{e^2}{4 \pi \epsilon_0 a} \left(1 - \frac{1}{n^2} \right). \tag{12}$$

Da n zwischen 2 und ∞ variiert, besitzt $\epsilon_0 - \epsilon_k$ nur Werte zwischen $- 3 \, e^2 / 4 \, (4 \, \pi \, \epsilon_0)$ a und $- e^2 / (4 \, \pi \, \epsilon_0)$ a. Setzt man für alle $(\epsilon_0 - \epsilon_k)$-Werte näherungsweise $- e^2 / (4 \, \pi \, \epsilon_0)$ a und da-für die doppelte Ionisierungsenergie des H-Atoms (I), so bekommt man für die Störenergie:

$$\epsilon'' = - \frac{1}{2I} \sum_{k \neq 0} H'_{0k} H'_{k0} \tag{13}$$

bzw.

$$\epsilon'' = - \frac{1}{2I} \sum_{k} [H'_{0k} H'_{k0} - H'_{00} H'_{00}]. \tag{14}$$

Da aber $H'_{00} = 0$ und

$$(H'^2)_{00} = \int \phi_0^* \, H' \, H' \, \phi_0 \, dV = \int \phi_0^* \, H' \sum_k \phi_k \int \phi_k^* \, H' \, \phi_0 \, dV \, dV$$

$$= \sum_k \int \phi_0^* \, H' \, \phi_k \, dV \int \phi_k^* \, H' \, \phi_0 \, dV = \sum_k H'_{0k} \, H'_{k0}. \tag{15}$$

folgt mit Gl. (8):

$$\epsilon'' = -\frac{1}{2\,I} (H'^2)_{00}$$

$$= -\frac{1}{2\,I} \; \frac{e^4}{(4\pi\epsilon_0)^2 r^6} \int_{x_1} \cdots \int_{z_2} \phi_0^* \phi_0 \left(x_1^2 x_2^2 + y_1^2 y_2^2 + 4 z_1^2 z_2^2 \right) dx_1 \ldots dz_2$$

$$= -\frac{1}{2\,I} \; \frac{e^4}{(4\pi\epsilon_0)^2 r^6} \left(\overline{x_1^2 x_2^2} + \overline{y_1^2 y_2^2} + 4 \, \overline{z_1^2 z_2^2} \right). \tag{16}$$

Da ϕ_0^* bzw. ϕ_0 aus 1s-Orbitalen besteht und diese Kugelsymmetrie besitzen, gelten folgende Beziehungen zwischen den Erwartungs- bzw. Mittelwerten:

$$\overline{x_1^2} = \overline{y_1^2} = \overline{z_1^2} = \frac{\overline{r_1^2}}{3}, \; \text{usw.} \tag{17}$$

so daß

$$\epsilon'' = -\frac{1}{2\,I} \; \frac{2 e^4 \, \overline{r_1^2 \, r_2^2}}{(4\pi\epsilon_0)^2 \, 3 r^6}. \tag{18}$$

Darin kann noch $e^4 \, \overline{r_1^2 r_2^2}$ durch den quantenmechanischen Ausdruck für die Polarisierbarkeit

$$\alpha = \frac{2 \, e^2 \, \overline{r^2}}{4\pi\epsilon_0 \, 3 \, I} \tag{19}$$

ersetzt werden (Abschnitt 7.4):

$$\epsilon'' = -\frac{1}{2\,I} \; \frac{2 \alpha^2 (4\pi\epsilon_0)^2 \, 9 \, I^2}{4 (4\pi\epsilon_0)^2 \, 3 r^6} = -\frac{3 \, I \alpha^2}{4 r^6}. \tag{20}$$

Damit lautet schließlich der gesuchte Ausdruck für die Londonsche Dispersionsenergie:

$$D_{\text{London}} = |\epsilon''| = \frac{3 \, I \alpha^2}{4 r^6}. \tag{21}$$

Anhang XX

Die Gaußsche Verteilung

Die *Gaußsche Verteilung* (oder *Normalverteilung*) wurde ursprünglich von *Gauß* im Zusammenhang mit der Theorie zufälliger Meßfehler eingeführt. Sie ist die wichtigste stetige Verteilung und besitzt einen symmetrischen Charakter (Glockenform). Sie beschreibt z. B. die positiven und negativen Abweichungen der Meßwerte von ihrem (arithmetischen) Mittelwert bei rein zufälligen Fehlerquellen. Ihre Wendepunkte stimmen mit der Wurzel aus der mittleren quadratischen Abweichung überein. Das Integral über die Verteilung wird als *Fehlerfunktion* bzw. *errorfunction* bezeichnet.

Zur Herleitung eines expliziten Ausdruckes für die Gaußsche Verteilung wollen wir von der in Abschnitt 17.7 abgeleiteten Craigverteilung

$$W_{n,r} = \binom{n}{r} I^r II^{n-r} = \frac{n!}{r!(n-r)!} I^r II^{n-r} \tag{1}$$

ausgehen. Zur Abkürzung wurde I und II statt $^I W$ und $^{II} W$ geschrieben. Die Craigverteilung ist eine *Binominalverteilung*, d. h. $W_{n,r}$ stellt das r-te Glied der Binominalentwicklung

$$(II + I)^n = II^r + \binom{n}{1} II^{n-1} + \dots \binom{n}{r} II^{n-r} I^r + \dots I^n \tag{2}$$

dar (vgl. Anhang VIII). Für große n und r geht $W_{n,r}$ in die Gaußverteilung

$$W(x) = \frac{1}{\sqrt{2\pi nI\, II}} e^{-\frac{x^2}{2nI\, II}} \tag{3}$$

über. x ist hier die Abweichung vom Mittelwert bzw. Maximalwert: $x = r_{max} - r$. Der Beweis hierzu wurde von *B. Baule:* Die Mathematik des Naturforschers und Ingenieurs II, S. Hirzelverlag, Leipzig, 1956 übernommen und soll auszugsweise vorgestellt werden.

Die in Bild 17.11a dargestellte Craigverteilung besitzt ein Maximum an der Stelle $r = r_{max}$, die von n abhängt. In welcher Weise läßt sich durch eine Extremwertbildung herausfinden. Dazu wird $\ln W_{n,r}$ bei konstantem n nach r differenziert und die Ableitung Null gesetzt. Zur Umformung der Fakultäten benutzen wir die Stirlingsche Formel (Anhang XV)

$$N! = N^N e^{-N} : \tag{4}$$

$$\left(\frac{\partial \ln W_{n,r}}{\partial r}\right)_n = \frac{d}{dr}\left[\ln\binom{n}{r} + r\ln I + (n-r)\ln II\right]$$

$$= \ln\left(\frac{n-r}{r}\right) + \ln\left(\frac{I}{1-I}\right) = 0 \quad \cdot (I + II = 1) \tag{5}$$

Entlogarithmieren liefert die Beziehung

$$r_{max} = nI. \tag{6}$$

Auch die bessere Stirlingformel

$$N! = N^N e^{-N} \sqrt{2\pi N} \tag{7}$$

liefert für genügend große n- und r-Werte dasselbe Resultat. Zur nachfolgenden Umformung von $W_{n,r}$ in $W(x)$ messen wir r von r_{max} aus und bezeichnen die Abweichung $r_{max} - r$ mit x, so daß

$$r = nI + x \tag{8}$$

und

$$n - r = nII - x. \tag{9}$$

Durch diese Koordinatentransformation wird aus $W(r)$ die Verteilung $W(x)$.

Verwenden wir zur Umformung von $W_{n,r}$ Gl. (7), so entsteht:

$$W(r) = \frac{n!}{r!\,(n-r)!}\, I^r\, II^{n-r}$$

$$= \frac{n^n e^{-n} \sqrt{2\pi n}}{r^r e^{-r} \sqrt{2\pi r}\,(n-r)^{n-r} e^{-(n-r)} \sqrt{2\pi (n-r)}}\, I^r\, II^{n-r}$$

$$= \frac{n^n I^r\, II^{n-r}}{r^r (n-r)^{n-r} \sqrt{\dfrac{2\pi r}{n}\,(n-r)}}. \tag{10}$$

Mit den Gln. (8) und (9) wird daraus:

$$W(x) = \frac{n^r (nI)^r (nII)^{n-r}}{n^r n^{n-r} (nI + x)^r (nII - x)^{n-r} \sqrt{\dfrac{2\pi}{n}\,(nI + x)(nII - x)}}$$

$$= \frac{1}{\left(1 + \dfrac{x}{nI}\right)^r \left(1 - \dfrac{x}{nII}\right)^{n-r} \sqrt{2\pi nI\, II \left(1 + \dfrac{x}{nI}\right)\left(1 - \dfrac{x}{nII}\right)}}$$

$$= \frac{1}{\sqrt{2\pi nI\, II \left(1 + \dfrac{x}{nI}\right)\left(1 - \dfrac{x}{nII}\right)}}\, e^{-r\ln\left(1 + \frac{x}{nI}\right) - (n-r)\ln\left(1 - \frac{x}{nII}\right)}. \tag{11}$$

Für x/nI bzw. x/nII $\ll 1$ dürfen diese Größen im Nenner gegen 1 vernachlässigt und die logarithmischen Terme im Exponenten in Exponentialreihen entwickelt werden:

$$W(x) = \frac{1}{\sqrt{2\pi nI\, II}}\, e^{-r\left[\frac{x}{nI} - \frac{x^2}{2(nI)^2} + \dots\right] - (n-r)\left[-\frac{x}{nII} - \frac{x^2}{2(nII)^2} + \dots\right]}. \tag{12}$$

Abbrechen nach den quadratischen Gliedern und Umformen liefert schließlich:

$$W(x) = \frac{1}{\sqrt{2\pi nI\, II}}\, e^{-\frac{x^2}{2nI\, II}\left[1 - \frac{x(II - I)}{nI\, II} + \dots\right]} \tag{13}$$

bzw. die gesuchte Gaußsche Verteilung

$$W(x) = \frac{1}{\sqrt{2\pi nI\, II}}\, e^{-\frac{x^2}{2nI\, II}}. \tag{14}$$

Sie ist in dieser Form bereits auf 1 normiert, d. h.

$$\int\limits_{x=-\infty}^{+\infty} W(x)\, dx = 1. \tag{15}$$

Der Faktor nI II hat den Charakter einer *mittleren quadratischen Abweichung*, denn

$$\overline{x^2} = \frac{\displaystyle\int x^2\, W(x)\, dx}{\displaystyle\int W(x)\, dx} = nI\, II. \tag{16}$$

$\sqrt{\overline{x^2}}$ entspricht zugleich der Lage der Wendepunkte der Funktion (14), was man durch zweimaliges Differenzieren und Nullsetzen verifizieren kann. $\overline{x^2}$ wird auch als quadratische *Schwankung* oder *Varianz* bezeichnet. Mit Gl. (16) lautet dann die Verteilung:

$$W(x) = \frac{1}{\sqrt{2\pi\overline{x^2}}}\, e^{-\frac{x^2}{2\overline{x^2}}}. \tag{17}$$

Macht man die Substitution

$$\frac{x^2}{2\overline{x^2}} = \xi^2 \qquad \text{bzw.} \qquad \frac{x}{\sqrt{2\overline{x^2}}} = \xi \tag{18}$$

und

$$dx = \sqrt{2\overline{x^2}}\, d\xi, \tag{19}$$

so gelangt man zur *Fehlerfunktion* (*errorfunction*, abgekürzt erf)

$$\mathrm{erf}(\xi) = \frac{1}{\sqrt{\pi}} \int\limits_{\xi=-\frac{x}{\sqrt{2\overline{x^2}}}}^{\xi=\frac{x}{\sqrt{2\overline{x^2}}}} e^{-\xi^2}\, d\xi = \frac{2}{\sqrt{\pi}} \int\limits_{\xi=0}^{\xi} e^{-\xi^2}\, d\xi, \tag{20}$$

wenn man über die Verteilung von $\xi = -x/\sqrt{2\overline{x^2}}$ bis $\xi = x/\sqrt{2\overline{x^2}}$ integriert. Werte für $\mathrm{erf}(\xi)$ sind in Tabellenwerken enthalten. Integriert man von $\xi = 0$ bis $\xi = \infty$, so liefert Gl. (20) den Wert 1. Die Funktion $e^{-\xi^2}$ ist auch unter dem Namen *Gaußsche Glockenkurve* bekannt.

Anhang XXI

Poissonsche Gleichung und Debye-Hückeltheorie

Um die Wechselwirkungsenergie zwischen einem Zentralion und seiner Ionenwolke berechnen zu können, muß das elektrische Potential der Ionenwolke am Ort des Zentralions bekannt sein. Dieses Potential erhält man durch Lösen der *Poissonschen Differentialgleichung,* die das Potential einer Ladungsverteilung, wie sie auch die Ionenwolke repräsentiert, angibt. Besteht die Ionenwolke aus sehr vielen geladenen Ionen, so kann man ihre Ladungsverteilung durch eine kontinuierliche, kugelsymmetrische Ladungsverteilung annähern. Die Poissonsche Gleichung für eine derartige kugelsymmetrische Ladungsverteilung soll hergeleitet werden.

Hat man eine Punktladung e in einem Medium mit der Dielektrizitätskonstanten ϵ, so gehen von ihr insgesamt $e/\epsilon_0\epsilon$ elektrische Feldlinien aus (Abschnitt 7.1). Im Abstand r von dieser Punktladung besitzt dann das Feld pro m^2 Kugeloberfläche

$$\frac{e}{\epsilon_0\epsilon} \cdot \frac{1}{4\pi r^2} = \frac{e}{4\pi\epsilon_0\epsilon r^2} \tag{1}$$

Feldlinien. Dies ist gleichzeitig die Definition der Feldstärke der elementaren Punktladung e im Abstand r:

$$|\mathbf{E}| = \frac{1}{4\pi\epsilon_0\epsilon} \frac{e}{r^2}. \tag{2}$$

Betrachtet man allgemein anstelle der Kugeloberfläche irgendeine geschlossene Fläche A, so bezeichnet man das *Hüllenintegral*

$$\oint_A \mathbf{E}\, d\mathbf{A} = \frac{e}{\epsilon_0\epsilon} \tag{3}$$

als elektrischen *Kraftfluß* der Punktladung durch die geschlossene Fläche A (vektoriell dargestellt durch den zu ihr senkrechten Flächenvektor **A**).

Hat man nicht eine Punktladung, sondern eine beliebige kontinuierliche Ladungsverteilung innerhalb des von der geschlossenen Fläche A umfaßten Volumens V, so beträgt die darin befindliche Ladung

$$\int_V \rho\, dV. \tag{4}$$

ρ ist die *Dichte* der Ladungsverteilung. Der Kraftfluß durch die Fläche A beträgt dann

$$\oint_A \mathbf{E}\, d\mathbf{A} = \frac{1}{\epsilon_0\epsilon} \int_V \rho\, dV. \tag{5}$$

Da die Ladungen die Quellen eines elektrischen Feldes sind, ist das Hüllenintegral ein Maß für die *Ergiebigkeit* der umfaßten Quellen. Dividiert man das Integral durch das Volumen V, so bekommt man die *mittlere Ergiebigkeit*. Man kann aber auch die mittlere Ergiebigkeit pro Volumenelement ΔV oder differentiellem Volumenelement dV definieren, indem man das Integral durch ΔV dividiert und dann einen Grenzübergang $\Delta V \to 0$ macht. Man erhält dann die Ergiebigkeit der Quellen an einem bestimmten Punkt im Raum. Diese Ergiebigkeit wird als *Divergenz* des elektrischen Feldes **E** (div **E** $\equiv \nabla$**E**) bezeichnet (vgl. Anhang I):

$$\nabla\mathbf{E} = \lim_{\Delta V \to 0} \frac{1}{\Delta V} \oint_A \mathbf{E}\, d\mathbf{A} = \frac{1}{dV} \oint_A \mathbf{E}\, d\mathbf{A} \tag{6}$$

bzw.

$$\nabla\mathbf{E}\, dV = \oint_A \mathbf{E}\, d\mathbf{A}. \tag{7}$$

Integriert man ∇**E** dV über das durch die Hülle A abgegrenzte Volumen, so steht rechts das Hüllenintegral $\oint_A$ **E** d**A** und links das *Volumenintegral* $\int_V \nabla$ **E** dV. Unter Berücksichtigung von Gl. (5) folgt schließlich:

$$\int_V \nabla\mathbf{E}\, dV = \frac{1}{\epsilon_0 \epsilon} \int_V \rho\, dV. \tag{8}$$

Das Hüllenitnegral des elektrischen Feldvektors **E** über die Fläche A und das Raumintegral der Divergenz von **E** über das von A eingeschlossene Volumen V sind demnach gleich groß (*Gaußscher Satz*). Aus der Gleichheit der Integrale folgt aber auch die Gleichheit der Integranden, so daß

$$\operatorname{div} \mathbf{E} \equiv \nabla\mathbf{E} = \frac{\rho}{\epsilon_0 \epsilon}. \tag{9}$$

Dies ist die gesuchte Poissonsche Gleichung, die mit der Beziehung

$$\mathbf{E} = -\operatorname{grad} \varphi \equiv -\nabla\varphi \tag{10}$$

lautet:

$$\nabla\nabla\varphi \equiv \Delta\varphi = -\frac{1}{\epsilon_0 \epsilon}\rho. \tag{11}$$

Für eine kugelsymmetrische Ladungsverteilung, wie sie die Ionenwolke in bezug auf ein Zentralion darstellt, ergibt sich mit Δ in Kugelkoordinaten (Anhang V)

$$\Delta = \frac{1}{r^2} \frac{d}{dr}\left(r^2 \frac{d}{dr}\right), \qquad (\vartheta = \text{const}, \ \varphi = \text{const}) \tag{12}$$

die *Poisson-Boltzmannsche Differentialgleichung*

$$\frac{1}{r^2} \frac{d}{dr}\left(r^2 \frac{d\varphi}{dr}\right) = -\frac{1}{\epsilon_0 \epsilon}\rho. \tag{13}$$

Kennt man die Ladungsdichteverteilung ρ (r), so erhält man durch Lösen dieser Gleichung das Potential φ in der Entfernung r vom Koordinatennullpunkt.

Für den in Abschnitt 18.3 diskutierten Spezialfall mit $\rho(r) = -\epsilon\epsilon_0\beta\varphi(r)$ geht Gl. (13) in die Differentialgleichung

$$\frac{1}{r^2}\frac{d}{dr}\left(r^2\frac{d\varphi}{dr}\right) = \beta\varphi \tag{14}$$

über. Mit $u = r\varphi$ entsteht daraus die Gleichung

$$\frac{d^2u}{dr^2} - \beta u = 0, \tag{15}$$

die die allgemeine Lösung

$$u = A\,e^{-\sqrt{\beta}\,r} + B\,e^{\sqrt{\beta}\,r} \tag{16}$$

besitzt, so daß

$$\varphi(r) = \frac{A}{r}e^{-\sqrt{\beta}\,r} + \frac{B}{r}e^{\sqrt{\beta}\,r}. \tag{17}$$

Da das Potential φ für $r \to \infty$ verschwindet, muß $B = 0$ sein:

$$\varphi(r) = \frac{A}{r}e^{-\sqrt{\beta}\,r}. \tag{18}$$

Der Koeffizient A folgt aus der Elektroneutralitätsbedingung, wonach die gesamte Ladung der Ionenwolke entgegengesetzt und gleich groß wie die des Zentralions (Radius R) sein muß:

$$\int_V \rho(r)\,dV = -\epsilon_0\epsilon\beta \int_{r=R}^{\infty} \frac{A}{r}e^{-\sqrt{\beta}\,r}\,4\pi r^2\,dr \equiv -Z_i e. \tag{19}$$

Partielle Integration (Anhang XVII) liefert:

$$A = \frac{Z_i e}{4\pi\epsilon_0\epsilon}\left[\frac{e^{\sqrt{\beta}R}}{1 + \sqrt{\beta}R}\right]. \tag{20}$$

Für verdünnte Lösungen mit $\sqrt{\beta}R \ll 1$ ergibt sich daraus

$$A = \frac{Z_i e}{4\pi\epsilon_0\epsilon}e^{\sqrt{\beta}R}$$

$$= \frac{Z_i e}{4\pi\epsilon_0\epsilon}\left(1 + \sqrt{\beta}R + \frac{\beta}{2}R^2 + \ldots\right)$$

$$= \frac{Z_i e}{4\pi\epsilon_0\epsilon} \tag{21}$$

und mit Gl. (18)

$$\varphi(r) = \frac{Z_i e}{4\pi\epsilon_0\epsilon}\frac{e^{-\sqrt{\beta}\,r}}{r}. \tag{22}$$

Verzeichnis der Symbole

a	Aktivität, Bohrscher Radius, v. d. Waalsparameter	F	freie Energie, Zahl der Freiheiten
a, b, c	Koeffizientensymbole, Gitterkonstanten bzw. atomare Behälterabmessungen, Teilchenfunktionen	F	Kraft
a, b, c	Gittervektoren	F	Faradaykonstante
a^*, b^*, c^*	reziproke Gittervektoren	**F**	Strukturfaktor
a_i, b_k	stöchiometrische Koeffizienten	g	Entartungsfaktor bzw. Zustandsdichte, Landefaktor, Paarverteilung
A	Austauschintegral, Elektronenaffinität, Flächen- bzw. Querschnittsymbol, Frequenzfaktor, Fourierkoeffizient, Massenzahl, Übergangswahrscheinlichkeit	G	freie Enthalpie
A_i, B_k	Reaktions- bzw. Endprodukte	G	molare freie Enthalpie
A	elektromagnetischer Feldvektor	ΔG	freie Reaktionsenthalpie
AO	Atomorbital	ΔG_f	freie Standardbildungsenthalpie
b	v. d. Waalsparameter	h	partielle molare Enthalpie, Plancksches Wirkungsquantum
B	Beweglichkeit, Rotationskonstante, Übergangswahrscheinlichkeit, zweiter Virialkoeffizient	hkl	Millersche Indizes
B	magnetische Induktion	H	Enthalpie, Hermitesches Polynom
c	molare Konzentration bzw. Normalität, Wellenausbreitungsbzw. Lichtgeschwindigkeit	H	molare Enthalpie
C	Coulombintegral, elektrische Kapazität, spezifische Wärme bzw. Wärmekapazität	**H**	Hamiltonoperator
C	Molwärme	**H′**	Störoperator
C	Drehung	**H**	magnetische Feldstärke
d	Abstand atomarer Größe, Massendichte, totales Differential	ΔH	Reaktionsenthalpie
d	Gitterebenenabstandsvektor	ΔH_f	Standardbildungsenthalpie
D	Bindungs- bzw. Dissoziationsenergie, Determinante, Diffusionskoeffizient, Durchlässigkeit	i	Einheitsvektor, elektrischer Strom, Inversion
e	Elementarladung	i, j, k, l	Laufzahlen
E	Einheitsmatrix, Extinktion, Gesamtenergie eines N-Teilchensystems, Nernstsches Elektrodenpotential	I	Ionenstärke, Ionisierungsenergie, Kerndrehimpulsquantenzahl, Trägheitsmoment
E	molare Gesamtenergie	I	Kerndrehimpuls
E	elektrische Feldstärke	I, i	Lichtintensität
E_0	Nullpunktenergie	j	Gesamtdrehimpulsquantenzahl, thermodynamischer Fluß
E_a	Mindest- bzw. Aktivierungsenergie	j	Gesamtdrehimpuls (Einelektronenatome), Stromdichte
E_f	Fehlerbildungsenergie	J	Gesamtdrehimpulsquantenzahl
ΔE	Reaktionsenergie, EMK	J	Gesamtdrehimpuls (Mehrelektronenatome)
$\Delta E°$	Standard-EMK	k	Boltzmannkonstante, Kraftkonstante, Quantenzahl der Elektronenanregung
f	Atomstreufaktor, Fugazität, Funktionssymbol, Verteilung	k	Geschwindigkeitskonstante
		k	Wellenzahlvektor
		K	verallgemeinerte Kraft
		K	Gleichgewichtskonstante, Verteilungskonstante, Zahl der Komponenten
		K_e	ebullioskopische Konstante
		K_k	kryoskopische Konstante
		l	makroskopischer Abstand, Neben- bzw. Rotationsquantenzahl, relative Enthalpie
		l	Bahndrehimpuls

L	Drehimpulsquantenzahl, Langrangesche Funktion, Laguerresches Polynom, linearer phänomenologischer Koeffizient, relative Enthalpie
m	magnetische Quantenzahl, Molalität, Molekülmasse
M	Masse eines N-Teilchensystems
M	Molmasse
M	Magnetisierung
MO	Molekülorbital
n	Brechungsindex, Hauptquantenzahl, Molzahl, Translationsquantenzahl
N	Molekülzahl, Neutronenzahl
N_A	Avogadrosche bzw. Loschmidtsche Zahl
N/V	Moleküldichte
p	Druck
p	Bahnimpuls
P	Legendresches Polynom bzw. Kugelfunktion, Wahrscheinlichkeitsdichte, Zahl der Phasen
P	Permutationsoperator
P	dielektrische Polarisation
q	elektrische Ladung, verallgemeinerte Koordinate, Wärme
Q	Molekülzustandssumme, Normalschwingungskoordinate
Q'	reduzierte Molekülzustandssumme
r, R	Radius
r	Orts- bzw. Radiusvektor
r_0	Gleichgewichtsabstand
R	Radialteil einer Wellenfunktion, Reaktionsquerschnitt
R	Drehvektor, Operation, Reibungskraft
R	Gaskonstante
s	Sedimentationskoeffizient, Spinquantenzahl
s	Spindrehimpuls
S	Entropie, Gesamtspinquantenzahl, Stoßquerschnitt, Überlappungsintegral
S_0	Nullpunktentropie
S_{298}°	Standardentropie
$\Delta\dot{S}$	Entropieproduktion
ΔS	Reaktionsentropie
S	Gesamtspin, Drehspiegelung
t	Überführungszahl, Zeit
$t_{1/2}$	Halbwertzeit
T	absolute Temperatur, kinetische Energie
u	Molekülgeschwindigkeit
U	elektrische Spannung, innere Energie
U	molare innere Energie
U	innere Reaktionsenergie
v	partielles molares Volumen, Reaktionsgeschwindigkeit, Schwingungsquantenzahl
v	Bahngeschwindigkeit
V	potentielle Energie, Volumen
V	Molvolumen
w	mechanische Arbeit
W	Wahrscheinlichkeit
x	Elektronennegativitätsindex, Molenbruch
x, y, z	kartesische Koordinaten
X	Charakter
z	Realfaktor
Z	Ladungszahl, Ordnungszahl, Stoßzahl, Systemzustandssumme
α	Ausdehnungskoeffizient, Dissoziationsgrad, katalytische Aktivität, Lagrangescher Multiplikator, Polarisierbarkeit
α	Molpolarisation bzw. Molrefraktion
α, β	Spinfunktionen
β	Lagrangescher Multiplikator
γ	Aktivitäts- bzw. Fugazitätskoeffizient, gyromagnetisches Verhältnis, Molwärmeverhältnis, Nichtlinearitätsmaß
δ	chemische Verschiebung, Kroneckersymbol, nicht exaktes Differentialsymbol, Wegdifferenz
Δ	Differenz- bzw. Reaktionssymbol, Laplaceoperator
ϵ	Absorptionskoeffizient, Dielektrizitätskonstante, Molekülenergie bzw. Moleküleigenwert
ϵ_0	Dielektrizitätskonstante des Vakuums
ϵ_F	Fermienergie
η	elektrochemisches Potential, Viskosität
θ	Bedeckungsgrad, Streuwinkel, Wellenfunktion
κ	Kompressibilität
λ	Äquivalentleitfähigkeit, mittlere freie Weglänge, Wellenlänge
λ, Λ	axiale Drehimpulskomponente
μ	chemisches Potential, magnetische Permeabilität, reduzierte Masse
μ	Momentoperator bzw. -vektor
μ_0	absolute magnetische Permeabilität
μ_B	Bohrsches Magneton
μ_K	Kernmagneton
ν	Frequenz, kinematische Viskosität
$\bar{\nu}$	Wellenzahl
ν_0	Eigenfrequenz
π	osmotischer Druck

Π	Produktoperator	φ	elektrisches Potential
ρ	Born-Mayer-Parameter, Elektronendichte, Energiedichte, spezifischer elektrischer Widerstand, Strahlungsdichte	ϕ	Phase
		$\varphi, \phi, \chi, \theta, \psi$	Wellenfunktionen
		$r\vartheta\varphi$	Kugelkoordinaten
		χ	Suszeptibilität
σ	Flächenladung, Moleküldurchmesser, Oberflächenspannung, spezifische elektrische Leitfähigkeit	χ	molare Suszeptibilität
		Γ	Darstellungssymbol
σ	reziproker Gitterabstandsvektor, Spiegelung	ω	Kreisfrequenz, Winkelgeschwindigkeit
		ξ	Reaktionslaufzahl
ζ	Zetapotential	∂	partielles Differentialsymbol
τ	Lebensdauer, Relaxationszeit, Titrationsgrad	∇	Nablaoperator
		Σ	Summenoperator

Zur Symbolik

Nichtmolare Größen sind steil und molare sind kursiv gedruckt. Vektoren und Operatoren sind steil-fett und elektromagnetische Feldgrößen uni-fett gedruckt. Mittelwerte sind mit einem Querbalken versehen. Der Index ° am Größensymbol rechts oben bedeutet, daß sich die Größe auf einen willkürlich definierten Standardzustand bezieht.

Zum Einheitensystem

Es werden generell SI-Einheiten verwendet, ausgenommen die SI-fremde Druckeinheit atm bzw. Torr wegen atm-normierter Tabellenwerte.

Tabellen

Basisgrößen und Basiseinheiten des internationalen Systems (SI)

Basisgröße	Basiseinheit	Symbol
Länge	Meter	m
Masse	Kilogramm	kg
Zeit	Sekunde	s
elektr. Stromstärke	Ampere	A
Temperatur	Kelvin	K
Stoffmenge	Mol	mol

Dezimale Vielfache der Basiseinheiten

	Präfix	Symbol
10^{12}	Tera	T
10^{9}	Giga	G
10^{6}	Mega	M
10^{3}	Kilo	k
10^{-3}	Milli	m
10^{-6}	Mikro	μ
10^{-9}	Nano	n
10^{-12}	Piko	p

Definitionen der SI-Basiseinheiten

1 m ist das 1 650 763,73-fache der Wellenlänge der von ^{86}Kr-Atomen beim Übergang vom Zustand $5d_5$ zum Zustand $2p_{10}$ (Termnotation nach *C. E. Moore*, Atomic Energy Levels II, Circ. Natl. B. of Standards) ausgesandten, sich im Vakuum ausbreitenden Strahlung.

1 kg ist die Masse des internationalen Prototyps, eines Pt-Zylinders im Bureau International des Poids et Mesures in Sevres bei Paris.

1 s ist das 9 192 631 770-fache der Periode einer Strahlung, die dem Übergang zwischen den beiden Hyperfeinstrukturniveaus des Grundzustandes von ^{133}Cs entspricht.

1 A ist die Stärke eines konstanten elektrischen Stromes, der durch zwei im Vakuum parallel im Abstand 1 m voneinander angeordnete, geradlinige unendlich lange Leiter von vernachlässigbar kleinem kreisförmigem Querschnitt fließend, zwischen diesen Leitern je 1 m Länge elektrodynamisch eine Kraft von $2 \cdot 10^{-7}$ kgms^{-1} ($= 2 \cdot 10^{-7}$ N) hervorrufen würde.

1 K ist der 273,16-te Teil der thermodynamischen Temperatur des ersten Tripelpunktes des Wassers.

1 mol ist die Stoffmenge in einem System bestimmter Zusammensetzung, das aus ebensovielen Teilchen besteht, wie Atome in 0,012 000 kg ^{12}C enthalten sind.

Abgeleitete SI-Einheiten

Größe	Einheit (Symbol)	Beziehung zur Basiseinheit
Fläche		m^2
Volumen		m^3
Dichte		kgm^{-3}
Geschwindigkeit		ms^{-1}
Winkelgeschwindigkeit		$rad\,s^{-1}$
Beschleunigung		ms^{-2}
Kraft	Newton (N)	$kgms^{-2} = Jm^{-1}$
Druck	Pascal (Pa) $= 10^{-5}$ bar	Nm^{-2}
Energie	Joule (J)	$kgm^2s^{-2} = Nm = VAs$
Leistung	Watt (W)	$kgm^2s^{-3} = Js^{-1} = VA$
elektr. Ladung	Coulomb (C)	As
elektr. Spannung	Volt (V)	$kgm^2s^{-3}A^{-1} = JA^{-1}s^{-1}$
elektr. Feldstärke	Vm^{-1}	$mkgA^{-1}s^{-3}$
elektr. Widerstand	Ohm (Ω)	$kgm^2s^{-3}A^{-2} = VA^{-1}$
elektr. Kapazität	Farad (F)	$A^2s^4kg^{-1}m^{-2} = AsV^{-1}$
elektr. Moment	Cm	Asm
elektr. Polarisation	Cm^{-2}	Asm^{-2}
elektr. Polarisierbarkeit	m^3	m^3
magnet. Feldstärke	Am^{-1}	Am^{-1}
magnet. Induktion	Tesla (T)	$kgA^{-1}s^{-2}$
magnet. Moment	Am^2	Am^2
Magnetisierung	Am^{-1}	Am^{-1}
Suszeptibilität	m^3	m^3
Molmasse	(M)	$kgmol^{-1}$
molare Konzentration	(c)	$mol\,m^{-3}$ oder $mol\,dm^{-3}$ bzw. $mol\,l^{-1}$ (in diesem Buch verwendet)

SI-fremde Einheiten

Größe	Einheit (Symbol)	Beziehung zur SI-Basiseinheit
Länge	Angstrom (Å)	10^{-10} m (in diesem Buch verwendet)
Volumen	Liter (l)	10^{-3} m^3 = 1 dm^3 (–"–)
Kraft	Dyn (dyn)	10^{-5} N
Druck	Atmosphäre (atm)	$1{,}013\,25 \cdot 10^5\,Nm^{-2}$ (–"–)
	Torr (mm Hg)	$1{,}333\,22 \cdot 10^2\,Nm^{-2}$ (–"–)
Energie	erg	10^{-7}J
	Kalorie (cal)	$4{,}1840$ J
	Elektronenvolt (eV)	$1{,}6021 \cdot 10^{-19}$J (–"–)
Viskosität	Poise (p)	$10^{-1}\,kgm^{-1}s^{-1}$
Dipolmoment	Debye (deb)	$3{,}338 \cdot 10^{-30}\,Cm$
magnet. Induktion	Gauß (G)	10^4 T

Konzentrationseinheiten

Bezeichnung	Symbol	Definition		Einheit
Molarität	c	mol gelöster Stoff in 1 l Lösung	$c_i = \dfrac{n_i}{1000\,V}$	mol l^{-1}
Molalität	m	mol gelöster Stoff in 1 kg Lösungsmittel	$m_i = \dfrac{n_i}{nM}$	mol kg^{-1}
Molenbruch	x	Molzahl einer Komponente bezogen auf die Molzahl aller Komponenten der Lösung	$x_i = \dfrac{n_i}{\sum_i n_i}$	dimensionslos

n_i Molzahl gelöster Stoff, n Molzahl Lösungsmittel, V Volumen Lösung, d Dichte Lösung, M Molmasse Lösungsmittel, M_i Molmasse gelöster Stoff

Umrechnungsfaktoren von Konzentrationseinheiten

	c_i	m_i	x_i
c_i	1	$\dfrac{nMd}{1000\,\sum_i n_i M_i}$	$\dfrac{d\,\sum_i n_i}{1000\,\sum_i n_i M_i}$
m_i	$\dfrac{1000\,\sum_i n_i M_i}{nMd}$	1	$\dfrac{\sum_i n_i}{nM}$
x_i	$\dfrac{1000\,\sum_i n_i M_i}{d\,\sum_i n_i}$	$\dfrac{nM}{\sum_i n_i}$	1

Dichte d in kgm^{-3}
Molmasse M in kgmol^{-1}
Volumen V in m^3
Molzahl n in mol^{-1}

Umrechnungsfaktoren von SI-fremden Energieeinheiten in SI-Einheiten

	J	$kJ\,mol^{-1}$	erg	$kcal\,mol^{-1}$	eV
1 J	1	$6,0225 \cdot 10^{20}$	10^{7}	$1,4395 \cdot 10^{20}$	$6,2420 \cdot 10^{18}$
1 $kJ\,mol^{-1}$	$1,6604 \cdot 10^{-21}$	1	$1,6604 \cdot 10^{-14}$	$2,3900 \cdot 10^{-1}$	$1,0363 \cdot 10^{-2}$
1 erg	10^{-7}	$6,0225 \cdot 10^{-13}$	1	$1,4395 \cdot 10^{13}$	$6,2420 \cdot 10^{11}$
1 $kcal\,mol^{-1}$	$6,9467 \cdot 10^{-21}$	4,184	$6,9467 \cdot 10^{-13}$	1	$4,3361 \cdot 10^{-2}$
1 eV	$1,6021 \cdot 10^{-19}$	$9,6490 \cdot 10$	$1,6021 \cdot 10^{-11}$	$2,3068 \cdot 10$	1

Wichtige physikalische Konstanten in SI-Einheiten

Avogadrosche Zahl N_A	$6,0225 \cdot 10^{23}\,mol^{-1}$
Boltzmannkonstante k	$1,3806 \cdot 10^{-23}\,JK^{-1}$
Gaskonstante R	$8,3143\,JK^{-1}\,mol^{-1}$ $(8,2056 \cdot 10^{-5}\,atm\,m^3\,K^{-1}\,mol^{-1})$
Vakuumlichtgeschwindigkeit c	$2,9979 \cdot 10^{8}\,m\,s^{-1}$
Plancksches Wirkungsquantum h	$6,6256 \cdot 10^{-34}\,J\,s$
Elektrische Elementarladung e	$1,6021 \cdot 10^{-19}\,C$
Ruhemasse des Elektrons m_e	$9,1091 \cdot 10^{-31}\,kg$
Ruhemasse des Protons m_p	$1,6725 \cdot 10^{-27}\,kg$
Ruhemasse des Neutrons m_n	$1,6748 \cdot 10^{-27}\,kg$
Faradaysche Konstante $F = N_A e$	$9,6487 \cdot 10^{4}\,C\,mol^{-1}$
Bohrsches Magneton μ_B	$9,2731 \cdot 10^{-24}\,A\,m^2$
Kernmagneton μ_K	$5,0504 \cdot 10^{-27}\,A\,m^2$
Dielektrizitätskonstante des Vakuums ϵ_0	$8,859\ \cdot 10^{-12}\,F\,m^{-1}$
$4\,\pi\,\epsilon_0$	$1,112\ \cdot 10^{-10}\,F\,m^{-1}$
magnetische Permeabilität des Vakuums μ_0	$1,256 \cdot 10^{-6}\,T\,A^{-1}\,m$

Atomgewichte (bezogen auf C^{12})

Die in Klammern gesetzten Werte beziehen sich auf die stabilsten Isotope, die übrigen auf die natürlich vorkommenden Isotopengemische.

Element	Symbol	Atom-zahl	Atom-gewicht	Element	Symbol	Atom-zahl	Atom-gewicht
Aktinium	Ac	89	(227)	Indium	In	49	114,82
Aluminium	Al	13	26,98	Iridium	Ir	77	192,2
Americium	Am	95	(243)				
Antimon	Sb	51	121,75	Jod	J	53	126,90
Argon	Ar	18	39,95				
Arsen	As	33	74,92	Kalium	K	19	39,10
Astatin	At	85	(210)	Kobalt	Co	27	58,93
				Kohlenstoff	C	6	12,011
Barium	Ba	56	137,34	Krypton	Kr	36	83,80
Berkelium	Bk	97	(249)	Kupfer	Cu	29	63,54
Beryllium	Be	4	9,012				
Blei	Pb	82	207,19	Lanthan	La	57	138,91
Bor	B	5	10,81	Lawrencium	Lw	103	(257)
Brom	Br	35	79,91	Lithium	Li	3	6,939
				Lutetium	Lu	71	174,97
Cadmium	Cd	48	112,40				
Caesium	Cs	55	132,91	Magnesium	Mg	12	24,31
Calcium	Ca	20	40,08	Mangan	Mn	25	54,94
Californium	Cf	98	(251)	Mendelevium	Md	101	(256)
Cer	Ce	58	140,12	Molybdän	Mo	42	95,94
Chlor	Cl	17	35,45				
Chrom	Cr	24	52,00	Natrium	Na	11	22,990
Curium	Cm	96	(247)	Neodym	Nd	60	144,24
				Neon	Ne	10	20,18
Dysprosium	Dy	66	162,50	Neptunium	Np	93	(237)
				Nickel	Ni	28	58,71
Einsteinium	Es	99	(254)	Niob	Nb	41	92,91
Eisen	Fe	26	55,85	Nobelium	No	102	(253)
Erbium	Er	68	167,26				
Europium	Eu	63	151,96	Osmium	Os	76	190,2
Fermium	Fm	100	(253)				
Fluor	F	9	19,00	Palladium	Pd	46	106,4
Francium	Fr	87	(223)	Phosphor	P	15	30,97
				Platin	Pt	78	195,09
Gadolinium	Gd	64	157,25	Plutonium	Pu	94	(242)
Gallium	Ga	31	69,72	Polonium	Po	84	(210)
Germanium	Ge	32	72,59	Praseodym	Pr	59	140,91
Gold	Au	79	196,97	Promethium	Pm	61	(147)
				Protactinium	Pa	91	(231)
Hafnium	Hf	72	178,49				
Helium	He	2	4,003				
Holmium	Ho	67	164,93	Quecksilber	Hg	80	200,59

Element	Symbol	Atom-zahl	Atom-gewicht	Element	Symbol	Atom-zahl	Atom-gewicht
Radium	Ra	88	(226)	Thallium	Tl	81	204,37
Radon	Rn	86	(222)	Thorium	Th	90	232,04
Rhenium	Re	75	186,23	Thulium	Tl	69	168,93
Rhodium	Rh	45	102,91	Titan	Ti	22	47,90
Rubidium	Rb	37	85,47				
Ruthenium	Ru	44	101,1	Uran	U	92	238,03
Samarium	Sm	62	150,35	Vanadium	V	23	50,94
Sauerstoff	O	18	15,999				
Selen	Se	34	78,96	Wasserstoff	H	1	1,008 0
Scandium	Sc	21	44,96	Wismuth	Bi	83	208,98
Schwefel	S	16	32,06	Wolfram	W	74	183,85
Silber	Ag	47	107,87				
Silizium	Si	14	28,09	Xenon	Xe	54	131,30
Stickstoff	N	7	14,007				
Strontium	Sr	38	87,62	Ytterbium	Yb	70	173,04
				Yttrium	Y	39	88,91
Tantal	Ta	73	180,95				
Technetium	Tc	43	(99)	Zink	Zn	30	65,37
Tellur	Te	52	127,60	Zinn	Sn	50	118,69
Terbium	Tb	65	158,92	Zirkon	Zr	40	91,22

Isotopentabelle

Stabile und natürliche radioaktive Isotope, sowie die langlebigsten Isotope der Elemente, die stabile Isotope nicht besitzen; instabile Isotope sind in Klammern gesetzt, K.E.: Konversionselektronen, Sp.: Spaltung (*C. West, S.M. Selby:* Handbook of Chemistry and Physics, The Chemical Rubber Co., 1967)

Ordnungs-zahl Z	Sym-bol	Element	Massen-zahl A	Neutro-nenzahl $N=A-Z$	Relative Häufig-keit %	Halbwerts-zeit; Strahlung	Masse (ME) $C^{12}=12,00000$	Chemisches Atomgewicht
0	n	Neutron	1	1	–	12m; β^-	1,008665	
1	H	Wasserstoff	1	0	99,985		1,007825	1,0080
	(D)	(Deuterium)	2	1	0,015		2,01410	
2	He	Helium	3	1	$1,3\cdot10^{-4}$		3,01603	4,003
			4	2	100		4,00260	
3	Li	Lithium	6	3	7,42		6,01531	6,939
			7	4	92,58		7,01601	
4	Be	Beryllium	9	5	100		9,01219	9,012
5	B	Bor	10	5	19,6		10,01294	10,81
			11	6	80,4		11,00931	
6	C	Kohlenstoff	12	6	98,892		12,00000	12,011
			13	7	1,108		13,00335	
7	N	Stickstoff	14	7	99,635		14,00307	14,007
			15	8	0,365		15,00011	
8	O	Sauerstoff	16	8	99,759		15,99491	
			17	9	0,0374		16,99914	16,999
			18	10	0,2036		17,99916	
9	F	Fluor	19	10	100		18,99860	19,00
10	Ne	Neon	20	10	90,92		19,99244	
			21	11	0,257		20,99395	20,183
			22	12	8,823		21,99138	
11	Na	Natrium	23	12	100		22,98977	22,99
12	Mg	Magnesium	24	12	78,70		23,98504	
			25	13	10,13		24,98584	24,31
			26	14	11,17		25,98259	
13	Al	Aluminium	27	14	100		26,98153	26,98
14	Si	Silizium	28	14	92,21		27,9769	
			29	15	4,70		28,9765	28,09
			30	16	3,09		29,9738	
15	P	Phosphor	31	16	100		30,97376	30,974
16	S	Schwefel	32	16	95,0		31,9721	
			33	17	0,76		32,9715	
			34	18	4,22		33,9679	32,064
			36	20	0,014		35,9671	
17	Cl	Chlor	35	18	75,53		34,96885	35,45
			37	20	24,47		36,96590	
18	Ar	Argon	36	18	0,337		35,96755	
			38	20	0,063		37,96272	39,95
			40	22	99,600		39,96238	
19	K	Kalium	39	20	93,10		38,9637	
			40	21	0,011	$1,3\cdot10^9$a; β^-, K·E.		39,10
			41	22	6,88		40,9618	

Ordnungs-zahl Z	Sym-bol	Element	Massen-zahl A	Neutro-nenzahl N=A−Z	Relative Häufig-keit %	Halbwerts-zeit; Strahlung	Masse (ME) $C^{12} = 12{,}00000$	Chemisches Atomgewicht
20	Ca	Kalzium	40	20	96,97		39,9626	
			42	22	0,64		41,9586	
			43	23	0,145		42,9588	
			44	24	2,06		43,9555	40,08
			46	26	0,003		45,9537	
			48	28	0,178	$>2\cdot10^{16}\,\mathrm{a};\,\beta^-$	47,9524	
21	Sc	Scandium	45	24	100		44,95592	44,96
22	Ti	Titan	46	24	7,93		45,9526	
			47	25	7,28		46,9518	
			48	26	73,4		47,9480	47,90
			49	27	5,51		48,9479	
			50	28	5,34		49,9448	
23	V	Vanadium	50	27	0,24		49,9472	50,94
			51	28	99,76		50,9440	
24	Cr	Chrom	50	26	4,31		49,9461	
			52	28	83,76		51,9405	52,00
			53	29	9,55		52,9407	
			54	30	2,38		53,9389	
25	Mn	Mangan	55	30	100		54,9381	54,94
26	Fe	Eisen	54	28	5,82		53,9396	
			56	30	91,66		55,9349	55,85
			57	31	2,19		56,9354	
			58	32	0,33		57,9333	
27	Co	Kobalt	59	32	100		58,9332	58,93
28	Ni	Nickel	58	30	67,88		57,9353	
			60	32	26,23		59,9332	
			61	33	1,19		60,9310	58,71
			62	34	3,66		61,9283	
			64	36	1,08		63,9280	
29	Cu	Kupfer	63	34	69,09		62,9298	63,54
			65	36	30,91		64,9278	
30	Zn	Zink	64	34	48,89		63,9291	
			66	36	27,81		65,9260	
			67	37	4,11		66,9271	65,37
			68	38	18,57		67,9249	
			70	40	0,62		69,9253	
31	Ga	Gallium	69	38	60,4		68,9257	69,72
			71	40	39,6		70,9249	
32	Ge	Germanium	70	38	20,52		69,9243	
			72	40	27,43		71,9217	
			73	41	7,76		72,9234	72,59
			74	42	36,54		73,9212	
			76	44	7,76		75,9214	
33	As	Arsen	75	42	100		74,9216	74,92
34	Se	Selen	74	40	0,87		73,9225	
			76	42	9,02		75,9192	
			77	43	7,58		76,9199	78,96
			78	44	23,52		77,9173	

Ordnungs-zahl Z	Sym-bol	Element	Massen-zahl A	Neutro-nenzahl N=A−Z	Relative Häufig-keit %	Halbwerts-zeit; Strahlung	Masse (ME) C^{12}=12,00000	Chemisches Atomgewicht
			80	46	49,82		79,9165	
			82	48	9,19		81,9167	
35	Br	Brom	79	44	50,54		78,9183	79,91
			81	46	49,46		80,9163	
36	Kr	Krypton	78	42	0,35		77,9204	
			80	44	2,27		79,9164	
			82	46	11,56		81,9135	
			83	47	11,55		82,9141	83,80
			84	48	56,90		83,9115	
			86	50	17,37		85,9106	
37	Rb	Rubidium	85	48	72,15	$4,7 \cdot 10^{10}$ a; β^-	84,9117	85,47
			87	50	27,85			
38	Sr	Strontium	84	46	0,56		83,9134	
			86	48	9,86		85,9094	87,62
			87	49	7,02		86,9089	
			88	50	82,56		87,9056	
39	Y	Yttrium	89	50	100		88,9054	88,91
40	Zr	Zirkonium	90	50	51,46		89,9043	
			91	51	11,23		90,9053	
			92	52	17,11		91,9046	91,22
			94	54	17,40		93,9061	
			96	56	2,80		95,9082	
41	Nb	Niob	93	52	100		92,9060	92,91
42	Mo	Molybdän	92	50	15,84		91,9063	
			94	52	9,04		93,9047	
			95	53	15,72		94,9046	
			96	54	16,53		95,9046	95,94
			97	55	9,46		96,9058	
			98	56	23,78		97,9055	
			100	58	9,31		99,9076	
43	(Tc)	Technetium	99	56				99
44	Ru	Ruthenium	96	52	5,51		95,9076	
			98	54	1,87		97,9055	
			99	55	12,72		98,9061	
			100	56	12,62		99,9030	101,1
			101	57	17,07		100,9041	
			102	58	31,61		101,9037	
			104	60	18,58		103,9055	
45	Rh	Rhodium	103	58	100		102,9048	102,91
46	Pd	Palladium	102	56	0,96		101,9049	
			104	58	10,97		103,9036	
			105	59	22,23		104,9046	
			106	60	27,33		105,9032	106,4
			108	62	26,71		107,9030	
			110	64	11,81		109,9045	
47	Ag	Silber	107	60	51,82		106,9041	107,870
			109	62	48,18		108,9047	
48	Cd	Kadmium	106	58	1,215		105,9070	
			108	60	0,875		107,9050	
			110	62	12,39		109,9030	

Ordnungs-zahl Z	Sym-bol	Element	Massen-zahl A	Neutro-nenzahl N=A−Z	Relative Häufig-keit %	Halbwerts-zeit; Strahlung	Masse (ME) $C^{12}=12,00000$	Chemisches Atomgewicht
			111	63	12,75		110,9042	112,40
			112	64	24,07		111,9028	
			113	65	12,26		112,9046	
			114	66	28,86		113,9036	
			116	68	7,58		115,9050	
49	In	Indium	113	64	4,28		112,9043	114,82
			115	66	95,72	$6 \cdot 10^{14}$a; β^-	114,9041	
50	Sn	Zinn	112	62	0,96		111,9040	
			114	64	0,66		113,9030	
			115	65	0,35		114,9035	
			116	66	14,30		115,9021	
			117	67	7,61		116,9031	118,69
			118	68	24,03		117,9018	
			119	69	8,58		118,9034	
			120	70	32,85		119,9021	
			122	72	4,92		121,9034	
			124	74	5,94		123,9052	
51	Sb	Antimon	121	70	57,25		120,9038	121,75
			123	72	42,75		122,9041	
52	Te	Tellur	120	68	0,09		119,9045	
			122	70	2,46		121,9030	
			123	71	0,87		122,9042	
			124	72	4,61		123,9028	127,60
			125	73	6,99		124,9044	
			126	74	18,71		125,9032	
			128	76	31,79		127,9047	
			130	78	34,48		129,9067	
53	J	Jod	127	74	100		126,9044	126,90
54	Xe	Xenon	124	70	0,096		123,9061	
			126	72	0,090		125,9042	
			128	74	1,919		127,9035	
			129	75	26,44		128,9048	
			130	76	4,075		129,9035	131,30
			131	77	21,18		130,9051	
			132	78	26,89		131,9042	
			134	80	10,44		133,9054	
			136	82	8,87		135,9072	
55	Cs	Caesium	133	78	100		132,9041	132,9
56	Ba	Barium	130	74	0,102		129,9062	
			132	76	0,098		131,9057	
			134	78	2,42		133,9043	
			135	79	6,59		134,9056	137,34
			136	80	7,81		135,9044	
			137	81	11,32		136,9056	
			138	82	71,66		137,9050	
57	La	Lanthan	138	81	0,89	$1,1 \cdot 10^{11}$a; β^+, K.E.	137,9068	138,91
			139	82	99,911		138,9061	

Ordnungs-zahl Z	Sym-bol	Element	Massen-Zahl A	Neutro-nenzahl N=A-Z	Relative Häufig-keit %	Halbwerts-zeit; Strahlung	Masse (ME) $C^{12}=12,00000$	Chemisches Atomgewicht
58	Ce	Zer	136	78	0,19		135,9076	
			138	80	0,25		137,9057	
			140	82	88,49		139,9053	140,12
			142	84	11,07	$5 \cdot 10^{15}$ a; α	141,9090	
59	Pr	Praseodym	141	82	100		140,9074	140,91
60	Nd	Neodym	142	82	27,11		141,9075	
			143	83	12,17		142,9096	
			144	84	23,85	$5 \cdot 10^{15}$ a; α	143,9099	
			145	85	8,30		144,9122	144,24
			146	86	17,22		145,9127	
			148	88	5,73		147,9165	
			150	90	5,62		149,9207	
61	(Pm)	Promethium	149	88				145
62	Sm	Samarium	144	82	3,09		143,9117	
			147	85	14,97	10^{10}a; α	146,9129	
			148	86	11,24	10^{13}a; α	147,9146	
			149	87	13,83	$4 \cdot 10^{14}$a; α	148,9169	150,35
			150	88	7,44		149,9170	
			152	90	26,72		151,9195	
			154	92	22,72		153,9220	
63	Eu	Europium	151	88	47,82		150,9196	
			153	90	52,18		152,9209	152,0
64	Gd	Gadolinium	152	88	0,2	10^{14}a; α	151,9195	
			154	90	2,15		153,9207	
			155	91	14,73		154,9226	
			156	92	20,47		155,9221	157,25
			157	93	15,68		156,9339	
			158	94	24,87		157,9241	
			160	96	21,90		159,9071	
65	Tb	Terbium	159	94	100		158,9250	158,93
66	Dy	Dysprosium	156	90	0,0525		155,9238	
			158	92	0,0905		157,9240	
			160	94	2,29		159,9248	
			161	95	18,88		160,9266	
			162	96	25,53		161,9265	162,51
			163	97	24,97		162,9284	
			164	98	28,18		163,9288	
67	Ho	Holmium	165	100	100		164,9303	164,93
68	Er	Erbium	162	94	0,136		161,9288	
			164	96	1,56		163,9163	
			166	98	33,41		165,9304	
			167	99	22,94		166,9370	167,26
			168	100	27,07		167,9324	
			170	102	4,88		169,9355	
69	Tm	Thulium	169	100	100		168,9344	168,93
70	Yb	Ytterbium	168	98	0,13		167,9339	
			170	100	3,03		169,9349	
			171	101	14,31		170,9365	
			172	102	21,82		171,9366	173,04
			173	103	16,13		172,9383	

Ordnungs-zahl Z	Symbol	Element	Massen-zahl A	Neutro-nenzahl $N = A-Z$	Relative Häufig-keit %	Halbwerts-zeit; Strahlung	Masse (ME) $C^{12}=12{,}00000$	Chemisches Atomgewicht
			174	104	31,84		173,9390	
			176	106	12,73		175,9427	
71	Lu	Lutetium	175	104	97,40		174,9409	
			176	105	2,60			174,94
72	Hf	Hafnium	174	102	0,18	$4 \cdot 10^{15}$ a; α	173,9603	
			176	104	5,20		175,9435	
			177	105	18,50		176,9435	
			178	106	27,14		177,9439	178,49
			179	107	13,75		178,9460	
			180	108	35,24		179,9468	
73	Ta	Tantal	180	107	0,0123		179,9475	
			181	108	100		180,9480	180,95
74	W	Wolfram	180	106	0,14		179,9470	
			182	108	26,41		181,9483	
			183	109	14,40		182,9503	183,85
			184	110	30,64		183,9510	
			186	112	28,41		185,543	
75	Re	Rhenium	185	110	37,07		184,9530	
			187	112	62,93	$7 \cdot 10^{10}$ a; α	186,9560	186,23
76	Os	Osmium	184	108	0,018		183,9526	
			186	110	1,59		185,9539	
			187	111	1,64		186,9560	
			188	112	13,27		187,9560	190,2
			189	113	16,14		188,9586	
			190	114	26,38		189,9586	
			192	116	40,97		191,9612	
77	Ir	Iridium	191	114	37,3		190,9609	
			193	116	62,7		192,9623	192,2
78	Pt	Platin	190	112	0,012	$7 \cdot 10^{11}$ a; α	189,9600	
			192	114	0,8	10^{15} a; α	191,9614	
			194	116	32,9		193,9628	
			195	117	33,8		194,8648	195,09
			196	118	25,3		195,9650	
			198	120	7,2		197,9675	
79	Au	Gold	197	118	100		196,967	196,97
80	Hg	Quecksilber	196	116	0,15		195,9658	
			198	118	10,02		197,9668	
			199	119	16,81		198,9683	
			200	120	23,13		199,9683	200,59
			201	121	13,22		200,9705	
			202	122	29,80		201,9706	
			204	124	6,85		203,9735	
81	Tl	Thallium	203	122	29,46		202,9723	
			205	124	70,54		204,9745	
82	Pb	Blei	204	122	1,48	$1{,}4 \cdot 10^{19}$ a; α, K.E.	203,9973	
			206	124	23,6		205,9745	207,19
			207	125	22,62		206,9759	
			208	126	53,22		207,9766	
83	Bi	Wismuth	209	126	100		208,9804	208,98

Ordnungs-zahl Z	Sym-bol	Element	Massen-zahl A	Neutro-nenzahl $N=A-Z$	Relative Häufig-keit %	Halbwerts-zeit; Strahlung	Masse (ME) $C^{12}=12,00000$	Chemisches Atomgewicht
84	(Po)	Polonium	210	126		138,4 d; α, K.E.	209,9829	210,0
85	(At)	Astatin	210	125		8,3 h; α		
86	(Rn)	Radon	222	136		3,8 d; α	222,0175	222
87	(Fr)	Francium	223	136		22 m; β^-, α	223,0198	223
88	(Ra)	Radium	226	138		1622 a; d	226,0254	226
89	(Ac)	Aktinium	227	138		21,6 d; β^-, α	227,0278	227
90	Th	Thorium	232	142	100	$1,4\cdot10^{10}$ a; α, Sp	232,0382	232,04
91	Pa	Protaktinium	231	140	100	$3,43\cdot10^4$ a; α	231,0359	231
92	U	Uran	234	142	0,006	$2,5\cdot10^5$ a; α, Sp	234,0409	
			235	143	0,720	$7,1\cdot10^8$ a; α, Sp	235,0439	238,03
			238	146	99,274	$4,5\cdot10^9$ a; α, Sp	238,0508	
93	(Np)	Neptunium	237	144		$2,2\cdot10^6$ a; α	237,0480	237
94	(Pu)	Plutonium	242	145		$3,8\cdot10^5$ a; α, Sp	242,0587	242
95	(Am)	Americium	243	148		$7,9\cdot10^3$ a; α	243,0614	243
96	(Cm)	Curium	247	151		$4\cdot10^7$ a; α		247
97	(Bk)	Berkelium	247	150		10^4 a; α	247,0702	247
98	(Cf)	Californium	251	153		800 a; α		251
99	(E)	Einsteinium	254	155		480 d; α	254,0881	254
100	(Fm)	Fermium	253	153		4,5 d; α; K.E.		253
101	(Mv)	Mendelevium	256	155		1,5 h; K.E.		256
102	(No)	Nobelium	253	151		15 s; α		253
103	(Lw)	Lawrencium	257	154		8 s; α		257

$(G° - E_0°)/T$- und $(H_{298}° - E_0°)$-Daten von einigen gasförmigen anorganischen und organischen Stoffen (Literatur: *K. S. Pitzer, L. Brewer:* Thermodynamics, McGraw Hill Book Co., New York, 1961)

	$-(G° - E_0°)/T$ in JK^{-1}					$H_{298}° - E_0°$ in kJ
	298 K	500 K	1000 K	1500 K	2000 K	
Br	154,1	164,9	179,3	187,8	194,0	6,20
Br_2	212,7	230,1	254,4	269,1	279,6	9,73
$Br_2(l)$	107					13,55
C	136,1	147,3	162,0	170,6	176,6	6,53
C (Gr)	2,22	4,85	11,6	17,5	22,5	1,050
Cl	144,0	155,0	170,2	179,2	185,5	6,27
Cl_2	192,2	208,6	231,9	246,2	256,6	9,180
F	136,8	148,1	163,4	172,2	178,4	6,520
F_2	173,1	188,7	211,0	224,8	235,0	8,828
H	93,8	104,5	119,0	127,4	133,4	6,196
H_2	102,2	116,9	137,0	149,0	157,6	8,468
J	159,9	170,6	185,0	193,5	199,5	6,196
J_2	226,7	244,6	269,4	284,3	295,0	8,987
$J_2(s)$	71,9					13,20
N	132,4	143,2	157,6	166,0	172,0	6,197
N_2	162,4	177,5	198,0	210,4	219,6	8,669
O	138,4	150,0	165,1	173,8	179,9	6,724
O_2	176,0	191,1	212,1	225,1	234,7	8,66
O_3	204,1	222,9	251,7	270,7	284,5	10,35
S	145,4	157,1	172,7	181,7	188,0	6,66
S (rh)	17,1	27,1				4,41
PCl_3	258,0	288,1	335,0			16,1
PCl_5	279,3	319,2	383,1			21,8
SF_6	235,2	270,6	337,0	385,0	422,1	16,74
B_2O_3	229,7	252,2	291,4	320,0	342,7	11,84
HO	154,0	169,4	189,9	202,1	210,9	8,81
H_2O	155,5	172,8	196,7	211,7	223,1	9,908
H_2O_2	196,4	216,4	247,5	268,9		10,84
NH_3	158,9	176,9	203,5	221,9	236,6	9,92
NO^3	179,8	195,6	217,0	229,9	239,5	9,18
N_2O	187,8	205,5	233,3	252,2		9,58
NO_2	205,8	224,3	252,0	270,2	284,0	10,31
SO	192,6	202,9	229,6	243,0	252,8	8,74
SO_2	212,6	231,7	260,6	279,6	293,7	10,54
SO_3	217,1	239,1	276,5	302,9	322,6	11,6
CO	168,4	183,5	204,0	216,6	225,9	8,673
CO_2	182,2	199,4	226,4	244,7	258,8	9,364
CS_2	202,0	221,9	253,2	273,8	289,1	10,7
CH_4	152,5	170,5	199,4	221,1	238,9	10,03
CH_3Cl	198,5	217,8	250,1	274,2		10,41
CH_2Cl_2	230,4	252,5	291,1	318,7		11,86

Fortsetzung

	$-(G° - E_0°)/T$ in JK^{-1}					$H_{298}° - E_0°$ in kJ
	298 K	500 K	1000 K	1500 K	2000 K	
$CHCl_3$	248,1	275,3	321,2	353,0		14,18
CCl_4	251,7	285,0	340,6	376,4		17,20
$COCl_2$	240,6	255,0	304,5	331,1	351,1	12,86
CH_3OH	201,4	222,3	257,6			11,42
CH_3SH	214,1	237,1	275,8			12,1
CH_2O	185,1	203,1	230,6	250,2	266,0	10,01
$HCOOH$	212,2	232,6	267,7	293,6	314,4	10,88
HCN	170,8	187,6	213,4	230,7	244,0	9,24
C_2H_2	167,3	186,2	217,6	239,4	256,6	10,01
C_2H_4	184,0	203,9	239,7	267,5	290,6	10,56
C_2H_6	189,4	212,4	255,7	290,6		11,95
C_2H_5OH	235,1	262,8	315,0	356,3		14,2
CH_3CHO	221,1	245,5	288,8			12,84
CH_3COOH	236,4	264,6	317,6	357,1		13,8
CH_3CN	203,1	225,9	266,0			12,04
CH_3NC	204,0	227,6				12,53
C_3H_6	221,5	248,2	299,4	340,7		13,54
C_3H_8	220,6	250,2	310,0	359,2		14,69
$(CH_3)_2CO$	240,4	272,1	331,4	378,8		16,27
n-C_4H_{10}	244,9	284,1	362,3	426,5		19,43
i-C_4H_{10}	234,6	271,7	348,9	412,7		17,89
n-C_5H_{12}	269,9	317,7	413,7	492,5		13,16
i-C_5H_{12}	269,3	315,0	409,9	488,6		12,08
neo-C_5H_{12}	235,8	280,5	376,1	455,7		10,77
C_6H_6	221,4	252,0	320,4	378,4		14,23
cy-C_6H_{10}	252,5	290,5	378,6	454,7		17,44
cy-C_6H_{12}	238,8	277,8	371,3	455,2		17,73

Elektrodenstandardpotentiale

in alphabetischer Reihenfolge; wenn nicht anders angegeben, bezieht sich die Standardkonzentration auf 1 molale Lösungen (aus Handbook of Chemistry and Physics: 48th ed.
by *R. C. Weast, S. M. Selby,* The Chemical Rubber Co. Ohio, 1967)

Elektrodenreaktion	Potential (V)
$Ag^+ + e^- \rightarrow Ag$	$+ 0{,}7996$
$Ag^{++} + e^- \rightarrow Ag^+ \ (4 \, m \, HClO_4)$	$+ 1{,}987$
$AgBr + e^- \rightarrow Ag + Br^-$	$+ 0{,}0713$
$AgBrO_3 + e^- \rightarrow Ag + BrO_2^-$	$+ 0{,}680$
$Ag_2CO_3 + 2 \, e^- \rightarrow 2 \, Ag + CO_3^{--}$	$+ 0{,}4769$
$AgC_2H_3O_2 + e^- \rightarrow Ag + C_2H_3O_2^-$	$+ 0{,}64$
$AgC_2O_4 + 2 \, e^- \rightarrow Ag + C_2O_4^{--}$	$+ 0{,}4776$
$AgCl + e^- \rightarrow Ag + Cl^-$	$+ 0{,}2223$
$AgCN + e^- \rightarrow Ag + CN^-$	$- 0{,}02$
$Ag_2CrO_4 + 2 \, e^- \rightarrow 2 \, Ag + CrO_4^{--}$	$+ 0{,}4463$
$Ag_4Fe(CN)_6 + 4 \, e^- \rightarrow 4 \, Ag + Fe(CN)_6^{----}$	$+ 0{,}1943$
$AgJ + e^- \rightarrow Ag + J^-$	$- 0{,}1519$
$AgJO_3 + e^- \rightarrow Ag + JO_3^-$	$+ 0{,}3551$
$Ag_2MoO_4 + 2 \, e^- \rightarrow 2 \, Ag + MoO_4^{--}$	$+ 0{,}49$
$AgNO_2 + e^- \rightarrow Ag + NO_2^-$	$+ 0{,}59$
$Ag_2O + H_2O + 2 \, e^- \rightarrow 2 \, Ag + 2 \, OH^-$	$+ 0{,}342$
$2 \, AgO + H_2O + 2 \, e^- \rightarrow Ag_2O + 2 \, OH^-$	$+ 0{,}599$
$AgOCN + e^- \rightarrow Ag + OCN^-$	$+ 0{,}41$
$Ag_2S + 2 \, e^- \rightarrow 2 \, Ag + S^{--}$	$- 0{,}7051$
$Ag_2S + 2 \, H^+ + 2 \, e^- \rightarrow 2 \, Ag + H_2S$	$- 0{,}0366$
$AgSCN + e^- \rightarrow Ag + SCN^-$	$+ 0{,}0895$
$Ag_2SO_4 + 2 \, e^- \rightarrow 2 \, Ag + SO_4^{--}$	$+ 0{,}653$
$Ag_2SeO_3 + 2 \, e^- \rightarrow 2 \, Ag + SeO_3^{--}$	$+ 0{,}3629$
$Ag_2WO_4 + 2 \, e^- \rightarrow 2 \, Ag + WO_4^{--}$	$+ 0{,}466$
$Al^{+++} + 3 \, e^- \rightarrow Al \ (0{,}1 \, m \, NaOH)$	$- 1{,}706$
$H_2AsO_4 + 2 \, H^+ + 2 \, e^- \rightarrow HAsO_2^- + 2 \, H_2O \ (1 \, m \, HCl)$	$+ 0{,}58$
$AsO_4^{---} + 2 \, H_2O + 2 \, e^- \rightarrow AsO_2^- + 4 \, OH^- \ (1 \, m \, NaOH)$	$- 0{,}08$
$Au^{+++} + 3 \, e^- \rightarrow Au$	$+ 1{,}42$
$AuBr_2^- + e^- \rightarrow Au + 2 \, Br^-$	$+ 0{,}963$
$AuBr_4^- + 3 \, e^- \rightarrow Au + 4 \, Br^-$	$+ 0{,}858$
$AuCl_4^- + 3 \, e^- \rightarrow Au + 4 \, Cl^-$	$+ 0{,}994$
$H_2BO_3^- + 5 \, H_2O + 8 \, e^- \rightarrow BH_4^- + 8 \, OH^-$	$- 1{,}24$
$Ba^{++} + 2 \, e^- \rightarrow Ba$	$- 2{,}90$
$Ba^{++} + 2 \, e^- \rightarrow Ba \, (Hg)$	$- 1{,}570$
$BiCl_4^- + 3 \, e^- \rightarrow Bi + 4 \, Cl^-$	$+ 0{,}168$
$BiOCl + 2 \, H^+ + 3 \, e^- \rightarrow Bi + Cl^- + 2 \, H_2O$	$+ 0{,}1583$
$Br_2(aq) + 2 \, e^- \rightarrow 2 \, Br^-$	$+ 1{,}087$
$Br_2(l) + 2 \, e^- \rightarrow 2 \, Br^-$	$+ 1{,}065$
$BrO^- + H_2O + 2 \, e^- \rightarrow Br^- + 2 \, OH^- \ (1 \, m \, NaOH)$	$+ 0{,}70$
$BrO_3^- + 6 \, H^+ + 6 \, e^- \rightarrow Br^- + 3 \, H_2O$	$+ 1{,}44$
$BrO_3^- + 3 \, H_2O + 6 \, e^- \rightarrow Br^- + 6 \, OH^-$	$+ 0{,}61$
$C_6H_4O_2 + 2 \, H^+ + 2 \, e^- \rightarrow C_6H_4(OH)_2$	$+ 0{,}6992$
$Ca^{++} + 2 \, e^- \rightarrow Ca$	$- 2{,}87$
$Cd^{++} + 2 \, e^- \rightarrow Cd$	$- 0{,}4026$
$Cd^{++} + 2 \, e^- \rightarrow Cd \, (Hg)$	$- 0{,}3521$
$Cd(OH)_2 + 2 \, e^- \rightarrow Cd \, (Hg) + 2 \, OH^-$	$- 0{,}761$
$CdSO_4 \cdot \frac{8}{3} H_2O + 2 \, e^- \rightarrow Cd \, (Hg) + CdSO_4 \ (gesättigt)$	$- 0{,}4346$
$Ce^{+++} + 3 \, e^- \rightarrow Ce$	$- 2{,}335$
$Ce^{+++} + 3 \, e^- \rightarrow Ce \, (Hg)$	$- 1{,}4373$

Elektrodenreaktion	Potential (V)
$Ce^{++++} + \bar{e} \rightarrow Ce^{+++}$	$+1{,}4430$
$CeOH^{+++} + H^+ + \bar{e} \rightarrow Ce^{+++} + H_2O$	$+1{,}7134$
$Ce(IV) + \bar{e} \rightarrow Ce(III)\ (0{,}5\,m\ H_2SO_4)$	$+1{,}4587$
$Cl_2\,(g) + 2\bar{e} \rightarrow 2\,Cl^-$	$+1{,}359$
$HClO + H^+ + 2\bar{e} \rightarrow Cl^- + H_2O$	$+1{,}49$
$ClO^- + H_2O + 2\bar{e} \rightarrow Cl^- + 2\,OH^-$	$+0{,}90$
$ClO_3^- + 6\,H^+ + 6\,e^- \rightarrow Cl^- + 3\,H_2O$	$+1{,}45$
$ClO_4 + 8\,H^+ + 8\,\bar{e} \rightarrow Cl^- + 4\,H_2O$	$+1{,}37$
$ClO_2\,(aq) + \bar{e} \rightarrow ClO_2^-$	$+0{,}954$
$Co^{++} + 2\,\bar{e} \rightarrow Co$	$-0{,}28$
$Co^{+++} + \bar{e} \rightarrow Co^{++}\ (3\,m\ HNO_3)$	$+1{,}842$
$Cr^{+++} + \bar{e} \rightarrow Cr^{++}$	$-0{,}41$
$Cr^{++} + 2\,\bar{e} \rightarrow Cr$	$-0{,}557$
$HCrO_4^- + 7\,H^+ + 3\,e^- \rightarrow Cr^{+++} + 4\,H_2O$	$+1{,}195$
$Cr(VI) + 3\,\bar{e} \rightarrow Cr(III)\ (2\,m\ H_2SO_4)$	$+1{,}10$
$Cr(VI) + 3\,\bar{e} \rightarrow Cr(III)\ (1\,m\ NaOH)$	$-0{,}12$
$Cs^+ + \bar{e} \rightarrow Cs$	$-2{,}923$
$Cu^{++} + \bar{e} \rightarrow Cu^+$	$+0{,}158$
$Cu^+ + \bar{e} \rightarrow Cu$	$+0{,}522$
$Cu^{++} + 2\,\bar{e} \rightarrow Cu$	$+0{,}3402$
$Cu^{++} + 2\,\bar{e} \rightarrow Cu\,(Hg)$	$+0{,}345$
$2\,D^+ + 2\,\bar{e} \rightarrow D_2$	$-0{,}044$
$F_2 + 2\,\bar{e} \rightarrow 2\,F^-$	$+2{,}87$
$Fe^{+++} + \bar{e} \rightarrow Fe^{++}$	$+0{,}770$
$Fe^{+++} + e^- \rightarrow Fe^{++}\ (1\,m\ HCl)$	$+0{,}700$
$Fe^{+++} + e^- \rightarrow Fe^{++}\ (1\,m\ HClO_4)$	$+0{,}747$
$Fe^{+++} + e^- \rightarrow Fe^{++}\ (1\,m\ H_3PO_4)$	$+0{,}438$
$Fe^{+++} + e^- \rightarrow Fe^{++}\ (0{,}5\ m\ H_2SO_4)$	$+0{,}679$
$Fe^{++} + 2\,\bar{e} \rightarrow Fe$	$-0{,}440$
$Fe(CN)_6^{---} + e^- \rightarrow Fe(CN)_6^{----}\ (1\ m\ H_2SO_4)$	$+0{,}69$
$Fe(CN)_6^{---} + e^- \rightarrow Fe(CN)_6^{----}\ (0{,}01\ m\ NaOH)$	$+0{,}46$
$Fe(Phenanthrolin)_3^{+++} + e^- \rightarrow Fe(ph)_3^{++}$	$+1{,}14$
$Fe(Phenanthrolin)_3^{+++} + e^- \rightarrow Fe(ph)_3^{++}\ (2\ m\ H_2SO_4)$	$+1{,}056$
$Ga^{+++} + 3\,\bar{e} \rightarrow Ga$	$-0{,}560$
$2\,H^+ + 2\,\bar{e} \rightarrow H_2$	$0{,}0000$
$2\,H_2O + 2\,\bar{e} \rightarrow H_2 + 2\,OH^-$	$-0{,}8277$
$2\,Hg^{++} + 2\,\bar{e} \rightarrow Hg_2^{++}$	$+0{,}905$
$Hg_2^{++} + 2\,\bar{e} \rightarrow 2\,Hg$	$+0{,}7961$
$Hg^{++} + 2\,\bar{e} \rightarrow Hg$	$+0{,}851$
$Hg_2\,(AcO)_2 + 2\,\bar{e} \rightarrow 2\,Hg + 2\,AcO^-$	$+0{,}5113$
$Hg_2Br_2 + 2\,\bar{e} \rightarrow 2\,Hg + 2\,Br^-$	$+0{,}1396$
$Hg_2Cl_2 + 2\,\bar{e} \rightarrow 2\,Hg + 2\,Cl^-$	$+0{,}2682$
$Hg_2Cl_2 + 2\,\bar{e} \rightarrow 2\,Hg + 2\,Cl^-\ (0{,}1\,m\ NaCl)$	$+0{,}3419$
$Hg_2J_2 + 2\,e^- \rightarrow 2\,Hg + 2\,J^-$	$-0{,}0405$
$HgO + 2\,H_2O + 2\,\bar{e} \rightarrow Hg + 2\,OH^-$	$+0{,}097$
$Hg_2HPO_4 + H^+ + 2\,\bar{e} \rightarrow 2\,Hg + H_2PO_4^-$	$+0{,}639$
$Hg_2SO_4 + 2\,\bar{e} \rightarrow 2\,Hg + SO_4^-$	$+0{,}6158$
$J_2 + 2\,\bar{e} \rightarrow 3\,J^-$	$+0{,}535$
$J_3^- + 2\,e^- \rightarrow 3\,J^-$	$+0{,}5338$
$JO_3^- + 6\,H^+ + 5\,e^- \rightarrow \frac{1}{2}\,J_2 + 3\,H_2O$	$+1{,}195$
$In^{+++} + e^- \rightarrow In^{++}$	$-0{,}49$
$In^{++} + \bar{e} \rightarrow In^+$	$-0{,}40$
$In^{+++} + 3\,\bar{e} \rightarrow In$	$-0{,}338$

Elektrodenreaktion	Potential (V)
Kalomelelektrode (ges. KCl)	$+ 0,2415$
Kalomelelektrode (ges. NaCl)	$+ 0,2360$
Kalomelelektrode (1 m KCl)	$+ 0,2800$
Kalomelelektrode (0,1 m KCl)	$+ 0,3337$
$K^+ + e^- \rightarrow K$	$- 2,924$
$Li^+ + e^- \rightarrow Li$	$- 3,045$
$Mg^{++} + 2\,e^- \rightarrow Mg$	$- 2,375$
$Mn^{++} + 2\,e^- \rightarrow Mn$	$- 1,029$
$MnO_2 + 4\,H^+ + 2\,e^- \rightarrow Mn^{++} + 2\,H_2O$	$+ 1,208$
$MnO_4^- + e^- \rightarrow MnO_4^{--}$	$+ 0,564$
$MnO_4^- + 4\,H^+ + 3\,e^- \rightarrow MnO_2 + 2\,H_2O$	$+ 1,679$
$MnO_4^- + 2\,H_2O + 3\,e^- \rightarrow MnO_2 + 4\,OH^-$	$+ 0,588$
$MnO_4^- + 8\,H^+ + 5\,e^- \rightarrow Mn^{++} + 4\,H_2O$	$+ 1,491$
$Na^+ + e^- \rightarrow Na$	$- 2,7109$
$Nb\ (V) + 2\,e^- \rightarrow Nb\ (III)\ (2\,m\ HCl)$	$+ 0,344$
$Nd^{+++} + 3\,e^- \rightarrow Nd$	$- 2,246$
$NO_3^- + H_2O + 2\,e^- \rightarrow NO_2^- + 2\,OH^-$	$0,0$
$Ni^{++} + 2\,e^- \rightarrow Ni$	$- 0,23$
$NiO_2 + 4\,H^+ + 2\,e^- \rightarrow Ni^{++} + 2\,H_2O$	$+ 1,93$
$NiO_2 + 2\,H_2O + 2\,e^- \rightarrow Ni\,(OH)_2 + 2\,OH^-$	$+ 0,76$
$Np\ (VI) + e^- \rightarrow Np\ (V)\ (1\,m\ HClO_4)$	$+ 1,137$
$Np\ (V) + e^- \rightarrow Np\ (IV)\ (1\,m\ HClO_4)$	$+ 0,739$
$Np\ (IV) + e^- \rightarrow Np\ (III)\ (1\,m\ HClO_4)$	$+ 0,155$
$Np^{+++} + 3\,e^- \rightarrow Np$	$- 1,9$
$O_2 + 2\,H^+ + 2\,e^- \rightarrow H_2O_2$	$+ 0,682$
$O_2 + 2\,H_2O + 2\,e^- \rightarrow H_2O_2 + 2\,OH^-$	$- 0,146$
$O_2 + 4\,H^+ + 4\,e^- \rightarrow 2\,H_2O$	$+ 1,229$
$O_2 + 2\,H_2O + 4\,e^- \rightarrow 4\,OH^-$	$+ 0,401$
$H_2O_2 + 2\,H^+ + 2\,e^- \rightarrow 2\,H_2O$	$+ 1,776$
$Pb^{++} + 2\,e^- \rightarrow Pb$	$- 0,1263$
$Pb^{++} + 2\,e^- \rightarrow Pb\ (Hg)$	$- 0,1205$
$PbBr_2 + 2\,e^- \rightarrow Pb\ (Hg) + 2\,Br^-$	$- 0,275$
$PbCl_2 + 2\,e^- \rightarrow Pb\ (Hg) + 2\,Cl^-$	$- 0,262$
$PbF_2 + 2\,e^- \rightarrow Pb\ (Hg) + 2\,F^-$	$- 0,3444$
$PbJ_2 + 2\,e^- \rightarrow Pb\ (Hg) + 2\,J^-$	$- 0,358$
$PbO_2 + 4\,H^+ + 2\,e^- \rightarrow Pb^{++} + 2\,H_2O$	$+ 1,46$
$PbO + H_2O + 2\,e^- \rightarrow Pb + 2\,OH^-$	$- 0,576$
$PbO_2 + SO_4^{--} + 4\,H^+ + 2\,e^- \rightarrow PbSO_4 + 2\,H_2O$	$+ 1,685$
$PbHPO_4 + H^+ + 2\,e^- \rightarrow Pb\ (Hg) + H_2PO_4^-$	$- 0,2448$
$PbSO_4 + 2\,e^- \rightarrow Pb\ (Hg) + SO_4^{--}$	$- 0,3505$
$Pd^{++} + 2\,e^- \rightarrow Pd\ (4\,m\ HClO_4)$	$+ 0,987$
$Pd^{++} + 2\,e^- \rightarrow Pd\ (1\,m\ HCl)$	$+ 0,623$
$Pu\ (VI) + 2\,e^- \rightarrow Pu\ (IV)\ (1\,m\ HCl)$	$+ 1,052$
$Pu\ (VI) + e^- \rightarrow Pu\ (V)\ (1\,m\ HClO_4)$	$+ 0,9184$
$Pu\ (V) + e^- \rightarrow Pu\ (IV)\ (0,5\,m\ HCl)$	$+ 1,099$
$Pu\ (IV) + e^- \rightarrow Pu\ (III)\ (1\,m\ HClO_4)$	$+ 0,982$
Quinhydronelektrode	$+ 0,6995$
$Rb^+ + e^- \rightarrow Rb$	$- 2,925$
$ReO_4^- + 8\,H^+ + 7\,e^- \rightarrow Re + 4\,H_2O$	$+ 0,367$
$ReO_4^- + 2\,H^+ + e^- \rightarrow ReO_3 + 2\,H_2O$	$+ 0,768$
$RuO_4\,(c) + e^- \rightarrow RuO_4^-$	$+ 1,00$
$RuO_4^- + e^- \rightarrow RuO_4^{--}$	$+ 0,59$

Elektrodenreaktion	Potential (V)
$Ru\,(IV) + e^- \rightarrow Ru\,(III)$ (2 m HCl)	+ 0,858
$Ru\,(IV) + e^- \rightarrow Ru\,(III)$ (0,1 m $HClO_4$)	+ 0,49
$Ru\,(III) + e^- \rightarrow Ru\,(II)$ (0,1 m $HClO_4$)	− 0,11
$Ru\,(III) + e^- \rightarrow Ru\,(II)$ (1−6 m HCl)	− 0,084
$S_4O_6^{--} + 2\,e^- \rightarrow 2\,S_2O_3^{--}$	+ 0,10
$SO_4^{--} + H_2O + 2\,e^- \rightarrow SO_3^{--} + 2\,OH^-$	− 0,92
$Sb_2O_3 + 6\,H^+ + 6\,e^- \rightarrow 2\,Sb + 3\,H_2O$	+ 0,1445
$SbO^+ + 2\,H^+ + 3\,e^- \rightarrow Sb + 2\,H_2O$	+ 0,212
$Sb\,(V) + 2\,e^- \rightarrow Sb\,(III)$ (3,5 m HCl)	+ 0,75
$H_2SeO_3 + 4\,H^+ + 4\,e^- \rightarrow Se + 3\,H_2O$	+ 0,74
$Sn^{++} + 2\,e^- \rightarrow Sn$	− 0,1364
$Sn\,(IV) + 2\,e^- \rightarrow Sn\,(II)$ (0,1 m HCl)	+ 0,070
$Sn\,(IV) + 2\,e^- \rightarrow Sn\,(II)$ (1 m HCl)	+ 0,139
$Sr^{++} + 2\,e^- \rightarrow Sr$	− 2,89
$Sr^{++} + 2\,e^- \rightarrow Sr\,(Hg)$	− 1,793
$TcO_4^- + 4\,H^+ + 3\,e^- \rightarrow TcO_2 + 2\,H_2O$	+ 0,738
$TcO_4^- + 8\,H^+ + 7\,e^- \rightarrow Tc + 4\,H_2O$	+ 0,472
$Te\,(IV) + 4\,e^- \rightarrow Te$ (2,5 m HCl)	+ 0,63
$TeO_2 + 4\,H^+ + 4\,e^- \rightarrow Te + 2\,H_2O$	+ 0,593
$Ti^{+++} + e^- \rightarrow Ti^{++}$	− 0,369
$Ti\,(OH)^{+++} + H^+ + e^- \rightarrow Ti^{+++} + H_2O$	+ 0,06
$Tl^{+++} + 2\,e^- \rightarrow Tl^+$	+ 1,247
$Tl\,(III) + 2\,e^- \rightarrow Tl\,(I)$ (1 m HCl)	+ 0,783
$Tl^+ + e^- \rightarrow Tl$	− 0,3363
$Tl^+ + e^- \rightarrow Tl\,(Hg)$	− 0,3338
$TlBr + e^- \rightarrow Tl\,(Hg) + Br^-$	− 0,606
$TlCl + e^- \rightarrow Tl\,(Hg) + Cl^-$	− 0,555
$TlJ + e^- \rightarrow Tl\,(Hg) + J^-$	− 0,769
$Tl_2SO_4 + 2\,e^- \rightarrow Tl\,(Hg) + SO_4^{--}$	− 0,4360
$U\,(VI) + e^- \rightarrow U\,(V)$ (1 m $HClO_4$)	+ 0,063
$UO_2^+ + 4\,H^+ + e^- \rightarrow U^{++++} + 2\,H_2O$	+ 0,62
$U\,(IV) + e^- \rightarrow U\,(III)$ (1 m $HClO_4$)	− 0,631
$UO_2^{++} + 4\,H^+ + 2\,e^- \rightarrow U^{++++} + 2\,H_2O$	+ 0,334
$U\,(V) + e^- \rightarrow U\,(IV)$ (1 m HCl)	+ 1,02
$V\,(OH)_4^+ + 2\,H^+ + e^- \rightarrow VO^{++} + 3\,H_2O$	+ 1,000
$V\,(V) + e^- \rightarrow V\,(IV)$ (1 m NaOH)	− 0,74
$VO^{++} + 2\,H^+ + e^- \rightarrow V^{+++} + H_2O$	+ 0,337
$V^{+++} + e^- \rightarrow V^{++}$	− 0,255
$Zn^{++} + 2\,e^- \rightarrow Zn$	− 0,7628
$Zn^{++} + 2\,e^- \rightarrow Zn\,(Hg)$	− 0,7628
$ZnSO_4 \cdot 7\,H_2O + 2\,e^- \rightarrow Zn\,(Hg) + SO_4^{--}$ ($ZnSO_4$ gesättigt)	− 0,7993

Thermodynamische Eigenschaften einiger Substanzen beim Standardzustand (p = 1 atm, T = 298 K), geordnet nach den Hauptgruppen des Periodischen Systems

ΔH_f° Standardbildungsenthalpie

S° Standardentropie

ΔG_f° Freie Standardbildungsenthalpie

C_p° Molwärme

g gasförmig, l flüssig, c kristallin

Literatur: Selected Values of Chemical Thermodynamic Properties, Natl. Bur. Std. Circ. 500, 1952

	Element oder Verbindung	ΔH_f° (kJ mol^{-1})	S° (JK^{-1} mol^{-1})	ΔG_f° (kJ mol^{-1})	C_p° (JK^{-1} mol^{-1})
	H_2 (g)	0,0	130,59	0,0	28,84
	H (g)	217,94	114,61	203,24	20,79
Gruppe 0	He (g)	0,0	126,06	0,0	20,79
	Ne (g)	0,0	144,14	0,0	20,79
	Ar (g)	0,0	154,72	0,0	20,79
	Kr (g)	0,0	163,97	0,0	20,79
	Xe (g)	0,0	169,58	0,0	20,79
	Rn (g)	0,0	179,15	0,0	20,79
Gruppe 1	Li (c)	0,0	28,03	0,0	23,64
	Li (g)	155,10	138,67	122,13	20,79
	Li_2 (g)	199,2	196,90	157,32	35,65
	Li_2O (c)	$-595,8$	37,91	$-560,24$	
	LiH (g)	128,4	170,58	105,4	29,54
	LiCl (c)	$-408,78$	(55,2)	$-383,7$	
	Na (c)	0,0	51,0	0,0	28,41
	Na (g)	108,70	153,62	78,11	20,79
	Na_2 (g)	142,13	230,20	103,97	
	NaO_2 (c)	$-259,0$		$-194,6$	
	Na_2O (c)	$-415,9$	72,8	$-376,6$	68,2
	Na_2O_2 (c)	$-504,6$	(66,9)	$-430,1$	
	NaOH (c)	$-426,73$	(523)	$-377,0$	80,3
	NaCl (c)	$-411,0$	72,4	$-384,0$	49,71
	NaBr (c)	$-359,95$		$-347,6$	
	Na_2SO_4 (c)	$-1384,49$	149,49	$-1266,83$	127,61
	$Na_2SO_4 \cdot 1\,OH_2O$ (c)	$-4324,08$	592,87	$-3643,97$	587,4
	$NaNO_3$ (c)	$-466,68$	116,3	$-365,89$	93,05
	Na_2CO_3 (c)	$-1130,9$	136,0	$-1047,7$	110,50
	K (c)	0,0	63,6	0,0	29,16
	K (g)	90,0	160,23	61,17	20,79
	K_2 (g)	128,9	249,75	92,5	
	K_2O (c)	$-361,5$		$-318,8$	
	KOH (c)	$-425,85$		$-374,5$	
	KCl (c)	$-435,87$	82,67	$-408,32$	51,50
	$KMnO_4$ (c)	$-813,4$	171,71	$-713,79$	119,2

	Element oder Verbindung	ΔH_f° $(kJ\,mol^{-1})$	S° $(JK^{-1}\,mol^{-1})$	ΔG_f° $(kJ\,mol^{-1})$	C_p° $(JK^{-1}\,mol^{-1})$
Gruppe 2	$Be\,(c)$	0,0	9,54	0,0	17,82
	$Mg\,(c)$	0,0	32,51	0,0	23,89
	$MgO\,(c)$	$-601,83$	26,8	$-569,57$	37,40
	$Mg(OH)_2\,(c)$	$-924,66$	63,14	$-833,74$	77,03
	$MgCl_2\,(c)$	$-641,82$	89,5	$-592,32$	71,30
	$Ca\,(c)$	0,0	41,63	0,0	26,27
	$CaO\,(c)$	$-635,09$	39,7	$-604,2$	42,80
	$CaF_2\,(c)$	$-1214,6$	68,87	$-1161,9$	67,02
	$CaCO_3\,(c,\ Calcit)$	$-1206,87$	92,9	$-1128,76$	81,88
	$CaSiO_3\,(c)$	$-1584,1$	82,0	$-1498,7$	85,27
	$CaSO_4\,(c,\ Anhydrit)$	$-1432,68$	106,7	$-1320,30$	99,6
	$CaSO_4 \cdot \frac{1}{2}H_2O\,(c)$	$-1575,15$	130,5	$-1435,20$	119,7
	$CaSO_4 \cdot 2H_2O\,(c)$	$-2021,12$	193,97	$-1795,73$	186,2
	$Ca_3(PO_4)_2\,(c)$	$-4137,5$	236,0	$-3899,5$	227,82
Gruppe 3	$B\,(c)$	0,0	6,53	0,0	11,97
	$B_2O_3\,(c)$	$-1263,6$	54,02	$-1184,1$	62,26
	$B_2H_6\,(g)$	31,4	232,88	82,8	56,40
	$B_5H_9\,(g)$	62,8	275,64	165,7	80
	$Al\,(c)$	0,0	28,32	0,0	24,34
	$Al_2O_3\,(c)$	$-1669,79$	50,99	$-1576,41$	78,99
Gruppe 4	$C\,(c,\ Diamant)$	1,90	2,44	2,87	6,06
	$C\,(c,\ Graphit)$	0,0	5,69	0,0	8,64
	$C\,(g)$	718,38	159,99	672,97	20,84
	$CO\,(g)$	$-110,52$	197,91	$-137,27$	29,14
	$CO_2\,(g)$	$-393,51$	213,64	$-394,38$	37,13
	$CH_4\,(g)$	$-74,85$	186,19	$-50,79$	35,71
	$C_2H_2\,(g)$	226,75	200,82	209,2	43,93
	$C_2H_4\,(g)$	52,28	219,45	68,12	43,55
	$C_2H_6\,(g)$	$-84,67$	229,49	$-32,89$	52,65
	$C_6H_6\,(g)$	82,93	269,20	129,66	81,67
	$C_6H_6\,(l)$	49,03	124,50	172,80	
	$CH_3OH\,(g)$	$-201,25$	237,6	$-161,92$	
	$CH_3OH\,(l)$	$-238,64$	126,8	$-166,31$	81,6
	$C_2H_5OH\,(l)$	$-277,63$	160,7	$-174,76$	111,46
	$CH_3CHO\,(g)$	$-166,35$	265,7	$-133,72$	62,8
	$HCOOH\,(l)$	$-409,2$	128,95	$-346,0$	99,04
	$(COOH)_2\,(c)$	$-826,7$	120,1	$-697,9$	109
	$HCN\,(g)$	130,5	201,79	120,1	35,90
	$CO(NH_2)_2\,(c)$	$-333,19$	104,6	$-197,15$	93,14
	$CS_2\,(l)$	87,9	151,04	63,6	75,7
	$CCl_4\,(g)$	$-106,69$	309,41	$-64,22$	83,51
	$CCl_4\,(l)$	$-139,49$	214,43	$-68,74$	131,75
	$CH_3Cl\,(g)$	$-81,92$	243,18	$-58,41$	40,79
	$CH_3Br\,(g)$	$-34,3$	245,77	$-24,69$	42,59
	$CHCl_3\,(g)$	-100	296,48	-67	65,81
	$CHCl_3\,(l)$	$-131,8$	202,9	$-71,5$	116,3
	$Si\,(c)$	0,0	18,70	0,0	19,87
	$SiO_2\,(c,\ Quarz)$	$-859,4$	41,84	$-805,0$	44,43

	Element oder Verbindung	ΔH_f° (kJ mol^{-1})	S° (JK^{-1} mol^{-1})	ΔG_f° (kJ mol^{-1})	C_p° (JK^{-1} mol^{-1})
Gruppe 5	N_2 (g)	0,0	191,49	0,0	29,12
	N (g)	472,64	153,19	455,51	20,79
	NO (g)	90,37	210,62	86,69	29,86
	NO_2 (g)	33,85	240,45	51,84	37,91
	N_2O (g)	81,55	219,99	103,60	
	N_2O_4 (g)	9,66	304,30	98,29	38,71
	N_2O_5 (c)	$-41,84$	113,4	133	79,08
	NH_3 (g)	$-46,19$	192,51	$-16,63$	35,66
	NH_4Cl (c)	$-315,39$	94,6	$-203,89$	84,1
	HNO_3 (l)	$-173,23$	155,60	$-79,91$	109,87
	P (c, weiß)	0,0	44,0	0,0	23,22
	P (c, rot)	$-18,4$	(29,3)	$-13,8$	
	P_4 (g)	54,89	279,91	24,35	66,9
	P_4O_{10} (c)	$-3012,5$			
	PH_3 (g)	9,25	210,0	18,24	
Gruppe 6	O_2 (g)	0,0	205,03	0,0	29,36
	O (g)	247,52	160,95	230,09	21,91
	O_3 (g)	142,2	237,6	163,43	38,16
	H_2O (g)	$-141,83$	188,72	$-228,59$	33,58
	H_2O (l)	$-285,84$	69,94	$-237,19$	75,30
	H_2O_2 (l)	$-187,61$	(92)	$-113,97$	
	S (c, rhombisch)	0,0	31,88	0,0	22,59
	S (c, monoklin)	0,30	32,55	0,10	23,64
	SO (g)	79,58	221,92	53,47	
	SO_2 (g)	$-296,06$	248,52	$-300,37$	39,79
	SO_3 (g)	$-395,18$	256,22	$-33,02$	33,97
	SF_6 (g)	-1096	290,8	-992	
Gruppe 7	F_2 (g)	0,0	203,3	0,0	31,46
	HF (g)	268,6	173,51	$-207,7$	29,08
	Cl_2 (g)	0,0	222,95	0,0	33,93
	HCl (g)	$-92,31$	186,68	$-95,26$	29,12
	Br_2 (l)	0,0	152,3	0,0	
	Br_2 (g)	30,71	245,34	3,14	35,98
	HBr (g)	$-36,23$	198,48	$-53,22$	29,12
	J_2 (c)	0,0	116,7	0,0	54,98
	J_2 (g)	62,24	260,58	19,37	36,86
	Hl (g)	25,9	206,33	1,30	29,16
Übergangs-metalle	Pb (c)	0,0	64,89	0,0	26,82
	Zn (c)	0,0	41,63	0,0	25,06
	ZnS (c, Sphalerit)	$-202,9$	57,74	$-198,3$	45,2
	ZnS (c, Wurtzit)	$-189,5$	(57,74)	$-242,5$	
	Hg (l)	0,0	77,4	0,0	27,82
	HgO (c, rot)	$-90,71$	72,0	$-58,53$	45,73
	HgO (c, gelb)	$-90,21$	73,2	$-58,40$	
	$HgCl_2$ (c)	$-230,1$	(144,3)	$-185,8$	
	Hg_2Cl_2 (c)	$-264,93$	195,8	$-210,66$	101,7
	Cu (c)	0,0	33,30	0,0	24,47
	CuO (c)	$-155,2$	43,51	$-127,2$	44,4

Element oder Verbindung	ΔH_f° (kJ mol^{-1})	S° (JK^{-1} mol^{-1})	ΔG_f° (kJ mol^{-1})	C_p° (JK^{-1} mol^{-1})
$Cu_2O(c)$	$-166,69$	$100,8$	$-146,36$	$69,9$
$CuSO_4(c)$	$-769,86$	$113,4$	$-661,9$	$100,8$
$CuSO_4 \cdot 5H_2O(c)$	$-2277,98$	$305,4$	$-1879,9$	$281,2$
$Ag(c)$	$0,0$	$42,70$	$0,0$	$25,49$
$Ag_2O(c)$	$-30,57$	$121,71$	$-10,82$	$65,56$
$AgCl(c)$	$-127,03$	$96,11$	$-109,72$	$50,79$
$AgNO_3(c)$	$-123,14$	$140,92$	$-32,17$	$93,05$
$Fe(c)$	$0,0$	$27,15$	$0,0$	$25,23$
Fe_2O_3 (c, Hämatit)	$-822,2$	$90,0$	$-741,0$	$104,6$
Fe_3O_4 (c, Magnetit)	$-1120,9$	$146,4$	$-1014,2$	
$Mn(c)$	$0,0$	$31,76$	$0,0$	$26,32$
$MnO_2(c)$	$-519,6$	$53,1$	$-466,1$	$54,02$

Thermodynamische Eigenschaften einiger Substanzen und Ionen in wäßriger Lösung beim Standardzustand (a = 1 mol l^{-1}, T = 298 K), geordnet nach den Hauptgruppen des Periodischen Systems

ΔH_f° Standardbildungsenthalpie

S° Standardentropie

ΔG_f° Freie Standardbildungsenthalpie

Daten bezogen auf ΔH_f° [H$^+$ (aq)] = 0, S° [H$^+$ (aq)] = 0 und ΔG_f° [H$^+$ (aq)] = 0; aq gelöst in Wasser

Literatur: Selected Values of Chemical Thermodynamic Properties, Natl. Bur. Std. Circ. 500, 1952

	gelöste Spezies	ΔH_f° (kJ mol^{-1})	S° (JK^{-1} mol^{-1})	ΔG_f° (kJ mol^{-1})
	H$^+$ (aq)	$0,0$	$0,0$	$0,0$
	H_3O^+ (aq)	$-285,85$	$69,96$	$-237,19$
	OH$^-$ (aq)	$-229,95$	$-10,54$	$-157,27$
Gruppe 1	Li$^+$ (aq)	$-278,44$	$14,2$	$-293,80$
	Na$^+$ (aq)	$-239,66$	$60,2$	$-261,88$
	K$^+$ (aq)	$-251,21$	$102,5$	$-282,25$
Gruppe 2	Be^{++} (aq)	-380		$-356,48$
	Mg^{++} (aq)	$-461,95$	$-118,0$	$-456,01$
	Ca^{++} (aq)	$-542,96$	$-55,2$	$-553,04$
Gruppe 3	H_3BO_3 (aq)	$-1067,8$	$159,8$	$-963,32$
	$H_2BO_3^-$ (aq)	$-1053,5$	$30,5$	$-910,44$
Gruppe 4	CO_2 (aq)	$-412,92$	$121,3$	$-386,22$
	H_2CO_3 (aq)	$-698,7$	$191,2$	$-623,42$
	HCO_3^- (aq)	$-691,11$	$95,0$	$-587,06$
	CO_3^{--} (aq)	$-676,26$	$-53,1$	$-528,10$
	CH_3COOH (aq)	$-488,44$		$-399,61$
	CH_3COO^- (aq)	$-488,86$		$-372,46$

	gelöste Spezies	ΔH_f° (kJ mol^{-1})	S° (JK^{-1} mol^{-1})	ΔG_f° (kJ mol^{-1})
Gruppe 5	NH_3 (aq)	$-80,83$	$110,0$	$-26,61$
	NH_4^+ (aq)	$-132,80$	$112,84$	$-79,50$
	HNO_3 (aq)	$-206,56$	$146,4$	$-110,58$
	NO_3^- (aq)	$-206,56$	$146,4$	$-110,58$
	H_3PO_4 (aq)	$-1289,5$	$176,1$	$-1147,2$
	$H_2PO_4^-$ (aq)	$-1302,5$	$89,1$	$-1135,1$
	HPO_4^{--} (aq)	$-1298,7$	$-36,0$	$-1094,1$
	PO_4^{3-} (aq)	$-1284,1$	-218	$-1025,5$
Gruppe 6	H_2S (aq)	$-39,3$	$122,2$	$-27,36$
	HS^- (aq)	$-17,66$	$61,1$	$12,59$
	S^{--} (aq)	$41,8$		$83,7$
	H_2SO_4 (aq)	$-907,51$	$17,1$	$-741,99$
	HSO_4^- (aq)	$-885,75$	$126,85$	$-752,86$
	SO_4^{--} (aq)	$-907,51$	$17,1$	$-741,99$
Gruppe 7	F^- (aq)	$-329,11$	$-9,6$	$-276,48$
	HCl (aq)	$-167,44$	$55,2$	$-131,17$
	Cl^- (aq)	$-167,44$	$55,2$	$-131,17$
	ClO^- (aq)		$43,1$	$-37,2$
	ClO_2^- (aq)	$-69,0$	$100,8$	$-10,71$
	ClO_3^- (aq)	$-98,3$	163	$-2,60$
	ClO_4^- (aq)	$-131,42$	$182,0$	-8
	Br^- (aq)	$-120,92$	$80,71$	$-102,80$
	J_2 (aq)	$51,9$		$16,44$
	J_3^- (aq)	$-55,94$	$173,6$	$-51,50$
	J^- (aq)	$-55,94$	$109,36$	$-51,67$
Übergangs-metalle	Cu^+ (aq)	$(51,9)$	$(26,4)$	$50,2$
	Cu^{++} (aq)	$64,39$	$-98,7$	$64,98$
	$Cu(NH_3)_4^{++}$ (aq)	$(-334,3)$	$806,7$	$-256,1$
	Zn^{++} (aq)	$-152,42$	$-106,48$	$-147,19$
	Pb^{++} (aq)	$1,63$	$21,3$	$-24,31$
	Ag^+ (aq)	$105,90$	$73,93$	$77,11$
	$Ag(NH_3)_2^+$ (aq)	$-11,80$	$241,8$	$-17,40$
	Ni^{++} (aq)	$(-64,0)$		$-48,24$
	$Ni(NH_3)_6^{++}$ (aq)			$-251,4$
	$Ni(CN)_4^{--}$ (aq)	$363,6$	$(138,1)$	$489,9$
	Mn^{++} (aq)	$-218,8$	-84	$-223,4$
	MnO_4^- (aq)	$-518,4$	$189,9$	$-425,1$
	MnO_4^{--} (aq)			$-503,8$
	Cr^{++} (aq)			$-176,1$
	Cr^{3+} (aq)		$-307,5$	$-215,5$
	$Cr_2O_7^{--}$ (aq)	$-1460,6$	$213,8$	$-1257,3$
	CrO_4^{--} (aq)	$-894,33$	$38,5$	$-736,8$

Charaktertafeln

		C_s	E	σ_h
x, y, R_z	x^2, y^2, z^2, xy	A'	1	1
z, R_x, R_y	yz, xz	A''	1	-1

		C_i	E	i
R_x, R_y, R_z	x^2, y^2, z^2	A_g	1	1
x, y, z	xy, xz, yz	A_u	1	-1

		C_2	E	C_2
z, R_z	x^2, y^2, z^2, xy	A	1	1
x, y, R_x, R_y	yz, xz	B	1	-1

		C_{2v}	E	C_2	σ_v	σ_v'
z	x^2, y^2, z^2	A_1	1	1	1	1
R_z	xy	A_2	1	1	-1	-1
x, R_y	xz	B_1	1	-1	1	-1
y, R_z	yz	B_2	1	-1	-1	1

		C_{2h}	E	C_2	σ_h	i
R_z	x^2, y^2, z^2, xy	A_g	1	1	1	1
z		A_u	1	1	-1	-1
R_x, R_y	xz, yz	B_g	1	-1	-1	1
x, y		B_u	1	-1	1	-1

		C_{3v}	E	$2C_3$	$3\sigma_v$
z	$x^2 + y^2, z^2$	A_1	1	1	1
R_z		A_2	1	1	-1
$(x, y)\,(R_x, R_y)$	$(x^2 - y^2, xy)\,(xz, yz)$	E	2	-1	0

		C_{4v}	E	C_2	$2C_4$	$2\sigma_v$	$2\sigma_d$
z	$x^2 + y^2, z^2$	A_1	1	1	1	1	1
R_z		A_2	1	1	1	-1	-1
	$x^2 - y^2$	B_1	1	1	-1	1	-1
	xy	B_2	1	1	-1	-1	1
$(x, y)\,(R_x, R_y)$	(xz, yz)	E	2	-2	0	0	0

		C_{6v}	E	C_2	$2C_3$	$2C_6$	$3\sigma_v$	$3\sigma_d$
R_z	$x^2+y^2,\ z^2$	A_1	1	1	1	1	1	1
		A_2	1	1	1	1	-1	-1
		B_1	1	-1	1	-1	1	-1
		B_2	1	-1	1	-1	-1	1
$(x,y)\ (R_x,R_y)$	(xz,yz)	E_1	2	-2	-1	1	0	0
	$(x^2-y^2,\ xy)$	E_2	2	2	-1	-1	0	0

		D_{2d}	E	C_2	$2S_4$	$2C_2'$	$2\sigma_d$
R_z	$x^2+y^2,\ z^2$	A_1	1	1	1	1	1
		A_2	1	1	1	-1	-1
	x^2-y^2	B_1	1	1	-1	1	-1
z	xy	B_2	1	1	-1	-1	1
$(x,y)\ (R_x,R_y)$	(xz,yz)	E	2	-2	0	0	0

		D_{2h}	E	C_2^z	C_2^y	C_2^x	i	σ_{xy}	σ_{xz}	σ_{yz}
	x^2,y^2,z^2	A_{1g}	1	1	1	1	1	1	1	1
		A_{1u}	1	1	1	1	-1	-1	-1	-1
R_z	xy	B_{1g}	1	1	-1	-1	1	1	-1	-1
z		B_{1u}	1	1	-1	-1	-1	-1	1	1
R_y	xz	B_{2g}	1	-1	1	-1	1	-1	1	-1
y		B_{2u}	1	-1	1	-1	-1	1	-1	1
R_z	yz	B_{3g}	1	-1	-1	1	1	-1	-1	1
x		B_{3u}	1	-1	-1	1	-1	1	1	-1

		D_{3d}	E	$2C_3$	$3C_2$	i	$2S_6$	$3\sigma_d$
R_z	$x^2+y^2,\ z^2$	A_{1g}	1	1	1	1	1	1
		A_{1u}	1	1	1	-1	-1	-1
		A_{2g}	1	1	-1	1	1	-1
z		A_{2u}	1	1	-1	-1	-1	1
(x,y)	$(x^2-y^2,\ xy)$	E_g	2	-1	0	2	-1	0
(R_x,R_y)	(xz,yz)	E_u	2	-1	0	-2	1	0

		D_{3h}	E	σ_h	$2C_3$	$2S_3$	$3C_2$	$3\sigma_v$
R_z	$x^2+y^2,\ z^2$	A_1	1	1	1	1	1	1
		A_2	1	1	1	1	-1	-1
		A_1	1	-1	1	-1	1	-1
z		A_2	1	-1	1	-1	-1	1
(x,y)	$(x^2-y^2,\ xy)$	E	2	2	-1	-1	0	0
(R_x,R_y)	(xz,yz)	E	2	-2	-1	1	0	0

		D_{4h}	E	C_2	$2C_4$	$2C_2'$	$2C_2''$	i	σ_h	$2S_4$	$2\sigma_v'$	$2\sigma_v''$
	x^2+y^2, z^2	A_{1g}	1	1	1	1	1	1	1	1	1	1
		A_{1u}	1	1	1	1	1	-1	-1	-1	-1	-1
R_z		A_{2g}	1	1	1	-1	-1	1	1	1	-1	-1
z		A_{2u}	1	1	1	-1	-1	-1	-1	-1	1	1
		B_{1g}	1	1	-1	1	-1	1	1	-1	1	-1
		B_{1u}	1	1	-1	1	-1	-1	-1	1	-1	1
		B_{2g}	1	1	-1	-1	1	1	1	-1	-1	1
		B_{2u}	1	1	-1	-1	1	-1	-1	1	1	-1
(R_x, R_y)	$(x^2-y^2, xy)\,(xz, yz)$	E_g	2	-2	0	0	0	2	-2	0	0	0
(x, y)		E_u	2	-2	0	0	0	-2	2	0	0	0

		D_{6h}	E	C_2	$2C_3$	$2C_6$	$3C_2'$	$3C_2''$	i	σ_h	$2S_6$	$2S_3$	$3\sigma_v'$	$3\sigma_v''$
x	x^2+y^2, z^2	A_{1g}	1	1	1	1	1	1	1	1	1	1	1	1
		A_{1u}	1	1	1	1	1	1	-1	-1	-1	-1	-1	-1
R_z		A_{2g}	1	1	1	1	-1	-1	1	1	1	1	-1	-1
z		A_{2u}	1	1	1	1	-1	-1	-1	-1	-1	-1	1	1
		B_{1g}	1	-1	1	-1	1	-1	1	-1	1	-1	1	-1
		B_{1u}	1	-1	1	-1	1	-1	-1	1	-1	1	-1	1
		B_{2g}	1	-1	1	-1	-1	1	1	-1	1	-1	-1	1
		B_{2u}	1	-1	1	-1	-1	1	-1	1	-1	1	1	-1
(R_x, R_y)	(xz, yz)	E_{1g}	2	-2	-1	1	0	0	2	-2	-1	1	0	0
(x, y)		E_{1u}	2	-2	-1	1	0	0	-2	2	1	-1	0	0
	(x^2-y^2, xy)	E_{2g}	2	2	-1	-1	0	0	2	2	-1	-1	0	0
		E_{2u}	2	2	-1	-1	0	0	-2	-2	1	1	0	0

		T_d	E	$8C_3$	$3C_2$	$6\sigma_d$	$6S_4$
	$x^2+y^2+z^2$	A_1	1	1	1	1	1
		A_2	1	1	1	-1	-1
	$(x^2-y^2, 2z^2-x^2-y^2)$	E	2	-1	2	0	0
(R_x, R_y, R_z)		T_1	3	0	-1	-1	1
(x, y, z)	(xy, xz, yz)	T_2	3	0	-1	1	-1

		O_h	E	$8C_3$	$6C_2$	$6C_4$	$3C_4^2$	i	$6S_4$	$8S_6$	$3\sigma_h$	$6\sigma_d$
	$x^2+y^2+z^2$	A_{1g}	1	1	1	1	1	1	1	1	1	1
		A_{1u}	1	1	1	1	1	-1	-1	-1	-1	-1
		A_{2g}	1	1	-1	-1	1	1	-1	1	1	-1
		A_{2u}	1	1	-1	-1	1	-1	1	-1	-1	1
	$(2z^2-x^2-y^2, x^2-y^2)$	E_g	2	-1	0	0	2	2	0	-1	2	0
		E_u	2	-1	0	0	2	-2	0	1	-2	0
(R_x, R_y, R_z)		T_{1g}	3	0	-1	1	-1	3	1	0	-1	-1
(x, y, z)		T_{1u}	3	0	-1	1	-1	-3	-1	0	1	1
	(xz, yz, xy)	T_{2g}	3	0	1	-1	-1	3	-1	0	-1	1
		T_{2u}	3	0	1	-1	-1	-3	1	0	1	-1

Namen- und Sachwortverzeichnis

Die römischen Ziffern I, II, III und Anhang verweisen auf den betreffenden Hauptteil des Buches

Abelsche (kommutative) Gruppe I 126
abgesättigter Elektronenspin I 152, 170
abgeschlossene Schalen I 112
Abklingfunktion III 92
Abkühlungskurve II 238
Ableitung, partielle II 38
Abschirmung I 108, 295
absolute Dielektrizitätskonstante des
    Vakuums I 34, 242
− Permeabilität des Vakuums I 34, 260
− Temperatur I 4, 6, II 12
absoluter Temperaturnullpunkt II 64
Absorption I 194, 198, 202, 314, III 173, 174
Absorptionsbande I 207
Absorptionsgesetz I 199
Absorptionskoeffizient I 198, III 174
Absorptionslinien I 199, 223
Absorptionsquerschnitt I 198, 316, III 174
Absorptionsspektroskopie I 36, 197
Absorptionsspektren I 197, 199, 206, 213
    II 157, 198
Absorptionswahrscheinlichkeit I 194
Abstände, Term- II 21
Abstoßung, Coulombsche I 242
−, Elektronen- I 96, 109, 140, 146, 186
−, magnetische I 262
Abstoßungsenergie I 96, 146, II 131
Abweichung, mittlere quadratische II 319
Achse, Dreh- II 102
Achsenabschnitte II 102, 104, 107
adiabatische Entmagnetisierung II 64
− Expansion II 45
adiabatischer Prozeß II 43, 56
adiabatisches Kalorimeter III 5
Adsorption an Festkörpern III 145, 208
  − an Flüssigkeiten III 166
Adsorptionsgeschwindigkeit III 149
Adsorptionsisotherme III 148
Adsorptionswärme III 147
Affinität, chemische III 202
Aktiniden I 223
Aktivator III 154
Aktivierungsenergie II 25, 208, III 101, 136
Aktivierungsenthalpie III 104
Aktivierungsentropie III 104
Aktivität II 232, 233, 257
Aktivität,
−, IR- I 211
−, katalytische III 219
−, optische I 256
−, Raman- I 208
−, Sättigungs- II 268, 270
Aktivitäten- bzw. Löslichkeitsprodukt II 294,
    III 43
Aktivitätskoeffizient II 293, III 43, 68
−, von Lösungen II 257
−, von Mischungen II 232, 233
akustische Gitterschwingungen II 164

Akzeptoren II 155, 156, III 143
Algorithmus, Verletscher II 201
Alkalihalogenide, Gitterenergie III 16
Amalgamelektroden III 66
Amplitude, Wellen- I 281
angeregte Kerne I 315
− Zustände I 43
angeregte Zustände, Lebensdauer III 170
anharmonischer Oszillator I 67, 218
anisotrope Polarisierbarkeit I 255
Anlaufgesetz, parabolisches III 158
Anode III 47
anodischer Strom III 134
Anomalie, magnetomechanische I 94
Anordnungen einer Verteilung II 6, 26
Anregung, elektronische I 54
Anregungsenergie I 193
antibindende Zustände I 152, 168
Anthrazenfluoreszenz III 180
Antikathode I 243
Antineutrino I 313
antiparallele Elektronenspins I 99, 113, 152
− Kernspins I 205, 233
anti-Stokessche Linien I 269
Antisymmetrieprinzip I 99, II 2
antisymmetrische Funktionen I 99, 206
antisymmetrische Systemfunktionen II 3
Antiteilchen I 320
Anziehung, Coulombsche I 40, 242
appearence-Potential I 228
a-priori-Wahrscheinlichkeit II 6
Äquatorialreflexe II 112
Äquivalentleitfähigkeit II 283, 298
Äquivalenzpunkt III 41, 63
Arbeit, Volumen- II 41, 49
−, maximal nutzbare II 59
Arbeitselektrode III 133
arithmetischer (statistischer) Mittelwert II 5
Arrhenius III 101
Arrheniussche Gleichung III 101
Assoziate II 233, 294, 298
Assoziativgesetz I 126
Astonsche Isotopenregel I 306
Atomabstand I 65, 201, 204
Atomaufbau I 78, 107
Atombombe I 318
atomare Gitterfehler II 165
atomares magnetisches Moment I 93
Atomenergie I 81, 112
Atomgewicht I 8, 296, 352
Atommasse I 296
Atommodell, Bohrsches I 36
Atommoment I 94
Atomorbital I 84, 108, 154
Atomradius (-durchmesser) I 40,
−, Bohrscher- II 315
Atomradien, kovalente II 160
Atomrümpfe II 147

Atomspektrum I 37
Atomstreufaktor I 288, II 123
Atomzahl I 107, 295
Aufbau, Atom- I 78, 107
—, Element- I 107
—, Molekül- I 157, 170, 175
Aufenthaltswahrscheinlichkeit I 46, 87, 98,
    II 2
Aufspaltung, Ligandenfeld- I 141, 186
—, Zeeman- I 95
Ausbeute, Kernreaktionen I 316
Ausbeute, Quanten- III 186
Ausbreitung, Wellen- I 32
Ausbreitungsgeschwindigkeit, Licht- I 32
Ausbreitungs- bzw. Schallgeschwindigkeit
    II 139
Ausdehnungskoeffizient II 40, 72, 90
Auslöschungsbedingungen II 118
Aussalzen II 270
Austauschenergie (-integral) I 104, 151
Austauschkräfte, Kern- I 307, 319
Austauschreaktion III 73, 101
Austauschstrom III 137
Austrittsarbeit III 141
Auswahlregeln I 195, 202
Avogadroscher Satz I 7
Avogadrosche (Loschmidtsche) Zahl I 7
axiales Kernfeld I 214
Axiom, Newtonsches I 13
Azeotrop II 227

Bahndrehimpuls I 89, 214
Bahnen, Bohrsche Elektronen- I 41
Bahnimpuls I 39
Balmerserie, H-Atom I 37
Band, Leitungs- II 151
—, Valenz- II 151
Bandabstand bzw. Energielücke II 154
Bande, Absorptions- I 207
Bandenbreite III 175
Bandensystem I 218
Bändermodell II 146, 151, 155, 156, III 143,
    146, 160, 190
Barlow II 152
barn I 316
Baryonen I 319
Basen III 38
Basenkatalyse III 99
Basisvektoren I 124, 135
basiszentrierte Elementargitter II 105
Batterie III 47
Beckmann II 264
Bedeckungsgrad III 148
Bedingung, Eigenwert- I 49
—, Frequenz- I 43, 193
—, Normierungs-, I 17, 46, 87, 98, 103,
    Anhang 2
—, Orthogonalitäts-, I 28, 103, 139, 150, 155,
    Anhang 2, 20
behinderte Rotation I 205
Benzol, Bindung I 162, 181
Berthelot III 1
Beschleunigungsspannung I 225, 296
Besetzungsdichte II 11, 33, 146
Beugung an Flüssigkeiten II 177
— an Kristallen II 109
Beugung, Elektronen- I 282
—, Röntgen- I 294

Beugungsbilder II 111
Beugungsordnung I 280, II 112
Beugungsreflexe II 110
Beugungsringe I 277, 288
Beugungsspektrum I 287
Beugungswinkel I 279, II 109
Bewegung, Molekül- II 167
Bewegungsgleichung II 163, 167, 201
Bewegungsgleichung, Newtonsche I 66, 68
—, Lagrangesche I 71
Beweglichkeit II 168, 172, III 212
—, Ionen- II 285
Bezugs(Referenz)elektrode III 66
Bezugszustand II 94, 257, III 7
Bildungsenthalpie III 7
—, freie III 22
bimolekulare Reaktion III 80
bindende Zustände I 152, 168
Bildungsenthalpie von H_2O II 196
Bindung, chemische I 144
    —, Dipol-Dipol- II 188
    —, Elektronenüberschuß- I 188
    —, heteropolare I 145, 175
    —, Ionen- II 127, 146
    —, Ligandenfeld- I 185
    —, MO-Methode I 167
    —, Valenz- II 127, 153
    —, VB-Methode I 154
    —, v. d. Waals- II 127, 157, 188
    —, Wasserstoffbrücken- I 189, II 159, 190
Bindungselektronen I 148, 178
Bindungsenergie II 130, 246
Bindungsenergie, Kerne I 300, 302
    —, Moleküle I 67, 152, 164, 178, 180
Bindungsenergie, quantenmechanische III 120
    —, thermochemische III 12
Bindungslänge I 204, 287, II 159
Bindungsmoment I 259
Bindungsorbitale I 157, 168
Bindungswinkel I 204, 287, II 159
Binominalreihe Anhang 16
Binominalverteilung II 279
Bjerrum II 298
Blitzlichtphotolyse III 188
Blochfunktionen II 148
Bodenstein III 90
Bohr, H-Atommodell I 36
    —, H-Atomenergie I 42
    —, Frequenzbedingung I 43
Bohrscher Radius I 41, 89
Bohrsches Magneton I 94
Boltzmann I 12, II 1
Boltzmannkonstante I 15
Boltzmannscher e-Faktor II 24, III 109
Bombenkalorimeter III 5
Born I 146, II 289
Born-Habersche Gitterenthalpie II 131
Born-Haberscher Kreisprozeß III 14
Born-Oppenheimernäherung I 202
Bose II 1
Bose-Einstein (BE)-Statistik II 10, 32
Bosonen I 101, 206, II 3
Boyle I 2
Boyle-Mariottesches Gesetz I 2
Boyletemperatur II 87, 89, 93
Brackettserie, H-Atom I 38
Braggsche Reflexion II 109

Braggsche Reflexionsbedingung II 110
Bravaisgitter II 104, 105, 106
Brechungsindex I 254, 277
Breitbandspektrometer I 236
Breite, Linien- I 199, 236
Bremsstrahlspektrum I 296
Brennstoffzelle III 50
Bridgeman II 70
Brillouinzonen II 151
Brockway I 287
de Broglie, Materiewellen I 44, 281
Brownsche Molekularbewegung II 301
Brücke, Salz- III 57, 60
Brunnauer III 151
Brutreaktor I 319

Carnotscher Kreisprozeß II 55
β-Carotin, Bindung I 184
Celsius, Temperaturskala I 4
Chapman III 131
Charakter I 128
Charakterbeiträge I 139
charakteristische Frequenzen chemischer
    Gruppen I 212
charakteristische Temperatur II 141
Charaktertafeln I 129, 131, Anhang 70
Charles I 4, 5
CH_4, Bindung I 155
C_2H_4, Bindung I 158
C_2H_2, Bindung I 162
CH_3Cl, Symmetrie I 122, 127, 211, 228
chemische Adsorption (Chemisorption) III
    146, 158
— Affinität III 202
— Bindung I 144
— Kinetik III 79
— Reaktionsfähigkeit I 181
— Reaktionsgleichung III 4
— Relaxation III 87
— Relaxationszeit III 92
— Valenz I 116
— Verschiebung I 232
chemisches Gleichgewicht II 42, III 21, 33,
    197
— Potential II 32, 218, III 35
— Standardpotential II 229, 257
Chlor-Knallgasreaktion III 48, 97
Chromatographie II 276
chromophore Gruppen I 221
Clausius I 12, II 57
Clausius-Clapeyronsche bzw. Dampfdruck-
    gleichung II 194
Clausius-Mossotti-Gleichung I 246
Computersimulation von Flüssigkeiten II 201
Condon I 217
Cottrell II 262
Cotrellverfahren III 213
Coulombenergie (-integral) I 104, 151
Coulombsche Energie I 42, 79
— Kraft I 40, 242
Coulombsche Energie von Ionenkristallen
    II 131
Craigprozeß II 276
Craigverteilung II 279
CsCl-Struktur II 133
Curie I 31
Curiesches Gesetz I 264
Curietemperatur II 251

Dalton I 9, 145
Daltonsches Gesetz I 9
Dampf II 76, 223, 257
Dampfdruck II 193, 211, 219, 223
Dampfdruckdiagramm II 225
Dampfdruckerniedrigung II 257
Dampfdruckextrema II 226
Dampfdruckgleichung II 194
Dampfphase II 77, 223, 257
Darstellung I 127
Daten, kritische II 76
Davisson I 44
Davydov II 158
Debye II 64, 138, 281, 290, 295
Debyefunktion der Molwärme II 140
Debyegleichung I 253
Debye-Hückelsches Grenzgesetz III 42
Debye-Hückelsches Gesetz II 293
Debye-Hückeltheorie des Aktivitätskoeffizien-
    ten II 290, Anhang 40
— der Leitfähigkeit II 295
Debye-Scherrerverfahren II 116
De Donder III 202
Defektelektronen II 151
Defekt, Massen- I 300
d-Elektronen I 84, 140, 185
Deltafunktion III 122
Depression, Niveau-bzw. Kapillar- II 210
Destillation II 227, 237
Detektor I 197
Determinante Anhang 16
—, Koeffizienten- Anhang 18
—, Säkular- I 166
—, Slater- I 108
—, Unter- Anhang 17
Dewarstruktur I 162
Diagramm, Dampfdruck- II 225
—, MO-Energie- I 169, 178, 183, 186, 220,
    225
—, Korrelations- I 141, 175, 309
—, Pulver- II 118
—, Schmelz- II 238
—, Siede- II 227
—, Zustands- II 75, 219
diamagnetische Suszeptibilität I 264
Diamagnetismus I 262
Diamantstruktur II 154
Diaphragma III 57
Dichroismus I 256
Dichte, Besetzungs- II 11, 33, 146
—, Elektronen— II 124, 127, 154, 173,
    I 87, 109, 176, 288
—, Energie- II 289, I 34, 327
—, Fehler- II 166, 172
—, Feldlinien- I 242
—, Ladungs- II 172, 321, I 87, 243, 288,
    Anhang 40
—, Massen- I 9
—, Packungs- II 129, 134, 152
—, Strahlungs- I 194, 327
—, Teilchen- bzw. Molekül- II 168, 171, 179
—, Wahrscheinlichkeits- I 48, 50, 87, 109
—, Zustands- II 22, 144, 165
dichteste Kugelpackungen II 152
Dielektrikum I 243, II 289
dielektrische Polarisation I 241
Dielektrizitätskonstante I 244
— des Vakuums I 34, 242
Differential, vollständiges bzw. exaktes II 38
—, partielles II 38, 39

Differentialgleichungen, Hermitesche Anhang 13
–, Laguerresche Anhang 19
–, Legendresche Anhang 10
–, trigonometrische I 49
differentielle Adsorptionswärme III 147
–, Lösungswärme II 273
– Verdünnungswärme II 273
Differenz, Molwärme- II 46, 89, 199
diffuse Raumladung III 131, 143
Diffusion II 167, 300
Diffusionsgleichung II 169, III 163
Diffusionskoeffizient II 168, 301
Diffusionskontrollierte Reaktion III 118, 140, 162
Diffusionspotential III 57
Diffusionsstromdichte II 168
Diode III 144
Dipol-Dipolwechselwirkung I 236, 250
Dipol-Dipolwechselwirkungen bzw. -energien II 188, 189, Anhang 34
Dipol, elektrischer I 193, 202, 247, 274
Dipolenergie I 250, 274
Dipolfeld I 249
Dipolmoment, elektrisches I 247, 257, II 188
–, Berechnung I 257
–, magnetisches I 93, 261
–, Messung I 251
Dipolpotential I 249
Dirac I 78, 101, II 1
Diskontinuität, Energie- II 151
Dispersion I 37
Dispersionsenergie, Londonsche II 190, Anhang 33
Dispersionskurve, optische u. akustische II 164
Dissoziation, elektrische III 35, 90
–, elektrolytische II 284
–, optische I 218
–, thermische I 218
Dissoziationsenergie I 67, 153, 180, 218, III 12
Dissoziationsgleichgewicht III 35
Dissoziationsgrad II 286, III 35, 37
Dissoziationskonstante II 288, III 36, 37
Dissoziationskontinuum I 218
Dissoziationsreaktion III 92
Divergenz Anhang 3, 41
Donatoren II 126
Donnangleichgewicht III 74
Donnanpotential III 76
Doppelbindung, konjugierte I 164, 181
–, MO-Methode I 172
–, VB-Methode I 160
Doppelschicht, elektrische III 56, 128
Doppelzelle, elektrochemische III 57
Drehachse I 39, 57, 122, 125
Drehachse, Kristall- II 102
Drehbewegung I 39
Drehgruppen I 133
Drehimpuls I 39
Drehimpuls, Bahn- I 89, 214
–, Eigen- I 91
–, Gesamt- I 92, 106
–, Kern- I 205, 228, 298
–, Molekül- I 205, 214
Drehimpulsoperatoren I 89
Drehimpulsvektormodell I 89, 106
Drehkristallverfahren II 111
Drehspiegelachse II 102

Drehspiegelung I 132
Drehung I 120, 125, 131
Drehvektor I 135
dreikomponentige Systeme II 243
Dreiphasengebiet II 244
dritter Hauptsatz II 64
Drosseleffekt II 91
Druck, Einheiten I 9
–, Gas- II 41, 86, 223
–, gaskinetischer I 13
–, kritischer II 76
–, osmotischer II 265
–, Partialdruck I 9
–, reduzierter II 77
–, Standard- II 62, III 4
Druckabhängigkeit, EMK III 52
–, freie Reaktionsenthalpie III 25
–, Gleichgewichtskonstante III 26
Druckabhängigkeit der freien Enthalpie II 61, 93
– der Fugazität II 95
Druckgefälle bzw. -kraft II 205
Druckkorrektur, v. d. Waalssche I 27
Dualismus, Licht I 34
Dublett I 106
Dulong II 136
Durchflußgeschwindigkeit II 207
Durchlässigkeit I 198
Durchmesser, Kerne I 298
–, Moleküle I 22, 27, II 88, 301
Durchtrittsfaktor III 138
Durchtrittskontrolle III 138, 162
durchtrittskontrollierte Reaktion III 135
dynamisches Gleichgewicht II 194
dynamisches (kinetisches) Gleichgewicht III 87, 197

Ebenen, Gitter- II 106, 121
ebullioskopische Konstante II 261
Edelgaskonfiguration I 116, 147
edle und unedle Metalle III 64
effektive Ladung und Masse II 154
effektives Potential I 108
– Volumen I 26
effektives spezifisches Volumen II 306
– periodisches Potential II 147
Eigen III 92, 216
Eigendrehimpuls I 91
Eigenfrequenz I 62, 74, 207, 212, II 19
Eigenfunktionen I 48, Anhang 20
–, H-Atom I 82
–, Oszillator I 64, 178
–, Rotator I 60
–, Translation I 53
Eigenhalbleiter II 151, 154
Eigenschaften, extensive bzw. intensive II 216
–, kolligative II 256
–, mittlere I 10
Eigenvolumen I 26, II 88
Eigenwertbedingung, Gitterschwingungen II 139, 164
–, Festkörperelektronen II 150
–, Rotation II 18
–, Schwingung II 19
–, Translation II 17
Eigenwerte, Drehimpuls- I 47
–, Energie- I 47

−, H-Atom I 81
−, Kerne I 308
−, Oszillator I 63, 75
−, Rotator I 60
−, Translation I 53
Einelektronenatome I 81
Einelektronenfunktionen I 82, 95
Einelektronengleichungen I 97
Einelektronennäherung I 108
Einelektronenorbitale I 97
Einelektronentheorie I 108
Einfangquerschnitt I 198
Einheitensystem (SI) Anhang 46
Einheitsmatrix I 122
Einheitsoperation I 125
Einheitsvektor Anhang 1
einkomponentige Systeme II 219
Einkristallverfahren II 109
Einlagerungsmischkristalle II 242
Einphasengebiet II 76, 220
Einsalzen II 270
Einstein II 1, 137, 306
Einstein, Äquivalenz Masse-Energie
	I 44, 300
−, Frequenzgesetz I 35
−, Übergangswahrscheinlichkeit I 194
Einsteinfunktion der Molwärme II 138
Einsteinsche Energieäquivalenz II 37
− Relation II 169
Einzelwahrscheinlichkeit II 7
elektrische Doppelschicht III 56, 128
− Energie I 243, Anhang 6
− Feldstärke I 242
− Kapazität I 243, 244
− Kraft I 242, 296
− Leitfähigkeit II 170, 296
− Punktladung I 242
− Spannung I 243
elektrischer Dipol I 193, 202, 247, 274
elektrisches Dipolmoment I 247
− Feld I 242, II 172, 289, 298
−, Ersatzschaltbild III 129
− Potential I 243, 248
elektrochemisches Gleichgewicht III 47, 49
− Phasen(Membran)gleichgewicht III 70
− Potential III 70
elektrochemische Zelle III 47
Elektrode, Amalgam- III 66
−, Arbeits- III 133
−, Bezugs(Referenz)- III 66, 133
−, Gegen- III 133
−, ionensensitive III 71
−, Kalomel- III 66
−, Metall/Metallion- III 64
−, polarisierbare III 130
−, Redox- III 62
−, Scheiben- III 166
−, Wasserstoff- III 61
− zweiter Art III 65
Elektroden III 61, 130
Elektrodenkinetik III 132
Elektrodenpotential III 53, Anhang 61
Elektrodenreaktion III 53, Anhang 61
elektrokinetische Effekte III 205
elektrokinetisches (Zeta) Potential III 209
Elektrolyse III 48
Elektrolyte II 284, III 35
elektrolytische Dissoziation III 35, 90

−, Leitfähigkeit II 282, 298
− Zelle III 50
Elektrolytlösung II 282
Elektrolytwiderstand III 134
elektromagnetische Strahlung I 32, Anhang 8
− Wechselwirkungen I 319
elektromotorische Kraft III 49
Elektronen, äußere I 116
−, Bindungs- I 148, 178
−, delokalisierte (freie) I 49, 116, 184, 213
−, innere I 108, 184, 223
−, lokalisierte I 154
−, Valenz- I 116
Elektronegativität I 180
Elektronenabstoßung I 96, 109, 140, 146, 186
Elektronenaffinität I 117
Elektronenanregung I 43
Elektronenaustrittsarbeit III 141
Elektronenbahnen, Bohrsche I 41
Elektronenbeugung I 282
Elektronendichte I 87, 109, 176, 220,
	II 124, 127, 154, 173
Elektronendichteverteilung I 288
Elektronenemission I 306, 312
Elektronenenergie I 39
Elektronengasmodell II 143
Elektronenkarte II 126
Elektronenkarten I 112, 176
Elektronenkonfiguration I 112, 116, 173
Elektronenladung I 31
Elektronenlücke I 293
Elektronenmasse I 31
Elektronenpaar I 148
Elektronenpolarisation I 246
Elektronenresonanz I 236
Elektronenspektren I 213
Elektronenstrahlen I 282
Elektronenübergänge I 43, 195, 213, 217
Elektronenüberschußbindungen I 188
elektronische Gitterfehler II 162
− Leitfähigkeit II 151, 155, 173
elektroosmotischer Druck III 205
Elektrophorese(osmose) III 206, 208, 212
elektrophoretischer Effekt II 295
elektrostatische Gesetze I 242
Element, Thermo- III 142
Elementargitter bzw. -zelle II 105
Elementarladung I 31
Elemtarreaktion III 80
Elementarteilchen I 319
Elemente, chemische I 112
−, Gruppen- I 125
Emission I 194, 195, III 171, 182
−, β-, I 306, 310
−, Röntgen- I 293
Emissionsspektroskopie I 36
EMK III 49, 190
Emmett III 151
endotherme Reaktion III 3
Energie, Aktivierungs- II 25, 208, III 101
−, Atom- I 112
−, Bindungs- I 67, 152, 155, 164, 178, 180,
	299, 302, III 12
−, Coulombsche I 42, 79, II 131
−, Dipol- I 250, 274
−, Dipol-Dipol- I 236, 250, II 188
−, Dispersions- II 190, Anhang 33

—, Dissoziations- I 67, 153, 180, 218
—, Elektronen- I 39
—, Fehlerbildungs- II 166
—, Fermi- II 34, 144, 155, III 141
—, freie und gebundene II 33, 59, 63, 80, 85
—, freie Reaktions- III 21
—, Gesamt- II 21
—, Gitter- II 130, III 14
—, Hydratations- II 289
—, innere II 16, 28, 37, 184, 246
—, Ionisierungs- I 116, 223, 227, III 145
—, kinetische I 14, 39, 72, II 74, 82
—, Lennard-Jones- II 186
—, Mischungs- II 42
—, mittlere II 5, 13, 15, 17, 182
—, Molekül- II 5
—, Niveau I 43
—, Nullpunkt- I 65, II 19, 63
—, Operator I 46, 47
—, Paar- II 82, 86, 184, 186, 201
—, potentielle I 42, 62, 72, II 74, 82, 87, 130, 186
—, Resonanz- I 163
—, Rotations- I 39, 57, II 18
—, Schema I 43
—, Schwellen- II 173
—, Schwingungs- I 62, II 19
—, Stör- I 104, 193, Anhang 33, 34
—, System- II 5, 16
—, thermische I 14, II 21
—, Translations- I 16, 54, II 17
—, Verteilung, MB- I 17
—, v. d. Waals- II 157, 186
Energiedichte I 34, Anhang 6
Energiedichte schwarzer Strahler III 172
Energiediskontinuität II 151
Energieeigenwerte I 47
—, Einelektronenatome I 81
—, He-Atom I 101
—, Kerne I 300, 302
—, Ligandenfeld I 185
—, Mehrelektronenatome I 112
—, Moleküle MO-Methode I 164, 175, 181
—, Moleküle VB-Methode I 148, 154
—, Oszillator I 63, 75
—, Rotator I 60
—, Translation I 53
Energieerhaltungssatz II 36
Energiekontinuum II 13
Energielücke II 154
Energieminimum II 42, 134
Energierauschen III 122
—, Reaktions- III 2
Energieübertragung Molekülkristalle III 181
Energieverteilung II 23, 145
Energieverteilung, MB- III 108, 116
Enolisierung III 93
Entartung I 16, II 6, 15, 22
Enthalpie II 45
—, Aktivierungs- III 104
—, freie II 59, 80, 93
—, freie Reaktions- III 21
—, Gitter- II 131
—, Hydratations- II 289
—, Mischungs- II 231, 246
—, Reaktions- III 2
—, relative II 272

—, Schmelz- II 263
—, Verdampfungs- II 193
Entmagnetisierung, adiabatische II 64
Entmischungspunkt II 237, 244
Entropie II 25, 53, 65
—, Aktivierungs- III 104, 107
—, Fehlerbildungs- II 166
—, Mischungs- II 30, 231, 246
—, Reaktions- III 24
—, Rotations- II 29
—, Schmelz- II 263
—, Schwingungs- II 29
—, Standard- II 70
—, Translations- II 29
—, Verdampfungs- II 194, 196, 260
Entropieproduktion III 200, 214
Enzymreaktion III 99
Ergiebigkeit bzw. Divergenz Anhang 3, 41
Erhöhung, Siedepunkts- II 259
Erniedrigung, Dampfdruck- II 257
—, Gefrierpunkts- II 262
errorfunction bzw. Fehlerfunktion Anhang 39
erste Lösungswärme II 271
erster Hauptsatz II 37, 42, III 6, 14
Erwartungswert I 46, 48, 56
Esterverseifung III 98
Eulersche Identität I 59, 258
Eutektikum II 240, 245
Evolutionsbedingung III 216
Ewaldsche Kugel II 110
exaktes bzw. vollständiges Differential II 38
Excitonen II 156, 158, III 180
exotherme Reaktion III 3
Expansion, adiabatische und isotherme II 45
—, Gas- II 26, 41, 60
extensive Eigenschaften II 27, 216
Extinktion I 98
Extraktion II 276
Eyring III 103, 120

Faktor, Atomstreu- II 123
—, Boltzmannscher e- II 24, III 109
—, Real- II 75
—, Struktur- II 123
Faradaykonstante II 285
Farbe I 196
Faserproteine II 160
FD-Verteilung II 32, 146, 154
FD-Verteilungsgesetz II 9
Fehler, Gitter- II 162
Fehlerbildungsenergie II 166
Fehlerbildungsenergie und -entropie II 166
Fehlerdichte II 166, 172
Fehlerfunktion bzw. errorfunction Anhang 39
Fehlordnungsgrad II 166
Feinstruktur I 93, 106, 208, 233, 296
—, Hyper- I 205
Feld, elektrisches II 172, 289, 298
—, elektromagnetisches Anhang 6
—, elektrostatisches I 242
—, induziertes elektrisches I 244
—, induziertes magnetisches I 261
— Liganden- I 140, 186
—, magnetisches I 260
—, Strahlungs- I 192, Anhang 7
Feldliniendichte I 242
Fermi I 313

Fermi-Dirac (FD)-Statistik II 1, 4
Fermienergie II 34, 144, III 141
Fermionen I 101, 206, II 3, 7
Fermitemperatur II 145
Fernordnung II 129
feste Polymere II 160
– Stoffe, Löslichkeit II 268, 271
Festkörper II 129, 169
Festkörperelektronen II 142
Festkörperenergie II 146
Festkörperkontakte III 141
Ficksche Gesetze II 169
Flächenladung III 128
flächenzentrierte Elementargitter II 105
Fluoreszenz III 176, 178
flüssige Mischungen II 228
Flüssigkeiten, Adsorption an III 166
–, Bindungsmodelle II 186
–, Dampfdruck II 193, 211, 219, 223
–, Gasmodell II 197
–, Mischbarkeit II 236
–, Struktur II 177, 206
–, Tröpfchen II 211
–, Zustandsgleichung II 184
F_2-Molekül I 174, 178
Folgereaktion III 92, 96
Formel, Stirlingsche II 7, Anhang 29, 37
Förster-Mechanismus III 181
Fourierintegral bzw. -transformation II 179
        Anhang 22
Fourierkoeffizient Anhang 23
Fourierreihe II 125, Anhang 22
Fouriersynthese II 124
Fouriertransformierte Anhang 24
fraktionierte Destillation II 227
Franck-Condonprinzip I 217
freie Aktivierungsenthalpie III 104
– Energie bzw. Enthalpie II 33, 39, 80, 85,
        93, 218, 246
– Mischungsenthalpie II 230
– Reaktionsenthalpie III 21, 22
– Standardbildungsenthalpie III 22
freie Elektronen I 49, 116, 213, 184
– Weglänge I 23
freies Flüssigkeitsvolumen II 198
Freiheiten eines Systems II 216
Freiheitsgrad I 15, 53, 67
Fremdatome II 165
Frenkel II 158
Frenkelfehler II 165
Frequenz I 32
Frequenz, Eigen- I 62, 74, 207, 212, II 119
–, Kreis- I 34
–, Larmor (Präzessions)- I 230
–, Rotations- I 236
–, Schwebungs- I 270
–, Sprung- II 172
–, Zerfalls- III 103
Frequenzbedingung I 43, 193
Frequenzfaktor III 101
Frequenzgesetz I 35
Frequenzspektrum bzw. -verteilung II 138, 165
Freundlich III 152
Fugazität II 93, III 26
Fugazitätskoeffizient II 94
Funktion, Abkling- III 92
–, Bloch- II 148
–, Debye- II 140
–, Einstein- II 138

–, Fehler- Anhang 39
–, Paarverteilungs- II 178, 182, 187, 204, 291
–, Spin- II 3
–, Teilchen- II 4
funktionelle chemische Gruppen II 159
Funktionen, Eigen- I 48, Anhang 20
–, Kugel- I 59, 80, 331
–, orthogonale Anhang 20
–, trigonometrische I 49
–, Zustands- bzw. Wellen- I 46
Fuoss II 298
F-Zentren II 162

galvanische Prozesse (Zelle) III 48, 50
ganze Lösungswärme II 275
Gas, Bosse- II 5
–, Fermi- II 5
–, reales II 74
–, v. d. Waals- II 79, 89
Gasadsorption III 145
Gasdichte I 9
Gasdruck I 13, II 41
Gaseffekte, reale II 89
Gaselektrode III 61, 72
Gase, ideale I 5, 6
–, reale I 5, 42
Gasgesetze I 2, 6
Gaskinetik I 11
Gaskonstante I 8
Gaslaser I 195, III 184
Gasmischung I 9
Gasmodell I 11
Gasmodelle II 143, 197
Gasmoleküle I 22, 54, 56, 61, 67
Gasthermometer I 5
Gasverflüssigung II 92
Gauß Anhang 17
Gaußscher Satz Anhang 41
Gaußsche Verteilung II 170, 279, Anhang 37
– Glockenkurve Anhang 39
Gay-Lussac I 4, 5
Gay-Lussacsches Gesetz I 5
gebundene Energie II 33
Gefrierpunktserniedrigung II 262
Gegenelektrode III 133
Gegenreaktion III 88
Gegenstromextraktion bzw. Craigprozeß II 276
gelöste Stoffe II 217, 257
gerichtete Valenz I 154
Gerischer III 193
Germer I 44
Gesamtdrehimpuls I 92, 99
Gesamtdruck I 9
Gesamteigenfunktionen I 101
Gesamtenergie II 5, 21
Gesamtspin I 100
Geschwindigkeit, Ausbreitungs- II 139
–, Durchfluß- II 207
–, häufigste I 18, II 23
–, Licht- I 33
–, mittlere I 13, 21
–, mittlere quadratische II 24
–, Oxidwachstums- III 157
–, Reaktions- III 79, 197, 202
–, relative I 23
–, Sedimentations- II 303
–, Strömungs- II 205
–, Winkel- I 39, III 164

Geschwindigkeitsgesetze III 80, 82
Geschwindigkeitsgleichung III 80
Geschwindigkeitskonstante III 80, 100
Geschwindigkeitstheorien III 103, 107, 113, 118, 120
Geschwindigkeitsverteilung, MB- I 16, 19, II 24, 304
Gesetz, Anlauf- III 158
—, Absorptions- (Lambert-Beersches)- I 199
—, Assoziativ- I 126
—, Boyle-Mariottesches I 2
—, Coulombsches I 242
—, Curiesches I 264
—, Daltonsches I 9
—, Debye-Hückelsches II 293
—, Ficksches, erstes und zweites II 169
—, Frequenz- I 35
—, Hagen-Pouiseuillesches II 207
—, Hebel- II 226
—, Henrysches II 269
—, Hookesches I 61, II 163
—, ideales Gas- I 8
—, Kommutativ- I 126
—, Lambert-Beersches III 174
—, Massenwirkungs- III 25, 89
—, Moseleysches I 295
—, Nernstsches II 275
—, Newtonsches Reibungs- II 205
—, Ohmsches II 171, 282
—, Ostwaldsches Verdünnungs- III 37
—, Plancksches Strahlungs- III 172
—, Quadratwurzel- II 284
—, Stokessches II 167, 300
—, T^3-II 141
—, turbidimetrisches Streu- I 273
—, vant' Hoffsches II 266
—, Verteilungs- II 9, 32
—, Zerfalls- I 311
g-Faktor, Lande I 94
—, Kern- I 230, 298
gg bzw. gu (ug)-Kerne I 303
Giauque II 64
Gibbs II 17
Gibbssche bzw. kanonische Verteilung II 17, 82, 203
Gibbs-Duhemsche Gleichung II 234, III 34
Gibbs-Helmholtzsche Gleichung III 21, 200
Gitter I 36
Gitter, reziprokes II 109
Gitterebene II 102, 106
Gitterebenenabstand II 107
Gitterenergie- bzw. -enthalpie II 130
Gitterfehler II 162
Gitterkonstante II 106, 131
Gitterleerstelle II 165, 188
Gittermodell II 290
Gitterpotential II 147
Gitterraum II 172
Gitterschwingungen II 138, 163, III 172
Gittersystem II 64
Gleichgewicht, chemisches III 21, 33
—, Dissoziations- II 286, III 35
—, Donann- III 74
—, dynamisches (kinetisches) II 195, III 87, 197
—, elektrochemisches III 47
—, Lösungs- III 35
—, mechanisches II 42
—, Membran- III 69

—, osmotisches II 266
—, Phasen- II 219, III 70
—, Sedimentations- II 305
—, Strahlungs- III 172
—, thermisches II 57
—, thermodynamisches II 60
—, Verteilungs- II 276
Gleichgewichtsabstand I 146, 153
Gleichgewichtsbedingungen II 219
Gleichgewichtskonstante II 216, 288, III 25, 29
Gleichgewichtszustand I 146
Gleichrichterwirkung III 145
Gleichung, Arrheniussche III 101
—, Bewegungs- I 13, 40, 62, 66, 68, 70, II 163, 167, 201
—, chemische Reaktions- III 4
—, Clausius-Mosotti- I 246
—, Dampfdruck- II 194
—, Debye- I 253
—, Diffusions- II 169
—, Eigenwert- I 47
—, Geschwindigkeits- III 80
—, Gibbs-Duhemsche III 34
—, Gibbs-Helmholtzsche III 21
—, Hendersonsche III 60
—, Kontinuitäts- II 169, 312
—, Langevin- I 262
—, Maxwellsche- I 323
—, Nernstsche III 55
—, Poisson- II 290, Anhang 7, 40
—, Poisson-Boltzmannsche II 291, Anhang 41
—, Relaxations- III 91
—, Schwingungs- II 139
—, Schrödinger- I 47, II 148
—, Transformations- I 69, 120, Anhang 8
—, Wellen- I 46
—, Wierl- I 277
—, Zustands- II 40, 74, 79, 184
—, Zustands-, thermische I 9
—, —, v. d. Waalssche I 27
—, —, quantenmechanische I 46
Gleichverteilungssatz II 12, 14, 202, 221
Goldschmidt II 135
Goldschmidtsche Radien II 136
Gouy III 131
Gouywaage I 262
Gradient Anhang 3
Grenzfläche, Phasen- III 127
Grenzleitfähigkeit, elektrolytische II 284
Grotthus II 287
Grundschwingung (Eigenfrequenz) I 62, 74, 207, 212
Grundzustand I 41, 43, 87
Gruppe, C_{3v} — I 129
—, $C_{\infty h}$ — I 179
—, $D_{\infty h}$ — I 171
Gruppe, Raum- II 102
—, funktionelle chemische II 159
Gruppen I 125
Gruppeneinteilung I 133
Gruppenregeln I 130
Gruppentheorie I 118

Hagen-Pouiseuillesches Gesetz II 205
Hahn I 317
Halbleiter II 151, 153
Halbleiter/Elektrolytkontakte III 191

Halbleiterkontakte III 143
Halbstufenspannung III 140
Halbwertsbreite III 175
Halbwertszeit I 311, III 83
Haloformreaktion III 93
Haltepunkt II 239
Hamiltonoperator I 47, 119
harmonischer Oszillator I 61, 72
H-Atom, Bohrsches I 36
−, Eigenfunktionen I 82
−, Eigenwerte I 81
Hauffe III 147
häufigste (wahrscheinlichste)
    Geschwindigkeit I 18, II 23
Hauptachsen I 56, 131
Hauptquantenzahl I 81
Hauptsatz, erster III 6, 14
Hauptsatz der Thermodynamik, erster
    II 37, 42
−, zweiter II 53, 57
−, dritter II 65
Hauptschale I 112
Hauptträgheitsmoment I 204
HCl-Molekül I 65, 175, 201, 257
He-Atom I 101
Hebelgesetz II 226
Heisenberg I 45, 307
Heisenbergsche Unschärferelation
    I 46, 236, 301
Heitler I 148, II 313
Helium II 34
α-Helix II 161
Helmholtz III 131
Helmholtzschichten III 129
Hendersonsche Gleichung III 60
Henrysches Gesetz II 269
Hermann I 134
Hermitesche Differentialgleichung Anhang 13
− Polynome I 63, Anhang 13
Hertz I 33
Hess III 6
Hesscher Wärmesatz III 6
heterogene Katalyse III 153
− Reaktionen III 127
heteropolare Bindung I 145
heteronukleare Moleküle I 175
hexagonal dichteste Kugelpackung II 153
Hinreaktion III 88
Hinshelwood III 116
H_2-Molekül I 148, 153, 168, 216
hochauflösendes nmr-Spektrometer I 232
homogene Katalyse III 97
− Reaktionen III 79
homogenes Feld I 250
− Kontinuum I 244
homogenes Kontinuum II 139, 289
H_2O-Molekül I 68, 137, 157, 257
homonukleare Moleküle I 170
homöopolare Bindung I 145
Hooksches Gesetz I 61, II 163
Hückel II 281, 290, 295
Hückelsche Näherung I 167
Hüllenintegral Anhang 7, 33, 40
Hund I 145
Hundsche Regel I 113
Hybridisierung, Resonanz- I 162
Hybridorbitale I 155, 161
Hydratation bzw. Solvatation II 288
Hydratationszahl II 288

Hydrathülle II 288, 294
Hydratkäfig III 135
Hydrierungsreaktion III 6
Hydroniumionen II 289
Hyperfeinstruktur I 205, 298

ideale Lösung II 257, 284
− Mischung II 228
ideales Gas, Kriterien I 5, 7, 8, 9
− −, Energie I 14, 54
− Gasgesetz I 8
Identität I 122, 125, 131
Identitätsperiode II 134
Impuls, Bahn- I 39, 90
−, Dreh- 39, 90
−, Eigendreh- I 91
−, Gesamtdreh- I 92, 99
Index, Millerscher II 102, 107
individuelle Aktivitätskoeffizienten II 293
Indizierung II 117
Induktion, elektrische I 251
−, magnetische I 250, 260
Induktionswechselwirkung II 190
induzierte Emission I 194, III 171, 182
induziertes elektrisches Feld I 244
− − Dipolmoment I 245, II 189
inkohärentes Streulicht I 268, 272
inkongruentes Schmelzen II 241
innenzentrierte Elementargitter II 105
innere Energie II 16, 28, 37, 184, 246
− Elektronen I 108, 223, 295
− Quantenzahl I 92
− Rotation I 205
− Schwingungen III 116
Integral, Austausch- I 104, 151
−, Coulomb- I 104, 151
−, Fourier- I 342 f., II 179
−, Hüllen- I 327, II 313, 320
−, Linien- II 39
−, Phasen- I 38
−, Überlappungs- I 151
−, Volumen- Anhang 41
Integrale, spezielle bestimmte Anhang 4
−, Ersatz von Summen durch Anhang 5
integrale Adsorptionswärme III 147
−, Lösungswärme II 275
Intensität, Dipolstrahlungs- I 274
−, Beugungs- I 280, 286
−, Linien- I 195, 199
−, elektromagnetische Strahlungs- I 281,
    Anhang 8
−, Röntgenreflex- II 123, 177
Intensitätsverteilung I 275
intensive Eigenschaften II 216
Interferenz I 278
Interferenz, Röntgen- II 109
Interferenz- bzw. Reflexionsbedingung
    II 110
Interkombinationsverbot I 106
Inversion I 133, 196
Inversionstemperatur II 92
Inversionszentrum II 102
Ion-Dipolwechselwirkung II 288
Ionenaktivität II 257, 293
Ionenassoziate II 298
Ionenbindung I 145
Ionencharakter I 256

Ionenkristalle II 126, 130
Ionenleitfähigkeit II 284
Ionenmolekül I 170
Ionenradien II 135
Ionenreaktionen III 8
ionenselektive Elektroden III 71
Ionenstärke II 291
Ionenwolke II 288, 290, Anhang 40
Ionisationskontinuum I 43
Ionisierung I 116, 243
Ionisierungsenergie bzw. -potential
   I 116, 223, 227, 259
IR-Aktivität I 208, 211
IR-Spektren I 206, 213
irreduzible Darstellung I 127
irreversible Prozesse, lineare III 200
—, nichtlineare III 215
irreversible Thermodynamik III 195
irreversibler Prozeß II 30, 42, 58
— Fehler II 163
Irrflugproblem II 303
isenthalpiescher Prozeß II 92
Isobare, van't Hoffsche III 27
isobare Kerne I 305
Isobarenregeln, Mattauchsche I 306
isochorer und isothermer Prozeß II 43
isochore Reaktion III 28
isoelektrischer Punkt III 213
Isolator II 151
isolierte Teilchen II 1
Isotherme, Adsorptions- III 148
Isothermen I 3, 25, II 45, 76, 79
isotope Kerne I 296, 305
Isotopengemisch I 296
Isotopenregeln, Astonsche I 306
Isotopenspin I 320
Isotopentabelle Anhang 52
isotrope Polarisierbarkeit I 245, 270

Joule II 91
Joule-Thomsonkoeffizient II 92

K-Einfang I 306, 314
K-Serie, Röntgen- I 295
Käfigeffekt II 198, III 119, 135
Kalorie II 41
Kalorimeter II 49, III 5
kanonische bzw. Gibbssche Verteilung
   II 17, 82, 203
Kapazität, elektrische I 243, III 130
—, Puffer- III 40
kapazitiver Verschiebungsstrom III 130
Kapillarmethode II 209
Karplus III 120
Karten, Elektronen- I 112, 176
Kassel III 117
Katalysator III 82, 97, 219
Katalysatorvergiftung III 156
Katalyse, heterogene III 153
—, homogene III 97
Kathode III 47
kathodischer Strom III 134
Keime II 212
Kekuléstruktur I 162
Kelvin I 4, II 57
Kernabstand I 152, 173, 178, 290

Kernanregung I 314
Kerndichte I 298
Kerndrehimpuls I 230, 298
Kerndurchmesser (-radius) I 298
Kernenergie I 299, 302
Kern g-Faktor I 230, 298
Kernkräfte I 306
Kernladung I 81, 296
Kernmagneton I 298
Kernmasse I 296
Kernmoment I 298
Kernreaktionen I 316
Kernresonanzspektroskopie I 228
Kernspaltung I 317
Kernspin I 298
Kernstabilität I 301
Kerreffekt I 256
Kettenreaktion III 97, 187
Kinetik, Elektroden- III 132
— heterogener Reaktionen III 127
— homogener Reaktionen III 79
kinetische Energie I 14, 39, 72, II 74, 82
kinetische Reaktionskonstrolle III 197
kinetisches Gasmodell I 11
kinetisches (dynamisches) Gleichgewicht III 87
Kirchhoffscher Satz III 9
Klammersymbol I 193
Klassen I 126, 129
Koeffizient, Absorptions- I 198
—, Aktivitäts- II 232, 257, 293
—, Ausdehnungs- II 40, 72, 90
—, Diffusions- II 168, 301
—, Fourier- II 124, Anhang 23
—, Fugazitäts- II 94
—, Joule-Thomson- II 92
—, phänomenologischer II 167, III 205
—, stöchiometrischer III 2, 55
—, Virial- II 74, 75
—, Viskositäts- II 205
Koeffizientendeterminante Anhang 18
Koexistenzgebiet von Phasen II 76
kohärentes Streulicht I 268, 272
Kohlrausch II 284
kolligative Eigenschaften II 256
Kollisionsenergie III 107
Kolloide III 206
Kombinationen mit Wiederholung II 9
— ohne Wiederholung II 6
kommutative (Abelsche) Gruppe I 126
Kommutativgesetz I 126
kommutierende Operatoren I 91
Komplex, Übergangs- III 101, 103, 120
Komplexverbindungen I 185
Komponenten eines Systems II 225
Kompression, Gas- II 41
Kompressibilität II 40, 72, 90
Kondensator I 243
Konfiguration, Elektronen- I 112, 116, 174
—, Molekül- II 82, 202
Konfigurationswechselwirkung I 170
Konfigurationszustandssumme II 83, 182
konjugierte Doppelbindung I 160, 164, 172,
   181
Konstante, Boltzmann- I 15
—, Dissoziations- II 288
—, ebullioskopische II 261
—, Faraday- II 285

−, Gas- I 8
−, Gleichgewichts- II 216, 288
−, Kraft- I 61, 207, II 141, 163
−, kryoskopische II 263
−, Madelung- II 133
−, Pascalsche I 264
−, Plancksche I 35
−, Rotations- I 200
−, Zerfalls- I 311
konstruktive Interferenz I 278
Kontakt, pn- III 144
Kontaktpotential III 142
Kontinuitätsgleichung II 169, 312
Kontinuum I 244, II 139, 289
Kontrolle, Geschwindigkeits- III 84, 139
    162, 197
Konversion III 171
Konzentration I 9
Konzentration, Sättigungs- III 43
−, Total- III 37
Konzentrationsabhängigkeit, EMK III 51
−, Gleichgewichtskonstante III 36
Konzentrations- bzw. Dichtegradient II 169
Konzentrationsmaße II 217, Anhang 48
Konzentrationsverteilung III 212
Konzentrationszelle III 57
konzertierter Schritt III 84
kooperative Protonenwanderung II 286
Koordinate, Reaktions- III 102
Koordinaten, kartesische I 12, 68
−, Kugel- I 58, Anhang 8
−, Lage- I 39, 70
−, Normal- I 72
−, Polar- I 274
−, Spin- I 92
−, verallgemeinerte I 68
Koordinationszahl II 181
Kopplung, jj- I 309
−, Kerndrehimpuls- I 206
−, Moleküldrehimpuls- I 214
−, Russel-Saunders-(LS)- I 99
−, Spin-Bahn- I 92, 105
−, Spin-Spin I 99, 105, 233, 237
Korpuskel(Teilchen)bild, Licht I 35, 281
Korrekturen, v. d. Waalssche I 25
Korrelationsdiagramm I 141, 175, 309
Korrosion III 65, 157
Kossel I 145
kovalente Bindung I 144
− Radien I 290, II 159
Kraft, Coulombsche I 40, 242
−, Druck- II 205
−, elektrische I 242, 296
−, elektromotorische III 49
−, Gravitations- II 209
−, Hookesche Feder- II 163, I 61
−, magnetische I 297
−, Stokessche Reibungs- II 167, 205, 300
−, thermodynamische III 198
−, verallgemeinerte I 69
−, Zentrifugal- I 40, 226, II 300
Kräftegleichgewicht I 40, 296
Kraftfluß II 320
Kraftkonstante I 61, 207, II 141, 163
Kreisfrequenz I 34
Kreisprozesse II 55, 66, III 6, 14
Kristalle, Ionen- II 129, 130
−, Metall- II 129, 157

−, Misch- II 240, 242, 245
−, Molekül- II 121, 129, 157
−, Valenz- II 129, 153
Kristallbindung II 126
Kristallfeldtheorie I 185
Kristallfeldübergang, Laser III 183
Kristallform II 101
Kristallgitter II 105
Kristallklassen II 103
Kristallsymmetrie II 100
Kristallsysteme II 102
kritische Daten II 77
kritischer Entmischungspunkt II 237, 244
− Punkt II 76
kritischer Punkt I 25
− Reaktor I 319
Kroneckersymbol I 130, Anhang 2
Kronig-Penneypotential II 147
kryoskopische Konstante II 263
kubisch dichteste Kugelpackung II 153
kubischer Potentialtopf I 52
Kugel, Ewaldsche II 110
Kugelfunktionen I 59, 80, Anhang 11
Kugelkoordinaten I 58, Anhang 8
Kugelmodell, starres II 135, 167, 186
Kugeln, starre III 107, 110
Kugelpackungen II 152
künstliche Kerne I 310
Kunststoffe II 161
Kurzschlußreaktion III 64

L-Serie, Röntgen I 295
LS-Kopplung I 99
labiler Zustand III 217
Ladung, Elektronen- I 31
−, Grenzflächen- III 128
−, Kern- I 81, 296
−, Punkt- I 242
−, spezifische I 225, 297
Ladungsdichte I 87, 243, 288, II 172,
    Anhang 40
Ladungsnullpunkt III 130, 213
Ladungsschwerpunkt I 256
Ladungsunabhängigkeit I 319
Ladungsverteilung I 247, 288, II 124, 291
Lagekoordinaten I 39, 70
Lagrangesche Bewegungsgleichung I 71
− Funktion I 71
Lagrangesche Multiplikatoren II 9, 11, 32,
    Anhang 29
Laguerresche Differentialgleichung Anhang 19
− Polynome I 81, Anhang 19
Lambert-Beersches Gesetz I 196, III 174
laminare Strömung II 206
Lande-g-Faktor I 94
Langevingleichung I 262
Langmuir III 148
Langmuirisotherme III 150
Langmuirwaage III 166
langsame Neutronen I 316
Lanthaniden I 223
Laplaceoperator I 58, Anhang 3, 8
Larmorfrequenz I 230
latente Wärme II 49, 68
v. Laue I 281
Laueverfahren II 111
Laufzahl, Reaktions- III 200

LCAO I 165
Lebensdauer I 199, 236, III 115, 171, 174 177
Leckstrom III 145
Leerstellen, Gitter- II 162
Legendresche Differentialgleichung Anhang 11
– Polynome I 59, Anhang 11
Leitfähigkeit, Äquivalent- II 283, 295
–, elektrische II 170
–, elektronische II 151, 155, 173
–, Ionen- II 284
–, spezifische II 171, 282
Leitfähigkeitswasser II 287
Leitfähigkeitszelle II 282
Leitungsband II 151
Lennard-Jonesenergie II 186, III 110
Leptonen I 319
Lewis I 148
Licht, Dualismus I 34
Lichtfrequenz I 33
Lichtgeschwindigkeit I 33
Lichtquellen, Spektrum III 172
Lichtstreuung I 268
Lichtwellenlänge I 34
Liganden I 139
Ligandenfeld I 186
Lindemann III 113
lineare irreversible Thermodynamik III 197
Linearkombination II 2, 158
Linearkombinationen I 49, 59, 84, 98, 100, 129
linear polarisiertes Licht I 196
Linien, Absorptions- I 199, 223
Linienbreite I 199, 236
Linienintegral II 39
Linienintensität I 195, 199
Linienlage I 199
Linienspektrum I 37, 223
Liquiduskurve II 242
Löcher, positive II 151, 155
Lochfraß III 65, 162
lokalisierte Elektronen I 154
London I 148, Anhang 33
Londonsche Dispersionsenergie II 190, Anhang 33
Loschmidtsche (Avogadrosche) Zahl I 7
Löslichkeits(Aktivitäten)produkt III 43
Löslichkeit von Gasen II 268
– von festen Stoffen II 270
Lösung, Puffer- III 40
Lösungen II 257, 282, 298
Lösungsgeschwindigkeit III 165
Lösungsgleichgewicht III 35
Lösungsreaktionen III 35, 162
Lösungswärmen II 271
Lücke, Energie- II 154
–, Mischungs- II 237
Lymanserie, H-Atom I 38

Madelungskonstante II 133
magische Nukleonenzahl I 310
Magnetfeldaufspaltung, Maser III 184
magnetische Dipol-Dipolwechselwirkung I 93, 235, 250
– Induktion I 250, 260
– Kraft I 225, 297
– Permeabilität I 260
– Quantenzahl I 59, 95
– Suszeptibilität I 261

magnetisches Dipolmoment I 93, 261
– Feld I 260
Magnetisierung I 231, 260
Magnetisierung, isotherme II 65
Magnetismus I 262
magneto-mechanische Anomalie I 94
Magneton, Bohrsches I 94
–, Kern- I 298
Maiman III 183
Makromoleküle I 273, 278
Makromoleküllösungen II 298
Mariotte I 2
Maser III 184
Masse, reduzierte I 40
Massendefekt I 299
Massendichte I 9
Masseneinheit I 296
Massenmittel II 300
Massenspektroskopie I 224
Massenverteilung I 227, II 298
Massenwirkungsgesetz III 25, 89
Massenzahl I 296
Materiewellen I 44
Matrix, Einheits- I 122
Matrix, irreduzible I 127
–, Produkt- I 122
–, reduzible I 127
–, Transformations- I 121
–, unitäre I 121
Matrixelement I 202, 272
Matrizendarstellung I 120
Mattauchsche Isobarenregeln I 306
Mauguin I 134
maximal nutzbare Arbeit II 59
Maxwell-Boltzmann(MB)-Statistik II 1, 10, 11
Maxwellsche Gleichungen IV, 3
Mayer I 146
MB-Energieverteilung I 17, II 23, III 108, 111
MB-Geschwindigkeitsverteilung I 19, II 23
McLaurinscher Mittelwertsatz I 335
McLeod II 210
Mechanismus, Förster- III 181
–, Reaktions- III 82
mehratomige Moleküle I 67, 71
Mehrelektronenatome (Elemente) I 107
Membrane III 69, 74
Membrangleichgewicht III 69
Membranpotential III 71
Mesonen I 307, 319
Messing II 249
Metallbindung II 127
Metallelektronen II 142, 151, III 141
Metall/Elektrolytkontakte III 130
Metallkontakte III 141
Metallkristalle II 129, 157
Metall/Metallionelektrode III 64
metastabiler Zustand III 22
Metastabilität II 215, 221
Metropolis II 203
Mikrowellenabsorption I 201
Millerscher Index II 102, 107
mischbare und unmischbare Flüssigkeiten II 236
Mischkristalle II 240, 242, 245
Mischphasen II 215, 223, 245
Mischphasenthermodynamik II 228, III 33
Mischung, Gas- I 9
Mischungen, flüssige II 228

Mischungsenergien II 230, 246
Mischungsentropie II 30, 231, 246
Mischungslücke II 237
Mischungswärme II 223
Mittel, Massen- II 300
— Zahlen- II 299
Mittelwert, statistischer I 20, II 5
Mittelwertsatz I 334
mittlere Aktivität bzw. Koeffizienten II 293
— Eigenschaften II 5
— Energie II 5, 182
—, freie Weglänge I 23
— Geschwindigkeiten I 13, 21
— kinetische Energie I 14
— Molmasse I 10, II 298
— quadratische Abweichung II 319
— quadratische Geschwindigkeit II 24
— Rotationsenergie II 19
— Schwingungsenergie II 19
— Streulichtintensität I 285
— Translationsenergie II 18
mittleres Moment I 251
mittleres Verschiebungsquadrat II 170, 302
Modell, Bänder- II 146
—, Elektronengas- II 142
—, Gitter- II 190
—, kinetisches Gas- I 12
—, Kugel- II 135, 167, 186
—, starre Kugeln I 22
—, Tröpfchen- I 301
—, Vektor- I 89, 214
MO-Energiediagramm I 169, 178, 183, 186,
    220, 225
mol I 7
Molalität und Molarität II 217, 257
molare Suszeptibilität I 262
Molekül I 11
Molekül, Gas- I 22, 54, 56, 61, 65
Molekularbewegung, Brownsche II 301
Molekulargewicht I 8
Molekularsieb III 152
Molekularstrahlexperimente III 110
Molekülaufbau I 144
Molekülbindung I 144
Moleküldichte I 23, II 176, 182
Moleküldurchmesser I 22, 24, II 88
moleküldynamische Computersimulation
    II 201
Molekülenergie II 82, 202
Molekülkonfiguration II 82, 202
Molekülkristalle II 121, 129, 157
Molekülmoment I 245, II 188
Molekülorbital (MO) I 168, 170, 178
Molekülspektren I 191
Molekülstöße, reaktive III 111
Molekülsymmetrie I 119, 131
Molekülzustandssumme II 16, 82
Molekülzustandssumme, reduzierte III 30
Molenbruch bzw. Mol% II 217, 257
Molmasse I 8, 10, II 267, 299, 303, 307
Molpolarisation I 254
Molrefraktion I 255
Molvolumen I 9, 27
Molwärme bzw. spezifische Wärme bzw.
    Wärmekapazität von idealem Gas II 39,
    46, 50, 72
— von realen Gasen II 90
— von Festkörpern II 136
— von Flüssigkeiten II 199

— von Metallen II 142
Molwärmeänderung bei Reaktionen
    III 9, 23
Molwärmedifferenz II 46, 89, 198
Molzahl I 8
Molzahländerung bei Reaktionen III 3
Moment, Atom- I 94
—, Bindungs- I 259
—, elektrisches I 249, 257
—, magnetisches I 93, 261
—, mittleres I 251
—, Multipol- I 249
—, Trägheits- I 39, 61, 203
—, Übergangs- I 194, 258, 270
monochromatisches Licht I 278
Monochromator I 199
monomolekulare Reaktionen III 80, 82
— Zerfallsreaktionen III 113
Monte Carlosimulation von Flüssigkeiten
    II 203
Morseenergie I 67, 220
Mosaikstruktur II 117
Moseleysches Gesetz I 295
Mosotti I 246
MO-Theorie I 165, 186
Mulliken I 145, 180
Multiplikationsregel I 122
Multiplikationstafel I 125
Multiplikatoren, Lagrangesche II 9, 11, 32,
    Anhang 29
Multiplizität I 106
Multipolmoment I 249

NaCl I 146
NaCl-Struktur II 120
Näherung des stationären Zustandes
    III 95, 100
Nahordnung II 180
Nebelkammer I 315
Nebenquantenzahl I 81
Negativität, Elektro- I 180
Nernst II 66
Nernstsche Gleichung III 53, 55
— Schicht III 164
—, Verteilung II 275
Neutralpunkt III 41
Neutrino I 313
Neutronen I 228, 298
Neutronen, langsame (thermische) I 316
Neutronenabsorption I 317
Neutronenemission I 316
Neutronenüberschuß I 306
Newton I 34
Newtonsche Bewegungsgleichung I 68
Newtonsches Axiom I 13
n-Halbleiter II 156
nichtbindende MO-Zustände I 188, 220
Nichtgleichgewichtspotential III 133
Nichtgleichgewichtsthermodynamik III 195
nichtideale bzw. reale Lösungen II 257, 290
— flüssige Mischungen II 228
nichtlineare irreversible Thermodynamik
    III 197
— Prozesse III 215
nichtstationäre Zustände I 47, 192
nichtstöchiometrische Oxide III 159
Niveau, Energie- I 43
Niveau- bzw. Kapillardepression II 210

Nomenklatur, MO- I 171
—, Symmetrie- I 134
Normalität II 284
Normalkoordinaten I 72
Normalschwingung I 67, 138, 211, II 20, 52
Normierung, Teilchen- II 11
Normierungsbedingung I 17, 46, 87, 98, 103, 155, 322
Nullpunkt, absoluter I 5, II 64
Nullpunkt, Ladungs- III 130, 213
Nullpunktenergie I 65, II 19, 63
Nullpunktentropie II 67
Nutzarbeit III 48
Nutzarbeit, maximale II 59, 60

Oberfläche II 162, 208
Oberfläche, spezifische III 151
—, Flüssigkeits- III 166
Oberflächenspannung II 208
Oberschwingungen I 207
Ohmsches Gesetz II 171, 282, III 198, 205
Oktaederfeld I 140
oktaedrische Komplexe I 186
Onsager II 281, 295
Onsagerrelationen III 213
Operation, C_{3v}- I 125
—, Identitäts- I 122
—, Produkt- I 124, 126, 132
—, Symmetrie- I 120
—, Umkehr- I 121
Operationen, Symmetrie- II 102
Operator I 46, 47
—, Drehimpuls- I 89
—, Energie- I 46
—, Hamilton- I 47
—, kommutierender I 91
—, Laplace- I 58, Anhang 3, 8
optischer Dispersionsast II 164
Oppenheimer I 202
Orbital, Atom- (AO) I 84, 108, 154
—, d-Atom- I 84, 140, 185
—, Hybrid- I 156, 161
—, Molekül- (MO) I 168, 170, 178
—, System II 3
—, Valenz- I 154
Ordnung I 127
Ordnung, Beugungs- II 112
—, Fehl- II 166
—, Fern- II 129
—, Nah- II 180
—, Reaktions- III 81
Ordnungsgrad bzw. -parameter II 250
Ordnungszahl I 107, 295
Ordnung- Unordnungsumwandlung II 249
Orientierungspolarisation I 246
orthogonale Vektoren Anhang 1
Orthogonalitätsbedingungen I 98, 103, 139, 150, 155, Anhang 2, 20
ortho-Wasserstoff I 206
Ortsvektor I 120, 248, Anhang 1
Osmose, Elektro- III 207, 208
osmotischer Druck II 265, III 74
osmotisches Gleichgewicht II 266
Ostwaldsches Verdünnungsgesetz III 37
Oszillator II 19, 138
Oszillator, harmonischer I 61, 71
—, anharmonischer I 67

Oszillatorenergie III 72
oszillierende Reaktionen III 217
Oxidation III 48, 153, 157
Oxidationsphasen III 158
Oxidschicht III 157

Paar, Elektronen- I 148
Paarenergie bzw. -wechselwirkung II 82, 86, 184, 186, 201
Paarverteilungsfunktion II 89, 178, 182, 187, 204, 291
Packungsdichte II 129, 134, 152
Parabelpotential I 61, 308
Parabelverfahren I 296
parabolisches Anlaufgesetz III 158
Parachor II 210
parallele Elektronenspins I 99, 113, 152
— Kernspins I 205, 233
parallele Reaktionen III 96
paramagnetische Salze II 64
paramagnetische Suszeptibilität I 264
Paramagnetismus I 262
Parameter, Ordnungs- II 250
—, v. d. Waals- II 78, 88, 93
para-Wasserstoff I 206
Partialdruck I 9, II 223
Partialdruckverhältnis bei Reaktionen III 25
partielle Integration Anhang 31
partielles Differential II 38, 39
Pascalsche Konstanten I 264
— Korrekturen I 264
Pauli I 313
Pauling I 158, 179, 185, 287
Pauliprinzip I 100, II 4
Peierls II 158
Periode I 33, 62, 342 f.
periodische Bewegung I 62, 74
periodisches Gitter II 105
— Potential II 247
periodisches System der Elemente I 116, Anhang 65
peritektische Reaktion II 241
Permeabilität, magnetische I 34, 260
Permutationsfaktor II 4, 10, 17, 29, 100
Perpetuum mobile II 43
Petit II 136
Pfundserie, H-Atom I 38
p-Halbleiter II 155
phänomenologische Koeffizienten II 167, III 205
Phase eines Systems II 215
—, stationäre und mobile II 276
—, Dampf- II 77, 223, 257
—, Misch- II 215, 223, 245, 281
Phasen III 4, 33
Phasen- bzw. Zustandsdiagramm II 76, 219
Phasendifferenz I 280, II 123, 177
Phasengleichgewicht II 219
Phasengleichgewicht, chemisches III 70, 147
—, elektrochemisches III 70
Phasengrenzfläche III 127
Phasenintegral I 38
Phasenregel II 216
Phasenumwandlung II 49, 68, 76, 81, 219, 248
Phasenverteilungskurve II 277
Phenolrot I 222
pH-Messung III 71
Phonon II 163

Phosphoreszenz III 179
photochemische Reaktionen III 170, 176
Photoelektronenspektroskopie I 223
Photo-EMK III 191
Photolyse, Blitzlicht- III 188
Photonen I 34
Photosynthese II 158
Photozelle III 190
pH-Wert III 38
physikalische Adsorption III 146
Planck I 35, II 66
Plancksches Strahlungsgesetz III 172
Plancksches Wirkungsquantum I 35
Platinelektrode III 62
Plattenkondensator I 243, III 130
Poissongleichung II 290, Anhang 7, 40
Poisson-Boltzmanngleichung II 291,
    Anhang 41
Polanyi III 120
Polarisation, dielektrische I 241, 244
—, elektrische III 50, 130, 143, 146
—, Orientierungs- I 246
—, Verschiebungs(Elektronen)- I 246
polarisierbare Elektrode III 130
Polarisierbarkeit I 245, 255, 277, II 190,
    Anhang 36
polarisierte Strahlung (Licht) I 195, 275
Polarität, Bindungs- I 175, 256
Polarkoordinaten I 274
Polarographie III 138
Polymere II 307
Polymerisation III 97
Polymorphie II 220
Polynome, Hermitesche I 63, Anhang 13
—, Laguerresche I 81, Anhang 19
—, Legendresche I 59, Anhang 11
Polypeptide II 160
Polypropylen II 162
Populationsumkehr III 182
Positron I 310, 313
Postulate, Bohrsche I 38
—, gaskinetische I 12
—, quantenmechanische I 46
Potential, appearence- I 228
—, chemisches II 32, 218, III 33, 132
—, Diffusions- III 57, 59
—, Donnan- III 76
—, Dipol- I 249
—, effektives I 108
—, elektrisches III 70, 132
—, elektrochemisches III 70, 132
—, elektrokinetisches (Zeta)- III 209
—, Elektroden- III 53
—, Kontakt- III 142
—, kugelsymmetrisches I 79
—, Membran- III 71
—, Misch- III 64
—, Nichtgleichgewichts- III 133
—, Parabel- I 61, 308
—, periodisches II 147
—, Standard- II 229, 257
potentialbestimmende Teilchen III 133
Potentialdifferenz I 243
potentialfreie Teilchen Anhang 25
Potentialkurven I 66, 152, 216
Potentialtopf I 48, 52, 184, 308
potentielle Energie II 74, 82, 87, 130, 186
Potentiometerschaltung III 49
Präzession I 94, 215, 229

Präzessions(Lamor)frequenz I 230
Präzessionsverfahren II 112
Prigogine III 196, 198
primitive Elementargitter II 106
Prinzip, Antisymmetrie- I 99, II 2
—, Franck-Condon- I 217
—, Pauli- I 100
Prinzip der mikroskopischen Reversibilität
    III 88
— minimaler Entropieproduktion III 213
Produkt, Aktivitäten- bzw. Löslichkeits-
    II 294, III 43
Produkt(Separations)ansatz I 47, 52, 58,
    74, 80
—, Matrix- I 122
—, skalares Anhang 1
—, vektorielles Anhang 1
Produktion, Entropie- III 200
Produktoperation I 124, 126, 131
Proteine II 160, 306
Proteintrennung, Elektrophorese III 212
Protonen I 39, 79, 228, 298, III 37
Protonenresonanz I 232
Protonenüberschuß I 305
Protonenzahl I 302
Prozeß, adiabatischer II 43, 56
—, Carnotscher II 55
—, irreversibler bzw. reversibler II 30, 42, 58
—, isochorer bzw. isothermer II 43
—, isenthalpiescher II 92
—, Kreis- II 55, 66, III 6, 14
Prozesse, lineare irreversible III 200
—, nichtlineare irreversible III 215
—, isochore III 28
Pseudoreaktion III 84
Pufferlösung III 40
Pulverdiagramm II 118
Punkt, Entmischungs- II 237, 244
—, Gefrier- II 262
—, Gitter- II 207
—, kritischer I 25, II 76
—, reziproker Gitter- II 109
—, Siede- II 197, 227, 259
—, eutektischer II 240, 245
—, Tripel- II 221
Punktgruppe I 119, 124
Punktladung I 242, 247
Punktmasse I 11
P-Zweig I 208

Quadrupolmoment I 249
Quanten I 34, 310
Quantenausbeute III 186
Quantenmechanik I 44
quantenstatistische Geschwindigkeitstheorie
    III 120
Quantenstatistik II 1, 4, 11, 33
— -zahlen II 15
Quantenzahl I 40, 50, 53
—, Haupt- I 81
—, innere I 92
—, magnetische I 59, 81, 95
—, Neben- I 81
—, Rotations- I 60
—, Schwingungs- I 63
—, Spin- I 92
Quarks I 319

Quenchen, Fluoreszenz- III 177
Querschnitt, Absorptions- I 198, 316, III 174
—, Reaktions- III 111
—, Spalt- I 318
—, Stoß- III 108
—, Wirkungs- I 316

radiale Wahrscheinlichkeitsdichte I 80
— Elektronendichteverteilung I 288
Radien, Ionen- II 135
—, kovalente II 159
Radikale I 237
radikalische Spaltung III 146
radioaktiver Zerfall I 310, III 83, 96
Radius (Durchmesser) Bohrscher I 41, 89
—, Kern- I 298
—, Molekül I 22, 27
Raman-Aktivität I 208, 272
Raman-Spektroskopie I 269
Ramsperger III 117
Raumgruppe II 102
Raumladung III 131, 132, 191
Rauoltsches Gesetz II 223
Rayleigh I 277
Rayleighstreuung I 270, 273
Reaktion, Austausch- III 73, 101
—, diffusionskontrollierte III 118, 140, 162
—, Dissoziations- III 92
—, Elektroden - III 48
—, Elementar- III 80
—, elektrochemische III 47
—, endotherme III 3
— Enzym- III 99
—, exotherme III 3
—, Folge- III 93
—, Gegen- III 88
—, heterogene III 127
—, Hin- III 88
—, homogene III 79
—, Hydrierungs- III 6
—, Ionen- III 8
—, Ketten- III 187
—, Lösungs- III 162
—, oszillierende III 217
—, parallele III 96
—, peritektische II 241
—, Photo- III 170, 176
—, Redox- III 53
—, strahlenchemische III 170
—, unvollständige III 87
—, Verbrennungs- III 5
—, vollständige III 82
—, Zerfalls- III 113, 193
Reaktionen, Kern- I 316
Reaktionsenergie(enthalpie) III 2, 9, 11
Reaktionsenthalpie, freie III 21, 49
Reaktionsfähigkeit I 181
Reaktionsgeschwindigkeit III 79, 197, 202
Reaktionsgleichung III 4
Reaktionsisobare III 27
Reaktionskontrolle III 197
Reaktionskoordinate III 102
Reaktionslaufzahl III 200
Reaktionsmechanismus III 82, 84
Reaktionsordnung III 81
Reaktionsquerschnitt III 111
Reaktionsstrom III 198

Reaktionsumsatz III 81, 200
Reaktionswärme III 3, 4, 7
Reaktor, Kern- I 318
reale Gase I 24, II 74
Realfaktor II 75
Redoxelektroden III 62
Redoxpaare III 53
Redoxreaktion III 53
Redoxtitration III 63
Reduktion III 48
reduzible Darstellung (Matrix) I 127
reduzierte Masse I 40, III 108
— Variable II 76
— Zustandsgleichung II 79
— Zustandssumme III 30, 104
Referenz(Bezugs)elektrode III 66
Reflexe, Röntgen- II 110
Reflexintensität II 123, 177
Reflexion, Braggsche II 109
Reflexionsbedingung II 110
Reflexionskugel II 110
Reflexionswinkel II 109
Refraktion, Mol- I 255
Regel, Phasen- II 216
— Troutonsche II 196
Reibungskraft II 167, 205, 300
Reihe, Binominal- Anhang 16
—, Fourier- Anhang 22
—, McLaurin- Anhang 15
—, Potenz- Anhang 15
—, Taylor- I 249, Anhang 14
relative Enthalpie II 272
relative Geschwindigkeit I 23
Relaxation, chemische III 87
Relaxationseffekt II 295
Relaxationsgleichung III 91
Relaxationszeit I 231, 235, II 296, III 92
Resonanzenergie I 163
Resonanzfeldstärke I 232
Resonanzhybridisierung I 162
Resonanz, Protonen- I 232
Resonanzsignal I 231
Resonanzstrukturen I 162
Resonanzübergang I 193
Resonanzzustände, Kern- I 319
Reversibilität, mikroskopische III 88
reversibler Prozeß II 42, 58
Reynoldszahl II 207
reziprokes Gitter bzw. Vektor II 109
Reziprozitätsrelationen III 213
Rice III 117
Richtungsquantelung I 95
Rolle, Mittelwertsatz I 334
Röntgenbeugung I 294, II 109, 177
Röntgenröhre I 294
Röntgenspektren I 293
Röntgenstrahlung I 296
Rotation, behinderte I 205
—, innere I 205
—, klassische Behandlung I 56
—, quantenmechanische Behandlung I 57
—, Vektor Anhang 3
Rotationseigenwerte I 60
Rotationsenergie II 18
— -entropie II 29
— -zustandssumme II 18
Rotationsfeinstruktur I 201
Rotationsfrequenz I 201, 236

Rotationsfunktion I 60
Rotationskonstante I 200
Rotationsquantenzahl I 60
Rotationsspektren I 200
Rotationsübergänge I 201
Rotator, nichtstarrer I 79
—, starrer I 39, 57
rotierende Elementarladung I 94
rotierende Scheibenelektrode III 164
Rubinlaser III 182
Rückfluß, Destillations- II 228
Russel-Saunderskopplung I 99
Rutherford I 31
Rydberg I 37
Rydbergkonstante I 44
R-Zweig I 208

Säkulardeterminante I 166
Salzbrücke III 57, 60
Sättigung I 231, II 268, III 100, 150, 163
—, Über- II 212
Sättigungsaktivität II 268, 270
Sättigungskonzentration III 43
Satz, Avogadroscher I 7
—, Gleichverteilungs- I 15
—, Mittelwert- I 334
—, Schwarzscher II 38, 53
—, Virial- I 41
Säure-Basengleichgewicht III 37
Säure-Basentitration III 40
Schalen I 112
Schalenmodell, Atom- I 108
—, Kern- I 306
Schall- bzw. Ausbreitungsgeschwindigkeit
    II 139
Scheibenelektrode III 164
Schema, Energie(Term)- I 43
Schicht, Nernstsche III 164
—, Oxid- III 157
Schmelzdiagramm II 238
Schmelzenthalpie II 263
Schmelzvorgang II 188
Schomaker I 291
Schottkyfehler II 165
Schrödinger I 45
Schrödingergleichung I 46, II 148
Schwab III 147
schwache Elektrolyte II 284
Schwankung Anhang 39
Schwarzscher Satz II 38, 53
Schwebungsfrequenz I 270
Schwellenenergie II 173
Schwerpunkt, Massen- I 39
—, Ladungs- I 256
Schwingung I 61, 67
—, Grund- I 207
—, Gitter- II 138, 163
—, Normal- I 68, II 20, 52
—, Ober- I 207
—, uneigentliche I 74
Schwingungen, innere III 116
Schwingungsamplitude I 62
Schwingungseigenwerte I 122
Schwingungsenergie II 19
Schwingungsenergiekurven I 66, 152, 216,
    III 171, 176, 179
Schwingungsentropie II 29
Schwingungsfunktionen I 64, 74, 208

Schwingungsgleichung II 139
Schwingungsquantenzahl I 63
Schwingungsspektren I 206
Schwingungszustandssumme II 19
Sedimentationsgeschwindigkeit II 303
Sedimentationsgleichgewicht II 305
Sedimentationskoeffizient II 304
Sedimentationsstromdichte II 303
Selbstdiffusion II 167, 301, III 119
self-consistent-field-Methode I 109, 175
Selwood III 146
Separations(Produkt)ansatz I 47, 52, 58,
    74, 80
Serien, H-Atom I 37
Siedediagramm II 227
Siedeextrema II 228
Siedepunkterhöhung II 259
Siedetemperatur II 197, 227, 259
SI-Einheiten Anhang 46
Signal, Resonanz- I 231
Simpson III 181
Singulettzustände I 100, 104, 106, 152,
    III 179
skalares Vektorprodukt Anhang 1
Slater I 158
Slaterdeterminante I 108
Smekal I 268
Solarzellen III 190
Solvatation bzw. Hydratation II 288
Sommerfeld I 38
sowohl-als-auch-Wahrscheinlichkeit I 19
Spaltquerschnitt I 318
Spaltung, Kern- I 317
Spannung, elektrische I 243
Spannung, Halbstufen- III 140
—, Thermo- III 143
—, Über- III 50
—, Zell- III 49
Spannungsreihe III 53
Spektrallinien I 36
Spektren, Absorptions- I 197, 199, 206, 213
—, Atom- I 37
—, Elektronen- I 213
—, Massen- I 225
—, Molekül- I 191
—, Raman- I 269
—, Röntgen- I 293
—, Rotations- I 200
—, Schwingungs- I 206
Spektrograph I 36
Spektroskopie, Absorptions- I 36
—, Elektronenspinresonanz- I 236
—, Emissions- I 36
—, Kernresonanz- I 228
—, Massen- I 225
—, Photoelektronen- I 224
—, Raman- I 269
Spektrum bzw. Verteilung, Frequenz- II 138,
    165
Sperrwirkung III 143
spezifische Ladung I 225, 297
spezifische Leitfähigkeit II 171, 282
— Wärme bzw. Molwärme bzw. Wärmekapa-
    zität II 39, 46, 49, 89, 199, 252
spezifische Oberfläche III 151
spezifischer Widerstand II 172, 282
spezifisches Volumen II 301, 306
Spiegelebene I 123, II 102

Spiegelung, Dreh- I 132
Spin I 91, 99, 298
Spin-Bahnkopplung I 93, 105
Spineigenwerte I 92
Spinfunktionen I 92, II 3
spinindifferente MB-Teilchen II 10
Spinkoordinaten I 92
Spin-Spinkoppelung I 99, 105, 233, 237
Spinsystem II 64
spontane Emission I 194, III 173, 184
Sprungfrequenz II 172
Spur, Matrix- I 128
Stabilität, Kern- I 301
Stabilität von Phasen II 81, 245
Standardaktivität III 52
Standardbildungsenthalpie III 7
Standardbildungsenthalpie, freie III 22
Standarddruck II 62, III 4
Standard-EMK III 51, 68
Standardenthalpie III 7, 68
Standardentropie II 70, III 69
Standardpotential II 229, 257, III 53
Standardtemperatur III 4
Standardzustand III 4
Stärke, Ionen- II 291
starke Elektrolyte II 284
starke und schwache Elektrolyte III 35, 38
starre Flächenlandung III 128, 132
starre Kugeln I 22, 26, III 107, 110
starres Kugelmodell II 135, 167, 186
 - Gittermodell II 290
stationärer Zustand III 95, 161, 164, 206,
   215, 220
stationäres Dipolmoment I 245
Statistik II 1, 4, 11, 33
statistische Gleichgewichtskonstante III 29
 - Reaktionsenthalpie III 11
statistischer Mittelwert I 20, II 5
Staudinger II 306, 307
Stern III 131
Stevenson I 291
Stirlingsche Formel Anhang 29, 37
stöchiometrische Koeffizienten III 2
Stoffe, gelöste II 217, 257
Stokessche Linien I 269, 273
Stokessches Gesetz II 167, 300
Störenergie I 104, 193, Anhang 34
Störoperator I 102
Störung I 97
Störungsrechnung I 101, 149, 192, III 121
Störungsrechnung 2. Ordnung Anhang 35
Stöße, Molekül- I 12, 23
Stoßionisation I 293
Stoßquerschnitt I 22, III 108
Stoßtheorie III 107
Stoßzahlen I 23, 24, III 108, 111, 159
Strahlen, Elektronen- I 282
—, Molekül- I 282
—, Teilchen- I 49
strahlenchemische Reaktion III 170
Strahlung, Dipol- I 274
—, elektromagnetische I 34, Anhang 8
—, Kern I 310
Strahlungsdichte I 194, Anhang 8
Strahlungsgesetz, Plancksches III 172
Strahlungsgleichgewicht III 172
Strahlungsintensität I 281, Anhang 8
strahlungsloser Übergang (Konversion) III 171

Strahlungstheorie I 191
Strassmann I 317
Streufaktor, Atom- I 288, II 123
Streukurve I 286
Streulicht I 273, 279
Streuung, Licht- I 268
—, Molekül III 110
—, Raman- I 269
—, Rayleigh- I 270, 273
Streuwinkel I 274, 279, 282
Streuzentren I 273, 279, 282
Strom, Austausch- III 137
—, Diffusions- III 118, 145, 164
—, elektrischer III 133, 134, 137, 148
—, Photo- III 190
—, Reaktions- III 198
—, Strömungs- III 206, 207
—, Verschiebungs- III 130
—, Wärme- III 204
Stromdichte II 168, 171, 303
Strom-Spannungskurve III 133, 145
Strömung II 206
Strömungspotential III 205, 207, 210
Strömungsstrom III 206, 208
Struktur, CsCl- II 133
—, Diamant- II 154
—, Flüssigkeits- II 177
—, Kristall- II 100
—, NaCl- II 120
—, Wasser- II 190
—, ZnS- II 120
Strukturaufklärung II 126
Strukturfaktor II 123
Stufe, polarographische III 139
Substitutionsmischkristalle II 242
Summe, Zustands- II 14, 17, 83, 182
Superposition I 49
Suszeptibilität, diamagnetische I 262
—, paramganetische I 262
Symbolik, Gruppen- I 134
—, MO-I 171
—, Vektormodell I 106
Symmetrie, Inversions- I 171, 195
—, Kristall- II 100
—, Molekül- I 119, 131
Symmetrieelement I 125
Symmetriegruppe I 119, 124
Symmetrieoperation I 120, II 102
Symmetriewechsel(gu) I 203
symmetrische Funktionen I 99, 206
Synthese, Fourier- II 124
System, Gitter- und Spin- II 64
—, Kristall- II 104
—, Mehrphasen- und Mehrkomponenten-
   II 214
Systemenergie II 5, 16
Systementhalpie III 33
Systemfunktionen bzw. -orbitale II 3
Systemzustandssumme II 14, 29, 33

Tafel, Charakter- I 129, Anhang 70
—, Multiplikations- I 125
Taylorreihe Anhang 14
Teilchen, Elementar- I 319
—, in Potentialtopf I 48, 52

—, MB- II 10
—, quantenmechanische Behandlung I 31
Teilchenenergie II 5
Teilchenfunktion bzw. -orbital II 4
Teilchenstrahlen I 49
Teilchenstromdichte II 168
Teller III 151
Temperatur I 4, 6
Temperatur, Boyle- II 87, 89, 93
—, Fermi- II 145
—, Inversions- II 92
—, kritische II 76
—, Nullpunkt- II 64
—, reduzierte II 77
—, Standard- III 4
Temperaturabhängigkeit, EMK III 52
—, freie Reaktionsenthalpie III 22
—, Gasvolumen I 5
—, Geschwindigkeitskonstante III 101, 109
—, Gleichgewichtskonstante III 27
—, mittlere Energie I 14
—, mittlere Geschwindigkeit I 15
—, Molpolarisation I 253
—, paramagnetische Suszeptibilität I 264
—, Reaktionsenthalpie III 9
Temperaturabhängigkeit der freien Enthalpie
    II 62
— der Molwärme II 47
Tensor I 43
Terme I 106
Termschema I 43, II 6
ternärer eutektischer Punkt II 245
Testladung I 242
Tetrazenfluoreszenz III 181
T^3-Gesetz II 141
Theorem der übereinstimmenden Zustände
    II 78
Theorie diffusionskontrollierter Reaktionen
    III 118
—, Einelektronen- I 168
—, Gas- I 12
—, Gruppen- I 119
—, MO- I 164, 186
—, quantenstatistische Geschwindigkeits-
    III 120
—, Strahlungs- I 191
—, VB- I 154
—, Übergangszustand III 103
—, Zerfallsreaktionen III 113
thermische Dissoziation I 218
— Energie I 14, II 20, 21
— Neutronen I 316
— Zustandsgleichung I 9, II 75
thermisches Gleichgewicht II 57
Thermochemie III 1
thermochemische Reaktionsgleichung III 4
— Bindungsenergie III 12
Thermodynamik II 36
—, chemische III 1, 20, 33, 67
—, erster Hauptsatz II 37, 42
—, irreversible III 195
—, zweiter Hauptsatz II 53, 57
—, dritter Hauptsatz II 65
thermodynamische Formeln II 70
— Gleichgewichtskonstante III 26
thermodynamisches Gleichgewicht II 60
Thermoelement III 142
Thermometer I 5
Thermospannung III 143

Thomson I 296, III 1
Titration, Säure-Basen- III 40
—, Redox- III 63
Titrationsgrad III 41, 63
Totalkonzentration III 37
Trägheitsmoment I 39, 61, 203
Transformation, Fourier- Anhang 24
—, Kugelkoordinaten- I 58, Anhang 8
Transformationsgleichungen I 120
Transformationsmatrix I 121
Translation III 108
Translation, klassische Behandlung I 16, 67
—, quantenmechanische Behandlung I 54
Translationseigenfunktionen I 53
Translationseigenwerte I 53
Translationsenergie II 18
Translationsenergie, mittlere I 14
Translationsentropie II 29
Translationskontinuum I 43, 218, 294
Translationssymmetrie II 102
Translationsvektor I 135
Translationszustandssumme II 18
Transurane I 317
trigonometrische Funktionen I 49
Tripelpunkt I 6, II 221
Triplettzustände I 100, 104, 106, 152,
    III 179
Tröpfchen, Flüssigkeits- II 211
Tröpfchenmodell I 301
Troutonsche Regel II 196
Tunneleffekt Anhang 25
Turbidimetrie I 271
Tyndalleffekt I 273

Überführungszahl II 171, 286
Übergänge I 43, 195, 202, 228, 294, 312
—, Resonanz- I 193, 231
Übergangskomplex(zustand) III 103
Übergangsmetallkomplexe I 223
Übergangsmoment I 194, 258, 270
Übergangswahrscheinlichkeit I 194, III 171
Überlappung I 151, 155
Überlappungsintegral I 151
Übersättigung II 212
Überspannung III 50
Ultramikroskop I 273
Ultrazentrifuge II 303
Umkehr, Populations- III 182
Umkehroperation I 121
Umsatz, Reaktions- III 81
Umwandlungen, Phasen- II 49, 68, 76, 81,
    219, 248
Umwandlungsenthalpie und -entropie II 68
unedle und edle Metalle III 64
uneigentliche Schwingungen I 74
unendlich verdünnte bzw. ideale Lösung
    II 257, 284
unitäre Matrix I 121
Unschärferelation, Heisenbergsche I 46, 236,
    301
Unterdeterminante Anhang 17
Unterschale I 112
Ununterscheidbarkeit I 98, 104, II 2, 10
unvollständige Reaktionen III 87
unvollständig mischbare Flüssigkeiten II 236
Uranzerfall I 318

Valenz I 116
–, gerichtete I 154
Valenzband II 151
Valenzkristalle II 153
Valenzorbitale I 154, 158
vant' Hoffsche Reaktionsisobare III 27
vant' Hoffsches Gesetz II 266
Varianz Anhang 39
Variationsrechnung I 164
Variationstheorem I 165, 340
VB-Methode I 154
Vektor, Basis- I 124, 135
–, Dreh- I 135
–, Einheits- Anhang 1
–, reziproker Gitter- II 109
–, Translations- I 135
–, Wellenzahl- II 139, 148
Vektorkomponenten Anhang 1
Vektoroperatoren Anhang 3
Vektorprodukt Anhang 2
verallgemeinerte Energie I 124, 135
– Koordinaten I 68
– Kraft I 69
Verbindungsbildung II 240
Verbrennungsreaktion III 5
Verbrennungswärme III 5
Verdampfungsenthalpie und -entropie
    II 193, 197
Verdünnungsgesetz, Ostwaldsches III 37
Verdünnungswärme II 273
Vergiftung, Katalysator- III 156
Verletscher Algorithmus II 201
Verschiebung, chemische I 232
Verschiebungs(Elektronen)polarisation I 246
Verschiebungsquadrat III 119
Verschiebungsquadrat, mittleres II 170, 302
Verschiebungsstrom III 130
Verteilung, Binominal- II 279, Anhang 16
–, Craig- II 279
–, Energiedichte- III 172
–, Frequenz- II 138, 165
–, Gaußsche II 170, 279, 317
–, Gibbsche II 17
–, Gleich- I 15
–, innerer Schwingungen III 116
–, Konzentrations- III 212
–, Ladungs- II 124, 291
–, MB- III 108, 111
–, MB-Energie I 17, II 23
–, MB-Geschwindigkeits- I 19, II 23
–, Molmassen- II 298
–, statistische II 5
Verteilungsfunktion I 18
Verteilungsgesetz, FD-, BE- und MB-
    II 9, 32,
–, Nernstsches II 275
Verweilzeit III 119
Vielteilchenmodell, Kerne I 310
Virial II 75, 185
Virialgleichung II 75
Virialkoeffizienten II 75
Virialsatz I 42
Viskositätsmaße II 306
Viskosität von Flüssigkeiten II 205
– von Makromoleküllösungen II 305
vollständige Reaktion III 82
vollständige und unvollständige Dissoziation
    III 35

Volumen II 40
–, Druckabhängigkeit I 2, 8
–, Eigen- I 26, II 88
–, freies Flüssigkeits- II 198
–, kritisches II 76
–, Mol- I 9, 27
–, reduziertes II 76
–, spezifisches II 306
–, Temperaturabhängigkeit I 4, 8
Volumenänderung bei Reaktionen III 3
Volumenarbeit II 41
Volumenintegral II 321
v. d. Waals I 25
v. d. Waalsbindung II 157, 186
v. d. Waalsgas II 79, 87
v. d. Waalsgleichung II 78, 87
v. d. Waalsparameter II 78
v. d. Waalssche Zustandsgleichung I 27

Wachstum, Oxid- III 157
Wagner C. III 157, 160
Wahrscheinlichkeit II 6, 179
Wahrscheinlichkeit, Aufenthalts- I 46, 50,
    65, 87, 98
–, sowohl-als-auch- I 19
–, Übergangs- I 194, III 171
Wahrscheinlichkeitsdichte I 48, 50, 87, 109
wahrscheinlichste (häufigste) Geschwindigkeit
    I 18
wahrscheinlichster Radius I 89
Wanderung von Ionen II 286
Wandstoßzahl III 159
Wärme II 41, 49, 223, 271
Wärme, Adsorptions- III 147
–, Hydrierungs- III 6
–, Reaktions- III 3
–, Verbrennungs- III 5
Wärmemaschine II 57
Wärmekapazität II 39, 46, 49, 82, 199, 252
Wärmesatz, Hesscher III 6
Wärmestrom III 204
Wärmeübergang III 203
Wasser, Bildungsenthalpie II 196
–, Dissoziation II 287
–, Struktur II 190
–, Verdampfungsenthalpie und -entropie
    II 197
Wasserstoff, ortho-para- I 206
wasserstoffähnliche Atome I 81, 294
Wasserstoffbrückenbindung I 189, II 159,
    161, 190
Wasserstoffelektrode III 61
Wechsel, Symmetrie- I 203
Wechselwirkung, Coulombsche I 42, 79, 248
–, Dipol-Dipol- I 250
–, Dipol-Feld- I 250
–, Konfigurations- I 170
–, magnetische I 93, 235, 250
Weglänge, freie I 23
v. Weizsäcker I 302
Wellen, Materie- I 45
Wellenausbreitung I 32
Wellenenergie I 34
Wellenfunktion I 46
Wellengleichung I 46
Welleninterferenz I 280

Wellenlänge I 32
Wellenzahl I 33
Wellenzahlvektor II 138, 148
Wertigkeit I 116
Weston-Standardelement III 66
Wheatstonesche Brücke II 282
Widerstand, Elektrolyt- III 134
Wierlgleichung I 282
Winkel, Bindungs- I 204, 287
−, Streu(Beugungs)- I 274, 279
winkelabhängige Orbitalteile I 86, 88
Winkelgeschwindigkeit I 39
Wirkung I 35
Wirkungsgrad, thermodynamischer II 57
Wirkungsquantum, Plancksches I 35
Wirkungsquerschnitt I 316
Wolke, Ionen- II 290, 322
Wyckoff III 154

Xenonlampe III 183

Zahl, Atom- I 107, 295
−, Avogadrosche (Loschmidtsche) I 7
−, Hydratations- II 288
−, Koordinations- II 181
−, Massen- I 296, 305
−, Ordnungs- I 107, 295
−, Stoß- I 23, 24, III 107, 111
Zahlenmittel II 299
Zeemaneffekt I 95
Zeit, Halbwerts- I 311, III 83
−, Relaxations- III 92
Zelle, Brennstoff- III 50
−, elektrochemische III 47
−, Konzentrations- mit und ohne Überführung
    III 57
−, Photo- III 192
−, Solar- III 192
Zellspannung III 49
Zentralatom I 139, 185
Zentralion II 291
Zentren, Streu- I 273, 279, 282
Zentrifugalkraft I 40, 226

Zentrum, Molekülstreu- III 110
Zeolith III 152
Zerfall, radioaktiver I 310, III 83, 96
Zerfallsfrequenz III 103
Zerfallsgesetz I 311
Zerfallskonstante I 311
Zerfallsreaktion III 113
Zerfallsreihe I 311
Zetapotential III 209
Zirkulardichroismus I 256
zirkularpolarisiertes Licht I 196
zugeordnete Laguerresche Polynome
    Anhang 19
zugeordnete Legendresche Polynome
    Anhang 11
Zusammensetzung eines Systems II 217
Zustand, angeregter I 43
−, antibindender I 152, 168
−, Bezugs- III 7
−, bindender I 152, 168
−, Gleichgewichts- I 146
−, Grund- I 43
−, Molekül- I 171
−, Standard- III 4, 22
−, stationärer III 95, 161, 164, 206, 215,
    220
−, Singulett- III 179
−, Triplett- III 179
−, Übergangs- III 103
Zustandsdiagramm II 75, 219
Zustandsdichte II 22
Zustandsfunktion I 46, II 38
Zustandsgleichung I 9, 27, 46, II 40
Zustandssumme II 14, 17, 83, 182
Zustandssumme, reduzierte III 30, 104
Zustandsvariable II 36
zweidimensionale MB-Verteilung III 108
Zweig (P bzw. R-) I 208
zweikomponentige Systeme II 223
Zweiphasengebiet I 25, II 75, 81
zweiter Hauptsatz II 53, 57
Zwischengitter II 165, 172
zwischenmolekulare Anziehung I 25
Zwischenprodukt III 198, 217
Zylinder II 41

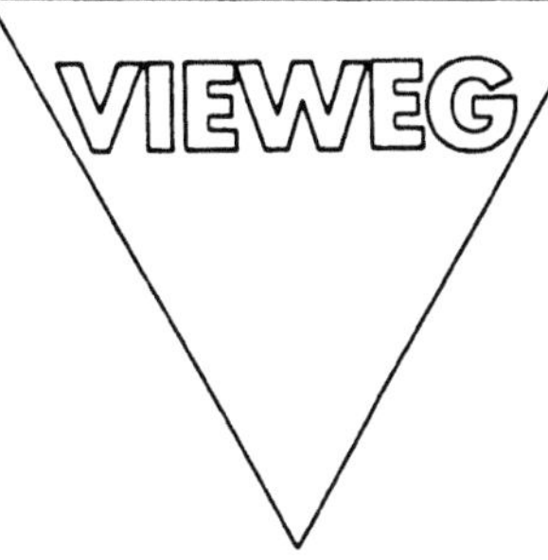

James S. Fritz und George H. Schenk

Quantitative Analytische Chemie

Grundlagen – Methoden – Experimente.
Aus dem Amerikanischen übersetzt von Ingo Lüdenwald und Leonhard Gros. 1989. XII, 816 Seiten mit 184 Abbildungen und 51 Tabellen. 17,3 x 25,1 cm. Gebunden.

Die Analytische Chemie gewinnt immer mehr an Bedeutung. Dazu tragen mehrere Umstände bei, beispielsweise das wachsende Interesse an der biologischen Wirksamkeit von kleinsten Substanzmengen und am Umweltschutz sowie die Entwicklung von hochempfindlichen, teilweise automatisch arbeitenden Meßapparaturen (instrumentelle Analytik.) Bislang gab es kein deutschsprachiges Lehrbuch, das sowohl in die Grundlagen dieser instrumentellen Verfahren als auch der klassischen Methoden der quantitativen Analytik einführt. Diese Lücke schließt die deutsche Ausgabe des Lehr- und Arbeitsbuches von J. S. Fritz und G. H. Schenk.
Im ersten Teil geben die Autoren eine Einführung in die theoretischen und methodischen Grundlagen, um die Voraussetzungen für erfolgreiches analytisches Arbeiten – von der Analysenplanung, der Probennahme und der Methodenwahl bis hin zum kritischen Werten der Ergebnisse – zu schaffen. Der zweite Teil des Buches ist der Praxis gewidmet. Hier erläutern die Autoren konkrete Verfahren und integrieren 33 ausgewählte Praktikumsversuche, für die sie ausführlich Arbeitsvorschriften – einschließlich Begründung der jeweiligen Operationen und Besprechung der Fehlerquellen – geben. Die aufeinander abgestimmte Kombination von theoretischer Beschreibung sowohl klassischer als auch instrumenteller Verfahren, von Aufgabensammlung und Praktikumsanleitung zeichnet dieses Buch aus und macht es für die Grundausbildung in Analytischer Chemie an Hochschulen und Fachhochschulen zu einem geeigneten Lehrbuch.

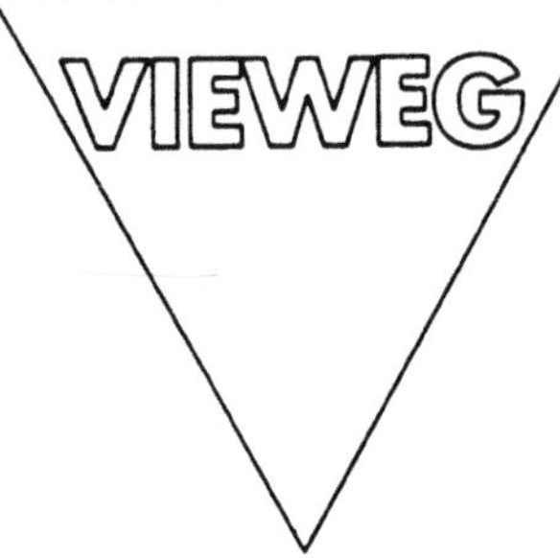

Kurt E. Geckeler und Heiner Eckstein

Analytische und präparative Labormethoden

Grundlegende Arbeitstechniken für Chemiker, Biochemiker, Mediziner, Pharmazeuten und Biologen.

1987. X, 482 Seiten mit 323 Abbildungen und 74 Tabellen. 16,2 x 22,9 cm. Gebunden.

In fast allen Bereich der experimentellen Naturwissenschaften und der Klinischen Chemie werden analytische und präparative Labormethoden von den klassischen Verfahren (z. B. Kristallisation, Destillation, Extraktion) über die spektroskopischen Methoden (z. B. UV, IR, NMR, ESR, MS) bis hin zu den chromatographischen und elektrophoretischen Trennmethoden benötigt. Die wichtigsten Verfahren werden in diesem Buch in übersichtlicher Form vorgestellt.

Reinhard Brückner

Organisch-chemischer Denksport

Ein Seminar für Fortgeschrittene mit Aufgaben zur Naturstoffsynthese, Mechanistik und Physikalischen organischen Chemie.

1989. XVIII, 270 Seiten. 16,2 x 22,9 cm. Kartoniert.

Das Prinzip „Übung macht den Meister" wird in der Chemieausbildung der Universitäten häufig auf die *manuelle* Tätigkeit im Labor bezogen, der Organische Chemiker geht jedoch in erster Linie einer *intellektuellen* Tätigkeit nach. Dennoch überlassen die meisten Fakultäten das Verstehen, Üben und Anwenden des theoretischen Stoffes dem Studenten in seinem „stillen Kämmerlein" – und dabei fühlt sich so mancher verlassen. Hier eine Hilfe zu bieten, ist Ziel dieses Buches. Aufgaben aus verschiedenen Gebieten der Organischen Chemie – von der Strukturaufklärung, den Totalsynthesen, der Stereochemie, der Mechanistik bis hin zur Kinetik – zeigen die Vielfalt der Problemstellungen; Vertrautes wird in ungewohnter Umgebung dargestellt; zwischen Dingen, über die oft nur unverknüpftes Einzelwissen besteht, werden Zusammenhänge hergestellt. Ein besonderer Schwerpunkt des Buches liegt im Auffinden von Synthesewegen zu Naturstoffen (retrosynthetische Analyse von Zielmolekülen).
Das Buch gliedert sich in einen Fragen- und einen Antwortteil. Die Aufgaben sind grob nach steigender Schwierigkeit geordnet.